U0352443

河北省科学技术研究与发展计划项目
河北省社会科学重要学术著作出版资助项目

河北科学技术史

贾红星　主编

人民出版社

◇ 内 容 简 介 ◇

《河北科学技术史》从 2007 年开始编纂，至 2012 年成书，历时六年时间。这是一部全方位、多角度记录河北省科学技术发展历程的大型著作。

面对浩繁的历史资料，编者沿用中国传统的王朝体系顺序，结合科学技术自身的发展特点，采用宏观纵论与微观辨析相结合，科技"内史"与科技"外史"相结合，评论与叙事相结合，自然科技史与社会科技史相结合的方法，以时间先后为序，以技术系事，以技术系人，以技术系发展，把自原始社会至 1980 年止的河北科学技术发展状况、发展水平、重大事件、著名历史人物等尽纳其中。全书一百五十余万字，共分八编，除著名科学家编外，每编设十九章，基本涵盖了河北省科技发展的各个领域，全面反映了科学技术在各个历史阶段对河北省社会经济发展起到的引领和支撑作用。

本书的又一特色是在编写过程中坚持了突出科技、突出河北的原则，以河北科技发展主线为经，以每个历史节点的科技成就和社会背景为纬，梳理出了河北科学技术发展的历史进程；提出了河北科技发展具有两个周期、八个阶段的演替规律；揭示了河北科学技术发展的主要脉络；归纳出了河北历史上的一百项重大科技成就；汇集了河北历史上五十位著名科学家的生平伟业。

本书内容丰富，资料翔实，系统性强，图文并茂，通俗易懂，为广大读者提供了较全面的河北科技历史信息，可作为广大科技工作者了解河北科技历史，更合理地规划未来科技发展方向和工作重点的一部参考文献。

Brief Introduction

The History of Science and Technology in Hebei Province has been compiled since 2007, and finished in 2012 after 6 years hard work, which is a large masterpiece recording the development history of science and technology (sci-tech) in Hebei Province in an all-dimensional and multi-angle way.

Facing the vast and numerous historical materials of information, the compilers followed the sequence of Chinese traditional dynasties. In the light of the sci-tech development characteristics, we adopted the method of integrating the macroscopic extensive discussion with microcosmic discrimination, sci-tech "internal history" with sci-tech "external history", commenting with narration, history of natural science and technology with history of social science and technology. We introduced things, people and development all focused on the science and technology and their development in a chronicle order with detailed elaboration of the status of development, level of development, important events, and famous historical figures, etc. in the field of science and technology in Hebei Province from primitive society to 1980. This book has more than 1.5 million characters, which is divided into eight parts, each of them has nineteen chapters except the biography introductions, basically covering all the fields of sci-tech development in Hebei Province, comprehensively reflecting the leading and supporting functions of science and technology to the social and economic development in Hebei Province at each historical period.

Another distinguishing feature of this book is that the principle on highlighting the science and technology, and highlighting Hebei Province has been insisted during the compilation process. The historical course of the sci-tech development in Hebei Province has been run through via taking the principal line of sci-tech development in Hebei Province as the warp and the achievements and their social backgrounds at each history junction as the woof. This book comes up with the succession discipline of sci-tech development in Hebei Province on two periods and eight phases; reveals the main context of sci-tech development in Hebei Province; summarizes 100 sci-tech results in the history of Hebei Province; and collects life stories and achievements of 50 famous scientists in the history of Hebei Province.

This book has abundant contents, detailed and accurate information, strong systematicness, as well as excellent pictures and accompanying texts, which is popular and easy to understand, providing vast readers with relatively comprehensive historical sci-tech information in Hebei Province. In addition, the book can be a bibliography for extensive sci-tech workers, to help them to know the history of science and technology in Hebei Province, and benefits them to find more reasonably plans and proper emphasis for further development in the sci-tech field.

古今传承
中西融合

鉴古知今

资政益民

刘健生

二〇二三年元月

汲先贤之智

开科技新河

贺"河北科学技术史"出版

辛卯年

李振声

狱技传承

技之光

父之

承昌於明

刘昌於

壬辰李

泥河湾马圈沟第一文化层石制品

北京人复原图

许家窑人头顶骨

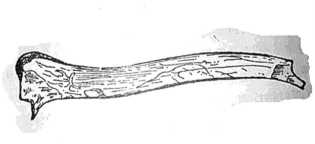

山顶洞人制造的鹿角棒或鹿角锤

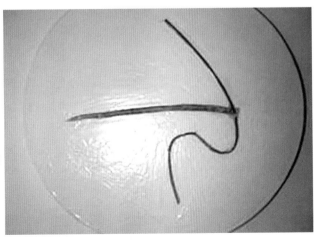

山顶洞人制造的骨针

陶盂及支架　磁山遗址出土

磁山组合物遗迹

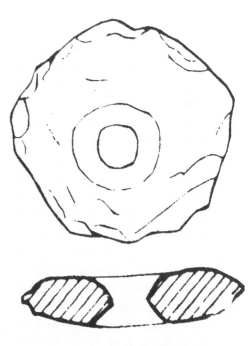

石磨盘与石磨棒　磁山遗址出土

石锤图　武安城二庄遗址出土

蚕蛹模型　南场庄遗址出土

瓷罐　南场庄遗址出土

漆器残片　藁城台西商代遗址出土

铁刃铜钺　藁城台西商代遗址出土

青铜斝　藁城台西商代遗址出土

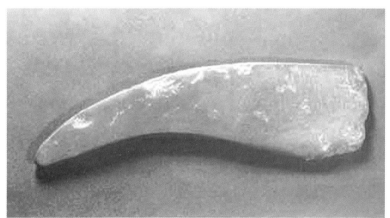

砭镰　藁城台西商代遗址出土

战国时期锄铁范和双镰铁范　兴隆寿王墓出土

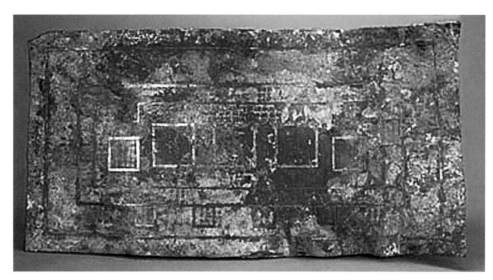

兆舆图　战国中山王墓出土

金银镶嵌屏风台座《虎噬鹿》　战国中山王墓出土

金银镶嵌龙凤形文案　战国中山王墓出土

铁足铜鼎　战国中山王墓出土

长信宫灯　满城陵山汉墓出土

蟠龙纹铜壶　满城陵山汉墓出土

朱雀衔环杯　满城陵山汉墓出土

错金博山炉　满城陵山汉墓出土

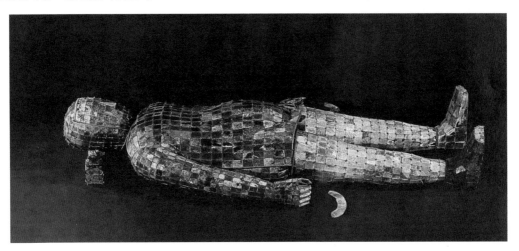

金缕玉衣　满城陵山汉墓出土

赵县赵州桥（隋）

沧州铁狮子（五代后周）

定州开元寺塔（宋）

正定隆兴寺铜铸大悲菩萨像（北宋）

井陉秦皇古驿道

定窑孩儿瓷枕（宋）

定窑白瓷龙首净瓶（宋）

磁州窑白地褐彩童子纹罐（元）

邢窑白釉双鱼背瓶（唐）

磁州窑白地剔划黑花玉壶春瓶（宋）

青花折枝三果梅瓶（明）

天文观测仪器——仰仪

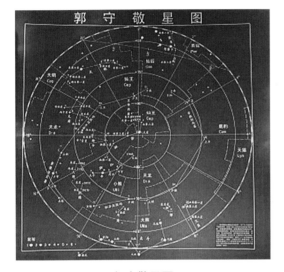

郭守敬星图

天文观测仪器——圭表

天文观测仪器——简仪

深河大铁桥（1894 年）

京张铁路青龙桥车站的"之"字形铁路（1909 年）

直隶筹办农工诸政奏折（1903 年）

河北省立农学院门（1931 年）

北京天文台河北兴隆观测站（1968 年）

序　一

　　纵观世界历史，经济水平的竞争最终是科技水平的竞争，科学技术是引领和支撑经济社会发展的第一给力点。科技的兴衰标志着一个国家和民族的兴衰。世界文明古国都曾有过各自的辉煌成就，为人类文明发展作出过巨大贡献，但由于它们的科技未能长期而绵延持续发展，造成断层，从而使经济也随之衰退。我国是世界文明古国之一，在中华民族有文字记载的五千年历史长河中，曾发生过多次动荡和激变，特别是明清时期，出现过社会危机，经济一度停滞不前，科技发展处于低谷期，西方科学技术以迅猛的速度和强大的后劲将还在封建泥路上蹒跚而行的中国科学技术甩在了后面。由于我们的先祖始终坚持以继承和发展相结合的科技发展观，使我国科学技术得以长期延绵承续，从古代科技辉煌到西学东渐，从西学东渐到中西融合，从中西融合到再次全面发展，使我们具有民族特色的科学技术一代一代得以传承，始终未出现过科技断层，集成了一部引领和支撑中华民族繁荣昌盛的中华科技史。

　　河北省是一个古老而充满活力的省份，历史悠久、蕴藏丰厚，外环渤海，内环京津，北靠蒙辽，南扼中原，山川秀丽、古迹众多，地形独特，经济发达。夏朝的君主大禹划九州，称河北为"冀"，意为充满希望的土地，春秋战国时期分属燕国和赵国，亦有"燕赵"之称。境内阳原县泥河湾古人类遗迹的挖掘，证实早在二百多万年前，河北境内就有人类活动；中华民族的共同祖先黄帝、炎帝、蚩尤在河北从征战到融合，开创了中华民族的文明；随着中共中央从"解放全中国的最后一个农村指挥所"——平山县西柏坡迁入北平，新中国从这里走来，河北再次成为拱卫京城的畿辅之地。

　　河北省物华天宝，人杰地灵，交通便利、信息畅通、经济发达，自古有浓厚的科学传统，养育了众多的著名科学家：战国名医扁鹊，发明"望、闻、问、切"四大诊法，精于内科、妇产、小儿、五官等医科；南北朝科学家祖冲之，将圆周率值计算到小数点后七位，比欧洲早一千多年；北魏地理学家郦道元，著《水经注》，记述了1252条河流的发源、流经、分布、变迁及沿途城市、风俗、土产、人物等；隋代工匠李春设计建造的赵州安济桥被誉为世界桥梁的"鼻祖"；元代天文、水利、数学家郭守敬编制成中国古史上施行最久的"授时历经"，创造和改革了十多种天文观测仪器，对周天列宿诸星进行了详细测定，收录恒星数目并新发现恒星一千余颗，被后人誉为"测星之王"……

　　河北省是中国近代科技的摇篮。著名的京张铁路、滦河大桥、耀华玻璃、京东水泥、开滦煤矿均率先建在河北；这里诞生了中国第一座桥梁厂、第一台蒸汽机车、第一台飞机发动机，第一座国办农业高等学府，第一所农业科研机构、第一个农事试验场、解放区的第一个水利发电站……

　　回忆是为了铭记，盘点是为了思考。为了摸清河北科技发展脉络，揭示河北科技发展规律，更好地指导今后的科技工作，河北省科技厅自2007年起，组织专家开始编写《河北科学技术史》一书，在大量调查研究、检阅资料、考证史实的基础上，编纂组以寻探河北科技发展演变规律为主线，坚持尊重历史、实事求是，坚持突出河北、突出科技，坚持以技术系人物、以技术系事件、以技术系经济发展为重点，初步揭示出河北科技从原始萌芽到发展、从发展到古盛期，从古盛期到徘徊、从徘徊到再发展、从再发展到现代盛期的两个周期性变化。探索出了萌芽期、成长期、发展期、古盛期、徘徊期、西学东渐期、中西交融期、现代盛期等八个阶段的演替规律，真实记录了河北科技发展的历史全程，完成了一项功在当代、利在千秋的大作。这是河北科技界值得称道的一件盛事，是建设和谐河北、经济强省的重要之举。此书的出版，也是当代河北科技工作者向历代科技先贤奉献的敬意！

　　谨以此序，祝河北科技再造新亮点、再创新辉煌！

2012 年 11 月 8 日

徐冠华　　第十一届全国政协常委、教科文卫体委员会主任，国家科技部原部长，中国科学院院士

序 二

　　一部人类文明史在一定意义上就是一部人类进步史。因为人类文明的每一次重大进步都是科学技术突破性进展的结果。科学技术是人类文明进步中最活跃、最具有革命性的因素,它不仅从物质层面去改变世界,而且在精神层面也深刻影响着人类社会文明的发展。

　　中国古代先人在科学技术发展上曾经创造过世界性辉煌。以《九章算术》、《黄帝内经》、《齐民要术》、《授时历》等为代表的论著,体现了中国古代数学、医学、农学、天文学等方面的独特创见;造纸、印刷、火药、指南针等四大发明代表了中国古代技术创新的世界领先水平;长城、都江堰、大运河等宏大建设工程创造了世界建筑史上的辉煌,等等。这些都为世界文明进步作出了不可磨灭的贡献。但是,当科学革命和工业革命在西方蓬勃兴起的时候,由于中国封建社会的统治者们仍陶醉于古代文明的辉煌之中,故步自封,不思进取,从而使整个社会缺乏创新的动力和活力,错失了世界科技革命带来的历史机遇。鸦片战争后,中国更是饱受欺凌,沦为半殖民地半封建社会。直至20世纪初,中国废科举、兴新学,才开始了科学启蒙和建立近现代教育和科学技术体系的进程。新中国建立以后,经过艰苦努力,创建了完整的科学技术体系,迅速缩短了与世界科技前沿的差距,科学技术是第一生产力的作用日渐彰显,日益成为支撑和引领国家经济发展、文化繁荣、社会进步以及保障国家安全的主导力量。

　　燕赵大地是中华文明的重要发祥地之一,历史悠久,积淀丰厚,人杰地灵,文化灿烂。在这片智慧的土地上,古代科学技术十分发达。战国名医扁鹊,发明了"望、闻、问、切"四大诊法,精于内科、妇产、小儿、五官等医科;南北朝科学家祖冲之,将圆周率值计算到小数点后七位,比欧洲早一千多年;北魏地理学家郦道元,著《水经注》,记述了1252条河流的发源、流经、分布、变迁及沿途城市、风俗、土产、人物等;隋代工匠李春设计建造的赵州安济桥被誉为世界桥梁的"鼻祖";元代天文、水利、数学家郭守敬编制成中国古代史上施行最久的"授时历经",并创造和改革了多种天文观测仪器,他对周天列宿助兴进行了详细测定,收录恒星数目新发现恒星一千余颗,被后人誉为"测星之王"。在近代,这里又诞生了中国第一条轨道铁路、第一辆蒸汽机车、第一袋水泥、第一块玻璃、第一个农民培训合作社、第一所农业大学、第一个林业科研所、第一个农事试验场。改革开放以后,我省科技人员走出的"太行山道路",则成为在全国农业科技战线引以为骄傲的一面旗帜,编写《河北科学技术史》,研究河北省科技发展的历史足迹,探索河北科技发展的规律,以史为鉴指导今后的科技工作,是一项很有意义的事情。

　　由贾红星同志任主编,王征国同志任执行主编,由省科技档案馆牵头,河北大学、河北师范大学、石家庄经济学院以及省农科院等四个单位的二十多名专家组成课题组编写的这部《河北科学技术史》,以翔实的资料、朴实的文笔,记录了河北科技发展的历史进程,展示了河北科技发展的客观历史事实,分析了河北科技发展的成功经验和失败教训,具有借鉴历史、开拓未来,教诲和启迪后人的功能,对河北科技工作的发展具有重要的现实意义和深远影响,对于国内同类地区研究科学技术发展史也提供了理论依据和实际样板。

　　当今世界正在发生着深刻的变化,正如胡锦涛同志所说,"科学技术作为人类文明进步的基石和原动力的作用日益凸显"。展望人类文明发展进程,21世纪将创造继农业文明和工业文明之后的新的文明。未来的四十年,包括中国人民在内的20至30亿人将进入基本现代化行列。全球共同面临着资源短缺、金融安全、网络安全、粮食与食品安全、人口健康、生态环境和全球气候变化等一系列严峻挑战,迫切需要创新发展方式,走科学发展、创新发展、绿色发展、和谐发展、可持续发展之路。一个崭新的人类文明形态——知识文明时代即将到来。

　　1998年全国技术创新大会以来,河北科技改革发展取得了长足的进步,为经济社会又好又快的发展提供了强有力的支撑。在建设经济强省及和谐河北的新征程中,科技工作任重而道远。我们殷切期盼,河北科技工作迎来新的春天,谱写新的辉煌篇章。

2012年1月8日

刘健生　河北省人民政府原副省长、第九届省政协副主席

序　三

　　20 世纪是科学技术成就辉煌的世纪。相对论、量子论和信息论的创立,DNA 双螺旋结构分子模型、夸克模型的发现,系统论与控制论的建立、地球板块模型、宇宙爆炸假说的提出,标志着人类对于物质、能量、时空、信息、生命、地球和宇宙认识的新革命;量子化学、固体能带论、质能转换原理、生物遗传中心法则、受激辐射理论、反馈控制等为技术发展提供了划时代的关键科学原理,开创了信息技术、新材料与制造技术、生物技术、新能源技术、海洋技术和空间技术等一系列高新技术领域;人类对自然观察的视野在微观和宏观两方面都扩大了 10 万倍以上:对物质结构的认识从分子、原子集团深入到基本粒子内部,对宇宙的观察眼界则已经从直径 10 万光年扩展到 150 亿光年的大宇宙范围;自然界各方面各个层次之间的过渡环节也开始逐一为人们所认识,自然科学正在形成不断发展的、多层次的、综合的统一整体。科技革命不仅深刻地改变了人类对世界自然图景的认识,而且带动了经济社会的跨越式发展。人类对科学技术活动认识的哲学眼光、历史视野和战略高度不断扩展和提升。科学哲学、科学史和科学社会学的发展,以及对于生态环境危机的警觉和可持续发展观念逐步形成。在这一百年的时间里,人类已经创造出了前几千年都不可比拟的物质文明,开始进入工业化社会的高级发展阶段——信息化时代,形成了以知识为基础的知识经济构架,科学技术更加彰显出了推动社会发展的无与伦比的力量,成为支撑国家综合国力与竞争力的决定性因素。科学技术是第一生产力,是推动历史发展的决定性力量,人类文明每一次重大进步都是科学技术突破性进展的结果。科技的历史是人类对自然、对世界的认知史,也是人类智慧的发展史,其演变过程是人类文明发展的最好记录。从某种意义上讲,一部人类科技史就是一部人类文明史的缩影。

　　河北省地处华北平原,面积 18.8 万平方公里,人口 7200 万,自古以来就是经济发达、文化繁荣、科技领先的省区之一。从二百多万年前的泥河湾文化开始,经过约七十万年前的北京猿人文化、二万年前的山顶洞人文化、一万年前徐水南庄头文化,七千至八千年前的磁山文化,到先秦燕赵文化的历练,使以延续、元创、聚汇为特点的河北科技文明一直绵延至今,从未中断。河北科技在中国历史乃至世界历史上都占有举足轻重的位置,产生过相当深远的影响。从原始社会到明朝(距今约二百万年至公元 1368 年)是河北科技发展的第一周期。科技发展表现为自我产生、自我运行、自我发展、自我完善,经济社会中的科学技术含量从无到有,由小到大,形成了河北传统科技体系。以《扁鹊脉图》、《四民月令》、《授时历》、《缀术》等为代表的科技论著,体现了河北先人在传统中医学、农学、天文学、算学等方面的独特见解。以陶瓷、丝织、冶炼、建筑为代表的科技成果,体现了河北传统科技的辉煌成就。从明朝到中华人民共和国成立后(公元 1638 年至今)是河北科技发展的第二周期。其特点是:传统科技日趋衰退,西方科技开始涌入,科技发展处于低谷期,河北经济总体上曾出现下滑趋势。鸦片战争后,资本主义生产方式开始萌发,通过西学东渐、中体西用,逐渐形成了河北近代科技体系。京张铁路、滦河大桥、开滦煤矿的建成,体现了河北近代科技水平。新中国成立后,通过融合创新,重振复兴,河北科技驶入快速发展的新轨道。经过几代科技人的打拼，河北科技界聚历代科技之精、集历代科技之华，融中西科技之长，扬河北科技之威。以纺织、陶瓷、钢铁、化工、电子、信息、通讯、生物、天文、农业技术等众多科技成果构建起了独具特色的河北现代科技体系。改革开放后，河北科技工作突飞猛进，全面振兴。河北科技人员靠科技叩开了山区脱贫致富的大门，走出了一条依靠科技振兴山区经济的新路——"太行山道路"，国务院发贺电、国家科委发贺信予以肯定和表彰，成为国家星火计划的发源地和全国扶贫工作的启蒙源。

《河北科学技术史》从 2007 年开始编纂，至 2012 年成书，历时六年，是一部全方位、多角度记录河北省科学技术发展历程的大型专著。面对浩繁的历史资料，编者沿用中国传统的王朝体系顺序，以河北科技发展主线为经，以每个历史节点的科技成就为纬，采用宏观纵论与微观辨析相结合，科技"内史"与科技"外史"相结合，评论与记事相结合，自然科学史与社会科学史相结合的方法，坚持突出科技，突出河北，以技术系事，以技术系人，以技术系发展的收录入书原则。在大量查阅资料、外出考察、反复论证的基础上，按照物质运动学规律，以历史资料为借鉴，以科技活动实践为依据，深入剖析了从原始社会至 1980 年间内河北省不同社会背景、不同类型、不同行业、不同学科的科技活动，梳理出了具有浓厚地方特色的河北科技发展历史和演变过程，勾划出了河北科技发展的主脉络。全书一百五十余万字，共分八编，除人物志外，每编设十九章。把自原始社会至 1980 年间的河北科学技术发展状况、发展水平、重大事件、重大科技成果、著名历史科技人物等尽纳其中，基本涵盖了河北省经济发展的各个领域，全面记录了历史上科学技术对河北省社会经济发展起到的引领和支撑作用。对研究河北科技发展历史，指导现实科技活动具有较高的实用价值。

本书内容丰富、资料翔实、系统性强、图文并茂、评议恰当。为广大读者提供了全面完整的河北科技历史资料，是一部优秀的地方科技专著，可作为广大科技工作者了解河北科技历史，科学谋划未来科技发展方向的科技史书。

愿河北科技工作乘改革开放春风，百尺竿头再进一步，展现出更加绚丽多彩的盛景！

刘燕华

2012 年 8 月 8 日

刘燕华　国务院参事、国家科技部原副部长

目　　录

第二编　科学技术的渐生与积累（夏商周春秋战国时期）

第四编　科学技术的鼎盛与繁荣（隋唐宋辽金元时期）

第五编　科学技术的迟滞与渐衰（明及前清时期）

第六编　中西方科学技术的碰撞与融合（晚清及民国时期）

第八编　河北著名科学家

第一编

原始科学技术知识的萌芽

（原始社会时期）

　　河北省泥河湾古人类遗迹(张家口阳原境内)的发掘,证明河北有人类活动的历史迄今约有200万年。在这漫长的历史发展过程中,河北先民在适应生存与改造自然界实践活动中,实现了一次又一次生产和生活方式的嬗变。不断获得认识自然界的经验知识及改造自然界的能力,北京猿人学会了火的利用,是人类认识和改造自然界的巨大飞跃;山顶洞人萌发了内涵鬼神意识,并具有神秘文化的原始信仰,创造了适应生存的具有"天人合一"结构特点的生活居住模式;磁山遗址(武安市境内)的发现,证明人类开始种粮养畜,开创了原始农业的先河。在此阶段,人类从爬行到直立、从利用天然火种到钻木取火、从游猎到定居、从采食到种养,催生了众多原始科学技术的萌芽,拉开了河北科技发展的序幕。

第一章　河北史前史及社会概貌

本阶段属原始社会,根据出土石器特点,以打制石器、磨制石器和陶器作为划分旧、新石器时代的客观标准,分为旧石器时代和新石器时代。人类组织为母系社会,生活方式以群居为主,以狩猎和采集为生,劳动工具从粗糙到细小,形成了北方石器类型,显示出了石器制造技术的进步和精细化。

河北省内现今已经找到的各个历史阶段的人类化石和文化遗迹(图1-1-1),是研究和分析河北省远古科技文化产生与发展历史的基本前提。已出土的旧石器和石制品可分为:石核、石片和石器,不管石制品的形式如何,其共同的特点是个体普遍较小,故称之为“细小石器”[1]。属于更新世(约从250万年前~1.5万年前)的且没有磨制痕迹的打制石器,称之为“旧石器”,与之相应的整个晚期智人以前的历史,就叫做“旧石器时代”。磨制石器和陶器出现后,称之为“新石器时代”。

第一节　泥河湾人

一、“泥河湾人”的社会特征

20世纪20年代,巴尔博、桑志华、德日进等外国人先后在桑干河上游考察和传教,他们发现了沉积有动物化石的“泥河湾地层”。后来,法国学者步日耶在泥河湾东北的下沙沟采集到了相当于旧石器时代的石制品,这是一个重大的发现。对此,中国考古学界虽然反应不一,但贾兰坡先生坚信“泥河湾期的地层才是最早人类的脚踏地”[2]。当然,“最早人类的脚踏地”不止泥河湾一地,事实上,泥河湾期的地层仅仅是最早人类的脚踏地之一[3]。而为了探求泥河湾期远古人类的活动足迹,从20世纪70年代起特别是90年代以后,人们相继在泥河湾盆地发现至少25处距今逾百万年以上的早期人类文化遗址。如此繁盛的人类远古文化聚集一地,确实是一个历史奇迹。

第一,马圈沟文化遗址所出土的石器及其特征。据专家测算,马圈沟文化遗址距今至少200万年,是目前海河域科学文化的真正起点。马圈沟文化遗址位于桑干河南岸泥河湾盆地的大田洼乡岑家湾村西南台地北部的一条冲沟中,其遗址恰好处在基岩正断层的上盘,1991年和1992年间被发现。考古工作者经对已出土石制品的样品分析,基本上认定有3种类型:天然石块、石核、石片和刮削器。其中,天然石块是“被用来加工石制品的原材料”[4];石核的原始性质比较明显,大多不规整,其利用率较低,少数能产生较为理想的石片;石片是“马圈沟人”的主要石制工具,出现了具有锋利边缘的石片,说明当时石器制作技术有了显著进步,而出土的两件刮削器(一件为单凹凸刃刮削器,另一件是单直刃刮削器)是原始社会石片类工具中的精品[5]。可惜,精制品的比例不高,器形粗糙而不精美,且仅仅懂得使用锤击法来打制石片,反映了该遗址文化的原始性和打制技术的不成熟性。

第二,小长梁文化遗址所出土的石器及其特征。小长梁旧石器文化遗址位于阳原县大田洼乡官厅村北,在1978年被发现,距今136万年[6]。该遗址目前已出土2 000多件石制品,主要分为6类:石片、石核、尖状器、刮削器、锥型具、雕刻器等。与马圈沟出土的石制品相比,该遗址种类多,器型复杂。不仅有单刃刮削器,而且出现了复刃刮削器。从器体的规格上看,小长梁文化遗址所出土的石器形体普遍小巧,重量轻,一般为5~10克,但“小长梁人”已经学会用锤击与砸击两种打制技术,且打制技术

图 1 - 1 - 1　河北省地域内原始社会古人类遗址分布图

较马圈沟石器纯熟,如"小长梁人"能够打制出又薄又长的石片。

　　第三,东谷坨旧石器文化遗址所出土的石器及其特征。东谷坨旧石器文化遗址位于阳原县大田洼乡东谷坨村,1981 年被发现,距今约 100 万年。其石制品类型主要有石核、石片、边刮器、端刮器、凹缺器、钻器等。该文化遗址石器的重要特点有三:一是石核已经定型,具有典型的原创价值和意义,所以侯亚梅把它称为"东谷坨石核"[7]。二是石器规格较小,形体瘦长,其主要方面与北京人所打制的石器相同,为北京人石器制作技术的直接来源,正如贾兰坡先生所说:"东谷坨遗址的石器加工技术和北京人的石器有相似之处,可以归于同一传统。从种种迹象看,谷坨的时代无疑早于北京人的时代,从两个时代的石器的密切关系来看,北京人打制石器的技术很可能是来源于东谷坨。"[8]三是加工技术更加精细,专业化程度较高,如边刮器和端刮器的出现,说明其石器的专业化功能更强了,而它本身则充分反映了东谷坨石器工业的先进性和东谷坨人科学思维的发达程度。

当然,上述 3 处早更新世期"泥河湾人"的文化遗址,仅仅是其中的一部分,而不是全部。有人说:"在阳原一带从早期人类到有文字记载以来的人类文化从未间断过,泥河湾一带的旧石器考古遗址形成旧石器时代从早期到晚期遗址的一个连贯文化剖面,它囊括了人类发展史的全过程,是东方人类文明的摇篮。"[9]而"泥河湾马圈沟遗址的发掘,把泥河湾盆地的旧石器年代向前推进了数十万年,她把亚洲的文化起源推进了 200 余万年,雄辩地向世人宣布:人类不仅从东非走来,也从泥河湾走来,有力地证明了人类起源非洲单一论的不准确性。为人类寻根问祖提供了有选择的探源地。"[10]

二、"泥河湾文化"的历史意义

首先,在人类的起源问题上,指示了一条多元而不是一元的进化路线。在过去一段时期内,"非洲中心论"成了学界的普遍看法。如,在"人的一切种族都是从一个单一的原始的祖系传下来"[11]或类人猿"是人所由出生的根源"[12]这样的前提下,达尔文提出人类起源于非洲的观点[13]。20 世纪 60 年代,科特兰特根据非洲考古的现状又进一步提出"类人猿起源于东非大裂谷"的假说,1994 年 5 月法国克帕斯果然在东非大裂谷的几个地点发现了距今 300 万年以上的人科化石。此外,哈达尔地区还出土了 250 万年以前的人造工具[14],等等。所有这一切,都为"非洲中心论"提供了有力的证据。与此同时,中国旧石器时代的考古发现越来越证明中国也是人类的起源中心之一,尤其是马圈沟文化遗址的发现,更将中国远古人类制造工具的历史推进到了 200 万年以上。所以,河北阳原泥河湾盆地与非洲坦桑尼亚澳杜威峡谷至少在人类起源问题上两者具有同等重要的意义。

其次,在 20 世纪 20 年代,顾颉刚先生提出"层累地造成中国古史"的理论,它的核心内容有两点:第一是"时代愈后,传说的古史期愈长";第二是"时代愈后,传说中的中心人物愈放愈大"。[15]应当肯定,这个理论的要旨是想通过否定三皇五帝的古史系统而倡导一种"启蒙"精神,就此而言,顾颉刚的"层累说"具有特定的现实意义。同顾氏的"层累说"具有特定的历史价值一样,"三皇五帝"的古史系统在一定意义上满足了社会发展的需要,因而它本身亦具有合理性和学术性。如,《帝王世纪辑存》载:"自天地辟设,人皇以来,迄魏咸熙二年,凡二百七十二代,积二百七十六万七百四十五年。"又,"天地开辟,有天皇氏、地皇氏、人皇氏,或冬穴夏巢或食鸟兽之肉","燧人之世,有大人迹出于雷泽"。[16]据考古报告,马圈沟文化遗址的确切年代在 200 万年以上,而且人们还首次在泥河湾遗址发现了旧石器时代的大型动物足迹。杜赫博士在《巨人之谷》一书中向世人展示了他在美国堪萨斯州所发现的长达近 90 厘米的巨人足迹,而印度考古工作者在印度南部的喀拉拉邦森林亦发现了近 73.66 厘米长的巨人脚印。晋代张华《博物志》卷 2《异人》载:"秦始皇二十六年,有大人十二,见于临洮,长五丈,足迹六尺。"所以,泥河湾文化遗址在一定程度上证明了"三皇"传说的可靠性与可信性。

第二节　北京猿人

泥河湾旧石器文化到 70 多万年前的东谷坨文化时期,并没有戛然而止,而是按照自身文化的特色继续向前发展着,如东谷坨文化之后,有距今 78 万年的马梁遗址,有 12 万年前的细弦子遗址,有 10 万年前的漫流堡遗址,有 8 万年前的板井子遗址和 2 万年前的新庙庄遗址,等等。当然,从 100 万年起,或许是东谷坨原始群中的一支悄然离开桑干河流域向南迁移至海河的另外一条支流——拒马河房山区周口店龙骨山一带地区去生息繁衍,并在此创造了先进的北京人文化,成为中国境内更新世中期社会历史发展的一个坐标。

一、北京猿人的发现

北京人文化遗址的发现是同安特生的名字紧密联系在一起的。1918 年 3 月,瑞典考古学家安特生(Johan Gunnar Andersson,1874—1960 年)在北京市郊调查煤矿时,于房山区周口店龙骨山发现了一处含动物化石的裂隙堆积,他下意识地采集了一些啮齿类动物化石。凭着职业的经验,面对这个意外的发现,安特生极其敏锐地预感到了什么,果真不出其所料,三年之后,也就是 1921 年,在石灰窑工人的引导下,安特生跟年轻的奥地利古生物学家师丹斯基(O. Zdanskg)及美国古生物学家葛利普一起,在龙骨山北坡又找到了一处内涵更加丰富和考古价值与意义更加巨大的含化石地点,即北京人遗址周口店第 I 地点。接着,1923 年,安特生对这个地点又进行了一次考古发掘。1926 年,师丹斯基在瑞典乌普萨拉大学整理 1921 年和 1923 年在周口店所获取的化石标本时,发现了两颗人牙,同年 10 月,安特生陪同瑞典王太子(也是一位考古学家)来北京参加北京各学术团体会议,在会上,安特生向外界公布了师氏在周口店龙骨上发现了两颗人牙的消息[17]。受此鼓舞,中国地质调查所和北京协和医学校合作,在中国地质学家李捷和瑞典古脊椎动物学家步林的共同主持下,于 1927 年 4 月对北京人遗址正式开始进行大规模的发掘工作,这次发掘不仅再次发现了一颗人的左下恒臼牙,而且获得化石材料 500 箱。当时,北京协和医学校解剖系主任加拿大籍教授卜达生对已发现的北京人牙齿作了细致研究,之后,他发表专文将这个从未露过面的古人类定名为“北京中国猿人”(Sinanthropus Pekinensis),俗名又叫“北京人”(Peking Man)。1928 年,在中国古脊椎动物学家杨钟健主持下,人们又采集到化石约 570 箱,并找到了 1 个女性右下颌骨和 1 块带有 3 颗牙齿的成年男性右下颌骨。1929 年,中国地质调查所新生代研究室委派年轻的裴文中负责周口店遗址的发掘工作,12 月 2 日,从一个称为“猿人洞”的地方发现了第一个完整的北京人头盖骨,这是在世界古人类化石研究史上划时代的重大事件,震动了世界学术界。在距今 70 万年至大约 20 万年前,北京人更准确地说是北京直立人生活的周口店遗址上,迄今已发现了 40 多个个体的人类化石,出土了不少于 10 万件石制品以及大量的骨器、角器,这在世界上是非常罕见的[18],它成为学界研究人类从猿到人的进化过程的一座历史丰碑。

二、北京猿人的石器制作技术

迄今为止,北京周口店第 I 地点已发现的石器制作产品逾 10 万件,按其生产性质来划分,大体上可分为制造工具的工具(即第一类工具)和日用生活工具(即第二类工具)两类。其石器原料以脉英石为主,约占全部石器材料的 78%[19]。

这类工具一般又分为三类:石砧、砸击石锤和锤击石锤[20]。

第一,石砧及其技术特征。实际上就是北京猿人的一个工作平台,为了按照“心中的模板”来制作实用的生产和生活用具,根据简单的力学原理,北京猿人先选择一块厚度、宽度和硬度都适当的天然砾石作为砧子,放在下面备用。一般而言,石砧的用途有二:一是制作各种生产工具,如北京猿人的石器制作产品多数是依靠石砧来完成的,而在当时的技术条件下,石砧是制作小型的石片石器的最基本工具之一。据研究,北京猿人借助于石砧而砸击成型的两极石片和两极石核以及用两极石片加工成的两端刃器不仅数量众多,而且最富特色[21]。二是日常生活或是制作各种日常生活用品的基本工具,如为了吸食动物的骨髓,北京猿人往往将所要吸食的骨头放置在石砧上,然后用石锤把它砸碎,从而得到骨头里的髓质,这就是人们能够把散落在洞穴中的碎骨片拼合成一个完整骨的原因。又如北京周口店第 I 地点发现有不少只保留着水瓢似的鹿头骨,上面有清楚地利用石砧砸击的痕迹,多数还经过了反复的加工,它们应是用做舀水的器具[22]。可见,利用石砧来制造更加精细的生产工具是北京猿人的重大技术进步,在某种意义上说,也是衡量石器制作先进的一个重要指示器。那么,石砧是如何发明的呢? 从技术发生学的角度看,石器的制作技术可分为锤击法(双手各持石锤和石料,直接用石锤锤击石料)、碰砧法(在地上放一块硬石,手握石料直接向硬石或石砧碰撞)和砸击法(把石料放在石砧上,用石锤砸击)三种类型。但从人类认识的发生过程来看,上述的三法可以看作是石砧发明的具体过程和步骤。首先是通过双手的相互锤击而使石料破碎成石片,后来人们发现此法既不可靠又不安全,所以他们经过多次实践之后,终于发现把作为石砧的石块放在地上,直接用锤击法则更容易使石料破碎,可惜不易控制石料的技术规范,这样制作的工具速度快但不精细,因此,聪明的北京猿人学会利用石砧来制作和加工各种比较复杂的器具,不仅速度快,而且器具的精细化程度也大大地提高了。

第二,砸击石锤及其技术特征。顾名思义,所谓砸击石锤,就是在砸击法中对石料或目标石进行有目的的打击、加工和利用的那些作用石或砧石,因这种方法往往将目标石打击成两极石片或两极石核,故又称为两极法。一般来说,砸击石锤是用卵圆形砾石做成,器形较石砧为小,一面或两面有散漫的坑疤,主要打制石片。据统计[23],在北京猿人的生产工具中,利用砸击石锤打制的石片数量最多,约占整个石片总数的23%,其形体长薄而小巧,长度多为20~40毫米,一般宽度为10~20毫米,而厚度则小于10毫米。从技术的层面讲,北京猿人砸制的石片,多为一端石片,两端石片比较少见,这虽然反映了北京猿人砸击石器技术的原始性和认识水平的初级性。但运用砸击法打制的石器制作产品就构成了北京人科学文化的重要特色之一。

第三,锤击石锤及其技术特征。石锤多为条形砾石,以单端石锤为主。锤击法主要适用于打制脉石英、燧石和砂岩,其所打制的石片大小不等,但以中、小型石片为特色。而通过对这些石料的观察,北京猿人对坎儿河河滩卵石的性质已有一定的认识,如用锤击法所打制的目标石(即石核或石料),其硬度都在60以上,而且又有一定的"韧性",非常适合用来打制石片[24]。从北京猿人的生活方式看,这些石片很可能多用于狩猎,而且不仅仅是用于手掷。考虑到北京猿人已懂得用火与保存火种的生活实际,北京人在长期的狩猎实践中认识到有些荆木经过火炙之后,木体本身就会弯曲成弧形,待被炙木冷却并形状固定后,它就会具有很大的弹力,为了便于使用,人们用刮削器和雕刻器把弓木的两端砍削平整或挖成凹状槽,以放置石片,当猎物出现后,人们先将弓木对弯至一定程度,然后把石片放好,对准目标物迅速将弓木放开,上面的石片就会借助弓木的弹力,有力地射向目标。这样狩猎的效果显然比用木棒和手握尖状器近距离地去刺杀猎物要好得多。此外还有一种方法,即模仿手臂的投掷动作,用手握一根木棒,又模仿大拇指与其余四指对握石器的姿势,将木棒顶端劈开,夹住石片或石块,然后猛摔动手臂将石器掷出去,这样就大大提高了狩猎效果[25]。

三、北京猿人的用火实践

北京猿人的用火遗迹发现于1930年,之后随着考古工作的不断深入,人们陆续发现北京猿人生活过的洞穴里有不少灰烬层。目前,在已揭示的遗址地层中,从第10层开始发现有仅几十厘米的薄灰层,第8~9层的灰层亦比较薄,但第4~5层的灰层堆积却达到了6米,这是一个了不起的历史事件。

火的发现可能跟雷电起火这个自然事件有关。雷电是跟生命运动密切相关的物理现象,从物理学的角度看,雷电是在大气层中,云层间或云与地面之间的电位差增大到一定程度时所发生的巨大电火花,在气候干燥的条件下,电火花容易触发树木或含油物质燃烧而引发森林大火。而森林大火对于北京猿人来说,最大的吸引力在于每次森林大火之后残留下来的那些被烧焦的动物尸体。因为它们散发的香气,吸引着北京猿人不断捡食。经过多次的尝试之后,北京猿人才形成了烤食之肉比一般的生肉更加有味道的观念。于是,北京猿人开始寻找自然火种。从第10层到第8层的周口店洞穴灰烬沉积看,当时北京猿人只知道利用火这种自然能源,但尚不懂得保存火种。而当灰烬沉积达到6米厚时,我们就能肯定北京猿人在那个时候已经懂得保存火种了:即不需要火时小心地用灰土盖上,使火阴燃,到下一次用火时再扒去灰土,添上草木,用嘴或经风一吹就能引燃。

另外,还有一种解释认为:在长期的生活过程中,北京猿人所居住的洞穴必然会堆积起很厚的生活垃圾,包括兽骨、皮毛、果壳、树叶以及柴草等,在一定的自然条件下,久而久之,垃圾内的温度不断升高,氧化速度加快,最后终于导致垃圾物的自燃。自燃之火给北京猿人带来了许多意想不到的益处,从而启发了他们的用火意识和用火实践[26]。

考古发现,在北京猿人生活过的周口店第Ⅰ地点,有不少被烧烤过的动物残骨。从这些被烧烤过的兽骨痕迹来分析,我们可以初步得出以下结论:(1)北京猿人已经掌握了在兽骨想要截断的地方先用火烧,然后再行折断的方法。(2)烧烤食物,包括兽肉和植物的根茎。美国营养学家小西布雷尔在《食物与营养》一书中说:"烧煮至少是四十万年以前现代人类的祖先发明的。证据来于中国北京附近的一个远古洞穴,烧焦的骨头遗迹表明,居住在那里的北京猿人早已发明了一种有史以来最伟大的技能。"(3)用来炙灼伤口,促使其迅速愈合,这实际上就是中医灸疗的起源。同时,火还可以为妇女提供一个温暖的育产环境,有利于提高婴儿的成活率。(4)用火作为恐吓野兽和狩猎的工具,因而能把藏匿在洞穴里的野兽赶走,为自己争取适当的居住场所。(5)在寒冷和阴湿的季节,火能驱寒燥湿,温暖身体。(6)用火来照明,尤其夜晚在洞口生火,可以给那些外出狩猎者指明归家的具体方向和位置。所以,贾兰坡先生说:"人类用火,是人类史上的一个里程碑,因为自从用火以后,就开始控制了一个强大的物质力量。这个强大的力量——火,使形成中的人类逐渐确定了'人性',创造了自己!"[27]

四、北京猿人的生产方式

对于北京猿人而言,不论是生产还是生活,他们都不能够以个体的方式来生存,以血缘为纽带所结成的原始群,是其谋生存的唯一途径和方式,因为这不是由哪一个人规定的,而是由当时落后的生产力水平所使然,是人类童年时期最重要的社会特征。

按照最简单的劳动性质和性别差异,在北京猿人所组成的原始群中,采摘植物的果实和挖掘植物的块根,主要是由妇女来完成的。而男人所从事的工作主要有两项:狩猎与看护洞穴及其留在洞穴里的老人与儿童。至于"老人"与儿童亦不闲着,他们在洞穴中制造各种形状的生产工具。

从目前所发现的石制工具看,北京猿人虽然也食肉,但肉并不是构成其主要的食物来源,他们仍以植物果实和根筋为主要食物,所以采掘劳动就构成北京猿人的主要生产方式。妇女在这种生产条件下承担着主要的劳动责任,而不是生育。后来,在这种劳动方式的基础上,妇女逐渐成为社会生产的管理者,男子反而在社会生产过程中扮演着次要的角色。唐启宇先生说:"他们(指北京猿人——引者注)起初依靠采集野生植物的根、茎、果实为主,狩猎只作为辅助活动,因为狩猎工具只有石块、木棍,效率低微,而且要靠人群的协作方能有所猎获,其生产是不可靠的。"[28]摩尔根亦说:"人类很可能从极早的时代起就把动物列入其食物项目之内。从生理结构上看,人类是一种杂食动物,但在远古时代,他们实际上以果实为主要食物。"[29]摩尔根还说:以"天然食物"为生存技术的远古时代,"可以断定当时的气候是热带型的或亚热带型的。人们一般都认为原始人的栖息地带就处于这种气候下。"[30]而对于北京猿人时代的气候条件,刘泽纯先生认为,从约70万年前到23万年前,北京猿人至少经历了五个属于暖湿的亚热带阶段,即70万前、60万年前~57万年前、46万年前~44万年前、40万年前~37万年前、33万年前~27万年前、25万年前~23万年前[31]。凡在这些时期里,北京猿人就充满了生机和活力,尤其是相对丰富的动植物资源为北京猿人的生存和延续提供了可靠的物质保障。故《淮南子鸿烈解》卷19《修务训》云:"古者民茹草木饮水,采树木之实,食螺蚌之肉,时多疾病毒伤之害。"刘安的话,并非妄言,这一点可由北京猿人的"短命"现象来证实,当然,造成北京猿人"短命"的原因绝不仅仅是"疾病毒伤",但"疾病毒伤"确实是一个非常重要的因素。不过,在这里,我们所关心的是北京猿人的生产方式以及当时妇女在整个社会生活中的地位。前面说过,北京猿人时代的妇女是社会生产的主要承担者,而对于这个社会事实,张之恒先生这样说的:"直立人阶段已有属于自然性分工的男女两性的劳动分工,即男性主要从事狩猎,女性主要从事采集和料理家务。男女之间的生理性差异是造成这种劳动分工的重要原因。"而"近代许多采集狩猎民族,60%~70%的食物是由妇女提供的植物性食物、鱼类和水生贝类。"[32]

从周口店第Ⅰ地点发现的小石器制作产品的体形分析,制造这样的工具似乎不需要强壮的气力,关键是要求对技术熟练和相关经验的把握。在这方面,"老人"显然更具优势。在原始生产的条件下,由于经验在技术创新和知识积累方面占据着主导性的地位,所以那些足智多谋、经验丰富的老年人理所当然地构成了北京猿人生产技术进步的主体。

北京猿人在制造石器方面的技术创新,大致可归为以下几点:(1)广泛使用锤击法制造工具,到晚期已经出现了修理台面的新工艺;(2)开始采用交互加工的制石方法;(3)出现了端刃刮削器;(4)出现了刃口匀称的,用指垫法修理的石器;(5)出现了先进的长尖与短尖石锥;(6)发明了打击"两极石片"的技术;(7)单面尖状器(即由石片的中腰的两侧边缘开始向一端加工使成一尖)出现了直、斜、钝、锐等比较复杂的几何形式。

北京猿人中的"老人"主要负责打制石器工具,而那些年富力强的年轻人,他们的主要职责就是狩猎和保卫家园。据研究,北京猿人"不但能猎获一些大型的食草动物(如各种鹿类),还能猎获一些像虎、豹之类的猛兽"[33]。对付诸如豹、虎及鬣狗这类凶猛的大型动物,从生理的角度看,妇女、老人和儿童是力所不及的,故青年男子就成为对付这些大型动物侵犯他们住地的主要力量。如,人们在周口店第 I 地点发现了大量鬣狗(一种体格庞大、嗜血成性的猛兽)带有碎骨的粪便化石,说明鬣狗与北京猿人的关系非常密切。据推测,北京猿人所生活的洞穴,其最早的主人应该是鬣狗,大约在 50 万年前,北京猿人驱走鬣狗而入住到洞穴里去,之后,北京猿人与鬣狗之间就围绕着洞穴的居住权而展开了长达数十万年的争斗。而在这场旷日持久的与鬣狗的争战中,年轻男子冲锋在前,他们责无旁贷地成为这场保家自卫之战的主角。至于北京猿人的狩猎大型动物的方式,林耀华先生根据墨西哥北部印第安人和北美平原印第安人的狩猎方法,推测北京猿人大概亦是采用追赶法和围攻法来捕获大型哺乳动物的[34]。

五、北京猿人的社会特征

第一,以木制工具为主,木制工具与石制工具并用的时代。列宁在《国家与革命》一文中有"拿着树棍的猿猴群或原始人"[35]的说法,而《商君书》卷 4《画策第十八》亦云:"昔者,昊英之世,以伐木杀兽,人民少而木兽多。"这大概指的就是北京猿人生活的那个时代。我们说,北京猿人已经属于"原始人"了,而考古发现,北京猿人已经在大量的制造和使用石制工具。不过,就工具的性质来说,北京猿人所制造的工具为小石片石器。对于这些小石片石器的用途,学界尚未完全搞清楚。欧文·薛定谔说:"有一种倾向,忘记了整个科学是与总的人类文化紧密相连的,忘记了科学发现。哪怕那些在当时是最先进的、深奥的和难以掌握的发现,离开了他们在文化中的前因后果,也都是毫无意义的。"同样,如果我们把小石片石器跟木棍放在一个大的文化背景下,就会看到那些小石片石器大都是用于攻击野兽和击落树上的果实的。其方法是:右手(北京猿人使用右手)握棍,同时用左手之拇指和食指与中指拿着石片,用眼瞄准被击目标,右手将木棍一端支在左手拿着的石片底部,猛力把石片拨出去。这是一种方法,还有一法就是用石片将木棍劈裂,不能劈成两半,用时先将石片放在一个平台上,接着借木质的韧度把其中的一半拉成弓形,然后对准目标,迅速将已成弓形的那一面撒手,木棍就在回弹的过程中,会把被击中的石片弹向目标。所以,北京猿人虽然制造石器的能力很强,但在实践中,石器尚不能取代木棍的基础地位。

第二,从整体上看,北京猿人所制造的石片石器,形体较小,属于小石器类型。如用锤击法打下的石片最多,其长度一般为 3~6 厘米,刮削器的长度为 2~4 厘米,尖状器的长度为 3~5 厘米[36]。一般地讲,小石器比大石器更需要经验和技术,如人们在洞穴第四层堆积中发现了一件精巧的石片,器身长 4.6 厘米、宽 2.2 厘米、厚 0.6 厘米,台面打制,石片角约为 100°,半锥体集中,台面很小,在台面上有 3 个宽窄不同的小石片疤,使中间微隆,半锥体之尖恰与微隆处相结[37]。毫无疑问,在北京猿人的时代,这是一件含金量很高的石制品,就其打制技巧而言,即使在今天,也是十分先进且精湛的。

第三,北京猿人的技术积累是长时段的、渐进而不断上升的。如果以第 8~13 层为一技术单元,而以第 1~7 层为又一个技术单元,那么,这两个技术单元的变化是明显的,如碰砧石片由下层至上层越来越少,而用砸击法打出的两极石片由下层至上层却越来越多。随着技术的改进,小型精致的石器上层比下层多,石器类型亦复如此,而"北京猿人石器工具类型的多样和不断改进,反映了采集、狩猎经济水平的提高。北京猿人文化的晚期阶段,已达到了旧石器时代初期相当发展的程度。"[38]

第四,北京猿人不仅在"技能知识"方面成就突出,而且在"原理知识"方面也不乏可述之处。在认识论上,原理是抽象思维的产物,北京猿人虽然从脑量方面讲,只有现代人的80%,但这并不能说明北京猿人连简单的抽象思维都没有。如贾兰坡先生说:"虽然我们还不能说中国猿人已懂得了有意识地修理台面,但有可能他们已经了解到利用台面上的棱角作为打击点,更能使打击的力量集中,从而更容易打下适用的石片的道理了。"[39]又如北京猿人对石料的选择比较讲究,他们懂得砍斫器多用变质石英砂岩(经高压高温变质而成,质地坚硬),而尖状器多用脉石英(即块体石英)和水晶(即结晶石英)。由此可见,北京猿人对岩石的性质已经具有一定的理性认识了。

第五,语言成为当时"人际知识"的重要载体和认知内容。恩格斯指出:"语言是从劳动中并和劳动一起产生出来的。"[40]北京猿人已经具备了从事复杂劳动的能力,他们以血缘家庭为单位来组织社会生产与生活,从而出现了人类第一个社会组织形式,这些社会现象的产生如果没有语言的协作,简直是不可想象的。但是,语言有无声语言和有声语言的区别,有人通过建立尼安德特人的声道模型,进行了尼人的发声实验,结果表明,"直到尼人时期,人类才具备了初级的语言能力"[41]。这个实验同时排除了北京猿人具有"有声语言"的可能性,有人从生理解剖学的角度考察了人类声道角的进化历史,认为人类的声道角远比猿类为小,一般而言,猿类的声道角为142°,尼安德特人的声道角进化为139°,虽然10万年前的克罗马农人的声道角已经减小到109°,但仍然跟现代人的声道角相差10°,所以,"从发音器官的生理解剖资料来看,人类形成发达的有声语言是相当晚的"[42]。据此,我们说,即使北京猿人已经有了语言,也只能是"无声语言",包括手势、体态、面部表情、器物装饰、舞蹈等。我们认为,人与动物的区别不在有无语言,而是能否制造工具。从有语言到会制造工具,期间尚存在着很大的距离。恩格斯曾经说过:"我们并不想否认,动物具有有计划的、事先经过考虑的行动方式的能力。"[43]又说:"整个知性活动,即归纳、演绎也还有抽象……对未知对象的分析……综合……以及作为二者的统一的实验……是我们和动物所共有的。"[44]这表明,动物不仅有语言,而且在特定的情况下也有思维。可见,动物语言与人类语言仅仅是程度的差别,用美籍教授王士元先生的话说,就是动物只是"有很简单的语言"[45]。而人类语言在完备的有声语言产生之前,其实他们相互交流的方式主要是依靠"无声语言"来完成的。"当时的语言尽管还不完善,甚至表达意思时还需要用手势来帮助,但毕竟是有了语言。而且我们不能把他们的语言看得过于简单,甚至说它只有很少的简单音节。因为北京人离开他们的动物祖先已经相当遥远,他们在行为上已经成为真正的人了。"[46]

第三节　山顶洞人

山顶洞人文化是代表河北地域旧石器时代晚期具有最高水平的遗址文化,它们从人类体质、生产工具以及经济结构、社会组织和巫术信仰等多方面展现了人类历史进步的里程,在一定意义上说,它们不仅反映了河北地域科学文化在当时所达到的历史高度,而且是全面反映我国晚期"智人"社会发展面貌的最大信息库和资料源。

一、山顶洞人的石器制作

山顶洞人生活的年代距今有1.1万~2.7万年。在山顶洞人所打制的石器产品中,最具有特色的同时也能代表其最高技术成就的石制品,是那些形状各异、用于装饰的小石珠与有孔的小石坠。

小石珠共有7颗,原料为白色石灰岩,形状不规则,大小相当,最大的直径为6.5毫米,孔眼由一面钻成,经过细心磨制,珠表面还被赤铁矿粉染成红色;小石坠则利用黄绿色岩浆岩小砾石制成,两面扁平,一面经过磨制,中央对钻成孔,显示了山顶洞人高超的磨制与钻孔技术[47]。

由于山顶洞人已经将北方旧石器时代的小石器文化推向了最高峰,所以,聪明而智慧的山顶洞人开始重点发展石器之外的骨角器制作技术。李根蟠先生说:"作为新石器时代石器制作工艺时代标志的磨制与钻孔技术,最早出现在旧石器中晚期的骨器的制作上,以后才被用于石器制作。"[48]早在北京猿人遗址中就曾出土了一些带尖的鹿角,可能是挖掘工具,而截断了的粗壮坚硬的鹿角根,则是当作锤子使用的[49]。无独有偶,山顶洞遗址亦出土了 1 件鹿角器,那根鹿角本来有两个分枝,有 1 枝被人为地截去了一大段,留下一小部分;另一枝则被人为地完全截去,并把截去的痕迹磨平,成为 1 根长而微弯的棍棒,上面经过刮磨而刻着弯曲或平行的浅纹道[50]。不过,根据山顶洞人的生产和生活实际,这件鹿角器与其说是"一根长而微弯的棍棒",倒不如说是一把很不错的骨锤,用它来敲击骨材和加工骨饰品是非常合适的。与这件骨锤相配合,山顶洞遗址还出土了一件骨砧。这件骨砧是用鹿下颚骨做成,其制作方法是:先将鹿下颚骨的前后端全部用锤子敲去,只留下中间的大部,然后再用砥石刮削和磨光。

二、山顶洞人的原始生产和生活方式

山顶洞下室所埋藏的三个头骨分属于一位老年男性,一位青年女性和一位中年女性。这种现象固然说明了女性在当时享有比男性更加优越的社会地位,然而,我们还应该想到这样一个事实:随着狩猎经济的发展,青壮年男子在集体狩猎行动中充当着越来越关键的角色,甚至在某种意义上狩猎本身就是由他们扮演的"独角戏"。虽然在个别原始民族中,女子也参加狩猎活动,但对她们来说,狩猎并不是经常性的活动。如澳大利亚对男性成员有所谓"儿童集团"与"成年集团"的区分。而从儿童集团转到成年集团须忍受"成丁礼"这种故意折磨人的仪式,包括打掉牙齿、施行割礼等,从整个仪式看,"成丁礼"的主要目的有两个:一是学习狩猎技术,二是取得婚娶的资格[51]。我国台湾的高山族也有类似的仪式,如高山族中的蒲嫩人和朱欧人,男子 17～18 岁熟习农耕和狩猎即被认为取得成丁资格。而阿眉人和派宛人的男子,15～16 岁时编入少年组,经过系统的、有组织的狩猎训练之后,方可加入青年组,即为壮丁,从而取得入赘的资格[52]。由于在狩猎过程中,猎人跟野兽处于相互仇恨的状态,而疯狂的困兽必然会增大猎人的伤亡程度,在这种生产方式下,男子肯定比女子付出的要更多,这大概就是山顶洞人出现女性多于男性的原因之一。也正因为这个原因,女子才备受男子的崇敬,马克思和恩格斯指出:人们在进行物质生产的同时,也进行着人口的生产,而且"每日都在重新生产自己生命的人们开始生产另外一些人,即增殖"[53]。在原始人类看来,人口再生产不仅仅是家内的事情,而且是关系着整个部落生存与繁衍的大事。当然,在人口再生产的过程中,女子则肯定比男子付出的要多得多,如山顶洞遗址中发现有尚未出生而死于母腹的胎儿遗骨即是一个典型的例证。

恩格斯指出:"从采用鱼类(虾类、贝壳类及其他水栖动物都包括在内)作为事物和使用火开始。这两者是互相联系着的,因为鱼类食物,只有用火才能做成完全可吃的东西。"[54]根据山顶洞遗址出土的鱼骨化石来判断,当时山顶洞人在狩猎之外,也以渔猎为业,《尸子》卷上《君治》云:"燧人之世,天下多水,故教民以渔。"这个记载很可能反映的是山顶洞人时代的生活现实,且根据山顶洞发现的一条青鱼上眶骨化石,研究者测算其长约 0.8 米,由此可以想象,山顶洞人不仅能捕捞体型小的鱼,而且也能捕捞体型较大的鱼,而捕捞体型较大的鱼单靠一双手是不行的,因此,山顶洞人必然发明了骨制的鱼叉和"作结绳而网罟"了。对于山顶洞人来说,渔猎是他们独立发展起来的一种新兴产业,是建立在应用火这种生产力基础上的一种新的生产。在周口店外围的池塘里,生活着青鱼(鲩鱼)、海蚶及蚌等水生物,为了捕鱼,山顶洞人可能已学会泅水,学会了在水中捕鱼。从民族学的材料看,捕鱼最初是手抓、石掷、棍打。一般木棍发展为尖头木棒,亦可称做鱼叉[55]。而为了使鱼类真正变成于人体有益的美食,山顶洞人对其进行必要的火炙和烧烤,故《韩非子》卷 19《五蠹篇》才有"钻燧取火,以化腥臊"的记载。这种从陆上觅食到水中捞食的发展,说明了人类生活领域的进一步扩大与拓展,它为人类在生产与生活方面向更高阶段跃迁提供了一个更加广阔的历史平台。

山顶洞人的生活并不是杂乱无章的,它呈现给我们的是一种既讲分工又讲合作的社会生活面貌。正如上面生活假想图所勾画的那样:妇女们手持骨针用兽皮缝制衣服,中年男子中有的用火烧烤食物,有的正背着猎物归来,而年长者正负责向人们传授打制石器的技术,争强好胜的孩子正在帮大人把那些带孔的小石珠、兽牙、鱼骨等饰物穿起来,真乃一派共同劳动,共同分配食物的原始共产制生活景象。那时,在氏族组织中,"采集主要由妇女负担;狩猎以男子为主;捕鱼则根据各种不同的种类和形式在男女两性间分配。由于男女在经济上所占的比重大致相等,因而初期母系氏族制在社会领域内以男女两性的平等权利为特征。"[56]然而,从山顶洞人对年老妇女死后的埋葬规格来看,妇女们特别地受到尊重,这说明当时妇女在社会中居于崇高的地位,她们往往是氏族社会生产的组织者和领导者,氏族以母系来组成一个社会集团,以后一个或几个女儿再以同样的方式组成新的氏族集团。跟许家窑人和峙峪人不同,随着"在他们的亲属制度所承认的一切亲属之间"婚姻禁例的日渐增多,山顶洞人已经从普那路亚婚姻过渡到对偶婚,"在这种越来越排除血缘亲属结婚的事情上,自然选择的效果也继续表现出来。用摩尔根的话来说就是:'没有血缘亲属关系的氏族之间的婚姻,创造出在体质上和智力上都更强健的人种;两个正在进步的部落混合在一起了,新生一代的颅骨和脑髓便自然地扩大到综合了两个部落的才能的程度。'这样,实行氏族制度的部落便必然会对落后的部落取得上风,或者带动它们来仿效自己。"[57]先进部落究竟如何对落后部落取得上风?通常情况下,是通过商品经济与暴力对抗的形式来完成。故王玉哲先生说:"山顶洞人又发现一些异乡之物,如海蚶、厚壳蚌及鱼卵状之赤铁矿(即赭石)等。海蚶产于东南海中,厚壳蚌产于黄河以南,赤铁矿产于宣、龙地区(距周口店约有300里)。得来之法,或与他族'以物易物'交换而来,或从他族掠夺而来,想必当时已有些直接或间接的交通能力。"[58]

　　当然,山顶洞人的社会组织正处于母系氏族社会的鼎盛期,其内部的氏族分化已临界由母系向父系转变的关节点。由母族到女儿族,女儿族否定旧的母族而形成新的母族,经过几个否定的过程之后,量的积累(包括农业的出现、畜牧业的形成、争斗成为社会生活的重要手段等)使得原来的母系氏族组织再也无法支持社会发展的必要生产资料时,男子的社会地位须要上升到对氏族生存具有决定性意义的地位,特别是战争的经常发生,男子的体力在当时显然是取得胜利的基本前提。

第四节　新石器时代主要遗址及社会特征

一、南庄头文化发展状况和特点

　　南庄头遗址位于徐水县南庄头村东北约2公里,地处华北平原与太行山相交接的边缘地带,东、西、南环以萍河、爪河、瀑河,距今10 500～9 700年,是我国北方地区第一次发现地层清楚、年代最早的新石器时代文化遗址,同时,这里还是我国农业文明的重要发源地之一。

　　南庄头遗址的最大收获之一就是发现了20多片陶片,它的发现使中国发明陶器的历史至少向前提早了3 000年。恩格斯在《家庭、私有制和国家的起源》一文中把陶器的发明看成是"野蛮时代"的起点,而一般考古学家把陶器作为划分旧、新石器时代的一项客观标准。诚然,中国陶器的发现,南庄头遗址不是最早的,在它之前,阳原县泥河湾地区的旧石器遗址中已出土了陶片。但南庄头遗址所出土的陶片能比较清楚地显示出远古人类制陶的过程,他们不仅是用泥巴捏,而且是一片一片贴塑成型的。这个事实与摩尔根在《古代社会》一书中所说的情形略有区别,说明陶器的起源具有多元性和区域性。摩尔根说:"古奎是九世纪最早提出陶器发明的第一个人,即人们将粘土涂于可以燃烧的容器上以防火,其后,他们发现只是粘土一种可以达到这种目的。因此,制陶术便出现于世界之上了。"从南庄头遗址发现的陶片看,"人们将粘土涂于可以燃烧的容器上以防火"的行为是后发的和次生的,原生的陶器应是人们偶然发现经火烧过的泥巴非常结实坚硬,从而,有人就尝试用它捏制成器皿,以盛装那些狩猎用的石镞或骨镞,偶尔也盛水。如南庄头遗址出土的陶器就伴有骨镞及骨锥一类的器具,即表明陶器跟狩猎用的骨镞之间一定存在着某种关系。后来,人们发现泥土经过水浸泡以后,很容易断裂。于是,他们便在泥土中羼入砂子或云母,这样烧制成的泥质夹砂或夹云母灰陶和红陶,其耐火性和保水性都大大增强。如南庄头遗址所发现的陶片有被火烧的痕迹,证明此类陶器应是烹调炊煮器类,而勉强可以辨别的器形也的确只有平底直口或微折沿的罐类和钵。南庄头遗址出土的陶片以夹砂或夹云母灰陶为主,其烧成温度不高,胎壁厚约0.8~1厘米,质地疏松,颜色亦不纯,显示了它的原始性。

南庄头遗址所出土的遗物中以石磨盘和石磨棒最具特色。据研究,出土的石磨盘和石磨棒虽已残缺,但明显看出是先民们用来磨制加工食物用的。那么,南庄头人用石磨盘和石磨棒来加工什么食物呢? 是谷物还是坚果? 抑或兼而有之。首先,经孢粉分析,草本植物花粉中以蒿属和禾本科为多,其百分含量超过80%,共有20个科属,其中禾本科花粉颗粒大小多为20~30微米,并伴有成堆出现的现象,很像栽培作物谷子的花粉,然而,由硅酸体分析知,谷子属黍亚科,代表性的细胞硅酸体应为哑铃型,但遗址中所见哑铃型很少见,所以成堆的花粉则又有可能是其他野生禾草类而不是谷子花粉[59],如此一来,加工谷物就不能定性了。其次,遗址中还发现了一些野生坚壳果实植物的种子,如板栗、榛、栎等。据《中药大辞典》载:榛,属落叶灌木或小乔木,果实坚小近球形,内含碳水化合物、蛋白质、灰分等,有止饥的功效,可食用[60];中国板栗,分北方栗和南方栗,果实坚小,果肉糯生,适于炒食;栎,果实为坚果,顶端圆,耐寒性强,适宜于各种土壤栽培,果实含淀粉50%以上,可食用或酿酒。在冬季食物相对短缺的情况下,上述坚果可作为南庄头人的口粮,而磨棒和磨盘可用来加工这些坚果。比如,现在南非的布须曼人仍然保留着这种生活方式。至于南庄头人则很有可能是既用来加工早熟禾亚科植物,又用来加工坚果,因而使他们的物质生活有了相对可靠的保障。

南庄头遗址出土了一些骨锥、角锥等骨角器及人工凿孔的木棒、木块,这种工具组合说明狩猎在南庄头人的经济生活中还占有一定的比重。骨锥1件,锥尖略有残缺,长11.5厘米,是用鹿砲骨削磨而成,甚为精致;角锥1件,是用鹿角枝前端砍削而成,据马鹿的七枝鹿角研究分析,当时南庄头人砍削角锥的部位,主要是截取鹿角尖;而出土的一段木棒残长8厘米、直径3.5厘米、孔径1.3厘米,其另一面留有因捆绑而形成的凹槽[61],笔者猜想,这根木棒似为做弓用的木材,至于骨锥则多为狩猎用的箭头,可能亦用来刺杀动物的外皮,或用它去挖掘植物的块根。有意思的是在有草木灰堆积的一条小灰沟里,人们发现了三支有意识掩埋起来的保存较完整的鹿角,但大多数骨头都被砸碎,且个别骨头有被烧烤和切割的痕迹,这些现象说明,南庄头人在狩猎之后,通常把狩猎的动物带到这些沟里,在经过适当的剖割与烧烤后,就地食用。

综上所述,我们不难发现,虽然南庄头人已经开始使用陶器,但就其普遍性而言,骨器应是代表其手工制作技术的基本生产工具,它反映了南庄头人的经济性质还是采集—狩猎型而不是耕种型的。如果说南庄头人已经开始学会加工谷物,那么,他们顶多是将野生的早熟禾亚科植物的果实进行粗加工,成颗粒状,以备做熬煮粥浆的原料。所以,那些谷物大概尚处在由野生向人工种植的驯化过程中。

二、南杨庄文化时期的经济生活概貌

南杨庄遗址(C14测定,距今5400年±70年)位于正定市南杨庄村北的卧龙岗上,距正定城15里,这里在五千多年前应是一个面大势高的台地或土丘陵地带,它的北面有滹沱河流过,西北面分布着比较茂密的针叶阔叶林,其林木资源主要有油松、桦、榆、栎和桑,草木植物则主要有蒿、菊科、禾本科等,野生动物多鹿、獾、野猪。有研究者认为,距今6 000~5 000年为波动降温期,在这一时段的距今5 500年左右,我国北方地区普遍出现过落叶阔叶林一度减少,寒温性和温性针叶树种增加、海平面下降等现象[62],但据南杨庄遗址出土的陶家蚕蛹知,南杨庄人早在五千多年前就开始饲养家蚕了。而家蚕生活的适宜温度在20~30℃之间,发育湿度为75%~80%,由此可见,南杨庄文化正处于"仰韶温暖期"的初期。

作为新石器中、晚期文化的一种类型,南杨庄遗址的出土物以陶器碎片为最多,计有26 868片[63]。经初步认定,在能够看出大体轮廓的器形中,以碗和钵居多,这反映了南杨庄人的基本物质生活面貌和人口再生产能力的提高。根据复原的情况,其碗的形制为敞口,圆底,腹或深或浅,有的在腹上部绘平行斜线的三角形或正倒空心。而钵的形制则为敛口,以圆唇为主,多平底,腹部分三型:弧腹、浅腹、圆鼓腹。需要特别关注的是,无论碗还是钵,都出现了一种"红顶式"的器制,它的特点是"上红下灰"或上下皆为红色,然其着色深浅不一,层次分明。

碗和钵之外,尚有少量的鼎与壶、瓶等炊饮陶器。鼎多仅存口沿或足部,而比较完整的鼎仅发现两件,两件鼎的共同特点是敞口,折沿,圆唇,其中一件颈内收,鼓腹,圆底,三足残去,只存足根;另一件则敛颈,腹较前件瘦而深,足虽下半部残去,但从现存部分看足的正面有一条纵沟,足与腹连接处有若干个手捏的圆窝。瓶和壶各存一件完整品,其陶瓶为厚唇,细长颈,腹中部外鼓,下部作反弧形内收,小平底;而陶壶为敛口,折唇,细颈,圆鼓腹,平底微内凹。就整体的陶器器形而言,南杨庄文化与磁山文化的显著变化就是炊煮类的陶器数量增加较多,而罐和盂的比例有了明显地减少。盂的个体较碗和钵大许多,其容量也至少大 2～3 倍。这种差别可能跟两者的饮食方式有关,磁山人可能采取合餐制,而南杨庄人则大概采取分餐制。至于为什么南杨庄人采取分餐制而不再使用合餐制,其主要是因为人口数量有了增加,而合餐制已经不能满足人们对饮食本身的客观要求了。由于一人一碗或一钵的分餐制,既卫生又方便,故几千年来一直是海河域广大城乡人民普遍采用的一种饮食方式。

生产工具主要有骨器和石器。骨器发现不多,共计 57 件,器形有骨锥、骨铲、两端器、骨镞、骨匕、鱼叉及骨针等。骨铲是用兽肋骨磨制而成,其中有一条是用牛肋骨制成。牛主要指生活于北方的黄牛,它在我国的起源是很古老的,如张家口阳原泥河湾及北京周口店猿人遗址都曾出土过野牛化石,距离南杨庄遗址比较近的磁山遗址也出土了野生短角牛的骨骼,但没有发现用牛肋骨磨制的骨铲,所以,南杨庄遗址所发现的牛骨铲,就具有了特定的经济和巫术意义,值得深入研究。现在我们则更关心诸如两端器、骨锥、骨匕等这些工具的用途和意义,一般认为,两端器、骨锥和骨匕在远古时代首先是被用来加工、处理野生动物的皮和肉,后来才随着劳动对象的不断扩大而用作渔猎工具,但在生产实践中却并没有失去加工、处理野生动物皮肉的作用。其主要依据是:南杨庄人的渔猎工具不仅有两端器、骨锥等这些辅助性工具,而且亦有专业性较强的鱼叉,同时伴有用于狩猎目的之骨镞的发现。这个事实表明,南杨庄人的经济生活似乎还没有完全脱离对狩猎经济或渔猎经济的依赖而进入以作物种植为主的农业社会,这是因为他们的石制工具还无法跟农业经济时代的前进步伐相适应,不能进一步提高粟作物的劳动生产率,因而他们的粟物收成可能还不甚富裕,还不能满足整个氏族成员对谷物消费的社会需要。

注　释:

[1]　谢飞:《河北旧石器时代晚期细石器遗存的分布及在华北马蹄形分布带中的位置》,《文物春秋》2000 年第 2 期。

[2]　贾兰坡:《泥河湾期的地层才是最早人类的脚踏地》,《科学通报》1975 年第 1 期。

[3]　谢飞:《泥河湾:构筑中国历史基本框架的支柱——纪念苏秉琦先生逝世六周年》,《文物春秋》2003 年第 3 期。

[4][5]　谢飞、李君:《马圈沟遗址石制品的特征》,《文物春秋》2002 年第 3 期。

[6]　尤玉柱等:《泥河湾组旧石器的发现》,《中国第四纪研究》1980 年第 5 期。

[7]　侯亚梅等:《东谷坨石核的命名与初步研究》,《人类学报》2003 年第 4 期。

[8]　贾兰坡:《中国的旧石器时代》,《科学》1982 年第 7 期。

[9]　木子:《记载人类连续文化的遗址》,《新华网》2000 年 1 月 2 日。

[10]　郑世繁:《外国人何以倾情阳原县泥河湾》,《新浪读书》2005 年 7 月 5 日。

[11][12][13]　达尔文:《人类的由来》上册,商务印书馆 1997 年版,第 274,240,242 页。

[14]　林耀华:《原始社会史》,中华书局 1984 年版,第 54 页。

[15]　顾颉刚:《古史辨自序》(下),河北教育出版社 2002 年版,第 634 页。

[16]　徐宗元:《帝王世系辑存》,中华书局 1964 年版,第 2 页。

[17]　裴文中:《龙骨山的变迁》,《裴文中史前考古学论文集》,文物出版社 1987 年版,第 197—199 页。

[18]　黄宇一:《回顾:古人类与旧石器考古百年》,《光明日报》1999 年 11 月 15 日。

[19][20][23]　张之恒等:《中国旧石器时代考古》,南京大学出版社 2003 年版,第 211,213,211 页。

[21]　白寿彝:《中国通史·第二卷》,上海人民出版社 1996 年版,第 16 页。

[22]　贾兰坡:《关于中国猿人的骨器问题》,《考古学报》1959 年第 3 期。

[24]　王兵翔:《旧石器时代考古学》,河南大学出版社 1992 年版,第 79 页。

[25]　宋兆麟等:《中国原始社会史》,文物出版社 1983 年版,第 94 页。

[26]　马龙:《猿人是怎样点燃文明之火的》,《博派论坛》2006—04—18。

[27][46]　贾兰坡:《北京人》,中华书局 1983 年版,第 66,56 页。

[28]　唐启宇:《中国农史稿》,农业出版社 1985 年版,第 6 页。

[29][30]　摩尔根:《古代社会·上册》,商务印书馆 1997 年版,第 19,19 页。

[31]　刘泽纯:《北京猿人洞穴堆积反映的古气候变化及气候地层上的对比》,《人类学学报》1983 年第 2 期。

[32][33][36]　张之恒等:《中国旧石器时代考古》,第 136,136—137,266—267 页。

[34]　林耀华:《原始社会史》,中华书局 1984 年版,第 83 页。

[35]　《列宁选集》第 3 卷,人民出版社 1995 年版,第 116 页。

[37][39]　贾兰坡:《中国猿人不是最原始的人》,《新建设》1962 年第 7 期。

[38]　中国社会科学院考古研究所:《新中国的考古发现和研究》,文物出版社 1984 年版,第 8 页。

[40][43][44]　恩格斯:《自然辩证法》,人民出版社 1984 年版,第 298,303—304,112 页。

[41][42]　李景源:《史前认识研究》,湖南教育出版社 1989 年版,第 85,84 页。

[45]　王士元:《语言学论丛》(第 11 辑),商务印书馆 1983 年版,第 111 页。

[47]　吕遵谔:《山顶洞人》,《探索发现》2002 年 6 月 25 日。

[48][51][52][55]　李根蟠等:《中国原始社会经济研究》,中国社会科学出版社 1987 年版,第 190,302,305,68 页。

[49]　贾兰坡:《关于中国猿人的骨器问题》,《考古学报》1959 年第 3 期。

[50]　郭沫若:《中国史稿》第一册,人民出版社 1976 年版,第 26 页。

[53]　《马克思恩格斯选集》第 1 卷,人民出版社 1973 年版,第 33 页。

[54][57]　《马克思恩格斯选集》第 4 卷,人民出版社 1972 年版,第 18,42 页。

[56]　林耀华:《原始社会史》,中华书局 1984 年版,第 192—193 页。

[58]　王玉哲:《中华远古史》,上海人民出版社 2003 年版,第 37 页。

[59]　李月从等:《南庄头遗址的古植被和古环境演变与人类活动的关系》,《海洋地质与第四季地质》2000 年第 3 期。

[60]　《中国大百科全书·农业》,中国大百科全书出版社 1998 年版,第 527—529 页。

[61]　徐浩生等:《河北徐水县南庄头遗址试掘简报》,《考古》1992 年第 11 期。

[62]　王星光:《中国全新世大暖期与黄河中下游地区的农业文明》,《史学月刊》2005 年第 4 期。

[63]　河北省文管所:《正定南杨庄遗址试掘记》,《中原文物》1981 年第 1 期。

第二章　原始农业科技

早在 200 万年以前,河北地域内就有了人类活动。随着母系氏族社会的发展,在长期与大自然搏斗的生存过程中,原始农业的发展从采集、狩猎到刀耕火种,经历了漫长的过程。一般认为,原始农业起源于 1 万年之前,大体与考古学上的新石器时代相伴生。农业的起源是"人类发展史上的一个极具重要的转折点和里程碑。如果没有农业的起源,人类至今仍然在森林或洞穴过着狩猎、采集生活,不可能进入以后经历的各个社会阶段。"[1]

原始农业基本利用自然力而自发进行产品生产,主要是自给自用(劳动者自己及家庭)的初级农业。其特征是以木质和石质的生产工具,实行粗放的刀耕火种撂荒耕作制度。广泛使用砍伐工具,从事简单的协作集体劳动。这种耕作方法称之为火耕法。经考证,武安磁山人的农耕生产已经达到了较高水平,石制农具多种多样,粮食有了剩余,它为私有制的产生和阶级的出现创造了条件。

第一节　原始耕种和喂养技术的产生

原始农业发生前,先民经历了漫长的以采集和渔猎为主要手段的经济生活模式。原始农业的发生始于对野生动植物的驯化,大体与考古学上新石器时代相伴生。原始农业的发生有两个原因:一是在对自然界采集现成的食物,不能满足人类生活最低需求,迫使人类模仿自然界来种植植物;二是原始先民在长期采集过程中积累了植物学有关知识。对植物的生长、发育、繁殖等自然现象已有了较多的认识,对于哪些野生植物能吃,哪些不能吃积累了较多的经验,这就使先民们有可能模拟自然来试种,由无意识逐步发展到有意识。经过无数次失败与成功的反复,先民们终于学会了种植方法。并将野生植物逐步驯化成了栽培植物。如《新语道基篇》说:“于神农……乃求可食之物,尝百草之实,察酸苦之味,教民食五谷。”《淮南子、修务训》说:“神农尝百草之滋味,水泉之甘苦,令民知所辟就,当此之时,一日而遇七十毒。”可见孕育原始农业的艰苦历程[2]。

从河北地域新石器时代古人类遗址看,太行山东麓,滦河、桑干河、壶流河流域,水源充足,木草繁茂,动物又多,利于古人类借助自然生息发展[3]。由北京东胡林遗址,转年遗址所发现的热带和亚热带动植物骨骼或炭化物可知,大约在距今 8 500 年前,门头沟一带是一片茂密针阔混交林。由镇江营一期及上宅文化,易县北福地一期文化的考古遗址可知,在距今 8 000 年前,房山、易县一带地区,生长着茂密的森林。大约到距今 7 000 年前,华北地区气温突变,河北平原的湖泊地逐渐变为陆地,并且相互连接为一片森林,草原景观,如徐水南庄头文化和磁山文化所展示的就是这样森林、草原景观。由正定南杨庄文化遗址发现的动植物遗物可知,大约在距今 5 000 年前,正定一带地区分布着茂密的针阔叶林。徐水南庄头人遗址,西邻太行山,东靠白洋淀,水源丰富、地势开阔,林木及水草资源丰富。武安磁山遗址西依太行山余脉红山,东邻鼓山,位于南洺河北岸的河旁高台上,四周丛林密布、而河旁山地林木稀疏、河流水量丰富。上述地区的自然环境为采集、渔猎提供了方便的条件,并为原始农耕和喂养技术的产生及原始农业的出现提供了先决条件。从而可以看出,原始农业是在采集和渔猎经济基础上逐步发展起来的,种植和养殖是原始农业的基本内容。其基本特征是:生产工具以石质和木质为主,刀耕火种,实行撂荒耕作制,种植、畜牧和渔猎并存。先民们使用木、石、骨等材料制成的农具,有翻土用的耒、耜和收获用的石镰刀,在不懂得施肥、翻地、锄草的条件下,改造自然的能力很低,土地利用的时间是很短暂的,一两年后只能撂荒,另辟新地。这种耕作方法称之为火耕法。

第二节　原始锄耕技术的出现

旧石器时期的“北京人”群居在采猎资源比较丰富的丛林区,近水资源的山洞或靠山的河、湖两岸,经常迁徙,相互协作共同进行采集和渔猎活动,平均分配劳动成果。到了新石器时期,在位于河北南部沿太行山东麓,南起漳河,北达易水,华北平原边缘的狭长地带的徐水南庄头遗址、武安磁山遗址、北福地遗址,先民们在靠近水源,土质疏松富有肥力,易于耕种的黄土台或小丘岗地带定居,除采猎外,已有较发达的耜耕农业和畜牧业。在距今四千多年前的龙山文化时期(分布于今邯郸、石家庄、蔚县、赤城、唐山等地),人们开始对河流泛滥和洼地积水进行原始治理,并扩大居住和种植、饲养地域,向比较低平地区发展,逐步形成河北地域北部地区以游牧为主的农牧结合生产方式和河北地域南部地区以定居村落为基点的农耕生产方式。

当时,农业生产工具有了进一步改进和提高,从考古发掘的农业生产工具来看,当时河北地域的农作物种植工具、收割工具、脱粒粮食加工工具已一应俱全。姜家梁遗址有石斧、磨盘、磨棒;南庄头遗址有石锤、磨盘、磨棒。邯郸武安磁山出土的有石斧、石铲、锛、石镰、石刀、石磨、磨棒(图 1 - 2 - 1);这些工具在张家口、承德地区等多处亦均有发现。张家口贾家营、怀来马站出土的单孔石刀、石刀、蚌刀;正定、乐亭黄坨出土的石镰;定县出土的石镰、石斧,从唐山大城山遗址发掘数十种磨制、打制石器(图1-2-2、图1-2-3)[4];由邯郸涧沟遗址出土石器(图1-2-4)1、2、7石斧,3、6石刀;4、5、8石凿;并出土镞(图1-2-5)1-3、8石镞,4、7骨镞等农业生产工具来推知,那时的涧沟人已懂得锄耕农业了,这是农业文明的巨大进步,随着锄耕农业、畜牧业、大禹治水(始于冀州,由利用自然到改造自然)产生,农业生产

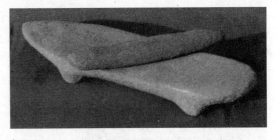

图1-2-1　武安磁山出土的石磨、磨棒

力得到了进一步发展,农产品逐渐有了剩余,这就为私有制的产生和阶级的出现创造了物质条件。

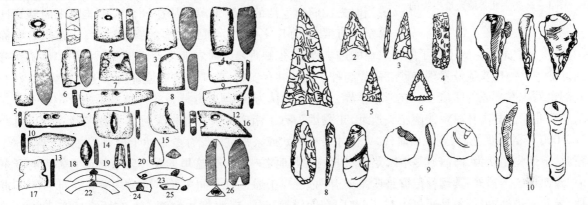

图1-2-2　唐山大城山遗址发掘磨制石器　　　　图1-2-3　唐山大城山遗址发掘打制石器

(**磨制石器:**1双孔石斧;2扁平穿孔石斧;3扁平石斧;4-5柱状石斧;6石凿;7-8石锛;9穿孔石铲;10-12、16穿孔石刀;13半月形石刀;14-15穿孔石铲;17束腰式石铲;18-20石镞;21、22、24石環;23、25石环(佩饰);26、石矛。**打制石器:**1-3、5、6燧石镞;4燧石叶;7燧石钻;8燧石刮削器;9燧石片。)

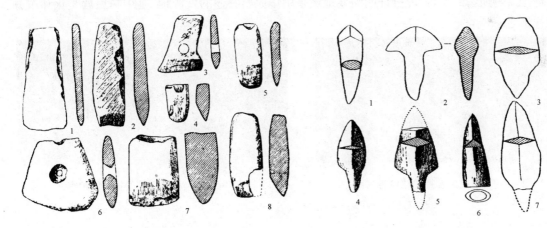

图1-2-4　邯郸涧沟遗址出土的石器　　　　　　图1-2-5　邯郸涧沟遗址出土的土镞、骨璇

北福地一期遗址出土了耜(图1-2-6),标志着原始锄耕农业的出现。耜,在古代是一种曲柄起土的农具,即手犁。其形制为扁状尖头,后部有銎,用以装在厚实的长条木犁上,《国语·周语中》云"民无悬耜,野无奥草"。韦昭注:"入土为耜,耜柄为耒。"根据民族学的材料推知,耜柄与耜头连接处应有一段短木,末端安横木,使用时,手执横木,脚踩耜头短木,使耜头入土而铲土。

石耜的出土说明当时的北福地人已开始在农业生产中推行耜耕技术了,一般说来,经过耜耕的土地,土质结构疏松、肥沃,可以增强耕作效果,提高农作物的产量,石耜的出现标志着北福地人经济生活又跃上了一个新的历史台阶。

随着生产工具的不断改进,农业生产水平又有了新的提高。据考古发现,徐水高村乡南庄头遗址有人工凿痕迹的木棒、木板;有鸡、鹤、狼、狗、家猪、马鹿等多种动物骨骸,还有植物的种子,加工谷物

图 1 - 2 - 6　北福地遗址出土的
耜(中)、斧等石器

的石磨盘、石磨棒[5]，说明当时已有了最原始的谷物农作和原始畜牧业，因而这里也就成为河北地域早期农业部落。在距今约有7 000～8 000年之时，磁山文化遗址中，发掘出储粮窖穴多处达189个，窖壁垂直，窖深度为2～3米，可见在当时利用石斧、石铲、木来挖掘是何等困难(图1 - 2 - 7、图1 - 2 - 8)。窖中发现了已经炭化的粟，结合多处房屋建筑发掘，证明磁山原始先民已开始了相当稳定的定居生活，开创了种粟的新纪元。由自然采食发展为以农业经济为主，驯养少量畜禽和渔猎的生活方式。这是人类经济生活的一项巨大变革，也是中华民族逐步走向文明的一个重要里程碑。粟已成当时先民们为生活的主要来源。从遗址窖穴中粟粉末的储量计算至少有粟10万斤之多[6]。如此之多的窖贮粮食，这在当时堪称中国、世界之最！它既说明了原始农业的进步程度，也映现出当时农业生产规模和原始的集体协作劳动。徐水县南庄头遗址发现夹砂红陶片与种子仁的共存实物，镇江营一期遗址所出土的部分钵、盆的底部也发现有粟壳的印痕[7]。在考古学界，多数学者认为，我国北方粟谷的种植最早始于距今1万年前的河北徐水县高林村乡的南庄头遗址，正是因为有了南庄头人对种植粟物的实践经验，所以，再经过2 000年的发展之后，到磁山时代，人们才会在窖穴或祭祀坑中储存数量达十余万斤之巨的粟粒[8]。藉此，卫斯先生认为，海河域是中国粟作农业的发源地之一，后来，这里的粟作除直接向它邻近的晋东南、豫西地区传播外，其远程传播路线主要有两条：一条通过冀北向东北方面的内蒙古东部、辽宁、吉林、黑龙江传播；另一条是通过山东、苏北向东南沿海传播，以至抵达台湾[9]。在距今约有7 000～8 000年之时，磁山文化遗址发掘出储粮窖穴100多处，且遗址窖穴中粟粉末的储量计算达粟10万斤之多[10]。如此之多的窖贮粮食，是那个时代中国、世界之最，它既说明了原始农业的进步程度，也映现出当时农业生产规模。磁山文化是新石器时代的一个新的文化类型，磁山文化的丰富内涵，以及徐水县南庄头遗址多种遗物的发现，充分证明河北地域是中华原始农业的发源地，是中华民族文化和东方文明的发祥地之一。

图 1 - 2 - 7　武安磁山发掘的储粮窖穴图

图 1 - 2 - 8　武安磁山发掘的储粮窖穴

注　释：

[1]　卢嘉锡：《中国科学技术史·农业卷》，科学出版社2000年版，第4页。

[2]　中国农业博物馆农史研究室：《中国古代农业科技史图说》，农业出版社1989年版，第7页。

[3]　河北省社会科学院：《河北简史》，河北人民出版社1990年版，第2页。

[4]　河北省文物管理委员会：《河北唐山大城山发掘报告》，《考古学报》1959年第8期。

[5]　保定文物管理所：《河北徐水南庄头遗址试挖掘简报》，《考古》1992年第11期。

[6][8][10]　佟伟华：《磁山遗址的原始农业遗存及其相关问题》，《农业考古》1984年第1期。

[7]　北京市文物所：《镇江营与塔照》，载《北京考古集成》卷10，北京出版社2000年版，第42页。

[9]　卫斯：《试论中国稻的起源》，《古今农业》1994年第2期。

第三章　原始林业科技

　　河北省是中国北方的一个背山面海的省份,在漫长复杂的地质年代,形成了河北省全境地势西北高而东南低,呈西北向东南倾斜状,但大清河以南的平原则与之相反,南高而北低。史书上对河北省记述较多,如《晋书》上记载:"其地有险有易,帝王所都,乱则冀安,弱则冀强,荒则冀丰","北方太阴,故以幽冥为号"。战国时期的苏秦称颂这里是"天府百二国"。唐朝诗人杜牧也说这里是"王不得不可为王之地"。那时的河北地域,林密水丰,环境优美,气候宜人,景色秀丽,动植物品种繁多,是个富庶之乡[1]。

第一节　森林是哺育河北先人的摇篮

　　几百万年来,在劳动创造人的漫长过程中,森林为河北先人提供了基本生活条件,河北先人依靠森林的供养与庇护得以生存和繁衍,森林哺育了河北先人。

　　河北地域人类活动的历史是相当悠久的。由于旧石器时代生产力水平低,采集、狩猎、穴居和野处构成了河北先人经济活动和社会生活的特点。在距今 200 多万年前桑干河中上游地区分布着比较宽广的原始森林与草原[2]。北京周口店发掘出距今 69 万 ~50 万年的"北京猿人"化石,阳原县侯家窑发掘出距今 10 万年的古人类化石。大约在距今 50 万年前,许家窑人所生活的桑干河上游地区曾是茂密的原始森林景观。大约在距今 8 500 年前,门头沟一带是一片茂密的针阔混交林。由镇江营一期及上宅文化、北福地一期文化的考古遗址可推知,在距今 8 000 年前,房山、涞水、易县一带地区生长着茂密的森林。然而,大约到距今 7 000 年前,华北地区气温突降,河北地域平原的湖泊逐渐变为陆地,并且相互连接为一片森林、草原景观。距今 6 000 ~7 000 年前,依据平谷县上宅文化遗址的孢粉分析,该地区有松属、栎属、榆属、桦木属、赤杨属、榛属、鹅耳枥属、椴树属、木麻黄属等乔灌木树种。在距今约 5 000 年左右全新世中期是河北地域植物最繁盛期,平原的树种以栎属、榆属树种为主,兼有北亚热带的喜暖科属的栗属;山区以松属、云杉属为主。

　　《礼记·礼运》说,原始人"未有火化,食草木之实,鸟兽之肉,饮其毛,茹其血,未有丝麻,衣其羽皮";《淮南子·修务训》说,"古者民茹草饮水采树木之实";《韩非子·五蠹》也说,"古者丈夫不耕,草木之实足食也,妇人不织,禽兽之皮足衣也"。这些记述真实再现了原始人的生活,从自然环境中获取食物、衣服满足生存需要,而这些生活必需品都来自广袤的森林。由此可以看出,森林是哺育河北先人的摇篮,如果没有森林,便不会有人类的生存繁衍[3]。

第二节　森林为人类提供了生活来源

1. 森林为河北先人提供了果实

　　在磁山遗址的发掘中,出土了许多房基、窖穴、窑址、氏族墓地和农业工具、谷物及猪、狗的骨骼,及一些已碳化的植物果实,如榛子、胡桃、小叶朴等,甚至在一个窖穴的底部还发现一层厚约 20 厘米

图 1 - 3 - 1　武安磁山
发掘的核桃

的小叶朴[4]。说明全新世时期,河北地域的核桃、桃、栗、枣、杏等果实已成为先民食用、祭祀宗庙和陪葬的祭品。从磁山村遗址发掘出炭化核桃残壳,经鉴定,距今约 7 335±100 年前,属于现今的普通核桃(图1 - 3 - 1),纠正了核桃是汉代张骞通西域时传入中国的说法,将中国产核桃的记载上推早了 5 000 多年。磁山文化的发现,为它提供了来自本土的依据[5]。

2. 森林提供了劳动工具

从南庄头遗址中出土了不少兽骨、禽骨、鹿角、木炭和一些骨、角、石器(磨盘、磨棒各一件)以及少量陶片,通过对遗址出土的孢粉进行分析,发现有丰富的木本花粉(松属、冷杉属、云杉属、桦属、鹅耳枥属、栎属、榛属等 14 个类型)、半灌木和草本花粉(麻黄属、萍草属、菊科等共计 20 个类型)及 3 个类型的蕨类孢子,冀中平原分布着针、阔叶森林[6]。出土的骨、角、石器和木炭,证明当时已有了最原始的木质耕作、加工工具。

第三节　森林孕育了原始农业

大约到距今 7 000 年前,华北地区气温突降,河北地域平原的湖泊地逐渐变为陆地,形成由森林、灌丛、草原和荒漠相交混的地带。河北先民从被动的采集渔猎变为主动的种植,出现了原始的种植和喂养技术。磁山遗址的发掘可以证明,7 000 多年以前的磁山先人,已从被动的采集、渔猎等攫取性经济转变为了主动生产经济,人类的生活相对安定下来,过着以农业为主,辅以渔猎采集的定居生活。可以说森林孕育了原始农业。

注　释:

[1]　郑均宝:《河北森林》,中国林业出版社 1988 年版,第 43 页。
[2]　谢飞:《泥河湾》,文物出版社 2006 年版,第 151、153 页。
[3]　王九龄:《北京地区历史时期的森林》,载《庆祝建校三十周年论文集(第一集)》,北京林学院林业史研究室编,1982 年第 2 页。
[4]　河北省文物考古学会、河北省文物研究所、邯郸市文物管理处编:《磁山文化论集》,河北人民出版社 1989 年版,第 146 页。
[5]　郗荣庭:《关于我国核桃起源问题的商榷》,《中国果树》1981 年第 4 期。
[6]　保定地区文物所等:《河北徐水县南庄头遗址试据简报》,《考古》1992 年第 11 期。

第四章　原始畜牧科技

生活于河北地域的远古人类在为了生存而进行的渔猎活动过程中,学会了工具的使用与制作技术,伴随工具制作技术的进步,粗制石器发展到细小石器和复合工具,弓箭、网等广泛使用,鸡、猪、狗、牛、羊等被驯养成家畜,原始畜牧科技开始萌芽。原始畜牧技术的发展,扩大了河北先民的食物来源,又为人类自身的再生产提供了更加可靠的物质保障。

第一节　原始畜牧业的起源

新石器时代的徐水南庄头遗址,出土了不少动物遗骸及植物遗留。动物遗骸经社科院考古所鉴定,约分属于鸟纲和哺乳纲的9个种属,认为其中的狗和猪有可能为家畜,其余均为野生动物。野生动物中含有鸡、鹤、狼和鹿科的马鹿、斑鹿、麋鹿、麝和麅等,并以偶蹄类鹿科动物为主,在地层中还发现厚壳(珠)蚌、中华原田螺、罗卜螺、扁卷螺、鳖等水族动物[1]。上述遗存的发现,说明渔猎活动在当时的经济生活中仍然占有重要地位,同时对野兽的驯化饲养或已出现。

邯郸磁山遗址中,发现了大量的骨器和动物残骨(图1-4-1)。其中骨器有凿、锥、镞、鱼镖、匕、铲、针等;动物残骨共有116块,内有猪骨11个个体,残骨23块;狗骨9个残体,残骨18块;羊和鹿各8个个体,残骨33块;牛残骨17块,此外还有家鸡跗蹠骨13块(图1-4-2),经测定其长度稍大于现代原鸡,而小于现代家鸡,从而可判定是最早驯养的早期家鸡。饲养家畜已开始出现,从发现的猪、鹿、狗、牛、羊等动物骨骼已得到证明[2][3]。

图1-4-1　磁山出土的五种不同类型动物骨骼

图1-4-2　磁山出土的世界最早的鸡骨骼

夏鼐先生指出,河北省南部的磁山文化"已知道驯养猪和狗,可能还有家鸡"。"当然,这种文化还有它的渊源。如果我们继续探索,向上追溯,或可找到中国农业、畜牧业和制陶业的起源。"[4]从目前的考古挖掘证明,磁山出土的家鸡被认为是世界上最早的家鸡,家狗被认为是我国最早的家狗,而家猪则被认为是我国新石器时代最早的家猪,此外出土的还有可能是家牛的一种小型黄牛[5][6][7]。依据夏鼐先生的推论,向上追溯到早于磁山文化的南庄头遗址中可能为家狗和家猪骨骼的发现,证明了河北省是我国乃至世界畜牧业发源地之一,特别是磁山出土的家鸡,否定了家鸡起源于印度的学说,具有划时代的意义。

第二节　原始狩猎工具

　　原始畜牧业的产生和发展与狩猎工具的技术发展密不可分。这一时期的人类最初赖以生存的生活资料的获取,主要是依靠狩猎和采集,在劳动过程中,人类逐渐学会了使用工具,并不断对其加以改善和革新。工具的出现并不断革新使生产力得以提高,其结果是捕捉的动物越来越多,人们渐渐把一时吃不完的活野兽驯养起来以备不时之需,这样就萌发出人类初期的原始畜牧业。

　　从张家口阳原发掘的小长梁、雀儿沟等旧石器时代的遗址中,出土了大量的石器——石核、石片、刮削器(图1-4-3)[8][9]、尖状器、石球等,同时还伴有大量的动物骨骸——古菱齿象、野牛、三趾马、灵猫、羚羊、鹿、虎、鸵鸟、中华鼢鼠等,说明在旧石器时代生活在河北地域的原始人类就已开始了狩猎活动,并在此过程中大量使用了石器这一简单的工具,为提高狩猎水平奠定了基础。

图1-4-3　泥河湾旧石器时期的石片(左)、刮削器(右)

图1-4-4　虎头梁出土的刮削器图

　　在旧石器晚期,原始人类对石器工具的使用和改进有了较大进步,发展了细石器工具,如河北阳原的虎头梁(图1-4-4)一带、张北、察北牧场、沽源、易县等地均发现了属于细石器(图1-4-5)的工具,包括多角锥状石核、细长石片(石叶)、小石片、镞、投枪头等,同时出现复合工具,并已广泛使用弓箭。证明当时河北先民在石器制造方面具有了较高的技术水平,而这种从粗制石器到精细石器制作技术的进步,是原始畜牧业产生的直接推动力。磁山遗址中除了有石弹丸等石制工具外,还出现了陶制弹丸及骨制狩猎工具(图1-4-6)。由笨重的石器工具变革为轻便的陶制和骨制工具是制作技术的重大进步,当人们掌握了先进的石器工具制作工艺后,其狩猎水平无疑会有较大提高,而狩猎水平的提高,加强了人们对动物的控制能力,提高了狩猎数量,而数量的增加超出需求时,人类对野生动物的驯化随之产生。因此狩猎工具制作工艺的改进,既为提高狩猎效率奠定了基础也为初期畜牧业的发展创造了条件。

图1-4-5　易县北福地出土的细石器　　　　图1-4-6　由骨角料制作的各种工具(磁山)

第三节 原始捕捞工具

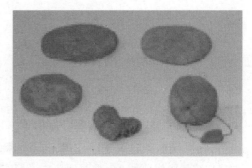

图 1-4-7 磁山出土的网坠

早在原始农业出现以前的旧石器晚期和新石器初期,河北的远古人类已将活动的领域从陆地扩展到水域,不仅能在河流湖泊中捕猎鱼类,同时在海边采集与渔猎也已经出现。距今 18 000 年前的北京周口店山顶洞人文化遗址中,发现了大青鱼化石及出产于渤海湾一带的海蚶壳,说明河北地域的远古人类已开始使用渔捞工具进行简单的渔业生产。

进入到新石器时代,河北先民在进行狩猎的同时,也在当地的水系中大量进行捕捞作业。如磁山遗址(图 1-4-7)、任邱哑叭庄遗址和滦河流域的早期文化遗存中出土了许多骨鱼镖、网梭和网坠,表明当时的捕鱼业已成为重要的经济活动,因渔业发展的要求,发明了渔网,而且由于网梭的出现,河北先民已能编织较精细的网,即能用较细的纤维编织细眼密网。人们不仅可以捕捉较大的鱼类,同时还能使用细眼密网捕捉较小的鱼类,从而使渔业生产成为补充人们生活所需的重要活动,对促进当时渔业生产的发展发挥了积极作用。鱼网、网坠等发明,代表着捕捞技术的巨大进步和创新,它改变了过去徒手捕捞或使用石器、鱼镖等工具进行捕鱼的历史,使捕捞技术进入到一个新的阶段。特别是网坠的发明与使用,使得渔网这一捕捞工具在水中的截留面积、运动速度产生了巨大变化,从而使捕捞量成倍增加,对渔业发展有划时代的意义,是人类捕捞技术发展的一个里程碑。

注 释:

[1] 金家广、徐浩生:《新石器时代早期遗存南庄头的发现与思考》,《文物春秋》1994 年第 1 期。

[2] 邯郸市文物保管所、邯郸地区磁山考古队短训班:《河北磁山新石器遗址试掘》,《考古》1997 年第 6 期。

[3][6] 周本雄:《武安磁山遗址的动物骨骼》,《考古学报》1981 年第 3 期。

[4] 夏鼐:《中国文明的起源》,文物出版社 1985 年版,第 5 页。

[5] 中共河北省委党史研究室:《河北之最》,中共党史出版社 2005 年版,第 483、510 页。

[7] 袁靖:《中国新石器时代家畜起源的几个问题》,《农业考古》2001 年第 3 期。

[8] 陈淳、沈辰、陈万勇等:《河北阳原小长梁遗址 1998 年发掘报告》,《人类学报》1999 年第 3 期。

[9] 河北省文物研究所:《泥河湾盆地雀儿沟遗址试掘简报》,《文物季刊》1996 年第 4 期。

第五章　原始陶瓷科技

　　磁山文化时期旱作农业相当发达,先民已经过上了定居生活,在与土壤不断打交道的过程中,用火经验不断丰富与发展,陶器以新型手工业制品出现。磁山文化遗址出土的陶器,以夹沙陶和泥质陶为主,多采用泥条盘筑法制作,其成形的陶器通常显得形状不规整。南杨庄"彩陶文化遗址"被看作是古代"东夷文化"的一个重要源头。曲阳钓鱼台文化遗址出土的彩陶器,陶质坚硬细腻,具有庙底沟类型彩陶的特点。黑陶文化以邯郸涧沟遗址及唐山大城山遗址最具特色,其中大城山的细泥黑陶显示了河北先民具有高超的制陶技术。正定南杨庄文化遗址出土的釉陶,被确认为原始瓷器,把我国瓷器起源前移了一千年。

第一节　原始陶器的出现

一、火的发现与利用

　　根据目前的考古资料知,大约生活在70万年前的北京猿人即已懂得利用火这种自然能源,不过,从第10层到第8层的周口店洞穴灰烬沉积看,当时北京猿人尚不知道保存火种,而当灰烬沉积达到6米厚时,我们就可以肯定北京猿人在那个时候已经懂得保存火种了。也就是说,当北京猿人不需要火时,他们便小心地用灰土盖上,使火阴燃,到下一次用火时再扒去灰土,添上草木,用嘴或经风一吹就能引燃。虽然,从火的发明到原始陶器的出现,还有一段相当长的距离,但是河北人的祖先通过保存火种这个具体的科学实践,必然会逐步认识到盖在火种上面的土壤有时会发生硬变现象,这种火与土的结合为陶器的出现准备了条件。

二、人类对土壤性质的认识

　　当然,并不是所有土壤都能烧制原始陶器,人类的生活实践证明,只有那些粘性的土壤才最适宜于烧制陶器。恩格斯指出:"可以证明,在许多地方,也许是在一切地方,陶器的制造都是由于在编制的或木制的容器上涂上粘土使之能够耐火而产生的。在这样做时,人们不久便发现,成型的粘土不要内部的容器,也可以用于这个目的。"[1]尽管上述发明陶器的方法,不一定就是唯一的和普遍的方法[2],可是,使用"粘土"这一点却具有普遍的意义。如众所知,沿太行山东麓的京广铁路两侧,燕山南麓的通县至唐山一线以北,在海拔700~1 000米以下的低山、丘陵、山麓平原及冲积扇上中部地带,广泛分布着一种呈粘性的褐土。而在河北地域目前已经发掘的几处较有影响的有陶新石器遗址,如徐水南庄头遗址、武安磁山遗址、北福地文化遗址、邯郸百家村遗址等,大都集中在太行山东麓的京广铁路两侧,而迁安安新庄遗址、滦平后台子遗址、迁西西寨遗址等,则主要分布在燕山南麓之通县至唐山一线以北地区。尤其值得注意的是,这些有陶遗址往往伴随有当时人类的谷物加工技术实践活动,如距今五千余年的徐水南庄头遗址是我国北方地区第一次发现地层清楚、年代最早的有陶新石器文化遗址[3],这里所出土的石磨盘和石磨棒显然是用来磨制加工食物的,只是由于受当时科技水平的局限,南庄头先民所加工的食物对象最多是一些野生的早熟禾亚科植物的果实[4],但它依然显示了那些谷物由野生向人工种植转变的驯化过程。

第二节　原始制陶技术

磁山文化遗址出土了大量陶器,反映了制陶业的发达和制陶技术的进步。正定南杨庄仰韶文化遗址出土了瓷片,则将我国瓷器的起源向前推进了一千多年。

一、磁山文化遗址出土的陶器与陶制技术

马克思说:陶器的发明,"在某种程度上控制了食物的来源,从而开始过定居生活"。在河北地域,距今约 8 000 年的磁山遗址不仅出土了 200 多件陶器,而且还发现了半地穴式房屋建筑遗存,它表明磁山先民已经"开始过定居生活",同时由 189 个窖穴数量可观的粮食堆积现象推知,磁山文化时期的旱作农业相当发达。而正是与土壤不断打交道的生产过程中,磁山先民便逐渐熟悉了粘土的粘性和可塑性,加之在用火经验长期积累的基础上,人们的控制火温与火力技术水平的不断提高,陶器自然转变成为磁山文化的新型手工业技术产品。

其中,陶盂和支架组合独具特色,是磁山文化的典型器物(图 1-5-1)。直壁筒形陶盂为 V 式夹砂褐陶,呈扁圆桶形,高 21 厘米,口径 26 厘米,口沿微侈,腹壁径直,其下部外鼓,平底,两侧有对称小钮或称堆塑饰,同时口沿还饰有 4 条并列弧线纹。目前,学术界愈来愈关注此式盂所蕴涵的文化意义,而仅就此盂本身所蕴涵的符号信息来说,其微侈的口沿可能代表"太极",两侧的对称小钮代表两仪,4 组并列弧线纹代表四季,等等。而支架的器形亦为扁圆,并呈倒靴式,下阔上敛,顶平似桃状,内半稍微有些下垂,两侧有耳,其下部中空,呈椭圆圈足。从这套炊具本身的功能并结合那种鞋底状底部有短足的石磨盘和圆柱状的石磨棒的性质来分析,磁山先民已经能够通过石磨盘和石磨棒先将粟子脱粒,然后再用陶盂熬成米粥来食用。这种饮食习惯一直沿袭至今,它说明磁山先民不仅饮食文化是科学的,而且其生活水平在当时也是非常先进的。

图 1-5-1　磁山遗址出土的
陶盂及支架

一般而言,陶器的成色有 4 种:红色、灰色、黑色和白色,而这些成色的形成主要跟土质及火候的控制程度有关。在原始生产力的条件下,古人烧制陶器多是就地取材,因其土质的矿物成分有所不同,故烧成的陶器就往往呈现出白、青、褐、棕等颜色。比如,红陶是因黏土中含铁成分较高,且焙烧时氧化成三氧化二铁,因而陶器就出现了土红、砖红或红褐色;白陶是因黏土中含有高龄土所烧制而成;黑陶则是因渗碳作用,在烧窑过程中使黏土含有了游离碳而成黑色。如果说红陶与白陶的成色差异主要在于其土质矿物成分含量的不同的话,那么,红陶与灰陶或黑陶的差异则主要在于其烧制方法的不同。由于原始的烧陶方法采用"无窑烧陶法",而这种烧陶法尚无法直接控制升温速度,尤其当周围柴草燃烧时,使陶坯直接暴露在空气中,只能保持低温(约 1 000℃以下)的氧化气氛,因此,这样烧成的陶器一般呈红色或褐色,而与草木灰接触紧密的那部分陶器则因受烟熏而成灰陶或黑陶。南庄头与磁山遗址出土的各种陶片或陶器,质地粗糙,火候较低,器表多素面,可以肯定为无窑烧成。此外,由遗址所揭露出来的草木灰层及灰坑看,这些陶片是以草木为燃料而烧成的。在人类科技发展史上,陶器是人类最早通过化学手段将一种物质(陶土)改变成另一种物质(陶器)的劳动产品,这种把天然自然改造成为我所用的人工自然的人类实践过程,真正地显示了科学技术的本质力量,是人类认识活动的一次质的飞跃。

　　磁山文化遗址出土的陶器可划分为两种类型:夹砂陶与泥质陶。其中因为夹砂陶要用作炊具,故为了增强陶器的耐热急变性能,防止陶器在烧制过程中出现碎裂现象,磁山先民在烧制前,往粘土中或砂陶的坯体内掺入细砂粒或其他羼和料如石英、砂岩、细砂和云母等。由这种夹砂陶制成的器皿,其陶胎内一般都有细孔,这些细孔具有两方面的作用:一是在炊煮时,由于水中的空气不断从细孔中逸出,因而陶器就不会破裂;二是因陶器本身有耐火和传热快的特点,所以夹砂陶不仅耐用,而且还能经得住温度的急剧变化。磁山遗址揭露的是一处原始的村落景观,因此,在磁山遗址出土的陶器中,夹砂陶的数量居多,其器型主要有盂、支架、罐等,都是比较耐火的炊具。与夹砂陶相比较,泥制陶的用料特点是在粘土中或坯体内不掺入砂粒,即使因特殊需要而在粘土中或坯体内掺入砂粒,也仅仅是掺入少量的草木灰或极细的砂粒,因而泥制陶质地更加细腻。如磁山文化遗址出土了多件盛酒用的小口长颈双系壶,器表光素,均无纹饰。另外,我们可以从那些陶器外表所显示出来的由泥片贴敷而产生的层理结构印记看出,磁山先民基本上多采用泥条盘筑法制作陶器。这种制陶法是先将粘土与水混合成陶泥,接着把和好的陶泥加工成条片状,然后再圈起来,一层一层地叠上去,同时将里外抹平。当然,由于是手工制作,故其成形的陶器通常显得形状不规整,其内壁不仅起伏不平,而且常常还留有指纹。

　　至于磁山先民是如何烧制陶器的,我们根据广西靖西县荣劳等地的原始制陶法,推知磁山先民制陶的基本工序大致为:采泥、采石、舂石、抟泥、制坯、阴干、露天烘烧等。其中为了使陶器阴干的效果更均匀,磁山先民懂得把已经制作成形的陶器,放置在苇席片上去阴干,因为苇席片比石板的透气性更好,更利于陶器的迅速干结与成型。关于这一点,磁山文化遗址所出土的众多陶器的底部都带有苇席纹,即是明证。

二、南杨庄仰韶文化遗址出土的陶器及其原始瓷片

1. 南杨庄遗址出土的陶器

　　继磁山文化之后,在石家庄正定又出现了属于仰韶文化时期的南杨庄遗址。经考古测定,南杨庄遗址距今约 5 400 ± 70 年,由于它本身具有特殊的历史价值,所以被考古学界确定为一个非常重要的仰韶文化类型。我们说,彩陶是仰韶文化成就的代表性标志,因此,从这个意义上,有人将南杨庄遗址称为"彩陶文化遗址"[5]。顾名思义,所谓彩陶实际上就是彩色陶器,它是利用赤铁粉(红色)和氧化锰(黑色)作颜料,在陶器未烧以前先将各种图案绘画于陶坯上,然后入窑经 900 ~ 1 050℃的火烧,其彩画或彩纹则形成黑色或深红色,其中红色为赤铁矿颜料,黑色为锰化物颜料,这些黑色和红色画纹经火烧后就基本上被固定于器物表面而不易脱落了。显然,彩陶较素面陶是制陶技术的一大进步。仅就河北地域的陶器发展历史来讲,虽然磁山文化遗址已经出土了 1 片我国目前所见到的最早彩陶,但是对于它的源流,因其数量太少,人们无法作更加深入的比较研究,所以考古学界迄今都没有形成统一的认识。与之相比,南杨庄遗址所出土的彩陶片不仅数量多,而且人们对其性质的认识亦渐趋一致。如通过比较人们发现,台北距今约 4 000 年的芝山岩遗址所出土的彩陶与南杨庄遗址所出土的彩陶十分相像,两者都是平行线交汇或交叉纹[6]。而且,几何印文陶被人们称誉为代表古代东方沿海地区的优秀文化,而芝山岩遗址所出土的几何印文陶与大陆东南沿海出土的陶器非常相似[7],这个事实很清楚地表明,前者受到了后者的影响。可见,南杨庄遗址的彩陶文化沿着东南方向逐步传播到了广大的沿海地区及台湾岛,成为古代"东夷文化"的一个重要源头。

　　诚然,从南杨庄遗址所出土的各种陶器数量看,彩陶仅仅占了其中很小的一部分,并且大都为散乱的彩陶片,幸好我省考古工作者根据发掘出来的彩陶片,成功地拼接了几件彩陶罐标本,如 T56②:10,T28②:6,T58①:4,其中泥制红陶标本 T56②:10 上腹饰正倒相间三角形黑彩,侈口鼓腹,卷沿圆底(图 1 - 5 - 2),整个彩绘布局匀称,朴拙大方,充分展示了南杨庄先民的审美情趣和豪放性格,从而更加确定了南杨庄彩陶文化遗址在我国古代陶器史上的突出地位和科学价值。因为就技术的角度而

论,彩陶所需要的工艺技术比红陶更加严格、规范和复杂。比如,做彩陶的胎土一定经过特别仔细地挑选与准备,具体地讲,就是只有经过挑选、粉碎、淘洗及捏练等工序后,才算完成了制作彩陶的第一道工序。不过,陶匠在使彩陶的胎土得到良好可塑性之后,还须依器物的功能对胎土加以调配,否则,制作彩陶的第一道工序就不算完成。第二道工序是对成型的陶坯进行打磨和彩绘,其打磨工具一般为木片和印石,待将陶坯的表面打磨光滑并阴干之后,陶匠再用毛笔画上装饰花纹,接着便进入下一道工序。第三道工序是入窑火烧,建盖陶窑是南杨庄彩陶文化的重大进步。经发掘[8],南杨庄遗址共发现有三座横穴窑,其中Y2(图1-5-3),窑室平

图1-5-2 南杨庄遗址出土的
彩陶罐标本

面呈圆形,窑室南北长0.75米,东西宽1.2米,窑室中央是一南北长0.47米、东西宽0.42米的圆台,此为烧造器物处,圆台顶部距窑底0.4米,窑底西高东低呈缓坡状,窑壁是夯实后草拌泥抹面,内壁及圆台面皆有烧烤痕迹,窑口朝东。如果把这个窑址与西安半坡村人类遗址发掘的横穴窑复原图相比较,南杨庄Y2陶窑的内部结构亦可分成燃烧室、火道、火眼及窑室等部分。在西安半坡横穴窑的复原图里,我们看到它的窑室并不大,直径约0.8米左右,南杨庄遗址所见Y2窑室与此差不多,但燃烧室似乎较南杨庄Y2陶窑的燃烧室为小。Y2窑底四周设有环行火道,且火道与燃烧室相通。窑室接近圆形,烟气经火道由许多火眼循环性地进入窑室,然后对放置在圆台上的陶器进行烧制。实践证明,"炉火由许多小孔道进达窑室,火力更为均匀,陶器各部受热就没有过与不及之差,不致出现裂痕。这是窑室结构上的一个进步。"[9]

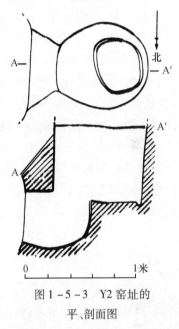

图1-5-3 Y2窑址的
平、剖面图

2. 南杨庄遗址出土的原始瓷片及其意义

正定南杨庄仰韶文化遗址不仅出土了许多陶器,而且还出土了三片釉陶,引起陶瓷界的高度关注。这三片釉陶呈酱褐色,质地细腻,陶胎薄实,火候高而硬度强,经专家用化学方法分析以及对其物理性能进行测定后,被确认为原始瓷器。这一考古发现,更将我国瓷器的起源向前推进了一千多年,影响巨大。

三、其他地区出土的陶器及其技术特点

1997年,我省考古工作者在冀中的曲阳县发现了距今约5 000年的钓鱼台新石器文化遗址,并出土了许多泥制彩陶器。与南杨庄遗址出土的陶器相比,钓鱼台遗址所出土的陶器,其彩陶数量居多,这种陶器结构性质的变化应是当时冀中社会经济获得进一步发展的客观反映。据介绍,这里出土的彩绘泥胎呈红色或灰色,陶质坚硬细腻,彩陶片有的里表磨光,有的只表面磨光,可看出手制痕迹。彩陶罐口的花纹形制是小口大腹罐,口沿成宽平面,带斜条形彩纹,与河南陕县庙底沟彩陶类型十分相似,因而被考古学界称为是"庙底沟类型彩陶向太行山东麓地区传播的一个重要代表"[10]。

在冀东,迁西县西寨遗址的陶器文化可分为两期[11]:第一期年代稍晚于兴隆洼文化,与上宅中期早段及新乐下层文化大体相当,距今约7 200多年,其陶器以羼有云母或滑石粉的夹砂粗陶为主,泥质陶很少。而这期所出土的多数陶器都有一个重要特点,那就是在其器表竖向堆满纹饰,其纹饰多为压印的"之"字形纹、戳点纹、刮条纹、斜线三角纹及篦点纹等;第二期年代与赵宝沟文化大致相同,距今约7 000多年,陶器仍以夹砂陶为主,但泥质陶较第一期明显增多,且羼云母和滑石粉的陶器数量大为

减少。陶器外表饰纹不仅局限于口部磨抹,而且施纹也较前一期更为粗糙和随意,纹饰的变化反映了这个地区史前文化不同发展时期的差异。当然,在西寨遗址发现的上万件陶片中,最引人关注的还是那些具有仰韶文化特征的彩陶鼎、鬲、豆及钵,如果说彩陶是中华民族对人类文明的杰出创造,那么,鼎作为一种炊具则是原始的支架、盂、钵、罐等陶器发展到一定时期的产物。所以西寨遗址彩陶鼎的出现,非常有力地证明滦河流域亦是中国古代文明的发祥地之一。

继仰韶文化之后,在河北地域又发现了一批属于龙山文化时期的遗址,如冀南地区的邯郸涧沟遗址,冀中地区的任邱哑叭庄遗址,冀东地区的唐山大城山类型遗址,等等。从考古的角度看,龙山文化是一种以黑陶为特征的新石器晚期文化,它经历了自公元前 2600 年至前 2000 年左右的一段历史时期[12]。因此,严格地讲,河北地域的龙山文化以哑叭庄遗址和大城山类型最有代表性。哑叭庄遗址位于任邱市 2 公里,其第一期为龙山时代哑叭庄类型,始于前 2300 年[13]。该遗址出土的泥质黑陶主要有侈口瓮 1 件,圆唇,折肩,肩部磨光,肩下饰蓝纹,口径 15.2 厘米;弦纹罐 1 件,圆唇,卷沿,高领,斜肩,小平底,口径 15.4 厘米;高领罐 1 件,圆唇,卷沿,侈口,鼓肩,鼓腹,颈部有凸棱一周,肩腹饰凹弦纹数周,口径 22.4 厘米;Ⅱ式豆 3 件,其中 H23:11 方唇,折腹,豆座底口内折,口径 21.2 厘米,高 9.6 厘米;圈足盆 1 件,圆唇,敞口,斜壁,平底,喇叭口形圈足,外壁饰弦纹数周,口径 22.5 厘米,高 12.6 厘米,底座口径 19.6 厘米[14],等等。通过比较,人们发现大城山遗址出土的黑陶高领罐、圈足器、子口器盖等,与哑叭庄遗址的黑陶类型十分相似,两者具有内在的一致性,所以有人将这种统一性归属于海岱龙山文化系统[15]。与彩陶的烧成温度低于 1 000 度不同,黑陶的烧成温度已经达到 1 000℃左右。并且,从原料的组成看,黑陶可分为细泥、泥质和夹砂三种,而大城山遗址出土的黑陶以细泥黑陶最有特色,尤其是那被誉为"黑如漆,薄如纸"的"蛋壳陶"片和用瓷土烧制的白陶片的出土,充分显示出大城山先民的高超制陶技术和烧窑经验,同时它也能够表明唐山烧制陶瓷的历史源远流长。

注　释:

[1] 《马克思恩格斯选集》第 4 卷,人民出版社 1972 年版,第 19 页。

[2][9] 张子高:《中国化学史稿——古代之部》,科学出版社 1964 年版,第 4,7 页。

[3][10] 文物出版社编:《新中国考古五十年》,文物出版社 1999 年版,第 42,43 页。

[4] 李月从等:《南庄头遗址的古植被和古环境演变与人类活动的关系》,《海洋地质与第四纪地质》2000 年第 3 期。

[5] 孟昭林:《河北正定县南杨庄卧龙冈彩陶文化遗址》,《文物参考资料》1955 年第 11 期。

[6] 黄士强:《台北芝山岩遗址发掘报告》,台北市文献委员会 1985 年版,第 79 页。

[7] 徐文琴:《台湾原住民陶艺探讨》,载《李梅树教授百年纪念学术研讨会》,台北大学人文学院,2001 年。

[8] 河北省文物研究所:《正定南杨庄新石器时代遗址发掘报告》,科学出版社 2003 年版,第 71—72 页。

[11] 陈应祺等:《迁西西寨遗址 1988 年发掘报告》,《文物春秋》1992 年第 1 期。

[12] 苏秉琦主编:《中国通史·第二卷》,上海人民出版社 1996 年版,第 282 页。

[13] 王青:《试论任丘哑叭庄遗址的龙山文化遗存》,《中原文物》1995 年第 4 期。

[14] 郭瑞海等:《河北省任邱市哑叭庄遗址发掘报告》,《文物春秋》1992 年第 1 期。

[15] 王青:《试论任丘哑叭庄遗址的龙山文化遗存》,《中原文物》1995 年第 4 期。

第六章　原始冶炼科技

自远古以来,河北地域内的燕山和太行山山地,就是铁矿石比较丰富的地区,比如,属于旧石器时代的山顶洞人遗址和属于新石器时代的东胡林遗址等地,都发现了用于宗教目的的石磨赤铁矿石粉。在这里,"石磨赤铁矿石粉"虽然还不能称作冶炼,但它却是人类发明冶炼技术的第一步。河北先民在长期的劳动实践中逐渐学会了人工取火,在长期的烧制陶器实践中,学会了如何有效地控制火的温度,这些为金属冶炼的出现提供了条件。三河县孟各庄仰韶早期文化遗址出土了多件经过磨打的石锤,标志着河北先民已经初步掌握了原始冶炼的技术。

第一节　人工取火

火的发现有一个从偶然认识到必然认识的历史过程。因雷电、火山喷发、森林中草木的自燃或石块撞击等自然现象引发天然火,在人类尚未产生之前,就早已出现了。远古人类经过多次偶然与火的接触经历,逐步认识到火具有取暖和烧烤功能,这是人类科技发展史的一件大事。北京猿人开始学会把天然火引进山洞,然后再一代一代地保留火种。《韩非子·五蠹》篇说:燧人氏"钻燧取火,以化腥臊"。虽然燧人氏生活的具体年代,学界说法不一,但山顶洞人所生活的山洞有火的灰烬[1],同时还发现有钻孔兽牙、钻孔小砾石等,说明山顶洞人已经比较熟练地掌握了钻孔技术。在这里,如果我们把山顶洞人的用火与钻孔技术联系起来,就能表明山顶洞人已经学会了"钻燧取火",而人工取火标志着河北的祖先早在母系氏族公社时期就掌握了一种强大的自然能源,并学会了取得热能的能量转化方式。

第二节　石锤冶铜

陶器的发明使人类学会了如何有效地控制火的温度,从而使冶炼成为可能。在长期的烧制陶器实践中,河北远古先民逐渐认识到如果用木炭取代木材作燃料,就能够获得950℃~1 050℃的高温,而这个温度使冶炼红铜成为可能,因为这个温度实际上已接近红铜的熔点了。此外,有人在安阳殷墟发现了一种用于炼铜用的陶质锅[2],证明陶器与炼铜之间存在着直接的内在关系。

图 1-6-1　武安城二庄遗址出土的石锤

石锤的出现成为早期冶炼铜器的重要工具,如在河北地域东北部,人们在相当于仰韶文化早期的三河县孟各庄二期文化遗址出土了 5 件经过磨打的石锤[3]。在河北地域南部相当于仰韶文化晚期的武安城二庄遗址,人们也出土了 1 件石锤(图 1-6-1),圆形,中间有孔,径 7.5 厘米[4]。

注　释：

[1]　苏秉琦主编:《中国通史》第二卷,上海人民出版社 1996 年版,第 35 页。
[2]　刘屿霞:《殷代冶铜术之研究》,《安阳发掘报告》1933 年第 4 期。
[3][4]　佟柱臣:《中国新石器研究(上)》,巴蜀书社 1998 年版,第 417,434 页。

第七章　原始纺织科技

河北地域纺织技术的起源可追溯到北京猿人时期,那时人类已经懂得用兽皮做衣服护身御寒,还有可能掌握了原始的毛纺技术。山顶洞人学会了磨制骨针和用动物韧带制作"衣裳"。南杨庄遗址出土的陶蚕蛹和石木瓜,表明南杨庄人早在五千多年前就学会了养蚕和丝织。

第一节　兽皮的利用与毛纺技术萌芽

图 1 - 7 - 1　山顶洞人
使用的骨针

从目前的考古资料可知,河北纺织技术的起源可追溯到北京猿人时期,那时人类祖先已经懂得用兽皮做衣服,甚至可能还掌握了原始的毛纺技术。有人说:"当隆冬季节严寒袭来的时候,北京人自然也会懂得用兽皮来护身御寒。而这一行动,也便是人类创造衣服迈出的第一步。"[1]在新石器时代,不仅如此,北京猿人亦懂得用兽皮做褥子和被子,或者用兽皮将脚包裹起来,懂得把兽毛编成细线以系装饰品。考古资料证明,山顶洞人已经学会了磨制骨针。其骨针长 82 毫米,最粗的直径为 3.3 毫米(图 1 - 7 - 1)[2],像火柴棒大小,是刮削后磨制而成,针身略微弯曲,表面圆滑,尖端锐利,针眼窄小,估计是用小而细锐尖利的器物挖出来的,或是借助于骨锤和骨砧敲打而成的,并非是山顶洞人钻出的孔。然而,在山顶洞人遗址中发现的一些穿孔的装饰物,说明山顶洞人已经懂得钻孔技术了。总之,"这种骨针的制成,对那时人们来说是很不简单的,必须切割兽骨,加以刮削,挖穿针眼,再加磨刻,是一套比较复杂的技术。"[3]在世界上,最早的骨针虽然是在欧洲的奥瑞纳旧石器时代(距今 3.5 万 ~2.5 万年)遗址发现的,但其制作水平很低,而山顶洞人所制作的骨针刮磨得很光滑,它不仅是中国最早发现的旧石器时代的缝纫工具之一(辽宁海城小孤山遗址出土的骨针是我国迄今所发现年代最早的骨针),而且由于有了骨针,人们就能缝制兽皮为衣,增加防御寒冷保护身体的能力,因此它间接为人类向更加寒冷地区的大规模迁徙创造了必要的物质条件。

《韩非子》卷 19《五蠹》载:"古者丈夫不耕,草木之实足食也;妇人不织,禽兽之皮足衣也。"在这里,原始的"未有麻丝,衣其羽皮",同经过缝纫而成的"衣其羽皮"是不同的两个历史过程,从前者到后者大概经历了几十万年的历史,而后者应当是人类服装业的真正开端。裴文中先生说:"山顶洞人还能够制作骨针,首先将兽骨刮成细长的圆棒,一端磨尖,另一端穿孔。毫无疑义,这种骨针是用来缝制衣服的用具,因而可以推论山顶洞人已用兽皮来缝制衣服。"[4]也就是说,这时候的衣饰已不再是简单地利用自然材料,而是演变成为一种合乎人类生活需要的具有特定形体构造的服装艺术,由此开创了中华民族服饰文化的先河。

那么,山顶洞人用什么来做针线呢?据专家分析,山顶洞人使用的缝线,很可能是用动物韧带劈开的丝筋,如生活在东北地区的鄂伦春族人就保留下来了这种古老的缝纫方法[5]。由此可知,山顶洞人已经穿上或可称作"贯头衣"的衣服了。所谓贯头衣,实际上就是一种穿在身上的衣服而不是披在身上的"斗篷",它用一块正方形的兽皮做成,穿时在兽皮的中央挖个洞,由头部套下去,遮盖住前胸与后背,这就是古人所说的"衣"。而下身围上一块用兽皮做成的裙子,古人把它叫作"裳"(图1-7-2)。如,《说文解字》说:"上曰衣,下曰裳。"当然,山顶洞人当时还不可能有"衣"与"裳"的概念。此外,光有衣服穿也是不行的,因为周口店地区多山多石,不难想象,赤着足追赶野兽是十分困难的。所以,人类在发明衣服的时候,也发明了鞋。人类最初的鞋是用动物的皮革做成,如北美印第安人的"摩克辛"(皮包鞋)以及生活在北极地区诸部族的"托尔巴斯"等,都是如此,而山顶洞人恐怕也不例外。衣服和鞋的发明对于人类进一步向比较寒冷地带去寻找生存空间创造了必要的物质条件,正如我国著名考古学家贾兰坡先生所说:"如果不是穿上御寒的衣服和学会了人工取火,就不可能在严寒的冰期为了追踪大兽达到了北极圈,并越过白令海峡陆桥进入北美洲。"[6]

图1-7-2　山顶洞人的衣服假想图

第二节　河北先民的丝织技术

中国是世界上最早发现与使用蚕丝的国家,据考古研究,距今6 000年的山西夏县西阴村新石器时代遗址出土了一个经过割裂的大半个茧壳化石,同时出土的还有与纺织有关的石制纺轮、纺锤和骨针、骨锥等;距今约4 800年左右的浙江吴兴钱山漾新石器时代遗址也发现有绢片、丝带和丝线等丝制品。除了蚕丝实物之外,人们在山西芮城西王村、陕西神木石峁、河北正定南杨庄等新石器时代遗址中还发现了陶蛹或玉蚕,它表明在新石器时代中后期养蚕业已经普遍流行于黄河中下游(在远古时代,海河属于黄河流域的一部分)的广大地区。而南杨庄遗址所发现的陶蚕蛹和石木瓜,即可证明南杨庄人早在六千多年前就已经学会养蚕和丝织,据考,正定南杨庄仰韶文化遗址所出土的石木瓜,是可一次拧两股麻绳的工具。蚕,是栖息于桑树上的一种吐丝的全变态昆虫,一个世代中历经卵、幼虫、蛹和成虫四个阶段,其吐丝与结茧是一个过程的两个方面。在正常状态下,一只桑蚕能吐丝800～1 500米天然纤维,野生桑蚕茧子呈椭圆形,体积不大,壳皮较软,其茧丝易于剥落。

经科学分析,蚕蛹含有人体所必需的多种氨基酸和丰富的维生素A、B、D,是原始人类追求健康的理想食品。后来,随着人类纺织知识的积累,人们发现蚕茧通过一定的方法可以取丝来纺织衣服,既漂亮又舒适。而传说中的嫘祖"始育蚕"则仅仅是一种技术实践的结果。南杨庄遗址出土了不少骨制两端器,对于这种两端器的用途,我们可以当作一种渔猎工具来认识。然而,从集茧取丝的实践过程中看,两端器则极有可能是用作取茧丝的工具。其具体做法是:先将野生桑蚕茧采集下来,然后由妇女用两端器挑出茧子头,继之再把茧子头缠在两端器的中部,不停地缠绕,直至茧子的丝全部缠在两端器上。通过这样的纺织实践,人们便逐步产生了把野生桑蚕进行家养的需求。家蚕在特定的环境条件下,养桑能够缩短其生长期,从而提高蚕丝产量,故《齐民要术》卷5《附养蚕》篇对蚕室作了这样的要求:"屋内四角著火",而"调火令冷热得所"。这种认识必定经历了漫长的历史过程,绝非一朝一夕之功。

注　释：

[1][5]　黄能馥等:《中国服装史》,中国旅游出版社 1995 年版,第 1—2,2 页。

[2][3]　郭沫若:《中国史稿》第一册,人民出版社 1976 年版,第 26,26 页。

[4]　裴文中:《中国的旧石器时代》,《日本的考古学》1965 年第 1 期。

[6]　贾兰坡:《中国大陆上的远古居民》,天津人民出版社 1978 年版,第 124 页。

第八章　原始建筑科技

洞穴是北京猿人的主要居住形式,山顶洞人所居住的洞穴已经开始规划生活区和居住区,因而成为中国最早的聚落模式。磁山人的半地穴建筑形式呈三台阶进室,讲究立柱与墙体的统一,体现了北方传统木构房屋的一般建筑特点。岩洞栖身,构木为巢,以避群害衍生出了原始建筑科技思维。

第一节　穴居居式

距今约 70 万年,由于气候干寒,泥河湾人中的一支南下北京周口店地区,以岩洞为其栖身之处,周围山间谷地的野兽和果实成为他们的主要食物来源,这就是著名的北京猿人。然而,事实上,北京猿人不只居住在洞穴里,亦住在巢穴中。恩格斯指出:作为人类童年期的蒙昧时代低级阶段,当时的人类"至少是部分地住在树上,只有这样才可以说明,为什么他们在大猛兽中间还能生存"[1]。而中国的古籍传说中更有"有巢氏"的时代,如《庄子·盗跖篇》载:"古者禽兽多而人少,于是民皆巢居以避之。昼拾橡栗,暮栖木上,故命之曰:'有巢氏'。"特别是在北京猿人同鬣狗的洞穴之战中,北京猿人如果惟洞穴而存,就很难保证不受鬣狗的侵害,所以韩非子才有"构木为巢,以避群害"的说法。

第二节　原始村落居式

村落亦称聚落,是指人们居住的地方,因为它本身具有集团性质,所以以"聚"字名之。《史记》卷1《五帝本纪》载:舜"一年而所居成聚,二年成邑。"唐人张守节注:"聚,谓村落也。"[2]据考古发掘得知,一个原始村落的基本要素有四个:一是有一定量的民居,或房屋;二是有储藏之处,亦称窖穴,或称仓库;三是有生产场所;四是有墓地和祭祀之处。而这种村落布局肇始于山顶洞人,故宋兆麟先生说:"上室——山顶洞人的住处;下室——山顶洞人的葬地;下窖——山顶洞人存放东西的仓库。山顶洞人虽为穴居,但这种洞穴内的配置是氏族公社的居住区、墓葬区、仓库等有规范的布置,它是后来氏族公社居住区域结构的雏形。"[3]乌兰其其格亦说:"山顶洞人的家园由居住址、地窖和墓地构成,这是中国年代最早的居住模式,给新石器时代聚落模式以深远的影响。"[4]

第三节　半地穴式居式

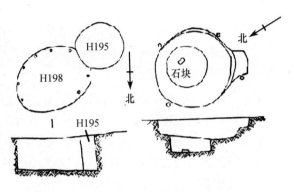

图 1-8-1　磁山遗址发现的房屋平、剖面图

　　距今约 7 000 年左右的磁山人,其生活条件较山顶洞人已经有了很大改善。比如,人们在磁山遗址所发现的房屋遗迹均为圆形或椭圆形半地穴式建筑(图 1-8-1),这种形状的居住理念可能跟远古居民的日月崇拜有关,如磁山遗址出土的陶制太阳、月亮器即是明证。经考察,磁山人所居房屋的门或朝南开或朝东南开,皆三台阶进室,且居住面呈东高西低状或四周高而中间低,与太阳的东升西落运动相一致,它既与伏羲两字的本义,即"伏"是太阳下山而"羲"是日出光明相契合,同时又体现了"为宫室之法曰:高,足以辟润湿;边,足以圉风寒;上,足以待雪、霜、雨、露。"[5] 的建筑原则。此外,由穴壁外缘分布的 4 个或 8 个柱洞推断,当时的整个房屋都是木构架的,至于如何构架,目前还不得而知。

　　不过,人们在距地表深 0.4 米处发现了一批用芦苇、荆芥、草拌泥痕迹的烧土块,对于这些烧土块的用途目前有两种说法:一种说法认为,这些烧土块是经烧烤的房屋墙壁破坏后形成的,其具体做法是:先从地上挖个深 1 米左右的圆形或椭圆形坑,然后按照房屋大小在坑的边缘立 4 根或 8 根木桩,接着把用树枝或苇子编成的箔倚靠在柱子上的横杆上立起来,并用绳子将箔与横杆连结好,同时将席子盖到房顶上,末了再往上面抹上厚厚地一层泥,加以火烧即成;另一种说法则认为,这些烧土块应是陶窑的产物,其大体方法是,选择一个平面将适量的木材等燃料与器物陶坯堆放在一起,四周用木棍等支撑为伞状,其上覆盖树枝、苇杆等物,并用草拌泥将其封严,仅留下点火孔和烟孔,待大量燃料烧尽时,陶器就被烧好了,这时最外层的草拌泥因火烧而连成一体,为了取出陶器,人们只能将其毁坏,这样地面上自然就形成了烧土块堆积的现象[6]。从远古人类的生活经验看,上述两种情况都有可能,然而,还有一种可能即这些烧土块或许是当时磁山人使用过的土灶的遗物,而这种土灶在太行山区的某些山村里至今仍在使用。因此,磁山人的房屋布局可以看作是向北方传统木构架性房屋过渡的一种形式。

注　释:

[1]　恩格斯:《马克思恩格斯选集》第 4 卷,人民出版社 1972 年版,第 17—18 页。
[2]　司马迁:《史记》,中华书局 1985 年版,第 34 页。
[3]　宋兆麟等:《中国原始社会史》,文物出版社 1983 年版,第 124 页。
[4]　乌兰其其格、张书珩:《中国通史》上册,远方出版社 2004 年版,第 5 页。
[5]　《墨子》卷 1《辞过第六》。
[6]　乔登云:《关于磁山文化研究中的几个问题》,《邯郸职业技术学院学报》2005 年第 1 期。

第九章　原始交通科技

　　原始社会,人类主要靠肢体奔跑穿梭于高山峻岭之中,以额部负重为主要运送物品方法。河北地域的原始交通起源很早,黄帝"披山通道"为河北远古陆路交通之始,形成了以"涿鹿"为中心,西到甘肃平凉,南至湖南岳阳,东达山东临朐,北界燕山和太行山的陆路交通网络。"共鼓、货狄作舟"则正式揭开了河北远古海上交通的历史,天津、唐山、秦皇岛沿海一线在新石器时代就已经发生了环渤海的海上交通联系。

第一节　河北远古时期的陆路交通

　　《史记·黄帝纪》载:"天下有不顺者,黄帝从而征之,平者去之,披山通道,未尝宁居。"在此,"披山通道"既是为了军事征服的目的,同时也是为了政治统一的需要。至于黄帝"披山通道"的结果如何,《史记·黄帝纪》说:"东至于海,登丸山,及岱宗。西至于空桐,登鸡头。南至于江,登熊、湘。北逐荤粥,合符釜山,而邑于涿鹿之阿。迁徙往来无常处,以师兵为营卫。"

　　考,"丸山"即今山东省琅琊临朐县东南;"岱宗"即东岳泰山,在今山东兖州博城县西北30里;"空桐",即崆峒,山名,在今甘肃平凉县西;"鸡头",山名,在今甘肃平凉县西;"熊、湘",即熊耳山与湘山,其中前者在今湖南益阳县西,后者在今湖南岳阳县西南;"荤粥",即匈奴;"釜山",在今张家口怀来县境内;"涿鹿之阿",即建都于涿鹿山下之平地。由此可知,早在黄帝时期,河北地域就形成了以"涿鹿"为中心,西到甘肃平凉,南至湖南岳阳,东达山东临朐,北界燕山和太行山的陆路交通网络。而黄帝部族与匈奴之间(即燕山南北与太行山东西)的交通主要通过燕山与太行山的天然孔道来联系。

　　如《述征记》云:"太行山自河内北至幽州,凡有八陉。"这是由于源自山西高原的诸条河流将太行山切割所致,而成东西贯通的峡谷,当地人称之为"陉",从南至北计有轵关陉、太行陉、白陉、滏口陉、井陉、飞狐陉、蒲阴陉和军都陉等八陉。其中轵关陉扼太行山最南端的咽喉,是由海河域进入中原的一个通道;与之相对,军都陉则处在太行山的最北端,是由幽州进入胡地的重要通道之一。燕山横亘于海河域的北部,受流水侵蚀的强烈作用,从潮白河河谷到山海关,东西分布着居庸关、古北口、喜峰口、山海关等隘口,成为海河域通往东北平原和内蒙古高原的交通要道。其最西端的居庸关,是连接太行山与燕山的"关沟",为华北平原通向山西和内蒙古高原的重要通道,而最东端的山海关则是沟通东北与华北交通联系的咽喉。作为连接太行山、燕山与小五台山的枢纽,飞狐陉恰在太行山脉和燕山山脉的交界处,又正好在太行山山脉最高峰小五台山脚下,是穿越太行山、燕山、恒山三山交汇处的必经之地。

第二节　河北远古时期的海上交通

　　黄帝的交通已经"东至于海",此"海"盖指广义的渤海,《世本·作篇》说:"共鼓、货狄作舟。"那个时期的"舟"究竟是什么样子,因没有实物可证,人们只能根据文献记载和民族学方面的资料来加以说明。舟源于筏,而筏就是将几根木头或竹子捆起来,所谓"并木以渡"是也,如黑龙江鄂伦春族的桦树皮船、藏族的牦牛皮船等都是原始筏的演变形式。另,根据《周易·系辞下》"伏羲氏刳木为舟,剡木为楫"的说法,此"舟"指的即是独木舟,其制作方法是:选一根大树干,用石斧或石刀砍,削一个长槽,然后用火烧掉木屑,再砍,再削,再烧,直至使长槽达到合适的长度和深度为止。比如,浙江余姚县河姆渡村发现了远古时期的木桨,同时还发现了一只陶制独木舟模型,它说明"共鼓、货狄作舟"是可信的。有了独木舟,远古人类必然会开辟海上交通。近年来,人们在秦皇岛濒临海岸的山海关区南营盘、养鸡厂、海港区的孟营,抚宁县的岭上村、天马山,昌黎县的碣石山、熊家山小黄峪沟,卢龙县的双望乡,唐山大城山、贾家营,天津的武清、北辰区等地,发现了不少新石器时代的文化遗址,而且从上述遗址所出土的器物看,与同时期当地的器物特点不同,比如大量黑陶片的出土,都带有鲜明的山东章邱县龙山镇龙山文化及山东城子崖黑陶文化的特征。这表明天津、唐山、秦皇岛沿海一线至少在新石器时代开始就已经发生了环渤海的海上交通联系,故《竹书纪年》载:夏帝芒"东狩于海,获大鱼"。

第十章　原始天文科技

天文学的萌生和发展一是源于先民渔猎和农耕社会关于判断方向、观象授时、制定历法等等需要,二是源于先人关于星象与人事神秘关系的占星术。先人们为了适应生产实践和社会生活,被迫辨认方向和寻找水源;日常的生产管理和交换过程,迫使人们扩大计数概念和计时概念。自月相的周期性变化,到太阳位置的徘徊,使人们逐渐注意到天象变化规律,因此产生了天文学。《周髀算经》说:"伏羲作历度"。磁山文化遗址出土的陶著器草器,是用来"立竿见影"以测"日影长度",从而掌握太阳方位和四季节令的仪器,该遗址还出土了用以掌握一年四季阴阳变化的陶丸球和圭盘,证明河北地域先民早在新石器时代就积累了比较丰富的原始天文科技知识。

第一节　河北地域原始天文知识的萌生

每日太阳的东升西落,每月月亮的缺圆变形,一年四季的寒暑更迭,晴空星辰的苍穹布阵等等这些常见的天象,都会使得古代人们觉得惊奇。虽然人们起初面对这些令人生畏的自然现象头脑中并未产生一种清楚的周期概念,但是为了适应于生产实践和社会生活,迫使人们辨认方向和寻找水源。在日常的生产管理和交换过程中,迫使人们扩大计数概念和计时概念。自月相得周期性的变化,到太阳位置的徘徊,使得人们逐渐注意到天象的规律,因此产生了天文学。

经考察,早在七千多年前的磁山先民已经结束了"逐水草而居"的游牧生活,开始了从事农业生产,饲养家畜、家禽,过着定居的生活。磁山文化遗址已发掘出窖藏库存 10 万余斤粮食,可见当时农业已经发达到连年有余的地步。如此强大的农业生产能力,说明磁山文化时期一定有一套比较完善的历法来指导农作物的播种、种植和收获。该结论与磁山文化出土的陶著草器、陶丸球和圭盘有着直接联系。陶著草器是用来"立竿见影"以测"日影长度",以便掌握太阳方位和四季节令的仪器,而对于日月在一年四季所走过的影子,人们就用一种符号陶丸球来标记历数。圭盘,是一个用土或用石制成的圆盘,中心插上一个木杆,以圭卜日影之数,从中掌握一年四季阴阳之变化。据此可证,伏羲时代"作甲历、定四时"在磁山文化时期已初步形成,农历二十四节气由此而来。磁山人应用的原始历法,是最早农历。磁山是农历的发源地。

磁县下潘望遗址出土的彩陶敛口钵残片(H20∶2)上,左右各有一个太阳形纹,由于所在位置的不同,呈日出日落的景象。而且,磁山人所居房屋的门或朝南开或朝东南开,皆三台阶进室,且居住面呈东高西低状或四周高而中间低,既与太阳的东升西落运动相一致,又与伏羲两字的本义即"伏"是太阳下山而"羲"是日出光明相契合。

第二节　河北先民的天文观测

　　传说时期的黄帝部落最早居住在陕西地区,后来东渡黄河,沿着中条山与太行山边,居住在河北涿鹿附近。河北的天文观测起于何时,目前还没有明确结论。《后汉书·天文志》载:黄帝在涿鹿"命大挠作甲子,棣首作数,二者既立,以比日表,以管万事"。在此,"甲子"和"数"实际上就是一种原始历法。当然,无论是"大挠作甲子",还是"棣首作数",他们都依赖于当时人们的天文观测状况,故《隋书·天文志》说:"黄帝创观漏水,制器取则,以分昼夜。"唐《初学记》又说:"昔黄帝创观漏水,制器取则,以分昼夜。"漏是指计时用的漏壶,刻是指划分一天的时间单位,它通过漏壶的浮箭来计量一昼夜的时刻。虽然黄帝时期是否已经出现了"漏壶",目前尚难断定,但是前面的"日表"与后面的"漏水"都是记时仪器,则是可以肯定的。据记载,黄帝时期出现了原始的天文官职,名为"当时"[1]。另外,《山海经·大荒北经》说:"蚩尤作兵伐黄帝。黄帝乃令应龙攻之冀州之野。应龙畜水。蚩尤请风伯雨师纵大风雨。黄帝乃下天女曰魃,雨止,遂杀蚩尤。"在此,"风伯雨师"与"天女曰魃"都跟天文占卜有关。可见,远古时期河北地域先民已经懂得观天测时了。

第三节　磁山人的神秘巫术观念

　　从种种迹象来观察,磁山人已经处于父系氏族社会的中期阶段,如陶制祖形器,表明他们开始形成对男性生殖器的崇拜,这是男性居于社会核心地位的一种巫术反映。尤其是在磁山遗址,人们发现了不少仅仅用于祭祀的小型陶器,计有四足器、小支架、小盂、侈口深腹小罐、小杯等,几乎都是各种大型陶器的仿制品,这些仿制品的寓意十分明确,即以假代真,乞求神灵的保佑,如《易·大有·上九爻辞》说:"自天祐之,吉无不利。"在原始生产力的条件下,人类的农事活动往往跟某种巫术意识行为糅合在一起,粘连不断。如现代哈尼族一年中所举行的与农业活动有关的巫术仪式:有二月的"红石天",播种前过"换龙巴门",谷子打苞时过"别找涅",开谷花时过"卡耶",谷子将熟时的"尼菠尼"等。又如云南古敢水族于农历三月过"祭龙日",六月过"祭土地节"和以村寨为单位集体举行的"大老黄牛",十月过"春牛粑"等。恩格斯指出:"巫术是窃取人和自然的一切内涵,转赋予一个彼岸的神的幻影,而神又从他这丰富的内涵中恩赐若干给人和自然。"[2]这就是说,人们为了在虚拟世界与现实世界之间建立起某种"感应关系",在磁山人看来,那些跟他们的生活密切相关之器物应是最能体现其活生生的人性的客观载体,所以将它们用于祭祀,就能起到沟通天、地、人三者间的关系的作用,试图通过某种神力把人们的美好愿望变成生动的社会现实。

注　释:

[1]　梁启超:《诸子集成》卷5,上海书店1986影印本,第242页。
[2]　《马克思恩格斯论宗教》,人民出版社1962年版,第3页。

第十一章　原始数学科技

基于自身生存和生活的需要,河北先民从自然界提取各种"形"并加以改造和创新,制造出了各种各样的器物(如石器、陶器、房屋),表现出规则而整齐的几何图形。泥河湾遗址发现了不少呈各种几何形状的石器,表明早在旧石器时代,"泥河湾人"已经产生了利用简单"几何形状"工具的观念,有了初步的、自觉的"形"的意识。大约在2.8万年前的峙峪人(西周之前属冀州)就已懂得了"刻骨记数",而这些刻划符号即是数字的起源。北京猿人通过自然挑拣或主动打制,制造了各种形状的工具,先祖时期的黄帝发明了用于计数的数字。

第一节　对"形"的初步认识

关于"形"和"数"的认识应该是先民们最初的数学观念,尤其是"形",首先进入到人们的视野之中。考古学也证实,基于自身生存和生活的需要,河北先民经历了从自然界提取各种"形"的表现并加以改造和创新,进而制造出各种各样的器物(如石器、陶器、房屋等)的过程,正是这些器物所表现的规则而整齐的几何图形反映了先民们有了初步的、自觉的"形"的意识和观念。

科学意识起源于生活世界,这是胡塞尔现象学的一个重要命题。实际上,恩格斯在《反杜林论》一文中早就说过:"和数的概念一样,形的概念也完全是从外部世界得来的,而不是在头脑中由纯粹的思维产生出来的。"[1]从泥河湾遗址群、北京周口店龙骨山洞穴遗址等所挖掘石制品的形状看,既有球形石,又有漏斗形和多棱形石;既有单面体石,又有多面体石等等。如此丰富多彩的石器世界,在远古人类的头脑中形成一定的几何印记,尽管这种印记可能还不清晰,还没有抽象成为几何学,但"几何观念正是这样逐渐形成的"[2]。

例如,100万年前的小长梁先民用锤击法、砸击法制作的石器器形包括刮削器、尖状器和钻具等,单刃刮削器横断面呈三角形或梯形;尖状器有的前半部断面呈三角形,后半部断面呈等腰三角形;钻具的尖头形成一个比较圆滑的锥状。器形和形制都较简单[3]。10万年前许家窑先民制作了很多精美的石器,其器形有刮削器、尖状器、雕刻器、石钻、石球等。其中刮削器占55%,其器形又分成直刃刮削器、凹刃刮削器、双侧刃刮削器、凸刮削器、短身刮削器,尖状器有齿形、椭圆形、鼻形、蟥形、圆头形。器形和形制都比较规范。

1.3万年前后虎头梁的先民间接打法成熟了,还产生了用压制法修整的技术,创造了一批富有特色的石器,如刮削器就有圆头和边刃之分,二边刃又有半月形、盘状、双边刃、三角形之分,半月状呈弧形,盘状呈椭圆形,双边刃呈长方形,三角形近似呈直角三角形等等。此时器形文鼎,形制多样,加工细致。

距今70万年至20万年的北京人是旧石器时代早期的人类,在其生活遗址北京周口店龙骨山的洞穴中,发现了10余万件石器,其中有砍斫器,尺寸较大;有盘状、直刃、凸刃、凹刃等多种形状的刮削器;还有尖状器和雕刻器;还发现用来加工石器的石锤和石砧。我们知道,要制成这种形状的石器,显然北京人要从大自然中抽象出这些图形的表象,并运用一定的加工技术制作,说明此时的北京人对"形"及"形"的某些性质有了一定认识,如石砧、石钻都有生活上的直接的使用价值,北京人无论在自然挑拣或主动打制的观念上的倾向性,意味着早期的"形"的观念的萌发。

第二节 对数的初步认识

恩格斯在论述数字的起源时说:"为了计数,不仅要有可以计数的对象,而且还要有一种在考察对象时撇开对象的其他一切特性而仅仅顾到数目的能力,而这种能力是长期的以经验为依据的历史发展的结果。"[4]这就是说,数字的产生必须先要有客观事物的存在,然后因生产和生活的实际需要,人们在经验意识中便具有了区分两个物体的能力。在此前提下,人们才学会了对一系列实物进行抽象的计量和算数,因而才具有了将实物抽象为数字的能力。不过,由于远古时期没有纸墨,所以他们就在骨片或竹木上刻符记数,如,《释名》卷6《释书契第十九》云:"契,刻也,刻识其数也。"按照一般人的看法,我国记数起源最早可追溯到新石器时代[5]。其实,大约在2.8万年前的峙峪人(西周之前属冀州)就已懂得"刻骨记数"了,而这些刻划符号即是数字的起源。

还有一种"刻骨记数"的方法亦见于峙峪遗址。据贾兰坡先生报告,峙峪遗址发现了一件骨制的尖状器(图1-11-1)。这件骨器长3.9厘米,宽2.75厘米,器形规则,一面较平,有经过打击剥落小骨片的痕迹;另一面加工痕迹较多,背部隆起,钝端经过修理;一侧边缘稍斜,像制作雕刻器那样斜着截掉一块小骨片,形成凹缘,另一侧经轻微打击,疤痕较多,以致在这一端形成一个锐尖[6]。贾兰坡先生认为,这件骨器是作为尖状器使用的,但根据青海省乐都县柳湾新石器时代遗址出土的同类骨器的用途看,这些带刻口的骨片是用作记事或记数的,很可能是流传至今最早的书契记数实物[7]。

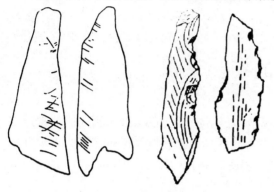

图1-11-1 峙峪遗址出土的骨片

注 释:

[1][4] 恩格斯:《反杜林论. 马克思恩格斯选集》第3卷,人民出版社1973年版,第77,78页。

[2][5][7] 中外数学简史编写组:《中国数学简史》,山东教育出版社1986年版,第19—20,29,23页。

[3] 尤玉柱:《河北小长梁旧石器遗址的新材料及其时代问题》,《史前研究》1983年创刊号。

[6] 贾兰坡:《山西峙峪旧石器时代遗址发掘报告》,《考古学报》1972年第1期。

第十二章　原始物理科技

在原始社会,先民们逐渐认识到自然界的某些因果关系,随着人们思维、语言能力的提高,人们希望对自然界加以说明和解释,随之产生了原始宗教神话自然观。远古神话是当时人们企图从自己的认识水平来对自然界加以说明和解释的一种尝试,原始物理科学正是从原始的宗教神话中萌发出来的。物理知识的产生是一个由自发到自觉的发展过程。泥河湾人学会用石器来投掷或劈砍对象物,其中通过人体的机械运动而产生了力,是一个自发的过程。后来,随着社会的进步,到北京猿人时期,人们已经开始学会自觉地制造工具和利用火,于是,热学和机械力学知识开始萌芽。徐水南庄头、易县北福地、正定县南杨庄等新石器时代文化遗址出土了大量斧、锛、铲、凿、镞、矛头、磨盘、网坠、纺轮、敛口彩陶"红顶钵"和小口尖底提水陶罐等劳动工具,表明此时河北地域先民对力学和力学原理的认识和实践发展到了一个新的历史水平。

第一节　尖劈与弓箭

在力学上,尖劈是最早使用的机械工具之一。尖劈能以小力发大力,以少力得到大的效果。河北地域先民很早就利用了它。根据力学原理,任何物体的两面夹角越小,其发生的作用力就越大。许家窑人所打制的石片,其刃角多数虽略大于100°,但有一件小型单面砍斫器的刃角却小于75°,看上去十分锋利,这说明许家窑人已经朦胧地意识到了石器两面夹角与作用力大小的关系[1]。又如,许家窑人打制的圆头尖状器、喙形尖状器等,实际上都不自觉地运用了尖劈原理。还有把石刃装上木柄,用于攻击野兽,表明他们在实践中懂得了"延长力臂可以增大力量"的杠杆原则。许家窑文化遗址出土了1 500多枚石球,大者重2 000克,小者重90克。据研究,这些石球是许家窑人装在"飞石索"上的一种狩猎工具。有人推算,通过"飞石索"的旋转力可以将石球抛出50~60米,这比单纯用手臂投掷石球,不仅力量更大,而且投掷距离更远[2]。

在远古时期,尖劈的重大应用是耒耜(图1-12-1),它是耕地翻土用的工具。耒指木柄,耜指翻土的铲,相当于一种尖劈。据《易·系辞下》载,神农氏发明了木质耒耜。"力"这一字的起源,可以追溯到殷商时代的甲古文中。甲骨文的"力"字就写作"⼒",表示像耒那样的尖状起土农具。意思是将一根削成尖状的木棒插入土中,把泥土翻起,这种劳动需要人的体力。甲古文中的"男"字写成"⽥",意思是用力耕田。因此,甲骨文的"力"字,可以看作是古代人最早对力所下的定义,即体力[3]。

从磁山遗址出土的108件骨、角器中,骨镞所占比例较大,且形式多样,如骨镞可分五式:Ⅰ式扁平长叶状,尖锋稍残,铤短而宽,呈三角形;Ⅱ式与Ⅰ式相似,但铤、身之间两侧各有缺口;Ⅲ式扁平叶状,前锋较钝,锥状铤;Ⅳ式与Ⅲ式相近,但两翼呈平底,圆锥形铤;Ⅴ式体长,双翼后有锋,横断面呈菱形,锋部锐利,如图1-12-2所示[4]。由石镞进步为骨镞,且因骨镞的尖端较石镞要尖锐得多,故其洞Ⅴ式穿透力更强大,狩猎效果更好。

图1-12-1　耒耜

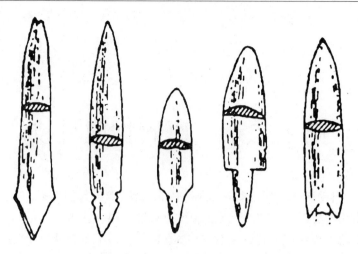

图 1 – 12 – 2　磁山遗址出土的骨镞

　　镞的发现,意味着旧石器时代晚期河北地域人类就已发明和使用了弓箭。从科学技术的角度讲,弓箭的发明只有当人类的机械力学知识积累到一定程度后才具有现实的可能性。马克思在分析机器的作用原理时说:"所有发达的机器都有三个本质上不同的部分组成:发动机,传动机构,工具机或工作机。发动机是整个机构的动力……传动机构由飞轮、转轴、齿轮、蜗轮、杆、绳索、皮带、联结装置以及各种各样的附件组成。它调节运动,在必要时改变运动的形式,把运动分配并传送到工具机上。机构的这两个部分的作用,仅仅是把运动传给工具机,由此工具机才抓住劳动对象,并按照一定的目的来改变它。"[5]对原始的弓箭来说,人张弓与拉弦就起到了动力和发动机的作用;将拉开的弦收回,同时把石镞或骨镞射出去,就相当于传动机构;最后,拉弦和放弦的作用全都集中在石镞或骨镞上,使它"抓住劳动对象"即狩猎目标,从而完成一个机器的完整的运动过程。在这个运动过程中,包含着人做的功(拉弦)转化为势能(拉开的弦)和势能转化为动能的科学道理,虽然当时人类还没有科学意义上的力学理论,但物理学正是在这无数次的实践过程中逐步地产生与发展起来的。

第二节　小口尖底提水陶罐及其他

　　在蔚县壶流河流域曾发现仰韶文化遗存,其中距今5 000～7 000年前的蔚县三关遗址出土石器有琢制的斧、磨棒,磨制的凿、纺轮,最具特色的陶器为敛口彩陶"红顶钵"和小口尖底提水陶罐。这种提水陶罐又叫提水壶[6],它底部尖、腰部大、上口小,系绳提水的两耳偏下。空罐时它能在水面上自动倾倒,水注入半罐时它会在水中自动正立,注入的水较多时它又会自行翻倒。用现代人的眼光来看,它巧妙地运用了重心和力的平衡。这种巧妙的形制设计可使汲水与倒水既省力又方便。这种提水陶罐后来发展为宫廷案头的"欹器"。这类尖底陶罐被认为是远古人类智慧的结晶,蕴涵了河北先民对力学原理的认识和应用(如图1 – 12 – 3)[7]。

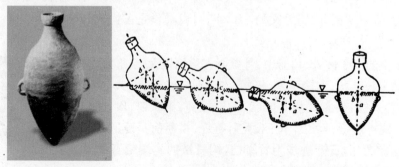

图 1 – 12 – 3　小口尖底提水罐及其在水中受力示意图

早期陶器制坯的方法均为手制,有直接捏塑、泥片贴筑、泥条盘筑和泥圈叠筑等方法。仰韶前期的许多陶器已开始用慢轮修整,仰韶后期开始逐步出现完全由快轮拉坯制成的陶器。陶轮又称陶车或陶钧(即现在制作圆形器所用的辘轳),是一个圆形工作台,中轴插入地下套管,用手摇或脚踏使其转动。在制陶过程中,河北先民必定孕育了对圆周运动和转动的认识和理解。

注　释:

[1][6]　陈贵主编、邓幼明编:《张家口丰富的文物》,党建读物出版社 2006 年版,第 51,53 页。

[2]　陈贵主编、韩祥瑞编:《张家口悠久的历史》,党建读物出版社 2006 年版,第 37 页。

[3][7]　戴念祖:《中国力学史》,河北教育出版社 1988 年版,第 26—27,60 页。

[4]　《河北武安磁山遗址》,《考古学报》1981 年第 3 期。

[5]　《马克思恩格斯全集》第 23 卷,人民出版社 1972 年版,第 410 页。

第十三章　原始化学科技

在远古的河北地域,先民们在生活的探索中掌握了用泥水塑造成形技术,学会了主动用火技术,这些形成了最早化学科技的基础,也肇始着原始化学技术的萌芽。徐水县南庄头遗址出土的陶器,标志着河北有陶新石器时代的到来;磁山文化遗址出土的彩陶片,成为仰韶文化先驱的有力佐证;唐山大城山遗址出土的铜牌成为研究河北地域乃至我国铜器的起源提供了新的资料。

第一节　原始制陶中的化学反应

陶器的发明是人类在认识自然、改造自然过程中取得的首批重要成果。陶器不但改变了自然物的形态,而且也改变了它的本质。制陶的一般过程是:选择好制陶的粘土,将其用水湿润成具有一定可塑性的坯泥,再塑造成某种形状,干燥后在高温下烧烤,就成为坚硬的陶器。用现在的科学常识来说,制陶是以粘土作为原料,粘土是由某些岩石的风化产物如云母、石英、长石、高岭土、方解石以及铁质、有机物所组成,在 800℃ 以上温度烧烤时,粘土发生一系列的化学变化,包括失去结晶水、晶形转变、固相反应以及低熔点的玻璃相生成等。

河北地域内新石器时代的遗址遍及全省,分为细石器文化、磁山文化、仰韶文化和龙山文化四个系统。其地理分布情况是:冀北坝上草原地区属于细石器文化;西北部可能是细石器和仰韶文化的接触区;在中南部,磁山文化、仰韶文化和龙山文化交错存在;东部沿海区至燕山以北是龙山文化和受龙山文化影响较深的夏家店下层文化。

由于生活、生产对陶器的需求,制陶术发明后便得到较快的发展,陶器遂成为新石器时代一种广泛应用的器皿,被后人视为新石器时代一个突出的特征。

一、细石器文化时代的制陶技术

徐水县南庄头遗址发现了比磁山文化更早、距今 9 700~10 500 年的有陶新石器遗存,这是我国北方地区第一次发现地层清楚、年代最早的有陶新石器遗存[1]。陶片的陶质均系夹砂陶,颜色不纯,灰色(在还原气氛中烧,陶色往往呈灰色)或褐色,质地疏松,火候低。器形可分辨出有平底直口或微折沿的罐类。

二、磁山文化时期的制陶技术

河北武安县发掘的磁山文化是前仰韶文化的一个典型遗存,从中已发掘出复原的陶器 477 件,大部分是夹砂红褐陶,也有泥制红陶。这种红陶是粘土经氧化焰焙烧后,其中三氧化二铁呈红色所造成,也就是说,在氧化气氛中陶胎中的铁转化为三价铁。从质地来看,细泥红陶的断面相当细致,不像普通砖瓦那样含有很多空洞。夹砂红陶则是在粘土中有意掺入了细砂,表明当时已认识到陶制烧灼器需要具有较好的耐热急变性能。陶器大多是采用覆烧技术,因此火候掌握不匀,色杂而有斑点,只有少数可能是在陶窑中烧成,因为在发掘中曾发现一座横穴窑,烧成温度为 800~900℃[2]。

陶坯都是手制,不是手捏就是泥条盘筑,陶器多为素面。器皿有盂、盘、三足钵、双耳小罐、直口深腹罐、杯、豆等。令人注目的是在遗址中曾发现了个别彩陶,其涂料是赭石粉、铁锰矿粉和白土,表明它是仰韶彩陶的先驱。

磁山遗址揭开了黄河流域早期新石器制陶文化探索的序幕[3]。磁山文化的遗迹非常丰富,陶器组合堆积最具特色。陶器组合堆积一般由陶制的盂、支脚、三足钵、双耳壶等组成,以夹砂褐陶盂和支脚最具代表性,晚期泥质红陶双耳壶和三足钵的数量有所增加。磁山文化的年代据 C14 测定,约在公元前 6400~前 5400 年左右[4]。

分布于燕山南北地区的考古学文化是兴隆洼文化,与磁山文化的生存年代大致同时。文化面貌与辽西地区基本相似,属于同一文化系统[5]。陶器群以夹砂红褐陶筒形罐和钵为主要器形,不见泥质陶。流行压印或刻划的几何形纹饰。

太行山东麓地区的北福地文化,是略晚于磁山文化阶段而早于仰韶时代的考古学文化,其与周边的北辛文化和赵宝沟文化的年代大体相当[6]。主要遗址分布在保定、廊坊、石家庄、邢台、邯郸等地市。陶器群以夹砂红褐陶釜和支脚最具典型性,其次有泥质红陶钵、壶和盆等。无论从地层关系上,还是从器物演化轨迹上观察,都反映出北福地文化是后冈一期文化的直接前身。

三、仰韶文化时期的制陶技术

河北地域仰韶时代文化主要有两大系统:冀中南地区的后冈一期文化——大司空文化;燕山南北地区的赵宝沟文化——红山文化。陶器以泥质红陶为主,次为夹砂褐陶和灰陶。器表以素面为主,有少量的弦纹、划纹和彩陶。器形以各式的钵为主,多为敛口或直口,圆底或小平底,常见红顶式钵。鼎和罐是仅次于钵的器种,其次还有盆、细颈瓶和双耳壶等。彩陶多见于钵类陶器上,红彩为主,次为黑彩,图案有带状纹、多组竖线纹、平行线组合的斜三角纹和网纹等。

邯郸市百家村遗址发现了类似大司空类型文化的遗存,被称为仰韶文化"百家村类型"[7]。陶器以泥质和夹砂的灰陶为主,其次是泥质红陶和夹砂红陶。器表以素面或磨光为主,纹饰主要是篮纹,还有少量的绳纹、划纹和堆纹。有一定数量的彩陶,彩色以红彩和棕彩为主,图案主要有弧形三角纹、平行曲线纹、蝶须纹、水波纹、同心圆纹和锯齿纹等,主要施于钵盆类陶器上。陶器以平底器为主,主要器形有折腹盆、曲腹钵、高领罐等。冀中地区发掘的容城县午方和东牛遗址,也发现了类似大司空文化的遗存[8]。

邢台柴家庄、沙河章村、西黄村等"仰韶文化"遗址出土的陶器颜色有彩陶、红陶、灰陶、黑陶及灰黑色等。这些不同陶器呈色的生成与制陶泥料中含有呈色元素有一定关系,当然,一定呈色的显现还与烧成火焰有关。如果烧窑后期为还原火焰,陶土原料中金属铁的氧化物大部分转化为二价铁和三价铁的复合形式,还原比值很高,这种情况下陶器的胎体就呈灰色或灰黑色,即所谓灰陶。烧灰陶的火焰充足,烧得成熟,灰色就纯正、质地就坚固耐用。相反,如果火焰性质控制不住,烧得不成熟,灰陶颜色就不纯,器物呈灰黑色、灰黄色或灰褐色等,质地较疏松。假如在陶器烧制到一定程度将窑内火焰的性质控制为氧化焰,那么,在氧化气氛焙烧下,陶土中的金属铁大部分转化为三价铁,还原比值低,烧成的陶器即呈现红色。

但冀中地区的遗存表现出有别于冀南的较浓厚的地方特色,如陶器群中除了类似大司空文化的器形外,还存在大量的刮条纹筒形罐、带鋬盆、敛口罐和小口斜肩鼓腹双耳彩陶瓮等一批具有独有特征的器类。经调查,以容城县午方和东牛遗址为代表的遗存,在冀中地区有较广泛的分布,它们的文化性质应至少是大司空文化内的一个地域类型,或者是一支新型的文化[9]。

辽西地区赵宝沟文化的确立,推动了燕山南北地区新石器文化的认识和探讨。燕山南北地区属于赵宝沟文化的遗址中,以西寨遗址的文化遗存最为丰富。陶器群堆积的器形包括筒形罐、红顶钵和碗等,有的筒形罐内发现有石球等遗物。陶器以夹砂褐陶和灰陶为主,其次是泥质红陶和黑陶。器表大多数饰有纹饰,主要是压印或刻划的几何形纹饰,种类有之字纹、斜条纹、折线纹、横条纹、坑点纹和刮条纹等。器形以筒形罐为主,其次有碗、钵、尊形器等。

仰韶文化时期的彩陶除了有独特的造型外,彩绘亦相当精彩。我们知道,彩陶实际上就是彩色陶器,它是利用赤铁粉(红色)和氧化锰(黑色)作颜料,在陶器未烧以前先将各种图案绘画于陶坯上,然后入窑经900~1 050℃的火烧,其彩画或彩纹则形成黑色或深红色,其中红色为赤铁矿颜料,黑色为锰化物颜料,这些黑色和红色画纹经火烧后就基本上被固定于器物表面而不易脱落了。人们通过对出土的彩陶的分析和模拟实验,可以了解到彩陶制作的大概过程:首先选择可塑性较好的粘土,剔除杂质后,加水搅和,再经陈化。将加工后得到的较细较纯的泥料,采取慢轮拉坯修整的技术得到外形规整的陶坯,在陶坯半干时再浸入极细的泥浆中,挂上一层陶衣,再烘干后,用天然颜料进行彩绘。最后在陶窑中经过950℃左右高温烧烤后即成彩陶。

四、龙山文化时期的制陶技术

仰韶时代向龙山时代的过渡遗存或称龙山时代早期遗存,在河北地域内发现得较少。永年县台口一期遗存的陶器以灰陶为主,器表除素面磨光外,纹饰以篮纹较多,其次是绳纹,器形主要有罐、瓮、盆、钵等,存在少量彩陶。宣化区贾家营早期遗存的陶器以夹砂褐陶为主,器表以素面和篮纹占多数,主要器形有罐、盆和钵等。随葬品以陶器为主,陶质多为夹砂灰褐陶,有的陶器上饰红色或黄色几何形彩绘。陶器群特征与雪山一期文化和小河沿文化的陶器有不少相似之处。

河北地域龙山时代文化从目前的考古资料观察,主要有三个文化系统:河北平原地区的华北平原龙山文化、冀西北地区的黄土高原龙山文化和燕山南麓地区的大城山类型遗存[10]。

河北平原龙山遗存出土遗物陶器等,涧沟遗址陶器以夹砂和泥质的灰陶为主,其次是泥质黑陶。器表纹饰以绳纹和篮纹较多,方格纹次之,素面磨光也占相当的比例。器形以平底器为主,主要有深腹罐、小口瓮、大口瓮、甗、盆等,另外还有少量的鬲、鼎等陶器。冀西北龙山文化遗址陶器以夹砂和泥质的灰陶为主,颜色一般较浅,其次是褐陶。器表以篮纹和绳纹为主,次为素面和堆纹等,方格纹极少。主要器形有鬲、罐、甗、斝、瓮、盆和豆等,以鬲、斝、瓮最具特色的陶器。燕山南麓的龙山文化遗存以唐山大城山遗址为代表[11]。大城山遗址出土陶器以夹砂和泥质的灰陶为主,其次是泥质黑陶。器表以素面和磨光为主,纹饰主要是绳纹和篮纹。器形以平底器占多数,主要是各种类型的罐和瓮,流行子口和横耳。陶器群特征兼具河北平原龙山遗存和山东龙山文化的因素,同时更具自身独有的特色。

陶器在器型品种上千变万化,但铁的氧化物是其主要的呈色成分。烧烤过程中,若氧气充分供给,烧成气氛呈氧化态,陶坯中的铁元素呈高价状态(即 Fe_2O_3),故烧成的陶器主要呈黄红色,产品即为红陶或褐陶[12]。若在烧成后期封闭了窑顶出气孔,再往窑内喷水,由于氧气的减少而呈还原气氛,陶胎中的铁元素以黑色的 Fe_3O_4 的形态展现,从而使烧成的陶器呈灰色,这就是灰陶。若在上述烧陶的后期,让火膛中的柴草过量,同时封闭窑顶,火焰中大量产生的游离的烟(炭黑)就会均匀地向陶胎中渗透,烧出的陶器不仅呈灰色,甚至呈黑色,这就烧成了黑陶。

五、河北地域新石器时代陶器技术的演进

起初,原始社会的先人采用篝火烧制陶器,因烧成气氛不均匀,温度低,所以陶器松脆易碎,颜色杂乱,后来发展到"覆烧",即将陶器埋于燃烧的柴草中,这两种方法统称为"无窑烧陶法",没有窑作为保温设施,只能保持(约1 000℃以下)低温的氧化气氛,因而陶器胎色杂乱。后来发展到窑烧,陶器的颜色逐渐出现均匀的单一色彩。

早期的古人烧制陶器多是就地取材,篝火烧制,因其土质的矿物成分和烧成条件不同,陶器往往呈现出白、青、褐、棕等颜色,即我们通常所说的四种陶器:红陶、灰陶、黑陶和白陶。红陶是因泥土原料中含较多的铁的化合物,在开放型的烧制条件下充分氧化成铁的最高氧化物三氧化二铁(Fe_2O_3),因而陶器就出现土红、砖红或红褐色等红色系列产品;黑陶是在类似于红陶烧制的条件下,先产生红陶,然后再封闭渗水,由红陶转化为灰陶,继续渗水则产生大量的碳烟向陶器内部的渗析,因渗碳作用,使陶胎因含有了游离碳而成黑色;白陶是用高龄土做原料,因原料中含有较多的三氧化二铝(Al_2O_3),使之产品呈现白色。红陶与白陶的成色差异主要在于其土质矿物成分含量的不同,而红陶、灰陶与黑陶的差异则主要在于其烧制方法的不同。

磁山等地前仰韶文化最初生产的主要是细泥红陶、夹砂红陶,到了仰韶文化又增添了灰陶、彩陶,发展到龙山文化时期,黑陶、白陶又成为别具特色的新品种。品种的增加、器形的变化、工艺的提高,在不同地区,其发展的模式也不尽相同。尽管存在差异,但还是可以从中概括出一个大致的面貌。在新石器时代,常见的陶器是红陶、灰陶及黑陶,它们又分别包括泥制和夹砂两类。

磁山文化以夹砂的红褐陶为主,其次是泥质红陶。仰韶文化时期(公元前4500～前2500年)的陶器。生产泥质、夹砂两种红陶为主,灰陶还是比较少,黑陶更是罕见。仰韶文化之后发展起来的是中原地区的龙山文化(约公元前2500～前1800年),制陶业以灰陶为主,红陶占据一定比例,黑陶在数量上有明显增加。这一变化与陶窑结构的改进和烧窑技术的提高有关。

第二节　金属制造与冶炼中的化学反应

烧陶所发展起来的高温技术为金属的冶炼、熔铸创造了条件。当人们发现那些颜色醒目的"岩石"(天然金属及其矿石)可以烧熔改铸后,冶金技术的发明便是很自然的了。冶金技术的出现是人类继烧陶之后运用化学手段来改造自然、创造财富的又一辉煌成就。人们对金属有所认识也是从这里开始的,在冶炼金属的实践中,有关金属的知识逐渐积累起来。在长期的烧制陶器实践中,河北的远古先民逐渐认识到如果用木炭取代木材作燃料,就能够获得950～1 050℃的高温,而这个温度使冶炼红铜成为可能。

一、红铜与冶金技术的开端

在金属中,首先被加工利用和冶炼的是铜和铜合金。在新石器时代早期,人们在采集石料中,偶尔发现了与一般岩石不同的天然红铜,它质地柔软,可以锤打成一定形状的小器物。红铜不能做工具,但它毕竟是人们加工的第一种金属,对人们认识有关金属物质是一个飞跃,有着深远的意义。

唐山大城山遗址属东部滨海地区的龙山文化,时代较晚,其本身还包含了夏家店下层文化的因素。大城山遗址中,除石器、陶器外,另有玉器、骨器和铜器。如遗址中出土的两件铜牌,一件含铜量为99.33%,另一件含铜量为97.97%[13]。

通过对唐山夏家店文化遗址等新石器时期文化遗址出土的铜器的分析,发现了一些天然红铜的制品。这些资料表明,唐山大城山遗址出土的铜牌,是研究河北地域乃至我国铜器起源的新资料。它进一步证实了在人类历史上,在新石器时代早中期,我国的部分地区确有一个由新石器向青铜器时代的过渡阶段——铜石并用时代。

随着制陶技术与高温技术的发展,热铸红铜的推广导致冶金技术的发明。从锻打金属发展到熔铸金属,再发展到开采矿石、冶炼金属,其间必定经历了漫长的岁月。即使在发明了金属的冶炼之后,进一步发展到金属材料在社会生活中发挥重要作用并在生产工具中占主导地位,即进入青铜时代,同样也需要一个很长的时期。可见,铜石并用时期不是一个短暂的过程。

二、青铜技术的初见

铜的熔点约为 1 083℃,而孔雀石等氢氧化铜及铜碳酸盐矿石,只要在 800℃左右即可被炭火分解后还原,这就是说铜矿石比自然铜的熔炼更容易。所以在熔铸自然红铜的过程中,人们进而掌握了铜矿石的选择和冶炼。

当时的人们不可能区分单一矿和共生矿,也没有合金的知识,只能注意到用不同的孔雀石炼出的铜在颜色上有些差异,所以人们在冶铜之初,就不自觉地冶炼出铜合金。再者,铜矿石中正是由于含有与铜共生的铅、锡、锌、铁等成分,从而降低了冶炼的熔点,冶炼出来的铜合金则比红铜硬度大,较适合制作成某些工具。就这样伴随着冶铜技术的发展,铜合金逐渐被人们认识。从迄今为止的出土文物来看,我国最早一批原始冶炼的铜制品是于新石器时期中期的制品。

注　释:

[1]　保定地区文物管理所、北京大学考古系等:《河北徐水县南庄头遗址试掘简报》,《考古》1992 年第 11 期。

[2]　周嘉华、赵匡华:《中国化学史·古代卷》,广西教育出版社 2003 年版,第 59 页。

[3]　邯郸市文物保管所等:《河北磁山新石器时代遗址试掘》,《考古》1977 年第 6 期。

[4]　蔡莲珍:《碳十四年代的数轮年代校正—介绍新校正表的使用》,《考古》1985 年第 3 期。

[5]　段宏振:《燕山南麓新石器时代文化初论》,《北方文物》1995 年第 1 期。

[6]　段宏振:《太行山东麓地区新石器文化的新认识》,《文物春秋》1992 年第 3 期。

[7]　罗平:《河北邯郸百家村新石器时代遗址》,《考古》1965 年第 4 期。

[8]　河北省文物研究所:《河北容城县午方新石器时代遗址试掘》,载《考古学集刊》第 5 集。

[9]　文物出版社:《新中国考古五十年》,文物出版社 1999 年版,第 43 页。

[10]　段宏振:《试论华北平原龙山时代文化》,载《河北省考古文集》,东方出版社 1998 年版。

[11]　河北省文物管理委员会:《河北唐山市大城山遗址发掘报告》,《考古学报》1959 年第 3 期。

[12]　周嘉华、赵匡华:《中国化学史·古代卷》,广西教育出版社 2003 年版,第 71 页。

[13]　文物出版社:《文物考古工作三十年》,文物出版社 1979 年版,第 36 页。

第十四章　原始地理知识

　　地理学是一门古老而又年轻的科学,它伴随人类社会发展而产生,伴随科学进步而不断发展。地理环境是人类生活和生产的场所,与人类的生存发展息息相关。认识和了解地理环境是人类早期地理知识的主体。

　　河北地域是东方文明的发祥地之一,世界闻名的泥河湾遗址距今已有两百多万年的历史,是东方人类起源的摇篮。此后,距今约70万年前的北京猿人也曾栖息、生活在河北境内。大约1万年前的新石器时代,人类在河北地域内的活动更加广泛,反映当时社会概貌的仰韶文化、龙山文化、细石器文化遗存遍及全省境内,现已发现的新石器时代文化遗存多达70余处。其中,仰韶文化时期的文化遗存主要分布在磁县、邯郸、武安、永年、邢台、石家庄、平山、蔚县、涿鹿、正定、曲阳、怀安一带。龙山文化时期的遗址主要分布在磁县、邯郸、武安、永年、邢台、石家庄、平山、蔚县、涿鹿、临城、唐山、崇礼、赤城等地。细石器时代的遗址主要分布在尚义、丰宁、承德等地。另外,在徐水、大厂、兴隆、滦平、丰宁、平泉、抚宁、昌黎、卢龙、迁安等地还有许多其他文化遗存。表明伴随人类生存而发展的河北地域地理科技发展史具有源远流长、持久发展的显著特征。

第一节　古人类的原始地理知识

　　在原始社会时期,由于当时生产力水平低下,人类祖先生产和生活的地理范围有限,原始地理知识仅处于萌芽时期。在最初的渔猎时代,人们必须知道什么地方适宜居住,什么地方可以捕鱼,什么地方能够打到猎物,什么地方能够采集到可以作为食物的果实和块根等,所以,此时人们逐渐对于地理知识开始有了初步的认识。到了新石器时代,开始出现了农业和畜牧业,人们对于自己生活的环境有了进一步的认识,农作物生长要求一定的环境条件并具有一定的规律,想要农业有好的收成,就必须了解当地的气候特征,土壤、地势等自然条件,以确定当地种植农作物的可能性,同时还必须知道农时季节。进行放牧需要有水源和牧草,这就要辨别方向,掌握时令。若居住就必须知道什么地方适宜居住,易县北福地村附近发现的新石器时期的村落遗址,距今约有7 000至8 000年,总发掘面积1 200余平方米,发现10座史前人类生活的房址,保存较为完整,分布较为集中,平面布局也有一定规律,虽然没有文字记载但可以看出当时人类对地理知识的了解情况。说明这一时期的人们已经具有了一定的地理知识。

　　北京猿人居住在地穴,山顶洞人选择岩洞来安身,并且选择了由"上室—中窖—下室"所构成的洞穴,标志着河北地域先民已经具备了利用特定地质条件来服务人类的实践能力。当然,选择什么样的岩洞安身本身就包含着原始勘探技术的萌芽。

　　最近,我国考古工作者第一次在天津蓟县发现了一处山顶洞人时期的人类生存遗址,而山顶洞人遗址中又恰巧出土了"从海滨采来魁蛤的蛤壳(或者是交换来的)"[1]。表明山顶洞人的地理视野已经从山顶扩大到了海河入海口。可见,从山顶到海滨,随着活动范围的扩大,也拓宽了山顶洞人的视野,深化了其对地理环境的认识和了解。

第二节　东胡林人的原始"风水"知识

东胡林人生活在距今大约 1 万年,是介于旧石器时代晚期和新石器时代早期的古代人类。遗址位于北京门头沟区军饷乡东胡林村西侧。

依据东胡林人比较讲究的居住生态环境,周昆叔先生说:东胡林人早就懂"风水学",因为"东胡林人遗址北面是山,前边是清水河,遗址地点高出清水河约 30 米,说明当时的东胡林人已经注重选择生活环境,稍懂风水"[2]。如,该遗址坐北朝南,背山面水,冬暖夏凉,而且少受西北风的侵袭,适宜于人类生活和居住。

经考古发现证实,东胡林人对死者的葬俗有两式:仰身直体葬和屈肢葬。屈肢葬抑或直体葬,种形都有一个共同的特点,就是东胡林人已经产生了原始的"五行"观念。比如,东胡林人的居住和墓地都"环山聚水"。据报告,我国考古工作者在东胡林遗址所发现出土的屈肢葬,头朝北,脸则微向东,双手抱在胸前,下肢的腿骨竖直地压在臂骨上面,近似十字形,与婴儿在母亲子宫里的形状极为相似,同时,在遗骸的中间部位,还可以清晰地见到 4 颗白色的螺壳,排列成半圆形。此外,在距墓葬四五米的地方有一处火塘,火塘地底部边缘用小石块垒起,很细密,肉眼隐约可见浅黑色的木灰[3]。把这些现象联系起来分析,东胡林人遗址所出现的屈肢葬跟人们日常生活密切相关的 5 种物质一应俱全。所以,金、木、水、火、土这"五行","不过是将物质区分为五类,言其功用及性质耳"[4]。"五行"说的产生根源于人们与金、木、水、火、土密切相关的五种生产实践活动,根源于人们对生活中最常见的和最基本的 5 种物质的原始崇拜,而这种巫术崇拜大概从东胡林人的时代就已经形成风俗了。在这里,"五行"观念慢慢地与各种地理现象相联系,并逐步成为中国古代地理学的基本范畴。

第三节　磁山人的原始天文气象知识

磁山文化遗址位于邯郸武安磁山村东约一公里处的南洺河北岸台地上,出土文物万余件,其中有 23 种动物骨骸和植物种子标本,用于农业生产的石斧、石铲、石镰,加工粮食的石磨盘、石磨棒。渔猎工具网梭、骨镞、箭头、鱼鳔等,还出土发现了猪、狗、鸡等家畜家禽的遗骸,粟的出土规模之大,数量之多,实属罕见。粟遗物的发现,把中国黄河流域植粟的记录提前到距今近 8 000 年,也修正了国际专家认为粟起源于埃及、印度的论点,肯定了中国黄河流域是世界植粟最早的地区,中国磁山才是粟的发源地。

考古研究表明,磁山遗址是人类进入新石器时期的遗物,距今约有七千多年。当时,先民们已结束了"逐水草而居"的游牧生活,有了相对稳定的定居聚落,形成了以种粟为主,以采集、渔猎为辅的生活方式。

从地理学发展的角度来看,磁山遗址出土文物还包括陶蓍草器、圭盘等测天量地的仪器,这表明磁山先民已经开始进行天文观测,使用陶蓍草器、圭盘来圭卜日影,从而准确地掌握时辰、节气,以便祭祀、占卜,指导原始农业适时进行农事活动。这些证据表明,磁山先人已经开始对天文气象等方面的地理学知识逐渐产生认识。

注　释:

[1]　裴文中:《中国的旧石器时代》,《日本的考古学》1965 年第 1 期。

[2]　赵升:《人类一万年前就能烧制陶罐》,《京华时报》2005 年 10 月 29 日。

[3]　郭冀远、赵亢:《曲肢墓葬距今9000 多年遗骸白色下牙保存完好》,《新京报》2005 年 10 月 29 日。

[4]　梁启超:《古史辨·阴阳五行说之来历》,上海古籍出版社 1982 年版。

第十五章　原始地质知识

原始社会是人类发展历史的早期阶段,人类一出现就和矿物岩石结下了不解之缘,尽管那时对地质认知非常局限,但它却是人类熟悉生态环境、掌握原始地质知识的萌芽阶段。

第一节　旧石器时代对矿物岩石的认知

在人类历史上,旧石器时代是一个漫长的历史时期,占全部人类历史中的97.50%。在这个漫长历史中,我们祖先一步一步走过了直立人阶段和智人阶段。整个生产劳动是狩猎和采集的劳动,在劳动实践中发展进化,不断地制造工具,使智力不断发达,从而创造了物质和精神财富的总和——文化。长期与地球生存环境相处必然积累许多生存经验,这些经验就是原始地质知识的萌芽,主要体现在对石器的制造和利用当中。旧石器时代人类制造石器是用地球上的矿物和岩石作原料,可见人类一出现就和矿物岩石结下了不解之缘。

长期实践使人类积累了初步鉴定矿物岩石的经验,即就地取材,选择产量多、物理性质的硬度大、具有韧性和脆性、特别能打出断口的原料,如燧石,从泥河湾遗址到周口店遗址[1]中获得的石器,绝大多数是石英质的石块和砾石(包括石英、水晶、燧石及石英岩)其次是石英砂岩、硅质灰岩、硅质角砾岩、凝灰岩及流纹岩等。总计已使用的矿物有石英、水晶、燧石、赤铁矿4种。使用的岩石有石英岩、石英砂岩、硅质灰岩、凝灰岩、流纹岩、石灰岩、火山岩及不知名的红泥岩等8种,总计使用矿物和岩石共12种[2]。

旧石器时代使用的石器是打制石器,主要类型有石片、石核、刮削器、尖状器、砍砸器和雕刻器,中晚期还有大量石球及石锤、石钻等[3]。

打制的方法,主要是直接砍砸法和锤击法。用捡来的石块或砾石进行打制,最初会大量出现剥离的石片及废片,使中心剩下石核。为了使石器锋利,对石片进一步修理加工就变成刮削器和雕刻器,具棱状石片或石核就修理成尖状器,对石核类加工修理就多变成砍砸器。

由于大多数石器都由石片进一步多次打制而成,所以从旧石器时代的早期后阶段(东谷坨期)以后,石器都趋于小型化,以细小石器为主。

矿物是由地质作用所形成的天然单质或化合物,具有固定的化学成分、物理性质和内部结构,是组成岩石的基本单位。岩石是具有一定结构构造的矿物集合体。地球的上层部分(地壳和上地幔)就是由岩石构成的。矿物和岩石都是人类生产生活中不可缺少的宝贵天然资源。在周口店遗址发现有赤铁矿粉粒和涂有赤铁矿粉末的石灰岩砾石,这是史前人类最早认识赤铁矿颜色和条痕的直接证据,也是我国人民最早认识利用金属矿物赤铁矿的历史事实,在以后虎头梁、山顶洞遗址中都有赤铁矿的存在,特别是山顶洞人已有小石珠和有孔的小砾石[4],在虎头梁遗址[5]中也有钻孔石珠和石钻、石锤,证明人类制作石器,已初步有作为装饰物的磨研和钻孔的技术,从而为新石器时代的普遍磨制石器发展奠定了基础。

综合上述,随着时代的变迁可以看出,石器类型和原料由少变多,石器类型由用天然石块或砾石的粗糙加工利用到精巧加工细作,由大石器到细小石器,由单纯使用石器到开始使用石器和骨器,由石器类型随意到相对稳定,由矿物岩石的就地取材到远地寻取,由石器单纯为狩猎到多样化的利用,以及中期对火的发现和利用管理,都可以充分展现出原始社会地质文化发展的脉络和踪迹。

第二节　新石器时代对矿物岩石的认知

新石器时代,石器制造业达到了新的高峰,不论是石器的种类或石器原料都大大超过旧石器时代。从使用的石器原料来看比较广泛和多样,不仅有石英质类矿物,还有变质岩类、岩浆岩类和沉积岩类三大类岩石。使用的矿物有石英、燧石、玛瑙、碧玉、白云石、赤铁矿、滑石、高岭石、自然铜及玉共10种,使用的岩石有辉绿岩、辉长岩、闪长岩、玄武岩、流纹岩、凝灰岩、石灰岩、石英岩、石英岩状砂岩、粉砂岩、细砂岩、板岩、页岩、斜长角闪岩及火山岩共15种,总计达25种,与旧石器时代使用矿物岩石种类相比成倍数地增长。

一、对矿物岩石认知

新石器时代对矿物岩石的认识更加深入,不仅对矿物物理性质中的一些特性有所认识,而且对矿物岩石的化学性质也有了新的认识。

如"玉"和滑石是矿物集合体,有的玉是次生石英岩(如南阳玉),有的玉是蛇纹岩(如岫岩玉),有的滑石就是滑石片岩等。人类只有对"玉"矿物的质地、硬度、光泽,具有特殊结构有认识,才能形成有特性玉感的认识。只有对滑石矿物的质地、硬度、光泽及结构有认识,才能形成对特性滑感的认识。从而扩大对矿物利用的认识和对岩石的认识。

这一时期,对矿物岩石的化学性质也有了新的认识,即矿物能进行化学反应和变化,从而产生新的物质,如利用石灰岩和经水的分解作用,放出二氧化碳,生成氧化钙石灰(白灰)。

$$CaCO_3 \xrightarrow{水解} CaO + CO_2$$

这为以后全面广阔和深入的认识和利用矿物和岩石,从而产生更多的不同物质,开创了新的道路。

二、对陶器的认知

陶器的发明是人类历史上继发明用火之后又一具有划时代意义的事件,也是人类对矿物岩石认识的深化,成为以后许多行业发现发明的重要基础,也是新石器时代的重要标志。

陶器的出现说明人类不仅能利用坚硬、脆性的矿物岩石做石器,也能利用松软的矿物岩石,甚至土质制作陶器,如粘土、沉积土、黑土、红土、泥岩、页岩、高岭石(土)、铝土矿、叶蜡石、耐火粘土等。这些制陶原料都是经过选择的,具有可塑性和耐火性,即耐热急变性能,烧结后不变形,不干裂。

为了增强共耐热急变性能,当时人们已经知道加入砂粒(夹砂陶),加云母片或绢云母片(夹云母陶)、夹蚌片(夹蚌陶)以及加滑石粉和草等矿物或有机质。

陶器上纹饰和彩绘着色都是利用矿物岩石的原料添加制作而成,如赭红色是利用赤铁矿或朱砂,黑色是利用含铁、锰和碳的着色矿物,如磁铁矿、软锰矿、石墨等,白色是没有着色剂,或者与瓷土相似,有的就是高岭土类矿物,其氧化铁的含量比陶土低得多,烧成后形成白陶。白陶的出现说明我国是世界上最早使用瓷土和高岭土的国家,对后来由陶过渡到瓷起了十分重要的作用。制陶业的出现和发展在促进当时农业和家畜饲养业的发展的同时,也促进了传统手工业的发展。

注　释:

[1]　盖培、卫奇:《泥河湾更新世初期新石器的发现》,《古脊椎动物与古人类》1974年第1期。

[2]　裴文中、张森水：《中国猿人石器研究》,载《中国古生物志(新丁种第 12 号)》,北京科学出版社 1985 年版,第 239—245 页。

[3]　裴文中：《中国石器时代》,中国青年出版社 1985 年版,第 30—36 页。

[4]　吴新智：《周口店山顶洞人化石的研究》,《古脊椎动物与古人类》1961 年第 2 期。

[5]　周廷儒、李华章、刘清泗等：《泥河湾盆地新生代古地理研究》,科学出版社 1991 年版,第 125—126 页。

第十六章　原始采矿科技

　　河北阳原马圈沟和小长梁遗址是人类接触岩石、矿物的最早地点,当时河北先民已掌握了比较熟练的锤击、打片、剥片及砍砸等原始锤打技术。远古人类开采的金属矿主要是铜矿。磁山文化遗址出土的彩陶,出现了用赤铁矿同粘土配制成原始形态的釉,唐山大城山遗址出土了玉器和铜牌,是河北先民对金属和非金属矿最早的开发利用,其中唐山大城山遗址出土的铜牌是河北地域见到的最早冶铜遗物。

第一节　旧石器时代的采石活动

　　从有关考古资料看,远古人类开采的金属矿主要是铜矿,其中有纯度较高的氧化矿、共生矿以及自然铜;开采的非金属矿主要是制作陶器的粘土矿。开采方式主要是露天开采,开采技术自然也是十分原始的。

　　阳原马圈沟文化遗址,距今至少 200 万年,出土了石核、石片和刮削器,石器原料多为灰黑色燧石,从这些石制品的形状、数量、利用率等来看,仅使用了锤击法来打制[1]。

　　阳原小长梁文化遗址,距今 136 万年[2],出土有石片、石核、刮削器及尖状器等,石器原料为黑、灰、白等各色燧石,使用的方法已有较熟练的锤击、打片、剥片及砍砸技术。阳原东谷坨文化遗址,距今约 100 万年[3],发现了大量石器,包括石核、石片、边刮器、端刮器、凹缺器、钻器等。其重要特点有三:一是石核已经定型;二是石器规格较小,形体瘦长;三是加工技术更加精细,专业化程度较高。

　　迄今为止,北京周口店第 I 地点已发现的石器逾 10 万件,大体上可分为打制石器工具和日用生活工具两类。其石器原料以脉英石为主,约占全部石器材料的 78%,其次是砂岩,占 18%[4],而且采用的石料质地也胜过蓝田猿人。从现有资料看,我国多处几万年乃至几十万年的旧石器时代遗址,其石制品的石料依然是以脉石英和石英岩为主,这两种石料在我国分布广泛,产量丰富;这些岩石的化学成分为二氧化硅,硬度较高(硬度 7),容易产生贝壳状断口,是制作石质工具最理想原料。说明先人们在长期的生产实践中,对部分岩石的加工和使用性能已逐渐有了一些认识。北京猿人打制石器工具一般为:石砧、砸击石锤和锤击石锤等方法[5]。

　　从周口店第 I 地点发现的小石器的体形分析,北京猿人在打制石器技术方面,大致可归为以下几点:①广泛使用锤击法打制工具,到晚期已经出现了修理石面的新工艺;②开始采用交互加工的制石方法;③出现了端刃刮削器;④出现了刃口匀称的,用指垫法修理的石器;⑤出现了先进的长尖与短尖石锥;⑥发明了打击"两极石片"的技术;⑦单面尖状器(即由石片的中腰的两侧边缘开始向一端加工使成一尖)出现了直、斜、钝、锐等比较复杂的几何形式。

　　打制石器工具的制法以石锤直接打制兼以单向加工为主,并不断地改进和提高石器的制作和使用技术。从单面加工的石质工具发展到复合工具。苏秉琦先生认为,"可能追溯到 20 万年前的北京人文化晚期",数十万年的进步,"集中表现为石器刃部的细加工和安把到镶嵌装柄一系列复合工具的出现与发展"[6]。

距今 1.8 万~1 万年的北京周口店山顶洞人,使用石器主要为细小较精巧的刮削器、砍斫器、砍砸器及钻孔砾石等,石器原料主要为石英和燧石、其次为砂岩和火山岩。已从相当远的地方采回赤铁矿,粉碎后作为颜料,将装饰品涂成红色,或者撒在尸首旁边[7]。应当指出,在周口店遗址发现的赤铁矿粉粒和涂有赤铁矿粉末的石灰岩砾石,这是史前人类最早认识赤铁矿颜色和条痕的直接证据,也是我国人民最早认识利用金属矿物赤铁矿的历史事实。

还有,与阳原县界毗邻的山西省阳高许家窑遗址,距今 9 万~11 万年。发现大量石器有梭柱状石核、石片、刮削器、尖状器、雕刻器、石球和石钻等,石器原料主要为石英、燧石、石英岩及砂岩等[8]。同期的还有阳原漫流堡(距今 10 万年)、白土梁、摩天岭、雀儿沟、西湾(距今 9 万~13 万年)、板井子(距今 8 万年)、新庙庄(距今 2 万年)等遗址;冀西北地区的阳原虎头梁遗址较为典型,距今 1.1 万年,发现大量石器主要有石核、石片和石叶、刮削器、尖状器、雕刻器、砍砸器、石锤、石钻、钻孔石珠。石器原料主要为石英岩、石英砂岩、火山岩、燧石。还有数块赤铁矿块和多块片状红泥岩石用于染色[9]。同期的还有益堵泉、西白马营、油坊、豹峪、籍箕滩等遗址;在冀北地区有滦平东瓜园北遗址和东瓜园遗址、承德四方洞遗址(距今 4.8 万年)、平泉老灌洞遗址(距今 5 万年左右)。还有承德东窑遗址和漫子沟遗址、围场坡宇遗址、隆化苔山后遗址等;在燕山南麓有迁安爪村遗址(距今 4.2 万~5 万年)、玉田孟家泉遗址(距今 1.7 万年)。由于孟家泉遗址出土了"智人头盖骨"和附连 3 枚颊齿下的下颌骨,贾兰坡先生把孟家泉遗址称之为"北京人文化东移的最近地点"。同期的还有滦县东灰山遗址、遵化君子口遗址、昌黎泗涧遗址等。

第二节　新石器时代的采石活动

我国南北许多地方都发现过新石器时代的采石遗址,从不同角度反映了不同时代、不同文化的石器制作技术。就河北地域而言,新石器时代早期有徐水南头庄遗址(距今 9 700~10 500 年)、阳原于家沟遗址(距今 1 万~1.4 万年)、邯郸磁山文化遗址(距今 7 335~7 235 年)、阳原头马坊遗址(距今 7 350±100 年);中期有易县北福地遗址(距今 6 500~6 000 年)、永年石北口遗址(距今 6 000 年左右)、阳原姜家梁遗址(距今 6 850±80 年)、正定南杨庄遗址(距今 5 400±70 年);晚期有任丘哑叭庄遗址(距今 4 100 年左右)、唐山大城山遗址(距今 4 209~3 909 年)、蔚县筛子绫罗遗址(距今 4 260±120 年)。

太行山东麓的邯郸磁山遗址出土的石斧、石铲、石锛、石镰、石刀、石磨、磨棒,其制作方法为琢制、磨制及打制;洞沟遗址出土的石器、石斧、石刀、石凿,易县北福地遗址出土的天然石块、石料、各种类型的石制品,其制作方法为磨制、研磨制;徐水南庄头遗址出土的加工稻谷的石磨盘、磨棒及石片,磨盘为石英岩状砂岩,磨棒为细粒闪长岩,石片为石英;冀西北地区的阳原于家沟遗址发现了丰富的石器、陶器、骨器,并出土了磨制品楔形细石核,并出现了石镞、矛头和锛状器等。石器原料主要为石英岩,少数为燧石和流纹岩。特别是于家沟出土了陶器碎片,是我国北方最早的陶器残片之一;宣化贾家营、怀来马站出土的单孔石刀和石刀;燕山山脉南麓的唐山大城山遗址出土的磨制石器石斧、石凿、石锛、石铲、石刀、石镞等。

第三节　陶器、玉器原始制作技术

除了采石外,陶器和玉器制作也是与采石技术密切相关的。不但陶土是一种矿物,而且彩绘陶器的彩料也是一种矿物。当时陶器的彩料只有天然矿物,如用赤铁矿做红彩颜料,用锰铁矿做黑彩颜料,用孔雀石做绿彩颜料。中华民族是崇尚玉器的民族,因其质地细腻坚韧,温润晶莹,被原始先民视为圣洁之物,并赋予了神圣的含义,且往往被人格化。玉器在我国素有"山岳精英"之称。

根据考古发掘资料,陶器的最初制作是在新石器时代早期。在河北地域内,发现距今年代最远的陶片是阳原于家沟遗址出土的,陶片为夹砂陶,红褐色最大的一块似为一平底器底部;其次是徐水南庄头遗址,出土陶片40片,以夹砂深灰陶片为主,还有夹云母褐陶片;磁山文化遗址以出土陶器数量多,器物典型,并发现了一片彩陶为盛。磁山文化是一种早于仰韶文化的新石器时代早期文化。出土陶器近两千件,以夹砂红褐陶为主,次为泥质红陶。新石器时代中期,易县北福地遗址出土分为夹砂陶和泥质陶两类,前者数量最多,泥质陶质地细腻;永年石北口遗址出土的陶器大多为生活用具,泥质陶占85%左右;阳原姜家梁遗址出土陶片共499件,完整陶器有71件,以夹砂陶和蚌红褐陶居多;正定南杨庄遗址的出土物以陶片为最多,计有26 868片,并发现了三块泥质硬陶片,其"烧成温度相当高,有的已达到瓷器水平,与同期器物比较有一定先进性。"[10]陶片原料采用粘土或页岩,其中两片为咖啡色,一片为砖红色,表面施有一层由白云石和滑石,赤铁矿同粘土配制成原始形态的釉。新石器时代晚期,任丘哑叭庄遗址出土陶器中泥质陶占总数的68%左右,夹砂陶约25%,陶器颜色以灰色为主,其次是红褐陶和磨光黑陶,以及极少量的白陶;唐山大城山遗址出土的陶器,陶质分为泥质陶、夹砂陶和细泥陶。泥质陶以灰陶为主,其次为黑陶。夹砂陶以灰陶为主,其次为红陶。细泥陶以黑陶为主,其次为红陶,还有少量蛋壳黑陶和白陶。另外还发现少量玉器,还有两件铜制的穿孔工具;蔚县筛子绫罗遗址出土陶器有泥质陶、夹砂陶,颜色以灰陶为主。

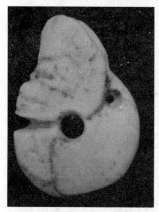

图1-16-1　姜家梁遗址
出土的玉猪龙

总结上述河北地域目前已经发掘的几处较有影响的新石器时代陶器遗址,可以看出,沿太行山东麓的京广铁路两侧,冀西北山地、燕山南麓的通县至唐山一线以北,在海拔700~1 000米以下的低山、丘陵、山麓平原及冲积扇上中部地带,广泛分布着一种呈粘性的褐土。可以断定,河北陶器的制作从阳原于家沟遗址(距今1万~1.4万年)算起,至少已有1.2万年以上的历史,这应该是河北的先祖对非金属矿的最早的开采开发和利用。

关于玉器,在阳原姜家梁遗址,最重要的发现是在Ⅰ区M75墓主颈部出土的一件精美的随葬玉猪龙(图1-16-1),真实展现了距今6 000年左右氏族社会的石器加工技术和玉器制作工艺。北京平谷上宅遗址出土黑色滑石耳珰形器、石猴形饰件等[11]。唐山大城山遗址发现了少量玉器(相对陶器出土)。这是河北地域最早对玉的认识、开采和装饰之用。

第四节　煤炭自燃现象的发现

煤炭可以燃烧是尽人皆知的事。煤炭燃烧有两种情形,一是点燃,一是自燃。日常生活用煤,工业生产用煤都是点燃。煤的自燃现象只在煤层露头处、采过的煤矿遗弃的煤炭中以及露天存放的煤堆和煤矸石中可以见到。煤炭的自然发火,叫作自燃。不管在什么条件下,煤炭接触到空气就会慢慢发生氧化反应,释放一定的热量,当这种热量不能散失,聚集在煤中,越聚越多,煤的温度升高,一旦达到临界温度(煤的燃烧点),煤就开始燃烧,这就是煤的自燃现象。

现代地质学研究表明,煤层受地质作用影响,裸露于地面的露头,或虽埋藏于地下而有裂隙,由于与空气接触,很久很久以前就开始自燃了。古人不明其因,称这种现象为"火山"、"火井"。早在1 500年前,北魏郦道元在《水经注》中有因煤炭自燃而出现"火山"、"火井"现象的记载,直到现在大同煤田的一些地方,煤层自燃现象仍在继续。

　　河北地域煤田分布在太行山东麓及冀西北山地,古代文献多处记载了煤炭自燃现象。除《水经注》的记载外,还有明嘉靖《宣府镇志》记载了煤炭自燃现象及形成"火山"的景观:"火山在河曲县南六十五里,……黄河东岸山上有孔,以草投孔中,焰烟上发,可熟食"(〈明〉嘉靖《宣府镇志》卷8)。这些由煤层自燃而形成的"火山"、"火焰山"、"火井"等现象,无疑会给人一种启示:这些黑石头或黑土是可以燃烧的。

注　释:

[1]　谢飞、李君:《马圈沟遗址石制品的特征》,《文物春秋》2002 年第 3 期。
[2]　朱日祥等:《人类在东北亚的最早出现》,[英]《自然》,2001 年版,第 413 页。
[3]　朱日祥等:《中国古人类文化遗址的古地磁年代测定》,《地球科学观察》2003 年第 1 期。
[4]　《周口店新发现的北京猿人化石及文化遗物》,《古脊椎动物与古人类》1973 年第 2 期。
[5]　张之恒等:《中国旧石器时代考古》,南京大学出版社 2003 年版,第 211,213 页。
[6]　苏秉琦:《关于重建中国史前史的思考》,《考古》1991 年第 12 期。
[7][8]　唐锡仁、杨文衡主编:《中国科学技术史·地学卷》,科学出版社 2000 年版,第 7—8 页。
[9]　周廷儒、李华章、刘清泗等:《泥河湾盆地新生代古地理研究》,科学出版社 1991 年版,第 125—126 页。
[10]　河北文物管理所:《正定南杨庄遗址试掘记》,《中原文物》1981 年第 1 期。
[11]　唐锡仁、杨文衡主编:《中国科学技术史·地学卷》,科学出版社 2000 年版,第 28 页。

第十七章　原始中医科技

　　中医学的起源,不仅有地域方面的影响,同样有其人文因素的作用痕迹。在新石器早期,先人随着农业科技不断完善,渔猎水平不断提高,人的交流不断增多,逐渐形成了带有民族特色的世界观和方法论。传说中的黄帝作为医药之神,整理了神农所尝试过的百草性味及治病经验,与其下属讨论医学理论,创制医经,成为医学始祖。黄帝的大臣俞跗,能"割皮解肌,诀脉结筋"。黄帝的太医岐伯,尝味过各种草木,典主医病,曾与雷公研讨经脉。《黄帝内经》即黄帝与岐伯等研讨医理而作。相传岐伯曾乘由十二头白鹿拉的绛云车,遨游于东海中的蓬莱仙山,向仙人求不死之药。这些历史留传下来的诸多英雄神话,既体现了先民的愿望,也透露了先民认识世界的方向和方式。中医学中之所以充满了天圆地方、顺应四时、天人相应、人象天地等观念,源于农业文明给医学带上的印迹。中医学中把肾与脾确定为极为重要的先天之本和后天之本,是农业文化对水与土依赖的折射。石家庄滹沱河、冶河和太平河一带的龙山新石器时代文化遗址出土了大量的石器,品种繁多,有许多石器就属于砭石,其中有石镰、石铲、石斧等可能已经应用于医疗实践中,作为针灸、切除脓肿,穿耳鼻、腹腔穿刺等医疗工具,证明河北地域是中国传统医学——中医的重要发祥地之一。

第一节　原始卫生保健

　　有了人类,就有了人类的卫生保健活动。为了生存下来,人类就要采取一些保护自己的措施,这便是人类最早期的基本的卫生保健活动。河北作为中华传统文明的发祥地,生活在这里的先民们在许多方面已经拥有了早期的卫生保健活动,积累了人类初步的卫生保健知识。

一、居处及衣着

早期的人类为保护自身,躲避风雨及野兽之害,构木为巢,栖身于树上,即传说中的"有巢氏"时代。后来懂得洞穴更有助于御寒,人们开始迁居天然山洞,过着冬居营窟,夏居橧巢的生活。在天然山洞中生活,初步改善了人们的生活环境,但"穴而处,下润湿伤民","未有宫室,则于禽兽同域"仍严重威胁着人们的生存与健康。随着生产力的提高,距今4万～5万年前,人们开始发明建造一种半地穴式的房屋。房屋室内地面土质干燥,有取暖防潮、烧煮食物的土炕,透光通风的天窗。后经不断改进,建立起完全的地面房屋。这种房屋"高足以辟润湿,边足以御风寒,上足以待雪霜雨露"。据考古资料和研究证实:井陉县孙庄乡东元村文化遗址出土了以河卵石为材料粗加工成的砍砸器,属于丁村文化类型的旧石器时代遗物,其下限年代距今5万年以上。另一处是井陉县的威州河西村山洞中发现的旧石器文化遗址,出土了人类骨架化石和粗制的石器,其下限年代距今2万年以上。这些遗址证明:5万年至2万年以上,人类的祖先就生活在河北的西部太行山区的洞穴之中,以渔猎和采集为生[1]。新石器时代这类文化遗址更多,如正定南杨庄仰韶文化遗址出土的房屋,河北武安县磁山有距今7000年的房屋和聚落的分布,其房屋多为半地穴式建筑[2]。

原始人从巢居、穴居到建筑房屋居住,生活逐步安定下来,既可以防御野兽侵害又可以避风雨严寒,这对身体发育是有益的,对繁衍后代、养育婴幼提供了一定的物质保障。

进入原始农业经济时期,人们开始用野麻作材料编织出平纹麻布缝制衣服,黄帝时代衣裳、织物经纬线疏朗,状似网罗一般。尽管如此,麻制衣服的出现,是衣料和制衣技术的重大革新。至新石器时期,人们不断改进纺织技术,能织出平纹细麻布,用来缝制衣服。考古发现全国各地的新石器遗址中,都有纺轮出土,还出土有纺织机件,表明当时人们已能用织布机织布了。正定南杨庄仰韶文化遗址出土的陶制品中有两件套蚕蛹,经有关专家鉴定,是依照间蚕蛹食物模仿制作的。由此证明:河北滹沱河流域早在5400年前已经有了从事育蚕丝织的手工业[3]。

原始人由赤身裸体到穿上纺织而成的衣物,既可抵御严寒,又可防蚊虫叮咬,增强了对自然界气候变化的适应能力,减少了疾病的发生,这在原始卫生保健史上是一个进步。

二、火的使用与食物

远古人类对火的认识和使用经历了一个相当长的历史阶段。后来在长期制作工具的过程中,人们受摩擦生火的启发,大约在山顶洞人之前,逐渐发明人工取火的方法。我国历史文献中关于燧人氏"钻木取火"的传说,正是这一历史事实的反映。在石家庄近郊的白佛口村西文化遗址曾出土石锅及灶炕遗址、正炕、灰坑。说明河北人在新石器时代以前对火的使用已经非常发达。同时,在正定南杨庄文化遗址中曾挖掘出与居民生活密切相关的成套的石磨盘、磨棒、粟,说明河北的远古居民早在磁山文化、仰韶文化时期就以粟为主食物了,并能进行比较细致的加工[4]。

火的使用,特别是人工取火的发明,对人类的文明进步具有巨大的推动作用。它是人类第一次掌握支配一种自然力来改善自己的生存条件。它可用来烧山打猎、照明、驱赶野兽、取暖御寒、改善生活居住环境,减少因寒冷潮湿引发的外感病与风湿病。除此之外,火的使用在人类卫生保健史上的重要意义还在于它改变了人类茹毛饮血的生食习惯。使用火可以"炮生为熟,令人无腹疾",由生食到熟食,可对食物起到一定的消毒杀菌杀虫作用,减少了许多消化道疾病和寄生虫病的发生。熟食较生食可缩短人体消化食物的过程,以吸收更多的营养,提高人体的素质。熟食还扩大了人类食物的范围,使一些肉类及难以下咽的鱼鳖蚌蛤之类成为可口的食物,这些肉类食物含有丰富的优质动物蛋白,被人体吸收后,为人体的生长、发育、繁殖、遗传及修补损伤的组织提供了必要的物质保证。同时食物的磨细加工,使一些大块头食物易于下咽、消化吸收。这些也在人类体质发育完善过程中起到了重要作用,特别是人类脑髓在发育过程中获得必要的高蛋白营养而更加完善起来,促进了智力的发展,从而加速了人类的进化,最终摆脱猿类的特征。正如恩格斯所说:"火的发明,有解放人类的意义。"

火的发明,还为一些原始的治疗方法如热熨法、灸治法的产生提供了前提条件。因此,火的使用在人类卫生保健史上具有极其重要的意义。

第二节　原始中医药知识

原始人在生产生活实践中,逐渐发现了一些解除病痛的方法和药物,经过不断地探索总结积累,从而形成原始的医药知识。

北京猿人利用火来炙灼伤口,促使其迅速愈合,这实际上就是中医灸疗的起源;同时,火还可以为妇女提供一个温暖的育产环境,有利于提高婴儿的成活率。在 10 万年前,大同湖的水里含有大量的氟,长期引用含氟量过高的水,会使人患上斑釉病,经考古研究证实,许家窑人出土的一颗左中门齿齿冠唇面左上方有一个明显的黄色小凹坑,就是氟性斑釉齿病症的遗迹[5]。有了疾病,人类必然本能地去探索治疗疾病的方法,因此,人类最早治疗疾病的工具——针砭就应运而产生了。许家窑遗址发现了大量的尖状石器和骨器,这些器具可能不是专业的治病器械,但它们偶尔会用来刺病,倒是很有可能的。所以,"砭,以石为箴以刺病也。"[6]宋人杨侃释"砭石"亦云:"师古曰:箴,所以刺病也。石,谓砭石,即石箴也。古者攻病,则有砭,今其术绝矣。"[7]

同北京猿人、许家窑人等远古人类一样,山顶洞人也必须跟疾病作斗争。由于生活环境所致,山顶洞人的牙周病和脑外伤的发生率很高。如山顶洞人的一个老年个体牙槽骨上,就发现有牙周病的痕迹;据观察,在山顶洞遗址出土的一个女性头骨上,留有破裂后综叠粘含痕迹,其左侧额顶骨之间、颞颥线经过处有一前后 15.5 毫米、上下宽 10 毫米的由生前受伤所致的穿孔[8]。因此,为了减少疾病在生理上和精神上给人们造成的各种痛苦,山顶洞人必然会通过长期的生产和生活实践来掌握一些动植物的药用价值。比如,在人类发明人工取火之后,人们就有更多地机会去接触动物的肉、脂肪、内脏、骨骼及骨髓等,在此基础上,人们便逐渐地认识到各种动物组织对人体的营养价值及其毒副作用,从而为掌握其药用功效而积累经验。从治病的角度看,火的发明跟医药卫生有极大的关系,而火本身就起到了"药"的作用[9]。因为"有火之后,则有灸、烘疗法"[10]。在远古时代,一种工具往往有多种功能,如山顶洞人发明的骨针既可以做缝纫工具,又可以做针刺工具,故《说文》云:"针,缀衣针也。"所以,有人说:"山顶洞人缝衣用骨针,缝织麻布用石针,这些针砭后来也用作医疗工具。"[11]

在石家庄新石器时代文化遗址中,集中在滹沱河、冶河和太平河一带的龙山文化遗址中出土了大量的石器,品种繁多。有许多石器就属于砭石。这些砭石的出土,说明在新石器时代河北的先民们已经比较成熟的掌握了石器的磨制与应用,其中有石镰、石铲、石斧等有可能已经应用于医疗实践中,作为针灸,切除脓肿,穿耳鼻、腹腔穿刺等的工具。

注　释:

[1]　郑绍宗:《河北省文物考古工作十年的主要收获(一)》,《文物春秋》1989 年创刊号。

[2]　唐云明:《河北仰韶文化的发现与研究》,载《唐云明考古论文集》,河北教育出版社 1990 年版。

[3][4]　唐云明:《河北新石器时代农业考古概述》,《农业考古》1988 年第 2 期。

[5]　贾兰坡等:《许家窑旧石器时代文化遗址 1976 年发掘报告》,《古脊椎动物与古人类》1979 年第 4 期。

[6]　戴侗:《六书故·卷5》,四库本。

[7]　杨侃:《两汉博闻·卷4》,四库本。

[8]　宋大仁:《原始社会的卫生文化》,《中华医史杂志》1955 年第 3 期。

[9][11]　薛愚:《中国药学史料》,人民卫生出版社 1984 年版,第 7,3 页。

[10]　范行准:《中华医学史》,《医史杂志》1947 年第 1 期。

第十八章　原始生物科技

河北地域发现的最早古人类遗址主要包括张家口泥河湾遗址、小长梁遗址和东谷坨遗址等,这些地区的古人类生存年代在 100 万年以前。泥河湾的马圈沟遗址更是将该地区人类活动的年代又推前到距今 180 万年。考古研究表明,此时期的人们捕猎技术、对食物的加工技术已经具备相当高的水平。

另外,小长梁遗址发掘出的大量石器,唐山市迁安爪村遗址出土的披毛犀、野驴、野猪、赤鹿、转角羊、原始牛、纳玛象等多种哺乳动物化石,山顶洞人的装饰品有穿孔的兽牙、海蚶壳、小石珠、小石坠、鲩鱼眼上骨和刻沟的骨管等,磁山文化遗址发现的粮窖和丰富的谷物粟以及大量的石磨棒、石磨盘等粮食加工工具等,表明河北原始人类对生物利用的逐渐认识。

第一节　远古人类对各种动物的认识

泥河湾马圈沟遗址的发掘将该地区人类活动年代推前到距今 166 万年[1]。如果根据生物地层学研究结果,马圈沟遗址文化层的年代在距今 180 万年以前(图 1 – 18 – 1)[2]。在这个遗址中发现的石器,多采用质地细密的灰黑色燧石,表明这时期的古人类对制作石器的原料已经有所选择。锤击技术较为成熟,打制出的石片有长型、宽型,对一些质地较好的石核,已能反复旋转进行剥片,形成多台面石核(从两个以上的台面打击就称为多台面石核)。通过这些石器工具的研究发现,此时人们对食物的加工已经具备一定的水平。马圈沟遗址第 II 文化层距今 164 万年,刮削器的数量较多,表明此时期古人已经具有相当高的捕猎技术,借助这些锋利的刮削石器对猎物进行切割(图 1 – 18 – 2)。

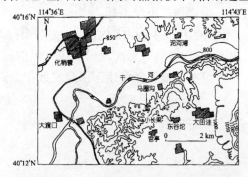

图 1 – 18 – 1　泥河湾马圈沟遗址位置图　　　　图 1 – 18 – 2　马圈沟遗址中一根大象肋骨上放着一块刮器

距今 136 万年的小长梁遗址山土的哺乳动物化石有 12 属,其中可以鉴定到种的有 6 种,另外还有龟类的甲片。哺乳动物化石主要包括貂、古菱齿象、桑氏鬣狗、三趾马、三门马、披毛犀、鹿、羚羊等[3]。这些动物化石在一定程度上反映了当时小长梁地区哺乳动物的分布情况。另外遗址还发掘出大量经过打制的骨片,还有大量吃剩丢弃的动物化石有三趾马、马、披毛犀牛、羚羊、鹿虎象的残骨和牙齿等[4]。从这些食用的动物残留物来看,小长梁人早在 100 万年前就已经能够对动物进行捕获利用(图 1 – 18 – 3)。

北京人是迄今发现最早使用火的古人类,并已经具有了捕猎大型动物的能力[5]。遗址发掘百余块肿骨鹿和斑鹿的骨化石(图 1-18-4)。肿骨鹿和斑鹿均生活在与北京猿人同时期的中更新世,最晚也要到距近 13 万年以前。在这些骨化石中有 3 块鹿牙的化石、多块鹿角化石和鹿的上颌骨化石,还有一件怀疑被加工过的锋利的"骨器"。这些化石的出土表明,北京人当时已经可以捕获这些行动迅速的大体形哺乳动物。

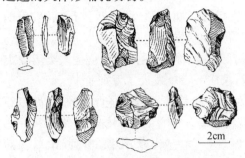

图 1-18-3　小长梁遗址石器制品

图 1-18-4　猿人遗址出土的肿骨鹿、斑鹿骨化石

　　张家口市阳原东井集镇的侯家窑遗址,发掘发现大量脊椎动物化石,其地质年代距今 10.4 万 ~ 12.5 万年。发现石制品 14 041 件,其中石球 1 079 件,最大的超过 1 500 克,最小的不足 100 克。这些石球制作工艺比较先进:它先用石锤打击成粗略的球形,再反转打击去掉边缘使它成为荒坯,最后用两个荒坯对敲,把打击时出现的坑疤磕掉,即成正球体或次球体。可以看出,三维空间意识一直支配着整个石球的制作过程。由于遗址里存在大量被人工打碎的野马等食草动物的骨头,人们很容易联想到这些石球可能是被用作狩猎工具"飞石索"上的弹丸。流星索的出现是远古狩猎技术的重要革命,是人手脑结合的伟大创造,是人类综合能力的初步体现。此外,该遗址还发现大量不完整的古动物化石,其中包括大约 4 万颗马属的牙齿,至少代表了 130 匹野马和 30 头野驴,它们应该是"侯家窑人"猎取的对象。所有这些发现均反映出侯家窑人早在 10 万年前就已经可以熟练利用工具猎取动物作为食物来源[6]。

　　距今 4.4 万年左右的唐山市迁安爪村遗址发掘出土了披毛犀、野驴、野猪、赤鹿、转角羊、原始牛、纳玛象等多种哺乳动物化石。迁安县城东的安新庄遗址发掘发现大量骨器,主要是用动物肢骨、肋骨磨制而成,有骨针、骨锥、骨镞等[7]。从出土的鹿角和烧焦的兽骨来看,居住在这里的古人类,在距今 4 500 年前主要是从事农业兼渔猎生产。

　　距今 3 万年前的北京山顶洞人遗址曾出土上千件兔骨骼化石,数量众多的兔头骨化石充分展示了山顶洞人在周口河畔的草地、灌丛间捕捉兔子的高超本领。山顶洞人的生活以渔猎和采集为生,除了在遗址中发现的大量野兔化石,还包括数百个北京斑鹿个体的骨骼,应是他们狩猎的主要对象。在遗址里还发现鲩鱼、鲤科的大胸椎和尾椎化石,说明山顶洞人已能捕捞水生动物,把生产活动范围扩大至水域,这标志着人类认识和利用自然界能力的提高。

　　在山顶洞堆积中共发现脊椎动物化石共 54 种,其中出土的哺乳动物化石共 36 种,大多数属于大型动物,食肉目动物占可鉴定动物的 1/3。在这个动物组合中,比较有意义的种属有变种狼、中华缟鬣狗、剑齿虎、上丁氏鼢鼠、拟布氏田鼠、拉氏豪猪、三门马、梅氏犀、葛氏斑鹿、扁角肿骨鹿、德氏水牛和硕猕猴,这些化石对于研究当时该地域中生活的各类动物组成具有重要的意义[8]。

　　距今 1.8 万年的孟家泉遗址挖掘发现大量较为破碎的鸟类、鱼类、哺乳动物化石,其中以象、原始牛、野马和鹿居多[9]。承德四方洞遗址属于旧石器时代晚期遗址,发掘发现动物遗骨 1 765 件,其中哺乳动物化石有鬣狗、鹿、豪猪和仓鼠等[10]。保定市的南庄头遗址距今约 9 700 ~ 10 500 年左右,出土遗物包括大量的动物遗骨。据动物骨骼初步鉴定,动物种类主要有:鼠、鸡、狗、狼、猪、马鹿、麋鹿、狍鹿、梅花鹿、鱼类、鳖类、蚌类等,以偶蹄类的鹿科动物为主,皆为北方狩猎的野生动物。另外还出土众多的骨器及狩猎工具石锤、石球,并且其中一处草木灰遗迹,据专家考证为吸食骨髓的场所。这些证明狩猎在河北地域古人类生活中占有极为重要的地位[11]。

　　邯郸磁山遗址中发现了大量被人们食用后遗弃的多种动物骨骸,其中家鸡、家猪、家犬的骨骸最引人注目。挖掘发现,在一些粮食储窖的底部整齐的摆放着一些猪、狗的家畜遗骸,推测这些家畜是在存放粮食时举行某种巫术仪式而放入的[12]。出土的家鸡骨骸是至今我国发现的最早的家鸡骨骸,表明在 7 000 多年前磁山先民就开始饲养家鸡,比原来认为的世界最早饲养家鸡的印度要早 3 300 多年。在磁山文化遗址中出土打鱼用的网坠,说明当时定居于太行山麓的先民已经可以结网捕鱼[13]。

保定市容城县上坡遗址出土的文化遗物中发现大量网坠、骨锥、鹿角锤、刮削器和石镞等,表明 7 000 多年前保定区域居民对鱼类、动物的捕猎加工技术已经得到相当发展。

正定县南杨庄出土了 5 400 ± 70 多年前的陶质蚕蛹,是仿照家蚕蛹烧制的陶器,它是人类历史上饲养家蚕的最古老的文物证据。这说明早在 5 400 多年前,石家庄一带就发展了育蚕业[14]。

三河市孟各庄村新石器遗址距今约 6 000 年,出土遗物发现 1 枚骨镞,石器中包括磨制双面刃石斧、石凿和镞等。表明当时居民主要从事原始农业,辅之狩猎和采集。

唐山大城山遗址出土的遗物,研究发现一具狗骨架,还发现牛、羊、猪、鹿、田鼠、野狸、水鸟等遗骨。此外,还有经过加工的骨针、骨镖、骨钩、骨镞、骨锥、骨笄、骨匕、卜骨以及少量的蚌器等。这个遗址中兽骨的发现说明在四五千年以前,唐山人已知饲养牛、羊、猪、狗等家畜,并可以进行渔猎,用火烧煮食物,过着定居生活[15]。

唐山市迁安县的安新庄遗址发掘发现大量骨器,主要是用动物肢骨、肋骨磨制而成,有骨针、骨锥、骨镞等[16]。从杂有鹿角和烧焦的兽骨来看,居住在这里的古人类在距今 4 500 年前主要是从事农业兼渔猎生产。

沧州市哑叭庄遗址为新石器时代晚期龙山文化遗址,出土的骨器多为骨铲、骨椎、骨簪、骨匕、骨针等。同时遗址发现大量牛、羊、猪等家畜的遗骸,说明畜牧业在当时有了一定的发展。遗址中大量出土的网坠、鱼镖、蚌壳、鱼骨、龟壳、鳖甲和鹿角等,说明渔猎在当时生活中占有相当比例[17]。

总之,通过对河北地域内古人类遗址的考古发掘,尤其是对泥河湾遗址、小长梁遗址和东谷坨遗址的研究,可以确认为是河北地域内最早人类活动留下的遗迹,它表明早在 100 多万年以前,原始人类已经生活、劳动在河北阳原盆地一带(包括阳原、宣化、涿鹿、怀来、蔚县一带),他们不仅是中华大地上第一批先民的群体之一,也是目前所知河北地域最早的开拓者。

第二节　远古人类对植物的栽培和利用

人类为了寻求生活资料,从大自然中不断采集可以利用特别是可以作为食物的野生植物。在真正的栽培植物出现之前,采集的过程经历了旧石器时期和部分中石器时期。从原始农业出现起,一些野生植物在一定的地理气候和栽培条件下,经过多代挑选,最后变成了较符合于人类需要的栽培植物。在有文字记载之前,一些栽培植物的起源只能通过考古发现的一些化石材料进行推断。河北地域内古人类遗址中的一些考古发现揭示了该区域古人类对野生植物的驯化和利用状况。

通过对距今约 7 300 年的磁山文化遗址考古发掘,发现遗址中长方形的窖穴底部堆积有大量粟灰,层厚为 0.3 ~ 2 米,有 10 个窖穴的粮食堆积厚近 2 米以上,这些炭化的粟约 10 万余斤,其数量之多,堆积之厚,在我国发掘的新石器时代文化遗存中是不多见的(图 1 - 18 - 5)[18]。粟的出土尤其是粟的标本公之于世之后,引起了国内外专家的极大重视。以往认为粟起源于埃及、印度,磁山遗址粟的出土,提供了我国粟出土年代为最早的证据。这一发现,把我国黄河流域植粟的记录提前到距今 8 000 多年,填补了前仰韶文化的空白,也修正了目前世界农业史中对植粟年代的认识。磁山被确认为是世界上粮食作物——粟的最早发源地。另外在遗址发掘过程中还发现了大量以石制斧、铲、磨盘、磨棒(图 1 - 18 - 6)为特点的农耕和脱粒工具,表明在 7 000 多年前古人类的农业生产已经可以利用较为复杂的工具。

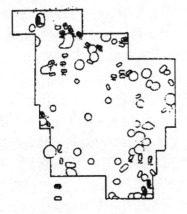

图 1 – 18 – 5　磁山遗址粮食储窖

图 1 – 18 – 6　磁山遗址石磨盘和石磨棒

磁山文化遗址发掘的灰坑中,还发现两座坑底部有树籽堆积层,可辨认的有榛子、小叶朴和胡桃。胡桃就是现今的核桃,据《开宝本草》记载,核桃是汉代张骞通使西域时传入内地的。磁山遗址胡桃的出土,证实 7 000 多年前这一带就有种植。农作物粟(谷子)、胡桃(核桃)的发现,不仅反映了磁山先民在认识、利用和改造自然过程中为人类生存与发展所作出的贡献,也改写了我国乃至世界粟作农业和核桃产地的历史。7 000 多年前的北福地遗址也出土了一些胡桃的化石。

另外,在磁山遗址发掘两座半地穴式房屋时,发现一烧土块,沾有清晰可辨的席纹,说明在 7 300 年前这一带即编制苇席,由此也可想象当时古人类已经可以利用芦苇编制苇席,考古学家称此器物为全国之最。

正定南杨庄遗址出土的 5 500 年前的粟种子是石家庄市境内发现最早的植物种子,其对研究中国植物栽培史、农业考古学史具有重要价值,同时说明当时粟已被古人类作为一种重要的栽培作物加以利用。

第三节　远古人类体质的进化

人类食性的进化必然对人类的体质进化产生巨大的影响。能够取食动物性食物对人类的进化影响意义非凡。要获取肉类食物,人类就必须学会狩猎并制作狩猎用的各种工具,这一过程促进了人类智力的进一步发展。另外,肉类食物具有更高的能量,这就使人类逐渐形成间断进食的特点,从而能有更多的时间和机会从事其他活动,加速了手和脑的发展。在狩猎时需要多人的合作,这就促进了语言和其他交流方式的产生。人类食性更为重要的变化是由生食向熟食方向的发展。人类祖先偶然从森林大火中取食被烧熟的食物后发现熟食比生食更好食用,更加美味,从此人类逐渐转向熟食(图 1 – 18 – 7)。制作熟食就需要烧烹的容器,从而促进了陶器制作等手工技术的发展[19]。

图 1 – 18 – 7　周口店"北京人"遗址第十层的灰烬层(左)和第一地点灰烬(右)

通过对北京猿人头盖骨化石研究发现,北京人的平均脑量达 1 088 毫升(现代人脑量为 1 400 毫升),据推算北京人身高为 156 厘米(男),144 厘米(女)。北京人的寿命较短,据统计,68.2% 死于 14 岁前,超过 50 岁的不足 4.5%。古人类学家的研究认为,在北京人的时代,人类体质形态的进化比石器制造技术的进步更为缓慢[20]。

"许家窑人"于 20 世纪 70 年代在山西阳高许家窑村和与其紧临的河北阳原侯家窑发现,距今约 10 万年,这一带所发现的古人类化石主要有顶骨 11 块、枕骨 2 块、附有 4 颗牙齿的左上颌骨 1 块、右侧下颌枝 1 块、牙齿 2 枚。这些化石材料分属 10 多个男女老幼不同的个体,其年龄既有幼儿,又有年过半百的老人,平均寿命在 30 岁左右。化石材料表明许家窑人的头骨骨壁较厚,顶骨内面较复杂,颅顶较高,头骨最宽大的部分比较靠上,吻部不太突出,下颌枝低而宽,牙齿粗大,齿冠结构比较复杂,其纹饰和北京猿人的牙齿相近。总的看来,许家窑人的体质特征既具有一定的原始性,又比较接近于现代人。有的专家推测许家窑人是北京猿人向智人过渡的一个类型,是曾在周口店地区居住数十年之久的北京猿人后裔外迁的一支。

山顶洞人生活年代距今约 3 万年,其体质已经相当进步,已经学会人工取火。头骨的最宽处在顶结节附近,牙齿较小,齿冠较高,下颌前内曲极为明显,下颏突出,脑量已达 1 300 ~ 1 500 毫升。这些特点和现代人相一致。男性身高约为 1.74 米,女性为 1.59 米[21]。山顶洞人的体征与蒙古人种分支的现代中国人、美洲的印第安人和北极的爱斯基摩人很相似。因此,山顶洞人不仅是现代中国北方人的祖先,而且还可能是印第安人和爱斯基摩人的远祖[22][23]。

第四节　原始养蚕技术的出现

河北正定南杨庄新石器时代遗址中发现了 5 400 年前的陶质蚕蛹,这个实例证明南杨庄人在当时已经学会养蚕和丝织[24]。

蚕,原是栖息于桑树上的一种吐丝的全变态昆虫,一个世代中历经卵、幼虫、蛹和成虫 4 个阶段,其吐丝与结茧既是它的本能也是一个过程的两个方面,起初,人们采集桑茧不是取丝,而是取茧里面的幼虫作为食物。经科学分析,蚕蛹含有人体所必需的多种营养,所以成为原始人类的理想食品是可能的。后来,随着人类纺织知识的积累,人们发现蚕茧通过一定的方法可以取丝来纺织衣服,既漂亮又舒适。远古人类由食物性的蚕茧到集茧取丝,经历了一个长期的,不断反复的实践—认识—再实践的过程。

另外,南杨庄遗址出土了 3 件骨制两端器(图 1 - 18 - 8),对于这种两端器的用途,极少能是一种渔猎工具,但从集茧取丝的实践过程中看,还可能是用作取茧丝的工具。其具体做法是:采集下来的野生桑蚕茧然后由妇女用两端器挑出茧子头,然后再把茧子头缠在两端器的中部,不停地缠绕,直至将茧子的丝全部缠在两端器上[25]。

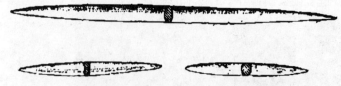

图 1 - 18 - 8　南杨庄遗址出土的骨制两端器

有了利用蚕茧抽丝的纺织实践,人们便逐步产生了把野生桑蚕进行家养的要求,因为野生蚕不宜控制,尤其在自然环境中桑蚕很容易受到伤害而影响其结茧量。如,当人们逐渐认识到适当高温有利于蚕的生长和发育时,《齐民要术》卷 5《附养蚕》篇对蚕室作了这样的要求,以提高蚕丝产量:"屋内四角著火",而"调火令冷热得所"。

第五节　制茶酿酒技术的萌芽

一、制茶技术

安阳(西周以前属冀州)鲍家堂遗址属于典型的仰韶时代晚期大司空文化。该遗址出土了一些擂茶钵[26]，即专门用于做擂茶的陶钵。与一般的陶钵不同，擂茶钵是特制的，钵内布满细小而整齐的牙沟或内壁刻有精制而有序的细纹，通过擂茶棒在钵内的不停转动，从而把茶叶、莲子、桂花、薄荷原料等擂成末，用来泡茶。其具体的制作过程是：坐姿操作，左手协助或仅用双腿夹住擂钵，右手或双手握长约尺许的紧擂茶棒，将茶料共置入内壁布满辐射状沟汶的陶盆，频频擂转，直到将茶料擂成酱泥状的茶糕，然后冲入沸水，再撒些碎葱，便成为通常引用的"擂茶"。

据考，擂茶起源于古越族，而人们在太湖流域的崧泽文化早期(距今约5 800 年)遗址中发现了我国目前最早的擂茶钵，即是明证[27][28][29][30]。由此说明，约在5 000 年前，一部分古越先民可能是因为商业贸易的关系，他们从江淮地区跨过黄河而入住到豫北冀南地，与之相伴，他们将古越族的擂茶技术传到了海河域，并成为大司空人日常饮食文化的一个重要组成部分。

二、酿酒技术

酿酒何时起源，目前学界还没有形成一致结论。《黄帝内经·素问》有黄帝与医家起伯讨论"汤液醪醴"的记载，此"醪醴"得"天地之和，高下之宜"。实际上，远古时期的酒多是"猿酒"，即猿猴把吃剩下的野果丢弃在洞穴里，待果皮腐烂时野生酵母菌很容易使果实中的糖分自然发酵，遂形成酒浆。可见，远古人类酿酒的方法主要是用发酵的谷物来酿造水酒。

磁山文化遗址出土了大量的粟、三角陶器及饮酒的壶、杯，徐水出土了谷物加工器具与饮酒皿器——铜舟等。李约瑟博士认为：传说黄帝"发明了陶罐和蒸笼"、"蒸谷做成饭，煮谷做成粥"，那些烹调的三脚陶以及陶制蒸器，用来做饭熬粥，而有时吃剩的饭粥会变馊发酵，并被糖化为醇[31]。所以，甲骨文把"酒"写成像陶器的模样，另外，我国考古工作者在河南舞阳县贾湖新石器文化遗址的陶器中发现了酒石酸的残留物，也体现了陶器与酿酒的关系。《资治通鉴》载：黄帝战蚩尤于涿鹿，合符示信于釜山，用当地美酒大宴各部落首领，说明河北先民早在远古时期就已经开始饮酒的习俗了。

注　释：

[1]　蔡保全、李强：《泥河湾早更新世早期人类遗物和环境》，《中国科学 D 辑》2003 年第 5 期。

[2]　蔡保全：《泥河湾盆地马圈沟遗址化石哺乳动物及年代讨论》，《人类学学报》2008 年第 2 期。

[3]　汤英俊：《河北阳原小长梁遗址哺乳类化石及其时代》，《古脊椎动物学报》1995 年第 1 期。

[4][6]　谢飞、郑世繁、李勇等：《东方人类从这里走来——考古泥河湾》，《河北画报》2006 年第 10 期。

[5]　徐钦琦：《周口店北京人遗址的发现及其意义》，《科学中国人》1995 年第 4 期。

[7]　金家广：《滦河流域安新庄类型遗存初析》，《河北大学学报(哲学社会科学版)》1988 年第 2 期。

[8]　贾兰坡：《山顶洞人》，龙门联合书局 1951 年版，第 76—77 页。

[9]　谢飞、孟昭永、王子玉：《河北玉田县孟家泉旧石器遗址发掘简报》，《文物春秋》1991 年第 1 期。

[10]　王峰：《承德市四方洞旧石器文化遗址发掘简报》，《文物春秋》1992 年第 2 期。

[11]　李月从等：《南庄头遗址的古植被和古环境演变与人类活动的关系》，《海洋地质与第四纪地质》2000 年第 3 期。

[12][18]　佟伟华：《磁山遗址的原始农业遗存及其相关的问题》，《农业考古》1984 年第 1 期。

[13][14]　梁勇、杨俊科：《石家庄史志论稿》，河北教育出版社 1988 年版，第 57,58 页。

[15]　张锟:《试析大城山遗址》,《文物春秋》2002 年第 5 期。

[16]　金家广:《滦河流域安新庄类型遗存初析》,《河北大学学报(哲学社会科学版)》1988 年第 2 期。

[17]　郭瑞海等:《河北省任邱市哑叭庄遗址发掘报告》,《文物春秋》1992 年第 S1 期。

[19]　沈银柱等:《进化生物学(第二版)》,高等教育出版社 2008 年版,第 224—225 页。

[20]　徐钦琦:《周口店北京人遗址的发现及其意义》,《科学中国人》1995 年第 4 期。

[21]　吴新智:《周口店山顶洞人化石的研究》,《古脊椎动物与古人类》1961 年第 3 期。

[22]　吴汝康等:《中国远古人类》,科学出版社 1989 年版,第 24—41 页。

[23]　刘武:《蒙古人种及现代中国人的起源与演化法》,《人类学学报》1997 年第 1 期。

[24]　郭郛:《从河北省正定南杨庄出土的陶蚕蛹试论我国家蚕的起源问题》,《农业考古》1987 年第 1 期。

[25]　唐云明:《正定南杨庄遗址试掘记》,《中原文物》1981 年第 1 期。

[26]　傅宪国:《安阳鲍家堂仰韶文化遗址》,《考古学报》1988 年第 2 期。

[27]　黄宣佩、张明华:《上海青浦福泉山遗址》,《东南文化》1987 年第 1 期。

[28]　宋建、陈杰、何民华:《上海市松江县姚家圈遗址发掘简报》,《考古》2001 年第 9 期。

[29]　刘建国:《江苏丹阳王家山遗址发掘简报》,《考古》1985 年第 5 期。

[30]　刘建国:《江苏句容城头山遗址试掘简报》,《考古》1985 年第 4 期。

[31]　李约瑟:《中国科学技术史(第六卷　生物学及相关技术)》,科学出版社、上海古籍出版社 2006 年版,第 215—216 页。

第十九章　原始人文科技

　　河北地域的原始宗教文化始于北京周口店的山顶洞人,从当时人体遗骨下面所发现的赤铁矿粉来分析,山顶洞人已经产生了自觉的宗教意识活动。此外,由那些经过精细加工的染色小石珠推知,山顶洞人还具有了一定的艺术审美意识。到新石器时代的徐水县文村乡南庄头文化时,河北先民的艺术审美意识得到了进一步的增强,陶器的出现即是一个明证,陶器既是农业经济发展的直接产物,同时又是人类艺术创造力的客观再现。保定、邯郸等地新石器时代遗址所发现的彩陶器物,则更加显示了河北先民的人文素质已经有了很大提高。

第一节　泥河湾人的原始宗教观念

　　一般地说,人类意识的产生经过了漫长的进化历程,这个历程大体上可分为三个阶段:由无机物质的机械的、物理的、化学的反应特性到低等生物的刺激感应性;由低等生物的刺激感应性到一般动物的感觉和心理;由一般动物的感觉和心理到人类意识的产生[1]。有人从行为学层面,把一般动物的感觉和心理亦称作"动物文化"。如在通常条件下,日本猕猴懂得用小溪水将甘薯表面冲洗干净,然后放在嘴里食用。而这种行为居然成为后来日本猕猴食用甘薯的一种具有普遍性的行为习惯,英国山雀曾因偶然将牛奶瓶箔盖啄开这个行为动作,致使后来的英国山雀普遍学会了这种本领[2]。事实上,不仅一般动物的行为始于某种偶然动作的诧异,尔后才由简单的模仿上升到自觉的行为,人类的各种行为也是从第一步始自某种偶然动作的诧异,尔后再由简单的模仿上升到自觉的行为。第二步才有可能在前人的行为经验积累到一定程度时,由量变引起质变,人的行为转而成为社会意识产生与发展的物质基础和客观条件。

在泥河湾的早更新世文化遗址中,出土了不少"雕刻器",实即一种垂直短刃的石片石器,锋刃锐利是泥河湾雕刻器的普遍特点。因此,这种石片石器的主要功能毫无疑问地就是用于雕刻,虽然泥河湾旧石器文化遗址目前还没有发现用雕刻器雕刻的艺术作品,但从法国拉·费拉西遗址所发现的用雕刻器雕刻的各种刻画在石板上的符号和图案来看,泥河湾人所保留下来的雕刻在石板上的作品应当会被发现,它只是个时间早晚的问题。

小长梁旧石器文化遗址出土了锥形石器,石锥的主要作用是用来缝制兽皮,然后做成外观美丽的服装。它还用于治疗疾病和狩猎。

在马圈沟人的时代,人类是以群体而不是以个体为自身存在的条件,否则就会被自然环境所淘汰。那么,如何有效地把原始群组合成一个比较强大的统一整体以适应外界的环境变化呢? 一方面,原始群会选择具有一定威望的长者来主持群体的重大社会活动,另一方面,在思想上必须通过特定的宗教图腾信仰使整个群体都朝向一个中心,从而形成本群体的共同意志。所以,从这个角度看,"马圈沟人"进餐场面又可看成是一次"图腾宴"。人们聚餐的目的之一应当是祈求图腾物来保佑他们获得更多的食物,同时亦希冀他们获得图腾本身所具有的巨大力量。

第二节　山顶洞人的原始宗教观念

山顶洞人生活的洞穴分上、下两室,上室是住所,下室埋葬死者,不仅如此,更重要的是下室还有个用来储存食物的地窖。在古希腊,"Silo"一词专门用来指储藏鲜玉米的地窖,说明地窖保鲜在古希腊人生活中占有多么重要的位置。根据周口店的地理特征,山顶洞本来就地势高,洞内冬暖夏凉,适宜于人类居住和储藏食物,而再从洞里向下深入则阴凉而相对密闭,是储存食物的最佳之处。从结构上看,山顶洞的上室在洞穴的东半部,南北宽约 8 米,东西长约 14 米。在地面的中间发现一堆灰烬,底部的石钟乳层面和洞壁的一部分被烧炙,说明上室是住人的地方;下室在洞穴的西半部稍低处,深约 8 米,这里发现有 3 具完整的人头骨和一些躯干骨,人骨周围散布有赤铁矿的粉末及一些随葬品,说明下室是葬地。下窖在下室深处,是一条南北长 3 米、东西宽约 1 米的裂隙,人们在此发现了许多完整的动物骨架。而对于这些动物骨架,一般都推测它们是在人类入居以前,偶然坠入这个天然"陷阱"之中的,但我们认为,这些动物从山顶洞之上室坠落到下窖去的可能性不大,它们很有可能是山顶洞人有意识地将狩猎来的动物先存放在这里,以备尔后部落成员共同食用的。宋兆麟先生说:"下窖应是山顶洞人储存食物之仓库,仓库是人类生活设施中不可缺少的部分。"[3]

而山顶洞人对红色的偏爱应当看作是一种宗教情结,因为红色在原始人的思想意识中是血液的象征,在他们看来,失去血液便失去生命。如,山顶洞人所佩戴的的装饰品几乎都被染成红色,他们甚至还在死者身边撒下红色赤铁矿粉末,以祈求死者再生,这说明山顶洞人不仅关心生活的美,而且也表现了他们对死者的一种积极的终极关怀意识。不仅如此,山顶洞人还把跟他们生产和生活直接相关的劳动对象都做成装饰品。如,山顶洞遗址出土了一串项链,其中有穿孔的兽牙、海蚶壳、小石珠、小石坠、鲩鱼眼上骨和刻沟的骨管等。按劳动对象分,狩猎动物的牙饰品最多,计有 125 枚,除 1 枚虎门齿外,余为獾、狐、鹿、野狸和小食肉类动物的犬齿,均在牙根部位两面对挖成孔。此外,有 4 件鸟骨管。裴文中先生说:"用狐和狼的犬齿制作装饰品,也可能还有别的意义,例如表现所狩猎的动物数量。"[4]宋兆麟先生则认为:"民族学资料告诉我们,男子利用狩猎的猎物,磨制加工作为狩猎的纪念,往往将其送给女伴。我国云南纳西族有些善于狩猎的著名猎手,也向女阿注赠送野猪牙或獐子牙等装饰品。"[5]渔猎的饰品不多,计穿孔海蚶壳 3 个,鲩鱼的眼上骨 1 件,可能是象征渔猎的胜利和对死者生前生活的怀念;属于石器方面的饰品主要有 7 颗石珠和部分石坠。在此,既然作为陪葬的饰品都跟山顶洞人的劳动对象有关,那么,不管它们有多少意义,至少有一种意义是不可否认的,那就是它们本身所包含的宗教意义。郭沫若先生曾指出过陪葬品的意义有二:一是"供死者在地下使用",二是"贿赂地下的神鬼"[6]。据此来断,山顶洞人已经有了鬼神观念。按照人类认识的发展逻辑,从万物有灵到死人崇拜,中间必然要以鬼神观念相关节。在原始人类看来,人有两个精神性实体,即灵魂和鬼魂。其中灵魂一般不能脱离人的躯体而独立存在,而鬼魂则可以脱离人的肉体去独立活动,当人死之后,灵魂自然就会变成鬼魂。由于鬼魂比灵魂具有更加强大的力量,所以为了安稳鬼魂,人们就对死者加以崇拜,并献给他一定的"礼品",还把尸体很好地保存起来而不是将其吃掉。因为在他们看来,"肉体虽因腐烂而消灭,但灵魂还是不灭的,灵魂仍然存在着并需要适当的照顾"。起初,人的死后生活跟生前生活一样,是实实在在的,也有肉体和精神两方面的生活,于是就"产生了整套的葬仪",并引发了一系列的观念、礼节和仪式:"地下鬼魂世界的观念,灵魂不死的观念,灵魂遭受报应、'祭奠灵魂'的观念,也促成灵魂转移及附体观念的继续发展,并生出灵魂停留于死者的个人所有物以内,也可以附托于他的造像以内等观念。"[7]

第三节　东胡林人的原始宗教观念

　　根据东胡林人比较讲究的居住生态环境,周昆叔先生得出结论说:东胡林人早就懂"风水学",因为"东胡林人遗址北面是山,前边是清水河,遗址地点高出清水河约30米,说明当时的东胡林人已经注重选择生活环境,稍懂风水"[8]。在古代,风水亦称堪舆,是远古人类用以看阳宅、择墓穴的根本指南,如房屋背山面水、顺山势、背风向、靠水源等都是选择房址的基本要旨;而顶山登水,俯于山之怀,倚在山之趾,与山融为一体则是修筑墓穴的核心元素,所以,晋代郭璞的《葬书》曰:"葬者采生气也。经曰,气乘风则散,界水则止。古人聚之使不散,行之使有止,故谓之风水。"从这种意义上说,风水术就是古代的建筑学。

图 1-19-1　东胡林人屈肢葬遗骸全貌

　　东胡林人对死者的葬式有两种:仰身直体葬和屈肢葬。尽管这两种葬式本身包含着不同的文化意义,但已经产生了原始的"五行"观念。据报告,我国考古工作者在东胡林遗址所发现出土的屈肢葬(图1-19-1),头朝北,脸则微向东,双手抱在胸前,下肢的腿骨竖直地压在臂骨上,近似十字形,与婴儿在母亲子宫里的形状极为相似,同时,在遗骸中可以清晰地见到4颗白色的螺壳,排列成半圆形。此外,在距墓葬四五米的地方有一处火塘,火塘地底部边缘用小石块垒起,很细密,肉眼隐约可见浅黑色的木灰[9]。联系这些现象综合分析其文化内涵,即是跟人们日常生活密切相关的五种物质一应俱全。所以,金、木、水、火、土这"五行","不过是将物质区分为五类,言其功用及性质耳"[10]。如《左传·昭公二十九年》载:"夫物,物有其官,官修其方,朝夕思之。一日失职,则死及之。失官不食。官宿其业,其物乃至。若泯弃之,物乃坻伏,郁湮不育。故有五行之官,是谓五官,实列受氏姓,封为上公,祀为贵神。社稷五祀,是尊是奉。木正曰句芒,火正曰祝融,金正曰蓐收,水正曰玄冥,土正曰后土。龙,水物也,水官弃矣,故龙不生得。"由此证明,"五行"说的产生根源于人们与金、木、水、火、土密切相关的五种生产实践活动,根源于人们对生活中最常见的和最基本的五种物质的原始崇拜,故《白虎通》卷1云:"古之时未有三纲六纪,民人但知其母,不知其父。能覆前而不能覆后……于是伏羲仰观象于天,俯察法于地。因夫妇,正五行,始定人道。"这段记载说明"五行"观念的起源是很古老的,它大概产生于新石器时代早期。

　　与五行的原始崇拜相关,东胡林遗址发现的屈肢葬和火塘之间的关系,很可能不是一般的生活关系,而是一种宗教关系。也就是说,人们在东胡林遗址中所发现的食物并不是供人吃的,而是用来媚神的,所以,屈肢葬的主人一定是东胡林人用做媚神的女子。据观察,这具人骨长1.6米,其活体估计当在 1.65 米左右,年龄约有十七八岁,牙齿洁白,身材苗条,我们推测她应是一位非常漂亮的年轻女子。尤其引人注目的是,在她的鼻骨下面,放着一块约有 10 厘米长的冰洲石。冰洲石的化学成分为 $CaCO_3$,是一种特种非金属矿物,因最早发现于冰岛,故名冰洲石。冰洲石是一种透明晶体,具有双折射性,即当一束光射到冰洲石上面时,它的折射光有两束,其中一束的行为和方向跟一般的折射光相同,另一束则与一般的折射光不同,是一种特殊的折射光。东胡林人当然不明白这里面的科学道理,所以就把它看作是神石。又由于冰洲石具有双折性,因此,东胡林人就误以为石能生育,于是产生出许多古老的神话传说。如,《淮南子》卷 19《修务训》云:"禹生于石。"《随巢子》说:"禹产于昆石,启生于石。"又"王韶之云:启生而母化为石。"[11]以此比类,东胡林遗址所发现的"冰洲石"会不会也寓意"母化为石"的内涵呢?

第四节　磁山人的原始宗教观念

磁山遗址所发现的房屋遗迹均为圆形或椭圆形半地穴式建筑,这种形状的居住理念可能跟远古居民的日月崇拜有关,如磁山遗址出土的陶制太阳、月亮器即是明证。经考察,磁山人所居房屋的门或朝南开或朝东南开,皆三台阶进室,且居住面呈东高西低状或四周高而中间低,与太阳的东升西落运动相一致,它既与伏羲两字的本义即"伏"是太阳下山而"羲"是日出光明相契合,同时又体现了"为宫室之法曰:高,足以辟润湿;边,足以围风寒,;上,足以待雪、霜、雨、露。"(《墨子》卷 1《辞过第六》)的建筑原则。另,由穴壁外缘分布着 4 个或 8 个柱洞推断,当时的整个房屋都是木构架的,至于如何构架,不得而知。不过,人们在距地表深 0.4 米处发现了一批用芦苇、荆芥、草拌泥痕迹的烧土块,而对于这些烧土块的用途目前有两种说法:一种说法认为,这些烧土块是经烧烤的房屋墙壁破坏后形成的,其具体做法是:先从地上挖个深一米左右的圆形或椭圆形坑,然后按照房屋大小在坑的边缘立 4 根或 8 根木桩,接着把用树枝或苇子编成的箔倚靠在柱子上的横杆上立起来,并用绳子将箔与横杆连结好,同时将席子盖到房顶上,末了再往上面抹上厚厚地一层泥,加以火烧即成;另一种说法则认为,这些烧土块应是陶窑的产物,其大体方法是,选择一个平面将适量的木材等燃料与器物陶坯堆放在一起,四周用木棍等支撑为伞状,其上覆盖树枝,苇秆等物,并用草拌泥将其封严,仅留下点火孔和烟孔,待大量燃料烧尽时,陶器就被烧好了,这时最外层的草拌泥因火烧而连成一体,为了取出陶器,人们只能将其毁坏,这样地面上自然就形成了烧土块堆积的现象[12]。从远古人类的生活经验看,上述两种情况都有可能,然而,还有一种可能即这些烧土块或许是当时磁山人使用过的土灶的遗物,而这种土灶在太行山区的某些山村里至今仍在使用。因此,磁山人的房屋布局可以看作是向北方传统木构性房屋过渡的一种形式。

应当说,几十个贮存粮食的地下窖穴的发现,是磁山遗址最激动人心的收获。据不完全统计,这些粮食足有 10 余万斤[13],说明磁山人的旱作农业已经发展到了很高的水平。这种水平应当与农作的基本规律相一致,《吕氏春秋·审时》云:"凡农之道,厚(候)之宜。"《黄帝内经素问》卷 1《上古天真论篇第一》又说:"处天地之和,从八风之理。"也就是说,磁山人已经掌握了农时与粟谷的播种、培植及收获之间的关系,如磁山遗址出土的陶蓍草器便是用来"立竿见影"以测"日影长度",从而掌握太阳方位和四季节令的仪器,据此,我们可以推断,磁山人很可能已经发明了原始历法,而用以计算历法的工具应当就是那些成堆出土的直径在 1.5～2.5 厘米之间的陶丸球以及圭盘和占蓍草器。圭盘,是一个用土或用石制成的圆盘,中心插上一个木杆,以圭卜日影之数,从中掌握一年四季阴阳之变化。占蓍草器,是一种作为测"日"影的插杆基座,它有"立竿见影"之效。而对于日月在一年四季所走过的影子,人们就用一种符号陶丸球来标记历数,用以指导农时和组织氏族的日常社会活动。

从磁山遗址出土的陶制祖形器,表明磁山人开始形成对男性生殖器的崇拜,这是男性居于社会核心地位的一种宗教反映。尤其是遗址中发现了不少用于祭祀的小型陶器,几乎都是各种大型陶器的仿制品,这些仿制品都含有十分明确的"乞求神灵的保佑"的寓意。恩格斯指出:"宗教是窃取人和自然的一切内涵,转赋予一个彼岸的神的幻影,而神又从他这丰富的内涵中恩赐若干给人和自然。"[14]
这就是说,人们为了在虚拟世界与现实世界之间建立起某种"感应关系",在磁山人看来,那些跟他们
的生活密切相关之器物应是最能体现其活生生的人性的客观载体。

注　释:

[1]　教育部社会科学研究与思想政治工作司:《马克思主义哲学原理》,高等教育出版社 2002 年版,第 42 页。

[2]　李难:《行为的进化》第 7 章第 4 节,2005 年 5 月。

[3]　宋兆麟等:《中国原始社会史》,1983 年,第 123 页。

[4]　裴文中:《中国的旧石器时代》,《日本的考古学》1965 年第 1 期。

[5]　宋兆麟等:《中国原始社会史》,文物出版社 1983 年版,第 124 页。

[6]　《郭沫若全集·历史编》,人民出版社 1984 年版,第 92 页。

[7]　柯斯文:《原始文化史纲》,生活·读书·新知三联书店 1957 年版,第 180 页。

[8]　赵升:《人类一万年前就能烧制陶罐》,《京华时报》2005 年 10 月 29 日。

[9]　郭冀远、赵亢:《曲肢墓葬距今 9000 多年遗骸白色下牙保存完好》,《新京报》2005 年 10 月 29 日。

[10]　梁启超:《阴阳五行说之来历》,《古史辨》第五册,上海古籍出版社 1982 年版。

[11]　欧阳询:《艺文类聚》卷 6《地部》,文渊阁四库全书本。

[12]　乔登云:《关于磁山文化研究中的几个问题》,《邯郸职业技术学院学报》2005 年第 1 期。

[13]　苏秉琦:《中国通史》第 2 卷《远古时代》,上海人民出版社 1996 年版,第 68 页。

[14]　《马克思恩格斯论宗教》,人民出版社 1962 年版,第 3 页。

第二编

科学技术的渐生与积累

（夏商周春秋战国时期）

随着从青铜器到铁器的出现,中国社会发生了由奴隶制向封建制的变革。在此阶段,河北的冶炼技术发展最快,铁器逐步取代青铜器,由块炼铁到生铁,是炼铁技术史上一次飞跃,我省先民发明的生铁柔化技术,比西方早了 2000 年左右,曾成为最重要的冶铁中心之一,制陶技术有了较快的发展,白陶逐步替代灰陶;从青铜器到铁具的使用,完成了农具的革命,逐步建立了深耕细作的农业生产模式;灌溉技术由沟洫排灌到漳水十二渠,以水压碱技术使得瘠薄盐碱地变良田,种稻与盐碱地改良相结合,成为国内外盐碱地改良的经典;赵国都城邯郸成为春秋时期河北地区的纺织业中心。碣石港建成和易水运河开凿标志着河北交通已经发展到相当高的水平;物理学、化学、天文等科学知识开始萌生;这一时期还出现了我国有史记载的最早的医学家扁鹊。

第一章　奴隶社会历史概貌

从青铜器到铁器的出现,从奴隶制到封建制的建立,是此期社会基本矛盾发展的一条主线。首先,自夏商开始,伴随着生产力的发展和青铜器的出现,奴隶制正式建立。此时,河北地域内出现了一些封国或方国。虽然各个国家的强弱不同,大小有别,但经济、思想和科技文化的总体趋势是向前发展的。自春秋时代起,铁器开始出现,封建体制初露端倪。赵国建立以后,河北地域内的社会和民族矛盾日渐剧烈,到战国时,随着山戎势力的不断削弱,燕国的经济和科技势力迅速发展壮大,成为战国七雄之一。河北地域是当时诸侯国中最重要的冶铁中心之一,由于铁制工具和牛耕的出现,引起了阶级关系的变化,催生了封建制度的确立,推动了科技文化的发展。

第一节　先商文化及社会

20 世纪 70 年代,邹衡先生在探究夏与商的历史渊源关系时,提出了"先商文化"的概念,并划分出漳河类型、辉卫类型和南关外类型,其分布的中心区域在"河北省的滹沱河与漳河之间的沿太行山东麓一线"[1]。后来,李伯谦先生更以磁县下七垣第 3、4 层遗址为代表,将此类遗存统称为"下七垣文化"[2]。河北境内的下七垣文化遗址主要有石家庄市市庄、邯郸涧沟和龟台、磁县下七垣、界段营、下潘汪、永年何庄、内邱南三岐、邢台葛庄等,其分布范围主要集中在漳河中游地区,北抵唐河,南至洪河,东达卫河,西至太行山东麓。从地域位置看,以冀南为限。随着河北先商文化考古的不断深入,从20 世纪 80 年代以来,人们在"下七垣文化"之外,又发现了另一种先商文化,名为"先商文化保北类型"[3]。该类遗址的分布范围主要集中在唐河以北、北易水以南,目前发掘的遗址主要有容城午方、白龙、安新辛庄克、定州尧方头、易县下岳各庄等。

当然,先商文化本身是一种更早文化的延续,那么,这种早于先商文化的文化究竟何处? 目前,学界有人提出"河北北部龙山文化雪山类型"的观点,并且认为河北地域北部龙山文化雪山类型是下七垣文化的直接来源之一[4]。此类遗址主要分布在燕山南部京津地区一带,以北京昌平雪山村遗址二期文化、唐山大城山遗址下层文化和任邱哑叭庄遗址下层文化为代表。

据《史记·夏本纪》载:夏禹有"开九州"之举,且"禹行自冀州始"。其冀州所属的范围是"既载壶口,治梁及岐。既修太原,至于岳阳。覃怀致功,至于衡漳。"可见,在河北地域内,严格地讲,只有漳河流域被划在冀州的辖域之内,这与先商文化漳河类型的考古发现相一致。于是,夏启为了征服活动在易水流域的有扈氏,曾与之大战于甘。对此,《史记·夏本纪》载:"有扈氏不服,启伐之,大战于甘。将战,作《甘誓》。"又《吕氏春秋·先己篇》云:"夏后相与有扈氏战于甘泽而不胜,六卿请复之,夏后相曰:'不可。吾地不浅,吾民不寡,战而不胜,是吾德薄而教不善也。'于是乎处不重席,食不贰味,琴瑟不张,种鼓不修,子女不饬,亲亲长长,尊贤使能,期年而有扈氏服。"在这里,"甘"与"甘泽"不是一地,所以学界对"甘"之所在有多种说法。而河北地域在夏代多大泽,故吕不韦所说的"甘泽"很可能就在河北地域内。另,据郭沫若先生考证,有扈氏即有易氏[5]。对有易氏的存在,《竹书纪年》载:"殷王子亥宾于有易而淫焉,有易之君绵臣杀而放之。是故殷主上甲微假师于河伯,以伐有易,克之,遂杀其君绵臣也。"这是殷商与有易氏两个部落因贸易纠纷而引发的部落战争,最终是殷商取得了胜利。此段史料有两点值得重视:一是"殷王子亥宾于有易",说明有易的经济发展水平比较高,而且地理位置亦很重要,从目前河北地域内发现的先商遗址看,容城午方遗址出土了斧、磨棒、磨盘、纺轮等生产生活器具,以及少量燧石制成的刮削器和凹底三角形石镞,此外,还有锥、铲、梳、鱼漂等骨角器等。所以,"邻人的财富刺激了各民族的贪欲,在这些民族那里,获得财富已经成为最重要的生活目的之一。"二是"殷主上甲微假师于河伯",表明河伯部落的势力与有易氏部落相当,否则,殷主上甲微就不会利用其势力去击败有易氏部落。在先商时期,黄河出孟津以后,"东过洛汭,至于大伾,北过降水,至于大陆,又北播为九河,同为逆河,入于海"[6]。其中"易水"属"九河"之一,在大陆泽(今邢台一带)的北边,而河伯部落大概就生活在邢台与衡水之间的地域内,如邢台发现的葛庄遗址、内邱南三岐遗址应是河伯部落遗留下来的文化遗产。其中葛庄先商遗址发现房址6座,窖穴、灰坑120座,出土了刀、铲等农业生产工具和斧、凿等手工业工具,此外,还有两件铜刀出土,这些不仅表明河伯部落的农业经济比较发达,而且它们成为"殷主上甲微假师于河伯"的重要物质基础。

第二节　商文化及社会状况

商族的祖先契,最初居住于蕃(今平山县境)。如《史记·殷本纪》载:"契兴于唐虞大禹之际",又"契长佐禹治水有功,帝舜仍命契为司徒"。契的儿子昭明在砥石(今石家庄市南)驻留过,故《荀子·成相篇》云:"契玄王,生昭明,居於砥石迁於商。""砥石"在何处? 白寿彝先生认为:"砥石据说在今河北宁晋、隆尧两县间。"[7]由契依次经过昭明、相土、昌若、曹圉、冥、王亥(王恒)、上甲微、报乙、报丙、报丁、主壬、主癸,到商汤时,商朝终于取代夏朝,问鼎中原。

当然,先商从王亥开始,社会经济发生了较大的变化,物质财富有了显著的增加。故《山海经·大荒东经》云:"王亥托于有易,河伯仆牛有易杀王亥,取仆牛。"在这里,"仆牛"即驾牛的意思,说明《尚书·周书·酒诰》称殷人的先辈:"肇牵牛远服贾。"这是我国古代文献中最早出现的关于商业行为和贸易事件的记载。同时,先商的农田水利建设也有了一定水平,并成为其农业生产发展的物质基础。如《国语·鲁语》说:"冥勤其官而水死",即冥死于治河工程之中。据考,甲骨文中已经出现了禾、黍、粟、麦、稷、米、桑、麻等字,另外,甲骨文中又出现了"仓"、"廪"等字,它表明到先商中后期,由于青铜冶铸业的发展,不仅生产工具获得较大改进,而且粮食产量也有了明显增加。所以,范文澜先生说:"汤灭夏之前,商已是一个兴旺的小国,随着商业的进展,交易的货物必需增加其数量,夏后氏早已利用奴隶,商应有更多的奴隶从事生产。商国的农业、手工业、商业都比夏朝进步,因此造成代替夏朝兴起的形势。"[8]

一、商代诸侯臣属邑

商代的行政区划主要有三种形式:一是以商都为中心的王畿之地,如邯郸即属于殷商的王畿之地;二是直接管辖的或称在商王朝势力范围以内的诸侯臣属邑,如邢国、又国(在今定州市)、箕国(在今北京市一带)等;三是间接统治的或称在商王朝势力范围以外的方国,如土方(在今承德一带)。目前,在河北地域内发现的"诸侯臣属邑"不多,比较可靠的至少有两处:一处是商代早期的藁城台西商代遗址,另一处是邢台的商代遗址群。如在藁城台西商代遗址发掘的112座墓葬中,其中12座墓葬发现有殉葬奴隶,从殉葬者的性别看,既有男性也有女性;而从殉葬者的身份看,则既有婢妾又有幸臣,甚至还有生前受过刖刑的男性少年[9]。据郭沫若考:妾是奴隶,他在释"自祖乙又妾"一句话时说:所谓"妾"即"盖谓以女奴为牲。"[10]又第二号房子有祭祀坑和奴隶遗骨分布,如人们在该房屋的南室西墙基槽内发现了1件装有一具不满3岁幼儿尸骨的陶罐,而在北室的东侧则发现了4个灰坑,共活埋有奴隶3人,从其骨架姿势看,他们都是被捆绑后背朝下推入坑内活埋的,这充分暴露了商代奴隶主的野蛮与凶残。据研究,台西有座商墓有殉人两名,并随葬有铜礼器,其墓主头顶部随葬1件石锤,右手内握1件露齿玉人面,从这种葬俗看,这位墓主应属台西当时的军事首领,石锤、玉斧和铜戈作为兵器就是他军事权威的象征。另外,台西 M14 墓地中出土有金箔,据推断其墓主属于中下层统治者阶级,他的身份是"巫医"[11]。所以,《夏商社会生活史》一书认为,这是一处商代诸侯臣属邑,以居宅、祭所、作坊、土田、墓地、族众、隶仆包括卫士等,构成邑内主要生活内涵。邑内的居民成分,大体为族氏共同体,但据公共墓地发现情况分析,有 12 座殉人,有 54 座殉狗;凡同殉人狗墓,大多伴出铜、漆、玉器等大量随葬品,棺椁有朱漆黑彩者;但多数墓只有一二件陶器,甚或一无所有;是知邑内有权势极重的少数高层权贵,有一批中层贵族,更多的是中下层平民,包括手工业者以及地位卑下的奴隶。

在商代,奴隶不仅用于战争,而且更多的是用于生产。比如,磁县下潘汪商代遗址发掘出半地穴房屋 5 座,灰坑 242 个。灰坑内有 3 具人骨架,同时还伴有无头马架 2 具和大量生产工具。至于那些半地穴式房屋,大概就是奴隶的临时住处,按《汉书·食货志》载:"在田曰庐,在邑曰里。春令民毕出在野,冬则毕入邑。"从春到冬,中间至少有三个季节生活在田间,完成种、管、收三大农事。当然,奴隶的生产劳动是在奴隶主的监督下进行的,如 F4 号房主即是监管此地奴隶劳动的奴隶主。

邢台的商代遗址群目前已发现有二十多处,主要分布于邢台市区至市区西南的七里河两岸,其中以东先贤村的邢台商代文化遗存为代表,显示的是商文化的繁盛时期,与商王"祖乙迁邢"[12]的年代正好相符。尽管史籍中对祖乙迁都有三种说法,即《史记》作"邢",《尚书》作"耿",《竹书纪年》作"庇",但学界多倾向于三地实为一地说。如顾颉刚在《〈盘庚〉三篇校释译论(下)》一文中认为,"耿"与"邢"是一地。后来,丁山先生《商周史料考证》一文更进一步认为,"耿"、"邢"与"庇"本为一地,即是邢为商诸侯井的伯封地[13]。从考古发现看,邢台当时的社会生产水平比较高,如邢台市北召马兵营遗址发掘出一商代窖穴,出土窖藏陶鬲 17 件以及窖址废弃倾倒物及烧制陶器的原料、制陶工具等,证明这是一处极具规模的商代制陶作坊,而且是以制作鬲器为主的专门机构。骨器方面,邢台粮库遗址出土了不少骨匕、骨锥、骨铲、骨镞等;石制生产工具主要有石铲、石刀、石镰、石斧等;此外。还发现了少量的铜镞和铜锥。从上述出土器物的构成来看,农业生产工具居多,而狩猎用具已很少见,它反映了邢国的社会经济是以农业生产为主的,并且是商代的一个非常重要的农业生产区。

又国,是商王畿北面的一个诸侯方国。在这里,人们已经发掘出商代墓葬 42 座,出土的青铜器规格很高,有礼器、兵器、觚、爵、鼎、戈等共 220 余件,其墓葬普遍流行殉人和殉狗制度,它表明又国的社会地位比较高,是商代北方的青铜手工业制造中心和军事经济重心。

二、商代方国和部落

商代在河北地域内的封国有四十余个:即唐国(在今唐县北的古唐城)、省伯(在今晋州东北)、方国(在今沧县以北)、锸方(在今涿州即房山一带)、逆方(在今顺平县西南)、土方(在今承德一带)、北方(在今涞水县一带)、曼国(在今鹿泉市北)、苏(在今邢台附近)、燕亳(在今北京附近)、孤竹(在今卢龙附近)、渤方(在今沧州一带)箕国(在今北京市一带)。当然,根据《左传》、《吕氏春秋》"商汤时邦国三千"的说法,河北地域内的方国一定还有不少。此外,尚有亚氏部落(在今丰宁一带)、有易部落(在今易县一带)、"杂"氏部落(在今藁城境内)、囗氏部落(在今正定县)、"启"氏部落(在今磁县附近)、"受"氏部落(在今磁县)等。目前,在今北京市、天津市和河北地域内发现的商代遗址已经遍及 33 个市县:即北京市的昌平、平谷、房山,天津市的蓟县,石家庄、灵寿、正定、束鹿、藁城、赵县、平山、获鹿、邯郸、永年、磁县、涉县、武安、邢台、内丘、隆尧、沙河、保定、涞水、涿县、安新、蠡县、定县、曲阳、满城、蔚县、丰宁、卢龙、大厂等。

上述方国和部落的社会发展状况并不平衡,有的方国社会发展程度较高,如孤竹国是滦河之滨最早的奴隶制诸侯国,是一个地域比较辽阔的北方大国。据考,孤竹国的统治范围,西起今迁安、卢龙,沿渤海北岸,东抵今辽宁兴城县,北达今辽宁北票和内蒙古敖汉旗南部,即包括今冀东东部和辽西地区。孤竹国受封于商初,故《史记·伯夷列传》注引《索隐》云:"孤竹君是殷汤三月丙寅日所封",是为孤竹侯国,而殷墟甲骨卜辞文中称"竹侯"。孤竹国在商代晚期的农业、手工业均相当繁荣,如卢龙县曾出土相当于商代晚期的成组青铜器鼎、簋、弓形器和金臂钏;多数造型庄重典雅,饰纹繁缛精美。从孤竹国与商王朝的关系看,由于孤竹国战略地位非常重要,加之孤竹国君墨胎氏与商王同为子姓,故孤竹国拥有自己的职官和军队,是独立性较大的政治实体。君侯承认商王朝的宗主权,并为商王室承担戍边、纳贡等义务。不仅如此,孤竹国君侯又在商朝朝庭任官。经考证,有商一代,孤竹国君共传十一世。第九世君侯竹离大,在商朝先后任贞人和司卜,是掌管占卜和祭祀的官员。第十世君侯亚微(伯夷、叔齐之父)、第十一世君侯亚凭,在商朝朝廷先后担任过亚卿,是卿史一类官职。地位也很高,名冠"亚"字以示尊荣。

土方是生活在商朝今山西东北部和河北地域西北部一带地区的强悍游牧部族,可能是狄族的一支。甲骨文中有不少"伐土方"的卜辞,如"登人三千乎土方"、"供人呼,伐土方"等,"登"与"供"都是征集的意思,即商朝临时在邢台、保定等召集兵士,手持青铜兵器,北上讨伐土方。目前,台西、赵窑、定州等地商代遗址,均出土有青铜兵器,其中台西遗址出土了 74 件青铜镞、11 件戈、10 件刀、2 件矛等;赵窑商代晚期遗址出土了 3 件镞、2 件矛;定州北庄子商代方国墓群出土了 27 件镞、11 件矛、2 件钺。此外,灵寿西木佛商代遗址出土了 6 件镞和 3 件矛,等等。可见,普遍地使用箭镞是当时军事战争的主要攻击形式。而青铜兵器的普遍使用,表明河北地域中南部的社会生产力已经发展到了一个比较高的水平。与之相对,土方的青铜兵器虽然也有出土,如热河凌源县(今属辽宁省)海岛营子村小转山子出土以燕侯盂为代表的西周早期青铜器 16 件[14],张家口怀安县狮子口村出土有商代晚期的羊首刀[15],唐山滦县陈山头墓内出土的青铜器有管銎斧、弓形器[16],承德滦平苘子沟发现的商代墓葬出土有牛首青铜刀、铃首青铜刀等等,然而从甲骨文的记载看,土方仍以掠夺经济为社会发展的主要形式,如"土方征于我东鄙,伐二邑"、"土方牧我田,十人"等。另,根据朱开沟文化第五阶段遗存出土的青铜刀、铜镞、铜短剑、铜鍪以及带鋬、耳的陶器和燕山以北、军都山以西的夏家店文化遗址所出土的青铜环首刀、铜镞、铜斧等来分析,又考虑到遗址中多堆积有牛、羊、鹿、猪等动物骨骼,且农业生产工具仅有少量的石铲和石刀,说明当时土方尚处在父系社会的末期,其耕作经济不发达,而牧业经济在社会生产中占有非常重要的地位。

第三节　西周时期的封国及社会状况

西周对河北地域的治理主要是从周成王开始的,本来周武王想用羁縻的政策实行对殷商故地的统治,可是"三监"的叛乱被平定之后,为了加强对东方的统治,西周在洛水北岸修建雒邑,作为西周的东都。从此,西周的势力不断向北扩张,一直到河北地域北部及辽宁西南部。在行政管理方面,西周延续殷商的"分土封侯"制,故《荀子·儒效篇》说:"周初立七十一国,姬姓独居五十三人。"如河北地域内的燕国、邢国、韩国即是西周时期的姬姓诸侯。

一、燕　　国

燕国始封于何时,学界说法不一,但经过比较,还是以司马迁的说法最为可靠。《史记》卷34《燕召公世家》称:"周武王之灭纣,封召公于北燕。"召公名奭,姬姓,是与周室同姓的贵族,因食邑于召,称为召公。周武王灭商之后,曾把殷商的王畿地区分为三部分:卫、庸和邶。其中邶的地望有争议,比如王国维先生曾在《邶伯器跋》一文中提出"燕即邶"的观点。但从目前考古的情况看,燕与邶实为两地。1962 年,我国考古工作者在北京房山区琉璃河发现商周文化遗址,经进一步挖掘,人们在遗址中部的董家林村发现了周初燕国城址,并出土文物数千件,其中青铜礼器多数带有铭文,青铜铭文中有"匽侯"或有"鄾侯"("鄾"为古燕字)的记载,说明北京房山区即是当年燕国的始封地。但召公受封于燕,仅是名义而已,真正到燕国就封燕侯之位的是其长子——召。如《史记索隐》云:"(召公)亦以元子就封。"根据出土的《克、克铭》记载,学界基本认定燕侯克是真正的始封者。M1193 号墓是第一代燕侯的墓室,椁室置于墓室正中,由方木垒成,上盖椁板,椁室长 3 米,宽 1.8 米,高 1.58 米,墓室有熟土二层台,上置兵器、车马器和装饰品,有人殉,说明燕国当时尚处于奴隶制时期。其都城遗址呈长方形,位于琉璃河左岸的台地上,南半部被河水冲毁,东西长约 829 米,南北残长 300 米,分为居住区、墓葬区和古城址 3 部分。城墙基宽 3 米,均以土夯筑而成,夯打坚实,并分为主城墙、内附和护城坡三部分,城垣外有沟池环绕。《左传》云:"国之大事,唯祀与戎。"而燕国地处与山戎等游牧部族杂居的边区,"唯祀与戎"的社会特征更加鲜明,如城中偏北是宫殿区,在宫殿区的西南是祭祀遗迹,有的祭祀坑中葬有整头的牛或马,并出土有经过钻、凿的卜甲、卜骨,青铜礼器以鼎、簋、鬲、爵、尊为多。另外,该遗址出土的燕国早期青铜兵器有盔甲、戈、戟、刀、剑、矛、匕首、弓形器等。从墓葬的规格和面积来看,当时燕国的等级制度分明,大概有 6 个等级层面:即燕侯、燕侯宗族的显贵、异族贵族、周人与异族中的次贵族、燕国平民等[17]。

二、邢　　国

《左传·僖公二十四年》载:"凡、蒋、邢、茅、胙、祭,周公之胤也。"其中"胤"是"后代"或"裔孙"的意思,而所谓"周公之胤",指的就是周公之子的封国。据《通志·氏族略》云:"周公之第四子受封于邢。"邢在今邢台市境内,故《汉书·地理志》赵国之襄国下注:"故邢国。"又《元和郡县志》说的更具体:"今邢州城内西南隅小城,即古邢国。"1991 年夏,邢台市团结路南小汪遗址发掘出 1 片与邢国受封选址有关西周卜辞,它说明邢台南小汪一带可能是邢国初封建城之地[18]。至于始封的时间,唐代孔颖达认为:"固当成王即政之后,或至康王之时,始封之耳。"在学界,邢国初封"固当成王即政之后",已为多数学者所接受,如《河北通史》及《河北经济通史》都采用了孔氏的说法。

根据《邢侯簋》和《麦尊》的铭文记载,邢国的社会组成等级分明:一是殷商井方国旧有的宗族,这支社会势力可以说比较大,它在周公东征后有相当一部分被迫迁徙到宗周地区,有的还沦为周人的奴役,另一部分留在邢地成为邢侯国的臣属,故《尚书·多士序》说:"成周既成,迁殷顽民。"二是受赐的"臣三品",此"品"是指臣隶。第三就是周王赏赐给邢侯的"臣二百家",此即周王赏赐与邢侯的家臣,"家"指家族,而西周时期的分封制,实际上都是以家族为基础的。在邢国,"臣二百家"使之形成邢国的上层社会,并以周礼的传统宗法达到统治目的。2005 年 8 月,人们在邢台市区北侧鹿城岗发现了 1 座西周时期古城,该城随地形而建,城的平面呈不规则方形,南北约 640 米,东西约 700 米,综合在这一代先后发现的"邢侯墓地"及南小汪西周邢国遗址来分析,此城很可能就是邢侯的都城。邢国的青铜手工业比较发达,如南小汪西周邢国遗址出土有铜鼎、铜爵、铜尊等礼器,其中铜鼎及铜尊具有西周早期特点,尤其是Ⅱ式鼎的口部呈近三角形,更为典型。这里发现的陶窑为圆形竖式窑,窑室呈正圆形,窑壁涂泥后经火烧烤,故十分坚硬,火膛容积较大,其出土的陶器主要有炊器、食器、储藏器、水器等,说明邢国的制陶业比较发达。生产工具以石器为主,主要有石斧、石刀、石镰等,仅从生产工具的质料来看,邢国的农业生产还比较原始,这可能就是邢国为什么在当时不能成为一个东方强国的根本原因。

三、韩　　国

《诗经·大雅·文王之什·韩奕》第六篇云:"溥彼韩城,燕师所完。以先祖受命,因时百蛮。王锡韩侯,其追其貊,奄受北国,因以其伯。实墉实壑,实亩实籍,献其貔皮,赤豹黄罴。"这段话大致叙述了韩国的历史和一般社会发展状况,是研究西周河北社会经济史的一篇重要文献。

首先,此韩城的地望,历来说法不一,然持河北说者以《水经注》为代表。《水经注》卷 12《圣水》载:圣水"又东南径韩城东"。此"韩城"在涿郡方城县境,即今固安县东南。后顾炎武在《日知录》卷 3《韩城》一篇中进一步考证说:"旧说以韩国在同州韩城县。曹氏曰:'武王子初封于韩,其时召襄公封于北燕,实为司空,王命以燕众城之。'窃疑同州去燕二千余里,即令召公为司空,掌邦土,量地远近,兴事任力,亦当发民于近甸而已,岂有役二千里外之人而为筑城者哉。召伯营申,亦曰'因是谢人';齐桓城邢,不过宋、曹二国;而《召诰》'庶殷攻位',蔡氏以为此迁洛之民,无役纣都之理。此皆经中明证。况'其追其貊'乃东北之夷,而蹶父之麋国不到,亦似谓韩土在北陲之远也。又考王符《潜夫论》曰:'昔周宣王时,有韩侯,其国近燕。故《诗》云:普彼韩城,燕师所完。其后韩西亦姓韩,为卫满所伐,迁居海中。'汉时去古未远,当有传授,今以《水经注》为定。"

其次,"王锡韩侯,其追其貊",固安的东北即为百貊之地,如日人白鸟库吉认为,百貊在今热河附近[19]。据《今本竹书纪年》载:"周成王十二年(公元前1062年),王师、燕师城韩,王锡韩侯命。"这段记载表明在西周初年,周师和燕师联合征伐居住在廊坊至天津一带地区的百貊。尔后,为了统治百貊之众,周成王便封周武王之子为韩侯,是时,北方诸小国都归附于韩。由于原来的百貊地,社会文明程度不高,故韩侯将中原的社会管理模式应用到百貊之地,比如,开田亩、收租税等,从而促使百貊部落由狩猎经济向农业经济的转化。

再次,韩国的青铜、制陶、农业生产都有一定程度的发展。比如,天津城北蓟县邦均镇的1处西周遗址出土有铭文为"十乍氏鼎"的青铜鼎和铭文为"戈父丁"的簋。又2007年7月,我省考古工作者在固安县吉城村发现1处西周时期遗址,其总面积约为6万平方米,出土有1件完整泥质灰陶罐以及夹砂夹蚌红褐陶、夹砂夹蚌灰陶、泥质灰陶器物口沿、腹部残片、器足等,器形有折沿鬲、盆、罐、簋等,器表纹饰以绳纹为主,分粗细两种,另有附加堆纹,这说明固安一带是周人活动比较频繁的地区之一。而涿州北高官庄村西周遗址则发现有1座陶窑址,该窑由操作坑、窑门、窑室、烟室构成,窑室内残存烧制的陶盆等器物。出土器物以陶器为大宗,有鬲、盆、罐、甗、簋、豆等生活工具,陶质以夹云母、蚌褐陶为主,夹砂灰陶次之,另有少量的夹砂红陶等,纹饰以绳纹为主,也有少量的附加堆纹、交错绳纹。此外,还出土了石镰、石铲等农业生产工具。

当然,除上述三个姬姓国之外,尚有氏国、代国、房国、山戎等小国和部族。由于这些小国多依附于某个大国,它们的社会地位也都相对较低,故此,就不一一赘述。

第四节　春秋战国时期的诸侯国及社会状况

周平王元年(公元前770年)迁都于东都雒邑,自此时起,周王室的势力日渐衰弱,与之相反,各诸侯国为了争霸而相互攻伐,史家称这段历史为春秋战国时期。值此之际,河北地域内的各诸侯国亦相继开始相互攻伐和兼并的战争,最后逐渐形成中山、赵、燕等几个大国。随着冶铁技术的发展和农业生产的进步,旧的生产关系显然已经不适应社会发展的客观需要,因此,通过不断改变土地的所有制形式来进一步解放生产力,便成为各国争霸的政治前提。比如,赵武灵王进行军事改革,胡服骑射,国力大增,而燕昭王更加锐意改革,积极进取,广招人才,励精图治,从而使燕国成为战国七雄之一。

一、燕　　国

早在西周时期,燕国就开始了兼并邻国的统一步伐,它先后将居住河北地域北部的几个小国归入自己的版图,因而其统治疆域不断向外拓展。如蓟国出现于周初,是周武王封的一个诸侯国,故《史记·周本纪正义》曰:"封帝尧之后于蓟。"可是,到春秋初期,由于蓟国势力较弱,故为燕国所并。对此,《史记·周本纪正义》解释说:"按周封以五等之爵,蓟、燕二国俱武王立,因燕山、蓟丘为名,其地足自立国。蓟微燕盛,乃并蓟居之。蓟名遂绝焉。"而《韩非子·有度篇》又说:"燕襄王以河为界,以蓟为国。"意即在春秋时期的燕襄王时,燕国向南以黄河为界,它的统治中心就是蓟城。根据《史记·燕召公世家》所载,燕国在春秋时期的几代国君依次是:哀侯、郑侯、穆侯、宣侯、桓侯、庄公、襄公、桓公、宣公、昭公、武公、文公、懿公、惠公、悼公、共公、平公、孝公,共18世。可见,至少在襄公之前,燕国就迁都于蓟城(今北京房山区琉璃河乡)了。此外,由"燕襄王以河(即古黄河)为界"这条史料透露出来的信息知,西周时期的韩国大概在入春秋之后不久便被燕国所灭。例如,"溥彼韩城,燕师所完"这句话,似乎不是东周人的作品,它喻示着当时的燕国已经臣服了韩国。此外,在齐国的帮助下,燕国还在春秋初期臣服了孤竹(在今秦皇岛市卢龙、昌黎、抚宁县及辽宁省部分地区)、令支(在今迁安、迁西、雄县一带)、山戎等封国和部族。据《史记》卷31《齐太公世家》载:"(齐桓公)二十三年(公元前663年),山戎伐燕,燕告急于齐。齐桓公救燕,随伐山戎,至于孤竹而还。"《国语·齐语·吾欲南伐》亦云:齐桓公救燕,"遂北伐山戎,刿令支、斩孤竹而南归。海滨诸侯莫敢不来服。"

进入战国以后,历孝公、成公、湣公、釐公、桓公、文公、易王、王哙,到燕昭王(公元前311—前279年)时,"以乐毅为上将军,与秦、楚、三晋合谋以伐齐。齐兵败,湣王出亡于外。燕兵独追北,入至临淄,尽取齐宝,烧其宫室宗庙。"至此,燕国进入了极盛时期。毫无疑问,燕国的强大是实行政治改革的一种必然结果。在燕昭王继位之前,燕国实力还很弱。可是,燕王哙不甘示弱,任用子之为相进行改革,同时还将君位让给子之。结果,子之的政治改革,遭到燕国旧贵族的强烈反对,他们乘机出兵干涉,"构难数月,死者数万,众人恫恐,百姓离志",迫使"燕子之亡"。经过这场变乱,燕国国力被严重削弱,并招致齐国和中山国的入侵。这时,燕昭王在赵国支持下即王位,公元前312年,燕昭王终于在赵国军队的护卫下返回燕国。于是,燕昭王痛定思痛,励精图治,筑黄金台招揽贤士,得乐毅辅佐,经几十年努力,燕国终于强大起来。在政治上,燕国袭走东胡,建长城,设郡县(包括设沈阳为侯城),将先进的生产方式和进步的社会制度扩展到东北地区,将文明延伸到蛮荒之地,辽东郡和侯城之设是东北地区进入中华文明体系的转折点,是新的历史时期开端的标志。在社会经济方面,热河兴隆出土了一批战国时期的铁金属铸范,包括农具、工具和车具的铸范,而燕下都44号墓内也发掘出铁制生产工具。铁农具的广泛使用,极大地促进了燕国社会经济的发展。另外,燕下都曾发现有铸造明刀钱的遗迹,其明刀刀背磐折,"明"字为眼形边[20]。1986年,涞水县西武泵村北砖厂发现了一批燕国晚期的刀币,分尖首刀和匽字刀两种[21]。据史载,燕国的煮盐业颇为发达,如《周礼·职方氏》云:幽州"其利卤盐"。随着燕国商品交换的不断扩大,涿城(今涿州市)成为当时"富冠海内"的"天下名都","其地为四达之区也"。

二、中 山 国

中山国为鲜虞所建,鲜虞属"白狄族"的一支,商周时还处于部落状态,分布在陕西北部。春秋初期,鲜虞乘列邦纷争之机,迁到太行山以东广大地区,其范围大体包括保定和石家庄一带。鲜虞通过战争、贸易与中原各国频繁交往,不断吸收先进文化,逐渐提高了社会生产力,国力日盛,终于统一狄族各部,建立国家。以后,屡遭晋国、魏国的攻打而亡国。公元前378年,桓公复国,决定将都城迁到具有险要地理位置和优越自然条件的灵寿城(今平山县三汲乡)。此时,正值赵、魏、齐等诸侯大国忙于争霸和兼并,无暇顾及中山国。中山国充分利用这至关重要的转机,发展经济,增强国力,开拓疆域。统治地区北接燕国,南邻赵国,石家庄一带基本在它的管辖之下。其地位仅次于战国七雄而与东周、宋、卫并称"千乘(乘:指古代四匹马拉的兵车)之国"。

对于中山国的社会发展状况,《史记·货殖列传》载:"中山地薄人众,犹有沙丘纣淫地馀民,民俗懁急,仰机利而食。丈夫相聚游戏,悲歌慷慨,起则相随椎剽,休则掘冢作巧奸冶,多美物,为倡优。女子则鼓鸣瑟跕屣,游媚贵富,入后宫,遍诸侯。"这段话有两层意思:一是城市经济发展速度较快,二是伴随城市经济的快速发展,出现了一些商业社会和都市生活的必然伴生物。从中山国的考古情况看,中山国都城的西部为大面积的官手工业作坊区,面积约60万平方米,它充分反映了中山国城市经济发展的规模和水平。经初步小面积发掘,紧连各手工业区的地方有一大片建筑区,不仅发现了密集的房基,而且还出土了大量的未经使用的陶豆、陶碗、铁铲等生活用器和生产工具以及成捆的刀币,据此初步确定,这片遗址是当年城内的商业活动中心的"市"。当时,中山国实行"郡县制"的行政管理模式,每一个县治所在地即为一个小型城邑,控居一方。据考察,中山国境内分布着许多中小城邑,比如,北部地区主要有华阳、曲逆、左人、中人、曲阳、顾等;中部地区主要有蒲吾、桑中、井陉、石邑、肥累、东垣、九门、苦陉、正定等;南部地区主要有元氏、封龙、房子、柏人、扶柳、鄗、高邑等。在手工业方面,中山国的冶铁业、铸币业、酿酒业、制陶业、建筑业、漆器业等都比较发达。例如,石家庄市市庄村战国遗址出土的铁器计 47 件,其中铁农具占 65%[22]。据《吕氏春秋·贵卒篇》载:中山国的士卒身着铁甲,手持铁杖交战"所击无不碎,所冲无不陷"。狄希与"中山酒"虽然仅仅是《搜神记》中的一个传说,但传说也是现实的一种反映,如中山王墓中就埋葬了大量粮食酿造的酒,只不过是一种夸张的反映而已。早期中山国由于经济落后,主要使用晋国早期货币空首尖足布和燕国早期货币尖首刀,到国势强盛后,开始铸造自己的"成白"刀币。它长 13.5 厘米左右,重约 15 克,形状像一把小长刀,刀首钝圆,刀刃微凹,刀身趋于平直,正面有竖行图文"成白"二字,背面光素无纹,刀柄细长,柄中间有一道纵纹,柄端铸成扁薄的圆环模样。同时,在中山国的国都,还有专门仿铸燕、赵货币的作坊。1984 年,灵寿县的 1 座战国墓中出土了 4 枚金贝,长 1 厘米,宽 0.7 厘米,厚 0.4 厘米,重约 3.14 克,装在一个铜鼎内[23],说明黄金在当时已经成为非常贵重的货币。在农业经济方面,中山国南部即隆尧、高邑等与赵国接壤的地区,曾出土有不少中山国时期的铁制农具、工具、釉陶及牛、羊、猪、狗、鸡等家畜家禽骨骼和炭化了的高粱等,所有这一切都证明农业生产是中山国经济的重要组成部分。

三、赵　　国

早在周穆王时,因造父平定徐国(今江苏省泗洪县)叛乱有功,遂被封于赵城(今山西省洪洞县)。后来,造父的第七世裔孙叔带弃周到晋国为臣,到五世时,赵夙于公元前 661 年驾车随晋献公讨伐魏、霍、耿等诸小国。事后,晋献公封赵夙为大夫,并将耿地(今山西河津县南 10 公里、汾水南岸王村,古称耿乡)封给他。公元前 453 年,赵、韩、魏三家分晋,赵最强大,其疆域有今山西中部及北部,陕西东北部,河北西南部,以晋阳为都城。公元前 403 年,周王室正式承认赵籍为诸侯,晋国名存实亡。公元前 425 年,赵桓子迁都中牟(今河南鹤壁西)。公元前 386 年,赵敬侯再迁都邯郸。到赵武灵王时,他改革军事,胡服骑射,国力大增。公元前 306 年,武灵王"北略中山地,至宁葭;西略胡地,之榆中。林胡王献马"。公元前 305 年,再"攻中山。赵袑为右军,许钧为左军,公子章为中军,王并将之。牛翦将车骑,赵希并将胡、代"。在赵国军队连克中山国数城之后,迫使"中山献四邑和"。至公元前 296 年,赵国终于"灭中山,迁其王于肤施",并"攘地北至燕、代,西至云中、九原","北破林胡、楼烦,自代并阴山至高阙为塞(即赵长城)"。这样,北则赵国通过长城可以阻止匈奴的入侵,西则更通过"胡服骑射"而成为阻挡秦国东进的重要屏障。

在战国时期,赵国是社会变革最为突出的列国之一。首先,土地逐步私有化。如赵国的大将赵括把赵王赐给他的金帛"归藏于家,而日视便利田宅,可买者买之"。荀子在讲到赵国的农户耕田状况时亦说"农分田而耕"。而自耕农的数量增加,必然促使小农经济的形成,并成为赵国立国的社会基础。其次,推行履亩而税的制度。从井田制的劳役地租制到土地私有化之后的履亩而税制,是赵国社会生产方式变革的标志性成果。如《韩非子·外储说右下》载:"赵简主出,税吏请轻重。简主曰:'勿轻勿重,重则利入于上,若轻则利归于民。'"再次,赵烈侯采纳牛畜的建议,倡导"仁义",实行"王道";又采纳徐越和荀欣的建议,实行"选练举贤、任官使能"的用人政策;在财政上则"节财俭用,察度功德"。第四,推行胡服骑射政策。该政策的直接目标为"兼戎取代,以攘诸胡",其具体措施是改中原地区的宽袖长袍为短衣紧袖、皮带束身、脚穿皮靴的胡服以适应骑战的需要。据此,赵国迅速组建了一支强大的骑兵部队,成为历史上尚武强兵的典范。通过以上改革措施,赵国的社会经济获得了极大的提高。在赵国,"今千丈之城,万家之邑相望也"。此"万家之邑"一则说明赵国的人口杂、密度大,一则反映了赵国商业经济的发展。赵国的冶铁业和铸铜业都很发达,"邯郸郭纵以铁冶成业,与王者埒富",又"卓氏之先,赵人也,用铁冶富"。邯郸市出土了不少面文为"甘丹"(即邯郸)的铸铜刀币和布币。在制陶方面,邯郸市出土了大量的陶鬲、陶豆、陶罐、陶鼎及盘、碗、板瓦、筒瓦等。在兵器制造方面,赵国不仅能装备"选车得千三百乘,选骑得万三千匹,百金之士五万人,彀者十万人,悉勒习战"的军力,而且其兵器冶铸管理制度是相当严格而完善。

由于铁农具和牛耕的逐渐推广,赵国的农业生产出现了新的发展局面。比如在魏文侯时,邺县

(今临漳邺镇)令西门豹兴建引漳灌邺水利工程,其功更是"终古斥卤,生之稻粱"。《荀子·王制》载:"修堤梁,通沟浍,行水潦,安水藏,以时决塞;岁虽凶败水旱,使民有所耘艾,司空之事也。"对于耕作与施肥的关系,荀子总结说:"掩地表亩,刺草殖谷,多粪肥田,是农夫众庶之事也。"从农业生产的效率看,"今是土之生五谷也,人善治之,则亩数盆,一岁而再获之"。一年两熟制的出现,必然使单位面积的亩产量得到提高,在收成好的时候,赵国的亩产量可达三石九斗[24]。为了激励将士英勇杀敌,赵国实行军功授田制,如赵简子曾誓众凡"克敌者,上大夫受县,下大夫受郡,士田十万"[25]。毫无疑问,军功授田制是以赵国拥有大量的耕田为基础的,而这个事实反过来证明,当时赵国的农业生产已经达到了一个新的历史阶段。

注　释:

[1]　邹衡:《试论夏文化》,载《夏商周考古学论文集》,文物出版社 1980 年版。

[2]　李伯谦:《先商文化探索》,载《庆祝苏秉琦考古五十五年论文集》,文物出版社 1989 年版。

[3]　沈勇:《保北地区夏代两种青铜文化之探讨》,《华夏考古》1991 年第 3 期。

[4]　韩建业:《先商文化探源》,《中原文物》1998 年第 2 期。

[5]　郭沫若:《中国史稿·第二编》,人民出版社 1976 年版,第 155 页。

[6]　司马迁:《史记》卷 2《夏本纪》,中华书局 1985 年版,第 70 页。

[7]　丁山:《由三代都邑论其氏族文化》,《史语所集刊》,第五本。

[8]　邹衡:《论汤都郑亳及其前后的迁徙》,载《夏商周考古学论文集》,文物出版社 1980 年版,第 213 页。

[9]　范文澜:《中国通史简编·第一编》,人民出版社 1962 年版,第 110 页。

[10][13]　河北省文物研究所:《薹城台西商代遗址》,文物出版社 1985 年版,第 112,146—149 页。

[11]　郭沫若:《殷契粹编》,科学出版社 1965 年版。

[12]　《史记》卷 3《殷本纪》,中华书局 1985 年版,第 100 页。

[14]　李恩玮等:《邢台粮库遗址》,科学出版社 2005 年版,第 284 页。

[15]　热河省博物馆筹备组:《热河凌源县海岛营子村发现的古代青铜器》,《文物参考资料》1955 年第 8 期。

[16]　刘建忠:《河北怀安狮子口发现商代鹿首刀》,《考古》1988 年第 10 期。

[17]　孟昭永等:《河北滦县出土晚商青铜器》,《考古》1994 年第 4 期。

[18]　《新中国考古五十年》,文物出版社 1999 年版,第 10 页。

[19]　曹定云:《河北邢台市出土西周卜辞与邢国受封选址——召公奭参政占卜考》,《考古》2003 年第 1 期。

[20]　白鸟库吉:《论秽貊民族的由来兼及夫余、高句丽和百济的起源》,《史学杂志》1934 年第 12 期。

[21]　《河北易县燕下都故城勘察和试掘》,《考古学报》1965 年第 1 期。

[22]　《河北涞水西武泵村出土燕国货币》,《文物春秋》1991 年第 1 期。

[23]　《河北石家庄市庄村战国遗址的发掘》,《考古学报》1957 年第 1 期。

[24]　文启明:《河北灵寿县西岔头村战国墓》,《文物》1986 年第 6 期。

[25]　苑书义等:《河北经济史》,人民出版社 2003 年版,第 112 页。

第二章　古代农业科技

　　奴隶社会是人类历史上第一个阶级社会,它始于夏代。早在公元前二千多年的虞夏之际,就已出现了金属工具。商代开始用铜钁开垦荒地,挖除草根,周代中耕农具钺(铲)和镈(锄)、收割农具镰和铚(今称刀)也开始用铜制作。春秋时期的农业仍保留了原始农业痕迹,即木质耒耜农业工具等仍然广泛使用。战国时期以铁犁、牛耕为典型形态的传统农业已出现。开始逐步由原始农业向传统农业阶段过渡,撂荒制被休闲制所取代。

第一节　古代农业科技的孕育

一、青铜器工具取代石器工具

　　这一时期,生产工具有了质的变化,青铜器工具出现并逐步取代石器工具,促进了生产水平的提高。相当于夏家店下层文化时期的唐山小官庄、滦河下游滦南县东庄店等夏商文化遗址出土了青铜器、骨铲、石镰等大量的生产工具,同时伴随数量不小的家畜骨骼出土,说明那个时期这里的农业经济,在规模和水平上都有了进一步扩展和提高。青铜工具逐步应用到农业生产上,尤其是铜钁的使用。对农业生产及农业技术的进步起了一定作用,标志着人类由石器时代进入青铜器时代。藁城台西商代遗址出土文物有青铜工具:凿、钻、锯,还有铁刃青铜钺(图2-2-1)、刃部用陨铁锻成或熟铁锻成(图2-2-2)[1]。就铁器来讲,这是我国商代考古第一次发现,引起了国内外文物考古界和史学界的广泛注意。

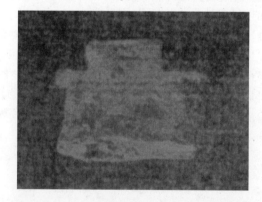

图2-2-1　藁城台西村商代遗址出土铁刃青铜钺　　　　图2-2-2　台西遗址出土铁刃青铜钺刃部特写

　　据《史记·殷本记》载有商纣王“盈巨桥之粟”的话(巨桥在今邯郸曲周县境内)。由此可见,此地当时已是商朝粮食的主要生产地和储藏地,这个事实说明,农业生产已经是殷代生产的主流产业,并为奴隶制的形成奠定了物质基础[2]。这时的农业经济,从规模和水平已有了新的扩展与提高。

二、古沟洫与灌溉技术

农田沟洫系统的建立是夏商西周,黄河中下游地区农业的显著特点之一。当时华北地区沼泽沮洳较多,要在比较低平地区发展农业必须首先开沟排水,沟洫的作用在于排而不在于灌,这是当时的旱作农业的一种形式。因此该历史时期,农田水利的重点是排除积水,但人工灌溉也已出现。在磁县下潘汉龙山遗址中发现“灰沟”,据 C14 测定遗址约为 4050±95 年前,相当于历史上的夏年代,这应是引水灌溉的水渠。与文献记载基本吻合[3]。夏商西周的水井结构亦已相当进步,有些井底部还用圆木搭成“井”字形井盘。在藁城台西村商代遗址中,就发现了我国最早的一只提水用的木桶,还有两眼水井及打水用的陶罐。此井底有木制的井盘,用四层圆木搭成一个“井”字,两头稍加修整,互相重叠咬合、顶端插入井壁外的四周,还插有三十余根加固井盘的小木桩。在井盘内堆满了大量的残破和完整的绳纹灰陶罐,有的还清晰看到套在陶罐颈部的绳子痕迹,无疑是当时人们打水时掉到井内的。在二号井发现了扁圆形木桶,它是用一段木瘿子掏成的。口边有两个对称的方孔,用来穿绳木水桶[4],由此证明,当时提水工具不仅使用陶罐,而且发明了木桶,从水井和提水容器的发明来看,说明当时人已经懂得了开发和利用地下水源,可以远离江河湖泊生活,这是一个了不起的进步,是劳动人民长期与自然斗争取得的重大成果。它的出现对促进农业的发展有着重要的意义。

三、农作物垄作栽培技术雏形

夏商周时期,主要大田作物有黍(黄米)粟(谷子)、稻米(小麦)、菽(大豆)、牟(大麦)、麻(大麻)七种。在河北邢台曹演庄商代遗址发现有黍粒;在藁城台西村遗址发现了大麻种子,还在该遗址 14 号墓中发掘出三十多枚植物种仁,其中有桃核还有灰黄色和黄褐色的郁李仁,大都完整无缺。(经中国科学院植物研究所和中医研究院初步认为,这些都是药用物)。说明当时河北已有黍、大麻、桃、郁李等作物和果树种植与栽培。该时期农业生产的重大进步便是垄作的出现,《诗经》中“乃疆乃理,乃室乃亩”系指平整土地,划定疆界开沟起垅宣泄水分之意。垅作的出现虽然与当时的排涝有关,但对后来的抗旱保墒等农业技术的出现产生了重大的影响。同时还重视选种栽培管理,《诗经·大雅·生民》有“诞降嘉种”,“弗厥丰草,种之黄茂”是指后稷推广良种,保护禾苗勤除草,选择良种播种早[5]。

第二节　农业生产工具的改进及水利工程

春秋战国时期是我国社会生产力大力发展时期,也是社会制度大变革时期。此时期奴隶制度开始没落,封建经济有了较大发展。与此相关联的是土地所有权日趋集中,形成了小农经济。在小农经济条件下,个体农民比之以前的奴隶,在生产上有了较高的积极性。但由于经营范围比较狭小,促使农业生产走上了以提高单位面积产量为主的道路。铁犁牛耕技术和施肥技术的普遍应用、大规模灌溉工程的兴建标志着农业技术有了实质性的进步,形成了以精耕细作为特点的传统农业雏形。

一、铁质农具与畜力的出现

使用铁质农具,是农业生产中的一次革命。春秋时代属于使用铁质农具的早期阶段,到战国时期,铁农具的使用已相当普遍,铁农具的出现,特别是铁犁的出现,和石犁相比,具有形质进步、坚硬锋利、耐用等显著特点。河北地处平原,是使用铁农具和牛耕较早的地区[6],这一时期铁质农具和畜力在农业上的应用,使人们从笨重的体力劳动中得到了初步的解放,同时也为提高耕作效率和耕作质量创造了条件,使精耕细作技术的逐渐形成。从地下出土文物来看,战国中晚期铁农具,已超出七国疆域,遍及廿余省市自治区。在 1955 年河北石家庄市庄村赵国遗址出土的铁器完整和残部共有 47 件。其中农具占 65%[7]。

中国冶铁业出现并不太早,但发展很快。藁城台西村商代遗址出土的以殒铁或熟铁为原料的铁刃铜钺是我国最早的用铁遗址。这时还不会用矿石炼铁,用矿石炼铁大约发生在周的后期或春秋初期。到战国晚期铸造铁器的模范除了陶范以外,又出现了铁范。1953 年在兴隆燕国冶铁遗址,发现了大批战国晚期铁范,这批珍贵的先秦遗物,在当时引起了各界人士的关注,这批铁范一共是 40 副 87 件,包括钁、锄、斧、凿、镰和车具等铸范[8],其中多为钁、锄范(图 2-2-3)、镰范(图 2-2-4)等农具范,北京钢铁学院对经石家庄市赵国遗址所出土的铁器以及兴隆铁范所进行的金相学和化学分析,得知它们都是"高温液体还原法"铸造的,其设计都达到了相当高的水平。该时期的主要农具有犁、钁、锄。在武安赵城遗址发现了战国铁犁。

兴隆出土的战国晚期铁农具铸范中,有 25 副钁范,占总范数的 89%。河北易县燕下都出土的锄身呈六角梯形,上部有长方形的横銎,用于横装锄柄,这种铁锄在兴隆也有出土[9]。铁犁牛耕技术的出现和广泛应用,大大促进了生产力的发展,改变了整个社会经济面貌,推动了社会进步。

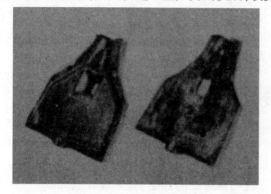

图 2-2-3　兴隆燕国冶铁遗址发掘的铁锄范

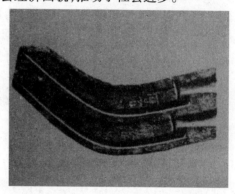

图 2-2-4　兴隆燕国冶铁遗址发掘的铁镰范

二、漳水渠引水工程

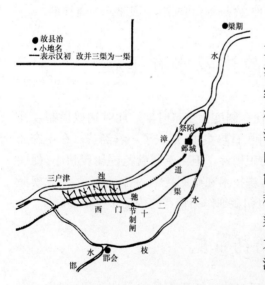

图 2-2-5　战国时代漳水十二渠

农田水利在我国农业技术发展史上有重要的地位。魏文侯时,西门豹曾出任邺(今河北临漳西南)令。据《史记河渠志》西门豹在当地大兴水利,"引漳水灌邺"。又据《水经注》记载"二十里中作十二石登,石登相去三百步,令互相灌注。一源分为十二流,皆悬水门。"就是在二十里的漳河段上建筑了 12 道低溢流堰,每堰上游开一个引水口,设闸门控制。每口开凿一条渠道,共十二渠道,使境内农田都能得到灌溉。这就著名的"引漳口渠"[10]。漳水渠引水工程是我国乃至世界多首制(它在漳水中设 12 道潜坝,12 个渠口)引水工程的创始。战国时代利用河水淤灌和放淤较为普遍。漳水十二渠就是这一成功范例(图 2-2-5)[11]。漳水发源于山西山地,在邺(今河北省磁县,临漳一带)进入河北大平原,流势很急,每逢雨季,泛滥成灾;长期的泛滥又形成严重的盐碱化土壤,在兴修漳水十二渠修成后,不仅

免除了水患,使土地得到了灌溉,而且利用漳水中的淤泥,改变了两岸大量盐碱地,采用淹灌洗碱和种植水稻相结合的办法,促使了农业的发展[12]。我们的祖先早就懂得了以水压盐的技术,用这种方法把盐碱瘠薄地改造成良田,对农业生产发挥了显著作用。淤灌、种稻和改良盐碱地相结合的方法是河

北古代先民在农业科技上的一次伟大创造,开创了国内外以水压盐的先例。

三、古耕作技术与施肥

我国先民在长期的农业生产中,开始对"土"有了认识,甲骨文中出现了"土"字,到了春秋战国,人们对土壤已经有了明确的认识。《周礼·地官·司徒》一篇中有"土"与"壤"之说。郑玄区注中解释说:万物自生焉,则言"土",土犹口土也;以人所耕而树艺焉则言"壤"[13],这里的"土"即万物自生自成的地方,称为"土",即自然土壤;而"壤"则是人们进行耕作栽培的地方,叫"壤"在人们干预下由自然"土"转变为农业"土壤"。

《吕氏春秋》是秦相吕不韦领导下的集体之作,吕氏春秋的最后四篇是专门论及农业的。《吕氏春秋·上农》即"尚农"是阐述农业生产的重要性以及鼓励农桑的政策措施。《任地》、《辨土》、《审时》是先秦文献中讲述农业科技最为集中、最为深入的篇章,标志着传统的精耕细作技术此期已经初步形成。《任地》等三篇类似于耕作栽培通论。《任地》提出了农业生产中的十大问题(如:"子能使蘽数节而基坚守?""子能使穗大而坚匀单?""子能使米多而食之疆乎?"[14]),并以朴素的辩证关系论及了土地利用的总原则。如"凡耕之大方"即耕作之道:"力者欲柔,柔者欲力;息者欲劳,劳者愈息;棘者欲肥,肥者欲棘;急者欲缓,缓者欲急;湿者欲燥,燥者欲湿。"[15]意思是说,刚硬的土壤要使其柔软些,柔软的土地要使其刚硬些;休闲过的土地要耕种,耕种多年的土地要休闲;贫瘠的土壤要使它肥沃起来,过肥的土地要使它贫瘠一些……。《辨土》篇,主要讲述的耕作栽培技术方法。《审时》篇,主要论述掌握省时的重要性。上述三篇应该是当时国内外最高水平的学术论文。

古代称有机肥料为粪,有土粪、皮毛粪、人畜粪、草粪(野生绿肥)等,称施肥为粪田。商周时期先民对有机肥施用就有了认识,《诗经·良耜》云:"荼蓼(绿肥植物)朽止,黍稷茂止。"《礼记·月令》记载:利用夏季高温多雨沤腐杂草,"可以粪田畴,可以美土疆"。这可能是我国施用绿肥的起源。

战国时期,《吕氏春秋》中提到"地可施肥","也可施棘","多粪肥田",有了因地施肥的思想萌芽。《氾胜之书·耕田》和溲种法中说"凡耕之本,在于趣时和土,务类泽,早锄早获","薄田不能类者,以原蚕矢杂禾种种之"[16],前者是说耕地的基本原则是:抓紧时间,使土壤松和,注意肥料和水,及早收获。后者说的是瘠薄的田,不能上粪的,可以用蚕矢粒子(实际上是天然颗粒状的种肥)和谷子种拌和种下,这样可以免除虫害。此处均提到施肥问题。

另外,经考古证实,春秋时期的赵国积极推行扩大亩制以减轻赋税的农业政策,并通过推广铁农具,引水灌溉、复种制及较先进的耕作方式等措施,积极发展农业生产,逐步成为当时的经济强国。战国时期,燕国也出现了犁、锄、铲等铁农具,燕下都出土铜器和铁器:1 铁犁铧;2 铁镬;3 铁凿;4 铜镞;5、6 铜剑;7 铜长带钩;8 铁镰;9 铁銎;10 铁铲;11 铜短带钩;12 铜矛;13 - 14 镞。(见《考古》1962 年第 1 期)。上述农具中有翻锄的,中耕的、收割的、整地的。燕国成套农具的广泛应用,尤其是铁犁的出现,不仅证明燕人已经在使用牛耕,而且还证明当时精耕细作的农业技术已经建立。农业的发展促进了手工业的发展和商品经济的繁荣。农民把"余粟"、"余布"变换成自己需要加手工业品,因此燕国各大、中、小城镇已经成为当时的商业中心。金属铸币在燕国广阔的疆域内的出土,反映了燕国经济发展和繁荣。与之相适应燕人开始在田野掘井灌溉,并大力兴修人工河工程,促进了冀北平原农业的发展。此外,中山铜方壶铭文发现有"赋敛平则庶民附"的记载,它表明那时的封建统治者已经认识到轻敛薄赋对于发展农业生产和维护政权稳定的重要性。

注　释:

[1][4]　河北省文化管理处:《河北藁城台西村商代遗址发掘简报》,《文物》1976 年第 6 期。

[2]　郭沫若:《奴隶制时代》,人民出版社 1993 年版,第 19 页。

[3]　唐云明:《河北商代农业考古概述》,《农业考古》1982 年第 1 期。

［5］　程俊英:《诗经译注》,上海古籍出版社 1985 年版,第 525 页。

［6］　河北社科院:《河北简史》,河北人民出版社 1990 年版,第 65 页。

［7］　河北省文管会:《河北石家庄市市庄村战国遗址的发掘》,《考古学报》1957 年第 1 期。

［8］　郑绍宗:《热河兴隆发现的战国生产工具铸范》,《考古通讯》1956 年第 1 期。

［9］　梁家勉:《中国农业科学技术史稿》,农业出版社 1989 年版,第 100 页。

［10］　河北省水利厅:《河北省水利志》,河北人民出版社 1996 年版,第 992 页。

［11］　周魁一:《农田水利史略》,水利出版社 1986 年版。

［12］　卢嘉锡等:《中国古代农业科学史纲》,河北科技出版社 1998 年版,第 956 页。

［13］　闵宗殿等:《中国古代农业科史图说》,农业出版社 1989 年版,第 119 页。

［14］［15］　夏纬英:《吕氏春秋》上农等四篇校释,中华书局 1957 年版,第 34－36,38 页。

［16］　万国鼎:《汜胜之书辑释》,中华书局 1957 年版,第 21、45 页。

第三章　古代林业科技

在夏商周至春秋战国时期,河北大部分地域是森林草原的景观,继承了古老的植物类群,以天然林和天然次生林为主。从中山国出土的文物中,有司马周伐燕区"新地"狩猎的记载,由画面可知中山国有不少原始森林带的分布。据《赵国史稿》记载,先秦时期,赵国多湖泊,尤以大陆泽最为著名,其泽四周有自然林带的分布。当时人们在生存实践中,不断地认识区分树木,发现、挖掘不同树种的价值,并广泛地用于生活中。河北先民在商代开始已有桃、樱桃、枣树、栗树的栽植历史。西周和春秋战国时期,桑树已出现人工栽培技术。

第一节　林业技术萌芽与果树生产

农耕出现后,由于不断焚林辟地,致使人们居住处附近的树林日益减少,而人们在生产、生活上对林木的需求却与日俱增,人类有意识地种树便自然而然的产生了。

一、人工植树及利用

甲骨文中有"埶"字,《说文》中解释:"埶,种也。"是一人手持树苗栽种的形状,表示种植。说明植树在商代已经开始。甲骨文中还有林、森二字,反映出商代初步有了森林的概念。

《诗·小雅·鹤鸣》:"乐彼之园,爰有树檀"的记载[1],说明西周时人们已经有意识地开始植树。椅、桐、梓、漆四种树,《诗经》中记载是用来造乐器的。《鄘风·定之方中》:"树之榛栗,椅桐梓漆,爰伐琴瑟。"[2]乐器用材要求重量轻,材质软,木纹均匀,富有弹性,椅、桐、梓、漆不但有这些优点,而且又易于加工,是比较理想的乐器用木。

漆在古代的用途,主要还是用于髹物。藁城台西村商代遗址中发现漆器残片 26 块(图 2－3－1)。可见对漆树的利用,特别是它的汁液被用作涂料有着十分悠久的历史。《诗经》中记载这些树木的利用,也反映了西周时期,先民已积累了相当丰富的木材知识和因材利用的经验。

二、早期的园圃种植

自原始农业开始,蔬菜、果树和粮食作物逐渐为人们所种植。不过在很长时期内,蔬菜、果树与谷物混种在一起,后来才逐渐有所区分。大约在夏、商、西周这一历史阶段,专门种植蔬菜果树的农用地,即园圃,才开始出现。

"园圃"是古代专门用于种植果树和蔬菜的地方,始于夏、商、周时期,至于春秋末年。《管子·问》:"问理园圃而食者几何家? 人之开田而耕者几何家?"表明园圃业已成为农业中的一个独立的生产部门。说明在当时人们已经专门从事果树生产。

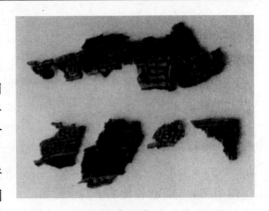

图2-3-1　藁城台西村商代遗址出土的漆器残片

三、早期的果树种植

《魏风》所指系今日黄河以北广大地区,说明在公元前一千多年前,河北地域已有人工栽培的枣。当时,在河北地域枣树、栗树种植已较普遍。有些部族把栗树作为氏族的标志。《论语》载"夏后氏以松,殷人以柏,周人以栗",即周氏族的宗庙前种植栗树,以表氏族兴衰,每年以栗果祭祀宗庙。据《战国策·燕策》记载,苏秦说燕文侯时,曾有"南有碣石,雁门之饶,北有枣栗之利,民虽不田作,而足于枣栗矣,此所谓天府也"。这是公元前334年苏秦在鼓吹"合纵"论时,向燕文侯说的一段话。可见当时河北北部地区枣树和栗树栽培的盛况,说明春秋战国时期,人工栽培果树开始代替采集野生果品,有桃、李、枣、榛、栗、梨等。

商代,河北地域已有桃、樱桃、枣等果树栽植。1973年,藁城台西村发掘的商代遗址中发现外形完整的两枚桃核、6粒桃仁和两粒樱桃种子。经鉴定,该核桃与现在栽培的桃核完全相同,该樱桃种子属中国樱桃。《诗经·魏风·园有桃》中也有"园有桃,其实之肴"、"园有棘,其实之食"的记载[3]。反映没落贵族没饭吃,只好以桃枣充饥。

第二节　早期桑树种植技术

夏、商、周时期,夏禹平洪水后,划全国为九州,今河北地域属兖、冀两州。据《尚书·禹贡》记载:"兖州,桑土既蚕,降丘宅土。"意即大水过后,河北先民从丘陵回到平川,修整桑树,开始养蚕。当时,兖、冀两州向夏王朝进贡的物产中主要是丝织品。商族始居在蕃(今平山境内一带),后逐渐南移。在距邯郸市30公里的河南安阳殷墟出土的甲骨文中,有6块"桑"字,其中3个像形乔木桑,3个像形地桑,说明在商代就有了桑树的人工砍割雏形。这个时期桑蚕业有了很大的发展,《诗经》中所记述的三十几种树木中,桑是记载最多的一个树种。人们很久就遍植桑树、梓树,故"桑梓"又成了家乡的代名词。据《诗经》记载,种桑的地区遍及秦、魏、唐、郑、曹、鲁等地,相当于今天的陕西、山西、河北、山东,即黄河流域。《诗经·郑风·将仲子》:"无蹃我墙,无折我桑",是说请求你将仲子呀,别爬我家的墙,不要把我种的桑树弄折了。《鄘风·定之方中》:"降观于桑田、说于桑田。"是说下到田里看蚕桑,歇在田里查生产。《魏风·十亩之间》:"十亩之间兮","十亩之外兮",是说宅间宅外都有桑田[4]。可见直到西周春秋期间,我国桑树已经进入人工栽培时期,河北地域内桑业已有一定规模。西周时期由宫廷倡导养蚕,农历二月宫中后妃到郊外祭蚕神,举行仪式后,把上年留的蚕种表撺干净;朝廷还设官推行,逐渐在中原地区普及。《史记·货殖列传》中说"燕代田畜而事蚕",大意是燕地(今易县一带)男子在田野放牧,妇女在家养蚕。当时,河北地域的村边宅旁有人工栽植的成片桑园。

图 2 - 3 - 2　正定南杨庄出土的陶蚕蛹

1979 年,在正定南杨庄仰韶文化遗址中,发现 1 枚陶蚕蛹,据鉴定为家蚕蛹。陶蚕蛹外观黄灰色,长 2 厘米,宽、高均为 0.8 厘米,基本上是长椭圆形(图 2 - 3 - 2)。经北京大学试验室进行 C14 测定,这件标本陶蚕蛹距今 5 400 ± 70 年。说明中国家蚕起源于 5 500 年以前的黄河中下游地区,当时河北先民已开始家蚕家化的创造性工作。当时石家庄正定地区已是我国养蚕的中心之一,或者是养蚕缫丝织绸的传播地区之一[5]。这是目前世界上最早的养蚕史料,比传说中的黄帝妃嫘祖发明养蚕史要早。

战国时期,赵国是春蚕饲养的区域。当时在赵国,人们"田畜而事蚕",养蚕比较普遍。大规模地养蚕为赵国的丝织业提供了必要的原料来源。《战国策·赵策二·苏秦从燕之赵始合纵》记载,赵王一次就赏赐苏秦"锦绣千纯",千纯即五千匹。由此可见赵国纺织业发展已有相当的规模。

战国后期赵国的大思想家荀况,通过对蚕体生活史的深入观察和研究,从哲理和蚕的生长发育的角度为蚕作赋,精辟地阐述了蚕的生理。《蚕赋》(《荀子·赋篇》)虽然全文只有 169 字,却把蚕的一生作了栩栩如生的高度概括。

"有物于此,裸裸兮其状,屡化如神,功被天下,为万世文。礼乐以成,贵贱以分。养老长幼,待之而后存。名号不美,与暴为邻。功立而身废,事成而家败。弃其耆老,收其后世。人属所利,飞鸟所食。臣愚不识,请占之五泰。五泰占之曰:此夫身女好而头马首者欤?屡化而不寿者欤?善壮而拙老者欤?有父母而无牝牡者欤?冬伏而夏游,食桑而吐丝,前乱而后治,夏生而恶暑,喜湿而恶雨。蛹以为母,蛾以为父。三俯三起,事乃大已。夫是之谓蚕理。蚕。"

《蚕赋》用"冬伏而夏游"的简洁句子,描述了一化性蚕种;把蚕儿吐丝作茧的过程,称为"前乱而后治",即蚕儿吐丝作茧时,开始吐的是乱丝,后很有规律地吐"8"字形丝片;把蚕生长发育所需要的环境条件,概括为"夏生而恶暑,喜湿而恶雨"两句话。从荀况所作《蚕赋》可以看出,早在战国时代,人们在养蚕实践中,已掌握了蚕生长发育的规律,对蚕的发育生理和生态,已经有了相当深刻的认识。荀况的《蚕赋》不仅是我国蚕业科技史上难得的学术理论遗产,也是我国古代自然科学史上光辉的一页。

注　释:

[1][2][3][4]　程俊英:《诗经译注》,上海古籍出版社 1985 年版,第 344,87,187—188,191 页。

[5]　郭郛:《从河北省正定南杨庄出土的陶蚕蛹试论我国家蚕的起源问题》,《农业考古》1987 年第 1 期。

第四章 古代畜牧科技

进入夏代后,我省北部的气候发生了重大变化,由温湿转为干冷,导致了北部地区草原的广袤发育,为游猎生活于这一地带的少数民族发展草原畜牧业奠定了基础,而中南部地区则是农业和畜牧业经济交错并存。到殷商时期六畜已经形成,春秋战国时期,六畜饲养已经达到相当规模,特别是马的饲养,已在国家军备中占据重要地位。此时的兽医技术有所发展。春秋战国时期,发明了"出眾"捕鱼法,是河北先民劳动智慧的结晶,在我国渔业史上占据重要的地位,完成了原始畜牧科技向古代畜牧科技的过渡。

第一节 古代畜牧科技的初型

自夏开始,河北大地不但有较为发达的农业,同时饲养业也在这一时期逐步走向兴盛[1]。从殷墟出土的古文物和"卜辞"文字上来看,殷商时代马、牛、羊、鸡、犬、豕都已成了家畜,谓之六畜。当时六畜除了食用、骑乘、做工、衣用之外,便是用作牺牲(祭祀时敬神用)。按春秋《周礼·天官》:"膳夫掌王之食饮膳羞……膳用六牲"、"食医掌和王之……六膳",即牛、羊、豕、犬、雁、鱼,六畜中牛、羊、豕、犬四牲作膳。又据研究,用作牺牲的种类在六畜中的牛、羊、豕、犬都列为牺牲品。至于用牲的数目少则一头,多则四五百头[2]。由此看来,殷商时代"六畜"已经形成,畜牧业在殷商时代的经济生活中已占有极重要的地位,也反映了当时放牧和饲养的规模。

在《左传》中有"冀之北土,马之所生"的记载,从河北各地的考古发掘资料中也说明当时河北地域适宜马的饲养。在平山县、邯郸百家村和怀来北辛堡的战国墓葬中发现了车马坑或殉牲的马匹。在涿鹿县春秋晚期墓葬中发现了铜马形饰,马作奔驰状,头部鬃毛造型夸张,向后飘卷,整个造型生动逼真[3]。这些遗物说明了当时河北地域马的饲养业发达,同时也印证了《战国策》中苏秦说赵楚之国,各有车千乘、骑万匹;说魏燕二国各有车六百乘,骑五六千匹的记载。可见当时的马匹除了作为殉牲之外,已在国家军备中占据重要地位,因而受到当时统治者的重视,从而促进了养马业的发展。邯郸赵国王陵2号墓出土的3具青铜马(图2-4-1),肌腱隆突,四肢发达,背部丰满,臀部强健,马颈有力[4],充分印证了当时河北养马业的发达,同时也表明了河北先民掌握了高超的养马技艺,因而培养出了肌肉丰满、四肢发达、强劲有力的良马。

《战国策》中胡服骑射的记载表明这一时期骑术已经成为一项重要技艺。骑术的使用,促进了当时养马业的发展,同时也刺激了游牧经济的发展。掌握骑术的牧人,可以更好地控制大的牧群,这对于促进河北地域北部游牧民族的经济发展具有重要意义。此外,骑术的使用,使马在国家军备中的地位更加突出,使得统治者对马的饲养和骑术更为重视,将其列为六畜之首。

这一时期牛、羊、猪、鸡等的饲养也有了较大发展。《周礼·职方》中称:"冀州其畜宜牛羊",说明当时河北地域牛羊饲养是比较普遍的。邯郸出土的战国陶猪,显示出战国时代华北地区的家猪躯体已经较为丰满,是在奴隶社会向封建社会过渡时期,河北先民选育成的家猪品种[5]。家猪品种的出现,与当时人们在猪的选育和饲养技术方面的技术进步密不可分,也为其他家畜品种的选育提供了可资借鉴的方法,对促进当时畜牧业的发展大有裨益。春秋时期奴隶主之间盛行斗鸡,对于鸡的选择进而产生新的品种应该起到了促进作用。春秋战国时期,物品交换已较发达,物品运输全靠牛车。牛的

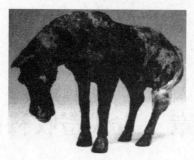

昂首青铜马　　　　　　低头觅食青铜马　　　　　　驻足青铜马

图 2 - 4 - 1　邯郸赵王陵 2 号陵出土的铜马

主要用途在牲品、肉用等基础上又增加了新的内容,这对于促进养牛业的发展具有十分重要的意义,同时也表明当时六畜的饲养已很发达了,可谓"六畜兴旺"。

随着畜牧业的发展,对牲畜疾病的防治也日益受到重视。经过夏商时期,至周代兽医技术已颇为成熟,并正式出现了"兽医"一词,同时在兽医技术上也有了重大进步,有了内科、外科之分[6]。此时还出现了由政府设立的兽医组织,这种官方兽医组织的出现应该是当时兽医技术发展到一定水平的结果,对兽医技术的推广和普及具有良好的促进作用。这种组织形式在其后的历史发展过程中一直沿袭,充分说明了这一制度的正确合理。

第二节　渔业技术的发展

夏商周时期,河北地域内河流纵横,湖泊众多,为发展渔猎业创造了有利的自然条件。此时河北先民创始和发展了多项捕捞技术,为古代渔业生产力的提高奠定了良好基础。

一、捕捞工具

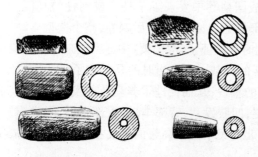

图 2 - 4 - 2　藁城台西商代遗址出土的陶制网坠

在捕捞工具技术革新方面河北地域先民颇有建树,如在藁城县台西村商代遗址出土的文物中出现了陶制网坠 54 件(图 2 - 4 - 2),结束了新石器时期由石质原料制作网坠的历史。不但制作材料发生了质的改变,而且网坠外形也有了较大变化,有圆柱形、梭形、腰鼓形和锥形等不同形制[7]。由于使用原料的改变、技术的进步,使人们制作网坠的过程变得简单,制作数量增大,这对于促进当时捕捞技术的发展,并进而提高捕捞效率起到了重要的促进作用,也充分反映出河北先民在科技发展方面所具备的高超能力与智慧。

二、捕捞技术

在捕捞技术方面,河北先民多有创造和发展。如《诗经》中多处与河北有关的诗篇中描写了当时的捕鱼技术,说明生活在这一地域的先民已经发展了多种捕鱼方法。藁城县台西村商代遗址出土的骨质鱼钩和钩尖有倒刺的青铜鱼钩[8]印证了诗经中的相关记载(图 2 - 4 - 3),河北先民不但可以使用网具进行捕鱼生产,而且还掌握了使用钓具钓鱼的方法,丰富和发展了古代渔具渔法。春秋战国时期,白洋淀人民发明了一种叫做"出罧"的捕鱼法[9],郭璞注云："今之用作罧者,聚和柴木于水中,鱼得寒,入其里藏隐,因此箔围扑取之。"由此可知,这种捕鱼方法是在充分掌握了鱼类生活习性的基础上发展而来的,说明先民在生产实践中善于观察和总结。直至解放后淀区人民仍在使用出罧方法进行捕捞作业,同时该方法也成为现代人工鱼礁的发端,不但丰富和发展了我国古代渔业技术,同时也对现代渔业技术体系的形成产生了重要影响。

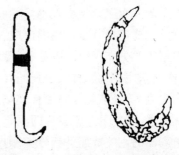

图 2 - 4 - 3 台西村商代遗址出土的
骨质鱼钩(左)和铜质鱼钩(右)

注 释:

[1] 陈文华:《从考古发现看夏、商、西周、春秋时期农业区的开发》,《农业考古》2008 年第 1 期。
[2][5] 张仲葛、朱先煌主编:《中国畜牧史料集》,科学出版社 1986 年版,第 17,187 页。
[3] 陈信:《河北涿鹿县发现春秋晚期墓葬》,《文物春秋》1999 年第 6 期。
[4] 郝良真:《赵国王陵及其出土青铜马的若干问题探微》,《文物春秋》2003 年第 3 期。
[6] 司牧:《夏商、西周、春秋时期的畜牧业》,《农业考古》2008 年第 1 期。
[7][8] 河北省文物研究所:《藁城台西商代遗址》,文物出版社 1985 年版,第 83,61 页。
[9] 河北省地方志编纂委员会编:《河北省志·科学技术志》,中华书局 1995 年版,第 108 页。

第五章 古代陶瓷科技

随着社会的发展,生活的需要,自殷商时期开始,陶制品由传统的灰陶到白陶,显示了河北地域先民制陶技术的重大进步。先商时期的穴窑,由于结构的限制,基本上仅能烧 1000℃ 以下的氧化焰。进入西周以后,陶窑结构又发生了新的变化,一般都设有烟囱,有窑顶,窑床平整,无出火孔,窑壁近于垂直,燃烧室则又重新移回窑床前下方,有窑门和通风道等。其中窑上烟囱的出现,在窑炉结构的改革上无疑是个重大创举。这个技术使燃料的燃烧更加充分,热力更有效利用,可调节空气和火焰的流速,因此,窑炉的改进是这一时期出现原始瓷器的重要原因。至春秋战国时期,制陶业开始由生活用陶转向建筑用陶,陶器制造不仅日益讲究生活化,而且更加追求艺术化,显示了燕赵匠人对所创造的客观对象愈来愈讲求实用性与审美性的统一。

第一节 先商制陶技术及其特点

以豫西二里头遗址出土的夏代陶器为标准,人们发现河北地域出土的这个时期的陶器与豫西二里头遗址出土的夏代陶器迥然不同。比如,豫西二里头遗址出土的夏代陶器夹砂罐全部为圆底或凹圆底,盆为卷沿凹圆底,可是河北地域出土的属于这个时期的夹砂罐全部为平底,盆为侈口和平底,于是,考古学界便把后者称做先商文化即商王朝建立之前的文化,以与狭义的夏文化即夏族文化相区别。当然,随着考古工作的不断深入,河北地域内的先商文化又可具体划分为两种类型:漳河类型与保北类型。其中漳河类型主要分布于漳河中游,具体范围是:北抵唐河,南至洪河,东抵卫河,西至太行山东麓。由于该类型以磁县下七垣遗址最为典型，故考古学界亦把它称作"下七垣文化"[1]。其已发掘的主要遗址有石家庄的市庄、邯郸涧沟和龟台寺、磁县下七垣、界段营、下潘汪、邢台葛庄等。保北类型主要分布于唐河以北、北易水以南，已发掘的遗址有容城午方、白龙，徐水巩庄、文村，易县老姆台，安新辛庄克、漾堤口，定州尧方头等。不过，就陶系而言，无论是漳河类型还是保北类型，两者都以灰陶为主[2]，而灰陶正是夏代文化的基本特色之一。

诚然，关于下七垣文化的源流，学界目前尚存在着不少分歧。有一种观点认为，按照下七垣遗址出土陶器的主体特征进行分类，则大体上可划分为四群[3]：

甲群。包括鬲（鼓腹鬲、弧腹鬲）、蛋形瓮、甗、平底深腹盆等。该群陶器以夹砂灰陶为主，伴有少量褐陶，纹饰中多见较规整的细绳纹，并有楔点纹、花边口沿等，其中鬲是反映商文化特征的标型器物，而下七垣遗址所出土的陶鬲可分成高领鼓腹鬲与领较矮的卷沿弧腹鬲两类，而经仔细观察和分析，人们发现高领鼓腹鬲多见于下七垣文化的早期阶段，与此不同，领较矮的卷沿弧腹鬲却贯穿于下七垣文化的始终。可是，人们不是在河北地域南部早于下七垣的文化遗址中而是在早于下七垣文化的太谷白燕四期一段遗存中找到了与下七垣文化极为相似的两类陶鬲，而且该类器物在下七垣文化早期表现出的陶胎略厚、绳纹以中绳纹为多和足根有竖向沟槽的特征也如出一辙，因而李伯谦先生将下七垣遗址所出土陶鬲的渊源定为晋中地区龙山文化晚期的陶鬲。

乙群。主要有橄榄形罐、浅腹平底盆、小口瓮等器物。该群陶系以夹砂或泥质灰陶为主，饰纹有绳纹、篮纹及附加堆纹等，这些陶器的特点均见于河北地域南部早于下七垣的文化遗址之中，且演变线索清楚，关系明确，因此，乙群陶器的文化因素主要来自河北南部地区较早的涧沟型龙山遗存。

丙群。包括敛口瓮、捏沿罐、敛口罕、大尊、器盖、碗形豆等。该群陶器以灰陶为主，但有少量黑皮红胎陶和褐陶，经比较，该群陶器文化应当是受晋南东下冯类型影响的产物。

丁群。主要有圆底深腹罐、中口罐、盆形鼎、小口直领瓮等。该群陶器的饰纹多为绳纹并有一些鸡冠錾和花边状口沿，从上述特征看，该群陶器的文化因素显然是受到了二里头文化的浸润式影响。

可见，最能反映下七垣文化本色的陶器应当是乙群中的橄榄形罐。

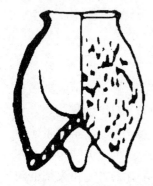

图2-5-1　下岳各庄出土的矮领鼓腹袋足鬲

作为保北类型的典型代表下岳各庄陶器文化，依器形的特点可分为五组[4]：第一组包括高直领或矮领束颈鼓腹鬲、侈口旋断绳纹甗、敞口鼓腹绳纹盆、大口鼓腹绳纹罐等；第二组包括碗形豆、盘形豆、盂、素面鼓腹盆等；第三组包括敞口尊、矮领鼓腹袋足鬲、宽沿束颈无实足根鬲等；第四组包括蛋形瓮、带沟槽的甗足等；第五组包括卷沿束颈薄胎绳纹鬲、侈口深腹绳纹罐等。而与漳河类型、辉卫类型及南关外型的先商陶器文化相比，以下岳各庄陶器文化为代表的保北类型有其独特的陶器特征，那就是具有显著下家店下层文化作风的直腹鬲、矮领鼓腹袋足鬲等，仅见于保北类型的下岳各庄文化（图2-5-1）。据考[5]，下岳各庄文化所发现的陶鬲之颈、袋足、足跟都是预先分别制成，然后才拼接成器的。

第二节　商周陶器制作技术的发展

在下七垣文化基础上发展起来的商代陶器文化，除了传统的泥质灰陶与夹砂灰陶继续大量生产外，尤为引人注目的是白陶由少到多，直至商代中晚期逐步演变成为当时占陶器中比例虽小但却是十分名贵和重要的一个陶器品种。如藁城台西商代遗址、下七垣商代文化遗址等，都出土了白陶器皿。其中台西遗址出土的白陶，胎质细腻而坚硬，表面光滑，吸水率低，火候较高（在1 000℃的高温下烧成）。应当承认，白陶的烧制是制陶技术获得很大提高和长足发展的产物，故李济先生说："白陶显然是殷商时代特制的工艺品。"[6]首先，白陶的烧制需要一定的窑室温度。如众所知，先商时期的穴窑，由于结构的限制，基本上仅能烧1 000℃以下的氧化焰。在此条件下所烧成的产品多为红陶或褐陶。

然若窑室内游离碳素过多,还可使陶器因薰烟而变成灰陶或黑陶。所以为了烧制白陶以适应殷人"尚白"的社会需要,商代陶匠通过改变穴窑结构以控制温度达到 1 000℃以上,就显得非常必要了。根据目前的陶窑考古知,河北地域商代的陶窑多是挖在地下的圆窑(图 2 - 5 - 2、图 2 - 5 - 3),只不过与先商时期的陶窑相比,其窑室的直径逐渐增大,如邢台曹演庄陶窑的直径为 1.5 米,而邢台粮库所发现的晚商陶窑遗址,则窑室底长径 2 米,短径长 1.9 米[7]。不仅如此,而且粮库陶窑的燃烧室已经移至窑床的正下方,容积也比较宽大,其南北长 2 米,东西长 1.9 米,高 0.7 米[8],火膛直径与窑室底部直径相同。加之箅孔较大,从而使进入窑内的火焰较多,有利于增强窑内的热量和提高窑内的温度。其次,白陶采用含铁量在 2% 以下的瓷土或高岭土制作而在充分燃烧的氧化焰窑炉中烧成,不少学者认为这是陶器呈现白色的关键所在。因此,白陶的强度、耐火性、吸水率与一般陶器比较都已发生了质的改变。如陶器质地坚硬,胎壁薄匀,色泽洁白明丽,纹样精细优美,代表着当时制陶工艺的最高水平,因而成为殷商贵族的专用陶制礼器。当然由于白陶烧成温度仍未达到完全"瓷化"的程度,故只能称之为"陶器"。

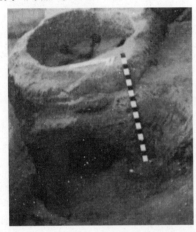
图 2 - 5 - 2 邢台粮库所发现的晚商陶窑遗址

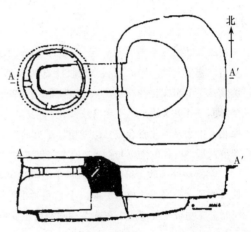
图 2 - 5 - 3 台隆尧双碑遗址 1 号陶窑平剖面图

　　进入西周以后,在周文化的影响下,陶窑结构又发生了新的变化。大体上说,西周的陶窑一般都设有烟囱,有窑顶,窑床平整,无出火孔,窑壁近于垂直,燃烧室则又重新移回窑床前下方,有窑门和通风道等。其中窑上烟囱的出现,在窑炉结构的改革上无疑是个重大创举。这个创举使燃料的燃烧更加充分,热力更有效利用,还可调节空气和火焰的流速,因此,窑炉的改进是这一时期出现原始瓷器的重要原因。如涿州市北高官庄村所发现的西周陶窑,即由操作坑、窑门、窑室及烟室构成,这实际上就是一种"馒头窑"结构。又如,唐山东欢坨战国遗址所发掘的陶窑,也由火口、火膛、窑床及烟道(包括烟囱口)等结构组成。这种窑能烧制出质地坚硬、器型规整的陶器,反映出当时燕国人比较高超的烧制陶瓷技术,其重要标志就是釉陶的数量在商代的基础上由少到多地出现。在我国陶器发展史上,人们习惯把那些器胎灰青、坚硬致密,且表面挂有一层透明青釉的窑器,称作"釉陶"或称"原始瓷器"[9]。比如,北京昌平区和房山区的西周墓中就出土了多件尊、高足盘、钵等"原始瓷器",其器物外表都施有一层很薄的淡青色玻璃釉质,这些器物的胎质烧结程度很高,其断面很少吸水,其质地的致密程度,已十分接近现代瓷器了。如前所述,河北地域是釉陶的发源地,而正定南杨庄仰韶文化遗址出土的釉陶片,应是世界上发现最早的原始瓷器。

第三节　春秋战国时期制陶技术的发展

　　春秋战国时期,王权衰微,大国争霸,借此历史机遇,河北地域出现了燕、赵、中山等几个诸侯国。由于营建都城及王陵的需要,它在客观上刺激了砖瓦业的兴起和发展,而此时期的制陶业开始由生活用陶转向建筑用陶,于是便出现了大量的砖、板当、瓦当、水管道等陶器。如天津南区巨葛庄的战国时期遗址出土了大量筒瓦、板瓦,且有少量黏土砖灶。而大孙庄、南王坨子的战国遗址甚至还出土了青灰色的绳纹瓦片与古窑地以及饰猛虎怒吼形象的瓦当。唐山东欢坨战国遗址出土的双夔龙纹半瓦当,一只首顶出五道冠角,另一只则首顶出四道冠角,翘尾奔跑,栩栩如生。保定易县燕下都遗址出土的一块残砖,上面亦雕塑着一只有角的猛兽,正在与对手作抵斗之状,而出土的燕瓦则硕大笨重,图案怪诞,一瓦之上更常有多种图案组合。张家口涿鹿故城出土的战国鹿纹半瓦当,画面粗犷奔放,等等。此外,唐山东欢坨战国时期遗址还发现了一口陶圈壁井,井内为6层大陶圈叠接而成,其中每层圈均系三块各为1/3圆的陶板拼接成圈,残存五节陶圈通高2.3米[10]。经考,这个时期出土的豆、釜、罐、盆、钵等陶器,大都为轮制,而瓦当、板瓦、砖等建筑陶器则为模制。可见,随着社会的发展,陶器制造不仅日益讲究生活化,而且更加追求艺术化,显示了燕赵匠人对自己所创造的客观对象愈来愈讲求实用性与审美性的统一。

注　释:

[1]　文物出版社编:《新中国考古五十年》,文物出版社 1999 年版,第 45 页。

[2]　董琦:《虞夏时期的中原》,科学出版社 2000 年版,第 127 页。

[3]　魏峻:《下七垣文化的再认识》,《文物季刊》1999 年第 2 期。

[4]　张翠莲:《尧方头遗址与下岳各庄文化》,《文物春秋》2000 年第 3 期。

[5]　保北考古队:《河北省容城县白龙遗址试掘简报》,《文物春秋》1989 年第 3 期。

[6]　李济:《殷商时代的陶器与铜器》,《国立台湾大学考古人类学刊》1955 年第 9—10 期。

[7][8]　李恩玮等:《邢台粮库遗址》,科学出版社 2005 年版,第 158,158 页。

[9]　杜石然等:《中国科学技术史稿》(上),科学出版社 1984 年版,第 64 页。

[10]　河北省文物研究所:《唐山东欢坨战国遗址发掘报告》,载《河北省考古文集》,东方出版社 1998 年版,第 181 页。

第六章　古代冶炼科技

早在先商时期,河北先民初步掌握了青铜冶炼铸造技术,属于草创时期。进入商代以后,青铜冶炼与青铜器制造,无论质量还是数量都有了很大提高,所有铜器都用陶范铸造,已出现分铸技术或称铸接技术。河北地域以复合陶范为特征的商周青铜冶铸技术在此期已经形成,亦称青铜时代的形成期。战国时代,河北地域青铜器的制造,出现了以下几个新的变化:一是青铜器的制作由过去比较单一的范铸技术改变为使用浑铸、分铸、钎焊、铸焊、锻造、印模、花纹铸镶等金属工艺;二是其青铜器形制的繁复别致与纹饰的精细绚丽都超过了以往的任何历史时期;三是出现了有关冶金方面的著述;四是各地的青铜器制作水平有了显著提高。

青铜时代越过了它的全盛时期,代之而起的则是铁和钢的时代。河北地域早在西周时期已经开始了人工冶铁。铁器的使用是社会生产力发展的一个重要标志。春秋时期,铁的块炼锻造技术已经流行,燕国工匠创造了用块炼法得到的海绵铁增碳来制造高碳钢的技术,充分显示了河北先民的创新能力,是我国冶金史上的一项突出成就。燕国工匠还首创了局部淬火技术,使刃部刚硬锋利,从而提高了剑(块炼钢)的机械性能。淬火技术的发明是科学技术发展历史上所取得的又一杰出成就。由块炼铁到生铁柔化技术,是炼铁技术史上一次飞跃。欧洲直到公元14世纪才炼出了生铁,比我国晚了

1700 年。河北是当时各诸侯国中最重要的冶铁中心之一。

第一节 铜的冶炼

一、铜的自然形态与理化性质

1955 年,人们在属于夏家店下层文化时期(公元前 2000—前 1500 年)的唐山大城山遗址中发现两块铜牌,铜质呈红色,形状为梯形,上端有两面穿成的单孔。经分析,两块铜牌含铜量分别为 99.33% 和 97.97%,另有少量锡、银、铅、镁等。此铜牌不像是人工铸造,而是敲打出来的[1]。在自然界,天然铜由于有显目的色彩和光泽,铜矿原料比铁矿原料更易被人们发现。一般来说,铜在自然界中主要有两种存在形式:一是纯铜,呈紫红色,亦称红铜。铜在地壳中含量约为 0.01%,在金属中含量排第 17 位,非常稀少;二是化合态铜,常见的有黄铜矿($CuFeS_2$)、孔雀石〔$CuCO_3Cu(OH)_2$〕、蓝铜矿〔主要

图 2-6-1　唐山小官庄石棺墓
发现的青铜铸造耳环

为碱式碳酸铜 $Cu_2(OH)_2CO_3$〕、辉铜矿(CuS_2)、赤铜矿(CuO_2)、黄铜矿($CuFeS_2$)等。其中红铜是单纯的铜金属,性软而熔点低,容易加工,所以锻铜工艺绝大部分是指红铜。从外观上看,孔雀石呈翠绿色,是一种含铜碳盐的蚀变产物,常作为铜矿的伴生产物,其硬度为3.5~4,且具有色彩浓淡的条状花纹。它的韧性差,非常脆弱。天然的纯铜很软,通过简单锤锻、打磨,可以制成各种小件用品,如小刀、锥子、小珠子等。可以想象,远古时期的唐山先民在收集石块制作石器时,偶然会发现一些纯铜块,并按照加工石器的方法,制作成铜牌一类的小件饰品。当然,从传统的冶炼经验来看,如果孔雀石与木炭放在一起燃烧,也能炼出红铜来。安志敏先生于 1954 年在唐山小官庄石棺墓中发现了属于夏家店下层文化时期的青铜铸造耳环 1 件[2](图2-6-1),青铜是人类有意识合金化的最早产物,它是人类真正意义的冶炼技术实践活动。

二、青铜的冶炼与铸造工艺

1. 青铜的冶炼

青铜是铜和锡(有时也含铅、铝、铍等)组成的合金,它的熔点比纯铜和纯锡都低,因此容易铸造工具,但它的硬度却比铜和锡高,可以制造质量高的工具和兵器。如,北京昌平雪山出土小铜刀和铜镞各 1 件,大厂大坨头出土铜镞 1 件,等等。经检测,这些铜兵器的材质主要是以铜为主的铜锡合金,呈青色,故名青铜器。据推测,以上青铜器物可能都由当地生产[3],它反映了早在先商时期生活在河北地域北部的先民就已经比较熟练地掌握了冶炼小件青铜器的技术了。当然,与二里头文化类型所见的铜器中有爵和斝这类青铜容器相比,无论是河北地域南部的漳河型还是以大厂大坨头遗址为代表的京、津、唐地区大坨头类型,抑或是张家口地区以壶流河诸遗址为代表的壶流河类型,它们虽然都发现有青铜器如刀、戈、镞、耳环等,但是迄今为止却始终没有发现青铜容器,这个事实说明河北地域先商时期青铜冶铸技术尚处于草创时期,这个时期以铜器形制简陋,器型较小,石范仍较多被使用为青铜器铸造的主要特点。

2. 青铜铸接工艺及其技术特点

(1)商代的青铜铸造工艺及其特点。
进入商代以后,"夏商周断代工程年表"将其划分为两个历史阶段:早期(公元前 1600—前 1300

年)和后期(公元前 1300—前 1046 年)。与夏代的青铜器制造技术相比,商代河北地域位于商畿之地,接近商王朝的政治、经济与文化中心,加之居于河北地域内的各方国如邢、孤竹、易、无终(在今天津蓟县一带)等,农业经济都有了进一步的发展,且相互之间的文化联系亦较为密切,因而建立于其上的青铜冶炼与青铜器制造,无论质量还是数量都有了很大提高,所有铜器都用陶范铸造,已出现分铸或称铸接技术。礼器系列初步形成,表明该时期以复合陶范为特征的商周青铜冶铸技术已经形成,所以,可称为我省青铜时代的形成期。如众所知,河北地域是出土商代早期青铜器比较集中的地区之一,其中以藁城台西商代早期遗址最具代表性。邹衡先生认为:"台西型是早商文化中最北的一个类型,而以河北省藁城县台西村早商遗址为其代表。"[4]据唐云明先生所发表的研究报告称,该遗址共发现青铜器 193 件,器形有鼎、鬲、斝、觚、爵、瓿、罍、镞、钺、矛、戈、戟、刀、钁、凿、锯、笄形器、匕、舌形铜铃、镈形器、纽扣、箭、鱼钩、钻等 26 种[5]。而这 26 种青铜器按其性质与用途去划分,则仅仅归结为三类:礼器、兵器和生活类工具,并没有发现青铜农具。可见,当时大量青铜器制品主要用于两个方面,一是用来制造"礼"器,如鼎、鬲、斝等;二是用来制造武器,如矛、戟、戈等。因此,台西人冶炼青铜主要动机在于"祭祀"和"战争"。故《左传》云:"国之大事,在祀与戎。"

毫无疑问,像斝、爵等青铜容器需要一套比较复杂的铸造工艺,华觉明等人通过反复试铸,已经初步摸清了商代陶范铸造铜器的技术要点和生产规律。以陶范铸造为例,其工艺流程大致分做以下步骤:

①制模。它是铸造工艺的第一个环节,为了保证制模的理想效果,在具体的制模实践中,人们多用泥模,而当泥模制成后通常须经焙烧,然后才可用来翻范。

②泥料的选用与制备。泥料可就地取材,以粘土和砂为主,一般说来,模和范的粘土含量多些,而芯的含砂量则多些,为减少芯、范与模本身的收缩性,人们常常在芯、模的中心以及范的背料中羼入植物质,待泥料按不同原材料的比例备制好,并经过晾晒、破碎、筛分、混匀、加入适量水分及和成软硬适度之后,还需要反复捶打、揉搓、浸润和定性。

③制范与制芯。无论是简单的双合范,还是复杂的多块组合范,一般都是用泥从模上翻范,在翻范过程中酌量使用分型剂(如草木灰、炭灰、细土等),以利起模。如制做刀范,须先在泥片上平置刀模,并将刀模压入泥中过半,然后取刀刃及刀背中线为分型面,接着修正泥片,挖出凹卯,再加泥于上,使成刀范的另一半型。同时,修齐范侧,划上记号,以便于合范定位;分开泥范,取出倒模,在环首顶端挖好浇口,将范合拢、固定,阴干后再经焙烧即可供浇注。又如制做圆鼎范,一般需要分解为 6 个部分:芯与底范连成 1 块、腹范 3 块、三角形顶范 1 块、浇口范 1 块。其制作程序是:先制芯及底范,然后依次制顶范和 3 块腹范,最后做出浇口范。待取出模后,即将鼎耳孔中两块泥芯(翻范时先添入)粘接到芯上,这样就将所有范组合成型了(图 2-6-2)。

图 2-6-2　台西遗址出土
浅腹圆铜斝

④铸型的干燥与焙烧。泥范制成后,经过检验、修整和刷上涂料后即可阴干,阴干时,应当把范与芯组合绑紧,或糊草拌泥,防止范体发生严重的变形现象,等定形之后经过适当吹晒,再置于太阳光下晾晒,过一段时间后即可入窑焙烧。焙烧时应缓慢升温,以免突然爆裂,顶温须达 600℃以上,才能够将范烧透、定性。范经焙烧,能烧去泥料中的部分结晶水,随之趁热浇注。

⑤熔化与浇注,范在浇注时应埋入砂中,以防"跑火"。熔化时,温度要求在 1 200℃以上,坩埚从炉中提出稍作镇静便可注入浇口,浇注温度通常在 1 100～1 200℃左右,浇入时以快而稳为宜[6]。从总体上讲,商代前期青铜器的组合体制是以酒器为主,如爵、斝、罍、瓿等器物。爵、觚是一组基本酒器,稍微扩大一点的是爵、觚、斝。而藁城台西商代早期遗址的酒器组合即是爵、觚、斝,如此辉煌的酒器体制的建立,决定了商代整个青铜礼器发展的基调。然而,不同型式的铜器,其铸造方式有所区别,如圆鼎采取浑铸,而斝则除了斝足与斝体是浑铸外,还使用了分铸法来解决复

杂的器物造型和器上的活络部件,如斝鋬、斝的柱帽等(图2-6-3)。以后商代的器物铸造,都是在这一技术基础上进行的,所不同的只是工艺水平更加精湛而已。可以说,商代前期可观的青铜铸造业,是商代前期青铜文化所结出的丰硕成果。

图2-6-3　台西遗址出土的铜瓿

经圆斝铸型工艺的复原实验证实,斝是用分铸法所铸成,其基本的工艺流程是:先铸斝的柱帽,接着再铸斝体包括斝柱、斝腹和斝足三部分,要求先与柱帽铸接,然后加铸斝鋬,并使其与斝腹铸接[7]。从纯粹铸造技术的角度看,商代中后期的青铜冶铸技术较之前期并未发生实质性的变化。但客观地说,河北地域商代中后期的青铜文化的分布范围更加广阔,其冶铸技术较之前期亦显然更加精湛和完美。例如,河北地域目前至少在33个市县发现了一百多处商代中晚期青铜文化遗址,如北京昌平县小北邵村,平谷县刘家河村以及房山县刘李店、琉璃河、董家林村;天津蓟县张家园、围坊村;石家庄市区谈固村、北杜村等,灵寿县北寨村,正定县新城铺村、小客庄,藁城县台西村,赵县双庙村,平山县西门外村、冶河,元氏县李村,赞皇县寨里,栾城县寺下,高邑县西邱,鹿泉县北胡庄,新乐县中同村;邯郸市涧沟、龟台寺、齐村,永年县楼里村,磁县上潘汪、下潘汪、下七垣村,涉县小城上村,武安县赵窑村;邢台市曹演庄、东先贤、南大郭、西关外、贾村、尹郭村,内邱南三岐村,隆尧县邱底村,沙河县青介村;保定市南窑村,涿县高官庄村,安新县刘村,蠡县曹家庄村,定县东关村,曲阳县冯家岸村,满城县要庄村;张家口市蔚县苏官堡、庄窠村;承德市丰宁;秦皇岛市卢龙县东阚各庄村,青龙县抄道沟,等等。其中以磁县下七垣和青龙县抄道沟的商代青铜文化遗址最有代表性。

磁县下七垣村位于时村营乡南面,在漳河北岸的台地上。1966年12月出土一批殷商晚期青铜器[8],有尊、簋、爵、瓠、鼎等。器物上的纹饰有饕餮、夔或蝉纹,造型精致,与河南殷墟商代晚期出土的器物风格非常相近。如夔龙纹簋,高12厘米,口径17.8厘米,腹深10.3厘米,底径11.9厘米,大口外卷,腹略鼓,圈足,颈部在云雷纹地上饰两组头尾相对夔龙纹,每组之间,有一个立体兽头,圈足内有铭文"受"字(图2-6-4左)。又如有1件蕉叶饕餮纹爵(图2-6-4右),通柱高20.8厘米,云雷纹地,口沿有大小不等的蕉叶纹,腹部有两个饕餮纹,它的双眼,添头加尾,恰好构成一对双夔凤,鋬内有一个"启"字。这两件青铜器从铸造技术上来看,前者为分范合铸,后者为分铸。

图2-6-4　下七垣遗址出土的夔龙纹青铜簋(左)和蕉叶饕餮纹爵(右)

由于该遗址位于殷商的王畿之区域内,其青铜器的铸造质量相当良好,特别是铸造方法、铸型工艺、浇注位置和合金成分都很规范,显示了当时青铜铸造技术不仅日趋成熟和完美,而且已经成为河北商代青铜铸造的高峰。有资料统计,到商代中后期,青铜器的造型因装饰的特殊需要而变得越来越复杂,显然,在当时的历史条件下,这种复杂的青铜艺术表现形式只有采用分铸法才有可能。所以,商代时期,分铸法已经发展得较为完备,并衍生出了多种型式,如后铸法中的榫卯式的铸接和铆接式的铸接,先铸法中的榫卯式的铸接、中柱盂中柱和盂体的铸接及多次铸接等。目前,我国已知的最早分铸青铜器是黄陂盘龙城李家咀所出土的Ⅱ式铜簋,此簋的双耳和器壁相接处均有明显的铸接痕迹,器壁内部有两个铆钉状的结构,这表明是先铸簋体,后接簋耳,属于后铸法中的薄壁件的榫卯式铸接[9]。证明在青铜分铸技术的发展过程中,先出现了"后铸法",后出现的"先铸法"。然而,具体到磁县下七垣村殷商遗址出土的那件铜簋,则是采用了比分铸法更先进的分范合铸法。其具体方法是将兽头范放入簋范内,整体浇铸成形。

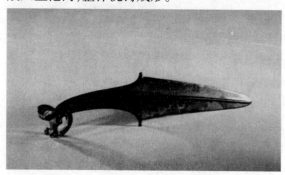

图 2 - 6 - 5　抄道沟遗址出土的羊首曲柄短剑

1961 年 5 月,青龙县王厂乡抄道沟殷商晚期遗址出土的青铜器有羊首曲柄短剑、鹿首弯刀、铃首弧背刀、曲柄匕形铜器、铜戚各 1 件,环首刀 1 件。其中刀与剑的造型奇特,铸造技艺很高,具有典型的北方游牧文化特色。如羊首曲柄短剑(图 2 - 6 - 5),全长 30.2 厘米,刃锋长 18.6 厘米,柄长 11.6 厘米,其首端铸一下垂的羊首,眼与鼻为圆孔,眼中原嵌有绿松石(古代许多民族都把它视为神圣之物,用作护身符饰品),颏下长髯后卷,绕连于弯柄的下端,长角自首后侧前卷,角正面有一纵沟,原亦嵌满绿松石。又如鹿首弯刀全长 29.6 厘米,刃长 15.9 厘米,柄长 13.7 厘米,背宽似弓形,柄横剖为椭圆形,柄端铸出扁体的鹿首,项下有环以系绳,鹿角后背成扁环形,角内侧铸出锯齿纹,角一端铸出铆钉纹,角后双耳向前直立[10],其鹿首的形象生动逼真,光亮夺目。与磁县下七垣村出土青铜器所反映的中原殷商文化性质不同,青龙县王厂乡抄道沟所出土的这批青铜器反映的则是北方孤竹国鼎盛时期的文化。据《尔雅》称:"觚竹、北户、西王母、日下,谓之四荒。"四荒,就是四方边远国家的意思。由此可见,觚竹(也称孤竹)做为北方边远国家的代称,应该是一个较大的方国。又《汉书·地理志》云:"辽西郡令支县(令支在今迁安东)有孤竹城。"《史记正义》引《括地志》进一步考证说:"孤竹古城在卢龙城南十二里。"可见,现今秦皇岛地区是当年孤竹国统治的中心区域,因而这一带文化繁荣、经济发达,成为燕文化的重要组成部分。

(2)西周时期的青铜铸造工艺及其特点。

燕,甲骨文作"妟",是活动于京、津、唐地区的一个以农业经济为特色的部族,公元前 1045 年,周武王灭商,封公奭手燕,建都于今北京房山区董家林村,始成为当时最重要的姬姓诸侯国之一。

西周初期,王室势力强大,因而对各诸侯国的控制亦很有力,故各诸侯国在青铜文化与礼器制度上都尊奉宗周,以王畿地区青铜器为典范,保持着与中原王畿地区的一致性。具体表现在青铜器铸造方面,就是继续沿袭殷商鼎盛时期的青铜器铸造法,器形规整,纹饰华美,表现出了很高的技艺水平。1973—1974 年,北京房山琉璃河 7 座西周早期贵族墓葬中出土有鼎、鬲、簋、尊、爵、觯、盘等青铜容器 19 件,戈、戟、矛、剑、镞等青铜兵器 12 件以及工具 6 件。这批青铜器,就器型和纹饰而言,直接继承了商代繁荣华丽的风格。以青铜礼器为例,除不见青铜觚外,基本上包括了西周时期所有青铜礼器的器型,其食器组合,以鼎、簋为主;酒器则以爵、觯为主。由于西周先民有记录史实的习尚,早期的大部分青铜器物都铸有铭文,这一点与商代全然不同。另外,燕国处于北方民族与中原民族相互交流和相互融合的中心地带,在长期的历史发展过程中逐步形成了自身特有的文化特色,这一点也完全能在青铜器的铸造工艺上反映出来。譬如,北京房山琉璃河 253 号西周早期大墓中出土了 1 件青铜伯矩鬲就与燕国文化的风格特点基本相似(图 2 - 6 - 6)。该鬲通高 33 厘米,口径 22.6 厘米,重 7.53 千克。自上至下,其盖顶正中为一牛首,呈背向状,盖上 4 支牛角翘出器耳,而盖面亦由两个相背的高浮雕牛头组成,牛角翘起成对称状,口沿外折,立耳,束颈,鼓腹,足呈袋状,足跟作柱形,柱足中空。颈部以 6 条扉棱分割成 6 段,扉棱间饰以夔龙,器身腹壁表面,逼真地雕铸出三头正视的、双目分别朝向三个方向的牛头纹,牛吻部内收而额部前倾,作斗牛状,獠牙外露。三袋足均为牛头形,牛角粗大高挑,作两两相对之状,颇具飞扬之势。内壁和盖内铭文相同,各铸 15 字:"才(在)戊辰,匽□易白(燕侯锡伯)矩

贝，用乍(作)父戊□(尊)彝。"意思是说，西周早期燕侯赏赐给伯
矩钱，用于铸造铜器。这件铜鬲总体为 7 个牛首造型，构思新颖别
致，采用了高浮雕和浅浮雕相结合的制造技术，显得格外端庄厚
重，堪称西周青铜器中罕有的珍品佳作。根据对伯矩鬲所做的 X
射线无损检测表明，其制造工艺采用的是分铸法。首先在拼合陶
范时，芯与范之间放入金属片作为芯撑(或称垫片)，以此来确定和
保证芯和范的间距，这既可以避免出现浇灌不足等铸造缺陷，又能
使器壁厚度更加均匀，对于进一步保证合范精度、提高青铜器铸造
质量与成品率，都起到了极其关键的作用。同时，铸造工匠在鬲的
腹部每面均放置三个金属芯撑，这样一来，先铸器身，然后于相应
的部位铸接上附件，使其与器身铸接成一个整体，可见，这个工艺
规范应当是西周早期燕国青铜铸造技术工艺最突出的特征之一。

图 2-6-6　琉璃河遗址出土的
青铜伯矩鬲

　　西周中后期，自昭王南征受挫之后，西周的社会经济开始出现
新的变化，尤其是以"田里不鬻"(禁止土地买卖)为特点的土地占
有形态已经遭到破坏。周王朝为了维护其政治统治和缓和日益尖
锐的阶级矛盾，周穆王采用了"出礼入刑"的做法，这既反映了西周社会发展的客观需要，同时又标志
着周朝王道的衰微。这种社会发展状况反映在青铜器铸造方面，则主要表现为青铜器的种类如爵、
角、觚、尊、卣、方彝等一些酒器逐渐减少甚或消纹，纹饰亦由繁返简，以素为贵，且饕餮纹逐渐为龙、
虎、凤、龟等形象所取代，重新流行带状花纹。比如，首都博物馆藏有 1 件属于西周中后期的环钮簋，
盖顶隆起，中央有圆形捉手，其上有两个长方形小镂孔，捉手两侧各置一小半环钮。器腹两侧各置一
半环形兽形耳，耳间相对处各置一半环钮。器盖与器腹中部各有两个竖环耳。全器光素无纹饰，通体
泛出莹绿的光泽。这种造型别致，没有任何纹饰的铜簋，在周代青铜礼器中比较罕见。又如，唐县南
伏城出土了一批西周中后期的青铜器，计有铜鼎、凤纹双贯耳圆壶、三足弦纹带盖簋、双附耳圆盘、兽
首柄铜匜、铜鬲、蝉纹三足鼎各 1 件，从整体上看，这批青铜器已不复西周早期的精美秀丽和高贵典
雅，制作比较粗糙，像匜、盘等器，均没有仔细打磨加工，接铸口明显外露，胎质厚重，器形粗犷，除贯耳
壶外，器表很少有花纹，体现了西周中、晚期而更接近于晚期的青铜技艺特征[11]。

　　至于燕国早期青铜器的合金成分，张利洁等对琉璃河西周燕国遗址出土的 33 件青铜器主要是兵
器和车马器进行了成分检验[12]，从铜器的成分来看(如表 2-6-1)，铜—锡—铅合金占多数(21 件)，
含砷的样品 1 件，锡青铜样品 10 件，纯铅样品 1 件。从加工方式看(如表 2-6-2)，经金相检验的 33
件铜器样品中，25 件未见任何加工痕迹，为典型的铸造组织，4 件为热锻组织，3 件具有冷加工组织(7
件具有加工组织的样品全部取自兵器戈、戟、刀的锋刃部)。车马器中仅 1 件完全锈透的半管状物具
有锻打的痕迹。而车軎样品(82BLM1056:9)经采用原子吸收光谱分析并结合化学滴定进行确证，所
得平均成分为 Cu：21.80%，Pb63.27%，S：2.05%，As：1.49%。X—射线能谱分析结果显示，琉
璃河铜器的合金成分主要为铜、锡、铅，含有少量的铁、硫元素。除 1 件车軎含砷外，其余铜器未检测
到有其他杂质元素存在。制作材料以锡青铜和铅锡青铜为主，33 件青铜器中，10 件器物为锡青铜，占
30.3%，21 件器物为铅锡青铜，占 63.6%。从合金本身综合机械性能看，含锡量在 5%~15%之间，且
含铅量小于 10%的铅锡青铜具有较高的硬度和抗拉强度。而所检测的琉璃河青铜器中，85%的铅锡
青铜器物的成分都在这个范围之内，特别是兵器含铅量约为 3%，含锡量在 7%~11%之间，布氏硬度
达 90~110，抗拉强度大 3×10^7 千克/平方米左右，具有良好的机械性能。此外，琉璃河青铜器的其他
元素较小，只检测到铁与硫，这说明铜器使用的原料比较纯净，铅、锡的含量适度，并根据兵器与车马
器的不同用途有目的地增减合金元素的含量，显示出了合金技术的成熟性。而经检测，琉璃河青铜兵
器之尖部存在热锻与冷加工组织，这表明它们具有良好的刺杀性能，此为材质优良、技术成熟的又一
重要表现。

表 2-6-1　器物类型与成分之间的关系（由张利洁等统计）

材质	铜戈	矛	铜镞	铜戟	刀	铜泡	车舍	兽面	马饰	车軎	铜饰	半管	铜块	合计
铜—锡	6	2		1									1	10
铜—锡—铅	5		2	1	1	7	1	1	1	1	1			21
铅—铜—砷						1								1
铜—铅												1		1
纯铅		1												1
小计	11	3	2	2	1	7	2	1	1	1	1	1	1	34

表 2-6-2　器物类型与加工方式之间的关系（由张利洁等统计）

加工方式	铜戈	矛	铜镞	铜戟	刀	铜泡	车舍	兽面	马饰	车軎	铜饰	半管	铜块	合计
铸造	6	3	2	1		7	2	1	1	1	1		1	26
热锻	4													4
铸造、冷加工	1			1	1									3
锻打												1		1
小计	11	3	2	2	1	7	2	1	1	1	1	1	1	34

（3）春秋时期的青铜铸造工艺及其特点。

公元前 770 年，周平王迁都于东都雒邑，史称东周，具体又分春秋与战国时期。春秋既立，诸侯国纷起，仅河北地域内就出现了燕国、邢国、鲜虞国、孤竹国、肥子国、山戎等等。由于各地文化的发展并不平衡，加之不同文化之间的碰撞和融合的速率较高，因而使此期河北地域的青铜文化呈现出更加复杂和多样的特点。

山戎又称北戎，是我国春秋时期活跃于燕山地区的一支强大的少数民族，在长期的游牧生活过程中，创造出了一种具有鲜明个性特征的青铜文化，相对于河北其他地区出土的春秋时期的青铜器，山戎国的青铜器最具有代表性。因此，下面仅以怀来甘子堡和北京延庆县玉皇庙、葫芦沟等地发掘的春秋时期山戎国氏族部落墓葬，对这一时期河北地域青铜器制造技术作一评述。

1980 年，在怀来甘子堡发掘出春秋墓葬 21 座，出土铜器 1111 件，器形计有鼎、豆、簋、罍、罐、匜、壶、釜、鬲、舟、盘、戈、剑、斧、刀、锥、凿、镞、马衔、带钩、管状饰、腰带饰、龟形饰等。例如，青铜簋 1 件，高 21.3 厘米，口径 22 厘米，敞口，方唇，沿面倾斜，沿上附竖外斜环耳，深腹，圆底，高圈足，其外表面有明显的烟熏痕迹。Ⅰ式罍，通高 32 厘米，口径 16 厘米，底径 19.2 厘米，造型为小口方唇，矮颈鼓腹。带盖，呈束颈式，把手内周壁雕刻镂空，饰群蛇绕蛙纹。肩部附两个环耳和两个兽形耳。腹上部饰两组绳纹和一组小蟠虺纹，腹下部饰一组变形凤鸟纹，凤鸟的眼睛用绿松石镶嵌，富有山戎民族的生活情趣。实际上，最能体现山戎民族风格的青铜艺术还应是直刃匕首式青铜短剑和青铜削刀以及那些铜马具。据研究，墓葬出土的青铜短剑共有十式 12 件（图 2-6-7），其中Ⅰ式通长 33 厘米，剑格宽 4.6 厘米，直刃，横剖面呈菱形，剑首、柄、格均雕刻镂空，且镶嵌有绿松石；Ⅱ式通长 25.4 厘米，剑格宽 3.4 厘米，剑身短且直，柱状脊，剑首呈圆环形，剑格和剑柄则雕刻镂空，并镶嵌有绿松石；Ⅲ式剑体较长，为 30 厘米，剑格宽 4.2 厘米，直刃，横剖面为菱形，剑柄呈扁圆形，柄端铸出两虎接吻状，剑格向下溜肩；Ⅳ式高 28.6 厘

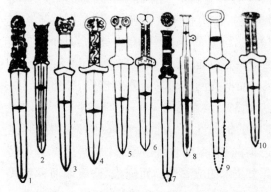

图 2-6-7　甘子堡墓葬出土的十式青铜短剑

米,剑格宽 6 厘米,剑身横剖面为菱形,剑首铸出两个对称的变形夔纹,剑柄铸出两竖夔纹,剑格两端上翘;Ⅴ式长 27 厘米,剑格宽 5.2 厘米,直刃,横剖面呈菱形,剑首为双环形,剑柄扁圆形,剑格向下溜肩;Ⅵ式通长 26.8 厘米,剑格宽 4.2 厘米,直刃,横剖面呈菱形,剑首为双环形,剑柄铸出双排锯齿纹,扁圆形,剑格向下溜肩;Ⅶ式通长 29.8 厘米,剑格宽 4 厘米,剑体两侧直刃,横剖面呈菱形,圆首,外饰勾云纹,柄呈圆铜形,侧附一环,剑格镂空并镶嵌有绿松石;Ⅷ式通长 27.8 厘米,剑体两侧直刃,为柱状脊,剑首为圆饼状,剑柄呈菱形,侧附一环;Ⅸ式通长 32.4 厘米,剑格宽 5.6 厘米,直刃,剑首为椭圆环形,剑柄扁圆形,剑格向下溜肩;Ⅹ式通长 27 厘米,剑格宽 6 厘米,直刃,横剖面为菱形,剑首呈一字形,柄两侧较直,剑格两端上翘。铜削刀为六式 11 件,其中Ⅰ残长 16.8 厘米,柄长 8.8 厘米,柄首宽 2 厘米,刀尖残,刀背微拱,刀柄与刀身交界不甚明显,柄部扁平,柄端有三角形穿孔;Ⅱ式通长 20 厘米,柄长 8.8 厘米,刀背比较平直,刀柄与刀身交界呈斜弧线,柄部素面,横剖面为椭圆形,柄首为鸟形,眼、喙、羽毛栩栩如生;Ⅲ式柄残长 5.6 厘米,柄端亦为一鸟形,鸟的翼尾采用镂空铸造法所成;Ⅳ残长 13 厘米,柄长 8.5 厘米,刀身残,刀背微拱,柄部依次排列着七只小鸟,柄端小鸟喙与胸联结形成小环首;Ⅴ式通长 15.6 厘米,柄长 6.3 厘米,柄端为洋首形,柄部一面中间出宽凹槽,凹槽从柄部向刀身延伸,由深渐浅、由宽渐窄伸至刀尖,另一面则无凹槽,弧背;Ⅵ式残长 17.5 厘米,为环首刀,刀柄与刀身交界明显,呈斜折线,柄部素面,弧背横剖面为椭圆形。山戎为春秋时期生活在冀北地区的游牧民族,或称马背民族,因此,他们对马具非常讲究,仅出土的马镳就有六式之多,Ⅰ式通长 15.5 厘米,环径 3.6 厘米,中部为圆环状,一端做成虎身形后半身,后肢屈曲前伸,虎尾下垂,另一端则做成虎形前半身,前肢屈曲前伸,与虎下颌相连,两端对接起来就变成一只蹲踞形状的虎;Ⅱ式通长 16.2 厘米,呈蛇形,蛇身微鼓,蛇尾弯成环状,蛇背平直,上附两个桥形钮;Ⅲ式通长 14.9 厘米,呈扁长方形,微弧,两端各饰一马首,背面附有两个桥形孔;Ⅳ式长 11.6 厘米,体呈弧状,横剖面为椭圆形,一端作成豹的后半身,后肢屈曲前伸,后尾下垂,另一端则作成豹形前半身,豹身面向一侧,前肢屈曲向前伸,至于面部,两端相连,即可组成一个蹲踞式的豹形;Ⅴ式长 13.8 厘米,体微弧,中部为一短直棍,一端作成龙尾状,另一端作成龙首,两头连接为一个圆形孔;Ⅵ式 11.4 厘米,体微弧,中部为一弧形扁圆棍,一端作成鸟尾状,另一端作成鸟首状,两头连接成为一个椭圆形孔。可见,与中原青铜文化相比,山戎青铜器式样繁多,特色鲜明,显示了山戎民族特有的文化风格[13]。

　　从 1985 年到 1991 年,北京延庆县玉皇庙、葫芦沟等地带发掘了春秋时期的氏族部落墓葬 600 多座,出土各类青铜器 1 万余件,青铜器的种类很多,包括兵器、工具、装饰器、车马具和容器等。这批青铜器自成一系,独具特色,学界将其称为"玉皇庙文化"。这支青铜文化既含有燕和中原文化因素,又具有鲜明的土著文化特点,以青铜礼器与兵器为大宗和主体。如青铜礼器中有土著的素面青铜鬲及铸工粗糙的双耳青铜复和兽头环耳三足杯等,其中素面青铜鬲造型古朴简素,铸工粗拙,双耳深腹,圆底加小圈足,因久经使用,故内外壁熏满烟炱,而包含燕和中原文化因素的礼器则主要有鼎、敦、斗、盘等。青铜兵器中属于土著的器物类型主要有各种形式的直刃匕首式青铜短剑和三翼有銎式铜镞,数量很大,而属于燕和中原文化类型的器物主要有三穿铜戈,数量很小。尤其是以各种写实动物造型为母题的青铜带钩、青铜牌饰、青铜带饰和坠饰的青铜装饰品,突出反映了玉皇庙文化的个性特征。比如,玉皇庙文化的青铜带具和带饰特别发达,其造型多为写实的马形、鹿形、羊形、犬形和野猪形,数量以马形者最多。这是燕文化和中原文化所没有的,也是中国北方其他青铜文化所罕见的。

　　从铸造工艺考察,玉皇庙文化在青铜容器、兵器、生产工具及各种青铜装饰品,皆采用泥型铸造,依器物结构和操作习惯之不同,分别采用了不同的铸造工艺,其铸范有平面范、双面范和多面范。其操作有整体造型,也有分型造型。有浑铸、分铸和混合铸,有的先铸器体,也有的是先铸附件。在金属加工方面,使用了焊接和锻铆工艺。春秋时代中原地区已有的泥型铸造工艺,在该文化中多有运用,这一方面说明各民族文化之间经常发生接触与交流,另一方面也可以看到玉皇庙文化自身的青铜铸造技术已经比较进步。玉皇庙墓地出土的两件青铜鬲,均是采用分层造型、整体一次浇铸工艺铸造而成的。YYM2 出土的铜蕨盖及 YYM18 出土的铜敦盖,皆采用了锻铆工艺进行了后期补裂。此二器虽为中原之器,但其后期锻铆补裂之事,应属山戎人所为。所有的青铜短剑、铜镞、削刀,锛、凿、锥、针、锥(针)管具、马具及各种小件装饰品等,均为一模一范铸制而成,或是一模印出之后,又在局部另作一番加工,绝无两件完全相同之器,这同中原地区的青铜器有明显的不同。数量较多的小铜扣饰,形制均较规整,小巧玲珑,双层铜梗柄短剑的蕊子,必须采用打孔法造型才能铸造出来,这种相当高超的技艺,在未用失蜡法技术的情况下是极为不易的,这是山戎人的一个非凡创举。另据检测,玉皇庙出土的青铜短剑和青铜削刀,多数铅、锡成分比例适当,其中削刀所占的比率比短剑还更高一些,其综合机械性能也比较好,而且普遍采用了铸后冷、热加工工艺,用以改善青铜兵器和生产工具的性能,兵器、生产工具铸后经过冷、热加工的比例,占51%,其中削刀、锛、凿等工具表现得更为明显,制作优良者达84.4%。这些情况充分表明,玉皇庙文化的青铜冶铸工艺已达到较高水平[14]。

经北京科技大学对延庆山戎墓葬出土的青铜器样品所作的金相及成分分析可知[15],有1件削刀(5095)含锡量为17.6%,如果按照斯库特的冶金理论来讲,以含锡量17%为标准,那件削刀显然是1件高锡青铜。铅在铜锡合金中不溶,以独立相存在,若合金中铅的含量偏高,则易造成比重偏析,如延庆山戎墓葬出土的短剑(5037)铅含量超过了30%,呈枝晶状分布,未浸蚀;短剑(5052)为铜锡铅合金,铅分布不均匀;短剑(5031)铅分布不均匀,呈枝晶状及粗大球状。铜锥(5077)铅显示有比重偏析,未浸蚀;铜凿(5057)为铜锡铅合金,但铅呈颗粒状,分布均匀。

在通常情况下,对于铜锡铅合金来说,铅的含量高时,则铅往往以枝晶状、块状和球状出现,不过,铅青铜加锡可使铅颗粒变细,且分布均匀。热加工是指铜合金器物在再结晶温度以上加工成需要的器形的工艺。在金相学上,人们把先将铸件在铸模中成型,然后再根据实际需要加以切割,随之将这些坯料加热到红热状态(青铜加工温度为500℃~800℃之间),进行锤锻加工,最后铸造成人们所要求的尺寸和形状,这种制作工艺所显示出来的金相组织是等轴晶和孪晶。当青铜中含锡量比较高,并存在($\alpha+\delta$)或δ相时,热加工能使成分趋于均匀化,同时大块的($\alpha+\delta$)相亦有可能被破碎成小块,并存在于α固溶体再结晶的等轴晶粒的晶界上,如延庆山戎墓葬出土的铜锥(5025)含21%的锡和0.21%的铅,即为此种组织,而铜剑(5028)则含有15%的锡与13%的铅,故除α等轴晶和孪晶外,还存在着较大块的($\alpha+\delta$)相,显微组织不均匀性较强。

冷加工是指铜合金器物或其中一部分(比如刀的刃口)在再结晶温度以下加工成需要的器形的工艺,这种工艺在显微组织中显示拉长变形的晶粒或铸态的树枝状晶沿一定方向排列。如延庆山戎墓葬出土的铜锛(5091)含有7.6%的锡和9.7%的铅,其刃口部分的组织显示α固溶体晶粒和铅均沿加工方向变形。在一般条件下,冷加工能使铜合金加工硬化,可以提高强度和硬度,改善性能。因此,延庆山戎墓葬出土的削刀(5006)、凿(5078)、剑(5038)及剑(5040)4件青铜器,其刃部都经过了冷加工,分别测得这4件器物冷加工与铸造组织的硬度值,结果表明经过冷加工的刃口部分的硬度值较铸造组织增加了3倍。

(4)战国时期的青铜铸造工艺及其特点。

以公元前403年韩、赵、魏三家分晋为起点,东周历史由春秋进入了战国时代。而战国时代的总体社会特点就是各方面都处于急剧的变动之中。此时,河北地域内至少出现了赵、中山、燕等几个封建政权。与之相适应,新的生产关系促进了社会生产力的发展与变革,尤其是金属器具的结构和性质变化明显,青铜器在社会生活中所占的比重正在下降,而铁器在社会生活中的比重则不断上升。但是,就此期河北地域青铜器的制造而言,出现以下几个新的变化:一是青铜器的制作由过去比较单一的范铸技术改变为使用浑铸、分铸、钎焊、铸焊、锻造、印模、花纹铸镶等金属工艺;二是青铜器形制的繁复别致与纹饰的精细绚丽都超过了以往的任何历史时期;三是出现了有关冶金方面的著述;四是各地的青铜器制作水平都有了显著提高。

第一个方面。中山国国王墓出土了249件青铜器,仅就器物本身的工艺性质而言,这批青铜实物"结构之巧、制作之精,堪称战国时期北方金属器之翘楚"[16]。在出土的这批青铜器中,以四龙四凤错金银铜方案、十五连盏铜灯最具有典型性和代表性。而四龙四凤错金银铜方案(图2-6-8)又是其中最精美、最符合力学原理的1件错金银青铜器实用品,该方案由底座、龙凤和框架三部分组成,通高36.2厘米,上框边长47.5厘米,环座径31.8厘米,重18.65千克。经研究证实,此案的三部分是先各自铸就,然后以铸接和镶接的方式连为一体。其方案底座为圆环形,上部龙顶斗拱承一方形案框,斗拱和案框饰勾连云纹,下部有两牡两牝 4 只侧卧的梅花鹿环列,四肢蜷曲,驮一圆环形底座。中间部分于环座的弧面上,立有 4 条神龙,分向四方。具体结构形式是:四龙都呈双身式,自身侧下环绕并与相邻龙的侧身交接,其上交于龙尾,龙尾呈圆柱形,龙尾回折后钩住龙角。龙的双翼后背微翘起,成一穹拱状,它第一次以实物面貌生动地再现了战国时期的斗拱造型。龙张牙,双角后背穿在尾的折钩之中。

图 2 - 6 - 8　中山国出土的四龙四凤错
金银铜方案

从铸造的工艺过程看(图 2 - 6 - 9),先铸就龙角和龙舌,尔后再与龙首铸接。至于龙首与龙体的铸接关系,则是分铸铸接后,以镶实内,并经铸接与焊接使之合成一体。具体地说,龙足与龙体以铜铸焊,龙身、龙翼与龙体以镶焊连接,而龙尾和龙身之间以镶焊连接。龙足与方案底盘的结合部,是在预铸之后用镶从底盘外注入,使之连接。四凤的铸接关系,亦如四龙。从整体上看,这件方案总计由 78 个部件、以 22 次铸接(36 个接点)、48 次焊接(56 个接点)而成形,共使用了 188 块泥范和 13 块泥芯[17]。可见,这件铜案打破了传统的"龙飞凤舞"的动态场面,以静为基调,底部由四只表情温驯的梅花鹿承托一圆圈,四龙四凤扭结盘结,翼尾相接,构成一个内收而外敞的支架,上覆几案,稳定而舒展,独步千古,呈现出一种以承平与均衡为主旨的静态美。

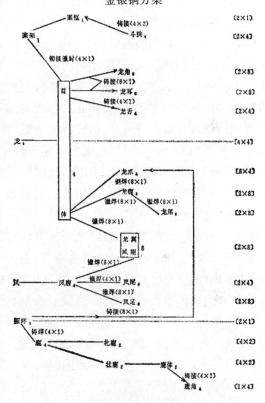

图 2 - 6 - 9　铸造的工艺过程关系图

第二个方面。殷商青铜器的重要特点之一就是纹饰华美,制作精细,这种风格到西周中后期转而被纹饰素简、形制粗率的青铜制造技术所代替。自战国初期始,由于各诸侯国通过发展经济来富国强兵,与这种政治气候相适应,各诸侯国的青铜器又返素归丽,舍简入繁。比如,中山国国王墓出土了 1 件非常华美的鸟柱盆,由盆体、盆中央附件与底座及筒形托组成。其中盆体直壁,壁至下部折角向内成平底,壁饰四个衔环的铺首,铺首与盆体浑铸成形。盆内底部中央伏有一鳖,背拖圆柱,柱顶有一雄鹰,柱外是由二蛇缠绕所成的一个套筒。底下有束腰圆柱承托,柱下有圆形圈座,其圆柱形托与盆地是先分别铸就,然后再将它们镶焊成一体。圆盘形底座镂空,镂空部分由 12 条蟠螭与 4 条虺构成,按照每 3 条蟠螭与 1 条虺为一组的格式,相互错节和缠绕,每组中都有两条大螭口衔盘边,尾接中央的圆筒形托,蟠螭统摄和握持虺体,使其主次分明,井井有条。由中山国王墓出土的青铜器多为蟠虺纹饰知,蟠虺纹是中山国青铜器物中所常见的一种纹饰,是其青铜器装饰的主流。

第三个方面。在春秋初期以前,绝大多数青铜器基本上都是以铸造为唯一的工艺手段,而从春秋中期开始,先前所形成的单一技术格局才逐步被浑铸、分铸、失蜡法、锡焊、铜焊、锻打、铆接等新的技术体系所替代。在战国时期,赵国人荀子在《荀子·强国篇》中对当时青铜器的制造技术进行了规律性的探索,得出了"刑范正、金锡美、工冶巧、火齐得、剖刑而莫邪已"的正确结论。比如,铸剑需用规整的模(刑)制出规整的范,铜(金)与锡的配比要适当,工匠要心灵手巧,浇铸时的铜液温度(火)要根据合金(齐)的配比掌握得当。什么比例才叫"适当",《周礼·考工记》云:"金有六齐,六分其金而居锡一,谓之钟鼎之齐;五分其金而锡居一,谓之斧斤之齐;四分其金而锡居一,谓之戈戟之齐;三分其金而锡居一,谓之大刃之齐;五分其金而锡居二,谓之削杀矢之齐。金锡半,谓之鉴燧之齐。"至于如何控制"火齐"(熔炼温度)的方法,《考工记》又总结说:"凡铸金之状,金与锡,黑浊之气竭,黄白次之;黄白之气竭,青白次之;青白之气竭,青气次之;然后可铸也。"即开始熔炼时只见木炭的燃烧,故称"黑浊之气",接着,原料中含有的氧化物,硫化物及熔点低的锡先熔化随着温度的变化而先后被释放出来,因此,"黑浊之气"就改变为"黄白之气"。当温度继续升高到一定程度时,铜熔化的青焰色有几分混入,故呈现出青白气。最后再由"青白之气"转化为"青气",即表明铜已经全熔化了,此时销炼成熟,可以进入到浇铸的工艺程序。从世界冶金史的角度看,这应是世界上最早有关光测高温技术的记录,而《考工记》中关于颜色的递进变化(黑浊—黄白—青白—青)与合金光辐射规律基本一致,可见它是我国古代劳动人民的经验总结,是无数金匠的智慧结晶。

第四个方面。由于在当时青铜器的铸造实际上是一种国家行为,所以器物以礼器和兵器为大宗,体现了其国家的统治意志。战国时期,河北地域内相继出现了几个国家政权,与之相适应,铸造青铜器的区域较春秋时期明显增多。譬如,在河北地域南部,先后发现了邯郸百家村、石家庄市庄村、邢台东董村、南大汪、曹演庄、临城柏畅村、中羊村、邯郸赵王陵等赵国时期青铜器遗址,其以邯郸百家村出土的青铜器最丰富,共出土铜器708件,可分为容器、兵器、车马器、生产工具、乐器、饰品等类,其中铜带钩60件,可分5式,以Ⅰ式和Ⅱ式为代表,两式的共同特征是采用了"金银错"工艺。此工艺是在青铜器表面错嵌金银丝或薄片,构成各种图案,非常精美。另外,邢台出土的鎏金嵌松石的铜带钩,制造技术非常高,除错金工艺外,还采用了鎏金和镶嵌工艺。鎏金工艺是将溶解于水银中黄金涂抹在铜器表面,镶嵌工艺则是先在铜器表面铸出浅凹花纹再镶嵌入松石或红铜薄片。这两种工艺都出现在春秋中期,到战国时便发展成为应用普遍的进步工艺。在河北地域中部,由鲜虞族所建立的中山国,其青铜制造技术独具特色,工艺精湛。除在平山县发掘了30多座属于中山国的中小型墓葬外,还在唐县北城子村、庙上村、黄龙岗、北城子、钓鱼台以及满城县采石厂、平山县访家庄、新乐县中同村等中山国地域内发现了属于战国时期的墓葬,出土了一大批青铜器。主要有鼎、甗、豆、壶、盘、匜、勺、剑、削、斧、凿等,有的墓还出有豆形釜、瓿、簠、敦、洗、舟、戈、匕、锥、锛、镞、马衔、铃等。伴随出土的还有北方民族特有的虎形镶松石金牌饰、弹簧状金环饰、松石串饰等。铜器花纹有蟠螭纹、蟠虺纹、云雷纹、勾连雷纹、络绳纹、绚索纹、乳钉纹、凸弦纹、垂叶纹、穷曲纹及镶嵌红铜和绿松石等。这些铜器造型浑厚,花纹精细优美,除饰以成组花纹外,纽、柄、流部还有兽面、鸟首、虎首等动物形象,并于目、鼻、口部镶嵌绿松石。在河北地域北部,战国时期的燕国已经基本上占据了原来孤竹国的土地,疆域又有进一

图2-6-10　人物鸟兽阁形铜方饰

步的拓展,故《战国策·燕策》有"燕国南有碣石、雁门之饶"的说法。目前,由燕国所制造的青铜器已在北京怀柔及顺义县龙湾屯村、通县中赵甫村、丰台区永定门外贾家花园等,天津东丽区的张贵庄,保定易县燕下都、承德滦平县东营子、唐山贾各庄、迁西大黑汀等地发现,其中尤以怀柔出土的镶嵌红铜鸟兽纹壶、承德滦平县东营子和燕下都东贯城出土的人物鸟兽阁形铜方饰(图2-6-10)最具代表性。镶嵌红铜鸟兽纹壶高40.6厘米,径11.2厘米,此壶以红铜镶嵌出叶纹与鸟、虎、马等动物纹,纹饰精细繁缛,显示出燕国青铜镶嵌工艺的高超水平。而滦平县东营子战国墓地出土的天鹅衔龟形铜带钩,为"三鹅一龟"造型,长25.1厘米,腹厚0.15~0.4厘米,宽4.1厘米。其中龟身为圆形,前后伸出头尾,四肢外伸,两眼凸出,龟的腹部有1个圆形钩钮。3只天鹅嘴部均呈三角形,胫部有两个凸起装饰。其中两只天鹅平展双翼,头部相向,各自衔住乌龟的头部和尾部,衔住龟尾的天鹅尾部又被另一只天鹅衔住,这只

天鹅只露出头部和胫部,其后即为半圆柱状钩颈。衔住龟头的天鹅尾部微微上翘即为带钩尾部。人物鸟兽阁形铜方饰通高21.5厘米,下部方盉四面饰以浮雕镂空献禽、庖厨等纹饰,上部呈楼阁形,中为坐人,其侧有乐人,屋顶中间立二鸟,四脊有伏兽,结构复杂,人们通过这件楼阙形饰,不仅能直观燕国的楼阙结构,而且还生动地反映了燕国贵族的生活,并代表着燕国青铜冶铸业的较高水平。当然,燕下都在冶金史的突出地位主要是由冶铁业的高度发展所奠定的。在河北地域,随着冶铁业明显进步,从赵国到燕国,铁器品种和数量增多,使用范围更加广泛,大大方便了当时的社会生活。如石家庄市庄村出土的生产工具中,铁具已占65%,兵器也越来越多地使用了铁。这个事实说明青铜时代已经越过了它的全盛时期,代之而起则是铁和钢的时代,正如恩格斯所说:铁"是在历史上起过革命作用的各种原料中最后的和最重要的一种原料"。

第二节　铁的冶炼

一、商代的冶铁技术

截至目前,我省所发现的最早铁器是藁城台西村商代遗址出土的1件铜柄铁刃钺(图2-6-11),这件铁器不仅在我国发现的年代最早,而且亦是人类最早使用和制造的铁兵器之一。

这件铁刃钺残长11.1厘米,呈长方形,阑长0.85厘米,略短而窄,内中正中饰单穿,拨前半部镶铁刃,已断失,仅铁心被包于铜柄内约0.1厘米,后半部上下两面饰两派整齐的乳钉文,共16枚。由于铁刃钺之残铁已经全部氧化,所以对于判明此铁究竟是人工冶炼的铁还是利用陨铁锻打而成,带来了相当大的困难。然而,经过北京科技大学运用电子探针、金相、X射线荧光分析仪等多种现代测试手段的分析鉴定,确定此钺的刃部是用陨铁制成[18]。以此为标准,则人类最早使用的陨铁器物应是在尼罗河流域的格泽所发现的属于公元前3500年的匕首,它的含镍量为7.5%,而陨铁的主要成分是铁和镍。同样的铁器也

图2-6-11　台西村遗址出土的铁刃铜钺

在北京平谷县的1座商代中期墓葬中出土,实物为长方形,残长8.4厘米,宽5厘米,直内(内指接柄处)上有一圆孔,孔径为1厘米,刃部以残损和锈蚀,经X光透视,铁刃包入铜内的根部残存约1厘米,铁刃残部经光谱定性分析,其含镍量为1.9%~18.4%之间,在当时,陨铁是先被锻造成约2毫米的薄刃,然后与青铜身一起浇铸,使铁刃和铜身融为一体,钺身一面平,而另一面凸,系由单范浇铸而成[19]。这种陨铁青铜合制兵器虽不是人工冶铁,但它表明商代中期的河北先民在长期的冶炼实践中已经逐步认识到了铁与青铜在性质上的差异,并熟悉了铁的热加工性能,它为以后人工冶铁技术的发明积累了经验和创造了条件。

二、人工冶铁技术的起源

关于人工冶铁的起源,目前,在考古界仍然是一个很不明朗的问题。韩汝玢等认为,1990年在河南三门峡市上村岭西周晚期的虢国墓中,曾发现一把玉首铁短剑,经检验系用块炼铁锻打制成,这是目前所知最早的人工冶铁实物[20]。可是,保定满城要庄出土的1件属于西周中后期的铁钻(图2-6-12,标本T2H46:6)应属最早。

据介绍[21],该钻呈圆锥体,通体长5.6厘米,一头为尖,尖已变为弯曲状,另一头则为蘑菇帽,帽与

图 2-6-12　满城要庄
出土的铁钻

体紧紧连在一起。考古学家唐云明先生生前非常关注这件铁钻的性质,他说:"商代中期开始使用了陨铁器,春秋早期人们开始用铁矿石冶炼铁器,中间西周时期是个空白点,这是不合情理的。虽然在满城要庄西周遗址 H16 发现 1 件铁器,但目前它还是个孤证,它只能起到一个提供线索的意义。如果以李学勤同志对景家庄春秋早期墓出土铜柄铁剑来分析,它绝不可能是冶铁的初期阶段。这两个重要线索,为继续寻找西周时代铁器,将成为今后我国考古工作的意见重要课题。"[22] 2006 年,廊涿高速公路涿州市北高官庄村施工现场发现了一处西周时期陶窑遗址,其中有铁器出土,可惜文物资料正在整理中,因而尚未发表结论性的研究报告。但不管怎样,这个时期能见到的铁器非常之少,毕竟是个事实。

　　西周时期的铁器出土很少见,金家广先生回答说:"首先,早期的块炼铁或生铁因冶炼不精,尤其是铁质柔软而疏松的块炼铁,经使用时的磨耗和长期埋在土中,受到含有二氧化碳水分的氧化,或含氯化钠的锈蚀,致使铁质变得更加脆弱,往往部分或全部已呈粉粒状,故很难保存下来被人们发现。其次,即是有的能保存至今,解放前或曾可能被发现过,但也因锈蚀、腐烂过甚多不被人们重视;或因不属金石学家、古董家们的'吉金乐石',而极少被收藏、记录下来。另外,随着后期冶铁业的发展,可能也有相当一批早期铁器当成废铁原料又被回炉重熔铸器。"[23] 河北地域很可能在西周就已经开始了人工冶炼铁器。通常认为,人们在 800℃ ~ 1 000℃ 的温度条件下,利用木炭还原铁矿石,可以获得比较纯净但质地疏松、柔软的铁块。而从外观上看,满城要庄出土的铁钻已经弯曲,似乎表明它本身的柔软性,据此推断,要庄铁钻应当是一种块炼铁的产物。此外,郭沫若先生曾对西周早期的铜器班簋(又名毛伯彝)的铭文进行了研究,班簋铭文云:"唯八月初吉,在宗周,甲戌,王令毛伯更虢城公服。屏王位,作四方望:秉、繁、蜀、巢……王令毛公以邦冢君、土驭、□人伐东国。"郭沫若释曰:"八月初,成王在镐京。甲戌这天,成王命令他的叔父毛伯替代虢城公的职务。成王走出王宫,登高四望,环顾秉(在今江苏北部)、繁(在今河北境内)、蜀(在今四川省)、巢(在今安徽南部)四国……成王命令毛公率领友邦首领、战车和冶铁工人,征伐东夷。"此"□人"很可能指炼铁工匠,从这段记载可以看出,河北地域早在西周时期已经开始人工冶铁了。但因缺少考古资料佐证,郭沫若先生说:"如果可信,可见周初已有铁矿的冶炼和铁器的使用了。这是一项重要的史料,但不敢轻易肯定,留待更多的证据出现。"[24]

三、春秋战国时期河北地域的冶铁技术

　　春秋时期社会生产力发展的一个重要标志是铁器的使用。文献材料和考古实物资料都说明,当时许多国家已普遍使用人工冶炼铸造的铁器。比如,北京延庆出土了 1 件属于春秋中期的铜柄铁刀,从外观上看,全器呈削状,残长约 8.1 厘米,其中刀身部稍宽,残长约 2.1 厘米。经何堂坤等人对刀身部的检测分析得知,刀身的主要成分是铁、铜、铅,以铁居多。在 11 个分析点中,有 4 个分析点的含铁量超过了 90%,包括断口中心的层状结构处 2 点,管状结构处 2 点,最高含铁量为 97.76%,所以此刀身为铁质。至于刀身的材质,何堂坤等人根据外形和金相分析结果推断它应是人工冶炼的块炼铁,并且从断口具有明显的层状结构来看,此刀刃为锻制,而铜质刀柄则为铸制。其铜柄铁刀的具体接合方式是:先用块炼铁锻制刀身,并预留 1 个铁质榫头,其下底略呈弧线状;接着,将铁质榫头插入铜柄的铸型内,用作铸型的一个部分;最后,把铁榫头与"铜柄"铸合于一体,这样就形成了一种"铜包铁"的结构。而这种"铜包铁"的分制法,应是分铸法在铁制器中使用较早的成功范例[25]。

　　从考古角度讲,楚国至少自春秋中期开始即把铁制农具应用于生产[26],相较之下,我省却是自战国以后才开始将大量铁制农具应用于生产,而战国早期的铁制农具出土很少,仅见邯郸齐村发掘的 24 号赵墓出土的小铁锄和易县燕下都九女台 16 号墓出土的铁斧。恩格斯指出:"铁使更大面积的农田耕作,开垦广阔的森林地区,成为可能;它给手工业工人提供了一种其坚固和锐利非石头或当时所知

道的其他金属所能抵挡的工具。"在西周之前,奴隶手中的劳动工具多为石制农具,而那些精美的青铜器只是为了满足奴隶主贵族的消费需要才被生产出来。随着社会的发展,奴隶制已经变成束缚生产力继续发展的桎梏,到战国中期以一家一户为生产单位的封建性土地关系逐渐被确立起来,铁制农具便成为整个社会的一种客观需求。所以,铁器的使用就以极快的速度和极大的规模,在各诸侯国比较普遍地推广开来。例如,兴隆县寿王坟出土了87件战国时期的铁范,总重190多千克,其中属于农具的铁范计有51件,占全部铁范的60%,类型有锄范、双镰范、镢范、斧范、双凿范等。可见,当时该冶铁工场规模很大,产品种类亦甚可观。又如,石家庄市市庄村赵国遗址出土的生产工具中,铁制农具占65%。另外,1964年人们在易县燕下都22号遗址出土了65件铁器,其中有50件是生产工具,计有刀12件、刮刀2件、凿1件、镢6件、锤1件、锥17件、斧7件、锄1件、镰2件、铲1件。这些考古资料说明,铁制农具在当时社会的生产过程中已经扮演着极其重要的角色,并对生产力的发展起到了决定性作用,即农业生产的主要工序如翻土、中耕、锄草、收割等都已经使用铁器。

燕国和赵国的铁器不仅应用于农业生产,而且更应用于军事战争。现将战国时期河北地域内的冶铁成就概括如下:

(1)易县燕下都及承德滦平县都出土了"V"字形的铁犁铧,其中滦平县出土的铁犁铧重20余千克[27],表明当时牛耕技术在河北地域北部已经出现。据《韩非子·说疑篇》载:燕王哙"亲操耒耨,以修畎亩。"此"耒"即"耒耜"当指"铁犁"[28],且《管子·海王篇》亦有"三耜铁,一人之藉也"的说法,又晋国士大夫范中行逃亡到齐国后,也曾经历了"为畎亩之勤"的牛耕生活,说明当时牛耕技术在北方很多地区都已经逐步推行开来。从功能上看,铁犁铧的作用是铲起土垄(即"修畎亩"),同时将土壤中的残株切割掉。严格地讲,制作这样的铁犁铧最好使用灰口生铁,但从目前出土的铁犁铧实物看,使用的却都是脆性大且硬的白口铁。其铸造工艺是:先将铁上范与铁下范合范,并把铁范芯插入范腔内,同时用一定的工具将其夹牢,然后置入炉中预热,紧接着趁热用铁水浇注,待其浇注的铁水凝固后,即可开范,最后进行外形的加工和修整,直至能够使用为止。铁犁铧的发明是一个了不起的成就,它标志着人类社会的发展已经步入了新的历史时期,也标志着人类改造自然的斗争进入一个新的发展阶段。

(2)易县燕下都44号墓出土了79件铁器,其中剑15件,而完整或基本完整者共8件(表2-6-3)。经北京科技大学取样检测,发现器号为M44:19和M44:12的铁剑由块炼铁锻造而成。通常认为,块炼铁是铁矿石在较低温度下用木炭于固态条件下还原得到的,因此,铁矿石中杂质元素的不均匀性就从块炼铁器物中表现出来,如块炼铁器物的含碳量小于0.06%,或含有氧化亚铁—铁橄榄石共晶夹杂,或含有1%~6%的铜氧化物,等等。依此,则M44:19号铁剑的含碳量约为0.05%,铁中有很多5~10微米圆形或稍为延长的氧化铁(FeO)夹杂和大块的沿剑身伸长的氧化铁(吴氏体,FeO)—铁橄榄石($2FeO \cdot SiO_2$)共晶夹杂物;此外,沿晶粒间有少量渗碳体(Fe_3C),不见有珠光体。而M44:12号钢剑的夹杂物与M44:19号铁剑相似,但其含碳量有所不同。该钢剑由含碳为0.15%~0.2%的低碳层与

表2-6-3　M44铁剑统计表(单位:厘米)

器号	通长	身长	茎长
4	81	65.3	15.7
5	73.2	54.5	18.7
12	100.4	83.5	16.9
19	69.8	63.7	6.1
58	100.1	80.2	19.9
59	99.5	77.5	22
61	81.1	65.3	15.8
68	98.8	81.8	17

含碳为0.5~0.6的高碳层相间组成,在一般条件下,块炼铁在加热锻造过程中与炭火接触,碳渗入铁中,使其增碳硬化,成为块炼渗碳钢。这表明块炼法不仅在燕国流行,而且燕国工匠还创造了用块炼法得到的海绵铁增碳来制造高碳钢的技术,它充分显示了燕赵人民的创新能力,是我国冶金史上的一项突出成就。

图2-6-13　钢剑组织

(3)燕下都44号墓出土了经过淬火技术处理两把钢剑(M44:12,M44:100)和一把戟(M44:9)。所谓淬火就是将钢从高温奥氏体快速冷却,使过冷的奥氏体产生非扩散性转变产物即马氏体的金属处理工艺。碳在钢中有两种主要的存在方式,一是溶入铁中与铁形成固溶体,二是形成铁碳化合物即渗碳体。据检测分析[29],其钢剑曾经加热至900℃以上淬火,故在刃部,高碳部分为马氏体,局部有少量细珠光体(图2-6-13),中低碳部分为带有铁素体的细珠光体。其制作方法是将块铁的海绵铁锻成薄片,增碳后,将断面上含碳不匀的薄片加热叠在一起锻打,然后经过淬火,得到坚硬锐利的淬火高碳钢刃部和具有韧性的高碳层和低碳层。钢戟的组织特征与M44:12号和M44:100号钢剑相似,但它的低碳部分含碳较低,高碳部分马氏体略软,且分层比较明显,说明该戟是通过把增碳的钢叠在一起锻打,然后整体淬火所得到的。这里由淬火马氏体所构成的刃部,是典型的块炼渗碳钢叠打锻造的淬火组织。迄今为止,燕下都44号墓出土的这些器物是我国铁器中最早的淬火产品,尤其是燕国工匠首创了局部淬火技术,使刃部刚硬锋利,从而提高了剑(块炼钢)的机械性能。过去,我国出土的最早淬火钢器是辽阳三道壕出土的西汉末年残剑,而燕下都淬火钢剑的出土则彻底改写了淬火钢器的产生历史,至少把我国制造淬火钢器的历史提早了200年。因此,淬火技术的发明是河北先祖在科学技术上所取得的一项杰出成就。

(4)承德兴隆寿王墓出土了87件战国时期的铁范(图2-6-14),同时,人们还在出土铁范的附近发现了大量红烧土、木炭屑和筑石基址,表明此地曾是一个规模较大的冶铁工场。其中有1件外形完整的铁工具内范,呈长方形,长约10厘米,宽约6厘米,下端稍小,两端厚度不一,表面略有腐蚀,此范之厚面部分已经断裂,在断面上有许多气孔与缩孔,并能看出明显的方向性结晶,断面明亮,为白口组织,上面有多处夹杂物,最大者直径约0.3厘米,伴有直径约1厘米的气孔,铁范的金相组织是典型的白口组织,在共晶体内有初生的炭化铁存在(图2-6-15),这是河北地域在战国时期已经使用生铁的有力证据。由块炼铁到生铁,是炼铁技术史上一次飞跃。欧洲直到公元14世纪才炼出了生铁,比我国晚了1700年。

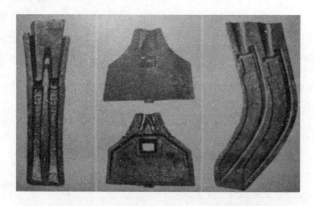

图2-6-14　兴隆寿王墓出土的战国铁范

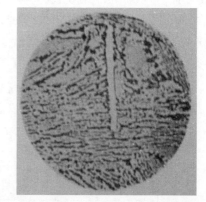

图2-6-15　寿王墓出土的铁范组织

毫无疑问,冶炼生铁技术是跟鼓风方法的革新密切相关的,《老子道德经》云:"天地之间,其犹橐籥乎?"此"橐籥"就是一种用于鼓风的大皮囊,故《左传·昭公二十九年》载:"冶石为铁,用橐扇火,动橐谓之鼓,今时俗语犹然。"这钟橐的形制是两端比较紧括,中间鼓起好似橐驼,旁边有个洞口装着竹管一直通往冶铁炉边,而在这个大皮囊上设一陶制的把手,用手握住把手来鼓动,则外面的氧气不断被输送到炉膛内，以促进炉中木炭的燃烧，从而提高铁炉的温度。

（5）战国时期，在生铁冶铸发明后不久，燕国铸铁工匠就已经能够熔铸韧性铸铁（或称可锻铸铁、展性铸铁等）了。例如，燕下都44号墓出土了一把编号为 M44:13 的铁锄，经用金相法分析表明[30]，这是一把经过柔化处理的白口生铁制品。故其銎（即斧子上安柄的孔）部中间为莱氏体，稍外有少量团絮状石墨（图2-6-16），最外部为柱状晶铁素体，这种结构可以使铁锄有很硬耐磨的心部，外边由柔韧铁素体层保护，其强度和韧度都比较好，因而具有良好的耐用性能。

图2-6-16 铁锄组织

此外，在石家庄市市庄村南战国文化遗址亦出土了一批铁斧，经用金相法分析是用高温液体还原法提炼出的铸铁浇铸的，其中有两把斧经过了退火柔化处理。本来块炼铁的炉温约在1000℃左右，而当炉温升至1 100～1 200℃时，人们可以通过还原生成的固态铁吸收碳，降低其熔点，从而得到液态的生铁。由于液态的生铁（含有碳、硅、锰、磷、硫等化学成分）虽能直接浇铸成器，但脆性大，不能塑性加工，所以多需二次加工，因而也叫铸铁。早期的铸铁因碳和硅的含量相对较少，大部分的碳与铁化合成白色的碳化铁，且新口呈白色，因而也叫白口铁。在机械性能上，白口铁的优点是铸造性能好，但缺点是脆而硬，易断裂，这主要是因为碳以化合碳的形式存在于铁中。在长期的冶铁实践中，人们发明了白口铁柔化技术。就是将白口铁中的碳元素在氧花气氛里进行脱碳处理，使铸件中所含的碳由表及里地逐步氧化脱去。若在退火温度较低的情况下，一般脱碳都不完全，里面仍存在着硬度高的白口组织，如石家庄市市庄村出土的铁斧就是这种情况，它的中心部分仍留有白口组织，而边缘却经柔化处理后，含碳较少，所以它的制成可能是将铸铁坯件加热到高温时对着坯件表面鼓风，或者将坯件加热后反复锻打，以改变其含量和金属组织，这种经柔化处理的铸件应当比易县燕下都出土的白心可锻铸铁件在时间上要早一些，从这样的视角看，市庄村出土的铁斧是目前发现的世界上最早使用柔化处理技术制造的铁制工具。若热处理技术先进，脱碳比较完全，则白口组织消失，即为白心可锻铸铁件，如上面讲到的 M44:13 号铁锄就是1件用脱碳方法得到的白心可锻铸铁器物。可见，可锻铸铁是用碳、硅含量较低的铁碳合金铸成白口铸铁坯件，然后再经过长时间高温退火处理，使渗碳体分解出团絮状石墨而成。在西方，可锻铸铁的应用至早在1 700年以后，而燕下都出土的白心可锻铸铁器物却发生在前300年左右，两者相差约2 000年。

第三节 黄金冶炼技术

黄金在自然界多以天然金的形式存在，光耀醒目，用肉眼即能很容易地发现和识别，因而人类采集和利用黄金的历史比较早。在我国，大约在距今5 000～4 000年的新石器时代晚期就已经开始冶炼黄金了，而在商代初期河北先民就已经掌握了制造金器的技能。藁城台西商代初期遗址出土了1件器号为 M14 的圆盒朽痕中，发现了一段半圆形金饰片，厚不到0.1厘米，说明黄金的延展性好，正面阴刻云雷纹，显然是原来贴在漆器上的金箔[31]。经分析，这件金箔晶粒大小均匀、晶界平直，是采用锻打和退火处理制成。又，北京平谷县刘家河的1座商代中期墓葬出土了一批黄金制品，有金臂钏2件，形制相同，系用直径0.3厘米的金条制成。两端作扇面形，相对成环，环直径12.5厘米。1件重93.7克，另1件重79.8克。金耳环1件，一端作喇叭形，宽2.2厘米，另一端作尖锥形，弯曲成直径1.5厘米的环形钩状，重6.8克。金笄1件，长27.7、头宽2.9、尾宽0.9厘米，截断面呈钝三角形，重108.7克。此外，还出土金箔残片，残存2×1厘米，无纹饰。一般地说，根据河北地域内出土的商周时期的黄金器物分析，黄金的制作工艺大致可分为以下几个方面[32]：

第一个方面是铸造。相对于铜而言，金的熔点为1 064.43℃，在液态情况下流动性较好，冷凝时间也较长，故浇铸温度可略低于铜等金属，容易制作精细的作品。将金熔化为汁液，采用范模浇铸而成的器物与青铜器铸造方法基本相同。在青铜器铸造业高度发展的商代中后期，金器的铸造技术并无困难。从考古发掘来看,北京平谷刘家河商墓出土的金笄,长条形,横截面呈三角形,头端较宽,尾端较窄,并有长 0.4 厘米的榫状结构,长 27.7 厘米、宽 2.9 厘米,重 108.7 克,从器形大小和断面观察,当为冶铸而成,它是我国现知最早的黄金铸件。

第二个方面是捶揲与包金、贴金和平脱。捶揲是充分利用金料质地较柔软、富于延展性的特点,逐渐捶击使材料按设计延展,做成需要的器物。如井陉古墓出土的 6 件金片,捶制成鸟形,其上压印蟠螭纹,为典型春秋纹饰。另外,从考古发掘看,金箔是先秦金质器物中出土最多的一类,考古报告中常称"金叶"、"金页"等,稍厚的称金片。或直接包于器物的外表(即包金),或按照器物装饰部位,把金箔剪裁成需要的形状贴于器物的表面(即贴金),贴金时有的用胶,有的不用胶而利用漆的粘附力或器物的纹饰的凹凸面,使金箔紧贴于器物的表面。如藁城台西村 M14 号商墓出土的漆盒上贴有金箔。而北京房山琉璃河 M1043 号西周墓出土的漆觚,器身上中下贴有三道金箔,下两道金箔上还镶嵌有绿松石,加上朱地纹饰。整个器物看上去三色相辉,给人以极强的艺术享受,这是迄今发现的最早的 1 件金平脱器。

第三个方面是掐丝。其做法是将捶打成极薄的金片,剪成细条,慢慢扭搓成丝,可以单股,也可以多股。另外还有拔丝,是通过拔丝板的锥形细孔,将金料挤压而入,从下面的小孔将丝抽出,较粗的丝也可直接捶打而成,是金器制作的基本技法之一。京津唐地区燕山一带出土金耳环 8 件,其形状分三种:一种是"勾形",如平谷刘家河商墓出土的金耳环,上为直径 1.5 厘米的半环形勾丝,下端为扁喇叭体形,宽 2.2 厘米,底部有一勾槽,重 6.8 克;另一种是"臂钏形",即将金丝两端捶击成喇叭形,然后弯曲成圆环形,直径在 4 ~ 6 厘米之间,出自蓟县张家园;还有一种是圆圈形,为辽宁朝阳魏营子西周墓所出,它是用金丝绕成二圈。

第四个方面是金错与镶嵌。用金属细条或丝镶嵌器物,古称为错。如平山战国中山王墓出土一块长、宽、厚各为 94、48、1 厘米的铜版"兆域图",其上由金银错成一幅建筑平面图,上面 439 个字的铭文全部金错。据史树青先生研究[33],金错的具体工艺为:第一步,铸造留槽,铸造金错铜器时,大多数在铸范的母范上先把要错金的纹饰预刻凹槽,待器铸成后,以便在凹槽内嵌金。有的少数精细的金错纹饰,其金丝细如毫发,则是只铸器形,然后在器表錾刻凹线,以便金丝嵌入;第二步錾槽,铜器铸成后,凹槽还需加工錾凿,精细的纹样,需在器表用墨笔绘成纹样,然后根据纹样,錾刻浅槽,这种浅槽要略呈"△"形,底面不宜过于平滑,需要有一些麻面,金丝或金片才能镶嵌牢固;第三步镶嵌,镶嵌金丝或金片时,金丝、金片要用火适当加温,金丝需截作点线,然后捶打,使之嵌入浅槽。春秋战国的金错铜器,一般都是胎质软薄,形体较小,如果遇到这类器物,在嵌金时不宜捶打,需用玉石或玛瑙制的工具把金丝或金片挤入槽内,这种工具大小如手指,硬度较高,故能压制金铜,后世称为"压子";第四步磨错,金丝或金片镶嵌完毕,铜器的表面并不平整,必须用错(盾)石磨错,使金丝或金片与错器表面自然平滑,达到"严丝合缝"的地步。然后在器表用木炭(椴木烧制的磨炭)加清水打磨,使之光滑平整。若用皮革反复打磨,光泽更强。

注　释:

[1]　河北文物管理委员会:《河北唐山市大城山遗址发掘报告》,《考古学报》1959 年第 3 期。

[2]　安志敏:《唐山石棺墓及其相关的遗物》,《考古学报》1954 年第 7 期。

[3][20]　韩汝玢、柯俊:《中国科学技术史·矿冶卷》,科学出版社 2007 年版,第 204,364 页。

[4]　邹衡:《试论商文化》,载《夏商周考古学论文集》,文物出版社 1980 年版。

[5]　唐云明:《藁城台西青铜器的分析补记》,《殷都学刊》1987 年第 2 期。

[6][7][9]　华觉明:《中国冶铸史论集》,文物出版社 1986 年版,第 71—75,114,125 页。

[8]　罗平:《河北磁县下七垣出土殷代青铜器》,《文物》1979 年第 11 期。

[10]　河北省文化局文物工作队:《河北青龙县抄道沟发现一批青铜器》,《考古》1962 年第 12 期。

[11]　郑绍宗:《唐县南伏城及北城子出土周代青铜器》,《文物春秋》1991 年第 1 期。

[12]　张利洁等：《北京琉璃河燕国墓地出土铜器的成分和金相研究》，《文物》2005 年第 6 期。

[13]　贺勇等：《河北怀来甘子堡发现的春秋墓群》，《文物春秋》1993 年第 2 期。

[14]　靳枫毅等：《北京地区出土青铜器概论》，《北京文博》2004 年第 7 期。

[15]　孙淑云等：《中国古代铜器的显微组织》，《北京科技大学学报》2002 年第 2 期。

[16][17]　苏荣誉等：《中山王墓青铜器群铸造工艺研究》，载《墓——战国中山国国王之墓》，文物出版社 1996 年版，第 548,549—551 页。

[18]　李众：《关于藁城铜钺铁刃的分析》，《考古学报》1976 年第 2 期。

[19]　张先得等：《北京平谷刘家河商代铜钺铁刃的分析研究》，《文物》1990 年第 7 期。

[21]　河北文物研究所：《河北满城要庄发掘简报》，《文物春秋》1992 年第 1 期。

[22]　唐云明：《再论藁城台西出土的铁刃钺及我国早期用铁的问题》，《郑州大学学报》1987 年第 6 期。

[23]　金家广：《中国古代开始冶铁问题刍议》，《河北大学学报》1985 年第 3 期。

[24]　郭沫若：《班簋的再发现》，《文物》1972 年第 9 期。

[25]　何堂坤等：《延庆山戎文化铜柄铁刀及其科学分析》，《中原文物》2004 年第 2 期。

[26]　杨权喜：《试论楚国铁器的使用和发展》，《江汉考古》2004 年第 2 期。

[27]　傅东侠：《山戎族农业小议》，《农业考古》1991 年第 1 期。

[28]　唐启宇：《中国农史稿》，农业出版社 1985 年版，第 154 页。

[29][30]　北京钢铁学院：《易县燕下都 44 号墓葬铁器金相考察初步报告》，《考古》1975 年第 4 期。

[31]　河北省文物管理处台西考古队：《河北藁城台西村商代遗址发掘简报》，《文物》1979 年第 6 期。

[32]　陈振中：《先秦金器生产制作工艺的初步研究》，《中国经济史研究》2007 年第 1 期。

[33]　史树青：《我国古代的金错工艺》，《文物》1973 年第 6 期。

第七章　古代纺织科技

从商周开始，随着社会经济进一步发展，宫廷王室对于纺织品的需求量日益增加，这个阶段是河北地域纺织形成区域特色的奠基时期。其标志是：周王朝设立了与纺织品有关的官职，掌握纺织品的生产和征收事宜。形成了纺织品与等级制度相联系，高级的服装用料像丝帛、绢、绮、锦等以及精细的麻织物均为贵族阶层所专用。藁城台西出土的纺织实物和纺织工具纺塼、骨匕等，证明当时的古纺织技术和麻织业相当发达；春秋时期赵国都城邯郸成为河北地域的纺织中心，《战国策·赵策二》有赵王一次赏给苏秦"锦绣千纯"的记载；中山国的丝麻业已经发展到一个新的历史水平；从燕地"田畜而事蚕"的记载看，燕国的丝织技术高超，辽宁朝阳周墓中出土了二十多层的丝织品。中山国国王墓所出土的丝麻实物证明，为了适应贵族阶级的消费需要，织衣技术更趋富丽。到春秋战国时代，丝麻织品已经打破了"工商食官"的格局，极大地促进了纺织生产的发展，服装的多元化与民族化的特色亦愈加鲜明。

第一节　商代织物及古纺织技术

一、藁城台西商代遗址出土的纺织实物

1973 年，人们在发掘藁城台西商代遗址中，出土了一些完整的纺塼和几块麻布残片，此外，还发现了粘在铜觚上的几处丝织物痕迹。

1. 大麻织物

经高汉玉等投影图分析[1]，出土的麻纤维有明显的横节纹，节度较稀，并有交叉状纹节（图2-7-1）。据此可以判断，此麻织物纤维为大麻纤维，它是目前世界上最早利用人工脱胶技术纺织的麻织品。大麻亦称火麻，雌雄异株，雄者为枲或称"花麻"，不结籽。雌者为苴，结籽。从用途来说，枲麻主要做衣服的原料，而苴麻则主要用于制作绳索或丧服。《诗经·陈·东门之池》云："东门之池，可以沤麻。彼美淑姬，可与晤歌。"所谓"东门之池，可以沤麻"即是"水沤法"，其法少则几天，多者二十天，视天气和水的温度而定。在池水温度达到32℃的条件下，仅需三五天就能脱胶。经过脱胶的大麻，便于农妇们绩出较高质量的纤细麻纤维。

2. 丝织物

丝织物纤维粘结在铜瓤上，人们采用全反射式的扫描电子显微镜观察，发现纤维的表面形态与蚕丝纤维非常相近。再通过对纤维断面作进一步分析，在扫描电子显微镜的屏幕上能够清楚地看到丝胶包裹下的两个钝三角形，纤维的截面形状接近蚕丝（图2-7-2）。一般说来，蚕丝和丝织物不易保存，因此，商代的丝织物很难被保存下来。而台西商代丝织物的发现，证明早在公元前14世纪河北先民便掌握了将蚕丝纺纱加捻，织成后使之缓劲产生绉纹的纺织技术。

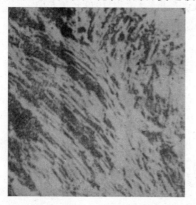

图2-7-1　台西遗址出土的大麻纤维投影图

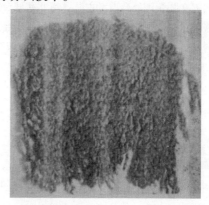

图2-7-2　电子显微镜下的蚕丝纤维纵面

3. 羊毛纤维

台西商代遗址出土了一根山羊绒毛，投影宽度约为15微米，内部是皮质层，没有发现髓质层。虽然仅凭一根羊毛还难以对商代毛纺技术的发展状况作出分析与认定，但河北地域是山羊绒的产地之一却无疑义。从这个角度看，台西商代遗址所发现的这根羊毛，或许说明河北先民至少从商代开始就已经学会利用山羊绒来纺织了。

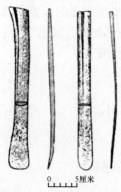

图2-7-3　台西出土的"骨匕"

4. 纺织工具

台西商代遗址出土了一些纺塼，中心凿有一孔，用时插一根杆，即可纺绩。当加捻后，纺线绕在塼杆上，可见，塼应是最早纺绩麻纱的工具。如台西商代遗址出土的4块纺塼标本，其中M30:1号的纺塼，形状为圆球状，直径3厘米，孔径0.8厘米，厚为2.8厘米，重25克。而T13:59号的纺塼则为六角形，直径5.4厘米，孔径0.8厘米，厚为3.2厘米，重50克。

另，在14号的殉葬女奴隶墓出土有"骨匕"1件（图2-7-3），其长27厘米，微有曲度，以牛肋骨为材质磨制而成，一端厚重，一端有弧形薄刃。此器件亦发现于24号的女平民墓中。据王若愚先生考证，这种骨匕不是"食具"，而是刀杼之类用于纺织的工具,它既可理丝,又可打纬。所以,台西村所出商代丝、麻织物和纺织用的骨刀,表明那时台西织女已经掌握了非常先进的纺织技术[2]。

二、藁城台西的高超纺织技术与成就

1. 麻纺织技术

台西商代遗址出土了两块大麻布残片,据观察与测定,经纱是两根纱合股加拈而成(图 2 - 7 - 4),为 S 拈向,加拈比较均匀。出土麻布是一般的平纹组织,其中一块的经纱密度为 14 ~ 16 根/厘米,纬纱为 9 ~ 10 根/厘米,而另一块的经纱密度则为 18 ~ 20 根/厘米,纬纱为 6 ~ 8 根/厘米。经专家鉴定,麻纱中胶质韧皮含量很少,说明 3 400 多年前河北先民已掌握了韧皮纤维脱胶技术,其麻布质量已经十分接近长沙马王堆 1 号汉墓的技术标准,由此可知,河北商代先民的麻纺织技术已经发展到相当高的水平。

图 2 - 7 - 4　台西商代遗址出土的
麻布纱线(高汉玉等摄)

2. 丝织技术

据研究,台西商代遗址出土的丝织物残片,用扫描电子显微镜能够拍摄到蚕丝纵截面,大体上可分成五种规格的丝织品,即平纹的"纨"、绉纹的"縠"、绞经的"罗"和三枚斜纹的"绮"。其基本数据如表 2 - 7 - 1:

表 2 - 7 - 1　台西商代遗址出土的纺织品基本数据表

序号	组织	经丝密度(根/厘米)	纬丝密度(根/厘米)	经丝投影宽度(毫米)	纬丝投影宽度(毫米)
1	平纹	45	30	0.2	0.4
2	平纹	24	21	0.3	0.5
3	平纹	15	12	0.1	0.1
4	绞纱	36	27	0.3	0.4
5	平纹	30 ~ 35	30	0.1	0.3

其中序号 5 是一块疏松的平纹丝织物,它的经丝是用两根蚕丝并合加拈而成,拈度在 2 500 ~ 3 000 拈/米左右,Z 向拈;纬丝则为多根并合加拈,拈度约 2 100 ~ 2 500 拈/米,S 向拈。这块织物的经纬密度较稀,在结构上为经纬线的收缩、卷曲提供了空间条件,所以,它应是我国目前所见到的最早"縠"实物,同时亦是世界上最早的平纹绉丝纺织品,这种丝织物经过数千年的演变,至今仍是高级的丝织物品种之一。

第二节　鲜虞中山国的纺织技术

一、鲜虞中山王墓出土的丝麻织物

1. 从出土丝织物看中山国的纺织技术

《说文》云:绢者缯也,如麦茎。可见,在先秦时期,所谓"绢"专指麦黄色的丝织物,它一般用作绘画和贵族衣服的原材料。战国中山王墓出土的丝织物为平纹绢,其经线密度约为每平方厘米22～72根,纬线密度为每平方厘米19～30根不等。从质地上讲,绢紧密轻薄,绸面细洁光滑,光泽柔和,为先缫后织的产品,即经纬线先练白、染单色的平素织物,其特点是质地较为轻薄,绸面细密、平整、挺括。此外,该墓还出土有一种经纬线比较稀疏,且有明显孔眼的丝织物,名为"方孔纱",经初步测试,其方孔纱每厘米所用的经线达到了400多根,每根丝线仅为0.1毫米。众所周知,平纹纱经过特殊的穿筘方式,即两根经纱穿一筘再空一筘,便会出现清晰的方形孔眼,因其轻薄透孔,结构稳定,故适用于夏季服装。

2. 麻织物与中山国的麻织技术

与藁城台西商代遗址出土的大麻布不同,战国中山王墓出土的麻布却是苎麻布。苎麻又称"中国草",为荨麻科多年生草本植物,高1～2米,茎、花序和叶柄密生短或长柔毛,叶互生,宽卵形或近圆形,表面粗糙,背面密生交织的白色柔毛,花雌雄同株。其单纤维长、强度最大,吸湿和散湿快,热传导性能好,脱胶后洁白有丝光,是重要的纺织纤维作物,亦是强力最大的天然纤维之一。战国中山王墓出土的麻布非常精细,据估计,其经密为每厘米25根左右,纬密为每厘米22根左右。

二、从妇女的服装看中山国的纺织技术

图2-7-5　女性玉人服装
复原示意图

在战国中山墓出土的玉器中,有多件穿短衣长裙的女性玉人,其中有一女性玉人(图2-7-5)上穿紧身窄袖衣,下穿方格花纹裙,为当时中山国妇女的标志性服装。从复原图上不难看出,中山国的女性服装为上衣下裳式,这是先商北方服装的一种延续,后来又进一步发展成为胡服的基本款式。此外,由下裳面料中的几何菱形纹、方格纹和回纹可知,中山国的"织女"在织法上不仅能织细密的平纹,而且能织复杂的斜纹,还能够提花。当然,提花不仅需要一定的提花织机,而且提花织物本身也是科学技术与艺术统合的产物,因为从纤维到提花织物,中间需有一个通过织物的结构和组织来表现外在化为特定的装饰艺术语言的工艺过程,它是集中体现中山国的高超纺织技术之所在。所以,有人评论说:战国中山国所出土的丝绸、纺织品,"其中蕴涵的制作技术,被誉为人类文明史上纺织技术的里程碑。这一考古发现证明,石家庄一带应是中国纺织业的发祥地。比江、浙一带丝绸,历史更为悠久,成就更为辉煌。"

中山国的先人是北狄族鲜虞部,他们本来居住在陕西北部地区,约在公元前506年,才辗转迁徙到太行山以东的保定、石家庄一带地区,并建立中山国。自此,中山国几起几落,其部族成员亦随之流散到齐、楚等地。比如,中山国初建都于中人(今唐县粟山),立中山城为都。战国初,晋国曾灭中山,灭而不亡,中山武公于公元前414年在度复兴,迁于顾(今定州市境内)。至公元前406年,魏灭中山。然而,到公元前380年先后中山桓公东山再起,复国后迁都于灵寿(今平山县东北)。公元前342年,中山国君到魏国为相,据分析该中山君为湘、鄂谱易氏先祖恺公。而早在中山国建立之前,北狄族鲜虞部的易牙就曾成为春秋霸主齐桓公的宠臣。可以想象,易牙除了促使齐桓公实行亲狄政策之外,他很可能将鲜虞高超的纺织技术传到了齐国。在当时,中山国"多美物",它的纺织产品尤其受到各诸侯国的欢迎。如《史记·货殖列传》云:"中山地薄人众,犹有沙丘纣淫地馀民,民俗懁急,仰机利而食。丈夫相聚游戏,悲歌慷慨,起则相随椎剽,休则掘冢作巧奸冶,多美物,为倡优。女子则鼓鸣瑟,跕屣,游媚贵富,入后宫,遍诸侯。"这段话可以从多个角度来看,其中"作巧奸冶"、"多美物"、"游媚贵富,入后宫,遍诸侯"等都与纺织技术有关,比如,"游媚贵富"的物质基础不能脱离服装,而服装的价值在于丝织技术本身,所以中山国的女子"入后宫,遍诸侯",不排除其同时亦将中山国先进的纺织技术传入到所在的"诸侯国"这种可能。

因此,中山国与"齐纨鲁缟"之间肯定存在着某种内在的和鲜为人知的关系,尽管目前深入揭示这种关系的史料尚不完备,但随着考古资料的不断发掘,中山国的先进纺织技术必然会越来越引起世人的关注。

第三节　赵国和燕国的纺织技术

一、赵国的纺织技术

《史记·平原君虞卿列传》载:"邯郸之民,炊骨易子而食,可谓急矣,而君之后宫以百数,婢妾被绮縠,馀粱肉,而民褐衣不完,糟糠不厌。""绮縠"与"褐衣"是两种质料完全不同的织物,前者是贵族的服装,是一种有花纹的丝质衣裳,而后者则为粗麻衣。在这里,所谓"绮"实际上就是平纹地、起斜纹花的单色丝织物。《说文》释:"绮,文缯也。"意思是说,"绮"是一种带有花纹的精细丝织品。

《荀子·礼论篇》又说:"卑絻、黼黻、文织,资粗、衰绖、菲繐、菅屦,是吉凶忧愉之情发于衣服者也。"其中:"黼黻"是指绣有华美花纹的礼服,多指帝王和高官所穿之服,故高诱注曰:"白与黑为黼,青与赤为黻,皆文衣也。""文织",杨倞注云:"染丝织为文章也。""资粗",即粗麻衣。"衰绖",古人丧服胸前当心处缀有长六寸、广四寸的麻布,名衰,因名此衣为衰;围在头上的散麻绳为首绖,缠在腰间的为腰绖。衰、绖两者是丧服的主要部分。"菲繐",凡布细而疏者谓之繐。可见,赵国的纺织亦主要由丝与麻两部分组成。所谓"麻葛、茧丝、鸟兽之羽毛齿革也,固有余足以衣人矣。"

对于丝织,荀子虽然零散但却比较完整地记录其由蚕到衣的全过程。荀子说:"冬伏而夏游,食桑而吐丝,前乱而后治,夏生而恶暑,喜湿而恶雨。蛹以为母,蛾以为父,三俯三起,事乃大已。夫是之谓蚕理。"

荀子的《蚕赋》指出了蚕的功用,描绘了蚕的形态,叙述了它的生命史,记述了饲养的桑蚕具有一化性三眠蚕的特性,并提出蚕有雌雄之别以及如何掌握桑蚕化育的规律性等。而该赋的出现非常有力地说明赵国蚕桑业已经有了极大发展,于是引起了文学家的重视,并开始认真总结这方面的经验。

荀子又说:"无帾、丝嫠、缕翣,其貌以象菲、帷、帱、尉也。"此处之"帾"与"丝"均是指盖棺的丝织品,而"嫠"则指遮蔽棺材的麻织品。除此之外,同篇尚有"丝末"一物,所谓"丝末",王先谦《集解》释:"末与幦同","丝幦,盖丝织为幦。"显然,"丝末"就是一种覆盖在车轼上遮蔽风尘的丝织帷席。联系到前面的例证,我们不难看出,丝织已经广泛应用于赵国社会生活的各个方面,甚至出现了"锦绣千纯"的说法,其"千纯"即五千匹。它不仅表明赵国能大量利用蚕丝织制精美的锦、绣、绮等丝织物,而且其织丝技术亦发展到了一个新水平。

与丝织手工业密切相关的还有染业的发展,春秋以来,赵国的染织工已懂得用各种染草将丝织物染成各种颜色。当时,染草中应用最广的是蓝,蓝用来染青色,故《荀子·劝学篇》说:"青,出之蓝,而青于蓝。"

二、燕国的纺织技术

《史记·货殖列传》在总结燕国的经济特点时说:"燕代田畜而事蚕。"这就是说"畜牧"与"蚕丝"应是燕国的两大经济支柱,亦是当时男女职业分工的物质基础。对此,《战国策·燕一》进一步说:燕"南有碣石、雁门之饶,北有枣粟(应作栗)之利,民虽不由田作,枣栗之实,足食于民矣。"里面尽管没有提到蚕丝,但"带甲数十万,车七百乘"则非常清楚地表明燕国纺织业的兴盛,否则它是没有办法去武装那么庞大的军队数量,因为每个将士都需要衣服穿。不过,与赵国的纺织主要以麻、丝为原料不同,燕国纺织业则主要以丝、毛为原料。比如,《战国策·燕一》载有燕王准备带甲以报复齐国的史实,文云:"身自削甲扎,曰有大数矣,妻自组甲绁。"

图 2 - 7 - 6　战国燕下都遗址出土的铜人形

西汉刘向释:"絣,绵也。治之为组以穿札。正曰:景帝诏'纂组'注,今绶丝条也。韵书,以绳直物曰絣。此谓编组穿甲之绳也。"又,东汉许慎《说文》亦释:"絣,氐人殊缕布也。"即氐人利用丝缕,织为异色相间的"殊缕布"。这两段释文尽管不长,却足以从一个侧面来证明燕国蚕丝业的发达与带甲制作的精良。

至于燕人的服装,《战国策·燕三》载有荆轲刺秦王临行前的场面:"太子及宾客知其事者,皆白衣冠以送之。"其"白衣冠"究竟是个什么样子,不得而知。易县武阳乡高阳村战国燕下都遗址出土有几件革带用带钩扣接的铜人形象(图2 - 7 - 6)。从铜人的着装看,他们所穿都是衣裳连属式,名为"深衣",以白色麻布为之。《礼记·深衣》云:"古者,深衣盖有制度,以应规矩,绳权衡,短无见肤,长毋被土,续衽钩边,要缝半下,袼之高下可以运肘,袂之长短反诎之及肘,带,下毋压髀,上毋压胁,当无骨者。制十有二幅,以应十有二月。袂圜以应规,曲袷如矩以应方,负绳及踝以应直,下齐如权衡以应平。故规者行举手以为容,负绳抱方者以直其政,方其义也。"

由此可见,"深衣"有两大特点:一是"连衣裳,而纯之以彩也";二是"续衽钩边","衽"就是衣襟,"续衽"是将右面衣襟接长,而"钩边"则是形容衣襟的样式。所以,从技术上讲,深衣改变了过去服装的裁制方法,不在下摆开衩,而将左面衣襟前后片缝合,后面衣襟加长,加长后的衣襟形成三角,穿时绕至背后,再用腰带系扎。因此,"凡深衣皆用诸侯、大夫、士夕时所着之服,故《玉藻》云:朝玄端,夕深衣。庶人吉服,亦深衣。"也就是说,它的使用不分贵贱贫富,上至天子,下及黎民百姓,皆为常服。

注　释:

[1]　高汉玉等:《台西村商代遗址出土的纺织品》,《文物》1979 年第 6 期。
[2]　王若愚:《从台西村出土的商代织物和纺织工具谈当时的纺织》,《文物》1979 年第 6 期。

第八章　古代建筑科技

　　河北地域夏文化考古相对比较薄弱,学术界倾向于将河北地域的夏文化分为两种基本类型:先商文化与夏家店下层文化。与此相联系,河北地域内的建筑文化也必然表现出不同的特点。由夏入商,从冀南的邯郸磁县下七垣遗址,到冀中的藁城台西遗址,再到冀北的承德隆化小东沟遗址,商代的房屋遗址几乎在河北地域都有发现,商代河北地域内的居住形式分普通民居与贵族豪居两种。随着商政权的没落,诸侯国的都城建筑拔地而起,格外引人注目,比如,燕国的都城形成了"三都"(即蓟城、中都和下都)体制;中山国都城灵寿分东西两个城区;赵国的都城邯郸分"王城"和"大北城",气势雄伟。而为了军事的需要,燕、赵、中山三国都修筑了用于御敌的长城,尤其是中山王墓出土的《兆域图》,是世界上现存最早的建筑设计蓝图。

第一节　商代普通民居

　　夏商时期的一般民居,在很长时期内仍大体维护在史前普通居宅的水平,其作为血缘关系的家族和相对独立的一夫一妻制个体小家庭的"家室"居宅,在形制与结构方面都没有实质性的改进。这一点与贵族所居住的"宫室"差异很大,宫室和家室的对立,表明着夏商时代贵族统治者和下层平民乃至奴隶的居住形态所呈现的严重两极分化。如,邯郸县户村镇陈岩嵛村发现了两座商代房址,均呈半地穴式,从平面上看,第一座房呈圆角长方形,东西长为4.5米,南北宽4米,地下部分为1米,门道位于西南。第二座房呈圆形,直径为2.3米,地下部分为0.5米,支撑屋顶柱子的柱洞清晰可见。藁城台西商代遗址亦发现有两座半地穴式"家室",其中1座东西向,全形似"凹"字(图2-8-1),长5米,宽1.6米,进深0.2~0.7米,北壁中部偏东处有半堵矮墙,将一房分做内外两室,西间为外室,面积较大,东间为内室,面积较小,可能是居室。在内室西北角壁下有一个三角形灶,灶形呈椭圆,周围用草泥抹灶台。灶门开在东南角,烟囱靠在西北角的墙壁上,此灶作烧饭之用。另外,在该灶南面不远处还有一个作取暖之用的圆形坑。门道位于房屋的南边,有4层生土台阶[1]。

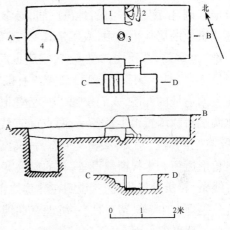

1. 隔墙　2. 大灶　3. 小灶　4. 窖穴

图2-8-1　半地穴式"家室"平面及剖面图

　　邢台曹演庄则出现了一处由三座房屋组成的商代"邑聚"遗址,均为半地穴式棚屋,其居室面积都不足10平方米。在这些邑聚中,一方面,由于族体或家族组织的血缘纽带仍起着内聚作用,所以人们长期共居一地,平等相处,靠群体间的协作从事生产活动,无上下悬殊差别;但另一方面,个体家庭毕竟已经成为一个生活单元,有时也能单独进行某些生产活动,只是经济能力毕竟不能从族体家族组织中独立分离出去。至于"邑聚"具体建筑情况,人们从邯郸涧沟村所发现的商代"邑聚"遗址中不难看出,为了维持"邑聚"居民的饮水问题,"邑聚"中建有水井,而根据居民社会地位和经济状况的不同,房屋分半地穴式建筑与完全地面以上的分间式房屋。地面筑室,居住面已上升到地表,内部使用空间不再有赖挖入地下的竖穴,而是运用屋架的造型,扩大居住的空间实体。有关承重的木骨泥墙,倾斜的屋盖,从此奠定了中国后期建筑木框架结构体系的基础。在邯郸县涧沟遗址,人们发现了已经调好的白灰浆凝固的白灰坑,证明了当时人类的居住条件已进一步优化、美化。人们在用石灰铺地以隔潮,用灰浆抹墙,以使房间洁净亮堂。这一点在几个地点都得到了证实。由此,我们可以想象出他们的家:圆形的房体,泥垛的墙,地基经过夯实,地面用石灰铺垫,墙壁用白灰抹平,屋中有取暖和做饭的灶台,屋外有防水的护坡。毫无疑问,这种"家室"的舒适程度与磁山的地穴相比,确实是进了一大步,然而,与同时代的贵族"宫室"相比,则"家室"的整体居住条件显然要差得很多。

第二节　商代贵族豪居

　　《世本·作篇》云:"禹作宫室",所谓"宫"就是指为贵族统治者的享宴、祭祀、治事和居住之所。从这个意义上说,既然夏代以来"治为宫室",那么,它表明上层贵族集团的居所已将居住、祭祀、行政合为一体了,并且还出现了多连间单元、多隔室空间分割、多社会功能的大型建筑组合群体,建筑朝着华贵、奢侈、舒适和宏大壮观的规模发展,代表着当时建筑工艺的最高水准。以藁城台西商代贵族的"宫室"为例,与前面所举的"家室"不同,商代大多数下层民众居住半地穴式房屋,其穴居处一般要深入地面 1 米左右,地面多加白石粉泥夯筑,然后火煅避潮。即使商代普通民众有能力建造地面房屋,也往往是用些土坯垒砌或采用板筑法。而贵族所居宫室则比较讲究,通常需要挖出 1 米多深的地基,再填土然后层层夯实,直到高出地面 1 米左右,筑成高亢干燥的堂基。藁城台西的商代贵族宅落由 7 座大小形制不一的房屋,组成一组有居室、有治事宴燕之所、有大小庭院、水井、储藏窖、有近侍卫之房的建筑群体,占地达 1 400 平方米。如第 6 号房子(图 2 - 8 - 2)[2]是目前台西遗址所见最大的一座,平面呈"曲尺形",其结构由 6 个长方形单室组成:北房两室,东西全长 12.9 米,宽 4.85 米;西房四室,南北全长 20 米,宽 4.35 米。每室各开有门,室与室之间用土墙隔开,互不相通。其建筑形式有"金柱"、柱础、门楼、檐柱、"风窗"等,其特点是阶基上立木柱,在一个整体平面上以多数分座建筑组合为院落,且夯土技术已经比较成熟,布局井然,呈威严之势(图 2 - 8 - 3)[3]。《礼记·王制》载:"凡居民,量地以制邑,度地以居民,地邑民居,必参相得也,无旷土,无游民,食节事时,民咸安其居。"实际上,在商代贵族的居住生活中,人居是其一,还有其二,那就是神居。如《考工记·匠人》云:"夏后氏世室",何谓"世室"? 郑氏注:"世室者,宗庙也。"戴震《明堂考》亦云:"王者而后有明堂,其制盖起于古远,夏曰世室。"《诗·大雅·崧高》又云:"有俶其城,寝庙既成。"毛传释:"作城郭及寝庙,定其人神所居。"在台西遗址的北院,人们发现了一座南北向房址,西墙基槽内埋一个陶罐,内有幼童尸骨一具;西墙南北两端对称埋置水牛角各一,两点间直线方向约北偏东 14 度,接近太阳南北纬度方向,从埋葬位置看,有"正其位"意义,从物类形态看,又寓"镇物安宅"性质,似为祭祀之所用。据考,这里的房屋已有三角形风窗和木棂窗牖设备,有的窗槛宽达 1.9 米,高 1 米。在墙基沟槽两侧还发现用云母粉画的笔直线条,转折处棱角规整,说明在建房之前经过了认真测度定位和规划设计。房前还有四个祭坑,三坑分别埋有牛、羊、猪三牲,一坑埋有捆缚成年男性三具,似属落成仪式遗存,它反映了殷商奴隶主既腐朽又残忍的一面[4]。

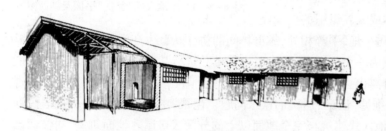

图 2 - 8 - 2　第 6 号房子复原示意图

图 2 - 8 - 3　台西晚期居址布局复原图

第三节　燕、赵、中山国的都城建设

一、燕国的都城

1. 北京房山董家林村燕都

《史记·燕召公世家》说:"召公奭与周同姓,姓姬氏。周武王之灭纣,封召于北燕。"关于"北燕"的具体位置,学术界过去有幽州渔阳、房山县门头沟、北平无终县、易州涞水县等多种说法。1973 年,我国考古工作者在琉璃河黄土坡村发现了大型燕侯墓葬,其中"堇鼎"上有铭文载:西周初年燕侯派堇去宗周向召工(奭)奉献珍馐,召公赏堇贝,堇铸此鼎以示纪念。据此知这里就是武王封召公为燕侯之地。经探入发掘,燕都的城址建在大石河东北面的一块高台地上,由于地面上的都城建筑均已面目全非,幸好其北城墙、东城墙和西城墙之北半段尚保留大部分地下墙基,其中以东北角和西北角保存最好。其中北城墙的基址东西长 829 米,南北宽 700 余米。城南面现为河床洼地,故南城墙长度不清,东城墙和西城墙的北半段分别为300余米。在主城墙下部两侧,有斜坡状"护坡"。在东、西、北三面城墙外,发现有深2米多的护城河,上口宽约15米,可知城的结构有主墙、内附墙和城外平台。城外有护城河,在东城墙北部靠近城墙东北角处还发现一处用卵石铺就的排水道。城墙用夯土筑成,墙基总宽约8米,分三层夯筑。夯层一般厚3~5厘米,圆形夯窝直径3~3.5厘米,十分密集。墙体底部有残槽,墙体分段夯筑,可见城墙的营造方法是先在生土地面上挖出一条浅基槽,然后填土与基槽平,再往上堆土夯实,层层起筑。当夯筑到一定高度后,再采用分段夯筑的办法,整个城墙的质地相当坚硬。后因此城之东南部经常遭受来自大石河的水患,故迁都于蓟。唐人张守节《史记正义》说:"蓟微燕盛,乃并蓟居之,蓟名遂绝焉。"顾祖禹《读史方舆纪要》亦说:"宛平蓟城,今府治东,古燕都也。《记》曰:'武王克商,封帝尧之后于蓟。'其后燕并蓟地,遂都于此,以城西北有蓟丘为名。"可惜,人们至今仍然没有找到蓟都的故址,所以它的具体位置还不能定论。然而,随着春秋战国时期各诸侯国的割据形式发生了新变化,而为了应付南方诸国,南以抗赵,东以御齐,同时更为了防止山戎的不断侵袭,燕国便在蓟都(亦称上都)之外,先后营建了中都和下都,以为陪都,或称别都。

2. 河北易县燕下都

燕下都故址在今易县境内,战国时这里属武阳邑,因此又名武阳城。《水经注·易水篇》说:"武阳,盖燕昭王之所城也。"依《礼记·礼运》所说"城郭沟池以为国"的建制,燕下都建有内城(或称"城",即今东城),有外城(或称"郭",即今西城),内城有池防(机护城河)。大体上,都城内有宫殿、仓库、馆舍、手工业作坊、百工居地和贵族墓地等建筑。

据《燕国的历史》一文介绍,燕下都古城的平面呈长方形(图2-8-4)[5],东西约8公里,南北约4公里,是现在已知战国都城中面积最大的一座。城区分为东、西两部分,中间被一条古河道隔开。东城是燕下都的主体,平面略呈方形,东西4.5公里,南北4公里。城墙宽约40米,夯筑,至今地面仍保留有部分残垣。城市东、北、西三面各发现城门1座。南垣外以中易水为天然城壕,东、西两垣外则有人工河道为城壕,距北城墙1 000多米的北易水,也起着城壕的作用。东城中间有一条东西向的横隔墙和一条自西垣外古河道中引来的南、北两枝的古河道。古河道南枝以北,包括北城墙以外的大片地段,有众多的宫殿基址,是宫殿区。古河道北枝东端为蓄水湖,湖径约260米。在横隔墙和东

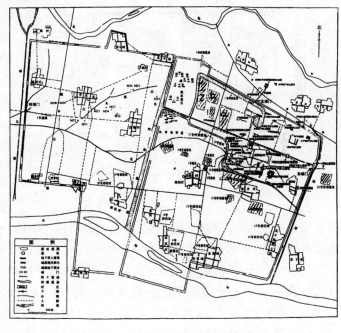

图2-8-4 易县燕下都遗址平面图

垣北段、北垣上,各有突出于城垣的建筑基址1座,当属保护宫殿区的防御措施。在古河道南枝以南直抵南城垣的10多个地点,发现面积较大、堆积较厚的文化层,是居民区。西城平面略作方形,东西约3.5公里,南北约3.7公里,墙基宽亦40米左右,地面城垣保存较好,有的高达6.8米,宏伟壮观。该城北垣中部向外突出一块,俗称北斗城。城内堆积极少,可能是为军事防守需要而增建的附郭城。郭城本应是城的外围,原应建在城的四周,因燕下都南北为武水和濡水所限,不便于在南北扩建,所以在城西建郭城。至于下都宫殿建筑,则是以紧贴在横隔墙便于段南侧的武阳台为中心。在武阳台以北,1 400余米中轴线上,依次有望景台、张公台、老姆台诸夯土台基,为主要的宫殿区。其中以武阳台最大,东西约140米,南北110米,高约11米。外形分上下两层,说明原来的建筑物是分上下两层修建的。望景台东西约40米,南北约26米,残高3.5米。张公台长宽各约40米,高约12米,外形作4

层阶梯状,上面的两层是汉以后加修的。在这四个中心台基之外,已于武阳台东北、东南和西南分别钻探出三个宫殿建筑群,各由一个大型主体建筑和若干较小的建筑组成,同武阳台组成错落有致的建筑群体。另外,建于武水之阳者,还有五华台(亦名侯台),其址在今易县城内西北隅;有黄金台,其址在易水东南约9公里,为燕昭王置金于台纳天下贤士的地方;有仙台,传说为燕昭王求仙处,又据出土瓦当所示,还有左宫、右宫及武库等建筑名称。

燕下都的建筑布局规模宏大,自成系统,具有燕国政治、经济中心的恢弘气象,不失为燕王政治权力强大和燕国经济发展的标志。

二、赵国的都城:邯郸故城

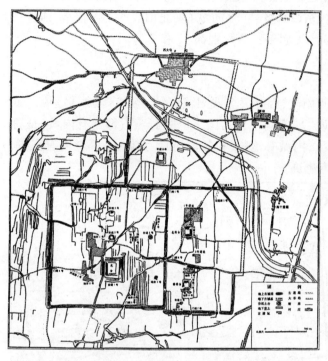

图 2 - 8 - 5　邯郸赵都布局遗迹

《竹书纪年》载:"自盘庚徙殷至纣之灭二百七十三年,更不徙都。纣时稍大其邑,南距朝歌,北据邯郸及沙丘,皆为离宫别馆。"公元前 386 年,赵敬侯在殷商之"离宫别馆"基础上修建了赵王城。赵王城遗址在今邯郸城北,是迄今为止保存最为完好的战国古城址。它的整体布局大概是(图 2 - 8 - 5):整个地形西南高而东北低,城西北为赵国王陵区,城西为贵族墓葬区;城区分为王城和"大北城"两大部分。王城位于西南,分为西城、东城、北城三个部分,平面呈不规则的"品"字形,彼此相连,属于宫殿建筑区;"大北城"除西北建筑有可能属于离宫或贵族住宅区、官署区外,主要是手工业生产区、商业活动区和居民住宅区。具体地讲,西城平面为方形,面积188.2 万平方米,有城门八座,夯土台基五处,其中最南的 1 号正方形台基规模最大,是谓"龙台",南北 296 米,东西 264 米,自下而上,有五层至八层不等,顶部比较平整,南北 132 米,东西 102 米,东部高度为 16.3 米,应为王城的主体建筑和主要宫殿;东城面积约为 129.9 万平方米,有城门 3 座,夯土台 3 处,其中 6 号夯土台为"北将台",7 号夯土台为"南将台";北城面积约为 186.5 万平方米,呈不规则长方形,内有一处夯土台,东西111 米,南北 135 米,这里应建有一组大型建筑群。"郭"亦称"大北城",位于赵王城的东北,平面呈不规则长方形,规模较大,总面积约 1 382.9 万平方米,东西宽约 3 000 米,南北长约 4 800 米,郭内东北部有一座高达 26 米的"丛台",它由许多高台基组成,是赵国的早期宫殿所在。整个城墙构筑是先在原生土上面垫土夯实后,然后再筑墙,夯层厚 6 ~ 8 厘米,直径约 4 ~ 6 厘米,墙外侧下部壁面,收分约为 11 度,内侧为台阶式,每层台阶内高外底,每 2 米左右内收 1 米,墙上内侧每隔 20 米左右就用陶制的排水槽构筑成斜坡式的排水道,它反映了砖城出现之前筑城技术水平的提高。至于赵都"沟池"的设置,人们在西垣和南垣外侧已经发现了具有排水及防御功能的护城壕,这说明当时邯郸城内的排水系统和设施比较完善。

三、中山国的都城:古灵寿城

《世本》载:"中山武公居顾,桓公徙灵寿。""顾"即今定州市,公元前 414 年,中山武公建都于此,后被魏国所灭。不久,桓公东山再起,重新崛起,并于前 380 年在古灵寿城(在今灵寿县城西北约 10

公里、平山县城北三汲乡东南处)定都。城址北倚东陵山，西枕太行山，南临滹沱河，东结冀中平原，整个建筑平面呈不规则长方形，南北长约 4.5 公里，东西宽约 4 公里，城墙夯筑，厚 3 ~ 4 米，北城垣和西城垣中部均有门阙，宽约 11 米的道路从城区中心的宫殿建筑通往西门。城址(图 2 - 8 - 6)分为东城和西城，而在东西城垣外有自然河沟，自北向南流入滹沱河，成为天然的护城河，当地人称"京御河"。城垣依自然地势夯筑而成，北高南低，如今地上部分已荡然无存，地下夯土城基尚在。现存北城墙基，西城大部墙

图 2 - 8 - 6　公元前 337 年中山国画像

基，城内隔墙墙基，北门阙基址、西门阙基址 2 处。从夯土城基看，西城墙最宽处 35 米，隔墙最窄处 25 米。城址分东、西城，中间有一道南北向隔墙。东城:北部有座小山，称为"小黄山"，故张曜《中山记》云:"城中有山，故曰中山"，黄山脚下有宫殿遗址，宫殿区坐落在灵寿城东北部一块地势较高的地方，地上建有高大的夯土台，高台周围是坐北朝南的长方形大型建筑群，在宫殿区建筑遗址中，有排列有序的柱础石，还有许多大型空心砖、板瓦、筒瓦、瓦当及其他建筑材料，可惜宫殿遗址至今尚未作科学的考古发掘;中部有官衙遗址;南部有平民居住遗址，街市遗址。西城:中部有一条长 940 米的古道路;西城区北部为中山王陵区;中部有王公苑囿遗址、平民居住遗址;南部是市肆活动中心遗址。作坊区横跨东西两城中部，现存有烧陶遗址、铸铜、铁器遗址、冶炼遗址、制骨、玉、石作坊遗址。城西两华里是中山王陵区。城东三华里处是军事驻防小城，东西宽 1 000 米，南北长 1 400 米，城中有一座召王台，是为防止敌国入侵专门修建的军事防御体系，具有监视、瞭望、报警及抵御作用。另外，通过设在灵寿古城以东约 10 公里处一座战国时期的军粮仓得知，该城应建有不少"城堡式"建筑，目前已发现 4 处:一位于东城北墙西端，二在王陵区内城垣中部，三在西城垣南部，四在城垣南端的东北角。

第四节　燕、赵、中山国修筑的古长城

战国时期，各诸侯国之间战争频繁，为了自卫，各诸侯国先后都修筑了用于军事防御的长城，而燕、赵、中山三国又因和北方的游牧民族东胡、匈奴等毗邻，为了防止东胡、匈奴的南掠，它们各自在其北界修筑了规模较小、互不连贯的长城，为以后秦汉长城的修筑奠定了基础。

一、赵国长城

赵国长城分南长城与北长城两段。南长城自赵肃侯时期开始修筑，以防魏兵侵扰。《史记·赵世家》载:"肃侯十七年(公元前 333 年)筑长城。"又说:武灵王十九年(公元前 307 年)，召楼缓谋曰:"我先王因世之变，以长南藩之地，属阻漳滏之险，立长城。"因此，赵国南长城亦称"漳滏长城"，它沿漳水北岸一线，经过现在的磁县、成安、临漳等地，全长绵延约 400 里。由赵武灵王所修筑的北长城，系为了防御北方匈奴的入侵。据《史记·匈奴列传》载:"赵武灵王亦变俗胡服，习骑射，北破林胡、楼烦，筑长城，自代并阴山下，至高阙为塞，而置云中、雁门、代郡。"又《水经注》亦说:"《史记》赵武灵王既袭胡服，自代并阴山下至高阙为塞。山下有长城。长城之际，连山刺天，其山中断，两岸双阙，峨然云举，望若阙焉。"此段长城东起于代(今河北宣化境内)，经云中、雁门(今山西大同)，西北折入阴山，至高阙(今内蒙古乌拉山与狼山之间的缺口)，长约 1 300 里。现在这一段赵长城的遗址还断续绵亘于大青山、乌拉山、狼山之间。

目前，位于徐水境内的燕南长城保存较好，从与易县交界的地方至徐水县城西村，全长 13 500 米，地面残留城墙 9 691 米。其中瀑河水库内残存的城墙有 5 260 米，呈间断型出现，墙体最高处为 12

米,最宽处为 25 米。

二、燕国长城

燕国长城也分南北两处。南长城亦称易水长城,而关于易水长城的具体位置,《水经注》载:"易水又东,屈关门城西南,即燕之长城门也……又东,历燕之长城……又东流,屈径长城西……又东,梁门陂水注之,水上承易水于梁门,东入长城……易水东至文安县,与滹沱合。"如果用现代地名来表述,则大致相当于今易县的西南,向东南经定兴、徐水、安新、文安、任邱之间,达于文安县东南,长约 500 余里。北长城或称东北长城,是指位于上谷、渔阳、右北平、辽西、辽东的长城。这一段长城所经的地方,约自今张家口东北行经内蒙古多伦、独石等境,又东经围场县、辽宁朝阳,越过医无闾山,波辽河达于辽阳,长达 2 400 余里。

三、中山国长城

中山国长城大体上也分为两段。一段是为了防御西南强邻赵、晋的袭击而修筑长城,如《史记·赵世家》载:赵成侯六年(公元前 369 年)"中山筑长城"。《灵寿县志》载:"灵寿古长城,南起灵、平交界,炮台顶山(1 187 米),沿老虎窝(1 152 米)、大坨山(1 524 米)诸山之脊,经大沟掌、神仙洞、抓麻、庙台等村近侧的群山之巅,蜿蜒起伏,势如龙蟒奔逐,伸向阜平县界。总长 40 公里,设有敌台 4 座,全以山石砌成。中间著名关隘白关关(今白草口)和车轱辘垴口,关城竣险坚固。"据考,此段在今河北、山西交界的地区,纵贯恒山,从太行山南下,经龙泉、倒马、井陉、娘子关、固关以至于邢台黄泽关以南的明水岭大岭口,全长约 500 多里。二是为了防御燕国的袭击而修筑长城,据李文龙先生实地考察,认为此段长城主要位于保定西部太行山区的涞源、唐县、顺平、曲阳 4 县,起自西北距唐县周家堡 8 公里的顺平县神南乡大黄峪村西北之名为"大簸箕掌"的山峰半山腰处,沿山脊顺势而呈西北—东南走向,蜿蜒曲折于山脊和绝壁之上。经新华村西延至神北村东北山梁上,折而向东延伸。而由神北村向南,以山为险。此后,长城出现在神北村南约 6 公里的西山岭上,向南依地势曲折前行,至富有村西的西水磨台,为一条汇入唐河的小支流隔断,随后又在富有村东山岭上出现,大致呈西北—东南走向,延伸至团结乡境内,翻越两座山峰后经大岭后村北,再经李家沟村东北的险峻山峰转而向南入齐各庄乡界内,经柏山村西北绝壁,沿大碗岭、黄坡山、乔尔坡,直插海拔 747 米的顺平、唐县交界的马耳山北麓,转而入唐县界。顺平界内总长约 24 公里。后长城又在马耳山西南麓唐县一侧半山腰出现,在峒龑乡西峒龑村西北先为东—西走向,转而成北—南走向,穿过一块平坦的山间盆地,翻过盆地中间一座名为"葫芦山"的突兀山峰,在西峒寺村西、上赤城村东的山梁上蜿蜒曲折,总的走向是向西南延伸,进入白合乡上庄村北,顺山坡而下,为公路、村庄所隔断。接着,长城又在上庄村南偏西的山梁上出现,大致呈北—南走向,在上庄村南约 235 公里的山梁上呈"曲尺"状蜿蜒,又向西南延伸到大洋乡万里村北山梁上,呈东—西向延至山南庄北梁后向西南延伸,到达西大洋村东山坡上,为西大洋水库所隔断,据当地农民讲长城已为水库所淹没。长城在西大洋水库南岸霭水乡凤山庄村西山坡上出现,大致呈东北—西南走向,沿山脊前行,在凤山庄村西南约 135 公里处分为两支,一支向东南,终止于凤山庄村南的悬崖之上;一支沿西南坡而下,向北沿灌城乡坡上村、南屯村东山梁延伸,到水库南岸山坡上又为水库所隔断,据当地农民讲长城向西北方向延至灌城(已为水库淹没)。由灌城以西、以北经调查未见长城遗迹,灌城应是主干城墙的终点,唐县界内长城总长约 44 公里。

第五节　我国最早的工程图样

中山王墓出土了一块用铜版错银线条制成的附有尺寸和文字说明的古代建筑平面图(图 2 - 8 -

7),长 96 厘米,宽 48 厘米,厚 0.8 厘米,重 32.1 千克。其图自外而内分三个层次:第一个层次是位于最外面的一周图线,它的平面呈横长方形,于上方正中有一阙口,长 87.4 厘米,宽 40.6 厘米,阙口宽 1.4 厘米,图线上有"中宫垣"的注文,实际上是一堵长方形的垣墙,在阙口中间有一"冈(门)"字,表明此处是中宫垣门。第二个层次是第二周图线,它的平面亦呈横长方形,图线上有"内宫垣"的注

图 2-8-7　中山国王陵园总平面规划图铜版

文,其下方沿内宫垣外,等距离落有四个正方形宫室,内有文字注明了所建筑的面积和宫名,此四宫应当是陵园中主持不同事务属官的处所或储藏死者遗物、祭器、祭物或祭祀时歇脚的建筑物。另外,在内宫垣上有一阙口为"门"。第三个层次是第三周线,它的平面呈凸字形,线上有"丘跃"二字注文,总共有八处,在"丘跃"所表示的划线之内,分布着五个正方图形,横向排列,中间的三个堂("王堂"居中心)较大,注曰"方二百尺",相距百尺;东西两头各一,面积略小,注曰"方百五十尺",相距百尺,而位置稍退后。从建筑平面上看,王堂位于建筑群的中轴线上,余四堂左右对称排列。具体言之,则中间为"错"的享堂,两侧为两个王后堂,最两侧为两个夫人堂。

《兆域图》上表示的图形线划符号之间的距离都标有建筑物各部分的实际尺寸,全图共有数字注记 38 处,其中以"尺"为量度单位的数字计有 24 处,这应是世界上发现最早用数字注记表示的建筑工程图样。通过计算,人们发现"尺"的量度本身是有一定比例的。如图中大堂的面积是"方二百尺",小堂的面积则是"方百五十尺",数字注记比值为 5∶3.75;王堂与两后堂间的图面距离为 4.4 厘米,而两后堂与两夫人堂间的图面距离则为 3.6 厘米,数字注记比值为 5∶4。从《兆域图》的铜版原图量得的实际长度,"哀后堂"的东西边长 8.670 厘米,"王堂"为 8.686 厘米,"王后堂"为 8.86 厘米,然其图面数字注记的距离却都是"方二百尺",若按照战国尺的长度折合,则为 4 500 厘米,它说明图面量算距离与堂的数字注记距离之比约为 1∶500。而两堂之间的距离,"哀后堂"与"王堂"、"王堂"与"王后堂"的图面实际距离分别为 4.515 和 4.550 厘米,可它们的数字注记距离为"两堂间百尺",100 尺合今尺 2 250 厘米,其比例近似于 1∶500,由此证明,此图是用 1∶500 画出的。所以,"制图的人,以当时中山国尺长为单位长,选用一定缩小比例 1∶500,注明尺寸,相当规整地用粗细线条画出此图,此点,对世界现存古代早期的图样来说,亦属仅见。"[6]

注　释:

[1]　河北省文物管理处台西考古队:《河北藁城台西村商代遗址发掘简报》,《文物》1979 年第 6 期。

[2][3][4]　河北省文物研究所:《藁城台西商代遗址》,文物出版社 1985 年版。

[5]　《河北省出土文物选集》,文物出版社 1980 年版。

[6]　赵擎寰:《战国中山王墓出土公元前四世纪建筑平面图》,《工程图学学报》1980 年第 1 期。

第九章　古代交通科技

　　这个时期,河北地域既有都城又有王城和商贸城市的兴起,故其陆路交通与水路交通都非常发达。因为,城市的出现是人类文明诞生的一个非常重要的标志,城市凝聚着人类文明的精华。人类文明需要通过一定的交通枢纽来承载和量度,城市尤其是都城或王城的城内交通不仅是畅通的,而且其交通工具亦是比较先进的,同时都城与王城、都城与重要的商贸城镇之间都开辟有相对发达的陆路和水路交通联系。夏禹时期的水、陆交通都十分便利,四通八达,商朝至春秋战国时期,交通业已经形成并发展到一个较高的水平。交通运输的承载方式也由单一的人力发展到人力、牛、马等畜力和车船方式。特别是战国时期,燕国兴建了碣石港,成为联系山东半岛和辽东半岛及朝鲜半岛的海上枢纽。燕国开凿了河北地域内的第一条人工运河——易水运河。易水运河的开挖不仅沟通了燕国都城之间的军事和经济联系,而且使燕国与海外国家之间的政治、军事以及经济联系更为便利。交通发达同时催生了造车、造船技术的快速发展。

第一节　陆路交通与运载工具

一、城邑间的陆路交通

1. 夏禹"通九道"与河北的水路交通

　　据记载,早在帝尧时,唐县就已成为一座都城,遗迹在今顺平县城西南3公里的尧城村。大王子城古城遗址,在今顺平县大王、子城两村处,古城呈方形,周长10公里,现城墙残存总长856米,最宽处25米,高7米,板筑,夯层厚7~12厘米,夯离直径3~7厘米。其城之规模可与洛阳城相媲美,故汉高祖刘邦在登上大王子城后大呼:"壮哉兮! 吾行天下,唯洛阳与是耳!"城市的出现必然以相对完整的交通体系为支撑,故《尚书大传·虞传》说:"八家为邻,三邻而为朋,三朋而为里,五里而为邑,十邑而为都。"可见,都与邑、邑与里、里与朋之间是都由一定的道路体系来相互连接。为此,夏禹以"开九州,通九道"为其统一政令的物质基础。《史记·夏本纪》载:禹"命诸侯百姓兴人徒以傅土,行山表木,定高山大川。禹伤先人父鲧功之不成受诛,乃劳身焦思,居外十三年,过家门不敢入。薄衣食,致孝于鬼神。卑宫室,致费於沟淢。陆行乘车,水行乘船,泥行乘橇,山行乘暐。左准绳,右规矩,载四时,以开九州,通九道,陂九泽,度九山。令益予众庶稻,可种卑湿。命后稷予众庶难得之食。食少,调有馀相给,以均诸侯。禹乃行相地宜所有以贡,及山川之便利。""陆行乘车,水行乘船"表明夏禹时期河北的水、陆交通都已经发展到一个比较高的水平了。

2. 河北王畿区交通体系

　　商王朝直接统辖的区域即所谓的王畿区,前后是有变化的。比如,前期的王畿区以郑州商城为中心,向北辐射到冀中地区的保定一带,《史记·孙子吴起列传》载:"殷纣之国,左孟门,右太行,常山在其北,大河经其南。"常山即恒山,《读史方舆纪要》卷10注云:"恒山在正定府定州曲阳县西北百四十里。"又《毛诗正义》卷2《郑玄诗谱》载:"邶、鄘、卫者,商纣畿内方千里之地。"1980年,在保定涞水县张家洼出土了一组"北伯"铭的青铜器,表明这里曾是邶的辖地。中后期的王畿区则继续向北一直到达了燕山以南、河北中北部的所谓"朔方"地区,故《汉书·贾损之传》载:"武丁、成王,殷周之大仁也,然地东不过江、黄,西不过氐羌,南不过蛮荆,北不过朔方。"在商朝的王畿区内,河北地域内的方国和部落主要有苏(今邢台市西南)、启氏、受氏(今邯郸磁县)、朵氏、鲜虞(今藁城市一带)、曼、鼓氏(今晋州市一带)、有易(今冀中一带)、邶(今保定易县、涞水一带)、蓟、燕、亳(今北京市)、令支、无终、孤竹(今卢龙县)、井方(今邢台附近)等。经考古证明,"以商王朝都邑为中心的邑、蒿(郊)、鄙的王畿区体系,或以诸侯方国邑为中心的鄙地之势力范围,都是确然存在的。"[1]有人猜测,藁城台西可能就是一座邑地。从地理的角度看,这些城邑之间通过水、陆交通方式来相互沟通。而为了保障人们在千里之内的顺利实现由此地到彼地的往来,商朝创立了旅舍制度,即在主要的交通干道上设置"羁舍"。如《周礼·地官·遗人》载:"凡国野之道,十里有庐,庐有饮食;三十里有宿,宿有路室,路室有委;五十里有市,市有候馆,候馆有积。"可见,在王畿区内各城邑之间肯定有水路和相对平坦的陆路来相互沟通。

3. 春秋战国时期城邑之间交通网络

到春秋战国时期,河北地域内的交通又有了进一步发展,其重要的标志就是:城邑较商及西周时期有所增加,如燕国的主要城邑有:武阳(燕下都,在今保定易县南)、造阳(在今怀来县东南)、涿(今涿州市)、武遂(在今徐水县西偏北)、桑丘(在今徐水县西偏南)、曲遂(在今顺平县东)、阳城(在今望都县东)、武垣(在今河间市西南)、阿(在今安新县西南)、易(在今雄县西北)、高阳(在今高阳县东)、渔阳(今北京怀柔)、方城(在今固安县西南)等;赵国的主要城邑有:邯郸、代(在今张家口蔚县东北)、安阳(在今阳原县东南)、汾门(在今徐水县西北)、武遂(在今衡水市武强县西北)、观津(在今衡水市武邑县东南)、河间(在今沧州献县东南)、武城(在今衡水故城县南)、巨鹿(在今平乡县西南)、柏人(在今邢台柏乡县西南)、元城(在今邯郸大名县东)等;中山国的主要城邑有:中人城(在今保定唐县)、顾(今定州市)、灵寿(在今灵寿县西北)、房子(在今高邑县东)、扶抑(在今冀县西北)、石邑(在今石家庄市西)、肥(在今藁城市西)、封龙(在今石家庄市西南)、昌城(在今束鹿市南)、下曲阳(在今晋州市西)等。不难看出,从赵国经中山国,再到燕国,构成了一条南北交通干线,而沿着这条干线出山海关,可通往辽西走廊、辽河平原及辽东半岛一带。同时,人们顺着这条南北干线可向西通过太行山间的许多东西向的峡谷而往来于山之两侧。

此外,赵国的主要交通干线还有"午道"和通往西北代地的大路。所谓"午道"即指当时魏、齐、赵之间交错的道路。在三晋地区,通过井陉、滏口陉(今邯郸市西)、轵道(今山西济源县西北)、孟门(今河南辉县西)、天门(山西晋县南天井关)等多条大道沟通太行山两侧的交通。邯郸位于东西要冲,往西由滏口陉可到今山西境内,往东到达山东济南地区。而从赵都邯郸通往西北代地的大路,是由邯郸出发,经石邑、宁葭、灵寿、曲阳、丹丘、华阳,由鸥之塞进入赵之代地。燕国除向南与中山和赵国相连接的南北交通干线外,亦有通向西北和东北的线路:西北之陆路是从燕都出发,经云中、九原,过代、上谷,至秦都咸阳;东北之陆路则由燕都开始,经渔阳(在今北京密云县西南)、无终(在今天津蓟县)、阳乐(在今辽宁义县西南),然后东渡辽水而至辽东郡治所襄平(在今辽宁辽阳市)。当时,河北的陆路形成了南北干线和东西陉行交汇的网络,出行十分方便。

二、主要的陆路交通工具

1. 夏商时期的马车及其形制

在原始的交通条件下,人们运输货物或者携带橐囊的方式主要依靠人力来解决。例如,北京周口店山顶洞人一成年女性,头骨额部有一道延及两耳际的浅槽,据考这是生前经常以额负物所致[2]。至商代,人们除了继续沿袭额部负重这种方式外,还出现了手提、头顶、背驮等多种方式。甚至一些贵族出门远行已经开始利用车、马、牛等交通工具,如《世本·作篇》载:"胲作服牛。"又"相土作乘马"、"奚仲作车"。《管子·形势篇》更加具体地说:"奚仲之为车器也,方圜曲直皆中规矩钩绳,故机旋相得,用之牢利,成器坚固,明主犹奚仲也。"1978年,石家庄灵寿县西木佛村发现了一座商代的贵族墓葬,其中在出土的24件随葬品中有车辖、铜铃、铜泡等车马器[3]。而1991年,人们又在保定定州市北庄子发现的商代贵族墓中出土有驾车用的铜策两秉[4]。

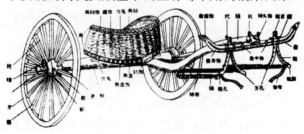

图2-9-1　复原的商代贵族用车

可见,陆行乘车不是一般平民所能享受到的,而能用车作外出远行交通工具的人,其社会地位必居常人之上。至于商代贵族乘坐的马车的形状,石璋如先生曾经复原了一种商代贵族用车或称乘车,其式样如图2-9-1。

根据杨泓先生的研究,晚商乘车的基本特点是车子均为独辕、两轮、方形舆、四角圆弧、长毂。车辕后端压置于车箱下车轴之上,辕尾稍露于箱后。车前端横置车衡,衡上缚轭,轮大宽大,其车箱的门开在后面[5]。西周时代不仅大型车的数量增多,构造更加华丽,而且出现了车盖、銮铃、笠毂等新部件,如北京琉璃河1100号西周车马坑中,最先出现了车盖。又如,中山王墓车马坑所出土的乘车非常华美,以2号车为例,该车是中山王墓所出土的车辆中最华丽的1辆,其舆长约180厘米,广170厘米,前面呈圆弧形,另三边为直边,前栏已向内倾倒,残高35厘米(原高约42厘米),外挂银珠串成的菱格网,高约21厘米,线径0.1~0.15厘米,上部串连3珠,下格每行3珠。轴位于舆的偏后部,连書通长268厘米,径长11厘米,上有朱红漆迹。东侧轮有部分似辋的立状直线痕迹,西侧轮有部分辋、辐痕迹,其辋为椭圆形,长径约85厘米,短径约70厘米,牙高6.5~7厘米,辐残长31.2厘米,宽2.5厘米。毂的内侧轴上两端各有一个半圆弧形的轴箍,轴两端有伏兔痕,它的外端挟一横长方形的银盖板。从出土文物的特征看,軥前端有筒状铜帽饰,而末端则为金质龙首圆筒状銎,上面装饰有5件银质镶金脊线的轙,轭首、轭脚均为金质[6]。显然,西东两周时期各诸侯国王的乘车不仅愈加气派和华贵,而且其车的内在性能与质量亦有了很大提高。

2. 春秋战国时期的战车及其形制

从历史上看,东周时期的中原列国在作战时均以车战为主,双方于行进中在车与车之间作近距离的格斗,所以车战是中国先秦时代所特有的一种战斗形式,而驷马战车的多少则是衡量一个国家的军事实力的主要标志。如《战国策·赵策二》载:赵国"有带甲数十万,车千乘,骑万匹。"而燕国则有"带甲数十万,车七百乘,骑六千匹。"为了适应繁多而激烈的车战,战车的制造非常精良,与一般的民用车相比,战车的特点是:轨距减小,车辕缩短,车舆变轻,有的战车甚至在舆四周装饰大型铜甲片,并给驾车的马被有马甲,同时,将车書上的尖刺改成刀或矛状,以杀伤接近战车的敌方(图2-9-2、图2-9-3所示)。

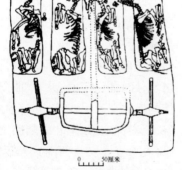

图2-9-2　北京琉璃河西周车马坑(杨泓绘)

根据《史记·赵世家》载:武灵王十九年(公元前307年),"略中山之地,至于房子";又二十年(公元前306年),"略地中山,至宁葭";二十一年(公元前305年),"攻中山,赵为右军,许钧为左军,公子章为中军,王并将之。牛翦将车骑,赵希并将胡、代。赵与之陉,合军曲阳(今曲阳县城西),攻取丹丘(今曲阳西北)、华阳(唐县西北)、鸱之塞(即鸿山关,唐县西

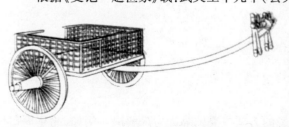

图2-9-3　战国时期的战车复原图[7]

北洪城村北)。王军取鄗(柏乡县北22里)、石邑(今获鹿县)、封龙(今获鹿县南)、东垣(今正定南8里)。中山献四邑和,王许之,罢兵";二十六年(公元前300年),"攘地北至燕、代(今张家口蔚县一带),西至云中、五原。"从邯郸到张家口既然能够进行大规模的车战,那就证明当时这条交通干线不仅畅通,而且比较宽阔。

第二节　海上交通及其科技成就

一、河北海上交通的拓展

早在夏代,人们就已经开始"东狩于海"的活动了,如《竹书纪年》说,帝芒十二年,命九夷东狩于海,获大鱼,此"海"主要指渤海,这是关于夏朝在渤海进行深海捕鱼的最早文献记载,而商族则是兴起于渤海湾西岸及今河北省中、南部地区的诸侯国[8],故《诗经·商颂》云:"相土烈烈,海外有截。"此处之"截"是治理的意思,说明商朝已开辟了通过渤海航道进入辽东半岛和山东半岛的水上通道。其原因有二:

(1)夏商时期,黄河故道主要经河北地域而不是山东地域入渤海,而当时的商王朝虽迫于黄河泛滥的危害不得不多次迁都,但是无论怎么迁都始终不离黄河左右,其中最重要的原因恐怕就是它须依赖黄河的水上交通而与沿渤海湾各诸侯国进行经济贸易的联系,因此,不仅甲骨文出现了"舟"字,"舟"字上有二或三条横,表示当时木板船上纵横材料的安排方法,而且商朝的主要货币形态是来自西方的玉和采自渤海的贝,甚至甲骨文中还出现了这样的记载:在癸酉这天占卜时,问:逃亡的奴隶能追回来吗?殷王看了卜兆说,可以捉到。可能在甲戌日或乙亥日捉到吧(即明天或后天捉到),可是甲戌日发现奴隶们过了河,于是就出动船只去追捕,由于船只被陷搁浅了,所以没有得到捷报,15天后即丁亥日才捉到了逃亡的奴隶。表明"舟"在当时已经成为水上运输的主要交通工具。

(2)孤竹是商朝于渤海北岸连接东北和山东这两条道路干线的唯一通道,其中水路是最便捷最经济的一种交通方式。据考,孤竹至少有两条水路可直达殷都:一条是由孤竹沿海经渤海湾的河水入海口或济水入海口(约在今山东小清河口附近)溯水而上至殷都;二是沿河水经沙丘(今广宗县)接巨桥,然后到达殷都。后来,燕国继续开发和利用上述水路,并且还兴建了水师,《战国策·赵策》曾记载有"合纵"军事协定的内容:若燕国遭受秦国的攻击,则"齐涉渤海"以援燕;反过来,当齐国遭受秦的攻击,则燕国出兵沿河、济二水救齐。可见,在燕、齐之间存在着广泛的海上联系。

二、碣石海港的创立与易水运粮河的开通

随着燕国经营海上交通的势力范围拓展到辽河流域,特别是在燕昭王攻占了山东半岛之后,处于政治和经济的客观需要,建立一个条件优越的港口势在必行。那么,燕国在何地建港呢?根据谭其骧先生在《中国历史时期海岸线的变迁》一文中的说法:春秋以前,"黄河长期从渤海湾入海下游又分成多股,在天津、河北黄骅和山东无棣之间游荡。其主流则于黄骅一带入海。"像天津和黄骅这两处黄河入口处,由于有潮汐迎送,甚至倒流,所以当时尚不具备建立海港的条件,而秦皇岛的碣石没有上述自然现象的发生,它是一个天然的良港。于是,燕昭王在其统治期间的中后期兴建了碣石港。该港的大致范围是:以东南山为中心东西约20~45公里的地域,具体地说就是在今北戴河海滨联峰山至金山嘴一带[9],在这里的牛头崖、北戴河海滨、东大夫庄、岭上、白塔岭等地,出土有大量燕、齐两国的"刀币",说明碣石的确是联系山东半岛和辽东半岛及朝鲜半岛的海上枢纽。鉴于该港的地位显要,交通作用突出,故《尚书·禹贡》载:"夹右碣石入于河。"董说在《七国考》一书中更有"燕塞碣石"的说法,可见,碣石港这个通海门户对于燕国政治强盛和经济繁荣起到了重要的作用。

碣石港的建立使燕国的都会与辽西、辽东之间的经济联系更加密切,如《荀子·王制篇》载:"通商转输相救,无不丰足,虽四海之广若一家也。"经考证,从碣石出发,向外可通过三条海路与外界交往:第一条是传统的沿海航线;第二条是由碣石港到转附海港(今烟台市)的直达航线,这是渤海海域海上交通的重大突破;三是绕辽东半岛到朝鲜和日本去的航线。

等到海上贸易发达之后,燕国马上面临的另一个问题是如何把这些货物用最便利的方式运输到燕下都城,同时再将燕下都城的生产品输送到港口。为了彻底解决这个问题,燕国开凿了河北地域内的第一条人工运河——易水运河。

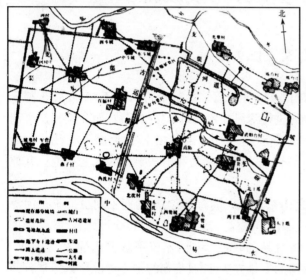

图2-9-4 燕下都城运河平面图

从地理位置上看,燕下都居于北易水与中易水之间,这就为开凿运河提供了条件。经考古发掘,人们发现燕下都城的运河可分为三支(图2-9-4):一支长4 700米,北引易水,南入中易水,将燕下都城一分为二,其河道的北段宽约40米,中段宽约80米,南段宽约90米;二是伸入东城区手工业区及商业区北段的一支运河,长4 200米,宽约40米;三是伸入东城手工业区及商业区南段的一支运河,长约5 700米,宽约60~80米。

按《水经注·易水》释,由中易水南行,即"东径武阳城南","又东过容城县南",入曲逆县(今保定市顺平县),与濡水(今顺平县西北的祁河及其下游的方顺河与石桥河)合,再"径其南,东合滱水(今唐河)","又东过安次县南,易水径县南,鄚县故城北,东至文安县与滹沱合",最后,"又东过泉州县南,东入于海"。这是燕国出入渤海的主要水上通道,而蓟与燕下都之间则主要通过涞水(今拒马河)来贯通。易水运河的开挖不仅沟通了燕国都城之间的军事和经济联系,更使燕国与海外国家之间的政治、军事以及经济联系成为了可能。

三、中山国的造船技术

先秦时期,河北的造船业过去因缺乏足够的实物证据,一直不被学界所关注。自从中山国国王墓发现葬船坑之后,人们逐渐认识到河北先民早已拥有了比较先进的造船技术这个事实,由此,河北地域便成为我国北方造船业的一个重要基地。

由于葬船的木质已经腐烂,船的原貌已不可复见。但人们通过考察和测量各部位残存的板灰痕迹,初步勾勒出了葬船的基本形状:船体现南北总长13.1米,高约0.78米。其船首的板灰现存长1.8米,顶端至两转角宽1.08米,角后至两侧舷宽1.2米,至长1米处两舷间宽1.32米,舷横断面呈弧状,前端上为横向板,船底及侧壁为顺向板,各板连接处用铁箍固定。该船共发现铁箍71件,由宽1.6~1.8厘米,厚0.15厘米的铁条缠绕而成,一般均绕4周,缠绕时先将长2厘米左右的一段铁条砸进木板中固定,再行缠绕。其具体的连接方法(图2-9-5所示)是:先在相邻的两列船板上,于距船板边接缝40~50毫米处各凿一个20毫米左右的穿孔,以铁片经穿孔绕3道或4道,相邻的两船板即为之联拼;然后,将穿孔之间隙以木楔填塞,最后铸入铅

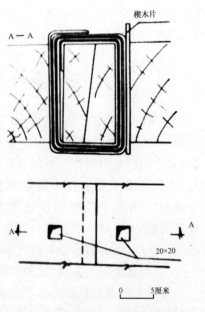

图2-9-5 葬船铁箍联拼船板示意图

液封固[10]。可见,通过这种方式拼接的船体非常牢固,而用铁箍联拼船板的工艺,进一步演变为宋代使用铆钉(即半个铁箍)或挂锔工艺,对保障船体的坚固性具有重要的意义。

依照铁箍的位置和形状,大体可分为船底用箍、两侧壁用箍和舷边用箍三种。

船底用箍又可分竖长方与横长方两种:前者在近船收处,横排3件,其内径高16.1厘米,宽6.2~6.6厘米,外径高18.6厘米,宽10厘米,它的长度超过了底板的厚度;后者在船底中线两侧平板处,内径高13厘米,宽9~9.2厘米,外径高15.6厘米,宽11.5厘米,该内径的宽度约等于底板的厚度。两侧壁用箍,包括底部两侧向上弧曲的部分,为近似平行四边形的梯形,两横边向同一方向斜却,有的相对的一边斜度大且长,另一边的斜度则小且短,并向内侧稍有弧度。舷边用箍的形状近似方形或长方形,其共同的形状特点是内侧上角内凹,下边内径一般近似壁板的厚度,顶面变窄,内侧面由下直上,大者扩出似由内侧加宽。

经王志毅先生的复原研究,该船总长13.1米,最大宽度2.3米,最大深度0.76米。其设计比例尺度谐调,因此,整个船体具有相当理想的流线型,横剖线匀称,水线流畅飘逸,在当时人们能设计制造出如此完美的船型,显示了河北先民具有高超的造船技术水平和审美意识。

注　释:

[1]　宋镇豪:《夏商生活史》(上),中国社会科学出版社1994年版,第32页。
[2]　贾兰坡:《山顶洞人》,龙门联合书店1951年版。
[3]　正定县文物保管所:《河北灵寿县西木佛村出土一批商代文物》,《文物资料丛刊》1981年第5期。
[4]　王会民:《定州北庄子商墓发掘简报》,《文物春秋》1992年增刊。
[5]　杨泓:《战车与车战二论》,《故宫博物院院刊》2000年第3期。
[6]　河北省文物研究所:《战国中山国国王之墓》(上),第307—308页。
[7]　中国国家博物馆:《文物中国史·第3卷·春秋战国时代》,山西教育出版社2003年版。
[8][9]　卢其昌:《秦皇岛港史——古、近代部分》,人民交通出版社1985年版,第28,33页。
[10]　席龙飞等:《中国科学技术史·交通卷》,科学出版社2004年版,第32页。

第十章　古代天文科技

古代天文学在先秦时期奠定基础之后,秦汉时期进入了古代天文科技体系的成型期,无论是在理论的发展、仪器的制造,还是历法的形成方面都可以说是大建树、大收获时期,是河北古代天文学稳定发展和繁荣时期。战国时代的赵人尹皋所著《子华子》和《荀子》天体学说都载有"四时"的概念,特别是《子华子》保存了原始太阴历的珍贵史料。赵国和燕国占卜术(即"日者")盛行,当时天文历法同各种占卜杂糅在一起,还没有形成一门独立的科学体系。

第一节　古代天文与《子华子》

一、天文知识的传授

《史记》卷27《天官书》称:"昔之传天数者……在齐,甘公;楚,唐昧;赵,尹皋;魏,石申。"所谓"传天数者"，即传授天文学的学者。甘公，这里指的是齐人甘德，他与魏人石申因分别著有《天文星占》八卷、《天文》八卷，在中国天文学史上占有非常重要地位。而此处将赵人尹皋与二者齐名并称，足以证明其占星之术在当时也有重大影响，可以推断当时尹皋也应著有占星之书，可惜后世失传。

二、《子华子》的天文历法知识

《子华子》是后人辑录战国时人程子的一部著作，现传本有汉代刘向《序》。刘向《序》云：子华子"性闿爽，善持论，不肯苟容于诸侯，聚徒著书，自号程子，名称籍甚，闻于诸侯。"可见，子华子确有其人，且曾"馆于晏氏，更题其书曰《子华子》"。子华子本名程本，战国时期晋国内邱县程家湾人，该村有程子华墓。尽管《子华子》已羼入后人的言论，但是《吕氏春秋》之"贵生"、"先已"、"诬徒"、"知度"、"审为"诸篇都有《子华子》的引文，而且有的长段引文与今传本完全相同，如《子华子·授赵简子使者书》与《吕氏春秋·先已》所引"主君之臣某"至"惟执事者财幸焉"完全相同，表明今传本《子华子》中的许多内容为先秦流传的《子华子》原稿中所有。

1. 周天之日三百有六十

《子华子·执中》篇说："周天之日，为数三百有六十；阅月之时，为数三百有六十。"这段话包含三个时间单位：日、月、年。日与昼夜的周期变化有关，由于古代先民主要是观测月亮围绕地球运转的状况，因此，"日出（月亮隐去）"为一日之始，"日入（月亮出现）"为一日之终，这样，"日出日入"就形成了一个运动周期。这个时间周期非常重要，它是我国古代纪年历法的基础。所以先秦时期人们就把观测日周期变化的人称之为"日者"，《子华子·晏子问党》篇所载"日者婴"即是这样一类人。一天时间为十二个时辰，每个时辰相当于现在的两个小时。用十二地支来表示，即子时（23 时至 01 时）、丑时（01 时至 03 时）、寅时（03 时至 05 时）、卯时（05 时至 07 时）、辰时（07 时至 09 时）、巳时（09 时至 11 时）、午时（11 时至 13 时）、未时（13 时至 15 时）、申时（15 时至 17 时）、酉时（17 时到 19 时）、戌时（19 时至 21 时）、亥时（21 时至 23 时）。在长期的观月实践中，人们发现月相有盈亏圆缺之周期变化。当月球绕地球旋转时，如果月球不反射太阳光的一面对着地球，就形成了"朔"（新月）；新月过后，月球仅有一小部分反射太阳光，形如娥眉；接着，月亮逐渐移到太阳以东 90°角，月亮出现西边半面反射太阳光，称为上弦；上弦过后，月球开始用多半个面来反射太阳光，称之为凸月；最后，月亮在天球上运行到太阳的正对面，日、月相距 180°，月亮的整个光亮面对着地球，是谓望月。子华子认为，月相从朔到望，需要 30 天。"年"是指太阴年今年正月初一到翌年正月初一之间的时间长度，我国先民通过月相变化的周期来判别年的周期变化。于是，以朔望月为月，积 12 个朔望月为 1 年。1 个朔望月为 30 日，1 年为 12 个朔望月，所以说"周天之日，为数三百有六十"。这说明子华子生活的赵国，还没有出现"置闰"的概念。

2. 四时与二至

《子华子·北宫意问》载有"五星循晷而不失其次"的话，"晷"是用于厘定行星方位和测定时间的仪器，包括有日晷、月晷和星晷。在此，"五星"是指金、木、水、火、土。《周髀算经》卷上说："周髀长八尺，夏至之日晷一尺六寸"，"髀者，表也"；卷下又说："以日始出立表而识其晷。晷之两端相直者，正东西也。中析之指表者，正南北也。"可见，晷表的主要功能就是通过观测表影变化来厘定方向和四季。

《尚书·尧典》载其观测方法和结果："日中星鸟，以殷仲春"，"日永星火，以正仲夏"，"宵中星虚，以殷仲秋"，"日短星昴，以正仲冬"。在这里，人们把鸟、火、虚、昴四颗恒星在黄昏时正处于南中天的日子，作为划分四季的依据。故《子华子·阳城胥渠问》载："是以坎离独斡乎中气，中天地而立，生生万物，新新而不穷。阳气为火，火胜，故冬至之日燥；阴气为水，水胜，故夏至之日湿。"此处的"坎离"是指水火，其"斡乎中气"系指"春分"和"秋分"。因此，子华子认为"昔先王之制法也……与四时分其叙,与寒暑一其度",说明由于农业生产的需要,赵国居民已经熟练地掌握了四季运行的规律,在此基础上,子华子对"四时"及"二至"概念便有了比较明晰的阐释。

第二节　星占与天体运行规律

先秦盛行星占,而星占的基础则是天人相应,它就是天命论产生的社会前提。赵国受殷商以来天命说的影响,占卜风习非常盛行。以邢台出土卜骨为例,曹演庄商代遗址出土了许多卜骨残片,骨质有牛、羊、猪、龟四种;贾村商代遗址出土有卜龟,数量比较多;南小汪西周遗址出土有卜骨;东小京战国遗址出土了11枚用于占卜的象牙干支筹,等等。众所周知,卜骨经过钻、凿、灼之后,其甲骨表面往往会出现被占者视为"兆"的裂纹,这些裂纹即是卜筮者用以判断吉凶的依据。人的命运难道真的是由这些偶然的"天意"来决定吗? 荀子的回答是:"天行有常,不为尧存,不为桀亡。"[1]天体运行皆有固定的周期和规律,这个认识总结了先秦河北地域先民天象观测的实践经验,有力批判了以偶然性为核心的天命论。因此,天体运行与人的命运并没有必然的联系,因此,荀子说:"明于天人之分,则可谓至人矣。"[2]

天体运动有常态,也有非常态。荀子说:"列星随旋,日月递炤,四时代御,阴阳大化,风雨博施,万物各得其和以生,各得其养以成。"[3]这段话讲的是天体运动的节律性和四季运行的法则。诚然,荀子着眼于宇宙天体和万事万物的和合长养,这是从正面来说人应当顺从自然规律,而不是相反。群星在空中旋转,日月交替照耀大地,由于荀子认为地球是宇宙的中心,所以"列星随旋"而地球不转,"列星"围绕着地球旋转。这种认识虽然局限了荀子对日地关系的科学研究和探讨,但是我们必须承认,荀子认识到天之所以生成万物完全是一个自然过程,这种思想认识无疑具有十分深刻的科学内涵。

既然天体运动和阴阳变化有"和"的一面,那么,由于各种客观因素,天体运动也必然会出现"不和"的一面,"不和"同"和"一样,都是一种自然现象,并没有神怪在里面起作用。所以,荀子说:"星坠木鸣,国人皆恐。曰:是何也? 曰,无何也,是天地之变,阴阳之化,物之罕至者也;怪之可也,而畏之,非也。夫日月之有蚀,风雨之不时,怪星之常见,是无世而不常有之。"[4]荀子认为,行星坠落,日食月食,仅仅是人们在生活中比较少见的天体现象,根本没有任何天帝神灵在支配。所以"星坠木鸣"造成人心恐慌,主要是因为人们并不了解天体运动的客观规律,不了解"星坠木鸣"同"列星随旋"一样,也是天体在运动过程中所发生的客观自然现象,不必惧怕它,更无须用宗教仪式祈求,事实上,即使你用宗教仪式祈求丝毫不能改变天体本身的运动规律,因而是不会求得什么结果的。

注　释:

[1][2]　荀况:《荀子·天论》。
[3][4]　荀况:《荀子·天论》。

第十一章　古代数学科技

　　河北地域是中国数学起源和发展的重要区域,从公孙龙的佯谬命题到《荀子》一书中出现的"探筹投钩",都表明河北先民具有非常深厚的数学思维功底和逻辑抽象水平,尤其是公孙龙的"趣味数学"包含着丰富的极限及集合论思想,它实际上已经开启了形式化数学之门。从本质上说,公孙龙形式化数学与秦汉以后发展起来的实用化数学具有同等重要的意义,因为前者更接近于古希腊的数学发展理念。

第一节　佯谬命题与数学思想

　　佯谬命题亦称矛盾命题,是指一种导致矛盾的命题,逻辑数学将其称之为"悖论",它已成为领域广阔和定义严格的数学分支的一个组成部分。所谓悖论就是指下面的逻辑问题:以一个公认的真命题 B 为前提,通过逻辑推理,结果得出与真命题 B 相逆反的非 B;反过来,以一个公认的假命题非 B 为前提,通过逻辑推理,结果得出与假命题非 B 相逆反的 B。我们就可称命题 B 或命题非 B 是一个悖论。《庄子·天下篇》载有公孙龙的多个佯谬命题或称悖论,里面包含着非常深刻的"趣味数学"思想。

一、二分法悖论

　　《庄子·天下篇》载有辩者公孙龙的一个命题:"一尺之棰,日取其半,万世不竭。"这个命题可以用下式来表达:

　　设 $n = 1,2,3,4,\cdots$

　　则　命题 $\sum = \dfrac{1}{2}, \dfrac{1}{2^2}, \dfrac{1}{2^3}, \dfrac{1}{2^4}, \cdots$

　　即一般式为 $\sum = \dfrac{1}{2^n}(n > 1)$

　　当然,此命题亦可这样表述:假设有一条线 AB,从 A 端向 B 端前进,行进到全长一半 C 时,则斫去,剩余的 CB 是全长的一半。再如前法取 CB 一半,剩为全长 1/4。如此取至无穷多次,最后必将到达线的最前端 B。"一尺之棰"是一有限的物体,但它却可以无限地分割下去,这便是数学上的极限逼近原理。于是,不可抗拒的推理和不可回避的实事相冲突。

二、运动悖论

　　《庄子·天下篇》载有辩者公孙龙的另外两个命题:

　　"飞鸟之景,未尝动也。"

　　"镞矢之疾而有不行不止之时。"

　　无论是"飞鸟"还是"疾矢",它们在空中飞行的每一个瞬间,既在一个地方同时又不在一个地方,这就是微分数学中的"极限"理论。

当然,在微积分和极限理论发明或被接受以前,人们凭感觉经验无法解释这个矛盾命题。难怪牛顿在初创微积分时,由于没有巩固的理论基础,因此出现了历史上的"第二次数学危机"。而极限理论成为微积分的坚定基础之后,运动悖论自然就得到了合理解释。

三、"白马非马"与集合论思想的萌芽

《公孙龙子·白马论》载:"(客)曰:'有白马,不可谓无马也。不可谓无马者,非马也? 有白马为有马,白之非马,何也?'(主)曰:'求马,黄、黑马皆可致。求白马,黄、黑马不可致。使白马乃马也,是所求一也,所求一者,白者不异马也。所求不异,如黄、黑马有可有不可,何也? 可与不可,其相非明。故黄、黑马一也,而可以应有马,而不可以应有白马。是白马之非马审矣。'"

假设[马]=[白马],

则那人在这两种情形里是在求同一个东西("所求一也")。

这意味着,[白马]跟[马]没有差别("白者不异马也")。

既然求[马]是求任意一匹马,[马]的适域中的随便一个个体都能满足这个要求,不管它是什么颜色的。所以任意的黄马或黑马都可以满足第一种情形,就是说,[黄马]或[黑马]能够满足情形一。

但[黄马]和[黑马]都不能满足情形二(因为它们不属于[白马]的适域)。

这说明,[白马]跟[马]的确有差别。

根据归谬法,[白马]≠[马][1]。

如果以集合理论的数学符号来表示,可写成{白马}⊂{马},表示白马的集合被包含在马的集合里,因为马的颜色除了白色,还有黄色、黑色或其他颜色,所以白马不能代表所有的马。用数学式表示,则:假设白马为集合 A,马为集合 B,那么,$A \subset B \wedge A \neq B$。

第二节 几何学的应用

几何学是研究空间形式的学科,几何形态是物质存在的外壳,河北先民在长期观察和应用几何于生产和生活的过程中,对几何性质有了一定认识,积累了不少经验,为我国古代形成独具特色的几何理论创造了条件。

一、三点决定一个平面与三足器

河北地域相继出土了一批先商至战国时期的三足器,仅从几何学的角度看,三足器的制造表明当时人们已经熟练掌握了"三点决定一个平面"的几何性质。

我们知道,三个不共线的点构成一个三角形,三角形无论怎么画,都为一个平面。而大于三点的情形就不同了,像锥体为四个不共线的点,它却构成了一个立体图形,不是一个平面,所以三点构成一个三角形和决定一个平面。尽管河北先民还没有用文字的形式将这个几何性质记录下来,但是三足器的广泛出现,如徐水大赤鲁和文村、韩家营先商遗址(图2-11-1)、大马各庄西周遗址出土了许多三足器,即证明这里的远古先民早已掌握了三点与三角形的性质及三角形与平面的几何关系。

图2-11-1 徐水韩家营遗址出土的
三足陶鬲

二、圆柱体与正方体的关系

如果长方体、正方体和圆柱体的侧面积与高都相等,那么,正方体和圆柱体的体积怎样。现在,我们解这道算题非常容易,可是它对于远古的先民来说,却需要经过长期的生产和生活实践,方才逐渐认识和掌握它。

设正方体棱长为 a,则圆柱的高 $h = c$,则 $a = c$,

则正方体 $S_{侧} = 4a^2$,正方体的体积 $V = a^3$,

而圆柱 $S_{侧} = 2\pi rc$,

因此,正方体 $S_{侧}$ = 圆柱 $S_{侧}$,

即 $2\pi rc = 4a^2$, $r = 2a/\pi$,

所以 $V = \pi r^2 a = \pi (2a/\pi)^2 a = 4a^3/\pi$,

$V_{圆柱}/V_{正方体} = (4a^3/\pi)/a^3 = 4/\pi > 1$.

结论:圆柱体积大。也就是说,圆柱体体积是正方体体积的 $4/\pi$ 倍。

有了上面的几何知识,我们就明白了河北先民为什么在制作容器时,多喜欢做成圆柱体的容器,而不是长方体或正方体的容器,如图 2 – 11 – 2 所示。当然,由考古发掘材料知,此时河北各地的几何应用日繁,各种几何形状的组合也越来越复杂,例如,邢台东董村战国墓出土的几何陶纹就是一个典型实例(图 2 – 11 – 3),体现了河北地域先民应用几何于陶纹之一般,其他像建筑结构、金属器制作、丝织纹饰等,都有各种几何形状的组合和变体,仅从河北各地出土的商周器物看,丰富的几何形状施于特定的器物,既美观又实用,反映了几何跟人们日常生活的密切关系,同时它更提示人们生活实践才是几何学发展的真正动力[2]。

图 2 – 11 – 2　徐水大马各庄遗址出土的筒形鬲

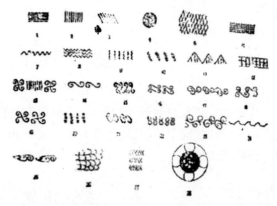

图 2 – 11 – 3　邢台东董村战国墓出土的几何陶纹

三、《荀子》与筹算

《荀子》出现了"筹"字,如《荀子·君道》说:"探筹投钩者,所以为公也……不待探筹投钩而公,不待衡石称悬而平,不待斗斛敦概而啧。"王先谦集解引郝懿行曰:"探筹,刻竹为书,令人探取,盖如今之掣籤。"《正韵》:"筹,算也。"古人遇有难以决断的事情,常常会采取几率或概率的方法,即在筹上做上记号,放入器物中,供拈取以作决断,这就是"探筹"的意思。因为它对于所有拈阄者都具有同样的几率,故其显得比较公平。对此,战国邯郸人慎道在《慎子·威德篇》中说得最为透彻:"夫投钩以分财,投策以分马;非钩策为均也,使得美者不知所以德,使得恶者不知所以怨,此所以塞愿望也。故著龟所以立公识也,权衡所以立公正也。"[3] 由此可见,原始的"筹算"确实与占卜关系密切。

从字源上看,"算"的古体是"祘",它由两个示字组成。依《说文解字》知,"示,神事也"。依甲骨文解释,其上部"二"表"上",下部"小"表示"日,月,星"。分明是说"祘"字源出于神事和占星。再看"数"字,古体写作"數",甲骨文"攵"作"攴"。其中左部"婁"字表示一串绳结;右部"攴"字的上部为"卜",下部"又"(攵)表右手;合起来,左部表示"结绳记数",右部表示"占卜"。这说明数学源自占卜神事,所以刘徽《九章算术》序说:"昔在包牺氏始画八卦,以通神明之德,以类万物之情,作九九之术,以合六爻之变。"

邢台鄗城(今柏乡县城)东小京村战国遗址出土了11枚象牙干支筹(图2-11-4),其干支筹大小长短相同,分别以线篆刻数目编号和干支号,上部刻序号,顺序为一、二、三、四、五、六、八(缺)、九、三、一、二,是术数家之用物[4]。

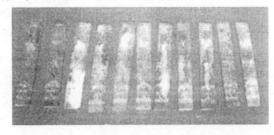

图2-11-4　邢台东小京村战国遗址出土的象牙干支筹

注　释:

[1]　邢滔滔:《白马论一解》,《科学文化评论》2006年第5期。

[2][4]　赵福寿:《邢台通史(上)》,河北人民出版社2003年版,第195,207页。

[3]　孙通海、王颂民:《诸子精粹今译》,人民日报出版社1993年版。第246页。

第十二章　古代物理科技

这一时期是河北古代物理学的孕育阶段,从打制或磨制石器、学会用火、手工制陶和锤锻天然红铜起,河北地域先民通过劳动便播下了古代物理学的种子。原始木犁、木铲、木锄的发明,阳燧取火,青铜武器、青铜酒器、青铜镜和各种乐器的制造,掌握专门技术的"百工"的出现,都对生产和技术的发展具有促进作用,同时为古代物理学知识的积累提供了必要的前提条件。河北先民在制陶、冶铜、冶铁、制范的作业中,领悟了物态变化和"火候",积累了大量物态、物态变化以及物性学知识,对温度、传热等物理知识有了进一步认识和理解;通过简单取水机械以及复合机械的制造和使用,掌握了杠杆原理,并对杠杆的变形——滑轮、轮轴运用自如。古人对摩擦的认识以及变滑动摩擦为滚动摩擦等克服或减小运动阻力的理解已接近现代水平。懂得了有关斜面的力学知识以及运动和运动学知识。认识到了振动发声,以及风速对声音的影响等物理现象。通过农业和水利工程以及建筑工程建设,人类对流体静力学、流体动力学知识有了认识和理解,懂得了物理学上的求功原理。在利用材料制作器物中,人们认识到了材料的一般性质。行贵于知是古代物理知识的诞生的源泉。

第一节　气与物质运动学的起源

在中国古代,涉及世界万物构成的观念,最有影响的就是"气"的学说。中国古人用"元气"这一思辨性概念说明物质世界。古代思想家们设想元气是一种无所不在、无所不到的物质,赋予它一定的结构和运动性质,并用它解释各种自然现象。"气"的概念是中国古人认识和理解大自然、生命及宇宙的一个基本出发点。这是中国古代历史上有别于古希腊、古罗马和中世纪欧洲的一枝独特的思想之花。

荀子继承并改造了前人的"精气"说,将"气"看成是构成万物的物质因素,提出了万物源于"气"的学说。他还提出了"天地合而万物生,阴阳接而变化起"、"形具而神生"的万物生长观。这种包含丰富辩证法和唯物论思想的元气论,是科学进步的思想利器[1]。

他认为,"水火有气而无生,草木有生而无知,禽兽有知而无义;人有气有生有知并有义,故最为天下贵也。"他还进一步指明了不管有无生命的物质,"气"是最基本的。"气"的学说对我国古代自然观的形成和发展有很大影响,这是中国独有的一份遗产。

在《荀子·天论》中,提出了自然界没有意志且按一定规律运动的反天命思想,肯定了"天行有常,不为尧存,不为桀亡",即自然运动法则是不依人们的意志为转移的客观规律。

《荀子》还提出"行贵于知"的观点,提醒人们:"不登高山,不知天之高也;不临深溪,不知地之厚也。"这种实践的认识论更为难能可贵。

第二节　热学知识的起源

先秦时期,河北地域古人在保存、控制和利用火的过程中,发明了用粘土成型、火烧固化做成的陶器。在烧陶过程中,某些石头还原出了铜和锡,凝固后便成为一种合金,于是有了青铜器。这期间还出现了手工锻打天然红铜制成的红铜器。铁器对人类的影响更大,最早的铁器是由锻打陨石铁做成的。在制陶、冶铜、冶铁、制范的作业中,古人进一步领悟了物态变化和"火候",积累了不少有关热学的经验和知识。

冰、寒、凉、温、热、烫等是我国古人以人的感觉为基础对物体冷热程度的等级描述。在熔炼过程中,不同物质将先后发生物态变化甚至汽化。这些物质在高温下的颜色就可以作为判别"火候"或温度高低的标准。在当时,人们并无"温度"概念,只有"火候"的经验指标。通过制陶和冶炼的实践,人们学会了掌握"火候"。如《考工记》载:"凡铸金之状,金与锡,黑浊之气竭,黄白次之;黄白之气竭,青白次之;青白之气竭,青气次之。然后可铸也。"[2]据测算,这里在黄白之前的暗红色阶段,温度约为550℃,白色约对应1 000℃,而"炉火纯青"对应的温度当在1 200℃~1 300℃。古代人在烧制陶器、冶炼金属时掌握了以这些颜色(黑浊、黄白、青白、纯青等)判别火候的知识。

商、周时代是河北地域青铜器的鼎盛时期。商代的文化遗址,南从磁县、邯郸,北到丰宁、卢龙的许多县份均有发现,周代的文物在涉县、邯郸、邢台、大厂等地均有出土。当时的青铜制品已涉及到社会生产和生活的各个方面。如生产工具、饪食器皿、酒器、盥洗器、乐器以及其他诸如铜镜、铜灯、燎炉、熏炉、执炉、熨斗、车马器具等。在唐山大城山龙山文化遗址中发现了红铜制造的铜器。这时期利用青铜材料制作了大量的手工业工具,如斧、刀、钻、锯、锥等,还有各种各样的武器,如弩机、剑、戟、矛、钺等。对于各种不同的合金比例的青铜器具,在春秋时代成书的《考工记》中已有详细的记载。据测算,当时的炉温可达到1 200℃以上。

藁城台西村商代遗址出土的3 000余件青铜器、石器、玉器、漆器、陶器、原始瓷器中,有1件铜觚上还残留有一些麻织物的痕迹。经鉴定认为,这里出土的白陶、釉陶和硬陶都是在高温下烧制而成的,其中白陶烧制时要用1 000℃的高温。

青铜器铸造本身要经过采矿、冶炼、制范、浇铸到修复成形等一系列复杂工序。这样高的技艺,没有长期丰富的对铸造经验的积累,是难以完成的。

泥范铸造、失蜡铸造与金属型芯铸造是中国古代三大铸造技术。商周时期,青铜器铸造主要是泥范铸造技术。在泥料的选取、制范以及泥范的焙烧与浇铸各环节(其中浇铸环节亦展现出不同技法:浑铸、分铸、焊接与销接等),古人积累了大量物态、物态变化以及物性学(含熔点、热膨胀、延展性、硬度、密度等)知识,对火候(温度)、传热等加深了认识和理解。

铁器的出现更是冶金史上一个划时代的进步。到了西周末期,河北地域开始进入铁器时代,铸铁柔化技术和多管鼓风技术是该时期冶金技术的重要成就,这意味着春秋战国时代生产和技术的飞跃。

在藁城县台西村商代遗址曾先后出土5件铜钺,其中1972年出土的1件铁刃铜钺,是目前发现的世界上年代最早的铁器。据考证,它是利用陨石铁锻打成薄刃后再利用包套技术嵌入青铜钺上制成的,表明当时不但已认识到铁比铜坚硬、锋利的物性,而且掌握了冶铁的技术。在同一遗址发现的铁矿石和已经冶炼的铁矿渣,是目前发现的世界上年代最早的冶铁实物。后来在北京市平谷县刘家河也发现了商代铁刃铜钺,这说明中国古代用铁的历史始于商代。

中国人工炼铁技术可能追溯到春秋之前。易县燕下都遗址出土了大批珍贵文物。第44号墓出土剑、矛、戟、蹲、刀、匕首等铁兵器6种62件,弩机、镞等铜铁合制兵器2种20件,还有在我国第一次发现的比较完整的铁胄(盔)。经过对剑、戟、矛等7种9件铁兵器的科学考察,其中6件为纯铁或钢制品,3件为经过柔化处理或未经处理的生铁制品,从而得知战国晚期利用海绵铁增碳制造高碳钢的块炼技术及淬火技术已经流行。第23号墓曾出土铜戈108件,其中有铭文的100件;另有轮毂(gǔ)和各种衡器。第30号墓出土刻铭记重的金饰件20件。遗址内有冶铁遗址3处,总占地面积达到30万平方米。兴隆大副将沟燕国遗址发现了一批战国时期的铁工具(含镬、锄、斧、凿、车等)铸范,其中有复合范和双型范,还采用了难度较大的金属型芯,这些铁范都是精美的白口铸铁件;同时出土金属型芯浇铸的生铁铸件,如锄、镰、斧、凿、车具等多件。

战国时,河北的冶铁业已相当发达。赵国的冶铁技术居全国之首。邯郸齐村曾出土战国时代齿轮陶范和白口铁经柔化处理得到的铁镈(展性铸铁),说明当时铸造工艺和热处理工艺已达到相当高的水平。当时冶铁手工业中心邯郸被称为"铁冶都",还出现了一大批靠冶铁致富的大铁商,如魏国的孔氏,赵国的单氏。郭纵、卓氏以冶铁致富,可与诸侯相比富。"赵人也,用铁冶富",据《史记·货殖列传》载,蜀地与宛地以冶铁起家的巨富卓氏与孔氏,其先祖就是战国时代赵国和魏国的私人冶铁者。铁器的使用和逐步推广是这一时期生产力发展的重要标志。

石家庄市市庄村赵国遗址出土的铁斧,经金相学分析,是用高温液体还原法炼出的铸铁浇铸的,其中有两件铁斧还经过退火柔化处理,这在目前发现的战国文物中是绝无仅有的。

在今平山县三汲村中山国都城灵寿遗址内外,曾出土19 000余件陶器、铜器、铁器和骨石玉器,最珍贵的是大批精美的错金、错银、错金银青铜器。其中,有目前国内发现的铭文字数最多的刻铭铁足铜鼎和夔龙饰铜方壶(刻铭铁足铜鼎上刻有77行469字的铭文,是我国迄今发现的战国时期字数最多的一篇铭文。夔龙饰铜方壶重28千克,刻满450个字的铭文),更有世界上最早的建筑平面设计图、也是世界上最早使用比例尺的建筑图——错金铜版"兆域图"(此图按1:500的比例尺缩制而成,而且相当精确),先秦时期最大的长方形铸铁大盆,中山国仿海贝铸造的金银币,春秋鲜虞特有的尖首刀币,中山"城白"圆首刀币和春秋晋国耸肩尖足空首布币,战国赵国三孔布币等。据考证,该遗址出土的错金银"四龙四凤方案座"是我国考古史上第一次发现的先秦案架实物。这件铜案虽然只有30多厘米高,但完成整个案座需要24次铸接,48次焊接,138块泥模,13块泥芯,工艺之复杂,制作之精美,实属罕见。用鬼斧神工来形容它可谓恰如其分[3]。这些都说明河北多项冶铸技术具有当时世界上最先进的水平。

1972年,邯郸市郊北张庄出土带有刻度尺的战国时代的熨斗,现藏于邯郸市博物馆。该熨斗表明:河北先民在几千年前就能将热传递与长度测量巧妙地结合在一起。

古代人还极其认真地观察并记述了水在不同温度下的状态变化,《荀子·劝学》说:"冰,水为之,而寒于水。"(冰是水凝结而成的,但比起水来却更冷)就是例证。

第三节　机械制造与力学知识的起源

一、简单机械的制造

台西商代遗址出土的石质砭镰,是目前我国发现的最古老的医用手术器械——3 400多年前的手术刀,通常用于放血。这是一种典型的尖劈,体现了古人对斜面原理的理解和运用。临漳邺城战国遗址曾出土桔槔、滑车(滑轮)、辘轳,表明古人早已掌握杠杆原理,并对杠杆的变形——滑轮、轮轴运用自如。

杠杆的使用或许可以追溯到原始时代。在先秦时期利用最广的杠杆是衡器、桔槔、踏舂等。据史籍记载"伊尹做桔槔","史佚始做辘轳",其中伊尹是商汤的贤臣,史佚为周初史官。春秋末战国初时,衡器已相当灵敏。战国时期,诸子百家几乎都以衡器作为宣传自己主张的例证。这与战国时期各种衡器的普遍使用有关。例如,荀况在阐述礼时说"衡不正,则重县于仰,而人以为轻;轻县于俛,而人以为重;此人所以惑于轻重也"。用衡称物,必定要使本标两端处于平衡状态,这是人们约定俗成地使用所有衡器(含等臂天平和大约同时出现的不等臂天平即秤)的一条规则。据考证,我国古代衡器,先有天平后有不等臂秤。关于杠杆原理,墨家就是通过桔槔和秤来论述的。

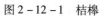

图 2 - 12 - 1　桔槔

图 2 - 12 - 2　戽斗

桔槔[4]是古代一种利用杠杆原理的取水机械。桔槔(图 2 - 12 - 1)始见于《墨子·备城门》,作"颉皋"。《庄子·外编·天地》载:"凿木为机,后重前轻,挈水若抽;数如泆汤,其名为槔。"作为取水工具,桔槔一般地被用于改变力的方向。但为其他一些目的使用时,也用于改变力的大小,只要将其长臂当作人施拉力的一端即可。事实上,将一根横木支撑在一根柱子上,使横木一边长一边短,就成了最简单的桔槔。

戽斗[5](图 2 - 12 - 2)是一种原始的汲水工具,形状像斗,两边有绳,两人引绳,提斗汲水。这种典型地体现力的矢量合成性质的工具在殷商时代可能已经出现。

二、组合机械的制造

春秋战国时期,不但简单机械在前代基础上有了大的发展,而且创制了许多组合机械。结合《考工记》等技术专著和东周出土实物,可以对该时期以造车为代表的组合机械制造技术有所认识。

《荀子》中曾记载奚仲作车乘、相土作驾马,胲作服牛之事。成汤七世祖王亥"肇牵牛车远服贾"。种种交通工具的制造显然需要一定的力学知识。

《管子·形势》[6]载:"奚仲之为车也,方圆曲直,皆中规矩准绳,故机旋相得,用之牢利,成器坚固。"据考证,当时对车轮已有非常严格的审核标准,要求两轮达到中规(用圆规测量轮子应为正圆)、中矩(用矩尺测量轮圆和车辐应垂直)、中绳(用悬绳测量上下车辐应对正)、浮沉深浅相同(用水测量两轮浮沉的深浅应相同)、容量相同(用衡测量两轮之毂的腔腔容积应相等)、轻重相同(用衡测量两轮的轻重应相同)。这些物理指标保证了车轮"机旋相得,用之牢利,成器坚固"[7]。

邢台葛家庄邢侯墓出土的属于春秋时期的车马坑(图 2 - 12 - 3),分一车两马、一车四马、一车六马三种类型。车分战车与家车,战车为直衡辕单辕双轮,配葬马在四匹以上,装饰有青铜车马饰矛、辕头饰、辖饰、轭、衔、当卢等。家车车衡呈弧形,无青铜饰件,配葬两匹马,马饰件都饰彩海贝[8]。

造车在古代是一个大型工艺部门。《考工记》载"一器而工聚焉者,车为多"。古代车架是木制的,包括轮和轴在内是一个完整的结构。整个车架是

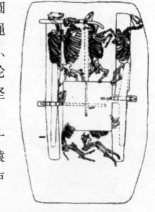

图 2 - 12 - 3　邢侯墓出土的车马坑[9]

由轴、毂、辐、牙四大部件组成的,它们承受车的荷载。《考工记》"轮人"条记叙了车轮与车盖技术,"舆人"条谈论了车箱技术,"辀人"条谈到了车辕、车轴、车衡、伏兔等制作技术。这说明当时人们对制车业工艺(含斤、锯、钇、钻、凿、铩、轲等工艺)已精细分工、集体协作,技术含量很高。

为了减少转动的毂和不转动的轴之间的摩擦,战国时开始在毂的内壁装钉。燕下都第23号遗址出土的钉为圆筒状,两侧有凸榫,可卡在木毂上;它们的内壁都很匀整而光滑。除了在毂内装钉之外,在轴上还装锏。战国出土的铁锏呈瓦状,用铁钉固定在轴上。不仅如此,人们还在钉锏之间放入润滑油膏,以更好地减少摩擦。对此,《诗经·邶风·泉水》[10]、《左传》[11]之"襄王三十一年"和"哀公三年"以及《吴子·治兵》等文献均有提及。譬如《吴子·治兵》说:"膏锏有余,则车轻人。"《释名》说,"锏,间也,间钉、轴之间,使不相摩也。"可见古人装钉锏的目的在于减少摩擦。以上充分说明,当时人们已经懂得使用车锏和润滑油。古人对摩擦的认识以及变滑动摩擦为滚动摩擦等克服或减小运动阻力的理解已十分接近现代水平。

春秋战国时期,车的普遍应用以及各种牲畜车辆的驾驶,使人们对车行平地与上坡的两种情形得以比较总结。《荀子·宥坐篇》[12]载:"三尺之案而虚车不能登也,百仞之山任负车登焉,何则? 陵迟故也。"意思是:人们不能将空车举上三尺高的垂直案台,却能将重载之车推上万仞之山,其原因是高山的坡度斜缓。这充分表明当时先民已懂得有关斜面的力学知识。

《考工记·轮人》述及:"马力既竭,辀(辕)犹能一取也。"对惯性的认识比几乎同时代的亚里士多德"运动要靠力维持"的直觉结论高明得多。人们注意到:当车轮在地面滚动时,会出现地面阻碍车轮滚动的现象,阻力与施力方向不同;影响滚动摩擦的两个因素是车轮与地面接触的多少以及车轮的半径大小。古人在造车实践中对车所做平面运动的认识已十分到位。

齿轮是机械的重要组件,根据考古发现,东周时已有了铜铸的齿轮,其后又出现了铁齿轮。邯郸武安齐村曾出土战国时代的齿轮陶范和铁齿轮。这些齿轮当时多用于止动。古人为了使那些做回转运动的机械(如辘轳)停下来并防止其滑动,因而创造了齿轮。

材料,在工匠手中是须臾不离之物。诚如《考工记》所言,"审曲面势,以饬五材,以办民器,谓之百工。""百工"的职责就是要审查材料的曲直、各面形势及阴阳,以便利用这些材料制作各种器具。可见,材料力学是在工匠的经验中逐渐形成的。弓箭的制造和使用中蕴涵着丰富的力学知识,特别是弹性力学和材料力学等知识。对此,《考工记》中有详细的讨论。无论是弓还是箭,都是几种材料的复合。弓,自然涉及形变和弹性利用。箭杆、箭镞及箭尾的设计,则要充分考虑重心和飞行中的阻力。弓箭事实上是一种复合机械,它已具有了机械的三要素:动力、传动、工具,不再是一般的工具。

《荀子·劝学》写道:"强自取柱,柔自取束。"这是说,刚强的东西自己导致折断,柔弱的东西自己导致约束。《荀子·劝学》还描述了今天称之为塑性形变的特性:"木直中绳,蹂以为轮,其曲中柜,虽有槁暴不复挺者,輮使之然也。"这意思是说,挺直的木材经过火烤加工后,可以弯成车轮,弯曲得和规画的一样圆,此后即使木材经太阳晒干,也不会再恢复挺直状态。这些记载表明,正是在利用材料制作器物中,人们很早就认识到材料的一般性质。

中国是世界上唯一创制了有效马车系驾挽具的文明古国。中国古代马车的系驾方法,即套马驾车的方法,随着车的形制变化经历了三个主要发展阶段,即辀引式系驾法、胸带式系驾法、鞍套式系驾法,其相应的使用时间约相当于先秦、汉至宋、元至今三个时期。所谓辀引式系驾法,就是在两辀的内侧上各系一条引绳,到舆前合在一起,连接到车轴上。拉车时,牲畜以肩胛两侧受力。而同时期的西方系驾法则是颈带式系驾法,使拉车的马的气管受压迫,马力难以充分发挥。挽具由辀引式改为胸带式,辀与引分离,两引连接为一整条绕过马胸的胸带。从而使马驾车的支点和安车的受力点分开,分别由其颈部和胸部承担。改用鞍套式系驾法后,马体局部的受力相应地减轻,驾乘也更加方便和安全。挽具的创制和改进典型地展示了当时人们对力的合成与分解的精到理解[13]。

三、欹器与重心和力的平衡原理

荀况曾在《荀子》中记述了周庙一种叫作"宥坐"的欹器所表现的重心与平衡的关系。《荀子·宥坐》载:宥坐"虚则欹,中则正,满则覆。"这种欹器是对远古时期尖底腹大盛水陶罐的改进型,它由实用的提水壶变成了宫廷贵族的玩物——欹器[14]。

看来人们已经掌握了物体的重心和稳定性的关系,知道由水的灌入程度不同而使重心不断转移,从而使容器呈现出三种不同的状态。荀子的论述影响了后世几千年,而且不断地有人制造形形色色的欹器,都符合因重心变化而引起或倾或正的设计原理。更为可贵的是,古人由此引申出独具特色的人生哲学——大中至正,用以告诫人们的思想和行为不可过激或不及。

四、制陶和制玉工艺中对运动的认识

这一时期,经过轮制成型的陶器有其明显的特点:(1)有明显圆周运动的痕迹。(2)器物自上而下有相同的中心轴,器物的每一个平行点到中心距离都相等而呈圆形。(3)器物的高低点所组成弧线在任何一个角度都相同。(4)轮子成型的器物形状规整,圆度好,厚薄均匀。这正体现了陶器经过轮制成型的物理学原理。

将器物放在轮上,利用转轮旋转来进行装饰以便烧制彩陶,展示出这一时期制陶工艺的进步。这种装饰方法构成的立体图案,区别于其他形式的平面图案而形成一种特殊的风格。一般的绘画都是手动,被画的装饰物不运动。而彩陶的画法则正好相反,大部分是手不动,或只做上下、斜行、弧行等简单机械运动。这种彩陶上的直线不靠直尺,它的曲线也不靠圆规,主要是靠陶坯本身在轮子上做圆周运动。古人在制陶特别是在制作彩陶的实践中,势必会形成运动相对性的认识。

玉是人类对石器的图腾。古人以玉的颜色和形制来比附阴阳五行之说。考察这一时期大量出土的形色各异的玉器可知(图2-12-4)[15],到春秋时代,人们已经能够将硬度为5至7度的软玉和硬玉经过切割、钻孔、琢磨等工艺,制成各种形状的精美器具。制玉工艺典型地反映出古人对材料和材料力学、运动和运动学知识的形成和积累过程。

图2-12-4　徐水南大汪战国遗址出土的水晶和玛瑙饰品

五、水利和建筑工程中的力学知识

石家庄市第34中学曾出土商代中期釉陶井随葬模型,对研究商代水井及汲水方式具有重要文物价值。在邯郸涧沟、藁城台西商代遗址中都发现了水井。

起初,北方主要用"以木桶相连,汲于井中"的水车灌田,后来发展为开渠灌溉。至春秋战国时期,海河流域就出现了邺、蓟、中山、邯郸等古农业灌溉区。

战国时,齐、赵、魏三国都先后修筑了河道堤防。周威烈王四年(公元前422年),魏国邺(今临漳县)令西门豹主持修建了历史上有名的引漳(河)灌邺工程——"漳水十二渠"。漳水十二渠是专为灌溉农田而开凿的大型渠道。西门豹破除了"河伯娶妇"的迷信骗局,体现了古人无神论、唯物论的思想传统。漳水十二渠,"一源分为十二流,皆悬水门",从此邺地"成为膏腴,则亩收一钟"。这一工程是战国时期与四川都江堰水利工程齐名的四大灌溉工程之一。同一时期,燕国还在古督亢地区(即今房涞涿灌区)修建了"督亢渠",用以引水灌田,造就了战国时有名的水利区。约百年后,魏襄王时史起任邺令,又大兴引漳灌邺工程,在邺(今临漳一带)引漳河水灌溉盐碱地,发展种植稻谷。

大量水利工程本身就包含了河北古代人在测量、选线、规划、施工等工程技术方面所取得的成就和对水文知识的了解。这些水利工程世代造福民生,标志着水利工程技术的新发展,也标志着人类对流体静力学、流体动力学知识的认识和理解。

河北制瓦始于商代,制砖始于战国。在曲阳县晓林乡店头村南古城子遗址中,两次发现商代细绳纹夹砂筒瓦。在易县、邯郸及平山县燕、赵、中山国古遗址中,发现了大量绳纹瓦片(其中有饕餮纹、双夔纹、变云纹)、双鹿纹半瓦当和变云纹圆瓦及筒瓦。在中山国灵寿古都(今平山三汲乡)曾出土空心砖。

在藁城台西村晚商居住遗址中还发现有夯土和土坯混筑的墙。建于周安王十六年(公元前386年)的赵国邯郸故城是目前保存最为完好的唯一战国古城址。在武安、磁县、唐县、怀来、易县燕下都等发现赵国和燕国的小型城市遗址。这些都具体表明战国时已对大小城市有了系统的规划,反映了该时期河北各地的建筑工程规模和技术水平。尤其可贵的是那时已懂得了物理学上求功的原理。

第四节　声学发展与几何光学起源

一、声学的发展

春秋战国时期,中国古人对声音特征的认识,对五声八音的把握已达到相当高超的水平。当时已清晰地认识到:声音的高低与发声物体本身之间存在着内在密切的联系,即现代物理学中所说的音调与发声体固有频率有关,而固有频率是由物体本身的性质、结构和形状等决定的。常山战鼓,是中国四大名鼓之一。早在二千多年前的春秋战国时期,战鼓就在这片大地上敲响。其他如弦的粗细决定琴音的清浊,音调随弦线长度而变化,拨打琴弦产生振动与中空的琴身中的空气柱产生共鸣;改变管乐器空气柱的长度,可以得到高低不同的音调等等。故古人"以弦定律,以管定音"。《荀子》一书还论及各种乐器的音品。

磬是均质石板做成的我国古代特有的、最古老的打击乐器之一。

藁城台西村出土的文物中即有商代中期石磬。其形状和各部分名称如图 2 - 12 - 5[16]、图 2 - 12 - 6[17]所示。它表明,商代中期人们已对磬的重心和悬孔位置的选择有了较深刻的认识,具有了二力平衡的知识。

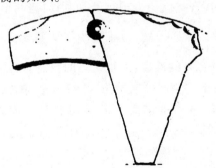
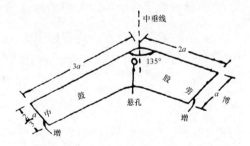

图 2 - 12 - 5　藁城台西商代遗址出土的石磬　　　图 2 - 12 - 6　石磬诸部分的名称及比例

邢台西葛庄春秋遗址出土了 10 件编磬(图 2 - 12 - 7)[18],制作规整。单个使用的磬称特磬,多个成组配套使用的磬称编磬。据《考工记·磬记》说:"磬氏为磬,倨句一矩有半,其博为一,股为二,鼓为三。叁分其鼓博,去一以为鼓博,以其一为之厚。已上,则摩其旁;已下,则摩其端。"从"倨句一矩有半"知,先秦时期的石磬为曲尺型的磬。其中人们把钝角形的部分称作"倨",而把锐角形的部分称作"句"。不过,这里的倨句是指磬的上鼓与上股间的夹角。一矩有半,翻译过来就是指这个角等于90°的1.5倍(矩为直角)。叁指的是把1个数分成了3等份。

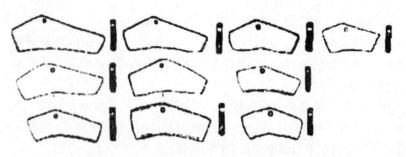

图 2 - 12 - 7　邢台葛家庄西周邢侯墓出土的石磬

戴念祖先生释：设石磬的博为 a，那么，石磬的股长为 2a，鼓长为 3a，鼓博为 $\frac{2}{3}$a，磬板为 $\frac{2}{9}$a，"倨句"为一个半"矩"，即 90° × 1.5 = 135°。如图 2 - 12 - 6 所示。以这种比例关系制作的石磬，十分悠扬悦耳。可见，河北先民潜意识地懂得了"各分音成谐波关系"的原理。

编钟是用青铜铸成的一种打击乐器，有多件扁圆钟构成，钟柄空心与钟体内腔相通，将其悬挂在一个巨大的钟架上，用木棰按音谱敲打，能够演奏出美妙的乐曲，因此亦称"歌钟"。燕下都遗址第 16 号墓曾出土仿铜陶制编钟：其中甬钟，即顶端有柄的编钟 16 件；钮钟，即带钮的编钟 9 件；燕下都遗址第 30 号墓出土陶制甬钟 13 件，陶制钮钟 19 件。编钟表面纹饰绚丽多彩，十分罕见。另中山王墓出土青铜编钟 17 件；邯郸涉县出土战国时期的 16 件甬钟和 9 件钮钟；邢台葛家庄西周邢侯墓出土青铜钮钟 1 件（图 2 - 12 - 8）[19]。椭圆形壳体是编钟的重要特征，其上部称钲，其外表有花纹和类似浮雕的外突圆乳；下部谓之鼓，是敲击发音区；钟口两角为铣，钟唇曰于，钟顶名舞。由于编钟调音困难，制作费时费工，所以非王公贵族不能拥有。邢侯墓出土青铜编钟仅 1 件，而燕下都则没有 1 件青铜编钟，全为仿铜陶制，可以想象先秦时期的青铜价比今日之黄金，它本身的昂贵便决定了编钟的特殊用场，即它是一种王室礼仪与贵族威权的象征[20]。

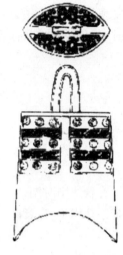

图 2 - 12 - 8　邢侯墓出土
青铜钮钟

根据编钟的形状不同，分"一钟一音"与"一钟双音"两种。其中圆钟因各分段振动的能量具有相对均衡性，从听觉上就像一个复合音，而合瓦形钟则分正鼓音与侧鼓音，两个音相差一个小三度或大三度，也就是说因这类编钟将一块板从振动模式上被分割成多块板，从而形成了各分段振动能量的不均衡性，此外，人们又通过锉磨使编钟的局部厚度出现差异，这样就产生了"一钟双音"的效果。当然，这些厚度不一的板终究附属于一个整体，敲击任意一个部位必然引起其他部位的振动，因而形成一个"拍音"，这是一种声干涉现象。按照霍尔姆赫茨的拍音理论，当拍音数小于 10 时，属于"良性拍音"；当拍音数在 15 至 30 之间时，音响就会变得粗涩和刺耳；当两个音的频率比为 $\frac{15}{16}$ 时，音响就变成了两个可以分辨的独立乐音（图 2 - 12 - 9）。鉴于古代声学测量手段的落后，钟匠还不能够消除拍音，这就在一定程度上影响了编钟音高的准确性，加之当时没有止音装置，编钟调音的难度可想而知。镈也是一种青铜制成的打击乐器，上有悬钮，圆形，口缘较平，流行于战国时期。易县燕下都 16 号战国墓出土了 10 件仿铜陶镈，邯郸市涉县北关 1 号战国遗址出土了青铜编镈 4 件，均为合瓦形腔体。据测，涉县出土的战国编镈音质颇佳，耳测其宫音与同出编钟的宫音相同[21]。

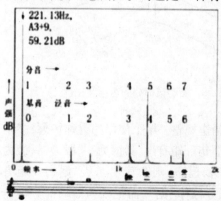

图 2 - 12 - 9　编钟频谱与相对应的
五线谱

风速对声音的影响，古代文献中也不乏记载。较早的有关文字见之于《荀子·劝学》。作者荀况写道："顺风而呼，声非加疾也，而闻者彰。"注意，这里的"疾"字，原意并非指声波的传播速度，而是指声音的大小或强度。这段文字的本意是，高速气流（风）载着声波冲向远处的静止的听者，听者感觉到声音更洪亮，而说话者的声音强度与无风状态下是相同的。它阐明，与风同方向的声音对听者而言刺激量更大。

二、几何光学的起源

从原始时期起,爱美的观念至少使妇女在河池边对水寻影、梳妆打扮。后来在夏商时期有了"洗"一类的古代照镜器具。洗,即盛水的陶盆,古人当作镜子使用。铜制的镜子(鉴)可能从殷商时期开始出现。这就为几何光学知识的积累创造了条件。

夏、商、西周的铜制平面镜已大量出现。商周以后的凹面镜多用为取火的阳燧,邢台内丘县就曾出土1件战国时期蟠纹阳燧。殷代能制作凸面镜,在齐家文化遗址曾出土两面圆形古铜镜(距今约4000年),其中1个直径8毫米,这大约是世界上最早的铜镜。凸面镜成正立缩小的像,小镜可以照大范围,既省材料又轻巧方便。从光学发展角度来看,铜镜由平面镜发展到凸面镜是一个重要的飞跃。圭表的发明也是这个时期重要的光学成就,圭表的应用在西周时就有文字记载。它具体反映出当时人们对光的直进性和影的形成的认识。另外,烽火台上白天燃烟(称为燧)、夜晚燃火(称为烽),利用光作为通讯的信号,也是这个时期的重大发明。其所以选用狼粪燃烧放出的烟作为警报的信号,是因为狼烟无论白天或晚上都是红色的。也许古人对"红光不容易被空气散射,具有较强的穿透作用"早有经验和感悟。

注 释:

[1] (战国)荀况撰,(汉)刘向整理:《荀子》,北京燕山出版社1995年版,第10页。

[2] 闻人军:《考工记导读》,中国国际广播出版社2008年版,第8页。

[3][20] 王祖武等:《中华文明史・先秦》(第二卷),河北教育出版社1992年版,第300,300页。

[4][5] (明)宋应星:《天工开物》,商务图书馆1954年版,第21,12页。

[6] 姜涛:《管子新注》,齐鲁书社2006年版,第12页。

[7] 孙肇伦、钱逊:《知识地图》,重庆出版社2007年版,第52—53页。

[8][9][15] 赵福寿主编:《邢台通史》(上卷),河北人民出版社2003年版,第133,131,200页。

[10] 高亨:《诗经今注》,上海古籍出版社1980年版。

[11] (春秋)左丘明著,蒋冀骋点校:《左传》,岳麓出版社2006年版,第11页。

[12] 安小兰译注:《荀子》,中华书局2007年版,第12页。

[13] [美]罗伯特・K. G. 坦普尔著,陈养正等译:《中国:发明与发现的国度》,21世纪出版社1995年版,第36—38页。

[14] 常秉义编著:《中国古代发明》,中国友谊出版公司2002年版,第269页。

[16] 河北省文物研究所编:《藁城台西商代遗址》,文物出版社1985年版,第71页。

[17] 戴念祖:《文物与物理》,东方出版社1999年版,第160页。

[18][19] 赵福寿主编:《邢台通史》(上卷),河北人民出版社2003年版,第163,164页。

[21] 吴东风、仇凤琴:《河北省音乐文物综述》,《文物春秋》2002年第3期。

第十三章　古代化学科技

　　奴隶社会是人类社会生产力和生产关系走出原始蒙昧阶段后迅速发展的时期。河北地域的制陶业在新石器原始制陶业的基础上,形成了早期下七垣和夏家店文化地区以 Fe_3O_4 和 Fe_2O_3 为独立或复合特征的硬陶制品;原始铜石并用时期之后,河北的青铜时代正式到来,出现了以战国中山王墓为代表的青铜制品巅峰之作;商代中期藁城台西的铁刃铜钺开启了青铜高峰之初的铁器端倪,继之西周满城要庄的铁器、春秋末期燕下都和兴隆的铁制兵器和农具、战国时期邯郸繁荣的冶铁业逐渐将铁器推向高潮,材料时代从青铜向铁转移。通过焙烧和冶炼技术的实践,河北先人积累了有关硅酸盐和金属矿物等物质化学变化以及与温度之间关系的知识。

第一节　陶瓷生产中的化学技术

　　在原始制陶技术的基础上,到夏商周时期,中国制陶技术继龙山文化的灰陶、白陶之后,又发明了印纹硬陶和原始瓷器生产技术。

　　从总体上看,在夏商周时期,河北地域内陶瓷的发展仍限于制陶技术的继续。陶器以夹砂陶和泥质陶并行,仍以夹砂陶为主,体色以灰色和褐色为主,其次是黑陶。器形主要是礼器和生活用陶(如容器、酒器、炊具、食具等),东周出现建筑陶器和仿铜陶礼器。陶器的装饰除继续大量沿用的素面外,主要是绳纹和附加堆纹,商代以口沿饰附加堆纹的花边口沿鬲最具特色,是典型的代表性陶器;有的黑陶器上饰红、白、黄粉彩。这个阶段,陶器的烧制普遍采用了竖窑,对窑内的烧制气氛有了很好的掌控,窑温也有了明显的提高,灰陶、黑陶、硬陶陆续出现。

　　印纹硬陶是这个时期的一类很重要的产品。印纹硬陶在化学组成上不同于一般灰陶,其所含的酸性氧化物如 SiO_2、Al_2O_3 相对增加,碱性氧化物如 CaO、MgO、K_2O 等相对减少,这一组成配比的变化就导致烧成温度的提高,高达 1 100℃以上。烧成后的硬陶,质地坚实,击之能发出较清脆的金石声,吸水率也显著下降,一般不到1%(灰陶的吸水率平均在15%左右)。大约在商代印纹硬陶开始大量生产,并流传到中原广大地区。

一、以木炭为燃料的烧陶技术

　　众所周知,燃烧是化学反应的重要条件。经考古发掘证明,河北地域自商代以后,在烧制陶器方面,燃料开始显现由一般木柴向木炭演变的发展趋势,这就为原始瓷器的出现提供了技术保障。邢台曹演庄商代陶窑遗址出土了大量木炭块,表明当时人们将木炭作为烧制陶器的主要燃料。一般灰陶和红陶的烧成温度为950℃上下,普通柴火很难达到这样高的温度,如果再将烧陶温度提高到 1 100 ~ 1 200℃ ,显然是不可能的。所以,古代先民在烧制陶瓷之前先须烧制木炭,木炭的发热量较普通木柴的发热量要高很多倍,以利于烧制出质量更高的陶成品。从已发掘的陶窑中,木炭出土数量比较大,说明这里有专门用于烧制木炭的窑址。

二、原始瓷器烧制技术的出现

夏商周时期,河北地域陶瓷发展的重大变化就是人们在正定南杨庄仰韶文化原始瓷器的基础上又烧制出了釉色以青绿为主的原始瓷器,其典型代表就是邢台县大桃花商代遗址出土的原始瓷片。

大桃花商代遗址出土的原始瓷片胎骨细腻坚硬,火候很高,硬度非常大,已经具备了后代瓷的某些特点。瓷胎有灰白胎和青灰胎两种,瓷釉相当光亮,一般施于器表,釉色以青绿为主,其质量堪与郑州发现的早商瓷器相媲美[1]。

原始瓷器的瓷土中所含酸性氧化物质(SiO_2)增多了,相反所含碱性氧化物(CaO、MgO、K_2O、NaO等)却相对减少了。酸性氧化物熔点比较高,故其烧成陶瓷的温度须高达1 100℃。据专家分析,为了使陶器表面更加亮丽,人们常常会在陶坯上挂一层陶衣或者涂一层加入石灰的色衬,而在高温烧成后,陶衣或者色衬就会变得釉亮光滑。我们知道,石灰釉是一种高温釉,只有把它涂在以瓷土为原料的印纹陶坯上,并且在1 150℃至1 200℃之间的高温下焙烧,坯胎被烧结了,釉层被熔融了之后,才会形成青釉瓷。与之相较,大桃花商代遗址出土的原始瓷片属于一种纯度较差,淘洗不够的瓷土所烧成,烧成温度为1 150~1 200℃,烧成后胎质致密,基本上不吸水分,釉中氧化钙含量达至16%左右,配釉粘土中的铁离子是呈色剂,所以整个釉面呈现出青绿色。因这类青釉器基本上已经达到瓷器的特征,因此,多数学者将它称之为"原始瓷器"[2]。

白陶、硬陶和釉陶是原始瓷器产生的基础,邢台大桃花商代遗址釉陶的出土与发现,说明河北在新的制陶原料的发现和早期石灰釉技术等方面已经走到这个时期国内的前沿,它对社会的进步具有重要的影响,推动着早期手工业的继续分化和技术提升。

第二节 青铜冶炼中的化学技术

一般来说,铜在自然界中主要有两种存在形式:一是纯铜,呈紫红色,故亦称红铜,常常夹杂在铜的矿物中。铜在地壳中含量约为0.01%,在金属中含量排第17位,非常稀少;二是化合态铜,常见的有黄铜矿($CuFeS_2$)、孔雀石〔$CuCO_3 \cdot Cu(OH)_2$〕、蓝铜矿($CuSO_4 \cdot 5H_2O$)、辉铜矿(CuS_2)、赤铜矿(CuO_2)等。比如,从外观上看,孔雀石呈翠绿色,是一种含铜碳酸盐的蚀变产物,常作为铜矿的伴生产物,其硬度为3.5~4,且具有色彩浓淡的条状花纹。它的韧性差,非常脆弱。

所谓青铜,主要是铜、锡、铅的合金,或者是铜锡的二元合金,或者是铜锡铅的三元合金,熔点在700~1 000℃。青铜是铜与锡或铅的合金,具有较好的硬度,既可做工具,也能做兵器,加上由于冶炼矿石中,锡或铜等成分的存在,降低了铜的熔点,使青铜较红铜具有更好的铸造性能。这种使用价值很自然地引导人们将冶铜工艺向着冶炼青铜的方向发展,在人们对铜矿石、锡石或方铅矿有了初步的识别后,冶炼铜的技术由单纯地冶炼孔雀石逐步向冶炼孔雀石加锡石或方铅矿的方向演进。

一、铜锡铅合炼的青铜冶炼技术

保定、石家庄、邢台、邯郸等地市部分县镇的下七垣文化遗址,出土有小铜泡和小刀[3];北京及唐山、承德、廊坊、张家口、保定等地市夏家店下层文化遗址则出土有铜耳环和铜镞[4]。目前在河北地域发现的先商文化遗址中出土了不少镞、泡、环、刀等小件铜器,至商代开始出现大型青铜器件,表明商代河北的青铜冶铸技术已经有了长足进步。

1. 商代青铜器的技术特点和历史地位

(1)藁城台西商代遗址出土的青铜器。

图 2 - 13 - 1　台西村出土的饕餮纹铜瓿(左)和
蕉叶纹铜觚(右)

藁城台西遗址是殷墟以北重要的商代聚落遗址,分早晚两期,早期相当于曹演庄早期,时代与河南二里冈上层接近,晚期遗址和部分墓葬相当于安阳殷墟早期。墓中出土了大量精美文物,铜器有斝、爵、瓿、鼎、瓶、钺、匕、戈、刀、戟等(图 2 - 13 - 1);其中比较重要的是一件铁刃铜钺,经化验分析,是将陨铁锻造成薄刃后,浇铸于青铜器身而成[5]。其时代比 1931 年河南浚县出土现已流入美国的西周初年的两件要早[6]。

(2)其他地区出土的商代青铜器。

邢台市临城出土了一件商代铜爵。定州市商代方国贵族墓出土了鼎、簋、瓿、爵、鬲、觥、卣、方壶、方彝、铃、戈、矛、钺等青铜器 200 多件。此外,青龙县抄道沟出土了商代的羊首曲柄短剑、鹿首、铃首、环首刀、空銎戚、曲柄匕形器[7]等小件铜器。这些器物具有游牧民族的文化特色,反映了河北中南部与北部地区在青铜制造技术上的差异。

从铸造工艺方面考察,这时期出土的青铜器多以浑铸法为主,这是河北商周时期青铜器铸造工艺技术的突出特点之一;另外,铸造时普遍采用金属芯撑工艺;对于个别形体较大的青铜器则普遍采用放置盲芯的工艺技术,因为这种工艺技术能够促使铸件器壁厚度趋于均匀,而且有利于铜器铸面冷凝的同时性,从而更有效地保证青铜器的铸造质量。

2. 西周青铜器的技术特点和历史地位

属于此期的青铜器在河北地域内出土的比较普遍,数量较多,标志着河北的青铜冶炼技术已经进入其历史时期的鼎盛阶段,其主要代表有:元氏西张村发现的西周早期墓葬,出土铜器 34 件,分礼器、兵器、工具和车马器等,礼器包括鼎、瓶、簋、尊、盘、盉、卣和爵等,其中簋和卣上有长达几十字的铭文;邢国邢地的青铜铸造业生产较商代大为提高,有鼎、爵、尊、编钟等礼器,兵器有戈、钺、矛等,车马饰有卢、銮铃、辖等,生产工具有镰、锥等,生活用具有金铜贝、包金箔片等,这些青铜器的出土证明了邢国青铜器加工工艺非常高超和精湛;唐县南伏城出土了属于鲜虞早期的凤纹贯耳壶、三足匜、绳纹鬲、蝉纹匜等铜器。

就青铜铸造技术而言,前已述及,最初的青铜器制造是从开采孔雀石(碱式碳酸铜)铜矿开始的,由于篝火燃烧后,铜矿转变为铜,使人类在早期认识到铜矿与金属铜之间的关系和转化条件,继而开始开采地表铜矿,又从地表铜矿到地下铜矿,由浅层到深层。孔雀石在将近 800℃ 的一般窑温甚至篝火中即可分解为氧化铜,进而氧化铜与炭火产生的一氧化碳反应,被还原为金属铜。铜矿若与锡铅矿同在,熔融温度明显降低,且得到的铜锡或铜锡铅合金,硬度明显增加,这就是人们最终舍红铜而取青铜的缘故。

对已出土的青铜文化鼎盛时期之青铜器进行化学分析,将它们分为两类。一类是铜锡二元合金,其中含铅小于 2%;另一类是铜锡铅三元合金,即含铅大于 2%。在铜锡二元合金中,铜锡的比例大多接近 4:1。而在铜锡三元合金中,铜与锡铅含量和之比也维系在 4:1,而锡与铅之间似乎没有明显的比例关系。由此可以推测,当时的青铜冶炼已有一定的配方,但是工匠们对铜锡或铜锡铅之比与青铜性能的关系仅有肤浅的经验认识,即认识到青铜比红铜实用,因而自觉地冶炼青铜[8],使青铜成为划时代材料的原因。

实验证明,商周时期青铜器的铸造以泥范铸造技术为主,其工艺流程基本为:制范、熔炼、浇铸、修整、补铸或加工、成品等步骤,部分步骤中还包含若干分支步骤。

制模步骤又分为:泥料的选取与加工、塑制模型、翻制范芯、铸型组合等分支步骤。首先,泥料的选取是很讲究的,既要有一定的湿强度,以便保持形状,又要有一定的可塑性,以便塑制复杂的形状和纹饰,并在起模后可稍加修整;同时,还须有一定的干强度、较高的耐火度、良好的退让性、较低的发气性、较高的透气性等。泥料经过筛选、漂洗,粒度在 100～260 目,有的还加入一定量的细砂。净土加水后,经搓揉、摔打等炼制过程及陈腐阶段,已达"至精"的效果。然后用泥料制成实心器物外形,即"模"。泥模塑成后,使其渐渐干燥,纹饰则需在其干成适当硬度时雕刻。再置入窑中焙烧成陶模用来翻范。其次,制范是泥范铸造技术的中心环节。从模上翻范对于造型较为简单的实心器如刀、戈、镞等,只需由模型翻制上下两块外范即可,即合范,应注意的是范与范、范与芯之间的组合要准确,一般用定位的榫卯。其三,泥范铸造工艺的最后阶段是焙烧与浇注的阶段。用泥料制成的"范"和"芯"都要经过干燥和焙烧的过程,经过焙烧才能组装。焙烧温度约在 850 ~ 900℃。使方解石(碳酸钙)正好分解,但不能达到陶化程度。经过焙烧并且组合好的范可以趁热浇铸,否则要另加预热工序,浇铸温度一般在 1 100 ~ 1 200℃为宜,熔化的青铜注入浇口,直到浇口与气口都充满铜液为止。待铜液凝固并冷却后,除去顶范、腹范和芯范,并取出成形的铸件。这种把器身范与各种附件范组合在一起,一次浇注即成完整器形的铸造方法在铸造工艺中称为"一次浑铸"或"整体浇注"。在商周青铜器中,经常能看到器表面所遗留的连续范线条,均是用这种方法浇注出来的。对于比较复杂的铸件,则需分次铸成,工艺技术要求更高,特别是在制模与浇铸时,尺寸与部位要相互配合,分次浇铸出来后,再采用铸接或焊接的方法联为一体,再行修整,终成大器。

二、青铜器的铜铁合铸和嵌套技术

战国时期,由于铁器的推广使用,铜制工具越来越少。燕下都、邯郸赵都城和灵寿中山城遗址,是河北地域战国时期三个著名的都城城址,既是当时河北地域的冶铁中心,同时又是青铜铸造中心,其铜铁合铸成为此期青铜器铸造的主要技术特点。

1. 战国时期河北地域三大青铜冶炼中心

易县燕下都遗址位于燕国南方通向赵、齐等国的要冲地带,公元前 4 世纪即已形成北方著名的青铜冶炼中。截至目前,人们在燕下都高陌村出土了战国晚期铜人像、老姆台出土的大型青铜立凤蟠龙纹铺首、东贯城出土的人物鸟兽阙形铜方饰等,都是珍贵的燕国文物,是研究战国铸造工艺、建筑史和服饰制度的重要材料[9]。其中在老姆台东出土的青铜立凤蟠龙纹铺首(宫门上的装饰品),高74.5厘米,重22千克,上面刻有龙、凤、蛇等禽兽图案,为我国考古文物所罕见。

邯郸赵都城遗址位于今邯郸市区,是战国时期赵国都城遗址。在今邯郸城西北百家村、齐村一带,是赵国的墓地。出土器物有铜器、陶器和车马器。器物组合为鼎、豆、壶、盘、匜,另有碗、鉴、盆、盂、舟、鸭尊、鸟柱盘等;另外,还出土了玉具剑、铜镞、戟、矛、戈、镡、带钩、匕、镜等。

灵寿中山故城址王陵区 1 号大墓出土的铜器最有价值。铜器文物中,1 号墓主墓室出土了金匕、银贝、带钩、铜泡、戈、剑、削、铜镜,其中以错金银"兆域图"最为重要。兆域图铜版不仅用金银镶错了一幅陵园平面规划图,而且还刻有中山王的铭文,是一件珍异的重要文物[10]。东库出土了铜鼎、壶、盒、箱、铜瓿、筒形器、扁壶、方壶、刻铭圆壶、盉、盘、匜、洗、圆盒、柄箕、帐架、错金银四龙龙凤方案、十五连盏灯、错银双翼神兽、错金银铜虎噬鹿屏风座、犀、牛、铁火盆等铜器;西库出土了成套礼器,有升鼎 9 个(包括铁足刻铭铜鼎)、多式豆、夔龙刻铭方壶、簠、鬲、勺、匕、刀、纽钟、错银双翼铜神兽(图 2 - 13 - 2)等。这样,1 号墓共出有铭文铜器 60 余件。

中山王陵的铜器大多有铭刻,具有极高的史料价值。其中铁足铜鼎有铭文 469 个字,主要记载中山相司马赒讨伐燕国之事,通高 51.5 厘米,最大直径 65.8 厘米;带盖圆壶腹部有铭文 182 个字;方壶有铭文 450 个字。铁足大鼎、夔龙纹方壶和圆壶是刻有长篇铭文的一号墓 3 件重器。中山王陵的发掘是我国东周考古的重大发现,出

图 2 - 13 - 2　错银双翼铜神兽(左)和
银首人俑铜灯(右)

土的珍奇文物制作之精、史料价值之高世人瞩目[11]。

以上三大战国都城,特别是中山王国丰富且精美的出土青铜文物中可以看出,青铜制品已充分应用到社会生产、生活的各个方面。

2. 战国时期河北青铜制造的主要化学技术特点

战国时期出现了两种不同成分的青铜合金熔铸成器工艺,甚至还出现了铜与铁合铸的工艺。易县燕下都遗址、邯郸赵都城遗址和灵寿中山故城王陵区 1 号大墓出土的大量青铜器,多为铜铁合铸。如燕下都出土的铜与铁合铸的铜弩机,它在当时是一种比较先进的新型兵器。这个时期所出现的铜铁合铸之青铜器,其所利用的铁则是人工冶炼的铁。

(1)铜锡合铸的青铜技术。

《吕氏春秋》说:"金柔锡柔,合两柔则刚。"说明人们已清楚地认识到铜和锡的性质在合炼前后所发生的变化。《周礼·考工记》更提出了"六齐",所谓"六齐"是指配制青铜的 6 种方剂,其青铜器中的锡含量,根据器物之不同用途,分别为"钟鼎之齐"14.3%、"斧斤之齐"16.7%、"戈戟之齐"20.0%、"大刃之齐"25.0%、"削杀矢之齐"28.6%、"鉴燧之齐"50.0%。经实验证明,"六齐"的成分配比规定大体上与现代科学的基本原理是相合的。

青铜中的锡可以增大合金的硬度,当含锡从 15% 增至 30% 时,硬度急剧增加,增到 32%,合金的硬度达到了极大值。当含锡在 15%~20%,合金具有较大的坚韧性和抗撞击强度,不易折断。若经过退火处理,则锡的百分比可增加到 25%,否则因锡含量的增大而使合金变脆[12]。

(2)铜铁合铸的青铜技术。

所谓铜铁合铸件就是指器物的主体或部件为铁质,而与青铜合铸。如燕下都第 44 号墓出土了弩机、镦等铜铁合铸兵器 2 种 20 件。而上述中山国墓出土的铁足铜鼎,子口内敛,圆腹圆底,双附耳,下为蹄形铁足,中部有凸弦纹一道,上有覆钵形盖,盖顶有云形三环钮,系目前我国所发现形体最大和铭文最多的战国重器,它显示了中山人高超的铜铁合铸技术,至于那些刻画在坚硬青铜器上既瘦长、清秀又挺拔、圆润的文字,则证明当时人们已经能冶炼出钢制锐具。该鼎分铸而成,即先铸铁足和铜体,然后将两者合铸为一个整体。毫无疑问,如果中山国没有先进的"高温液体还原法"铸造技术及铸铁柔化处理技术,铸造如此形体巨大的铜鼎是不可想象的。特别是铁足与铜鼎体焊接部位,需要掌握比较高深的铜铁理化性质、受力特点及结构原理,所以铁足铜鼎的出土确实展示了战国时期中山人的先进铸造技术和焊接的高超工艺。

(3)复合金属的嵌铸技术。

所谓复合金属的嵌铸技术是指将有一定面积或体积的装饰材料嵌入到铜器中,它多应用在青铜兵器的制造上。我们知道,河北出土春秋晚期至战国时代的青铜剑、矛、戈比较多,如围场出土了战国青铜三穿戈、矛等兵器;北京军都山地带出土了大量以含直刃匕首式青铜短剑为其主要特征的青铜兵器;赵国青铜兵器已在河北中南部、山西北部及吉林东南部等广大区域内出土,主要有剑、戈、矛等。其中邯郸百家村出土矛为三棱形叶矛,叶部生出三面刃。另吉林省集安县出土了一把赵国青铜短剑,剑通长 30.2 厘米,剑身中部起一平脊,宽 1 厘米,厚 0.8 厘米,近刃部渐薄,断面呈扁六棱形,剑刃锋利[13]。

在对上述出土兵器特别是对赵国青铜短剑和直刃匕首式青铜短剑进行化学成分分析之后,我们发现,剑的中脊有一条明显的金属镶嵌痕迹,且剑体的中脊与侧面是用两种不同含量的合金镶嵌而成。其中脊的铜含量为 79%~86%,锡含量为 13%~17%,铅含量 1%~4%;侧面的铜含量为 80%~82%,锡含量 17.5%~18.5%,铅含量为 0.5%~1.5%,外部硬度为 201~290HV。可见,这些剑脊与剑刃含锡量不同的复合剑,是分两次铸成,即先铸剑柄和剑脊,后铸剑刃,剑脊含锡量较低,而剑刃含锡量较高,质坚利于磨锐。这就是赵国青铜短剑之所以剑刃锋利的原因。

总之,这些青铜器除拥有先进的铸造技术外,在器具装饰工艺的错金银和包金术等新技术手段中,错金银技术应用最多。错金银技术是把金、银或铜为原料的丝线嵌入铜器花纹留出的凹槽内,经加工固定打磨后,留在青铜器表面的图案则更加璀璨夺目。如错金银"兆域图"、错金银四龙龙凤方案、错银双翼神兽、错金银铜虎噬鹿屏风座、错金银犀形器座都是这个时期居多青铜器代表之作。

第三节　钢铁冶炼中的化学技术

一般认为,人类历史经历了石器时代、青铜时代和铁器时代三个阶段。铁是历史上起过革命性作用的各种原料中最后的和最重要的一种原料。在人类文明史上,炼铁技术的发明是一件划时代的重大事件。世界上最早了解到铁约在公元前 2 500 年,中国古代炼铁、炼钢技术虽然起步相对稍晚,但是它的发展却是后来居上。从公元前 6 世纪的春秋晚期起,中国人在这方面不断有独特的创造,在世界冶金史上曾居于遥遥领先的地位。从发掘的遗存看,河北地域在商周及春秋战国期间,其冶铁技术始终代表着中国也代表着世界这一领域的最高成就和先进水平。当中国经过青铜时代在世界率先跨入铁器时代并引领冶铁技术潮流的时候,中国的科学技术和生产力的步伐也大大向前超越世界其他的民族,在这里,河北地域的先民做出了自己辉煌的贡献。

一、藁城商代铁刃铜钺与陨铁利用技术

商代的墓葬,在邯郸龟台寺、内邱南三岐、磁县上潘旺、藁城台西、卢龙阚各庄等地均有发现,尤其以藁城台西最为重要。

早在公元前十三四世纪,河北地域的先民就已识别和使用了铁。1972 年藁城县台西村商代中期遗址出土的一件非常重要的铁刃铜钺,据原北京钢铁学院化验分析,铁刃的含镍量至少在 8% 以上,是用含镍较高的陨铁经加热锻打成薄刃后浇铸于青铜器身而成[14]。它是我国出土最早的陨铁制品,说明河北地域至少在商代中期就率先在我国开始使用陨铁了。当时陨铁的锻制和铁刃与青铜浇铸在一起的包套技术的掌握应用,是我国早期冶铸史上的一大创举。

陨铁器之所以在许多地区屡被使用,是因其在使用过程中显示了极好的韧性与强度(优于当时所知的一切材料),这自然会促使人们去寻找类似的原材料(自然界里与陨铁外部物理特征最相近的就是铁矿石或被炭火烧过的铁矿石),并且尝试用各种办法来探索从这些新材料提炼出铁的途径,从而可能导致最初炼铁技术的产生。

据 1984 年《中国考古学年鉴》报道,河北满城要庄西周遗址内发现一件铁器,说明河北在西周时期开始进入铁器时代。

二、春秋战国时期的铁单质与碳铁合金冶炼技术

由青铜时代向铁器时代的过渡,应是从春秋时代开始的,这主要体现在冶铁业的发展、冶铁技术的进步、铁产量的增加以及铁制工具的渐趋普及。一般认为,我国春秋战国时代的规模冶铁有块炼铁和生铁两种。块炼铁是用炭火中产生的一氧化碳气体对铁矿石中的氧化铁进行还原,得到蜂窝状且含杂质较多的块铁,为取出杂质需要反复锻打,为增加强度和韧性又需要渗碳锻打;而生铁则是在高温熔炉中生成液态或半液态的碳化铁,为增加强度和韧性又需要进行退火或氧化的减碳处理。最初的炼铁技术,则大多先从块炼铁开始,继而出现块炼铁与生铁的并行生产。

对春秋末期和战国初期的锻造铁器检验表明,所用原料就是块炼铁。易县燕下都 44 号战国晚期墓葬出土的全部锻造兵器部分锻件都可能是块炼铁产品。

到了春秋中后期,我国的炼铁技术已经达到较高的水平。在熟练地掌握了块炼法炼铁后,我国又在世界上最早发明了生铁冶铸技术。这说明最迟春秋末期出现了民间炼铁作坊,而且已较好地掌握了生铁的冶铸技术。

　　就技术而言,冶炼生铁必须具备三个基本条件:一是要有 1 200℃以上的高温;二是有足够强的还原性气氛;三是有足够大的空间。就技术的延续性而言,无论是对陨铁的加工和铸接,还是初期的块炼铁以致随后出现的生铁冶炼,无疑都是在先有的青铜冶铸作坊中进行的。商代高度发达的青铜冶铸技术,使它从矿石、燃料、筑炉、熔炼、鼓风和范铸技术等各个方面,为人工炼铁技术的出现创造了条件。较大的熔炉、鼓风器和较高的炉温已具备了可能,而最迟到殷商晚期,青铜冶铸和原始瓷器烧制已能得到 1 200℃以上的高温,这就从技术上具备了将铁矿石还原为液态铁或半液态铁的可能性。

　　生铁冶炼技术的出现,改变了块炼铁的冶炼与加工都较费工费时的状况,炼炉可连续使用,提高了生产率,降低了成本,使得大量提炼铁矿石和铸造出器形比较复杂的铁器成为可能。

　　从兴隆燕国矿冶遗址出土的大批铁锄等农具,就是由白口生铁铸成的。为了克服白口生铁的脆性,最迟在公元前 5 世纪的春秋战国之交,我国又创造了铸铁柔化处理技术。所谓柔化处理就是把白口铸铁进行退火处理,使碳化铁分解为铁和石墨,消除了大块的渗碳体,并使大量的硫、磷杂质燃烧掉,使白口铁变为展性铸铁(可锻铸铁或韧性铸铁)[15]。燕赵工匠究竟是如何取得可锻铸铁的技术方法的,张子高先生提出了三种可能[16]:第一种可能是把毛坯放在陶制罐中,周围填砂子,用泥密封使与氧化性炉气隔绝,以防止铸件高温退火时变形或氧化,然后放入炉中长期加热(最高温度达 950～1 050℃),再缓慢冷却,从而使铸件得到较完全的石墨化处理。第二种可能是将白口铁铸件埋在铁矿石或其他氧化性介质中长期加热,使铸铁表面脱碳,碳分由内层向表层扩散而得到以组织的不均匀为其特征的白心可锻铸铁。第三种可能是把铸件反复加热甚至表面鼓风,使含碳量逐渐降低。铁器数量的逐渐增加和铁器的渐趋普及,影响到两个重要的领域,即生产工具和兵器制造,促进了当时产业的分化和升级换代,促进了人们生产方式的变化,也促进了社会财富重心的转移。

　　战国时期,生产力的一大进步是铁器的广泛使用。铁器的使用推广到社会生活的许多方面,《孟子·许行章》有"许子以铁耕乎?",这是关于当时已使用铁农具的记载。河北地域这一时期的遗址和墓葬中普遍出土了大量的铁器。在这些发现中,邯郸市 24 号墓出土的小铁锄和易县燕下都 16 号墓出土的铁斧属战国早期,其他绝大多数都属于战国中晚期。石家庄市市庄村赵国遗址中出土了一批铁、石、骨、蚌生产工具,铁农具占 65%[17]。兴隆县大副将沟出土铁生产工具铸范 40 副 87 件[18],有镢、锄、镰、斧、凿和车具范等。通过对石家庄市市庄村赵国遗址铁斧和兴隆铁范进行金属学和化学分析,测知为高温液体还原法制造[19]。这些考古发掘的事实证明,铁农具在当时的农业生产中逐渐取得了主导地位,而且这一时期出土的铁器,包括从兵器到各种手工具和生活用具,种类繁多,数量激增,质量完好,出土的地点跨越河北地域从北到南的许多地区。

　　战国初期,主要以铜兵器为主。到了晚期,铁兵器的应用已相当普遍。易县燕下都 44 号墓中出土遗物 1 480 件,其中铁制的剑、矛、戟、盔、甲片等占 65%,而铜兵器只占 32.5%。通过对 9 件铁兵器的金相分析得知,其中 6 件为纯铁或钢制品,3 件为经柔化处理的生铁制品。说明战国晚期块炼法已广泛应用,并掌握了将海绵铁增碳制造高碳钢和淬火的技术。《汉书》记载:"巧冶铸于将之朴,清水淬其锋",时当公元前 60 年左右。燕下都淬火钢剑的发现,把我国掌握淬火技术的年代又提早了两个世纪[20]。

　　战国时代,钢制品已不是稀罕之物,一般锋利的铁兵器是用钢制成的,著名的剑戟也是用钢锻制的。出土的战国铁器中,钢制品占有相当比例,如 1965 年燕下都遗址 44 号墓出土的 79 件铁器中,共有锻件 57 件,其包括由 89 片甲片组成的胄一件,以及剑、矛、戟、刀、匕首、带钩等。对部分铁器的检查表明,除了个别由块炼铁直接锻成外,其余大都是块炼钢锻制的。

　　从已经出土的古代钢制品的金相考察结果来看,河北地域至迟在战国晚期已广泛使用淬火工艺。燕下都 44 号墓出土的战国锻钢件大都经过淬火处理,例如 M44:12 长钢剑、M44:100 残钢剑和 M44:9 钢戟,都是把薄钢片经过反复折叠锻打成型之后,再经过淬火,均发现有针状的马氏体组织;还有 1 件矛(M44:115)的骹部(指矛头的较细部分)和 1 件箭铤(M44:87),分别为 0.25% 及 0.2% 的碳素钢,由铁素体和球光体组成,是经过正火处理后的组织。说明当时除淬火工艺之外,还掌握了正火工艺,已能依据不同的需求,对钢材进行了不同的热处理,以改善其机械性能。

第四节　金银材料利用中的化学技术

《尚书·禹贡》提到："扬州厥贡，维金三品。"汉·孔安国注："三品，金银铜也。"夏禹时我国已产黄金和白银。《史记·平准书》中有"虞夏之币，金为三品，或黄，或白，或赤"的记载，表明司马迁认为我国在夏虞时就开始用金、银作为货币[21]。在河北地域，人们认识并利用黄金的年代最迟始于夏代，河北的夏家店下层文化遗址曾出土有金耳环。

到了商代，黄金的淘洗和加工技术已达到较高的水平。藁城的商中期宫殿遗址 14 号墓中出土有金箔。

在春秋战国时期，人们还掌握了鎏金技术。这就是将金汞齐涂在铜器表面，再经烘烤，汞蒸发后，金就牢固地附着在器物表面。这种技术的出现说明人们当时已经对金、汞及其合金的某些物理和化学性能有所了解。

承德平房、隆化周营子是战国时代燕国中期的墓葬，平房木椁墓出土了错印铜尊。灵寿中山故城址王陵区的 1 号大墓出土了许多铜器，其中造型独特，工艺精美，有很高文物价值的多是错金银产品。如，兆域图铜版是用金银镶错了一幅陵园平面规划图，还有错金银虎噬鹿形器座、错金银龙凤方案、错金银犀形器座、错银双翼神兽等。这些文物史料价值之高世人瞩目。

第五节　早期酿造化学技术的起源

酿造是加工食品的一种手段，它主要借助于一些有益微生物的活动而完成。酿造过程实际上是一系列很复杂的、通过微生物的活动而完成的生物化学变化过程。当人类从不自觉到自觉地利用微生物，为微生物的繁衍创造必要的生存、发展条件，从而达到加工食物的目的，这就创造并发展起酿造技术。

1974 年，在藁城台西村商代遗址中发现了商代中期的制酒作坊。作坊内存有大量的酒器，其中 1 只陶瓮中存有 8.5 千克灰白色水锈状沉淀物，经科学鉴定，应是当初酿酒用的酵母，只是由于年代久远，酵母死亡，仅存残壳。这是我国目前发现的最早的酿酒实物资料。在发掘中还发现，在另外 4 件罐中分别存有一定数量的桃仁、李、枣、草木樨、大麻子等 5 种植物种子，据推测它们大概是用做酿酒的原料。在 1985 年继续发掘中，又发现在酿酒作坊附近有一个直径在 1.2 米以上，深约 1.5 米的谷物储存窖穴，这些谷物经鉴定为粟。台西村商代酿酒作坊的完整发现，至少给我们三点启示：①发现的人工培养的酵母和酒渣粉末，展示了商代中期酿酒的工艺过程和水平；②根据酿酒的实物资料，可以推测当时除酿制粮食酒外，还可能也配制果酒和药用酒；③出土的酿酒具表明商代酿酒器已具有一般的配套组合。

一旦酒作为重要的食品或饮料进入人类的生活，饮酒、储存酒的器皿便应运而生。藁城台西村遗址出土了商代中期发酵或贮酒用的大陶瓮、大口罐、罍、尊、壶、斝、爵、觚等酒器。邯郸龟台遗址出土商代的爵、斝等酒器。赵邯郸城的西北百家村、齐村一带的赵国墓地，出土了壶、盉等酒具。平山中山古城和王墓，出土了属于战国中山国晚期的文物，其中铜制的壶、扁壶、方壶、刻铭圆壶、盉等都是当时的饮酒器具。唐山北城子出土的战国双铺首扁方铜壶。

注　释：

［1］　赵福寿主编：《邢台通史》（上卷），河北人民出版社 2003 年版，第 77 页。

［2］　卢嘉锡、路甬祥主编：《中国古代科学史纲·第 3 编·化学史纲》，河北科学技术出版社 1998 年版，第 249 页。

[3]　文物出版社:《新中国考古五十年》,文物出版社 1999 年版,第 45 页。

[4]　文物出版社:《文物考古工作三十年》,文物出版社 1979 年版,第 39 页。

[5]　李众:《藁城商城商代铜钺铁刃的分析》,《考古学报》1976 年第 2 期。

[6]　河北省博物馆、文物管理处:《河北藁城县商代遗址和墓葬的调查》,《考古》1973 年第 1 期。

[7]　河北省文化局文物工作队:《河北青龙县抄道沟发现一批青铜器》,《考古》1962 年第 12 期。

[8][12][15][21]　周嘉华、赵匡华著:《中国化学史·古代卷》,广西教育出版社 2003 年版,第 88,90,98,102 页。

[9][10]　文物出版社:《文物考古工作三十年》,文物出版社 1979 年版,第 42,44 页。

[11]　文物出版社:《文物考古工作五十年》,文物出版社 1999 年版,第 48 页。

[13]　黄意明、徐铮编著:《古兵器》,上海古籍出版社 1996 年版,第 64 页。

[14]　李众:《藁城商城商代铜钺铁刃的分析》,《考古学报》1976 年第 2 期。

[16]　张子高:《中国化学史稿·古代之部》,科学出版社 1964 年版,第 38—39 页。

[17]　河北省文物管理委员会:《河北省石家庄市市庄村战国遗址的发掘》,《考古学报》1957 年第 1 期。

[18]　郑绍宗:《热河兴隆发现的战国生产工具铸范》,《考古通讯》1956 年第 1 期。

[19]　华觉明、杨振、刘恩珠:《战国两汉铁器的金相学考察初步报告》,《考古学报》1960 年第 1 期。

[20]　北京钢铁学院压力加工专业:《易县燕下都 44 号墓铁器金相学初步考察报告》,《考古》1975 年第 4 期。

第十四章　古代地理知识

夏商至战国时期,中国地理学研究成果丰硕,处于世界领先地位,许多观点早于西方,或与同期的西方相比处于先进位置。如对自然现象中的风和云的形成、水体循环、潮汐发生以及地震的解释等。尤其是关于"人地关系"的"天人合一"的地理观,与当时西方过分强调神或人的作用,将人与自然对立的思想相比具有更为深远的意义[1]。这一时期,河北地域地理科学亦取得长足发展,在平山县战国时期中山国都城遗址以西的中山王墓发掘出的《兆域图》,是目前世界上发现的最早的铜版精细地图,这不仅是河北科技发展史上的一个重要事件,而且在世界科技发展史也具有重要的意义。

第一节　商周及战国时期的地理学

"地理"这个名词是在周代时期出现的,《周易·系辞》有"仰以观于天文,俯以察于地理,是故知幽明之故",这是我国古代"地理"一词的最早应用。

一、商周时期的地理知识

商代,河北地域先民就已经具有了如何正确选择适宜人类居住的地理环境的认识能力。今河北省中南部地区的山前冲积平原上已发现了许多商代聚落遗址,在这些商代聚落中,以藁城台西聚落遗址、邢台曹演庄聚落遗址最为重要。台西遗址位于藁城县城西面的滹沱河山前冲积扇上,主体文化相当于中商时期。曹演庄遗址位于邢台市内,遗址现已被邢台火车站及附近其他建筑所覆盖,主体文化仍属中商时期。这些遗址均位于太行山东麓的山麓平原,土地肥沃,水源充沛,气候湿润,易于耕作,排水通畅,无水患之忧。河北古代先民聚居遗址的自然环境特点,说明当时人们对于适宜人类居住的地理环境已有了一定的了解,并作出了正确的选择。

这一时期，我国在地理科学方面有不少成就，而且是居于世界领先行列，远在3 000年前，殷代甲骨文中已有关于风、云、雨、雪、虹、霞、龙卷、雷暴等文字记载，还常卜问未来10天的天气（称为卜旬），并将实况记录下来以资验证，这可以被看作世界上最早的气象记录之一。在卜辞中对风、雨、阴晴、霾、雪、虹、霞等天气变化都有记载，其中风有大风、小风、大骤风、大狂风等，这可以说是对风力分级的开始；雨也有大雨、小雨、多雨等名称[2]。

周代人在继承商代文化的基础上，对地理知识的认识也有所提高。他们对不同地形的观察更加细致，不同的地形有不同的名称，如山、岗、丘、陵、原、隰、洲、渚等，这些名称在《诗经》中均有记载。

二、自然地理区域分区研究名著——《禹贡》

《禹贡》是儒家经典《尚书·夏书》中的一篇，是我国早期区域地理研究的著作，也是世界地理文献中最古老、系统、最有学术价值的地理著作之一。《禹贡》文字简洁，全篇不过1 200字，其中以天然的山川作为分区的界线，把全国分为九州，即冀州、兖州、青州、徐州、扬州、荆州、豫州、梁州和雍州，其中的州名现今多数还在沿用，河北位居九州之首。

《禹贡》对河北地域内的地理环境进行了开创性的研究，其中冀州的地理状况是：

"既载壶口，治梁及岐。既修太原，至于岳阳。覃怀底绩，至于衡漳。厥土惟白壤，厥赋惟上上，错，厥田惟中中。恒、卫既从，大陆既作。岛夷皮服，夹右碣石入于河。"

这段话可分六层意思：一是指州境和范围，壶口在今山西吉州，是黄河南下的冲口，在黄河的两岸有吕梁山（今陕西韩城）和岐山（今陕西扶风），由于此处水大逆行，容易泛滥，所以大禹才有治理之举，以开河道；二是讲山泽，大禹修整先贤鲧的旧迹，治太原之水，沿流至于岳阳（指太岳山，亦既霍太山，今山西霍县东），其下游的覃怀（今河南武陟、沁阳一带）水患去而平地可以开发利用，一直到衡漳（指漳河，在覃怀之北），治水先行疏导；三是说土质，冀州的土质为白壤，由于土质是农作物的播种、生长的基础，通过分辨土质的优劣即能确定贡赋的等级；四是指田级，当时田级分九级（即上上、上中、上下；中上、中中、中下；下上、下中、下下），而冀州的田属于第五级（中中）；五是讲赋等为第二等，上上本来是第一等赋，但"错"是说可间出下一等，即第二等；六是指贡道，即居住在海上的东方民族进贡的所经之路，他们从北海入河南而向西转，碣石（今秦皇岛抚宁）恰在其右转屈之间，同时，连接黄河的恒水和卫水已经顺着河道流，大陆泽（今巨鹿县西北）也治理好了。

《禹贡》从冀州开始，分别记述了各州的山川、湖泊、土壤、草木、物产、田赋、贡品和交通运输等情况。其中对土壤的描述记载比较详尽，除谈了各州土壤的分布外，还对土壤作了分类，划出了等级。土壤分类是以土壤的颜色、质地为主要根据。土壤的颜色，比如黑、黄、赤、白、青黎等。土壤的质地，比如壤、坟、埴、垆、涂泥等。依据土壤的颜色和质地，将九州的土壤分成白壤、黑坟、赤埴坟、涂泥、青黎、黄壤、白汶垆埴等土类，每个土类里都做了肥力评价，划分了贡赋等级。这种按土壤质地和颜色把土壤分类的方法是正确的，符合科学道理，因而有很强的生命力。直到今天，创立的某些名词还在采用。在现代土壤科学中，常用的土壤质地分类是三级分类法，即按沙粒、粉沙粒、粘粒三种粒级的百分数，将土壤划分为沙土、壤土、粘壤土、粘土4类12级。对照《禹贡》中的土壤质地分类，我们看到，壤、垆、坟、埴、涂泥也是按土壤中所含颗粒大小来分的。只不过当时还不可能做到有精确的粒级百分比而已。从壤到涂泥，土壤中的颗粒逐渐变细。古人对土壤的解释是说"无块曰壤"，就是指无大块的石头和坚土，所含都是细小的沙粒，相当于沙土。"埴"，孔安国的解释是"土粘"，就是今天讲的粘土，所含颗粒比土壤要细。涂泥是泥，所含胶粒当然比粘土还细，相当于胶泥土。而垆、坟在壤与埴及涂泥之间，相当于两合土。由此可见，《禹贡》的土壤分类与现今的土壤质地分类相符合，与实际情况相符合。在二千多年前，我国能有这样符合科学的土壤分类，的确是很光辉的成就。《禹贡》采用土壤颜色和土壤质地相配合来命名的原则也是一个很好的创造。直到今天，在土壤分类命名中还在应用这个原则[3]。

三、城市规划与布局

　　城市是一个地区乃至一个国家人口、经济、文化的集中点,是人类活动能动作用于地理环境最为敏感的区域。在城镇发展的历史过程中,城市规划等地理知识得到了进一步的发展和提高。

　　春秋战国时期,河北地域出现了许多诸侯国和方国,如邢国、赵国、燕国、中山国、令支国、孤竹国等,建筑了像邺、武城、肥、鄗、代、武安等许多城镇。以邯郸为例,战国邯郸城区分为"王城"和"大北城"两大部分,赵王城由东城、西城、北城三个小城组成,平面似"品"字形。据考古报告,赵王城已修建了较为完整的防雨排水设施,其主要技术构成为:一是城垣内侧台阶面上用板瓦、筒瓦相配,铺设成斜坡状瓦面顶;二是用陶制排水槽修建的坡道状水槽道,铺瓦与排水槽道相结合,共同组成城内防雨排水设施;三是城外两侧的散水面,系用卵石铺设[4]。"大北城"位于今邯郸市区内京广铁路的两侧,主要是居民区和手工业、商业区。邯郸"北通燕、涿,南有郑、卫"(《史记·货殖列传》),是华北地区最重要的政治、经济和文化中心。由上可见,当时有关城市规划布局等方面的地理知识已经具有了一定的了解与实践。

第二节　中山王墓内的《兆域图》

　　战国时期,河北地域内的地理环境的研究成果显赫,最为突出的地理学科技成就首推在战国中山王墓发现的《兆域图》铜版,表明当时我国在制图学方面居于世界领先地位。

　　1977年冬,在平山县战国中山国都城遗址以西约2公里的一座大型中山王墓(一号墓)的发掘中,发现一幅刻划在一块长94厘米、宽48厘米、厚约1厘米的长方形铜版上的地图——《兆域图》(图2-14-1)。兆域意即"墓茔地",也就是墓域,坟墓的界址,因而此图被称之为《兆域图》[5]。在这幅图上标有"中宫垣"、"内宫垣"、"丘足"、"宫"、"堂"等图形线划符号、数字注记和文字说明,图上还刻有中山王命四十三字。图形线划之间注有距离数据。线条、符号与铭文都用金银镶错而成,是一幅制作极为精细、极为完整的墓域建筑规划平面图。从一号王墓大量出土的文物铭文来看,墓主人埋葬的时间在公元前310年左右,由此推测这幅战国时期的铜版地图距今已有2 300多年的历史。它是我国在1973年发现长沙马王堆三号汉墓中的《地形图》、《驻军图》、《城邑图》之后的又一重大发现,其制

图2-14-1　战国中山王墓发现的《兆域图》

作年代比马王堆地图至少还要早一百多年，是我国目前发现的最早的一幅地图，目前还没有发现比它时代更早、科学性更高的地图，这也表明我国古代在制图学方面处于世界领先地位。

地图在我国起源很早，据记载，西周就有原始的地图，但目前尚未见到实物。至战国时期，制图技术获得了迅速发展和提高。因为春秋战国时期诸侯割据、战事频繁，为了战争和统治民众的需要，各国都绘制有本国的地图，无论在军事、经济建设等方面都已离不开地图的使用。地图的内容也比较详细，地图的种类也不限于一种，仅《周礼》一书记载的地图至少有 7 种以上，《周礼·地官司徒》称"凡民讼以地比正之，地讼以图正之"[6]。

平山县出土的战国时期中山国《兆域图》是地图的一种类别，它是属于墓域规划的平面地图。从中山国出土的文物来看，当时生产水平已经很高，制铜冶铁技术十分发达。在此基础上，才有可能在铜版上制作出这样精细的地图，不仅反映出当时的冶铸技术，而且也反映出制图工艺相当精细。

地图的基本要素包括图形符号、比例尺、方位和经纬度等内容，在《兆域图》上除了经纬线外，其他地图要素都有不同程度的表示，已具备了平面地图的基本要求。

一、图形和线划符号

线划符号是地图最基本和最重要的一种表示形式，地面物体一般总是通过线划和符号来表示。在《兆域图》上，"门"、"堂"、"宫"都用图形符号表示，宫垣和宫均用银宽实线表示，墓丘底边用银细线表示，堂用金宽实线表示。《兆域图》的中心部位有"堂"五个，是图的主题，中间三个大堂，分别为"哀后堂"、"王堂"、"王后堂"，大小相等，均为"方二百尺"，"堂"与"堂"之间相隔"百尺"。在大堂的东西两侧还有两个小堂，分别为"夫人堂"、"口堂"，面积均为"方百五十尺"，堂的名称与大小尺寸都用文字注在方框内，五个"堂"都用封闭粗体实线表示，没有门。《兆域图》有"宫"四个，大小相等，也用粗体实线表示，宫的南面都有同等大小的一个门。"丘足"在图中是唯一用细线条表示的一种图式。"丘足"没有门，是一条封闭线，因此它不可能是围墙的建筑，所谓"丘"是墓丘，由封土堆成，"丘足"是墓坡的坡足。据"丘足"与大"堂"之间的文字注记，"丘平者五十尺，其坡五十尺"及与小"堂"之间的文字注记，"丘平者四十尺，其坡四十尺"。"丘平者五十尺，其坡五十尺"是指大堂前墓丘平台的长度为"五十尺"以及墓丘平台至丘足的斜坡地也为五十尺，同样"丘平者四十尺"均为小"堂"前墓丘平台的长度，"其坡四十尺"指平台至丘足的斜坡地的长度。由此可知，"丘足"不是建筑物的图形，而是起坡点的一条基准线，即至五个堂的斜坡均由"丘足"一线开始。由于它不代表地面物体，所以用细线条表示。

从《兆域图》的线条符号和文字注记的图面配置来看，是非常严格的，各部分很协调，图形也十分美观，反映了制图技术与制图艺术的结合，对该图的清晰度起到很好的效果。

二、地图的比例尺

地图上的线段长度与实地相应线段长度之比。它表示地图图形的缩小程度，又称缩尺，古称"分率"。《兆域图》上表示的图形线划符号之间的距离都标有建筑物各部分的实际尺寸。全图共有数字注记 38 处，以"尺"为量度单位的数字注记 24 处，以"步"为量度单位 14 处，在"丘足"线以外的用"步"来表示，在"丘足"线以内的，以及"宫"、"堂"都用尺来表示。这是到目前为止世界上所发现的最早用数字注记表示的地图。

《兆域图》虽然没有标明比例尺，但是数字注记的本身就带有一定的比例。图上的数字注记对我国战国时期地图的距离表示方法和量算方法提供了实物依据。从《兆域图》的铜版原图量得的实际长度，"哀后堂"的东西边长 8.670 厘米，"王堂"为 8.686 厘米，"王后堂"为 8.86 厘米，图面数字注记距离均为"方二百尺"，如按战国尺的长度折合，则为 4 500 厘米，图面量算距离与"堂"的数字注记距离之比约为 1:500。由此可知，该图是采用五百分之一的比例绘制的。这种表示方法在当时是十分先进的。

三、方位和地势

　　方位古时也称"准望"，是地图的基本要素之一。《兆域图》上并没有指明每一边的方向，但是从地图的内容及其表示形式可以确定本图是有一定方位的。《兆域图》上的"中宫垣"、"内宫垣"，上方中间的图形符号有"门"的文字注记，说明这个符号是"门"，在四个宫的上方也有门的图形符号，图上表示的门都在上方。"堂"在图上虽然没有门，但根据中山王墓发掘表明，墓室门在南，也就是说门是朝南的。自新石器时代以来，我国居住屋舍以及古代宫殿大门大都是朝南方向的，因此，无疑本图上方应指向南，图的下方应指向北，左东右西。1973 年长沙马王堆出土的《驻军图》明确标明上方为南，左方为东，所以很可能当时的地图，上南下北已形成规律，无须在每幅图上指明，这正好像现在出版的地图，绝大部分没有上北下南的指向，只有当方向变换时，才指明方向。

　　《兆域图》除有一定的方向外，还具有严格的对称关系，所有的"堂"、"宫"、"丘足"的基准线以及图形线条之间几乎都是对称的，甚至连注记的排列也是对称的。地图的这种表达形式，说明了制图的严格性。

　　地势古称"高下"。《兆域图》虽然是平面图，但也简单表示地势的高低和坡度，并用文字注记来说明其地势、坡和长度，"丘平者五十尺，其坡五十尺"，"丘平者四十尺，其坡四十尺"，就是反映地势、坡和长度的一个表达方式。"丘平者五十尺"指的就是"堂"前的高平台，"其坡五十尺"即是平台前的斜坡地。由此可知，五个"堂"都应该在高平台上。根据中山王墓一号墓的发掘，墓穴封土果有台阶，可能就是高的平台，王堂所在。

　　综上所述，《兆域图》是河北省科技发展史上的一个重要事件，刻划在铜版上的《兆域图》是过去从未有过的，它不仅便于保存，而且成图后图面的变形和伸缩较小，有利于正确计算距离。目前所知，世界上保存最早的是在巴比伦北面三百多公里的加苏古城发掘出来的距今约 4 500 年的巴比伦世界图，刻划在只有巴掌那么大的一块陶片上。另一块是距今约 3 400 年的埃及金矿图，这些图的范围都很小，图形粗略，只是原始的形象地图，都无法与《兆域图》那样精细的图形，详细的数字注记和文字说明相比较[7]。

注　释：

[1]　黄华芳等：《地理科学发展》，西安地图出版社 2004 年版。

[2]　殷玮璋等：《中国远古暨三代科技史》，人民出版社 1994 年版，第 115 页。

[3]　中国科学院自然科学是史研究所地学史组：《中国古代地理学史》，科学出版社 1984 年版。

[4]　曹国厂：《考古发现两千年前战国时期中国城市已修建排水系统》，《新华网》2011 年 4 月 12 日。

[5][7]　孙仲明：《战国中山王墓〈兆域图〉的初步探讨》，《地理研究》1982 年第 3 期。

[6]　申先甲：《中国春秋战国科技史》，人民出版社 1994 年版，第 4 页。

第十五章 古代地质知识

夏商西周时期,对矿物岩石认知得以丰富和深化,以认识和利用金属矿物为标志,如鉴评铜矿、锡矿、铅矿、金矿、铁矿和汞矿等方法和技术逐步完善;对非金属矿物岩石,如陶瓷原料的矿物和岩石、玉石原料的矿物和岩石认知和利用也都有了快速发展。

第一节 矿物岩石认知的深化

一、金属矿物认知

1. 铜器和铜矿物

铜是人类最早发现和利用的有色金属。中国是世界上最早识铜、采铜、炼铜的国家之一,长期的实践积累了一定的认识铜矿物和矿床的知识。最早发现能制造铜器的铜矿物是自然铜。

1955 年,唐山大城山遗址中我国最早(距今 4 000 年前)发现的两块穿孔铜牌就是由自然铜经过打制(不经冶炼)而成[1]。颜色呈铜红色,故自然铜也叫红铜矿,经过打制后,铜片很薄,表面不平整。

2. 青铜器和铜矿物

在河北地域,最早的青铜器是在磁县下七垣第三层发现商代早期的青铜器,有铜镞两件,扁四棱体,通长 6.3 厘米[2]。

在藁城台西村发掘出商代中期青铜器共 74 件,器形除作为武器的镞外,还有手工业工具刀、凿、钻、锥、捕鱼工具鱼钩及衣着上铜扣等。另在磁县下七垣遗址中还发掘出商代晚期大量较大型精美青铜器,如夔龙蛹纹鼎高 24.4 厘米;夔龙纹簋,高 12 厘米;云雷纹卣,高 25 厘米;饕餮纹卣,高 25 厘米;饕餮纹尊,高 25 厘米;觚,高 32.7 厘米;爵,通柱高 20.8 厘米[3][4]。

此外,发现的商代铜器还有北京昌平雪山出土的铜刃、铜簇,房山琉璃河遗址出土有铜耳环、铜指环,天津蓟县张家园出土有铜镞、铜刀、耳环,唐山霍神庙出土有铜斧、铜刀、铜矛等。

铜虽然含量丰富,熔点较低,但由于铜质较软,不适合制作坚硬器物,于是产生了铜与锡或铅合金的青铜器物。而锡矿的特点是熔点低(230℃),延展性强,容易冶炼加工成坚硬的青铜器,故锡成为人类最早利用的金属矿物之一。但目前在河北地域铜矿遗址中尚未发现含锡矿块。

3. 金器和金矿物

中国时代最早的金器发现于北京昌平雪山夏代遗址,金器以喇叭形金耳环最富特色,距今 4 000 年[5],时代稍晚的还有藁城台西商代中期墓中出土有云雷纹金箔,厚不到 1 毫米,贴于漆器上。此后还有商代晚期北京平谷刘家河出土有 1 件喇叭形金耳环、金臂训及金笄等。秦皇岛卢龙闫各庄,也有商代晚期墓出土的金腕饰(臂训)。太行山区早就有采金炼金历史,在"管子"一书中就有河北产金的记录,在《山海经》中还指出河北"临城县敦与山产金"[6],采金的矿物主要为自然金。

4. 银器和银矿物

据《河北省考古五十年》中记载，在1974—1978年发掘的战国时期中山国灵寿故城王陵墓葬中，有丰富的铜器、陶器、玉器等随葬品，许多铜器中都镶有银质，如错金银虎噬鹿形器座、错金银龙凤方案、错金银犀形器座，还有以银制作的错银双翼神兽等，这是河北地域内最早出土的银器物和镶银制品[7]。

在《山海经·山经》中曾列举出银之山有10处，《禹贡》也记载梁州贡银。《山海经》、《禹贡》皆为战国时作品，可知当时我国人民已能认识和利用银矿，目前河北地域尚未找到战国时的银矿产地，但根据矿床共生矿物的理论，在铜金矿床开采中，会有共生的银矿物，作为副产品而开采出来。组成银矿石的矿物主要有自然银和辉银矿。

5. 铁器和铁矿物

（1）天然陨铁。中国最早使用的铁器是用天然陨石制成的。1972年，藁城台西商中期遗址中发现1件铁刃铜钺，通过化学分析证明刃口部分是古代熟铁，铁刃非人工采炼，系陨铁锻造而成[8]。1977年，北京平谷刘家河也发现了1件商晚期铁刃铜钺，也为陨铁锻造。对陨铁的使用，也预示着对铁矿物认识已有良好的开端。

（2）铁矿物和铁器。战国时期铁器已普遍使用。1953年，兴隆出土了战国时期铸造工具的铁范87件，重达380斤[9]。冶铁业的繁荣，使一些人以铁冶成业，富埒王者。《史记·货殖列传》中记载"邯郸郭纵以铁冶为业，与王者埒富"，说明冶铁业很是繁盛。公元前386年建都于邯郸的赵国，冶铁业位居全国首位，邯郸被称为"冶铁都"，由冶铁而成富豪者不乏其人。1965年，在易县燕下都出土的1 880件文物中铁制器物达974件之多，包括社会生产和生活的各个方面使用的铁制品。

二、非金属矿物岩石认知

在阳原于家沟遗址已发现了早于1万年的陶器[10]。进入夏商西周时期，随着社会经济的发展，制陶业也取得很大的发展，制造出大量的生活和生产工具，并已能较普遍生产出薄如蛋壳的黑陶或白陶。

1. 陶瓷矿物原料及原始瓷器

制陶原料大致可分为两种，一种是泥质陶器，另一种是夹砂陶器。而制作所有陶器的矿物原料有多种，包括正长石和斜长石两大类，其中又有正长石、钠长石、钙长石、钙钠长石、钠钙长石等多种矿物。而不同种类长石，来源于不同地质条件地区，因此测定长石的种类和含量可以得出古陶产地的矿产信息。

随着制陶选材和工艺技术的发展，陶器表面出现了玻璃质的光亮层就是釉。釉的出现说明制陶工艺向着制瓷工艺迈进，出现了原始瓷器，制瓷原料必须是高岭土（或叫瓷土），其含铝高，含钾、钠少，含铁更非常稀少，因而熔点高（1200℃以上），釉是由熔融而覆盖在陶或瓷的表面上的玻璃质薄层，是一种复杂的硅酸盐混合物。

釉可使表面平滑光亮，防止坯体污染和渗透，又使其坚硬和稳定，釉的矿物成分主要是石英、长石、方解石、白云石、滑石和锆英石等。一般瓷胎的矿物原料主要为石英、长石、蒙脱石、方解石、白云石、软锰矿、磁铁矿、钛铁矿等。

原始瓷器的起源可以追溯到商代。在藁城台西遗址中出土了大量具有原始瓷的釉陶器，共发现172块釉陶片，胎质细腻而坚硬，叩之有金石声，釉的颜色主要有豆青、豆绿、黄、棕等4种。

2. 玉器的矿物岩石原料

玉是我国远古人类在利用选择石料制造工具过程中,经筛选确认其适于雕琢,具有珍宝性的一类工艺矿石,是天然产出的颜色美丽、温润而有光泽的矿物集合体。在河北地域内早在新石器时代中期姜家梁遗址就发现了制作精细、造型美观的玉猪龙玉器。在新石器晚期唐山大城山遗址中也发现了玉器,说明对"玉"矿物的质地、硬度、光泽和玉感等已有了初步的认识。

在商周时期人们已能用铜器来制作玉器,玉石雕刻种类和数量都很繁多,玉石原材料也很丰富。如商代中期藁城台西遗址出土的玉器共 32 件,是商代最早的玉器,类型有玉蝉、玉鸟、玉刀及柄形玉饰,凸字形玉饰、鸟形玉饰、玉斧、玉笄、棒形玉饰、玉凿、玛瑙环、绿松石片、绿松石珠及玛瑙珠等。在玉石原料组成的矿物中,除有的水晶、玉髓、玛瑙、蛇纹石、滑石、石英等外,新增加了珍贵的绿松石矿物。绿松石是含水铜铝的磷酸盐矿物,又叫土耳其玉,颜色为苹果绿或绿灰色或天蓝色,蜡状光泽[11]。藁城出现的绿松石,可能是我国最早出现的绿松石。

在磁县下七垣第二层(商代中期)遗址中也发现了精美玉器墨玉笄,晶莹细腻,长 11.6 厘米,矿物原料为墨玉。

在中山国墓地出土的玉器中,属于战国中期者为数最多,其纹饰与其他战国中期玉器的特征相符,主要有玉龙佩、玉璧、玉环、玉龙首珩等。战国晚期玉器纹饰最突出的特点是清一色谷纹或乳丁纹,谷纹"头"大而且"芽"短,排列整齐,主要是陪葬墓的玉璧[12]。关于中山国玉器的矿物原料,可能为蛇纹石、岫玉、软玉、玛瑙、玉髓、碧玉等。

"完璧归赵"的故事众所周知。从矿物学角度去看和氏之璧,一些研究者认为它可能是长石类矿物中的一种月光石[13],由于组成月光石的钠长石和钾长石晶体几乎是按平行的层状排列,引起了光的特殊反应,因而表面具有柔和的淡蓝色乳状光,非常美丽。在《韩非子·和氏》一段中,说明这种宝石的特点:"侧而视之色碧,正而视之色白。色混青绿而玄,光彩射人。"这种奇妙的变彩闪光,就是矿物学上所说的异彩、色变和色幻。

第二节　地质作用的认知和利用

能引起地球(主要是地壳)成分、构造和表面形态变化的作用就是地质作用。在夏商西周及春秋战国时期,给人最为深刻的印象莫过于洪水和地震。古代人类关于地质作用的知识,最初就是在与洪水和地震等自然灾害斗争中获得的。

一、大禹治水及流水作用

按《尚书·尧典》、《史记·夏本纪》等文献记载,在帝尧统治时期发生了一次大的洪水灾难。滔天洪水泛滥,淹没广大地域,经历时间很长(有人计算达 22 年之久),给当时人们的生产和生活造成了极大的危害。

1. 大禹治水

当时帝尧任用崇伯鲧治理洪水,鲧用堵水的方法治理 9 年,结果以失败告终,被帝尧处死。后来舜帝派鲧的儿子禹治理洪水。禹治水 13 年,改堵水为疏导,劈山导河,按先南后北,先上游后下游,先主流后支流的顺序,并根据水源、地势、流向、流径入河(海)口进行疏导。一是把散漫的水中主流加宽加深,使水有所归。二是沮洳的地方疏引使干。三是在黄河下游,利用地势,疏导为数十条支流,后世就叫九河。以后由于人口渐密,日日与水争地,加之流水沉积作用,遂逐渐埋塞,最后变成独流。四是治水的过程,还发明了凿井的技术,从而使水井通上下,又使广大较干旱地区,及时能得到地下水的补充和利用。

2. 流水的侵蚀和沉积作用

治理洪水必须了解水源、水势、水情、水质,也必然会接触到流水作用与地貌地质的关系,及其侵蚀与沉积的问题。如《周礼》有:"善沟者,水漱之"的记载,"漱"就是冲刷的意思,即地表泥沙被流水带走形成的侵蚀作用。对于流水的沉积作用,《周礼》中有"大川之上,必有涂马","涂"是堆积的意思,即流水作用形成的堆积地貌。对于侵蚀与沉积作用的关系《国语》中有:"夫天地成而聚于高,归物于下。"《庄子》也记有:"川竭而谷虚,丘夷而渊实",指出了高处侵蚀、低处沉积这一侵蚀与沉积的基本规律。

流水可以改变地表形态,反过来地形对于水流也有制约作用,《管子·度地》有:"夫水之性以高走下,则疾至于漂石,而下向高即留而不行。"[14]这一规律应用于水利建设中,就需要"凡沟必因水势,防必因地势;善沟者水漱之,善防者水淫之"。即利用水流本身的侵蚀能力冲刷沟渠,利用流水对泥沙的搬运和堆积作用自行加固堤坝。

战国时期,魏西门豹治邺,就是充分利用修建渠道的功能,据《史记》记载,魏文侯时,西门豹为邺(今邯郸临漳)令[15],主持治理漳河水患,他揭穿河伯娶媳的鬼话,利用水流的规律,开渠十二条,引漳水灌田,既根除了水患,又把当时盐碱地改良成适宜种植的良田,这些水利工程一直沿用了一千多年。

二、地震与地质作用的认知

地震这一自然现象,很早以前就引起了人们的注意。在我国的许多古籍中,都有关于地震的记载。今本《竹书纪年》载:"黄帝一百年地裂,帝陟。"这是最初地震的传说。同一书中,还记载了夏代末期的三次大地震:"帝发七年陟,泰山震"。"帝癸十年,夜中陨星如雨,地震,伊洛竭"。"帝癸三十年,瞿山崩。"[16]按帝发亦名后敬,帝发七年为公元前1831年;帝癸亦名桀,夏桀十年为公元前1809年,夏桀三十年则为公元前1789年。如果以此作为我国地震的最早记载,则距今已有3800年的历史。

正史中关于地震的记录,最早见于《国语》:"幽王二年,西周三川皆震。伯阳父曰:'周将亡矣,夫天地之气,不失其序;若过其序,民乱之也。阳伏而不能出,阴迫而不能蒸,于是有地震。'""幽王二年",即公元前780年,"三川"指泾水、渭水和洛水。这里还记下了当时人对于地震成因的认识和地震名词的起源。

在河北地域内最早的地震记录是公元前231年战国赵幽缪王五年发生的地震,据《史记》卷43《赵世家》记载:(赵幽缪王)五年,代地大动,自乐徐以西,北至平阴,台屋墙垣大半坏,地坼东西百三十步。六年,大饥。民谚言曰:"赵为号,秦为笑。以为不信,视地之生毛。"代指代国地,辖境相当于今河北、内蒙古及山西北部一带。国都在今张家口蔚县东北。公元前476年为赵襄子所灭。乐徐在今保定易县西南,平阴在今山西阳高东南[17]。

对地震成因的解释,如前所述,周幽王二年的地震,太史伯阳父用阴阳学说来解释地震的成因,认为由于阴阳两气失调而引起地震,他用自然界本身固有的阴阳两种力量的相互排斥与消长,解释了自然界偶然现象的形成。伯阳父以地震原因在于阴阳失调的解释是我国今日见之于文献的最早的关于阴阳学说的记载。伯阳父以阴阳学说来解释地震成因,这已是对阴阳学说的开始启用[18]。

我国古代的地震认识的突出特点是地震史料极其丰富。这些史料以其延续时间长、连贯性好,记载现象真实和内容丰富而著称于世。观天测地自伏羲氏始,历代都有专人进行,黄帝时的羲和,夏商时的重黎(可能是官名),周代的商高、伯阳父等。所以我国上古时代就累积了丰富的地震知识,这在地震现象观察与记载中亦看得十分清楚。

第三节　文献中的地质知识

春秋战国时期各种著作数量众多,地质知识内容丰富。在大量的文献中,既有传说及著述资料的整理汇编,又有对自然界直接观察的实践经验总结。流传至今的著作文献,主要有《山海经》、《禹贡》,以及《周礼》、《管子》中的部分章节。

《山海经》和《禹贡》是中国最早对当时所认识自然界进行较为系统和广泛的描述,涉及自然地理、经济地理、地质、矿产、人文、动植物等方面,包含着很有价值的古代地质科技内容。

一、《山海经》及其地质内容

在我国古代浩如烟海的文化典籍中,《山海经》是相当独特的一部,它涵盖了上古地理、地质、天文、历史、神话、气象、动物、植物、矿产、医药、宗教等方面的诸多内容,可以说是上古社会生活的一部百科全书。

《山海经》顾名思义,它是以山为经,以海为纬来记述上古社会的,书中的"山海"观念囊括了名山棋布的海内华夏和四海之外的广大世界。《山海经》共18卷(图2－15－1),分五藏山经、海经、大荒经三部分,其成书年代不尽相同,山经成书最早,大概是春秋末年(公元前五世纪);其余两部分,后来陆续补成[19]。

《山海经》的体制采用了类似地质学野外调查方法,即顺序路线地质法,按方向逐点向前推,进而没有距离控制。《山海经》以河南西部山岳为中心《中山经》,四周为南山《南山经》、西山《西山经》、北山《北山经》和东山《东山经》,以山列为线索,对全国疆域的自然地理、经济地理作了提纲挈领的记叙。共记460座山,分为26列。此书记述了山岳的位置、走向、距离;河流的源头、流向以及湖泊、沼泽;动植物的形态、性质及其医药保健功效;矿物岩石的色泽、特色、产地;地形、气候以及神话传说等内容。

图2－15－1　河北地域及邻区山脉
分布示意图

其中《北山经》主要记述了河北和内蒙古、山西各地区山川地貌形势、动植物及矿产。《北山经》原文指出:"北次三经之首,曰太行之山。其首曰归山,其上有金玉,其下有碧(绿色的玉)。"意思是说:北山第三列山系的最南端山脉是太行山。太行山最南端的山名叫归山。这座山的山顶蕴藏有丰富金矿和玉石。山脚有很多青绿色的玉石。

此书记述金属矿物共14种,产地170多处;记述玉、石以及非金属矿物58种,产地270多处。两项合计,岩石矿物72种,产地440多处。此书把矿产划分为:金、玉、石、土等四大类。这是世界上最早的一个分类。仅就岩矿知识而论,《山海经》比古希腊最早的专著要早一二百年。

公元前5世纪,中国人已认识到天然磁石的磁性。《吕氏春秋》就有"慈招铁,或引之也"[20]的记载。到了公元前3世纪,有了利用天然磁石制作的"司南"。《韩非子》中就有"先王立司南以端朝夕",端朝夕就是正四方,定方位。

二、《禹贡》及其地质内容

　　《禹贡》成书于战国初期(公元前5世纪),是《尚书》中的一卷,全书共1 200字,分九州、导山、导水、五服四个部分[21]。传说是大禹治水后,画了一幅全国疆域示意图,附有文字说明,铸于鼎上,以叙其功。鼎上铭文就是图注。更合理的解释是孔颖达的注:"禹贡,禹制九州贡法。"这么说,《禹贡》是征收贡赋的法律条文的解释文字。《禹贡》是一篇高度概括的文字。它以河流、山脉、大海为自然分界,把当时中国疆土划分为九州:冀、兖、青、徐、扬、荆、豫、梁、雍;并对九州的自然条件作了区域对比,记述了黄河、长江两大流域的自然地理与经济地理。作者记述的目的是标明贡法。之后,又对全国山系与水系作了有条有理的记述。《禹贡》记述金属矿物6种,即铅、金、银、铜、丹、镂,非金属矿物与岩石12种,即盐、怪石、浮磬、琨、瑶、砺砥、砮、磬错、砮磬、球、琳、琅玕。这种岩矿名称,除"球""琳"两个玉石名称不见于《山海经》外,其他都相同。即使"球""琳",也可能名异而实同。就岩矿知识比较,《禹贡》比不上《山海经》详备。

三、《周礼》及其地质内容

　　《周礼》也是春秋末年的著作,其中《考工记》是百科全书式的著述,它主要概括了当时的手工技术成就,间接反映了地质知识水平。

　　《考工记》说:"国有六职,百工与居一焉"。百工当中,就是青铜冶铸的工匠,"攻金之工六"。书中还说:"郑之刀、宋之斤、鲁之削、吴粤之剑,迁乎其地而弗能为良,地气然也。"作者在这里强调的,不是冶金技术,而是"地气然也"。这就是说,这四个地区的金属器具与武器,之所以是上乘佳品,是由金属矿物原料的质地所决定的。间接表明了金属矿床成分、品位有高低优劣之分的思想,确乎难得。说矿床与地气有关,涉及矿物与矿床成因,显然受了道家学派或元气学派思想影响。

　　随着冶铁生产的发展,人们开始使用煤这种新燃料。因为炼铁要有1 100℃以上的熔化温度,植物燃料很难办到。最早关于煤的记载是《山海经》:"女床之山,其阳多赤铜,其阴多石涅。"石涅就是煤。先秦采煤与用煤的实物没有发现,但从西汉炼铁遗址看,如河南巩县铁生沟冶炼工地遗址发掘的煤块、煤渣、煤者。

　　水对农业的利害关系,很早就为人们所认识。《山海经》中写河曲,只有11个字:"河,百里一小曲,千里一大曲。"这段精彩文字,是对河曲成因及其发育规律的探索性分析。它从细致观察入手,把河曲与河床坡度、水流缓急、泥沙沉积、水动力作用等多种因素作了综合分析,很有点辩证思想。

注　释:

[1]　谢飞:《泥河湾》,文物出版社2006年版,第321—322页。
[2]　河北省文物研究所:《藁城台西商代遗址》,文物出版社1985年版,第62—91页。
[3]　河北省文物管理处:《磁县下七垣遗址发掘报告》,《考古学报》1979年第2期。
[4]　罗平:《河北磁县下七垣出土殷代青铜器》,《文物》1974年第11期。
[5]　唐锡仁、杨文衡主编:《中国科学技术史·地学卷》,科学出版社2000年版,第74—75页。
[6][19]　方韬译注:《山海经》,中华书局2008年版,第1—271页。
[7]　河北省文物研究所:《河北省考古五十年》,文物出版社2000年版,第46—48页。
[8][9]　李众:《中国封建社会前期钢铁冶炼技术发展和探讨》,《考古学报》1975年第1期。
[10]　李仲均:《古籍中记载的铁矿产地》,载《中国古代地质科学史研究》,西安地图出版社1999年版,第106—107页。
[11]　张文骥:《宝石学》,香港艺美图书公司1980年版,第88页。
[12]　杨建芳:《平山中山国墓葬出土玉器研究》,《文物》2008年第1期。

[13]　郝用威:《和氏璧探源》,《地质学史论丛(二)》,地质出版社1989年版,第28—35页。
[14]　乐爱国:《管子的科技思想》,中国科学技术出版社2004年版,第118－121,126—128页。
[15]　邹逸麟:《春秋秦汉郇城古址考辨》,《殷都学刊》1995年第2期。
[16]　王仰之:《中国地质学简史》,中国科学技术出版社1994年版,第16－17,63—64页。
[17]　河北省地震局:《河北省地震资料汇编》,地震出版社1990年版,第5页。
[18]　唐锡仁、杨文衡:《中国科学技术史·地学卷》,科学出版社2000年版,第112—113页。
[20]　崔建林、黄华:《国粹科技文明》,中国物资出版社2005年版,第255—257页。
[21]　《文物中国史》编委会:《文物春秋战国史》,中华书局2009年版,第207—224页。

第十六章　古代采矿科技

夏代是河北地域古代金属矿开采技术的渐生期,商代矿山开拓方法分露采、竖井开采和井巷联合开拓,春秋战国时期凿岩工具的发展较快。河北地域内出土的矿冶遗物说明,河北先人制陶、矿物利用以及冶炼等活动非常活跃,有的发现了熔铜炉残存,有的出土了青铜器、陨铁及铸铁器具,反映了河北地域先民采冶技术的先进,表明了古代采矿技术的发展。

第一节　古代矿产采冶

一、夏代时期的矿产开采利用

1. 铜矿采冶

夏代的采矿遗址目前尚未发现,商代矿山开拓方法分露采、竖井开采和井巷联合开拓,在考古发掘和文献记载中,仅见一些夏代及与之年代相当的冶铸遗址和冶铸遗物。河北地域内在夏代,辽宁凌源县与建平县交界处的牛河梁发现的两处冶铜遗址值得注意(图2－16－1),原认为属红山文化。但是,其出土的炉壁残片的年代经北京大学考古系热释光测试为3 000±330年~3 494±340年,属夏家店下层文化,约当夏纪年时期[1]。通过考察研究了牛河梁遗址的炼铜技术,证明牛河梁冶铜遗址的炼渣是炼铜渣而非熔铜渣,冶炼的产物是红铜,冶炼方法为吹管鼓风炼炉冶炼氧化矿石。牛河梁冶铜遗址虽然未见铜矿石出土,其矿石来源尚不能确定,但其周

图2－16－1　牛河梁发现的两处冶铜遗址

围有喀左上滴答水、建平马架子,凌源的烧锅地、八家子、杨杖子、柏杖子等数个铜矿点,遗留有时代不明的旧矿坑[2]。各铜矿点的地质状况基本相同,赋存高品位的氧化铜矿石,脉石多含蛇纹石、透闪石、阳起石、绿泥石等含镁矿物。蛇纹石等含镁矿物多呈绿色,与孔雀石、黑铜矿、赤铜矿共生。牛河梁冶铜遗址炼铜渣含镁较多,为矿石带入,因此,牛河梁的矿石来源可能来自这些附近的古矿区。

值得注意的是,属于夏家店下层文化时期的唐山大城山遗址中发现的两块铜牌,铜质呈红色,形

状为梯形,上端有两面穿成的单孔。经分析,两块铜牌铜片的含铜量分别为 99.33% 和 97.97%,另有少量锡、银、铅、镁等杂质。此铜牌没有经过人工铸造,而是直接敲打出来[3]。推测河北先祖在远古时期,在收集石料制作石器时,偶然发现的一些天然纯铜块,按照加工石器的经验,制作成铜牌一类的小件装饰品。

河北地域内目前出土过夏家店下层文化时期的矿冶遗物的地方还有一些,如唐山小官庄石棺墓中发现了青铜铸造耳环 1 件[4];滦南县东庄店、东八户遗址出土了筒腹鬲和罐形鼎;北京昌平雪山出土小铜刀和铜镞各 1 件;张家口出土有鹿首青铜短剑;内蒙古赤峰药王庙遗址中发现了碎小铜渣[5];房山琉璃河夏家店下层文化墓葬中发现了铜耳环、铜指环[6];河北大厂大坨头出土铜镞 1 件[7];卢龙阚各庄、昌平雪山、蓟县围坊、张家园、平谷刘家河等地也出土有喇叭状耳环、金臂钏等,其产生时代大体上都处于夏纪年之内。这些遗址中发现的熔铜炉残存,或是出土的小件青铜器,均反映了华夏民族铸造技术的先进性,自然其中也反映了采矿技术的初步发展。

文献上也有一些关于夏代用铜的记载,既然用铜,少不了先要采矿和冶铜。《墨子·耕柱篇》曰:"夏后开(启)使蜚廉折金于山川,而陶铸之于昆吾。"谓"折金"乃开采铜矿,必然要有擅长"折金"的矿工。按:昆吾,一个古老的部族,为祝融后裔。先在许昌,后迁濮阳西北,曾为夏伯,是当时的强大诸侯国,擅长制陶和冶铸,是夏朝最重要的支柱之一。商汤推翻夏朝,伐灭昆吾[8]。濮阳、辉县一带,地处太行东麓,有丰富矿藏,《山海经》早有记载,而且被现代地质勘探所发现。

2. 石料开采利用

在夏代遗址中,普遍发现了石铲、石镰、蚌镰、蚌刀、骨铲等农业工具。邯郸涧沟遗址,在一个大型锅底形坑中发现石铲整残 150 件,石镰也有 50 件左右。在邯郸磁县下七垣遗址第三层中出土 73 件农具,其中石镰有 20 件。据统计,邯郸龟台发现的 3 个灰坑中,仅石镰、石铲就占出土石器的 65% 以上[9]。保定容城午方遗址出土了石斧、磨棒、磨盘、纺轮等生产生活器具。邢台葛庄遗址发现房址 6 座,窖穴、灰坑 120 座,出土了石刀、石铲等农业生产工具和斧、凿等手工业工具。唐山大城山遗址石器以石环、长条形双孔石刀、细石器等为代表。

3. 玉料开采利用

夏代的玉器制造已经达到了较高的水平。在河北地域内,凌源牛河梁遗址大金字塔出土了大批玉器,一座中心大墓里出土了大玉环、勾云形班次佩、玉箍、手镯。特别是出土的一对玉龟,一雌一雄,相配成对,另一座积石冢也发现了伴有 20 余件玉器的墓葬。阳原姜家梁遗址发现了制作精细、造型美观的玉猪龙。唐山大城山遗址中也发现了玉器,说明对"玉"矿物的质地、硬度、光泽和玉感等已有了初步的认识。

4. 陶土开采利用

在夏代,陶器是当时贵族统治者乃至一般平民的日常主要生活用具,但制陶技术更显成熟,器型种类也丰富多彩。从具代表性的二里头文化考察总结,先祖们制作和使用的陶器可分为炊器、食器、食品加工器、盛储器、水器、酒器,比较夏代以前还有新见器型。这在河北地域内的"下七垣文化"、"先商文化保北类型"、"河北北部龙山文化"各遗址中都有所表现。在制陶原料方面,人们已经大致认识到,以粘土为原料作坯经炽烧制成的是泥质陶器,在粘土内掺入一定量的砂粒或碳酸钙矿物粉末、蚌末及其他羼材料作坯烧制成的则成为夹砂陶器等。对陶土的开采则有性质上的和有目的的选择。

还须特别提到的,牛河梁遗址女神庙出土了一尊完整的与真人一样大的陶塑玉睛女神头像和 6 个大小不同的残体陶塑女性裸体群像,是典型的蒙古利亚人种,是我国迄今发现的最早的神像,被称为"东方维纳斯女神"。也是历史上最早的使用黄土模拟真人塑造的 5 000 年前祖先的形象。

二、商代时期的矿产开采利用

1. 世界上最早的铁器——台西商代铁刃铜钺

繁衍于河北大地的商代(公元前16—前11世纪)人,在中华地域内率先用陨铁制造了兵器。河北的先祖认识了铁的性质,并加以利用,开启了中国古代铁制用具之先河。当时所用的原料为铁陨石,而非铁矿石。

1972年,在石家庄市藁城台西村的商代遗址(据碳同位素测定,遗址形成于公元前1 520±160年的商代中期)中发现一件铁刃青铜钺[10]。铁刃青铜钺是兵器,形似板斧,比斧大,全钺残长11.1厘米,阑宽8.5厘米。铁刃宽6厘米,在铜外部分已经断失,铜身夹住的部分约厚2毫米,深10毫米。制作过程先是将陨铁锻造成薄刃后,浇铸青铜柄部而成[11]。

经过冶金学的分析鉴定,结果表明:"铁刃中没有人工冶铁所含的大量夹杂物,原材料镍含量6%以上,钴含量在4%以上。更为重要的是,尽管经过锻造和长期风化,铁刃中仍留有高低镍、钴的层状分布,高镍带风化前金属镍含量达12%,甚至可能在30%以上。这种分层的高镍偏聚,只能发生在冷却极为缓慢的铁镍天体中。根据这些结果以及与陨铁、陨铁风化壳结构对比,可以确定,藁城铜钺的铁刃不是人工冶炼的铁,而是用陨铁锻成的。"是不需经过冶炼而能直接利用的"天然铁块"。

台西商代遗址出土的铁刃铜钺,是目前发现的我国年代最早的铁器,距今约3 400多年。是世界上最早的铁器,也是人类最早使用和制造的铁器。

在此遗址中,特别是发现了铁矿石和经冶炼的铁矿渣,是目前世界上发现的年代最早的冶铁实物,它证明早在3 400多年前,石家庄一带的先民已经掌握了冶铁技术。

在此遗址中,还发现有金器及贴于漆器上的金箔。可见当时的黄金加工技术也已经很高。

北京市平谷县发现的商代铁刃铜钺:实物为长方形,残长8.4厘米,宽5厘米,直内(内指接柄处)上有一圆孔,孔径为1厘米,刃部以残损和锈蚀,经X光透视,铁刃包入铜内的根部残存约1厘米,铁刃残部经光谱定性分析,其含镍量为1.9%~18.4%之间,在当时,陨铁是先被锻造成约2毫米的薄刃,然后与青铜身一起浇铸,使铁刃和铜身融为一体,钺身一面平,而另一面凸,系由单范浇铸而成[12]。这是在河北地域内发现的第二个以陨铁为原料的铁刃铜钺。

综上所述,在商代中期至周初的数百年间,我国经历了一个始于河北的开发利用陨铁的阶段,为开发利用铁矿石积累了经验。据中国地震局第一监测中心王若柏的研究,大约在距今4 000~5 000年间,从晋北到冀中的广大区域,曾有规模很大的陨石雨降落。从时间上分析,这次降落的大量陨石很可能就是河北从商代中期(距今3 500年左右)开始利用的铁陨石。

藁城县台西村的商代遗址、北京平谷县商代墓葬出土的铁刃铜钺说明,河北地域的先祖在中华大地上率先用陨铁制造了兵器。

2. 广泛出土的商代铜器

商代,青铜器的种类更为齐全,属于武器的有戈、矛、钺、镞等,属于生产工具的有镬、铲、锛、凿、鱼钩等,此外还有车马器和乐器,但最多的是生活用具。商代铜器有所谓"中原风格"之说,河北南部出土铜器与"中原风格"相一致。河北地域内,发现的商代青铜器是磁县下七垣第三层商代早期的铜镞两件[13]。在藁城台西村发现了商代中期青铜器共74件,器形除作为武器的镞外,还有手工业工具刀、凿、钻、锥、捕鱼工具鱼钩及衣着上铜扣等[14]。在磁县下七垣遗址中还发现商代晚期大量较大型精美青铜器,如夔龙蛹纹鼎、夔龙纹簋、云雷纹卣、饕餮纹卣、饕餮纹尊、觚、爵等[15]。

此外,相当商代发现的铜器还有北京昌平雪山出土的铜刃、铜簇、北京房山琉璃河遗址有铜耳环、铜指环,天津蓟县张家园有铜镞、铜刀、耳环,唐山苞神庙有铜斧、铜刀、铜矛等。

3. 河北地域发现时代最早的金器

由于人们发现和使用铜矿和青铜器较早，又是金黄色，所以将铜叫成"金"，真正的金则多用"黄金"表示。我国的时代最早的金器发现于北京昌平雪山遗址和甘肃玉门火烧沟遗址，前者为夏家店文化下层。金器以喇叭形金耳环最富特色，时代为距今 4 000 年，时代稍晚则是平谷刘家河商代晚期墓也出土 1 件喇叭形金耳环，同时出土还有金臂钏、金笄。卢龙阁各庄商代晚期墓出土金腕（臂钏）[16]。还有藁城台西村商代中期墓中出土有云雷纹金箔，厚不到 1 毫米，贴于漆器上。

4. 发现制造白陶、瓷器的新型原料——瓷土和高岭土

商代陶制品呈现向两级分化的极端发展趋势。作为一般平民使用者，种类趋于简单化，制作也不精，常见的无非是鬲、簋、豆、盘、罐、瓿、瓠、爵、盆等近十种。而贵族阶层享用陶器则趋于礼器化，不仅造型众多，纹样别致，器类齐全。并且烧制工艺有新提高。始见于龙山文化时期的白陶，藁城台西遗址、下七垣遗址均有出土，其中台西遗址出土的白陶，胎质细腻而坚硬，表面光滑，吸水率低，火候较高。首先必须肯定，白陶的烧制需要一定的窑室温度（在 1 000℃的高温下烧成），商代陶匠成功改变穴窑结构以控制温度获得突破。其次更为重要的，白陶必须采用含铁量在 2% 以下的瓷土或高岭土作原料也是先祖的一个新的发现，一个新的利用，不少学者认为这是陶器呈现白色的关键所在。白陶的强度、耐火性、吸水率与一般陶器比较，都已发生了质的改变，它代表了当时制陶工艺的最高水平。

瓷器是在制陶工艺发展的基础上发明出来的。尽管白陶已是质地坚硬，胎壁薄匀，色泽洁明，纹样精美，但由于烧成温度仍未达到完全"瓷化"的程度，也还是"陶器"。瓷器的胎是用高岭土制成的，经成型、干燥、施釉、焙烧而成，烧制温度在摄氏 1 200 度以上。

三、西周时期的矿产开采利用

1. 河北地域主要产铜地

从铜器铭文、文献记载和考古资料看，西周铜矿采冶地主要在我国南方，但北方也出现了一些规模较大的采冶场。

西周时期，"戎狄"之地的内蒙古赤峰市林西县大井是重要的铜基地，1974 年，这里发现了西周时期大规模的采铜炼铜遗址。

内蒙古赤峰林西为东胡地。1985 年在赤峰宁城小黑石沟墓葬出土的一批青铜礼器，年代不晚于西周中后期。有一件"许季姜簋"属许国某一兄弟的专用礼器，项春松认为，是周厉王时期，中原许国作为友好往来送给东胡民族的礼品[17]。"许季姜簋"的出土告诉我们，许国立国期间，正是东胡民族强盛之时。林西大井的铜料可能也进贡到中原周王室，许国用外来铜料铸造青铜器，其中的某些作为方国友好往来的礼品。

赤峰林西县大井铜矿遗址：内蒙古赤峰是"红山文化"、"夏家店文化"的发源地，东胡、契丹等古代北方游牧民族在这里诞生。大井铜矿遗址于 1974 年发现，遗址位于林西县大井村。铜矿类型属裂隙充填式，矿脉走向北西，共有矿脉百余条。矿石主要类型为含锡石、毒砂的黄铁矿—黄铜矿，占全矿区总储量的 95% 以上。古矿区面积约 2.5 平方公里，地表可见古采坑 47 条，足见当时采矿规模之宏大。据 C14 年代测定，属夏家店上层文化，约相当西周至春秋早期[18]。近年来在大井周围的内蒙古、辽宁、河北出土了与大井铜矿同期的多件铜器和炼铜遗物，反映了大井在中国北部青铜文化中所起的作用。

2. 河北地域内的西周青铜器出土遗址

太行山以东的河北平原地区西周遗址主要有：磁县下潘汪和界段营、邯郸龟台、大厂大坨头、唐县

南伏城、元氏西张村、满城要庄、邢台南小汪和葛庄等遗址。元氏西张村出土铜器和玉器39件,其中铜器34件,分礼器、兵器、工具和车马器等。礼器包括鼎、瓶、簋、尊、盘、盉、卤和爵等。葛庄西周墓地发掘墓葬200多座,车马坑20多座,出土一批铜器等重要遗物。

夏家店文化主要分布在燕山山地至军都山一线。承德、唐山、张家口等地发现数十处遗址。滦平县苘子沟发掘土坑墓70余座,出土文物千余件。其中墓中出土了铜、骨、玉、石装饰品和青铜工具、武器等。死者颈下多佩"鄂尔多斯"青铜器,有蹲踞虎形、蛙形羊形等动物形象的牌饰和各种形制的短剑、铜泡等[19]。

另外,商周时期,人们已掌握利用多种矿物颜料给服装着色和利用植物染料染色的技术,能够染出黄、红、蓝、绿、黑等色。利用矿物原料着色的方法称为"石染"。矿物染料,染红色的有赤铁矿(又名赭石)、朱砂;染黄的有石黄;染绿的有空青(又名曾青、石绿)、石青(又名大青、扁青)。

四、春秋战国时期的矿业发展

至战国时期,由于社会经济制度的变革,社会上对于铁器的需要量增加,使铁矿及其他矿种的开采、冶炼和铸造成为一种关系国计民生的重要手工业。战国中期,铁器在农业和手工业中取代了铜器的主导地位,铁矿山遍布七国。据《山海经·中山经》和《管子·地数篇》说,这时"出铁之山三千六百九",此数固不足为凭,但可知这时被发现的铁矿是较多的,规模也较大。钢铁的应用给采矿业注入新的活力,使采掘作业获得前所未有的高效工具,大大提高了矿山劳动效率。

1. 兴隆县燕国冶铁遗址中发现铁工具——范

作为人工炼制的铁器,最早出现于约公元前7世纪的春秋战国时期,这一时期的冶铁技术已达到了相当高的水平。春秋末期广泛采用的熔炼法的生铁冶炼技术和战国早期发明的铁糅化技术是冶铁技术的重大突破,中国出现生铁的时间比外国早1800年,已能炼铁成钢并掌握了淬火技术。如1955年在石家庄市的市庄村的赵国遗址中出土的铁器计47件,铁农具已占全部农具的65%;1953年在兴隆燕国冶铁遗址中发现的铁工具——范,其中,有25副钁范,占总范数的89%。经检验是白口组织,即高温炼出的铁水浇铸成型的[20]。用铁范铸出壁厚仅3毫米不到的薄壁铸铁件,是一项十分卓越的技术成就,铁范的应用在冶金铸造史上占有重要的地位。

2. 保定易县燕下都遗址与铁制工具

1965年在易县燕下都城址内有冶铁遗址3处,总面积达30万平方米,出土的战国晚期1480件文物中,铁制器物达974件之多。铁器种类基本包括了社会生活的各个方面:有炊事用具、成套的手工业生产工具和农具、车马器、兵器、防护用具、刑具、服饰品、铁料等[21]。经科学考察后得知,至迟在公元前3世纪初,块炼法已经流行,并创造了用这种方法得到海绵铸铁增碳来制作高碳钢技术。另又发现了淬火钢剑、淬火钢戟、淬火钢矛,将我国已知的淬火技术的年代提早了两个世纪。战国时期的块炼渗碳钢及淬火技术由此可见一斑。考古工作者在此遗址中发现了熔铜铸钱手工作坊遗留的焦渣和炭渣,证明战国时期我国已将煤炭用于冶炼业,是煤炭作为能源最早发现。目前所知,全国先秦时期用煤遗迹仅此一处,说明当时的煤炭开发利用仅限于局部地区。

战国时期已广泛使用铁制农具,促进了农业发展和水利工程建设。公元前422年,西门豹任邺县(今磁县、临漳、安阳一带)县令时,修建"漳水十二渠"引漳水灌溉农田,是当时全国著名的水利工程之一。

3. 河北兴隆金矿遗址

兴隆县金属矿产资源主要有金、银、铜、磁铁、铅、锌等。1984年在西沟庄发现战国时期的采金遗址,距1956年发现战国生产工具铸范的地方仅10公里。遗存为两处凹陷露天采区,均位于山坡上,两区相距 200 米。采掘带沿金矿床走向布置,而且选择在矿床较宽且距地表浅的矿段内开采,仅回采金矿脉,没有开凿基岩。一采场堑沟东西长约 20 米,南北宽约 0.5～1 米,深约 0.5～3 米,沟帮有坡角。二采场堑沟未完全揭露,可见长约 30 米,宽约 0.3～0.5 米,深约 2～3 米[22]。由此可见,这么窄的采掘带是需要一定开拓技术的,同时反映了古人经济实用的采掘思想。

采场内出土的遗物有凿岩工具铁锄、铁斧等。装载工具木条簸箕、苇蓆等。铁锄、铁斧的形制与兴隆 1956 年出土的战国铁范铸造出来的器物相同。

4. 邯郸赵国铁冶业的兴起

战国晚期,北方铁冶业极盛,而以齐(山东)、赵(河北)两国为尤者。齐国建都淄博,据有淄河两岸的"朱崖式"铁矿;赵国建都邯郸,据有"邯郸式"铁矿。这两种类型的铁矿,至今在我国的铁矿床类型中,还占有重要的位置。

赵国铁冶业的兴起,当较齐国为晚,但有后来居上之势。公元前 386 年迁都于邯郸的赵国,冶铁业位居全国首位,邯郸被称为"冶铁都"。在赵国由冶铁而成为富豪者不乏其人,据《史记·货殖列传》记载:"邯郸郭纵以冶铁成业,与王者埒富。"[23]其时当在战国晚期。"蜀卓氏之先,赵人也。因铁冶富。秦破赵,迁卓氏。卓氏见虏略,独夫妻推辇,行诣迁处。诸迁虏少有余财,争与吏,求近处,(处)葭萌。唯卓氏曰:'此地狭薄。……'乃求远迁,致之临邛,大喜,即铁山鼓铸,运筹策,倾滇蜀之民,富至僮千人。田池射猎之乐,拟于人君。"[24]这条史料表明,卓氏的上一代,是赵国的大铁冶主之一。具有经营铁冶业的丰富经验。秦破赵(公元前 222 年)后,把卓氏迁往四川,并根据他自己的要求,安置在川西的邛崃县,就地冶铸。邯郸冶铁业之盛,早已名载史册。

5. 发现的金饰和金器

战国时期,黄金的开发利用更为广泛。在河北地域内的两处战国遗址中有金饰和金器。一是位于平山县上三汲村一带的中山灵寿故城王陵墓葬遗址中,有错金银铜虎噬鹿形器座、错金银龙凤方案、错金银犀形器座以及用金、银银嵌在铜版"兆域图"上的建筑位置及铭文,显示了黄金加工技术之精湛。中山国国势强盛后,开始铸造自己的"成白"刀币,在国都,还有专门仿铸燕、赵货币的作坊。灵寿县的一座战国墓中出土了 4 枚金贝,装在一个铜鼎内[25],说明黄金在当时已经成为非常贵重的货币。另一处是易县燕下都第 30 号墓,出土的刻铭记重的金饰件 20 件(据此推测,燕国衡制中的 1 斤约合 253 克),曾发现有铸造明刀钱的遗迹。涞水西武泵村发现了一批燕国晚期的刀币,分尖首刀和匽字刀两种[26]。

第二节　古代采矿技术

一、夏代金属矿采矿技术

我国古代金属矿的开采技术始于何时今尚难详知,因夏之前的采矿遗址迄今为止不仅在河北地域就是在全国还未发现,当时采矿技术的具体情况更是不得而知。夏以前的原始社会时期出土的大量石器,还只能是采石及其活动,从科学意义上讲还不能称为"采矿技术"。但从考古发掘的采矿遗址判断,河北地域大体上是在夏代,夏代是河北地域古代金属矿开采技术的渐生期。

二、商代时期的采矿技术

从考古资料看,商代矿山开拓方法分露采、竖井开采和井巷联合开拓。矿工们已能根据较松围岩的地质条件,利用当地丰富的林木资源,就地取材,用木框支护井巷,采用构架支护工艺。凿岩工具则是使用小型锛、凿类铜质工具,这类工具与木柄相配套,成为采掘的复合工具。矿山提升已不是单靠人力,而是使用木制滑轮这种简单的机械装置。商代晚期的采矿炼铜技术已有较大的规模和较高的技术水准。此期出现的以井巷联合开拓法及规范化的井巷支护为特征的地下开采,标志着采矿技术已经初步形成。

1. 矿山测量技术

我国是使用原始测量工具较早的国家之一,在长期的治水过程中,我们的祖先很早就创造了自己的测量学。测量术一般包括铅垂测量与水平测量;水准测量术是原始居民认识了自然水平面后产生的;古代与水利测量有关的记载至迟可上推到大禹时期。《史记·夏本纪》载:"禹乃遂与益、后稷奉帝命,命诸侯百姓兴人徒以傅土,行山表木,定高山大川。……左准绳,右规矩,载四时,以开九州,通九道,陂九泽,度九山。"[27]"准绳"和"规矩"所说的就是现今工程技术人员所用的铅垂线、规和矩,也是古代文献中关于测量工具的较早记载之一,"行山表木,定高山大川"可以理解为随山势地形,来确定测量标杆的方向、位置、密度。在辅以规矩准绳、方向、高差都决定于标杆的准确程度。不仅谈到了测量工具,而且说到了测量方法。

矿山测量的主要内容是测定井巷等工程的位置及其有关尺寸,其中亦包括巷道定向,测定各种距离等。最早最原始测定距离的方法是步测[28]。对距离较小的测量最初的方法是以人手的一拃为准的,一拃即为手掌伸开大拇指到中指的指尖距离,可以理解为一个单位。这一方法至今在民间的生活、生产的诸多方法还随时随处可见。

2. 露天采矿技术

人们常把采矿方法区分为露天开采和地下开采两种。人类最早采用的是露天开采,大约在新石器时代及到夏代,我国金属矿开采都是以露采为主。即便是现代科学技术高度发达的今天,露采还仍然适用。

古代露天开采的优点是铜矿资源利用充分,回采率高,贫化率低,但需剥离大量废石。为了减少剥离工作量,有效地采掘地层深部的矿石,古代矿工依据地形和矿体赋存特征,采取以地下开采为主的矿区开发方式,即开凿隧道,进行系统的山地工程开发。

林西县大井古铜矿遗址属于夏家店上层文化时期,对上层炼炉旁木炭标本的 C14 年代测定,其年代为距今 2 970 ± 115 年。遗址的上层是此遗址偏晚的堆积,故其遗址的始初年代将会更早。所以这一古铜矿的开采,应是从商代就已经开始了。大井古矿的矿苗距地表很浅,古代采坑全部是露天开采的遗迹。在各采坑范围内均发现有陶片、石器、骨器、孔雀石等,有的采坑附近还发现炼渣、炉壁碎块等,现已发现 40 余条采坑,最长的 500 米。在 4 号采坑的中段试掘了 13 米,其矿坑上宽下窄,坑口宽 3 ~ 7 米,深 7 米以上,在矿坑中出土的石器、炼渣、炼炉壁残块、孔雀石及生活用具,在坑口附近发现 3 座房基,是与采矿有关的[29]。

3. 地下开拓技术

一般而言,早期铜矿开采,是由浅入深,先露采,后坑采。当矿体赋存深度较大,矿体厚度较小,剥离工作量较大,露天开采经济效益低于地下开采时,则用地下开采法,这一基本原则自古到今仍然遵循,是不可改变的。考古发掘资料表明,商代的地下开拓方法有两种:(1)单一开拓法:即主要用一种方式,或竖井、或斜井、或平硐来开拓巷道;(2)联合开拓法:即用以上其中两种或两种以上的方式来开拓巷道。

(1)单一开拓法。其又包括两种方式:竖井开拓法(其井筒断面一般略呈矩形)、斜井开拓法(主要用于追踪地表露头且倾斜延伸的矿层);(2)联合开拓法。其又包括 3 种方式:槽坑与竖井联合开拓法(是一种边探矿边开拓的方法)、竖井→平巷→盲竖井联合开拓法(这种开拓法与上述方法的开拓进程相反）、竖井→斜巷→平巷联合开拓法。

4. 矿井支护

为了控制地层的顶压、侧压、地鼓,维护井筒或巷道围岩稳定,防止采空区出现坍塌事故,古代矿师摸索出一整套行之有效的支护方法。最简单的井巷支护便是木架支护,它是沿竖井井帮或巷道道帮用木材、竹材、荆笆等构成支架和背板的地下结构物。由于自然条件、文化背景和操作习惯的不同,各矿山井巷支护结构亦各具特色。

商代矿山井巷支护技术主要有如下表现:一是支护木已有选材标准;二是从支护木构件的形状和尺寸看,已有统一的规格标准,避免了构件太小参差不一而导致的施工困难,便于统一制作,统一组装;三是井巷支护的方框采用杆件组成,杆件间的榫卯节点或碗口节点的接触面,当被井巷围岩变形所产生挤压时,使节点牢固结合。

考古资料证明,商代矿山井巷支护工艺既符合维护采空区地压的功能要求,又注意到安装、施工等方面的便利,反映出古人对木材的受力状态有着较深的认识。显然,这是古代采矿匠师经历了长期实践、反复分析和比较,最后选择和确认的一种用于松软围岩的、经济合理的井巷支护形式。

5. 矿井开凿施工

竖井开凿施工方式:为了凿井施工安全和便于及时支护,古人一般将井筒全长分成若干井段,在每个井段中,先由上向下掘进,然后由下向上支护井壁,支护完后再按同样的步骤及工艺进行下一段作业。这种先挖后支的单行作业方式,只需一套提升设备。在当时的技术条件下,采用这种作业方式是合理的。

平巷开凿施工方式:平巷凿岩施工一般同竖井相同,也采用先挖后支法。将巷道全长分成若干个巷段。在每个巷段中,进路式向前掘进,然后架厢,支护完后再掘下一段巷段。

6. 采掘工具

以青铜生产工具为代表的商代生产力水平,使当时手工业、农业生产呈现出一系列相应的特点,采矿业也不例外。采掘工具是衡量采矿技术水平和生产规模的标尺之一。关于商代青铜农具,主要有铜锛、铜凿。采掘工具有木锹、木铲、木撮瓢、竹筐、竹篓。提升工具主要有木滑车和弓形木。矿山排水主要采用提升法,先将井下水汇集于水仓,然后将水吊到地表排走,排水工具有木水槽和木桶。

藁城台西商代遗址发现的水井支护由木材以井木方式垒成,在井底支护木质井盘。井底内外有两层井盘,内盘"井"字形,由两层圆木两两相互叠压而成,井盘所用圆木除两端削平外,没有更多加工。井木方式支护水井和方框支护矿井的作用相同,都是为了防止井筒围岩坍塌。

三、西周时期的采矿技术

西周时期的找矿探矿技术设施,根据内蒙古林西县大井矿山遗址发现的遗存,是一木制淘沙盘、探矿竖井、探槽。其找矿方法基本上与商代相当,即淘砂盘重砂找矿法、浅井法及探槽法,但比较而言使用得更加广泛和娴熟。

西周时期的露天开采技术已有较大的发展。主要表现是:迄今发现的商代铜矿山,都是在比较松软的矿体内开采氧化铜矿;西周时期,内蒙古林西县大井矿山[30]已是在坚硬的矿体中较大规模地开采铜、锡、砷共生硫化矿石。大井古铜矿中的47条古采坑,经清理过的古采坑情况见表2-16-1。

表 2 - 16 - 1　内蒙古林西县大井古铜矿古采坑情况

采坑编号	长(米)	宽(米)	深(米)	采坑编号	长(米)	宽(米)	深(米)
1	59	1 ~ 11	7.5 ~ 17	8	12	2 ~ 5	~ 20
2	75	4 ~ 10		9	90	3 ~ 5	
3	22	5		10	53	2 ~ 4	
4	130	1 ~ 10		11	140	1 ~ 5	
5	85	2 ~ 5		12	75	2 ~ 3	
6	53	2 ~ 5		13	82	1 ~ 25	
7	27	3		14	195	1 ~ 4	

　　大井的岩石破碎方法依然是"锤击楔入"法,即用钎楔入矿岩的节理或裂隙中,用锤来锤打钎、劈裂矿石,然后直接锤击开采工作面(又称掌子面)。古矿坑内出土的采掘工具有1 060余件,种类较多,主要是石锤和石钎,系用花岗岩和玄武岩的砾石粗打而成。石锤腰部都有一个磨出的凹形槽,以便捆上棍棒,当作把柄。石锤有大、中、小3种。大型石锤长达30厘米,重7.5千克,主要与石钎配套使用。小型石锤长不到10厘米,重不足1千克,使用方便。石钎有斧形钎、片状钎、凿形钎3种式样。斧形钎呈楔形刃,钎长30厘米。凿形钎体窄刃尖,呈四棱或多棱状。虽然生产工具简陋,技术较为原始,然而工匠已经有了娴熟的技艺,掌握了一套追踪富矿的方法,并根据矿岩的物理机械性质,采用"锤与楔"的方法,把坚硬的矿石开采出来。

　　大井的露天开拓方式采用了凹陷露天矿,露采沿矿脉走向采凿。露采封闭圈最长者达500余米,最宽者达25米。开采深度一般为7~8米,最深者达20米。由于矿脉急陡,为了减少剥离量,采用了陡坡开拓,以至边坡非常陡峭,最终边坡角为70°~90°。如此陡峭的边坡至今仍存,证明先民们已能分辨围岩的稳定性程度。

　　在采矿生产工艺方面,大井古矿山采用掘沟与坑采结合,即在露天采场底部进行平硐开拓,这样,既采掘了底部的富矿,又省去了另开废石堑沟工作量的程序。

　　排土场选择在靠近露天采场附近的废矿坑或露天采矿场两边,在不妨碍矿山生产和边坡稳定性的前提下,充分利用了废地分散堆置,缩短了运输距离。排土采用填充法或人造山排土法。

　　林西大井地处长城以北的偏远地区,当时开采硫化铜矿已达相当规模。对它周围的内蒙古、辽宁、河北接壤地带的社会发展起到了重要作用。

四、春秋战国时期的采矿技术

　　以兴隆金矿遗址发掘情况为例,春秋战国时期凿岩工具的发展是较大的。其中最值得注意的:

　　(1)采凿工具以青铜为主,兼有部分木石器,青铜工具的重量较西周明显增加。大型铜斧的出现和悬挂式采掘法的已经使用;

　　(2)铁工具的使用。采矿用铁制工具最早在春秋中期,战国时期铁制工具如镈、斧、锄、锤、耙等,大量使用起来。铁工具代替了铜工具是划时代的变革;

　　(3)火爆法约发明于新石器时代,当时是用于采石活动中。在战国遗址中发现火爆法用于铜矿采凿中,其作用在对坚硬岩层的开凿中充分显现出来。

　　周代矿山金属采掘工具的发展历程是从小型铜斤、铜斧到尺度厚重的大型铜斧;从青铜件到熟铁锻件和铸铁件,再到高强度韧性铸铁件采掘工具。认清这一发展历程,有助于对周代采矿技术能不断演变递进并达到宏大规模有一个清晰的认识。

　　这一时期露天开采的特点是:(1)规模较大的采坑明显增多。林西大井古铜矿露采封闭圈最长者达到500余米,最宽者达25米。(2)采掘深度增大,且在坑底两侧转入地下开采,这是前所未有的。

开采深度一般为 7~8 米,最深者达到 20 米,最终边坡角为 70°~90°。

采掘工具:从兴隆战国矿山出土的金属采凿工具看,主要工具皆为铁器,计有斧、锤、锄等,器物种类明显增多,这自然是采掘工具发展的表现。木工具,如木撬棍等,皆处于辅助地位。这些采掘工具绝大多数是在巷道发现的。

铁斧:均为铸件,长方形直銎,两侧有铸缝,全长 11 厘米、刃宽 8 厘米、銎深 7 厘米。木柄系直装,全长 47 厘米、内入銎 7 厘米。其形状是斧,但其使用方法却往往如凿如钻;开采时需用铁锤或木槌打击铁斧的木柄柄端;如是,因长期锤击之故同,木柄上端便产生出"翻毛"状木纤维,且明显地保存着。为了防止在锤击时木柄开裂,木柄上端有 4 道篾箍保护木柄。

铁锤:形制大小各异,总体呈圆柱状,中部横腰有一带状凸起,中穿长方銎,铸件。铁锤高 13.7 厘米、最大直径 10 厘米,木柄长 64 厘米,锤重 6 千克。操作时,一人掌锤,一人握斧,相互配合开凿矿石。

铁锄:铸铁件,凹字形,刃呈凸弧形。某标本全长 12.2 厘米、銎宽 13.5 厘米、刃宽 12.2 厘米;以平木板插入銎部,板长 28 厘米,中部偏上凿一长方孔以纳木柄。

注 释:

[1][2] 李延祥等:《牛河梁冶铜炉壁残片研究》,《北京科技大学学报》增刊。

[3] 河北文物管理委员会:《河北唐山市大城山遗址发掘报告》,《考古学报》1959 年第 3 期。

[4] 安志敏:《唐山石棺墓及其相关的遗物》,《考古学报》1954 年第 7 期。

[5][9] 唐锡仁、杨文衡主编:《中国科学技术史·地学卷》,科学出版社 2000 年版,第 58—59 页。

[6] 琉璃河考古工作队:《北京琉璃河夏家店下层墓葬》,《考古》1976 年第 1 期。

[7] 天津市文物局考古发掘队:《河北大厂回族自治县大坨头遗址发掘简报》,《考古》1966 年第 1 期。

[8] 金正耀:《晚商中原青铜的矿料来源研究》,研究生毕业论文,第 4—14 页。

[10] 夏湘蓉、李仲均、王根元:《中国古代矿业开发史》,地质出版社 1980 年版,第 21 页。

[11] 《河北藁城台西村商代遗址发掘简报》,《文物》1979 年第 6 期。

[12] 张先得等:《北京平谷刘家河商代铜钺铁刃的分析研究》,《文物》1990 年第 7 期。

[13] 河北省文物管理处:《磁县下七垣遗址发掘报告》,《考古学报》1979 年第 2 期。

[14] 河北省文物研究所:《藁城台西商代遗址》,文物出版社 1985 年版,第 62—91 页。

[15] 罗平:《河北磁县下七垣出土殷代青铜器》,《文物》1974 年第 11 期。

[16][23][24] 唐锡仁、杨文衡主编:《中国科学技术史·地学卷》,科学出版社 2000 年版,第 74,734,37 页。

[17] 项春松:《"许季姜簋"及其铭文初释》,《中国文物报》1994 年 6 月 19 日。

[18][30] 李延祥、韩汝玢:《林西县大井古铜矿冶遗址冶炼技术研究》,《自然科学史研究》1990 年第 2 期。

[19] 《文物考古工作三十年》,文物出版社 1979 年版,第 40—47 页。

[20] 夏湘蓉、李仲均、王根元:《中国古代矿业开发史》,地质出版社 1980 年版,第 29—30 页。

[21] 河北省文化局文物工作队:《河北易县燕下都故城勘察和试掘》,《考古学报》1965 年第 1 期。

[22] 王峰:《河北兴隆县发现战国金矿遗址》,《考古》1995 年第 7 期。

[25] 文启明:《河北灵寿县西岔头村战国墓》,《文物》1986 年第 6 期。

[26] 《河北涞水西武泵村出土燕国货币》,《文物春秋》1991 年第 1 期。

[27][29] 唐锡仁、杨文衡主编:《中国科学技术史·地学卷》,科学出版社 2000 年版,第 7,72 页。

[28] 王嘉荫:《中国地质史料》,科学出版社 1963 年版,第 250 页。

第十七章　古代中医学科技

对古代中医学发展,河北先民作出了卓越的贡献。藁城台西商代遗址出土的我国最早的砭镰,以及许多骨针等文物证明:殷商时期医疗用具、医药药物、诊疗技术已经在河北地域出现。在中医药物方面,发现有桃仁、郁李仁、杏仁等药用物品和酒的储藏与运用。这一时期,是河北的古代中医学的运用处于快速发展的时期。西周、春秋、战国时期,在早期的医学理论的总结方面尤为显著,是我国历史上中医学飞跃发展时期。出现了中国最早的临床医生扁鹊,也是我国有史记载的最早的医学家。

第一节　疾病预防与药物知识

一、对疾病的诊治

夏代的河北,有关医药学方面的记载较少。商代对疾病的诊治、器械的使用已经比较先进。西周时期对疾病的认识有了较大进步。在我国现存的早期文献已有相关的记载。

1973 年河北藁城台西村发现了商代遗址,遗址中共发现卜甲 91 件,未见有医疗方面的记载。但在墓中发现了 44 件石刀,器形复杂,形态各异,分为八式;石斧 54 件,以器形不同分为四式。推测这些石器不仅作为日常生活使用的工具,而且也可能是切除脓肿,施行剖腹产等的医疗工具,这些文物的出土为研究河北乃至中国中医药外治的起源提供了重要线索,是研究我国医学发展历史的宝贵财富。

1. 砭镰割疮疡技术

在藁城台西村商代遗址的第 14 号墓葬中发现 1 件石镰,其形制与过去发现的商代用于农业生产的石镰无大差异,但未见安装手柄的痕迹。砭镰出土于一座商代中期的长方形竖穴墓内。砭镰形状近似现代的铁镰,外缘弯曲钝圆,内缘锐利,长 20 厘米,最宽处 5.4 厘米。整个砭镰完整,仅柄端稍有磨损(图 2 - 17 - 1)。

砭镰是砭石的一种,因其形似镰刀而得名。根据医疗工作切割肿疡和泻血等手术的需要,必然要借助于有刃口锋利的刀、镰之类的工具。因而砭镰的出现很可能是从生产工具的镰刀直接演化的结果。在石器时代以后的长期历史过程中,砭镰虽然逐渐由石器发展为以金属制成的多种镰刀状医疗工具,并且外形也有不少改变,但是砭镰的主要形态特征和其基本使用方法却始终流传于民间,不绝如缕地被应用和延

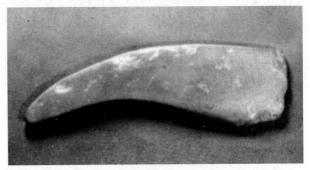

图 1 - 17 - 1　台西村商代遗址出土的砭镰

续下来。《周礼·天官·冢宰》分医生为五类,其中有一类即是"疡医"。扁鹊有云:"病在血脉者,治之于砭石。"可见,商周时期砭镰多用于割治肌肤之表层痈疡。故余云岫说:"凡石之有锋廉者,皆可以

用以破痈疡,其制至粗,其用惟以破伤肌肤耳。"[1]台西村商代遗址出土的这件砭镰正好佐证了余氏的说法。

从医学发展史上看,这件石镰的出土情况极为罕见,它是作为奴隶主的殉葬品而放在一件漆盒里特别是在奴隶主贵族的墓葬中作为一种殉葬品将其放在特制的精细漆盒中,说明墓主人生前对它是相当重视和喜爱的;而在奴隶制等级悬殊的阶级社会中,这种砭镰当然决不可能是普通劳动人民日常生产用的工具。但是根据上面所说的砭镰的特征作为医疗方面的用途,却是完全有可能的。估计或由于墓主人生平嗜好医学,或因曾以砭镰治愈过墓主人所患病症等原因而将其作为殉葬品。

2. 骨针与刺病

台西村商代遗址出土了16件骨针,惜大部断残,仅有五件完整,分2式。一式:2件。器身中段圆形,柄部半圆形,有穿,长13厘米。二式:3件。器身弯曲,两端有尖,长10.8厘米[2]。这些一端有锋另一端无孔的针具,是当时被用作刺病的工具。从砭镰到骨针,表明医疗工具开始出现专业化的发展趋势,针对不同部位的疡病,施用不同的医疗器具。因此,这种医用工具的出土,不仅对我国古代医疗方法的起源提供了重要线索,也是研究我国商代医学发展历史的宝贵内容。尤其需要指出的是,这种砭石和1973年台西遗址出土的桃仁、郁李仁两种种子中药,都是属于当时的一些医药用品。这些宝贵的实物,反映了我国殷商时期的河北地区的医药科学在劳动人民长期实践和不断创造的基础上已有了很大的发展,也具有了多种的治疗方法。

二、对疾病的预防

防患于未然,这是人们最理想的愿望。面对疾病的种种苦楚,先人们渴望能有效地去避免它的发生,由此预防疾病的思想就自然出现了。

早期,人们从对疾病的恐惧和无法理解,发展为对四时气候变化和人体疾病关系的注意和了解,在长期的历史过程中,人们通过祈祷等行为求助于神明,以求达到除病、驱凶、除邪的目的,继而在思想领域中逐渐产生了某些预防、追求长寿的意识。人们逐步认识到,健康无疾才能达到长寿。可见养生的意识与预防思想也相关联。

事实上这一时期也开始了对于预防疾病方法的探讨。在台西遗址发掘中,共获得卜用甲骨494件,其中卜骨403片、卜甲91篇。可见当时占卜仍是很流行的。另外《周礼·天官》载:"春取榆柳之火,夏取枣杏之火,季夏取桑柘之火,秋取柞榴之火,冬取槐檀之火。"以不同燃料烧燎防疫(或说藉火取暖),姑且不说其效果如何,其预防疾病的思想和目的是显而易见的。在婚配制度方面,《周礼》载:"男三十娶,女二十嫁","礼不娶同姓"这对预防遗传病、先天病是有积极意义的。《山海经》中记载的药物中有六十多种为防病药,多次提到"食之无疾疫"、"食之可御疫"、"食之不蛊"、"服之不狂"等效用,说明当时在疾病的预防方面,人们已经注意到药物的作用,这是一个显著的进步。

另外,在养生方面,中医学在早期就体现了突出的顺应自然的思想趋向。不论食养还是药养,或是导引养生,都强调顺四时,适节令,无过不及,动不可过动,静不可过静。后世发展起来的各种养生方法,虽然目的是防病与长寿,但是几乎无一不是循顺应自然的原则。

预防行为是一种实用目的明确的活动。这一时期的"择婚"、"变火",直至药物预防都体现了重实用的精神。

三、对中药的认知

这一时期,人们认识和掌握的药物知识日益丰富,无论是数量和种类,还是用药经验,都为药物学的总结和发展奠定了基础。

1. 药物的数量和种类

1973 年在河北省藁城县台西村商代遗址中,在遗址的晚期层内发现了两批植物种子这些种子既可医用,又可食用。第一批共 35 枚,分别发现在 F2、F6 内外地面和 T4、T7、TS 文化层内。经鉴定均属于蔷薇科梅属种子。其中以桃仁为主,还有郁李仁、杏仁等,外形都比较完整,皆为剥掉硬壳后而有意识储存下来的。桃仁有破血行淤,润燥滑肠之功能,多食可致腹泻,适量食用可医病。郁李仁则可泻腹水,治浮肿,桃仁能破血,润燥。故这批遗物作为种子或食用的可能性很小,可能是作为药用的[3]。

藁城台西出土的药物实物,是我国目前发现的最早的能够确证的药物实料资料,反映了我国劳动人民在实践中逐步积累了较丰富的用药经验,也说明了"医食同源"是药物发明过程中的一个方面。也说明古代的河北人民在祖国医药学的起源和发展方面作出了重大贡献。

2. 酒与医药

藁城台西村落遗址中发现了大量酿酒工具、器皿、8.5 千克的人工培植的酵母残壳和大量果实。其中李的果实 474 枚,桃仁 14 枚,枣 125 克,大麻子 50 克,草木樨 300 克。这些种仁中,除大麻子可能是一种药用的植物种仁外,其他几种因出自一座酿酒作坊内,应该都是当时酿酒的原料。这是我国发现的最早的酿酒实物资料,表明当时河北的劳动人民已经掌握了先进的酿酒技术。

酒有通经活络、令人精神兴奋的作用,也有驱寒散瘀、麻醉镇痛或消毒杀菌的作用。人们最初发现并饮用自行发酵的酒之后,自然而然地将其兴奋与麻醉作用应用于医疗,这应该说是医学史上的一项重要发明。酒又有挥发和溶媒的性能,所以后世成为常用的溶剂,并且用来加工炮制药物。由于酒对"外感风寒"、"劳伤筋骨"等病有治疗或缓解症状的作用,所以在古代医学挣脱巫术统治的过程中,饮酒治病比较普遍。在用酒治病的长期实践中,人们不满足于单纯用酒治病的疗效,因而发明了药酒。药酒的出现与发展,成为后世药物治疗中的一个重要组成部分。"醫"字从"殹"、从"酉"的结构,不同程度地反映了早期酒与医药的关系。

第二节　《黄帝八十一难经》

扁鹊,按《史记》所载,姓秦,名越人。乃是"勃海郡鄚人(今河北任丘)也"[4]。是我国历史上第一个有正式传记的医学家,也是河北有史记载以来的首位医学家(图2-17-2)。

一、扁鹊望、闻、问、切四诊法及其他

扁鹊大约生活于公元前 5 世纪,据《史记》记载,他年轻时做过经营旅店的"舍长"。舍客中有个叫长桑田君的老人很擅长医术,扁鹊便跟从他习医。学成之后,又长期在民间行医,足迹遍及当时的齐、赵、卫、郑、秦诸国。

图 2-17-2　邢台内丘的扁鹊庙

扁鹊的医疗临床经验很丰富,他精通望、闻、问、切四诊法,尤以精望诊和切脉著名。医圣张仲景在《伤寒杂病论·序》中称赞说:"吾每览越人入虢之诊,望齐侯之色,未尝不概然叹其才秀也",对扁鹊的望诊和切脉非常称赞。《史记》称"至今天下言脉者,由扁鹊也"。可见,扁鹊在诊断学起源方面也作出了很大贡献。

扁鹊又是一位内、外、妇、儿各科兼长的医家,而且能根据各地群众的需要行医。据历史记载,当他来到邯郸时,听说当地很重视妇女,便充当"带下医"即妇科医生。经过洛阳,得知当地很尊敬老人,

而老者患耳聋、眼花、肢体麻痹等病较多,于是做了"耳目痹医"。进入咸阳,因秦国人十分喜爱小儿,他又当了儿科医生。扁鹊治病的方法多种多样,不仅善用汤药,还用砭法、针灸、按摩、熨贴及手术疗法等。扁鹊是一位朴素的唯物主义者,一生坚持与巫神作斗争。司马迁在《史记》中,曾提到"病有六不治",最后一条说:"信巫不信医,六不治也。"这实际上就是对扁鹊反对巫神迷信的唯物主义思想,作了最好的概括和总结。扁鹊治病严肃认真,从不炫耀志名。当他治愈虢太子的病,人们称赞他有起死回生之术时,他却质朴地回答说:"越人非能生死人也,此太子当生者,越人能使之起耳。"这里既表现了他实事求是的科学态度,又反映了他谦虚谨慎的美德。

扁鹊还是有史记载以来的河北最早的妇科医生、儿科医生、"耳目痹医",他不仅善用汤药,还用砭法、针灸、按摩、熨贴及手术治疗法。相传任丘县蓬山为当年扁鹊为虢太子诊治绞肠痧及做剖腹术之处,这里至今有沟名为"洗肠沟",内有巨石名石炕,是扁鹊为虢太子剖腹的手术台,等等。总之,扁鹊奠定了中医学的切脉诊断方法,开启了中医学的先河,以"神医"名闻天下。

二、《黄帝八十一难经》的主要内容

《汉书·艺文志》载有扁鹊所著《扁鹊内经》九卷及《扁鹊外经》十二卷,但没有载《扁鹊难经》。由于前两书已经失传,故唐代杨玄操在《集注难经·序》中说:"《黄帝八十一难经》者,斯乃渤海秦越人所作也。"仅从内容看,书中多发挥经脉之旨,尤以发挥脉法最有成就,而独取寸口,并分寸、关、尺三部,实为本书所发明。通观地看,即使不是扁鹊所著,也是总结了扁鹊切脉方法的精髓。全书所述以基础理论为主,还分析了一些病症。尤其对脉学进行了详悉而精当的论述。

《难经》以问答形式阐释《内经》精义,"举黄帝岐伯之要旨而推命之",讨论了八十一个"理趣深远"的医学问题,故称"八十一难",其中,一至二十二难论脉学,二十三至二十九难论经络,三十至四十七难论脏腑,四十八至六十一难论疾病,六十二难至六十八难论腧穴,六十九至八十一难论针法。

脉诊部分,主要论述了脉诊的基本知识、脉学的基础理论、正常脉象、病脉、各类脉象之鉴别。该书将《内经》上中下三部九候的全身诊脉法简化,取《素问·五脏别论》"五脏六腑之气味,皆出于胃,变见于气口"及《经脉别论》"气口成寸,以决死生"之论,专诊气口即寸口,开创了寸口定位诊脉法之先河。《难经》为何独取寸口呢? 它认为,"寸口者,脉之大会",为十二经脉经气(脏腑之气)会聚之处、可以借此决断五脏六腑之功能及生死吉凶,确立了手腕(寸口)寸、关、尺为三部,每部切浮、中、沉为九候的"三部九候"诊脉法。此法以右手寸部主肺、大肠,关部主脾胃,尺部主三焦、心包络;左手寸部主心、小肠,关部主肝、胆,尺部主肾、膀胱。《难经》全面论述了以寸口诊断全身疾病的原理,为后世普遍推行的寸口诊脉法奠定了基础。《难经》还载有浮、沉、滑、涩、大、小、弱、实、疾、数、弦、长、紧、散、急、短、牢、洪、濡、细、微、迟、缓、结、伏等 25 种脉象。它还认为,正常脉象以胃气为本,而脉象是随四时气候的变化而有所变化的。所论病脉,有辨脏腑疾病的十变脉、歇止脉、损脉,有辨寒热证的迟脉、数脉,有辨虚实证的损小脉、实大脉。《难经》在论述正常脉象、病脉在疾病上的诊断意义以及各类脉象的鉴别等方面,对《内经》均有所发挥。

经络部分,《难经》着重论述了经脉的长度、流注次序,奇经八脉、十五络脉及其有关病证,十二经脉与别络的关系,经脉气绝的症状与预后等。关于奇经八脉,《内经》虽有记载,但并不系统。而《难经》对奇经八脉的含义和内容、循行部位和起止、同十二经脉的关系及发病症候等,进行了较系统的阐述,使经络学说更为完善。

脏腑部分,《难经》主要论述了脏腑的解剖形态、生理功能以及与组织器官的关系。在解剖方面,详细记载了五脏六腑的形态,并分别说明了一些脏腑的周长、直径、长度、宽度及其重量、容量等。尤其提出了人体消化道由唇到肛门的"七冲门"之论,即在《四十四难》中把人体消化系统重要解剖部位分成七道栏闸,即"唇为飞门,齿为户门,会厌为吸门,胃为贲门,太仓下口为幽门,大肠、小肠会为阑门,下极为魄门。"所论精确,为历代医家遵循。在生理功能方面,论述了五脏六腑的功能及所主之声、色、臭、味、液。其中,较详细地指出三焦的部位、功能和主治腧穴;提出了命门与肾的关系,强调命门在人体生理活动中的重要意义,如《三十六难》言:"其左者为肾,右者为命门。命门者,诸精神之所舍,原气之所系也,男子以藏精,女子以系胞。"后世的三焦命门学说是在此基础上建立起来的。

在疾病部分,病因方面,除了论风、寒、暑、湿、燥、火等六淫,还强调忧愁、思虑、恚怒以及饮食因素。在疾病的辨证方面,强调以四诊及病机的阴阳虚实等情况为基础辨证,以五行生克关系来阐明疾病的传变、预后。并例举了伤寒、泻泄、癫狂、心痛、头痛等一些常见病,作为临床辨证的范例。而且,《难经》提出了伤寒有五的理论,即以伤寒为广义,包括中风、伤寒、热病、温病、湿温五种,对后世伤寒学说和温病学说的发展具有一定的影响。

在腧穴部分,主要论述了狭义腧穴,如背部的五脏六腑俞,四肢部位的五脏五输、六腑六输等。还对某些特定穴位与经气运行的关系,以及与脏腑的关系等作了阐述。

在针法部分,主要论述了针刺的补法和泻法,如迎随补泻法、刺井泻荥法、补母泻子法、补火泻水法等。介绍了这些方法的手法与步骤、临床运用、宜忌、注意事项等。并提出针刺疗法与四时节气的关系,具有一定的临证指导意义。

《难经》继承了汉代以前的医学成就,在中医基本理论和临床方面丰富了中医学的内容,特别是诊脉以"独取寸口"为主、关于三焦命门的论述、针刺的补泻疗法等,在《内经》的基础上多有发展。正如徐灵胎在《医学源流论》中对《难经》的赞扬:"其中有自出机杼,发挥妙道,未尝见于《内经》而实能显《内经》之奥义,补《内经》之所未发,此盖别有师承,足与《内经》并垂千古。"

注　释:

[1]　余云岫:《古代疾病名候疏义》,人民卫生出版社 1953 年版,第 176 页。
[2][3]　河北省文物研究所编:《藁城台西商代遗址》,文物出版社 1985 年版,第 149,79 页。
[4]　司马迁:《史记·扁鹊苍公列传》,中华书局 1959 年版。

第十八章　古代生物科技

在夏、商、西周及春秋战国时期,我国的生物科学技术在农业、畜牧业、医学等方面已经开始有初步发展。到战国时期我国农业生产知识开始出现系统化和理论化,形成不同农家学派,著有《神农》、《野老》等农书。《吕氏春秋》中的《任地》、《辨土》、《审时》等篇章,保存了秦农学的片断,是我国现存最早的农学专著。西周时期,医学尚与巫术结合在一起,直到春秋时期,医学进一步发展,并逐渐摆脱了巫术而独立。战国时期,著名的医书《黄帝内经》记载了我国两千数百年前有关人体解剖的知识和血液循环的概念。河北的生物科技在此时期开始逐渐发展,动植物的驯化和引种,动植物分类,动植物利用分别展开,早期酿造技术已出现,形成了古代生物技术体系。

第一节　河北地域动植物的驯化和引种

一、农作物驯化与引种

我国古代劳动人民根据植物特性,从野生植物选育得到众多农作物种类,如粟、粳稻、籼稻、黍、稷

（谷子的一种,谷子粘的叫黍,不粘的叫稷）、菽（豆类）、麦、禾、蔬菜等不同品种,如《诗经》中载有:"中原有菽,庶民采之",其中的"菽"即为大豆。河北人民在我国重要农作物驯化、引种历程中起到了重要作用。

麦在中国早期属于高贵的作物,如殷商卜辞中有"月一正,日食麦"的记载,可见麦是新年时才吃得到的食物,并非日常食品。除此之外卜辞就不见麦如何种植的记载,证明在殷商之时,麦的种植尚未普遍。一直到周朝晚期,麦仍然只是贵族较常能吃到的谷物。《诗经》中如《周颂·思文》:"贻我来牟,帝命率育",即上帝赐给我们麦子,命令我们广泛种植。《汉书·楚元王传》载刘向上元帝释曰:"麦也,始自天降。"《说文》亦云:"来,周所受瑞麦,来,天所来也。"以上句中的"牟、来、麦"诸名均指小麦。古人把麦说成是"天降"、"神赐"的瑞物,这表明小麦的由来不仅悠久而且神秘,反映出中国小麦可能来自古老的年代和遥远的外域。考察表明,我省的农作物小麦,原产西亚,后来可能在马家窑文化时期传入我国渭河流域,因为距今约四五千年前的陕西赵家来客省庄文化遗址中曾发现小麦遗存,然后才传入华北地区,西周时期已是华北主要谷类作物之一[1]。在西周时期水稻在华北地区也有种植记载。

二、动物驯化

早在五六千年前,我国已具备原始畜牧业,饲养猪、牛、羊、鸡、犬等家畜和家禽。《管子·牧民篇》指出"务五谷,则食足,养桑麻,育六畜,则民富"。说明当时人们已经认识到种粮食只能吃饱饭,而发展畜牧业,种植经济作物才能发家致富。书中还将畜牧业发达与否作为判断一个国家贫富的标志。所谓"计其六畜之产,而贫富之国可知也";"六畜育于家……国之富也";"六畜不育,则国贫而用不足"。《周礼·职方》中称:"冀州其畜宜牛羊",说明当时河北省牛羊饲养是比较普遍的。河北邯郸出土的战国陶猪,躯体较为丰满,被断定为这一时期人们选育成的家猪品种[2]。

商代畜牧业已较发达,周代已设有专职官员管理马政,已把马按不同用途分为几种,还有了马的饲养、管理技术的记载,并已发明了马的去势技术。我国是世界上最早发明去势技术的国家。春秋战国时期我国劳动人民已能根据牛马的外形来判断牛马的生理机能特点和生产技能,并根据它来选留种畜。这种鉴别技术的发展对于家畜质量的提高起了很大作用。

第二节　《诗经》中对河北地域动植物的记载

《诗经》是一部记载商朝晚期到春秋中叶时期的三百多篇乐歌集,分为《风》、《雅》、《颂》三部分。诗经的大量诗词中包含有丰富的动植物知识,出现了大量动植物名称。吴国人陆机所著的《毛诗草木鸟兽虫鱼疏》是一部专门针对《诗经》中提到的动植物进行注解的著作。全书共记载草本植物80种、木本植物34种、鸟类23种、兽类9种、鱼类10种、虫类18种,共计动植物175种。对每种动物或植物不仅记其名称（包括各地方的异名）,而且描述其形状、生态和使用价值。《诗经》的《风》包括《周南》、《召南》、《卫风》等十五《国风》,其中《卫风》为主要反映现在河南省北部及河北省南部地区人民生活的一些诗词。因此《卫风》中描述的动植物种类在一定程度上反映了当时河北南部地区的生物分布。

《诗经·国风·卫风》中的诗篇《淇奥》载有"瞻彼淇奥,绿竹猗猗。……瞻彼淇奥,绿竹青青。……瞻彼淇奥,绿竹如箦"其中绿竹:一说绿为王刍,竹为萹蓄。《伯兮》的"自伯之东,首如飞蓬。……焉得谖草?言树之背"中则描述了飞蓬、谖草两种植物,其中谖草又名萱草,忘忧草。《硕人》中的诗句"手如柔荑,肤如凝脂,领如蝤蛴,齿如瓠犀。螓首蛾眉,巧笑倩兮,……施罛濊濊,鳣鲔发发,葭菼揭揭"描述了多种动植物。其中动物包括蛾,蝤蛴为天牛的幼虫;螓是一种昆虫,似蝉而小,头宽广方正;鳣为鳇鱼,一说为赤鲤。鲔为鲟鱼,一说也属鲤类。描述的植物荑为白茅之芽;瓠犀为瓠瓜子儿;葭为初生芦苇;菼为初生的荻（图2-18-1）。

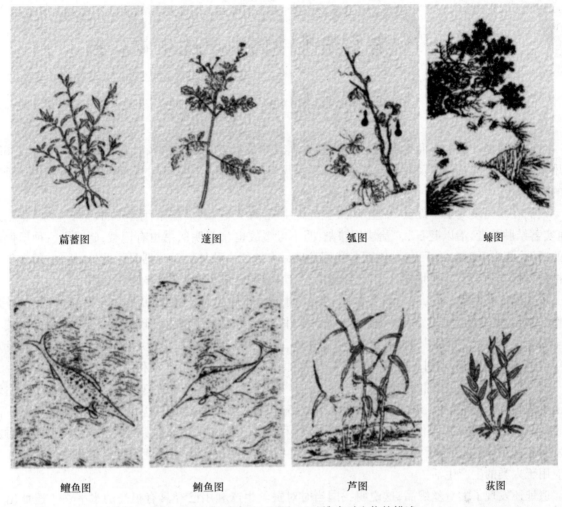

萹蓄图	蓬图	瓠图	蟓图

鳣鱼图	鲔鱼图	芦图	荻图

图 2-18-1　《诗经·国风·卫风》中对生物的描述

　　《诗经·国风·卫风》中《氓》的诗句"于嗟鸠兮,无食桑葚"则记述了斑鸠、桑葚两种动植物。《竹竿》中的"藋藋竹竿,以钓于淇。……淇水滺滺,桧楫松舟"记载了竹、桧、松三种植物,其中桧描述为柏叶松身。《芄兰》中提到的芄兰属草本,蔓生。《河广》中的"谁谓河广?一苇杭之"亦提到芦苇。《有狐》的"有狐绥绥,在彼淇梁"则以狐喻男性,描述了女子对仰慕男子的怀念之情。《木瓜》的"投我以木瓜,报之以琼琚。……投我以木桃,报之以琼瑶。……投我以木李,报之以琼玖"(图 2-18-2)则以木瓜、桃、李三种植物描述了男女相爱,互相赠答的情感。

图 2-18-2　芄兰图(左)和木瓜图(右)

　　《诗经·大雅·生民》载有:"诞后稷之穑,有相之道。拂厥丰草,种之黄茂,实方实苞;……诞降嘉种,维秬维秠,维穈维芑"。其中"种之黄茂,实方实苞"是对选种的具体要求;"黄茂"是光润美好,"方"是硕大,"苞"是饱满或充满活力;而"秬"和"秠"是良种黑黍,"穈"和"芑"是良种粟。这些记载表明,当时的古代先民在对生物遗传和变异已经有了一些简单的认识,在此基础上,对这些遗传和变异现象已开始利用,并有意识的对优种进行人工选择。另外,《诗经》还记载了一些动物之间的相互关系。如载有"维鹊有巢,维鸠居之",说的就是鸠占鹊巢的"寄生"现象。

第三节　考古遗址中体现出的生物科技

一、台西遗址的考古发现

台西商代遗址是一座商代中期遗址和墓葬群,其中发掘发现了人的头骨和牲畜尸骨,出土了336件用于农业收割的石镰以及夯土土坯法制作的房屋,还有水井,证明商代的台西地区已经成为一个重要的农业聚落[3]。

人们在墓内发现了一件长20厘米,最宽处5.4厘米的"砭镰"。据宋代官修的《圣济总录》中描述"血实蓄结肿热者,治以砭石","治法用镰割,明不可缓故也",元明医书也有记载,砭镰是一种形似镰刀的砭石,相当于现在的手术刀,因而是我国发现最古老的一种外科医疗器具。此外,桃仁、郁李仁等一批药材标本的出土,表明在商代河北地域的医疗、医药技术已得到了初步的开发利用。

发现的商代两眼水井,有一眼井中有一只用树干根部掏成的木桶,这是国内现存年代最早、外形完整的木器,距今约3 200多年。遗址出土的91件卜甲,是石家庄境内发现的最早的占卜龟甲,其卜甲全为龟甲,有少部分背甲,大部分为腹甲。另外,遗址出土漆器残片26块,这是石家庄市境内发现的年代最古老的漆器,表明了河北人类早在商代就已经对漆树进行了开发利用[4]。

在遗址14号房址发现的酿酒作坊遗址,是国内发现的保存最完善的商代酿酒作坊遗址。该遗址出土了酒缸、煮料锅、漏斗、罐等全套酿酒器和8.5千克的酵母残骸等。这些发现验证了《尚书·商书·说命下》中所述的"若作酒醴,尔惟曲蘖;若作和羹,尔惟盐梅"是言有所据的。商代河北先民对曲的发明和利用,不仅是在世界酿酒史上的重大成就,而且最早对微生物霉菌生长繁殖规律的掌握和有效应用于人类的生产生活。

遗址还发现了大量丝织品,这说明我国当时对蚕丝生产利用已经具有很高的水平[5]。遗址出土的大麻脱胶是获得高质量纱织品的基本技术,当时的脱胶技术可以从《诗经·陈风》的"东门之池,可以沤麻"得以印证。在对台西出土的麻布中发现一根羊毛,这是我国商代遗址中第一次出土羊毛实物,说明当时的先民可能已经可以对羊毛进行利用[6]。

二、其他古遗址中体现的动植物利用

大坨头遗址位于廊坊市大厂回族自治县陈府乡,属于商周时代夏家店时期遗址。其中有古墓近40余座。遗址出土陶制网坠、弹丸、石刀、斧、凿、镞及细石器的刮削器,并出土一件青铜镞,以及马牙与鸟骨,器物年代与殷代接近。由遗址遗存来看,这一带人们的农业活动以渔猎与畜牧为主要生计手段,猎取对象多为一些林栖性动物如鹿、麇等,表明当地环境为森林、溪河众多,民众生活中渔猎是比农业更广泛采用的生计手段[7]。

邢台曹演庄殷商遗址发掘共出土完整器物3 999件,其中多为陶鬲、陶盆、罐、骨刀、盘、碗、钵、尊、豆等烹饪器具,说明邢台一带早在三千多年前,先民的烹饪技术就达到了一定的水平。在一窖穴内还发现一装满谷物的陶罐及种过谷物的土层,这表明了当时人们的作物耕种较为普遍。殷商时期甲骨占卜流行,但中原地区主要利用的多为骨卜。曹演庄商代遗址占卜骨料有牛、羊、鹿、猪的肩胛骨和龟骨,其中牛胛骨多经削除骨脊和切去半臼,有钻有灼,又有用牛头盖骨占卜者,龟则腹甲、背甲兼用,钻凿灼并施,而羊、鹿、猪胛骨均不加整治,另外早期出骨多,猪骨也只见于早期,晚期出龟多[8]。估计占卜材料的不同与各地不同材料来源难易密切相关,一般选用当地易得材料作为占具,当如《淮南子·氾论训》所云:"家人所常畜而易得之物也,故因其便以尊之。"另外考察表明,商代卜用骨料的主流,已逐渐限为龟甲和牛胛骨。

邢台市桥西区李村乡的后留北遗址共发现晚商时期灰坑 71 个、房址 13 座、土坑墓 34 座、瓮棺葬 24 座、窑址 2 座、沟 1 条。出土陶片 2 500 多件,石器 150 多件,骨器 160 件,角器 10 件,残锥等小件铜器 4 件,获牛骨架 22 具、马骨架 4 具、羊骨架 8 具、猪骨架 7 具。其祭祀坑发掘发现,坑底经火烤形成一层硬壳,上面整齐摆放四头大黄牛,牛头一律朝东。这些发现揭示了当时人们利用牛、猪、羊等牲畜进行祭祀的状况(图 2 - 18 - 3)。

图 2 - 18 - 3 后留北遗址以及出土的动物遗骸

第四节 早期酿酒技术的发展

早在在商代时期,河北地域先民已经掌握了用人工酿造谷物酒的技术。藁城台西遗址发现的酿酒作坊、酿酒器和酿酒酵母残骸等均表明这一时期先民对微生物的酿造技术就有了深入的了解。

从酿酒具器的配置情况看,远古时期,酿酒的基本过程有谷物的蒸煮、发酵、过滤、贮酒。经过蒸熟的原料,便于微生物的作用,制成酒曲,也便于被酶所分解,发酵成酒,再经过滤,滤去酒糟,得到酒液(也不排除制成的酒醪直接食用)。这些过程及这些简陋的器具是酿酒最基本的要素。与古埃及第五王朝国王墓中壁画上所描绘的器具类型基本相同。由于酿酒器具的组合中,都有供煮料用的用具(陶鼎或将军盔),说明酿酒原料是煮熟后才酿造的,用酒曲酿酒可能是酿酒的方式之一。因为煮过的原料基本上不再发芽,使其培养成酒曲则是完全可能的。根据酿酒器具的组合,当然也不能排除用蘖法酿醴这种方式。

《黄帝内经·灵枢》中载有:"酒者,……熟谷之液也",说明远古时代酿酒,煮熟原料是其中的一个步骤。在《黄帝内经·素问》中记载,黄帝问曰:"为五谷汤液及醪醴奈何?"岐伯对曰:"必以稻米,炊之稻薪,稻米则完,稻薪则坚。"这也说明酿造醪醴,要用稻薪去蒸煮稻米。总之,用煮熟的原料作曲来进行酿酒是很普遍的。

从已发掘出来的大量青铜酒器可以证实,商代贵族饮酒极为盛行。当时的酒精饮料有酒、醴(啤酒)和鬯(用于祭祀的香酒)。

西周王朝建立了一整套机构对酿酒、用酒进行严格的管理。首先是这套机构中,有专门的技术人才,有固定的酿酒式法,有酒的质量标准。正如《周礼·天官》中记载:"酒正,中士四人,下士八人,府二人,史八人。""酒正掌酒之政令,以式法授酒材,……辨五齐之名,一曰泛齐,二曰醴齐,三曰盎齐,四曰醍齐,五曰沈齐。辨三酒之物,一曰事酒,二曰昔酒,三曰清酒。"其中,"五齐"可理解为酿酒过程的五个阶段,在有些场合又可理解为五种不同规格的酒。"三酒",即事酒、昔酒、清酒,大概是西周时期王宫内酒的分类。事酒是专门为祭祀而准备的酒,有事时临时酿造,故酿造期较短,酒酿成后立即就使用,无须经过贮藏。昔酒则是经过贮藏的酒。清酒可能是最高档的酒,大概经过过滤、澄清等步骤。这说明酿酒技术较为完善。因为在远古很长一段时间,酒和酒糟是不经过分离就直接食用的。

"酎"是远古时代的一种高级酒。《礼记·月令》中有:"孟秋之月,天子饮酎。"按《说文解字》的解释,酎是三重酒。因此,酎酒的特点之一是比一般的酒更为醇厚。从先秦时代《养生方》中的酿酒方法来看,在酿成的酒醪中分三次加入好酒,这很可能就是酎的酿法。

20 世纪 70 年代在平山县三汲中山王墓出土的两壶战国古酒,距今已有 2 300 余年,是目前发现的世界上保存年代最久的酒。

一、山庄老酒的源头

山庄老酒的产地承德平泉,自古就是生产美酒的好地方。追溯到远古 4 200 年前夏禹时,远在夏家店下层文化时期,山庄老酒产地居住着商族部落。古籍《世本》所载:“昔者帝女令仪狄作酒而美,进之禹。禹饮而甘之,曰:后世必有以此酒亡其国者。”仪狄就是夷狄。那么,进之禹,禹饮而甘之的夷狄酒,就是 4 200 年前生活在老哈河、西辽河流域的商族先世所制造。这个历史,要比汉代许慎《说文解字》中所记载的杜康造酒早一百年左右。无论从历史或地理角度考察,“夷狄”酒就是山庄老酒的源头。

历史上,承德一带曾有过一个山戎国。《史记》记载:“燕北有山戎”。山戎国实际是一个部落大联盟,属下还有一些子国。如无终、令支、孤竹等。在平泉及辽宁喀左等地出土的商周时代许多青铜器中,有一个装酒的容器青铜,从外形看像个酒坛子,上镂有六个古文字:“孤竹、微亚、父丁”六字。即孤竹国君微亚给其父丁造的酒坛子。说明这一带即是孤竹国都,且孤竹国酒于此间已很盛行,在今平泉境内,仍保留着孤竹国君所居住的“顶子城遗址”。

二、邯郸地区酿酒技术的开端

邯郸酒多以红高粱为原料,用小麦制曲。采取高温制曲,清蒸辅料,回醅发酵,回酒发酵,分批蒸烧,缓慢蒸馏,分级摘酒,分质贮存,精心勾兑等工艺酿成,属浓香型酒。

邯郸酿酒历史悠久,春秋战国时期以产“赵酒”酒名于世。据《邯郸县志》载:“邯郸城西酒务楼,泉水甘冽,昔赵王于此酿酒。”古时“鲁酒薄,赵酒厚,而围邯郸”的典故即发生在这里。

三、古黄粱清酒酿造技术的发展

我国传统清酒是利用发酵的小米泡制而成,该酒是以小米和天然矿泉水为原料,采用古老的传统酿酒工艺和现代科技相结合研制开发而成。酒呈金黄色,其色为小米原色,自然天成;酒体爽净、口感独特、醇厚幽雅,酒精 12 ～ 16 度。

从公元前 4000—前 2000 年,即由新石器时代的仰韶文化早期到夏朝初年漫长的两千年中,我国清酒的酿制技术逐渐成形。公元前 2000 年的夏王朝到公元前 200 年的秦王朝,历时 1 800 年,这一段落可以看做我国传统清酒的成长期。在这个时期,由于有了火,加之酒曲的发明,使我国成为世界上最早用曲酿酒的国家,也是小米酿造清酒的国家。以古赵邯郸为例,就在这个时期,清酒得到飞速发展,地方官府还设置了专门酿酒的机构,酒由官府控制。酒成为当时权贵人士的享乐品。

注　释:

[1]　李裕:《中国小麦起源与远古中外文化交流》,《中国文化研究》1997 年第 3 期。

[2]　张仲葛、朱先煌:《中国畜牧史料集》,科学出版社 1986 年版,第 187 页。

[3]　李捷民、华向荣、刘世枢等:《河北藁城台西村商代遗址发掘简报》,《文物》1979 年第 6 期。

[4]　河北省博物馆:《藁城台西商代遗址》,文物出版社 1985 年版,第 79—80 页。

[5]　梁勇、杨俊科:《石家庄史志论稿》,河北教育出版社 1988 年版,第 58 页。

[6]　唐云明:《藁城台西商代遗址》,《河北学刊》1984 年第 4 期。

[7]　天津市文化局考古发掘队:《河北大厂回族自治县大坨头遗址试掘简报》,《考古》1966 年第 9—10 期。

[8]　唐云明:《邢台曹演庄遗址发掘报告》,《考古学报》1958 年第 4 期。

第十九章　古代人文科技

　　陶文和龟骨文是我国奴隶制宗教文化的两个显著特征,经考古发现,人们在永年、邢台、藁城等地都相继发现了商朝时代的陶文遗物,这表明河北地域是中国最早学会使用文字的地区之一。文字的原始功能当然是为了社会交往的客观需要,当更重要的是为了占卜的需要。如:内邱县南三岐早商遗址发现有卜骨,它应是甲骨卜辞文化的先导;藁城台西遗址也出土了大量占卜用的甲骨,表明甲骨文化已构成当时人们日常性宗教活动的一个非常重要的传统。不仅如此,人们还在一些属于商朝贵族身份的房屋建筑遗址中发现了用人或动物作为奠基仪式的祭祀现象,这应当是"礼不下庶人"之等级制社会文化的真实反映。

　　春秋时期,奴隶主贵族文化逐步为平民文化所代替。因此,原来为奴隶主贵族所垄断的文化资源,开始一分为二,成为一种社会的共享资源。其中一部分继续为王公贵族所继承和发展,另一部分则由殷商遗民、士人等转化而来的平民经过扬弃作用之后,变成一种与贵族文化格格不入的新文化,他们代表着封建文化的主流,是贵族文化的叛逆者。事实上,这种文化发展到战国时期,便融合了北方诸民族的先进文化,形成了具有区域特色的燕赵文化。其主要特征是:尚狭义,崇鬼神,长术数,好诗文,其中"尚狭义"这个文化特质中蕴藏着敢为天下先的创造意识,它组成了科学精神的宝贵基质。

第一节　商周时期的陶文、甲骨文和金石文

　　我国文字出现很早,在原始社会母系氏族繁荣时期的陶器上已经有了刻划符号,郭沫若先生考证,这些刻符具有文字的特征[1]。在河北地域的商代文化遗址中,人们亦先后发现了具有文字特征的陶文[2],如藁城台西村商代中期遗址共出土了 79 件刻划有陶文刻符的陶器残片。据考古专家研究,台西陶文在时间上早于殷墟陶文,且殷墟陶文的刻划位置与台西陶文的刻划位置基本一致,如瓮罐类器的文字多数刻划在器肩上,而陶簋的文字则多刻划在唇上或近口沿处,可见,殷墟的同类陶文与台西陶文当有一定的承继关系。从古文字学的角度看,台西陶文较殷墟文字更具原始性,比如台西陶文的"止"字作四趾或五趾状,这种完全象形的写法,殷墟青铜器的文字尚有保留。至于甲骨卜辞与台西陶文的联续关系就更加分明了,譬如"臣"字、"戈"字等的写法,卜辞与台西陶文都非常相似。因此,有专家指出:"台西时期的文字正是殷墟文字的前行阶段。"[3]

　　商周时期的贵族十分迷信,认为世间的一切都有神在主宰。他们经常用占卜的方法征询神意,把占问的事情和结果,有时还把占事情发展的情况,用文字记录,刻在龟甲和兽骨上,主要是刻在龟腹甲和牛肩胛骨上。这种文字,称作甲骨文,也叫卜辞。产生于商周时期的这种甲骨文,从 1899 年在安阳小屯最早发现到目前为止,共出土甲骨 15 万片以上,但在河北地域内出土的并不多。目前邢台南小汪、北京昌平白浮、房山琉璃河和镇江营等地都出土有西周时期的甲骨文,其中邢台南小汪发现的西周文字卜骨以成段完整著称于世。金文是铸刻在青铜器的钟或鼎上的一种文字,它起于商代,盛行于周代,是由甲骨文的基础上发展起来的文字。据统计,金文约有 3 005 字,其中可知有 1 804 字,较甲骨文略多。据报告,辛集市出土有商代的《作父丁宝□彝卣》,其器内有铭文两行,右行 4 字,左行 3

字,共 7 字。商代金文的不断发展和演变,为西周时期长篇纪事铭文的出现奠定了基础。如元氏县西张村出土的西周《臣谏簋》,已经达到 8 行 72 字了,而平山县三汲村中山国国王墓出土的《中山王□鼎》,全文计有 469 字,而《中山王□方壶》亦至少有 450 字。

此外,平山县三汲村还出土有中山国的《公乘得守丘刻石》,此刻石长 90 厘米,宽 50 厘米,厚 40 厘米,它的一面上共刻有两行 19 字,其字体为篆书,清晰秀丽。不过,因其石刻中有许多字刻得不合规律,故极为难释,后经多人释文,方可粗略读通。又,赞皇县南坛山上有一块先秦《吉日癸巳刻石》,现存刻石高 108 厘米,宽 210 厘米,其字体为篆书,共 2 行 4 字。虽然至今该刻石仍无准确的刻制年代,但它确是金石学界公认的、我国最早的刻石之一,它对自两宋到明清的学术界产生过很深的影响。

第二节　商周时期的宗教文化

冯友兰先生曾说:"宗教及科学在近代常立于反对底地位,但在古代社会中,原始底宗教与原始底的科学往往混而不分。先秦诸子中底阴阳家继承中国古代原始底宗教及原始底科学。"[4] 当然,原始宗教由于它的野蛮性和恐怖性,所以往往成为统治阶级用于征服和压迫被统治阶级的一种政治工具,如邢台市区西南隅的葛庄遗址,有大面积的商代中期遗存,在一处南北约长 50 米、东西宽约 22 米、厚约 0.4 米的夯土基址东面约 8 米处,发现一批与祭祀有关的人祭坑、兽祭坑和燎祭坑。其中一个椭圆形祭坑中,掩埋了一具完整的母牛骨架,近髋骨处发现有清晰可辨的胎牛骨。与该坑相距不远的另一圆形祭坑内,分层叠放着鹿、羊及小型动物骨骸[5]。不仅如此,商周先人还将宗教的神外在化为特定的图像,于是便产生了宗教的思想文化与宗教艺术。如易县、琉璃河等地出土的燕瓦,瓦体硕大笨重,制作粗糙,其上多刻有抽象怪诞的宗教图案。而中山国国王墓出土的"山"字形铜器以及中山侯铜钺钺面下部铸有五座山峰,加之建筑用山形瓦当等,表明中山国普遍盛行着山神崇拜。在赵国,赵襄子亦有"受三神之令",而"遂祠三神于百邑,使原过主霍泰山祠祀"的记载[6]。在燕国,由鬼神之说进一步衍生出"神仙方术"说。故《史记》卷 28《封禅书》载:"自齐威、宣之时,邹子之徒论著终始五德之运,及秦帝而齐人奏之,故始皇采用之。而宋毋忌、正伯侨、充尚、羡门高最后皆燕人。为方仙道,形解销化,依于鬼神之事。"邹衍本为齐国人,但他的绝大多数时间都生活在燕赵两国。在邹衍看来,世界的基本元素是金、木、水、火、土五行,而这五种元素的相生相克就构成了天下万物的生成和变化。在此基础上,人类社会的历史则按照"五德"的相互流转来更朝换代,这就形成了邹衍的"五德终始说"。《史记》卷 74《孟子荀卿传》载:"其语闳大不经,必先验小物,推而大之,至于无垠。先序今以上至黄帝,学者所共术,大并世盛衰,因载其机祥度制,推而远之,至天地未生,窈冥不可考而原也。先列中国名山大川,通谷禽兽,水土所殖,物类所珍,因而推之,及海外人之所不能睹。称引天地剖判以来,五德转移,治各有宜,而符应若兹。"

从中国传统文化的根基来讲,燕人特别是邹衍的神仙方术学对道家思想的形成产生了直接影响,是道教的重要思想渊源之一。比如,东汉的《太平清领书》即是"以阴阳五行为家,而多巫觋杂语"[7]。

第三节　赵国的哲学家及其思想

由于处于人类文明早期,认识能力还非常有限,人们的研究对象比较宽泛、笼统甚至是非常抽象,往往是宗教、神话与自然科学共生于一个知识体系中,科学知识与宗教信仰、自然知识与社会知识呈现出相互交错、混合不分的状态。随着社会的发展和科技的进步,原始宗教必然会历史地产生出它的对立面。恩格斯指出:"自然科学借以宣布其独立并且好像是重演路德焚烧教谕的革命行动,便是哥白尼那本不朽著作的出版","从此自然科学便从神学中解放出来"[8]。当然,在中国,自然科学从神学中解放出来是需要过程的,它本身需要一个量变的积累过程,或者说需要经历一个由局部质变到总体质变的发展过程,而荀子则是这个历史过程中一个非常关键的环节。荀子,赵国人,生卒年不详,是战国时期的唯物主义哲学家。在自然观方面,荀子批判了传统的"天命"决定人事、"君权神授"的唯心主义观点,认为自然界(包括天地)的存在不以人的主观意志为转移,他在《天论》中说:"天行有常,不为尧存,不为桀亡。"当然,人类对于自然界亦不是无能为力的,人类可以用主观努力去改变自然,给人类造福。据此,荀子进一步提出了"从天而颂之,孰与制天命而用之"的思想。而对于他以前和同时的学派以及百家诸子,荀子几乎没有不加以深刻批判的。正是由于荀子的这种批判精神,特别是在批判地总结诸子思想中才把古代唯物主义推向了高峰,也正是在这一批判中,使他终于成为一位伟大的唯物主义思想家。他反对"天"(上帝)、"命"、"鬼神"的传统说教,认为"气"和"阴阳之变"是宇宙万物的根源,他强调人类认识自然和征服自然的积极能动作用,这无疑地在客观上反映了战国末期社会生产力发展和新兴地主阶级登上历史舞台的进取精神。

公孙龙(约公元前325—前256年),赵国人,是战国时期最著名的逻辑学家之一,他提出了"离坚白"和"白马非马"两个命题。在此,所谓"离坚白"就是说"坚"和"白"两种属性不能同时联系在一个具体事物之中,因为"坚"和"白"是两个各自独立或者说是相互分离的性质或概念。诚然,在人们认识事物的过程中,其具体事物的各个属性之间肯定是有差别的,但是个性存在于共性之中,反过来,共性亦只能通过个性而存在。人们通常所说的"坚"和"白"的概念,是从一切具有"坚"或"白"属性的具体事物中概括出来的,是一种理性思维的抽象。公孙龙仅仅看到一般和个别相区别的方面,而没有看到两者还有相互联系的方面。比如,公孙龙的"白马非马"命题就非常典型地反映了他的形而上学逻辑思想。当然,就"白马非马"指出一般和个别的不同,指出由于内涵与外延的差别,应该区分概念的不同,这在逻辑上对明确概念这点来讲是有意义的,并使其成为对中国逻辑学作出了重大贡献的思想家。但是就其排斥概念之间的联系来说,则是违背客观实际的,结果导致了他的形而上学诡辩,所以,《庄子·天下》说公孙龙"饰人之心,易人之意;能胜人之口,不能服人之心。"

慎到(约公元前395—前315年),赵人,战国时期著名的法家代表人物。与商鞅和申不害的法学思想略有不同,慎到在"势"、"法"和"术"三者中,最重视"势(势就是权势,包括地位和权利,是君临臣民的客观条件)"的作用。他说:"尧为匹夫,不能使其邻家;至南面而王,则令行禁止。"但在慎到看来,身为君主,应依法办事,"上下无事,唯法所在"。在这里,慎到并不主张君权的绝对至上性,他认为君主权势大小取决于"下"、"众"支持的多少。他的权势论之最精彩处就在于君主"为天下"说,意即君主立天下不是为一己之私利,而是有利于社会的治理。因此,为了进一步要求国君为国家服务,慎到提出了"谁养活谁"的问题,即国君由百姓供养,其权力是百姓授予的,而非天子自己取得。从这个角度看,国君、天子为国家、为民众是当然的义务,这从根本上打破了传统的"君权神授"说。《慎子》一书中,没有"术"的概念,但他的贵势,尚法理论要得到推行,就不可能没有一套方法。慎到把驭人之术总结为两条:"尚法不尚贤"和"君无事臣有事"。慎到反对"尚贤",并不反对"任能"。他提倡"法治"而反对"人治",他说人治是一种最大的"私"。这样,慎到的"势"、"法"、"术"思想互相制约,互相补充,"势"是"法"、"术"的前提,而"法"和"术"则是实现"势"的重要手段和保障。慎到的"势"、"法"、"术"思想,成为后期法家思想的重要渊源。

第四节　燕赵时期的文学艺术

冀南地区的民歌不仅构成了《诗经》中《邶风·静女》、《鄘风·桑中》、《卫风·氓》等诗篇的重要内容,而且亦成为《荀子》一书用以表达思想和情感交流的文学体裁,如《荀子·成相篇》基本上采用了"三三七四七"句式,它是后代弹唱艺术的滥觞,而荆轲的《易水歌》更是早已成为脍炙人口的佳句。此外,荀子的"骚体赋"和散文成就也很突出,其中荀子的散文每一篇都有一个完备的标题,此标题的完备,显然是散文固定成形的标志。

《史记》卷129《货殖列传》说:赵及中山等地,"男子相聚游戏,悲歌慷慨",且"多美物,为倡优",

而"女子则鼓鸣瑟,跕屣,游媚富贵。"所谓"相聚游戏"是说聚会娱乐,"悲歌慷慨"是指歌声深沉悲凉感人(亦说明普遍善歌)。至于"多美物,为倡优"则反映了相当一部分人从事歌舞杂戏谐谑的职业特点。如颜师古《汉书注》称:"倡,乐人也;优,谐戏者也。"所以,倡优是为古代歌舞杂戏谐谑为业者的总称,实际上也是指那些专门从事各种艺术活动人。所谓"鼓鸣瑟"是指弹奏瑟,其瑟为一种拨弦乐器,是赵女擅长使用的弦乐之一。对"跕屣"一词的释义,学界有所分歧。据孙继民先生研究,"跕屣"应是指以足尖着地为特征而类似现代芭蕾的舞步[9]。故《战国策·中山策》载:"赵、天下善为音,佳丽人之所出也。"

注　释:

[1]　郭沫若:《古代文字之辩证的发展》,《考古学报》1972 年第 1 期。

[2]　高明:《河北出土陶文》,中华书局 2004 年版。

[3]　河北省文物研究所编:《藁城台西商代遗址》,文物出版社 1985 年版,第 177 页。

[4]　冯友兰:《新原道》,商务印书馆 1946 年版,第 68 页。

[5]　李恩玮:《商王祖乙居邢建都新考》,在《纪念殷墟甲骨文发现一百周年国际学术研讨会论文集》,社会科学文献出版社 2002 年版。

[6]　《史记》卷 43《赵世家》,中华书局 1985 年版,第 1795 页。

[7]　《后汉书》卷 30 下《襄楷传》,中华书局 1987 年版,第 1084 页。

[8]　恩格斯:《自然辩证法》,人民出版社 1984 年版,第 7 页。

[9]　夏自正等:《河北通史·先秦卷》,河北人民出版社 2000 年版,第 314 页。

第三编

科学技术体系的形成与发展

（秦汉魏晋南北朝时期）

　　这一时期,中国社会经历了一个由诸侯割据向专制集权转变的过程。河北的社会历史在曲折中前进,反分裂维护统一成为其社会主要特点。灰口铁的冶炼技术成为西汉冶铁历史的一个跃进,具有首创意义。长信宫灯成为我国古代冶金艺术品的巅峰之作;农业技术进一步发展,《四民月令》是我国最早的农政全书之一;铁犁、牛耕的普遍推广,推进了农业向精耕细作发展;建筑技术进一步提高,秦长城成为河北地域内标志性建筑,邺城券顶式建筑,把我国同类建筑始点向前推进了 1 000 年;响堂山的雕塑艺术被学术界誉为"北齐造像模式";祖冲之对 π 的精确计算、祖暅原理,为世界数学的发展作出了历史贡献,张子信的"天体三大发现"是中国古代天文学划时代的科技成果;郦道元完成了中国早期最完善的水系典籍《水经注》。

第一章　封建社会历史概貌

公元前260年开始,秦国加快了统一疆土的步伐,先后灭韩、魏、楚、燕、赵、齐。使疆土由一个诸侯割据称雄的封建国家变成为一个专制主义的中央集权的封建国家,河北地域作为黄河下游流域的主要经济区域,构成中央集权的封建国家的重要组成部分。虽然在个别的历史时期,河北地域也曾出现过短暂的地方割据政权,但就整个社会发展趋势来说,维护国家统一始终是河北政治经济的主旋律,也是河北社会历史发展过程中的突出特点之一。

第一节　河北地域行政区划的演变

设郡县是秦王朝加强其中央集权的一项重要内容。秦王朝将全国分为36郡(后增为40郡),河北地域内至少设置了9郡,即右北平郡,郡治在今天津市蓟县;广阳郡,郡治在今北京市;渔阳郡,郡治在今怀来东南;上谷郡,郡治在今怀来;代郡,郡治在今蔚县东北;恒山郡,郡治在今石家庄市北固城;巨鹿郡,郡治在今平乡;邯郸郡,郡治在今邯郸市;辽西郡,郡治在今辽宁义县西(辖有唐山至秦皇岛一带地区)等。郡辖县若干,县下辖若干乡,乡下有若干亭,亭下有若干里,里中通过严密的什伍户籍来管理。

随着"七国之乱"的发生与平定,汉景帝采纳晁错的削藩政策及贾谊的"众建厚而少其力"主张,进一步削弱封国的割据势力。河北地域的赵国被分为赵、河间、广川、中山、常山、清河等6个小王国。汉武帝元封五年(公元前106年),汉武帝特设全国为13刺史部(州)。当时,河北地域的行政区划(即刺史部)大都归幽州刺史部和冀州刺史部管辖,其中幽州刺史部辖渔阳(今北京市密云西南)、上谷(今怀来东南)、涿(今涿州市)和渤海(今涿州市东南)四郡,而冀州刺史部则辖有中山国(今定州市)、真定国(今石家庄市东北)、常山郡(今元氏县西北)、河间国(今献县东南)、信都国(今冀州市)、巨鹿郡(今平乡东南)、广平国(今曲周北)及赵国(今邯郸市)等10个郡国。至此,河北地域内的行政区划大体形成。不过,在河北的政区发展历史上,曹魏是一个非常重要的时期。如建安十八年(公元213年),曹操于河北南部地区设置"三魏";魏黄初二年(公元221年),曹丕以邺为王业本基,并列为五都之一,而将邺城作为都城来经营,始于三国时期的魏国。黄初三年(公元222年),曹丕置都督河北一人,兼辖冀、幽、并三州军事,从此,都督作为一种常设建置在河北地域固定了下来。

"五胡十六国"时期,一方面受政权不断更替的影响,河北地域内的州域变动不居,其治地寻治寻废,行政区划难以统一,给河北地域的社会经济发展产生了一定的消极作用;另一方面,从处理民族关系的视角看,由于当时争夺对中原地区统治权的民族比较复杂,既有匈奴、羯、氐、羌、鲜卑等族,同时又有汉人和賨人,所以,后赵(羯人政权,都今邢台市)及前燕(鲜卑人政权,先都今辽宁朝阳市,后迁都于蓟,再迁于邺)等少数民族政权在河北幽州地区实行蕃汉分制。

北魏统一北方之后,它的首要任务就是理顺各种行政关系,稳定社会秩序。为此,拓跋珪在邺(今临漳县西南三台村)及中山(今定州市)置行台,这是以后行省制的雏形。行台全称"行尚书台",是代表中央处理地方军务的中央分支机构,带有临时性质。太和十年(公元486年),北魏在原行台的基础上分置38州,而在河北地域内共有8州,实行州、郡、县三级行政制度,以后北朝的东魏、北齐和北周三代地方行政建置基本上都沿袭了北魏的这种制度。北魏时期在河北地域内设置的8州分别是:司州,治邺,下辖魏郡、阳平郡(今馆陶县东南)、广平郡(今永年县城临洺关东南广府镇)、广宗郡(今威县东南)、北广平郡(今南和县和阳镇)、清河郡(今山东省临清市东北)6 郡;定州,治卢汉(今定州市),下辖中山郡、常山郡(今正定县正定镇)、巨鹿郡(今藁城市西南)、博陵郡(今安平县安平镇)、北平郡(今满城县满城镇北)5 郡;冀州,治信都(今冀州市),下辖长乐郡(今冀州市)、武邑郡(今武强县西南)、渤海郡(今南皮)3 郡;瀛州,治赵都军城(今河间市瀛州镇),下辖高阳郡(今高阳县高阳镇东旧城)、章武郡(今大城县平舒镇)、河间郡(今河间市瀛州镇南)3 郡;殷州,治广阿(今隆尧县东故城),下辖赵郡(今赵县赵州镇)、巨鹿郡(今宁晋县凤凰城)、南赵郡(今隆尧县隆尧镇东旧城)3 郡;沧州,治饶安城(今盐山县盐山镇西南旧县村)、浮阳郡(今沧州市东南)2 郡;幽州,治蓟城(今北京市),下辖燕郡、范阳郡(今涿州市)、渔阳郡(今天津武清县西北)3 郡;安州,治燕乐(今隆化县隆化镇北土城子遗址),下辖广阳1 郡;平州,治肥如(今卢龙县西北),下辖辽西郡、北平郡(今卢龙县卢龙镇)2 郡。另有侨东燕州、侨南营州及北燕州的建置,专为安顿各地的流民之用。

第二节　民族对抗与民族融合

从秦汉始至北朝亡,河北地域总体社会发展状况可以用治乱相间,以治为主来概括,稳定和发展是社会发展的主流。民族杂居现象比较突出,民族对抗、民族冲突、民族融合并存,政权在河北地域内的不断更替是此期河北地域社会发展的一个重要特点。

五胡十六国中羯族人建立的后赵政权,首先在襄国(今邢台市)定都,其时羯族人地位优越,被称作"国人"。石勒为巩固其统治,重用汉族人赵郡张宾为谋主,采用汉族的一些统治政策,国力日强,后赵之地"南逾淮海,东滨于海,西至河西,北尽燕代"。公元334 年,赵主石虎对邺城进行了大规模重建,"三台更加崇饰,甚于魏初"。待到冉魏统治者冉闵夺取政权后,就在邺城对胡羯人展开了一场种族屠杀,死者二十余万,然而,冉魏统治仅仅维持了两年即被"前燕"所亡。此后,前燕、前秦、后燕这几个王朝仿佛像走马灯一般在邺城驻足过场。

纵观这段历史,少数民族政权的存在给河北地域社会的发展至少带来了以下两个方面的变化:

一是河北新士族的产生。西晋将曹丕制定的"九品中正制"一变而为那些世族门阀培植私家势力的工具,所以时人称其结果是"上品无寒门,下品无势族",显然,这种局面加速了士族制度的形成,如博陵崔氏、范阳卢氏等都是河北地域的名门望族,他们在朝数世为公,在野则操纵地方政权。而入主河北地域的少数民族政权多将打击的矛头指向那些大姓士族,如渤海欧阳建、中山刘琨、燕国蓟人刘沈等都先后罹于胡难。与此同时,为了维持少数民族政权的存在,各少数民族政权又不得不吸收赵魏幽州低级士族参与政治管理,如后赵石勒以赵郡张宾为谋主;前燕慕容廆多以郡国事务咨访魏郡斥丘黄泓;后燕都中山,其朝章典制和地方吏治多得计于崔逞、高湖、封懿等河朔士人,等等。这些寒门清素与诸胡政治相结合,从而产生了河北新士族。

二是随着民族的大规模交往与迁徙,河北地域社会组成更加复杂。河北地域较大规模的民族迁徙始于东汉末年,据《三国志》卷30《乌丸传》载:曹操曾将"幽州、并州柔所统乌丸万余落,悉徙其族居中国"。后赵时,鉴于胡族统治的需要,公元315 年,石勒徙平原乌桓展广等部落三万余户于襄国。公元318 年,石勒徙羌人等十多万于冀州。公元329 年,石虎徙关东流民九千人于襄国,又徙氐人等十五万于司、冀二州。公元333 年,石虎更徙秦、雍民及羌人十多万户于河北等。公元356 年,前燕慕容恪徙鲜卑、羯等族三千户于蓟。公元387 年,后燕慕容垂徙乌桓八千余落于中山。公元389 年,后燕慕容德又徙贺讷部众数万于上谷。公元413 年,北魏徙越勒倍泥部落二万余户于张家口。公元552 年,北齐徙契丹等族十余万口于河北诸州郡。与此同时,汉人也有不少往各民族地区迁徙的。如曹魏时,汉人十多万户逃避战乱迁往乌桓,西晋以后又有几万户迁入辽西郡(治所在今卢龙县北),依附鲜卑,等等。通过上述的民族迁移,一方面促使各少数民族迅速地汉化,他们通过各种途径融合到了汉民族之中,成为包含各种族血缘成分在内的新汉族的基本成员,实现了以汉化为归宿的民族大融合;

另一方面,社会成分更加多样化和复杂化,仅从居民的姓氏上看,除本地崔、卢、封、邢、刁、祖等大姓外,徙来的关中大姓有胡、梁、韦、杜、牛等以及慕容氏的元、陆、穆等,这些姓氏都是从魏晋南北朝以后,才在河北地域多起来的。此外,汉族从民族的大融合过程中亦吸收了胡人很多有益的东西,如服装方面的皮衣、着毡,在社会风俗方面,"专以妇持门户",即是鲜卑之俗。

第三节 传统农业体制的形成

自秦汉以来,在长期的农业生产实践中,河北地域逐渐形成了一个具有本地特色的农业经济区,故《史记·货殖列传》根据西汉经济发展的地区差异第一次将中国经济分成四大类型:"夫山西饶材、竹、榖、纑、旄、玉石;山东多鱼、盐、漆、丝、声色;江南出柟、梓、姜、桂、金、锡、连、丹沙、犀、瑇瑁、珠玑、齿革;龙门、碣石北多马、牛、羊、旃裘、筋角;铜、铁则千里往往山出棊置:此其大较也。皆中国人民所喜好,谣俗被服饮食奉生送死之具也。"此段话基本上可以作"工"字形的理解:(1)以太行山为界,分山西和山东两部分,实际上亦是两个农业经济带,即"工"字的中间一"竖";北则以"龙门——碣石"一线为界,其北部为畜牧经济带,即"工"字的上边一"横";南则以黄河为界,其南部是以林矿为主的综合经济带,即"工"字的下边一"横"。用这个标准衡量,河北地域的经济区很自然地就被分成两个部分:一部分位于"龙门——碣石"一线的渔阳、上谷和代郡等地,以牧业为主;另一部分是由"龙门——碣石"一线以南、太行山以东及黄河以北所围成的这个广大区域,是耕作水平比较高的农耕区。由东汉的《四民月令》知,当时河北平原的粮食生产已经占据绝对优势地位。

公元前216年,秦始皇推行"使黔首自实田"的土地政策,标志着封建土地私有制在全国真正地确立起来。《汉律》规定:官田(皇室占有的土地)禁止买卖,民田(地主占有的土地)允许买卖和继承。因此,商人地主、豪强地主纷纷兼并土地,从而使更多的自耕农失去土地,转而成为地主的佃农,受封建地租剥削。另外,还有相当一部分无地农民四处流亡,脱离国家户籍,成为"无名数"的流民。东汉末年,这些流民成为社会不稳定的主要因素。所以,为了有效地安置流民,保障军需,曹操在魏郡、列人、阳平、蓟、邺等地广泛推行屯田制。与此同时,为了鼓励屯田民的积极性,曹魏政权还开辟了屯田民入仕的途径。如《三国志》卷23《裴潜传》载:其"奏通贡举,比之郡国,由是农官进仕路泰。"意思是说,在魏国屯田系统的官员也可以比照郡国推荐屯田民进入仕途。入晋以后,屯田土地开始不断被官僚大地主所蚕食,比如,分封于河北地域的中山王司马睦和巨鹿公裴秀就曾各自占有官稻田和三更稻田。于是,西晋政府不得不在公元280年颁布了《占田法》,它包括三项内容:占田课田制、户调法和官僚贵族占田荫亲荫客制。其中占田制规定:"男子一人占田七十亩,女子三十亩。"[1]在此,所谓"占田制"的实质就是"通过占田,田地所有者的田地得到政府确认他的私有田地"[2]。不仅如此,《占田制》还将占田与荫亲荫客联系在一起,使土地制度和占有依附人口的制度相结合,显然,它是对西汉以来限田政策的进一步深入与发展。如"咸宁三年(公元277年),睦遣使募徙国内八县受逋逃、私占及变易姓名、诈冒复除者七百余户。"[3]可见,当时河北地域违法超限荫占逃亡人口的现象比较普遍。可惜,由于"八王之乱",西晋的占田制施行不久即被破坏。公元485年,北魏在综合"占田制"、"井田制"及"计口授田制"等土地制度的经验基础上,同时为了克服"宗主督护制"的缺陷,颁行《均田制》。从现象上看,《均田制》在一定程度上限制了豪强大地主兼并土地,有利于国家征收赋税和调发徭役,但实际上,原有土地占有不均的状况并没有彻底改变。尽管这样,《均田制》历经北朝各代一直延续到唐朝初期,时废时复,时断时续,并在重新恢复的过程中不断得到修补更新,显示了它的内在生命力和历史的进步性。为了说明以上问题,我们试以定兴县北齐的《标异乡义慈惠石柱颂》(简称《石柱颂》)为例来说明之。一方面,《石柱颂》中有"义南课田八十亩"的记载,"课田"是"均田制"的重要内容,由此它成为北魏在河北地域推行均田制的重要史实;另一方面,《石柱颂》又有严光璨兄弟子孙施人"庄田四顷"的记载,这说明"均田制"同"占田制"一样,都不可能彻底取消土地私有制,所谓"均田"仅仅是一种浮于表面的土地形式。

河北地域中、南部地区的人地关系比较紧张,由此引发的社会矛盾较为突出。例如,《晋书》卷57《束皙传》载:"土狭人繁,三魏尤甚,而猪羊马牧,布其境内,宜悉破发,以供无业。少业之人,虽颇割徙,在者犹多,田诸苑牧,不乐旷野,贪在人间。故谓北土不宜畜牧,此诚不然……可悉徙诸牧,以充其地,使马牛猪羊齕草于空虚之田,游食之人受业于赋给之赐,此地利之可之致者也。"这段话反映出了两个问题:一是"人繁"是河北中南部地区经济发展的必然结果,由于土地资源有限,所以无田可种是一个突出的社会问题,而为了转移社会矛盾,地方政府开辟了一条旨在"以供无业"的发展畜牧业之路,效果比较明显;二是社会与自然是一个系统,其中任何一个环节失衡都会对整个系统产生消极影响,甚至是副作用,实践证明:在河北中南部地区大力发展畜牧业,对当地的生态环境破坏力很大,而顾此失彼,不能统筹兼顾,应是此期河北地域社会经济发展所暴露出来的主要问题。

注　释:

[1]　《晋书》卷26《食货志》,中华书局1987年版,第790页。

[2]　高志辛:《西晋课田考释》,《魏晋隋唐史论集》第1辑,中国社会科学出版社1981年版,第129页。

[3]　《晋书》卷37《高阳王睦列传》,中华书局1987年版,第1113页。

第二章　传统农业科技

秦汉时代,我国的冶金业获得巨大发展;冶铁技术有许多重大发现,确立了铁犁、牛耕在我国传统农具与动力中的主导地位。随着秦统一国家,牛耕在河北地域得到进一步推广。当时,种植方式多为轮作制,以抗旱保墒为中心的耕作技术开始出现。传统农业科技是以使用畜力或人工金属农具为标志,铁犁、牛耕为其典型形态,生产技术建立在直观经验基础上,并摸索创造了各种技术手段和技术方法。《四民月令》——我国最早的农作物"作业历",《齐民要术》是多年前我国黄河流域农民生产经验的总结,是继《氾胜之书》后我国至今保存完整的又一部大型综合性农书,是中国传统农学臻于成熟的一个里程碑;它所反映的农业和农学,在当时的世界上是处于领先地位的。

第一节　铁具与牛耕的推广

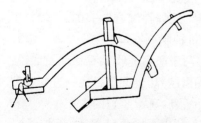

图 3 - 2 - 1　犁(自《王祯农书》)

满城汉墓遗址出土有灰口铁制的铁铧,保定东壁阳城还出土了汉代铁齿耙和耙范[1]。满城汉墓出土有大型石磨上下两盘,磨盘中间有铁轴,磨旁有马的骨架,说明汉武帝时代已经出现畜力牵引的大型石转磨[2]。铁农具三齿耙与双齿耙及大量铁铧的出土,说明铁农具已经用于翻耕熟地、开垦荒田。东汉时河北平原地区改进出现了"短辕犁"。"缩小了原来V形铁犁的刃端角度,起到省力(作用),利于深耕"(图3-2-1)[3]。

属于东汉的铁犁和牛耕图在河北亦有发现[4]。汉代龚遂在河北令民"卖剑买牛"。牛耕是我国历史上农用动力的一次革命。至北朝时期,河北地域的农耕区已经基本上比较熟练地掌握了耕田、耙地、保墒、土壤改良、调茬、轮耕、中耕、施肥、灌溉等一整套成体系的农田耕作技术,形成传统农业的雏形。汉武帝征和四年，任命赵过为搜粟都尉，曾在关中、关东和长城沿线地区推广牛耕。满城汉墓出土的双齿铁耙，主要用于耙地松土，为前代所未见，反映了当时农耕技术的一隅。

第二节　海河水系和天井堰的修建

一、海河水系的形成

从西周至春秋战国时代，黄河是河北平原的主要水系。它经河南省浚县东南大伾山，东北汇合降水（即漳河），向北流入古大陆泽，此后始分为"九河"。因海口段受到海潮顶托，使河海不分，共同归于渤海。西汉时代黄河干流东移，其入海处由天津移至今天的黄骅县附近入海。于是，原来流入黄河的诸条河流，均开始脱离分流入海。据《汉书·地理志》所载，当时脱离黄河而分流的河流有滹沱河、泒河（上游今沙河，下游约今大清河）、滱水（今唐河）、治水（今永定河）、沽水（今白河、北运河）等，它们互不交会，各自流入渤海。不过，西汉末年（公元8年）以前，漳河仍然属于黄河水系，当时海河水系尚未形成。

王莽始建国三年（公元11年），黄河南徙经山东北部，在今滨州市、利津一带入海。这时，原注入黄河的漳水才逐渐脱离黄河而独流入海。据谭其骧研究，到3世纪初（公元204年），曹操统治河北地域，开凿了白沟、利漕、平虏、泉州诸渠，沟通利漕渠与漳河水路，第一次出现众流归一的扇形河道结构。清河合滹沱河、泒水、滱水、漯水、拒马河、沽水等均汇于天津入海，海河水系始告形成。

二、引漳十二渠与天井堰"城市供水"

引漳十二渠本来是战国初期邺（治今临漳西南20公里的邺镇）令西门豹创建（公元前422年），它是我国有文字记载的最早以漳水为源的古代大型引水灌溉渠。这项引水工程是在漳河中修筑12座溢流低堰以拦河水，每堰在南岸开取水口，共建成12条渠道，能灌能排，旱时可引水灌田，水大时又可排涝。后废堰田荒，《后汉书·安帝纪》载，东汉元初二年（公元115年），孝安帝诏令"修理西门豹所分漳水为陂流，以溉民田"。但效果不太理想，献帝建安十八年（公元204年），曹操组织修复了漳河十二渠，在原渠堰基础上修建了天井堰。天井堰一方面解决了供给城市用水，同时它可灌溉数万亩农田。对此，《邺中记》载：引漳十二渠"后废堰田荒，魏时更修，通天井堰邺城西，面漳水，十八里中缅流东注邺城南，二十里中作二十堰。"[5]

关于"天井堰"的修复技术，《水经·浊漳水注》云："魏武王（曹操）又竭漳水回流东注，号天井堰，（二十）里中作十二蹬，橙相去三百步，令互相灌注。一源分为十二流，皆悬水门。"在此，橙是梯级，指横拦漳河的低滚水堰。这段话的意思是说，天井堰是用12蹬将漳水分为12渠（即十二流）。每20里中修筑12堰，也即每隔300步（约合400余米）修一堰。靠堰的上游，在南岸开渠引水。各渠首都有引水闸门，这样就构成12条渠道。引漳十二渠的修复运用了多渠首引水工程技术。

第三节　抗旱保墒耕作技术体系的形成

井田制以秦国的商鞅改革较为彻底而具有代表性。秦国颁布了土地私有权和自由买卖权。"废除井田，开阡陌"和"制辕田"就是废除奴隶主、贵族对土地的垄断，把土地授给农民，土地可以自由买卖，在法律上维护了封建的土地私有制。同时实行重农抑商政策，在新的生产关系条件下，农民也有了少量土地和剩余劳动时间，因而对劳动生产和改进生产技术的兴趣比以前大为增加，推进了农业生产发展和农业技术的提高,为进行统一战争提供了物质保证。由此,可见土地制度变革的重要性。北魏还实行均田令,规定不少田地要定期休耕。

汉代大田作物仍以粮食作物为主,经济作物比前代增多。农作物种植耕作技术比战国时期已有显著进步。为了解决农田缺水问题,实践中逐步形成了以抗旱保墒为中心的"耕—耙—耱"一套较为完整的抗旱保墒耕作技术体系。具体讲:

一是适时耕作,耙耱结合《氾胜之书·耕田》曰"凡耕之本,区于趣时","春冻解,地气始通土和解,夏至,天气始暑,阴气如威,土复解。夏至后九十曰,昼夜分,天地气和,以比时耕田,一而当五,名曰膏泽,皆得时功","凡麦田,常以五月耕,六月再耕,七月勿耕,谨摩平以待种时。五月耕以当三,六月耕一当再,若七月耕,五不当一"[6],是说,耕地的基本原则是抓住适当时机,使土壤和解。并以麦田为例,讲明了耕地具体时间和方法。耙(图3-2-2)是以铁齿耙将土磨碎,耱也称劳,就是将土块磨平。耙耱抗旱保墒的作用在《齐民要术》中讲得非常清楚。"春季多风,若不寻劳,地不虚燥","春耕寻禾劳","秋耕,待白背劳","耕而不劳不如作暴"。意思是说,春天耕过的地,随时(寻手)磨平,秋天等地发的再摩,春天风很多,耕后不随即摩,地里就会空虚干燥,耕翻不摩,不如闯祸[7]。

二是"三田"种植法。即带田法,隔年轮换的垄作方法;区田法,在小面积土地上集中投入人力物力的一种集约耕种方式;田法,以骨汁调粪包被种子。这三种方式在抗旱保墒方面各有千秋。

三是中耕保墒技术。《齐民要术》"种谷"篇,有精辟的论述:"凡在谷,唯小锄为良,小锄者,非直省功,谷亦倍胜,大锄者草根繁茂,用功多而收益少","苗出垅则深锄,锄不厌数,周而复始,勿以无草而暂停,非止除草,乃地熟而实多,糠薄米息"[8]。这里反复强调中耕,中耕不仅是为了除草,也是为了使土地(疏松)均匀,还可以多收籽实。

当时人们已经懂得了轮作倒茬,《齐民要术》曰:"凡谷田缘空小豆底为上;麻、黍、胡麻次之,芜菁、大豆为下,常减瓜底,不减绿豆",是说"谷田前作(底)绿豆,小豆取好(上),麻、黍、芝麻就差些,芜菁和大豆最不好"。"慎自于大豆地中杂种麻子! 扇地,两损,而收并薄",意思是,千万不要在大豆地里种麻子,彼此遮阴,相互损伤,两种收成都要减少[9]。据《氾胜之书》记载,北方的轮作复种和间作套种已经萌芽。

第四节　中国最早的农事作业历

图3-2-2　《四民月令》影印本

《四民月令》由东汉中晚期涿郡安平(今河北安平县)人崔寔撰著。

崔寔强调"国以民为本,民以谷为命,命尽则根拔,根拔则本颠"[10],比较重视发展农业生产。他做太守时曾教民种麻,晚年又在洛阳地区经营田庄,对农业生产的过程相当熟悉。

《四民月令》(图3-2-2)成书于公元166年左右,原书已佚。今存辑佚本。全书内容大致包括:一是祭祀、家礼、教育以及维持改进家庭和社会上的新旧关系;二是按照时令气候,安排耕、种、收获粮食、油料、蔬菜;三是纺绩、织染、漂练、裁制、浣洗、改制等女红;四是食品加工及酿造;五是修治住宅及农田水利工程;六是收采野生植物,主要是药材,并配制法药;七是保存收藏家中大小各项用具;八及九是杂娑及杂事,如"保养卫生"等。它还按时令逐月记述以洛阳为代表的中原地区士、农、工、商人家生产及生活的概况,对每月的农业生产,包括耕地、催芽、播种、分栽、耘锄、收获、储藏以及蚕桑、畜牧、果树经营等等,记述得都非常细致而合理,兼及祭祀、社交、教育、交易、饮食、医药、家用器物的制作、保管等活动，实开农家月令书之先。在四民月令中，崔寔首次记述了"别稻"（水稻移栽）和树木的压条繁殖，因而是我国出现最早的农作物"作业历"。

注　释：

[1]　保定地区文教所：《保定东壁阳城调查》，《文物》1959 年第 2 期。
[2]　卢兆荫等：《河北满城汉墓农器刍议》，《农业考古》1982 年第 1 期。
[3]　河北省社会科学院地方史编写组：《河北简史》，河北人民出版社 1990 年版，第 67 页。
[4]　徐燕：《从汉代画像石看汉代的牛耕技术》，《农业考古》2006 年第 1 期。
[5]　《太平御览》卷七十五，堰埭条转引邺中记。
[6]　夏常瑛：《吕氏春秋上农等四篇校释·氾胜之书校释》，中华书局 1957 年版，第 21，27 页。
[7][8][9]　贾思勰撰，石声汉校释：《齐民要术选读本》，农业出版社 1961 年版，第 24，58，57 页。
[10]　缪启愉等：《四民月令辑释》，农业出版社 1981 年版，第 3 页。

第三章　传统林业科技

　　秦统一中国后，平原地区集中成片的原始森林已全部被天然次生林和果桑等经济林所代替，自然生长的松、柏、杨、柳、榆、槐、椿、桑、栾树等逐渐变为人工栽植，银杏、七叶树已开始在园林内人工栽植。苗木的繁殖与造林技术有了进一步发展，林业从农业中分离出来，成为独立的一个门类。随着果树园圃业产生，果树繁殖与栽培技术发展很快，林果业逐步走向以集约化规模经营方式。

第一节　独立林业的出现

　　秦朝时，河北平原地区集中成片的原始森林已全部被天然次生林和果桑等经济林所代替。自然生长的松、柏、杨、柳、榆、槐、椿、桑、栾树等逐渐变为人工栽植的树种。林业在不断扩大规模的同时，更显示其规模效益。据《汉书·龚遂传》一书记载：西汉龚遂任渤海太守时，"劝民务农桑，令口种一树榆"，反映了一般农户林业活动的规模与水平。这时已经出现了大规模经营林业的专门人员。如《史记·货殖列传》说："山，居千章之材……淮北、常山已南，河济之间千树萩……此其人皆与千户侯等。"这一时期，出现了独立林业的经营。

　　种植行道树是先秦时代的传统，《汉书·贾山传》一书记载，秦始皇"为驰道于天下，东穷燕齐南极吴楚，江湖之上，濒海之滨毕至。道广五十步，三丈而树，厚筑其外，隐以金椎，树以青松"。可见其工程的艰巨、宏伟。由于战争、陶瓷、冶炼、建筑等因素的影响，河北地域的原始森林受到比较严重的毁坏，所以行道树的出现，是对周朝人工造林政策的延续和发展，它对于维持河北地域的生态平衡，特别是对于水土保持具有一定的补救意义。

第二节　园圃业种植技术

　　秦汉时期，"园"和"圃"已各有其特定的生产内容，虽然当时仍有在园中种菜的，但总的来说在园圃业中果树生产和蔬菜生产的区分是更为明确了。农民一般从事小规模的园艺生产,地主阶级则普遍经营大规模的园圃。这是园圃业专业性加强的又一标志。

一、果树的栽培品种

《齐民要术》一书中收集和描述了不少果树品种,如卷 4 中有种枣、种桃柰、种李、种梅杏、插梨、种栗等[1]。《西京杂记》一书记载上林苑种植的果树品种就有梨 10 种、枣 7 种、栗 4 种、桃 10 种、梅 7种、杏 2 种。当时,这些果树品种在河北地域均有种植,且一些品种已成为当时河北先民的名品。如陆玑在《毛诗草木鱼虫疏》中称:"五方皆有栗……唯渔阳、范阳栗甜美长味,他方悉不及也"(渔阳系今蓟县,范阳系今涿州市、易县以东)。灾荒之年,群众多以枣、栗维持生活。深州蜜桃在汉代已成"贡品"。《深州风土》记载:"深州土产曰桃,往时有桃贡。……北国之桃,深州最佳,谓之蜜桃。"汉武帝时公元前 129 年,张骞出使大宛,取葡萄实于离宫别馆里栽种,以后由新疆、甘肃传入河北地域。

三世纪初,魏晋南北朝时期,梨的优良品种开始集中栽培,形成梨的名产区。《冀州论》一书中记载:"常山好梨,地产不为无珍。"魏文帝曹丕在诏书中说:"真定郡梨大若拳,甘如蜜,脆如菱。"晋郭义恭的《广志》中记载了华北一带著名的梨产区和优良品种:"常山真定,山阳、钜野、梁国、睢阳、齐国、临淄、巨鹿并出梨,上党亭梨,小而加甘。广都梨(又云钜鹿梨)重六斤,数人分食之。"[2]魏时,今邯郸临漳一带杏树栽培普遍。《广志》中记有:"邺中有赤杏,有黄杏,有柰杏。"

二、果树繁殖与栽培技术

秦汉时期,果树栽培技术的发展具体表现在以下两个方面。

1. 果树压条繁殖技术

汉代已经出现了树木压条繁殖的记载。《四民月令·二月》一书中说"二月尽三月,可掩树枝",贾思勰注曰:"埋树枝土中,令生,二岁已上,可移种矣。""掩树枝"就是"压条"。《齐民要术·插梨》一书所载,有播种、扦插、压条、分根和嫁接等几种。桃、栗用实生苗繁殖,梨、柿常用嫁接法。分根法是在树旁"掘坑,泄其根头,则生栽矣"。用梨的种子育苗,后代往往出现分离,失去原有的优良品质,所以贾思勰对梨的繁殖强调用嫁接(插)技术,而且指出"插者弥疾"。但对某些早熟早衰的果树,贾思勰认为仍宜采用实生苗繁殖。如桃树:"桃性早实,三岁便结子,故不求栽也。"[3]

2. 树木的移栽技术

《四民月令·正月》一书说:"自朔暨晦,可移诸树;……唯有果实者,及望而止;过十五日,则果实少。"这就是说,果树移栽不得晚于正月十五日。一般应在早春苗木生长开始前进行,移栽晚了将影响成活,移栽迟了还会影响当年的产量。《淮南子·原道训》一书指出:"今夫徙树者,失其阴阳之性,则莫不枯槁。"所谓"阴阳之性",其一是不能变易树干本身的阴阳面;其二是原来栽培在背阴地的,还应该移栽到背阴地里,原来栽培在向阳地的,还应该移栽到向阳地里。

对于果树栽植距离,《齐民要术·种枣》要求:枣"三步一树,行欲相当",《种李》篇则"桃、李,大率方两步一根",因为太稠连阴,"则小细,而味亦不佳"。汉代不仅对桃、李、梨、柿等果树提出了"三丈一树,八尺为行"的株行距要求,而且提出了"果类相从,纵横相当"的果园布局的标准。看来,当时已经认识到要根据果树生长发育的特点,确定适宜的种植密度,并提出了纵横成行、美观整齐的果园布局要求。

第三节　地桑培育与桑蚕饲养技术

一、地桑的培育技术

西汉时期，《氾胜之书》系统地提出了培育地桑的方法，"每亩以黍、椹子各三升合种之。黍、桑当俱生。锄之，桑令稀疏调适。黍熟获之。桑生正与黍高平，因以利镰摩地刈之，曝令燥，后有风调，放火烧之，常逆风起火，桑至春生。一亩食三箔蚕。"[4]即采用黍桑混播的方法，适时锄疏桑苗，使桑苗疏密合适；黍熟收获时，桑苗已长得和黍一样高，这时就用锋利的镰刀，靠近地面把桑苗割下来，晒干后，放火烧，第二年春天桑根再萌发出新的枝条，其叶就可以养蚕了。一亩地的桑叶能养三箔蚕。这是我国培育地桑的最早记录。地桑与树桑相比具有许多优点：地桑叶形较大，叶质鲜嫩，采摘省工省时，次年即可采叶饲蚕。所以，地桑的培育对促进蚕业生产的发展起了重要作用。

二、蚕的饲养技术

秦汉时期，人工加温饲蚕的方法，是中国养蚕技术上的一大成就。这一时期，我们祖先已经深刻认识到，蚕最忌寒和饿，而喜温和饱。仲长统的《昌言》一书中说蚕"寒而饿之，则引日（拖延老熟的时间）多，温而饱之，则引日少"。为了给蚕儿创造温而饱的条件，早在汉代就开始采用人工加温的方法。据《汉书·张汤传》一书记载"凡养蚕者，欲其温而早成，故为密室，蓄火以置之"。

三国时期杨泉的《蚕赋》，用四言排句简明扼要地记述了养蚕全过程中的重要环节："温室既调，蚕母入处，陈布说种，柔和得所。晞用清明，浴用谷雨，爰求柔桑，切若细缕。起止得时，燥湿是俟。逍遥偃仰，进止自如，仰似龙腾，伏似虎跌。圆身方腹，列足双俱。昏明相椎，日时不居。粤台役夫，筑室于房。于房伊何，在庭之东，东受日景，西望余阳。既酌以酒，又挹以浆，壶餐在侧，脯脩在旁。我邻我党，我助我康。于是乎蚕事毕矣。"《蚕赋》对当时蚕业生产经验做了高度概括，反映这一时期养蚕技术的进步。从杨泉的《蚕赋》中，可以看出三国两晋时期，人们对养蚕已经积累了相当丰富的经验。这些经验就是在今天，仍在不少地方沿用。

三、桑蚕技术的发展

秦代相当重视蚕桑业的发展，曾制定法律保护桑树生产。在"秦简"律令中，第四种律令规定："或盗采人桑叶，赃不盈一钱，皆赀繇三旬"，即偷别人的桑叶，虽不超过一钱，也要罚做三十天苦役。至汉代，幽、冀两州都是蚕桑重要产区，尤其冀州的正定国、常山郡、河间国、巨鹿郡、赵国、清河郡、魏郡、中山国，即现今的邯郸、邢台、石家庄、保定等地域种植面积最大。以至有"平原桑树遍地，以至荒年可用桑椹充饥"的记载。东汉末期，战乱频繁，桑园多因蚕事荒废而结桑椹。"东汉末，袁绍军在河北（冀州地）仰食桑椹"，"曹操军千余人无粮亦进干椹"，"幽州人以桑椹为粮"。这些都充分反映了河北地域内桑树的种植规模。

西晋晚期，北魏拓跋珪在攻打中山（今定州）的过程中，军队无粮，不得不靠干桑椹充饥，要百姓"以椹当租"做军粮。北魏统一以后，孝文帝（公元471年）实行均田制和租调制，在贡纳丝绢地区规定：成年男子除露田（耕地）外，每人增授桑田20亩，要求至少种桑50株。按受桑田和"户调"计算，当时河北地域桑树总面积比西晋时有增无减。

注　释:

[1][2][3]　贾思勰:《齐民要术》,商务印书馆 1961 年版,第 2,54,51 页。

[4]　万国鼎:《氾胜之书辑释》,中华书局 1957 年版,第 166—167 页。

第四章　传统畜牧科技

　　河北地域是农耕文明和游牧文明的交汇之地,两大文明的不断碰撞和交流为当时畜牧技术的发展创造了得天独厚的有利条件。在秦汉三国魏晋南北朝时期,河北传统畜牧科技基本成型,畜牧兽医技术得到了空前发展;马业兴旺,在军事和经济生活中占有重要地位,马匹的舍饲、选育、杂交技术相当普及和发达。与此同时,家禽家畜的舍饲已相当普遍。畜牧由放养发展到舍饲,使畜禽饲养技术发生了重大变革和进步。传统畜牧科技在实践与理论上得到了空前发展。

第一节　畜禽饲养技术

一、马的饲养技术

　　秦汉时期,马作为巩固封建统治政权的重要畜种在当时的畜牧业中占有极其重要的地位。统一后的秦王朝以及汉王朝对马的驯养倍加重视,大力倡导养马,在河北地域出现了专门养马的专业人员,并赋予这些人员专有的名称:“燕、齐之间,养马者谓之娠”,由此可见此时河北养马业的兴盛,不论是满城汉墓出土的大量实用车马,还是安平汉墓中的“车马出行图”壁画(图 3－4－1),均反映了当时河北养马技术的普及和发达。此外,从河北出土的汉代陶马、铜马发现,这些马腰围宽厚,躯干粗实,四肢修长,臀尻圆壮,与当地原有品种发生了明显变化(图 3－4－2)[1],这些变化说明了河北先民在饲养马匹的过程中,注重品种的选育和饲养技术的革新,从而使当地原有品种得到不断改良,显示了高超的养马技术。

图 3－4－1　安平汉墓壁画——汉马车出行图　　　　图 3－4－2　高庄汉墓出土实用车马复原图

在马的饲养技术方面,人们掌握了"量其力能,寒温饮饲,适其天性"的饲养方法。总结出:"饮食之节:食有三刍,饮有三时。何谓也?一曰恶刍,二曰中刍,三曰善刍。谓饥时与恶刍,饱时与善刍,引之令食,食常饱,则无不肥。锉草粗,虽足豆谷,亦不肥充;细锉无节,簁去而食之者,令马肥,不咬,如此饲喂,自然好矣。何谓三时?一曰朝饮,少之;二曰昼饮,则胸餍水;三曰暮,极饮之。一曰:夏汗、冬寒,皆当节饮。谚曰:'旦起骑谷,日中骑水。'斯言旦饮须节水也。"每饮食,令行骤,则消水,小骤数百步亦佳。十日一放,令其陆梁舒展,令马硬实也。"[2]这种"饥时与恶刍。饱时与善刍"的饲喂方法保证了马在采食过程中的旺盛食欲,因而会做到"食常饱,则无不肥"的饲喂效果;"锉草粗,虽足谷豆,亦不肥充",因此饲喂时必须将饲草铡细,否则即使给予充足的谷类和豆类等精料,也不能令马膘肥体壮,凸显了粗饲料加工的重要性。经过铡刀的铡切,细长的牧草加工成碎小的饲料,自此基础上再"簁去土",去掉饲料中的泥土杂物,用这样的饲料进行饲喂,适口性和消化率都有提高,此外,没有土石杂物,利于家畜的健康。这种加工方式,看似简单,但其中包含的科学原理极为重要,在现代饲草加工过程中仍然强调饲草的切碎、卫生等要求,而且切碎是目前饲草物理加工方法中应用最为普遍的一种形式。上述措施是饲养管理技术的巨大进步,也是古代人民在养殖技术上的重大创新,这种饲喂和加工方法一直延续至今,并在生产中大量使用,充分说明当时的饲养技术是与现代饲养学原理相通的,具有极高的学术价值和实用价值。

二、牛的饲养技术

汉时牛耕技术逐渐推广应用。河北地处中原,是使用牛耕较早的地区[3],牛耕技术的基础是牛的饲养,而牛耕技术的应用,促进了种植业的发展,又为牛的饲养提供了充足的饲草资源,因而形成了以农养牧、以牧促农、农牧结合的生产局面,成为古代农牧结合的典范。

这一时期在促进母牛产后恢复的饲养管理技术方面有了重要进展。"牛产日,即粉谷如米屑,多著水煮,则作薄粥,待冷饮牛。牛若不食,莫与水,明日渴自饮。"[4]牛产后体质虚弱,胃肠道功能下降,为了保证产乳,因此要将饲喂的精料粉碎,做成稀粥饲喂。而在现代奶牛生产中,产后要及时饲喂麸皮粥,由此可见当时养牛技术的发达程度。

三、猪的舍饲技术

在河北各地两汉时期的墓葬中出土了不少陶猪圈,如沙河兴固汉墓、阳原西城南关东汉墓、安平水泥管厂东汉墓(图3-4-3)、武邑青家汉墓、石家庄北郊东汉墓等等,这些陶猪圈大都和厕所连在一起,说明早在汉代,"连茅圈"就已出现,猪的舍饲技术已经相当普及。由放牧饲养转向圈舍饲养,是饲养技术的一种重大变革和进步,它需要在猪的育种、饲料的搭配、饲养管理、疾病防治技术等多方面进行重大改进,以适应这种饲养方式的改变,因此可以说两汉时期河北先民掌握了较为先进的养猪技术,积累了丰富的饲养经验。"连茅圈"的另一功能是通过养猪积肥,以粪肥田,河北先民早在汉代就明白了这一科学道理。应该说当时牧业的发展与农业发展是相辅相成的,猪的饲养不仅可以为人类提供肉食,此外还可以提供肥源,对促进农业生产水平进一步提高具有重大的推动作用。汉代出现的"连茅圈"虽然做到了"物尽其用",但也有利于病害传播的一面。

图3-4-3　安平出土的陶猪圈

四、羊的饲养技术

当时人们总结出了"缓驱行,勿停息。息则不食而羊瘦,急行则坌尘而虫颡也"的放牧方法,在放牧时间上,主张"春夏早放,秋冬晚出。春夏气软,所以宜早;秋冬霜露,所以宜晚。《养生经》云:'春夏早起,与鸡俱兴;秋冬晏起,必待日光。'此其义也。夏日盛暑,须得阴凉;若日中不避热,则尘汗相渐,秋冬之间,必致癣疥。七月以后,霜露气降,必须日出霜露晞解,然后放之;不尔则逢毒气,令羊口疮、腹胀也。"[5]这些经验看似平常,却包含着深奥的科学道理,与现在的放牧技术是完全吻合的。

在羊的饲喂技术方面,注重观察和总结羊的采食习性,据此提出了"于高燥之处,竖桑、棘木作两圆栅,各五六步许。积茭着栅中,高一丈亦无嫌。任羊绕栅抽食"的饲喂方法,通过采用这种饲喂技术,可使羊只"竟日通夜,口常不住。终冬过春,无不肥充。"将饲草置于高处的栅栏上一方面使饲草卫生得以保证,同时也让羊始终保持旺盛的食欲,从而可以做到"无不肥充"的饲养效果。如果不按照羊的采食习性进行饲喂,就会造成"假有千车茭,掷与十口羊,亦不得饱:群羊践蹋而已,不得一茎入"[6]的后果。

五、鸡的饲养技术

在鸡的饲养管理技术方面,提出"宜据地为笼,笼内著栈,虽鸣声不朗,而安稳易肥"。"别筑墙匡,开小门,作小厂,令鸡以避雨日。"[7]这种圈养方法,充分考虑了鸡喜欢上架栖息的习惯,因而在圈内设栈,同时避免了散养于树林之中时风寒导致的伤冻危害,为鸡提供了一个安全的生活环境,因而可以达到"安稳易肥"的目的。在鸡的肥育方面提出了"养鸡令速肥法":"常多收秕、稗、胡豆之类以养之,亦作小槽以贮水。……雏出则著外许,以罩笼之。如鹌鹑大,还内墙匡中。其供食者,又别作墙匡,蒸小麦饲之,三七日便肥大矣。"[8]

第二节　选种留种技术

一、相马技术

相马技术在这一时期有了长足发展,从五官、躯干、四肢、五脏等诸方面均进行了系统论述,"马耳欲得相近而前竖,小而厚。一寸,三百里;三寸,千里。耳欲得小而前竦。耳欲得短杀者,良;植者,驽;小而长者,亦驽。耳欲得小而促,状如斩竹筒。耳方者,千里;如斩筒,七百里;如鸡距者,五百里。"当时人们认为,马生堕地无毛者能行千里。在长相上,"马龙颅突目,平脊大腹,脠重有肉,此三事备者,亦千里马也。"[9]采用这种技术,就能选出日行"千里"的良马,而有效地选择良马个体则是培育优良马种的前提。

二、猪种选育

在猪种的选育上,认为"母猪取短喙无柔毛者良。喙长则牙多;一厢三牙以上则不烦畜,为难肥故。有柔毛者,燖治难净也"[10],说明母猪以短喙无柔毛的为好,一边有三颗牙的,难以养肥,有柔毛的宰后去毛困难。

三、羊选留种技术

在选留种羊方面，总结出了丰富的经验"常留腊月、正月生羔为种者上，十一月、二月生者次之。非此月数生者，毛必焦卷，骨骼细小。所以然者，是逢寒遇热故也。其八、九、十月生者，虽值秋肥，然比至冬暮，母乳已竭，春草未生，是故不佳。其三、四月生者，草虽茂美，而羔小未食，常饮热乳，所以亦恶。五、六、七月生者，两热相仍，恶中之甚。其十一月及二月生者，母既含重，肤躯充储，草虽枯，亦不羸瘦；母乳适尽，即得春草，是以极佳也。"[11] 这个留冬羔作种的原则至今仍在沿用，对我省乃至我国的养羊业发展产生了重要影响。

第三节　繁育技术

在现代畜牧生产中，大量采用杂交技术来提高后代的生产性能，而早在 1500 年前，我省先民就掌握了这一技术，并在马驴的种间杂交方面进行了应用，繁育出了性能优异杂交后代，进而总结出杂交时需要"父强母壮"这一科学原理，为后世开展家畜品种改良提供了极为珍贵的经验。

在羊的繁育技术方面，提出了群体中公母比例的问题，"大率十口二羝。羝少则不孕，羝多则乱群。不孕者必瘦，瘦则非唯不蕃息，经冬或死。"[12] 这种确定公母比例的饲养技术，是繁殖技术上的一大进步，结合留种技术的应用，为提高繁殖效率、提高羊的生产性能奠定了基础。

注　释：

[1]　安忠义：《汉代的养马业及对马种的改良》，《农业考古》2006 年第 4 期。
[2][4－12]　贾思勰著，缪启愉校释：《齐民要术》，农业出版社 1982 年版，第 277—279,281—285,312—315,328 页。
[3]　河北省社会科学院地方史编写组：《河北简史》，河北人民出版社 1990 年版，第 65 页。

第五章　传统陶瓷科技

河北是我国制陶业和制瓷业的发源地之一，自汉代开始，河北的陶瓷品种越来越呈现出多样化和个性化的艺术特点，既有传统的泥质陶，又有釉陶和彩绘陶。衡水武邑县中角汉墓出土的 1 件泥质红陶楼模型，为三层组合阁式建筑，构造雄伟，雕饰华丽。保定唐县发现的"都亭窑"为陶瓷制作史上陶窑向瓷窑转变过程中的定型窑。邢窑的出现标志着河北地域完成了"原始瓷器"向粗白瓷器的转变，并为细白瓷出现奠定了物质基础。

第一节　汉代釉陶和彩绘陶

1. 北方釉陶

与先秦时期出土的釉陶相比，汉代釉陶在河北地域的发展出现了两个特点：一是分布范围广，目前在石家庄、沧州、保定、衡水、邯郸、邢台等地都出土了大量的西汉釉陶,如石家庄赵县各子村发现了1件浮雕双人踏板捣碓状的汉代绿釉陶模型,沧州献县第36号西汉墓出土了器表皆施乳白色陶衣的釉陶壶或釉陶壶盖,邯郸彭家寨村东15号和16号汉墓出土了数十件黄绿釉陶器,衡水武邑中角汉墓出土有泥质釉陶等。二是质高量大,在汉代以前釉陶主要为或浅或深的黄褐釉,而自汉宣帝开始,绿釉陶器逐渐增多。从化工的角度看,黄色釉的呈色剂为铁的氧化物,而绿色釉的呈色剂为铅的氧化物,所以学术界通常又把汉代的釉陶称作"铅釉陶"。又因为该釉陶主要流行于黄河流域和北方地区,所以也称"北方釉陶",它是汉代制陶工艺的杰出成就。不过,汉代的釉陶器的烧成温度一般在700至900℃,属于低温釉。与汉代比较繁荣的社会经济相适应,釉陶在河北地域都有大量出土,如献县第36号西汉墓仅在小侧室内就出土了18件釉陶壶。同时,此时釉陶的制作技术水平亦很高,比如邢台出土的5件汉代釉陶器,造型优美,做工精良,釉色翠绿,润泽明亮,模印纹饰精细,龙、凤、鱼等栩栩如生,极具动感。

图3-5-1　东大井汉墓
出土的彩绘陶壶

2. 彩绘陶

彩绘陶作为一种明器在汉代非常盛行,河北地域很多地方都有汉代彩绘陶的出土。如在北京,五棵松文化体育中心出土有汉代彩绘陶壶。在天津,蓟县东大井汉墓群中出土有彩绘陶壶(图3-5-1)。在石家庄,赵陵铺汉墓出土有5件彩绘陶壶。在保定,涿州汉代古墓群出土有1件被称为国内孤品的彩绘陶魂瓶,瓶高1.3米,造型生动,色彩鲜艳,塑技高超。在衡水,武邑中角汉墓群4号墓出土有彩绘陶耳杯、陶鸡等。在邢台,其汉墓中出土有彩绘丹唇陶俑。在邯郸,其汉墓中出土有彩绘陶鼎。

综括来看,河北地域汉墓出土的彩绘陶器型复杂,种类繁多,粗计有壶、楼、碗、鼎、熏炉、磨、钵、俑、动物模型等。其施彩除整体涂绘外,尚有弧纹、旋涡纹、雷纹、云气纹、龙凤纹、蟠夔纹、青龙、白虎、朱雀及各种仿青铜器几何形图案。

3. 灰陶加彩器

由于汉代主要是在灰陶器上绘彩,因此人们也把汉代彩绘陶称为"灰陶加彩器"。如武邑中角汉墓群4号墓出土的汉代彩绘陶即是"灰陶加彩器"类型,其中有2件魁,均为泥质灰陶,圆唇,直口,曲腹,平底中部内凹,腹部置龙首柄,内壁施红彩,表面残留红黑色彩,龙首柄制作细致,并施红彩。又有2件俑,分别为M4:39和M4:40,亦均为泥质红陶,M4:40之俑头束高发髻,身着长裙,交领右衽,腰系裙带,双手附于胸前,通体施绿釉[1]。

4. 陶窑向瓷窑转变过程中的定型窑——对窑

河北地域汉墓中出土的各种陶器,个体形状普遍趋向大型化。如满城汉墓出土的大型陶壶78件,大型陶缸器16件,这可能与汉代陶窑结构的变化有关。据考古得知,在保定唐县都亭村发掘出的西汉制窑场地中,人们不仅对陶器制作过程中的取土、和泥、陈泥(陶器制作过程中的一道工序)、制坯、晾坯、装窑、出窑等一整套工艺流程依然一目了然,而且还发现了3座结构比较先进的"对窑"遗址(图3-5-2)。这种陶窑呈钥匙结构,一个窑的不同部分具有不同的分工与组合,

图3-5-2　保定都亭西汉窑场(曹国厂摄)

它属于半导烟式窑,而从窑壁上烧结的状态和所烧器具的高硬度状况分析,这种窑是一种高温窑,其窑温至少在1 100℃以上。"都亭窑为陶瓷制作史上陶窑向瓷窑转变过程中的定型窑",它"证明我国

北方既是制陶业的发源地之一,也间接证明是制瓷业的发源地之一"。可见,是古代一种比较先进的烧制砖、瓦和陶器的窑。

第二节　北朝邢窑白瓷

　　一般认为,东汉是我国瓷器烧造逐渐成熟的历史时期。但从整体上看,河北地域完成由"原始瓷器"向瓷器(包括青瓷与白瓷)的转变,大概应以北朝邢窑的出现为标志。邢窑以白瓷而著名,经考古发掘,邢窑的早期窑址至少有 8 处,分布在临城、内邱和邢台县境内。如果以邢台三义村北魏正始三年(公元 505 年)墓出土的"青瓷盘口四系壶"、"青黄釉敛口平底钵"、"褐釉敛口实足碗"、"灰白釉长颈实足瓶"等为起点,那么,邢窑的出现当在北魏宣武帝(公元 500—515 年)在位年间,也就是说,在北魏孝文帝改革之后,随着北方社会的稳定和经济的恢复与发展,南方的青瓷工艺技术传到了河北地域,从这种意义上讲,邢窑应是河北地域最早的瓷窑。与南方的青瓷相比,由于烧造技术和制作工艺方面的原因,邢窑有着自己的特色,例如,南方青瓷的釉色呈翠绿青色,而邢窑的青瓷则多呈青黄色,它说明釉质中的铁成分有所减少,这是白瓷产生的前提条件。当然,由青瓷变为白瓷,最关键的环节则是利用釉本身较强的玻璃质感来增施化妆土,换言之,就是用化妆土来衬白。在正常情况下,倘若釉质中的三氧化二铁含量保持在 0.3% 左右,则在一般还原焰焙烧,其呈色可出现"青"、"青绿"及"青黄"色,除此之外,倘若釉质中还含有少量的二氧化锰和二氧化钛,则呈色亦可呈青中带黄或灰黄带绿色。从邢窑出土的北魏青瓷器物釉色来看,其釉质中含有三氧化二铁、二氧化锰和二氧化钛这三种成分。从化工的角度看,真正的"白瓷"要求瓷土和釉质中的三氧化二铁含量不超过 1.0%,而二氧化锰和二氧化钛的含量不能超过 0.5%,不然的话,就会影响白瓷中胎色和釉色的正常呈色。根据目前出土的邢窑早期青瓷标本,其绝大部分都采用了以化妆土衬白的形式,化妆土的颜色基本上分成白、灰、土黄及土褐四色,因此,在化妆土与釉质之间,由于调色不同,其所呈现出来的色彩亦就不同。如在土褐色化妆土上施加青色釉,其调色效果就是青黄色,而在灰色化妆土上施加青色釉则两者的调色效果就是正宗的青色,若施加青黄釉则两者的调色效果则又变成绿青色。我们说,邢窑烧出的青黄色瓷,虽然接近白瓷,但它本身还不是白瓷。邢窑白瓷的烧造经过了四个阶段:灰白瓷和青白瓷阶段、白衣白瓷阶段、粗白瓷阶段和细白瓷阶段[2]。

　　至晚在北魏宣武统治时期,邢窑就已经能够烧制白瓷了,然而,当时所烧制的白瓷仅仅属于灰白瓷,譬如,临城北魏邢窑中就出土了多件灰白瓷碗与灰白瓷钵。据研究,这些灰白瓷都是灰白胎与半透明白釉的结合体。北齐时(公元 550—577 年),邢窑还在烧制不施化妆土的青白瓷,例如西坚固遗址出土的青白瓷,胎呈黄白色,釉色则白中泛青,没有增施化妆土。不论是灰白色还是青白色,其胎体白度都不高,所以为了提高胎体的白度,邢窑的瓷工发明了一种"护胎法"。即在胎体的表面施加适当的白色化妆土,从而使釉色多呈乳白色,故有人将此类白瓷称为"白衣白瓷"。至于说邢窑从什么时候开始在瓷胎上施加白色化妆土,目前邢窑最早的"护胎白瓷"为内邱西关窑址所出土的属于北齐时期的碗、杯、钵等小件器物。这些器物的胎色本为灰色或灰白色,但由于瓷工在胎面上施加了一层白釉,结果使整个釉面显得既净白又光亮。可是,施加白色化妆土并不是邢窑白瓷的发展方向。因此,从北朝后期开始,邢窑便出现了施加白色化妆土与不施加白色化妆土两种类型的粗白瓷,而粗白瓷的出现标志着邢窑白瓷的最终形成,同时它还为细白瓷在隋唐时期的创制奠定了坚实的物质基础。

注　释:

［1］　河北省文物研究所:《武邑中角汉墓群 4 号墓发掘报告》,载《河北省考古文集》,东方出版社 1998 年版,第 267 页。

［2］　杨虎军:《北朝邢窑早期的青瓷生产和白瓷创烧》,载《邢窑遗址研究》,科学出版社 2007 年版,第 306—308 页。

第六章　传统冶金科技

这一时期,河北地域不仅是秦汉时期的重要冶铁基地,而且还是冶铁技术人才的输出地。铁具的广泛使用促进了冶铁业的发展,先民在冶炼技术方面既有继承又有创新,灰口铁和麻口铁的冶炼技术,是冶金史上的首创。满城汉墓中挖掘出土的灰口铁为国内首次出现,证明西汉冶铁技术的一个巨大飞跃。麻口铁是汉代开发出来的一个生铁新品种。在生铁冶铸方面,先民已经掌握了球墨铸铁的先进技术,这是我国冶金史上的又一项杰出成就。固体脱碳钢的发现,反映了河北古代劳动人民的聪明智慧,它是世界上最早利用生铁为原料的制钢方法。满城汉墓出土的鎏金长信宫灯,则被誉为我国古代冶铸艺术品的顶峰之作。

第一节　铁的冶炼

一、灰口铁和麻口铁

满城县,在西汉时属中山国,陵山位于县城西南。1968 年,在主峰东坡发现了西汉中山靖王刘胜及其妻窦绾之墓,分别称作一号墓(即刘胜墓)和二号墓(即窦绾墓)。其中一号墓共出土铁器 499 件,主要有凿、锛、斧、镢、刀等 27 种;二号墓则出土铁器共 107 件,包括犁铧、铲、二齿耙、铁范等 21 种。从铁器的种类看,前者多兵器,而后者多农器,显示了当时男女社会分工不同,妇女当是汉代农业劳动的主力。2 号墓出土的大型全铁犁铧,高 10.2 厘米,脊长 32.5 厘米,底长 21 厘米,宽 30 厘米,重 3.25 千克,此犁铧就结构形式来说,显然比先秦时期的"V"字形铧更加进步,是当时河北地域内实行牛耕和深耕的直接证据。北京科技大学对墓中出土的铁器选择性地进行了金相分析,其结果如表 3 - 6 - 1 所示:

表 3 - 6 - 1　满城汉墓出土铁器金相分析表

序号	铁器名称	取样部位	金相观察	冶炼工艺
1	犁铧(M2:01)	左翼后部	片状石墨,自由渗碳体及珠光体灰口铁	铸造
2	犁铧(M2:01)	尖部	麻口铁	铸造
3	铲(M2:003)	残断部	石墨呈块状和球状,以铁素体、珠光体基体的韧性铸铁	铸造后退火
4	镢(M1:4397)		团絮状石墨和大量粒状渗碳体加少量铁素体的韧性铸铁	铸造后退火
5	镢(M1:4333)	刃部	麻口铁	铸造
6	镢(M1:4306)	銎部	亚共晶白口铁	铸造
7	錾(M2:3097)		铁素体加珠光体,含碳量 0.25%,刃部硬度 Hv =250 千克/毫米^2,铁素体晶粒明显变形	制作后经年冷锻

序号	铁器名称	取样部位	金相观察	冶炼工艺
8	镞(M1:4382)a		铁素体和珠光体,组织均匀,含弹约0.4%,夹杂物少	铸铁脱碳成钢
9	镞(M1:4382)b	头部	纯铁素体,夹杂物少,质地纯净	铸铁脱碳成钢
10	镞(M1:4382)c	头部	铁素体和珠光体,含碳0.65%~0.7%,组织均匀,质地纯净	铸铁脱碳成钢
11	镞(M1:4344)	耳	纯铁素体,晶粒内有浮凸	铸铁脱碳成钢
12	甲片(M1:5117)	残断	铁素体晶界有少量渗碳体,含碳<0.08%	铸铁脱碳成钢
13	剑(M1:4249)	身	高、低碳分5层,高碳含0.6%~0.7%、低碳含0.3%,夹杂物多分布在高碳层,各层组织均匀	铸造
14	错金书刀(M1:5197)	刃部	高低碳分层,复合夹杂物,刃部表面为针状或片状马氏体	块炼渗碳钢叠锻、渗碳、淬火
15	刘胜佩剑(M1:5105)	脊部刃部	高低碳分层,低碳含碳0.1%~0.2%,高碳含碳0.5%~0.6%淬火马氏体和上贝氏体	渗碳钢叠打、局部淬火
16	戟(M1:5023)	援部	高低碳分层,表面渗碳达0.6%以上,组织为纯屈氏体;极少铁素体和无碳贝氏体;心部索氏体、铁素体、针状无碳贝氏体	铸造
17	锄内范(M2:3118)		灰口铁	铸造
18	炉(M1:3504)	残断	具有粗大晶粒的纯铁素体、较多的夹杂物	块炼铁铸造

(采自《中国科学技术史·矿冶卷》第490－491页)

从上表中不难发现,汉代河北冶铁技术的总体发展状况是既有继承又有创新,而创新是主要的。比如,满城汉墓出土的铁器中有不少"灰口铁"。一般地讲,灰口铁是指含碳量为2.7%~4.0%、含硅量为0.5%~3.0%和锰、磷、硫总量<2%的铁、碳、硅合金,碳量的75%~90%为片状石墨,断口呈暗灰色。其特点是碳大部或全部不与铁化合,而是游离为片状石墨,因此脆而不硬。如前所述,白口铁(碳全部或大部与铁化合为渗碳体)早在战国中期的燕下都遗址中就出现了,而灰口铁则是在满城汉墓中第一次出现,因而它在冶金史上具有首创的意义,是西汉冶铁生产的一个巨大的跃进。其用

图3－6－1　满城汉墓出土之车铜灰口铁的金相组织

灰口铁制作的车铜(嵌在车轴上的铁条,可以保护车轴并减少摩擦),因其组织中硅含量高,能促使碳石墨化(图3－6－1),因此,它的脆性大为减小,而里面的石墨片又具有润滑作用,所以这种生铁正适合铸造轴承材料,可起耐磨与减摩的作用。

从理化性质来看,麻口铁也是汉代开发出来的一个生铁新品种,它介于白口铁与灰口铁之间。所谓麻口铁,就是指在生铁组织中既含有渗碳体,也含有片状石墨,断口夹杂着白亮的游离渗碳体和暗灰色的石墨,因而其切面呈现麻点状态的生铁。这种生铁脆性小,耐磨性较高。据考古报告,湖北大冶战国中晚期铜矿遗址中已经出土了一把用麻口铁制成的铁锤,但河北地域内所出现的麻口铁器具以满城汉墓为最早。其犁铧的尖部为麻口铁组织,实际上,汉代的河北冶铁匠师在不断的制造铁农具

过程中,自觉地意识到了通过改变生铁组织中的化学成分和掌握一定的冷却速度可以增加铁器的机械性能,而麻口铁正适宜于制作犁铧、镢等一类农具。

一般地讲,普通铸铁一般呈灰色的断口,但当存在阻碍石墨化的成分或者被急速冷却时,则呈白色的断口,这种性能就成为激冷。白色断口上的金相组织中存在着大量的渗碳体 Fe_3C,将适当成分的铁水浇入金属型时,接触金属型冷却速度快的部分析出渗碳体,形成白口层。稍往内部,形成麻口铁。再往内部,冷却速度慢的部分析出石墨,形成灰口铁。由此而得到的铸件也称作冷硬铸件,从这个意义上看,编号为 M2:01 的犁铧亦是 1 件冷硬铸件。由上表知,满城汉墓出土了两件用灰口铁制作的内范,这是使用金属范铸造农具的一个重大发展,因为铁范直接承受高温铁水的冲刷和急冷急热的考验,若用白口铁来做,则易引起铁范体积膨胀;相反,用灰口铁来做就具有良好的热稳定性。

二、淬火技术

到西汉,淬火技术在河北地域得到进一步的发展,其突出的标志就是发明了局部淬火工艺,满城刘胜墓出土佩剑和错金书刀,都采用了这种技术。具体地说,就是在刀和剑的刃部进行局部淬火,得到高硬度,但刀背与剑脊却避免了因为淬火而引起的脆性,保持了原来的韧性。这样,就使整把刀、剑刚柔结合,大大增强了它们的使用性能。

三、生铁冶铸

除此而外,武安午汲古城出土了 1 件西汉末期的铁钁,长 19 厘米,宽 6 厘米,最厚处 5.5 厘米,壁厚 0.7~0.8 厘米,四面正中,都有一条铸缝,是铸造合范的痕迹。北京清河镇亦出土了 1 件东汉时期的铁耧角残块,经分析,此铁耧角残块与午汲古城出土的铁钁都有共同特点:有明显的方向性结晶,其金属组织是典型的白口组织;在化学成分方面,两者的含碳量都超过了 3.82%,但硫、锰含量却不足 0.5%,磷的含量才仅仅 0.1% 左右,这表明它们是由木炭炼成的没有经过热处理的生铁。不仅如此,铸铁脱碳工艺又有了进一步发展,由此导致了黑心韧性铸铁的发明。北京大葆台汉墓出土了 1 件铁镢,金相组织为铁素体基体有团絮状石墨,是 1 件铸后脱碳退火的黑心韧性铸铁。铸铁工艺是将白口铁铸件加热到高温,经过长时间的退火处理,使白口铁中的脆而硬的渗碳体分解为铁与石墨,析出的石墨成絮状,从而消除了白口铁的脆性,增加了韧性。这个事例说明,早在汉代河北先民就已经掌握了球墨铸铁的先进技术,这无疑是我国冶金史上的一项杰出成就。经金相分析,汉代的黑心韧性铸铁件多数以铁素体和珠光体为基体,一部分以铁素体或珠光体为基体,石墨形状与现代同类材质相近。这些工艺在南北朝时期仍被使用,对封建社会前期生产力的发展起了重要作用。同时,生铁冶铸作为中国古代冶铁业的技术基础,对钢铁冶炼的发展有深远的影响。

四、冶铁炉的技术革新

在秦汉时期,冶铁技术进一步由内地向边远地区推广。据《史记·货殖列传》载:"蜀卓氏之先,赵人也,用铁冶富。秦破赵,迁卓氏……致之临邛,大喜,即铁山鼓铸,运筹策,倾滇蜀之民,富至僮千人。"又,《汉书·五行志》亦云:"征和二年(公元前91年)春,涿郡(今涿州市)铁官铸铁,铁销,皆飞上去。"从字里行间看,汉代河北地域内的冶铁业不仅质高,而且规模很大。当然,能够成就此种壮观之景象者,一定离不开冶铁炉技术的改进。众所周知,西汉初年人们用坩埚炼炉来炼铁,如北京清河镇曾发现了一座西汉时期的炼铁坩埚残断,炉底径约 0.12 米,壁厚 0.035 米,高约 0.6 米,口径约 0.3 米。坩埚用耐火泥筑成,大的方形炉一次可炼铁 2 000 斤左右[1]。后来,人们在春秋时期的炼铜竖炉基础上,加以技术改良而创造了冶铁高炉这种形式。不过,对于汉代大型冶铁高炉的遗址,我省目前尚未发现。邯郸"北大城"有一处汉代的铸铁遗址,可惜只残留炉壁,长 1.75 米,周围有木炭、灰渣、碎铁及齿轮范等残片。另,从涿郡发生的冶铁高炉爆炸这个事故本身也能够反证其冶铁炉之高大。在当时,由于炉体高大,且与之相应的控温手段跟不上,因而造成炉内温度不均匀,使悬料经久不下,但此时,高炉下面很长一段炉料却早已烧空熔化,导致大量沸腾的铁水在炉缸内积聚,所以,当上部炉料突然下降时,炉缸所承受的压力过大,结果引起铁炉爆炸。因此,从东汉以后,冶铁炉的建造一般都趋向于小型化。

五、冶铁业管理制度

从总体上看,东汉的冶铁业一方面继续沿袭西汉的冶铁管理制度,另一方面于具体的经营体制亦作了一些调整和改革。如《后汉书志·百官志》称:"郡国盐官、铁官本属司农,中兴皆属郡县。"而在设有铁官的郡国,"随事广狭置令、长及丞,秩次皆如县、道"。汉和帝时则"郡国罢盐铁之禁,纵民煮铸,入税县官",此政策对魏晋冶铁业的发展产生了重要影响。然而到东汉后期,由于连年混战,使冶铁事业遭到了严重破坏。铁器非常缺乏,以致出现了砍棺取钉,用木制刑具代替铁制刑具〔脚钳〕的情况。针对这种现状,曹操于建安十年(公元205年)平定冀州后,随即设置了冶铁管理机构。《魏略》这样记载说:"河北始开冶,遂以王修为司金中郎将。"司金中郎将为当时魏国最高的冶铁管理机构,下设监冶谒者、司金都尉等。其中韩暨为监冶谒者,主管冶炼事宜。韩暨对于我国冶铁事业的主要贡献是大力推广由杜诗于公元31年所创制的水排。冶铁水排是一种用于冶铁的水力鼓风机械,它由立水轮、卧轴、拐木、偃本、皮囊排气管、吊杆等部件组成。当流水冲动立水轮时,卧轴及拐木都随之旋转,每当拐木借助旋转向前推动偃木时,又通过约三尺长的横木杆压缩皮囊,将空气压进排气管,再送进冶铁炉中。这种以水为动力,利用杠杆和立水轮的机械原理制成的水排用力小而功效大,一直沿用到唐代。在战乱的特定条件下,冶铁术的发展受到了严格的和刚性的政府控制,关于这一点北朝的工匠政策最具有典型性。首先,工匠被编入特殊的百工户籍,他们不能自由经营和生产。其次,他们必须应征召而替官营手工业从事生产。再次,北魏自建国开始,即竭力搜罗工匠,官府工匠有专门的匠籍,世代相袭,不能脱离,并且严禁私人收藏工匠。邺城(今邯郸临漳附近)为前燕、北魏、北齐等国家的都城,它作为北朝的政治中心之一,不可否认,它在客观上对河北地域冶铁业的繁荣和发展造成了一定的消极影响。但由于特殊的军事需要,这个时期的铸钢技术却在国家政权的有力支持下获得了长足的进步。

第二节　钢的冶炼

钢与生铁的组织和成分具有不同的特点,一般而言,钢有三种组织形态,即亚共析、共析、过共析。其中亚共析钢的含碳量在$0.02\% \sim 0.8\%$之间,室温的基本组织是奥氏体在冷却时先从中析出一部分铁素体,其余的在共析成分分解为珠光体;共析钢的含碳量为0.8%,它的特点是奥氏体在冷却到$727℃$时,同时析出一定比例的铁素体和渗碳体,而其混合物为珠光体;过共析钢的含碳量在$0.8\% \sim 2.0\%$之间,其室温的基本组织特点是奥氏体在冷却时先从中析出一部分渗碳体,其余的在共析成分分解为珠光体。与钢的这些特性不同,生铁(主要指白口生铁)的三类组织形态分别为:亚共晶铁的含碳量在$2.0\% \sim 4.3\%$之间,其室温的基本组织特点是铁碳合金在冷却时先从中析出一部分奥氏体,其余的在共析成分凝结为珠光体和莱氏体;共晶铁的含碳量为4.3%,其室温的基本组织特点是铁碳合金在冷却到$1\,146℃$时同时析出奥氏体和渗碳体,两者的凝结产物为莱氏体;过共晶铁的含碳量大于4.3%,其室温的基本组织特点是白口铁在冷却时先从中析出一部分渗碳体,其余的在共析成分凝结为莱氏体。以此为标准,我们将根据炼钢方式的不同分固体脱碳钢、块炼渗碳钢和"百炼钢"、灌钢三部分来叙述。

一、固体脱碳钢

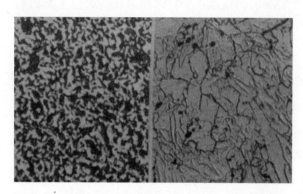

图 3 - 6 - 2　满城汉墓出土镞的金相组织

我国目前比较可靠的最早固体脱碳钢器物应是满城汉墓出土的 300 多件铁镞,经金相鉴定证明(图 3 - 6 - 2),这批铁镞均为含碳量不同的固体脱碳钢[2]。另外,北京大葆台西汉燕王墓出土的环首刀、簪、箭铤、扒钉,也是由铸铁脱碳钢制造的[3]。

从实践来看,固体脱碳钢是从战国以来铸铁工匠在长期退火中经常发生的现象,这一现象经过运用就变成了一种简易经济的制造钢件工艺。它是将含碳 3%～4% 的低硅白口铸铁器,在氧化气氛中进行整体脱碳,从而得到高碳、中碳和低碳的钢制品。其特点是夹杂物少,质地纯净,成分、性能与铸钢相近。所以,这种充分地利用铸铁的有利因素,利用热处理工艺而产生出来的制钢方法,反映了河北先民在冶金技术发展方面的新贡献。就其历史地位而言,它"是世界上最早利用生铁为原料的制钢方法,是钢铁技术发展史的一个重要阶段,满城汉墓固体脱碳钢的发现使这种方法的出现年代提早到公元前 2 世纪末叶。"[4]

二、块炼渗碳钢及"百炼钢"

中国最早的块炼渗碳钢是湖南长沙杨家山 65 号墓出土的属于春秋中期的 1 件钢剑,它的含碳量约为 0.5%,渗碳体已球化。在河北地域,至迟在易县燕下都遗址出土的锻件中即已使用了块炼钢锻制工艺。这表明在战国中后期,燕国在制造铁兵器方面已经普遍地使用了这种工艺。而满城汉墓出土的钢剑(图 3 - 6 - 3)和错金书刀,经检验,其材质与战国晚期的块炼渗碳钢没有区别,但却出现了通过反复锻造以改善其组织之均匀度的新工艺。

图 3 - 6 - 3　满城汉墓出土钢剑的金相组织

对此,卢兆荫先生将满城汉墓出土的钢剑和错金书刀之工艺特点概括为三个方面:第一,钢的共晶夹杂物尺寸普遍减少,数目减少;第二,不同碳含量(如高碳层与低碳层之间)分层程度减少,各层组织均匀;第三,断面上碳含量的层次增多,但层间的厚度减薄。这是因为"经过反复锻打的结果,由于反复折叠锻打,使高碳和低碳层的层次增多,非金属夹杂物尺寸减小,分层的厚度减薄,由于反复加热锻打,碳的扩散较为充分,断面上的组织也较均匀。这正是向东汉时期出现的'百炼钢'逐步发展。"[5]由此可知,"百炼钢"从本质上说应为"百锻钢",因为它源自"锤锻",而东汉出土的钢兵器基本上都是锤锻而成的,如北京清河出土了 1 件东汉锤锻钢剑(图 3 - 6 - 4),此剑残长 62 厘米,柄长 11 厘米,隔部宽 5 厘米。在 a - a 处截断取北京清河出土的"百炼钢"剑样,经检测,其金属组织为铁素体加珠光体,此剑之材质属于亚共析钢。实际上,自东汉以后"百炼钢"已经成为各国制造兵器的主要方法。如《论衡·率性篇》说:"世称利剑有千金之价,棠溪、鱼肠之属,龙泉、太阿之辈,其本铤,山中之恒铁也,冶工锻炼,成为铦利,岂利剑之锻与炼乃异质哉?工良师巧,炼一数至也。试取东下直一金之剑,更熟锻炼,足其火,齐其铦,犹千金之剑也。"所谓"更熟锻炼"其实就是汉代的百炼和百辟,即将炒铁材料不断加热,反复折叠锻打,使杂质稀少,组织细密,它是

图 3 - 6 - 4　北京清河出土的东汉锤锻钢剑

锻造优良刀剑技术的一种重要方法,同时也是我国汉代匠师的伟大创造。从这种意义上说,"刀剑制作历来代表着锻造技艺的巅峰"。当然,由于"百炼钢"仅仅是一种改进过的块炼钢技术。因此,它仍保留着块炼钢技术的主要缺点——耗费工时,其制作方法甚至到了极为烦琐的程度。例如,曹操命工匠制造五把宝刀,据说工匠花了三年才造好。

三、灌　　钢

《全后汉文·刀铭》云:"相时阴阳,制兹利兵;和诸色剂,考诸浊清;灌襞已数,质象已呈。附反载颖,舒中错形。""灌"即灌炼,"襞"原指衣服上的褶裥,此处应指钢铁材料的多层积叠、反复折叠。"灌襞已数"即是多次灌炼。可见东汉末年,人们便用灌钢制作刀剑,其发明年代至迟在东汉晚期[6]。到北朝时,綦毋怀文对这一炼钢工艺进行了重大改进和完善,因而使这种新的炼钢方法逐渐趋于稳定,操作亦更加方便和实用。《北史·綦毋怀文传》载:"怀文造宿刀,其法烧生铁精,以重柔铤,数宿则成刚。以柔铁为刀脊,浴以五牲之溺,淬以五牲之脂,斩过三十札。今襄国冶家所铸宿柔铤,是其遗法,作刀犹甚快利。"襄国即今邢台市,可见,"灌钢"法是以河北地域南部为中心逐渐流行起来的。根据文献记载与实地考察,綦毋怀文的"宿刀"大概是这样制造成功的:先将一定量的生铁与熟铁料宿配在一起,生铁置于上,熟铁料置于下,然后把他们放入高温炉中,当炉温达到甚至超过1 200℃时,生铁被熔化,并同时渗注到熟铁料内。《说文解字》释:"铤,铜铁朴也。""朴"即原料之意,可见,"柔铤"指的就是熟铁料。通过这种方法所炼成的钢,就叫"灌钢"。在这里,綦毋怀文虽然可能不是灌钢法的最早发明者,但他却是目前所知灌钢法的最早实践者和革新者,为我国灌钢技术的发展作出了无与伦比的贡献。

如上所述,该法的基本理念就是把含碳量高的熔融状态的生铁和合碳量低的熟铁合炼,使碳分逐渐扩散、趋于均匀,最后成为合碳量较高的优质钢。它的主要特点是:

(1)生铁作为一种渗碳剂,因熔化后温度高,加速向熟铁中渗碳的速度,缩短冶炼时间,提高生产率,且操作简便,容易掌握。即要想得到不同含碳量的钢,只要把生铁和熟铁按一定比例配合好,加以熔炼,就可获得。

(2)用"五牲"的尿水和油脂作退火处理。五牲之脂是动物油,淬火应力小、变形开裂倾向小。文中綦毋怀文创造性地提出了采用尿液的淬火工艺。五牲之溺是含盐水,冷却能力强,淬硬层深。令人们感兴趣的是,如何来理解文中提及的"浴以五牲之溺,淬以五牲之脂",应是指"酸性"与"油性"双液淬火法,这种淬火法在当时可能是最先进的金属热处理方法。

(3)用"灌钢"法让刀的刃部在高温中多次接受生铁液的渗灌,这样通过强烈的氧化作用使刃部的熟铁成为含碳量达到一定标准的"灌钢"。这是利用生铁含碳量较高、"熟铁"含氧化夹杂较多的特点,用"熟铁"中的氧来氧化生铁中的硅、锰、碳,从而造成激烈的"沸腾",以此达到去除夹杂的目的。由于这样炼得的钢料坚硬锋利,故用作刀刃,而熟铁具有一定的韧性,故用作刀背,这种复合的"夹钢刀"就称为"宿刀"。

当然,灌钢仍不能熔成钢液,还需要继续锻打。所以,从冶金发展史上看,它的出现是我国古代劳动人民在长期冶炼钢铁的生产实践中创造的一种新的高效炼钢方法。

第三节　金、银器制造及工艺

河北地域是古代金器制造最发达的区域之一。根据考古发现,藁城台西村商墓、北京平谷县和刘家河的商代墓葬中都出土有小件铸造的金器。春秋战国时期,易县、唐山等地的春秋战国遗址中亦经常有金饰出土,其崇尚艺术性的倾向愈益鲜明,这大概跟各诸侯国王公贵族当时追求奢华的物质生活风气有关。秦始皇统一中国后,他追求的不仅仅是物质需要,而且更有长生的需要。西汉初年,黄老之学盛行,故《新语·无为》主张:"寂若无治国之意,漠若无忧民之心,然天下治。"而这种"无为"的思想意识恰恰适应了汉初分封诸侯制度的政治需要,如中山靖王刘胜墓出土的一面铜镜铭文云:"大乐贵富,得所好,千秋万岁,延年益寿。"由此可见,追求神仙已经形成汉室王公贵族的一种生活时尚。方士李少君说:"致物而丹砂可化为黄金,黄金成,以为饮食器则益寿。"因此,从先秦时期的小件黄金饰器(仅以河北目前所见到的实物为限)到汉代黄金器件愈益趋于多样化,既有饰品(头饰、服饰、主器上的嵌件等),又有器物(包括小型的工具、壶、碗、盘、盒、印等),数量与种类明显增加,这些现象集中反映了汉代贵族消费黄金的某种心理变化。

一、鎏金工艺

图3-6-5　窦绾墓出土的
"长信宫"灯

满城汉墓出土的纯金器有 40 枚金饼,4 根金针,2 件轮形金饰,金丝约 1 100 克等;鎏金器有鎏金"长信宫"铜灯、鎏金铜长构、鎏金器足、鎏金铜耳、鎏金银蟠龙纹壶、鎏金朱雀衔环杯等;错金器有铜错金博山炉、错金银鸟篆文壶、错金铜朱雀衔环杯等。其中鎏金"长信宫"铜灯(图3-6-5),通高48厘米,重15.85千克,全器由宫女的头部、身躯、右臂以及灯座、灯盘和灯罩6部分分别铸造后组合而成,通体鎏金,灯座、灯盘、灯罩可随时拆卸重新安装。该灯属于单管型,宫女右臂高举,袖口为灯顶,肘部可以拆卸,整个右臂与灯罩上方的烟道相通,灯火燃烧释放出的烟可进入烟道,以保持室内清洁,设计非常科学。而灯罩由两片弧形屏板组成,且置于有槽的灯盘上,可以通过开合来调节光的亮度和照射方向。可见,此灯无论在材料选择、工艺技术处理、形象刻画上均达到了完美的境界。因此,它被人们誉为是我国古代工艺美术作品中的顶峰之作。

我国的鎏金工艺始于春秋末期,而成熟于两汉。由于"鎏金"需要两种化学成分,即金子和水银,所以从炼丹的实践过程看,汉代的丹家早已掌握了水银的冶炼方法。如西汉刘安在《淮南万毕术》中说:"丹砂为澒(汞)。"其"丹砂"的基本材料是红色硫化汞,而红色硫化汞进一步分解就变成为水银。为了实现这个化学变化过程,当时丹家采用了火法(即带有冶金性质的无水加热法),它大致包括煅(长时间高温加热)、炼(干燥物质的加热)、炙(局部烘烤)、熔(熔化)、抽(蒸馏)、飞(又叫升,就是升华)、伏(加热使药物变性)等程序。在通常情况下,红色硫化汞一经加热即刻就会分解为水银(汞),它是金属物质却呈液体状态,圆转流动,容易挥发。同时,东汉成书的《周易参同契》还描述了汞和其他金属结合而生成汞齐的特点,它说:"卒得金华,转而相亲,化为白液,凝而至坚。"实际上,"卒得金华"即是指金被贡浸湿的过程,而"转而相亲"则指汞向金粒中扩散,从而生成汞和金的化合物(银白色糊状混合物)的过程。当金汞齐化时,随温度的增高,汞的流动性和金的溶解度必然随着其温度的增高而增高。这时,当汞向金粒中扩散时,先在金的表面生成 $AuHg_2$,然后在逐步向金粒深部扩散而生成 Au_2Hg,一直到最终生成 Au_3Hg 固体为止,整个汞齐化形成大约需要两小时。对此,晋代葛洪在《抱朴子·金丹篇》中又说:"神丹既成,不但长生,又可以作黄金。"鎏金的具体制作方法是:第一步,先将金子打成极薄的叶子,打的越薄越容易溶化。接着用剪刀把金叶加工剪成细丝。然后再将加工好的金丝放入石墨坩埚中加热,随后倒入汞。金与汞的重量比约为1:7,加热温度700℃~800℃,使用较坚硬的20厘米长左右的木面料棒搅拌,待金化开后立即倒入清水中,俗称金泥。第二步,用金棍(直径0.6或0.7厘米,长15厘米左右的红纲棍)涂抹金泥,把整个器物全部抹均,抹完后器物发出白色光泽。第三步,烘烤金泥,把器物放在炭火上,不停地转动着,让金泥中的汞蒸发掉。第四步,刷洗压光,使用细黄铜丝刷子蘸皂角浸泡的水,刷洗器物表面的浮黄,直至使鎏金器发出闪闪金光。

二、掐丝、贴金工艺

在河北地域出土的汉代金器中,定州市北陵头村东汉中山穆王刘畅墓出土的4件掐丝金器制品极为精美。据《中国大百科全书》介绍,两件掐丝辟邪不仅造型生动(图3-6-6),而且还巧妙地运用了掐丝、镶嵌、焊接、贴粟等工艺,均长5厘米,高3.5厘米,重约50克,身出双翼,作昂首长啸状。其制法是用一长5厘米、宽2厘米的錾流云纹金片为底托,

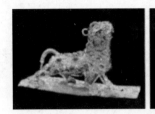

图3-6-6　定州东汉刘畅墓出土的两件掐丝辟邪

上面用各种不同形状的金片、金丝拼合焊接成辟邪躯干,再用金丝在躯干上布成羽翅及花纹,然后用金粟粒装贴全身,金粟稀疏处嵌米粒大小的绿松石和红宝石装饰,双目嵌稍大的绿松石和红宝石,角、尾用细金丝缠绕在另一较粗金丝上制成。整个造型浑然一体,威武雄壮,金碧辉煌,显示了高超的金器制作水平。

鲜卑族文化对当时河北地域内的金器艺术发展影响很大,如摇叶装饰是慕容鲜卑的重要文化特征之一。定州市北魏塔墓石函中出土了金耳坠、金片、银宝瓶等,其中金耳坠制作精细,上部为一圆环,中部坠一用金丝编缀的圆柱,圆柱两端各挂五个掐丝镶金片,金片之间有五个小金珠,下部为六条金链,分别垂挂尖状金坠。这种形制,显然系鲜卑族制品,它熟练地运用了掐丝锤揲技术,将环、簧、链、叶片、铃和钟形饰件结合起来,使耳饰与步摇饰一样具有声响作用。

目前河北地域内出土的北朝金器,以贴金器为主流,制作工艺精巧,遂成为当时河北地域金器工艺发展的一个重要特点。如邺城西北郊今磁县西南地区是北朝的陵墓区,其中临漳墓出土了局部贴金的陶镇墓兽人面、陶马等,而高润墓、临漳墓、茹茹公主幕、娄睿墓、厍狄迥洛墓等都出土了局部贴金的甲骑具武俑,有的头戴贴金兜鍪,身穿贴金铠甲。可见,当时的贴金工艺是有严格限制的,通常仅限于皇家的宫廷及皇陵来使用。

注　释:

[1]　张子高:《中国化学史稿·古代之部》,科学出版社1964年版,第40页。

[2]　中国社会科学院考古研究所实验室:《满城汉墓出土铁镞的金相鉴定》,《考古》1981年第1期。

[3]　北京钢铁学院中国冶金史编写组:《大葆台汉墓铁器金相鉴定报告》,载《北京大葆台汉墓》,文物出版社1989年版,第125—127页。

[4][5]　卢兆荫:《满城汉墓》,三联书店2005年版,第169,168页。

[6]　何堂坤:《关于灌钢的几个问题》,《科技史文集》(第15辑),上海科技出版社1989年版。

第七章　传统纺织科技

　　秦汉的统一使河北地域纺织业逐渐形成了自己的特色,一跃成为北方的丝麻生产中心。种桑养蚕的普及;陈宝光妻于西汉末期创造了提花机;阳原三汾沟汉墓群中出土了多件丝织品实物;在满城汉墓的随葬品中,有一些丝织物残片,属于织锦、刺绣、纱罗和细绢等高级丝织物,是汉代纺织物中的精品;魏晋时,邺城形成为一个新的丝织中心,故左思的《魏都赋》,晋时的《邺中记》,都对邺城丝织业的发展盛况作了描述;北魏时,河北地域民间丝织业有所发展;北齐特设太府寺中尚方具体负责管理定州紬绫局等。河北地域服装的最大变化就是完成了由右衽(汉服)向左衽(胡服)的转变,使河北地域的纺织业进入了一个新的发展时期。

第一节　蚕丝业的发展

一、种桑养蚕的普及

　　河北地域先秦时就有养蚕的传统。到汉代劝农桑则有一贯的诏令,如景帝三年(公元前154年)"其令郡国务劝农桑、益种树,可得衣食物"。邯郸留下了著名的乐府民歌《陌上桑》,"湘绮为下裙,紫绮为上襦",则集中反映了冀南地区蚕丝业的发达。

　　《三国志·魏书·杜畿传》载:冀州"户口最多,田多垦辟,又有桑枣之饶,国家征求之府,诚不当复任以兵事也。"故曹操建邺邺城后,即以蚕丝生产为基础推行"户调制"。对此,《晋书·食货志》载:曹操"及初平袁氏,以定邺都,令收田租亩粟四升,户绢二匹而绵二斤,余皆不得擅兴,藏强赋弱。"既然"户调制"是以个体家庭为单位,它说明河北地域的桑蚕业已经普及到一家一户,而为了提高蚕的吐丝数量和质量,则必然会对种桑养蚕技术提出更高的要求。故左思《魏都赋》称:冀南地区的桑枳长得很肥壮,"黝黝"如深褐色,这是人们种桑技术提高的有力佐证。

　　据史书记载,后赵石勒曾多次派使循行州郡,劝课农桑,并有"农桑最修者赐爵五大夫"的规定。另外,石勒更建桑梓苑于襄国(今邢台),所植桑树至北魏犹存。故顾炎武《历代宅京记》引郦道元《水经注》说:"漳水又对赵氏临漳宫,宫在桑梓苑,多桑木,故苑有其名。三月三日及始蚕之月,(石)虎帅皇后及夫人采桑于此。今地有遗桑,墉无尺雉矣。"而经过北魏"均田制"的推动,到北魏后期,粮食匮乏的赵郡,"斗粟乃至数缣",它表明河北地域丝织物已经过剩。待北齐建立后,河北地域的桑蚕生产在魏晋的基础上又有了新的进展。其主要标志就是北齐曾在冀、定二州设置绫局、染署和桑园部丞,掌管桑蚕及织造。如《隋书·百官志》载:北齐曾设太府寺"统左、中、右三尚方","中尚方又别领别局、泾州丝局、雍州丝局、定州绸绫局四局丞","司染置又别领京坊、河东(山西永济县东南)、信都(冀县)三局丞"。可见,定州是当时北方最重要的桑蚕生产基地和丝织中心。

　　《四民月令》是崔寔传世的重要农学著作,其中有关蚕丝的内容集中反映了当时河北地域纺织手工业发展的杰出成就。在家庭手工业中,桑蚕纺织是与农业相结合的特殊的手工业生产项目,河北平原则是两汉蚕丝事业发展的重要基地,尤其到东汉时这里的丝织业已相当可观,如马援奉命北征至右北平有功,光武帝刘秀下诏"赐援巨鹿缣三百匹"。

《四民月令》所安排的有关养蚕织丝活动如下：

一月：令女红促织布。

二月：蚕事未起，令缝人浣冬衣，彻复为袷其有羸帛，遂为秋服。

三月：清明节，命蚕妾治蚕室，涂隙穴，具槌、峙、箔、笼。谷雨中，蚕毕生，乃同妇子，以勤其事。

四月：立夏后，蚕大食。蚕入簇。茧既入簇，趣缲，剖绵，具机杼，敬经络。收弊絮。

五月：收弊絮及布帛。

六月：命女红织缣缚。可烧灰，染青绀诸杂色。收缣缚。

七月：收缣练。

八月：趣练缣帛，染采色。擘绵，治絮，制新浣故。

十月：卖缣帛、弊絮。

以上从家庭手工业的角度对养蚕织丝的每个环节都作了安排，即从养蚕到缲丝、织缣、擘绵、治絮、染色的全部生产过程，说明养蚕织帛是汉代庄园中的一项重要生产。

首先是养蚕之前，需要修整和打扫蚕室蚕具。其次，收茧后，自己缲丝、织缣缚、染色，其中茧和丝不在收购的范围，然而丝绵和丝织物却要到市场上去交易。这个事实说明茧和丝一般留着自己加工，待织成缣缚后出卖，它反映了织丝作为河北地域家庭手工业的普遍性。

二、满城汉墓出土的主要丝织物及其技术

在满城汉墓的随葬品中，有一些丝织物残片，属于织锦、刺绣、纱罗和细绢等高级丝织物，是汉代纺织物中的精品。

1. 花罗

花罗是纱罗的一种类型，它是在绞经罗纹地上显花纹效果。《中国大百科全书·纺织卷》记载的保定满城刘胜墓出土的菱纹花罗，质地较密，每平方厘米有经丝 144 根～148 根，纬丝密度每平方厘米为 40 根，地纹纠织点为一上三下，是为"链式罗"（图 3 - 7 - 1 所示）。其织法是以四根经线一组的四经绞罗，具体地说，地纹是两经错位相绞的罗组织，花纹是地纹绞经相隔脱开而成四经相绞的大孔眼网纹，按图案显花。它的织造工艺比较复杂，是用地综、绞综和花综巧妙地配合织成的。

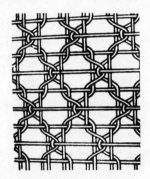

图 3 - 7 - 1　链式罗
示意图

2. 缣

缣是比绢更为精细的类似现代二分之二重平组织织物的双纬平纹织物，满城一号汉墓玉衣的左绔筒内出土的一块缣片，其残存面积不足 1 平方厘米，但密度却为 75 × 30（双）根。《释名·释采帛》云："缣，兼也；其丝细致，数兼于绢。染兼五色，细致不漏水也。"故缣帛在汉代非常昂贵，如《居延汉简甲编》所记载的绢与缣的匹价为：帛的匹价有 324 钱余、357 钱余、404 钱、450 钱及 477 钱等价格，个别亦可超过 800 钱，但当时还没有超过千钱者；与帛的价格不同，缣的匹价则起点较高，有 472 钱余、512 钱等价格，个别亦可贵至 1400 余钱一匹。因此，汉代才有"其用缣帛者谓之为纸，缣贵而简重，并不便于人"的说法。在汉魏时期，河北地域是缣的重要产地，故《魏都赋》称"缣总清河"，其"清河"在今邢台市清河东南一带地区。又《魏书·食货志》载："河北州镇，既无新造五铢，设有旧者，而复禁断，并不得行，专以单丝之缣，疏缕之布，狭幅促度，不中常式，裂匹为尺，以济有无。"

3. 畦纹绢

绢亦称"练"，是最为普遍的一种丝织品。一般分为两种：一是经、纬线根数大略相同的一般平纹绢；二是一种经线较密而纬线有规律地或松或紧显出"畦纹"的畦纹绢。满城汉墓玉衣衬垫物内所出

土的残素,外观呈淡灰绿色,略泛胶质光泽,表面平滑如纸,其织物的结构为每平方厘米经线 200 根,纬线 90 根,是当时最为致密的细绢[1]。

4. 刺绣

所谓刺绣就是在织好的织物上面以针刺添附各色丝线,绣出美丽的花纹。在汉代,河北地域是著名的刺绣之乡。如满城 2 号汉墓出土了一块绣花绢,其"单位纹样似由某种植物变化而来,具有旋转运动感,外廓呈鳞版形,构成面饰,呈现出富丽绚烂的装饰效果。"[2]此外,张家口怀安县五鹿充墓,也出土了汉代的刺绣残片,上有奔兽、凤鸟、群山、流云、狩猎和人物等纹饰,为绸本辫绣,其特点是针路整齐,配色清雅,线条流畅,将图案龙游凤舞,猛虎瑞兽,表现得自然生动,活泼有力,且赋面染有朱色[3]。王充在《论衡》中说:"齐郡世刺绣,恒女无不能者,目见而手狎也。""齐郡"的范围包括今河北省东南地区,从这个角度讲,清河等地的刺绣属于鲁绣的一个组成部分。据考察,汉代的刺绣多为辫子绣,它是以丝线圈套连接而成的,可以单向锁绣表现轮廓,也可以圈排、并排锁绣成面饰。这种针法圈套浮线短,所以它坚实耐用,是实用型的主要针法。

5. 织锦

就织法而言,汉锦是用事先染好的彩色丝缕制织,即由两组以上经线与一组纬线交织而成,其经线可以是两组,也可以是三组、四组等(其中包括一组多色),通过不同色彩经线的交替来显花,由于汉锦费工费时,织造难度大,故相当昂贵,为少数贵族所垄断。东汉刘熙《释名·释采帛》说:"锦,金也。作之用功重,其价如金;故其制字从帛与金也。"而满城汉墓出土的绒圈锦残片,花纹已不完整,"估计是以三四重经丝织造的,需要有一套提花和起圈装置相互配合才能织造。"[4]其图案与织造技法与蒙古诺音乌拉 14 号墓、马王堆一号汉墓、磨咀子 62 号汉墓出土的同类织物相似,为菱形花纹,假织纬起绒圈。而二号墓亦出土有很小的锦残片,其锦由二组经线与一组纬线交织,为经二重组织。经密 52 × 2 根/厘米,纬密 34 根/厘米,用于玉衣的锁边、缘饰等。

三、邺 锦

邺锦始于秦汉,发展于魏晋,而到后赵时期,邺锦取得了与蜀锦齐名的地位,成为当时北方高级丝织品的重要标志。建安九年(公元 204 年),曹操任冀州牧开始据邺,至魏黄初二年(公元 221 年),曹丕移都洛阳,邺城成为当时中国北方的实际政治中心共 17 年;至咸熙二年(公元 265 年)司马氏灭魏建晋,又作了陪都 44 年。此时,邺城依托周边区域的蚕丝手工业基础,逐步形成了一个新兴的北方丝织中心。故左思《魏都赋》说:"锦绣襄邑,罗绮朝歌,绵纩房子,缣緫清河。"其中"襄邑"即河南睢县,距离邺城较远,不能算是邺城的锦绣,所以左思说:邺城"土无绨锦"。在这里,左思显然是从一个高的水准来立言的,因为邺城不是没有绨锦,而是这里织造的绨锦"皆下恶"。如《全三国文》卷 6 载魏文帝诏曰:"前后每得蜀锦,殊不相似,比适可讶,而鲜卑尚复不爱也。自吾所织如意虎头连璧锦,亦有金薄,蜀薄来至洛邑,皆下恶,是为下工之物皆有虚名。"此处之"皆下恶"包括"自吾所织如意虎头连璧锦"在内,可见,当时的邺锦还不为封建统治者所认可。

后赵是邺锦由"下恶"转为精绝的转折时期。诚然,石虎有其残暴的一面,可是他用一种极端的方式促使邺城的织锦技术发生了巨大的飞跃。《邺中记》对邺锦的辉煌作了如下描述:

(1)"石虎御床辟方三丈,冬月施熟锦流苏斗帐,四角安纯金龙头衔五色流苏,或用青绨光锦,或用绯绨登高文锦,或用紫绨大小锦,絮以房子绵百二十斤,白缣为里,名为里复帐。"

这段话出现了"熟锦"、"青绨光锦"、"绯绨登高文锦"、"紫绨大小锦"等品种,这些品种定是邺锦中的名品。比如,"熟锦"在魏晋时期十分盛行,《全三国文》卷 66 载张温表:"刘禅送臣温熟锦五端。"日本淳和天皇时期所编的大型汉籍类书《秘府略·布帛部·锦》引田融《赵书》云:"古家麾用绯地明光熟锦。"可见,"绯地明光熟锦"应是我国最早的"锦旗"。至于"青绨光锦"、"绯绨登高文锦"等都是比较厚重的丝织物。故《急就篇》卷3颜师古注:"绨,厚缯之滑泽者也,重三斤五斤。"从出土实物来看,绨一般由经纬双股合成,加每米约500次的S捻。经密为80根／厘米,纬密为10根／厘米,织物厚度约为0.7~0.8毫米,既可作袍料又可作鞋面。

(2)"织锦署在中尚方,锦有大登高、小登高、大明光、小明光、大博山、小博山、大茱萸、小茱萸、大交龙、小交龙、蒲桃文锦、凤皇朱雀锦、韬文锦、桃核文锦、或青绨、或白绨、或黄绨、或绿绨、或紫绨、或蜀绨,工巧百数,不可尽名也。"在此,所谓大登高、小登高等等,则是锦的花纹图案。这样,由五六种不同颜色的绨,再和十多样素花绘相搭配,便形成了五颜六色的组合和千形万状的画面。

邺锦经过后赵的大力推广,其精美的质地逐渐为社会所认可,到北朝时,它已经成为丝织领域的新秀,且其织锦技术甚至超过了江东。比如,《颜氏家训·治家篇》说:"河北妇人,织纴组紃之事,黼黻、锦绣、罗绮之工,大优于江东也。"南朝梁刘孝威赋得《香出衣》诗有"博山登高用邺锦,含情动屫比洛妃"的名句,即使进入唐代以后,邺锦仍然享有很高的声誉,因此,唐代诗人段成式在《柔卿解籍戏呈飞卿》第二首诗中说:"最宜全幅碧鲛绡,自襞春罗等舞腰。未有长钱求邺锦,且令裁取一团娇。"

第二节　提花机的革新与服饰的演变

一、陈宝光妻与提花机的革新

随着秦汉纺织业兴盛和纺织品在市场上的大量交易,如《汉书·货殖列传》称:通都大邑"其帛、絮、细布千钧,文采千匹,答布、皮革千石。"可见,汉代丝织品的交易量之大,是前所未有的。那么,如何提高纺织品的数量和质量,以满足人们对日益增长的丝织品的客观要求,便成为当时社会的迫切需要。正是在这样的历史条件下,陈宝光妻于西汉末期创造了提花机。对此,《西京杂记》:"霍光遗淳于衍蒲桃锦二十四匹,散花绫二十五匹。绫出钜鹿陈宝光,妻传其法。霍显召入第,使作之。机用一百二十镊,六十日成一匹,直万钱。又与越珠一斛䤖,绿绫七百端,直钱百万,黄金百两。"

钜鹿,在今平乡西南。至于"蒲桃"则是西汉传入的西域佳果,如《上林赋》载有"蒲桃",它是我国北方驯化西方"蒲桃"的确切记录。而"蒲桃"一经传入,河北织工就将其引作锦绣中的最新图案,它充分体现了河北先民具有敢为天下先的创新意识。据考,当时的纺织物都是由经线(纵向)和纬线(横向)交织组成的。经线绕在经轴上,一千至几千根经线还要从"综眼"里穿过。综,是织机上使经线上下交错的装置,而纬线缠在一只只梭子上。连在踏具"镊"上的综,称"桄综",织工用脚踩动镊,牵引桄综,上下交错运动,梭子从经线中间投过去,使经、纬相织。在西汉之前,旧式绫机上仅有数十个综,每一个综连着一个镊,五十综者五十镊,六十综者六十镊。要使每一个桄综上下运动,就要不时地交替踩动每一个镊,费工费力。依次类推,一百二十镊,要使每一个桄综上下运动就更加不容易了,但通过镊的增加能织出各式各样花纹的绫锦,这是陈宝光妻改进提花机的根本目的。所以从生产效率来看,此织机"六十日成一匹",可见并不经济。故此,西汉时期的绫才显得异常珍贵,价比黄金,只有五侯才享受得起。如湖南长沙马王堆一号汉墓出土的只有绮,却没有绫,连长沙王都没有绫陪葬,可见汉绫之珍稀。

二、服装文化的演变

入北朝后,河北地域服装的最大变化就是由右衽(汉服)向左衽(胡服)的转变,故《急就篇》颜师古(公元581—645年)注褶字云:"褶,重衣之最在上者也,其形若袍,短身而广袖。一曰左衽之袍也。"裤褶原是北方游牧民族的传统服装,实际上本于骑乘的战服,当年赵武灵王胡服骑射,即是其衣制。它的基本款式是上身穿齐膝大袖衣,下身穿肥管裤。这种服装的面料,通常用较粗厚的毛布来制作。秦汉时期,汉族人已有穿裤和短上襦者,但并不流行,尤其是上流阶层尚不能接受襦裤。至魏晋以后,襦裤始在上流阶层中流行。如《宋书·帝纪》载,宋后废帝就常穿裤褶而不穿衣服。《南史·帝纪》亦记载说,齐东昏侯把戎服裤褶当常服穿。这说明当时汉族的上流阶层已经时兴穿裤褶。在衡水景县封氏北朝墓出土的陶俑中,便有穿左衽裤褶者(图3-7-3)。

图3-7-2　束巾穿裤褶　　图3-7-3　左衽长裙　　图3-7-4　景县封氏墓
　　　　　的仆从　　　　　　　的女俑　　　　　出土的穿裲裆铠的武士

图3-7-2与图3-7-3在着装方式有同有不同,同者都为裤褶,不同者一为"左衽",另一为"右衽"。裤褶由于具有功能的优越性而为南北方汉族人民所吸收,它在一定程度上反映了"优胜劣汰"的历史进化规律,是社会进步的必然结果。对此,王国维先生在《胡服考》一文中说:"以袴为外服,自袴褶服始。然此服之起,本于乘马之俗。盖古之裳衣,本车之服,至易车而骑,则端衣之联诸幅之裳者与深衣之连衣裳而长且被土者,皆不便于事。赵武灵王之易胡服,本为习骑射计,则其服为上褶下袴之服可知,此可由事理推之者也。"当然,因服装的质料不同,汉族的传统服装亦自有它的适用范围。如景县封氏北朝墓出土的一个女俑,身穿交领窄袖衫,高腰长裙,这种着装能够充分展示丝绸的轻柔质地,从视角方面确实给人以飘逸之快感,并造成一种美妙生动的空间遐想。

　　除裤褶之外,尚有"两裆"的出现。顾名思义,"两裆"就是用两片衣襟护住前后心,俗称"背心",它本于北方游牧民族的两裆甲。中原两裆衫至迟在三国时期就出现了,如《玉台新歌·吴歌》云:"新衫绣裲裆,连致罗裙里。"通常"裲裆"衫的面料用布帛,中间纳有丝绵,且其表面往往还要加彩绣装饰,所以,这种"裲裆"便成为后世"棉背心"的最早形式。而景县封氏北朝墓所出土的陶俑中有穿裲裆铠的武士(图3-7-4),如果说三国时期裲裆还作为内衣穿的话,那么,到晋朝以后,人们则已经习惯于将裲裆穿在外面,故《晋书·五行志》载:"至元康末,妇人出两裆,加乎交领之上,此内出外也。"也就是说,人们开始将两裆穿在交领衣衫之外。为了体现武官服装特征,当时的武官在裲裆衫外披上与裲裆甲形制完全相同的布制或革制两裆,作为武官的公事制服,一直使用到唐代。

注　释:

[1][2][4]　姚苑真:《满城汉墓发掘报告》(上),文物出版社1980年版,第154页。

[3]　马衡:《汉代五鹿充墓出土的刺绣残片》,《文物参考资料》1968年第9期。

第八章 传统建筑科技

这一时期河北地域都城建设明显减少，仅有邺城的建筑技术可展王者风范。古邺城券顶式建筑的发现把此类实用建筑在我国出现的时间提前了一千年。随着东汉后期佛教的传入，寺塔、石窟等跟佛教相联系的建筑形式开始在河北地域内出现，邯郸北响堂山的雕塑艺术被誉为"北齐造像模式"，堪称佛教艺术的精品。在冷兵器时代，面对广袤的北国边疆，为了较有效地防御塞外游牧民族的侵扰，从秦始皇开始，两汉及北朝各代都非常重视修建长城，藉此，河北地域内的长城建筑便又掀起了一个新的历史高潮。

第一节 秦汉及北朝长城

一、秦汉长城

《史记·蒙恬列传》载："秦已并天下，乃使蒙恬将三十万众北逐戎狄，收河南，筑长城，因地形，用制险塞，起临洮，至辽东，延袤万余里。"从这段话里不难看出，"筑长城"与"逐戎狄"是互为因果的。然而，这仅仅是问题的一个方面，因为对于秦汉王朝来说，"筑长城"的客观后果往往是划长城而治，即以长城为界，形成南北两个不同的民族聚集区域和活动范围，并对以后长城南北互有差别的历史进程产生了比较深远的影响。对此，《史记·匈奴列传》云："长城以北，引弓之国，受命单于；长城以内，冠带之室，朕（汉孝文帝）亦制之。"实际上，大将蒙恬所筑的长城是在战国时期秦、燕、赵三国所筑长城的基础上而修。因此，蒙恬所筑长城大体可分为三段：西段、中段和东段。其中建在河北地域内的有中段之一小部分和东段之少部分。白寿彝主编《中国通史》认为，中段中线秦汉长城最后由内蒙古兴和县北部进入承德市围场县境，与东段原燕国长城相衔接。而东段长城则大约起自内蒙古化德县与商都县之间起，沿北纬42°往东，经康保县南，内蒙古太仆寺旗、多伦县南、丰宁县北、围场县北，向东沿金英河北岸横贯赤峰市，抵达奈曼旗土城子，藉牤牛河为天然屏堑，向北推移20公里，在牤牛河东岸的牝石头沟又继续向东伸展，至库伦旗南部，进入辽宁阜新县东北（图3-8-1）。

二、北朝长城

北魏王朝为防御柔然及契丹诸部的骚扰，先后修建了北、南两道。其中北长城又分西、东两段，据《魏书·太宗纪》载：泰常八年（公元423年）正月，"柔然犯塞"，皇太子拓跋焘为了有效阻挡柔然南下，遂于同年二月督"筑长城于长川之南，起自赤城，西至五原，延袤二千余里，备置戍卫。"经艾冲先生考证，被称为北长城西段的这段长城走向：东端起自今赤城县独石口附近、白河与滦河的分水岭，循山西去，历经崇礼、张北、尚义诸县，内蒙古兴和、集宁、察右中旗、卓资、呼和浩特、包头诸市县，止于乌拉特前旗境乌加河东岸。除经过"九十九泉"北侧外，大部利用了战国赵长城旧迹。而建于魏孝文帝元宏太和年间（公元477—499年）的魏北长城的东段，时人称作"长堑"，它在今赤城和沽源两县交界的分水岭同西段衔接，循山岭东延于丰宁县北部，至滦平县北境跨过兴州河，以及滦河，经过隆化县南部

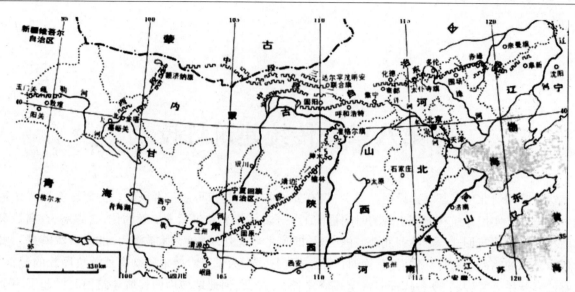

图 3-8-1　秦汉长城位置图

和承德北部;长城在内蒙古境内趋东北历喀喇沁旗东部、赤峰县南隅,东入辽宁建平县北境,再入内蒙古敖汉旗南部,又回到辽宁北票县境,历经阜新、黑山、台岸诸县,止于辽水西岸。

南长城建于太平真君七年(公元446年),《北史·魏本纪》载:"六月丙戌,发司、幽、定、冀四州十万人,筑畿上塞围,起上谷,西止于河,广袤皆千里。"可见,南长城的主要目的是"畿上塞围",意指捍卫京畿地区的军防工程。艾冲先生认为,它的走向:自今延庆南境的八达岭趋向西南,跨越小五台山、蔚县和涞源两县见的黑石岭(飞狐陉);入山西省,过灵丘县西境的沙河源头(天门关),转西循恒山过今浑源、应县之地,代县的雁门关(句注陉),转趋西北过宁武县阳方口(楼烦关)、神池、朔县诸地,沿偏关河而西止于黄河东岸。

东魏王朝筑长城先后于武定元年(公元543年)和武定三年(公元545年)两次修筑长城,而第二次与河北关系密切,据《北齐书·神武帝纪下》记载:由东魏大丞相高欢策划,"幽、安、定三州北接奚、蠕蠕,请于险要修立城戍以防之。"在这里,定州,治所在今河北省定县;幽州,故治在今北京市西南隅;安州,东魏初南迁到白檀县(今密云东北40公里)。所以,三州北境大抵在太行山、军都山一线。可见,武定三年所筑防御奚、柔然的城戍散布在太行、军都山脉,实际上沿用着一百年前的"塞围"长城,配置城戍,并从今八达岭继续向东北延伸到今密云县古北口附近(即安州北境)。

北齐在公元550年至559年间亦曾多次大规模修筑长城,自今山西大同西北到山海关,长达1 500多公里。《北齐书·文宣帝纪》记载:天保七年(公元556年)"十二月,西魏相宇文觉受魏禅。先是,自西河总秦戍筑长城,东至于海。前后所筑,东西凡三千里,率十里一戍。其要害置州镇,凡二十五所。"据艾冲先生考证,北齐长城起自黄河东岸的总秦戍(今清水河县西北境的二道塔),循山岭东去,过达速岭(今凉城南境),至今兴和县境沿袭魏长城抵独石口,转趋东南抵库推戍(今密云古北口),在从此向东北伸至承德县境,仍因袭北魏长堑。东行跨阳师水(今北票县牤牛河),弯向东南抵辽水,顺河而下止于当时的海滨。它是齐朝抗御柔然、契丹、奚、突厥及高句丽的主要防线,沿长城每隔十里左右置一堡戍,要害之地则开设州镇。为此征发人力达180万,历时两年,可见齐朝几乎倾注了全力构筑这条长城。

值得注意的是,北齐在长城之内又修了一道城,叫"内线长城",它西南起自今山西离石县西北部,循吕梁山、恒山和太行山而抵今密云县古北口,在这里同外线长城汇合,复循燕山南缘屈曲东去,至于今辽宁绥中县南境的渤海边。目前,考古学界对于北朝长城东段(山海关附近)的具体位置与走向还在研究和考察之中,有待人们将真正揭开北朝长城东段已遮蔽了千年的神秘面纱。

第二节　邺城的建筑技术

临漳古称"邺",有"三国(即齐国、魏国和赵国)故地,六朝(即曹魏、后赵、冉魏、前燕、东魏、北齐)古都"之称。汉建安九年(公元 204 年),曹操击败袁绍进占邺城,并开始营建邺都。从历史上看,邺城分邺北城和邺南城,两者的建筑时代与建筑风格是不一样的。

一、邺 北 城

邺北城[1]。邺北城本来为齐桓公所筑,而曹操在此基础上将它扩建为王都,平面为横长矩形(图 3 - 8 - 2,漳河以北部分),东西宽 2 400 米,南北长 1 700 米,城墙土筑,基宽 15 ~ 18 米。据《水经注》记载:其城"东西七里,南北五里,饰表以砖,百步一楼,凡诸宫殿,门台、隅雉,皆加观榭。层甍反宇,飞檐拂云,图以丹青,色以轻素。当其全盛之时,去邺六七十里,远望苕亭,巍若仙居。"城有 7 门,南面 3 门,北面 2 门(现仅确定了广德门一址),东西面各一门。以城东建春门至城西金明门之间的东西干道,划全城为南北两部。城内分南北两区,北为宫殿区,在宫殿区之

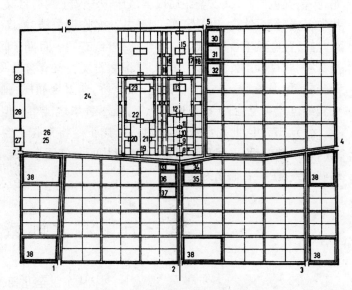

图 3 - 8 - 2　邺城遗址平面图

西边为苑囿,东边则为"戚里"。人们在宫殿区已探明 10 座夯土建筑基址;宫殿区以西,即文献记载的铜爵圜的位置(后赵时为九华宫),也探明 4 座夯土建筑基址。金明门以北,是著名的"三台",自南往北为金虎台、铜爵台、冰井台。金虎台基址保存较好,现存南北 120 米,东西 71 米,高 12 米;铜爵台基址仅存东南部分,南北 50 米,东西 43 米,高 4 ~ 6 米,两台相距 83 米;冰井台基址尚未探明。南区是一般衙署和居民区,有三条平行南北向干道通往南面三门,自城南正门有街直抵宫门,夹街建官署,形成全城中轴线的布局,宫殿在北,市里在南,开中国古代都城的新模式。尤其是人们在古邺北城南墙的凤阳门东侧 400 米的地方发现了 1 处大型券顶式城下通道设施,由青砖构筑而成,高有 3. 7 米,宽 3 米;砖构的部分长约 26 米,顶部有三层券顶,出口处有用于安置门枢的门砧石。整个通道北高南低,坡度约 15 度,主体从古邺城城墙下穿过,南端的出口比当时的地面还要低。而这一发现把券顶式实用建筑在我国最早出现的时间,提前了将近一千年。

二、邺 南 城

邺南城(图 3 - 8 - 2,漳河以南部分)始建于东魏元年(公元 535 年),据《邺中记》载:"城东西六里,南北八里六十步……十一门,南面三门;东曰启夏门,中曰朱明门,西曰厚载门。东面四门:南曰仁南门,次曰中阳门,次北曰上春门,北曰昭德门。西面四门:南曰上秋门,次曰西华门,次北曰乾门,北曰纳义门。南城之北即连北城,其城门以北城之南门为之。"经实地勘探[2],东、南、西三面城墙已探明,其北城墙利用了邺北城的南城墙。城址东西 2 800 米,南北 3 460 米;城的西南角和东南角,均为圆角;在东西南三面城墙外部发现有加强防御的"马面"设施,并有环绕城墙的城壕。除北面三座城门是利用了邺北城南面的城门外,其他三面已确定的门址是:南面的启夏、朱明、原载三门,西面的纳义、

乾门、上秋三门，东面的仁寿、中阳二门等。城址北部中央为宫城，其西、北、南三面均有宫墙，南北约970米。在宫城内有建筑基址十多座。经发掘的有朱明门、乾门、朱明门通向宫城门的大道（为全城的中轴线）和城壕等。朱明门为南城正门。经对门址全面发掘，发现三个门道，中门道宽5.4米，东西两门道宽4.8米，门道之间的隔梁宽皆6米，门道进深20.3米，门墩宽（东西）84米。门墩两侧分别有向南伸出两段南北城墙，长约33米，两墙尽端各有一座方形台基与之相连，这两座方形台基应是双阙基址。这种在城门（罗城）两侧突出有巨大的双阙，文献虽有记载，但经考古发掘的遗址，在中国尚属首次。

至于后赵石虎营建邺南城之奢华，陆翙《邺中记》以其崇饰三台为例说："于铜爵台上起五层楼阁，去地三百七十尺，周围殿屋一百二十房……三台相面各有正殿，上安御床，施蜀锦流苏斗帐，四角置金龙，头衔五色流苏，又安金钮屈戌屏风床……又于铜爵台穿二井，作铁梁地道以通井，号曰命子窟。于井中多置财宝、饮食，以悦蕃客，曰圣井。又作铜爵楼，巅高一丈五尺，舒翼若飞。南则金凤台，有屋一百九间，置金凤于台巅，故名。北则冰井台，有屋一百四十间，上有冰室，室有数井。井深十五丈，藏冰及石墨。石墨可书，又热之，虽尽，又谓之石炭。又有窖粟及盐，以备不虞。今窖上石铭尚存焉。三台皆砖甃，相去各六十步。上作阁道，如浮桥，连以金屈戌，画以云气龙虎之势。施则三台相通，废则中央悬绝也。"可见，石氏据邺近二十年，极尽奢华之能事。但是到北魏统一北方时，邺北城已凋敝不堪了。公元577年，北周武帝进入邺城后，遂下令将铜雀三台和所有殿宇尽行拆毁，但北周武帝的儿子北周宣帝继位后，再度营建邺宫，规模极壮丽。公元580年，隋文帝杨坚将邺城居民南迁安阳，随之将邺城焚毁，千年名都化为废墟。

第三节　河北地域楼阁建筑

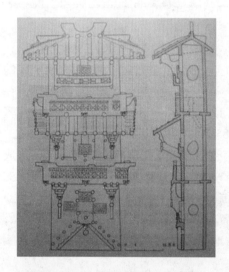

图3-8-3　衡水武邑中角村汉墓
出土的陶楼

从东汉至北朝，河北地域民居发生了比较大的变化，而最突出之处就是以木结构的楼阁大量出现。当然，能够以楼阁为宅居者都是那些等级较高的贵族和豪强。如石家庄肖家营东汉墓出土了1件陶质楼，为仿木结构，通高61.2厘米，上下两层，平面呈长方形，下层正面没有设门，底部有四个圆形气孔，中上部有四个方窗，上部施三个一斗五升重叠斗栱，两侧面分别有两个一斗五升重叠斗栱，共同支撑着一个加宽加长的梯形平台，上面为第二层楼房。第二层楼房正面底部饰五条划线为栏，正中有竖长方形门，左右各开一扇方形气窗，墙面刻划方格及对角斜线，右侧山墙开有一扇圆形气窗，而左侧没有。楼顶为悬山顶，前后两坡各纵列五根长条形瓦瓴，左右两坡各有四条瓦垄，正脊两端微向上翘起[3]。又如衡水市武邑县刘疃乡中角村东汉墓亦出土了1件陶楼（图3-8-3），为三层组合阁式建筑，通面宽52厘米，侧宽29.5厘米，通高96厘米。第一层中间辟门，门下有"八"字形踏步，踏步交叉处饰一堆塑兽头，下镂一圆孔。顺踏步和墙体置乳钉状扶手。门前砌有五个乳钉的方形影墙。门两侧及上方置长方形菱花窗，门上菱花窗四角各饰乳钉一个。窗两面为斜柱与一斗三升斗栱，承托勾栏平座。斜柱头和勾栏中间及两端分别饰兽头。平座正面栏板雕饰圆形四分式与菱形花纹。侧面墙上各开一圆形窗。第二层正面设小窗，两侧劈门，以乳钉装饰。两面斜柱上置一斗三升斗栱承托挑檐。顶为四阿式，脊两端起翘，各饰兽面二个。顶面饰瓦垄，侧面墙上各开与一层相同的圆窗。第二层顶部承与第一层相似的围栏。第三层墙壁结构与第二层基本相似，正面门前增设平台围栏。顶为四阿式，戗脊设鸱吻。瓦垄两端饰素面瓦当[4]。此外，望都县、无极县、阜城县等地亦都出土了高大精美的东汉陶楼，说明东汉时期河北平原的高门望族已经普遍修建多层木构楼阁了，这是框架结构和施工技术发展的结果。

由上述陶楼模型不难看出，东汉以后河北地域内的楼阁建筑主要表现为以下几个特点：

（1）东汉时期，随着庄园经济的发展和皇室的衰微，地方豪强势力崛起，而河北地域应是豪强势力比较集中之地，他们为了拥兵自卫，加强军事防范，则各自构筑庄园坞堡，自行兴建大型塔楼。如安平东汉熹平五年（公元176年）墓的壁画中，所见宅院规模很大，图中栋宇森罗，院落毗连，墙垣环绕，望楼高耸，楼上置鼓悬旗，戒备森严，它比较典型地反映了当时少数豪强地主的那种坞壁社会现实。

（2）斗栱已经走向成熟。从建筑史的角度说，斗栱的出现是为了加大出檐深度，以保护夯筑的墙和台基，同时也是为了改进木构架中梁、枋、柱之节点间的搭接状况。由肖家营等地出土的陶楼模型得知，东汉时河北地域出现的斗栱已经进步到"一斗三升"甚至"一斗五升"的水平。一般地讲，早期的"一斗二升"横栱是将替木状的横木置于栌斗上，再在其两端装散斗，它的特点是不开槽口，因此，其自身以及它与柱的结合不很紧密，亦不能经受较大的水平推力。所以，人们后来就改"平叠栱"为"栾形栱"，而"栾"则是一种两端翘起略似弓形的悬挑构件。然"一斗二升"式栾形栱虽通过榫卯拼逗结合在一起，其稳定性能大为改善，可是它的两个升距离栌斗不能太远，否则栱身将会因弯矩过大而被压坏。于是，便导致了"一斗三升"式（如武邑中角东汉墓出土的陶楼）斗栱的产生。这样一来，它不仅可以更加扩大斗栱的支承面，而且顶部的部分荷载还可以通过中间的齐心斗直接下传，成为轴心压力，传到耐压的立柱上去。

（3）房屋转角处多用插栱挑起抹角栱以承檐。如河北望都东关东汉墓出土的陶楼，它在转角处立柱两根，每根柱都在正面装插栱。前面说过，斗栱起初仅仅是自擎檐柱，然后才演变为斜撑，再由斜撑进一步发展为插栱。

图3-8-4　衡水阜城出土的
东汉陶楼

（4）一般都在腰檐上置平座，如衡水市阜城县东汉墓出土的陶楼模型（图3-8-4），陶楼的平座上施勾栏，这样既可以满足凭栏眺望的功能要求，同时又可以由于各层腰檐与平座搭配方式的不同，或挑出，或收进，明暗虚实，错综起伏，形成抑扬变化的节奏感。

第四节　河北佛教建筑技术

东汉末年，佛教始传入中原，后来在魏晋玄学的影响下，佛教出现了中国化的发展趋势。西晋"八王之乱"后，北部中国陷入了十六国混战的局面。此时，佛教宣传乘机而起，如西域僧人佛图澄被后赵的开国皇帝石虎尊为"大和尚"，并正式允许汉人出家为僧，于是，佛图澄先后收徒近万人，所到州郡，兴立佛寺共有893所。从此，佛教便首先在后赵形成了一种官方意识形态。而当时的河北则成为北方的佛教传播中心，出现了像释道安这样对中国佛教发展产生了巨大影响的著名僧人。后赵时邺城及其河北地域内的佛教建筑由于北魏太武帝的灭佛运动而被焚毁[5]。北魏孝文帝幸邺，重振佛寺。北齐代魏，更崇佛教，建义慈惠石柱，凿响堂山石窟。

一、义慈惠石柱

义慈惠石柱于北齐大齐大宁二年（公元562年）立在定兴县石柱村（图3-8-5），用石灰石累迭而成，高约7米，分基础、柱身和石屋三部分，基础是一块大石，东、西两边各长2米，南、北两边略小，基座上有复莲柱础，莲座包括台座、枭线、复莲三部分。柱身呈不等边的八角形，高4.5米，上部为方形，下部为抹角方柱，用用两根浅棕色石灰石垒接而成，柱身自下往上逐渐收小，每高1米，约收2.5厘米，柱的上部，约在通高四分之一处，东南、西南两角为了镌刻题字而未削边棱，形成柱身平面为一不

图 3 - 8 - 5　定兴县义慈惠
石柱立面图

等边的八角形。柱身与石屋之间垫一长方形石板，既是石柱的盖板，又是石屋的基础，或称方素之阶基，其宽度较逊于檐出。盖板底面刻莲瓣、圆环、古钱及花果等纹饰。盖板上置面阔三间、进深两间的石雕小屋，单檐庑殿顶，架构式样为仿木建筑形式，刻有屋顶、檐椽、角梁、斗拱、阑额、柱子等，前后当心间刻佛像。两次间刻窗棂，石屋正背两面琢尖形拱式佛龛，龛内有佛像一尊，佛像的脸形、背光均为南北朝雕刻风格似一座三间殿宇模型，非常可贵。从图面上看，石柱小殿之柱，均为"梭柱"，并有显著的卷刹，柱径最大处，约在柱高 1/3 处，此点以下，柱身微收小，以上也逐渐收小，约至柱高 1/2 处，柱径复与底径等，愈上则收分愈甚[6]。椽为二层，檐椽断面为半圆形，无卷刹，飞子则为矩形，左右下三面皆有卷刹，足见此工艺早在 1400 年前就应用了。檐椽与飞子的长度之比约五比二。角梁分大、仔角梁二层，角神坐于子角梁端，这是现存最早的角神实例。屋顶为四注式，坡度平缓，微微向上反曲，瓦为筒板瓦，瓦陇排列与椽飞同，垂脊前端下段低落一级。观石屋之整体，各部位比例适当，形象逼真，是至今难得的北朝时代的艺术佳作，填补了北齐时期建筑结构形式之空白，是研究中国隋唐以前建筑史中的重要证物。

二、娲皇宫楼阁

娲皇宫位于邯郸市涉县境内的凤凰山上，是传说中"女娲炼石补天，抟土造人"的地方。娲皇宫始建于北齐文宣帝天保年间（公元 550—559 年），是中国最大、最早的祭祀上古天神女娲的古建筑（图3 - 8 - 6）。它由 4 组建筑群组成，山脚有 3 组，自下而上，依次为朝元宫、停骖宫和广生宫；建在山崖峭壁上 1 组，那就是著名的娲皇阁。娲皇阁依山就势，悬空而立，夺天工以称奇，临清漳以蕴秀，上临危岩，下瞰深壑，可谓"天造地设之境"。整个楼阁共分 4 层，第一层是拜殿，拜殿之上又建了 3 层楼阁，分别命之"清虚"、"造化"与"补天"，各层均三面设廊，总高 23 米，歇山式琉璃瓦

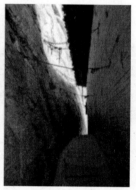

图 3 - 8 - 6　娲皇宫楼阁

顶。整个楼阁背靠悬崖，倚岩凿险，结构凌虚，用铁索将阁与崖壁所凿 8 个"拴马鼻"相系，将庞大的娲皇宫楼阁建筑群与崖壁连在一起，这种以铁索挂阁于峭壁的方式，造成"活楼、吊庙"的神奇效果，为建筑史上动静结合的杰作。

娲皇阁外山崖上刻有摩崖佛经 6 部，13 万余字，被誉为"天下第一壁经群"。

当然，我们现在所看到的娲皇宫楼阁已非北齐时期原貌，而是多为明清建筑。至于北齐遗迹，则仅留石窟和摩崖刻经了。

三、响堂山石窟

响堂山石窟位于邯郸峰峰矿区，坐落在风景秀丽的响堂山（鼓山）之腰，分南、北两窟，始凿于北齐年间（公元 550—577 年）。其中南响堂在鼓山南麓西纸坊村北，现存 7 窟，均凿于北齐，大小造像 3 588 尊，其中千佛洞最为华丽，窟外整体外观为覆钵塔形。窟前设四柱三开间前廊的仿木结构建筑，其斗拱窟檐以上凿大形覆钵，钵中央雕展翅欲飞的金翅鸟，上雕宝珠，钵两端饰卷云状山花蕉叶，这一

保存完整华丽的装饰，十分罕见。窟内进深 3.6 米，宽 3.9 米，高 3.7 米。前壁满雕塑千佛，其他三壁又凿一大龛，内均一佛二弟子两菩萨。壁上部也各雕千佛，下设基坛，窟顶微隆，雕莲花和 8 尊伎乐天，形象生动形象美观，堪称时代佳作。

北响堂则在鼓山之腰和村东，现存石窟 9 座，大小佛像 72 尊，其中南、中、北三大窟为北齐王朝开凿。三窟中以位于窟群北端的大佛洞规模最大，装饰最华丽。该窟进深 11.8 米，宽 3 米，高 11.4 米，置塔形柱三面开凿一大龛，正面龛内一佛两菩萨，正尊坐佛连座通高 5 米，佛背光浮雕塑火焰忍冬纹，七条火龙穿插期间，生动活泼。塔柱上窟壁共凿 26 个列龛，列龛由弓形楣梁、垂幔、龛柱、覆钵等组成，雕刻细致，钵顶雕塑华丽的大型火焰宝珠，窟的整体布局和装饰，最为凑杂奇特，显示出北齐时期的高超雕刻艺术。

近年来，学术界将响堂山的雕塑艺术誉称为"北齐造像模式"。洞窟形制主要分为中心方柱塔庙窟、三壁三龛佛殿窟、四壁设坛窟等类型，尤以中心方柱塔庙窟类型最具代表性，其窟平面方形、平顶，中心为方柱，三面开龛或一面开龛，后壁上部与洞窟后的山体相连，下部形成低矮甬道，供礼佛时通行，它直接继承了云冈中心塔柱窟的形式，只是将云冈繁复、琐碎的"三层或五层每层三面每面各凿一佛龛的楼阁屋檐形中心塔柱"的形式改为"三面（或一面）每面开一佛龛"的简捷、明快、大方的中心方柱的形式，从而体现出了北朝石窟中心柱窟由繁到简的发展趋势。至于该石窟佛的造像，其形体敦厚结实，表现出北齐民族的强健和豪迈，面稍丰满，高鼻长目。结跏趺或半结跏趺坐于圆莲座上，衣纹疏宕，成不规则阶梯状布于全身，佛衣下摆铺于座面。菩萨的主要风格表现在浑圆敦实的体态上，其造型给人一种厚重之感，如南响堂第七窟内的菩萨，面相丰圆，体态健壮饱满，腹部略隆，衣纹华丽，上着披帛，下着大裙，裙裾贴体，作出水式，头戴宝冠，宝缯下垂至肘部。另外，北响堂第九窟左龛和南响堂第一窟左龛内的菩萨，充分表现出扭躯斜胯鼓腹，重心落于一脚的特点，以前者（北第九窟左龛）为甚，这不能不承认是开启了隋唐造像那种"浓艳丰肥"和"细腰斜躯三道弯"的先河。响堂山北齐造像雕刻技法，一方面继承了北魏的风格，一方面又创造出新花样。北魏时期的造像多用直平刀法，衣纹表现为阶梯式，给人一种淳朴、粗犷而又生硬的感觉。响堂山在吸收这种技法的同时，又使用了圆刀法进行混合处理，尤其表现在衣纹转折处更为明显如南七菩萨、北三菩萨，使造像的服饰趋于圆润，富于真实，在表现造像的肌体上则更多地使用了圆刀法，如北九南龛左菩萨，赤足，屈体，酥胸坦露，腹部隆起，所以由坚细易雕的石质加上艺匠们娴熟精湛的雕刻技法，使造像平添了无限的生命力，并表现出鲜明的个性。

第五节　满城汉墓建筑技术

满城汉墓亦叫中山靖王墓，位于陵山主峰东坡，以山为陵，依崖建墓，为人工开凿的山崖墓，由刘胜墓与其妻窦绾墓组成，这在迄今为止发现的汉代陵墓中是独一无二的。

刘胜是汉景帝刘启之子，汉武帝刘彻的庶兄，是第一代中山靖王。他在景帝前元三年（公元前 154 年）被封为中山王，死于武帝元鼎四年（公元前 113 年），统治中山国达 42 年之久。刘胜墓坐西朝东，结构复杂。经实测，墓（图 3-8-7）全长 51.7 米，最宽处（南北耳室的长度）37.5 米，最高处（中室的高度）6.8 米，容积约 2 700 立方米。在这座庞大的岩洞内，营建了瓦顶木架构的房屋或石板构筑的石屋。由墓道、车马房（南耳室）、库房（北耳室）和后室组成。其中墓道长 20 余米，并与甬道相通。甬道南侧是车马房，为一长条形洞室，洞室长 16.3 米，宽约 3 米，最高处 5 米。顶为拱形，南端凿成穹窿顶，两壁弧形。地面上先铺一层黄土，黄土上再铺一层炭灰，用于防潮。库房与车马房相对，亦为长条形洞室，长 16.5 米，宽 3.4～3.7 米，最高处 4.35 米。顶部为拱形，两壁弧形，北端为穹窿顶。底部略呈斜坡状，北高南低。其南端与甬道相接处，用石块铺砌出排水沟。此室原本盖有顶部铺瓦的木结构房屋，后因腐朽而倒塌。按照中国传统"前堂后室"的布局。

沿着甬道西行，即进入供刘胜宴宾、饮酒、作乐的前堂。前堂长约 15 米，宽约 12.6 米，是一个修

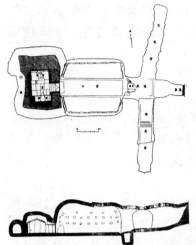

图 3 - 8 - 7　刘胜墓平、剖面图

在岩洞里的瓦顶木结构建筑,现地面上尚有 16 块柱基石,根据基石推测房屋是由 16 根柱子支撑而成的。厅堂里摆满了铜器、铁器、陶器、瓷器和金银器,还有象征侍从的陶甬和石甬,以及出行时使用的仪仗等。四壁凿作弧形,上部逐渐内收略呈穹隆顶,最高处 6.8 米。其地面不仅垫以厚约 30 厘米并经夯实的黄土,而且还经过了火烧。四周沿着石壁都设有排水沟,前堂的中部凿有两条东西向的沟道,将地面划分为北、中、南三部分。沟道的西端,在靠近后室石门处,沟底渐高,但与西部的排水沟不相衔接,以防排水沟的水流入前堂。当然,前堂本来也建有屋顶铺瓦的木结构房屋,其瓦不仅有板瓦,而切还有筒瓦,说明前堂木构房屋的屋瓦结构更为讲究。

后室在前堂之西,以石门与前堂相隔。它用大小不同的石板筑成,分石门、石道、主室和侧室。门道在后室石门之后,长 2.4 米,宽 1.84 米,高 1.8 米。后室的主室是 1 间石屋,为墓主的寝室,南北长 5.46 米,东西宽 4.06 米,墙高 2.28 米,顶部为两坡硬山式,高 3.02 米。内置汉白玉铺成的棺床,上置棺椁。室内放置了许多贵重器物。侧室在主室之南,平顶,东西长 3.59 米,南北宽 1.23 米,高 1.81 米,较主室为低。侧室有小石门与主室相通,石门位于主室南壁中部,门向外开。围绕后室还凿有一 "U" 字形的回廊,其功用是保护主室周围干燥,它和中厅的排水沟相连,具有排水的作用。可见,满城汉墓是经过精心设计的[7]。

其墓室构造和布局完全模仿地面上的建筑,有象征 "廷"、"堂"、"厢" 的设置,宛若豪华的地下宫殿。据观察,这座墓在开凿墓洞之前,应先修建上山的道路,从东南山脚一直修到选定造墓地点的主峰东坡上,待山道建成后,首先在主峰中部距山顶 30 米的地方由东向西开凿山岩,造成崖面,当崖面凿至一定高度后,即开凿山洞,营建墓室。如何在岩石中开凿如此庞大的墓洞,通过残留在洞壁上的火烧痕迹,发现墓洞的开凿方法是用火把洞壁烧烤到一定的高温以后,再往上面泼冷水,这样反复进行,岩石骤冷骤热,自然就会碎裂掉落下来。从这层意义上说,此崖墓是利用热胀冷缩原理烧出来的。考古工作者在墓中还发现了铁制工具,说明岩石经热胀冷缩碎裂之后,还需要用铁锤和铁钎进行手工开凿。可以想象,建造该墓所用人力至少在万人以上,并且花去了几十年的时光。

注　释:

［1］［2］　中国社会科学院考古研究所、河北省文物研究所邺城考古工作队:《河北临漳邺北城遗址勘探发掘简报》,《考古》1990 年第 7 期。

［3］　河北省文物研究所:《河北省考古文集(三)》,科学出版社 2007 年版,第 91 页。

［4］　河北省文物研究所:《河北省考古文集》,东方出版社 1998 年版,第 263 页。

［5］　《宋书·鲁秀传》。

［6］　梁思成:《中国建筑史》,百花文艺出版社 2004 年版,第 89 页。

［7］　卢兆荫:《满城汉墓》,三联书店 2005 年版。

第九章　传统交通科技

秦始皇统一中国后，兴修驰道，"东穷燕齐，南极吴楚"，初步形成了全国性的水陆交通网，由此进入修道筑路和开辟海上丝绸之路的一个高峰期。此时，河北地域内不仅陆路交通愈加发达，而且随着白沟渠、平虏渠、泉州渠、新河渠的开凿，逐步构成了以天津为中心，以海河为主体的内河航运网。同时，碣石港也得到空前发展，形成了以碣石港为枢纽，将环渤海的华北平原、山东半岛和辽东半岛联系起来，形成了渤海海域的航运网络。这个航运网络的形成标志着碣石港的历史发展步入了一个新的发展阶段。与此相适应，河北的造船技术得以进一步提高和发展，祖冲之所造千里船，以脚踏车轮推动船的前进，为船舶自动力的改造提供了新思路，是造船史上的一大发明。随着陆路交通的发展和交通工具的改进，以及交通工具制造技术的提高和实用性的增强，使得陆路交通工具有了一个飞跃发展。河北传统交通科技体系初步兴起。

第一节　河北地域内的驰道

秦朝实行"车同轨"的政策，以"决通川防，夷去险阻"，因而形成了全国性"治驰道"工程，使之成为国内道路系统的坚实基础，同时亦使河北地域与全国各地的交通联系更加紧密了。秦朝驰道有统一的质量标准：路面幅宽为50步，约合70米；路基要高出两侧地面，以利排水，并要用铁锤把路面夯实；每隔三丈一株青松，以为行道树；除路中央三丈为皇帝专用外，两边还开辟了人行旁道；每隔十里建一亭，作为区段的治安管理所、行人招呼站和邮传交接处。在这次浩大的"治驰道"工程中，经过河北地域的主要有四条（图3-9-1）：

第一条，由咸阳至东线的郯县至碣石段。该段道路是秦始皇"治驰道"的主干线，它起自秦都咸阳，大致沿着今天陇海铁路向东出函谷关（在今河南灵宝县东），在三川郡的治所洛阳折向东北，过河内郡的治所怀县（在今河南武陟县西南），然后进入河北地域内，先后经邯郸郡的治所邯郸县、恒山郡的治所东垣县（在今石家庄古城村附近）、广阳郡的治所蓟县（今北京市）、右

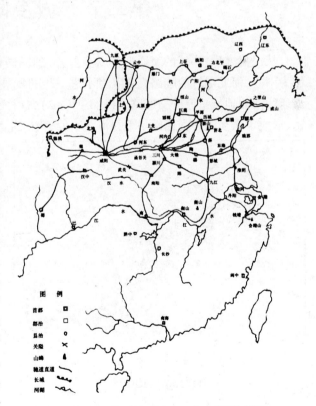

图3-9-1　秦始皇在全国"治驰道"示意图

北平郡的治所平刚（今承德市平泉县），最后到达此线的终端碣石。

第二条，由咸阳出发，折向东偏北，过黄河，在河东郡的治所安邑县（在今山西夏县西北）分作两路，一路继续北上到太原郡的治所晋阳县（在今太原市西南），另一路则朝东北方向经上党郡的治所长

子县(今山西长子县),然后渡漳河,过太行山,到达邯郸郡的治所邯郸(今邯郸市)。

　　第三条,由咸阳出发,折向东偏北,过黄河,经河东郡的治所安邑县(在今山西夏县西北),在太原郡的治所晋阳县(在今太原市西南),折向东,通过井陉县,直到恒山郡的治所东垣县(在今石家庄市古城村附近)。

　　第四条,由咸阳出发,北上九原郡九原县(今内蒙古包头市),然后折向东,依次过云中郡的治所云中县(在今内蒙古托克托县东北)、雁门郡的治所善无县(今山西省右玉县)、代郡的治所代县(在今河北省张家口市蔚县东北)、上谷郡的治所居庸(在今河北省张家口市怀来县东),止于广阳郡的治所蓟县(今北京市)。

　　汉代在秦驰道的基础上,继续拓展全国的陆路交通,尤其对边远地区的陆路交通用力最多。如西汉时,汉武帝曾"自辽西历北边九原归于甘泉",又"北出肖关(在今宁夏固原线东南)。历独鹿、鸣泽,自代而还"。可见,汉代已经修筑了通往辽西郡的驰道,它的起点是右北平郡的治所平刚(今承德市平泉县),然后折向东南到白狼县城(今辽宁省喀左县黄道营子),再由白狼县城转向东北的柳城(今辽宁朝阳县十二台乡袁台子村),接着由柳城到达辽西郡的治所阳乐(在今辽宁省义县西)。东汉时,扬武将军马成代杜茂于建武十七年(公元41年)"缮治障塞,自西河(郡治为离石,今山西省力石县)至渭桥(在今陕西省西安市西北)、河上(郡治为高陵,即今陕西省高陵县)至安邑(在今山西省夏县西北)、太原至井陉、中山(今定州市)至邺(在今邯郸市临漳县西南),皆筑保壁,起烽燧,十里一堠。"通过这些"保壁道"的修筑,愈加突出了河北地域在军事上的重要位置。而为了适应道路发展的实际需要,汉代在河北地域内的主要道路上设置了道路里程标志——堠,如汉安帝时曾诏令赵国、常山郡、中山郡等"缮作坞堠"。自此以后,堠就成了后代人们修筑道路的一种制度。

第二节　城乡陆路交通网络

　　从汉代之后,邺城的交通地位逐步上升,到三国曹魏时,邺城始成为北方新兴的一座都城。以邺城为中心,河北地域的陆路交通又有了进一步的发展。特别是北魏开辟了以中山城(今定州市)为枢纽通往河北地域平原的交通路线(图3-9-2),这样,使得河北各地的交通联系较比汉魏时期更加紧密,形成了城乡陆路交通网络。在河北平原,当时北魏开辟的由平城通向中山城的路线主要有三条:

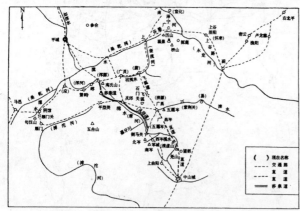

图3-9-2　中山城与桑干河上游之间的
交通线路图(前田正名绘)

一、直　　道

　　《魏书·太祖纪第二》载:天兴元年(公元389年)春正月,北魏太祖拓跋珪"发卒万人治直道。自望都铁关凿恒岭(即广昌岭),至代五百余里。"望都恒岭在今保定曲阳西北,代地位于今张家口蔚县。这条直道应由两段线路组成:一段是由中山城经望都到广昌(今保定涞源县)的所谓直道;另一段则是由广昌到代地的飞狐道。由于直道的开辟,从平城到中山城之间的实际距离大为缩减。

二、灵　丘　道

　　从平城到中山城,这条道路比直道还要捷便。《魏书·世祖纪第四》载:太延二年(公元435年),"诏广平公张黎发定州七郡一万二千人,通莎泉道。"此到从中山城出发,经上曲阳(今保定曲阳县)、倒马关（在今保定唐县西北），过灵丘、莎泉（在灵丘县西30公里）、浑源县，越高氏山（今恒山），抵平城。该线路是由山西高原北部通往华北平原的交通要道，人马往还，络绎不绝。为了保证此路的畅通，孝文帝元宏于太和六年（公元482年）七月，又"发州郡五万人治灵丘道，自代郡灵丘南逾太行，至中山。"这次整治灵丘道的工程巨大，因为该道多从深山峡谷穿过，修治难度可想而知。灵丘隘门峪内20余公里路段十分艰险，其中觉山寺南一段绝壁凿修栈道通行，此古栈道遗址尚存。在唐河东岸距河床5米高的石壁上遗有上下两排栈道凿孔。孔呈方形，长宽各24厘米，深35厘米，孔距1.1米至1.8米不等。经过这次大规模整修，北魏南通中原的交通条件大为改观，被视为北魏国道。

三、中山城到广阳郡道

为了加强河北平原与东北平原的交通联系，曹魏就整修了卢龙道，即从天津蓟县东北经遵化，循滦河河谷，折东趋大凌河流域，然后进入东北平原。如《三国志·田畴传》载："旧北平郡治在平冈，道出卢龙，达于柳城；自建武以来，陷坏断绝，垂二百载，而尚有微径可从。"于是，"太祖令畴将其众为乡导，上徐无山，出卢龙，历平冈，登白狼堆，去柳城二百余里，房乃惊觉。单于身自临陈，太祖与交战，遂大斩获，追奔逐北，至柳城。军还入塞，论功行封，封畴亭侯，邑五百户。"至于中山城到广阳郡的治所蓟城（在今北京大兴县西南）的路线，主要是沿太行山脉东麓过涞水及永定河，然后到达蓟城。蓟城为一交通枢纽，由此向东北方可经卢龙道进入东北，亦可向西北经过上古路而迂回至平城。

除此以外，尚有张北地区通向漠北（即内蒙古草原）的交通路线。与中山城为平城通向河北平原的交通枢纽一样，张北则是平城通向漠北的交通枢纽。这条线路由平城出发，经过高柳（今山西阳高县）、天镇（今山西天镇县），过延水（今桑干河支流东洋河），到女宁（今张家口市），在到张北。以张北为始点，一线朝东北方向进入漠北；另一线朝西北方向，翻越张北台地西部进入漠北。

第三节　陆路交通工具的改进

随着陆路交通网的建立，这一时期，交通工具的改进很快，双辕车取代了单辕车，骑兵取代了战车，马镫已广泛应用，社会上逐渐以牛车取代马车，发生了车制变化，复原了指南车，交通工具制造技术不断更新，实用性逐步增强，实现了一次陆路交通工具的飞跃发展。

一、单辕车的使用

西汉初年，由于双辕车的使用尚不普遍，所以在很长一段时间里，河北地域仍以独辕车作为主要的陆路交通运输工具。从满城汉墓出土的四辆车看，有安车、辎车与猎车之分别。《礼记·曲礼》郑注云："安车，坐乘，若今小车也。"其小车又名轻车，主要供贵族出行和车战之用。如2号车为驷马安车，单辕，两个车蕙的间距1.68米，车上有伞盖。在其铜质车器中，既有错金银的纹饰，又有镶嵌的装饰。所谓辎车即是一种四面敞露之车，《史记·季布列传》索隐：辎车"谓轻车，一马车也。"如1号车为单马驾车，单辕，车箱长、宽约1米，两个车蕙的间距2.66米，车上有伞盖。而猎车，顾名思义就是狩猎时所用之车，就其所使用驾马的数量而言，猎车多为两匹马，如4、5号车均为两马驾车，两个车蕙的间距都超过了2米，车器一般亦较大，它们附近发现有狩猎用的弩机、检镞及承弓器。

继满城汉墓之后，人们于20世纪90年代初，在石家庄鹿泉市高庄又发现了一处汉代大型车马坑遗址，出土了3辆实用马车。经考证，高庄汉墓出土的1号马车为战车，或为开道车，单辕，长约3.8米，车轴长约2.9米，衡长约1.4米，舆宽约1.5米，盖斗长8厘米，车盖直径2.98米，伞柄长1.84米，舆中心置一鼓，车上有承弓器2件，弩机1件。

高庄汉墓出土的2号车为辎车，何谓"辎车"？孙机先生说，与辎车相比，"辎车只增加一对车耳"[1]。而2号车右舆墙上部有向外翻的长条形云漆纹图案,其角度与舆墙基本垂直,应是车右耳[2],其作用是遮挡由车轮卷起的尘泥。该车辕长4.3米,车轴长约2.5米,毂长约0.5米,舆呈圆角扁方形,广1.4米,进深1.2米,残高0.5米。承接舆底的四轸宽2厘米,前后轸之间用两条桄来连接,桄宽约4厘米。舆底由宽0.3~0.4厘米的革条编成网状,舆墙由与四轸相垂直的栏杆围成,栏杆内外蒙以革或布,舆内左后部为车座,顶部为封闭的车篷。

高庄汉墓出土的3号车则为辎车,所谓辎车实指衣车中的一种车型,这种车的车箱很严实,里面一般乘坐妇女,偶尔亦有男人乘坐此种车,如孙膑"居辎车中,坐为计谋"。辎车在车箱两侧开窗,车箱后方开门,其车盖呈椭圆形,顶部隆起,《释名·释车》称其可以"卧息其中",如《汉书·张良传》载有张良对刘邦所说的一段话:"上虽疾,强载辎车,卧而护之。"由实测知,3号车的车轴中间粗,两头细,通长约3米,宽5~9厘米,厚1~2厘米,车毂约长0.6米,车轮直径为1.6米,车幅宽3厘米,舆为圆角长方形,广1.38米,进深1.98米,舆底四轸宽2厘米,桄和轸一起支撑舆底,舆底采用皮革条编织成网格状,舆墙栏杆用长23厘米的木条围成,舆内分前后两部分,后部长约2米,宽约1.4米,为乘车者的卧息之处。

二、双辕车逐步取代单辕车

到西汉后期,由二马驾或多马驾的独辀车逐步为单马驾的双辕车所取代。而双辕车的出现,应是汉代兵制改革的一种必然结果。众所周知,赵武灵王推行"胡服骑射",才使中原人学会了骑马,从此,马不仅可以驾车,而且还可以被人所骑乘。后来,汉武帝在与匈奴的作战中,越来越感觉汉代的战车不如匈奴的骑兵更善于机动性和灵活性。于是,汉朝开始组建骑兵,专门用于跟匈奴作战。汉朝以后,骑兵逐渐取代了战车,成为一支新的作战兵种。这样一来,由于乘车形制的改变,双辕车的许多构件较独辀车肯定会出现一些新的特征。如同样是轭,独辀车是在辀两侧的衡上缚轭,而双辕车则是在两辕之中,除部位不同,其功用亦不同。由于独辀车采用"轭——鞅式系驾法",故轭成了车前部的支点,自然它的制作就要求坚固;可是,双辕车采取的却是"胸带式系驾法",轭仅仅起到一个支撑作用,所以人们对它的要求就很简单了。当然,无论是独辀车还是双辕车,多数部件基本没有实质性的变化。不过,为了便于从整体上来认识双辕车的形制特征,我们先将双辕车的结构部件及名称。

自20世纪70年代以来,双辕车许多零部件在不少地方都有出土。如定州市陵头村东汉墓中出土有双辕所装一对龙首形铜軏[3];石家庄肖家营东汉墓出土了3辆成套的双辕车明器,其中1号车有铅盖弓帽12件,铅车軎2件,铅衡末1件,铅当颅1件;2号车有铅泡饰12件,铅衡末3件,铅辕2件,铅衔镳4件,铅盖弓帽11件,铅车軎2件;3号车有车軎2件,铅衡末2件,铅辕2件,铅衔镳5件,铅当颅1件,铅盖弓帽11件,铅泡饰12件[4]。其完整的双辕车图像见于安平东汉墓所见壁画中。

三国以后,社会上逐渐以牛车取代马车,这可以说是魏晋南北朝时期车制的一个比较大的变化。如《晋书·舆服志》说:"古之贵者不乘牛车……其后稍见贵之。自灵、献以来,天子至士庶遂以为常乘。"所以,《北齐书·李元忠传》才有李元忠乘坐牛车到邺城去见高欢的记载。虽然李元忠乘坐的是一种比较低级的鹿车,但它说明当时人们使用牛车已是比较普遍的社会现象。又,邢台出土一辆曹魏时期的彩绘牛车,车型为一牛驾双辕车,车为卷棚顶,前后檐微凸,后辕右侧门,车箱两侧有通气孔,两饼状模拟的车轮高大,12根模印的粗辐条连接在车牙与车毂之间,车厢内和双辕施彩绘,卷棚顶刷白粉,车通长47厘米,高27厘米[5]。故《旧唐书·舆服志》载,刘子玄说:"魏晋以降,迄于隋代,朝士又驾牛车。"如果说牛车只是拉车牲畜之改变的话,那么双辕车的形制被定型化就是一种新的技术性的社会时尚了,甚至这种车制一直到近代都没有实质性的变化。不仅如此,由于牛车已进入社会上层,适应不同阶层与身份的新车型不断出现,如云母犊车、驾四牛的皂轮车、油幢车、四望车、长檐车等。

后赵石虎的用车比较特殊,非常讲究奢华。比如,他在邺城曾造猎车千乘,辕长三丈,高一丈八尺;格虎车四十乘,立行楼二层于上。又《邺中记》载:石虎"设戏车,立木橦其车上,长二丈,橦头按横木,两伎儿各坐一头,或鸟飞,或倒挂。"再"作猎軬,使二十人担之,如今之步軬。上安徘徊曲盖,当坐处施转关床,若射鸟兽宜有所向,关随身而转。"此外,他还制造了很多以驾马为主的豪华型嵩路辇、朱漆辇等。后来,这种车制为北魏皇帝所沿用。

三、马镫的应用

在十六国时期,中国古代的骑乘技术出现了一项重要的发明,那就是马镫的应用。如河南安阳孝民屯十六国早期墓葬中出土了一件单马镫[6];辽宁省北燕冯素弗墓亦出土了一件木芯马镫[7]等。虽然有人主张早在曹魏时期就已经出现了马镫,但就河北地域内而言,人们还没有使用马镫的习惯,如邢台出土的曹魏时期陶马,就是有鞍而无镫。对于发明马镫的社会意义,英国著名中国科技史专家李约瑟说:"我们可以这样说,就像中国的火药在封建主义的最后阶段帮助摧毁了欧洲封建制度一样,中国的脚镫在最初却帮助了欧洲封建制度的建立。"正像人们所说的那样,马镫的产生和使用,标志着骑乘用马具的完备,因而具有里程碑的意义。比如,在军事上,它可使骑兵上下马迅速自如,且骑者在马上的活动空间更大,从而使复杂的战术动作和列阵的训练变得更容易。在日常生活中,那些并没有经过正规训练的人也能很方便地上下马和驾驭马,甚至连妇女也能稳骑马上。尤其是骑马者借助于马镫,其身体姿势由以前的踞坐式改为挺身直腿式,这样一来,所谓"骑士之风"较之"乘车之容"更具风度和潇洒大方。因此,作为一种新兴的交通工具,乘马备受士家望族的青睐,如北齐时,骑马已经成为邺城的一道亮丽景观。《邺中记》云:石虎"皇后出,女骑一千为卤簿,冬月皆著紫衣。"

四、指 南 车

人们在谈论魏晋南北朝的陆路交通工具时,不能不讲到指南车的问题。相传,黄帝时代就出现了指南车,但其构造如何并未流传下来,尽管有人复原了"黄帝指南车",但这毕竟是复制者本人的一种创造。实际上,早在三国时代,马钧就曾复制过"黄帝指南车"。据《三国志·马钧传》载:"先生为给事中,与常待高堂隆,骁骑将军秦朗争于朝,言及指南车。二子谓古无指南车,记言之虚也。先生曰:'古有之,未之思耳,夫何远之有?'……于是,二子遂以白明帝,诏先生作之,而指南车成。"至于该车的形制特点,《晋书·舆服志上》云:"司南车一名指南车,驾四马,其下制如楼三级。四角金龙衔羽葆;刻木为仙人,衣羽衣,立车上,车虽回运而手常南指。"又《宋书·礼志五》说:马钧所作指南车因晋乱而"复亡,石虎(公元295—349年)使解飞,姚兴使令狐生又造焉。安帝义熙十三年(公元417年)宋武帝平长安,始得此车。"到南北朝时期,我国杰出科学家祖冲之"追修古法",并加以改进,又重新创制了一种新的指南车。对此,《南齐书·祖冲之传》记载说:"初,宋武平关中,得姚兴指南车,有外形而无机巧,每行使人于内转之。明(公元477—479年)中,太祖辅政,使祖充之追修古法。充之改造铜机,圆转不穷而司方如一,马均以来未有也。"从来源上看,指南车是在中国古代独辕双轮车的基础上发展而来的,祖冲之改造了铜机,使指南车的技术水平有了很大的提高。

图 3 - 9 - 3

第四节 内河港与海上交通运输的形成

这一时期,河北的内河交通技术和海上交通技术发展得很快,华北平原的各条河水贯通一起,形成一条水运交通网。海上交通以秦皇岛港为中心枢纽,将华北平原、辽东半岛、山东半岛环接在一起,形成了环渤海域的航运网。造船技术亦有较大的发展,祖冲之所造千里船,以脚踏车轮推动船的前进,为船舶自动力的改造提供了新思路,是造船史上的一大发明。

一、天津内河港的形成

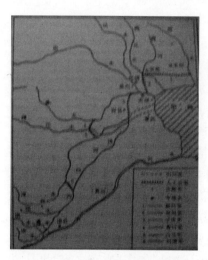

图 3 - 9 - 4 三国时期天津内
河港航运网示意图

在陆路交通不断拓展与开辟的同时,河北地域的水路交通亦上升到了一个新的历史发展阶段。其中天津内河港(图 3 - 9 - 4)的形成,应是当时河北地域内最大的一项航运成就。

在三国曹魏之前,华北平原上的许多河流都是单独入渤海或入黄河。为了统一北方的战争需要,曹操迫切要求将流经华北平原的各条河水贯通起来,形成一条水运交通网。

首先,曹操在建安九年(公元 204 年)组织军民首先修建了白沟运河工程,该项工程的意图非常明确,那就是"遏淇水入白沟,以通粮道"。具体方案是:在淇水入河处筑堰,阻断其进入黄河的水流,然后从淇水口开渠引水向东北流,与菀水会合后共入白沟,为防止淇水分流,人们又在淇水与菀水的连接处以及淇水与宿胥故渎相接处,分别修筑了石堰。这样,白沟便有了充足的水源,从而也保证了其具有很强的通运能力。

其次,从建安十一年(公元 206 年)起,曹操又先后修建了平虏渠、泉州渠和新河渠。在此之前,滹沱河和泒水都是各自独立入海,而为连接两渠,"凿渠,自呼池(流经今青县)入泒水(大沙河为其上游),名平虏渠。"自此,从白沟的船舶可直接进入到现在的天津附近。为解决泒、潞河与东北方沟河之间的水运联系以避海上风险,曹操又开凿了泉州渠。故《三国志·魏书·武帝纪一》载:"从沟河口。凿入潞河,名泉州渠,以通海。"该渠南端在泉州县境内(今武清县东),北端在沟河与鲍丘水(上游相当现在的潮白河)汇合处的东侧。后来,曹操又在泉州渠与鲍丘水的汇合处,于盐关口向东开渠通向濡水(即今滦河),谓之"新河运渠"。这样,通过平虏渠、泉州渠、新河等一系列运河,沟通了黄、海、滦河流域,使西汉时独流入海的沽水、治水、滹沱水及清河相互连通,从而奠定了华北平原上三百余条大小河道汇流至今天天津地区,并循海河注入渤海的区域水文形势,初步形成了海河水系,构成了以现在天津为中心和以海河为主体的内河航运网,同时还为这里后来发展成河海交通咽喉创造了条件,而附近地区的章武、东平舒、泉州、雍奴等县也因海河内河航运网的形成而兴盛起来。当然,更重要的是这些运河工程已经成为全国运河体系的一个有机组成部分,它往东北可延伸到辽西地区,往南可由淇水或宿胥口入黄河,以接通汴渠至洛阳,往东则能够接通淮河与长江。

再次,开凿利漕渠、白马渠和鲁口渠。曹操建都邺城后,为解决邺都的漕粮和交通问题,他于建安十八年(公元 213 年),"凿渠引漳水,东入清洹(即白沟),以通河漕,名曰利漕渠。"该渠南起馆陶(今馆陶县西南)西北至斥漳(今曲周县东南),连结漳、洹、淇水和黄河水运。接着,又凿白马渠以连通漳水与滹沱水之间的水运,魏景初二年(公元 238 年)在今饶阳县附近凿鲁口渠以引滹沱水入泒水。至此,通过上述运河工程,沟通了黄河、淇水、清水、洹水、滹沱水、泒水、漯水和潞水,基本上把河北地域的主要河流贯通起来。从此,由白沟可南通黄河,转江淮,北则通平虏各渠,至幽蓟,若经白马渠和鲁口渠进入泒水,则可直接抵达泉州(在今天津附近)。于是,天津又有了纵贯河北的第二条南北航运,并成为以后京杭大运河的重要组成部分。

二、秦皇岛港海上交通的重大发展

据《汉书·郊祀志五》载:秦始皇在山东半岛巡游期间,曾"游碣石,考入海方士"。即询问了东巡碣石的路线,秦始皇二十三年(公元前 215 年),秦始皇先由陆路弛道到达碣石,然后从碣石改由渤海湾浮海南下。后来,秦二世胡亥在此基础上,"并海,南至会稽(今浙江绍兴)",说明此次出巡已经跨越山东半岛而至东南沿海各港口。

汉武帝亦多次出巡碣石,但他与秦始皇父子的出巡有所不同:一是汉武帝不是由碣石南下山东半岛,而是由山东半岛海面北上巡视碣石,开创了帝王由南向北纵跨渤海的先例;二是汉武帝乘坐可载万人的"豫章大舡",停泊在碣石港,说明当时的碣石港已经具备了停泊大型船队的能力。

三国曹魏时期,曹操为了北伐乌丸族,连通了由碣石到辽东半岛的海上航线。比如,汉建安十二年(公元207年),曹操原打算从碣石傍海向辽西、辽东郡进军,但因夏秋水潦而作罢。据考,山海关老龙头和距山海关十里远的止锚湾、黑山头一带是当时曹操用兵的一个最重要的海陆交通枢纽[8]。

图3-9-5　后赵时期秦皇岛
港航运网

十六国时期,后赵处于军事运输的客观需要,在秦皇岛沿海港口建立了仓储设施,极大地促进了碣石港的发展。据《资治通鉴·晋纪十八》载:咸康四年(公元338年),后赵石虎"遣渡辽将军曹伏将青州(在今山东淄博、潍坊市之间)之众渡海戍于海岛(在今秦皇岛海面之东北的菊花岛),运谷三百万斛(十斗为一斛)以给之"。同时,"又以船三百艘,运谷三十万斛诣高句丽"。这表明,此时秦皇岛沿海各港口的靠泊能力和吞吐量都在迅速增长,另外,从海上交通的角度看,则当时从渝津通过清河(今海河)入海后,至辽西郡的沿海航线已经开通。这样,以碣石港为枢纽,将环渤海的华北平原、山东半岛和辽东半岛联系起来,形成了渤海海域的航运网络(图3-9-5),这个航运网络的形成标志着碣石港的历史发展步入了一个新的发展阶段。

三、河北造船技术的进一步提高

秦汉以后,河北的造船业虽然在总体上不如江南,但在一定程度上亦有提高和发展。

首先,北燕太平六年(公元414年),北燕国王冯跋命褚匡于临渝(今秦皇岛市抚宁县)海边造船,为向渤海北岸碣石港的海上移民活动作准备。虽然对于北燕在秦皇岛港的所造航船,史料缺乏详细记载,但从褚匡"自长乐帅五千户归于和龙"的规模来分析,说明此地已经有了比较发达的造船工业。

其次,公元430年,北魏太武帝拓跋焘"闻刘义隆将寇边,乃诏冀、定、相三州造船三千艘,简幽州以南戍兵集于河上以备之"。又"南镇诸将复表贼至,而自陈兵少,简幽州以南戍兵佐守,就漳水造船,严以为备。公卿议者佥然,欲遣骑五千,并假署司马楚之、鲁轨、韩延之等,令诱引边民。"由此可见,北魏在漳水沿岸建有规模较大的造船基地,主要是用来建造作战所用之船。

再次,为了提高航行速度,祖冲之"又造千里船,于新亭江(在今南京市西南)试之,日行百余里"。关于祖冲之所造千里船的情况,《淞隐漫录》载:"不因风水,施机自运,以手拨之,双轮鼓动,其驶若激箭。须臾风顺,蒲帆十二幅,叶叶自起。"可见,这种船体本身装有桨轮,不用帆桨而靠转轮激水前进。这种利用人力以脚踏车轮来推动船前进,尽管从表面上看似乎没有风帆利用自然力那样经济,但从长远的观点看它却是一项伟大发明,因为它在造船史上为后来船舶动力的改进提供了新的思路。

注　释:

[1][3]　孙机:《汉代物质文化资料图说》,文物出版社1991年版,第93,110页。

[2]　张治强等:《河北高庄汉墓出土实用车马复原研究》,《文物春秋》2005年第6期。

[4]　河北省文物研究所:《河北石家庄肖家营汉墓发掘报告》,载《河北省考古文集三》,科学出版社2007年版,第97页。

[5]　李军:《邢台出土曹魏时期彩绘鞍马牛车》,《文物春秋》2001年第6期。

［ 6 ］　孙秉根：《安阳孝民屯晋墓发掘报告》，《考古》1983 年第 6 期。

［ 7 ］　黎瑶渤：《辽宁北票县西官营子北燕冯素弗墓》，《文物》1984 年第 6 期。

［ 8 ］　黄景海等：《秦皇岛港史》，人民交通出版社 1985 年版，第 52 页。

第十章　传统天文科技

　　这一时期，中国天文学在天象记录和历法体系的改进等方面取得了重大成就，河北传统天文学也逐步兴起，在天文仪器制作、历法计算、天文学理论等方面也取得了不少新的突破。虞喜求出的岁差值，使我国的历法，较早地区分了恒星年和太阳年。岁差的发现，是中国天文学史上的一件大事。虽然比古希腊的依巴谷晚，但却比依巴谷每百年差一度的数值精确。一百三十二年后，杰出科学家祖冲之，参照虞喜的岁差值，制订出举世闻名的《大明历》。公元 565 年前后，张子信发现了太阳、五星运动的不均匀性和月亮视差对日食的影响现象，并提出了相应的计算方法。这些在中国古代天文学史上都具有划时代的意义。

第一节　《春秋繁露》和天学思想

　　如何认识天？先秦以来，一直是封建统治者所关注的课题，围绕传统的"君权神授"思想，汉代士大夫开始把天象与君主的政治统治结合起来，于是，就出现了一种"天人感应"说。如汉初的陆贾（公元前 240 年—前 170 年）说："治道失于下，则天文度于上；恶政流于民，则虫灾生于地。"到汉武帝时，广川（今衡水景县西南）人董仲舒（公元前 179 年—前 104 年）在陆贾等人思想的基础上，撰写了《春秋繁露》一书，提出了系统的天人感应说，影响巨大（图 3 – 10 – 1）。

图 3 – 10 – 1　董仲舒塑像

一、"天人合一"思想

　　在《春秋繁露·阴阳义》里，董仲舒提出了"以类合之，天人一也"的思想。中国古代天学发展的重要特点是为王权服务，所以历朝统治者都禁止民间天文学的发展。从这个角度讲，"天人合一"是中国古代天学思想的实质和核心，而董仲舒则是这个思想的重要代表人物。在董仲舒看来，天与人是一种对应关系，如天有四季，人有四气，两者的对应关系是"春，喜气也，故生；秋，怒气也，故杀；夏，乐气也，故养；冬，哀气也，故藏"，所以"天乃有喜怒哀乐之行，人亦有春秋冬夏之气"。以此为前提，董仲舒进一步认为人体化天数，他说："人生于天，而取化于天。"这种"取化于天"的思想至少有两个方面的内涵：一是人的一切活动都应遵从客观规律，按照客观规律办事，顺天之道，如董仲舒说："自正月至于十月，而天之功毕。"又说："天之道，有序而时，有度而节，变而有常。"这两句话的意思是说，人们在生产和生活实践过程中应当遵守气候变化规律和万物生长规律；二是对于封建统治者来说，他的一切不当行为会遭受规律（或上天）的惩罚，故"有大罪，不奉其天命者，皆弃其人伦"，而"不若于天者，天绝之"。从这个层面看，董仲舒的"天人合一"思想有其合理的一面，不能全盘否定。

二、"天人感应"思想

　　董仲舒的"天人感应"思想主要表现为人附天而行政、人主的"好恶喜怒"来源于对自然的模仿、人类社会的官制附天而设、人道参天等方面。董仲舒说："王者唯天之施，施其时而成之……人之受命于天，取仁于天而仁也。"受此思想的影响，自此以后，历代封建统治者都比较讲求实行"仁政"，以之取悦于天。按照董仲舒的理解，封建官制所立"三公"、"九卿"、"二十七大夫"、"八十一元士"、"凡百二十人"与天数相一致，如"天有四时，时三月"，"天以四时之选十二节相和而成岁"，"用岁之度，条天之数，十二而天数毕，是故终十岁而用百二十月"，等等。最后，董仲舒认为"人主之好恶喜怒，乃天之暖清寒暑也，不可不审其处而出也"。因此，他提醒那些掌控百官的君王需"深藏此四者而勿使妄发，可谓天矣"。

三、以天、地、人相参为核心的宇宙图式

　　董仲舒说："天有十端，十端而已。天为一端，地为一端，阴为一端，阳为一端，火为一端，金为一端，木为一端，水为一端，土为一端，人为一端"，又说"天、地、阴、阳、土、木、火、金、水九，与人而十者，天之数毕也。故数者以十为终，皆取之此。圣人何其贵者，起于天，至于人而毕"，"人，下长万物，上参天地"。在这里，董仲舒说出了两种宇宙图式：一是自然万物的宇宙图式；另一种是以"人，下长万物，上参天地"轴心的宇宙图式。

　　从自然万物的宇宙图式讲，阴阳的运行规律是：第一，阳气起于东北，阴气始于东南；第二，阴阳运行的方向相反，阳为顺时针，阴为逆时针；第三，阴阳运行有北与南两个合别点，北为天道之始终，如图3-10-2所示[1]。

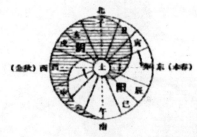

图3-10-2　阴阳与四时关系图

　　由图可知，以阴阳运行判断四时的标准是：阳始于寅，入于申；阴始于辰，入于戌。具体地讲，就是冬至前阴阳合二为一，然后阴阳继续按照相反方向运行，当阴阳均行至卯位时，阴阳相半，冷暖适中，即是春分；当阳顺时针行至午位，阴沿逆时针反方向行至子位时，阴阳相遇，阳盛于阴，即是夏至；阴阳继续沿相反反方向运行，当阴阳行均至酉位时，阴阳相半，冷暖适中，即是秋分；当阴阳行至子位时，阴盛于阳，即是冬至。

　　第二种宇宙图式强调了人与万物的相互作用，通过人的参与赋予自然界伦理的意义。在董仲舒看来，天地人是一个有机的整体，在这个有机整体中，人既要遵从自然规律，按规律办事，同时又有发挥人的主观能动作用，互相交融贯通。《汉书·董仲舒传》载"人主之大，天地之参也"，"三画，天地与人也；而连其中者，通其道也。取天地与人之中以为贯而参通之"。在此，"相参"强调的是既要遵循客观规律又要发挥人的主观能动作用。这是董仲舒天学思想的主流。

　　董仲舒的天学思想是建立在汉代自然科学发展的基础上，他的思想认识部分地反映了汉代科学技术发展的本质特点，具有一定的积极意义。

第二节　《大明历》

　　根据物理学原理，刚体在旋转运动时，假如丝毫不受外力的影响，旋转的方向和速度应该是一致的。如果受了外力影响，它的旋转速度就要发生周期性的变化。地球就是一个表面凹凸不平、形状不规则的刚体，在运行时常受其他星球吸引力的影响，因而旋转速度总要发生一些周期性的变化，不可能绝对均匀一致。因此，每年太阳运行一周（实际上是地球绕太阳运行一周），不可能完全回到上一年

的冬至点上,要相差一个微小距离。按天文学家的精确计算,大约每年相差50.2秒,每71年8个月向后移1度,这种现象叫作岁差。

一、岁差的发现

东晋咸和五年(公元330年),我国著名学者、天文学家虞喜,发现了岁差。岁差是地轴进动引起春分点向西缓慢运行(速度为每年50.2″,约25 800年运行一周)而使回归年比恒星年短的现象。岁差分日月岁差和行星岁差两种:前者由月球和太阳的引力产生的地轴进动引起的;后者由行星引力产生的黄道面变动引起的。虞喜经过无数次计算,他认为"通而计之,未盈百载,所差二度",由此得出了"五十年退一度"的结论。虞喜求出的岁差值,使我国的历法较早地区分了恒星年和太阳年。岁差的发现,是中国天文学史上的一件大事。虞喜发现岁差,虽然比古希腊的依巴谷晚,但却比依巴谷每百年差1度的数值精确。

二、《大明历》及其成就

1.《大明历》的编制

图3-10-3 祖冲之

祖冲之(公元429年—500年)(图3-10-3),字文远,祖籍范阳郡遒县(今河北涞源),南北朝时期著名数学家、天文学家。祖家历代都对天文历法素有研究,祖冲之从小就有机会接触天文、数学知识。在青年时代祖冲之就赢得了博学多才的名声,宋孝武帝听说后,派他到"华林学省"做研究工作。公元461年,他在南徐州(今江苏镇江)刺史府里从事,先后任南徐州从事史、公府参军。

在祖冲之之前,人们使用的历法是天文学家何承天编制的《元嘉历》。祖冲之经过多年的观测和推算,发现《元嘉历》存在很大的误差。《南齐书·文学传》中提到"宋元嘉中,用何承天所制历,比古十一家为密,总之以为尚疏,乃更造新法"。祖冲之测得三统历中以岁星144年超过一次的计算不够精密,提出"岁星行天七匝,辄超一次"结论。这样岁星约84年一周天,和现代所测得的数值颇为接近。祖冲之计算的每个交点月(月球在天球上连续两次向北通过黄道所需时间)日数为27.21223日,同现代观测值27.21222日只差十万分之一日。据此,祖冲之着手制定新历,并于大明六年(公元462年)完成了《大明历》(图3-10-4)。祖冲之之子祖暅,字景烁,南北朝时代南朝的数学家,祖冲之编制《大明历》就是在祖暅三次建议的基础上完成的。祖冲之去世后,祖暅继承父业,亲自修订了《大明历》,并在梁朝天监三年(公元504年)、八年、九年先后三次上书,使之颁布使用,终于使父亲的遗愿得以实现。

《大明历》集中包含了祖冲之大部分的历法成就,精确度很高,这是中国天文学史上的重大进步,并且对后世产生了深远的影响。但遗憾的是,此历直到梁武帝天监九年(公元510年)才正式颁布施行。

此外,祖冲之对木、水、火、金、土等五大行星在天空运行的轨道和运行一周所需的时间,也进行了观测和推算。我国古代科学家算出木星(古代称为岁星)每12年运转一周。西汉刘歆作《三统历》时,发现木星运转一周不足12年。祖冲之更进一步算出木星运转一

图3-10-4 祖冲之《大明历》史料记载

周的时间为 11. 858 年。现代科学家推算木星运行周期约为 11. 862 年。祖冲之算得的结果,同这个数字仅仅相差 0. 04 年。祖冲之算出水星运转一周的时间为 115. 88 日,同近代天文学家测定的数字在两位小数以内完全一致。他算出金星运转一周的时间为 583. 93 日,同现代科学家测定的数字仅差 0. 01 日。在当时天文学的测算水平下,祖冲之能得到这样精密的数字,成绩实属惊人。

2.《大明历》主要贡献

概括起来,《大明历》的重要贡献表现在以下几点[2][3]:

(1)首次把岁差引进历法,测得岁差为 45 年 11 月差 1 度(今测约为 70. 7 年差 1 度)。这是中国历法史上的重大进步。

(2)区分了回归年和恒星年,定一个回归年为 365. 242 814 81 日(今测为 365. 242 198 78 日),直到南宋宁宗庆元五年(公元 1199 年)杨忠辅制统天历以前,它一直是最精确的数据。

(3)采用 391 年置 144 闰的新闰周,比以往历法采用的 19 年置 7 闰的闰周更加精密。

(4)定交点月日数为 27. 212 23 日(今测为 27. 212 22 日)。魏明帝时代(公元 227—239 年),杨伟造景初历,才知道黄道和白道的交点每年有移动;知道交食的发生,不一定非在交点不可。月朔在交点附近,也可以发生日食;月望在交点附近,也可以发生月食。于是定出交会迟疾的差,这和现在的食限一样。又推交食亏始方位角和食分多少的方法。交点月日数的精确测得使得准确的日月食预报成为可能,祖冲之曾用大明历推算了从元嘉十三年(公元 436 年)到大明三年(公元 459 年),23 年间发生的 4 次月食时间,结果与实际完全符合。

(5)得出木星每 84 年超辰一次的结论,即定木星公转周期为 11. 858 年(今测为 11. 862 年)。

(6)给出了更精确的五星会合周期,其中水星和木星的会合周期也接近现代的数值。

(7)提出了用圭表测量正午太阳影长以定冬至时刻的方法。

《大明历》是我国赵宋《统天历》(公元 1199 年)以前最先进最精准的一个历法。在《隋书·律历志中》亦有说明"至九年正月用祖冲之所造甲子元历颁朔……陈氏历梁,亦用祖冲之之历,更无所创改。"为纪念这位有卓越成就的伟大天文学家,人们将月球背面的一座环形山命名为"祖冲之环形山",将小行星 1888 命名为"祖冲之小行星"。

三、铜日圭和《漏刻经》

祖暅亲自监造测量日影长度的八尺铜日圭;肯定北极星并非真正在北天极,而要偏离 1 度多,纠正了北极星就是天球北极的错误观点。出于研究天文和准确计时的需要,他还研究改进了当时通用的计时器——漏壶,著有《漏刻经》一卷。

第三节　天体运动规律的三大发现

张子信,清河(今河北清河)人,天文学家。生卒年不详,主要活动于 6 世纪 20 年代到 60 年代。关于张子信的生平,史籍记载很少,只知道他经历北魏、北齐两个朝代,以"学艺博通,尤精历数"闻名于世。

在取得大量第一手观测资料的基础上,张子信结合自己所能得到的前人的观测成果,进行了综合的分析研究[4]。大约在公元 565 年前后,他敏锐地发现了关于太阳运动不均匀性、五星运动不均匀性和月亮视差对日食的影响的现象,同时提出了相应的计算方法,这些都在中国古代天文学史上是具有划时代意义的事件。

一、太阳运动的不均匀性的发现

古时候,由于科学不发达,人们认为太阳是围绕地球运行的。这里提到太阳的运动规律实际上是地球运动规律的反映。由于中国古代的浑仪主要以测量天体的赤道坐标为主,当用浑仪观测太阳时,太阳每日行度的较小变化往往被赤道坐标与黄道坐标之间存在的变换关系所掩盖。所以中国古代发现太阳运动不均匀的现象要比古希腊晚得多。东汉末年,刘洪在关于交食的研究中,实际上已经开创了发现太阳运动不均匀现象的独特途径,但刘洪并没有意识到他的工作的重要含义,而且他的后继者也不解其中奥妙,致使在其后的三百余年中渐被人们遗忘。张子信正是在这样的历史背景下,最先建立了太阳运动不均匀的概念,并给出了大体正确的描述。

张子信发现太阳运动不均匀现象大概是经由两个不同的观测途径得来。其一,据《隋书·天文志》"日行春分后则迟,秋分后则速"记载,张子信用浑仪测算在平春分和平秋分时,太阳的去极度都比一个象限要小1度多。不难推知,自平春分到平秋分(时经半年)视太阳所走过的黄道经度,应小于自平秋分到平春分(亦时经半年)视太阳所走过的黄道经度;也就是说自平春分到平秋分视太阳的运动速度要小于自平秋分到平春分视太阳的运动速度。其二,在观测、研究交食发生时刻的过程中,张子信发现,仅仅考虑月亮运动不均匀性的影响,所推算的交食时刻不够准确,必须加上另一修正值,才能使预推结果与由观测而得实际交食时刻恰好吻合。经过认真的研究分析,他进一步发现这一修正值的正负、大小与交食发生所值的节气早晚有着密切、稳定的关系,而节气早晚是与太阳所处恒星间的特定位置相联系的,所以,张子信实际上是发现了修正值与交食所处的恒星背景密切相关。张子信以太阳的周年视运动有迟有疾,对这两个重要的结论作了理论上的说明,从而升华出了太阳视运动不均匀性的崭新的天文概念。

不但如此,张子信还对太阳在一个回归年内视运动的迟疾状况作了定量的描述,他给出了二十四节气时太阳实际运动速度与平均运动速度的差值。

二、五星运动的不均匀性的发现

张子信是我国古代首先发现行星运动速度有周期性变化的人。人们用肉眼能看到的金、木、水、火、土五大行星,张子信通过长期观测,发现五大行星有着复杂的运动情况,从中摸索出它的某些规律。在源于战国时期的传统的五星位置推算法中,五星会合周期和五星在一个会合周期内的动态,是最基本的数据和表格,前者指五星连续两次晨见东方所经的时间,而后者指在该时间段内五星顺行、留、逆行等不同运动状态所经的时间长短和相应行度的多少。张子信发现五星位置的实际观测结果与依传统方法预推的位置之间经常存在偏差。这种偏差的一种可能解释是,五星会合周期及其动态表不够准确。我们猜想,张子信是在尽力提高五星会合周期及其动态表的精度,而仍不能有效地消除上述偏差的情况下,引发了他对更深层原因的探求。

经过长期的观测和对观测资料认真的分析研究,张子信终于发现上述偏差量的大小、正负与五星晨见东方所值的节气也有着密切、稳定的关系。他还进一步指出:当五星晨见东方值某一节气时,偏差量为正某值;而在另一节气时,偏差量为负某值,等等。欲求五星晨见东方的真实时间,需在传统计算方法所得时间的基础上,再加上或减去相应的偏差量。这些情况表明,张子信实际上发现了五星在各自运行的轨道上速度有快有慢的现象,即五星运动不均匀性的现象,而且给出了独特的描述方法和计算五星位置的"入气加减"法。这些都对后世历法关于五星位置的传统算法产生了巨大的影响,如北宋天文学家周琮所说:"凡五星入气加减,兴于张子信,以后方士,各自增损,以求亲密。"

张子信还曾试图对五星运动不均匀性现象作出理论上的说明。他以为五星与不同的恒星之间存在着一种相互感召的关系,二者之间各有所好恶,相好者相遇,五星则行迟;相恶者相逢,五星则行速,好恶程度不同,五星运行的迟速各异。当然这是一种十分幼稚的理论,但却充分反映了张子信关于五星在各自运行的轨道上运动速度不同的认识。

三、月亮视差对日食的影响

我国古代对日食和月食这种自然现象十分注意观察,但由于对太阳的视运动和月亮的运行速度观察还不精确,所以对日食和月食发生时间的计算和预报不准确。在对交食现象作了长期认真的考察以后,张子信发现,对于日食而言,并不是日月合朔入食限就一定发生日食现象,入食限只是发生日食的必要条件,还不是充分条件。他指出,只有当这时月亮位于太阳之北时,才发生日食;若这时月亮位于太阳之南,就不发生日食,即所谓《隋书·天文志》记载"合朔月在日道里则日食,若在日道外,虽交不亏"。我们知道,观测者在地面上所观测到的月亮视位置,总要比在地心看到的月亮真位置低,月亮视、真位置的高度差叫作月亮视差。同理,太阳视、真位置的高度差叫做太阳视差,但它要比月亮视差小得多,几乎可以略而不计。当合朔时,若月亮位于太阳之北时,由于月亮视差的影响,月亮的视位置南移,使日、月视位置彼此接近;若月亮位于太阳之南,同理,将使日、月相对视位置增大。这些就是张子信所发现的上述现象的原因所在。其实,张子信在这一发现的基础上,还发明了定量地计算月亮视差对日食食分影响的方法,正如一行所指出的:"旧历考日食深浅,皆自张子信所传。"即张子信已经奠定了后世历法关于日食食分计算法的基石。

张子信的这三大发现,以及给出这三大发现具体的、定量的描述方法,把我省古代对于交食以及太阳与五星运动的认识推进到一个新阶段,为一系列历法问题计算的突破性进展开拓了道路。张子信成功的秘诀,首先在于他勇于实践的精神,认识到尽量丰富的客观素材对于获取新知的重要性,坚持不懈地进行了三十多年的观测工作;其次,他还善于探索,从表面上看来杂乱无章的客观事实中,理出带有规律性的东西;第三,他还勇于创新,大胆地追究这些带规律性的现象的深层原因,作出理论上的说明,并且给出定量化的描述。张子信的三大发现均较好地体现了他关于科学研究的指导思想和方法。

第四节　天文学的传播及天象记录

一、信都芳天文学的传播

关于宇宙生成和天体演化学说,在秦汉时期也产生了比较系统的理论。《淮南子·天文训》和张衡《灵宪》都认为,天地还没有形成的时候是一片混沌,而"道"始于虚廓,虚廓生宇宙,宇宙生气;在天地形成过程中,元气中的"清阳者"稀疏向上成天,"重浊者"凝滞向下为地,于是形成上天下地或外天内地;天地精气分为阴阳,阴阳精气形成四时、水火,继而产生日月星辰和万物。这种虚物创生的观点和宇宙万物是物质的和运动变化的思想,在中国古代思想界和科学界有着长期的影响。

河北籍天文学爱好者信都芳(河北河间人)与祖暅是好友,受到祖氏父子的影响,常常和祖暅在一起研讨天文、数学,十分投机。祖暅把自己的学问毫无保留地教给信都芳,而信都芳将浑天、地动、漏刻等仪器绘成图册,编为《器准图》3 卷,此外信都芳还著有《乐书》、《遁甲经》33 卷、《四术周宗》、《黄钟算法》40 卷、《重差勾股注》等书。他在这些书的序言中论述了"盖天"(一种认为天是一把无柄的伞盖的学说)和"浑天"学说(一种认为天地的关系好像蛋壳包着蛋黄的学说)的正误。他对张衡(东汉时天文学家)《灵宪》里的天体学说予以肯定,引证得当,见解独到。信都芳还曾撰《灵宪历》,大月、小月、日食、月食等都计算相当准确,而且证据确凿,可惜此书未成,他便溘然长逝。

二、各种文献中有关的天象记录

1. 对陨石雨和陨石的记录

魏黄初元年（公元220年），"魏武帝末年，邺中雨五色石"。陨石雨是一颗陨星坠入大气层受摩擦发热爆炸后，散落下大量碎块而造成的。我们知道，在火星与木星之间有一条环形小行星带，目前已发现有6 000多颗，这些小行星就是"陨石"的发生地。一般地讲，这些小行星在运行的过程中，由于受到外力的作用，相互之间必然会发生碰撞，在这个碰撞过程中，有的小行星被撞出自己的运行轨道而奔向地球，当这些小行星进入大气层后，与之摩擦发出光热，谓之"流星"。当流星经过大气层时，必然产生高温、高压与内部不平衡，于是就发生爆炸，形成陨石雨。其中没有燃烧尽的坠落到地球表面，就称之为"陨石"。其中以石质为主的称作"陨石"，以铁、镍等金属为主的称作"陨铁"，介于两者之间的称作"铁陨石"。《晋书·五行志》又载，晋咸和八年（公元333年）五月，有一块星陨坠落于邯郸市肥乡县境内。《隋书·五行志》载，北齐（公元550—577年，建都邺）河清四年（公元565年）三月，"有物陨于殿庭，色赤，形如数斗器，众星随者如小铃"。

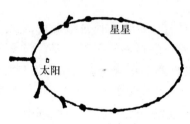

图 3 – 10 – 5 彗星运行的
椭圆轨道

2. 对彗星的记录

《隋书·五行志》载，北齐河清四年（公元565年）三月戊子，彗星见。彗星是围绕太阳运动的一种质量较小的天体（图3 – 10 – 5）[5]，呈云雾状的独特外貌，从春秋时期开始，我国古人对它就有了明确的记载。当然，人们通常把彗星的出现与一定的灾害现象联系起来。实际上，彗星也是有特定运行规律的宇宙天体，人们发现绕日运行的彗星有1 600多颗。

3. 对孛星的记录

《隋书·五行志》载，北齐天统四年（公元568年）七月，"孛星见房心，白如粉絮，大如斗，东行"。关于孛星的性质，《晋书·天文志》解释说："孛星，彗之属也。偏指曰彗；芒气四出曰孛。孛者，孛孛然非常，恶气所生也。"薄树人认为，如果孛星确实具有"芒气四出"的形态，那么，孛星就有两种可能：或是彗星，或是新星和超新星爆发[6]。而古代星占家往往将其称为妖星之属，认为它所预示的灾害更甚于普通彗星。

注　释：

[1]　王永祥：《董仲舒评传》，南京大学出版社1995年版，第106页。
[2]　萧子显：《南齐书》卷52，中华书局1972年版，第905—906页。
[3]　李延寿：《南史·祖冲之传》，中华书局1975年版，第1774页。
[4]　陈美东：《中国古代五星运动不均匀性改正的早期方法》，《自然科学史研究》1990年第3期。
[5]　刘金寿主编：《现代科学技术概论》，高等教育出版社2008年版，第90页。
[6]　薄树人等：《中国历史大辞典·科技史卷》，上海辞书出版社2000年版，第328页。

第十一章　传统数学科技

秦汉时期,中国战乱不断,王朝更迭比较频繁,但与农业生产和天文历法密切相关的数学却取得了巨大进步。以祖冲之、祖暅父子为代表,在圆周率以及利用祖暅原理求体积方面的成就为突出代表,同时《张丘建算经》,研究了算术级数问题、线性方程组、二次方程、重差术应用等方面的问题。《五曹算经》、《五经算术》、《数术记遗》相继出现。这一时期的数学研究处于世界领先地位,特别是圆周率计算早于欧洲1 100 年。

第一节　圆周率计算

圆周率 π 的计算精度,标志着一个国家和民族的数学水平。圆周率的应用很广泛,尤其是在天文、历法方面,凡牵涉到圆的一切问题,都要使用圆周率来推算。中国古代和世界上文化开发较早的国家和地区一样,最早使用的圆周率为3,且一直沿用到汉代。祖冲之对此有重大推进。

一、关于圆周率

圆周率就是圆的周长和同一圆的直径的比,这个比值是一个常数,现在通常用字母"π"来表示。圆周率是一无理数,不能用分数、有限小数或循环小数完全准确地表示出来。由于现代计算技术的进步,已计算出了小数点后两千多位数字,但终究是个近似值。

西汉末年刘歆首先抛弃"3"这个不精确的圆周率,他曾经采用过的圆周率是 3.547。东汉张衡也算出圆周率为 3.1622,这数值比起 3 当然有很大的进步,但是还远远不够精密。到了三国末年,数学家刘徽创造了"割圆术",他用"割圆术"计算出的圆周率为 3.14,此时圆周率的研究才获得了重大的进展。(图 3 – 11 – 1)

用割圆术来求圆周率的方法:先作一个圆,再在圆内作一内接正六边形。假设这圆的直径是2,那么半径就等于1。内接正六边形的一边一定等于半径,所以也等于1;它的周长就等于6。如果把内接正六边形的周长6当作圆的周长,用直径2去除,得到周长与直径的比 π =3,这就是古代圆周率的值。但是这个数值是不正确的,我们可以清晰地看出内接正六边形的周长远远小于圆周长。

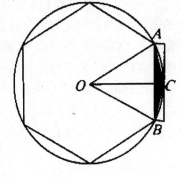

图 3 – 11 – 1　刘徽的割圆术

如果我们把内接正六边形的边数加倍,改为内接正十二边形,再用适当方法求出它的周长,那么我们就可以看出,这个周长比内接正六边形的周长更接近圆的周长,这个内接正十二边形的面积也更接近圆面积。从这里就可以得到这样一个结论:圆内所做的内接正多边形的边数越多,它各边相加的总长度(周长)和圆周周长之间的差额就越小。从理论上来讲,如果内接正多边形的边数增加到无限多时,那时正多边形的周界就会同圆周密切重合在一起,从此计算出来的内接无限正多边形的面积,也就和圆面积相等了。不过事实上,我们不可能把内接正多边形的边数增加到无限多,而使这无限正多边形的周界同圆周重合。只能有限度地增加内接正多边形的边数,使它的周界和圆周接近重合。

所以用增加圆的内接正多边形边数的办法求圆周率,得数永远稍小于 π 的真实数值。刘徽就是根据这个道理,从圆内接正六边形开始,逐次加倍地增加边数,一直计算到内接正九十六边形为止,求得了圆周率是 3.141024,把这个数化为分数就是 157/50,后来被称为"徽率"。这种计算方法,实际上已具备了近代数学中的极限概念,这是我国古代关于圆周率的研究的一个光辉成就。

二、祖冲之对圆周率的改进

祖冲之在圆周率方面的工作,其史料仅见《隋书·律历志》。《隋书》卷十六中记载着祖冲之对圆周率研究的结果:"古之九数,圆周率三,圆径率一,其术疏舛,自刘歆、张衡、刘徽、王蕃、皮延宗之徒,各设新率,未臻折中。宋末,南徐州从事史祖冲之,更开密法,以圆径一亿为一丈,圆周盈数三丈一尺四寸一分五厘九毫二秒七忽,朒数三丈一尺四寸一分五厘九毫二秒六忽,正数在盈朒二限之间。密率,圆径一百一十三,圆周三百五十五。约率,圆径七,周二十二。"祖冲之的"正数"和"密率"都是当时世界上最好的结果。所谓"正数"就是圆周率的准确值,他用"盈朒二限"来限定"正数"大小的范围,列成不等式 3.1415926 < π < 3.1415927,这表明圆周率应在盈朒两数之间,这是一项创新,是非常先进的思想。按照当时计算都用分数的习惯,祖冲之还采用了两个分数值的圆周率:一个是 355/113,祖冲之称它为"密率";另一个是 22/7,祖冲之称它为"约率"。在欧洲,1 100 多年后才算得 355/113 这一数值,被称为"安东尼兹率"。日本数学家三上义夫在 1912 年提出应称 π ≈ 355/113 为"祖率"。

关于祖冲之是如何算得如此精密的结果,没有任何史料流传下来。根据当时的情况判断,祖冲之用的可能仍是刘徽的"割圆术"。果真如此的话,祖冲之需要计算出圆内接正 12 288 边形和正 24 576 边形的面积,要进行加、减、乘、除、开方等运算达 130 次以上,每次运算都要精确到 9 位数字,可以想象,在当时用布列算筹来计算是需要何等的精心与毅力!

三、祖冲之的数学思想

1. 数学推理思想

中国古代数学家不是拘泥于一种推理方法,而是采用多种方法进行数学推理,既重视对逻辑推理的追求,但更多的是采取直观、类比、观察、归纳等非演绎的推理方法。魏、晋时期出现了玄学,冲破了儒家学说的束缚,各抒己见,思想比较活跃,它通过诘难和辩论得到胜利,又善于运用逻辑思维分析义理。这些,均有利于数学在理论上的提高。赵爽和刘徽的工作,阐发了中国古代数学理论,完善了中国古代的数学体系,为中国古代数学体系奠定了理论基础。祖冲之父子继承和发展了刘徽的工作,把传统数学大大向前推进了。祖暅十分重视数学思维和数学推理,他提出,如果不能从已知条件直接推出结论时,可以借助相同的条件来进行分析。

2. 算法化思想

中国古代把数学称为算术,"术"就是一类问题的共同解法,以后可以利用它来解决其他同类问题。自汉代以来,中国算法的计算程序达到了很高的机械化程度。中国古代数学以定量研究为主,以计算为中心,采取以术文统率应用问题集的形式,代数学特别发达,擅长于算法理论的研究。中国古代数学家以构造精致的算法为努力的方向和追求的目标,通过切实可行的手段把实际问题化为一类数学模型,然后构造一套机械化的算法,并按照程序化的要求,一步步求出具体的数值解,这是中国古代数学的重要特点。祖冲之父子继承和发展了中国古代算法化思想。开立圆术就是根据球体体积求出球的直径的算法,实际上就是要解决球体积的计算问题。刘徽注《九章算术》时曾采用过。祖暅改进了开立圆术,解决了球体积的计算问题,成为我国古代数学的著名算法之一。

3. 无穷小分割思想

《隋书·律历志》中记载:"宋末,南徐州从事史祖冲之更开密法,以圆径一亿为一丈,圆周盈数三丈一尺四寸一分五厘九毫二秒七忽,朒数三丈一尺四寸一分五厘九毫二秒六忽,正数在盈朒二数之间。"

这段文字指出:第一,祖冲之以 1 亿为 1 丈,也就是由 10^8——九位数字开始进行计算。第二,他算出了过剩近似值和不足近似值,真值在过剩近似值和不足近似值之间,即 $3.1415926 < \pi < 3.1415927$。圆周率的这一数值精确到了小数点后 7 位数字。祖冲之如何求得这样精密的结果,用的是什么方法,史料上没有记载。但是,除了利用刘徽的"割圆术"之外,不可能有其他的方法。清朝的数学史家大都认为:"厥后祖冲之更开密法,仍割之又割耳,未能于徽法之外别有新法也。"[1]清代梅文鼎的著作,以及《数理精蕴》等书也都持这种观点。这些都说明,祖冲之是在无穷小分割的数学思想支配下求得圆周率值的。这一成果,在世界上领先千年。

4. 一般化思想

一般化就是从特殊到一般,这是人们认识事物普遍规律的一种方式。一般概括了特殊,比特殊更能反映事物的本质。在处理问题的时候,若能对尚待解决的问题放在更一般的情形之中,通过对一般情形的研究去处理特殊情形,能使问题得到更好的解决。《隋书·律历志》说,祖冲之"又设开差幂,开差立,兼以正负参之。指要精密,算氏之最者也。"开差幂就是开立方术,相当于解三次方程。刘徽在注《九章算术·少广》中,已经解决了"开带从平方"和"开带从立方"的问题。一次项系数不为零的开方称为带从开方。也就是说,刘徽已经解决了一次项不为零的二次方程和三次方程的算法问题,但仅限于正系数的二次、三次方程。祖冲之开差幂和开差立,是刘徽"开带从平方"和"开带从立方"的一般化方法,使之不仅能解正系数的二次、三次方程,也能解含有负系数的二次、三次方程,即形成了一般化的二次和三次方程解法,这是一个伟大创造。随着《缀术》的失传,开差幂、开差立方法也随之失传了。直到公元 13 世纪,中国数学家刘益才重新研究含有负系数的方程。

第二节　祖暅原理和《张丘建算经》

一、祖暅原理

"祖暅原理",是公元 5 世纪世界级的杰出贡献。祖暅是祖冲之之子,同其父一起圆满解决了球体积的计算问题,得到正确的球体体积公式。关于球体体积的计算,是数学方面一项了不起的成就。在我国古代数学著作《九章算术》中,曾列有计算圆球体积的公式,但很不精确。刘徽虽然曾经指出过它的错误,但究竟应当怎样计算,也没有求得解决。经祖暅刻苦钻研,终于找到了正确的计算方法。他所推算出的计算圆球体积公式是 $V = \frac{\pi}{6} D^3$(这里 D 代表球体直径)。这个公式一直到今天还被人们采用。

祖暅是祖冲之科学事业的继承人。他的主要贡献是修补编辑祖冲之的《缀术》,因此可以说《缀术》是他们父子共同完成的数学杰作。

祖暅受家庭的影响尤其是父亲的影响,从小就热爱科学,对数学具有特别浓厚的兴趣,祖冲之在公元 462 年编制《大明历》就是在祖暅三次建议的基础上完成的。《缀术》一书经学者们考证,有些条目就是祖暅所作。祖暅原理是关于球体体积的计算方法,这是祖暅一生最有代表性的发现。

这个原理很容易理解。取一摞书或一摞纸张堆放在水平桌面上,然后用手推一下以改变其形状,这时高度没有改变,每页纸张的面积也没有改变,因而这摞书或纸张的体积与变形前相等。祖暅不仅首次明确提出了这一原理,还成功地将其应用到球体积的推算。我们把这条原理称为"祖暅原理"。

以长方体体积公式和"祖暅原理"为基础,可以求出柱、锥、台、球等的体积。

祖暅原理也就是"等积原理":夹在两个平行平面间的两个几何体,被平行于这两个平行平面的平面所截,如果截得两个截面的面积总相等,那么这两个几何体的体积相等。

等积原理的发现起源于《九章算术》中的答案是错误的。他提出的方法是取每边为1寸的正方体棋子8枚,拼成1个边长为2寸的正方体,在正方体内画内切圆柱体,再在横向画一个同样的内切圆柱体。这样两个圆柱所包含的立体共同部分像两把上下对称的伞,刘徽将其取名为"牟合方盖"(古时人称伞为"盖","牟"同侔,意即相合)。根据计算得出球体积是牟合方盖体的体积的3/4,可是圆柱体又比牟合方盖大,但是《九章算术》中得出球的体积是圆柱体体积的3/4,显然《九章算术》中的球体积计算公式是错误的。刘徽认为只要求出牟合方盖的体积,就可以求出球的体积(图3-11-2)[2]。

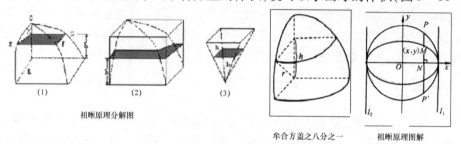

(1)　　　　　　(2)　　　　　　(3)

祖暅原理分解图　　　　　　　　　　牟合方盖之八分之一　　祖暅原理图解

图3-11-2　"祖暅原理"分解图

二百多年后,祖暅推导出了著名的"祖暅原理",根据这一原理就可求出牟合方盖的体积,然后再导出球的体积。这一原理主要用于计算一些复杂几何体的体积。

在现代的解析几何和测度应用中,"祖暅原理"是富比尼定理中的一个特例。卡瓦列里没有对这条定理的严谨证明,只发表在1635年的 Geometria Indivisibilibus 以及1647年的 Exercitationes Geometricae 中,用以证明自己的 Methode der mIndivisibilien。以此方式可以计算某些立体的体积,甚至超越了阿基米德和克卜勒的成绩。这个定理引发了以面积计算体积的方法并成为了积分发展的一个重要步骤。

二、《张丘建算经》

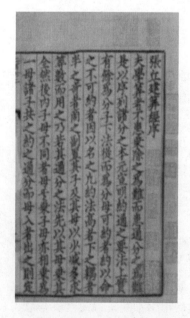

图3-11-3　张丘建算经序

南北朝时期,《张丘建算经》(图3-11-3)问世,由北魏清河人张丘建所著。该书成书于公元5世纪,比《孙子算经》稍晚,共3卷92题,包括测量、纺织、交换、纳税、冶炼、土木工程、利息等各方面的计算问题,涉及面很广。书中重点研究了算术级数问题、线性方程组、二次方程、重差术应用等方面的问题,比较突出的成就有最大公约数与最小公倍数的计算,各种等差数列问题的解决、某些不定方程问题求解等。"百鸡问题"是《张丘建算经》中的一个著名数学问题,它给出了由三个未知量的两个方程组成的不定方程组的解。百鸡问题是:"今有鸡翁一,值钱五;鸡母一,值钱三;鸡雏三,值钱一。凡百钱买鸡百只,问鸡翁母雏各几何。"[3]

自张丘建以后,中国数学家对百鸡问题的研究不断深入,百鸡问题也几乎成了不定方程的代名词,从宋代到清代围绕百鸡问题的数学研究取得了很好的成就。

等差级数是书中一项重要内容。例如卷上第22题,大意为某女子善于织布,一天比一天织得快,而每天增加的数量都一样。已知第一日织5尺,30日共织930尺,求每日比前一日多织多少?这是一个已知等差级数首项、项数和前 n 项和,求公差的问题.设 a_1 为首项, n 为项数, S 为前 n 项和, d 为公差,则张丘建的解法相当于

$$d = (\frac{2S}{n} - 2a_1) \div (n-1)。$$

在其他算题中,张丘建还给出公式

$$S = \frac{1}{2}(a_1 + a_2) \cdot n 及 S = \frac{1}{2}n(n+1)。$$

容易验证,这些等差级数公式都是正确的。

《张丘建算经》的最后一题是闻名于世的"百鸡问题"。书中给出 3 组解:(1)鸡翁 4,鸡母 18,鸡雏 78;(2)鸡翁 8,鸡母 11,鸡雏 81;(3)鸡翁 12,鸡母 4,鸡雏 84。至于解法,则只提到:"鸡翁每增四,鸡母每减七,鸡雏每益(增加)三,即得。"

这是一个不定方程问题。设鸡翁、鸡母、鸡雏的只数分别为 x,y,z,则可列出方程组

$$\begin{cases} x + y + z = 100 & (1) \\ 5x + 3y + \frac{1}{3}z = 100 & (2) \end{cases}$$

让 $(2) \times 3 - (1)$,得

$$14x + 8y = 200,$$

即 $7x + 4y = 100$。

(3)显然, $x = 0, y = 25$ 是(3)的一组解.根据定理"若 $x = x_0, y = y_0$ 是整系数方程 $ax + by = c$ 的一组整数解,则对任何整数 $t, x = x_0 + bt, y = y_0 - at$ 也是 $ax + by = c$ 的解",得

$$x = 4t, y = 25 - 7t,$$

代入(1),得

$$z = 100 - 4t - (25 - 7t) = 75 + 3t.$$

当 $t = 1,2,3$ 时,便得到《张丘建算经》中的 3 组解。实际上,符合题意的也只有这三组解。 t 每增 1 时, x 便增 4, y 便减 7, z 便增 3,这与张丘建对解法的提示是一致的。

第三节　《五曹算经》、《五经算术》和《数术记遗》

甄鸾(公元 535—566 年),字叔遵,河北无极县人,北周时期数学家,官至司隶校尉、汉中太守。甄鸾擅长于精算,通历法,曾编《天和历》,于天和元年(公元 566 年)起被采用颁行。曾注释不少古算书。《五曹算经》、《五经算术》和《数术记遗》,该三本著作均为所著,今有传本。另有周天和年历一卷,《七曜算术》两卷。《算经十书》除《缀术》及后边的《缉古算经》外,都有他撰注的记载。

《五曹算经》(图 3 – 11 – 4)是一部为地方官员撰写的应用数学书。"五曹"是指五类官员。其中"田曹"所收的问题是各种田亩面积的计算,"兵曹"是关于军队配置、给养运输等的军事数学问题,"集曹"是贸易交换问题,"仓曹"是粮食税收和仓窖体积问题,"金曹"是丝织物交易等问题。全书共收 67 个问题,其数学内容没有超出《九章算术》的内容。其南宋刻本,收藏于北京大学图书馆。

《五经算术》对于《尚书》、《诗经》、《周易》、《周官》、《礼记》、《论语》等经籍中涉及数学、天文历法的内容作了注释,需要运算的问题进行推算,在数学上并没有创新。《五经算术》是对儒家经籍及其古注中有关数字计算的解释,分两卷,是一部研究经学的数学参考书。

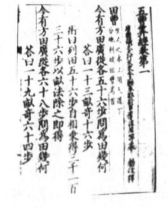

图 3 – 11 – 4　《五曹算经》原本

　　戴震参修《四库全书》时,从《永乐大典》辑得本书,并撰写《五经算术考证》1 卷:"北周甄鸾撰,唐李淳风注。鸾精於步算,仕北周为司隶校尉、汉中郡守。尝释《周髀》等算经,不闻其有是书。而《隋唐·经籍志》有《五经算术》一卷,《五经算术录遗》一卷,皆不著撰人姓名。《唐·艺文志》则有李淳风注《五经算术》二卷,亦不言其书为谁所撰。今考是书,举《尚书》、《孝经》、《诗》、《易》、《论语》、《三礼》、《春秋》之待算方明者列之,而推算之术悉加甄鸾按三字於上,则是书当即鸾所撰。又考淳风当贞观初奉诏与算学博士梁述、助教王贞儒等刊定算经,立於学宫。《唐·选举志》暨《百官志》并列《五经算》为算经十书之一,与《周髀》共限一年习肄,及试士各举一条为问,此书注端悉有臣淳风等谨案字。然则唐时算科之《五经算》即是书矣。是书世无传本,惟散见于《永乐大典》中,虽割裂失次,尚属完书。据淳风注,於《尚书》推定闰条自言其解释之例,则知造端于此。又如《论语》千乘之国,周官盖弓字曲并用开方之术,详於前而略于后。循其义例,以各经之叙推之,其旧第尚可以考见。谨依《唐·艺文志》所载之数,厘为上、下二卷,其中采摭经史,多唐以前旧本。如引司马彪《志序论》十二律各统一月,当月者各月为宫,今本《后汉志》统讹作终,月讹作日。革木之声,今志讹作草木。阳下生阴,阴下生阳,始於黄钟,终于仲吕,今志脱始於黄钟四字。律为寸,於准为尺,律为分,於准为寸,下文承准寸言不盈者十之所得为分,今悉脱律为分於准为寸二句。《礼记义疏》引志脱误亦然。又两引上生不得过黄钟之浊,下生不得及黄钟之清,申之日,是则上生不得过九寸,下生不得减四寸五分,与蔡邕《月令章句》谓黄钟少宫管长四寸五分合。且足证中央土律中黄钟之宫乃黄钟清律,不得溷同於仲冬月律中黄钟为最长之浊律。《吕氏春秋》,先制黄钟之宫,次制十有二筒,亦黄钟有清律之证。今志作上生不得过黄钟之清浊,下生不得及黄钟之数,实因清字讹衍在上,后人改窜其下,揆诸律法,遂不可通。盖是书不特为算家所不废,实足以发明经史,覈订疑义,於考证之学尤为有功焉。"

　　《数术记遗》题"汉徐岳撰,甄鸾注"。关于《数术记遗》,近人认为此书是甄鸾自撰自注而委托徐岳的作品,也有的学者认为确为徐岳撰、甄鸾注。书中记载 3 种进位制度和 14 种记数法,其中"积算"即筹算,而"珠算"虽不是元、明之后的珠算盘,但开后者之先河,似无可疑。"计数"则介绍了一种别于古代传统的测望方法。

注　释:

[1]　(清)阮元:《畴人传·祖冲之传》,商务印书馆 1935 年版。
[2]　钱宝琮:《中国数学史》,科学出版社 1964 年版。
[3]　李文林:《数学史概论》(第二版),高等教育出版社 2002 年版。

第十二章　传统物理科技

　　秦汉时期是河北传统物理学的奠基时期。逐步完成了从青铜时代向铁器时代的过渡,社会生产力明显提高。先民们对物理学知识已不满足于感性认识的积累,也不再仅是对物理现象的表观描述,而开始运用思辨和实验手段进行深入的探索,注意规律性的认识。冶铁技术得到突飞猛进的发展,完成了生产工具和兵器的铁器化进程,为各种机械特别是农业机械的制造提供了物质保证。在机械中应用凸轮传动、链传动、曲柄连杆传动等控制原理,是这一时期机械技术的重要进步。政府重视兴修水利,普遍采用筑堤引水技术和灌溉用水技术。大至秦汉长城、邺城故址、石窟佛楼,佛教寺院,小至计程车、指南车、千里船、弓弩、绳索、皮革、构架、车架、汉洗、被中香炉,都包含有丰富的物理科技知识。董仲舒、祖冲之、张子信、张华、信都芳、郦道元等一系列名人的理论与实践,促进了河北地域古代热学知识体系的奠基和力学知识体系的形成,对声学、光学、静电与静磁现象的认识和应用也达到新的境界。墨学家鲁胜著有《墨辩注》,是墨家学派仅存的记载中国早期力学、物理学和几何光学的名著,为传承墨学为代表的物理学研究成果作出了历史性贡献[1]。

第一节　热学知识的发展

一、铁器、可锻铸铁与物性学研究

汉中期,河北出土的铁器有灯、釜、炉、锁、剪、镊、火钳、齿轮及车轴等机械零件。东汉时,主要兵器已全部为铸铁所制,从而完成了生产工具和兵器的铁器化进程。两汉时,冶铁实行官营,由政府官员监督冶铁和铸铁产品的大量生产。在全国冶铁的郡县设有铁官署 49 处,其中河北有 7 处:武安(今武安县南)、蒲吾(今平山县东南)、都乡(今井陉西)、涿县(今涿州)、渔阳(今北京密云西南)、夕阳(今迁西西南)、北平(今满城县北)。最早见诸记载的管理冶铜、冶铁的官署是西汉时期在常山郡都乡县设置的官署。在今内丘县西竖、沙河县綦村都发现了矿冶遗址。两汉时期,太行山区一直是制造兵器、铠甲和生产工具的重要冶金基地,铁器应用已十分广泛,产生了多方面的影响。与此相适应,河北冶铁技术,尤其是可锻铸铁技术也得到突飞猛进的发展,为各种工具特别是农业工具的制造提供了技术和物质保证。它在农业上引起了铸铁犁、铁锄和其他农具的革新。铁刀、斧头、凿子、锯子和锥子都可用铸铁制成。还可以铸成薄壁的铁锅做饭、煮盐,甚至还有用铸铁制作的玩具和工艺品。可锻铸铁具有熟铁所具有的不脆性,又有铸造时赋予的较大的强度和硬度,充分表明当时人们对物性和物性学的研究及应用水平[2]。1976 年以来,在围场县先后出土 5 件秦代铁权,均刻有秦始皇二十二年的诏文,这是当时标准的重量锤。

西汉时已使用煤来炼铁,还出现了原始的预热鼓风设备。北魏郦道元在《水经注·河水篇》[3]中,对用煤炼铁已有明确记载。煤的开发利用与人们对火、温度、热量的认识密切关联,更与冶铜、冶铁、陶瓷技术的提高息息相关。

二、长信宫灯——艺术与科学的完美结合

满城发掘的西汉中山靖王刘胜及其妻窦绾墓,出土陶器、铜器、铁器、金银器、玉石器、漆器和纺织品 4 000 多件。其中错金铜博山炉、中山内府铜钫、铜鸟篆文壶等都是精美的铜质艺术品。长信宫灯(又名朱雀宫灯)设计尤为精妙。该宫灯外形为宫女双膝跪坐造型,左手持灯盘,右臂上举,袖口下垂成灯罩。该灯高 48 厘米,宫女高 44.5 厘米,通体鎏金。宫女体中空,头部和右臂(上手)可以拆卸,以便清灰。右袖和右臂很自然地作为排烟管道,使蜡烛燃烧时的烟烬纳入体内,以保持室内清洁。灯座、灯盘、灯罩均可拆卸,便于清灰和整修。圆形灯盘附有短柄便于转动,两片弧状屏板能够开合,因而能挡风,又可任意调节灯光照射的方向和亮度。

灯具起源于火的发现和人类文明的需要。史书记载,灯具见于传说中的黄帝时期。长信宫灯的设计应用了很多物理知识。该灯灯盘可以转动,利用光的反射,可以改变照射方向,调节灯光亮度。宫女身体中空,被加热的烟灰和废气由于变热膨胀,密度变小,从而上升并经右臂进入预先设置的烟道——体内,以保持室内清洁。该宫灯重心在宫女腿上,古朴典雅,稳定性好。宫灯为青铜质料,由于青铜导热性能良好,不致使灯盘过热,从而减少灯油挥发,还是一具省油灯。

三、物态变化过程、毛细现象、天气现象与观察实验方法

晋代范阳方城(今固安)张华在《博物志》中写道:"煎麻油,水汽尽,无烟,不复沸则还冷,可内手搅之。得水则焰起,散卒而灭。此也试之有验。"[4]张华的记载既表明当时人们已注意到油与水的不同沸点,又指出了油的渐次沸腾现象,更可贵的是展现了物理科学的基本研究方法——观察和实验方法。

秦汉时期,建筑用陶器在河北陶器产品中占据十分重要的地位,冶铸用陶也比较广泛。然而,秦汉陶铸技术最重要的成就还是铅釉陶的发明与瓷器的出现,其中琉璃是中国陶瓷史上的杰出成就。

据《齐民要术》记述,陶瓷技术进步的一个突出特点是人们发明了在使用瓮之前先涂油脂的技术。从其实施的具体方法,可以了解当时人们对防止瓮在使用中渗水这一问题已自觉地在考虑浸润现象和毛细现象,并对物质结构有了粗浅的理解。《齐民要术》总结的耕—耙—耢措施的相互结合,以及对秋耕的重视,加上镇压与中耙技术,构成以防旱保墒为主要目标的旱地耕作技术体系,同样蕴涵着当时人们对毛细现象及毛细现象利用和防止的认识。

汉代灰陶烧制技术大有提高,烧制器物都呈青灰色,火候均匀。河间邢氏墓群出土了100多件青瓷器,十分精美。经测验,烧陶的温度能达1 000℃以上。南北朝时期赵郡太守李叔胤墓(位于赞皇县许亭村)出土的青瓷器,釉色青翠,造型精致,堪称难得一见的青瓷精品。衡水景县封氏墓出土的北朝青瓷莲花壶,在1 200±20℃时仍是生烧,而南方青瓷在1 200℃以下就已烧成。这说明北方青瓷的一个重要特点,也反映了陶瓷技术在东汉基础上的长足进步。

煮盐业在汉代与冶铁相提并称。在对盐的精加工过程中,人们已认识到印盐"大如豆,正四方,千百相似",花盐"厚薄光泽似钟乳",说明人们对结晶和晶体结构已有初步认识,尤其对熔化和凝固规律已有较深层次的理解。

至汉代,测量天气燥湿变化的方法已相当科学,即将炭、羽毛或其他物质放置在天平的两端,经过一段时间露置空气中,再视其两端的起伏变化,即能判断燥湿。

邺城三台遗址位于临漳境内,为曹魏、北齐时期政治文化中心。其中冰井台内有藏冰洞,为现代冰箱的始祖。《魏书》[5]中记载了两个北魏人将对冰的认识用于军事的实例。其一见于《魏书·序纪》。北魏昭成帝在征伐卫辰时,河水尚未冻结,"乃以苇絙约渐",使水流减缓,促成冰冻,"俄然冰合",但冰"犹未能坚",便又在冰上放置芦苇,使得"冰草相传,如浮桥焉"。更体现了对浮力原理的应用。其二见于《魏书·司马楚之传》。北魏征伐蠕蠕时,督运粮草的司马楚之,在敌军逼近欲断其粮运而又于空旷之地无坚可守之时,便"使军人伐柳为城,水灌令冻",形成一座人造冰城,由于"冰峻城固,不可攻逼",敌军无奈之下,不得不退走。

董仲舒在《雨雹对》中以阴阳二气相互作用的理论阐述了各种天气现象,如风、云、雨、雾、电、雷、雪、雹等产生的原因,其中已涉及到蒸发、液化、凝固等物态变化过程,不乏思辨性智慧。在北魏时期的《齐民要术》中介绍有一种"放火作煴"技术,即在田野上烧柴草,使烟气弥漫从而防止霜冻的方法,历来为农村所沿用。

第二节　力学知识的形成

一、齿轮传动系统与控制原理

在保定满城刘胜墓中发掘出汉代的铜弩,其弩机上已有了带刻度的"望山"(为了保证弓弩射箭到的,古人在弓弩上装有的瞄准器件),犹如近代来复枪上的定标尺。

与滑车（滑轮）、辘轳相似的另一种机械是绞车。《晋书》[6]卷107《石季龙传》载：永和三年（公元347年），石季龙为窃金银珠宝令人盗邯郸赵简王墓，因墓穴有深水，故作"绞车以牛皮囊汲之"。

机械中的齿轮用以改变传动和转动方向、速度，改变力矩。齿轮大量发现于战国、秦汉时期。考古发现有战国末年和西汉初年的铜铁铸造的齿轮和东汉时的人字齿轮。汉代铁齿轮和青铜齿轮，从其形态种类而言，有普通齿轮、棘轮和人字形齿轮；有直齿正齿轮和斜齿轮。此后齿轮被广泛应用于磨、里程计、弓弩瞄准仪、天文仪器和天文钟等方面。西汉初年的指南车（并非利用指南针指向）和记道车（即自动记里程的车），后赵尚方令解飞发明的指南车、司里车，都使用了复杂的齿轮系统，是世界上最早的控制机械之一。在各种复杂机械的制造中，可以看出河北古人已掌握并应用齿轮及其匹配法则。据《邺中记》，解飞还发明了"舂车"、"磨车"，主要用于行军途中粮食加工。舂车上装有木人和行碓，车行带动木人踏碓，行10里舂米1斛；磨车上置石磨，车行磨转，走10里能加工粮食1斛[7]。

二、机械制造

《宋书·礼志》和《南齐书·祖冲之传》[8]记载，祖冲之成功地制造了指南车。他制造的指南车"圆转不穷，而司方如一"。指南车并非是"用指南针指南的车"，而是利用了类似现代汽车上的差动齿轮维持原方向的机械（木制）车。古代不少人，如张衡（西汉）、马钧（三国）、祖冲之（南北朝）、燕肃（宋）、吴德仁（宋）等都曾制造过指南车。指南车又称司南车，它是一种指示方向的机械装置，它以车轮、平轮、立轴、滑轮、各种齿轮等的复合运动为基础，只要在车开始运动时将车上木人手指南方，其后"车虽回运而手常南指"[9]。据载，它的创制是基于这样一种需要："地域平漫，迷于东西，造立此车，使常知南北"，"以送荒外远使"。

祖冲之曾发明"千里船"。这种船以人力转动船侧的轮子（明轮）代替划桨，称为"车船"。这种"桨轮船"以轮激水，使船前进，"于新亭江试之，日行百余里"。《南齐书》卷52有载，这是中国有关"车船"的最早记载。祖冲之首制欹器；他还制造过能"施机自运"的机械车和水碓磨等。水碓磨依靠水流奔泻冲击水轮；水轮的中轴又带动磨面和舂料的机轮转动。水碓磨齿轮交错，轴杆盘旋，实属大型综合机械。

"信都芳字玉琳，北齐河间人也。少明算术，兼有巧思，每精心研究，或坠坑坎。常语人云：'算历玄妙，机巧精微，我每一沉思，不闻雷霆之声也。'其用心如此。"[10]信都芳著有《器准图》3卷，书中载有浑天、欹器、地动、铜鸟、漏刻、候风、候气轮扇等许多器物的图谱，是中国第一部科学仪器图谱。据考证，信都芳的候气轮扇，很可能是科学史上最早记述的一种永动机。信都芳很可能仔细研究过欹器。他也曾按其对张衡地动仪原理的推测制造过类似仪器。他对重心与平衡的力学问题有着清楚的认识，《器准图》对"下轻上重，其覆必易"的概括已十分深刻。

据相关出土文物和有关文献推断，记里鼓车、指南车是中国古代能自报行车里数或自动指南的车辆，应是通过传动齿轮和凸轮、杠杆等机械系统来实现准确记程和指南的。这说明当时人们对机械传动原理已有了定量的认识。在机械中应用凸轮传动、链传动、曲柄连杆传动等控制原理，是中国这一时期机械技术的重要进步。

三、天人感应与共振

董仲舒，广川（今河北景县）人，西汉哲学家，今文经学大师。著作有《春秋繁露》、《董子文集》。他提倡"天人感应"的神学目的论。共振现象为董仲舒等人提供了倡导"天人感应"说的最好证据，而董仲舒在《春秋繁露》中加以发展并高度总结的天人感应思想，对共振现象的研究起了促进作用。《春秋繁露》首次将水波与声波类比，阐明共鸣现象的物理过程。《春秋繁露》写道："气同则会，声比则应，其验皦然也。"认为某一物体之所以"自鸣"，必然有"使之然"的原因，即"声比则应"和"五音比而自鸣"，这里已粗略地指明了共鸣现象的物理过程。特别要指出的是，早期的天人感应思想并不是证明神的存在。"天"即自然界,在天与人之间传播感应的是"元气"。

晋代有消除共鸣方法的记载。张华是第一个提出消除共鸣并予以实现的科学家,著有《博物志》。张华一生酷爱搜集神奇的传说,观察超自然的现象,还在某种程度上以科学观点去研究这些搜集来的东西。张华为古代中国原始科学家那种细致的、以经验为依据的观察力提供了极好的证据。

据(南朝宋)刘敬叔所著《异苑》[11]写道:"魏时殿前大钟,无故自鸣。人皆异之。以问张华。华曰:'此蜀郡铜山崩,故钟鸣应之耳。'寻蜀郡,上其事果如华言。""中朝有人蓄铜澡盘,晨夕恒鸣如人扣。乃问张华。华曰:'此盘与洛阳钟宫商相应,宫中朝暮撞钟,故声相应。可错令轻,则韵乖,鸣自止也。'如其言,后不复鸣。"前一段文字,表明张华认识到共鸣现象是声致振动的结果。后一段文字确凿无疑地表明,张华不仅知道共振的原因,而且还知道消除共振的方法:将铜盘稍微锉(错通锉)去一点点,它就不再和宫内钟声共鸣了。现代人不难理解,稍微锉去一点铜盘物质,改变了它的固有振动频率,它就不再与钟共鸣了。

四、浮力原理的运用

据《符子》载:"朔人献燕昭王以大豕……大如沙坟,足不胜其体。王异之,令衡官桥而量之,折十桥,豕不量。又命水官舟而量,其重千钧,其巨无用。"由此可见,早在公元前311至公元前279年间,燕昭王即令水官以浮舟称量大豚体重,这是最早对浮体定律运用的记载。迄止东汉末年,人们已经知道浮体所排开的水的重量等于浮体的重量。早卒的神童曹冲(公元196—208年)提出"以舟量物"的方法就是证明。《三国志·魏书》[12]载:"邓哀王冲字仓舒,少聪察歧嶷,生五六岁,智意所及,有若成人之智。时孙权曾致巨象,太祖(曹操)欲知其斤重,访之群下,咸莫能出其理。冲曰:'置象大船之上,而刻其水痕所置,称物以载之,则校可知矣。'太祖大悦,即实行焉。"

邺、冀是后赵乃至北朝造船基地,石虎曾造万斛之舟漕运洛阳与邺之间。建武四年(公元338年),后赵舟师十万出漂渝津(今天津海河入海口一带),伐辽西段氏。建武六年(公元340年)又造船万艘,由河道通海道,运谷1 100万斛于乐安城(今乐亭县),备攻前燕。公元475年,拓跋珪诏冀、定、相三州,造船3 000艘,防御南宋进攻。天安二年(公元467年),北魏用船900艘漕运冀、相等州粟于彭城。其中舵、帆、舱的巧妙设计集中展示了当时的造船技术和对浮力原理的运用水平[13]。

船尾舵的设计便于控制航向。窗孔舵(亦称开孔舵)能使舵在水中更容易转动,且丝毫不影响它控制航向的作用。平衡舵的部分舵片在支撑绞盘杆前部凸出而略呈弧形,这种舵可以通过升降绞盘随意上升或下降,尤其在通过浅滩时,可以把舵吊离水面,不使舵受损。传统的中国轮船把船的底层舱分隔成若干个船舱,每个船舱都被密封以防进水。这样,即使船底有漏缝或船边穿孔,船也不会沉没。而且,分隔船舱的立式隔板还加固了船的结构。这种能随意进出水量的水密舱,也用于提高或降低船的水位[14]。

当时帆船的最大进步就是从方形帆发展成使用四角帆的纵向的帆装,在这样的帆装里,桅不再是挂着方形帆的长杆,而是当船抢风转变航向时,可以使帆左右迎风转动的枢轴。为了避免船左右漂动,又发明了浮板(横漂抵板),实际上这是从航向的背风面放入水里的一块木板,以增加对水的压力,防止漂浮,同时也使船的航向不偏斜。难怪李约瑟称道:"中国的平衡四角帆的确是人类利用风力方面取得的第一流的成就。"

五、计时研究与漏壶

漏壶是中国古代人们计时用的一种装置,即用漏下的水或沙表征所历时间的装置。"漏刻之制,盖始于黄帝,其后因以命官"(《隋志》)。初唐时,相州邺(今河北临漳西南)人傅奕(公元555—639年)奉诏做"漏刻新法",通行全国。漏壶的式样很多,大体上可分为泄水型和受水型两类。在满城县中山靖王刘胜墓出土文物中有一只铜制单壶泄水型沉箭漏,它由一个壶通过其下边缘小孔泄水,壶内显示时间的箭因水流逝而下沉。这是迄今经科学发掘出土、有准确年代可考的最早的漏壶实物。后来古人发现漏壶内的水量的多少会影响水流的快慢,从而影响计时的精度,于是在原壶漏上面再加一漏壶,以补充水源,进而发展出多级漏壶。这种复式漏壶多为受水型浮箭漏,它是由末级受水壶内箭杆上浮变化来计时的。

历史上许多科学家,包括这一时期对河北科技作出卓越贡献的张子信、张华、信都芳、祖冲之、张遂、郭守敬等人,都对改进漏壶、提高计时精度进行过研究,其中涉及流体(水)静力学和流体(水)动力学以及漏刻随天气寒温、燥湿变化的研究。

六、大气物理知识

古代中国人不仅知道大气或空气的存在,而且还初步探讨了振动传播和飞行物(如作为直升机水平旋翼始祖的竹蜻蜓等)飞行的大气力学原因。帆、箭、风筝、风扇、风车、相风鸟、热气球、走马灯、降落伞以及古代的各种飞行幻想和实践,展现了古代人对空气动力的认识和各种应用。

早在公元前4世纪就有使用风筝的记载。《资治通鉴》讲述了北齐皇帝高洋创造的一种利用载人风筝残害政敌的骇人听闻的事件:高洋在首都邺(今临漳县境内)西北的金凤台,将他的政敌作为"放生活物"绑在作为翅膀的大竹席上,令其从大约30米高的金凤台上跳下去,以此"放生"积德[15]。北魏时期的郦道元在他的《水经注》卷34《江水》中记下了陈遵以击鼓传声来测地势高下远近的事实。"江陵城地东南倾,故缘以金堤,自灵溪始。桓温令陈遵造,遵善于方功。使人打鼓,远听之,知地势高下。依傍创筑,略无差矣。"[16]陈遵(公元512—518年)造江陵城堤,利用高处击鼓与低处听到的时间差,相当准确地算出某高地的高度,已利用了大气中声速乘以时间等于传播距离的关系,虽未直接测出声速,但方法无疑是巧妙的。

第三节 光学知识与静电静磁现象的运用

一、光学知识的认识和积累

1. 用珠取火

古人取火方式多种多样,不过最奇妙的是"削冰取火"。西汉《淮南万毕术》中提道:"削冰令圆,举以向日,以艾承其影,则火生。"清末科学家郑复光曾用实验验证其所论非虚。张华在《博物志》[17]中说过:"用珠取火,多有说者,此未试。"这里的"珠"可能是水流冲刷成卵形的石英或水晶体等透明物,起着凸透镜的作用,可以向日聚焦取火。张华在《博物志》中还曾描述孔雀毛和一种小虫在阳光下变化多端的衍射色彩。他对光学方面的这种关注以及重视观察实验的科学研究方法极为难得。

2. 流星与"光耀雷声"

据《汉书·五行志》载,汉元始二年六月,"陨石巨鹿(邢台市巨鹿县)二,有光耀雷声"。当流星进入大气层后,与之发生强烈摩擦,使其巨大的动能转化为巨大的热能,发生燃烧,引起物质电离射出耀眼光芒,同时,由于高温和高压作用,使进入大气层中的流星发生爆炸。其中体积小的很快燃烧完毕,体积较大的因为未及燃烧尽即坠入地球表面,就成了陨石。所以陨石对于研究太阳系的形成和演化、生命的起源、空间技术、高能物理、地球化学等都具有非常重要的科学价值。

3. 仰莲水波纹银杯与复合透镜成像

位于赞皇县的东魏司空李希宗墓发掘出的仰莲水波纹银杯,是我国目前发现最早的北朝银器,几与唐代同类器物相媲美。该杯底饰浮雕式六瓣莲花,杯内作曲线纹,类似宋明时期的鲫鱼杯、兰花杯、蝴蝶杯,它源于复合透镜成像,巧妙地运用光的反射、折射原理,使杯中水酒产生荡漾清波、六瓣莲花随之凸显的艺术效果,是一件独具匠心的工艺品。张家口博物馆藏国家二级珍贵文物汉代八乳规矩镜,不仅展示了汉代高超的青铜铸造工艺,也折射出当时人们对面镜成像的精到认识[18]。

二、静电、静磁现象的运用

《三国志·吴书》中说:"琥珀不取腐芥,磁石不受曲针",即腐烂的芥子不会被(经摩擦已带电的)琥珀吸引,金、银、铜之类的非铁柔软金属也不受磁石的作用。可见古人观察区分之细微,同时表明我国古人那时已经知道用静电、静磁现象来对物质进行分类。西晋张华对静电与静磁现象更有仔细观察,据《博物志》载:"今人梳头脱著衣时,有随梳解结有光者,亦有咤声。"也就是说,张华曾发现用梳子梳头和解脱丝绸毛料衣服时的起电现象,他还看到静电闪光,听到放电的劈啪声。此外,据郦道元《水经注》载,秦始皇的阿房宫北阙门是用磁石建造的,为的是使怀刀剑者入门时受阻,用以防范刺客。在古医药记载中,磁疗事例较多,磁石可以入药内服,也可外用,还可炼水使之成为磁化水饮用。这些都表明该时期对静电与静磁现象的认识和应用水平。

注　释:

[1]　陈贵主编、安俊杰编:《张家口灿烂的文化》,党建读物出版社 2006 年版,第 48—49 页。

[2][14][15]　[美]罗伯特·K.G. 坦普尔著,陈养正等译:《中国:发明与发现的国度》,21 世纪出版社 1995 年版,第 76,373,342 页。

[3]　(北魏)郦道元辑撰,易洪川、李伟译:《水经注》,重庆出版社 2008 年版,第 19 页。

[4]　(西晋)张华编纂,张恩富译:《博物志》,重庆出版社 2007 年版,第 52 页。

[5]　(北齐)魏收撰:《魏书》,中华书局 2003 年版。

[6]　(唐)房玄龄等撰:《晋书》,中华书局 1997 年版,第 1684 页。

[7][9]　刘仙洲:《中国机械工程发明史》,科学出版社 1962 年版,第 121,100 页。

[8]　(梁)萧子显撰:《南齐书》,(香港)宏业书局 1972 年版。

[10]　《北齐书》卷四十九《信都芳传》,中华书局校点本第二册,第 675 页。

[11]　(南朝宋)刘敬叔撰:《异苑》,国学扶轮社 1915 年版。

[12]　(西晋)陈寿撰,史瑞玲译:《三国志》,湖北辞书出版社 1996 年版,第 257 页。

[13]　(清)严可均辑:《全后魏书》,商务印书馆 1999 年版。

[16]　王国维、袁英光、刘寅生:《整理标点·水经注校》,上海出版社 1984 年版,第 1083 页。

[17]　(西晋)张华编纂,张恩富译:《博物志》,重庆出版社 2007 年版,第 52 页。

[18]　陈贵主编、邓幼明编:《张家口丰富的文物》,党建读物出版社 2006 年版,第 55 页。

第十三章　传统化工科技

秦汉时期冶炼技术的进一步发展，推动了传统化工科技的发展。西汉中期含硅灰口铁冶炼技术，从块炼铁渗碳到铸铁脱碳钢，再到百炼钢，表明汉代河北先民已经认识到了铁渗碳对金属特性的影响。由青瓷、黑釉瓷到白瓷，表明先民已经认识到含铁矿物在制瓷中的成色作用。

第一节　五行观念与物质变化理论

一、燕人的"形解销化"之道

《史记·封禅书》说："自齐威宣之世，邹子（即邹衍）之徒论著终始五德之运。及秦帝，而齐人奏之，故始皇采用之。而宋毋忌，正伯侨，充尚，羡门子高最后，皆燕人，为方仙道，形解销化，依于鬼神之事。邹衍以阴阳主运，显于诸侯，而燕齐海上之方士，传其术，不能通。"秦汉时期的燕人多方士，这些方士擅长于"形解销化"，实际上，"形解销化"就是原始的炼丹术，而炼丹术的基础理论则是阴阳五行说。例如，东汉魏伯阳在《周易参同契》一书中就曾说过"五行错王，相据以生，火性销金，金伐木荣"的话，可见，炼丹理论的根源与五行说关系密切。

秦汉方术是一个非常重要的学术集团，他们通过继承和发挥邹衍以来阴阳五行说，积极参与到汉代的定德改制工作之中，在两汉政治、社会及学术各个方面，都表现得相当活跃。当然，他们在天文、历法、星占、封禅以及炼丹等领域的深厚造诣，促进了秦汉时期各项技术的进步，而《周易参同契》一书即是对秦汉燕齐方士"形解销化"之道及炼丹实践的理论总结。

二、《春秋繁露》中的五行思想

《春秋繁露》专论五行的篇目有九：它们是《五行对》、《五行之义》、《五行相生》、《五行相胜》、《五行顺逆》、《治水五行》、《治乱五行》、《五行变救》及《五行五事》。其中《五行相生》和《五行相胜》两篇对物质变化思想讲得相对比较透彻。

《五行相生》述五行相生（相互滋生和助长）的次序是：木生火，火生土，土生金，金生水，水生木。《五行相胜》述五行相胜（相互克制和相互约束）的次序是：金胜木，水胜火，木胜土，火胜金，土胜水。

关于五行的相生相胜关系，《春秋繁露·五行相生》开篇就说："天地之气，合而为一，分为阴阳，判为四时，列为五行。行者，行也，其行不同，故谓之五行。五行者，五官也。比相生而间相胜也。故为治，逆之则乱，顺之则治。"具体的生克内容[1]见图3－13－1所示。

图中以曲线表示五行之间的"相生"关系，而直线则表示五行之间的相克关系。这个图是按照相生次第为比邻而相胜次第为间隔的规律绘制，张子高先生认为："以相生之说说明物质变化是更能与自然界所发生的或日常生活中所接触的化学现象相结合的。"[2]这种早期关于物质变化的自然哲学思想，

图3－13－1　五行生克关系图

在一定程度上也影响着当时人们的化学探索实践。

第二节　制陶中的化学呈色技术

秦汉魏晋南北朝是古代陶瓷技术发展的重要阶段。大型陶俑的烧成不仅从原料到成型各项工序有一定的要求,而且烧成中的技艺更应有相当水平。汉初铅釉陶的出现不仅表示一种陶器新品种的产生,而且还表明人们对铅釉的认识和应用,开辟了釉上彩的广阔前景。战国后期几乎被摧毁而失传的原始瓷器,在新的环境下迅速成长,逐步烧出了成熟的青瓷,这是中国陶瓷史上一个重要的里程碑。在工匠烧制青瓷的实践中,逐渐认识到含铁矿物在制瓷中的呈色作用。随着制瓷技术的提高,人们不仅烧出了精美的青瓷,还烧出了黑釉瓷和白瓷。白瓷的出现表明制瓷工艺又上了一个台阶。

一、青瓷烧制技术的发展

白瓷、青瓷的主要区别在于原料中含铁量的不同。早在晋代,南方的个别地区曾因为原料含铁低,淘洗又较细而生产出白瓯和白盏。在北方,制瓷原料中含铁量较低,相对来说加工也较方便,所以白瓷生产发展较快。早期的白瓷,其白度、硬度等还不能用现代白瓷的标准来衡量,特别是釉色中呈乳浊的淡青色。这种釉色泛青现象,隋代白瓷仍然常见,甚至到了唐代,有些白瓷的釉厚处依然带有青色。由此可见,由早期白瓷发展到成熟白瓷,中间又经历了相当长的过程[3]。

二、氧化铅釉陶的普及与高岭土白陶的初见

图 3 - 13 - 2　秦行宫遗址
出土的瓦当

1986—1991 年,秦皇岛金山嘴秦代建筑群遗址的发掘,是我国秦代考古一大重要发现[4]。其中横山地点发掘面积15 000多平方米,建筑结构上采用夯土筑墙和室内用柱,屋顶系瓦顶,用板瓦和筒瓦铺叠而成(图 3 - 13 - 2)[5]。

蔚县代王城镇代王城遗址,城址平面呈椭圆形,东西长约 3 400米,南北宽约 2 200 米,四周城垣保存较好。城内出土大量建筑构件和陶器。代王城城址作为春秋至汉代的代国都城,对研究古代北方历史有着重要的意义。

1. 铅釉的出现

汉代考古的主要内容是墓葬的发掘。阜城桑庄东汉墓出土的两米多高五层仿木构釉陶楼,其绿釉为低温铅釉,它以氧化铅为主要熔剂,以铜为主要着色剂,经过700℃的氧化焰焙烧后,呈现出美丽的翠绿色,极富装饰感,是陶楼作品中的精品[6]。

如众所知,公元前 1 世纪以前,釉陶中主要是黄褐釉,而进入西汉中期后,釉陶中的绿釉陶器逐渐增多。黄色釉的呈色剂为铁的氧化物,但绿色釉的呈色剂则为铅的氧化物,所以通常又把汉代的釉陶称作"铅釉陶",铅釉的出现是一个重要的转折点,与这之前的普遍使用氧化钙高温釉相比,在烧制过程中,从成釉原料到形成陶器表面釉质层的温度大约降低了 200℃左右,工艺难度减低、釉层厚度均匀,质量提高,且避免了过去因温度过高而出现的陶胎软化变形的不良后果。另外,又因为该釉陶主要流行于黄河流域和北方地区,所以也称"北方釉陶",它是汉代制陶工艺的杰出成就。

2. 白瓷烧制技术初见

位于景县后屯村的北朝封氏墓群,出土了青瓷四系罐、青釉仰覆莲六系青瓷尊等,这些瓷器造型

宏伟,装饰瑰丽,运用了印贴、刻划和堆塑等手法通体饰满纹饰,是北朝时期北方青瓷的代表作品。除此之外,河间北魏邢伟墓出土有青瓷唾壶及碗;平山北齐崔昂墓出土有黑釉四系罐,釉色匀净光亮;赞皇东魏李希宗墓发现1件黑釉瓷器残片;景县东魏天平四年高氏墓出土的黄褐釉兽柄四耳瓶;磁县东魏武定五年尧赵氏墓出土的酱褐釉瓷器,是研究酱褐釉瓷器出现时间的重要依据[7]。

与汉代南方出现的青瓷相比,始于北朝的邢窑应是河北地域最早的瓷窑。南方青瓷的釉色呈翠绿青色,而邢窑的青瓷则多呈青黄色,它说明邢窑釉质中铁的成分有所减少。在正常情况下,倘若釉质中的三氧化二铁含量保持在0.3%左右,则在一般还原焰焙烧,其呈色可出现"青"、"青绿"及"青黄"色,除此之外,倘若釉质中还含有少量的二氧化锰和二氧化钛,则呈色亦可呈青中带黄或灰黄带绿色。邢窑出土的北魏青瓷器物釉色,其釉质中含有三氧化二铁、二氧化锰和二氧化钛三种成分。真正的"白瓷"要求瓷土和釉质中的三氧化二铁含量不超过1.0%,而二氧化锰和二氧化钛的含量不能超过0.5%,不然的话,就会影响白瓷中胎色和釉色的正常呈色。当然由青瓷变为白瓷,最关键的环节则是利用釉本身较强的玻璃质感来增施化妆土,换言之,就是用化妆土来衬白。

第三节 汉代钢铁冶炼技术的发展

一、含硅灰口铁冶炼技术

冶铸生铁的技术在春秋战国时期广泛发展的基础上,秦汉时期又有了新的进步。西汉时期的竖炉已达到较高的水平和较大规模。

由于炼铁炉造得高大,结构有了改进,鼓风设备有了进步,炉温得到了提高,到西汉中期我国又进一步能够铸造低硅的灰口生铁。目前经过科学鉴定的最早的灰口铁出自满城刘胜墓。

从满城刘胜墓出土铁器可看出,对需要强度和韧性的镢是用可锻铸铁,而对需要承载能力、润滑和耐磨性能的一件车的铜(轴承)则用灰口铸铁。这些灰口铸铁的石墨片的大小和分布均比较合理。由这种灰口铸铁制成的车铜,具有较高的耐磨性和较小的摩擦阻力。它是我国考古发现的最早的灰口铁铸件之一。还有窦绾墓所出的1件锄内范,其材质也是灰口铁,是我国考古发现的纯灰口铸铁最早的器件之一。说明汉魏至北朝时期,河北先民在制造和控制灰口铸造和控制灰口铸铁的工艺上,已经积累了丰富的经验[8]。

现在生产灰口铸铁,其含硅量一般要求在1%~3.5%,因为硅能促使铸铁中碳变成片状石墨而使其断口呈暗灰色。如果含硅量低于1%,在一般生产条件下就很难获得灰口铁。而我国古代有过很多含硅量低于1%的灰口铸铁,看来是采用了一种特殊的技术。深入研究我国古代的这种技术,对于现代炼铁是很有意义的[9]。

二、麻口铁冶炼技术

所谓麻口铁其实就是指在生铁组织中既含有渗碳体,也含有片状石墨,断口夹杂着白亮的游离渗碳体和暗灰色的石墨,因而其切面呈现麻点状态的生铁。这种生铁脆性小,耐磨性较高。满城窦绾墓出土的1件汉代大型铁犁铧,该犁铧高10.2厘米,脊长32.5厘米,底长21厘米,宽30厘米,重3.25千克。经检验为灰口铁和麻口铁的混合组织,铧的尖部为麻口铁组织。麻口铁正是适合于制造犁铧这一类农具,说明汉代工匠在不断制造铁农具的过程中,自觉地意识到了通过改变生铁组织中的化学成分和掌握一定的冷却速度可以增加铁器的机械性能,而麻口铁正适宜于制作犁铧、镢等一类农具[10]。

满城汉墓中出土的呈灰口与麻口铁混合组织的犁铧是如何制造出来,一般地讲,当生铁液被急速冷却时,铁液中含有的碳成分无法析出,金相组织中存在着大量的渗碳体 Fe_3C,形成白色断口层;稍往内部,冷却速度稍慢,渗碳体和析出的片状石墨均有,形成混合态的麻口铁;再往内部,冷却速度慢的部分析出石墨,形成灰口铁。满城汉墓出土的两件内范用灰口铁制作,而不用白口铁来做,灰口铁的稳定性很好,铁范直接承受高温铁水的冲刷和急冷急热的考验,这是使用金属范铸造农具的一个重大发展。

三、纯铁加碳和碳化铁减碳炼钢技术

秦代之后,汉代的遗迹遗物在河北地域普遍发现,汉代钢制品出土数量也比较丰富。在河北地域内,曾对磁县讲武城、唐县灌城、易县东古城进行了发掘。讲武城城址内出土物除大量砖瓦外,还有陶器、铁器等。如铁刀、剑、斧、钁、耙、铧、𨱏、锄、杈、三足盘、钩、锛、铲、鼎等。在午汲古城、磁县下潘汪、唐县灌城等地还发现了铁齿轮。这些都为研究汉代钢铁机械的使用和生产力的发展提供了资料。

汉代冶炼继战国之后发展很快,当时的冶炼遗址在兴隆寿王坟[11]、内邱西竖、沙河綦村等地多处发现。寿王坟矿冶遗址时当西汉初年,包括矿坑、选矿场、冶炼厂和居住址四部分。熔炉为圆形,冶炼出的铸锭也是圆形,重五至十五公斤,上刻"东六十"、"东五十八"、"西六十"、"西五十三"等记号,表明当时可能是分头冶炼的[12]。

块炼铁(或熟铁)、生铁和钢都是铁碳合金,它们之间的主要差别在于含碳量的多少。块炼铁的含碳量低,生铁的含碳量高,而钢的含碳量则介于块炼铁和生铁之间。因此,古代的炼钢方法主要有两种:如果用块炼铁做原料,就必须用渗碳技术以增加碳分;如果用生铁做原料,就必须用脱碳技术以减少碳分。

1. 纯铁渗碳的块炼铁制钢技术

我国传统的炼钢技术有两种:一种是把海绵铁(即块炼铁)直接放在炽热的木炭中长期加热,表面渗碳,再经反复锻打,使之成为渗碳钢;另一种把海绵铁配合渗碳剂和催化剂,密封加热,使之渗碳成钢,俗称"焖钢",这是我国流传很久的一种炼钢方法。满城刘胜墓出土的刘胜佩剑和错金书刀,经过分析,其中含磷较高,错金书刀刃部中间有含钙磷的较大夹杂物,表明冶炼工匠在渗碳的过程中使用了骨灰一类的催化剂。

2. 碳化铁减碳的铸铁脱碳钢

块炼铁质地差、产量低,且需毁炉取铁,显然难以适应钢制工具和兵器的铁料来源日益增长的要求。于是,以生铁为原料的固体脱碳制钢技术便应运而生。这种脱碳钢技术是在铸铁柔化处理技术的基础上发展起来的。如果生铁铸件脱碳退火时,由于时间和温度控制得当,在固体状态下进行比较充分而又适当的氧化脱碳,即使白口组织消失,又基本不析出或只析出很少的石墨,不至于变成可锻铸铁,这样就可得到"铸铁脱碳钢"。

满城刘胜墓中出土的汉代铁镞,经检验有多件证明是由中碳钢制造的。组织均匀,质地纯净,夹杂物极少,仅见微量硅酸盐夹杂物,与块炼铁锻件有明显差别,可以确定是生铁脱碳成钢的。由这种方法制成的铁镞,虽然其含碳量高低不同,一般表面含碳量比中心为低,与渗碳钢的情况正好相反,共同点是保留了生铁夹杂物少的特点,它们是我国考古发现的最早的固体脱碳钢。这种充分利用铸铁的有利因素,利用热处理工艺发展成为一种新的制钢方法,反映了古代冶金技术发展的新贡献。铸铁脱碳钢是世界上最早利用生铁为原料的制钢方法,是钢铁技术发展史的一个重要阶段,满城汉墓固体脱碳钢的发现使这种方法的出现年代提早到公元前 2 世纪末叶[13]。

3. 百炼钢技术的发展

百炼钢工艺是在春秋晚期块炼铁渗碳钢工艺的基础上直接发展起来的。在用块炼铁渗碳制钢的实践中,人们发现反复加热锻打的次数增多以后,钢件变得更坚韧了,于是很自然地把这种反复加热锻打的操作定为正式工序。这道工艺可以使钢的组织致密、成分均匀化、夹杂物减少和细化,从而显著提高钢的质量。

对满城汉墓出土的中山靖王刘胜佩剑(M1:5105)、钢剑(M1:2449)和错金书刀(M1:5107)的金相检查表明,这些钢的原料和燕下都出土的块炼渗碳钢相同,但满城出土的钢件质量却提高了,它已经减少了含碳不均匀的分层现象,夹杂物的尺寸和数量也有所减小。这些都是由于采用反复加热锻打,改善均匀度,提高钢材质量新工艺的结果。

以上出土的刀剑的特点,一是钢的共晶夹杂物尺寸普遍减小,数量减少,有的钢件非金属夹杂物很少;二是高碳层和低碳层之间碳含量差别减小,组织比较均匀;三是断面上高碳和低碳层的层次增多,层间厚度减薄。上述特点说明钢件是经过反复锻打的结果。由于反复折叠锻打,使高碳和低碳层的层次增多,非金属夹杂物尺寸减小,分层的厚度减薄,又由于反复加热锻打,碳的扩散较为充分,断面上的组织也较均匀。

第四节 金属表面处理中的化工技术

满城汉墓出土了一批金、银、铜器,其数量之多,制作之精美实为罕见。在铜器方面,如鎏金的长信宫灯、错金博山炉、错金银鸟篆文壶、鎏金银蟠龙纹壶、鎏金银镶嵌乳丁纹壶等,造型极其优美,装饰十分华丽,都是制作工艺水平很高的器物,是汉代铜器中不可多得的珍品。特别是长信宫灯和错金博山炉,设计灵巧,铸造技术高超,在汉代同类器物中首屈一指。这些铜器的出土,说明汉代继承并发展了战国时期鎏金、镶嵌和金银错的工艺,表现出手工业和工艺美术方面的高度发展水平。

我国的鎏金工艺始于春秋末期,而成熟于两汉。鎏金工艺中刷涂的是金汞合金液,即金汞齐,所以,"鎏金"需要两种化学成分,即黄金和水银。黄金在奴隶社会时期即广泛使用,而我国在春秋战国时期主要使用天然水银,数量很少,秦代开始逐渐普及用陶釜加热天然的红色丹砂(硫化汞),利用丹砂分解成单质硫和单质汞的方法来制备水银。西汉武帝时期,中国金丹术开始,炼制丹砂提取水银主要由炼丹术士来完成。

为了实现这个化学变化的过程,当时炼丹术士采用了火法(即带有冶金性质的无水加热法),它大致包括煅(长时间高温加热)、炼(干燥物质的加热)、炙(局部烘烤)、熔(熔化)、抽(蒸馏)、飞(又叫升,就是升华)、伏(加热使药物变性)等程序。在通常情况下,红色硫化汞一经加热即刻会分解为水银(汞),它是金属物质却呈液体状态,圆转流动,容易挥发。

水银与金接触后,由界面清晰,渐界面融合,又到向彼此深层融合。但表面到金质内部的深度不同,形成的金汞合金的组成比例亦不同,一般讲,金质材料的表层形成的汞齐物质,汞的成分较多,成分多为$AuHg_2$;内部的汞齐物质,金的成分较多,主要为Au_3Hg,且呈固态;介于两者之间的过渡部分,主要为Au_2Hg。东汉时我国的第一部金丹术著作《周易参同契》就详细地描述了汞和其他金属结合而生成汞齐的特点,它说:"卒得金华,转而相亲,化为白液,凝而至坚。"实际上,"卒得金华"即是指金被汞浸湿的过程,而"转而相亲"则指汞向金粒中扩散,从而生成汞和金的化合物(银白色糊状混合物)。

水银炼成后,将事先准备好的金丝或金屑随后倒入已经加热的汞中,但温度不能太高,因为汞的沸点为357℃,否则造成汞的沸腾气化。金与汞的重量比约为1:7,加热时不断搅拌制成糊状金泥。鎏金时将制成的金泥刷涂与欲实施鎏金的金属器物表面,然后烘烤金属器物,让金泥中的汞蒸发掉,再刷洗压光,刷洗器物表面的浮黄,直至鎏金器闪烁金光。

刘胜墓出土的三棱形铜镞,稍加去锈后即光亮如新。该铜镞经北京钢铁学院(现北京科技大学)金相实验室金相观察,证明是铸造锡青铜。铜镞表面锈蚀较少,有一层致密的灰色保护层。X光荧光分析及电子探针分析表明,表面氧化物层含有铬,平均约2%。电子探针表明,铜镞内部及腐蚀坑内残存的铜绿腐蚀产物中不含铬,而表面层中含有铬,其含量随铜含量变化,含铬在0.2%~5%。这些结果表明,铜镞曾用含铬化合物进行表面处理,以获得耐蚀耐磨的表面层。

第五节　河北桑皮纸的出现

从根本上说,古代造纸最关键的技术是从植物材料中用化学方法分离出植物纤维,所以造纸技术的出现也是古代化学一项重要成就。

东汉蔡伦纸出现之后,由洛阳很快就传入了北方的山东、河北等地,并且人们在蔡伦纸的基础上又有所发展。如河北人张华在《博物志》里说:"剡溪古藤甚多,可造纸,故即名纸为剡藤。"可见,当时剡藤已传入河北地域。北魏时山东、河北一带地区出现了以楮皮为原料的楮皮纸。如《齐民要术·种谷楮》说:"楮宜涧谷间种之",而"煮剥卖皮虽劳而利大,自能造纸,其利又多"。陈朝徐陵(公元507—583年)《玉台新咏·序》有"五色花笺,河北、胶东之纸"的说法。这是河北纸首次在古代文献中出现,说明至少在南北朝时期河北地域已经成为北方重要的造纸中心。

南北朝时期的"河北纸"究竟以什么为原料,徐陵没有具体说明。然迁安城北三里庄小学残存的一块庙前走廊石柱上刻有一副对联,上面写道:迁安桑皮纸"开抄始于后汉,规模成于大清"。结合宋人米芾在《十纸说》里将"河北桑皮纸"列为"十纸"纸一。清《顺德府志》也载:"河北桑皮纸,自古擅长,今府下各纸,亦以桑皮为之。"河北是著名的桑蚕之地,如《三国志·杜恕传》说:"冀州户口最多,田多垦辟,又有桑枣之饶,国家征求之府。"《魏书·食货志》规定"男夫一人细田二十亩,课莳余种桑五十棵,枣五株,榆三根。"北齐河清四年(公元564年)更规定"每丁给永业田二十亩为桑田"。可见,上述这些政策的最大受益者是河北各地的桑农。所以左思的《魏都赋》、颜之推的《颜氏家训·治家篇》等都对河北地域的丝织业发展给予了高度评价。与丝织业发展的同时,丰富的桑树资源也为河北桑皮纸的发展奠定了坚实的物质基础。

注　释:

[1]　任恕:《五行生克图》,《科学通报》1960年第10期。
[2]　张子高:《中国化学史稿(古代之部)》,科学出版社1964年版,第63—64页。
[3][9]　周嘉华、赵匡华著:《中国化学史(古代卷)》,广西教育出版社2003年版,第216,188页。
[4]　河北省文物研究所等:《金山嘴秦代建筑遗址发掘报告》,《文物春秋》1992年增刊。
[5][7]　文物出版社:《新中国考古五十年》,文物出版社1999年版,第49,52页。
[6]　河北省文物研究所:《河北阜城桑庄东汉墓发掘报告》,《文物》1990年第1期。
[8][10][13]　卢兆荫:《满城汉墓》,生活·读书·新知三联书店2005年版,第168,168,169页。
[11]　罗平:《河北承德专区汉代矿冶遗址的调查》,《考古通讯》1957年第1期。
[12]　文物出版社:《文物考古工作三十年》,文物出版社1979年版,第47页。

第十四章 传统地理科技

东汉时期,涿州人高诱在历史地理学上的研究成就堪称一流。南北朝时期,对地理科学作出卓越贡献的最具有代表性的是地理学家郦道元,他开拓了地理学的众多领域,开创了许多地理学研究的新方法,被称为中世纪最伟大的地理学家。国际地理学会会长李希霍芬认为他赢得了"世界地理学先导"的国际声誉。

第一节 历史地理学思想的出现

高诱,涿郡(今河北涿州市)人,师从卢植,读经诵典,训词名义,亲炙大儒,是东汉时期重要的经学家,曾任司空掾、濮阳令等官。他的著作除了残缺的《战国策注》外,《孟子章句》与《孝经注》都已经亡佚,《淮南子注》则与许慎注相杂糅,此外还有《吕氏春秋注》,其特点是:揭明人物、地理;解说一般词汇;训释章句大意。除了个别训诂存在一些失误外,从整体上看,高诱"深明故训,为之悬解,以贻后世,其存古之功伟矣"[1]。

《淮南子》是刘安对汉以前的一次跨学派的最大规模的综合汇集,《汉书·艺文志》称其包括内21篇,外33篇,而现传世的仅为内21篇,其中与历史地理联系最为密切的有"地形训"、"览冥训"、"说山训"及"说林训"等篇。由于《淮南子》原文义奥辞隐,后人理解起来颇不容易。高诱以其广博的知识为其作注,反难为易,辨析考究,给人以豁然之感。

一、黄河水源与"伏流"

《淮南子·地形训》载:"河出积石",又说:"河原出昆仑东北陬,贯渤海,入禹所导积石山。"高诱注:"河出昆山,伏流地中方三千里,禹导而通之出积石。积石山在金城郡河关县西南";"渤海,大海也。河水自昆仑由地中行,禹导而通之,至积石山。《书》曰:'道河积石',人犹出也。"

为了清楚起见,我们需要将古人的方位略作说明。与今天的方位相反,古人习惯用上表示"南",下表示"北",左表示"东",右表示"西"。

现在探明,黄河发源于青海巴颜喀拉山北麓的约占宗列渠,源流段有星宿海,是一片无数小湖的沼泽。出星宿海后进入鄂陵湖和札陵湖到玛多,绕过积石山和西倾山,穿过龙羊峡到达青海贵德,长1900多公里。从方位上看,《淮南子·地形训》所说的"河原出昆仑东北陬",与今天黄河的发源地基本吻合。至于"伏流"是指积雪在融化的过程中,雪水慢慢渗入地下,汇流成河。高诱认为,"积石山在金城郡河关县西南",金城郡在西汉昭帝始元六年(公元前81年)置,其辖境大致相当於今甘肃省兰州市、青海省西宁市、海东地区一带。而积石山又称为玛积雪山,在青海东南部,延伸至甘肃南部边境,这里至今仍有"积石神功"和"导河奇石"的传说。可见,高诱说"禹导而通之",使黄河奔出积石峡,东流而去,言出有征,大体符合黄河流向的实际。

二、漳河与"碣戾"和"发包"

　　漳河原本独流入海,夏禹导黄河北行,至肥乡与漳河会,遂变为黄河下游的一条支流。东汉初,黄河向南迁徙,它才归属清河支流。《淮南子·地形训》载:"清漳出碣戾,浊漳出发包。"

　　由于漳河对于河北平原的水利发展至关重要,故高诱对其作了一大段注释,内容非常详尽。他说:"碣戾山在上党治,发包山一名鹿苦山,亦在上党长子,二漳合流,经魏郡入清河。逯吉按:钱别驾云:'鹿苦,《地理志》作鹿谷,苦字误,应作谷。'清漳,《说文解字》以为出沽山大要谷地,《地理志》以为出大龟谷,要,龟亦形近乱也。《山海经》云:谒戾之山,沁水出焉。《水经》同。盖沁、漳下流互受,故以沁水所出之山为清漳所出耳。发包,《水经》作发鸠,古字鸠或为勼,勼与包形近,亦声同,因字因声,故亦通用,碣、谒亦同。"[2]

　　漳河源出晋东南山地,其上游分浊漳水和清漳水,两水的发源地不同。高诱注为浊漳水一源出上党(今长治市)长子县西发鸠山,另一源也出长子县的碣戾山。而清漳水则源于"沽山大要谷地"或"大龟谷"。《汉书·地理志》:上党郡长子"鹿谷山,浊漳水所出,东至邺,入清漳。沽:大龟谷,清漳水所出,东北至阜城,入大河(指黄河)。"漳水上游有两源:南源与北源。南源称浊漳,出今山西省长子县发鸠山;北源称清漳,出山西省昔阳县沽岭[3]。虽然严格地讲,漳河的源头不止两处,如浊漳水尚有出于沁县的西源和出于榆社的北源,清漳水还有一源出和顺西端八赋岭,但高诱注却抓住了漳河源头的主要特征,将南源视为浊漳水的正源,而将昔阳县沽岭视为清漳水的正源,并且指明浊漳水和清漳水在合漳村汇合之后,"经魏郡入清河"。整个漳河上游水系及其流向阐释得非常清晰,它有助于人们更客观和更全面地认识漳河水文系统及流径特点。

第二节　《水经注》

　　北魏地理学家郦道元所著——《水经注》,全面而系统地介绍了水道所流经地区的自然地理和经济地理等诸方面内容,它不仅是一部具有高度学术价值的地理学专著,也是入选中国世界纪录协会中国第一部水文地理专著,这在我国地学史上实属罕见。

一、世界地理学的先导——郦道元

　　郦道元(公元 466 或 472—527 年)(图 3 - 14 - 1),北魏地理学家,字善长,范阳(今河北涿县)人。郦道元出身于官宦世家,他先后在平城(北魏都城,今山西大同市)和洛阳担任过御史中尉等中央官吏,并且多次出任地方官。自幼好学,博览群书,并且爱好游览,足迹遍及河南、山东、山西、河北、安徽、江苏、内蒙古等地,每到一地,都留心勘察水流地势,探溯源头,并且阅读了大量地理著作,参阅了 437 种书籍,通过自己的实际考察,终于完成了《水经注》这一地理巨著。

图 3 - 14 - 1　郦道元

　　西汉之前,人们对河流湖泊的描述大体上是以政区为纪纲,这就把一些跨州郡的江河分割的互不相连,不能很好地反映水系的基本特征,影响了人们对河湖的整体认识、利用和治理。三国(公元 221—279 年)时期,有人写成"水经"一书,记述中国河流水道,全书约 1 万多字,共记述了 137 条河流,不过内容过于简略。《水经注》(图 3 - 14 - 2)名义上是对《水经》的注释,实际上是在《水经》的基础上进行了再创作,全书共 40 卷,20 余万字,注文 20 倍于原书,记述了 1 252 条河流的发源地点、流经地区、支渠分布、古河道变迁等情况,同时还记载了大量农田水利建设工程资料,以及城郭、风俗、土产、人物等。《水经注》在中国地学史上具有重要的地位,是其他地理学专著所望尘莫及的。《水经注》获得了古往今来的著名学者的广泛称赞,我国清代学者刘继庄称之为"宇宙未有之奇书",丁谦称之为"圣经贤传",英国著名科学史专家李约瑟认为郦道元是中世纪最伟大的地理学家,当时欧洲正是所谓的"黑暗时代",全欧洲都找不出一个杰出的学者。国际地理学会会长李希霍芬认为他赢得了"世界地理学先导"的国际声誉。

图 3 – 14 – 2　《水经注》原本

二、《水经注》的主要地理学成就

1. 开创了地理学新方法

郦道元十分重视野外考察,通过实证来构建新型的地理学研究范式,开创了写实地理先河。"脉其枝流之吐纳,诊其沿路之所缠,访渎搜渠,缉而缀之",克服了当时地理著作中普遍存在的虚构现象,"首次开创我国古代写实地理学的历史"[4]。他通过野外考察等实证方法,以地理事实为依据,改正《水经》原文错误 30 多处。《水经注》赋予地理描写以时间的深度,又给予许多历史事件以具体空间的真实感[5]。在处理一些自己有疑惑的地方时,把各种资料都摆出来,写清原因而非贸然定论,也不会无根据的否定他人之说而造成讹传。考察中结合地图、文献等,并与当地有经验的人交谈,形成一套完整科学的野外考察方法,躬耕实践而一丝不苟。毛泽东在一次会议上说《水经注》写得好!但不是深入实地地去走一走是写不出那么好的文字的[6]。郦道元通过野外考察与文献考证相结合,对地理学理论和研究方法的成熟与完善作出了巨大贡献,受到后代地理学者的推崇和模仿。

郦道元采用了定性描述中的定量描述,刻画温泉的"温","暖热","炎","灼","汤","可以熟米"等形象直观,用等级分明的词汇加以描述,使人一目了然,并可以用今天定量的标准来估计当时的水温。"河水浊,清澄一石水,六斗泥。"便隐现了定性描述向定量分析的某种渐进。根据现代的观测"黄河每立方米水中平均含沙量 37.6 千克"。这两组数据悬殊不是很大。总之,《水经注》在定性分析广泛运用基础上所凸显来的定量倾向,极大丰富了地理学的研究方法[7]。

2. 开拓了地理学的众多领域

郦道元的《水经注》开拓了地理学的众多领域,水文地理学是其最为独到之处。《水经注·夷水》云:四川的"夷水又径宜都北,东入大江,有泾渭之比,亦谓之佷山北溪水,所经皆石山,略无土岸"。"蜀人见其澄清,因名清江也。"这里不仅谈到了河水清浊的原因,而且谈到了含沙量与土壤、地质条件的关系。《水经注·河水》中说渊水"冬青而夏浊",这一认识揭示了河水含沙量与季节(降水)之间的关系。

郦道元在地名学方面亦有突出贡献。《水经注》中解释地名共达 2 400 余处,自《水经注》以后,地名渊源的研究分析逐渐成为我国一切地理书中的必备内容。

郦道元在旅游地理学方面的影响直至今日。《水经注》揭示了众多的自然旅游资源,如瀑布、喀斯特地貌、险峡名谷、森林等都有大量的描述,其中描述的瀑布有 64 处,范围遍及黄河、淮河、长江和珠江等流域,成为记载瀑布时间最早和记载最完备的著作[8]。如孟门(壶口)"其中水流交冲,素气云浮,往来遥观者,常若雾露沾人,窥深悸魂。其中尚崩浪万寻,悬流千长,浑洪贝怒,鼓若山腾,浚波颓叠,迄于下口,方知慎之下龙门,流浮竹,非驷马之追也",一百多字的注文将壮观的景色形象生动地摆在读者眼前。另外,《水经注》记述了丰富的人文旅游资源和名胜古迹,如阿房宫、未央宫、白马寺、秦始皇陵、文帝霸陵、武帝茂陵、宣帝杜陵等,对现在的旅游开发产生了巨大的影响。目前,这些遗址有的被开发为世界旅游景区,成为引人入胜的旅游佳境。阿房宫已按文献得到了复原,成为关中旅游西线上的一个著名景点,未央宫部分布局与结构就是参照该注文进行修复并成为西安北区的一个大型综合游乐场。

《水经注》在生物地理学方面也有巨大的贡献。全书所记载的植物品种大约 140 余种,动物种类大约 100 多种,包括在我国常见的温带、亚热带、热带森林景观,西北干旱地区的草原、荒漠植被,描述了植物分布的纬度地带性、经度地带性和垂直地带性特征,对植被垂直分布的原因作出了"由地其迥多风所致"的分析,"多次记载淡水鱼类洄游的习性,是世界上记载淡水鱼类洄游的最早文献"[9]。明确记载了许多在我国绝迹或在分布上有很大变化的动物,使我们更便于研究古今动物地理分布的变迁及古今生物演变和生态变化,这在古代地理著作中是鲜见的。

郦道元在能源地理学方面亦有贡献。他最早记载了大同煤田的情况,并将其与冶金业相结合,文中记载"屈茨北二百里有山,夜则火光,昼日但烟,人取次山石炭,冶次山铁"。石油被称为石漆,《河水注》中有两处记载(今陕西延安附近和甘肃玉门附近),这两地至今仍以石油蕴藏而著名。文中还记载以天然气做燃料进行煮盐,用温泉用于加速作物成熟、治疗疾病等资料。

《水经注》有许多灾变地理学的记载。全书记载的水灾共有 30 多次,上起商周,下达北魏,北逾海河,南到长江流域,记载内容丰富,包括洪水水位、决溢河段、泛滥地区、损失情况及善后处理等灾情,年代准确可靠。此外,郦道元对地震、火山、台风暴、旱灾、蝗虫等灾害也有较多的记载,通常用山崩、地裂、地陷、地鸣等语言描述地震,为地震史研究、古代水文灾害、气候灾变等等都有十分重要的参考价值和借鉴意义。

三、《水经注》的科学价值和意义

郦道元所写的《水经注》不仅是我国地学史上最著名的河流水文地理著作,同时也是一部以河流为纲的区域性地理名著。它以西汉王朝的版图为基础,若干地区并兼及域外。对如此广大的地域范围内的许多重要河流流域,进行综合性的描述,内容包括自然地理和人文地理,李约瑟说,《水经注》是"地理学的广泛描述"。在中国地学史上,全国性的区域地理著作虽然可以上溯到《禹贡》,但《禹贡》篇幅短小,内容简单,完全不能与《水经注》相比。区域地理著作内容易于刻板化,许多地理著作往往千篇一律,但《水经注》描写每一流域,却是文字生动,内容多变,使人百读不厌,是我国地学史上罕见的优秀的区域地理著作的一个突出例子。另外,《水经注》在自然地理学的许多分支如地貌学、气候学、河流水文地理学、植物地理学、动物地理学,以及人文地理学的许多分支如农业地理学、交通运输地理学、城市地理学、人口地理学、文化地理学、旅游地理学等方面都有十分丰富的资料。正是由于《水经注》包罗宏富,牵涉广泛,后人对其进行了大量的研究,形成了一门内容浩瀚的"郦学",而且从明末以来得到很大的发展。一本书形成一门学问的事,不仅在地学史上,在其他科学史上也是很少见的,《水经注》在这方面确实是值得称道[10]。

郦道元生于祖国政局分裂的时代,但是他却打破了当时人为的政治疆界的限制,对全国地理情况的描述,内容丰富多彩,文笔绚烂,体例谨严,以饱满的热情,深厚的文笔,形象生动地描述了祖国的壮丽山川,反映了作者对自己祖国的无限热爱。它也是一部感情丰富,具有强大感染力的爱国主义读物[11]。

第三节　其他传世的地理要籍

一、人文地理学名著——《人物志》

刘邵,生卒年不详,字孔才,魏国邯郸人,主要生活在汉献帝建安以后及明帝执政时期,曾为太子舍人、秘书郎、尚书郎、散骑侍郎、陈留太守、散骑常侍等,赐爵关内侯。他博学多闻,著作很多,其中最重要的一部就是《人物志》,而《人物志》是我国历史上最早的人文地理和人才学专著。

从内容上看,《人物志》综合了儒、道、名、法、阴阳诸家的思想精华,并加以提炼和应用,从而形成了一种具有中国古代特色的人才理论。因此,美国心理学家施来奥克把《人物志》翻译成英文,取名《人类能力的研究》,在西方政界、知识界和商界产生了非常积极的影响。

如众所知,人口、民族、科学技术、政治因素等是构成人文地理环境的重要范畴,其中人的素质是人文地理环境诸范畴中最活跃的因素。因此,重视人的素质研究,就成为《人物志》的突出特色。刘邵在《人物志·序》中说,他写书的目的就在于"述性品之上下,材质之兼偏"。《人物志》共分 3 卷 12 篇:即《九徵》、《体别》、《流业》、《材理》、《材能》、《利害》、《接识》、《英雄》、《八观》、《七谬》、《效难》及《释争》。在刘邵看来:"凡人之质量,中和最贵矣。中和之质必平淡无味,故能调成五才,变化应节。是故观人察质,必先察其平淡,而后求其聪明。"那么,如何品鉴人物的性情与才能? 刘邵说:"盖人物之本,出乎情性。情性之理,甚微而玄,非圣人之察,其孰能究之哉? 凡有血气者,莫不含元一以为质,禀阴阳以立性,体五行而著形。"(《人物志·九徵》)具体地讲,就是分别从"九徵"(即神、精、筋、骨、气、色、仪、容、言 9 个角度)去观察和分析每个人才能和性情。当然,由于社会构成是多元的,因而它对人才的需求就必然是多种多样的,既需要有通才又需要有专才,既不能没有"中庸至德之才",同时也不能没有"偏至之才"。所谓"偏至之才"可分为 12 类:即清节家、法家、术家、国体、器能、臧否、伎俩、智意、文章、儒学、口辩和雄杰。一个社会的发展在很大程度就取决于"偏至之才"的贡献率,在一个稳定的和开明的政治环境里,"偏至之才"对社会的贡献率就会走高,反之,则走低。在此,刘邵特别强调人文环境对人才成长的影响,他说:"情变由于习染。"为了鼓励"偏至之才"最大限度地发挥其才能,刘邵提出了"智者德之帅"的命题,他反对不讲条件片面以"德"取人的"惟道德论"。这个思想,实际上标志着传统教育的目的已经逐渐开始由"养材"向"育材"的转变,它为隋唐以后科举制的出现提供了理论前提。

二、我国最早的地理教科书——《博物志》

张华(公元 233—300 年),字茂先,西晋范阳方城(今河北固安西南)人,自幼聪颖好学,博学强记,是晋初著名的博物地理学家。魏末曾任太常博士、佐著作郎、中书郎。入晋。任度支尚书,因平关之功,封广武县侯,累官至司空,后为赵王司马伦所杀害。

《博物志》(图 3-14-3)原书 400 卷,张华删订为 10 卷。该书内容庞杂,包括山川地理知识、草木鸟兽虫鱼、奇物异事等,此外,还有不少风俗、民族、神话传说,兼有自然地理和人文地理的内容。前 3 卷记述地理动植物,第 4—5 卷为方术家言,第 6 卷是杂考,第 7—10 卷为异闻杂说。《博物志》由于勿求实证,故多想象杜撰和虚妄不实之辞。然而,书中亦有可信的"格致"所得。

对于中国地理的认识,《博物志》卷 1 首先从"总论"的角度,叙述了中国之域的范围及其在世界地理中的位置。张华说:"地南北三亿三万五千五百里,地部之位,起形高大者,有昆仑山","中国东南隅,居其一分"。具体言之,"中国"的地理范围"左滨海,右通流沙,方而言之,万五千里。东至蓬莱,西至陇右,右跨京北,前及衡岳"。显然,这个"中国"与我们现在的"中国"不能等同。前面已述,实则仅指"冀州",古人常常把"冀州"称之为"中国"。当然,"中国"的地理范围并不固定,而是随着历史的发展而变化,于是,张华提出了中国地理在历史上"随德劣优"而经常发生变化的思想。在

图 3-14-3 《博物志》

此基础上,张华列举了14个诸侯国或民族聚居地区,即有秦、周、蜀汉、魏、赵、燕、齐、鲁、宋、楚、南越、吴、东越及衡南,它们构成了整个华夏民族的大家庭,形成了以一定的共同地域、共同语言、共同经济生活以及表现于共同的民族文化特点上的共同心理素质为特点和稳定的社会共同体。《博物志》又讲述了"山"、"水"、"五方人民"及"物产"四个方面的内容。在叙述的过程中,不是面面俱到,而是列举名山大川及名物特产,杂而不乱,纲举目张。如山有五岳(华、岱、恒、衡、嵩),水则有四渎(黄河、长江、济水河、淮河)、八流(渭、汉、洛、泾、汝、泗、沔、沃),人有"五方人民",由于人在适应环境的过程中,形体特征必然会发生变化,所以"东方人佼好","西方人高鼻、深目、多毛","南方人大多傲","北方人广面缩头","中央人端正"。在此,张华注意到了生活环境与生活方式、人口性别比例以及疾病之间的关系,有的观点比较偏颇,不可信,然有的观点符合环境地理学的基本原理。例如,"有山则采,有水则渔","山居之民,多瘿肿疾",人类适合"居在高中之平"的地方,等等。对于物产,张华讲到了矿产与地质结构的关系以及土壤与五谷之间的关系等,里面不乏真知灼见,如在"五土所宜"里,他提出了"得其宜则利百倍"的主张,它对于农田区域规划具有一定的指导意义。可见,《博物志》卷1已经具备了"中国地理"这门学科的雏形。另外,《博物志》经过晋武帝审定,由400卷缩编为10卷,体例和内容都近于后来的中小学教材,从这个意义上讲,它无疑是我国古代最早的地理教科书。

注　释:

[1]　齐思和:《中国史探研》,中华书局1981年版,第242页。
[2]　诸子集成本《淮南子·地形训》(第10册),河北人民出版社1986年版,第64页。
[3]　李长傅著:《禹贡释地》,中州书画社1983年版,第31页。
[4]　陈桥驿:《郦学札记》,上海书店出版社2000年版,第26—89页。
[5]　侯仁之:《水经注选释》,载《中国古代地理名著选读》,科学出版社1959年版,第4—5页。
[6][7]　柳礼奎、路紫等:《地理学视角下的郦道元》,《山西师范大学学报(自然科学版)》2007年第3期。
[8][9]　陈桥驿:《水经注研究》,天津古籍出版社1985年版,第69—258页。
[10]　陈桥驿:《郦道元和〈水经注〉以及在地学史上的地位》,《自然杂志》第3期。
[11]　侯仁之主编:《中国古代地理学简史》,科学出版社1962年版。

第十五章　传统地质知识

秦汉魏晋南北朝时期,是中国古代重要的变革时期,是人类不断认识地球,传统地质思想逐渐启蒙的重要时代。对矿物岩石的认知和利用不断扩展,对地质作用的认知不断加深。出版了一批优秀地质文献。传统地质科技兴起。

第一节　矿物岩石认知的拓展

一、矿物岩石认知的拓展

自秦汉以来,对矿物岩石的认识和利用,不断有所扩展,并屡有新的发现,认识的领域也不断扩大，尤其对煤、石油和天然气的利用，是人类认识和利用天然能源的伟大创举。《后汉书·郡县志》对煤、石油、天然气的发现和利用都已有些论述。

1. 对天然能源的发现和利用

（1）对煤的发现和利用。古籍中的"煤"有很多异名，如石涅、黑丹、炭（或石炭）、黑石脂、青符、石墨、焦石等[1]。

最早记载煤的古籍为《山海经·五藏山经》，书中称煤为石涅，"女床之山，其阳多赤铜，在阴多石涅。"最早记载豫章郡产煤，见于晋司马彪《续汉书·群国志》豫章郡建城下。梁刘昭注引《豫章记》说"县有葛乡，有石炭二顷，可燃以爨"。很多史料都记载我国开采煤始于西汉。

自秦汉以来，作为冶铁业基地大型作坊，已在河北、山西、河南等地相继建立起来，河北地域内最早发现有石炭的记载，是东汉十五年（公元 210 年），曹操修筑铜雀台时，就在室井里储藏了石炭（煤），以备燃用；后北魏郦道元的《水经注》中曾有这样一段注"魏武封于邺"，在今邯郸临漳县境，"城之西北有三台，中曰铜雀台，南曰金虎台，北曰冰井台，上有冰室，室有数井，藏冰及石墨，石墨可书，又燃之难尽，亦谓之石炭。"石炭之名，见于文字记载，这是第一次[2]。

（2）对石油和天然气的发现和利用。秦汉时已认识和开始使用石油和天然气。《汉书·地理志》上郡高奴县这一条下，班固自注"有洧水可难"。上郡高奴县即延州，难为古燃字，这是历史记载我国发现最早的油田和油苗。《续汉书·郡国志》中有"其水有肥"，"燃之极明"的记载。

在河北地域内，早在南北朝时期，祖先就在范阳国（今定兴县）、幽州遒县（今涿县、易县）发现过油苗，这些都可以作为发现我国第一个高产油田——冀中大油田的重要线索和开端[3]。天然气井古时叫"火井"。《汉书·地理志》西河郡鸿门条下，班固自注："有天封苑火井间，火从地中出也。"火井的开发利用与盐业的兴盛有关。

2. 炼丹术对矿物岩石知识的扩展

萌发于公元前 4 世纪的炼丹术，经过秦汉两朝，至魏晋南北朝时期开始进入黄金时代。由于方士在丹药上坚持假求外物以自坚，所以服石药风气盛行。这促使方士对各种能炼制丹药的矿物更为注意。魏晋南北朝时期，炼丹术的最重要著作是晋朝葛洪（公元 283—363 年）所撰《抱朴子内篇》，它是中国现存最早记载炼丹术方法的书籍。全书 20 篇，其中"金丹"、"仙药"和"黄白"三篇记载了数十种矿物名称及其特性。《抱朴子内篇》中涉及的矿物有丹砂、玉札、曾青、雄黄、雌黄、云母、太乙禹余粮、黄金、白银、石中黄子、石英、玛瑙、石芝、石硫黄、石粘、消石和黄玉等 17 种。

3. 玉器和玉材矿物岩石的利用

汉代以来与西域交通日渐发达，玉材来源更为丰富。由于铁器的利用和科学技术的发展，玉器形制和饰纹更加复杂多样。特别利用了金刚石，沿用了以石攻石的方法，致使"他山之石（即硬度最大的金刚石），可以攻玉"。金刚石与解玉砂法并用，使琢玉的工艺提高到一个新的水平。阴刻、镂雕、双面雕等花样翻新，立体雕刻更加精湛，自此汉代玉器盛极一时，"汉玉"一词名闻天下，流存甚广，魏晋以后战乱不断，玉器制作渐行衰落。

金刚石是由碳元素组成的单质矿物，无色透明，呈强金刚光泽，硬度为 10，是硬度最大的矿物。我国最早记载金刚石矿物见于《山海经》和《西山经》。

在汉代的"汉玉"中最具代表性的玉器当属保定满城西汉中山王墓出土的"金镂玉衣"。"金缕玉衣"也称"金镂玉匣"[4]，自西汉中期到东汉盛行，葛洪《抱朴子》"金玉在九窍，则死者为之不朽"。说明对玉衣的迷信。1968 年夏，中国科学院考古研究所和河北省文物工作队，在满城陵山发现了西汉中山靖王刘胜和其妻窦绾的墓，这两座墓各出土了一套保存完整的金缕玉衣[5]。

刘胜玉衣全长 1.88 米，由 2 498 片玉片，1 100 克金丝连缀而成，玉衣的选料，经中国科学院地质研究所通过岩石偏光显微镜观察，X 射线粉晶分析和化学分析，鉴定为闪石玉（软玉），与新疆的和田白玉同属一种。可能玉料来自新疆。

软玉由角闪石族矿物组成,主要矿物为透闪石和阳起石,质地细腻,油脂光泽,极为柔和,半透明至不透明,呈灰白色。

4. 本草著作中的矿物知识

"本草"是中国传统医学的药物学著作专称,我国古代本草学研究的对象从一开始就是自然界现实存在的各种物质,包括动物、植物和矿物,所以本草著作中记录了大量矿物知识。

在我国现存最早的本草著作是汉代的《神农本草经》。其成书年代及作者争论很多。它是我国药物学史上对药物的第一次比较全面系统的分类著录的著作,也是秦汉以来药物、矿物知识的总结,对后世药物学和矿物学的影响很大。《神农本草经》共收药物 365 种,其中植物药 252 种,动物药 67 种,矿物药 46 种,并对这 46 种矿物的产地、特征和采集知识进行了论述和记载。

继《神农本草经》之后,又有《吴普本草》问世。《吴普本草》是三国时期华陀弟子广陵(今江苏江都)人吴普所撰,广集先贤诸家之言,结合自己的实践,记载药物 441 种,其中矿物药物 33 种,《吴普本草》在矿物药物的矿物学特征记述上较《神农本草经》有较大的进展[6]。

继《吴普本草》之后,南北朝时期又有《本草集注》一书问世。《本草集注》是由南北朝时期的著名学者陶弘景(公元 456—536 年)编撰,是继《吴普本草》之后本草学最重要的著作。全书包含着极为丰富的矿物学知识,是最早深入和全面记述矿物药的矿物性状、产地和唐代以前记载矿物学知识最重要的文献[7]。

5. 鉴定矿物的新方法

魏晋南北朝之前,矿物鉴定方法主要以物理鉴定法中的外表特征如颜色、形状等的不同区分矿物。至魏晋南北朝时期,随着对矿物认识的深化,对某些外表特征相近或组成相似的矿物使用了一些新的鉴定矿物的方法。

(1)条痕法。最迟在东晋时期已发现矿物的条痕,即矿物粉末的颜色比块体的颜色更稳定,并取它作为鉴定矿物的特征。南朝刘宋时雷学文所著《雷公炮炙论》卷上,记载以条痕法鉴定 5 种滑石类矿物:"有白滑石、绿滑石、乌滑石、冷滑石、黄滑石"。

(2)氧气试验法。东晋葛洪《抱朴子内篇·金丹》首先记载使用氧气试验法鉴定黄金,书中云:"黄金入火,百炼不消,埋之,毕天不朽"。这大概是"真金不怕火炼"谚语的由来。黄金的化学成分极为稳定,利用这一性质可以将黄金与其类似的其他金属相区别。

(3)焰色试验法。三国魏《吴普本草》中提出以焰色法鉴定硫黄:"烧令有紫焰者。"至梁代陶弘景《本草集注》也记载以焰色法区别不同的矿物,书中云:"有人得一物,色与朴硝大同小异,㕮之如握盐雪。以火烧之。青紫焰起,云是真硝石也。"朴硝即硫酸钠,焰色纯黄,硝石即硝酸钾,焰色青紫。

二、对古生物化石认知

化石是保存在各地质时期沉积岩层中的生物遗体和遗迹。它是记载地球历史特殊的文字,是研究地质历史、划分地质年代、分析古地质环境的重要证据。早在春秋战国时期,我国就有关于化石的记载。

1. 已知龙骨是动物的遗骸

《山海经》中的《中山经》就有"又东二十里曰金星之山,多天婴,其状如龙骨,可以已痤。"金星是山名,天婴又名九婴是水火之怪。《淮南子·本经训》:"尧使诛九婴于凶水之上。"此为我国古籍中记载哺乳类化石的最早者。其后西汉司马迁《史记·河渠书》记载汉武帝时因灌溉重泉,开凿河渠。因挖掘时掘到龙骨,所以叫龙首渠。在梁之前成书的《名医别录》也指出龙骨是动物的遗骸:"大水所过处,是死龙骨",龙骨"生晋地川谷,及太山岩水岸土穴石中死龙处"(我国古代把古脊椎动物的化石遗骨(除鱼类外)都叫龙骨)。这一时期,河北地域出产龙骨的主要有宣化、怀来、赤城等地[8]。

2. 准确地描述了鱼化石

我国古籍中最早记录鱼类化石的,首见于《山海经》的《海外西经》:"龙鱼陵居在其北,状如狸。"《淮南子·坠形训》将龙鱼写作石龙鱼。至魏晋南北朝时期,晋司马彪(公元? 年—约306年)《郡国志》、南朝宋盛弘之(公元? 年—469年)《荆州志》、南朝宋沈怀远之《南越志》以及北魏郦道元《水经注·涟水》等书对中国古代最著名的鱼化石产地作了较为详细的记述,其中以《南越志》的记载较有代表性。不仅对鱼化石产地的地理位置、化石埋藏层位、化石保存状况及其形状都作了比较科学的描述,而且提出了鉴定鱼化石的方法——火烧法。

3. 首次记载石燕和蝙蝠石

(1)石燕,即腕足类动物门石燕类化石。公元4世纪,晋罗含在《湘中记》中最早记载"石燕在零陵县"。此后,东晋顾恺之(公元392—467年)的《启蒙记》、南朝宋甄烈的《湘中记》、庾仲雍的《湘州记》等都对零陵县石燕作了类似的描述。北魏郦道元在《水经注·湘水》也记述了石燕。

(2)蝙蝠石,即节肢类三叶虫化石。形状似蝙蝠。东晋郭璞(公元276—324年)在《尔雅·释鸟篇》注中最早记载蝙蝠石。

4. 记载琥珀成因和产地

自后汉杨孚《异物志》记载"琥珀之本成松胶也"之后,晋张华《博物志》和梁陶弘景《本草集注》都直接指出琥珀是由树脂石化而成:"松脂入地所为","琥珀中有一蜂形如生。……此或当蜂为松脂所粘,因坠地沦没耳"。晋郭璞《玄中记》进一步说明其形成时间是漫长的:"枫脂轮入地中,千秋为琥珀"。梁陶弘景《本草集注》记载琥珀燃烧后有松的气味以及颜色:"烧之亦作松气","以赤者为胜"。

第二节　地质作用知识的深化

一、对地震作用知识的扩展和深化

在对地震的认识、观测和地震预报方面积累了丰富知识的基础上,先人制作了不少有关测定、预报地震灾害的仪器,张衡发明的候风地动仪就是其中最优秀的代表。

张衡,字平子,东汉章帝建初三年(公元78年)诞生于南阳郡(今河南南阳县)。曾任河间太守[9]。在张衡所处的年代,地震频繁发生,据《后汉书·五行志》记载,自和帝永元四年(公元92年)至安帝延光四年(公元125年)的30多年间,共发生较大地震26次,地震波及范围有时大到数十郡,常常引起地裂山崩,江河泛滥,房屋倒塌,人畜伤亡。为了及时预报各地的地震动态,经过多年研究,张衡终于在阳嘉元年(公元132年)年发明了世界上第一台测定地震方位的仪器——候风地动仪。

据《后汉书》记载,候风地动仪"以精铜铸成,圆径八尺,合盖隆起,形似酒樽"。周围按方向铸着8条龙,龙口里含有铜丸,地下蹲着8个铜蛤蟆,张开嘴巴候在龙口的下面。在地动仪的中央竖着一根上粗下细的铜柱,哪个方向发生地震,大铜柱便倒向那边,触动连带龙口的活动机关,使龙口里的铜丸落到蛤蟆嘴里,人们便据铜丸下落的方位,"知震之所在"。

张衡的地动仪制成后,安置在京城洛阳。汉顺帝永和三年(公元138年)二月初三,地动仪的一个龙机突然发动,吐出了铜丸。当时在京城的人却丝毫没有感到地震的发生,几天以后,信使来报,证实陇西前几天确实发生了地震,人们"于是皆服其妙"。洛阳距震中约700公里,地动仪能够感应出这次地震,说明它的灵敏度是相当高的。研究张衡地动仪的中外学者,都一致给予这项创造以很高的评价,至此已显露出超越世界的强劲势头[10]。

二、对地下水作用和泉的认识

1. 地下水作用

我国流行极早的一首诗歌,叫《击壤歌》:"日出而作,日入而息;凿井而饮,耕田而食,帝力与我何哉?"它不但生动地描绘了古代劳动人民怡然自得的风度,同时也告诉我们一个事实:我们的祖先就已经知道凿井、开采和利用地下水了。

凿井,是我国古代劳动人民的伟大发明之一。随着地表形态和地质及土壤条件不同,地下水水量的多少、水位的深浅、水质的好坏,也往往随之而不同。这一点,古人也已有所认识。据《管子·地员篇》载:"渎田息徒,五种无不宜……赤垆历强肥,五种无不宜,黄唐、无宜也,唯宜黍、林也。斥埴,宜大菽与麦,黑埴,宜稻麦。"[11]

由此可知当时人们已经懂得根据地表土壤的类型、植物种类等方面的差异,进一步来推断地下水的埋藏深度和水质情况,并知道根据岩石性质来推断地下水的多少。

2. 泉的出现

泉就是地下水的天然露头。据沈树荣研究认为"人类在很早就已利用泉水,在母系氏族公社时期,我们的祖先对泉水的水质和效用,已经有了一定的认识。"《诗经·小雅》就有"莫高匪山,莫浚匪泉"。说明当时人们已认识到在深处地下水才有可能成为泉。《诗经·邶风》有"毖彼泉水,亦流于淇"的诗句,说明泉水是河水之源。到距今三千多年前商代遗址发掘出来的甲骨文中,已有许多关于泉的记载。此后,古书中关于泉的记载就更多了。著名的邢台百泉因泉多而被称为我国泉都之一。

3. 泉水的分类

关于泉水的分类,在《诗经》中早已有对泉水出露情况的命名。其分类与现代泉水分类基本相同。

槛泉——《小雅·采菽》曰:"觱沸槛泉,言采其芹。"《小雅·瞻卬》曰:"觱沸槛泉,维其深矣。""槛"字,为"滥"的借字,即泛也,涌出四方;"槛泉"就是"滥泉",为喷泉,现代称为上升泉。

沈泉——《小雅·大东》曰:"有冽沈泉,无浸获薪。""沈"为旁出,沈泉为侧出泉。成因是泉水上涌受阻,只得由侧面裂隙流出,因而在现代称为裂隙泉。

下泉——《曹风·下泉》曰:"冽彼下泉,浸彼苞稂";"冽彼下泉,浸彼苞萧";"冽彼下泉,浸彼苞蓍"。"下泉"为低地之泉,因为只有低湿之地才能泉浸丛生的苞稂(即狼尾草)、苞萧(即香蒿)和苞蓍(即蓍草)。这种低湿地泉水,往往是地面低于附近的潜水而形成,泉水常由上向下流,在现代称为下降泉。

《水经注》共记载泉38处,除卷1《河水注》中迦罗维越国温地外,其他都在我国境内。分布范围广及河北、山东、辽东、陕西、云贵、淮扬和闽越粤等地,其中以太行山区及陕甘地区较多。

在水温没有定量标准的古代,郦道元在《水经注》中将温泉的水温大致分成:水温较冷的温泉,水温较低的温泉,水温较高的温泉。

4. 古代对温泉的利用

地球深处蕴藏着丰富的热能,在其运动中通过各种介质向外扩散。地下水在运动过程中,作了热能的传递介质,形成地下热水,溢出地表的就是温泉。温泉在我国古籍中,有很多异名,如温水、汤水、暖泉、温汤、汤泉、圣汤、沸泉等。我国古籍中最早著录温泉的见于《山海经》,书中称温泉为"汤谷"、"温源谷"。《魏书·灵征志》有"九月,温泉出于涿鹿,人有风寒之疾,入者多愈。"[12]

我国古代最早对温泉的利用是在医疗上。东汉张衡《温泉赋》上说："有疾疠兮,温泉汩焉;以流秽兮,蠲除苛慝。"北魏郦道元《水经·湿水注》引《魏土地记》说："代城（今张家口蔚县境内）北九十里有桑干城,城西渡桑干水,去城十里有温汤,疗疾有难。"

第三节　主要地质文献

秦汉魏晋南北朝时期,在大量的文献中,包含有非常丰富的地质知识和地质思想,特别是在秦汉大一统时代背景下,全国性和综合性的著作应运而生,当时具有全国综合代表性的著作主要有北魏郦道元撰写的《水经注》和东汉班固撰写的《汉书·地理志》。

一、《水经注》及其地质内容

北魏郦道元,字善长,范阳涿鹿人（今涿州市道元村人）。郦道元少年时代就随父游历过山东青州,出仕后历任许多地方官吏,并随孝文帝北巡,由于职务方便,使他考察过河南、山东、山西、河北、安徽、江苏、内蒙古等地,对于这些地区的风土人情、水旱灾害有实际观察与切身体验,获得了丰富的地理知识。他认为,《山海经》、《禹贡》、《汉书·地理志》及《水经》对于水道都失之简略,而且由于历史变迁,多有改易。因之,他觉得有必要重新订正考察一番,"庶备忘误之私,求其录省之易",目的在于给人们以实际指导。

郦道元的研究方法,是以《水经》为蓝本,从实际调查入手,"访渎搜渠,缉而缀之",费了7年心血,写成《水经注》。《水经注》40卷,共约30万字,补充记述水道1252条。不但内容丰富、生动,文笔也绚丽多彩。这是一部熔科学与文艺于一炉的经典杰作,不愧被誉为"宇宙未有之奇书"。

《水经注》是我国地理学发展史上一座里程碑,它开辟了以水道为纲的综合地理学的研究道路。此书不仅详述河流水道的水文地理,而且把有关的自然现象,如地质、地貌、土壤、气候、物产、民俗、城邑兴废、历史古迹、神话传说,都加以综合阐述,文采熠熠、琳琅满目,把读者领入山阴道上,油然而生热爱祖国的宏大旨趣。

他对河北地域水系了解甚详,几乎走遍了长城以南、淮河以北各地,亲自调查水系流向。如对海河水系调查。海河是黄河以北最大的水系。它由卫河（南运河）、子牙河、大清河、永定河、潮白河（北运河）五大流域组成。五河在天津附近汇合,始称海河,然后在塘沽注入渤海。整个水系构成黄淮海平原的北翼。在《水经注》的时代,当然没有海河的概念,但是组成今海河的五大河流及其支流,在经、注文字中或多或少地都有记及。所以我们可以对古代的这个水系,按《水经注》的记载进行探索研究。

《水经注》记载涉及今海河是从卷9开始的。此卷5篇,除了沁水是黄河支流外,其余清水、淇水、荡水、洹水都属于海河水系。荡水和洹水原来就是卫河支流漳水的支流,而当时的卫河是与子牙河交织在一起的。清水与淇水是后汉末年才从黄河水系转入海河水系的。卷10共《浊漳水》和《清漳水》2篇,二水总称漳河,是卫河的支流。卷11为《易水》、《滱水》2篇,都是大清河的支流。卷12为《圣水》、《拒马水》2篇,也都是大清河的支流。卷13《㶟水》单独为一个卷篇。此水上游即今桑干河,下游涉及今永定河的一段。卷14共《湿余水》、《沽河》、《鲍丘水》3篇,都是潮白河的支流。但前面已经提及,此书在宋时期的缺佚中,滹沱河是其中之一,包括其支流滏水和洺水等,这些都是子牙河的支流。通过此书尚未缺佚时其他古籍如唐《初学记》、宋《太平寰宇记》、《太平御览》等所引,仍可窥及这些河流的大概面貌。由此可见,今海河水系的各大河流,《水经注》都有论及。当然,与现在对比,变迁是很大的。

《水经注》仅就地质学而论,在对化石、温泉、溶洞、火山及石油等诸多论述,也是功绩彪炳,光彩照人。

（1）在湭水（今北京沙河）条下注有："湭水又历大和川,东经小和川,又东温泉注之。水出北山,七泉奇发,炎热特甚……水出北山阜,炎热奇毒,痼疾之徒无能澡。其衡漂救养者,咸去汤十许步,别池然后可入汤。侧有石铭,云皇女汤,可以疗万疾者也。"这就是著名的北京小汤山温泉。

(2)在㶟水(今永定河)条下注有:"山上有火井,南北六十七步,广减尺许,源深不见底。炎势上升,常若微雷发响,以草爇之,则烟腾火发。"这似乎是火山活动,但现在早已熄灭了。

二、《汉书·地理志》及其地质内容

《汉书·地理志》两卷(卷28和卷29),作者班固(公元32—92年),该书是我国第一部以"地理"命名的著作,也是我国第一部疆域地理志。其开创的体例为此后两千年来封建社会所沿用,从而形成了中国古代地理学的发展和研究重视政区沿革变化,忽视对自然地理环境的探索,开创了沿革地理学的体系,也是一部我国最早的较全面系统的历史地理学著作。

《汉书·地理志》内容包括:黄帝以后一直到汉朝初年历代疆域沿革变迁的概况,以郡国为单位,逐一记述了西汉版图内103个郡国及其所属的1 587个县、邑、道、侯国的地理情况等。据研究统计,《汉书·地理志》涉及到自然地理方面的记述有134座山,258条水,20处湖泊,7个池,其他江河水体29处。此外还记有涉及62郡的112个盐、铁、铜等矿物产地。

现仅就地质学而论,尚有几项功绩,特别应该指出:

(1)《汉书·地理志》有最早发现石油是可燃的、可利用的燃料和产地的记载,"高奴有洧水,可难,莽曰利平"。按高奴是现在的陕西延安,"洧水"就是现在的清涧河,"难"是古燃字。清涧河水可以燃烧,显然是指水面上浮有原油、石蜡和沥青之物质。

(2)最早记载的天然气井为火井。我国是最早发现和利用天然气的国家之一,《汉书·地理志》中则记有最早天然气井的产地[13]。据《汉书·地理志》中西河郡鸿门条下,斑固自注有"天封苑火井间、火从地出也"。西河郡鸿门县在陕西省东北部,是历史上第一次记载天然气井[14]。

(3)最早有大量矿物符合现代出产地的记载。据东汉的《计然万物录》对所记矿物出产地的记载,皆出自斑固的《汉书·地理志》。文中指出从第21条至110条的矿物药物的产地都是汉时的地名[15]。文中对每一种矿物产地都指出在何县,如石胆(胆矾是含水硫酸铜)出陇西郡羌道(今甘肃岩昌县)。

注 释:

[1] 李仲均:《石涅如薪》,载《中国古代地质科学史研究》,西安地图出版社1999年版,第54—56页。
[2][3] 王仰之:《中国地质学简史》,中国科学技术出版社1994年版,第52—53,6页。
[4] 叶寅生:《鳞施、玉匣和王衣》,《珠宝科技》1995年第3期。
[5] 张文骥:《宝石学》,(中国香港)香港艺美图书公司出版1980年版,第91—101页。
[6] 艾素珍:《〈吴普本草〉中的矿物学知识》,载《地质学史论丛》(4),地质出版社2002年版,第329—333页。
[7][13] 唐锡仁、杨文衡:《中国科学技术史·地学卷》,科学出版社2000年版,第215,267—268页。
[8] 李仲均:《我国古籍中关于脊椎动物化石的记载》,载《中国古代地质科学史研究》,西安地图出版社1999年版,第193—195页。
[9] 王先谦:《后汉书集解》,中华书局1981年版,第678—679页。
[10] 周瀚光、王贻梁:《发明的国度中国科技史》,华东师范大学出版社2001年版,第50—52页。
[11] 乐爱国:《管子的科技思想》,科学出版社2005年版,第100—101页。
[12] 李仲均:《古籍中记载温泉、化石、溶洞等地质异常现象年表》,载《中国古代地质科学史研究》,西安地图出版社1999年版,第212页。
[14] 方克主编:《中国的世界纪录·科技卷》,湖南教育出版社1987年版,第92—93页。
[15] 李仲均:《〈计然万物录〉中矿物药疏证》,载《中国古代地质科学史研究》,西安地图出版社1999年版,第99—104页。

第十六章　传统采矿科技

秦汉时期是金属矿开采极盛的时期,河北地域古代采矿科技全面发展,铜、铁、金、银、铅、锡、汞等矿的开采在全省范围内开展起来,铜铁矿联合开拓系统不但规模大,投入的人力物力较多,广泛使用铁制采掘工具,改进工具器形,创制大型挖土器,增加采掘工具种类,增加凿岩能力,技术上亦更加成熟。曹操冰井储煤技术的发现,延长了煤的储藏和利用时间,是中国最早的储煤法。这一时期是我省古代采矿技术体系的逐步形成期。

第一节　采矿辅助技术的发展

采矿辅助技术和行业,主要指农业、冶铁、测量、水利交通和木工作业。秦汉时期,这些行业都有了较大的发展,这是整个社会经济技术发展的一种反映,它无疑会对矿业发展产生一定的促进作用。

1. 铁器的广泛使用

秦汉时期,实行了一系列的重农政策,把重农思想推向了一个新的高峰。改进农具,推行"代田法",创制"耦犁",普及铁制大型农具,特别是大型掘土器,兴修大型水利。例如,满城汉墓遗址出土有:刘胜墓出土铁器499件,主要有凿、锛、斧、镢、刀等27种;窦绾墓出土铁器107件,包括犁、铧、铲、二齿耙、铁范等21种[1]。保定东壁阳城还出土了汉代铁齿耙和耙范。农业的发展,使矿业生产有了最基本的保障。

早在统一全国的过程中,秦国就注意到了铁矿采冶及其在社会生活中的地位。《史记·货殖列传》记载,秦惠文王八年(公元前330年)攻魏,迁冶铁富豪孔氏至南阳。前已述之,秦始皇灭赵后,曾迁徙赵人入蜀地,其中的卓氏知道四川临邛(今四川邛崃)盛产铁矿,又有名为蹲鸱的大芋可供工匠充饥,便主动要求去那里,"即铁山鼓铸","富至僮千人"。同在临邛经营冶铸业、与椎髻之民交易而"富埒卓氏"的程郑,也是"山东迁虏"。秦代采取的这一措施,客观上起到了开发边远地区,进一步发展矿业的作用。

2. 测量技术的进步

与矿业技术有关的测量技术,秦汉时期亦有了惊人的进步。准、绳、规、矩是我国古代四种常用的测量工具,虽传说大禹治水时已经使用,但却是到了汉代才见于记载。《史记·夏本纪》记载:夏禹"陆行乘车,水行乘船,泥行乘橇,山行乘檋。左准绳,右规矩。"[2]至汉代,弩机已具有测量瞄准作用。秦汉著作《九章算术》中有测山高和测井深的例题。魏晋时,数学家刘徽首次系统地论述了重差在测量学上的应用。南北朝时期,清河人张丘建所著的《张丘建算经》,成书于公元5世纪。该书共3卷92题,其中就有测量、冶炼、土木工程等各方面的计算问题,比较突出的成就是最大公约数与最小公倍数的计算、各种等差数列问题的解决、某些不定方程问题求解等。北周时期,无极人甄鸾擅长于精算,通历法,曾编《天和历》和注释不少古算书。其中《五曹算经》中"田曹"所收的问题是各种田亩面积的计算问题。

北魏时期,郦道元在他的《水经注》卷34《江水》中曾记述了陈遵以击鼓传声来测地势高下远近的事实。"江陵城地东南倾,故缘以金堤,自灵溪始。桓温令陈遵造,遵善于方功。使人打鼓,远听之,知地势高下。依傍创筑,略无差矣。"此方法是利用高处击鼓与低处听到的时间差,相当准确地算出某高地的高度,已利用了大气中声速乘以时间等于传播距离的关系,虽未直接测出声速,但此方法无疑是巧妙的。

3. 地图绘制的发展

地图在政治、军事、生产上有着很重要的意义,"献图则地削,效玺则名卑,地削则国削,名卑则政乱矣",献上地图就意味着献出土地,地图成了国家政权的象征。历史上曾发生在河北地域内的著名的荆轲献图的故事,秦始皇为接受燕国壮士荆轲呈献的督亢(今固安、易县一带)地图险些丧命,可以看出秦始皇求图心切[3],也从另一侧面反映出河北区域性地图也已普及。到了汉代,地图应用更为广泛,地图种类增多,地图制作更为发达。西汉初期,人们已能绘制精详的地形图。

4. 开凿技术的普及

满城汉墓中山靖王刘胜墓位于陵山主峰东坡,以山为陵,依崖建墓,为人工开凿的山崖墓[4]。满城汉墓虽为中山靖王刘胜埋葬所造,但从开凿技术层面来说,其至少证明以下五点:一是开凿技术达到较高水平,开凿深度已达51.7米,最宽(南北耳室的长度)37.5米,最高(中室的高度)6.8米;二是开凿形制呈多样性,有长洞形、方堂形、回廊形、拱形、弧形、穹隆形等,并已充分利用了岩石的力学性质;三是开凿巷道(墓道至后室和南北耳室)已经形成,主辅巷道分明;四是开凿的排水设施科学合理,利用斜坡落差和岩石裂隙把墓内上部岩石裂隙水排出洞外;五是根据洞壁上残留有火烧的痕迹,开凿岩洞时已使用了"火爆法"。

位于邯郸峰峰矿区的响堂山石窟,分南、北两窟,始凿于北齐年间(公元550—577年),开凿于北齐至明代的石家庄市的封龙山上亦有东石堂、西石堂两个石窟。这都反映了当时河北开凿技术和施工水平的成熟。关于响堂山石窟的雕刻艺术、摩崖造像艺术暂且不论,单从凿岩技术而论,一是留有原岩石作柱进行三维大空间(廊室)开凿,以具有矿山开采的房柱法的原始雏形;二是多层开凿的龛窟也已为矿山开凿多层巷道奠定基础。

在河北地域,北魏时期开辟了由中山城(今定州市)通向平城(今大同市)的交通要道主要有两条,其中的灵丘道工程巨大。该道又多从深山峡谷穿过,修治难度可想而知。灵丘隘门峪内二十余公里路段十分艰险,其中觉山寺南一段绝壁凿修栈道通行,此古栈道遗址尚存(《魏书·高祖纪》第七)。反映出在凿岩架木工程技术表现出惊人的成就。

5. 凿井工程的开拓和排水方法的使用

在远古时代,我们的祖先最早开发和利用了地下水。"日出而作,日入而息;凿井而饮,耕田而食,帝力与我何哉?"这是我国流行很早的一首诗歌,叫《击壤歌》。从科技发展的角度告诉我们:我们的祖先已知遵循自然规律生活和劳作,熟知按时令节气进行农耕和收获,已经知道了水与人类生活的紧密关系,凿井、开采和利用地下水。

秦统一中国后,针对诸侯国"壅防百川,各以自利"的状况,采取了"决通川防,夷去险阻"的水利建设措施进行河流治理。在河北地域,西汉时期开凿了太白渠;东汉时期开凿了蒲吾渠,东汉时期修建了引潮白河灌溉密云、顺义一带农田的大型水利工程;开凿了白沟、利漕渠、平虏渠、泉州渠等;修建"戾陵堰",开"车箱渠"(今北京市),完成疏引永定河的排灌等等工程。关于凿井汲水除人们生活必需的地域外,两汉时期河北地区凿井灌溉也逐渐扩大、汲水工具如滑车、辘轳等也有了改进和提高。与滑车(滑轮)、辘轳相似的另一种机械是绞车,它在古代也得到普遍应用。《晋书》卷107《石季龙传》载:永和三年(公元347年),石季龙为窃金银珠宝令人盗邯郸赵简王墓,因墓穴有深水,故作"绞车以牛皮囊汲之"(《晋书·石季龙传》卷107)。这虽说是一不光彩的实例,但也说明深部地下水使用牛皮囊盛水用绞车提升的技术。那时人们已对轮轴这种简单机械运用自如,并能依使用机械的目的灵活实现平移运动和定轴转动的相互转换。曲柄摇把、曲柄连杆广泛用于扬车、辘轳、手推磨、手推碾、谷筛、面罗以及纺织等机械中。在动力方面,从人力鼓风和汲水,发展到畜力、水力鼓风和汲水,并创造了"马排"、"牛排"和"水排",即依靠畜力或水力驱动的鼓风囊、鼓风箱。机械中的齿轮用以改变传动和转动方向、速度,改变力矩,齿轮大量发现于战国、秦汉时期。这些都极大地拓展了人类对能源的认识和利用空间,尤其对采矿、冶金、铸造等工业部门的发挥了重要作用。

第二节　主要矿产地

一、秦汉时期文献记载的河北地域的矿冶遗迹

秦汉是我国封建社会前期,也是金属矿开采极盛的时期。据《汉书·地理志》和《续汉书·郡国志》及其注所载,当时有今河北省境内前后置铁官8处、盐官4处(见表3-16-1),所置铁(盐)官的地区主要是开采铁矿和冶铸手工业集中且发达之地。《地理志》还说常山郡蒲吾(今灵寿县西南)有铁山,关于都乡侯国的所在地,有人认为在今井陉。但据《太平寰宇记》引三国时人卢毓的《冀州论》中所写的"淇阳磬口,冶铸利器",认为磬口即常山郡的铁官所在地,也就是今沙河市的磬口山。说明河北已有多处生产钢铁的基地。到汉元帝时,"今汉家铸钱,及诸铁家,皆置吏卒徒,攻山取钢铁,一岁功十万人以上"(《汉书·食货志》),这是冶铁采矿业规模之大的一个说明。《汉书·五行志》记载了涿郡(今涿州市)发生的冶铁高炉发生爆炸事故的情况:"征和二年(公元前91年)春,涿郡铁官铸铁,铁销,皆飞上去。"(《汉书·五行志》)从事故的字里行间可以反证其冶铁炉的高大,汉代河北境内的冶铁业不仅质高,而且规模很大。

表3-16-1　河北地域西汉时期设置铁官、盐官一览表

官营分工	矿官驻地	今省市及现地	官营分工	矿官驻地	今省市及现地
铁官	渔阳郡渔阳	北京市密云	铁官	中山国北平	保定市满城
铁官	渔阳郡泉州	天津市武清	铁官	常山郡蒲吾	石家庄市平山
铁官	赵国武安	邯郸市武安	盐官	渔阳郡泉州	天津市武清
铁官	常山郡都乡	石家庄市井径	盐官	钜鹿郡堂阳	邢台市南宫
铁官	涿郡涿县	保定市涿州	盐官	渤海郡章武	沧州市沧县
铁官	辽西郡夕阳	唐山市滦南县	盐官	辽西郡海阳	唐山市滦县南

注:根据夏湘蓉、李仲均、王根元编著《中国古代矿业开发史》第46—49页表2、表3整理。

铁器的铭文,绝大部分是官冶作坊所在地名。北齐时(公元550—577年)铁器铭文表示,今磁县滏口是重要的冶铁作坊之一。

二、考古调查和发掘的秦汉矿山

1. 河北承德铜矿遗址

1953年,考古人员对河北承德西汉铜矿遗址调查了四次,发现矿井、大型采矿场、巷道等。其布局为:矿井分布在北山东沟,主井西南约8米处为选矿场。沿山冈到西沟,长200米,宽5余米为一条西汉时期的运矿大道,路面平坦,直通冶炼场。冶炼场发现7块粗铜产品铜饼,其直径约33厘米,重5千克至15千克,每块铜饼上都刻有字,或"东六十"、"东五八"、"东五四"、"西六十"、"西三五"、"西五三"等[5]。

2. 邢台地区冶铁遗址

邢台临城大西沟汉代遗址位于县城西的西竖村西南,残存炼铁炉三座,炉底呈圆形,直径3.6米,置三条鸡爪形凹槽。暴露铁矿石、铁结块炼渣、木炭等遗物;白石沟汉代遗址位于县城西彭家泉村西南,残存炼铁炉一座,暴露铁矿石、铁结块炼渣、木炭等遗物。汉代的冶铁遗址还发现于内邱县西竖、沙河县綦阳村等地。

邯郸"北大城"有一处汉代的铸铁遗址,只残留炉壁,长1.75米,周围有木炭、灰渣、碎铁及齿轮范等残片。

晋代时期,社会动荡,矿业萧条,但邯郸武安、沙河一带的铁矿尚在进行采冶。

3. 北京地区冶铁遗址

北京清河镇曾发现了一座西汉时期的炼铁坩埚残断,炉底径约0.12米,壁厚0.035米,高约0.6米,口径约0.3米。坩埚用耐火泥筑成,大的方形炉一次可炼铁2 000斤左右[6]。后来,人们在春秋时期的炼铜竖炉基础上,加以技术改良而创造了冶铁高炉这种形式。

三、金矿开采与利用技术

在石家庄市藁城台西商代遗址14号墓中,有金箔出土,据此可以推测黄金的采找和淘冶加工技术早在商代以前就已经出现了。

公元前221年,秦统一全国后,货币法定为黄金(称为上币)和铜钱(称为下币),从此黄金成为全国统一的货币。公元23年王莽被杀时,政府尚存黄金约70万斤(王莽时的斤),约合179.2吨,与当时罗马帝国的黄金储存量相等。说明西汉(公元前206—公元25年)黄金采冶之盛。西汉时,金的加工技术也达到了新的水平。例如满城西汉中山靖王刘胜和他妻子窦绾的墓中,二人均穿用黄金细丝串联玉片制成的"金缕玉衣"。刘胜"金缕玉衣"所用金丝约1 100克,窦绾"金缕玉衣"所用金丝约700克组成。两人头下均有鎏金镶玉铜枕。另有医用金针四根及长信宫灯、错金博山炉、错金银鸟篆文铜壶、鎏金银蟠龙纹铜壶等其他金铜器[7];定县八角廊村西汉中山国怀王刘惰墓中,"金缕玉衣"用金达2 567克,另有金饼40块,掐丝贴花银琉璃面大小马蹄金各2块,掐花贴花银琉璃面麟趾金1件。

东汉时期,黄金仍是重要的金饰,加工技术更高。在定县北陵头村东汉中山国穆王刘畅及其妻子的墓中,有掐丝金辟邪、掐丝金羊群(每只羊长仅1厘米,高0.8厘米)、错金钩镶(一种短兵器),制作均十分精巧,是罕见的艺术品。

第三节　传统采矿技术的形成

一、大型联合开拓系统

我国地下联合开拓系统在商代便已出现,但因受技术上的限制,只能达到井浅巷短的效果,并且规模不大。自从铁制工具应用于矿山,矿山开拓发生突破性变化。从战国晚期到西汉时期,矿山开拓的平巷净高由原来的1米多发展到近2米,接近现代民办采矿巷道的高度。巷道的采深,不少地方出现百米以上者。联合开拓系统,已不再是小规模布局,而是多中段的复合联合开拓,即由二至三个以上开拓中段组成,每个中段内都布置着竖井(或盲竖井)→平巷(或斜巷)→采场→盲竖井。回采、运输、排水、通风等技术,也相应地变得复杂。以河北承德铜矿联合开拓为例[8]。

承德铜矿联合开拓由四部分组成:矿井、矿井中部的采场、矿井下部的采场、采场四周的坑道。这个井深约 100 余米。据考古资料推算,在矿井约 70 米深处有一大型采矿场,即中部采场。采场东西长,南北短。采场底板上遗存有朽木,未烧尽的木炭、残陶片等。采场底板北高南低,形成舌状,岩台高 10 米,宽 4 米。场内发现 10 米多高的木梯斜靠掌子面。台面上也发现木梯。据此计算,整个中部采场的最大高度至少有 15 米。台面西北角发现一坑道口,道口高 2 米多,越往内巷道断面越狭小。而采场南部的四周作业面上,至少发现四条巷道,巷道高 1 米余,内残存巷道支护木、碎石。采场西头是矿井延伸部分,与下部采场相连。回采的矿石是从坑道开采出来后先运到采矿场,然后从矿井提运出去。

承德汉代采矿遗址的特点是使用铁制采掘工具,改进工具器形,创制大型挖土器,增加采掘工具种类,增加凿岩能力。秦汉矿山出土的采矿工具主要是铁器,有铁斧、铁锄、铁锤、铁钻、铁钎等。铜制、石制工具已经极少。

铁锄:锄身呈六边形,平刃,薄片状,一面平整,背面上部正中有一长方形銎孔。尺寸常为:凸起 1.5 厘米,孔长 3 厘米,宽 2.2 厘米,孔中有残木柄一截。合范浇铸。锄上端宽 8 厘米、刃宽 16.6 厘米、高 11 厘米、厚 0.5 厘米。

铁锤:形状各异。有球形、腰鼓形、台柱形。特别是腰鼓形铁锤在遗址中表现和数量明显,某标本身长 15 厘米,直径 9 厘米,腰直径 11 厘米,中间穿长方形銎,銎口 3.5×2.5 平方厘米。锤身中部为一周凸棱。锤两侧及上下底部有一条合范铸缝。

锤形铁器:为铸铁件,某标本长 25.6 厘米,宽 7.4 厘米,没有安柄的孔,只是在中间有一道沟。

铁钎:呈方柱尖锥形,顶端由于敲砸使边缘卷起,尖端较钝,长 20.5 厘米,宽 3 厘米,重 0.7 千克。

从承德汉代矿山遗址出土的采矿工具形制与其他地区比较可以看出,铁锤、铁锄、铁斧等形制基本相同,证明了秦统一中国后,不但在采矿工艺上,而且在矿山工具和设备上都有了统一的形制或供给。

汉代优质韧性铸铁工具得到广泛使用,与官营冶铁作坊采用成批生产,使用统一规格的铁范来铸造坯件密切相关。承德汉代矿山使用的铁锄,就与兴隆汉代铁范铸出的铁锄完全相同。铸铁工具成批生产,既提高了产量,又提高了质量。统一供给,有助于优质韧性铸铁工具的推广。

前已述之,至秦汉时期,我国及河北地域内凿岩墓穴、摩崖石刻、水利工程和栈道交通工程中开岩通道,火爆法起到了非常重要的作用。承德汉代铜矿地下采场也发现火爆法的遗存,运用火爆法进行工程破岩,汉代已经比较普及。

二、传统采矿方法的确立

先秦矿山使用的一些采矿方法,如水平分层采矿法、方框支护充填采矿法、房柱采矿法、横撑支架采矿法,发展到了汉代便达到了相当成熟的阶段,且被最后确定下来,成为后世长期沿用的工艺模式。

在汉代诸采矿场中,房柱法在承德铜矿表现得最为突出:因地制宜,以房柱采矿法为主,同时某些地段也采用方框支护法。房柱法采用正台阶工作面掘进,高 15 米左右的矿房(采场)是分层开凿的,上层高约 5 米的掌子面超前推进,台下的掌子面随后推进,因此形成正台阶;上下层台的掘进将向四周扩展,最后台阶随之消失。木梯斜靠台阶,以便作业人员上下。紧靠上平台作业面,整齐地堆放着呈四方形的坑道木木垛,高 2 米多,作为高处凿岩的工作台架。在矿房四周底板至上 1 米多高处,开凿有四条 1 米多高的巷道,巷道内残存着支护木。这种遗迹反映了两个问题:一是承德的采矿方法是根据矿体和围岩的坚固程度而定的,即自然支护采矿法中的房柱法与人工木支撑采矿法相结合。二是矿房四周的巷道与矿房底板原应在同一平面上,而考古发现的矿房底板低于房壁四周的巷口 1 米多高,是矿房不断向下挖掘形成的,这反映了当时先后开拓回采的循环程序。

三、传统采矿辅助技术

承德汉代铜矿提运工具,在井口发现小铁车轮,在采矿场发现梯子。小铁车是轴和轮连在一起的,样子和现在手工业煤窑工人拉的四轮小斗车的车轮差不多。对这两件工具的用途,据有经验的工人估计,当年矿工们开矿井是顺着矿脉开的。因此矿井就不是直上直下的,在斜坡的地方,矿石是靠工人攀爬着梯子背上来的。在比较平坦的坑道里,还是可以用斗车拉或推的[9]。从考古发现的汉画砖和陶井来看,汉代井口使用辘轳已十分普遍。由此可见,汉代的矿井提升技术较先秦时期有了很大的提高。

第四节　煤炭的开发与利用

一、中国最早的储煤法——曹操冰井储煤

1. 曹操冰井储煤的发现

到了三国时期,煤炭在社会上的地位日趋重要,煤炭不仅用于普通老百姓日常生活,更是贵族官吏所喜爱的物资,这从东汉末年三国时期曹操储煤的史实中得到有力的说明。

东汉末年,曹操击败袁绍后进入邺城,营邺都(今邯郸临漳县西南)。建安十五年(公元 210 年),曹操在邺城西北,以城为基,修建了宏伟的铜雀台,以后又在铜雀台的南面和北面相继修建了金凤台和冰井台[10],这就是历史上著名的曹魏三台。八九十年以后,西晋的文学家陆云登临三台,见到曹操在三台中储存煤炭(石墨),很觉新奇,于是写信告诉了他的哥哥陆机。信中说:"一日上三台,曹公藏石墨数十万斤,云烧此,消复可用,然(燃)烟中人不知,兄颇见之不。"[11]这里所说的可燃烧的石墨,即是煤炭。

曹操储煤的方法,东晋陆翙的《邺中记》中作了较详细的记载:"铜雀、金凤、冰井三台皆在邺都北城西北隅,因城为基……北则冰井台,有屋一百四十间,上有冰室,室有数井,井深十五丈,藏冰及石墨。石墨可书,又燕之难尽,又谓之石炭。又有窖粟及盐,以备不虞。今窖上石铭尚存焉。"后来南北朝郦道元的《水经注》卷10"浊漳水篇"中也有类似的记载。

2. 曹操冰井储煤中的煤源

从历史的角度搞清曹操储存的煤炭产在何处是有意义的。经查阅古籍资料,可知冰井台的煤炭产自今河南、河北相邻处的产煤区。西晋左思《魏都赋》中讲:"墨井盐池,玄滋素液。"[12]又《魏都赋》唐人李善注:"邺西,高陵西,伯阳城西有墨井,井深八丈。"[13]《魏都赋》及其注,为我们研究冰井台储煤以及煤的出产地提供了补充说明。魏都即指邺都。明代崔铣的《彰德府志》卷2"临彰"一节中记有伯阳城这个地名:"伯阳城……在镇(邺城)西。"所以李善的《魏都赋》注所说的邺西、伯阳城西就是指安阳、磁县、峰峰、邯郸一带地区。近代查明,这一带地区煤炭储量十分丰富,出露有石炭二叠纪含煤地层,有些地方的煤层赋存很浅,从地面挖掘不深即可见煤,有的煤层直接裸露于地表。从《魏都赋》及其注可知,曹操所储的煤无疑是取自安阳、磁县、峰峰一带的煤井。《魏都赋》李善所注还告诉我们,当时邺西、伯阳城西的煤井已深达八丈,开采规模是比较大的,煤井的深度也比较深。

3. 曹操冰井储煤的技术价值和意义

曹操把煤炭藏在冰井台中,这种储煤方法值得称道。因为露天或普通的房屋中堆放煤炭容易风化自燃,把煤炭放在冰井台中,则温度低,不易风化自燃,可以长时间储存。

曹操储煤的目的是把煤炭作为重要的物资保存起来,以备不虞。煤炭既是重要的燃料,又是书写用的颜料,所以,曹操把精选的煤炭,同粮食、食盐一并储存起来,足见煤炭在上层官吏心目中的地位了。

从曹魏冰井台储煤的有关文献记载中,还有一点值得今人注意。西晋陆云给其兄信中所说"云烧此,消复可用,燃烟中人不知",是讲煤火弄灭后还可再燃烧以及煤烟可使人不知不觉中毒的现象。这说明魏晋时期,中国古人已积累了相当丰富的烧煤经验,并已知煤气有毒,需要注意。"燃烟中人不知"是古文献关于煤气中毒的最早记载。

二、汉代用煤炼铁

我国是世界上采煤、用煤最早的国家。战国时期的《山经》中就有煤产地的记载。煤炭作为燃料,除了用于做饭取暖,还用于冶铸金属。用煤炼铜始于战国时期,用煤炼铁始于汉代。我国周代开始用铁,只是用木炭冶炼,用量很少,工艺简陋。到了西汉,由于封建社会政治稳定,经济繁荣,人口增加,军队装备改善,各种铁制器具改进,使得用铁量与日俱增。炼铁又要求1 000℃以上的熔化温度,木炭难于达到,更不能适应铁用量的要求,所以开始逐渐用煤炼铁。汉武帝元狩四年(公元前119年)实行盐铁官营政策,在产盐、产铁区设置盐铁官,以加强盐铁生产管理,增加生产,增加国家收入。当时生铁用量的快速增长,使得木炭难于满足冶炼的需要,用煤炼铁的问题,自然提上了历史日程。北魏郦道元在他的《水经注》中第一次记载了用煤炼铁,"其水……又东迳龟兹国南,又东左合龟兹川。水有二源,西源出北大山南,释氏《西域记》曰:屈茨北二百里有山,夜则火光,昼夜但烟,人取此山石炭,冶此山铁,恒充三十六国用。故郭义恭《广志》云:龟兹能铸冶。"[14]龟兹、屈茨是同名异译,有的学者认为这是指坩埚冶铁。

三、汉代开始用煤烧陶

中国烧制陶瓷历史悠久,源远流长。据考古发掘证实,在河北地域内,发现距今1万~1.4万年的阳原于家沟遗址出土的陶片,是我国北方最早的陶器残片之一;3 000多年以前的商代,又发明了陶瓷。陶瓷是人类实践中技术与艺术相结合的产物,在社会生活中起着重要的作用。陶器烧制最早使用的燃料是柴草和木炭,也兼用牲畜粪便,考古发现到了汉代就已改用煤炭烧制陶器,早在1 400多年前的北朝时期就已用煤作燃料烧制瓷器。

四、汉代开始用煤烧制砖瓦

砖瓦是重要的建筑材料,广泛应用于古今民用和工业建筑。砖瓦的烧制也和陶瓷一样,最早是用柴薪作燃料,随着柴薪资源的日趋减少,砖瓦用量的日益增加,人们必然寻找新的燃料来代替柴薪。中国最早用煤烧制砖瓦始于汉代。这也是通过考古发掘资料证实的。到了东汉时期,我国已较普遍地用煤作燃料来燃制砖瓦。

五、早期的煤炭成型技术

人们最初用煤作燃料,只烧块煤,末煤则舍弃不用。其原因是末煤通风不好,不利燃烧。人们在长期的生产生活实践中,逐渐发明了将末煤进行加工成型后再燃烧的方法,使末煤得到充分利用。在西汉时期已开始加工制作煤饼,这在世界上是最早的。自西汉至南北朝,根据考古发现和文字记载,型煤有两种,一种是用于冶铁、烧砖和做饭的煤饼,一种是用于烤火取暖的香煤饼。两者的加工方法有所不同。中国最早的型媒(煤饼)是用下面的方法加工制成的:将末煤、石子(石英石或石灰石颗粒)按 4 比 1 的比例配制好,加入适量的黏土和水,搅拌均匀,然后放入煤饼模具中压实,脱模晾干即可应用。模具形状大小,根据冶炼、烧窑和炊爨的需要制作。

注　释:

[1]　卢兆荫:《满城汉墓》,三联书店 2005 年版,第 169 页。

[2]　(汉)司马迁:《史记·夏本纪第二》,岳麓书社 2001 年版,第 7 页。

[3]　唐锡仁、杨文衡主编:《中国科学技术史·地学卷》,科学出版社 2000 年版,第 188 页。

[4][7]　卢兆荫:《满城汉墓》,三联书店 2005 年版。

[5][8][9]　罗平:《河北承德专区汉代矿冶遗址的调查》,《考古通讯》1957 年第 1 期。

[6]　张子高:《中国化学史稿·古代之部》,科学出版社 1964 年版,第 40 页。

[10]　(晋)陆翙:《邺中记》,按:《邺中记》已佚,今只有后人辑本《邺中记·晋纪辑本》,中华书局 1985 年版,第 2 页。

[11]　(晋)陆云:《陆云龙文集卷八》,文明书局发行,宣统三年,第 1 页。

[12][13]　《文选卷六》,商务印书馆 1959 年版,第 119,119 页。

[14]　郦道元:《水经注卷二》,上海辞书出版社 1979 年版,第 24 页。

第十七章　传统中医药科技

　　秦汉魏晋南北朝时期,政治、经济、文化环境为中医药学的发展提供了前所未有的条件,河北的中医药学科技发展很快,完成了理、法、方、药学术体系的建构,基本形成了传统中医药科技体系,成为中国传统医学发展史上重要的组成部分。在诊疗技术方面,河北的医学中诸多诊疗技术已经投入临床应用,在针灸、方剂等方面也不断产生,出现了《药方》等官修方书。崔浩著《食经》是我国最早的食疗学著作。

第一节　中药学的发展

　　这一时期,药物学知识有了相当的积累。特别是张骞、班超先后出使西域,打通丝绸之路,西域的红花、胡麻、苜蓿、葡萄及其他药材不断输入内地。边远地区的犀角、琥珀、羚羊、麝香以及南海的龙眼、荔枝等已渐渐为内地医家所用。药物使用的范围和品种有了很大的提高,李修撰《药方》100 卷,代表了当时河北药物学的最高成就。

一、李修与《药方》

　　李修,字思祖,出生医家,北魏阳平馆陶(今邯郸馆陶县)人,"少学医术,未能精究,太武时奔宋就沙门僧坦,略尽其术"[1]。他为了医术的提高,不惜到南朝求学,后来曾担任孝文帝和文明太后侍针药,官领太医令。在此期间,他召集一百多位有识之士在东宫撰写了《药方》100 卷,并请"工书者"抄写。《药方》是我国历史上最早的官修方书,为后来唐、宋本草、方书的修撰提供了范例。可惜,宋以后失传。

二、李密与《药录》

李密字希雍，北齐赵州平棘（今河北赵县）人，南北朝时期医家。曾官至殿中尚书、济州刺史等，事母至孝，后来母病多方延医调治未愈。乃自行研习医经，针药并用，母病得愈。"当世皆服其明解，由是以医术知名。"[2]后撰《药录》二卷，为专门性本草类著作，已佚。

第二节　名医举要与临床诊断技术

一、汉代医疗技术水平

西汉时期，在满城汉墓出土的金针，4枚金针、5枚银针、"医工盆"，以及小型银漏斗、铜药匙、药量、铜质外科手术刀等组成了迄今发掘出土的质地最好、时代最早、保存最完整的一整套西汉时期医疗器具。满城汉墓出土的西汉时期的金针，说明当时金针或银针治疗疾病已经相当普遍。但是，金针或银针是否与灸法同时运用，不得而知。金银医针与灌药银壶、医工盆等医疗器具用于医疗实践，说明汉代的针灸水平及医疗器具制造技术在我们河北已经相当发达。

图3-17-1　满城汉墓出土的铜质阴茎

特别是满城汉墓中还发掘出铜质双头阴茎（图3-17-1），长12.8—14.5cm，这是人类性文化演化的重要体现。

二、张华《博物志》与中国古代传统医学成就

晋代张华《博物志》认为，中药不仅用以治病，还多用以调理，《博物志》卷7《药论》载："上药养命……中药养性，谓合欢蠲忿，萱草忘忧；下药治病。"将药物进行必要的分类，针对不同的临床状况，治养结合，以养为主，以治为辅，体现了《内经》不治已病而治未病的医学思想，揭示了中医学的精髓。

对于饮食与健康和疾病的关系，《博物志》卷5《服食》总结道："所食逾少，心开逾益；所食逾多，心逾寒，年逾损焉。"科学实践证明，从尽性命之理的角度看，这才是真正的养生之道。又《博物志·方士》一篇中记载："始能行气导引，慈晓房中之术，善辟谷不食，悉号二百岁人……大略云：'体欲常少，劳无过虚，食去肥浓，节酸咸，减思虑，损喜怒，除驰逐，慎房室。春夏泄泻，秋冬闭藏'"，体现了古人已深谙各种养生之道。

《药物》中载有："乌头、天雄、附子，一物，春秋冬夏采各异也。远志，苗曰小草，根曰远志。芎藭，苗曰江蓠，根曰芎藭。菊有二种，苗花如一，唯味小异，苦者不中食。野葛食之杀人。家葛种之三年，不收，后旅生亦不可食"，主要介绍一些中药的种植、鉴别。

《药论》中"《神农经》曰：上药养命，谓五石之练形，六芝之延年也。中药养性，合欢蠲忿，萱草忘忧。下药治病，谓大黄除实，当归止痛。夫命之所以延，性之所以利，痛之所以止，当其药应以痛也。违其药，失其应，即怨天尤人，设鬼神矣。……药物有大毒不可入口鼻耳目者，入即杀人。一曰钩吻。……药种有五物：一曰狼毒，占斯解之；二曰巴豆，藿汁解之；三曰黎卢，汤解之；四曰天雄、乌头大豆解之；五曰班茅，戎盐解之。毒菜害，小儿乳汁解，先食饮二升"，这是对一些中药药理、药性的记载阐述。

《博物志》卷2《异俗》载："荆州极西南界至蜀，诸民曰獠子。妇人妊娠，七月而产……既长，皆拔去上齿牙各一，以为身饰。"盛行于我国西南地区的少数民族先民，在长期与瘴气作斗争的医学实践

中,逐渐形成了"凿齿"的习俗。《新唐书·南平僚传》解释其中的原因是:"地多瘴毒,中者不能饮药,故自凿齿。"说明"凿齿"是一种积极的救治行为,因为当有人中瘴毒,须立即救治,由于患者牙关禁闭,此时救治者不得不用手指伸进患者口中,将其牙关撬开,然后灌药解毒。在这个过程中,救治者被患者咬伤的事屡见不鲜。因此,氏族成员成人时都实行凿齿以便一旦中瘴毒即刻灌药救人,而无须再将患者牙关撬开。可见,这种风俗实际上是一种积极的社会医学行为[3]。

三、李亮的针灸医术

李亮,李修之父,北魏阳平馆陶(今河北馆陶县)人。少学医术,未能精究。"略尽其术,针灸授药,莫不有效"[4],徐、兖之间,向他求医者甚众,故此,"亮大为厅事,以舍病人,死者则就而棺殡,亲往吊视"[5],既有医术又有医德,他的医学实践体现了治病救人的行医宗旨,不愧为河北古代医家的楷模,深受百姓爱戴。

四、李元忠的医术

李元忠,李密族兄,赵郡柏(今柏乡县)人。曾祖父灵,魏定州刺史、巨鹿公。祖父恢,镇西将军。父显甫,安州刺史。元忠年轻时有志操,母老多病,元忠专心医道,研习积年,遂善此技。居丧以孝义闻名,袭爵平棘子。他性仁情恕,"见有疾者,不问贵贱,皆为救疗",[6]乡民甚敬重之。

第三节　中医营养学

在中国古代,营养学与本草学关系密切,故《周礼》有"食医"和"疾医"之分。南北朝时期,豪门望族侈于酒食,使"食医"之风大盛,并有多部《食经》问世。其中尤以崔浩与卢氏合撰的《食经》一书影响最大。

一、《食经》

南北朝时期有一部影响非常巨大的食疗专著,那就是《崔氏食经》。崔氏即崔浩,字伯源,清河(今河北清河)人。由于《食经》原书已佚,今仅存《序言》一篇,比较完整地保留在《魏书·崔浩传》里。崔浩序曰:"余自少及长,耳目闻见,诸母诸姑所修妇功,无不温习酒食。朝夕养舅姑,四时祭祀,虽有功力,不任僮使,常手自亲焉。昔遭丧乱,饥馑仍臻,饘蔬糊口,不能具其物用,十余年间不复备设。先姑虑久废忘,后生无知见,而少不习业书,乃口授为九篇,文辞约举,婉而成章,聪辩强记,皆此类也。亲没之后,值国龙兴之会,平暴除乱,拓定四方。余备位台铉,与参大谋,赏获丰厚,牛羊盖泽,赀累巨万。衣则重锦,食则粱肉。远惟平生,思季路负米之时,不可复得,故序遗文,垂示来世。"[7]

序文说得非常明白,《食经》是"口授为九篇",即由其母卢氏口述,崔浩笔录而成。所以,《食经》是崔浩与其母卢氏两个人的著作,非崔浩一个所为。卢氏是东汉著名经学家卢谌的孙女。卢谌系涿郡涿(今河北省涿州市)人,为中原地区的名门望族,范阳卢氏与清河崔氏世代联姻,两家酒食之功可代表当时中原士家望族的烹饪水平。可惜,崔浩晚年因与北魏皇帝产生了矛盾,后以"暴扬国恶"的罪名被满门抄斩,遂酿成中国历史上最严重的一桩"国史之狱"。考南北朝时期有籍可考的《食经》计有:《崔氏食经》四卷,《老子禁食经》一卷,《食经》十四卷(梁有《食经》二卷,又《食经》十九卷),《四时御食经》一卷,以上见于《隋书·经籍志》[8]。

二、《食经》的主要医学成就

因崔浩与卢氏合著的《食经》早已失传，它仅以零散的形式被保留在《齐民要术》、《北堂书钞》、《太平御览》等书里。经人考证，《齐民要术》所引《食经》即是崔浩与卢氏合著之《食经》[9]。据此，我们对其内容就可略窥一二。

1.《齐民要术》与《食经》中的肴馔制作

（1）《食经》作蒸熊法："取三升肉，熊一头，净治，煮令不能半熟，以豉清渍之一宿。生秫米二升，勿近水，净拭，以豉汁浓者二升渍米，令色黄赤，炊作饭。以葱白长三寸一升，细切姜、橘皮各二升，盐三合，合和之，著甑中蒸之，取熟。"

（2）《食经》作白菹法："鹅、鸭、鸡白煮者，鹿骨，斫为准。长三寸，广一寸。下杯中，以成清紫菜三四片加上，盐、醋和肉汁沃之。"又云："亦细切，苏加上。"又云："准讫，肉汁中更煮，亦啖。少与米糁。凡不醋，不紫菜。满奠焉。"

（3）《食经》作蒲鲊法："取鲤鱼二尺以上，削，净治之。用米三合，盐二合，腌一宿。厚与糁。"

（4）《食经》作跳丸炙法："羊肉十斤，猪肉十斤，缕切之，生姜三升，橘皮五叶，藏瓜二升，葱白五升，合捣，令如弹丸。别以五斤羊肉作臛，乃下丸炙煮之，作丸也。"

（5）《食经》作饼酵法："酸浆一斗，煎取七升；用粳米一升著浆，迟下火，如作粥。六月时，溲一石面，著二升；冬时，著四升作。"

（6）《食经》作面饭法："用面五升，先干蒸，搅使冷。用水一升。留一升面，减水三合；以七合水，溲四升面，以手擘解。以饭，一升面粉粉干下。稍切取，大如栗颗。讫，蒸熟。下著节中，更蒸之。"

（7）《食经》作饴法："取黍米一石，炊作黍，著盆中。糵末一斗搅和。一宿，则得一斛五斗。煎成饴。"

2.《医心方》与《崔禹锡食经》

《医心方》是日本著名医学家丹波康赖在公元911—955年所编撰，他搜集了我国南北朝至隋唐时期二百余家方书加以整理汇编而成。在《医心方》中，录有"六朝之间"成书的《崔禹锡食经》、《崔禹食经》及崔禹锡、崔禹等条文[10]。实际上，上述所引诸《食经》皆系崔浩与卢氏《食经》另一种称号，这大概跟崔浩所遭"国史之狱"有关。至于《崔禹锡食经》与崔浩的关系，《中国古医籍书目提要》一书已经作了比较精当的辨析。《提要》云：

"《唐书经籍志》：食经九卷，崔浩撰。《唐书艺文志》：崔浩食经九卷。《通志艺文略》：崔氏食经四卷，崔浩撰。案：崔浩有《周易注》，见经部易家。《唐志》载此书九卷。盖以篇为卷，此四卷似合并。唐《日本书目》亦四卷，注云崔禹锡撰，似因刘禹锡《传信方》而讹。"[11]

在搞清了《崔禹锡食经》与崔浩及卢氏《食经》的关系之后，我们将依据《医心方》所见条文，对崔浩及卢氏《食经》一书的主要内容略述于下：

（1）有关食疗的记载。治口舌生疮方：食石莼良；治口臭方：取薰藁根汁、果煎如膏，常食之；治脚气肿痛方：煮蔓荆根，蒸傅之，即消；治哕方：薯蓣为粉，和蘘汁作粥食之；治积聚方：取蔓菁子一升捣研，以水三升，煮取一升，浓服之，为妙药也，亦治症瘕也；治白利方：鹪、云雀、鹌等任意食之；下利人可食物：通草、云雀、鹑、鹪、鹌、鲇鱼、鲭、鲹、鲑、海鼠、小蠃、薰藁；消渴可食物：猕猴桃、葵菜、石莼、紫苔、鹿头、海月、石阴子、龙蹄子、寄居、河贝子；治石淋方：煮葵子服汁；治伤寒困笃方：梨，除伤寒时行，妙药也；治疔疮方：捣栖茎叶根傅之，疮根即拔；治诸瘘方：食一、两斤蕨，终身不病也；治丹毒疮方：傅水中苔，良；治妇人崩中漏下方：海髑髅子刮服之[12]。

（2）有关食禁的记载。食禁是中医食疗过程中一个非常重要的环节，病从口入，即包括忌口的食物在内，因为有些疾病在治疗过程中需要辅助食禁。崔浩及卢氏《食经》中载有禁食的条目主要有：妊娠禁食法:妊身不可食鸠,其子门肥充,病于产难故也;小儿禁食:大麦面勿与一岁以上、十岁以下小儿,其喜气壅塞而死;四时食禁:春七十二日,禁辛味,黍、鸡、桃、葱是也,夏七十二日,禁咸味,大豆、猪、栗、藿是也,秋七十二日,禁酸味,麻子、李、菲是也,冬七十二日,禁苦味,麦、羊、杏、薤是也;饮水禁:人常饮河边流泉沙水者,必作瘿瘤,宜以犀角渍于流中,因饮之,辟疟瘤之咤;食诸生鱼胘及鱓而勿饮生水,即食蛂苏,即生白虫;勿饮生水,生长虫;合食禁:食大豆屑后,啖猪肉,损人气;胡麻不可合食并蒜,令疾血脉等等[13]。

　　(3)有关解酒及其他毒物的记载。有治饮酒大醉方:煮鲇食之,止醉,亦治酒病;龙蹄子,醒酒;寄居,醒酒;蟹,醒酒;田中蠃子,醒酒;蛎,主酒热;丹黍,醒酒;胡麻,杀酒;熟柿,解酒热毒;葵菜,主酒热不解;苦菜,醒酒;水芹,杀酒毒。治食诸鱼中毒方:犀角二两,细切,以水四升,煮取二升,极冷顿服[14]。

　　此外,《食经》还记载了大量五谷、五果、五肉及五菜与食疗之间的关系,因篇幅所限,这些条目就不一一枚举了。综上所述,我们不难发现,崔浩与卢氏合著的《食经》内容非常丰富,具有很高的实用价值,它不仅是河北最早的食疗学著作,而且也是我国最早和最有影响的食疗学著作。

注　释:

[1]　李延寿:《北史卷·方技传》,中华书局1981年版,第1297页。

[2][6]　李百药:《北齐书·李密传》,中华书局2003年版,第316,316页。

[3]　杨克:《从"泛神情结"到"无神意识"——安康宗教文化与安康人精神进化历程》,《安康道教文化研究文选》2011年第5期。

[4][5]　李百药:《北史·艺术》(下),第2968,2968页。

[7]　魏收:《魏书·崔浩传》,第827页。

[8]　魏征:《隋书·经籍志》(三),中华书局1987年版,第1043页。

[9]　逯耀东:《从平城到洛阳拓跋魏文化转变的历程》,中华书局2006年版,第101页。

[10]　严世芸、李其忠主编:《三国两晋南北朝医学文集》,人民卫生出版社2009年版,第1361页。

[11]　王瑞祥主编:《中国古医籍书目提要(下)》,中医古籍出版社2009年版,第1700页。

[12][13][14]　严世芸、李其忠主编:《三国两晋南北朝医学文集》,人民卫生出版社2009年版,第1361—1363,1363,1364页。

第十八章　传统生物科技

　　秦汉时期,河北地域的农业生产、动物养殖、食品酿造等技术逐渐日趋完善,传统生物科学技术体系逐步形成。这个时期,河北地域平原是中国主要谷物生产区域之一,农作物品种主要有禾、黍、麦、稻、菽、麻等,涿州稻米种植已经具有相当规模。东汉后期涿郡安平(今安平)人崔寔编著的《四民月令》是与农业生产有关的名著之一。清河郡武城(今故城县)人崔浩和卢氏合著的《食经》一书,则比较完整地记述了我国各种古老的酿造技术。晋代范阳方城(今固安县)人张华著有《博物志》,记载了大量生物变异的科学现象。

第一节　传统生物利用技术

　　秦、汉、三国、两晋、南北朝时期,河北旱作农业基本定型,开始出现间套混作、作物优良品种培育、果树移栽、温室栽培等系统的作物种植技术。

秦汉时期,河北平原农作物品种主要有禾、黍、麦、稻、菽、麻等,是主要谷物生产区域之一。先秦,禾在农作物中一直占据首要地位,麦、稻次之。秦汉时期,麦、稻在五谷中的地位有所提高。隋书《食货志》记载,南北朝时期水稻已经成为主要粮食作物之一,北齐孝昭皇帝建元年(公元560年)平州刺史稽骅建议"开幽州督亢旧皮长城左右营屯,岁收稻粟数十万石,此境得以周瞻"。此记述表明,涿州稻米当时的种植已经具有相当规模。

牛耕的进一步推广,是秦汉时期农业生产发展的重要标志。早在春秋时期,我国北方即已出现牛耕。秦汉时期,牛耕逐渐在全国各地普及。汉武帝征和四年,任命赵过为搜粟都尉,曾在关中、关东和长城沿线地区推广牛耕。在河北各地已发掘的两汉时期的墓葬中,曾出土有大量的陶猪、牛、马、羊、狗和陶鸡、鸭、鹅等,表明农业的快速发展,同时促进了家畜饲养业的繁荣兴旺。

一、《四民月令》与汉代农作物的种植及加工技术

《四民月令》记载的每月农业生产安排,如耕地、催芽、播种、分栽、耘锄、收获、储藏以及果树林木的经营等,是宝贵的农业生产知识遗留,其主要内容大致包括:(1)祭祀、家礼、教育;(2)按照时令气候,安排耕、种、收获粮食、油料、蔬菜;(3)养蚕、纺绩、织染、漂练、裁制、浣洗、改制等女红;(4)食品加工及酿造;(5)修治住宅及农田水利工程;(6)收采野生植物,主要是药材,并配制法药。"正月茵陈二月蒿,三月蒿子当柴烧"、"九月中旬采麻黄,十月上山摘花椒,知母黄芩全年刨,惟独春秋质量好",即强调按时采收的重要性。(7)保存收藏家中大小各项用具;(8)粜籴;(9)其他杂事,包括"保养卫生"等9个项目。

《四民月令》记述了各种大田作物的耕种收获时节,其中包括粮食类的禾(谷子)、小麦、大麦、穬麦、黍、稻、大豆、小豆等,另有纤维用的大麻、油料用的胡麻等。同时记录园圃蔬菜的种植有十余种,包括葵、芥、芜菁、瓜、瓠、芋、韭、薤、生姜、大小蒜、大小葱等。染料有蓝和地黄。居于广义农业生产范畴的还有果树、林木、畜牧、采集(主要是药材的采集)等生产项目。在动物利用方面记述了养蚕、以鲷鱼作酱、以蝼蛄、牛胆入药的时节。在手工业生产方面,记载了家庭自己制作布帛缣缚等蚕桑纺织技术,并从事酒、醋、酱、饴糖、脯腊、果脯、腌菜、酱瓜等酿造加工活动。《四民月令》中"是月廿日,可捣择小麦磑之。至廿八日溲,寝卧之。至七月七日,当以作麹"记载了有关汉代作曲的方法,当时已有专门的曲房、以小麦为原料,六月底开始磨面、溲面,并"卧寝"十日左右,然后七月正式作曲。其中"卧寝"即是在曲房利用原料培养曲菌。

二、蝗灾对农业生产的破坏

河北地处温带半湿润半干旱大陆性季风气候,气候干旱,冬季寒冷干燥、雨雪稀少;春季冷暖多变,干旱多风,是蝗虫灾害的多发区之一。蝗虫极喜温暖干燥,常常将卵产在土壤中,而含水量在10%~20%的渐湿土壤最适合它们产卵。由于蝗虫的特殊生物习性,有时它们会大量聚集、集体迁飞,吞食禾田,对农业造成极大损害。例如魏黄初三年(公元222年)七月,"冀州大蝗,民饥"(《宋书·五行志》)。

《晋书·五行志》载有:晋永嘉四年(公元310年)五月,"大蝗,自幽、并、司、冀至于秦雍,草木牛马毛鬣皆尽"。《资治通鉴》卷90:晋建武元年(公元317年)秋七月,"大旱,司、冀、并、青、雍州大蝗"。嘉庆《东昌府志》卷3:晋咸康三年(公元337年)夏,"冀州八郡大蝗"。《魏书·灵征志》:北魏太和八年(公元484年)四月,"济、光、幽、肆、雍、齐、平七州蝗"。《隋书·五行志》:北齐天保八年(公元557年),"河北六州、河南十二州蝗"。其中以晋永嘉四年五月所发生的"大蝗"最为严重,也正因为这个缘故,古代人们才有"蝗神"之说,并且与"天垂象,见吉凶"的"天人感应"说相联系。在蝗虫骤盛之

时,单靠人力捕杀,一般难奏奇效。在通常情况下,依靠人力捕杀是那个时期灭蝗的主要手段。《北齐书》卷4《文宣纪》载天保九年(公元570年)夏,"山东大蝗,差夫役捕坑之"。这里的"山东"是指太行山以东,包括河北省在内。

另外,在长期捕蝗和灭蝗实践中,人们发现了蝗虫的一些生物习性。例如,《晋书》卷104《石勒载记上》说:建武元年(公元317年),"河朔大蝗。初穿地而生,二旬则化状若蚕,七八日而卧,四日蜕而飞,弥亘百草,唯不食三豆及麻,并、冀尤甚。"这段记载不仅描述了蝗虫一生经历卵、若虫、成虫3个时期,而且还认识到了蝗虫"不食三豆"的特点,这对人们适时调整农作物种植结构以防止蝗灾对农业的危害,具有切实可行的指导和借鉴意义。

三、《博物志》与汉晋时期的生物技术

张华(公元232—300年),晋代范阳方城(今河北固安县)人,著有《博物志》一书,其中记载了大量奇闻轶事,亦不乏一些生物科学现象的记录。

《博物志·异兽》记载:"大宛国有汗血马,天马种,汉、魏西域时有献者",这是最早的大宛国汗血宝马的文字资料。《异鸟》中"比翼鸟,一青一赤,在参嵎山。有鸟如乌,文首,白喙,赤足,曰精卫。故精卫常取西山之木石,以填东海",则是记载了比翼鸟、精卫等鸟类。

《异草木》中:"江南诸山郡中,大树断倒者,经春夏生菌,谓之椹。食之有味,而忽毒杀,人云此物往往自有毒者,或云蛇所着之。枫树生者啖之,令人笑不得止,治之,饮土浆即愈",介绍了毒菌和枫树的毒性,并记载了化解枫树毒性的方法。

《博物志·物理》记载:"煎麻油,水气尽,无烟,不复沸则还冷,可内手搅之。得水则焰起,散卒而灭",可见,芝麻油是最早的素用食油,芝麻作为一种油料作物,当时已经得到了广泛种植。

《博物志·食忌》中"人啖豆三年,则身重行止难。啖榆则眠,不欲觉。啖麦稼,令人力健行。饮真茶,令人少眠。人常食小豆,令人肥肌粗燥。食燕麦令人骨节断解",介绍了食物引起人体的一些反应。

《博物志·服食》篇记载:"西域有葡萄酒,积年不败,彼俗云:'可十年饮之,醉弥月乃解'。所食逾少,心开逾益,所食逾多,心逾塞,年逾损焉",这些说明当时已知适量饮酒的益处和过度饮酒对身体的损伤。

《博物志·物名考》记载有:"张骞使西域还,乃得胡桃种",此为胡桃引种驯化的宝贵文字记载。

《博物志·杂说上》记述:"斗战死亡之处,其人马血积年化为磷。磷着地及草木如露,略不可见。行人或有触者,着人体便有光,拂拭便分散无数,愈甚有细吒声如炒豆,唯静住良久乃灭。后其人忽忽如失魂,经日乃差。今人梳头脱着衣时,有随梳解结有光者,亦有吒声",这些记载科学地揭示了生物遗骸上飘忽的"鬼火"实为骨磷的自燃现象而已。

《博物志·杂说下》载:"妇人妊娠,不欲令见丑恶物、异类鸟兽。食当避其异常味,不欲令见熊罴虎豹。御及鸟射射雉,食牛心、白犬肉、鲤鱼头。席不正不坐,割不正不食,听诵诗书讽咏之音,不听淫声,不视邪色。以此产子,必贤明端正寿考。所谓父母胎教之法",此为古代胎教方法的详细记录之一。

《博物志·杂说下》还记载:"诸远方山郡幽僻处出蜜蜡,人往往以桶聚蜂,每年一取。远方诸山蜜蜡处,以木为器,中开小孔,以蜜蜡涂器,内外令遍。春月蜂将生育时,捕取三两头着器中,蜂飞去,寻将伴来,经日渐益,遂持器归",这反映了古人对野蜂的利用情况,它是最早记述人工养殖蜜蜂的文献。

《博物志·异鱼》载:"东海有物,状如凝血,从广数尺,方员,名曰鲊鱼,无头目处所,内无藏,众虾附之,随其东西。人煮食之。"这里的"鲊鱼"是指海蜇,海蜇皮是一层胶质物,营养价值较高,海蜇头稍硬,营养胶质与蜇皮相近。海蜇入馔,这是见于文献的最早记载,史实表明中国是最早食用海蜇的国家。

四、冰井与食品保鲜技术

北邺城西城垣上筑有壮观的铜雀台、金凤台、冰井台。冰井台，位于"三台"之最北端，据郦道元《水经注》卷10《浊漳水》记载，冰井台建于建安十九年（公元214年），其上有三座冰室，每个冰室内有数眼冰井，井深十五丈，储藏着大量的冰块、煤炭、粮食和食盐。

官窖藏冰主要用于消暑降温、防止新鲜食物变质和冷藏各类祭祀大典的祭品。通过对冰井台（图3-18-1）建筑的考察来看，早在三国时期，用冰冻降温对食品简易保鲜的方法已被人们广泛采用。

图3-18-1　冰井台

第二节　生物变异现象

遗传和变异是生物进化的基本规律，在长期的生活实践中，人们自觉或不自觉地观察到动植物界已经发生或正在发生的各种生物变异现象，由于某些变异造成了生物个体间的显著差异，而对于形成这些个性形状差异的原因，古人尚不明了。于是，他们往往把造成动植物的那些形状变异，归之于某种神异力量。因此，人们就把这些变异现象视为天人感应的怪异资料而被记录下来。

一、植物变异现象

《魏书·灵征志》载有：北魏承明元年（公元476年）九月，"幽州民齐渊家杜树结实既成，一朝尽落，花叶复生，七日之中，蔚如春状。"这种本来一年仅开花一次的植物，却在一年中二次开花的现象，称作"重花"。杜树即甘棠，一名棠梨，至于杜树为什么会出现反常的"重花"现象，一种观点认为地震以前由于地热向上运移，可以促使一些植物重花重果。

在古代，人们将发生了显著性状变异的谷物，称之为"瑞物"。如《魏书·灵征志下》载有：北魏太和五年八月，常山献嘉禾。太和七年八月，定州献嘉禾，等。在此，所谓"嘉禾"其实就是禾谷作物的禾穗变异。熙平二年（公元517年）八月，"幽州献嘉禾，三本同穗"，这是一种谷物分枝变异，而且是一种可遗传的性状变异。

二、动物变异现象

1. 牛的畸形变异

牛有野生牛与家牛之分，其中家牛由原牛、野水牛和野牦牛等培育而成，因而有水牛、黄牛、瘤牛、牦牛等之分别。我们知道，黄牛是瘤牛与短角无瘤牛经过杂交培育的产物，在一般情况下，黄牛发生形状变异属于正常现象，但在特殊条件下，黄牛会发生畸形变异。据《魏书·灵征志上》载：景明二年（公元501年）五月，冀州长乐郡（今河北冀州市旧城）"牛生犊，一头、二面、二口、三目、三耳"。从生物学的角度看，这是一例非正常的双胞胎育犊现象。若属正常条件，则这头母牛应生两只牛犊。可是，母牛在怀孕过程中由于受到了某种不良影响，于是才导致胚胎发生病变，生下畸形牛犊。

犀牛吻上有实心的独角或双角（有的雌性无角），通常长出三角者，非常少见，至于长出四角者，就更加少见了。魏晋时期，河间曾发现过一头"四角兽"，据《晋书·五行志中》载："太康七年十一月丙辰，四角兽见于河间，河间王颙获以献。"此处所说的"四角兽"即是犀牛的一种畸形变异现象。

2. 白狐和九尾狐

白狐又称白色北极狐,主要分布在北极圈内外,吻不太尖,耳廓短圆,在长期适应外界环境的过程中,生成了体毛穗季节不同而发生变化的生理现象,其冬、夏季身体毛色的变化很大,冬毛纯白,仅无毛的鼻尖和尾端黑色,夏毛则由白色逐渐变成青灰色,故有"青狐"之称。不过,也有例外,如《魏书·灵征志下》记载"武定元年七月,幽州获白狐,以献上。"在夏季七月,白狐的体毛仍然保持纯白色,实属罕见。对于白狐体毛颜色的变化,有科学家解释说,白狐随季节不同而发生体毛颜色的变化,主要与光照时间的长短有关。冬天,当光照时间小于 12 小时时,白狐身上的体毛就逐渐变化成白色,反之,如果光照时间大于 12 个小时,白狐身上的体毛就从白色逐步恢复成原来的灰色[1]。按照这种解释,幽州在夏季七月所获之白狐,其体毛之所以仍为白色而没有恢复成为原来的灰色,主要原因就是这里的气候寒冷,光照时间短,如唐朝诗人刘长卿就有"幽州白日寒"之诗句,而辽代的黑榆林(在今沽源北部的多伦与正蓝旗之间,属幽州境内),"时七月,寒如深冬"[2]。可见,在这样"寒如深冬"的七月,白狐没有变为青狐,就是很自然的现象了。

九尾白狐严格说来不是狐,而是一种小熊猫。九尾白狐早在远古时期就被人们视为神物,如《吴越春秋》卷四《越王无余外传》载有:禹"娶"九尾白狐为"妻"。诚然,这里所说的九尾白狐变化成人显系一种神话,不可信,但这则神话传说里却多少映射出了"九尾白狐"不断发生变异的进化线索。据《魏书·灵征志下》载:太和十年(公元 486 年)三月及十一年(公元 487 年)十一月,冀州两次"获九尾狐以献"。有学者认为,所谓"九尾白狐"实际上是指浣熊科小熊猫,因为这种小熊猫的有一条似狐的尾巴,且尾巴的毛色呈 9 个黄白相间的环纹,所以人们称它为"九尾狐"或"九尾白狐"[3]。

3. 动物的白化现象

一般动物的白化现象,是由于细胞内遗传基因发生突变的结果。仅就目前已知的资料来看,河北地域内在南北朝时期曾出现过多种白化动物,如白龟、白乌、白鹊及白鸠等,它们在古人的观念意识里,往往被视为祥瑞之兆。譬如,《魏书·灵征志下》载:"世祖神䴗元年二月,定州获白䴗,白䴗鹿又见于乐陵,因以改元。"又"世祖神䴗三年七月,冀州献白龟";景明四年六月,"幽州献四足乌";延昌三年六月,"冀州献白乌",沧州、幽州亦献白乌;延兴二年四月,"幽州献白鹊",中山、定州也有白鹊献上;正始二年七月,"冀州献白鸠二",等等[4]。众所周知,白化是由于基因突变所引起的代谢缺陷病。也许是因为这些动物白化个体过于引人注目了,它们很难形成一个具有生存繁殖能力的种群,结果在人类的捕杀下,越来越稀少。倘若它们能够得到人类较好的保护,那么,它们在自然界中就会逐渐形成一个白化动物种群。

第三节　传统食品酿造技术

一、豆豉酿造技术

1.《四民月令》记载的豆酱制作技术

豆酱生产始于周朝,迄今已有两千多年的历史,是我国古老的传统发酵食品。其具体的酿造技术见于《四民月令》,可惜技术细节记载不详。《齐民要术》引《四民月令》作豆酱法云:

"五月可为酱,上旬鹨豆,中庚煮之,以碎豆作末都。至六七月之交,分以藏瓜。"

又"正月可作诸酱、肉酱、清酱[5]。"

在这两段引文中,"末都"是指豆酱,而"清酱"是指酱油。酱油是在制酱的基础上酿制而成,因为半固体状态的豆酱醅成熟后,里面的酱汁会自动沥出。豆酱和酱油的出现,标志着我国至迟在汉代就已经能够将微生物学方法应用到酿造豆类调味品了,这是应用微生物学的一个重要发展[6]。然文中没有提到制曲与黄衣,说明汉代豆酱的酿造沿用周代的方法,主要用米曲霉来制作。所以对于培养米曲霉来说,五月气温变热,是最适宜的季节。

2.《食经》中的豆豉酿造技术

豆豉与豆酱的酿造过程基本相同,仅形态有别,前者为颗粒状,后者则为泥糊状。但豆豉是从豆酱制作中衍生出来的,所以豆豉是一种新型的微生物发酵产品[7]。与《四民月令》相较,清河郡武城(今河北清河县)人崔浩和卢氏合著的《食经》一书里则比较完整地保留了我国古老的豆豉酿造技术。

《齐民要术》引《食经》作豆豉法云:"常夏五月至八月,是时月也。率一石豆,熟澡之,渍一宿。明日,出,蒸之,手捻豆,破则可,便敷于地——地恶者,亦可席上敷之——令厚二寸许。豆须通冷,以青茅覆之,亦厚二寸许。三日视之,要须通得黄为可。去茅,又薄掸之,以手指画之,作耕垄。一日再三,如此三日,作此可止。更煮豆,取浓汁,并秫米女曲五升,盐五升,合此豉中。以豆汁洒溲之,令调,以手搏,令汁出指间,以此为度。毕,纳瓶中,若不满瓶,以矫桑叶满之,勿抑。乃密泥之中庭。二十七日,出,排曝令燥。更蒸之时,煮矫桑叶汁洒溲之,乃蒸如炊熟久,可复排之。此三蒸曝则成[8]。"

这段文字对豆豉酿造技术的每一个环节都讲得非常具体,有人将其生产过程分为三步,并以工艺流程的形式如图3-18-2所示:

大豆含有40%的蛋白质和20%的油脂,营养价值很高。但由于大豆组织较硬,且含有一定的胰蛋白酶抑制素等,因此,为了使大豆的营养物质更易为人体所消化和吸收,我国古代先民学会了把大豆加工成豆豉以食用。酿造豆豉的主要原料是大豆与盐,一般需先精选大豆,水洗,并放在温热的水中浸渍15小时以上,目的使大豆充分吸水。在长期的酿造实践中,人们发现大豆的吸水率越高,越适合豆豉的酿造。大豆在充分吸水之后,就需要采用煮的方式进行加热处理,待用。"秫米女曲"(即粘粟米曲)的加工方法是:将秫米淘洗干净,然后放在16℃以上的温水中浸渍15小时。待将浸渍的秫米经沥水后,需煮1小时左右。接着,再把煮过的

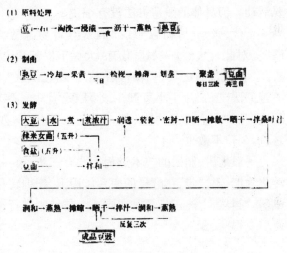

图3-18-2　《食经》中酿造豆豉工艺流程

秫米冷却至30℃以下,开始接种曲种。曲种的用料约为原料的0.1%。经3至5小时的接种,孢子将正常发芽,并在秫米粒表面生长。待40个小时左右,秫米粒将被曲菌完全包住,此时,秫米女曲就制成了。最后是发酵,原料与曲及盐的比例为:原料1石,秫米女曲5升,盐5升。按照此比例混合之后,在煮大豆和曲、盐中添加种水,搅拌均匀,即可放入发酵容器(即瓮),使之发酵。由于发酵的温度需要从20℃逐渐加温至30℃,所以需要翻动三次,直至一个月后熟成[9]。

二、麦酱酿造技术

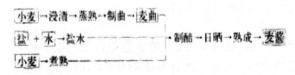

图3-18-3　《食经》中麦酱制作的技术过程

麦酱的酿造方法较豆豉的酿造简单,《食经》中记载作麦酱法:"小麦一石,渍一宿,炊,卧之,令生黄衣。以水一石六斗,盐三升,煮作卤,澄取八斗,著瓮中。炊小麦投之,搅令调均。覆著日中,十日可食[10]。"其酿造的技术过程如图3-18-3所示[11]:

可见,制麦酱中的曲是炊熟小麦,用米曲霉制酱比周秦时期用梁曲制酱是一个进步。

三、鱼酱制作技术

鱼酱制作较豆酱要早,如《周礼》所说"百酱八珍"及《论语》所说"不得其酱不食",其"酱"都是指鱼、虾、牛、羊一类的肉酱。《四民月令》载有"鱼肠酱"的制作方法,其技术过程是:

"取石首鱼(即黄花鱼)、鲚鱼、鲻鱼三种。肠、肚、鳔,齐净洗,空著白盐,令小倚咸。内器中,密封,置日中。夏二十日,夏秋五十日,冬百日,乃好熟[12]。"

经分析,鱼肠酱所需的发酵酶源自鱼肠、肚中本身含有的酶和水洗过程中附着其上之水及空气中的微生物。此后,通过盐分的化学作用,使其中的微生物在不断加热的过程中迅速繁殖,并分泌脂肪酸和蛋白酶。这些酶随着温度升高,其酶解速度加快,最终生成别有风味的有机酸酯[13]。

四、制醋技术

醋属酸味调味品,由于它用酒为原料,故亦称"苦酒"。春秋以后,冀州地区开始用谷物酿醋,如《周礼》中有专门掌管酿醋的"醯人"。汉代崔寔在《四民月令》中讲到了制醋技术。他说:"四月四日可作酢,五月五日亦可作酢[14]。"可见,制醋在汉代已经非常普遍,它渐渐成为人们日常生活的一项重要活动。但具体的酿造方法没有细说。

晋代,张华《博物志》载:"酒暴熟者易酢醶。"即黄酒的成熟醪酸败后,可改制醋,这便成了"苦酒"。对此,《食经》一书里载有"大豆千岁苦酒法"、"作小豆千岁苦酒法"、"作小麦苦酒法"、"水苦酒法"、"卒成苦酒法"、"乌梅苦酒法"、"密苦酒法"及"外国苦酒法"等8种制醋方法。例如,"作小豆千岁苦酒法"云:"用生小豆五斗,水汰,著瓮中。黍米作馈,覆豆上。酒三石灌之,绵幂瓮口。二十日,苦酢成。"又"作小麦苦酒法"云:"小麦三斗,炊令熟,著堈中,以布密封其口。七日开之,以二石薄酒沃之,可久长不败也[15]。"

一般地讲,制醋的技术过程主要有三步:第一步,粟、麦、豆等原料经过微生物的酶系作用,把淀粉转化为糖;第二步,在酵母的酶系作用下,把糖转化为酒;第三步,酒精在醋酸菌的酶系作用下,把酒变成醋。当然,上述三步都是在同一个醪液中进行,其生化过程非常复杂,产生的微生物种类繁多,因而使醋变得"美酽"。

第四节　酿酒技术

酒是用粮食、水果等含淀粉或糖的物质经发酵制成的含乙醇的饮料。由考古发现得知,河北是中国酒的的起源地之一,从磁山遗址储粮窖到河北蔚县三关仰韶文化遗址出土专门用于酿造谷芽酒的小口尖底瓮和酒器,证明河北酒文化的历史源远流长。经过夏商周及春秋战国时期的发展和演变,到秦汉时期,河北酿酒已经开始利用"块曲"来酿酒,酒的品种亦趋向多元化,出现河北名酒"千日酒"或称"中山冬酿",体现了河北应用微生物学已经发展到了一个新的历史阶段。

一、《四民月令》记载的酿酒技术

酿造过程分为发酵、蒸馏两大部分。汉晋南北朝时期主要是发酵,其发酵过程是在特制的容器如缸、坛、桶等内进行。一般而言,人们将谷物经过蒸煮,摊凉后,须加入具有一定形状的酒曲,然后浸米水或加入酵母搅拌后,置于酿酒器内糖化与发酵。这样,在一定的温度下,通过酒曲中所含酶制剂逐渐将谷物原料糖化发酵成乙醇。可见,制曲是酿酒过程中非常重要的一个环节。《四民月令》有"作曲"、"渍曲酿冬酒"的记载,表明当时"作曲"已经成为一项专业性较强的工种。

如《四民月令》载:"(六月)可作曲……是月廿日,可捣择小麦,溲之;及至廿八日溲,寝卧之,至七月七日,当以作曲。","七月四日命置曲室,具箔、槌,取净艾,六日馈治五谷磨具;七日,逐作曲。""十月……上幸,命典馈渍曲,酿冬酒。"[16]

从上面的记载来看,汉代制曲的过程已经出现了专门的"曲室"(作曲与堆积曲的房室)和模具。其模具是用槌做成,这样,制曲就需要分为两步:第一步是溲曲,即将麦屑末拌水后,平摊在地上,使其繁殖菌体;第二步是制造块曲,即人们把原料加入适量水,揉匀后,填入这个模具中,压紧,使其形状固定,然后再在一定的温度、水分和湿度情况下培养微生物。可见,此时制曲的质量较前代已经有了很大提高,因为人们已能完成谷物的糖化和酒化两种功能,它标志着汉代开始进入复式发酵时代,而由单发酵到复发酵,是我国酿酒技术的巨大飞跃。

《四民月令》记载的酒产品主要是药酒,如"屠苏酒"、"椒酒"等。《四民月令》载:"元日饮屠苏酒,次第当从小起,以年少者起","典馈酿春酒。""正日子孙上椒酒于家长,称觞举寿。""四月宜饮桑椹酒,能理百种风热。其法用椹汁三斗,重汤煮至一斗半,入白蜜二合,酥油一两,生姜一合,煮令得所,瓶收。每服一合,和酒饮之。亦可以汁熬烧酒,藏之经年,味力愈佳[17]。"

二、《博物志》中的"千日酒"

《周礼·天官·酒正》把"清酒"作为"三酒之物"中的高浓度酒,它的特点是酿造时间长,度数高,滋味醇厚,酒液清澈。故郑玄注:"清酒,今中山冬酿接夏而成。"对此,这种高浓度酒深受魏晋士人的青睐,如左思《魏都赋》说:"醇酎中山,沈湎千日。"足见其酽烈醉人的程度。这里所说的"醇、酎"是中山酒的两个品种,《说文解字》释之为"三重醇酒",即经过三次加工的酒,此等酒度数高,味道也醇厚。如平山县战国时期的中山墓中出土了两壶古酒,均为曲酿酒,含有乙醇、糖、脂肪等十余种成分,至今都散发着酒香,显见其酒的度数较高[18]。

张华《博物志·杂说下》又载:"昔刘玄石于中山酒家酤酒,酒家与千日酒,忘言其节度。归至家当醉,而家人不知,以为死也,权葬之。酒家计千日满,乃忆玄石前来酤酒,醉向醒耳。往视之,云玄石亡来三年,已葬。于是开棺,醉始醒,俗云:'玄石饮酒,一醉千日'。""千日酒"即"中山酒",它是在战国时期酿酒技术的基础上,进一步改良而成的酒精含量较高的谷物酒。

除中山酒之外,还有"冀州沽酒"(今衡水酒)。据《真定府志》记载:汉和帝永元十六年(公元104年)春二月,"诏禁冀州沽酒",这是因为酿造"沽酒"消耗大量粮食,而当年冀州遭受水灾,农作物损失严重,故有"禁冀州沽酒"之诏。

注　释:

[1]　姚大均、华惠伦:《动物趣谈》(第7册),江苏少年儿童出版社1988年版,第276－277页。

[2]　叶隆礼:《二十五别史(16)·契丹国志》,齐鲁书社2000年版,第181页。

[3]　范三畏:《旷古逸史——陇右神话与古史传说》,甘肃教育出版社1999年版,第156页。

[4]　魏收:《魏书·灵征志下》,中华书局1984年版,第2927－2953页。

[5][12][15]　贾思勰:《齐民要术·饮食部分(石声今释)》,中国商业出版社1984年版,第78,90页。

[6][7]　罗桂环、汪子春:《中国科学技术史·生物学卷》,科学出版社2005年版,第163,164页。

[8]　缪启愉、缪桂龙:《齐民要术译注》,上海古籍出版社2006年版,第568页。

[9][11]　包启安、周嘉华:《中国传统工艺全集·酿造》,大象出版社2007年版,第76,74页。

[10]　缪启愉:《齐民要术校释》,农业出版社1982年版,第421页。

[13]　罗桂环、汪子春:《中国科学技术史·生物学卷》,科学出版社2005年版,第164页。

[14]　缪启愉:《齐民要术校释》,中国农业出版社1998年版,第558页。

[16][17]　贾思勰:《齐民要术·杂说》,团结出版社1996年版,第112－113,111－112页。

[18]　姚伟钧:《中国饮食文化探源》,广西人民出版社1989年版,第123页。

第十九章　传统人文科技

好诗文是秦汉时期河北地域文人墨客之人文素质的最重要的特色。诗的方面,汉时的燕人韩婴"推诗人之意而作'内外传'数万言",河间人毛亨则相传为"毛诗学"的创始者。中山人李延年善歌,他开创了乐府民歌这种新的艺术形式。晋人张华的妍丽体诗对后世诗赋产生了深远的影响,而流传在河北鲜卑族民间的《敕勒歌》更成为千古之绝唱。文的方面,董仲舒的"天人感应"说,欧阳建的"言尽意论",在中国哲学史上都占有十分重要的地位,而魏收所著《魏书》130卷,总体上讲,"婉而有则,繁而不芜,持论序言,钩身致远"是其特色。宗教方面,张角创立"太平道",寇谦之创立了新的"天师道",道安和竺道生积极传播佛教,倡导"顿悟成佛说",为唐代禅学提供了直接理论来源。

第一节　道教的兴起与传播

东汉灵帝光和年间,道教开始在河北地域发展,其标志性成就就是产生了张角的"太平道"。据《后汉书·襄楷传》记载,有人曾在东汉顺帝时给朝廷献上一本取自保定曲阳的《太平清领书》,但未受到朝廷的重视。直到东汉末年,巨鹿人张角才利用《太平清领书》传播道教,并以"太平道"来组织民众反抗汉朝的封建统治,是时《太平清领书》在社会上得到了广泛传播,而张角的信徒亦很快扩大到数十万众。太平道信奉"中黄太乙"为至上神,以实现"黄天太平"为纲领。因起义者头戴黄巾,所以史称"黄巾起义"。虽然黄巾起义在东汉王朝的镇压下失败了,但它是利用道教组织发动的第一次大规模的农民起义,是标志道教开始登上历史舞台的一件大事。

后来,北魏的拓跋氏崇奉道教,寇谦之以改革道教为契机,创立了"天师道"。寇谦之(公元365—448年),北魏上谷昌平(今北京昌平)人。经过魏晋的社会混乱之后,原来流传于南方的"五斗米道"开始迁移北方,鉴于东晋末年孙恩利用"五斗米道"发动大规模叛乱之前车,南北朝时期的一些统治者迫切要求改造"五斗米道",以使它转变成为一种能够为统治阶级服务的官方宗教。对于寇氏改造"五斗米道"的过程,《广弘明集》卷1有非常详细的记载,不过,归纳起来不外两条:一是"除去三张伪法,租米钱税及男女合气之术";二是"专以礼度为首,而加之服食闭炼"。可见,将儒家礼教制度和神仙道教的服药内炼方法结合起来,引儒入道,是寇氏"天师道"的根本特点。在形式上,天师道模仿佛教设立坛宇,注重斋醮科仪,深受北魏太武帝的推崇。于是,北魏奉天师道为国教,并在曲阳、涿鹿等地建立道坛,其中以曲阳的北岳庙最为著名。

第二节　儒学的发展与经学成就

儒学在汉代经董仲舒的大力倡导后终于形成一枝独秀的"罢黜百家,独尊儒术"局面,并使儒学成为中国数千年传统文化的核心思想。董仲舒(公元前178—前104年),西汉广川(今衡水景县)人。他在向汉武帝的第三次《对策》中提出了统一思想的重要性问题,在董仲舒看来,"诸不在六艺之科,孔子之术者,皆绝其道,勿使并进"。而为了使孔子的思想与封建社会的等级制度相适应,董仲舒在《春秋繁露》一书中极力神化孔子,从而使儒学思想宗教化。在哲学上,董仲舒认为天是有人格有意志的至高无上的神,他说:"天子受命于天,诸侯受命于天子,子受命于父,妻受命于夫。诸所受命者,其尊皆天也。"[1]这样,董仲舒就把孔子的"五伦"范畴概括为维护封建等级统治的"三纲"体系,它为中国封建社会的四大绳索(即政权、族权、神权、夫权)提供了理论基础。

后来,经过东汉末年卢植(公元? 年—192年)等人的过渡,到魏晋时期的刘劭,河北思想界首先开启了魏晋清谈玄学的先声。刘劭,字广才,广平邯郸人。他主张通过言谈论争来发现人才,其《人物志》系统总结了东汉以来人物品评清议,成为由清议到清谈过渡的标志。当然,刘劭在一定程度上继承了公孙龙等人的先秦逻辑学思想,故《人物志》中亦隐含着不少"名实观"、"论辩思想"、"推论方法和分类形式"等方面的逻辑学思想。

随着玄学的兴盛,晋代思想界掀起了一股否定"言"、"象"在认识中作用的思潮,其代表人物有荀粲、何晏、王弼、向秀、郭象等。对此,欧阳建发表了《言尽意论》,公开向玄学思想宣战。欧阳建(公元270—300年),字坚石,渤海(今南皮县东北)人,史称其"雅有理思"[2]。玄学家提倡"言不尽意",他们认为义理存在于现象之外,而"象外之意"是不能由人们的感官或思维来认识的,因此,语言不能反映事物的本质。针对这种形而上学的不可知论,欧阳建提出了两个唯物论的观点:一是事物的属性为客观事物本身所固有,它不以人们的意志为转移;二是概念仅仅反映客观事物的规律,它不能改变客观事物运动变化的规律。在欧阳建看来,"物"、"理"是第一性的,而"名"、"言"则是第二性的,彼此对立统一,相辅相成,因此,语言和概念完全能够表达思想和反映事物,言能够尽意,从而否定了"言不尽意"的形而上学不可知论。

"六经"的命名起源于孔子弟子,章学诚说:"儒家者流,乃尊六艺而奉以为经。"[3]庄子云:"孔子言治《诗》、《书》、《礼》、《乐》、《易》、《春秋》六经。"[4]西汉治经者,皆属今文(以汉初隶书本的经典为依据),其创立者为董仲舒。此派在治经方法上,主张承受师说,专经研究,不相混乱,旨在发挥儒家微言大义,通经致用,好言灾异五行。但从社会效果上看,今文经学在河北地域并没有太大的发展,相反,倒是古文经学颇有影响。与今文经学不同,古文经学以汉武帝时发现的古文、经典为依据,其刘歆为创立者,此派学说在东汉甚为流行。如东汉末年,范阳卢植师事古文经学家马融,与马日磾、蔡邕等共校《五经》,成为河朔经学名望。十六国时期,石勒于襄国立太学,在中央置有经学祭酒。北魏在十六国的基础上,进一步复兴经学,河北地域甚至出现了"横经著录,不可胜数"的盛况,涌现出了崔浩(今清河县人)、卢玄(今涿州市人)、高允(今南皮县人)等一大批经学家。到宣武帝以后,由于皇帝的提倡,河北地域各州郡的经学研究和经学教育更加兴盛。东魏迁都邺城后,高欢亦积极提倡经学,至北齐时则"横经受业之侣,遍于乡邑,负笈从宦之徒,不远千里。入闾里之内,乞食为资,憩桑梓之阴,动逾十数。燕、赵之俗,此众尤甚焉。"[5]

第三节　邺城译经团体的出现

河北地域佛教的传入大概是在西晋,如《高僧传·释道安》有常山扶柳(今冀州市)人道安12岁在故里出家的记载。入十六国以后,胡僧开始进入河北地域传教。如《魏书》卷114《释老志》载:"石勒时,有天竺沙门浮图澄,少与乌苌国就罗汉入道","后为石勒所宗信,号为大和尚",石虎迁邺后,浮图澄亦随之来到邺城,在他的影响下,"民多奉佛,皆营造寺庙,相竞出家。"当时,邺城成了北方佛教的传播中心。在浮图澄的众多门徒中,以河北籍的释道安和竺道生最为著名。公元383—385年,前秦苻坚开始有组织地翻译佛经,选拔大批人才参加译经活动,这样我国的译经活动就由私译转入官译,由个人译经转入团体译经,其中释道安起到了关键性作用。《高僧传·释道安》载:道安"笃好经典,志在宣法,所请外国沙门僧伽提婆、昙摩难提及僧伽跋澄等,译出众经百余万言。常与沙门法和,诠定音字,详核文旨,新出众经,于是获正。"竺道生(公元355—434年),俗姓魏,巨鹿(今平乡县)人。曾拜鸠摩罗什为师,一生著述甚丰,翻译过《大品般若经》和《小品般若经》。虽然上述所译佛经,质量并不高,但它们无疑地为后来形成以菩提流支为核心的邺城译经集团奠定了基础。

菩提流支，北天竺人。北魏永平初（公元 508 年）来到洛阳，因他译出《十地经论》、《金刚经论》、《法华经论》等，所以被称为"译经元匠"。后来，北魏刚分裂为东魏和西魏（公元 534 年），邺城是东魏的都城。于是，译经家菩提流支、佛陀扇多、月婆首那、毗目智仙等悉於此际前往邺城译经，并形成了以菩提流支为核心的邺城译经集团。其中佛陀扇多，北天竺人，从正光六年（公元 525 年）至元象二年（公元 539 年），他在洛阳白马寺及邺都金华寺，共译出经论 11 部，计 11 卷，其中比较重要的有《摄大乘论》2 卷。瞿昙般若流支，南天竺人，从元象初年至兴和末年（公元 542 年），在邺城共译出经论 14 部，计 85 卷，其中重要的有《正法念处经》、《回诤论》、《业成就论》和《唯识无境界论》（《大唐内典录》卷 4）。又，毗目智仙在邺城译出 5 部经典。北齐文宣帝天保七年（公元 556 年），北印度僧那连提那舍到邺城，译出《菩萨见宝三昧经》、《阿毗昙心论》等。

从中国佛教发展历史来看，以菩提流支为首的邺城译经集团所取得的最大成就是在北方形成了"地论宗"。当时，少林寺首任寺主佛陀禅师之高足，律学和地论学元匠慧光律师（亦称惠光，公元 468—537 年）以及其诸大弟子为代表的地论师亦先后住持邺都弘法，邺城实际上已成为北朝新的佛教中心。故道宣说："逮於北邺，最称光大。移都兹始，基构极繁。而兼创道场，珍绝魔网。故使英俊林蒸，业正云会，每法筵一建，听侣千余。"[6] 而菩提流支的弟子道宠，俗名张宾，原为大儒雄安生弟子，后出家从流支学《地论》深义，受教三年，一边听讲一边将笔记整理成义疏，后来成为很有成就的《地论》师，在邺城讲学，可以造就的学士达数千余，最突出的有僧休、法继、诞礼、牢宜等人。到北齐末年，邺地寺院已达四千所，僧尼八万人，可见，冀南宗教发达之盛。

第四节　独具特色的河北文学艺术

建安元年（公元 196 年），曹操将逃难中的汉献帝迎到许昌，取得了"奉天子以令不臣"的有利地位。建安九年（公元 204 年），曹操攻占邺城，从此邺城由袁绍的统治中心转变为曹操的统治中心。与曹魏的"唯才是举"政策相适应，邺城形成了以"三曹"为代表的邺下文学作家群。曹操（公元 155—220 年），字孟德，他的大部分时间在邺城度过。因此，曹操的多数文学作品都是在居邺之后所作，其代表作有《登台赋》、《陌上桑》、《整齐风俗令》等。曹丕（公元 187—226 年），字子桓，他在邺宫生活了十五六年，并受其父的影响，写下了《临高台》、《夏日诗》、《登城赋》、《感离赋》等著名诗赋。曹植（公元 192—232 年），字子建，他从 12 岁至 18 岁居住在邺城，同时在此步入文坛，其代表作有《登台赋》、《学宫颂》、《西园诗》等。此外，还有陈琳、王粲、刘桢、杨修、丁仪、刘劭等。建安文学继承了汉乐府形式，并赋予新的内容，从而创立了"邺中新体"[7]，他们"造怀指事，不求纤密之巧，驱辞逐貌，唯取昭晰之能"，"故梗概而多气也"[8]。入西晋后，鬼神志怪之书渐为文人所兴趣，因此，河北地域的文学发展形式亦由诗赋转向叙述异事的志怪小说，而张华是其最重要的代表人物。张华（公元 232—300 年），字茂先，范阳方城（今固安县）人。王嘉《拾遗记》（九）称张华"捃采天下遗逸，自书契之始，考验神怪，及世间闾里所说，造《博物志》四百卷"。毋庸置疑，无论从内容还是从文学发展史上看，《博物志》确实内容博杂，山川地理，鸟兽虫鱼，异域奇闻，医药历史无所不包，它的出现标志着"博物"体志怪小说的成熟。北朝的河北民歌异军突起，出现了像《慕容垂歌》、《幽州马客吟》、《敕勒歌》、《木兰诗》等流传千古的民间歌谣，其中《敕勒歌》和《木兰诗》即使在今天，仍然具有很高的艺术魅力。

由于邺城为六朝国都，为了繁荣都城的文化生活，许多艺人都先后会聚在这里，如曹操统一北方，定鼎于邺，曾收罗歌师、舞师等艺人于邺城。又如，东魏、北齐时，范阳遒（今怀来县）人祖珽善弹琵琶，多创新曲；赵郡柏人县（今隆尧县西尧城镇）人李搔，曾采诸声，别造一器，号为"八弦"；博陵安平（今安平县）人崔季舒，善音乐等。不仅在音乐方面人才辈出，而且在书画方面邺下更聚集了一大批书画家，如杨子华、曹仲达、高尚士、肖放等。其中杨子华善画马、龙，有"画圣"之称。至于书法作品，今存有北朝时期的《义慈惠石柱》、《北响堂寺洞窟刻经》、《曲阳北岳庙碑》等，而《曲阳北岳庙碑》的文字为标准的魏碑体，颇具河北地区书法风格，更是难得的艺术珍品。此时，石窟造像非常盛行，仅响堂山南石窟就有造像 3 500 多尊,多阿弥陀佛净土故事和佛本生故事浮雕。其中千佛洞最为华丽,窟外整体外观为覆钵塔形。窟前设四柱三开间前廊的仿木结构建筑,其斗拱窟檐以上凿大形覆钵,钵中央雕展翅欲飞的金翅鸟,上雕宝珠,钵两端饰卷云状山花蕉叶,这一保存完整华丽的装饰,十分罕见。窟内进深 3.6 米,宽 3.9 米,高 3.7 米。前壁满雕塑千佛,其他三壁又凿一大龛,内均一佛二弟子两菩萨。壁上部也各雕千佛,下设基坛,窟顶微隆,雕莲花和八尊伎乐天,形象生动形象美观,堪称时代佳作。

第五节 《魏书》

魏收(公元 505—572 年),字伯起,巨鹿下曲阳(今平乡县)人。历仕北魏、东魏、北齐三朝,官至中书令,兼著作郎。《北齐书》本传称他"以文华里",与河间邢子才文章并著,世称"大邢小魏"。又说:"自武定二年(公元 544 年)以后,国家大事诏命,军国文词,皆收所作。"天保二年(公元 551 年),北齐文宣帝下诏命魏收撰写魏史。于是,魏收吸纳房延佑、裴昂之、刁柔等"博总斟酌"合撰《魏书》。天保五年(公元 554 年)三月,成 12 纪,92 列传,合 110 卷;十一月,成 10 志,合 20 卷;共 130 卷。《魏书》主要记述自北魏道武帝登国元年(公元 386 年)到东魏孝静帝武定八年(公元 550 年)共 164 年北朝魏的历史。从体例上看,《魏书》是一部纪传体史书,全书共 130 卷,80 余万字,有 12 本纪 14 卷,列传 96 卷,志 20 卷。

《魏书》的主要特色可以概括为两点:一是编纂体例有所突破,并给佛教文化以正史的地位。大家知道,在魏晋以后,佛教逐渐兴盛起来,其寺院文化已经构成中国传统文明的重要组成部分,所以对当时中国的社会、政治、思想、文化等上层建筑各领域的影响都非常深远。然而,在魏收之前,裴松之所注《三国志》,却把佛教附录在《东夷传》中,而沈约的《宋书》亦将佛教附属于《蛮夷传》,他们都没有给佛教以足够的重视。而《魏书》中则第一次设立《释老志》,此举可说是魏收根据北魏历史特点新创的一个独特的志目。另外,该书还开创了用家系立传的做法。二是《魏书》对鲜卑拓跋部的历史记述尤详。如在《序纪》里,魏收追溯北魏建国前的历史,虽然在史料辨析方面尚存在着"袭其虚号,生则谓之帝,死则谓之崩"[9] 的瑕疵,但在总体上魏收将鲜卑族先祖追述为黄帝之苗裔,这显然是对鲜卑族与汉族同源共祖的历史认同。此外,《魏书》帝纪部分还记述了拓跋部封建化的漫长途程,记录了它在汉族封建文明影响下逐步改变社会制度的情况,对于冯太后和孝文帝为完成鲜卑族封建化而实行的各项社会改革,书中记述得尤其详尽。可见,《魏书》作为第一部以鲜卑拓跋贵族为记述主体的"正史",其史学价值非常重要。因此,《北史》本传称魏收"学博今古,才极从横,体物之旨,尤为富赡,足以入相如之室,游尼父之门。勒成魏籍,追从班、马,婉而有则,繁而不芜,持论序言,钩深致远。"

然而,从历史上看,《魏书》却多为人所诟病。首先,北魏后期,随着世家士族的发展以及统治阶级内部矛盾的激化,其国分为东魏与西魏,不久,掌握实权的高氏和宇文氏分别取代东魏和西魏,而建立北齐和北周。魏收属于东魏、北齐系统,所以他的史学思想便很强烈地反映了以这个系统为中心的特点,由于这个缘故,凡不属于东魏、北齐系统的人,多认为《魏书》"抑扬失当,毁誉任情",纷纷提出了反对意见;其次,受《春秋》夷夏观的影响,汉族史学家多指责《魏书》是一部"秽史",如刘知己、刘恕、范祖禹、章学诚等。可是在魏收之后重修《魏书》者大有人在,如隋朝的魏澹、杨素,唐代的张太素等,而在历史上流传下来的却只有魏收的《魏书》,这说明其书"未见必出诸史之下"[10]。

注 释:

[1]　董仲舒:《春秋繁露》卷 15《顺命》,上海古籍出版社 1991 年版,第 85 页。

[2]　《晋书》卷 33《石苞传附欧阳建传》,中华书局 1987 年版,第 1009 页。

[3]　《文史通义》卷 1《经解上》,岳麓书社 1993 年版,第 27 页。

[4]　《文史通义·经解上》,岳麓书社 1993 年版,第 27 页。

河北科学技术史

[5] 《北齐书》卷44《儒林传》,中华书局2003年版,第582—583页。

[6] 《续高僧传》卷15《义解篇·论》,《乾隆大藏经》第113册,传正有限公司乾隆版大藏经刊印处,1997年版,第1469页。

[7] 卢照邻:《幽尤子集·南阳公集序》,《四部丛刊初编》集部,第41页。

[8] 《文心雕龙·时序》,新疆青少年出版社2000年版,第68页。

[9] 《史通》卷5《称谓》,长沙岳麓书社1995年版,第37—38页。

[10] 王鸣盛:《十七史商榷》卷65《魏收魏书》,光绪十九年(1893年)广雅书局刊本。

第四编

科学技术的鼎盛与繁荣

（隋唐宋辽金元时期）

该时期社会发展经历了统一、分裂、再统一的历史过程，社会政治的变化从隋唐时期的贵族政治到宋代的庶族政治的历史转变，再从庶族政治到元代的民族等级制度历史时期，科学技术发展处于中国封建社会的鼎盛期。踏犁代替耕牛、引进曲辕犁、推广灌溉水车，农作保墒技术体系形成；畜牧育种技术取得巨大进步，混血杂交改良技术培育出"九花虬"马、河北胡头羊等名优畜种，兽医学的发展促进了当时畜牧业的发展。在天文、地理、数学、物理、水利等领域，涌现出刘焯、贾耽、僧一行、李冶、郭守敬、朱世杰等制作技术和工艺方面的一批科学巨星；赵州安济桥、正定隆兴寺、定州开元寺塔、沧州铁狮子、定州刻丝等独具特色，享誉海内外，从而把河北科学技术发展推进到一个新的历史高峰。

第一章　封建社会历史概貌

隋唐宋元时期,社会发展的总体趋势呈统一、分裂、再统一的历史特点,从政治上看,河北地域社会进步亦经历了由隋唐时期的贵族政治到宋代的庶族政治的历史转变,后进入了元代的民族等级制度的历史时期,河北地域总体经济发展水平位居全国前列。农民起义和兵变事件屡有发生,是当时各种社会矛盾最为集中和最为突出的地域之一。

第一节　行政区划概况

唐末黄巢农民起义,使唐朝的士族势力遭受到极大的打击与削弱,然而,河北地域的藩镇局面却并未从根本上有所改观;相反,经过几十年的兼并战争,在中国北方形成了朱全忠(被封为梁王,据今河南)、李克用(被封为晋王,据今山西)、李茂贞(据今陕西凤翔)和刘仁恭(据今河北地域北部)四大地方势力。唐光化二年(890年),朱全忠先后将刘仁恭和李克用的势力排除在河北地域之外,并于唐天祐四年(907年)四月建立后梁政权,唐朝灭亡。不久,李克用去世,由其子李存勖继晋王位。之后,李存勖通过潞州之战及柏乡(今柏乡)会战,大败朱全忠。藉此,李存勖于乾化三年(913年)兼并了幽州刘仁恭的割据势力,公元923年,李氏建立后唐政权,随后灭后梁,北方基本统一。长兴四年(933年),后唐河东节度使石敬瑭以割让幽云十六州为条件请求契丹出兵助其灭后唐,此后,契丹辽在与北宋的军事对峙中取得了主动地位。同时,在区划方面,河北地域被分割为南北两部分,而易、定、深、沧四州则变成与契丹接壤的前沿地区,这里亦是宋辽及宋金之间交兵的主要战场,如宋辽之间的高粱河之战、满城之战,宋金之间的平州(今秦皇岛卢龙县)之战、中山(今定州)之战、真定之战、磁州之战等。尤其在抗金的斗争过程中,尽管英勇的河北先民为抵抗外族的侵略付出了沉重的代价,但由于宋朝政府的政治腐败与外交软弱,靖康元年(1126年)当金军攻抵开封城下后,宋钦宗终究还是以割让太原、河间、中山三镇为代价非常屈辱地与金军讲和。至此,河北地域绝大部分土地都归金国占有。

宋代根据当时社会发展的客观实际,尤其是为避免重蹈藩镇割据的覆辙,改唐代的"道"为"路",实行路、州、县三级制,使中央对地方可直接行驶权力。由于辽宋的军事对抗,河北路的区划时有变动,但以河北二路(即河北东、西路)为主。河北西路,路治真定县,辖4府9州6军65县,其中在今河北地域内有4府5州6军53县。4府是真定府、中山府、信德府、庆源府;5州是相州、洺州、深州、磁州、祁州、保州;6军是天威、北平、安肃、永宁、广信、顺安。河北东路,路治大名府,辖3府11州5军57县,其中2府7州5军27县在今河北地域内。2府是大名府、河间府;7州是沧州、冀州、莫州、雄州、霸州、恩州、清州;5军是德清、保顺、永静、信安、保定。以上府州军县基本上位于今河北省大清河、海河一线以南,而以北则属于辽国。据《辽史》卷37《地理一》载辽国的区划云:"总京五、州、军、城百五十有六,县二百有九,部族五十有二,属国六十,东至于海,西至于金山,暨于流沙,北至胪朐河,南至白沟,幅员万里。"在这里,南京道的全部及中京道和西京道的一部分所辖地域大体上都处在今河北省大清河、海河一线以北,包括承德、张家口、唐山、秦皇岛市所辖州县及保定和廊坊市的部分州县。可见,宋辽时期,河北地域行政区划具有以下几个特点:一是宋辽边界约略以白沟河和海河一线来划分的,所以有的跨河州县便被一分为二,形成"一县两境"的区划特色;二是宋朝时期的河北不仅在经济上是为军事服务的,故学界有"边防型财政"之说,而且行政区划亦具有为军事需要而设的特点;三是河北地域同时出现了两个陪都,即北宋的"北京"即大名府和辽国的"南京"即今北京市;四是北宋曾在金兵的帮助下,收回涿、易、蓟等州,并置燕山府路。然而,随着辽国的灭亡,金兵很快就占领了燕山府路和河北地域全境,宋辽分治河北的局面终告结束。金朝全国共设 20 个路级行政区划,全部或部分在今河北地域内的有 6 路,即中都路、河北东路、河北西路、大名府路、北京路和西京路。路之外,尚有猛安谋克的建置。猛安谋克是女真人的一种分封制度,以血缘为纽带,兼有军事和行政双重性质,而为了保持其民族的血缘纽带和统属关系,同时也为了防范汉人对其进行攻击,猛安谋克一般都不在州县,而是自成村落。据《大金国志》载,在金朝末年,仅大名府、河北诸路就有猛安 130 多个,其汉民与猛安人口的比例是 4:1,从这个角度说,河北地域人口的杂化现象比较突出。

元朝的行政区划以行省制为特色,而行省制初步奠定了明、清乃至现今省区的规模。在行政制度方面,元朝设立中书省作为中央最高的行政机构,与此相应,地方主要设有行中书省,今河北、山东、山西、内蒙古等地称为"腹里",直属于中书省管。腹里之外,又设有 10 个行省,各行省的组织均仿中书省。腹里及各行省下辖路、府、州、县。其中路治在今河北地域内的计有大都路、上都路、兴和路、永平路、保定路、真定路、顺德路、广平路、河间路、大名路等,具体地讲,大都路辖 10 州 21 县,上都路辖 7 州 1 府 12 县,兴和路辖 1 州 4 县,永平路辖 1 州 6 县,保定路辖 7 州 19 县,真定路辖 5 州 1 府 30 县,顺德路辖 9 县,广平路辖 2 州 11 县,河间路辖 6 州 23 县,大名路辖 3 州 11 县。从州县的分布来看,河北地域内路、府、州、县的设置相对比较密集。不过,由于分封制的影响,河北地域内有许多"飞地"现象存在,即某些州县如井陉、清河、馆陶等与其所属的路府隔开,而不是连成一片。

在北宋,河北地域总体经济发展水平位居全国前列,比如,《文献通考》卷 4 载宋神宗元丰年间的垦田税和二税税额,河北路有田 2 790 万亩,位居全国第七;其中二税额为 915.2 万贯石匹两,位居全国第一,超过了当时的两浙和淮南;熙宁十年(1077 年)的商税税额共 854 758 万贯,仅次于两浙,位居全国第二。然而,因河北与辽国交界,军事地位十分突出,故其徭役负担亦最重,正如《宋会要辑稿·食货》24 所说:"河北系黄河流行,人使经由道路,每年人户应工役,比他路尤为劳费。"又如"三番之役"为河北所特有,它是指在开封到雄州的官道上,设有许多驿馆,专门用于接迎辽朝使者及宋朝的使辽人员,其间的供应差遣则由当地民户负担。由于宋辽交聘频繁,因此,河北地域民户的负担也就不断加重。对此,包拯这样揭露说:"三番为河北之患,积有岁年,日甚一日,诛求骚扰,公私不胜其害。臣顷年曾差充送伴人使,且知蠹民残物之甚。"[1] 而张方平更说河北地域民户的经济负担"其弊有三:一曰厨传,二曰徭役,三曰河防。"[2] 在辽国占领区,河北地域民户的赋税徭役负担在辽朝亦是最重的,故路振云:"虏政苛刻,幽蓟苦之,围桑税亩,数倍于中国,水旱虫蝗之灾,无蠲减焉。以是服田之家,十夫并耨,而老者之食,不得精凿;力蚕之妇,十手并织,而老者之衣,不得缯絮。征敛调发,急于剽掠。"[3] 金朝的赋役制度大都沿用唐及北宋之制,但名目繁多,主要有两税、地租、物力钱、户调、徭役、牛头税等。金世宗时,金朝为了推进封建租佃制,它通过三次大规模的括地运动,将河北地域的肥沃土地基本上都被括为官田,并分由猛安谋克女真人户经营,而"山东、大名等路猛安谋克户之民,往往骄纵,不亲稼穑,不乞家人农作,尽令汉人佃莳,取租而已"[4]。这里,名为"国有土地",实际上已经转变为女真民户的私有土地了。在元代,河北地域成为蓟辅之地,与之相适应,河北地域都市经济发展甚速,如大都成为全国的政治中心,真定变成河北地域内最繁华的城市,海津镇则逐渐发展成为环渤海地区最重要的港口。尤其重要的是,金元时期创立了警巡院和路治录事等这些独立的城市建置,标志着我国古代的城市建设已经发展到了一个新的历史阶段。

第二节　社会经济状况

隋唐宋辽金元时期,社会发展的总体趋势呈统一、分裂、再统一的历史特点,从政治上看,河北地域社会进步亦经历了由隋唐时期的贵族政治到宋代的庶族政治的历史转变,后又进入了元代的民族等级制度的历史时期。

公元589年隋朝,中国再次统一。社会安定下来,南北经济文化得到了交流。隋朝时候,经济有很大发展。耕地面积大量增加,农作物产量提高。长安、洛阳官仓里储粮多达千万石,少的也有数百万石。手工业有了新的发展,造船技术达到很高水平,能建造五层楼高的宏伟战舰。洛阳的商业盛极一时,居住着数万家富商。封建经济呈现繁荣的局面。隋朝(581—617年)统治时间很短,因它残暴的统治而人们常常把它比作是"早期的秦朝"。

唐朝(618—907年),是中国历史上最重要的朝代之一,也是公认的中国最强盛的时代之一。唐在文化、政治、经济、外交等方面都有辉煌的成就,是当时世界上最强大的国家之一。当时的东亚邻国包括新罗、渤海国和日本的政治体制、文化等方面亦受其很大影响。

唐盛以后,中国经历了"五代十国"割据战乱时期。一般认为从公元907年朱温灭唐到公元960年北宋建立,短短的54年间,中原相继出现了梁、唐、晋、汉、周5个朝代,史称后梁、后唐、后晋、后汉、后周。同时,在这五朝之外,还相继出现了前蜀、后蜀、吴、南唐、吴越、闽、楚、南汉、南平(即荆南)和北汉10个割据政权,这就是中国历史上的"五代十国"。

五代后周显德七年正月(960年),赵匡胤发动陈桥兵变,建立宋朝(960—1279年)。到公元979年,赵光义消灭北汉,中国大部分被统一。分为北宋(960—1127年,京都开封)与南宋(1127—1279年,京都杭州临安)。定都东京(今河南开封)。北宋开国后,通过收兵权、削相权及制钱谷等措施,进一步强化中央集权统治。同时,科举制度获得极大发展。北宋中叶,朝政日益萎靡,形成积贫积弱的局面。宋仁宗时,出现短暂的"庆历新政"。熙宁时,宋神宗实行王安石变法产生了巨大影响,但是后来遭到保守派反对而废弃。宋朝开国时期为了避免唐代末朝以来藩镇割据和宦官乱政的现象,采取重文轻武的施政方针,一方面在军事上积弱,1127年徽、钦二帝受金人掳去,迫使宋室南迁;1276年,忽必烈破宋都临安,宋朝亡国。宋朝也是中国历史上经济与文化教育最繁荣的时代之一,儒学复兴,社会上弥漫尊师重教之风气,科技发展亦突飞猛进,政治也较开明廉洁,终宋一代没有严重的宦官乱政和地方割据,兵变、民乱次数与规模在中国历史上也相对较少。著名史学家陈寅恪言:"华夏民族之文化,历数千载之演进,造极于赵宋之世。"而西方与日本史学界中认为宋朝是中国历史上文艺复兴与经济革命的也颇有人在。宋朝的经济文化发展与繁荣是规模空前的,农业、手工业、制瓷业、造船业等都十分繁荣。

1206年,成吉思汗建立蒙古汗国。元朝是中国历史上第一个由少数民族(蒙古族)建立并统治全国的封建王朝。1279年统一全国。元朝的疆域空前广阔,今天的新疆、西藏、云南、东北、台湾及南海诸岛,都在元朝统治范围内。结束了唐末以来(五代十国宋辽金夏)国内分裂割据和几个政权并立的政治局面,奠定了元、明、清六百多年国家长期统一的政治局面;促进了国内各族人民之间经济文化的交流和边疆地区的开发,进一步促进了我国统一多民族国家的巩固和发展;它为科学技术的发展创造了良好条件。

第三节　土地制度

一、"均田制"

隋代继续推行"均田制"。隋代均田制扩大了官僚贵族的永业田数量,使官僚贵族所得到的土地较农民要多得多,从而进一步加深了地主与农民之间的矛盾。而河北地域本来就存在着人多地少的问题,在当时的历史条件下,"均田制"只能最大限度地保证官僚贵族的占田要求,对绝大多数农民而言,受田不足是普遍存在的社会现象。《资治通鉴》卷178"隋文帝开皇十二年(592年)十二月"条记载:"时天下户口岁增,京辅及三河地少而人众,衣食不给,帝乃发使四出,均天下之田,其狭乡每丁才至二十亩,老少又少焉。"河北地域农民揭竿而起反抗隋朝的封建统治,由于隋末农民起义的打击,很多土地回到农民手中或者成为无主荒地,这就促成唐代初期必须通过"均田制"来缓和官僚地主与农民之间的矛盾和斗争。从武则天到唐玄宗时,土地兼并愈加严重,许多自耕农贫困破产,并转变为地主的佃户,田庄(包括官僚贵族的田庄、一般地主的田庄、寺院的田庄等)逐渐在全国各地发展起来。"先有实封数千户在贝州(今清河县),时属大水,刺史宋璟议称租庸及封丁并合捐免;巨源以为谷稼虽被湮沉,其蚕桑见在,可勒输庸调,由是河朔户口颇多流散。"[5]仅贝州一地,武三思就"实封数千户",可以说该地的肥沃土地尽归其所有了。据《唐会要》卷90《食实封数》载:"凡有功之臣,赐实封者,皆以课户先准户数,州县与国官邑官,执帐供其租调。各准配租调,远近州县官司,收其脚直,然后付国邑官司。"这就是说,唐朝政府将一部分交纳租调的农民,分割与贵族,除庸照旧归唐朝政府外,租调都改由贵族征收。当时,享受食实封者河北地域主要有魏博、田承嗣、田绪、王景崇等,而食实封后来成为安史之乱后河北地域藩镇割据的主要经济基础。在唐代中后期,随着藩镇割据势力的不断膨胀,河北地域便成为唐朝割据与反割据斗争的核心地带。由于割据势力以崇尚武力为宗旨,所以,唐朝的河北地域藩镇割据局面在一定程度上催生了那种重武轻文的社会风气。如杜牧在《唐故范阳卢秀才墓志》一文中说:"秀才卢生名霈,字子中。自天宝后,三代或仕燕,或仕赵,两地皆多良田畜马。生年二十,未知古有人曰周公、孔夫子者,击球饮酒,策马射走兔,语言习尚,无非攻守战斗之事。"又《全唐诗》录有幽州人高崇文的一首《雪席口占》诗云:"崇文宗武不崇文,提戈出塞号将军。"应当承认,"宗武不崇文"确实客观地反映了唐代河北地域民风的一个重要特征。

二、土地抗争

不论是北宋统治,还是辽、金统治,河北地域都是当时各种社会矛盾最为集中和最为突出的区域之一。比如,土地兼并(主要是官方占田)和赋税不均的现象是导致河北农民反抗斗争的基本因素。据统计,元丰年间北宋共有职田2 348 697亩,而河北路有335 369亩,占全国职田总数的14.28%,位居全国第一;至北宋中叶,各地共有屯田4 200多顷,而河北地域有367顷,在全国是最多的;在北宋,由军人耕种的田叫屯田,由民户耕种的田叫营田,而营田首先是从河北兴起的,由于当时的营田有许多不当做法,所以给当地百姓带来不便[6],并成为激化社会矛盾的一个重要原因,因而范仲淹将它的后果概括为四个字:"科率劳弊"。当然,为了缓和愈益激化的社会矛盾,郭谘亦曾在河北地域推行"千步方田法",甚至有人还曾在沧州等地实行"均田法",但最后都事与愿违,不得不以失败而告终。

正是在这样的社会背景下,官逼民反,河北地域的农民起义和兵变事件才屡有发生,如王则起义、保州兵变等。富弼在庆历三年(1043年)总结说:因官吏对"人民疾苦未尝省察,百姓无告,朝廷不与做主,不使叛而为寇,复何为哉!"[7]至于契丹亦复如此,契丹在建国之初,尚处在奴隶制的早期,所以大量地掠夺人口是当时契丹族对外侵略的主要特点。如李万在《韩橁墓志铭》一文中说:"我圣元皇帝凤翔松漠,虎视蓟丘。获桑野之滕臣,建柳城之冢社。"此"滕臣",即是奴隶。而阿保机在河北"攻陷城邑,俘其人民,以唐州县置城以居之"[8]。他们"入掠中原人,及得奚、渤海诸国生口,分赐贵近或有功者,大至一二州,少亦数百,皆为奴婢,输租为官,且纳课给其主,谓之二税户。"[9]由"纳课给其主"可以看出,契丹辽在占有幽云十六州以后,其奴隶制正在逐步转向依附化的封建农奴制。虽然辽国在其所占领的河北地域,实行"因俗而治"的政策,重用汉人仿效中原制度,即"兼用燕人治国,建官一同中夏"[10],或云"以国治契丹,以汉制待汉人"[11],但是在政治上辽人歧视汉人的现象仍十分严重,如当蕃汉相殴时,轻处蕃人而重处汉人。又如,辽重熙十二年(1043年),辽兴宗下令"禁关南汉民弓矢"[12]。民族不平等就意味着民族压迫和民族斗争,据《辽史》记载,在辽朝统治期间,河北各地汉族人民不断掀起反抗辽朝残酷统治的斗争,比如,辽重熙十三年(1044年),香河县的李宜儿组织乡民暴动;辽咸雍三年(1067年),新城县民杨从谋反;辽天庆三年(1113年),李弘利聚众起义;辽天庆七年(1117年),易县人董才率部众万人转战于燕云地区,形成一支比较强大的反辽武装力量。毫无疑问,河北地域汉族人民的反辽斗争,加速了辽国的灭亡。此时,宋与金为了共同灭辽而订立了"海上之盟",北宋本想借助金人的势力收回燕云十六州,可没想到金人在灭辽之后,很快就将战火引向北宋。

金兵在南下灭亡北宋的历史过程中,虽然从局部来看,宋人在平州(今卢龙县)、真定、磁州等战役中,表现颇为英勇,甚至还出现了像宗泽这样的抗金英雄,但是由于北宋政府的政治腐败,金兵终于在靖康二年(1127 年)灭亡北宋。自此,河北地域尽归金人的统治之下。同契丹辽一样,金人在由奴隶制向封建制转变的过程中,采用软硬兼施的手段对付汉族人民的反抗。一方面,金人通过开贡取士来吸收汉族知识分子参与政权建设,"以安新民"[13],同时,将女真人迁入河北地域,用以监督汉民的社会活动,如"乌延吾里补,曷懒路禅岭人,徙大名路"[14]。又有乌古论三合等徙真定[15]。另一方面,金人采取高压手段,对汉人实行严厉的镇压政策,还禁止穿汉服,强令削发。对此,河北地域各地军民自觉组织起来,成立抗金社团,与金兵展开英勇不屈的斗争,捍卫了民族气节和民族尊严。如五马山(在赞皇县境内)义军、红袄军等。

三、元朝"附会汉法"

公元 1271 年,蒙古国建立,这是中国历史上第一个由少数民族建立的统一中央集权的封建君主专制国家。同历代中原地区出现的少数民族政权一样,"北方之有中夏者,必行汉法乃可长久"[16],所以蒙古国一方面不得不"附会汉法"[17],并"以国朝之成法,援唐宋之故典,参辽金之遗制",学习运用中原王朝的进步政策,抑制豪强,奖励农桑,发展生产;另一方面,为了维护蒙古贵族的政治特权,元朝统治者又推行"分而治之"的方策,在这里,所谓"分"就是将全国各族人民的身份地位划为四等,其中蒙古人为一等,处于最优越的地位,依次是色目人、汉人和南人。在此基础上,"分而治之",因人而异,比如,《元典章·刑部》规定:"蒙古人打汉人不得还",蒙古人殴打汉人后,"汉儿人不得还报,指立证见于所在官司赴诉,如有违犯之人,严行断罪。"又如,元朝一再重申"禁汉人执兵器出猎及习武艺"[18]的律法,显然这是一种严重的民族歧视政策,它的结果必然会加剧民族矛盾。故明人叶子奇在《草木子》中说:元朝"台省要官皆北人为之,汉人、南人万中无一二。"早在忽必烈受封邢州时,《元朝名臣事略》卷7《左丞张忠宣公》就有"今民生困弊莫邢为甚"的说法,说明河北地域是受民族歧视危害最深的地区之一。从元武宗起,河北地域反抗元朝统治的斗争此起彼伏,始终就没有间断。如至大二年(1309 年),大都、中都"盗起";皇庆元年(1312 年),沧州阿失歹儿起义;元统二年(1334 年),真定"盗起";至正元年(1341 年),"山东、燕南强盗纵横,至三百余处"[19];至正十一年(1351 年),河北韩山童利用白莲教发动反元起义,颠覆了元朝的统治基础。

注　释:

[1]　包拯:《包拯集校注》卷7《请免接送北使三番》,黄山书社 1999 年版,第 156 页。

[2]　张方平:《乐全集》卷23《请减省河北徭役事》,文渊阁《四库全书》本。

[3]　路振:《乘轺录》载《宋朝事实类苑》,上海古籍出版社 1981 年版,第 1011 页。

[4]　《金史》卷 47《食货志二》,中华书局 1987 年版,第 1046 页。

[5]　《旧唐书》卷 92《韦巨源传》,中华书局 1975 年版,第 2964 页。

[6]　苑书义等:《河北经济史·第 2 卷》,人民出版社 2003 年版,第 23—24,164 页。

[7]　《续资治通鉴长编》卷 143《庆历三年九月》,中华书局 2004 年版,第 3453 页。

[8]　《新五代史》卷 72《四夷附录》中华书局 1986 年版,第 886 页。

[9]　元好问:《中州集》卷 2《李承旨晏》,四部丛刊初编本。

[10]　《宋史》卷 285《贾昌朝传》,中华书局 1985 年版,第 9616 页。

[11]　《辽史》卷 45《百官志一》,中华书局 1987 年版,第 685 页。

[12]　《辽史》卷 19《兴宗二》,中华书局 1987 年版,第 228 页。

[13]　《金史》卷 3《太宗纪》,中华书局 1987 年版,第 57 页。

[14]　《金史》卷 85《乌延吾里补传》,中华书局 1987 年版,第 1837 页。

[15]　《金史》卷 82《乌古伦三合传》,中华书局 1987 年版,第 1846 页。

[16]　《元史》卷158《许衡传》,中华书局1976年版,第3718页。

[17]　苏天爵编:《元文类·卷14(奏议·立政议)》,商务印书馆1936年版,第178页。

[18]　《元史》卷28《英宗二》,中华书局1976年版,第619页。

[19]　《元史》卷40《顺帝三》,中华书局1976年版,第862页。

第二章　传统农业科技

　　隋唐宋元时期进入传统农业的全面发展阶段,农业科技取得了一系列极其辉煌的成就,其中有不少是划时代的发明,在世界科技史上写下了光辉的篇章。由于普遍实行了均田制等重农政策,使农业种植结构得到了调整,对农业发展起到了积极作用。农具的创新与发展,特别是曲辕犁、灌溉水车的出现,对农业生产发挥了较大作用,农业生产力水平急速提高。唐宋时期河北开始大规模兴修水利,历史上有名的河北地域海河流域的淀泊工程,治水屯兵、引淀种稻,跨距离大面积引种水稻等技术,当时是世界首创。郭守敬对河北水利工程发展作出了巨大贡献。

第一节　变革农业政策和制度

一、实施均田制租佃制

　　隋唐时期,继承了北魏、北齐以来的土地制度,普遍实行了均田制。所谓均田制,就是将国家所掌握的土地,按照一定的标准发配给每个成年公民。隋朝的均田制规定:"一夫受露田八十亩,妇四十亩,奴婢依良人,限数与在京百官同。丁牛一头,受四六十亩,限止四牛、又每丁给永业二十亩为桑田,其中种桑五十根,榆三根,枣五根,不在还受之限,非此田者,悉人还受之分,土不宜桑者给麻田,如桑田法"(《隋书·食货志》)。隋唐按人头所分的田大体是相当的。均田制度使每个公民享有一定数量土地使用权,同时也规定了相应义务,这就调动了农民的生产积极性。由于均田制只是暂时抑制了土地兼并,而不能永久地解决两极分化。唐建中元年(780年)颁行了两税法,规定以个人财产的多少为征税标准,分夏秋两次征收,解决了均田制带来的不足,但也存在一些弊病。后来,唐宋时期普遍实施了土地租佃制。租佃制实现了产权(所有权或占有权)与经营权(使用权)分离。"田非耕者所有,而有田者不耕地也"。地主有产权,以此坐收地租,佃农有经营权,可充分利用家庭的劳动力,自我监督,辛勤操作,正好适应了农业技术的要求[1]。对封建社会农业发展起到了积极作用。

二、赈灾宽农保护农业

　　隋朝放宽了承担赋税的年限,由北朝时期的18岁成丁,放宽到21岁。唐初屡次下诏,命令有司停不急之务,以保证农时。如贞观元年(627年)燕赵之际,山西井潞所管及虞蒲之郊幽延以北,由于出现旱涝虫霜等灾害,导致了饥荒。政府即派员,对损失进行调查,并对灾民进行赈济,为灾后农业振兴起到了一定作用。在"不抑兼并"的政策指导下。宋代终止了五代以来检田加赋活动,鼓励农民开辟新田,尤其是宣和三年(1121年),北宋曾有降低地租率的规定[2]。宋代,对于耕牛严格保护,并鼓励耕牛贩卖。北宋景德年间,河北地域爆发牛疫,耕牛紧缺。于是,牛贩来河北地域贸易者甚多,然当牛贩经过澶州浮桥时,守桥官吏却课以钱财,挫伤了牛贩的积极性。为此,宋真宗诏令:"自今民以耕牛过河者勿禁。"[3]辽圣宗统和十五年(997 年)三月,诏"募民耕滦州荒地,免其税赋十年"[4]。

三、农事管理机构出现

劝课桑农是中国历代政府的一项基本职能,上至皇帝下至地方官吏,莫不以劝农为己任。而唐宋以后,劝农日益专业化,出现了专门的劝农机构和劝农官[5]。

唐代设立司田参军和田正。宋代建立农师制度和劝农使。中统二年(1261 年)立劝农司,以陈遂、崔斌、李士勉等人为滨、棣、河间、邢洺、涿州等地的劝农使。至元七年(1270 年)立司农司,后又改为大司农司,秩正二品,凡农桑水利,学校,饥荒之事悉掌之。对提高农民学习农业技术的积极性具有一定促进作用。

至元七年(1270 年),元代设立司农司,专掌农桑水利。为了有效组织农业生产,元代在北方农村推行"锄社",这是我国农村最早的农业互助合作组织[6]。

第二节　兴修水利

隋唐宋元时期,农田水利建设进入了一个新的发展时期。据《中国科学技术史》农学卷记载,当时出现了水车,扩大了渠灌,其渠灌的基本特征是因地制宜,开渠筑堤显重。

表 4 - 2 - 1　唐宋水利项目比较表

朝代	省份	水利项目
唐代	直隶	24 项
北宋	直隶	20 项
金及南宋	直隶	4 项

注:资料来源于冀朝鼎的"中国历史上基本经济区与水利事业的发展"一书的第 36 页。

从表 4 - 2 - 1 可以看出,唐宋时期河北地域兴修水利项目之多。

唐代在原西汉所开成的成国渠渠口,修的 6 个水门基础上又增开了邯郸武安等四大水源,使灌溉农田面积扩大到 2 万余顷[7]。唐代河北道蓟州三河县有渠河堰与孤山坡,灌田 3 千顷,幽洲都督裴行方组织当地群众:引芦沟水、广开稻田数千顷。百姓赖以丰给。

入宋之后,由于辽兵的入侵,故宋辽两国大体上仍以清河海河一线为界,将河北地域分为南北两段,其北为辽境,其南为宋境。

历史上有名的海河流域的淀泊工程的出现与当时的军事有关。北宋时,从白沟上游的拒马河,自东至今雄县、霸县,信安镇一线,是宋辽的分界线。为了防止辽国骑兵南下,端拱元年(988 年),知雄州何承矩上疏言,筑堤贮水种稻,遏敌骑。当时沧州临津令黄懋也认为屯田种稻于公于私都有利。宋太祖采纳了这一建议,以何承矩为制置河北沿边屯田使,于淳化四年(993 年)三月壬子,调拨各州镇兵 18 000 人,在雄、莫、霸等地(今雄县、任邱、霸县等)兴修堤堰 600 里,设置斗门进行调节,引淀水灌溉种稻;壅水以防辽南下。虽经失败但最后获得成功,这一成功极大地促进了河北地域淀泊工程的进一步开发,到熙宁年间(1068—1085 年)界河南岸洼地接纳了滹沱、漳、淇、易、白(沟)和黄河诸水系,形成了 30 处由大小淀泊组成的淀泊带,西起保州(今保定市)东至沧州泥沽海口,约 800 余公里[8]。何承矩、黄樊、白洋淀治水屯兵,不仅发展了生产,解决了屯兵粮源,而且在技术上大面积水稻跨距离引种成功,是世界先例,另在设置渠沟防御辽兵方面也是一种创造。然而,从发展水稻生产的角度来说,淀泊工程的效果并不理想,"在河北者虽有其实,而岁入无几;利在蓄水,以限戎马而已"。

北宋熙宁五年(1072年)程昉引漳、洛河淤地,面积达2 400余顷。此后他又提出引黄河、滹沱河水进行淤田的主张。尽管中间存在许多的争论,但由于宰相王安石的大力支持,引浊於淤在熙宁年间的进展还是比较顺利的,淤灌改土的地区一共有34处之多,包括冀南,冀中等地,其中有淤田面积记载的共9处,面积达645万亩,淤灌收到了良好的效果。一是改变了大片盐碱地,使得原来深、冀、沧(今沧县东南),瀛(今河间县)等地,大量不可种植的斥卤之地,经过黄河、滹沱和漳水等的淤灌之后,成为"美田"。二是提高了产量,使原来五七斗的亩产量,提高了3倍,达两三石[9]。

郭守敬,字若思,顺德邢台(今邢台市)人,他不仅是个著名的天文学家和数学家,而且也是著名的水利工程专家。他向忽必烈面呈了6项水利工程建设的意见,涉及河北地域农田建设的有3项:第一,将顺德达活泉水引入城中,分3条渠道流出、灌溉农田;第二,顺德三丰河东至古任城,修复故道;第三,在磁洲东北滏、淳二水合流处引渠入滦河,可灌田3 000余顷[10]。对河北地域农业的发展起了重要的作用。

第三节　耕种技术发展与北方粮仓形成

从唐代开始,农业生产的重心逐渐转向南方,而北方农业生产则继续维持北方旱作农业的优势,在农作物的引种及产量的提高方面,在前代的基础上均有所进步。

一、"北方粮仓"的形成

河北平原,农业早在北魏时就形成了"魏之资储,唯借河北"之地位,信都(衡水冀县)、清河(邢台清河)、河间(沧州河间市)、博陵(安平,后移至定州市)、恒山(石家庄正定南)、赵郡(石家庄赵县)、武安(邯郸武安西南)、襄国(邢台西南)是隋朝的重要产粮区。唐前期,河北地域是重要的粮食生产区。贞观初,唐朝诏令北方比较富庶的州设置常平仓,其中有河北的幽州和相州。开元天宝间,河北道粮食正仓储备超过了100万石。天宝八年(749年),河北道仓储已超过182万石,位居全国第三。义仓所储超过1 000万石的道仅河南和河北两道,占全国义仓粮食总储量的三分之一强(《通典》卷12·食货典),其中河北道为1 754万石,位居全国第一。唐朝中期,河北清河号称"天下北库"。可见,当时河北地域农业生产对于唐朝来说,其战略地位是多么重要。

开元二十一年(733年),裴耀卿建议"开通河漕",即将渭水、黄河与汴水水路加以疏通,当时漕运长安的粮食主要来自"晋、绛、魏、濮、邢、贝、济、博之租",转而入渭的八州中,魏州(今邯郸大名)、邢州(今邢台市)、贝州(今邢台清河)、博州(今山东聊城,唐时属河北道)四州均在河北道。从开元二十二年(734年)到开元二十五年(737年),在这三年期间,共漕运700万石。

自隋至唐朝前期,屯田主要分布在边区。在河北境内,从幽州到榆关(今山海关)共布有208屯,仅以天宝八年(749年)为例,共屯粮40万石,占全国屯粮总数的五分之一强。

二、种植结构变化

大田农作物结构中,麦豆的地位开始上升,在河北地域,谷、麦、豆轮作复种二年三熟制兴起后,豆类作物成为麦收之后调茬的主要农作物。尤其见载于《四民月令》中的豌豆(原产地为地中海沿岸),从唐代开始,一直到元代,都提倡在河北、河南等北方地区种植。因豌豆有固氮增肥和在冬季栽种的优点,故唐代把豌豆列为夏税征收的对象之一。而元代农书认为豌豆产量高,是一岁中最早成熟的农作物,所以更加提倡多种。

定州仍是河北道的蚕桑中心,其所贡的高级纺织品计有8种,如罗、绸、细绫、熟线绫、瑞绫、两窠绫、独窠绫、二包绫等。所贡数量有细绫1 270匹,两窠绫15匹,大独窠绫25匹,瑞绫255匹,为全国之冠。

　　在宋代,河北地域北部沿边地区(今河北南部地区)种植水稻,始于北宋淳化四年(公元993年)。当时,何承矩为了开发利用低洼地以生产粮食,他在顺安军(今高阳县),大兴屯田,"种稻以足食"。经过试验,采用了南方早稻"七月熟"品种之后,大获成功,于是,"自顺安以东濒海广袤数百里,悉为稻田"[11]。至宋仁宗景祐年间,赵、镇、洺、邢、磁等州也开始种植水稻[12],河北地域境内的水稻种植面积进一步扩大。

　　辽国辖境内的蓟州(今天津市蓟县),种植"红稻青秔"。"红稻"是魏晋南北朝时期南方培育出来的优质水稻品种,唐代传播到幽蓟一带。此外,自密云以东至蓟州永平之境,河泉流注,疏渠溉田,为力甚易,故幽州"蔬蓏果实稻粱之类,靡不毕出,而桑柘、麻、麦、羊、豕、雉、兔不问可知,水甘土厚,人多技艺"[13]。

　　把西瓜引种河北,是辽金时期河北地域农业生产的一件大事。西瓜从中亚传入新疆后,唐末五代时即传到辽国,并在燕山地区推广种植。故胡峤在《陷虏记》中说:"自上京(今内蒙古巴林左旗)东去四十里至真珠寨……西望平地松林,郁然数十里,遂人平川,多草木,始食西瓜,云契丹破回纥,得此种,以牛粪覆棚而种,大如中国冬瓜而味甘。"[14]金灭亡北宋后,西瓜开始在燕山南北种植。南宋诗人范成大曾出使金国,他在途经河南时吃到了西瓜。他说:西瓜"本燕北种,今河南皆种之"[15],说明河南的西瓜是从河北引种的。

三、旱作保墒技术发展

　　隋唐宋元时期,耕作技术发展的一个特点,就是北方抗旱耕作技术继续得到发展,耕作的出发点就在抗旱保墒。关于旱作耕作技术,《杂说》有概括性论述,有两点比较突出,一是重视耙耱,二是顶凌耙地。宋辽时期,界河以北农业,由于地势复杂因地制宜地采用以旱作为主的耕作技术,在燕山以南地区,为防止吹沙壅塞田地,当地人民独创了在垅上作垅田的农耕方法。尤为重要的是辽人从回鹘取来西瓜种子,试在界河以北之地通过牛粪搭棚种植的方法取得成功,隋后由北向南,在河北平原普遍地推广种植西瓜技术。

　　在人口增加,耕地面积相对有限,依靠休耕和轮作来恢复地力显然是不可能的。北方的两年三熟制又得到定型和普及,对土地的过分使用,必然导致地力下降,为补充地力,肥料的使用就受到人们的广泛重视。当时民间传流着这样的谚语,"粪田胜如买田",买田在于扩大耕地面积,而粪田则在于提高单位面积产量。提出了"用肥犹用药"、"地力常新壮"的观点,于是人们千方百计扩大肥源,采用各种造肥方法。如绿肥、杂草、秸秆、河泥、垃圾、大粪、旧墙土、草木灰等等。以满足农业生产对于肥料的需要[16]。

第四节　农机具的改进

　　当时,河北地域平原区已经开始使用曲辕犁,曲辕犁又称江东犁(图4-2-1),曲辕犁由11个部件组成,即犁铧、犁壁、犁底、压镜、策额、犁箭、犁辕、犁梢、犁评、犁建和犁盘。曲辕犁和以前的耕犁相比,有几处重大改进。首先是将直猿、长辕改为曲辕、短辕,并在辕头安装可以自由转动的犁盘,这样不仅使犁架变小变轻,而且便于调头和转弯,操作灵活,节省人力和畜力。其次是增加了犁评和犁建,如推进犁评,可使犁箭向下,犁铧入土则深。若提起犁评,使犁箭向上,犁铧入土则浅。曲辕犁引进后就取代了汉朝时期较为笨重,回转不灵,使用不便的短辕犁。唐贞观年间(627—649年)鼓城县(今晋县)有人用树上的弯枝做犁曲辕[17]。元代,王祯农书上有犁"必用犁刀"之说。唐至宋元时期出现服牛的软套和犁套挂钩,唐代发展到曲辕已经基本定型[18]。据考古挖掘报道,满城、昌黎、丰宁、易县等不少地方都出土了元代生产的大型农具。如有犁铧和犁镜连在一起使用的畜拉犁,有耧车与砘车(图

4-2-2,图4-2-3)结合使用的下种器及锄草用的大型铲车等,这些农具的出现,使北方传统的精耕细作农业的发展成为可能。

图4-2-1 曲辕犁
(自《承德古代史》)

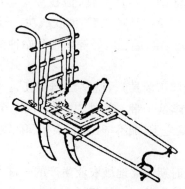

图4-2-2 耧车
(自《王祯农书》)

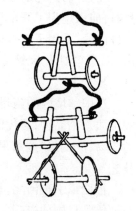

图4-2-3 砘车
(自《王祯农书》)

在农具推广方面,灌溉农具水车的出现,是农业工具的一大创新与发展。对传统农具的改良和创新,使农具具有了高效、省力、专用、完善、配套的特点,它对农业生产发挥了较大作用。五代后唐明宗在一次近郊巡视时,见农民田具细弱,而犁耒尤拙,立意要改良当时落后的农具,便下诏,购进农具以为式样。在两宋时,朝廷曾几次推广了踏犁,《宋会要辑稿》食货一载,在景德二年(1005年)将踏犁的样式交给河北转运使,指示在民间认为可用的情况下,由官家出面推广。宋代,在界河以南地区采用踏犁代替牛耕已较普遍,踏犁的产生应看作是劳动人民的一项较大的发明创造。踏犁和灌溉水车是传统农业完善的一个标志,是农用工具发展中一个划时代的里程碑。

注 释:

[1] 赵冈:《从制度学派的角度看租佃制》,《中国农史》1997年第2期。
[2] 徐松辑:《宋会要辑稿·食货70》。
[3] 徐松辑:《宋会要辑稿·食货1》。
[4] 脱脱等:《辽史·卷13(圣宗纪)》,第149页。
[5][7][8][16] 卢嘉锡:《中国科学技术史·农学卷》,科学出版社2000年版,第351,378,965,532页。
[6] 吴存浩:《中国农业史》,警官教育出版社1996年版,第742页。
[9] 朱更翎:《北宋淤灌治碱高潮及其经验教训》,载《水利水电科学研究院科学研究论文集(第十二集)》,水利电力出版社1982年版,第102—103页。
[10][18] 河北省社会科学院地方史编写组:《河北简史》,河北人民出版社1990年版,第316,196页。
[11] 脱脱等:《宋史·卷273(何承矩传)》。
[12] 脱脱等:《宋史·卷173(食货志上一)》。
[13] 《宣和乙巳奉使金国行程录,清康秘史七种》,中国台湾影印本。
[14] 欧阳修:《新五代史·四夷附录第二(陷虏记)》。
[15] 范成大:《石湖居士诗集·卷12(西瓜园)》。
[17] 相荣垓:《由辕犁新探》,《农业考古》1988年第2期。

第三章　传统林业科技

这个时期,河北地域内的自然林基本消失,代之以人工造林,但覆盖面积不大。采伐以人工砍伐为主。建设用林和战争使河北森林景观发生变迁,林业纳入政府规划管理。隋唐时期河北地域的果树、蚕桑业得到快速发展,嫁接技术、扦插繁殖技术日趋完善成熟。

第一节　森林分布及其变迁

一、平原地区的人工造林

隋唐时期继续推行周朝以来的植树政策,如隋朝开凿大运河,从洛口达于涿郡(今北京),沿河渠种植树木。在分封永业田制度中规定"树以榆、枣、桑及所宜之木"[1]。宋朝也是如此,宋太祖建隆二年(961年),曾令"课民种树,每县定民为五等,第一等种杂树百,每等减二十为差;桑枣半之",又"谕民有能广植桑枣、垦辟荒田者,止输旧租"[2]。开宝五年(972年),诏"应缘黄、汴、清、御等河州县人民广植树木"[3]。此处的"清"系指大清河。当然,由于战争、烧制陶瓷、冶炼、造船及大量建筑用材的使用,河北地域内平原地区的人造林始终难以形成规模,这也是平原地区人工林覆盖面积不高的主要原因。

二、西北山地的森林分布及变迁

北魏时期,北京居庸关一带处处是茂密的松林,人们穿越都很困难,这在郦道元撰写的《水经注》一书中已有记载,他称这里"山岫层深,侧道褊狭,林障邃险,路才容轨"。

从辽金时期开始,冀西北山地的森林屡遭毁坏,如《蔚州志》载:"天会十三年(1135年),兴燕、云两路民夫四十万人之蔚州交牙山,采木为筏,由唐河开创河道,直运至雄州之北虎州造战船"。金代对森林砍伐更是惊人,当时为防止人"哨聚山林",举旗反抗,遂将辖区内太行山区的森林"尽数烧毁",这是对太行山南段和中北段东侧森林的一次极大浩劫。据《海陵集》记载:金正隆四年(1159年),海陵王在通州造战船需要大量木材,西山森林遭到空前砍伐。时人有记录:"坐令斩木千山童,民间十室八九空,老者驾车辇输去,壮者腰斧从鸠工。"由于西山森林遭到破坏,此时被誉为"清泉河"的永定河因山地地表的枯枝落叶层和分解完全的腐殖质层受到冲刷而变黑,被叫做"卢沟",又因其易洪水泛滥被称为"浑河"。

元代是北京森林遭受严重破坏又一时期,特别是元朝在大都(今北京)建都之后,当时要建大都城,所需木材甚多。这些木材都是来自西山。因此,冀西山地森林成为主要的砍伐对象。如现藏中国国家博物馆的元代一幅珍贵的《卢沟运筏图》,画的就是西山当年运输和采伐木材沿永定河下运到卢沟桥处的情形。反映了当时卢沟桥上运输木材的繁忙景象。由于元初大规模的采木,西山森林破坏殆尽,故谚语云:"西山兀(秃),大都出"。自此,冀西北山地的森林面积开始锐减,《元史·河渠志》还称永定河为"小黄河,以流浊故也",可见其含沙量也已相当可观。

三、太行山地的森林分布及变迁

太行山南段在春秋时期以前,多以松柏为主的原始森林所覆盖。战国以后,因赵国建都于现今邯郸以及当时烧制陶瓷的需要,太行山南端的森林资源受到过度利用,以至于到北宋中期太行山南端的松柏几乎全部消失。如沈括在《梦溪笔谈》中记载:"今齐、鲁间松林尽矣,渐至太行、京西、江南松山大半皆童矣。"[4]松林的消失造成水土严重流失,从而加剧了漳河爆发洪灾的频发。

太行山北段的山地森林在北宋时还比较茂密,如《太平寰宇记》载:"满城西北有松山,因松林密布得名",松山即今易县钟家店、巩庄一带。又"柏山与恒山相连,多柏故名"[5],有"七里滩、八里湾,四十五里不见天"之说。然而,从辽代开始,太行山北段的山地森林被滥砍滥伐严重,元代更是推行"驰山禁"政策,对太行山北段的山地林木盲目砍伐,致使森林资源遭受大规模毁坏。

四、燕山山地的森林分布及变迁

辽金元时期,燕山山地的原始森林开始出现片状分布现象。如《永平府志》载:"辽、金、元时代,口外有千里森林之类。""口外"即指迁安县冷口以外。元朝都山一带"林木畅茂"。然辽圣宗在开泰八年(1019年)六月颁布"驰大摆山(达巴山)猿岭采木之禁"诏令[6],又天庆七年五月,天祚帝下诏"诸围场隙地,纵百姓樵采"。而燕山山地的围场有承德木兰围场,是专供辽皇帝狩猎之用,禁止采伐。由于这个原因,燕山山地的原始森林局部得到保护,然而,在围场之外,情况就完全不同了。据《承德府志》载:"乾山在惠州西南二百五十里,辽、金采伐林木,运入京畿修盖宫殿。"另《永平府志》亦载:元代"滦人薪巨松"。一般柴木烧尽了,开始砍伐巨松当柴烧,这在一定程度上破坏了原始森林的生态系统。

第二节　桑蚕业的发展和果树种植

一、桑蚕养植的规模发展

隋代开皇年间继续提倡植桑,改桑田为永业田,子孙可以继承,不能改种、转让。当时,河北地域大部分地区为蚕桑主要产区。《颜氏家训·治家篇》一书曾载,南朝人颜之推曾说:"河北妇人织纴组紃之事,黼黻锦绣罗绮之工,大优于江东也。"定州一带,是唐代中期以前丝织品产量和贡品最多的地方。丝织业的发展和蚕桑业的盛衰有密切联系,江东丝织业不如河北,说明江东的蚕桑业还没有赶上河北。直到中唐以前,我国蚕桑业的中心始终在黄河流域。史料称唐代"河北桑树遍及全境"。诗人李白在《赠清漳明府侄聿》中,以:"河堤绕绿水,桑柘连青云,赵女不冶容,提笼昼成群,操丝鸣机杼,百里声相闻……"记述邯郸一带植桑以及采桑养蚕和机织的盛况。

宋代以后,当地政府虽然大力发展蚕桑产业,但蚕桑生产的中心逐渐向南转移,河北地域蚕桑业在全国的位置也逐渐降低。

辽宋时期,辽、宋对峙,以大清河为界,大清河以北属辽朝辖区,大清河以南属宋朝辖区。辽辖今河北33个县,辽应历十一年(961年)规定:户籍分5等,一等户种杂木百株,以下各等递减20株,桑枣各半。辽辖区共225 600户,植桑面积约在1.5万公顷以上。至辽圣宗(982—1021年)期间,植桑面积增长到3万~5万公顷。北宋(960—1127年)辖今河北81县,是蚕桑生产重点地区,桑田总面积比唐代减少,从事蚕桑生产的范围比唐代扩大了15个县,达到77个县。根据77县向宋王朝纳丝绢的数量占算,北宋期间河北地域桑田面积约在30万公顷左右。宋代,河北地域"民官蚕桑"、"养蚕之家利逾稼穑"。

金元时期,规定"桑枣民户以多植为勤,少者必植其地十之三"。金代初期,真定人文学家蔡松年以"春风北卷燕赵,无处不桑麻"的诗句形容当时河北地域植桑之多。金时真定是"千里桑麻之区",涿州也是"桑麻满野","威县为邢州大邑,桑株万户"。元在灭金的征战中,元将王义率军在唐阳(今冀县、新河县之间)与金兵万余人遭遇,元军伏兵桑林,诱敌深入,结果金兵大败。由此可以反映当时桑树种植的规模。中统三年(1262年)令各路宣抚司"劝诱"百姓开垦田亩,种植桑枣。至元八年(1271年),将司农司升为"大司农司"掌管农桑,以派遣劝农官到各州县巡行检查农情兴利除弊,发展生产,为其日常的职能。中央设置农桑管理部门,彰显了农桑在国家经济生活的重要地位,对桑业的发展起到了很大的促进作用。从此,各地"植桑枣、杂果视旧时数倍。"当时,还非常重视技术的宣传普及,积极出版农桑专业书籍。至元二十三年(1286年)刊印《农桑辑要》万部,延祐五年(1318年)九月,又刊印《栽桑浅说》千份,传播种桑管桑知识,提倡"男耕稼穑,女务蚕桑"。

二、果树种植的规模发展

隋唐时期,河北地域已普遍栽植梨、桃、杏、李、枣、核桃、葡萄、板栗、柿等果树,许多野生树种,经过长期栽培驯化和选育,成为栽培品种。7世纪初,常山正定一带所产的梨已成为向皇帝进贡的"贡品"。固定株数,专人管理,作为"官树"。《通典》一书中记载:常山郡的"贡梨,为六百株"。反映了当时梨的高品质和管理的高水平。唐代《梁书·沈瑀传》记载:"永泰元年,窦建德令教民一丁种十五株桑,四株柿及梨、栗,女丁半之。人皆欢悦,顷之成林。"以法令的形式规定果桑的种植数量,当时的统治者对果桑的生产相当重视。河北地域在唐朝即建了栗园,今唐山一带仍保留了一些以栗树为名的村庄,迁西有栗树湾子村,唐山、遵化、滦县均有栗园村等。宋辽时期,专门设置了管理栗园的机构,辽代设"南京栗园司"(即今北京)、"典南京栗园"。辽代文学侍臣肖韩家奴就做过南京的栗园官。这不但反映了政府对栗树生产的重视,同时反映了栗树的种植规模。

注 释:

[1] 欧阳修、宋祁撰,陈焕良、文华点校:《新唐书·卷51(食货一)》,岳麓书社1997年版,第827页。

[2] 脱脱等:《宋史·卷173(食货志上)》,中华书局1985年版,第4158页。

[3] 陈嵘著:《中国森林史料》,中国林业出版社1983年版,第32页。

[4] 沈括原著,侯真平校点:《梦溪笔谈·卷24(杂志一)》,岳麓书社1998年版,第195页。

[5] 文焕然:《历史时期中国森林的分布及其变迁》,《云南林业调查规划》1980年第7期。

[6] 脱脱等:《辽史·卷16(圣宗纪)》,中华书局1987年版,第186页。

第四章　传统畜牧科技

　　隋唐宋元时期,河北地域传统畜牧业非常发达,可谓"牛羊散阡陌,夜寝不扃户"之景观,民营畜牧业有了长足发展,至宋元时期,官营牧场亦十分兴盛。这一时期,培育出了河北"九花虬"马、"本群马"、"胡头羊"等名优畜种;发明了人工辅助交配技术;畜牧兽医技术具备了较高水平,能利用醇酒麻醉进行肺部手术;渔业生产遍及全国且有重大创新。畜牧科技极大地促进了社会经济的发展。

第一节　传统畜牧科技的长足发展

　　唐代,河北各地的藩镇节度使在向朝廷进献的贡品中包括了大量的马、牛、羊等牲畜。在献县和文安等地的唐代墓葬中出土了鸡、鸭、鸽等家禽。李白《赠清漳明府侄聿》中有"牛羊散阡陌,夜寝不扃户"的著名诗句,生动地描写了河北地域牛羊成群的景象。无论文献记载或出土文物,均反映出当时河北地域畜牧业是比较发达的。

　　入宋以后,河北地域分别被北宋政权和辽政权所控制,其分界线大约在保定的白沟河一带。这一时期畜牧业的特点与隋唐的主要区别是官营畜牧业有了较大发展。如北宋王朝在河北地域建立了10所牧马监[1],辽王朝也在其河北统治区内设立了官营牧地。女真建国后,畜牧业进入了一个新的发展阶段,冀北的燕山山区和张北一带,曾经是辽国畜牧业最为繁盛的地区之一,同时也是金国设置群牧所的主要地区[2]。元朝承前朝宋、辽、金旧规,官营畜牧业十分兴盛,在其14处官营牧地中,河北地域拥有两处,分别是永平(今卢龙县)和固安州(今固安县)[3]。因此自宋、辽至金、元,河北地域始终是官营牧场的主要所在。除了有发达的官营牧场外,民间畜牧业在宋、元时期也有了长足发展。

一、饲养管理技术的进步与初期饲养标准的诞生

　　人们在长期的养马实践中,总结出了"一分喂,十分骑"的养马经验,在放牧饲养过程中,"纵其逐水草,不复羁绊",任其在草地上自由行动,选择采食优质牧草。这种饲养管理方法适应了马的天性,是一种实用的养马方法,故而能做到"有役则旋驱策而用,终日驰骤而力不困乏"的效果。

　　在牛的饲养技术上,提出了"三和一缴"饲喂法,"辰巳时间上槽一顿,可分三和,皆水拌:第一和,草多料少;第二,比前草减少,少加料;第三,草比第二又减半,所有料,全缴拌",即饲喂时要先粗后精,分次饲喂,这种饲喂方法一方面使饲喂的饲料适口性逐步提高,保持牛的食欲,同时也减少了粗饲料的浪费,是牛饲养技术上的一个重要创造。

　　猪的饲养法注重舍饲与牧放相结合的方式。《四时纂要》卷四"八月"条介绍:"牧豕:豕入此月即放,不要喂,直至十月。所有糟糠,留备穷冬饲之。"在牧草生长旺季,要充分利用天然饲草资源进行放牧饲养,而生长淡季,则要利用糟糠进行饲喂,说明当时人们极为重视牧放与舍饲两者的密切配合,以调节饲料的余缺。在育肥技术方面,总结出"小时糟饲者不长,用麻子二升捣碎,盐一升同煮,和糖三升,食之即肥"的饲喂方法。

　　分群管理是官营畜牧业中的一项重要制度。合理分群不仅有利于保证牲畜的健康,减少开支,同时对牧地载畜量及牧放牲畜都有积极的影响。如在北宋,官牧羊群按照大小、重量、肥瘦、用途等实行

分圈饲养[4]。"凡马、牛之群以百二十,驼、骡、驴之群以七十,羊之群以六百三十。"辽也对畜群分类非常重视,大体把所养家畜分为马群、牛群、羊群,其中以马群最受重视[5][6]。元代的官马也实行了大规模的分群放牧,"马之群,或千百,或三五十,左股烙以官印,号大印子马"。另《蒙古秘史》中还有许多关于牧人根据牲畜的颜色、特征、性格而分群牧养管理的记述。《黑鞑事略》中有"骟马、骒马各自为群",不得杂牧之说。分群放牧是对牧畜管理技术的进步,这种分群制度根据牲畜的类型、数量和体格等综合因素考虑,是比较科学的,对提高管理水平、减少疾病发生和放牧草地的合理利用具有重要意义,同时也对合理安排劳动力和保证畜牧业正常发展具有重要意义。

在唐《田令》中有"每马一匹,给地四十亩"和"驴一头给地二十亩"的记载。为了获得充足的饲料,宋代也开辟了许多牧草地,仅官方的就达9.8万顷以供饲草种植。除了种植饲料之外,还非常重视饲草加工和贮藏,宋政府诏令各监牧在春夏牧草茂盛时收割,晒干后堆积起来"以备冬饲",当官畜无草时"量加秣饲",通过增加饲料帮助畜群度过寒冬[7]。饲料生产基地的建立在魏晋南北朝时期已经出现,这在《齐民要术》中有所记载,如"羊一千口者,三四月中,种大豆一顷杂谷,并草留之,不须锄治,八九月中,刈作青茭"[8]。而把它作为一项制度、由政府颁布政令来建立饲料生产基地,则是这一时期畜牧发展史的一大重要变革,它改变了依靠天然饲草喂养的传统,为畜牧业稳定发展和家畜生产性能的提高奠定了物质基础。这一做法在现代畜牧生产中仍然在使用,充分说明了饲料种植和生产基地建设的重要性。

《唐六典》卷17《典厩令》载:马、驼、牛各一围,羊十一共一围(每围以三尺为限),驴四分其围,乳驹、乳犊五共一围,青刍倍之。马日给粟一斗、盐六勺,乳者倍之;驼及牛之乳者、运者各以斗菽,田牛半之;施盐三合,牛盐二合;羊,粟、菽各升有四合,盐六勺。象、马、骡、牛、驼饲青草日,粟、豆各减半,盐则恒给;饲禾及青豆者,粟、豆全断。若无青可饲,粟、豆依旧给。《典厩令》的记载表明,早在隋唐时期,人们在饲养过程中非常注重精粗饲料的搭配,并进行了量化,以满足家畜对能量和蛋白质的需要。饲料搭配饲喂的重要性不但被人们所认识,而且还能根据实践经验确定不同家畜、不同生理阶段各种饲料的喂量,可以说这是我国早期的家畜饲养标准,也是通过合理搭配提高饲料营养价值和利用率的典型,尽管粗糙,但其中的科学原理至今仍在沿用,是现代动物营养学发展的基础。另在《典厩令》中强调了矿物质食盐的饲喂,这是古代人民在家畜饲养技术方面的又一重大进步,食盐不仅可以提高饲料的适口性,而且在维持家畜的生理平衡方面具有重要作用,直至今日,我们仍然在家畜日粮中添加食盐,充分说明了这一饲喂技术的重要意义。

二、品种改良制度化

随着畜牧业的发展和饲养技术的进步,在前代的基础上,唐宋时期品种改良技术得到了广泛利用。建立了较为完善的家畜登记制度,为畜群个体建立了档案,这就为普及良种奠定了基础。现代化畜牧业生产中广泛实行的系谱登记制度实际上就是这种制度的延续和完善。通过这一制度的实施,选出优良种畜,然后利用这些优良种畜广泛进行异地配种和人工巡回售种,普及良种对促进畜牧业发展产生了重要影响。

到宋代,河北地域畜种品种改良有了大的进展,如在嘉祐年间,河北诸孳生马监由于马种杂乱,配放时未曾挑选,结果"无由生得高大好马"。针对此情况,群牧判官寇平选择了七百匹公、母马送到淇水第一监,"别立群配放,已准命施行",采取这些措施的目的就是要改良马匹性状。此外,嘉祐五年又诏:"河北诸监有可存者,悉以西方良马易其恶种。"[9]充分说明当时人们对品种改良极为重视,并将品种改良工作普遍应用于生产实践,为促进当时及后世的畜牧业发展提供了强有力地技术支撑,也为培育优良品种创造了良好条件。

三、育种技术成果显著

图4-4-1　平山出土
隋唐的陶马

唐代,河北先民延续了在品种选育方面的技术优势(图4-4-1,图4-4-2),选育出了著名的"九花虬"马。据记载,此马毛拳如鳞,头劲鬣鬤如龙,每一嘶,群马耸耳,身被九花,故以为名[10]。"九花虬"之名虽不是品种名称,但该马的出现,必然与品种选育和饲养管理技术方面的丰富经验有着极为密切的关系,从而为选育出表现突出的良马个体奠定了基础。此外,还有生活于河北地域的游牧民族育成的契丹马、奚马等品种。良马个体或品种的育成,证明河北先民在长期的品种选育实践中积累了丰富的经验,并在生产中加以应用和推广。

到宋代,在继承前代育种技术的基础上,又育成了著名的河北本群马。它是由契丹马与河北当地土产马杂交培育出来的一个新品种,主要分布在河北地域,这种马服水土,少疾病,是一个优良品种[11]。著名本群马品种的育成,为后世养马业的发展和技术提高奠定了良好基础。

图4-4-2　邯郸出土的
唐代陶马

随着畜牧业的迅速发展,牛、羊等牲畜的品种选育和改良技术也有了较大提高。如隋唐时期奚人培育的大黑羊[12],宋时培育成的优良品种河北胡头羊,其体格庞大,体重达一百斤[13],都是当时著名的羊品种。平泉县辽代墓群的石羊雕像羊体硕大健壮,肢体肥胖(图4-4-3)[14],印证了当时河北羊的品种具有优良性状。这些优良性状的出现,均是建立在发达的品种选育技术和精湛的饲养技术基础之上的,从而说明河北传统畜牧业在饲养管理、繁殖等相关技术方面有了重大进步,对推动我国古时养羊业的发展产生了重要作用。

四、人工辅助交配繁殖技术

在《摛藻堂四库全书荟要》一书收录的宋王禹偁的《小畜集》中,记载有河北先民利用人工辅助交配技术进行马的配种记录。文中提道:"王(指魏王符彦卿)之在邺(邯郸临漳一带也),多畜名马,其牝亦有良者,为之息种,岁择健马以配之,往往得骏骨。居一岁,有牝产子,与他驹特异者。既壮,圉人将以合其母。当挈尾之月出而示之,见其所生,卒无欣合之态。将强之,则蹄齿不可向迩。"圉人复曰"以是驹配是母,幸而骝(俚谈以牡马为骝,牝马为骒),其骏必倍,不幸而骒,又获其种,明年将胥靡之(腐刑也,俚言改马也),不可失也"。"乃以数牝马诱之,乘峻作之势,以巾幂其目,间而进其母。既已彻巾,然后晓其所生,因垂耳低首,若不欲活者"。这则资料表明,早在宋初,河北先民就已经掌握了人工辅助交配技术,并将其用于马的配种繁殖。人工辅助交配技术的发明,是我国家畜繁殖技术的一个重要创造,它不仅提高了马匹的繁殖率,同时该技术也被应用到其他畜种,大大提高了各种家畜的繁殖效率,为促进畜牧业的快速发展提供了有效手段。至今这一技术仍在民间应用,同时也成为现代人工繁殖技术的组成部分。

图4-4-3　平泉的辽代石羊

第二节　兽医技术的创新

　　唐政府极为重视兽医事业,立国之初便设置和完善了官兽医制度。此一时期,河北地域内各驿站均设有一名官兽医,为马诊疗疾病,同时民间兽医也有发展[15]。这种官兽医制度的建立,满足了兴旺繁荣的畜牧业对兽医的需求,保证了畜牧业的发展,为促进畜牧业的健康发展提供了技术保障。

　　宋元时期,中国兽医又有进一步的创新和提高。宋代设置了中国最早的兽医院。并规定将有"耗失"的病马送"皮剥所","皮剥所"可说是中国最早的家畜尸体剖检机构。宋代还出现了中国最早的兽医药房,如元《文献通考》载有"宋之群牧司有药蜜库……,掌受糖蜜药物,以供马医之用"。当时由于印刷术的改进和造纸业的发达,兽医著作也更为繁荣。见载于《宋史·艺文志》的就有《伯乐针经》、《安骥集》、《贾骎兽医经》、《明堂灸马经》、《相马病经》、《疗驼经》、《师旷禽经》等。此外,王愈撰《藩牧纂验方》,载方57个,并附针法[16]。在辽政权控制区,游牧民族的传统医学已经有了解剖知识及尸体防腐技术、疾病诊断方法、针灸及药物防治和外伤科等分科,同时出现了契丹文的医药书籍[17]。宋元时期河北地域畜牧业发达,并在畜牧技术方面作出了贡献,因此上述兽医成就也应包含了河北先民的贡献。如北宋使臣出使辽国时所著的"使辽录"中记载,当时辽国利用醇酒麻醉进行肺部手术[18],河北北部为辽领地,因而这种手术方法亦应包含了河北人民的创造,是我国兽医外科发展史上的一项重大创新技术,也是我国传统兽医技术的一大创举。

第三节　渔具革新与捕捞技术进步

　　唐代的渔业生产领域有了新的飞跃,这体现在当时渔具的继承和创新方面有了重大进步。唐代使用的渔具种类非常繁多,包括沪、网、罩、钓筒、钓车、鱼梁等,其中的沪和钓筒、钓车则是唐代新出现的。唐代的造船业极为发达,不仅增强了江河湖泊中的捕鱼能力,而且海洋捕捞也大有发展,占了比以往更重要的地位[19]。当时河北地域的渔业生产十分发达,如河东道(河北省境内)的邢州钜鹿县大陆泽,"今其泽龟鳖菱芡洲境所资"。唐代诗人刘长卿的《夜泊无棣沟》诗中留下了"榆柳夹岸绿,鱼盐载满仓"的著名诗句。唐无棣沟河,下游河口在海兴县大口河沿海,向西南到唐无棣(四女寺减河处),再折向西北至现今的南皮县。"鱼盐载满仓",指今河北省沧州沿海渔业盐业结合生产的盛况。

　　至宋代,河北各地的渔业生产依然保持发达局面,如宋沈括在《梦溪笔谈》中说:"深、冀、沧、瀛间……自为潴泊,奸盐虽少,而鱼蟹苇之利,人亦赖之。"这种发达的渔业与当时渔具的革新和捕捞技术的进步是分不开的。

注　释:

[1][5][9][11][13]　张显运:《宋代畜牧业研究》,河南大学博士论文,2007年,第5,41,244—245,243,247页。

[2]　乔幼梅:《金代的畜牧业》,《山东大学学报(哲学社会科学版)》1997年第3期。

[3]　王磊:《元代的畜牧业及马政之探析》,中国农业大学硕士学位论文,2005年,第27—29页。

[4]　张显运:《北宋官营牧羊业初探》,《辽宁大学学报(哲学社会科学版)》2008年第5期。

[6]　何天明:《试论辽代牧场的分布与群牧管理》,《内蒙古社会科学》1994年第5期。

[7]　张显运:《浅析北宋前期官营牧马业的兴盛及原因》,《东北师大学报(哲学社会科学版)》2010年第1期。

[8]　贾思勰著,缪启愉校释:《齐民要术》,农业出版社1982年版,第313页。

[10]　乜小红:《唐五代畜牧经济研究》,厦门大学博士论文,2004年,第147页。

[12]　程民生:《中国北方经济史》,人民出版社2004年版,第265页。

[14] 王烨:《平泉县石羊石虎古墓群调查》,《文物春秋》2006 年第 3 期。

[15] 刘树常主编:《河北省畜牧志》,北京农业大学出版社 1993 年版,第 172 页。

[16] 于船:《中国兽医史》,《中国兽医杂志》1982 年第 5 期。

[17] 乌兰塔娜、巴音木仁:《契丹族所建的辽朝时期的兽医药研究》,《中兽医医药杂志》2007 年第 2 期。

[18] 安岚:《中国古代畜牧业发展简史(续)》,《农业考古》1989 年第 1 期。

[19] 魏露苓:《唐代水生动植物资源的开发利用》,《农业考古》1999 年第 1 期。

第五章　传统陶瓷科技

在中国陶瓷发展史上,隋唐两代具有划时代的意义,此时期真正进入了中国"瓷器阶段"。主要表现在:用高火度烧成,使瓷器质地愈趋坚固、细致,呈半透明状,和近代瓷器相似;唐代,瓷器已在社会上普遍使用,制瓷开始正式有"窑"的专称。隋末唐初的名窑——邢窑(今邢台内邱县境内)的白瓷有"如银似雪"之誉,不仅畅销全国各地,还远销海外。晋州唐代墓随葬品中的白釉执壶和白瓷碗就是邢窑烧制的。晚唐始有"定窑"(遗址位于今保定曲阳县涧磁村、燕川村一带)。唐代三彩铅釉陶(即唐三彩,一种低温釉陶器)是唐代陶瓷手工业臻于极盛的标志。邢窑、定窑、磁州窑和井陉窑构成了北方瓷器科技体系的重要生产示范基地。

第一节　邢州瓷窑细白瓷制作技术

在学术界,对于邢窑白瓷形成时间存在着两派意见:一派主张"隋唐说"[1],另一派主张"北朝说"[2]。实际上,邢窑白瓷有广义和狭义之分,如果我们把青瓷这种非邢窑特征的瓷器包括在内,就应当承认邢窑烧瓷的时间始于北朝。仅就细白瓷特征性瓷器来说,邢窑烧瓷的时间始自隋唐。

一、薄胎透影白瓷的创制

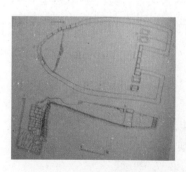

图 4 - 5 - 1　临城祁村发掘的唐代邢窑平面和剖面图

在隋朝(581—618 年)比较短暂的统治时间内,邢窑不仅实现了由粗白瓷向细白瓷的技术突破,而且成功地创制了薄胎透影白瓷,开创了薄胎瓷器的新纪元,同时它的出现打破了青瓷一枝独秀的格局,促成"南青北白"瓷系的形成,并为以后彩瓷的发展打下了良好基础。故唐人李肇在《国补史》一书中说:"内邱白瓷瓯,端溪紫石砚,天下无贵贱通用之。"关于细白瓷或称"白瓷瓯",1982 年,我省考古工作者在临城县境内发现了一处隋代古窑址群(图 4 - 5 - 1),出土了一批细胎白瓷,器形有碗、杯和盘。其中Ⅱ式碗圆唇,直口,浅腹,腹壁非常轻薄,釉色洁白,施化妆土。入唐以后,邢窑细白瓷除了器形更加多样化之外,其不施化妆土的细白瓷大量出现,至中唐时形成细白瓷生产的高潮。比如,人们在唐代邢窑遗址中出土的细白瓷基本上都不施化妆土,但却呈现出胎质细腻和色调白净的特点(图 4 - 5 - 2),故陆羽(裪)《茶经》有"邢磁类雪"的赞誉。有人将内邱县邢窑的白瓷分为 5 期:第一期,器物的烧制年代大致在北朝,不见细白瓷;第二期,器物的烧制年代大致在隋朝,细白瓷器形仅

见两式,即Ⅰ式碗与Ⅰ式罐;第三期,器物的烧制年代大致在初唐,细白瓷
器形由隋朝的两式增加到三式,即Ⅱ式碗、Ⅱ式杯和Ⅰ式盘;第四期,器物
的烧制年代大致在中唐,细白瓷器形开始复杂多变,计有Ⅲ－Ⅵ式碗,Ⅲ－
Ⅴ式杯,Ⅱ、Ⅲ式罐,Ⅰ、Ⅱ式研磨器,细白瓷镟,Ⅱ、Ⅲ式盆,Ⅱ、Ⅲ、Ⅳ式盘,
细白瓷盂,细白瓷盒;第五期,器物的烧制年代大致为晚唐到五代,由于社
会的动乱和经济的萧条,细白瓷生产逐渐走向衰落,其器形仅剩Ⅶ、Ⅸ、Ⅹ
式碗,细白瓷盏托和细白瓷Ⅶ式杯[3]。关于薄胎瓷器,1988 年,我省考古
工作者在发掘内邱西关北遗址时,出土了二百多片隋朝时期烧制的透影细
白瓷片,其薄者胎厚仅 0.7~1 毫米,精细透光,可辨认的器形有碗、杯、盘、
多足砚等,其胎质精细甜白,断面呈乳脂状色泽,对光有透影感,釉面洁净

图 4-5-2　邢窑出土的
唐代白瓷执壶

莹润,玲珑透彻。根据比较研究,有人把邢窑图的这种透影细白瓷进一步
划分为两类:一类的特点是胎质细腻而柔润,釉皮与胎壁混为一体,其器壁看似较厚,但在光线下器中
物体均能透影可见;二类的特点是胎质细腻而坚硬,釉皮厚者犹如乳色玻璃,而薄者却好似磨砂玻璃,
在光线下这类器物同样能透影可见器中物体。故唐代诗人元稹有"蚌珠悬皎晶"之惊叹。

二、邢瓷窑的结构

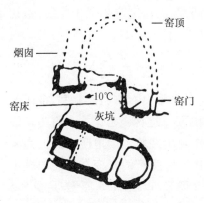

图 4-5-3　邢窑半倒焰式馒头型窑

透影细白瓷究竟是如何烧制的,瓷窑的结构至关重要。由于中
唐细白瓷主要见于临城祁村,所以我们根据已有的考古资料,仅以
祁村的唐代邢窑为例(图 4-5-3),对其基本结构粗略作一介绍。

从残存的窑炉看,整个瓷窑南北长 6.3 米,东西宽 3.45 米,墙
壁四周用 25×15×8 厘米的长方形耐火砖单砖平置叠切而成。燃
烧室方向 3°,平面近似三角形,内径东西最长处 2 米,南北最长处
1.5 米,深 2.26 米,平底。燃烧室从口部向下深约 1.5 米处的周壁
系用耐火砖和废匣钵砌起,壁面抹约 2 厘米厚的耐火泥。窑床近似
梯形,南北长 3.5 米,东西宽 2.20~3.05 米,东、西两壁为弧形。窑
床面前高后低,高差 0.38 米,呈灰蓝色烧结面。烟囱 2 个,东西排
列,相距 0.82 米,烟囱平面近似正方形,与窑床连接处各以单行耐

火砖砌出两道立柱。可见,大燃烧室相对小型化的窑室,双烟囱是邢窑烧细白瓷窑炉的基本结构特
点。虽然该遗址窑顶已不存,但叶喆民先生据五代时期定窑的窑炉残体推断,邢窑应属半倒焰式的馒
头型窑。

三、邢窑独创的烧制技术

通过对邢瓷测试得知,邢窑的窑床前高后低呈 10°的坡度,故此类窑的烧成温度可高达 1300℃左
右。然而,并不是具备了这样的瓷窑就一定能烧制出邢窑细白瓷。因为它还需要与之相适应的特殊
的装烧方法,主要有"漏斗状钵装烧法"和"盘状、钵状、漏斗状匣钵组合装烧法",而这两种方法都是
邢窑独创,也是由细白瓷碗、盘、杯等器形的结构特点所决定的。当然,邢窑细白瓷的烧制本身还有一
整套严格的生产工艺和技术规范。首先,将瓷土洗练成瓷泥,此过程中需要添加长石。其次,邢窑瓷
工在长期的制坯实践过程中,发明了一种手摇足踏的轮机,这样可以增加瓷轮的旋转速度,从而使器
形的规范质量大为提高,其中对碗的内腹壁采用模压法,而对其外腹及足底和足心则用辊、板、铲等
造型工具旋制而成。第三,以柴为燃料进行素烧,其素烧所需温度一般为 1000℃。第四,调制釉药与
施釉。制釉有两种方法:一个是把土或岩石原样不动地调和来用。另一个方法是将土或岩石混合用
火使之熔融,然后骤然冷却作成玻璃,名之为"熔块"。最后,进行釉烧,即将蘸釉的瓷器再一次入炉焙

烧,故亦称釉烧。釉烧的温度大概超过了 1 300℃,它说明了邢窑窑炉的结构设计和烧制工艺都已经达到相当高的技术水平,其烧结程度亦相当之高,所以唐代《乐府杂录》有"以箸击之,其音妙于方响"的说法。

第二节　定州官窑的花瓷制作技术

由于技术保守和瓷土资源近乎耗竭等多方面的原因,邢窑白瓷经过中唐的繁荣之后逐渐开始走向衰落,代之而起的是有"定州花瓷瓯,颜色天下白"之称的定瓷。定瓷本是白瓷,然而人们却称其为"花瓷",其重要特点是注重色彩变化与装饰花纹,以新、奇制胜,因而雄居北宋五大官窑之首。

一、定窑的窑址与结构

1. 定窑的窑址

20 世纪 20 年代,我国古陶瓷专家叶麟趾先生率先调查了定窑,并确认了曲阳涧磁村窑址。目前,我省考古工作者在该遗址发掘的范围已达 117 万平方米,窑址主要密集于涧磁村东与村北两个地区。从遗址地层叠压关系看,遗址分晚唐、五代和北宋三个时代,由此可证,涧磁村定窑创烧于晚唐,最初发展于五代。

2. 定窑的结构

五代时期,窑均以柴为烧瓷燃料,是还原焰馒头窑,其窑室平面呈马蹄形,由炉门、燃烧室、窑床及烟囱等部分组成,燃烧室内没有发现炉箅,且窑床与烟囱之间亦没有隔墙。这种瓷窑结构一直为宋代的定窑所沿用,只是宋代的窑炉,在窑床与烟囱之间改建有夹墙,这样利用夹墙竖烟道产生的抽力来控制一定的空气进窑,能使窑床温度高达 1 300℃。经考古发现,五代定窑生产的素瓷在河北地域不少地区都有出土。例如,沧县出土 1 件五代时期的定窑白釉杯盘,高 8 厘米,口径 11.5 厘米,足径 5.5 厘米,为双层连体,两件浅碗叠加,上面碗底与下面碗心以釉相连,使其成为一体,且其里外施白釉,釉色洁白,釉面光亮莹润。该盘光素无纹饰,造型独特,别出心裁,是为五代时期定窑白瓷之精品。

二、定窑的拉坯机与支圈覆烧工艺

1. 拉坯机使胎坯成型技术

据陈文增先生考证,宋代定窑采用拉坯机(即辘轳车)使胎坯成型,其结构和工作原理是:一个轴承,上部为木制轮盘,从轴承底部引出一条传动带套在另一方,它是一根约 3 米左右的摇动拉杆。由两人操作,通常由小工摇动立杆使传动带旋转以牵引拉坯机转动,此时技艺娴熟的拉坯者就会随着拉坯机的转动而在轮盘上放泥并开始操作。一些简单的器物可以经拉坯一次成型,然而,对于某些比较复杂的器物,如瓷枕、异形炉、尊等,就需要印坯成型。其具体方法是:先根据泥塑原作制成陶模,而陶模制作首先按原作复杂程度来设计并分块进行,待作成后先素烧,然后入作坊使用[4]。因此,印坯程序一般分两步走:一是印出局部形体,二是进行组合粘接。

2. 支圈覆烧工艺

在北宋,为了防止碗、盘等器物变形,定窑开始采用一种新兴的支圈覆烧工艺,即把过去 1 个匣钵里正着装 1 件碗坯,变成多件器物扣叠在一起,形成一个筒形的组合式匣钵,由于覆烧的碗、盘类器物,其口沿一圈釉层均须剔去,故有"芒口"之称。对此,清人佚名在《南窑笔记》一书中称:"由五代及宋、元明出映花素瓷,其边口无釉者为是,盖覆口而烧也。"所以人们把这种碗口一圈无釉的器形称作"芒口瓷器",它最早创于曲阳涧磁村的宋代定窑。

烧窑实践证明,使用支圈烧一窑瓷器,用同样的燃料、同样的时间,比使用其他类型匣钵产量增加数倍。在北宋中后期,随着定窑覆烧技术的日臻成熟,器物造型亦愈趋完美,尤其烧瓷燃料改柴为煤以后,定窑在吸收邢瓷和越瓷各自优点的基础上逐渐形成了自身的独特风格。一是泪痕,它是由于施釉时釉浆稠厚,故在烧结过程中釉内气泡大而多,因而随器垂挂流淌,形成一种宛如垂泪的条状现象。二是竹丝刷纹痕迹或成指甲抓痕,它是在制作瓷胎过程中,人们用一种竹丝做成的小刷来修理未干的胚胎所留下的痕迹,或者是在器物初步成型以后旋坯加工时所留下的密集旋坯痕。由于定窑釉体较薄,因此很容易显露出来。三是芒口,它是采用支圈覆烧法烧制瓷器的特有痕迹,为了掩饰芒口的缺陷以贡皇室,当时人们便用金、银、铜镶饰其口沿,俗称"金扣"、"银扣"等,故有"金装定器"(图4-5-4)之称。而定窑"芒口瓷"只在碗、盘、杯以及部分小罐等类瓷器中出现。如甘肃庄浪县西关村出土了1件宋代定窑烧制的白釉刻花折枝莲花纹碗,通高6.3厘米,口径22.1厘米,足径6.4厘米。造型雅观,制作工艺精良,为宋代定窑烧制的芒口瓷中的精品。四是圈足不平滑,由于采用覆烧法,器物圈足得以施釉,由于施釉厚薄不均,因而当用手抚摩它时,常会有不平滑的感觉。五是胎体轻薄,胎质洁白,造型秀美,其釉面多为"象牙白",且白

图4-5-4　金装定器

中闪浅米黄色,有"薄如纸,声如磬,釉如玉"之称。如哈尔滨市民珍藏的1只宋代皇家御用大饭碗,碗高10.4厘米,碗口直径26厘米,其周身白釉柔和透明,特别是碗外沿釉中"泪痕",在白色中微闪黄色,可称得上是宋代定窑瓷器中的极品。

三、定窑的器形与装饰艺术

1.器形

图4-5-5　白釉刻花长颈瓶

北宋定窑的品类有碗、盘、瓶、碟、尊、炉、盒、枕等。而按照制作方法的不同,上述器型还可分成琢器和圆器两类,其中琢器是指需要拼接的器物,制作工艺比较复杂,如瓶、枕、炉等就属于琢器,以瓷瓶为例,北宋新增了净瓶、梅瓶这两种款式,这样定窑瓷瓶就出现了净瓶、长(直)颈瓶和梅瓶3种式样,像传世的定窑刻花瓷瓶、定窑白釉刻花长颈瓶、定窑白瓷刻花牡丹纹瓶、定窑白釉刻花梅瓶等,都是定窑瓷瓶中的精品,显示了定窑烧造品位的典雅和高贵。如定窑白釉刻花长颈瓶(图4-5-5),高22厘米,口径5.5厘米,足径6.4厘米,瓶平口外折,颈细长,圆腹,高圈足外撇。腹部刻螭龙穿花纹饰。此瓶造型优美,胎体洁白,螭龙纹刻划得矫健生动,刀工遒劲有力,线条自然清晰,是定窑的极品之作。又如,故宫博物院收藏的宋代定州白瓷孩儿枕(图4-5-6),从头顶部至座底高9.3厘米,身长15.3厘米,底座长10.8厘米,宽5.4厘米,其造型是把孩儿塑成俯卧于床榻上之姿,以孩儿背作为枕面,背面微凹,利用微凹部分,病人手臂可放在上面,便于医生切脉。孩儿抱紧双臂,右手在下,左手在上,用合拢的双臂当枕头,头向左侧,两只大眼睛活灵活现,目光直视前方,神态自然可亲。而孩儿两只小腿向后举起,并交叠在一起,脚尖朝下,使人感到孩儿既调皮又逗人喜爱。

圆器是指盘、碗一类不需要拼接的器物,如板沿大盘、葵瓣口大盘、直口碗、盖碗及葵口碗等。此

图 4 - 5 - 6　定窑孩儿瓷枕

类物件由于是定窑生产的大宗,故传世的定窑圆器类瓷都非常讲究装饰。

2. 装饰艺术

一般地讲,定窑的装饰艺术可分三段:北宋早期流行画花、浮雕和模印贴花等;中期兴起印花、刻花,器物内外均有刻花;晚期则印花技法达到高峰。

划花是宋代定窑瓷器的主要装饰方法之一,通常以篦状工具划出简单花纹,线条刚劲流畅,富于动感。莲瓣纹是定窑器上最常见的划花纹饰。有的还配有鸭纹,纹饰简洁富于变化。立件器物的纹饰大都采用划花装饰,早期定窑器物中,有的划花纹饰在莲瓣纹外又加上缠枝菊纹。刻花是在划花装饰工艺基础上发展起来的。有时与划花工艺一起运用。当然,在定窑纹饰中最富表现力的还应是印花纹饰。这一工艺始于唐末五代,成熟于北宋晚期。如1997年,曲阳涧磁村晚唐五代墓葬的出土物中,发现了定窑白釉印花器。例如,白釉海棠杯内模印一鱼纹,白釉委角四方盘内底也模印菊花瓣纹和草纹,据此可以断定,早在晚唐五代时期,定窑已出现印花装饰技法。其印花纹样多饰于盘、碗器的里部。题材以牡丹、莲花、菊花等各种花卉纹为多,有以串枝、折枝式构图组成的花卉、石榴、孔雀、牡丹、鱼莲、天鹿、婴戏纹等画面,具有构图严谨、层次分明、纹样清晰的特点。故苏东坡知定州时,曾写下了"定州花瓷琢红玉"的诗句。

总之,定窑器物纹饰的特点是层次分明,最外圈或中间常用回纹把图案隔开。纹饰总体布局线条清晰,繁而不乱,具有很高的艺术水平。故《博物要览》云:"定窑器皿,以宣和、政和年造者佳,时为御府烧造,色白质薄,土色如玉,物价甚高。"其中"为御府烧造"应当是北宋晚期定窑印花技术走向成熟的主要社会根源,而对刺绣工艺的直接移植则是其能够取得定窑花瓷技术成就的重要保证,正如冯先铭先生所说:"北宋时定州既产瓷器,也盛产缂丝,定窑印花纹饰就来源于缂丝。"[5]又《宋会要辑稿》载:"磁器库在建隆坊,掌受明、越、饶州、定州、青州白磁器及漆器以给用。"这是"定窑"这个名词首次在正史中出现,它确实无误地记录着为北宋朝廷烧制过贡瓷以给用的史实。

从官窑的角度看,定窑的大多装饰性图案都是由朝廷指定专人绘制出来后令窑工按照原貌生产,不折不扣,如龙凤纹为朝廷所独有,民间是不能随便冒犯的。经比较分析,人们发现宋代定窑的刻花盘龙凤纹图案,其形态与宋早期陵墓龙纹如出一辙,属地地道道的宋代院派画风。另外,那些富丽规整的鱼纹和很多花卉纹,亦都为宋代皇宫画师所作,所以,从统一的和规范的图案形式这个角度讲,定窑的刻花工匠必然都具有很高的艺术水准。从民窑的角度看,则除了朝廷限制的图案不能仿造外,窑工将一些具有浓厚生活气息的画面刻划在瓷器上,如莲池游鸭、婴戏、鸳鸯等,由于民窑的绘画源自生活,因此,其丰富的内容反映着窑民的审美情趣,淳朴祥和,故事感极强。

定窑除烧制白瓷外,还烧制酱釉、黑釉、红釉、绿釉等瓷器。明代曹昭《格古要论》说:定窑"有紫定色彩,有黑定色黑如漆,土俱白,其价高于白定。"相对于白瓷,像酱釉、黑釉、红釉、绿釉等,它们的烧制数量都不多,因而弥加珍贵。在这里,所谓"紫定",项子京曾在《历代名瓷图谱》里提到5件紫定,说紫定是"器釉之紫色者耳",而且其釉色"烂紫晶澈,如熟葡萄,璀璨可爱",可惜,这种"色紫"的紫定器至今尚无实物对证,因此,陶瓷界便把北宋早、中期定窑中所烧制的那些胎体洁白的酱色、褐色瓷器,统称为"紫定"。如北京文物管理处藏有1件紫定盖碗,安徽合肥市曾出土了1件北宋紫定金彩盘口瓶,等等。从目前所出土的定窑酱釉瓷器实物看,其色彩多为酱黄色,有一部分属于酱红、酱紫、黑褐等颜色。这些色调的多变现象,反映了北宋定窑早期酱釉瓷烧造技术尚不成熟。其出土的酱釉瓷器为正烧法烧成,圈足底部无釉。就釉料配方而言,酱釉与黑釉大体一致,但在烧制过程中酱釉所需的温度明显高于黑釉,即当瓷坯处于完全熔融的状态,其釉色呈褐色,反之,其釉色呈黑色。辽宁阜新市辽墓出土的1件定窑酱红色釉碗知,所谓红定其实就是酱色釉中色调偏红的一个品种,今传世的定窑红定除国内有极少的出土品外,日本、韩国和美国各有两件定窑红定。红定的釉色在柿红和枣红之间,且较一般酱色艳丽,如果用手去抚摸釉面,则感觉细腻如玉,润滑如脂,故苏轼有"定州花瓷琢红玉"之称。至于绿定实物,目前除了人们在定窑窑址中所发现这些残片标本外,完整的绿定瓷器迄今在国内外还尚无发现。

在不同的温度条件下,定窑瓷器的釉色会发生不同的变化。如何检测窑内的温度变化,定窑瓷工发明了一种"火照术"。所谓"火照术",就是在焙烧时用以检验窑内温度和坯件成熟情况的一种试片。火照一般利用碗坯改做,上平下尖,中间挖一圆孔,置于窑膛,当要检验窑温时,用长钩勾出火照观察,每烧一窑要验火照多次,而每个火照只能使用一次。为此,人们在烧窑时须将炉砖留有一孔,以便于火照。可见,火照的创用能使定窑炉温和烧成气氛更易控制,因而它能有效地减低残次品率,使瓷器的釉色和釉质尽可能获得人们所期望的成色效果。

不过,定窑在覆烧法的条件下,所烧制的瓷碗因口沿无釉,露出胎骨,是为"芒口",而有"芒口"的瓷碗使用起来很不舒服,所以人们就用金、银、铜圈镶在口沿上作为装饰,同时可显示豪华尊贵。虽然早在北宋初期已经出现了"金装定器",到北宋中期,定窑为了专门烧制贡碗,亦特别采用金、银镶口,于是便有了真正的"金装定器"。此时定窑圆器中的碗,因消费对象不同而有"金装定器"与"非金装定器"的区分。前者主要贡皇宫来消费,而后者主要供一般平民所使用。

北宋亡后,定窑日趋衰落,然而,定窑的烧瓷技术却迅速传播到大江南北。比如,当时受定窑影响较大的有山西平定窑、盂县窑、阳城窑、介休窑等,还有远在四川的彭县窑,又叫霍窑,是四川当时唯一烧制白瓷的窑厂,曹昭称其烧制的瓷器为"新定器"。此外,吉州、泗州、宣州等地瓷窑也大都仿定瓷烧制的技艺风格,仿定之风在江南瓷业界大为风行。

第三节　磁州窑的日用陶瓷制作技术

磁州窑主要位于今邯郸市彭城和磁县等地,河南、山西、山东、内蒙古等地亦有分布,形成一个庞大的北方窑系,因此,它是宋元时期成就突出,极富有民间特色的北方民窑。

一、磁州窑的特色及其技术创新

与定窑不同,磁州窑从隋唐开始,经过北宋,一直到金元时期仍然兴盛不衰,这恐怕与该窑面向大众和面向市场的烧制理念有关,它以生产民间日用陶瓷为主,故又有"杂器窑"之说。虽曰杂器,但其瓷器烧造技术的水平却并没有因为"杂"而有所降低,相反,民间的生活需要真正地变成了磁州窑实现其瓷器技术创新的重要根源。

归结起来,磁州窑在中国陶瓷发展史上的独特贡献有两点:其一是白地黑褐彩绘,其装饰工艺简洁清丽,活泼潇洒,多以民间景象作为装饰题材,它把传统的书画艺术与制瓷工艺结合在一起,创造了具有水墨画风的白地黑绘装饰艺术,开启了我国瓷器彩绘装饰的先河;其二是把百姓喜闻乐见的诗词、谚语、警句和文学作品作为纹饰。比如,北京平谷县河北村出土了1件元代磁州窑白底褐花四系瓶,形体较肥硕,上腹画有三道较随意旋纹,中腹部有草书"万事和合"四字。众所周知,书法装饰是磁州窑的特色,常见的内容有民间谚语、警句、短诗词等题材,题写以行书、草书为主。如磁县博物馆藏着1件金代白地黑花《如梦令》词如意头形枕,枕面如意头形开光,开光内墨书苏轼所作《如梦令》词:"如梦令,为向东波(坡)传语,人在玉堂深处,别后谁来,雪压小桥无路。归去,归去,江(上)一犁春雨。"

二、磁州窑的瓷枕

瓷枕始烧于隋朝,流行于唐宋,原本作为明器,后来人们用作夏季纳凉的寝具,故北宋张耒在《谢黄师是惠碧瓷枕》诗中说:"巩人作瓷坚且青,故人赠我消炎蒸,持之入室凉风生,脑寒发冷泥丸惊。"总的来说,宋金时期的磁州窑瓷枕造型多为箱形枕,有长方形、圆角方形、腰圆形、云头形、花瓣形、鸡心形、六角形、八方形、银锭形等,体型较小。这类瓷枕由枕面、枕壁和枕底构成,枕体中空,后来在演变过程中有的枕面宽出枕壁,形成屋檐形,并由此派生出建筑形枕,而建筑形枕是元代瓷器的独特品种,它将枕座镂雕成宫殿、戏台等建筑形,内塑众多人物,可谓集建筑与瓷塑艺术于一体,体型壮硕,别具特色。

图4-5-7 北宋磁州窑白釉划云
鸟纹瓷枕

案例1:

北宋磁州窑白釉划云鸟纹瓷枕(图4-5-7),克里斯蒂拍卖行1999年11月2日香港拍卖会。该枕长21厘米,呈腰圆形。又,北宋磁州窑白地黑花八方枕,高12厘米,枕面长32厘米,宽23厘米;底长31厘米,宽21.5厘米,枕八方形,面、底出沿,枕壁棱角处有8条竹节状凸起,背面有一通气孔,素底无釉。枕面白地上以黑彩描绘折枝牡丹一枝,并在花瓣、花叶上刻划出筋脉。枕面周边描绘黑

型较小。
彩边框。从上述瓷品不难看出,北宋磁州窑所烧造的瓷枕一般都体

案例2:

金代磁州窑酱釉黑彩虎枕,曾经在中央电视台"鉴宝"节目展出,被有关专家鉴定为真品。该枕长30厘米,高10厘米。又,上海博物馆收藏着1件金代磁州窑烧制的鹊鸟虎纹瓷枕。瓷枕高12.8厘米,长39.6厘米,宽19.5厘米。它的一端以虎头形状为修饰纹,枕面白釉上面画着一双高飞的双雁,下面画了几丛水草,在水泽旁边有一只喜鹊。相对于北宋的瓷枕而言,金代磁州窑瓷枕的明显变化就是体型普遍增大,釉面变薄,呈乳浊状,并伴有开细碎的小纹片。保定出土的金代磁州窑白地黑花孩儿垂钓纹枕(图4-5-8),长29厘米,宽22.1厘米,高11.8厘米,枕呈椭圆形,枕面出檐,中间

图4-5-8 磁州窑白地黑花
孩儿垂钓纹枕

微内凹,平底露胎,枕面周边绘外粗内细的两道墨线,内画童子垂钓图,童子身稍作前倾如视水中,右臂伸直平举钓竿,竿端有细线垂入水中,水中三游鱼已有一鱼作吞饵食状。整个画面仅用廖廖几笔,就勾勒出一幅生动逼真的童子钓鱼图。

纵观金代所出土的磁州窑瓷枕特点是釉面浅薄,体型开始趋大。

图4-5-9 白地黑绘《满庭芳》词枕

案例3:

天津大港区小王庄镇沈清庄遗址出土了1件元代磁州窑白釉黑彩瓷枕,该枕长25厘米、宽15厘米、高10厘米,呈椭圆形,枕面略内凹,枕面行书"一派水声长在天",器型朴实敦厚,纹饰简约生动,书法飘逸洒脱。又,峰峰羊角铺出土了1件元代白地黑绘《满庭芳》词枕(图4-5-9),呈长方形,长44厘米,中宽16.5厘米,侧宽

18厘米,前高12厘米,后高16厘米。枕面中部绘菱花形开光,开光与四周边框之间填充石榴花和草叶纹,枕前墙绘折枝牡丹花,枕后墙绘云中翱翔的凤凰,枕左右两端各绘一朵荷花。枕面菱花形开光内篆书《满庭芳》词。再有磁县东艾口出土的1件白地黑绘《渔樵》民谣枕,枕呈长方形,长42厘米,宽17厘米,前高10.5厘米,后高14厘米,枕前墙开光内绘大小两朵缠枝牡丹,左侧绘有双栏竖式"滏源王家造"款,款上下均有花饰。枕面正中部为菱花形开光,开光与边框之间填绘葵花、五瓣喇叭花和细碎卷草纹,开光内行楷书《渔樵》民谣。由此可见,与宋金时期的磁州窑瓷枕相比,元代磁州窑的瓷枕不仅体型普遍增大,而且书法类的内容逐渐成为当时其装饰文化的主流。

三、磁州窑的装饰特征与剔花及"红绿彩"技术

1. 装饰特征

磁州窑所用原料主要是煤系地层中的高岭土质泥岩,以大青土即北方坩子土为主。磁州地区高岭土矿床产于石炭系铝土矿上部,矿石在深处呈深灰黑色,在浅处则呈淡灰白色。故烧出的瓷胎多是灰、灰褐或咖啡色,无法与邢窑、定窑相比,因此,为了增加瓷器的品位,磁州窑瓷工非常讲究化妆土的应用。其中白地黑绘装饰艺术与白地黑剔花是磁州窑最突出的两个装饰特征。前者的方法是在胎体上先挂一层白化妆土形成白地,然后用氧化铁或含铁量较高的矿物斑花石作颜料,执毛笔在坯胎上绘画,最后施薄而透明的玻璃釉入窑高温焙烧。而后者的方法则是在瓷胎上先施白化妆土,稍干后施黑化妆土,刻划出纹饰,再剔掉花纹以外的黑化妆土,露出白色化妆土地子(图4-5-10)。

2. 剔花技术

白地黑剔花是磁州窑最突出的两个装饰特征之一,并且是剔花装饰中工艺最复杂、难度最大的品种。

剔花出现于唐五代的早期磁州窑,盛行于宋。而剔花法之所以在北方地区流行,是因为北方的瓷胎较厚,较之南方的薄胎瓷器更适合剔刻工艺。剔花瓷器最初可能是仿自金银器,金银器上凹凸感极强的纹饰在某种程度上启发了制瓷工匠。同时木刻、石刻、砖雕中的浮雕作品也给了剔花瓷器许多影响,这些浮雕在民间建筑中常可见到,瓷器上的剔花工艺无疑从中吸取了许多养分。

剔花这种工艺的关键是不伤底层的白化妆土,它要求工匠须有高超的技术。因为只有当瓷坯和化妆土的湿度恰到好处、半干半潮时,才易操作,才能最后罩透明釉入窑烧制。

辽代的剔花瓷和中原地区相比,露胎不多,胎色为灰白或土黄色。色彩的明暗对比不强烈,似乎在追求一种平和柔美的风格。而金代的磁州窑以烧制白釉剔花筒式罐为特征,其罐身有两层纹饰,上层是连续卷草纹,下层是菱形的变形花瓣,整体纹饰既图案化又充满了律动感。

3. "红绿彩"的创造

磁州窑除了在黑色装饰比以前更加放荡不羁而趋于画境之外,又创造出"红绿彩"这一全新的装饰形式。它的出现打破了单一的黑色装饰,它画红点绿,表现出民间特有的喜庆吉祥气氛。当然,从资料上看,元代磁州窑黑花碗盘上的勾弹子、豆芽菜、鸡毛花、归心花、点花、子母线等抽象装饰纹样极多。这说明磁州窑的瓷画工们在长期的生产实践过程中找出了图案的表现规律,他们在用笔上游刃有余,任其剪裁,往往使人感到以少胜多,以空为有,与中国画理论不谋而合。他们在粗犷、豪爽、简练的表现中,天工补败,使之成为一种合情合理的艺术形式。

四、磁州窑的结构

1987年,我国考古工作者在对邯郸观台窑址进行发掘时,发现了宋、金、元时期的馒头窑窑炉群9座,馒头窑的外形分窑顶与窑墙两部分,窑顶呈圆拱形,窑墙为一马蹄形,是为马蹄形馒头窑(图4-5-11),它由窑门、火膛、窑床、烟囱和护墙五部分组成。窑门为五边形券门,两侧壁用平砖顺砌,火膛呈半月形,窑床为长方形。火膛底部为耐火砖砌筑成网格的护栅,与地下供通风、掏灰使用的窑井相连。窑顶覆扣在窑墙上,两座烟囱竖在窑顶之后的窑墙上。窑顶留有天眼,四周留有麻眼,并铺有耳砖,供烧成时控制烟气排放、冷却和上下蹬脚使用。窑床地面微向里朝下倾斜,后壁左右下方有两个通烟道与后壁两个烟囱相连。从窑炉的内部结构看,这是一种建于平地上的间歇式窑炉,火焰流向呈半倒烟状,以煤为燃料。可见,磁州窑体现了能源结构与马蹄形馒头窑内外结构的统一。在通常

图 4 - 5 - 11　邯郸观台磁州窑遗址

情况下,烧成时须封堵窑并留有投煤口,此时火焰自火膛喷发上升到窑顶,再经过产品间空隙倒流向窑底,从后墙下部的通烟道进入烟囱,排放到空中。由于窑内不同部位的烧成温度差别较大,故为了使不同的瓷器获得与之相适宜的烧成温度,窑工特别讲究分门别类的装窑方法。如成色温度较低的蚀釉釉下黑花产品及宋三彩产品通常装在靠近烟道口的位置。至于碗、盘类瓷器需装入匣笼内,然后将匣笼垂直堆垒成柱。如灯、小罐等小件瓷器则采用套装入大件瓷器内的方法,而像一般的中型罐、坛等瓷器则扣在匣笼上面,明焰裸烧。经计算,大约每窑能烧 6 ~ 10 万件碗。而为了有效反映与控制窑内的温度变化,磁州窑采用观察火堆、门溜砖滴釉、视火瓷片及察看窑火等综合法来确定具体的烧成温度[6]。

五、磁州窑在历史上的影响

磁州窑作为中国最大的民间窑,在陶瓷发展史上占有重要的地位。它的影响波及到全国各地,并对景德镇陶瓷的发展起到了重要的作用。在陶瓷界人们习惯把类似彭城"铁绣花"的陶瓷统称为"磁州窑系"。磁州窑陶瓷早在宋元时期已扬名海外,12 世纪末,泰国国王到元大都觐见元朝皇帝时,就曾提出招聘磁州的窑工同往,传授陶冶技艺。在朝鲜,被称作"绘高丽"的陶瓷制品也直接受到了磁州窑的影响。在日本的桃山时代(中国的元代)也出现过与磁州窑类似的瓷器,日本的学者常将其与磁州窑联系在一起研究。在伊朗、伊拉克、印度、马来西亚、埃及、印度尼西亚都曾有磁州窑或磁州窑系的产品。

第四节　井陉窑的戳印点彩技术

一、井陉窑的范围与窑的结构

经考古发掘,井陉窑分布在今石家庄井陉县城西北 25 公里的北陉村到县城西南 15 公里的梅庄一带约 160 平方公里的范围内,目前已确认了城关(天长镇)、河东坡、东窑岭、梅庄、南秀林、冯家沟(矿区)、北陉、南陉、南防口等处窑址。如有一处属于晚唐时期的 Y7 窑炉,形体较小,总长度为 3.5 米,宽 1.7 米,残高 1.2 米,由火膛、窑床、烟囱三部分构成,其中保留着不少早期的马蹄形窑的结构形态,如窑床后端与烟囱之间不设隔墙,两个方形烟囱与窑床直通,没有砌置通烟孔,用柴做燃料,等等。从宋代开始,井陉窑的窑炉与磁州窑的马蹄形馒头窑结构已经基本相同。因此,透过上述遗址的时代背景,我们能清楚地看到馒头窑产生和发展演变的历史轨迹。其结论是:以烧制白瓷为标准,井陉窑至少自北朝开烧,经隋、唐、宋、金的发展,到元代开始进入衰落期。

在唐代,井陉窑烧造的三彩器独具特色,以绿、棕、黄三色为主,不见红彩、蓝彩和白彩。施釉方法是先浸上淡绿底色,再浇以不同的色彩。与定窑和磁州窑不同,金代是井陉窑的鼎盛时期,此时它除了成功地继承了定窑的印花装饰外,还独创了印花类的戳印技法,因而使井陉窑印花装饰脱出定窑的模式而独树一帜。井陉窑在宋代属于民窑,因而它的瓷画风格更加自由和不拘一格,更加贴近百姓生活,比如,人们在考察井陉窑河东坡遗址时发现了很多印花白瓷片,从残片中可以看出,其印花模子的图案无一类同,而城关窑遗址所出土的印花瓷片中又出现了在河东坡印花瓷片中所没有的黑褐、酱黄等不同釉色的金代印花产品。而龟鹤竹石图、开光双鹅戏莲园景图等图案的出现,"使我们看到,以往印花器受缂丝与金银器图案影响的传统束缚已被突破,绘画的形式已被使用到印花装饰上来,这就使得印花题材更为灵活,表现力更为丰富,与生活更为贴近,似乎应该是达到了我国古代陶瓷印花装饰技法的顶峰。此后,由于青花、五彩绘画的出现,基本取代了印花装饰法,但这足以使我们看到了印花硬笔(刀)绘画的这种发展,同样为后来者开了先河。"[7]

二、井陉窑的戳印点彩技法

仅就目前所见,在井陉出现的点彩要早于邢、定、磁诸窑,其点彩全用褐彩,图案以花朵、花穗或花束类为内容,既华丽又大方。如石家庄井陉县河东坡村的 1 座金代井陉窑瓷窑作坊,并在我国首次出土了 1 枚金代戳印点彩古瓷模具。这枚戳模高 5.5 厘米,用瓷器烧制而成,有六瓣旋子花图案。它和印章的用法相似,先印在瓷器胚胎表面上,在凹下去的地方点上釉彩,然后整体上釉,这样花纹就鼓起来,烧制完成后,立体感更强。其用法是操作者持之在半干的坯件底心按印,然后再用毛笔蘸釉浆点填印痕,从而保证了点彩快速且花形周正,规格比例准确,釉汁显得饱满凸出,产生强烈的立体花饰效果。

从出土的戳印点彩戳模看,井陉窑的戳印点彩技法是用戳子印按后再点颜色,如同今天用圆规画圈再往里填色一样。迄今为止,井陉窑出土了白瓷塔式罐、大型仿生白瓷双鱼穿带瓶、鸭形水注、玉璧底白瓷碗、白瓷印花执壶、点彩白瓷罐、井陉绛紫釉盏、金三彩枕等器物,这些出土器物不仅证明在唐、五代、宋、金时期井陉窑一直都延续不断地烧制瓷器,而且其胎釉光滑,质地细腻,蔚为大观。如我省著名收藏家陈华运先生藏有 1 件井陉窑白釉黑彩鹿纹枕,其枕高 10.7 厘米,长 21.5 厘米,宽 16.6 厘米,前高后低,中部稍凹,直壁,后壁有双气孔;胎色较白,胎质坚硬细腻;釉呈暗白色,底无釉;采用绘画、戳印花、刻花技法装饰;枕面中心以釉下黑彩绘一只昂首奔跑的梅花鹿,生动传神;周边用双线勾勒开光,开光外围装饰以戳印梅花纹;枕边绘两周黑色边框;枕壁面一周戳印数十朵梅花纹;绘画精美,纹饰饱满,戳印工艺独特,为宋代井陉窑的典型作品。

注　释:

[1]　张志刚、李家治:《隋唐邢窑白瓷化学组成及工艺研究》,载《邢窑遗址研究》,科学出版社 2007 年版,第 309 页。
[2]　王会民等:《邢窑遗址调查试掘报告》,载《邢窑遗址研究》,科学出版社 2007 年版,第 109 页。
[3]　贾忠敏、贾永禄:《河北省内邱县邢窑调查简报》,载《邢窑遗址研究》,科学出版社 2007 年版,第 13—18 页。
[4]　陈文增:《定窑研究》,华文出版社 2003 年版,第 17—19 页。
[5]　冯先铭:《三十年来我国陶瓷考古的收获》,《故宫博物院院刊》1980 年第 1 期。
[6]　刘志国:《磁州窑的馒头窑与烧成技术》,《陶瓷研究》1992 年第 4 期。
[7]　孟繁峰:《井陉窑金代印花模子的相关问题》,《文物春秋》1997 年增刊。

第六章　传统冶金科技

　　此期是河北地域的冶金科技发展到了一个高峰。唐代,有邺县、邢州、内邱等9处铁矿产地,出现了翻砂铸钱法;五代后周时,河北冶铁工匠成功地用造范技术和分节叠铸法制造出特大型的铸铁件;宋代的磁州已能生产"真钢",以高炉砌筑技术为中心,沙河綦村、磁州固镇成为全国最重要的钢铁生产基地;辽金时期,河北地域的铁冶科技又有一定的发展,特别是银冶比较发达;元代,河北冶铁科技进入了一个快速发展期,铁冶生产规模都比较大,其工场性质既有官办又有民营。这个时期河北是北方冶炼中心之一。磁州锻坊的百炼钢技术,沧州铁狮子(后周),正定隆兴寺的铜铸大悲菩萨是这一时期重要技术标志。

第一节　冶铁技术成就

　　河北地域古代失蜡法铸造在春秋时期已经发明,但明确见诸文字则到了唐代。至唐代,河北地域还出现了翻砂铸钱法,其工艺水平与现代的翻砂法相仿,不再使用铜铸的范盒和叠铸的泥范。当时,定州每岁铸铜钱(铜、铅、锡合金)3 300缗(1缗为1 000枚),说明金属铸造技术在唐代发展迅速。从汉代到宋朝,绵延千年,河北地域铜和铁的冶铸技术有了很大发展。铸造于后周的沧州铁狮子、武安矿山村的宋代铁炉、铸于北宋年间的东光铁菩萨等,都证明古代河北源远流长的金属冶铸技术已发展到一个较高水平。

一、沧州铁狮子及其他铸造工艺

图4-6-1　沧州铁狮子

　　后周广顺三年(953年),沧州出现了我国现存最大的古代铸铁物件——沧州铁狮子(图4-6-1)。该铁狮身高5.35米,体长6.3米,宽3.15米,相传铁狮总重量约40吨,但1984年人们为了保护狮身而将其移位,经过准确称量,铁狮的总重量为29.30吨。铁狮子造型壮观,体态魁梧,头南尾北,四肢叉开,神态作疾走乍停并张口怒吼状。狮背上背负着一座可拆卸的仰莲圆盆,狮头顶以及项下各有"狮子王"三字,右颈、左肋和头内还分别有"大周广顺三年铸"、"山东李云造"、"窦田、郭宝玉"等字样。狮子的腹腔内铸有隶书《金刚经》文,但多已剥蚀而无法辨认。至于山东匠人李云的生平事迹,因史料短缺,我们知之甚少。据研究,这是古人采用一种特殊的"泥范明铸法",分节叠铸而成。铁狮腹内光滑,外面拼以长宽三四十厘米不等的范块,逐层垒起,分层浇注,共用544块范拼铸而成。有人推测铁狮子的铸造工序大体是:先塑泥狮原型,再在泥狮上塑制外范,阴干后取下,然后制内型,将泥狮刮去一层,其厚度等于铸体厚度,最后接拼外范,浇铸成型。凭一千多年前的手工冶铸技术,能铸造出如此庞然大物,足见其制模、冶炼、浇铸工艺是相当高的。它的铸成标志着我国制造大型铸铁体技术的提高,反映了我国在一千多年前的冶金铸铁技术已经达到了很高的水平,同时更加显示了河北古代铸造工艺的高度成就。直到今天,该铁狮仍然是我国乃至世界上最大的铁铸狮子艺术珍品,在中国冶铸史上占有重要地位。

二、河北地域的其他铸造技术

邢台旧城开元寺遗有一口巨型铁钟。该钟铸成于金"大定甲辰岁",即金大定二十四年(1184年)。该钟高达 2.70 米,下沿围长 7.2 米,钟厚半尺,重达 3 万多斤。钟壁有日、月、人、兽、牛、鱼等 12 种图案,与黄道十二宫相对应。另有乾、坤、震、巽、坎、离、艮、兑等八卦图像,含乾坤浑圆之说。该钟铸成至今已有八百多年的历史,虽历经风雨剥蚀,却不显氧化痕迹,棕红色的钟体四周仍滢滢发亮,可见该钟铁质的纯精和铸造工艺的高超。

现存于石家庄华北烈士陵园,同样铸于金大定二十四年的守灵神兽铁狮子,历经八百多年风雨侵蚀毫不生锈,反映出当时防锈技术的先进水平。青龙县出土的青铜烧酒器巧妙地利用了蒸馏技术。该时期隆化县的皇姑屯曾是一个铸造业中心,出土有刀、斧、锤、镐、锄、犁、熨斗、马镫等大批通用铁器具。宣化下八里辽代墓群中还出土许多纹饰别致、做工精美的铜镜、铜洗、辽三彩瓷洗等。

自隋朝建立以后,铁的应用范围越来越广泛,人们懂得用生铁作为建筑材料使用于铸造桥梁、塔、幢、造像等,而用熟铁制造小件的铆钉、镰刀等。据考,建于隋大业年间的赵州桥,其桥身的石拱之间就铸有生铁,故《宋史·僧怀内传》载:"赵州洨河凿石为桥,熔铁贯其中。自唐以来相传数百年,大水不能坏。"衡水武邑县围头乡任角村出土有唐代的铁制窑具,邢台出土有唐代铁锅,河间出土有唐代的铁质带钩,泊头出土有五代十国时期的铁佛,等等。

三、河北地域冶铁技术发展及其成就

1. 冶铁技术发展的基础

唐代矿业开采与铁冶是联系在一起的,属于河北地域的燕山—太行山山脉的矿冶点和矿冶量均位居全国第一。宋元时期,河北地域的冶炼、铸造、采矿技术又有了较大提高。鹿泉市上寨铜矿遗址是宋金时期重要采矿遗址之一,金代的小型铜矿坑在此已有发现。邢州的綦村铁矿、磁州的固镇铁矿是北宋时期最重要的铁冶区,至元代,该两矿仍是最重要的铁冶基地。辽朝时,在中京道泽州(今长城喜峰口外)已有银冶。

北宋早期,河北西路曾专门设置"真定石炭务",管理井陉煤矿的开采。当时普遍以石炭为燃料,采用土高炉(又称"蒸矿炉")炼铁,能炼出"百炼钢"和"灌钢",并且"灌钢法"逐渐成为炼钢的主要方法。正如沈括《梦溪笔谈》卷 3 所载:"世间锻铁所谓钢铁者,用柔铁屈盘之,乃以生铁陷其间,泥封炼之,锻令相入,谓之团钢,亦谓之灌钢。"当时产于邢州的刀闻名全国,即得益于灌钢技术。

从历史上看,北宋的国土面积虽然没有唐朝辽阔,但其冶铁规模却远远超过了唐朝。比如,据杨宽先生统计,唐宪宗元和初年(公元 806 年),政府铁的收入数为 207 万斤,是唐代最高的年收入铁数额。可是,以年收入铁数额最低的宋神宗元丰元年(1078 年)计,北宋政府铁的收入数还达到了5 501 097斤[1],比唐宪宗元和初年的政府年收入铁数额增长了 1.66 倍。其中北宋政府所收铁税额在百万以上的地方仅有两处:一处是磁州武安县固镇[2]。我国考古工作者在邢台沙河綦村镇綦阳村发现了 1 块建于宋宣和四年(1122 年)八月的石碑,上有刻铭:"其地多隆岗秃坑,冶之利自昔有之,綦村者即其地也。皇祐五年(1053 年)始置官吏。"可见,此处即宋时的冶铁工场,而人们在綦阳村遗迹附近的綦阳村、后坡村、赵册村等地,能够看到无处不有矿石、铁渣及冶铁炉的残迹。而綦阳村口西边有一条名叫铁沟的沟,是当时冶铁炉集中之处,仅从地面上认出是冶铁炉的遗迹就有十七八个,其中地炉只剩下五分之一的高度,炉型为圆锥形,从铁炉中流露出来的铁汁,还有两大滩,残存铸铁有十几块,每块重有几吨[3]。《宋会要辑稿·食货 33》说:"雅州名山县蒸矿炉三所,熙宁六年(1073 年)置。"

由此推断,北宋的冶铁炉大概都是"蒸矿炉"型,而綦阳村所发现的冶铁炉即是一种"蒸矿炉",它属于冶铁炉中的高炉。另外,考古专家在邯郸武安矿区矿山村也发现了 1 座残缺不全的宋代冶铁炉,高约 6 米,炉底直径 3 米,炉的外形很像现在的土高炉,成圆锥形,炉腹直径大于炉底,从炉腹到炉顶直径逐渐缩小。它的四周还有 4 座大小相同的炉址,村的四周同样留有不少的古代冶铁遗址。矿山村这座古代冶铁炉无论外形及构造均与綦阳村所发现的宋代冶铁炉完全相同。

2. 冶铁技术的主要成就

(1)宋代磁州武安县官营冶铁。宋代文献记载,邯郸武安矿区矿山村就是宋代磁州武安官营冶铁场所——固镇冶务的所在地,而沙河县綦阳村就是宋代邢州官营冶铁场所——綦村冶的所在地。宋神宗元丰元年(1078 年),这两地岁课生铁分别达到 197 万斤和 217 万斤,共占当年全国岁课铁总额 550 万斤的 75% 以上。直到北宋末期的宣和元年(1119 年),磁州固镇与邢州綦村两处官营铁冶仍是国家重要的产铁基地。这里的冶铁业不仅技术先进,规模庞大、产品质量好,而且铁产量极高。当然,无论是綦阳村还是矿山村所发现的北宋冶铁高炉,均以煤炭为燃料,其冶炉火力强,冶炼快,效率高。所以北宋的主要冶铁基地都建在煤矿附近,煤、铁产地在空间分布上的叠合,带给我们一个重要信息,就是煤已成为冶铁业的新燃料。通过金相、硫印和化学分析,检测过若干冶铁遗址出土的铁器,结果发现北宋以后的部分生铁含硫量较高,认为这是用煤炼铁所致。而鼓风器亦由皮囊改为木风箱,风力更是明显增大,故这种高炉所冶炼出来的铁,质量普遍都有提高。

此外,就北宋时期河北地域高炉的结构变化来说,由炉腹到炉顶直径逐渐缩小,此高炉内型的特点标志着高炉砌筑技术在北宋的进一步普及。对此,刘云彩先生在《中国古代高炉的起源和演变》一文中指出:"至迟至宋代,高炉内型(炉墙里边的形状)已发展到具有现代高炉的基本特征⋯⋯高炉炉身内倾的意义和炉腹外倾的意义相近,能使煤气分布趋向均匀,炉料和煤气充分接触,改善矿石的还原和换热过程,节省燃料;同时减少下降的炉料对炉墙的摩擦,有利于炉料顺利下降,并延长炉墙的寿命。所以炉身内倾是技术上的重要创造,是高炉发展史上又一次飞跃。"由此看来,炉身内倾技术的采用不仅能降低生产成本,而且能有效地保障冶铁生产的顺利进行,减少因炉身崩坏造成的停产现象。宋神宗时期,磁州固镇冶务和邢州綦村冶务之所以能每年上交约二百万斤铁,与高炉砌筑技术的进步也是有着密切关系的。

随着铁产量的不断增加,整个北宋社会对铁的消耗量也大大增加,从冶铁业分化出许多专门手工制造业,除了政府控制下的铁钱铸造和军器生产以及各地冶户经营的铁农具、工具等作坊外,出现了各种铁制日用品的加工制造业,铁制产品已走进社会生活的各个角落。所以,北宋这些铁制手工业的分工之细密,生产技艺之精熟,产品数量之大,尤以河北都大大超过前代。

(2)正定隆兴寺的大悲菩萨金身。作为宋代冶铁技术进步的一个象征,正定县隆兴寺大悲阁在中国冶铁史上的地位至今引人注目。

图 4-6-2 隆兴寺铜铸大悲菩萨像

北宋开宝二年(969 年),宋太祖鉴于隋铸 4 丈 9 尺高的铜铸大悲菩萨已毁,于是敕令于城内隆兴寺重铸大悲菩萨金身(图 4-6-2)。其铜铸的千手观音高 21.3 米,42 臂,为我国现存古代铜铸佛教造像中最高大者,其地基距地平 6 尺,深处留一边长 4 丈的方坑,内栽 7 根熟铁柱,高 46 尺(埋入地中 6 尺),每根铁柱用 7 条铁筒合就,其间以铁绳捆系。然后方坑内注满生铁水。其上立一大木为胎,先塑千手观音泥像,并依此制出内模外范,最后采用屯土的办法,将佛像全身分 7 段接续铸造而成。据寺内宋碑记载,铸造铜像的程序是:先铸好基础,然后分 7 节铸造大菩萨。第一节铸下部莲花座,第二节铸至膝盖,第三节铸至脐下,第四节铸至胸部,第五节铸至腋下,第六节铸至肩膊,第七节铸至头部。最后添铸 42 臂。菩萨的手均为木雕而成,其上裹布,一重漆,一重布,然后用金箔贴成。经有关专家考证,该像是世界古代铜铸立式佛像中最高大、最古老的千手千眼观世音菩萨像。上枋、壶门内和隔间槏柱上还完好地保存着许多宋代雕刻,其铜像身躯高大,比例适度,其形体之巨、雕工之细实为罕见。

(3)块炼铁与保定钟楼之藏钟。与北宋同时,契丹辽占据着雄县以北地区。由于民族关系,契丹辽在其统治区域内,实行"蕃汉分治"的政策。在此前提下,河北地域北部的冶铁业也有不同程度的发展。

1993 年,在龙烟铁矿区发现的古炼铁遗址(在赤城县田家窑乡境内),为距今九百多年前的辽代炼铁遗址。通过在遗址上采集到的炉渣和渣铁标本分析,并经宣钢中心化验室鉴定,渣铁中含有 7% 的 Fe_2O_3,属用赤铁矿冶炼,含硅 18%,全铁 54%。又如,铁匠馆(今平泉县东十里罗杖子)是辽国重要的冶铁工场之一,人们在平泉街上岭、柳树沟发现了辽代冶铁炉残存基址。此外,尚有利州(青龙县境)铁冶,在州东南 280 里牛口峪;惠州(平泉县博罗科)有二铁冶,一在州西北 230 里的寺子峪,一在州东北松棚峪。人们在滦平县白旗乡半粒子东沟村发现了一处辽代冶铁炉遗址(图 4-6-3),炉为立筒式,直径 2 米多,炉壁厚约二三十厘米,炉口及内壁坚硬光滑,炉内有铁炼渣和木炭。炉口基本为圆形,直径 1.9 米。在炉口东南有一风口,沿炉口向外伸展渐内收,外壁炉衬呈青灰色,厚约 5 ~ 7 厘米。炉壁向下逐渐内收,呈环状平底,炉体残高 70 厘米,炉口南部有一宽 90 厘米的出渣口。

至于其原料来源,大致有两途:一是自然选矿,宋人王曾《行程录》载:柳河沟"就河漉砂石,炼得铁",即以被山水冲入河道的矿石为原料;二是人工开采,如该炉址附近就有古矿场。由于这里缺乏煤炭资源,所以仍然用木炭作燃料,这样冶炼出来的铁产品即是块炼铁,亦称锻铁,这是辽代铁浆馆冶铁的一个突出特点。金灭辽后,金国忙于与南宋作战,因此,河北地域内的冶铁业恢复较晚,直到正隆二年(1157 年)才"始议鼓铸"[4]。

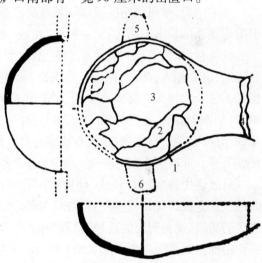

1. 炉衬;2. 炼渣;3. 残存炉壁;4. 出渣口;5. 鼓风口
图 4-6-3　东沟村辽代冶铁炉平剖面示意图

尽管如此,但河北地域的冶铸技术还是有所发展的。比如铸成于金大定二十一年(1181 年)的保定钟楼之藏钟,钟体通高 2.55 米,口径 2 米,唇厚 17 厘米。该钟采用无模铸造法浇铸而成,钟体宏大,设钟带 3 层,每层设 8 个开光窗。在钟的顶部设有 8 个洞眼,是为铸钟时不至于使钟体破裂,还可以起到共鸣的作用,不仅能使钟声好听,而且使钟声宏远,回首悠长。据《中国名胜词典》介绍,该钟早于西安钟楼大钟 203 年,早于北京大钟寺钟王 552 年。元朝建立后,河北地域内的冶铁业因建设大都之需求,发展较速。如綦阳冶铁基地的冶户在元时已达 2 764 户,产铁 75 万斤,而"燕北、燕南通设立铁冶提举司大小一十七处,约用扇炼人户三万有余,周岁可煽课铁约一千六百余万斤。"[5]仅从这个数字来判断,元代的河北冶铁业基本上已经恢复到了北宋时期的水平,在当时也是一个了不起的冶炼成就。

第二节　炼钢技术的发展

到唐代后,由于炒钢和灌钢技术的逐渐推广,铸造农业工具不断减少,农业工具中的锄、铲、镢、斧等终于完成了从以铸造为主到以锻造为主的历史转变,故以炒钢(即熟铁)为原料的锻造工具明显增多,河北地域的炼钢技术又进入了一个新的历史发展时期。

一、熟铁镰刀的出现

保定易县张格庄出土了用熟铁制作的铁镰刀 3 件,均弧背凹刃,镰身后端有卷筒形库,以装接木柄,库管与刃基本垂直[6]。古代人工最早获得的铁叫做"块炼铁",在摄氏 800℃ 至 1 000℃ 的较低温度下,用木炭还原铁矿石,得到一种含夹杂物较多,呈海绵状的块炼铁。因其含碳量很低,小于 0.1%,故称熟铁,它的特点是质地较软,韧性好,但由于温度无法烧到 1 150℃ 以上,木炭里的碳无法大量地混进去。因此,它无法"铸"造成器具,而必须用"打造"即锻的方式,设法把碳打进去,增加它的硬度,并打成我们所要的样式。这样的铁制品,韧性或许不错,但是不如铸铁坚硬,因此用途比较有限,不能拿来做大件的工具。不过,用它做成镰刀来收割庄稼应当说还是比较适宜的,同时,熟铁镰刀的出现也是唐代河北地域农业经济和社会生产发展的客观需要。

二、渗碳法与"百炼钢"

1. 宋代的磁州锻坊的百炼钢技术

北宋以后,磁州锻坊的百炼钢技术仍在延续,久负盛名。在中国,自从冶炼生铁技术推行以后,一般冶炼钢铁的技术有两种:另一种是"精铁"炼成的"百炼钢";另一种是生铁与熟铁混杂炼成的灌钢。

据沈括《梦溪笔谈》卷 3 "观炼铁"载:"世间锻铁所谓钢铁者,用柔铁屈盘之,乃以生铁陷其间,泥封炼之,锻令相入,谓之'团钢',亦谓之'灌钢'。此乃伪钢耳,暂假生铁以为坚,二三炼则生铁自熟,仍是柔铁。然而天下莫以为非者,盖未识真钢耳。予出使,至磁州锻坊,观炼铁,方识真钢。凡铁之有钢者,如面中有筋,濯尽柔面,则面筋乃见。炼钢亦然,但取精铁,锻之百余火,每锻称之,一锻一轻,至累锻而斤两不减,则纯钢也,虽百炼不耗矣。此乃铁之精纯者,其色清明,磨莹之,则黯黯然青且黑,与常铁迥异。亦有炼之至尽而全无钢者,皆系地之所产。"

虽然话中将"灌钢"说成"伪钢"并不恰当,但他用"真钢"来赞美磁州锻工的精湛技艺却是无可厚非的。从这段话可知,这种"百炼钢"的炼制,用的是渗碳法,所谓"精铁"则是一种熟铁,其中含有相当多的熔渣,沈括所说的这种"精铁"中的"柔面",就是指其中所含的熔渣。当熟铁放在用木炭的炼钢炉中加热到摄氏 800℃ ~1 000℃时,碳分就会渗透熟铁块的表面,使熟铁块表面所含碳分均匀地混杂在铁的许多层中间,而把相当于"柔面"的熔渣锤打出去。这样不断地把熟铁块在木炭中加热反复的折叠锻打,便能不断地使碳分增加而把熔渣除去,所以每锻一次,就轻一次,等到锻炼一百多次,熔渣既除尽,所含的碳分也增加,也就得到"纯钢"。

2. 冶炼镔铁技术的推广

与北宋的百炼钢相似,契丹辽擅长冶炼镔铁。故《契丹国志》卷 21 说:契丹皇帝往往用镔铁制作的刀来向北宋皇帝献礼,"或致戎器镔铁刀"。镔铁原产于波斯,大约于南北朝的后魏时期传入我国西北少数民族地区。后来经过辽人的传播,到元时,镔铁的冶炼技术开始在河北地域推广。为此,元朝政府于 1275 年在诸色人匠总管府下设了镔铁局"掌镂铁之工",专门炼制镔铁。所以,元人杨瑜在《山居新语》中说:"镔铁胡不四世所罕见也,乃回回国中上用之。制作轻妙,余每询铁工,皆不能为也。"镔铁于元代在中原地区普遍"安家落户",不能不说是蒙古民族对我国古代冶金技术发展的一大贡献。

第三节　金银器制造技术

唐代金银器的制作分"行作"与"官作"两类,前者指民间金银行作坊,而后者则指少府监中尚署所管辖的金银作坊院。据载,在唐代,地方官盛行用金银器作为敬奉给皇帝的礼物。如《旧唐书·李敬玄传》云,怀州刺史李敬玄要挪用上缴国库的收入来造金银常满樽进献皇帝,但遭到百姓和一些官员的反对,于是不得不"以家财营之",这是唐代进奉金银器的最早记录。而在此风气的熏染之下,河北地域的金银制作技术也出现了一些新的特征:主要锤揲和錾刻技术的应用。

一、锤揲和錾刻技术的应用

锤揲是利用金银质地柔软的特点,将金银片放在模具上反复锤打成型,然后进行錾刻。錾刻是通过大小不同、形式各异的錾子,用小锤击打,在器物表面形成各种花纹图案,达到装饰效果。用锤揲和錾刻技术制造的金银器皿一是器形轻巧,花纹精美细致;二是金银器制作的种类增多,除了饰件还开始生产餐具、茶具、佛教法器等生活器物。据文献记载,当时有销金、拍金、镀金、织金、砑金、披金、泥金、镂金、捻金、戗金、圈金、贴金、嵌金和裹金 14 种金加工方法,可见唐代金银工艺的发达;三是金银器制作中大量存在着外来工匠的参与。

二、金银冶炼技术

辽金时期河北地域的银冶比较发达,如《辽史·地理志三》载:"泽州,广济军,本汉土垠县地。太祖俘蔚州民,立寨居之,采炼陷河银冶。"《国语解》释:"陷河冶,地名,本汉土垠县,有银矿。太祖募民立寨以专采炼,故名陷河冶。"泽州在今平泉市境内,其八里下杖子西北山坡处有不少开采遗迹(图4-6-4),号称"铅洞子"。铅是与银化合物形成的矿藏,产铅自然亦产银。在北京密云县南十五里有一银冶山,相传是辽国所开设的银冶之处。

图4-6-4 南铅沟辽金元时期炼铅坩埚残片堆积

金代规定金银矿许民间自采,官府抽分收税,后来又取消矿税,以鼓励民间开采。《金史·地理志》云:大兴府"产金银铜铁"。

元代以大都(燕京,今北京)为国都,为满足元朝统治者对金银消费的需求,河北金银业始进入了一个空前的发展期。据载产金之地 38 处,在北方者 7 处,其中河北有腹里的益都、檀州(今北京密云县)、景州(今衡水景县),不过产量都不大。与此不同,元代产银之地为 27 所,而在北方者 14 所,其中河北有腹里的大都、真定、保定 3 所。实际上,元朝在檀州、蓟州(今天津蓟县)、云州、聚阳山(今赤城东南)、惠州(今承德东)等地也都先后设置了冶银机构,产量十分可观。如《马可·波罗行记》第 73 章说:宣德州(或译"天德州")"有一山,中有银矿甚佳,采量不少。"有人考证:马可·波罗所说的"宣德州"即张家口的宣化府,"波罗谓其地有银矿,《元史》亦言宣德州、蔚州及鸡鸣山产金银,始由官采,迄于 1323 年,任民自采。"[7] 又如,《元史·武宗本纪二》载尚书省臣言:至大二年(1309 年),"上都(今内蒙古多伦北)、中都(今张家口张北)银冶提举司达鲁花赤别都鲁思,去岁输银四千二百五十两,今秋复输三千五百两,且言复得新矿。"

三、金银器的锤揲工艺

在银器制作方面,辽国银工直接继承了唐代金银器的工艺技术,成功地应用锤揲法,将河北地域的银器制作工艺水平推向了一个新水平。如平泉市小吉沟辽墓出土的银冠和双龙凤戏珠,就属于锤胎工艺制品,即在银胎表面上,錾花或雕花,看上去非常精美[8]。

注　释:

[1][2]　杨宽:《中国古代冶铁技术的发明和发展》,上海人民出版社 1956 年版,第 68,70 页。

[3]　韩汝玢、柯俊:《中国科学技术史·矿冶卷》,科学出版社 2007 年版,第 566 - 567 页。

[4]　脱脱等:《金史》卷 48《食货三·钱币》,中华书局 1987 年版,第 1069 页。

[5]　王恽:《秋涧集》卷 90《省罢铁冶户》,文渊阁《四库全书》本。

[6]　石永士:《河北易县张格庄出土的唐代铁农具》,《农业考古》1987 年第 2 期。

[7]　冯承钧译:《马可·波罗行记》,上海书店出版社 2000 年版,第 171 页。

[8]　张秀夫:《河北平泉市小吉沟辽墓》,《文物》1982 年第 2 期。

第七章　传统纺织科技

隋唐宋元时期,蚕丝业空前发达,河北地域纺织业发展到了封建社会的鼎盛期。唐朝,定州成为城市丝织业的中心,洺州呈现出一派"河堤绕绿水,桑柘连青云,缫丝鸣机杼,百里声相闻"的繁盛景象。到宋代,定州的缂丝,美妙绝伦,界河以南的河北地域,有大量机户存在,是宋代河北地域丝织业发展的物质基础;界河以北的河北地域,亦有"民工织紝,多技巧"的景观。金时,河北地域的丝织品可与江南的丝织品相媲美,经常用河北织造的色绫罗纱赠与南宋,在南宋人经营的丝织品市场上,"北绫"、"北绢"占有最抢眼的位置。元代,河北地域丝织业又出现了"纳石什"锦、"西锦"等新产品;对罗织机和提花机进行了改进。襦(或袄或衫)与裙的搭配成为河北女性的一种主要服装。

第一节　蚕丝业的发展与织造技术

一、空前发达的蚕丝业

后周对丝织业实行规范化管理,统一公私织造规格,有效地保证了纺织品的质量。据隋代《澧水石桥记》载:"邯郸以北,澧渊旁射,桑麻隐映,川畴平易,是称爽垲,实为滋液,士女连衽,车马叠迹。"此段记载与《隋书·地理志》的记载相符合,说明河北地域蚕丝业的发展规模较魏晋北朝时又有了进一步的扩大。唐时,河北丝织业名闻遐迩,李白称赞赵地:"举邑树桃李,垂阴亦流芬。河堤绕绿水,桑柘连青云。赵女不冶容,提笼昼成群。缫丝鸣机杼,百里声相闻。"其中"桑柘连青云"和"缫丝鸣机杼"非常生动地描述了冀南地区蚕丝业的发达盛况。依据《元和郡县志》的记载,唐开元年间(713—741年),河北地域的纺织贡品总数为全国第三;依据《通典》的统计,唐天宝年间(742—756年),河北地域的纺织贡品总数为全国第一。尤其是伴随着丝织业的日益兴盛,河北地域内出现了各种经营丝织品的行会组织。如在发掘和整理房山石经中,从石经的题记里面,人们发现了许多唐代天宝至贞元间(742—805年)有关范阳郡的丝织业行会:绢行、大绢行、小绢行、采帛行、綵绵采帛行、小采行、新绢行[1]。总起来看,中唐时代,河北地域纺织业在全国的地位虽有起伏,但位居全国前列的定位是恰如其分的[2]。

二、织造技术不断改进

宋元时期,河北地域织造技术的发展,与罗织机和提花机的改进有很大关系。至宋代,平罗技术和提花技术已达到相当完善的程度。这从《梓人遗制》等专著和出土的平罗、提花织物中可见一斑。这个时期,真定出产的绵绫、鹿胎、透背,大名出产的绉縠都是名品,定州出产的缂丝更是声名天下的珍品。

金代在大名、真定、河间、怀州等地设绫锦院,专门"掌织造常课匹缎之事"。高级丝织品"纳石什"(特指用金线织成的锦缎)的织造反映出了当时生产的技术水平,元政府曾专门在弘州(山西与河北交界处)颁布相当细致和严格的"纳石什"条例和工艺规范。契丹辽在占据幽蓟之后,继续推进这里的传统丝织业,并使之发展到一个新的历史水平。辽代定州的织工迁徙至中京道(今内蒙古宁城南大明城)和上京道(今内蒙古林左旗驻地林东镇东南二里波罗城),契丹民族经济发生了重大的结构变化,出现"民多织纴,多技巧"的社会新风尚。上京西楼"有绫锦诸工作,宦者、翰林、伎术、教坊、角牴、秀才、僧、尼、道士等,皆中国人,而并、汾、幽、蓟之人尤多"。在宋辽交往过程中,辽曾以燕地高质量的丝织品馈赠宋朝皇帝,据《契丹国志》卷21记载有"七袭或五袭,七件紫青貂鼠翻披或银鼠鹅项鸭头纳子,涂金银装箱,金龙水晶带,银匣副之,锦缘帛皱皮鞯,金抉束皂白熟皮鞯鞴,细锦透背清平内制御样、合线搂机绫共三百匹,涂金银龙凤鞍勒、红罗匣金线方鞯二具,白楮皮黑银鞍勒、毡鞯二具,绿褐楮皮鞍勒、海豹皮鞯二具,白楮皮裹筋鞭一条,红罗金银线绣云龙红锦器仗一副"等。对于这些名贵的纺织品,宋真宗无不感慨地说:"盖幽州有织工耳!"

金代,河北地域的丝织业虽然没有超过契丹辽统治时期,但产丝之地却较辽代更加广泛。当时,著名的丝绸产地有涿州的罗、大名的绢、河间的无缝锦、平州(今卢龙县)的绫等。随着丝织业的发展,金朝在燕京设署织造外,又在真定与河间两地设绫锦院,标志着河北地域丝织业已经具备了相当的发展规模。

元代非常重视桑蚕业的发展和丝的征集,以供元朝统治者的消费需要。如元世祖至元二十三年(1286年)曾颁布农桑制15条。此外,以"五户丝"制计算,元代每年在河北地域所征收丝的数量应达几十万斤[3]。河北地域作为元朝的腹里区,丝绸业的恢复和发展较快。如《马可·波罗游记》载,当时的汗八里(今北京)、哥萨城(今涿州市)、达哈寒府(今河间市)等地,均大量生产丝和精美的丝织品。又《元史》各志载,大都(今北京)、平滦(今卢龙)、河间、保定、真定(今正定)等路,都有课丝科。

另外,再据王祯《农书》对元代农业生产工具的分类,有关纺织方面的工具共分4门,即蚕缲门、织纴门、纩絮门和麻苎门,其中蚕缲门与织纴门为专门讲解北方蚕丝业方面的生产工具,如采桑调桑工具有桑几、桑梯、斫斧、桑钩、桑笼、桑网、劐刀、切刀、桑砧、桑夹;缲丝工具有蚕缲、蚕槌、蚕椽、蚕箔、蚕筐、蚕槃、蚕架、蚕网、蚕杓、蚕簇、上簇、茧瓮、茧笼、南缲车、北缲车、热釜、冷盆、蚕连;织纴工具有丝簆、经架、纬车、络车、织机、卧机、梭、砧杵等。再结合元代在河北地域大量设置织染生产管理机构的社会实际,如宣德府织染提举司、云州织染提举司、涿州罗局、真定路纱罗兼杂造局、南宫中山织染提举司、深州织染局、大名织染杂造两提举司等,我们不难看出,当时的河北地域织造业无疑在全国处于领先的地位。

第二节 传统纺织技术体系的出现

一、定绫织造技术

据《河北通史·隋唐五代卷》统计,唐天宝元年(742年),全国共有318郡,其中仅有63郡常贡丝织品,总量为 3 764 匹。而河北道有 15 郡常贡丝织品,总量为 1 831 匹,约占全国常贡丝织品总数的二分之一,其中以博陵郡(今定州市)最突出,常贡的丝织品为细绫 1 270 匹、两窠细绫 15 匹、瑞绫 255 匹、大独窠绫 25 匹、独窠绫 10 匹,总量达 1 575 匹,约占全国常贡丝织品总数的 42% 。又《新唐书·地理志》记载,博陵郡的土贡品种有"罗、䌷、细绫、瑞绫、两窠绫、独窠绫、二包绫、熟绵绫"。可见,定绫不仅数量大,而且品种多,是名副其实的高级丝绫的织造基地。

绫,《释名》云:"绫者,其文望之似冰凌之理也。"绫织物有花绫与素绫之分,其中素绫是指采用单一的斜纹或变化斜纹组织的织物;花绫一般是指在斜纹地上起斜纹花的单层暗花织物。从绫织的发展史上看,这种花绫前后是有变化的。比如,早期的绫是平纹地起花,此绫一直盛行至唐初。但自唐代中期以后,平纹地起花则改用斜纹地起花。由于花绫的这种技法改变,更加适合唐代士大夫追求富丽多彩的色彩视角,所以绫织在唐代十分盛行,朝廷禁止私人织制,并以绫为原料制作百官常服。

据统计,唐代丝织品的色彩极为丰富,红有 5 色,黄有 6 色,蓝有 6 色,绿有 5 色,连同黑白 2 色,共有 24 色之多。当然,对于花绫来说,"提花"是其绫织的关键环节,故我国古代织工非常重视提花机的制造与革新。前面说过的陈宝光妻的织绫机,因资料所限具体结构不详。在此之后,东汉王逸在其《机妇赋》中介绍了一种花楼提花机。文云:"胜复回转,克象乾形,大匡淡泊,拟则川平。平为日月,盖取昭明。三轴列布,上法台星。两骥齐首,俨若将征。方圆绮错,极妙穷奇。虫禽品兽,物有其宜。兔耳跧伏,若安若危。猛犬相守,窜身匿蹄。高楼双峙,下临清池。游鱼衔饵,瀺灂其陂。鹿卢并起,纤缴俱重。宛若星图,屈伸推移。一往一来,匪劳匪疲。"其中"高楼双峙",是指提花装置的花楼和提花束综的综銽相对峙,挽花工坐在三尺高的花楼上,按设计好的"虫禽鸟兽"等纹样来挽花提综。可见,所谓"花楼提花机"就是把复杂的织机提花信息用花本形式贮存并释放出来,然后通过花楼提花和织造配合生产出精美的纹锦。

图 4 - 7 - 1　南宋《耕织图》中的提花机

实践证明,这种复杂的提花机在民间一般是不容易推广的,也不能适应封建经济进一步发展的需要。于是,曹魏时期的马钧"乃思绫机之变,不言而世人知其巧矣。旧绫机五十综者五十镊,六十综者六十镊,先生患其丧功费日,乃皆易以十二综十二镊。"不过,马钧改革后的绫机形制,学术界存在着不同的看法,其中高汉玉先生认为:"虽然还没有更多的资料来说明马钧革新提花机的具体型制,就综片数来说,它和南宋楼璹绘制的《耕织图》上的提花机是比较接近的。"而《耕织图》上的提花机(图 4 - 7 - 1)有双经轴和十片综,其地经与花经分开,地经穿过综框为织女所控制,花经穿过束综为花楼上的挽花女所操纵,这样,上有挽花工,下有织花工,她们相互呼应,密切配合,从而织出复杂的以纱罗为地组织的大花纹织物。然而,《耕织图》描画的是江南的绫织机,并不是当时流行于河北地域的绫织机。尽管如此,我们还是认为这种绫织机同样适用于北方。理由有二:一是根据目前已有的史料,我们知道唐代邺地的"八梭绫"很有名。《云仙杂记》引《摭拾精华》云:"邺中老母村人织绫,必三交五结,号八梭绫,匹值米陆筐。"在这里,要想完成"三交五结"的复杂织造过程,没有比较先进的织绫机恐怕是很难做到的。二是又据李肇《国史补》载:浙江东道节度使薛兼训在大历二年(767 年),曾募令军中尚未结婚的青年男子,到河北、山东等地"娶织妇以归,岁得数百人。由是越俗大化,竞添花样,绫纱妙称江左矣。"这里,有织妇的南迁就必有北方织机在江南地区的出现。所以,由于花楼提花机的使用,河北地域的织绫业发展非常迅速,甚至定州出现了拥有 500 张绫机即小花楼提花机的私人丝织业作坊。对此,赵承泽先生说:"如果说战国秦汉时期,织锦以经锦为主的话,到隋唐大量涌现的纬锦,不正是小花楼织机突破纹样经向局限的直接结果吗?随着时间推移,纬锦逐渐替代经锦,成为主流,这其中就有小花楼机的不断完善和工艺进步的技术因素。"[4]

二、定州刻丝技术

宋代定州的刻丝被称为天下名品,刻丝又名缂丝,尅丝,意思是"用刀刻过的丝绸",有人赞誉是"雕刻了的丝绸"。明周祈《名义考》云:"刻之义未详,《广韵》'缂、乞格切,织纬也'。则刻丝之刻,本作缂,误作刻。"北宋时期,河北地域各州府军多数都植桑、养蚕、缫丝、织绢,故《宋史·食货志·会计篇》说:"河北衣被天下",又《宋史·地理志》云:河北"茧丝、织纴之所出",甚至契丹人称"河北东路"为"绫绢州"。

据庄绰《鸡肋篇》载:"定州织刻丝,不用大机,以熟色丝经于木,随所欲作花草禽兽状。以小梭织纬时,先留其处,方以杂色线缀于经纬之上,合以成文,若不相连。承空视之如雕镂之象,故名刻丝。"从这段记载看,定州刻丝的基本程序是先架好经线,按照底稿,在上面描绘出图案和文字的轮廓;接着,对照底稿的色彩,用小梭子引着各种颜色的纬线;最后,才断断续续地织出图案或文字。所以,刻丝的最大特点就是按照图案与色彩不同将多种纬线局部与经线交织,通过断纬的技法使织物的花纹和色彩正反如一,而且在花纹与素地,色与色之间呈现一些小孔与断痕,如镂刻之状。其技法主要有勾、枪、结、搃、绕、盘梭、笃门闩、字母经、合花金线、押样梭、押帘梭、木梳枪、纹花线、较梭等,而结、搃、勾、枪是4个基本技法。

从程序上讲,刻丝需要经过以下15个环节:(1)落经线,即把生经线落在篗头上;(2)牵经线,即根据需要的尺寸和根数把落在篗头上的经线牵出;(3)套筘,即把每根经线穿入竹筘之中;(4)弯结,即把穿入筘中的经线用木梳梳匀,再根据画样要求几根钉一个小结;(5)嵌后经轴,即把有结的经线一端套结在后轴上;(6)拖经面,即把经线卷在后轴上;(7)嵌前经轴,就是将未打结的经线一端均匀地系在前轴上;(8)捎经面,就是用捎桥棒将前后轴捎紧,并绷紧经面;(9)挑交,就是将绷紧的经面,通过一上一下挑交,分成上下两层;(10)打翻头,就是把经分成两排,每根经线分别通过打翻头结在翻头木片上,木片分前后两片;(11)踏脚棒,是指两翻片上挂机头下系两踏脚棒,两踏脚棒经脚先后踏踩即可分出两层经面;(12)扪经面,是指经面开口穿纬后用竹筘扪纬,使经面排列均匀;(13)画样,就是把勾稿(纹样)放在均匀平整的经面下,然后用毛笔将样描在经面上,织造时按样织作;(14)摇线,就是先把花稿上需要的线色分别摇在移筒上,接着再根据样子色彩将各色移筒装进梭槽;(15)修毛头,即将完成后的成品正面毛头修剪干净,从而使图案正反一样。[5]

与唐代定州所用的绫织机不同,定州刻丝在织机方面,又有了新的变化,那就是"不用大机"。对此,苏大社先生说:"织成的织造,是局部的'断纬',即它尚有通纬,即仍有经纬交织的部分,缂丝却只是把纬线绕在特制的小梭子上,用所谓'过管'的方法回绕经线来显花,而在经线和纬线的交织中,纬线不采用通梭,也因此它可以'不用大机'。"至于定州刻丝所使用的织机是个什么样子,传世的刻丝织机仅仅是1台平纹织机,它主要是利用两片综开口,两块踏板来控制,其基本结构与一般的平纹织机相同,所不同的只是刻丝织机的打纬工具别具一格,称为"木手",一边织造,一边打纬。概括地说,刻丝织机的突出特点就在于"通经打纬"。所谓"通经打纬"就是在织制时,以本色丝线作经,彩色丝线作纬。而纬线并不像一般织物那样贯穿整个幅面,只是织入需要这一颜色的一段,这样产生的直接效果是光露纬线而隐匿了经线,且正反两面的花纹和色彩完全相同。由于各色专门的小梭都是根据花型色彩逐次织入,因此,织物上常常会因垂线的花纹轮廓而流下纬丝转向时的断痕[6]。"织成"主要在于实用,刻丝主要在于观赏,是"艺术中的艺术"。刻丝之所以流行于宋代,主要因为宋代"尚文",尤其是绘画艺术受到统治者的特别推崇,形成了社会上下追求一种"天人合一"的境界,反映到手工业方面,便造成了丝织、陶瓷、建筑等愈益绘画化倾向,而定州刻丝即是这种倾向的杰出代表。

三、邺城"八梭绫"与缎的出现

缎类织物是丝绸产品中技术最为复杂,织物外观最为绚丽多彩,工艺水平最高级的大类品种。由于它靠经(或纬)在织物表面越过若干根纬纱(或经)交织一次,组织非常紧密,所以其表面平滑有光泽,手感光滑柔软。

在中国,"缎"这个词最早出现于汉代的《急就篇》里。文云:"履、舄、鞜、襞、绒、缎、紃。"然而,此"锻"并非专指缎类织物,而是凡指当时的丝织物。因此,真正的缎类织物是从唐代才出现。如前面所引《撷拾精华》中的"三交五结",据赵承泽先生研究,指的就是一种锻织物。考《撷拾精华》是唐末或北宋的著作,其"三交五结"应是邺地织工在制织缎织物所采用的口诀,里面包含着现代缎制工艺中近于飞数概念的一些确定缎制物组织点的经验数据。比如,五枚二飞(即1,3,5,2,4),五枚三飞(即1,4,2,5,3),八枚三飞(即1,4,7,2,5,8,3,6)等。而所谓"1,3,5,2,4"的意思是:第一数指第一根经线与第一根纬线的交织点,第二数指第二根经线与第三根纬线的交织点,第三数指第三根经线与第五根纬线的交织点,第四数指第四根经线与第二根纬线的交织点,第五数指第五根经线与第四根纬线的交织点,"1,3,5,2,4"及"1,4,7,2,5,8,3,6"亦复如此。从交结点来看,上述缎织物的纵向循环为5或8,而同一循环内的每根经线仅有1个交织点,显然,邺地的"八梭绫"还没有达到如此精细的程度,因为"八梭绫"的交结点为3或5,与真正的缎织物相比,其交织点显的就多了一些。然而,从绫到缎的演变过程看,这并不妨碍我们将其归入缎纹的范畴,正如赵承泽先生所说:"大概在当时绫的生产中,为了谋求扩展绫组织的长浮,减少交结,而终于发明出缎的织作方法,并在制织的实践中摸索和总结出这一口诀。"[7]由此可见,我国的织缎口诀早在唐末或北宋时的邺地就已经出现,而制缎方法的发明似应看作是燕赵人民对世界织物学的一项巨大贡献。

四、弘州的纳石什

纳石什,为波斯语Nasish的音译,又名金搭子,即"缕皮傅金为织文者也"的意思,是一种盛行于中亚、波斯一带地区的织金锦缎。"其生产方法有两种:一种是在织造时把一些切成长条的金箔夹织在丝线中,这样织成的锦,金光闪烁,光彩夺目;另一种是用金箔捻成的金线和丝线交织而成,这样织成的锦,坚固耐用。"蒙古西征,曾将大批西域织锦工匠迁至河北地域北部,于是河北地域成为元代纳石什的重要生产基地。据《元史·镇海传》载:早在太宗窝阔台时,元朝统治者就曾"收天下童男、童女及工匠,置局弘州。既而得西域织金绮纹工三百余户,及汴京织毛褐工三百户,皆分隶弘州,命镇海世掌

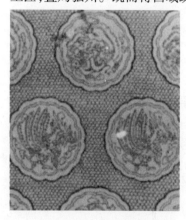

图4-7-2 红底团龙凤
龟子纹纳石什

焉。"至元世祖至元十五年(1278年),元朝政府又"招收析居放良等户,教习人匠织造纳石什,于弘州、荨麻林二处置局"。"弘州"在今张家口阳原县一带,荨麻林今属张家口万全县。马可·波罗当年路经荨麻林时,曾在此地见到西域工匠织造纳石什,《马可·波罗行记》说:"从天德军东向骑行七日……见有城堡不少。居民崇拜摩诃末,以工商为业,制造金锦,其名曰纳石什、毛里斯、纳克,并织其他种种绸绢。盖如我国之有种种丝织毛织等物。此辈亦有金锦同种绸绢也。"[8]

如众所知,元代统治者喜欢用金,"无不以金彩相尚",所以织金成为生活所需的一种时尚。而金锦的花纹有团龙、团凤、宝相花、龟背纹、回纹等,如故宫博物院所收藏的1件红底团龙凤龟子纹纳石什,为佛衣披肩的面料,在红底上,用扁金线满织龟子纹,并于菊瓣形开光内,织团龙、团凤,上下交错横向排列(图4-7-2)。1970年,新疆盐湖出土有元代的金织金锦,经丝直径为0.15毫米,纬丝直径为0.5毫米,经纬密度为52根/厘米和48根/厘米;拈金织金锦的经纬密度为65根/厘米和40根/厘米,十分富丽堂皇。据《元史·舆服志》载:"天子质孙,冬之服凡十有一等,服纳石什,怯绵里。怯绵里,翦茸也。则冠金锦暖帽。服大红、桃红、紫蓝、绿宝里,宝里,服之有襕者也,则冠七宝重顶冠。服红黄粉皮,则冠红金褡子暖帽。服白粉皮,则冠白金褡子暖帽。服银鼠,则冠银鼠暖帽,其上并加银鼠比肩。俗称曰襻子答忽。夏之服凡十有五等,服答纳都纳石什,缀大珠于金锦。"如此丰富的什,通常由金纬、纹纬、地纬组成重纬组织,变化平纹

和变化斜纹组织显花,它表明了元代具有较高的加金丝织物织造水平,并为明清两代的织金锦、织金缎、织金绸、织金纱、织金罗等多种加金织物奠定了技术基础。

第三节 河北地域女性服装的变化

首先,襦(或袄或衫)与裙的搭配开始成为河北地域女性的一种主要服装。唐代的襦(或袄或衫)为当时女性的上衣,而为了突出女性胸部以上部位的形象,唐代女性的上衣非常注重衣领的修饰,尤其是翻领的出现,它"以对称翻折的庄重造型,把观众的视线导向穿衣人的首脑部位,收到传神的效果"[9]。而裙子的造型在唐代之前基本上都是一种长方形的方片直裙,至唐代则改变为一种下摆呈圆弧形的多褶斜裙。其款式经历了一个由窄小向肥大的演变过程,比如唐初衣裙"笑宽缓",然而,到元和以后,女性的衣裙一改"窄小"为"宽束",且不耻祖露。如周济《逢邻女》诗云:"慢束裙腰半露胸",即是唐代半露胸式裙装的真实写照。

宋代女性服装受礼教的约束,上层社会的女性服装开始由开放转向保守,其主要表现是:(1)襦由外衣变为内衣;(2)背子作为宋代妇女的常服,其款式与唐代相比发生了明显变化,唐时的背子为半节袖,衣身不长,但宋代的背子却改为长袖和长衣身。在宋辽时代,所有妇女不论贵贱都穿裙子。但上层社会的妇女则多穿以高级丝织品为材料制作的裙子,并用郁金香根染为黄色,不仅色彩鲜丽,而且阵阵飘香。如宣化下八里辽金3号墓出土的壁画中就绘有穿百褶长裙、上衬左衽衫的女子(图4-7-3)。从特征上看,此女子的衣装非常瘦小,显然受到了宋代女性着装的影响。这种衣装风格至元时亦未曾发生实质性的变化,在上下层社会的女子中都还甚为风行,如北京故宫博物院所藏元代女俑的着装便是如此(图4-7-4),但其制作衣裙的质料看上去十分粗疏。而太原元墓壁画中所绘的贵族女性,其衫裙的质地非常坚实和考究,可见其身份之高贵。据《析津志辑佚》载:元代贵族女性的服装主要以纳石什为其衣料,"夏则单红梅花罗,冬以银鼠表纳失,今取其暖而贵重。然后以大长帛御罗手帕重系于额,像之以红罗束发,羖羖然者名罟罟。以金色罗拢髻,上缀大珠者,名脱木华。以红罗抹额中现花纹者,名速霞真也。袍多是用大红织金缠身云龙,袍间有珠翠云龙者,有浑然纳失失者(绣金锦缎),有金翠描绣者,有想其于春夏秋冬绣轻重单夹不等。其制极宽阔,袖口窄,以紫织金爪,袖口才五寸许,窄即大,其袖两腋摺下,有紫罗带拴合于背,腰上有紫纵系,但行时有女提袍,此袍谓之礼服。"

图4-7-3 下八里辽金墓出土的壁画

图4-7-4 故宫博物院藏元代女俑

注 释:

[1][4][5][7] 赵承泽:《中国科学技术史·纺织卷》,科学出版社2002年版,第64,197,341,352页。

[2] 孙继民等:《河北经济史·第一卷》,人民出版社2003年版,第447—448页。

[3] 孟繁清等:《河北经济史·第二卷》,人民出版社2003年版,第252页。

[6] 沈国庆、黄俐君:《浅析辽代水波地荷花摩羯纹锦帽的缂丝工艺》,《丝绸》2003年第3期。

[8] 冯承钧译:《马可·波罗行记》,上海书店出版社2000年版,第165页。

[9] 黄能馥、陈娟娟:《中国服装史》,中国旅游出版社1995年版,第161页。

第八章　传统建筑科技

　　隋、唐、宋、元、金、辽时期,寺庙林立,宫观崛起,出现了许多建筑精品。北宋元符三年(1100 年)《营造法式》这部建筑规范颁行全国,对中国古代长期的建筑实践作了全面系统地总结,极大地推动了设计和施工技术的提高。这一时期,河北地域建筑进入了兴盛期,出现了像赵州桥、隆兴寺、开元寺塔、独乐寺、梳妆楼等一大批经典之作,为中国古代建筑科技发展作出了巨大的历史贡献。

第一节　赵州安济桥建筑技术

图 4 - 8 - 1　赵州安济桥

　　赵县安济桥(亦名赵州桥,图 4 - 8 - 1)位于洨河上,为一跨南北两岸的敞肩圆弧拱桥,是由李春在隋大业间(605—617 年)主持建造的。根据有关专家的实测结果(图 4 - 8 - 2)[1],桥主孔净跨 37.02 米,净矢(拱顶到两拱脚的连线)高 7.23 米,矢跨比(拱高与跨径的比值)1:5.12 米,拱腹线的半径 27.31 米,拱中心夹角 85 度 20 分 33 秒,桥总长 50.83 米,总宽 9 米,主拱券并列 28 道,拱厚 1.03 米,拱肋宽各道不等,自 25 ~ 40 厘米,拱石长约 1 米,最大拱石每块重约 1 吨,在主拱券的上面,伏有自拱脚处厚度为 24 厘米,拱顶处厚度为 16 厘米的变厚度护拱石。大拱之上,两侧分别伏两个小拱。而每个小拱券的东西两侧,各铺设一层厚约 16 厘米的护拱石。桥之北端,是一条很长的甬道,从较低的北岸村中渐伸至桥上。而南岸的高度比桥背略低,故无须甬道,然在桥头后人却建了关帝阁 1 座,下通门洞,凡是由桥上经过的行旅,都得由这门洞通行。桥面分为 3 股道路,正中走车,两旁行人。唐人张嘉贞说:此桥“用石之妙,楞平砥磶,方版促郁。緘穿窿崇,豁然无楹,吁可怪也。又详乎义插骈坒,磨砻致密,千百象一。仍糊灰壒,腰纤铁蹙。两涯嵌四穴,盖以杀怒水之荡突,虽怀山而固护焉。非夫深智远虑,莫能创是。”

　　概括起来,赵州桥的建筑技术成就主要表现在以下方面:

一、抗震设计千年不垮

　　洨河是一条径流性河道,水位落差约有 7 ~ 8 米,而桥址选在河的中下游,这里河床顺直,上游所挟泥沙均在这一带淤积,因而使桥身免遭河流冲刷之危害,况且淤积本身对桥身亦起着稳固作用,这种借用自然的力量来保全桥身的创意,即可谓“鬼神幽助”。1979 年,有关单位对赵州桥的桥台及基础作了实地钻探勘查,发现桥基不是常说的承载力尚好的粗砂,而是承载能力只为 34 吨/平方米的轻亚粘土,也未发现桥台后面有长后座或用桥桩等方法加固桥台,厚仅为 1.549 米的料石桥台,直接搁

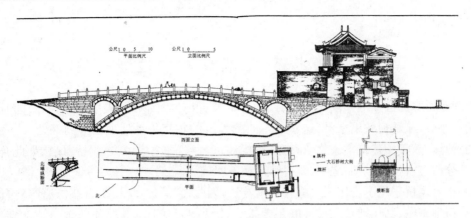

图4－8－2 赵县安济桥实测图

置在天然地基上。桥位处老土（河床3.5米以下）为一般第四纪冲积层，地质稳定，土质均匀，修桥时未扰动原土层。如此大的石拱桥，仅用很小的桥台，又建在勉强能承载桥梁自重的地基上，竟能够维持千年不坠，这在古今中外的建桥史上所罕见，所以茅以升先生说："经过验算，基底压应力每平方厘米最小为3.1千克，最大为4.4千克，与桥址处轻亚黏土的允许应力相近。凭经验得来的基础尺寸，却能充分利用基底的承载力，这是很不容易的。"[2]

二、敞肩圆弧拱结构世界第一

梁思成先生称此为"中国工程界一绝"。在约38米宽的河面上，仅用一单孔石券来完成由此岸达于彼岸的跨越，实在是一桩了不起的事情。安济桥的弧券，其半径约合27.7米，属古代世界少有的大券桥。据文献记载，我国的券桥至少在晋代就有了，如《水经注·谷水》云："其水又东，左合七里涧。涧有石梁，即旅人桥。桥去洛阳宫六七里，悉用大石下圆以通水，题太康三年（282年）十一月初就功。"但这座桥究竟使用何种券砌法建成，不得而知。然赵州桥使用了巴比伦式的并列砌券法，众所周知，早在汉代就已经出现了罗马式纵联砌券法，即砌层与券筒的中轴线平行而在各层之间使砌缝相错，从而使券筒成为一个有机整体。比如，许多汉代墓券都是用罗马式砌法建造的。仅从建筑学的角度看，罗马式纵联砌券法显然较巴比伦式的并列砌券法要更加稳固，可是，李春为什么偏偏选择了巴比伦式的并列砌券法呢？这里不仅仅是"敞肩圆弧拱桥"本身的需要，即"两涯嵌四穴"，就是两边4个洞，"以杀怒水之荡突"，而且更为了便于单独修补，既科学又经济，所以这一石券拱由28道拱圈纵向并列砌成，每道拱圈都可独立站稳，自成一体，至于券拱选择28道，而不是27道或26道，可能与中国传统的二十八宿天文观念有关。

三、大拱轴线和恒载压力线重合原理的成功运用

在某一固定荷载作用下，当拱的压力线与拱轴线（即拱券的中心线）重合时，拱截面处于均匀受压状态，此时的拱轴线称为合理拱轴，而连续均布荷载作用在拱轴法线方向的合理拱轴是一圆弧。而李春在设计赵州桥时，充分考虑了石材耐压不耐拉的特点。因此，人们用现代力学原理（19世纪才形成的弹性拱理论）对赵州桥进行计算和验核，发现李春不仅通过敞肩（在主拱的两肩上各建两个小拱称伏拱，挖去部分填肩材料，称敞肩）调整荷载分布，而且更采用30厘米厚的拱顶薄填石，由此产生了大拱的轴线和恒载压力线非常接近的力学效果，从而使主拱材料产生极小的拉应力，这样就能很好地发挥石料的受压特性。此外，大拱中还出现了反弯点，而两个小拱均未出现，这种现象的出现与敞肩拱的形式有关，敞肩拱调整了荷载分布，使大拱出现反弯点，从而减小了弯矩的绝对值，有利于拱受力。从桥梁建筑力学的角度讲，由赵州桥结构本身提出的二线要重合这一重大课题，直到近代运用现代力学原理才得以解决，而我国早在1 400年前已在实践中得到应用，确实令人称奇。因此，《赵州志》云：

其桥"奇巧固护,甲于天下"。

四、石工艺术精湛,设计科学造型美观

具体表现是桥券为圆周上一段60°的弧线的弓形券,很扁,因而桥的坡度比较缓和,同时在大拱的两肩各建两个小券,从几何效果来看,这6条不同的弧线的相互关系处理得恰到好处,给人一种既稳重又轻巧的感觉。故美国建筑学家莫斯克在《桥梁建筑艺术》一书中说:赵州桥"结构如此合乎逻辑和美丽,使大部分西方古桥,在对照之下,显得笨重和不明确。"

当然,由于赵州桥采用了巴比伦式的并列砌券法,因此,它的优点是:拱石在每道券内石面相顶之处,要求加工精细密贴,其他则较之横向联系要求为低,另外,由于每券单独操作,所以比较灵活。然而,它的缺点也非常突出,那就是横向联系不够。为了克服这个缺点,李春采取了护拱石、勾石、铁拉杆、腰铁和收分五法,但效果却不理想,经历千百年的考验,桥的整体稳定性没有疑问,但其外侧拱券最终还是遭到坍落的厄运,即是证明。由于这些缺点的存在,所以自隋以后,并列砌券法便逐渐被我国匠师所扬弃。

受赵州桥敞肩圆弧石拱桥的影响,在后代河北地域又出现了几座此类桥梁,其代表者有:井陉县苍岩山的桥楼殿,建于隋朝,桥是一座单孔敞肩圆弧石拱,由22道拱券并列而成,大拱净跨12.8米,小拱净跨1.8米;行唐县西门外护城河上的升仙桥,始建于唐代,由20道拱券并列砌筑,主孔净跨12.8米,小拱净跨2.35米,桥上栏板雕刻精致;赵县永通桥,建于金朝,其大拱券为圆弧,圆半径约18.5米,小拱端部者净跨3米,另一小拱净跨1.8米,大拱由21道拱券并列砌成,等等。这些拱桥特别是飞跨对峙的两崖之间的石桥因难见巧,愈险愈奇,其势若长虹,楚图南先生题诗赞曰:"千丈虹桥望入微,天光云影共楼飞。"

金代中都(北京)西南郊的"卢沟桥",建于金大定二十九年(1189年)。该桥为联拱式石桥,桥长266.5米,宽7.5米,有11个桥孔,中心孔最大,两侧递减。桥身、拱券、桥墩间以传统的腰铁件固之。拱券为圆弧形,采用纵联式砌筑法。造型美观,桥柱和栏板上雕有485个神态可掬、造型各异的石狮;坚实稳固,桥墩平面设计为船形,迎水面安装三角铁头,以抗击洪水或冰块的冲击。是我国北方现存古桥中最长的石拱桥。

第二节　隆兴寺和独乐寺建筑技术

自隋至元,历代统治者多提倡佛教,佛教得到了很大的发展,遂形成佛教寺塔建筑的一个高峰,而河北地域又是这个时期寺院楼塔相对集中之地,故留存至今的主要佛教寺庙建筑遗迹有正定唐重建的开元寺钟楼、正定的北宋所建隆兴寺摩尼殿、安国的辽建开善寺、天津蓟县的辽建独乐寺山门与观音阁等,可谓异彩纷呈,各有千秋,成为我国佛教建筑技术史研究领域不可多得的实物资料。

一、正定隆兴寺建筑技术

正定隆兴寺始建于隋开皇六年(586年),但主体建筑如慈氏阁、摩尼殿、转轮藏殿等却建于北宋年间,全寺建筑依着中轴线作纵深的布置,基地东西仅几十米、南北长达360米,由外而内,殿宇巍峨,院落错综,层次分明,重点突出,形式瑰伟,佛香阁与周围的转轮藏、慈氏阁所形成的空间,成为整组寺院建筑群的高潮,具极强的感染力。因此,该寺可看做是北宋佛寺建筑总体布局的一个重要实例(图4-8-3)[3],是我国现存规模较大、保存较为完整的宋代布局规制的寺院。

建于宋皇祐四年(1052年)的摩尼殿(图4-8-4)是宋代木构建筑的代表作,它融合中原与江南的特点而成,以结构精巧、风格绮丽、装饰繁复、手法细腻而著称。其殿基近方形,平面呈十字形,正殿

7间，约35米，进深7间，约28米，建筑面积1 400平方米，大殿四面各出一座抱厦，伸向四方，构成大殿平面的"十"字形状，这是以前从来没有见过的款式。抱厦部分比较低矮，中间部分非常高大。四周的抱厦有主有次，东、西、北3面均面阔1间，为次；南面的1间面阔3间，为主。由于主体建筑和四周的抱厦造型有别，高低不一，使整个大殿不仅有平面布局上的新奇感，而且在主体形象上进进出出，有起有伏，富于变化。该殿的斗拱精巧复杂，上下檐都是单杪单昂偷心造，然耍头斫作昂嘴形，且微斜向下。由于4个抱厦全是侧面向外，以山面向前，在立体上由若干单位层叠联络而成，形状和平面非常特殊，看上去格外另类，在我国宋代建筑中，这是仅存的一例。如果说唐朝建筑有雄壮的斗拱，那么宋朝则以屋顶取胜。对此，史建先生在《大地之灵》一书中说：人们每次提到从斗拱向屋顶的转型，摩尼殿都是首当其冲的例子："三十三条屋脊在屋顶间纵横交错，我们原来只能在宋画中看到的幻影竟成为现实。"摩尼殿是重檐歇山顶，方形殿身上覆重檐歇山顶，抱厦各覆单檐歇山。歇山的形状从侧面看有点儿像帐篷，从正面看则是先抑后扬，中途有一次顿挫，比一味低垂的庑殿顶要活泼一些。摩尼殿是两层歇山顶，像高帽子上下套在一起，绿色的琉璃瓦剪边，再加上朱红色的悬鱼绶带，完全是躬逢盛事的郑重行头。如果从高处俯瞰摩尼殿，错综复杂全都是瓦的线与面。大殿的9条屋脊加上抱厦的4个歇山顶，大殿的檐口直线加上抱厦的三角形状，屋脊与屋顶，线与面，大小长短交错，闪烁着绿色琉璃瓦的光芒。当然，摩尼殿由于其特殊的造型，这就不能不使其内部的分隔处理也与众不同。从正面进殿，仰首而见高大的佛像，佛像的东、西、北3面均有高墙进行分隔，围成开口南向的"凵"字形，使室内的光线比较暗淡，只有佛像金身上不时有折射而至的点点闪光，突出了佛教建筑的神秘气氛，东西两侧入口的对景是大幅的宗教壁画，用立粉贴金钩出画像轮廓，色彩非常鲜明，起到一种衬托佛像的作用。正中佛坛上安置释迦牟尼说法坐像。坐像西侧是站立的迦叶和阿难两个弟子，这些都是宋代原型。坐像两侧盘膝而坐的文殊、普贤两菩萨像是明代补塑的。

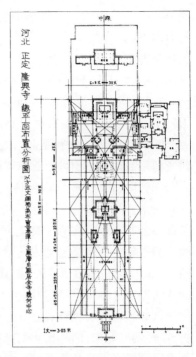

图4-8-3　正定隆兴寺总平面图

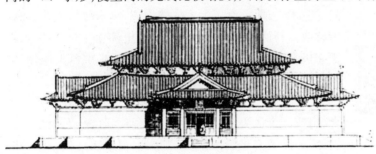

图4-8-4　隆兴寺摩尼殿正面图

二、蓟县独乐寺观音阁建筑技术

蓟县独乐寺，在其县城西门内，占地18.2亩，建筑面积5 670平方米，始建于唐代，但主体建筑山门和观音阁重建于辽统和二年（984年）。全寺建筑分为东、中、西三部分，东部、西部分别为僧房和行宫，中部为寺庙的主要建筑物，即山门、观音阁和东西配殿，山门与大殿之间用回廊相连结。山门（图4-8-5）建在一个低矮的台阶上，坐北朝南，面阔3间，进深两间，前后共用柱3列，柱身不高，柱头铺作出双杪，第一跳华拱偷心，第二跳跳头施令拱，后尾也出双杪偷心，以承檐栿。檐栿中段则由中柱上双杪铺作承托，其补间铺作，以短柱立于阑额上，外出华拱两跳，以承橡、檐、槫，内出四跳，以承下平槫。其转角铺作后尾也出华拱五跳，以承两面下平槫之交点。檐栿之上，以斗拱支撑平梁，平梁上立侏儒柱及叉手以承脊槫。据此，梁思成先生评价说："在结构方面言，此山门实为运用斗拱至最高艺术标准之精品。"[4]其屋顶为五脊四坡形，古称"四阿大顶"，檐出深远而曲缓，檐角如飞翼，是我国现存

最早的庑殿顶山门。正脊两端的鸱吻,长长的尾巴翘
转向内,犹如雏鸟飞翔,十分生动,与后代将大吻龙尾
翻转向外截然不同,是我国现存古建筑中年代较早的
鸱尾实物,为五代宋初特有的风格。此外,山门内部不
用天花,斗拱、梁、檩等构件全部显露可见,条理井然。
山门中间为门道,两厢有两尊高大的天王塑像守卫两
旁,塑像守卫两旁,分别是哼、哈二将,威武雄壮,为辽
代彩塑珍品。两边山墙上都有彩画,华而不俗。

　　观音阁(图4-8-6)台基长26.7米,宽20.6米,
高0.9米。高3层,上下两主层,并平坐一层。从外观
上看,此阁为双层,实际上在上下层之间还夹着一个用

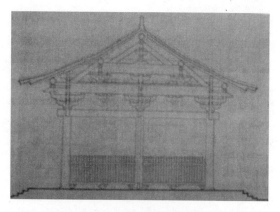

图4-8-5　独乐寺山门横断面图

腰檐和平坐栏杆围绕着建成的暗层。阁高23米,木质,为我国现存最早的木结构楼阁。阁内有一座
高达16.27米的观音菩萨站像,矗立在阁内中央的须弥座上,向上穿过二、三层平台,直入顶层覆斗形
的八角藻井之中,观音塑像因头顶10个小佛头而被称为11面观音,它是国内现存古代最大的塑像。
由于该像直通3层,所以阁内用开空井的方式来容纳像身。在结构上,该阁使用内外两槽的构架和明
栿、草栿两套屋架,内外槽和两套屋架紧密联系。然而,上、中、下3层的柱子互不贯通,此处所采用的
是上层柱插在下层柱头斗拱上的"叉柱造"。为使各层结构稳固,此阁内部第三层明间前后内槽柱和
次间的中柱间用内额连接,构成六角形空井,同时又在暗层内与第三层外围壁体内施加斜撑。整个阁

图4-8-6　独乐寺观音阁

内的空间以观音塑像为中心,四周列柱两排,柱上置斗拱,
斗拱上架梁枋,其上再立木柱、斗拱和梁枋,将内部分成3
层,使人们能从不同的高度瞻仰佛容;梁枋绕像而设,中部
形成天井,上下贯通,容纳像身,像顶覆以斗八藻井,整个
内部空间都和佛像紧密结合在一起。就细节而言,阁内空
间的艺术处理,完全以大木作的构造,小木作的工艺,巧妙
配合成淳朴而富有韵律的形象。当然,该阁的突出特点在
于它极富变化的"斗拱"结构,上下檐的斗拱粗大雄伟,排
列疏朗,起着承重作用。整个大阁的斗拱种类繁多,因位
置和功能的需要不同,共采用了24种结构,和其他构件配
合,组成一个优美统一的整体。其大小形状,无论是衬托
塑像,还是装修建筑,处理都很协调,显示出辽代木结构建

筑技术的卓越成就。而阁的外形兼有唐的雄健与宋的柔和,并使结构与功能很好地结合了起来,既壮
观又稳固,所以有人统计说,这座大阁建成以来,已有1000年的历史,经历过近30次地震,其中有3
次地震达到8级,震中就在独乐寺县城附近,寺内房屋倒塌不少,唯有观音阁未受损伤,只是在2层灰
泥墙上出现几条小缝。究其根本,就是因为全阁的整体木构件采用了双层套筒式木构架,内外两圈柱
框,中间用枋子连成整体,同时再加斜撑,这就使整个构架极其稳重牢固。此外,上下柱框之间还加了
一层斗拱,各拱枋之间采用榫接法,地震时榫卯之间的摩擦力可以抵消部分震动力。为防止震后整个
构架变形,设计者又在长方形平面的空井上层加4根抹角的枋木,这就更增加了双层套筒的稳定性。

第三节　开元寺塔和陀罗尼经幢建筑技术

　　从隋朝到元朝,随着佛教的传入与逐渐兴盛,佛教建筑寺塔遍及河北地域,主要有:正定的唐建开
元寺塔、廊坊古县村的唐建隆福寺长明灯楼、保定市涞水的唐建镇江塔、石家庄平山县的唐建唐太子
墓塔群中的1、2号塔、定州的北宋建开元寺塔、正定宋金所建的天宁寺灵霄塔、涿州的辽建云居寺塔、

保定涞水县的金建皇甫寺塔、保定易县的金建双塔,等等。

一、定州开元寺塔建筑技术

定州开元寺塔位于定州市南门里东侧,据文献记载,宋朝初年,开元寺僧慧能往西天竺(印度)取经,得到佛教中传说的舍利子回来复命。咸平四年(1001年),宋真宗下诏,命在定州开元寺内建塔纪念,到宋仁宗至和二年(1055年)建成此塔(图4-8-7),历时55年。但《定县志》又说,该塔建成于乾兴元年(1022年),至和二年为重修之年,按此说修造时间当为22年。但不管怎样,当时建造该塔费时耗材之大是肯定无疑的,故民间有"砍尽嘉山(曲阳境内)木,修成定州塔"的传说,但另一方面,从中亦可看出修造此塔工艺之精巧。在近千年的沧桑岁月中,定州开元寺塔经历了10次地震,至今依然挺拔屹立,即是最好的证明。因此,它被人们称为"中华第一塔",同时也是我国现存最高大的一座砖木结构古塔。

图4-8-7　定州开元寺塔

开元寺塔建于高大的台基之上,地面部分由塔座、塔身、塔刹组成,为楼阁式砖塔,塔身外露11层,13级,高83.7米,塔基外围周长127.65米,占地面积约900平方米。从造型上看,塔身为八角形,平面有两个正方形交错而成,一改以前早期塔的四方形式,显得雄伟大方,秀丽丰满。又,塔身份内外塔体,由内外层衔接而成,外涂白色。其中1~9层东、南、西、北四面辟门,其他四面为盲窗(假窗),窗由大方砖雕刻而成。10~11层八面均辟门,门为拱券式,券外绘方形图案,设有砖雕门额、门簪。其塔身为砖木结构。砖的规格不一,约有十几种。为了砖与砖之间的拉力,内筑了松柏木质。塔的层级特点是:第一级较高,上施腰檐,其上为平坐,以承第二层。从第三层开始,各个层级则仅有檐而没有平坐,且各级层檐均为叠涩挑出,断面微凹。塔内各个层级都用走廊来环绕,不置内室,塔心砖礅内穿以梯级。塔的各层檐角皆有挑檐木,外端有铁环,原置有风铎(大铃)。塔心和外层之间形成八角形环廊,犹如大塔中包着一层小塔。回廊两侧设有25个壁龛,龛内有壁画和泥塑像,回廊顶端有雕花砖天花板,并加彩绘,刻制精美细腻。在塔座基主壁龛内,以及各层回廊的砖壁上,嵌有许多碑刻和名人题咏,对研究宋代历史及古代建筑物有重要价值。

二、赵县陀罗尼经幢建筑技术

陀罗尼经幢(图4-8-8)位于赵县城内南大街与石塔路相交的十字路口处,这里原是唐代开元寺的旧址,经幢为开元寺的建筑物,后寺废而经幢仍存。因幢体刻有陀罗尼经文,故称"陀罗尼经幢"。幢,梵语叫"驮缚若",意译为幢。幢的本意就是旌幡,原本是我国古代作仪仗使用的以羽毛为饰的一种旗帜。佛教传入中国以后,佛教徒在长筒圆形绸伞上写经叫经幢,为了保持耐久,又将经刻于石柱上叫石幢,后来亦称为经幢。我国石柱刻经始于六朝,而石柱刻陀罗尼经则始于唐初。当时佛教密宗盛行,众信徒认为咒语——陀罗尼包含深奥的经义,倘若有人书写或反复诵念即会解脱他的罪孽,得到极乐。为使陀罗尼经永存,善男信女们便将它刻于上有顶下有座的八棱锥形石柱上,这就是当初较为简单的经幢,同时亦为佛教建筑增加了一种新的形式。宋代以后,经幢造型逐渐复杂,日趋华丽考究,逐渐发展演变成集建筑雕刻艺术、佛教内容于一体的完美石雕建筑,赵州陀罗尼经幢就是这样一个突

图4-8-8　赵县陀罗尼经幢

出典型。该经幢建造于北宋景祐五年(1038年),由礼宾副使、赵州知州王德成督办,赵州人何兴、李玉等人建造。经幢通高16.44米,共7级,是全国最高大、最完美的一座石经幢,其造型高峻挺拔又秀丽多姿,极具艺术韵味,被誉为"华夏第一经幢"。

经幢建在一个方形石基上,坐北朝南,平面成八角形,由基座、幢体和幢顶宝珠几部分组成,最下面是一层边长6.1米的方形束腰式台基,周围刻有"妇女掩门"图案,四角刻有金刚力士,形象健美。台基上是八角形束腰式须弥座,周围雕刻伎乐、神佛、菩萨、蟠龙、莲花等。台基以上第一节为仰莲式双层出檐,烘托出幢体,以上各节出檐呈八角形,上刻有狻猊等动物形象及各种花卉装饰,刻功精细。经幢一、二、三层刻有楷书和篆书的陀罗尼经文,其余各层,满刻佛教人物、经变故事、狮象动物、建筑花卉等图案,极富装饰性。幢顶以铜质火焰珠宝为刹,衬托着花岗岩雕成的幢身,显得轮廓秀丽,挺拔刚劲,展现了宋代造型艺术的高度成就。

三、正定天宁寺灵霄塔建筑技术

图4-8-9　正定天宁寺灵霄塔

石家庄天宁寺灵霄塔(图4-8-9)位于正定县大众街原天宁寺内,因巍峨高崇而得名,又因塔身系木结构,故称木塔。始建于唐咸通年间(860—874年),历代均有修葺,现存为宋、金建筑。塔为砖木结构的9层楼阁式塔,通高41米,平面呈八角形,矗立在八角形台基上。塔身1到4层是宋代在唐塔残址上重建,全砖结构,其上各层侧为金代重建,砖木结构。每层正面各辟拱形洞门或直棂窗,4层至9层,半拱、檐飞皆为木制。从第五层开始,各层高度逐层收缩,给人以轻盈挺秀之感。此塔的最大特点,是在塔身第四层中心部位竖立一根直达塔顶的木质通天柱,并依层位作放射状8根扒梁与外檐相连,塔刹原为铁铸,9层相轮呈枣核状。这样的结构国内现存仅此一例,极其可贵。该塔结构不同木塔,也有别于一般砖木结构塔。1966年凌霄塔铁质空心枣核状塔刹毁于地震,后八、九层也相继坍塌,1981年落架重修。1982年,在勘察过程中于塔基下发现地宫。经清理,出土一批颇有价值的文物,其中宋崇宁二年(1103年)和金皇统六年(1146年)的两方刻有铭文的石舍利函,为断定该塔的确切年代提供了可靠的依据。天宁寺灵霄塔为全国重点文物保护单位。

第四节　宋辽古战道和建筑壁画

一、宋辽古战道——罕见的地下奇观

古战道是北宋初年用于抗拒辽国南侵的军事防御工程,起始于雄县圆通阁县城铃铛阁之八角琉璃井,向东北经大台、祁岗延伸至霸州、文安、永清、固安、雄县,东西延伸65公里,南北宽10~20公里,面积约300平方公里(图4-8-10)。

古战道的建筑材料均使用青砖,其规格与质量基本统一。其洞体造型形式多样,高矮各异,宽窄不一。里面既有藏兵洞,又有翻眼、掩体、闸门等军用设施。埋藏深度分为深、中、浅3层,呈立体分

图4-8-10　雄县地下古战道

布,结构复杂、战争功能齐全,最浅处距地表1米左右,深处则达4~5米,洞与井、古庙、神龛、石塔及临街的商店相通,洞内有通气孔、放灯台、蓄水池缸、土炕等生活设施,洞与洞首尾相连,纵横交错,体

现了左右互援的布阵意图,堪称我国宋辽战争史上的"地下长城"。

二、建筑壁画艺术的发展

壁画是古代建筑的有机组成部分,是中国古代绘画的一种重要艺术表现形式。宋辽时期,河北地域出现了许多精美的壁画,如井陉县柿庄宋墓壁画艺术特色鲜明,定州静志寺和净众寺塔基地宫北宋壁画,宣化下八里辽代张世卿墓壁画,石家庄毗卢寺殿四壁绘有供信徒诵经之用的"水陆画",等等,都具有很高的史料价值。

历史上,用于绘制壁画的墙体多用土坯或未烧制的砖坯(或称水坯)砌筑,而不是以砖砌墙或以石砌墙。通常在墙体上先涂粗泥(粗泥中用麦秸、麦糠而不用竹篾),然后再涂中泥、细泥(中泥、细泥用麻筋、纸筋、棉花者居多),这样处理壁面,既易于制作,又可有效防止泥面和画面酥化剥皮、变质损坏,使壁画色泽不失真。这种壁画墙面的精心设计,包含着古人对材料特性的科学认识,也必定包含对既往砖石墙面弊病的反思。以砖砌墙,受湿气影响,墙体内的碱硝则呈现白色粉末或斑痕向外侵蚀;以石料砌墙,墙内水气不易散发,凝成湿气也会使画面变质;用土坯或水坯砌墙,因气温变化而产生的热气易于被墙体吸收或散发,此外,土坯(或水坯)体的收缩率与墙体外表砂泥、墙皮的收缩率较接近,因而不会使墙体和壁面产生裂缝或泥皮空鼓。土坯泥皮墙体收缩自然产生的缝隙可以通风,易于墙内湿气流通,有些壁画墙体下部还专门砌筑通风孔,效果更好些。墙面分层涂抹拌有不同泥筋的粗、中、细泥,既可避免泥皮脱落,又可防止泥面龟裂疏软。

第五节　砖石和木结构建筑技术特点

一、砖石建筑技术特点

公元608年(隋炀帝大业四年)南北大运河得以开通,横贯千里的京杭大运河直穿河北。唐初较大的水利工程有20多处(其中含河间、任丘、三河、沧州等处的大型水利工程)。宋辽古战道是罕见的地下奇观,分布在永清、霸州、文安、固安、雄县等5个县市,堪与地上长城相媲美。在雄县祁岗村发掘出的宋将杨六郎镇守雄、霸二州时的屯兵洞,为宋代大砖砌筑,以楔形砖为碹,子母榫砖作拱,运用尖劈原理已十分成熟。

二、木构建筑技术特点

中国古代木结构建筑称得上是中国建筑史上的"活化石",存留至今的木构建筑更是珍贵。在河北地域,这一时期木构建筑以正定开元寺钟楼、正定隆兴寺最为典型。

河北地域古代木结构建筑技术的特点主要有四点:其一,木结构与墙体各自独立,甚至墙体倒塌,木构架本身仍然存在。其二,采用斗拱作为柱和梁的交接点,梁搭在一组斗拱上,这组斗拱又通过一个大斗落在柱头上,扩大立柱的支撑面,增强构架的抗剪切能力。梁与柱之间的榫卯结合具有与斗拱相同的力学原理,斗拱式的接点是一种柔性节点。一朵斗拱就是同时容纳纵横两个方向的构件节点。其三,立柱不直接插入地基,而是被支撑在一个敞露的石础或木础上。古代人将立柱一端从深埋土中移到地面,又发展为放在光滑的柱础表面,使之与地基断开,这个过程不只是为了防止柱脚在土中受潮腐烂,而是考虑到这样做的结果可以抵抗来自水平方向的巨大冲击力,整个木构形状颇似一个三维连续体,类似一个晶体的晶柱,它是现代建筑技术上钢架结构的祖先。其四,弧形屋顶和略微上翘的宽屋檐。这样构成的弧形屋顶,可以减少侧面风暴压力,从而减少立柱的可能移动性。屋顶斜面还可以有效地排泄暴雨。

　　河北地域古代木结构的这些传统特点使之具有优良的抗震性能,这一点已为世人所公认。八面体构件和八边形平面对于抵御任何水平方向的外力十分有利,风力和地震波等都可以沿着径向和弦向作对称传递,不会使建筑产生过大的扭曲和变形,较方形构件或方形平面更为稳定。通过斗拱的斗底与斗端的滑移,产生摩擦阻力,可以消耗强大的地震力,具有良好的减震功能。

　　河北地域古桥众多,建桥历史源远流长。先民在凿渠溉田、引水通漕、建闸筑坝、开道修城的同时,利用各种建筑材料和技术修造了许多不同结构、不同式样的桥梁。

注　释:

[1][2]　茅以升:《中国古桥技术史》,北京出版社 1986 年版,第 77,82 页。
[3]　刘敦桢主编:《中国古代建筑学》,中国建筑工业出版社 1987 年版。
[4]　梁思成:《中国建筑史》,百花文艺出版社 2004 年版,第 177 页。

第九章　传统交通科技

　　此期是中国古代科学技术发展的鼎盛期,同时也是河北地域古代水陆交通事业发展的进一步拓展期,随着大运河的开凿,河北地域的内河航运更加繁忙,唐朝在各地的陆路交通路段都设有驴驿,而辽代,在河北地域的北部地区开辟了由幽州至中京的两条线路:一条为松亭关路,另一条是古北口路;在中部地区,于统和七年(989 年),"诏开奇峰路,通易州市。"至于金元两朝,一方面,由中都或大都通往各地的陆路交通干线均经河北,另一方面,以京杭大运河为基础及海外贸易的空前高涨,天津港和秦皇岛港的海运都进入了一个新的历史发展阶段。

第一节　陆路交通继续开拓

一、河北地域内的唐代"贡道"

　　隋朝建立后,开通了从山西榆林北境向东,直达蓟县的弛道。据陈鸿彝先生考证,这条弛道长三千多里,宽一百步[1]。唐代的"贡道"四通八达,以长安——洛阳一线为中轴,辐射到全国各地,其中连接河北地域内的路线主要有:

　　(1)从长安东行经京畿道华州(今陕西华县),过潼关、河南道虢州(今河南灵宝),至都畿道东部,然后向东北行经怀州(今河南沁阳),入河北道,至卫(今河南汲县)、澶(在今河南内黄东南)、魏(今河北大名山)、博(在今山东聊城东北)、德(今山东陵县),止于沧州(在今沧州市东南)。

　　(2)从洛阳向北,过黄河,至怀州,经卫、相(今河南安阳),入河北,沿着大运河北上幽、蓟,并转辽海,一直伸入到黑龙江中下游流域。至于河北地域北方边境的陆路交通,根据《太平寰宇记·冀州图经》的记载:有一条通路,即"东北发向中山,经北平、渔阳,向白檀、辽西,历平冈,出卢龙塞,直向匈奴左地。"此路自秦汉以来就有,唐代并没有新的开拓。

二、大名府与宋代的驿路

北宋定都开封,引起了全国陆路交通格局的一些新变化,河北地域内的陆路交通变化尤其明显。例如,大名府(今邯郸大名县)成为四京之一,被称为"北京"。随着大名府政治地位的升高,北宋修筑了从开封向正北经开德府(今河南省濮阳市)、北京大名府、河间府(今沧州河间市)直到雄州(今保定雄县)的驿路。这既是一条国信通路,又是一条军事要道。后来,由于受黄河水患的影响,此驿路西移,即由开封向西北,经滑州(今河南滑县)、相州、邢州(今邢台市)、真定府(今石家庄正定),再从真定府折向东北,经祁州(今安国市)、河间,再北至雄州。据载,北宋发明了急脚邮,如真宗景德二年(1005年)3月,诏河北急脚铺军士,负责递送真定总管司及雄州文书。

三、南京与辽国的信道

与北宋相对应,辽朝在行政区划上实行五京制,五京各为一道,但互有驿路相通。其中以幽州为南京(今北京市),而辽国的信道起自宋辽交界的雄州,过白沟河渡口,然后北上,经新城县(今保定市新城县)、涿州(今涿州市),渡卢沟河,至幽州即南京折津府。欲以从幽州至中京,则向东北经顺州(今北京市怀柔县)、檀州(今北京市密云县),出古北口,过滦州(在今承德市滦平县东),折东经泽州(今承德市平泉县),转东北直到中京大定府(在今内蒙古自治区宁城县西)。

四、大兴府燕山城与金代的驿路交通

金代的驿路交通分前后两个时段:一是未得燕云十六州时,其从雄州至上京的线路是从雄州北上,依次经新城县、涿州、良乡县、燕山府(今北京市)、潞县(今北京市通县)、三河县(今三河市)、蓟州(今天津市蓟县)、玉田县(今唐山玉田县),过宋金边界,先后经清州(在今唐山市北)、滦州(今滦县),出榆关(今山海关),经锦州(今辽宁锦州市),越辽河,再经沈州(今沈阳市)、咸州、信州(在今吉林长春市西南)、黄龙府(今吉林农安县),最后到达上京会宁府(今黑龙江阿城县)。二是金朝区得燕云十六州的统辖权之后,原来辽宋时期的国信道不再绕雄州,而是由从保州(今保定市)经安肃州(今保定徐水县)、涿州,直至金朝中都大兴府燕山城。

五、河北地域与元代的驿路主干线

元代定都北京(即大都)后,河北地域成为元朝最重要的京畿腹地和交通枢纽。据《经世大典》等文献记载,当时由大都通往全国各地的驿路主要有三条主干线(图4-9-1):

第一条是南路驿道,它在经过河北地域内的特点是"一干三支","一干"即从大都到潮州贯通南北的主线,"三支"即:(1)通江浙行省的驿路,其具体走向是先从大都南行到涿州,然后经雄州、河间路、献州、景州、陵州(今山东德州市),一直到杭州路;(2)通河南、湖广、江西、云南行省的驿路,其具体走向是从大都南行经过涿州,到保定,然后向南经蠡州、深州、冀州、大名路、滑州,一直到汴梁路,以汴梁为枢纽,再分别转向湖广、江西和

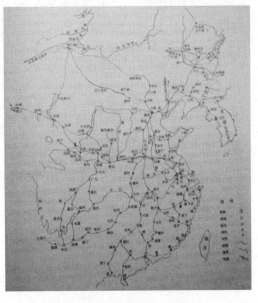

图4-9-1　元代驿路示意图

云南行省;(3)通陕西、四川的驿路,其具体走向是从大都南经涿州、保定、中山府,到真定,然后分两线:南线经赵州、顺德路(今邢台市)、磁州、彰德州(今河南安阳市),最后沿现在的陇海路西行入潼关;西线经冀宁路(今山西太原市)、霍州、晋宁路(临汾市),最后亦入潼关,两线在潼关相会后,继续西行即至奉元路(仅陕西西安市)。

第二条是东路驿道,具体地讲,它又可分两线:一线从大都向东经通州、蓟州、惠州(今承德平泉县),然后至大宁路北京站(在今辽宁宁城县境);另一线则从大都经蓟州,然后转向东南到永平路(今卢龙县),出山海关,至沈阳。

第三条是西北路驿道,经考,此路从大都经昌平县,到榆林驿(在今怀来官厅水库东)后则分为两线:一线北去经赤诚站、云州(在今赤城县北)、独石站(今赤城县独石口)、云需府明安站(在今沽源县东北)、李陵台站、桓州(在今内蒙古多伦县西),止于上都开平;另一线由榆林驿经怀来县、宣德府(今张家口宣化区),出野狐岭(在今张家口市东北),经孛老站折向东北,经兴和路(今张家口张北县)、宝昌州(在今张北县与内蒙古太仆寺旗之间),与前一线重合,直到上都开平,当时这是一条道路状况最好、距离最近的线路。元代地域辽阔,而北部边疆尤其是西通西域各国的道路备受关注。为了在冬雪天不至于影响陆路交通,元朝严格推行道旁植树制度,对此,马可波罗感慨尤深,认为:"他们除了在夏季可收成荫遮凉的益处外,还可在冬季大雪封路时,起路标的作用。"

明代《永乐大典》对其驿路正道记载尤详,兹转述于下:从大都正北微西行,经昌平新店驿出居庸关,经龙庆州缙山站(今北京市延庆)、榆林站(今怀来县榆林)、洪赞站(今怀来县西洪站)、雕窝站(今赤城县雕鹗)、赤城站(今赤城)、龙门站(即望云,今赤城龙关)、独石站(今赤城独石口)、牛群头站(蒙古名为失八儿秃,今张家口沽源县南,石头城旧址)、明安站(今沽源县北)、察罕脑儿行宫(今沽源县北囫囵诺尔)、李陵台站(今内蒙古正蓝旗北四郎城)至上都开平(今内蒙古正蓝旗昭门苏木),全长约1 200里。

第二节　驴(骡)车的出现以及车制的改进

前面述及,隋朝朝士出门多以乘坐牛车为主,然而,入唐之后,牛车转而成为一种主要的货物运输工具,一般士大夫出门多乘马,《旧唐书·舆服志》说:"其士庶有衣冠亲迎者,亦时以服箱充驭。在于他事,无复乘车。贵贱所行,通鞍马而已。"这种出行方式跟唐代社会经济的繁荣发展相适应。如唐代出现了专门以出租牛车为生的经营者,而官方亦经常向私人租借牛车以供运输[2]。据报道,邢台市侯贯镇后郭村发现了一个从汉代到元代的墓葬区,出土了大量文物,其中在唐代的127件文物中,包括有陶牛车,这说明牛车在河北地域南部地区非常盛行。在河北地域北部地区,辽朝建国后大力修建五京之间的陆路驿路,其中从南京析津府(今北京市)到西京大同府(今山西大同市)之榆关至居庸关的道路比较宽敞,可以通牛车。

一、驴(骡)车的出现与普及

从历史上看,东汉时驴、骡虽有用于运输的现象,但不普遍。到南北朝时,由于中原人逐渐掌握了马与驴交配的繁殖方法,因之驴和骡开始广泛地被用于拉车运输。入唐以后,驴车已经成为寻常百姓家最主要的交通运输工具。比如,《唐律疏义》卷4《名例四》载:"平功、庸者,计一人一日为绢三尺,牛、马、驼、骡、驴车亦同。"即唐政府规定,借驴用车的价钱是一天绢三尺,这表明民间借、赁、雇驴的买卖十分兴盛。事实上,不仅寻常百姓,即使那些清官寒士亦以驴车或以骑驴代步。譬如,唐代韩翃《送道士侄归池阳》诗云:"幽州寻马客,灞岸送驴车",说明唐代的许多寒士都曾乘驴车出行。宋代驴车更加盛行,《辽史·景宗本纪》载:"宋兵战于高梁河,少却,休格、色珍横击,大败之。宋主仅以身免,至涿州,窃乘驴车遁去。"而南宋汪梦斗《北游记》卷上《南乡子·初入都门谩赋》亦说:"何事却狂游,直驾驴车渡白沟。"

二、驴车的结构及其技术革新

唐宋时期的驴车,《清明上河图》中画有一四驴驾车,该车是一辆大型的平板货车,双辕,轮子比较大,高过了安装在车盘两边厢板,装有16根辐条,车把较短,车尾两端加固着两条硬木,当车停靠时,后端着地斜放,其端点恰好与两车轮同处一个平面,车子即可放稳。与唐代以前的马车相比,宋代的驴车系驾方式出现了一些新的特点:首先,靷绳的后端分别系在两边车厢板下面的转轴上,中间置一横木,将靷绳分做两段,后一段直接系在转轴上,前一段的两边系鞅;其次,与靷绳相连的鞅,由先前的曲木改为皮囊,环绕于驾驴的脖颈部,皮囊两侧系靷绳;再次,驾车的人站在车辕的中间,用手扶辕,并持长鞭不断吆喝着前面的驾驴,以有效地控制和掌握驾驴的行车方向与速度。

三、马鞍用于驾车及其"鞍套式系驾法"

由于马鞍进一步用于驾马,则辕马代替了人,而人坐在车上,用长鞭控制驾马运行。就目前已有的资料可知,马鞍最早出现于汉代,如定州市出土的马鞍,为"两桥垂直型",供骑马者之用,但将马鞍用于驾车却始于元代(图4-9-2),由此,我国古代的系驾法从"胸带式系驾法"转进到"鞍套式系驾法"的阶段。这时,马成为陆路交通的主要工具,而养马成为马站户的基本职责,至于站马的来源,或者站户自备,或者由官府购买,交给站户饲养。中统元年(1260年),燕京附近为站赤购买的马匹,每匹合元宝钞20贯[3]。

图4-9-2 元代的鞍套式系驾马车

第三节 南北大运河的开凿及其意义

在秦汉魏晋所开凿人工运河的基础上,隋文帝立足长安,着眼于满足隋朝政治、经济和国防的需要,遂下令开凿大运河。整个大运河以洛阳为中心,分做三大段:南段从长江南岸的京口(今江苏镇江市),名为"江南河";中段包括通济渠和邗沟两个组成部分,其中通济渠北起洛阳,东南入淮水,邗沟则北起淮水南岸的山阳(今江苏淮安),南到江都(今江苏扬州)入长江;北段南起洛阳,北通涿郡,是为永济渠,它主要流经河北地域,是大运河工程中用时最长、用力最多的一段。

一、南北大运河北段的开凿

《隋书·炀帝纪》载:大业四年(608年),"春正月乙己,诏发河北诸郡男女百余万开永济渠,引沁水南达于河,北通涿郡。"该工程是在曹魏旧渠的基础上并利用部分天然河道建成的,按水道的源流,永济渠本身可具体划分成三段(图4-9-3):

第一段,从黄河板渚通济渠首对岸的武陟,先开渠引沁水通黄河,再分沁水一部分接入曹魏所开的白沟故道,其水源是利用了沁水支流,不过,隋炀帝的新渠与曹操旧渠相比,有两个重大改进:一是沁水源远流长,淇水无法与之相比,因此,新渠的水源远比旧渠丰沛,这是新渠航道远比旧渠通畅的基本因素;二是旧渠在白沟、黄河之间筑有枋堰,由沟入河或由河入沟,舟船都必须盘坝或换船,这就大大降低了通航能力。

新渠"引沁水南达于河,北通涿郡",表明渠口建有分水工程,舟楫可以直接出入河渠,无须换船或

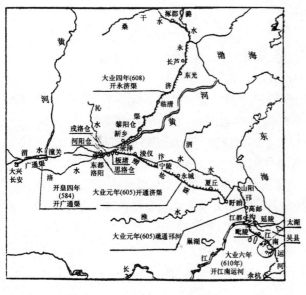

图 4-9-3　永济渠

盘坝,这就大大提高了通航能力。

第二段,从汲县(今河南卫辉市)至今天津,其中自今河南淇河口至河北大名附近的一段,多利用了曹魏时期所开的白沟南段,而从今沧州青县到今静海一段,多是利用了曹魏时期所开的平虏渠故道,其水源主要取自清、漳河水。

第三段,由天津先接潞河(位于今天津市和武清县间),后入永定河(位于今武清县到古涿郡南郊),止于涿郡所在的蓟城(在今北京市西南)。

二、南北大运河北段开通的意义

整个工程自河南的武陟起,折向东北,依次经新乡、汲县、黎阳(在今河南浚县境内)、临河、内黄、魏县(在今邯郸魏县东南)、贵乡(在今邯郸大名东北)、馆陶、临清(今临西)、清河、武城(在今山东武城东南)、长河(今山东德州市)、东光、南皮、长芦(今沧州)、青县、静海、独流口、武清(雍奴)、信安、永清,至涿郡,全长 2 000 余里。

大运河开通后,立即显示出极强的通航运输能力,如大业七年(611 年),隋炀帝乘龙舟从江都出发,行驶 50 多天,抵达涿郡。其后,隋炀帝诏令河南、淮南、江南造军用车 5 万辆,送往高阳(今保定高阳),又发江、淮以南民夫和船只运载黎阳、洛口诸仓粮食到涿郡,"舳舻相次千余里,载兵甲及攻取之具,往还在道,常数十万人,填咽于道,昼夜不绝。"毫无疑问,隋炀帝开通永济渠的直接目的是为进攻高丽做准备,然而从长远的观点来看,该渠沟通了海河与黄河两大水系,从而加强了东北部地区与政治中心的陕、洛及经济重心的江南之间的联系,无论对当时还是后世,都有重大的政治、经济、军事意义。

三、唐代对永济渠维护及其支渠的修建

1. 唐代对永济渠维护

唐代的永济渠,其上游已与沁水隔绝,专以清、淇二水为源,由淇水可入黄河。当时,随着河北地域经济的繁荣,魏(在今邯郸大名东北)、邢(今邢台市)、贝(在今清河县西北)等地都先后开垦为粮食基地,其中贝州在天宝时被称作"天下北库",而魏州亦开元时于城西建楼百余间,"以贮江淮之货",显然,此时永济渠的通航作用已越来越重要。

为保护永济渠顺利通航,唐代加强了对沧州地区的堤防工程建设,如唐高宗永徽二年(650 年),在沧州清池西北 27 公里处修筑永济渠防护堤两道;永徽三年(651 年),在沧州以西 23 公里处修筑明沟河堤两道;显庆元年(656 年),在沧州以西 20 公里处修筑衡漳东堤;开元十六年(728 年),在沧州以南 15 公里处修筑永济渠北堤;薛大鼎开通无棣河,将永济渠与渤海连接起来,成为"引鱼盐于海"的重要通道。

2. 支渠的开辟

以永济渠为主干,唐代又开辟了几条支渠,如开元二十五年(737 年),卢晖曾在永济渠的瀛州、河间县西南开长丰渠,引滹沱水入永济渠,"自石灰窑引流至城(今大名)西,注渭桥,以通江、淮之货";唐中宗神龙三年(707 年),著名的水利工程专家姜师度,邯郸魏县人,曾开挖了平虏渠,"以避海难运

粮",后又开张家旧河,并凿渠引浮水注入毛氏河和漳河;此外,尚有镇州获鹿的太白渠、大唐渠、礼教渠,冀州南宫的通利渠,堂阳的堂阳渠,衡水的羊令渠,赵州平棘的广润陂和毕泓,宁晋的新渠,昭庆的沣水渠,柏乡的千金渠等。据记载,唐代永济渠南段水面曾拓宽到5.6~7米。唐初,每年从大运河输送粮食不过20万石,但到唐明皇开元二十九年(741年),最多达700万石。经梁方仲先生测算,唐十五道人口密度,最高的为都畿道,每平方公里平均人数为58.70,而河北道仅次于都畿道,每平方公里平均人数为56.76,其中尚包括属于山区的部分。天宝八年(749年)河北道积粟为182万石,居全国第三位;其义仓所储为1 754万石,居全国第一位;常平仓所储计166万石,也居全国第一;而屯田仅从幽州到榆关(今山海关)就有208屯,天宝八年屯粮40万石,占全国屯粮总数五分之一以上。可见,唐代永济渠及其各支渠的开通,共同构成一个运输繁忙的运输网,并与海运相连,"晚来潮正满,处处落帆还",极大地促进了河北地域农业经济的发展。

四、五代赵德钧开凿"东南河"

为了加强幽州的防守力量,五代时,赵德钧一方面派兵于良乡阎沟(今北京房山区境内)筑垒屯扎,护卫陆运粮饷;另一方面又于幽州东南开凿"东南河",以利水路漕运。据《旧五代史·唐书·明宗纪九》记载:长兴三年(932年),"六月壬子朔,幽州赵德钧奏:新开东南河,自王马口至淤口,长一百六十五里,阔六十五步,深一丈二尺,以通漕运,舟胜千石,画图以献。"又宋人乐史《太平寰宇记·河北道十七》"破虏军"条记载:"破虏军,古淤口关(今河北信安)……永济河自霸州永清县界来,经军界,下入淀泊,连海。"据此,今人于德源先生认为[4],因永定河入潞水的河口由于下游河道频繁改变而不稳定,所以赵德钧便从信安开凿东南河到王马口,在安次县境内入永定河,再西北抵幽州蓟城(今北京)城南(图4-9-4)。

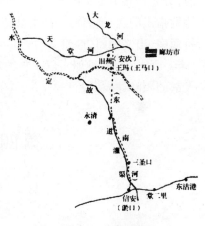

图4-9-4　五代赵德钧
"东南河"推想图

五、水上防线的建立与永济渠

宋辽对峙时期,两国以白沟(又称界河,大体相当于大清河及海河干流一线)为界,因此,北宋的永济渠已不通涿郡了,而是"达乾宁军"(今青县)。为使河北辖地保持紧密的水路联系,北宋在河北平原构筑了一道巨大的水上防线。

这条防线的范围是:"东起沧州界,拒海岸黑龙港,西至乾宁军,沿永济河合破船淀、灰淀、方淀为一水,衡广一酉二十里,纵九十里至一百三十里,其深五尺。东起乾宁军、西信安镇(今霸州东信安镇)永济渠为一水,西合鹅巢淀、陈人淀、燕丹淀、大兜淀、孟宗淀为一水,衡广一百二十里,纵三十里或五十里,其深丈余或六尺。东起信安军永济渠,西至霸州(今霸州)莫金口,合水汶淀、得胜淀、下光淀、小兰淀、李子淀、大兰淀为一水,衡广七十里,纵五十里或六十里,其深六尺或七尺。东北起霸州莫金口,西南保定军(今文安县西北新镇)父母砦,合粮料淀、回淀为一水,衡广二十七里,纵八里,其深六尺。霸州至保定军并塘岸水最浅,故咸平、景德中,契丹南牧,以霸州、信安军为归路。东南起保安军,西北雄州(今保定雄县),合百世淀、黑羊淀、小莲花淀为一水,衡广六十里,纵二十五里或十里,其深八尺和九尺。东起雄州,西至顺安军(今高阳县东旧城),合大莲花淀、洛阳淀、牛横淀、康池淀、畴淀、白羊淀为一水,衡广七十里,纵三十里或四十五里,其深一丈或六尺或七尺。东起顺安军,西边吴淀(安新县西南北边吴、南边吴一带)至保州(今保定市),合齐安(一作女)淀、劳淀为一水,衡广三十余里,纵百五十里,其深一丈三尺或一丈。起安肃(今保定徐水)、广信军之南,保州西北,蓄沈苑河为塘,衡广二十里,纵十里,其深五尺,浅或三尺,曰沈苑泊。自保州西合鸡距泉。尚泉为稻田、方田,衡广十里,其深五尺至三尺,曰西塘泊。"

这条水运线虽然是为了军事需要而兴修的,但它对于进一步发展河北地域中南部地区的社会经济还是非常有利的。故《宋史·地理志·河北路》载:河北沿此水运线各地,"有河漕以实边用,商贾贸迁,刍粟崎积",而大名、澶渊、安阳、临洺、汲郡之地,"浮阳际海,多鬻盐之利"。其中,宋时的大名"黄河流经其间,江淮闽蜀之货,往往远者万里,近者数千里,各辐辏至。"

六、"京杭大运河"与河北

元代建都城于大都,其政治中心北移,这样原来的永济渠已难适应都城经济发展的需要。于是,元朝采取去迂取直的办法,开凿淤塞已久的大运河,该河北起北京,南至杭州,全长1 794公里,比隋朝大运河缩短近800公里。史称"京杭大运河"。

京杭大运河河北段由以下几部分组成:(1)通惠河,至元二十八年(1291年)开凿,自昌平神山麓穿北京城至通州高丽庄,全长140里。(2)通州运粮河,从通州南下经杨村庄至天津入大沽口,西接御河(即永济渠),长240里。(3)御河,由天津经清州、南皮、德州到临清,接会通河,长900多里。需要特别指出的是,通惠河导昌平县白浮村神山泉,通双塔榆河,引一亩、玉泉诸水入城,汇于积水潭,又东折而南,出文明门(今崇文门)至通州高丽庄入白河,中设水闸21处,大体每十里置一片闸。工程历时1年。河成之后,漕船可以一直驶入大都城,从此减免了都民陆路辗转之劳,公私便之,同时还有利于大都的园林建设。

第四节 天津港的持续发展

一、唐代的军粮城

军粮城原为退海之地,在唐代为海河的入海口,且靠近平虏渠一侧,这里既是沽河(北运河)、清河(南运河)、滹沱河(大清河)汇合入海处的"三会海口",又是海船避风的理想港湾和停靠船舶的天然码头岸线。所以,唐王朝为了防御北方奚、契丹等游牧民族的侵扰,在幽、蓟地区驻守重兵91 400人、马6 500匹,衣赐80万匹缎、军粮50万石。那时候,由于给养庞大,当地无法筹措,主要靠江南供给,当时海运的路线始自浙江沿海,绕过乐山半岛,经过沧州沿海即渤海西岸到达军粮城;另一部分从军粮城继续启运到达滦河口。诗人杜甫在《后出塞》一诗中说:"渔阳豪侠地,击鼓吹笙竽。云帆转辽海,梗稻来东吴。越罗与楚练,照耀舆台躯。"又《昔游》一诗说:"幽燕盛用武,供给亦劳哉。吴门转粟帛,泛海凌蓬莱。"无论是"云帆转辽海,梗稻来东吴",还是"吴门转粟帛,泛海凌蓬莱",都说明这里曾是唐代屯储与转运军粮之处。我国考古工作者在白沙岭、军粮城泥沽至岐口所发现的第 II 贝壳堤,证明军粮城当时正是海河的入海口,军粮城自然就成了唐代经济中心江淮地区与北方军事重镇渔阳之间,漕船由海运转河运的中转站。

二、直沽港的形成

北宋与辽以界河(亦称白沟,相当于今海河和大清河一线)为界,形成南北对峙的局面。虽然在一定的历史阶段,这种对峙形势不利于天津港的发展,但是北宋为了防辽南侵,在西起今保定满城县,东至泥沽海口,建立了一条绵延九百里,由河流、淀泊构成的"深不可舟行,浅不可步涉,虽有劲兵不能渡也"的塘泊防线,并于在界河南岸设置了许多称为"寨(砦)"、"铺"的军事据点,如鲛脐港浦(约在今葛沽附近)、泥沽寨、双港寨、三女寨、小南河寨、百万涡寨等。金代在北宋的基础上,于贞祐元年(1213年)命完颜佐戍直沽寨都统,此为"直沽寨"得名之始。金时,直沽港担负着粮米转运至中都的任务。

随着金代漕运的发展,直沽港成为供应中都宗室、军吏、奴婢等人粮饷和军马草料的重要转运港口。

三、元代直沽港航线的变迁

元初兴海运,对直沽港的建设提出了更新和更高的要求。由于进入界河的海船越来越多,为防大船搁浅,延祐四年(1317年),元政府在直沽海口首次立竿,设立望标于龙山庙前,它对保证海船航行的安全、促进海运发展起到了积极作用,出现了"晓日三岔口,连樯集万艘"的繁忙景象。为适应船舶本身吨位不断增加和数量不断增多的需要,元代主要采取了两项措施:一是开辟从上海至天津的新航道,二是将直沽港码头从三岔口一带向海河下游延伸十多里,这样,直沽港就逐渐成为大型海船的良好泊地,有利于元朝漕运事业的发展。作为皇粮的中转地,元代在直沽建立了不少仓储设施,如广通仓、直沽海运米仓、永备南北仓、广盈南北仓、大京仓、足用仓等。这些仓库的建设表明直沽港开始朝着转运、存储等多方面发展,并使直沽港由一个金代的军事据点转变为具有商业、农业、漕运业的兵民杂居的海防驻戍之地。

元代从刘家港(今江苏太仓浏河镇)到天津界河口的航线,先后有三变:第一条航线是从至元十九年首次粮运,到至元二十八年新航路的开辟,共沿用10年。第二条航线是至元二十九年(1292年)所开,它从刘家港开洋,经撑脚沙(在今江苏常熟璜泾北江中)、成山与刘岛(今山东威海东刘公岛)等诸岛,进入天津界河。第三条航线是至元三十年(1293年)开辟,它从刘家港出发至崇明三沙,东行入黑水大洋至成山,以下大致与至元二十九年新航路同。由于该线至崇明三沙后即避开万里长滩直入黑水洋,取远海航行,顺风十日即可驶达,故此后海运均取这条航道。

第五节　秦皇岛港的曲折发展

一、隋朝建立碣石海港

隋炀帝为了发动对高丽的战争,他在临渝(今山海关)附近修筑"临渝宫",作为其亲征时的驻跸之处。当时,秦皇岛沿海地带统称临渝关,是由涿郡通向辽东的最主要海陆要道。据《隋书·炀帝下》记载:大业八年(612年),炀帝第一次讨伐高丽,其运船从东莱、碣石等地进发,兵力"总一百一十三万三千八百,号二百万,其馈运者倍之。癸未,第一军发,终四十日,引师乃尽,旌旗亘千里。近古出师之盛,未之有也。"同年八月,杨玄感等"敕运黎阳、洛口、太原等仓谷向望海顿(今锦州市东南大凌河海口)"。这次运输的具体航运路线是:从太原仓(潼关西)、洛口仓和黎阳仓起航,船队顺黄河、永济渠,分头入渤海湾;经临渝关碣石海港转至白狼水海口(今大凌河口)的望海顿。可见,碣石海(即秦皇岛港)是其重要的中转港。

二、唐代的平州港

唐代将临渝等地建成了重要的军储之地,《读史方舆纪要》认为,唐太宗曾在山海关一带筑五花城、大人城、洋河城、山西城(在今抚宁县西南五十里)等。故《册府元龟》卷498载:唐朝韦挺曾在河南道各州广征军粮,分贮于营州和大人城等地。其中,我国考古工作者在卢龙城西门外发现了唐代的平州港遗址,那是一处大型的人工修筑码头。

经考察,此港呈顺岸式,南北向,岸壁全部用顺长5~6尺、原高1尺6寸、平宽2尺的条石砌成,共6层,每两块条石为一个间隔,中间条石横向摆放。码头平面条石的连接处,均用铁榫固定。岸壁内侧底部有长城用砖砌筑地基,高5尺,宽4尺,上部为夯土。码头全长等于城西墙的长度码头岸壁至城墙根约 4 丈 5 尺,漕船靠岸时,货物卸下后可直接进城归仓。

三、元代"黑洋河海道"的开辟

宋代,随着天津港地位的不断上升和南北对峙形势的形成,秦皇岛港受到了一定程度的影响,其航运局面出现了明显下降的态势。金灭辽后,金与南宋的海上交通基本中断。毕竟金对秦皇岛的地理位置非常重视,比如,金大定元年(1161 年)12 月,金世宗亲临秦皇岛,改辽西为兴平军;大定二十九年(1189 年)在新安镇建抚宁县等。当时,现今秦皇岛市的格局已基本形成。

元代建立后,为了沟通大都与辽东半岛的海上联系,开辟了"黑洋河海道"。据《永平府志》记载:这条航线所经过该府的口岸有[5]:以滦河为界,由滦河溯水而至永平路治所卢龙,由滦河口继续向东入古碣石海域,经昌黎县的七里海、抚宁县的洋河口和戴河口,最后泊于迁民镇与瑞州总管府(今止锚湾),甚至桃花岛(今菊花岛)。当时,指南针已被应用于航海,且秦皇岛港具有冬季不冻的特点,所以,"若善导之,自辽西右北平无不可通者"。不仅秦皇岛至辽西各沿海口岸"无不可通者",而且秦皇岛到山东登、莱的航线亦"无不可通者"。然而,到元代后期由于朝政日益腐败,社会经济亦逐渐衰落,加上海盗剽劫之患等原因,秦皇岛港的海运开始走向萧条,航线渐渐地陷入不振。

第六节　造船技术

宋代,天津港虽然在整体上处于被封锁的状态,但民间的内河运输一直没有中断。如真宗咸平四年(1001 年),在泥沽海口、章口恢复造船机构,令民入海捕鱼,"先是置船务,以近海之民与辽人往还,辽当泛船直入千乘县。"所以,军粮港和泥沽港海口仍然是界河沿线港口贸易的水运通道。

一、宋代民间木船的结构

图 4 - 9 - 5　天津出土宋船
复圆模型(《文物》)

　　　　　　　1978 年,人们在天津市静海县东滩头出土了一只宋代木船(图 4 - 9 - 5),其船体长 14.62 米,内有 12 组支撑船体的横梁,每组相距 0.66 ~ 0.93 米,而每组横梁均由空梁、底梁各一根及立柱四五根组成,空梁、底梁的两端与船舷相榫接,空梁顶端还透过舷板钉入 3 只铁钉。船口首尾稍向上翘,两舷外凸呈弧形,船舷由船口和舷板构成,其中船口板宽 0.15 米,厚近 0.03 米,它用几块木板相互连接起来,舷板则自上而下分为三级,每级舷板亦都由三两块木板相互连接而成,船舷边缘密布铁钉,以固舷板与船体内相应构件的连结。底板从船首直贯船尾,共由 14 块纵向木板拼成,与船舷底部相接的底板为单重,其余底板为双重,两重底板用规则的成排铁钉钉在一起,船尾封以横向的木板,另有两立木附于尾板外侧,起加固作用。船尾有平衡舵,长 3.9 米,高 1.14 米,舵扇总面积为 858.1 平方厘米,舵轴前面积为 79.2 平方厘米,由于舵扇的一部分置于舵轴的前方,缩短了舵上压力中心与舵轴的距离,减少了转舵力矩,使用起来就更为轻便,据考,此平衡舵是迄今为止世界上最古老的舵[6]。从整个船的结构来看,平底翘首显然更加适宜于内河浅水航行,船底大多都大于船口,既有利于航行的稳定,同时又扩大了船内体积,可见,这是一只非常实用的和具有典型地方特色的河货运船[7]。

为了将磁州窑的精美产品远销朝鲜、日本及东南亚等国家和地区,人们沿子牙河上游,顺滏阳河等各支流顺流东下,在沧州转至黄骅市海丰镇一带出海,史称此地为海上"陶瓷之路"。沿着这条内河航路,人们在邯郸大名、沧州献县、沧州东光县等地出土了宋元时期的沉船,如东光县的宋代沉船长 13 ~ 15 米,其基本结构与天津所出土的宋船相似。

二、元代的漕船建造技术

入元以后，随着河运与海运的恢复和发展，河北地域的港口愈益繁忙，而元代在不断增加漕运量的同时，必然需要很多的船只。至元二十八年(1284 年)八月，负责整治滦河的姚演说："奉敕疏浚滦河，漕运上都，乞应副沿河盖露囤工匠什物，仍预备来岁所用漕船五百艘，水手一万，纤船夫二万四千"。

如何来解决这么多的漕船，元代采取的办法主要是由"近海有力之家"承造。按照这个原则，河北地域的天津、平滦、通州及洋河与戴河口间都成了元代河北的造船基地。

元世祖至元十五年(1278 年)，"发军民九千人，伐木于山及取寺庙、坟墓之树，照付其值"，在"平滦造船"。后又迁至"洋河、戴河口之间"。1978 年，邯郸磁县南开河村出土了 6 艘元代木船，均为用于内河运输的漕船（图 4－9－6），船体都不大，最大的一艘（即 5 号木船）长 16.6 米，宽 2 米，有 11 舱，各舱的大小如下：第一舱长 1.9

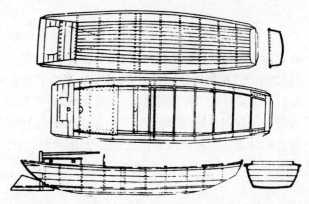

图 4－9－6　磁县出土元代木漕船复原图(《考古》)

米，宽 2 米；第二舱长 1.83 米，宽 2.05 米；第三舱长 1.84 米，宽 2.12 米；第四舱长 1.80 米，宽 2.12 米；第五舱长 1.82 米，宽 2.12 米；第六舱长 1.83 米，宽 2 米；第七舱长 0.45 米，宽 2.15 米；第八舱长 1.45 米，宽 2.15 米；第九舱长 1.80 米，宽 2.15 米；第十舱长 1.10 米，宽 2.05 米；第十一舱长 1 米，宽 2 米。这些船都由杆一、大腊一、占板二、水占板一、边底板一和底板十一所组成，与近代船相比，这些船的特点是：船板的接合是采用齐头错缝平接法；梁板的接合则是采用子母口接合法[8]。

注　释：

[1]　陈鸿彝：《中华交通史话》，中华书局 1992 年版，第 139—140 页。

[2]　李斌城等：《隋唐五代社会生活史》，中国社会科学出版社 2004 年版，第 117 页。

[3]　史卫民：《元代社会生活史》，中国社会科学出版社 1996 年版，第 257 页。

[4][5]　黄景海、沈瑞祥：《秦皇岛港史·古、近代部分》，人民交通出版社 1985 年版，第 68,73 页。

[6]　席龙飞等：《中国科学技术史·交通卷》，科学出版社 2004 年版，第 113 页。

[7]　天津市文物管理处：《天津静海元蒙口宋船的发掘》，《文物》1983 年第 7 期。

[8]　磁县文化馆：《河北磁县南开河村元代木船发掘简报》，《考古》1978 年第 6 期。

第十章　天文科学

从隋至元,中国古代天文学发展到了世界顶峰。在这个历史过程中,河北籍的刘焯、张遂和郭守敬以他们卓绝的天文历法成就,彪炳史册,成为站立在中国古代天文学顶峰的三位科技巨星。张遂所造《大衍历》是唐代最好的历法,他组织完成了世界上最早的对子午线一度弧长度的实测工作;郭守敬是世界上最早发明钟表的人之一,他所研制的"简仪"是世界上最早精密测量天体坐标的仪器,他与王恂等人一起创制的《授时历》,不仅是我国历史上施行最久的历法,而且也是我国古代历法发展到巅峰状态的标志。宣化辽代墓出土的彩色星象画,对于研究中外天文学的交流具有非常重要的意义和价值。

第一节　《皇极历》的创立

张子信对视运动不均匀性的理论解释尚较幼稚,但对后世的天文研究、历法制定有着很重要的意义。祖冲之等人对一些天文常数值的推算也已非常精确,使得这一时期的天文学家在日月食的推算和预报方面取得了很大进展。

图 4 - 10 - 1　刘焯

刘焯(图 4 - 10 - 1),字士元,隋朝经学家、天文学家。信都昌亭(今河北冀州市)人,生于公元 544 年。根据张子信发现的太阳周年视运动和行星运动不均匀性,引进定气创立了《皇极历》,采用定朔、岁差,创立"等间距二次内插法公式"来计算日、月、五星的运行速度。所有这些先进的原理和方法的运用使得《皇极历》成为一部具有里程碑意义上的历法,唐代高宗时李淳风依据《皇极历》造出了《麟德历》,被推为古代名历之一,时人称其为精密。唐初《戊寅历》和李淳风《麟德历》虽然行用一时,但它们的成就均不出刘焯《皇极历》的范围。唐魏征《隋书》"儒林"中介绍刘焯时说:"论者以为数百年以来,博学通儒,无能出其右者。"现代历史学家范文澜在《中国通史》第三册中写道:"隋朝最著名的儒生只有刘焯、刘炫二人。"[1]

隋文帝开皇年间,刘焯与著作郎王劭一起修订国史,并参议律历。他精通天文学,当时,发现隋朝的历法多存谬误,多次建议修改。公元 600 年,他呕心沥血,造出了《皇极历》,很可惜未被采用。但他对天文学的研究达到很高水平。概括起来,刘焯在天文学上的贡献主要有以下三个方面:

(1)创立定气法,编撰《皇极历》。其中首次考虑视运动的不均匀性,并主张改革推算二十四节气的方法,废除传统的平气。他所创立的定气法,到 1645 年被清朝颁行的《时宪历》采用,从而完成了中国历法上第五次也是最后一次大改革;

(2)力主实测地球子午线。据中国史书记载,南北相距一千里的两个点,在夏至的正午分别立一八尺长的测杆,相互之间的影子相差一寸,即"千里影差一寸"的说法。刘焯第一个对此谬论提出异议。后于公元 724 年,唐代天文学家张遂等实现了刘焯的遗愿,并证实了刘焯立论的正确性;

(3)较为精确地计算出岁差。此前,晋代天文学虞喜算出的岁差值是 50 年差 1 度,而刘焯定出了春分点每75年在黄道上西移1度,这与实际的71年又8个月差1度相比,刘焯的计算要精确得多。而后,唐、宋时期,大都沿用刘焯的计算岁差的数值。

除此之外,在天文学其他方面刘焯也有着重要的贡献。比如,编制高精度的月离表(月亮运动不均匀性数值改正表);首创日躔表(太阳周年视运动不均匀性数值改正表);发明精密的交食推算法;改进交食食限、食分的计算方法;首创月入交定日的方法;等等。

刘焯的著述有《稽极》10卷、《历书》10卷、《五经述议》等书,后散失。值得一提的是他的代表作《历书》,本是一部科学价值很高的天文著作,但因与当时在位的太史令张胄玄的观点相左而被排斥。直到多年以后,他的学术观点才逐渐被世人所识。刘焯的创见和一些论断,在当时未被采纳,但却在后世被接受,或在他的研究基础上发展、改进。因而他对科学的贡献是不容磨灭的。

第二节　天文仪器改造与《大衍历》的创立

图 4 - 10 - 2　张遂

张遂(图4-10-2)(673—727年),汉族,邢州巨鹿人(今邢台市)。青年时期就以精通天文、历法而相当出名。但是他为人不媚权贵,21岁出家为僧,取法名"一行"。先后在嵩山、天台山学习佛经和天文历算,后成为中国佛教密宗之祖。曾译《大日经》等印度佛经,并著《宿曜仪轨》、《七曜星辰别行法》、《北斗七星护摩法》和《梦天火罗九曜》等,为把印度佛教中的天文学和星占学纳入中国古代天文学和星占学的体系作出了贡献。经唐王朝多次召请,开元五年(717年)回到长安,四年后奉命主持修编新历。他主张在实测基础上制订历法。

唐代开元九年(721年),据李淳风的《麟德历》几次预报日食不准,唐玄宗命一行(张遂)主持修编新历。一行制定的《大衍历》比较准确地反映了太阳运行的规律,系统周密,表明中国古代历法体系的成熟。

一行(张遂)在科学方面的贡献主要在天文仪器制造、大地测量、编制《大衍历》三个方面。尤其是《大衍历》是当时最精密的历法,这在当时的条件下是很了不起的成就,受到世人的称颂。

一、改进制造天文仪器

受命改治新历的一行,首先策划了为配合改历所需的一系列实测工作,而实测工作的进展离不开测量仪器的应用、改进和制造。

1. 黄道游仪

在一行以前,天文学家包括张衡这样的伟大天文学家都认为恒星是不运动的。当时所用浑天仪上没有黄道环,不能直接测出天体的黄道轨道的坐标。于是,他奏请朝廷:"今欲创历立元,须知黄道进退,请太史令测候星度。"一行提出要制造一架新的仪器,与率府兵曹参军梁令瓒共同制造了观测天象的"浑天铜仪"和"黄道游仪"。一行、梁令瓒所制的黄道游仪,其结构为三重环组。最外一重有三个环,包括地平、子午和卯酉环。其中卯酉环为过天顶和正东、西方向的一个圆环,这一重环组是固定不动的,起骨架作用。最里一重环组是夹有窥管的四游环,它的外圆周是一丈四尺六寸一分,即以四分弧长为角的一度。中间的一重与李淳风的三辰仪相当,所不同的是在赤道环上每隔一度打一个洞,使黄道环能沿赤道环移动,以适应古人所理解的冬至点沿赤道退行的岁差现象。第一次在仪器上体现岁差现象,这在浑仪发展过程中是一个创举。同时,这也是黄道游仪的名称由来。由于黄道和白道的交点也是在不断移动的,因而也在黄道上每隔一度穿一个孔,过一定时间后,就把白道环移动一孔。此外,为了能方便地进行中天观测,黄道游仪中的四根支柱安放在四个斜角方向。

一行用黄道游仪做了许多工作,主要有月亮的运动和恒星的黄、赤道度数(即经度)及去极度(相当于纬度)的测定。其中月亮运动的观测对《大衍历》的制定有很大意义,特别是为交食计算的准确性提供了基础。在恒星观测中发现了恒星位置和南北朝以来的星图、浑象所标的位置已经有所不同。他是第一个发现恒星运动的人,比起欧洲真正测量恒星运动要早近10个世纪。根据这些实测结果,《大衍历》采用新的观测数值,革除了沿用了数百年的陈旧数据。一行在恒星观测方面成绩卓著。

2. 水运浑仪与自动报时

一行在天文仪器制造方面的第二件创作,是他与梁令瓒等人合作制造的一台名叫"水运浑天俯视图"的浑天象(简称浑象仪)。水运浑天仪是由水力驱动,能模仿天体运动的仪器,类似于现代的天球仪。另外水运浑天仪上还设有两个木人,用齿轮带动,按刻(古代把一昼夜分做一百刻)击鼓,按辰(合现在两小时)撞钟,集浑天象与自鸣钟于一体。《旧唐书》对此台仪器的结构有详细的记载:"铸铜为圆天之象,上具列宿赤道及周天度数。注水激轮,令其自转,一日一夜,天转一周。又别置二轮络在天外,缀以日月,全得运行。每天西转一匝,日东行一度,月行十三度十九分度之七,凡二十九转有余而日月会,三百六十五转而日行匝。仍置木柜以为地平,令仪半在地平下,晦明朔望,迟速有准。又立二木人于地平之上,前置钟鼓。以辰刻,每一刻自然击鼓,每辰则自然撞钟。当时共称其妙。"这种水运浑天仪很有规律地演示出日、月、星象的运转,比张衡的水运浑象更加精巧、复杂。自动鸣钟设置可以说它是现代钟表的祖先,比公元1370年西方出现的威克钟要早6个世纪,充分显示了我国古代劳动人民和科学家的聪明才智。

3. 覆矩

根据《旧唐书·天文志》记载:"以覆矩斜视,北极出地","以图(即覆矩图)校安南,日在天顶北二度四分"。为了测量北极仰角,一行设计了一种叫"覆矩"的测量工具,还根据观测数据绘制了《覆矩图》24幅。关于覆矩的式样,史料没有详细记载。根据考证,"矩"在中国古代天算典籍中有两种含义:一是形似木工曲尺的平面区域,即所谓的"积矩";一是勾股形中的勾边加股边夹一直角构成的直角折线,即所谓的"矩线"。"覆矩"当理解为将积矩开口向下。该仪器在一行领导的天文大地测量活动中,起到了非常重要的作用。

二、组织子午线测量

唐代开元十二年,张遂主持了全国大规模的天文大地测量,其中南宫说等人在白马、浚仪、扶沟、上蔡(今河南南北方向上的四个地方)所测的当地北极出地高度、夏至日影长度以及它们之间的南北距离最有价值。这次测量,用实测数据彻底地否定了历史上的"日影一寸,地差千里"的错误理论,提供了相当精确的地球子午线一度弧的长度。

这次大规模的天文测量主要目的有两个:其一,验证"日影一寸,地差千里"理论的真伪。南朝宋时期的天算家何承天根据当时在交州(今越南河内一带)的测量数据,开始对此提出了怀疑,但长期未能得到证实。隋朝刘焯则提出了用实测结果来否定这一错误说法的具体计划,"焯今说浑,以道为率,道里不定,得差乃审。既大圣之年,升平之日,厘改群谬,斯正其时。请一水工,并解算术士,取河南北平地之所,可量数百里,南北使正,审时以漏,平地以绳,随气至分,同日度影,得其差率,里即可知。则天地无所匿其形,辰象无所逃其数,超前显圣,效象除疑。"但这个建议在隋朝没有被采纳。其二,当时发现,观测地点不同,日食发生的时刻和所见食象都不同,各节气的日影长度和漏刻昼夜分也不相同。这种现象是过去的历法所没有考虑到的。这次测量过程中,由太史监南宫说及太史官大相元太等人分赴各地,"测候日影,回日奏闻"。当时测量的范围很广,北到北纬51度左右的铁勒回纥部(今蒙古乌兰巴托西南),南到约北纬18度的林邑(今越南的中部)等13处,超出了现在中国南北的陆地疆界。这样的规模在世界科学史上都是空前的。而一行"则以南北日影较量,用勾股法算之"。可见,一行不仅负责组织领导了这次测量工作,而且亲自承担了测量数据的分析计算工作。

根据测量数据,一行计算出:北极高度差 1 度,南北两地相隔 351 里 80 步,这个数据实质上就是地球子午线上 1 度的长度。据估算,唐开元时,5 尺为 1 步,300 步为 1 里,1 尺为 24.56 厘米。351 里 80 步折合为现代的 131.3 公里。而利用现代科技计算出的子午线 1 度为 111.2 公里。二者相比,误差为 20 公里。虽然不十分精确,却是世界上大规模测量子午线的开端,有极其宝贵的科学价值。在国外,最早实测子午线的是阿拉伯天文学家阿尔·花刺子模等人在公元 814 年进行的,比一行等人的测量要晚 90 年。

三、《大衍历》的科学内容

在大量天文观测的基础上,开元十三年(725 年)一行(张遂)开始编制《大衍历》,开元十五年(727 年)完成初稿后去世,后经张说、陈玄景等人整理,开元十七年颁行全国。《大衍历》分历术 7 篇、略例 3 篇,历议 9 篇,编排得条理分明、结构严谨,堪称后来其他历法的楷模。

1. 九服晷影算法及其正切函数表

隋朝刘焯发明二次等间距插值法之后,李淳风首先将二次插值法引入到漏刻计算中,由每气初日的漏刻、晷影长度数求该气各日的漏刻、晷影数。但是,各历法中所记载和计算的漏刻和晷影大多是阳城(今河南登封东南告成镇)的数值。

一行在《大衍历》中发明了求任何地方每日影长和去极度的计算方法,叫作“九服晷影”。历法中已给出阳城各气初日的太阳去极度,则各气的去极度差即为已知,同样各气的太阳天顶距差亦为已知,而这个差数对于任一地点都是相等的。这样一来,对于任一地方,只要知道某一节气(如夏至)的太阳天顶距,其他各气的太阳天顶距都可以通过加减这个差数求出。剩下还要解决以下两个问题:其一,如何求某地夏至(或冬至)的太阳天顶距;其二,已知天顶距如何换算出晷影长。这两个问题都可以通过建立一个影长与太阳天顶距的对应数表来解决。如果列出一张以天顶距为引数,每隔一度的影长的数值表,则以上两个问题都可以解决:先在所测地测出(冬)夏至晷影长度(在一行领导的大地测量中,在每处都进行了这样的测量),由影长查表得出太阳天顶距,再加减一个如前所述的差数即可求出该地各气的天顶距,返回再查表得影长。

一行在《大衍历》“步晷漏术”中建立了一个从 0 度到 80 度的每度影长与太阳天顶距对应数表。这是世界数学史上最早的一张正切函数表。在国外,阿拉伯学者阿尔·巴坦尼(al-Battani,约公元 858—929 年),大约在 920 年左右根据影长与太阳仰角之间的关系,编制了 0 度到 90 度每隔一度时 12 尺竿子的影长的余切函数表。另外一位阿拉伯学者阿尔·威发(Abul – Wafa,公元 940—998 年),则在 980 年左右,编成了正切和余切函数表。而一行的正切函数表比阿尔·巴坦尼的余切函数表早近两百年,比阿尔·威发的正切表要早 250 年[2]。《大衍历》以定气(见二十四节气)来计算太阳的视运动,在计算中一行发明了不等间距的二次差内插法,还提出“食差”的概念,并对不同地方、不同季节分别创立了被称为“九服食差”(九服是各地的意思)的经验公式,这实际上是对周日视差影响交食的一种改正,由于这种改正,日月食的预报更加精确了。

2.《大衍历》的插值算法

今天常用的牛顿插值公式,其不等间距的形式比等间距的形式要复杂得多。天算史界有一种流行的看法,认为在中国古代,唐朝天文学家、数学家一行在其《大衍历》中发明了二次不等间距插值法,且一行还有意识地应用了三次差内插法近似公式。因此,一行在插值法方面的贡献备受中外天算史研究者的关注。

中国古代非线性插值法,是刘焯在其《皇极历》(604 年)中考虑到太阳运动不均匀性为计算太阳行度改正值时首创的。有关中国古代插值法的算理研究的新成果表明,刘焯二次等间距插值法的造术原理建立在源于《九章算术》描述匀变速运动的模型基础之上,认为太阳每日的运行速度值构成一个等差数列。也就是构造一等差数列并求其前若干项的和。就插值算法本身,一行算法与刘焯算法实质基本相同[3],一行的插值法并没有人们所想象那样的推广意义。所不同的是,《皇极历》是在以平气为间隔的日躔表基础上插值,而《大衍历》是在以定气为间隔的日躔表上插值。

《大衍历》盈缩分一年内的变化趋势将盈缩分在冬至附近最大,以后逐渐变小,夏至时最小,之后又逐渐增大。这相当于把冬至作为太阳视运动的近日点,夏至为远日点。说一行有意识地应用了三次差内插法的近似公式,是指《大衍历》的月亮极黄纬算法和五星中心差改正算法中所用的插值法。当对中国古代历法中的插值法的构造原理有了深入的认识之后,研究者进一步通过将这两处插值法的有关术文与刘焯二次等间距插值法的术文进行对比研究,证明两者在实质上也是相同的。人们之所以会认为《大衍历》使用了三次差插值法,是因为《大衍历》在上述两种算法的插值法中都引入了"中差"概念的缘故。

3. 正确掌握太阳在黄道上视运行速度变化的规律

《大衍历》最突出的贡献是比较正确地掌握了太阳在黄道上视运行速度变化的规律。

总之,《大衍历》是一行在全面研究总结古代历法的基础上编制出来的。它把过去没有统一格式的我国历法归纳成七部分:第一,计算节气和朔望的平均时间(步中朔术);第二,计算七十二候(五日算一候,用鸟兽草木的变化来描述气候的变化)(步发敛术);第三,计算太阳的运行(步日躔术);第四,计算月亮的运行(步月离术);第五,计算时刻(步轨漏术);第六,日食和月食的计算(步交会术);第七,计算五大行星的运行(步五星术)。这种编写方法,内容系统,结构合理,逻辑严密,因此在明朝末年以前一直沿用。足见大衍历在我国历法上的重要地位。

第三节　《授时历》的创立与天文仪器研制

水运浑天的方法是张衡所创,但其制度没有传下来。到了唐梁令瓒时代,这个方法才又重新使用,并加以改进,渐趋完备。北宋苏颂等人的水运仪象台卜以水为动力,带动一套精密的机械,既可观测天体,又可演示天象,还能自动报时,成为世界上著名的天文钟。元代郭守敬制作的简仪等在同类型天文仪器中居于世界领先地位。

郭守敬(1231—1316 年),字若思,邢台人。公元 13 世纪世界上杰出的科学家。在天文学方面的贡献包括与王恂等人一起主持制定了《授时历》(图 4 - 10 - 3),天文历法著作有《推步》、《立成》、《历议拟稿》、《仪象法式》、《上中下三历注式》和《修历源流》等 14 种,共 105 卷。在天文仪器的创制和改进方面有自己独到的科学贡献,推动了科学技术的发展。他创制了包括简仪、圭表、候极仪、浑天象、仰仪、立运仪、景符、窥几等 20 多件天文仪器仪表,而且还在中国各地

图 4 - 10 - 3　郭守敬铜像与《授时历》

设立 27 个观测站,进行了大规模的"四海测量"。

郭守敬的祖父郭荣是金元之际一位颇有名望的学者,精通五经,熟知天文、算学,擅长水利技术。郭荣一面教郭守敬读书,一面领着他去观察自然现象,体验实际生活。郭守敬自小就喜欢自己动手制作各种器具。"生来就有奇特的秉性,从小不贪玩耍"[4]。他从小对自然现象就很感兴趣,特别爱好天文学,在邢台西紫金山跟刘秉忠上学时,曾创造过一些天文仪器的模型。

13 世纪末叶,元结束了长期分裂局面,统一了全国。至元十三年(1267 年),元世祖忽必烈从巩固

其封建统治出发,顺应当时历史发展的要求,重视发展农牧业生产,就决定改革历法,派王恂主持这项工作。郭守敬首先提出:"历之本在于测验,而测验之器,莫先于仪表"的革新主张。他认为只有打破陈规,根据天象观察、实验,才能定出比较准确的历法。至元十八年(1272 年),《授时历》颁行不久,王恂病逝。那时候,有关这部新历的推步法则和各种表格等都还是一堆草稿,不曾整理。郭守敬最终把它们整理编辑起来,写成《推步》7 卷,《立成》2 卷,《历议拟稿》3 卷,该部分就是《元史·历志》中的《授时历经》。

一、《授时历》的编制

天文研究在观测天象的基础上进行,而观测天象又有赖于仪器和计时的发展。天文仪器的制作与改进,历法的不断更迭发展,成为天文学发展的关键。《大衍历》之后,元代郭守敬等人的《授时历》成为中国历法史上的另一座高峰。经过前后数百年的努力,历法所反映的天体运动规律,即治历的基本原理已被古代天学家们大致掌握,欲使历法有所改进,唯有在数据及其处理方法上下工夫,《授时历》便是在这方面作出努力并获得成功的典范。其基本数据全凭实测,打破古来治历旧习,开创后世新法之源。明代遵用《大统历》,其法沿用《授时历》。郭守敬的《授时历》比现行公历的确立早300 年。

二、制造、改进天文仪器

郭守敬首先检查了大都城里天文台的仪器装备。浑仪是当年金兵攻破北宋京城汴京(今河南开封)以后抢到燕京来的。因为汴京的纬度和燕京相差约 4 度多,不能直接使用。郭守敬起初对旧仪器加以改造,暂时使用。但在天文观测必须日益精密的要求面前,仍然显得不相适应,不得不创制一套更精密的仪器。他创制的天文仪器包括四大类计 22 种:天文观测仪器(含简仪、圭表、景符、窥几、仰仪)、计时仪器(含宝山漏、丸表、赤道式日晷、星晷定时仪、行漏、大明殿灯漏、柜香漏、屏风香漏)、天象演示仪器(含玲珑仪、证理仪、日月食仪、浑象、水运浑天漏)、安置校正仪器(含候极表、正方案、悬正仪、座正仪)。它们在结构、设计、精度等方面,都达到或远远超过了当时欧洲的最高水平。景符、窥几、圭表的配合使用,对天象观测的准确性起了关键的作用。

古代在历法制定工作中所要求的天文观测主要是两类:一类是测定二十四节气,特别是冬至和夏至的确切时刻;用的仪器是圭表。一类是测定天体在天球上的位置,应用的主要工具是浑仪。

1. 改进圭表

圭表是中国创制最古老、使用最熟悉的一种天文仪器。这种仪器看起来极简单,用起来却会遇到以下困难:一是表影边缘并不清晰。阴影越靠近边缘越淡,到底什么地方才是影子的尽头,这条界线很难划分清楚。影子的边界不清,影长就量不准确;二是使用圭表时测量影长的技术不够精密。古代量长度的尺一般只能量到分,往下可以估计到厘,即十分之一分。按照千年来的传统方法,测定冬至时表影的长,如果量错一分,就足以使按比例推算出来的冬至时刻有一个或半个时辰的误差;三是旧圭表只能观测日影。星、月的光弱,旧圭表就不能观测星影和月影。对这些问题,唐、宋以来的科学家们已经做过很多努力,始终没有很好地解决。

郭守敬首先分析了造成误差的原因,找出克服困难的办法。首先,他想法把圭表的表竿加高到 5 倍,因而观测时的表影也加长到 5 倍。表影加长了,按比例推算各个节气时刻的误差就可以大大减少;其次,他创造了一个叫做"景符"的仪器,使照在圭表上的日光通过一个小孔,再射到圭面,那阴影的边缘就很清楚,可以量取准确的影长;第三,他还创造了一个叫做"窥几"的仪器,使圭表在星和月的光照下也可以进行观测。他还改进量取长度的技术,使原来只能直接量到"分"位而提高到能够直接量到"厘"位,原来只能估计到"厘"位的提高到能够估计到"毫"位。

郭守敬的圭表改进工作大概完成于1277年夏,当年冬天已经开始用它来测日影。因为观测的急需,最初的高表柱是木制的,后来才改用金属铸成。现在河南登封县告成镇还保存着一座砖石结构的观星台,其中主要部分就是郭守敬的圭表(4-10-4)。这圭表与大都的圭表又略有不同,它因地制宜,利用这座高台的一边作为表,台下用36块巨石铺成一条长10余丈的圭面。当地人叫"量天尺"。

图4-10-4　河南登封告成镇的古观象台(右)和圭表(左)

2. 改进浑仪,制作简仪

据考证[5],浑仪在秦汉时期就已由中国天文家发明成功,唐、宋以来历代都有发展。因为这个仪器的外形像一个浑圆的球,所以称为浑仪。它是中国古代天文仪器中一件十分杰出的创作。浑仪的结构也有很大的缺点。一个球的空间是很有限的,在这里面大大小小安装了七八个环,一环套一环,重重掩蔽,把许多天空区域都遮住了,这就缩小了仪器的观测范围。另外,有好几个环上都有各自的刻度,读数系统非常复杂,给观测者使用时有诸多不便。郭守敬针对这些缺点作了很大的改进。

郭守敬改进浑仪的主要想法是简化结构,将浑仪化为两个独立的观测装置,赤道经纬仪和地平经纬仪,安装在一个底座上,每个装置都十分简单实用,而且除北极星附近以外,整个天空一览无余。因此,古人称这种装置为"简仪"(图4-10-5,图4-10-6)。

图4-10-5　浑仪(南京紫金山天文台)

简仪的上部有4道圈,由上至下,依次是定极环、四游环、赤道环和百刻环。赤道环与百刻环紧挨在一起。位于顶部的是定极环,环口内径约当天球上6度。当时,以天枢星为北极星,并测定它离天球北极还有3度。在简仪南下方观测时,天枢恰好沿定极环内缘每昼夜转动1周。定极环中有十字斜交的两根档子,中心相交处有个直径5厘米的小孔,这个小孔正对着天球的北极。定极环下面是四游环。四游环是测定天体去极度用的。利用四游环和赤道环及附属的界衡,可以测定天体的入宿度。利用百刻环与四游环跟界衡,可以

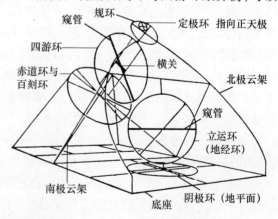

图4-10-6　简仪结构注释图

测定地方真太阳时。通过数学计算，可以推算出黄道坐标来，所以能够省略掉黄道圈。四游环独立于赤道环之上，从而避免了多环遮掩的弊病。赤道环可以在固定的百刻环上转动。一个扁平的大铜圈在另外一个扁平大铜圈上旋转，滑动摩擦的阻力很大，旋转起来必然很费劲。郭守敬在"百刻环内广面卧施圆轴四，使赤道环旋转无涩滞之患"[6]，即在两环之间平放四个圆筒形的短铜棒，让两个接触面之间，由原来的滑动摩擦改变为滚动摩擦，旋转起来非常灵便。它可以说是近代滚球轴承和滚筒轴承的祖先。郭守敬发明和应用的轴承，比西方文艺复兴时期达·芬奇设计滚筒轴承大约要早两个世纪。

简仪的下部有两道圈，是地平经纬仪。竖直的由东向西转动的是立运环，当旋转窥衡瞄准日月星辰时，可以测量天体的地平高度。平卧在下面的是阴纬环，用以测量天体的方位角。原先的浑仪只能测天体在中天时的地平高度，无法用来测量天体的方位角和处于其他位置的地平高度。

简仪是按赤道坐标系统制造的天文观测工具，但通过数字计算完全可以求出黄道坐标系统的数据。郭守敬于至元十六年（1279 年）制成的简仪，在天文学史上，是一项伟大的发明创造。欧洲第一台赤道仪是丹麦的第谷·布拉赫在 1576 年制造的，比郭守敬的要晚 300 年。

郭守敬简仪的刻度划分非常精细。以往的仪器一般只能读到 1 度的 1/4，而简仪却可读到 1 度的1/36，精密度一下子提高了很多。这架仪器一直到清初还保存着，后来被在清朝钦天监中任职的一个法国传教士纪理安拿去当废铜销毁了。现在只留下一架明朝正统年间（1436—1449 年）的仿制品，保存在南京紫金山天文台。郭守敬用这架简仪作了许多精密的观测，其中的两项观测对新历的编算有重大的意义。

3. 创制"正方案"

"正方案"（图 4 - 10 - 7）是一种测定方向及水平的天文仪器。在郭守敬研制的"正方案"中，利用了水"莫动则平"的特性，用以校正板面的水平。在一块方形平板内画有许多同心圆，并在同心圆上刻弧度数，圆心立一臬，其"四周去边五分为水渠"，"凡欲正四方，置安平地，注水于渠，视平，乃置臬于中。"郭守敬利用同心圆制作的"正方案"，比指南针还要准确，是当时世界上最精确的测定方向的仪器。

图 4 - 10 - 7　正方案

4. 创造仰仪

仰仪（图 4 - 10 - 8）是采用直接投影方法的观测仪器，非常直观、方便。其主体是一只直径约一丈二尺（元代天文尺）的铜质半球面，它的形状好像一口仰放着的大锅，因而得名。仰仪的内部球面上，纵横交错地刻划出一些规则网格，用来量度天体的位置。在仰仪的锅口上刻有一圈水槽，用来注水校正锅口的水平，使其保持水平设置；在水槽边缘均匀地刻划出 24 条线，以示方向。在正南方的刻线上安置着两根十

图 4 - 10 - 8　仰仪

字交叉的竿子，呈正南北方向，一直延伸到仰仪的中心，把一块凿有中心小孔的小方板装在竿子的北端，并且小方板可以绕着仰仪中心旋转。当太阳光透过中心小孔时，在仰仪的内部球面上就会投影出太阳的映像，观测者便可从网格中直接读出太阳的位置。尤其在日全食时，利用仰仪能清楚地观看日食的全过程，连同每一个时刻，日面亏损的位置、大小都能比较准确地测量出来。

人们可以避免用眼睛逼视那光度极强的太阳本身，就看明白太阳的位置，这是很巧妙的。虽然伊斯兰天文家在古时候就已经利用日光通过小孔成像的现象观测日食，但他们只是利用一块有洞的板子来观测日面的亏缺，帮助测定各种食象的时刻罢了，还没有像仰仪这样可以直接读出数据的仪器。

5. 设计"窥几"

为了能科学地测量出月亮、星星的影长，郭守敬还设计了名为"窥几"的附属仪器实现了"无影测影"。窥几（图 4 - 10 - 9）好像是一张面上开有长缝的长方桌，几案正中沿长度方向开有一条缺口。

图 4 - 10 - 9　窥几

几面狭缝中有两根界尺,称为"窥限"。将窥几顺着南北方向放在圭面上,人在几下观测。观测时,使两根窥限分别与天体及圭表上的横梁上下边缘成一直线,然后取两窥限的中值,由此可算出天体在圭面上的"影长"。由于巧妙地运用了光的直线传播原理,大大提高了观测精度。

6. 大明殿七宝灯漏

元世祖至元十三年(1267 年),郭守敬研制了用于计时的机械钟——大明殿灯漏,又称七宝灯漏(图 4 - 10 - 10)。"大时殿七宝灯漏"是我国第一个从天文仪器中独立出来的,以水为动力,自动报时的机械钟。它通高一丈七尺,上下两部组成。上部为附件,有曲梁、中梁构成,主要是测量仪器水平而设置的,其下部是主体,据《元史·天文志》记载"……上环有四神,旋当是月参辰之所在,左转日一周,次为龙、虎、鸟、龟之象,各居其方,依刻跳跃,绕鸣以应于内。又吹周分百刻,上列十二神,各执其牌,至其时,四门通报。又一个当门内,常以手指其刻数。下四隔:钟、鼓、钲、铙各一个,一刻鸣钟、二刻鼓、三钲、四铙,初正皆如此。"可见郭守敬在"大明殿七宝灯漏"的设计上,改变了传统的仪器水平装置。从这些文字记载看,它很像是北宋的苏颂和韩公廉于 1088 年制成的水运仪象台,由动力机构、浑仪浑象、计时报时机构三部分组成。他的创新主要是用新方法使仪器水平,用重力作为推动力,有跳跃报时的动物模型,凸轮结构也很复杂,实际上是一架大型水力驱动的机械报时钟,也是简单机械的联合应用之一。它的发展反映了人们在控制等速运动方面的成果。相比荷兰科学家惠更斯(1629—1695 年)用摆来控制的时钟,要早 380 年。

图 4 - 10 - 10　七宝灯漏

三、建造大都天文台

至元十三年(1276 年)元军攻下南宋都城临安后,忽必烈打算编修新历法,于是设立太史局(后改太史院),任命王恂为太史令,组织金、宋两朝司天监的人员集中到大都(今北京),再加上新选拔的一些人才,组成了一支庞大的也是最为先进的天文学队伍,郭守敬就是其中一员。至元十六年(1279)春,在大都东城墙开始兴建大都天文台,当时称为"司天台",也叫"灵台",用于观测天象。郭守敬开始负责仪器与观察,后来担任第二任太史令。司天台高 7 丈,共 3 层,第一层名"官府",即太史院长官办公的地方;第二层有 8 室,分别用于收藏多种天文仪器及历代天文图集;顶层的平台上,陈放着各种天文仪器,简仪、正方案和仰仪等,用于实际观测。司天台下右侧树立高约 40 尺的圭表,左侧筑一小台,上置玲珑仪。该天文台在当时不论从规模、人员、设备等都是世界上最大、最多、最完善的天文台之一。可惜的是,元末明初,司天台毁于战火,剩余设备全部运往南京的鸡鸣山观星台。

四、组织四海测验

至元十六年(1279 年),郭守敬任同知太史院事,郭向元世祖忽必烈建议"唐开元年间,令南宫说天下测影,书中见者有十三处,今疆域比唐代大,若不远方测验,日月交食分数,时刻不同,昼夜长短不同,日月星辰去天高下不同,即日测验人少可先南北立表取直测影"。元世祖接受了郭守敬的建议,派 14 位监候官,到当时国内 27 个地点,东起朝鲜半岛,西至川滇和河西走廊,北到西伯利亚,进行几项重要的天文观测,告成观星台就是当时 27 处观测站之一,在其中的 6 个地点,特别测定了夏至日的表影长度和昼、夜的时间长度。这就是历史上有名的"四海测验"。

郭守敬从上都(多伦),大都(北京)开始历经河南转抵南海跋涉数千里,亲自参加了这一路的重要测验。当时,观测的结果得出:"河南府阳城北极出地三十四度太弱"。他组织的这次四海测验的测量内容之多,地域之广,精度之高,规模之大,在我国历史上乃至世界天文史上都是空前的,比西方进行同样的大地测量早了 620 年。郭守敬根据"四海测验"的结果,并参考了 1 000 年的天文资料,70 多种历法,互相印正对比,排除了子午线日月五星和人间吉凶相连的迷信色彩,按照日月五星在太空运行的自然规律,使得《授时历》有了充分的实测依据。

五、进行星图定位

星图是天文学家观测星辰的形象记录,它真实地反映了一定时期内,天文学家在天体测量方面所取得的成果。同时,它又是天文工作者认星和测星的重要工具,其作用犹如地理学中的地图。北京图书馆藏古抄本《天文汇抄》是一部重要的天文学著作。书中绘有全天星图,并给出 739 颗星的坐标值,是中国古代重要的星表之一。经多方考证和分析,它应是元代郭守敬恒星观测成果的一部分[7]。

郭守敬对周天列宿诸星进行了详细测定。

1. 黄道和赤道交角的测定

赤道是指天球的赤道。地球悬空在天球之内,设想地球赤道面向周围伸展出去,和天球边缘相割,割成一个大圆圈,这圆圈就是天球赤道。黄道就是地球绕太阳作公转的轨道平面延伸出去,和天球相交所得的大圆。天球上黄道和赤道的交角,就是地球赤道面和地球公转轨道面的交角。这是一个天文学基本常数。这个数值从汉朝以来一直认定是 24°,一千多年来始终没有人怀疑过。实际上这个交角年年在不断缩减,只是每年缩减的数值很小,只有半秒,短期间不觉得。可是变化虽小,积累了一千多年也就会显出影响来的。黄、赤道交角数值的精确与否,对其他计算结果的准确与否很有关系。因此,郭守敬首先对这沿用了千年的数据进行检查。果然,经他实际测定,当时的黄、赤道交角只有 23°90′。这个是用古代角度制算出的数目。古代把整个圆周分成 365 度,1 度分作 100 分,用这样的记法来记这个角度就是 23°90′。换成现代通用的 360° 制,那就是 23°33′23″.3。根据现代天文学理论推算,当时的这个交角实际应该是 23°31′58″.0。郭守敬测量的角度实际还有 1′25″.3 的误差。这在当时世界范围内是最精确的数字。元代前后,有不少天文学家测定过黄赤交角。如 10 世纪初的著名阿拉伯天文学家阿尔·巴塔尼测得为 23°53′,15 世纪中亚天文学家兀鲁伯测得为 23°30′20″,均没元代郭守敬所测精确。

2. 二十八星宿距度的测定

我国古代对于恒星位置的观测,主要是以观测二十八星宿为基础的。古人把黄道附近的星分为二十八宿,每一宿用一星为代表,叫做"距星",两距星之间的距离叫做"距度"。这一距度的测定工作,在古代天文测量中占有重要地位。从汉朝到北宋,中国古代科学家曾进行过 5 次距度测量,测量精确度尽管逐次提高,但总体误差较大。最后的一次在宋徽宗崇宁年间(1102—1106 年)进行的观测为例,其绝对误差总和为 4°32′,平均为 9′。而元郭守敬等人所测绝对误差总和为 2°10′,平均只有 4.5′,比前精确度提高一倍。在编订新历时,郭守敬提供了不少精确的数据,这是新历得以成功的一个重要原因。

另外元代郭守敬等人还对二十八宿中杂座诸星进行了测量,测出前人未命名星 1 000 多颗,总数达 2 500 多颗,而欧洲文艺复兴前所测的星只有 1 022 颗,可见其在世界范围内亦属领先地位。郭守敬因此被后人誉为"测星之王"。在此基础上,编著星表(亦即星图)两册(图 4 - 10 - 11),此星表有恒星的名字又有恒星的坐标,是当时世界上收录恒星数目最多,最先进,最完

图 4 - 10 - 11　郭守敬星图复原图

备的星表[8]。

　　公元 1316 年,郭守敬因病去世,享年 86 岁。1622 年,德国耶稣会传教士汤若望从欧洲来华,他称赞郭守敬是"中国的第谷"(第谷·布拉赫,Tycho Brahe,丹麦天文学家)。为了纪念这位伟大科学家,1962 年,我国发行了绘有郭守敬半身像与简仪两枚纪念邮票。1981 年,国际天文学会在北京召开会议,隆重纪念郭守敬诞辰七百五十周年,国际天文学会,将美国在月球上发现的一座环形山命名为"郭守敬山"。1977 年,经国际小行星研究会批准中国科学院紫金山天文台发现的 2012 号小行星,正式命名为"郭守敬星"。

第四节　宣化辽代的彩色星象画

图 4 - 10 - 12　宣化辽代墓顶部
所绘《星象》

　　我国古代的星图有两种形式:一是用于装饰的示意性星图,像绘制于建筑物体或墓葬中的星图;二是用于专业学习和研究性质的星图,像汉代的盖图、隋代的横图及宋代的半球式星图等。1971 年 4 月,人们在张家口宣化发现了 1 座属于 11 至 12 世纪的 9 座辽国墓葬,其中张世卿墓顶所绘星象图(图 4 - 10 - 12)最为精彩。

　　这幅星象图位于墓顶的正中间,圆形,直径 2.7 米,绘于辽天庆六年(1116 年)。图的中央用红、白、黑 3 种颜色绘成 18 瓣垂莲花图案,在图案的中心部位嵌着一个圆形铜镜,象征宇宙,四周饰以白灰,表示天空,围绕垂莲花则绘有 9 颗行星,表示日、月、火、水、木、金、土、罗睺、计都。在 9 颗行星的外一圈,绘着我国古代的二十八宿。在二十八宿的外一圈则绘有古巴比伦的黄道十二宫。这样,以中国古代二十八宿为主,吸取古代巴比伦黄道十二宫之说,组成中外合璧的星图,这是第一次发现。于是,这幅星象图就为研究我国古代天文史和中外文化交流史提供了新的珍贵史料。

注　释:

[1]　范文澜主编,蔡美彪续:《中国通史·第三册》,人民出版社 1994 年版。

[2]　刘金沂、赵澄秋:《唐代一行编成世界上最早的正切函数表》,《自然科学史研究》1986 年第 4 期。

[3]　曲安京、纪志刚、王荣彬:《中国古代数理天文学探析》,西北大学出版社 1994 年版,第 251—317 页。

[4]　林崇德主编:《中国少年儿童百科全书》,浙江教育出版社 1991 年版。

[5]　马王堆汉墓帛书整理小组:《马王堆汉墓帛书〈五星占〉释文》,载《中国天文学史文集》,北京科学出版社 1978 年版,第 1—13 页。

[6]　中国大百科全书编委会:《中国大百科全书·天文学卷》,中国大百科全书出版社 1993 年版。

[7]　陈鹰:《〈天文汇抄〉星表与郭守敬的恒星观测工作》,《自然科学史研究》1986 年第 4 期。

[8]　潘鼐、郭守敬:《〈新测二十八宿杂坐诸星入宿去极〉考证》,《中国科学院上海天文台年刊》1988 年。

第十一章　传统数学科技

13 世纪,李冶与秦九韶、杨辉、朱世杰一起被誉为宋元四大卓越的数学家,代表着此段历史时期中国古代数学发展的最高水平。此时,以增乘开方法为主导开方术发展为求高次方程正根的完备方法。李冶的《测圆海镜》围绕 1 个圆与 15 个勾股形的关系,展开了 170 道问题,使我国古代的纯数学研究水平发展到了一个新的历史高度。朱世杰《四元宝鉴》"或问歌象门"是现存数学著作中最早用诗词歌诀编写算题者,他的多元高次方程组解法和高次招差法公式,都达到了超前世界数学的先进水平。

第一节　天元术与《测圆海镜》、《益古演段》

一、李冶的数学研究

13 世纪,中国形成了南北两个数学研究的中心。南方的数学研究中心在长江下游地区,北方的数学研究中心在太行山两侧,其中山西崞县桐川位于太行山西侧,而石家庄元氏县封龙山则位于太行山的东侧。

李冶(1192—1279 年),原名木子冶,字仁卿,号敬斋,因与唐高宗同名,后更名为冶,真定栾城(今石家庄栾城县)人。李冶自幼聪敏,喜爱读书,曾在元氏县(今石家庄元氏县)求学,对数学和文学都很感兴趣。1230 年,李冶赴洛阳应试中进士,授高陵(陕西高陵县)主簿,未到职,后调任钧州(今河南禹县)知事。为官清廉、正直。1232 年,钧州被蒙古兵攻占,李冶不愿投降,只好换上平民服装,北渡黄河避难。经过一段时间的颠沛流离之后,李冶定居于崞山(今山西崞县)之桐川。1234 年初,金朝的灭亡给李冶生活带来不幸,但由于他不再为官,这在客观上使他的科学研究有了充分的时间。他在桐川的研究工作是多方面的,包括数学、文学、历史、天文、哲学、医学。其中最有价值的工作是对天元术进行了全面总结,写成数学史上的不朽名著——《测圆海镜》。李冶的《测圆海镜》12 卷在 1248 年完稿。它是我国现存最早的一部系统讲述天元术的著作[1]。

1251 年,李冶的经济情况有所好转,结束了在山西的避难生活,定居于石家庄元氏县封龙山下,收徒讲学,与元好问、张德辉交往密切,时人尊称为"龙山三友"。1257 年,在开平(今内蒙古正蓝旗)接受忽必烈召见,提出一些进步的政治建议。1259 年在封龙山写成另一部数学著作——《益古演段》。1265 年应忽必烈之聘,去燕京(今北京)担任翰林学士知制诰同修国史官职,因感到在翰林院思想不自由,第二年辞职还乡。

李冶是一位多才多艺的学者,除数学外,在文史等方面也深有造诣。晚年完成的《敬斋古今注》与《泛说》是两部内容丰富的著作,是他积多年笔记而成。《泛说》一书已失传,仅存数条于《敬斋古今注》附录。他还著有《文集》40 卷与《壁书丛制》12 卷,已佚。1279 年,李冶病逝于元氏。

二、李冶的治学态度与科学精神

1. 在极端艰苦的条件下坚持数学研究，从不间断

李冶一生清贫，"饥寒至不能自存"的日子时有出现，但他"仍处之泰然，以讲学著书为乐，"元世祖忽必烈曾多次召见，下诏要他当官，但他多次辞官不做。工作条件是十分简陋的，不仅居室狭小，而且常常不得温饱，要为衣食而奔波。但他却以著书为乐，从不间断自己的写作。有人赋诗相赠："一代文章老，李车归故山。露浓山月净，荷老野塘寒。茅屋已知足，布衣甘分间。世人学不得，须信古今难。"《真定府志》也载，李冶"聚书环堵，人所不堪"，但却"处之裕如也"。他的学生说他"虽饥寒不能自存，亦不恤也"，在"流离顿挫"中"亦未尝一日废其业"。在病危时对其子说："测圆海镜一书，虽九九小数，五常精思致力焉，后世必有知者。"

2. 坚持科学真理，不为闲言蜚语所动

数学研究在当时社会是被轻视的，李冶的工作很少得到当时学者的理解。《测圆海镜》和《益古演段》两书，是在他逝世后30年才得以出版的。

3. 善于接受前人知识，取其精华

有人问学于李冶，他回答说："学有三：积之之多不若取之之精，取之之精不若得之之深"。这就是说，要去其糟粕，取其精华，并使它成为自己的东西。

4. 反对文章的深奥化和庸俗化，主张文章为别人而作

李冶在《益古演段》序中说："今之算者，未必有刘（徽）李（淳风）之工，而编心踽见，不肯晓然示人唯务隐互错揉故为溪滓黯哭，唯恐学者得窥其仿佛也。"他的《益古演段》就是在这种主张下写成的著作。

三、天元术与《测圆海镜》

李冶在数学上的主要成就是总结并完善了天元术，使之成为中国独特的半符号代数。这种半符号代数的产生，要比欧洲早300年左右。他的《测圆海镜》是天元术的代表作，而《益古演段》则是一本普及天元术的著作。

1. 洞渊的九容公式与天元术求圆径

所谓天元术，就是一种用数学符号列方程的方法，"立天元一为某某"与今"设 x 为某某"是一致的。在我国，列方程的思想可追溯到汉代的《九章算术》，书中用文字叙述的方法建立了二次方程，但没有明确的未知数概念。到唐代，王孝通已经能列出三次方程，但仍是用文字叙述的，而且尚未掌握列方程的一般方法。经过北宋贾宪、刘益等人的工作，求高次方程正根的问题基本得以解决。随着数学问题的日益复杂，迫切需要一种建立方程的普遍方法，天元术便在北宋应运而生了。洞渊、石信道等都是天元术的先驱。但直到李冶之前，天元术还是比较幼稚的，记号混乱、复杂，演算烦琐。例如，李冶在东平（今山东东平县）得到的一本讲天元术的算书中，还不懂得用统一符号表示未知数的不同次幂，它"以十九字识其上下层，曰仙、明、霄、汉、垒、层、高、上、天、人、地、下、低、减、落、逝、泉、暗、鬼。"这就是说，以"人"字表示常数，人以上九字表示未知数的各正数次幂（最高为9次），人以下九字表示未知数的各负数次幂（最低也是9次），其运算之繁可见一斑。从稍早于《测圆海镜》的《铃经》等书来看，天元术的作用还十分有限。

李冶在前人的基础上,将天元术改进成一种更简便而实用的方法,《测圆海镜》就是他长期研究天元术的成果。当时,北方出了不少算书,除《铃经》外,还有《照胆》、《如积释锁》、《复轨》等,这无疑为李冶的数学研究提供了条件。特别值得一提的是,他在桐川得到了洞渊的一部算书,内有九容之说,专讲勾股容圆问题,此书对他启发甚大。为了能全面、深入地研究天元术,李冶把勾股容圆(即切圆)问题作为一个系统来研究。他讨论了在各种条件下用天元术求圆径的问题,写成《测圆海镜》12 卷,这是他一生中的最大成就。

《测圆海镜》不仅保留了洞渊的九容公式,即 9 种求直角三角形内切圆直径的方法,而且给出一批新的求圆径公式。李冶总结出一套简明实用的天元术程序,并给出化分式方程为整式方程的方法。他发明了负号和一套先进的小数记法,采用了从零到九的完整数码。除 0 以外的数码古已有之,是筹式的反映。但筹式中遇 0 空位,没有符号 0。从现存古算书来看,李冶的《测圆海镜》和秦九韶《数书九章》是较早使用 0 的两本书,它们成书的时间相差不过一年。《测圆海镜》重在列方程,对方程的解法涉及不多。但书中用天元术导出许多高次方程(最高为六次),给出的根全部准确无误,可见李冶是掌握高次方程数值解法的。

2. 天元术的运算方法和步骤

(1)天元术的表示方法。

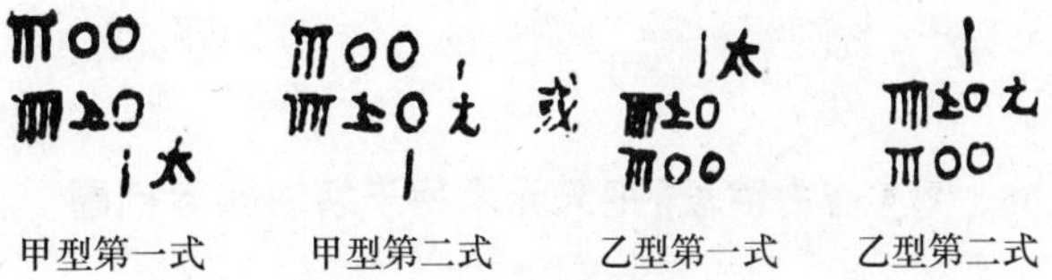

"天元术"和现代列方程的方式极为类似,先"立天元为一某某",相当于现代的设"X 为某某"。然后根据问题中给出的条件,列出两个相等的代数式,将两式相减便得出一个一端为零的方程。天元术的表示方法也很简单,它常常是在一次项的旁边记一个"元"字,或在常数项旁记一

图 4 - 11 - 1 《测圆海镜》算式

个"太"字,《测圆海镜》规定常数项(太)在一次项(元)的下面,《益古演段》和以后的书中则规定"元"在"太"的下面。有了"元"字,就不记"太"字;有了"太"字,就不记"元"字。《测圆海镜》记有:以虚数为天元,旁记元宇。真数为太极,旁记太字,元下必太,太上必元。故有元字,不记太字。有太字,不记元字。其余各项,从排列次序就可以一目了然。

如 $x^2 - 960x + 900 = 0$ 可记如图 4 - 11 - 1 所示:

宋元时期的数学家大都用乙型第二式,如用甲型,即太在元下时,则以太以下各行依次表示 x^{-1}, x^{-2},x^{-3} 等副幂数的系数。

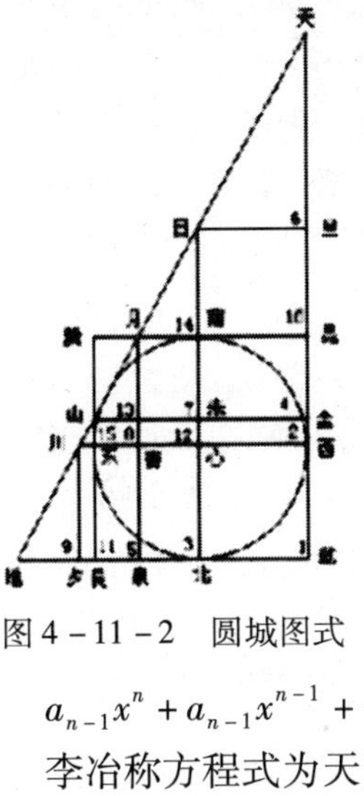

图 4 - 11 - 2 　圆城图式

(2)天元术的运算步骤。

《测圆海镜》卷 1 的圆城图式(图 4 - 11 - 2)是全书出发点。该图以一个直角三角形及其内切圆为基础,通过若干互相平行或垂直的直线,构成 16 个直角三角形。书中题目都是已知某些三角形边长,求圆径。卷 1 的"识别杂记"阐明了各勾股形边长及其与圆径的关系,共 600 余条,每条可看作一个定理或公式,这部分内容是对中国古代勾股容圆问题的总结。卷 2 到 12 为习题,共 170 题。全书基本上是一个演绎体系,卷 1 包含了解题所需的基本理论,后面各卷问题的解法均可在此基础上以天元术为工具推导出来。

李冶的天元术分为三步:首先"立天元一",这相当于设未知数 x;然后寻找两个等值的且至少有一个含天元的多项式(或分式);最后把两个多项式(或分式)连为方程,通过相消,化成标准形式:

$$a_{n-1}x^n + a_{n-1}x^{n-1} + \cdots + a_1x + a_0 = 0$$

李冶称方程式为天元式,在《测圆海镜》中采用由高次幂到低次幂上下排列的顺序,式中只标"元"或"太"一个字,"元"代表一次项,"太"代表常数项,负系数加一斜线,零系数标数码 0。

3.《测圆海镜》的科学地位

《测圆海镜》的理论成果是巨大的。宋代以前,方程理论一直受几何思维束缚,如常数项只能为正,因为常数项通常是表示面积、体积等几何量的;方程次数不高于三次,因为超过三次的方程就难于找到几何解释了。宋代天元术的产生,标志着方程理论有了独立于几何的倾向,李冶对天元术的总结,则使方程理论基本上摆脱了几何思维的束缚,实现了程序化。李冶认识到代数计算可以不依赖于几何,方程的二次项不一定表示面积,三次项也不一定表示体积。他在《测圆海镜》中改变了传统的把实(常数项)看作正数的观念,常数项可正可负。书中用天元术列出许多高次方程,包括三次、四次和六次方程。李冶还处理了分式方程,他是通过方程两边同乘一个整式的方法,化分式方程为整式方程的。当方程各项含有公因子 xn(n 为正整数)时,李冶便令次数最低的项为实,其他各项均降低这一次数。

李冶之后,王恂、郭守敬(1231—1316)在编《授时历》时,便用天元术求周天弧度,沙克什则用天元术解决水利工程中的问题,都收到良好效果。元代数学家朱世杰曾说:"以天元演之,明源活法,省功数倍。"以《测圆海镜》为代表的天元术理论,对后世数学影响很大。李冶死后,天元术经二元术、三元术,迅速发展为四元术,成功地解决了四元高次方程组的建立和求解问题,达到宋元数学的顶峰。

四、《益古演段》

1.《益古演段》把天元术用于解决实际问题

《测圆海镜》的成书标志着天元术的成熟,它无疑是当时世界上第一流的数学著作。但由于内容较深,粗知数学的人看不懂。而且当时数学不受重视,所以天元术的传播速度较慢。李冶清楚地看到这一点,他坚信天元术是解决数学问题的一个有力工具,同时深刻认识到普及天元术的必要性。他在结束避难生活、回元氏县定居以后,许多人跟他学数学,促使他写一本深入浅出、便于教学的书,《益古演段》便是在这种情况下写成的。

《测圆海镜》的研究对象是离生活较远而自成系统的圆城图式,《益古演段》则把天元术用于解决实际问题,研究对象是日常所见的方、圆面积。李冶已经认识到,天元术是从几何中产生的。为了使人们理解天元术,就需回顾它与几何的关系,给代数以几何解释,而对二次方程进行几何解释是最方便的,于是便选择了以二次方程为主要内容的《益古集》(11 世纪蒋周撰)。正如《四库全书·益古演段提要》所说:"此法(指天元术)虽为诸法之根,然神明变化,不可端倪,学者骤欲通之,茫无门径之可入。惟因方圆幂积以明之,其理尤属易见。"李冶是很乐于作这种普及工作的,他在序言中说:"使粗知十百者,便得入室哜其文,顾不快哉!"《益古演段》的价值不仅在于普及天元术,理论上也有创新。首先,李冶善于用传统的出入相补原理及各种等量关系来减少题目中的未知数个数,化多元问题为一元问题。其次,李冶在解方程时采用了设辅助未知数的新方法,以简化运算。

2. 创造性地改进了小数记数法

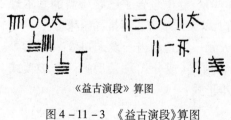

《益古演段》算图

图 4 - 11 - 3　《益古演段》算图

在李冶以前的小数记数法,大体采用数名表示。《隋书》中把小数 3.141 592 7 丈记为 3 丈 1 尺 4 寸 1 分 5 厘 9 毫 2 秒 7 忽。宋代历法内有五日二十四刻二十九分三十秒三十小分表示用 5.242 930 30 日,而李冶在《益古演段》中加以改进,把各项的位数上下对齐,小数部分可立即看出,如图 4 - 11 - 3 所示:

左图相当于 $1.96x^2 + 85x + 900 = 0$,右图相当于 $-2.4x^2 - 217x + 23002 = 0$,由筹码的位置判明小数的记法,相当于小数点。

在西方,他们公认的小数发明者是比利时的斯台文。斯台文的小数表示法很烦琐,他在整数的最末一位数字的后面加一个圆圈,圈内写一个"0"字,以下每位小数之后都加一个圆圈,圈内依次写1,2,3,……,用以指明每个数字的位数。例如37.675,他写作37◎6①7②5③。瑞士的布吉于1592年写成一算术手稿,系统应用了十进小数。他用一个圆圈在单位数字之下把整数部分和小数部分隔开,虽说比斯台文迟了7年,但比斯台文的十进小数记法有很大的进步,但他们对小数的表示法比李冶晚了300多年。

3."连枝同体术"与"之分术"

《益古演段》第40题出现了两种设辅助未知数的方法,即"连枝同体术"和"之分术",原题问:"今有直田一段,中心有圆池水占之,外计地四亩五十三步。只云外田长平和得七十六步太半步,从田四角去池楞各十八步。问外田、水池径各多少?"(图4-11-4)。

依题意,设池径为 x,则最后得到下面的方程:

$$-22.5x^2 - 648x + 23002 = 0$$

在上式中,二次项系数较大,运算比较烦琐,而且还容易算错。因此,李冶采取设辅助未知数的方法,使二次项系数的绝对值变为1,即设 $y = 22.5x$,则上式变为:

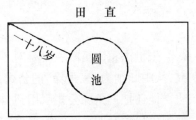

图4-11-4　《益古演段》第40题

$$-y^2 - 648x + 23002 = 0$$

解得 $y = 465$,则 $x = 20\dfrac{2}{3}$

李冶把这种解题方法称为"连枝同体术"。

与之相连,李冶还给出了另外一种辅助未知数的方法。即首先"立天元一为三个内池径",它相当于:设 $y = 3x$,

最终得到方程

$$23002 - 216y - 2.5y^2 = 0$$

解得 $y = 62$. 则 $x = 20\dfrac{2}{3}$

李冶把这种解题方法称为"之分术"。

第二节　垛积术与《四元玉鉴》

朱世杰,字汉卿,自号松庭,13世纪中期出生在燕京,是我国元代一位成就卓著的数学家。他天资聪慧,少年时便以精于算术而闻名于天下。为了更好地收集整理前人的数学研究成果,曾经访遍祖国各地,历时二十余年。正是这样持之以恒、历尽辛劳的广泛游学,使得朱世杰得以遍访名家,比较完整地继承了我国古代数学家的成就和实用算法,创造性地写出了《算学启蒙》、《四元玉鉴》等高质量的数学名著,开创了中国古代数学的最高峰。

一、《算学启蒙》

《算学启蒙》出版于1299年,全书共分为3卷20门,总计259个问题和相应的解答。自乘除运算开始,一直讲到当时世界数学发展的最高成就"天元术",全面介绍了当时数学所包含的各方面内容。它体系完整,内容通俗易懂,深入浅出,是当时最通行、最著名的数学启蒙读物。这本著作后来还流传到了朝鲜、日本等国,产生了重要的影响。

二、《四元玉鉴》

《四元玉鉴》是一部成就辉煌的数学名著。它受到近代数学史研究者的高度评价,认为是中国古代数学科学著作中最重要的、最有贡献的一部数学名著。《四元玉鉴》成书于大德七年(1303年),共3卷,24门,288问,介绍了朱世杰在多元高次方程组的解法——"四元术",以及高阶等差级数的计算——垛积术、招差术等方面的研究和成果。

"天元术"是设"天元为某某",即某某为x。但当未知数不止一个时,除设未知数天元(x)外,还需设地元(y)、人元(z)及物元(u),再列出二元、三元甚至四元的高次联立方程组,然后求解。这在欧洲,解联立一次方程开始于16世纪,关于多元高次联立方程的研究还是18至19世纪的事了。

三、朱世杰重大科学贡献

朱世杰重大贡献主要是对于"垛积术"的研究。他对于一系列新的垛形的级数求和问题作了研究,从中归纳为"三角垛"的公式,实际上得到了这一类任意高阶等差级数求和问题的系统、普遍的解法。他还把三角垛公式引用到"招差术"中,指出招差公式中的系数恰好依次是各三角垛的积,这样就得到了包含有四次差的招差公式。还把这个招差公式推广为包含任意高次差的招差公式,这在世界数学史上是第一次,比欧洲牛顿的同样成就要早近四个世纪。正因为如此,朱世杰和他的著作《四元玉鉴》才享有巨大的国际声誉。近代日本、法国、美国、比利时以及亚、欧、美许多国家都有人向本国介绍《四元玉鉴》。美国已故著名科学史家萨顿评价说朱世杰"是中华民族的、他所生活的时代的、同时也是贯穿古今的一位最杰出的数学科学家。""《四元玉鉴》是中国数学著作中最重要的,同时也是中世纪最杰出的数学著作之一。它是世界数学宝库中不可多得的瑰宝。"可以看出,以朱世杰为代表的宋元时期的科学家及其著作,在世界数学史上起到了不可估量的作用。

除了以上成就外,朱世杰还在他的著作中提出了许多值得注意的内容:

(1)在中国数学史上,他第一次正式提出了正负数乘法的正确法则;

(2)对球体表面积的计算问题作了探讨,这是我国古代数学典籍中唯一的一次讨论。结论虽不正确,但创新精神是可贵的;

(3)《算学启蒙》记载了完整的"九归除法"口诀,和现在流传的珠算归除口诀几乎完全一致。

第三节　招差术和三次差分表

一、郭守敬的招差术

郭守敬等人在研制《授时历》时进行了大量的数学计算,其中郭守敬创立了招差术、三次内插法、合于球面三角法的计算公式等。三次内插法公式,是求取在一系列数中每两数间插入合于所设条件的许多数的计算公式。例如1,2,3,4,…等一系列数中每两数间可插入1.5,2.5,3.5,…等一系列数,这比较容易计算。但在13,23,33,43,……等一系列数中每两数间可以插入怎样的一系列数,那就不容易了。郭守敬就创立了关于这一类计算法的公式。大约400年后,欧洲才出现类似的数学方法。

在大都(今北京),郭守敬通过三年半约200次的晷影测量,定出至元十四年到十七年的冬至时刻。他又结合历史上的可靠资料加以归算,得出一回归年的长度为365.2425日。这个值同现今世界上通用的公历值是一样的。

二、王恂的三次差分表

王恂是元代数学家、文学家,精通历算之学。他为我国天文、历法和数学的发展,作出了重要的贡献。

1. 王恂及其生平

王恂(1235—1281 年)(图 4 - 11 - 5),字敬甫,中山唐县(今河北唐县)人。生于元太宗七年,卒于元世祖至元十八年。与郭守敬一道从刘秉忠学习数学和天文历法,精通历算之学。1253 年,荐于忽必烈,命辅导皇太子真金。中统二年(1261 年),擢太子赞善。真金任中书令,凡有咨禀,必令他与闻。后领国子祭酒。至元十三年(1276 年)奉命改历,议修金《大明历》,和郭守敬一道组织太史局(后改称太史院),王恂任太史令,分掌天文观测和推算方面的工作,推步于下,遍考历书 40 余家。在《授时历》的编制工作中,其贡献与郭守敬齐名。《授时历》编制后,至元十八年,王恂的父亲去世。王恂悲伤过度,不久去世,时年 46 岁。王恂死后,他的推算方法没有定稿,由郭守敬加以整理为《推步》7 卷、《立成》2 卷、《历议拟稿》3 卷、《转神选择》2 卷、《上中下三历注式》12 卷。延祐二年(1315 年),赠他为推忠守正功臣、光禄大夫(从一品)、司徒、上柱国(从一品)、定国公,谥号文肃。

图 4 - 11 - 5　王恂

2. 王恂对数学的贡献

王恂是中国古代天文家、数学家和历法计算学家,为中国科学事业作出过重大贡献,被历代所推崇。王恂自己没有著作流传,但世人对他的评价甚高,称他为"算术冠一时"的数学家。

王恂的科学贡献:多次使用三次内插法,并造了三次差分表;第一次研究了球面上弧与弧的关系;把高次方程用于历法研究。这些成就当时在世界上都处于领先地位,其贡献与郭守敬齐名。

中国历史上施行最久的历法《授时历》长达 364 年,把古代历法体系推向高峰。王恂与郭守敬创立招差术,用高间距三次差内插法计算日、月、五星的运动和位置。在黄赤道差和黄赤道内外度的计算中,又创用弧矢割圆术,即球面直角三角形解法。王恂、郭守敬在所编制的《授时历》中,为精确推算日月五星运行的速度和位置,根据"平、定、立"三差,创用三次差内插公式,这在数学上是重要的创新,同时也把天文历法的计算工作推进了一大步。

1987 年,邢台市人民政府建郭守敬纪念馆时,也为王恂制作了陶瓷壁像,同郭守敬壁像镶于该馆正厅,以示纪念。

注　释:

[1]　孔国平:《测圆海镜的构造性》,《自然科学史研究》1994 年第 1 期。

第十二章　传统物理科技

　　隋、唐、宋、元代是河北传统物理学的迅猛发展时期。大型复杂机械的制造,小型精致器具的发明,大量的关于力、热、声、光、电、磁等方面的经验发现屡屡见诸文献典籍和出土文物,表明我国传统物理知识的积累仍不间断地向前发展,有不少领先于世界的重要科技成果。李约瑟在比较欧洲从其他各国及中国传入的机械技术(不包括指南针等几大发明)时,涉及中国的就有龙骨水车、活塞风箱、独轮车、风筝、竹蜻蜓、走马灯、弧形拱桥、铁索吊桥、闸门、造船技术等,当时的河北物理研究在国内独领风骚。

第一节　工程力学技术成就

一、宋僧怀丙

　　《宋史·方伎·怀丙僧传》述及怀丙平生三项大事:第一项,他成功地更换了真定的 13 级木塔大柱。令人称奇的是,在施工过程中竟"不闻斧凿声"。第二项,被唐代宰相张嘉贞赞誉为"制造奇特,人不知其所以为"[1]的隋匠李春建造的赵郡洨河石桥,即举世闻名的赵州安济桥,当时已遭严重破坏,行将欹倒,数千民工不能修复,而怀丙"不役众工",将桥修复如故。第三项,怀丙创造浮力起重法,在今山西永济县境内黄河中打捞起几万斤重的镇桥铁牛,修复了当时跨越黄河的重要通道——蒲津浮桥。这三项工程都很困难,他完成得又都很巧妙,足证怀丙有着高深的学术水平和精湛的技艺。

　　据史书记载,怀丙的家乡真定,曾有一座 13 级的木塔(真定凌霄塔)。因时间久了,中级大柱腐坏,渐渐朝西北倾斜。地方人士欲加修葺,但经一般工匠检查后,都觉得困难太多,无力修复。怀丙却自动前往,量度短长,做成一柱,命工人把柱送到塔上。然后径自把众工辞退,仅留一人相从,关上塔门,没有多久,就把坏柱换下,在外面的人连斧凿的声音都没听到,一时传为奇闻。虽然史料中没有直接描写怀丙换柱的具体方法和整个过程,今人仍可领略其敏锐观察、严谨度量的科学神韵。我们还可以大胆地设想,怀丙换柱过程中肯定要使用杠杆之类的简单机械。

　　横跨洨河南北两岸的赵州桥,是我国现存最早的大型石拱桥,也是世界上现存最古老、跨度最长的敞肩圆弧拱桥。赵州桥建筑时曾熔铁灌入石拱中,从隋代建成以后,好几百年大水冲不坏。到了宋朝,外患严重,民不聊生,乡人多偷桥中的铁榫来卖钱求生。但铁的作用,本和现在的钢筋水泥中的钢筋一样,铁被挖掘多了,桥就有点欹侧。要把桥扶正,这是一个大的工程,需要千人之力,但怀丙却能不用工役,靠他的科学睿智恢复桥的原形。怀丙和尚在石头上凿洞,熔化铁水横贯其中,逐一用榫铁嵌合石拱,果然扶正了石桥。尽管史料中未具体描写怀丙怎样向赵州桥中灌铁使大桥复故,但可以断言,他这样做就是为了改变将欲倾倒的赵州桥的重心,使其恢复平衡。怀丙的这一壮举,就是应用了重心与平衡的原理。

　　当时河中府有一座大的浮桥,是跨越黄河的重要通道,即山西永济蒲津浮桥。其桥下用大铁链系 8 个铁牛维持,铁牛重万斤。有一次河水暴涨,把桥冲断,连带把铁牛牵没水中。治平三年(1066 年),怀丙"以二大舟实土,夹牛维之,用大木为权衡状钩牛,徐去其土,舟浮牛出。"巧妙地利用浮力原理,靠两只大船去掉土以后产生的浮力,把重万斤的铁牛打捞上来。怀丙创造的这种浮力起重方法一直沿用至今。

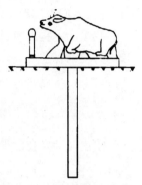

怀丙打捞铁牛,是以浮力起重的典型事件。

怀丙是如何把铁牛(图 4 - 12 - 1)捞起的呢?实施过程的资料很少,除《宋史》外,仅见于《朝邑县志》[2]及《真定县志》[3],但其中也没有什么新的补充。汇总各方面资料,"怀丙捞牛"工程实施过程大致可归纳如下:

在岸边,准备好两只大船,船上装满泥土,此即"二大舟实土"。在船上还应备有将要使用的其他工具,包括大木杠、铁钩及绳索。同时,要派深谙水性的人,下水探明沉没铁牛的位置。两只大船驶向铁牛,停在铁牛两边,并将大木杠横架在两只大船上。为了保持操作时船体的稳定,大木杠应与两船紧紧地固定,临时形成一个整体,此即"夹牛维之"(图 4 - 12 - 2)。

图 4 - 12 - 1　铁牛示意图

下水操作的人应捆绑铁牛,并将铁链或绳索端头拉出水面。在大木杠上系牢绳索,下挂铁钩,将铁牛上的铁链或绳索钩住,此即"用大木为权衡状钩牛"。所谓"权、衡",在这里可以理解为杠杆或横杆。

慢慢去除船上泥土,大船徐徐上升,将铁牛提起。此即"徐去其土,舟浮牛出"。图 4 - 12 - 3 中所示就是这种情况。

从这些事实看来,怀丙的确是中世纪伟大的工程力学家。正如李约瑟所说,怀丙创造的浮力起重法,"在现代,……已成为标准的实用的方法"。

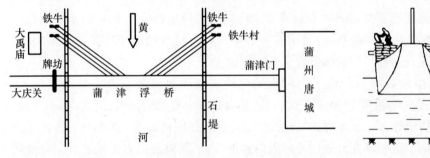

图 4 - 12 - 2　蒲津桥及铁牛的位置

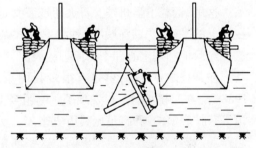

图 4 - 12 - 3　怀丙捞牛施工示意图

二、正定隆兴寺转轮藏阁与动量矩守恒原理的应用

正定隆兴寺转轮藏阁[4]是三间正方形的木结构建筑,分上下两层:下层有直径约 7 米的转轮藏;沿轮藏后楼梯可达上层,上层陈列佛像、佛经。转轮藏的结构主体是一根中心轴,其上端安装在二层楼板上,下端安装在地面圆池之中。轮轴为木质,下端呈尖形、包裹着铁料。支撑轮轴下端的是一个铁制的生铁轴托,埋于圆池之中。藏身为八角形,由 8 根内柱、8 根外檐柱以及众多木制斜撑支撑整个藏的转动台面。藏的外观为重檐的亭子形,下檐八角形,上檐圆形。这种建筑物在外形上类似宫灯或园林中别致的小亭,称为"转轮藏",即转动的藏经橱。在历史上,轮藏大多依靠人力或畜力的牵引,而能自动旋转的轮藏并不多见。至晚应是北宋建造的正定隆兴寺转轮藏阁就是其中之一。

该轮藏并无畜力、水力等牵动的设施,也无地下通道供人从地上钻到地下的圆池中。由于它的轮台直径约有 7 米,可以想象用人推动它是非常费劲的。可是,只要有人在台上绕轴转着走动,轮藏就会慢慢地以反方向转起来。这是动量矩守恒原理在这种特制的转轮藏中的应用。

古代人在理论上肯定不知道动量矩守恒原理,但他们在实践中却做出了这样的建筑物。利用动量矩守恒原理,可以使一个巨大而沉重的建筑物轻而易举地转动起来。站在藏台上的人和轮藏共同构成一个刚体系统,人绕轴顺时针方向走动的效果,必然要引起转轮藏反时针方向的转动,以维持其整体的动量矩守恒。这样,只要在轮藏内有一个人绕其轴走动,外表看来是庞然大物的轮藏就缓缓地反向转动;由于惯性缘故,随着人在轮藏台上走动时间越长,走动得越快,轮藏本身转动也会越来越快。这在缺少科学知识的虔诚的信徒看来,可真是"佛法无边"、"佛转法轮"了。加之,转轮藏周身装饰严密,人们也许看不见藏内有人走动,因此就更显得神奇无比。

我国的木构建筑具有悠久的历史,形成了自己非凡的传统特色,也包含了丰富的有关材料力学和结构力学知识。

三、杂技中的重心与平衡

隋唐时期杂技已很发达。《太平广记》中曾描述幽州人刘交表演的戴竿杂技[5]:"戴长竿高七十尺,自擎上下。有女十二甚端正,于竿置定,跨盘独立。见者不忍,女无惧色。"可见其技巧之高、难度之大。唐玄宗曾赐杂技艺人给安禄山,这些艺人技艺精湛娴熟,表演惊险绝人,"或一人肩符首戴二十四人,戴竿长百余尺。至于竿稍人,腾掷如猿狖、飞鸟之势,竞为奇绝,累日不惮,观者汗流目眩。"唐代苏鹗(约生活于9世纪下半叶)在其著《杜阳杂编》中记载了敬宗宝历二年(826年)"大张音乐,集天下百戏于殿前"的情景[6]:

"时有妓女石火胡,本幽州人也。挈养女五人,才八九寸,于百尺竿上,张弓弦五条,令五女各居一条之上,衣五色衣,执戟持戈,舞破阵乐曲,俯仰来去,赴步如飞。是时观者目眩心怯。火胡立于十重画床子上,令诸女迭踏以至半空,手中皆执五彩小帜,床子大者始一尺余,俄而手足齐举,为之踏浑脱,歌呼抑扬,若履平地。上赐物甚厚。"

这里,记载了幽州妓女石火胡携五女走绳的生动情景,她们手中"执戟持戈",正是为了维持自己在绳上的平衡。"踏浑脱"这种叠罗汉式杂技,也要求其重心轴线和一尺余的床子支撑面保持垂直。这种经验地利用重心和平衡原理的表演,在我国有着悠久的历史。

在杂技之乡吴桥,更是有很多利用重心与平衡原理的惊险表演项目流传至今并被发扬光大。1958年,在吴桥小马厂村发现了一座距今1400多年的古墓,墓内壁画中有描绘马术、倒立、蝎子爬、肚顶等杂技表演的画面,足见其历史悠久。现在称为"不倒翁"的玩具,在唐代称为"酒胡子",唐代人用它作劝酒器,又是一个典型事例。这些都充分表明当时人们对重心、平衡以及二者关系已有十分精到的认识和令人叹服的应用。

第二节　天体视运动的观测与天文仪器制造

一、天体视运动的观测

一行(673—727年),唐代巨鹿人,俗名张遂。唐开元十一年(723年),一行和梁令瓒等人合作研制"黄道游仪",用以重新测定150余颗恒星的位置和研究月球的运行,并于公元727年根据实测结果编制了对后世历法改革具有重大影响的《大衍历》,这是盖天说所无法比拟的。隋代刘焯(544—610年),信都(今河北冀县)昌亭人。首次发现太阳视运动有快慢不均现象,并对二十四节气提出改进(称为定气),创立三次差内插法以计算日月视运动速度,一行重视这一发现,并依据自己的实测结果正确地指出日行迟疾的规律,还在世界上第一次发现"恒星自行"现象。他和梁令瓒等人共同制造"浑天铜仪"(水运浑天仪),置于武成殿前以供百官参观。该仪器实际上是一架附有报警装置的天文仪器,而不是一架简单的机械钟表。它以水力为动力,通过复杂的齿轮、轮轴、钩、销、连杆、锁合装置和制动装置,不但能演示天体和日、月的运动,而且其中装设有两个木人,可按刻击鼓,按晨撞鼓,使人们不得不折服于浑天说的思想。

《新唐书·天文志》[7]载,一行和南宫说等人在开元十二年(724年)分赴11个地方,用自己发明的"复距图"测量仪,采用科学的方法,测量北极高度和圭表日影长度,主持世界上第一次实测子午线的大规模工作,得出子午线 1° 长 351 里 80 步,合现代值 153.07 公里(现代实测值为 110.94 公里)。根据测量计算,他们发现南北地距 251.27 唐里(约 129.22 公里)北极高度相差一度。这数字虽然不太准确,但却彻底否定了盖天说,同时也纠正了"日影相差一寸,其地相距千里"("损益寸千里")的谬误,使浑天说在中国古代天文领域称雄了上千年。

一行还编撰《步天歌》,这是一部优秀的科普作品。他从天文学的历史发展中认识到日月星辰的运动是有一定规律的,但由于人们的认识水平有限,会产生误差。他认为,可以从实测中修正认识的不足,通过反复观测、修正,得到比较正确的认识。这种科学思想方法非常可贵。从实测和对前人谬说的批判中,一行初步认识到,在很小的有限空间范围内得到的认识,不能任意向大范围甚至无际的空间推演,这是中国科学思想史上的一个重大进步。

在中国历史上,关于天体视运动的观察记载以及对天体演化的力学成因、对潮汐及其成因的猜测,可谓丰富多彩。中国古代天文学家为了预报天体的视运动,数千年来做了艰苦卓绝的努力。一行就是其中的杰出代表。

地动的表现之一是岁差。古代人在制定历法、观察冬至时刻太阳视位置的历史积累中,发现了岁差现象,并且精确地计算了岁差的数值。刘焯于开皇二十年(600 年)制定"皇极历"时采用了岁差为每 75 年差 1 度的数值(现代值为 76.1 年差 1 度),数据已经相当准确了,但是古代中国人始终不明白这是地球自转过程中的进动现象。

二、天文仪器制造

郭守敬[8](1231—1316 年),是一位博学多才的科学家,对天文研究和天文仪器创制的贡献尤为巨大,他所创制的天文仪器包括四大类计 22 种:天文观测仪器(含简仪、高表、景符、窥几、仰仪)、计时仪器(含宝山漏、丸表、赤道式日晷、星晷定时仪、行漏、大明殿灯漏、柜香漏、屏风香漏)、天象演示仪器(含玲珑仪、证理仪、日月食仪、浑象、水运浑天漏)、安置校正仪器(含候极表、正方案、悬正仪、座正仪)。它们在结构、设计、精度等方面,都达到或远远超过了当时欧洲的最高水平。毫无疑问,这些天文仪器的制造包含着许多深刻的物理学知识及原理,如简仪中的滚动摩擦与力学的关系以及景符、窥几与光学的关系,等等。

在天体物理方面,郭守敬曾组织进行过一次当时称之为"四海测验"的全国规模的天文观测活动,东起朝鲜半岛,西抵川滇与河西走廊,南及南中国海,北尽西伯利亚,每隔 10 度设一观测台,共设立 27个测景所,测量夏至日影长度和昼夜长短,重新观测了二十八宿及其他恒星的位置,测定了黄赤交角,并达到较高的精确度。郭守敬领导的全国规模的观测活动,是古代科学史上的空前创举。

郭守敬在开凿通惠河的过程中,创造性地应用截水行舟原理,即连通器原理,成功解决了高落差下船只顺利通航的难题。

第三节　声光学知识与应用

一、古代十二律

《通典》[9]载:"自殷以前,但有五声"。《管子·地员篇》记载了最早的定音法:三分损益法。三分损益法不仅律法简单、易学易懂,而且由它所得到的纯五度(2/3)、纯四度(3/4)、大全音(8/9)都是简单分数比。但是,三分损益的计算不能返宫。

祖孝孙,隋唐时代幽州范阳人(生活于 6 世纪下半叶至 7 世纪上半叶)。他创立能返宫的十二律,使三分损益发展到最高峰。祖孝孙"以十二月各顺其律,旋相为宫"而得"八十四调"。祖孝孙曾精心研究汉代京房和南北朝沈重的 360 律,他在 360 律中选出能满足旋宫转调要求的十二律,做到完全八度相和。祖孝孙的十二律在当时立即得到应用。祖孝孙奠定了从隋至宋近 400 年的乐律学理论基础。

《旧唐书》作者后晋刘昫(887—946 年)等人在《祖孝孙传》[10]中写道:"旋宫之义,亡绝已久,世莫能知,一朝复古,自孝孙始也。"近代科学的创始人伽利略(1564—1642 年)的父亲伽利莱(约 1520—1591 年)曾提出一种接近十二平均律的律制,而祖孝孙创建的十二律比伽利莱要早 1 000 年。

隋代名儒刘焯(544—610 年),信都昌亭人。曾提出一种定音律的方法,其十二律称刘焯律。他大胆地违背三分损益法是个创举,他为后人创建平均律提供了一个可贵的失败例子:以长度上的等差数列定音律绝不能旋宫转调。

据段安节《乐府杂录》[11]记载,唐大中初年,乐师郭道源"用越瓯、邢瓯十二,旋加减水,以著击之,其音妙于方响"。这段文字不仅说明邢窑白瓷质地优良,而且还折射出当时声乐研究水平。

中国的音乐从远古的"杭育"之声,到宫商角徵羽,到隋唐、元明、清朝的工尺谱,以至现代的简谱、五线谱,是一个漫长的旅程。固安县屈家营古乐谱,属于宋元时代,有些则保留着唐宋时期俗字谱的记写方式,被誉为"古乐之魂"。屈家营古音乐包括 13 套大曲、40 支小曲和一套打击乐,其中《海青》可以上溯到金元,《豆芽黄》乃是宋朝的乐谱。它的乐律理论和音乐会的实践活动,提供了一份中国古代音乐技术规范和宫调系统的全面材料[12]。

二、"地听"和"瓮听"

最近几年考古界在保定雄县等地发现宋、辽、金战争中挖掘的地道内尚存有陶瓮。经专家分析,它很可能就是唐宋时期军事著作中所述及的"地听"或"瓮听"。与此类似,旧存戏台下几乎都有坑洞,内设陶瓷缸瓮,这种特别设计,意在增大混响,起扩音作用。

人们在长期的经验中总结了"虚能纳声"的道理,认识到固体物质传声过程中空穴是放大声音的重要条件,诚属可贵。

这一时期,利用日常生活用具或军士所用器具如陶瓮、竹筒、胡鹿枕、空瓦枕、牛皮箭套等,当作地面传声的地听器,无疑是世界声学史上的伟大成就之一。

三、光折射与"下现蜃景"

唐大历末(779 年),"深州束鹿县中,有水影长七八尺,遥望见人马往来如在水中,及至前不见水"(《文献通考》卷 278)。这种陆蜃景是一种物理学中的光折射,即当光线倾斜地穿过密度不同的两种介质界面时,使远处景物显示在地面上的奇异幻景。通常在气温较高的时节,地面吸收灼热阳光的能力强,其上空就会形成下层热空气密度小而上层冷空气密度大的气温反常分布,而从地面向上空气的折射率从小到大连续变化,因此,由远处物体斜射向深州束鹿县地面的光线,进入折射率逐渐减小的热空气层被折射后,入射光线在深州束鹿县地面附近就会发生全反射,可是人们的眼睛不能看到光线的曲折,这样在实际景物下方便出现了远方景物的倒影,这种陆蜃景即是人们通常所说的"下现蜃景"。

四、干涉虹与白虹气象

关于光的色散和虹的生成,殷人认为那是雨后龙,《庄子》解释为"阳炙阴为虹",孔颖达(574—648 年,冀州衡水人)在《礼记·注疏》[13]中正确地指出,"若云薄漏日,日照雨滴则生虹"。比 13 世纪 R. 培根的类似发现早 600 年。

唐延和元年（712 年）六月，"幽州都督孙佺帅兵袭奚，将入贼境，有白虹垂头于军门"（《新唐书·五行志》）。根据英国物理学家杨氏的干涉虹理论[14]，在虹霓角度内通过水滴射出的光发生干涉，而正常虹霓的颜色则是这种干涉的主峰。干涉虹的样式跟雨滴的大小有关，粒径大的雨滴，光程差随碰撞参数的增长要比在小粒径雨滴中快，因此，粒径愈大，干涉虹之间的角间距愈小，反之亦然。假如水滴直径小于 1 毫米，那么，干涉主峰的宽度必然会增加，以至于最后出现严重的重叠，于是消除了任何能分辨的颜色（图 4 - 12 - 4）。然而，从虹的角度射出的光依旧比较明亮，可惜没有了颜色，这就是白虹形成的原理，实际上并不神秘。

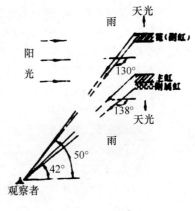

图 4 - 12 - 4　干涉虹

五、皮影中的光学知识

《事物纪原》卷 9《影戏》载："故老相承，言影戏之原，出于汉武帝李夫人之亡，齐人少翁言能致其魂，上念李夫人无已，乃使致之。少翁夜为方帷，张灯烛，帝坐他帐，自帐中望见之，仿佛夫人像也，盖不得就视之。由是世间有影戏。"然而，真正的皮影始于北宋，宋仁宗时"市人有能谈《三国》事者，或采其说加缘饰，作影人"（《事物纪原》卷 9《影戏》）。而流行于北宋京城的影戏，在金初传入河北唐山一带地区。所以魏革新在《乐亭皮影》一书称唐山皮影成型于金代，发展于明代，成熟于清代。皮影是利用光的直线传播性质和光影产生影像的原理，通过对物和影之间的物理关系进行艺术处理，从而形成一种逼真的影视效果。为了使"皮影"的皮革坚固耐用，通常以牛皮和驴皮为材料，并用红、黄、青、绿、黑等 5 种纯色透明颜料来着色，演出时人在幕后牵线，使纸人做种种动作，这样，在后背光照耀下投影到白幕上的纸影就显得更加生动瑰丽。

六、其他光学成就

晋州唐墓出土的磨光黑陶钵采用特殊工艺烧制而成。通常在灰陶坯将干未干时，先用浓烟熏翳，使胎体空隙充满炭颗粒，从而完全变黑，再用坚硬的工具打磨胎体表面。胎体中的反光物质如云母、石英等微粒，在外力的作用下，由散乱排列改为按一定方向有规律的排列，使胎体表面对光线的反射由漫反射变为镜面反射，从而产生熠熠亮光。

郭守敬创制的景符、仰仪、窥几以及他所开展的大地测量和水利勘测，都充分生动地表明了古人对光的直线传播特性和小孔成像原理的深刻认识。

沈括曾概括总结凹面镜成像规律："阳燧面洼，以一指迫而照之则正，渐远则无所见，过此遂倒"；凸面镜成像规律："古人铸鉴，鉴大则平，鉴小则凸。凡鉴洼则照人面大，凸则照人面小。小鉴不能全观人面，复量鉴之大小，增损高下，常令人面与鉴大小相若。次工之巧，后人不能造。"对于曾引发后人争议的透光镜，沈括认为透光镜能反射背面花纹的原因，是铸镜时冷却速度不同所致。目前普遍认为沈括这种说法很有道理，而且循着这一思路，运用现代技术，已采用淬火法复制出有透光效果的铜镜来。

沈括对面镜的深刻认识，说明了该时代已达到的光学水平，也完全切合该时代河北出土文物的实况。

注　释：

［1］　李合群：《中国古代桥梁文献精选》，华中科技大学出版社 2008 年版，第 42 页。
［2］　（清）钱坫：《朝邑县志艺文》，1780 年。

［3］　（明）周应中修，杨芳撰：《真定县志》，全国图书馆缩微文献复制中心，人民出版社1992年版。

［4］［5］［6］　戴念祖：《中国力学史》，河北教育出版社1988年版，第117—122,73—75,73页。

［7］　（宋）欧阳修、宋祁：《新唐书》，岳麓书社1997年版。

［8］　校本教材编委会编著：《郭守敬实践与创新活动》，北京教育出版社2008年版。

［9］　（唐）杜佑：《通典》，中华书局2003年版。

［10］　（后晋）刘昫：《旧唐书》，吉林人民出版社1995年版，第659页。

［11］　（唐）段安节：《新刻乐府杂录》，胡氏文会堂，第1368—1644页。

［12］　赵复兴：《古乐奇葩》，中国文联出版社2008年版。

［13］　胡平生、陈美兰译注：《礼记·孝经》，中华书局2005年版。

［14］　李振亚：《现代物理与中学物理》，江苏科学技术出版社1998年版，第162页。

第十三章　传统化工科技

隋唐至宋元时期，是河北实用传统化学科技的辉煌时期，代表是邢窑、定窑、磁州窑和井陉窑的瓷器和瓷器生产技术，它们实现了多方面且重要的创新突破。河北地域伴随着中国封建社会的发展高峰而成为中国瓷器发展的高峰最有代表性的地域之一。

第一节　唐代邢窑白瓷的匣钵装烧技术

一、邢窑白瓷的化学组成及其特点

邢窑遗址分布于内邱县和临城县境内。邢窑创烧于北朝，兴盛于中唐，五代以后逐渐衰落。邢窑烧制的白瓷胎质坚细、釉色洁白、独具神韵，同时还烧制青釉、黄釉等各色釉瓷。已有的遗址内出土各类瓷器标本万余件。邢窑白瓷的烧制成功，结束了我国自商周以来青瓷一统天下的历史，开创了唐代瓷器生产"南青北白"的局面，为唐以后白瓷的崛起和彩绘瓷器的发展奠定了基础。

图4-13-1　邢窑出土的白釉三足盘(左,唐代)和白釉双鱼瓶(右,五代)

从许多测试结果的文献中可以看到（图4-13-1），邢窑白瓷胎中SiO_2的含量一般为60%~65%，Al_2O_3含量一般高达28%~35%。化学组成的最大特点是：Fe_2O_3、TiO_2、RO、R_2O的含量都非常低，$Fe_2O_3 + TiO_2$总含量一般仅为1%左右，$RO + R_2O$含量一般在3%。瓷胎中Fe_2O_3含量低，决定了邢瓷的白度较高，据测其白度已超过了70%，约与景德镇清初瓷器的白度相当。可见古人赞誉邢窑白瓷似雪并非虚夸之词。Al_2O_3含量高是北方白瓷的共同特点。

早期用白色瓷土烧制的白瓷，因为釉料中大都含有一定量的氧化铁，所以基本上仍属于青釉系统。只是在经过长期制瓷实践后，工匠们逐渐认识和掌握了Fe_2O_3（实际上是赭土成分）的呈色作用和克服这种呈色干扰的途径，才能烧出白度越来越高的白瓷,其关键是原料的选取。白瓷制造工艺又是在青瓷工艺基础上发展而来,白瓷经历了从早期的泛青白瓷到唐代中后期真正意义上的洁白瓷器。

邢窑白瓷普遍使用了高岭土作为制瓷原料。据测定这类白瓷的烧成温度为1 260℃~1 370℃,若结合其气孔率和吸水率(分别为0.81%和0.35%)来分析,其烧成温度应该高达1 350℃左右。这显然与其中R_2O和RO含量较低也有关系。

二、匣钵装烧技术与邢窑白瓷的烧造

为了提高瓷器的白度,瓷工曾特意在胎釉之间敷上了一层"化妆土",其颗粒非常细,铁熔区极少。这种提高瓷器白度的技巧在唐代可能已普遍运用和掌握。邢窑精细白瓷的烧造,也采用了垫饼和匣钵,这项技术措施也是保证白瓷具有类银似雪的高质量白瓷的重要条件之一。

匣钵装烧推广于唐代中期,此前的南方越窑还没有使用匣钵,坯件大多采用叠装,用明火烧成。碗、盘等坯件逐层叠装,器件内外留有窑具支烧痕迹,釉面难免有烟熏或粘附砂砾的缺陷。使用匣钵后,坯件在匣钵中叠装放置,不再有数量众多的坯件重叠,损失大为减少,也不易被污染,变直烧为焙烧,烧成的青瓷胎体细薄,釉面光滑,质量显著提高。

至此看出,唐代邢窑白瓷在工艺上之所以能取得突出成就,有几个主要的因素:一是取决于质地纯净(含铁低)制瓷原料的选取;二是瓷器胎釉之间化妆土的使用;三是匣钵和垫饼的合理配套使用及窑炉和填装技术的改进;四是有当时很高的烧成温度(图4-13-2)。

图4-13-2 邢窑出土的唐代白瓷执壶(左)和双龙白瓷壶(右)

此外,还不能忽视工匠的精工细作和熟练技巧。这些经验和技术为此后北方白瓷的更大发展,特别是宋代定窑白瓷的崛起,奠定了技术基础。

三、黑釉瓷与铁含量的比例

黑釉瓷和黄釉瓷来自白瓷,在逐渐探究青瓷的呈色规律的过程中,瓷工们认识到在选料、配料中设法排除铁的呈色干扰,主要是选择铁少的瓷土,就可以烧得白瓷;相反,若在釉料中有意加重铁的成分,即添加适量的赭土,再加大焙烧时的通风就会烧成黑瓷。所以黑釉瓷实际上是青瓷工艺的衍生产品。

黑釉瓷中,其含铁量,尤其是釉中含铁量都高过4%以上,而白瓷釉中的含铁量从不超过1%。

所以在氧化性较强的气氛中烧成,其釉色呈黑褐色。

在北方诸窑中,兼烧青瓷、黑瓷、花瓷、黄瓷的瓷窑也相当多,青、白、黑、黄、绿、花,诸瓷并举,既崇尚素雅,又欣赏富丽,反映了一种进取风格和兼容并蓄的态度。这就造就了唐代瓷业在河北地域的振兴并导致了宋代瓷业的繁荣。

第二节 宋代定瓷烧制技术

定窑烧白瓷是受邻近邢窑的影响,当时邢窑早已盛名天下,定窑仿烧是很自然的。在晚唐时,邢窑开始衰落,而定窑则开始烧造瓷器。至唐、五代时期烧制的白瓷在外观上与邢窑白瓷十分相似,达到了与邢窑相媲美的程度。到了北宋,定窑逐渐形成了自己独特的工艺技术,以大量烧制别具风格的刻花、印花白瓷而著称于世,开创了我国日用白瓷装饰的先声。

一、定窑白瓷的化学组成及其特点

根据对出土定窑瓷器的观察和测试,可以看到定窑的早期产品胎质较粗,呈灰黄色,略带褐色,铁斑甚密,而靠在胎釉之间敷一层化妆土来改善它的白度。到了五代,质量有所提高,胎质已呈致密细白,不再需要化妆土的遮掩,其釉色白里泛青。北宋时定窑白瓷在釉色上略带牙黄,这主要是在氧化焰中烧成。釉薄而透明,胎上的印花、刻花明显透露,有的连胎色亦显现在外。

1. 对部分定窑白瓷化学组成的试验分析

从表 4 - 13 - 1 中的分析数据可以看出,宋代定窑白瓷胎的 Al_2O_3 含量甚高,达 27%～31%,$K_2O +$ Na_2O 含量为 1.5%～2.5%,MgO 为 0.5%～1.0%,CaO 为 1%～2%,大部分胎 $Fe_2O_3 + TiO_2$ 含量为 1%～2%,可见瓷胎属于高铝质。据《曲阳县志》记载:"县境三面皆山……灵山一带惟出煤矿,龙泉镇则宜瓷器,亦有滑石。"说明定窑的原料主要采用灵山土,灵山土为很纯净的高岭土,另外加入适量紫木节土、长石、石英以及少量方解石或白云石,可改善其操作性能并促使其烧结和致密[1]。

宋代定瓷釉中 SiO_2 较高,为 68%～73%,含 Al_2O_3 为 17%～20%,含 Fe_2O_3 为 1% 左右,TiO_2 很低,但 MgO 含量达 2% 左右,表明釉中除配用黏土、石英外,很可能有意掺加了适量的白云石做助熔剂。还由于釉中引入了白云石粉,使釉呈现光亮和微带乳白现象。因釉层特别薄,仅 0.05～0.1 毫米,瓷胎颜色完全可以透过釉面而显现出牙白效果。根据显微结构,可以看到胎中存在大量莫来石,可能是胎中少量助熔剂促进了莫来石的生成。由于它的大量存在,由其产生的散射效果也较容易显现出来,使白釉更为透亮。

通过对样品分光反射率的测试,证明在五代以前,定窑是采用还原焰烧制,所以釉色白里泛青;宋代以后则采用氧化焰烧制,所以釉色白里泛黄。由于原料属高铝质,要求烧成温度较高。据测试,唐、五代、北宋的定窑白瓷烧成温度当在 1 300℃ 左右,大部分瓷胎都烧结致密,气孔率一般在 1% 以下,吸水率低,抗弯强度为 5.88×10^7～7.35×10^7 帕。到了金代,由于制作粗糙,其烧成温度降为 1 250℃,致使瓷胎气孔率也高达 7%,表明质量已下降。

表 4 - 13 - 1　定瓷样品的特征和化学组成

年代与编号		特征	部位	氧化物的含量(重量%)										
				SiO_2	Al_2O_3	Fe_2O_3	TiO_2	CaO	MgO	K_2O	Na_2O	MnO	P_2O_5	总计
早期定窑 DE - 1		胎粗,有褐色黑斑,釉透明泛黄,化妆土层呈白色	胎	64.41	57.55	2.58	1.01	1.40	0.70	2.05	0.32			100.02
			釉	67.68	16.25	1.52	0.64	6.94	2.57	2.38	0.29	0.07		98.34
			化妆土层	58.18	30.07	1.14	1.02	3.17	0.79	2.00	0.27	0.03	0.18	96.87
唐	DT - 1	质硬白色胎,釉呈白色泛青,无装饰、宽低足	胎	59.82	34.53	0.69	0.39	1.09	0.91	1.25	0.71	0.03		99.42
			釉	73.79	17.27	0.52	0.11	2.89	2.15	1.56	1.26	0.04		99.59
	DT - 2		胎	59.79	29.95	0.93	0.40	1.82	0.87	1.72	1.11		0.10	99.69
			釉	71.75	16.18	0.77	0.11	5.72	1.74	2.29	1.22			99.49
五代 DW - 1		胎白色质坚,釉透明,白黑泛青	胎	61.23	32.90	0.59	0.58	3.36	0.92	1.25	0.13	0.02		100.98
			釉	74.57	17.53	0.54	0.17	2.74	2.33	2.03	0.62	0.02	0.17	100.72

续表

年代与编号		特征	部位	氧化物的含量(重量%)										
				SiO$_2$	Al$_2$O$_3$	Fe$_2$O$_3$	TiO$_2$	CaO	MgO	K$_2$O	Na$_2$O	MnO	P$_2$O$_5$	总计
宋	DS-1	胎细,牙白色,釉透明,白黑泛黄,刻花装饰	胎	62.05	31.03	0.88	0.53	2.16	1.07	1.01	0.75	0.04		99.52
			釉	72.14	17.52	0.75	0.19	3.92	2.32	1.97	0.48	0.03	0.32	99.64
	DS-2	胎细,牙白色,釉透明,白黑泛黄,刻花装饰,底部有"尚食局"标记	胎	65.63	28.22	1.04	0.86	1.00	0.72	1.77	0.55		0.07	99.84
			釉	68.90	20.02	1.06		3.77	2.09	2.40	0.36			98.60
	DS-3	胎细,牙白色,釉透明,白黑泛黄,刻花装饰	胎	65.72	27.34	1.00	1.07	1.51	0.46	2.05	0.23		0.04	99.42
			釉	70.60	18.50	0.97		3.79	2.06	2.43	0.28			98.63
金	DJ-1	胎呈牙白色,釉为透明泛黄,刻花装饰	胎	59.25	32.73	0.66	0.75	0.83	1.13	1.67	0.29	0.01		97.32
			釉	71.18	19.66	0.61	0.45	4.45	1.62	1.63	0.27			99.87

2. 河北省"定窑研究"课题的分析结果

1983年,河北省定窑研究组完成了"定窑研究"课题,在化学方面取得了较好的研究成果,经理化测验,确定定窑瓷器的原材料为石英、长石、白云石、白碱、紫木节及耐灶,确定了坯式、釉式,定瓷白胎中 Al$_2$O$_3$ 占 20.04%~36.33%,采用 Mg-Ca 釉是其最显著的特点,历代定窑瓷器中 Al$_2$O$_3$ 的含量很高,SiO$_2$ 含量较低,表现了高铝低硅的特点。此窑晚期,定瓷中的 Fe$_2$O$_3$ 含量增高,白瓷用柴烧制,温度在 1 300℃±20℃,在还原气氛中烧成,白度比唐代邢窑还高,后来改用煤烧制,温度 1 320℃±20℃在氧化气氛中烧成,白度反而下降。

二、覆烧法与合金镶包边沿法

在匣钵装烧法的基础上,定窑在烧制工艺上采用覆烧法是一项创造,即将盘、碗、碟之类器皿反扣地装入支圈式匣钵内烧成。这种方法达到密排套装的效果,提高了窑室空间的利用率,既节约了燃料,还可防止器皿变形,这种方法很快被推广。但是覆烧工艺也有不足之处,器皿的边沿往往出现无釉的芒口。当时为了弥补这一缺陷,工匠们又创造了运用合金镶包边沿法(图4-13-3),从而增添了新的装饰手段。

总之,定窑瓷器除瓷胎高铝、瓷釉高硅、白云石助熔、烧制高温等技术特点外,还创新发展了刻花、画花、印花等新颖地胎表装饰艺术,创造性地采用了覆烧和用合金镶包边沿的烧制、护釉方法,从制造技术水平和装饰艺术来看,北宋定窑白瓷属于高水准的,被列为宋代名窑之一当之无愧。

图4-13-3　定窑白釉鼓钉盒

第三节　宋代磁州民窑

磁州窑以白釉、白色化妆土、黑釉、黑色绘料(当地一种高含量铁锰的斑花石)、红色矾、红色料以及黄、绿、蓝等玻璃釉为主要装饰材料,更通过画花、剔花、划花等工艺手段,创造出俗称"铁锈花"的装饰,发展了刻、划花技艺,发明了红绿彩以及窑变黑釉等技艺,从而构成了磁州窑装饰艺术的多种特征。

铁锈花是将中国民间绘画剪纸技巧开始运用于陶瓷装饰的一种创造,常见的有白地铁锈花,即在敷有白色化妆土的坯体上用斑花石色料绘画,敷釉料后烧成,由于烧成温度的高低不同,会在白地上呈现出黑花或酱色花,实际是一种釉下彩;黑釉铁锈花,即在已施黑釉的坯体上绘彩,烧成后呈现黑地褐彩;彩釉铁锈花,即在敷有白色化妆土的坯体上绘花,经素烧后,再施各色玻璃釉,二次烧成,所以也属釉下彩;铁锈花加彩则是在白地铁锈花基础上,加上点画不同配比的斑花石和白色化妆土的混合料,烧成后呈现出黑花和不同深浅的酱彩。

磁州窑的剔(刻)划装饰是在青瓷刻画技法基础上发展起来的,它通过剔、划、填等技巧,使纹样的局部与整体、纹饰与底色形成对比,更鲜明地反衬出纹样的形象,取得立体的美感效果。这类瓷是磁州窑中的高档品(图4-13-4),其技艺后来为南宋时的建窑和吉州窑所继承。红绿彩是一种釉上彩,它是在施白化妆土的素白瓷器上,加彩绘后再经低温烧烤而成,它是我国最早的釉上彩。窑变黑釉则是采用当地含铁量较高的黄土为釉料,烧成后釉层一般呈黑褐色,但由于施釉的厚薄、窑温的高低及火焰的气氛不同,还会产生赭褐、黑红、黑蓝、墨绿等多种色调,而且往往在同一炉窑内烧出多种色泽的瓷晶。

图4-13-4　磁州窑的白地褐彩童子纹罐(左)、白地黑花题诗孩儿枕(中)和白地黑花玉壶春瓶(右)

由此看出,与邢窑、定窑等官窑不同,磁州民窑的制瓷工匠体现出艺术上的豪迈质朴特点和技术上勇于探索的精神,在工艺上,以铁锈花为特色,在装饰绘料的选择、刻画技法的发展、釉上与釉下多彩工艺的创新上广采博收、别具匠心,为后来彩瓷的发展提供很多经验和借鉴。如果说白瓷的烧制成功,在陶瓷工艺发展上具有划时代的意义,那么磁州窑这一优秀的民间流派在白瓷装饰上的探索为陶瓷工艺的发展开创了崭新的境界。

第四节　早期蒸馏酒技术

一、蒸馏酒的起源

制酒是将植物果实中的糖类或淀粉类物质转化成乙醇的化学工艺技术。关于蒸馏酒在中国发明、生产的起始年代,一直是学术界长期争论的问题。目前仍没有完全一致的定论,大致有以下几种观点。第一个观点是白酒起始于元代,这是长期以来较流行的观点。提出这一观点,并最具影响的是明代嘉靖中撰著《本草纲目》的作者李时珍[2];第二个观点是始于宋代,早在 1927 年,化学史家曹元宇依据宋人苏舜钦的诗句"苦无蒸酒可沾巾",说"蒸酒,其烧酒乎",而认为"宋时已知有烧酒矣。"[3] 1975 年,青龙县发现的一套金代以前的铜制蒸馏器被许多人认为是宋代已能生产烧酒的最有力的证据[4];第三种观点是烧酒始自唐代。化学史家袁瀚青持这一观点[5],根据是唐代的一些诗文。例如白居易有"荔枝新熟鸡冠色,烧酒初开琥珀香"的诗句。李商隐有"歌从雍门学,酒是蜀城烧"[6]的诗句。雍陶有"自到成都烧酒熟,不思身更入长安"[7]的诗句;第四种观点是蒸馏酒始自东汉。1981 年上海博物馆马承源发表了题为"汉代青铜蒸馏器的考察和实验"的论文。据此,上海科学院历史研究所吴德铎在 1988 年发表文章,认为蒸馏酒在东汉已有。

我们认为,蒸馏酒起源于宋金时期,而且河北是中国蒸馏酒的重要起源地之一。

二、青铜蒸馏器与金代河北的蒸馏酒

1975 年,青龙县西山嘴村金代遗址中出土了一具青铜蒸馏器,对于研究中国蒸馏酒的起源是一件极为重要的实物(图 4 - 13 - 5)[8]。

该蒸馏器由上下两部分体叠合组成。根据其结构,可以推测其使用时的操作方法可能有两种:①直接蒸煮,即将蒸料和水或黄酒类的酒醅直接放入蒸锅内,而不用箅,再将冷却器套合在甑锅上面,然后开始加热蒸煮。蒸煮中产生的蒸气上升到顶部后冷凝为蒸馏液,顺着输出管流出而被收集。②加箅蒸烧,先在锅内加入一定量的水,然后在相当于甑高三分之一的位置上,加置一个卷帘式的箅(既可用秫秸,也可用其他漏气的材料组成),再在箅上把蒸料装好,套合上冷却器即可热蒸,同样可以收集到蒸馏液。

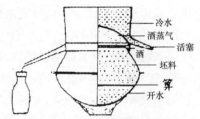

图 4 - 13 - 5　青龙西山嘴金代
遗址中的青铜蒸馏器

从该蒸馏器壁上遗留下的使用痕迹来看,甑锅内壁明显地分成三层,从锅底到高出 6 厘米的下部呈灰黑色;其上约 10 厘米高的中间部呈浅灰色;最上部表面附着有一层薄薄的青铜锈。据此可推测它不仅曾用于直接蒸煮,同时也曾用于加箅蒸烧[9]。

表 4 - 9 - 2　青铜蒸馏器实测表(单位:厘米)

全器高	甑　锅						冷　却　器				
	高	颈高	径		聚液槽		输液流长	高	穹窿顶高	径		排水流长
			口	最大腹	宽	深				口	底	
41.5	26	2.6	28	36	1.2	1	20	16	7	31	26	残 2

考古工作者曾用该套装置以加箅方式进行蒸馏试验,结果出酒顺利,蒸馏速度也快,约 45 分钟可完成一次蒸酒过程,乙醇度虽然不高,出酒量可达 500 克。证明该装置是一件实用有效的小型蒸馏器,它既可以蒸酒,又可以蒸制花露水。

第五节　宋代火药制造技术

中国古代火药是由硝石、硫磺与木炭 3 种化学物质按照一定比例混合加工而成,因为在汉代《神农本草经》中将硝石、硫磺作为药物成分点燃后又能剧烈燃烧,且颜色像炭黑,因此,又称黑火药。从目前的史料记载看,北宋时期黑火药已经大量应用于战争,并且出现了许多能够制造火药箭的匠人。据《续资治通鉴长编》载:宋咸平五年(1002 年)九月戊午,"冀州团练使石普自言能为火毬、火箭。上召至便殿,试之,与辅臣同观焉。"[10]宋代冀州,治所在今河北冀州市旧城。关于石普试验火毬和火箭的具体细节,不得而知,但火药兵器在战场上的出现,却预示着军事史上将发生一系列的变革,开始从使用冷兵器阶段向使用火器阶段过渡。

火药这种混合物易燃,而且在密闭的容器内燃烧还会引起爆炸。这是因为火药燃烧时能产生大量的气体(氮气、二氧化碳)和热量。原来体积很小的固体的火药,体积突然膨胀,猛增至几千倍,这时容器就会爆炸。这就是火药的爆炸性能。而石普等人正是利用了火药的燃烧和爆炸性能,将其用于制造各种新型火器。

关于"火毬"的化学成分,宋代的《武经总要》有记载:"硫磺 1 斤 4 两,焰硝 2 斤半,粗炭末 5 两,乾漆 2 两半,沥青 2 两半,捣为末。竹茹 1 两 1 分,麻茹 1 两 1 分,剪碎。用桐油 2 两半,小油 2 两半。蜡 2 两半,熔汁和之,外缚用纸 12 两半,麻 10 两,黄丹 1 两 1 分,炭末半斤,以沥青 2 两半,黄蜡 2 两半,熔汁和合周涂之。"[11]

从石普的试验过程来看,他制造的火箭是把装有火药的筒绑在箭杆上,点燃引火线后再用弓弩或弹力装置将其射出去。这种火箭也叫火药鞭箭。火箭在空中利用作用力与反作用力的原理飞行。因为在蒸气喷出的作用下,反作用力总是与作用力大小相等,方向相反,于是,气向后喷,而火箭则向前快速飞行,直至命中目标。可见,在这个过程中,由于燃烧的作用,故燃料的化学能首先转化为燃气的内能,接着燃气的内能又进一步转化为火箭的机械能。所以人们往往把火药鞭箭看作是世界上最早利用热气流喷射力发射的火箭雏型。至于石普所造火药武器的功能,仅从"火毬"的三种成分看,比例是硝为 50%、硫磺 25%、木炭 6.25%,显然,硫磺的比例偏高,而硝的含量偏低,加上其他成分杂多,说明这类火毬或火箭都是以燃烧为主。此外,干漆、黄丹具有一定的毒气性质,具有熏伤敌人的功能。

注　释:

[1][9]周嘉华、赵匡华著:《中国化学史(古代卷)》,广西教育出版社 2003 年版,第 391,747 页。

[2] (明)李时珍:《本草纲目》(卷 25),人民卫生出版社 1982 年版,第 1567 页。

[3] 曹元宇:《中国作酒化学史料》,《学艺》1927 年第 6 期。

[4] 方心芳:《关于中国蒸馏酒的起源》,《自然科学史研究》1987 年第 2 期。

[5] 袁瀚青:《中国化学史论文集》,三联书店 1956 年版,第 96 页。

[6] (唐)李商隐:《全唐诗·碧瓦》(卷 539),中华书局 1979 年版,第 6158 页。

[7] (唐)雍陶:《全唐诗·到蜀后记途中经历》(卷 518),中华书局 1979 年版,第 5915 页。

[8] 承德避暑山庄博物馆:《金代蒸馏器考略》,《考古》1980 年第 5 期。

[10] 李焘:《续资治通鉴长编》(卷 52),上海古籍出版社 1985 年版,第 446 页。

[11] 曾公亮、丁度:《武经总要(前集)》,中华书局影印本 1959 年版。

第十四章 传统地理学

隋唐五代时期,河北经济文化的繁荣为地理学的发展创造了条件,封建统治者为了巩固和扩展中央集权的封建大帝国,也迫切需要掌握域内外土地、物产等地理情况,从而促使了传统地理学的蓬勃发展。这一时期,在传统地理学方面,突出表现在方志的繁荣、制图学的创新、域外地理知识的扩展、潮汐成因、海陆变迁等自然地理的考察研究方面比前代有明显的进步。贾耽的"海内华夷图"、李吉甫的《元和郡县图志》等为这一时期的地理科技发展留下了光辉的篇章。

第一节 《海内华夷图》和《古今郡国县道四夷述》

唐代对编造图志和图经很重视,中央政府设有专门负责掌管图经的官员,并规定全国各州、府每三年一造图经,送尚书省兵部职方。唐代,我国在制图学方面作出最杰出贡献的是沧州南皮人贾耽。

一、我国古代第一大图——"海内华夷图"

1. 唐代杰出的地理学家和制图家——贾耽

贾耽(图4-14-1),字敦诗,生于唐开元十八年(730年)。自幼喜好地理,早年曾任过员外郎、礼部郎中等职,因政绩茂异,被升为管理国家礼宾和接待外国使者的鸿胪卿。大历十四年(公元779年)后,曾任左散骑常侍、山南西道节度使、工部尚书、山南东道节度使、右仆射等职。贞元九年(公元793年)升为右仆射同中书门下平章事(宰相职务)。于永贞元年(805年)去世,终年76岁。

图4-14-1 贾耽

贾耽一生勤于钻研地理知识,《旧唐书·贾耽传》称"臣弱冠之岁,好闻方言,筮仕之辰,注意地理,究观研考,垂三十年。"在他担任鸿胪卿期间,"凡四夷之使及使四夷还者,必与之从容,讯其山川土地之终始。是以九州之夷险,百蛮之土俗,区分指划,备究源流","绝域之比邻,异蕃之风俗,梯山献琛之路,乘舶来朝之人,咸究竟其源流,访求其居处"。这种勤奋工作精神,加上他身居宰相,能较多地接触所藏各种典籍,从而使他能够具备丰富的地理学知识,掌握大量的地理经典资料,在地理学上作出卓越的贡献,成为唐代杰出的地理学家和制图家。

贾耽的地理著作和地图主要有:《关中陇右及山南九州图》1轴和为说明此图而撰的《关中陇右山图九州别录》6卷及《吐蕃黄河录》4卷,统称《别录》10卷;《海内华夷图》1轴和为说明此图撰的《古今郡国道县四夷述》40卷;还有《地图》10卷、《贞元十道录》4卷及《皇华四达记》等。贾耽的制图受到裴秀制图理论的影响,他在献图的表中谈到晋司空裴秀创为"六体",九丘乃成赋之古经,六体则为图之新意。臣虽愚昧,尝尝师范。可见他是师范裴秀的制图理论。不仅如此,在此基础上还有所创新。

绘制一幅完整而精确的全国地图,把我国的山河面貌和唐代的统一强大真实地描绘出来,是贾耽一生的宏愿。他始终严肃对待,谨慎从事,他曾说:"大图外薄四海,内别九州,必尝精详,乃可摹写。"

直到贞元十七年(801年),贾耽71岁时,"冶中外为一炉,萃古今于一简"的《海内华夷图》方才绘制成功,这是我国历史上著名的大地图,也是唐宋时期影响最大的一幅全国一统大地图,从而把我国古代地图学向前推进了一大步。

2. 我国古代第一大图——"海内华夷图"

《海内华夷图》和为说明此图所撰写的40卷《古今郡国道县四夷述》,完成于公元801年。这幅图师承裴秀制图"六体"的画法,图广10米,纵11米,比例尺为3.33厘米折成50公里(即比例尺为1:1 500 000),面积约为110平方米,是魏晋以来我国古代第一大图。

图中以黑色书写古时地名,用红色书写当时地名,这样"今古殊文,执习简易",是我国古代制图史上的一项创新,也为后世的历史沿革地图所袭用。

尤为遗憾的是《海内华夷图》已经失传,但我们可以根据贾耽的献图表文及有关文献记载,对该图的内容与特点进行考证。贾耽在献图表文中说:"思耽所闻见,丛于丹青。谨令工人画《海内华夷图》一轴,广三丈,从三丈三尺,率以一寸折成百里。别章甫左衽,奠高山大川,缩四极于纤缟,分百郡于作绘。宇宙虽广,舒之不盈庭;舟车所通,览之咸在目"(《旧唐书·贾耽传》)。由此可知,该图具有以下几个特点:

首先,此图是贾耽根据自己长期积累的丰富材料,在他亲自指导下,由画工集体绘制而成。全图面积约十方丈,工程的浩繁和艰巨可想而知。

其次,在内容上,因其既"别章甫左衽,奠高山大川",又"分百郡",记"舟车所通",即不仅标出了唐代的疆域沿革、行政区划、古今郡县和江河山川的名称、方位、交通道路等,还标出了边疆民族地区和"四方蕃国"的名称、方位。由此可知,这是一幅大型历史地图,它同历代绘制的《天下图》、《州郡图》、《地域图》、《十道图》及裴秀绘制的《禹贡地域图》18篇等仅着重中国内地,或把边疆地区及四周各国单列的《外夷图》、《西域图》有着显著的不同。图中的中国内地部分,因前代的资料本来很丰富,又经贾耽长期的考察采访核实,内容当是十分详备准确的。至于边疆地区和域外部分,因贾耽调查采访的广泛细致,也远较以前充实详尽。如时人权德舆就曾说"尽瀛海之地,穷革是译之词,陈农不获之书,朱赣未条之俗。贯穿切蒯,靡不详究,开卷尽在,披图朗然"(《权载之文集》)。南宋初年石刻的《华夷图》图记中也说:"其四方蕃夷之地,唐贾魏公所载凡数百国"。欧阳夸也承认贾耽"考方域巡里最详,从边州入四夷,……其山川聚落,封略远近,皆概举其目"。这些均证明贾图关于边疆及域外部分的内容是比较丰富的。可见,此图的体例较前进步,内容较前充实,充分反映了贾耽的中外地理知识具有相当高的水平。

再次,此图在绘制技术上更有创造性的发展。一是"率以一寸折成百里",即根据"比率"(比例尺)原则,采用了"计里画方"的先进方法,所绘地域、方位比较精确。他的《陇右山南九州图》也是采用此绘图方法的。另据贾耽所说"其古郡国题以墨,今州县题以朱,古今殊文,执习简易"来看,图中还采用了以不同颜色区别古今地名的方法。由于绘图术的进步及内容明了,此图无须文字说明,收到了"执习简易"、"披图朗然"的效果。比率虽为裴秀提出,并非贾耽新创,但裴秀之后500年间,他的"制图六体"并未被人采用和重视,几乎失传。贾耽把它付诸实践,并使之流传下来,为后代所沿用。在公元8世纪还没有近代科学测绘工具和方法的条件下,贾耽按比例缩尺制图,可以说仍是具有划时代意义的。而以朱墨分注古今地名的方法,则完全是贾耽的新创造。这种沿革地图从贾耽创始以来,一直沿用至今。后代编绘历史地图都仍然采用这种方法,可见其影响之大[1]。

另外,现存西安市碑林博物馆内有一幅南宋绍兴七年(1137年)的石刻,在同一石上正反两面的两幅石刻地图:《禹迹图》、《华夷图》(图4-14-2)。《华夷图》左下角有一段话"其四方蕃夷之地,唐贾魏公(即贾耽)图所载,凡数百余国,今取其著闻者载之",可知此图参照了贾耽的《海内华夷图》。从现存的石刻《华夷图》可以看出贾耽的《海内华夷图》不但各要素丰富,所载国家多,而且大江大河流向位置绘制的比较准确,不但绘有沙漠,而且绘有长城,各要素的符号许多与今相同或接近。

《古今郡国县道四夷述》是说明《海内华夷图》的文字资料,贾耽认为:"诸州诸军,须论里数人额,

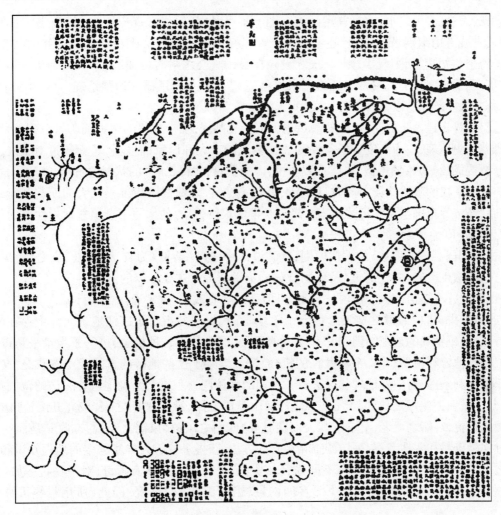

图4－14－2　西安碑林博物馆石刻《华夷图》复原图

诸水诸山,须言首尾源流。图上不可备书,凭据必资记住。"可见该资料备有各州详细的道路里数和驻军人数,以及各山各水的发源与归宿,是一部很有价值的历史地理著作。除此而外,贾耽还绘有从中国到朝鲜、东京(今河内)、中亚、印度,甚至到巴格达的交通图等等(《新唐书·地理志》)。可惜,这些图稿都早已散失[2]。

二、《古今郡国县道四夷述》

1. 编撰目的和原则

地理学研究的范围很广,贾耽主要选择了与当时政治、经济有密切联系的方面进行研究,以使自己的地理研究为唐代的政治、军事服务。所以贾耽特别致力于边疆地理、历史地理、外国地理的研究,尤其重视地图学的研究。"安史之乱"以后,唐王朝从盛世的顶峰跌落了下来。当时,中国境内的吐蕃贵族乘机攻占了唐西北地区的许多州郡。史载"乾元(758—759年)后,剑南西山三州七关军、镇、监、牧三百所失之"(《新唐书·吐蕃传》),"上元后,河西陇右州郡悉陷吐蕃"(《旧唐书·地理志》)。由于这些土地长期失陷,到唐德宗贞元时期,出现了"职方失其图记,境土难以区分",以及"国家守于内地,旧时镇戍,不可复知"的情况。贾耽鉴于边疆形势如此复杂和严重,一面"采辍舆论",进行采访调查;一面"寻研史牒",细致查阅旧有图笺,很快绘制出比较精确的《关中陇右山南九州》图一幅。该图着重描绘了边州和近边地区的山川、交通道路、军镇设置等自然、经济和军事形势。正如他自己说的那样,"岐路之侦候交通,军镇之备御冲要,莫不匠意就实,依希象真"。与此同时,贾耽认为"诸州诸军,须论里数人额;诸山诸水,须言首尾沇流。图上不可备书,凭据必资记注"(《旧唐书·贾耽传》),又另撰写了《陇右山南别录》6卷,《吐蕃黄河录》4卷,作为该图的文字说明。他在献图的表文中说巡:"如圣恩遣将护边,新书授律,则灵、庆之设险在目,原、会之封略可知"。不久新即位的唐宪宗,也曾"览天下图,见河、湟旧封、赫然思经略之未遑也"。事实表明贾耽研究边疆地理,主要在于向朝廷提供边疆的有关地理情况,以备收复失地之用[3]。

在边疆形势日趋紧张的同时,各地藩镇也大搞分裂割据,统一集权的国家面临着分裂的危险。贾耽通过研究历史地理,一面高度赞扬了汉和唐初疆域的广大和国家的强盛,一面通过对东汉、魏晋时因国家分裂造成"缘边累经侵盗,故墟日致湮没,旧史撰录,才得二三"的状况的责斥,表达了自己反对分裂维护统一集权的政治立场。同时,积极收集有关材料,力图把唐代统一强大的面貌及行政区划、自然、交通、经济等正确描绘和记述出来。经过长期的艰巨劳动,他撰写了全国总地志性质的《古今郡国县道四夷述》40卷。

对《古今郡国县道四夷述》的编撰原则,贾耽说:"中国以《禹贡》为首,外夷以《班史》发沇",公开申明自己这些重要著述是以《禹贡》及班固《汉书》有关记载为主要依据的。

当然,贾耽并不迷信前人。他说:"或迥理回远,或名号改移,古来通认,罕遍详究","言区域者,阔略未备,或传疑失实"(《权载之文集·贞元十迈录序》),发现并指出了以往地理研究中存在的问题。为了获得更多、更精确的地理知识和弥补前人的不足,贾耽利用各种机会,进行了大量采访调查和实地考察工作。他曾利用在东洛、东郡做官的机会,详细考察了这些地区的自然及经济状况,又利用在中央任职的有利条件,对中外地理状况进行了长期的采访调查。史书上说他调查采访的范围很广,内容很多,分类极细,"绝域之比邻,异蕃之习俗,梯山献深之路,乘舶来朝之人,咸究其沉流,访求其居处。阛阓之行贾,戏貂之遗老,莫不听其言而辍其要,间门之项语,风谣之小说,亦收其是而荃其伪"。贾耽通过文献资料和实地考察、采访调查相结合的方法,获得了较前人丰富得多的地理知识和重要资料。加之他的治学方法严谨,对来自不同途径的资料,进行认真的核实考订,对一些古籍如《禹贡》、《周礼》中记载有矛盾的地方,则采取"多闻网疑,诅敢编次"的态度,因此,所用材料可靠性程度较大[4]。

2. 主要内容及特点

《古今郡国县道四夷述》从形式上看,乃是《海内华夷图》的文字说明,实际上因图、说各自独立,实为总地志性质的地理著述。贾耽在献表中明确说明该书"郡县记其增迁,蕃落叙其盛衰","凡诸疏外,悉从厘正",可见其对古今地理的考订及叙述是十分精确和完备的。他在献表中所举"前地理书黔州屠酉阳,今则改入巴郡。前西戎志以安国为安息,今则改入康居"就是明显的例证。另外,贾耽还在他的《古今郡国县道四夷述》的缩写本《贞元十迅录》中,提出了"若护单于并马邑而北理榆林关外,宜隶河东:乐安自乾元后河流改迈,宜隶河南。合州七郡,北与陇纸、南与庸、蜀,回远不相应,宜于武都适府以恢边备"等12条订正意见(《权载之文集》)。可见考订的古今地理当是不少的,而且又多是边疆和"四方蕃国"地区的。此外在他的这个缩写本中,不仅"《六典》地域之差次,四方贡赋之名产,废盟升降,提封险勇,因时制度,皆备于编",而且"又考迹其疆理,以正谬误,采获其要害,而陈开置"。既然缩本就有如此丰富的内容,那么,它的繁本当更为丰富详尽。另外,从《新唐书·地理志》保存该书关于边州和四夷的材料来看,贾耽在这方面取得的成就已大大超过前人[5]。

《古今郡国县道四夷述》的特点有:(1)国内部分以《禹贡》为准,纲举目张,先列九州,州下记述郡县。国外部分则以《汉书》的相关记述为依据,古今相异者,经考证后,并加纠缬。(2)有些地区,自汉至唐,前后变化较大,甚至像辽东、乐浪等地,唐时人们了解不多,为此,贾耽尽力搜求各种资料信息,以资填补其阙。(3)对待《禹贡》、《周礼·职方》等文献,在互校中发现问题,辨别是非,对那些实在无法辨别之处,则存疑。

《古今郡国县道四夷述》原书40卷,阅读不便,于是,他将原书缩编为《贞元十道录》4卷。所谓"十道"即指唐贞观元年按照自然形势分全国为关内、河南、河北、河东、山南、陇右、淮南、江南、剑南、岭南等 10 道。实际上,贞元时 10 道区划已不存在,但贾耽仍以 10 道为纲来编撰地志,体现了他渴望国家统一和强大的基本态度和良好愿望。

贾耽出于政治上希望国家统一强大的目的,积极从事同国计民生关系密切的实际科学工作,在地理、地图学方面有所创造,为我国古代地理学史增添了重要一页,丰富了我国古代的文化宝库,这是应当予以肯定的。应该说,贾耽不愧是我国历史上一位有成就的科学家[6]。

第二节　《元和郡县图志》

李吉甫的《元和郡县图志》是现存的最早全国总志,清《四库提要》推赞此书:"舆地图经,隋唐志所著录者,率散轶无存,其传于今者,惟此书最古,其体例亦为最善,后来虽递相损益,无能出其范围。"因而是一部划时代的地理著作,在体例上为后世树立了典范,影响深远。此外,他毕生撰有《元和十道图》、《删水经》等地理著作。

一、《元和郡县图志》的编撰

李吉甫(758—814 年),字弘宪。唐赵州赞皇(今石家庄赞皇县)人。李吉甫少时好学,善写文章。27 岁为太常博士。后任忠州、郴州、饶州刺史。元和二年(807 年)为相。后因与窦群等有隙,三年(808 年)九月转任淮南节度使。六年(811 年)正月还朝复相,封赞皇侯,徙赵国公。李吉甫治学严谨,学识渊博,尤善于读书撰著。他著有《六代略》30 卷、《元和国计簿》10 卷、《百司举要》1 卷、《十道图》10 卷、《古今地名》3 卷、《删水经》10 卷等著作。其中,影响最大,价值最高,且传世至今的,当推其所撰《元和郡县图志》40 卷是历史上的地理名著,又是我国现存最早又较完整的地方总志,其编纂体例于后世影响很大。

李吉甫的《元和郡县图志》是在他的《元和国计簿》的基础上撰修的。他对于古往今来的地理学著作颇为不满,以为弊端甚多,不切实用。正如他在该书原序中所说:"况古今言地理者,凡数十家,尚古远者,或搜古而略今,采谣俗者,多传疑而失实,饰州邦而叙人物,因丘墓而徵鬼神,流于异端,莫切根要,至于丘壤山川,攻守利害,本于地理者,皆略而不书。"为此,他严正地指斥那些地理著作"将何以佐明王,扼天下之吭,制群生之命?"又说:"收地保势胜之利,示形束壤制之端,此微臣之所以精研,圣后之所宜周览也。"该书写成于唐元和八年(813 年),次年又有增补。原书 40 卷,另有目录 2 卷,总 42 卷。它的问世,是唐代疆土广大、国势昌盛的集中反映。作者在该书原序中这样说:"吾国家肇自贞元至于开元,兼夏商之职贡,掩秦汉之文轨,梯航累乎九译,厩置通乎万里。"在如此广阔的唐代版图之内,分疆、置吏、贡赋、交通,特别是山川险易之地与国家之安危息息相关,君王借此可以"弛张开阖,因变制权,统理万物"。为此,作者反复强调:"当今之务,树将来之势,则莫若版图地理之为切也。"作者从爱国角度出发,精研深思,发愤撰成这部供君王参阅的当代总志。从而,我们可以窥见志书与时政的密切关系所在。把志书的地位放到如此的高度,这在我国方志理论史上还是第一次[7]。

按照当时的情况,李吉甫在《元和郡县图志》里分全国为 47 个节镇,并将所属各府州县的户口、沿革、山川、古迹以至贡赋等依次作了叙述。每镇篇首有图,所以称为《元和郡县图志》。可惜,到南宋以后图已亡佚,有志无图,人们只好就略称为《元和郡县志》了。

二、《元和郡县志》的主要内容

1. 编撰体例及特点

该志以《贞观十三年大簿》所制的全国行政区划为纲领形式,以 10 道 47 镇分篇,每镇一图一志。

全志以府、州为叙述单位,先列府、州之名,下记开元、元和时期的户数,次叙沿革、境界、四至八到、贡赋、辖县数目及名称,再分叙辖县建置、州府里程、山川河流、城镇寨堡、名胜古迹、历代大事等等。对于垦田、水利、盐政、交通、军事设施、兵马配备、关津寨障和祠庙,该志都一一注明,十分详备。

从内容上看,尽管唐宪宗时黄河南北有五十多个州被藩镇所割据,川西也沦于吐蕃,而《元和郡县图志》中仍以"十道"分篇,"盖志在恢复旧土,使循名核实,具有深远意义"。另外,该志在某些方面的记载远比《汉书·地理志》以及新、旧《唐书·地理志》要详细得多。比如,自班固《汉书·地理志》以来,历代史籍、地志的通例是每朝只记录一个户口数字,到旧《唐书·地理志》时记录了"旧领户"与"天宝领户",而《元和郡县图志》则分别在各郡记录了开元、元和两个时期的户口数字。这些数字是后人了解唐代前后户口变动与社会状况的极为宝贵的第一手资料。

此外,该志十分重视经世致用,对当时的兵要厄塞和军事攻守利害均一一载明,并且所载险要"皆切时政之本务"。这与编纂的初衷和目的是相一致的。同时,在志中李吉甫对自己秉政时采取的一些重要军事措施也有所记载,如改复天德旧城、更置宥州于经略军、改变涪州隶属等等。

由于李吉甫史地知识渊博,又系当朝宰相,不少资料都是他亲知、亲闻、亲历的,加之精研刻意而作,使得《元和郡县图志》内容翔实丰富,真实可靠,具有较高的史料价值。宋代方志学家程大昌认为,此志是李吉甫"当国日久,乃始纂述"。"此于唐家郡县疆境、方面险要,必熟按当时图籍言之,最为可据";宋代的洪迈在《元和郡县图志》跋中说,"宪宗张于浴堂门壁,每叹曰'朕日按图,信如乡料'则其所著书,盖已见之行事矣,岂直区区纸上语而已哉";南宋王象之撰写的《舆地纪胜》内容丰富,取材广博,其中很多地方都引用了《元和郡县图志》;清代的孙星衍认为该志"载州郡都城,山川冢墓,皆本古书,合于经证,无不根之说,诚一代巨制。古今地理书赖有此以笺经注史,此其所以长也"。至今,《元和郡县图志》对于人们了解当时全国形势、各地沿革变迁、户口变动、物产分布、交通状况以及相关的史实,仍然具有重要的参考意义。《元和郡县图志》的"府(州)境"记述了各府(州)东西、南北里距,以表示府(州)辖境大小。虽不精确,但可使人一目以了知其大概。这也是李吉甫的一种创造[8]。

2. 主要地理学成就

(1)疆域政区方面的成就。

《元和郡县图志》对政区沿革地理方面有比较系统的叙述,每一州县下上溯到三代或《禹贡》所记载,下迄唐朝的沿革。其中对南北朝政区变迁的记载尤其可贵,这是因为记述南北朝时期的正史,除《宋书》、《南齐书》、《魏书》外,其他各史皆无地理志,而《水经注》虽是北魏时期的地理名著,但它毕竟是以记述水道为主,所以《元和郡县图志》有关这一时期疆域政区的叙述至关重要。《元和郡县图志》不仅在每一县下都简叙沿革及县治迁徙、著名古迹等,而且对某些容易混淆的地名进行了必要考证。如京兆府万年、长安、咸阳三县均有名叫细柳营的地方,通过考证,虽名重,而实不相混。

《元和郡县图志》是最早用四至、八到来标明州境的地方志。四至、八到原为地理方位名词,四至即东、西、南、北四正,八到为四正加上东南、西南、东北、西北四隅,用以表示方位距离。"八到"记各府(州)至上都、东都及八方府(州)、要地的交通路线及里距。交通路线则有取某路、取某江及跨山跨岭、过关、陆行、水陆相兼、水路、沿流、溯流、沿溯相兼、渡河、官河、私路、捷路等类别。有的对路途艰险略有描写,或说山路险阻,或说沙碛难行;有的注明为季节性交通路线,若遇道路不通,大都说明原因。若有两条以上通路,书中一并收录。沿海各州至海的里距也有记载。与府、州,"八到"相呼应,《元和郡县图志》还记载有漕运、桥梁、关隘、津渡等等,使得整个交通路线的内容更趋完备。"八到"的标目是李吉甫撰《元和郡县图志》的一种创造,所记内容言简意明,内容丰富,犹如一份唐代交通地图的说明书。交通形势与军事、经济关系至为密切,李吉甫在地理学上的精湛功夫,此"八到"也可见一斑[9]。

(2)自然地理方面的成就。

《元和郡县图志》县目条下,还记载了大量的山川、水利、物产等自然地理、经济地理方面的要素。据有人统计,全书记载的水道有 395 条,湖泊 92 个。还有原、谷、鸣沙、溶洞等多种地形特征。不仅记载了人所共知的大川大泽,如河北地域的邢州大陆泽,"东西二十里,南北三十里。霞芦荽莲鱼蟹之类,充牣其中","泽畔又有咸泉,煮而成盐",同时也记载了一些小的河流和陂泽。如卷18定州望都县(今保定望都县)的阳城淀,"周回三十里,莞蒲菱芡,靡所不生"。另外还有对各种地形特征的描述。所有这些,都对我们研究历史上水道、湖泊的变迁,各地自然环境的变化,提供了极其珍贵的资料[10]。

(3)经济地理方面的成就。

《元和郡县图志》每个府、州之后有"贡赋"一项,可以说是《元和郡县图志》一书所首创。贡品多数都是当地的土特产,包括著名的手工业产品及矿产、药材等;赋为绵、绢等物。在县下又有对于当地水利设施、工矿业及其他经济资料的记载。如卷16相州邺县(今邯郸临漳县)有西门豹及史起引漳水灌田的记载。

《元和郡县图志》记载了许多矿藏资料。据统计,全书载有产金地7处(另有麸金产地5处),产银地8处,产铁地18处,产铜地15处,产铅地2处,产锡地3处,产盐地58处。矿产的质量和冶铸的兴废,每有叙述。有的矿产还特别注明供何地生产。反映了唐代矿冶生产的布局。唐朝政府矿冶官营,李吉甫予此亦颇为重视,曾亲自"访闻"蔚州飞狐县三河冶旧时利用水力鼓风冶铜铸钱的技术,建议恢复三河冶的生产。所以此类记载自然尤详[11]。

《元和郡县图志》尤重水利设施。渠塘堰坝记载很多。唐朝政府非常注意农田水利灌溉事业,中央工部专门设有水部郎中、员外郎各一人,以"掌天下川渎陂池之政令,以导达沟洫,堰决河渠","总举舟楫灌溉之利"。《元和郡县图志》确实是一部体例完备,搜录周全的地理总志。真可谓是"稽户口,列垦田,辨方舆,详贡赋,以及山川关隘,兵马盐冶,仓庾桥道,河渠薮泽之属,无不悉关乎经画。按书而核,道里之远近,地势之形便,生齿之众寡,物力之盈亏,皆涽列于几案之间,如实地记录了元和年间唐朝社会政治经济的状况。它不仅为研究唐代历史地理,也为研究唐代的社会政治经济的变化发展提供了丰富的资料。"[12]

(4)人口地理方面的成就。

《元和郡县图志》对各地户口记载的一大特色是兼记不同时代的户口数。志中既记载开元年间的户数,也记载元和时的户数,为我们研究"安史之乱"前后各地户口的变动提供了重要佐证,也为研究中国经济重心的南移提供了颇有价值的史料。

3. 科学价值和意义

《元和郡县图志》一直被认为是我国现存最早的较完整的地方总志。由于我国历代官方都信奉"治天下以史为鉴、治地方以志为鉴"之论,因此作为一地的百科全书、一方的古今总览,地方志及其编修历来备受重视,其数量也很多,约占全部古籍的十分之一。不过,唐代以前的地方志则存者寥寥。关于《元和郡县图志》,《四库全书总目提要》卷68中这样说,"舆记图经,隋唐志所著录者,率散佚无存,其传于今者,惟此书最古,其体例亦为最善,后来虽递相损益,无能出其范围",这大概就是《元和郡县图志》被冠以地理总志之首的缘由。

在体例上,《元和郡县图志》受到初唐李泰《括地志》的影响,某些方面还超越了《括地志》,并为后来的《太平寰宇记》开创了先河,因此其体例一直为后世所重。宋代乐史修撰的《太平寰宇记》基本上承袭了《元和郡县图志》的门类,在此基础上又增设了人物、姓氏、风俗、艺文、土产等等,使地方志的内容范围进一步扩大了。清代桂文灿纂修的《广东图说》,仿照的也是《元和郡县图志》的体例。值得一提的是,《元和郡县图志》充分体现了李吉甫的地方志编纂思想。在该志原序中,李吉甫历陈各家地理书之弊端,指出"尚古远者或搜古而略今,采谣俗者多传疑而失实,饰州邦而叙人物,因丘墓而征鬼神,流于异端,莫切根要",并且"写丘壤山川,于攻守利害皆略而不书"。由此我们可以看出,李吉甫是反对当时地方志编修中重古轻今、传疑失实的做法的。实际上,知古非难,知今为难。而"古不参之以今,则古实难用;今不考之于古,则今且安恃?"显然,如何处理好古与今、详与略的关系,是地方志编修中的一个重要问题。

李吉甫在编修《元和郡县图志》的实践中,针对时弊,详人所略,略人所详,即以详今略古、有裨实用为重,对当时的州县建置沿革、山川位置、关亭寨障、攻守利害都一一载明,还详细记录了户口数字、贡赋、物产、四至八到等等,而且所载内容历历可稽,真实可信,切合实用。李吉甫的地方志编纂思想与实践,无疑对后人产生了一定的影响。清代地方志编纂学派之一的"详今派"代表人物章学诚就主张在编修地方志时,宜"详近今而略远古",因为"地近则易核,时近则迹真",这样容易确保资料的真实可靠性。他还认为,志属信史,应秉笔直书,不得任意增饰等等。时至现在,"详今略古"、"志属信史"已经成为编修地方志的传统和基本原则了[13]。

《元和郡县图志》美中不足是叙述某些州县沿革过于简略,加之《图志》散佚比较严重,确实是一大缺陷和遗憾。历代学者,特别是清代学者素有补辑史籍的优良传统。如清代学者严观依原书体例撰成《元和郡县补志》一书,可补《元和郡县图志》亡佚部分的缺憾。另有缪荃荪辑有《元和郡县志缺卷逸文》3 卷,两相参照,可补原书缺文之憾。尽管如此,《元和郡县图志》仍不失为我国古代方志著作中一部颇负盛名,学术价值很高的总志专著[14]。

第三节 地球子午线测量和地方志编缀

一、世界第一次子午线长度的测量

张遂(653—727 年),法名"一行",巨鹿(今巨鹿县)人,唐朝高僧,天文学家。公元 721 年奉命改制新历法,它同当时的机械制造家梁令瓒一起研造了黄道游仪,用以重新测定 150 余颗恒星的位置和研究月球的运行。一行创造了世界天文学史上的三个第一:第一次测量地球子午线长度;第一次提出了月亮比太阳离地球近的论点;第一次发现恒星运动[15]。他又与南宫说一起发起对子午线的天文测量,测得子午线一度弧长的数字虽然不太精确,但实测子午线却是世界上的创举。

唐开元十二年(724 年),一行开始组织中国历史上第一次天文大地测量。在此之前,一行创制了一种简便的测量地理纬度的仪器——复矩。复矩制成以后,于丽正书院"定表样,并审尺寸",统一了测量的项目和方法,规定了测点,然后才实施测量。这次测量的范围很广,以中原平地为中心,北到北纬 51 度左右的铁勒回纥部(当时唐王朝辖制的"瀚海都督府"所在地,位于现在蒙古国乌兰巴托西南的喀拉和林遗址附近),南达北纬 17 度多的林邑(今越南中部一带),中经朗州武陵(湖南省常德市)、襄州(今湖北省襄樊市)、太原府(今山西省太原市)和蔚州横野军(今张家口蔚县东北)等 13 处观测点。其中,以南宫说所率测量队按照隋代刘焯的计划,在黄河两岸的平原地区实地测量的 4 个点具有特殊的意义。他们从滑州白马(今河南省滑县)开始,经汴州浚义太岳台(今河南省开封市西北)、许州扶沟(今河南省扶沟县)到豫州上蔡武津馆(今河南省上蔡县),分别以 8 尺之表同时测出了冬夏二至和春秋二分的日影长,用复矩测出了各点的北极高,然后又实地丈量了这 4 点相互间的距离。据此推算出子午线一度的弧长为 123.7 公里,与现代值 110.6 公里仅相差 13.1 公里,相对误差为 11.8%。一行等人测得的子午线长度比阿拉伯的天文学家阿尔·花刺子模(Ai-Khwarism)等人,在幼发拉底河的新查尔平原和苦法平原测得子午线长度为 111.815 公里,在时间上早了九十多年。一行测得的数据误差虽然稍大,但他是世界上第一次子午线长度的实际测量,在科技发展史上具有重要意义:他开创了我国通过实际测量认识地球的道路;彻底纠正了日影千里差一寸的说法;他把地理纬度测量和距离结合起来,为后来的天文大地测量奠定了基础[16]。

二、宋敏求的地方志编缀成就

宋敏求(1018—1079 年),字次道,赵州平棘县(今石家庄赵县)人,是我国历史上著名的地理、历史学家,著作宏富,影响极其深远。其一生是编修地理和历史文化典籍的一生,对保存文化典籍和发扬祖国的优秀文化作出了巨大的贡献,在中国文化史上占有重要的地位。尤其是对沿革地理学和城市地理学的研究造诣更深。宋敏求把握住了中国都城兴起、发展的地理特点,充分表现了他以征实为目的,以自然环境为基础来研究城市地理的指导思想。他所研究的每一座城市,都有它特定的地理环境,使每个城市的兴起和发展都具有坚实的地理基础。他在城市历史地理方面的代表作有《长安志》、《河南志》和《东京记》,记载了长安和洛阳两个城市兴起、发展的地理特点、山川胜迹、城池宫观,具有很高的地理学价值[17]。

宋敏求所撰《河南志》和《长安志》,除《河南志》已佚,不可考者外,惟《长安志》最佳。全志凡20卷,前有熙宁九年赵彦若序。卷1为总叙、分野、土产、土贡、风俗、四至、营县、户口、杂制;卷2为雍州、京都、京兆尹、府县官;卷3至卷6为宫室一至四;卷7为唐皇城、唐京城一;卷8至卷10为唐京城二至四,卷11为县一:万年;卷12为县二:长安;卷13为县三:咸阳;卷14为县四:兴平、武功;卷15为县五:临潼;卷16为县六:蓝田、醴泉;卷17为县七:栎阳、泾阳、高陵、乾祐、渭南;卷18为县八:蒲城、周至;卷19为县九:奉天、好畤、华原、富平;卷20为县十:三原、云阳、图官、善原。

《长安志》在内容和体例方面均优于前代方志,而后世方志又未出其规。其优点如下:

第一,内容宏富,无所不载。宋司马光称:"近故龙图阁直学士宋君敏求,字次道,演之为河南、长安《志》,凡其废兴,迁徙及宫室、城郭、坊市、茅舍、县镇、乡里、山川、津梁、亭驿、庙寺、陵墓之名数,与古先之遗迹,人物之俊秀,守令之良能,花卉之殊龙,无不备哉。"

第二,详今略古,全在于用。宋赵彦若在序中称:"……故天府县有政,官尹有职,河梁关塞有利病,毕于治而方施于用,取诸地记,集而读之而后见其法,叙列往踢,远者谨严而简,近者周密而详,各有所因革规模,犹亲处其世,画里陌同经行之熟,而后见其功。"

第三,门类繁多,体例完备。清周中孚云:"长安为周、秦、汉、唐建都作邑之所,事迹丰伙,记载宜详。次道以唐韦述《两京记》但详于古迹,余多阙而未备,乃创为体例,遍搜传记诸书,汇次成书,旧都古今之制,于是乎备。卷首分总叙、分野、土产、土贡、风俗、四至、营县(户口附)、杂制八篇,次卷分雍州、京都、京兆尹、府县官类,三卷至十卷,皆历代古迹,十一卷至二十卷,则为县。凡府县之改,宫尹之职,河渠、头塞、风俗、物产、宫室、街道之属,无不纲举目张,典而有体,赡而不芜。"

宋敏求所撰《长安志》,内容宏富,无所不载,统合古今,重在施用,体例完备,北宋以前方志无以类比,后世方志多以模拟,可谓此志为宋代定型方志[18]。

第四节　最早的世界地图

一、张匡正墓顶星象图的发现

宣化辽墓除发现了张世卿墓的星象图之外,张匡正墓顶的星象图也很有科学价值。与张世卿墓顶的星象图相比较,张匡正墓顶的星象图最有价值的一部分图案,莫过于绘制在星象图中央的木制"世界地图"了(图4-14-3)。据考[19],墓主张匡正卒于契丹清宁四年(1058年),改葬于辽大安九年(1093年),距今已有九百多年。由于木板早已腐朽脱落,故墙顶上的木板色迹和墙皮脱痕展现出那固定地图的几块木板的轮廓。从遗留下的地图痕迹看,亚洲、非洲、北美洲、南美洲、澳洲及其主要海域的轮廓清晰可见。

刘钢先生详细考证了此图的真实性,并且对图中所绘五大洲的基本内容作了解释和说明。其大致内容如下:

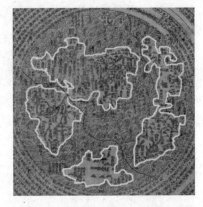

图4-14-3　《张匡正世界地图》轮廓

1. 亚洲的轮廓特征

亚洲居于地图的中部,地图的中央是中国,中国的东面是日本国或"东瀛",南面是印度支那岛,西南方是印度半岛。孟加拉湾在印度半岛的东侧,而印度洋在其西侧。

2. 欧洲的轮廓

在地图的西北部为欧洲,尽管图中无法辨识红海,但地中海却显现出比较明显的痕迹,可惜被错误地绘成了敞开的大海湾。与亚洲相较,欧洲的面积被严重缩水,这跟当时中国学者的世界观有关联,因为地球的中央是大中国。小欧洲的左上方绘有一个半岛,那就是斯堪德纳维亚半岛。其下方是德兰半岛。

3. 非洲的轮廓

非洲大陆的形状呈不等边三角形,南窄北宽,南端海角指向东南方向。同样,非洲南端在《华夷图》中也被转向东方。受此影响,1321 年维斯康缇绘制的世界地图以及 1460 年至 1460 年绘制的《卡特兰·艾斯坦斯世界地图》,都将非洲大陆的南端画成东南向,而不是南向,这或许是考虑到地球是圆形之故。不过,此图中所绘非洲西部海岸线的轮廓与现代地图十分接近。

4. 美洲大陆的轮廓

亚洲的东北角延伸出一个地峡,是谓白令海峡。此地峡的另一端连接这北美大陆。在北美洲与南美洲之间,有"巴拿马地峡"相连。

南美洲大陆东侧是大西洋,西侧是太平洋,在图中,位于秘鲁的布兰科角、巴西东端的圣罗克角和南美南端的弗罗厄德角,都标识得非常清楚。

5. 澳洲大陆的轮廓

澳洲大陆不在太平洋,而是被置于印度洋的西侧。澳大利亚西南角、北部卡奔塔利亚湾和南部大澳大利亚湾的轮廓都能够识别出来。

二、张匡正世界地图的意义

张匡正世界地图的出现不是偶然的。前面讲过,贾耽的《皇华四达记》所记述的唐朝对外 7 条交通线,其中"四达"的范围有:波斯湾东岸,日本岛国,巴格达,非洲东岸的中部(三兰国)。世界地理知识和交通视野的不断扩展,使更多的人有了绘制世界地图的机会与条件。比如,宋代的沈括、黄裳和朱熹都曾用木板试制过地图,而朱熹还曾想用 8 块木板拼制一幅世界地图。

张匡正世界地图的出现证明这样一个事实:在 1093 年之前,中国人曾经对地球表面进行过测绘[20]。从图中可以看出,绘图者使用两种不同的投影方法来标识太平洋和美洲以及澳洲、亚洲与非洲。结果北太平洋是个内陆海,南太平洋成了一个大海湾,北美洲被画成了半岛,澳洲则移位到印度洋海域,等等。尽管如此,它的科学价值是巨大的,因为它是迄今为止我国保存下来的最早一幅世界地图。

注　释:

[1][3][4][5][6]　尹承琳等:《贾耽及其在地理学上的成就》,《辽宁大学学报(哲学社会科学版)》1978 年第 4 期。

[2]　张奎元:《中国隋唐五代科技史》,人民出版社 1994 年版。

[7][14]　吕志毅:《李吉甫及其〈元和郡县图志〉》,《河北大学学报》1984 年第 2 期。

[8][9][10][11][12]　李志庭:《李吉甫与〈元和郡县志〉》,《史学史研究》1984年第2期。

[13]　陈素清、冯荣光:《李吉甫与〈元和郡县图志〉》,《四川图书馆学报》2003年第4期。

[15]　盛夏:《科学巨星僧一行》,《决策探索》2005年第5期。

[16]　中国科学院自然科学史研究所地学史组:《中国古代地理学史》,科学出版社1984年版。

[17]　郭志猛:《中国宋辽金夏科技史》,人民出版社1994年版。

[18]　毛德清:《宋代定型方志纂者——宋敏求》,《杭州师院学报》1985年第4期。

[19][20]　刘钢:《古地图密码》,广西师范大学出版社2009年版,第93,98页。

第十五章　传统地质科技

隋唐五代宋元时期,我国古代地质思维和地质理论等方面也有了长足的发展,矿物岩石方面的知识越来越丰富,勘探找矿、鉴定矿物的方法、手段和水平越来越高。出现了多部传统地质学专门著作。地质科技在生产、生活等方面的应用越来越广泛。

第一节　传统地质科技的发展

隋唐五代宋元时期的矿物岩石认知取得了长足的发展,增加了矿物的种类,添加了矿物性状和产地的描述,发现了矿物鉴定的新方法,利用岩石制砚及利用岩石造桥,对矿物岩石的认知加深,应用领域更加广泛。

一、矿物岩石专著

隋唐五代较为突出的一点是出现了众多的矿物岩石学的专著,其代表性著作有如下几部:

1.《石药尔雅》

《石药尔雅》是仿《尔雅》的形式,于唐元和元年(806年)写成的,作者梅彪是西蜀江源(今四川崇庆)人。他在《石药尔雅·序》中讲明了写此书的目的,是为了对药物的隐名异名别名进行甄别与归类。

全书共6篇。第一篇,飞炼要诀,释诸药隐名为卷上。指出:必须明白石药的隐名,方可飞炼。故诸药隐名为飞炼要诀也;第二篇,载诸有法可营造丹名;第三篇,释诸丹中有别名异号;第四篇,叙诸经传歌诀名目(书名);第五篇,显诸经记所造药物名目;第六篇,论大仙丹有名无法者。

在释诸药隐名中,总计有矿物及化合物68种,隐名、别名、异名共347种。其中一种矿物或化合物隐名最多的达30个,最少的一个,平均约5个[1]。

2.《云林石谱》

公元1138年,杜绾的《云林石谱》是宋代诸石谱著作中最好的一部,书中记载的地质学知识,反映了当时人们对矿物岩石的认识水平,是古代矿物岩石学代表作之一,它所记载的116种矿物岩石中,有石灰岩、石英岩、砂岩、页岩、云母、滑石、叶蜡石、玛瑙、玉类,还有金属矿物、化石等。并对各种矿物岩石的产地、形状、颜色、特征成因等作了详细的记述。《云林石谱》以其记载的矿物岩石种类多,分布范围广,物理特性描述详细,成因解释比较正确,深得世人赞誉[2][3]。

3. 本草著作

宋代问世的二十多部本草著作中,也有不少关于矿物岩石知识的记载。例如《本草图经》的几项记载更具矿物岩石价值:①对云母的透明薄片,观察得相当仔细,记载生动而真实,并根据颜色、透明度性状的不同,将云母分为4种:青黑色的(黑云母)、明滑光白的(白云母)、以红色为主的(锂云母)和最透明的(金云母)。②对某些矿物的晶体结构,有较深入的了解,知道自然界的一些矿物,有多种晶体结构。例如,石英的晶体是六面如刀削,五棱两头如箭镞;方解石的晶体为方棱;辰砂具有六方对称性;妙硫砂十四面如镜。③已经认识到石棉与滑石之间有共生关系,进而得出滑石是寻找石棉矿的标志物这一很具科学价值的结论。

二、对化石的认知与分类

宋代记载化石的书籍,不仅数量较过去增多,认识也不断加深。在刘翰、马志的《开宝本草》、沈括的《梦溪笔谈》、姚宽的《西溪丛语》等二十余部著述中,虽非化石专著,但是,举凡涉及化石之处,均载明它的名称、产地、性状,有的还对其成因予以解释,尤以沈括《梦溪笔谈》中的阐述最为精彩而深刻,具有较高的史料和研究价值。《梦溪笔谈》描述化石时,除了记其名称、产地、性状外,还将化石中的动植物与当时当地的气候、地形等实际情况联系起来思考,进而由化石的发现,推测历史时期地层的形成和演变,成为阐发化石生成原因和地层形成发展的科学理论。

1. 动物化石

《梦溪笔谈》第374条是关于动物化石的记载,书曰:"治平(1064—1067年)中,泽州(今山西晋城)人家穿井,土中见一物,蜿蜒如龙蛇状,畏之不敢触。久之,见其不动,试扑之,乃石也。村民无知,遂碎之。时程伯纯为晋城令,求得一段,鳞甲皆如生物。盖蛇蜃所化,如石蟹之类。"沈括把化石名称、出土地点、动物形状,描述清楚,真实可信。

除《梦溪笔谈》而外,宋代古籍中记载的动物化石,还有石蚕、石虾、古鹦鹉螺壳体化石、龙骨化石等。它们在相应的著作中,都有详略不一的描述。

2. 植物化石

宋元时期,对植物化石也有了一定的认识,据统计,宋代著述中谈到的植物化石有:松石、鳞木化石、新芦木化石、石梅、石柏等。赵希鹄的《洞天清录集》是迄今所见最早记载松石的著作之一。彭乘在他的《墨客挥犀》一书中,记载一种尚为人不知晓的化石:"壶山有布木一株,长数尺,半化为石,半犹是坚木。蔡君谟见而异焉,因运置私第,余在蒲阳日亲见之。"

第二节 传统地质科技思想

一、对沧海桑田的认知和发展

"沧海桑田"是我国古代表达海陆变迁地质思想的术语。这种思想起源很早,从文献上说。以汉代徐岳《数述记遗》最早。晋代葛洪在《神仙传》中以神话形式提出了"沧海桑田"的概念。说"已见东海三为桑田"。唐朝大历六年(771年)颜真卿(曾任河北采访史)[4]在《抚州南城县麻姑山仙坛记》中,首次以化石为证据,证明"沧海桑田"这种地质现象确实存在,把葛洪借神仙之口提出的假说提高到了科学的高度。他说:"高山中犹有螺蚌壳,或以为桑田所变",这句话既以沧海桑田来解释海相螺蚌壳所以出现在高山上的岩石中,同时也通过这个现象认识到这里发生过海陆变迁。使海陆变迁的认识具有一定的科学性。此外,在唐人诗句中也有不少"沧海桑田"的思想,如储光羲的《献八舅东归》诗中有"沧海成桑田"的名句。白居易的《浪淘沙词六首》之一曰:"白浪茫茫与海连,平沙浩浩四无边。暮去朝来淘不住,遂令东海变桑田。"[5]

南宋哲学家朱熹(1130—1200年)在《朱子语类》卷94中写道:"尝见高山有螺蚌壳,或生石中,此石即旧日之土,螺蚌即水中之物。下者却变而为高,柔者却变而为刚,此事思之至深,有可验者。"[6]这种对化石、地层成因的科学解释是非常确切的,而且很自然地引用出地面升降的结论。

二、海陆变化与华北平原的成因

公元1074年秋,沈括任河北西路察访史,在察访途中,观察到太行山的山崖之间,有带状分布的螺蚌壳与卵石。他写道:"予奉使河北,遵太行而北,山崖之间,往往衔螺蚌壳及石子如鸟卵者,横亘石壁如带。此乃昔之海滨,今东距海已近千里,所谓大陆者,皆浊泥所湮耳。"这里沈括根据海螺蚌壳化石推断太行山区曾是海滨,距今大海已后退千里,整个华北平原是由黄河、淮河、海河等许多河流挟带泥沙淤积而成。华北平原面积约30万平方公里,是长期沉陷区,正是各大河流汇流的好地方,如黄河每年携带13亿～16亿吨泥沙填入其中,从而使平原不断扩大(图4-15-1)。这是华北平原成因很正确的观点,并对古代沧海桑田变化作出了很有创见的科学解释,这是我国古代重要的海陆变迁学说[7]。

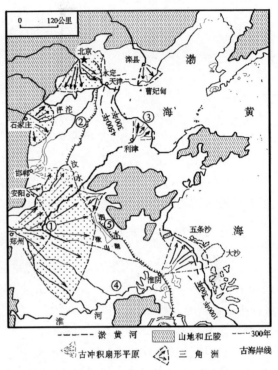

图4-15-1　华北平原形成示意图

三、将今比古的地质思想

从沈括、朱熹和颜真卿海陆变迁的观点中,已经初步显露出一个非常重要和光辉的地质思想,就是地质学所谓的"将今比古"思想。地质历史基本上是人类出现以前的史前史,对过去漫长而古老年代发现的地质现象,如何去认识? 需要什么样的思路? 一直是地质学研究地质现象首要解决的根本问题。

英国著名地质学家赖伊尔(Lyeell. Charies)(1797—1875年)提出了地质渐进进化的思想(均变论),他根据生物界和非生物界现在和过去一系列变化具有一致性(古今一致)观点,提出了现代地质学所谓的"将今比古的现实主义原则"[8]。将今比古思想有一句名言:"现在是了解过去的钥匙。"而沈括、朱熹等人远在一千多年以前(比赖伊尔早六百多年),就能用将今比古的地质思想解释沧海桑田的变化,用现在的自然现象来解释古代的地质作用和事件起因,用现在的生态环境来恢复古代化石的环境,是大大超前于当时科技现状,是很了不起的事件,也可以说是一个奇迹,至今仍闪耀着辩证唯物论地质思想的光辉。

第三节　传统地质科技的利用

唐宋元时期是我国古代科学技术发展的高峰,有不少划时代科学技术的发明创造,与地质有关的科学技术主要有地形地貌图件的编制、高超的制瓷技术及其矿物原料及郭守敬水利技术成就等。

一、唐宋时代地形地貌图的成就

1. 贾耽地图学的成就

唐代最有名的地图学家贾耽(730—805年),字敦诗,沧州南皮(今沧州南皮)人,大历十四年(779年)担任鸿胪卿,并兼左右威远营使。这一职务为他提供了"通夷狄之情"的机会,使他获得了大量四方边陲的第一手资料,给他日后完成一系列地理学著作起了不可忽视的作用。

贾耽继承了西晋裴秀的"制图六体",认为"六体则为图之新意",要"夙尝师范"。他绘制的《关中陇右及山南九州图》一轴(已佚),即用裴秀的"制图六体"。主要表现陇右兼及关中等毗邻边州一些地方的山川关隘、道路桥梁、军镇设置等内容。

贾耽令工人画的"《海内华夷图》一轴,广三丈,纵三丈三尺,率以一寸折成百里。其古郡国题以墨,今州县题以朱,今古殊文,执习简易。"地图的涵盖面东西3万里,南北3万里以上,是一幅将近100平方米的巨型地图。此图体现了唐代的制图水平,使中国古代制图学达到了新的高峰。

2. 李吉甫的《元和郡县图志》

《元和郡县图志》为唐李吉甫所撰。吉甫,字弘宪,赵郡赞皇(今石家庄赞皇)人。生于唐肃宗乾元元年(758年),卒于唐宪宗元和九年(814年)。《旧唐书·李吉甫传》说,他"少好学,能属文","该洽多闻,尤精国朝故实,沿革折中,时多称之"。著有《六代略》、《百司举要》、《元和十道图》、《删水经》和《元和郡县图志》等。

《元和郡县图志》在自然地理方面,资料极其丰富。在每县下记载着附近山脉的走向、水道的经流、湖泊的分布,等等。全书记载到的水道有550余条,湖泽陂池130多处。

二、唐宋时期矿泉的开发利用

矿泉是天然出露且矿化度高的特殊地下水资源,根据水温高低可分为冷泉($<25℃$)、温泉($25 \sim 37℃$)、热泉($38 \sim 42℃$)、高热泉(汤泉)($>42℃$)。中国是世界上矿泉出露最多的国家之一,早在殷商时期,甲骨文中就已有"泉"字出现,北魏时期郦道元《水经注》记载了全国1 252条河流,其中许多河流源于泉水,仅所记的温泉,热泉即为28处,至唐宋时期,随着经济文化的长足发展,山地丘陵渐次开发,矿泉也有更广泛的利用。

调查所知,中国宋代及以前开发的矿泉主要集中在山地丘陵地区,主要有太行山区、燕山山区、山东半岛、吕梁山区、中条山区、大别山区、伏牛山区等。宋以前分布于河北(包括北京)的太行山区和燕山山区的矿泉有17处,见表4-15-1。

这一时期矿泉资源的开发利用主要表现在如下几个方面。

表4-15-1　河北地域温泉统计表

地区	矿泉位置和名称	资料来源
河北	赤城县温泉(赤城西5公里汤泉)	龚胜生资料
河北	沙河县西北温泉(汤水)	龚胜生资料
河北	平山县温泉(平山温塘镇温泉)	龚胜生资料
河北	遵化县西温泉(马兰峪矿泉)	有关县志资料
河北	鹿泉市白鹿泉	有关县志资料
河北	灵寿县温泉	有关县志资料
河北	蔚县西南暖泉	有关县志资料
河北	宣化县白庙暖泉	有关县志资料
河北	阳原县温泉	有关县志资料
河北	邢台百泉	有关县志资料
河北	秦皇岛热水头温泉	有关县志资料
北京	笋头山温泉	龚胜生资料
北京	延庆县西佛峪口温泉	李仲均资料
北京	延庆县城东暖泉	李仲均资料
北京	怀柔县温泉	龚胜生资料
北京	昌平县小汤山温泉	李仲均资料
北京	房山县龙城峪温泉	李仲均资料

1. 工农业生产对矿泉的开发利用

中国自古以来以农立国,而农耕作业是离不开灌溉的,早在3 000～3 500年前黄河就开展了泉水灌溉[9],显然,灌溉是矿泉最基本和最普遍的利用方式,矿泉灌溉往往还具有特殊的功能,如唐宋时期湖北京山利用温泉溉田“其收数倍”,大大提高了农作物产量。

2. 矿泉对医疗保健的作用

早在春秋战国时期,《山海经》就对泉水的医疗保健作用有所记载,如北京怀柔温泉“能治百病”,北京延庆温泉“疗治万病”,邢台沙河温泉“愈疾为天下最”。为了医疗保健,宋以前在温泉出露处还修建了浴场、汤院、汤亭、汤馆等设施,如蔚县暖泉有“泽际有热水亭”,北京怀柔温泉有“泉上有祭堂”等。

三、制瓷技术及矿物原料

唐代最著名的烧制瓷器的窑为越窑和邢窑。越窑在南方浙江绍兴,主要烧制青瓷;邢窑在北方邢台临城,主要烧制白瓷,故有“南青北白”之说[10]。

邢窑的白瓷,胎质细润,器壁坚而薄,釉色洁白,光润晶莹。白瓷的呈色剂主要是氧化钙,它要求铁的含量越少越好。精细白瓷的出现,说明了当时制瓷工艺已经达到了纯熟的地步。邢窑白瓷的出现,结束了自魏晋以来青瓷一统天下的局面,到了唐代迅速崛起,与越窑平分秋色,形成南青北白,相互争妍的两大体系。

邢窑之所以能制造出精美的白瓷,与临城附近有质量上乘矿物瓷土原料有很大关系。据《古矿录》引《隋书·地理志》云“魏郡临水县(今临城县北四十里)有慈(瓷)石山,又据宋《太平寰宇记》记载临城县泜水出东山,房子城西出白土,细滑如膏”[11]。

从临城一带的地质条件和瓷土原料的赋存情况来分析。在一千多年以前,因交通闭塞,烧制陶瓷所用的原料(主要是瓷土)只能在窑址附近就地取材,如果瓷窑附近没有便于开采的瓷土矿资源,则邢窑烧制瓷器的时间也不会延续如此之久(近三百年),规模如此之大。据研究,我国北方各古瓷窑的空间分布,都有其共同的规律,即在地质构造上都处于古老隆起旁侧的成煤拗陷带或含煤盆地的边缘部分。这些古瓷窑所用的原料大多来自煤系地层中的沉积成因的瓷土矿层,往往是煤层的底板和煤层的夹矸,以及煤层上部砂页岩中的高岭石粘土岩等。这些粘土岩经加工后再加入长石、石英等配料,烧制成坯后再上釉,经二次烧制而成。因此,这些古瓷窑的建立和生产在空间上都与煤系地层分布区有非常密切的关系。如已发现的隋代磁州的贾壁窑,唐代的曲阳窑(定窑的前身)等古窑址都处于石炭二叠纪海陆交互相煤田的边缘地带。直至宋代,也是如此,如宋代著名的河北地域的定窑、磁州窑以及一些民间窑等,无一例外。

北方定窑的发展繁盛也源于得天独厚的瓷土资源和高超的制瓷技术,在“河北曲阳周围,蕴藏着大量石炭二叠纪煤系地层的耐火粘土和瓷土,土脉(质)细润,铝质含量高,是制瓷的上等原料”[12]。“定窑遗址就在曲阳县城北部三十公里的涧磁村一带,分布在东西狭长十余公里的范围内,包括灵山镇的北镇村、涧磁村、野北、燕州村等。”[13]磁州窑位于邯郸磁县,以石炭二叠纪煤系地层的瓷土(磁石泥)为坯,所以瓷器又称磁器。磁州窑多生产白瓷黑花的瓷器。

第四节　主要地质文献

唐宋时期是我国古代科学技术走向辉煌的巅峰时期,人才辈出,成果卓著,这一时期最杰出的人物和成就就是天才科学家沈括和他的《梦溪笔谈》。《梦溪笔谈》是总结我国古代自然科学和技术上诸多领域的最佳巨著,是内容无比丰富的百科全书,在地质科技方面也作出了超越前人的重大贡献。反映地质成就的文献还有一些旅行家对西域考察的记录。

一、《梦溪笔谈》

图 4 - 15 - 2　沈括

图 4 - 15 - 3　《梦溪笔谈》

沈括(1031—1095 年),字存中,北宋钱塘(今浙江杭州)人,青年时跟随父亲宦游,积累了丰富的见闻和学识。治平元年(1064 年),33 岁的沈括考取进士,在昭文馆编校书籍(图 4 - 15 - 2)。熙宁六年(1073 年),沈括奉命到浙东一带考察水利、差役,对当地水利工程的修建给予了大力的支持。次年,他又奉命赴河北西路(今河北、河南二省黄河以北地区)察访,重新修订了《九军阵法》,在军事理论方面作出了贡献。元丰三年(1080 年),沈括作为军事统帅赴延州(今陕西延安)任职,率军奋力抵御西夏的侵略。1082 年,沈括因受到战事失利的牵连而被贬职。元祐五年(1090 年),沈括迁至润州(今江苏镇江)的"梦溪园"安度晚年。也正是在梦溪园中,他编撰了著名的《梦溪笔谈》。

《梦溪笔谈》是以笔记体形式写成的一部综合性科学著作(图 4 - 15 - 3)。现存的《梦溪笔谈》共 26 卷,《补笔谈》3 卷,《续笔谈》11 篇。该书集中叙述了沈括一生的重要见闻,同时也记录并反映了当时北宋的社会、政治、外交和军事状况,具有极高的学术价值和历史价值。尤其是他在科学技术方面所取得的成就和作出的贡献,使《梦溪笔谈》成为一部弥足珍贵的科学典籍。

在《梦溪笔谈》中,沈括深入细致地研究了地图测绘。他曾在熙宁五年(1072 年)首创地形高程测量法,他在实测的基础上,用胶泥、木屑与熔蜡混合,制造出不同的地图模型,然后再复制成木刻地理模型,这比欧洲最早的地理模型早了 700 多年。后来,他又历时 12 年,完成了中国制图史上的巨作《守令图》20 幅。在制图方法上,他删去了裴秀制图六体中的"道理",而增加了"傍验"和"互融",对地图绘制后的校验和拼合地图的准确性作了强调和突出,提高了地图制作的精度。另外,《梦溪笔谈》还详尽地记载了关于"灌钢"、"冷锻"、胆铜法的知识,这些都对古代化学的发展作出了重要贡献。

二、沈括在地质学方面的贡献

沈括对地质学具有多方面广泛而深刻的认识,提出了不少独到的科学见解,并致力于精深的理论探索和技术创新,多有建树。

1. 首次提出了"河流侵蚀"的概念

1074 年 4 月,沈括出使浙东,游览了雁荡山,对于峭拔险峻,高耸云天的奇峰异岭,他指出:"原其理,当是谷中大水冲击,沙土尽去,唯巨石岿然挺立耳。"明确判定为河流侵蚀作用形成的地貌特征。更可贵的是,在写书时,他把 1079 年出镇延州时看到的西北黄土高原地貌和雁荡山作了对比:"今成皋、陕西大涧中,立土动及百尺,廻迫然耸立,亦雁荡具体而微者,但此土彼石耳。"把一南一北相去万里不同地区的地貌成因作统一的科学解释,这和现代地质学的方法,没有什么本质区别。对河流侵蚀地貌的系统认识,在欧洲是 1780 年由英国地质学家郝屯(Hutton)提出的,只是沈括的真知灼见在封建制度的中国没有得到继承与发展罢了。

2. 第一次提出河流搬运沉积形成陆地平原思想

关于河流搬运、沉积作用的认识,宋熙宁七年(1074年)沈括奉命视察河北西路途中见到的螺蚌壳和砾层沉积的剖面露头。螺蚌是水生动物,卵石是经流水长久搬运磨圆的产物,呈水平排列,是沉积相的特色。沈括根据沉积物的相型,说明地壳运动的变化,进而推断太行山以东过去是滨海地区,华北平原是黄河、漳水、滹沱、涿水、桑乾等河流搬运大量泥沙沉积而成。他的看法与今天对华北平原成因的科学解释完全一致。沈括是我国历史上第一个正确解释华北平原成因的人,同时也把海陆变迁思想向前推进了一大步。

3. 正式定名"化石"并最早了解化石意义

古代中国很早就有关于化石的记载,但最早正式定名为"化石"这一专用名称是沈括,同时也是最早了解化石的地质意义。《梦溪笔谈》记述化石多处:"近岁延州永宁关大河岸崩,入地数十尺,土下得竹笋一林,凡数百茎,根干相连,悉为化石……延郡素无竹,此人在数十尺土下,不知其何代物。无乃旷古以前,地卑气湿而宜竹耶。"他看到的是新芦木化石,不是竹笋;但他据化石推断古气候温湿,是非常卓越的见解。同一看法,在欧洲是1763年由俄国科学家罗蒙诺索夫(Ломоносов)提出。这也说明根据化石能推断古气候,沈括是最早根据化石推断古气候变迁的科学家。

4. 首创分层筑堰法测量地形

1072年,沈括视察汴河水利工程时,首创了分层堰法测量地形。办法是分段临时筑堰,用水平尺与罗盘针,测出堰内外水面高差,再逐段记录汇总,实测汴汴京上善门至泗州淮口840里河道高差194.86尺。

1075年,沈括视察边防地区,曾用木屑、面糊、熔蜡等材料制作立体地图模型,并据以复制成木刻立体模型,呈送当朝政府。结果,官方加以推广,命令各边防地区"皆为木图,藏于内府"。可惜这种沙盘作业与立体地图都没能保存下来。

5. 首次命名和使用"石油"一词

《梦溪笔谈》中对"延川石液"(即石油归称)指出"此物后必大行于世,自予始为之。盖石油至多,生于地中无穷,不若松木有时而竭。"沈括在这里第一次命名和使用了"石油"一词,从而取代了以前"石液"、"石漆"、"泥油"等的旧称。并且认为石油储量非常多,蕴藏在地下无穷无尽,不像松木总有用完的时候。这些都是很科学的见解,特别是沈括还指出"此物(指石油)后必大行于世",这更说明沈括早已预见到石油开发的广阔前景,在一千多年前就有如此先见之明和符合地质学的精辟的论断是非常难能可贵的。

6. 最早发现和记录磁偏角

地磁的南北两极与地球的南北极不相重合,二者之间有个夹角称为磁偏角,沈括在《梦溪笔谈》中指出:"方家以磁石摩针锋,则能指南",又指出"然常微偏东,不全南也"[14],这是对磁偏角现象的首次明确发现和记述[15]。西方传说哥伦布航向美洲时于1492年发现了磁针的偏角,这比沈括晚了四百多年。不仅如此,沈括还提出了人工磁化的技术和4种指南针安置方式,认为用蚕丝悬挂的方法最好。

7. 关于矿产资源的论述

《梦溪笔谈》中还有不少关于矿产资源方面记述,如铜、铁、盐等,为后人开发利用这些资源留下了有价值的资料。如在《梦溪笔谈》卷1中对盐类矿物进行了调查,论述了当时我国盐类种类产地,销区及税收情况,可以说是对盐业地理和地质的记述,他把盐类矿物分为4种,即末盐(海盐)、颗盐(池盐)、井盐、岩盐四种,又对盐类晶体的物理性质进行比较和鉴别,如指出"太阳玄精,生解州盐泽大卤中,沟渠土内得之,大者如杏叶,小者如鱼鳞,悉皆(尖)六角,端正如刻,正如鱼甲"。

这说明太阳玄精石(即今石膏晶体)[16]生长在山西解州盐池中,其横断面为一近似正六方角形,像龟甲状,沈括对石膏的观察描述是比较准确的。

注　释:

[1][2]　唐锡仁、杨文衡:《中国科学技术史·地学卷》,科学出版社2000年版,第317—320页。

[3][10]　王子贤、王恒礼:《简明地质学史》,河南科学技术出版社1985年版,第42页。

[4]　河北省社会科学院地方史编写组:《河北古代历史编年》,河北教育出版社1988年版,第262—263页。

[5]　王仰之:《中国地质学简史》,中国科学技术出版社1994年版,第9—12页。

[6]　孙荣圭:《地质科学史纲》,北京大学出版社1984年版,第6—7页。

[7]　李群注释:《〈梦溪笔谈〉选读(自然科学部分)》,科学出版社1975年版,第46—47页。

[8]　吴凤鸣:《世界地质学史》,吉林教育出版社1996年版,第217—219页。

[9]　吕颖慧、曹文明编著:《文化中国·科学卷》,人民文学出版社2008年版,第124—127页。

[11]　魏东岩:《太阳玄精石和寒水石》,载《地质学史论丛》(一),地质出版社1986年版,第116—122页。

[12][13]　孙关龙:《〈诗经〉中的泉水资料》,《中国科技史料》1989年第2期。

[14]　章鸿创遗著:《古矿录》,地质出版社1954年版,第301—305页。

[15]　吕国权:《定窑陶瓷甲天下》,《陶瓷科学与艺术》2005年第52—54期。

[16]　孟娜:《古北岳文化》,中国档案出版社2009年版,第137—138页。

第十六章　传统采矿科技

隋唐是我国采矿业的持续充实提高期。唐代采取较为开放的矿冶政策,对整个金属矿开采和整个社会经济的发展都是具有积极意义。此期的金属矿以地下开采为主且规模较大,上下采场分为多层,以井巷连通,采掘深度距地表百余米;巷道布局规整、合理,采准、回采工艺已达较高水平。切割矿柱法、横撑支柱台架式充填法等开采法都得到了较为广泛的使用。通风技术有了一定发展,采用了矿柱气孔与通风井巷相结合的井下风穴技术。井下普及了斗车运矿,采用了水车分级排水。两宋时期矿业技术有较大发展,火暴法采矿及其他辅助采矿技术普遍应用,井巷开采规模增大,深度亦明显增加;矿山开拓、采准、回采更为规范,矿房布局亦更为规整;房柱法开采技术已相当娴熟;矿山提运、照明、排水技术皆进一步完备,矿山作业中也有了较为规范的管理。

第一节　矿业政策和辅助技术

采矿技术的发展,除受本身内在发展规律制约外,还与多方面的外在因素有关。在隋唐五代,这主要包括两方面:一是矿业管理政策的发展和变化,二是其他辅助性技术的发展,它们都在不同程度上促进了隋唐采矿技术的发展和提高。

一、唐代开放政策促进了矿业发展

唐代以前金属矿产一般多属官营。唐朝采取开放的矿冶政策,除了官营外,也允许民营,官府只管征税。《旧唐书·职官志》:"掌冶署,令一人,丞一人,监作四人……凡天下出铜铁州府,听人私采,官收其税。"《唐六典》卷22也有同样记载,但"西边,北边诸州,禁人无置铁冶及采矿"。即除西北边境处,一般听由百姓采冶。特别是玄宗时,银矿的私营也较普遍,矿税缴纳订立令式,官府开始向银锡矿征税。《册府元龟》卷593"邦计部·山泽"载,五岭以北的所有银坑"依前百姓开采。"唐代采取开放政策,矿冶允许民营,这种生产关系的改变,无疑促进了矿山的开发利用。从开元、天宝的各地矿产的土贡上,可以看出各项矿产分布地点是较多的,有的矿山开采规模较大。

二、唐代辅助性技术的进步

　　唐代手工业,有官营和私营两类。官营手工业生产的产品不以出卖和赢利为目的,主要是为了供给宫廷、贵族、官僚、官府的消费和使用。私营手工业,既有大量个体农民所经营的家庭副业,更多的则是手工业者所经营的作坊。与采矿技术有关联的制瓷、纺织等日常生活用品的手工业、五金业、水利、土木建筑、交通运输等手工业,此期都有了较大的发展;这些辅助性技术和工业,对采矿技术的发展起到了很好的作用。在此尤其值得一提的是测绘技术、排水技术、建筑施工技术、交通运输技术。

1. 河北先人测绘的成就

　　(1)隋唐五代的测量技术在前人的基础上又有了很大的发展。隋朝刘焯(今冀州市人)反对传统的"日影千里差一寸"的错误说法,提出了新的测量方法。他上书给隋炀帝"今交、爱之州,表北无影,计无万里,南过戴日。是千里一寸,非其实差……请一水工,并解算术士,取河南、北平地之所,可量数百里,南北使正。审时以漏,平地以绳,随气至分,同日度影。得其差率,里即可知。则天地无所匿其形,辰象无所逃其数,超前显圣,效象除疑。"(《隋书·天文志》)他建议在同一经线上的两个地方,测得其间的水平距离,又同时测量圭表日影长度的差值,以检验南北两地相距千里,日影差一寸的说法。他的建议是正确的,但隋朝没有采纳。

　　(2)唐朝开元十二年(724年),在一行(今邢台巨鹿人)建议下,"诏太史测天下之晷,求其土中,以为定数……太史监南宫说择河南平地,设水准绳墨植表而以引度之,自滑台始白马,夏至之晷,尺五寸七分。又南百九十八里百七十九步,得浚仪岳台,晷尺五寸三分。又南百六十七里二百八十一步,得扶沟,晷尺四寸四分。又南百六十里百十一步,至上蔡武津,晷尺三寸六分半。大率五百二十六里二百七十步,晷差二寸半。而旧说,王畿千里,影差一寸,妄矣。""其北极去地,虽秒分微有盈缩,难以目校,大率三百五十一里八十步,而极差一度。"(《新唐书·天文志》)当时人们还不知道地球子午线纬度一度的长度,这是世界上第一次子午线的实测。

　　(3)唐代最有名的地图学家贾耽(今南皮人)所作的"海内华夷图",是我国历史上著名的大地图,也是唐宋时期影响最大的一幅全国一统大地图。《海内华夷图》及其说明该图的《古今郡国县道四夷述》共一轴40卷;完成于公元801年。这幅图师承裴秀制图"六体"的画法,"《海内华夷图》一轴,广三丈,纵三丈三尺,率以一寸折成百里。其古郡国题以墨,今州县题以朱,今古殊文,执习简易。"地图的涵盖面东西三万里,南北三万里以上,是一幅超过一百平方米的巨型地图。是魏晋以来我国古代第一大图,也为后世的历史沿革地图所袭用。从现存的石刻《华夷图》可以看出贾耽的《海内华夷图》,不但各要素丰富,所载国家多,而且大江大河流向位置绘制得比较准确,各要素的符号许多与今相同或接近。《古今郡国县道四夷述》是说明《海内华夷图》的文字资料。《海内华夷图》已经失传。贾耽的地理著作和地图主要还有:《关中陇右及山南九州图》一轴和为说明此图而撰的《关中陇右山图九州别录》6卷及《吐蕃黄河录》4卷,统称《别录》10卷;《地图》10卷;《贞元十道录》4卷及《皇华四达记》等。还绘有从中国到朝鲜、东京(今河内)、中亚、印度,甚至到巴格达的交通图等。

　　(4)《元和郡县图志》为唐李吉甫(今赞皇人)所撰。《元和郡县图志》40卷(尚有目录2卷,凡42卷)是历史上的地理名著,又是我国现存最早又较完整的地方总志。清代《四库全书总目提要》称其书:"舆地图经,隋唐志所著录者,率散佚无存,其传于今者,推此书推最古,其体例亦为最善,后来虽强相损益,无能出其范围。"由于《元和郡县图志》为流传至今的最古且最有价值的志书,在编写体例方面,对宋代有名的《太平寰宇记》,元、明、清各代的《一统志》都有很大影响。因此,人们盛赞《元和郡县图志》开创了我国总地志的先河[1]。

李吉甫还著有《六代略》30 卷,《元和国计簿》10 卷,《百司举要》1 卷,《十道图》10 卷,《古今地名》3 卷,《删水经》10 卷等著作。

2. 排水技术

此期的排水技术达到了相当高的水平,已采用规模宏大的砖木结构的水涵洞排水。先进的排水设施,反映了当时排水工程施工技术已经发展到一个新的高度。隋唐时期,河北地域农田水利建设进入了一个新的发展时期,据《中国科学技术史》农学卷记载,当时出现了提水、排水的水车,对传统农具的改良和创新,使农具具有了高效,省力、专用、完善、配套的特点,它对农业生产发挥了较大作用。《隋书·天文志》也载,隋代,我国已有专门的水准测量工作者——水工。由此可见。隋唐时期宫廷对水文工作相当重视。

3. 建筑施工技术

隋唐建筑在秦汉以来建筑技术的基础上逐步发展,形成了一个完整的以木结构为主体的建筑体系,对后世产生了较大的影响,其技术水平体现在:规划设计水平空前提高,将宫城、皇城和居住里坊的设计思想严格分开,城市规划结构严谨,区划整齐,规模宏大。单体木构架建筑更为完善。与采矿有关的建筑材料石、铜、铁、矿物颜料已广泛应用。木构件已有一定的模数关系,这对井巷木构件支护技术有了一定的理论指导。

例如,建于隋代的著名的赵县安济桥(亦名赵州桥),为一跨南北两岸的敞肩圆弧拱桥[2]。唐人张嘉贞评价说:此桥"用石之妙,楞平砌斲,方版促郁。缄穿窿崇,豁然无楹,吁可怪也。又详乎义插骈埒,磨砻致密,千百象一。仍糊灰壆,腰纤铁蠘。两涯嵌四穴,盖以杀怒水之荡突,虽怀山而固护焉。非夫深智远虑,莫能创是。"

还有始建于唐代,重建于辽代的蓟县独乐寺,山门建筑被梁思成先生评价说:"在结构方面言,此山门实为运用斗拱至最高艺术标准之精品。"[3]观音阁阁高 23 米,木质,为我国现存最早的木结构楼阁。整个大阁的斗拱种类繁多,因位置和功能的不同,共采用了 24 种结构,大阁建成已有 1000 年的历史,经历过近 30 次地震未受损伤。

4. 交通运输技术

农业和手工业的迅速发展,必然促进隋唐商业的繁荣和交通的发达。据《唐六典》卷 5 记载,唐代全国官驿的交通网,大致为三十里一驿,有陆驿、水驿和水陆相兼之驿,共 1 639 所,水路交通中有发达的内河航运和海上交流。筑桥技术和栈道技术水平有了明显提高。隋唐的交通工具,在用车方面,牛车和马车较为普遍。在用船方面,隋炀帝至江都,舳舻相接,可见当时内河船只之盛。

隋朝时期的河北,开通了从山西榆林北境向东,直达蓟县的弛道。据陈鸿彝先生考证,这条弛道长 3 000 多里,宽 100 步[4]。唐代的"贡道"四通八达,以长安——洛阳一线为中轴,辐射到全国各地,其中连接河北省境内的主要路线就是:一条从洛阳向北,过黄河,至怀州,经卫、相(今河南安阳),入河北,沿着大运河北上幽、蓟,并转辽海,一直伸入到黑龙江中下游流域。另一条是河北北方边境的陆路交通,即"东北发向中山,经北平、渔阳,向白檀、辽西,历平冈,出卢龙塞,直向匈奴左地。"

前面述及,隋朝朝士出门多以乘坐牛车为主,入唐之后,牛车转而成为一种主要的货物运输工具了,一般士大夫出门多乘马。《旧唐书·舆服志》说:"其士庶有衣冠亲迎者,亦时以服箱充驭。在于他事,无复乘车。贵贱所行,通鞍马而已。"这种出行方式跟唐代社会经济的繁荣发展相适应。据报道,邢台侯贯镇后郭村一个从汉代到元代的墓葬区,出土了陶牛车,邯郸还出土了唐代陶马。说明牛马车在冀南地区非常盛行。

在冀北地区，辽朝建国后大力修建五京之间的陆路驿路，其中从南京析津府（今北京市）到西京大同府（今山西大同市）之榆关至居庸关的道路比较宽敞，可以通牛车。

关于海运，唐王朝为了防御北方奚、契丹等游牧民族的侵扰，在幽、蓟地区驻守重兵，兵畜给养庞大，主要靠江南供给，海运的路线始自浙江沿海，绕过乐山半岛，经过沧州沿海即渤海西岸到达军粮城；另一部分从军粮城继续启运到达滦河口。这里更主要是沽河（北运河）、清河（南运河）、滹沱河（大清河）汇合入海处的"三会海口"，所以军粮城自然就成了唐代江淮地区与北方军事重镇渔阳之间漕船由海运转河运的中转站。

隋代，秦皇岛沿海地带统称临渝关，是由涿郡通向辽东的最主要海、陆要道。唐代将临渝等地建成了重要的军储之地，《读史方舆纪要》认为，唐太宗曾在山海关一带筑五花城、大人城、洋河城、山西城（在今抚宁县西南五十里）等。故《册府元龟》卷498载：唐朝韦挺曾在河南道各州广征军粮，分贮于营州和大人城等地。考古工作者还在卢龙城西门外发现了唐代的平州港遗址[5]。

三、宋代的矿业形势和政策

首先，北宋时期经济繁荣，田土日辟，人口繁衍，特别是城市人口增多，燃料需求量相应增加，而林柴草薪日益减少，供不应求。沈括在《梦溪笔谈》中尖锐地指出："今齐鲁间松林尽矣，渐至太行、京西、江南，松山大半皆童矣！"

其次，宋代手工业，特别是冶铁、陶瓷、砖瓦等消耗燃料较多的行业发展得比较快，这些行业的发展需要大量的煤作燃料。据不完全统计，公元1078年（宋神宗元丰元年），铁的产量达到75 000吨至15万吨。铁不仅用于制造兵器和生产工具，还用于熔铜。冶铁已用煤取代了木炭，煤还大量用于烧制陶瓷和砖瓦。此外，铸钱、造桥、造船均要用大量的铁和煤，对采煤业都有所促进。

再次，北宋王朝专门设官吏管理煤炭，加强了对煤业的管理，促进煤炭的开采与利用。宋代盐铁使，共分掌七案，其中煤炭、铜铁归铁案掌管。设官吏掌管煤炭，在中国历史上还是第一次。

最后，北宋时期与冶铁一样，实行煤炭官卖政策，但又未形成官煤独占市场的局面，即实行官卖与民贩相结合的政策，一定程度上促进了采煤业的发展。为实行煤炭专卖，北宋政府设立了煤炭管理机构，其基层机构为"务"和"场"，务是煤炭税收和监督机构，石炭场则是由官掌管"受纳出卖石炭"的地方。《续资治通鉴长编》中就有"明道元年（1032年）九月乙丑废真定府石炭务"（现石家庄市正定）的记载。现有石炭务（坞）或石炭场一类地名，是宋代煤炭管理机构转衍而来。

石炭官卖制度，在北宋前期提出，逐步实施。宋真宗咸平元年（约1023—1024年）朝廷就批准陕州西路转运使的建议，除由官府在磁（邯郸磁县）、相（邯郸临漳县）等州"官中支卖"石炭外，还允许民间"任便收买贩易"。随着石炭开发利用的扩展，石炭利源日增，官卖制度也日趋严格。然而石炭官卖制度有不少弊端，政府统一收购石炭，再设场转手出卖，手续繁杂，煤炭价格提高，损害消费者利益，加上官吏从中营私舞弊，敲诈勒索，中饱私囊，引起石炭市场的不稳定和影响社会的安定。另外，石炭之利尽榷于官，也使煤炭商人和煤窑主的利益受到损害，最终都要转嫁到劳动人民身上，造成人民怨声载道，这又迫使朝廷考虑官卖制度是否继续下去。元符三年（1100年），朝廷终于下令取消石炭官卖。

到了北宋晚期，朝廷内外交困，宋徽宗等贪图享乐，挥霍奢靡，致使财政日绌，自然不可能认真执行该项决定。时间不长，宋徽宗实行煤炭官卖，有增无减。《宋史·食货志》记载：宋徽宗崇宁（1102—1106年）以来，言利之臣始析秋毫，"官卖石炭，增二十余场，天下市易各炭，皆官自卖。"《宋会要辑稿》记载：宋徽宗宣和二年（1120年）八月十八日吏部状中所述及的河北地域石炭场就有，"河南第一至第十石炭场，河北第一至第十石炭场，京西软炭场，抽买石炭场，丰济石炭场"，几乎到了石炭场林立的地步。

四、宋代坑冶制度的变革

宋代手工业,特别是采掘冶炼以及与之相关的铸钱、军工工业等,都获得巨大进步和发展,在王安石变法时期达到发展的顶峰。矿冶业之所以获得如此重大的发展,其根本原因是在这些生产部门的内部,生产关系发生了重大的变化,即从劳役制或应役制向招募制发展,与这一发展变化相适应的二八抽分制也代替了课额制。

宋初,采掘冶手工业的硬性指派使冶户应役这一劳役制成为这一生产部门发展的障碍,另一个严重的障碍是课额制。这两种制度使一些经济力量薄弱的冶户"无力起冶",而富有者也不愿"兴创"铁冶。

劳役制日益暴露残酷压迫性质的同时,如何解决采冶生产内部的矛盾也就提到议事日程上来了。熙宁变法期间,王安石对包括金、银、铜在内的矿冶业一直坚持宽松政策,反对国家干预过多,更反对国家直接经营管理铁冶之类。从北宋初到宋神宗熙宁元丰年间,是采冶生产从劳役制向招募制演变的时期,也是宋代采冶业高度发展的时期。采冶业中的招募制终于在王安石变法时期随着募役法的胜利而确立下来。招募制出自情愿而不是被迫,能够发挥应募者的主动性。应募者首先能够考虑自己有无承担采冶的经济力量,其次应募者还要考虑如何在这块土地上采冶。在招募制度下,封建国家与冶户之间的产品分配,采用了矿税制亦即矿产品抽分制。在招募制度下,矿冶规模和从业工匠都有了显著的增加。

矿产是宋代财政收入的重要支柱。煤炭任人采掘,国家不加干预,即使在煤炭产区,国家亦不设置管理机构。金、银、铜、铁、铅、锡诸矿,允许民户佃山开采,但是官府榷卖税外的全部产品。在这些矿产区,宋政府设有特殊的行政机构进行管理,并形成一系列的规章制度——坑冶制度[6]。在较大型矿山,宋政府设"监",与府、州、军是平行的行政机构,但只管理当地的矿冶业,与当地在行政上无任何的联系。在小型矿山,则设置独立的冶或坑、场。这些单独设立的坑、场、务、冶,直属各路提点坑冶公事。据《宋史·食货志》记载"邢州、磁州有铁冶","磁州有务"。提点司,即是提举坑冶司,掌收山泽所产及铸造钱货。金代已有专门访察矿藏苗脉的工匠,称苗脉工匠,矿工称夫匠。《金史·食货志》记载:"十六年(1176年)三月,遣使分路访察铜矿苗脉。""而相视苗脉工匠,妄指人之坦屋及寺观谓当开采,因此取贿。""旧尝以夫匠逾天山北界外采铜。"

监和独立的冶、务、场之内的居民,都是从事采掘冶炼手工业的。他们之间的经济实力极不相同,可以划分不同的阶级和等级。宋代凡是从事采掘冶炼的生产者,称之为冶户或炉户。按有无常产和是否承担国家的赋役这两个基本准则,区分为主户和客户。主户占有土地、房屋、矿山等类生产资料;客户则是无常产、不承担国家赋税而又到处流徙的生产者。冶户的最下层是被称为"浮浪"、"无赖不逞之徒"或"恶少"等客户,或冶夫、烹。有的"浮浪"已成为与农业脱离的采冶生产者,冶夫、烹丁很多是赤贫的流浪汉,在艰苦磨炼下,形成坚忍的特性。再一批劳动生产者是役兵(卒)。所谓役兵,大多数是犯罪刺配来的刑徒,这些"配隶之人"在矿井下承担了最艰苦的采矿劳动,常因"坑港"崩塌而造成严重伤亡,而且在劳动中还带着刑具[7]。

五、元代矿业开采的政策措施

元初,在矿业管理上采取了一些措施,忽必烈至元四年(1267年)设置诸路洞冶总管府,并发布了有关的"条画"(即条例)。条画中规定要改变以往"诸路山川,多有旧来曾立洞冶,往往势要之家,不曾兴工,虚行伙占,阻挡诸人不得煽炼办课入官"的局面[8]。这反映出元初各路矿业往往为上层权贵所霸占,阻止了矿业的发展。权豪擅据煤矿,加以垄断的现象有一定的普遍性。朝廷对此明令加以制止,对恢复和发展生产是有利的。

元代初至中期,中国北方铁矿多为官办,设"提举司"管冶铁业("提举司"为机构名称,"提举"为官名)。顺德(今邢台市)是当时重要的铁产地,至元三十一年(1294 年)拨冶户六千熘冶。邢台市綦阳村冶铁遗址中,曾发现半截石碑,碑上刻有"顺德等处铁冶提举司,大德二年九月×日立石"[9],推测大德二年前(1297 年)已设立"顺德路铁冶提举司"("顺德路"是河北境内的一级行政区划),后升格为"顺德都提举司"("都"是高于"路"的行政区划),管辖几路的冶铁业。在磁州设有"冶铁都提举"总辖沙窝等八冶,年收铁百万余斤。在武安固镇则设"铁冶提领"("提领"官位低于"提举")。另外在燕山南北设立"铁冶"有 17 处之多。

此外,元政府为了解决燃料问题,曾采取一些具体措施。如元朝的大都(今北京)作为北方的政治经济中心,人口激增,手工业发达,燃料供应问题日益突出。为解决这一问题,元政府曾计划扩大京城西山地区的煤炭开采,并重开金口河,引芦沟水东济,把西山的煤炭运到京城来。元至正二年(1342 年),右丞相盖都忽、左丞相脱脱奏曰:"京师人烟百万,薪刍负担不便。今西山有煤炭,若都城开池河上,受金口灌注,通舟楫往来,西山之煤,可坐至于城中矣。""遂起夫役,大开河五六十里"。金口河工程,在至元三年(1266 年)为配合大都的修建曾经进行建设,目的在于"导芦沟水,以漕西山水石",运输建筑材料。这次重开金口河工程,于 1342 年得到朝廷批准,并于当年施工。此次修治的金口河"深五十尺,宽一百五十尺,役夫一十万",工程浩大。但新河修成后,"流湍势急,沙泥壅塞,船不可行",无法运煤,因而此项大规模开发西山煤炭并向京城运煤的计划,未能成功。尽管如此,这件事表明元朝政府对于开发煤炭的态度是积极的。

元代对煤炭税课比较注意。从增加税收的角度,元政府也注意煤炭的开发。元代初年的税收,除去"以酒醋、盐税、河泊、金银、铁冶六色取课于民"[10]外,就是煤课收入。所以,对一些煤窑"岁办官课",由宣课司提举司征收。据《稼堂杂钞》载:"元于大都腹里设税务七十三处,其在京城者:猪羊市、牛骡市、马市、果木市、煤木市,所有宣课可提举司领之。"例如,天历元年(1328 年),一年"煤炭课总计钞二千六百一十五锭二十六两四钱;内大同路一百二十九锭一两九钱。"[11]

元代煤业的经营方式有三种。一是由政府直接出面,派官吏经营的官矿;二是统治集团上层(如王公、大臣等)权贵私人办的煤窑;三是当地的地主以及寺院的僧道所办的民间煤窑。在元代初期,第一种即官窑较多,而在元代后期则第三种煤窑较多。

第二节　河北地域的矿山分布

一、隋、唐、五代时期金属矿山分布及遗址

1. 文献记载反映的河北地域的矿山

隋代,设冶官掌管冶铸铜铁。当时,铁制工具的普遍应用,使起自北京止于杭州长达 2 400 余公里的南北大运河得以建成。该运河穿越我省,沟通了海河、黄河、淮河、长江和钱塘江五大水系,把中国南北两大经济区连为一体,成为中外历史上经济效益较高的一项水利工程。

唐代铁矿业繁荣。《隋书·地理志》和《新唐书·地理志》所载,隋唐时代河北地域的矿产地和矿产为:魏郡临水(今磁县西北)有磁石(即磁铁矿)山,蔚州飞狐县(今涞源县)有三河铜冶,沙河县有铁,内邱有铁,镇州井陉有铁,平山有铁,定州唐县有铜、有铁,马城(即汉夕阳县铁官所在地,今滦县南)有千金冶。当时全国铁矿有 104 处,在河北地域内有马城(滦县南)、蓟(县)、临水(峰峰)、沙河、内邱、井陉、平山、唐(县)、邺(临漳)、涉(县)10 处。元和初年(806 年)全国年产铁高达 207 万斤,但到晚唐则矿业不振,大中年间(847—859 年),全国年产铁仅 53.2 万斤。河北境内的冶铁业也随之衰落[12]。

唐代时全国有铜地点共计 62 处。元和初年,铜的年产量为 26.6 万斤,大中年间为 65.5 万斤,增加了一倍多。唐代铸钱业兴盛,乾元元年(758 年)以前,"天下炉九十九:……蔚(治今河北蔚县)皆

十,……定州(治今河北定县)一。每炉岁铸钱三千三百缗,役丁匠三十,费铜二万一千二百斤、钀(锌合金)三千七百斤、锡五百斤。每千钱费钱七百五十,天下岁铸三十二万七千缗。"[13]

蔚州,今张家口蔚县。据《新唐书·地理志》:蔚州兴唐郡飞狐(今保定涞源县)有三河铜冶,有钱官。又据《元和郡县图志》卷十四:"蔚州飞狐县三河冶,旧置炉铸钱。至德(756—757 年)以后废,元和七年(812 年)中书侍郎平章事李吉甫(《元和郡县图志》作者)奏:臣闻三河冶铜山约数十里,铜矿至多,去飞狐钱坊二十五里。两处同用拒马河水,以水斛销铜。北方诸处铸钱人工绝省,所以平日三河冶置四十炉铸钱,旧迹并存,事堪核实……诏从之。其年元月起工至十月,置五炉铸钱,每岁铸钱一万八千贯。"[14]三河铜冶至宋代尚在开采。此矿即今涞源县浮图峪铜矿。

定州,据《新唐书·地理志》:定州博陵郡唐(今保定唐县南)"有铜"。

唐代曾开采迁西县金厂峪金矿及青龙县星干河一带的砂金矿。

2.《本草图经》中的矿物名称、产地与药用价值

在宋代,大约有二十多部本草著作问世,其都记述了中草药物的名称、产地、形状、药用价值。唐慎微《证类本草》述及的药用矿物就不下 215 种。《本草图经》中较记述了药用矿物名称、产地,详细描述了主要特征。例如。我省磁州产磁石(学名磁铁矿),其特征:能吸铁虚连十数针或一二斤刀器,回转不落者尤真……其石中有孔,孔中黄赤色,其上有细毛;邢州产阳起石,其特征:其山常有温暖气,虽盛冬大雪遍境,独此山无积白,盖石气熏蒸使然,等等[15]。

3. 考古调查和发掘的隋唐矿山

河北邯邢铁矿遗址:邯邢地区所辖的武安、涉县、沙河三县都蕴藏着一定规模的铁矿资源,称邯邢式铁矿床,其特点为含矿岩体主要呈复杂的层状体,侵入在以中奥陶系为主的碳酸盐岩地层中。矿石的金属矿物成分以磁铁矿为主。

1977 年,地质队在采矿遗址中发现唐玄宗年间的"开元通宝",考察了一批唐代开采铁矿的遗迹和遗物,有露天和地下联合采场,还出土采矿工具铁锤、板斧以及刀具、陶罐、瓷碗等生活用具,还发现鸡骨[16]。

在冀东地区,手工业以白冶庄、南小厂和马城等地的冶铁业和金银开采业最著名。沿海的煮盐业非常兴盛,出现了"万灶沿海而煮"的景象。

二、宋、辽、金、元时期金属矿山分布及遗址

1. 文献记载反映的河北地域的矿山

北宋初期,全国金属矿场的分布情况,据《宋史·食货志》载:"坑冶凡金、银、铜、铁、铅、锡、监、冶、场、务二百有一。"至治平(1064—1067 年)年间,全国各州金属矿的坑冶总数为 271 处。其中铁冶 77 处,分布于 24 州 2 军;铜冶 46 处,分布于 11 州 1 军;锡冶 16 处,分布于 7 州;铅冶 30 处,分布于 9 州 1 军;银冶 84 处,分布于 23 州 3 军 1 监;金冶 11 处,分布于 6 州[17]。《宋史·地理志》、《太平寰宇记》和《元丰九域志》所载,河北矿产地为:铁,磁县、沙河县;铜,飞狐县;解玉沙,邢台;白土,高邑、临城、新乐;紫石英(萤石?),永年;云母,龙岗(今邢台西南);石钟乳,易县。似不及唐代之盛,因北宋时河北北部已入辽、金,南宋时全部属金辖区。

据《宋会要辑稿·食货志》记载,北宋元丰元年(1078 年),全国产铁 550 万斤,而仅磁州固镇和邢州綦村二冶所就产铁 414 万斤,占全国的 75% 以上,固镇、綦村一带是北宋时期全国的冶铁中心。邢州铁矿早在汉代就已发现。据《太平寰宇记》卷 59 说:"磬口山在县西南九十八里,卢毓《冀州论》云,淇汤磬口,冶铸利器,即汉时旧冶铸官也。邢州沙河县黑山在县西十里,出铁。"又《宋会要辑稿·食货志》:邢州冶务旧置,冶名"綦村冶"。磁州铁矿,据《宋会要辑稿·食货志》:"磁州武安县固城冶,系旧

置。"《太平寰宇记》卷 56:"磁州土产有磁石、磁毛。滏阳县(今邯郸磁县)鼓山,一名滏山……隋《图经》云:滏口山出磁石。《本草》云:磁石,铁之雌。今有出石鼓山者。"《元丰九域志》卷 2:"磁州土贡磁石一十斤。"[18]

邯、邢一带丰富的铁矿资源使该地区在战国和北宋时期两度成为全国的冶铁基地。应予指出的是,北宋时期的苏颂在《图经本草》中记载:"慈州(今磁县)者岁贡最佳,能吸铁虚连数十针,或一二斤刃器回转不落者,尤真。"是指当地磁铁矿石中的极磁铁矿,即天然磁铁,是当时制作指南针的优质原料,可惜的是后人未作详细研究。

北宋时期的冶铁技术有新的提高。炼铁炉向高大型发展,如武安县矿山村的宋代炼铁残炉,高约 6 米,底径 3 米;炉壁用矿石和砂质耐火土砌成,厚约 0.4 ~ 0.8 米。沈括在《梦溪笔谈》中记述了磁州冶铁作坊"百炼钢"的制钢方法,是由战国时期"块炼渗炭钢"技术直接发展起来的,形成于西汉,到宋代仍在沿用。

宋辽期间的金器亦有发现。如定县城内北宋时期(960—1127 年)的静志寺塔基和净众院塔基地宫(地面建筑已毁,地下部分称为塔基地宫)藏有大量金银器;承德县深水沟村水泉沟附近的峭壁中,发现辽代(907—1125 年)的金牌,长 21 厘米,宽 6 厘米,厚 0.3 厘米,重 475 克,含金量 98%。据《宋会要辑稿·食货志》34 记载:"绍圣三年(1096 年)……潭州益阳县金苗发泄……今体访得先碎矿石,方淘净",说明在北宋时已能处理含金的矿石(岩金),但就全国及河北而言,何时始采岩金,仍是一个谜团。

元代铁、银、金矿业有较大发展。河北重要的金产地有檀州(今密云县)和景州(今遵化县)二处。

2. 考古调查和发掘的矿山

(1)平泉县会州城银冶遗址。

《辽史·地理志》载:"泽州,广济军,下,本地埌县地,太祖俘蔚州民立寨居之,采炼陷河银冶……开泰中置泽州",这里的泽州即今天的会州城,隶中京大定府,其建立时间在 1012—1021 年间。为下等的刺史州。建州的目的是"采炼陷河银冶",以供辽政权财政支出。辽"陷河"即今之瀑河,为滦河主要支流。"陷河银冶"即其两岸数量众多的银矿。最初的居民是从蔚州俘虏迁来。陷河银冶规模巨大,残存古矿洞现仍有 100 多眼,深 5 ~ 100 米不等。其中最长的当属胡杖子村的北老硐,洞深在 100 米以上,最窄处仅容一人通过,而最宽处洞高达 15 米,可容纳数百人。洞内有矿渣、辽金元各代瓷片、采矿工人留下的动物骨骼等。洞口山下下杖子村西及至上杖子有辽代数百米居住遗址及冶炼遗址[19]。

(2)平泉县铅南沟城址。

位于杨树岭镇铅南沟村北、村南,为南北向长条形,南北 1 300 米、东西 200 ~ 300 米,地势较平坦,现为耕地。遗址由北部的北营,南部的大城及大城北部的西、东台子四部分组成。

大城遗址位于遗址南部,铅南沟村南,西台子以南,地属后沟村,遗物有泥质灰陶折沿陶盆口沿、泥质灰陶卷沿陶盆口沿、白釉内绘铁锈花瓷碗底残片、黑釉碗底残片等金元时期陶瓷片,另一村民在遗址中捡有开元、崇宁、圣宋、咸平、至和、皇宋、元丰、熙宁、祥符、天僖、元祐、大定等货币及泰定元年铜权等。

在大城东南隅地面上,有铅炼渣一堆(图4 - 16 - 1),呈黑灰色。据说原来有三堆,夷平了两堆。炼渣堆长约 80 米、宽 5 ~ 10 米、高 0.5 ~ 3 米不等。地表散落着大量的小坩埚残体。坩埚外呈黄灰色,粗砂胎,圆锥形,中空,壁厚 1.5 ~ 2 厘米、底厚约 5 ~ 8 厘米,通高约 20 厘米、最大径 8 厘米。据村

图 4 - 16 - 1　平泉辽代铅南沟遗址
炼铅坩埚残片堆积

民说,这里南北300米、东西200米的地下全是炼渣,在4米深的地下就是铅矿,挖井时曾发现过矿井和坑木。

据当地村民讲,在此原有古城址,但具体位置不明。遗址南部冶铅已被证实,古代燕山地区产铅的矿山共分三种:一是产自铅银里,为银矿铅;二是夹杂在铜矿里,为铜山铅;三是唯山洞里可见的纯铅矿[20]。而铅南沟遗址距辽代的"陷河银冶"不远,其冶铅是否为取银值得商榷。但不论其为取铅或取银,作为一项就地开采、就地冶炼的重要矿冶场所,周围应有城墙之类的保护措施,结合该地大量砖瓦等建筑构件的发现,铅南沟遗址有城址的可能性非常大。而北营北部生活类陶瓷器较多,大城东南部均为矿渣,东、西台子位于大城东部和西部,据此推测:大营为生活区,大城为矿冶工作区,东、西台子起到保护大城的作用,具有防御的功能。

(3)赤城县田家窑炼铁遗址。

1993年10月,在龙烟铁矿矿区发现的古炼铁遗址(在张家口赤城县田家窑乡境内),经国家考古部门鉴定,为距今900多年前的辽代炼铁遗址。"龙烟铁矿地处河北省赤城县、宣化县境内,因赤城县龙关、宣化县烟筒山在同一矿脉上,这一绵延百余里的铁矿得名龙烟铁矿。'其矿层之厚、铁质之佳,亦足为世界太古纪以后,水成铁矿之罕见者,且水成铁矿之属元古界者,推龙烟为首创,肾状、鲕状矿并生,亦为它矿所未有。并在遗址上采集了炉渣和渣铁标本,经宣钢中心化验室鉴定,渣铁中含有7%的Fe_2O_3,属用赤铁矿冶炼,含硅18%,全铁54%,正与辛窑一带的矿质、品位相同"[21]。并测定其年代为964±60年,为公元1020—1170年,应属辽、金时代的炼铁遗址。

从现在考古情况推断,辽代的冶炼地多在矿产地附近,现已发现冶炼遗址多处,有铜、铅、铁等冶炼遗址和打造遗址。隆化县隆化镇辽北安州故城北侧,发现铜作坊一处,曾出土了作为原料的残破铜300余斤和大量的炊具;宽城县龙须门乡王家店村,发现铅锭5块;隆化县隆化镇北,发现大面积的铸铁遗址,残存有熔炉的部分残体;隆化县韩麻营村出土有完整的辽代铁锄,并有铁砧子等铁器出土[22]。其他的考古发掘也证实"辽上京附近坑冶遗址规模相当大,鞍山市首山、河北平泉罗杖子、赤峰辽祖州、饶州、中京遗址都有发现炼铁炉址和炼渣,堆积厚达一米多"。

三、隋、唐、五代时期非金属矿山分布及遗址

隋文帝初年,煤炭已是宫廷中的重要燃料。到了唐代,开采煤炭的地区比较多,利用煤炭的范围也较广泛,人们不仅用煤炊爨、冶炼、作干燥剂贮藏贵重物品,而且用煤治病、制备火药,已开始研制炼焦技术。

隋唐年间,煤炭开采相当普遍。据河北各市、县地方志书记载,磁州(今磁县)、武安、邢州(今邢台市)、井陉、曲阳、蔚州(今蔚县)、平泉、临榆(今抚宁县)等地已有煤窑出现;朝鲜人在临榆石门寨(今抚宁县石门寨镇)和平泉县大、小裂山一带开窑采煤。可见当时河北省各主要煤田多被发现,浅部有少量开采。

唐时的炼丹方士很注意各种药物的产地对各地所产药物特别是矿物药的性质有详细的记述,已知道辨别药物质量的优劣,并著有矿物药的专著。

唐代出现了焦炭的雏形——炼炭。唐乾符年间(847—879年)已有去掉"烟气"的"炼炭"的记载。

唐代,已有了用煤烧石灰的明确记载。石灰是古今重要的建筑材料。将石灰石(俗名青石)置于窑中烧至摄氏900度以上便成为生石灰,经水溶解即成熟石灰。据河北省阜平县神仙山"炭灰铺"村碑刻云:该地因从唐朝起盛产煤炭和石灰而得名。新近编纂的《阜平县地名资料汇编》也证实此事。

四、宋、辽、金、元朝时期非金属矿山分布及遗址

1. 宋代煤炭开发与利用

古代煤业,到了宋代,无论是开采规模、开采技术还是加工利用,都得到了异常明显的发展。煤炭

开采地域,涉及现今包括河北省在内的 11 个省市和自治区。煤炭加工利用,涉及煤砖炊爨、炼焦冶铁、烧制陶瓷、配药治病等。焦炭的出现标志煤炭加工利用技术上升到一个新的水平,而焦炭用于冶炼,对矿冶技术的进步也起着重要的作用。

宋代煤业兴旺,其开采利用区域差不多都有文字可考,少数情况通过考古发掘证实。宋代文人朱翌讲:"石炭自本朝河北、山东、陕西方出,遂及京师"(《猗觉寮杂记》卷上),足见石炭产地之广。在保定曲阳县修德寺宋代寺院厨房遗址中,发现了不少煤渣、煤灰,有的地点煤灰残渣厚达 80 厘米,足见当时用煤量之大[23]。1957—1958 年,河北省文化局文物工作队在磁县观台镇不仅发现了两座瓷窑遗址,一座石灰窑遗址,还发现了三座炼焦炉址,说明宋代已有了较为成熟的炼焦技术。在遗址中发现有很多煤渣土,厚 0.15 ~ 0.95 米[24]。这一遗址属宋元时期。观台即著名的六河沟煤矿的所在地,盛产炼焦煤,当地居民称之为油酥煤。这里古来以煤为业,各煤窑都有自行炼焦的习惯。至今在公路旁所处可见土法炼焦池。此外,据各市、县地方志记载,我省在宋代各主要煤田都有煤窑开采,煤炭资源的开发利用程度已经很高。

2. 辽、金时代煤炭开发与利用

北京地区的煤炭早在辽代就已经开采。1975 年,北京市文物管理处在门头沟龙泉务的辽代瓷窑遗址中,发现了不少煤渣,表明当时的煤是作为烧制瓷器的燃料,也说明北京西山地区的采煤业至迟在辽代就已出现的证据[25]。

金代,河北磁州邯郸路旁酒铺,用石炭"备暖荡"。邯郸烧煤已是常事。金代诗人赵秉文《夜卧炕暖诗》,记述了金代北京寒冬季节,薪柴昂贵,人们去近山重金谋购煤炭的情景,进而描述用煤烧暖地炕给人们带来的温暖幸福。这是关于北京地区煤炭开采的又一证据。

3. 元代的采煤业与煤炭利用

都城大都(今北京)西山地区,煤业发展迅速,成为当时的最大的煤炭生产基地。元《析津志·风俗》载:大都"城中内外经纪之人,每至九月间,买牛装车,往西山窑头载取煤炭……往年官设抽税,日发煤数万,往来如织"。可见产煤之兴旺。由于元朝只存在九十余年,从全国来看,终元之世煤业与宋代相差无多。

典籍有明确记载的主要煤产地有北京西山、河北邯郸等。

元代都城西山地区的煤炭得到了较充分的开发。据《元一统志》记载,"石炭煤,出宛平县西四十五里大谷(峪)山,有黑煤三十余洞。又西南五十里桃花沟,有白煤十余洞。""水火炭,出宛平县西北二百里斋堂村,有炭窑一所。"这些记载,实际上主要指官办的煤窑,一般民窑难于尽计。西山有的寺院坦开办煤窑,如大庆寿寺开办的煤窑,不但供自己消费,还有剩余出售[26]。

由于大都西山煤窑较多,元政府不得不设官吏加以管理。《元史·百官志》记载:"西山煤窑场,提领一员,大使一员,副使二员,俱受徽政院。"这些官吏的设置,主要是收取煤炭课税,管理官办煤窑,并监督其他煤窑,防止各种危及封建统治的乱子发生。

由于西山煤炭生产有了较牢靠的基础,因此如何把煤炭运输到京城,就成了人们所关注的问题。前面已提到,引芦沟水运西山到城区的计划未能实现,所以煤的运输主要靠车拉畜驮。运煤的繁忙景象在元代熊梦祥编纂的《析津志》中有所记述:"城中内外经纪之人,每至九月间买牛装车,往西山窑头载取煤炭,往来于北辛安及城下货卖,咸以驴马负荆筐人市,盖趋其时。冬月则冰坚水涸,车牛直抵窑前。及春则冰解,浑河水泛则难引矣。往年官设抽税,日发煤数万,往来如织。……北山又有煤,不佳,都中人不取,故价廉。"[27]

为便于买卖煤炭,大都内专设煤市和煤场,地点在修文坊前。成书于 14 世纪中期的高丽汉语教科书《朴通事》,主要以大都为背景叙述各方面的社会生活,其中也有"煤场里推煤去"的记述。可见,在元大都,煤炭成了必不可少的商品。

在元大都的居民中,对宋代已出现的"煤"这一称呼,几乎得到了普及,并有白煤、黑煤、石炭煤及水和炭等的称呼。说明人们对煤的认识又深入了一层。所谓水和炭,是指掺上水后更好烧的一种煤,这是人们在烧煤实践中的经验总结,明代李诩《戒庵老人漫笔》卷五"辨水和炭"条作出了解释:"北京诸处多出石炭,俗称为水和炭。炭之可和水而烧也。……或疑为水火炭者非。"

大都居民,乃至宫廷,不仅烧用原煤,而且烧用型煤。《朴通事》中有一段使用掺黄土煤球、煤块的记载:"把那煤炉来,掠饬的好看。干的煤筒儿么? 没了,只有些和的湿煤。黄土少些个。拣着那乏煤,一打里和着干不的,着上些煤块子。"元大都还出现了专门烧煤的煤炉。考古工作者在后英房元代居住遗址中发现了一只铁炉子,炉高56厘米,炉口直径24厘米,炉膛深5厘米,内搪泥,下有5根炉条(《皇太子赐大庆寿寺田碑》)。这种炉子适于烧煤球,与近代煤球炉相似。元大都遗址中还发现煤灶、贮煤池。这些都是大都居民用煤量增大的证据。

第三节　矿山开采技术

一、隋唐时期的采矿技术

隋唐时期采矿技术的进一步提高和发展,主要表现在下列四个方面:(1)矿山开拓规模更加扩大;(2)地下开采方法进一步完善;(3)采矿配套技术不断创新,一些先进技术得到了广泛使用。露天开采开拓工具、设施上有所发展;(4)各项技术使用得更加纯熟。

1. 矿山开拓规模的扩大

所谓开采规模扩大,至少包含三层意思,即矿区范围增大、露采规模增大、地下井深增大。

(1)矿区范围增大。如邯邢地区,在方圆百余公里的武安、沙河两县境内,有龟山、寺山、坡山、南洼、綦阳脑当、白草岗、矿山、磁山、团城、固镇等矿体均有铁矿山,采矿点分布面积之广,开采矿体之多是该地古代少见的。磁山村、矿山村两个矿体是邯邢地区两个最大的矿体,埋藏浅,开采条件优越,储量大,品位较高,交通条件较好,符合"富、浅、近、易"的开发要求。寺山、南洼两矿体,古人在唐代已经在此进行地下开采,说明古人能从地表知道地下有磁性盲矿体,可能运用了"上有赤者,下有铁"的找矿理论。

(2)露天开采规模增大。如河北沙河县綦阳脑当和武安县矿山村矿体露头部分,全部进行了大面积露天开采。綦阳脑当露采面积达1 550平方米,深度为30米,说明唐代能够完全控采露头的矿体。古人追踪露头矿,锲而不舍,大矿体开采成大露天,小矿体开采成群坑。如果矿体处于山脊中部,则形成全封闭凹陷露天采坑,如果矿体处于山坡,往往形成单壁堑沟式山坡露天矿。一旦露采达到一定深度后不便深掘,就在露采坑底开拓竖井,深入地下开采。隋唐时期,矿山地下开采深度有了长足的进展,露天和地下联合开采已发展到相当成熟阶段。

(3)竖井井深增大。如沙河县綦阳脑当唐代铁矿的地下开采距地表深60余米,采用竖井和水平巷道联合开拓。井巷均设在矿体内部,采掘方向沿矿体走向。隋唐时期,地下采场一般都形成了较大规模,在空间上,形成下层采场的围岩成为上层采场底板的矿柱,其布局,反映了唐代工匠对地区管理的认识水平又有所提高。这种设计利于地下开拓规模的进一步扩大,使地下开拓回采工艺达到了新的水平。

2. 地下开采方法进一步完善

唐代的一些矿山,把井巷布置在矿体内,这在古代的技术条件下是较为合理的采矿方法。例如,河北武安矿山村和沙河綦阳脑当均用平巷沿矿体走向开拓,运用选择性回采,即采富弃贫,采易弃难,用块丢粉,将所遗弃的碎矿(一般在2~3厘米以下)和粉矿都集中存放在一定场所。这与现代的选矿,高炉吃"精料"的方针有相似之处。可见古人已经比较注重经济效益。

考古资料表明,唐代地下开采方法灵活多样,适应了矿体地质构造,符合安全开采的要求。对于坚硬围岩,采空区利用自然支护法,采用留柱空场法,即房柱法采矿。而在巷道通过的破碎矿岩地带,则局部采用人工木支护顶底板和围岩。已能有目的地按巷道采掘幅度的宽度分层切割,一方面最大限度地开采富矿带,沿着富矿带的走向和倾向,逐渐向四周、上下扩大开掘面,形成不规则形状的矿房;另一方面能够控制地质构造,采用空场留柱、废石充填的方法,保证采空区的稳固性。

3. 采矿配套技术创新

唐代,与采矿配套的通风、提升、运输、排水、矿山测量等技术都有所创新和发展。

在提升运输方面,当时运矿已使用拖车,唐代矿洞内发现了木车,可见运输工具有了突破。

在通风技术方面,利用进风口与出风口之间的高差来进行自然通风的技术古人早有认识。北魏郦道元《水经注》记载大同煤矿一带的"风穴"时说:"井北百余步有东西谷,广十许步。南岸(崖)下有风穴,厥大容人,其深不测。而穴中肃肃常有微风,虽三伏盛暑,犹须袭裘,寒吹凌人,不可暂停。"有的开挖天井直通地表,作为通风井;有的井巷南北通透构成通风系统通到地表。

排水方面,对地下采场面积较大,地下积水量大者,则分级提水。小矿则是用人力像运矿一样匍匐爬行背水送上地表。

关于矿山测量,考古发现,唐代已有简单的矿山巷道分布图。

二、宋元时期的采矿技术

从考古发掘、典籍记载资料中,从对古矿井实地考察中可以清楚地看到,古代煤炭工程技术体系已经形成,其由八个部分组成:(1)进入煤层的方式;(2)挖取煤炭的方法;(3)运输煤炭的方式;(4)地下巷道及采煤工作面的通风方式;(5)地下巷道和采煤工作地点的排水方式;(6)地下巷道和采煤工作地点的照明方式;(7)煤炭工程的组织管理方式;(8)煤炭加工方式。

由这些要素构成的古代煤炭工程技术体系,构成了古代社会的煤炭生产能力。下面对宋元时期所形成的采煤工程技术体系,按其组成要素,分别叙述以下。

1. 矿井开拓技术

人们找到了煤层埋藏地点后,要想从含煤地层中把煤炭取出来,首先要找到一种合适的方式进入煤层。到宋元时期,古人在长期生产实践基础上已懂得了用三种方式进入煤层采取煤炭。

一种是开挖露天坑,从煤层露头直接挖坑取煤,或者挖去浅层表土,见到煤层后再挖坑取煤。金代元好问,生于山西秀容(今山西忻州),卒于获鹿(今石家庄市)。《续夷坚志》中讲:"皋州人贾合春,前廊畴丞,兴定二年(1218年)丁丑十月,以戍役在湄池,此地出炭,炭穴显露,随取而足。""炭穴显露"[28],可视为挖成的露天坑,这是古代挖取煤炭最简单的方法。

二是挖掘平硐进入煤层取煤,这是在山区常用的一种方式。开挖平硐可沿煤层露头挖掘,也可对着煤层层面方向挖掘,取最短的路径进入煤层。

三是开凿立井或斜井方式进入煤层,在平原地区多采用这种方式。古矿井的形状、大小大同小异,立井基本有方形和圆形两种,断面积较小,一般为1~3平方米左右。若开凿围岩为柔软地层则立井开拓多为方形或长方形,以便于施工,利于用木头支护。若开凿围岩为坚硬地层则立井开拓多为圆形,既便于施工,又可以获得较大使用面积。古斜井、古平硐断面均为梯形,便于用木头支护。如果平硐开凿在坚硬而不易坍塌的岩层中,其断面形状不一定很规则。古煤井的开凿,不论立井、斜井还是平硐,完全靠手工劳动,通过挖、掘、凿、撬开拓而成。

2. 采煤方法

到了宋元时期,已有了布置巷道和采区的方法。开凿井筒后,要先挖巷道,把煤层分割成若干个采煤区,然后按照一定的顺序,依次从各采煤区采取煤炭。巷道与采煤区的布置,要以煤田地质知识和矿井系统知识为基础,没有足够的经验知识是不可能进行巷道与采区的布置的。采煤区分布在井筒的四周,各采煤工作面之间都保留一定的距离,工作面之间留有不采的煤柱,以减少工作面顶板压力,这是用房柱法回采的萌芽。

至于采煤时所用的工具,直到宋元时期为止,没有见到古籍记载,也未见到考古发掘文物。但从宋元时期农业上所用的工具类推,这一时期采煤所使用的工具是镐、钎、锤、凿、锹和竹筐、柳编筐等。

3. 运输提升

运输煤炭,对于开凿井筒的地下采煤来说,有两个方面含义,一是从采煤工作面把煤运到井筒底部,二是把井筒底部的煤提升到地面。前者叫巷道运输,后者叫井筒提升。巷道运输,在宋元时期,靠人背肩挑;井筒提升有两种方式,在井筒较浅的情况下,用桔槔或辘轳提升,井筒较深时只能用辘轳提升。

桔槔是一种农用工具,可提水、提物,在春秋战国时已出现。古籍中就有子贡教人如何制作和使用桔槔的记载。桔槔最初创造和使用在农业和人们生活中,后逐渐应用于其他行业。它应用杠杆原理,提水提物十分省力,用于较浅的井筒中提升煤炭十分有效。辘轳是一种比桔槔更有效的提升工具。其装置是在井口上竖一支架,架上安一圆滚筒,圆滚筒上缠绕一根长绳,在滚筒一端安上摇手把。人摇动手把,绳上下起落,便可以提水提物,既快又省力。辘轳在古煤井中应用十分普遍,它具有简单方便,就地取材,适应性强的特点,辘轳提升深度可达百余尺。

在辘轳基础上发展而来的绞车,后来在明清时普遍应用。绞车与辘轳原理基本相同,差别在于:辘轳是直接置于井口之上,只限于用人力摇动手把提煤,由于手把旋转在固定的限度,故所省的人力有限。而绞车可以远离井口放置,绞绳通过架设于井口上面的一根轴或一个小轮,上下滑动(或通过小轮滚动)提煤。为了节省人力,绞车也可以垂直地面放置(绞车轴与地面垂直),装上较大直径的滚筒,用马(或牛)拉动滚筒旋转,绞绳通过井口的滑动轴(或滑动轮)上下提升煤,既方便又省力。这叫马(或牛)拉绞车,在清代,华北、西北以及南方一些古煤窑,常用之。如果缺少牲口,马拉绞车也可改成人力绞车,在滚筒一边加装几个较长的手把,人推手把即可转动滚筒,就可较为省力地提煤。马(或牛)拉绞车到底始于何时,没有确切的资料记载,但据《天工开物》的有关记述,不会晚于明代中期(即十五世纪)。《天工开物》"燔石"、"煤炭条"载:"井上悬桔槔、辘轳诸具,制盘架牛,牛拽盘转,辘轳绞緪,汲水面上。"这里所说"制盘架牛,牛拽盘转",即是牛拉绞緪车。"汲水而上"是指用牛拉绞车提水。提水、提煤乃至提人,原理是一样的。

4. 矿井通风

矿井通风是煤炭开采中的又一重要技术环节。矿井通风的作用主要有两个方面:一是保证井下工作场所有足够的新鲜空气,二是防止井下有毒有害气体积聚超量伤人。

到了宋元时期,采煤工程已经考虑了通风问题。人们根据生产实践经验,采用两种自然通风方式来解决井下采煤的通风问题。一种是纯自然风流扩散法,井筒开到煤层后,在煤层中掘挖独条巷道,也即是挖一条巷道采煤,这时采煤和挖巷道(在煤层中挖煤巷)是合一的,风流能扩散到什么地方,就采到什么地方,一旦空气无法扩散到采煤工作面时,即停止采煤,另行开凿井筒。这是一种小规模生产的小工程。

另一种自然通风方法,是在巷道距提升井筒的另一远端挖一个小通风井(或利用废旧小煤井作通风井),新鲜风流从井筒进入,经过巷道、采煤工作面再通过小通风井流出地面。这种情况下,通风小井标高一般高于进风的提升井筒。如果通风小井标高低于提升井筒,则风流从通风小井进入,从提升井筒流出。这种通风方法,后来到明清时期普遍采用。

5. 矿井排水

井下排水是采煤工程技术的另一个重要问题。能否在一定的时间内排除采煤过程中地下所涌出的水量,是决定能否这个矿井继续进行采煤的决定性因素之一。排水方法也是由简单到复杂,由原始落后到文明先进的发展过程。

宋元之前,矿井下的排水方法主要有三种。一种是人力排水法,完全靠人挑水,把流到采煤工作面的水,用水桶挑至地面。这是在用露天坑采煤的情况下常用的方法。另一种是辘轳提升排水法,把工作面和巷道中的水通过水沟流至专门的排水井,然后用盛水器具(水桶或其他容器)通过辘轳提至地面。较大规模的采煤工程一般都用此法。

还有一种排水方法叫"拉龙"排水法。在斜井开拓条件下,用"水龙"排水。所谓"水龙",有的地方又叫孔明车(因其奇巧,故附会于足智多谋的孔明身上,没有资料说明它是孔明发明的),就是现代所称的唧筒。《天工开物》记载这种排水工具的使用与制造:"井及泉后,择美竹长丈者,凿净其中节,留底不去,其喉下安消息,吸水入筒。"在斜井开拓的条件下,从下山巷道到斜井均可使用水龙排水,煤井开得比较深时,许多条"水条"连接在一起排水,形成一条"长龙",其态势相当可观。"拉龙"一词大概就是由此而得。"拉龙"排水,方法简便也较有效,能排除煤井较大的涌水,但是所占的劳力过多。水龙应用于煤矿不会晚于宋代。"竜,或竹或木,长自八尺至一丈六尺,虚其中,径四五寸,另有棍,或木或铁,如其长。剪皮为垫,缀棍末,用于摄水上行。每竜每班用丁一名,换手一名。计竜一条,每日三班共用丁六名,每一竜为一闸。每闸视水多寡,排竜若干。深可五六十闸,横可三十四排,过此则每一竜为一闸。每闸视水多寡,排竜若干。深可五六十闸,横可十三四排,过此则难施。"古煤窑利用"水龙"排水非常普遍。

6. 矿井照明

矿井下面采煤,需要灯光,矿灯成了采煤工人的眼睛。早期古代煤矿,开采的深度都不算很大,以采浅部(接近地表处)煤为主,因而瓦斯少,井下照明多是明火。古煤井遗址考察发现,往往在巷道两壁开凿许多扁圆和近似长方形的灯龛,用以放置矿灯。这样的灯龛在井口附近或巷道较长的巷道两壁都可放置。灯龛的位置是按实际需要设置的,有的在巷道两壁,有的在巷道的交叉处。

第四节　煤炭加工技术及其应用

一、宋代炼焦技术

宋代煤炭加工利用最为突出的成就是炼焦技术的出现。唐代的炼焦萌芽,在宋代发展为成熟的技术,人们比较普遍地炼制焦炭,用于冶金、炊爨及取暖。生煤烧成焦炭后,不但燃烧时不再冒烟,而且强度增加,不易压实,孔隙度变大,燃烧时通风好,火力旺盛。炼炭的这些优点为人们认识后,便由生活上应用转到生产上应用。焦炭何时开始用于冶铁,虽然尚未见到确切的记载,但考古发掘证实,北宋晚期烧制的焦炭已和现代的焦炭无异。

古代炼焦炉为圆形。通常掘地为池,深挖二尺许,底部平坦,中央有一穴,名为风道,以进空气。池上部与地面相平处,周围用砖砌成矮墙,墙高约三尺,周围墙脚下有若干小孔,名为通风眼(有的地方叫火眼)。炼焦程序大致如下:先以少许柴草堆积于池底中央风道中,将块煤围着中央风道堆砌至约二尺高。继而将末煤装入炉中,亦至二尺高,与块煤平。再用砖筑成烟道,将中央风道与四周通风眼连接。然后填末煤,直到高过矮墙,使成覆碗形。最后点燃柴草,引燃块煤,渐及末煤。点火后,每日用木履踏压一次或用木槌槌压,几天后火焰渐长,即堵塞四周风眼,使火焰由顶部煤隙中冒出,待烧透,即覆以灰土,然后用水倾入,经熄其火,并再覆以灰土,稍稍冷却即可取焦。全部炼焦时间约十余天。

炼焦技术的出现是古人长期用煤实践的结果。焦炭的炼制成功,为冶铁提供了上等的燃料,对冶铁技术发展起到极大的促进作用,同时标志着我国古代煤炭加工利用进入了一个新阶段。

二、煤的药用价值

煤炭用于医药,帮助治病,这是宋代正式记载于书的。宋代《鸡峰普济方》一书史记载了治疗血脏虚冷、崩中漏下等疾病的"补真丹"的制作方法。其配方中有"禹余粮、乌金石各肆两"[29]。乌金石是人们对煤炭的称谓,把煤与金相提并论,把煤比作同金子一样贵重的东西。金代张子和的《儒门事亲》一书,也谈到"乌金散"的制作,其主要成分是"乌金石"。该书还特别注明"乌金石,铁炭是也"[30]。煤炭的药用价值,在医药学尚不很发达的古代是明显的。

三、烧煤瓷窑广泛分布

我国的陶瓷历史悠久,名扬世界。到了宋代,瓷业兴盛,江西景德镇成为全国瓷业中心,河北的"定窑"、"磁窑",河南的"钧窑"、"汝窑",汴梁(今开封)的"官窑",陕西的"耀州窑",山东的"磁村窑"都是著名的陶瓷生产基地。

用煤作燃料的宋元瓷窑遗址,经考古发掘的已有16处。河北地域主要有3处:

定窑,其窑址在今保定曲阳县龙泉镇涧磁村,时代为五代至元时期。当时,这里是著名的白瓷烧制中心,也是用煤烧瓷的窑场之一。考古发掘说明,"窑址遍布于涧磁村的东、北、西三个方向","窑址范围东西最长距离1400米,南北为1 000米,总面积为117万平方米",涧磁岭上仍"遗存有若干处破碎窑具、瓷片和炉渣的高大堆积,以及个别煤灰堆积"[31]。据光绪《重修曲阳县志》"土宜物产考"载:"白瓷,龙泉镇出,昔人所谓定磁是也。……宋以前瓷窑尚多,后以兵燹废。"又同书"山川古迹考"载:"涧磁岭……在龙泉镇之北,西去灵山镇十里,上多煤井,下为涧磁村。宋以上有瓷窑,今废。"考古发掘与地方志记载表明,曲阳涧磁岭在宋代瓷业兴旺,用煤作燃料,此地煤业发达,瓷煤业交相辉映。

观台窑,在今邯郸市观台镇,时代为宋元时期,遗址堆积"第二层是煤渣土","一、二层相当元代"。

龙泉务窑,在今北京门头沟龙泉务村,时代为辽代,"遗址堆积厚0.8～1.7米,内部遗存大量残碎片、窑具和烧土、煤渣"。

煤窑与瓷窑相处共存的现象比较普遍,说明:

一是烧煤的瓷窑都出现在产煤区内,说明瓷窑的建设首先要考虑燃料的来源,例如北京门头沟、邯郸观台等;

二是烧煤的瓷窑分布广泛,说明宋代不仅瓷业发达,煤炭业也很发达,采煤、用煤已经非常普遍;

三是一些较大规模的瓷窑,往往出现于较大规模的煤产地。如曲阳100万平方米定窑遗址说明瓷业与煤业相互促进。瓷业与煤业的关系,不仅仅表现在燃料方面,而且表现在瓷土的来源上。瓷土,在我国的一些地方称为高岭土、高岭岩、黏土、坩子土。一个大的煤矿区,常常就是大瓷窑的瓷土供应地。例如,河北临城、内邱两县毗连地区的"邢窑",是中国白瓷的重要发源地,这里盛产煤炭和瓷器。唐代制瓷所用的瓷土,就是从当地南程村、祁村一带中石炭统顶部的大青土和二叠纪山西组中下部1号煤层、2号煤层的夹矸;河北曲阳的"定窑",其制瓷的主要原料是本地套理和庞家洼一带中石炭统下部的白干土、青干土和上石炭统太原组1号煤层、3号煤层的夹矸;

四是用煤烧瓷,引起烧瓷工艺过程的变革,使瓷窑内部结构发生变化。从烧柴到烧煤,工艺变革要有一个由低级到高级的发展过程。对这一点,考古工作者从河北磁县观台磁州窑遗址的发掘中,作了很好的说明。"观台窑址坐落在漳河岸边,距磁县县城约 40 公里。……第二期,以 T10 第Ⅶ—Ⅴ层和 T7 第Ⅴ层为代表。……从第二期开始用煤为燃料,这次发掘清理了一组瓷窑(Y2—Y6)正处于二期前、后段之间,从结构可以清楚地看出是早期烧煤的窑,这对于了解北方地区窑炉的变化以及制瓷技术的发展都是很有意义的。"窑炉"在炉栅下有大量的煤灰渣。在窑门处还有部分未烧过的煤末,证明这是以煤为燃料的窑炉。这种炉栅是不成熟的早期形态,每烧完一窑都要拆除清灰,尚未发现专门的炉条。""Y3 是以煤为燃料的半倒式马蹄形馒头窑,从炉栅和进风口的原始状态可以看出,这种窑还处于不成熟的初创形态。""Y8 也是一座以煤为燃料的半倒焰式马蹄形馒头窑,已相当成熟。其特点是装窑量大。从窑的结构和通风情况看,窑温也很高。"[32]

注 释:

[1] 黄华、崔建林:《国粹科技文明》,中国物资出版社 2005 年版,第 76—79 页。

[2] 茅以升:《中国古桥技术史》,北京出版社 1986 年版,第 77 页。

[3] 梁思成:《中国建筑史》,百花文艺出版社 2004 年版,第 177 页。

[4] 陈鸿彝:《中华交通史话》,中华书局 1992 年版,第 139—140 页。

[5] 《秦皇岛港史——古、近代部分》,人民交通出版社 1985 年版,第 68 页。

[6][7] 漆侠:《宋代经济史》(下册),上海人民出版社 1988 年版,第 587 页。

[8] 《大元圣政国朝典章》卷 22,中国广播电视出版社 1998 年版,第 968 页。

[9] 孟浩、陈惠:《河北武安午汲古城发掘记》,《考古通讯》1957 年第 4 期。

[10] 《元史·河渠志》,参阅陈高华《元大都》,北京出版社 1982 年版,第 19 页。

[11] 宋濂撰:《元史·食货志》卷 98,岳麓书社 1998 年版,第 27—32,1375 页。

[12][13][14] 夏湘蓉、李仲均、王根元:《中国古代矿业开发史》,地质出版社 1980 年版,第 70,76 页。

[15] 唐锡仁、杨文衡主编:《中国科学技术史·地学卷》,科学出版社 2000 年版,第 380—381 页。

[16] 王诚:《冀南地区古代铁矿开采技术初探》,《矿山地质》1986 年第 1 期。

[17][18] 夏湘蓉、李仲均、王根元:《中国古代矿业开发史》,地质出版社 1980 年版,第 89,95 页。

[19] 成常福、石砚枢:《辽泽州及陷河银冶初探》,载《承德历史考古研究》,辽宁民族出版社 1995 年版。

[20][22] 田淑华、石砚枢:《从考古资料看承德地区的辽代矿冶业》,《文物春秋》1994 年第 1 期。

[21] 王兆生:《龙烟铁矿矿区发现辽代炼铁遗址——该矿由外国人发现的历史将改写》,《文物春秋》1994 年第 1 期。

[23] 李锡经:《河北曲阳县修德寺遗址发掘记》,《考古通讯》1955 年第 3 期。

[24] 河北省文化局文物工作队:《观台窑址发掘报告》,《文物》1959 年第 6 期。

[25] 鲁琪:《北京门头沟区龙泉务发现辽代瓷窑》,《文物》1978 年第 5 期。

[26] 北京图书馆善本组辑录整理:《析津志辑佚》,北京古籍出版社 1983 年版。

[27] 中国科学院考古研究所、北京市文物管理处元大都考古队:《北京后英房元代居住遗址》,《考古》1972 年第 6 期。

[28] (元)好问:《续夷坚志》卷 4,中华书局 1985 年版,第 63—64 页。

[29] 张锐:《鸡峰普济方》卷 15,上海科学技术出版社 1987 年版,第 203 页。

[30] 张子和:《儒门事亲》卷 12,辽宁科学技术出版社 1997 年版,第 102 页。

[31] 河北省文化局文物工作队:《河北曲阳县涧磁村定窑遗址调查与试掘》,《考古》1965 年第 8 期。

[32] 北京大学考古系、河北省文物研究所:《河北省磁县观台磁州窑遗址发掘简报》,《文物》1990 年第 4 期。

第十七章　传统中医药科技

隋唐宋辽金元时期,中医药事业出现了空前的兴盛。刘完素、李杲、张元素、王好古等河北名医辈出,对《内经》、《伤寒论》等名著的注释、研究著作相继问世。宋代,出现了内、儿科专著,对咽喉病能进行手术治疗,并开展了全身麻醉。金元时期,河北医家各派学说形成,补充和发展了中医学理论,河北地域出现了河间派、易水学派、补土派,首创"火热论"、"阴证学说",发展了脏腑辨证理论,并涉及到温病学说研究,对祖国中医学的发展起了巨大推进作用。金元时期是河北中医药学大放异彩的时期,当时河北的中医医疗水平代表了全国最高医疗水平,堪属世界之最。

第一节　医籍与药物学的研究进展

一、《难经》、《内经》和《伤寒论》

这一时期,河北医学家对中国医学典籍进行研究、考证,出现了一系列研究性著作。主要集中于《内经》、《伤寒论》等。

隋唐间,精于训诂的杨玄操,历时 10 年著《黄帝八十一难经注》5 卷,可谓河北最早的对《难经》研究的著作,也是我国较早研究《难经》的著作。杨玄操对太医令吕广所著《难经注》进行重注,补注吕广注释未详之处,凡吕广注不尽之处,首先予以详细注释,并附以音义以明其旨,对三焦学说结合《灵枢》调经论、营卫生会篇和痈疽篇作了进一步阐发,对三焦划分及生理功能阐述得尤其深刻。还著《素问释音》一书,也是河北最早的对《素问》研究的著作[1]。

关于《伤寒论》的研究,唐以前河北尚无史料索考。唐代张果(号通元先生、姑射山人、居恒山)著《张果伤寒论》1 卷,这是河北最早的伤寒研究[2]。

宋代,霸州文安(今文安县)卢昶,世称"卢尚药",知名河朔。自《黄帝内经》以下,读书数百家,无不通究,政和二年(1112 年)补太医奉御,后升任尚药局使,著有《伤寒片玉集》3 卷[3]。

金元时期,医经研究有了较大发展并多有发挥,主要是对《素问》病因、病机、运气、脏腑、经络学说的阐发。

金代,刘完素尤刻意研究《黄帝内经》,深探奥旨,1155 年著成《素问玄机原病式》1 卷,以《素问至真要大论》提出的病机 19 条为基础,将常见疾病进行了比较系统地归类,并对这些疾病的病因、病机有独到见解。1172 年撰《黄帝素问宣明方论》15 卷,是《素问》病机学说临床用方之集成,为后人实践《内经》理论打下了良好的基础。1186 年撰《素问病机气宜保命集》3 卷,与《素问玄机原病式》、《黄帝素问宣明方论》诸作之理法相得益彰,体现以寒凉为特色的学术观点,形成我国著名的"金元四大医家"之一的"寒凉学派"。刘完素对《内经》研究著述的还有《图解素问要旨论》、《素问药注》、《运气要旨论》等[4]。

刘完素对《伤寒论》的研究也是很深入的。1186 年撰《伤寒标本心法类萃》2 卷,"伤寒标本"指伤寒病先后表里等辩证施治纲领;"心法类萃"是指研究张仲景伤寒独有心得之方中最精粹者分类撰出,开创表里双解、辛凉解表方法,开拓外感病治疗新途径。对此曾有"外感法仲景,热病法完素"之说。

同年,刘完素著有《伤寒直格论》3 卷,对伤寒的病因、病机、治法等方面又有新的认识,较前人有了明显的提高,明确提出了"秽气"、"秽毒"致病。既发仲景未言之旨,又启吴有性戾气为病传自口鼻之说,揭穿了"天行"之谜,对中医学的发展作出了开创性的贡献。另外,他还著有《伤寒心镜》1 卷,《伤寒医鉴》1 卷[5]。

金代与刘完素同时代的张元素,发展了脏腑辩证理论,著《医学启源》3 卷。在《素问》、《灵枢》和刘完素《素问玄机原病式》及其临床经验的基础上,汇成以脏腑经络为核心的辨证论治体系,形成以"归经"、"引经"为基础的药学理论。另外还著有《难经药注》[6]。

真定李杲,曾拜张元素为师学医,尽得其传。李杲发挥《内经》脾胃理论,结合丰富的临床经验,提出脾胃学说和脾胃内伤学说,著有《脾胃论》。成为我国金元"四大医家"之一的"补土派",有"国医"、"神医"之称。李杲对伤寒治疗也非常擅长,著有《伤寒治法举要》1 卷、《伤寒会要》(已失传)、《内外伤寒辨》等著作。李杲不仅宗六经辨证法则论伤寒,而且提出"本经传"、"循经传"、"越经传"、"误下传"、"表里传"、"循经得度",打破了《内经》所谓一曰太阳、二曰阳明、三曰少阳、四曰太阴、五曰少阴、六曰厥阴的始终顺序传经论,发展了伤寒学说[7]。

张元素之子张璧,号云歧子,著《云歧子伤寒保命集》2 卷,书中除分述伤寒六经病证、伤寒主方、伤寒变方及其适应症外,还介绍了伤寒症候"杂症"传变证候等,另外介绍了妇人伤寒、儿科病症等[8]。

永年(今永年县)李庆嗣著《伤寒纂类》4 卷、《伤寒类》3 卷、《伤寒论》3 卷、《改正活人书》2 卷和《伤寒纂要》等书[9]。

元代,真定藁城(今藁城市)罗天益,字谦甫,奉师李杲之命历时 3 年编纂成《内经类编试效方》,刊版时改名《东垣先生试效方》。元代赵州王好古,著《阴证略例》,专论阴证伤寒,首创"阴证学说",既补充了仲景之书,又发挥了"易水学派"之说,此时不但代表其阴证伤寒学术思想,而且对内伤杂病阴证也有参考价值。著《此事难知》2 卷,此书为王好古编辑其师李杲的医学论述而成,于此书可窥见李杲失传的《伤寒会要》的精神实质。另外还著有《伤寒辨惑论》、《仲景一集》、《解仲景一集》、《仲景详辨》、《活人节要歌括》[10]。

二、瘟病学研究的开端

河北对温病研究始于金代。刘完素在其《素问玄机原病式》等著作中,首创"火热论",提出"热病只能作热治,不能从寒医"等论点,自制双解散、凉膈散等表里双解之剂,为寒凉清热为主的瘟病治疗学体系的形成奠定了基础,这是我国中医温病学发展史上的一个重大转折,所以后世有"外感法仲景,热病法完素"之说。

三、药物学的研究进展

此时期,药物学不论从药物数量、临床应用,还是理论认识,都比秦汉有显著发展。药物品种日益增多,用药经验不断丰富;由于外来药物传入,以及炼丹术盛行,也为化学制药的产生创造了条件。这些因素的共同作用,使药物学开始出现繁荣和水平提高的势头,药物著作增加。

隋唐时期,杨玄操著《本草注音》,赵郡僧人行矩(俗姓李)著《诸药辨异》10 卷。唐代,曹州离狐(今大名)人李勣,公元 659 年奉旨与长孙无忌主持编修《新修本草》问世。此外,同代还有张国著《玉洞大神丹砂真要诀》、李翱著《何首乌传》等刊行。

《新修本草》是苏敬于公元 657 年向唐政府上表请求重修本草,唐政府令李勣与长孙无忌主持编修工作,由 20 多人集体编写,同时诏令在全国各地征集道地药材,绘制药图。编写本着"《本经》虽阙,有验必书,《别录》虽存,无稽必正"的原则,对前代药物总结"详采博要",对当代经验则"下询众议,订群言之得失"。不到两年,于公元 659 年终于撰成图文并茂、能充分反映当时药物发展水平的本草著作,书名《新修本草》(又称《唐本草》),由唐政府颁布流通全国,这是最早由国家颁行的药典,也是世界上第一部由国家编纂的药典刊行于世，该书对本草作了一次全面的整理和修订，内容丰富，具有较高的学术水平和科学价值。

《新修本草》卷帙浩博，共54卷，分为"正经"、"药图"、"图经"3部分。其中"正经"20卷，附目1卷，主要记述药名、分类、性味、功能、主治、用法等。还包括修订以往内容有错的记载，以及补充新发现的药物和外来药物，如密陀僧、血竭、云苔（油菜）、安息香、诃黎勒、薄荷、郁金、阿魏、刘寄奴、鹤虱、蒲公英、龙脑香、胡椒以及鲫鱼、砂糖等药的治疗作用。全书在《本草经集注》载药730种的基础上新增了114种，共载药844种。"药图"25卷，附目1卷，首次通过绘图描记药物形态和颜色标准，以作为识药的指导。"图经"7卷，是对药图的文字说明，重点记述了道地药材的产地、采药时日、形态鉴别以及加工炮制。

《新修本草》内容丰富，叙述准确，所以一经问世，就广泛流传。此书不仅成为医学生的必读之书，而且亦成为医生与药商用药、售药的法律依据。邻国朝鲜、日本等对此书也非常重视。宋以后此书亡佚，所幸孙思邈《千金翼方》保存了大部分内容。另外现存古代医籍丹波康赖《医心方》也保存了该书部分内容。后至清末，傅云龙在日本又发现了公元731年影抄的唐本草卷子残本10卷，1899年敦煌石窟也有该书卷子本残卷问世，现分藏于巴黎图书馆与大英博物馆。

宋代，沧州临津（今沧县）刘翰，曾在后周任尚药奉御及翰林医官，北宋开宝六年（973年），刘翰奉诏与马志等编校《开宝本草》（全称为《开宝详订本草》）20卷。次年，深州饶阳（今饶阳县）李昉与翰林学士卢多逊等进行校刊，编成《开宝重订本草》21卷，简称《开宝本草》。《开宝本草》增补当时常用药139种，收载新旧药物984种，不仅药品数目增加，而且分类方法大有改进，类别也增多，并订正了前人在分类方法上的错误。《开宝本草》不仅是河北而且也是国内已知的第一部版刻药典专著，自宋开宝七年（974年）作为宋药典刊印，至宋嘉祐六年（1061年）《嘉祐本草》刊印，盛行八十余年。

金代，不但对临床药学进行了系统研究，而且还提出了对药性、药理的新见解。易州张元素著《药性赋珍珠囊》1卷，辨药性之气味，阴阳厚薄，升降浮沉，补泻之气，十二经络及随证用药之法。每味药几乎都有归某经的说法，立为主治秘诀、心法要旨。自此以后，"药物归经"和"引经报使"之说逐渐成为临床用药的基本原则之一；张元素还著有《脏腑标本药式》，又名《脏腑标本寒热虚实用药式》1卷，制定了脏腑标本药式，成为临床脏腑辨证用药的一种通用程式；他还著有《医学启源》，提出"气味中又分厚薄，阴阳中又分阴阳，气薄者必尽升，厚者未必尽降"的主张，对于临床用药亦很有指导意义。他还对五味与五脏"苦欲"关系的理论进行了新的论述，根据五脏的"苦欲"，安排了针对性的药物。他还指出同一药物因五脏的"苦欲"不同，其补泻作用也发生变化，这些高于前人的理论对祖国医药学的发展起到承前启后的作用。对此李时珍曾给予高度评价年版，第"大杨医理，灵素之下，一人而已"。另外，还著有《脏腑药式补正》、《药注难经》、《洁古本草》。

同时代李杲著《珍珠囊指掌补遗药性赋》（又名《雷公药性赋》，或名《珍珠囊药性赋》）4卷，对张元素的《珍珠囊》进行了补充和发挥，以歌诀形式编写，切于临床使用，明以后一直为医药人员所采用。还著有《食物本草》一书。

元代，对金元药理学说进行了系统总结，并有所发挥。王好古著《汤液本草》3卷，综合金元之药理学说的主要成就，以实用为主旨。因金元之本草著作很少流传至今，而使其具有特殊价值。还著《十二经药图解》[11]。

第二节　中医药学的研究成果

隋唐时期我国针灸学有显著发展，尤其是唐代的太医署里，设有独立的针科，配备有针博士、针助教、针师。医学生要学习《甲乙经》和中医基本理论，这是中医学史上专门培养针灸医师的开端。

一、针　灸

最早的记载是战国时期的扁鹊临证治病不仅善用汤药,而且还用针灸等。其中记载了扁鹊路过虢国时,太子患尸厥,扁鹊针刺治疗,太子很快苏醒过来。这是针灸治疗疾病临床实践的最早记载。

隋唐间,杨玄操著《黄帝明堂经注》,为河北最早的针灸著作[12]。

宋代,窦材著《扁鹊心书》,首卷即论灸法、经络;还创用"圣睡散"施行全身麻醉,配合烧灼灸治。辽代,承德直鲁古著有《针灸脉诀书》[13]。

金元时期,针灸都有创新提高,不但有较多针灸著作出现,而且由经脉、针法专著问世。金代,李杲在《内外伤辨惑论》、《脾胃论》、《兰室秘藏》著作中,提出经络穴位主治,针药配合施治。对俞穴治外感、募穴治内伤以及补泻法等均有创见。张元素亦长于针灸,其子张壁著《云岐子论经络迎随补泻法》,论述针法补泻和针刺治疗经验。元代,肥乡窦默著《针经指南》、《铜人针灸密语》、《流注指要赋》等,倡66穴的子午流注取穴法,在补泻手法上有独到经验,对各科疾患的主穴选取有诸多治验心得[14]。藁城名医罗天益亦长于针灸。

二、方 剂 学

隋代,高阳名医许爽之子许澄,传父业,尤尽其妙,历任尚药典御等,著《备急单要方》3卷。隋唐时期,清漳(今肥乡县)宋侠以医著名,撰《经心方》10卷,已失,部分内容见于《外台秘要》、《医心方》等书中,并与他人合编《四海类聚方》2 600卷、《隋炀帝敕撰四海类聚单要方》、《西域诸仙所说药方》、《经心录》、《乾陀利治鬼方》、《新录乾陀利治鬼方》、《西域波罗仙人方》、《香山仙人要方》、《龙树菩萨药方》等书[15]。

唐代,井陉崔行功,曾任吏部郎中,兼通医学,著《纂要方》10卷、《千金秘要备急方》1卷;磁州(今磁县)崔玄亮曾任虢州刺史,晚年好黄老之术,著《海上集验方》;赞皇县李绛,翰林学士,曾任山南两道节度使,累封赵郡公,编辑《兵部手集方》3卷;无极县刘禹锡,官至检校礼部尚书,著名诗人,兼通医理,辑有《传信方》2卷;南皮县贾耽,曾任检校司空左仆射,赠太傅,嗜读书,老年更勤奋,与阴阳杂教无不通晓,著《备急单方》1卷[16]。

宋代,卢昶奉旨校正《和剂局方》,删补治法;刘翰到宫廷献上《经用方书》。

金元时期,刘完素在其医学理论"火热论"的基础上对使用寒凉方药有着独到之处,尤其对外感热性疾病的治疗方面开创了辛凉解表的治法,是对张仲景以治疗外感疾病的创新。他创制了桂苓甘露饮、益元散等颇具寒凉派特色的方剂,《黄帝素问宣明论方》、《宣明论方》、《灵秘十八方》为其临证用方之集成。刘氏临床用方特点有四年版,第一为崇尚寒凉,二为活用成方,三为充分利用丸散膏丹,四为制新方[17]。李杲则是"补土"的倡导者,创制补中益气汤、调中益气汤、清暑益气汤、升阳益胃汤等具有补土派特色的方剂,以益元气为主要精神和治疗规律,特别是前三方是李杲脾胃学说的代表方剂。他著的《内外伤辨》,列方46个;《脾胃论》列方63个;《兰室秘藏》列方283个;《医学发明》列方76个[18]。罗天益辑《东垣试效方》,重点为脾胃病症用方。李杲还著有《卫生宝鉴》,其中《名方类集》17卷,分类40余门,载方760余首,涉及内、外、妇、儿、五官等临床各科,大多记其来源、用法、疗效[19]。

三、诊 断 学

唐代李勣对四诊中的脉诊进一步发挥总结,撰写《脉经》,可谓河北最早的脉学专著[20]。其实,河北地域的诊断学在战国时期就走在了前列,应首推战国时期渤海郡鄚州扁鹊,他精通望、闻、问、切,尤以脉学著称于世。扁鹊望齐侯之色,以断病邪深浅;诊虢太子之脉,能断其尸厥,有"起死回生"之典故。可见河北地域在祖国医学诊断学起源方面作出了很大贡献。

宋代,出现了证候专著。沧县刘翰到宫廷献《论候》。金代,对脉学多有发挥,并重视四诊合参,还发展了脏腑辨证理论。张元素著《叔和脉诀注》,凭脉诊病,多有效验。还著有《脏腑标本虚实用药式》,对脏腑的辨证用药按补泻加以归纳,形成规律,发展了脏腑辨证理论。易县张壁著《云歧子脉法》,分述七表八里九道脉主病及方,颇多个人识见,还著《脉谈》、《叔和脉问》。李杲著《脉诀指掌病式图说》,论脉证诊法自三部九候,五运六气,十二经脉,男女各种病脉均分析辨异,并附图表说明;还著有《内外伤辨惑论》,以阴证(内伤诸证)、阳证(外感诸证)为内外伤辨的理论纲领。元代,王好古著《阴证略例》,首创阴证学说,认为阴证"难辨",强调口渴、咳逆、发热、大便秘结、小便不通、脉沉细或虽然浮弦但按之无力等为阴证的重要标志[21]。

四、内　　科

宋代,河北开始有内科著作问世。刘翰到宫廷献《今体治世集》,李昉奉旨与他人共同编撰《太平御览方术部医类》。卢昶著《医镜》。真定(今正定县)窦材著《扁鹊心书》下卷,主要阐述内科杂病。

金元时期,内科专著较多,成就辉煌,形成了重要的内科杂病学派。刘完素临证强调火热病的多发性和普遍性,善用寒凉药物,创"寒凉派"。特别是降火益水论、中风内因论、胃中润泽论、老年阴虚阳实论等对后世影响较大;还著《治病心印》1卷。张元素对多种内科病证进行了广泛的论治,认为内因为致病的主要因素;临证重视脾胃,自成体系,创"易水学派"。特别是其内伤学说、脏腑标本虚实寒热用药式影响800年,至今仍具有强大的生命力。其子张壁著《医学新说》。李杲继承并发展了易水学派,发挥了张元素的脏腑辨证论,区分了内科疾病的外感和内伤,创内伤脾胃学说;临证善用温补脾胃之法,而创"补土派"之始。王好古亦继承并发展了易水学派,创立了阴证学说;临证强调温养脾肾,尤重温肾。特别是他在临证实践中打破了伤寒与杂病的界限,把杂病方药用于六经诸证,将伤寒与杂病的治疗统一起来,著有《医垒元戎》、《钱氏补遗》、《三备集》、《辨守真论》、《标本论》等。罗天益著《卫生宝鉴》,总结了以内科杂病为主的各科常见病症,联系临床实例诊治思路活泼,方证契合。广平肥乡(今肥乡县)窦默著《医论》[22]。

五、外伤、按摩

金元时期,对疮疡病因、病机进行了探讨,亦对疮疡、痈疽、瘰疬、瘿瘤、瘾疹、疥癣等证的诊治作了临床总结。刘完素著《素问病机气宜保命集》,说明营血壅滞不通,乃为痈疡的内在因素;又著《黄帝素问宣明论方》,指出了治疗鼻紫色起刺、皮肤瘾疹、瘿瘤、瘰疬等的方药。李杲著《兰室秘藏》,专列疮疡门,主要论治瘰疬、马刀挟瘿;次论痈疮、疥癣、烧伤等。罗天益著《卫生宝鉴》,其中论疮疡之常变,认为"诸痛痒疮,皆属心火,言其常也;如疮盛形赢,邪高痛下,始热终寒,此反常也。固当察下之宜而权治之。"[23]

六、妇 产 科

金代,出现了河北最早的妇产科著作,张元素著《产育保生方》,李杲著《兰室秘藏》,专列妇人门,阐论"经带胎产"[24]。

七、儿　　科

唐代,出现了河北最早的儿科著作,沧州李清著《小儿医方》,专医小儿,屡试屡验。宋代真定人苏澄著《婴孩宝鉴方》10卷[25]。金元时期,不但有较多儿科著作出现,而且进行了较广泛的儿科证治实践和总结,并颇具学派特色。刘完素著《宝童秘要》。李杲著《兰室秘藏》,专列小儿门,以惊风、瘢疹、疳积三大症为重点,论述了小儿病证治,不但体现出易水学派特点,而且颇具补土派特色。王好古著有《斑论萃英》、《小儿总论》等[26]。

八、五官科

宋代,真定窦材著《扁鹊心书》,其中已有用切开术的方法治疗喉痹、咽肿的叙述,是全国最早的喉科治疗实践和生理、病理阐述及临证方药的总结,并颇具学派特色。刘完素著《素问玄机原病式》,论述了鼻塞、鼻衄、喉痹、耳鸣、耳聋、目昧不明(目赤肿痛、翳膜眦病)等病症。李杲著《兰室秘藏》,专列眼耳鼻门,对于眼病的辨证强调阴虚、阳虚两方面,尤其是视物昏花之病,重视调理脾胃。

九、食疗、养生、气功

河北对养生、气功的研究,唐代以前尚无史料索考。唐代,道士张果真定人(今正定人),隐居于中条山,往来汾晋间。有长生秘术,善调气息,能多日不食,唐玄宗曾问其神仙、方药之事;武后遣使召之,以死拒召。井陉百花山有其洞址,著有《气诀》1卷,可谓河北最早的养生、气功著作。唐末至五代,元城(今大名县)刘词(字好谦),五代后汉时为奉国右丞相都指挥,后周太祖(951年立)时,为京兆尹,迁中书门下平章事,辑《混俗颐伤录》2卷。这对疗养事业起到了推进作用[27]。

第三节　医案、医话的出现

金元时期,河北地域的医学家以经典著作为基础,结合自己的临床经验,纷纷著书立说,对病因病机、诊断治疗抒发己见。著作之中,医案医话的内容颇为丰富。

金代,刘完素在他著的《素问玄机原病式》中有很多医案、医话的内容。如"夫一身之气,皆随四时五运六气兴衰而无相反矣。适其脉候,明可知矣。"又如"五志过极,皆为热甚故也。"在《素问病机气宜保命集》中说年版,第"天以常火,人以常动,动则属阳,静则属阴";"五运六气有所更,世态居民有所变";对外感病的治疗"不可峻用辛温大热之剂"。指出"攻表不中病者,须加寒药。不然则恐热甚,发黄惊狂出矣"。自制双解通圣辛凉之剂,著称于世。

同代,易州张元素著《医学启源》3卷,载有天麻半夏汤治风痰头痛、当归拈痛汤治疗湿热脚气医案;张元素还有中热、中暑、内伤、霍乱以及论当归头破血、尾止血、全用和血,川芎上行头目、下行血海,黄芩利胸中气、消膈上痰,牡丹皮泻阴中之火、治骨蒸等医话。李杲著《脾胃论》3卷、《内外伤辨惑论》3卷,《兰室秘藏》3卷等,诸书中有脾虚湿胜泄泻、气虚痰厥头痛、前阴臊臭、风寒伤形等医案和外感与内伤疾病分类、胃气为本、脾胃元气论、真气胃气统一论、升麻解肌肉间热、杏仁除肺燥等医话。

元代,王好古著《阴证略历》1卷,《汤液本草》3卷,《此事难知》2卷,有阳狂、阴狂、夜半服药、阴症见阳脉者生、药味精生、盗汗等医案,有两感邪从何道而入、辨阴阳二证、诸痛为实、痛随利减、伤寒阴证毒尤惨、论阴证狂语、狂喜及用附子、益智仁、元胡等医话;藁城罗天益著《卫生宝鉴》14卷,则有泻火伤胃、饮食自倍肠胃乃伤、气虚头痛、盛则为喘、汗之则疮已、养正积自除、阴气有余、多汗身寒,不可违等医案;有方法论、无病服药辨、汗多亡阳、医贵多思、饮食调养、真气来复等医话[28]。

第四节　河北名医及中医药学理论的创建

金元时期,河北地域开始出现中医基础理论著作,主要对脾胃理论进行了系统发挥,对阴阳、病因、病机、玄府、命门、三焦学说进行了深入阐发。

刘完素以其《素问玄机原病式》、《伤寒直格论》等从源头上剖析阴阳学说并深入阐发了病因、病机、玄府、命门等中医基础理论，并提出了六气皆从火化的论点并把病机19条的38种充实为97种；张元素著《医学启源》，提出命门之气与肾通，实为肾与命门合而为一论。李杲著《脾胃论》首创脾胃学说，系统阐发了元气论和脾胃升降论，强调了内伤脾胃，"百病由生"。李杲还著有《医学发明》、《兰室秘藏》。

元代，主要对三焦学说进行了发挥。王好古著《此事难知》，不但以三焦分部位，而且以三焦辨病证；还著有《十二经要图解》。

金元医家的理论探索，活跃了当时的学术空气，改变了"泥古不化"的局面，丰富了中国的中医学理论，打破了以往因循守旧、尊经崇古的局面，开创了中国中医学术的交流与争鸣，为后世医家做出了榜样。他们的学术主张都是根据当时所处的社会环境、疾病发生的现实情况，总结自己的临证经验提出的，他们的学术主张不仅在当时，而且对后世；不仅在中国，而且在国外都产生了很大影响。他们的理论对中医临床各科的发展都产生巨大的推动作用。尽管他们的理论观点都存在明显的偏颇之处，但是偏不掩长，他们的探索促进了中医理论的研究，并为后世不同学术流派的形成奠定了基础。后来有许多医家继承并发展了他们的学术主张，使之更趋完善。金元时期的河北医学家在中国医学史上地位是很高的。

一、刘完素与火热论

图4-17-1　刘完素

刘完素（1110—1200年）（图4-17-1），字守真，号通玄处士。金代河间（今沧州河间）人，故称河间学派。据传刘完素原籍沧州肃宁县杨边村（今师素村）。其幼年家里很穷，在他3岁的时候，家乡遭遇水灾，全家移住河间城南。完素从小就喜欢读书，好学不倦。他母亲得病，家贫求医3次不至，失去了治疗机会而逝。因此完素感到非常遗恨，改攻医学，立志要为人治病，起早睡晚坚持不懈地钻研医籍，勇于实践，他大半生云游四方，谋食于江湖，医学造诣甚深。刘完素有民族气节，金章宗完颜璟三次招聘，他都拒不做官，而行医于民众中，受到欢迎。赐号"高尚先生"。人们称他为河间处士。他把可贵的一生，献给了为人民解除疾苦的医疗工作，勤勤恳恳，直到最后一息。他在《素问病机气宜保命集》序言中曾说年版，第"余二十有五，志在《内经》日夜不辍……"。正反映了他热忱用世，晚年成为经验丰富，学识渊博的名医，在医学上有很大成就。终年80岁。当地人民为他立祠纪念，亦即对他"有功于民"的崇高敬仰和应有的评价。至今河间一带尚有纪念他的遗迹[29]。

在民族战争极为频繁的金元时期，人民生活极不安定，"大兵之后必有大疫"，当时热病流行，给人民带来深重的灾难。针对这一情况，当时的一般医生多以温燥药治疗热性疾病，而且民间流行《太平惠民和剂局方》，一般都据证验方，既不辨证，又不议药，疗效很不乐观。因此，刘完素以《内经》为基础，创造性发展了中国医学的理论与治疗方法，开创了"火热论"学说理论，丰富和发展了中医理论。

刘完素是当时医学界较早敢于创新的一位医家，开辟了金元医学新境，在中国医学史上占有重要的地位。他治学态度严谨，不拘于旧俗，具有独立的学术见解。据文献记载，他的著作有河间3书，《素问玄机原病式》2卷（简称《原病式》）、《素问宣明论方》15卷（简称《宣明论方》）以及《素问病机气宜保命集》3卷（简称《保命集》）均存。还有《伤寒直格》3卷，《伤寒标本心法类萃》2卷、《伤寒医鉴》（附《伤寒心要》）各1卷，以上3书称为河间六书[30]。尚著有《三消论》。但可靠而价值较大的是《素问玄机原病式》与《宣明论方》二书，此二书尤能代表他的学术观点。

刘完素一生苦嗜医书，突出的学术思想是提倡"火热论"。他认为伤寒临证各种证候的出现多与火热有关，他精心研究《内经》，而《内经·素问》病机 19 条中，与火热有关的居多。再者，六气之中，火热居其二，而风、湿、燥、寒在病理变化过程中都能化火生热，并且火热又是产生风、燥等的原因。所以强调"六气皆从火化"，火热是伤寒多种证候产生的重要原因，这就是他大力提倡"火热论"的内容及论据。

他认为"法之与术悉出《内经》之玄机"。他把《内经》理论与当时盛行的五运六气学说相结合，对火热病证详加阐述，提出"火热论"的学术主张，刘完素对当时盛行的"运气"学说做过研究，但未陷入宿命论。他一方面主张年版，第"不知运气而求医无失者鲜矣"。另一方面强调年版，第"主性命者在乎人"，"修短寿夭，皆人自为"。他批判了那种认为人体发病完全受"五运六气"所支配的宿命论教条，反对机械地将"运气"公式搬用于医学实践上，认为这样只能得出"矜己惑人而莫能彰验"的荒唐结果。刘完素的主要学术思想是"火热论"，强调火热在致病中的重要性。他认为《素问·至真要大论》所述的病机 19 条中，与火热有关者居多，并把火热病证扩大到 50 多种。刘完素强调"六气皆从火化"，他一方面指出六气中，风、湿、燥、寒诸气在病理变化中皆能化热生火；而火热也往往是产生风、湿、寒、燥的原因之一。例如，风属木，木能生火；反之，热极生风。积湿成火热，湿为土气，而火热能生土湿，风能胜湿，热能耗液，风热耗损水液则燥，而燥极也从火化，寒邪闭郁，阳气不能宣散，往往化热，所谓"火极似水"的表现也本于火。另外，刘完素还强调"五志过极皆为热甚"，他分析说年版，第"情志所伤，则皆属火热。所谓阳动阴静，故劳则躁不宁，静则清平"，他在《素问玄机原病式》中将惊、躁、扰、狂越、妄、谵、郁等证，都列为火热之变[31]。

刘完素对火热病的治疗以清热通利为主，善用寒凉药物，后世称之为"寒凉派"。具体地说，它从表证和里证两方面来确定火热病的治疗法则。怫热郁结于表的，用辛凉或甘寒以解表。表证兼有内热的，一般可用表里双解法，散风壅，开结滞，郁热便自然解除。里热治疗如表证已解，而里热郁结，汗出而热不退者，都可用下法，以大承气汤或三一承气汤下其里热。热毒极深，以致遍身清冷疼痛、咽干或痛、腹满实痛、闷乱喘息、脉沉细，乃热毒极深，阳厥阴伤所致，以承气汤与黄连解毒汤配合使用。在大下之后，热势尚盛，或下后湿热犹甚而下利不止的，可用黄连解毒汤清其余热，必要时可兼以养阴药物。若下后热虽未尽，而热不盛的，则宜用小剂黄连解毒汤，或凉隔散调之。可见，刘完素对火热病的病理变化，在《素问》病机的基础上有所发展，并从临证上总结出治疗热性病的原则，颇多创见，对后世温热病的治疗有很大影响[32]。

刘完素的"火热论"，是从火热病的多发性和普遍性这个角度加以强调的，是在辨证施治的原则下提出的。如在临证用药方面，治热痢用苦寒剂，治冷痢则用辛热剂；治外感风热用辛凉剂，治外感风寒则用辛温剂；治中风，既用清热祛风的"泻青丸"，又用温经回厥的"附子续命汤"等等。

刘完素很重视杂病的研究，尤其重视《内经》杂病理论的研究。在《素问》、《内经》中虽然大量提到杂病，但方药仅仅有 12 方。刘完素根据自己多年的临床经验体会，对《素问》的 51 种杂病一一提出治疗方药，使《内经》杂病理论与临床紧密结合。他在论述每一种病证时，首先提出对该病证的认识，然后列以治疗方药。

还提出"脏腑六气病机说"、"玄府气液说"，进一步阐述了《内经》亢害承制理论，为中医学理论的发展作出了重要贡献。其对消渴一病的认识尤有独到之处。

二、李杲与脾胃论

李杲（1180—1251 年）（图 4 - 17 - 2），字明之，号东垣老人。金代真定（今正定）人，出身于富豪之家，其生活的时代比张元素稍晚，为张元素的学生。李杲早年母患病，为庸医所误，临终不知何证。当时李杲尚不明医药，深感内疚，乃发愤学医，捐千金拜张元素为师，精研医学，继承并发展了易水学派，成为一代名医。李杲发挥了张元素脏腑辨证之长，区别了外感与内伤，创内伤脾胃学说，在治疗上善用温补脾胃之法，故被称之为"补土派"。他的代表作是《脾胃论》，其他著作有《内外伤辨惑论》、

《兰室秘藏》（图4-17-3）等[33]。

金元时代，刘完素、张从正、李杲、朱震亨金元四大医家在医学理论方面都有突出的贡献，他们一致批评《太平惠民和剂局方》中部分辛窜燥烈方剂以火济火，但着眼点又都不同。刘完素主张"降心火益肾水"而用寒凉之剂，张从正主张寒凉攻下三法，以为邪去而身自安；朱震亨则认为火旺源于阴虚，滋阴可以降火。三人在理论上都是主张"火"的理论的，虽然其中也有着治实治虚的区别。而李杲学术思想的中心是年版，第"内伤脾胃，百病由生"。并逐渐形成了具有独到特点的系统理论——脾胃论学说。

图4-17-2　李杲

李杲脾胃论的产生有着时代的背景。当时疾病流行，人民生活极不安定。正如后人所总结的"金元扰攘之际，人生斯世，疲于奔命，未免劳倦伤脾，忧思伤脾，饥饱伤脾"。许多病症皆有脾胃劳倦而来，李杲由此观察到种种致病的缘由，饥饿、寒暑、劳累、忧恐、流离失所造成的病患；时医抱残守缺、泥古不化，硬搬治疗伤寒外感诸方来治疗内伤各证，重伤胃气。因此李杲分析时人发病多由脾胃元气受损，机体抗病能力减弱而来。在疾病的治疗上必须创新，泥于古方是不够的。李杲从中医经典《内经》的理论出发，结合自己的体会，发挥张元素的理论而创立了自己的中医理论。

图4-17-3　李杲兰室秘藏书影

自《内经》以来，"气"被看作人体生命活动的动力和源泉，它既是脏腑的功能，又是脏腑的产物。《内经》说"有胃气则生，无胃气则死"，这强调了胃气的决定性作用。李杲发挥了这一见解，提出脾胃是运化水谷供一身元气之体。因此，脾胃内伤则元气自衰，自然是"诸病所由生也"。

据此，李杲提出许多创见。首先，他把内科疾病概括了为外感内伤两大类，关且通过病性、脉象及各种症候表现的对比，详细地论述了二者的鉴别要领，对临床诊断与治疗都有指导意义。其次，关于造成内伤脾胃的原因，李杲概括主要三条：饮食不节、劳役过度和精神刺激。同时也谈到寒温不适不仅是外感致病因素，也是内伤脾胃的重要原因。

在临证实践上，李杲善于运用补上、中、下三焦元气，而以补脾胃为主的原则，采取了一套以"调理脾胃"、"升举清阳"为主的治疗方法。如治肺弱表虚证，用"升阳益胃汤"；治脾胃内伤，用"补中益气汤"；治肾阳虚损，用"沉香温胃丸"。三者虽然分别为补肺、脾、肾三焦元气的专方，却都从益胃、补中、温胃着手。这就是三焦元气以脾胃为本的理论在治疗上的具体应用。他有时也用苦降的方法，但只是权宜之计。阳气升发，则阴火下潜而热自退，这一治法被称为"甘温除热法"，补中益气汤就是其代表方剂。李杲将这一思想贯穿到对各种疾病的治疗中，在外科用圣愈汤治恶疮亡血证，黄芪肉桂柴胡酒煎汤治阴疽坚硬漫肿。在妇科，用黄芪当归人参汤治经水暴崩。在儿科，用黄芪汤治慢惊。在眼科，用圆明内障升麻汤治内障，当归龙胆汤治眼中白翳等。

李杲在临证用药方面，也遵循了易水学派关于"升降浮沉"、"引经报使"、"气味厚薄"、"分经"用药之说，主张"主对治疗"，即对准主要脉证制方用药。还提出了"时、经、病、药"四禁的用药规律。所谓"时禁"，就是按四时气候的升降规律，相应地选用汗、吐、下、利等治法；所谓"经禁"，就是要分辨六经脉证运用方药；所谓"病禁"就是要避免"虚虚实实"之误；所谓"药禁"，就是根据病情慎用或不用某些药物。这样，就把辨证论治的原则更加具体化了。

三、张元素与脏腑辩证论

张元素（1151—1234年）（图4-17-4），字洁古，金代易水（今易县）人。张元素8岁试童子举，27岁试经义进士，因"犯讳"下第，于是弃仕途而学医。张氏的学术思想主要源于《内经》、《难经》、

《伤寒论》,他还采纳了《中藏经》、钱乙的《小儿的药证直诀》等思想。他
与刘完素有着密切交往并受其学术影响,曾治愈刘完素的伤寒证。经20
年的刻苦攻读与总结经验,在祖国医学中独树一帜,称为易水学派的
开山。

　　张氏平生著述甚多,相传有《医方》30卷,《药著难经》、《洁古家珍》、
《洁古本草》、《医学启源》、《珍珠囊》、《脏腑标本虚实用药式》、《产育保生
方》、《补阙钱氏方》等。但多已早佚,现仅存《医学启源》(图4－17－5)、
《珍珠囊》、《脏腑标本虚实用药式》三书。

图4－17－4　张元素

图4－17－5　《医学启源》现行本

　　张元素是与刘完素同时代又一同主
张革新的医家。他提出"古方今病不相能
也"的革新主张,他在掌握《内经》要旨。撷
取前人精华,结合自己实
践的基础上,确立"脏腑辨证说",比较系统地论述了脏腑的生理、病
理,脏腑标本、虚实、寒热的辨证,以及脏腑病症的演变和预后。还提
出"脏腑标本寒热虚实用药式",为后世脏腑辨证学说的进一步发展
奠定了基础。张元素对脾胃也颇为重视,指出年版,第"脾者土也
……消磨五谷,寄在胸中,养于四旁";"胃者脾之腹也……人之根本,
胃之壮则五脏六腑皆壮也。"并用"补气"和"补血"法治疗脾土虚弱,
对后人论治有很大启发。并在临证上发展了脏腑辨证的药物归经的
理论。张元素另一成就是关于药性、药理的新见解。他对《素问·阴
阳应象大论》关于气味厚薄、寒热升降的理论作了发挥,提出"气味中
又分厚薄,阴阳中又分阴阳,气薄者未必尽升,气厚者未必尽降"的主张,对于临证用药很有指导作用。
还对《素问·脏气法时论》关于五味与五脏"苦欲"关系的理论进行了新的论述,既根据五脏的苦欲,
安排有针对性的药物;又指出同一药物因五脏苦欲不同,其补泻作用也发生变化。如同一酸味的芍
药,不但能敛肺,而且能泻肝。同是苦味药,则白术用以补脾,黄芩用以泻肺,黄柏用以补肾等等。可
见,每药的特定性味,其补泻作用有依各脏苦欲不同而不同的。这些高于前人水平的药性、药理专论,
对祖国医药学的发展起到承前启后的作用[34]。李时珍曾高度评价张元素"大扬医理,灵素之下,一人
而已"。

　　然而,在药性、药理方面的突出贡献是张元素倡导的"药物归经"说和"引经报使"说。《珍珠囊》
一书,每味药几乎都有归某经的说法。对于各种药物归十二经的论述,在张氏著作随处可见。"归经"
和"引经"既有联系,又有区别。"归经"是指某药入某以,对治疗该经之病力专而效宏;"引经"亦指某
药入某经,但主要作用则是引他药入该经,在方剂中起"向导"作用。临床上,恰当地运用"归经"和
"引经"药物,做到药性专司,制方有专主,就会提高疗效。因此,自《珍珠囊》以后,"药物归经"和"引
经报使"之说,逐渐成为临床用药的基本原则之一。

四、王好古与阴证论

　　王好古(约1200—1300年)(图4－17－6),字进之,号海藏老人,元代赵州(今石家庄市赵县)人,
进士出身。博通经史,在赵州曾以进士官本州教授,兼提举管内医学。他还曾从军出征。青年时期尤
好经方,因与李杲同学于张元素门下,后复从李杲习医,尽得其传,并在晋州得益于学者马革的教诲。
成为易水学派又一名家。平生著述甚丰,现存《阴证略例》、《医垒元戎》、《汤液本草》、《此事难知》
以及《癍论萃英》等,皆为历史上重要医学文献[35]。

　　王好古推崇仲景学说,特别注重伤寒阴证的研究。认为"伤寒古今为一大病,阴证一节害人为尤
速",故特撰《阴证略例》。对阴证的发病原因、证候、诊断和治疗,都作了详尽阐述,提出许多独特见
解。如饮食冷物,误服凉药,感受"霜露、山岚、雨湿、雾露之气",都可导致阴证。他非常重视内因的作

图4-17-6　王好古

用。认为无论内伤或外感发病,都是由于人体本虚。若人体不虚,腠理固密,就是受到六淫的侵袭,也能抵抗而不易发病。所以他说年版,第"盖因房室劳伤与辛苦之人,腠理开泄,少阴不藏,肾水涸竭而得之。"显然,他这种看法,既和《内经》中"邪之所凑,其气必虚"的理论一致,也和李东垣"饮食失节,劳倦所伤"的主张有共同点。不过,李氏是重点阐发内伤脾胃病,而王氏则兼论外感病,且重在肾又是同中之异了。

他在学术上虽然受到李杲的影响,但他认为李杲只阐发了"饮食失节,劳倦伤脾"所造成的"阴火炽盛"的热中病变,而对内伤冷物遂成"阴证"的病变,论述还不够全面。同时,他又认为"伤寒人之大疾也,其候最急,而阴毒为尤惨,阳证则易辨而易治,阴证则难辨而难治"。他认为阴证的发病机理是"有单衣而感于外者,有空腹而感于内者,有单衣空腹而内外俱感者,所禀轻重不一,在人本气虚实之所得耳"。

从他这两个论点,可以看出他所说的阴证,似指三阴伤寒而言。"本气虚"是发病的主要原因,而本气虚又多与少阴肾或太阴脾有关,所以他又引用《活人书》说"大抵阴毒本因肾气虚寒,或因冷物伤脾,外感风寒,内既伏阴,外又感寒,内外皆阴,则阳气不守"来说明这一论点。这就是说,"阴气虚寒"是形成阴证的主要根源,而"冷物伤脾"或"外感风寒"是形成阴证的条件。肾阳充盛的人,即使有冷物伤脾,或风寒外伤,也能使阴寒之邪,逐渐消失而不能发病。只有肾阳素虚的人,一感受到外寒或冷物,则内阴与外寒相合,便形成阴寒过盛的阴证。由此可知,阳气不守,是导致阴证的原因;由此可知,阳气之所以不守,主要又是缘于肾气的虚寒。

总之,王好古的《阴证略例》,运用《伤寒论》的三阴为病的基本原理,阐发治疗阴证的治则。他援引《内经》、《难经》、张仲景、王叔和等有关伤寒的论据,加以归纳,总结出了"洁古老人内伤三阴例"、"海藏老人内伤三阴例",以及"海藏老人阴证例总论",专从伤寒阴证立法,指明阴证是内伤冷物所引起。阐明内外因素的相互影响,进一步发展了李杲的"论阴证阳证"的理论。

关于阴证的治疗,王好古着重于保护肾气,增强体质,强调温养脾肾的原则。所谓"少阴得藏于内,腠理以闭拒之,虽有大风苛毒,莫之能害矣"。并特别指出了"温肾"法的重要性。他这些关于阴证的理论观点与实际经验,既补充了张仲景之学,又发挥了易水学派之说,突破了元素、李杲论治伤寒的范围。

王氏在临证实践中还扩大了六经辨证的治疗范围,打破了伤寒与杂病的界限。既把六经辨证的原则用于杂病,又把杂病方药用于六经诸证,将伤寒与杂病的治疗统一起来。因此,他在选方用药上更善于加减化裁,灵活变通。如四物汤的加减有60余种,理中汤的加减有18种,平胃散的加减有30种等等,这就扩大了很多方剂的应用范围,体现了辨证论治的灵活性。他还把六经施治的方法应用于小儿斑疹的治疗,在《癍论萃英》中提出"外者外治,内者内治,中外臂和,其斑自出"的原则。针对各种不同的证候,分别采用"发、夺、清、下、利、安、分"等具体治法。其中不乏白虎汤、犀角地黄汤、甘露饮子、泻白散等方。可见王氏并非囿于温补,而是注重辨证用药的。在《医垒元戎》中,王氏按三焦寒热、气血寒热区分病位,选用方药,对后世三焦辨证和卫气营血辨证的产生,起有一定的启蒙作用。

五、其他名医及其成就

1. 罗天益和《卫生宝鉴》

罗天益,字谦甫,元代藁城(今石家庄市正定)人,约生活于宋末元初时期,入元后,天益"赴召来幽燕",曾任太医,在元军中服务,远至六盘山区。罗氏治学,精研经典,重视实践,师事李杲,旁参诸家,博采众长,使他在易水学派诸家中成为一位既精理论,又善实践的医家。

罗天益著有《卫生宝鉴》和《内经类编》。《卫生宝鉴》是其代表著作,是一部理论与临床相结合的著作,本书以《内经》、《难经》为理论依据,师承李杲学术理论,又旁采诸家之说,结合个人经验整理而成,总结了以内可杂病为主的各科常见病症,联系临床实例,诊治思路活泼,方证契合。全书共 24 卷,理法俱备,条理井然,同时类集很多名方,对临床参考很有价值。卷 1 至卷 3 为药物永鉴,讨论临床上应注意的某些问题,如春服宣药辨、承气汤辨、下多亡阴、汗多亡阳、泻火伤胃、妄投药戒等,共 25 篇。卷 4 至卷 21 为名方类集,对重点方剂的方义论述颇详,为本书的主要部分。一为药类法象,每药说明功用主治、加减及炮制等。卷 22 至 24 为医验记述,另外卷 25 补遗 1 卷,主要收载治伤寒方剂。

罗氏在李杲的指导下,对其师平生研究《内经》之得,结合临床分类整理,使之系统易学,数易其稿历时 3 年而后成书,名曰《内经类编》,刊版时改名为《东垣试效方》,为李杲应用效方,重点为脾胃病证用方。亦经罗氏录辑而成,刊于 1357 年(元至正十七年)。书虽散佚不存,但为明、清分类编注《内经》开辟了新途径。罗对李杲交付的遗稿予以整理,《兰室秘藏》系李杲平生临证记录,内分 21 门,各门论述各有重点,在李杲逝世后 25 年刊出(即 1276 年,元至元十三年)。《医学发明》为李杲立法定方论著,其遗稿经罗氏整理成帙,并定书名,反映了李杲有关脾胃学说的用药特点,该书刊于 1315 年(元延祐二年)[36]。

在学术上罗天益直接就学于李杲,尽得其传,全面地继承并发展了李杲的脾胃学说,整理了李杲的学术著作,并发行广传于世。所著《卫生宝鉴》一书为集中反映其学术思想,论理本于《素》、《难》,制方随机应变,大抵皆采摭李杲学术精义,故淮南蒋用文称"李氏之学得罗而益明"。罗天益的主要学术思想与学术经验可以总结为:第一,宗李杲脾胃说,发挥脾胃辨治,将脾胃所伤分为食伤和饮伤。而饮伤中强调了酒伤的治疗慎用攻下之品,当上下分消即发散与利小便;劳倦所伤虚中有寒热之辨,分而治之。第二,精究三焦气机,审证处方用药。其审证用药与上、中、下三焦寒热辨治结合。为后世研究三焦病机与辨治奠定了良好的基础。第三,重视针灸疗法,善用灸与放血。在针灸方面,罗天益求教于当时的针灸学家窦汉卿、忽比太烈等,并师承"洁古、云岐针法"其特点有二:善用灸法,温补脾胃;注重放血,清泻实热。第四,因时制宜,指导施治与预后。在确立治则方面,极力强调《内经》"时不可违"的思想,并继承李杲之论;在确立治法方面,每根据季节的不同而采用不同的治法;在处方用药方面,始终把因时制宜的治则贯穿其中;在推断疾病预后方面也十分重视季节、时间的重要性,把《内经》"主胜逆,客胜丛"的运气思想运用于临床中。但是,他在临证中尽管注重因时制宜,却不拘泥于时日,而能与复杂的病情中综合分析正确处理。

2. 窦默和《标幽赋》

窦默(1196—1280 年),原名窦杰,字子声,字汉卿,广平肥乡人。官至翰林侍讲学士、昭文馆大学士、太师,追封魏国公,谥文正,擅长针灸,著《标幽赋》一书。认为人体十二经循行顺序流注关系,是从太阴肺经开始,然后按大肠、胃、脾、心、小肠、膀胱、肾、心包络、三焦、胆、肝经,然后又回归手太阴肺经,周而复始,循环不息。在取穴上十分注意时间性。根据经络系统辨证论治,常选取膝以下的井、荥、输、经、合穴及有特殊疗效的腧穴。倡 66 穴的子午流注取穴法,在补泻手法上有独到经验,对各科疾患的主穴选取有诸多治验心得。并以《素问·至真要大论》病机 19 条为依据,分类阐述,指出疾病关键所在,以为临证施治之法则。《标幽赋》以歌赋体裁,阐述针灸与经络、脏腑、气血等的关系取穴宜忌,补泻手法等等,通俗易懂,便于习诵,成为针灸学的纲领。《针经指南》内容有标幽赋、通玄指要赋,以及有关经络循行解说,气血流注八穴,补泻手法及针灸禁忌等诸方面论述。另附《针灸杂说》一卷。前五册言针法,将《针灸大成》进行批驳,独辟新说,后一册言砭法,按穴以小石擦磨,左旋若干遍嘘气几口为泄,右旋若干遍吸气几口为补,用之均有奇效。

窦默著作可考者有《针经指南》1 卷、《标幽赋》2 卷、《窦太师流注指要赋》1 卷、《子午流注》1 卷、《窦太师针法》、《铜人针经密语》1 卷、《窦文正公六十六穴流注秘诀》1 卷、《疮疡经验全书》12 卷。

注　释：

[1][2][3]　　河北省地方志编纂委员会:《河北省志·卫生志》,中华书局 1995 年版,第 320,321,321 页。

[4][5][29]　李聪甫、刘炳凡:《金元四大医家学术思想之研究》,人民卫生出版社 1983 年版,第 19—20,2,1 页。

[6][7][10]　李大均、吴以岭:《易水学派研究》,河北科学技术出版社 1993 年版,第 31,70,178 页。

[8][9]　　河北省地方志编纂委员会:《河北省志·卫生志》,中华书局 1995 年版,第 321,321 页。

[11][12][13][14][15]　郭霭春、李紫溪:《河北医籍考》,河北人民出版社 1979 年版,第 21,25,25,26,28 页。

[16][17][18][19][20]　郭霭春、李紫溪:《河北医籍考》,河北人民出版社 1979 年版,第 28,32,35,38,6 页。

[21][22][23]　徐延香、张学勤:《河北医学两千年》,山西科学技术出版社 1992 年版,第 26,53,54 页。

[24][25][30]　郭霭春、李紫溪:《河北医籍考》,河北人民出版社 1979 年版,第 35,61—62,2 页。

[26][27][28]　徐延香、张学勤:《河北医学两千年》,山西科学技术出版社 1992 年版,第 57,65,44 页。

[31][32][33]　李聪甫、刘炳凡:《金元四大医家学术思想之研究》,人民卫生出版社 1983 年版,第 12,12,158 页。

[34][35][36]　李大均、吴以岭:《易水学派研究》,河北科学技术出版社 1993 年版,第 33,116,177 页。

第十八章　传统生物科技

　　隋唐宋元时期,河北生物学与其他学科一样,在发展过程中出现了一些新的特点。李衎《竹谱》形成了具有特色的古代竹子认识理论;赵州茶与饮茶风气逐渐形成;引进了许多植物新品种,栽培技术进一步向规模化方向发展;葡萄和谷物酿酒技术有了新的发展;对生物灾害和生物变异现象有了新的发现,为日后生物灾害的防治提供了依据。

第一节　植物新品种的引进

一、宣化白牛奶葡萄的引种与栽培

　　一般认为,欧洲葡萄原产于亚洲、非洲、欧洲三大陆接壤地区,即里海、黑海、北地中海及南高加索一带。其中在里海、北海及北地中海周围的埃及、伊朗和土耳其等国家,葡萄栽培历史最为悠久。中国栽培葡萄直到西汉时期从西方传入后,民间才开始有种植。据《史记·大宛列传·六十三》载:"宛左右以蒲陶为酒,富人藏酒至万馀石,久者数十岁不败。俗嗜酒,马嗜苜蓿。汉使取其实来,於是天子始种苜蓿、蒲陶肥饶地。及天马多,外国使来众,则离宫别观旁,尽种蒲萄、苜蓿极望。"《汉书·西域传》也有记载:"武帝发使十余辈,抵宛西诸国,求奇物。汉使采蒲桃、苜蓿种归。"

　　宣化在唐代僖宗年间(874—890 年)开始引种葡萄。据《新唐书·藩镇卢龙》记载:"刘怦,幽州昌平人……,朱滔时,积功至雄武军使,广垦田,节用度,以办治称。"即刘怦在唐朝藩镇割据时期任涿州刺史,统辖区域包括宣化地区,其雄武军有五千余人,由于军中无战事,刘则在武州(今宣化)附近,组织军队垦荒造田、种植粟果。当时军中很多官兵是从长安、洛阳一带招募而来,因而他们从家乡引进葡萄、瓜果等进行试种。宣化白牛奶葡萄最早种植在弥陀寺中,《宣化府志·典祀志》记载"弥陀寺为镇城第一古刹,重建在元代,始建年代应为唐朝晚期"。成吉思汗十八年(1223 年),邱处机从西域带回欧洲品种的葡萄即白牛奶葡萄,栽种在宣化朝元观(今寺观尚在宣化城内北街)。至今,著名的宣化白牛奶葡萄产地仍位于这一区域。

元代宣化葡萄种植业已相当普遍,种植葡萄的农户逐步增多,葡萄品种和产量也有了新的提高。特别是柳川河水引进城内农户和寺庙田园以后,加快了宣化葡萄的发展。据《元史·耶律楚材传》载元太宗时中贵可思不花奏:"采金限役夫及种田西域与栽葡萄户,帝令于西京宣德(即今宣化),徙万余户充之。"[1]表明当时宣化葡萄的重要性已被充分认识,并具有了向外推广的意图。

二、水稻在河北平原洼淀区的推广种植

河北地域属于旱作农业区,本来不种水稻。据考,河北地域种植水稻,始于后汉建武年间(25—56年),时张堪任渔阳(北京市密云县)太守,在潮白河畔的狐奴山下开稻田8000余顷,民因植稻而富。三国时,魏国名将刘靖于齐平二年(250年)驻守蓟城(北京市),屯田植稻2000余顷。北齐乾明元年(250年),平州刺史稽晔于长城左右营屯,岁收稻谷数十万石。

随着河北平原洼淀区域的形成,北宋开始在这一带地区推广种植水稻,取得了成功。端拱元年(988年),知雄州何承矩上疏,建议在宋辽边界筑堤贮水,播为稻田。当时沧州临津令福建人黄懋也认为在河北洼淀区屯田种稻,既利于保边同时又利于民生。于是,宋太祖采纳了他们的建议,决定以何承矩为制置沿边屯田使,在冀中平原水地实施种植水稻工程。淳化四年(993年)三月,何承矩调拨各州镇兵18 000人,在雄(今保定市雄县)、莫(今任丘市)、霸(今廊坊市霸县)等地大规模兴修堤堰,并设置斗门进行调节,引淀水灌溉种稻。可惜,第一年因错用了南方的晚熟品种,恰值河北气候比较寒冷,"值霜不成",不能抽穗,种稻失败。第二年何承矩吸取上一年的失败教训,改用南方较为耐旱的早稻品种,"是岁八月,稻熟"。从此,"自顺安以东瀕海,广袤数百里悉为稻田"。这一成功极大地促进了冀中平原淀泊工程的进一步开发,到熙宁年间(1068—1085年),界河南岸洼地接纳了滹沱、漳、淇、易、白(沟)和黄河诸水系,形成了30处由大小淀泊组成的淀泊带,西起保州(今保定市)东至沧州泥沽海口,约800余里。

第二节 《竹谱详录》

一、《竹谱详录》的基本内容

李衎(1245—1320年)字仲宾,号息斋道人,大都路(包括今河北的涿州、霸州等)蓟丘(今属北京市)人,元代画家和生物学家,他曾深入东南地区观察和辨识各种竹的形态及生长特征,并于元仁宗皇庆元年(1312年),撰有《竹谱详录》(以下简称《竹谱》)一书。《竹谱》全书由四部分内容组成:"画竹谱",主要介绍画竹子的一些技法;"墨竹谱",主要介绍画墨竹的原理和方法;"竹态谱",主要介绍竹子的形态及特点;"竹品谱",主要介绍竹子的品种,具体分为全德品75种、异形品158种、异色品63种、神异品38种、似是而非者23种与有竹名而非竹者22种,总计379种,其中专门记述竹子334条,附图63幅。

对于《竹谱》的撰写过程和特点,李衎在序言中说:"盖少壮以表王事驱驰,登会稽、涉云梦、泛三湘、观观九疑,南腧交广,北经渭淇。彼竹之族属支庶不一而足,咸得遍窥。于是益欲成太史之志而不敢以臆说私则为,上稽六籍,旁订子史,下暨山经、地志、百家、众技、稗官小说、竺乾龙汉之文,以至耳目所及,是诹是咨,序事绘画条析类推。"又说:"役行万余里,登会稽,历吴楚,逾闽峤,东南山川林薮游涉殆尽。所至非此君(指竹)者,无与寓目。凡其族属、支庶、形色、情状、生聚荣枯,老稚优劣。又远使交趾(今越南北部),深入竹乡,究观诡异之产。"

正是由于李衍的执著和用心,他才会对竹子的观察颇有独到之处,如现代《中国植物志》第9卷所统计国产竹子的有450种以上,而李衍已经记述到400多种,可谓穷竭心志,已尽其极。

二、《竹谱详录》的生物学成就

1. 提出许多有关竹子形态的术语

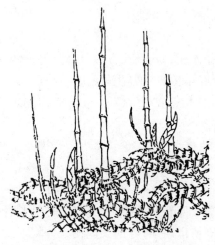

图4-18-1 竹子的钻地根

在《竹谱》卷2《竹态谱》中说:"散生之竹竿下,谓之蚕头;蚕头下正根谓之菊(此字的上部应为竹字头)……旁引者谓之边,或谓之鞭。节间乳赘而生者谓之须,傍根生时谓之行边,边根出笋谓之伪笋,又名二笋。丛生之竹,根外出者谓之蝉肚根,竹下插土者谓之钻地根(图4-18-1)。凡竹从根倒数上,单节生枝者谓之雄竹,双节生枝者谓之雌竹。或云从下第一节生单枝者,谓之雄竹,生双枝者谓之雌竹。生长挺挺然者曰笋,笋初出上者谓之萌……又名竹胎。稍长谓之芽,渐长名苗。"[2]

据统计,李衍述散生竹有二十多种名字,而丛生竹有二十余种,可谓竹子的"博物志"。像竹鞭不仅沿用至今,而且记述准确,因为竹鞭分布在土壤上层,呈横向起伏生长。丛生竹的"竹鞭"先是在土壤中或紧贴地面作不同距离的横向生长,然后梢端弯曲向上,膨胀肥大形成"蝉肚根"。而钻地根一类的竹子,地下茎形成多节的假鞭,节上无芽无根,由顶芽出土成秆[3]。可见,李衍对竹子的认识已经形成了一定的理论体系。

2. 对竹子的分类

在《竹谱》卷3《竹品谱》说:"竹品虽多,今以南北俱有宜入国画者为全德品,以形状诡怪者为异形品,以颜色不同者为异色品,以神异非常者为神异品,又有似是而非竹者,有竹名而非竹者通为六品。"又说:"竹之为物,非草非木。不乱不杂,不乱不杂,虽出处不同,盖皆一致。散生者有长幼之序,丛生者有父子之亲,密而不繁,疏而不陋。冲虚简静,妙粹灵通,其可比于全德君子矣。"

李衍已将竹分为散生的与丛生的两大类,在此前提下,他还根据国画的实际需要与竹子的自然形态的特点进一步分竹种为全德品,异形品、异色品和神异品。具体地讲,全德品包括筀竹6种、淡竹3种、清宴竹、董(此字的上部应为竹字头)竹、硬壳竹、苦竹等,共计75种;异形品包括方竹、六棱竹、石竹、菩萨竹、龙鳞竹、合欢竹、净瓶竹、狸头竹、龙孙竹、茅竹、沈竹、凤尾竹、球竹、吊根竹、雪竹等,共计158种;异色品包括紫竹、穿竹、角竹、斑竹、黄竹、绿竹、青竹、白竹、红竹、乌竹、烟竹、金竹等,共计63种;神异品包括化龙竹、莱公竹、冬生竹、瑞竹、神翁竹、墨竹等,共计38种。

另外,在《竹谱》卷4《竹品谱二》中,李衍对竹子的材质与环境的关系提出了自己的独到见解,像竹子"生于石则体坚而瘦硬","生于水者则性柔而婉顺","惟生于水石之间,则不燥不润,根干茎圆,枝叶畅茂"。从国画的角度看,全德品宜入画,而异形品和异色品具有非同寻常的观赏价值。例如,净瓶竹"江、浙、闽、广俱有之,枝叶与淡竹不异,但去地一二节便擁肿。有项有腹宛如一瓶,以上干节仍如当竹,其质极坚,人取为挂杖"[4],见图4-18-2所示[5]。

李衍从绘画的视角对竹子的形态作了如此细致的观察和生动描述,确实令人惊奇。

图4-18-2 李衍绘净瓶竹

第三节　赵州茶与河北饮茶风习

一、赵　州　茶

在河北地域,晋代僧徒单道开即有"饮茶苏"的习惯,但影响不大。据《晋书·艺术传》记载,敦煌人单道开在后赵的都城邺城(今河北临漳县西南)昭德寺内坐禅修行,他不畏寒暑,昼夜不卧,"日服镇守药数丸,大如梧子,药有松蜜姜桂茯苓之气,时复饮茶苏一、二升而已"[6]。中国古代有将茶叶掺和果料香料一同饮用的习惯。"茶苏"是一种将茶和姜、桂、橘、枣等香料一同煮成的饮料。虽然,这时茶叶尚未单独饮用,但它表明佛教徒饮茶的最初目的是为了坐禅修行。由于饮茶能醒神,确实是僧徒修禅的最好辅助手段。

唐代赵州从谂禅师(778—897年),俗姓郝,曹州(今山东菏泽)郝乡人。唐大中十一年(857年),行脚至赵州古城,受信众之敦请驻锡观音院(今河北赵县柏林禅寺),弘法传禅达40年,形成风靡唐宋、独步一时的"赵州门风",人称"赵州古佛",谥真际大师。从谂禅师教人在日常生活中悟道,有其入处、出处、用处、了处,还其各自有禅各自有道之平常心,其悟道的机锋语"吃茶去"成了禅茶文化的源头活水,而"吃茶去"公案诞生的地方河北赵县也被尊为"禅茶一味"的故乡。

唐朝的文远在《赵州录》中载有禅宗史上一著名公案:"师(指从谂禅师)问二新到:'上座曾到此间否?'云:'不曾到。'师云:'吃茶去!'又问那一人:'曾到此间否?'云:'曾到。'师云:'吃茶去。'院主问:'和尚! 不曾到,教伊吃茶去,即且置;曾到,为什么教伊吃茶去?'师云:'院主。'院主应诺。师曰:'吃茶去!'"[7]

此处的"吃茶去"实则是通过"吃茶"的方式参悟佛性,亲证究竟。然而,这一"吃茶去"寓高深的禅道于茶几之间,在醇郁芳馨、清雅妙逸中感悟人生,禅茶合一,倾心品悟,心注一境,悟人生了。自从谂禅师"吃茶去"禅林法语一出,禅僧饮茶之风迅速流转南北。

在唐代,河北文士喜好饮茶者,不乏其人。例如,李德裕(787—850年),字文饶,赵郡(今河北赵县)人,唐宰相李吉甫之子,爱好饮茶,且讲究饮茶水质,尤喜惠泉水(今无锡惠山泉),专门由驿道传送到京城,不饮京城之水。卢仝(约795—835年),自号玉川子,范阳(今涿州市)人,爱茶,写有《卢仝茶歌》,影响甚大。《真定县志》载:宋元时期,这里"优肆媚门,酒炉茶灶,豪商大贾,并集于此,极为繁丽"。封演在《封氏闻见记》中亦说:"自邹、齐、沧、棣,渐至京邑城市,多开店铺,煮茶卖之,不问道俗,投钱取饮。其茶自江淮而来,舟车相继,所在山积,色额甚多。"文中所说的"沧"即沧州,表明当时沧州市面上已经出现了"煮茶卖之"的气象。

二、张又新及《煎茶水记》

张又新,字孔昭,唐工部侍郎张荐之子,生卒不详,深州陆泽(今河北深州)人,元和九年(814年)进士第一名,官左右补阙等职,先后党附李逢吉、李训,终于左司郎中。长于文辞,善烹茶,对茶与水的关系有研究。约于公元825年撰《煎茶水记》,是茶史上最早论述茶汤品质与宜茶用水之著作。在张又新看来,茶汤品质高低与泡水有关系,山水、江水、河水、井水的性质不同,对茶汤都有影响。所以晁公武在《郡斋读书志》中说:"其所尝水凡二十种,因第其味之优劣。"

其具体次第顺序为:"庐山康王谷水帘水第一;无锡县惠山寺石泉水第二;蕲州兰溪石下水第三;峡州扇子山下有石突然,泄水独清泠,状如龟形,俗云虾蟆口水,第四;苏州虎丘寺石泉水第五;庐山招贤寺下方桥潭水第六;扬子江南零水第七;洪州西山西东瀑布水第八;唐州柏岩县淮水源第九;庐州龙池山顾水第十;丹阳县观音寺水第十一;扬州大明寺水第十二,汉江金州上游中零水第十三(水苦);归州玉虚洞下香溪水第十四;商州武关西洛水第十五;吴淞江水第十六;天台山西南峰千丈瀑布水第十七;柳州圆泉水第十八,桐庐严陵滩水第十九,雪水第二十。"

在《煎茶水记》里,张又新按照烹茶用水的选择标准,将"庐山康王谷水帘水"列为"天下第一泉",而同篇文记中,还有唐代刘伯刍"亲挹而比之"的结果,是"扬子江南零水"为"天下第一泉"。遂掀起中国茶学史上有关鉴别烹茶水质的一场学术争论,对后代影响颇深,如徐霞客认为,云南安宁碧玉泉为"天下第一泉",康熙又说北京玉泉山的玉泉为"天下第一泉"。

三、宣化辽墓茶道图及茶风

宋辽时期,河北境内饮茶风气非常兴盛,"世俗客至则啜茶,去则啜汤"(宋朱彧《萍州可谈》卷1)。上自官府,下至闾里,"莫之或废"(《南窗纪谈》)。尤其是契丹人好食肉,必饮茶,因茶可清肉之浓味,所以辽国辖境的冀北地区最流行点茶法,无论是在煮茶方法还是品饮形式上,开始出现煎茶不煎水的点茶,而"行茶"则成为辽国朝仪的重要仪式。

辽国在五代时期即与中原地区进行茶马交易,如会同元年(938年),辽以马200匹、羊3万只卖给南唐,以易其罗纨茶药等品。宋辽时期,辽对茶的需求量很大,茶马交易非常普遍。如马端临的《文献通考·市籴考一》载有:宋太宗"辇香药、犀象及茶,与互市"。宋人张舜民在《画漫录》中载:"熙宁中苏子容使辽姚麟为副,曰:'盖载些小团茶乎。'子容曰:'此乃上供之物。'俦敢与北人,未几有贵公子使辽,广贮团茶,自尔北人非团茶不纳也,非小团不贵也,彼以二团易蕃罗一匹。"

《宋史·食货志》云:"茶有两类,曰片茶,曰散茶。"其"片茶"即团茶,制备工艺比较复杂,价格昂贵,所以宋代士人有"黄金易得,龙团难求"之说,上面所说的"小团茶"便是指蔡襄创制的"小龙团茶"。

1. 团茶的制备与点茶法

团茶的制备工艺是:茶芽采摘之后,首先浸入水中清洗,然后蒸,待蒸好后再用冷水冲洗,使其迅速冷却,目的是保持茶叶的新绿,之后先用小榨脱水,接着再用大榨脱去茶汁,以除去茶味中的苦涩,当上述两道程序完成后,还须把茶叶置于瓦盆内对水研细,最后才用模造饼烘干。

点茶法是:先把团茶碾碎为末,待过箩筛选细末后,再将茶盏预先用热水爝热,接着在盏中下茶末,用汤瓶煮水,水煮沸后,先持汤瓶往盏中注入少许温水,将茶末调匀,然后才能顺畅匀速地点注沸水,这一步是点茶成败的关键,当注沸水到一定程度时,则需"以筅击拂",即用筅在盏中不断回环击拂,使之变成茶汤,视其面色鲜白,乳雾汹涌,周回旋而不动,住盏无水痕为佳,此时即可啜饮。

2. 宣化辽墓中的茶道图

在目前已发现的宣化9座辽墓中,其中8座都有与饮茶相关的茶道图,生动展现了一系列备茶的操作程序,如选茶、碾茶、烹水、点茶等,艺术地反映了当时冀北辽国贵族生前饮茶的空前盛况。从茶道图的场面看,点茶法主要器具都一齐备,主要有茶炉、汤瓶、茶匙、茶筅、碾、磨、罗、盏等。

(1)文藻墓《童嬉图》与选茶。

张文藻墓中的《童嬉图》,主要反映四名儿童在煮茶之余戏耍游乐的情景。画面上绘有选茶过程所需要的器具,如两男童之间,放着一只铸铁茶碾,船形碾槽中有一砣轴。茶碾旁边有一黑皮朱里圆形漆盘,盘里放着茶饼和曲柄锯子、毛刷,分明是茶饼先要用锯子分割成小块,再上茶碾粉碎碾末。莲花座的茶炉上则坐着一执壶,炉前一曲柄团扇,朱色方桌上摆放茶盏、盏托、茶罐、茶食盒等。

(2)张匡正墓《茶道图》与碾罗末茶和选水煮汤。

张匡正墓《茶道图》再现了在碾罗末茶和选水煮汤之间的备茶场面[8]。在图中所绘的五个人,各有分工:正前一双髻男童,半侧而坐,身前放一茶碾,双手推着碾轮,茶碾一边是茶罗和茶盘。茶碾前面有一茶炉,茶炉似风炉,形如古鼎,上坐执壶,炉前一髡发童子双膝跪地,口中含管用力向炉口吹气。

两名女子手端茶盏,等待在盏中注沸水点茶。

(3)张世卿墓《茶道图》与注水点茶。

张世卿墓中的《茶道图》,描绘的是点茶程序中的汤熟冲点工艺。画面方桌上放着白瓷碗、勺、食盒、漆盏托、白瓷盏。方桌右侧一人头戴绿色软巾,身穿褐色团领窄袖长衫,腰系革带,脚穿尖头靴,左手扶桌面,右手持执壶,像是刚刚注汤完毕。左侧之人则头戴黑色软巾,身穿黄色窄袖长衫,褐色内衬,腰系红色革带,脚穿黑靴,左手持带漆托的白瓷盏,右手持茶筅,像是还在击拂茶汤。

此段时期,河北饮食文化在前期形成的基础上经历了一个发展壮大的重要时期。这一时期,河北饮食文化承上启下,创造了一系列重要的文化财富,为后来河北饮食文化迈向成熟开辟了道路。另外,河北通过与少数民族的交往,许多西域的烹饪原料传入了中原地区,如苜蓿、胡瓜、胡豆、胡椒、胡麻、胡桃、胡萝卜等。一些具有养生功效的中草药也被用于冀菜膳食之中,如枸杞、银耳、百合、良姜、白芷、豆蔻等,从而起到了医食相彰之妙用。据传,著名的"枸杞扒鸡"一菜即源于宋代。

第四节　生物灾害与生物变异现象

一、生物灾害

所谓生物灾害就是指由于人类的生产生活不当、破坏生物链或在自然条件下的某种生物的过多过快繁殖(生长)而引起的对人类生命财产造成危害的自然事件。在此,我们主要介绍当时对农作物危害较严重的几种虫害,如蝗灾、春尺蛾等。

1. 蝗灾

从唐至元,河北蝗灾的发生以及所造成的危害非常严重,尤以宋代为甚。与全国其他地区的蝗灾形势相比较,唐代河北是遭受蝗灾的主要地区之一,宋代以河北蝗灾最为严重,元代则蝗灾发生次数明显减少。

此期在河北地域内发生的蝗灾,见于史料记载的主要有:《旧唐书·玄宗本纪》:唐开元四年(716年)夏,"山东、河南、河北蝗虫大起";《旧唐书·五行志》:唐开成二年(837年),"河南、河北旱,蝗害稼";唐开成四年(839年)六月,"天下旱,河南、河北蝗害稼";《旧五代史·五行志》:后唐同光三年(925年)"镇州(因避穆宗李恒讳改恒州置,治所在今河北正定),飞蝗害稼";《宋史·五行志》:宋乾德二年(964年),"河北、河南、陕西诸州有蝗";宋开宝二年(969年)八月,"冀、磁二州蝗";宋太平兴国七年(982年)四月,"大名府、陕州、陈州蝗";宋淳化三年(992年)七月,沧州"蝗、蛾抱草自死";宋大中祥符九年(1016年)六月,河北诸路"蝗蝻继生,弥覆郊野,食民田殆尽,入公私庐舍";宋天禧元年(1017年)二月,河北"蝗蝻复生,多去岁蜇者";宋崇宁元年(1102年)夏,河北蝗;宋崇宁二(1103年)至四年(1105年),"连岁大蝗,其飞蔽日,来自山东及府界,河北尤甚";光绪《宁津县志》卷十一:宋熙宁七年(1074年),"自春至夏无雨,河北路皆蝗。民多饿殍";《金史·五行志》:金大定十六年(1176年),河北蝗;《元史·五行志》:元天历二年(1330年),大名府蝗;元至正十八年(1358年)夏,蓟州(天津市蓟县)蝗;元至正十九年(1359年),河北真定、霸州、河间等地蝗。

如众所知,蝗灾是古代为害农作物的大害虫。从生物习性看,蝗虫是一种喜欢温暖干燥的杂食性昆虫,主要危害粮食作物,同时也危害草木。干旱使蝗虫大量繁殖,迅速生长。在干旱条件下,裸露的地表面积不断扩大,土壤变得较为坚实,这就为蝗虫的存活和大量繁衍提供了适宜环境。宋代的河北地域战乱不断,林木资源破坏十分严重,这是造成宋代河北蝗灾较唐代和金元严重的主要原因之一。另外,蝗虫的天敌大量减少,也是造成宋代(包括辽金)蝗灾多发的一个重要因素。仅就河北地域内蝗灾发生而言,唐代远少于宋代,即与蝗虫天敌的大量存在关系密切。据《新唐书·五行志》记载,唐开元二十二年(734 年)八月,"榆关好蚄害稼,入平州界,有群雀来食之,一日而尽"。唐开元二十五年(737 年),"贝州蝗,有白鸟数千万,群飞食之,一夕而尽"。

2. 其他虫害

(1)春尺蛾。

《宋史·五行志》记载:宋太平兴国二年(977 年)七月,邢州巨鹿和沙河二县"步屈蟲食桑麦殆尽"。步屈虫是指尺蛾的幼虫尺蠖,今称尺蛾,俗名弯腰虫。根据杂食桑、麦的生物特性,此处的"步屈"为春尺蛾,具有暴发成灾特性。春尺蛾成虫雄雌差异明显,雄蛾翅展 28～37 毫米,体长 10～15 毫米;雌蛾无翅,体长 7～19 毫米。卵为长椭圆形,长 0.8～1 毫米,宽 0.6 毫米。老熟幼虫体长 22～40 毫米,体背有 5 条纵的黑色条纹,蛹呈纺锤型,体长 12～20 毫米[9]。发生规律是 1 年发生 1 代,以蛹在树冠下的土壤中越夏越冬,等到来年 2～3 月,当地表 5～10 厘米深处温度在 0 度左右时,成虫始羽化出土。3 月上中旬见卵,4～5 月初孵化,为食也盛期,5 月上旬至 6 月上旬幼虫老熟,入土 1～60 厘米化蛹。

(2)黑虫。

《宋史·五行志》载有:宋太平兴国二年(977 年)六月,"磁州有黑虫群飞食桑,夜出昼隐,食叶殆尽"。《元史·五行志》亦记载:元至顺二年(1331 年)三月,"晋、冀、深、等州及郓城、延津二县虫夜食桑,昼匿土中,人莫捕之。"根据上述史料所载其生物特性,此"黑虫"即今天的暗黑鳃金龟,亦称桑黑金花虫。成虫有群集、假死、趋光等生物习性,白天隐伏土中,傍晚飞出活动,为害桑叶。成虫体长 17～22 毫米,呈狭长卵形,体被黑色或黑褐色绒毛,无光泽。卵初产呈椭圆形,至孵化前三四天则变为球形。幼虫体长约 22 毫米,呈"C"形。蛹略呈"八"字形,长约 220 毫米[10]。发生规律为 1 年 1 代,以老熟幼虫或成虫在土中越冬,来年 4 月上旬开始活动,4 月中下旬化蛹,5 月上中旬羽化成虫,7 月产卵并孵化,11 月幼虫逐渐深入土中 10～15 厘米处作室越冬。

(3)蝝及杂虫。

蝝即还没有生翅膀的小蝗虫。《宋史·太祖本纪一》记载:建隆三年(962 年)秋七月癸未,兖、济、德、磁、洺五州发生蝝灾。光绪《顺天府志·祥异》载有:辽太康三年(1077 年)五月,安次(今廊坊市安次区)蝝伤稼。

此外,各种杂虫危害也很严重。如《元史·五行志》载有:元至元十七年(1280 年)二月,"真定七郡桑,有虫食之"。二月危害桑叶的杂虫是桑尺蠖,又名造桥虫、条虫,是早春桑树的大害虫。成虫体长约 20 毫米,发生规律是 1 年发生 4 代,11 月间陆续以 3～4 龄幼虫隐藏在桑树的枝干或缝隙中越冬,来年早春冬芽转青前后开始活动,食害桑芽,发叶后接着为害桑叶。《元史·五行志》记载:元至顺二年(1331 年)三月,"晋、冀、深、蠡等州及郓城、延津二县虫夜食桑,昼匿土中,人莫捕之"。仅据"昼伏夜出"的活动规律来看,危害桑叶的害虫主要有褐金龟子、铜绿金龟子、黑绒金龟子等。据《元史·五行志》记载,元大德五年(1301 年)四月,广平、真定、大名等郡虫食桑。元至元二十九年(1292 年)五月,"沧州、潍州、中山、元氏、无棣等县桑,虫食叶,蚕不成"。元至顺二年(1331 年)五月,保定博野等县"虫食桑,皆既"。

综合上述史料,再结合杂虫危害桑叶的生物特性,这些四五月危害桑叶的害虫主要有夏叶虫、桑叶虫、蓝叶虫、黄叶虫等。

二、生物变异现象

1. 植物变异现象

(1)柳树的重叶现象。

观察植物的变异与中国古代的占卜密切相关。比如,古人常以柳占测人事,枯柳复苏通常被看作是吉祥的预兆,但是柳树的无故枯落而复生却被看作是不祥之预兆。据《隋书·五行志上》载,隋仁寿四年(604 年)八月,"河间柳树无故枯落,既而花叶复生。京房《易飞候》曰:'木再荣,国丧。'是岁,宫车晏驾。"其实,"宫车晏驾"与"柳树无故枯落,既而花叶复生"之间并没有必然的因果关系。类似的现象,《魏书·灵征志上》亦曾有载:"承明元年(476 年)九月,幽州民齐渊家杜树结实既成,一朝尽落,花叶复生,七日之中,蔚如春状。"前者为重叶,后者为重华,都是由于气候反常或地壳溢出气热,生物自身所作出的一种应激反应。

(2)异亩同颖现象。

在古代,"异亩同颖(谷物)"被看作是瑞应,故"异根同体,谓之连理;异亩同颖,谓之嘉禾草木之属,犹以为瑞[11]",从育种的角度看,就是"嘉禾"。此期,河北地域内出现了大量异亩同颖现象。其要者有:

《宋史·五行志》:宋咸平六年(1003 年)七月,"涉县民连罕田隔四垅同颖(谷穗)"。宋天禧三年(1019 年)七月,"饶阳县民杨宣田禾二垅,相去二尺许,合为一穗"。宋景祐四年(1037 年)七月己巳,"临漳县谷异亩同颖者六十本";《金史·五行志》:金大定二十四年(1184 年),"真定进嘉禾二本,异亩同颖";《元史·五行志》:元至正元年(1341 年),"延平顺昌县嘉禾生,一茎五穗。冀宁太原县有嘉禾,异亩同颖"。

在没有成熟的育种理论的前提下,只有选择自然变异的"嘉禾"作为优良品种进行播种,这是中国古代提高农作物品种质量和产量的积极手段之一。

2. 动物变异与反常现象

(1)动物的变异现象。

遗传和变异是生物体在新陈代谢的基础上所产生的一种进化现象。所谓遗传就是指同种生物世代之间性状上的相对稳定,而变异则是指同种生物世代之间或同代不同个体之间的性状不会完全相同。变异可分为两大类:遗传的变异和不遗传的变异。一方面,没有遗传,就没有相对稳定的生物界;另一方面,没有变异,生物界就不可能进化和发展,就不可能有新的物种的形成,因而也就不能形成一个丰富多彩、形形色色的生物界。当然,历史时期的变异动物品种大多早已灭绝,比如曾经记载的龙、麒麟等。

《旧五代史·五行志》载有:后唐天祐十九年(922 年),定州"言有龙见,或者见之,其状乃黄么蜥蜴也"。此"黄么蜥蜴"当为体型较小的石龙子科。《金史·五行志》曾记载:金皇统五年(1145 年),"大名府进牛生麟"。然"牛生麟"之"麟"究竟是个什么样子,史书阙载,不得而知。据《新唐书·五行志》记载,唐垂拱三年(687 年)七月,"冀州雌鸡化为雄"。鸡的性变在古代经常发生,如有史可证的就有 24 例,河北仅见此一例。至于鸡为何会发生性变,目前生物学界的解释是由于母鸡的内分泌系统机能紊乱所致其雌性生殖器官退化,代之而出的却是逐渐长出的雄性生殖器官。在生物学里,因环境因素,动物机体由一种性别变为另一种性别的生理现象,称之为"性反转"。不过,这种性反转只是改变了表现型,其遗传基础并没有发生变化。

《新唐书·五行志》记载:唐会昌三年(843 年),"定州深泽令家狗生角"。过去人们把"狗生角"看作是妖妄,显示人间某一事物发展的凶兆。用今天的眼光看,狗发生变异就有可能发生"生角"现象,只不过这种变异狗没有被保种繁殖下来,所以其变异是不是遗传的基因突变,就无从考知了。

(2)动物的反常现象。

由于某种环境因素的影响,个别动物在特定时期会出现与一种非常态的行为。如《新唐书·五行志》载有:唐贞元七年(791 年),"赵州柏乡民李崇贞家黄犬乳犊"。黄犬与牛犊是两种不同种类的动物,成年犬哺育牛犊,需要激素过量分泌乳汁,这在正常情况下是不易发生的事情。《新唐书·五行志》还载有:唐大和三年(829 年),"魏博管内有虫,状如龟,其鸣昼夜不绝"。《旧五代史·五行志》载有:后唐天祐十九年(922 年),定州"城东麦田中有群鹊数百,平地为巢"。一般地讲,动物行为异常与特定的气候反常或某种地质活动存在着一定关系。

注　释：

[1]　宋濂等:《元史·耶律楚材传》,中华书局 1976 年版,第 3458 页。

[2][4]　卢辅圣:《中国书画全书·竹谱详录》,上海书画出版社 1993 年版,第 733 页。

[3][5]　罗桂环、汪子春:《中国科学技术史·生物学卷》,科学出版社 2004 年版,第 246,247 页。

[6]　房玄龄等:《晋书·单道开传》,中华书局 1987 年版,第 2492 页。

[7]　文远:《赵州录(张子开点校)》,中州古籍出版社 2001 年版,第 109 页。

[8]　刘钢:《古地图密码》,广西师范大学出版社 2009 年版,第 99 页。

[9]　李长森:《林木果树有害生物防治实用技术》,内蒙古科学技术出版社 2007 年版,第 22 页。

[10]　浙江嘉兴农业学校:《桑树病虫害防治学》,农业出版社 1988 年版,第 196 页。

[11]　干宝:《搜神记·唐宋传奇集》,上海古籍出版社 1998 年版,第 86 页。

第十九章　传统人文科技

　　河北地域是一个多民族的聚居地,在长期的历史发展过程中,各民族之间既有相互融合的一面,又有相互摩擦与相互冲突的一面,因而它便成为产生边塞诗的一个重要土壤,产生了许多边塞诗的不朽名作,它们集中体现了燕赵文化的独特人格魅力与精神内质。《五经正义》成为唐代科举考试的钦定教本;唐朝义玄在真定临济院创立的"临济宗",积极倡启禅宗新法,主张"以心印心,心心不异";北宋时"临济宗"又分出黄龙、杨岐两派,后日本僧人荣西将黄龙宗派引入日本,使临济宗在日本得到极大发展;元代以燕京和冀州地区为基础所形成的"北方派杂剧",刘因提出"治生论",对理学学风由空谈到务实的转变,产生了积极影响。

第一节　河北文学艺术成就

一、边 塞 诗

　　河北地域由于独特的地理位置,从来就是多民族的杂居区域,同时亦是各种社会矛盾最为激烈和军事战争最易爆发的地区之一。韩愈在《送董邵南序》中称:"燕赵古称多感慨悲歌之士",这句话集中概括了河北边塞诗的地方特征。从历史上看,唐宋时期的河北北部、东北部广大地区皆为边塞之地,而以反映边塞地区社会生活各个方面的诗歌,是谓边塞诗。如范阳郡(今涿州市)人卢思道的《从军行》,渤海蓨(今景县)人高适的《燕歌行》等都是唐代边塞诗的名篇。尤其是高适曾先后三次到边塞共六七年,非常了解和同情人民的疾苦,其诗多现实主义、"多胸臆语,兼有气骨",风格雄浑悲壮。

二、《切韵》

　　陆法言,生卒年月不详,隋朝音韵学家,魏郡临漳(今临漳县)人。隋开皇初,鉴于各地方言中四声分歧较大,"吴楚则时伤轻浅,燕赵则多伤重浊,秦陇则去声为入,梁益则平声似去",而以前的韵书缺乏定韵标准，各有错误，于是陆法言、刘臻等人根据往昔议定的提要，以当时的口读音为标准，并参照前人不同种类的韵书，共论音韵，略记纲纪，遂于仁寿元年（601 年）编定了《切韵》5 卷。可见，陆氏等人所编的是一部能施行于大江南北，纵横于古今之间的韵书。为了实现这个目的，《切韵》采用"从分不从合"的原则，这样《切韵》就在很大程度上照顾到了各地方言的不同，同时也大大消弭了韵书使用的地域限制。所以《切韵》甫出，立刻就打倒了所有方言韵书而独步一时，从而成为我国音韵学发展史上的一座里程碑。

三、书　画

河北地域保留下来的隋唐宋金元时期的刻碑不少，如被称作"隋碑第一"的真定龙藏寺碑（图 4－19－1），全部碑文共计 1 500多字，《金石萃编》载："碑高七尺一寸，宽三尺六寸半。字共三十行，满行五十字。书体遒丽宽博，开唐楷之先声。"据考，它是目前国内现存最早的楷书碑刻，是国内现存楷书碑刻的鼻祖。由《河北金石辑录》统计，河北地域内现存的唐代碑刻约有 60 通（不包括各地出土的墓志），其中尤以曲阳北岳庙保存的唐碑《北岳恒山封安天王之铭》最具代表性。此碑建于唐玄宗天宝七年（748 年），左羽林军兵曹参军直翰林院学士供奉上柱国李荃撰文，吴郡戴千龄书丹并篆额。碑额篆书 12 字，而碑文隶书 23 行，行 45 字，此碑历称唐碑之奇伟之作，别有师承，其笔法淳古，方劲有力。而在河北省现存的 71 通宋辽金碑刻中，赵县的《大观圣作之碑》、大名县的《五礼碑》都是不朽的传世之作。尤其是《五礼碑》，通高 12.43 米，总

图 4－19－1　"隋碑第一"的
真定龙藏寺碑

重量为 140.3 吨，不仅是河北地域最大的古代石碑，而且是全国罕见的碑刻。另外，北宋著名文学家王禹偁奉敕撰写的《重修北岳安天王庙碑》、翰林学士陈彭年撰写的《北岳安天元圣帝碑》以及资政殿大学士韩琦撰写的《重修北岳庙记》等碑，都以其恢弘的气势、精美的书法和具有科学价值的内容著称于国内，它集中地体现了宋辽时期的石刻水平。现存于柏乡县的《贞节贾母碑》，为元朝杨载撰文，赵孟頫书写，完成于元仁宗延祐二年（1315 年）。碑通高 3.6 米，宽 1.05 米，厚 0.4 米，碑额为弧形，额上浮雕双龙，中间阴刻篆书"贞节贾母之碑"六字，此碑是河北碑刻中书法价值较高的一通，碑文行书，22行，每行 59 字。在元代，因杨载长于古文，赵孟頫长于书法，故此碑被时人称作双绝，其书法艺术价值很高。

在绘画方面，渤海郡（治今沧州市）人展子虔（约 550—604 年），擅长山水人物画，现存于北京故宫博物院的《游春图》，应是隋朝绘画和展子虔唯一留传下来的真迹，同时亦是我国现存最早的卷轴山水画作品，全图在设色和用笔上，采用了"青绿法"来突出春天自然景色的特征，从而开创了中国山水画的一种独具风格的画法。卢鸿，字浩然，幽州范阳（今涿州市）人，主要生活在唐代中后期，水墨山水画家。他长期隐居于嵩山，虽道高学富，但谢绝征召不愿出仕，善画山水树石，曾自图其居以名志，题为《草堂十志图》，包括草堂、倒景台、樾馆、沉烟庭、云锦淙、期仙蹬、涤烦矶、幂翠亭、洞元室、金碧漂，时称山林绝胜。而曲阳五代王处直墓壁画中出现的精美彩绘砖雕散乐图，又是当时舞乐艺术赋予墓葬装饰的一个新兴题材。作为一种新兴题材，王处直墓散乐图的出现，拉开了宋、辽、金三朝墓葬散乐壁画空前流行的序幕。如宣化辽代墓群中发现散乐壁画的墓葬有 1 号墓、4 号墓、5 号墓、6 号墓、7 号墓、9 号墓和 10 号墓。此外，井陉柿庄金墓群和唐家坨金墓共计十几座墓，墓中所见壁画均采用砖雕与绘画相结合的手法，或表现墓主人生前生活，如宴饮图、伎乐图、供养图等；或描写当地田园风光和人民劳动生产，如芦雁图、耕获图、捣练图、放牧图等；还有的表现神像，如门神和四神图像。壁画为民间画工所作，线条草率、自由，却也不乏精美之作，如柿庄 6 号墓的捣练图，画妇人捣练，男子担水，两位妇人上身后仰用力抻拉白练的生动形象，使人感受到浓厚的生活气息。这些壁画代表了金代在这

一地区的绘画和雕刻艺术风格以及艺术水平。至于宋代的绘画成就当以赵佶(宋徽宗)的"院体"画最引人注目,赵佶,涿州人,他于花鸟画尤为注意,比如《宣和画谱》记录了赵佶所收藏的花鸟画共计2 786件,占全部藏品的44%,像《写生珍禽图》、《腊梅山禽图》、《芙蓉锦鸡图》、《池塘秋晚图》、《桃鸠图》、《秋景山水图》等都是传世名品。其中《写生珍禽图》是徽宗写生花鸟画的典范,笔调朴质简逸,全用水墨,对景写生,无论禽鸟、花草均形神兼备。画卷上的花鸟清丽幽雅,栩栩如生。图中鸟的羽毛,是用淡墨轻擦出形,又以较浓墨覆染。再以深墨点染重点的头尾、羽梢等部位,层叠描绘,反映鸟羽蓬松柔软的质感,丰富的厚度以及斑斓的色彩。鸟脚爪抓握枝干的力度、亮如点漆的眼神以及花叶的颤动,无不呼之欲出,充分展现了宋徽宗作品的风格。刘贯道,中山(今定州市)人,元代著名人物画家。其传世画迹仅见《元世祖出猎图》、《积雪图》和《消夏图》三幅,明人汪珂玉在《珊瑚纲》一书中称:刘氏画"道释人物眉睫鼻孔皆动,真神笔也,虽吴道子、王维当无忝矣。"

四、《五经正义》

孔颖达,字冲远(574—648年),冀州衡水(今衡水)人,唐代著名经济学家。生于北朝,少年时聪敏好学,博览经传,曾向经学家刘焯问学。隋炀帝时,被选为"明经",授河内郡(今河南沁阳)博士。唐初为秦王李世民的文学馆学士,李世民做了皇帝,他升任国子博士、国子司业、国子祭酒等职,曾长期在国子监讲经。他受诏主编的《五经正义》180卷,其中《周易正义》14卷,《尚书正义》20卷,《毛诗正义》40卷,《礼记正义》70卷,《春秋左传正义》26卷,而"融贯群言,包罗古义"是该书的重要特点,它不仅是当时经学注疏的"定本",并被唐太宗确定为科举取士的范本,而且也是历代和现代最通行的五经注疏本。故皮锡瑞先生说:"自唐至宋,明经取士,皆遵此本……以经学论,未有统一若此之在且久者。"[1]有人更进一步评论说,《五经正义》既排除了经学内部的家法师说等门户之见,于众学中择优而定一尊,同时又摒弃了南学与北学的地域偏见,兼容百氏,融合南北。因此,以《五经正义》被唐王朝颁为经学的标准解释为标志,使我国经学发展完成了由纷争到统一的历史演变过程。

第二节　宗教的发展

一、临济宗与寺塔文化

隋朝在政策上对儒、释、道三教予以扶持,尤其是隋文帝改变北周武帝的灭佛政策,转而大力恢复和发展佛教,于是,"天下之人从风而靡,竞相景慕。民间佛经,多于六经数十百倍"[2],佛教之盛,自不待言。开皇六年(586年),恒州刺史王孝仙奉敕劝奖州士庶万余人创建龙藏寺。大业年间(605—617年),隋僧静琬于幽州西南的房山始刻石板经,开凿华严堂藏石刻法华经、金刚经、维摩经、华严经等。唐代对待佛教的态度虽然不像隋朝那样炽热,但是从笼络人心的政治角度出发,唐太宗认为:"今李家据国,李老在前;若释家治化,则释门居上。"[3]至武则天时,鉴于佛教对她的统治颇有帮助,故其谕令"释教宜在道法之上,缁服(即僧人)处黄冠(即道士)之前"[4]。这样,唐代佛教在隋朝的基础上又获得进一步发展。在河北地域,唐代宗年间(762—779年),人们于恒州天宁寺内建造慧光塔。唐德宗贞元年间(785—805年),人们又于广惠寺内建造多宝塔。当然,寺院势力的过度膨胀,在一定条件下必然会危及封建王朝的统治。所以,唐武宗继位后,对佛教采取了毁灭政策,"天下所拆寺四千六百余所,还俗僧尼二十六万五百人"[5]。而当时镇州、魏博、幽州仅许留僧20人,沧齐、易定则只许留10人,可见,经过这次"毁佛"运动,河北地域的佛教势力大为削弱。但是,为了生存,在佛教典籍被大量湮灭的历史背景下,慧能所倡导的佛教禅宗,主张不念经求佛,不研究经典,甚至不讲坐禅,而是专靠精神的领悟来把握佛教义理。这样,原来烦琐的佛教修炼方法已为慧能禅宗所简化,因此,禅宗的佛就是"一念觉悟",它跟在家与出家没有直接关系。在慧能看来,念经、拜佛、坐禅等都妨碍领悟佛理,而只要发明本性,就可"顿悟成佛"或"见性成佛"。因此,唐宣宗即位后,随着唐政策对佛教政策的驰张,禅宗迅速发生了分化。其中临济宗成为禅宗在河北地域的一个重要流派。唐宣宗大中八年(854年),义玄来到镇州(今正定)临济院,并以寺为名,创立了临济宗。临济宗后又分出黄龙和杨岐两派,南宋初期,遍及全国。

北宋的几位皇帝,除徽宗以外,都对佛教采取加以扶持和利用的政策,同时北宋在河北地域内设立戒坛3处,就寺塔而言,北宋不仅在元丰年重修了正定隆兴寺,而且还在皇祐四年(1052年)建造了摩尼殿,殿内的梁架结构与《营造法式》的规范和要求完全相符。此外,尚有于宋咸平四年(1001年)到至和二年(1055年)建造的定州开元塔,宋治平年间重修的赞皇治平寺石塔,等。与北宋同时,契丹辽亦盛行拜佛。所以,辽朝在其辖境内几乎都有佛教建筑与雕刻。如滦县宜安乡大井峪村有辽道宗大安年间(1085—1094年)建造的磕头山罗汉洞崖刻造像,辽朝还拨巨资在涿州房山(今北京市房山区南)云居寺续刻石经。金兴灭辽,其势力在宣和三年(1121年)后迅速深入到河北各地。

同契丹辽一样,女真佛教自入关之后,逐渐兴盛起来,到金熙宗时,金朝在金上京城内外广修佛寺,讲经活动日益增多,女真上层贵族以及平民百姓都信仰佛教,"虽贵戚望族,多舍男女为僧尼"[6]。此时,金朝重修了河北地域内的很多塔寺,使之具有金代的建筑风格,如鹿泉的龙泉寺、正定华塔、临济寺澄灵塔等。其中临济宗澄灵塔是葬义玄衣钵之处,金大定年间(1161—1189年)重修,为9层密檐砖砌结构。

临济宗于12世纪传入日本,现世参观、朝拜的多是日本临济宗后继僧人,他们以澄灵塔为祖塔。又,万松行秀本河内人,后居邢州净土寺,而耶律楚材曾师万松行秀参禅3年,自称"湛然居士"。元代推崇佛教尤为突出,如元世祖忽必烈奉八思巴为帝师,这在中国历史上是没有先例的。当时,元代在河北地域内建筑的著名寺庙有定兴的慈云阁、石家庄的毗卢寺、曲阳的水神庙等。其中水神庙大殿前,有宽大庭院,供集会和看戏之用。

二、道教在河北地域的发展

唐代李渊制定了优先发展道教的国策,从而使道教在唐代获得了极其显赫的地位。如唐太宗下诏规定道士的地位在僧尼之上,而唐高宗通过将道士女冠隶属宗正寺的形式,使道士女冠取得了皇帝宗族的资格。到唐玄宗时,人们崇奉道教已经到了十分狂热的程度,唐玄宗封《老子》、《庄子》、《列子》、《文子》为"真经"[7],"天下名山,令道士、中官合炼醮祭,相继于路"[8]。乘此之际,河北地域内出现了幽州白云观、易州和邢州的道德经幢、易州的梦真容碑等道教建筑。

金元时期,沧州乐陵(今属山东)人刘德仁创立了"真大道"。该教以《道德经》为宗旨,同时汲取部分儒、释思想。立戒条九则:"一曰视物犹己,勿萌戕害凶嗔之心;二曰忠于君,孝于亲,诚于人,辞无绮语,口无恶声;三曰除邪淫,守清静;四曰远势力,安贱贫,力耕而食,量入为用;五曰毋事博奕,毋习盗窃;六曰毋饮酒茹荤,衣食取足,毋为骄盈;七曰虚心而弱志,和光而同尘;八曰毋恃强梁,谦尊而光;九曰知足不辱,知止不殆。"《元史·释老传》称其为"以苦节危行为要,而不妄取于人,不苟侈于己"。1161年,刘德仁被元朝统治者邀请到北京,并在北京的"天长观"开展教务活动,天长观就是后来著名的白云观。由此,真大道获得迅猛的发展,甚至出现了其教诫者"西出关陇,至于蜀,东望齐鲁,至于海滨,南极江淮之表"[9]的盛况。但到元末时,真大道日渐衰落,并逐步为全真教所取代。

至于河北地域的基督教、伊斯兰教在元时亦有不同程度的发展,如大都地区有聂思脱里派教徒3万人,真定路中山府(今定州市)建有清真寺。诚然,宗教有其精神鸦片的作用,是封建统治阶级用来对国民进行思想统治的一种工具。但是,从文化交流的视角看,宋元时期之所以能够形成我国古代科学技术发展的巅峰,它跟当时统治者采取的那种比较宽容的宗教政策以及宗教文化自身的融合与繁荣不无关系。

第三节　北方杂剧

一、北方杂剧的中心——大都

　　元初，杂剧最初流行于北方，以大都（今北京）为中心，遍布现今的河北、山西、河南。然而，因受北方各地方言的影响，元杂剧出现了不同的声腔流派，如中州调、冀州调和小冀州调等，并在大都周围形成了以关汉卿、王实甫、马致远为代表的杂剧创作群体。

　　关汉卿，号已斋叟，他一生共创作杂剧 67 种，现传世 18 种，其代表作是《窦娥冤》，王国维在《宋元戏曲考》一书称他的作品"曲尽人情，字字本色"。王实甫，名德信，代表剧作为《西厢记》，该剧曲词优美，文采璀璨，人物性格刻画生动细腻，是元代戏曲"文采派"的最杰出的代表，在中国古代文学史具有很高地位。马致远，号东篱，全真教徒，代表杂剧为《汉宫秋》，全名《破幽梦孤雁汉宫秋》，演述的是昭君出塞的故事，因其演艺了汉元帝与王昭君之间非同寻常的离别怨恨之情，明人臧晋叔把它列在《元曲选》之首。

　　其他杂剧作家尚有李直夫，女真族人，寄居德兴（今涿鹿县），有《便宜行使虎头牌》传世，剧中有不少女真族生活习俗的描写，是一部具有独特风格的作品。李好古，保定人，有《沙门岛张生煮海》传世。王伯成，涿州人，传世剧作有《李太白贬夜郎》，该剧生动刻画了李白才气横溢和狂放不羁的诗人气质，等。

二、真定成为前期杂剧的重镇

　　南宋乾道六年（1170 年），范成大出使金国，曾经看到过真定杂剧的演出盛况，他说："虏乐悉变中华，唯真定有京师旧乐工，尚舞高平曲破。"[10]

　　真定即今石家庄正定，表明真定活跃这一批来自"京师（指开封）旧乐工"，这批乐工成为以后北方杂剧兴盛的一支重要力量。入元以后，成吉思汗八年（1213 年），金紫光禄大夫、河北西路兵马都元帅史天泽（1201—1275 年）驻守真定。史天泽为今永清县人，元剧作家，有《录鬼簿》传世。金亡前后，由于真定杂剧的北方名士多流离失所，当时史天泽保护文化的政策实为众望所归，王若虚、元好问、李敬斋、白华等大批文士学人都来投奔史天泽，一时真定成为北方文人的荟萃之地。此时，随着真定杂剧作家的兴起，真定成为仅次于大都的北方杂剧中心。

　　白朴（1226—1306 年），字仁甫，号兰谷，祖籍山西河曲，后寓居真定，他的《墙头马上》与《西厢记》、《拜月亭》、《倩女离魂》合称为元杂剧的四大爱情剧。李文蔚，真定人，曾在江州路（今九江）做过瑞昌县尹。他的杂剧《燕青博鱼》、《破苻坚》、《圯桥进履》等 3 种流传至今。其中《燕青博鱼》、《燕青射雁》等《水浒》人物杂剧，为元杂剧后来产生大量"水浒戏"这一重要领域和对小说《水浒传》的形成都有开拓之功。史樟，字敬先，号"散仙"，是史天泽的次子。他的杂剧为"神仙道化"题材开了先河。尚仲贤的杂剧达 11 种，现在传世者 4 种，尤以"龙女剧"《柳毅传书》最为著名。戴善夫的杂剧仅存《陶学士醉写风光好》，它是一本韵致独具的风情喜剧。此外，史九敬先的《庄周梦》，侯克中的《燕子楼》等，亦是元代杂剧的优秀作品。所以对于真定杂剧作家对元朝杂剧的贡献，吴梅在《中国戏曲论》中有这样一段较为客观的评论，他说："真定一隅，作者至富，《天籁》一集，质有其文，《秋雨梧桐》，实驾碧云黄花之上，盖亲炙遗山謦欬，斯咳唾不同流俗也。文蔚《博鱼》，摹绘市井，声色俱肖，尤非寻常词人所及。尚仲贤《柳毅》、《英布》二剧，状难状之境，亦非《蜃中楼》可比拟。戴善甫（夫）《风光好》，俊语翻翻，不亚实甫也。"[11]此言甚是，因为真定杂剧作家的作品多数都敢于直面现实，并能够比较理性地去揭示当时社会各个方面的矛盾和冲突。他们在剧作中成功地塑造了一系列个性鲜明、栩栩如生的人物形象,开创了河北古典文学史上最辉煌的一个时代。

第四节　史学成就及其他

一、李昉与《太平御览》、《太平广记》及《文苑英华》

　　李昉(925—996 年),字明远,深州饶阳(今饶阳)人。历仕汉、周、宋三朝,三入翰林,两任宰相。他一生宦海沉浮,为官小心谨慎,宋太宗称他是一位"善人君子"。可是,这样的"善人君子"在政治上并无大的作为,却因奉敕编撰了宋代三大书即《太平御览》、《太平广记》和《文苑精华》而流芳万世。

　　《太平御览》是我国宋代一部著名的类书,太平兴国二年(977 年)开始编写,太平兴国八年(983年)完成。该书采以群书类集之,编为千卷,总字数为 4 784 千字,初名为《太平总类》。但书成之后,宋太宗日览 3 卷,1 岁而读周,因此更名为《太平御览》。全书以天、地、人、事、物为序,分成 55 部,4 558 子目,"备天地万物之理,政教法度之原,理乱废兴之由,道德性命之奥",可谓包罗古今万象。书中共引用古书 1 000 多种,引用古今图书及各种体裁文章共 2 579 种,保存了大量宋以前的文献资料,而其中十之七八已经散佚,这就使本书显得尤为珍贵,被称作辑佚工作的宝山。

　　《太平广记》编成于太平兴国三年(978 年),故名。全书 500 卷,目录 10 卷,专收野史传记和以小说家为主的杂著,引书约 400 多种,可谓我国古代文言小说总集。该书分类编撰,按主题分 92 大类,大类之下又细分为 150 多小类。所以纪昀称其为"小说家之渊海",鲁迅先生则推崇它"盖不特稗说之渊海,且为文心之统计矣"。

　　《文苑英华》完成于雍熙三年(986 年),精选前代文章 1 000 卷,故名。此书所录,上继《文选》,起自萧梁,下讫晚唐五代,选录作家 2 000 余人,按文体分赋、诗、歌行、杂文、中书制诰、翰林制诰等 39类,为"唐代文学作品之渊薮"。

二、刘因的主要思想

　　刘因(1249—1293 年),字梦吉,号静修、樵庵,又号雷溪真隐。保定容城(今容城)人,元代诗人,理学家,至元十八年(1281 年)召为集贤学士,为"容城三贤"之一,与许衡、吴澄齐名。

　　在治经学上,他提出"议论之学自传注疏释出"的思想,把讲心性义理的议论之学建立在汉唐传注疏释的基础上,主张先"六经"而后"四书",从中发挥义理;将重心性义理的议论之学与重训话的传注疏释之学结合起来。并以义理为指导,以经学为主,先经后史,融合各家各派、经史诸子,促进了元代学术的发展[12]。

　　在史学观方面,他提出"古无经史之分"的思想命题。刘因说:"学史亦有次第。古无经史之分,《诗》、《书》、《春秋》皆史也。因圣人删定笔削,立大经大典,即为经也。"

　　在诗词方面,刘因在观物悟生中,抒发其世外的情怀,他徘徊于出世与入世之间,超然而不茫然,旷逸冲夷,真趣洋溢,自成境界。

注　释:

[1]　皮锡瑞:《经学历史》,中华书局 1959 年版,第 198 页。

[2]　《隋书》卷35《经籍四》,中华书局 1987 年版,第 1099 页。

[3]　《集古今佛道论衡》卷丙,《大正新修大藏经》第 52 册,第 386 页。

[4]　《唐大诏令集》卷 113《释教在道法之上制》,中国台湾华文书局 1968 年版,第 2341 页。

[5]　《旧唐书》卷 18 上《武宗本纪》,中华书局 1975 年版,第 606 页。

［6］　《大金国志》卷36《浮图》,齐鲁书社2000年版,第272页。

［7］　《旧唐书》卷9《玄宗本纪下》,中华书局1975年版,第213页。

［8］　《旧唐书》卷24《礼仪志四》,中华书局1975年版,第934页。

［9］　虞集《真大道教第八代崇玄广化真人岳公之碑》,见陈垣:《道家金石略》,文物出版社1988年版,第831页。

［10］　范成大:《范石湖诗集》卷12《真定舞》诗序,文渊阁《四库全书》本。

［11］　解玉峰编:《吴梅词曲论著集》,南京大学出版社2008年版,第235—236页。

［12］　赵敦华主编:《佛学与中国哲学》,北京大学出版社2010年版,第299页。

第五编

科学技术的迟滞与渐衰

（明及前清时期）

　　明及前清时期是中国科学技术发展的重要阶段，也是科学知识西学东渐的演变时期。这一时期，直隶（河北）出现过社会危机，经济一度停滞不前，科技发展处于低谷期。后来，清康熙帝采取了一系列的救弊措施，呈现出了"康雍乾盛世"，使直隶（河北）的经济有了明显发展，人口增至三千多万。社会分工进一步扩大，农业和手工业科技水平明显提高；陶瓷技术国内领先，成为生产中心；建筑技术突飞猛进，各类建筑群光华耀眼；医药科学日趋完善，名医辈出，出版了许多巨著。自然科学呈西学东渐之势，冶金、纺织、造船、天文、数理等科学技术亦有相应发展，进入海纳期，并且城镇建设加快，建成了一批经济重镇。这些都为河北经济技术快速发展奠定了基础。

第一章 封建社会历史概貌

明及前清时期,中国已处于封建社会的后期,资本主义生产方式的萌芽已出现,但因多种因素衰而未发。鸦片战争之后沦为半封建半殖民地社会。河北地域地处京畿地区,社会、政治、经济发展比较快,对科学技术的需求极其迫切,为科学技术发展奠定了一定基础。

第一节 明朝社会政治经济状况

至正二十八年(1368 年)正月,朱元璋在应天(今南京市)正式建立大明政权。为了进一步稳定明政府的统治地位进而统一全国,朱元璋于同年 3 月开始北伐中原,7 月则命徐达等"分布士马,规取河北"[1]。当月,徐达等以迅雷不及掩耳之势连克德州、长芦(今沧州)、清州(今青县),直抵直沽(今天津市),再克通州。8 月初,徐达攻入大都,结束了元朝的统治。至 9 月,徐达先后攻克保定、中山、真定等城市,河北地域已基本归明朝所有。永乐元年(1403 年),朱棣建顺天府(现北京),称作"行在"。永乐十九年(1421 年),明王朝迁都于北京,其京师之地直隶于中央六部,故称直隶或称北直隶,下辖 8 府、2 个直隶州、17 个属州、116 个县。在行政建置方面,有鉴于元代宰相专横之弊,明太祖废除了中书省,取消了丞相制,分相权于六部,而六部直属于皇帝领导。

由于元末连年战争的原因,河北地域的人口损失惨重。如《南宫县志》称:"全赵之地,弥望草棘,蔚为茂林,麋鹿游矣。"为此,明初对河北地域实行大量的移民政策。故洪武二十一年(1388 年)8 月,刘九皋建议:"令河北诸处,自兵后田多荒芜,居民鲜少。山东西之民,自入国朝,生齿日繁,宜令分丁徙居宽闲之地,开种田亩。如此则国赋增而民生遂矣。"[2]朱元璋采纳了这项建议,于是,从山西、山东大批迁民到河北。根据这种实际情况,明朝在河北地域推行"里甲制度"时,便有"社"与"屯"的区别。所谓"社"是指原来土著居民的里,而"屯"则是指迁来居民的里。所以《明史》卷 77《食货一》载:"河北诸州,土著以社分里甲,迁民分屯之地以屯分里甲。"里甲作为一种基层组织,承当相应的差役。还有依靠土地兼并来扩大耕地者,如明人李畋说:"北直隶,洪武、永乐时人稀,富家隐藏逃户,辟地多而纳粮少,故积有余财而愈富。"[3]而顺天府霸州更是"土田沃野,多沦入兼并之家,小民承养马匹,类皆荒砠瘠土,甚则亡立锥之地"。可见,土地资源多掌握在少数地主手里,广大的自耕农仅仅占有少量的土地,但是从明朝的里甲制度看,"赋敛于是,徭役于是,凡所以供乎上而给乎有司者莫不于是,乡社之耗乏亦甚矣。"[4]所以,不堪重负的老百姓,只有选择逃亡,而逃亡者暂时脱离了政府的控制,可那些没有逃亡者负担更重。正如《明宪宗实录》卷 203 记载齐章所言"民困如此,非死即徙,非徙即盗,亦可知矣",如果这种局面继续加深,那么,农民的反抗斗争就不可避免了。正德五年(1510 年)在北直隶所发生的刘刘、杨虎农民起义,即是当时"砍柴、抬举、养马、京班、皂隶、水马二站诸徭役,最为剧烈"[5]所造成的直接社会后果,这次起义对地主势力的打击非常沉重,有"丧乱之惨,乃百十年来所未有者"[6]的说法。有鉴于此,明朝采取"一条鞭法",即把原来的田赋、徭役和杂税合并起来,折成银两,分摊在田亩上,按田亩多少征税,这就使赋税制度头绪不繁,征收和交纳的手续大为简便。嘉靖年间,河北地域率先在畿辅地区推行"一条鞭法",自此,诸多徭役逐渐转向由田亩承担,它从总体上减轻了人民的负担,所以"民乃稍甦"。可惜,明朝"一条鞭法"由于大地主的阻挠反对,实行不久即停止了。到明朝后期,明政府通过"三饷加派",不仅加紧了对农民的盘剥,而且对城市工商业者亦进行大肆掠夺,因而激起城市居民的反抗。如万历二十八年(1600年),蔚州发生了矿山工人暴动。明天启年间武邑县紫塔村人于弘志率领东大乘教支派"棒槌会"起义。这些反明的组织和斗争,为明末李自成所领导的农民起义在河北境内发展创造了条件。

明代是河北城市经济发展最为迅猛的历史时期之一,它以农业、手工业和商业的空前发达为基础,孕育了一批像泊头镇、淮镇这样的经济型城镇,形成几个像天津、张家口、河间那样的地方性商业中心,而北京则是全国最大的消费市场,是最高一级的消费城市,仅铺户就有 78 000 户[7],可见,北京的能源消耗是很大的。因此,随着河北地域消费规模的不断扩大,能源危机逐渐成为约束其经济发展的重要因素。到了明代中后期,河北地域缺水情况加剧,以致农业中出现了"井灌"技术。弘治《易州志》载:"昔以此州林木荟郁,便于烧采,今则数百里内,山皆濯然。"由于森林资源的严重破坏,河北地域成为"风沙时作"、"滹河扬尘"的灾害频发区,其危害一直殃及到现在。所以,从明代始,河北地域经济在总体上出现了下滑趋势。

第二节　清朝社会政治经济状况

明崇祯十七年(1644年),李自成农民起义军灭亡了明朝,但李自成的"大顺"政权立足未稳,即为清军所摧毁。同年10月1日,顺治即皇帝位,并定都北京。为了加强君主集权制,清朝政府相继推出秘密立储、奏折制、军机处等一系列新制度,进一步保证了皇帝个人意志不受外部环境影响而全面贯彻,其中军机处是超出内阁和议政王大臣会议的核心机构,它的裁决权全在皇帝一人。在行政区划方面,清初分全国为23个行省,共设8个总督,即直隶总督、两江总督、闽浙总督、两湖总督、陕甘总督、四川总督、两广总督、云贵总督。直隶总督名义上辖今河北之全部,但实际上因京师顺天府地位的特殊性,故河北地域很多地方是由直隶省与顺天府交叉管理的。在清初,直隶省的建置变化比较大,至宣统元年(1909年)直隶除京兆尹外,共辖12府7直隶州3直隶厅。

在清初,八旗贵族享有种种特权。顺治元年(1644年),清朝政府为了满足八旗贵族对占有土地的需求,颁布圈地令,依照此令,八旗将士开始在京师附近各州县进行大规模圈地运动,并诱使或胁迫汉人带地投充入旗。如顺治四年(1647年)正月,清朝政府下令圈占近畿42府州县丰腴之地,论有主无主,一律圈入旗下,而在那些未圈之州县兑换拨补。仅这一次旗人就强占了民田99.370 7 饷,合5.962 2 万顷又42亩[8]。在此,所谓的"兑换拨补"实际上兑换的都是盐碱、低洼、瘠薄不毛之地。例如,霸州"西北高阜地土,自顺治二、三、四等年已围种殆尽,所余东南一带临河水地,除三年分兑补被圈民地外,惟剩籽粒,京营备荒等地,历年水涝,十无一收。"在这样的情形下,广大的农民"不惟田亩荒芜,而且丁口逃绝"。但清政府制定了非常残酷的《逃人法》,凡犯法者"或一人而株连数家,或一事而骚动通邑"[9]。所以,清初的圈地法令给河北地域内社会治安带来了非常严重的后果。如清人称:"近畿土寇,虽然革面,不闻革心,乌合时逞,处处而是。"[10]由于人逃地荒,社会经济凋敝,导致清政府赋税亏额,国用匮乏,社会矛盾不断激化。为此,康熙五十三年(1714年),御史董之燧提出将丁银按地摊派的建议,雍正即皇帝位后,采纳了他的"摊丁入亩法",即不再以人为对象征收丁税,而把固定下来的丁税摊到地亩上。这样,贫民就不必因担心丁税而杀生、逃匿。不过,因河北境内的情况比较复杂,清政府决定在直隶省采取通省筹算的办法,其结果是每田赋一两摊入丁银二钱七厘。尽管对"摊丁入亩法"的社会效果,河北各地的反映并不相同,但从总体来看,推行"摊丁入亩法"是利大于弊。首先人口有了显著增加。如肃宁县从康熙二年(1663年)到五十年(1711年),在48年间人丁增加了788名,每年才增加16丁。然而,自从实行"摊丁入亩法"后,自康熙五十年至乾隆十一年(1746年)的34年间,却增加了772丁。其次国家的税收出现了不断增长的趋势。据统计,康熙二十四年(1685年)直隶省田赋银为1 824 191两,而雍正二年(1724年)则增为2 808 612两。

由于经济的恢复和发展,尤其是经过康乾盛世的经济繁荣之后,直隶省已经成为一个人口逾二千万的大省。为了解决人口的基本生活问题,人们引种和推广了高产作物甘薯,如玉米、花生、土豆、棉花等,如乾隆十五年(1785 年),甘薯就遍及冀鲁两省[11],黄可润在《畿辅见闻录》中说:"直隶保定以南,以前凡有好地者多种麦,今则种棉花";又,"无论城乡,凡有沙土地者均以种植落花生为上策"[12],等等。可见,不断引种适合沙土地生长的农作物,是河北人民开发和利用沙土地的一项重要成就。伴随着商品货币经济的进一步繁荣,河北地域内的中小城镇迅速增多,特别是一批金元明时期的军事重镇转变为经济型巨镇,显示了河北地域经济地位的回升。如永平府的开平镇、倴城镇、榛子镇,高阳县的利家口镇,故城县的郑家口镇等,都曾是为政治军事目的而建的,至清初,它们逐渐转变为"商贾富庶"之地。与北京、保定、承德等依靠奢侈消费来促进其城市经济的繁荣不同,上述这些城镇可以说都属商品经济发展的产物。在此基础上,河北地域城乡中都出现了货币雇佣关系,随之产生了资本主义萌芽,标志着河北地域经济发生了部分质变,缓慢地步入了中国的近代社会。

注　释:

[1]　《明史纪事本末》卷 8《北伐中原》,丛书集成续编本。
[2]　《明太祖实录》卷 193,见郭厚安编:《明实录经济资料选编》,中国社会科学出版社 1989 年版,第 96 页。
[3]　《明世宗实录》卷 82,见郭厚安编:《明实录经济资料选编》,中国社会科学出版社 1989 年版,第 209 页。
[4]　嘉靖《易州志》卷 4《乡社》。
[5]　《明孝宗实录》卷 153《弘治十二年八月丁未》,上海古籍出版社 1983 年版,第 2717 页。
[6]　朱国桢:《涌幢小品》卷 32,《续修四库全书》,1173 册《子部·杂家类》,上海古籍出版社 2002 年版,第 459 页。
[7]　苑书义等:《河北经济史·第 2 卷》,人民出版社 2003 年版,第 450 页。
[8]　河北省社科院地方史组:《河北简史》,河北人民出版社 1990 年版,第 437 页。
[9]　魏琯《请停籍没窝逃之令疏》,载《皇经世文编》卷 92,贺长龄:《近代中国史料丛刊》第 731 册,文海出版社(中国台湾)1966 年版,第 3292 页。
[10]　刘余祐:《敬摅——得以襄挞伐疏》,《清代档案史料丛编》第 4 辑,见丁守和等主编:《中国历代奏议大典》,哈尔滨出版社 1994 年版,第 37 页。
[11]　林仁川:《明末清初私人海上贸易》,华东师范大学出版社 1987 年版,第 376 页。
[12]　《唐山县志》卷 1《舆地志·物产》,清光绪七年刻本。

第二章　传统农业科技

这一时期,西方近代农业技术逐步兴起,明末零星传入,清末大量引进,形成了中西农业科技交汇发展的势头。通过变革田制和税制,改进生产工具,兴修水利,继承并发展冶铁技术,使农业和手工业生产技术水平有所提高,农业科技得以飞速发展。在此期间,河北地域的牛耕已经普遍化,配套农机具有了进一步改进。临西县采用生铁淋口技术生产的名牌产品"王一摸镰刀"畅销全国。直隶农学堂(河北农业大学前身)从日本引进玉米品种和马拉玉米收割机,棉花、甘薯也相继引入河北,是 19 世纪国外引种和相关机械引进的最早明确记录;农田水利建设得到了快速发展;农作物耕作制度和种植结构发生了变化,出现了轮作复种技术,很多地区形成了两年三熟和三年四熟制。灵寿县耿荫楼首创了休闲轮作的耕作方法。[1]精耕细作成为明清农业的一个特点。

第一节　田制和赋税制变革

农业是封建社会中决定性的生产部门,土地则是农业生产上最重要的生产资料。明清时期的土地占有关系和封建租佃关系都发生了一些变化。明初洪武(1368—1398年)年时为恢复和发展农业生产,曾招诱逃亡和移徙农民来开垦大量荒地。当时地主和自耕农的农田与国有土地同时存在。万历(1573—1620年)前后,任用张居正(1525—1582年)为首辅,下令清丈全国土地、实行"一条鞭法",把赋税、徭役及其他派办合并为一,使土地兼并稍有抑制,为河北地域农业继续发展和实现新的飞跃提供了制度保证。清初顺治(1644—1661年)时,也曾采取轻徭薄赋;康熙末年颁布了"滋生人丁永不加赋"的命令,雍正(1723—1735年)时实行"摊丁入亩"即将丁银并入田亩征收,它简化了税种和稽征手续,农民的负担也相对得以减轻,从而有利于农业生产的发展[2]。明清时期,佃农对地主的人身依附已趋向松弛。地主为了征收地租,需要更多的依靠政府法律来强制推行,同时也采用一些经济手段,押租制即由此而形成。所谓押租制是农民须先向地主缴纳押金,才能获得佃耕土地的一种制度,它萌发于明末万历年间,到清初则已遍及各地。押租制虽加重了农民负担影响生产,但也起到限制地主夺佃作用。押租制在近代进一步发展,已成为一种普遍的租佃制度[3][4]。

自耕农由于拥有属于自己的生产资料,可免交苛重的地租,其经济地位通常要优于佃农。但作为小规模的个体经济,其经济地位却较佃农更不稳定,容易发生贫富分化,其中能够转化为地主的终归是极少数,而绝大多数必然走向破产,沦为佃农或雇农。农民的分化一方面导致出现使用雇工从事商品生产的富裕农民,另一方面又形成大量破产失地依靠出卖劳动力为生的雇工。明朝中期,天顺成化间(1457—1487年)出现了多达120万户的流民,在辗转千里,历尽艰辛之后,除极少数人能够进入城市或山区谋生,余下的仍在封建重压下,被迫沦为地主的佃户和雇工。清朝后期因城乡商品经济的发展,自然经济分解的过程已经开始。当失掉土地的农民变为劳动力出卖者时,有的投身到劳动力市场,有的受雇于经营地主或富裕农民仍从事农业生产,另外,也有相当一部分形成庞大的产业后备军,成为资本主义企业生产所需廉价劳动力的主要来源[5]。

第二节　品种引进与种植结构

一、棉花、玉米、甘薯、花生等作物的引种

明代粮食生产基本延续宋元时的格局,《天工开物卷上·乃粒》说:"四海之内,燕、秦、晋、豫、齐、鲁诸道,烝民粒食,小麦居半,而黍、稷、稻、粱仅居半。"可见,明代北方的粮食作物以小麦种植为首位。

1. 棉花引入河北

河北地域从元代开始棉花的种植栽培。当时棉种主要是由南方传入的亚洲棉(也称草棉)。到了明清时期河北地域已经普遍种植棉花。明太祖洪武初,诏令"凡民田五亩至十亩者,栽培麻、木棉各半亩,十亩以上者倍之"。藉此,棉花种植逐步在邯郸、大名等地推广。明洪武二十五年(1368年),畿南豫北的彰德、卫辉、广平、大名、东昌、开封、怀庆7府棉花总产达到11 803 000斤。故明宪宗成化末年(1487年),丘濬的《大学衍义补》卷22称,当时种植棉花"乃遍布天下,地无南北皆宜之"。话虽这么说,但实际情形并非如此,因为河北平原的棉花种植一直到明朝中期仍然步履比较缓慢。例如,弘治二年(1489年)三河县知县吴贤,"教民栽桑种棉,督之纺织,三则定役,十限征粮,民以永赖"。到明弘治十五年(1502年),北直隶棉花生产开始普遍在顺天府、永平府、保定府、河间府、真定府、顺德府、广平府、大名府等府州种植,当时北直隶实征地亩棉花绒的数额为103 749斤,占全国的40%,位居第一。此时北直隶已经成为明代重要的产棉区之一。

清朝时期,河北地域棉花种植极为普遍,在农作物种植面积中上升为主导品种。当时棉花种植出现了两个特点:一是平原地区的棉花种植在明代的基础上,进一步集中在滹沱河和滏阳河两大流域,逐渐形成以真定、保定、定州为中心的全国棉花集中产区,如方观承《御制棉花图》载,保定以南"种棉

之地约居什之二三"，而冀、赵、深、定诸州属，"农之艺棉者什之八九"；二是棉花种植逐渐由平原向山地推广，如乾隆二十四年（1759 年），李拔在《皇朝经世文编》卷 37《种棉说》种载："予尝北至幽燕，南抵楚粤……无不宜棉之土。"

2. 玉米引入河北

明末高产玉米品种开始引种到北直隶，天启二年（1622 年）《高阳志》及稍晚些时候的《兴济县志》都载有"玉米"这种新的农作物品种，但种植尚不普遍。到清朝前期（1840 年前），种植玉米的州县已有承德、遵化、大名、献县、南宫、东安、沧州、任丘、香河、柏乡、涿县、新城、丰润、乐亭、景县、唐山等[6]。乾隆《钦定热河志》卷 94《物产》载有：玉蜀黍"今俗称包儿米，有黄、白、赤、黑斑数色……其粉可作糕，土人亦以为糜。"虽然玉米在乾隆、嘉庆时期在河北地域得到为较广泛的引种，但发展成大田作物进行大面积的播种是从鸦片战争之后。光绪《遵化通志》卷 15《物产》叙述："玉蜀黍，州境初无是种，有山左种薯者，于嘉庆中携来数粒植园圃中，土人始得其种而分种之，后则愈种愈多，居然大田之稼矣。"

3. 甘薯引入河北

清朝乾隆年间甘薯传种于河北地域[7]。黄可润在《畿辅见闻》中说："余于任无极时，以北地宜番薯状寄家人，曾以薯藤数筐附海艘至天津转寄任所。盖南方剪藤尺余，用土压之便生薯。余如南方法，结薯甚多。"黄可润当时任无极知县，所述事实为乾隆十一到十五年间，可知是时红薯已移植于河北地域。乾隆十三年（1748 年），方观承"乃购种雇觅宁台能种薯者二十人来直（隶），将番薯分配津属各州县，生活者众"，"津属各州县"主要指沧州、黄骅、盐山、南皮、青县等地，是为甘薯传种河北之始。到乾隆五十年（1785 年），河北地域已普遍种植甘薯，故《曲阜县志》称"甘薯就遍及冀鲁两省，已为各州县之主食，甚为谷与菜之助"。

4. 花生引入河北

落花生于明末清初传入河北，康熙十一年（1632 年）《永年县志》卷 11《风土·土产》载："香芋、南国曰落花生者，种之亦能结实。"乾隆《献县志》卷 3《食货志·物产》亦载："凡有沙土地者均以种植落花生为上策。"

5. 马铃薯载入地方志

如雍正《畿辅通志卷 56·物产》载："土芋，一名土豆，蒸食之味如蕷薯。"又乾隆《天津府志卷 5·风俗物产》亦载："芋，又一种小者名香芋，俗名土豆。"

6. 水稻得到发展扩大

随着水利灌溉事业的发展，明清时期水稻种植面积较元代已有明显扩大的趋势。如嘉靖《河间府志》卷 7《风土志·风俗》说："凡东吴之粳稻，楚蜀之糯谷，河间、交河、沧州、东光、故城、兴济、献县、任丘之近河者，或播植焉。"明朝《赵州志》卷 9《杂考·物产》载，赵州隆平县"本州南门外，旧亦常开渠播种"水稻；明末清初的谈迁在《北游录·纪闻上》一书中载："畿内间有水田，其稻米倍于南。闻昌平居庸关外保安、隆庆、阳和并艺水稻。"

农作物品种引进，增加了农业产量，改善了种植结构，增加了农民收入，对推动当时的社会、经济发展起到了巨大作用。

二、轮作复种技术

在推广轮作复种过程中，河北田农积累了丰富的栽培经验，也培育出诸多新的品种，北方形成了小麦、粟豆及玉米轮作制，但小麦主产仍在北方。《天工开物·麦》指出：小麦种植面积，北方"燕民粒食,小麦居半"。南方则仅有"二十分而一"。粟又称谷或谷子,在我省栽培历史悠久,曾在粮食作物中占主导地位,因其具有早熟、抗旱、耐瘠薄、耐贮藏,其秸秆又可用作役畜饲料等优点,适于旱作而著称,但因产量较低,其栽培面积有逐年递减的趋势。大豆,明代以壅田作肥,已见于记叙。《天工开物·乃粒·稻宜》。到明清时期已显作为油料作物趋向,多与禾本科的谷物类搭配,通过调整茬口,形成推于各地的轮作体系。玉米、棉花等作物相继引入河北平原种植,且河北地域已成为全国重要的产棉地区之一。清代方观承《棉花图》石刻系列,生动地反映了当时棉花的种植、管理技术及加工技术。

清代由于人口剧增,可开垦利用的土地为数不多,于是复种得到了大发展。除一年一熟地区外,很多地区为二年三熟和三年四熟。这种制度逐步完善,到 19 世纪前期传统的种植制度已经定型,良种繁育也已经开始。

三、盐碱治理技术

袁黄在改造盐碱地,推广水田方面,提出了一系列很好的见解和措施,他的《宝坻劝农书》就是一部总结河北滨海地区水田农业的专著。

明万历(1573—1620 年),保定巡抚汪应蛟在葛沽、白塘一带推广种稻洗盐。在河北地域的沿海地区种植绿肥治盐、深耕治盐,取得显著的治理效果。

四、蚕桑业的曲折发展

河北地域蚕桑织业历史悠久,而明中叶以后,由于棉花生产的普及,逐渐排挤了蚕桑事业,即《清朝文献通考》卷 3·《田赋三》中所谓的"因棉植者广,悉纺棉而蚕事渐疏"。但是蚕丝毕竟有它的优点,为棉花织品所不具备,丝绵比棉花轻暖,丝绸比棉布美观,社会上对蚕丝及其织品仍有一定需求量。这样,在一些地方,或者由于地方官吏的奖劝,或者由于相沿岁久的传习,蚕桑丝织生产依然继续坚持着。雍正时清政府曾饬令直隶州劝民种桑树,"其他宜桑麻者尤当勤于栽种"。这对当时河北地域的蚕桑业无疑是一个很大推动。雍正时临漳知县陈大玠捐款购置蚕种,买桑条三万枝,教民压栽,"一时栽桑至二十一万一百五十七株"。乾隆时阜平知县邹尚易见温南北和龙川一带野桑尤多,"于是严禁樵采,令饲蚕之户贷仓谷二石,称丝给偿,勤其业者奖之"。由于邹尚易的倡导,畜蚕之家达到千余户,《大名府风俗语考》曾记"新丝出鬻,岁可得数百金"。此间在魏县、永年县、沙河县等,也有一些相当规模的蚕丝产地。蚕丝完全属于商品生产范畴,而且销售范围也很广泛。魏县所产蚕丝"成则坐贸山右(即山西省)客商,熟则远趋江南之得,纺绩组紃,欠岁税粮多由此出"。

五、农业技术理论专著

1.《宝坻劝农书》与天津海滨地区的农业生产技术

《宝坻劝农书》的作者袁黄(图 5 - 2 - 1),明朝吴江人,但他在万历十六年至二十年(1588—1592 年)天津宝坻县任知县。他在任期间积极兴修水民,劝课农桑,推广水田,发展农业,积累了在海滨地带种田的经验,遂写成《宝坻劝农书》5 卷,是天津历史上最早的农业专著。

《宝坻劝农书》为农业技术专著,分天时、地利、田制、播种、耕治、灌溉、粪壤、占验等 8 篇,并有附图多幅。主要介绍、推广关于顺应农时、辨别土质肥瘠、播种与中耕管理、沤制肥料、开垦荒地、兴修水利以及制作闸、涵、槽与汲水工具等方面的实用技术。他总结海滨农田的种植经验说:可在滨海斥卤之地,捍海拦潮,围海造田,开辟出"两边

图 5 - 2 - 1　袁黄

下、中间高"的田地,为防止水涝,须在田傍挖沟掘濠,以排雨涝,开田种稻。对于施肥,袁黄提出了"以煮粪为上"的原则,同时辅以踏粪法、蒸粪法、窖粪法等。他强调,要让农民安心生产,强本固末,就要给农民减轻负担。他在《宝坻劝农书·序》中说:"今天下租税皆出于田,故为农受累最深,而富商大贾,锦衣玉食,而无上供之费几何,不驱力本之农,而尽归末作也。予为宝坻令,训课农桑,予得专之。今以农事列为数款,里老以下给一册,有能遵行者,免其杂役。"在本与末的关系问题上,袁黄从"天下租税皆出于田"的立场出发,鼓励农民"力本",借水兴农,这是非常有远见的农业经济思想。因此,林则徐在《畿辅水利议》中曾高度评价袁黄在宝坻县推行水田功绩:"宝坻营田,引蓟运河、潮(白河)水。潮水性温,发苗最沃,一日再至,不失晷刻,虽少雨之岁,灌溉自饶。"

2.《国脉民天》

《国脉民天》的作者是明朝人耿荫楼(?—1638年),字旋极,号嵩阳,北直隶直灵(今石家庄市灵寿县)人。曾任山东临淄知县,崇祯年间升任兵部主事,后又调史部任员外郎,晚年归里隐居。他对太行山山地农业体会较深,且有"试有成效"的实践经历。于是,他在明崇祯三年(1630年)写成《国脉民天》一书。耿阴楼首创休闲轮作用地的耕作法,并提出旨在倡导精耕细作的区田、亲田法,认为"锄不厌频,锄多则糠薄,若锄至八遍,每谷一斗得米八升"[8]。

《国脉民天》共有区田、亲田、养种、晒种、蓄粪、治旱、备荒7篇,约3 000多字。其中"亲田法"是太行山山地农民创造的一项农业技术成就,同时也是我国传统精耕细作农业的进一步发展和具体应用,它的核心思想是强调一种在人口压力较低条件下的集约化农业生产技术。所谓"亲田法"是指从全部农田中精选出部分农田,对其"加倍相亲厚",即在农田的耕种、中期管理、收获等过程中,"偏爱偏重,一切俱偏",比如,在100亩农田中精选20亩为"亲田",当遇水旱虫灾,则全力救护那20亩,其余80亩荒歉了,而那20亩照常丰收。这样,可以五年轮"亲"一遍,从而使肥田更肥,瘠土变沃土,最后达到整个农田系统"集约化"的优质目标。耿荫楼说,这一精耕的办法是他"法参古人,酌以家训……试有成效,非末信而劳民",着重总结了精耕细作的经验,是古代太行山山地扭转"广种收微"之粗放式农业生产的一种有效措施[9]。

3.《农政全书》

《农政全书》的作者徐光启(1562—1633年),上海人,但他在明朝万历四十一年(1613年)秋至四十六年(1618年)闰四月来到天津,种植水稻,并在房山县(今北京市房山区)、涞水县(今保定涞水)等地开垦荒地,进行农业试验,试行他认为是"万世水利"的屯田法和水利法构想,在此基础上他先后撰写了《宜垦令》、《北耕录》等农业著作。天启元年(1621年),徐光启又两次到天津,进行更大规模的农业试验。

后来,他以天津所进行的农业科学实验为主要资料写成了明代农学名著《农政全书》。全书分为12门,共60卷,50余万字。12门包括:农本3卷,记述传统的重农理论;田制2卷,记述土地利用方式;农事6卷,记述耕作和气象;水利9卷;农器4卷;树艺6卷,记述谷物作物与园艺作物等;蚕桑4卷;蚕桑广类2卷,记述纤维作物等;种植4卷,记述植物与其他经济作物等;牧养1卷;制造1卷,记述农产品加工;荒政18卷。如果按内容来划分,《农政全书》实际上可分为农政措施和农业技术两部分。前者是全书的纲,后者则是实现纲领的技术措施。方岳贡序云:"自夫沟封景候器物……既悉其事,复列其图,农之为道,凡既备矣。蚕桑以勤女红、六畜以供祭祀、羞耇老,皆农之所有事也,故次之。水毁、木饥、火旱、天行何常……以备荒政终焉。"可见,《农政全书》是一部集我国古代农业科学之大成的学术著作。

在改善土壤环境方面,徐光启将当时北京、天津、永平、真定等地的农耕经验,加以分析整理,写成《粪壅规则》。他充分肯定了真定地区(今石家庄市正定)凿井引灌技术经验,并比较详细地记述了凿井的技术方法和灌溉工具。在书中,他记述了真定、河间等地小麦田内套作棉花的棉麦两熟制。他在天津大力推广水稻栽培,并通过了一系列农业试验,徐光启认为"美种不能彼此相同"的传统农业思想有其局限性,因而提出了"引进、试种、推广"三位一体的农作物良种传播及农业发展模式等等,为以后农业技术推广提供了经验。

4.《畿辅见闻录》

《畿辅闻见录》的作者黄可润(? —1764 年),福建龙溪人,但他在乾隆十一年被选为直隶省无极县知县,后来又在直隶省的大城县(今廊坊市大城县)和宣化县任知县。在任期间,他洞察民情,重视农业生产,为河北地域农业生产的发展作出了积极贡献。乾隆十六年(1751 年),黄可润写成《畿辅见闻录》一书。

在书中,黄可润根据河北地域旱作农业的生产特点,对粮食作物与经济作物的关系提出了独到见解。他认为,在河北地域的农作物种植结构中,不能搞"一刀切",须结合实际,因地制宜,他说:"食之外惟衣,二者均重,然食为尤重",所以他的观点是"以粮为主",特别鼓励多种小麦,"盖以麦收最厚,且得四时之气,可壮实脾胃"。在农业生产的实践中,井田与旱田相比,前者的产量高于后者,"实有三四倍之殊"。于是,他教民打井,尽水利补地力,收效显著。针对保定以北之天津、顺天、河间等府,"地多瘠硬,沿海一带杂沙碱"的情况,他把"粪多力勤"具体应用到改良上述地区土壤环境的过程中,除了抓紧耕翻与耘田这两个重要环节外,黄可润在大城任知县时,还曾推广"南方土薄者用肥土或粪培之可化为良"的经验,组织农民近河者可取河泥之土,近村者取村沟之土,近城者取城濠、街巷之土,一举两得,利民利农。此外,他率先将番薯引种到河北,是畿辅农业史上的一项重大成就[10]。

第三节　农田水利技术

一、明清兴修水利工程

明清时期,水利建设的重点还是修复原有陂、塘、堰、渠,新建设的大型水利工程较少,而小型的由民间主办的却很多。据清末各省通志有关记叙,经过统计见表 5 – 2 – 1。

从表 5 – 2 – 1 得知,水利工程的修建,在时间上以 16 世纪的明代为最多,清代最盛时的 18 世纪也不如明代 16 世纪。

表 5 – 2 – 1　清末各省通志有关记叙水利工程数目统计

世纪	10 以前	10 ~ 12	13	14	15	16	17	18	19	合计
华北	43	40	30	53	65	200	84	186	32	733

注:(1)此表转录自珀金斯,《中国农业的发展》(中译本),上海译文出版社,1984 年第 77 页);(2)资料来源依据清代各省通;(3)统计数目中,不包括修理及废弃工程;(4)上述地区所含省别—华北:河北,山东,山西。

水利是农业的命脉,《农政全书,凡例》强调"水利者,农之本也,无水则无田矣"。徐光启强调作为治田先决条件,治水是发展农业生产的当务之急。他在天津参与屯田营垦兴办水利,亲自试验,历时三载,虽初见成效,但"大获其利,会有尼之者而止"。原因虽未交待,却已指出是有人在阻拦而被迫中断的[11]。严酷的现实逼使他意识到即使如兴办水利这样于国于民都有利的好事,也并非所有人都能赞同和支持的。

二、雍正时期河北地域的水田

为了在畿辅地区推广种植水稻,雍正朝加大了水田的开发力度,据统计,雍正四年(1726 年),先在滦县和玉田县修成水田 150 顷,试种水稻,获得成功。于是,清朝在雍正五年(1727 年)设立了水利营田府,下设京东、京西、京南和天津4个营田局。

京东局辖今武清县以东潮白河与滦河流域9县,从雍正四年(1726年)至雍正十一年(1733年),官民共营水田有600顷左右。

京西局辖今任丘、大城以北,霸县以西的拒马河与大清河水系17县。截止雍正七年(1729年),新安县共营水田890顷,文安县到雍正十二年(1734年),则营造稻田数为450顷。

京南局包括今滏阳河、滹沱河以西至太行山麓10县,其中平山县从雍正五年(1727年)到雍正九年(1731年)共营水田420多顷。磁州在雍正五年(1727年)营造水田数为1 000余顷。

天津局包括天津、沧州、静海、兴国和

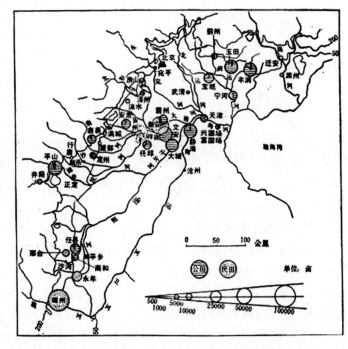

图5-2-2　雍正年间畿辅水利营田成绩示意图

富国2场,是明末清初重点修造水田的地区,由于滨海的缘故,这里的水田数有多有少,从几十顷到数百顷不等。

仅从雍正五年(1727年)到雍正七年(1729年),畿辅地区就经营水田约6 000顷,营水田总面积相当于明朝天津屯田面积的4倍多(图5-2-2)[12]。

三、发展井灌技术

徐贞明(?—1590年),明隆庆进士,他提出:"弃之为害,用之为利"的水利营田方略。万历初年他任工料给事中时,就主张在京畿兴水利种水稻。曾受命在永平府(今秦皇岛市卢龙)兴办水利营田,事初兴即遭权贵阻挠而被迫停止。他在其相关的论著中,不仅阐释在京东兴办水利的战略作用,以及有利条件和战术措施,还指出兴修水利和防除水害是治水两个难分的组成部分。他指出变水害为水利的关键是要对水加以有效的控制,"北人习水利,惟苦水害,而水害之末除者,正以水利之末修也。盖水聚之则为害,散之则为利。(弃之则为害,用之则为利)……今诚于上流疏渠浚沟,引之成田,以杀水势,下流多开支河,以泄横流,其淀之最下者,留以潴水,淀之稍高者,皆如南人圩岸之制,则水利兴,而水患亦除矣。此畿内之水利所宜修也。"

徐光启一贯重视农田水利,提出了沟洫灌溉以救旱荒的治水治田建议。他特别主张治理水旱并重,除在有条件地方可开成水田种稻,更应设法灌溉旱地藉以缓解旱情,着眼于水旱两利严谨方案[13]。他在《旱地用水疏》中曾指出:"近河南及真定(今石家庄正定)诸府,大作井以灌田。旱年甚获其利,宜广推行之也。"北方先后建成的水浇地,不仅能保证高产稳产,对种麦植棉等需水较多作物的推广普及,也起到了积极的作用。清乾隆时直隶总督方观承编撰的《御题棉花图》"二,棉田灌溉图"系文有"种棉必先凿井,一井可灌四十亩……北地植棉多在高原,鲜浚池自然之利,故人力之兹培尤亟耳"。又光绪《正定县志》有"男务耕耘,凿井以水车灌田,故其收常倍"等记载。有关北方小麦灌溉及凿井的发展历史过程,胡锡文的《中国小麦栽培技术简史》中"六、麦田管理",作了系统的讲述[14]。

徐光启认为,冀南、豫北一带缺水的地方"唯井可以救之","旱年甚获其利"。特别是在真定诸府推行一种灌溉农田效率更高的"龙骨木斗水车",是明代灌溉工具已有显著进步的重要标志。这种水车合筒车、翻车及辘轳为一体,具体结构是把一串水斗相连如链,套在井眼边上的一个大辘轳上,将辘

图 5 - 2 - 3　《农政全书》所绘牛转翻车

轳一端安装上一齿轮,与别一卧齿轮相衔接,用牲畜拉动卧齿轮,那么立齿轮回转,水斗随之连续上升,把装满的水带上来浇灌田地(图 5 - 2 - 3)[15]。

黄可润在无极县推广井灌技术的过程中,为了确知井址有没有地下水,他发现当地农民使用铁钎进行打探,较好解决了这一技术问题。他在书中记述说:"在无极见井匠用铁钎接连打探二三丈,其下土润而无沙砾,方可得泉。若过松则沙,过坚则砾,便舍之而他,既为之而不患弃井。"为了固定井架,他与当地农民一起"先用木作架如井式,将砖底砌就于木上,然后用大绳吊下安排妥稳",这样就有效避免了砖砌深井在使用过程中经常坍塌的问题。

到了清代末年凿井利用地下水灌田,在河北地域得到了普及。另据记载河北井灌与植棉有关。

山间泉水得到有效利用。清代河北地域境内有泉多处,引水以灌田的有邢台百泉、正定的大鸣、满城的一亩泉、鸡跑等泉,有的至今不废。

华北水利建设速度是从 16 世纪加快的,华北的津、沽、滨海地区及京畿水利营田工程,曾先后备受朝野关注,但因水源及地势影响,加之领导组织不力,成效未达到其所期望而时兴时废。但华北凿井及引泉却在清代中叶以后得到较快发展,这是改善农业种植条件的重大突破,对河北农业生产发展起到了较大的促进作用,利用地表水和地下水灌溉农田是农作物种植方法上一个新的创新点[16]。

四、清《畿辅河道水利丛书》

吴邦庆(1766—1848 年),霸州人,嘉庆丙辰(1796 年)进士。曾任御史巡视东漕及河东道总督,熟悉水利事务。将历代文献及他本人论著汇辑成《畿辅河道水利丛书》(1824 年编成)。收录水利专书 9 种,即:

《直隶河渠志》,清陈仪撰,记叙河北境内 20 多条河流的河道与水性;

《陈学士文钞》,陈仪有关河北营田水利的文集;

《潞水客谈》,明徐贞明撰,以问答形式论述北方水利的专著;

《怡贤亲王疏钞》,允祥总理京畿水利期间的奏疏,共 9 篇,是规划修治水道和营田种稻的建议书;

《水利营田图说》,陈仪撰,记叙河北 40 个州县水利营田的专著;

《畿辅水利辑览》,吴邦庆选编,从宋至明有关本地区的奏疏 10 篇;

《泽农要录》,吴邦庆撰著,全书 6 卷,约 6 万字,以引述前人论著为主,叙说从开垦、至耕、栽、锄、获等水稻生产各项技术过程,针对北方人,缺少种稻经验,侧重传授垦田灌溉和种稻的办法;

《畿辅水道管见》,分别详记永定河、北运河、南运河、清河及子牙河诸河流经和前代治理及当时的水道状况,并提出了许多符合实际的治理办法;

《畿辅河道管见·畿辅水利私议》,吴邦庆撰,记叙海河水系直隶境内五大河的源支,水性及设施,并论述其整治的对策与方案。

所录各书由吴邦庆添加序跋,阐释收编的原因及意义,语多中肯切要。这部丛书是河北水利科技发展的概括和总结。

此期还有《直隶河道事宜》及潘锡恩的《畿辅水利四案》(1823 年刻印)等水利专著。

第四节　农业生产工具的革新与技术进步

明及前清时期,主要是通过工具的运用操作,以及堤垸圩田的维修与河道塘浦的疏浚等相关技艺与工程的合理、有效应用,大幅度提高了农业劳动生产率。

一、播种机具的推广

在明代，河北地域的牛耕已经普遍化，与此相连的播种农具又有了进一步的改进，如播种用的双脚耧车，耧锄等，使得劳动效率有了很大提高。

双脚耧车自唐朝发明以来，至元朝已经在河北地域日渐普及，故《王祯农书》卷8说："若今燕、赵、齐、鲁之间，多用两脚耧。"两脚耧的形制由铁铧、木腿、种子箱、辕杆、扶手5个部分组成。具体讲来，其具体结构就是在耧车上装一个方形木斗（即种子箱），有闸板控制下种量，闸口悬挂中一根用于帮助种子均匀下漏和防止种子堵塞的细铁棒，操作时这根铁棒随耧晃动而左右摇摆，其下有两条中空的木腿，一般幅长1.2尺，当牛或驴骡拉着耧车顺田垄前行时，两脚犁头伸入土中，而木斗中的种子通过木腿中间的腔管从犁头后脚播进田垄里，随着前面的田垄被犁头豁开一条沟，后面已播上种子的田垄当即就被翻起的田土掩埋。

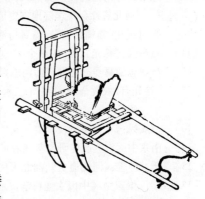

图5-2-4 两脚耧车图

对此，元代《王祯农书·耒耜门》记载得比较详细（图5-2-4）："两柄上弯，高可三尺，两足中虚，阔合一垄，横桄四匹，中置耧斗，其所盛种粒各下通足窍。仍旁挟两辕，可容一牛，用一人牵，傍一人执耧，且行且摇，种乃自下。"

二、耕犁制造技术的革新

明及前清时代，我国古代冶金技术又有了发展，在钢灌冶炼法进一步完善的基础上，出现了苏钢冶炼法，苏钢冶炼法进一步发展，衍生出生铁淋口技术。宋应星在《天工开物》卷十《锤锻》中说："凡治地生物用锄义之属，熟铁锻成熔化生铁淋口，入水淬键即成刚劲，每锹、锄重一斤者，淋生铁三钱为率，少则不坚，多则过刚而折。"这一方面巧妙地运用了苏钢冶炼法原理，用"生铁淋口"技术制作的农具不需夹钢打刃，制作方便、省时且成本低，而耐磨、韧性好、锋刃快、能经久耐用[17]。在锄、镰等常用小农具采用生铁、淋口的制造技术，成本低，适合小农应用。据《河北省地名志邢台分册》记载：清朝中叶、临西县赵樊村王成功、王成显兄弟生产的镰刀料精质优，不卷刃，不崩豁口刃犀利，经久耐用畅销于山东、河北、山西、内蒙、江苏、安徽等地。因其产品出售时装在口袋里，任手摸取，不用挑拣，人称"王一摸镰刀"。

另外，以生铁铸造或夹钢锻打的铁犁与犁刀的关键部件的铸锻技术也有改进，从而提高了耕犁性便于垦荒或深耕，就其应用与操作技艺而论，已基本上达到了封建社会的经济和技术条件所能容纳的最大限度[18]。为提升农具技术水平奠定了基础。人力牵引耕地机械——人力耕架（亦称"代耕架"或耕加代牛）以代替畜耕，深耕犁的出现，对农业生产发展也起了一定作用。

三、引进农业机械

清末直隶农务学堂（河北农业大学前身）成立，致力于农业技术农业机械的引进和推广，从日本引进玉米品种的同时也引进了马拉玉米播种机和玉米脱粒机，是我国19世纪玉米国外引种和相关机械引进的最早记录，农业加工产品、优良品种，在保定大慈阁长年示范展览，对推进农业科技进步发挥了一定作用。

注　释：

[1][2][5][8]　卢嘉锡：《中国科学技术史·农学卷》,科学出版社2000年版,第612—613,613,614—615,659页。

[3]　江太新：《清代前期押租制的发展》,《历史研究》1980年第3期。

[4]　魏金玉：《清代押租制的新探》,《中国经济史研究》1993年第3期。

[6]　苑书义等：《河北经济史》,人民出版社2003年版,第501页。

[7][9]　河北省社会科学院地方史编写组：《河北简史》,河北人民出版社1990年版,第469—470,420页。

[10]　张岗：《从〈畿辅见闻录〉看黄可润在河北农业发展史上的贡献》,《中国农史》1991年第4期。

[11]　石声汉：《徐光启和〈农政全书〉》,载《徐光启纪念论文集》,中华书局1963年版,第51—52页。

[12]　海河志编纂委员会编：《海河志》第一卷,中国水利水电出版社1997年版,第389页。

[13]　《徐光启〈农政全书〉卷之十二水利》,中华书局,第223页(徐贞明,请亟修水利以予储蓄疏,括号中系徐光启所加注语)。

[16]　卢嘉锡：《中国科学技术史·农学卷》,科学出版社2000年版,第628—629页。

[14]　南京中国农业遗传研究室：《农业遗产研究集刊》第一册,中华书局1958年版。

[15]　严兰绅等：《河北通史》,河北人民出版社2000年版,第155页。

[17][18]　梁家勉：《中国农业科学技术史》,农业出版社1989年版,第465,464页。

第三章　传统林业科技

　　明清期间,一方面由于修宫殿,建寺院,筑长城,冶铁矿,烧砖瓦,加上连年战争等原因,致使河北地域林业生产受到极大破坏。到清代末年,森林覆盖率下降到8%,河北地域已变为全国森林面积最少的省份之一。从另一方面讲,为了适应社会发展的需求,林业采伐和建筑等方面的技术发展也很快,精细化、集约化的植树造林技术、半机械化的采伐工具、果树栽培管理技术等实用技术的应用,使河北地域林业仍然获得一定发展。

第一节　植树造林技术

　　河北地域植树造林,历代群众都有较好的技术经验。人工造林起源于周朝,从营造纪念林开始,战国时出现了行道树,魏晋时有了寺庙园林。明清时期,随着造船业、建筑业等方面的发展,社会对于木材的需要与日俱增,同时人们对于林副产品的需求也在不断增加,这又促使这一时期的林业生产有一定程度的发展。这一时期林业生产的特点,主要是技术的精细化和生产的集约化。同时,由于地少人多的矛盾日益突出,林农间作技术有了一定的发展。

一、造林技术的精细化

1. 采种技术

　　明清时期很注意掌握林木种子的成熟度。《齐民要术》中说松树"种者,九月中收成熟子"。《群芳谱·木谱》指出:"八月终,择成熟松子、柏子,同收。"又说:"九月中柏子熟采收。"这些记载即明确了采收时间又都强调成熟两字。因为只有适时采收成熟的种子,才能保证育苗的质量和数量。

2. 插条育苗技术

明清时期,已经相当成熟地掌握了插条育苗的技术关键。《农政全书》指出:"正二月间,树芽将动时,拣肥旺发条,断长尺余,每条上下削成马耳状。以小杖刺土,深约与树条过半,然后以条插入,土壅入。每穴相去尺许。常浇令润,搭棚蔽日。至冬换作暖荫,次年去之。候长高移栽。初欲扦插,天阴方可用手。过雨十分,无雨难有分数矣。大凡草木有余者,皆可采条种。"这些经验,首先强调了扦插的关键时期。

二、林业管理的集约化

明清时期,为了满足社会对于林产品的需求,林业生产者开始采取了集约经营的生产方式。这可以视为现代经营理念的萌芽。

苗圃开始出现规模经营。清光绪年间(1875—1908 年),直隶省保定、河间、定州、深州等府州县有了私人经营的向北京、天津等大中城镇出售林果、花卉等苗木的园圃。

用材树种的造林适当密植。明清时期对于用材树种的造林,提出适当密植的要求。例如,栽种松杉时《农政全书》指出:为四五尺成行,"密则长,稀则大"[1]。明清时期对于特种经济树种的造林密度,则根据不同的用途而采取相应的种植密度。凡是利用枝、叶或树皮的树种,一般造林密度较大。

三、《畿辅见闻录》与沙地造林技术

黄可润编纂的《畿辅见闻录》一书,载有不少树种选择、种植密度及种植方法等造林内容,尤以沙地造林技术最可称道。

黄可润(？—1763 年),字泽夫,清代福建龙溪县壶屿(今角美镇西边村)人。清乾隆四年(1739 年)进士。先后在河北国都附近一带任职二十年,每到一地,深入群众,"延问父老,悉其利病"。处事清正严谨,办事妥帖,每遇"大赈大役",上级定要委他主持其事。在无极五年间,黄可润关心人民疾苦,重视农田水利建设,发动农民凿井和搞好井灌的设施,提倡粮、棉、菜间作,引进甘薯,倡导植树造林,兴学校,正风俗,纂修《无极县志》,收藏《快雪堂法帖》石刻等。调离时,"士民攀辕送者万人"。后任易州知府,易州古河年久淤塞,黄可润依据《图经》上书请准筑坝,注水灌农田万顷,再导水环绕易州城,使城堤墙更为坚固,河成,乾隆命名为"安河"。黄可润先后在宣化建立柳川书院、在易州建立泉源书院和凌云书院,以培养人才。师生的膳食补贴,由他"割俸赎田充之"。黄可润于乾隆二十八年迁知湖北黄州府,旋改知河间府,在任中病逝。遗著有《无极县志》、《宣化府志》、《口北三厅志》、《畿辅见闻录》、《壶溪诗文集》。

无极县北部有一道沟叫"木刀沟",由于这里植被稀少,沙土暴飞,给东乡及北乡农户的生产和生活造成严重威胁。为此,时任无极县知县的黄可润根据当地实际,采取开发承包措施,充分调动农民治沙的积极性,他把大面积荒沙地承包给有条件的农民栽种,其具体做法是:"先定各村界,约略量沙积之地多少,每家资稍裕者限三十亩,中者二十亩,下者十亩,令其杂植枣、杨、榆诸树……如有原主欲自栽者,一月内按法栽满,否则听民分种,将来成材,种树人自有之物。"作为法律凭证,由各村给承包人颁发印票,同时,各村还要设练长若干人负责稽查,以防止所栽之树木被偷盗和破坏。为了保证所栽种树木的成活率,他吸收领先深泽的经验,在林株行间播种"地丁"丛生灌木,这种灌木易于成活,且能宿根,有防风固沙之功效。通过几年的治理,无极县东乡的沙地得到了有效控制,黄可润在《畿辅见闻录》中深有感触地说:"初,东乡一带荒沙无青草,今则缛秀弥望,见树不见沙矣"。

第二节　果树栽培技术

明清时期,河北地域果树生产发展较快,梨、桃、杏、李、葡萄、栗、柿、核桃等果品已成为普遍栽培的树种。《河间府志》记载:"明朝洪武二十七年(1394 年),命工部行文书教天下百姓务要多栽桑枣,每一里种二亩秧,每一百户内共出人力挑运柴草烧地,耕过再烧,耕烧三遍下种……栽种过数目造册回奏,违者全家发配云南金齿充军。"徐光启《农政全书》记载的河北地域水果有枣、桃、李、棠棣、杏、梨、栗、奈、林檎(苹果)、柿、安石榴、樱桃、葡萄、桑葚、木瓜、楂栟、山楂等十多种。

清代果树栽植面积、管理水平都有了发展。定县、赵州、河间、泊头的梨,深县的蜜桃,怀来的苹果,宣化的葡萄,迁西的板栗,沧县的小枣等果品都已经形成规模,栽培管理技术逐步成熟,产品已远销国内外市场。

一、匕头接和寄枝的应用

果树嫁接技术在宋元时期已达到 6 种之多,到了明代又出现了"匕头接"和"寄枝"两种嫁接方法。按现代术语,"匕头接"就是根接,"寄枝"就是靠接。根接的出现,从过去相同器官之间的嫁接发展到了不同器官之间的嫁接;而靠接的出现,则为那些嫁接不易成活的植物提供了比较可靠的无性繁殖措施。因此可以说,除了丁字形芽接系近代采用的技术以外,现代所用的嫁接方法在明代都已具备了。

关于接穗的选择,王祯在《农书》中记载:"凡接枝条,必择其美。宜用宿条向阳者,气壮而易茂"[2]。陈溟子在《花镜》一书对此加以发展而阐述道:"其接枝亦须择其佳种;已生实一二年,有旺气者过脉乃善。""凡接须取向南近下枝,用之则着子多"。明确指出除要选择佳种外,还要选择已结过果一二年并且是向南近下的丰产枝条。反映出作者不仅认识植物生长发育的阶段性,而且认识到选择丰产强壮枝条在生产上的重要意义。

二、果树修剪技术

明清时期,在果树修剪技术和理论等方面有所发展。果树修剪时期分为冬季修剪和夏季修剪。葡萄是必须夏季修剪的果树,这是明代开始提出来的。《农政全书》记载"待结子架上,剪去繁叶,则子得成雨露肥大。各月将藤收起,用草色护,以防冻损。"[3]这里指出了葡萄棚架栽培进行夏季修剪的时机、要求和效果以及冬季防寒措施。葡萄自西汉时期引种到我国黄河流域栽培后,在南北朝时期采用了棚架栽培和埋土防寒的技术。唐代开始应用扦插繁殖技术,到明代又开始应用夏季修剪技术。可以说,葡萄栽培的基本技术到明代已相当成熟了。

冬季修剪的时期在《齐民要术》中提出了终期,但没有提出始期,适宜始期的提出见于明代宋诩《竹屿山房杂部》,"必自其秋冬枝叶零落时始宜修平壤剔"。这里开始把冬剪的始期和果树的物候期联系起来。结合《齐民要术》提出的终期,使冬剪的始期和终期都建立在果树年生长周期的科学基础上。现代的修剪技术仍然遵循这一原则。

在选种方面,《花镜》一书中作者谈到桃树育种时说:"取佳种熟桃,连肉埋入土中,尖头向上"。强调实生繁殖必须选择良种,播种时尖头向上,才易发芽。虽然当时人们没有遗传基因的知识,但是通过长期的经验积累,对上下代之间的繁殖现象已经有了深刻的认识,并已经在品种繁育时开始应用。

第三节 河北地域森林资源

太行山区北段自辽道宗以后,砍伐山林的速度不断加剧,由分散砍伐逐渐发展到有组织的大规模砍伐,大大加速了山区森林的消亡。如明永乐年间,明宣宗在易州、平山、满城、蔚州、美峪、九宫口、五龙山、龙门关等山场,专事收购木材。截至嘉靖三十六年(1557年),太行山北段森林基本上被砍伐殆尽,已经荒山累累。尽管清朝雍正二年(1724年),曾诏令直隶督抚等官"以舍旁田畔,以及荒山不可耕种之处,量度土宜,种植树木"[4]。但独木难成林,这样的零星和分散植树,已经无法恢复以原始森林为特色的自然生态景观。到道光以后,太行山已是"荒边无树鸟无窝"[5]的一片大漠境况。其直接后果是到处荒山秃岭,沟壑纵横,草木不生,水土流失,灾害频发。可谓:荒山秃岭和尚头,洪水下山遍地流,旱涝风雹年年有,十年九灾让人愁。

燕山山地的森林资源在辽元时期砍伐的基础上,进一步扩大砍伐区域,特别是明朝将领胡守中对燕山一带的树木几乎扫荡一空。据《热河志》载:"大宁路、富庶县、龙山县、惠州皆土产松。明嘉靖时,胡守中斩伐辽、元以来,古树略尽。"[6]如胡守中在现今遵化县东北喜峰口关建"来远楼",尽伐辽金以来松木百万以建此楼。《清凉山志》亦载:"今为胡守中所伐,又有隆庆来蓟北修边台桥馆万役,今千里古松尽矣。"[7]明朝还在北京附近的易州设置了柴炭山厂,遵化设置了冶铁厂,致使这些地方的山林遭到毁灭性采伐。以易州为例,那里的山区本来"林木翁郁",经过长期破坏,到晚明时期则是"数百里山皆濯濯"了。清朝初年,一方面,对燕山山地林木资源采取局部保护措施,另一方面,由于修建承德"离宫"及北京宫殿的木材需要,清朝统治者又对局部森林进行有组织地大规模砍伐。如在公元1768—1774年,清朝内务府仅从围场县的英囤囵、莫多闻、后围三处就砍伐树木365 000株[8]。

注 释:

[1][3] 徐光启:《农政全书》,中华书局1956年版,第761,600页。
[2] 王毓瑚:《王祯农书》,农业出版社1981年版,第54页。
[4] 《大清世宗宪(雍正)皇帝实录》卷16,(中国台湾)华文书局1964年版,第254页,
[5] 牛儒仁主编:《偏关县志》,山西经济出版社1994年版,第769页,
[6] 《畿辅通志·舆地略二十八》,河北人民出版社1989年版,第417页,
[7] 《清凉山志·卷5(侍郎高胡二君禁砍伐传)》。
[8] 《河北森林》编辑委员会等:《河北森林》,中国林业出版社1988年版,第49页。

第四章　传统畜牧水产科技

明清时期,河北地域依然是我国畜牧业发展的重点区域。当时河北境内戎马牧场众多,张家口、承德等北部地区草原辽阔,是重要的养马地区之一。除此之外,牛、骡、驴、羊、猪、鸡、鸭、鹅、兔、骆驼等畜禽的养殖业在明清时期也很发达。这个时期,河北饲养的家畜不仅数量多,而且生产的畜产品质量也好,良种繁育技术高超,饲养管理技术的论述较为丰富。畜牧兽医技术已经达到了相当高的水平,在城市、集镇出现了立桩开业的个体兽医诊所。该时期在河北首次出现了专业渔民,捕鱼作业由岸边向海洋发展,这是渔业生产的一个新的转折。

第一节　畜禽育种、饲养和防病技术

一、人工饲养技术

明清时期,对猪饲养管理技术的论述较为丰富。明代徐光启撰写的《农政全书》卷41《牧业篇》记述:"猪多总设一大圈,细分为小圈,每小圈止容一猪,使不得闹转,则易长也。"徐光启曾数次在天津进行大规模农事试验,因而该书中关于饲养技术的论述是与河北人民的贡献有着密切关系的。"使不得闹转,则易长也"的记述表明了早在数百年前,人们便了解了限制家畜活动有利于生长的科学道理,这一科学原理在现代畜牧生产中仍在应用。在现代育肥饲养中,为了保证育肥效果,均采取了限制家畜活动的措施,以保证所食营养更多地满足生产需要,这与古代人民所采取的措施是一致的。在猪的饲料资源开发方面,明清时期也有了较大进展,当时已广泛利用青饲料、水生饲料、枝叶饲料、发酵饲料、干草、块根、块茎和瓜类、薯秕饲料、糟糠饲料、籽实饲料、矿物饲料以及泔水、糟水、豆粉水等,认识到"大凡水陆草叶根皮无毒者"皆可作为猪的饲料。饲料资源是发展畜牧业的物质基础,它决定着畜牧业发展的规模和养殖效果。在明清时期,人们进行了多种尝试,开辟了众多饲料资源,为养猪业的发展奠定了坚实的物质基础。在饲养方法上,当时还总结出一套"圈干食饱"和"少喂勤添"的饲养原则。由于这一时期养猪技术的发展,在河北地域出现了养猪致富的民间业者,充分说明了河北人民在养猪技术方面的发展和进步达到了极高水平。

二、良种培育技术

良种培育技术方面成果显著,如河间府马有数十种之多,牛有数种;宣化府土产"味甚美"的青羊、黄羊以及秋羊;河间府"民多牧羊者",出产"肥而不膻"的"瀛羊";定州的马有数十种之多[1]。表明河北人民在品种培育方面所展示出的高超水平,有力促进了我国畜牧业的发展和技术进步。

三、防疫治病技术

在明代为了减少马匹的死亡,政府采取了一些措施:凡民牧各群,设群长和兽医,对马匹进行管理和治疗。洪武二十八年,50匹马立群长1人,群长下挑选2~3人学习兽医,业成一人专治马病,到成化四年每府设兽医1人,指导下面的兽医业务和技术。河北地域历来是重点养马区,由于这一措施的实施,兽医人数大量增加[2]。民间百姓也总结了丰富的预防疾病经验,嘉靖《广平府志》"喂盐饮水则不生疾"的记载便是明证。

清代,河北地域中兽医除游乡串村治疗牲畜疾病外,在城市、集镇已开始立桩开业,全省约有兽医诊所百余处。太宗文帝时在张家口一带,兴办"官牧"多处。为防治牲畜疾病,各场都配备马医官,负责疾病治疗和啖盐。据《口北三厅志·制救志》记述,康熙四十四年,蒙古草原"疫气盛行,蒙古马多倒毙。"而设于坝上的官牧却"毫无损伤"[3]。上述资料表明,河北地域的中兽医人员不仅数量多,而且在治疗技术方面具备了较高水平,能够有效地治疗畜病,避免了畜牧业的损失,为畜牧业的健康发展发挥了重要作用。

清代,中兽医阉割技术更加成熟,并在生产中大量应用。如在乾隆五年两翼牧厂有骟马16群,每群至少有400匹。雍正三年,两翼牧厂有骟马32群,三十五年又增骟马6群,三十八年又增8群[4]。可见当时河北地区大量使用了阉割技术,由于技术水平高超,因而被广泛应用于生产实践。

第二节　渔业和捕捞技术

随着明清时期造船技术、航海技术、捕捞技术的进步,渔业生产开始走上了分工协作的新阶段。沿海出现了专业渔民,海洋渔业已经成为一个重要生产部门。渔业生产水平有了很大提高,捕捞技术已经发展到较为成熟的阶段。

一、专业渔民

据天津县志记载:"每岁谷雨后芒种前,渔人驾舟出海,有船约三百号,一为采捕船,一为接运入口者,其数各半。沿海之民籍以为生,是亦农人三时之有秋也。"[5]沧州"再东滨海皆以鱼盐为利"[6]。这些记载表明在我省沿海地区出现了专业渔民。

专业渔民的出现是我省渔业发展的转折点,它由过去在塘河湖海边捕捞以补充生活所需或售卖以资家用的副业式生产转向了专业化生产,对促进我省海洋捕捞渔业的发展及船网工具的改进和革新意义非凡。

二、海洋捕捞

伴随着专业渔民的出现,15世纪初河北沿海地区有了4丈以上的渔船,出现了雇工劳动,作业水域开始向远海延伸,这时河北渔业进入风船时期[7]。随着船网和捕捞技术的改进,河北地域形成了海洋中固定的渔业生产作业区,即海洋捕捞渔场[8]。海洋捕捞渔场的形成是明清时期海洋捕捞业发展的又一个重要标志,同时也是捕捞技术进一步发展的标志,由于渔船、渔具及渔法的改进和发展,使得过去只能在岸边及近海捕捞的状况得到了极大改善,进而向远洋进发,说明技术的发展对推动渔业生产方式的变革发挥了重要作用。

三、鱼汛预测技术

海洋捕捞的一项重要技术是对鱼汛的了解和掌握,这对于专业渔民的捕捞效益至关重要,而这一技术早在清代就为河北沿海渔民所掌握并加以利用,如临榆知县萧德宣诗云:"东风著力任吹嘘,海上冰消二月初,新起茅棚三十所,家家占地打青鱼。"[9]该诗描写了我省临榆县沿海渔民的捕捞盛况,更重要的是诗中描写的捕捞时间正是鱼汛时间,在这一时期捕鱼,就可获得好的收成,因而在鱼汛期间出现了"新起茅棚三十所,家家占地打青鱼"的壮观场面。说明河北沿海渔民对于鱼汛的掌握已经达到了较高水平,有力地促进了海洋捕捞业的发展。

四、淡水养殖和捕捞技术

明代,我省不但在沿海地区出现了专业渔民,而且在内陆地区亦出现了以渔为业的渔户。据记载,保定府境内的白洋淀等水域,"出蒲苇、藕芡、鱼虾,其利与北地耕植相等",所属雄县"多水产",有鱼虾类 37 种[10]。由于内陆渔业生产发达,明代在河间府、大名府、顺天府等地设置了河泊所[11],其职责是征解鱼课、管理渔户。该资料表明,在明清时期不但在海洋渔业生产和技术方面有了较大发展,而且内陆淡水养殖与捕捞业也发展到了一个发达阶段,因而使得朝廷设置相关机构征收鱼税,并管理专业渔户,说明我省淡水养殖和捕捞技术在继承传统技术的基础上不断在革新进步,在这种技术进步带动下,使内陆河流湖泊的淡水养殖和捕捞发展到了一个繁荣阶段。

注　释:

[1][10]　程民生:《中国北方经济史》,人民出版社 2004 年版,第 532,682—683,486 页。

[2][3]　刘树常:《河北省畜牧志》,北京农业大学出版社 1993 年版,第 254 页。

[4]　王铭农:《明清时期动物阉割术的发展和影响》,《中国农史》1996 年第 4 期。

[5]　陈长征:《明朝时期环渤海地区经济发展的特点》,《济宁师范专科学校学报》2006 年第 2 期。

[6]　李文睿:《试论中国古代海洋管理》,厦门大学博士论文,2007 年,第 59 页。

[7]　河北省地方志编纂委员会:《河北省志·水产志》,天津人民出版社 1996 年版,第 30 页。

[8]　闵宗殿:《明清时期的海洋渔业》,《古今农业》2000 年第 3 期。

[9]　李玉尚、陈亮:《清代黄渤海鲜鱼资源数量的变动》,《中国农史》2007 年第 1 期。

[11]　尹玲玲:《明代的渔政制度及其变迁——以机构设置沿革为例》,《上海师范大学学报(哲学社会科学版)》2003 年第 1 期。

第五章　传统陶瓷科技

明末清初是一个政局动荡的社会变革时期,瓷业生产情况十分复杂,御窑厂的生产活动基本废停,民窑生产空前活跃,此时彭城窑技压群芳,成为明清时期北方瓷业的生产中心。各窑主要生产风格独特的优质青花瓷,代表了那个年代青花瓷的最高水准。这类青花瓷的主体风格既具有共同的独特面貌,又具有渐进演变的特点:其装饰风格具有浓郁的绘画性、文人气息与世俗风情、精良的胎釉质量,纯正的青料发色,丰富的晕染层次以及工艺质量超过历史上任何时期青花制品,至康熙时已进入极佳的境界,故有"青花五彩"之美誉。

第一节　彭城磁州窑技术的进步

明代磁州窑,经过元末明初的战乱、天灾和水患,漳河流域以磁县观台为中心的窑厂停烧。然而经过"燕王扫北"战乱之后的和平发展,到明宣宗时代,北方的经济恢复、发展,各种手工业、商业经济呈现繁荣景象。此时磁州彭城窑技压群芳,后来居上,成为明清时期北方瓷业的生产中心。为了满足都城北京对磁州窑瓷器的消费需要,明朝政府正式在彭城设置了官窑,同时还在磁州南关设立了专门存放官家酒坛的仓库,即"官坛厂",生产规模愈益扩大。其重要的标志就是当时彭城窑开始扩大窑炉,有了能一次烧成十余万件产品的特大型馒头窑,并同时采用套烧、扣烧、裸烧等方法,增加其容量。据《磁州志》载:"在彭城镇设官窑四十所,岁造瓷坛,堆集官坛厂,舟运入京,纳入光禄寺。"又《大明会典》卷194说:"凡河南及真定府烧造,宣德间题准,光禄寺每年缸坛瓶,共该五万一千八百五十只个。分派河南布政司钧、磁二州,酒缸二百三十三只,十瓶坛八千五百二十六个,七瓶坛一万一千六百个,五瓶坛一万一千六百六十个,酒瓶二千六十六个。"另,明《嘉靖彰德府志》卷1《地理志》之"磁县"条亦记述说:"彭城,在滏源里,居民善陶缶罂之属。或绘于五彩,浮于滏,运于卫,以售他郡。"考其彭城瓷器种类有美术陶瓷、日用陶瓷、园林陶瓷、仿宋陶瓷等八大类,上千个种类,远销五大洲的五十多个国家和地区,故当时有"彭城陶业利甲天下"之说。

人们在峰峰彭城镇富田村村南的富田窑遗址内发现了明代的两座联体馒头窑(图5-5-1),其结构与磁州窑的传统窑炉大体相同,但由于所烧器形的变化,比如,磁州窑以烧制小型的碗、盘、罐等瓷器为主,但从明初开始,以彭城镇为中心的磁州窑转而以烧制大型的酒缸、坛等为主,更加注重瓷器的生活化和实用化。与之相适应,馒头窑炉的窑井本来位于窑墙的左侧,而缸窑则左、右都开有窑井,以加大通风能力。

图5-5-1　富田窑遗址的明代联体馒头窑

图5-5-2　磁州窑
白地黑花酒坛

为了增加烧制缸产品的数量,彭城窑工采用大缸套中缸、中缸套小缸、小缸套瓷盆的方法,既节省了空间,降低了烧瓷成本,同时又扩大了规模,增加了产量。诚然,缸胎与碗胎的质料是有所不同的,一般地讲,缸胎内含有明显的细砂粒,且器壁厚重,从外观上看似乎缺乏一种灵气,但聪明的磁州窑窑工却将碗、枕等器物上的装饰艺术移植到缸器上来,由于缸体的体面积相对宽大,更利于窑工的艺术表现,所以磁州窑系酒坛上的书法与绘画更淋漓尽致地体现了北方人的粗犷豪放性格。在此基础上,民间匠师则挥洒随意,装饰内容与形式活泼,风格多变,遂形成明代磁州缸窑的一个鲜明特征。比如,邯郸出土了1件磁州窑系白地黑花酒坛(图5-5-2),该磁州窑酒坛沿用了宋、元以来磁州窑最富特征的白釉地黑花(褐彩)的装饰手法。白地黑花装饰工艺是把中国传统的水墨画技法运用到了瓷器上,以笔为工具,用极为自由粗犷的画风来表现民间喜闻乐见的装饰内容。

制作工艺是先在胚胎上加施一层白色化妆土,然后用深、浅褐色彩料勾出图案。器外施透明釉,形成了釉下彩绘的装饰效果,黑白反差强烈,层次感极强,图案醒目。彭城窑白地黑花褐彩,根据其所绘褐彩工艺不同可分为两类:一类其褐彩施于釉的表面,此类褐彩的工艺是先在器坯上敷化妆土,以一种名为"斑花石"的褐铁矿物质为色料描绘花纹后施釉,然后再于釉面点缀褐彩入窑烧成;另一类,其褐彩施于釉下,且用以描绘花卉,奔马的鬃鬣、马尾,鱼纹的鳍部等或用平涂的方法填于黑彩勾勒的图案中[1]。1999年,彭城镇滏西路出土了一些属于明代的碗心绘人物、鱼藻纹、花卉等纹饰的白地黑花碗、盘和一些梅花点纹装饰的碗残片,其中梅花点纹装饰最早出现于北宋,但明代的梅花点纹装饰为黑地白梅花、黑地褐梅花等。人们在彭城采集到的传统低温釉三彩制品中,双鱼耳炉和双狮耳炉是明代特有的形制(图5-5-3)。

从轮制的角度说,彭城窑陶瓷器物有双轮与一轮之分,其"为缸者用双轮,一轮坐泥其上,一轮别

图 5 - 5 - 3　彭城窑烧制的
三彩双鱼耳炉

一人牵转,以便彼轮之作者,作者园融快便入化矣。为碗者止一轮,自拨转之。"

清朝初期,彭城磁州窑伴随着河北地域社会经济的恢复和发展,实现了烧制技术的改进,出现了窑场增多,窑型改大,品种增多的发展盛况,所以民间有"南有景德,北有彭城"之说。当时,彭城镇磁州窑"烧造有瓮缶盆碗炉瓶诸种黄绿翠白黑各色"。其中图案装饰的瓷器多集中在碗、盅、瓶、盘之类小型的器皿上。这一时期无骨小写意式的画法在瓷绘上占主流。折枝绘画式构图代替了带状图案,用赭粉色点簇花朵,褐色或黑色点缀枝叶,逸笔草草,意趣盎然。褐赭比前代铁锈花增添了暖色基调,小品式的山水、鸟鱼和菊竹梅兰成了窑匠艺人喜爱的题材。清末,吉祥图案兴起,形式与内容巧妙的结合,使磁州窑瓷绘艺术又返朴到民间图案的苑地。而在清代所烧制的瓷器类型中,尤以彭城窑烧制的白釉黑花猫枕最具特色,它以猫背为枕面,猫的面容显得很温顺,四爪伏卧在地,十分逗人喜爱。枕施白釉,釉下点黑色斑点作为装饰,釉色光亮。

第二节　井陉窑烧制技术的衰落

众所周知,自入明代之后,北方的许多瓷窑都出现了生产萎缩的趋势,譬如,《天工开物》卷7《陶埏·白瓷》条载:"凡白土曰垩土,为陶家精美器用。中国出惟五六处:北则真定定州、平凉华亭、太原平定、开封禹州,南则泉郡德化(土出永定,窑在德化)、徽郡婺源祁门(他处白土陶范不粘,或以扫壁为墁)。德化窑,惟以烧造瓷仙、精巧人物、玩器,不适实用。真、开等郡瓷窑所出,色或黄滞无宝光。合并数郡不敌江西饶郡产。"又,"古磁器,出河南彰德府磁州。好者与定器相似,但无泪痕,亦有刻花、绣花,素者价高于定器,新者不足论。"景德镇窑的兴起确实对河北地域诸窑的生产造成了一定压力,由于战乱的原因当时多数窑的生产还处于恢复时期,其瓷器生产水平和质量有所下降,但这不是问题的全部,因为一则像定窑、磁州窑这些古窑不仅在入明后仍继续烧造,而且还占有相当份额的市场地位,二则井陉窑后来居上,成为明代重要的贡瓷生产基地,其瓷器釉色纯净,光亮如漆,造型丰富,制作精良。如乾隆《正定府志》卷12《物产》条云:"正定府产瓷器,罐坛之属也,明时充贡出井陉。前明缸坛岁一万七千六百一十八件,载在贡额,成化中应出缸瓶其数加至五万余。"既然是贡瓷,就说明井陉瓷尤其是艺术瓷的技术水平和质量绝对不是一般的。那么,井陉瓷的独特之处究竟在哪里呢?

首先,井陉窑吸收了邢窑白瓷的技术精华,并创造性地把邢瓷的烧制水平推向了一个新的历史高度。经河北精细白瓷元素谱的有损和无损分析,人们发现井陉窑和邢窑之间存在着比较密切的继承关系。比如,邢窑白瓷釉的色调,呈白中微泛青色,恰似在白雪上面冻了一层薄冰,而井陉窑白瓷釉的色调亦复如此,其高精度的白瓷制品,釉色莹润光洁,灰白釉色闪青,可见,釉色闪青应是井陉窑白瓷的一个重要特点。

其次,如前所述,戳印划花是井陉窑在装饰方面的独特创造。

再次,井陉窑在装烧工艺方面采用了砂圈叠烧法。所谓砂圈叠烧法就是说在瓷坯施釉入窑之前,先在器物内底(以碗盘为最多)刮去一圈釉面,形成露胎环,然后再将叠烧的器物底足置其上(凡叠烧器物底足均无釉),而使露胎环正好与无釉的器足接融,并逐层重叠。故用此法烧制的碗、盘、盆等器物一般里心均有砂圈,看上去多少会给人留下一种缺陷感,虽然如此,但它毕竟"省去了支钉、支珠、垫圈等支烧窑具,增产的幅度高于覆烧法,影响了当时也传承了后世"[2]。

随着清朝的建立和贡瓷的免除,井陉陶瓷逐步转入了烧制"缸瓮盆碗及其他琐小器皿"类的民用产品,艺术性陶瓷的产出形成断层,致使瓷艺衰落。

第三节　唐山瓷与赤城窑的兴起

明代永乐年间,山西介休、江西高安、山东枣庄等地居民先后移居唐山,带来制缸技术,群集于市区东北的两个地段,利用就地原料和燃料生产缸类产品。两地分别取名为东缸窑和西缸窑。据唐山田益图在1888年续修其家谱时所说:"我田氏一族,肇基自山西汾州府内,寄居在介休司东村中。传家既久,永世无穷。明德方新,克昌厥后。念宗盟之有托,岂忍舍旧而从新。奈时势之所迫,偏宜去彼而就此。爰及永乐二年。转徙永平,迁居滦郡,社选曹口,宅卜缸窑。此固创业之始基,而亦启后之鸿图也。"又如,清代《滦州志》载:"洪武六年癸丑冬十二月,元兵攻瑞州,诏罢瑞州,迁其民于滦州。"在历史上,瑞州是产瓷之地,这些瓷民自然是唐山瓷的直接创造者。

为了修筑长城的需要,河北地域在明代出现了专门为长城沿线烽燧、关隘及独石口城建设用材服务的赤城窑,如我国考古工作者在独石口乡西门外村西部山坡下部发现一处大规模的窑址群,从暴露的窑址看,形状大体为圆形,窑室直径约3.5米左右,窑壁烧结面厚达0.5米,其出土器物除了典型的明清时期青花瓷残片以外,还有多种陶、瓷器,兽头纹、莲花纹滴水,各种型号板瓦、筒瓦、青砖等。另外,还在遗址东部发现少量绿色琉璃砖残块。

注　释:

[1]　郭学雷:《明代磁州窑瓷器》,文物出版社2005年版,第19—27页。
[2]　孟繁峰等:《河北瓷窑考古的几个问题》,载《邢窑遗址研究》,科学出版社2007年版,第387页。

第六章　传统冶金科技

在这个时期,河北冶炼技术的主要特点是官营与民营并举,冶铁工场规模大,技术水平高,在全国冶炼行业中有突出地位。

第一节　官营铁冶技术的兴衰

从汉武帝盐铁官营始,尽管在不同的历史时期,对铁矿亦采取"听人私采,官收其税"的松弛政策,但最大限度地实行国家对矿产资源和冶炼行业的控制,却始终是历朝历代封建统治者牢牢把握着的一根生命线。洪武六年(1373年)四月,中书省臣言:"方今用武之际,非铁无以资军用,请兴建炉冶,募工炼铁,从之。"[1]不过,鉴于胡守庸专权揽政的惨痛教训,朱元璋废除丞相而直接委政于六部,其中工部是明朝官手工业最主要的领导机构,它的职责是"掌天下百工营作,山泽采捕、窑冶、屯种、榷税、河渠、织造之政令"[2],工部下设四个清吏司,即营缮、虞衡、都水、屯田。而虞衡清吏司的职责范围甚广,"典山泽采捕、陶冶之事",可见,兴办冶炼是虞衡清吏司的重要职责之一。位于河北地域东部的遵化县山区,很早就有冶炼铁矿的历史,"唐天宝初,始于其地置马监铁冶,居民稍聚,因置县,以遵化名"[3]。从此,冶铁的传统一直延续下来,"元时置冶于沙坡峪",旧址在今县城西北11公里的沙坡峪村,村南 1 公里到今天仍有一处铁矿。

由于明朝的矿冶政策有断有续,前后不连贯,因此,各地铁冶厂是废还是复,通常并没有一定之规。据《大明会典》卷 189《工匠二·冶课》载:"洪武二十六年定、各处炉冶、每岁煽炼铜铁、彼先行移各司岁办。后至十八年停止。今不复设。如果缺用、即须奏闻、复设炉冶、采取生矿煅炼。着令有司差人陆续起解、照例送库收贮。"依此,明永乐年间(1403—1424 年)在元代铁冶厂的基础上,设立了规模不小的遵化铁冶厂。据《大明会典》卷 194《遵化铁冶事例》载:"起苏州、遵化等州县民夫一千三百六十六名,匠二百名,遵化等六卫军夫九百二十四名、匠七十名,采办柴炭,炼生熟铁,一年一运至京。"可见,民匠和民夫是遵化铁冶厂的主要生产者,民匠是一种有技能的"熟练工",在厂负责炒炼熟铁,而民夫则是民匠的助手,负责采材、烧炭、淘沙等劳役。"每年 10 月上工,至次年四月放工。凡民夫民匠月支口粮三斗,放工住支。"至于冶铁产量,据文献记载,明正德四年(1509 年),设大鉴炉 10 座,用于炼生铁,共炼生铁 486 000 斤。同时,又设白作炉(炒钢炉)20 座,用于熟铁与炼钢,其中炼钢铁计62 000 斤,而炼熟铁则计 208 000 斤。正德六年(1511 年),仅开炉 5 座,但冶铁产量却没减,即维持在正德四年的生产水平。由此证明,遵化冶铁炉的生产效率有了进一步的提高。

有人根据《大明会典》卷 194《遵化铁冶事例》的相关记载,推算出其冶铁炉 1 座在 6 个月中能炼出生铁八万多斤,约合 40 吨;而白铁炉 1 座在 6 个月中却仅仅能炒炼熟铁一万多斤到二万多斤,约合5 ~ 10 吨[4]。如此高效率的冶铁炉,其内在结果自有它的独特之处。

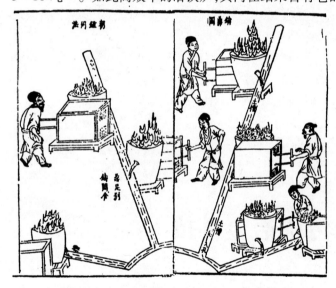

图 5 - 6 - 1 《天工开物》描绘的铸鼎风箱形制

按《春明梦余录》卷 46《铁厂》载:"京东北遵化境有铁炉,深一丈二尺,广前二尺五寸,后二尺七寸,左右各一尺六寸,前辟数丈为出土之所。俱石砌,以简千石为门,牛头石为心。黑沙为本,石子为佐,时时旋下。用炭火,置二鞲扇之,得铁日可四次。石子产于水门口,色间红白,略似桃花,大者如斛,小者如拳,捣而碎之,以投于火,则化而为水。石心若燥,沙不能下,以此救之,则其沙始销成铁。"这段记载说明遵化冶炼技术有三点创新:一是遵化的冶铁炉应为一种比较高大的土高炉,如人们在遵化县境内发现 1 座明代的冶铁炉遗址,炉高有 6 米多,内径 2 米多,外径有 3 米多。而《春明梦余录》所载遵化冶铁炉高约 4 米,用两个风箱鼓风,且每 6 个小时出铁 1 次,一天可出 4 次;二是把冶炼用的木风煽改为活塞式的木风箱(即鞲),根据宋应星在《天工开物》卷 8《五金》所描绘的铸鼎风箱形制(图5 - 6 - 1),我们知道,这种木制风箱利用活塞的推动和空气压力自动开闭活门,从而产生比较连续的压缩空气,以提高风压与风量,使之强化冶炼,它的出现要比欧洲 18 世纪后期才发明的活塞式鼓风器至少早一个多世纪[5]。三是在冶炼过程中,使用了一种帮助铁矿石熔销的"石子",此石子显然应是萤石,以萤石为熔剂,是明代冶铁技术的一大进步,亦是遵化民匠所创造的一项重要的冶炼成就,故遵化冶铁厂成为明朝国防用铁的重要支柱,当时有"军器之铁止取足于遵化收买"的说法。

通常认为,遵化冶铁炉的冶炼工艺是:炉内分三层,上下二层大量填充由上好泥煤烧结的焦炭,中层放置生铁加入富铁矿石,撒上泥灰(石灰石)用作熔剂,点火烧制,估计其炉内的温度可达到 1 650度左右(测试方法是以炉内用做测温硅藻土熔化为标准),这是遵化冶铁炉能够成功的重要物质前提,所以,傅俊总结了该厂高炉及冶炼技术的宝贵经验,写成《冶铁志》一书。但是,遵化冶铁炉是以木炭为燃料的,"采樵烧炭则蓟州、遵化、丰润、玉田、滦州、迁安"[6],如此大规模的冶铁厂,木材的消耗很大。因此,铁厂因木材资源的供应问题而三易其址,"永乐间,置于沙坡峪,领以遵化诸卫指挥。后移松棚峪,始设工部主事。正统三年,移白冶庄。"[7]也就是说,由于铁厂附近的林木被砍光后,不得不搬家。因此才相继从遵化县城西北迁到东北,再迁到东南。永乐以后铁厂迁移的过程,实际上就是所经地域的林木被依次砍光的过程。正如正德年间工部上书所称:"彼时林木茂盛,柴炭易办。经今建置一百余年,山厂树木砍伐尽绝,以致今柴炭价贵。"[8]至万历九年(1581年)三月,终因所冶铁的价值不抵投入的人力物力,尽管冶铁厂一再裁减工人,如最盛时使用各种工匠、夫役2 500多人,而到嘉靖时仅剩1 500余人,但仍然入不敷出,只能依靠"买铁支用"[9]来维持生计,所以不得不将山场封闭,冶铁厂宣布废弃。遵化设立冶铁厂自永乐元年(1403年)至万历九年(1581年),总共持续了114年,期间消耗的木材量是十分庞大的,它给周边地区的生态环境造成了严重的破坏。仅以易州为例,弘治《易州志》卷3《山厂》中说:"昔以此州林木翁郁,便于烧采",经过长期破坏,到晚明时期则"数百里内,山皆濯然"。所以,忽略了发展冶铁工业与生态平衡之间的关系,盲目追求高消耗能源的手工业生产,必然会导致冶铁厂失去进一步发展的物质基础,这应是遵化冶铁厂逾百年的兴衰史留给我们的最深刻的历史教训。

第二节　民营冶铁技术的发展

在明清时期,河北地域民营冶铁业的发展得益于三个理由:一是明初官府存铁过多,因罢各地所开设之管冶,"令民得采炼出卖,每岁输课三十分取二"[10];二是明代的宫廷铁匠开始流入民间,开办作坊、矿场,成为匠头、矿商等,铁业更加兴旺,被称为"东行";三是随着商品经济的不断发展以及反禁矿、反重铁课、反中官矿监斗争的不断深入,明朝束缚匠人人身自由的工匠制度逐步瓦解,从而使官手工业的发展受挫,列宁曾经指出:"商品经济的增长是和工役制度(按亦适用于劳役制)不相容的……而商品经济与商业性农业之每一步发展都摧毁着实现它的条件。"在此条件下,河北地域民营手工业异军突起,遂成为明清时期我国整个冶铁业发展的一支重要力量。

清朝前期,由于对铁矿采铸的控制比较松弛,民间冶铁业有很大发展,仅全国的铁矿开采就达到134处,其中河北就冶铁炉的形制来说,为了适应不同层次和不同用途的社会需求,当时民间的冶铁炉除了有冶炼生铁和熟铁(低碳钢)的"竖炉"和"炒炉"外,还出现了铸造普通铁器的"货炉",锻打各种小型铁器的"烘炉"和"条炉"以及打制铁钉的"钉炉"等。而大多数铁产品都通过城乡集市贸易来交换,在河北地域,州城、县城集市多是在明初设立的。乡村集市中则有相当一分部分是在明代中叶成化、正德年间兴建的,嘉靖、万历年间其数量更迅速增长。在各种集市贸易中,由各地冶铁匠所打造的铁农具是其交易的大宗商品之一。由于商品经济的发展,外地到河北来的工匠日渐增多。如宣化"其土木工自山西来,巾帽工自江西来,及他匠出自外方者种种有之"[11]。另外,铁器的用途亦更加广泛,其中建筑桥梁和铸造铁钟的用铁不断增多。如栾城县赵村南旧洨河故道上的清明桥,建于明成化二年(1466年),中孔设有9道铁拉杆,边孔则设2道铁拉杆。建于明万历年间的涿州拒马河桥,皆甃巨石,固以铁锭。建于明崇祯二年(1629年)的献县单桥,五孔联拱,其中桥的拱肋之间用了铁榫。而石家庄井陉贾庄镇南寨村有一座钟搂,内悬挂着一口明嘉靖十年(1531年)铸造的铁钟。根据考古证明,民营冶铁炉的形制与官营的形制无甚区别,如武安县矿山村发现了明代的一座冶铁竖炉遗迹,仅存半壁,残高6米,外形呈圆锥状,实测炉直径3米,内径2.4米,估算炉容为30立方米[12]。据明朝史料记载,泊头位在"交河东,乃九河之交,十有九涝,黎民多有外出谋生者,以冶铁为最,近至州府郡县,远到南洋文丽"。

第三节　燕山南北的冶铁技术

延绵我省北部的长城墙体上建有一定规模和数量的兵营,如延庆县境内九眼楼段长城上兵营遗

图 5 - 6 - 2　延庆县九眼楼段长城营盘遗址

迹的发现即是一例(图 5 - 6 - 2,照片由张越拍摄)。与此同时,人们在兵营遗迹中还发现了大量明代建筑构件、生活用品及军用铁炮、火铳、铁制炮弹、手雷等兵器。此外,人们在将军关遗址一期修缮项目中,也出土了一批重要的明代长城实物,如石雷、铁炮、炮弹、铁镐、铁铲、铁箭头等。长城的修建需要耗费大量的铁工具,这些工具从何而来? 2006年 9 月,延庆县文物管理所在大庄科乡水泉沟河口村的 1

图 5 - 6 - 3　水泉沟村明代
冶铁高炉遗址

处古代冶铁遗址中,发现了 8 座明代冶铁高炉遗址,为我们提供了答案。说明明代在修建长城时,为了节省人力和物力,就近设有各种原材料的专门生产与加工基地,而水泉沟河口村正是这样的基地之一。

从外形上判断,水泉沟新现的高炉属于小的圆形高炉,其中,1 座保存较为完好的冶铁炉整体呈不规则圆柱形(图 5 - 6 - 3),残高 2.1 米,外径近 3 米,内径达 1.2 米,由石块、耐火砖等烧铸而成。其附近的几座高炉隐约露出炉壁和烧土的痕迹,另外在河口村中的 1 座高炉高达 3 米,暴露出一角的宽度就达 2 米。据考,它们都是修筑长城时生产铁锤、铁钎等工具的冶铁炉。

注　释:

[1]　《明太祖洪武实录》卷 14,载郭厚安编:《明实录经济资料选编》,中国社会科学出版社 1989 年版,第 508 页。

[2]　《大明会典》卷 181《工部》,载李国豪主编:《建苑拾英——中国古代土木建筑科技史料选编》第 3 辑,同济大学出版社 1999 年版,第 289 页。

[3]　孙承泽:《天府广记卷 5·畿辅杂记·遵化县》,北京古籍出版社 1984 年版。

[4]　杨宽:《中国古代冶铁技术发展史》,上海人民出版社 1956 年版,第 75 页。

[5]　北京钢铁学院等:《中国冶金简史》,科学出版社 1978 年版,第 63—64 页。

[6]　邓元锡:《明书》卷 82《食货志二》,《丛书集成初稿》本。

[7]　李东阳等:《大明会典》卷 194《遵化铁冶事例》,万有文库本。

[8]　孙承泽:《天府广记》卷 21《铁厂》,北京古籍出版社 1984 年版,第 287 页。

[9]　《大明会典》卷 194《遵化铁冶事例》,万有文库本。

[10]　《大明会典》卷 194《工部·冶课》,万有文库本。

[11]　陈梦雷原著,杨家骆主编:《鼎文版古今图书集成·职方典》卷 155,鼎文书局 1977 年版,第 1461 页。

[12]　韩汝玢、柯俊:《中国科学技术史·矿冶卷》,科学出版社 2007 年版,第 582 页。

第七章　传统纺织科技

此期,河北地域的纺织技术发展的总体特征是:棉花种植技术迅速发展,纺织业进入结构调整期,棉织业逐步取代了丝织业。明朝时,河北地域棉布生产以肃宁为主,故时人有"北方之布,肃宁最盛"之说。清朝时,棉纺技术日渐普及,直隶总督方观承所绘《棉花图》是河北地域棉花种植技术和纺织技术的一部真实记录,是冀中一带棉农的经验总结,同时也是研究我国植棉科技史、棉纺织业科技史及清前期社会经济形态的重要历史文献资料。因京城皇家服装消费的需要,高档丝织技术亦不断发展,出现了京绣技术。这时,河北地域的棉纺技术和产品质量都有了很大提高,达到国内先进水平。

第一节　棉花种植技术的迅速普及

棉花虽然早在《史记·货殖列传》中就有"榻布"的记载,但仅限于新疆及海南岛等周边地区,而到魏晋时期,河西走廊开始有棉织物的出现,如甘肃嘉峪关新城 13 号魏晋墓出土了 1 件抹胸,其夹里为白色棉布[1]。元时,由于棉花"比之桑蚕,无采养之劳,有必收之效。埒之枲苎,免绩缉之工,得御寒之益。可谓不麻而布,不茧而絮",因此,元代统治者极力征收棉花棉布,劝民植棉,随着棉花作为絮衬和纺织原料的优越性越来越突出,明代种植棉花就更加普遍了,并取代丝绸而成为"地无南北皆宜之,人无贫富皆赖之"的大众衣料。如明弘治二年(1489 年),三河县知县吴贤"教民栽桑植棉,督之纺织"。

棉花及亚洲棉本为多年生树棉,宋元之间由岭南传入长江两岸和中原地区后,由于纬度、气候及每年种植等方面的原因,其形状发生了很大的变化,特别是多年生逐渐改变为一年生了。据考,"每年撒种,当年生长的棉花植株自然比多年生长的棉花植株低矮许多,使多年生树棉具备了密植和畦作的条件(密植可提高棉花单位面积产量;畦作既便于田间管理,又便于采摘),而且人们每年还可以刻意选留植株低矮、棉铃饱满的棉种。"从这个角度看,"每年撒种种植棉花是中国棉纺织发展史上一个非常重要的转折点。"[2]

明代以后,河北种植棉花的地区越来越广,如明末清初诗人吴伟业(1609—1671 年)云:"眼见当初万历间,陈花(棉花)富户积如山……昔年河北载花去,今也载花遍齐豫。北花高捆渡江南,南人种植知何利。"在这里,"北花"是明代北方棉农培育出来的新品种,对此,《农政全书》载:"北花出畿辅、山东,柔细中纺织,棉稍轻,二十而得四或得五。"所以,到清初,保定一带(属畿辅之地)"种棉之地约居十之二三"。按照徐光启的说法,"今北土之吉贝贱而布贵,南方反是",说明在明末的一段时期内,北方的棉花生产甚至超过了南方。这个事实证明,经过长期的人工选种和植棉实践,河北(或曰畿辅)地域不仅培育出了优良的新棉种,而且还总结出了一套适于北方土壤与气候条件的植棉技术。

第二节　棉纺技术在河北地域的发展

明末清初,河北地域的棉花种植获得了空前的发展,然而,棉农还没有普及棉纺技术,因此,出现了"吉贝则泛舟而鬻诸南,布则泛舟而鬻诸北"的现象。于是,自明嘉靖始,北直隶各地广泛地传习棉纺技术,如祁州(今安国市)知州潘恩的妻子曹氏,"躬教民间妇女纺织"。此后,北直隶各地已经出现了"耕稼纺绩,比屋皆然"的景象,尤以肃宁为盛。故王象晋《群芳谱·棉谱》载:"今肃宁之布,几同松之中品。闻其乡多穿地窖,深数尺作屋,其上簷高地二尺许,作窗以通日光,人居其中就湿地纺绩,便得紧细,与南土无异;若阴雨蒸湿,不妨移就干地。而南人寓都下者,多朝夕就露下纺,日中阴雨亦纺,则安在北地风高不便细纺也。"可见,肃宁棉纺的质量标准之所以"与南土无异",主要是因为他们创造了"地窖"纺纱的方法。故徐光启说:"数年来,肃宁一邑所出布匹足当吾松十分之一矣;初犹莽莽,今之细密,几与松之中品埒矣。"从发展的角度讲,肃宁棉布价廉物美,颇有竞争优势,因而徐氏据此而预见到松江布北运将衰,果不其然,入清以后,松江布即出现了"标客巨商罕至"的情形。对此,叶梦珠《阅世篇》记云:"棉花布,吾邑(即松江府)所产,已有三等,而松城之飞花、尤墩、眉织不与焉。上阔尖得曰标布……俱走秦晋、就是边诸路。每匹约值银一钱五、六分,最精不过一钱七、八分至二钱为止……其较标布稍狭而长者曰机,走湖广、江西、两广诸路。价与标布等。前朝标布盛行,富商巨贾操重赀而来市者,白银动以数万计,多或数十万两,少亦以万计……中机客少,资本亦微,而所出之布亦无几。至本朝,而标客巨商罕至,近来多者所挟不过万全,少年或二三千斤,利亦微矣。"

一般地讲,北方气候干燥,日照长,雨量少,适宜于棉花的生长,但因气候干燥,温度不够,往往给纺纱带来一定困难。在这样的环境条件下,北方所织棉布的质量当然就无法与江南竞争了,所谓"风气高燥,棉毳断续,不得成缕……不便纺织"是也。但从我国棉纺织业的区域发展状况看,元代的主要生产区域在川、闽、粤一带。随着南棉北移,明及清初棉产区已经转移到长江和黄河中下游流域地区,如广东的棉布多来自吴、楚,而福建的棉布则"悉自他郡至"。尤其是入清之后,河北地域棉花种植更加普遍,故方观承在其《棉花图跋》中说直隶棉花"输溉大河南北,凭山负海之区",其棉纺技术也有了很大提高。至于河北棉纺织业的崛起,在一定意义上就得益于肃宁人之"地窖"纺纱法的普及和推广。当时,直隶的棉布生产进一步发展,出现了南部与东北部两个集中产区。南部产区主要在冀、赵、深、定诸州属境内,这些地方"农之艺棉者什八九,产既富于东南,而其织艺之精亦与松娄匹";东北部产区则以永平府为主要的生产与输出区。可见,从"几与松之中品埒"到"织艺之精亦与松娄匹",它有力地说明了河北地域棉织业的巨大进步,而这种进步的结果则使过去"吉贝则泛舟而鬻诸南,布则泛舟而鬻之北"的局面得到彻底改变。

当然,河北地域的棉织技术发展状况亦是不平衡的。比如,像万全、保安州等一些边远地区,直到清初才开始出现棉织业。据《万全县志·艺文·杂文》载:道光十四年(1834年),该县特许"捐制纺车一百辆,并雇觅中年纺织娘十名……使我民间妇女咸知习勤",同时鼓励那些"愿学纺织者赴本县衙署领取纺车"。而保安州也于道光初年派人"赴饶阳置机齿梭,雇织工二人到州教习经线",然后,令"木铺制机十六架,纺车一百二十把,分发城乡,一乡传一乡,一村传一村,比邻相学相习"。不过,在鸦片战争爆发之前,河北地域基本上都形成了"男把犁锄女织棉,粗供衣食过年年"的生产格局。有些棉织比较发达的地区,甚至出现了纺织的专业化和商品化生产。如永清县"以鸡子易木棉,治棉以缕……未尝治机织布。布则仰给固安、雄县四方市易聚处,固安之马庄,永清人仰衣被焉。"又如乐亭县"女纺家,男织于穴,遂为本业。"

第三节 《棉花图》

直隶总督方观承所绘《棉花图》共有16幅,分别为布种、灌溉、耕畦、摘尖、采棉、炼晒、收贩、轧核、弹花、拘节、纺线、挽经、布浆、上机、织布、练染。每图皆由左右两半幅组成,人物的身形比例虽不够准确,但白描技法运用娴熟,人物神态各异。每图皆附方观承的解说,并附有乾隆皇帝和方观承的七言诗各一首,似连环画。《棉花图》是河北先民在种植棉花实践中的经验总结,符合科学原理,显示了北方地区对棉花的习性和生长规律已经有了清楚的了解。书前收录了康熙(玄烨)《木棉赋并序》,是我国仅有的棉花图谱专著。据称,方氏在完成了《棉花图》的绘制工作后,乾隆皇帝南巡时方观承便将这部绘图列说,装裱成册的《棉花图》恭请皇上御览。乾隆皇帝对《棉花图》反复诵读,叹为观止,倍加赞许,乃执笔为每图题七言绝句,共16首。如"灌溉图"题诗云:"土厚由来产物良,却艰治水异南方,辘轳汲井分畦溉,嗟我农民总是忙。"而"织布图"题诗云:"横律纵经织帛同,夜深轧轧那停工,一般机杼无花样,大辂推轮自古风。"这些诗精工典雅,意蕴万千,为方氏的棉花图增色不少。因此,《棉花图》又称《御题棉花图》。同年7月,方氏特将《棉花图》包括乾隆的题诗刻在12块端石上。其中11块长118.5厘米,宽73.5厘米,厚14.2厘米;另一块长89厘米,宽41.5厘米,厚13.5厘米。全文为阴文线刻,线条精细,房舍规矩,人物鲜活,画面各具形象,突出主题,反映当时农民艰苦劳作情景,有浓厚的生活气息。

毫无疑问,织棉在《棉花图》中占有非常重要的地位,如轧核、弹花、拘节、纺线、挽经、布浆、上机、织布、练染等,是描绘棉纺织手工业各个工序的生产情形。如"轧核"(图5-7-1)是原棉加工的第一道工序,其所使用的工具在元代是"木棉搅车",它利用曲柄辗轴,使"二轴相轧,则子落于内,棉出于外",此车虽说轧核的效率较高,但需三人操作,省力不省工。故明代后期,人们对搅车形制进行了革新:(1)改两根木轴为一木一铁,增强了辗轧力;(2)增加踏板的装置,用足踏动踏板去牵动其中一个轴。这样,由一人操作就可以了,所以徐光启称赞说:"今之搅车一人当三人矣。"入清以后,随着商品经济的恢复和发展,人们对明代的搅车又作了一些改进。

图5-7-1　《棉花图》之轧核

如《棉花图》所绘的搅车形制为:"铁木二轴,上下叠置之,中留少罅,上以毂引铁,下以钩持木,左右旋转,矮棉于罅中,则核左落而棉右出。"与明代的搅车相比,该车的改进之处有两点[3]:(1)透左柱铁轴的顶端增设了"毂"这个装置,"毂"外另设四个垂状棒,呈十字形,操作时左手可拨动十字形棒,使铁轴转动,由于垂状十字棒的重量会产生惯性运转,再由木轴转动时的摩擦带动,即可使铁轴作持续运转;(2)不再采用踏板装置,更便于操作。可见,此搅车的设计是非常巧妙的。又如,治棉过程的第二道工序——"弹花",最初的工具是"弹弓","以竹为之,长尺四五寸许,牵弦以弹绵,令其匀

图5-7-2　《棉花图》之弹花

细。"明代的"弹弓"则以木易竹,弓身亦由"四五寸"增至四五尺,同时,增设了长钓竿。清初在明代"弹弓"的基础上又作了改进。由《棉花图》中的弓知(图5-7-2),清初的弹弓"长四尺许,上弯环而下短劲,蜡丝为弦,椎弓以合棉,声铮铮"。这种木制大弓,使用时用弓椎打击弓弦,能够产生较大的弹力,"移时,结者开,实者扬,丰茸萦熟,著手生温"。

不仅如此,由于此弓的钓竿不是固定在其他物体上,而是插在弹花者的腰间,这样就大大地提高了弹花工效。

图5-7-3　《棉花图》之"织布"

在中国古代,棉布机与丝织机、麻织机是通用的,故《棉花图》之《上机》谱云:"机之制与丝织同。"而《棉花图》中所绘的织机是素布机,其主要构件包括杼、缯、卷经轴、卷布轴等几个部分,与元明时期的织机相比,没有任何新的变化(图5-7-3)。当然,这绝不等于河北地域的棉布质量因此而不能提高了,恰恰相反,勤劳智慧的燕赵儿女就依靠这样的织造设备,织出了自己的特色。故《棉花图·跋》云:"南织有纳文绉积之巧,畿人非重也,惟以缜密匀细为贵。"

总之,《棉花图》是河北地域棉花种植技术和纺织技术的一部真实记录,也是冀中一带棉农的经验总结。从历史上看,它更是研究我国植棉科技史、棉纺织业科技史及清前期社会经济形态的重要文

献资料。

第四节　丝绸服装与京绣技术

　　明清时期,一方面,由于棉布的盛行,河北地域民间的蚕丝业日渐衰落;另一方面,因京城皇家服装消费的需要,高档丝织技术不断发展,如承德府所织成的绵绸,其细而白者不比吴中差。此外,易州的绢、饶阳的绸等亦颇有名气。

　　定陵是明神宗朱翊钧和孝端、孝靖两皇后的陵墓。20 世纪 50 年代,我国考古工作者发掘该墓时共出土了 2 780 件珍贵文物,其中神宗的龙袍和孝靖皇后的百子衣,都用金线绣成,是京绣的代表作品,其刺绣技术达到极高水平。

　　就定陵出土的丝织品而言,其质料主要有如下几类:

　　(1)缎类,是最富丽的高级衣料。如定陵万历皇帝棺内出土的 8 匹带有墨书腰封的"细龙紵丝",为大红五枚缎组织,长方格子形金龙纹样,红色丝有深浅不匀的"色柳",而他所穿用的黄地云龙折枝花孔雀羽妆花缎织成袍料,则是用片金线和 12 种彩丝及孔雀羽线合织而成,由此可见,在明代皇帝的衣料中,缎织物的地位已经超过了锦。

　　(2)绸类,定陵出土的明万历皇帝穿的吉祥四团龙缂丝补绸袍,其袍身是用绸料做的,补子则用缂丝绣成。此外,还有葫芦加洒线绣四团龙的绸袍、孝靖皇后穿的大回纹潞绸女衣等。

　　(3)罗类,是利用纠经组织织出罗纹的中厚型丝织品。如定陵出土的罗类衣物有织金云龙八宝暗花罗裙、四合如意洒线四团龙罗袍、穿枝莲罗褥等。

　　(4)纱类,定陵出土的纱料和服装有 50 多件,有些是用织金纱或金彩纱作底,再用捻金线和彩丝线绣花,或用孔雀羽线和彩线绣花。因此,这类服装往往与京绣紧密连结在一起,集中体现着京绣的特色:纯手工绣制,在丝绸上织绣,其用料考究,选料精当贵重,豪华富丽,不惜工本。

　　定陵出土孝靖皇后洒线绣蹙金龙百子戏女夹衣,其京绣的绣线和针法体现得淋漓尽致。据黄能馥等人的研究[4],该夹衣是用一绞一的直径纱作地,用三股彩丝线、绒线、捻金线、包梗线、孔雀羽线、花夹线等 6 种绣线,运用了 12 种刺绣针法:第一种,以绛红双股合捻线穿绣地几何纹;第二种,以蹙金法在垫高的龙纹上用金线一边铺,一边用另一根金线钉住,绣出龙鳞、龙头;第三种,用正戗绣龙发、山纹、江崖、寿石、百子脸部;第四种,用反戗绣云纹、花头、火焰珠、寿石(与正戗合用);第五种,以铺针加

图 5 - 7 - 4　乾隆帝的戳纱绣夏朝服

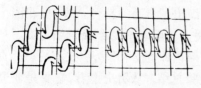

图 5 - 7 - 5　戳纱绣"二丝串"绣的针法示意图

网绣绣儿童衣服;第六种,以缠针绣叶子、花茎、小草;第七种,以接针绣花芯、花筋;第八种,以盘金绣龙头;第九种,以圈金绣花纹包边线;第十种,用绒丝缠绕绒丝做包梗线,以钉线法绣百子衣服勾边线;第十一种,以松针绣松树叶;第十二种,以擞和针绣小猫及小屏风。此外,在领肩周围绣有六条五爪金龙和万字蟠绕,两袖及前后襟绣着一百个儿童做各种游戏。格调高雅,色彩绚丽豪华,十分精致华贵。清朝的皇家京绣朝服则更加讲究,如北京故宫博物院所藏乾隆帝夏朝服(图 5 - 7 - 4),为戳纱绣,衣长 140 厘米,两袖通长 188 厘米,胸围 128 厘米,下摆 312 厘米,袖口 15.5 厘米,亦是用一绞一的直径纱绣制,纱地经粗直径 0.14 毫米,纬粗直径 0.3 毫米,每厘米经纬密度为 80∶20 根,有均匀的芝麻形纱眼。该朝服的龙纹和团寿字采用平金绣法,其他花纹则用"二丝串"。所谓"二丝串"就是在纱底上按每隔两根经纬线的位置,顺垂直方向缠绕戳纳一针绣花线,使绣花线与纬线呈垂直状态错绕成花纹(黄能馥等绘)(图 5 - 7 - 5)。绣花线为直径 0.46 毫米的色绒丝,色有红、粉红、水粉、蓝、浅蓝、月白、绿、浅绿、湖色

等,而由于彩色绒丝线较纱底的经纬线粗,所以纱底的经纬线被遮盖住了。这样,整个服面显的针路匀整,花纹突出。据载,仅绣花一项就要用各色绒丝 26 两 2 钱 4 分,金线 16 两 4 钱。用绣工 492 工,绣金工 41 工,画样过粉工 16 工,合计 918 工。若由一人来绣,则需用两年零五个月才能将花纹绣完[5],可见,其用料之精与用工之奢,都是相当惊人的。

注 释:

[1] 宋子华等:《嘉峪关新城十二、十三号画像砖墓发掘简报》,《文物》1982 年第 8 期。
[2] 赵承泽:《中国科学技术史·纺织卷》,科学出版社 2002 年版,第 149—150 页。
[3] 王金科、陈美健:《总结我国古代棉花种植技术经验的艺术珍品——〈棉花图〉考》,《农业考古》1982 年第 2 期。
[4][5] 黄能馥、陈娟娟:《中国服装史》,中国旅游出版社 1995 年版,第 307—308,348 页。

第八章 传统建筑科技

随着北京都城地位的日益巩固,河北地域建筑技术进入了一个新的发展期,其主要表现是:新兴地方城镇不断涌现;宗教建筑形式更加多样化,不仅传统的寺塔建造日益增多,而且清真寺开始大量出现;园林建筑构成河北光华耀眼的人文景观;明东段长城横亘于冀北的高山峻岭间,沿着燕山山脉蜿蜒曲折,十分雄伟壮观。

第一节 边塞城镇建筑技术

宣化位于冀北山间盆地边缘,地势险要,故云"宣化全境飞孤(今山西代城飞孤关)、紫荆(今易县紫荆关)控其南;长城、独石(口)枕其北;居庸(关)屹险于左;云中(大同)固结于右,群山叠嶂,盘踞峙列,足以拱卫京师"。我国古代把府州县分为四等。重要关隘和要道边城曰"冲要",因为它关系到皇帝的安危,故名列一等。明初,为了防御元朝残余势力的侵扰,沿长城一带建立了九个边防重镇,即所谓"九边",其中宣府最为冲要,故有"九边冲要数宣府"之称。明朝初年,为使明朝千秋万代传下去,朱元璋决定分封诸王、屏藩王室,他先后将 23 个儿子封为亲王,分驻全国各战略要地。朱元璋的第十九子朱橞,被封为谷王,其藩地即在宣府。谷王就藩后,积极贯彻朱元璋的"高筑墙,广积粮,缓称王"的治国方略,一边兴建谷王府(皇城),一边搞戍边建设。洪武二十七年(1394 年),他将元代宣德府城的基础上扩展为每边长 6 里有余,周边 24 里多长的城垣,城池内面积近 8 万平方千米,大概与当时的西安城相当。与此同时,还沿城设"一关七门":一关即南关,关城面积 1 平方里;七门即南之昌平门、宣德门、承安门、北之广灵门、高远门、东之定安门、西之大新门。城外南郊演武厅是方一里的小城,北门外的龙神庙有高大墩台和护卫城障,其实是镇城的南北卫城。城上设城楼角楼和铺宇,颇具攻守兼备之功能。城内正中央是原谷王府,政治中心和经济繁华区向东向南偏移,是在唐朝以来老城区的基础上形成的。由北向南以钟楼、鼓楼、四牌楼、南门拱极楼为中轴线。中心十字大街通衢上有 4 座牌楼,贯穿东西牌楼的大街将中心区划分为南北两部分。南向是豪华居民区和商业区,街面是军镇的"官店"和商家的店铺,小巷深幽多为官宦人家、豪门大户和财主的院落。北向是各级衙署,四牌楼东西大街是全城的权力中心。永乐二十年(1422 年)又增筑城楼 4 座、角楼 4 座。

图 5 - 8 - 1　清远楼(钟楼)

宣德五年(1430 年)明廷在宣府设万全都司,隶属于朝廷后军都督府。万全都司下辖 15 个卫,屯兵 10 余万,设总兵负责宣府镇内 700 多公里长城的防卫。正统五年(1440 年)都御史罗享信奏请朝廷,将土城用砖包砌,四门外环以瓮城,并设濠堑,吊桥,开挖护城河,设护城台 20 余座,规制大备,从而使宣府成为明代城防建筑的典范。现城址基本保存,平面呈长方形,周长 12.12 千米,城墙底宽 14 米,顶宽 5.4 米,高 10 米,四门旧址仍存。城东部南北轴线上的拱极楼(南门)、镇朔楼(鼓楼)和清远楼(钟楼)(图 5 - 8 - 1)依然矗立,看上去还是那样神采飞扬。

第二节　皇家园林建筑技术

承德离宫亦称避暑山庄,位于承德市区北半部,是清代皇帝夏天避暑和处理政务的场所,占地面积 564 万平方米,周围"虎皮石"宫墙长 20 华里,平均厚度 1.3 米,原有各类建筑包括 3 组宫殿、15 所寺庙、50 组庭园、73 个亭子、10 座城门和 23 座桥闸,总建筑面积约 10 万平方米,是我国现存最大的皇家园林。自康熙四十二年(1703 年)始建,至乾隆五十五年(1790 年)最后完工,历时 87 年,建楼、台、殿、阁、轩、斋、亭、榭、庙、塔、廊、桥 120 余处,尤以康、乾御题七十二景昭著,与自然山水相辉映,园中有园,景内有景,构成了一幅千姿百态的立体画卷。

按皇家园林的规制,整个山庄分为分宫殿区、湖泊区、平原区、山峦区四大部分。宫殿区位于湖泊南岸,地形平坦,是皇帝处理朝政、举行庆典和生活起居的地方,占地 10 万平方米,由正宫、松鹤斋、万壑松风和东宫 4 组建筑组成。湖泊区在宫殿区的北面,湖泊区位于山庄的东南部,面积包括州岛约占 43 公顷,以洲堤岛桥分隔出如意湖、澄湖、上湖、下湖、银湖、镜湖五湖(图 5 - 8 - 2),将湖面分割成大小不同的 7 个水面,层次分明,洲岛错落,碧波荡漾,总称"塞湖",富有江南鱼米之乡的特色。在澄湖的东北角有清泉,即著名的热河泉,湖水经宫墙的水闸排出,流入热河内。

平原区在湖区北面的山脚下,地势开阔,有万树园和试马埭,是一片疏密相间的丛林,其间碧草茵茵,林木茂盛,面积约 88 公顷,树林中布置着一些蒙古包,洋溢着茫茫的蒙古草原风光。山峦区在山庄的西北部,面积约占全园的 80%,山峦起伏,沟壑纵横,以松云峡、梨树峪、松林峪和榛子峪 4 条山沟间隔出相对独立的小山脉,而众多楼堂殿阁、寺庙点缀其间,顺山势蜿蜒起伏,被人们称为"小八达岭"。整个山庄东南多水,西北多山,是中国自然地貌的缩影,充分显示了"周裨瀛海诚旷哉,昆仑方壶缩地来"的皇家园林气派,因而成为 18 世纪世界园林的代表作。整个离宫遵循"自然天成就地势"和"随山依水"的总体建筑原则,采取集锦式的布局方法,将所有建筑物都分布在宫内的多个景点上,突出其园林空间特色,使之"园中有园",美不胜收(图 5 - 8 - 3)。据说,在离宫北部山峰上有仿泰山顶碧霞祠而建的广元宫(已毁),与之相对,在山下万树园东北角仿南京报恩寺塔而建的永佑寺塔。在湖区周围,有仿苏州狮子林而建的文园,仿镇江金山寺而建的金山上帝阁组群,仿嘉兴烟雨楼而建的烟雨楼;在内湖区,有仿苏州寒山寺建的"千里雪"与笠云亭,仿宁波天一阁而建的藏书楼文津阁,特别有仿蓬莱仙境中的方丈、瀛洲、蓬莱三岛而建环碧、如意、月色江声三岛。

在这里,"仿"不单是一种机械地移植,而实际上则是一种新的艺术创造。创寓于仿之中,仿中体现着创。如离宫的金山寺与镇江金山寺凸显着形似与神似的完美统一,从外形看,镇江金山寺占地面积 1 万平方米,建筑主体距水面 60 米,但离宫的金山寺占地面积却只有 2000 平方米,建筑主体距水面 18 米,又镇江金山寺的主体是一座塔,塔高为金山的一半,而离宫的主体建筑则以阁代塔,并且阁高大于山高,可见,两者的比例倒置,此即一种大胆的创新之举。这样,造寺者通过高度概括的艺术手法,略其形,取其意,达到小中见大的建筑效果。离宫对自然现象的模仿亦堪称一绝,如文津阁的"昼月"运用了物理学中的光学原理,而为了使背景原物构成绝对黑体,设计者采用了只有到近代物理中才出

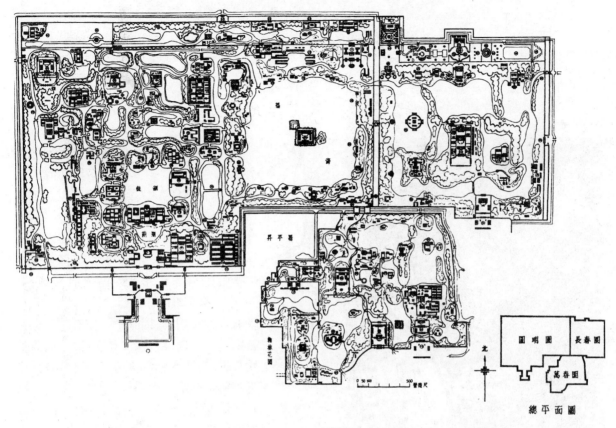

图 5 - 8 - 2　承德离宫湖区平面图

现的空窖模型。因此,文津阁是科学与建筑完美结合的光辉典范。

另外,湖区建筑大都临水构建,亭、廊、阁、榭借助于湖水来营造景色,而山峦区建筑则傍山依谷,巧于因借,既有北方原野的粗犷又有南方水乡的妩媚,给人以视觉上无限的享受。由于承德的局域特点,单凭砖木建筑是很难达到诗情画意的审美效果的,为此,离宫大量栽种草木,并充分利用乔木、灌木和地被植物自身的生长特性来衬托整个院落的层次,从而增加了整个院落的空间深度,给人以新奇和跌宕之感。

山庄的建筑大胆突破空间的局限,将庄内与庄外的环境作为一个统一整体来布局,形成"因水成景,借景群山"的典型特征,因此,承德离宫建筑塑造和强调的不是建筑个体的艺术效果,而是讲求整个群体造型的和谐与统一,其内在的凝聚力极强,但同时也处处凸显出了皇家园林的气势和辉煌,显示着皇家的尊贵与至高无上。以山庄宫殿区为例,无论是正宫还是东宫,所有建筑都高不过两层,且装修形式亦较为简朴,然而"正宫区中轴线上有纵、横等 9 个院子,两侧各配 6 个小院,彼此的连接和尺寸关系就处理得很有意趣。正宫主殿'淡泊敬诚'是全部山庄的重心、皇权的象征,但它又不能违背山庄朴素淡雅这个总的前提。它不用大式建筑,不搞彩画,不用琉璃瓦,只是通体以香楠建造,另在门板、天花板上加了细致繁复的雕刻,以黄色大理石铺地,朴素中见高雅,平淡中显尊贵。"[1]

在细节方面,清雍正十二年(1734 年)颁行的《工程做法则例》均有详细的类型、尺度、式样等规定,不必多赘。不过,离宫内的亭以灵巧多变的屋顶建筑为特色,荟萃着攒顶尖、歇山卷棚顶、勾连搭式、单檐、重檐等建筑精华,千变万化,譬如,仅攒顶尖就有四角攒尖、六角攒尖、八角攒尖等形式。仅从这个例子中,我们就能够体会出清朝皇帝试图通过多重建筑形式的自由组合与变化来寓意实现整个国家的统一和强盛这个政治目的。

第三节　各具特色的宗教建筑技术

一、蒙藏建筑艺术的集成

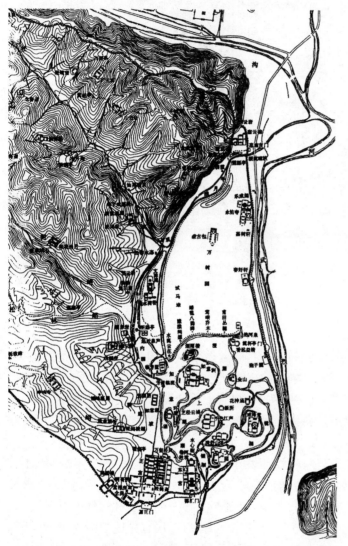

图 5 - 8 - 3　避暑山庄和外八庙盛时全图

　　清帝为了顺应蒙、藏等少数民族信奉喇嘛教的习俗,"因其教而不易其俗",并通过"深仁厚泽"来"柔远能迩",以达到其"合内外之心,成巩固之业"的政治目的。自康熙五十二年(1713 年)至乾隆四十五年(1780 年)的 67 年间,康熙、乾隆两帝在避暑山庄东部和北部外围依照西藏、新疆、蒙古喇嘛教寺庙的形式陆续建造了 12 座喇嘛教寺庙群,因其中 8 座有朝廷派驻喇嘛,享有"俸银",且又在京师之外,故称外八庙(见图 5 - 8 - 3)。其具体位置,由西向东而东南依次是:罗汉堂(大部分已毁)、广安寺(大部分已毁)、殊象寺、普陀宗乘之庙、须弥福寿之庙、普宁寺、普佑寺(大部分已毁)、广缘寺,其中以普宁寺为代表。

　　普宁寺(图 5 - 8 - 4)是为平定蒙古准噶尔部的叛乱而"依西藏三摩耶庙(亦称桑鸢寺,引者注)之式为之",目的是"以一众志"。它建筑在山坡上,坐北朝南,在平台上建起了寺庙。普宁寺的平面布局明显地以一条中轴线贯穿,主体建筑都以中间的主殿大雄宝殿为界,前半部分是汉地寺庙的"七堂伽蓝"式布局,在其中轴线上依次分布着山门、天王殿、大雄宝殿等殿堂,两侧为钟鼓楼和东西配殿,南北长 150 米,宽 70 米,而后半部分则具备桑鸢寺的基本特征,布置着 7 组 27 座建筑:第一组以大乘之阁为中心,然后依此向外展开,两侧分别坐落着代表日、月的台殿,为第二组;南、北、东、西建有 4 座台殿,象征"四大部洲",为第三组;4 座台殿各附有 2 座两层白台,象征"八小部洲",为第四组;四角建红、绿、黑、白四色喇嘛塔,象征"四智",为第五组;外围筑有两重波纹形墙体,象征世界的边界,为第六组;此外,在接近围墙的地方,还布置了方丈院与御座院两组四合院,则构成第七组建筑。在这众多的建筑中,尤以大乘之阁最引人注目。其阁依山崖而建,正面 7 间,侧面 5 间,高 36.75 米,外观正面 6 层重檐。其主体部分是围绕大佛设置的两圈通柱所形成的一个 3 层木框架,16 根内圈通柱(钻金柱)顶安设施梁 4 架,梁上设 5 座攒尖方顶。24 根外圈通柱贯穿两层。钻金柱与通柱间以间枋相联结。内檐全部仿挂用榫卯联络,不设斗拱,结构简洁。为了加强构架体系的刚度,在二层采步梁上立童柱一圈,上置桃尖梁及随梁,与钻金柱横向相联,形成第三层的下檐构架。在二层的前檐部分亦设童柱一列,与二层通柱相联,形成了第二层的前下据构架。

外橡柱头间以大小额枋贯联,上设平板访及斗拱,进深方向以
采步梁及随梁与通柱或钻金柱相联。这种清代框架式楼阁建
筑构架形式,是中国木构楼阁建筑结构发展到一个新的历史
阶段的产物。它在建筑技术上,体系简洁,构造清楚,施工方
便,增加了建筑物的整体稳定性,并使楼阁内部产生巨大的使
用空间。阁内周以 3 层回廊,中间为贯通上下的空井,里面放
一尊大佛,它的基本建筑结构是一个双层排架的筒形框架,回
廊为筒壁,中间空井是筒心,筒心柱子直通上下,而筒壁柱子

图 5 - 8 - 4　外八庙之普宁寺

则按照不同的造型要求,逐层收入半间,并向外挑出屋檐,中
井柱上用 4 条长 10. 20 米、高 1. 02 米的大梁拉接,梁上搭架了 5 个屋顶。居于阁中心的大佛总高
22. 23 米,一根直径为 67 米的中心柱向上直顶佛头,7 根基则埋入地下 3. 6 米,中心柱周围有 10 根边
柱,4 根戗柱,头、胸、腰部分别以厚木楞板横隔为 3 层,以稳固中心柱与边柱的构架。在上面的隔层立
有 4 根木枋,而大佛的 42 条手臂便交叉于这些木枋上,并用铁拉杆固定之,外面再钉二三层厚木板,
整个大佛共用松、柏、榆、杉、椴等各种木材达 120 立方米,重约 110 吨。由于该大佛是遵照《造象度量
经》的基本比例规范来建造的,里面包含着完整的数学比例规律,符合形式美的法则[2]。

二、悬空建筑技术的结晶

苍岩山福庆寺从现存的木构建筑来看,元代以前的建筑已无迹可寻,现在人们所看到的都是明清
建筑。临景而置的古建筑群,占地面积 0. 23 平方公里,主要由大佛殿、圆觉殿、建筑组成,有的依崖,
有的临壑,布置在苍山绿树之中,其规模宏伟,金碧辉煌,为我国著名的佛教八大悬空寺之一。

按其空间布局,福庆寺建筑群大体可分为下、中、上三个
层次。主建筑物在中层的断崖峭壁之间,集中了寺院建筑的
精华如大佛殿、桥楼殿(图 5 - 8 - 5)、峰回轩、梳妆楼、藏经
楼、苍岩古塔、公主祠等;下层依次为山门牌楼、山门钟楼、苍
山书院、牌房戏楼、万仙堂、千手观音殿(已毁)、行宫(已毁)、
跨虎登山以及 300 余级的石阶梯等;上层峰顶平台上则有公
主坟、玉皇顶、王母殿、塔林(和尚坟)等。这些建筑通过崎岖
蜿蜒的栈道联系起来,形成了一个有机的整体。福庆寺无论
从选址相地,还是依山就势,巧妙布局,尤其是主体建筑桥楼
殿的设计构筑,均有很高的艺术观赏价值。

图 5 - 8 - 5　苍岩山福庆寺桥楼殿

桥楼殿飞跨于两峰对峙的百丈悬崖之间,凌空架有 3 座单孔石桥,中间一座即建此桥楼殿。桥是
一座单孔敞肩圆弧拱,净跨 12. 8 米,矢高 3. 2 米,拱券厚 55 厘米,由 22 道并列而成。主拱券外观无横
向联系,但收分十分明显,拱顶宽 7. 53 米,拱脚宽 7. 93 米。小拱为半圆拱,净跨 1. 8 米,拱石厚 50 厘
米,长 15 米,宽 9 米,单孔孤卷形,势若飞虹,凌云欲飞。桥上建四出廊 5 间重檐楼殿。殿面宽 3 间、进
深 3 间,四面出廊,是一座九脊重檐楼阁式建筑。黄绿相间的琉璃瓦顶,金碧辉煌,顶势平缓,翼角高
翘而柔和自然。正脊两吻间有狮子塔、飞马、仙人骑龙等琉璃饰件。上下檐的椽、檩、枋均饰有苏式彩
画,而梢间有楼梯可登临远眺,只见四周峰峦叠翠、云雾苍茫,使人有置身于“仙山琼阁”之感。从桥楼
殿下深涧底部仰望,青天一线,桥楼凌空,宛如彩虹高挂,故有“桥殿飞虹”之美称。涧底怪石嶙峋,白
檀满涧,奇姿异态,美景如画。故《井陉县志料》说:其势“层峦叠嶂,壁立万仞,桥楼结构空中,庙宇辉
煌崖裹,古木环围,烟云缥缈,宛如画图”。

三、民族建筑艺术的奇葩

图 5 - 8 - 6　泊头清真寺

泊头市原称泊镇,清真寺(图 5 - 8 - 6)位于市区南部,运河西岸,始建于明永乐二年(1404 年),在嘉靖万历年间几经修葺,特别是在崇祯年间进行了扩建,于是成为现规模宏大的民族建筑群,占地面积约 16.8 亩,房屋近 200 间,建筑面积 3 000 多平方米,气势宏伟,誉为"华北第一寺"。门系仿北京紫禁城午门式样,顶部为歇山顶,正门两边各有一便门,门扇系朱红大漆、吊耳铜环、上端为武式古檐出厦、便门两侧有古式雕刻的扇面八字墙陪衬。寺内院落可分三进,即前庭院、中庭院和大殿前庭。前庭院左右有起脊出廊的南北义学各 3 间,正面是一座高约 20 米的 2 层三蒙邦克楼,邦克楼灰墙红柱,石雕斗拱、攒尖绿顶,飞檐高翘,楼内下阁上厅,上厅四周装有花棱栏杆,顶部为木质透雕裙腰板、垂花柱,邦克楼正门两侧各有一便门。中庭院正中便是精臻美观的花殿阁,木雕字画,出檐深度大,极富明代木质建筑特色,而两侧则南北陪殿各 6 间,起脊出廊,磨砖对缝,布瓦罩顶、古雅别致,沿中庭院通路前行登阶,穿过精致美观的花殿阁(亦称"屏风门"),即踏上了宽敞豁亮的花墙丹埠。大殿前庭两侧各有汉白玉石桥通向南北讲堂,4 间南讲堂为阿文小学及伊冯目寝室,6 间北讲堂为阿文大学及阿訇寝室,丹挥正面是礼拜大殿。大殿由前抱厦、前殿、中殿、后殿四部分组成,南北宽 26 米,东西长 44 米,呈凸形,计"九九八十一间",面积为 1 144 平方米,可容纳 1 200 余人同时做礼拜。殿内巨柱方梁,落架高大均为木质胶合,雕花刻棱,均匀对称,庄重肃穆。北讲堂东侧穿过月亮门,进入北跨院。这里有沐浴室、习武堂、厨房、温室、苗圃,一应俱全。举目全寺,楼台殿阁,成垂一线,重重院落相套,横向配以门道、石桥,使寺院对称、协调、肃穆、大方,其建筑风格在国内罕见,全寺楼、台、殿、阁规模庞大、配置齐全,是一座规模宏大的木质结构古建筑群。

第四节　清帝陵建筑技术

清代陵墓共有四处:关外两处,关内两处,而关内两处均在河北省境内,一处在遵化市昌瑞山,称东陵;另一处在易县永宁山下,称西陵。

一、清东陵的建筑特色

东陵有帝陵 5 座,即孝陵(顺治)、景陵(康熙)、裕陵(乾隆)、定陵(咸丰)、惠陵(同治);清东陵(图 5 - 8 - 7)于顺治十八年(1661 年)开始修建,康熙二年(1663 年)葬入第一帝顺治,完工于光绪三十四年(1901 年),前后持续了 240 年,是清朝规模最大的一座皇家陵园。陵区分"后龙"和"前圈"两部分,南北长 125 公里,宽 20 公里,总面积约 2 500 平方公里,周围的辟火道长达数百里,宽 20 丈。"后龙"为"风水来龙"之地,从陵后长城开始北延承德,西接密云,东达遵化,层峦叠翠,山秀石奇,气象万千。当时,"后龙"由外向内分别设汛拔和外、中、内火道,并派士兵驻守,负责封山育林,防洪防火。"前圈"是陵寝分布的地方,四周群山环绕,中间野阔川平,东、西各有一泓碧水缓缓流淌,形似一只完美无缺的金瓯,可谓景物天成。

整个陵区沿着燕山余脉昌端山而建,设计者着意追求群山叠嶂的自然美跟建筑景观之人文美两者之间的和谐与统一,四面环山,正南烟炖、天台两山对峙,形成宽仅 50 公尺的谷口,俗称龙门口。清代在此陆续建成 217 座宫殿牌楼,共有 580 多个单体建筑,峻楼重阁,组成了大小 15 座陵园,诸陵园以顺治帝的孝陵为中心,排列于昌瑞山南麓,均由宫墙、隆恩门、隆恩殿、配殿、方城明楼及宝顶等建筑构成。

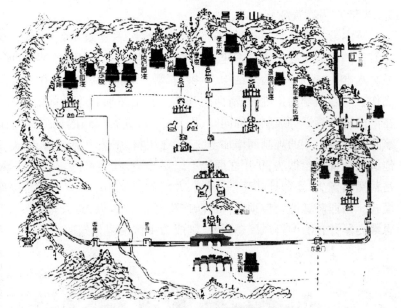

　　其中规模最大、体系最完整、布局最得体的当数坐落在昌瑞山主峰下的清世祖爱新觉罗·福临的陵寝——孝陵。该陵自金星山下的石牌坊开始,向北集资布置着下马牌、大红门、具服殿、神功圣德碑亭、石像生、龙凤门、一孔桥、七孔桥、五孔桥、下马牌、三路三孔拱桥及东平桥、神功碑亭、神厨库、东西朝房、隆恩门、东西燎炉、东西配殿、隆恩殿、琉璃花门、二柱门、祭台五供、方城、明楼、宝

图5-8-7　遵化市昌瑞山下的清东陵

城、宝顶和地宫。这大大小小的几十座建筑,用一条长约6公里的神路贯穿起来,形成一个完整的序列。为了满足营建孝陵之急需,故"拆明宫,建孝陵"之举,1990年人们在维修孝陵工程时,发现其龙恩殿、东西配殿的梁柱等大木件均为名贵的金丝楠木。可是在殿内的三架梁、五架梁、七架梁、檩及金柱、檐柱上都有改料的痕迹,兹证明"拆明宫"的事情是确实存在的。

　　石牌坊由五间六柱十一楼所构成,高13米,宽32米,是清东陵陵区的标志物。而大红门则是清东陵"前圈"内诸多建筑物中唯一的一座单檐庑殿顶建筑,面阔37.99米,进深11.15米,开三券门洞,大门两侧还各有角门,东西建有长达40余华里的风水墙,向东抵达马兰关,与长城相连,向西达黄花山麓而止,墙上建有便门共6座,今东西各残余百米墙垣,有3个门洞,门外东西两侧各立一块用汉、满、蒙3种文字刻有"官员人等至此下马"字样的下马牌。七孔桥长过百米,形似长虹,它两侧的栏板是用一种特殊质料的汉白玉雕砌而成,内含50%的方解石和铁质轻轻敲击,石栏板会发出金钟、玉磬一般美妙和谐的声音。七孔桥上的栏板,按石料所发的声音,似与古律宫、商、角、征、羽五音相似,因此这座桥也被称为"五音桥"。此桥可称得上是座当代奇桥。

　　隆恩殿北为陵寝门,是陵寝前朝(祭祀帝后)和后寝(埋葬帝后)部分的分界。中门身镶嵌中心花和插角花。往北为二柱门,面阔一间,两根正方体青白石柱组成,上横木额枋,形式与龙凤门同,门北为五供祭台,须弥座上正中摆放石香炉一尊,两侧为石烛台,烛台两旁是石花瓶。祭台北为月牙河一条,上有平桥,桥北为方城,与明陵平地起城不同,清陵方城建在高大的基座上,城上建有明楼,城南、东、西三面有垛口,城下中部有一门洞。方城与北部的宝城之间,用月牙城(也叫哑巴院)相接,这种陵墓构制是清朝陵墓所特有的,月牙城北壁背靠宝城南壁,有面南琉璃影壁一座,正对方城北侧门洞,神道自此到了尽头,琉璃照壁下线正中处即地宫入口。该影壁城砖砌成,上抹红泥,镶嵌中心花和插角花,顶部正脊一道,垂脊两条,安吻兽,上铺黄琉璃瓦,壁下承以须弥座。月牙城东西各有一条转向登道,通往方城明楼。整座陵寝,以金星山为朝山,影壁山为案山,昌瑞山、雾灵山和东北的长白山为来龙,在东侧马兰河,西侧西大河的萦绕下,山水相映,构成了一幅世之罕见的完美的山水风景图画,充分体现出陵址的选择者和陵寝建筑设计者的独具慧眼和匠心所至。

二、清西陵的建筑特色

　　清西陵(图5-8-8)位于易县城西15公里处的永宁山下,始建于雍正九年(1731年),占地面积达100多平方公里,内围墙长21公里,西陵有帝陵4座,即泰陵(雍正)、昌陵(嘉庆)、慕陵(道光)、崇陵(光绪),另有宣统墓一座。

陵内殿宇千余间,石建筑和石雕刻百余座,古建筑402座,建筑面积50万平方米。由于该陵区古建筑群的形成正处于中国古建筑艺术的鼎盛时期,所以它集中体现了以木结构为主体的中国古建筑最高水准。特别是其大木结构、斗拱、石雕、木雕以及完善的排水系统等,实为中国古建筑艺术的精美杰作。从建筑学的角度看,清西陵基本上相沿了明代帝后妃陵寝建筑样式,但它又依据清宫式做法,在严格遵守森严等级制度的同时,别具一格,具有很强的创造性。比如,大红门前石牌坊一改历代皇家陵寝均设1架的规制而增加至3架,在用料、工艺上更细腻、精美;慕陵殿宇的楠木雕刻已突破了其他清陵油饰彩绘做法,采用在原木上以蜡涂烫,壮美绝伦。自道光始,在陵寝建筑上虽然稍有衰落,但是裁撤石像生、圣德神功碑亭、明楼、方城等建筑和以石牌坊代替琉璃门,又形成了一个小巧玲珑的新模式。昌西陵弧墙及宝顶前神道所产生的回音效果,游人至此发出声响,可闻地下传出的回声;而隆恩殿内藻井独有的丹凤展翅彩绘,则成为中国陵寝建筑的一个特殊例证。

图5-8-8　易县永宁山下的清西陵

其中泰陵是整个陵区的建筑中心,主体建筑自最南端的火焰牌楼开始,过一座五孔石拱桥,便开始了西陵最长的神路——2.5公里长的泰陵神路,沿神路往北至宝顶,依次排列着石牌坊、大红门、具服殿、大碑楼、七孔桥、望柱、石像生、龙凤门、三路三孔桥、小碑亭、神厨库、东西朝房、东西班房、隆恩门、焚帛炉、东西配殿、隆恩殿、三座门、二柱门、方城、明楼、宝顶等建筑。石牌坊坐落在大红门前的三架巍峨高大的石牌坊,为西陵最具特色的建筑之一。三架石牌坊坐落在大红门前的宽阔的广场上,一架面南、两架各朝东西,成品字形排列,与北面的大红门形成一个宽敞的四合院,每架石牌坊高12.75米,宽31.85米,五间六柱十一楼造型,虽为青白石料的仿木结构,但却未用铁活,全部采用卯榫对接形式,楼顶雕有楼脊、兽吻、瓦垄、勾滴、斗拱、额枋等。坊身高浮雕的龙、凤、狮、麒麟和浅浮雕的花草、龙凤等图案相结合,使整个广场生机盎然。三架石牌坊在中国历代帝王陵墓中尚属孤品。

大红门是陵区总门户,建筑形式为单据庑殿顶,面阔34.8米,进深11.35米,高13.3米。大红门两侧有宽厚高大的风水围墙向东西延伸,长达21公里,把分布在广阔的丘陵沃野之中的陵寝建筑包容其中。隆恩门是陵区前后两大部分的分界和门户,面阔5间,进深两间。隆恩门前面的建筑分别坐落在神道正中与神道两旁的广场上,隆恩门后面的宫殿式建筑群则由一道宽厚高大的朱红围墙包围起来,形成了结构严谨的两层院落。进入隆恩门的第一层院是一个砖石漫地的庭院,有大小不等的5座建筑,整齐地排列在广场的正中和东西两侧,最前边两座矮小的建筑是焚帛炉,北面是东、西配殿,再北是隆恩殿。隆恩殿是陵区主体建筑之一,整座建筑立于巨大的汉白玉基座上,重檐九脊歇山式顶,黄琉璃瓦覆顶,面阔5间,进深3间。殿内有三间暖阁,中暖阁设神龛,供奉帝后的牌位;西暖阁内安置宝床,床上设檀香宝座,供奉皇贵妃牌位;东暖阁为佛楼,上下两层供奉金银佛像。殿内四根明柱沥粉贴金,天花板上的彩绘鲜艳夺目,地面以"金砖"铺漫,仍保持着原初风貌。三座门又称三座琉璃花门、陵寝门,是前朝后寝的分界。陵寝门内由南向北依次有二柱门、石五供、祭台、方城、明楼,高大的方城明楼是陵寝的最高点。方城后边是雍正皇帝的坟墓。绕墓一周的高大城墙,叫宝城,宝城里面的土丘叫宝顶,泰陵宝顶面积为 3 600 余平方米,宝顶下边是巨大的地宫。

第五节　多孔厚墩联拱石桥建筑技术

从木、石梁桥过渡到石拱桥,已经成为古代桥梁演变的一种必然趋势。就明及前清这个时段来说,河北地域的石拱桥数量不断增多,且规模亦愈益宏大,其建筑形式不仅有单孔桥,而且还出现了多孔厚墩联拱桥,如二孔厚墩联拱有明万历二十二年(1594 年)建造的赵县济美桥,三孔厚墩联拱有明成化二年(1466 年)建造的栾城县清明桥和明弘治四年(1491 年)建造的清苑县天水桥,五孔厚墩联拱有明万历二年(1574 年)建造的涿州市胡良河桥,六孔厚墩联拱有清乾隆三十八年(1773 年)建造的衡水安济桥,九孔厚墩联拱有明万历二年(1574 年)建造的涿州拒马河桥,十三孔厚墩联拱有清乾隆十四年(1749 年)建造的井陉县太平桥(今桥已不存),十七孔厚墩联拱有明代所建造的宣化广惠桥等等。由于厚墩联拱是单孔拱的集合,各孔相互独立,一孔破坏,不影响他孔,所以有的厚墩联拱桥能够保存至今,如衡水安济桥。

涿州拒马河桥,俗称大石桥(图 5 - 8 - 9),位于涿州市古城北部拒马河上,桥体则由主桥和南北引桥三部分组成,全长约 627.65 米,被著名古建专家罗哲文先生誉为"中国第一长石拱桥"。据《涿县志》记载:此桥"高广各二丈(约 6.4 米),长三十余丈。皆甃以巨石,锢以铁锭。"万历十六年(1588 年)重修,天启六年(1626 年)桥毁又重建。明崇祯后,河道南移,当时将桥改为堤。清乾隆二十五年(1760 年)则在旧桥南建新桥,改名"永济"。《畿辅通志》云:"清乾隆二十五年

图 5 - 8 - 9　涿州拒马河桥

(1760 年),别建九空新桥。南北各建牌楼,南之东曰揽翠楼,西为延清楼。北之东为维摩院,西为关帝庙,中为茶亭九间,熙来攘往,俱出亭中,规模宏敞,聿壮观瞻。"此"聿壮观瞻"景象已不复存在,经考察,该桥宽约 11 米,桥墩前尖后方,墩宽都是 5.1 米,高 2 米,为九孔不等锅底券拱。桥端筑引桥,引桥下设涵洞,水小则洞下过水,水大则洞上行洪,既能走水又可行人及车马,桥下分水尖安装破冰凌用的铸铁,具有显著的北方特点。经过试掘,人们在桥的南侧 175 米内共发现三种形制的涵洞 25 个,而北侧在 130 米内发现涵洞 4 个,随着试掘范围的扩大,不排除有新涵洞的发现。从造型上看,因桥拱跨度大砌筑采用中国起拱技法,远望恰似一条彩虹横跨两岸。通过勘察初步断定,涿州拒马河桥并南北引桥所形成的规模为国内首见,它有可能是我国北方地区最长的石拱桥[3]。

第六节　镇城镶嵌的明长城建筑艺术

明朝建立以后,为了巩固北方的边防,通过修筑长城工程(亦称边墙)以阻挡蒙古贵族鞑靼、瓦剌诸部和女真族南下骚扰抢掠。从明洪武元年(1368 年)开始修建,到明弘治十三年(1500 年)止,前后延续了一百多年,东起鸭绿江边,西至甘肃嘉峪关,长达 5 660 公里,合 11 300 多华里,俗称"万里长

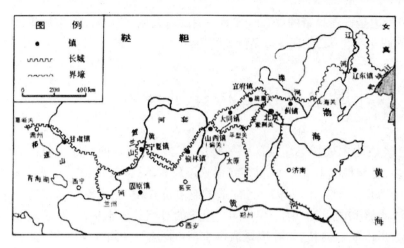

图 5-8-10　明长城图

城"（图5-8-10）。

从时段来讲，明前期的长城工程主要是在北魏、北齐、隋长城之基础上，"峻垣深壕，烽堠相接"，"各处烟墩务增筑高厚，上贮五月粮及柴薪药弩，墩旁开井"，且"自长安岭（今宣化境内）迤西，至洗马林（今山西天镇），皆筑石垣，深壕堑"。即增建烟墩、烽堠、戍堡、壕堑，局部地段将土垣改成石墙，而修缮重点是北京西北至山西大同的外边长城和山海关至居庸关的沿边关隘。明中叶（1448—1566年）重点构筑一批长城重镇，从西向东，依次为甘肃镇、固原镇、宁夏镇、延绥镇、山西镇、大同镇、宣府镇、蓟镇、辽东镇。

明后期（1567—1620年），蒙古族俺答部与明王朝议和互市，北方边境稍安，而明朝的主要边患来自东北的女真族。于是，随着战略防御重点的转移，明朝对河北地域及辽东段长城进行重建，以固边墙。其主要方法就是在长城上骑墙建大量的空心敌楼，易以砖石，加强防御工程。如在谭纶和戚继光的主持下，蓟镇长城共造砖石空心敌台3000座，增筑山海关石墙至南海口入海（今老龙头），修缮工程不仅是环卫京师的内长城，还扩大至今山西、河北交界的太行山内三关长城。隆庆二年（1568年），总督方逢时于宣府镇长补筑北路龙门所外边，起龙门所之盘道墩（今赤城县东），迄靖虏堡之大衙口（今崇礼县东南），将开平卫独石堡围在长城以内，万历以后全部包砖。与此相适应，明朝通过明确责任而进一步加强了九镇的军事防务职能，比如，蓟镇之总兵官治三屯营（今迁西三屯营镇），管辖长城东起山海关老龙头，西至黄榆关（今邢台市西北太行山岭），全长1500多公里，而蓟镇长城则是现存遗迹中保存最完整的一段。宣府镇之总兵官治宣府卫（今张家口宣化），管辖长城东起慕田峪渤海所和四海治所分界处，西达西阳河（今怀安县境）与大同镇接界处，全长558公里。

河北段长城东起山海关老龙头，西至怀安县西洋河口，长约1200公里。若以居庸关为界，则可分成两部分：以东为单线长城，以西则为双线长城，故有内、外长城之别。外长城即居庸关西北经赤城、崇礼、张家口、万全、怀安而进入大同市的天镇、阳高、大同、左云，沿内蒙古、山西交界处，达于偏关、河曲；内长城从居庸关西南经易县、涞源、阜平而进入大同市的灵丘、浑源，再经应县、繁峙、神池而至老营。据现存长城实测，外长城分别由怀安县桃沟村、西洋河乡马市口南北两路进入天镇县境，在新平乐村与西路长城相交。

明长城河北段，因位于明王朝腹心北京附近，所以多用砖石建筑而成，建筑水平最高。其中，尤以秦皇岛境内明长城的军事防御设施最完善、建筑等级最高。该段长城从山海关老龙头起至青龙县小马坪杏树岭止，总长375.5公里。其中有关隘37座、敌楼500座、战台685座、烟墩317座、要塞4座、卫城7座、砖石结构实心敌台61座、点将台1座、威远城1座、八角楼1座、大烽台1座，其整体建筑依山就势、跨河入海、跌宕起伏，似巨龙盘旋，气势宏大，是长城建筑艺术中的精华。例如，《畿辅通志》称山海关的战略位置说："长城之枕护燕蓟，为京师屏翰，拥雄关为辽左咽喉。"故明洪武十四年（1381年），大将军徐达见此"襟山枕海，实辽蓟咽喉，乃移关于此"，并"创建城池关隘，名山海关"。

山海关城周长8里多，外有宽5丈、深2.5丈的护城河，东依长城，辟四门，东曰镇东，即天下第一关；西曰迎恩，南曰望洋，北曰威远，各门上都筑有城楼。在关城的东西各筑罗城，关城南北各筑翼城，以驻军队，互为犄角。关城东数里外又筑威

图 5-8-11　天下第一关

远城、烽火台、敌台等附属工程。又,东门外建瓮城,外绕以东罗城,而"天下第一关"城楼就雄踞其上(图5-8-11)。城楼高13米,宽20米,厚7米,深11米,东西宽10.10米,建筑面积198平方米,为两层重檐九脊布瓦顶,西面下层中间辟门,上层三间均为木制隔扇门。东南北三面有箭窗68个,平时以木帛朱红窗板掩盖,板上有白环,中有黑色靶心,同彩绘桁枋相隔配合,造型美观大方,雄壮威严。登上城楼,一边是碧波荡漾的大海,一边是蜿蜒连绵的万里长城,令人豪气顿生,为之气壮。

第七节　河北民居建筑技术

河北地域自然环境比较复杂,地貌类型多样,既有高原、山地和丘陵,又有平原、湖淀和盆地,因此,为了适应各地的自然环境,人们创造了风格不同的居住形式。以太行山区为例,在北麓,有保定涞水县岭南台村"一正两厢式"砖腿石墙结构房屋;在中麓,有石家庄井陉县于家石头村的石头民居;在南麓,有邯郸武安朝阳沟的青石板民居,亦多为"一正两厢式"结构。除一般民居外,在太行山北麓的保定顺平县还有一座闻名遐迩的腰山王氏庄园。在城堡民宅方面,有张家口蔚县西古堡村的"九连环院";在城市民宅方面,以保定明清时期的古民居最有代表性。从现有的民居遗址看,河北地域是保存明清民居建筑最集中的地区之一,并且以特色鲜明、形式多样、体制完整而著称。

一、于家村的石楼四合院

于家村在石家庄井陉县西60公里处,建于明朝成化年间,是明代著名政治家、民族英雄于谦的后裔于有道为躲避战乱,带领家人来此所建,距今已有五百多年的历史。石头村的古村古景风采依旧,明、清建筑完好无损。这里房屋呈堡垒式布局,开山取石,凿壁为居,建筑规范明确,结解曲伸,错落有致,东西为街,南北为巷,不通为胡同。全村共有6街7巷18胡同,街依房连,总长3 700多米,街巷全是青石铺就,街巷串连的石头房屋4 000多间,有300多座四合院,石井窑池1 000有余,石制用具2 000多件,石筑古阁古庙6座,戏楼6座,碑碣30多块,石桥4座,以石为材,匠心独运。

图5-8-12　于家石头村的石楼四合院

其中以明天启年间(1621—1627年)建造的石楼四合院(图5-8-12)最具特色。这是一座上砖下石的巍峨建筑物,占地两亩,房屋百间,建筑面积近千平方米。石楼四合院分为东西两院,均为北高南低,三面楼,两院正房下层均为石券洞室,九间无梁殿,建筑宏伟高大,古朴典雅,偏正侧倚,错落有致,宽敞豁朗,冬暖夏凉。登21级露天石头台阶,即到正房楼上"客位"。这里是宴请宾朋、贵客的地方,房内粗梁大柱,没有隔间,宽阔高大,气势恢宏。正中是门,宽过两米,两根明柱分立左右,中间安着四扇花棂木门。门两边,下部建有几十厘米高的短墙,短墙之上全部安装着花棂窗扇。窗前是长长的走廊、站在这里向前眺望,南山即景尽收眼底、楼下西厢房后面建有一排小房,分别是长工房、饲养房、磨房、碾房、库房、工具房、水井房等等,大家气派可见一斑。两院大门全是巽门,上有门楼,下有门洞,筒瓦飞檐,宽大高耸,工艺奇特,粗犷豪放。门槛两边是石雕门墩,两扇黑漆大门,两对古式门铍和门环、门板上横排着四行球面形圆钉。门槛前面是石头阶级,门外一侧设有拴马鼻子、上马石。这里,在明清两代曾出过12名文武秀才,故享有"秀才甲第"之美称。

二、保定顺平县的腰山王氏庄园

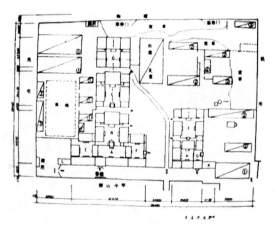

图 5 - 8 - 13　腰山王氏庄园总平面图

腰山王氏庄园坐落于保定顺平县腰山镇南腰山村镇,是王氏先祖王希缙所建。庄园始建于清顺治四年(1647 年),至乾隆十一年(1747 年)陆续建成,历经一百多年,其总平面呈正梯形(图 5 - 8 - 13),占地面积 22 642 平方米。现存四处宅院,有房屋 42 座 107 间,建筑面积近 3 000 平方米,它是华北现存规模最大、最完整的清代大地主兼巨商的豪门巨宅,也是我国华北地区保存最完整的民居建筑群。

庄园四周是砖砌城墙,墙上是更道,面宽 5 尺。墙内是绕庄园一周的马道,墙外是护庄沟,界河水绕庄园一周流过。庄园内由三道东西内街隔成四大部分,东西宽 368.5 米,南北长 504.1 米,由北往南依次为"北园"、"中园"、"南园"和"场院"。北部三大部分为住宅区,建有成套院落 50 余套,各类房屋 500 余间;南部的场院内设收租院、仓房、车马院等;中街的东西各有一座庄门。尤其引人关注的景观是:中园西段有一个由四进大院组成的寺院,而南园中段则又建有一个城墙围护的内城院,这是仿北京城内紫禁城的建筑理念建造的。

从位置上看,南园在整个庄园的最南部,也是庄园现存的主要景观。然仅见位于腰山中学北侧的一处宅院保存较完整,所说的腰山庄园实际上指的就是这一处,其各间房屋的功能如图 5 - 8 - 14 所示。由于二进院是宅子主人的住处,因而是全宅的核心建筑,这里集中了腰山庄园建筑艺术的精华,所以以此为例,对其建筑特色略加表述:进院立有垂花门,为一殿一卷形式,即由一个大屋脊悬山与一个卷棚悬山屋面组合而成,外设 4 级垂带踏跺,内设三面如意踏跺,条石台明,一对青狮门枕,八角形须弥座式柱顶石,方形梅花棱角木柱,面阔 1 间,进深 2 柱 6 檩,前檐柱间装攒边门。院落 430 × 430 方砖墁地,有正房 3 间,进深 4 柱 7 檩,梁架为抬梁式,硬山阴阳布瓦顶,清水花瓦正脊带蝎尾,条石台明,下砌陡板石,前带檐廊 7 级垂带踏跺,山墙、廊心为硬心素作,前后墀头钺檐,角柱石皆有浮雕,正房梁柱的脊角背、金瓜柱、脊瓜柱都带木雕,东西次间后墙有高窗,明间有专供主人通行的门通向三进院。就整体上说,该庄园建筑古朴大方,布局合理,是集居住、商务、祭祀等为一体的清代民间建筑,诚如古建筑学家罗哲文先生所言,腰山王氏庄园既是民居又不同于一般的民居,它不愧为中国北方民居中的精品。

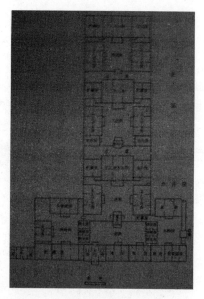

图 5 - 8 - 14　腰山庄园各房间
功能示意图

注　释:

[1][2]　王世仁:《塞上明珠,古建精华——承德避暑山庄和外八庙》,《自然杂志》1982 年第 3 期。

[3]　刘洁:《河北涿州永济桥保护工作引起国家文物局领导和有关专家重视》,《中国文物报》2005 年 4 月 27 日。

第九章　传统交通科技

　　这个时段是中国资本主义生产关系萌芽的历史时期,与之相适应,南北沿海地区的经济发展进入了一个新的发展阶段。河北初步建成了传统交通科技体系,水陆交通更加发达。在陆路方面,向南有北京至开封和南京的南北大道,向西北有北京至张家口的古商道,向东北有北京至辽东的大道,省内城乡交通网络的四通八达;在海路方面,天津港和秦皇岛港不仅规模越来越大,而且南北海运十分繁忙。内河航运除了大运河继续发挥其"主运"的功能外,海河水运和滦河水运也开始逐步活跃起来,水路运输对于促进河北地域经济的发展起到了很大的积极作用。

第一节　陆路交通与交通工具

一、陆路交通线路

　　据统计,明代迁都北京后,在河北地域内形成了以北京为中心通往全国的主要驿路共有7条,分别是:北京至南京、浙江、福建线;北京至江西、广东线;北京至湖广、广西线;北京至贵州、云南线;北京至陕西、四川线;北京沿长城边墙至辽东都指挥使司线;北京沿长城边墙各镇卫所至陕西行都指挥司线。以此为基础,明代出现了不少专门为当时士商旅行之用的程图路引,即行旅参照程图,通过明代的程图路引,我们能够对当时河北地域内的陆路交通及其河北在全国陆路交通中的地位有个整体的认识和把握。

　　清朝建立后,首先对元明时期所修建的部分不尽合理的陆路交通驿线作了调整,如由北京到陕西、甘肃方向去的主要驿线从原来绕行河南调整为从真定府(今石家庄正定)西去太原,然后再折西南经平阳府(今山西临汾市)、蒲州(今山西永济县)南入潼关。其次,进一步开拓了从北京通往外蒙去的"万里"驿道。这条驿道由北京出发,西北经宣化,出张家口向西北经内蒙察哈尔和乌兰察布盟的泌岱、乌兰哈达,外蒙土谢图汗、三音诺颜汗的图古里克、他拉多兰、哈喇呢敦等64军台至乌里雅苏台将军驻所乌里雅苏台(今蒙古札布噶河上游)。再由乌里雅苏台折向西北,经扎萨克图汗的珠勒库珠、科布多的杜尔根诺尔等14军台,最后到达科布多(今蒙古布彦图河下游)。再次,从山海关到开原城,在近2 000里的驿道沿线设立"路台",以保护行旅,这是明代驿道建设的新举措。《全辽志·边防志·路台》载:"嘉靖二十八年(1549年),巡抚薛应奎自山海关直抵开原,每五里设台一座,历任巡抚吉隆、王之诰于险要处增设加密。每台上盖更楼一座,黄旗一面,器械俱全。台下有圈,设军夫五名常川了望,以便趋避。"

　　与明清时期的驿道相适应,当时在驿道沿线设置了许多供公文传递或官员上任、离任休息的铺舍以及供行旅歇息的商业性客店。比如,在井陉县境内的东天门,有现存的明清时期的驿铺和驿道,基本保持了当时的原貌。"立鄘守路"石屋,建于清嘉庆十六年(1811年),被认为是我国现存最早驿铺建筑,也是我国邮政史上的活化石。

二、陆路交通工具

1. 马车

元代的邮递制度最为发达,有站赤和急递铺之分,其中站赤是驿,急递铺是邮。据不完全统计,元代中书省所辖腹里各站(包括山东西河北之地)站赤总计198处,内陆站175处,有马12 298匹,车1 069辆,驴4 908头。明清沿用元制,但站赤数量略有下降,如清时河北地域仅有驿站185处。其维持驿站的主要载体是马、骡、驴、牛以及车、轿等,如赵州的槐水驿备有马50匹,驴40头,而递运所则备有骡车40辆,每辆骡4头。又,河间府设陆驿7处,备有马318匹,驴413处。在一般情况下,马用于乘骑都须配有马鞍,通常用牛匹做成大带形状,中间很阔,两头稍狭,用薄熟皮缘边而漆。北方的马车或骡车可分四轮与双轮两种类型,四轮车与双轮车的差别除了载重以外,就是在结构上前者当马或骡停下来脱驾之时,车上平稳,而后者却需要用短木从地面支撑,稳定车身,否则车体就会倾倒。当时,在京城有一种只有三品以上官员或王公勋戚才有资格乘坐的大鞍车,此车俗称轿车,是一种带棚骡车,尤其在清朝中期盛行。大鞍车的厢体空间比较宽敞,且车轴安装在后部,两侧开门,因此,不仅上下车很方便,而且行走起来也非常平稳。与之相对,还有一种属于大众化的小鞍车,这种车的乘坐没有严格规定,在街面上随处都可雇到。敞车,无帷幔,用芦席来遮雨,分单套、双套和三套,既可载人亦可载货。

当然,在马车中最尊贵的还要属清朝皇帝乘坐的御用木辂,如避暑山庄博物馆收藏的为夏季御用凉木辂,三面以木板封闭,齐顶处镶有宽19.6厘米透雕木楣板,既可通风换气,又能自内向外观景。辂内设木雕坐凳,敷绵座褥。板壁以红、兰、黄白四色绘八吉祥图案。两侧嵌粉彩轿瓶,辂马具齐备,皆铜活革带。轮辐边及辂轴以铁件包镶,辂轫铁制。辂门前开,挂明黄地兰线耕织图缂丝挂帘。辂顶木制,四面缓坡檐,蒙明黄辂套,垂缨络。

2. 轿

轿的出现虽然很早,如《史记·夏本纪》及《史记·河渠书》云:"大禹抑洪水十三年,过家不入门,路行载车,水行载舟,泥行蹈橇,山行即桥。"桥即是轿,因桥和轿其间中空,两端着力,似乎也言坐轿亦如过桥般平稳,但从官员出行乘轿的制度却始于明朝。故明代的《菽园杂记》卷11载:"(轿子)古称肩舆、腰舆、篼舆、兜子,即今轿子也。洪武、永乐间,大臣无乘轿者,观两京诸司仪四品门外,各有上马台可知矣。或云,乘轿始于宣德间,成化间始有禁例。文职三品以上得乘轿,四品以上乘马。宋儒谓乘轿以人代马,于理不宜。固是正论。然南中亦有无驴马雇觅处,纵有之,山岭陡峭局促处,非马驴所能行,两人肩一轿,便捷之甚,此又当从民便,不可以执一法也。"到明朝中后期,连中小地主也"人人皆小肩舆,无一骑马者"。延至清朝,则武官一律乘马,文官一直到小小的七品知县,均可坐轿子,如《灵寿县志·田赋下》就有知县配备轿夫7名的记载。从轿子的结构上讲,明清时期轿子的最大变化就是由过去的两人抬改变为四人抬或八人抬,其等级制度亦越来越严格。如清朝规定王公所乘坐的明轿,亲王以下、贝勒以上由八人抬行,而贝子以下、辅国公以上则由四人抬行。众所周知,河北地域内是清朝行宫的集中之地,如盘山行宫(在今天津蓟县盘山南麓)、两间房行宫(在今滦平县西南)、张三营行宫(在今隆化县北)、热河行宫(在今承德市北部)、古莲花池行宫(在今保定市中心)等,这些行宫都是供清朝帝王外出时临时居住和理政的宫室,所以帝王在这些地方出行都配有规格很高的交通工具。例如,步舆和轻步辇等。此外,承德避暑山庄建有九座宫门,其丽正门为正门,门前有红照壁一座,而照壁两侧各有下马碑一块,武官至此下马,文官至此下轿。可见,出入承德的官轿种类繁多。例如,承德避暑山庄博物馆藏有清高宗御用的一乘轻步舆,原称"折合明轿",是因为其功用在于提供游观四顾,不遮挡视线,周围无帷幕封闭得名。御用轻步舆,红松木质,外表明黄大漆,亦称金漆,故又称"金舆"。舆整体呈宝座状,圈形靠背、迎手。前有足踏,平底板,四柱双条形足,前后各出二辕把,挂鎏金铜环,穿革带,前后各穿双舆抬杠。舆底板四角设方形插座,可依据需要临时插设棚顶,故有"折合明轿"之称。舆顶两种,有木框敷布料者,平顶;有木质集成攒者尖顶。舆顶皆作明黄色。轻步舆由八人抬行。又,该馆藏有两乘大轿,一乘为壁嵌黄毡者,为暖步舆;一乘则为板壁。其形制为木质框架,包镶雕板,蒙敷明黄舆罩。木驾长1.47米,宽1.21米,高1.44米,前、后各出两舆辕,辕长1.83米。每辕穿两步杠带,为16人抬启跸。内挂缂丝壁幔,壁嵌粉彩博古瓶,间绘松鹤延年、鹤鹿同春、八吉祥图案。舆底板四角设四足,内设圈背宝座,右首壁间嵌木框锦缎槽架,系安设钟表架。

第二节　内河水运、海运及造船技术

一、内河水运技术的开发

滦河在唐代已建有码头,宋金时期曾于马城北(在今滦南境内)"疏决间芬沟为运道,引滦水会青、沂两岸,大侪城(今唐山滦南县城)"。到明代,滦河口已可跨海通往山东半岛和天津,如《天下郡国利病书》卷6《北直五》载:"嘉靖三十七年(1558年),巡视郎中唐顺之疏滦河,自永平可通滦阳营(今承德市),省陆运一百五十里。"而山东行省"募水工运莱州洋海仓粟,以济永平","至天启、崇祯间,因添设沿海兵马需粮甚多,清河卒难挑浚,乃从海运,由天津航海三百余里至乐亭利家墩海口入滦州"。入清之后,由于兴建承德避暑山庄的需要,且滦河上游各支流又多林木资源,故大量木材沿整治的水路顺流浮载而下运至承德。如武烈河"绕山庄东北锤峰下,东南流入于滦。其水虽大,然向有堤以障之,时复倍巩,故得循轨而有所归宿,即盛涨不为患。"乾隆三十六年(1771年),清朝政府于伊逊河东开挖了一条长2 300米,宽27米的新河,"宽而能容,东赴热河"。与此同时,滦河下游与承德之间的水上运输也日渐繁忙起来。据《滦县志》记载:"至于水路,惟滦河可通行二三人之小帆船,一切货物均能载运,北通口外,南达乐亭海口,上下船均集于偏凉汀东门外(在今唐山滦县城老车站村)、马城等处,多时停泊五百余只。"经过一段时间的发展之后,承德很快就成为河北地域北部的一个商业中心,"四方之民环集辐辏,骈坒殷阗,盛若都会",而"买卖街在山庄西,最称繁盛,南北杂货无不有"。

二、对大运河的整治

在元末,由于战争和黄泛的原因,大运河被淤不少,如济宁州同知潘叔正说:"旧会通河四百五十余里,淤者乃三之一,浚者便。"因此,明朝政府对大运河的整治主要以疏通为主,而随着明永乐年间大运河疏凿工程的完成,天津港的海运转衰,与之相反,河漕转运却逐渐转盛。然而,一方面,为了使天津至北京的漕粮运输更加通畅,明嘉靖二十四年(1545年),将潮河由顺义县改在密云与白河相汇南下,到天津后与卫河相连;另一方面,为了阻止塞北少数民族的侵扰,明朝政府每年都在白河上游进行一次"烧荒",结果造成白河上游水土流失,致使运河河道淤积,屡屡影响漕运。

清代对北运河的整治更加积极,如康熙三十六年(1697年),北运河在武清县筐儿港决口,三十九年(1700年),康熙亲临决口处视察,"命员外牛钮等于冲决处,建减水坝二十丈,开挖引河,夹以长堤而注之,塌河淀由贾家沽道洩入海河,杨村上下百余里河平堤固。"雍正七年(1729年),清朝政府在北运河杨村至河西务航段,再建青龙湾水坝。乾隆二年(1737年),青龙湾水坝向上游改建,史称"王家务减水坝",对于该坝的减河分泄作用,乾隆在"导流还济运"碑文中说:"北运河遇夏秋盛涨时,籍筐儿港王家务两减河分泄由塌河淀七里海入海",可见,王家务减水坝的建成有利于天津港的漕运,从而使驶进天津港的船只鳞集,呈现出一派繁忙景象。

三、河北航海技术的复兴与繁荣

元帝逃往漠北以后,东北遂成为明朝的重兵防御之地,为解决军事物质的运输问题,明朝政府始以秦皇岛为最重要的军事运输港。明朝规定:凡海运北京以东,长城东北段内外卫所和辽西、辽东卫所的粮饷和其他物质,均由永平沿海诸港进行接运或转输[1]。为了与明朝的军事运输相适应,由山东半岛到永平各港口的航线,不再绕道天津,而是跨海直接通达。明朝从永乐十三年(1415年)始,转海运为内河运输,秦皇岛港遂又陷入衰落。

直到明末,明朝在与后金的交战中,日渐不敌,于是,明朝政府遂将"国家全副精神尽注山海(关)",藉此之际,秦皇岛各港尤其是码头庄港的军事运输呈现出前所未有的忙乱景象。泰昌元年(1620年),开运"天津至南海口(即码头庄港)及宁远(今兴城)并通商货,军民称便",对此,明人有诗云:"依稀西南千艘下,破浪凌风似驱马。"此"千艘"多由新航线而来,所谓新航线实际上是对明初跨海直达航线的恢复和发展,它一方面反映了明末航海技术有了进一步的提高,另一方面,亦为直接沟通南北海运及沿海港口的深入发展,开辟了新途径,故《乐亭县志》载:"海漕既通,商舟乃集,南北货物,亦赖以通。"

清朝将山海关视为奉天与北京之间的"中腹重镇",从形式上看,其重视程度胜于明朝。可惜,好景不长,顺治十六年(1659年),为了防止郑成功自海上反清,清朝实行严厉的"海禁"政策,秦皇岛港受挫。直到康熙三十二年(1694年),清政府才撤销海禁,自此,秦皇岛港"通运商货,人咸便之"。雍正元年(1723年)以后,"京东畿辅近地海口宏开无闉阈之隔",至道光初年,为召商船以便军民,清政府曾两次在南海口刊石,严禁勒索到境和过境商船,此时秦皇岛各港又进入了一个相对平稳的海运繁荣时期。

四、造船技术的进展

1. 沙船的抗横漂技术——披水板

清代画家江萱所绘的国画长卷《潞河督运图》,比较真实地再现了明清时期北运河繁忙的漕运景象。从画面上看,河中的官船、商船、货船、渔船等各类船只共有64条。目前,对于该图所反映的究竟是潞河什么地方的漕运情景,学界有两说:一说是通州,另一说是天津三岔河口一带,因为天津市海河堤岸有此图的百米浮雕墙。故清乾隆四十五年(1780年)朝鲜使者朴趾源在《热河日记》中写道:"凡天下船运之物,皆辏集于通州,不见潞河之舟楫,则不识帝都之壮也。"仅从画面上看,"潞河之舟楫"确实能够反映出明清时期北方造船技术的总体发展水平。

北运河上通行的漕船多数是沙船。沙船是一种平底、方头、方艄的海船,其外形体征是舟尾明显高于舟首,是我国最古老的一种船型。在唐宋时期,它已经成型,成为我国北方海区航行的主要海船。因其适于在水浅多沙的航道上航行,所以被命名为沙船,也叫作"防沙平底船"。它在江河湖海都可航行,适航性特别强,而宽、大、扁、浅是其最突出的特征。沙船的纵向结构采用"扁龙骨",从而使纵向强度得到加强;横向结构则是采用水密隔舱的工艺。而航行在运河西侧的官舫督运船尾部装有1件披水板,因为逆水行船时,帆除了获得推进力之外,还附带产生使船横向漂移的力,航运实践证明,沙船的抗横漂能力较弱,所以通过使用披水板可以增强沙船的抗横漂能力。据专家断言,"防止横漂的披水板也是中国首创"[2]。在清朝,天津漕运的船只以中型帆船为主,时人称"漕舫",舫即方形船之意,属于江海两用的沙船。

2. 剥船运输技术

由于通州以下运河道中浅水处较多,不能通行大运河来的漕船,故改用小船运输,是谓"剥船",即

"用小船分载转运货物"的意思。一般地讲，通州剥船长六丈，阔一丈二尺，天津河务剥船长五丈，阔八尺五寸。在清朝，大运河航行的船只不仅有各种型号的漕船，而且更有皇船，为皇帝南巡黄河专用。其大船平时都停放在天津海河皇家专用船厂。使用时，则从天津逆水到通州接上皇帝，再经天津开始南巡。如乾隆皇帝乘坐的龙船，长 31.68 米，宽 6.08 米，其雕工之细，气派之大，世所罕见。

3. 导航技术

与内河漕运相比，海运风险大，"每岁船辄损败，有漂没者"，为减少船覆人亡事故的发生，自明清开始，秦皇岛港便出现了利用自然地物和灯光等导航设施以及引水和防险救生组织，如秦皇岛沿海港口腹背有座高山，海拔 1 424 米，形如左手拇指，是舵艄识别和船舶导入南海口、秦皇岛、金山嘴港湾的最好的地物导航目标。同时，为了便于在晚上行船和靠泊码头，明代又于"天后宫"等寺庙处前树起高数丈的旗杆识物，夜间悬挂红灯，成为该港最早出现的灯标。到清代道光初年，人们在"天后宫"东侧和老龙头之间，架设高约 13 米的"转盘探海灯"，这在当时是一项非常先进的导航技术措施。

注　释：

[1]　黄景海主编：《秦皇岛港史——古、近代部分》，人民交通出版社 1985 年版，第 81 页。
[2]　中国造船工程学会：《1962 年年会论文集》（第 2 分册），国防工业出版社 1962 年版，第 61 页。

第十章　传统天文科技

明清时期，河北天文学研究处于低谷，传统天文学开始衰退，主要科学成就集中在历法的改制方面。邢云璐修正《大统历》，并著《古今律历考》等等，使河北天文学思想渐进近代天文学的大门。

第一节　明末的天文历法改革

嘉靖、万历年间，中国传统天文学在经历了明初以来长期停滞状态以后出现了复兴的局面，这种复兴是伴随着历法改革而出现的。明末的历法改革首先在传统历法的范式内展开，而邢云璐既是明末传统历法复兴过程中最为重要的人物，也是万历年间唯一一位进入钦天监在传统历法范式内实施改历的民间传统历法家[1]。

一、《大统历》不合天象实测

元朝以前制定的历法，差不多有八九十种，其中属于创作的有 13 种，而最著名的只有 3 种，即太初历、大衍历和授时历。太初历假托于黄钟，大衍历则附会于易象；独有授时历法，根据晷影，全凭实测，打破古来治历的习惯，是开辟后世新法的根源。明初刘基进谏《大统历》。洪武十七年设观象台于南京鸡鸣山，令博士元统修历，仍以《大统》为名，明朝一直沿用《大统历》。

大统历完全袭用授时历的法数，其起算之点，名义上虽然以洪武十七年甲子（1384 年）为元，而台官布算仍用授时历之至元辛巳（1281 年）为元。所不同的，只是大统历省掉授时历的岁实百年消长一分之率,而闰应等数,略有改变而已。明代行用的《大统历》从景泰年间(1450—1456 年)已经出现了交食预报经常出错的问题,但是,负责制定和颁布历法工作的钦天监却因循守旧,墨守成法,无所作为,天象预报屡次出错也无力纠正。万历二十三年(1595 年)时任河南金事的河北籍科学家邢云璐,发现《大统历》与天象实测不合,因而奏请改历。

二、邢云璐的历法探析

1. 邢云璐生平与著作

图 5 - 10 - 1　邢云璐纪念石碑

邢云璐(图 5 - 10 - 1),字士登,生卒年代不详,安肃(今河北徐水县)人。明万历四年(1576 年),乡试中举,万历八年中进士。

邢云璐精通天文、地理、历法。任职期间,上书修改沿袭近 300 年的旧历法,制定新的历法《大统历》,可惜其志未竟辞官告归。回乡后继续研究历法,深推古今,旁征博采,著有《古今律历考》72 卷,附有精辟独特的见解,校正元代天文学家郭守敬之误谬,成为一代全书。还著有《戊申立春考证》、《庚物冬至正讹》、《太一书》、《历元元》、《七政真数》有关天文著作,为后人留下宝贵资料。

2. 不断改革的历法思想

万历二十四年十二月辛巳(1597 年 2 月 5 日),邢云璐详细陈述了进呈改历建议的理由。从"乃今尚未闻有一人,欲起而更正之者"可以看出,当时他和朱载堉也许还没有互通信息。他在直接指出了《大统历》在节气推算上的错误之后,进一步举例说明当时《大统历》在推算预报交食方面的差错:"且历法疏密在交食,自昔记之矣。乃今年闰八月朔日有食之,《大统》推初亏巳正三刻,食几既。而臣候初亏巳正一刻,食止七分余。《大统》实后天几二刻,而计闰应及转应则各宜如法增损之矣。"[2]邢云璐的奏疏改历受到钦天监官员的攻击。随后,礼部侍郎范谦推举他主持改历。至万历三十八年邢云璐被召入京,参加改历工作。万历四十四年写成《七政真数》,详尽叙述推算历法的方法。天启元年(1621 年),邢云璐以古今日月蚀交食次数为例,指出《授时历》的不足。他曾两次参加改历运动(1595 年和 1610 年),是明末复兴天文学的重要人物。

3.《古今律历考》的天文贡献

万历二十四年(1597 年),邢云璐在改历的建议受挫以后,不断从回顾历法发展过程的角度来阐发自己主张进行历法改革的重要性,并着手将其专门研究传统历法问题的成果汇集成即《古今律历考》。《古今律历考》72 卷(图 5 - 10 - 2),其主要内容是对古代经籍中的历法知识以及各部正史律历志或者历志中的问题进行总结和评议。他借用《周易》中《革》卦的《象》辞所言"泽中有火,革,君子以治历明时"来论述历法改革的缘由:君子观革之象,知天地乃革之大者也,所以治历明时。邢云璐对春秋以后历法的发展描述,意在阐述历法应该不断进行改革的思想。至于他所认为的"天运难齐,人力未至",则因为古历采用的计算方法是利用有限观测数据拟合计算公式以预报天象,所以在一定的时期有一定的精度,一般不能长期很好地与天象吻合,所以古历应经常修正,"不容不改作也"。

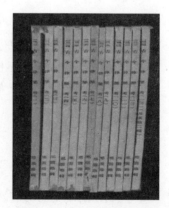

图 5 - 10 - 2　古今律历考

4. 实测指导治历的思想

中国古代历家在描述天体运行规律时,逐渐形成了"先以密测,继以数推"的治历思想。邢云璐则结合《授时历》和《大统历》中存在的问题,对此思想进行了阐述。邢云璐所说《授时历》月亮、五星计算常数"俱仍旧贯",是指《授时历》沿用了金《重修大明历》中的数据。他指出,月亮和五星运行的有关常数应随时实。邢云璐是最早指出《授时历》五星运行周期"止录旧章"者,对历法的修正具有重要意义。万历三十六年戊申,邢云璐在兰州立六丈高表(见圭表)测日影,进行了万历三十六年(1608年)冬至时刻的实测工作,计算出该年立春时刻与钦天监所推结果不同,该结果写成《戊申立春考证》一卷。书中提出一回归年长度为 365.242 190 日,同现代理论计算值只差 2.3 秒,是当时世界上的最佳值。

5. 行星运动受太阳引力控制的宇宙观

邢云璐在对正史中的各部历法进行考证以后,进而阐述了明代的历法状况以及对《授时历》的立法原理进行恢复的重要性,邢云璐说明元顺帝以后《授时历》历术失传,到明代则只有部分余法流传下来,而历法的本源则已经失传。他对明初元统对《授时历》的改编不满,认为其"涸乱其术",所以造成了明代"畴人布算,多所舛错"的局面[3]。邢云璐所说的"历理"主要是指对日、月、五星和四余中有关历法计算中若干要素的含义和计算方法进行讨论和解释。他赞同郭守敬的治历思想,将其概括为"随时观象,依法推测;合则从,变则改"。邢云璐还对五代北周王朴钦天历牵附律吕黄钟之数的做法进行了否定。邢云璐不但将太阳置于宇宙的中心地位,而且更进一步提出了行星的往来周期运动是因为受到太阳之"气"的牵引。

我们看到,万历三十九年(1612年)至天启元年(1621年)期间的历法改革实际上是以邢云璐主持的中国传统历法方法为主,所以可以说邢云璐是这一时期国家改历工作中的代表人物。邢云璐的思想已经接近了近代天文学的大门,而他的思想正是从传统天文学的基础上发展出来的。这就证明,中国的传统天文学尽管与欧洲古典天文学不同,尽管有它自己内部的缺陷,但绝不是阻碍它本身向近代天文学发展的根本原因。

第二节　《律历渊源》和《仪象考成》

何国宗(？—1766年),字翰如,号约斋。大兴(今北京市大兴县)人,是清代时期的重要科学家,又是领导者和管理者。其家世业天文,清康熙五十一年(1712年)进士,改庶吉士。康熙五十二年(1713年)九月,奉命参与编纂《律历渊源》,授编修。雍正元年(1723年)五月,迁侍读学士。雍正三年(1725年),奉命视察黄河、运河河道。奏请增筑汶水戴村石坝,疏浚德州城南减河、百泉(今邢台)渠,引水灌田,调剂中运河水量。后充算学馆、律吕馆总裁。乾隆十年(1745年)兼领钦天监正。参与多项清代大型科研项目,如《历象考成后编》及《仪象考成》等。乾隆十三年(1748年)迁工部侍郎,乾隆二十一年(1756年)初,奉命率队与侍卫努三、哈清阿等自巴里坤分西、北两路往新疆伊犁,测量大地经纬度,历时半年,并绘制成图。后署左都御史,授礼部尚书,担任《钦定皇舆西域图志》一书的纂修官。

一、蒙古文《天文原理》的编译

蒙古文《天文原理》又名《数理精仪丛书》、《数理通义》、《康熙御制汉历大全》等,是专门供蒙古族使用的天文历法书籍,共 5 函 38 卷。何国宗任"汉文历法官",主要工作是为《天文原理》准备汉文资料。

二、《律历渊源》的编撰

《律历渊源》100卷,于康熙五十三年(1714年)开始编纂,雍正元年(1723年)完成,历时10年。

《历象考成》前律历渊源序云:"清圣祖(指康熙)留心律算法,积数十年,同词臣于蒙养斋编纂,汇辑成书,总一百卷,名《律历渊源》。凡分三部:区其编次。一曰《历象考成》,其编有二:上编曰《揆天察地》,论本体之象,以明理也。下编曰《明时正度》,密致用之术,立成表以致法也。一曰《律吕正义》,其编有三:上编曰《正律审音》,所以定尺考度,求律本也;下编曰《和声定乐》,所以因律制器,审八音也。续编曰《协均度曲》,所以穷五声之变,相和相应之源也。一曰《数理精蕴》,其编有二:上编曰《立纲明体》,所以解《九(章)》、《(周)髀》,探《河》、《洛》,阐几何,明比例;下编曰《分条致用》,以线、面、体括《九章》,极于借衰、割圆、求体变化,于比例规比例数、借根方诸法,盖表数备矣。"[4]

《历象考成》上编16卷,下编10卷,表16卷,共42卷,康熙五十二年(1713年)撰成;《律吕正义》上编2卷,下编2卷,续编1卷,共5卷,康熙五十二年(1713年)撰成;《数理精蕴》上编5卷,下编40卷,表8卷,共53卷,雍正元年(1723年)撰成。该书包括了当时所了解和掌握的天文学和数学知识。

三、《历象考成后编》的编撰

由于《历象考成》所采用的是第谷的宇宙体系,在编成之后,西方天文学又获得了新的进展,相比较之下,原来的计算结果与实际的运动状况不一致,于是,乾隆二年(1737年)清政府组织钦天监内外31人对《历象考成》进行全面增修。乾隆六年(1741年)完成,历时5年,名为《历象考成后编》。全书共10卷,分计算原理、计算方法及运算表3部分。卷1"日躔数理",首次采用地心系的开普勒行星运动定律(然椭圆焦点上的是地球而不是太阳)和卡西尼的椭圆运动理论,取阐释太阳的运动,其"岁实"采用牛顿新测定的回归年长度,即365.242 334 420 141 5日,而不再用《历象考成》上编所采用的第谷数据,即365.242 187 5日。在这里,《后编》引入了卡西尼蒙气差理论和新的蒙气差表,由于卡西尼蒙气差表比第谷之表有更高的精度,所以它的引入是中国在蒙气差的认识和修正方面的又一次飞跃;卷2"月离数理",主要介绍关于月亮运动的理论;卷3"交食数理",主要介绍交食原理;卷4"日躔步法"及"月离步法",主要计算太阳、月亮位置所需的数据和所用的方法;卷5"月食步法"和卷6"日食步法",主要介绍推算月食和日食所需的数据及具体方法。

以上内容属于新传入的天文学知识,而从卷7至卷10,基本上是介绍中国传统历法计算方法。所以,在介绍西方天文历法的新知识方面,颇有贡献。不过,因为卡西尼是最后一位不愿接受哥白尼日心说的法国天文学家,所以由外国传教士戴进贤负责编撰的《历象考成后编》,采用了地心系的开普勒行星运动定律,从而阻碍了哥白尼日心说天文学说系统地传入中国。

四、《仪象考成》的编撰

《仪象考成》32卷,前2卷讲新铸造仪器即"玑衡抚辰仪",后30卷为星表,乾隆九年(1744年)开始编撰,乾隆十七年(1752年)完成,历时9年。从用途来看,《仪象考成》是清代中期一部以星表为主的工具书[5],当然,就该书对"玑衡抚辰仪"的介绍而言,它又是中国仪器史上对技术内容作文字描述最详尽的专书,何国宗为"协理"(相当于副主编)之一。

《仪象考成》(图5-10-2)星表以1744年为元历,共列有300个星座、3 083颗星的黄道坐标和赤道坐标值以及每颗恒星的赤道岁差和星等,其底本是依据英国佛兰斯蒂德(1646—1719年)星表。《仪象考成》星表把近代天文学的成果同中国传统的星象联系起来,奠定了中西星名对照的理论基础。

"玑衡抚辰仪"由何国宗领导完成。从外形上讲,"玑衡抚辰仪"(图5-10-3)是历代浑仪中最大者,同时又是中国古代最后一座浑仪,造价昂贵,装饰华丽。该仪分三重:最外一重是少了地平圈的六合仪,亦称"直衡6尺",它托着南北正立的子午双圈,用铜枕把双圈固定在一起,空隙的中线图为子午正线;中间一重为没有黄道圈的古三辰仪,由平行于天常赤道内的"游旋赤道圈"与连接在南北两极轴上的"赤极经圈"构成;最内一重是"四游圈"或称"赤经圈",为一贯于南北两极的双环,双环中夹"窥衡","窥衡"呈中空的正方形,可顺双环旋转[6]。

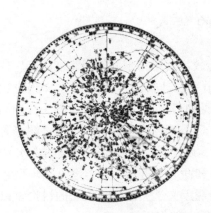

图5-10-2　《钦定仪象考成》恒星全图

(1-北极,2-子午圈,3-天常赤道圈,4-游旋赤道圈,
5-窥衡,6-四游仪,7-南极,8-赤道经圈)
图5-10-3　玑衡抚辰仪图解

可见,玑衡抚辰仪"大胆地舍弃了地平圈和黄道圈,简化了古浑仪的结构。它不是浑仪,而又类似浑仪。减少不必要的部件,扩大了观测区域,提高了观测精度。在浑仪发展史上,它占有重要的地位"[7]。

第三节　天文学著述及西方天文学的传入

一、《梅定九历算全书》

魏荔彤(1670—?),字赓虞,号念庭,又字淡庵,号怀舫,直隶柏乡(今河北柏乡县)人。博学,上自经史,旁及天文、地理诸书,与清初著名数学家、天文学家梅文鼎(1633—1721年,字定九)交好。

清雍正元年(1723年),魏荔彤将梅文鼎生前著作刊刻行世,名曰《兼济堂纂刻梅勿庵先生历算全书》,后《四库全书》改名为《梅定九历算全书》,收历算书29种,其中天文著作15种,既《历学疑问》3卷、《历学疑问补》2卷、《历学问答》1卷、《岁周地度合考》、《平立定三差说》、《冬至考》1卷、《诸方日轨》、《五星纪要》、《火星本法》、《七政细草》2卷、《揆日侯星纪要》1卷、《二铭补注》、《历学骈枝》5卷、《交食蒙求》、《交食管见》;算学著作14种,即《笔算》5卷、《古算衍略》、《筹算》2卷、《度算释例》2卷、《方程论》6卷、《勾股举隅》1卷、《平三角举要》5卷、《解割圆之根》《方圆幂积说》1卷、《几何补编》4卷、《少广拾遗》1卷、《堑堵测量》2卷、《弧三角举要》5卷、《环中黍尺》5卷。

可见,魏氏刻本集梅文鼎先生中西天文历算之大成,是我国古代最大一部历算综合著作,与顾祖禹的《读史方舆纪要》及李清的《南北史合注》,被学界统称为清初三大奇书。

二、《天文纂要》及其他

井在,生卒年不详,字方阳,号存士,又自号青溪先生,顺天文安(今河北文安县)人,顺治十六年(1659年)进士,官山西兴县知县,著有《天文纂要》8卷,已佚。

张仁声,生卒年不详,武强县人,顺治恩贡,官至瑞州府同知,著有《测天图说算法》,已佚。

李凤阁,清道光时曲阳人,著有《天文图》。

李昌炽,字颂如,生卒年不详,滦州(今唐山滦县)人,清道光十五年(1835年)举人,官山西孟县知县,著有《星学寸得》一书。

三、西方天文学的传入

明万历十年(1582年),意大利耶稣会士利玛窦来华传教。万历二十九年至北京,进呈自鸣钟、万国舆图等物,并与士大夫交往,以传授西方科学知识为布道手段,同时把我国的科学文化成就介绍到欧洲。万历皇帝对西方天文礼器和风土人情兴趣十足,传见利玛窦,并允许西方传教士长期居住和进行传教活动。万历三十五年(1607年),在北京及周边教徒已有四百多人,徐光启、李之藻等著名人物也受洗礼入教。期间,他与李之藻合写《浑盖通宪图说》、《经天该》等天文书籍,系统详尽介绍了西方天文知识体系和星表内容,第一次传入完整的黄道坐标系和西方星等划分的概念。利玛窦还与徐光启合作将欧几里得的《几何原本》前六卷译成汉文,西方早期天文学关于行星运动的讨论多以几何为工具,《几何原本》的传入对学习了解西方天文学具有十分重要的作用。

注　释:

[1] 王淼:《邢云路与明末传统历法改革》,《自辩辩证法通讯》2004年第4期。

[2] 邢云路:《古今律历考·原序,景印文渊阁四库全书》,台湾商务印书馆1983年版,第3页。

[3] 王淼:《明末邢云路〈古今律历考〉探析》,《自然辩证法通讯》2005年第4期。

[4] 雍正帝:《御制〈律历渊源〉御制序,文渊阁四库全书》,上海古籍出版社影印本,第2页。

[5] 潘鼐:《中国古天文图录》,上海科技教育出版社2009年版,第117页。

[6][7]　北京天文馆编:《中国古代天文学成就》,北京科学技术出版社1987年版,第192,191页。

第十一章　传统数学科技

从元末到明末的三百年间,在代数和几何学方面,总体上没有实质性的突破。自元朱世杰之后出现了突然中断的情况。王文素把珠算与代数结合起来,其专著《新集通证古今算学宝鉴》代表了当时数学和珠算发展的最高水平。16世纪末,西方传教士开始到中国活动,由于明清王朝制定天文历法的需要,传教士开始将与天文历算有关的西方初等数学知识传入中国,中国数学家在"西学中源"思想支配下,在数学研究上出现了一个中西融汇贯通的局面。康熙年间,保定成为当时中国历算研究的学术重镇。

第一节　《新集通证古今算学宝鉴》

《新集通证古今算学宝鉴》[1]是明代著名的算学专著。作者王文素原籍山西汾州人,早在成化年间(1465—1487年)即随父到河北饶阳经商,遂定居于此。他潜心钻研诸家算法,尤其在"清河大会"

（即善算者聚集一起，各伸所长，研讨算法）之后，王氏把他平日的研究所得，整理成算术十帙，30余卷。饶阳算学前辈杜良玉称其为“数算中纯粹而精者”（《算学宝鉴·序》），并竭力赞助王氏于1513年刊出《通证古今算学宝鉴》。武邑（今衡水武邑县）庠生宝朝珍作序（图5－11－1）。而王氏在《新集通证古今算学宝鉴》自序中云：“嘉靖三年岁次甲申秋八月癸巳朔汾阳王文素述于饶川西城之馆。”且卷1署“汾阳王文素寓饶川述编”，卷2起至卷40均署“汾阳王文素寓饶川编集”。可见，王氏的《通证古今算学宝鉴》及《新集通证古今算学宝鉴》均成书于饶阳。

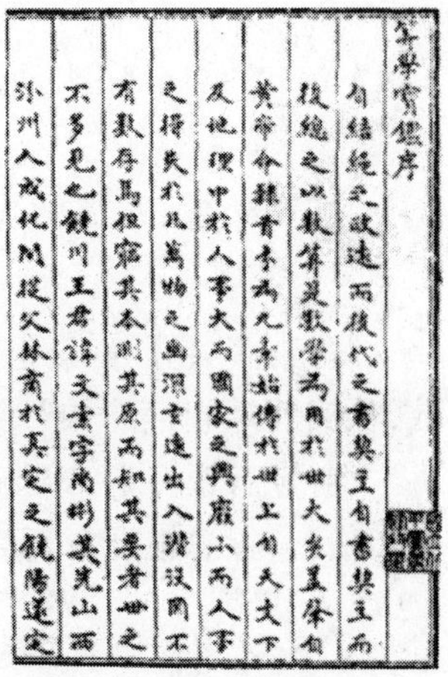
算學寶鑑序
自結繩之政遠而後代之書契立有書契立而
後繩之以數算是數學為用於世大矣其原自
黃帝命隸首李為九章始傳於世上自天文下
及地理中於人事大而國家之興廢小而人事
之得失於凡萬物之幽深玄遠出入將設罔不
有數存焉但窮其本則其原而知其要者世之
不多見也饒川王君諱文素字尚彬其先山西
汾州人成化間從父林商於其定之饒陽遂定

图5－11－1　宝朝珍为《通证古今算学宝鉴》作序

一、《新集通证古今算学宝鉴》的主要内容

《通证古今算学宝鉴》分42卷，其内容有：第一卷，包括大小数、度量衡亩分、乘除起例及盘中定位等；第二卷，包括掌中定位和悬空定位；第三卷，乘除；第四卷，乘除捷法；第五卷，代乘代除；第六卷，乘除通变；第七卷，诸田求积；第八卷，包括平圆和弧田求积；第九卷，积田求里；第十卷，求田捷径；第十一卷，粟米；第十二卷，分数；第十三卷，衰分；第十四卷，贵贱分身；第十五卷，少广；第十六卷，包括平方和带纵平方；第十七卷，包括圭田和梯田求长阔；第十八卷，包括棱田、圭田、勾股田及梯田截积；第十九卷，商功；第二十卷，包括盘仓窖、草垛和立圆求积；第二十一卷，包括堆垛和算箭；第二十二卷，均输；第二十三卷，差分；第二十四卷，就物抽分等；第二十五卷，盈不足；第二十六卷，方程；第二十七卷，众率分身；第二十八卷，勾股；第二十九卷，勾股容方容圆等；第三十卷，测量；第三十一卷，包括平圆开积、环田求周径和截积；第三十二卷，求圆径；第三十三卷，共积开平方；第三十四卷，和乘长阔；第三十五卷，包括开立方和开立方带纵；第三十六卷，开修筑积；第三十七卷，立方截积；第三十八卷，开三乘以上方；第三十九卷，三乘以上带纵；第四十卷，乘积开立方；第四十一卷，约面开方。

二、《新集通证古今算学宝鉴》的主要算学成就

在《新集通证古今算学宝鉴》里，王文素对珠算乘、除法及补数乘除都颇有研究，为明代珠算的发展作出了多方面的贡献。

1. 大九九口诀与身前乘

乘法的基础是九九口诀，而明代的珠算家仅仅记录了从“九九八十一”开始到“二二得四”止45句小九九（小数和同数在前、大数在后），宋代杨辉的大九九则除了小九九的45句外，还有36句是大数在前、小数在后的口诀。王文素根据社会发展的实际以及珠算本身发展的规律，毅然采用杨辉的大九九口诀，并在《新集通证古今算学宝鉴》第一卷第七节“九九合数”中全部照录了大九九口诀，显示了他异于常人的远见卓识。

珠算乘法分前乘法（上乘）与后乘法（下乘）。前乘法又名身前乘，其运算规则是：先由实首乘以法数各位，部分积放在实数本身的前面，然后再依次由实首以后各位乘以法数各位，直至将实尾同法数乘完；后乘法又名身后乘，其运算规则是：先由实尾乘以法数各位，部分积置于实数本身之后，接着依次由实尾之前各位乘以法数各位，直至把实首同法数乘尽。元代以前，筹算乘法用前乘法，元代开始多位乘法均采用后乘法，基本上废弃了前乘法。明清两代除王文素外都沿袭元代的乘法规则，对身前乘弃之不用。事实上，身前乘较身后乘具有许多优越性，王文素看到了这一点，所以他在《新集通证古今算学宝鉴》中对“身前乘”作了进一步的发展。原文：

身前乘

身前乘法从头起	法尾减除一数已
靠尾先乘直到头	末后才来乘法尾
呼如对位十升前	反列法实尤易理
不变实身最好乘	此法世人知有几

解曰:多会算等工,但知身后乘,而不知身前乘。其术:实当列于右,法当列于左,即法尾先减一数,从实前乘起,言"如"对,言"十"过身。先乘靠尾之位,到头才乘法尾。是一者不去,用身前加之。

例:今有银一十二两五钱,每两折收钱六百九十文,该钱几何?

法曰:置总银于右下为实,以每两折钱于左上为法,于法尾去一乘之,合问。

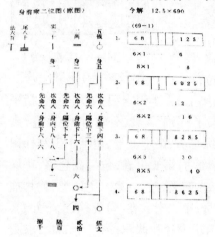

图 5 - 11 - 2　王文素的"身前乘"例图

在这段录文里,王文素不仅批评了时人对"身前乘"的无知,而且还记述了"身前乘"的具体运算过程。"身前乘"是将法尾减一后乘加,即法尾减一后,任意法数均能用身前乘计算[2],例图 5 - 11 - 2 所示。

通过上述实例,我们不难发现,王文素"身前乘"运算在具体的珠算拨珠过程中非常顺手,且不易出现差误。因此,有评论者认为:"王文素在珠算乘法上的确比明朝一代其他数学家更高一筹。其优越性 400 多年后才为中算史和珠算史界所认识。"[3]

2. 对补数乘除法的发展

补数乘法(古称"损乘")是指用减法计算的乘法,这种乘法早在《九章算术注》中即已出现。王文素则将传统的补数乘法发展为"众九为乘"和"众九相乘"。其中"众九相乘"的简算法是:凡法实各位均为 9 的乘算,选择位数较多的一数为实数,较少的一数为法数。拨实数入盘,视法数为几位数,即在实数相同的第几位上拨去一子,同时加一子在实尾后相同的几位上,得积数。这是王氏创造的一种简捷算法,与一般的算法相比,其运算速率大大提高。例如 999999 × 99999 = 99998900001,其运算过程为:法数五位,在实数第五位拨去一子,加在尾右第五位。

$$
\begin{array}{r}
9\,9\,9\,9\,9\,9\,0\,0\,0\,0\,0 \\
-1 \qquad\qquad\qquad\quad \\
+1 \\
\hline
9\,9\,9\,9\,8\,9\,0\,0\,0\,0\,1
\end{array}
$$

补数除法(亦称"以加代除"或"加法")是对补数乘法的还原,由宋代的"增成法"起始,南宋杨辉在《法算取用本末》中开列了 300 道"归减代除题",其"见一隔三还"和"遇九七起而进位成百"算法为王文素所继承和发展。

3. 凑整乘法

凑整乘法亦叫"因总损零",是王文素的独创。对于任何一个非整数,如果把各个乘数添加了零星尾数使之成为整数,然后去乘被乘数,就叫作"因总";如果把乘得的积减去被乘数乘零数的积,就叫做"损零"。即

乘除借欠用因归	乘借因来后损之
除借数归还借数	粮应此法少人知

问:三百八十八人,各支一百九十七文,问共支几何?

用一百九十七为法。置总人,从尾位二因(乘),隔位损三。

解曰:一百九十七是欠三不满二百故用二因(乘)隔位损三,如图 5 - 11 - 3 所示[4]。

4. 珠算开方

在我国珠算历史上,王文素是第一个著述珠算平方的数学家,也正是他把明代珠算应用水平提高到一个新的高度。《新集通证古今算学宝鉴》卷39载有新的直角三角形"开方本源图"及"生廉图"。国外类似的图首见于法国数学家斯蒂菲尔(M. Stifel)1544年著的《整数算术》一书,较《算学宝鉴》迟20年且不够完备。更令人惊奇地是王文素把"开方本源图"与珠算盘结合起来(图5-11-4),

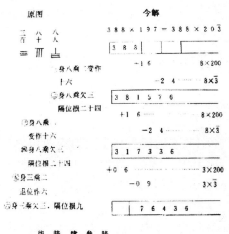

图5-11-3 王文素的二因(乘)
隔位损三解图

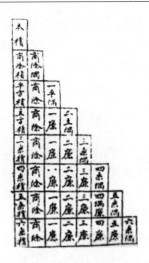

图5-11-4 王文素的
"开方本源图"

超乎寻常地解出九次方程(即现在的开10次方)的数值。其具体解法是应用他发明的表算法,并按照他所设计的算表及一整套程序把用珠算运算的得数添入算表,然后进行下一步运算,直到得出最终的得数为止。

在图中,除数的商与开方的积都叫"商",大方(如 a^2)谓之"方",小方(b^2)谓之"隅",边平方或棱立方谓之"廉"。其廉隅的生成方法是:"欲识廉隅递益生,直斜二上并分明。便知其下廉隅数,变化无穷照此行。"(《新集通证古今算学宝鉴》卷39)王文素的开方术既有"正隅",又有"负隅"、"翻从"及"益积术"等,已经出现了导数的雏形。可见,《新集通证古今算学宝鉴》代表了当时数学和珠算发展的最高水平。

第二节 直隶数学研究

一、清代数学研究重镇

1. 李光地与保定

李光地(1642—1718年)(图5-11-5),字晋卿,号厚庵、榕村,晚年号榕村老人。福建安溪人,康熙年间进士。初任翰林院编修,康熙十九年(1680年)晋升为内阁学士。康熙二十五年(1686年),授翰林院掌院学士。康熙二十八年(1689年)二月二十七日,随驾南巡,但因他西学知识匮乏,在南京观象台回答康熙皇帝所提天学问题时,错误百出,遭到责备。于是,他痛下狠心,专心研习中西历算之学。当时,恰值历算学家梅文鼎到北京准备向比利时耶稣会士南怀仁求教西方历算,李光地遂将其宴请至家中,并尊梅文鼎为师。康熙二十九年(1690年)初,李光地任兵部侍郎,康熙三十三年(1694年)兼直隶学政。康熙三十七年(1698年)十二月,任直隶巡抚,兼任吏部尚书。康熙四十四年(1705年),任文渊阁学士。他力学慕古,以学问渊博深得康熙皇帝的信赖。

图5-11-5 直隶巡抚李光地

李光地在出任直隶巡抚的6年时间里(1698—1703年),除了锐意治河,尽心农田水利外,他尤为倡导西学中源,并以此为前提,重视会通中西数学,钻研西洋历算之学。为此,他在保定府署中延揽梅文鼎、王兰生、魏廷珍、王之锐、杜知耕、徐用锡、陈万策等历算学者,加上其子李钟伦、梅文鼎之孙梅毂成,可谓群星璀璨,闪耀河北。当然,梅文鼎无疑是这片星空中的北极。一时,保定成了清代数学研究的中心,而保定也就成为当时中国历算研究的学术重镇。

2.《历学疑问》在易县刊刻

《历学疑问》是梅文鼎的成名作,它的诞生与李光地密切相关。钱宝琮在《梅勿庵先生年谱》一文中记其成书过程云:康熙三十年(1691年)夏,梅文鼎"移榻于(北京)中街李光地宅,撰《历学疑问》三十(应为三)卷"。对此,梅文鼎曾在《历算书目》中记述说:"己巳(1689年)入都,获侍诲于安溪先生。先生曰:历法至本朝大备矣,经生家犹苦望洋者,无快论以发其意也。宜略仿元·赵友钦《革象新书》体例,作为简要之书,俾人人得其门户,则从事者多,此学庶将益显。鼎受命唯谨……辛未(1691年)夏,移榻于中街寓邸,始克为之。先生既门庭若水,绝诸酬应,退朝则亟问今日所成何论,有脱稿者,手为点定,如是数月。"

康熙三十一年(1692年),李光地在《历学疑问序》述此书撰写的目的是"述圣尊王",即侧重阐释中国传统的"历理"。康熙三十八年(1699年)冬十月,李光地命人在上谷(今河北易县)刊刻《历学疑问》。康熙四十一年(1702年),康熙巡视黄河,驻跸德州,李光地以梅著《历学疑问》3卷进呈。康熙四十二年(1703年),康熙批阅后认为此书"无庇误,但算法未备"。第二年,赐给梅文鼎"绩学参微"四个大字,以表彰梅文鼎的历算成就。

二、《数理精蕴》的编撰

《数理精蕴》是我国历史上第一部由政府主持编撰的数学百科全书。康熙五十年(1711年),康熙在泰州召见陈厚耀,并接受了他所提出的"请定步算诸书以惠天下"的建议,准备编撰《数理精蕴》,康熙五十一年(1712年),康熙在热河避暑时,曾与梅毂成、陈厚耀、明安图等人讨论历算及《数理精蕴》的编撰问题。五十二年(1713年),初稿完成。但康熙帝不太满意,于是,在同年五月重新组织力量编撰,在畅春园蒙养斋专设算学馆,"修律吕、算法诸书"(《清史稿》卷45)。这次由何国宗、梅毂成担任主编,且"所纂之书,每日进呈,上亲加改正焉"。若从康熙五十二年(1713年)算起,到康熙六十年(1721年)止,历时8年。与前一次所撰《数理精蕴》相比,这次重新编撰的《数理精蕴》,其编写主力基本上是李光地当年在保定署内召集的学生。主要者有:

梅毂成(1681—1763年),字玉汝,号循斋,安徽宣城人,任《数理精蕴》的主编。

王兰生(1679—1737年),字振声,号坦斋,直隶交河(今河北交河县)人。在音乐、数学等领域造诣颇深,参加编撰《律吕正义》、《数理精蕴》等书。

魏廷珍(1669—1756年),字君璧,直隶景州(今沧州景县)人,精通天文、历算、乐律等。

《数理精蕴》共53卷,分三部分:上编5卷"立纲明体",收录"几何原本"、"原法原本"、"数理本源"、"河图"、"洛书"、"周髀经解"等;下编40卷"分条致用",分首部、线部、面部、体部、末部等五部分,包括算术、代数、几何、三角等内容。其中卷1为"度量权衡、命位、加法、减法、因乘、归除",包括度量衡制度,记数法和整数的四则运算;卷2为命分、约分、通分,包括分数的各项运算法则,包括整数和分数的加、减、乘法以及分数的除法;卷3至卷10讲述正比例、反比例、配分比例、合分比例、盈不足术等算法;卷11至卷22讲述勾股定理、三角形、割圆术、三角形的边角关系、测量术、直线形、曲线形、圆及正多边形互容等几何计算问题;卷23至卷30讲述立方、直线体、曲线体、等面体、球及正多面体互容以及堆垛术等问题;卷31至36专门论述阿尔热巴达的代数学方法,即《借根方算法》;卷38"对数比例"介绍了17世纪英国数学家布里格斯创立的对数造表法,包括中比例法、真数递次自乘法、递次开方法等;卷39和卷40介绍西方传入的比例规的构造和具体使用方法,其中包括新传入的假数尺(即计算尺)。第三部分是附表4种8卷,包括素因子表、对数表、三角函数表、三角函数对数表等。

三、《弧三角举要》、《堑堵测量》及《环中黍尺》

梅文鼎是清代数学由低潮转向高潮的代表，他着力发挥康熙"西学实源于中法"的旨意。一方面，他认为"大哉王言，著撰家借所未及"，另一方面，对西学采取"理求其是，事求适用"的价值取向，法采东西。于是，他撰写了一系列著作，如康熙二十三年（1684 年）撰《弧三角举要》5 卷，康熙三十九年（1700 年）撰《环中黍尺》5 卷等，成为我国传统科技思想发展到最后一个高峰的杰出代表。当然，梅文鼎的数学影响与李光地在保定刊刻他的数学著作分不开。

康熙四十二年（1703 年），李光地在保定刊刻了梅文鼎的三部数学著作，即《弧三角举要》、《堑堵测量》及《环中黍尺》。

《弧三角举要》是中国第一部系统介绍球面三角形知识的专著，共 5 卷：卷 1"弧三角势"，略述球面三角形的几何原理及其在球面天文学上的应用；卷 2"正弧三角形"，论直角球面三角形的解法；卷 3"垂弧法"，讨论把各种一般球面三角形化成球面直角三角形求解的方法；卷 4"次形法"，论述如何利用球面三角形的边或角的对称、互余、互补等关系去构造新的球面三角形求解的方法；卷 5"八线相当法"，讲述简单三角函数列成四率比例的各种形式，共列出 4 类 21 个成比例关系的三角公式。

《堑堵测量》2 卷，作于康熙四十年（1701 年）至康熙四十四（1705 年）年间。所谓"堑堵"就是一长方体沿不在同一面上的相对两棱斜解所得的立体，而梅氏在该书中以堑堵为模型推导黄经、赤经及赤纬的关系式，并对《授时历》所创造的黄赤相求法作了三角学解释，从而使中西两罚在堑堵方面实现了会通。在书中，梅氏提出了两个立体模型即立三角仪与方直仪。在梅氏看来，由一个球面直角三角形能够获得一系列勾股形，然后通过这些勾股形的相似性，即可得到原来的球面三角形。

《环中黍尺》主要讨论用正投影方法求证球面三角的问题：卷 1"先数后数法"，主要论述已知三边或两角一夹解球面三角形的余弦定理；卷 2 专门讨论球面三角形的投影图解法；卷 3、卷 4 及卷 5 主要论证"加减代乘除法"，给出了相当于相当三角学中的积化和差公式，梅氏还用投影图证明了 4 式。

第三节　《割圆密率捷法》及其他算学著述

一、陈际新与《割圆密率捷法》

陈际新（1705—1780 年），字舜五，清代数学家明安图的学生，直隶宛平（今北京西南）人。曾任天文算学纂修兼分校官，官至天文台监正。他与张良亭续补明安图遗作《割圆密率捷法》（图 5 – 11 – 6），该书写成于乾隆三十九年（1774 年），刊印于道光十九年（1839 年）。

图 5 – 11 – 6　《割圆密率捷法》书影

《割圆密率捷法》是中国数学研究从常量、离散、有限数学走向变量、连续、无限数学的转折点[5]。全书分 4 卷：卷 1 为"步法"，专门讲解由牛顿等人发明的无穷级数展开式。康熙四十年（1701 年），法国传教士杜兰德传入了无穷级数展开式，梅毅成录为"杜氏三术"。在此，陈际新等把"杜氏三术"扩充为"杜氏九术"，即：

（1）圆径求周（圆周率 π 的幂级数展开式）

$$\pi = 3 + \frac{3 \cdot 1^2}{4 \cdot 3!} + \frac{3 \cdot 1^2 \cdot 3^2}{4^2 \cdot 5!} + \frac{3 \cdot 1^2 \cdot 3^2 \cdot 5^2}{4^4 \cdot 7!} + \cdots\cdots$$

（2）弧背求正弦（正弦展开式）

$$\sin\frac{a}{r} = a - \frac{a^3}{3!}\cdot\frac{1}{r^2} + \frac{a^5}{5!}\cdot\frac{1}{r^4} - \frac{a^7}{7!}\cdot\frac{1}{r^6} + \frac{a^9}{9!}\cdot\frac{1}{r^8} - \cdots\cdots$$

（3）弧背求矢（正矢展开式）

$$Versa = \frac{a^2}{2!}\cdot\frac{1}{r} - \frac{a^4}{4!}\cdot\frac{1}{r^3} - \frac{a^6}{6!}\cdot\frac{1}{r^5} - \frac{a^8}{8!}\cdot\frac{1}{r^7} + \cdots\cdots$$

（4）弧背求通弦

$$C = 2a - \frac{(2a)^3}{4\cdot3!}\cdot\frac{1}{r^2} - \frac{(2a)^5}{4^2\cdot5!}\cdot\frac{1}{r^4} - \frac{(2a)^7}{4^3\cdot7!}\cdot\frac{1}{r^6} + \frac{(2a)^9}{4^4\cdot9!}\cdot\frac{1}{r^8} - \cdots\cdots$$

（5）弧背求矢

$$h = \frac{(2a)^2}{4\cdot2!}\cdot\frac{1}{r} - \frac{(2a)^4}{4^2\cdot4!}\cdot\frac{1}{r^3} + \frac{(2a)^6}{4^3\cdot6!}\cdot\frac{1}{r^5} - \frac{(2a)^8}{4^4\cdot8!}\cdot\frac{1}{r^7} + \cdots\cdots\cdots$$

（6）通弦求弧背

$$2a = c + \frac{1^2\cdot c^3}{4\cdot3!}\cdot\frac{1}{r^2} - \frac{1^2\cdot3^2\cdot c^5}{4\cdot5!}\cdot\frac{1}{r^4} + \frac{1^2\cdot3^2\cdot5^2\cdot c^7}{4^3\cdot7!}\cdot\frac{1}{r^6} - \frac{1^2\cdot3^2\cdot5^2\cdot7^2\cdot c^9}{4\cdot9!}\cdot\frac{1}{r^8} + \cdots\cdots$$

（7）正弦求弧背（反正弦展开式）

$$A = \sin\alpha + \frac{1^2\cdot\sin^3\alpha}{3!}\cdot\frac{1}{r^2} + \frac{1^2\cdot3^2\cdot\sin^5\alpha}{5!}\cdot\frac{1}{r^4} + \frac{1^2\cdot3^2\cdot5^2\cdot\sin^7\alpha}{7!}\cdot\frac{1}{r^6} + \cdots\cdots$$

（8）正矢求弧背（平方反正矢展开式）

$$A^2 = \frac{2rvers\alpha}{2!} + \frac{1^2\cdot(2rvers\alpha)^2}{4!} + \frac{1^2\cdot2^2\cdot(2rvers\alpha)^3}{6!}\cdot\frac{1}{r} + \cdots\cdots$$

（9）矢求弧背

$$(2a)^2 = r\cdot8h + \frac{1^2\cdot(8h)^2}{4\cdot4!} + \frac{1^2\cdot2^2\cdot(8h)^3}{4^2\cdot6!}\cdot\frac{1}{r} + \cdots\cdots$$

其中前三个是杜兰德传入的，而后六个是明安图与陈际新创立的，这六个幂级数展开式则是当时领先于世界的数学成就。

卷2"用法"，讲解各公式在数学和天文学上的应用，包括角度求八线2题、直线三角形边角相求2题、弧线三角形边角相求3题。

卷3与卷4"法解"，主要阐述各公式得名证明方法。

在推导和证明公式的过程中，陈际新和他的老师明安图创立了割圆连比例法和级数回求法，其中割圆连比例法是想通过建立几何模型将三角问题转变为代数问题，从而建立起幂级数公式来，由此启动了从初等数学向高等数学跃进的步伐。可见，在近代数学体系建立之前，特别是在明末清初西方数学思想与知识传入之后，《割圆密率捷法》是我国数学家所创造的第一项重大科学成果[6]。

二、其他算学者及其著述

这个时期，我国传统算术的高峰虽然已经过去，但是，其余绪仍然在不少学者中传承，而河北通算者多有著述，其要者有：

张仁声，字四服，河北武强人，清顺治恩贡，著有《测天图说算法》、《深州风土记》等书。

马之骕，字旻徕，号君健，保定市雄县人。清顺治元年（1644年）拔贡生，官江都管河主簿，与孙奇蓬交好。学识广博，著述颇丰。著有《雄县志》、《新城县志》、《琴音新表》及《算数新笺》等书。

赵云孙，字瑶章，清康熙年间深州人，生卒年不详，著有《积算法》一书。

张炌（？—1805年），号藜阁，清朝安肃（今徐水）遂城人。清乾隆四十二年拔贡，乾隆四十七年代理云南腾冲刺史。精通数术、地理、医卜，著有《算法约编》、《摞尝演易备考》等书。

杨开基（1741—1825年），字亦闻，唐山滦南姚王庄村人。清乾隆三十四年（1769年）中举，乾隆六十年（1795年）中进士，被任命为奉天府教授，著有《共学篇》、《琴律》及《算学》等书稿。

秘象贤,字觉先,号花皴,别号标六,生卒年不详,清朝故城县人,乾隆年间举人,著有《香雪草》及《算学捷法》等书。

李荣春,字芳卿,清朝南皮人,著有《九数捷径》一书。

赵曾栋,字杏楼,清保定涞水人,通经史百家,下逮医卜星命诸书无不精研,尤酷好算术,能自造推步诸器,咸丰九年举于乡,光绪初官河南知县,涉孟县,著有《四元代数通义》、《代数摘要》各一卷。

注 释:

[1] 刘五然、郭伟等:《算学宝鉴校注》,科学出版社2008年版。
[2][3][4] 劳汉生:《珠算与实用算术》,河北科学技术出版社2000年版,第273,274,290页。
[5] 李迪:《中国传统数学文献精选导读》,湖北教育出版社1999年版,第465页。
[6] 李迪:《〈割圆密率捷法〉残稿本的发现》,《自然科学史研究》1996年第3期。

第十二章 传统物理科技

这个时期,河北传统物理学随着西方科学的东渐逐步衰落,其发展呈现出一种特殊的面貌:一方面,由于社会生产力的发展和科学技术本身发展的连续性和继承性,总体水平有所提高;另一方面,由于清政府执行了闭关政策,接受西方科学技术的通道几乎完全断绝,河北物理科学技术的发展又很缓慢。在明清时期,河北地域煤炭、制瓷、冶金、铸造技术发展较快,各类宫廷建筑、园林建筑、佛教建筑中,力学、声学、热学、光学、消避雷学等物理知识的应用十分广泛。除了大型机械、大量生产工具的创制外,还诞生了与物理学密切相关的若干巨著。

第一节 "西学东渐"与传统物理

从1543年哥白尼《天体运动论》的出版到1687年牛顿《自然哲学的数学原理》的刊行,前后不到一个半世纪,西方科学技术就以迅猛的速度和强大的后劲将还在封建泥路上蹒跚而行的中国科学技术甩在了后面。这个时期的河北传统物理学随着西方科学的东渐逐步衰落。

从明万历年间(16世纪末)起,欧洲传教士来华,同时带来了西方科学知识。伴随着欧洲传教士的到来,西方自然科学开始大规模传入我国,史称"西学东渐"。"西学东渐"使近代科学在中国萌芽。正是在这种情况下,西方物理学开始传入中国,促使传统物理学发生巨大变革并逐渐走向近代化。

西学东渐是通过西方的传教士和我国学者的合作共同实现的。耶稣会士在传教的同时,把西方近代的天文、数学、地学、物理学和火器等科学技术传来中国。西学东渐带来了一些有用的知识,打开了我国学者的眼界,但这些知识大多比较陈旧,零碎。

从1582年(明万历十年)意大利传教士利玛窦来华至1723年雍正大帝将传教士大部驱逐到澳门的近一个半世纪里,是西方近代科学技术通过传教士向中国传入的一个重要时期,史称第一次西学东渐时期。

据1781年编撰的《四库全书》[1]记载,从利玛窦来到中国的广东香山澳算起至该书脱稿,就有141位可考的传教士来到中国弘扬耶稣教,他们来自不同的国家,著述有书名可考者334种,还有许多失去名录的书籍。这些书都是传教士在中国或回国以后写成的,并且绝大部分都是刊刻流布的,这还不包括当时他们从欧洲带来的书籍。

传教士不仅携有书籍,而且还携有器物。1582 年(万历十年),利玛窦受耶稣会的派遣来华传教,带来了一些天文仪器、自鸣钟、三棱镜等,并用三棱镜表演光的色散现象。比利时传教士金尼阁于1610 年(万历三十八年)和 1620 年(万历四十八年)两度来华,第二次来华时受罗马教皇的馈赠,携有书籍 7 000 余册,其中包括一些科学书籍。这在当时完全是一个大型的图书馆。传教士中有的还确实具有较丰富的学识。如 1621 年(天启元年)来华的德国传教士邓玉函(瑞士人,1576—1630 年)与伽利略同为罗马林瑟学院的院士。西方科学知识的传入,引起了中国学者的重视,中西学者陆续共同译著了许多书籍。在力学方面,由熊三拔口授、徐光启笔录编成的《泰西水法》一书,于 1612 年刊行,书中介绍了西方的水利工程与有关的器具,还有一些简单的流体力学知识。还有由邓玉函口述、王徵笔录而成的一部伟大的科学启蒙著作《远西奇器图说》[2],于 1627 年(天启七年)刊行,也是较早的一种。该书讲到杠杆、滑轮、轮轴、斜面等原理,以及应用这些原理以提起重物的器械。其中第一卷“重解”包括有地心引力、重心、比重、浮力等许多力学的基本原理和知识;据考证,其中不少内容引自伽利略的著述,这是近代力学知识传入中国的开始。西方物理学的知识也反映在中国学者的一些著作中,如方以智的《物理小识》。西方光学传入中国,有代表性的是 1626 年(天启六年)德国传教士汤若望著的《远镜说》[3],这是系统介绍西方望远镜的第一部著作,书中介绍了望远镜的原理、构造和使用方法,对于光在水中的折射和光经过凸透镜使物像放大等现象都做了解释。尤其值得注意的是,汤若望在书的序言中强调了实际观察的重要性。这时距伽利略首次制作望远镜仅十几年。1634 年,汤若望与传教士罗雅谷向皇帝进呈了由欧洲带来的一架望远镜,望远镜也在这时传入中国,汤若望所做的另一项重要贡献,是帮助中国人制造西洋火炮并撰写了专著《火攻挈要》,大约成书于 1643 年,由汤若望口授、焦勖笔录而成,它是在中国出版的介绍西方火炮技术的第一本著作。约 1670 年,比利时传教士南怀仁制成温度计进献皇帝。1683 年,南怀仁将所著《穷理学》进呈皇帝,该书集当时输入中国西学知识之大全。乾隆时期传教士戴进贤(德国人,1716 年来华)在钦天监做官,讲授 17 世纪德国天文学家开普勒发现的行星运转的椭圆轨道,以及牛顿计算地球与日、月距离的方法。18 世纪中叶耶稣会士蒋友仁(法国人,1744 年来华)在他的《坤舆全图》[4]中介绍了哥白尼的日心说,论述了地球运动的原理。

自雍正继位的 1723 年直到鸦片战争的一百多年间,外国的传教士在中国的传教活动基本终止,中国接受西方科学技术的通道几乎完全断绝,中国科学技术与西方的差距越来越大。

在传教士们输入的近代自然科学中,物理学占有一定的比例,而物理学中的光学部分比重尤大。这个时期我国物理学除了直接和间接介绍西方的科技成就以外,在光学理论和光学仪器制造方面亦多有创见。孙云球、黄履庄、黄履、郑复光、邹伯奇等,都对我国的光学研究作出了卓越贡献。黄履庄研制的“验冷热器”和“验燥热器”是中国人较早自制的温度计和湿度计,郑复光验证汉代“削冰取火”的实验亦曾轰动一时,但总体水平与当时的欧洲相差较大,随着时间的推移这种差距愈加增大。

第二节　物理知识在测量和水工中的应用

一、地理测量

沿着唐代僧一行、元代郭守敬的足迹,明代徐光启曾做过同样的大地测量工作。1708 年(康熙四十七年)到 1718 年、1756 年(乾隆二十一年)到 1759 年,清政府组织进行了两次范围更大的经纬度测量。公元 1708—1718 年间进行的一次,在全国测量了 630 多个地方的经纬度,建立了以北京为中心的经纬网。在这次测量中,决定以工部营造尺为标准,定 1 800 尺为一里,200 里合地球经线一度。这种使长度单位与地球经线一度弧长相当的度量衡制,在世界上是一个创举。在实测经线一度之长的过程中,还发现每度经线因纬度高下而有差别,为发现地球是椭球体提供了资料。这在世界科学史上也是一件值得纪念的大事。

乾隆二十一年(1756年),顺天府大兴县人何宗国带队测量新疆北部的经纬点,成为后来绘制新疆地图的蓝本。

二、水工应用

兴修水利,根治河患,是中国古代人民认识自然、改造自然的一项长期而伟大的实践活动。明代潘季驯认真总结历代治河经验,提出著名的"束水攻沙"、"放淤固堤"治河理论。这一治河理论对明清时期的中国北方,尤其是华北地区的水利开发与河患治理产生了重大影响。"束水攻沙"即以人为的控制力量来加强水的侵蚀力量,减少因地形的坡度变化而发生的淤泥沉淀作用,从而将上游的泥沙输送入海,又逐渐淘深河床。"治河应逢弯取直,使之流行迅急,刷沙有力,沙不中停,河底日深,始能行之久远。"[5]"放淤固堤"即先在大堤背河做越堤,然后在堤外滩面上挑挖倒沟,利用洪水多沙之机,将浑水由倒沟灌入越堤与大堤之间,待落淤之后,清水再顺沟回入患河。这种放淤方法,既加宽了堤身,又可降低临背悬差,减轻大堤水压力,是利用患河水沙资源放淤固堤的一项有效措施。

1490年(弘治三年)前后,曾在卫河以东疏凿了沧州减河和兴济减河,1535年(嘉靖十四年),又在沧州、兴济、泊头等处复修了减河废闸,增修了减河水坝。明代还在滨海地区疏浚了一些旧有河渠,至于修堤、堵口工程,更是举不胜举。在开发地下水方面,无论蓄泄泉水,还是凿井灌田,都取得显著成就。1622年(天启二年),以巡按御史之职出督畿辅(特别是天津)的明末反道学大思想家张慎言,促进了畿辅一带的屯垦水利事业,影响较大。清代还曾再次疏通南北大运河。明清时期,几代河工通力疏浚永定河并加筑沿河堤防,实践并发展了潘季驯的治河理论,彰显出明清河北水工学水平,不仅泽润燕赵民生,更为后世兴修水利、根治河患积累了宝贵经验。

第三节　声学知识的应用

一、"中国音乐的活化石"——屈家营古音乐

廊坊市固安县屈家营村出土了屈家营古音乐,是冀中笙管乐的一个品种,与西安仿唐乐舞、湖北编钟乐、北京智化寺音乐并称中国四大古乐。屈家营古音乐创始于元明之际,是一种吹奏、打击乐,演奏乐器有笙管笛锣、镲铙鼓钹、格子、当子等传统乐器,其记谱方式完全是古代工尺(发"扯"音)谱,既不是简谱,也不是五线谱。但工尺谱与简谱具有一定的对应关系。

工尺谱与简谱对应简表

工尺谱	合	四	一	上	尺	工	凡	六	五	乙
简谱	低音5	低音6	低音7	1	2	3	4	5	6	7
唱法	低so	低la	低si	do	re	mi	fa	so	la	si

如果要表示高于"乙"的音,就在"上工尺凡"等字上加上一个单"亻"旁;如果要表示低于"合"的音,就在"上工尺凡"等字的最后一笔打上一个"勾"。此外,尚有叠音(、),豁音(√),落音('),撮音(乡)等。工、凡、乙(亻上)之间为半音,其他相邻两音之间为全音(图5-12-1)。至于调的名称与调的关系,通常是以小工调为基础,以工音为关键来确定的。

屈家营古乐现存《玉芙蓉》、《纠君堂》、《骂玉郎》等13支套曲,《金字经》、《讨军令》等7支大板曲,《五圣佛》、《贺三宝》等20多支小曲和一套打击乐,其乐队为固定编制,24名乐手为"满棚"音乐,12名乐手为"半棚"音乐,它是我国目前保存最完整的古代音乐之一,现已被列入河北省民间文化十

图 5-12-1　500 年前的古乐谱

二、北京天坛的声学应用与成就

北京天坛(建于明永乐十八年,即 1530 年)是中国古代四大回音建筑之一,其回音壁、三音石、圜丘等,都有奇妙的声响效应,是明清时期建筑声学上的一大成就。

皇穹宇(图 5-12-2)围以高约 6 米、半径约 32.5 米的围墙。这个围墙,就是闻名世界的回音壁。皇穹宇的围墙以砖石砌成,墙壁面整齐、光滑,是一个优良的声音反射体。东西两边对称地各有一个长方形建筑,围墙内三座建筑,坐落北面最大的圆形建筑就是皇穹宇。如图 5-12-3 所示,圆形围墙与声音在凹面的反射密切相关,当人 A 对凹面墙低语,声波沿着凹面"爬行"。人 B 在另一处可以听见来自墙面 C 处 A 的声音。皇穹宇北墙距离围墙近,最近处为 2.5 米,在某种情况下它会阻挡部分沿墙面爬行的声波。据测定,与凹面墙切线所成的入射角在 22°以内的声射线,声波的能量就都分布在近墙面的一条狭带内,而不致被皇穹宇所吸收或反射。这时,B 能清楚地听见 A 的低语声。如果 A 大声说话,B 会听到两个声音:一个是通过空气直接传达到 B 的;另一个是经过凹形墙面连续反射而达到 B 的。由于前者声强随 $\frac{1}{r1^2}$(r 为声波所通过的路径)而衰减,后者的声强随(R 为 A 与 B 二者之间声波所经过的弧长)而衰减。因此,虽然后者路程长,且稍后听见,但它却要比前者响一些,因而回音效果十分明显。

从皇穹宇到回音壁的大门有一条白石路,从皇穹宇往南数到第三块石正处在围墙的中央。在此拍掌,可以听到第三次回声,人称"三音石"(图 5-12-3)。在这个中心点发出的声音,其声波等距地传到围墙,又被围墙等距地反射回到中心点。这第一次回声又等距地传到围墙,并被围墙等距地反射回到中心点。如此往复几次,直到声能耗尽为止。如果不是围墙内三座建筑反射了大部分声波,人们就可以听到更多的回声。

当发声和回声间隔时间小于 1/16 秒时,我们会把这两种声音听成一个声音,回声的作用只是加强了原来的声音。声音在空气中传播的速度是每秒钟 340 多米,只有人与墙壁间的距离超过 11 米时,声音往返的距离才会超过 22 米,这时,我们的耳朵才能把回声分辨出来。皇穹宇室内半径才几米,当然就听不到回音了。三音石到围墙的距离是 32.5 米,不难算出,发声和回声的时间间隔将是 1/5 秒,所以能听到清晰的回声。

圜丘为圆形的三层汉白玉石坛,最高层平台离地面约 5 米,半径约 11.4 米,每层平台边均砌有青石栏杆。圜丘的声音效果是,人站在台中心叫一声,其本人可以听到来自其脚底地面的响亮的回声。原来,圜丘的平台并不真是水平的,而是中心略高,周围略有倾斜,因此,平台栏杆与台面夹角略小于 90°。人的声波传到栏杆后,被栏杆反射到平台面,再由平台面反射到人耳。这样,台中心说话的人听到回声,似乎是从脚底下传上来的。如果栏杆周围站满了人,声音被人体吸收,青石栏杆起不到反射声波的作用,台中心的人就不能听到回声。如图 5-12-4 所示。

图 5-12-2　皇穹宇鸟瞰图

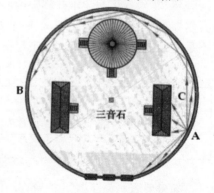

图 5-12-3　回音壁和三音石原理示意图

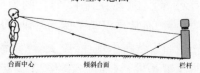

图 5-12-4　圜丘回声示意图

第四节　力学的发展

一、多发火箭与万户飞天

明代发明了多种"多发火箭"。明燕王朱棣与建文帝战于白沟河,就曾使用了同时发射32支箭的"一窝蜂"。这是世界上最早的多发齐射火箭,堪称现代多管火箭炮的鼻祖。

第一个想到利用火箭推力飞上天空的人是明朝的万户。14世纪末期,明朝的士大夫万户把47个自制的大火箭绑在椅子上,自己坐上椅子,双手各持一个大风筝,叫人同时点燃火箭,企图利用火箭的推力实现飞天梦想,然后利用风筝平稳着陆。不幸火箭爆炸,万户也为此献出了生命。

火箭是现代发射人造卫星和宇宙飞船的运载工具,是我们祖先首先发明的。万户考虑到上升的工具——火箭,也考虑到安全下落的降落伞——风筝,这都是前所未有的,万户是"世界上第一个想利用火箭飞行的人"。

二、《历象考成后编》与开普勒行星运动定律

由顺天大兴(今北京大兴)人参加编撰的《历象考成后编》,第一次把开普勒行星运动定律介绍到中国。

《历象考成后编》卷1"用椭圆面积为平行"(即开普勒第二定律)载:"计太阳在椭圆周右旋,其所行之分椭圆面积,日日皆相等……故太阳循椭圆周行,惟所当之面积相等,而角不等,其角度与积度之较,即平行实行之差。"[6]

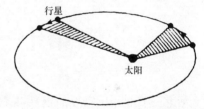

图 5 - 12 - 5　开普勒第二定律示意图

用开普勒的话说就是"太阳指向行星的连线(径矢)在相等时间间隔内所扫过的面积相等"(图 5 - 12 - 5)。

在开普勒之前,无论中外,都用"匀速圆周运动"来解释天体运动,而开普勒认为"行星沿椭圆形路径运动,太阳位于这些椭圆的一个焦点上",这就是开普勒第一定律,开普勒的行星运动定律建立在"日心说"的基础上,他第一次把行星的运动轨道解释为椭圆而不是圆,为牛顿万有引力定律的发现创造了条件。

此外,《历象考成后编》卷1还提到了"西人奈端(牛顿)等屡测岁实"一事,这是出版的中文著作中最早提到牛顿的名字。

三、陨石力学知识的积累

陨石力学是研究陨石的物理性质以及对陨落现象进行力学分析的学科。我国虽然没有现代意义上的陨石力学,但在长期的观察和实测实践中,人们对陨石在太阳系空间的陨落现象做了很多客观记载和描述,为后人深入研究陨石的物理性质提供了比较丰富的原始史料。明代是河北地域内陨石的多发期,因而有关陨石的史料比较丰富。

《明史·五行志》记载要者有:成化二十三年(1487年)五月壬寅,束鹿空中响如雷,青气坠地。掘之得黑石二,一如碗,一如鸡卵;隆庆二年(1568年)三月己未,保定新城陨黑石二;万历三年(1575年)五月癸亥,有二流星昼陨景州(今沧州景县)城北,化为黑石;万历十九年(1591年)四月辛酉,遵化陨石二;万历四十四年(1616年)正月丁丑,易州(今保定市易县)及紫荆关有光,化石崩裂。

实验证明,无论陨石"响如雷"还是"有光",都是陨石在坠落过程中与地球上空气摩擦的结果。

陨石形成的整个物理变化过程可以用下式表示：

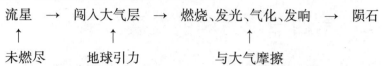

上述过程在前面的史料记载中都有描述，如"二流星昼陨景州"之"流星"，说明陨石是流星的一种残骸，又如"空中响如雷，青气坠地"及"紫荆关有光"，比较详细地描述了陨石在空间坠落过程中的物理变化过程，其"化为黑石"等即是流星燃烧后所遗留在地球上的残骸。

注　释：

[1]　济南开发区汇文科技开发中心：《四库全书》，武汉大学出版社。
[2]　邓玉函口述，王徵笔录：《远西奇器图说》，中华书局 1985 年版。
[3]　[德]汤若望主编．：《远镜说》，中华书局 1985 年版。
[4]　[法]蒋友仁：《坤舆全图》，中国社会出版社，第 1674 页。
[5]　温泽先：《山西科技史》，山西科学技术出版社 2002 年版，第 321 页。
[6]　吴宗汉：《文科物理十五讲》，北京大学出版社 2003 年版，第 65 页。

第十三章　传统化工科技

河北一直是中国重要的钢铁和陶瓷产地。到明代，河北地域内的这两项传统产业仍群星闪烁。进入清代，这些具有代表性的传统化工科技产业辉煌未泯，制盐业、酿酒业和桑皮纸业等化学手工技术产业也在原有基础上开始茁壮成长，成为河北经济结构中的支柱力量。

第一节　陶瓷化工技术

明朝时期，北直隶制瓷业的中心地，仍是定州和磁州。定窑曾经在宋代盛极一时，后来渐呈衰落之势，但到了明代仍然继续生产，并且在全国制陶业中占有一定地位。嘉靖《真定府志》载："磁器、坛瓶、缸缶、懈钜砂，出曲阳，乃特产也。"定窑所出瓷器精好，除有传统的高超技法外，还因为这里出产一种特殊的白土，《天工开物·陶延》载"凡白土，曰垩土，为陶家精美器用。中国唯出五六处，北则真定定州，平凉华亭，太原平定，开封禹州；南则泉郡德化，徽郡婺源、祁门。"

清前期直隶陶瓷生产的规模比明代有了明显扩大。磁州彭城镇的陶瓷生产仍然具有相当规模，在经营上普遍为民营，有别于前代。《清仁宗实录》卷 169 载"磁州西乡山居之民，多以烧造缸瓦（为业）"。所产瓷器品种很多，且有各种色彩。《磁州志》卷 10 记有"瓷器出彭城镇，置窑烧造瓮、缶、盆、碗、罐、瓶诸种，有黄、绿、翠、白、黑各色。然质厚而粗，只可供肆店庄农之用。"此外，定州、井陉、滦州、昌黎等地也有瓷器、砂器等陶瓷品生产。

第二节　遵化铁冶与金属化学

遵化铁冶厂的最初厂址，是在遵化县（今遵化市）西北沙坡峪地方，正统三年（1438 年）遵化铁冶厂由松棚峪迁至白冶庄。迁厂后对夫役人员进行了适当调整。虽人员有所减少，但技术力量得到加强，冶炼工艺得到改进，所以每年铁的产量非但没有下降，相反却有很大提高。

年产铁量的提高，关键是由于冶炼技术有了重大改进。据《明会典》卷 194 记载，遵化铁冶厂冶铁的生产工序包括伐木、烧炭、采石、淘沙、冶炼等项，备料和冶炼分季节来进行，"夏日采石，秋月淘沙，冬月开炉，春尽炉止"。炉有"大鉴炉"、"白作炉"两种，两种炉的构造、容积和生产流程各不相同，大鉴炉是用来冶炼生铁的大型炉，白作炉则是将生铁炼成熟铁或钢铁的小型炉。这在当时算是较大的高炉了，有人估计一炉可容矿沙两千余斤。高炉的内壁是由名为"牛头舌"的天然耐火石砌成，炉门是用"简干石"砌成。炉门为出铁处，后面则为出渣口，炉的两侧置有风箱，对称鼓风入炉缸中心。

炼铁的基本原料是一种经过淘洗的矿沙，即所谓"黑沙为本"。燃料为木炭。木炭质软多孔，透气性能强，含硫、磷等有害杂质少，是冶炼优质铁的理想燃料。

冶铁的助熔剂是一种当地出产的石子。水闫口，俗称水平口，在遵化县（今遵化市）治南二十余里沙河诸水汇流处，两岸有山。这里所说"石子"，据其特征，显然就是萤石。萤石是一种中性熔剂，熔点很低，投入炉火中便可以"化而为水"，始销成铁，生产效率很高，三个时辰（即 6 个小时）便可出铁一次，一天出铁四次，并且可以连续进行作业，冶炼熟铁或钢铁。

第三节　制盐技术

制盐是人们利用物质分离的原理和技术对食盐进行分离和提纯的工艺过程。人们日常生活和国家财政对盐的依赖关系使明政府对盐业生产极为重视。明洪武元年（1368 年）八月明军占领元大都，次年正月便设立了河间长芦都转运盐使司，十二月，更名为北平河间都转运盐使司（简称运盐司）。北平河间运盐司以其盐产汇于沧州长芦（今沧州市），运司又驻其地，后来复改名为长芦运盐司，这便是长芦盐名称的由来。

长芦盐是全国六大盐区之一，其规模仅次于两淮、两浙，居于全国第三位。长芦盐区的幅员，自山海关以西，迄于天津而南，达于山东海丰，沿渤海岸数百里。制盐的生产资料主要是滩地和草荡。滩地用作刮碱取土，以便淋卤煎盐；草荡是指生长海边的芦荻丛，用它供作煎盐的燃料。

长芦盐的制盐技术，在明代嘉靖以前大抵沿用着传统的煎煮法，嘉靖以后开始在部分盐场逐渐引进滩晒法。关于煎煮法，又可分为刮土淋卤法和晒灰淋卤法两种，大体说来，刮土淋卤法主要包括耙地、刮土、淋卤、煎煮几道工序。采用这种方法，必须先对滩内碱土进行耙锄，使土质松软，便于摊晒，待碱土晒干后，刮聚起来装入淋水池中，使其溶渗成卤流入深池内，然后陆续提卤盛锅，发火煎煮结晶成盐。

至于晒灰淋卤法，主要区别在于用灰取卤这道工序上。此法是将上年煎盐烧过的草木灰，随时收集起来摊晒在场上待盐花浸入灰内，即起取入池淋卤，再提卤入锅煎煮。锅有大小不等，一伏火（起火至停火）的时间也有不同，小锅一伏火一日许，可得盐数斗，大锅一伏火持续三日，均可得二十斗。不论采取那种方法，均须经过"试卤"，即取一定数量的石莲子置于卤水中，检验卤水的浓度高低。若石莲子沉于卤水水面之下，表明卤水浓度较低，煎煮起来费柴草而难成，若石莲子稳定飘浮于卤水水面，表明其浓度已呈饱和态度，盛锅煎煮既省柴草，盐又易成。

大约嘉靖初年，长芦盐区引进了滩晒制盐法，这是长芦盐制盐技术上的一次重大革新。长芦盐的晒盐法，是在通海的大河畔预筑一大池，并且自高而下隔为大中小三段，也即大小不等的 3 个晒池。

先将海水流入最高一层的池中,经过日光曝晒,再倾入第二池,依次形成浓度不同的海水,最后下放到较浅较小的末池,让卤水继续用日光曝晒,即可自然结晶成盐。由煎煮改为晒制,是盐业生产技术的巨大进步,与煎煮法相比,晒盐不需要柴草,减少了操作程序,提高了生产效率,因而对长芦盐的发展有着重大作用和深远影响。

明末清初,长芦盐产区共有盐场 20 个,分别是利国、利民、海丰、阜民、阜财、深州海盈、海润、严镇、富国、兴国、厚财、丰财、富民、芦台、越支、石碑、惠民、济民、海盈、归化。

清代前期,直隶制盐技术完成了由煎到晒的过渡,完成了制盐技术一次跨越。明末清初,长芦盐的制造煎、晒两法并存,以煎为主。

制盐先制卤,制卤方法有三种,即引潮、刮土、淋灰。长芦采用的是引潮和淋灰二法。引潮即引海潮入滩,直晒成卤。淋灰有两种,长芦在煎盐时代用的是灶灰。其方法是,"于煎盐时将灰(煎盐草灰)收储,凿坑藏之。至十一月,取海水浸之,待开春后天气晴暖,出坑灰晒于亭场。灰有白光,卤气即呈;挑灰入坑,取水淋之,卤气与水融合即成盐卤。"用引潮和淋灰制成的卤分别称为晒卤和淋卤。盐卤制成以后,"试以石莲,沉而下者卤淡,浮而横侧者半淡,浮而立直者卤味始咸。"煎盐的地方,在卤池旁边建有灶房。长芦煎盐用锅,"卤水既煎,水气渐竭,愈沸愈凝,谓之起楼。当起楼时,加以温卤,谓之搀汤。投以皂角,或以白矾,或以米粉麻仁,顷即晶莹成盐。"煎盐一昼夜称为一伏伏,一伏伏可煎 6 锅,制盐 600 斤。

随着技术的进步,人们日益认识到了晒盐的好处。道光年间,长芦各盐场完全采用了晒制法。晒盐的方法是,在滨海之地挖掘土沟,然后在沟旁坚筑晒池,晒池自高而低分 9 层或 7 层。涨潮时,海水进入大土沟。潮退之后,两人或用绳系柳兜,或用风车,将沟中的盐水注入最高一层晒池中,经过一段日晒之后,放入第二层晒池再晒,然后再将第一层晒池灌满。这样经过几层日晒之后,盐水进入最后一层,也就是卤水了。卤水经一天的暴晒就成了盐。长芦晒盐只在春秋两季,春晒起于惊蛰,止于小暑;秋晒起于处暑,止于霜降。盛夏阴雨连绵,冬日日照不足,均不能晒。

制盐方法的由煎到晒,大大提高了产量,降低了成本。"假如晴暖应时,滩产无不倍收"。据《中华盐业史》统计,明代长芦有盐场 20(弘治间),平均年产小引盐十八万八百余引(每引 200 斤),合 3 616 万余斤。而清代仅 8 场,平均年产则达到了 600 万担(每担 100 斤),合 6 亿斤。"论成本,则晒为轻,煎之用荡草者次之,煤火又次之,本则工本愈重。"[1]盐的质量也有所提高。"论质味,则海盐为佳,池盐、井盐次之。海盐之中,滩晒为佳,板晒次之,煎又次之。"[2]长芦各盐场中,盐质最好的是丰财场塘沽所产的盐。由于这里滩场宽广,风劲日燥,因而盐"色白,微带淡褐,粒大、质坚、味厚"。

第四节　酿酒技术

从藁城商代遗址到青龙元代蒸馏酒器都证明,河北有着悠久的古代酿酒历史。酒是消费量很大的生活实用品,所以酿酒业在明代中后期也是相当发达的手工业部门。河北酒的种类很多,果酒中有葡萄酒、梨酒、枣酒等,烧酒中或以产地命名,或以酿制原料命名,或以创制者取名,品类十分繁多,其著称者如蓟州之薏苡酒,永平之桑落酒,易州之易酒,沧州之沧酒,大名之刁酒、焦酒,以及京师之黄米酒,等等,多系"色味冠绝者"。这些酒品味各异,都具有自己的特点。薏苡酒是以薏米酿制而成,"淡而有风致";易酒胜之,"而淡愈甚";大名之刁酒,永平之桑落酒,"酞淡不同,渐于甘矣"。沧酒也渐享盛名,据清人梁章钜《良迹续谈》记载,沧酒之闻名始于明末,经旧家世族代相授受,技法越来越高,名气也越来越大。

制作沧酒在取水方面特别讲究,其佳者必取水卫河河心(既不能靠近两岸,又不能靠近河面)的净水,如此才会使酒具有醇香的风味。在贮存上也极讲究,"其收贮,畏寒畏暑,畏隔畏蒸,犯之则味败,其新者不甚佳,必庋阁至十年以外,乃为上品"。纪昀在《阅微草堂笔记》卷 23 评价,饮沧州之上品,"虽极醉,膈不作恶,次日亦不病酒,不过四肢畅通,恬然高卧而已"。

　　酿酒业是清代前期直隶手工业的重要内容,各州县多有生产。一些地方酿酒作坊数量相当可观。以宣化府为例,乾隆年间,宣化府属 11 州县,平均每州县达 47 座之多。这还仅仅是"给有牙帖"的作坊数。此外,在延庆、蔚州、保安、宣化、怀安、赤城、怀来等州县内,还有"无帖烧缸五百六十一座"。这样,每个州县平均就有造酒作坊 100 余座,每个作坊的规模亦很大。

　　由于酿酒业的普遍存在和较大发展,直隶各地涌现出了一些独具特色的地方名酒,这些酒在北京占有重要市场。特别是沧酒,以沧州城外运河之麻姑泉水酿造而成,所以又名"麻姑酒"。沧酒以黍米为原料,以麦曲为曲。该酒用水比较讲究,以沧州南川楼前水酿制的酒为上品,味醇冽,而用其他地方的水酿制则无这种风味。

第五节　造纸技术

一、桑皮纸

　　河北造纸业中,比较流行的是桑皮纸。桑皮纸是用野生的桑枝茎韧皮作原料,经过沤制蒸煮之后,再作一系列加工整理提制而成。据地方志记载,桑皮纸当时广泛存在于河北各地,滦州之何家庄,迁安之纸寨,固安之东徐、孤庄,都是传统的桑皮纸产地,此外元氏、永年、涉县等也有一定规模的桑皮纸生产。桑皮纸在各种名目的纸张中,具有柔软平滑、细密匀称的特点,故应用范围很广,质地佳者可以用作印钞,也有许多充当土特产上贡宫廷使用。

　　清代河北造纸业以滦州、迁安最负盛名。这一带有许多桑树,但当地人并不善于养蚕,主要用来造纸。桑树皮造纸的工艺是:"剥之(皮),剧之,揉之,舂之成屑,焙之令热;拓石塘方广数尺,浸以水,调之汁,如胶漆。制纸者,刓木为范,幂虾须帘,两手持范漉塘中,去水存性,覆置石板上,时揭而曝之,即成纸矣。"此外,在广平府的永年、清河,顺德府的邢台,正定府的无极、元氏,保定府的清苑、博野、满城,顺天府的固安,永平府的乐亭等地,也都有桑皮纸或其他纸张的生产。

二、南和县麻头纸

　　南和县麻头纸始于明正德年间的三官店和范家庄,向以"质白"、"层薄"、"结实"、"透光"而著称。到了清朝,麻头纸的用途普遍进入私塾和科举,成为生员、举人写字做文章的主要用品。它和白布、草纸、粉条、段熟地、郝带、花籽油、蓝靛等形成了南和的手工业市场。据任书香等人调查,南和县麻头纸的手工制做工艺流程有 18 道工序:

　　一曰"展绳",就是拆开烂麻绳上的疙瘩;二曰"泡龙柜",就是将烂麻绳泡在特制的槽子里;三曰"澄绳",就是把烂麻洗干净;四曰"铸绳",就是用刀斧将麻绳截短;五曰"串麻",就是把泡过的烂麻绳放在特制的石碾上压成浆(图 5 – 13 – 1);六曰"掐麻",就是将压过的麻浆用石灰水洗干净;七曰"蒸浆",就是把浆放在锅里蒸熟;八曰"龙柜蜕",也就是再次用石灰水洗净;九曰"掐麻豆",也叫"掐麻蹶",就是用手把麻捏成拳头大的团子;十曰"洗细麻",就是再次用石灰水把它洗干净……最后一道工序叫"抄

图 5 – 13 – 1　用石碾制作麻头纸

纸",就是纸浆放入坑中打好后,用二尺半长、一尺二宽的特制帘子进行抄纸,直到"水中银花现,帘上白云升"时,便有了洁白的麻头纸,然后贴到白灰墙上晾干,就成了麻头纸[3]。

注 释：

[1][2]　田秋野、周维亮:《中华盐业史》,台湾商务印书馆 1979 年版,第 250,284 页。
[3]　任书香:《南和文史资料·第 1 辑》,1991 年版,第 156 页。

第十四章　传统地理学

明万历至清乾隆的二百年间,世界上最新的地理知识在政治加宗教的复杂历史条件下传入我国,使我国传统地理科技迅速丰富和发展。《皇御全览图》绘制工作的完成,标志着中国测绘技术居世界前列。众多专业地志的编缀,构成了河北地域传统地理学的另一个重要组成部分。

第一节　西方地理知识的传入与清代地图的测绘

一、西方地理知识的传入

从 16 世纪末至 18 世纪下半叶,即明万历至清乾隆的二百年间,西方地理知识开始传入中国。在哥伦布横渡大西洋到达美洲和麦哲伦环球航行之后,绘有美洲和南极大陆的新的世界地图出现,欧洲人的地理知识向前迈进了一大步。他们对于地球形状、海陆分布、气候差异以及各国地理情况的认识都走在世界的前列。

明万历年间葡萄牙派遣耶稣会士来华。他们知道在一个历史文化悠久,经济力量也能自给的东方大国要达到通过宗教以左右中国的目的,就只有利用所掌握的先进科学知识"以此为饵",不然"欲使彼等师事外人,殆虚望而已"。关于世界的最新的地理知识就是在这种政治加宗教的复杂历史条件下传入我国的。

来华的耶稣会士中在地理学方面有一定造诣而影响又比较大的是利马窦(Matteo Ricci,1552—1610 年,意大利人,1582 年来华)、艾儒略(Julius Aleni,1582—1649 年,意大利人,1613 年来华)、龙华民(Nicolaus Longobardi,1559—1654 年,意大利人,1597 年来华)、南怀仁(Ferdinandus Verbiest,1623—1688 年,比利时人,1659 年来华)、白晋(Joach. Bouvet,1656—1730 年,法国人,1687 年来华)、雷孝思(Joan-Bapt Regis,1663—1738 年,法国人,1701 年来华)和蒋孝仁(Michael Benoist,1715—1774 年,法国人,1744 年来华)等,他们大都精于测绘地图,而且也确实由于这方面的原因取得了我国封建皇帝和一部分士大夫的重视。

明末以前,中国从未出现过世界地图。中国人也只知道亚洲、部分欧洲和非洲的知识,之后中国人对世界的完整的认识,便来源于传教士带来的世界地图。中国的第一张世界地图是由意大利传教士利马窦传入的《万国舆图》。《万国舆图》同时介绍了许多西方先进的地理知识,为我国近代地理学、制图学的发展作出奠基性的贡献。再就是利马窦的地图首创了一些地理学名词和国外地名的汉译法,有些译法一直沿用至今。1854 年利马窦完成了地图的中文标注,出版后取名为《山海舆地全图》。这是第一张在中国仿制的世界地图。由于利马窦在标注的过程中参阅了大量中国图籍,如《大明一统志》、《广舆图》、《古今形胜之图》、《地理人子须知及》、《中国三大干龙总览之图》等,《山海舆图》中关于中国的海岸线、城市山脉和水系比原图刻画的翔实[1]。

利马窦于万历十年(1582年)抵达澳门,即搜集中国地图并写了《华国奇观》一文,一并寄回给范礼安神。这可能是传入欧洲的较早的一份中国地图。1584年,利马窦在广东肇庆绘有用中文说明的世界地图,开始结识了当地上层社会的一些士大夫。此后,他又到了南昌、南京和北京。在北京向万历皇帝进呈万国图志等贡品,遂许可留住在北京,他与高级官员而又信奉了天主教的礼部尚书徐光启、太仆寺少卿李之藻等人交往较深,1610年病逝于北京。

利玛窦在绘制世界地图的过程中,传入了西方的地图投影和测量经纬度的方法以及当时对于海陆分布的新认识,特别是绘有五大洲的世界地图和地理名称的翻译,大大丰富了中国人的地理知识。至于有关地圆说和寒温带的分法虽然在16世纪末已见汉译著作,但是若论影响所及,可能要从利玛窦开始算起了。

天启三年(1623年),龙华民和阳玛诺(Emmmanuel Diaz,1574年,葡萄牙人,1610年来华)合制了一个地球仪。它是现存最早的一个在中国制作的地球仪,此地球仪现存伦敦英国图书馆[2]。

二、清代地图的测绘

从明朝中叶,西方地理知识开始传入中国,对我国的地图测绘事业有很大推动。清康熙年间,我国第一次采用地图投影方法在实测的基础上绘制了《皇舆全览图》,同时还派人测绘了西藏地图。珠穆朗玛峰就是在这次测绘中发现的,比英国的测量早135年。到18世纪初,我国已基本完成了经纬测量,与当时尚未完成本国大地测量的许多欧洲国家相比,居世界前列。

1.《皇舆全览图》的测绘缘起

18世纪初叶,清康熙(1662—1722年)在位的最后15年间,由于康熙帝的主张,天主教耶稣会的传教士白晋、雷孝思、杜德美(Petrus Jartoux,法兰西人,1668—1720年,1701年来中国)等10人,在中国各地分组进行了大规模的三角测量,并测定了630个经纬点,始工于1708年7月(康熙四十七年),竣工于1717年(康熙五十六年)1月。此后又一年(1718年),完成了著名的"皇舆全图",于是当时所谓关内各省和关外满、蒙各地,都经过了测量而绘成地图,这在中国来说不但是一种创举,就是在世界各国大地测量史上来说,也是空前未有的。

总之,清初特别是康熙年间的测绘全国地图,算得是中国以至世界测绘史上的一件大事。其间有两点值得注意:第一,为了统一在测量中使用的长度,康熙规定以200里合地球经线一度,每里1 800尺,每尺合经线千分之一秒,这种以地球形体来规定尺度的做法,还在18世纪末法国以赤道长度规定米长度之先。第二,康熙四十一年(1702年)测定了在经过北京之本初子午线上,由霸州至交河间的直线距离,其后八年(1710年),又在东北地区测定了北纬41至47度间每一度的直线距离,从而发现了纬度愈高,则纬度一度的直线距离愈长,实际上这正是以实地测量证明地球为扁圆形的第一次。

2.《皇舆全览图》的测绘过程

康熙皇帝比较重视西方科学技术,常请传教士进宫讲授数理化等西方自然科学知识。康熙二十八年(1689年)中俄签订尼布楚条约期间,康熙帝对中国旧有地图的差错深为抱憾,对传教士张诚(J. F. Gerbil-lon)进呈用西法绘制的亚洲地图颇为赞赏。遂令张诚等推荐专家,购买仪器,为将来的全国大地测量作准备。

康熙四十一年(1702年),令人测定了中经线霸州(今霸县)到交河的长距。康熙四十七年(1708年),在北京附近进行小区测量和地图绘制。康熙皇帝亲自比较中国传统法绘制的地图与西法(经纬度法)测绘地图的优劣,并将新图上的位置与实际情况校勘,最后确认西法绘制新图远胜于旧图,进一步增强了他用西方测绘方法测绘全国地图的决心。此外,为了测绘中便于统一计算,规定选用工部营造尺作标准,康熙本人还亲自确定 200 里合经线 1 度,每里 180 丈,每尺合经度百分之一秒等。康熙四十七年(1708 年)四月开始全国的地图测绘工作。

测绘从长城开始,再扩展到东北松花江和黑龙江流域,然后又分别对内外蒙古、西北、华东、华中、华南、西诸省及西藏等地进行测绘。具体过程为:康熙四十七年(1708 年)四月,测定长城的确切位置、各重要地点(城门、保寨等),以及附近的大小河流、山脉、津渡等。次年一月测绘完毕返京。康熙四十八年(1709 年)四月,自北京赴东北进行测量。依已测的南部长城为基点,向北延伸测绘了各重要地点,于当年 12 月返回北京。旋又测绘北直隶省区。于次年五月(1710 年 6 月)完成。至此,历时 10 年的野外测绘工作基本结束,开始了室内编图、拼图工作。

大量测绘工作结束后,即着手编制采用经纬网法的新式地图。康熙五十六至五十七年(1717—1718 年)编成《皇舆全览图》,乾隆二十五至二十七年(1760—1762 年)编成《乾隆内府舆图》(又称《乾隆十三排图》)。

3. 测绘科技的成就

1717 年《皇舆全览图》的完成,成就了中国从未有过的辉煌,在世界大地测量和制图史上也是空前未有过的事件。我们知道,欧洲有系统的测制地形图是 18 世纪从法国开始的,经过卡西尼父子的努力,1793 年才完成。英国的经纬度测量直到 1857 年才开始,1870 年完成地形图。其他欧洲国家由政府主持的地图测绘工作,是 19 世纪初的事,比中国清初的地图测绘几乎晚了 100 年。

清初的全国地图测绘工作,不仅在中国地理学史、测绘史上有重大意义,即使在世界测绘史上都是前所未有的创举和奇迹,这主要表现在:

(1)在测绘工作开始前,为了统一各地的测量标准和计算方便,康熙皇帝曾规定测量尺度标准据"天上一度即有地下二百里"的原则计算。这种把长度单位与地球子午线的长度联系起来的方法是世界最早的。

(2)首次发现经纬一度的长度不等,为地球椭圆体提供了重要实证。通过这次测量得出了纬度越高,每度经线的直线距离越长的结论。这一发现,正是世界上首次通过实测而获得地球为椭圆体的重要证据。

(3)这次测绘工作是中国第一次采取科学的经纬度测量法绘制地图,为中国地图的科学化奠定了基础。在测绘技术上,也是中国第一次大规模引进西方测绘技术,同时,也是中国地图绘制走向科学化的开端。

(4)绘制全国地图的情况和资料被传教士带回西方。清初中国地理学和制图学有了长足进步,并对世界地学和制图学的发展有所贡献[3]。

第二节　河北地方志的编缀

明及清朝前期,直隶出现了一批专业地志,主要包括山关志和河水志及盐业志等,这些专记既有地域内的又有地域外的,内容生动丰富,它们构成了河北地域地理学的一个重要组成部分。

一、边关志

我国边关志创始于明朝,所谓边关志就是指记述边疆、国防要塞的方志。由于明重视北部边疆建设,与之相适应,边关志因势而兴。如嘉靖《两镇三关通志稿》、《西关志》、《山海关志》,万历《四镇三关志》及《三关志》等,其中《山海关志》出现较早,是"边关志"的代表著作。

1.《山海关志》

詹荣（？—1554 年），字仁甫，明山海卫（今山海关）人。明嘉靖五年（1520 年）进士，谙熟边地险要及古今战守之事，于嘉靖十四年（1535 年）编撰《山海关志》8 卷。

《山海关志》为两级分目体，第一级分地理、关隘、建置、官师、田赋、人物、祠祀、选举 8 卷；第二级为卷之下各细目：“地理”下设沿革、疆域、山川、土产、形胜、风俗 6 个子目，“关隘”下设关与营 2 个子目，“建置”下设城池、公廨、卫学、仓库驿递、杂建、古迹 6 个子目，“官师”下设部使、守臣、卫官 4 个子目，“田赋”下设户口、屯田、杂役 3 个子目，“人物”下设名宦、乡贤、孝节 3 个子目，“祠祀”下设神祠与贤祠 2 个子目，“选举”下设进士、乡举、岁贡、将选、武举、封赠 6 个子目。

该志的突出特点是在卷之首置图 28 帧，其中前 27 页为“山海关抵黄花镇图”，最后一页为“山海关特图”。“山海关抵黄花镇图”详细描绘出明代山海关至黄花镇（今北京怀柔西北黄花城）1 200 多公里的每一边关要塞驻兵与兵数、军器数情况，具有较高的军事价值。

《山海关志》的编撰目的是“为形势、为关隘、为边防、为军实”，因此，它的内容主要围绕边疆要塞来叙实。如“地理”篇记载了 30 处山、岩、海、岛、河及井的位置和地形特点。书中记载了从南海口至角山之间 21 里长城及山海卫城的方位、建筑、设置等情况，叙说详明。

2.《两镇三关通志稿》

尹耕，字子莘，别号“朔野山人”，万全都司蔚州（今张家口蔚县）人。嘉靖十一年（1532 年）进士。性豪宕不羁，喜谈兵，尝为州守。生长边陲，知边事。嘉靖二十八年（1549 年）撰《两镇三关通志稿》23 卷，今有残本分别保存在美国（存 13 卷）、日本（缺卷 14 至 18）及中国（仅有 2、3、7、9、14 共 5 卷）等国家。“两镇”指宣府和大同，“三关”指雁门关、宁武关及偏头关，它们都是明朝长城沿线的重要关口。在明代，两镇三关是明朝长城中三边的重要关口，也是明朝总督、巡抚和总兵官等军官驻守的重要防地。该志详细记叙了明代宣府、大同及下辖长城各关隘的山川地理、人丁土田、边防军备以及战守得失，还有与少数民族之间进行的互市贸易，只可惜仅存残本。

3.《西关志》

王士翘，江西安福人，明嘉靖十七年（1538 年）进士，官至巡抚直隶监察御史。嘉靖二十六年（1547 年）撰成《西关志》32 卷，包括《居庸关志》10 卷、《紫荆关志》8 卷、《倒马关志》7 卷和《故关志》7 卷。各志卷首有图，总图冠于居庸之首。每志都有图论，综述该关形势及防守要点。

形胜一目辨析各关险要情况，如论居庸关之险，不在关城而在八达岭，由八达岭南下关城，“降若趋井”。又如论紫荆关，“负山临河，势非不险，而近在内地，不足以据一关之枢，所恃为固者，群隘也”。论倒马关，“绝壁崇冈，仰观万仞，巨川深汇，俯瞰无涯。上下两城，相为表里，南则军城储饷，北则箭岭屯兵，战守咸宜，视他关为尤险云”。

在历史地理方面，书中对四关的沿革与变迁进行了周密的考证。如居庸关，“名称自秦始，秦以上不可考。汉仍名居庸，亦名军都关者。关东南二十里有高山，汉于山下设军都县以屯兵，即今昌平旧城，因以军都名山，以以名关”。倒马关上城，“古为青龙口，汉时戍兵于此。国朝洪武初，设保定府唐县巡检司官兵把截。已巳，北虏入寇，由此出没”。故关，“古井陉口，按史：韩信、张耳下井陉，出背水阵破赵，斩成安君，即此地也。此英雄用武必争之地。国朝正统二年，于井陉南界平定州地方，创筑城垣，防守官军，隶于真定。因其旧为关隘，名曰故关”。

从内容的比重看，制敕和奏疏约占整个篇幅的一半以上，这是该志区别于其他边关志的突出特征，同时表明王士翘编撰《西关志》的主要目的不仅仅在于叙述关山险要，更重要的是为当政者在“洞隆替之原”的基础上，提供一种可以施行的“补救之术”。因此，书中有许多奏疏与明朝的社会政治紧密相连，如正德八年（1513 年）的“紧急生息疏”、正德十二年（1517 年）的“念生民以安边境以安天下疏”、正德十四年（1519 年）的“地震疏”等，具有较高的史料价值。

二、河渠志

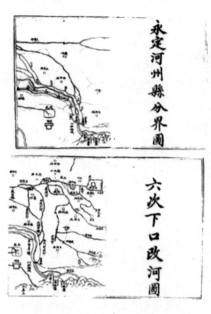

图 5 - 14 - 1　六次下口改道图

素有"小黄河之称"的永定河,因洪水一来,横冲直撞,经常改道,所以古称无定河。在清代屡有灾患,先是康熙治理永定河,修筑堤防,河患略有遏制,遂改无定河为永定河。然到雍正时,出现了连年决堤的河患。至乾隆时,永定河已经"六改道"。于是,乾隆亲临永定河沿岸,探讨河患根源以及解放方案。正是在这样的历史背景下,专门论述永定河的志书应运而生。从乾隆五十四年(1789 年)到嘉庆二十年(1815 年),出现了三部影响比较大的《永定河志》。此外,还有一部《直永定河源流图》之"六次下口改道图"(图 5 - 14 - 1)。

1.《永定河志》

第一部《永定河志》为李蓬亨所撰,清嘉庆二十年(1815 年)刻印。

李蓬亨从嘉庆四年(1799 年)到嘉庆二十四年(1819 年),一直在永定河任职。在这二十年的时间里,永定河屡有灾害发生。众所周知,永定河自金朝开始修筑堤防,元、明两朝修堤渐盛。清康熙更将下游堤防连成一线。这样,随着河泥淤淀,人们不得不疏泄洪水。对此,李蓬亨指出:"永定河自乾隆二十年改移下口以来,迄今计六十载,下口之河流,北淤南漾,南淤北漾,两堤之形势,常多兴工。"

《永定河志》32 卷,分 8 门:一曰"绘图",共有 8 幅,包括"永定河源流全图"、"六次改河图"及"沿河州县分界图"(《永定河志》卷一第 70 页),其《沿河州县分界图》上起石景山,下至天津,包括宛平、良乡、涿州、固安、永清、霸州、东安、静海、武清等州县,目的是为了分段管理,以河养河。二曰"集考",包括"永定河河源"、"两岸减河"、"汇流河淀"、"河源分野"、"河源河道"等,其中"永定河河源"上河源流图(《永定河志》卷一 71 页)上自河源,下迄渤海,以及与永定河相关的河道和淀泊,都有比较详细的叙说。三曰"工程",此为该志的重点,包括"石景山工程"、南北岸工程、疏浚中泓、三角淀工程、修守事宜等,该门最有特色之处就是详细记载了当时水利建筑工程实践中通行常用的统一规范和标准,尤其是对各项料物的多品种、多规格以及不同单价、对各个工种的定量、定额的具体规定,而这一系列有数据、能定量、可计算,并经过多次反复实践检验的工程"则例",体现了 19 世纪 20 年代永定河水工技术和管理的成就与水平[4]。针对永定河的河流特性,《永定河志》总结出了十个方面的治理经验,即"凌汛,麦黄汛,伏秋大汛,四防,二守,报水,预估工程,采备物件,积土,种柳"。四曰"经费"(卷 10 及卷 11),包括岁修抢修疏浚、累年销案、兵饷、河淤地亩、防险夫地、柳隙地租、苇场地亩、香火地亩、祀神公费、香灯银(附书吏饭银)等;五曰建置,包括碑亭、行宫、祠庙、衙署等;六曰职官,以年为经,以官为纬(上起"直隶总督兼管河道",下至"河营把总"),备载新旧官员姓名;七曰奏议,篇幅最大,约占全书的一半;八曰附录,包括古迹、碑记和治河摘要等,其中《河防摘要》十条最有价值:(1)"岁修必须办妥,抢修即易为力";(2)"埽以护堤,作法宜善";(3)"疏浚宜裁弯取直";(4)"加倍堤工";(5)"闸坝以备宣泄,急宜重修改建";(6)"堤宜改直,以避险工";(7)"任人贵专,不宜轻易生手";(8)"抢顶冲最宜得法";(9)"堵漏子宜速且妥";(10)"合龙之法,宁备而不用"。

2.《直隶河渠志》

清道光三年(1823 年)七月二十六日,道光皇帝诏令将陈仪所著《直隶河渠志》一册及《直隶河道事宜》一册发给直隶总督,令其悉心查阅。可见,《直隶河渠志》对于治理河北地域各水道的意义和价值。

　　陈仪(1670—1744 年),字子翱,号一吾,直隶文安(今文安县)人,清代治河专家。雍正三年(1725年)京津冀 70 多州县遭受水灾,陈仪建议治水须从低处入手,扩大洪涝入海水道,收到一定效果。雍正五年(1727 年)设置水利营田管理机构,下设四局,陈仪负责天津局,筑围开渠,引潮灌溉,颇有建树。《直隶河渠志》从全局的防洪规划着眼认为"治水要从尾闾入手",陈仪说:"海河,南北运、淀河之会流也……故欲治直隶之水者,莫如扩达海之口,而欲扩达海之口,莫如减入口之水。"[5]当然,从永定河下游"减入口之水"并不是治理永定河水患的根本,但是它为以后从上游来消减洪峰的思路提供了借鉴。所以《四库全书总目提要》云:"是编即其经理营田时作,所列凡海河、卫河、白河、淀河、东淀、永定河、清河、会同河、中定河、西淀、赵北口、子牙河、千里长堤、滹沱河、滏阳河、宁晋泊、大陆泽、凤河、牤牛河、窝头河、鲍邱河、蓟河、还乡河、塌河淀、七里海二十五水,皆洪流巨浸也。虽叙述简质,但载当时形势,而不详古迹。又数十年来,屡经皇上轸念民依,经营疏浚,久庆安澜。较仪作书之日,水道之通塞分合,又已小殊。然仪本土人,又身预水利诸事,於一切水性地形,知之较悉。故敷陈利病之议多,而考证沿革之文少。"

注　释:

[1]　张楠楠等:《西方传教士对中国地理学的影响》,《人文地理》2002 年第 2 期。

[2]　中国科学院自然科学史研究所地学史组:《中国古代地理学史》,科学出版社 1984 年版。

[3]　牛汝辰、林宗坚:《明末清初我国测绘科技的人文社会背景分析》,《测绘科学》2001 年第 1 期。

[4]　朱更翎:《〈永定河志〉管窥》,《水利史志专利》1987 年第 3 期。

[5]　吴邦庆:《畿辅河道水利丛书》,农业出版社 1964 年版,第 12 页。

第十五章　传统地质科技

　　明清时期是中国传统地质科技发展较快的阶段,在科学知识西学东渐的演变过程中,借鉴西方地质科学技术的基础,中国传统地质科学技术趋于成熟,大部分研究领域居世界领先地位。各方面的研究成果得到了总结,出现了一批集大成式的地质科技专著,对地球科学的认识有了较大进步,促进了中国社会经济长足的发展。

第一节　西方地质学的传入

　　明清时代中西交流史上一件大事是"西学东渐",西学科学技术大量输入中国,带来了西方的地质和矿冶的技术和知识,为近代地质科技在中国的建立和发展做了充分的准备,担任这一时期传播主角的是耶稣会传教士。西方地质学的传播者,有意大利人龙华民(Nicclo,Longobardi,1559—1654 年),葡萄牙人阳玛诺(Emmanuel Diaz,1574—1659 年),意大利人熊三拔(Sobbathinus de Vrsis,1575—1620年)、高一志(Alphose Vagnoni,1566—1640 年),德国人阿格里柯拉(Agricola,1494—1555 年)等。主要成就有:

一、《地震解》

明末清初,龙华民的《地震解》是最先传入的西方地震方面著作。龙华民,字精华,撰有《地震解》一书,刻印于天启六年(1626 年)。该书采用问答形式,讲述地震问题,包括了九个方面的内容:一震有何故,二震有几等,三震因何地,四震之声响,五震几许大,六震发有时,七震几许久,八震之预兆,九震之诸征。

关于地震原因,书中指出:"地震之由,若俗所谓地下有蛟龙或鳌鱼转身而致者,此无稽俚谈,不足与辨论其正理。凡地之震地,皆缘地中有气……且地震之发,不特由气,亦由地下之火,併由穴中之风。盖此三者,力势皆等,在地之中,……则凡欲求出之时,必挠动其地也。"书中还概括性地提出南北两极和赤道是少震的地区,意大利、海中岛屿如西济理亚岛、吕宋岛等地多震。

二、《天问略》及地球仪

万历四十三年(1615 年)葡萄牙人阳玛诺所撰的《天问略》,其中有日月食的成因、春夏秋冬温度变化与太阳的纬度、离地高度的关系,南半球与北半球四季昼夜长短的变化等知识。阳玛诺与意人龙华民还运用西方的地图和地理知识,于天启三年(1623 年)在北京制成了一个用彩漆描绘的木质地球仪。它的直径是 58.4 厘米,比例尺为 1:21 000 000。对于世界主要大陆、半岛和岛屿作了较好的表示,所绘中国、朝鲜和东南亚的海岸线,都比利玛窦 1602 年的《坤舆万国全图》要精确。

三、《泰西水法》和《空际格致》

意大利人熊三拔所撰水利著作《泰西水法》中,有如何寻找地下水、江河与井水的补给关系以及水汽的循环变化等水文地质知识;又如在意大利人高一志编撰的《空际格致》中,以火、金、水、土四种元素解说雪、雨、风、雹、雷、露、霜、潮汐、地震等自然现象,书中特别列举多条理由,证明了地体之圆,如其中说"月食之形亦证地圆,盖月为地所掩,而蚀圆影必圆体所生也。……又试向北行,其愈近北,北极之星愈高,南极诸星愈低,至北极到顶,而南极渐与吾对足,从北面南亦然,岂不明地圆而无方耶?"这不仅传播了科学的地质学知识,而且也传播了西方科学重实证与进行逻辑推理的先进方法。

四、《论金属》

明崇祯十二至十四年(1638—1640 年),在李天径(1579—1659 年)、王征(1571—1644 年)等主持下,汤若望口述,杨之华笔录,翻译居住在捷克境内的乔治鲍埃尔(George Bauer,拉丁名 Agricola)阿格里柯拉(1494—1556 年)的《论金属》,以"坤舆格致"为题出版。1983 年潘吉星教授专文评述,并按原稿内容改译为《矿冶全书》,考证当时其译本已印发"各镇所在开采之处……依法采取"。该书是一本有关金属矿石、矿脉、矿产、矿床知识和采矿、找矿、冶炼技术总结性经典论著,被誉为欧洲 16 世纪采矿、矿冶技术方面的百科全书。书中附有 275 幅精美插图,也是我国翻译西方矿业、矿冶知识的最早著作,不仅在传播欧洲矿业、矿冶知识方面有深远影响,在我国科技翻译史上也应占有重要地位。

第二节　传统地质科技的拓展

随着"西学东渐"潮流唤起,一些西方传教士不断把欧洲近代地质科学新技术和新知识带入中国,促使中国地质学者反思与觉醒。针对传统地质科技的局限与缺陷,在康熙朝内掀起了积极引进西方先进地质科学技术的高潮。中西地质科学技术的交流与融合,促进了地理学和地质学的创新与发展。传统地质科技开始逐渐摆脱自我封闭体系,步入近代地质科技发展的新时代。这期间的代表人物有康熙帝、黄宗羲、孙兰、刘献廷等。主要著述有:

一、《康熙几暇格物篇》

康熙帝对西方传教士的信赖和优待为西学的大量传入创造了直接条件,他自己更是接受西方科学技术的积极倡导者和实践者。康熙从师于南怀仁,学习了数学、天文、地理、地质、解剖等自然科学知识,并在掌握知识的基础上,经常观测天象,运用数学进行计算,还利用数学知识研究和制定治理黄河的具体方案,在他的主持推动下,清政府完成了中国古代科技史上"两项重大工程",即第一幅采用近代科学方法绘制的中国地图和体现中西融合的《律历渊源》。从此以后,中国科学技术的发展,已不再也不可能再局限于自我封闭的体系,开始步入近代科学发展的道路。

在中国科学史上,还有一部十分有趣的科学著作,那就是《康熙几暇格物篇》,书中记载了康熙帝从事科学研究的成果。科学贡献表现在以下两个方面:(1)在对自然现象的记述上。记载了黑龙江大马哈鱼的洄游现象,北极附近长年结冰的现象,内蒙古地区某些沙区的地貌,还记载了木化石、四不像等有关知识。(2)科学实验和验证上。利用声速来测距离,利用单穗选择而获得优良的稻种,对沿海各地潮汐时刻进行调查[1]。

康熙帝先后写出的自然科学方面的论文有 90 篇左右。康熙六十年(1721 年),他写的名为《地震》的文章是其中之一。文章比较深入地探讨了地震的起因,对地震过程的认识,以及中国地震分布状况等。康熙帝在科学技术方面的浓厚兴趣,对推动当时科技的发展起到了积极的作用[2]。

二、《今水经》

黄宗羲(1610—1695 年),字太冲,号南雷,人称黎洲先生,浙江余姚人,明清之际著名思想家、史学家,最早接受西方科学技术和民主思想、融会贯通,博古通今,对天文、历史、乐律、地理、地质、释道之书,无不精研。在地理和地质学方面,他认为郦道元作《水经注》补《水经》,其功甚大,但仍有不足之处,所以,他自拟提纲,著成《今水经》一书,记述清初的河流水系情况。

《今水经》是以入海水系为单元,先干流,后一级支流,再二级支流,以次系统、概括记述。全书主次分明,纲目清晰。但是,由于资料等原因,全书也显得过于简略,甚至个别地方的记述有错误之处。在关于黄河源地的认识上,《今水经》却明确记述了自唐宋以来对黄河河源两湖地区的正确认识,其云:"河水,源出吐蕃朵甘思之南,日星宿海。四山之间有泉百余泓,涌出汇而为泽,方七八十里。……其地在中国西南,直四川马湖府之正西三千余里,云南丽江府之西北一千五百里。"

总之,《今水经》作为继北魏郦道元《水经注》之后第一本水道专著,无论在水系记述范围,还是体例等方面,都具有重要意义。

三、《柳庄舆地隅说》

孙兰,字滋九,一名御寇,自号柳庭,江苏扬州府人。生于明末,主要活动于清初。早年曾随西方传教士汤若望学历法,接受并钻研西学,主张讲求实际和经世致用。一生著述主要有《柳庭舆地隅说》、《大地山河图说》、《古今外国名考》等。在地理地质学发展方面,提出了许多重要见解。

孙兰对地理地质学的最大贡献是其关于流水侵蚀堆积形成地貌发育的理论。孙兰在总结前人对流水侵蚀作用的认识以及他本人在野外观察到的高地被散流剥蚀,山地被暴流溪谷切割,河流的冲蚀和堆积等事实的基础上,提出了"变盈流谦"的理论。其要点是把侵蚀和堆积看作是地形发育过程中统一体的两个方面,它们有时急,有时慢,不断改变着地形。如他在《柳庄舆地隅说》中写道:"流久则损,损久则变,高者因淘洗日下,卑者因填塞而日平,故曰变盈流谦。"孙兰在 17 世纪就提出这样比较完整的地貌内外动力发育学说是非常难能可贵的,是我国古代地质学发展的一大贡献。

四、《广阳诗选》和《广阳杂记》

刘献廷(1648—1695 年),字继庄,又字君贤,自号广阳子,居顺天府大兴县(今北京大兴)。献廷自幼刻苦攻读,博览群书,凡史书、词赋、律历、典制、法律、礼乐、音韵、象纬、舆地、农桑、医药、制器等学无所不通,兼通梵、拉丁、阿拉伯等文字。由于知识渊博,且受西方思想的影响,故其学术思想新鲜活泼,见解也多高明创新。他的著作只有《广阳诗选》与一部笔记体裁的《广阳杂记》流传于世。然而就在这部《广阳杂记》中,也不难看出刘献廷思想的一斑,特别是他在地理学方面的创见,为我国古代地理学的发展增色不少。

首先,刘献廷对我国历代地理著作偏重疆域沿革与人文掌故的记叙提出了大胆的批评意见,以崭新的观点,断然否定千余年来相沿成习的地理书籍和写作体系,指出过去的地理著作只讲"人事"的不足,还需要进一步探讨"天地之故"。"天地之故"事实上就是指自然规律。不难看出作者之意在于:只有揭示自然规律,才能达到认识自然和利用自然的目的,地理学也因之成为真正有用的经世之学。

其次,刘献廷非常推崇郦道元的《水经注》,还亲自动手为《水经注》作注疏,"将北魏迄清迁余年间河道,水充及地理面貌的沿革与变化情况,逐一进行补充说明,特别是对有关农田水利的兴废更要详细考证并探究其原因,作为复兴水利事业的参考"[3]。他这种重视社会实用价值与学以致用探究根源的学术思想和学风,在当时都有很重要的进步意义。

第三节　地震和岩溶洞穴

由于明清时期是中国传统地质科学技术趋于成熟,各方面成果得到总结的时期,因此出现了一批集大成之作。关于地震和岩溶洞穴诸方面资料也渐趋丰富,现就地震和岩溶洞穴等方面地质史略加以简述。

一、地震史略

我国是世界上最早记载地震的国家,从公元前 1831 年开始,至今已有 3 800 余年之久。在浩如烟海的历史文献中,蕴藏着大量的地震史料,其内容之丰富,时限之长远,记载现象的真实和连贯性之好,在世界上是无与伦比的。据统计,我国历史上见于记载的地震不下 8 000 次,其中 6 级以上破坏性地震达 800 多次,8 级以上大地震有 17 次[4]。

1. 我国历史地震简述

王国维《今本竹书纪年疏证》卷上记载,公元前 1831 年,夏代末期"帝发七年陟,泰山崩"。《国语》卷 1 记载,公元前 780 年,周幽王二年,"西周三川皆震……是岁也。三川竭,岐山崩"[5]。三川指泾河、渭河、洛河。岐山位于今陕西岐山东北。

宋仁宗景祐四年(1037 年),山西忻州(今忻县)、代州(今代县)、并州(今阳曲)地震。坏庐舍,复压吏民,忻州死者 19 742 人,伤者 5 655 人,畜类死者 5 万,惟代州死者 759 人,并州 1 890 人。宋仁宗嘉祐二年(1057 年),雄州(今保定雄县)、幽州(今北京)地震。大坏城廓,复压者数万人。

2. 河北地域历史地震简述

河北地域是我国地震多发地区。其构造运动受华北断块构造运动的控制,地震构造带主要为东西向燕山褶断带和北东向的新华夏系沉降带,在二者的交接部位是强震的多发地区,如历史上的磁县、邢台、正定、定州、保定、易县、北京、三河、平谷、滦县、唐山、芦龙等地是强烈地震多发区。自公元前231年战国(赵幽缪王五年)乐徐(今易县)大地震开始,到1337年达1 600年间有明确记载的地震共有113次[6],其中较强烈地震有16次之多(表5-15-1)。

表5-15-1　公元前231年至元代末期河北地域强烈地震简表

编号	地震名称	地震日期	损失情况	震中位置		烈度	震级(M)	震源深度(km)	资料来源
				东经°	北纬°				
1	蔚县地震	公元前231年	损失严重	114.6	39.9	8	6.5		史记
2	上谷(怀来东南)	公元294年3月14日	较大损失						宋书
3	北京居庸关	公元294年9月7日	死亡百余人	116.0	40.3	7	5.5		宋书
4	冀县—定州—河间	公元512年5月23日	震感范围大						魏书
5	束鹿—宁晋地震	公元777年	死伤数百人			8	6.0		新唐书
6	邺都(大名东北)	公元925年11月18日	不详						旧五代史
7	邺地大震	公元926年2月	部分伤亡						新五代史
8	幽州—定州地震	公元949年5月9日	地震范围大						旧五代史
9	邢州(邢台)地震	1000年1月23日	不详						宋史
10	正定地震	1011年7月10日	多有死伤						续资治通鉴
11	中都(北京)地震	1210年3月30日	不详						金史
12	中都(北京)地震	1210年9月27日	不详						金史
13	中都(北京)地震	1290年10月	死亡7 220人						元史
14	涉县东北地震	1314年10月13日	死亡340人	113.8	36.6	8	6.0		元史
15	京师(北京)地震	1313年7月2日	震感强烈						范德机诗集
16	怀来一带地震	1337年9月16日	震感强烈	115.7	40.4	8	6.5		元史

3. 明清时期河北的地震

明清时期是我国和河北地域地震活动频率的时期,仅明朝276年间就有430多次地震,清朝从1644年至1840年196年间就有240多次地震记录。其中超过5.5级以上的强烈地震,明朝有15次,清朝有10次之多,明清总共472年就有强烈地震25次之多(表5-15-2),由此可见地震强烈而频繁。现将主要地震简述如下:

表5-15-2　明清时期河北地域内强烈地震简表

编号	地震日期	地震名称	损失情况	震中位置		烈度(级)	震级(M)	震源深度(km)	资料来源
				东经°	北纬°				
1	1484年2月7日	北京居庸关地震	损失严重	116.5	40.5	8~9	6.7		成化实录
2	1502年10月14日	大名—顺德(邢台)	损失严重						弘治实录
3	1511年12月11日	京师地震	震感强烈						正德实录
4	1527年	丰润地震	部分损失	118.1	39.8	7	5.5		丰润县导

编号	地震日期	地震名称	损失情况	震中位置 东经°	震中位置 北纬°	烈度（级）	震级（M）	震源深度（km）	资料来源
5	1536 年 11 月 1 日	北京通县南地震	损失严重	116.8	39.8	7～8	6		嘉靖实录
6	1532 年	京师—夏店地震	房垣俱倒			7	5.5		三河县志
7	1536 年 10 月 22 日	通县南地震	波及较广			7～8	6		
8	1548 年 9 月 13 日	渤海地震	波及较广				7		
9	1568 年 5 月 5 日	渤海湾地震	波及较广	119.0	39.9		6		隆庆实录
10	1581 年 5 月 28 日	蔚县—广灵地震	损失较重	114.5	39.8	7～8	6		万历实录
11	1618 年 11 月 16 日	易州（易县）地震	波及较广						万历实录
12	1621 年 2 月 21 日	永清—武清地震	损失较重				7	5.5	永清县志
13	1624 年 4 月 17 日	滦县地震	波及较广	118.8	39.8	8	6.3		国榷
14	1624 年 7 月 19 日	保定地震	损失惨重	115.5	38.8	7	5.5		天启实录
15	1658 年 2 月 3 日	涞水地震	损失惨重	115.7	39.4	7～8	6		涞水县志
16	1665 年 4 月 16 日	通县西地震	损失惨重	116.6	39.9	8	6.5		康熙实录
17	1668 年	山东莒县地震	波及河北			11	8.5		蓟州志
18	1679 年 9 月 2 日	三河—平谷地震	损失惨重		40.0	11	8		康熙实录
19	1708 年 10 月 26 日	永年地震	损失较重	117.0		7	5.5		清史稿
20	1720 年 7 月 11 日	沙城地震	波及较广			9	6.7		康熙实录
21	1730 年 9 月 30 日	北京西郊地震	损失较重		40.0	8	6.5		雍正上谕
22	1791 年 2 月 11 日	深县地震	部分损失	116.2	38.0	6	5.5		深州志
23	1795 年 8 月 5 日	滦县地震	损失较重	115.5	39.7	6～7	5.5		滦州志
24	1805 年 8 月 5 日	昌黎地震	部分损失	118.7	39.7	7	5.5		总督奏折
25	1830 年 6 月 12 日	磁县西地震	损失严重	119.2		10	7.5		总督奏折

二、岩溶洞穴史略

我国是岩溶洞穴发现和研究最早最详细的国家之一。早在 2 400 多年前的《山海经》、《南山经》就有洞穴的记载,如"南禺之山,有上多金玉,其下多水,有穴焉,水出辄入。"我国南方的云南、贵州、广西、湖南等地区岩溶洞穴广布。

根据李仲均等人的研究,我国古籍中最早记载石灰岩溶洞的当推东汉刘珍《东观汉记·地理志》。书中载:"秦时改为太末:(按太末县属会稽郡),杜预注:'姑蔑今东阳太末县',(故地在今浙江龙游县),有龙邱山,在东有九石特秀,色丹,远望如莲华,芰之隐处有一岩穴如窗牖,中有石床,可寝处。"

南朝梁萧子开著《建安记》有在福建将乐县天阶山有溶洞景物的描述。"山下有宝华洞,即赤松子采药之所。洞中有泉,有石燕、石蝙蝠、石室、石柱、石臼、石井。"

北魏郦道元《水经注·耒水注》记有湖南东安县故乡山有溶洞,有"右则千秋水注之,水出西南万岁山,山有石室,室中有钟乳,山上悉生灵寿木。"

唐李吉甫《元和郡县图志》记载有广西各地的石灰岩洞穴说:"昭州(今平乐县治)、平乐县(今平乐县西南)县东三十一里有阳里穴、那溪穴、新穴皆出钟乳。恭城县(今恭城县东)银殿山(《新唐书·地理志》作银帐山),其下有钟乳十二所,在县东二十八里。蒙州(今蒙山县南)正义县(今蒙山县西北)乳穴二。"

宋朝《太平御览》卷49引佚名《桂林风土记》曰:"独秀山在城西北一百步,直耸五百余尺,周迴一里,平地孤拔秀异,下有洞穴,凝垂乳窦,路通山北,傍迴百余丈,豁然明朗。宋光禄卿颜延年牧此郡,常于此石室中读书,遗迹犹存。尝赋诗云:未若独秀者,嵯峨郭邑开,是也。"

宋范成大《桂海金石志》上也记载著者曾亲身寻访,并说桂林的钟乳胜过连州。书中钟乳条记载:"钟乳,桂林接宜(宜北县,1951年与思恩县合并为环江县)、融(今融县,1952年,改名融安),山中洞穴至多,胜连州远甚,余游洞亲访之。仰视石脉涌起。乳床下垂如倒数峰小山,峰端渐锐且长如冰柱,柱端轻薄中穴如鹅管,乳水滴沥未已。且滴且凝,此乳之最精者,以竹管仰盛折取之。"

明徐宏祖《徐霞客游记》。游记中对岩洞特别感兴趣,在西南旅行中,共深入考察了101个岩洞,由于对岩洞的精细观察,使他认识到岩洞的形成是由于流水机械侵蚀所致,钟乳石是由于从石灰岩中滴下来水蒸发后碳酸钙凝聚而成。钟乳石,古书中又名芦石、鹅管石、孔公蘖、通石、殷蘖、姜石、土殷蘖、土乳。石膏古书中又名寒水石、细理石。徐宏祖在101个洞穴记录中以在桂林东郊的七星岩及保山水帘洞记述最详。远在330年,霞客对洞穴所作的精辟生动的真实描述,迄今还可作我们研究洞穴时的对照参考,可以算世界上最早的洞穴学的宝贵文献。

清李调元辑《南越笔记》则记载了广东肇庆七星岩洞穴的游记,肇庆记城东北之七星岩:"七峰两两离立不相连属,二十余里间若贯珠引绳,璇玑回转。……七峰皆中空,各为一岩,岩皆南向同小者名阿波岩,北向。……大岩当诸岩中央,有南北二门,前后相通,是为崧台正室,其顶弯窿如盖,高数百丈,上开天井,云气可以直出,折而北,洞户益敞,有龙床,坐人百余,其平如砥,又有龙磨角石,有大小龙井三四,与潮汐上下,岩中复多石乳,始滴为乳,终滴则凝为石,长者玉柱,短者瑶篸,自上而下(钟乳石)、复自下而上(石笋)、互相撑抵(石柱),如此者以千万计。……"阳春县有阳春岩洞。"夹江奇石,自云霖铺至下马水,峰峰峭削,岩岩勾漏,凡百余里不穷。……"这也是我国最大的洞穴体系之一。

三、岩溶洞穴古人类和古脊椎动物化石

岩溶洞穴与地表相比,因有顶板的保护和钙华板的封存,许多地质信息和材料保存得更为完好。我国许多重要的人属化石、人类活动的原始劳动工具和用火遗址是在岩溶洞穴中发现的。

我国穴居人化石是比较丰富的,从第三纪末到全新世的各个时期都有发现,许多洞穴内同时出土的还有大量的石器、骨器、灰烬以及伴生哺乳动物化石。这就给研究遗址的时代、古地理环境等提供了有力的证据。

北京西南周口店龙骨山,是我国保存最为完好,也是举世公认最丰富的穴居人遗址。在不到一平方公里范围内,有5个洞穴发现古人类曾在其中居住或活动过。从1921年在周口店第一地点发现哺乳动物和1929年发现第一个完整的猿人头盖骨起,前后断断续续进行了几十年的发掘和研究。迄今发现的全部北京猿人化石计有:完整和比较完整的头盖骨6个,头骨破片(包括单独的面骨)12件,下颌骨15件,牙齿15个(包括连于上、下颌骨的),股骨断片7件,胫骨1件,肱骨3件,锁骨1件。与人类化石同时出土了大量石器和用火证据以及伴生哺乳动物化石97种、鸟类化石62种。

从时代上来看,由更新世早期到全新世都有。归纳起来大致有以下几个特征:

(1)从更新世早期到全新世,人类化石由原始的猿人演化为较进步的直立人,直到现代人,构成了从猿到人的完整演化系列。

(2)从北京猿人及其他各处遗址发现来看,在五十几万年以前的猿人不仅学会了用火,而且还会在洞穴内管好火种。手足分野,使用劳动工具和学会用火,使人类的祖先脱离了动物的轨迹,朝着文明方向演化。

(3)随着时代的演化,在遗址中所发现的石制品(称为石器文化)逐步由粗糙变为较精制和精制,骨器由偶见到多见,出现一些装饰品。到了旧石器时代末期出现了陶器。

(4)我国北方和南方第四纪洞穴堆积物中发现的古脊椎动物化石组合区别较大。裴文中把我国第四纪古脊椎动物分为4个区,即南方区、江淮区、华北区和东北区。华北地区一些典型的动物,是中国鬣狗、肿骨鹿、葛氏斑鹿、周口店双角犀和三门马等。

四、河北地域岩溶洞穴地质史略

在燕山和太行山广大地区内,分布有中上元古界、下古生界寒武系和奥陶系巨厚的碳酸盐岩地层,在漫长地质时期里,经过地下水的溶蚀作用,在各地形成了大小和形状不一的岩溶洞穴,有可靠的传说和文字记载,可追索到西汉时代,司马迁在《史记》卷43《赵世家第十三》中追记公元前592年晋景公时,程婴将赵氏孤儿藏匿山洞事实,"程婴卒与俱匿山中"。其后在唐宋时期皆有文字记载传世留存,如唐朝陈子昂对广成子题诗,宋朝苏轼在聚龙洞的真迹,都是珍贵的历史遗迹。明清时期在岩溶洞穴的发现利用上取得很大进展,古籍史略较多,且多密集于北京及其周围地区,其中石花洞、云水洞、石经洞、金牛洞等洞穴,规模较大,石钟乳群,类型多样,千姿百态。如石花洞规模最大,全长1 900多米,有12个高大洞厅,16个洞室和大小支洞63个,上下有7层溶洞;又如云水洞由7个大厅组成,由洞口至六厅共长860米,各厅高100米,宽40~50米,长50~60米,在第二大厅中有一高大直立石笋,高达38米,为全国之冠,石经则分藏于9个洞及地穴中,有藏刻石经14 620经石。

从洞壁围岩的时代来看,以金牛洞围岩时代最古老,为距今14亿年中元古界白云岩,洞中还挖出春秋战国的瓷片和陶罐,其他大多数洞穴围岩为寒武—奥陶系石灰岩和中上元古界白云岩,有些洞穴的形成除围岩岩性外,还大多受到构造的影响或控制,一些洞穴内常见有碎石堆积。如云水洞各洞厅底部堆积大量岩石碎块,且棱角突出,显然是由于构造节理发育重力崩坠的产物,又如武安涉县千佛洞就是由于寒武系竹叶状灰岩中有北东和北西走向的构造节理裂隙,从而为北魏时期洞窟的形成创造了重要条件。

有些溶洞也是地下水位上升成为泉水的露头,如黑龙洞、云水洞、玉泉洞、聚龙洞等。在一些洞中还发现了古人类及古动物化石遗迹,如聚龙洞猿人古洞里有3万年前古人类留下的生活遗迹灰烬层和化石层,木兰溶洞出土有5万年前古动物化石,金牛洞有春秋战国瓷片和汉代陶罐等,正是由于岩溶洞穴有诸多地质及旅游方面的价值,一些有溶洞的地区结合周围地质环境,已开发为地质公园,如石花洞为国家地质公园,木兰溶洞周围地区已开发为满城地质公园,石经洞已列为全国重点文物保护单位,岩溶洞穴资源环境越来越受到前所未有的重视和研究、开发和利用。

第四节　传统地质科技专著

明清时期是中国地质科技发展史上一个重要的转折时期,传统地质科学技术趋于成熟,部分研究领域居世界领先地位,众多研究成果得到总结,出现了一批集大成式的地质专著。代表性的著作有:李时珍的《本草纲目》,徐宏祖的《徐霞客游记》,宋应星的《天工开物》,徐光启的《农政全书》,郑和下西洋及《郑和航海图》等,他们都为传统地质科技发展作出了重要贡献。

一、《本草纲目》

李时珍在行医过程中发现以往的医书中存在着很多错误,于是在30岁时决定总结经验,重修一部新本草。明神宗万历六年(1578年),历时27年的《本草纲目》经过三次不同程度的修改,终于宣告完成。

《本草纲目》共52卷,190多万字,收载了1 892种药物,其中李时珍新增374种,并附有1 109幅药物插图和11 096个药方。《本草纲目》把所有的药物分成16部、60类,编排很有次序:先是非生物,后是生物;先植物,后动物;先低级生物,后高级生物,体现了生物的自然进化过程。这种分类比林耐的植物分类法还早一百多年。

《本草纲目》系统完整地总结了16世纪以前我国先祖丰富的药物学知识,不仅对中国医药学的发展具有很大的推动作用,也对人类科学事业的进步作出了巨大贡献,这部著作被西方人称之为"东方医学巨典",达尔文称其为"中国古代的百科全书"。

我国古代没有"矿物"这个名称,把矿物通称为"金石"。《本草纲目》一书将所收录的矿物全部归入金石部,其下再细分为金、玉、石、卤石4类。所收矿物约有260多种,其中记载了钠、钾、钙、镁、铜、银、金、汞、锌、锡、铝、锰、铅、铁、硼、碳、硅、砷、硫等19种单质元素,而所载化合物则多至数十种。并对每种物质作了详细汇载,如名称、产地、形状、性味、功用、采集方法与炮制过程等[7]。

另外李时珍曾引宋代胡仔的《渔隐丛话》,将温泉分成以下五类:(1)硫磺泉——汤泉多作硫碘气,浴之,则袭人肌肤;(2)朱砂泉——唯新安黄山是朱砂泉,春时水则微红色,可煮茗;(3)矾石泉——长安骊山是矾石泉,不甚作气也;(4)雄黄泉——朱砂泉虽红而不热,当是雄黄耳;(5)砒石泉——有砒石处,亦有汤泉,浴之有毒。地质学家王嘉荫以为这是中国温泉的第一个化学分类[8]。

二、《徐霞客游记》

徐霞客的一生有三十多年都是在旅行考察中度过的,不论旅途多么辛苦,他都会坚持记录下当天的考察情况,只可惜他的许多原稿都已经遗失,仅存的只是其中的一小部分,后经人收集整理成书,这就是闻名于世的《徐霞客游记》。

全书共10卷,约80万字,徐霞客所经各地的山脉、河流、岩石、地貌、气象、植被、交通、工农业生产、风俗习惯等在书中隐隐可见。该书作为地理和地质文献,在内容上大大超越前人,而且更为重要的是细致观察和研究了自然地理和地质现象,尤其注重探讨自然地理和地质的成因,因而具有很高的科学性,为中国自然地理和地质研究指明了新方向。

《徐霞客游记》最大的科学价值在于广泛而深入地考察和研究了岩溶地貌,这也是世界上最早研究岩溶地貌的宝贵文献。岩溶地貌又称"喀斯特地貌",在中国南方比较常见。徐霞客根据不同的地形将岩溶地貌进行了比较科学的分类和命名。如落水洞地形为"眢渊井",漏斗地形为"盘洼"或"环洼",干谷地形为"枯涧"等。徐霞客十分注意总结和比较不同地区的岩溶地貌的特点,希望能找出它们的分布规律和发育特征。在当时全世界地理学、地质学都还处在萌芽的情况下,徐霞客对岩溶地貌进行了卓有成效的研究,不论在广度还是深度上都是空前的。他还对山岳地貌、流水地貌、火山地貌、冰缘地貌进行了研究。

徐霞客怀着极大的兴趣探索溶洞奥秘。《徐霞客游记》中记载有300多个溶洞,其中大部分溶洞他都亲自入内考察过。1953年,中科院地理所对桂林七星岩进行实地勘测,找到了徐霞客当年勘探过的15个洞口,他们测绘的七星岩平面图和素描图与徐霞客的描述基本一致。在此之前,徐霞客在不借助科学仪器只是凭目测步量就能得到如此准确的结果,不能不说是一个奇迹。《徐霞客游记》还在水文方面纠正了《禹贡》中"岷山导江"(即长江发源于岷山)的错误,指出金沙江才是长江的上源,徐霞客摆脱了经书的束缚,从而使得流传1 000多年的错误得以纠正。他对流水侵蚀作用也有大量的科学观察,书中有"江流击山,山削成壁"的描写。他不仅记载了150多种植物,还对植物与地理环境的关系作了许多观察和分析,得出了大量规律性的认识,在说明地形对植物分布的影响时还列举了大量实例。

特别指出,明崇祯六年(1633年),徐霞客在北上到明都城北京时曾去原河北蓟县(现天津蓟县)盘山进行游览,又在由北京去往山西五台山途中,主要记录了在唐县西行至阜平,并由阜平龙泉关北上至长城岭的游览经历。他对一路奇景聚集,树石竞丽错绮的美景,赞不绝口,令人不觉登山烦苦。他指出:"初五日,进南关,出(龙泉)东关。北行十里,路渐上,山渐奇,泉声渐微。既而石路陡绝,两崖巍峰峭壁,合沓攒奇,山树与石竞丽错绮,不复知升陟之烦也。又直上五里,登长城岭绝顶。回望远峰,极高者亦伏足下,两旁近峰拥护,惟南来一线有山隙,彻目百里。"

三、《天工开物》

《天工开物》成书于明崇祯十年(1637年)。该书堪称中国古代科技的百科全书,共分3册18章,123幅插图,内容涉及广泛,包括农业、手工业各生产领域。书中能找到很多先前著作中很少涉及的科技成果,如在《五金》卷中所提到的冶炼锌的方法,是中国古代金属冶炼史上的璀璨明珠,此后的很多年,世界上只有中国能大规模炼锌。宋应星还记载了将炒铁炉与炼铁炉串联起来连续生产的过程,给出了物料、能源及设备等诸方面精确具体的数字和工艺流程图,填补了以往科学技术著作的许多空白。《天工开物》不仅有丰富的科技内容,还有大量的社会史料和技术经济思想,使我们更好地了解明朝社会的经济状况。

由于《天工开物》独树一帜的科学价值,在日本及欧洲各国受到普遍重视,被称"中国17世纪的工艺百科全书"其学术地位之高可见一斑。

《天工开物》一书中也有丰富的地质矿物知识,书中重点在五金、盐和各种粘土、丹青、石灰岩、煤、各种矿物以及珠玉等方面,其叙述内容不仅记载矿物的名称、种类、性质、形状,而且详细记载各种矿物的产地、开采技术和生产情况。现举《天工开物》卷中和卷下的一些例子,分述如下。

在燔石第十一章中对非金属矿物的产地、形状、性质等有详细记载,他根据煤的形状、硬度与挥发性,提出了世界上较早的煤分类法,指出"煤有三种,有明煤、碎煤和末煤;明煤大块如斗许、燕(河北)、齐(山东)、秦(陕西)、晋(山西)生之……"[9]。文中还对采煤掘井技术进行详细论述,并附井下采煤图[10]。

在五金第十四章中,比较详细系统地介绍了明代金、银、铜、铁、锡、铅、锌等各种金属的开采、洗选及冶炼、加工的方法[11]。

关于宝石,叙述了种类、性质、鉴别方法和产地等。如说"凡宝石皆出井中,西番诸域最盛,中国惟出云南金齿卫与丽江两处。凡宝石自大至小,皆有石包其外,如玉之有璞。"宝石"大者如碗,中者如拳,小者如豆"。宝石是由多种元素组成的一种矿物,美丽可观,多为人们作装饰之用。卷5(作咸)记述海盐、池盐和井盐的生产技术与器具,以海盐、井盐最详,其中,用晒盐取代煮盐是明代新创造,又指出河北渤海沿岸长芦盐场是重要产地"以盐淮扬场者,质重而黑,其他质轻而白。以量较之,淮场者一升重十两,则广、浙、长芦者只重六七两。"

特别应指出的"天工开物"在总结明代及前采矿探矿技术的基础上,较详细记述了当时开凿深井采矿钻凿技术。而且还有许多附图,它形象地再现了我们祖先为寻找地下矿藏和大自然作斗争的生动场面。

四、《农政全书》

《农政全书》是徐光启日积月累所成之书,大约从天启元年(1621年)开始,至天启五年(1625年)至崇祯元年(1628年)才完成初稿。徐光启去世后,由陈子龙等进行整理删补而成。

《农政全书》共60卷,约50多万字,分为农本、田制、农事、水利、农器、树艺、呑桑、蚕桑广类、种植、牧养、制造、荒政12门。

《农政全书》是我国古代农学的集大成著作,其中引录前人的著作达290种之多,自己撰写的有6万字左右,从而形成了一部古代农学的百科全书。这是一部规模空前的农学巨著,是古代中国最完善、最全面、最系统、最先进的农学宝典,在我国农学史上有着极高的地位与价值[13]。

在地质学的领域中徐光启在农政全书里,曾对古人凿井开发利用地下水的宝贵经验进行科学的总结。其中如凿井择地之法是:"凿井之处,山麓为上,蒙泉所出……凿井者,察泉水之有无,斟酌避就之。"量浅深之法则是"井与江河地脉贯通,其水浅深,尺度必等。今问凿井应深几何? 宜度天时旱潦,河水所关,酌量加深几何,而为之度,去江河远者不论。"可知古人即已经认识到泉是地下水的天然露头,并根据地貌和泉出露的情况,考虑选择井位。另外,《农政全书》中还记述了民间习用的气试、盆试、缶试、火试等"审泉源法",以及"试水美恶,辨水高下"的煮试、目试、味试、称试、帛试等法。这些方法,既符合科学道理,又简单易行。直到目前,我国农民在打井时,还时常采用这些方法来选择井位和鉴定水质[14]。

五、《郑和航海图》

郑和曾七次出使西洋,是航海史上的空前壮举。他所率领的船队,规模宏大,是当时最庞大的一个航海船队,出航人数都在 27 000 人以上。最大宝船长 44 丈(145 米),宽 18 丈(近 60 米)[15],郑和航海充分利用了我国四大发明之一的指南针用,弥补了以前海上航行单纯靠日月星辰辨别航向的不足,更是将天文导航、陆标导航、测量水深及底质,以及计时计程等天文航海技术和地文航海技术及进行各种观测技术综合运用,从而保障了航行的安全和便捷。

郑和下西洋的一个重大成果,就是后人绘制了《郑和航海图》。该图被称为"中国地图史上最早的海图",同时也是中国第一幅在 15 世纪以前记载亚非两洲内容最丰富的地理图,中国传统的山水画法也被应用在《郑和航海图》上,并配以所记的线路和牵星图,精确地记录了船队的航向、航程,停泊的港口及遇到暗礁、浅滩的分布等[16]。

《郑和航海图》在地理和地质学的贡献,主要是对海岸地形地貌和海底地形地貌的了解和绘制。在《郑和航海图》中可以看到,从长江口出发到东非海岸的宝船航线上,绘有大陆海岸线、沿岸的山脉、河口、港湾、浅滩、沙洲和海中的岛礁、海岛等地形。此外,为了了解海底地形等情况,郑和船队还用重锤法测知海水深浅和海底泥沙情况。根据海岸各处的深浅与底质不同状况,来判断海底地形,确定船舶所在海区。《郑和航海图》上表示的海岸地形的类型有 10 余种,如山、石、门、洲、硖、岛、屿、沙、浅、塘、港、礁等。此外,从图上还可看到非洲东部海岸平直,且和山地相连。把麻林地(今索马里的摩加迪沙)绘为平原、慢八撒(今肯尼亚之蒙巴萨)绘为高原地形,卜剌哇(今布腊伐)绘为山地地形。图上地形是采用山水画的绘法,对景画出,比较注意对客体的真实反映。例如在画山峰时,有的较陡峭、有的较平缓;在画岛礁时,有的较陡峭、有的较平坦。这种情况的表现,无疑是考虑到了地形有所不同之故。总言之,《郑和航海图》不仅是水平很高的海图,而且又是一幅出色的海岸地形地貌图。

注　释:

[1]　郑士波、周立奇编著:《中华 5000 年科学故事》,光明日报出版社 2005 年版,第 201—202 页。

[2]　文物中国史编委会:《文物明清史》,中华书局 2009 年版,第 163—164 页。

[3][9]　唐锡仁、杨文衡主编:《中国科学技术史·地学卷》,科学出版社 2000 年版,第 453—457,431—433 页。

[4]　中国科学院地质研究所:《中国地震地质概论》,科学出版社 1977 年版,第 41—63 页。

[5]　中国地震历史资料编辑委员会编:《中国地震历史资料汇编》,科学出版社 1983 年版,第 1—2,7—8 页。

[6]　河北省地方志编纂委员会编:《河北省志·地震志》,河北人民出版社 1993 年版,第 13—111 页。

[7]　涂光炽主编:《地学思想史》,湖南教育出版社 2007 年版,第 80 – 85 页。

[8]　宋应星著,管巧灵、谭属春注释:《天工开物》,岳麓书社 2002 年版,第 262—263 页。

[10]　李仲钧、李卫:《石涅如薪》,载《中国古代地质科学史研究》,西安地图出版社 1999 年版,第 54—56 页。

[11]　李仲钧:《〈天工开物〉采冶卷述评》,载《中国古代地质科学史研究》,西安地图出版社 1999 年版,第 154—156 页。

[12]　黄华、牟素芹、崔建林编著:《国粹——科技文明》,中国物资出版社 2005 年版,第 331—334 页。

[13]　周瀚光、王贻梁:《发明的国度中国科技史》,华东师范大学出版社 2001 年版,第 179—181 页。

[14]　王仰之编著:《中国地质学简史》,中国科学技术出版社 1994 年版,第 65—66 页。

[15]　方克主编:《中国的世界纪录·科技卷》,湖南教育出版社 1987 年版,第 234—235 页。

[16]　曹文明、吕颖慧编著:《文化中国·科技卷》,人民文学出版社 2008 年版,第 140—142 页。

第十六章 传统采矿科技

明清两代是河北地域传统矿业科技的顶峰期,也是其集大成的阶段,不管在管理上,还是开拓方法和开拓技术上都更加完善。在找矿、采矿方法及辅助技术方面都有了发展,在不少地方都出现了大量的专用术语;有关记载亦较为详明,关于井巷联合开拓的记载更是图文并茂;采、选、冶的布局更为合理,地下开拓系统的布局较为规范;井下作业分工明确;火药始用于矿山爆破;人们对自然支护、木架支护等古代支护法,开始有了较为理性的认识;开拓技术较此前大为提高,有的巷道长达数公里,深达数百丈;矿井通风、排水、照明设施全面发展;矿产量以数十倍的速度增加。

第一节 矿业政策与矿山管理

矿业是封建社会经济的一个重要组成部分。到了明清时期,矿产量成倍增加,到达了中国古代矿业史上的最高水平。但及至清代中期,或具体到乾隆四十年(1775年)以后,又迅速下滑,并在深重危机中苟延挣扎。

一、明代的矿业政策

明代统治者对于矿业是既重视又害怕。为了财政需要,注重开矿征收矿税,尤其是银矿。同时鉴于前代统治者的教训,官府害怕下层劳动者聚集于山间矿区,酝酿成反抗封建统治的政治势力,所以对矿业时开时禁,变动无常,显得混乱。明朝初年至嘉靖万历以前,官矿在矿业中占优势。明代中期,农业和手工业生产水平有了显著提高,国内市场空前扩大,社会生活各个领域对金属制品的需求巨大,大大刺激了矿业发展,出现了矿业主和大商人纷纷投资矿业的现象。在民营矿业中,已采用雇佣劳动,出现了拥有四五十名乃至五六千名雇佣工人的手工工场,民营矿业发展迅速,呈现出欣欣向荣的景象。

为了加强封建专制主义的统治,明王朝进一步加强了对民营矿的榨取,不断提高课税的税率。更有甚者,还以征收课税为名,派遣大批宦官担任矿监税使,以更大的规模在各地开矿增课。在"矿税之祸"中,衔命出使的宦官,无不借开矿征税之名,对工商业者包括矿业主进行公开的敲诈勒索。明王朝迫于人民群众的反税使、反矿监的斗争,无奈对矿业政策进行适当调整。首先是改变劳役制剥削形式。嘉靖末年,某些官矿的矿课由征收本色(实物)改成征收折色(货币)。其次,放松对民矿的限制。任何人只要向官府缴纳矿课,均可自由经营矿业。

明朝矿业政策的调整,顺应了生产力发展趋势,具有一定的进步意义。明朝后期的民营矿业发展更加迅速,至崇祯年间,铁场铜坑已"所在有之",煤炭的采掘也更加发达[1]。

二、清代的矿业政策

到了清代,从康熙中叶到乾隆中叶百年之间,矿业生产有了较大的发展。清王朝为了维持统治,寻求财源,围绕着继续禁矿抑制或允准并鼓励开采矿业为中心,曾进行过历时半个多世纪的政策论战,最高统治者终于采纳了开放矿禁的做法。政府实行招商承办的矿业政策,调动了民间办矿的积极性,商办矿业在此期间有了很大的发展。从业人员大量增加,矿产规模不断扩大,矿业在国民经济中所占的地位日益上升。至乾隆四十年(1775年)左右,因后劲不足,便急剧地走向衰败萎缩[2]。其根源是中国封建经济的相对稳固性,封建集权统治的强化和意识形态等上层建筑对社会进步的破坏作用,禁锢了人们的思想,贻误了工商业和科学技术发展的时机。

在研究明清矿业管理时,还有一个值得注意的事件,即由明末至清代,国家在实行商办矿业的同时,还加强了对矿业的控制和管理,煤炭开采中实行了采矿执照制度。

采煤执照又称窑照、煤照、煤票、印票、龙票或煤窑证。开采煤窑者,先要向政府申请报批,政府同意开采才发给采煤执照。对开采者来说,执照是获准采煤的合法凭证。对官府来说,执照是核查各煤窑以及征税的依据[3]。封建政府一向制止私采煤炭,未经批准私自采煤是违法行为。康熙六十一年(1722年)议准:张家口宣化小西口一带煤窑"悉行禁止私采"。清政府还规定了具体的法律条文,对私开煤窑者按律治罪。北京西山一带地方的规定是:"私自开窑卖炭者,问罪枷号一个月,发边卫充军。"乾隆五年(1740年),直隶总督孙加淦奏请"开采煤窑"由"各地方官给予照票"。乾隆二十六年(1761年),热河一带的办法是"每窑一座,招募殷实良民一人,取具地方官印甘各结,申送热河道给与印票开采"。

三、明清时期的矿山管理

明代矿山管理的具体资料稍少,只见于北京西山一带的煤窑管理。煤窑管理机构的总负责人称为大作头、总管、井头、大掌柜、总把式、拿事等,统管全窑事务。总负责人或者由窑主自己担任,或者雇佣对技术与管理较为熟悉的人担任。在大作头(或大掌柜、井头)下面有一人专门负责带领工人在井下作业,处理具体技术问题,此人叫作头、巷爷、大师、把式、走窝长、洞头或班头等。在大作头下专门管理银钱账目的人叫账房。一般煤窑都由这三个人管理。有的煤窑分班采煤,就要设领班,较大的煤窑还按工种设立工头。

从有关记载看,清代矿厂管理机构已较健全,分工也较明确。从上到下,各守其职,各负其责,这对提高生产率起到了一定的作用。

1. 关于矿山管理机构与责任

厂官:为驻厂负责人,由地方行政官派出;只管发放工本,抽收课铜,不过问技术事务。厂官下设"七长",即镶长、硐长、客长、炉长、炭长、锅头、课长,其中五长与采矿生产管理有关,他们是:

镶长:又称"镶头",每硐一人,专门的井下开采支护技术人员。其职在"辨察桳引(矿脉露头),视验荒色(矿石品位),调拨槌手,指示所向,松(疏松矿石)则支设镶木(棚),闷亮则安排风柜,有水则指示安龙。""凡初开硐,先招镶头,如得其人,硐必成效。"

硐长:"专司硐内事,凡硐中杂务以及与领硐争尖夺底(左右或上下隆道凿通,两家争夺矿体)等事,均归他人硐察看。"

客长:"司理厂民诉讼,并品评争尖夺底等内类纠纷。"

锅头:"掌全厂人员的伙食供应。"

课长:"掌税课之事。凡支发工本,收运铜斤,一切银钱出纳,均在其手。"

2. 关于厂矿生产的分工

生产分工已十分明确,劳动组织严密,这也是前所未有的。

"每硐一人,旺硐或有正副,每日某某买矿若干,其价若干,登记账簿,开呈报单。"

"凡硐管事管镶头,镶头管领班,领班管众丁,递相约束,人虽众,不乱。"其领班"专督众丁硐中活计,每尖(每一条窝路)每班一人,兼帮镶头支设镶木。"

众工则按采矿技术分工,每一条窝路的尽头,由一名领班督率槌手(专司持槌)、尖子(专掌钻者)、挂尖(轮番运锤,轮到该休息的做挂尖)组成一个工作小组。其人员挑选"年力壮健"者。

运输矿石,排除废石的砂丁叫作背墙,每一条窝路"每班无定人,硐浅碛硬,则用人少,硐深矿大,则用人多"。

镶长在井下的指挥对象,还有支护工、水工等矿工。井下作业一般分昼夜两班。"弟兄入槽硐日下班,次第轮流,无论昼夜,视路之长短,分班之多寡。""凡山中矿道,纡回数十里,非顽石不可攻,既水泉彪发,动深尺许,人裸行穴中,日夜锤挖不休。"[4]

第二节　河北地域的矿产分布

一、金属矿山分布及遗址

1. 文献记载反映的金属矿山

文献资料中关于明清两代河北金属矿分布的记载,夏湘蓉等编著的《中国古代矿业开发史》中统计[5]有:

铁矿:分布在遵化、卢龙、迁安、古北口、喜峰口、涉县和北京密云;

铜矿:分布在渤海守御千户所(北京昌平东北)、涉县、平泉;

锡矿(疑为铅或锑):分布在滦州(滦县)、武安;

铅矿:在北京延庆;

银矿:分布在蓟镇(天津蓟县)、迁安、抚宁、永平(卢龙)麻谷山、涞水和北京房山、延庆;

金矿:分布在迁安、丰润、宽河;

汞矿:在滦州(滦县)。

明代冶金技术,主要是表现在铁、铜、锡、银、金、铅、锌等的冶炼,产量和规模大都较宋元时期有所增长。明代初,继承元代旧制,以官办铁冶为主,明太祖朱元璋认为官矿"利于官者少,而损于民者多",取消了限制民间开采铁矿的禁令,"令民得自采炼,每三十分取二",所以尽量避免增加官办铁矿,促进了民间炼铁业的发展,这时期炼铁的规模也是空前的。洪武十五年(1382年)五月,"广平府(今河北永年县)吏王允道言:磁州临水镇产铁,元时尝于此置冶设官,总辖沙窝等八冶,炉丁五千户,岁收铁百余万斤,请如旧制。太祖曰:闻治世天下无遗贤,不闻天下无遗利。……各冶铁数尚多,军需不乏。而民生业已定。若复设此以扰之,是又驱万五千家于铁冶之中也。"朱元璋"命杖之,流海外"[6],可见其不增官办铁冶的决心。

明洪武十八年(1385年),铁的库存已多,到洪武二十八年(1395年),库存铁达3 743万余斤。明成祖永乐元年(1403年)全国产铁约119.7万斤,到宣德九年(1434年)达到832.9万斤。这时,全国铁冶中心南移,而河北的铁冶中心由邯郸、邢台北移至遵化一带,仍是全国重要的炼铁产地之一。

2. 考古调查和发掘的矿山

"遵化铁冶"是明代的一个重要的炼铁厂,据《明会典》卷194引《遵化铁冶事例》,遵化铁冶厂在永乐年间(1403—1424年)每年有民夫1 366名,军夫942名,匠270名。可见遵化铁冶在永乐时已具有相当的规模。"宣德(1426—1435年)中,工部奏造军器需铁,请买之江南。又以遵化有铁砂,可得铁。上曰:遵化既有铁,何用远买? ……命取遵化三十万斤以足。""正统初(1436年),谕工部:军器之铁止取足于遵化收买。后复命虞衡司官主之。"在正统三年(1438年)有民夫683名,军夫462名,烧炭匠71户,淘沙匠63户,铸铁等匠60户。此外还有轮班匠630名,按季分成4班。正德四年(1509年)开大鉴(竖)炉10座,共炼生铁486 000斤(平均每炉48 600斤)。六年(1511年)开大鉴炉5座,炼生铁如前。在嘉靖七年(1528年)有民夫410名,军夫425名,匠268名,轮班匠410名。嘉靖八年(1529年)以后,每年开大鉴炉3座,炼生板铁180 800斤,生碎铁64 000斤。以上共244 800斤,平均每炉81 600斤。据此,可知明代遵化铁冶炉的生产率是在逐年提高的,正德六年比正德四年提高了一倍。遵化铁冶厂每年10月上工,到次年4月放工,仅工作6个月。由此可知明代的一个冶铁炉在6个月中已能炼出8万多斤生铁[7]。遵化铁冶工人最多时达2500多人,最少时也有1500多人。这个铁冶厂从永乐初到嘉靖时经历了100多年,冶铁技术逐渐地在改进和提高,从生产的规模和工种的划分等方面来看,已初步发展到手工业工厂生产的阶段,可以认为是明代的封建经济出现了资本主义萌芽的显著例证。

据《日下旧闻考》记载,遵化铁厂永乐年间在西下乡沙坡峪,后迁至小厂乡松棚峪,正统年间(1436—1449年)迁至白冶庄(现铁厂镇)。据明宋应星《天工开物》一书记载,"燕京遵化与山西平阳,则皆砂铁之薮也。凡砂铁,一抛土膜,即现其形,取来淘洗,入炉煎炼,熔化之后,与锭铁无二也。"万历九年(1581年)皇帝下令遵化铁厂停冶,封闭山场,以后时禁时开。遵化冶铁所有的矿石,无疑是就近所采的鞍山式磁铁矿,在遵化县铁厂村仍可见采矿老硐及炼铁遗址。

此外,武安县发掘的明代炼铁炉高1丈9尺,内径7尺,外径10尺。

明中叶以后较大的铁场至少有六七个1丈高的炼铁炉,小场也有三四个。一般大场佣工二三千人,小场也有千人左右。铁场多设在矿山、林区附近。有些铁场包括开山采矿、伐木烧炭、矿石冶炼、器具制造以及相互间的运输等,有科学合理的安排和布局,已经初具联合企业的雏形,生产铁制器具大部为铁锅和农具等。

1966—1967年地质工作者在勘探涞源浮图峪铜矿时,在浮图峪村北发现一块石碑。据碑文记载,在明代万历年间(1573—1619年)曾经开采。前述已提到浮图峪铜矿即唐代的飞狐县三河冶铜矿,可见其开采时间之久。据涿鹿县相广锰银矿区找到的石佛石刻记载。"万历二十七年(1599年)二月开采。"并在这里发现了冶炼铁的遗址。

明万历二十四年(1596年)"内官(太监)四出",以采银为名,实际上是在全国范围内搜刮勒索民间的白银。这些内官所到的地区,就河北地域而言,有北京市的昌平县和房山县,河北的真(今正定县)、保(今保定市)、蓟(今天津市蓟县)、永(今卢龙县)、蔚州(今蔚县)、昌黎。明代开采银矿经过了天顺年间的高潮以后,在当时的采掘技术条件下,矿脉已经衰竭,所以这次所谓的全国性的"采银"活动,"矿脉微细无所得,勒民偿之",也从另一侧面说明明代一段时间里开采银矿兴旺之局面[8]。

清代初期,河北矿产时禁时开,规模不大,且以民间私采为主,均为清代以前的老矿。据《清史稿·食货志》鸦片战争以后,由于军需大增,以及战争赔款,国库支绌,始于道光二十八年(1848年)开放矿禁,河北省于咸丰二年(1852年)开热河金银矿,三年开珠窝山、编山线、室沟、土槽子、锡蜡片、牛圈子沟银矿。同治十三年试办磁州煤矿、铁矿。光绪八年(1882年)开铁矿有迁安、滦州。光绪二十二年(1896年)开直隶窑沟银矿。平泉州转山子,建昌县金厂沟,抚宁县双山子,滦平县宽沟,丰宁县大营子、西碾子沟,翁牛特旗红花沟、水泉沟、拐棒沟等处金矿,而迁安所产最旺。霍家地、厂子沟、八道河金矿均为华洋合办。

二、非金属矿山分布及遗址

1. 明代各种社会因素对煤炭生产的影响

明代,中国开始出现资本主义萌芽,采煤业和其他产业都得到明显的发展。煤炭产品成为市场上的重要商品,开始出现拥有巨资的煤业商人。他们长距离运输、销售煤炭,把煤炭生产与城乡用煤联系起来,有力地促进了采煤业的发展。

明代煤炭业的普遍发展,除了有丰富的找煤知识作为技术前提外,还有着深刻的政治、经济背景。

第一,社会的基本安定与社会经济的发展,为煤炭生产与技术的发展提供了有利条件。明初,结束了连年动乱和战争之后,明王朝为巩固政权,一方面加强了中央集权的专制统治,另一方面也吸取历史教训,采取一些休养生息的政策,解决矛盾得到了一定程度的缓和。社会的基本安定,为煤炭业的发展提供了可能条件。商业资本的活跃,给采煤业以很大的刺激。尤其是与燃料密切相关的冶金、陶瓷、盐业、建筑材料等,要求采煤业的发展与之相适应。

第二,城乡居民对煤炭需求量增大,是促进煤业发展的根本原因。由于人口众多,林木资源日益减少,居民生活越来越多地依赖于煤炭。顾炎武《天下郡国利病书》曾引《大学衍义补》语:"今京城百万之家,皆以石煤代薪。"庞大的宫廷及内府各监局的用煤量很大,直接促使朝廷更加重视煤炭生产。有资料记载,弘治十七年(1504 年)顺天府岁办浣衣局柴炭煤炸 10 万斤。嘉靖元年(1522 年)御用监岁坐派顺天府水和炭 30 万斤。内官监修理年例月例家火物料,每年一次,用水和炭十万斤,石炭八万斤,炸块二万七千斤;兵仗局兑换军器火器每年用水和炭约该银九百余两;御用物料,每年一次,水和炭一十五万斤,旧额三十万斤,隆庆二年(1568 年)减,等等。以上仅是官方文件中透露出来的零星记录,实际用量还要多得多。京师用煤量如此之大,足见煤炭之重要地位[9]。

第三,明政府采取了一些对煤炭开采较为有力的措施。当时对煤炭的开采不像对其他金属矿那样管制很严,一般情况下都听民自行开采。明嘉靖九年(1530 年)下令"凡山泽之利,除禁例并民业外,其空闲处,听民采取,及入官备振"。明万历年间,神宗派大批矿监到各地开矿,搜刮矿税,在带来"矿税之祸"的同时,也使采矿合法化。采煤业从中得到发展。

在明代煤窑中,多数属民间经营开采,政府从中抽分或收取课税。即使在采煤内监直接到北京西山开矿收税时期,那里"官窑仅一二座,其余尽属民窑"。民窑的增加,推动了采煤业的发展。

明代统治者把解决燃料问题看作是关系社会安定的大事,十分重视煤炭的开采,采取了一些有利于煤炭发展的措施。在税课方面,或时"抽分例",或时"免课钞"。对于受灾的煤窑,明朝廷有时也采取一些抚恤措施。

第四,矿业技术的不断进步和完善,有利于煤炭生产的发展。明代的地质勘探、凿井掘进、通风排水及提升等技术都有较大的提高。煤窑井下延伸已到数十百丈,煤炭可以大规模地开采,产量不断提高;开采范围十分广泛,主要产煤区几乎都得到了不同程度的开采开发。例如,由于京师煤炭市场的需要,加之朝廷的关注,所以北京西山地区已发展为明代最著名的煤炭产地。

2. 明代河北地域的采煤业

首先,京师附近的煤田开发尤快。京西(西山地区)已成为当时最著名的产煤区。像浑河、大裕、门头沟、戒台寺、居庸关附近都有许多煤窑。有的煤窑开采过度,危及禅寺,引起纠纷,官司打到皇帝那里,皇帝晓谕解决纠纷。比如,明成化十五年(1479 年)势要之家所开的煤窑甚至"挖通(戒台寺)坛下,将说戒莲花石座并折难殿积渐坼动",当时引起一场官司,打到宪宗皇帝那里,最后以立下一块成化皇帝的"谕禁碑",禁止侵犯禅寺利益了却了此场官司。万历时期,京西煤业有了较大发展,但由于采煤内监横征暴敛,甚至武装逼索煤税,引起了北京历史上一次大规模的游行斗争,"做煤之人,运煤之夫","鬒面短衣之人,填街塞路"朝廷上下一片惊恐。明代运煤工人十分辛苦,西山的煤炭,主要靠骆驼、驴骡等驮运进城销售,或有煤丁直接送到宫中听用。此外,内府所有的一部分煤炭,还由刑部判罪的囚犯负责运送。明天顺五年(1461 年)刑部都察院大理寺的赎罪则例中,明确规定"官员与有力之人",可以运送一定数量的煤炭、砖、石等来赎罪。

这一时期,河北产煤的地方有邯郸、峰峰、武安、蔚县、保安等地。

总结明代采煤业的发展,可以分为三个阶段:明初到正德年间(1368—1521 年)为第一阶段,属初步发展期。这时期各地煤炭逐步开发,规模不大,煤炭抽分比例很高,洪武二十六年(1393 年)规定:煤炸十二分取二,高达 16%。禁矿之事多有发生,仅北京西山地区就曾于正统十二年(1447 年)、成化元年(1465 年)、成化十五年(1479 年)、成化二十一年(1485 年)、正德元年(1506 年),几次三番地宣布采煤禁令,甚至派都察院、锦衣卫前去巡察稽守。嘉靖至万历年间(1522—1620 年)为第二阶段,属采煤业迅速发展期。这时期放宽了对煤炭开采的管制,听民开采,而且免去高额抽分,采取了一些扶助采煤业的措施,煤炭开采进入高峰时期。这时期关于煤炭的记载,不论是官修文件还是野史笔记中,反映这一时期采煤情况的直接记载都明显增多。天启至崇祯年间(1621—1643年)为第三阶段,属采煤业的衰落期。社会动乱不安,采煤业受到冲击和影响,开始走下坡路。

3. 清政府对煤炭生产的重视与措施

清代的煤炭已经成为社会生产、人民生活不可缺少的重要物质,历届皇帝都比较重视煤炭生产,尤其是康熙、雍正、乾隆、嘉庆皇帝更为重视,为煤炭开采下过不少旨谕。

首先从皇帝谕旨、大臣奏折、文人建议中表现出来。顺治元年(1644年)六月,战争硝烟未绝、百废待兴,御史曹溶向皇帝提出了六件应办的大事:"一定官制,一议国用,一戢官兵,一散土寇,一广收籴,一通煤运"[10]。通煤运是六件大事之一,与官制、军事、国用等并重,说明煤炭的重要,清代统治者以开始就注意到了煤炭生产。

煤是人民生活中离不开的燃料,煤在生活燃料的比重越来越大,人们对煤的依赖程度越来越大。康熙三十二年(1693年),皇帝就明确指出"京城炊爨,均赖西山之煤"。雍正十年(1732年)二月,皇帝因军队需用煤供炊爨,而下令解决"煤价渐至昂贵"的问题。清高宗弘历在数十次谕旨中都曾指出煤是人民生活所必需的燃料。

地方官吏,由于比皇帝更接近实际,对煤的重要性及缺煤可能引起的后果认识更为深刻,更为重视对煤炭的开采。比如,直隶总督孙嘉淦上奏开发热河一带的煤矿,向朝廷奏报:"口外地寒,居民稠密,柴薪稀少,亟应开采煤窑。"朝廷对煤炭的重视,还表现在放松对开采煤炭的限制。为了便利民间采煤,在开采煤炭的手续上也逐步放宽。顺治十年(1653年),题准"煤窑事件听五城及州县管理"。乾隆五年(1740年)批准了直隶总督孙嘉淦的奏折,改变了原来热河口外地区开煤窑要由工部签发采煤执照的办法,改由地方官吏给票,不仅简化了手续,更重要的是下放了批准权限,有利于发展煤炭生产。

清代煤炭税收也较明代放宽,免掉煤税的事情在清代屡见不鲜。朝廷对采煤的重视,还表现在对开发煤炭所采取的某些扶助措施。康熙三十一年(1693年),为北京西山煤炭开采和运输的便利,决定"将于公寺(即今香山碧云寺)前山岭修平",修好道路,并由工部和户部派遣官吏进行勘察,将所需钱粮,"总算具题"。嘉庆六年(1801年),为了进一步开发西山地区的煤炭,恢复乾隆年间修建的泄水长沟,以解各煤窑积水之虞,朝廷"借给帑银五万两,交窑户承领兴修,以利民用。其所领之项,分作七年完缴。"这些举措,推动了煤炭的开发,有的措施收到了十分理想的效果。

由于朝廷及各级官府对煤炭开采的重视,因而清代采煤业普遍得到发展,尤其在乾隆年间(1736—1795年),出现了古代煤炭开采历史上的又一个高潮。

4. 乾隆时期煤炭生产的繁荣

在封建社会中,各朝政府及各地官吏对煤炭开采存在的顾忌,乃至为之发出禁令的原因,主要有两方面,一是所谓开采煤炭"掘龙泉,挖地脉","有碍风水";二是害怕煤窑聚集人多,必滋事生乱,危及封建秩序和封建统治。尤其是后者,统治阶级更加看重。

但到了乾隆时期,开发煤炭的两大障碍有所改变,采取了解除矿禁,鼓励开采的政策。乾隆四年(1739年),直隶提督永常奏请开采热河三道沟等处煤矿,户部敏感地提出要察看是否有碍皇帝行宫,而乾隆却下旨:"行宫不过暂时巡幸之所,其有无妨碍不必议及"。康熙三十一年(1692年),京西香峪村一带煤窑,有司曾以"逼近安亲王坟墓"为由,加以封禁,乾隆年间,经工部衙门大学士史贻直等察勘,认为这些煤窑在"王坟山北,相隔十有余里,地非逼近"[11]。因而朝廷批准开采。对于所谓煤窑工人聚集滋事问题,乾隆皇帝及其官吏有较清醒地认识。乾隆十年(1745年),许多产煤地区煤炭不能开采,其原因是一些地方官"唯恐生事"。乾隆二十六年(1761年)他在一份上谕中指出,虽"多有产煤之处,而地方有司向虑聚众滋事,宁持封禁之意,未免因噎废食,不知兴利防弊,唯在董事者经理得宜,自足以弹压。如京师西山一带煤厂甚多,何未见生事耶?"可见,"兴利防弊"、摈弃"因噎废食之计",

是乾隆年间处理这一类问题的主导思想。

在这种政治经济的大背景下,煤炭开采规模日益扩大。乾隆五年(1740年),还发动了一次全国性的普查和开采煤炭的活动。是年年初,乾隆帝批准"各省产煤之处,无关城池龙脉、古昔陵墓、堤岸衢者,悉弛其禁,该督抚酌量情形开采"。这一决定是在批复大学士兼礼部尚书赵国麟二月六日请"广开煤炭"的奏折时宣布的,还晓谕全国各督抚执行。这一奏折,在中国煤炭开发史上有重要影响。

西山煤窑发生困难时,官府也采取措施帮助解决。乾隆二十七年(1762年),西山地区煤窑泄水沟倾圮,需要重修一条长680余丈的新沟,大学士史贻直奏请将"帑银三万六千八百五十余两",借给"商民修造",得到批准,付诸实施。又乾隆四十七年(1782年)西山过街塔等处煤窑因积水停采,朝廷借给帑银一万五千两,"交窑户承领开采,分作三年完缴"。

5. 清代河北地域的采煤业

(1)北京地区的采煤简况。

清代都城北京的煤炭生产,满足了京城内宫和城市人民的需要,赵翼《檐曝杂记》称京师"有西山产煤供足炊爨,故老相传。烧不尽的西山煤,此尤天所以利物济人之具也"。

清代,西山地区的煤炭勘察、开采,出现过几次高潮,都是在朝廷推动下形成的,即在康熙三十二年(1693年)、乾隆二十六年(1761年)、乾隆四十六年(1781年)、嘉庆六年(1801年),朝廷都对煤炭的开采下过谕旨,采取一些措施,使京西煤炭生产有较大幅度增长。乾隆二十七年(1762年),北京西山各类煤窑数的不完全统计就达1000多个(见表5-16-1),到嘉庆年间西山新旧煤窑已达1500余个(见表5-16-2)。

表5-16-1　乾隆二十七年北京西山地区煤窑数统计表

项别	旧有煤窑数	废闭煤窑数	暂停未开煤窑数	在采煤窑数
近京西山	80	70	30	16
宛平县	450		330	117
房山县	220	50	80	140
合计	750	120	440	273

表5-16-2　嘉庆六年北京西山地区煤窑数统计表

项别	旧有煤窑数	废闭煤窑数	暂停未开煤窑数	在采煤窑数
京营	80	50	23	7
宛平县	424	224	132	68
房山县	274	143	21	110
合计	778	417	176	185

北京的煤炭开采,除西山地区外,还有怀柔地区、密云地区,不过这些地区产量很少。乾隆四十五年(1780年),密云县副都统都尔嘉就奏请开采怀柔县煤炭,当时那里有"出煤踪迹"。

西山煤窑如此之多,是与北京宫廷内外用煤量多有较大关系的。据史料记载,仅房山县县官邱锦在乾隆十八年至二十年(1753—1755年)三年内,就向各窑户取用"煤一百二十五万五千九百斤"。清代宫廷内府的用煤量比明代显著增大。顺治初年,规定内廷所用煤炭"招商发价备办";雍正八年,(1730年)设立煤炭监督,"并令内府支取煤炭红票,钤用印信";康熙四十五年(1706年)内庭用煤每斤定价二厘三毫,乾隆十九年(1754年),"圆明园应甩煤炭","煤每斤酌给银二厘五毫"。康熙二十五年(1686年)"冬季给内监月煤百斤","煤一斤折银一厘八毫"。

清宫中的用煤量,资料很不完全。据乾隆年间一份《宫内用过红罗炭、黑炭、煤总册》载:"乾隆五十年(1785年)十二月初一日起至三十日,宫中共用……煤二万八千四百二十斤","乾隆五十一年(1786年)正月初一日起至二十九日,宫内共用过煤二万零六百五十三斤","六月初一日起至二十九日",用"煤一万九千七百十斤"……又乾隆五十年十二月初一日起至五十一年十一月二十九日,宫内通共用过"煤二十七万九千七百二十一斤"。这一记载只是部分用煤数,但已足见宫中用煤量之大。

(2)河北地区煤炭生产简况。

清代随着人口增加和社会经济的发展,能源结构在人们的社会生活中已占有重要地位。对矿产品的需求日益增长,促进了采矿业的发展。矿产品产量虽有很大提高,但开采技术则基本上延续了明代的采矿方法,没有多大的进步。

据各市、县志记载,清代河北省的各主要煤田、煤产地均已有煤窑开采,煤窑主要分布在唐山、井陉、宣化、磁县、蔚县、曲阳、峰峰、武安、临城、内丘、沙河、阜平、易县、兴隆、承德、宽城、怀安、西宁(今阳原县)、张北、尚义等县。但由于开采技术没有进步,矿井越来越深,矿井的安全状况越来越差,发生瓦斯爆炸、淹井等事故也越来越多。煤窑窑工的生活越来越困苦。如河北井陉县志记述:煤窑"时有沉溺倾覆之危。……掏取之辈,每有水出溺死者。"

热河地区因地处口外,军队驻防,人口增长较快,清政府对这一带的煤炭开采较为重视,地方官吏也积极主持其事。在乾隆四年(1739年)、乾隆六年(1741年)、乾隆二十六年(1761年)、乾隆三十一年(1766年)、乾隆四十年(1775年)、乾隆四十一年(1776年)、乾隆四十三年(1778年)、乾隆五十三年(1783年)、乾隆五十七年(1792年)及嘉庆五年(1800年)、嘉庆二十三年(1818年)历届直隶总督都曾报请朝廷,要求开采热河地区的煤炭,得到了批准,所以本地区煤窑发展较快[12]。

丰润(包括唐山)和秦皇岛附近的柳江矿区煤窑很多,炼焦也很兴盛。《丰润县志》记载:"丰(润)人呼碟(煤)为水火炭,唐山及陡河等处产之。……穴土三四十丈,……食其利而成富室者众矣。"

宣化一带煤窑在康熙、雍正年间多为豪强所侵霸。康熙三十七年(1698年),宣化旗民因争夺菜马坡煤窑,"遂起大狱"。乾隆年间,宣化不少贫民以"刨采煤炭"为"常年生计"。

井陉矿区"炭井入地二三十丈不等,掏取之辈……幽居经月而不出,奔走长夜以无眠",当地居民"向靠驮煤营生"。

磁州煤质优良,开采亦早,采深已达几十丈。康熙《磁州志》载:磁州西山煤"入穴取之深十丈",主要煤层有山青、大青、下架三层,采出的煤可用以炼焦,煤井中的水也可以用来炼矾。

乾隆年间,临城境内就有民间小煤窑多处,采用土法挖掘。遗址位于县西北祁村村北1公里,总面积0.5平方公里,遗址中央有一对口井,直径5米,深200米,井壁用青石和水泥浆砌而成,工程坚固。

河北曲阳县居民多"以煤井资生,童子十二三即赴厂佣工,日可得百钱",煤炭为"一邑养命之源"。

此外,河北蔚县、怀来、保安、万全、隆化等处的煤炭,也都有不同程度的开采。

三、石油与天然气

历史文献中记载的河北地域的油气显示,大都集中在今保定地区。该区面积呈不规则形,过去仅知有少数油苗及个别沥青露头。

《宋书·五行志》五:"晋惠帝光熙元年(306年)五月,范阳地然(燃),可以爨"。后二句据《开元占经》卷4引《述异记》,作"范阳国北,地燃可爨"。范阳国即今保定定兴县。

《魏书·灵征志》上:"孝昌二年(526年)夏,幽州遒县地燃"。遒县,原位于保定涞水县北,今分别划归涿县和易县。

《明史·五行志》:"万历十四年(1586年),保定府民间墙壁内出火,三日夜乃熄。"又清孙之騄《二申野录》卷5:"丙午七月,保定府街市砖壁忽出火,三日夜方熄。"王嘉荫认为"砖壁出火有天然气的象征,证以涿州的地燃,可能指示地下有石油存在",又说"定兴、保定也都有过天然气的记载,很有意思。这些天然气的来源问题，可能与石油有关系。奥陶纪灰岩里含有大量有机质，是否可以产生石油，也是值得注意的。"[13]现在我们知道比奥陶纪更老的震旦纪地层，在任丘油田已是很好的含油层，保定地区西部位于太行山东麓，出露地层即有震旦系蓟县统。

四、萤　石

关于明代河北遵化冶铁炉使用天然耐火材料和熔剂的情况，在明朱国桢《涌幢小品》卷 4 和清孙承泽(1582—1676 年)著《春明梦余录》卷 46 两书中都有记载，文字基本相同。"京东北遵化境由铁炉，深一丈二尺，广前二尺五寸，后二尺七寸，左右各一尺六寸。前辟数丈为出铁之所，俱石砌。以简千石为门，牛头石为心。黑砂(铁矿)为本，石子(熔剂)为佐，时时旋下。用炭火，置二鞴扇之。得铁日可四次。妙在石子产于水门口，色兼红白，略似桃花。大者如斛，小者如拳，捣而碎之，以投于火，则化为水。石心若燥，沙不能下，一次救之。则其沙始销成铁。"这里所说的"石子"，据其特征来看，显然就是萤石，按萤石是一种中性熔剂，它的作用是增加液态生铁的流动性。

第三节　矿山开采技术

一、矿井开拓技术

1. 深井开凿与联合开拓技术的全面发展

古代矿山开拓技术经过了千年的历程，明清时代便发展到臻于完善，进入了集大成的时期。采矿厂的布局基本合理，水法选矿场、矿石储备场、冶炼场、生活区等地面设施较为齐全。井筒开凿、开拓部署、井巷支护、矿井运输、矿石提升、排水通风及照明等技术形成了全面使用，功能综合利用的局面。

井筒开凿必须首先保证井筒位置的正确选择，尤其是主井(用于进风及提煤的井筒)位置的正确选择。并保证主井凿得直，支护坚固。明末清初孙廷铨《颜山杂记》在谈到采煤时，对井位选择有了设计要求："凡攻炭，必有井干，虽深百尺而不挠。"井干，即主井筒。虽然主井深百尺，但一定要求垂直，可见当时建井技术已较成熟。"视其井之干，欲其确尔而坚也。否，则削"。就是要求选择井位要考虑地质条件，即避开含水地层("避其沁水之潦")和地质断层及鸡窝煤，以"确"、"坚"为原则。选址要准确无误，要注意下覆岩层的构造，建井必须坚固牢靠，以保安全。如果这两条达不到，井下必然削垮。虽然这里是谈煤矿的井巷开拓，但是金属矿的开拓要求与煤矿基本相同。《颜山杂记》还要求，在选好了井位而开拓凿井时，要记好煤岩的层位(测石之层数)。

明清时期矿井开拓方式仍是平峒、立井和斜井，平峒开拓见于太行、燕山山地丘陵地区，立井开拓多见于平川地区，斜井开拓在丘陵平川都不少见。与宋元时期相比，明清时期的主要变化是井筒扩大、加深，主要的通风运输巷道加长。关于煤井的深度，明清时期记载井深的资料很多。在河北地域内有：嘉靖元年(1522 年)崔铣所撰《彰德府志》卷 8 记载："安阳县龙山出石炭，入穴取之无穷，取深数十百丈。"康熙朝《磁州志》卷 10 载："煤炭出州之西山一带，入穴取之，深数十丈。"雍正朝《井陉县志》载："炭井入地二三十丈不等。"乾隆朝《丰润县志》卷 6 载：河北唐山一带"煤井则穴土三四十丈"。

在《颜山杂记》还记述了煤矿山找煤、采煤的情况："凡炭之在山也，辨死活。死者脉近土而上浮，……活者脉夹石而潜行"；"凡脉炭者视其山石，数石则行，青石砂石则否，察其土有黑苗，测其石之层数，避其泌水之潦，因上而知下，由近而知远，往而获之，为良工"。在介绍井下采煤情况时，孙廷铨写道："已得炭，然后旁行其隧。视其炭之行。高者倍人，薄者及身，又薄及肩，又薄及尻(脊骨尽处)。凿者肢，运者驰；凿者坐，运者偻；凿者蟛卧，运者鳖行。"注意到煤层的地质变化："脉正行而忽结，非曲凿旁达，不可以通，谓之盘锢(断层)。脉乍大乍细，窠窠螺螺，若或得之而骤竭，谓之鸡窝，二者皆井病也。"明代陆容《菽园杂记》云："大率坑匠采矿，如虫蠹木。或深数丈，或数百丈，随其浅深，断绝方止。"对于数百丈深的地下开采，只有用联合开拓，才能向地下纵深发展。

井筒开凿到煤层后，就要布置和挖掘采煤巷道。随着生产实践经验的积累，人们逐渐懂得布置巷道进行采煤，可以减少开挖井筒的工作量，提高工作成效。明清时期，有不少根据煤层走向挖掘通风运输巷道、布置上下山采煤技术的记载。《颜山杂记》卷4云：凿井见煤后，"旁行其隧"，"凡井得炭而支行，其行隧也，如上山，左者登，右必降；左者降，右必登。降者下碱，登者上碱。循山旁行而不得平，一足高，一足下，谓之反碱。""碱"是指在上下山时为便于行走、运输而设置的台阶。煤层通常有一定倾角（近水平煤层较少），为便于开采，就要挖掘上下山，然后再挖掘运输平巷和通风平巷，布置好工作面进行回采。《颜山杂记》卷4中还记述了沿煤层开巷过断层的方法："脉正行而忽结"（遇到了断层）或"窠窠螺螺"（遇到了鸡窝煤现象），采取"曲凿旁达"的办法，绕过断层或鸡窝，就可继续找到煤。

除竖井开凿外，还有两种开凿方法。一种是沿煤层露头向里凿平峒或斜井，如李时珍《本草纲目》卷9中说，"土人皆凿山为穴，横入十余丈取之"。另一种是露天开采，即从煤层露头直接挖坑取煤。

在《天工开物》一书中还说："凡取煤经历久者，从土面能辩有无之色，然后掘挖。深至五丈许方始得煤。初见煤端时，毒气灼人。有将巨竹凿去中节，尖锐其末，插入炭中，其毒烟从竹中透上，人从其下施镬拾取者。或一井而下，炭纵横广有，则随其左右阔取。其上支板，以防压崩耳。"从这段记载中可以看出我国劳动人民最迟在明代，就已经有了一套较为完整、科学的采煤方法。

2. 采掘工具的充实与采掘分工的进步

明清时期，见于盐井开发和煤炭开发方面的采矿机械，如地面开凿、提升等装置，都是此前无可比拟的。从矿山地面看，竖立的井架、装置的地滚、盘车和天车等，规模宏大。凿井所用的各种器具齐全，施工已有一套完整规范的操作程序。

凿井开拓工具主要有铁凿子、藤柄的铁锤和铁尖、铁锹等；装载用的木锨、木耙子、簸箕、麻布袋等；选矿用的簸箕、筛箕；井巷支护用的斧子、木槌等。北京西山等地清末民初的小煤窑用的铁尖，即尖镐，具有携带方便，使用灵活，凿岩有力的特点。

关于井下开拓工匠分工，"一人掘土凿石，数人负而出之。用锤者曰锤手，用錾者曰錾手，负土者曰背塘，统名砂丁。"

3. 火药在矿山爆破上得到实际应用

采矿技术，到了明代，除用铁锥、铁锤等敲打锤击外，还使用"烧爆"和"火爆"法采矿。有关用"烧爆"和"火爆"法采矿的记载见于《菽园杂记》卷14中，"旧取矿，携尖铁及铁鎚竭力击之，凡数十下仅得一片。今不用锤尖，惟烧爆得矿。""烧爆"可能是用火烧矿体后，再用水淋，利用热胀冷缩的原理，使矿体爆裂，便于开采。至今在一些明清金矿矿洞还有火烧矿体的遗迹。又见《唐县志》卷3记载了明万历二十四年（1596年）用火爆法采矿时，有"山灵震裂"，"鸟惊兽骇，若蹈汤火"的描述。还有此县明万历二十五年（1597年）各矿所用钻钢、灯油的具体数目的记载，比如小野洞，用钻钢三百斤、灯油两千斤。由此分析，该法可能是用火药爆破技术采矿，才能产生这样强大的爆破力。

二、井巷支护技术

古代井巷支护有4种形式，即自然支护（也称无支护）、留石柱支护、木架支护、充填支护。明清时期，这4种支护形式都有使用，且有了明确记载。《颜山杂记》说："掘山炭者多压溺"，从反面说明了井巷支护的重要性。煤矿山较比金属矿山对井下支护的要求更为严格。

三、采矿方法

1. 露天开采

从文献记载看,明清的露天开采主要有两种方法,一是掘取法。二是垦土法。所谓掘取法,即只要把表土或薄层岩层剥出,掘下数尺,即可得矿。《天工开物》曰"皆穴土不甚深而得之"。关于垦土法,《天工开物》卷 14 记载了土锭铁"乘雨湿之后牛耕起土,拾其数寸土内者"。

2. 地下开采方法

为了采出有用矿物,继开拓之后,必须根据不同的地质条件和生产技术水平,在矿体和围岩中,以一定的布置方式和程序,掘进一系列的采准和切割巷道,并按照一定的工艺过程进行回采工作。这些巷道的布置方式及掘进程序和回采工艺的综合即"采矿方法"。

现代意义的采煤方法,应包含巷道布置与回采工艺两方面的要素。这两方面要素结合式的变化,构成了各种各样的采煤方法。到了明清时期,开始出现房柱法和残柱法,把运输巷道和通风巷道之间的煤再分成若干小块进行采掘,直到顶板垮落为止。受通风条件的局限,古代采掘范围较小,运输、通风巷道长度一般在几丈至几十丈之间,少数煤巷也有长达二三里至十数里者,例如,明《顺天府志》卷 11 载:"煤炭,出鎚七十里大峪山,有黑煤洞三十余所。土人恒采取为业,尝操鎚凿穴道,篝火裸身而入,蛇行鼠伏,至深入十数里始得之,乃负载而出。"

古代对回采工作面的叫法,各地差异较大,有"膛子"、"煤窝"、"茬口"等叫法。把回采工作面落煤叫攻煤、伐煤、凿煤。为了提高落煤效率,工人多利用煤层节理先在下部掏槽,然后凿打上部使之剥落,《颜山杂记》卷 4 载:"凿煤井,攻山出石,其理自然而解",指的就是掏槽剥落法,无论是凿井还是采煤,方法基本相同。明李时珍《本草纲目》"金石部"中附有一张采煤图,图中人一手操凿,一手凿打煤层,甚为形象。有一些地区回采落煤,先把煤层底部掏空(称为刨根),预留一些煤柱临时支护顶板,然后捅倒煤柱,使煤落下。当煤质较硬时,应用此法落煤,效果较好。

古代煤窑,从回采工作面到运输巷道,多系人背、肩拖。拖筐为长方形或船形,用竹编或木制,有的拖筐下还装有木条或铁条,有的则安上小轮,以减少摩擦力。有的煤窑巷道中还铺上板,以便于拖筐运煤。明清时期,在井巷中用骡马驮煤或拉煤,已不是个别现象。

四、矿井通风

古人对矿井中瓦斯等有毒气体的认识,首见于明《天工开物》"燔石"篇:"初见煤端时,毒气灼人。"到了清代,关于煤井有毒气体的记载较多。明清时期对矿井中通风是否良好,已经有了明确的经验判断,其方法是根据矿灯火焰的高低来辨别。《颜山杂记》卷 4 载:"凡行隧者,前其手必灯,而后之。"还载:"冬天既藏,灯则炎长,夏气强阳,灯则闭光。"联系《颜山杂记》中的这两段话,可以清楚知道,在矿井巷道中行走,要用灯来测定巷道中的空气是否充足,有无问题。用老煤窑工人的话来说,井下通风不良,就会"憋气"、"煞气"、"闷亮"。

明清仍然主要采取自然通风方法和人工通风方法。在河北地域,单井筒自然通风方法叫表风法。表风法的具体做法是:在方形井筒的一角,用片石砌成一个三角形的回风道,回风道要高出井口若干尺,高出井口的上段砌成方形,好似烟囱,称之为"噘咀"。于是新鲜风流从井口进入井下,经过采煤工作面,再由表墙隔出的回风道经"噘咀"排出。根据这种通风原理,随着回采工作面的推进,在采煤巷道中也可砌一条回风道,就可保证回采工作面有足够的新鲜空气,不过这种单井筒自然通风法有很大的局限性,回风道不可能砌得太长,自然风流较小,严重地限制着回采工作向纵深推进。

明清时期发明了双井自然通风法。明代《颜山杂记》卷 4 载:"是故凿井必两,行隧必双,令气交通以达其阳,攻坚致远,功不可量。以为气井之谓也。"这里所说的"气井",即风井。"行隧必双",说明其中一条巷道用于通风。只要有了两个井筒、两条巷道加上其他一些通风设施(如风门、风帘等),就可形成一个自然通风系统。至于出风井应该高于进风井(出风井高于进风井时才能形成风流),古人也早已懂得。"打峒,略如采煤之法。……峒中气候极热,群裸而人,人深苦闷,掘风峒以疏之。"古代有关双井筒自然通风的经验总结,是十分宝贵的,它为近现代采矿通风学打下了坚实的基础,一直指导着传统采矿方法中通风技术的实践,直到现在,一些地方小煤矿仍然采用这种传统的双井双巷自然通风方法。

古代煤井通风除采取自然通风方法以外,还采取人工通风方法,即应用风车、风柜、风扇、牛皮囊等工具,用人力把新鲜空气送到煤井下面。这种方法在煤井不太深时是很有效的。鼓风器具起源很早,至迟在战国时期就已出现皮制的鼓风器具——橐,以后各朝代不断改进、发展,制造出许多种类的鼓风器具。至明清时期,古煤矿中已出现风筒与鼓风器具连接起来使用的通风技术。据调查,北京西山清末时的一些煤窑,曾使用荆笆编制外面涂泥的风筒。通过风筒可以把新鲜空气送到较远的采掘场地,使鼓风器具效果大增。

为了提高自然通风的效果,清代一些地区的煤窑在出风井设置火炉或吊挂火锅,使井口气温升高、空气变轻,加大与进风口的气压差,从而加快井内的风流速度。这种加温通风的方法,直到近现代一些机器生产的小煤矿仍在使用。

五、排水及照明

1. 矿井排水

直到清末,凡立井排水,都只能是利用绞车,牛皮包(或木桶)间断地进行,限制了排水能力。采煤深度加大,地下涌水增加时,常因排水不及而弃废井筒。在有的地区,采用下泄水于窑外的方法排水,既省工又非常有效。例如,京西煤窑曾联合建造泄水沟排水。清雍正十三年(1735年),京西上楮子海窑、巧利窑、沙果树窑三家联合共同建造了一条泄水沟,用于排泄煤窑水,这是因山就势、因地制宜进行煤窑排水的好方法。据考,京西门头沟曾经有一条煤窑排水石沟,长六百八十丈有余,后由于淤塞,清嘉庆六年(1801年)政府借给窑户白银五万两,以重修泄水道。

煤炭开采中,以透水事故造成的人员死亡之多使人们对防水、排水的重要性给以深刻的认识。乾隆、同治年间,有多起透水事故发生,不解决防水、排水的技术问题,必然阻碍煤炭生产的进一步发展。根据老窑工的经验,井下采煤工作面出现煤发湿、煤壁有红锈水、采空区老鼠搬家等异常现象,预示煤窑要发生透水事故,采矿工人必须迅速撤离上井。

2. 矿井照明

古煤矿在长时期中都是明火照明。但随着开采深度的增加,煤井内的瓦斯涌出量增加,明火极易引起瓦斯爆炸是不言而喻的。在血的教训中,古人逐渐认识到煤井瓦斯爆炸的危险,为避其害,把井下明火照明逐步改为加灯罩点灯照明。古人何时开始采用加罩点灯措施,目前所能见到的是明代李时珍《本草纲目》采煤图立柱上挂的吊灯已经有罩,以此推测,至迟在明代,人们已懂得煤井下照明应注意防火、防爆。

虽然明代已出现加罩的矿灯,清代乃至近现代的一些小煤窑仍然用明火灯照明,形成各地各具特色的矿灯,灯的燃料为菜油或蓖麻油。使用矿灯的方法也是多种多样,有的用布条、绳子把灯缠裹在头上,有的手提,有的嘴衔,有的挂在背筐上,有的插在(或放置)井壁上。这些方法的选用,与当地的煤层储存条件和人们的风俗习惯有关。

第四节　煤炭性能认识及深加工技术

一、炼焦与制煤砖

炼焦技术与煤炭洗选技术,目前能见到的最早记载是明代:"崇祯四年(1631年)煤窑采用竹筛淘洗筛选煤炭,然后炼焦,并按焦炭颜色鉴定其质量,呈青灰色者为上等,灰黑色者为劣炭。"到晚清时期,用竹筛在水池中筛洗煤炭相当普遍,一般产焦地区必有选煤池,有的地方因地制宜,把选煤池设在小河边,借河水之冲力筛分煤炭,效果极佳。

用煤炼焦,是我国古代煤炭加工利用的重大技术成果。唐代出现炼焦雏形,宋代炼焦技术渐趋成熟。明天顺元年(1457年)才有各地向朝廷交纳焦炭的记载,我国炼焦和用焦的最早记载见于明末方以智《物理小识》卷7:"煤则各处产之,臭者烧熔而闭之。成石,再凿而入炉,曰礁。可五日不绝火。煎煮矿石,殊为省力。"这里所说有臭味的煤,是指含挥发物较多的炼焦煤,把这种煤密闭起来烧熔,就成为坚硬的"礁"了。"礁"就是焦炭,用来冶炼矿石。活塞式木风箱应用到冶炼或是炼焦工艺,加大了空气压力,自动开启活门,连续供给较大的风压和风量,提高了冶炼强度,同时也为扩大炉的容量,增加产量创造了必要条件。《颜山杂记》卷4对焦炭性能有了较详细的描述:"……或谓之砟,散无力也,炼而坚之,谓之礁。顽于石,重于金铁,绿焰而辛酷,不可蓻也。……故礁出于炭而烈于炭。"到了清光绪年间,土法炼焦非常普遍,在一些出产焦煤的矿区,土焦炉似蜂巢一般,成群而立。如河北的唐山、井陉等矿区都盛产焦炭。

焦炭的质量与炼焦用煤的选择有关,康熙《磁州志》卷10载:煤"又分肥瘠,……肥者或炼为焦炭,备冶铸之用。"选择适宜炼焦的煤,炼成焦炭,用于冶炼铁和其他金属,是常用的加工利用方法。而把一般的煤(特别是把碎煤、末煤)加工成煤球、煤饼、煤砖等多种不同规格的型煤,更是普遍的事。型煤燃烧,通风好,火力旺,效率高,燃烧充分,用于烧制陶瓷、砖瓦、石灰以及冶炼金属效果都很好。所以《天工开物》记载:型煤广泛用于冶铁、熔铜、升朱、烧砖,其中冶铁燃料十分之七是煤。人们在日常生活中,炊爨、烤火也多用煤球、煤砖(尤其在城市)。例如,北京地区城镇居民多为烧煤球,《乡颐解言》载:"京师城内人家,多和黄土煤末中,为丸爇烧之。"

河北地域煤炭资源的开发利用在明代已很普遍。虽然时禁时开,但磁县、武安、邢台、井陉、曲阳、阜平、蔚县、怀来、平泉、唐山、秦皇岛等地的煤炭开采业仍有一定的发展。在蔚县用煤炭粉末加香料制成香煤饼,则是河北省最早的煤炭加工。

二、煤的综合利用

到了明清时期,煤炭的综合利用成效已相当显著。根据古籍记载或考古发掘报告,古人对煤的利用不下9个方面:

(1)作燃料,这是最主要的。煤作为燃料又可分为生活用煤(炊爨取暖)、手工业用煤(铸铜、冶铁、烧陶瓷);

(2)作雕刻原料,用煤精雕刻工艺品;

(3)作药用,与其他药相配可治某些疾病;

(4)作建筑材料,有的煤坚硬如石,有的地方用来垒墙、打地基,并可防潮;

(5)作墨用,制成墨水,写字、印刷;

(6)作随葬品,并保持墓地干燥;

(7)作农田肥料;

(8)作硫磺、皂矾原料。从含硫多的煤中提炼硫磺,含黄铁矿多的煤中提取皂矾;

(9)作煤焦油原料。

三、煤炭利用意识的深化

明清时期,人们对煤炭的利用在认识上的深化主要表现在四个方面:

第一,对煤的燃烧性能认识的深化。

到明清时期人们已经知道哪些煤种烧得旺,用什么方法可使煤烧得旺。《颜山杂记》卷4讲:有的煤"其火文以柔",只能用于"房闼围炉";有的煤"其火武以刚",适以"煅金冶陶"。明代已能根据火焰高低、发热量大小把煤分为铁炭、饭炭、炊炭,把不同种类的煤用于不同的场合。到了清代,人们进一步根据燃烧时有无烟及烟的多少对煤进行分类。《山西通志》载:"煤有劣炭,微烟;有肥炭,有烟,……有煨炭,无烟,……精腻而细碎。"

使煤烧得更旺古人有三方面的经验,到明清时期都有所记载。其经验之一,烧煤时掺一些水。把煤洒上水再送入炉膛或燃烧正旺时喷洒一些水,会烧得更旺。所以北京古时称煤为水火炭。明李诩《戒庵老人漫笔》卷5"辨水火炭"条作如下解释:"北京诸处多出石炭,俗称水火炭。炭之和水而烧也。"经验之二,在煤火中加入一点盐。清代文人宽夫在《日下七塞诗》中讲:把盐撒入煤炉少许,可"引地炉煤火旺"。他解释说"盐中有硝,投煤炉内火辄旺"。经验之三,把碎屑的煤加上黏结剂,做成煤饼或煤球。这是由于煤饼(或其他型煤)块度、硬度加大,放置炉中彼此有一定空隙,便于通风,火势自然旺盛。清道光朝《乡言解颐》卷4载:"煤球:煤末摸成方块,谓之软煤,不耐烧炼。买来稍掺黄土,和水以簸箕转丸,趁秋晒干备用,京师佣妪之能事也。火眼:煤炉旁通火眼,可以抵一半火力。"

第二,对煤的黏结性的认识的深化。

至迟到明代,古人已认识到了煤的黏结性和可溶性。在《物理小识》卷7载:"煤则各处产之。臭者,烧镕而闭之。"这个"镕"字,是对烟煤的可熔性和黏结性的最恰当的概括。"炭硬而多烟,内含油,燃之则融结为一,作枯炭(即焦炭)最良。"古人把这类有黏结性的煤称为油煤、肥煤、肥炭、黏炭等,并认识到这类煤适合于炼焦。

第三,对煤中所含伴生矿物的认识。

煤中含硫古人早已发觉,至迟在宋代已把燃烧后有刺鼻臭味的煤称为臭煤。《物理小识》载:"……烧琉璃采诸石,以礁化之,即臭煤也。"清代早期人们开始从含硫较多的煤或煤矸石中提炼硫磺,"其产(硫磺)陵川者,皆于臭煤石液中取出"。

第四,对煤气中毒认识的深化。

中国古代对煤气中毒的认识可追溯到晋代。晋人陆云在《与兄书》中谈到了煤气能使人中毒的现象。清光绪《顺天府志》卷11记载:"京城火炕烧石炭,往往熏人中毒,多至死者,仪贞陈殿撰定先冬日偕其妾寝,至夜皆中煤晕,……急救乃苏。"《养生杂记》说:"中煤炭毒,心口作呕,或即晕倒,急捣生萝卜汁灌之或清水亦可。"为了预防煤气中毒,古人也懂得要加强室内通风,并妙想了一些加强通风的办法,"以煤作火炕,稍不慎则受其毒焉。故每临卧,必蓄水灶头及罅其卧室之纸窗,以御之。"北京地区为防煤气中毒,专门设置了风窗(风斗),煤气可通过风斗排出室外。

第五节　采矿名著

明代中叶以后,中国的学术思想比较活跃,一些先进的知识分子,在一定程度上突破了传统习惯势力的束缚,注重实际,能较好地深入实地考察、研究、总结,著书立说,许多科技著作都具有集大成的性质。有关的著作记录了矿业开采开发方面不少的技术成就。

下面主要辑录几部明清时期与河北地域有关的几部矿业科技著作与作者:

一、《菽园杂记》

图 5 - 16 - 1　陆容所撰
《菽园杂记》

陆容,字文量,号式齐,太仓州人。明成化丙戌进士,官至浙江右参政,事迹具明史文苑傅。史称容与张泰、陆釴齐名,时号"娄东三凤"。其诗才不及泰、釴,而博学过之。是编乃其劄录之文,於明代朝野故实,叙述颇详,多可与史相考证。旁及谈诣杂事,皆竝列简编。盖自唐宋以来,说部之体如是也。中间颇有考辨,如元王柏作二南相配图,弃甘棠、何彼襛矣、野有死麕三篇,於经义极为乖刺,而容独叹为卓识。又文庙别作寝殿祀启圣公,而配以四配之父,其议发於熊禾。而容谓叔梁纥为主出於无谓,孟孙激非圣贤之徒,不当从祀,尤昧於崇功报本之义,皆不足为据。然核其大致,可採者较多。王鏊常语其门人曰"本朝纪事之书,当以陆文量为第一。"即指此书也。虽无双之誉,奖借过深,要其所以取之者必有在矣。陆容所撰《菽园杂记》(图 5 - 16 - 1)计 15。其内容较为丰富,卷 14 曾引《龙泉县志》对铜矿的开采方法有扼要记载,并记录了检验银矿品位的过程。

二、《颜山杂记》

孙廷铨(1613—1674 年),字伯度,又字枚先,号沚亭,益都县颜神大街(今山东淄博市博山大街)人。明崇祯十二年(1639 年)考中举人;翌年成进士,任大名府魏县(今邯郸魏县)令;越年调直隶永平府抚宁(今属秦皇岛市),又改监纪推官。清顺治二年(1645 年),应召晋京为河间府推官,分司天津卫漕务,又被提拔为吏部稽勋司主事。后先后出任乡试主考官、翰林院少卿、户部左侍郎、兵部尚书、户部尚书、吏部尚书、历官内秘书院大学士,谥文定。后称"患怔冲之疾"告病请归。居家 10 年,专意著述。著作有《南征纪略》2 卷、《睟亭文集》、《亭诗集》、《颜山杂记》、《汉史月意》、《归厚录》、《琴谱指法省文》等。

孙廷铨因"蒐辑旧闻",居家撰写《颜山杂记》一书。此书分《山谷》、《水泉》、《城市》、《官署》、《乡校》、《逸民》、《孝义》、《风土》、《岁时》、《长城》、《考灵》、《泉庙》、《灾祥》、《物变》、《物产》、《物异》、《遗文》诸目。叙次简核,而造语务求隽异。记山蚕、琉璃、窑器、煤井、铁冶等,文笔奇峭。此书内容较为丰富,书中介绍了煤岩组分、找煤方法和经验、井筒开凿要求、开拓部署、井下支护方法、通风和照明等技术颜山杂记。是我国古代关于煤矿的地质、找矿、开采利用技术最全面的科学总结著作。

三、《物理小识》

方以智(1611—1671 年),字密之,号曼公,又号鹿起、浮山愚者等。安庆府桐城县凤仪里(今属安徽省枞阳县)人,出身仕官世家,是明末清初一位杰出的思想家、哲学家、科学家。自幼秉承家学,接受儒家传统教育,曾随父宦游,至四川嘉定、福建福宁、河北、京师等地,见名山大川,历京华胜地,阅西洋之书,颇长见识。成年后,遍访藏书大家,博览群书,交友结社,人称"四公子",以文章誉望动天下。崇祯十三年(1640 年),方以智中进士,任翰林院检讨。1650 年,出家后易服为僧。

方以智酷爱自然科学知识,明清之季,西学东渐,一面秉承家教,以《易》学传世,一面又广泛接触传教士,学习西学。他所著书数百万言,除《通雅》、《物理小识》、《药地炮庄》收入《四库全书》外,还有《浮山文集前编》、《浮山文集后集》、《浮山别集》、《东西均》、《冬灰录》、《一贯问答》、《四韵定本》、《内经经脉》、《切音源流》、《易学纲宗》、《医学会通》、《诸子燔痏》、《古今性说合观》等。

他历时 22 年撰写定稿的《物理小识》,是 17 世纪初一部专门论述自然科学方面的百科全书式的著作。在这部著作里综合了我国古代已有的科学成就，批判地吸收了当时由西欧传来的科学技术，并就一些问题提出了自己独到的见解。

全书共 12 卷，分为 15 类，依次为天类、历类、风雷雨电类、地类、占候类、人身类、医药类、饮食类、衣服类、金石类、器用类、草木类、鸟兽类、鬼神方术类、异事类。从内容来看，它广泛涉及天文、地理、物理、化学、生物、医药、农学、工艺、哲学、艺术等诸多方面。书中涉及光学、电学、磁学等诸多方面，尤其在光学方面成就更为突出。

四、《析津志》

熊梦祥，又作蒙祥，字自得，号松云道人。江西富州（今江西丰城市）横冈里人。生卒年不可确考。"博闻强记，尤工翰墨，得米老家法，而兴致幽远。"元末以茂才异等荐为白鹿洞书院山长，曾任大都路儒学提举、崇文监丞。以老疾致仕，享年九十馀岁。晚年与道士张仲举隐居於京西深山里的斋堂村（今门头沟区斋堂镇），在门头沟的斋堂写成《析津志》一书。元人顾瑛说他："博读群书，旁通音律，能作数体书，乘兴写山水尤清古，无庸工俗状。以茂才举教官，不乐拘制，辄弃去。以诗酒放浪淮浙间，卜居娄江上扁得月楼。与予为忘年交。旷达之士也，号松云道人。"

图 5 - 16 - 2　《析津志辑佚》

《析津志》一书大约亡佚在明末，据明代正统年间编撰的《文渊阁书目》，以及成化年间编撰的《菉竹堂书目》中著录此书为 34 册，从残留在后人著作中的部分文字中，能够看出一些当年元大都时期，乃至和、金中时期北京地区的一些有关官署、水道、坊巷、庙宇、古迹、风俗等的难得资料。原书是现在我们所知道的最早的专写北京地方史地的著作。它的亡佚对于北京来说应该是一个很大的损失。

像《析津志》这样的关于北京历史的书，后世多有编撰，而且还大量引用了其文字，使"新书行而旧书亡"。北京古籍出版社出版的《析津志辑佚》（图 5 - 16 - 2），是目前可以见到的保留原书文字最多的本子。

注　释：

[1]　陈梧桐：《略论明朝矿业政策及其对资本主义萌芽的影响》，《光明日报》1980 年 10 月 28 日。

[2][4]　中国人民大学清史研究所档案系、中国政治制度史教研室编：《清代的矿业》，中华书局 1983 年版，第 1—3 页。

[3][9]　中国古代煤炭开发史编写组：《中国古代煤炭开发史》，煤炭工业出版社 1986 年版，第 140，97 页。

[5][7]　夏湘蓉、李仲均、王根元：《中国古代矿业开发史》，地质出版社 1980 年版，第 142—143，165，137 页。

[6]　杨宽：《中国土法冶炼钢技术发展简史》，上海人民出版社 1960 年版，第 76 页。

[8]　夏湘蓉、李仲均、王根元：《中国古代矿业开发史》，地质出版社 1980 年版，第 155—156 页。

[10]　赵承泽：《由明嘉靖后期至清顺治末中国的煤炭科学知识》，《科学史集刊》1962 年第 4 期。

[11]　彭泽益：《中国近代手工业史资料·第一卷》，三联书店 1957 年版。

[12]　中国人民大学清史研究所档案系，中国政治制度史教研室编：《清代的矿业》，中华书局 1983 年版。

[13]　王嘉荫：《中国地质史料》，科学出版社 1963 年版，第 219，221 页。

第十七章　传统中医药卫生科技

在金元时期中医学发展的基础上,明、清时期的河北地域中医学研究继续深入发展,名中医辈出,医学著作不断涌现,基础理论和临床各科进一步开拓,进入了全面、系统、规范化的总结阶段。不少临床学科产生了综合性的论著。在经典注解、内科、方书、儿科、妇科等方面的研究著作日益增多,而且温病、医案医话、喉科、法医专著也纷纷问世,形成了一个完整的传统中医药卫生科技体系。

第一节　中医学研究的进展

一、医经的研究

1. 对《内经》的研究

清代柏乡县官吏魏荔彤,著有河北第一部《灵枢》研究著作《灵枢经通解》,还著《素问通解》一书。魏荔彤,字念庭。官江、常、镇道,兼摄崇明兵备道,去官,赁屋濂溪坊,杜门垂帘,点勘四库七略,上自六经、诸史,旁及天文、地志、稗官、野乘、浮屠、老子,医药、卜筮之书,丹铅不去手。著有《怀舫集》、《素问注》诸书[1]。景州(今衡水景县)刘德振著有《五六要论》1 卷[2];天津洪天锡撰著有《素问解》、《灵枢解》等书[3]。

2. 对《伤寒论》的研究

明代清苑(今清苑县)王轩,字临卿,嘉靖进士,曾经出任四川按察副使,后归家修养,有《伤寒六书》行世[4]。

清代,出现了河北最早的研究《金匮要略》专著,对《伤寒论》的研究也更广泛。柏乡魏荔彤著有《金匮要略方论本义》3 卷,在汲取前人精义的同时,颇多个人发挥。还著有《伤寒论本义》18 卷、《张景岳全书注解本义》[5]。永年县冀栋,字任中,康熙年间著有《伤寒论》[6]。霸县荣玉璞,字琢之,著有《伤寒易解》2 卷[7]。正定县朱峨著有《伤寒集要》。交河县萧建图著有《伤寒论注》,远近莫不钦仰,当时广平府武延绪题联云:"济世当为天下雨,问年如对老人星",其子壬恂,也为当代良医[8]。沧县袁荫元,字心梅,增贡生,著有《伤寒医牗》[9]。安新县陈简,字以能,著有《伤寒暗室明灯论》[10]。

3. 对温病的研究

清代进行了较广泛的温病临床实践,并有温病学专著出现。定县杨照黎著有《温病经纬》[11]。清河县许鲲著有《手抄瘟疫论》[12];张松龄著有《增补李芝岩瘟疫三方》;孙泰著有《瘟疫伤寒辨》[13]等。

明清时期,特别是清代,河北的医经医籍研究不只是专业医学人士进行研究,有很多的研究著作都是官员或者儒生进行注解或者校证,受到乾嘉考证学的影响。一方面对我国的中医经典进行了系统的整理,另一方面大规模的医学经典的研究对中医学术的提高有着很大的推动作用。

二、基础研究

1. 基础理论

清代,主要对人体脏腑、气血理论和脑髓说进行了深入探讨和系统总结,在这方面作出卓越贡献的是玉田县王清任。他著的《医林改错》,首先记载了王氏通过实地观察和数十年对脏腑解剖的研究成果,纠正了前人关于人体脏腑记载的某些错误。其次,进一步丰富和发展了气血理论。《内经》提出:"人之所有者,血与气耳"、"血气不和,百病乃变化而生";气和血的有余不足或逆乱或受外界致病因素的侵袭,均可导致"血凝泣"、"经有留血"的病变。他结合个人多年临证经验,特别强调气虚血瘀病机在发病、辨证、论治方面的重要性,进一步丰富和发展了补气活血治法。

王清任还发挥了脑髓说,不但总结了古代医经对脑的记载,还吸收了传入的西说,强调灵机记忆在脑,肯定了脑主宰思维记忆的功能。在临床上他强调补气活血与活血化瘀原则,创立补气活血化瘀方剂,至今仍有实用价值。

2. 诊断学

明代,对脉学文献进行了整理。雄县赵凤翔,字羽伯,别号丹崖子,整辑曾祖赵律遗稿,编有《太素病脉》刊刻于世。

清代,南皮尹昶临,治病不分贫富,有求辄应,无不生效,著有《增删观舌心法》,是河北第一部舌诊专著。大城张国光,博览医籍,凡《素问》、《脉经》等无所不读,临证三十余年,无一失手,精于脉学,著有《脉诀指南》4 卷。凡《素问》之所解,《金鉴》之所陈,《石室》之所录,无不备览,以仲景、丹溪、蒙筌、时珍之说参观发明,扶阴阳之奥,泄造化之精,通八难于八风,别五声于五运。因王叔和《脉经》难记,而作该书,由博返约,令初学者易入法门。王清任的《医林改错》,强调"治病之要诀,在明白气血",该书中"将平素所治气虚血瘀之证记数条示人以规矩",遣方用药别具特色,丰富了气血津液辨证理论。此外,沧县朱昆龄著有《脉诀沦》;南和文锦绣著有《脉理析义》;清河裴鸿志著有《五诊脉法》;元氏钱绍曾著有《脉理一得》;赵县李延著有《脉诀汇辨》;东光马玖著有《脉诀浅说》;广平(今永年县)杜天成著有《脉案》;新城文荫昌编有《手抄三家脉学》等[14]。

3. 中药学

明代,由于药店、药局的出现,从而加强了对药物的研究。安国县北济公村张氏家族,在行唐县设"同仁堂"药店;馆陶知县王以仁,在该县设"惠民药局";河南温县陈家沟陈步邻,在广平府永年县城内开设"太和堂中药店",经营南北地道药材,生产膏、丹、丸、散 400 余种,为神州三大药店之一;南皮县汤滨著《药性指南》1 卷,其子汤鲁绍承家学,对《药性指南》进行增补成 2 卷;高邑赵南星著《上医本草》;天津蒋仪著《药镜》[15]。

清代,在安国形成全国药材集散中心(图 5 - 17 - 1)。交河县李文炳,曾任垄文阁典籍,精于医术,虽奇险之症,著手成春,为当时名医,著有《珍珠囊》2 卷;同县袁凤鸣著有《药性三字经》2 卷;沧县刘清瑞,源达青囊之术,为当时医者所宗,著有《批注本草》;平乡县李之和,生平著述甚丰,撰有《本草杂著》[16]。清雍正七年(1729年),安国药材市场呈现繁荣景象,百货辐辏,商贾云集[17]。

图 5 - 17 - 1　安国药王庙

4. 方剂

明代,邢台县吴永昌搜采古方,制药疗疾,愈病甚多,著有《古医书》一书。

清代,出现了较多的验方、救急方和古今辑要等方书,并出现了方剂类著作。广平府(今永年县)

刘延俊著有《救急良方》;新城县边成章,弃儒学医,于歧黄之书无不阅览,闻人有秘方。虽千里必求得而后已,撰有《边氏验方》30 卷。于药之特效,发明甚多。其简便而神效,如用杜仲沫醋调摊青布上,贴对口或发背疮初起,百不失一。此外,南宫县薛景晦,性嗜菊,所植多良品,尤精医术,著有《箧筲录》8 卷;同县陈德新著有《经验异方》、《集验良方》。南皮县张永荫著有《戒烟方论》;周飞鹏著有《周氏经验良方》;赵玉玺著有《经验良方》。交河县李文炳著有《李氏经验广集良方》、《仙拈集》;萧健图著有《验方类绢》;刘校俊著有《救急良方》。霸县胡光汉著有《经验医方集锦》;牛凤诏著有《备方》。沧县朱昆龄著有《万病全方》;董如佩著有《验方薪传》。涿县尚榆著有《经验良方》。安州(今保定安新县)陈耀昌著有《医方集腋》。满靖县陈永图著有《医方备览》。阳原县刘澎渊著有《刘氏验方丛录》。景县王鸿宾著有《诸门应症验方》。隆平(今大名县)曹士法著有《经验良方》。丰润县张镇著有《古方辑要》。南和县文锦秀著有《验方集锦》。迁安县杨德宾著有《杨德宾良方》。献县田宝华著有《药方验即录》。元氏县钱绍曾著有《医方讲义》[18]。王清任在古方的基础上,创立了 30 余首方剂,大多具有临证效验。这些方剂主要有两类:一类是以逐瘀为主(常配以行气),有同窍活血汤,以及舌下、会厌、血府、膈下、少腹、通经、身痛逐瘀汤等;另一类是以补气为主(常结合消瘀),有补阳还五汤、黄芪赤风汤、黄芪防风汤、黄芪甘草汤、黄芪桃仁汤、急救回阳汤等。总之,明清两代尤其清代出现了较多的验方;救急方和古今辑要等方书,另外出现方解类著作。

5. 医案、医话

清代,河北开始有医案、医话问世。最早的医案、医论、医学心得及法医学著作有:青县吕秉钺著有《吕秉钺医案》;张临丰著有《张临丰医案》;郭延补著有《郭延补医案》。广平府(今邯郸永年)沧县刘瑞著有《刘瑞医案》。清苑陈瑞鸿著有《德星堂医案》。南宫薛景晦著有《宁静斋薛氏医案》6 卷。丘县史明录著有《史氏医案》。还有鸡泽齐祖望著有《增补洗冤录》。其中,《史氏医案》立方准确,论证详尽,邻近业医者,莫不人手一卷。临症选方,奏效如神[19]。

第二节　临床实用技术的完善

一、内　　科

明代,有内科专病著作问世。肥乡县郭晟著有《家塾事案》5 卷;南皮县汤宾著有《明医杂著》;安州(今安新县)王廷辅著有《痨瘵真诀》。

清代,出现了较多的内科普及,经验总结及奇证、专病著作。王清任的《医林改错》依据气有虚实、血有亏瘀的理论,结合临床经验,总结出 60 多种气虚证、50 种瘀证。临证主张补气与活血逐瘀相结合,倡用补气活血逐瘀原则,为后世医家沿用和化裁。

另外,南皮张永荫著有《集益济生》1 卷、《济世建白》1 卷;李均著有《美在其中》;张雁题撰《所慎初一集、二集医书》;尹昶临著有《医学指南》;刘衍著有《保赤录》;封大纯著有《医学心法》;陈志著有《歧黄便录》。清河许玉良著有《陈修园十六种注释》;裴鸿志著有《奇症集编》3 卷。邯郸徐梦松著有《管见估论》;姜玉玺著有《治蛊秘方》。迁安康应辰著有《医学探骊》。徐水张露峰著有《医学指南》2 卷。景县王鸿宾著有《花甲医进解》。曲阳李朝珠著有《卜医辟误》2 卷。霸县贾光明著有《医学精要》。遵化蒋浚源著有《医学梯航》;孙德润著有《医学汇明》36 卷。新城王铨著有《医谣》6 卷。南宫张歧德著有《济世丛书》6 卷。阜城多弘馨著有《素庵六书》。清苑陈瑞鸿著有《医术拾遗》。青县赵震著有《复阳回生集》;博野郑才丽著有《广红集》。正定何诏儒著有《儒医圭杲》。涿县尚械著有《杂病治验》。高阳任向荣著有《内外科全集》[20]。

二、外伤、按摩

清代,开始出现中医外科专著,总结外科验方、证治,并有了按摩传授和临床实践记载。平乡县李之和著述很多,著有《漱芳六述》、《外科六述补遗》等,系统总结了辨证论治。定县马三纲,自幼习医,专攻外科,尤善治疗、痔等疾,疗病常针药并施,自创新方数十种,常数日内即获良效,辑有《外科验方》。新城边成章擅长疡科,著有《边氏验方》30 卷,发明甚多,简便而神效。永年县孙德芳从师氏学按摩,后被举为太医;王小池善按摩术,凡有损伤,求治即愈。元氏县孙建灵针灸、按摩并精,患淋闭者,用手按之即效[21]。

三、妇 产 科

清代,对妇人经、带、胎、产进行了较多的临床总结和文献普及研究整理。霸县荣玉璞著有《妇科指南》;樊恕著有《妇科要旨》;张书绅著有《妇科》。东光县马永祚著有《女科汇要》、《胎产新法》;新城阎海岚著有《妇人百文》。交河高宇泰著有《保产集》。南宫张辉廷著有《胎产保元》。永年刘校俊著有《胎产须知》。晋县刘杏五著有《女科三要》。南皮李针著有《女科指南》。青县张善启著有《妇科经验集》[22]。

四、儿　　科

明代,亦有儿科著作出现。深州(今深县)鲁祚明著有《寿世真传》;鲁彝谷著有《广寿世真传》。安州(今安新县)王廷辅精痘科,治愈小儿甚众,著有《活幼心传》。祁州(今安国县)张汝翼著有《斑疹秘诀》。

清代,出现较多的儿科著作,大多为痘疹著作,如柏乡县杨蔚坊著有《理学痘疹浅说》。东光县马玫著有《痘疹浅说》。安新县陈简著有《痘疹心传》。霸县牛凤诏著有《痘疹要诀》、《痘疹药性》。正定县王定愈著有《痘疹捷要》、朱俄著有《痘疹详解》。新城县文荫昌编有《疹科选要》。交河县李汝钧著有《痘疹辨证》;刘珩著有《保赤录》。南宫县张武魁著有《痘疹辨难》。永年县张希载著有《痘疹精要集》。曲阳县焦磷著有《痘疹要辑注》。邯郸县马其著有《疹科纂要》等等[23]。

五、五 官 科

明代,定州城南白锡昌配制眼药,并首开眼药铺一所。

清代,定州眼药已享盛名,并出现喉科专著。王清任的《医林改错》有目系(视神经)与脑通的观察记载。他创制的通窍活血汤,对眼疾特别是视网膜中央血管阻塞有显著效果。南皮县张守遗著有《眼科精微》;张甘僧著有《眼科经验良方》和《元复点云生》;张永荫著有《喉科白腐要旨》。新城文荫昌著有《喉科》。威县李成风著有《咽喉科良方》;张同德撰有《喉科秘诀》。定县李云汉自制方剂数十,详言于所著《眼科新方》一书。清康熙年间(1662—1722 年),定州张氏创眼药铺一所,其后裔所制眼药,曾膺乾隆皇帝御笔题字:"盛名天下。"巨鹿庞鸣岐师承当地名医邱志云,擅长眼科,并受刘完素学术思想影响,强调以火为眼科病因、病机,临证主张"以清热泻火为先"[24]。

六、针　　灸

清代,沧县刘润堂著有《三才解》6 册,前 5 册言针法,后 1 册言砭法。交河县张甘僧、张永荫各编有《针灸摘要》1 卷。大城县刘忠俊撰有《针灸摘要图考》1 卷。高邑县李漤著有《身经通考》[25]。

七、食疗、养生

　　明代,滦县许庄著有《养心鉴》1 卷[26]。获鹿崔元裕著有《延年却病全书》8 卷[27]。栾城冯相著有《延生至宝》10 卷[28]。柏乡魏大成著有《养生论》[29]。

　　清代,南皮汤铉著有《养生十八法》3 卷[30]。

第三节　人体解剖与《医林改错》

　　中医有关人体解剖学的知识,在《内经》中已有了不少记载,但一直到明末清初期间,发展很缓慢,其中有些错误的认识,从古时起历代沿袭相传。1830 年,《医林改错》的刊行,纠正了前人关于人体脏腑记载的某些错误。

图 5 - 17 - 2　王清任像

　　《医林改错》作者王清任(1768—1831 年)(图 5 - 17 - 2),又名全任,字勋臣,直隶玉田县人。性磊落,精岐黄术,名噪京师[31]。他在长期行医过程中,发现前人医著中对人体脏器的记载存在着许多错误之处,深感医家掌握正确的人体脏器知识的重要性,强调“业医诊病,当先明脏腑”,并说:“著书不明脏腑,岂不是痴人说梦? 治病不明脏腑,无异于盲子夜行!”[32]为了纠正前人医著中的错误,他“竭思区画,无如之何,十年之久,念不少忘”。他 30 岁时,路过滦州福地镇发现义冢处有许多被犬食残遗的“破腹露脏”的病死小儿尸体,他“初未尝不掩鼻,后因念及古人所以错论脏腑,皆由未尝亲见,遂不避污秽,每日清晨,赴其义冢,就群之露者细视之”,“十人之内,看全不过三人,连视十日,大体看全不下三十余人”[33]。

　　经过上述观察,王清任发现人体内部的“卫总管”(腹主动脉)、“荣管”(上腔静脉),“遮食”、(幽门括红肌)。“津管”(总胆管),“总提”(胰脏),“膈膜”(横膈膜)等结构。尤其是对膈膜的记述相当正确,说“人胸下膈膜一片,其薄如纸,最为坚实”。他纠正了古人所认为的“脾闻声则动”、“肺中有 24 个孔”、“尿从粪中渗出”等错误论断。而且他再一次肯定大脑主宰思维记忆的功能,说:“灵机记性,不在心在脑。”

　　因为王清任所观察到的是病死并被狗咬食破坏的内脏结构,所以他也有论述错误之处,如他误认为“心无血”和“头面四肢按之跳动者,皆是气管”。其他医家提出肺“吸之则满,呼之则虚”的正确意见,王清任却批评为错误。

　　王清任对人体脏器结构上的某些错误认识,主要是受当时社会条件与他进行观察条件的限制所致,因而是不能苛求的。更何况他在《医林改错》(图 5 - 17 - 3)的“自序”里,谦虚地声明,书中“当尚有不实不尽之处,后人倘遇机会,亲见脏腑,精查增补,抑有幸矣”。

　　王清任生活在封建礼教极为严重的清代,敢于冲破其束缚,而且不畏惧打击与讽刺,对前人的错误论断提出纠正意见,其革新进取精神尤为可贵。

图 5 - 17 - 3　重刻《医林改错》叙页影

　　此外,王清任在“论痘非胎毒”的专节中指出:“诸书又曰:自汉以前无出痘者。既云胎毒,汉以前人独非父母所生。此论是为可笑。"这也是反映他敢于纠正前人错误,追求科学真理的精神。

注　释:

[1][5]　《柏乡县志·卷六·人物》,民国二十一年刻印本。

[2]　《景州志·卷五·刘佩传》,乾隆刻本。

[3]　《天津新县志·卷二十三·艺文》,民国二十一年刻本。

[4]　《保定府志·卷四十四·列传》,光绪十二年刻本。

[6]　《广平府志·卷六十·附传》,光绪二十年刻本。

[7]　《霸县新志·卷五(上)·人物艺术》,民国二十三年刻本。

[8]　《正定县志·卷四十六·艺文》,光绪元年刻本。

[9]　《沧县志·卷九·艺文》,民国二十二年刻本。

[10]　《保定府志·卷四十四·艺文》,光绪十二年刻本。

[11]　《定县志·卷二十一(上)·艺文》,民国二十三年刻本。

[12]　《清河县志·卷十二·人物志》,民国二十三年刻本。

[13]　《广平府志·卷六十·附传》,光绪二十年重修刻本。

[14][15][16]　郭霭春、李紫溪:《河北医籍考》,河北人民出版社1979年版,第6—9,19—21,24—25页。

[17]　《祁州续志》,光绪元年刻本。

[18][19][20][21]　郭霭春、李紫溪:《河北医籍考》,河北人民出版社1979年版,第28—50,68—70,50—57,58页。

[22][23][24][25]　郭霭春、李紫溪:《河北医籍考》,河北人民出版社1979年版,第59—61,63—66,66,26—27页。

[26]　《滦州志·卷十五·列传》,光绪二十三年刻本。

[27]　《获鹿县志·卷十四·艺文》,光绪四年刻本。

[28]　《正定府志·卷三十五·人物》,乾隆二十七年刻本。

[29]　《柏乡县志·卷六·人物》,乾隆三十一年刻本。

[30]　《天津府志·卷二十八·人物》,乾隆四年刻本。

[31][33]　《玉田县志·卷二十七·列传八》,光绪十年刻本。

[32]　《医林改错·上卷·医林改错脏腑记叙》。

第十八章　传统生物科技

在生物技术方面,明清时期注意了土壤改良,提倡利用养猪积肥、根外追肥,开始使用磷肥,利用药物防治病虫害,并有了作物系统栽培技术的记载。玉米、高粱、甘薯、马铃薯、花生在此时期引入河北。白菜和棉花在明清时代得到广泛种植。与之相应,榨油、腌菜、酿造酱油,皮毛鞣制等动植物加工技术发展迅速,涌现出了一批名特产品。

第一节　生物加工技术的发展

一、《国脉民天》

耿荫楼(? —1638年),字旋极,号嵩阳,明代北直灵寿(今河北省灵寿县)人。天启五年(1625

年)进士,官兵部主事。崇祯三年(1630年)撰成《国脉民天》一书,内容包括区田、亲田、养种、晒种、蓄粪、治旱、备荒7篇计有3 000字。文中关于通过有意识的人工选择来培育良种的经验,达到了相当高的水平。耿荫楼认为,选种"必先仔细择种",因为种子对于作物"犹人之有父也,地则母耳。母要肥,父要壮",所以必须选育良种。此外,在深耕、中耕、光照、除草、土壤、嫁接、移植、杂交、播种、浸种、育秧、温室以及防治病虫害等方面也都有不同程度的发明和进步。

二、榨油技术

明清时期,冀中一带农村已有民间开办的榨油作坊,榨油工具有油槽、压梁、碾子及油锤等。主要靠人工操作,劳动强度大,工效低。当时,直隶各府州的地方志中已有"香油"、"麻油"及"胡麻油"的记载,说明人们开始用芝麻、菜籽和棉籽榨油。另,赞皇、满城等地主要榨麻油,而"华北人士食(花生油)者尚鲜[1]"。

三、白菜种植与沧州冬菜腌制

白菜又称菘菜,明万历《沧州志》、《广宗县志》都载有白菜。明代陆容《菽园杂记》载:"按菘菜即白菜,今京师每秋末,比屋腌藏以御冬,其名箭杆者不亚苏州所产。"在腌白菜的加工技术中,尤以沧州冬菜为著名[2]。据《沧县志》记载,沧州冬菜盛于清康熙年间,当时沧州内外有几十家冬菜作坊。其工艺流程是:选料→切块→晒坯→炒盐→腌制→发酵→成品。

选料:选用本地产的一种帮薄、筋细、含糖多的核桃纹大白菜。

切块:先去掉菜疙瘩和老帮滥叶,切成长约1.2厘米、宽1厘米的小块。切菜一般在夜间操作,白天照晒,注意不要让菜坯堆积发热。

晒坯:晒菜前,先把苇席边压边如鱼鳞状铺在场地上,苇席的下面垫一层秫秸,以利通风透气,然后将菜坯均匀地撒在苇席上,厚度一般小于2厘米,每天上午须隔2小时用木耙上下翻一次,下午则须要每隔1小时翻一次。晒干的标准是,攥在手里成团,松手即散。

炒盐:选用高质大青盐,将盐炒成淡粉色,然后把炒盐碾碎过筛。

腌制:每100斤菜坯,用盐末15斤,蒜泥18斤。其程序是:先把菜坯放入缸或坛子内,按比例下盐末,腌制10天左右,然后再按比例拌入蒜泥,用木墩砸实,并在上面撒一层盐末。

发酵:用双超纸和特制的血料(猪或牛血)加盐与石灰糊口密封,放在露天向阳处,利于阳光照晒,使其自然发酵,经过6月(伏天)即变为合乎标准的冬菜。

成品:色泽金黄,香味浓郁,清香脆生,咸中略带辣味,落口微甜,有较高营养价值[3]。

四、槐茂面酱酿造与酱菜腌制

槐茂酱菜创始于清康熙十年(1671年),由北京金鱼胡同迁居保定的赵氏夫妇,在西大街从事酱业,专营面酱和酱菜,因门口一棵生长繁茂的古槐而取名"槐茂酱菜"。在槐茂号的影响下,保定酱业由少到多,迅速发展起来,到1870年发展到20余家,年产面酱160多万斤,酱菜20多万斤。

1902年,曹锟在保定设立督军署,保定工商业繁荣,槐茂酱菜也进入了鼎盛时期。光绪二十九年(1903年),慈禧太后挟光绪帝参谒西陵,途经保定,暂住行宫(现二中校址)。当地官员献上槐茂酱菜,慈禧太后品尝后赐名"太平菜",希望其统治地位牢固,天下太平;还赐春不老为"备瓮菜",喻为老百姓家家必不可少的常备菜。自此,槐茂酱菜更是名声大噪,当时每市斤售价白银1两7钱。此时,保定酱业发展到鼎盛时期。崇文尚武的保定人,练摔跤、玩铁球成为市井居民的热潮,由此"铁球、面酱、春不老"成为保定府的三宗宝,被民谣广为传播。

1. 槐茂甜面酱的酿造

酱,大体分为三类,即小麦粉为原料经微生物发酵制作的面酱;以黄豆为原料经微生物发酵制作的豆酱;以蚕豆为原料经微生物发酵制作的豆瓣酱。槐茂甜面酱采用的是含面筋质高,麸量少的优质小麦粉。槐茂面酱发酵制酱的水用的是保定得天独厚的一亩泉地下水。一亩泉地下水水质清澈甘甜,硬度在300毫克/升左右,富含人体有益的锶、偏硅酸等微量元素,更重要的是具有一定的生物活性。在微生物发酵过程中,有利于口感鲜香和颜色风味物质的形成。槐茂酱菜之所以品质超群,关键在于面酱。其制作工艺大体如下:

(1)酵母面团准备:将原料面粉总量的5%加水调匀,同时加入事先准备好的成包酵母液2%左右,保温30℃,任其起发,备用。

(2)蒸料:面粉加水(冬用温水),同时加入酵母面团,揉匀,放置约1小时,切块上甑蒸熟,也可将面粉加水后直接蒸熟。

(3)制曲:面糕蒸熟后,外观膨松,冷却打碎,接种米曲霉种曲,入曲室如常法制曲,约96小时,出老曲。

(4)制醅发酵:成曲在容器中堆积后加16~17℃盐水浸泡,发酵温度控制50~55℃。管理与酱油生产相似。

(5)磨细:将发酵成熟的酱醅在钢磨中磨细(或再过筛),并以蒸汽加热灭菌,即为成品。必要时对干稀进行调节。

制作甜面酱的关键是馒头曲的制备,这需要对米曲霉的生长特性有深入的了解,尤其是制曲过程中的通风量和曲层温度的控制最为重要。

甜面酱经历特殊的发酵加工过程,其特有的甜味来自发酵过程中产生的麦芽糖、葡萄糖等物质。鲜味来自蛋白质分解产生的氨基酸,食盐的加入则产生了咸味。

2. 槐茂酱菜的腌制

槐茂酱菜的腌制讲究分区选购鲜菜,如东郊产的"春不老"、紫萝卜、荸荠萝卜;西郊产的大萝卜;清苑罗侯村产的甘露、银条;毕庄、鲁庄及聂庄产的柿扁青椒;满城县佃庄村产的紫皮大蒜等,都是定点收购,籽种不能随便变更。菜坯清洗后通常须经近一年的腌制。

槐茂面酱系生产酱菜的主要原料之一,将上述腌制好的菜坯,切成多种花样,然后配菜、加盐、晒晾,按品种装入纱袋内,放入经伏天日晒的面酱缸中,每隔10天倒缸一次,酱制30~40天,即可食用。

经过精心酱制的酱菜,营养丰富、味道鲜美、脆爽可口。现在槐茂酱菜的品种有酱五香疙瘩头、酱五香疙瘩丝、酱象牙萝卜、酱苤兰丝、苤兰花、苤兰片、酱地露、酱子萝、酱银条、酱包瓜、酱黄瓜、酱莴笋、酱藕片等27个品种。其形状有条、丝、丁、角、块、片;颜色呈酱黄色或金黄色。用上述各种酱菜配以花生仁、杏仁、核桃仁、姜丝、石花菜等制成的各种篓装、瓶装、散装的什锦酱菜,色、香、味、形均别具特色。

第二节　酿酒技术

一、板城烧锅酒及其烧酒技术

板城烧锅酒是承德地区在明清时期确立起来的一个名酒品牌,为承德下板城庆元亨烧酒作坊采用传统五甑酿造技艺酿造。乾隆三十八年(1773年),乾隆偕大臣纪晓岚微服私访,行至承德东南的板城庆元亨酒店,突闻酒香扑鼻,君臣二人遂进店畅饮。酒兴之余,诗兴大发,乾隆口吟"金木水火土"

上联,纪晓岚巧对"板城烧锅酒"下联。此联以"金木水火土"五行入酒,下联不但点出酒名、地名,且将上联作为偏旁巧妙地嵌入下联,而上下联又体现出五行相克又相生的关系,一时成为绝对。乾隆连声赞好并御笔钦书赐予庆元亨酒店,板城烧锅酒由此得名。

板城烧锅酒选用优质本地高粱为原料,这是因为这里日照时间长、昼夜温差大,淀粉含量高,适于酿酒。酿酒用水采用滦河深层地下水系,微量元素丰富,是形成该酒绵甜爽口的主要原因。用小麦进行中温制曲,大曲采用传统的制曲工艺,曲心温度为 58～62℃,糖化力≥800 毫克。用优质老窖泥池作为发酵容器,老窖泥池细腻柔熟,里面含有丰富且适合于微生物生活生长繁殖的各种微量元素,如有效磷、钾、腐殖质、氨基酸、氨态氮,给微生物提供营养与能量供应,窖泥是一个微生物十分富集的栖息场所,有益微生物多达百种以上,从而构成了一个庞大的微生物群落。其中细菌、酵母菌、霉菌等酿酒功能菌长期共存,和谐共栖,对板城烧锅酒的品质起着非常关键的作用。

(1)霉菌:大曲中的霉菌有曲霉菌、根霉菌与红曲霉菌,主要生产各种酶类使淀粉转化为可发酵性的糖类物质,分解蛋白质和酯化生香。

(2)酵母菌:主要存在于大曲中,酒精酵母、生香酵母等通过微生物作用,确保发酵过程中酒精的生成与芳香成分的产生。

(3)细菌:以梭状芽孢杆菌为主,包括己酸菌、乳酸菌、醋酸菌及丁酸菌等。这些细菌大多栖息在窖泥中,彼此共栖代谢,生成己酸、乳酸、乙酸及丁酸等酸类物质。它们是产生酯类香味的产驱物质,转化为相应的乙酯类香味成分,由此赋予板城烧锅酒以典型窖香浓郁特点和风格。

(4)放线菌:放线菌是生产浓香型白酒必不可少菌类,它与乙酸菌共栖于窖泥中,在发酵过程中起着增香与底物分解作用。

板城烧锅酒具有酒香、酯香、曲香、糟香及陈香等多种复合香气,这是由于板城烧锅酒将各主要微量香味成分含量控制在一定的范围之内,微量香味成分之间都有适合自身风格合适的量比关系。所以,板城烧锅酒之闻名除了有其流传的特殊文化内涵外,更体现了当时承德地区酿酒技术的进一步发展,其优良的品质和酿酒工艺才是其成为百年老酒的根本所在。

二、丰润浭阳老酒及其酿造技术

被誉为康熙朝三大宰相之一的陈廷敬(1639—1712 年)在《午亭文编》中有一首赞美"浭酒"的诗词"浭酒歌因玉田孟君寄曹冠五使君",其中有这样三句诗:离筵尝遍京东酒,浭酒淋漓最有情。东流浭水行相饯,近海清波净于练。谁将浭水变春醅,曹家兄弟成欢宴。

诗中所说的"曹家兄弟"是指曹鼎望等丰润曹氏族人,包括曹雪芹祖父曹寅。曹寅曾作一首《浭酒歌》云:"曲蘖岂一端,醇酎毋乃滋。沉湎滑稽内,适俗恒浇漓。今夕数帆健,满引谁当之。寒泉伏百里,忆出孤竹时。"因此,丰润曹氏于明末清初在白云岭山庄别业的还乡河东岸建酒作坊,取沙石过滤的河水酿酒,称为浭酒。清朝命官韩慕庐(1637—1704 年)来到丰润,饮了浭酒,挥笔留字:"清香爽口,绵柔醇厚,味道出奇,燕酒第一。"

关于浭酒的酿造工艺,清光绪《丰润县志》明确记载:"浭酒以还乡河水酿之,所独异者在不药不煮,即以所漉生酒贮于瓮,初则淡而有风致,窖久则香郁味醲,不觉使人自醉。"具体地讲,浭酒酿造过程须经过四道工序:备粮、踩曲、发酵、酿造。

备粮,即购买当地种植的优质红高粱;

踩曲(指酒曲的制作),主要用大麦、豌豆制中温曲,其主要工艺是将原料粉碎、加水、压制成砖状的曲胚,然后使曲胚在一定温度和湿度下,进行自然界微生物的富集和扩大培养,之后,再经风干而制成的含有酵母菌、霉菌和细菌等多种菌的糖化发酵剂。其工艺流程为:大麦 60%、豌豆 40%→混合→粉碎→加水搅拌→踩曲→曲坯→入房排列→长霉阶段→晾霉阶段→起潮火阶段→大火阶段→后火阶段→养曲阶段→出房→贮存阶段→成品曲。踩曲的方法是用一瓢面,就用一瓢水,比例为 1:1,倒在锅内混合成面团,然后放在曲模子里,用脚踩。正面踩完,翻面踩,直至踩踏成块状进而制出曲坯来。

发酵,是指将渣子(即粉碎后的生原科)蒸料后,加曲入窖进行发酵。

酿造,采用"老五甑"工艺,即取出酒醅(又称母糟,指已发酵的固态醅)蒸酒,在蒸完酒的醅子中,再将渣子和酒醅混合后加入,在甑桶内同时进行蒸酒和蒸料(这种操作称混烧),然后加曲继续发酵,如此反复进行。第一次投产时,原料经蒸煮糊化,加曲,第一次入窖发酵称立渣;立渣应配酒糟或酒醅,以调节入窖的淀粉浓度和入窖酸度。在窖内有4甑发酵材料,通常在蒸酒前,先将上次发酵好的大渣或或称粮糟(全部挖出,分别取两个三分之一强的低醅,配入原料总量的各35%左右的新粮,得两个"大渣"。其余三分之一弱的低醅,加入约30%的新粮,得一个"小渣"。将上次发酵好的小茬,挖出蒸酒,为一甑"回活"(亦称"回糟"),一共4甑。对上次发酵完的"回活",挖出蒸酒,为一甑"扔糟",即不再继续发酵,可做饲料。因此,"老五甑"中有4甑须入池发酵,另一甑则成为丢糟。至第二排后,又在大渣中取出一甑作为小渣,其余按上述要求继续反复操作,这样每日进行蒸酒有一定的甑数,投入的新料和排出的酒糟数量相当,保持一定的平衡,每日产品数量相同,工作步骤一律,保持均衡生产。这样,窖池内有五甑材料同时在发酵。其发酵后的酒醅,出池时分层取出,分别各自蒸馏,共五次发酵蒸馏。根据季节的变化发酵时间约十天左右。在一定的温度下,糊化的高粱和各种微生物进行着复杂的生化反应。因为每投入一次新原料,要在池中循环5次,才作为酒糟丢掉。所以,原料中的淀粉利用率高,有利于积累白酒香味成分。

混蒸续渣法可以把各种粮谷原料所含的香味物质,如酯类或酚类、香兰素等,在混蒸过程中挥发进入成品酒中,有利于积累香味前驱物质,对酒起到增香的作用,这种香气称为粮香,如高粱就有特殊的高粱香。另外在混蒸时,酒醅含有的酸分和水分,加速了原料的糊化。蒸酒时由于混入新料,可减少填充料的用量,有利于提高酒质。发酵过程中酿酒技师依靠眼看、鼻闻、手摸、脚踢的方式确定发酵是否合适。

第三节　皮毛加工技术

河北地域自商代就有利用动物皮毛御寒的记载,到明清时期,涌现出多个皮毛加工、交易的集散地,皮毛加工技术也在代代传承中得到了系统的改进和发展。

一、枣强大营与"裘皮之乡"

枣强大营自古被称为"裘皮之乡",其历史可追溯到三千多年前的商朝。枣强大营的熟皮和制裘技术世代相传,所熟毛皮以营皮闻名,所缀裘衣、皮褥为特出之品。枣强县志记载:殷商末年,"比干制裘于广郡",广郡即今枣强大营一带。秦始皇曾下旨赐封枣强大营为"天下裘都"。明嘉靖年间,营皮被额定为"土贡",名扬天下。郑和下西洋,营皮以"皮板柔软、毛眼遂适、色泽协调时尚"而进入欧洲上流社会;清朝道光年间,英、俄、日、荷等10多个国家的客商开始在大营设立货栈。

当时,大营一带几乎村村都有皮毛作坊,加工制作的羊头、羊推褥子及羔皮、狐皮、狗皮等裘皮产品,闻名全国,这里制作的裘皮,板质柔软,弹力均匀,里子平展,缝线细密;绒毛温柔,色泽协调。其一般加工工艺过程为:回软脱脂→复浸水→去肉→甩水称重→脱脂软化→预鞣→鞣制→水洗中和→甩水加脂→干燥→转锯末→拉软→转鼓→转轮→拉软→除尘→整理储存。

二、蠡县皮毛加工技术

保定蠡县大百尺、留史镇一带,为蠡县、高阳、肃宁三县交界的中心点,依潴龙河北岸,历史上有直下天津的水运码头,陆路、水路交通均较方便,故很早以前即形成重要集市,以物资交流种类多、范围广、客流量大著称。

明末清初,县境河水泛滥,堤防决口,屡次成灾,"禾稼荡尽、遍地田园变泽国"。灾难使农民不能单纯依靠土里刨食维持生活,人们利用当地盐碱土丰富,刮盐碱,熬土硝,或外出经商,购销毛皮,土法熟皮,加工成品(称皮毛)出售谋生,皮货交易与加工行业逐渐形成。

清雍正十二年(1734年),李家佐村孙宗汉开设"福昌厚皮店",缪家营村晋海峰开设"广太兴皮店",北白楼村张老亚开设"通泰裕皮店",东莲子口村刘培绪开设"聚兴皮店"。至此,大百尺、留史一带,已相继建起皮店、皮毛作坊10家。

清道光初年(1821年),大百尺、留史一带的皮毛店越办越多,经营规模亦越来越大,生产经营者不断扩大再生产。大百尺传统的农历一、六集日与留史村的二、七集日已有皮货交易,上市品种主要为牛、马、驴、猪、羊、兔、狗、猫等土杂皮及猪鬃、马鬃、马尾等,狐狸、黄狼等细毛皮偶有上市,数量有限。

蠡县皮革加工分轻羊、重羊与皮毛三大类,轻羊制品主要有衣面皮、鞭头、鞭鞘等,以柔韧亮洁、色泽光滑为特点;重羊制品主要有车马挽具及各种皮革,特点是坚韧耐磨,抗拉力强;毛皮制品主要有皮袄、皮裤等,特点是毛色光亮洁净,轻柔松软。绒毛及尾毛加工多为粗加工,主要产品有毡帽、毡毯等,以羊绒为主。

三、辛集皮毛加工技术

辛集原为束鹿县的一个镇,古称廉官店,明代与彭家庄、李家庄及王家庄合并,易名新集。清朝乾隆年间,改"新"为"辛",始谓辛集。辛集皮毛业在殷商时代就成为中国皮毛业的发祥地,明代形成了完整的生产交易体系。在清乾隆年间已是"绵亘往来五六里,货广人稠"的"徽辅金镇"[4]。当时经营的货物有14种,皮毛类占6种,其中毛皮种类少,而以自制的绒毡、键值、鞍翰、笼头为主,可见当时皮毛加工在辛集皮毛集散市场形成过程中居于主导地位。

此外,河北地域还有其他多处皮毛加工、销售市场。尚村皮毛市场历史可上溯到明末清初,初期主要从事的是鞍具、鞭鞘、鞋底等简单的粗加工。张家口阳原也素有"皮毛之乡"之称,明清时代当地"毛毛匠"的技艺就已闻名于世。阳原皮毛有"集腋成裘"之技能,以加工边、条、头、尾、腿等各种碎料为主,通过"碎皮裁剪缝纫"、"穿网编织"等技术,"碎皮缝整"和"整皮碎用"的工艺加工成品或皮毛褥子[5]。

第四节 动植物资源的综合开发利用

一、木兰围场对动植物资源的合理利用

皇家猎苑可以视为我国古代最早建立的"自然保护区"。猎苑中的一些管理措施充分体现了对动植物资源合理利用、环境保护的思想。

康熙二十年(1681年)在康熙皇帝设置木兰围场,成为世界上第一个、也是迄今为止世界上规模最大的皇家猎苑。《啸亭杂录》记载:"木兰在承德府北四十里,盖辽上京临潢府、兴州番地也,素为翁牛特所据。康熙中,藩王进献,以为蒐猎之所。"即木兰地区原为蒙古喀喇沁杜楞君王扎锡和翁牛特镇国公吴塔特的领地,康熙二十年(1681年)以敬献牧场的名义,献给康熙皇帝,遂设置木兰围场。

木兰围场山清水秀,林密草丰,四季鸟语,三季花香,"山高林密藏鸟兽,风吹草低现牛羊"是当时木兰围场的真实写照。这座清代的皇家猎苑自康熙二十年至乾隆四十六年(1781年),前后一百多年的新建和扩建,木兰围场逐步界定为72个围。

木兰围场自建立之初就遵循了维护自然生态、保持生态平衡、人与自然和谐共生的原则。首先,

围场具有严格的保护制度:木兰围场建立后,自康熙至嘉庆的历代皇帝都曾严令"民人不得滥入"的禁令,《大清律例》也有"盗砍木植数十斤至一百斤,杖一百,徒三年……"等明文规定;同时严令"禁樵牧"、"禁伐殖",并派八旗兵严加看守;其次,围场中的围猎是有计划进行的。每次秋狝只在其中的十余围进行狩猎,其余众多围则保持休养生息,令野生动植物得以繁衍恢复。第三,是不过分狩猎,不滥猎。在每次狩猎时都严令"遇母鹿幼兽一律放生",设围时留有一缺口,令年轻力壮之兽得以逃生。每次围末,"执事为未获兽物请命,允其留生繁衍,收兵罢围"。以上这些措施,使这里的森林和自然生态、野生动植物种群因此而得到保护,维护了很好的生态平衡。因此,木兰围场应该是中国最早、最具有实际内涵的自然保护区域,这在世界自然保护史上是颇具开创意义的。

二、避暑山庄对植物资源的引种

避暑山庄又名承德离宫或热河行宫,位于承德市中心北部、武烈河西岸一带狭长的谷地上。它始建于 1703 年,历经清朝三代皇帝:康熙、雍正、乾隆,耗时约九十年建成。

避暑山庄建成以后,首先是对其中土地的开发利用,引进了大批异地生长的农作物或林木。康熙在《香远益清》中就曾写道:"沙漠龙堆、青湖芳草,疑是谁知,移根各地参差。"沙漠龙堆是指蒙古地区,青湖在湖南,泛指南北各地的名花异草,都被汇集于山庄。因而,山庄内"奇种异植,茂密蒙茸",堪称一个大型植物园林。

避暑山庄植物配置主要以松树和竹子为主,"松鹤斋"院落中所植主要也是油松。乾隆《松鹤斋》诗有云:"常见青松蟠户外,更欣白鹤舞庭前。"康熙诗"僵盖龙鳞万壑青",乾隆诗"四时无改色,众木有超群。盖影晴仍暗,涛声静不纷"都是写万壑松风附近松林葱郁的景观。从冷枚的系列画作上看,山庄的"冷香亭"附近布置有竹子、梅花等近赏植物。"清舒山馆"为读书之所,除松树之外,栽有大量竹子,《热河志》记载,"此间竹净苔清,觉鸟语泉声都增净赏"。

山庄湖岛区植物配置主要为荷花、垂杨。"风吹苗苔倒垂枝"(乾隆诗),"红莲满诸,绿树缘堤"(《避暑山庄诗》),记录了当时沿湖岸垂柳覆水藏亭的浓密景况。《避暑山庄诗》中载有:"广庭数亩,植金莲花万本,枝叶高挺,花面园径二寸余,日光照射,精彩焕目,登楼下视,直作黄金布地观。""桥南种敖汉荷花万枝,间以内地白莲,锦错霞变,清芬袭人",《热河志》载有"两岸烟澜渺弥,杨柳纷敷,异花滋漫,掩映白莲,褥采清芬,弥望如一"。根据这些记载,可知山庄内各种荷花与杨树的盛况。

山庄之千林岛,《康熙几暇格物篇》曾有记述:"樱额,果树也。产于盛京、乌喇等处,古北口外亦以有之,其树丛生,果形如野黑葡萄而稍小。味甘涩,性温暖,补脾止泻,鲜食固美,至以晒乾为末,可以致远,食品中适用处多,询佳果也。今山庄之千林岛,遍植此种。每当夏日,则累累缀枝,游观其下,殊堪娱目,不独秋实之可采也"。因此山庄在当时就引种了樱额、草荔枝、普盘(木墓)等外地果树。草荔枝是康熙和乾隆最喜欢的野果之一,清代大量栽植在避暑山庄里,现在已经无存。经考证,草荔枝就是现在的水果树莓。普盘是一种木本、丛生植物。圣祖御制《康熙几暇格物编》(四集)载有:普盘即木莓,一名悬钩子,尔雅所谓茪也。按《本草》云:盖莓有三种:藤生缘树而起者大麦莓,乃入药之覆盆也;树本挺而丛生者木莓,一名山莓,即普盘也;草本委地而生者地莓,亦名蛇莓,不可食,今江南人谓之蛇盘也。

避暑山庄"万树园"、"热河泉"、"金山岛"以东,有一片平地,据文献载述,清代为大面积的瓜圃,当时种植了许多香瓜、西瓜。康熙在《烟波致爽》中记述有"地厚登双谷,泉甘剖翠瓜",清朝皇帝还常把山庄产的香瓜和西瓜赏赐大臣和奴仆。据清档《起居注册》记载,康熙五十五年(1716 年),康熙住在山庄时,于十二日、十六日、十八日,多次"赐大臣、官员、执事人员、护军、七省官兵西瓜、香瓜",说明当时山庄瓜圃所产的瓜数量不少。

从文献记载来看,康熙时避暑山庄还种了一些农作物。汤右曾诗中记有:"稻垂麦仰足阴阳,土厚泉甘草木香,会吐双岐衔九穗,一星天上应农祥。"可见当时山庄种植有大量农作物。从史料看,其农作物主要有麦、稻、乌喇白粟。康熙《刈麦记》一文,记载了在山庄割麦的情况:"山庄苑内,麦、谷、黍、稻皆寓焉。……五十四年夏六月，小暑，乃苑中刈麦之候，荐新观成，如云表盛，晨气暖风，秀渐标奇。远闻各省麦秋相同，此自前之实景也"(《清圣祖御制文(四集)》《辅通志》卷八)。"口外种稻非至白露以后数天不能成熟，惟此种可以白露前收割。故山庄稻田所收，每岁避暑用之，尚有赢余。"(《康熙几暇格物编》)可证山庄确曾有过稻田。乌喇白粟，据康熙说原产于乌喇(今吉林)地方，"味既甘美，性复柔和，有以此粟来献者。朕命布植于山庄之内，茎干叶穗，较他种倍大，熟亦先时，作为糕饵，洁白如糯稻，而细腻香滑，殆过之。"(《康熙几暇格物编》)

清朝历代皇帝之所以把全国各地的名贵树木花卉移植山庄，主观上当然是为了满足耳目口腹之欲，但同时在客观上也促进了各种植物的引种技术。乾隆写山庄的两句诗"山庄咫尺间，直作万里观"就直接反映了园林在有限的空间中囊括四海，遍种天南地北之不同植物种类。乾隆五十七年(1792年)马戛尔尼率领的英国代表团，参观了避暑山庄之后，曾经这样记述了他们的观感："在游览中一行人发觉到，在全园中包括着天南地北绝然不同的地段，有的地方生长着北方的耐寒橡树，也有地方生长着南方的娇嫩花草……整个园林既有天然的雄浑气概，又有秀丽的人工创造。"(《英使褐见乾隆纪实》)

三、御稻的选育和推广

康熙在避暑山庄种植稻米时，亲自对农作物新品种进行单株选择实验，并载有选育、试种、对照、推广的详细记录，跟现代单株选择程序吻合，是世界选种史上极其珍贵的科学实验资料，比维尔莫林1856年开始采用单株选择法为甜菜选种还要早140多年。

史书表明，禾谷类作物最早的选种方法是粒选，继而是穗选。《齐民要术·收种第二》："凡五谷种子，……常岁岁别收，选好穗纯色者，铚刈高悬之。至春，治取别种，以拟明年种子。其别种种子，常须加锄。先治而别埋，还以所治穰草蔽窖。"

康熙在其《康熙几暇格物编》上册中记载了偶尔获得水稻突变株并加以繁育的过程："乌喇地方(今吉林市境内)，树孔中或生白粟一科，土人以此子播获，生生不已，岁盈亩顷，味既甘美，性复柔和。有以此粟来献者，朕命布植山庄之内，茎干叶穗，较它种倍大，熟亦先时，作为糕饵，洁白如糯稻，而细腻香滑殆过之。"此后，康熙亲自运用单株选择法，对这一水稻变异植株进行有意识的选择，直至培育成优良品种"御稻"。《康熙几暇格物编》下册记载："丰泽园中，有水田数区，布玉田谷种，岁至九月，始刈获登场。一日循行阡陌，时方六月下旬，谷穗方颖，忽见一科，高出众稻之上，实已坚好，因收藏其种，待来年验其成熟早否。明岁六月时，此种果先熟。从此生生不已，岁取千百，四十余年以来，内膳所进，皆此米也。其米色微红而粒长，气香而味腴，以其生自苑田，故名御稻米。"

御稻当时在国内外均产生了巨大的影响。如英国著名生物学家、进化论的创始人达尔文就对御稻给予了高度评价，在《动物和植物在家养下的变异》一书中写道："皇帝的上谕劝告人们，选择显著大型的种子，甚至皇帝还自己动手进行选择，因为据说御米即皇帝的米，是往昔康熙皇帝在一块田里注意到的，于是被保存下来了。"[6]

1704年，康熙批准在北京西郊玉泉山和总兵蓝理在天津附近的水田中大面积播种御稻，这就是有名的"京西稻"和"蓝田"。几年之后，又命在京东长城内外全力推广。"御稻"抗寒能力强，能够比当时普通稻种提前播种，生长期也短得多。"御稻"的推广不但解决了北方无霜期短少有水稻的问题，而且也能解决南方数省第一熟均为低产糯米的问题。正如康熙《早御稻》诗所述："紫芒半顷绿茵茵，最爱先时御稻深。若使炎方多广布，可望两次见秧针。"

1715年，为在南方地区试种两季御稻，康熙"颁其种与江浙督抚、织造，令民间种之"。当年由于种植者不相信御稻抗寒，不敢提前播种，致使秋稻生长期不足，因而一季稻丰收，二季稻歉收。康熙收到报告后，批示"四月初十种迟了"。翌年，他派出直隶有经验的种稻老农专下江南指导，提前至三月底插秧，使得一、二季均获丰收，更证明御稻确实是一个优良品种。

随后的两年里，苏、浙、皖、赣等省开始大面积推广两季御稻，亩产量大幅度提高。最初来自江南的水稻,经康熙在丰泽园精心选育,再经避暑山庄试种和京津的大面积推广,最后又回到江南,使千百年来糯稻连作的生产方式向双季稻连作制转变。

注　释:

[1]　彭泽益:《中国近代手工业史资料》(第2卷),三联书店1957年版,第301页。
[2]　《河北特产风味指南》,河北科学技术出版社1985年版,第134页。
[3]　时玉才:《沧州冬菜》,河北人民出版社1991年版,第298—299页。
[4]　李文耀、张钟秀:《束鹿县志·物业志》,清乾隆二十七年刻本,第15—17页。
[5]　陈美健:《清末民中的河北皮毛集散市场》,《中国社会经济史研究》1996年第3期。
[6]　达尔文著,叶笃庄译:《动物和植物在家养下的变异》(第二卷),科学出版社1958年版,第461页。

第十九章　传统人文科技

明清时期,河北地域人文社会科学领域出现一批历史名人和名扬中外的优秀文化作品。在诗文方面,故城人马中锡著有《中山狼传》、《东田文集》等,在文学史上享有极高的声誉。高邑人赵南星、薛论道等人所作散曲,不阿权贵,豪情壮怀,充满了侠义之气。曹雪芹的《红楼梦》、纪晓岚的《四库全书》、《四库全书总目提要》和《阅微草堂笔记》,流芳百世。清末张之洞在《輶轩语》中称:"今为诸生指一良师,将《四库全书提要》读一过,即略知学问门径矣。"在哲学方面,颜元继承了元代刘因的"治生论"思想传统,提倡"习行"和"务实"的学风,反对空谈"心性命理",表现了他那气吞山河的浩然之志和战斗的唯物主义精神。武强年画、井陉拉花、唐山皮影等民间艺术蓬勃兴起。

第一节　实学思想的发展

颜元(1635—1704年),字易直,又字浑然,号习斋,直隶博县北杨村(今衡水深县东)人。他一生饱经忧患,苦学笃行,其思想认识几经变化。早年他学无专攻,习学颇杂,曾研治兵家之学,著有《攻战事宜》,后又尽弃科举之业,攻读经世之学,名其斋曰"思古"。24岁时,颜元读到《陆王语要》,遂为心学思想所折服,"始知世有道学一派","以为圣人之道尽在是矣"[1],乃肆力探求陆王心学,并著《求源歌》、《格物论》等,学者称其为"真陆王"。26岁时,颜元又读到《性理大全》,乃识周、程、张、朱之学旨,以为程朱理学较陆王心学尤纯粹切实,遂幡然改志,由崇信陆王转向尊奉程朱。可是,随着明末封建社会的没落和资本主义生产关系的出现,宋明理学那种"空口讲诵,静坐冥想"的修养工夫显然已经跟重实利的资本主义商品经济不相适应了。于是,为了矫正宋明理学所带来的种种社会弊端,自明中叶后,学者便纷纷别立门户,自主新说,学术活动便朝两个方向展开:一方面表现为对王学的纠偏运动;另一方面则表现为随汉唐经学的复兴运动。而在学术思想上,所谓"实学"即是以恢复原始儒学和汉代经学为旗帜,譬如,顾炎武提出"舍经学无理学"、"经学即理学"的主张,首开清代经学之先河。在此基础上,颜元特别"申明尧、舜、周、孔三事、六府、六德、六行、六艺之道,大旨明道不在诗书章句,学不在颖悟诵读,而期如孔门博文约礼,身实学之,身实习之,终身不懈者"[2]。他在主持漳南书院期间,积极主张以"实学"、"实用"、"实行"、"实习"为教,力行六斋教学法。其具体内容是:文事斋:课礼、乐、书、数、天文、地理等科;武备斋:课黄帝、太公及孙、吴五子兵法,并攻守、营阵、陆水诸战法,射御、技击等科;经史斋:课《十三经》、历代史、浩制、章奏、诗文等科;艺能斋:课水学、火学、工学、象数等科;理学斋:课静坐、编著、程、朱、陆、王之学;帖括斋:课八股举业。显而易见,这种"分斋"式的教学法与"理学"教育方法有着实质性的不同,它的基本特点就是把许多自然科学的知识纳入了封建教育的内容当中,这已经蕴涵着近代课程设置的萌芽,它是颜元对中国古代教育理论最大的贡献。后来,颜元的学生蠡县人李塨更在新的历史条件下发挥胡瑗的实学思想,主张"分科以为士,曰礼仪、曰乐律,经史有用之文即附二科内;曰天文、历象、占卜,术数即附其内;曰农政、曰兵法、曰刑罚、曰艺能,方域、水学、火学、医道皆在其中;曰理财、曰兼科;共九科。"[3] 从历史上讲,分斋教学创始于北宋的胡瑗,但经过颜元和李塨的推广与发展,到清初,经世实学作为一门独立的学问已经越来越受到社会民众的广泛重视,并且在学界标领一代风骚。

第二节　文学成就

一、《红楼梦》的艺术成就

曹雪芹(约1715—1763年),名沾,字梦阮,号雪芹、芹圃、芹溪,唐山丰润人(亦有人认为曹雪芹的祖籍是灵寿,即北宁名将曹彬之后)。他的祖先原是汉人,后入了满籍。在康熙朝,曹家是非常显赫的贵族世家。然而,雍正即位后,曹雪芹的父亲曹頫因跟皇室派别斗争有牵连以及在江宁织造任期内因财款亏空等原因,被罢官、抄家,家道从此衰落。而曹雪芹的一生恰好经历了曹家由盛而衰的过程,由"锦衣纨绔","饫甘餍肥"的贵公子降为落魄的一介"寒士",这种天壤之别的生活变化,促使他对自己过去的经历去作一番深刻而痛苦的反思和回顾。当然,这个过程亦是他逐步地与封建社会的道德意识进行决裂的过程,而《红楼梦》就是这个过程的历史见证和思想结晶。

《红楼梦》共120回,后40回据传为高鹗所续。其中第四回为全书的总纲,它描写了以贾、史、王、薛四大家族为代表的封建社会崩溃的历史趋势,赞颂了大观园中被压迫人民的反抗和宝、黛的叛逆性格,揭露了贵族统治阶级的腐朽和堕落,显示了对于封建制度的多方面的暴露和批判。所以,有专家指出,《红楼梦》是一部具有历史深度和社会批判意义的爱情小说。它颠倒了封建时代的价值观念,把人的情感生活的满足放到了最高的地位上,用受社会污染较少、较富于人性之美的青年女性来否定作为社会中坚力量的士大夫阶层,从而表现出对自由的生活的渴望。因此,它在引导人性毁弃丑恶、趋向完美的意义上,有着不朽的美学价值。

这部书以情节论,包括19年中贾府的家庭琐事和衰败的历程;以范围论,涉及社会,风俗、婚姻、教育、宗教、政治、经济等;以人物论,计有480多位。这部巨著叙述故事的路线是纵横交错的,就像那星棋罗布的河流一样,它描写的笔触是跳动的,一会儿描写潇湘馆,一会儿描写怡红院,一会儿是凤姐,一会儿是紫鹃。但在其纵横交错之中,仍有脉络可循;在其变换万千的笔触之中,却又条贯井然,前后呼应。不仅刻画了人物的言行举止与外貌,还刻画出人物的思想性格。书中所创造的人物,各有不同的典型;他们的遭遇与结局,也给人不同的感想。对于爱情的描写,曹雪芹运用浪漫的手法,把故事写得缠绵悱恻;对于荣府的兴衰,官僚政客的腐败,社会上的贫富不均,又运用忠实的写实手法,使作品成为时代的镜子,这种糅合写实与浪漫于一炉的方法,便是《红楼梦》的表现手法。所以,《红楼梦》在我国古代民俗,封建制度,社会图景,建筑金石等各领域皆有不可替代的研究价值,达到我国古典小说的高峰。

二、《四库全书》和《四库全书总目提要》

纪昀(1724—1805年),字晓岚,又字春帆,晚号石云,献县人。1773年,清朝乾隆皇帝开四库馆,成立了全世界最大的编书抄书阵容。由皇六子永瑢做正总裁,纪昀为头牌编纂官,动用了4 303人,编出7部《四库全书》,每部为98 000万字。该书自乾隆三十八年(1773年)开始编修,至乾隆四十六年(1781年)初稿完成。经过修改、补充,于乾隆五十四年(1789年)定稿,由武英殿刻版。乾隆六十年(1795年),浙江地方官府又据杭州文澜阁所藏武英殿刻本翻刻,自此方得广泛流传。由此不难看出,纪昀从49岁到62岁,虽然不过13年,但是却把他一生的学问都贯注在了《四库全书》上。在此期间,为了使《四库全书》更加便于阅读,纪昀又用了8年时间,写出《四库全书总目提要》这部研究中国图书的空前绝后之名著。它囊括百家,统驭万类,卷帙之富,成就之高,实在是古典目录学之绝无仅有者。故此,清末张之洞撰《輶轩语》不得不承认:"今为诸生指一良师,将《四库全书提要》读一过,即略知学问门径矣。"[4]

第三节　方志学成就

一、《热河志》的编撰

承德是我国北方著名的历史名城,在清乾隆时期,当时热河就已经成为名副其实的夏都,所辖地区很广阔,而为了"奋武卫而柔藩封",乾隆皇帝于1756年下令由和珅、梁国治主持纂修《热河志》,至1781年完成,前后共用了25年。该志共120卷,约140多万字。全书分为天章(清帝诗文)、巡典、徕远、行宫、围场、疆域、建置沿革、晷度(天文历法)、山、水、学校、藩卫(蒙古各部情况)、寺庙、文秩(衙门设置情况)、兵防、职官题名、宦迹、人物、食货(赋税、户口等)、物产、古迹、故事(历史事件)、外记(明以前各族情况)、艺文(历代诗文)等24个部分。《热河志》是由中央政府组织编写的,出书前已设承德府,却不用承德府题名。纪晓岚等人在按语中解释:"此志以热河名者、神皋奥区,銮舆岁莅,蒐狩朝觐,中外就瞻,地重体尊,不可冠以府县之目,故仍以行殿所在为名也。"这表明《热河志》不是一般的地方志,而是清王朝的陪都志。就此志的史学价值而言,纪昀在《四库全书简明目录》一书中说:"是编所载,非但山川、风土、壮观、奥区,即盛典之频仍,宸章之繁富,亦自古舆图所未有也。"

二、《永清县志》的编写

《永清县志》于清乾隆四十四年(1779年)由章学诚等人编纂,该志为一代名志,已收录《章学诚遗书》。章学诚是清代方志学大家,他一生除先后撰写了一系列重要方志论文外,还陆续纂修或参修过多种省、府、州、县志书。《永清县志》即是其中突出的一种。自明迄清,永清县曾多次修志,但以章学诚于乾隆年间所纂之《永清县志》最为著名。加之,《永清县志》又是章学诚所纂诸志中保留至今最完善,同时也是实践其方志理论最主要的一种,可称作是县志的典范。清人叶廷琯称:"余曾见其所修《永清县志》,思精体大,深得史裁……舆地水道有图,开方计里,形势了如。"[5]在章学诚看来,"志乃史体"[6],以此为指导,他具体地提出了"志书四体"的方志学理论。他在《答甄秀才论修志第一书》中说:"州郡均隶职方,自不得如封建之国别为史,然义例不可不明。如传之与志,本二体也。今之修志,既举人物典制而概称曰志,则名宦乡贤之属,不得别立传之色目。传既别分色目,则礼乐兵刑之属,不得仍从志之公称矣。窃思志为全书总名,皇恩庆典,当录为外纪;官师诠除,当画为年谱;典籍法制,则为考以著之;人物名宦,则为传以列之。变易名色,既无僭史之嫌;纲举目张,又无遗漏之患。其他率以类附。至事有不伦,则例以义起,别为创制可也。"当然,章学诚仅仅把外纪、年谱、考和传这四个部分看作是志书的主要体例,但不是唯一的定法。事实上,"至事有不伦,则例以义起,别为创制也",也就是说,体例应当根据内容的变化而不断改变其存在形式。为此,章学诚又进一步概括出"志在三书"的原则。他在《方志立三书义》中说:"仿纪传之体而作志,仿律令之体而作掌故,仿《文选》、《文苑》之体而作文征。三书相辅而行,阙一不可,合而为一,尤不可也。"即方志的编写应以志、掌故、文征三者为方志体例之三大纲,纲下再分立项目。比如,《永清县志》用了纪、表、图、书、政略、传、文征六大类,而类下又划分纲目,是谓立三书之义。从这个角度说,《永清县志》是一部体例最为完备之志书。

第四节　白莲教的形成和发展

明清时期,河北地域兴起民间宗教组织——白莲教。白莲教渊源于佛教的净土宗,相传净土宗始祖东晋释慧远在庐山东林寺与刘遗民等结白莲社共同念佛,后世信徒以为楷模。北宋时期净土念佛结社盛行,多称白莲社或莲社。南宋绍兴年间,吴郡昆山(今江苏昆山)僧人茅子元(法名慈照),在流行的净土结社的基础上创建新教门,称白莲宗(即白莲教)。早期的白莲教崇奉阿弥陀佛,提倡念佛持戒,规定信徒不杀生、不偷盗、不邪淫、不妄语、不饮酒。它号召信徒敬奉祖先,是一种半僧半俗的秘密团体。它的教义简单,经卷比较通俗易懂。为下层人民所接受,所以常被利用做组织人民反抗压迫的工具。在元、明两代,白莲教曾多次组织农民起义。到了明末清初,白莲教逐渐在教理方面趋于完备,教义也更加体系化。白莲教教义认为:世界上存在着两种互相斗争的势力,叫作明暗两宗。明就是光明,它代表善良和真理,暗就是黑暗,它代表罪恶与不合理。这两方面,过去、现在和将来都在不断地进行斗争。弥勒佛降世后,光明就将最终战胜黑暗。这就是所谓"青阳"、"红阳"、"白阳"的"三际"。白莲教认为:现阶段(即中际),虽然黑暗势力占优势,但弥勒佛最后一定要降生,光明最后一定要战胜黑暗。它主张打破现状,鼓励人斗争。这一点吸引了大量贫苦百姓。使他们得到启发和鼓舞。加上教首们平日的传授经文、符咒、拳术、静坐、气功为人治病等方式吸收百姓皈依,借师徒关系建立纵横联系。所以,在嘉庆年间,白莲教又逐步发展成为一种具有广泛社会基础的巨大反清力量了。

第五节　非物质文化遗产

清代的城市工商经济进一步走向繁荣,手工业技术得到了很大发展,工艺性雕塑艺术也相应地得到城乡社会的重视。因此,宫廷设立专门机构,督促、组织生产,雕漆、石雕、牙雕、木雕以及瓷塑、金属铸造等艺术门类都有一些优秀作品闻名于世,成为现在的非物质文化遗产,并出现了许多雕刻名家。

一、泥 人 张

天津"泥人张"世家,早在清代道光年间就已形成了独特的风格,根据市场需求,在技术上、产量上都不断提高,一直延续至今。如众所知,天津"泥人张"艺术的创始人是张长林,张长林(1826－1906年),字明山,自幼随父亲从事泥塑制作,练就一手绝技。他只须和人对面坐谈,搏土于手,不动声色,瞬息而成。面目径寸,不仅形神毕肖,且栩栩如生须眉俗动。"泥人张"彩塑创作题材广泛,或反映民间习俗,或取材于民间故事、舞台戏剧,或直接取材于《水浒》、《红楼梦》、《三国演义》等古典文学名著。所塑作品不仅形似,而且以形写神,达到神形兼备的境地。

二、武强年画艺术

河北武强县是旧时我国木版年画的重要产地,该县的木板年画始于宋元,至清朝康熙到嘉庆年间达到鼎盛,有"年画之乡"的称誉。历史上,民间对年画有着多种称呼:宋朝叫"纸画",明朝叫"画贴",清朝叫"画片",直到清朝道光年间,文人李光庭在文章中写道:"扫舍之后,便贴年画,稚子之戏耳。"至此,年画才被看作是绘画艺术的一种形式。武强年画题材广泛,形式多样,具有浓郁的乡土气息;作品构图饱满、主题突出,结构紧凑、线条粗犷,兼施黑、红、绿、黄、紫、粉等色,对比明快,极富有装饰性。有门画、窗画、灯画、斗方、贡笺、中堂画、炕围画、顶棚画、囤画、对联、条屏等,甚至牛棚马厩也有专门张贴的年画。题材主要有戏文故事,风俗时尚,喜庆寓意,娃娃美女,花卉山水等。代表作品有"踏雪寻梅"、"三娘教子"、"赵州石桥"等。

三、井陉拉花艺术

井陉拉花产生并流传于井陉县境内,是一种起源于元明且为当地特有的民间艺术形式,属于秧歌剧曲艺类型,是河北地域三大优秀民间(即唐山秧歌、沧州落子和井陉拉花)舞种之一。经过"拉花"专家们几十年研究分析、采访考察,认为"拉花"产生在金元时期。当时北方少数民族侵入中原一带,他们的文化艺术也随之带入中原,特别是位居太行山脚的井陉地区受到较大影响。外来艺术与本地艺术相融合,产生了一种新型的文化艺术。又据考证,由于明初推行"移民屯田"政策,尤其是从人口密集战争少的山西晋南、晋中、晋东南在 1373 年和 1388 年的两次大规模移民潮中,使原来人少地多的井陉县突然间增添了一百多个晋籍村庄和数十个晋籍姓氏。其间一些外地民间艺术形式也必然随之而来,如"庄旺拉花"《货郎担》的传人李氏,就是这一时期的移民,而且,在"庄旺拉花"由来的传说中,也明显地指出了这一点。又如《中国舞蹈史》中提道:"明人姚旅在山西洪洞县曾见到多种民间舞蹈。如手持小凉伞的《凉伞舞》,手持檀板、边拍边舞的《花板舞》等。"

井陉拉花虽说是秧歌剧曲艺类型,但它又有自身的突出特点,譬如,井陉拉花以"抖肩"、"翻腕"、"扭臂"、"吸腿"、"撇脚"等动作为主要舞蹈语汇,形成了一种刚柔并济、粗犷含蓄的独特艺术风格。它舞姿健美、舒展有方、屈伸有度、抑扬迅变,擅于表现悲壮、凄婉、眷恋、欢悦等情绪,表演人数 6 至 12 人不等。在伴奏音乐方面,既有河北吹歌的韵味,又有寺庙音乐、宫廷音乐的色彩,刚而不野、柔而不靡、华而不浮、悲而不泣,与拉花舞蹈的深沉、含蓄、刚健、豪迈风格交相辉映,乐舞融合,浑然一体。传统拉花音乐多为宫、徵调式,其次还有商、羽调式,节奏偏慢,大多为 4/4 拍,特色伴奏乐器有掌锣等,"拉花"的乐曲有十二音:(1)《小儿犯》,(2)《魔合罗》,(3)《万年欢》,(4)《雁南飞》,(5)《相思谱》,(6)《爬山虎》,(7)《采椒》,(8)《春夏秋冬》,(9)《粉红莲》,(10)《腊梅花》,(11)《小走马》,(12)《红绣鞋》。

在表演形式方面,井陉拉花风格多样,流派众多,仅从派别上就分为南正拉花、庄旺拉花、南固底拉花、南平望拉花等,演出时有持滚伞的、擎弯弓的,拿拨浪鼓、八角鼓的,舞霸王鞭的,舞彩扇手绢的,打四块瓦、桃花瓶、端灯的等。其基本动作有"翻手扇"、"原步"、"上山步"、"下山步"、"雁南飞"、"风点头"、"下扇"、"削腿"、"漫头"、"蹲裆"、"别腿"、"弓步翻身"、"双扇花"、"大小拉弓"、"搅扇"、"摇扇"等。

"拉花"的化妆别具一格,紧紧围绕着"花"字做文章,形成以花为主的脸谱。在淡淡的底色上,用白色单线条在面颊上画两朵花,男的画菊花,女的画梅花。井陉人把"花"作为美好和平的象征,菊花含意为向往丰收年景,菊花盛开之时,正是秋季五谷丰登的大好时节。梅花的含意的抗严寒、傲霜雪,这在冬季开放,人们称为"腊梅",意指女子不畏强暴,不甘恶人欺凌,具有坚忍不拔的精神。

四、唐山皮影

唐山皮影(亦称乐亭皮影)起源于金代的滦州,盛行于乐亭。皮影,古代称影戏,西汉时就开始在宫中流行。如《前汉书·李夫人传》载:"上思念李夫人不已,方士齐人少翁言能致其神,乃夜张灯烛,设帐帷,陈酒肉,而令上居他帐,遥望见好女李夫人之貌,还幄坐而步,又不得就视,上愈益相思,悲戚。"

唐山皮影始自明代万历年间,他的始创人是滦县安各庄的秀才黄素志。当时,滦州秀才黄素志因两试不第,便离开家乡,远去关外。为了生计,黄素志与他的学生们就用厚纸板制成人物的造型,夜间在灯光下映出人影演出。由于黄素志是滦州(今滦县)人,用家乡的腔调说唱,就称这种演出为"滦州影戏"。后来,经黄素志的弟子的改进,用羊皮刮净毛血,雕刻成形,染上各种颜色,制成影人,很快就传遍关东各地。后来随着清军入关,又传到关里。一个影班的成员一般为七八人。

唐山皮影分小、生、髯、大、丑,角色相当丰富,雕起来要繁而不乱,密而不杂。精细活儿必须精细刀法,拉刀、推刀、回转、顿挫、明刀、暗刀,真是刀刀准、快、稳。做好了的影人儿安上三根杆,不仅要灵活自如,而且要和生活中人的一举一动相合,各种套路干净利落。掌线的操作演员分为上线和下线,并兼伴唱。伴奏分弦乐和击乐,二位伴奏员一人多职,拉弦、司鼓、操锣钹兼伴唱。整个影班每一名演员几乎是手、口、脚并用。演出的影台子,为篷架式平台,台前放一长条桌形案板,案上支起影幕。演出时,掌线操作员把影人、道具放置在窗幕上,以灯光照射在窗幕上显现影形。

剧中所出现的影人、物、兽全为驴皮,经刻影艺人雕刻、点染、油漆加工制成。影人是五分侧面形象,道具是五分平面图案,没有层次,没有深度,所以人和影物不能重叠。影人分为头部、身体两部分。人物身体的四肢和中身,用丝线连接缀而成关节活动的人身。有专家指出,尽管其他地方也有影戏,但是唐山皮影却有四个独特的风格:一是影人用驴皮雕刻,有一套独特的操纵技巧;二是以唱功著称,用滦乐乡音唱白(乐亭口音多,滦县口音少),语言通俗易懂,因此又称"老呔影";三是自清代咸丰年间就开始用手指掐喉头发声,经挤压发的声音,具有一种怪异味道,恰好与影人的形象动作浑然一体;四是有独特的唱腔,如张绳武的呵腔等。到 20 世纪 30 年代,唐山皮影艺术已经成熟,一些皮影班纷纷进入唐山戏院演出,使得皮影更加兴盛起来。

注 释:

[1]　颜元:《习斋纪余》卷 1《未坠集序》,《四明丛书》第 5 集,第 72 册,第 10 页。

[2]　颜元:《存学编》卷 1《上太仓陆桴亭先生书》,《颜元集》,中华书局 1987 年版,第 48 页。

[3]　李塨:《平书订》卷 6,见顾树森:《中国古代教育家语录类编·补编》,上海教育出版社 1983 年版,第 205 页。

[4]　苑书义等主编:《张之洞全集》卷 272《輶轩语》,河北人民出版社 1998 年版,第 9791 页。

[5]　叶廷琯:《吹网录》卷 4《章实斋修志体裁之善》,辽宁教育出版社 1998 年版,第 93 页。

[6]　章学诚著,仓修良编:《文史通义新编》,上海古籍出版社 1993 年版,第 713 页。

第六编

中西方科学技术的碰撞与融合

（晚清及民国时期）

　　此期，中国进入了半殖民地半封建社会，民族矛盾和社会矛盾日益突出，西方列强在政治侵略的同时也将科技文化渗透推向高潮。河北科学技术在艰辛和苦斗中得以发展，通过引进、消化、吸收西方科学技术，取得了许多成就。此期农业劳动生产出现了农业耕作机械，引进了脱字棉、斯字棉等农作物新品种，李献瑞发明了五轮水车，方观承编制了《御题棉花图》，修建了中国第一条标准轨道铁路，制造了中国第一台飞机发动机，开办了中国第一个近代煤矿——开滦煤矿，建成了全国最大的玻璃工业——耀华玻璃厂，成立了中国第一所农业高等学校，创建了全国第一个林研所和第一个农业综合实验站，建成了解放区第一个水利发电站等。在这时期，张锡纯撰写了汇通中西医思想的《医学衷中参西录》，刘仙洲自编我国工科大学第一套教科书，晏阳初在河北定县开展了中国历史上最大规模的一次平民教育运动。

第一章　近代社会历史概貌

　　此期中国历史进入了半殖民地半封建社会,整个社会的主要矛盾由地主与农民之间的矛盾斗争转变为中华民族与帝国主义之间的矛盾斗争,反帝反封建是这个历史时期的主题。一方面,帝国主义的侵略与压迫给中国人民带来了深重的灾难;另一方面,西方的先进科技文化和技术作为帝国主义侵略中国的一个组成部分,不断地以各种方式传入中国,它促使一批国内的先进知识分子痛定思痛,开始走上向西方寻求救国真理的道路。河北成为"科技救国"者振兴民族经济的试验场,一批具有近代意义的官办民族工业应运而生。在中国近代历史中,英勇的河北人民面对外国的侵略势力,不畏强暴,前赴后继,为中国革命的彻底胜利作出了不可磨灭的历史贡献。

第一节　晚清时期社会经济发展

　　从 1840 年鸦片战争以后,腐朽的清王朝逐步失去了其政治和经济的独立性,中国社会的性质亦由一个封建国家衰变成为一个半殖民地半封建国家。1860 年,英法联军强迫清政府增开天津为商埠。从此西方侵略势力进入河北。1862 年初,清政府决定向英法两国"借师助剿",联合镇压太平天国。从 19 世纪 60 年代到 90 年代,曾国藩、李鸿章等人掀起了一场名为"师夷长技以自强"的洋务运动。1867 年,崇厚筹办天津机器制造局,后在李鸿章的经营下,天津机器制造局很快就成为北方的"洋务"中心。中日甲午战争宣告了洋务运动失败。接着,西方列强开始在中国抢占租借地,划定势力范围,天津、保定等地则成为外国传教士在北方最为集中的地区。1869 年,天津的法国传教士在繁华的三岔河口地区建造教堂,拆除了有名的宗教活动场所崇禧观和望海楼及附近一带的民房店铺,使许多百姓流离失所,无家可归。望海楼教堂建成以后,法国传教士网罗了一批地痞恶霸、流氓无赖为教徒,为非作歹,欺压百姓,甚至还发生了天主教育婴堂杀婴事件,而天津市民的反"洋教"斗争,就是在这样的历史背景下发生的。后来,民教冲突成为诱发义和团反帝斗争的直接因素。

　　在行政区划方面,晚清大体上仍然沿袭前清的格局,其领属府级政区有顺天府、保定府、天津府、河间府、正定府、永平府、顺德府、大名府、广平府、承德府、宣化府、朝阳府等 12 府及冀州、遵化州、赵州、深州、定州、易州、赤峰州等 7 州和张家口厅、多伦诺尔厅、独石口厅等 3 个直隶厅。由于直隶省的地位非同寻常,所以直隶省专设总督,是直隶的最高行政长官。地方上府的主官为知府,介于总督与知府之间的是道员,如永定河道、津海关道、劝业道、巡警道等,直隶厅的主官为同知,州的主官为知州,县的主官为知县。至于乡以下的基层组织,以保甲最具实体意义。此外,袁世凯在出任直隶总督期间,曾于辖境内推行"警政",其目的主要是加强对城乡的控制。在一般情况下,"警政"的功能与保甲制相近,但某些地方在实行巡警期间,却出现了"村正"、"村副"之类的职事,已比原甲长之类的职事更名正言顺地负一村之行政专责,实际上是加强了村级的行政职能。

　　清王朝最后 10 年推行新政的主要成就之一是废除科举,实行新的教育制度。促使朝廷当机立断,永远废除科举的,就是袁世凯和张之洞。光绪二十七年(1901 年),首先颁布兴学诏书,提出兴学育才为急需之务;光绪二十九年(1903 年),清政府公布主要由张之洞起草的《奏定学堂章程》(即癸卯学制),为第一个在全国推行的学制;光绪三十一年(1905 年),张之洞、袁世凯等封疆大吏联名奏请,清政府明令"立停科举,以广学校",废除了长达 1 300 多年的科举制度。

　　1901 年初,清政府为了应付严重的国内危机而宣布实行"新政"。"新政"的内容有派遣留学生、编练新军、奖励实业等,其中与河北关系最为密切的就是"编练新军"和"奖励实业"。1901 年 10 月,袁世凯由山东巡抚擢升为直隶总督兼北洋大臣,组建常备军(即新练军),当时,袁世凯在省城创设军政司(即督练公所),其中分兵备处、参谋处、教练处,由军政司督办。练兵处成立后,北洋军政司设保定督练公所。常备军分左右两翼,每翼步队 6 营,共 12 营。又炮队 2 营,马队 4 营,工程、辎重各 1 营,在保定东关外训练。北洋军是我国最早的新式陆军,这支新军完全按照德国营制、操典进行训练,用新式武器装备,拥有步、骑、炮、工程、辎重等兵种;各级军官大多由武备学堂毕业生充任;对新兵的招募,按照西方国家的入伍要求,有年龄、体格及识字程度等规定。1905 年 5 月,北洋六镇新军全部练成,共计兵额近 7 万人。至此,袁世凯的军事实力和北洋军阀的基础完全形成。在经济开发和建设方面,由周学熙具体操办的启新洋灰公司和滦州煤矿是清末新政期间,直隶创办的两个成效最大的新式企业,并逐步形成了以天津、唐山为中心的新式工业网区。而以北京为枢纽的多条铁路干线的修筑通车,尤其是京张铁路的建成,虽有国防因素存在,但经济因素渐渐占据主导地位。对外,它是中国华北与蒙古之间的重要贸易通道,为"南北互市通衢";对内,它对于加强直隶内地与西北地区的经贸联系发挥着关键作用。有人在评价新政时期的河北农业发展状况时认为,直隶农业的革新性发展,只是到了清末新政时期才有所表现[1]。所以结合直隶的财政和金融发展形势来看,从总体上讲,晚清直隶的社会经济出现了比较明显的由古代转向近代的发展态势,这不仅表现在变化速度上,而且已经不可避免地包含着部分质变的因素。

第二节　民国时期社会经济发展

　　1911 年,辛亥革命推翻了满清政府的封建统治。次年,孙中山在南京成立中华民国临时政府,该政府是一个以资产阶级革命派为主体的政府,它颁布了旨在发展民族资本主义经济、资产阶级民主政治和文化教育以及改革社会风气的一系列法令和措施,同时,还颁行了中国历史上第一部资产阶级民主宪法——《临时约法》。1913 年 1 月 8 日,袁世凯提出"军民分治"的原则,用以改革各省地方机构。据此,直隶都督府改组为直隶行政公署,署府设在天津,行政公署内设民政长,为全省最高行政长官。清时的府(顺天府除外)、州、厅全部改为县,在省与县之间特设"道",其职责主要是监督辖区官吏、节制调遣辖区内部队、监督区内财政司法等项。1914 年 5 月,袁世凯又改直隶行政公署为直隶巡按使公署,以直隶巡按使为全省最高行政长官。此时,直隶省所领共 4 道 119 县,其中津海道辖 42 县,保定道辖 40 县,大名道辖 37 县,口北道辖 10 县。

　　1915 年,袁世凯妄图复辟帝制,但遭到全国人民的声讨。1916 年,袁世凯在绝望中死去。之后,北洋军阀即所谓"小站系"分裂为皖系和直系两个主要派系,此外,还有奉系、晋系、滇系、桂系等军阀势力,它们各霸一方,连年内战。先是皖系军阀控制北京政权。1920 年发生直皖战争,直系军阀联合奉系军阀,打败皖系军阀,以直系军阀为主把持了北京政权。1922 年又发生第一次直奉战争,直系军阀将奉系军阀打败,直系军阀独占北京政权,奉系军阀撤出关外继续盘踞东北。1924 年第二次直奉战争爆发,直系军阀失败,奉系军阀控制北京政权。1928 年 4 月,国民政府派兵北上,讨伐奉系军阀。同年底,张学良宣布"东北易帜"。蒋介石表面上虽然统一了全国,但国民党各派新军阀钩心斗角,争权夺利,鱼肉百姓。6 月 20 日,南京政府决定将直隶省改为河北省,旧京兆区各县概并入该省,而北平和天津设为特别市。7 月 4 日,河北省政府在天津旧署举行成立典礼。1928 年 9 月 17 日,南京国民政府明令将热河、察哈尔两个特别区改建行省。1930 年 8 月,河北省增置兴隆县,12 月又增置都山设治局,至此,全省共辖 130 个县及 1 个设治局。1936 年 3 月至 1937 年 2 月,河北省先后设立了尧山、南宫、大名、博野、沧县、濮阳、天津、宛平、河间、获鹿 10 个行政督察区。1937 年 3 月,更增为 17 个行政督察区。然而,抗日战争爆发后,河北省政府几经逃迁,直到 1946 年 7 月才迁回保定。

　　1914 年 12 月 5 日,财政部向全国发出告示,设立平市官钱局,总局设在保定。省内有京兆、天津、张家口、保定、石家庄、景县、抚宁、台营、南宫、唐山、滦县、迁安、胜芳、束鹿、沧县、六合沟等分号。南京国民政府尽管声称要"平均地权",但地主和富农占有远远超过人均土地数量的土地,以保定为例,按照1930年的统计,地主和富农只占总户数的12.23%,却占耕地总面积的41.07%。相反,占农村户数86.72%的中、贫农,只占有约60%左右的土地。从总量来看,河北省的土地集中化程度不高是造成其小农经济占优势的一个重要原因。20世纪30年代的河北农村经济在本质上仍然是一种家庭经济。由于河北农村经济主要依靠传统技术和投入更多的劳动力来增加粮食产量,加之高利贷盛行,农民生活贫困化的趋势不断加重。此时,河北省的民族工商业呈现发展趋缓、起伏不定甚至衰落的态势,尤其是国民党政府纵容美货大肆倾销与推行经济统制的政策,致使越来越多的民族工商业面临减产和倒闭的厄运。总之,国民党的反动统制不仅搅乱了河北国统区的城市经济,而且造成河北广大农村的进一步贫困化,出现了一片田园荒芜和粮荒日重的凋敝景象。

北京政府(民国)期间,河北省的社会经济较民国初年有所发展,如粳稻、小麦、玉米、高粱等主要农作物的产量均比民国初期有较大提高,其中粳稻亩产由1914年的73斤增长到206斤,小麦亩产由1914年的72斤增长到127斤,玉米亩产由原来的101斤增长到171斤。至于农产结构则经济作物的种植面积有了较大提高,如从1915年到1924年,河北省的棉花种植面积增长了88%,花生种植面积增长了76%,大豆种植面积增长了93%。随着农村商品经济日趋活跃,农家的货币收支在日常生活中所占的地位越来越重要,比如,据有人统计,平山县和盐山县一些农户的现金收入已达54.5%和52.5%,而现金支出则达到56.8%和69.3%[2]。在此基础上,河北的资本主义工商业和金融业亦有较快的发展,如1920年与1912年相比,资本额在1万元以上的工厂数增加了114.29%,资本额增加了99.66%。当然,这种变化是有起伏的。当时,河北省出现了像开滦矿务总局、耀华玻璃公司、永利制碱公司等闻名世界的大型企业。在金融业方面,北京、天津已经成为全国金融中心,而河北省自然被纳入了中国整个近代金融网络之中。

第三节 边区的社会经济发展

日本侵华期间,日本法西斯疯狂掠夺河北的经济资源,河北地区出产的煤、铁、盐、黄金、矾土、钨锰重石矿、重晶石等矿产大量向日本输送。抗日战争爆发后,中国共产党领导河北人民,针对日军和国民党反动派的经济封锁,开展轰轰烈烈的减租减息和农业大生产运动,为抗日根据地的军需民用作出巨大贡献。1938年1月10日至15日,晋察冀边区军政民代表大会在保定阜平召开,标志着晋察冀边区抗日根据地的正式建立。其中河北北部、中部主要属晋察冀边区,包括北岳(冀西、察南)、冀中、冀东等战略区;河北南部属晋冀鲁豫边区,包括平汉铁路以西的太行(冀西南、漳北)区与路东的冀南区;河北东南部的冀鲁边(津南)区后发展为渤海(沧南)区,属山东抗日根据地。1948年5月,晋察冀边区与晋冀鲁豫边区合并为华北解放区,同月,中共中央和毛泽东进驻华北解放区的平山县西柏坡。1948年9月,华北人民政府在石家庄成立,这是新中国中央人民政府的雏形,奠定了新中国政权体制的基础。

为了减轻地主阶级对农民的封建剥削,提高农民抗日和生产的积极性,河北各抗日根据地遵照中国共产党实行减租减息的方针,先后开展了减租减息运动。1938年2月9日,晋察冀边区政府颁布《减租减息单行条例》,这是敌后抗日根据地第一个比较完整的减租减息条令。晋冀鲁豫根据地创立后,各地亦都作出"二五减租"和"分半减息"的规定。1940年10月29日,《冀南、太行、太岳行政联合办事处减租减息暂行条例》颁布。该条例规定:地主出租土地的租额,一律照原租额减少25%,地租不得超过耕地正产物收获总额的37.5%;对于借贷利率,规定"债权人利息收入年利率,一律不得超过10%(月利不得超过8.4%)"。1942年10月,晋冀鲁豫边区政府先后发出《减租减息布告》和《关于减租工作的指示》。1942年11月至1943年春,晋冀鲁豫边区展开了减租减息、增资、清债为中心的群众运动。此次运动涉县农民共抽回契约8 474份,抽回抵押地4 642亩,抽回抵押房屋1 691间,清理旧债 35 140 元,减租 98 475 千克,退租 68 025 千克,雇工增资 89 100 千克[3]。河北各抗日根据地在发动农民群众开展减租减息运动的同时,为了大力发展农业生产,开展了轰轰烈烈的大生产运动。1938年2月,晋察冀边区政府颁布《垦荒单行条例》,条例规定:"凡公私荒地荒山,经承垦人垦竣后,其土地所有权,属于承垦之农民。"据统计,晋察冀边区在抗战八年间,共开生荒地 393 819.9 亩,垦熟荒地 848 937.56 亩,修滩地 352 446.4 亩[4];1938 年,晋察冀边区政府颁布了《奖励兴修农田水利暂行办法》。据统计,晋察冀边区在抗战 8 年间,共开新渠 3961 道,浇地 727 060.7 亩,修整旧渠 2 798 道,浇地 304 146 亩,凿井 22 425 眼,浇地 125 190.4 亩,另外,加上开河、修坝、修堤等水利工程,新成水田和受益农田达 2 137 433 亩,有人估计每年因兴修水利而增产的粮食约在 100 万石以上[5],其成就十分喜人。

晋冀鲁豫边区在大生产运动中,引进和推广农业优良品种,美国金皇后玉米在太行区得到推广,并很快传到了太岳区和冀鲁豫平原区,使粮食产量获得大幅度提高。劳动互助合作运动也不断发展壮大,如冀中区在 1945 年共组织互助组 3 万多个,参加互助的劳力超过了 18 万人。在一些有劳模带头的先进村庄,劳动互助组由几人扩大到几十人,互助内容由某一种单一劳动发展到全方位的劳动,有的个别劳动互助社甚至已经尝试将各户的土地统一入股,成为农业生产合作社,这是中华人民共和国成立后兴起的农业合作化的萌芽。

根据地的民用手工业在边区政府的领导下,因地制宜,艰苦奋斗,取得了突出成就。1938 年 1 月,晋察冀边区军政民代表大会确定的民用工业建设的方针是发展农村手工业。据 1942 年初统计,冀中区的晋县、深县和无极县共建立纺织厂 43 处,拥有纺车 28 964 辆,织布机 5 879 台,每月纺纱 29 324斤,织布 15 698 匹。冀中生产的土布,数量多,质量好,远销晋东北、察哈尔、绥远、热南等地。又据北岳区灵寿、平山、阜平等 7 个县统计,到 1942 年共有公营油房 12 家,私营油房 183 家,榨油已能满足人民群众的日常生活所需[6]。其他如火柴、造纸、制革、面粉加工、工具制造、造胰等手工业也都有不同程度的发展。公营民用企业的建立是边区政府发展手工业的重要组成部分,从 1939 年到 1940 年,晋察冀边区先后在阜平县建立了金龙造纸厂、玉洁造胰厂、力生制革厂、公益炭洞等厂矿。1940 年 9 月,边区工矿管理局成立。为尽快提高工业生产的规模和效益,晋察冀边区成立了工矿管理局技术研究室,下设应用化学组、制革组、酿造组、造纸组、工具组、纺织组、采冶组、水力与交通组、窑业组,分别进行有关项目的研究试验,并具体负责局管各工厂的技术指导工作。该室在研制各种军工产品、民用机械和农具,从植物油中提炼润滑油和汽油、煤油的代用品,自制电池、铅印油墨、肥皂、火碱等多项技术革新和创造中,作出了突出贡献,尤其是他们在管理公营企业的过程中,不仅积累了许多宝贵的经营管理经验,而且培养了一批技术人才,为以后解放区和新中国的工业建设奠定了基础。

注 释:

[1]　苑书义等:《河北经济史》第 3 卷,人民出版社 2003 年版,第 413 页。

[2][3]　苑书义等:《河北经济史》第 4 卷,人民出版社 2003 年版,第 197,543 页。

[4]　刘奠基:《晋察冀边区九年来的农业生产运动》,载《晋察冀边区财政经济史资料选编》,南开大学出版社 1984年版,第 370 页。

[5]　李占才等:《中国新民主主义经济史》,安徽教育出版社 1990 年版,第 214 页。

[6]　赵北克:《边区工业生产的报告稿》,载《晋察冀边区财政经济史资料选编》,南开大学出版社,1984 年版,第289 页。

第二章　近代农业科技

晚清、民国期间,河北地域政治动荡、经济困顿,农业科技在艰难中徘徊发展。农业机具有了新的进步,由机械动力开始取代人畜动力;井灌、泉灌、渠灌的面积不断扩大;"漳南渠"、"抗战渠"等工程为农业发展、粮食增产发挥了重要作用。小麦、玉米、棉花等作物选育、引进的新品种开始大面积推广应用。赵县李献瑞发明三轮、五轮水车;方观承的《御题棉花图》图文并茂,生动形象地反映了棉花从播种到收获、加工的各个技术环节。河北成立了中国第一所农业高等学校,创建了第一个农事试验场,直隶农学堂1905年创办了《北直农话报》,旨在"振兴农业、开通民智",是中国最早的涉农刊物。解放前夕,在国内率先开展了玉米自交系和双交种的选育工作。这一阶段农业科学技术和方法的研究,均是建立在科学理论和科学实验的基础上,从而形成了近代农业科技体系

抗日战争期间,解放区实行减租减息、兴修水利、开荒垦田,开展大生产运动。解放战争期间实行土地改革,废除绵延两千多年的封建所有制,贫苦农民彻底翻身,组织互助合作,奖励发展生产,农村农业和农民工作扎实推进、蓬勃发展,农业科技工作从无到有,从小到大,得以长足发展。解放区的农业生产力获得解放,为现代农业科技体系的建立和发展打下了坚实基础。

第一节　农机具及动力进步

一、李献瑞发明机械水车

赵县李献瑞发明五轮水车。李献瑞系赵县南解瞳村人,因1920年大旱,庄稼几乎绝收,萌发创造新水车念头。他变卖部分家产,到天津求购书籍、资料和所需机构部件。试验13年设计出三轮水车,用压水机真空吸水原理,把吸水管变粗,吸水铁球改为胶皮钱儿,木斗水车水轮改为铁牙轮和链轮。水车由铁牙轮、链轮、横竖铁轴、三寸吸水管、铁链条水流水盘、木架构成。当时的县长张昭芹、李达春趁农历4月28日赵县庙会之机,召开观摩大会号召全县采用三轮水车。李献瑞又于1941年将三轮改为五轮,将木架改为凹形铁架,把木流水盘改为铁流水盘,革新成五轮水车(图6-2-1)[1],很快在河北省中南部推广。当时加工制造五轮水车的有赵县铁业社、石家庄市铁工厂、隆尧县铁工厂等。直到1974年,五轮水车在农田灌溉、生活用水中还大量使用,这是提水工具史上的一次重大突破,是农田灌

图6-2-1　李献瑞及其革新的五轮水车

溉技术的一次跨越式进步,对于提高灌溉效率,扩大水浇面积具有重要推动作用。李献瑞还进行过无井水车、风力水车水泵等研究[2]。

二、农机具制造技术及动力革新

1920 年,知名人士朱启玲、周学熙集资创办开源公司,在芦台、军粮城、茶淀买地招佃经营水田,用蒸汽机抽水灌田。20 世纪 30 年代一些农场使用美国产的锅驼机、汽油机带动龙骨水车抽水灌溉农田[3]。农业机械的广泛使用大大提高了劳动效率,解放了生产力,促进了农业发展。

1932 年,河北省农具改良制造厂在天津建立,研制生产单畜翻土锄草器、单双畜盖土播种器、玉米脱粒机、浅水灌田机等。

在民国期间,化学农药和农药机械逐步推开。1915 年,赵县开始使用喷雾器治蝗,1946 年,冀中南各县用量增多。

在粮食加工机械方面,1917 年迁安县亥辛庄(迁西龙辛庄)赵老三自制水轮机带动石磨日加工面粉 750 千克。抗日战争时期,冀中区安平县满子村面粉加工厂从国外引进 5 台对辊磨进行面粉生产加工[4]。

1936 年,中华民国棉业公司采用了蒸汽机动力轧花设备,在丰润县黄各庄使用蒸汽机带动 5 台 32 寸皮辊轧花机轧花。

1944 年,芦台引进了蒸汽机带动的犁耕地机。

1947 年,晋冀鲁豫边区政府利用联合国善后救济总署提供的 40 台福特链式汽油拖拉机在冀县举办第一期拖拉机驾驶员训练班,在冀县与衡水交界处(今冀衡农场)翻耕荒地。

蒸汽机和汽油机取代畜力和人力,是农业机具上的一次革命,它的作用不单是推动农业经济的发展,最重要的是促进了我国民族资本主义的萌动和发展,也是农业科技中西交融、推动社会进步的一个重要标志。

第二节　晋察冀边区的科技进步

一、晋察冀边区水利发展

晚清期间井灌已很普遍,井灌之地粮食产量倍增,时有河北"井利甲诸省"之说。抗日战争时期,泉灌、渠灌的规模更加扩大。如晋察冀边区政府在 1939 年 2 月 21 日和 1943 年 2 月,先后颁布了《奖励兴办农田水利暂行办法》和《晋察冀边区兴修农田水利条例》。主要内容有:(1)"凡边区可资利用之河流泉水,人民均可开凿利用。但工程费用大于土地之受益或对边区生产价值得不偿失者,不得开凿";(2)凡水利的建筑费用由地主负担(由种地户先垫付,地主收地时按未失效用之部分工程价格偿还之),每年的水利维修费用均由耕地户负担;(3)如原水渠水量灌溉有余时,方可增修新渠,增修新渠部分只能使用余水,如果原水渠水量不足,上游一律不得另开新渠,以防止影响水渠的灌溉;(4)在水渠开凿时,要由各"受益地户共同组织管理委员会",负责渠道的管理和一切灌溉事宜,并且须订立使水公约,共同遵守。据《抗日战争时期晋察冀边区水利工作大事记》载:"1939 年汛期出现大水灾,日军趁机决堤 128 处,致使边区 17 万顷田亩被毁,冲走粮食 60 万石,淹及村庄近万。"面对灾情,边区政府动员民工,经过 3 个月的施工,开挖了 22 里新河,堵塞了大小口门 5 处,使文安洼千顷边沿水田得以种植水稻。此外,1943 年,涉县人民在八路军一二九师和边区政府的支持下修建"漳南渠",在曲阳县修建"抗战渠",还有晋藁渠、潴龙河大渠,对粮食增产和农业发展发挥了重要的作用。

中国共产党领导的华北人民政府推动了"开垦造田、治理盐碱"工作。20 世纪 40 年代末,在冀县千倾洼开办拖拉机培训班,学员实习开荒2.6万亩,建成冀衡机械农场。

二、"聂荣臻渠"的开凿

曲阳南部平原,由于遭受日寇的入侵和旱灾(1938年、1939年)频发,致使农作物种植大为减少。为此,在聂荣臻司令员的领导下,晋察冀边区政府1941年1月25日正式成立开渠委员会,确定了自七区西北的钓鱼台,东向穿元堤山口,绕穆山、黄山南麓,经狗塔坡、刘堡内直入孟良河的渠道线路以及103处配套工程的位置,并绘成一整套施工图纸。接着,人们在3月13日破土动工,曲阳人民将这条救命渠称为"荣臻渠"。

1947年4月1日,"荣臻渠"开闸放水。此渠的主干渠全长40里,有7条支渠长约70里,103处涵洞、渡槽、块水、桥梁。前后历时6年,总用工2 398 458个,挖土1 040 950方,凿石352 750方。在晋察冀边区水利史上写下了光辉的篇章[5]。

第三节　主要农作物新品种选育和栽培管理技术

农作物栽培一直是河北地域最主要,最基本的社会生产门类。晚清民国期间,既开始主要农作物品种选育工作,通过简单杂交和粒选、株选,培育出一些适合北方栽培早期新品种。

一、冬小麦的品种选育和栽培技术

1. 冬小麦品种的选育

河北地域冬小麦种植历史悠久,约有四五千年的种植历史,秦汉至唐中叶,冬小麦出现长足发展,粟麦取代菽粟成为全国北方主要粮食作物。明末宋应星《天工开物》中载:"今天下育民人者,稻居什七,而麦、黍、稷居什三。""燕、秦、晋、豫、齐、鲁诸道烝民粮食、小麦居半。"清代河北地域粮食生产基本以麦,粱为主。民国时期冬小麦在河北地域广泛种植,但由于生产条件差,多数麦田"靠天收",耕作粗放,广种薄收,产量低而不稳,起伏较大。民国时期,河北冬小麦生产情况见表6-2-1:

表6-2-1　民国时期河北冬小麦生产情况表

年度	播种面积(万亩)	亩产(公斤/亩)	总产量(万吨)	资料来源
1914年	1767.41	31.00	54.80	中国民国农商统计表
1919年	1678.23	38.36	64.40	中国民国农商统计表
1931年	2878.60	50.20	144.50	孙醒东著《中国食用作物》
1933年	3145.50	57.20	179.90	孙醒东著《中国食用作物》
1937年	3132.60	48.90	153.00	民国二十六年《四川与中国、四川农作物分编》
1946年	1939.30	63.40	123.00	中华民国农业部,中央农业试验所《农报》379期
1947年	2088.10	43.50	90.80	中华民国农业部,中央农业试验所《农报》379期

1936年,平教会河北定县农场从该县农家品种大白皮中系统选育出定县72麦,沧县、大名县农民从当地农家品种中选育出沧县红和大名三月黄等良种。1939年,日伪华北农事试验场石门支场开始研究小麦品种资源,1941年共搜集品种639份,通过鉴定、筛选出临洺关、和尚头、南保4号等早熟品种和北京无芒、北京1—7号、石门支场4—6号等抗旱品种。1947年还培育出华农1—8号品种用于生产。

抗日战争和解放战争期间,边区冀中行署推广了定县72、华农5号及河北1号等良种,冀南行署推广了鱼鳞白、广宗白、碱麦等良种。

2. 冬小麦的播种技术

民国期间,轮作套种成为部分冬麦区固定种植形式,但许多地方由于生产条件所限,仍以小麦一年一熟为主。19世纪初,小麦播种季节后移至秋分前后,20世纪中期,小麦播种以秋分节为适时,有"白露早,寒露迟,秋分种麦正当时"的农谚。种肥:利用细粪和麦种混合播种,将黑豆炒了麻糁捣碎,与麦种混播。浇水:小麦春灌有拔节水和孕穗水之分,但水浇麦田比重甚少。防治病虫:用烟草水、烟草石灰水、黑油胰子等土农药防治麦蚜和红蜘蛛,用蝼蛄粉和红糖拌麦种防治蝼蛄。耕作:清代发明耢,播种后耢地,防冻保墒。为防止小麦陡长和倒伏,春季用碌碡镇压,这些技术沿用至今。锄划:民国时期中耕锄划成为田间管理的重要措施。

二、玉米品种选育和栽培技术

玉米俗称苞米、玉黍、棒子。明末河北地域即有种植,清代种植逐渐广泛。发展为民国时期仅次于谷子,新中国成立后仅次于小麦的第二大粮食作物,河北是全国玉米主产区之一。

光绪十二年(1886年)《遵化县志》记载:嘉庆年间,有人从山西带回几粒玉米种子种在菜园,到光绪年间大田广泛种植。19世纪后期,玉米成为河北省内普遍栽培的大田作物。1946年,河北省玉米收获面积2370.3万亩,总产为189.6亿千克,亩产80千克,当年河北省玉米播种面积占全国的27.7%,总产量占全国的24.8%,均居全国第一位[6]。

民国时期主要优良品种有金皇后,抗日战争由山西引进,开始在解放区推广种植。1912年,北平农事试验场着手收集和整理农家玉米品种并引进意大利白玉米等7个品种开始在生产上试种和推广。1920年直隶农事试验场最先从日本引进玉米良种——白马牙,是河北省推广面积最大,种植时间最长的一个品种。华农2号,1940年日伪华北农事试验场选出,全省各地均有种植,以冀中南部地区种植较多。

20世纪20年代,河北农学院杨允奎开展玉米杂交育种,在全国处于领头地位。1933年,他开始利用美国和河北当地品种资源进行自交系选育,他和学生张连桂去四川,考察并征集四川各地玉米品种资源,共同撰写《玉蜀黍农家品种及推广纲要雏议》,根据地方条件和生产能力,确定早熟、硬粒、抗倒、适应间套作、复种等育种目标,抗战期间他们育成双404、双411等4个硬粒双交种,比当地农家品种增产24%~30%,到1945年先后育成50多个组合[7],对提高玉米产量发挥了重要作用。

抗战胜利后,张连桂教授还主持了全国玉米高产研究,由李伯航等先后开展玉米器官建成主次中心和从属关系,玉米栽培密度、玉米春夏播雌蕊建成规律,夏玉米中耕、蹲苗等一系列研究,对揭示玉米生长发育规律,建立合理的群体结构,提高玉米的产量具有重要作物,对推动玉米栽培学科的发展具有重要的理论意义和应用价值。

三、棉花品种选育和栽培技术

棉花属于锦葵科棉属,棉属有4个栽培棉种:即亚洲棉、非洲棉、陆地棉(又叫细绒棉)、海岛棉(又叫长绒棉)。我国植棉大约有2000年的历史,中国传统种植的是亚洲棉(也称中棉)。明代中期河北种植棉花已具相当规模。民国时期和新中国成立后,棉花生产继续发展成为全省第一大经济作物,河北一直是全国植棉大省之一。1892年引进美国陆地棉,棉花品质、产量大幅度提高。

陆地棉(遗传学上属于四倍体),一年生草本,生育期120~150天,具有丰产、衣分高、品质好等特点。纤维色泽洁白或带有丝光,长度23~33毫米,细度5000~6500米/克,宽度18~20微米,强度3~4.5克力/根,断裂长度20~25千米,天然转曲39~65个/厘米,衣分37%~42%,适合纺织。

亚洲棉(遗传学上属于二倍体),一年生草本,生长期短,成熟早,纤维色泽呆白。纤维长度15～24毫米,细度2 500～4 000米/克,宽度23～26微米,强度4.5～7.0克力/根,断裂长度15～22千米,天然转曲18～40个/厘米,衣分31%～38%,适合絮棉。

1. 近代的棉花引种与改良研究

河北地域早在元末明初即有棉花的栽培。到19世纪末20世纪初,河北植棉得到空前发展,如形成三大著名植棉区,棉田面积、专业化程度、产量和质量均有明显的提高,棉花基本商品化。此期植棉发展之原因,除了自然条件的优势以外,其他因素更值得关注,如背靠天津这样一个规模巨大的棉花集散市场,铁路运输给棉花的运销带来了便利,农民在生存压力下的利益选择,以及中国政府、民族工商业对植棉的推行,日本对植棉的干预等。

河北棉区主要分布在中部和南半部的保定、真定、大名、广平、河间、顺天等府,以接近山东、河南的一部分地区最为普遍。清末农工商部发表全国棉业考略,河北的重要棉产区,包括栾城、藁城、赵州、成安、束鹿等20余县,每县年产额多者至三千余万斤,少者亦达一千六七百万斤。在河北棉业发展的过程中,新品种的引进与传播又为一突出现象。河北省的棉花品种,在陆地棉种输入之前,主要是粗绒中棉,其中又分长绒、短绒、白籽、黑籽、毛籽、大花、紫花等不同类别。

晚清庚子乱后,推行新政,注重实业。1904年,清政府农工商部从美国输入大量陆地棉种籽,分发给直隶等省棉农栽培。正定县曾于此时试种成功。民国初期政府对于棉产改进,亦不遗余力。1914年农商部公布植棉奖励条例。1915年设部属第一棉业试验场于河北正定;1918年设立第四棉业试验场于北京,令"采购美棉各籽种,比较试验,俟卓有成效,即行分给农民,以广传布";同年,自美国购入大批脱字及隆字棉种,并公布分给美国棉种及收买美国种棉花细则,次年由直隶等省实业厅分给农家种植。据《霸州县志》1919年记载,"近日美国棉种输入,种者颇多,收获较厚"。

自清末美棉传入后,河北棉业蓬勃发展,1919年,全省棉田面积为639余万亩,皮棉产量达到2 684千市担,占全国当年皮棉总产量的1/4强,居全国第二。其中"洋棉"的棉田面积和产额也呈现出较快增长的趋势,但是,1919年以后,由于战事不断,兵燹连年,全省的棉产,几乎是每况愈下,1928年曾降到了最低点,年产皮棉仅有653千市担,比1919年减少了75%。

1933年春,中国平民教育促进会晏阳初等学者在定县实验区与金陵大学农学院合作研究"脱字棉"种植。1937年5月,"脱字棉"在定县区域推广八万余亩,另引进的"斯字棉"也推广种植达万余亩。

1935年8月,河北省棉产改进会由河北省棉产改进所联合河北省政府、实业部天津商品检验局、北宁铁路局、华北农业合作事业委员会、华北农产研究改进社等共同发起组织,集合河北从事棉业之机关团体统筹办理全省棉产改进事宜。改进的内容,仍以棉产改良为主,并扩展到棉业金融、棉田水利、棉花运销等环节。在各方的推动下,河北的棉产不仅渐复旧观,且有所增进。1934—1936年,河北省全省皮棉年产量连年突破2 000千市担,其中1934年达2 836千市担,居全国之首,1936年达2 971千市担,为抗战前最高水平。

总之,河北省作为全国的主要产棉省份之一,在近代国内纺织工业发展的推动下,较早进行了棉花品种改良,这一过程,自20世纪20年代末以来在政府和社会团体的重视和倡导之下尤为明显。在此基础上,河北省的棉田面积和产量都有较大增长,棉花品质也得到一定程度的改进。

2. 民国期间的植棉奖励和棉产改进工作

民国时期,由于我国棉纺织工业的发展,对原棉需要量日增。因此,加强了植棉奖励工作。1914年4月11日公布了植棉奖励条例,同年颁布了施行细则。

1915年3月,在正定县南门外建立了第一棉业试验场。北京农商部内设立了棉业处,1936年成立了河北省棉产改进会,负责棉花良种的推广、栽培技术指导及运销合作社的组织。棉产改进会成立以后,于1936年3月制订了"河北省棉产改良五年计划大纲"。

　　抗日战争爆发后,"棉产改良五年计划大纲"未能执行。抗战胜利后的1946年从联合国善后救济总署运来一批经过脱绒拌药处理的斯字2B棉种,1947年分别运交给保定、石家庄,武安等地推广。

四、早期河北土壤调查与土壤研究

　　远古时代,河北地域内先民在治水实践中开始认识土壤性状。春秋战国时期成书的《尚书·禹贡》,是世界上土壤分类评级和适应性评价的最早典籍。它把全国土壤分为上中下三等,每等又分上中下3级,其中冀州"厥土惟白壤,厥赋惟上上错,厥田惟中中"。《管子·地员》载:冀州土壤"其禾宜黍稷,其畜宜牛羊"。秦统一中国后,随即组织大量人员调查全国土地总面积、不可垦面积、可垦面积和已垦面积。汉唐宋元诸代,均对各地土地、人口、贡赋统一造册登记。洪武二十四年(1391年)编制成全国第一部综合土壤图册《鱼鳞图册》。其总图按州、县、乡、都、里行政单位绘制,状如鱼鳞。分图写明地块土壤、地形、面积,其中北直隶耕地土壤面积58 249 951亩,占全国的6.6%。

　　20世纪20年代末,谢家荣、常隆庆应用地形图、罗盘、土钻等从欧美引进的新技术手段,在三河、平谷、蓟县进行土壤调查,写成《三河、平谷、蓟县土壤约测》发表于1929年《地质专报》,附有土壤彩图,并绘出土壤深层埋藏泥炭分布。

　　20世纪30年代,土壤学家侯光炯、李庆逵、李连杰、朱莲菁、马溶之、熊毅等调查河北土壤,在美国土壤学家梭颇(James. Thorp)指导下,首次提出栗钙土、盐土、碱土、石灰性冲积土和山东棕壤等土类,并对部分土样进行地质、胶粒、有机质、硝态氮、亚硝态氮、酸碱度、碳酸钙、硅、铁、铝、可溶盐、碳酸根、氮根、硫酸根、钾、钙、镁以及持水量、透水性等理化分析,调查成果载于1936年《土壤特刊》一号《中国之土壤》一文。1936年侯光炯、朱莲菁、李连杰详查定县土壤分类命名采用美国的土类、土系、土相三级制,详查成果《定县土壤》图刊于1937年《土壤专报》,此成果代表此期国内土壤调查水平。

第四节　晏阳初的平民教育及定县实验区

　　民国时期,为救亡图存,一些资产阶级民主人士着眼于学习西方,在河北农村开展资产阶级改良主义试验,其规模和影响较大者首推平教会定县合作制实验。

一、晏阳初与平教会

　　私立中华平民教育促进会(1923年成立于北京简称平教会),创始人晏阳初,1913年入美耶鲁大学学习,1918年在普林顿大学研究院取得硕士学位。1920年回国,竭力倡导平民教育,认为中国的基本问题是农民,"愚、穷、弱、私"四个字。主张"用文化教育治愚,用计生教育治穷,用卫生教育治弱,用公民教育治私"。平教会选定定县为实验区,1929年平教会在北京的工作人员,大都携眷赴定县,从教育入手,多方面开展活动,组织合作社是其主要内容。1932年在高头、尧方头等十多村,试办信用合作社,1935年在全县共建合作社100多个,在各村合作社基础上,建立县联社。参加实验区工作人员常年约120人,其中留学人员20人,国学毕业生40人,中小学毕业生60多人,实验历时10年,在定县推广先进技术,发展农业生产取得一定成绩。但各种试验都没触动土地私有制这个基础,一些改良最终均告失败,但他们办学理念仍值得我们借鉴。

二、定县合作制实验的主要成绩

　　以晏阳初为首的众多知识分子在1920年前后发起平民教育运动,使知识分子到农村去成为一种时尚。他创办的定县实验区,把原来以市民、农民和士兵为主的平民教育,转变为以农民为对象的平民教育。他设计出一套农村教育、经济发展、医疗卫生、社会组织齐头并进的科学方法，提出了"以文艺教育攻愚，培养平民的知识力；以生计教育治贫，培养生产力；以卫生教育扶弱，培养强健力；以公民教育克私，培养团结力"的四大教育目标和"学校式、社会式、家庭式"相结合的三大教育方式，全面推进农村政治、教育、经济、自卫、卫生和礼俗"六大整体建设"的总体思路。

图6－2－2　中华平民教育促进会成员在公告墙设立壁报

在生计教育方面，他们建立了生计巡回训练实验学校，把送知识下乡、传播农业基础知识、进行农业科学研究当作生计教育的重点来抓。在村内对农民进行"生计训练"，包括改良品种、防治病虫害、推广良种、科学养猪、养鸡、养蜂，举办实验农场，改良猪种和鸡种。

另外，他还引导和组织农民成立自助社、合作社、合作社联合会，开展信用、购买、生产、运输方面的经济活动。晏阳初带头进行科学实验。定县的本土鸡一年只能下68个蛋，晏阳初引进了美国的来杭鸡，与本地鸡杂交后产生的新品种母鸡一年可以下168个蛋。他和农民一起还培育出有名的优良品种"定县猪"。同时，他还引导农民进行棉花选种，培育出了高产质好的脱籽棉。

平教会定县实验区取得了显著的效果，促进了定县经济的发展，人民生活的改善。平教会开办巡回学校，提倡"表证农家"，传授切实可行的农业技术，改进农业生产工具，研究高产的优良品种，引进培育生长快、瘦肉型的"波支猪"并发展成为文明全国的"定县猪"。平教会引进苹果树和小白杨树，使定县成为保定地区引进苹果最早、发展最快的县和建成白杨防护林带的县。实施多种文字方法的文艺教育，使定县成为无文盲县。卫生教育普设保健网，定县较早消灭了天花，及时提出了节制生育、控制人口增长的口号。晏阳初先后把定县平教经验推广到国内其他几省，又推广到亚洲、非洲、拉丁美洲等40多个国家和地区，为世界的乡村建设作出了贡献，定县实验区的经验在国际也产生了巨大的影响。

三、对定县合作制实验的总体评价

在10年时间里，定县合作制实验对于发展定县经济、推广先进农业生产技术以及提高农村文化素养，提升农民素质，改善农民生活确实取得了一定成绩，甚至在世界上也产生了较大影响，但是在未触动土地私有制的基础上所进行的各种实验，诚如参与人李景汉先生在《定县土地调查》（1936年）一文中所说"若不在土地私有制度上想解决办法，则一切其他的努力终归无效；即或有效，也是很微的一时治标的。"

第五节　河北农业科研推广机构和农业教育

一、河北科研机构的建立

1. 直隶农事试验场

光绪三十二年（1906年）直隶总督袁世凯委任周学熙在天津北站以东购地十多顷筹办种植园，宣统三年（1911年）由种植园改设直隶农事试验总场。进行土地改良，选作物良种，择地耕作，分科试种。1914年更名为直隶农事试验场，有地1 248亩，1931年全省设6个省立农事试验场，1936年6个场有地980亩，以棉、麦、谷、玉蜀秫、高粱育种为主，繁育脱籽棉种，耐旱高粱优种，黄白马牙玉米种，每年分发良种，指导群众试种。另有县立农事试验场97处，但大部分经费不足，设备简陋，甚至土地无着,虚有其名。1928 年以后省立农事第三试验场收集推广农家谷子品种牛腿谷。20 世纪 30 年代推广大桃胡麻和小桃胡麻良种,后以白胡麻代替。

1939 年,石家庄设立了华北农事试验场石门支场。1947 年,石家庄解放后几经变更为河北省农业科学研究所。

1940 年,保定、唐山、沧县、石门设劝农模范场,次年 6 月各县设农事作物栽培、育种、繁种等。

白洋淀两个工作站共有试验地 240 亩,分别开展农作物品种区试工作。1949 年神南工作站水稻品种比较试验,胜利 9 号连续三年占优势。唐山试验场,春播谷子,70 个品种以铃铛皮、通州谷、保定谷为佳。保定试验场棉花区试以平棉 1 号、平棉 2 号、斯字 2B 表现较好;谷子区试 14 个品种以保农 1 号、石农 7 号产量最高。

2. 解放区的农业科研机构和农技推广

中国共产党领导的解放区邯郸、太平山(在安国县)、廊坊、沧县、定县等省营繁殖农场、县农场(或农事试验场)改为农业推广场,主要负责农作物品种改良、栽培技术和优良品种推广。

抗日战争期间,各抗日根据地和解放区为突破日本和国民党的封锁发展农业生产,十分重视农业技术推广事业。1938 年各边区农业局成立后,在北岳区 5 个专区,各设一个试验繁殖场,同年边区委员会号召各县普遍设立小农场,明确农场是"农业技术推广普及机关"。1945 年 1 月第十三专署建昌乐联合县农事试验场,1947 年土地改革时撤销。1945 年 9 月十三专署接收日本华北农业股份公司柏各庄农场,改称解放农场。1942 年冀中十专署在博野窝头村建立第十专署农事试验场。1948 年冀中行政公署辖区有 4 个试验场,17 个推广场。1945 年晋冀鲁豫边区太行区建立邢台农事试验场。1947 年上半年冀南行政公署所辖各县大都建立县农场,并统一称为"某县农业推广场"。行署还要求临清、邯郸、冀衡三农场主动与附近各县推广场联系,以加强对各县场的业务领导与帮助。抗日根据地普遍建立农业推广场的做法,为新中国成立后,普遍设立农业技术推广机构奠定了基础。

二、农业教育的兴起

1. 直隶农学堂——全国第一所农业高等教育学堂

光绪二十八年(1902 年),在河北保定成立全国第一所农业高等教育学府——直隶农务学堂[8],为全国最早的农业院校。光绪三十年(1904 年)改为直隶高等农业学堂。1905 年,直隶高等农业学堂创办了我国最早的涉农刊物《北直农话报》。该刊以"振兴农业,开通民智"为宗旨,其内容包括:社说、肥料、蚕桑、土壤、森林、畜产、作物、农艺化学、农产制造园艺、植物病理、植物病虫害等内容,20 余个栏目,每月约 10 余个栏目,每年出版 20 期,在全国设有 40 余个发行代办站。1909 年更名为《农业学报》,面向全国发行。从学校建立到 1920 年,该校先后编辑出版了《农政学》、《园艺学》、《作物论》、《土壤学》、《肥料学》、《栽桑》、《养蚕新论》、《园艺学》、《森林》等,当时在传播农业基本理论、基本知识和农业实用技术,推动农业科技进步方面发挥了重要作用。

图 6 - 2 - 3　河北省立农学院院门

光绪三十四年(1908 年)高阳县、宣化府分别设立农业学堂。小站小学堂附设农科。宣统元年(1909 年)直隶顺天府设立中等农业学堂,是年直隶省有高等农业学堂一处,中专农业学堂 2 处,初等农业学堂 2 处。

民国时期,直隶高等农业学堂先后改名为直隶公立农业专门学校、河北大学农科、河北省立农学院(图 6 - 2 - 3)。1950 年改名为河北农学院,1958 年 6 月改名为河北农业大学。

2. 其他农业院校

1941 年 7 月，建立了冀东通联立初级农业职业学校，1946 年更名为昌黎农业职业学校，现为河北科技师范学院。

1932 年，创建察哈尔省立张家口高级农业学校（宣化沙岭子），现为河北北方学院。

1938 年创建河北保定农业职业学校，1949 年 9 月改名河北省立保定高级农业学校。1969 年春改为河北保定农业专科学校。

1912 年，直隶顺天府中等农业学堂经多次变更，于 1946 年与通县农业职业学校合并为省立黄村初级农业职业学校。1930 年易县设立高级农业学校，内设农艺科二个班。

此外，中国共产党领导的冀南行署 1948 年在临清建立了冀南区农业学校，1949 年改为河北省临清高级农业学校。

注　释：

[1]　河北省赵县地方志编纂委员会:《赵县志》,中国城市出版社 1992 年版。
[2][3][4][6]　河北地方志编纂委员会:《河北省志·农业志》,中华书局 1993 年版,第 421,425,426,142 页。
[5]　王英慧:《荣臻渠》,《党史通讯》1993 年第 1 期。
[7]　刘大群:《河北农业大学校志》,中国文史出版社 2002 年版,第 415 页。
[8]　张璞等:《河北农业大学校志》,社会科学文献出版社 1992 年版,第 24,327 页。

第三章　近代林业科技

辛亥革命宣告了清封建王朝在中国的统治结束,西方林业科学技术的不断传入,为林业科学技术在中国的发展带来了机遇。在这一时期河北林业基础建设得到发展,造林技术不断完善,从育苗造林到果桑生产,从培养人才到科学研究等方面都有了较大的进步。解放区颁布了一系列鼓励林业发展的政策,开展了大规模造林运动,加强果树病虫害防治,近代林业科学技术体系初步形成,为林业科技事业进入快速发展奠定了基础。

第一节　林果种苗选育与病虫害防治

一、林果种子的采集和引种

采集种子是林木和果桑人工繁衍和造林的重要内容。直到清朝末年,河北地域的林果种子仍然是民间自采自用,没有采收或经营机构。民国初期,直隶省由劝业道主管林果蚕桑,林木种子的采集、收购、调拨纳入了政府的工作计划,从而为林业的发展奠定了基础。

民国期间,热河省农商部规定了采集林木种子的地点、林分和树种、数量,并责成所属第一、第二试验场以及承德、隆化、围场、平泉等县为林木种子采集单位,采集的树种包括油松、侧柏、柞树、板栗、核桃、臭椿等。据记载,1921 年到 1934 年,直隶省实业厅先后为察哈尔省、河南省、上海征集优良林木种子。

1933 年,河北省为了加强林业试验工作,实业厅专为蓟县农事试验场征集各种农林试验良种,由农事试验场进行品种的特性比较及栽培试验,说明林业科技工作已经开始步入轨道。

民国期间,在河北省发现了李氏铁木、河北杨、河北核桃、河北桦、周氏鹅耳枥、夜合等新树种。此间,河北省先后由日、俄、美、英、法等国引进了国光、元帅、金冠、白龙、红魁、美夏等苹果品种和大久保、冈山白等桃树品种及日本落叶松等林木品种。除此之外,民国期间还从国内其他地区引进的树种有:加杨、垂杨、榔榆、木兰、悬铃树、木瓜(贴梗海棠)、日本樱花、槭、紫薇及方竹、甜竹、苦竹、紫穗槐等乔灌木树种。1911 年,直隶高等农业学堂,引进欧美和日本等国的梧桐、白杨、桦树等树苗和种子,做了大面积的繁育和栽殖,并对树木的播种、插条、移植、防病、利用等进行了专题研究[1]。

二、育苗和苗圃业的发展

民国初期,随着种子采集事业的进步,林业育苗受到了重视,从而大大促进了林业的发展。1915 年政府发文,责成各道尹就地筹设苗圃,建立农会,负责管理农林生产。要求省农会苗圃须有百亩以上,县农会苗圃须有 30 亩以上,养成苗木,以供植树之需。1928 年,直隶省改为河北省后,强化了苗圃的工作,要求各县一律筹设苗圃,当时易县有两个苗圃,面积达 100 亩(《易县县志》1998),农矿厅还制订了《河北省各县苗圃简章》,规定:各县苗圃,由县建设局领导办理育苗事宜;苗圃面积至少 10 亩;各县苗圃并应负责对村苗圃进行督促指导。值此后,全省 95 个县、第一林垦局、河北省第一农事试验场等都先后建起了苗圃场,进行培育各种林木及果桑的苗木。

苗圃业的发展带动了育苗业的发展,育苗工作从过去的零星种植到规模种植,从少数品种到多品种种植,从农户的随意种植到政府有组织的种植,这一切都充分反映出此时期的林业进步水平。

三、发展防风沙固堤坝的"保安林"

1914 年,北洋政府公布中国第一部《中华民国森林法》,将有关预防水患、防蔽风沙等森林列为"保安林"。以法律的形式针对林业提出种植、保护、利用等条款,这在中国历史上尚属首次。1946 年,解放区晋察冀边区行政委员会颁布《晋察冀边区森林保护条例》规定,放火烧毁他人树者可依法严惩,对森林保护发挥了重要作用。

在这一时期,河堤沿岸和沙荒地带成为植树造林的主要区域。据记载,直隶省在南运河、马厂碱河、捷地碱河两岸的河堤内侧,每隔 l5 尺植树一株,栽植了大量的"保安林"。1929—1935 年间,河北省在永定河、滹沱河、磁河、南沙河、漳河沿岸河堤及河流中、下游各县,开展大规模的造林活动。1945 年,晋察冀边区人民政府组织农民成立"造林委员会",试行以村为单位的集体造林。在人民政府倡导下,冀西平原、永定河下游沙区群众自愿结合,在地头栽植防风林以阻挡风沙。唐县西正村农户自愿结合,在沙荒边缘、各户地头上栽防风林带,称为"百家地头"。正定老磁河畔西杜村至辛安,在沙荒地上建一合作林场进行造林。当时植树造林已作为防洪、防风沙的主要技术手段。

对于盐碱地植树问题,当时已重视品种选择。1929 年,农矿厅训令冀县政府对滏河南岸植树加以改进,要求盐碱区域栽植青杨、椿树、杜梨等抗盐力强的树种,说明当时盐碱地上的造林技术已有了进步。

四、林果病虫害防治

1. 成立河北省昆虫局

1931 年,河北省设立昆虫局。当时,河北省实业厅请求国家实业部,将北平天然博物院陈列的病虫害标本和仪器、书籍移交河北省昆虫局,以供研究。昆虫局的成立对于害虫的研究防治提供了组织上的保障。

2. 开展基本害虫的种类调查

1933年,河北省和察哈尔省对林果害虫进行了调查,呈报实业部,实业部于1934年收入《经济年鉴》,河北、察哈尔两省共有的害虫有桑尺蠖、蚜虫、毛虫蛾三类。河北省另有铁炮虫(天牛)类、桑天牛、光肩星天牛、天牛、黄毛虫、卷叶虫、象鼻虫、松粘虫、榆四脉蚜9种。同年,元氏县苗圃编写的《艺树简法》介绍了河北省中南部及西部山区干鲜果树的主要病虫害及9种防治方法。

3. 加强林果虫害和病害的防治

1936年,建设厅制定了《尺蠖防治法》发至各县进行指导防治。1937年2月,实业部公布了《督促防除松毛虫办法》,各地林业主管机关督促境内公私森林管理人,大举检查森林害虫,并进行除治。对果树病害的防治方法,主要是在发病前喷波尔多液预防。发病后则摘掉病叶、剪除病枝或刨掉病株等用火烧毁,避免蔓延。杀虫农药——除虫菊、石灰硫黄合剂、石油乳剂等,在民国前期即已传入河北,但当时停留在学校和实验场站使用,农民对果树的虫害只限于捕捉,广泛采用的唯一的"药剂"是烟秸水。

第二节　晋察冀边区的林业成就

一、《森林保护条例》和《奖励植树造林办法》

1.《森林保护条例》

1946年3月,中国共产党晋察冀边区行政委员会颁布了《森林保护条例》。该条例规定:无论公私林木,各县政府均须督同区、村公所负责保护。由区公所以上政府划定植树造林的地区为禁山、禁地,在规定期限内不得放牧和樵采,封禁期限的长短由各地自定。划定禁山、禁地应开辟牛羊道,并根据植树造林情况,逐年扩大。凡窃伐或家畜啃坏树木,须依损害情形责令加倍赔偿,或令其补植新树,或处以植价2倍以下的罚金。山间所有树木的根株,一律不得掘采,违反者以妨碍保安林论处,放火烧毁或开垦他人森林者,除按价赔偿外,送司法机关判罪。参加救火者,按工加倍发给工资,由林主和烧山者各负担一半。林木和林地被侵害时,政府对积极报告者,予以表扬和奖励。

这个条例内容比较系统和完善,对于保护林木及林地起到了积极有效的作用。

2.《奖励植树造林办法》

1946年3月,中国共产党晋察冀边区行政委员会颁布了《奖励植树造林办法》。该办法规定:各地区公所应划定荒山,由各村组织个人或集体在划定区内植树造林,其中对于荒山植树造林者,从有收入时起,五年内免除纳税,无论个人植树育苗或集体造林,有成绩者均予以奖励。植树造林后,有基层政府每年检查一次,按植树后第二年树木棵数计算,每成活100棵,则奖励晋察冀边币1000元,成活500棵奖励1万元,成活1000棵奖励3万元,成活5000棵奖励10万元。对于荒山播种木林,同前法一样,经检查核实后,每10亩成林,奖1万元,成林50亩奖励5万元,成林100亩奖励10万元,成立200亩奖励20万元。对于苗圃育苗,方法同上,成立苗圃半亩奖励500元,1亩奖励2000元,2亩奖励5000元,3亩奖励1万元,5亩奖励2万元。

这些奖励措施比较符合实际,它鼓舞了各地群众的造林热情,有利于晋察冀边区的林业发展和森林保护。

二、植树造林成就

1939 年,晋察冀边区政府开展"一人一树"运动,1940 年,边区政府又号召各地封山育林,创办小苗圃,收到了比较明显的效果。据冀中和冀西的不完全统计,从 1939 年到 1942 年,造林 4 510 万株,"均超过一人一树"。据 1940 年统计,冀中地区的新乐县已经达到了 1 人 10 株以上的成绩。北岳区阜平县植造的各类林木计有 900 亩,防水林 1 300 亩,木材林 1 125 亩[2]。

三、组织防治枣步曲的试验研究

1941—1943 年,晋察冀边区人民政府农林局,组织技术人员进行防治枣步曲的试验研究。摸清了枣步曲的生活史和生活习性,后又研究出除治成虫的办法——沙阻法。

第三节　林业科学研究

一、蚕桑科学技术研究

1. 成立邢台蚕桑试验所,促进蚕种改良

1913 年,直隶省成立了邢台蚕桑试验所,从日本引进"千代鹤"、"高温区"、"角义大寏"3 个桑蚕种(角义大寏是三化性,其他是二化性),并对国产优良蚕种"桂园"、"顺白"等鉴定选育。在承德、迁安、平泉等县放养了柞蚕。1930 年桑蚕种繁殖改由政府管理,并制定了蚕种检验法规,淘汰了三眠蚕种,改用四眠蚕种。

2. 推广桑树新品种

1919 年,实业厅实施恢复蚕桑计划,当年由浙江、山东购买湖、鲁桑苗。1929 年全省有 37 个县因栽种良桑(大叶湖、鲁桑)大叶湖而受到嘉奖。1934 年建设厅向实业部呈报,全省有 72 个县共有桑树面积 5 981.9 公顷[3]。

据统计,河北省栽植的主要品种有湖桑、鲁桑、日本桑、土桑、大叶湖等,引进的优良品种,已在生产中占据主要位置。

3. 蚕桑养殖技术的普及

1922 年,直隶省实业厅在天津设立农业讲习所,把栽桑学、养蚕学列为主课;实业厅规定在全省高级小学中增设蚕桑课程。1924 年,河北省第一林垦局开办了老广沟一、二山、玻璃山 3 处蚕场;又在马兰峪兴办山蚕厂,招募生徒 15 名,实习制造木机和缫丝织细。又编写《饲养山蚕概略》,指导农民饲放。

1930 年 9 月,农矿部发布了《检查改良桑蚕种暂行办法》。1931 年,河北省实业厅转发实业部商品检验局公布的"桑蚕种进口检验规定"17 条。技术的普及和法律法规的制定,对于提高蚕业的质量和规模起到了积极的作用。

二、林业科学研究

1. 专门林业科研机构成立

1911 年后,直隶农事试验总场为直隶农事第一试验场(包括林果桑),负责天津以南 24 县的农事

试验和改良事项。1922年,将直隶大名渔业试验场改为直隶第二农事试验场,负责直隶省南部大名等26县的农事试验和改良事项。1928年,直隶改为河北省后,在徐水成立河北省第三农事试验场,负责徐水等37县的农事试验及改良事项。同年,在北平安定门外设立河北省第四农事试验场,负责大兴等16县农林试验和改良事项。1931年,将兴隆县马兰峪(今遵化县辖)林垦局,改为河北省第五农事试验场,负责兴隆、遵化等14县农林试验和改良事项。同年7月,将易县梁各庄农事试验场改为河北省第六农事试验场,负责保定以北l3县农林试验和改良事项。1935年,北宁铁路局在昌黎汇文中学东侧建立"北宁铁路园艺试验场"。1937年七七事变后,在昌黎、抚宁等地建立"冀东果树事业改进所"。1938年,在石门市(今石家庄市)建立"华北农事试验场石门支场"。翌年,又在张家口建立伪蒙疆农林试验场。

2. 林业科技工作的起步

1911年后,由直隶农事试验场第一分场(在邯郸)和第二分场(在清苑)负责林果桑苗繁育和推广植树技术。河北省第一、二、三、四、五林务局,河北省中山林场和一部分县办林场、苗圃,向农民推广苗木和传播林业技术。这种由专业机构负责和有明确分工的推广体制,是技术推广工作的一大进步。

1935年5月,河北省实业厅编印了《适于河北省主要树木之造林法》,由各县实业科、建设科和林务局、林场,向农民推广黑松(黑皮油松)、桧柏、栎、栗、榆、桃、槐、刺楸、君迁子(黑枣)、国槐、臭椿等20个树种的造林方法。抗日民主政府在各地县农场培育林果苗,推广造林、育苗技术。同时围绕荒山播种造林、防风防沙林以及三季造林开展工作。

1937年,省实业厅、建设厅下令各地建立实验地、征集良种,进行试验、评选、推广应用。这标志林业科学实验进入了新的发展阶段。抗日战争胜利后,晋察冀边区行政委员会实业处召开技术会议,研究确定伏干、截干、插干和雨季荒山播种造林技术,安排进行苹果、梨、葡萄品种比较试验项目。民国时期,河北省研究试验了不同树种的育苗方法、造林方法、果树修剪技术,研究试验了石灰硫磺合剂、波尔多液防治果树病虫害等技术,对当时的果树及林业生产发挥了很好的作用。

注　释:

[1]　张璞、苏润之主编:《河北农业大学校志》,社会科学文献出版社1992年版,第13页。
[2]　王稼祥:《晋察冀边区的财政经济》,《群众》1944年第3、4期。
[3]　罗茂林主编:《河北省志·林业志》,河北人民出版社1998年版,第200页。

第四章　近代畜牧水产科技

晚清至新中国成立前,是河北畜牧业由传统饲养向近代饲养的转型期。随着清王朝的没落,处于河北地域的官营牧场受到严重影响,规模缩小,而民间饲养业顺势发展起来,由于战争、瘟疫和自然灾害频繁,传统畜牧科技发展遭受一定影响。这一时期,国外许多优良畜禽品种被引入,同时也带来了先进的科学技术,培育出一批著名的地方农家品种;完善了饲养管理技术;畜禽防病治病技术水平不断提高;捕捞和水产技术有所发展,畜牧水产教育蓬勃兴起。晋察冀边区也做了大量新品种引进和技术推广工作。全省初步建成了近代畜牧水产科技体系。

第一节 畜禽品种的培育与引进

一、地方农家品种培育

1. 优良肉鸡品种"九斤黄"

晚清时期,河北、山东一带人民通过长期的饲养选育,培育出了著名的肉用鸡品种"九斤黄"。该品种以重达9斤而闻名于世。1851年曾在万国博览会上展览引起轰动[1]。由于该品种体大肥硕,肉嫩味鲜,表现优异,英国的"奥品顿"、美国的"芦花鸡"和"洛岛红"等优良品种鸡在育成过程中都引用"九斤黄"予以杂交改良。该品种的形成,不仅对我国肉鸡品种的培育,同时也对世界肉鸡品种的培育发挥了重要作用。

2. 肉鸭良种"北京鸭"

图6-4-1 北京鸭

北京地区的优良农家种"北京鸭",个体大,肉味美,生长快,在国际上负有盛名[2]。1873年北京鸭输出国外之后,立刻引起了国际市场的轰动,当时有文章写道:(北京鸭)样品既出,社会耳目为之一新,绅士名媛,交与不置。购者骤多,供给缺乏。一时价格腾贵,每卵一枚,当金元一元之价,美国社会,遂有鸭即金砖之荣称。北京鸭的生产性能及肉质不仅在国内受到欢迎,而且也得到了国际市场的一致认同。因此,该品种先后被输入到欧美、日本及苏联等地,并在国外鸭品种的培育过程中得到大量应用,如英国的樱桃谷鸭、澳大利亚的狄高鸭均含有北京鸭的基因,对世界养鸭业的发展贡献颇丰。

3. 兔专用品种培育

1932年,《南皮县志》卷3《物产》记载:兔"近来经淘汰改良之,结果分肉兔、毛兔、皮毛兔、赏玩兔等种,需用渐广,又极易饲育,可为农家之副业"。说明我省家兔的改良工作取得了显著成效,通过改良,出现了肉兔、毛兔、皮毛兔、赏玩兔等专用品种。

二、国外优良畜禽品种的引进

1. 引进国外奶牛品种

河北地域原无奶用牛品种,20世纪上半叶先后数次由西方传教士、日本以及联合国救济署人员从国外引入荷兰奶牛、日本小型黑白花奶牛、南洋大型黑白花奶牛[3]。奶牛品种的引入,奠定了河北奶牛养殖业发展的基础,促进了现代奶牛养殖业的形成与发展。

2. 引进西方纯种马

河北地域是我国最早引进西方纯种马进行马匹改良的地区。光绪三十一年,陆军首先引进欧洲马,同时派员整顿察哈尔两翼牧场,设立模范马群,从而拉开了我国近代马匹改良的帷幕。军牧司在察哈尔两翼牧场正式拟订了马匹改良方案,引进德国、俄国纯种马及我国新疆伊犁马,这是我国政府有组织、有计划地开展马种改良的发端[4]。

3. 引进国外优种羊

河北省是我国最早引进美利奴羊进行羊种改良的地区。据记载,河北省早在光绪十八年就有数只美利奴羊运往察哈尔供杂交改良之用,这是我国引进优良绵羊品种美利奴羊改良我国羊种的最早尝试[5]。直隶农事试验场成绩报告记载,本场设有牧畜课试验,饲养羊、鸡、兔优良品种。羊有美利奴种羊,进行纯种繁殖和杂交改良之用。

河北省原无奶山羊品种。1910年由美国教会将"吐根堡"奶山羊引入到唐山地区,1922年又由美、英、德等国的教会引入部分莎能奶山羊饲养供奶。1931年以后,莎能奶山羊传入民间,兴办"宝山奶坊"向外国人供鲜奶。1919年以后随着萨能羊的扩繁,逐步在滦县、乐亭、滦南等铁路沿线一带饲养[6]。除唐山外,我省其他地区如石家庄的元氏等地,保定的定县等地也先后引进莎能奶山羊,通过在当地繁殖传播,与当地山羊杂交改良,并经过长期的选育,形成了现今的河北奶山羊品种。

国外羊品种的引进是我国畜牧业史上的一个重要举措。通过引进改良本地羊,对全省的养羊业发展和羊的品种改良影响深远。

4. 引进英国"哈犁佛"牛

1913年,农商部在张家口附近设立第一种畜试验场,引进英国"哈犁佛"牛(即"海福特牛")及朝鲜高丽牛[7],正式拉开了我省黄牛改良的帷幕。在国外优良肉用品种牛引入的基础上开展的我国黄牛改良工作,改变了数千年来我国缺乏专用肉用品种牛的历史,通过这一改良技术的推广和普及,显著提高了我国黄牛的肉用性能,对我省发展成为现今的肉牛养殖发达省份发挥了重要作用。

三、猪、羊地方品种的杂交改良技术

据直隶农事试验场牧畜课试验成绩报告记载,1916年直隶农事试验场由北京购入美利奴羊5头,在场内进行纯种繁殖和与本场绵羊进行杂交改良试验。1917年产一代杂种羊13头,并对杂种后代的产毛量与中国绵羊进行了比较试验。

河北省猪种的改良进行很早,光绪年间,德国人将大白猪引至张家口饲养,是我省最早进行猪种杂交改良的开端。1929—1936年,定县引进波中猪、泰姆华斯猪与本地猪杂交改良。1934—1946年涿县引进波中猪、巴克夏猪与本猪杂交改良。1939—1942年,昌黎县引进巴克夏猪与本地猪杂交改良[8][9]。上述杂交改良构成了我省著名地方猪品种定县猪、涿县猪和昌黎猪培育成功的遗传基础。

四、晋察冀边区的引种工作

在晋察冀边区,也做了大量品种引进和推广工作。农林局繁殖场引进了多个畜禽品种进行试验推广,收到了良好效果。如"饲养的来亨鸡,每年可产蛋300个,比本地鸡多3倍;波支猪每年每头比本地猪多产40斤肉;美利奴羊每只比本地绵羊多产羊毛3倍,而且羊毛又细又长。瑞士奶羊每只一天可接鲜奶六磅以上。"[10]

五、定县"中华平民促进会"的引种工作

1928年,养鸡专家王兆泰在定县"中华平民促进会"从事鸡种改良和良种鸡推广工作,同时在当时的北平西直门大街创立华北种鸡学会,自制孵化器,向平津一带出售白来航鸡[11]。1934年《定县志》物产篇记载:"近平民教育促进会,拟传意大利鸡种,尽力提倡,卵较大而生亦多。"由于平民促进会的卓越工作,使得优良鸡种在我省得以广泛推广,并取得了显著成效,如民国二十一年(1932年)全省农产品评会上,盐山县刘炳轩饲养的莱克亨鸡被评为优良品种。

　　这些资料记载表明,河北省是最早引进国外良种并应用这些良种进行地方品种改良的地区之一。畜禽品种改良对提高河北地方畜禽品种的生产性能作用巨大,形成了一个围绕京津和畜产品出口的产地市场。如南皮洋鸡肉肥味美,大量行销天津,鸡蛋则出口,藁城肥猪,"多沽于北平"[12],滦县鸡的养殖规模达到了 50 余万只,每年向外销售鸡蛋 60 余万斤,三河"猪养豢肥后,运售京津"。

第二节　饲养管理技术

一、牲畜栈养管理

　　晚清,在马的放牧饲养和牛羊育肥上,创造了"出青"和"回青"、"栈牛"和"栈羊"[13]的饲养方式。"出青"和"回青",是在牧区枯草季节,将牧区牛羊贩至农区,充分利用农区的秸秆资源进行短期强化育肥。而"栈牛"和"栈羊",是将需要肥育的牛、羊置于栅栏之中,限制其活动,以减少其运动的能量消耗,并饲以优质的草料,从而可使其进食的能量被更多地沉积在体内,达到快速增重、改善肉质的目的。"出青"和"回青"、"栈牛"和"栈羊"可以充分利用不同地区的饲草资源,是河北人民保护牧区草地生态环境和利用农区秸秆资源意识的萌芽,也是我省建立"北繁南育"和"西繁东育"这一科学生产体系的雏形。

二、猪的分段饲养与杂种猪饲养比较试验

　　在《滦县志》民国二十六年(1937 年)本·卷十四·实业·畜牧中有如下记载:"猪饲养常分三期:第一期为阉割时代,除食乳外,每食亦用糠十之二,用豆十之八合水以饲;第二期为长养时代,每食用糠十之八,用豆十之二;第三为肥育时代,每食用糠十之六,豆十之四。……至肥畜之时,尤宜禁其运动,法在使之少见日光,自能静养,改育肥猪以黑暗之牢为宜。"由此证明河北人民在这一时期已经掌握了猪的分段饲养技术,并在不同的饲养阶段,配以不同的日粮,以保证猪的营养需要,从而达到快速育肥的目的。现代研究表明,缩短光照时间有利于脂肪型猪的增重。使育肥猪"少见日光"、置于"黑暗之牢"的记述表明我省人民早已掌握了这一原理,并生产实践中加以应用,饲养技术水平达到了一个新的高度。

　　1933 年前后,汪国兴在中华平民教育促进会农场对"波定杂交猪"进行一次比较饲养试验。每增重百磅(合 45.4 千克),杂交猪较"定县猪"节约饲料 225 磅,"波支猪"较"定县猪"节约饲料 153 磅(合 83.1 千克),反映杂交猪、纯种猪较土种猪有较强节约饲料能力[14]。

三、填鸭法

　　在鸭的育肥技术方面,发明了"填鸭法"。该方法的具体措施为:"食前二十日,白米做饭,以盐花和之成团,作枣核状,强喂之,每日减去一团,以期宰食,其味肥嫩无比"[15]。这一特殊的喂养方法对提高北京鸭的生产性能和肉质产生了重要影响,用这种方法填肥的北京鸭为原料,烤炙出来的北京烤鸭也成为一道受人欢迎的美味佳肴,甚至成为现代中华美食的代表而蜚声中外。

四、鸡品种比较试验及育雏技术

　　1916 年直隶农事试验场"曾选用九斤鸡、菊花鸡、纯白、广东鸡、日本鸡,做饲养试验。比较其产卵多寡,体重轻重,以觇何者宜于肉用,何者宜于卵用,为将来繁殖改良预备"。同时对育雏适宜时间

进行了试验,指出"二次(4月26日开始孵化,5月17日出壳)至六次(7月15日开始孵化,8月4日出壳)为年中孵雏适当之时,过早晚均非所宜"。

五、兔的舍养

传统家兔饲养采用地下做窝,不通风、不透光、潮湿的环境易于染病。为此,直隶农事试验场改穴养于室内饲养,在"室内沿墙造筑框形小房,此房非特便幼兔成育,且可充卧室,甚觉便利"(《直隶农事试验场,五年成绩报告》)。这种饲养管理方式的变革,有效避免了穴养的诸多弊端,便于成兔及幼兔的管理,改善了家兔生活环境,极大提高了家兔的养殖效益,成为解放后笼养家兔技术的雏形。

六、羊的放牧与舍饲技术

在羊的放牧饲养上,注重饲草贮备,放牧与舍饲相结合的技术应用。如万全县志民国二十一年第二卷《物产志》记载:"绵羊……。昼间数十或数百成群由牧者放诸山野,晚则驱赶回圈中。惟冬日须予储草类,早晚饲喂。"这一记载表明,我省牧区人民早就认识到了饲草贮备的重要性,当冬春枯草季节时,通过饲喂贮备饲草,来补充放牧采食的不足,这种饲养方式对于实现饲草平衡供应,解决"夏活、秋肥、冬瘦、春死"的这一草地畜牧业现象提供了技术保障。

民国二十六年(1937年)《滦县志》载,"羊饲养刍十之八,豆十之二,但雨雪时则然而。转天气晴和,牧于山野,则无需刍豆矣。管理畜舍,因羊数而定。大抵方丈之舍,能容羊20只,出此类推无甚出入。至畜舍之高矮,又因冬夏而异。冬则矮舍,取其气聚而暖。夏则高舍,取其气疏而达。盖寒热皆易生病,至春必发耳。其秽尤宜日一扫除,而防病蹄。其在山羊性既活泼,质尤顽强,畜舍尚可迁就。若在绵羊,性极喜聚,无论冬夏休息之时,必万头攒集,炭气极浓,其处所稍不清洁,瘟疫辄侵,故管理饲养尤关重要也。"这则史料表明,我省人民在近代时期不仅对羊的饲养管理技术极为重视,同时还总结出了相当宝贵的饲养管理经验:在饲草供应方面要注意精粗饲料的合理搭配;在羊舍建设方面要根据季节的不同采用高矮不同的厩舍,从而改善羊的生活环境,避免疾病发生;在厩舍卫生方面,提出了要日扫一次,即可预防蹄病,还可避免瘟疫入侵;对不同羊种的生活习性也有了深刻认识,指出绵羊的抗病能力低于山羊,因此在饲养管理方面要更加重视。这些宝贵的饲养管理经验至今仍有实用价值,充分说明了我省人民在传统饲养管理技术的继承和革新方面不断探索和完善,有力地推动了技术的进步和发展。

七、人工哺乳技术

在传统的饲养实践中,由于母畜死亡或泌乳量不足导致幼畜死亡的现象屡见不鲜,严重影响着畜牧业的发展,因此,提高幼畜成活率成为解决畜牧业发展的重要课题。直隶农事试验场在这方面做了有益探索,并取得了成功。在其牧畜课六年成绩报告中记载:一只产双羔母羊因其泌乳量不足,无法满足双羔的需要,因此将其中一只羔羊采用牛乳喂养至三周,结果与母羊喂养的羔羊没有差异。由此得出结论"就此次试验,若牝羊分娩后乳汁缺乏或病亡者,皆可仿此法以育子羊"。该项研究是人工哺乳技术的有益尝试,并已被广泛应用于现代畜牧业生产过程中,成为提高幼畜成活率的重要技术手段。

八、人工辅助繁殖技术的推广应用

早在宋代,我省人民便创造了人工辅助交配,以提高马匹配种成功率的技术,这一技术通过长期的传承演变,不但在马匹配种繁殖上得到了广泛应用,同时亦在其他畜种上得到推广。如在直隶农事试验场牧畜课五年成绩报告中记载,因中国羊有尾,与美利奴羊交配困难,便辅以人工,使美利奴羊成功地与中国羊进行了交配。

无论是我省牧民创始的牧区"出青"和农区"回青"的牧马法、从牧区贩卖牛羊到农区育肥的"栈牛"和"栈羊"育肥法,北京鸭的"填鸭"育肥法,还是猪的阶段饲养以及光照在育肥猪上的利用技术,都充分证明了在这一时期我省人民在继承和发扬传统饲养管理技术的基础上,不断地发展和丰富其技术内涵,新的技术元素渗入到日常的饲养管理之中,创新了多种饲养管理方法,在我国畜牧科技发展史上占据重要地位。

这一时期开展的品种比较与改良、饲养管理等科学试验,使我省畜牧科技发展上升到了一个新的阶段。自畜牧业在我国产生以来,技术的进步主要以经验的总结为基础,没有进行过定性、定量的主动性研究,因而缺乏资料和系统理论。这些试验或研究,填补了我国家畜饲养科学研究的多项空白,由过去根据传统经验进行养殖技术的改进,变为根据科学的试验数据来制定相关的技术方案,因而具有划时代的科学意义。

第三节　家畜传染病防治

疫苗的生产和应用是兽医技术的一大突破,对于预防烈性传染病发挥了重要作用,同时也使西方兽医技术受到了人们的重视,对促进近代兽医的发展产生了重要影响。

1924 年,北平中央防疫处曾制造马鼻疽诊断液及犬用狂犬疫苗,是河北省境内首次制造兽医生物药品,也是我国最早制造的兽用生物药品。1945 年日本投降后,张北兽医防治所改为家畜防疫处,专门从事猪瘟血清制造工作[16]。

在晋察冀边区,发布了《晋察冀边区行政委员会关于预防兽疫的指示》,其中规定了家畜法定传染病的种类、建立防疫组织、防疫的措施、疫区的管理及监督等。这项法规的推行,加强了边区的家畜防疫工作,有效地减少了家畜的损失[17]。1942 年春,阜平、灵寿、唐县等地发生了牛瘟、猪霍乱。针对上述情况,晋察冀边区政府除采取封锁、隔离等措施外,还采用生物药品进行防治,从而保证了畜禽的健康[18]。1947 年,晋察冀边区政府的科技人员在曲阳县采得一株猪瘟血清病毒,此后即开始试制猪瘟血清并取得成功。1948 年,唐县、曲阳等地发生猪瘟疫情后,利用试制成功的猪瘟血清进行免疫注射,有效控制了疫情发展,取得了良好效果[19]。

在利用疫苗进行传染病防治的同时,我省民间中兽医也在治疗传染病技术方面不断探索,并取得了一定成效,成为保障我省畜牧业健康发展的重要力量。如 1936 年《张北县志》有关羊病疫的记载:"有患痘症及癣疥等病,传染甚烈,并发口疮蹄黄病。此病多因天旱不雨干燥火旺所致。痘症调治最难,惟癣疥春季患之者多,每用磷黄、火硝、麻油调和之,擦于患处即愈。"1937 年,《滦县志》也有关于疫病防治方法的记载:"牛疫以仓术烧烂中,得吸其香即止。"这些资料表明,我省民间兽医在利用传统兽医技术治疗牛羊传染疾病方面取得了重要进展。

纵观我省近代畜牧兽医的发展,体现出传统科技的继承与发展和现代畜牧科技的引进与推广相结合,畜牧兽医科学研究填补多项空白,品种改良走在全国前列,传统畜牧兽医技术得到进一步发扬。在这一历史背景下,我省人民创新和发展出了一些新的养殖技术,培育出了新的畜禽品种,为推动近代畜牧业的发展,由传统畜牧业向现代畜牧业转型提供了技术支撑。

第四节　捕捞与港养技术

18 世纪 40 年代(清道光年间),风网、拉网技术得到发展,在现在的滦南南堡与昌黎沿海,当时发展了大拉网渔业和樯张网渔业,到 20 世纪 30 年代发展到一个相当繁荣的阶段[20]。渔具、渔法的改进与发展,提高了捕捞效率,促进了我省远洋渔业的发展。

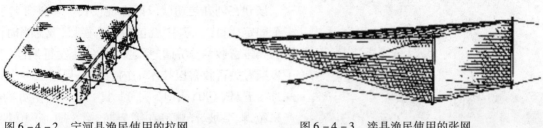

图6-4-2　宁河县渔民使用的拉网　　　　　　图6-4-3　滦县渔民使用的张网

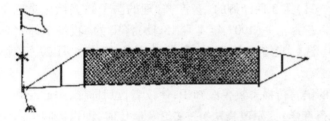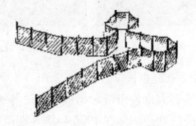

图6-4-4　临榆县渔民使用的流网　　　　　　图6-4-5　沧县渔民使用的地网

在近代,河北省的港养技术有了初步发展。现芦台农场的金钟河两岸,渔民春季把随潮水进入沟渠、盐田内的对虾、梭鱼幼苗管养起来,秋后捕获,这就是初期的"港养"。港养是一种简单的生产方式,由于管理粗放产量很低,收效甚微,发展极为缓慢[21]。虽然当时港养的生产水平很低,但它创造了大面积港养的经验,为后世港养技术的发展奠定了基础。

第五节　畜牧水产科教机构建设

一、我国第一所西式兽医学校——北洋马医学堂

1904年,清政府在保定成立北洋马医学堂,为军队培养兽医。保定马医学堂是我国最早进行西方兽医技术教育的学校,它的设立拉开了西方兽医在中国发展的序幕,同时也开创了传统兽医和西方兽医并存的局面,为河北省也为全国培养了第一批西兽医人才,北洋马医学堂也成了我国西式兽医和近代畜牧业教育和技术推广的发源地。

民国政府成立后,先后在河北省设立第一种畜牧试验场、察哈尔农业专科学校、河北省种畜试验场等[22],为我省开展现代畜牧兽医教育和科学试验培养了大批人才。

二、我国第一所高等水产学校——直隶水产讲习所

1911年,在天津成立了直隶水产讲习所,同年改称甲种水产学校,后来发展为河北水产专科学校。这是我国第一所高等水产学校,为我国造就了一大批水产专业人才,而河北省成为我国最早进行现代水产教育和技术推广的发源地之一。

三、近代畜牧水产科技的传播与推广

1. 北直农话报

《北直农话报》(现《河北农业大学学报》前身)是我国最早由农业学堂创办的刊物,也是清末高等

图 6 - 4 - 6　北直农话报之封面和目录

学府创办的最有影响的科技期刊之一(图 6 - 4 - 6)。

该刊在创办之初就以西方现代农学学科命名了 20 多个固定栏目[23],其中就包括畜产栏目,成为当时传播国外先进畜牧科学的重要途径。在其发行期间,刊登了多期有关畜牧兽医技术的内容,如:光绪三十一年十一月十五日(1905 年 12 月 11 日)第 2 期荫墀的《畜产》,范卿、兰坡、泽卿等在第 7 期、第 8 期、第 10 期、第 19 期连载;光绪三十二年十二月初一(1905 年 12 月 26 日)第 3 期泽卿的《畜产:管理的法子》;光绪三十三年三月初一(1907 年 4 月 13 日)泽卿的《牧场个体管理法》;光绪三十三年三月十五日(1907 年 4 月 27 日)第 8 期有《家庭兽医学》等等[24]。

该刊大量使用俗语、方言、口语等通俗化的语言传播畜牧兽医知识,使读者读后即懂,因此受到广大农民的欢迎。如在 1906 年第 8 期范卿的《畜产学:繁殖改良法》一文论及遗传时,即以民间俗语做解释:"将门出将子,又说是粪堆上不长灵芝草,狗嘴里吐不出象牙来,又说什么侄女随姑,外甥随舅,这都是遗传力的讲究,不过是习而不察就完了。"[25]通俗化的语言,减少了科技文章枯燥的说教,使人们读后易于明白,提高了农民的科技素养,促进了落后生产方式的变革。

2. 我国最早的水产教育著作及杂志

1911 年成立的天津水产讲习所,在开展水产科技教育的同时,还编写了有关的水产著作和刊物,如《河北省渔业志》、《河北习见鱼类图说》及《水产学报》(年刊)等,特别是自编水产教材达十多种,是我国最早的现代水产教育资料。

注　释:

[1][2][13][14][15][18]　郭文韬、曹隆恭主编:《中国近代农业科技史》,中国农业科技出版社 1989 年版,第 449,450,456,476,457,543 页。

[3][16]　河北省地方志编纂委员会:《河北省志·科学技术志》,中华书局 1993 年版,第 97,98,106 页。

[4][5][7][8][11][22]　李群:《中国近代畜牧业发展研究》,南京农业大学博士论文,2003 年,第 104,109—111,93—101,117,119,64—70 页。

[6]　王银生、刘印华:《唐山市畜牧志》,农业出版社 1992 年版,第 58 页。

[9]　刘树常主编:《河北省畜牧志》,北京农业大学出版社 1993 年版,第 82 页。

[10][17]　万立明:《革命根据地的科学与技术(1927—1949)》,福建师范大学硕士论文,2004 年,第 30,30 页。

[12]　袁钰:《论 1895—1936 年华北农业近代化中的家庭养殖业》,《山西大学学报(哲学社会科学版)》2001 年第 2 期。

[19]　中国畜牧兽医学会编:《中国近代畜牧兽医史料集》,农业出版社 1992 年版,第 27 页。

[20][21]　河北省地方志编纂委员会:《河北省志·水产志》,天津人民出版社 1996 年版,第 47,71 页。

[23]　张冬冬:《清末民初的农学报刊与中国农业现代化的倡导——以〈北直农话报〉与〈农学报〉为中心的考察》,天津师范大学硕士论文,2007 年,第 3 页。

[24]　姚远、黄金祥、颜帅等:《〈北直农话报〉传入的西方农学及其科技传播学意义》,《河北农业大学学报》2005 年第 3 期。

[25]　姚远、黄金祥、颜帅等:《北直农话报的白话科技传播语言研究》,《编辑学报》2005 年第 3 期。

第五章　近代陶瓷科技

　　鸦片战争以后,中国传统的陶瓷制作业逐步衰落。西方借助近代科学的兴起,陶瓷制作技术水平迅速提高并在产量和质量上赶上和超过了中国。这一时期,传统陶瓷制作技术与西方陶瓷制作技术相互排斥又相互融合,形成了河北陶瓷业起伏徘徊的局面,一方面,大量"洋瓷"涌入中国市场,另一方面,通过引进洋瓷和西方技术,唐山瓷勃然兴起,很快形成"北方瓷都",中国"特别之瓷业"应运而生,仿古瓷技术悄然出现,使陶瓷行业在动乱中有所发展。

第一节　唐山近代瓷业的兴衰

一、唐山近代瓷厂的建立

　　第一次世界大战爆发之后,欧美列强忙于战事,暂时缓和了对中国的侵略和压迫。趁此机会,中国的民族工业在国内一片"抵制洋货"、"收回权益"的口号下稍微有些发展。一批采用外国设备与技术的新式瓷厂相继在北京、天津、唐山等城市成立。唐山先后成立有启新瓷厂、德盛窑业制造厂、集成瓷业公司等多家瓷厂,逐步发展形成"北方瓷都"。1889 年中国的第一座水泥厂在唐山建成,1911 年,旧水泥厂改为启新陶瓷厂。据《滦县志》记载:"光绪十八年华洋合资建厂,二十四年开始制造。二十八年完全收为华商所有。宣统三年改组后,老厂制造缸砖瓦管器皿等件。公司辖花砖厂、缸砖厂、石坑、瓷厂等部(瓷厂于 1925 年租与昆德,至 1934 年期满)。"1914 年,唐山启新洋灰公司创办人李希明以细绵土厂旧址旧具改办瓷厂,由该公司技师德国人汉斯·昆德兼管。开始试制少量低压电瓷和日用瓷,成功地生产出了中国第一件洗脸的卫生瓷。当时有职工约 30 人,到 1921 年职工人数突破了百人,成为北方职工人数最多的瓷厂。此时,技师的缺乏成为困扰瓷厂继续发展的一大难题。1922 年,公司又派汉斯·昆德借去欧洲考察新式水泥机械之际,积极物色制瓷专家。1923 年,汉斯·昆德回到中国,不仅购进了一套制瓷设备,而且还请来了德国制瓷专家魏克,利用唐山本地的原料制瓷。这时该厂所生产出来的瓷器坯体较厚,色泽灰黄,由于其瓷是施小火釉二次烧成,瓷质烧结不良,胎骨不坚,尤其是底足露胎处,胎体发灰发暗,故人称"洋灰瓷"。1924 年 6 月,汉斯·昆德再次要求公司添置制瓷设备,但遭到公司拒绝。经汉斯·昆德与公司方协商,当年 7 月 1 日起签订承租合同,瓷厂与启新洋灰公司脱钩,改由德国人汉斯·昆德经营,并正式定名为启新瓷厂。此后,汉斯·昆德专心研究改进原料配方,除调整由唐山本地产的粘土、长石、石英等配比外,又掺入了部分德国产的高岭土,这样经过反复试验,其成瓷终于达到了胎骨坚致,白度提高,无吸水性,釉面光润的质量要求。另外,通过引进机器设备如球磨机、泥浆泵、选磁机、电磁压机等和开发耐酸瓷、电瓷和铺地砖等产品的手段,使启新瓷厂成为唐山使用机器电力生产瓷器的最早厂家。此时,启新瓷厂开始生产不施化妆土的白瓷,并有各色地砖、瓷砖出口。1925 年后,启新附近的新明瓷厂便在前者南门外成立一个铁工厂,专门仿制启新瓷厂进口的机器设备,随后各陶瓷厂逐步用电力机械代替了手工和畜力等原始生产方式。1935 年,卫生瓷开始销往新加坡、马来西亚等地。

　　此时,以王琦为代表的珠山八友将文人画与陶瓷装饰相结合,开辟了陶瓷美学的新时代。在这样的历史背景下,启新瓷厂的绘瓷艺人庄子明、陈维清、李润芝等,自觉地将陶瓷的装饰艺术转变为绘画艺术,并使陶瓷绘画呈现出一定的商业色彩,以吸引更多的消费者,如桃花美女、麒麟送子、五老观图、渔樵耕读等装饰题材,已经成为唐山彩瓷的经典。其中陈维清是唐山丰润团山子人,善花鸟人物,在天津画界从艺多年,现在我们所见到落款"洭阳居士"的启新瓷即是他的作品。

二、唐山传统瓷业的逐渐衰落

　　第二次世界大战爆发后,因国外原料断绝,启新瓷厂开始改用中国原料进行生产。19世纪末至20世纪初,开平矿务局创办后,修建矿井用的缸砖由陶成局包制。该局在生产水缸、盆碗的基础上,招收工人兼制缸砖,后又为大沽造船厂生产缸砖和耐火土,资本不断增大,厂房、设备和技术不断改进,生产规模逐步扩大,成为唐山首家近代的新式陶瓷企业,1920年改组为新明瓷厂。20世纪20年代末,唐山民族实业家秦幼林开始筹建德盛窑业制造厂,试制卫生瓷,高低压电瓷瓶,铺地砖,成为国内市场上独一无二的产品,改变了以往全靠进口的局面。1920年,又有私人集资在唐山古冶铁路南建集成瓷业公司,后改为集成瓷厂(即今唐山市第八瓷厂),引入邯郸、彭城、唐山缸窑等地的制缸技术,生产缸和粗瓷制品,是最早的粗瓷业。1938年,唐山德盛窑业厂出资在古冶铁道南建德盛窑业厂古冶工场,生产耐火砖。20世纪40年代受日本侵华战争的影响,唐山陶瓷业不断衰落。1945年日本投降后,启新瓷厂由国民党接管,产品仍以卫生陶瓷和铺地砖为主。

　　当时唐山市东西缸窑,还有陶瓷企业70家,从业人员达1 625人,规模最大的德顺隆新记职工人数为119人。这些企业的发展推动了唐山陶瓷业的发展,更为唐山累积了丰富的陶瓷文化资源,并在后来唐山陶瓷业的发展中发挥了巨大作用。

第二节　彭城瓷业的兴衰

　　这个时期,彭城瓷器生产一度出现了空前发展的盛况。以1923年为例,当时磁州民窑增至235座,缸窑35座,从业人员五千多人。据《增修磁县志》记载:"磁器产于县境之彭城,由宋及今相沿已久,窑场麇集,瓷店森列,所占面积纵横二十余方里,四郊矿井相望,废物堆积如山。市内则烟云蔽空,河尘飞扬扑面。而运送原料、瓷器、煤炭以及客商装货人畜、车辆此往彼来,犹有肩款相摩,街填巷溢之概,诚吾磁州惟一之工业重地也。"意思是说,磁州窑于民国初、中期获得了短暂的繁荣。叶广成在《磁州窑》一文中说:"民国前后,由于洋青(氧化钴)的输入,白釉黑花的装饰逐渐为青花所取代。"这种以氧化钴为颜料的瓷绘,烧出的图案呈青色(古人以蓝为青),它在色彩上较黑花图案更加亮丽。磁州窑瓷品在国内外便打开了一定的销售市场,以至于民间有"千里彭城,日进斗金"的说法。

　　此期彭城瓷器的特点主要表现在以下几个方面:(1)彭城窑以青花为瓷器的主导产品,一枝独秀,它采用彭城当地的大青泥原料制坯,瓷胎上罩一层独特的白化妆土,在白化妆泥上绘出蓝色纹样,然后再施一层透明釉烧制而成。烧成后花纹呈蓝色,因此称"青花"。由于彭城窑的瓷质属于化妆白瓷,不同于官窑细瓷,故被称为"民间青花"。民间青花艺术瓷作品除大宗的青花瓷碗、盘、罐外,而以青花掸瓶、帽桶、茶罐、笔筒等最具代表。这类制品体形硕大,表面平坦,便于绘制花卉、人物、山水、花鸟纹样图案,并适合陈设于桌面、案头或条几上,成为家庭客厅中兼具陈设、装饰、观赏的美器佳品。(2)用诗、宋词、元曲、章回小说作为纹饰来装饰瓷器,具有突出的时代特征。当时,由于各种社会矛盾尖锐,社会动荡不安,人民群众迫切希望社会安定、丰衣足食,所以晚清及民国早期的彭城窑瓷器上《李白醉酒》、《白乐天作诗》、《踏雪寻梅》、《三英战吕布》、《三顾茅庐》类的装饰画非常多见,反映了人们渴望天下大治的社会心态。

　　七七事变之后,日军占据了邯郸,疯狂掠夺峰峰的煤炭资源,彭城瓷业因而遭受摧残,窑场停产,大批瓷工失业。据统计,在解放前夕,磁州窑仅剩56座,其中碗窑47座,缸窑9座,已经到了岌岌可危的地步。

第三节　河北仿古瓷技术

磁县彭城民窑的仿古瓷器生产在清末民初已有相当规模。磁县彭城镇刘锁子擅长仿宋、元、明的白地黑花器,其仿古技巧已经到了以假乱真的程度。

清代光绪年间,唐山窑除生产一些棕釉粗碗和施化妆土的灰胎白瓷以外,也有不少仿古瓷应市。据《滦县志》载:"西缸窑、开平、古冶等处,皆制缸盆坛碗等器,又附制蓝瓷各器,如茶壶、饭碗、痰筒等器。"此"制蓝瓷各器"指的应是白瓷青花产品,它是一种细瓷,而西缸窑之"田家窑"在当时是有名的仿古瓷能手。

"田家窑"是由田鹤群(1862—1926 年)和田子丰(1894—1946 年)父子创建的家庭手工作坊,田鹤群曾在其家谱序文(1924 年)中说:"余不敏,幼失学,及壮,发明一种特别之瓷业,光怪陆离,无奇不有。名既著,遂执以为业。"其"特别之瓷业"即指他的仿古瓷技术,由于田鹤群掌握了较高的制瓷技术,他仿制的古瓷很受中外收藏家的赏识,肯出重金购买,如他仿制的 1 件宋代印花碗,日商以 70 元现洋买去。田子丰死后,其制瓷技术已经失传。

第六章　近代冶金科技

鸦片战争刺激和引发了中国的洋务运动,振兴实业便成为这个时期中国人民对西方资本主义近代化的一种积极回应。历史有名的龙烟铁矿的兴建带动了河北冶铁行业的发展。在此时期中国矿业教育鼻祖——天津北洋西学堂在天津成立。抗战爆发后,晋察冀边区政府从根据地的实际情况出发,开创了一条在落后环境中发展工业的道路。1946 年 1 月,晋察冀边区人民政府接管龙烟铁矿和所属的宣化铁厂,成立龙烟铁矿公司,为新中国的冶铁科技发展积累了许多宝贵的成功经验。

第一节　冶铁科技发展和技术引进

一、冶铁技术

洋务派是第二次鸦片战争的产物,是地主阶级的自救运动。以李鸿章、曾国藩、张之洞等人为代表,他们在跟西方列强周旋和镇压人民起义的过程中,深刻却又片面地认识到只有利用西方的先进科学技术才能维护清朝统治。因此,在慈禧太后的支持下,从 19 世纪 60 年代到 90 年代,中国掀起了一场名为"师夷长技以自强"的洋务运动。他们首先依靠进口钢铁来发展近代军事工业,如清同治六年(1867 年),在奕訢授意下,由清室贵族、三口通商大臣崇厚在天津城东贾家沽道购地 2 230 亩,花费白银 20 余万两,初名军火机器总局。次年,建于天津城南海光寺的西局也开工生产,铸造出 450 磅子重铜炸炮,还制造出炮车和炮架。

二、冶铁机械

清同治九年(1870年)东局(亦称火药局)建成,局内安装了制造火药和铜帽的机器。同年,李鸿章任直隶总督,接办军火机器总局,改名为天津机器局。李鸿章上任不久,撤销了西局,把西局的铸铁厂并到东局,并对东局进行扩建,并兴建了铸铁、熟铁、锯木等厂和新机器房。光绪元年(1875年),天津机器局增添了火药生产品种,新建了饼药厂房,购置了制造饼药机器,试制成供后膛钢炮炮弹装用的六角藕形饼药,同时购进了制造林明敦后膛枪和枪弹机器,把原来的机器房分出一半改建成枪厂。另外,还把铜帽厂分出一半改建成枪弹厂,并新建了锯水、轧制铜板和配造拉火厂房。光绪六年(1880年),该局建造了中国第一艘潜水艇。中法战争之后,清政府决定加快海军建设,尤其加强北洋舰队建设。于是,天津机器局的生产内容又有了扩大:不仅要为陆军各营提供各种枪支弹药。还要为海军制造铁舰、快船、鱼雷艇以及水雷营和各口炮台所需的军火弹药,清光绪十三年(1887年)所建的栗色火药厂,就采用了"最新式机器制造最新式的炸药",以适应"各海口炮台内新式后膛大炮及铁舰、快船之巨炮"的需要。李鸿章深感天津机器局是"北洋水陆各军取给之源",于是,更重视它的地位与作用,而不断加以扩充。清光绪十七年(1891年),为制造海军使用的新式长钢炮炮弹,经李鸿章电请清政府驻英大使,从英国葛来可力夫工厂购进铸钢机一套,并从格林活厂购进水压机、10吨起重机和车床等设备。清光绪十九年(1893年),又从英国新南关机器公司购进西门子马丁炼钢炉全套设备,筹建炼钢厂。清光绪二十一年(1895年)开始出钢,并铸造钢质炮弹,至清光绪二十二年(1896年),年产炮弹达1 200发。

然而,随着清政府对军械的需求越来越大,此时仅仅依赖进口钢铁已经难以维持军工生产了。这时,兴办自己的近代钢铁工业就成了时代的要求。清同治十三年(1871年),直隶总督李鸿章请开煤铁,并受命于直隶磁州试办。清光绪元年(1875年),直隶磁州煤铁矿向英国订购熔铁机器,后来虽因运道艰难而没有成交,但此举可以看作是河北近代冶铁业的一次重要起步。

三、技术引进

1840年以后,西方产业革命的出现,资本主义的生产力发生了巨大的变革,其最重要的技术特征就是以机器取代人力。1735年,阿布拉罕·达比发明了焦碳炼钢法,使铁的品质大为改善;1750年,钟表匠本杰明·亨茨曼发明了用耐火泥制的坩埚炼钢法,通过该法炼出的钢相当纯净;1760年,斯密顿发明了用水力驱动的鼓风机,提高了炼铁效率;1784年,科特发明了搅拌法(即反射炉),此法将燃烧室与熔化室分开,省力而有效,不仅使炼钢的质量得到了保证,而且还使铁的大量廉价生产成为可能;1857年,英国的亨利·贝塞麦发明了"转炉炼钢法"和"吹气精炼法",在此基础上,1878年,托马斯创造了碱性转炉炼钢法;1864年,马丁又改造了反射炉炉体,同时,由他们二人合作发明了"西门子—马丁炼钢法",亦称"平炉炼钢法"。至此,近代炼钢技术已经基本形成,人类历史上真正的钢铁时代便到来了。而近二百多年,世界上所发生的大小技术革命几乎都以钢铁工业为先导。与之相反,中国的冶铁手工业基本上仍维持在宋元时代的水平,几百年来始终没有实质性的突破。由于它是手工作坊,且又高耗低效,故当英国的森林资源已经无法满足其日益增长的冶铁生产的需要时,达比于1713年用焦碳取代木炭而成为新的炼铁燃料,接着,西门子于1861年改用发生炉煤气作燃料来取代直接用焦碳作燃料,实现了炼铁燃料由高耗低效向高效低耗的革命性跨越。因此,从1856年左右马歇率先炼出了高碳锰钨钢到1900年鲁兹波姆将吉布斯的相率应用到冶金上,标志着金相学作为一门学科已经形成。面对着西方国家以钢铁为骨架和以汽车、火车、轮船、发电机、有线电报等为血肉的工业化进程,中国古代传统冶炼技术相形见绌,于是,中国的一些志士仁人开始向西方寻求富国强兵之路,而振兴实业便成为这个时期中国人民对西方资本主义近代化的一种积极回应。在此前提下,河北出现了像龙烟铁矿这样的新式矿冶公司,给我省传统的冶炼业注入了新的生机。

第二节　河北冶铁科技的发展与矿业教育

一、民营冶铁业的艰难发展

民营冶铁业由于缺乏足够的资金和势力,为了生产和市场,他们往往将有限的资金集中投入到那些投资小、生产成本低、周期短、见效快,且容易发挥专业化生产优势的小型钢铁企业上。比如,1932年,泊头县"民营生铁厂者约计六百余家,资本总额在三百多万元,工徒不下四五千人,在河北实执冶铁之牛耳"。1935年,中国商人在天津开办天兴制铁厂,有小型轧钢机1套,年产扁钢1 000吨左右。后来,又陆续出现了大约20户小型五金制品厂和钢材加工厂。抗战爆发后,中国商人在天津共开设了25家小型冶金、轧制厂和金属制品厂。解放战争时期,由私人投资创办了新兴钢铁股份有限公司,包括28家小型钢铁厂。

二、晋察冀抗日根据地的冶铁业

晋察冀抗日根据地,位于华北的北部,包括当时热河、察哈尔省的全部、河北省大部、山西省东北部、绥远省东部和辽宁省西部的广大地区,处于华北抗战最前沿的重要位置。抗战爆发后,为了粉碎日本侵略者对根据地的经济封锁和争取边区工业品完全自给自足,晋察冀边区政府在党的领导下,充分发动群众和依靠群众,号召根据地广大军民,自己动手,"发展边区公营的工矿业、制造业和手工业,积极发展与鼓励私营工业与家庭手工业,为了发展丰富原料,更大量的创造工业必需品和各种代用品"[1],在此基础上,晋察冀边区政府从根据地的实际情况出发,开创了一条在落后环境中发展工业的道路,为新中国的工业建设和发展积累了许多宝贵的成功经验。抗战结束后,刘鼎先负责接管张家口、宣化一带的重工业,包括铁矿、炼铁厂、机器厂、化工厂等,并积极组织恢复生产。1946年5月,他利用龙烟铁矿厂较大的化铁铸造能力,把宣化各机器厂的机床集中到此厂,建成一条生产82毫米迫击炮弹的生产线,发动职工,日夜两班,突击生产,支援前线。后来,又逐渐形成了以灵邱县上寨为中心,包括发电厂、枪弹厂、炮弹厂、手榴弹厂等的军工生产基地。

1946年1月,晋察冀边区人民政府接管龙烟铁矿和所属的宣化铁厂,成立龙烟铁矿公司。1948年12月7日宣化第二次解放,龙烟铁矿由察哈尔人民政府接管。1949年2月华北人民政府接管龙烟铁矿和下属四厂一矿,1949年7月矿山、氧气厂恢复生产。

三、中国矿业教育鼻祖——天津北洋西学堂成立

天津是洋务运动的起源地,具有良好的近代工业基础,与之相适应,特别是经过甲午战争之后,中国的知识分子从新学中寻求科学救国、实业救国的方法,他们主张"西学体用",开始积极兴办西式学堂。因此,以实业和教育救国著称的天津海关道盛宣怀于清光绪二十一年(1895年)通过直隶总督王文韶,禀奏清光绪皇帝设立新式学堂,光绪帝御笔钦准。于是,盛宣怀就在博文书院旧址创建了中国第一所高等学府——天津北洋西学堂(天津大学前身),从而使天津成为中国北方的新式教育中心。盛宣怀兼任学堂督办,聘任美国驻津副领事丁家立为总教习(教务长)。依据规划:学堂常年经费需银55 000两,由津海关道掌控的电报、招商各局筹款支用;学堂内分设头等、二等学堂,合计招生定额为120名;其头等学堂初设工程、矿务、机械和律例(法律)4个学门,属专科和大学程度,二等学堂则类似于大学预科。清光绪二十二年(1896年),北洋西学堂正式更名为北洋大学堂。清光绪二十八年(1902年)三月,直隶总督兼北洋大臣袁世凯将其迁至西沽武库复校,改名为北洋大学,学校设有土木

工程、采矿、冶金等课程,为中国最早的工科大学。清光绪三十二年(1906年),天津北洋大学矿冶科派出了第一批留学生赴美留学,该科先后培养出了孙越琦、魏寿昆、马寅初、王士杰等一大批杰出的冶金人才。

伴随着近代工业的兴起,修建铁路成为当务之急,而国家尤其迫切需要铁路建设人才。因此,清光绪二十二年(1896年),津榆铁路总局(北洋铁路总局)创办了中国第一所铁路学堂——山海关北洋铁路官学堂。清光绪二十六年(1900年),八国联军入侵,山海关沦陷。山海关铁路学堂为俄军强占,学堂教学被迫中辍,师生离散。后在唐山复校,并改名为唐山路矿学堂。1911年改名为交通大学唐山工学院。1931年恢复了矿冶系,1946年分为采矿、冶金两系。自从该院恢复矿冶系以来,在短短的十几年中就为新中国的冶金事业培养了诸如刘家禾、章守华、肖纪美、邱竹贤等许多院士级的冶金学家,他们为中国近、现代冶金事业的发展立下了汗马功劳[2]。

第三节　宣化龙烟铁矿的兴衰

辛亥革命后,西方列强因忙于第一次世界大战,暂时放松了对中国的经济侵略,从而给中国民族工业的发展提供了契机。1914年,北洋政府农商部矿政司顾问安德森、米斯托等人在龙关、庞家堡、烟筒山勘察发现了"宣龙式"赤铁矿床,据卓宏谋主编的《龙烟铁矿之调查》一书称,其矿床长七八公里,储藏量约1.6亿吨,含铁量达57%,按年产200万吨、回收率60%计算,可以开采五十多年,这里的硅质赤铁矿石,矿层厚,品位稳定,是不多见的优质铁矿。当时,北洋政府内部形成了亲日与亲美两派,亲日派代表段祺瑞试图利用日本贷款,扩充皖系势力。张勋复辟失败,段祺瑞重新出任国务院总理以后,他们一方面加紧对国内铁矿资源的开发、掠夺,一方面通过"参战借款"、"铁路借款"和"矿山借款",把我国参战军的指挥权和一部分铁路、矿山的所有权出卖给日本。1917年,资本300多万元的官商合办龙关铁矿公司成立,其中官股128万元,商股212万元,日炼铁300吨,陆宗舆出任龙烟铁矿督办。1918年秋,农商部聘请矿业顾问J. G. 安特生负责调查设计,由谭锡畴和朱庭祜协助规划铁矿的实际开采与冶炼。1919年3月19日,以段祺瑞为首的北洋政府国务院批准龙关铁矿公司增资后改为龙烟铁矿股份有限公司,仍以陆宗舆为督办,开采的部分矿石运往汉阳铁厂,并在京西石景山建北方最大的炼铁厂。五四运动爆发后,由段祺瑞所控制的北京亲日政府,成为众矢之的。接着,段祺瑞在直皖战争中又因失败而被逐出北京。加之因欧战后经济衰退,所以矿山停采,北京西郊之石景山高炉建造工程亦随之停止,一直到七七事变也未投产。而那时已经建起的第一座高炉由美国贝林马省公司设计,炼铁炉容积为389立方米,可日产生铁250吨,为当时的大中型炉;技术设备也不落后,都由美国各企业制造——炼铁炉和热风炉是纽约马歇尔公司制造,里面的耐火砖则是哈宾逊公司产;蒸汽鼓风机为阶苏兰德公司制造,蒸汽卷扬机为奥梯斯公司制造。1922年,高炉、热风炉、矿石坠道、上料斜桥、运输铁路等都已竣工了。1923年总工程量完成了80%。1928年该矿被收归国民政府所有,并更名为农矿部龙烟矿务局。

随着九一八事变的发生和日本侵略中国野心的不断膨胀,龙烟铁矿自然成为满铁的重点调查目标之一。1936年日本政府决定,由兴中公司出面,满铁协助,攫取龙烟铁矿。兴中公司计划,每年采矿400万吨,富矿300万吨运往日本,贫矿100万吨利用华北廉价煤就地炼铁。可是,由于当时"冀察政务委员会"已决定将龙烟铁矿收归国有,并任命陆宗舆为恢复委员会督办。兴中公司以天津的日本军部为后台,强行策动"中日合办",龙烟铁矿便被关东军强行占领。1937年10月,华北开发株式会社令兴中公司恢复石景山炼铁厂。石景山制铁所原为龙烟铁矿炼铁厂,1938年4月20日,在"军管"名义下由兴中公司接管,日本最大的钢铁资本集团日本制铁参与"合作",他们先后调来近千名日本技术人员,先是修补美国人设计制造的第一号高炉,强行于1938年11月20日将原有250吨的高炉修复点火,日产能力150吨,年产6万吨。目标是年产30万吨,计划新建500吨高炉1座,并将原有高炉改建为600吨,但未实现。随后他们又从日本釜石制铁所拆来一座废弃了 10 年的旧高炉,1941 年迁到石景山成为第二号高炉,其设备技术十分落后,所用发电机还是 1901 年德国西门子公司生产的,日本技师川野茂在《第二炼铁炉概要》中记载:许多部分尚未完工即开炉,投产次日操纵室便发生火灾。在以后的 617 个工作日中,停风 330 次,停机 13.8 万小时,共出铁 3.2 万吨,日均产量仅 52.1 吨。

为了加紧日军的军需品生产,1939 年 7 月 26 日由日本北支开发株式会社接管龙烟铁矿,同时改名为龙烟铁矿株式会社。该社于 1940 年在宣化建炼铁东厂,1942 年又建炼铁西厂,共建小高炉 15 座[3]。

1945 年在日本投降前,石景山铁厂的一号高炉和二号高炉都遭日军破坏,炉缸被熔融渣铁冻结铸死。1946 年 9 月,留美归来的青年炼铁专家安朝俊担任了石景山钢铁厂厂长和总工程师。他带领技术人员和工人,采用从美国学来的高炉挖补法,对破损的一号高炉炉身大修。又按照美国开炉料计算和装料方法,参照日本装料法,确定了开炉程序,终使一号高炉于 1948 年 4 月顺利出铁,成为抗战胜利后中国唯一开炉生产的大型炼铁炉。

注　释:

[1]　《晋察冀日报》1941 年 6 月 14 日。
[2]　来新夏主编:《天津近代史》,南开大学出版社 1987 年版。
[3]　关续文:《龙烟铁矿和石景山钢铁厂史话》,《中国冶金史料》1988 年第 3 期。

第七章　近代纺织科技

甲午战争后,以英国为主形成动力机器纺织的西方机织纺织品即"洋纱"、"洋布"大量输入中国,给中国的传统纺织品销售带来严重的冲击,洋务派人物被迫从欧洲引进动力纺织机器和技术人员,近代的纺织工业开始在中国出现。河北地域出现了一批近代化的纺织工厂,如:饶阳协成元织工厂(1909 年)、清苑聚和纺织厂(1909 年)、张家口信生织布厂(1910 年)等;此期,机布逐步取代了土布,丝织业恢复,高阳出现了引进日本织布机生产"宽面布"以取代"窄面土布"的现象,河北迎来建纺织厂的高潮,并形成了以津、石、唐为中心的北方纺织工业基地;河北境内的小型纺织工厂发展比较迅猛,仅据 1929 年的资料统计,河北有 3 302 家小型纺织工厂;北洋工学堂成立,其中设有染色、提花等学科,培养不少纺织专业人才;刘持钧、王瑞基等发明了铁木制"业精式"纺纱机;时尚服装开始上市;抗日根据地和解放区纺织技术迅猛发展。

第一节　中西科技交融的河北纺织业

鸦片战争后,以英国为主较早形成动力机器纺织的西方机织纺织品即"洋纱"、"洋布"大量输入中国,给中国的传统纺织品销售带来严重冲击,甚至国产纺织制品陷入了滞销的困境。在此背景之下,洋务派人物被迫从欧洲引进动力纺织机器和技术人员,近代的纺织工业开始在中国出现。

一、中西交融的河北纺织业

1. 机器纺纱与天津纺织业

清光绪二十四年(1899年),曾任英商天津汇丰银行买办的吴懋鼎,创办了天津机器织绒局,后毁于义和团事件。清光绪二十九年(1903年),天津候补道周学熙在天津创办直隶工艺总局,任首任总办,鼓吹"大兴工艺",提倡开办工厂,为北洋实业奠基人。1904年,又成立实习工场,设织机、染色、提花等12个科目,从此开始有了机器织布工业。此后,天津及周围的郊县陆续兴办了数十家机器织布工厂。1915年,天津第一家机器纺纱——北洋政府官办的直隶模范纺纱厂在宇纬路西头开办,有纱锭1 536枚,资金15万银元,次年扩大到5 000锭。1916年,直隶天津县大沽人王郅隆在小刘庄购地262亩,第二年8月即建成裕元纱厂,定名为裕元纺织股份有限公司。王郅隆、倪嗣冲等数人共投资200万元。1918年4月,纱厂建成并正式投产,有纱锭7.5万枚,是当时天津资本最为雄厚、纱锭最多、获利最丰的纱厂,王郅隆时任总经理。另,章瑞廷亦于1916年创办恒源帆布有限公司,后与直隶模范纺纱厂合并,改名为恒源纱厂。该厂在1920年8月开工,有纱锭30 160枚,布机299台。周学熙于1916年从北洋政府财政总长下野后,经推举为新华纺织股份有限公司董事长兼总经理,于1918年建成天津华新纱厂(以后又在青岛、唐山、卫辉三地建立3个纱厂)。1918年至1922年,又有裕元、裕大、北洋、宝成等纱厂相继建成。至此,天津已成为我国北方近代棉纺织业的生产中心。

2. 针织机器与河北针织业

1912年,有一英商在天津以高价发售针织机器,此为天津近代针织业出现的肇始。1913年,王济中创办福益公司,分女子和男子针织两部。1918年,王氏组织天津针织公会。随后,效法王氏创办针织厂者日渐增多。至1929年,天津针织厂坊已达154家,共有针织机1 265架。1930年,高瑞丘创立了天津首家机器针织缝纫厂——永昌针织缝纫社,置有平盘缝纫机2台。到1937年前,该厂增添了罗纹机1台、棉毛机2台,自备坯料,并购进起毛机1台,专营起毛加工,号称"起毛大王"。1931年,英商在天津成立第一家纬编针织厂——光道成针织厂,共有单面棉毛机5台。该厂于1933年转让给华商张潭斋经营,截至抗日战争爆发前,光道成针织厂已经发展到针织机61台,年产针织品39万件。抗战爆发后,由于纱布原料被统制,华商所经营的针织厂多被迫停工歇业,而日商却在天津开设了丸松、三和、宏友等针织厂。至1948年底,天津共有针织厂178家,职工1 377人。其中针织14家,职工252人;织袜157家,职工1 074人;缝纫7家,职工51人。

3. 丝织机器与河北丝织业

河北丝织业在经过明清一个较长时期的历史沉寂之后,受西方对中国丝绸需求日益增长的刺激,河北丝绸在民国初期开始重振旗鼓,而天津在这个新的历史机遇期形成了北方的丝织中心。1912年,天津永盛公成记织染厂正式成立,这是天津第一家近代化的丝织厂。它拥有电动丝织机28台,工人40多名,以生产人丝绸为主。接着,玉华丝织厂、宜章丝织厂等亦相继成立,从1921年到1930年,又出现了利源恒、生生、大德隆、华兴等十几家丝织厂,织机总数达到300台,工人300多人。从1931年到1940年,天津的丝织业获得了畸形发展,丝织厂增加到110家,丝织机约2 000台,工人2 000多人,计有天香绢、雁来红、羽纱等30多种产品,工艺精美。所以,天津丝织品的销量比较可观。1938年由天津销往外地的绸缎达56.8万匹(人丝绸每匹净长40码、真丝绸30码),折合1 900多万米。其中除40%为转口的以外,属天津生产的在1 000万米左右。90%以上的产品都是以人造丝和棉纱为原料。与之相适应,配套的提花机、整经机、倮丝机、卷纬机等也由信昌、茂业等工厂研制成功,机物料及配件修理等商行也随之建立,可见,天津丝织业已经形成了一定规模。可惜,从1941年以后直到1945年,天津的丝织业逐渐为日商所操纵和垄断,正是在这样的历史背景下,东生工厂股份有限公司才发展成为当时天津最大的丝织厂,日产绸2 400码,约合2 194米。抗战胜利后,东生工厂归中纺天津分公司接管,改名为中纺天津丝织厂,专门制造丝缎背绉。此外,天津41家民营丝织厂于1948年3月组建天津市丝织工业同业工会,会员厂共有丝织机1 310多台。这时天津共有丝织厂近100家,织机2 200台,有3 000多工人。所有这一切,都成为新中国天津丝织业继续向前发展的物质基础。

4. 河北毛纺织业的发展

清光绪二十四年(1898年),吴懋鼎创办天津织绒局,是为天津近代毛纺织业兴起之始基。1923年,英商海京洋行创建毛纺厂,分纺部和染部。1935年,该厂将纺部改称"海同毛纺厂",有织机20台、三联梳毛机1台,先生产地毯纱,后转为生产粗纺人字呢。另外,仁立毛纺厂成立于1931年,东亚毛呢纺织股份有限公司亦于1932年建厂投产,至此,天津近代毛纺织工业逐渐形成。到1937年抗战爆发之前,随着国民抵制日货运动日渐深入人心,天津的民族毛纺业获得了一定程度的发展。如东亚毛纺厂有纺锭900枚,其建厂之初绒线的日产量不过四五千磅,但到1935年前后,它日产绒线量最高可突破150万磅,成为当时国人经营的最大绒线厂,资本由1932年的23万元增至1936年的100万元。

二、高阳、唐山及石家庄等地近代纺织工业

1. 高阳近代纺织工业

在近代机器纺织业出现之前,保定高阳、顺平等地是北方的重要产布中心,地位独特。例如,高阳布原是用木机织造的窄幅布,清光绪三十二年(1906年),高阳商会的创办人张兴权、杨木森等集资向天津日商田村洋行购置织机,试办工厂,是为高阳布改良的先声。当时,高阳布商从日本引进织机后进行仿制,此举成为河北最早出现纺织机械制造业之先河。至1926年,高阳已经拥有2万多台这种自制的铁制织机,有力地促进了高阳布区各村织布业的蓬勃发展。据统计,到1928年,高阳布区的5个县(高阳、蠡县、安新、清苑、任丘)共有平面布机2.16万余台,提花装置210台,高阳布的产量已达549万匹,蔚为华北地区的布业中心。与此相连,高阳的印染业从1917年至1937年的20余年间,逐渐由手工染坊转入机器生产。1914年至1915年,山西平定县人开始在高阳开设"蓝缸"(以靛蓝为主)染坊。1916年,因条格布市场的需求,染色品种不断增多,于是高阳人又出现了什色染坊,专门加工染布和色线。其中有一些染坊率先采用机染,如合记工厂于1919年从德国引进设备和技术人员,聘请上海、天津技师,开创了河北使用机器生产漂染布的历史。到抗战前夕,该厂生产的三马头牌硫化青布、牧羊牌纳夫妥红布等产品,不仅畅销华北,而且远销四川、云南等地。1945年日本投降,合记工厂改名建华染厂,而该厂生产的阴丹士林蓝布因色泽艳丽,且水洗、日晒皆不褪色,深受用户的喜爱。

2. 唐山华新纺织厂

1916年,北洋政府原财政总长周学熙及其同僚组建了官商合办的新华纺织有限公司。1919年,该公司决定在唐山建立华新三厂。由公司董事王筱汀及财团成员、唐山启新洋灰公司经理李希明负责筹建,1922年7月,第一批安装的细纱机1.2万锭试车,11月投产。随后,该厂又相继增添织造和漂染工场,到1932年已经形成了全能厂的规模。加之,1934年改扩建布场,置有布机505台,共有纱锭2.65万枚。1936年,迫于时局的变化,该厂将半数股份让给日本东洋纺织公司,并由日本人出任经理,因此,该厂名义上是中日合营,实际上已经沦为日本人在华经营的企业。

1948年12月,唐山解放。唐山华新三厂改由公私合营,当时拥有棉纺锭3.35万余枚,布机1 028台,染槽9对,纳夫妥机1组,漂白、丝光机各1台,职工1 916人,年生产棉纱1.3万余件,棉布28.26万余匹,色布216万米,是北方最重要的近代化纺织工厂之一。

3. 石家庄大兴纺织厂

石家庄大兴纺织厂建于1919年,1922年10月正式投产,有纱锭2万余枚。其生产的棉纱以19支为主,主要供附近栾城、赵县、正定等沿铁路线以北各县手织户的需要,每月销售700余件(合127吨)。此外,还少量生产16支和20支纱。其中该厂用20支纱织山鹿牌12磅细布,是为赶超上海日商龙头细布而设计的,它采取"减经加码"(即减少经纱密度,增加布匹长度,由40码增为42码)的办法,在原料、染、织上作了改进,这样,大兴纺织厂生产的细布不仅与日产龙头细布规格相同,而且比日龙头牌细布更加结实耐用,同时,在外观上也更加漂亮。所以,该细布一上市即受到用户的欢迎,并很快占领了华北地区的棉布市场。抗战时期,大兴纱厂遭受到日军的严重破坏。1947年11月12日,石家庄解放,大兴纱厂获得了新生。至1948年12月,人民政府积极筹措资金,很快就修复安装纱锭1.12万余枚、布机72台、毯机8台,同年,共生产棉纱4 719件,棉布3.13万余匹,棉毯1.48万余条,显示了大兴纱厂的生机和活力。

第二节　河北纺织名人及其科技成就

一、中国近代毛纺织工业发展

图6-7-1　张汉文

张汉文(1902—1969年)(图6-7-1),高阳县长果庄人,曾留学法国,学习纺织和染化。1926年归国,负责章华毛纺织厂的筹建和全部生产技术工作。1931年,参与筹建天津东亚毛纺织厂。1932年,他主持设计了以抵制洋货为标志的牴羊牌纯毛绒线,驰名中外。1934年,任北平大学工学院纺织系主任。抗战期间,他不仅建议政府在西北羊毛集中地兰州开办洗毛厂,而且还大力推动发展大后方的毛纺织手工业,并帮助创立了西安的大泰、陕西和甘肃平凉的复兴等小型毛织厂,因陋就简,自力更生,生产大衣呢和制服呢。解放后,主要从事纺织教育工作,为新中国的纺织事业作出了突出贡献,出版有《毛纺学》、《精梳毛纺学》等著作和讲义。

二、铁木制"业精式"纺纱机

刘持钧(1904—1973年),石家庄辛集人。王瑞基(1904—1982年),保定清苑人。他们二人都是河北人,又都留学日本,学习纺织。回国后,他们俩又同在太原晋生纺织厂工作。抗战期间,刘持钧、王瑞基等成功研制了铁木制"业精式"纺纱机。在当时,后方纺织机械进口,且制造困难,纱布生产不足,这种纺纱机的研制为抗战后勤保障发挥了重要作用。

1938年11月,王瑞基前往香港找到时任中国银行主管工业的束云章,争取到投资,利用他们研制的铁木制"业精式"纺纱机,在陕西虢镇开办了业精纺织公司,刘持钧任厂长。公司的口号是"共赴国难,业精于勤,抗战救国,筹衣为民"。刘持钧领导职工独立自主,艰苦奋斗,依靠铁木制"业精式"纺纱机、足踏织机、提花机和土染技术,生产床单、印花布、毛巾等产品,行销各地。开办一年多,即收回了投资。不久,王瑞基将湖北省织布局运到宝鸡的部分旧机器,经过整修后,借用咸阳打包厂的厂房,成立了咸阳纺织厂。1941年,王、刘又联手创办了陕西蔡家坡纺织厂,刘兼任厂长。到1945年,蔡家坡纺织厂逐渐发展成为一个拥有2万锭的中型纺织厂。抗战胜利后,王、刘共同走进中国纺织建设公司天津分公司,积极开办技术人员培训班,为新中国成立后振兴天津的纺织工业培养了不少技术骨干。

第三节　冀中平原农村织布工艺与大众服装

　　1926年10月,平教会选定在保定定县翟城村作为开辟农村平民教育道路的试验区。晏阳初指出:"定县的实验最先注意的就是社会调查。"1933年,平教会汇总出版了《定县社会概况调查》,为定县实验提供了大量事实依据。在此基础上,平教会制订实验方案,拟定教育内容,确定教育方式,表现出高度的科学精神。平教会通过对定县广大农村的农业、工商业调查,为我们提供了许多认识和了解当时河北农村手工业发展的第一手资料。《定县社会概况调查》对定县第三区东亭乡社会区62村的织布过程就曾做了比较详细的记录。

一、土布纺织

1. 纺车与纺线

　　纺线的方法是先将棉絮做成布节(亦称"聚"),所谓"布节"实际上就是用一枝秫秸杆把棉絮缠在上面用手掌在光滑板上搓动,随后再将秫秸杆抽出,空心的棉絮套称为"布节"。用纺车把布节纺成线。手摇纺车据推测约出现在战国时期,由木架、锭子、绳轮和手柄四部分组成。

2. 织布机与织布

　　(1)织布工具。包括织布机、梭、杼、缯、拐子、织布板、剪刀、水罐等。梭多用枣木做成,两头尖,中间扁圆,中部凿有一个小孔,内装一根铁丝;杼用竹皮制成,上面布满360格空格,每格可穿一条线;缯由两股线做成,其功用是当织布的时候用它将棉线分开,以方便梭来回穿过;织布板用竹板做成,两头有铁箴,用它来夹支布的两边,可使布不产生皱缩;水罐用以盛水,用时拿刷子蘸水刷在布上,能使布线产生收紧的效果。

　　(2)织布。第一步,先将纺成的线用拐子拐好;第二步,把拐好的线浸在预先用白面做成的浆水里,待一会儿再将其捞出晾晒片刻,之后把线穿在大杆上,使人用力拧之,直至把线中的水分拧干,这个过程称为"浆线";第三步,把浆好的线用小纺车缠在卧上,这个过程称为"捞线";第四步,按照所要做布的匹数把卧挪列成一行在地上,为方便挂线在其两头钉上木棍,然后用引布梭或弯曲木棍穿线,并往返而走,最后将线交给两头的司线人,由司线人将线挂在木棍上,这个过程称为"经线";第五步,先将经线卷成一个大球形,然后用引布杼把每一根线都穿在杼的空格间,并拿梭挺拨开,将其木制的筘上,用以确定经线的密度,这个过程称为"引布";第六步,把卷好线的筘放在织布机上,并将所引之线上下间穿于缯上,或者将线缠于一苇节上,并置于梭中,这样就可以开始织布了[1]。

二、西洋布与时尚服装

　　清末至民国初期,无论男女老幼,衣色以青、蓝、黑为主。一般经济条件较好的人家多穿绣有花卉的绸缎皮纱等,最低也是洋布制作。衣式如长袍、长衫为礼服,外加马褂或马甲。其中袍衫到清朝中后期开始流行宽松式,有袖大尺余的。中日甲午战争之后,袍衫受适身式西方服式的影响,开始变得愈来愈瘦紧,长盖脚面,行动很不方便。马褂长仅及脐,左右及后开裰,袖口平直,有袖长过手或袖短至腕,有对襟、大襟、琵琶襟诸款式。女性的马褂分挽袖(袖比手臂长的)和舒袖(袖比手臂短的)两种款式,衣身长短肥瘦的流行变化如同男式马褂,但女式马褂全身施纹彩,并习惯用花边镶施。至于马甲则为无袖的紧身式短上衣,款式有一字襟、琵琶襟、对襟、大襟和多纽式等几种。但女性马甲分长短两式,其长式多为春秋天凉时穿于袍衫之外,圆领、对襟、直身、无袖、左右及后身开裰、两侧开裰至腋下,前胸及开裸的上端各饰一个如意头,周身加以边饰,两腋下往往各缀两根长带,身长至膝下;短式则多穿在氅衣、衬衣和旗袍的外面,式样有一字襟、人字襟、大捻襟等多种,其上多施如意头、多层滚边,除刺绣花边之外,更有多层绦子花边、捻金绸缎镶边,有的甚至在下襬加以流苏串珠等为饰品。而那些经济条件比较拮据的人家,其服装衣料多用土布加以粗染。衣式:男性不论长衫、短袄内社外罩,一般都是圆领和大襟,从脖领处至右臂下缀铜扣或结蒜疙瘩扣。劳动者除夏季外,多是短袄、长裤。其中穿长裤时,不论冬夏,通常都用带子将裤脚在踝骨处扎紧。冬天穿的套裤,上口尖而下口平,不能盖住腿后上部及臀部。

1911 年前后,除少数富户男子穿绸缎和细洋布长衫、马褂外,一般民众的衣料均为当地出产的粗布(又称土布)。袍衫的款式为衣裳连续制,衫为单,袍为夹。此时人们一改晚清的短小紧身窄袖为宽松适体,袍衫之外仍配穿马褂或马甲。夏季男褂多为小圆领,对开襟(少数人沿袭清朝的偏大襟),缀五对蒜疙瘩扣,口袋(多为双)明缝于前襟下部。女褂仍为清朝流传下来的款式:小圆领,偏大襟(一般偏向右侧),自领口顺右前肩、腋下,沿大襟缀五对蒜疙瘩或铜制纽扣,并在大襟覆盖的小襟上缝个口袋,右手自腑向前下侧插进装取东西。男女单裤同式:宽腿大裆,另上五六寸宽的裤腰。穿时于前面折叠掩紧裤腰,系上粗线织成的厚布腰带,俗称"掩腰裤",前后不分,一样能穿。男子夏装多为原白色或紫花色;女子兼有浅蓝色、蓝色及白底蓝线条或蓝方格诸色。冬季穿棉袄、棉裤(内絮熟棉),肥大臃肿,男女款式悉如夏装,颜色多为蓝、黑,口袋缝于前襟内层左右两侧(女子只留 1 个),开口于腹下的顺手部位,插手很方便。有的男子外套件偏掩大襟、长至脚踝的大棉大袍,或是较小棉袄稍肥大而前后左右均留衩口的对襟"扣领带",老年人还习惯在棉袍或"扣领带"之外系一条粗而长的布腰带,俗称"战带"。经常推车挑担、从事脚力者好穿"衩裤",其样式如棉裤,裤脚前面及两侧与裤腰连接,后面臀部全部暴露,穿此裤必须内套单裤。女子棉袄外面常套件布衫,其色多为浅蓝色或靛蓝色。春秋穿夹袄、夹裤、其样式、颜色均如冬装,除夏季年轻人不绑裤腿外,其余季节,人们均习惯用寸宽、二尺半长的黑色绑腿带将裤管下端缠扎,俗称"绑腿"。

20 世纪 20 年代起,改穿对襟褂的多起来,城镇青年逐步流行西式裤,即"一面穿"带左右兜的裤子。裤身由四片构成(裤腰合体),男性多穿前开襟式西式长裤,有些女性则穿用侧开襟式长裤。此外,女性的连衫裙亦盛流行,其特征是上衣与下裙通过腰线连接一体,腰间处缩紧或束腰带。连衫均多有领,衣襟分前开襟与后开襟,腰围线有高有低,袖的造型有泡袖和窄袖之区别。自 20 世纪 30 年代起,旗袍已逐渐成为女性的主要服装,但与传统的旗袍相比,此时的旗袍越来越趋向于简洁大方。1931 年以后,城镇男子流行列宁装,出现中山装。中山装的主要特点是:立翻领或称关闭式八字领,圆装袖,前门襟正中五粒明钮,后背整片无缝。前身四个贴袋,左右对称。下面大袋为老虎袋,上面小袋为圆角平贴袋,均有袋盖。袖口三粒扣,面料多用毛呢。与此相似,青年学生多穿前身三个贴袋、立领的学生装。妇女也有时兴褶子罗裙者,其款式为一片式,穿时用带束系。

第四节　解放区的纺织技术

抗日战争爆发后,为了有效地抵制日军的侵略,1937 年 11 月 7 日,根据中共中央、中央军委的命令,以阜平、五台为中心的晋察冀军区成立,聂荣臻任司令员兼政治委员,下辖四个军分区。由于日军对河北广大农村的烧、杀、抢、掠,使晋察冀边区的小农经济遭受到严重破坏,例如,顺平县五里岗在 1941 年秋季扫荡之后,纺织户从原来的 68 户减少到 23 户。对此,边区政府采取奖励、扶持和引导农村手工业发展的政策,促使其迅速恢复和发展。如边区银行生产贷款办法规定:凡纺织工业、工具工业等需款巨大,私资无力筹措者,可由银行用生产贷款来扶持。这样,边区的手工业生产出现了公营、私营等多种形式的经营活动,而纺织业恢复和发展最为迅速。比如,1941 年 2 月,满城建立了公营性质的纺织厂,该厂"分纺纱、织布、织手巾三部,有手摇和脚蹬纺织机两架,织布机两架……这个厂不只是单纯的从事生产,而且准备大量培养技术人才,散布满城各村,使产棉区的纺织工业发展起来。"[2]

据边区工矿管理局初步调查,1942 年边区所辖灵寿、唐县、阜平、曲阳、定兴等县共有各种纺织厂 19 个,各种纺织机 57 架。其中以易县和顺平县纺织业的发展最具代表性,为了粉碎日军的秋季"扫荡",边区政府领导根据地人民积极开展生产自救运动。于是,1942 年初,易县政府决定在山北镇成立生产合作社性质的"义济隆布线庄"。不到半年,该社就有纺车 700 多架,织布机 70 余台,纺户 830 多户,织户 100 多户,共出布 3 000 匹。1942 年 11 月,在总结"义济隆布线庄"办社经验的基础上,顺平县召开县区合作社干部座谈会,作出了关于发展纺织业进行生产自救的决定。自此,纺织业在全县 3 个区 10 个村庄迅速发展起来。截至 1943 年 4 月底,该县共织出土布 5 200 匹。此外,四专区的灵井县在 1943 年初开展纺织业的村已经达到 72 个,共有织布机、木机 101 架,洋机 76 架,每天每架木机出布 1 匹、洋机出布 3 匹,共出布为 101 × 1 + 76 × 3 = 329 匹[3]。

在冀中区,献县从 1940 年 10 月至 1941 年 5 月(日军发动"五一大扫荡"前),共纺纱 17 000 斤,出土布 9 400 匹[4]。晋深极县为支援人民子弟兵,于 1942 年 8 月掀起纺织热潮,仅 9 月份全县就出土布 1 万多匹。据 1945 年 4 月的调查统计,河间、肃宁、高阳、无极等 20 个县年产土布共计 9 075 750 匹[5]。

抗日战争胜利后,河北各解放区的纺织业获得了迅速发展。1945 年,高阳县解放,党和政府立即采取措施恢复纺织业,各种印染工厂、作坊如雨后春笋一般。以 1946 年为例,仅高阳城关区农户经营的布机就有 385 架,纺车 660 架,日产土布 336 匹。而该县的棉布品种亦很快恢复到二三十种,并运往北平、天津、保定、石家庄及冀中、冀南各解放区。解放战争期间,高阳棉布供军用,为战争作出了巨大贡献[6]。1946 年,晋冀鲁豫解放区有纺织妇女 300 万人,除木质布机外,还有宽面铁轮织布机 1 000 余架,全边区年产布匹 5 000 余万斤。1948 年底,太行益华和村纱厂创办,是河北省老解放区第一个机器棉纱厂,有纱锭 4 000 枚,职工近百人,隶属于太行行署实业公司。

第五节　河北纺织机械制造技术

随着外国资本家纷纷在中国开办丝厂和纱厂,清政府亦开始集资购买外国新型纺织机器开办工厂。与此相适应,纺织机械的修配和仿制亦应运而生,由此出现了中国近代的纺织机械业。在天津,据 1929 年调查,当时共有织布厂 328 家,织布机总数 4 805 台,其中平面机 1 665 台,提花机 3 140 架[7],而这些纺织机械多由天津自行制造。经考,天津最早出现的纺织机械制造厂是 1907 年创办的郭天成铁工厂和 1910 年开设的春发泰铁工厂,起初它们只能给日商制造布机零件,复制日式布机。经过十余年的艰难发展,春发泰铁工厂于 1922 年已发展成为拥有 40 台车床、200 多名工人,专门生产织布机和打包机的工厂。此后,天津的纺织机械制造由少到多,逐步形成北方纺织机械的生产中心,截至 1929 年,天津的织布机生产厂家已增加到 15 家。不过,限于社会、技术等方面的原因,天津纺织机械制造的总体水平不高,像郭天祥、春发泰等,除了生产轧花机、弹棉机、织布机及一部分纺织零件外,几乎没有什么新变化。下面试分几种情况来加以叙述:

一、织机制造

19 世纪 20 年代前,天津的纺机厂以生产木制人力织机为主。第一次世界大战爆发后,脚踏铁木织机便开始在我国各地盛行。脚踏铁木织机以铁为主,木工只处于协作地位。机器利用飞轮、齿轮、杠杆等机件将织机 5 种运动相互牵连,形成整体,以足踏板为总发动力,各部随织之自行动作。日产布 30 ~ 40 码,较手拉机增加两倍,此机多为铁铺专业的小机器厂与木工联合制作。如天津三本机器厂就是专门生产铁木织机和铁纱织机的工厂,另外,吉顺祥专造铁木织机,主销本市。

二、丝织机制造

我国丝织机在很长的历史时期内采用木机,而提花则是在木机上加一提花架子,挂一本丝线制的画本,由学徒高居在架上拉牵、提放,将经线错综以成花纹,这就是所谓的"束综提花"。1912 年,上海引进三台日本产电力织机样机。1928—1929 年,由于小型丝织厂大量出现,为推广电力织机,国内厂家开始仿造外国生产的电力织机。在天津,久兴厂专门制造电力织机和电力提花机,信都厂则专门制造电力提花机。

三、针织机制造

1914 年,王济中在天津创办针织机器制造厂。1925 年,王月坡又在天津开设志达针织机器制造厂,该厂盛时有工人逾 60 人,其产品完全是针织机,如线衣织机、手套机、汗衫机、织袜机等,至 1935 年,该厂已有平刨床 3 台,牛头刨 1 台,车床 4 台,钻床 1 台。据 1929 年统计,天津有针织机械厂 18 家,年产针织机 2 722 架,织针 275.8 万枚,缝纫机 145 台,纺车 100 架[8]。

四、染整机械及其他纺织机械制造

在 1936 年前,我国还没有制造新式印染厂之全部机械的能力,故此期的天津久兴机器厂和信昌机器厂都不同程度地生产过染布机、漂白机、上浆机、拉幅机等。

抗日战争时期,日资在天津建立了留源、大和、谦宝、昭通等铁工厂,生产纺织机械器材。抗战胜利后,中国纺织建设公司天津分公司所属的第一机械厂成立,它由在北京的钟源、昭和两铁工厂与在天津的大和、谦宝、昭通等铁工厂改组而成。当时,有职员 45 人,工人 567 人,有龙门刨床等各类机床 360 台,其中可开动的仅 159 台。1947 年,该厂除大量供给纱厂各种机件及梭管外,还完成染槽 64 台,自动摇纱机 50 台,试造自动布机 4 台。1949 年 1 月,天津解放。中国纺织建设公司天津分公司所属的第一机械厂改称"天津中国纺织建设公司机械厂",该厂仅用 1 年时间就修复了原中纺七厂的全部机器,并突击装备了天津棉纺二厂第三纺场 1 万纱锭,同时制造了 370 台自动布机,为新中国天津纺织机械制造业的发展创造了条件。

第六节　近代河北纺织教育

廉价"洋布"和"洋纱"的倾销,对中国传统的手工纺织业产生了冲击。"民间之买洋布、洋棉者,十室之九。由于江浙之棉布不复畅销,商人多不贩运,而闽产之土布、土棉遂亦壅滞不能出口"[9],在洋务派"求强"和"求富"的口号下,建立了一些近代化的纺织工厂,可在技术上完全依赖外国工程师和洋匠。于是,张之洞开始在湖北兴办中国近代最早的染织学校。光绪二十九年(1903 年),天津高等工业学堂甲种工业学校织、染科成立。宣统二年(1910 年),直隶省补习学堂在保定创办,设织染科,招收高小毕业生,学制 4 年。1913 年,民国政府教育部公布《实业学校令》和《实业学校规程》,改实业学堂为实业学校,分甲、乙两种。甲种招收高小毕业生,乙种招收初小毕业生,规定实业学校"以教授农工商必需之知识技能为目的"。同年,直隶省补习学堂改为直隶公立工业专门学校附设甲种织、染两科。1928 年,改称河北省立第一职业学校,附设于工学院。同时,在保定成立河北省立第二职业学校。据 1933 年统计,河北省已有职业学校 27 所,其中县市立 14 所,至于纺织类学校则有染织科 6 所(固安、清丰、威县、迁安四团堡、井陉、唐县)、蚕桑科 2 所(迁安小寨、清河)。抗日战争爆发后,上述学校基本上都停办了。战后,直隶甲种工业学校在天津复校,改称河北省立保定工业职业学校,招收高小毕业生,修业 5 年。1947 年,天津北洋大学迁回天津,并开办纺织系。

注　释:

[1]　李景汉:《定县社会概况调查》,中华平民教育促进会,1933 年。

[2]　《1941 年前满城农村经济建设概况》,《晋察冀日报》1941 年 8 月 13 日。

[3]　《灵井纺织业开展》,《晋察冀日报》1943 年 3 月 2 日。

[4]　《献县纺织业发达》,《晋察冀日报》1941 年 6 月 29 日。

[5]　《冀中土布产销调查表》,载《晋察冀边区财政经济史资料选编》,第 211 页。

[6]　《高阳织布业简史》,《河北文史资料(19 辑)》,第 158 页。

[7]　方显廷:《天津织布工业》,南开大学经济研究所,1930 年版,第 28 页。

[8]　《中国近代纺织史·上卷》,中国纺织出版社 1997 年版,第 294 页。

[9]　彭泽益:《中国近代手工业史资料》第 1 卷,中华书局 1962 年版,第 494 页。

第八章　近代建筑科技

这一时期,河北地域内的建筑受西方建筑技术的影响,出现了西洋化的发展趋势。天津和保定出现了带有多国色彩的近代城市建筑,以天津的租界建筑最为典型。保定以东、西大街为标志,出现了北方地区著名的"东西合璧"式的清末民初建筑群。由于受地震、战争等诸因素的影响,前清以前的古建筑屡遭破坏,近代化的建筑材料应用则使得建筑结构形式出现了许多新变化,进入近代建筑科技发展时期。

第一节　近代城市建筑技术

一、天津租界建筑技术

1. 租界典型建筑布局

19 世纪 50 年代,西方资本主义处于扩大国外市场和掠夺殖民地的需要,对中国发动了第二次鸦片战争。这次战争迫使清政府同俄、美、英、法四国签订了《天津条约》。接着,英法联军又于 1860 年强迫清政府签订了中英、中法《北京条约》,条约规定增开天津为商埠,同时,英、法、美三国胁迫清廷在海河西岸划定租界。自此之后,天津租界地开始逐渐形成。1900 年后,西方列强又在天津增划六国租界,于是九国租界正式形成。1860 年至 1900 年,英、美、法、德、日、俄、意、比、奥等国家分别在自己的租界上按照各自国家的建筑风格,建起一片一片的国中国。天津成了"万国建筑博览会"。

在天津,最早出现的是英、法、美租界,在紫竹林一带。1894 年以后德(位于今河西区大营门、下瓦房一带)、日(位于今城南的南市到鞍山道一带)、意(位于今河北区第一工人文化宫一带)等国也先后得到租界,英、法(位于今沈阳道至营口道一带)租界则又进一步扩大。1902 年美租界并入英租界。根据租界区建筑风格的不同,其租界建筑大体上可分为三个阶段:第一个阶段是中古复兴式时期(1860—1919 年),这个时期的建筑活动主要是教堂、领事馆、住宅、饭店等,如 1863 年在解放北路与泰安道交口建造的利顺德大饭店,1869 年在三岔河口建造的哥特式望海楼天主教堂,1916 年在法租界的罗曼式老西开教堂,1907 年建造的德国领事馆则具有日耳曼民居的建筑特征;第二个阶段是古典主义、折中主义时期(1919—1930 年),这个时期大型银行、洋行、商场、旅馆及娱乐建筑、高级花园住宅以及火车站相继出现。大部分银行集中在英、法租界的中街上,采用西洋古典柱式形式,如英国麦加利银行(今邮电局),建于 1924 年,立面是两层高的爱奥尼克柱式,具有古典主义风格。商业旅馆建筑集中在法租界劝业场一带,采用较多的折中主义手法,如劝业场是古典复兴式的檐口及装饰,但门窗式样则不拘一格,活泼有致。天津西站建于 1909 年,其建筑风格都是德国式的;第三个阶段是摩登建筑时期(1930—1945 年),这个时期由于受欧美摩登运动的影响,建筑师逐渐抛弃了古典式折中的设计手法,代之以简洁、自由、富有体积感与雕塑感的摩登设计手法。这时重要的有利华大楼、渤海大楼、中国大戏院。

2. 租界有影响的建筑概述

图 6 - 8 - 1　天津利顺德大饭店

在上述众多的洋式建筑中,比较有影响的主要有:利顺德大饭店(图 6 - 8 - 1)。该店初建于 1863 年,改建于 1886 年,是中国近代第一家外商开办的大饭店,原建筑带有明显的英国南亚殖民地建筑风格。

1924 年,在老楼北侧增建了一座更加接近于英国新古典风格的钢混结构 4 层楼房,里面置备有文艺复兴式的雕花古典沙发、"奥迪斯"早期电梯等,是英租界现存最早的建筑。

华俄道胜银行,坐落于和平区解放北路 121 号,建于清光绪二十三年(1897 年)。大楼为砖木结构,二层建筑。外墙水泥饰面,券形窗口及上饰"人"字形山花的平窗,转角呈弧形,檐口周边建迭式六角装修女儿墙,顶部设穹隆顶,具有浓郁的俄罗斯建筑风格。小洋楼,在天津五大道总建筑面积近 130 万平方米的地段上集中了英国庭院式住宅、西班牙式住宅、法国罗曼式住宅等近 300 处。

利华大楼位于和平区解放北路 114 号,建于 1936 至 1938 年,为瑞士籍犹太人李亚溥出资、法商永和营造公司工程师慕乐设计并建造的一幢办公兼公寓式大楼。利华大楼建筑面积 6 193 平方米,主楼共有 10 层,高 43 米,钢筋混凝土框架结构,平面呈凸字形,与东、西配楼围成方形庭院,主楼底层设门厅、营业厅、经理室、锅炉房等。二到八层是成套高级公寓,每套公寓设过厅、客房、会客室、盥洗室、厨房、餐厅等,客房与会客室配有更衣室、卫生间和暖廊。九层为李亚溥的住宅,整个建筑虚实对比,方圆结合,建筑室内设两部电梯,门窗均以优质菲律宾木材精工制成,主要房间铺设"人"字纹地板,门厅、客厅、会客室等多为落地式大玻璃门,楼内上下水道、暖气、卫生和照明设施完备。半圆形突出凹进的阳台形成动人的光影效果,顶部的退台处理,使整座建筑活泼生动,是一座优秀的现代多层建筑。

建成于 1935 年的渤海大楼(图 6 - 8 - 2)坐落在和平路 275—281 号,占地 0.9 亩,建筑面积 4 088 平方米,为钢混框架结构 7 层楼房,转角处 11 层,由 90 多根钢柱搭架焊接联成一体,地基用菲律宾木排列打桩,墙体内层用空心砖,外层全部用进口特制砖垒砌,建筑高度 47.47 米,外墙面粘贴褐色饰面砖,色彩稳重大方。建筑立面强调竖向构图,强调建筑的体积感以及线与面的对比,体量庄重挺拔,是当时天津最高、最新式的大楼,也是当时天津市中心的标志性

图 6 - 8 - 2　渤海大楼

建筑。

3. 租界建筑技术特色

一是小洋楼独具一格,形成天津特有的区域景观。19世纪20年代,正值英国"花园城市"规划理论盛行之时,英租界新区即现在的五大道地区基本按照该理论进行规划与建设,从而形成了具备完整的公共配套设施、宜人的空间尺度和舒适的居住环境的高级居住区,内辟有22条马路,总长度为17公里,总面积1.28平方公里。拥有20世纪二三十年代建成的英、法、意、德、西班牙等国不同建筑风格的花园式房屋2 000多所,占地面积60多万平方米,总面积100多万平方米,其中风貌建筑和名人名居有300余处。并且为了保证该居住区的环境质量,里面不设商业中心,并禁止电车等公共交通车辆进入,因而该区域的道路规模较小,尺度宜人。同时,各租界的建设注重整地筑路,建设完善的市政设施,如路灯、绿化、上下水等设施的建设,又如在住宅中引进推广了水冲式厕所,改善了居住环境,提高了卫生水平。

二是形成了金融区。解放路是当年天津最壮观的金融一条街,这里荟萃着世界各国著名的金融机构,成为近代中国的金融中心,被人们称为是"旧中国的华尔街"。比如,有英国汇丰银行天津分行大楼,为一座古罗马式建筑,1882年正式开业;日本横滨正金银行天津分行大楼,正立面设有8棵科林新式巨柱构成柱廊,于1899年正式营业;俄罗斯华俄道胜银行天津分行大楼,于1896年开业;美国花旗银行天津分行大楼,于1916年开业;中法工商银行天津分行,占地1 566.7平方米,总建筑面积6 240平方米,于1925年开业,等等。这里的每一幢建筑,不论是银行、证券,还是办公大楼,都具有欧洲建筑风格,堪称欧洲古典建筑设计的范本。

总之,天津租界建筑形式多样,风格不同,既有哥特式建筑(望海楼教堂)和现代主义特征(王占元旧宅、利华大楼、民园大楼)及各国民居特征(达文式旧宅),又有新古典主义特征(汤玉麟旧宅)和折中主义特征(孙殿英旧宅),可谓中西荟萃,形成了独特的城市建筑文化景观。

二、直隶府城的城市建筑技术

1. 城区建筑与布局

同治十二年(1873年)成书的《清苑县志》绘有一幅"保定府城图",上面标有当时比较重要的城市建筑。从东城门始,计有全节堂(道光二十三年在东铺垫局旧址建节妇住房60余间及内外神祠厅堂、厨房、义学、节孝祠、饭房、磨房等数十间)、东岳庙、大慈阁、火神庙、将军庙、杀病堂、乐楼、钟楼、鼓楼、城隍庙、箭道、寅宾馆、贡院、布政司署、保定府署、总督署、藩道署、按察署、协镇署、署道、育婴堂、廨台、莲池书院、古莲花池等。与天津的商埠文化相比,保定的政治、教育及宗教文化似乎更重一些。这里官署众多,号称72座衙署,而各种寺庙大概有80多处[1],毫无疑问,这些建筑全是清一色的传统风格。城区道路以东、西、南、北四条大街为骨干,佐以棋盘形网状街巷,其中南北大街长约1 679米,东西大街长约1 559米[2]。

可以说,这就是保定近代城市建筑的基本格局。在此前提下,到清朝末年,随着近代经济的兴起,如近代化的工厂、学堂、金融机构、医院、铁路、火车站、邮局等西洋建筑亦纷纷在保定出现,这样,整个城市的建筑便呈现出以中国传统风格为主,辅以各种西洋建筑式样的结构布局,反映了保定近代建筑的风格特点。

2. 建筑与布局的技术特点

到19世纪30年代末,保定市基本形成了近代功能分区和格局:城南为物质集散区和商业中心,城西和城东南为工业区,城东为军事学堂与兵营,城内为政治、文化、商业中心。概括地说,其主要特点是:

第一,突破了旧有的城市空间,逐步开始向城外发展。如光绪二十五年(1899年)卢汉铁路通车,同时,保定火车站也正式建成,它标志着保定城已经开始向西拓展,并且突破了旧城的城界。1920年,曹锟在城外西南建造公园,占地40余公顷,此举不仅是保定城市成片开辟绿地之始,而且亦使得保定城市空间开始向南面扩延。至于东关外则相继成为近代北洋军事教育的基地,从1902年至1909年,北洋政府先后在这里成立了北洋行营将弁学堂、保定速成武备学堂、保定陆军军官学堂、保定陆军速成学堂等7所军事学堂。1912年,保定陆军军官学堂迁到北京后,在其原址又成立了保定陆军军官学校。该校占地3 000多亩,由校本部、分校、大操场、靶场四部分组成,东西长2公里多,南北宽1公里有余。建筑布局仿日本士官学校,主体建筑校本部,另有大操场、靶场及分校等等。校本部分东、中、西三路,中路有大门和尚武堂。东西路为校舍、食堂、库房等生活用房。尚武堂为校长、教育长办公室,五开间,硬山建筑,两侧带有耳房,前廊后厦。尚武堂之后为内操场,后抱厦正是学校开会时的主席台,两边有台阶上下。尚武堂两侧有几套院落与尚武堂回廊贯通,是教官办公生活的场所。东西两路为完全对称的校舍和生活用房,是学生学习、生活的场所。所有建筑皆为单层青砖布瓦,既古朴又庄严。由于这些军校的兴建,致使保定城市空间迅猛地向东关外伸展。在北关外,则有直隶师范学堂的开办,等等。这样,在旧城之外,近代建筑构成保定城市发展的又一道人文景观。

第二,以东、西大街为标志,城市空间开始发生新的转机,即由传统建筑向近代建筑转变,形成一条特色鲜明的民国建筑街区。在庚子之战中,保定城内的许多古老建筑遭到毁坏,与此同时,旧的商业中心城隍庙商业中心衰落,而新的近代特色的商业中心马号商业中心兴起,临近马号的西大街因之亦成为当时最为繁华的地段。其中"保阳第一楼"是一座中西合璧,卧砖到顶的三层灰楼(今已不存),正面两角各凸出一块,建成三面有窗的圆形塔楼,显然受西式建筑风格影响,而正面楼顶砌有女儿墙,加有很多装饰,又是典型的中式气派,造型别致。作为保定的金融中心,西大街先后开办了本生源、积德恒(1909年)、和祥、元吉(1912年)、永兴(1924年)等5家金融机构。而沿街挤满了各种商店。这些商店基本上都是单层或双层小楼,分中式、西式、中西结合式三大类型,每栋小楼都各有特色。因西大街的街道比较狭窄,平均宽5~6米,所以使两边的小楼给人以雄伟、气魄之感,并能产生出一种"凝重"的视觉效果。此外,前店后宅亦是西大街商业建筑的一个显著特色。好多大的铺面后身,建有多进院子,既有货仓,也有住所。比如,当年的协生印书局就是如此,紧邻街面是一座二层中式楼房,后边还有两进平房院。目前,它已经成为北方地区著名的"东西合璧"式的清末民初建筑街区。

第二节　近代桥梁建筑技术

这个时期,河北地域内因地制宜修建了不少石拱桥、浮桥和铁桥,其中铁桥最能体现近代工业发展的特色以及近代重工业对桥梁建造的影响。这里仅以滦河大铁桥、天津"万国"桥两座有代表性的铁桥,以及山海关桥梁厂为例,显现当时河北地域内桥梁建筑工程技术的近代化水平。

一、滦河大铁桥

图6-8-3　滦河大铁桥

滦河大铁桥(图6-8-3),位于滦县滦州镇老站村东,是连接华北与东北铁路通道,为著名工程师詹天佑以"压气沉箱法"修筑。该桥于清光绪十八年(1892年)五月开工兴建,光绪二十年(1894年)十二月竣工,历时32个月,耗银78.24万两,它是中国第一座铁路桥。面对河床淤沙很深,河床地质条件又很复杂,英国桥梁专家喀克斯"屡筑屡坍"的难题,詹天佑"置备下水器具汲水挖根,深至八丈四五尺,剔尽浮沙碎石,见实底。考验土性坚凝,用俄国长松木,密钉梅花桩。施长方大石,和三合土砌立。工程浩大,历三十二月始告成。"桥长670.56米,宽约6.7米,17孔,桥墩高26米,其墩全部用条石砌筑,不用水泥,而是用熟石灰、黄豆浆、糯米粉、卤水和几种中药做的"万年牢"和泥粘结,至今不松不裂,铸为一体。而桥头两侧由花岗岩条石砌成,上面雕刻着大型浮雕,图案为驾祥云腾飞的巨龙。浮雕雕工精美,云龙活灵活现。放眼整个大铁桥,从桥墩到桥架,既雄伟又清秀。它的建成是我国建筑科学技术特别是桥梁建筑史上的一个奇迹,是民族的瑰宝和骄傲。

二、天津"万国桥"

海河贯穿天津市区,并将市区分成两个部分,为了沟通两岸的交通联系,人们曾经在河上建造了许多条浮桥。据记载,天津最早的浮桥是建于清康熙五十四年(1715年)的红桥区西沽桥,"制巨舰,贯以铁索,排列水面为浮桥。从此行旅往来如履平地。"后来,又先后建造了盐关浮桥、院门口浮桥、北大关浮桥、大红桥浮桥、大伙巷浮桥等。但是,由于技术和材料所限,这些桥狭窄不平,通行起来比较困难。随着城市的发展,浮桥显然已经不能满足交通的需要,于是,李鸿章在清光绪八年(1882年)首先把河北大胡同巡盐使署东的浮桥改为铁桥,接着又在光绪十三年(1887年)将大将江桥改为铁桥。光绪十四年(1888年),天津第一座悬臂式开启桥在直隶总督行馆前的南运河上建成,取名金华桥。1917年,南运河改造时,人们将金华桥其移建于北门外的北浮桥处,此桥也是我国最早的开启式钢桥。1902年,在老龙头火车站前修建了平移式的老龙头开启桥,它替代了原来的老龙头浮桥。1926年,在老龙头桥的旁边又新建了一座悬臂式开启桥。因为钢桥当时处在各国租界地之内,所以被称为"万国桥"。1934年出版的《天津概要》一书中记载:"本市已有桥梁将及五十座之多(包括墙子河上的桥)。租界内侧有十一,而以法租界、与特三区相连之万国桥为最大,其工程之巨可为全市之冠。"

万国桥位于天津火车站(东站)与解放北路之间的海河上(图6-8-4),桥长96.7米,桥面总宽19.5米,高5.5米,限载20吨,是一座三孔开启式铁桥,它的中孔为开启跨,其开启跨为双叶立转式,备有汽油发电机,可自行发电启闭,在桁架下弦近引桥部分背贴一固定轨道,开桥时活叶桁架沿轨道移动开启,以便让开更大的通航净空,待轮船过后,桥又复原接通。这座桥是由埃菲尔铁塔的设计建造公司——法国达德与施奈公司承建施工的,所用的建筑材料如钢板、铆钉、齿轮等都跟埃菲尔铁塔相同,耗资125万两白

图6-8-4　天津"万国桥"

银,是海河上造价最高的一座桥梁。此桥每日定时开启,经过的大小船只通行无阻。又因这片地区为航运、铁路、公路的要冲,地理位置十分重要,自建成以来成为天津的标志性桥梁,至今还在。中国著名桥梁专家茅以升曾说:"几乎全国的开合桥都集中在天津,这不能不算是天津的一种'特产'。"

三、山海关桥梁厂

钢材是近代建筑业中最重要的新材料之一,随着铁路建设的需要,中国迫切需要建立本国的桥梁生产基地。于是,清光绪二十年(1894年)中英合股的津榆铁路山海关机器厂即山海关桥梁厂在秦皇岛成立。山海关桥梁工厂简称"山桥",是我国近代诞生较早的工业企业之一,也是我国历史上的第一家铁路桥梁工厂,被誉为我国"桥梁之母",开河北省近代建筑的先河。

"山桥"的创建结束了中国建桥的钢材全部依靠进口的历史,它为我国桥梁建筑提供了一定的物

质保障。清光绪二十五年(1899 年),"山桥"生产出了我国第一座钢桁桥梁,总重量约 100 吨,跨度为 6.1 米。清宣统元年(1909 年),则为京张铁路全线制造了铁路钢桥。1912 年,该厂又制造出中国第一组道岔。特别是我国桥梁专家罗英任厂长期间(1928—1931 年),"山桥"人通过努力创新,为中国的桥梁制造开辟了自力更生的道路,已能制造部分建筑型钢。到解放前夕,该厂为中国大陆造钢桥约 200 座,总吨位达 5 万吨。

第三节　近代教堂建筑技术

东汉佛教传入中国以后,寺塔便成为一种外来的宗教建筑,到隋唐时期,回教开始传入中国,因宗教信仰的关系,在回民聚集地,建有"清真寺"。罗马天主教于元代传入中国,此后教堂(即天主堂)这种新的建筑形式亦开始在中国出现。但清朝雍正朝时期实行严厉的禁天主教政策,并将传教士拒之于国门之外。鸦片战争后,迫于西方政治和军事压力,清政府与美、法两国分别签订了《中美望厦条约》和《中法黄埔条约》,规定西方国家可以在通商口岸建立教堂,同时要求各地归还被前清所封闭的天主堂。第二次鸦片战争之后,外国传教士更获得了在内地建造教堂的自由。正是在这样的历史背景下,河北各地相继出现了带有殖民性质的教堂。据不完全统计,这个时期河北地域内约建有教堂 600 多座,会所 700 余处,影响比较大的有天津望海楼教堂、天津西开教堂、献县张庄教堂、宣化天主教堂、清苑县东闾教堂、保定教堂、大名教堂、唐山伍家庄教堂等十几座。其要者有:

一、天津望海楼教堂

图 6-8-5　1903 年重修的
望海楼教堂

天津望海楼教堂位于河北区狮子林大街西端北侧,以其旧址望海楼而得名,旧称圣母得胜堂,建于清同治八年(1869 年),是天主教传入天津后建造的第一座教堂。次年 6 月,因法国天主教会拐骗残害儿童而被当地居民焚烧,是为"天津教案"。现在人们所看到的望海楼教堂(图 6-8-5)是光绪二十九年(1903 年)第二次重修的,保留着原有的建筑形式和风格。该教堂坐北朝南,石基,砖木结构,南北长 53.5 米、宽 15 米、高 22 米,总面积为 3 083.58 平方米,正面有平顶塔楼 3 座,呈笔架形。正厅内,东西两侧各立 8 根立柱,支撑拱形天顶,顶与壁均彩绘。大厅正中为圣母玛莉娅的主祭台,对面是唱经楼,青砖墙面,门窗均为尖拱形,窗上安装彩色玻璃,地面为瓷砖雕砌,装饰华丽,入口两侧设有扶壁,内部有三道通廊,中廊稍高,侧廊次之,属巴西利卡型。后来,又在礼拜堂四角设立了小角楼,可容纳千人。从建筑形式上看,整个教堂具有哥特风格。

二、天津西开教堂

天津西开教堂,位于和平区西宁道东段。1916 年由法国传教士杜保禄主持修建,因其处在法租界,又是法国人所建,所以旧时又称其为法国教堂。该教堂(图 6-8-6)采用法国罗曼式建筑造型,是天津教堂中规模最大的一座,高 45 米,建筑面积 1 585 平方米,南北轴向,东西对称,平面呈十字形,顶部是并排的三个半圆形塔楼,呈"品"字形,每个塔楼都高达 40 多米,后塔楼最高处达到 47.36 米。堂内为三通廊式,由正厅、中殿等建筑构成,殿内墙壁上有充满宗教色彩的彩绘壁画,楼座以黄、红花砖砌成,上砌翠绿色圆肚形尖顶,檐下为半圆形拱窗,教堂的门窗是西方中世纪建筑中的那种半圆形拱券,教堂内部,从正门两侧到底部的祭台,由两排共 14 根方柱支撑堂顶,其墙体是用红白相间的缸砖砌成，既华丽又不失典雅，山墙有梅花形窗，烘托出了这座教堂建筑的欧式风情。它的建筑具有典型的拜占庭建筑影响下的罗马建筑风格特色，这种建筑风格至今都是国内所罕见的。

图6-8-6　天津西开教堂

三、宣化天主教堂

宣化天主教堂坐落在宣化西街"郭五宅"，始建于清同治八年（1869年），由樊国梁神父主持修建，同治十一年（1872年）完成。后被焚毁，光绪三十年（1904年）重建。重建后的教堂，以青石料为材，使用面积909平方米，可容纳2 000多人做礼拜。教堂大堂为十字架形，面南朝北。脊高21米，两座钟楼尖高26米，从大堂正门进入，16根灰白石柱矗立两边。从大门至栏杆处，全长37米。石柱中间的通道宽6米有余。屋顶犹如苍穹，石柱到屋顶，全由4个石拱砌成，跨度6.3米，堂内顶棚呈弧形，系由木板合成。大堂正面有3门，祭台的东西两侧是更衣所，各设一门。全堂共有11座门同时可以进出。堂内北部设祭台3座，正面是正祭台，东西两边设若瑟祭台各一座。祭台下面设有栏杆，祭台后端至栏杆处长14米。栏杆里边是神父做弥撒行圣事之地，栏杆外边是众教徒颂经祈祷的地方。宣化天主堂的建筑风格，是标准的双钟楼哥特式建筑。双钟尖塔楼高插云霄，雄伟宏大。内部为大石柱和飞扶壁桁架木石架构，彩绘装饰简洁明快，极富浓厚的宗教色彩，庄重而华丽，粗犷而宏厚。大堂是就地取材的青石料，用粗犷的刀法雕刻，线条明快多变，流畅活泼，在国内外如此规模风格的建筑都是很少见的。

四、大名教堂

大名教堂位于邯郸大名城内东大街路南，由法国天主教会所建，始建于1918年，1920年竣工。其堂呈平面十字架形，建筑材料为砖石木，是钟楼和礼拜堂为一体的哥特式建筑，占地面积1 220平方米。其钟楼建在整个建筑的北端，高42米，楼上三面各嵌有一直径1.42米大钟，大钟三面可观，及时报点，声传数里。钟下嵌有2米高的铸铜圣母抱耶稣坐像，小耶稣右手抱一地球。前有月台，钟楼的前方两侧建有对称的两个高约20多米的小陪楼。礼拜堂高约18.5米，堂外墙磨砖对缝，北面有5个门，中间为正门，堂内砖饰券顶，中间净跨11米，由14根高6米的圆石柱支撑。周围38个墙柱，墙上有各式多格的窗户100余个，镶嵌着花形图案各异的对花拼缀的五彩玻璃。大窗高7米、宽3米，小窗高3米、宽1.2米，大小搭配，谐调壮观。大堂南面有大理石祭台一座，祭台上面装有耶稣苦像，高4米左右，台前上方悬挂6盏蜡灯，每盏灯插蜡烛60支。祭台前左右各有造型奇特，式样古朴的铜质镏金蜡树。树高2.5米，呈宝塔形状，共5层，层底周长3米有余，每树用蜡200余支。祭台前面东西各有小祭台一座，东台上有耶稣圣心立体石膏像，西台上有若瑟抱耶稣立体石膏像。靠西墙设有木制祭台3座，中间为天使圣弥厄尔，左为圣人沙勿略，右为圣人方济格，均为立体石膏塑像。靠东墙也设有木制祭台3座，中间为圣母抱耶稣，左为圣女依撒伯尔，右为圣心德肋撒。均为立体石膏塑像。其高均近2米，塑工精细逼真，栩栩如生。大堂东西两壁上悬挂着14幅用木框精镶的浮雕石膏像，记述了耶稣被捕、受押、赴刑场等一路上遭遇苦难，直到钉死埋葬的整个情景。这14幅苦路浮雕的制作实为不可多得的艺术珍品。另外还有记述耶稣一生传教事迹的12组油画像，每组3幅，称之为耶稣行事画像。大堂北端装有高6米、宽5米的特大管风琴。演奏时需二人相配合，一人按键、一人压气，琴声粗如沉雷、细如鸟鸣。纵观大堂内外设施，既富丽堂皇，又庄严肃穆，为全国天主教堂之佼佼者。

第四节　近代园林建筑与北戴河建筑群

天津和保定作为民国时期的两大府城,这里聚集着许多权倾一时的达官名流、军政要员和国内外商界巨擘,他们对居住环境和条件十分讲究,其住宅本身就是一座园林,如天津的静园、津门富豪李春城的私家花园——李家花园、保定的曹锟花园等。倘若中国的园林多属于私宅性质,而在天津租界内所出现的园林则属于公共性质的,如英租界有维多利亚花园、法租界有法国公园、日租界有大和公园等。1907 年天津又建成天津公园,其址"在锦衣卫桥之北,地基开朗,嚣尘远绝"[3],同时,直隶保定亦改古莲花池为公园[4],保定的曹锟花园于 1935 年被宋哲元先生改为"人民公园",等等。公共园林和绿地是城市近现代文明的主要标志。

一、维多利亚花园

维多利亚花园又名"英国花园",位于英租界内。清咸丰十年(1860 年)天津英租界形成不久,便在这里开辟了一条街道,叫维多利亚道,亦称中街,即现在的解放北路,同时规划了花园。初期的所谓公园不过是一片平整了的土地。光绪二十三年(1897 年)英租界当局为庆祝英国维多利亚女王诞辰 50 年,才投资将原来的绿地改建为正式花园,这是天津出现的第一个公园。花园占地 18.5 亩,成方形,花园中心建有中国式的六角亭,四条辐射状小路通向四个角门,园内花木葱郁,布局典雅自然。另外,在公园的东南部还辟有一处"兽栏",向游人展出动物。可见,英国建筑师在建园时既模仿了中国造园自然式布局的手法,又融合了一种英国浪漫主义园林学派造园艺术的理念。然而,由于当时英国殖民主义意识还没有完全被消除,该公园规定"华人非与洋人相识者不得入之"。维多利亚花园带有很强的殖民色彩,对华人的歧视现象非常明显,直到 19 世纪 30 年代仍不对华人开放。

二、天津的中山公园

天津的中山公园坐落在河北区中山路中段东南侧,是将原大盐商张霖莹的思源庄旧址扩充改建为公园,始建于清光绪三十一年(1905 年),是天津最早的官办公园,始初名为劝业会场。1912 年更名为天津公园,不久又改称河北公园。特别应当提及的是,1902 年至 1905 年,直隶工程总局曾先后两次制定"开发河北新市场"的《章程》。其中河北新区建设的中心即是"中山公园",它显然是对租界公园的一种藐视。为了充分显示国人"兴学办厂"的意志和信心,1906 年,天津考工厂改名"天津劝工陈列所"迁入公园,展出人力机器、提花绸布、改良粮油食品。因为多数产品都在示范由人力能转化为机械能的进步成果,所以具有走工业化道路的象征意义。

公园附近有直隶提学使署,主官卢木斋,天津人,醉心于新学,曾在园内办直隶图书馆,在美育方面,园内既有博物馆(展览文物及生物标本),又有美术馆,除传统书画外,还有西洋油画与人体雕塑。这些都突破了中国原有的"格物致知"的范畴,传播了新文化。

后来,随着天津人民反帝反封建斗争的不断深入,这里又形成了天津反帝反封建的政治中心,如 1912 年 8 月孙中山赴京途经天津市,在此出席国民欢迎大会,并发表演说。1915 年 6 月 6 日,天津各界在园内集会,反对日本帝国主义提出的"二十一条",周恩来在会上发表了重要演说。北京五四运动爆发后,天津学生为悼念五四运动中捐躯的北大学生郭钦光,于 1919 年 5 月 12 日下午 2 点,在中山公园举行追悼大会。6 月 9 日,天津各界群众两万多人在中山公园召开公民大会,声援北京爱国学生的五四运动,要求取消灭亡中国的"二十一条"和拒绝在巴黎和约上签字。所以,中山公园是现代中国的一个请愿集会的场所,具有反帝反封建的革命传统,因而是一处革命纪念地。

三、北戴河近代建筑群

清光绪十九年（1893年），英国传教士史德华和甘林在联峰之鸡冠山顶峰建城堡式别墅一幢，是为北戴河别墅建筑之始。清光绪二十四年（1898年），清政府特许"中外人士"在北戴河杂居，此风一开，各国传教士和商人大贾纷纷来此租地建屋。据初步统计，从1898年至1948年，在约50年的时段内，北戴河至少建造了719幢别墅，外国人修建了483幢。这些建筑分布在北戴河海滨由西联峰山到鸽子窝一带，总面积18平方公里，建筑类型多为殖民式建筑风格，即在殖民地尤其是热带地区根据当地气候、居住的需要，结合当地建筑形式形成的一种建筑风格，它的特点是通风良好，适宜室外长廊活动，如乔和别墅、汉纳根别墅、布吉瑞别墅、来牧师别墅、白兰士别墅、王振民别墅、张学良楼、吴鼎昌楼等。

别墅建筑在布局上十分注意与自然环境的融合与协调，倚联峰山之势，逶迤海岸，呈"层楼近水倚群峰"形势，或分层筑台，或依坡就势，或取"悬桃"、"错层"诸法，呈现出层次错落的美丽景观。尤其是各个别墅互不相连，中间以绿地花木相隔，成为意趣自然的庭院，具有浓厚的田园情调，让人陶醉于山水之乐中，蓝天绿树，碧海金沙，奇峰怪石，别有风情。从用料来讲，别墅建筑取材多为联峰山的花岗岩，墙多以粗毛石砌就，屋顶以单坡顶与双坡顶为主，顶覆红漆铁皮瓦，朴素大方而又典雅；从内部结构来看，门窗多为弧形，装百叶窗，有壁炉、地下储藏室，起居室偏小，多木质地板；从建筑功能上说，廊应是北戴河别墅的显著特点之一，廊有一面廊、两面廊、三面廊、四面廊之分，它是人接触自然的主要场所。故1925年管洛声在《北戴河海滨志略》一书中这样概括北戴河海滨别墅的主流风格："屋必有廊，廊必深邃，用蔽骄阳，用便起居……最佳之建筑则四面回廊……近屋之四周或有繁阳巨干之乔木，或细草如茵不种树，各因其地之所宜。墙以刺槐或刺松为之，时时修剪，使之齐一，高仅及肩，不妨远眺。"

以白兰士别墅为例，该别墅集中体现北戴河海滨别墅的建筑特征。白兰士别墅亦称马海德别墅（图6-8-7），位于北戴河安三路1号，今秦皇岛市政府招待处院内。东、南临市招花园。西临7号楼，建于20世纪初，坐东向西，为地上一层，局部二层，地下为一层，上面有一个阁楼，用以观海，毛石基础，砖木结构，别墅占地11亩，建筑面积483.95平方米，平面为长方形，木质梁架，铁瓦屋顶，屋屋通风。室内有壁炉，浅粉色的墙面，室内的立柜等家具完全镶嵌在墙体内，拥有最为典型的敞开式四面廊，廊的面积很大

图6-8-7　白兰士别墅

超过了别墅了面积，东侧有高台阶。该建筑奥地利式造型，占地面积较大，造型独特，环境优美，是目前北戴河优秀的近代建筑。

第五节　近代建筑技术教育

第二次鸦片战争之后，西方的新式建筑不断在北京、上海、天津等地出现，而国内的一些富商大贾亦步亦趋，紧随其后。当时，"奉夷为师"与"用夷变夏"已经成为一种不可逆转的社会潮流，所以迫于时势之压力，清政府不得不推行"新政"，而"新政"的主要内容之一就是将西方的城市理念引进到中国来。

作为"新政"的产物，清光绪九年（1883年），天津工程总局成立。清光绪二十九年（1903年），为了适应"开发河北新区"的需要，工程总局增设测量、桥梁、河工等科，同时颁布《开发河北新市场十三

条》,所谓"新市场"是指东起海河、子牙河,西至京山铁路,南从金钟河故道,北到津浦铁路一带,约6.534平方公里的开发区域,人们习惯把它称为"新区"。然而,在具体的实施过程中,相互掣肘的现象不断发生,因为城市建设的行政管理由光绪二十八年(1902年)成立的巡警来负责。显然,这种多头管理的体制不利于天津新区的建设与发展。于是,清光绪三十二年(1906年),工程总局同巡警总局合并。通过几年的开发,逐步建成以大经路(今中山路)为中轴,经纬相交的道路网。号称"河北八大家"的房地产开发商,在新区大兴土木,各类建筑拔地而起,比如,直隶总督署等衙署机关迁入,被称为"中国司法分立之鼻祖"的天津审判厅、北洋法政学堂等10余所新型学堂的设立,户部天津银钱总厂、北洋劝业会场、教育品制造所、我国第一个专门陈列馆教育品陈列室、种植园的建成,使得境内成为世人瞩目的焦点,一跃成为直隶省和天津的政治、经济、文化中心。

近代化的建筑需要懂得西方建筑技术和理论的人才,为此,中日甲午战争后,光绪新政遂将创办新式教育确定为一个非常重要的改革目标。清光绪二十一年(1895年)七月,盛宣怀向王文韶递交了《拟设天津中西学堂章程禀》。在这篇奏折里,盛宣怀不仅痛陈"制造工艺皆取材于不通文理、不解测算之匠徒,而欲与各国挈长较短,断乎不能"的现状,还明确提出了"职道之愚,当赶紧设立头等、二等学堂各一所,为继者规式"的建议。同年八月,光绪皇帝即御笔钦准,成立天津北洋西学学堂,校址设在天津北运河畔大营门博文书院旧址。北洋西学堂分为头等、二等两校,以"兴学救国"为宗旨,头等学堂设有工程、电学、矿务、机器、律例5科,学制4年,性质属于专科学校,毕业后可升入"专门之学"。清光绪二十八年(1902年),直隶总督兼北洋大臣袁世凯将其改为北洋大学堂,设有土木工程、采矿、冶金等课程,次年正式开学,是中国最早的工科大学,也是我国第一所近代意义上的大学。1946年复校时,北洋大学工学院设有土木、水利、建筑、机械、纺织等10个系,成为我国最有影响的工科大学之一。

清光绪二十二年(1896年),近代中国最早培养土木工程学科专门人才的山海关铁路官学堂在秦皇岛诞生。其校舍坐北朝南,前后共四进的砖瓦四合院,它成为中国土木工程和交通工程高等教育的策源地。民国成立以后,为适应铁路建设的人才需要,唐山路矿学堂更名为唐山铁路学校。1922年6月20日,交通部唐山大学成立。该校专授土木工程,内开设构造工程、铁路工程、水利工程及市政工程4门,大学4年,预科2年,以"习矿冶,土木工,窥学术,贯西中"为办学方向,其教学设备完善,教授多硕学之士。1946年8月14日,唐山大学改为唐山工程学院,设有土木工程和矿冶工程2个系,不久又调整为建筑工程、土木工程、采矿工程和冶金工程4个系,为新中国培养了不少杰出的建筑人才。

注　释:

[1]　《历史文化名城保定》,书目文献出版社1989年版,第40页。
[2]　白晓津:《保定市南市区志》,新华出版社1990年版,第66页。
[3]　《祝天津公园之成立》,《大公报》1907年4月26日。
[4]　《改莲池为公园》,《大公报》1907年7月24日。

第九章　近代交通科技

这个时期是中国由封建社会向近代资本主义过渡和发展的一个重要阶段。进入半封建和半殖民地的社会后,西方的先进科学技术以一种被动的形式为清朝统治者所接受,因此,中国近代化的进程十分缓慢。随着经济的发展和人民生活的需求,河北省较早出现了近代化的公路、铁路、航空运输业,电信业等,这些行业的出现,推动了近代交通科技的发展。京张铁路、津保轮船公司、大成张库汽车公司、保定航空学校等,在中国近代交通发展史上都占有非常重要的地位。在中国共产党领导的解放区内,军民开创了地下运输网和秘密交通站,创造了"抗日道沟"运输方式,沟通了边区间的联系,粉碎了敌人的"新交通政策",后来发展到"地道运输"。太行运输公司在半年的运销期间,不仅保证了边区商品流通和市场对紧缺物质的需求,而且减轻了人民群众的支差负担,标志着解放区交通运输事业进入了一个新纪元。

第一节　唐胥铁路与京张铁路

一、中国最早的标准轨铁路——唐胥铁路

开平矿务局在唐山创办成功之后,为解决煤炭外用问题,唐廷枢冒着朝廷禁令,于光绪七年(1881年)五月,以修筑快马车路为名,秘密修筑"唐胥铁路"。东起开平矿务局,西至胥各庄煤码头,全长9.76公里,单轨铺设,轨距为1.435米,以后此轨距便成为中国铁路的标准。因清政府"乃声明以驴马拖载,始得邀准"[1],故此火车以骡马拖运,人们戏称它是"马车铁路"。光绪八年(1882年),开平公司工程师金达氏利用废铁旧锅改造小机车驶于唐胥铁路上,为我国国内造火车之始。唐胥铁路将煤自唐运至胥各庄,然后装船由新开运河经阎庄涧河口入蓟运河运往塘沽。在实际运行过程中,由铁路改为河运之后,受雨季潮汛影响,煤船常有停棹候水之苦。有鉴于此,开平矿务局函请李鸿章从胥各庄至阎庄沿新河南岸接修铁路65里。光绪十二年(1886年),唐胥铁路延长至阎庄以南的芦台,全长42.5公里。光绪十三年(1887年),唐胥铁路再进一步延长到天津。唐山至胥各庄铁路是真正成功并保存下来加以实际应用的第一条铁路,从而揭开了中国自主修建铁路的序幕。

二、中国自行设计修建的第一条铁路——京张铁路

马克思指出:"工农业生产方式的革命,尤其使社会生产过程的一般条件即交通运输工具的革命成为必要。"[2]众所周知,产业革命的精髓,就是用先进的机器生产来不断取代落后的手工生产。在西方,为了适应社会化大生产的迫切需要,1829年,史蒂文森和他的儿子设计制造了"火箭号"蒸汽机车,并很快被应用于铁路运输,带来了交通方式的重大变革。1830年,在英国由利物浦至曼彻斯特的铁路上已经有8列蒸汽机车行驶。1835年7月,德国传教士郭实腊(K. A. Gutzlaff)在广州编纂出版的杂志《东西洋考每月统记传》上刊载题为《火蒸车》的文章写道:"利圭普海口,隔曼者士特邑,一百三十里路,因两邑的交易甚多,其运货之事不止……故用火蒸车,即蒸推其车之轮,将火蒸机,缚车舆,载

几千担货。而那火蒸车自然拉之……倘造恁般陆路，自大英国至大清国，两月之间可往来，运货经营，终不吃波浪之亏。"希望把铁路修筑到中国的愿望溢于言表。可是，对于这个工业革命的产物，清朝政府却普遍地视之为"妖物"，如修筑铁路会"破坏我祖坟"、"占我民间生计"等抵制之声不绝于朝。在这样的历史条件下，同治二年（1863 年），驻上海的英美商人二十七行联合请求李鸿章兴修上海——苏州间的铁路被严厉拒绝。同治四年（1865 年）八月，"英人杜兰德，以小铁路一条，长可里许，敷于京师永宁门外平地，以小汽车驶其上，迅疾如飞。京师人诧所未闻，骇为妖物，举国若狂，几至大变。旋经步军统领衙门饬令拆卸，群疑始息。"这是中国境内第一条铁路。

图 6 - 9 - 1　青龙桥车站的"之"字形铁路

京张铁路是由中国工程师詹天佑设计和主持修建的国内第一条工程艰巨的铁路干线，全程 200 多公里，从京奉铁路柳村车站起，经西直门到南口，沿关沟越岭，在八达岭过长城，出岔道城，再经康庄、怀来、沙城、宣化而达张家口。经过仔细勘察和研究，詹天佑提出将整个工程分三段来修建的方案：第一段由丰台至南口，长约 60 公里；第二段由南口至岔道城，长约 33 公里；第三段由岔道城至张家口，长约 128 公里。其中第二段因关沟阻隔，地形复杂，需要开凿大量隧道，工程最为艰巨，此段"中隔高山峻岭，石工最多，又有 7 000 余尺桥梁，路险工艰为他处所未有"，尤其是"居庸关、八达岭，层峦叠嶂，石峭弯多，遍考各省已修之路，以此为最难，即泰西诸书，亦视此等工程至为艰巨"。詹天佑在地形险峻、工程艰巨的关沟段，采用 1∶30 即 33.3‰的大坡度和半径为 600 英尺（183 米）的曲线，在青龙桥车站巧妙地设置"之"字形展线（图 6 - 9 - 1），使八达岭隧道长度由 1 800 米缩短至 1 091 米，既解决了最困难的越岭问题，又节省工程，降低了造价；为缩短修路工期，詹天佑利用"竖井施工法"开挖隧道；为保证大坡道上的行车安全，詹天佑专门设计铺设了 8 处反坡道的保险岔道（避难线），以防列车制动失控造成事故；为防止列车脱钩，詹天佑使用了"詹氏"自动车钩，等等。

在具体的铁路修筑过程中，为了保证施工的质量和速度，詹天佑还厘定了标准，首定工程规范。他非常重视工程标准化，主持编制了京张铁路工程标准图，包括整个工程的桥梁、涵洞、轨道、线路、山洞、机车库、水塔、房屋、客车、车辆限界等，共 49 项标准，是为我国第一套铁路工程标准图。它的制定和实行，加强了京张铁路修筑中的工程管理，保证了工程质量，为修筑其他铁路提供了借鉴。由于詹天佑和我国工人艰苦卓绝的奋斗，使这条被外国人原定计划要用 7 年时间、需花费 900 万两白银才可修成的铁路，实际只用时 4 年、花银 520 万两就竣工完成，从而创造了铁路建筑史上的奇迹。所以，京张铁路的修成一方面显示了中国人民敢为天下先的创造勇气和能力，另一方面更鼓舞了中国人民的民族自信心，极大地推动了广大群众和仁人志士"收回路权"及自办铁路的爱国运动。

三、石太铁路、石德铁路及短距轻便铁路

石太线于光绪二十五年（1904 年）开始施工，到光绪三十三年（1907 年）竣工，由法国承建，全长 243 公里。原拟从正定到太原，后因修建滹沱河大桥费用太高，故改从石家庄为始点，全线有 23 座隧道，采用 28 千克／米的钢轨，轨距 1 米，最大坡度 18‰，最小曲线半径 100 米。1939 年，日本军国主义为了掠夺山西煤炭，改为准轨。不仅如此，日本军国主义还修建了石德铁路（石家庄到德州），从而加紧了对晋煤的掠夺性运输。

1907 年，人们修建了从邯郸六河沟经清流集到丰乐镇（今河南省安阳县丰乐镇）轻便铁路；1913 年，修建了从峰峰到磁县光录乡轻便铁路；1919 年，又修筑了从西佐（峰峰矿区西佐村）到邯郸马头镇轻便铁路。在秦皇岛，1915 和 1924 年分别修筑了到秦皇岛的窄轨铁路，即柳江和长城铁路。

为支援全国解放，晋冀鲁豫边区政府修建了邯郸到涉县和邯郸到馆陶县两条轨距不同的铁路。

第二节　公路交通技术与汽车公司

一、大成张库汽车公司

从狭义的角度理解,所谓"公路"其实就是"汽车路",它同铁路一样,都是工业革命的结果。清光绪二十七年(1901年),上海进口了两辆汽车,1906年、1908年天津、上海相继开通电车,1907年夏季,欧洲意、法等国发起巴黎至北京的万国赛车会,以18种厂牌40辆汽车,从法国出发横跨欧亚两洲,在张家口至库伦(今蒙古首都乌兰巴托)的古商道上,进行了2 000多里的汽车赛。1917年,商人景学钤、张祖荫等发起,准备筹办张库汽车股份有限公司,以张家口为起点,直达库伦,然后再延至恰克图。到1918年初,该公司资本总额定为50万元。先后铺垫公路125公里,修筑桥梁2座,建设站房43间,蒙古包毡房10座,购进汽车8辆及配件、油料等。同年4月,北洋政府批准成立了大成张库汽车公司,正式通车营运,这是全国第一家民营汽车运输企业。

张库全程共设10处车站,其区间里程分别为:张家口大境门车站──→庙滩车站125里──→滂南车站(马群)250里──→滂江车站215里──→滂北车站(二连)370里──→乌得车站275里──→叨南车站(中乌兰)390里──→叨林车站250里──→叨北车站(昔练忽洞)175里──→库伦东营子车站290里,全程2 230里。

由于该公司营运的汽车是从美国进口的24马力福特软篷客车,加之沿途备有房屋和蒙古包供食宿和饮水,颇受旅客欢迎。据称"张家口至库伦骆驼需走行1个月,旅费银30两,用牛车可省费一半,但日期更长,要50天左右。今张库间已修汽车路,每5日1次,仅5日可达。沿途尚有蒙古包备旅客食宿。与10年前比较之,不啻天壤之别矣。"[3]可见,张库汽车运输线的开通,标志着中国历史上沿用了几千年的落后运输方式开始向现代公路运输过渡与转变,它对我国现代公路运输的发展产生了深远的影响。

二、民营汽车运输业的艰难发展

随着张库汽车运输线的开通及张库线扩展到冀南、冀中和京津一带之后,陆续又出现了几家汽车公司:一是德南长途汽车公司,1919年成立,初以津浦铁路山东德县为起点到直隶南部的南宫县,继之再延至顺德与京汉铁路相衔接;二是协通长途汽车公司,1922年成立,从保定至高阳,再延至天津;三是大邯汽车公司,1923年成立,从大名至邯郸等。可以肯定,在一定历史阶段内,这些民营汽车运输公司对于促进当地社会经济的发展起到了积极的作用。然而,在殖民地半殖民地的社会状态中,民营汽车运输业的发展相当艰难,它们经常受到来自本国政府和外国势力的压迫,如抗日战争时期的华北交通株式会社,一直垄断着河北的汽车运输业,根本没有民营汽车运输的生存空间,特别是在日军占领河北之后,推行所谓的"汽车交通统制一元化",其实是日本殖民主义者的一统天下,而经过曲折发展起来的河北民营汽车业,均因经不起其排挤倾轧和沉重的捐税负担而全部破产。在此情形之下,华北交通株式会社就成为了日军侵华的运输工具。

三、太行运输公司及其在抗战中的历史作用

抗战爆发后,在中国共产党的领导下,迅速开辟了晋察冀、晋绥、晋冀鲁豫等抗日根据地。为了构建根据地与各分区以及分区与各基层党组织之间的通讯联系,我党因地制宜地开创了秘密交通站和地下运输线。随着根据地的不断扩大,冀中平原根据地逐步形成了以总站贾家务、饶阳县套里村为中

心的地下交通网,沟通了分区与各县、冀中与边区的联系。此外,为了粉碎日寇的"囚笼战术"和"新交通政策",根据地人民创造了"抗日道沟"这种独特的运输方式,沟内平时可行人、走车,战时则变成军事运输线。1942 年,战争形势更加残酷,根据地军民进而由道沟发展到地道,从地上转移到地下,在当时,地道成为内外联防、方便运输和隐蔽打击敌人的重要通途,在抗日战争中发挥了重要作用。在保定清苑县的冉庄,至今仍保留着完好的地道遗址,成为这段光辉历史的见证。

　　到抗战后期,根据地的形式有所好转。为了尽快恢复和发展根据地经济,晋察冀边区政府于 1945 年 4 月在涉县索堡正式成立了"太行运输公司",其运输范围东至武安、磁县,西到襄垣、左权,北至沙河。其中,阳邑分公司还建立了从阳邑至索堡在转西营桐峪、南委泉等地的东西运输主干线,索堡至洪水为支线,并于沿线设立了一批盐店和车马店。渡口分站则开辟了通往根据地的两条运输线:一条是从渡口经阳邑、左权、武乡,到黎城;另一条是从渡口经蝉房、石盆,到山西和顺。

　　太行运输公司虽然成立时间不长,但在短短半年的运销期间内,不仅保证了边区商品的流通,更保证了市场上对紧缺物资的需求,它的成立充分显示了这一新型运输企业的无限生命力和它在边区整个经济活动中的重要地位。

第三节　河北航空运输科技的兴起

一、河北航空科技的兴起

　　20 世纪初,美国人莱特兄弟第一次成功地实现了动力飞机的受控飞行。1909 年,法国工程师布莱里奥特驾驶一架单翼飞机完成了从法国到英国的飞行,引起世界各国的关注。宣统元年(1909 年),法国飞行家环龙在上海试行游览飞行,此为中国天空出现飞机之始。宣统二年(1910 年),清政府在北京南苑创建飞机试行工场,并购买了法国沙麦式双翼飞机一架,以资实习。接着,清朝政府拨款在北京南苑,由刘佐成和李宝焌试制飞机一架,这是中国官方首次筹办航空。1914 年 3 月 11 日,南苑航校校长秦国镛、教官厉汝燕各驾一架飞机,完成从北京飞往保定的航线飞行课目,这是中国第一次航线飞行。南苑航校修理厂自行设计制造和试飞的 59 千瓦(80 马力)推进式飞机,称为"枪车",是中国最早自制的武装飞机。

　　欧洲战争结束后,北洋政府急于全国民众保护主权的要求。于 1919 年正式向英商费克斯公司订立航空借款合同,借英金 1 803 200 镑,其中以 130 万镑购买维梅式商用飞机 150 架,筹办京津、京沪、京汉和张家口至库伦(现乌兰巴托)之间的民用航线。1920 年 4 月 22 日,京沪线的北京——天津段试飞成功,5 月 8 日正式开航,运载旅客和邮件,这是中国最早的民航飞行。1921 年,北洋政府设立航空署,同年 3 月,指定大维梅式飞机 2 架,供游览飞行之用。与此同时,保定航空学校成立。不久,航空署便成立了京沪航空线管理处,先行试办京济间的邮便飞行。接着,又开办了由北京飞往北戴河夏季避暑处所间的航空邮班,这是在河北境内出现的第一条航线。1923 年 2 月,北洋政府航空署正式开通从北京到天津的航线。1922 年,天津举办的直隶工业观摩会首次展出南苑航空学校修理厂仿制的高德隆式教练机。1924 年 6 月,北洋政府航空署又开办了京津间的临时飞行业务。1931 年,天津河北汽车学校使用国产材料,造了一架滑翔机,这是中国最早制造的滑翔机。

　　1945 年 9 月,八路军总部组建张家口航空站(晋察冀军区航空站),接收了张家口、张北、灵丘等机场、航空器材、航空油料和日本空军战俘以及 2 架飞机,其主要任务是管理机场,进行人员培训,保管飞机、航空器材和油料,它为革命根据地航空事业的发展作出了积极贡献。

二、河北航空名家——王助

王助(1893—1965 年)(图 6 - 9 - 2),字禹朋,邢台南宫县人。王助是波音公司的第一任工程师,C 型水上飞机的缔造者。同时,他又是中国近代航空工业主要的奠基人之一。1909 年 8 月,王助被清朝政府选派去英国留学。1915 年,他在德兰姆大学机械科毕业后,转赴美国麻省理工学院学习航空工程,1916 年毕业,并获航空工程硕士学位。1916 年 7 月,美国波音飞机公司创办人威廉·波音正式成立了太平洋航空器材公司,波音于 1917 年 4 月把这家公司改名为波音飞机公司。王助被聘为波音飞机公司第一任总工程师。经过多次改进,王助设计出一架双浮筒双翼的"W - C"型水上飞机,成功地通过了试飞。该机作为波音公司制造成功的第一架飞机和开辟美国第一条航空邮政试验航线的飞机而载入史册。1917 年冬,王助因不满美国的种族偏见,愤而辞职,毅然回国,遂成为我国最早的一批留学归国的高级航空技

图 6 - 9 - 2　航空工业
奠基人王助

术人员。1929 年 9 月,王助任海军制造飞机处处长。1934 年 6 月底中国杭州飞机制造厂建成投产,王助任第一任监理,是中方的最高负责人。1939 年 7 月,中国航空研究所在成都建立,王助任副所长。研究所在王助的领导下,先后研制成国产层板、蒙布、酪胶、油漆、涂料等,创造出以竹为原料的层竹蒙皮和层竹副油箱,研制出以木结构代替钢结构的飞机,解决空军之急需。1941 年 8 月,研究所扩充为航空研究院。王助任副院长,除主管院务和研究工作外,还亲自参加飞机设计工作,航空研究院在王助的领导和直接参与下,利用国产材料研制出大批急需的航空器材和备件,研制出多架独特的飞机。1947 年,王助任中航公司总经理的主任秘书。1965 年 3 月 4 日在台南病逝,终年 73 岁。

三、河北航空学校的兴办

1913 年,北洋政府筹建了中国第一个飞行学校——南苑航空学校,并建成了一个飞机修理厂。当时,南苑航空学校共装备有法制高德隆式飞机 12 架,各式飞机 12 架。1919 年底,南苑航空学校归属新成立的航空事务处,并改名为航空教练所。1923 年,航空教练所再改为国立北京航空学校。到 1926 年,北京航空学校因政局动荡而停办。从 1914 年至 1925 年,该校共毕业 4 期 159 名学员。

1921 年 11 月,曹锟以从皖系军阀手中夺取的原南苑航空教练所的 20 多架英制爱费罗 504K 维梅式教练机为基础,在保定成立直军航空队。1922 年 7 月,为了进一步扩充直系军阀空军,培养飞行人员,以及培养优秀的空军后备人才,曹锟在保定成立了"保定航空教练所",并新开设了"保定航空教练所幼年班",专门招收高小毕业生,受训 6 年(初、高中各 3 年)首批共招生 20 名,学生受训期间实行 6 年一贯制的普通中学教育和航空基础训练,结业后成绩及体能合格者直接转入接受初级飞行训练。1933 年 1 月 15 日,原保定航空教练所及幼年航空班一并转入中央航空学校。

天津北洋工学院于 1935 年创办航空工程系,到 1949 年共有毕业生 100 余人。

第四节　天津港航道整治工程与内河航运技术

一、天津港及其航道整治工程

第二次鸦片战争结束后,英法联军迫使清政府签订了《北京条约》,条约中有一项内容就是增开天津为商埠。天津开埠后,航行的轮船在"急转弯处不断撞击河岸"[4],因此,中外航运界把海河航道的

淤塞,看作是天津港发展的"威胁"。尤其是从大沽口进入天津的海河航道特别弯曲,为满足通航的需要,光绪十三年(1887年),德璀琳提出了一个以牺牲当地人民利益的"裁弯取直"方案,这个方案便成为海河航道治理的最主要内容。自光绪二十七年(1901年)至1923年,先后进行了6次较大规模的裁弯工程。据称,在第六次裁弯工程后,1924年达到了"一个空前的航运年,有1 502艘舰船到达这个口岸,其中1 311艘到达天津租界河坝,最大的吃水量为17英尺6英寸"[5]。可见,从客观上讲,海河航道裁弯工程既缩短了航程,又增加了纳潮量,适应了船舶大型化发展的要求,有利于天津港的繁荣和发展。当然,它的殖民性亦不能忽视。比如,七七事变以后,日军侵占天津,并以天津港为基地,对华北的物资进行疯狂的掠夺。1939年,日本军国主义成立了东亚海运株式会社,使天津到各地的航线大都集中于东亚海运株式会社。1942年,又成立了"华北民船运输联营社",主要任务是运输华北的重要物质。自此,天津港的河运和海运,从民船到轮船都掌控在日本军国主义手中。

光绪三十一年(1905年),为解决大型船舶在天津市区港池掉头转弯难的问题,清政府将租界地的河面拓宽至295英尺(约合78.94米),接着又辟上、下两处转头地。上转头地在英、法租界交接处;下转头地在英租界,占用河岸231米。转头地修成后,即使3 000吨级的海轮也能转头自如。

从双营以下直至天津市西北一带,名为"三角淀",是永定河放淤分洪沉积泥沙的处所。1929年,海河委员会决定修建海河放淤工程。工程包括在北运河屈家店建进水闸、船闸各一座,开挖引河一条,以导永定河浑水入踏河淀放淤区,并在刘快庄、筐儿港、芦新河等处各建泄水闸一座[6]。该工程历时3年,于1932年竣工。经过多年的放淤实践证明,该工程减少了海河航道的进砂量,既有利于通航,又有利于农业生产。

为了进一步扩大天津港的运输规模,以满足日军侵占华北的物质需要,日本军国主义决定修建天津新港。新港的港址选定在海河口以北,塘沽以东,距原海岸线5公里的海面处。工程计划分两期进行,总投资为1.5亿日元,设计年吞吐能力为2 750万吨。但由于战争和技术等方面的原因,该计划最终没有完成。然而,日本军国主义者采取了边建港边掠运的政策,从新港掠运了大量的战略物资。

解放战争时期,为了支援平津战役,河北人民开挖了一条冀中运河,从1947年5月至1948年9月,历时1年零3个月,全长96公里,南起子牙河献县西高坦村,经河间、任丘,至文安县苟各庄入赵王河。

二、内河航运技术

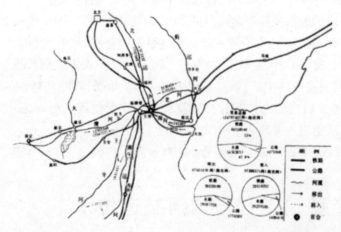

图6-9-3　1911年河北水路运输贸易所占比重示意图

内河航运是以天津为中心,形成的一个密布河北地域的内河航运网:往北有北运河,在天津至通州150公里航段,丰水期可通行载重25吨至35吨的木帆船;向南有南运河,在天津至临清478公里航段,可通行50至100吨的木帆船,每年航行期约有10个月,而从天津到河南道口约822.5公里航道可以通航;西去有西河(即子牙河与大清河),子牙河天津至藏桥区段,航程185公里,丰水期可通行载重50吨到150吨的木帆船,藏桥至正定区段,航程190公里,丰水期可通行载重25吨到35吨的木帆船,藏桥至邯郸马头镇航线,丰水期可通行载重50吨到100吨的木帆船。大清河航程200公里,自古以来是保定至天津的重要航路,丰水期可通行大中型木帆船;东去有东河,包括芦台运河、金钟河、北塘河、蓟运河等。有资料显示,天津贸易的大多数,皆依内河水运进行集散。其具体情况见图6-9-3所示[7]。

清光绪八年(1882年),开平煤矿试制了一艘以蒸汽机为动力的内河拖轮,该轮船体长18.3米,驱动水轮装在船身两侧。光绪十年(1884年),开平煤矿因自制轮船无法投产,所以不得不购置了一艘内河拖轮投产使用。光绪十三年(1887年),开平煤矿又从国外购置了一艘载重量为600吨的"北平号"钢质海运货轮。以后又陆续增添了1 200吨的"富平号"、2 250吨的"广平号"等货轮,用于海上煤炭运输。

1914年,"直隶全省内河行轮董事局"成立,主要经营内河轮船客运。该局首批建造的拖轮多属铁质,船体长17~20米,船体宽3.4~4.1米,吃水1.25~1.7米,多安装立式单汽缸发动机2架,60马力。至建国初期,我省内河轮船仅19艘。

第五节 河北电信业和电信技术

人类自19世纪发明了利用电流与电波进行传递信息以后,电信事业获得了飞速发展。在中国,英人于同治年间(1862—1875年)铺设了从上海至黄浦江口的电报线。光绪五年(1879年),直隶总督李鸿章为整顿边防,自设电线,特招丹麦商人试办由天津到大沽区间的电报,此线虽为军用,但却标志着我国自办电报的开始。光绪六年(1880年),李鸿章奏准由天津循运河架设陆线至江北,越长江经镇江,以达上海。同时,在天津成立电报学堂。光绪七年(1881年),清政府开始架设从天津到上海的电线,并设立天津电报总局,下设大沽口、苏州、上海等7个分局。光绪八年(1882年),展设由天津至北通州的电线。光绪二十五年(1899年),展设直隶紫竹林、唐山、滦州、昌黎、山海关、秦皇岛、北戴河、河间、北京、承德、朝阳、广平、大名等处的电线。而无线电报则始于光绪三十一年(1905年),袁世凯为军事目的在海圻、海容、海筹、海琛等4舰装设无线电机,并在南苑、保定、天津行营设机通报。同年,北京、保定、天津安装的火花电报机开通投产,这是河北省自办无线通信的开始。

光绪七年(1881年),上海英商瑞记洋行创立华洋德律风公司,是为电话传入中国之端。光绪二十三年(1897年),清政府以电报局试办电话,同年,北平、天津等地先后设置电话,此为我国自办电话之滥觞。光绪二十六年(1900年),丹麦人濮尔在天津租界架设电话以通北塘及塘沽,并延至北京,这是中国最早出现的长途电话。1912年后,随着电信事业的不断普及,北洋政府和国民政府先后建成了天津至辽宁、北平至绥远、北平至临榆、北平至清苑、天津至济宁、保定至郑州等长途干线,河北已经成为当时全国电话普及率最高的地区之一。由于电报、电话的不断推广应用,使政府与民间的通信融为一体,变传统的邮驿通信为邮电通信。

中国共产党领导的革命根据地和广大解放区十分重视电信,尤其是广播电台的建设与发展。1945年8月24日,张家口新华广播电台成立。在器材缺乏、技术条件很差的情况下,电台不仅及时广播国内外重要新闻、述评和通讯、党政军的生活和斗争的节目,而且还邀请党政军负责同志和各界人士到电台作专题广播演讲,并开办灵活多样的文艺节目,播放唱片,受到社会各界的极大欢迎。1948年夏,陕北新华广播电台(原延安新华广播电台)随中央迁移到保定阜平县。根据形势发展的需要和党的决定,将张家口新华广播电台与陕北新华广播电台合并,原来在张家口新华广播电台工作的编播人员如黎伟、柳荫、郑佳、胡旭、丁一岚、陈晨等都集中到平山,参加陕北电台的工作。10月间,为了保证安全,并且获得充足的电力供应,机房和播音室又迁到40公里以外、井径煤矿附近的窟窿峰村。1949年2月2日,北平新华广播电台开始对本市播音。3月25日,陕北电台随党中央进入北平,用北平新华广播电台的呼号对全国广播。

注 释:

[1] 宓汝成编:《中国近代铁路史资料》第一册,第121页。
[2] 马克思:《马克思恩格斯全集》第23卷,人民出版社1972年版,第421页。
[3] 张镜青主编:《河北公路运输史》第一册,人民交通出版社1996年版,第3页。

［4］［5］　雷穆森:《天津——插图本史纲载》,《天津历史资料》1964 年第 2 期。

［6］　李华彬:《天津港史——古、近代部分》,人民交通出版社 1986 年版,第 194 页。

［7］　王树才主编:《河北航运史》,人民交通出版社 1988 年版,第 105 页。

第十章　近代天文科技

西方的近代天文学知识在明末清初时就已经开始传入中国,但因传统天文学为皇权服务的御用性质,使得传入的内容和产生的影响非常有限。只是以西方的几何模型方法代替了传统的代数方法,而并未改变中国天文学的性质,当时的天文学仍然是以历算和星占为主的宫廷天文学。由于西方哥白尼日心说理论遭到封建学者们的反对,这大大阻碍了天文学在中国的发展。西方国家的近代天文学随着技术的改进,基础理论研究的进展,得到了飞跃式发展,而这个时期中国天文学与国际天文学之间的差距被逐渐拉大了。

第一节　近代西方天文学的传入

一、西方天文学的再度传入

1840 年鸦片战争爆发,随着"五口"通商和一系列的不平等条约的签订,西方人士纷纷来华,近代天文学知识也随着西方传教士再度传入中国。

传入的主要途径是中国少数先进知识分子与西方传教士一起合作译著、出版近代天文学书籍,其中最具代表性的译著是李善兰与英国传教士伟烈亚力合译的《谈天》。该书译自英国著名天文学家约翰·赫歇尔(J. Herschel,1792—1871 年)的名著《天文学纲要》(The Outlines of Astronomy)。该书以哥白尼的日心地动说、开普勒行星运动定律和牛顿的万有引力定律为基础,介绍了天体测量方法,天体力学的基本理论,太阳系的结构和天体的运动规律,以及恒星周年视差、光行差、小行星、天王星、海王星等一系列天文新发现,使得国人对天文的认识耳目一新。

二、各类学校中的天文教育

创办于 1862 年的京师同文馆是中国最早的新式学堂,1866 年在馆内增设天文算学馆,开始讲授自然科学知识。实际上天文课到 1877 年才开始添设,最初均由外国教习讲授,后来渐有毕业生担任副教习。

在清末民初的天文教育中,实用天文教育比较突出,在一些工业技术学堂和军事学堂中,凡与航海或测量有关的学科都教授实用天文学[1]。早期聘请外国教习讲授,以后逐渐由中国人接替。当时河北地域的学校如天津水师学堂、唐山路矿学堂、天津北洋大学堂等均都教授实用天文。清末京师测绘学堂和民初的陆地测量学校是培养测绘人才的教育机构,其三角科以实用天文为主课。京师陆地测量学校高等科有些毕业生,如曹谟、刘述文等人后来成为中国近代天文大地测量工作的骨干[2]。

近代中国大学的天文教育与其他学科相比,发展相对迟缓。主要是由于缺乏师资和必要的近代天文观测设备,直至 20 世纪初,全国还没有一所大学开设有单独的天文系或科。

三、建立天文台和测候所

鸦片战争以后,西方列强开始在中国建立起各自的天文观测机构——天文台和测候所。这些天文机构主要开展天文研究和搜集气象、地磁、地震等资料。由于河北省地理位置和当时的社会环境,帝国主义侵略者在河北省境内建立的天文机构并不多见。

九一八事变后,1932 年 3 月在日军屠刀下,东北地区成立了伪满洲国政府,随后日本帝国主义把侵略势力扩张到平津附近,侵华日军在其侵略领地广设测候所和观象台。伪满中央观象台成立后,相继建立地方观象台、观象所。在河北地域内青龙、平泉、滦平、古北口、丰宁、围场等地建立了简易气象天文观测所。七七事变后,日军占领北京,河北省境内的昌黎测候所(1940.1—1945.8)、保定测候所(1944.1—1945.6)、塘沽测候所(1944.6—1945.4)均属于伪华北观象台直属测候所。主要负责本地区的气象、天象、地震、地磁及与此相关联的观测、调查、报告和气象预报等事项。到了抗日战争期间,日军又先后在华北地区设立了包括张家口、石家庄在内的 27 个测候所。

第二节 天体力学和天体物理研究

一、赵进义的天文学成就

赵进义(1902—1972 年),字希三,直隶束鹿(今河北辛集市)范家庄村人,是我国近代数学、天文学发展的奠基人之一,为我国天文事业的发展作出了重要贡献。

图 6 - 10 - 1 青年时期的赵进义

1917 年入育德中学,1921 年赴法国里昂大学学习天文、数学和力学。毕业后,赵进义(图 6 - 10 - 1)受聘于里昂大学天文台从事研究工作,发表《天琴座 β 变星的研究》论文。1928 年,他与余青松一起代表中国列席在荷兰莱顿召开的第三届国际天文联合会。这时,赵进义应广州中山大学理学院张云之邀,受聘中山大学数学天文系教授,讲授数学和天文学。这年,他加入了中国天文学会(1922 年成立),并在1930 年被选为"变星观测"与"天文学名词编译"两个委员会委员,参与编写《天文学名词》,同年 6 月受聘中央研究院天文研究所(中国科学院紫金山天文台前身)特约研究员。

抗日战争爆发后,赵进义迁往西安,任西北大学理学院院长。1941 年"日全食"前后,他多次宣讲"日食"与天文知识。不仅如此,他还在理学院开设"普通天文学"选修课。1945 年太阳出现黑子,他应邀为本校和其他学校的学生作关于太阳黑子知识的专题报告。1946 年在《国立西北大学校刊》(总第 21 期)上发表《太阳黑点》一文,1947 年在同刊总第 19 期上发表《宇宙射线》一文。1954 年,任北京市天文学会理事长。他的遗作《天体力学》是对其一生天文研究成就的总结。书中力求完美地阐述天体力学中最基本的、用分析力学解决得最严密的理论课题——两体问题。其中有关分析力学的内容,比法国天体力学大师蒂塞朗的《天体力学专论》中相关的分析力学内容还要详尽。此外,对于天体的摄动理论,他也作了严谨的论证并介绍分析解法。《天体力学》不仅对天体力学贡献甚丰,而且更是一部分析力学和应用数学的重要著作。

二、我国现代天体物理学奠基人——程茂兰

图 6 - 10 - 2 程茂兰

程茂兰(1905—1978 年)(图 6 - 10 - 2),字畹九,直隶博野人。1925 年赴法国勤工俭学,1934 年毕业于里昂大学数理系。之后,随里昂天文台台长迪费攻读天体物理学。由于他对仙后座 γ 星和英仙座 β 星进行分光光度测定及光谱分析的突出成绩,1939 年获法国国家数学科学博士学位,并得以留在法国里昂和上普罗旺斯天文台继续从事恒星与彗星等天体的分光光度测定及光谱分析工作。1957 年 7 月回国。1958 年 2 月被任命为北京天文台筹备处主任,后改任北京天文台第一任台长。1962 年任中国科学院数理学部天文委员会副主任委员。1962 年 8 月至 1978 年任中国天文学会第二和第三届副理事长。他的主要贡献有:

1. 仙后座 γ 的光谱与英仙座 β 的分光光度研究

程茂兰的博士论文分两部分,第一部分是对仙后座 γ 星的光谱研究,第二部分是对英仙座 β 星(即大陵五)的分光光度测定和"契可夫—诺尔德曼效应"的研究。仙后座 γ 星是北天一个属于 2 等 B 型发射线恒星,从 1916 年开始就有人对它进行系统的观测。从 1937 年 10 月 15 日到 1939 年 8 月 16 日,他分别用 4 架棱镜摄谱仪对此星做了非常系统的光谱与分光光度研究,取得了一系列成果:新发现了一大批发射线或发射线的存在迹象;他认为仙后座 γ 星的电离势能在 1937—1938 年间将达到 30.5 电子伏特的最高值;当恒星的总光度变亮时,色温度降低,发射线强度变弱,反之,当恒星的总光度变暗时,色温度增加,发射线强度增加;在 1938 年 2 月至 3 月间,该星光度达到一个极小值,发射线强度达到一个极大值。这一发现既支持了斯特鲁维提出、经麦克劳林和鲍德温等改进了的脉动模型,又表明该模型尚不完美,有待进一步补充完善,因此,有助于对这类变星物理特性的深入研究。

英仙座 β 星是周期为 2.867 天、光度幅度大概为 1.2 等的北天亮食变星。它仅仅需要 4.9 小时就能从平常的 2.1 等变暗到 3.4 等。这种具有变光特性的食变星,是否在空间传播的过程中发生色散现象。1908 年,契可夫与诺尔德曼宣称,许多食变量的光度极小时刻随波长变短而推迟,这就是所谓的"TM 效应"。此效应直接否定了爱因斯坦相对论光速不变原理,事实果真如此吗? 1935 年,程茂兰用照相分光光度测量法来确定英仙座 β 星不同波长上光度最暗的发生时刻。经过多次测量,结果测得此极小在测量误差范围内对所有波段都相同,表明空间对光波并不引起色散,因而"契可夫—诺尔德曼效应"其实不存在,即宇宙空间物质密度极低,各种颜色的光波以光速 c 而传播。后来,程茂兰的测量结果又被一位美国天文学家用光电的方法证实。这样,爱因斯坦关于真空中光速不变的假设已为科学观测结果证明是正确的[3][4][5]。

2. 气体星云光谱与共生星光谱研究

1945 年,程茂兰和迪费对猎户气体星云进行了光谱观测,在波长 3 700 埃到 6 700 埃之间找出 62 条发射线,其中约一半为首次发现,且多是 FeⅡ及 FeⅢ的禁线。根据这些发现,程茂兰和迪费认为铁在气体星云中如同在一般恒星大气中一样,都是一种常见元素。这个观测结果有力地支持了恒星由气体星云收缩形成及气体星云是由恒星演化过程中的抛物线形成的恒星演化理论。

共生星(Symbiosis star,简称 SDS)是一种同时兼有冷星光谱特征(低温吸收线)和高温发射星云光谱(高温发射线)复合光谱的特殊天体,这类恒星系统是由一颗冷巨星(只有 2 000℃ ~ 3 000℃)、一颗热伴星(达到几十万摄氏度)和电离的星云组成。当然,对于共生星的性质和结构特点,迄今仍没有形成一致的结论,而许多天文学家为解开怪星之谜已经耗费了他们的毕生精力。因此,这类怪异星体的形成和演变已经成为宇宙学界一大奇谜。

在程茂兰对共生星进行过多种观测与研究之前,天文学界已有人提出了有"单星"说和"双星"说。程茂兰与他的合作者对北冕座 T、仙女座 Z、飞马座 AG、英仙座 AX、天鹅座 FB 及盾牌座 FB 等诸多共生形作了长达 11 年的光谱观测,他们在仙女座 Z 的光谱中发现了发射线 5619 埃,其成因是由 6 次电离钙得 $^3P_2 \to {}^1P_2$ 跃迁所引起。另外,他们还在天鹅座 FB 星的光谱中发现 Fe III 与 O III 禁线有定期消失现象,因之星周包层也相应地定期消散。同时又发现光谱变化跟色温度、电子温度以及光度变化相关。这说明上述恒星确实具有复杂的包层,并且为"光谱双星"。

3. 夜天光谱研究与臭氧层厚度的测定及其他

昼夜变化是地球自转的必然结果,当然,也是自然节律的一种表现形式。如众所知,黑夜的天空背景具有一定亮度,这是因为除背景暗星的照度之外,还有源自大气的辉光、北极光以及黄道光。程茂兰与迪费一起用照相分光光度方法,观测从紫到近红外区内大气辉光及北极光的谱线变化和强度变化的各种规律,及其这些变化与太阳的升落和自转、地球围绕太阳的周年运动和太阳黑子活动周期之间的内在关系,还测定了造成各条谱线的气体离子在地球大气中所处的高度以及物理环境,发展了利用照相分光光度方法去确定天顶蓝天可通过的最短波长,进而定量地确定大气中臭氧层的厚度,此方法的原理至今仍被用来测定臭氧层的厚度与时变性。

此外,程茂兰与布洛什用红外照相底片对各类光谱型的恒星作了分光光度研究,主要任务是测定恒星的帕邢跃变和 6 500～8 200 埃的相对梯度。第一次给出了不同光谱型恒星的帕邢跃变值及其帕邢跃变与巴尔末跃变的相关关系[6]。

由于程茂兰对恒星光谱测定与研究所作出的杰出贡献,1945 年 10 月成为法国国立研究中心研究导师,1956 年被法国教育部授予骑士勋章。1957 年 7 月绕道瑞士回国。2008 年 11 月,经国际天文学联合会小天体命名委员会批准,由中国科学院国家天文台兴隆站施密特望远镜发现的第 47005 号小行星被正式命名为"程茂兰星",以纪念我国现代天体物理学研究奠基人程茂兰先生为中国天文事业所作出的杰出贡献。

注　释:

[1]　白寿彝主编:《中国通史》第十一卷,上海人民出版社 1999 年版。
[2]　朱有瓛主编:《中国近代学制史料·第一辑》,华东师范大学出版社 1983 年版,第 32—167 页。
[3]　蒋世仰等:《我国近代天体物理学奠基者—程茂兰》,《自然杂志》1987 年第 10 期。
[4][6]　《科学家传记大辞典》编辑组:《中国现代科学家传记·第一集》,科学出版社 1991 年版,第 271—279 页。
[5]　蒋世仰:《中国近代实测天体物理学的领路人——程茂兰》,《中国国家天文》2008 年第 11 期。

第十一章　近代数学科技

　　清朝晚期,河北涞水县的赵曾栋在中西数学会通的前提下,完成了《四元代数通义》和《代数摘要》两部数学专著,虽称"中法之四元,而实即九章之方程"。华蘅芳撰写了《测量法》,并与傅兰雅合译了《合数术》等书;晋察冀新华书店第一次出版了由安文辉编辑的《于振善尺算法》一书;1895 年创建的北洋西学学堂(即北洋大学堂),首开数学、地舆学、万国公约等课程,从而使其成为中国近代第一所比较系统地介绍西方多种自然科学和社会科学的综合性大学。

第一节　河北的数学研究

一、《合数术》

　　华蘅芳(1833—1902 年),字若汀,中国近代著名的数学家,他一生翻译和撰写了大量数学著作。这些著作大多完成于上海江南机器制造总局和天津武备学堂。从光绪十三年(1887 年)到光绪十八年(1892 年),华蘅芳在天津武备学堂共生活了 5 年,在此试制成功的氢气球是中国人自己制成的第一枚氢气球。其间,华蘅芳一面讲学,一面从事数学的翻译和研究工作,撰写了《测量法》,并与傅兰雅合译了《合数术》等书。其中《合数术》即《代数总法》为英国人白尔尼原著,书中的主要内容是一种新的近似程度较高的计算方法,同时涉及概率论,共 11 卷,1888 年林绍清因经费问题仅将节本两卷在天津刊出。

　　"合数"(Dual Logarithm)是白尔尼首先使用的数学新概念,在当时用"合数"求对数是一种新成果,华蘅芳及时将其译出并由林氏节录出版,体现了他对西方新知识的渴求以及对传播西方新知识的努力。该书"发明指数之义蕴,为求真数之作用,凡方根之杂糅,函数之深邃,他法不易解者,皆可以合数御之"[1],对中国近代数学的发展产生了一定影响。

二、"尺算法"

　　于振善(1909—1971 年),清苑县武安村人,是农民出身的中国著名数学家、计算尺专家和尺算法发明家。1936 年,为方便民田地亩计算,开始进行新算法研究。1947 年,终于成功地创造了"尺算法",并先后制成方形、圆形和长方形计算器,对加、减、乘、除、开方、平方、地亩、面积折合以及比例等问题,都可以不用口诀,几秒钟内一次求出计算结果,成为当时轰动国内外的重大发明。同年 6 月,冀中行署将他的研究成果命名为"于振善尺算法"。1948 年 3 月,晋察冀新华书店第一次出版了由安文辉编辑的《于振善尺算法》一书,1950 年和 1963 年两次再版,并作为教材编入中学的辅助课本。1951年,《于振善尺算法》被编辑在上海大公报出版的《中国的世界第一》第 4 册中。

三、"正规函数论"

　　民国时期,河北省在分析数学领域取得突出成就者,首推邢台束鹿人赵进义。他在法国留学期间就显露出了高超的数学天赋。1925年,他以"正规函数论"获里昂大学理学博士学位,同年加入法国数学会。1928年,赵进义在法国发表的《具有两分支整代数体函数的分析》和《代数型函数的反函数论》两篇论文,得出了如下有名定理:

设$x(y)$为有两个分支$x_1(y)$和$x_2(y)$的多值函数。若分支$x_1(y)$为全纯函数,当$y = \infty$时,$x_1(y) = \alpha$,则α或是函数$F(x,y) = 0$坐标集合中的极限点,或分支$x_2(y)$有α值的路径。

若$x_1(y)$在无限远处全纯,则函数$x(y)$的黎曼曲面是有限族面[2]。

期间,赵进义还对反函数进行了比较系统和深入的研究。他在布特鲁关于整函数的反函数论(1908年)和艾弗森关于半纯函数的反函数(1914年)基础上,首次提出两支代数体整函数的反函数论,并用法文发表于法国里昂大学。

从1930年到1933年,赵进义在《国立北平师范大学数学专刊》先后发表《解析函数之特别值》、《超越奇点的类别》及《二次微分方程所限定的整函数》三篇论文。为了便于与世界各国的数学同仁相交流,及时跟踪和了解国际数学发展的前沿动态,赵进义与熊庆来等呼吁成立中国数学会。1935年7月,中国数学会成立,赵进义任理事会理事。1950年,他进入北京华北大学工学院(北京理工大学的前身)任教,讲授数学和理论力学,直至1972年逝世。

四、近代数学著述

清朝晚期,涞水县的赵曾栋在中西数学融会贯通的前提下,完成了《四元代数通义》和《代数摘要》两部数学专著。赵曾栋,字隆之,号杏楼,博通经史,尤好数学,咸丰九年(1859年)举于乡,光绪初官河南孟县知县。他的两部数学著作,虽称"中法之四元,而实即九章之方程"(《四元代数通义·序》)。

1943年,梁绍礼在《中国科学记录》第16期和第26期上分别发表了《奇异矩阵的积分解》和《厄米特矩阵的某些性质》的论文,是河北省研究现代数学较早的成果。

第二节　河北的数学教育

一、天津北洋大学堂的数学教育

近代,我国的西学主要采取了两种发展模式:一是改造旧学,即在旧有学堂中增加西学的内容;二是按照西学模式建立自己的近代教育体系。北洋大学堂的建制,完全以美国大学模式为标准,以西学为体。学堂分本科与预科,头等学堂为大学本科,二等学堂为预科,学制均为4年,这是中国近代史上两级制普通学堂之始,开创了我国近代教育层次结构的学制体系。1895年创建的北洋西学学堂(即北洋大学堂)(图6-11-1),首开数学、地舆学、万国公约等课程,从而使其成为中国近代第一所比较系统介绍西方多种自然科学和社会科学的综合性大学。头等学堂分设律例(法律)、工程(土木)、矿冶和机械四学科。

图6-11-1　现耸立在天津大学校园的北洋大学堂纪念亭

就数学课程安排来说,第一年主要讲授几何学、三角勾股学;第二年讲授微分学。数学作为一门基础学科,虽在头等学堂的比重上略轻于专门课程,但二等学堂数学成为主干课程。显示了这门学科的基础性和重要性,这是近代教育区别于传统教育的关键之处。在二等学堂的课程设置上,每学年都开设有数学课程,第一学年讲授数学,第二学年讲授数学并量法启蒙,第三学年讲授代数学,第四学年讲授平面量地学。

为了解决北洋大学头等学堂的生源问题,1906年,总教习王劭廉一方面重新厘定办学制度,完成了学校办学体制;另一方面,亲自考核保定直隶高等学堂办学水平,使之达到北洋大学二等学堂的程度,解决了长期困扰北洋大学的生源问题。在数学教学方面,聘请中国有史以来第一名西学翰林冯熙敏讲授数学几何,此外教授数学课程的还有张玉昆,他们是北洋大学仅有的三位中国教授中的两位。1925年,刘仙洲根据理工结合的办学思想,在理科设置数学、物理、化学和地质四个学门。1945年,国立北洋大学增设了理学院,下设物理、化学、数学、地质学四个基础学科系,从此进入理工结合时期。

二、河北地域的近代数学教育

随着第二次鸦片战争的结束,中国的外交中心由上海转移至天津,天津的政治、经济、军事地位骤然上升,成为洋务运动的北方中心。1881年,北洋水师学堂成立,1885年,北洋武备学堂建立。这两所学堂虽然注重军事教育,但几何、代数、三角却是其主要的讲授课程,尤以北洋武备学堂成绩最突出。这所学堂从创建到停办(1900年),尽管才15年,但它为天津数学教育的发展作出了积极贡献。1895年,天津最早的教会中学——法国学堂成立。据统计,近代天津教会学校有30多所。

在河北其他地区,近代数学教育也开始出现,如1896年成立的山海关铁路学堂,1898年成立的保定畿辅大学堂(后改名为保定大学堂),1902年5月保定创办直隶农务学堂,1904年3月设立保定医学堂,等等。到1906年,直隶"计北洋大学堂一所,高等学堂一所,北洋医学堂一所,高等工业学堂一所,高等农业学堂一所,初等农工业学堂暨工艺局附设艺徒学堂二十一所,优级师范学堂一所,初级师范学堂及传习所八十九所,中学堂二十七所,高等小学堂一百八十二所,初等小学堂四千一百六十二所,女师范学堂一所,女学堂四十所,吏胥学堂十八所,此外尚有客籍学堂、图算学堂、电报学堂各一所。凡已见册者,入学人数共八万六千六百五十二人,而半日、半夜学堂不计焉。和诸武备、巡警等学堂以及册报未齐者,总数不下十万人"[3]。从上述学堂的课程设置看,数学是其讲授的主干课程之一,各学堂"教以天算、舆地、格致、制造、汽机、矿冶诸学"[4],天算被排在第一位。可见,近代数学通过这些学堂的创办,逐渐开始向河北各地区渗透和传播,它们为河北近代数学的发展奠定了重要的基础。

在此,必须特别提到的是,著名教育家、藏书家、刻书家卢木斋。卢木斋(1856—1948年),名靖,字勉之,湖北沔阳(今仙桃)人。他出身世代寒儒,早年科场失意,但喜好、擅长数学,经过刻苦自学,于1883年在27岁时写成《火器真诀释例》一书,因此受到湖北巡抚彭祖贤的嘉许,被聘请到书院主讲算学。1885年考举人时,监考学使高钊中(字勉之)以"朴学异才"为由,向清朝政府保奏,使他得到知县的官职,由直隶总督李鸿章委用。李鸿章非常器重卢木斋在数学方面的才华,请他到天津担任北洋武备学堂算学总教习。卢木斋深感高钊中的知遇之恩,此后即避称"勉之",而改字"木斋"。1887年后卢木斋先后任直隶赞皇、南宫、定兴、丰润等县的知县及多伦诺尔厅的同知。1903年任直隶学务处督办兼保定大学堂监督。1905年率领代表团赴日本考察学务。转年升任直隶提学使,全身心地投入文化教育事业。1908年6月创建直隶图书馆,为河北第一座近代图书馆,也是长江以北最早建立的图书馆。1910年正式创办水产讲习所,为我国最早的水产学校。三年后他调任东北奉天提学使。辛亥革命后卢木斋离开官场,回到天津,专心经营实业,兴办教育。1927年3月,他慷慨捐资10万银元为南开大学兴建"木斋图书馆"。他为天津乃至河北的文化教育作出了巨大贡献。

由于临海,河北成为"西学东渐"的前哨阵地,是中西科技文化碰撞交汇的一个旋涡中心,同时也使得近现代数学较早地在河北大地上生根发芽。1906年,北洋女师(今河北师范大学前身)设立了算学科。1909年,河北省相继创办了直隶省第一师范学堂(原定县师范前身)、第二师范学堂(原保定师范前身)、第三师范学堂(原滦县师范前身)、第四师范学堂(原大名师范前身),这些学校均设有数学科,为河北省培养了大批数学师资及数学工作者。

注　释:

[1]　林绍清:《幼狮数学大辞典(上)——合数述·序》,幼狮文化事业公司(中国台北)1982年版,第1744页。

[2]　程民德:《中国现代数学家传》(第2卷),江苏教育出版社1995年版,第104页。

[3]　廖一中、罗真容:《袁世凯奏议》(上、中、下),天津古籍出版社1987年版。

[4]　王杰:《学府史论》,天津大学出版社1999年版,第217页。

第十二章　近代物理科技

　　鸦片战争后,中国传统物理技术出现较明显的停滞状态。统治阶层中的有识之士目睹西方先进、中国落后的现实,提出"师夷长技以制夷"的主张。历经洋务运动、维新变法、清末新政三次改革,导致科举制的废除和新学制的产生,近代物理教育开始创办。河北近代物理科技发展,始于19世纪60年代,随着西方近代科学技术的传入、消化和会通,河北传统物理科学技术的主体融入到世界物理科技发展的洪流之中,辛亥革命尤其是五四运动以后,河北物理科技迎来了一个新的历史时期。物理科学技术在社会生产、生活各个方面越来越广泛地深入应用,特别是与工业的紧密结合,促使近代物理逐步地向现代物理发展。

第一节　近代物理科技的发展

　　随着洋务运动的发展,对新式人才的需求急剧增加,通过留学教育来传播西学,成为引进和传播西学最简捷、最有效的途径,数万学子出国留学,通过他们构建了"西学东渐"的桥梁。洋务运动、维新变法、清末新政三次改革,促进了近代物理科学技术在河北的传入、普及和提高。

一、"洋务运动"是河北近代物理科技发展的推力

　　随着洋务运动的发展,对新式人才的需求急剧增加,洋务派在国内大力兴办新式教育的同时,又开始创办出国留学事业。曾国藩(1811—1872年)是中国历史上真正将"师夷"付诸实践的第一人。1867年至1870年,曾国藩奉命调任直隶总督。1871年,曾国藩、李鸿章联衔会奏《拟选子弟出洋学艺折》。1872年又联衔上奏:请求对"派遣留学生一事"尽快落实。并提出在美国设立"中国留学生事务所",奏准上海广方言馆总办陈兰彬任出洋局委员(监督)、容闳为副委员(副监督)、常驻美国管理。在上海设立幼童出洋肄业局,荐举刘翰清"总理沪局选送事宜"。经过一番运作,第一批幼童终于在1872年8月踏上了出洋留学之途,掀开了中外文化交流史上的重要一页。

　　通过留学教育来传播西学,成为引进和传播西学最简捷、最有效的途径。在中国近代百年的历史上,数万学子出国留学,通过他们构建了"西学东渐"的桥梁。其中最著名的是容闳率领120名幼童留美,他们中有后来成为著名工程师的詹天佑和以翻译赫胥黎的《天演论》而闻名的严复等。这些留学生是中国第一批接受严格西方教育的知识分子,他们成为后来西学传播的主力军。

　　1903年(光绪二十八年),在新式教育机构建立之初,直隶即选派士绅赴日考察教育,回国后派充

学校司官员和各地劝学所长,所需各科教师多从日本聘请;留学生主要派往日本。据统计,1902 年
(光绪二十七年)直隶留日学生有 16 人,到光绪三十二年则为 454 人,在北方各省占居首位;直隶留日
学生主要是学习师范、军事和政法。当时直隶留学欧美学生主要出自北洋大学,据统计,1907 年(光
绪三十二年)至 1914 年,直隶资送四批留学生共 57 名(含自费 5 人),其中赴美 44 人,余赴法、德、比、
英等国。

　　20 世纪初期,有识之士倡导科学教育救国,出国求学者大量增加,其中不少是专学物理的,清末最
早的留学生中有何育杰、夏元瑮、李耀邦、张贻惠、胡刚复、梅贻琦、赵元任等;民国初年有叶企孙、颜任
光、丁燮林(即丁西林)、李书华、饶毓泰等;以后有吴有训、严济慈、周培源等。他们大都对当时物理学
前沿的基础研究有所建树。他们回国以后,觉察到在中国发展物理学,需要培养大批人才,又限于当
时中国的社会现实条件,继续进行研究工作有困难,所以大部分人以从事教学工作为主,又成为教育
家。如胡刚复先后在 11 所高等学校中筹建物理学系或理学院或任教,培育出像吴有训、严济慈、赵忠
尧和吴健雄等物理学家。颜任光、丁燮林、李书华、饶毓泰、叶企孙、吴有训、严济慈等回国后,分别主
持几个学校物理学系的教学工作。他们充实课程内容,增设近代物理的课程,建立实验室,改革教学
方法,理论和实验并重,教学质量显著提高。

　　正是由于他们的辛勤努力,中国物理学教育发展加快,中国物理学队伍逐渐形成。

二、新式学堂的物理教育

　　作为后期洋务运动的积极倡导者,张之洞十分注重实业教育。他先后做过几个省的总督和学政,
后来又主持学部,对清末教育有很大影响。张之洞把他的基本教育思想总结为“中学为体,西学为
用”,这不啻是洋务派和早期改良派基本纲领的一个很好的概括。作为官办洋务学堂,在教学内容上,
一是不忘传统,重视“中学”教育;二是以“富国强兵”为宗旨,重视专业学习。

　　在中国,把近代物理学列入学校教育的第一个学校是京师同文馆。当时物理学是作为《格致》的
一个科目列入的,并于 1879 年正式添讲《格致》,这是中国近代物理教育的一个起点,首由西人欧礼裴
讲授。在中国近代新式学堂中开始设置的格致学科,仅是一般的自然科学知识。所以这一时期中国
的物理教育只能说是中国近代物理教育的萌芽。

　　近代物理学在中国的传播是从翻译各分支科学开始的,而且在“西学”学校中进行物理教育,其实
质是为了使学生依靠物理学知识来推理、计算,以理解“洋机器”各部件的功能。1866 年,京师同文馆
出版了美国传教士丁韪良的《格物入门》七卷,该书综合了作者所学西方的“水学、气学、火学、力学、化
学、算学知识,著之华文,构成问答”,只是对一些现象的解释和基本事实的介绍,不仅在物理学习内容
的深广度上十分肤浅狭窄,而且各部分的划分也仅是由表观现象决定的。1883 年,京师同文馆又出版
了丁韪良编的《格物测算》,同年江南制造局出版了由英国人傅兰雅编写,由徐寿、徐建寅译的《格物须
知》。1885 年,江南制造局又出版了美国人赫斯赉、英国人罗亨利和翟昂来同译的《格物小引》。

　　1895 年,盛宣怀在天津创办北洋西学堂,这是中国第一所由政府筹办的大学。1902 年,这所学堂
改名为北洋大学,它是我国最早的按照西方模式创办的工科大学。1896 年创办中国最早的铁路院
校——山海关铁路官学堂,1905 年该学堂迁唐山改名为唐山路矿学堂。1898 年正式设立京师大学
堂,京师同文馆随之并入其中,它是变法维新日益发展的产物,是晚清自强运动时期最为重要的官办
洋务学堂之一,是我国新旧教育的一个重要转折点。

　　在洋务运动期间,直隶省成为北方洋务教育的中心。1901 年(光绪二十七年)就任直隶总督兼北
洋大臣的袁世凯顺应形势,率先推动了兴学进程。清末新政时期直隶省所办的新式学堂,在类别上和
数量上均居全国首列。

　　1902 年,首先改革教育行政机构,在省城保定设学校司,后聘著名教育家严修(天津人)为督办。
严到任后在直隶各州县设劝学所为地方教育行政机构,后被学部推广全国。此后,各类新式学堂涌现
于直隶各地。至 1908 年,直隶各类学堂总数为 4 519 所,学生总数为 88 744 人。

20 世纪初,清政府被迫实施新政,兴办学堂,系统的科学知识才正式列为课程。1903 年,清政府规定在小学设理化课;高等学堂分政、艺两科,艺科所设课程中有力学、物性、声学、热学、光学、电学和磁学等物理学的内容。依 1903 年《癸卯学制》的规定,中国最早的五所大学堂(京师大学堂、北洋大学堂、山东大学堂、京师同文馆、山西大学堂),其中三所在河北地域内。民国以后,当时中国 7 所公立大学,其中两所(京师大学堂、北洋大学)在河北地域内。到清末民初,河北旧教育的改革与各级各类新式学堂(学校),包括师范、女子、实业、农林、医学、军事、法政和警务等专门学堂的创建蔚然成风,走在了全国的前列。

第二节　近代物理科技在工业上的应用

1840 年的鸦片战争,揭开了中国近代史的序幕。这期间,随着西方近代科学技术的传入、消化和会通,河北传统科学技术的主体融汇到世界科学技术发展的洪流中。辛亥革命尤其是五四运动以后,河北物理科技迎来了一个新的历史时期。

一、近代工业与物理科技

近代河北工业生产技术多由传统的手工业作坊及技艺演化而来,西方蒸汽、电力为动力的机器生产技术的引进和应用,标志着工业生产中动力转化方式的根本转变。在社会生产、生活各个方面的越来越广泛深入的应用,主要有以下几项成就:

1870 年(同治九年),洋务运动的代表人物李鸿章(1823—1901 年)继曾国藩出任直隶总督兼北洋通商大臣。在长达 20 多年的任期里,他在直隶开办了一批以军用工业为主的近代工业。1870 年,李鸿章到直隶后,随即接管了筹建于 1867 年的天津机械局。在他的主持下,该局经过五次扩建,逐渐成为中国近代一所庞大的军火工厂。它的建立对于培养中国一代技术工人,推动北方各省近代资本主义的发展,曾产生过一定的影响。

1879 年(光绪五年),李鸿章奏请在大沽至天津之间架设一条电话线。1880 年(光绪六年),奏设电报总局于天津,1882 年改为官督商办。1881 年开通津沪电线,这是继津沽线之后在中国正式开办的第一条跨省的陆路电线。同年在天津设电报总局。1883 年,津通电线投入使用,年底又把电线由通州架至京城,并安置双线。1884 年,从天津至旅顺的电线全部接通,并交付使用。1885 年由天津至保定架设官用电线。始建于 1890 年的一条长途电话线路,由保定经获鹿、太原、平遥、侯马、潼关至西安,全长 1 302 公里。至此,在直隶省,以天津为中心的电线网基本形成。

1901 年,袁世凯(1859—1916 年)继任直隶总督兼北洋大臣,举办新政。1902 年秋,袁世凯将轮船招商局和电报总局收归国有。此后,袁世凯又兼任督办商务大臣、电政大臣、铁路大臣。在此期间,他铸造银元、兴办新学、发展工商业。尤其在发展北洋工矿企业、修筑铁路及开办新式学堂等方面颇有成效。其中,通国陆军速成学堂(1906 年更名,原为 1903 年创办的北洋武备速成学堂,1909 年并入保定军官学堂)是当时全国规模最大的一所军事学堂。

二、应用物理学成就

蒸汽机、发电机、电报、电灯、电话、照相等近代西方科学技术的传入,促进了河北近代物理科技的发展。

(1)1934 年,北洋工学院研制成功了中国第一台飞机发动机。

(2)1940 年,晋察冀边区关于水利灌溉的小发明就有"水利自动机"、"洋式造井机"、"改良架"、"摇力吸水机"、"马力吸水机"、"风力吸水机"、"吸水水籖箕"及"改良水车"等。

（3）1948 年 1 月，新中国的第一个发电厂开始发电。中共中央驻地西柏坡期间，生活、经济条件仍然十分艰苦，晋察冀边区工程技术人员利用沕沕水的落差，在平山县沕沕水建造晋察冀边区自己的发电厂，水力发电供应边区军民用电[1]。

第三节　近代物理科技在铁路建设中的应用

詹天佑（1861—1919 年）被誉为"中国铁路之父"。他曾先后参加了天津至山海关、天津至北京、山海关至沈阳铁路的建设。设计建造了著名的京张铁路。

一、"压气沉箱法"修建滦河大桥

1888 年，詹天佑担任中国铁路公司工程师，设计建造天津到山海关的津榆铁路，路经滦河，要造一座横跨滦河的铁路桥。滦河河床泥沙很深，又遇到水涨急流。英、日、德三个外国工程师都相继失败了。

詹天佑分析总结了三个外国工程师失败的原因后，仔细研究滦河河床的地质构造，反复分析比较，大胆决定采用新方法——"压气沉箱法"来进行桥墩的施工。滦河大桥是在中国工程师主持下修建起来的中国第一座现代化大铁桥，1892 年建成通车。这件事震惊了世界：一个中国工程师居然解决了三个外国工程师无法完成的大难题。

二、"之（人）"字形铁路

1905 年，詹天佑受命担任京张铁路的总工程师，全权负责京张铁路的修筑。这是第一条完全由中国人自己筹资、自行勘测、设计和施工建造的铁路。从北京至怀来路段群山连绵，地势险峻。要在这个路段修建铁路，许多外国专家望而生畏，他们断言中国不靠西方援助是修不成的。

图 6 - 12 - 1　青龙桥之字形铁路

在设计最艰难的关沟路段时，他在青龙桥东沟大胆采纳并巧妙运用"之"字形爬坡路线，进而用两台大马力机车调头互相推挽的方法，解决了坡度大、机车牵引力不足的问题（图 6 - 12 - 1）。

火车不可能顺着陡峭的山坡直着"爬"上去，只能采用延长路程的方法以减缓线路的坡度，以"距离"换取"高度"。实际上铁路也可以"盘山"，那叫"螺旋环山法"。但是使用这种方法有一个前提：必须具备合适的地形。由于关沟路段的自然条件限制，不适合用"螺旋环山法"，只有采用"之"字形线路，这是不得已采用的办法，也是唯一能采用的办法。

在这里有两个问题需要特别说明。第一，选择关沟路段是在客观条件限制下所采取的无奈之举，而并非最佳方案。詹天佑曾说过："选定线路时，只要有办法，就不要采用关沟段那样的线路。"第二，"之"字形线路并非詹天佑的发明。这种筑路形式早就在美国的矿山铁路中使用过了。但是，许多年来，人们一直传说是詹天佑发明了"之"字形线路，实属误传。他的伟大，不在于是否发明了这种办法，而在于能够大胆采纳并巧妙运用这种办法。

把这种线路说成是"人"字形更准确一些。这是一个横放着的"人"字。列车为了达到上面那条腿的顶端，需要先顺着下面这条腿行进到"人"字的"头部"，然后再掉过头来继续上行。这样，利用斜面人为地使坡度变小，就把一段陡峭的坡道"爬"过去了。

但是,这么长的一列火车,在到达"人"字的"头部"以后,詹天佑决定采用"双机牵引",就是使用两台机车,以解决掉头问题,并加大牵引力。一台在前面拉,一台在后面推,到了"人"字的头部,火车无须掉头,原先在前面的机车变成了车尾、由拉变推;原先在后面的机车现在变成了车头、由推变拉。

在连绵不绝的军都山间,在预先设定的关沟路段,在自然天成的青龙桥,恰好修筑这样一个"人"字形供列车折返的场地。詹天佑通过反复勘察测量、不断修订设计方案。这一决策,使八达岭隧道的长度减少了一半,降低了坡度,保证火车安全爬上八达岭的高程,大大缩短了工期,节约了资金。此外,在隧道施工中,詹天佑采用各种土洋结合措施,解决了定向、出水、塌方、通风等一系列困难问题。

三、自动挂钩

在丰台车站铺轨的第一天,京张铁路工程队的工程列车中有一节车钩链子折断了,造成了车辆脱轨事故。

詹天佑决心对车钩改革创新。经过3年来的反复设计、修改,终于研制成功一种新式的自动挂钩,并在修筑八达岭"人"字形铁路时得到了采用,在行车安全上发挥了重要作用。这种挂钩装有弹簧,富有弹力,又不用人工联结,只要两节车厢轻轻一碰,两个钩舌就紧紧咬住,犹如一体。要分开又很方便,人站在线路外面,只要抬起提钩杆,两节车厢就分开了。

1909年9月,由詹天佑主持并设计施工的我国自建的第一条铁路——全长200多公里的京张铁路全线通车。京张铁路比预计工期提前两年,经费结余合白银28万两,全部费用仅有外国承包商索价的五分之一。

第四节　近代物理学的其他成就

一、天文技术应用

马仙峤[2]即马名海,直隶开州(今河南濮阳市)人,1910年从保定高等学堂赴美学习数学,曾发明图角三角器。1932年6月,广西大学理、工、农学院成立,9月,理学院分设数理、化学、生物三个系,马名海任理学院院长,中国科学社数学股社员。创设南宁气象台,1925年11月6日,马仙峤与马君武、马寅初等52位知识界名流共同发起成立"关税自主促进会"。1943年10月21日至26日,中国工程师学会第12届年会在桂林召开,马仙峤在会上作了《关于日食之研究》的学术演讲,产生了较大影响[3]。

二、放射技术应用[4]

何作霖(1900—1967年),著名地质学家和矿物岩石学家,河北蠡县人,曾先后任教于河北大学、北京大学、北京师范大学、山东大学,曾先后任职前中央研究院地质研究所研究员、中国科学院地质研究所特级研究员、中国科学院地学部委员等。何作霖最早将西方的光性矿物研究方法与技术介绍和应用到我国,最先应用X光进行岩组工作,在X射线结晶学、稀有元素矿物学、晶体光学和岩石学等各方面造诣极深。

三、物理技术的研究应用

1932年前后,商务印书馆出版了郑太仆翻译的牛顿名著《自然哲学的数学原理》,徐骥著的《应用力学》,陈志鸿著的《工程力学》等。与此同时,先后有一些学者留学归国,如北京大学的夏元瑮、清华大学的周培源、北洋大学的张国藩、唐山铁道学院的罗忠忱等,在国内开始系统地讲授相对论、理论力学、流体力学、工程力学等课程,并相应地开展了一些力学理论与应用研究。

1940 年,马振玉(河北医学院教授)将其论文《单晶铝线的制备及其热电效应》发表于《科学》杂志,获当时中国科学院所设何玉杰物理奖。同年 9 月,他又在《Phys·Rev》(美国物理评论)发表题为《单晶铝线中的 Magnus 定律》的论文。这是河北省物理学基础理论研究成果的最早记录[5]。

1947 年,河北省清苑县木匠出身的于振善在地亩丈量与计算中,巧妙地运用密度知识,借助"称地图"的方法,解决了全县土地面积的计算[6]。

注　释:

[1][4][5][6]　　张妥主编:《河北科学技术志》,中国科学技术出版社 1993 年版,第 30,1362,979,30 页。
[2]　　胡适著:《胡适全集》(第 32 卷),安徽教育出版社 2003 年版,第 337 页。
[3]　　桂林市文化研究中心、广西桂林图书馆编:《桂林文化大事记(1937—1949 年)》,漓江出版社 1987 年版,第 560 页。

第十三章　近代化工科技

近代,西方化学知识和化工生产工艺系统地传入河北,凸显出以天津为主,唐山、秦皇岛等地为辅,以及抗战时期延伸到冀中平原等地的近代化工科技布局;形成了以火药、制碱、制革、硅酸盐、染料、油漆等为主要产业的化学工业结构,初创了河北近代的化学工业教育和化学化工研究事业,涌现出了一批有贡献的著名化学实业家、工程师、学者,近代河北化学化工科技体系初露端倪。

第一节　近代化学工业

一、天津近代化学工业的出现

晚清时期清政府先后在各地创办了 30 多个兵工厂,在各兵工厂中硫酸、硝酸和各种弹药的生产是我国近代化学工业的肇始。

天津机器局是在东南地区新式军火工业兴起时,为加强清政府中央统治力量,1866 年由恭亲王奕訢和三口通商大臣崇厚分别向清政府建议在天津设机器局,从事军火制造,成为清政府四大军工企业之一。

1869 年夏,向国外订购的以制造火药、铜帽为主的各种设备和雇用的洋匠陆续到达天津,在天津城东 8 里贾家沽道设东局(即火药厂),1870 年开工,日碾洋火药三四百磅。

天津机器局在李鸿章的主持下,生产业绩好转,到 1876 年所生产的新式军火在产量上已较前两年增加了三四倍,火药、子弹等产品的产量也逐年增加。

中法战争结束后,清政府决定加快海军建设,不仅要为陆军部提供枪、炮、弹药,还要为海军制造铁舰、快船、鱼雷艇及水雷及各口炮台所需的军火弹药。天津制造局的主要产品是火药,从 1876 年

(光绪二年)正式生产以来,从每年产量60余万磅,到1881年栗色火药投产,产量提高到100多万磅。天津制造局的建设前后耗资达千余万两,成为清政府重要军工企业之一[1]。

二、永利化学工业公司

著名爱国化工实业家范旭东(1883—1945年),1908年考入日本京都帝国大学应用化学科,1912年日本留学归国后的第二年奉派赴欧洲考察盐政。1914年于天津塘沽集资创办久大精盐股份有限公司,生产简装精盐,以抵制洋货,改善食品卫生。

范旭东在创办久大精盐公司成功之后,于1918年在天津成立永利制碱公司,在塘沽设厂,采用索尔维法制碱。索尔维法制碱技术复杂,流程冗长,且制造技术为国际索尔维公司所垄断。因此,永利制碱公司在技术上几乎需要从头摸索起步,困难重重。

1919年永利制碱公司开始在美国设计,1920年破土动工建设厂房,1921年聘请留美博士侯德榜为技师,1922年试工。由于没有掌握索尔维技术的关键,又使用海盐为原料,用硫酸铵代替粗氨液,这些都是世界氨碱厂所少见的。当时国际上一般使用地下卤水为原料,氨则用炼焦副产的粗氨水。因此,开工不久便发现矛盾百出,蒸馏塔的管道堵塞,碳化塔的冷却水箱配置不合理,煅烧炉又被烧裂,红黑碱出现……因技术不过关,企业三次濒临倒闭。后来,在侯德榜的领导下用科学的方法,刻苦钻研技术,终于在1924年开始出碱。

国产纯碱开始应市时质次量少,在市场上并不受欢迎。1926年6月29日终于生产出合格的产品,颜色洁白,碳酸钠含量大于99%,范旭东为把中国生产的优质产品区别于"口碱"和"洋碱",取名"纯碱"。永利纯碱不仅畅销国内市场,而且出口到日本、朝鲜等国。1926年8月,在美国费城博览会上质地优良的永利红三角牌纯碱荣获金质奖章。永利纯碱的成功在世界上排第31位,在远东则排第一位,比技术先进的日本还早一年,这是我国近代化工史上一件振奋人心的大事。

通过10年奋斗,1928年永利不论从技术、市场、经济等方面都得到进展。这时,侯德榜静下心来对从事制碱工作以来的经验教训从技术层面进行系统总结,呕心沥血,用英文撰写了一本《Manufacture of Soda》(《纯碱制造》),1933年在纽约出版。这是一本绝无仅有的详细论述索尔维法制碱的专著,书中把封锁了七十多年的索尔维法制碱技术全面公开,当即引起国际学术界的极大反响,很快成为畅销书,从而确立了侯德榜成为世界制碱技术权威的地位,为中国的化工界争得了荣誉。

第二节 近代新式制革工业

制革本是中国自古流传下来的一种传统工艺,有悠久的历史。但从技术上考察,中国制革工艺的进步很缓慢,长期停留在以经验为基础的家庭手工作坊的生产形态。一直沿用油脂、烟熏、树皮、明矾、芒硝等制革方法。多少年来在制革工艺上由于墨守成规,并无多大变革进步。

清朝末年,欧洲近代制革方法传入我国,新式机器制革厂最早在天津出现。1898年,吴懋鼎创建天津北洋硝皮厂,这是我国及其制革工业的开端。后又在天津创建华北制革厂、鸿记制革厂。至1930年,除上述厂家外,在天津具有万元以上资金的制革厂还有恒力、美盛和、中西、祥茂、荣记等制革厂[2]。

一、天津的制革工业

到1931年统计,天津有新式制革厂11家,以裕津为最大,华北、鸿记次之[3]。位于天津市海河路的裕津是中日合资的制革厂,原名"韦良硝皮厂",由法国人创办,后出售给俄国人,因经营不善又卖给日本人大仓组,形成中日合资。每年出皮3 000余担,占天津皮产量半数以上,主要产品有花旗、法兰、箱皮、马具皮等。华北厂在天津是华商经营的最大皮革厂,厂址初在河北金家窑。创办初期制造各种皮张,以马皮为主,年产约2万张,后来将各种杂皮停止生产,专心研制花旗、法兰两种皮革,出品日精,声誉大著,销路渐广。

天津制皮作坊约有三四十家,主要集中在西南城角、太平庄、南开大街、南大道、华家场一带。作坊中,半数以上为鞣毛皮作坊,采用土法硝制皮毛,技术较落后。

天津为华北工商业重镇,又是北方皮革集散中心,生皮来源有二:一为口外及平津西北的产品;一为山东、河南、河北、东南一带产品。前者称"北皮",后者称"南皮"[4]。外商收购生皮,运至国外,用机器大规模加工,因其制法精良,成本低廉,再将制的熟皮和皮制品返销到中国,加强了对中国皮革工业的控制。

二、河北地域的制革工业

皮毛加工是张家口、辛集、邢台等地的传统手工业。张家口北倚广阔的天然牧场,当地永丰堡水母宫一带清泉的水质较硬,冬湿下寒,皮张经水浸浴,鞣革极佳。这些优越的自然条件,使张家口成为毛皮储存、运输、加工的贸易集散地,毛皮加工制造业随之应运而生。20世纪初,张家口的皮毛加工业工人以数万计[5]。

辛集位于河北的中南部,交通方便,清代中叶以后逐渐发展成为全国著名的皮毛生产贸易中心。光绪六年以后,皮革制造业如毡业、白皮业、鞋皮业、鞭子业、车马鞍具等发展迅速。逐渐形成了完整的皮毛生产体系,皮毛、皮革产品达两千多个品种。清末民初,仅皮店达70多家,从事皮毛贸易5000多人,周围几十个村庄的皮毛加工手工业工人达5万多人。

三、近代制革技术的研究

李仙舟(1902—1981年),男,河北高阳人,1925年毕业于天津直隶省立工业专门学校应用化学科。1925—1928年,在东京工业大学进修皮革化学及油脂化学。1929年归国后,任国立北平大学工学院制革教师兼北平市高级工业职业学校校长。1937年抗日战争爆发后,随校西迁入陕。历任西安临时大学、西北联合大学工学院化工系教授。以后,历任西北农学院教授、西北工学院教授及系主任、陕西省立师范专科学校教授、南充川北大学教授兼教务长等,撰有《最新实用制革学》等专著。

《最新实用制革学》,1935年由商务印书馆出版,共33章:第一章,制革发达史;第二章,皮之组织及其性质;第三章,发酵作用之研究;第四章,生皮(原料皮);第五章,水;第六章,浸水工程;第七章,脱毛工程;第八章,脱灰工程;第九章,浸酸工程;第十章,丹宁;第十一章,植物丹宁材料;第十二章,植物浸出法及植物单宁鞣皮之原理;第十三章,底革制作法;第十四章,带革马具革及鞋面革鞣制法;第十五章,铬盐鞣皮法;第十六章,铬盐鞣皮实用法;第十七章,明矾鞣革法;第十八章,油脂及醛质鞣皮法;第十九章,铁盐及其他鞣皮法;第二十章,干燥及湿匀工程;第二十一章,底革及带革整理法;第二十二章,饰革整理法;第二十三章,皮革染色法;第二十四章,加脂工程;第二十五章,揉软工程;第二十六章,各种皮革整理法;第二十七章,植物鞣轻革整理法;第二十八章,铬盐鞣轻革整理法;第二十九章,明矾鞣革整理法;第三十章,油脂鞣革整理法;第三十一章,漆皮革制造法;第三十二章,毛皮制法及染色;第三十三章,分析法。可见,该书是系统研究应用近代西方化学方法与改造中国传统制革工艺的专著,对中国近代制革工业的发展产生了深远影响。因此,该书不仅列入大学丛书,而且多次再版。

除了著书之外,李仙舟在毛皮染色、日用化工等方面均有应用研究成果。例如,1929年在国立北平大学工学院任教期间,对毛皮染色进行试制,终于使染制棕色与黑色获得成功。抗战时期,他一边在西北工学院任教,一边进行化工产品的研制与开发。为了解决陕南汉中地区的照明和肥皂问题,他利用桐籽灰提制烧碱,与当地产的乌柏油试制肥皂,并改良柏脂做蜡烛。利用此项成果,人们在陕南城固县建立了油脂化工厂。1943年至1945年,陇海铁路洛阳到天水段被敌人封锁,机车用的汽缸油无法进口。于是,李仙舟致力于研究汽缸油与刹车油,并在西安设立了化学工业社,专门制作汽缸油、刹车油以及各色颜料、油漆,供陇海铁路使用。

第三节 近代硅酸盐工业

一、水泥工业

自启新洋灰公司之创设到欧战结束(1918年)为我国水泥工业的首创时期。它启发了国人投资水泥工业的兴趣,也开启了发展我国近代工业的风气。

1889年,李鸿章因创建北洋海军,建筑码头、船坞、发展铁路交通皆需大量水泥。决心自办水泥厂,责任开平矿务局总办唐廷枢集资10万两,官商合办,名为唐山细绵土厂。该厂原料石灰石取自唐山,燃煤取自开平,坩子土取自广东,用旧法(直窑)烧制。

最初唐山细棉土厂仅有直窑1座,1906年,向丹麦史密斯公司订购旋窑1座,配有虎口碾石机、烤料罐、原料圆长磨、洋灰圆长磨。1906年还装置了德制1 000马力二级卧式蒸汽引擎,用绳带传动,带动总轴和各部机器。所用蒸汽由3台拨柏葛锅炉提供。1910年另建动力房,添置1260千瓦三相交流引擎发电机1座,供给本厂全部动力。生产能力为每日700桶(每桶170千克),这就是后来的甲厂。辛亥革命后,由于修筑铁路和工业建设需要大量水泥,启新厂"马牌"水泥畅销国内并出口日本等国,1919年销售量竟占全国水泥总销量的92.02%。

自1907年至1923年,启新水泥产量由25万桶发展到150万桶,在全国设立东、南、西、北四个总批发所。1923年前,我国水泥市场基本上可认为是启新独占时期,盈利丰厚。马牌水泥1904年、1905年、1911年、1915年分别在美国、意大利、巴拿马等国获优等奖、头等奖,声誉鹊起。1932年,启新日产水泥达5 000多桶,年产达180万桶,始终是国内最大的水泥生产厂[6]。1937年抗战爆发,因事起仓促,未及拆迁,全部资产陷入敌手。

二、玻璃工业

我国平板玻璃创制虽早,但都因生产工艺落后,产品抵不过舶来品优良,以及经营不善等原因先后停产倒闭。成功的生产始于1922年设在秦皇岛的耀华机器制造玻璃公司,为中比合资,总投资250万元,是国内最大的玻璃厂,购买比利时佛克专利,设备也全部仿制佛克式,规模为年生产平板玻璃15万箱(每箱150平方尺),熔炉容量为500吨。

1903年,由比利时人爱米尔·佛克(Emile Fourcault,1862—1919年)发明的"佛克法"(后称有槽垂直引上法)问世以来,使平板玻璃由手工生产跨入使用机器大批量生产的时代。1921年8月,周学熙与秦皇岛玻璃公司代表进行磋商洽谈,达成中比合资办厂协议,1921年12月签订《华洋合股合同》,成立公司并定名为"耀华机器制造玻璃股份有限公司"(Yao Hua Mechanical Glaas Co,Ltd)。

耀华公司于1922年3月17日动工兴建,1924年8月15日点火投产,年生产能力15万标箱,成为我国乃至亚洲第一家使用先进的"佛克法"制造玻璃的工厂。产品投入市场后结束了外国平板玻璃独占我国玻璃市场的局面。由于产品质地优良,远销东南亚各国和地区,并打入日本、美国市场。从此,我国玻璃工业步入使用机器生产的近代工业行列。

三、唐山近代化学瓷

1920年,唐山的陶成局改组为新明瓷厂。1928年,新明瓷厂研制成功五彩、七彩瓷器。1930年2月,新明瓷厂又建立了德盛窑业公司,资本1万元,两厂共有工人50余名。

唐山启新瓷厂是国内第一家生产卫生陶瓷的工厂,也是国内第一家使用电力、机器设备的陶瓷厂。1921 年启新洋灰公司新厂建成,老厂的窑炉和厂房及部分设备闲置起来,公司决定建立瓷厂。1925 年 7 月 1 日,启新洋灰公司总工程师德国人汉斯·昆德承包瓷厂[7]。昆德从德国进口成套机器设备,主要生产电磁、卫生器皿及普通瓷器,年产值约 40 万元,产品主要在华北销售,部分销往上海、广州、香港等地。1935 年,启新瓷厂和启新洋灰公司脱离关系后,大力改进生产工艺,更新设备,试制新产品,产品有卫生瓷、高低压电磁瓶、化学瓷、耐酸瓷、地砖等,是当时中国最大的陶瓷工厂之一。

第四节　近代染料与油漆工业

一、染料工业

二战期间,德国染料工业纷纷转向战时军需生产,后期又遭轰炸破坏,已无力向中国输出染料。英、美等国的染料工业也处于战时状态。这给我国染料工业造成一个发展的机会,各地都有一些染料厂因时而兴。

天津的染料工业是七七事变后才发展起来的。天津东升染料厂由华商丁旭斋集资兴办。于 1946 年先后制出直接元青、直接墨绿与直接朱红,又制出双倍的硫化黑,压倒了当时公裕染料厂的单倍硫化黑。在日本技师回国后,很快又制成了德孚洋行的名牌产品"黑淀粒"——双倍硫化黑。并在此基础上生产出直接煮红、直接亮绿。1950 年又制出直接枣红,1954 年制出直接冻黄,品质比当时西德的草黄还好。

二、油漆工业

甲午战争后,西方列强为了攫取更多的利润,由商品输出发展到资本输出,先后在天津等地开办油漆厂,利用我国的原料和廉价劳动力,生产油漆获取大量利润[8]。

第一次世界大战后,国内掀起提倡国货,抑制日货的运动,天津等地相继建立起一批油漆厂,开始同洋油漆开展激烈竞争,到 20 世纪 30 年代初,各厂逐渐注意新产品的开发和产品质量的提高以与洋货抗衡。

1929 年初,陈调甫在天津河北区小王庄创办了永明油漆厂。过了不久第一锅立干漆问世,随后陆续生产出鱼油(清油)、铅油(厚漆)及小罐磁漆等低档油漆应市。

永明油漆厂以技术取胜,发展高档产品。认真分析各国油漆产品的优缺点,发现美国酚醛清漆(凡立水)具有硬度大、光泽好等优点,但耐水、耐热性差,热水一烫即变白的缺点。永明对此进行改进,采用我国质优价廉的桐油为原料,调配成新的产品,既保留了"凡立水"的优点,又增强了耐水耐热性能,新产品在开水中煮 10 分钟也不变色,这种新漆被命名为"永明漆"。"永明漆"成为我国涂料行业中第一个超过英、美技术标准的名牌产品。1933 年,"永明漆"以优异质量荣获国民政府颁发的奖状,"永明漆"的入市,使天津地区洋漆进口骤然下降,永明漆厂因此声名大振,走上迅速发展的道路。

随后,永明漆厂又将研制方向转向有广阔前景的喷漆上,在天津首先研制出国产喷漆(硝酸纤维漆),并于 1936 年 7 月在天津国民饭店举办喷漆展览会,受到各界好评。此后,开始批量生产汽车喷漆和飞机蒙布漆。由于"永明"执行以技术创新为先导的方针,经过几年努力,形成以"永明漆"、喷漆等涂料为主导产品,从而使永明在新产品开发和产品质量方面,在我国油漆行业中处于领先地位。

陈调甫是国内培养的第一个化学硕士,是国内第一个在实验室用索尔维法获得纯碱的学者,和范旭东、侯德榜一起为创办我国第一个纯碱厂艰苦奋斗,历经磨难,终于在 1926 年获得成功。他曾广泛搜集特产大漆、桐油加工的资料,著有《国宝大漆》一书,志于开发我国的油漆事业。1929 年在征得范旭东的同意后,在天津创办永明油漆厂。

抗日战争期间,他坚持爱国立场,在家中办了一个实验室,还办了一个万化制药厂,潜心研究油漆的主要原料醇酸树脂、丙酮、丁醇、硝酸纤维和西药,为战后的复兴作技术准备。1946 年,他瞄准当时国际市场走俏的醇酸树脂及其产品,投入力量开发研究,首先成功研制出酚醛脂胶磁漆(万能漆),从而开始生产较调和漆档次高、性能好、盈利大的色漆。醇酸树脂及其辅料的制备及应用成功是我国涂料工业发展史上自力更生的一个里程碑。

新中国成立,他把私蓄数万美元全部用来购买机器、原料,以推进永明漆厂生产发展。1952 年完善醇酸树脂制造工艺,"三宝漆"投入大批量生产,质量达到国际先进水平。此外,萘酸金属干燥剂的研制与应用,取代了进口,使我国涂料干燥剂从松香酸基上升到萘酸基的国际先进水平。到 1952 年他领导下的永明漆厂的不少指标已居全国同行的首位。他历任第三届全国政协委员,全国工商联执行委员,中国化工学会理事及天津分会理事长,化工部华北研究院副院长,天津化工学院副院长。1955 年参加全国工商联执委会期间,受到毛泽东等中央领导的接见。

第五节　近代化工科技与教育

一、化学工业教育的初创

鸦片战争之后,曾国藩与李鸿章认为欲御侮必须图强,欲图强必须兴军备与讲求国防制造。为培训各种制造所需人才,于开办之初,即附设机器学堂,教授有关制造方面的知识,化学、化学工艺为弹药制造的必修科目,故江南制造局创立之年即可认为是我国化学工业教育的肇始。

当时清政府在天津等地设立水师、陆师学堂,其中亦有授传化学、化工课程。从格致书院的设施和活动内容可以看出,它兼有学校、学会、图书馆、博物馆多种机构的性质,是我国近代科学、教育史上的一个创举,也堪称我国近代化学化工教育的先驱。

光绪十五年(1889 年),盛宣怀在天津创办中西学堂。光绪二十一年(1895 年),北洋大臣王文韶在天津创设北洋大学,头等学堂设律学、电学、工程学、矿务学、机器学五门,其中矿务学涉及化学工艺的内容很多。注重知识培养与技能培养相结合,一年级开设物理和化学实验及平面测量等实习课程。

到中华人民共和国成立前夕,全国已有 30 个左右的大学有化学工程系,重要的有北京大学、清华大学、河北工学院等等,使化工教育具有一定基础。但独立的化工学院则始终没有建立起来。

二、化学化工科研机构与研究

私立南开大学应用化学研究所是我国高等院校第一个建立的应用化学研究机构,创办于 1932 年,"目标有二:一为发展化学工业,二为训练化工人才"。首任所长是张克忠,该所提倡学用结合,为我国培养了大批化工科技人才,并为化工企业解决了大量的技术问题。

研究所设有化验部、制造部和咨询部,有偿为社会服务,先后建立了专题实验室、分析实验室、化工实验室、普通实验室、酵母培养室、天平室和图书资料室。

该所的主要研究工作有:①分析化验样品,仿制轻工产品。1932—1936 年,接受委托,分析化验了 323 种样品;成功仿制油墨、复写纸、浆纱粉、金属磨光皂、绝缘瓷料、群青等轻工产品,为减少当时对洋货的依赖,发展国货制品,作出了积极贡献。②解决工业生产中的问题,研究农副产品的综合利用。根据生产需要,曾为桅灯厂研制了手电灯反光镜;曾为达仁堂药店解决了蜂蜜脱臭问题;曾为制蛋厂改进蛋品质量;曾为《大公报》研制了合金铅字等。在农副产品和食品工业方面,曾进行对饴糖制造、黑豆油脱色、棉子综合利用、以农作物秆加工为造纸原料、改进固体发酵制酒的传统工艺等的研究工作,取得过良好成果。

抗日战争爆发后,南开大学研究所职工奋力将所内资产内迁重庆。抗战胜利后,1947 年重新组建了该所。1952 年南开大学化工系在全国大专院校调整时并入天津大学化工系,南开大学应用化学研究所宣告结束。

三、化学化工科苑与教育楷模

1. 张克忠的"张氏扩散原理"与教育实践

张克忠(1903—1954 年),字子丹,1903 年 1 月 16 日生于天津,祖籍河北静海。1923 年,张克忠考取麻省理工学院,就读化学工程专业。以五年时间学完一般需八九年才能完成的从大学本科到博士生的全部课程和实验,写出高水平的博士论文。当时路易斯教授正在建立用于化工过程的基本扩散方程式,张克忠在研究精馏过程机理的博士论文中,把该方程积分并根据所得结果和实验数据,对影响塔板效率的因素进行了定量的分析和讨论。这一扩散原理对化工生产有指导意义,论文发表后得到化工界高度评价,被称为"张氏扩散原理",至今仍被沿用。1928 年,他成为以优异成绩在该院获化学工程科学博士的第一个中国人。

张克忠冲破一般办学模式,早在 1932 年就因陋就简地创建应用化学研究所,研究所的研究成果以能直接为社会服务,为生产服务为目的。该所成立后着力于服务社会,进行过多达几百种样品的分析,为众多中小企业解决生产中的疑难问题,促进了生产,对缓解市场需要,抵制洋货起到积极作用。1933 年 6 月,应用化学研究所接受天津利中硫酸厂的设计、建设和投产任务。至 1934 年 5 月这个年产 3 万吨,总耗资 13 万元的硫酸厂试车成功,运转良好。此前厂方曾想委托外商承包,要价 25 万元,还需另付外籍工程师和焊工的生活费。两者相差近一倍。硫酸厂的建成,既显示了中国化工科技人员的水平,又创造了巨大的经济效益和社会效益。

抗战期间,张克忠曾应范旭东、李烛尘等人邀请参与筹建永利川厂。该厂先是恢复吕布兰法纯碱生产。继而又筹建硫酸厂(铅室法),不到一年硫酸厂就建成投产。不久又生产磷肥、办起了酒精厂,利用发酵所得二氧化碳制造小苏打及其他产品。昆明化工厂很快成为闻名西南的化工企业。

培养化工人才,发展化学工业是张克忠毕生为之奋斗的宏愿。将南开大学办成麻省理工学院的模式也是他不断追求的目标,1947 年张克忠重返南开,首先加强工学院三个系的教师阵容。他对青年教师要求很高,督促他们既要完成教学任务,又要独立进行科学研究。与此同时,努力恢复应用化学研究所,聘请优铁携全面负责,仍以教学、科研、生产三结合为办所宗旨,以解决工厂、企业的实际问题为主要任务。

张克忠是中国化学工程学会的创始人之一,为活跃学术交流,参与创办《化学工程》杂志,1934 年在天津出版,由他担任经理、编辑,这是我国第一本向国内外公开发行的化工类高水平学术刊物,颇受化工界同行重视。

中华人民共和国成立后,为帮助天津的中小企业发展生产,许多科技工作者积极建议成立天津市工业试验所,这一倡议很快被天津市政府采纳。于 1951 年 9 月正式成立"天津市工业试验所",张克忠出任所长。试验所在他领导下,很快就能承担分析化验各种产品的原料和成品,还开展对质量事故进行鉴定、仲裁和指导工厂改进生产工艺、提高质量、开发新产品,受到社会各界的重视和好评。

2. 王晨的化学教育实践

王晨(1898—1948 年),字侈仁,北京通州人,早年毕业于北京第四中学,1919 年考入北京大学化学系。1920 年 10 月赴德国,就读于基尔大学化学系,1927 年获博士学位,1927 年经苏联归国。1937 年前后在北平大学医学院、北平大学农学院、北平女子文理学院、北京大学地质系、北京师范大学化学系、保定师专讲授化学,教德文。1939 年受聘为辅仁大学化学系教授,讲授有机化学。1941 年辅大创办研究生院,他指导硕士研究生直到1948年。1946年后又兼任中国大学化学系主任。1948年12月病逝。

3. 清华大学首任化学系主任——杨光弼

杨光弼(1892—1949年),字梦赍,直隶天津人,1911年赴美国威斯康辛大学学习化学,1914年他作出《新发明之重量的分析铝与锌锰铁钴镍等新法》,在美国化学界产生轰动[9]。1915年被聘请来清华任教。1916年清华大学成立了"清华科学社"(The Tsinghua Science Club),他任名誉社长。有读书团和演讲会,读书团分成数学、物理、化学等若干小组,每星期举行常会一次,凡社员都需认定一个题目,开展一项研究,轮流在常会的小组会上报告。他率领化学组的成员,积极进行课外化学实验。他曾作"食物之化学成分"及关于"二氧化碳"等演讲。杨光弼与雷孝勤共同完成了《铝测定法之研究》论文,首次对中国铝土矿进行了系统研究。1926年,出任北京清华学校化学系主任。1929年国民政府设立国立北平研究院,11月成立化学研究所,他聘为专任研究员。其后曾发表《Action of Ferric Chloride on Bamboo》、《Study on the Determination of Aluminum》等论文。1949年1月31日,因忧劳成疾而去世。

四、河北近代化学化工事业发展的特点

纵观河北近代化学化工事业的发展,主要呈现出以下几方面的特点:

一是化学化工成就主要来自三个组成部分:直接"舶来"的西方近代化工技术、本民族固有的传统化工手工艺技术、民族精英们自主创新的化学化工成果。大规模的国家火药工业、大型制碱企业、主要的制革产业、硅酸盐工业中的水泥和玻璃制造、染料行业等是以直接引进当时资本主义国家的生产技术为主;河北中北部的皮毛加工业、硅酸盐工业中的陶瓷业等保留了民族原传统化工业手工技术的内容;制碱业、制革业、油漆制造、抗战时期根据地的弹药工业则更体现出民族精英们为服务于河北的化学工业,在学习吸收国外科技的基础上,自主开发、创新改造的新的化工成果。

二是化学工业的发展明显受到社会政治因素的制约和影响。"借法自强"的"洋务运动"导致了像火药工业、纯碱制造、水泥和玻璃制造这些军事工业、基础化工和建材化工的发展;抗战的需求导致了像根据地弹药制造和军服染料等生产的发展;救国图强的理想导致了像制碱业、制革业、油漆业这些具有民族自主创新成果的出现;半封建、半殖民地的特点和从手工作坊向工厂机器化生产过渡的必然趋势,又使像毛皮加工业和陶瓷业这样的传统民族手工业只能在插漏补缺中苟延残喘。

三是"西学东渐"之风导致了与化学化工产业相适应的科技文化模式在河北初见端倪。近代化工科技已逐步摆脱经验技术的特征,为使化学化工产业人员具有理论指导下的实践能力,为使化学化工产业在继承基础上向更高、更广阔领域的发展,为实现化学化工事业的可持续发展,河北也开始创办近代化学化工教育事业和科研机构,如中西学堂开设化学课、南开大学创办应用化学研究所等,出现了这个领域的一代教育和研究大师。

第六节　晋察冀边区的化工科技

一、弹药工业

抗日战争爆发后,1941年4月23日中央军委"关于兵工建设的指示"中指出:兵工建设应以弹药为主,枪械为副。根据这个方针,各根据地建立的兵工厂,大部分都是弹药厂。

晋察冀根据地,1940年上半年研制成功用"罐塔法"生产的浓硫酸,1940年7月在唐县大安沟村

建立化学厂生产浓硫酸、硝酸、酒精、乙醚等火药原料,到1941年已能制造脱脂棉、硝化棉和单基无烟火药。1943年开始生产硝化甘油和双基无烟火药,周迪生炸药及硝铵混合炸药[10]。这时晋察冀军区已有3个化学厂,一厂生产硫酸、硝酸、脱脂棉、硝化棉、硝化甘油、雷汞、银雷及炸药;二厂在唐县蟒蓝村生产酒精、乙醚,并把硝化棉制成发射药;三厂在阜平县井儿沟村生产甘油和钙皂等产品。1944年,抗日战争进入战略反攻阶段。此时,晋察冀根据地的火药生产不论是技术还是数量都已达到相当程度,生产的火药,不仅满足自己的需要,还支援了兄弟军区,在战略反攻中发挥了重要作用。

二、染料工业

在解放战争时期,解放区为了满足军服染色和民用的需要,1946年就开始创办染料工业。1946年12月,在晋察冀边区工业局的领导下,阜平县井儿沟建立一所化工研究所,有染料、军工、有机和分析四个室,约三十来人。军工与有机室主要配合战争中的后勤需要,研究硝化炸药、防潮剂以及急用化学品的制备工作。分析室负责各室的应用测试数据。染料室研究植物性的硫化染料,用植物中易得的花、茎、叶、壳为原料,用萃取的方法提出色素,再经硫化来取制硫化染料。进行这项工作的有王林、安久岭、傅希利等人。他们曾进行过黑豆皮、高粱壳的萃取、硫化试验,也进行过大黄萃取、硝化以及槐花染色方面的研究。还曾利用石家庄焦化厂焦油副产粗蒽提取蒽菲咔唑,并用来试制士林蓝、海昌蓝。

1948年,在河北曲阳县灵山镇办起了解放区唯一的染料厂,该厂共有人员70~80人,原料和设备都就地解决。解放区自制黑色火药已有多年历史,硫黄不难得到,土硝来自冀中;用废汽油桶做烟筒,自砌土反射炉,自制硫化钠和多硫化钠。用大锅熬煮高粱壳(加火碱,用量是高粱壳的5%),在105℃~250℃间将浓缩的萃取物和硫化物硫化4~5天即可。这种方法生产的染料量很少,质量也不佳,但这些染料对支援解放战争和解决解放区的军需民用还是起了很大作用[11]。

三、晋察冀边区工业局化工研究所

1945年抗日战争胜利后,晋察冀边区在原军区工业部的基础上,在张家口成立了晋察冀边区兴华实业公司,其下设有橡胶加工厂、火柴厂、纸烟厂、酒精厂、造纸厂、电石厂等,在公司内设立工业试验所。1946年,工业试验所从张家口迁到阜平,与从宣化迁来的部分延安自然科学院的学生合并,开设训练班,主要讲授基础化学和化学分析。经过几个月的学习和培训,成立边区工业局化工研究所。研究所在阜平马驹石村建立了试验研究站,后又迁至井陉煤矿。从1946年到1949年10月,边区工业局化工研究所在十分简陋的条件下,科研人员克服了试验仪器短缺和经费不足的困难,取得了一系列科研成果,为中国人民的解放事业作出了突出贡献。

1. 与军工相关的主要研究成果

木柴干馏的研究,是利用废木材经干馏制造醋酸、丙酮,用以解决溶剂与基本军工原料;中定剂的研制,是为解决无烟发射药的稳定剂而开设的研究课题,其研制出的中定剂为苯胺和尿素的衍生体,系最佳的稳定剂之一;氯代丙三醇试制,是为解决硝化甘油防冻剂而设立的课题,本法是用甘油、氯化硫或盐酸作为原料制取;不用发烟硫酸,而用硝化甲苯路线试制TNT;三硝基苯的研制,是为克服甲苯与发烟酸的来源困难,而试用苯直接以一般浓酸分段硝化,制成三硝基苯为炸药,用以取代TNT之需;金属钠的试制,试图以金属钠制成胺基钠,进而做成氮化钠,再以铅盐置换为氮化铅,用于扩炸剂;氨的氧化试验,其技术路线是:以氨在一定条件下,用三氧化二铁与二氧化铋作催化剂,使之氧化成二氧化氮,用来制备硝酸;光卤石电解制镁,是为解决在解放战争中夜间攻坚战所需照明弹问题,同时也为边区制镁工业提供参考,用此法所制金属镁的纯度可达94%;食盐电解制氯,该试验采用比利特-西门子隔膜法,结果得到的流出浓度为5N,电流效率为87%;从苯与甲醇制取甲苯,该试验以边区当时现有的木精及氯化氢生成氯甲烷,然后与苯反应制备甲苯;镀镍,是为解决防腐蚀问题而对铁器进行镀镍试验,它以粗镍为阳极,镀体为阴极,在硫酸 10 份,硼酸 3 份,蒸馏水 175 份的配比下,给定化学条件进行电镀;氯化钡的制造,是利用当地所产良质重晶石矿制造氯化钡,用来解决当时的钡盐缺乏及军事上的绿色信号弹问题[12]。

2. 与民用有关的主要研究成果

由黑豆皮、高粱皮试制硫化染料及其制品的染色,其方法是把农产废物黑豆或高粱的外皮经过加水并与烧碱加热进行浸煮,使之成膏状或粉末状浸出物,然后用硫化钠和硫磺调制多硫化钠,可供染料合成之用;用柏树皮试制硫化染料及其制品的染色,由于柏树皮和柏木中含有大量的有色物质及其他植物性有机物,经过抽提并引进硫磺原子而生成硫化染料;大黄色素的提取、硝化与硝化大黄染色的试验,由于边区大黄资源较丰富,经过对其硝基化,就能得到稳定的染料;从乌拉叶中提取单宁并由此分解为没食子酸和焦性没食子酸的试验,结果证明:乌拉叶所含单宁为没食子酸,可进一步分解为没食子酸,用作基本有机原料;二苯胺试验,是为染料的合成以及炸药的稳定剂而进行实验,其方法是用苯胺与苯胺的盐酸盐在铸铁制密封管内进行;蓖麻油、菜籽油和大豆油吹入空气的试验,是往植物油中适量吹入空气氧化,以之来增加油得粘度,三种植物油吹入空气后,以蓖麻油的稳定性最好,可增加其实用价值,菜籽油吹入空气后稳定性较差,大豆油在高温加热后其酸价变化较大,粘度变化则缓;硫酸钾的苛化试验,是利用生产上的副产硫酸钾,仿照芒硝用石灰苛化的方法,进行苛化,用来制备苛性钾,结果证明:硫酸钾的苛化与硫酸钠相近,溶液越稀,温度越低,苛化时间就越长,转化率则随之增加;槐花染色试验,主要为解决野战军服装的染色问题。在染料来源断绝的条件下,以北方普遍生长的槐花为原料,通过试验解决了直接应用与色素提取方法和染色方法,其效果不亚于合成染料。这项科研课题的试验成功,是用土法上马改变军容的一个重大成就,不但解决了晋察冀边区野战军的需要,还为友邻军区提供了经验[13]。

注　释:

[1]　陈歆文编著:《中国近代化学工业史》,化学工业出版社 2006 年版,第 17 页。
[2]　张士培:《中国皮革工业状况》,《国民政府经济部档案》1936 年 9 月 19 日。
[3][4]　河北省立工业学院工业经济学会编:《天津制革工业概况》,《大公报》1931 年 4 月 11—13 日。
[5]　严兰绅主编:《河北通史·清朝下卷》,河北人民出版社 2002 年版,第 108 页。
[6]　严兰绅主编:《河北通史·民国上卷》,河北人民出版社 2002 年版,第 263 页。
[7]　《唐山工业调查录》,《河北实业公报·第 15 期》,第 1932 页。
[8]　杨光启主编:《当代中国化学工业》,中国社会科学出版社 1986 年版,第 278 页。
[9]　谢长法著:《借鉴与融合——留美学生抗战前教育活动研究》,河北教育出版社 2001 年版,第 57 页。
[10]　丁一、石祝山:《山沟里的化学工业》,《中国化工报》1987 年 3 月 3 日。
[11]　陈歆文编著:《中国近代化学工业史》,化学工业出版社 2006 年版,第 198 页。
[12][13]　王林:《晋察冀边区在解放战争年代的科学研究工作》,载《北京市文史资料选编·第 11 辑》,北京出版社 1981 年版,第 144—147,148—152 页。

第十四章　近代地理学

　　鸦片战争以后,清朝政府内外交困,面临外国侵略的不断升级,要求学习西方先进科学技术、富国强兵、抵御外敌的呼声日益高涨,清政府在经济上开始兴办洋务,在文化教育上开始兴办学堂,使人们在自然资源调查、勘探以及基本气候、山水源流、走向、生存环境变迁等地理学诸方面进行了新的综合研究和更加客观、全面的认识。民国建立后,1928 年直隶改为河北省,第一次以"省"级行政区域正式建制。此时,河北地理学出现了一种新的发展趋势,即历史学与地理学开始交叉与结合,且逐渐从传统的沿革地理向历史地理转进,一方面,沿革地理著述不断,另一方面,历史地理著述也开始出现。河北各种测绘地图应运而生,出现了一大批省、府、县地图。河北传统地理学开始不断引入西方地理学的概念和方法,汇通中西,面向世界,孕育和产生了河北近代地理学。

第一节　近代地图学在河北的发展

一、舆图绘印数量空前

　　道光二十六年(1846 年),官方刻印了《津门保甲图说》,2 函 12 册,里面有总图及分图共计 181 幅。同治十年(1871 年),直隶总督李鸿章在保定莲池书院设立畿辅通志局,专门编撰地方志和舆图。光绪年间刻印了《畿辅六排地图》48 张、《畿辅舆地全图》6 册、《俄刻舆地全图》3 张、《中俄交界图》1 张、《海防图》1 张及《俄国全图》1 册。其中既有中国地图和河北省地图,又有世界地图(主要是俄国地图),与洋务运动"中体西用"的指导思想相符合。

　　光绪二十八年(1902 年)前后,保定陆军军官学校下属的北洋陆军编译局从西方引进印刷设备,从光绪三十二年(1906 年)到宣统二年(1910 年),该局编译印刷了 50 种日、德军事教科书,如《防守学》、《地势学》、《筑垒学》、《混成诸队战斗指挥法》、《桥梁教范》等,其中的《地势学》是一本专业地理书。实际上,当时的教会学校早把《地势学》列为"格致学"的主修课程之一。光绪三十三年(1907 年)11 月,上海海关造册处印制《直隶省交通地图》1 幅。光绪三十四年(1908 年),直隶警务处绘图局绘印了《直隶省各府地图》(1907 年测图)和《直隶各县地图》(196 幅)。此间,赵希德还编印了《完县小舆图》,陆保善编印了《望都县图说》(1905 年)等。

　　民国成立后,河北地图绘印数量较清朝又增加了不少,特别是各种专业地图的大量出现及天津市区地图绘制的多元化,成为此期河北地图绘制发展史的一个突出特点。如 1913 年,《直隶全属地图》印就;上海商务印书馆在 1914 年出版了《直隶省明细全图》1 幅;1915 年,黄国俊编绘了《直隶五河图说》;同年,还有人绘制了《直隶五大干河剖面图》;1917 年,督办京畿一带水灾河工善后事宜办公处河工组编绘了《京畿被水区域图》;1926—1927 年,参谋部制图局绘制了《直隶省二十万分之一民国图》;1927 年,有于忠朝等观测的《二万五千分之一灰堆近傍地形图根测量手簿》1 册;同年,湖北陆军测绘局绘制了《直隶省十万分之一图》;1928 年,顺直水利委员会绘制了《直隶省地形图》15 张与《顺直地形图及直隶省地形图》51 张;1933 年,有陈铁卿著《河北省沿革图稿》1 册,石印套色;1936 年,有《冀东分县图》22 册;同年,冀察绥靖主任公署参谋处绘制了《平津保二万五千分之一地形图》;1943 年,有

《最新天津明细图》1 幅;1947 年,有天津市政府地政局绘制《天津地形全图》1 幅;1947 年,有天津市政府工务局绘制的《天津市地图》1 幅;同年,天津县政府测绘股绘制了《天津县全图索引》1 册;1949 年,有仇天役绘制的《天津市全图》。此外,还有不明具体年月的《天津市沿革图》1 册、《天津市第十区街道图》1 幅、《天津特别市第一区区域图》1 幅、《津郊地形图》4 幅、《河北分县详图》1 册、《直隶通省要紧各河发源图》彩绘 1 幅等。由于各地还有不少民营铅印所,它们在光绪末年即已印制各地的县级区域图,如易州、固安、献县、霸县、平山、南宫、乐亭、三河、晋宁、馆陶等县都有这一类民间石印地图,如果加上这些地图,此期所印制的地图数量就更多了。

二、河北近代地图学的发展

由于直隶省环绕京城的特殊地理位置,随着中国近代地图学的兴起,这里就变成了众多地理学家高度关注的对象,也成为了启动中国地图学走向近代化的重要触点之一,如戴震曾试用裴秀法绘制《直隶地图》[1]。同治七年(1868 年)十二月初九日,曾国藩在固城仔细查阅《直隶地图》,略考水道[2]。光绪二十二年(1896 年),邹代钧在《译印西文地图公会章程》计划绘制《直隶地图》17 幅。中国近代地图是以地圆说和经纬网坐标为基础的,康熙年间所绘《皇御全图》已使用了先进的经纬图法、三角测量法和梯形投影法,然而邹氏与之不同,他在绘制"直隶地图"的过程中,除了应用上述绘图方法外,还应用等高线法于中国地图的绘制之中,为后来中国地图的绘制提供了范本。

1918 年 3 月 20 日,顺直水利委员会成立,熊希龄为会长。该会的主要任务就是整治直隶省河道,而绘制河道图则是其基础性的工作。故熊希龄在解释"绘制地图"一项任务时说:"本会地形测量每处工竣,即从事于绘制地图,其比例为五万分之一。后又加为一万分一之总图。益以本会所制之各河纵剖面及横剖面图,则直隶各河之流行于平原中者,始得正确明悉。并可推算各河于大汛期内流量大小如何,河决何处,何处应遭淹没,不难一览而了然也。从前直隶地图仅有外人所制百分之一之图一种,又有参谋部所制二十万分之一之军事一种,是否适应,未敢决定。但亦年代过久矣。本会图成,实为全国所最详之校准。在过去三年中,本会用最小二乘法校准测量导线之法,现已证明其非常有用。"[3]

除了水利方面之外,因东西陵建在河北地域内,为了晚清皇帝行程的方便,各种交通图迅速崛起。如清末所绘《北京至大沽河道陆路图》、《京师内外马路全图》等。民国之后,为了适应京津及京津冀之间陆路交通事业的发展需要,绘制交通工程地图就成了一件很重要的事情,先后有 1919 年绘制的《京津马路预测线平面图天津至通州幅》、《京张铁路图》及 1935 年绘制的《北方大港至唐山铁路规划》等。其中尤以修建京张铁路的工程地图成就最为突出,1913 年,中华工程师会编制了《京张铁路标准图》,书中收录桥梁、涵洞、站房及车辆等标准图样 102 幅;另京张铁路局编绘的《京张铁路图》是该工程设计图,分路线、轨道、桥工、涵沟、山洞等。

第二节　近代经济地理学在河北的发展

我国具有研究经济地理的传统,《史记·货殖列传》是中国古代具有开创意义的经济地理著作。1760 年,俄国科学家罗蒙诺索夫首先提出了"经济地理学"这个概念,他认为研究国家经济必须结合地理条件来进行。20 世纪二三十年代,西方经济地理学的方法逐渐传入中国。于是,河北一些学者开始从事经济地理的研究,并且取得了一定成绩。

一、经济调查与成就

为了认清河北各地的经济发展状况,以之为政府制定具体的经济发展规划提供理论依据,从民国初期至抗日战争爆发前,河北省刊印了不少有关经济调查方面的书籍,如查美威等编的《河北数县调查日记》(1915年)、《河北省政府建设厅调查报告》(1928年)、《察哈尔经济调查录》(1933年)、《河北棉产调查报告》(1934年)、《河北省实业统计》(1934年)、王绍年编的《各县调查》(1933年)、《平绥铁路沿线特产调查》(1934年)等,从而奠定了河北经济地理发展的基础。其要者有:

1.《河北棉产调查报告》

1934年6月,河北棉产改进会在北平成立,周作民为会长。为了推进河北省棉花的种植与改良事业,该会在1936年10月18日至1935年1月23日分20区,组织专家对省内130个县的棉产地进行实地调查。具体情况是:北平区5个县;天津区5个县;宝坻区9个县;丰润区4个县;卢龙区6个县;霸县区8个县;易县区5个县;保定区8个县;定县区7个县;唐县区5个县;正定区5个县;晋县区5个县;饶阳区8个县;沧县区4个县;吴桥区8个县;南宫区7个县;高邑区8个县;顺德区9个县;邯郸区8个县;大名区6个县。

把区域环境与棉花种植结合起来,综合考察每个区域的经济发展特点,是《河北棉产调查报告》的重要特征。例如,对于唐县区的调查,结论是:"本区五县之天然环境,就涞源,阜平两县言:全境几悉为山地,其所处位置,与山西东部毗连,山峦绵延,支蔓全境,其间虽有沙河、胭脂河等,贯流各处,然或以水量太微,乏灌溉之利,或以挟沙过多,有淤淹之害,且两县土地硗瘠,不宜棉作。至于唐县、曲阳、行唐等三县,大都县境西北,概为山地,平原地之可耕种者,多在东南。行唐全境各处,虽有小河流注,然均无水利;唐县中西两部有唐河经流,可资灌溉,唯多数农民以之栽稻,而不愿植棉,盖栽稻之利,厚于植棉,且较有把握也。至于曲阳之西南部分,虽亦有沙河经流其间,但亦以挟沙太多之故,沿河田地,悉蒙其害。由上以观,本区各县,除唐县微有水利外,其余植棉之区,咸宜凿井,以利推广,否则一遇春旱,棉产前途,不堪设想矣。"[4]

2.《定县农村工业调查》

本调查为中华平民教育促进会为推行生计教育所做的一部分工作,由张世文主持,它始于1936年,至1936年2月完成。最后写成的《定县农村工业调查》一书,内容包括纺织、编制、木工、铁工、化学、食品等150种不同的农村工业,注重其技术方面的探究,有100多张照片,是我国第一本以县为单位农村工业系统调查,既是一部著名的农村社会学文献,又是一部以县为考察区域的经济地理专著。

二、从矿产资源分布看河北省的区域经济地理发展状况

为了寻找河北经济地理的区域优势,发展具有本省特色的产业体系,燕京大学经济系在1931年编写了《河北省之陶业》,1934年朱行中编写了《河北各矿概要》一书,1948年霍世奋撰写了《河北省的煤矿》(上中下)以及詹汝珊在1948年编撰了《河北省的渔业》等书,这些著述从矿产资源的分布情况,探讨了河北省发展工业经济的物质基础,为河北工业生产的合理布局提供了理论依据。此外,1932年《矿业周报》发表的《河北省沙石产地品质调查》、河北省工程师协会月刊1935年第7期发表的《河北省矿业概要》等成果,也是此期研究河北省工业经济地理历史发展的重要资料。

1.《河北各矿概要》

该书由6篇发表于1932年2月至1934年6月《矿冶》杂志的论文组成,共分三编:第一编概述河北全省地质概要、各矿之间的关系;第二、第三编概述各金属矿及非金属矿概况、位置、交通、产地、储量、运销及价格等。末附各矿统计及矿区一览表,其中河北境内的重要煤矿有开滦煤矿、临城煤矿、峰峰煤矿、井陉煤矿等。书中载有当时河北各地煤矿所采用的先进技术,如1925年井陉煤矿已开始使用的风钻打眼;唐山开滦煤矿的井口设备有分煤筛,其采煤方法使用的崩落法等。

2.《河北省之陶业》

该书由燕京大学经济系编写,1931年刊印,主要内容是介绍彭城旧式陶业情况及唐山陶业近代化趋势。磁县彭城镇是传统磁窑之所在,属于冀南区,民国时期陶瓷产量一直稳据北方之首,当时有"千里彭城,日进斗金,夜进斗银"的说法,然磁州窑是民窑,生产的器皿以老百姓日常用的粗瓷为主。而唐山陶瓷则属于新式卫生瓷的生产基地,属于冀东区。与磁窑烧制的产品不同,20世纪20年代之后,唐山陶瓷开始从以生产粗瓷缸碗为主转向以生产卫生瓷为主,它是与城市的发展需要相适应的。

这两种类型的陶瓷发展模式,既是河北区域经济地理发展的一种物质效应,但唐山陶瓷已有部分在碾料、和泥等环节中开始以柴油机为动力,而有些瓷窑甚至在成型这个环节开始使用机器带动齿轮,大大降低了生产成本。可见,《河北省之陶业》通过对瓷窑和唐山陶瓷的调查,非常清晰地意识到了只有技术革新才是传统陶瓷走向兴盛不衰的真正法宝。

第三节　近代历史地理学在河北的发展

一、历史地理学的新成就

此期,河北地理学出现了一种新的发展趋势,即历史学与地理学开始交叉与结合,并且逐渐从传统的沿革地理向历史地理转进。一方面,沿革地理著述不断,如《河北省沿革图考》(1933年)、《河北通志稿》(1935年)等;另一方面,历史地理著述也开始出现,如于振宗的《直隶疆域屯防详考》(1926年)、张承谟的《河北省春秋战国时代疆域考》(1933年)、陈铁卿的《河北省民国以来政区变迁述略》(1939年)及《河北省城址考证辑存》(1939年)等。

1.《直隶疆域屯防详考》

作者于振宗(1878—1956年),枣强县人,清末举人,民国时期曾任天津实业厅厅长等职。该书在1926年出版,共分10章,分记直隶疆域形势和屯防史,从历史沿革的角度来探讨山脉、河流与屯防三者之间的地理关系,着重论述了保定、津海、大名、口北各道区形势以及各县的屯防地置,探究了长城的变迁历史,考察了直隶海防的特点及其演变规律等。章下分节,详述了屯、川、战守的历史遗迹及各道区所属各县的情状等。于振宗在序文中说:"直隶山川城邑关塞镇堡,备载于舆图地志,是宜一一悉其形势,辨其险易,知要隘之处,明缓急之机,运用存乎一心,控制得其窾隙,实为直隶统兵将帅暨服务行间者。"[5]

可见,《直隶疆域屯防详考》既是一部历史地理著作,同时又是一部军事地理参考书。

2.《河北通志稿》

编撰人王树楠、谢家荣等,1935年刊印。王树楠(1852—1936年)字晋卿,号陶庐,祖籍直隶雄县,后迁新城县;光绪十二年(1886年)进士,历任工部主事、知县、知州、道台、布政使等职,1914年任清史馆总纂。

《河北通志稿》现存39册47卷,自1931年9月至1937年7月,因抗日战争爆发而中辍。该志稿设有5志:地理志,下设沿革、疆域、气候、地质、山脉、水道、城署、关隘、古迹、封爵10目;经政志,下设官制、赋税、钱币、公债、官业、制用、交通、交涉、警政、教育、司法、兵制、水利、恤政14目;民事志,下设户口、族籍、宗教、风土、自治5目;食货志,下设农业、工业、商业、矿业、渔业5目;文献志,下设人物、列女、宦绩、方外、寓贤、方技、艺文、金石、大事记、志余、旧志叙录11目。

与光绪《畿辅通志》相比较,《河北通志稿》增加了部分新篇目如"气候"、"地质"、"宗教"等外,其最显著的特点就是广泛采用图表,如土地统计比较表、气温比较表、气温变差表、雨量比较表、东亚气压分布图、地质剖面图、土壤分布图、水道图、交通统计比较表、矿区图、各县湖泊表等,图与表结合,把近代西方编写地理书的方法引入志稿,不仅使《河北通志稿》的内容更加丰富,而且使所述史实更加直观、系统和科学。如"气候篇"吸收了当时中外气候研究的新成就,认为河北虽濒临海洋,却非海洋性气候,而是属温带大陆性季风型气候,并绘制了许多图表,这无疑是20世纪30年代气象科学的最新成就和最先进的表现方法[6]。

第四节　中国地学会的创立

清宣统元年(1909年)八月十五日,"中国地学会"在天津河北第一蒙养院成立,张相文被推为会长。该会的宗旨是:"联合同志,研究本国地学",首次鲜明提出了以研究学术为宗旨的口号,此处所讲的"地学"实质上是指地理学,旁及地质学。学会一成立,即与国际地理学界建立了联系,并诚邀美国学者德瑞克来津演讲。接着,张相文将国学大师章太炎、地理学家白眉初、历史学家陈垣和喜爱地理学的教育家蔡元培等人团结在地学会的旗帜下,组成了我国第一支地理学研究队伍。以后又陆续吸收了地理、地质方面的专家章鸿钊、丁文江、翁文灏等人,不断壮大的研究队伍,有力地推动了我国处在萌芽状态的现代地理研究迅速发展。

宣统二年(1910年)二月,"中国地学会"创办了中国第一个地理学术刊物——《地学杂志》[7],最初在天津,后迁至北京出版。从创刊到停办(1937年),在白毓昆的主持下,发表了不少具有近代地理学萌芽性质的文章,刊登的论文涉及到自然地理、文化地理、医学地理、人口地理、城市地理、历史地理、经济地理、政治地理、军事地理等众多领域,有力地推动了传统地理学向近代地理学的发展。

此外,清光绪三十四年(1908年),张相文编写了一部符合中国国情的新作——《地文学》,这是中国第一部自然地理著作。在张相文看来,自然地理是地理学的精髓,"裨益人生之功"。通观地看,该书中附有10余幅彩色地图、80余幅插图,内容分为星界、陆界、气界、水界和生物界5篇;除将土壤内容附于陆界内而未把它单独列为1篇外,它实际上已经包括了今天所讲普通自然地理的全部内容。张相文认为,既然自然地理学是一门综合性的学科,那么,理应将"有机自然与无机自然联系起来"[8]。把生物学纳入地理学范畴,是其最突出的一项科学创造,它为世界地学史的发展作出了重要贡献。

注　释:

[1]　王茂:《戴震哲学思想研究》,安徽人民出版社1980年版,第10页。
[2]　曾国藩著,江河心等编译:《曾国藩日记》,京华出版社2000年版,第1110页。
[3]　周秋光编:《熊希龄集(下)》,湖南出版社1996年版,第1919页。
[4]　河北棉产改进会编:《河北棉产调查报告(铅印本)》,1934年版,第101—102页。
[5]　中央文史研究馆编:《中央文史研究馆馆员文选》,中华书局1999年版,第96页。
[6]　王景玉:《方志学新探》,天马图书有限公司2000年版,第248页。
[7]　中国科学技术协会编:《中国地质学学科史》,中国科学技术出版社2010年版,第68页。
[8]　张业修主编:《张相文——中国近代地理学奠基人》,中国文史出版社2008年版,第239页。

第十五章　近代地质科技

　　鸦片战争后,西方资本主义侵入中国,许多外国人来华开发矿山、修筑铁路、办理航运、开办工厂。这些实业的发展,促进了对地质及矿产资源的调查与勘探。西方近代地质科技不断传入,使国内地质学者开始翻译和介绍西方地质科学技术和知识,促进了近代地质科技体系的逐步形成。

第一节　近代地质科技的传入

一、近代地质科技的传入

　　鸦片战争的失败,震醒了沉睡的中华民族,许多人自此开始了翻译和介绍西方科学技术和知识的活动。这一时期,有七种西方地质学名著被译成中文,其中影响较大的是代那的《金石识别》和雷侠儿的《地学浅释》。在此之前,英国传教士慕维廉用中文撰写的《地理全志》一书,则是最早向中国介绍有关地质知识的书籍[1]。

1.《地理全志》

　　《地理全志》分上下两编,共 15 卷,咸丰三年至四年(1853—1854 年)由江苏松江上海墨海书馆印行,为线装木刻本。其中上编 5 卷,主要讲地理;下编 10 卷,主要讲地质。下编 10 卷的标题分别是:地质论、地势论、水论、气论、光论、草木总论、生物总论、人类总论、地文论、地史论。其中水论讲水的地质作用,气论与光论讲气候;草木、生物、人类三总论讲古生物。卷 1《地质论》的细目是:地质志、地质略论、磐石、海陆变迁论、磐石形质原始论、磐石方位载物论、地宝脉络论。从内容上看,下编近似现代的以矿物为中心的普通地质学。

　　总的来说,《地理全志》中最早一部中文地质文献,它把地质学的科学概念最先介绍给了中国人。

2.《金石识别》

　　《金石识别》,美国地质学家代那的著译本,由美国医生玛高温口译,中国学者华衡芳笔录而成。同治十一年(1872 年),由江南机器制造局出版,线装木刻本,凡 6 册 12 卷。该书是代那(或译作丹那)的系统矿物学著作,也是 19 世纪英文版矿物学重要著作,代表了当时西方矿物学研究的水平。

3.《地学浅释》

　　《地学浅释》,英国地质学家雷侠儿(今译作赖尔)的著译本,亦经玛高温口译,中国学者华衡芳笔录而成。同治十二年(1873 年)由江南机器制造局出版,线装木刻本,凡 8 册 28 卷。该书将沉积岩译成水层石,火成岩译成火山石,热力变质译成热变,化石译作僵石,各种化石和地层、地质年代用音译,并已述及褶曲、断层、构造地质学原理,是一部专论地质学和岩石学的著作。或以为此书译自赖尔的《地质学原理》,但据黄汲清先生考证,译著的原本应为赖尔的《地质学纲要》。

二、外国学者在中国的地质调查

随着鸦片战争后西方资本主义侵入中国，许多外国人来华开发矿山、修筑铁路、办理航运、设立工厂等。这些实业的开展，引起了对地质及矿产资源的调查与勘探。虽然，侵入者活动的主要目的是为本国的扩张政策服务，但其实际勘查工作也在中国起到了传播西方近代地质科学知识的作用。外国人先后来华进行地质考察的数以百计，其中调查的时间较长、取得成果较多者，有庞培勒、李希霍芬、奥勃鲁契夫、维里士和洛川及小藤文次郎等。

庞培勒（R. Pumpelly，1837—1923 年），美国地质学者，是第一位来华进行地质考察的外国人。他于同治四年（1862 年）来到中国，在华东、华北一带调查地质矿产；还曾应清政府邀请，对北京西山煤矿进行调查。他的著作《中国、蒙古及日本的地质研究》，记载了许多地质观察现象，并对东亚地区的地质构造进行了探讨。他提出并命名中国的主要地质构造线为"震旦上升系统"，成为后来论述我国地质构造时经常使用的专门术语。"震旦方向"一词就是从这里开始的。

李希霍芬（F. von Richthofen，1833—1905 年），德国地质地理学家，曾于咸丰十年（1860 年）随同一个普鲁士考察团来到中国，因时局动乱，只走了一下上海、广州等地就罢。到了同治七年（1868 年），李希霍芬第二次来华，用了 4 年时间，考察了我国的 14 个省区，南自广东，东北到达辽宁，中经湖南、湖北及华北各省，西南越秦岭进入四川，尤以在山西、河北、山东各省的调查最详。结合其实际考察资料写成《中国》一书，论述了中国地质的主要特征，比较系统地描述了中国自然地理及有关我国主要地层和地质构造，是有较高学术价值的专著。

奥勃鲁契夫（Б. А. Обручев，1863—1956 年），俄国地质学者。他从光绪十八年（1892 年）起，多次进入我国东北、内蒙古、西北地区考察，特别是对甘肃祁连山脉及新疆天山北路一带的考察最详，著有《中亚、华北与南山》一书。而且，奥勃鲁契夫对中国黄土分布及其成因风成说也有重要论述。

维里士（B. Willis，1857—1949 年），美国地质学者，于光绪二十九年（1903 年）来到中国。他先在山东进行地质考察，又经河北进入山西，再从山西向西南越秦岭、大巴山而达长江三峡，然后沿长江顺流而下至上海，涉足中国 7 个省区。虽然他实际考察的区域面积不及李希霍芬广大，但由于已有李希霍芬的成果作基础，再加上他还随身带着负责地形测量的人员，在许多地方能获得比李希霍芬更详尽的考察记录，故所著《中国调查研究》一书，具有记载详明、讨论精透等优点。此书不仅系统地论述了中国北方地区的地层关系，而且对中国地质史与地文也提出了系统的看法[2]。

此外，还有匈牙利人洛川（L. Loczy），于光绪三年至六年（1877—1880 年）考察了我国长江下游及甘肃、四川、云南等地，著有地质报告多册，论述了我国西南地区的地质概况。英国人勃朗（J. C. Brown），于光绪三十三年至宣统二年（1907—1910 年），数次进入云南地区考察，也写了许多地质报告，对我国西南地区的地质进行了比较详细的论述。日本人小藤文次郎，作为日本地质学的创始人，于宣统二年（1910 年）对我国东北地区作了系统考察，撰写了《中国及其附近地质概要》一书，对我国东北地区的地质概况进行了论述[3]。

应该强调的一点是，为中国地质事业培养了大批地质学者，并在地质学的众多领域作出了突出贡献的葛利普教授和赫勒教授是不应该忘怀的，应给予简要的介绍。

1920 年，美国著名古生物学家、地质学家葛利普（A. W. Grabau，1870—1946 年）来华任北京大学地质学系教授，同时兼任地质调查所古生物研究室主任。他在教学中以极大的热忱和极端负责任的精神从事教学工作，培养了大批地质事业接班人。葛氏在华曾倾全力于中国的古生物地层研究和教学。他与安特生协助丁文江筹办《中国古生物志》。《中国古生物志》自 1922 至 1939 年共出版 30 册，从而使中国当时的古生物研究居于世界前列。20 世纪 30 年代起，葛氏在研究大地构造和全球构造方面颇有建树，他提出了脉动论（Pulsation Theory）和极控论（Polar Control Theory）学说。后者某些论点与现代岛弧、边缘海的概念亦有近似之处。他在中国的 26 年里，除在《中国古生物志》上发表了大量文章外，主要著述还有《中国地质史》两卷（1924、1928 年），亚洲古地理图 36 幅（1926 年），《新生代地层总结》(1927 年),《蒙古二叠系》(1931 年),《年代的节律——脉动论与极控论之下的地球史》(1940 年)。葛氏 1946 年病逝于北京,部分骨灰葬于北京大学未名湖畔。

赫勒(T. G. Halle)是瑞典皇家自然历史博物馆古植物学部教授。1916—1917 年曾在我国北方及云南进行地质考察,发表了一些论文,为中国古植物学研究留下了珍贵文献,如 1924 年在《瑞典地质学会会刊》第 46 卷第 1—2 期上发表了《上石盒子统的植物特征》;1925 年在《地质汇报》第 7 号上发表了《中国二叠纪植物化石之一新属》;1927 年在《中国古生物志》上发表了《中国西南部之植物化石》(甲种,第 1 号,第 2 册)及《山西中部古生代植物化石》。在《山西中部古生代植物石化》中,他把山西煤系定为上石炭统,或石炭二叠纪,把石盒子系分为上下两部。此外,他还在 20 世纪 20 年代培养出了后来成为我国最早的古植物学者的周赞衡。

第二节　外国学者在河北地域进行的地质调查

晚清及民国政府直隶(河北)正位于北京周围地区,这就使河北成为开展近代地质和矿产调查最早的地区之一,已有 140 多年历史。外国学者最先到河北地域(包括京津地区)开展了地质调查工作。

一、对地质矿产、矿山的调查

(1)1862—1865 年,美国人庞培勒(R. Pumppelly)曾四次来华进行考察,他在 1863 年来华时曾在北京西山一带进行调查,重点调查已有的煤矿产地,观察了含煤岩石的性质,采集了煤样品,带回美国分析,还采得了不少植物化石标本。

(2)1868—1872 年,德国李希霍芬(F. von Richthofen)历时 4 载,共有 7 次考察。1869 年,由山海关,经卢龙、滦县、开平、丰润、玉田、三河、通县、北京到天津,然后乘船返沪。这次考察除沿途进行路线地质调查外,还对京东至滦县一带的金矿、煤矿及铁矿作了较详细调查,尤其对开平煤矿记述甚丰。当时唐山、林西煤矿正式建立竖井,在井巷开掘和煤层开采过程中,他陆续绘制了坑道平面图、煤层平面图和石门剖面图,对于了解部分煤层的赋存特点、构造形态、稳定性和标志层有重要意义。1869—1870 年,由山西阳泉到井陉、正定、曲阳、保定至北京,对北京西山及山西、河北等地煤矿作了较详细的调查。

(3)1914 年,瑞典学者安特生(J. G. Andersson,北洋政府矿业顾问)和麦西生、伊立生到龙关辛窑一带进行铁矿踏查,发现矿层多处;测有地形地质图 1 幅,进行 17 个露头铁矿取样;返京途中又发现了麻峪口铁矿。同年 11 月,郑宝善和辛常富(E. T. Nystroim)等人在龙关、赤城一带进行调查,特别对庞家堡铁矿做了较详细的工作。

(4)1915 年,瑞典矿床地质学家丁格兰(F. R. Tengengren)作为安特生的助手来华调查矿产资源,他对宣龙地区铁矿、武安地区铁矿等都曾进行研究,写有《中国铁矿志》,其中在论述铁矿类型时首次提出了"宣龙式铁矿"的命名[4]。

(5)1916 年,安特生、辛常富到武安、林县一带调查,认为这一地区的矽卡岩型铁矿"含矿佳者可达百万吨,将来可设小炉试炼"[5]。

(6)1913,梭尔格博士随同丁文江调查正(定)太(太原)铁路沿线地质矿产,还有王锡宾。他们在井陉、平安、乐平一带进行地质矿产调查,测制了一些剖面,考察成果题目是《正太铁路沿线地质报告》,是我国早期区域地质调查报告[6]。

(7)1931 年九一八事变,日本出于对华北矿产资源的掠夺,先后由日本产业部矿业课、株式会社调查部等组织或派遣,由幸丸正和、松田龟三等数十人对河北省的矿产资源进行调查,编有相应的报告或复命书。1937 年,日本出版了《东北地质与地志——西南部分》一书,是论述河北省东部地质矿产情况的一份较全面的资料。

（8）1940—1943 年,日本人在开滦矿及其外围百余平方公里进行地震剖面测量,了解了基底构造、盖层厚度和含煤地层分布[7]。

二、对地层与古生物的调查

（1）1864 年 4—5 月,美国人庞培勒来张家口附近进行了 6 个星期野外调查,对出露火成岩作了报导,还绘制了地质图。同年 11 月来华,由北京出发,经南口、张家口于 12 月到达库伦（今乌兰巴托）。1866 年写出了《1862—1865 在中国、蒙古、日本的地质研究》,并由美国斯密森协会出版,他是第一个取得我国和河北从北京经张家口到蒙古一线的地质资料,是对北京西山和张家口附近进行地质调查和报导的第一人[8]。

（2）1871 年,德国李希霍芬第七次来华考察,由上海到北京至沙城、宣化、张家口到大同,除沿途进行路线地质调查外,还对北京斋堂、山西五台山等地进行了较详细的地质调查。1882 年,李希霍芬将张家口地区桑干河及洋河一带出露的云母片麻岩和角闪石片麻岩,命名为桑干片麻岩,时代定为太古代晚期;同时首次将"震旦"一词引用到地质中来,提出震旦层系一名代表较古老的地层。他历经 5 年完成 5 卷巨著《中国——亲身旅行后研究的成果》[9]。

（3）1892—1895 年,俄国地质学家奥勃鲁契夫到中国考察,对华北平原的地层及东北、西北地质进行了研究,特别对华北和西北的黄土分布及其成因提出了风成论点,指出"没有层理黄土称为原生黄土,属于风成成因"。

（4）1904 年,维里士（B. Willis）和布莱克威尔德（E. Blackwelder）由保定经阜平、龙泉关到山西五台地区进行调查。1907 年,维里士将阜平龙泉关一带的深变质地层命名为"泰山杂岩",时代归为太古代,并将"震旦层系"的上限限制在寒武系之下,称"震旦系";同时指出,滹沱系、五台系、龙泉关片麻岩之间均为不整合关系[10]。

（5）1923 年,葛利普将热河省（现承德地区及辽西部分地区）上侏罗统及下白垩统陆相沉积及火山岩命名为"热河群"。1928 年,他又提出了"热河动物群",专指分布于冀北和辽西的以狼鳍鱼为主的综合化石群。"热河群"和"热河动物群"曾广泛用于地质文献。由于不断发现多种化石类型,"热河动物群"特别是孔子鸟等鸟类化石的发现早已蜚声海内外。

（6）1913 年,法国学者桑志华（P. Emile Liceut）来华,在直隶、山西、陕西、内蒙、甘肃等地进行调查,发现直隶北部赤城延庆白河流域一带的地质和古生物很有特色。

（7）1924 年,桑志华与英国地质学家巴尔博（G. B. Barbour）在泥河湾附近进行考察,同年巴尔博发表论文,在文中把分布于泥河湾一带黄土堆积之下、红土层之上的一套河湖相沉积进行划分,下部为"泥河湾层",上部为"土洞层"。从此,"泥河湾层"成为泥河湾盆地所有河湖相沉积的代名词被广泛应用。

（8）1925 年,桑志华和巴尔博再次到泥河湾进行大范围考察,第二年发表论文,文中根据哺乳动物化石,把泥河湾层确定为早更新世沉积。

（9）1930 年,法国学者德日进（P. Teilhard de Chardin,1881—1955 年）、皮孚陀发表了《泥河湾哺乳动物化石》专著,其中列出了 43 种哺乳动物,"泥河湾哺乳动物群"从此确立[11][12]。

（10）1920—1926 年,比利时地质学家马底幼（F. F. Mathieu）应邀来华,任开滦矿务局地质工程师,专事研究开平盆地一带煤田地质,1923 年在比利时地质学会年报 44 号上发表了《中国开平煤田的植物群》。回国后,1939 年出版两部专著——《开平煤田地层之研究》和《开平煤田古生代植物群之研究》。

（11）1928 年,赖格华（Par. A. Lacroix）通过 75 件岩石化学全分析样品,对包括河北省在内的中国东部中新生代火山岩进行了岩石化学分析,扩大了岩浆岩的研究领域。

三、对"北京猿人"的调查

(1)1921 年,安特生参与了周口店"北京猿人"遗址的发掘与研究工作,还对华北地文期进行了划分,划分为唐县期、汾河期、马兰期、板桥期。

(2)加拿大学者步达生(Davidson Black,1884—1934 年),1919 年应邀来华,任北京协和医学院教授,1921 年任解剖学系主任。在华期间创立我国第一个人类研究室,参加了周口店北京人化石的研究与鉴定工作。1927 年,他研究了被发现的猿人下臼齿后,果断地定为"中国猿人北京种"(*Sinanthropus Pekinensis Black and Zdansky*),后来正式改为"北京猿人"[13]。

(3)1921—1923 年,北京地质调查所聘请奥地利古生物学家师丹斯基(O. Zdansky,1894—1988 年),参加周口店后来的北京猿人遗址的发掘与研究。1923 年,他首先发现了后来被称为北京猿人的臼齿,他同时侧重研究华北脊椎动物与食肉动物化石,曾发表过《山西保德县三趾马层》(1931 年)等论文。

(4)英国地质学家巴尔博 1920 年以后来华,曾任天津北洋大学教授,对华北区域地质地文期调查研究较为广泛,是发表论著最多的学者之一。他曾多次到张家口地区进行调查研究,1924 年发表了《张家口地区初步观察》一文,1929 年发表了《张家口附近地质志》(地质专报)甲种第 6 号,是外国学者最早发表的地质志。同时还将张家口坝上玄武岩命名为汉诺坝玄武岩(1929 年)。从 1929 年起,德日进参与了周口店"北京人"的研究和鉴定工作。

第三节　中国学者在河北地域进行的地质调查

中国学者在河北地域开展地质调查,已有近百年的历史。他们在十分困难的条件下,做了大量开拓性的工作,积累了较丰富的资料,并为新中国成立后全面深入开展地质工作奠定了扎实基础。

一、对地层古生物的调查

(1)1910 年,邝荣光(1860—1962 年)出版了着色《直隶地质图》和《直隶矿产图》,图长 36 厘米,宽 24 厘米。

《直隶地质图》将地层划分为太古代、甘布连纪、炭精纪、朱利士纪和黄土(甘布连纪即寒武纪,炭精纪即石炭纪,朱利士纪即侏罗纪),还划分出了太古代火石、甘布连纪火石和近代火石(即火成岩)。图中的甘布连纪广泛分布于太行山、北京西山和冀东,实际上包括了现在的中—上元古界至奥陶系。

《直隶矿产图》上标明了煤、铁、铜、铅、银、金矿产地,还大致绘出了煤田的范围和地层走向。这两张图内容大多是作者实地踏勘结果,而不是照抄李希霍芬和维里士等人的著作,可以说是中国学者自己编绘的第一张地质图和矿产图。邝荣光还是第一位编绘古生物图版的学者,这也是我国第一张古生物图版[14]。

(2)1913 年,丁文江沿正太路在井陉至获鹿间进行区域地质调查,填有 1:60 万沿路地质图和 1:10 万井陉煤田地质图,著《调查正太铁路地质矿务报告》,确定了含煤地层的大致分布范围。

(3)1920 年,孙云铸、葛利普将开平盆地赵各庄奥陶系划分为下奥陶统冶里灰岩和珊瑚灰岩,孙云铸、杨钟健创名"中奥陶统马家沟灰岩"[15]。

(4)1920 年,叶良辅等出版的《北京西山地质志》,是我国和河北第一部对北京西山进行大区域综合性系统调查写出的区域地质专著,从而奠定了中国北方地层学的基础,使北京西山成为中国北方地质工作的摇篮[16]。

(5)李四光(1923 年、1927 年)经过对华北䗴科化石研究,并结合赵亚曾(1925、1926 年)的长身贝研究结果,对太行山东麓石炭系进行正确划分[17],其对二叠系的划分则沿用山西太原标准剖面划分方案分为山西系和石盒子系。

(6)1924 年,孙云铸详细研究了开平盆地的寒武系,自下而上划分为馒头层、张夏层、崮山层、长山层和凤山层;除馒头层外,统称长山系。

(7)1928 年,赵亚曾等三人到开平煤田及其外围调查,测有唐山西山至清凉山一带的 1∶5 万地质图和双凤山附近的 1∶1 万地质图,对区域构造轮廓反映较清楚。

(8)1931—1934 年,高振西、熊永先和高平发现蓟县城北"震旦系"剖面连续、层序完整,厚度巨大,构造简单,于 1934 年发表了《中国北部的震旦纪地层》论文,第一次较系统描述和划分了北方"震旦系"剖面,从而为以后研究奠定了基础。该剖面是世界罕见的前寒武纪标准层型地质剖面,现已建立了国家级自然保护区[18][19]。

(9)1935 年,孙云铸根据开平、临城和北京西山等地的资料,将长山层和凤山层详分为五个化石带。

(10)1936 年,杨杰从曲阳、行唐、平山一线开始,至阜平、龙泉关到五台调查,著有《山西五台地质略述》,将阜平、曲阳一带片麻岩命名为"阜平片麻岩",时代属太古代,并组成五台大向斜的两翼。杨杰第一次从古构造入手,了解和正确划分了变质岩系,一直沿用到现在,至今阜平片麻岩已成为太行山区最古老的变质岩系[20]。

二、对地质矿产、矿山的调查

(1)1919 年,丁文江、张业澄对晋冀边境一带的煤田进行了调查,著《直隶、山西间蔚县、广灵、阳原煤矿地质报告》,并附有 1∶10 万煤田地质图,对煤系地层进行了粗略划分[21]。

(2)1920 年,朱庭祜、李捷到井陉煤田调查,著《调查直隶井陉地质矿产报告》,并附有 1∶6 万直隶井陉煤田地质图。

(3)1921—1936 年间,王景尊、王曰伦、喻德渊等先后到井陉、获鹿一带调查。他们对井陉一带的地质、矿产(特别是煤矿)特征都有较详细的记述。

(4)1917 年,卢祖荫、周赞衡到兴隆高板河一带调查,著有《高板河铁矿报告》。

(5)1922 年,丁文江考察北京昌平西湖村锰矿,认为该锰矿为原生锰矿,所著《京兆昌平县西湖村锰矿》一文刊出《地质汇报》第 4 号。

(6)1929 年,王曰伦、孙健初到承德一带调查,首次对大庙斜长岩和铁矿进行了研究。

三、对岩石学、地质构造学的调查

(1)1920 年,舒文博在《河南武安红山火成岩侵入体的研究》(今邯郸武安县)中,利用氧化钙等氧化物等量线图说明岩石的同化作用,其方法在很长一段时间内为人们所称道[22]。

(2)1922 年,李四光在中国地质学会第一次年会上宣读了题目为"中国更新世冰期的证据"的论文,文中指出在太行山东麓的沙河县白错盆地首先发现了一些带条痕的巨大漂砾,认为是冰川活动遗留的证据,开创了中国第四纪冰川研究的历史[23]。

(3)1927 年,翁文灏以燕山为标志地区首先提出"燕山运动"一名,原意代表侏罗纪末期、白垩纪初期产生的不整合、岩浆活动和成矿作用。他所创立的燕山运动论点,是对中国构造运动的重要贡献并产生深远的影响[24]。

(4)从 1927 年开始,王竹泉对雪花山玄武岩及其下伏的"砂土层"进行了详细研究,1930 年发表了《河北省井陉县雪花山玄武岩及砂土层之研究》,他根据岩性对比和地文期的观点,认为雪花山"砂土层"与山西省的"三趾马红土"相当,因而把雪花山玄武岩及其下伏的"砂土层"归为晚上新世末期。

(5)1928—1929 年,谭锡畴、王恒升、王曰伦和孙健初到张家口地区调查。谭锡畴在《直隶宣化、涿鹿、怀来三县地质矿产》一文中,阐述了以涿鹿为中心的区域地质特征。王恒升的《直隶宣化一带古火山之研究》和王曰伦、孙健初的《宣化一带地质构造研究》,涉及的范围与谭文基本相同,可以说是对谭文在岩石学和构造学上的补充。

四、对其他学科的调查

(1)从 1929 年起,裴文中主持周口店猿人遗址发掘和研究工作,同年 12 月 2 日在周口店第 1 地点首次发现了著名的北京人头盖骨化石,震惊中外,为人类发展史提供了重要的证据,1931 年又确认了旧石器和用火痕迹的存在,从而为古人类遗址提供了考古学上的重要证据[25]。

(2)1928 年,李善邦参加实业部地质调查所工作,筹建北平西郊鹫峰山地震台,并于 1929 年建成,并任鹫峰地震研究室主任,1930 年 9 月 20 日记录到第一个地震,从此地震台即转入正式运转。

第四节　河北籍(包括京津籍)的地质学家

晚清到建国前,河北省受到北京的辐射及影响比较大,参加各项地质科技活动的机会也比较多,因此成为参加地质工作人员最多的省份。1913 年,为了培养地质人才,北洋政府工商部在北京举办了地质研究所,毕业的学生只有一期,成绩合格取得毕业证的 18 人中,来自河北的就有 9 人。他们是王竹泉(交河)、谭锡畴(吴桥)、李捷(成安)、全步瀛(永年)、刘世才(晋县)、陈树屏(井陉)、赵汝钧(吴桥)、祁锡祉(永年)、张慧(任丘)。这些人在中国地质科技发展上都留下了不可磨灭的功绩[26]。

1922 年中国地质学会创立,当时第一批加入的会员有 23 人,称为创立会员,除安特生、葛利普、麦纳尔 3 人为外国人外,在 23 个中国人中,就有 6 人为河北人,即王竹泉、全步瀛、李捷、袁复礼、赵汝钧、谭锡畴。

在近代中国地质学创建和发展时期,河北籍有 43 名地质学家,他在一穷二白的极端困难条件下开拓了我国的地质事业,建立了不朽的功绩,为后人树立了光辉的榜样(表 6－15－1)。

表 6－15－1　河北籍(包括京津籍)地质学家简表

姓名	籍贯	生卒年月	姓名	籍贯	生卒年月
王竹泉	交河县	1891—1975	任 绩	文安县	1909—
王恒升	定县	1901—2003	周德忠	望都县	1912—1995
王 钰	深泽县	1907—1984	宫景光	高阳县	？—1980
王之卓	丰润县	1909—2002	陈永龄	北京市	1910—2004
王庆昌	巨鹿县	1899—1962	苏良赫	天津市	1914—2007
王炳章	深泽县	1899—1970	赵金科	曲阳县	1906—1987
王尚文	临城县	1915—1983	赵亚曾	蠡县	1899—1929
王嘉荫	永年县	1911—1976	赵汝钧	吴桥县	生卒年不详
尹赞勋	平乡县	1902—1984	边兆祥	唐县	1912—1988
刘东生	天津市	1917—2008	侯仁之	枣强县	1911—
刘之祥	清苑县	1902—1987	侯德封	高阳县	1900—1980
刘国昌	饶阳县	1912—1992	路兆洽	清苑县	1911—1992
张文佑	唐山	1909—1985	马溶之	定县	1908—1976
张席禔	定县	1898—1966	杨敬之	曲阳县	1912—2004

续表

姓名	籍贯	生卒年月	姓名	籍贯	生卒年月
张炳熹	北京市	1912—2000	崔克信	井陉县	1909—
李承三	涉县	1899—1967	韩影山	唐县	1908—1995
李捷	成安县	1894—1977	董申保	北京市	1917—2010
李连捷	玉田县	1908—1992	谭锡畴	吴桥县	1892—1952
李树勋	安国县	1910—1993	贾兰坡	玉田县	1908—2001
何作霖	蠡县	1900—1967	计荣森	北京市	1907—1942
宋叔和	迁安县	1915—2009	裴文中	丰润县	1904—1982
宋应	枣强县	1916—1975	袁复礼	徐水县	1893—1987
仝步瀛	永年县	生卒年不详	刘儼然	沙河县	1919—
傅承义	北京市	1902—2000	魏寿昆	天津市	1907—

注:入选标准是在 1940 年以前参加地质工作(包括 1940 年毕业大学生,个别 1941 年毕业),至 1949 年(新中国建国前)成绩卓著,已入选各种地质名人录中的地质学家。

注　释:

[1][3]　唐锡仁、杨文衡主编:《中国科学技术史·地学卷》,科学出版社 2000 年版,第 480—481 页。

[2]　陶世龙:《从庞培勒至维里士》,载《地质学史论丛》(三),中国地质大学出版社 1995 年版,第 15—22 页。

[4]　谢家荣:《近年来中国经济地质学之进步》,《地质论评》1936 年第 1 期。

[5][9]　中国矿床发现史编委会:《中国矿床发现史(综合卷)》,地质出版社 2001 年版,第 16—19,326 页。

[6][8][13]　吴凤鸣:《1840—1911 年外国地质学家在华的调查与研究工作》,载《吴凤鸣文集》,大象出版社 2004 年版,第 21—59 页。

[7][10][22]河北省地方志编纂委员会:《河北省志·地质矿产志》,河北人民出版社 1991 年版,第 3—8 页。

[11]　牛平山、宋雪琳等:《泥河湾自然保护区资源与环境保护》,地震出版社 2007 年版,第 7—8 页。

[12]　安俊杰:《泥河湾寻根记》,中国文史出版社 2006 年版,第 3—18 页。

[14]　吴凤鸣:《关于中国古生物地层研究的早期史料》,载《吴凤鸣文集》,大象出版社 2004 年版,第 11—19 页。

[15]　中国地层典编委会:《中国地层典·奥陶系》,地质出版社 1996 年版,第 67—68,99—100 页。

[16]　翁文灏:《中国东部中生代以来的地壳运动及岩浆活动》,载《翁文灏选集》,冶金工业出版社 1927 年版,第 207—226 页。

[17]　李四光:《中国北部之蜓科》,《中国古生物志,乙种》,第 4 号,1927 年第 1 册。

[18][20]　天津蓟县中上元古界国家自然保护区管理处:《天津蓟县中上元古界国家自然保护区》,天津科学技术出版社 1992 年版,第 1—34 页。

[19]　河北省地质矿产局:《河北省北京市天津市区域地质志》,地质出版社 1989 年版,第 69—115 页。

[21]　王仰之:《丁文江年谱》,江苏教育出版社 1989 年版,第 20—23 页。

[23]　黄汲清:《我国地质科学工作从萌芽阶段到初步开展阶段中名列第一的先驱学者》,载《中国地质事业早期史》,北京大学出版社 1990 年版,第 17—35 页。

[24]　潘云唐编:《翁文灏选集》,冶金工业出版社 1989 年版,第 V - Ⅷ 页。

[25]　吴汝康、吴新智、张森水主编:《中国远古人类》,科学出版社 1985 年版,第 93—95 页。

[26]　王仰之编著:《中国地质简史》,中国科学技术出版社 1994 年版,第 3—5,118—119 页。

第十六章　近代采矿科技

从 1840 年到中华人民共和国成立前,开滦煤矿现代矿业开采技术的出现,标志着河北矿业开采技术进入一个勃兴时期,其特征一是大型矿山,特别是多个大型煤矿山蔚然兴起;二是摈弃土法开采技术,运用西法开采技术,使矿业生产能力大增;三是引入蒸汽动力和电动力技术,改进开采工具,生产效率显著提高;四是采用矿产品洗选与加工技术,大幅度地提高了矿产品质量。形成了近代采矿科技体系。

第一节　矿产开采开发状况

一、金属矿产矿山

(一)铁矿

1. 张家口龙烟铁矿

1918 年(民国七年),官商合办"龙关铁矿公司"(后改称龙烟铁矿公司),额定资本为银元 500 万两,官股与商股各半,是当时北方最大的冶金企业。当年在烟筒山矿区采出铁矿石 10 万吨,其中 4 万吨运至汉阳铁厂试炼,炼出的生铁质量良好,于是确定在北京石景山建炼铁厂。但因政局动荡、资金枯竭而建设半途中止。

1928 年,南京民国政府将龙烟铁矿收归国有,改名为龙烟矿局。1936 年,日伪冀察政务委员会接管龙烟铁矿,随即于 1937 年被日本中兴公司所接管,原存的铁矿石被运往日本冶炼。

1939 年,日本的华北开发株式会社(由中兴公司更名)与伪蒙疆联合自治政府共同组织龙烟铁矿株式会社,成立了烟筒山、庞家堡两个采矿所。日本在侵华期间,掠夺龙烟铁矿石 347 万吨。

1948 年,庞家堡、烟筒山被解放,成立了龙烟铁矿办事处。

2. 承德大庙钒钛磁铁矿

1940 年,满州特殊铁矿株式会社在大庙矿区成立了"滦平矿业所",负责当地钒钛铁矿的开发,次年日本侵略者建设大庙铁矿及双头山(今双塔山)选厂,并在锦州建"制炼所",1944 年全部投产。1948 年,中国人民解放军第二次解放承德,大庙铁矿及双头山被解放军看管。

大庙钒钛磁铁矿,包括大庙区和黑山区,其外围还有头沟、马营、乌龙素沟、罗锅子沟、大乌苏沟、马圈子沟及铁马吐沟等矿区。1942 年,大庙区开始进行了正式开采,生产坑口 5 个,露天采场 4 个。黑山区同年开始测量,并在 1943 年开了 15 个水平坑道。1942—1945 年,日本进行了掠夺式开采,掠夺大庙钒钛铁矿石 14.4 万吨,1945 年日本投降后停产。

3. 邯郸磁山铁矿

直隶总督兼北洋大臣李鸿章曾奏请光绪皇帝在磁洲开办铁矿,但因故停办。

1933 年,日本人在磁山铁矿设立株式会社劳务所掌管矿石开采,到 1944 年已有 4 个采矿场。掠夺磁山铁矿石 100 余万吨,

1943 年,日本人曾开采承德黑山铁矿,矿床为大庙式钒钛磁铁矿。内丘县杏树台硫铁矿区在古代曾采过铜,清光绪年间曾采过银。

(二)金矿

鸦片战争以后,河北境内的金矿开采地域和开采规模不断扩大,宽城、兴隆、平泉、滦平、隆化、青龙、迁西、遵化、抚宁、卢龙、昌黎等地的采金业都发展起来,民间采金活动广泛。

到了 19 世纪下半叶,"洋务派"提出"寓强于富"的口号,着手经营工矿企业和交通运输事业等民用工业。1891 年(光绪十七年)徐润曾会办开平局;兼理承平局,创办建平局;直隶总督北洋大臣李鸿章于 1892 年(光绪十八年)札委道台徐润(雨之)、邵松桥,历时 4 个月,行程 3 400 多里,勘察承德府所属金银矿。后设置总局、分局专管机构,并聘请德国、法国矿师做技术顾问,使这些地区的金矿经历了十多年的"官办"时期。据传,当时宽城的峪耳崖金矿俗称慈禧太后的"脂粉矿",永平府专派官员监护,清兵马队把守,矿区延绵十几华里,最盛时矿工达 3 000 多人,日产百两以上(旧制,1 斤 = 16 两 = 500 克,故 1 两 = 31.25 克)。清朝晚期封建统治已病入膏肓,采金业日渐衰败,金矿开采逐渐转到民族资本家和外国资本家手中。

民国时期,宽城县的峪耳崖、牛心山,青龙县的响水沟,隆化县的马架子,迁安县的金厂峪,遵化县的冷嘴头、茅山等地的岩金,多为民族资本家私营开采。较有名气的"华北采金公司"是设在遵化县境内的一个较大的股份公司,下设 8 个金矿,后于 1934 年被日本人办的"大陆金矿"采取合办和收买方式逐渐侵吞。

九一八事变后,日本军国主义者侵占了中国的东北,对东北(包括河北省原属热河省的地区)的黄金资源进行了大量的勘查和开发准备工作,蓄意长期霸占。1937 年,日本发动全面侵华战争后,开始对河北省的黄金资源进行疯狂地掠夺性开采。在遵化、迁安由北支产金有限公司开采;在兴隆、宽城、青龙、平泉、丰宁、隆化、围场各县都有满洲矿业株式会社开办的金矿、选厂。规模小的为日处理矿石 50 吨,大的有 300 吨,矿工少的几百人,多则数千人,大部为机械化作业。矿区设有矿山警备所,警卫皆为日本人、俄国人及韩国人,全副武装,戒备森严。日本侵略者在河北省掠夺了大量黄金充填日本军国主义的国库,投降时留下的却是满目疮痍,一片废墟。

(三)铜矿

1. 热河平泉铜矿

1881 年(光绪七年)5 月筹建热河平泉铜矿。其主要理由是因为"中国所需铜料购自外洋,转运艰而价值贵,且恐不可常恃",遂保荐候补道员朱其诏招商集股,用西法经营。

2. 承德寿王坟铜矿

承德寿王坟铜矿属于含铁、钼的夕卡岩型铜矿床。据当地传说,郑家庄古洞沟、龙潭沟矿体元代时曾开采金银,在清末年间曾在古洞沟进行土法采掘和原始方法冶炼,现已发现有老窿和旧采场。20 世纪 20 年代初,当地人孙永平在下店子铜矿用土法开采。

1949 年在承德县车河堡区当地人开采石棉时,发现了三岔口铜矿体。1950 年发现民窿数处,并多处见到含铜磁铁矿露头。

3. 平泉县小寺沟铜钼矿

早在一百多年前,朝鲜人曾在平泉县小寺沟铜钼矿采过铜。清朝官员朱道台曾在这里开采过氧化矿,除有小规模坑道探采外,多为露天开采。在上杖子村修建有铜厂 1 座,所占面积约 2 000 平方

米。1941年,日本人富场在此成立万喜矿山,在上杖子村西侧开1个数十米长的平坑,因效果不佳于1942年停业。

4. 涞源县浮图峪铜矿

关于涞源县浮图峪铜矿田的发掘历史,据县志和原存于浮图峪村附近的石碑考证,明朝万历年间(约1560—1620年)就曾开采,古代称"蔚州飞虎口"铜矿。1965年,发现了老硐、废矿渣、石碑等标志。

(四)铅锌矿

1887年,李鸿章奏请开办热河承德铅矿,保荐直隶候补道朱其诏筹办矿务,"采用西法",以期"铅银并取"。李鸿章前后拨借官款在20万两以上,其中购买机器即用去"十余万金,人工、布置一切用款在外"(《李文忠公全集·海军函稿》卷3)。

涞源县大湾锌钼矿为一古老锌矿区,区内张媳妇沟、芦草洼、梯子沟一带均有老硐分布。据传,1919年赵振汗、冯玉祥等人曾在该矿区建厂开采,因采矿不能满足冶炼而停采。民采露头矿、浅部矿断断续续至今。

(五)其他矿种

1987年,在涿鹿县相广锰银矿矿区南侧找到了传闻的石佛及石刻,上面记载着"万历二十七年二月开采,嘉靖戊午年夏季月上旬日白金朋造"的字迹。在相广、辉耀、凤凰庄等村发现冶炼遗迹,说明早在明朝或更早,就已经开采和冶炼银矿。当地从20世纪50年代至今,继续在相广、胥家窑等地开采锰矿石。

兴隆县茅山钴矿,古人曾在该区含矿破碎带中采铜矿,遗留老采硐7处。

二、非金属矿产矿山

(一)煤矿[1]

1. 开平煤田

1878年(光绪四年),清政府批准成立"开平矿务局"。1879年春,按西法开凿唐山井(今开滦唐山矿一号井)(图6-16-1),一为提升井,开深60丈,直径14英尺;一为贯风、抽水井,开深30丈,直径14英尺。1881年,井巷开凿和安装工程全部完工,矿井正式投产出煤,是当时中国最大的近代煤矿,也被称为"中国第一佳矿"。1889年开凿

图6-16-1　1878年(清光绪四年)在唐山创建的开平矿务局

林西矿第二对井,1894年距唐山矿二里的西山开凿第三对井(也称西北井)。1900年,上述各矿共年产原煤达80余万吨。

1900年,八国联军侵占唐山,开平总办张翼将开平煤矿卖给英商墨林,成立了"开平矿务有限公司"。直隶总督袁世凯认为此举"为万邦所腾笑",遂与英人交涉收回开平煤矿,但未成功,即于1906年12月筹建"北洋滦州官矿有限公司",意在"以滦制开"。1908年、1909年,滦州公司先后开凿了马家沟矿和赵各庄矿。

1912年,开平、滦州两公司联合营业,组成"开滦矿务总局"。

1914年,开滦第一洗煤厂在林西组成。

1931年,唐山矿、林西矿、马家沟矿和赵各庄矿,年产原煤共500余万吨,而西北井于1920年因透水而废弃。

1937年,日本侵占开滦。1939年,组成"开滦炭贩卖株式会社";1941年,开滦煤矿被侵华日军接收并实行军事管理;1945年由国民政府经济部接管;1948年,人民解放军东北野战军解放开滦各煤矿。

2. 井陉煤田

1898年(光绪二十四年),井陉县文生张凤起在横西村购地18亩,经直隶总督批准采煤。1903年,张凤起与德国人汉纳根在横西村煤矿合办"井陉县煤矿局"。1903年、1905年先后开凿南井和北井(现井陉二矿)。

1906年,直隶总督袁世凯决定将井陉煤矿收归官办,取消张凤起的矿权。1908年,袁世凯与汉纳根议定了《中德合办井陉矿务局合同十七条》,清政府予以批准。该合同,因爆发第一次世界大战、中国对德宣战而于1918年废止,井陉矿务局由北洋政府农商部、财政部和直隶省署联合接收。

1923年开凿新井(现井陉一矿)。井陉矿务局年产原煤达50余万吨。

1909年,杜希五等筹建了"华丰公司",开办"黄家沟煤矿",北以绵河为界与"井陉矿务局"相邻。1912年,"华丰公司"改为"正丰煤矿股份公司",段祺瑞任总经理。1918年,开凿凤山矿(今井陉三矿)和荆蒲兰井,使用新法开采。其时,各矿年产原煤共约30万吨。1943年开凿西斜井和东斜井。

1937年,日军对井陉煤矿实行军事管理;1940年,成立井陉煤矿股份有限公司;1945年,由国民党河北省政府接管;1947年,井陉、正丰两煤矿相继解放。

3. 邢台煤田

1882年(光绪八年),北洋大臣李鸿章委派钮秉臣试办"临城矿务局",以高邑祁村、临城一带为矿区,土法开采小煤窑22处,并成功于1905年与比利时第二次合办。1934年开凿祁村北井,1935年全矿被淹而停产。

1922年,北京人冯树开建"公孚煤矿"(现章村煤矿),建矿井16处,年产原煤约10万吨。1937年被日本侵占;1945年8月日军投降后,由太行专署工商管理局接管,改称"大众煤矿"。

4. 峰峰煤田

图6-16-2　比利时资本家在邯郸开的六河沟煤矿

1903年(光绪二十九年),安阳人马吉森与山东人谭士祯集资在磁县六河沟开凿和顺井,土法开采烟煤;1907年,成立"六河沟煤矿股份有限公司"(图6-16-2),机器采煤。六河沟煤矿自开办后,先后开凿13个立井和3条主巷道。七七事变后,矿厂被日军占领,实行"军管理"。1938年,复兴、和顺两井先后投入生产,矿井有:观台立井5口、斜井1口,台寨立井4口、斜井1口。

1908年,北洋军将领曹汝霖、杨以俭在磁县西佐村创办"怡立煤矿股份有限公司",先用土法开采,后购买提煤绞车,新法开采。七七事变后,矿区被日军全部占领,实行"军管"。1943年,成立磁县炭矿有限公司。

1909年,直隶总督杨士骧派人创办"北洋磁州官矿有限公司",收买了武安县薛村的"信成公司"煤窑。因管理不善,1931年实业部撤销其矿权。

1909年,李墨卿创办"中和煤矿有限公司"。1912年在磁县峰峰村建矿(现峰峰二矿);1920年建太安井;1923年开凿东大井,1934年投产,年产量约20万吨。磁县永安公司于1935年在南大峪建两个斜井采煤。

1937 年,日本侵占峰峰煤矿;1945 年,中国共产党领导的军队解放峰峰煤矿;1948 年,成立"华北公营峰峰煤业公司",辖通顺矿、太安矿、和村矿、郭二庄群众煤矿和圪塔坡煤矿;1949 年 9 月,改为"峰峰矿务局"。

5. 下花园煤田

1907 年(光绪三十三年),平绥铁路局在宣化开办鸡鸣山煤矿。

1909 年,涿鹿人李惠臣在下花园玉带山用机器采煤。

1913 年,在下花园矿区开办"宝兴煤矿",1914 年成立"宝兴煤矿有限股份公司"。1919 年在上榆树地开凿一号井;1936 年在涿鹿县下榆树地开凿三号井。

1921 年,创办"天兴煤矿",1934 年与"华北煤矿"合并,成立"兴华煤矿",1945 年由晋察冀边区政府改为公私合营矿,1948 年更名为"武家沟煤矿"。

1930 年,宣化县在下花园红砂石山建"厚丰煤矿",1938 年因火灾停产。

1938 年,日本人在玉带山北麓建花园、玉带两个斜井,称"花园炭所"。

1937 年,日军侵占下花园煤矿;1945 年,日本投降,解放区政府接管下花园矿区;1948 年,中国人民解放军第二次解放该矿区。

6. 柳江煤田

1914 年,华商李治在临榆县(现抚宁县)集资创办"柳江煤矿公司",先以土法开采,后用新法开采。1915 年建成南、北斜井出煤,年产原煤 15 万吨左右。

1916 年,当地商人刘珍甫等兴办"兴业煤矿公司",于 1922 年被军阀齐燮元、冯国璋、曹锟等收买,更名为"长城煤矿有限公司",在上庄坨、石岭村建矿。1937 年,成为中日合办的"长城煤矿股份有限公司"。

1930 年,临榆县曹家田煤矿开凿斜井和立井。临榆各矿山于 1937 年被日本侵占,1945 年日本投降,由国民政府接管。

7. 门头沟煤矿

1879 年,由华商段益三创办通兴煤矿。此矿位于直隶省宛平县门头沟,1896 年(光绪二十三年),段益三与美商施穆合股合办通兴煤矿,它是第一个中外合办煤矿。1912 年,易名为通兴煤窑股份有限公司,到 1920 年成为了门头沟最大的煤矿。

1913 年,由华商何裕端与比合办初创。1920 年 7 月正式成立新的门头沟煤矿公司,开凿两个立井,1923 年正式投入生产。1941 年,公司被日军占领,实行"军管"。

1920 年,由矿商何荫棠在门头沟郝家房村创办利丰煤矿公司。1937 年沦陷后改为中日合办。

宛平大台煤矿包括大安山坑和清水涧坑,1920 年,开始以土法开采。1939 年,正式成立大台炭矿。

(二)陶土和瓷土[2]

1. 涞源县烟煤洞石棉矿

据记载,该矿 1917 年已有民采,1919 年郝宝珍的蓬沅公司,1932—1935 年贾树声的仲达公司,1934 年张致隆及 1937 年以后日本人均在此设厂开采。

2. 曲阳县羊平大理石矿

该矿区汉白玉大理石开采历史悠久。据曲阳县县志记载,从东汉开始有人开采,到清朝达到兴盛时期。

3. 宣化县堰家沟膨润土矿

该矿 1945 年以前曾在立石村南金疙瘩湾进行过少量开采。

第二节　矿产开采技术与采掘工具的变革

18 世纪 70 年代,西方开始了产业革命,采矿技术亦随之突飞猛进,而中国则仍然停留于小农业生产,矿业生产只是农余副业,采矿技术长期停留在手工操作阶段,直到 19 世纪 70 年代中期,才开始出现以使用蒸汽动力机为特征的近代矿业。当时人们把使用西方机器采矿叫做"新法开采"或"西法开采",而把使用传统的手工工具采矿,叫做"旧法开采"或"土法开采"。值得指出的是,当时所谓"机器采矿",仅仅是指在提升、通风、排水三个生产环节上,使用以蒸汽为动力的提升机、通风机和排水机,而其他生产环节仍然是靠人力或畜力。这种技术状况大概延续到了 1949 年。

一、矿井开拓方式的变化

中国古代采矿技术有着光辉成就。比如,当西方许多国家还不知道煤炭是什么东西的时候,中国已用桔槔(公元前 1 700 年发明)和辘轳(公元前 1100 年发明)做提升工具,从事煤炭开采。但是,自18 世纪西方开始第一次工业革命之后,采矿技术日新月异,中国的采矿技术却停步不前,逐渐落后,到19 世纪下半叶,中国学习西方开始应用新法采矿时,采矿技术已比西方落后了 100 至 150 年。中国随着采矿机器的应用,引起了开采技术的一系列变革。首先,矿井开拓方式发生了明显的变化。

这里特别提出煤矿的矿井开拓技术。旧式手工煤窑,多沿煤层露头挖凿小立井或小斜井;在山区则多用平硐。小立井的形状有四角形、六角形、八角形及圆形等数种,四角形井筒又有长方形及正方形之分,但以长方形居多。斜井及平硐的形状皆为梯形。由于受提升和排水能力的限制,井筒深度一般只有二三十米(个别井达一百多米),沿煤层走向的采掘范围一般也只有几十米。在这种情况下,开拓与采煤,采煤与掘进很难区别,没有形成明显的开拓、采煤系统。自新式煤矿诞生后,尽管开拓方式仍保留有旧式手工煤窑的痕迹,开采范围的扩大、回采与掘进的区分,还是逐步形成了比较完整的开拓和采煤系统。

近代煤矿的开拓方式,从表面上看,与旧式煤窑没有什么区别,仍是立井、斜井和平硐。但仔细考察,井筒的形状、大小、深度和支护方法,都有了很大的差别。新式煤矿的井筒形状以圆形居多,少数为方形和多角形。圆形井筒,井壁支护受力状态好,耐久,井筒断面有效利用率大,故大型矿井多采用之。多边形井筒(四角、六角或八角形),井壁易以用木料或砖、石支护,施工技术要求较简单,故中小型的出煤井或通风井常常采用。河北省近代煤矿井筒的大小、深度和支护方式以开平唐山矿和林西矿、滦州煤矿、井陉煤矿为代表,见表 6 - 16 - 1。

由表 6 - 16 - 1 可知,河北省近代煤矿的井筒深度和井筒直径,已比手工煤窑大得多;开采范围也比旧式手工煤窑大得多,平巷长度一般都在几百米乃至上千米,个别已达二三千米;井筒支护,多用石料或砖,这与那些既浅又小,不做支护或用少量木料支护的旧式手工煤窑相比有了很大变化。这些变化是由下列因素引起的:①提升机、通风机、排水机的应用,提供了加大开采深度和范围的可能性;②矿车的应用(个别矿井还使用了电机车),提高了运输效率,提供了加长巷道、加大开采范围的可能性;③开采范围的扩大,矿井产量的增加,矿井服务年限的延长,要求井筒支护作相应改进,于是以坚固、耐用、便于施工为特征的砖、石支护便日益增多。

表6-16-1　1936年以前河北地域内部分近代煤矿井筒状况

煤矿名称	井筒形状	井筒直径(尺)	井筒深度(尺)	井架材料及高度(尺)	井壁材料	建井时间(年)	资料来源
开平唐山矿							(1)《中国十大矿石调查记》,开滦篇,第31~32页
一号立井	圆形	14	1 200	铁质,70	石料	1878—1881	
二号立井	圆形	14	546	铁质,30	石料	1878—1881	(2)《开滦煤矿各矿建矿时间及各井投产时间资料汇编》
三号立井	圆形	16	1 400	铁质,85	石料	1878—	
开平林西矿							
立井	圆形	14	600		石料	1889—1892	
滦州煤矿							同前(1),第55页
马家沟南井	圆形	18	685	铁质,30米	石料	1908—1910	同前(2)
马家沟北井	圆形	12	450	木质	石料	1908—1910	
赵各庄一号井	圆形	13	600		石料	1908—	
赵各庄二号	圆形	12	300		石料	1908—	
赵各庄三号井	圆形	12	300		石料	1908—	
井陉煤矿南井	圆形	4.5(米)	184(米)	木井架	石料	1902—	《矿冶》第六卷,第19期,第180页
六河沟煤矿 　观台立井 　(3个)	圆形	2、2.8、3(米)	44~77.5米	木质,最高为12米	石料	1908—1911	(1)《平汉线六河沟煤矿道情陇海两路沿线煤矿及陕北各煤矿调查报告》,第15页
观台斜井	梯形	高2米宽2.5米	不等178米		木料		(2)《中国十大矿厂调查记》,六河沟篇
门头沟煤矿 　东、西立井	圆形	直径16尺	600尺	木质42尺	砖	1908—	董纶:《平绥铁路沿线煤矿报告》下册,第8页

注:根据《中国近代煤矿史》编写组:中国近代煤矿史一书表3-8-1(第174—176页)删减整理。

二、采矿方法与采掘工具的变革

旧法采矿比较简单,凿井见矿后即沿矿层走向或倾斜方向挖掘矿洞(即巷道)取矿,掘进与回采合一。随着机器的应用,开采规模的扩大,采矿方法逐渐变得复杂起来,在掘进一系列巷道后,再大规模地进行回采,掘进与回采分开。由于巷道布置的不同,回采工艺的差别,因而便形成了各种各样的采矿方法。

在各矿种采掘中,近代煤矿应用最早、最广的是残柱式采煤法(简称"残柱法")。它是在手工煤窑基础上发展而来的,保留着若干手工煤窑开采的特征。在残柱法的基础上,又逐渐出现了其他新的采煤方法。水砂充填采煤法、引柱采煤法和土石充填向上阶段采煤法、走向长壁采煤法。开滦煤矿出现急倾斜煤层倒台阶采煤法,并由残柱法发展到走向长壁法,经历了缓慢的过程,直到1949年以后,残柱法才逐渐被长壁法取代。

下面按时间先后顺序,将河北近代煤矿的采煤方法概述如下。

1. 残柱法

当时有的地方也叫房柱法,有的又叫切片法或区划法。应用于厚煤层,有时又称高落式采煤法。其巷道布置是:沿煤层走向一条大巷和若干条顺槽,顺槽之间与顺槽和大巷之间的距离均是二三十米;沿煤层倾斜开上(下)山,上(下)山之间的距离均为二三十米。于是在采煤区域内,形成棋盘形之坑道,而坑道之间存留二三十米见方的煤柱,备日后回采。回采时,先将二三十米见方的煤柱,用纵横两巷道分成4个小煤柱,再次将此小煤柱分为更小的煤柱。其大小视煤质软硬、顶板好坏而异,自3平方米至5平方米不等。拆取最小煤柱时,一般先采煤层下部,再将支柱移出,待煤层上部自行塌落后,以铁制长柄扒钩将煤扒出,装筐外运。若煤质坚硬,不易自行塌落,则用炸药崩下。

采区大范围回采煤柱的步骤,一般是从最边煤柱开始,循序而行,形成一大斜面,距大巷较近之煤柱,回采一般为最后。

回采煤柱,除前述方法(陷落法)外,在厚煤层中还用一种分层充填法,将采完煤的空洞用矸石或炉渣加以充填。由于用分层充填法回采煤柱有许多缺点,在第一分层内所填之矸石易形成凹凸状,给回采工作带来很多不便,而且搬运充填材料极为费工,回采第二层时顶板往往已裂,不待充填即行塌陷,给回采工作造成极大困难,因而很少采用此法。

开滦煤矿在厚煤层中用残柱法采煤,巷道布置有所发展,开滦称之为厚煤层切块陷落法。如图6-16-3,在一厚30英尺的煤层中,大巷与顺槽均沿底开凿。回采顺序,起自最上顺槽,依次而下。先由顺槽向上,沿底每隔10英尺左右开一上山,直至离上部采空区约10英尺处(此10英尺煤皮不采,用以防止采空区岩石下坠)。在上山之间,沿倾斜方向每隔10英尺开一小顺槽,在上山与小顺槽交接处开一煤门,直至顶板,如煤质坚硬,沿顶板再开上山及顺槽,否则仅开顺槽。煤层中部亦同样开凿上山及顺槽,如煤质松软,或煤层厚度小于20英尺时,可以不开中部的上山及顺槽。用这种方法将煤层切割成若干方块。回采时,逐渐将上山、顺槽、煤门扩大,使方块缩小,再拆去支柱,方块体便自动下坠(陷落)。若无自坠之势,则用长杆触之,使其坠落,顺序如图6-16-3中1、2、3、……所示。

残柱法在用手工回采的条件下,几乎适用于各种倾角、各种厚度的煤层。根据生产的需要,可以在同一采区回采若干个煤柱。但是,这种方法的回采率很低,煤层愈厚,顶板愈破碎,回采率愈低,在厚煤层中一般仅能回采20%~30%[3]。

工人采煤时所用的工具,主要是镐、凿、锤、枪、钩、铲和筐,不仅劳动强度大,而且常常要在残柱下面抢煤,相当危险。鉴于此,残柱法后来逐渐被淘汰。

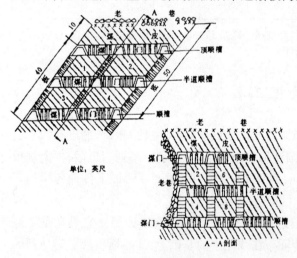

单位:英尺

图6-16-3　厚煤层切块陷落法

2. 洒砂充填采煤法

洒砂充填采煤起源于美洲,后传入欧洲英、德等国。此种方法又叫作"水平累段充填采掘",与煤层的倾斜无关,回采工作面沿水平方向推进,充填材料用河砂。

充填材料的输送,是用7英寸钢管,以水流输送。在需要充填的采空区入口处,安设堰堤,最初沿用德国的方法,用木板筑成。这种堰堤,常因水位上升,水压加大而崩溃。1920年改用秫秸编席代替木板,充填余水自席孔漏出,防止了因水压过大而溃堰堤事故的发生。但是,随着开采深度的增大,沿水平方向采掘的洒砂充填法,愈益显出其缺

点,工作面颇难保持坚固。为克服这种缺点,1921年又进行了改革,采用"升向累段倾斜长壁法",既使工作面集中、便于管理,又有防止落盘(冒顶)和瓦斯积聚。

用泥砂作充填材料,成本既高,又不便回采。因为,充填余水中含有泥土,流至坑道,泥泞难走,妨碍运搬。1930年,遂用干馏后的废页岩作充填材料。使用不久,由于废页岩中常混有未经提油的生页岩,因而充填区域时有自燃发火的危险,不得不再用粘土加5%~7%的石灰浓液,注入充填区域的空隙,以防其氧化发火。至此,充填问题终于圆满解决了。

3. 引柱采煤法

其巷道布置是:沿煤层走向开凿运输大巷,每进 100 尺沿倾斜开一上山,每上 30 尺开一小顺槽(与大巷平行)。在靠近上一水平运输大巷处留 30 尺煤柱,以保护大巷。回采顺序由上至下,先于最上部回采宽 6 尺、长 100 尺的煤柱,然后撤去支柱,使其上之煤(宽约 6 尺)自行陷落,依序向前,由上至下,采至下面距运输大巷 18 尺处,遂行中止。此法的实质,仍是残柱法。

4. 上向梯段充填回采法

其巷道布置是:先在运输大巷上方,留宽 30 尺的煤柱,在煤柱上方开一小平巷,每进 100 尺,沿倾斜方向开一上山,用作通风及运煤。然后,自小平巷开始采煤,同时向仰斜方向及走向方向推进。采空区则用土石充填,所采之煤由上山落至运输大巷。充填用土石,由上运输道运入,经卸石处落下,再用煤车运至所需充填处。这种方法由于安全性不好,充填量大,操作困难,未能推广。

5. 走向长壁采煤法

先在小槽煤中试行走向长壁机采充填法。在煤层内沿倾斜方向每隔 100 米开一小巷,相邻两平巷间,在井底保安煤柱外侧,沿煤层倾斜开一长 100 米的斜巷(开切眼),此即长壁法采煤之起点。采煤用割煤机,运煤用簸运机(在 100 米长的回采工作面应用割煤机沿走向推进,在中国近代煤矿中实为首创)。采空区用土石充填。其方法是:在运煤机后面垒筑石槽,墙宽约 8 米,两墙上下相距 6 米。其石料即系崩落两墙间的顶板而得。

6. 露天采煤方法

我国近代使用机械进行露天采煤,始于 1914 年,露天矿最初用人工打眼放炮剥离表土。1915 年,开始从美国购进蒸汽铲进行机械剥离。剥离工程全部使用机械,其工艺过程大概是:在用穿孔机打眼之后,装药放炮,松动岩石或煤层,再用汽铲把剥离物装入翻车或煤车,分别将矸石运往弃置场,将油页岩运往制油厂,将煤运往洗煤厂。露天采掘坑呈椭圆形,有若干个台阶(采掘段),台阶高约 9 米。每一台阶均铺设有运输铁轨。

近代煤矿回采工作面使用的工具,仍以手工工具为主,割煤机、电钻虽有使用,但为数极少,这种状况一直延续到 1949 年。割煤机、电钻约于 20 世纪二三十年代从国外引进,仅在个别矿使用。

近代煤矿掘进工作面极少使用机械,主要靠人工打眼放炮。岩石巷道掘进,风钻是唯一的机械设备。1914 年左右,掘进工作面使用过大型电钻,钻机重 400 磅(181.44 千克),在砂岩中打眼,钻深可达 1 米左右。

回采、掘进工作面应用火药,在近代已是普遍现象。开平煤矿在投产初期,每月需炸药 1 吨。当时所用的起爆药,有导火线及电雷管,不过当时电雷管还不多,只在重要工程上使用。到 20 世纪初,各大煤矿已都有炸药库。所用炸药以黄色炸药(硝铵炸药)为主,黑火药亦占一定数量。黑火药是中国在公元六七世纪发明的,13 世纪传入欧洲,17 世纪用于采矿,在生产中起着重要作用。

三、矿井提升运输工具的改进

矿井提升工具的变革,是采矿业向纵深发展的关键。旧式采矿使用辘轳提升矿石。譬如,采煤,辘轳提煤还可分手摇式与马拉式两种。由于骡马提升拉力小、速度慢,因而同样严重地限制了煤业生产的发展。

近代煤矿诞生后,初时从西方引进蒸汽绞车作提升机,继后引进电动提升机。自 1780 年英国诺伯兰威灵顿煤矿首次使用蒸汽绞车提煤,到中国基隆、开平煤矿引进蒸汽绞车提煤,其间经历了 100 年。而从 20 世纪初电动绞车在西方问世到引入中国煤矿使用,其间只经历了一二十年。开滦煤矿提

图 6 - 16 - 4　1912 年马家沟煤矿
绞车复原图

升机的更新换代过程,基本上反映了中国近代煤矿使用提升机的历史。

1881 年,开平煤矿(后称唐山矿)安装蒸汽绞车(用 150 马力即 110.32 千瓦的蒸汽锅炉给汽),运行投产,日提煤能力 500 吨。1891 年,开平煤矿改装 500 马力(367.75 千瓦)蒸汽绞车。1908 年,开平公司林西煤矿安装 1000 马力(735.50 千瓦)蒸汽绞车投入生产。这种汽绞车是英国 1906 年出产的最新产品,在当时中国近代煤矿使用的蒸汽绞车中数它最大。图 6 - 16 - 4 为滦州马家沟矿的蒸汽绞车。由于汽绞车存在许多缺点,热能损失大,效率低,设备庞大,操作不便,后来逐渐被电动绞车所取代。

1920 年,开滦赵各庄矿四号井首先安装了 75 马力(55.16 千瓦)的电绞车,日提煤能力 800~1000 吨。1922 年,该矿又安装 1175 马力(864.21 千瓦)电绞车一台,投入运行。1926 年,赵各庄矿一号井用 1340 马力(985.57 千瓦)电绞车替换了原有的汽绞车。1936 年,唐山矿二号井也改装 1175 马力(864.21 千瓦)电绞车。1948 年,唐山矿三号井、林西矿四号井各安装一台 3000 马力(2206.50 千瓦)电绞车,投入运行[4]。

开滦煤矿在中国近代是最大的煤矿,其提升设备也比较先进,反映了近代矿井提升所达到的技术水平,可与同时期的外国煤矿媲美。表 6 - 16 - 2 是 1936 年前河北地域内部分矿井提升设备简况,基本能反映出当时河北地域内煤矿提升设备的能力和水平。

表 6 - 16 - 2　1936 年前河北地域内部分矿井提升设备简况

矿井	绞车	日提煤能力 (吨)	钢丝绳直径 (毫米)	资料来源
开滦唐山矿 　一号井 　三号井 　二号井	500 马力汽绞车 500 马力汽绞车 65 马力汽绞车 (1936 年换 1175 电绞车)		35 40 25	袁通:《开滦矿务总局调查报告》
开滦林西矿 开滦赵各庄 一、三号井	1 000 马力汽绞车 1 340 马力电绞车			开滦矿务局档案处:《开滦各矿建矿及投产时间资料汇编》
六河沟矿 　台寨东井 　台寨西井 　观台和顺井	90 马力汽绞车 36 马力汽绞车 50 千瓦电绞车		31 23 25	《平汉、道清、陇海路沿线及陕西煤矿调查报告》,第 15 页
门头沟矿 (东、西井)	120 马力汽绞车	合计 1700	25	《平绥路沿线煤矿调查报告》,下册,第 149 页

注:根据《中国近代煤矿史》编写组:中国近代煤矿史一书表 3 - 8 - 2(第 193—194 页)删减整理。

20 世纪二三十年代,近代煤矿的井下运输,相对于矿井提升是落后的,机械化程度相当低。回采工作面和小顺槽一般都无运输机械。回采工作面采下来的煤,装入箩筐,由人背(或拉)至上山或运输平巷。开滦矿在小顺槽中使用过一种特制的小平车。上山运输,使用滑车和绞车居多。大巷运输多数为人力推车,或畜力拉车。开滦、井陉、六河沟等都用骡子在大巷拉车,通常,一匹骡子可以拉四五个煤车(约两吨)。

四、矿井通风排水方法的改进

旧式手工煤窑全靠自然通风(少数用人力风扇辅助通风),风量小,限制了生产的发展。19 世纪
70 年代,开始从西方引进通风技术,采用机械通风,解决了由于矿井风量不足而限制生产发展的问题。
通风机有两种,一为抽出式,一为压入式。其动力初为蒸汽,到 20 世纪 20 年代左右,逐渐改用电力。
扇风机的大小不等,可由几十马力至几百马力。扇风机的风量,由每分钟几百立方米至一万多立方米
不等。

近代煤矿产量较多的矿井,一般都采用机械通风,但瓦斯涌出量很少的矿井,仍然用自然通风。
用自然通风时,受季节气候影响,春秋时节地面与地下气温相差不大,自然风流不强,有的矿井则采用
在出风井口加设火炉等方法,以增强自然风流,提高自然通风效果。表 6 - 16 - 3 列出了 1936 年前河
北部分矿井通风机简况。

表 6 - 16 - 3　1936 年前河北地域内部分矿井通风机简况

煤矿名称	通风机类型	风量	资料来源
开滦唐山矿	有新旧 2 台抽出式电扇。旧者直径 4.3 米,用 350 马力电机带动;新者直径 4 米,用 375 马力电机带动	均为 2 600 米³/分	《开滦矿务总局调查报告》,1934 年
井陉煤矿	有抽出式风机 2 台,均用蒸汽推动。40 马力单缸卧式风机,风轮径 1 米;100 马力单缸卧式风机,风轮径 2 米	800 米³/分 2 000 米³/分	《矿冶》第六卷,19 期,第 187 页
六河沟观台井	55 千瓦抽出式风机 1 台,电力带动	300 米³/分	《平汉、道清、陇海路沿线及陕西煤矿调查报告》,第 17 页

注:根据《中国近代煤矿史》编写组:中国近代煤矿史一书表 3 - 8 - 3(第 198—199 页)删减整理。

为了改善矿井通风,近代煤矿在二三十年代已广泛使用风门、风席、风墙和风桥。局部扇风机的
使用也逐渐增加。

矿井排水是煤炭生产发展的又一关键环节。旧式手工煤窑排水的方法,主要是肩挑、手戽、水龙
吸、牛皮包提,往往无法排除大量的矿井水,致使煤窑不能深采。19 世纪 70 年代,开始从西方引进排
水机械,解决了矿井排水问题。在开平煤矿安装了我国引进的第一台水泵,叫“大维式抽水机”,排水
能力每分钟可从 600 尺(三百米)的深井中抽出 781 加仑(3.5 吨)的矿井水[5]。从世界上发明第一台
蒸汽泵到中国开始引进,约经历了 180 年,这 180 年即是中国近代煤矿落后于西方近代煤矿的时间。

近代煤矿引进的排水机,最初都是以蒸汽为动力的汽泵,到 20 世纪初的 10 年前后,才陆续出现
电力推动的电泵。六河沟煤矿则有 79 马力、200 马力两台离心式电泵进行矿井排水。门头沟煤矿则
有 270 马力、320 马力两台立式电力吊泵和 500 马力、108 马力两台卧式电泵进行矿井排水。

近代矿井排水,除了用水泵排除自然涌水外,还注意在小煤窑遗迹多的地区打钻放水。这一点,
中兴煤矿做得较早。中兴矿区四周,旧日手工煤井星罗棋布,井内积水甚多,一旦掘透,必然溃决为
灾。此类灾害事故,曾发生多次。1929 年,该矿购得一种煤钻,用手摇动可钻进煤层四五十米,最远可
达 100 米。用此煤钻探放了该矿区许多老窑积水,避免了多次可能发生的较大灾害事故[6]。

近代河北各煤矿的排水方法大同小异,一般都是把井下各处的水设法集中到井底水仓,再用汽泵
或电泵排至地面。至于各矿排水设备的多寡,则随矿井涌水量的多少而不同,相差悬殊。有的煤矿涌

水量不大,只在井底设水泵,下山坑道的水则用人力挑至井底水仓。

五、矿井照明、支护及其他安全技术措施的改进

1. 矿井照明

近代矿井照明方式是多种多样的,油灯、电石灯、安全灯、蓄电池灯及电灯都有,各矿井因瓦斯大小而用灯不同。1884 年前几年全是用明火灯,1884 年,开平煤矿第五坑因发生瓦斯爆炸,部分改用安全灯[7]。

1918 年嗣后,中兴公司、开滦煤矿逐步改用蓄电池灯。到 1934 年,开滦煤矿除唐家庄矿外,凡用安全灯之处均改用蓄电池灯。所用的蓄电池灯一部分为自制,一部分购自比利时。六河沟煤矿使用当地出产的厚玻璃茶壶状油灯,外面用藤编织保护,灯头很大,形状颇怪[8]。

2. 矿井支护

近代回采工作面及煤巷的支护方法,与旧式手工煤窑没有区别,均用木材支护,回采工作面多用单柱,煤巷多用一梁二柱棚子。但在石门、运输大巷,则有不少矿用青石或砖砌拱。井底水泵房和其他重要硐室,多用钢筋混凝土构筑。立井井筒支护如前述,多用料石或砖。小立井和斜井则多用木支柱。

3. 安全技术措施

近代煤矿除了改善通风、排水、支护和照明之外,为预防灾害事故,先后出现了防煤尘瓦斯爆炸、防水害等的技术措施。

1920 年左右,开始在各坑巷道内撒水,防止煤尘飞扬;在有瓦斯的附近各处撒岩粉,以铺盖煤尘,预防煤尘爆炸。

防火措施主要有:(1)严禁工人在井下吸烟,或带引火物下井;(2)巷道内预备水、土、砂石及铁车,发现火情,或用水浇灭,或将着火物用铁车运出,或在要隘处筑墙密闭;(3)购置防毒救护器(当时称救命器),一旦发生火情,救护人员立即前往施救。

防水措施除打探水钻外,一般在巷道内备有水泥、石灰、木、石、毛毯等物,一旦出现冒水险情,急用水泥、木石等物择地堵塞。

第三节　矿产品选洗与加工技术

一、煤炭的洗选与加工技术

旧式手工煤窑全用手工选煤。到 20 世纪二三十年代仍有不少近代煤矿采用手工选煤。手工选煤不仅是为了拣出矸石,而且是为了把煤按大小块分级外运销售。煤矿坑内采得之煤,由领岔道的领事员按煤块大小,分为大(100 斤以上)、中(60 斤以上)、小(20 斤以上)、碎(20 斤以下)、末(细末)五级,分别运至坑外,各置一处,以便外运。但末煤因销路不广,往往弃置坑中不用。

选煤,在产量和销售量不大的情况下,应用手工已足够了。但随着产量和销售量的增加,特别是焦炭用量的增加,煤的洗选日益显得重要,落后的手工洗选已不能满足要求,故出现了机械洗选。

机械洗煤从西方传入中国是在 19 世纪 80 年代。开平煤矿安设了中国第一台选煤机,但它的型号、能力已无资料可查。嗣后,开滦林西矿于 1914 年和 1917 年先后购置 2 台鲍姆式(Baum Systam)洗煤机(跳汰机),建起两个洗煤厂,各种洗选设备均由电动机带动,总功率分别为 295 和 355 马力。

1927年林西矿又建立一座新的选煤厂,叫第三洗煤厂。采用追波式(Draper Systam)洗煤机及泡沫浮选机,设备新颖,洗选开滦末煤效果较鲍姆式洗选机好。

其洗煤程序大致如下:原煤经一英寸筛条筛分,末煤由升高机送至3种筒形筛,筛在水中转动,依次分别筛出7种末煤,将其中粒度为1至1/16英寸的6种末煤,分别送至洗煤管洗之(每种末煤用两个洗煤管,共有12个洗煤管),净煤由管口流出,复经洗煤管重洗一次,这时净煤分为两种,灰分低者由管口流出,灰分高者由管底输出,分别经滤水输煤机送至离心式淋干机,除去水分后,分别运存。原煤经过筛分,所剩之细末,小于1/16英寸者不适用追波洗煤管洗选,故送至泡沫浮选机洗选。浮选机有11箱,洗沫依次流动,前五箱所得之净煤为一等煤,后六箱所得者次之。净煤之水分,由滤水机除去,然后与洗煤管之净煤分别混合,备载运销[9]。

直到1936年,其他煤矿的洗选设备还都比较简单,远不能与林西矿的洗煤厂相比。

表6-16-4　1936年前河北地域内部分煤矿洗选机简况

煤矿名称	洗选机类型	安装时间	资料来源
开滦唐山矿	一号井旁安设扣克司(Cox Screens)筛煤机二架,小时筛煤能力分别为60吨、30吨 三号井旁安设摇动式筛机(Shaker Screens)两架,每架小时选煤能力为100吨,筛板孔径为31厘米和25厘米		袁通:《开滦矿务总局调查报告》,1934年油印本,第15—16页
开滦林西矿	第一、第二洗煤厂各安设鲍姆式洗煤机一台 第三洗煤厂安设追波式洗煤管	1914—1917年 1927年	《开滦矿务总局调查报告·林西矿篇》,第52—53页
井陉煤矿	孔径分别为3、1.5、0.5英寸的筛煤机,日筛煤能力2000吨洗煤机二台,11马力蒸汽机带动,日洗煤能力百余吨		1933年《矿治》第六卷,第19期,第168页
门头沟煤矿	电动筛煤机1台,筛孔分别为4、2.5、1英寸3种	1929年	董纶:《平绥路沿线煤矿调查报告》下册,第150页

注:根据《中国近代煤矿史》编写组:中国近代煤矿史一书表3-8-6(第211页)删减整理。

二、焦化产品

煤炭加工利用,在20世纪二三十年代之前,主要是炼焦和制作煤砖、煤球。炼焦在我国已有七八百年的历史。炼焦方法到了近代已达到相当完善的地步。

1. 炼焦

近代煤矿诞生不久,开平矿就建起了炼焦炉,所炼焦炭,部分供给我国第一个钢铁厂——汉阳铁厂使用。20世纪初,六河沟、井陉等煤矿都设有炼焦炉,用传统方法炼焦。传统炼焦法主要有两种,一是圆形炉炼焦的方法(简称圆形炉炼焦法);一是平地炉(长方炉)炼焦的方法(简称长方炉炼焦法)。开平煤矿使用圆形炉炼焦是一典型代表[10]。

圆形炉炼焦法:焦炉呈圆形,掘地为池,深挖约2尺,底部平坦,中央有一穴,名为风道,与地下进风、行人沟相通,以进空气。池上部与地面相平处,周围用砖砌成矮墙,墙高约3尺,周围墙脚下共有小孔9个,名为通风眼(有的地方叫火眼)。池径约16尺。

炼焦程序是:先以柴草少许堆积于池底中央风道中,将块煤围着中央风道堆砌至约2尺高。继而将末煤装入炉中,亦至2尺高,与块煤平。再用砖筑成烟道(又叫火道),将中央风道与四周通风眼连接。然后填末煤,直至高过矮墙,使成覆碗形。最后点燃柴草,引燃块煤,渐及末煤。点火后,每日用木覆踏压 1 次,至第十一二日,用木槌槌压,每日 2 次,约计 4 日,待火焰渐长,即可闭塞四周风眼,使火焰由顶上煤隙中取道而出,待某处烧透,即覆以灰土,如此逐渐至全部烧透为止,然后用水倾入,以熄其火,并再覆以灰土,约一昼夜后即可取焦。全部炼焦时间为两星期左右。

2. 制煤砖

煤矿最早用机器制造煤砖,约在 1901 年,因苦于粉煤过多,遂设立煤砖制造厂。

煤砖制造方法如下:将粉煤倒入螺旋输送机,再由带箱输送机运至楼房上层,经过筛煤机及磨碎机入于大号圆锥形之粉煤储藏槽。而沥青,则先用碎石机击碎,再由带箱输送机运至磨碎机入于小号圆锥形的储藏槽。在两个储藏槽的底下,各设有回转圆板桌,两槽内所储的粉煤及沥青,以一定的比例配备后,由输送管送入混料螺旋机进行搅拌,然后由带箱输送机送入加热炉。此时,沥青受热融化,并因受旋转搅拌力而分散于炉底的外缘,再经螺旋输送机进入蒸汽捏成煤砖,或经鸡蛋形滚压机而压成煤球。最后由输送机送入货车外运。

第四节　采矿技术教育与学术研究

随着洋务派运动的兴起和近代采矿业的诞生,西方采矿科学技术逐步引进中国,这不仅促进了矿业生产力结构的改变,也促进了旧教育制度的变革。在河北地域,中国第一所设有采矿专业的学校在天津诞生,专门或设立采矿、地质专业的高、中级学校也陆续开办,学术研究机构和团体相继成立。

一、天津中西学堂和唐山路矿学堂的创立

1. 天津中西学堂

1984 年的中日甲午战争,中国惨遭失败,许多有识之士逐步觉悟到,要图变法自强实效,对于教育的改革及专门人才的培养训练是当务之急,于是开始积极倡议效法欧美大专教育制度,创设高等学府,造就掌握近代先进科技的专门人才。1895 年 7 月,顺天府尹胡燏棻上变法自强疏,强调设立学堂以储人才[11]。

当时应运而生的首先是由获准设立的天津中西学堂(后改为北洋大学)。盛宣怀在《拟设天津中西学堂章程禀》中写道:"查自强之道,以培育人才为本。求才之道,尤宜以设立学堂为先","中国智能之士,何地蔑有;但将将才于俦人广众之中,拨使才于诗文帖括之内,至于制造工艺皆取材于不通文理不解测算之匠徒,而欲与各国絜长较短,断乎不能。"[12]

中西学堂 1895 年 10 月正式创立。设有头等学堂和二等学堂,学制均为 4 年。头等学堂为大学本科,内设法律、采矿冶金、土木工程及机械工程四学门。矿务学门的专业课有"深奥金石学、化学、测量矿苗、矿务略兼机械工程学。"

1902 年,学校改名为北洋大学堂。自创办之日起至 1949 年止,历时五十余载。此间尽管受时局等因素影响,校址几度迁移,校名几经易换,专业设置、学制亦多次更改,然而采矿冶金专业则始终保留着,培养了一批有真才实学的矿冶技术人才。

2. 唐山路矿学堂

唐山路矿学堂的前身是山海关北洋铁路官学堂。1877 年,洋务派官僚李鸿章在直隶省创办开平矿务局。为了将生产的煤由矿区运往天津,经清政府批准,在 1881 年修建了唐胥铁路,并逐渐延伸。

1896 年,津榆铁路总局(北洋铁路总局)创办了中国第一所铁路学堂——山海关北洋铁路官学堂。

1900 年,八国联军入侵,山海关沦陷,山海关铁路学堂教学被迫中辍,师生离散。1905 年 10 月,唐山建校工作开始。1906 年 3 月后称唐山路矿学堂。

该校校名几经更易,到 1949 年,先后定名为唐山工业专门学校(1912—1920 年)、唐山交通大学(1921—1937 年)、交通大学唐山工程学院、交通大学贵州分校(1937—1946 年)、国立唐山工学院(1946—1949 年)等称。1971 年迁往峨眉山,更名为西南交通大学。

二、采矿技术人员的教育与培训

随着近代矿业的逐步发展,有关当局对于矿业技术人员的教育与培训也逐步有所注意。在河北地域内,除天津中西学堂和唐山路矿学堂外,1898 年成立京师大学堂,内设地质学门;1913 年工商部附设地质研究所,专门培训地质人员(1916 年该所撤销);1924 年天津南开大学设立矿学专科;1929 年清华大学设立地学系;1931 年交通大学唐山工学院设立采矿冶炼系等。

近代矿业教育,以北洋工学院(即前北洋大学)最负盛名。该校创办时间最早,招收学生最多,讲授者多为当时国内著名专家教授,或有相当多的欧美学者。到 1936 年为止,北洋工学院矿冶工程系共计毕业生 30 个班,毕业生 311 人,当时肄业生尚有 4 个班,67 人,矿冶毕业生人数之多为各校之冠。交通大学唐山工学院设立采矿冶炼系毕业生 1 个班,11 人,还有在校生 35 人。

近代矿业教育的方式除上述正规学校外,还有一种非正规的短期训练班。1934 年,开滦矿务局在林西矿开办了工务员训练所,招收中学毕业生,学习有关采矿、机电知识,半天上课,半天下矿井劳动,为期不到两年,结业后分配到开滦各煤矿工作,部分人任外籍工程师的翻译。

三、研究机构与学术团体

1913 年,中国最早建立了矿业研究机构——地质研究所,附设于工商部。同时又成立了地质调查所,亦隶属工商部。在河北地域内,还有 1930 年 3 月成立的北平研究院地质学研究所,1934 年 12 月成立的北洋工学院工科研究所矿冶工程部。

在研究成果方面,应属实业部地质调查所丰硕,其内设的沁园燃料研究室(1931 年创设),备有当时的较多先进仪器,如各种化学仪器、测热计、电炉、显微镜等,对煤进行最新显微镜方法研究和普通物理化学方法研究。除其他地域外,仅河北地域就有:对北京西山无烟煤式结构、对磁县高级烟煤式结构、对开滦中级烟煤式结构等进行研究。北洋工学院工科研究所矿冶工程部,以该院矿冶工程系设备为主体,另添洗煤机、通风设备、显微镜等,除矿冶工程系教员兼任研究员研究有关矿冶问题外,并招收研究生精修矿冶学术,协助各种研究,成果亦见卓著。

矿冶地质学术团体,最早成立的是河北矿学社,1912 年成立于北平,会员有 78 人,创办有《开滦专刊》、《临城专刊》、《开滦矿务切要案据》等刊物。其次还有 1927 年起初设在北平的中国矿冶工程学会、1922 年设在北平的中国地质学会。

注 释:

[1] 《中国近代煤矿史》编写组:《中国近代煤矿史》,煤炭工业出版社 1990 年版,第 86—154 页。

[2] 李洪斌主编:《中国矿床发现史·河北卷》,地质出版社 1996 年版,第 150—153 页。

[3][4] 《中国近代煤矿史》编写组:《中国近代煤矿史》,煤炭工业出版社 1990 年版,第 178—180,190—192 页。

[5][6] 孙毓棠:《中国近代工业史资料》(下册),科学出版社 1957 年版,第 639,652 页。

[7] 孙越崎、严爽:《津浦铁路沿线煤矿调查报告》,1934 年油印本,第 31—32 页。

[8] 顾琅:《中国十大矿厂调查记·六河沟篇》,商务印书馆 1916 年版,第 10 页。

［9］　袁通:《开滦矿务总局调查报告·林西篇》,1934 年油印本。
［10］　《中国近代煤矿史》编写组:《中国近代煤矿史》,煤炭工业出版社 1990 年版,第 213 页。
［11］　陈学恂:《中国近代教育大事记》,上海教育出版社 1981 年版,第 64 页。
［12］　舒新城:《中国近代教育史资料》,人民教育出版社 1962 年版,第 138 页。

第十七章　近代医药卫生科技

在近代百年,随着西方列强的入侵,传教士把西方文化、医学大规模地传入中国,河北的医药卫生科技发展进入了新的特殊时期。传统中医在继承发扬古代中医学的基础上,进行了系统总结并多有创新。在诊病治疗方面,中医仍然发挥着主要作用。在西医传入我省以后,出现了中西医相抵制、相交汇、相渗透、相结合的格局。当时的中西医结合代表人物是盐山县的张锡纯,他为我国中西医结合发展作出了突出贡献。中国共产党领导的解放区医务人员,在极端困难的条件下,因陋就简,积极钻研业务,防疫灭病挽救了无数人的生命。著名外科专家诺尔曼·白求恩创造了在战地为伤员进行手术治疗的奇迹。

第一节　中医药学科技的发展与完善

一、中医学研究成就

1. 对《内经》的研究

1840 年鸦片战争以后,主要是结合西医学理论阐发《内经》医理,应用《内经》、《太素》之理指导临证实践。张锡纯对《易经》多有研究,精研《内经》、《难经》诸书,力主中西医汇通,注重实践,讲求疗效,结合临证阐发《内经》医理,有不少独到见解。他认为:"中医谓人之神明在心,西说谓人之神明在脑,及观《内经》,知中西之说皆涵盖其中也。"[1] 其《医学衷中参西录·医论》中专列"答陈某疑《内经》十二经有名无质"一论,认为"天下之妙理寓于迹象之中,实超于迹象之外,彼拘于迹象以索解者,纵于能窥其妙,实未能穷其极妙也"[2]。

2. 对伤寒论的研究

张锡纯著《伤寒论讲义》4 卷,系统总结了运用《伤寒论》指导临床实践的经验,此对证处方无不遵《伤寒论》之规矩,以各家学说为镜鉴,以临床实践为准绳,化裁古方独出新意。此书实为张氏平生治伤寒经验的所积,补伤寒之未备。

鸦片战争以后,进行了较系统的温病临床实践和总结,主要反映在《医学衷中参西录》一书中。该书列有"温病遗方"、"伤寒风温始终皆宜汗之说"、"论冬伤于寒者春必病温及冬不藏精春必病温治法"、"温病之治法详于伤寒论解"、"论伤寒温病神昏谵语之病原因及治法"、"论吴又可达原饮不可以治温病"等有关温病理论。

3. 对针灸的研究

张锡纯对十二经有名有质作了意义深刻的阐述,并批驳了有名无质论,对奇经八脉多有发挥,主张以冲脉为纲,还提出了一套新的取穴位法。头上穴,横量两眼之间为 1 寸,竖量以眉中间至鼻尖为 2 寸;身上定穴,横量以两乳头中间为 8 寸,竖量以膈歧骨下至脐中为 8 寸;腿上穴,以大指尖至跟齐为 9 寸。

4. 对中医诊断学的发展

在《医学衷中参西录》中,诸医案都列有诊断证候,复诊对脉诊记载分析尤详。医案中多有神经、血管、溃疡、溢血、充血等与藏象经络脉象汇参诊断,辨证分析别具一格。所撰“论革脉之形状与治法”,不仅指明了革脉的形状特点,而且还提出了与弦脉的辨别要领,在“论脑充血证可预防及其证误名中风之由”中,根据自己长期的临床实践提出了颇有针对性的诊断标准,具有一定的临床参考价值。

5. 临证方剂学成就

《医学衷中参西录》中的“方论”,共方 189 首,内有自制方 166 首。所创诸方,经过临床反复验证,疗效比较明显。他说:“遇难治之证先试成方,不效,不得不苦心经营,自拟制法,迨拟出用之有效,且屡用之皆能随手奏效,则其方即不思抛弃而详为录存。”所创诸方,涉及临证妇产、儿、五官、内、外诸科,药少功专,便于掌握。

6. 其他中医成就

《医学衷中参西录》中专列治疮科方。所列各门诸证医案,均列诊断证候,如列“论脑充血之原因及治法”、“论脑贫血痿废治法”、“论肺病治法”、“总论喘证治法”、“论胃病噎膈治法及反胃治法”、“论吐血衄血之原因及治法”、“论肝病治法”、“论肢体痿废之原因及治法”等 25 论。对女子症瘕治法及妇女科医案、方剂,作了探讨和总结。

二、其他名中医对中医临证各科的贡献

1. 中医内科

遵化刘尔科于五行生克之数,刻抉到微,常以数语发伏导郁,病者每不药而愈。这种以病因“发伏导郁”而愈病的方法,是对《内经》中“移情”疗法的巧妙运用,与现代“心理疗法”有异曲同工之妙[3]。

晋县杨稟琪,字翼垣,晚清河北晋县人,著有《寿世宝笺》一书,成书年代及内容不详。

1897 年(光绪二十三年)《大城县志》载:张国光,大城县人,长于医术,擅治奇疾,精于脉学,以暨朱丹溪、李时珍、张仲景之说,参观而相互发明,尤其对于张元素的汗、吐、下三法,临证时不偏不倚,于攻补之法折其中,善导而不尚攻,尚补而不尚泻,虽补而不偏于补,不攻而更妙于攻。抉阴阳之奥、泄造化之精、通八难于八风、别五声于五运。著有《脉诀指南》一书,未见传世。道光年间,厚赵官村李树患奇症,一呼则周身毫毛俱起,一吸则周身毫毛俱偃,消瘦日甚,命在旦夕。又有优生厚颖川次女,每患朝食暮吐,绿涎成胶,七日不食。此二症诸医皆束手,李氏却独见神奇。由是求治者朝夕造门,纷纷如市。

李德中(1819—?),字允执,号拙庵,直隶交河县(今泊头市)人。1897 年(光绪二十三年)撰成《医学指南》一书,1898 年(光绪二十四年)刊印。全书分 5 卷:卷 1 为辨证论治及医德;卷 2 对 52 种病症进行辨证论治,对症施方,计有 166 条;卷 3 包括妇科、胎产、产后、小儿科杂症等科目;卷 4 为眼科;卷 5 为李氏的医案摘录,计有 31 类病症。他主张医生须认症、明药、小心和立品,认为“治病莫拘成方”。在临床实践中,李德中非常注意观察和总结病症与病理及医理之间的关系,他说:“无定者,病也;一定者,理也。以一定之理,范围乎无定之病;一定者,理也,无定者,心也,以无定之心,变通乎一定之理。”中医脉诊主要是依据 24 种脉象来判断病因和病变部位的诊断手段,由于其“意旨难以领会”,所以李氏坦言自己“阅此道数十年矣”,然“脉之真诀茫然莫辨”,不过,“所堪自慰者亦唯于切脉

之时,兼以望与闻问,脉与症殊无大错耳"。通常长期的临床实践,李氏总结出了"即症诊脉,因脉识症"的一些辨证规律,它对于指导中医临床实践具有一定的参考价值。

戴方岩,号松乔,民国沧州人,精医术,每以少药见功,他认为:"用药如用兵,贵精不贵多。"[4]

柏乡魏汝霖著有《伤寒补注》和《金匮补注》。

1943年,杨医亚著成《伤寒论新解》和《伤寒评志校》。

2. 中医妇产科

中医妇科的范围包括历代文献所记载的调经、种子、崩漏、带下、胎前、临产、产后、杂病,亦即对经、带、胎、产、杂病等各类常见妇科疾病的预防和治疗。

永年县胡鲤诊一妇暴死,曰"当产血迷,非死也,且生男",使人撬其齿灌药而清醒,果生男。并探讨了幼年温热、痧疹预防和小儿疾病、耳聋。

枣强县李文奎制乌金丸,施治妇女产证。邯郸贺成功,凡妇女治病,服其方剂无不见效。吕丰年著《续增医方解集》首卷列治洋烟癖药方,洞悉源流,颇中其要。

3. 中医儿科

中医儿科有三大(麻疹、丹痧、水痘)传染行疾病,对幼儿的生命威胁很大,自古以来,颇受医家重视。麻疹是由外感麻毒时邪所引起的呼吸道传染病,而丹痧是由痧毒疫疠之邪所引起的一种急性传染病,至于水痘则是外感时行邪毒引起的急性传染病。因此,如何防治上述三种传染病,使其减少对幼儿健康的威胁,就成为此期河北中医儿科临床医学的重要内容。

陈钰,字联璧,晚清民国时期满城人,精医术,尤其擅长小儿科,求诊者无不立应,所全活者众,著有《痘诊秘诀》一书。

边佑三,字怡亭,晚清民国时期静海县(今天津市静海县)人,著有《痘诊精言》行于世。

张肇基,字培元,晚清民国时期南皮县(今沧州市南皮县)人,医学淹博,尤精痘诊,著有《痘诊要论》二卷。

马玫,晚清民国时期东光县(今沧州市东光县)人,究心《素问》、《难经》,其治痘疹尤多奇效,著有《痘诊浅说》一书。他说:"夫医者意也,泥以古方,或失则诬;执以浅见,或失则谬,若不神明变通于其中,而妄语医理之浅深,实不知医者耳。"可谓得《内经》医学思想之精髓。

王定愈,晚清时期正定县人,精于痘疹,著有《痘疹捷要》。

杨蔚垫,字子厚,晚清民国时期柏乡县人,治病不专恃方书,多以理学为立方之根据,活人无数,儿科尤富经验,著有《理学痘疹浅说》。

1840年(道光二十年)以后,易县寇兰皋编有《痧症传信方》。

民国时期,北平(今北京市)《国医砥柱》月刊社刊印了杨医亚等编写的《幼科秘诀》。

4. 中医五官科

1840年(道光二十年)以后,定州眼药享誉世界,亦有眼科著作问世,并对眼、喉、牙科疾病有较系统的临床实践和总结。

清苑县刘云花著有《眼科金镜》,对眼科91证的病因、病机及鉴别诊断作了论述,还创制了一些临床行之有效的眼科方剂。

井陉仇居敬治一患者"口中遍生肉瘊",诊之曰"此气血两亏所致也,但多食煮鸡子则愈",食及百枚,内瘊尽落。

沧县于凤藻创立眼科医院,并在盐山、青县、南皮、庆云、交河、献县等地设分院,施医30余年,治愈者2 300人。

定县白敬宇眼药、金牛牌八宝眼药,先后于1915年和1926年参加巴拿马博览会获金牌。

定县马应龙眼药,在铁道部南京国货展览会获超等奖。

巨鹿庞信卿继承家学,擅长眼科,治目病注重脏腑气血,以平为期,名播河北、河南、山东、山西诸省。

第二节　中医与西医的结合融汇

一、西医传入河北

西医传入河北与外国传教士的活动有着密切关系。1858 年,法国传教士在正定城内开设诊疗所,从此河北开始有了西医。1867 年,献县张庄天主教堂设"仁慈堂",生产金鸡钠霜、一扫光等药品,并行医治病,后改为右瑟医院。1876 年,基督教公理会美籍牧师贝以撒在保定唐家胡同建立医院施诊。1886 年,天主教在顺德府(今邢台)北门里建立眼科门诊部(今邢台眼科医院前身),治疗眼疾。1887 年,教会在张家口开办济民医院,诊治内外科常见病。1890 年,英籍医生墨海在唐山开办华人医院(今开滦医院)进行常见内科病的诊治和伤口清创、截肢等小手术。1897 年,英国传教士在沧州建教堂医院,年诊病约万人次。1900 年,英国人在枣强县兴办教会医院,有病床百余张。1903 年,英国基督教会在河间县城建立圣公会医院,设病床 50 张,能做腹部手术、剖腹产等;有显微镜、恒温箱等设备,可以开展血、尿、便、痰四大常规化验。1905 年,美国基督教会创办昌黎广济医院(今秦皇岛市第二医院),配备 X 光机 1 台。1910 年,美国基督教长老会在顺德府建福音医院,有 X 光机 1 台,设病床 80 张,能做阑尾切除、肠梗阻等手术。

1876 年,贝以撒在保定唐家胡同建立医院施诊设有内科,这是西医内科在河北省的开端。由此至 20 世纪 20 年代中期,内科诊断手段仅依赖病史询问及简单器械作床边检查,治疗手段仅仅限于口服、皮下注射、或肌内注射药品。20 年代后期至 40 年代后期,开滦医院内科凭借诊断仪器的优势,在传染病诊疗等方面取得了突出成绩。

20 世纪 20 年代,开滦医院开展了脾切除、胃大部切除、胆总管切开取蛔虫等上腹部手术。20 世纪 30 年代中期,已经能够开展胆道手术、肺叶切除术、肾切除术、开颅术等大型手术,但常因其他条件落后,感染得不到控制,患者多死于并发症。开滦医院凭借先进的诊疗仪器,内科领域在省内享有盛誉,尤其以传染病诊疗为突出。20 世纪 40 年代初,青霉素在唐山等地应用,继而链霉素、氯霉素等抗生素不断用于临床,绝大多数感染和传染病得到有效控制、外科手术后感染发生率明显下降。1948 年,开滦医院实行了宫颈癌根治术。

二、中西医汇通派代表

张锡纯(1860—1933 年)(图 6 - 17 - 1),中西汇通派代表人物之一。字寿甫。河北盐山人。出身于书香之家,自幼读经书,习举子业,两次乡试未中,遵父命改学医学,上自《黄帝内经》《伤寒论》,下至历代各家之说,无不披览。同时读了西医的一些著作。1893 年第二次参加秋试再次落弟后,张锡纯开始接触西医及其他西学。受时代思潮的影响,张氏萌发了"衷中参西"的思想,遂潜心于医学。1900 年前后十余年的读书、应诊过程,使他的学术思想趋于成熟。1909 年,完成《医学衷中参西录》前三期初稿,此时他年近五十,医名渐著于国内。1912 年,德州驻军统领聘张氏为军医正,从此他开始了专业行医的生涯。1918 年,奉天设近代中国第一家中医院——立达医院,聘张氏为院长。1926 年,他在天津建立了中西医会同医社。力主"师古而不泥古,参西而背中",开辟

图 6 - 17 - 1　张锡纯像

图 6 - 17 - 2 张锡纯所著
《医学衷中参西录》

了中西药并用的先河。他编著的《医学衷中参西录》对后世中西医结合具有重要的启迪作用,也为发扬中国的传统医学作出了卓越的贡献。

《医学衷中参西录》(图 6 - 17 - 2),汇通中西医的思想使张锡纯找到全新的治学观点和方法。张氏中西医汇通的主要学术观点是:

其一,认为中医之理多包括西医之理,沟通中西原非难事。于是他便从医理、临床各科病症,以及治疗用药等方面,均大胆地引用中西医理互相印证,加以阐发。他说:"中医谓人之神明在心,西说谓人之神明在脑,及观《内经》,知中西之说皆涵盖其中也。"又说:"《内经》谓:血之与气,并走于上,则为大厥,气反则生,气不反则死……细绎《内经》之文,原与西人脑充血之义论句句符合,此不可谓不同也。"他的中西汇通主要是试图印证中西医理相通,说明中医并不落后于西医。

其二,在临床上,他主张中西药物并用也是他中西汇通的一个特点。认为中药、西药不应互相抵牾,而就相济为用,不要存在疆域之见。他写有《论中西之药原宜相助原理》一篇,认为:"西医用药在局部,其重在病之标也,中医用药求原因,是重在病之本也。究之标本原宜兼顾。若遇难治之症,以西药治其标也,中医用治其本,则奏效必捷。"因此,他在临床上经常应用西药加中医复方治疗疾病。他极力推崇阿斯匹林治肺结核的降热作用。如说:"西药阿斯匹林为治肺结核之良药,而发散太过,恒伤肺阴,若兼用玄参、沙参诸药以滋肺阴,则结核易愈。"他对中药药理的研究有独到之处,受到后人的重视。他所进行的中西医汇通,虽然存在片面性,并有牵强附会之处,但他注重在临床大胆并用中西药,并不断观察其疗效,对后人有较大的影响。

张锡纯的实验精神突出表现在两方面,一是对药物的切实研究,二是临床的细致观察,以及详细可靠的病历记录。他认为,学医的"第一层功夫在识药性……仆学医时,凡药皆自尝试"。自我尝试仍不得真知,则求助于他人之体会。为了研究小茴香是否有毒,他不耻下问于厨师。其他药物毒如巴豆、硫磺,峻如甘遂、细辛、麻黄、花椒等,均验之于己,而后施之于人。对市药的真伪,博咨周访,亲自监制,务得其真而后已。因此张锡纯用药之专,用量之重,为常人所不及。特别是他反复尝试总结出萸肉救脱,参芪利尿,白矾化痰热,赭石通肠结,三七消疮肿,水蛭散癥瘕,硫黄治虚寒下利,蜈蚣、蝎子定风消毒等,充分发扬了古人学说,扩大了中药效用。他对生石膏、山萸肉、生山药的研究,可谓前无古人。

《医学衷中参西录》(1909 年)一书,共 30 卷,约 80 万字,总结了他多年的临床经验。在辨证论治选药立方上,注重实践,讲求疗效,曾创制许多名方,并结合中西医学理论和医疗实践,阐发医理,有不少独到见解。书成之后多次校勘重印,在医界流传较广,对临床有一定参考价值。学者多感百读不厌,关键在于其内容多为生动详细的实践记录和总结,而绝少凿空臆说。其中张锡纯自拟方约 200 首,古人成方或民间验方亦约 200 首,重要医论百余处,涉及中西医基础和临床大部分内容,几乎无一方、一药、一法、一论不结合临床治验进行说明。重要方法所附医案多达数十例,重要论点在几十年临证和著述中反复探讨,反复印证,不断深化。因此,张锡纯被尊称为"医学实验派大师"。

张锡纯全书载案逾千,轻浅之病记载稍略,重病、久病或专示病案者,观察记载无不详细贴切,首尾完整。当时国内西医病案及论文也多不及其著述资料翔实。文中以中医立论者,必征诸实验;沟通中西者多发人深思。读其书者或不能尽服其理,但必不以为作者妄言欺人或故弄玄虚以凑篇幅。勤于实践,切身体会,仔细观察,随时记录,不断整理提高,就是张锡纯的实验方法。

张锡纯作为近代中西医汇通的代表人物之一,努力吸取西医中的医疗技术和方法,为中医的发展开出了一条新的路子。同时客观上又促进了中医学的发展。但我们也应该认识到以张锡纯为代表的近代的中西医汇通派,和今天的中西医结合又有所不同,其思想的本质是"中体西用"论。我们对此应该有清醒的认识,因为,中医和西医本是有着不同科学体系、文化体系的学科,其理论、诊疗技术、用药等有着本质的不同。中西医的关系也不是"体"与"用"的关系。因此,张锡纯的中西医汇通仍然有时代的局限性。

总之,在半封建半殖民地的社会条件下,在帝国主义利用西方医学对我国进行的文化侵略的时刻,当反动统治阶段崇拜卖国,妄图消灭祖国医学之际,主张中西医汇通的医家,试图通过"汇通"的途径,批判和抵制对中医学的种种攻击,保护和发展中国医药学。他们的思想和实践,是符合我国医学发展需要的,也是非常可贵的。

此外,张锡纯还在天津创立国医函授学校,积极培养中医人才。

三、《气化探原》

清代,新城县边宝善、边增智开始进行中西医汇通的探讨,合著《气化探原》一书。

边增智,字乐天,晚清民国新城县人。行医津沽,因感西人医术偏重于物质,一涉气化证,往往束手,于是,他取《内经》、《伤寒论》,并证之以生理及理化诸书,发明《内经》所指精气,实即今之所谓氧气,卫气即氢气,荣气即碳气,著有《气化探原》一书,计10余万言。首论人先后天气化循环之理;次以三因为经,以碳、氢、氧为纬,深究各气偏盛所致之内、外诸病;并证明西医以各病菌辨诸病症,不是解决根本问题的方法,如伤寒、疟疾等菌,都是因病而生菌,而不是因菌生病。所以人体因病,而经络闭塞,氢、碳之气不能外透,故而作祟,这就是西人所说的菌。尽管边氏对西医学的认识并不全面,但他对病菌与疾病的关系颇有新意,故时人称赞"是书一出,为中西医学沟通之渐"。

第三节　西医科技的发展

一、传染病的防治

1934年,在北京天坛建立中央防疫处,由河北医学院杨俊阶任技正。该处是我国第一所开拓防疫事业的专门机构,负责研究和制造疫苗和免疫血清,经过努力终于研制出合格的抗毒素和疫苗,并投入生产,结束了我国过去完全依靠进口的历史,为我国防疫事业的发展奠定了基础。

20世纪前期,河北省的传染病防治工作开始形成一定的体系。1946年开始制定疫情报告办法,其中法定传染病共9种:即鼠疫、白喉、流行性脑脊髓膜炎、猩红热、霍乱、天花、赤痢、斑疹伤寒、伤寒或类似伤寒。而回归热、百日咳、疟疾、恶性疟、麻疹属其他传染病,此外还有性病(梅毒、淋病和其他)。此三类传染病均须报告,但实际报告的县市极不完全,如1947年能按期报告的仅有31个县市。但也能看出一些传染病的流行猖獗情况。

1949年春、秋两季实行了普种牛痘。

二、疗养、妇女保健

河北省最早的疗养机构是1931年建于张家口市的华北卫生疗养院和1933年建于秦皇岛市的天津铁路分局北戴河疗养院。

19世纪中叶前,全省境内无妇幼保健机构。鸦片战争后,西医传入河北。宣统二年(1910年),美国基督教会在邢台开办了福音医院,设置了妇产科,实行新式接产手术。1936年,伪冀东防共自治政府民政厅所属卫生事务所设有保健股,负责保姆育婴、学龄前儿童卫生、施种牛痘以及对妓女的身体检查。1939年,山海关基督教卫理公会海滨卫生所开始兼作助产。1941年,唐山林西矿医院设妇产科,接受产妇住院分娩。此后,国民政府和解放区民主政府相继开办了县级以上医院,设置了妇产科,推行新法接生。

三、医疗设备

1. 放射设备的引进

光绪三十二年(1906年),美国基督教会创办的昌黎广济医院有1台X光机,能做一般透视,是全省第一台X光机。1909年,一位外国患者赠给开滦"中华医院"1台小型X线机。1927年,美国基督教会在保定办的思罗医院、邢台福音医院的30mA X光机也先后应用。随之,献县张庄天主教若瑟医院、山海关日伪满洲铁路医院、唐山开滦总医院都陆续使用50~100mA X光机。当时只能做一般透视和一般四肢照相。1948年,开滦医院自美国引进当时世界上最先进的大型X线机(KX-33、200mA、100kV全泼整形),该机具有透视、胃肠点片设备,能做钡餐胃肠造影、静脉胆道造影、静脉肾盂、输尿管、膀胱造影,由黄昌麟、汪绍训从事X线诊断工作。同当时各省间最高水平比较,河北省X线诊断设备先进、技术领先。但全省发展水平不平衡,除开滦医院外,仅石家庄、保定、沧州备有简备X线机,且人员为兼职。

2. 临床检验的开始

光绪二十九年(1903年),河间县基督教圣公会医院首先使用显微镜。1927年,美国人办的邢台福音医院、保定思罗医院配置了显微镜。1928年,开滦医院已经能进行血、尿、便三项常规检验和细菌培养。1930年该院能进行血尿糖定量、血尿素氮定量检测。1933年,秦皇岛开滦医院、港口医院、昌黎广济医院也相继有了显微镜、恒温箱。此时的检验范围能做血、尿、便、痰常规检验和肥达氏反应、康氏反应,瓦氏反应及一般细菌培养。1936年该院能进行结核菌素培养和白喉杆菌动物鉴定。

1939年,在晋察冀边区抗日根据地,白求恩大夫从国外带来第一台显微镜。1952年此显微镜转入河北省第五康复医院,以后陈列在石家庄白求恩国际和平医院白求恩纪念馆。20世纪40年代后期,河北省在石家庄、保定、唐山、张家口、承德几个城市开设了化验室。1942年,开滦医院开始做血钠、钾、氯、钙、肌酐、肌酸、胆固醇测定和病理切片光学显微镜检查。

四、西医诊疗技术的发展

1. 基础学科的建立

河北省西医基础医学学科是在1915年保定直隶公立医学专门学校(今河北医学院)建立时开始设置的,当时设有病理学、解剖学、组织胚胎学、生理学和药理学科。初期无实验条件,仅是一般课程讲授。到20世纪20年代后期,各学科才开始逐渐配备专职教师。20世纪30年代中期增设了微生物学科。1946年增设了寄生虫学科。但因条件限制,科研工作几乎没有开展。

在解剖学、组织胚胎学方面,1915年,保定直隶公立医学专门学校设置解剖学,组织胚胎学课程。1930年,贺维彦在日本留学时关于《心肌纤维全有或无定律的研究》完成。1936年,张岩(1901—1979年,安国县西佛落村人)利用从德国留学归国途中,自己刻出一套"颞骨内耳迷路"标本教具,1945年出版了《人体系统解剖学》一书。

2. 临证各科的成就

(1)西医外科。

20世纪,随着西医的传入,现代外科技术开始逐渐发展,细微分科逐渐形成。

普通外科:1892年,开平矿务局在唐山开设诊所,对外伤能做清洁包扎等处理。1912年,诊所扩建为英国皇家学会会员、英籍外科医生康特和中国医生王祥合作,开展了疝修补术、阑尾切除术。

1927 年,该院首例脾切除成功,1932 年开始胃大部切除术,还成功地进行了胆总管切开取蛔虫手术,1943 年开展了乳腺癌根治术、巨脾切除术等较复杂的手术,1948 年,石门同仁会医院进行烧伤植皮手术获得成功。

创伤外科:河北的创伤外科技术始于 1913 年。当年,开滦医院开始做截肢手术,20 世纪 30 年代该院设骨科床位 40 张,开展骨折切开复位内固定等较复杂的手术。1945 年英籍外科医生韦浦雷在开滦医院开展了髋关节金属帽成形术、脊椎骨折复位内固定等大手术,当时达国内先进水平。

胸外科:1942 年,开滦总医院卢光全进行了肺脓肿引流术。

神经外科:1936 年,唐山开滦医院进行开颅术,清除颅内血肿。1942 年,该院杜万亨施行高位脊髓肿瘤摘除术获得成功。

泌尿外科:1942 年,唐山开滦医院杜万亨开展前列腺摘除术。

(2)麻醉学科。

早在 20 世纪 20 年代,唐山开滦医院等就已经开始使用普鲁卡因进行局部麻醉。30 年代初,能进行氯仿开放点滴全身麻醉。20 世纪 40 年代,已经使用乙醚、氯乙烷开放点滴及直肠副醛麻醉。

(3)妇产科。

1930 年,正太医院(今石家庄铁路医院)在河北省首先开设妇产科病床并以针灸治疗妇产科疾病。1935 年,开滦医院外科医生王雪庚首先在河北开展了古典式剖腹产,但因医疗条件限制,在全省未能推广该手术。20 世纪 40 年代,河北妇产科手术种类无明显变化。1948 年,开滦医院开展了宫颈癌切除术。

(4)眼科。

1886 年,波兰天主教在顺德府北门里建立眼科门诊部(今邢台眼科医院前身),有二三人主持此事,诊疗眼疾。1908 年,肥乡县高家寨眼科医生任祥,在本村开设明目堂眼疾诊所。20 世纪 30 年代初,开滦总医院设立眼科,并配有专科医生。1937 年,石门铁路医院设立眼科,治疗一般眼科疾病。20 世纪 40 年代,邢台、唐山、石家庄、张家口等地的眼科诊所和综合医院的眼科能做一些外眼手术和简单的内眼手术。如睑内翻矫正术、泪囊摘除术、白内障囊外摘除术、青光眼虹膜根部切除术、眼球摘除等手术。

(5)耳鼻喉科。

1909 年,唐山中华医院能诊治一般耳鼻喉科疾病,1913 年,开始做扁桃体摘除术。1925 年,开滦医院外科医生王雪庚开展乳突根治术、气管切开术等。1937 年,石门铁路医院设耳鼻喉科,能使性鼻息肉切除术。1948 年,开滦医院实用镭治疗上颌窦癌和鼻咽癌。

(6)口腔科。

约 1916 年,唐山市出现了个体镶牙馆。1939 年,开滦医院聘请外籍牙科医生,建立牙科,负责为医院所属煤炭企业高级职员诊治牙病。1942 年,俞家振受聘于开滦总医院,实行对外门诊,能进行龋齿充填、根管治疗等项目。

3. 西医医学科研

直到民国时期河北省立医学院才有了初步的科学研究。1929 年,河北大学医科(河北医学院前身)教师贺维彦在日本庆应大学攻读博士学位,完成科研课题《麻醉剂与阴离子共存对神经麻醉的影响》,获日本外务省文化事业部年度科研补助奖,1930 年又完成课题《心肌纤维全或无定律的研究》。1931 年,在日本发表论文《关于中枢神经抑制现象的研究》。1932 年,河北省立医学院曾创办《壬申医学》杂志,收载该校的医学研究成果。该刊出至 4 卷 1 期停办。1933 年,秦皇岛开滦医院首先使用华氏反应、康氏反应诊断梅毒,肥达氏反应诊断伤寒,并开始应用细菌培养等现代医学方法诊断疾病。

1934 年,省立医学院教授张岩赴德国柏林大学解剖学院任研究员,从事解剖学研究。1936 年回国,继续从事解剖学研究与著述,曾有多种解剖学著作出版,成为国内解剖学的奠基人之一。1937 年抗日战争爆发,河北省立医学院转入西南联大及贵阳医学院,河北的医学科研工作停顿。

五、解放区医疗科技的发展

抗日战争期间(1937—1945 年),中国共产党领导的解放区
医务人员,在极端困难的条件下,因陋就简,积极钻研业务,挽救了无数人的生命。著名外科专家诺尔曼·白求恩创造了在战地为伤员进行手术治疗的奇迹。为了弘扬白求恩同志的这种国际主义精神,毛泽东于 1939 年 12 月 21 日发表了《纪念白求恩》一文。毛泽东评价白求恩的医术说:"他以医疗为职业,对技术精益求精;在整个八路军医务系统中,他的医术是很高明的。"[6]

1948 年,河北全境解放,河北省卫生工作的重点是防治危害严重的急性传染病,医学科学研究都是结合实际工作需要进行的。为普及医药卫生知识,原热河省(大部属今承德地区)政府卫生处曾创办《卫生战线》半月刊,每期四开四版。

1949 年,河北省政府迅速整顿原有医疗机构。1 月,军管会派陈郁、方丁等接管河北省立医学院,4 月改称河北医学院。建立热河医学院(后下马)以及省、市(地)、县医院,为医疗与科研打下基础。

注　释:

[1][2]　张锡纯:《医学衷中参西录》第 5 卷。

[3]　河北省地方志编纂委员会:《河北省志·卫生志》,中华书局 1995 年版,第 321 页。

[4]　张坪等:《沧县志·方技》,天津文竹斋印 1934 年版。

[5]　张妥主编:《河北科学技术志》,中国科学技术出版社 1993 年版,第 676 页。

[6]　《毛泽东选集》第二卷,人民出版社 1991 年版,第 660 页。

第十八章　近代生物科技

从 1840 年以后,中国进入半殖民地半封建社会,商业的多元化和经济发展的无序化,是近代中国社会的一个重要特点。这一时期,围绕河北地域动物、植物资源的科学研究大量展开,国外先进的农业生物技术、优良品种及农机具陆续传入和引进,酿酒技术、皮毛加工、中药学研究进展很快,对近代农业生物技术发展起到了很大的促进作用。

第一节　河北农业生物科技的发展

伴随着帝国主义列强的入侵,在醒悟到落后就要挨打的中国科技精英的倡导下,一些优良品种和优良技术被逐渐引入国内。19 世纪 90 年代开始的西方近代农业技术的引进,多数属于生物技术,这是中国近代农业生产过程的一个很大的特点。而美国因其特殊的资源优势和历史条件,18—19 世纪一直以农立国,拥有世界上最先进的农业科技,因而近代中国从美国引进的动植物优良品种、先进农机具以及全新的农业科研教育模式,可谓影响深远。其中棉花、小麦、玉米等作物优良品种的引进与改良成绩尤其显著。其他如水稻、大豆、高粱、花生、烟草等,在品种引进和改良方面也取得了一定的成绩。对近代农业科技的引进工作,在初期主要通过翻译刻印西方农书、延聘外国教员和派遣留学生

等途径,同时也引进了不少近代农业科技的物质和技术成果,如农机具、育种技术和病虫害防治技术等。

河北地域早在元末明初即有棉花的栽培,到 19 世纪末 20 世纪初,河北植棉得到空前发展,如形成三大著名植棉区,棉田面积、专业化程度、产量和质量均有明显的提高,棉花基本商品化。此期植棉发展之原因,除了自然条件的优势以外,其他因素更值得关注,如背靠天津这样一个规模巨大的棉花集散市场,铁路运输给棉花的运销带来了便利,农民在生存压力下的利益选择,以及中国政府、民族工商业对植棉的推行,日本对植棉的干预等。

河北棉区主要分布在中部和南半部的保定、真定、大名、广平、河间、顺天等府,以接近山东、河南的一部分地区最为普遍。清末农工商部发表全国棉业考略,河北地域重要棉产区,包括栾城、藁城、赵州、成安、束鹿等 20 余县,每县年产额多者至三千余万斤,少者亦达一千六七百万斤。在河北棉业发展的过程中,新品种的引进与传播又为一突出现象。河北地域的棉花品种,在陆地棉种输入之前,主要是粗绒中棉,其中又分长绒、短绒、白籽、黑籽、毛籽、大花、紫花等不同类别。

晚清庚子乱后,推行新政,注重实业。1904 年,清政府农工商部从美国输入大量陆地棉种籽,分发给直隶等省棉农栽培。正定县曾于此时试种成功。民国初期政府对于棉产改进,亦不遗余力。1914 年农商部公布植棉奖励条例。1915 年设部属第一棉业试验场于河北正定;1918 年更设立第四棉业试验场于北京,令“采购美棉各籽种,比较试验,俟卓有成效,即行分给农民,以广传布”。同年,自美国购入大批脱字及隆字棉种,并公布分给美国棉种及收买美国种棉花细则,次年由直隶等省实业厅分给农家种植。据《霸州县志》(1919 年)记载,“近日美国棉种输入,种者颇多,收获较厚”。

自清末美棉传入后,河北棉业蓬勃发展,1919 年,全省棉田面积为 639 余万亩,皮棉产量达到 2 684 千市担,占全国当年皮棉总产量的 1/4 强,居全国第二。其中“洋棉”的棉田面积和产额也呈现出较快增长的趋势,但是,1919 年以后,由于战事不断,兵燹连年,全省的棉产,几乎是每况愈下,1928 年曾降到了最低点,年产皮棉仅有 653 千市担,比 1919 年减少了 75% 。

1933 年春,中国平民教育促进会晏阳初等学者在定县实验区与金陵大学农学院合作研究“脱字棉”种植。1937 年 5 月,“脱字棉”在定县区域推广八万余亩,另引进的“斯字棉”也推广种植达万余亩。

1935 年 8 月,河北省棉产改进会由河北省棉产改进所联合河北省政府、实业部天津商品检验局、北宁铁路局、华北农业合作事业委员会、华北农产研究改进社等共同发起组织,集合河北从事棉业之机关团体统筹办理全省棉产改进事宜。改进的内容,仍以棉产改良为主,并扩展到棉业金融、棉田水利、棉花运销等环节。在各方的推动下,河北的棉产不仅渐复旧观,且有所增进。1934—1936 年河北省全省皮棉年产量连年突破 2 000 千市担,其中 1934 年达 2 836 千市担,居全国之首,1936 年达 2 971 千市担,为抗战前最高水平。

总之,河北省作为全国的主要产棉省份之一,在近代国内纺织工业发展的推动下,较早进行了棉花品种改良,这一过程,自 20 世纪 20 年代末以来在政府和社会团体的重视和倡导之下尤为明显。在此基础上,河北省的棉田面积和产量都有较大增长,棉花品质也得到一定程度的改进。

第二节　河北动物种类与毛皮加工技术

一、动物的种类和特性

河北是亚洲地区古人类的栖息地之一,古人为了捕获更多的动物和躲避动物的追逐而观察研究动物的习性。50 万年以来,河北人类的祖先就与这块土地上的动物相互竞争、相互依存,可以说早期人类的成长史就是对动物的研究史。

　　河北对动物习性研究应用的最早记载见于春秋晚期(约公元前500年左右)的著作《孙子兵法》中,其第十一章"九地篇"指出:"故善用兵者,譬如率然;率然者,常山之蛇也,击其首,则尾至,击其尾,则首至,击其中,则首尾俱至。"《后汉书·志第十三》记载:"顺帝阳嘉元年十月中,蒲阴(今河北完县东南)狼杀童儿九十七人。"这是河北史料中对人兽斗争的最早记载。汉代以后书中记载了一些猫、蛇和鼠的反常活动。《新唐书卷十三·五行》记载:"天宝元年十月,魏郡(考注:唐代的魏郡辖河北大名、磁县、涉县、武安、临漳、肥乡、魏县等)猫鼠同居";"咸通十二年正月,……民家鼠衔蒿筑巢数上,鼠本穴居……";"景云中,有蛇鼠争于右威卫营东街槐树,蛇为鼠所伤"。可见,当时人们对蛇、鼠的习性已有较全面的认识。

　　明、清、民国时期,一些地方志开始对当地动物的种类进行统计;对动物习性和利用价值进行描述。明嘉靖《河间府志》记载有蝙蝠、狐狸、貂鼠、豾、鼬鼠、貛、兔、白兔、赤兔、鳖、龟。明隆庆《赵州志》记载有猫、虎、猱、兔等动物"惟临城赞皇二县有,具出太行山中"。

　　清乾隆四年《天津县志》记载有:兔、狐、狸、狼、鼠、蛙、蝙蝠、蜥蜴等动物不同类群的特点:"兔大如狸而毛褐,形如鼠而尾短,耳大而锐,上唇缺而无脾,长须而前足短,穴有九孔,跌居疾善走"、"狐有黄白黑三种"、"狸有数种,大小如狐"。清乾隆《束鹿县志》记载有狐、狸、貛、蛇、蜥蜴。

　　清嘉庆《束鹿县志》有狐、狸、貛、蛇、蜥蜴、鳖。道光庚寅重修的《南宫县志》记载有狐、貛、兔、鼠、猬、蜥蜴、蛙、蛇。其中载有:狐"性疑则不可以合类,故其字从孤";貛"一名天狗,入土而居,形如家狗而脚短";兔"望月而孕,口吐生子";鼠"小兽,善于盗";猬"其毛如针,……似豪猪而小";蜥蜴"在草为蜥蜴,在壁曰蜓,蜓今谓之蝎虎";蛙"一名田鸡,一名坐鱼。农家占其声之早晚大小以卜丰歉"。

　　清同治四年《昌黎县志》有豺、狼、貛、狸、兔、狐、貉、鼠、猬蛇、蝙蝠。并记载:豺"脚似狗,贪残之兽"、狼"大如狗,苍色鸣声,诸孔皆沸"、貛"似狼而腿短,善穿穴"、狐"毛深色者谓之火狐,色浅者谓之草狐"、鼠"有数种,一名豾书,其形类鼠而肥,善穿地,旱岁则为田害"、猬"脚短,多刺,毛长寸余,人触之则藏头足,外皆刺不可近"、蛇"其种不一"、蝙蝠"日暮即飞,深夜乃伏"。

　　清光绪《乐亭县志》记载有狐、貛、鼠、狼、鳖、蜥蜴、蝙蝠、石龙子。清光绪丁丑年正月《蔚县志》记载:当地产豹尾(皮)、熊胆、白狐皮等。民国《束鹿县志》有兔、蛇、蜥蜴、鳖。清光绪十三年《承德府志》记载有鹿、狍、麋、橐驰(骆驼)、青羊、飞狐、飞鼠(鼯鼠)、虎、豹、熊、狼、麝、野马、野牛、野猪、貛、獭、兔、狐、貂、灰鼠、黄鼠、跳兔、蜥蜴等。并描述了各自的特性:"飞狐产于口外密林中,形似狐肉翅连四足及尾,能飞但能下而不能上";"沙漠之野多黄鼠,蓄豆谷于穴以为食,村民欲得之则以水灌其穴,逐出而有获";"山中有蜥蜴,长四尺许,头以下色如翡翠,有纹如鱼鳞,尾作金色,吐气为云,土人称为云虎";野马"如马而小,出塞外"。禽兽异于中国者有野马;野牛"系神兽不常见"。

　　1931年《霸县新志》有蝙蝠、兔、鼠、田鼠、地羊、鼬、猬、狐、貛、狸、鳖、蛙、蜥蜴、蛇、守宫。其中田鼠是"鼠之一种,尾甚短,居野外穴中,秋后积粮,种类不杂,仓房寝厕各有定处,所积之粮足供一岁食。野畜之最有智慧者",同时对地羊等其他动物进行了描述:"前二足指甲外向,穿地甚捷。身有异香,皮毛光泽如水獭";鼬"味臊,善捕鸡鸭为人害,尾毫作笔名狼毫,皮毛作裘帽名臊鼠";猬"批用火煅研末,香油调治牲畜皮膏伤";狐"毛深温厚,作裘最佳";貛"毛次于狐,油可治烫火伤";狸"皮毛细泽轻温,老者尤佳。善食猫,猫只畏狸犹鼠之畏猫也";鳖"甲为药料。首随日转,可藉以定方向。卵性热,为大补剂"、蛙"身青足长者为田鸡,后股肉可食;身短背有疙瘩者俗名疥蛤蟆,有毒;身短色青背无疙瘩,腹有红纹,目闪金光者名青蛤蟆,此蟾类有酥,取之可供药品"、蛇"种类甚多,青黑者有毒,黄者无毒"、守宫"俗名蝎虎,尾教蜥蜴略短,易脱落,其涎有毒,淋食物中能使人死"。[1]

　　由上述资料可见,河北人民在发展历程中,不断对各种动物的特点、习性和用途进行细致观察和研究,为中国动物生态学、动物地理学、动物医药学及仿生学等与动物资源开发利用有关的学科和产业的发展作出了巨大贡献。当然旧志所记载内容多有谬误或不足,如道光庚寅重修的《南宫县志》记载有兔"望月而孕,口吐生子";清光绪十三年《承德府志》记载"吐气为云"的蜥蜴和"系神兽不常见"的野牛等。再如把蝙蝠划归飞禽类,把蛇、蜥蜴、壁虎等爬行动物和蝉、蟋蟀、蝈蝈等昆虫统归为虫类,可以体现出当时由于科学知识的局限,人们对物种分类方法还不是十分成熟。

二、动物皮毛加工技术

1. 留史的皮毛加工技术发展

清光绪二十五年(1899年),留史村西侧李家佐村民刘老寿、施老者从辛集学来熟皮、制革、拉批条、拧鞭头技术,自家开设小作坊,并将此技术授予左邻右舍及乡里之后,两人又在大百尺村开设"聚兴皮摊",收集各类毛皮、皮子、加工成皮条或鞭头、鞭鞘,分拣出鬃、尾、毛,运至天津、安平等地销售,部分毛皮制成裘服出售。皮毛业生产加工极其落后,生产者采用几个大瓦缸、几个水池子,以黍子面、皮硝、玉米面等沤制毛皮、土法熟制毛皮、制革、拉皮条,编制车马挽具、鞭头、鞭硝等。

清宣统三年(1911年),大百尺、留史一带已有"万通"、"泰昌"、"仁和"、"源昌"、"瑞盛"、"义兴"、"德源"、"泰和"、"玉泰"、"聚兴"、"丰泰"、"万兴"、"万隆"13家大皮店。其经营方式多为店主自筹资金,放出债款,定期让农民外出采购所需毛皮,回来交给皮店。皮店把毛皮售给外地商贩,或运至外地销售,或自行加工成品,从中渔利。

1917年大水灾,大百尺交通被阻,皮毛内运外调困难,皮毛业开始向留史村集中,且有山西、山东、河南及本省辛集、无极等地一些有技艺者亦来此经商、开店或搞加工。1927年留史村西侧戴家庄村戴景贤为首在留史村开办"完顺和"皮店,原在大百尺村的7家皮毛店先后迁至留史村。至此,留史村内已有较大皮毛店13家。

至1937年七七事变前夕,留史一带的皮毛店已发展到24家,各种皮毛加工作坊271家,规模较小的季节性加工副业遍及家家户户。其经营的毛皮主要有牛、马、驴、猪、羊、兔、狗等土杂皮及狐狸皮、黄狼(黄鼬)、猞猁、貉等细毛皮。加工和生产的产品主要有革皮、皮条、鞭头、鞭硝、车马挽具、裘皮、裘服、皮褥、皮帽、皮带、毛毡、毡鞋、皮胶、皮硝、硝盐等。日军侵占蠡县后,保定、蠡县及留史村周围据点的日伪军经常抢劫、砸皮店。

1942年5月,留史村的宜兴、复兴厚、裕和、义隆、聚源、通泰、德源等大皮店遭到严重摧残,各种皮货被掠空、多数皮店、加工作坊难以维持经营而被迫停业,私营商贩及皮货车亦所剩无几,皮毛业一度萧条。

蠡县解放后,县人民政府积极扶持皮毛业,1948年留史国营皮店"义聚兴"专营皮毛货物,带动附近6个村529户农民搞起梳猪鬃的家庭副业,县推进社亦在留史村设立"和记皮店",帮助336辆皮货车复业。私营皮店行由1945年的5户发展到8户,鞭头业由120户发展到170户,鞭硝业由7户发展到24户,裘皮业由24户发展到27户,皮货车发展到1 600辆,另有坐商273户,私营"永大洋"银号亦常年在此兼营皮毛。

2. 辛集的皮毛加工技术

据清光绪《束鹿县志》、《辛集市志》记载,光绪三十一年(1905年)辛集镇的皮毛交易十分繁盛:"辛集一区,素号商埠,皮毛二行,南北互易,远至数千里。"这一时期,辛集镇以贩卖生皮毛为主的皮毛商业高度繁荣;皮毛皮革加工业的技术水平有了显著提高,逐渐形成了完整的皮毛加工生产体系,皮毛皮革行业和种类迅速增多,皮毛皮革制品产量大大增加,生皮毛和皮毛皮革制品的集散范围和数量更加扩大,不仅在国内各省市畅销,而且走向世界,大量出口。

清朝末年,一些著名的皮革行业作坊大量涌现。清末民初,路林达创办辛集著名老字号鞭鞘作坊"福顺号",1937年七七事变后,"福顺号"作坊关闭。1946年后重新开设。姜金贵创办的"裕盛泰"主要生产红皮和鞋脸皮,在民国初年开始生产红皮自行车座套,这在全国是独一家,产品供不应求。1935年,"裕盛泰"在天津市、济南市开设分号。1945年抗日战争胜利后,在辛集镇成立"勾楼"自行车座厂,并生产枪套、马鞍等军用品。

第三节　河北植物分类与中药学研究

一、对河北植物的系统研究

图 6 – 18 – 1　《河北习见树木图说》节选

1920 年,我国学者周汉藩开始对河北省的树木进行系统研究,著有《河北习见树木图说》(1924)(中、英文),书中附图 145 幅,图文并茂(图 6 – 18 – 1)。1931 年,刘慎愕在张家口地区采集苔藓植物标本,后经陈伯川研究发表(陈伯川,1936),这是河北苔藓植物最早的研究文献。

刘慎愕于 1929—1930 年和 20 世纪 50 年代多次对雾灵山植被类型和垂直分布以及河北渤海湾植物分布进行生态考察。20 世纪 30 年代杨承元对河北西部山区植物生态进行初步调查,同时对小五台山也进行植被调查。

同期,孔宪武和王作宾也深入小五台山进行植物区系研究,比较详尽地介绍了小五台山区的植物种类和区系成分。孔宪武等在 1930—1931 年间,三次前往小五台山调查采集植物,编撰形成了《小五台山植物志》,在此次调查过程中,共调查采集植物标本 1 326 份,分别隶属于 83 科,325 属,615 种,另外在该山上采集到的忍冬科新种,被命名为孔氏忍冬,得到了世界植物学界的公认。

二、中药学研究

20 世纪 30 年代,中医药学校纷纷建立,中药学是必修课,为此,各校自编中药学教科书,因而出现了一批早期的中药学专门教材,如在天津国医专修学院函授部有张锡纯的《药物讲义》(1924 年)、尉稼谦的《药物学》(1937 年)和《国药科学制作法》(1949 年)以及天津国医专修学院函授部编写的《新国医讲义教材(药物学)》(1937 年)等。其中张锡纯的《药物讲义》收载药物 79 条,共 83 种,论述药物的性味、归经、功效、主治,附有自己的用药心得和临床效果,增补创新,影响较大。《新国医讲义教材(药物学)》4 卷,书中把各种中药按类划分,阐述每种药物的性味、归经、功效、使用禁忌等,还描述了中药材的外观及形态。

尉稼谦所编《药物学》3 卷,收药近 600 种,分 24 类,即山草、隰草、蔓草、香草、水草、石草、乔木、灌木、香木、寓木、竹、果、谷、菜、味、金石、土、禽、兽、鳞介、昆虫、人及水,每药都载有歌赋、注解、功效、化验(即化学成分)、特点(西医药理特点)、用量等内容。该书尝试用生物化学方法,结合临床实践,阐述古代药物学内容,以切于实用。《国药科学制作法》主要论述药酒、丸、散、膏、丹、药露等剂型的制作法和介绍各种生药如酒制、水制、火制等炮制法,是河北省近代制药方面的代表性专著。

此外,中国著名本草学家赵燏黄所撰《祁州药志》(1936 年),是作者通过对以河北安国为主的华北地区药市及药市经营的药材进行实地考察后,编撰的菊科与川续断科的生药研究报告。他总结近三十年整理本草研究中药的经验,更深刻地认识到"药材的科学研究,鉴定为至难的第一个问题,只有药材的基本建立,进而进行化学及药理学的研究,则错误自少"。在书中,赵氏收录了 50 多种祁州所采集的菊科与川续断科药物,鉴定其原植物或标本的来源,描述其植物和生药形态,并附有精美影像,分析其有效成分等。在此基础上,赵氏拟对华北地区的 800 多种药材进行植物学与生药学研究,可惜,由于战乱的原因,却仅仅作了 130 多种中药的种属以及与同类植物的比较考证,以此为前提,写成《本草药品实地之考察》(华北之部)一书。全书分两部分:第一部分详述华北各地所采集的药物 86

种;第二部分是对 50 种中药的生药研究。

第四节　河北微生物研究及生物制剂

在药理学方面,1931 年,保定直隶公立医学专门学校药学人员主希章研究发现了麝香的药理作用。1942 年,他编著《药理学》书稿,经编译馆审定,获得奖金,但未能出版。1949 年,该校开始筹建药理实验室。

在微生物学方面,20 世纪 30 年代中期,河北医学院开设了微生物学课程。1949 年,该院正式设置微生物学教研室,加强了教学与科研力量。建国前和建国初期,省内有关医学院校除教学任务外,还开展了一些科研工作。主要是对细菌培养基进行研究。1953 年起对病毒以及细菌进行多方面的研究。

在细菌学方面,1934 年,杨俊阶发表论文《用无机盐溶液代替酚红制备 pH 比色管》。在远东热带医学九次会议上,杨俊阶的一种测定氢离子浓度的新方法——用无机盐溶液配制标准比色系列取代酚红比色系列,博得了与会各国同行的好评。该方法把色红的醋酸钴和色黄的铬酸钾各自配成几种不同浓度的水溶液,封装在若干等径的试管中,不同浓度的两种溶液的重叠颜色相当于在不同酸度中酚红指示剂的颜色。杨俊阶的这一发明,为以后利用有色无机物质制作比色标准做出了典范。

1944 年,杨俊阶发表《用改良马丁氏肉汤制备白喉外毒素》,创制了改良的马丁氏肉羹琼脂。这种培养基达到了当时的国际先进水平,不仅能长期保持白喉杆菌的产毒能力,而且制备方法比国际上原有的方法更为简单。白喉病一直为危害儿童的严重传染病。此项发明解决了产毒菌种的衰退问题,为生产白喉类毒素和抗生素创造了更为有利的条件,促进了白喉病的防治工作。

第五节　河北酿酒技术的发展

河北地域作为清王朝的畿辅之区,虽然在帝国主义列强瓜分中国的过程中,只有天津一区被列强霸占,其他绝大多数土地仍处在封建统治之下。但是,各州县城乡,清王朝的经济统治逐渐薄弱。由于对酿酒、酤酒的榷课、税赋及相关的禁令日渐松弛,各地的酒业商品生产迅速发展,酒类的跨县际运输进一步增多。譬如,《河北通志稿·食货志·农工商矿渔等》记载:安国县,虽然本县有若干家酒坊酿酒、卖酒,但是,每年还要从外地输入烧酒约数万斤。石家庄的酿酒业也开始迅速发展,所酿造的黄酒成为附近地区的名产。《新石门指南·物产》中记载:“西瓜酱、山药、黄酒,皆石门之名产也。”所有这些,反映河北地域酿造业的迅速发展。

一、石家庄汾州黄酒

石家庄汾州黄酒始酿于 1930 年,由山西商人来石门(今石家庄)开设酒坊而传入其酿造技术。该酒以优质黍米为主料,小麦曲为糖化剂,酒呈深米黄色,醪稠浓厚,透明,清亮,喝一口浓郁醇香,绵甜柔和,甜酸协调适口,落口微苦,酒中含有丰富的糖和营养成分。该酒酿造方法起源于山西省汾阳县(古称汾州)杏花村,其工艺过程是:

1. 原料

优质黍米;小麦大曲;高粱大曲白酒;新鲜花椒水(每 50 千克水,加花椒 0.0937 千克,开锅 10 分钟以上)。

2. 操作方法

（1）浸水：新鲜黍米（随碾随用）50 千克，加水浸泡，冬季 7 天后淘米，清水冲净。

（2）蒸饭：将泡好的黍米装锅，以汽蒸 40 分钟后，加花椒水约 6 千克，同时将米上下翻拌，再蒸 20 分钟，然后再加花椒水 6 千克，继续翻拌，视黍米饭软硬程度而定，两次加水 12.5 ~ 15 千克左右，接着蒸 20 分钟，一共蒸 80 分钟。

（3）凉饭：将蒸好的黍米饭出锅后，放在凉床上，迅速拐搓降温，当温度降到 26 ~ 27℃时，冬季略高，加大曲 6 千克，搅拌，入缸发酵。

（4）入缸发酵：在清洁的大缸内，加高粱大曲酒 5 千克，再加入上面加工好的黍米饭，拌匀，入缸品温 26 ~ 27℃；发酵室温为 26 ~ 28℃，发酵 4 天左右，再加高粱大曲酒 30 千克，陈酿 45 天以上；然后进入压榨煎酒环节，用丝绸袋装成熟醅，木榨榨酒，以 80℃、30 分钟煎酒，过滤，包装，成品。

3. 质量标准

酒度 22 ~ 24℃，糖分 15 ~ 17℃，总酸 0.6% ~ 0.7%[2]。

经有关部门化验，此酒浓度为 10 个"波美"，含有对人体有益的 16 种氨基酸，具有种益气虚、舒筋活血、抵御风寒之功能。

二、青梅煮酒

该酒又名龙潭补酒，为沙城人王效文所创，因《三国演义》中曹操和刘备在酒宴上有词句"青梅煮酒论英雄"，故名"青梅煮酒"。清末民初，青梅煮酒只由沙城"玉成明"缸房（今沙城东堡街第四小学附近处）独家煮制，其酿造工艺是在沙城煮酒的基础上发展而来：

以龙潭大曲为基础酒，加入青梅、藿香、豆蔻、当归、陈皮、桂皮、茵陈、川芎、圆肉、藏红花等 13 味中草药，再加糖共煮，然后经汇流煮制，调配储存，过滤装瓶而成。青梅又称梅实、酸梅、春梅，果实将成熟时采摘，其色青绿，俗称青梅。《本草纲目》记载青梅"敛肺涩肠，治久痢、泻痢，反胃噎膈，消肿清痰"。因此，青梅煮酒色泽呈翠绿色，透明清亮，入口有青梅的风味和淡淡中草药味，香气芬芳，药香酒香协调，爽口甘醇，回味绵长，是强筋壮骨的保健饮品，有补虚益气、养元固本的功效，酒度为 36 度，糖分为 18%[3]。

第六节　武安活水醋的酿造技术

清徐是山西老陈醋的正宗发源地，也是中华食醋的发祥地，其酿醋历史距今已有四千多年了。清咸丰年间，山西的制醢技术和食醋习俗带到了武安。武安市活水乡利用活水泉水酿制成了独特的活水醋。武安活水醋既具有山西老陈醋入口酸的风味，又有南方镇江香醋的入口香的香味。

按原料处理方法不同，粮食原料不经过蒸煮糊化处理，直接用来制醋，称为生料醋；经过蒸煮糊化处理后酿制的醋，称为熟料醋。按制醋用糖化曲而言，则有麸曲醋、老法曲醋之分。若按醋酸发酵方式分类，则有固态发酵醋、液态发酵醋和固稀发酵醋之分。按食醋的颜色分类，则有浓色醋、淡色醋、白醋之分。按不同风味区分，陈醋的醋香味较浓；熏醋具有特殊的焦香味；甜醋则添加有中药材、植物性香料等。

武安活水醋具有独特的酿造工艺，其主要原料是高粱，还有小米、玉米、薯干、小麦麸皮、苦荞麦等优质的淀粉质粮食作物以及谷糠、稻壳等辅料，不仅淀粉含量高，而且还有蛋白质、脂肪、各种维生素、矿物素等营养素，这是形成活水醋典型风格的物质基础。

其加工工艺首先将各种固态原料粉碎，玉米磨成面粉，加水浸泡 24 小时后，再加入适量水，选大锅蒸煮至熟烂。蒸熟的原料焖放 10~20 分钟后,分摊晾开,降温至 40℃ 以下,拌入大曲及酵母液,搅拌 2~3 遍使其均匀,温度降到 17~18℃ 时装缸酿制。较低的温度能促使糖化完全,入池糖化过程大约需要十几天,池子上用草连子盖住,有利于抑制杂菌,提高酿造的品质。醋的酒化过程靠的是酵母菌。

原料拌曲装缸后,开始进入糖化与酒精发酵阶段,此时温度以 25~30℃ 为宜。约经 36 小时,料温升至 9℃,进入醋酸发酵阶段(温度应控制在 40℃ 左右)。与此同时,掺入谷糠,搅拌均匀。一周后料温下降,酒精氧化结束,醋化完成,醋化过程主要是依靠醋酸菌。

缸内醋化后,加水降低醋液中的酒精浓度,有利于空气中的醋酸菌进行繁殖生长,自然酿制。一般每 100 千克料加水 300~350 千克,夏季约需 20~30 天,冬春季节 40~50 天。醋液变酸成熟,此时醋面有一层薄薄的醋酸菌膜,发出刺鼻酸味。这时就会出现两种醋,上层液清亮,中下层液显原料色,略呈浑浊状,下层液体即是醋精。将两者相拌,经过滤除去固态悬浮物,密封包装,即得陈醋。

注 释:

[1] 孙立汉:《河北哺乳及两栖爬行动物研究史与地理区划》,《地理学与国土研究》2002 年第 2 期。
[2] 傅金泉:《黄酒生产技术》,化学工业出版社 2005 年版,第 166 页。
[3] 杜福祥、谢帼明:《中国名食百科》,山西人民出版社 1988 年版,第 238—239 页。

第十九章 近代人文科技

此期,在思想文化方面,李大钊撰写了《庶民的胜利》、《布尔什维主义的胜利》、《新纪元》、《我的马克思主义观》、《再论问题与主义》等几十篇宣传马克思主义的文章,并于 1920 年 10 月在北京建立共产主义小组,成为中国共产党的主要创始人之一。尤其是李大钊主张真理"基于科学",用科学反对迷信。为此,他还起草和签署过一个《非宗教者宣言》。在抗日战争时期,提倡自然科学,扫除根据地人民迷信的、愚昧的、落后的思想,成为党领导根据地人民战胜敌人的一项非常重要的内容。在文化艺术方面,出现了一批颇具地方特色的剧种形式,如河北梆子、评剧等,抗日战争时期,根据地人民又创造出了新秧歌、活报剧、快板书等新的艺术形式,成为"红色文艺"的重要组成部分。特别是鲁艺师生根据流传于阜平一带的"白毛仙姑"传说,改编为反映根据地人民要求破除迷信,争取自由解放的新歌剧《白毛女》,为我国的民族新歌剧的发展奠定了基础。晋察冀根据地通过敌后抗日根据地出版最早的报纸《抗敌报》后改为《晋察冀日报》传播科学文化知识,极大地提高了根据地人民群众的政治觉悟,为新中国的思想文化建设奠定了重要基础。

第一节 "中体西用"思想

"中体西用"作为一种社会思潮,萌发于 19 世纪 40 年代魏源的"师夷制夷",从 19 世纪 60 年代至 90 年代,冯桂芬、薛福成、沈寿康都有论及。张之洞在《劝学篇·外篇·设学第三》中写道:"新旧兼学。四书五经、中国史事、政书、地图为旧学,西政、西艺、西史为新学。旧学为体,西学为用,不使偏废。"在张之洞看来,所谓"中学"的根本就是封建的纲常名教伦理规范,他在《劝学篇》一文中说:"三纲为中国神圣相传之圣教,礼政之原本。"在这样的原则下,张之洞具体论争了"器可变而道不可变"的观点,他说:"夫不可变者,伦纪也,非法制也;圣道也,非器械也;心术也,非工艺也。"在"伦纪"与"器械"的关系方面,一方面,张之洞在《劝学篇》说:"五伦之道,百行之原,相传数千年更无异义";另一方面,他又主张:"器非求旧,惟新。"当然,张之洞所说的"器",不单指物质的东西,有时还指那些培养人才的教育机制。例如,1902 年,张之洞与刘坤一合奏"变法三疏",其中就提出了"兴学育才"四"大端"以及"整顿中法十二条"、"采用西法十一条"等,因而使之成为清末"新政"的主角;实际上,清末"新政"的实质是在政治上维持专制体制,而在经济文化上推行若干新法。尤其是张之洞创立的三江师范学堂,它的办学宗旨完全体现了他的"中体西用"观,当时的课程设置分中学与西学两部分,中学即中国经史之学,包括伦理、历史、文学、修身等;西学即西方科学技术和自然科学知识,如物理、化学、生物等。在"中"与"西"的关系问题上,张之洞认为"人伦道德为各学科之根本,须臾不可离",而西学只不过是吸收其中有用的东西来弥补中学的不足。

"中体西用"的关键在于这个"用"字,在张之洞视阈里,所谓"用"就是对事物表面、可操作的装置、知识和技能以及方法的运用。因此,在《劝学篇》中处处可见这种工具主义的实用观。比如,在学习西方的教育方法中,效仿西法"广设学堂","各省各道各府各州各县皆宜有学",要"旧学为体,新学为用";效仿"外洋各国学校之制,有专门之学,有公共之学";广译外文书籍;通过阅报了解世界局势变化、通达民情;变科举,实行"三场分试、随场而去"之法,增加"五洲各国之政、专门之艺"考试。同时,通过效法西方的农工商学、开采矿产、修筑铁路、非攻教、非弭兵、兵学以及会通等具体的技术学习西方技艺。由此可见,"中体西用"的实质就是引进西方先进的机器装备、机器生产和科学技术,从而促使中国国防从传统迈向近代化,促使中国从封建主义向资本主义方向蠕动,促使中国逐渐形成了不同于传统学科的近代科技体制。

第二节　中国最早的马克思主义传播者

图 6 - 19 - 1　李大钊

李大钊(1889—1927 年)(图 6 - 19 - 1),字守常,乐亭人。他是中国最早的马克思主义者和共产主义者,是中国共产党的主要创始人之一。1907 年,考入天津北洋法政专门学校学习政治经济,1913 年冬东渡日本,考入东京早稻田大学政治本科学习,开始接触社会主义思想。1914 年组织神州学会,进行反袁活动。1915 年为反对日本灭亡中国的"二十一条",李大钊以留日学生总会名义发出《警告全国父老》通电,号召国人以"破釜沉舟之决心"誓死反抗。1916 年 5 月回国,在北京创办《晨钟报》,任总编辑。旋辞职,任《甲寅日刊》编辑,推动新文化运动的发展。

俄国十月社会主义革命的胜利极大地鼓舞和启发了李大钊,他在任北京大学图书馆主任期间,先后发表《庶民的胜利》、《布尔什维主义的胜利》等文章,号召全国人民走十月革命的道路。1919 年参加创建少年中国学会,任《少年中国》月刊编辑主任。并发表了《新纪元》、《我的马克思主义观》、《再论问题与主义》等几十篇宣传马克思主义的文章。其中《我的马克思主义观》,是中国最早比较系统地介绍马克思主义学说三个组成部分的文章。1920 年 3 月,李大钊在北京大学发起组织马克思学说研究会。10 月,在李大钊发起下,北京共产主义小组建立。

在马克思主义的理论来源和体系方面,李大钊把唯物史观放在西方历史哲学史中加以考察,认为唯物史观并不是马克思独创的,它是在欧洲进步思想家几百年成就的基础上产生的,是近代世界思想革命的一部分。李大钊强调说,马克思是近代世界思想革命的集大成者,因此,"自有马氏的唯物史观,才把历史学提到与自然科学同等的地位,此等功绩,实为史学界开一新纪元。"[1]为了认真揭示"唯物史观"的真正内涵,李大钊指出,马克思主义是一个庞大而完整的体系,它由三个部分构成:历史观、经济论和社会主义理论。其中唯物史观是马克思整个理论体系的基础和出发点,李大钊说:"离了他的特有的历史观,去考察他的社会主义,简直是不可能的。因为他根据他的史观,确定社会组织是由如何的根本原因变化而来的;然后根据这个确定的原理,以观察现在的经济状态,就把资本主义的经济组织,为分析的、解剖的研究,预言现在资本主义的组织不久必移入社会主义的组织,是必然的运命;然后更根据这个预见,断定实现社会主义的手段、方法仍在最后的阶级竞争。他这三部理论,都有不可分的关系,而阶级竞争说恰如一条金线,把这三大原理从根本上联络起来。"[2]李大钊在分析唯物史观的科学意义时认为,唯物史观的科学价值就在于它指出了在那互有关联和互有影响的社会生活里,有着社会进展的根本原因。他说:"从来的史学家,欲单从社会的上层说明社会的变革(历史),而不顾社会的基址;那样的方法,不能真正理解历史。社会上层,全随经济的基址的变动而变动,故历史非从经济关系上说明不可。"[3]又说:"马克思所以主张以经济为中心考察社会的变革的缘故,因为经济关系能如自然科学发见因果律。这样子遂把历史学提到科学的地位。"[4]既然马克思主义的唯物史观是科学,那么,我们就应当去科学地理解和应用马克思主义的立场、观点和方法。李大钊认为,马克思主义并不是从天下掉下来的,而是一定时代和一定社会条件的产物。所以"平心而论马氏的学说,实在是一个时代的产物;在马氏时代,实在是一个最大的发现。我们现在固然不可拿这一个时代一种环境造成的学说,去解释一切历史,或者就那样整个拿来,应用于我们生存的社会,也却不可抹杀他那时代的价值和那特别的发现。"[5]显然,李大钊是用一种科学的态度来对待马克思主义的,而不是把马克思主义当作教条,从而去神化它和迷信它,这是李大钊与后来的大多数马克思主义者所截然不同的地方,当然也是李大钊的科学的马克思主义观中最可宝贵之处。

第三节　《抗敌报》的出版

　　《抗敌报》是《人民日报》的前身,1948 年 6 月 15 日,中共华北局机关报《人民日报》以《晋察冀日报》和晋冀鲁豫《人民日报》为基础在保定平山县里庄创刊。

　　《晋察冀日报》原名《抗敌报》(图 6 - 19 - 2)。

　　1937 年 11 月 7 日,根据党中央的指示,成立晋察冀军区,聂荣臻任军区司令员兼政治委员,进驻阜平。随后,晋察冀省委也在阜平成立,李葆华、黄敬任书记。12 月,省委决定创办《战线》党刊,由邓拓主持编辑工作。同年,军区政治部决定把此前在阜平创刊《抗日报》改为《抗敌报》,作为军区机关报出版,由当时的军区政治部主任舒同(书法家将军)兼任报社主任,社址与政治部同在阜平南关文娴街赵家大院后院的三间北房。1938 年 3 月,由于日军对晋察冀边区发动疯狂的"大扫荡",《抗敌报》社址遭到敌机的轰炸破坏,于是,该报转移到五台县大甘河村继续出版。这时,晋察冀省委决定把《抗敌报》作为省委机关报,并派邓拓主持报社的工作。1940 年 7月,《抗敌报》改版为《晋察冀日报》,邓拓担任分局党报委员会书

图 6 - 19 - 2　《抗敌报》

记,兼晋察冀日报社社长、总编辑,以及新华社晋察冀总分社社长。《抗敌报》在抗日战争中所发挥的作用,彭真同志曾经评价说:《抗敌报》"是统一边区人民的思想意志和巩固团结共同抗日的武器,也是边区人民忠实的言论代表和行动指针",又说:"她是最光荣的报纸。她不仅代表最进步的阶级说话,而且是代表边区 1 500 万人民说话。她是全边区人民走向新中国的向导、灯塔"。

　　到 1940 年 11 月 7 日,北方分局决定将《抗敌报》从第 457 期起改称《晋察冀日报》,并于此时由隔日刊改成日刊,印数已达两万一千份,分发到北岳、冀中、冀热察、晋东南、延安和大后方等地区。

在内容方面,《抗敌报》的显著特色就是十分重视报纸的言论,即通过评论和社论来传达中央的声音,贯彻中央的方针政策。对此,邓拓于1938年春对报纸的编辑工作讲了3条意见:一是不论游击战多么频繁艰苦,我们这个党报要坚持不断出版,适应抗日群众的需要;二是增加评论,多写社论、短评,向广大干部和工农兵群众讲解国内外大事,加强指导性、战斗性;三是将油印改铅印,缩短刊期。可见,"增加评论,多写社论、短评"是《抗敌报》的重要特色。当然,《抗战报》的主要读者对象是广大的工农兵群众,他们的知识层次并不高,为使报纸为他们的社会生活服务,《抗敌报》的一条成功经验是"在三千个常用字内做文章,这既是轻装的需要,也是报纸通俗化的一项措施"。后来,邓拓在《〈抗敌报〉50期的回顾与展望》一文中曾阐述了《抗敌报》的根本任务和基本指导思想是:"它要成为边区开展抗日救亡运动的宣传者和组织者,它要代表广大群众的要求,反映和传达广大群众斗争的实际情况与经验,推动各方面的工作,教育群众自己。但同时,它又从广大群众的推动与帮助中,得到本身的进步。它是群众的报纸,它推动别人,同时也受到别人的推动;它教育别人,同时也受到别人的教育,就在这样交互的推动与教育下,它才能够有今天。"《抗敌报》始终坚持把自己作为落实党的决策、指示的宣传者和组织者,如全面宣传"百团大战",大力颂扬白求恩精神,对秋冬季反扫荡的宣传等。尤其聂荣臻、彭真、刘澜涛、姚依林等领导同志,他们不仅非常关心《抗敌报》的文章质量,而且都亲自写文章论述或接受记者专访,对反"扫荡"形势、政权建设、经济问题、整党整风、学习运动等,发表见解提出指导性意见。所以,党、政、军主要领导同志写评论多,这是《抗敌报》所发表社论的政策和理论水平较高的一大保证,也是边区全党办报的一种突出表现。

第四节　河北地域的主要剧种

一、北昆与高腔

元杂剧于明初逐渐退出历史舞台,代之而起的是南方的弋阳、余姚、海盐、昆山等四大声腔,其中弋阳、昆山两腔曾先后在北京流传,弋阳又称"高阳昆腔",流行于北京、天津及河北中、南部各地,约有一百多年的历史。它与南昆同源而异流,是昆曲在北方一个支流。昆曲又称昆腔或昆剧,是昆山腔的简称,源于昆山一带,明嘉靖十年(1531年)到二十年(1541年)间,居太仓的魏良辅总结北曲演唱艺术的成就,吸取海盐、弋阳等腔的长处,建立了称为"水磨调"的昆腔体系。清代中叶昆曲在北京逐渐衰落,部分艺人流落到冀中地区和当地弋腔(高腔)相结合,逐渐形成了北方昆曲的艺术特点。

同治(1862—1874年)初年,醇亲王奕譞,在府邸设立了一个兼唱昆、弋两腔的王府家班安庆班(后改名恩荣班)。1877年前后,高阳县河西村人侯二炮利用自家戏箱办起了戏班,取名"庆长昆弋剧社"。长年在京南农村"跑大棚",受到广大农民的普遍欢迎。光绪十六年(1890年)醇亲王去世,恩荣班解散,大部分艺人回到故乡,在家乡活动,并传授了大批青年子弟。这时,原恩荣班昆曲艺人徐廷璧,在离开醇亲王府后,到了京东滦州稻地镇与耿兆隆合组同庆社,在农村进行演出。后来玉田县也办起了益合科班,培养了不少著名演员,如霸县的子弟会,获鹿的和粹班等。据马祥麟的父亲回忆,清末冀中方圆四五百里地,有几十个既唱昆曲,又唱高腔的昆弋班在县城、农村演出。受河北地域习俗、风土人情和民间曲调的影响,演唱的昆曲也溶入了"赵燕慷慨悲歌",逐渐形成了粗犷、淳朴并带有当地乡土气息的风格,那一时期的艺人把冀中平原当作北方昆曲的摇篮。宣统元年(1909年),肃亲王善又招徐廷璧、王益友等复组安庆社昆弋班,演出于东安市场东,徐廷璧率班赴京东一带演出。1917年有直隶高阳专演昆弋戏的"荣庆社"("庆长社"戏箱主赌气撤箱后,由骨干演员们凑钱买箱新起名的戏班)从西河村进京演出,一下子叫响了京城,于是,一批有相当艺术成就的昆曲演员纷纷加入"荣庆社",使之名伶济济,班中名演员有贴旦韩世昌、黑净兼老旦郝振基等。荣庆社昆弋合流,演出效果极佳,从而使昆曲在北京得以复兴,被时人称为"昆曲第一大班",红极一时。1923年,北京大学教授刘半农发起组织了昆弋学会,宗旨为提倡研究、指导、编演昆弋腔戏,维持昆弋腔班社等等。著名学者郑振铎、孙楷第、余上沅等都曾参与其中。1928 年,应日本艺界之邀,由"昆曲大王"韩世昌带领河西村的演员侯瑞春、侯书田、马祥、马凤彩等二十多人东渡日本的神户、大阪等地演出。1935 年至 1937年秋,"荣庆社"分为两班:一班由侯永奎带领着来到了天津一带,另一班则由韩世昌带领着到南方巡回演出。其中韩世昌这一班艺人在南方巡演了两年之久,它成为北方昆曲剧团向南方传播艺术的一次空前壮举。可惜,到解放前夕,北昆的演员或死于灾患,或失业返乡,或改演京剧,致使北昆已濒绝响。

二、河北梆子

河北梆子,又称京梆子、直隶梆子、卫梆子、秦腔等,是我国北方地区的主要地方剧种,是梆子声腔的一个重要支脉,清代中叶,由到河北来经商的商人作为媒介,山陕梆子流入河北,后来,在长期的演出过程中,为了赢得当地观众的喜爱,根据当地的语言习惯、情趣、爱好等,在艺术上进行了不断的改革、创造,随着时间的推移,本地演员逐渐增多,从而在道光年间终于导致河北梆子这一新的剧种的形成。从道光末年到同治末年,河北梆子已经遍及河北中部和北京、天津附近各县,同时在北京也获得了一定地位。至光绪年间(1875—1908 年),它已流布河北全省,在北京、上海、天津等大城市和京剧形成了争衡的局面,而且还流传到山东、东北许多城镇,甚至往南到达过广州,北到达过海参崴(今俄罗斯符拉迪沃斯托克)、伯力(今俄罗斯哈巴罗夫斯克)等地。约在康熙年间,秦腔进京。清人刘献廷在《广阳杂记》一书中称:"秦优新声,有名乱弹者,其声甚散而哀。"在唱腔上,河北梆子由于地域的原因,它在发展过程中逐渐形成了 3 种表演风格:

以天津为基础的"卫梆",是现代河北梆子的正宗,粗犷、浑厚、朴实为其演唱风格,此派的代表演员有何景云(何达子)、魏联开(元元红)及女伶小香水、金钢钻等。民国元年(1912 年)冬,天津河北梆子女伶进京,首开梆子女演员在京登台表演之先河。北京文明茶园又大破不卖女座的陈规,妇女也能入戏园看戏,一时轰动北京。梆子女伶精湛的表演,令北京观众耳目一新,不仅冲击了称雄于京城的京剧,也冲击了清一色男性演员的老派梆子,迫使在京老派梆子艺人改学河北梆子。当时一些报刊对此纷纷评论:"时男伶几无立足之地,此为秦腔之黄金时代。"

以北京为基础的"京梆子",凄凉、悲壮、哀怨、酸楚为其演唱特点,此派的代表演员有十三旦(侯俊山)、十三红(孙培亭)、十二红(薛固久)、元元红(郭宝臣)、五月仙(商文武)、捞鱼鹳等。据称,光绪年间,有不少山陕梆子艺人(山西人居多)先后拥入北京,改唱河北梆子。这些艺人为了与直隶老派梆子演员合作演出,同时也是为了博得当地观众的欢迎,在登台献艺之前,必先经过短期的改弦更腔的改造,这种改造,当时谓之"治扭"。山陕艺人唱的这种经过"治扭"的梆子,自然与地道的直隶老派梆子有所不同,特别是在念白方面仍不免带有浓重的山陕韵味。尽管有些山陕派演员在念白中糅进了直隶语音,但总是不地道,当时人称这种直隶语音与山陕语音掺半的口白为"臭板子"。也有少数山陕演员仍念"蒲白"(以山西蒲州语音为基础的韵白),坚持不改,并以此为正宗,这是山陕派在念白方面的显著特征。

以北京、河北、山东以及东北三省为中心的直隶梆子老派或称秦腔大戏,平稳、舒展、刚劲、质朴为其演唱特点,尚简练,不尚花哨,此派的代表演员有崔德荣、梁钟旺、一盏灯(张云卿)、四盏灯(周永棠)、张皂儿(张国泰)、潘月樵、赛活猴(郑长泰)等。其中梁钟旺(约 1850—1905 年),号瑞棠,艺名"达予红",大城县旺村乡梁四岳村人,河北梆子直隶老派须生演员。他于 1879 年搭"响九霄"(田际云)办的戏班,以"达子红"艺名,为班中主要演员。曾应"金桂茶园"之邀赴沪,演出约二年。返京后,于光绪八年(1880 年),又搭常住北京的河北梆子戏班"瑞胜和",与著名河北梆子演员"十三旦"、田际云以及胡生"小茶壶"、"杨娃予"同台献艺。从光绪十三年后,在"瑞胜和"戏班中任承班人。从演出风格上看,钟旺 19 世纪 70 年代进京,正值河北梆予诞生之际,他用故乡音调演唱梆子腔,一改山陕派人称"二混子"之状,深为京都观众所喜爱,也充分表现了梆子腔直隶派的鲜明特色,从而对"直隶派"

的表演形式产生了重大影响。另外,再加上他基本功底深厚,唱做俱佳,文武不挡,被众人誉为梆子界之谭鑫培。由此可见,直隶梆子老派的主要特色是文武兼备,唱做并重。

当然,在河北梆子发展的历史上,班社的出现是其鼎立京城的重要条件。瑞盛和于同治十一年(1873年)已在京演出,该班拥有十三旦、水上漂、金镶玉、响九霄、张占福、京达子、刘义增、潘永真等名家,其阵容之齐,力量之强,堪称当时河北梆子班社之最。此后,从1875年至1930年,河北梆子的班社在河北、北京、天津等地大量涌现,如双顺和、源顺和、庆顺和、信盛和、长喜和、万盛和、同顺和、瑞庆和、义顺和、玉庆和、永胜和、富庆和、太平和、双庆和、吉春和、洪顺和、荣寿和、鸣胜和、吉庆和、祥庆和、庆寿和、喜庆班、三乐班、正明社、瑞庆社等。其中十三旦、响九霄于光绪十八年(1892年)入选进宫当差。义顺和拥有郭宝臣、捞鱼鹳、盖绛州、天明亮、牛喜化、白秃子等。该班因名家荟萃,在京久负盛名。光绪十九年(1893年)召进宫内演出。其后崔灵芝、盖天红、十二红、一千红、玻璃翠等加盟该班阵容更加齐整,堪与瑞胜和媲美。因此,河北梆子同当时正在北京称雄的皮簧(即京剧)形成争妍斗盛、分庭抗礼的局面。

河北梆子的唱腔属于板腔体,唱词多为七字或十字的整句。主要板式有慢板、二六板、流水板、尖板、哭板以及各种引腔和收束板等,其中二六板是河北梆子唱腔的中心。传统伴奏乐器,文场以板胡为主,笛子为辅,其他乐器有笙、唢呐、三弦等。常用曲牌约有150余首(包括弦乐曲牌50余首和管乐曲牌百余首),这些曲牌除在个别剧目中用于歌唱外,大部分曲牌(尤其是弦乐曲牌)主要用来渲染剧中的环境气氛,伴奏人物舞蹈动作。河北梆子分传统戏剧目与时装戏剧目两大类,其中传统剧目约550多个,如《杨家将》、《庆顶珠》、《宝莲灯》、《铡美案》、《教学》等。而时装戏剧目则仅有150多个,流传至今的代表性剧目有《蝴蝶杯》、《秦香莲》、《南北合》、《春秋配》、《斩子》等,它是最早反映当代现实生活的剧种之一。

三、评　　剧

评剧源自冀东民间歌舞"秧歌"。秧歌是民间农历新正花会活动中的主要形式之一,由双人彩扮,对歌对舞,群体伴唱伴舞,锣鼓击节,唢呐或丝竹配乐伴奏,以歌唱民间生活故事、历史人物、四季风光为主要内容。明、清两代多有以唱秧歌为业者,所唱曲调以莲花落为主。至清末,秧歌又汲取了乐亭皮影、鼓书等,遂演变成为具有冀东地方特色的"蹦蹦戏"。光绪六年(1880年)至二十六年(1900年)间,津唐一带地区先后出现了许多半职业和职业性的班社,如东路的滦县二合班、永合班,乐亭县的崔八班、杨发三班,丰润县的孟光武班、赵家班;西路的玉田县刘子琢班,宝坻县的刘宝山班、金叶子班和蓟县的六大班;北路的有迁安县的金鸽子班等五个班社,这些班社集中了许多优秀的蹦蹦艺人,他们在互相竞争中,又彼此交流,互相汲取,从而推动了蹦蹦戏不断向前发展,将对口彩唱两小戏推进到拆出戏阶段。拆出戏,扮演者由第三人称转化为第一人称,剧本由说唱体演变为代言体,出现了分场式的小型剧目,表演上也开始有了简单的角色行当划分。如小旦、小生、小丑(或老生、老旦、小生),表演上除了在一定程度上保持传统秧歌舞蹈动作外,在一些剧目中开始引进模拟现实生活的写作动作,同时也开始仿效大剧种的程式动作,如抖袖、台步、捋髯、甩发等。但又不受严格的程式规范束缚,动作较为自由。念白以唐山地方语言为基础稍加韵化而成。音乐唱腔,初具板腔体样式。有了慢板、二六板、小悲调、锁板等;伴奏,以板胡为主,兼用唢呐、笛子;击节乐器甩掉了竹子板,改用枣木梆子并借用河北梆子锣经,启奏时以拉板胡者跺脚为令(彼时尚未使用板鼓)来指挥乐队伴奏。舞台设施只置一桌二椅和"守旧",别无他物。拆出戏剧目计有百余种,大部分来源于两小戏,或影卷、梆子剧本。另一部分则是依据民间现实生活、时事传闻、古今传奇、历史小说、子弟书鼓词等编写而成,如《小姑贤》、《王二姐思夫》、《回杯记》、《朱买臣休妻》、《打登州》、《逛茨山》、《小借年》、《补汗褟》、《刘云打母》等即属此类,基本无武戏。清光绪三十四年(1908年)秋,成兆才、任连会、张采庭、张德礼(海里蹦)、杜之意(金菊花)、侯天泰(滚地雷)、张玉琛(佛动心)、孙凤鸣(东发亮)、小金龙、张德义等,于滦县关家成立京东庆春社,仿照大戏(主要是河北梆子)模式对拆出戏进行全面改造,大量汲取了梆子板式和锣鼓,使"蹦蹦"戏具有了大型剧种的雏形。改革后的蹦蹦戏,定名为"平腔梆子戏"。首先试演于永平府(今卢龙县),大获成功。于是,民国初年前后,唐山地区又相继出现了魏子恒班、于茂秀班、张合班、孙凤鸣班(俗称南孙班)。稍后,孙洪魁在迁安也办起了松兴戏社(俗称北孙班)。各班在艺术上均以庆春班为楷模,群相效尤,不仅仿其剧目,亦学其腔调。这个时期旦角皆由男演员扮演,其中最著名者为月明珠(任善丰),他的唱腔奠定了旦角唱腔的基础,成为当时旦行演员的典范。1914 年,庆春平腔班改名为永盛合班,并以此班名进入天津演出,深受各界人士的赞赏,一举震动了梨园界,从此唐山落子打开了津门禁地。1931 年日本帝国主义侵占了东北三省,评剧活动的重心开始由农村和中小城镇转向京、津。1935 年评剧又进入上海、南京、武汉等地,至 1945 年抗日战争胜利时,评剧已流布到大江南北、黄河两岸,以至祖国大西南云、贵、川;西北陕西、新疆也都留下了评剧的足迹,有的在那里落地扎根,出现了《花为媒》、《杨三姐告状》等一批经典剧目,特别是《杨三姐告状》为评剧反映现实生活开创了先例,并具有鲜明的时代特点和地方特色,从而为评剧向全国性地方剧种的发展奠定了基础。

第五节　史学和文化艺术

一、史学成就

据统计,在 1912 年到 1937 年间,河北纂修的各类志书计有 90 余部,而以《畿辅通志》的纂修影响最大。《畿辅通志》是清代综合记载北京、河北以及天津地区历史沿革、社会状况的官方修撰的省级地方志书,"畿辅"特指京师及其周围地区,而"通志"意为从纵向和横向上全面加以记述而形成的地方性史书。清康熙十一年(1672 年)和雍正七年(1729 年),清政府已经两次纂修《畿辅通志》。鸦片战争后,由于时局的变化甚速,人们的社会生活面貌亦已今非昔比,这在客观上需要一部新的志书为施政者所用。因此李鸿章督直期间,主持编纂了《畿辅通志》。同治十年(1871 年),李鸿章延聘主讲莲池书院的黄彭年主纂《畿辅通志》。此志于同治十年(1871 年)末开始编纂,于光绪十二年(1886 年)修成,用银 11.99 万多两。全书共 300 卷,由纪、表、略、录、传、识余、叙传等诸体组成,下有若干分目。这部志书是汇集笃学之士,广征经、史、子、集诸书,兼采访所得。对前志以来 140 余年文献资料搜罗略备,考订精审,体例完备,资料充实,为清代省志中的名志。这个时期,河北的方志不仅数量多,而且在方志理论方面亦有突破。比如,贾恩绂(1865—1948 年),字佩卿,盐山县人,是我国近代著名的学者和方志学家。他先后编纂了《盐山新志》(1916 年刊印)、《定县志》(1934 年刊印)、《南宫县志》(1936 年刊印)、《枣强县志》(1936 年刊印)等,其中《盐山新志》针对盐山的经济落后状况,提出了切合实际的发展盐山县乃至整个北方沿海地区经济的具体建议,至今仍有启发意义。此外,贾恩绂在《〈河北通志〉叙例草案》及《拟定通志各门标准》等文中,批驳了章学诚"志为史体"的观点,认为方志体裁不宜因袭史家纪、表、志、传之例,因为历史以国家为主体,方志以疆域为主体,因而他提出方志应设舆地、争典、文献、志余四门,以政典代史志,以文献代史传等修志新见解。

民国初年,资产阶级新史学开始占据中国史坛的统治地位,这时,河北学者王桐龄、李泰棻等开始用西方的史学方法来编写中国历史,取得了一定的学术成就。如王桐龄(1878—1959 年),字峄山,任丘市人,他撰写的《中国史》一书采用章节体,将中国通史分为上古史、中古史、近古史、近世史四个时期,从远古一直写到清朝灭亡。该书出版后,曾被多所大学选为教材并再版多次。李泰棻(1896—1972 年),字革痴,号痴庵,阳原县人。他撰写的《西洋大历史》一书,以美国新史学派核心人物鲁宾逊(J. H. Robinson)所著《新史学》为轴心,认为历史也可以与自然科学一样"有一定普遍之定律以为根据。",显示了他在史学研究方面的非凡才华,一时轰动了京城各高等学府,甚至章士钊、李大钊、陈独秀、刘半农等都为之写序,称此书"为中国编著西洋历史开一新纪元"。

五四运动以后,马克思主义史学开始传入中国,李大钊在 1919 年接受了马克思主义以后,完全致力于宣传和研究马克思主义的唯物史观,并运用唯物史观来指导他的史学研究。1924 年,李大钊出版《史学要论》一书,是中国第一部研究马克思主义史学的理论专著。在史学方法上,李大钊特别强调要从经济关系上去说明问题,主张现代史学的研究要给人民一种科学的态度,使大家树立起脚踏实地的人生观,同时,更要使人民觉悟到自身力量的伟大。

二、边区文化艺术

边区文学是此期河北文学发展的灵魂,1939 年 2 月,晋察冀边区成立了边区文化界抗日救国会,同时成立冀中区文建会,主要任务是推动农村的各项文化工作。1940 年初,中华全国文艺界抗敌协会晋察冀边区分会成立,推举沙可夫、田间、魏巍等为执委会常委,主要任务是推动文学创作。1941 年 6 月,边区文联成立,选举沙可夫、田间等为主要负责人,统一领导边区文化运动的开展。1942 年,毛泽东《在延安文艺座谈会上的讲话》发表以后,晋察冀边区的文学创作正式进入了一个高峰,成就丰硕。

在诗歌创作方面,边区文艺团体先后创办了《诗战线》、《诗建设》、《边区诗歌》、《前卫诗刊》、《诗》、《新世纪诗歌》、《太行山诗歌》等专业刊物,发表了很多鼓舞人心的战斗诗篇,如魏巍在 1942 年创作长诗《黎明风景》,田间的《给战斗者》、《义勇军》,孙犁的《儿童团长》、《梨花湾的故事》,邵子南的《英雄谣》、《模范支部书记》,陈辉的《平原小唱》、《平原手记》,曼晴的《纺棉花》、《打野场》,章长石的《快些》、《粪车》,林采的《副排长郭保德的葬歌》,徐明的《青纱帐》、《汾河两岸的歌谣》,流笳的《高粱熟了》、《抢收》,蔡其矫的《乡土》、《哀葬》,等。

在报告文学创作方面,连续不断的战争和生活的剧变为报告文学提供了异常丰富的素材,使报告文学成为当时文学的主流,从而涌现出了一大批高质量的文学作品,比如,周而复的《晋察冀行》和《诺尔曼·白求恩片断》,周立波的《晋察冀边区印象记》,丁玲的长篇报告文学《一二九师与晋冀鲁豫边区》,魏巍的《黄土岭战斗日记》和《平原雷火》,孙犁的《白洋淀纪事》等。

在小说创作方面,晋察冀民主抗日根据地是华北敌后的坚强堡垒之一,这里的人民可爱而勇敢,英雄辈出,他们为边区小说的发展提出了丰富营养,正是边区的火热生活才使“荷花淀派”和“山药蛋派”小说成为我国现代文学百花园中盛开的两朵奇葩。孙犁的《荷花淀》通过白洋淀妇女由送夫参军到自觉组织起一支战斗队伍的细致描绘,满腔热情地歌颂了中国农村劳动妇女的美丽心灵。全篇洋溢着战斗的乐观主义的革命激情,字里行间渗透着作者对祖国和人民的真挚的爱,同时,也展示着一种特定的“人情美”。而赵树理的《小二黑结婚》描写的是根据地一对青年男女小二黑和小芹,冲破封建传统和落后家长的重重束缚,终于结为美满夫妻的故事,热情歌颂了民主政权的力量,歌颂了农民的成长及社会的进步,它是作者努力向生活深层发掘、向现实主义深化的成功之作,也是作者独特的民族化、大众化风格的一篇代表作。

在戏剧创作方面,河北不仅在历史上拥有颇有影响的元杂剧作家群,在抗日战争时期也涌现出颇有影响力的抗战戏剧作家群。如傅铎,博野县人,是冀中蠡县抗日战争联合会新世纪剧社的发起组织者之一,后任冀中军区火线剧社社长,他当时创作了反映抗日战斗和生产的话剧《胜利归来》、《游击小组》、《四头牛》等多部剧本。梁斌,蠡县人,抗战时期曾任冀中文化界抗战救国联合会文艺部长,创作了多部话剧如《抗日人家》、《血洒卢沟桥》、《爸爸做错了》等。刘光人,蠡县人,创作了多幕话剧《二十条命》、《暴风雨之夜》等。王炎,原名王燕屏,定州人,抗日战争时期任前锋剧社、战地剧社社长,创作了《五台山前》、《反正之夜》等 20 多部话剧和歌剧。李树楷,阜平县人,1937 年参加八路军——五师宣传队,先后在冲锋剧社、冀晋剧社任副社长,创作有独幕话剧《张大嫂巧计救干部》,获晋察冀边区文联“政治攻势文艺奖”。赵路,阜平县人,1938 年加入阜平青抗会血花剧社,创作有反映翻身农民支前的独幕话剧《全家忙》等。田野,原名田瑞祥,满城县人,创作多幕歌剧《八路军与孩子》、儿童歌剧《编席子》等。鲁易,原名刘序,徐水县人,抗战时期在华北联大文艺学院戏剧系学习,在火线剧社创作大型话剧《团结立功》等 10 多部剧本,小戏《上战场》参加全国第一届文代会演出并获奖。王犁,涞水县人,创作多部喜剧,其中反映伪军家属惨遭日寇凌辱的《慰劳》的演出,一些敌伪家属看了这戏后纷纷劝其亲属弃暗投明。该剧曾获晋察冀边区"鲁迅文艺奖"。周克,雄县人。抗日军政大学毕业,创作大型歌剧《同志,给我报仇》和话剧《呆不住》等。

在歌咏方面,晋察冀边区创办了边区最早的音乐刊物《歌创作》。1940 年 4 月,吕骥等人创刊《晋察冀音乐》。晋冀鲁豫边区于 1940 年创办前方鲁迅艺术学校,并出版《鲁艺校刊》。尤其是《晋察冀音乐》发表的《少年进行曲》、《生活在晋察冀》等新歌,同获 1942 年的鲁迅文艺金奖。《鲁艺校刊》发表了张林移的四部和声《好男儿要当兵》,曾在各根据地流行,被誉为优秀乐曲之一。

在美术创作方面,晋察冀边区于 1939 年 3 月 3 日成立了中国美术协会晋察冀分会,并创刊《抗敌画报》和《晋察冀美术》杂志。同年,木刻家陈铁耕来到晋冀鲁豫边区,主编《敌后木刻》,作为《新华日报》华北版的增刊出版。在这里,陈铁耕创作的《黄阿福》和《穷孩子》连环画,被公认为是奠定了运用国画技巧表现抗日现实的基础。1941 年,青年木刻家华山采用民间木刻手法,创作单幅民间年画,并成立木刻工厂,使木刻艺术进一步大众化。

此外,在国画创作方面,赵望云(1906—1977 年),束鹿县人。曾与李苦禅等人组织吼虹艺术社,出版画刊,倡导革新中国画。此时,他采用中国画的笔墨形式直接描绘劳苦民众的苦难生活,创作了《贫与病》、《拓荒者》、《疲劳》、《厂笛》、《奉福梦》等作品。五四运动以后,他专以中国农民的现实生活为题材,用自学自创的一种朴素笔调进行创作。从 1934 年到 1936 年,他沿长城日军占领区至塞外、鲁西泛区、泰山、江浙和陇海、津浦铁路沿线进行农村生活写生。所作写生画以全新的题材和风格,真实地反映了抗日战争前夕中国农村的民生苦难,其思想主题与国家民族的命运息息相关,因此当作品刊载之后,在社会上引起了强烈反响,从此赵望云以平民画家闻名,并受到当时隐居泰山的爱国将军冯玉祥的特别赞赏,遂招其上山,并为其画稿一一配诗,出版了诗画合集《赵望云农村写生集》和《赵望云塞上写生集》。

注　释:

［1］《李大钊文集》(下),人民出版社 1984 年版,第 347 页。

［2］《李大钊文集》(下),人民出版社 1984 年版,第 50 页。

［3］《李大钊文集》(下),人民出版社 1984 年版,第 715 页。

［4］《李大钊文集》(下),人民出版社 1984 年版,第 716 页。

［5］《李大钊文集》(下),人民出版社 1984 年版,第 68—69 页。

第七编

科学技术的全面发展与进步

（中华人民共和国建立—1980 年）

　　1949 年 10 月 1 日，中国彻底结束了半殖民地半封建的社会状态，确立了社会主义制度。国民经济经过恢复、调整、整顿和提高，实现了快速增长。河北省科技工作进入了兴旺发达的历史时期。农业科研硕果累累，农、林、牧、副、渔全面发展。全面根治海河，是我国水利建设史上的伟大创举；曲周旱涝碱咸综合治理科技攻关成绩斐然，易县山区农业技术综合开发享誉全国；近百项国家重点工业项目在全省建成，提升了传统工业的技术水平，构建了全省新的工业体系。棉纺织业通过设备更新和技术改造，形成了"南纱北布"的格局；华北制药、感光胶片、合成化纤等技术成为全国行业的排头兵；唐山瓷烧制技术的改进，促进了唐山陶瓷的振兴与辉煌，定窑和磁州窑的发现与恢复，挖掘和发展了古代陶瓷的精萃技术；工程技术发展成就卓著，秦皇岛港北煤南运工程成为全国的枢纽和龙头；建成了兴隆天文观测基地和黄壁庄数字卫星通信地面站；发现了最早的宏观底栖藻类化石——龙凤山生物群；全省建成了完整的科研体系，为河北科学技术的发展和振兴奠定了坚实基础。

第一章　新中国社会历史概貌

　　1949 年 7 月 28 日,华北人民政府第三次会议决定恢复河北省建制,8 月 1 日,河北省人民政府在保定市正式成立。到同年底,河北省人民民主政权从上到下普遍建立了起来。经过新解放区土地改革的完成、抗美援朝、镇压反革命、"三反五反"运动,进一步巩固了人民民主专政和国营经济的主导地位,为社会主义三大改造的完成创造了条件。河北省人民政府制定了一系列保护和促进农业生产发展的政策与措施,河北省在"一五"时期形成的,以资源优势为基础的煤炭、纺织、冶金、建材四个行业,成为了改革开放后河北省的优势产业。随着工农业生产的发展,科技在国民经济中的地位发生了显著变化。

第一节　河北经济建设的新局面

　　1949 年 1 月,平津战役结束,河北全境解放。7 月 28 日,华北人民政府第三次会议决定,恢复河北省建制,原冀中、冀东、冀南、太行行政区和察哈尔省所辖旧河北省属各县、市,除南乐、清丰、濮阳、东明和长垣县划归平原省外,均归属河北省统辖;原冀南区所属旧山东的临清、邱县、馆陶、夏津、武城、恩县等以及原太行区所属旧河南省的涉县、武安、临漳亦都划归河北省。这样,河北省共辖有 10 个专区、4 个省辖市、132 个县及 10 个县级镇。8 月 1 日,河北省人民政府在保定市正式成立。

　　从 1953 年 7 月开始,河北省按照中共中央的统一部署,在全省范围内开展历史上从未有过的人民民主的普选运动。到同年底,河北省人民民主政权从上到下普遍建立了起来。随着新解放区土地改革的完成、抗美援朝、镇压反革命、"三反五反"运动,进一步巩固了人民民主专政和国营经济的主导地位,为社会主义三大改造的完成创造了条件。

　　根据《共同纲领》和土地改革后农村发展的实际状况,河北省人民政府实施了一系列保护和促进农业生产发展的政策与措施,如提倡互助合作,允许自由雇工;奖励劳模和技术发明创造;鼓励农民生产发家和劳动致富等。又如为了鼓励农民多种棉花,省政府按照国家的有关规定调整棉花价格,切实保护棉农的利益,每 0.5 千克中级皮棉,不论任何季节,保证农民最低实得小米 4.25 千克。这些政策和措施符合广大人民群众的切实利益,有利于调动农民生产发家的积极性,有利于激发农民的劳动热情。比如,1951 年冬,劳动模范耿长锁、张希顺、宋洛学等人发起"千村万组模范丰产运动",涌现出了很多丰产户、组、村,像石家庄市城角庄梁家瑞棉花亩产子棉 372.5 千克,宁河县刘长文的水稻亩产 707.5 千克。据统计,在农业生产方面,到 1952 年底,河北省粮食产量已经达到 772.19 万吨,比 1949 年的 469.51 万吨增长了 64.5%,超过了历史最高水平;棉花产量达到 28.14 万吨,比 1949 年的 10.82 万吨增长了 1.6 倍,创造了历史最高纪录。在工业生产的发展方面,河北省的工业总产值在 1952 年达到 16.56 亿元,按可比价格计算,比 1949 年的 6.59 亿元增长了 1.51 倍。在整个工农业总产值中工业所占比重由 1949 年的 24.2% 上升到 1952 年的 35.8%,其中现代工业的比重则由 7.6% 上升为 17.4%。

　　伴随着国民经济的恢复和发展,从 1953 年起,中国开始实行发展国民经济的第一个五年计划。为此,1954 年 2 月,中共七届四中全会正式批准了"一化三改"的总路线。所谓"一化"指的就是逐步实现国家的社会主义工业化,"三改"则是指逐步实现对农业、手工业和资本主义工商业的社会主义改造。与之相适应,按照苏联的经济模式,国内当时把计划经济看做是社会主义的一个重要特征。在此前提下,我国逐渐形成了一套以指令性计划为主的计划管理模式。同年,河北省计划委员会成立,随后各地市和各部门亦都相继建立了计划管理机构,实行统一领导、分级管理的体制。尤其是进入第一个五年计划以后,自行就业和自谋职业基本上为统一安排和统一分配所取代。从历史上看,这种管理体制基本上适应了新中国建立初期生产力发展的情况,它有利于把有限的财力、物力和技术力量集中起来,统一使用,从而促进生产效率的提高和规模化经济建设的实现。1957 年农业生产统计显示,河北省粮食总产量达到 819.15 吨,比 1952 年的 772.2 万吨提高了 6.1%,比 1949 年的 469.5 万吨增长了 74.5%。而遵化、抚宁、卢龙、乐亭、藁城、正定、安国、栾城等 8 县和邢台、石家庄 2 市达到或超过全国你农业发展纲要所提出的亩产粮食 400 斤的要求。在工业建设方面,河北在"一五"时期所形成的以资源优势为基础的煤炭、纺织、冶金、建材 4 个行业的产值占全省工业总产值的 59.9%,为改革开放后发展成为河北省的优势产业奠定了基础。随着工业生产的发展,工业在国民经济中的地位发生了显著变化。在工农业总产值中,工业与农业所占的比重,由 1952 年的 35.8:64.2,变为 1957 年的 46.5:53.5,工业所占比重升高了 10.7 个百分点。

第二节　科学建制与科学技术发展纲要

1949 年 11 月,中国科学院成立,她是新中国的主要政府研究机构。1955 年,中国科学院学部成立。学部成立初期,即组织院士参与制定了对我国科技事业发展具有深远影响的《十二年科学技术发展远景规划》。1956 年 1 月,中共中央召开了关于知识分子问题的会议,提出了"向科学进军"的口号。同年,我国政府成立了国家科学规划委员会,并制定出我国第一个发展科学技术的长远规划《一九五六年至一九六七年科学技术发展远景规划纲要》,拟定了原子能技术、电子技术和喷气技术等 57 项重大科研任务,对促进新中国科学技术特别是新兴尖端技术和国防科学技术的发展,有着非常重要的意义。

1950 年为了落实全国第一次自然科学工作者代表会议的精神,1951 年 6 月 22 日,我省成立科学技术普及协会筹备委员会,会议选出河北省科普筹委会委员 23 人。接着,省、地、县纷纷建立了农事试验场、农业技术推广站等科研机构,总结推广群众经验,逐步开展农业科学援救。同年 8 月,唐山市物理学会成立。1952 年中华护理学会唐山市分会成立,中华医学会保定分会成立。1953 年,中国解剖学会保定分会、中国林学会保定分会、中国土木工程学会唐山分会相继成立。河北省科普筹委会印发了《关于加强专门学会工作的意见(草案)》。

随着我省社会经济的快速发展,建立科学技术体制势在必行。1956 年 1 月,在中共中央关于知识分子问题的会议后,河北省委迅即成立了"知识分子问题十人小组",审议了"关于改善知识分子工作、生活条件的报告"。同年 4 月,为了规范和指导各专门学会的科普工作,使之卓有成效地为河北省的经济建设服务,省委省人委决定组建中华全国自然科学专门学会联合会河北省分会筹备会。6 月,中华全国自然科学专门学会联合会河北省分会和河北省科学技术普及协会在保定成立。1957 年 11 月 4 日,河北省人民委员会决定成立河北省科学技术工作委员会。1958 年 6 月,中共河北省委发出了关于加强科学技术工作的决定。同月,省科学技术工作委员会制定了《河北省一九五八年——一九六二年科学技术发展规划纲要》,确定了以农业为重点的 21 个方面 109 项科学研究任务。同年,我省成立了中国科学院河北分院、河北省医学科学院、河北省农业科学院以及各级基层科研机构和农业技术推广机构。1958 年 8 月 1 日,由河北省科学技术普及协会主办的《科学技术报》正式创刊。1959 年 1 月,河北省科协在天津召开第一次代表大会,会议决定将科普和科联合并成立河北省科学技术协会。另外,根据新的形势发展需要,河北省科学工作委员会改称"河北省科学技术委员会",作为省人民委员会的一个职能部门。同时,建立河北省科技情报研究所。1961 年 5 月,省科协召开河北省学会工作座谈会,会议提出认真贯彻执行党中央"调整、巩固、充实、提高"的方针和积极为工农业生产、人民生活服务的要求。这一要求即成为贯穿于此阶段科协工作的基本方针。

1963年到1965年,省科委为了具体落实国家科委地方科技规划的内容以及中共河北省委所提倡的"从全局出发,以中央任务为主,中央与地方任务统筹兼顾,全面安排,保证重点,边落实边上马"精神,根据河北科学技术发展的实际,在前一个"科学技术发展规划纲要"的基础上,又制定了《河北省一九六三——一九七二年科学技术发展规划》(简称"十年规划"),提出了农业、林业、水利、水产、气象、农机、农垦、地质、农业电气化及支援农业10个方面的重点研究任务。然而,1966年由于"文化大革命"的干扰,许多规划项目并未得到真正贯彻和落实。

第三节 新时期河北科技事业的振兴与发展

"文化大革命"期间,河北省的科技建制基本上被破坏,科研工作完全停滞。直到粉碎"四人帮"之后,河北省的科技事业才逐步恢复起来。1977年底,省科委依据中共河北省委关于"到1985年把河北省建成农业高产、稳产,工业高速度发展,农、轻、重比例协调,门类比较齐全的社会主义工业省"的计划要求,在充分调研的前提下,从河北省的省情出发,编制了《河北省一九七八年——一九八五年科学技术发展规划》。同年9月,河北省科学院成立,并建立了激光、工业自动化、生物、应用数学、能源五个研究所。

1978年3月18日至31日,全国科学大会在北京召开。邓小平在大会上提出了"科学技术是生产力"的著名论断,中国科学的春天就此到来。同年12月,党的十一届三中全会胜利召开,标志着中国进入改革开放和社会主义现代化建设的新时期。在行政区划方面,撤销了农村人民公社,改设了乡镇;地市进行合并,减少了行政管理层次,使行政区划与设置更加合理。从1976年到1978年,河北省的经济建设出现了恢复性增长。如1977年河北省的国民生产总值完成158.18亿元,比1976年增长了24.23亿元;1978年国民生产总值完成183.16亿元,比1977年增长了24.98亿元。1978年,全民所有制职工年平均工资608元,比1976年增加37元。特别是经过4年多的产业结构调整,之后河北省的产业结构不断得到优化,如1978年第一、第二、第三产业的比例分别是年28.5:50.5:21,其中第二产业处于主导地位,整个经济出现了由农业向工业化道路的转变,当然,这也反映出,河北经济正处于加速工业化的转折时期。

1980年,随着整个国民经济体制的调整,河北省科学技术的管理体制和制度,也进行了相应改革。科技项目计划试行"专项管理,分级负责,同行评议,签订合同"的办法,为了充分调动科研人员的主动性和创造性,专业单位实行增收创汇,扩大了自主权,整顿了科研机构,建立了科研工作正常秩序。1981年5月,河北省科协举行第二次代表大会。1985年3月13日,中共中央发布《关于科学技术体制改革的决定》,开始了我国科技体制的全面改革,河北省自此在科技进步的运行机制、组织结构、人事制度等方面都进行了有益的探索和实践,很大程度上促进了科技与经济的结合。尤其是随着科技体制改革的深入和"科教兴冀"战略的很大程度上促进了科技与经济的结合实施,河北省科技事业迅猛发展,迎来了一个新的历史大跨越时代。

第二章　现代农业科技

　　新中国成立后,逐步建立起社会主义的农业经济体制,河北的农业科技经历一系列的改革和发展。自 1955 年开始建立科研机构并逐步完善[1],至 1958 年河北省农业科学院和所属各专业研究所以及各地区农业科学研究所相继建立,形成了学科门类比较齐全、技术力量比较雄厚的农业科研大军。在此期间,全省农业机械化水平显著提高,修建了数百座大中小水库,对小麦、玉米、棉花分别进行了大面积品种更新,耕作制度和耕作方法日臻完善,农业科技有了较大发展。十一届三中全会后,全国科技大会召开,迎来了科学的春天,农业科研院所和农业院校得以恢复和重建,广大农业科技工作者焕发了青春,河北省面向经济建设努力工作,从单项技术研究到区域综合开发技术都取得了显著成效,取得了一大批在国际国内领先的科技成果,形成了河北现代农业科技体系。全省农业科技事业得到了全面迅猛发展,对社会经济发展起到了支撑和引领作用。

第一节　农作物育种技术

　　新中国成立后,党和政府十分重视品种资源工作。20 世纪 50 年代初,在全国范围组织力量大规模地开展各类作物品种资源征集和研究工作。1978 年河北省农林科学院根据全国农作物品种资源研究工作会议精神,组织力量开展了对农作物品种资源补充征集和资源整理研究,先后编写完成了河北省小麦、玉米、谷子、水(陆)稻、大豆、棉花、花生、蔬菜等 11 个《品种志》,入编优良农家品种、新品种 1 716 个,第一次摸清全省农作物品种资源家底,对提升全省农作物育种水平起到积极的推动作用。20 世纪 50 年代到 80 年代品种选育与应用基本上是沿着"地方(农家)品种—引进品种—自育品种—杂交优势利用"这样一条主线而发展的。

　　品种审定始于 20 世纪 50 年代初,五六十年代品种审定主要采取种植试验、群众评定与农业行政部门批准"三结合"的方法。1950—1976 年期间,农业部河北省农业厅先后出台了《粮食作物品种检定和种子鉴定简易办法〈草案〉》、《河北省农作物品种审定试行办法(讨论稿)》等一系列相关办法。1976 年,河北省成立农作物品种审定委员会,使品种审定纳入科学化、规范化和制度化轨道,加速了品种选育、引进和推广工作[2]。

　　在此期间,全省小麦经历 4 次品种更新,玉米经历 3 次品种更新,棉花经历 5 次品种更新。通过每次更新这些作物适应性改善,主要病虫害得到有效控制,丰产性大幅度提高。

一、小麦品种更新

　　20 世纪 50 年代,自育和引进了一批矮秆、高产品种,取代了农家种,实现了小麦的第一次品种更新。60 年代通过利用引进的国内外品种与当地品种杂交的方法又陆续选育出抗锈病、抗倒伏稳产的新品种,使产量水平提高到了 60 千克/亩,实现了第二次品种更新。省农科院粮食作物所选育的石家庄 54,代表了当时的育种水平,1974 年全省播种 810 多万亩,成为当家品种,1978 年获全国科学大会奖[3]。20 世纪 70 年代,小麦进行第三次品种更新,亩产达到 100 千克。河北省农科院粮油作物所开展"冬小麦杂种一代早熟性和第二代株高分离特点的初步研究",为早熟、矮秆育种提出科学的预测方法,为全省的早熟矮杆育种奠定了理论基础。期间,一批中早熟抗倒、抗锈、抗寒、抗旱、抗盐、抗碱的新品种涌现出来:藁城宜安大队和中国农科院原子能所选育的冀麦1号、河北省农科院农作物所培育的冀麦3号、石家庄孙村大队选育出的冀美7号、石家庄地区农科所和马兰大队育成的冀麦10号。冀麦1号获农牧渔业部科技成果一等奖,冀麦3号、7号获农牧渔业部技术改进一等奖,冀麦10号获河北省科技成果一等奖。

二、玉米品种更新

解放初期,玉米处在农家种和品种间杂交种应用阶段。白马牙、金皇后、华农2号是当时的主栽品种,河北省农林科学院第一杂粮研究所和保定专区农业研究所以5个双交种2个单交种育成综合种冀综1号,是当时河北省夏播玉米的当家品种之一,于1978年获全国科学大会奖[4]。此后,玉米育种进入了优良杂交种和双交种应用阶段,1966年玉米大、小斑病甚为流行,由于双交种的抗病性差,20世纪70年代进入玉米单交种选育和应用阶段,主要品种有群单105、京单2号、郑单2号、掖单2号、冀单5号、冀单20等,全省实现了玉米生产用种杂交化,杂交优势的利用,使玉米产量水平大幅度提高,亩产达150~175千克,其中冀单5号获河北省科技大会奖[5]。但是和国外相比,杂交种的应用晚了近20年。河北省农垦所与河北省农科院植保所、中科院遗传所协作培育出玉米雄花不育系"冀1A",为我国玉米育种提供了珍贵的种质资源。

三、棉花品种更新

1949年春,由华北人民政府农林部在邯郸、邢台、石家庄、保定、沧州、通县、廊坊、唐山八处设立了棉产指导8区,开展了棉花生产的技术指导工作,为棉花生产的进一步大发展,提供了组织基础和技术保障。

到1980年间,河北棉花经历了4次品种更新。解放初期棉花进行了第一次品种更新,引进美国斯字棉2B、4B品种代替了亚洲棉(中棉)品种及退化了的陆地棉品种,使单产提高15%,绒长增加2~4毫米,衣分增加2%~4%。1957—1964年,河北省经历了棉花第二次品种更新,岱字15取代了斯字棉,使单产提高13.2%,绒长提高2~3毫米,衣分提高1%~2%;1965—1978年,河北棉花经历了第三次更新,徐州1818、鄂克棉、石短5号等取代了岱字15号,使棉花产量提高20%左右。1979—1983年,河北棉花经历了第四次品种更新,鲁棉1号为主,冀棉1号、2号、3号、5号等更换了徐州1818[6]。"石短5号","冀邯3号"1978年获全国科学大会奖[7]。

期间,邢台地区农科所从斯字棉系统的徐州1818系选育成了6871(冀棉1号)。该品种属优质、高衣分的中熟棉品种,衣分42%~44%,最高达到了47%。综合性状优良,遗传力强,肥力高,尤其是衣分表现稳定的显性遗传,克服了衣分与绒长的负相关,是一个极好的杂交亲本。20世纪60年代后期到70年代,其推广应用范围遍及晋、冀、鲁、豫、苏、鄂、浙等省。到80年代,省内外许多科研单位用其作为亲本相继培育出新品种(系)60多个,在生产上应用的40多个,其中已定名获奖并在全国大面积推广有14个品种。这些品种占全国棉花总面积的21.6%,为我国棉花育种和棉花生产做出了重大贡献。该品种获国家发明二等奖[8]。

四、高粱新品种选育

20世纪60年代,河北省高粱杂种优势利用取得突破。1962年开始引入试种杂交高粱,先后在兴隆良种繁殖场、唐山地区农科所以及芦台、中捷农场进行试种和制种。在杂交高粱制种与生产利用上主要突破了以下技术关键:根据父母本的生育期,作好花期预测,妥善安排播期,解决好花期不遇问题;调整播期,加强管理,减少小花改育;通过加大母本行减少父本行的种,采用人工辅助授粉的方法,提高制种产量。1974 年怀来县大黄庄公社东杨庄大队 3 亩晋杂 5 号制种亩产 528.4 千克,首创制种亩产千斤的记录[9]。唐山地区农科所选育出冀杂 1 号、4 号等高粱新品种,成为河北省的主推品种。

20 世纪 70 年代末到 80 年代初,河北农业大学将高粱三系育成同源四倍体,在我国首次实现了高粱四倍体基础上的三系配套并获得高结实率、高蛋白含量四倍体杂交种,对加速高粱多倍体的应用和改善现有高粱品质具有重要意义,这一研究成果获国家自然科学奖,并在《遗传学报》、《中国农业科学》发表,在美国《Sorghum Newsletler》上报道。

五、水稻引种与"垦系新品种"

据《中国水稻栽培学》载:河北省于 1956—1957 年,共征集地方品种 135 个,多数是粳稻,也有糯稻、陆稻、深水稻。20 世纪 50 年代水稻品种以引进日本品种为主,诸如银坊、野地黄金等 50 多个新品种,在芦台、汉沽等农场试种成功,并被推广到新疆、四川、黑龙江等全国各地。20 世纪 60 年代"白金"由日本引入我国,在廊坊地区农科所试种成功,成为稻区主栽品种,逐步取代河北省的水稻主栽品种"银坊",使全省水稻亩产由 92 千克提高到 143 千克。50 年来,全省开始水稻的杂交制种工作,主要在军粮城稻作所和农垦系统进行。《河北省农垦科学研究所志》载,1966 年选育出垦丰五号(后命名为冀粳 1 号),1972 年推广后成为河北省稻区当家品种,从而结束了日本品种主宰河北稻区的历史[10]。此后又培育出农垦 38 等系列"垦系品种"在全国推广,对我国水稻高产抗病及品质改良起到了很大的促进作用。20 世纪 70 年代,河北省农垦所从湖南引入籼稻不育材料,开始研究杂交水稻。经过十几年研究,选育出冀杂 1 号,填补了河北省杂交稻育种的空白。期间,廊坊地区农科所用一穗传的方法选育出水稻 67 - 01,抗倒耐盐,亩产达到 500 千克,推广到天津、山东、河南、江苏等省,1978 年获全国科学大会奖。

六、马铃薯"虎头"新品种的培育

20 世纪 50 年代,河北省马铃薯品种基本上是地方农家种,20 世纪 60 年代推广国外引进品种,20 世纪 70 年代以后则推广本身自育抗病增产的新品种,其中张家口地区坝上和坝下农科所与中国农科院作物所合作育成"虎头",是当时国内育成品种淀粉含量最高的品种之一。该品种产量高、增值大,抗病、耐病毒、抗旱、广适,20 世纪 60 年代到 80 年代成为华北、西北地区当家品种,1985 年获国家科技进步三等奖[11]。

七、蔬菜新品种选育

河北大白菜育种在这一时期保持国内优势地位。20 世纪 50 年代河北省农科所育成"石试 1 号",在石家庄等地大面积种植。同时邯郸农业试验站用石特一号的姐妹系育成"石特 1 号",成为冀中南部主栽品种,并被湖北、湖南、陕西、浙江等省引种,成为 20 世纪 50 年代全国最有影响的品种之一。

20 世纪 70 年代,河北农业大学育成大白菜新品种"玉青",1978 年获河北省科技工作"双先"会科技成果奖。其后,河北省农林科学院蔬菜研究所用雄性不育两用系育成杂交一代种"冀菜 1 号",亩产达到 1 万千克[12]。

第二节　高产栽培技术

解放后,间套种植、轮作倒茬技术得到发展,河北各地创造了多种高产高效间、套、混、复种新模式。如马铃薯套种玉米、豌豆套种玉米;棉麦间作、果粮间作、林粮间作;粮经饲间作;粮菌(食用菌)间作等。当时,冀中南部地区发展以小麦为主的一年两熟制,冀中北部地区发展二年三熟制。复种指数由1949年的123%提高到1980年152%[13],单位耕地的粮食产量由53千克/亩,提高到205千克/亩,提高复种指数对粮食总增量的贡献达到17.9%[14]。熟制改革对于提高土地产出率、光热资源利用率,解决全省人民的温饱问题,发挥了重要作用。

这一时期,主要作物小麦、玉米、棉花等,围绕"土、肥、水、种、密、保、管、工"八字宪法,在品种更新的基础上,河北省开始从单项技术到多项技术、到综合配套栽培技术体系进行了深入研究。在合理密植、肥水供应、病虫防治方面不断取得技术突破,使全省粮棉油主要作物产量逐年提高,基本满足自给需要。

一、小麦高产栽培技术

20世纪50年代,河北省科技人员研究明确了不同地区小麦适宜播期,提出了安全越冬的栽培管理措施。河北省农林科学院在总结群众经验的基础上,采取单项技术与综合技术相结合的方法,研究了亩产300千克高产小麦的生产条件、生物学特点、关键技术及理论依据。在200~300亩土地上实现连续8年亩产293.5千克,其中有5年均达到300千克;廊坊地区农科所研究的小麦施磷肥技术,衡水地区农科所研究的低产麦田"三改"耕作栽培技术,1982年分别获河北省科技进步一、二等奖[15]。1979年探明的亩产500千克小麦的栽培技术理论、主要生态、生理生化指标,探索出一条适合全省冀中南地区多穗型品种高产的路子[16]。河北农业大学对高产小麦的物质积累分配、氮磷钾的积累分配再分配、肥水运筹、农艺措施优化组装、河北省小麦生产潜力限制因素与对策提出了有意义的见解[17]。

二、玉米高产栽培理论与技术

1961年,河北农业大学在国内首次提出玉米器官发育的阶段性和不同阶段的中心从属关系[18],在国内产生较大的影响。解放前冀西北群众有双株栽培的习惯。20世纪50年代初,原察哈尔省立农事试验场根据两年试验结果证明单株比双株增产18%,通过示范和行政配合,使该地区90%群众都改为单株栽培。1949—1959年,河北省农林科学院对玉米的播期、种植密度、播田种植法、人工辅助授粉进行了研究,明确了春夏玉米的适宜播期和种植密度,证明人工辅助授粉可增产5%~17%。1964年张家口坝下地区农科所初步探讨了千斤产量结构、基础条件与技术措施,该所试验场2亩春玉米获得了662千克/亩的高产纪录,为冀西北春玉米高产再高产提供了范例。20世纪80年代初,该所研究完成的夏玉米亩产500千克栽培技术与理论及其应用,在国内首次应用通径分析法对京早7号、冀田3号夏玉米品种产量构成因素的主次关系进行了分析,并在国内首次进行了夏玉米胚乳细胞建成与粒重关系的研究,为玉米高产栽培奠定了理论基础[19]。1980年,石家庄地区科委和石家庄地区农业局,研究推广按叶龄管理夏玉米的高产栽培技术。使全省栽培管理更加科学化,这项成果获河北省科技进步一等奖。

三、谷子高产栽培技术

20世纪50年代对谷子进行单因系对比试验研究。原察哈尔省立农事试验场1950—1951年进行谷子丛播试验,证明其可以减少倒伏,提高单位面积产量。河北省农林科学院初步总结冬播谷比春播谷一般增产20%~30%,早熟15~30天,耐旱、抗病虫、抗倒,还可调剂农活;同时还研究确定了不同肥水条件下的适宜密度。20世纪60年代由单因子、单项技术向复因子综合技术研究发展。1960—1962年张家口地区坝下研究所等单位,通过丰产田的穗部结构研究分析,明确了决定谷子产量高低的主要因素是穗成粒数,同时该所还开展了以增粒为中心的应用基础研究,初步明确了谷子的根系发育与穗重量显著正相关,且明确了谷子增粒的水分临界期、氮磷的高效期[20]。20世纪70年代由复因子综合增产技术研究向高产配套技术研究发展。1972—1974年河北省农林科学院李东辉研究了水浇地夏谷沟播栽培技术,一般在30厘米等行距耕播每亩增产75千克左右;李东辉提出了以穗数、穗粒数、穗粒重为主的"合理产量结构"高产栽培技术,提高单株结实率作为主攻方向,使谷子产量大幅度提高[21]。

四、甘薯育苗技术改进

20世纪60年代,卢龙县发明的顿水顿火育苗法,采用间歇地进行浇水烧火方法,有效地抑制和防治黑斑病,避免烂炕,培育壮苗。该方法是甘薯育苗方法的一项重大创新,对河北省及全国甘薯发展起到了积极的推动作用,于20世纪60—70年代在全省普及应用。1965年,河北省农林科学院用塑料薄膜覆盖育苗床增温、透光、效果好[22]。

五、棉花栽培化控技术的应用

20世纪50年代,研究解决了棉花的适宜播期、栽培密度问题。20世纪60年代试行了棉花育苗移栽;黑龙港棉花主产区和冀中棉区,逐步推广"密、矮、早"栽培技术。河北省农林科学院直属试验场在保定市东郊培育一块3.6亩的高产田,两年来平均每年的皮棉均在100千克以上,是全省棉花单产最早最高的记录,采取的主要技术措施是适当早播,促苗全苗壮;在合理密植的基础上适量追肥,看苗浇水、防止徒长;狠抓秋桃伏桃,加强后期管理防早衰。沧州地区农科所发明了内陆盐碱地棉花沟播防盐保苗技术,可以使盐碱地棉花稳定获得亩产50千克[23]。

20世纪70年代,河北农科院经作所开始试验棉花地膜覆盖,证明棉花地膜具有提高地温、保持墒情、抑制盐分上升、活化土壤养分、减轻枯黄萎病的作用,从而促进早发苗、加快生长、增加结铃熟好铃重,增产幅度22.8%~29.5%[24]。

棉花化控技术始于20世纪60年代,开始使用矮壮素(CCC),后来使用缩节胺(DPC)。这两种生长物质,对控制棉花营养徒长、改善植株结构、增强光合作用、减少蕾铃脱落、提高棉花产量具有重要作用,增产幅度10.6%~11.6%,至今仍普遍应用[25]。

河北农业大学、河北省农林科学院经济作物研究所以及邯郸、邢台地区农科所等研究叶面积系数、光合作用、产量结构及其相关性影响和化控、地膜覆盖等技术应用,先后提出了亩产皮棉50千克、亩产100千克的理论与技术。河北省农林科学院棉花所研究黑龙港地区旱薄盐碱地棉花增产技术,以"化肥起步,磷肥突破、氮磷配合"为核心,以"治碱为首,兼顾抗旱保苗、防碱、促早"为目标,采取"三肥"治碱、一密多效、以墒保苗、治种保产四项措施,取得了良好的效果,并获农牧渔业部科技进步二等奖。河北省抗旱播种保全苗技术处于国内领先水平[26]。

六、蔬菜栽培与贮藏技术

1. 保护地栽培

1956年,石家庄市蔬菜市场首先引入北京改良加温温室技术,并逐步扩大推广。1972年河北省农林科学院农作物研究所首次将塑料大棚技术由东北引入石家庄郊区西里村,次年相继研究了大棚黄瓜、西红柿、甜菜高产栽培技术。1974年地膜覆盖塑料薄膜技术引入河北[27],20世纪80年代很快在全省普及。

2. 蔬菜贮藏保鲜技术

20世纪70年代开始利用防空工程贮藏蒜苔、菜花、甘兰等,用塑料薄膜单果包装贮藏甜椒,利用硅窗袋贮藏菜花、甜椒、蒜苔、番茄、黄瓜。1980 年,河北农业大学研制出蔬菜、水果贮藏期防腐保鲜剂——仲丁胺,处理蒜苔、菜花等蔬菜,可延长贮藏期,保鲜效果良好。1984 年获河北省科技成果一等奖[28]。

第三节　植物保护技术

中华人民共和国成立后,人民政府重视植物保护工作,开展农田杂草调查、农业昆虫资源调查和病虫害发生规律研究。在"以防为主,综合防治"的方针指导下,河北省采取综合措施,防治病虫草,防治技术水平不断提高。

一、昆虫普查与新种的发现

1. 河北省蚜虫种类调查

河北省农林科学院植保所与中国科学院动物所合作,1983—1985 年间在平原、山区、坝上、沿海各地采集蚜虫标本 214 种(河北省原纪录 82 种),成为我国蚜虫记录种类最多的省份。这次调查基本查清了河北省的蚜虫种类和各类作物上的优势种群,并发现了小麦潜在威胁害虫——麦拟根蚜,查清了 8 个新种和 48 个中国新纪录种,获河北省科技进步一等奖。

2. 河北省蝗虫种类调查

1979—1984 年间,河北省农林科学院植保所、省植保总站等单位,用 6 年时间调查摸清了河北省蝗虫的种类,提出全省有蝗虫 58 种,发现的 7 个华北新纪录种、8 个种和 1 个亚种为河北新纪录;明确了全省土蝗成灾地区的优势种群。

3. 河北省地下害虫种类调查

河北省农林科学院植保所与中国科学院动物所合作进行了全省地老虎危害调查,查清了全省地老虎种类、优势种分布,发现 1 个中国新纪录种、16 个华北新记录种、20 个河北新纪录种,对虫情测报、综合治理、教学科研均有一定学术价值。1972—1982 年,沧州地区农科所进行了金龟子发生规律及防治研究,查明危害农田的金龟子有 36 种,其中危害严重的 4 种;首次划分了发生类型区和危害类型。同时还进行了金龟子幼虫—蛴螬趋势危害特性研究,得出了与专著记载不同的结论:不是咬断幼苗和幼苗的地下部分,而是取食出苗后残存的种皮及部分萌芽种子。根据这一发现,研究出防治新方法,用辛硫酸农药拌种防治,保苗效果 90% 以上。1982—1983 年在省内及苏、皖、豫、黑等省推广,此项成果 1978 年获全国科学大会奖[29]。

二、农田虫害防治技术的重大突破

1. 控制东亚飞蝗的爆发

1950 年,全省蝗区面积为 2 154 万亩,涉及 119 个县市。l951 年,首次在安次、武清、黄骅县开始用飞机喷撒"666"粉进行化学防治。到 1959 年,全省施行"改治并举"的治蝗方针,把宜蝗面积压缩到 314 万亩,较改造前减少 85% ,1978 年获全国科学大会奖。

2. 治理粘虫

1959 年开始,河北省农林科学院植保土肥所参加了"粘虫迁飞规律及防治技术研究"的全国大协作,探明了粘虫有南北季节性远距离迁飞危害习性,根据迁飞规矩规律,提出河北省二、三代粘虫发生趋势预报,为进一步开展对其他迁飞性害虫的研究和我国昆虫生态学发展提供了极其宝贵的经验。此项研究处于世界领先地位,得到国内同行专家高度重视,1978 年获全国科学大会奖,1982 年获国家自然科学三等奖[30]。

三、农作物病控制的突破性成就

1949—1980 年三十年间,河北省在病害防治方面,大田作物病害采取抗病品种为主、与农业措施结合的综合防治方法;蔬菜方面,20 世纪 70 年代引进嫁接技术防治枯萎病,防治效果显著。

1. 小麦锈病研究

1950—1988 年 38 年间,全省小麦条锈病流行 11 次。1950 年全省小麦因锈病减产 7 亿千克。20 世纪 60 年代,河北省农林科学院植保所研究条锈病流行区划,明确了冀南、冀中洼地为重点发病区,提出条锈病流行预测技术和耐锈品种选拔际准。当时,全省防锈面积达 2 000 万亩,研究的小麦条锈病的流行规律和综合防治技术挽回小麦 2.75 亿千克。此项成果 1978 年获全国科学大会奖[31]。

2. 基本控制了棉花枯萎病

1976 年,河北省农林科学院植保土肥所首次鉴定明确我国棉黄萎病菌为大丽轮枝菌 V. dahliae,不是黑白轮枝菌 Verticillium Albo-atrium,引起了学者们的高度关注,澄清了中国棉花黄萎病菌种归属,纠正了学术界的错误观点,修改了我国植物病理教科书相关内容[32]。

第四节　土壤肥料技术

一、系统的全省土壤普查

解放后,进行全省土壤普查。1956—1957 年,在完成黄骅、静海、御道口、察北、沽源土壤调查的基础上,建成五个国营农牧场。在此期间,水利部主持开展了华北平原土壤调查,编纂了《华北平原土壤》和《土壤图集》,提供了河北平原丰富的土壤资料[33]。1958—1959 年,河北省农业厅主持开展了河北省的第一次土壤普查,首次印出全省 1:50 万彩色土壤图和土壤肥力图,编写出《河北省农业土壤》(20 万字)和《河北省土壤分类概况》,1978 年获全国科技大会奖[34]。

二、施肥技术的创新

1972 年,河北省农林科学院土肥所在探明高产小麦营养吸收分布规律与土壤养分供应关系的基础上。研制出 74 型作物营养诊断盘,在田间速测土壤和作物的营养水平,提出合理施肥建议,河北省测土配方施肥的雏形就此形成。此项成果 1978 年获河北省科技"双先"会科技成果奖。1959—1960 年和 1972—1976 年,全省两次大力推广细菌肥料。河北省科学院微生物研究所研究推广联合固氮菌肥,应用于小麦可增产 10% 以上,在 19 个省推广,累计 3 450 万亩。

三、土壤培肥与盐碱地改良

从 1955 年起,中国农业科学院、北京农业大学、河北农业大学、河北省农林科学院土肥所等单位,先后对滨海、内陆盐土形成、演化进行了连续的综合研究。研究总结了各种土体的盐分组成、水盐运行规律;总结出不同土壤质地、不同地下水矿化度、地表积盐的临界深度,为盐碱地改良提供了理论依据;提出了台田改碱、淡水洗盐、微咸水利用、生物治理等综合措施,在滨海地区,通过拉荒洗盐、种植耐盐植物、引淡水洗盐种稻,实行水旱轮作是最有效的改良利用措施。

四、农田灌溉与节水技术发展

解放后,省政府主张修渠打井发展灌溉,到1980年水浇地面积发展到5 384万亩,比建国初期增加近4倍。由于农业生产的发展,水资源日趋紧缺,用水矛盾突出,农业用水研究推行了节水技术。

1. 改造漫灌、推行防渗和农艺节水

20世纪60年代推广了小畦灌溉,从70年代后期开始推广机井垄沟防渗工程。在试验的基础上对小麦、夏玉米、棉花等作物提出了不同水平年的灌水次数和灌水量。

2. 适度发展了节水喷灌、滴灌技术

1973年,在正定县三角村进行了固定式喷灌试点,小麦亩产比畦灌小麦增产25%～32%,省水24%～36%。到1977年底,全省80多个市、县共发展喷灌面积8.5万亩。1978年开始进入喷灌推广阶段。

1974年,引进墨西哥第一套滴灌设备,即开始了对滴灌技术的研究。1974—1981年,侧重研究大田作物滴灌,1982年后,分别在张家口、唐山、承德、秦皇岛、邢台等地、市建立了果树滴灌试点。

第五节　农业机械研制技术

河北省地处华北平原,适合发挥农田机械化作业。到1980年,河北省农业机械化在农田灌溉、土地耕整、小麦机播作业上初具规模,围绕粮食生产,主攻小麦、玉米机械化,生产关键环节,努力实现节本增效,多项农机化工作率先取得重大突破,农机化工作走在全国的前列。

一、推广新型农机具

新中国成立后,全国掀起发展生产、经济恢复高潮,推广新型农具、改进旧式农具成为当时推动粮食增产的重要措施。1950—1957年,河北省采取"重点示范,稳步推广"等系列措施,先后在国营农场设立20多家推广站,行政部门与银行、农场相配合,采取示范、宣传、展览和奖励等方法进行推广。推广了人、畜为动力的灌溉水车、双轮双铧犁、七寸十寸步犁、喷雾器,以及耘锄、打稻机、玉米脱粒机、双轮单铧犁、谷物播种机、摇臂收割机、双行椰花播种机、苏式中耕器、山地犁等新型农机具。

1958—1962年,河北省组织开展了全省群众性的农具改革运动。1958年8月15日成立河北省工具改革委员会,各专市相应成立工具改革办公室,全省相继开展了提水工具改革、运输工具滚珠轴承化、胶轮化和三秋工具改革。之后,全省又组织运输车辆化和水利施工工具半机械化以及炊事工具改良。1958年底全省推广和改制提水、运输、三秋生产、农副产品加工等各种农具1亿多件,绝大部分地区的水车、大小车、石碾、石磨、碾轴等,基本实现滚珠轴承化。1959年3月3日,河北省工具改革委员会提出"消灭笨重劳动,实现半机械化"。这一时期还开始大力推广喷雾器,改进提水灌溉工具,很多地方将管链水车改成手摇式水车和机动水车。1962年喷雾器发展到15万架,喷粉器约4万架。期间,全省改革、推广新农具58种、88个型号、200多万件。

1958年5月,秦皇岛海港运输社技术工人学习沈阳车辆革新经验,造出第一辆四轮载重马车,省

内各地纷纷仿造。1960 年全省四轮、六轮等各式马车达 4 400 多辆。1962 年河北省胶轮大车发展到 16 万多辆,双轮和单轮胶轮小车达到 80 多万辆。

1963—1965 年,贯彻"机械化、半机械化并举,以半机械化为主;远近结合,以近为主;选改创结合,以选改为主"的方针,选型、示范、推广新农具。1965 年全省有半机械化农具与改良农具 11 类 244 种,推广了双轮双铧犁、七吋步犁、山地犁、双行播种机、三齿耘锄、压缩式喷雾器、背负式喷雾器、手摇式喷粉器、打稻机、TB – 520 半复式脱粒机、片磨、小型动力榨油机、人动力两用铡草机、人力或动力轧花机、动力弹花机、畜力胶轮大车、单轮小胶车、双轮小胶车等。这些新农具劳动效率高、结构简单、容易操作、坚固耐用、价格便宜。

二、农业机械开发

1959 年 4 月 29 日,毛泽东在《党内通讯》中提出的"农业的根本出路在于机械化",为我国农业发展之路指明了方向。新中国成立后,推广新型农机具,改进旧式农具,大幅度提高了农业劳动效率,粮食产量大幅度提高。为进一步减轻劳动强度,提高劳动效率,1965 年以后,河北省的农机具发展重点转到农业机械化方面,新式农具的推广和革新降为次要地位。

1. 拖拉机

1950 年,河北省引进了苏联产的纳齐拖拉机,冀衡、永年农场进行耕作示范。同年引进的福特、纳齐、迈斯、C – 80 拖拉机在芦台农场投入使用。1954 年国家分配给河北省福特拖拉机 6 台和纳齐拖拉机 3 台。藉此,河北省在饶阳县五公村、晋县周家庄和芦台相继成立了第一、第二、第三拖拉机站。1959 年,又引入洛阳拖拉机厂产的东方红 – 54 链式拖拉机 24 台。之后,国营拖拉机站陆续建立,拖拉机数量日益剧增。20 世纪 60 年代后期,社队相继成立拖拉机站。到 1980 年,河北省农机总动力达到 1 254.69 万千瓦,其中大中型拖拉机 42 133 台,148.54 万千瓦;小型拖拉机 11 0631 台,94.90 万千瓦。1983 年,全省有拖拉机 21.32 万台,其中大中拖 4.64 万台,小拖 16.69 万台。

2. 耕整机械

1954 年,河北省第一、二、三拖拉机站成立初期,配有波兰产三铧犁、推土铲、推土半地机等。之后,相继引进波兰三铧犁和苏联二铧犁、四铧犁、拖拉耙等。1960 年后国产机引农具投入批量生产。1968 年,河北省农机化研究所与中国农机研究院合作研制出圆盘式平地合墒器,在保定农机厂投入批量生产。1973 年后,随着全省大中拖拉机数量增长,配套耕整机具逐年发展。1983 年,大中拖配套犁 33 376 台,配套耙 9 046 台,小拖配套犁发展到 69 953 台。

3. 播种机械

1954 年,河北省第一拖拉机站配有播种机 15 台,当年播种小麦获得成功。1955 年,河北省第二拖拉机站在晋县周家庄曹同义农业生产合作社用播种机成功进行棉花播种。当年全省拥有播种机 83 台。1972 年各地、县农具研究所相继成立,研制一批适合本地生产条件的机引、畜引播种机,成为主要运行机型。1980 年河北省播种机增至 50 236 台,其中与大中拖拉机配套 16 614 台,与小拖拉机配套 33 622 台。

4. 水稻插秧机

1968 年,汉沽、柏各庄农场应用水稻插秧机试验机械插秧成功。20 世纪 70 年代后期,唐山地区产稻县先后引进湖南、吉林、上海、湖北等地出产的水稻插秧机。1981 年全省有水稻插秧机 307 台。

5. 植保机械

1954—1959年,国家分配给河北省一批与大中拖拉机配套的进口动力喷雾,主要机型是波兰OKC型,开始用于农田病虫害防治作业。20世纪70年代,开始在果园、林场应用国产工农-36型和东方红-18型机动喷雾、喷粉机进行园林病虫害防治。到1980年,全省植保施药基本实现半机械和机械化。

6. 收获机械

小麦割晒机。1965年开始,通过购置外省市机型,发展小型割晒机。1972年,河北省各地区先后研制出冀114、105、150、180、185等多种型号的小型割晒机。1978年冀185型割晒机定型,1979年大面积推广。

小麦联合收割机。1950年,河北省农场管理局引进苏联产"康拜因"C-4型3台、C-6型7台,分配给冀衡、永年、保定3个机械化农场。国营芦台农场引进美国万国公司生产的自走式联合收割机和苏联产D-6型联合收割机。当年河北省小麦联合收割机数量达到30台。1960年河北省引进联合收割机611台,因农村地块零散,作业不便,多数长期停放,调到外省区84台。1977年,国营大曹庄农场引进东德自走式E512小麦、玉米联合收割机5台,性能良好。20世纪80年代开始,随着农田作业机械化程度提高,束鹿(今辛集市)、晋县、栾城、获鹿、丰南等县一些乡、村集体和个体农户购置大型小麦联合收割机,采取有偿服务方式为本乡、村及周围乡、村农户收割小麦,受到农户欢迎。

玉米收获机。1973年新桥农场试用苏式三行玉米摘穗机。1977年国营大曹庄农场引进5台东德E512玉米、小麦联合收割机,进行玉米大面积收获作业,性能优良。1979年,玉田县农机所研制成YB4-2.5型玉米剥皮机。

7. 灌溉机械

(1)提水动力。

柴油机。1949年赵县有2台小型柴油机带动铁管水车提水灌溉,1952年该县新宅店和西白庄农业合作社各用一台福建产单缸柴油机提水浇地。1953年晋县周家庄曹同义农业合作社使用5马力单缸柴油机提水,此后柴油机使用日渐增多。1958年,石家庄红旗机械厂开始生产8马力X195型卧式柴油机,1968年全省10个地区同时筹备建厂生产X195型柴油机。1975年后组织部分厂家开始生产大、中型柴油机,自产柴油机生产量增长,全省柴油机保有量逐年上升,1978年底拥有柴油机48.6万台。

电动机。1957年河北省和石家庄专署在藁城县毛庄村办农机化试点,使用电动机带动农水泵提水浇地。1958年全省各地开始发展电力灌溉。

到1980年,河北省发展农用柴油机47.1万台,电动机机46.5万台,灌溉动力达到796.1万千瓦。

(2)抽水机。

农用水泵。1954年石家庄地区最先引进机动水泵(时称抽水机)。1956年石家庄市恒大铁工厂试制成功四进三出离心泵,1965年石家庄地区农用离心泵基本取代水车。20世纪60年代后期全省普及离心泵浇地。70年代后,因井灌区地下水位持续下降,开始发展深井泵(多级泵)、潜水电泵。1976年全省拥有离心泵50.92万台,占农用水泵总量的90.5%;深井泵2.94万台,占5.2%;潜水电泵8786台,占1.6%。

喷灌机。1974年省水利、农机部门在正定县三角村进行喷灌试验,喷灌面积74亩。1975年全省10个地区的18个县开展喷灌机研制工作,当年生产各种样机23台,投入使用8台,灌溉面积795亩。1978年国营大曹庄农场成功引进美国凡尔蒙特公司大型中心支轴式(可移式)2071型电动喷灌机7台、1260型水动喷灌机1台,喷灌面积8 532亩。1979年栾城农机化试点引进2台美国产麦提克307型平移式电动喷灌机。1980年全省拥有固定式、可移式多种型号喷灌机8 188台,控制面积40万亩。

滴灌机。1974 年遵化县沙石峪村接受一套墨西哥总统埃切维利亚赠送的滴灌设备——管式滴头、活动毛管,控制面积 11.2 亩,使用效果好,但因设备造价昂贵未推广。1982 年水电部、林业部在遵化县达志沟建立国内第一个面积为 105 亩的板栗滴灌试点,成效显著。1983 年迁安县经水电部水利科学院引进滴灌设备,在西关、扣庄试验滴灌 1100 亩花生,达到了省水、省电、增产、增收的明显效果。1984,年全省示范滴灌 3 878 亩,其中花生 3 034 亩,果树 830 亩。唐山市 1985 年在 11 县 107 村示范滴灌 1.6 万亩。

第六节　区域综合开发技术

一、黑龙港攻关成就斐然

黑龙港地区包括 6 地市、50 个县,1 600 多万人,3 600 多万亩耕地,历史性的旱、涝、碱、咸、薄等多种灾害并替发生。至 1949 年,全区盐碱地面积达 2 300 万亩,低洼易涝地面积约 2 600 万亩。

1958 年,中国科学院、国家科委组织有关科研单位以及省水利厅等,在深县后营、后屯、贡家台等处分别开展了以水利工程措施为主的盐碱地治理试验。1963 年,河北省农业厅土肥处在该地区的沧州、衡水、邢台、邯郸建立了 13 个盐碱地农业改良试验站,对滨海和内陆次生盐碱地进行了有组织的以生物治理为主的改良盐渍土地的科学试验工作,均取得了旱涝盐碱小面积综合治理的初步成果。

1973 年,北京农业大学在曲周县张庄建立了盐碱地改造的综合试验区,河北省也组织 20 个科研单位、100 多名科技人员分别在该地区的南皮、东光、吴桥、沧县、束鹿、深县、临西、清河等县布设了 13 个综合试验点。同年,国务院科教组组织了全国 160 多名专家,在科教组长刘希尧主持下,进行了《黑龙港地区地下水合理开发利用》的研究。河北省政府也组织省地质局、省水文地质大队、省地理研究所、省水利局等单位参加了这项工作,对全区水文地质、地下水资源、地下水动态、储量分布、入渗补给回灌等方面进行了大量调查研究工作。

1978 年以后,"黄淮海平原旱涝盐碱综合治理"正式列为国家重点科技攻关项目。河北省农林科学院、河北农业大学、河北省水科所、河北省科学院地理所等省内科研单位、大专院校联合组织军团参加黑龙港攻关,围绕抗旱治碱,选择了四维治水、化肥起步、粮草定养、加工促农的技术途径,确立了中低产田"前重型"耕作栽培技术体系,推行"一调四改三同步"抗逆稳产配套技术。到 1985 年,累计推广 3 000 万亩,增产粮食 9.85 亿千克,皮棉 9 242 万千克,总增纯技术经济效益 5.2 亿元,农民人均收入大幅提高;粮食亩产达 236.5 千克,棉花亩产达 60.5 千克,油料亩产 66.5 千克,创历史最好水平。1986 年,省政府授予河北省农林科学院"黑龙港地区农业科技攻关特别荣誉奖";"黄淮海黑龙港地区综合开发与治理" 1987 年获国家科技进步二等奖,受到国家三委一部(科委、计委、经委、财政部)表彰。

这一时期,北京农业大学在曲周建立了盐改试验站。北京农大成立了土壤改良研究组,建立以张庄为中心的旱涝碱咸综合治理的第一代试验区,开始了艰苦创业。历时十余年,科学治碱大见成效。到 1987 年项目如期完成,曲周盐碱地面积减少七成,灌溉面积扩大了 1.35 倍,森林覆盖率增加了 2.8 倍,粮食亩产由 100 多千克,提高到 500 多千克。曲周试区的巨变引起国内外专家的瞩目,先后有 30 多个国家和地区派员前来考察。1988 年 6 月 14 日,时任国务院总理的李鹏视察曲周试验站,对攻关试区的盐碱地治理给予了高度评价。

该试区的成功经验引发了黄淮海平原乃至全国农业综合开发,为我国彻底扭转南粮北调局面,解决粮食短缺问题作出了不可磨灭的贡献。

二、"太行山道路"享誉全国

河北省山区主要由太行山及燕山山脉构成,总面积90 280平方公里,占全省总面积的48.1%,包括张家口、承德、秦皇岛、唐山、保定、石家庄、邢台、邯郸等14个地市的57个县(区)。建国初期以交通设施和水利工程为主的山区治理,采取先治坡后治沟、先支(沟)后干(沟)、自上而下的方法,获得了较好的成效。1976年,河北省科学技术委员会在昌黎召开了科技计划工作会议,确定在太行山区易县阳谷庄设立山区综合治理研究试点,拉开了科技进山、振兴山区经济的序幕。河北省委、省政府成立了李锋副省长为组长的山区技术开发领导小组,下设办公室,组织河北农业大学、河北省农林科学院等大专院校科研单位组织科技进山,实行教学、科研、生产"三结合",开展科学研究和科技扶贫活动,河北农业大学王健、杨文衡教授、张润身高级农艺师等一大批教学科研人员扎根山区建功立业。10年间,国家科学技术委员会和河北省科学技术委员会对山区科研投资总计1 356.2万元,科技贷款8 458万元,获经济效益5亿元;通过鉴定的科技成果153项,其中128项获国家和省部级、地市级科技进步奖,有47项达到国内先进水平,成果转化率达到70%。全省山区治理水土流失3万多平方公里,造林5 000多万亩。太行山区人均收入由试验前(1979—1981年)3年平均75元增至394元。1983年,国家科学技术委员会在河北召开了全国山区技术开发经验交流会,重点推广了太行山区技术开发经验。几年来,全国有20多个省、市、自治区派人来河北山区考察、学习。1986年,省政府召开太行山开发研究表彰大会,授予"河北省太行山区研究特等奖",国务院和国家科委发来了贺电和贺信(图7-2-1),对河北省太行山区开发研究工作成就给予高度评价。此项成果1988年获国家星火奖;授予河北农业大学"特别荣誉奖"(图7-2-2)。国务院赞誉河北在山区开发方面走在了全国最前列,开创了"太行山道路",号召全国山区学习,太行山的技术开发经验很快推广到全国,开启了全国扶贫攻坚的先河。

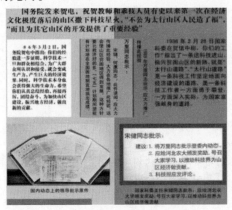

图7-2-1　表彰太行山开发国务院贺电及领导批示图　　图7-2-2　省政府表彰河北农大太行山特别荣誉奖

注　释:

[1]　河北省农业厅:《志源》第23卷,中国农业出版社1992年版,第74页。

[2][5][9][10][16]　河北省农业厅:《志源》第15,27,31,20,16期。

[3][4][7][8]　马梦祥:《河北省农林科学院志》,河北科技出版社1998年版,第214,216,219,219—200页。

[6][24]　王恒铨:《河北棉花》,河北科技出版社1992年版,第94,208页。

[11][15]　马梦祥:《河北省农科院院志》,河北科技出版社1998年版,第223,231页。

[12][28]　张璞:《河北农业大学校志》,社会科学文献出版社1992年版,第24,327页。

[13]　河北农科院作物所:《河北粮食作物种植区划》,1983年。

[14]　《河北省国民经济统计资料》,1976—1985年,第124页。

[17]　刘大群:《河北农业大学校志》,中国文史出版社 2002 年版,第 755 页。

[18]　段怀慈:《河北科技精英》,中国科技出版社 1988 年版,第 403 页。

[19][20][23][27]　河北省农业厅:《志源》1992 年,第 16,16,16,16 期。

[21][26]　王世魁:《河北省农科院建院 30 周年主要科技成果汇编》,1988 年,第 53,119,21 页。

[22]　河北地方志编纂委员会:《河北省志·农业志》,中华书局 1993 年版,第 177 页。

[25]　王恒铨:《河北棉花》,河北科技出版社 1992 年版,第 90,120,123 页。

[29][30][31][32]　马梦祥:《河北省农林科学院志》,河北科技出版社 1998 年版,第 242—243,244,237,240 页。

[33]　河北地方志编委会:《河北省志·科学技术志》,中华书局 1993 年版。

[34]　马梦祥:《河北省农林科学院志》,河北科技出版社 1998 年版,第 233—234 页。

第三章　现代林业科技

新中国建立后,随着土地改革的完成,国家采取一系列政策措施推进林业的恢复和发展,明确了林地权属,大片林地收归国有,小片林地归民有,制定了"普遍护林,重点造林"的方针,有计划地大力开展植树造林,积极保护抚育现有森林,推行封山育林。到 1957 年,河北省林业系统逐步建立了科研机构,组成了科研队伍,开展了森林植被建设和资源普查,林业科技工作迎来了全面发展的新时期。十一届三中全会后,实行了林业"三定",林业科研工作广泛开展,取得了丰硕成果,河北林业科技进入了飞跃发展的新时期。

第一节　林木资源的系统普查

一、森林资源调查

1949—1952 年,河北、察哈尔和热河三省林业调查队对国有林区进行了调查。1953 年,张家口地区和承德地区林业调查队,以经纬仪和罗盘仪实测,确定调查区位置和面积,绘制万分之一平面图,设置标准地,用轮尺测树,以典型标准地推算蓄积量。当时着重测量森林面积,对蓄积调查比较简单。1954—1963 年,河北省调查队,在各林场以角规测树,按苏联调查方法,使用方格网进行区划,对全省 90% 以上的国营林场进行了勘测设计,清查了河北省的森林资源[1]。这些都为全面、准确监测和掌握河北省森林资源状况奠定了基础。

二、果树资源普查

1956 年,为摸清河北省的果树资源,加速果树生产发展,由河北省农林厅、河北农学院园艺系、昌黎果树试验站、石家庄果树试验站,组成"河北省果树资源调查组",历经 4 年,系统地开展了河北省果树资源调查工作,在此基础上编写出版了《河北省果树志》,中国科学院郭沫若院长为这部著作亲笔题写了书名。全书共收录了河北省栽培和野生果树植物 103 个种类,共一千多个品种。依果树种类分编为 15 卷,合订为 6 大集。《河北省果树志》是河北省果树资源的专门著作,系统地总结了劳动人民的生产经验,全面整理了河北省的果树资源。这是建国后对河北果树植物研究的首次总结,基本查清了河北省各个果树栽培区域的自然基础、技术基础以及果树种类与品种的分布和栽培情况,对加快河北省果树生产、加强果树科学研究具有重要的指导意义[2]。

三、桑树资源调查

1960—1962 年,中国农科院蚕业研究所、省农林厅和省农科院蚕桑研究所,对河北省塞北山地桑树区、冀西山地桑树区、冀东沙地桑树区、冀中平原桑树区进行了观察、调查,记载了地方品种有牛筋桑、铁把桑、葫芦桑、易县黑皮桑、梓椤桑、鲁黄桑、唐桑等 16 个,并对各区的桑树品种及其形态特性进行了总结,提出了不同区域适宜栽培的桑树品种[3]。摸清了桑树资源的分布区域,为桑优良品种的选育提供了科学依据。

第二节　林业引种、育种工作

一、引种驯化方面

新中国成立后,河北省为尽快恢复和发展林业事业,积极引进适合河北省发展的国外、省外树种。先后从省外引进红松、日本落叶松、兴安落叶松、长白落叶松、华山松、水杉、兰考泡桐、新疆杨、胡杨、沙枣、新疆核桃、杜仲等树种;从保加利亚引进白水晶、紫珍珠、红玫瑰香、保尔加尔等葡萄品种;从日本引进大久保、岗山白等桃品种。

二、选择育种方面

1951 年秋末,河北省西陵造林局在发动职工寻找毛白杨种条时,当时分别从晓新村、南畔石、金坡以及西大地村的水泉沟和崇陵果园的北沟等地的不同母树周围采集到了大树伐根萌条 400 多根,于 1952 年春季在泰东陵作业区苗圃埋条育苗,占地 0.4 亩。此后,易县毛白杨(雌株)的育苗面积逐年扩大,育出的种苗、种条和大批苗木流向省内外各地,西陵实验场便成了易县毛白杨(雌株)的发祥地[4]。

三、苹果杂交育种

从 20 世纪 50 年代开始,河北省农科院昌黎果树研究所利用欧洲类群中的一些种质资源,进行苹果育种工作,选育出胜利、葵花等 10 个新品种,20 世纪 70 年代后陆续在生产上应用。其中,"胜利"由青香蕉×倭锦杂交育成,果面红色,单果重 196 克,可溶性固性物 16.9%,产量比国光高 20%,是当时苹果的主推品种之一。苹果新品种"胜利"获国家发明三等奖,苹果新品种"葵花"获国家发明四等奖[5]。

第三节　林木种子采育及快繁技术

一、林木种子的采育

新中国建立后,林业科技人员对不同树木种子的采收、贮藏和调制方法进行了多方面研究。1953

年,河北省开始将采收林木种子列为省、地、县实现5年造林绿化计划的主要措施之一,并作为一项任务列入计划指标,采种工作贯彻执行自采、自育、自造的"三自"方针。1954年,省农林厅林业局与省供销合作总社商定,除有条件的国营林场、森林经营所和苗圃自行采集和收购外,将收购林木种子工作委托供销合作社进行。1956年7月建立了"河北省林木种子检验站",负责种子分配、调拨和种子质量、纯度的检验工作,这在建国初期为大规模的群众植树造林运动提供了有力的支撑。

二、林木育苗技术

1. 油松播种育苗技术

油松是河北省的山地主要造林树种之一,油松播种苗很易感染立枯病、根腐病等,这些病害造成种苗的大片死亡甚至全军覆灭,严重影响育苗成败和苗木的产量和质量。省西陵林业实验场经过多年试验研究总结提出了油松连作最好等一整套技术措施,解决了油松选茬和苗期管理的技术关键问题;并将油松撒播育苗改为"宽幅条播",由每公顷产苗70多万株提高到225万株,保证了油松育苗的稳产高产[6]。该成果1956年获林业部"全国林业劳模大会"奖。

2. 毛白杨留根繁殖技术

20世纪50年代初,北京铁路局沙沟苗圃职工孙振海试验毛白杨埋条育苗成功,此法在全省推广,对大力发展毛白杨起了积极作用。1953年,西陵林场苗圃组组长赵怀明,在上年秋平整好的毛白杨出圃地准备重新作床育苗,发现有毛白杨幼芽顶出地面,决定将这块地留作观察试验,当年出圃时,苗木的质量和产量都超过了埋条法繁殖的苗木,经多次重复验证,产苗量和苗木质量仍高于埋条繁殖苗,于是将这种利用毛白杨苗圃起苗后,留在土里的残根、断根滋生根蘖苗的育苗法得名为"毛白杨留根育苗繁殖法"。用这种留根法繁殖毛白杨,只第一年需用埋条繁殖毛白杨,当年秋季或翌年春出圃后,圃地遗留很多根,经间苗、摘芽等一系列的技术管理工作,其遗留的根即萌生新株,培育成幼苗,以后每年出圃,连续利用遗留的根培育幼苗[7]。利用这种方法繁殖毛白杨,不但容易掌握、节省种条,而且成本低、产苗量高、苗木质量高,可以多、快、好、省地大量生产毛白杨,从而加速了毛白杨这一优良树种在全省的广泛推广。该成果1957年获林业部"全国劳动模范授奖大会"奖、1978年获河北省科学大会奖。20世纪60年代以后,开始用生长激素药剂处理种条进行扦插育苗。1977年,省林科所用浸蘸萘乙酸处理毛白杨插条,成活率由原来的20%左右提高到60%以上,最高达74%。

3. 苹果嫁接育苗技术

苹果在河北省各地都有种植,以燕山地区面积大,产量高,品质好。历史上沿用传统嫁接方法繁殖苗木,成活率不高。1954年,省昌黎果树试验站于用中利用植物顶端生长优势,改苹果芽接苗二次剪砧,新梢生长快,剪口愈合早而完整,苗木生长健壮而抗风,在省内推广应用。1958年,该所又创造出了"一横一点"快速芽接法,把原来的"丁"字形芽接法改进为"一"字形芽接法,成活率由91%提高到99.6%,一个工作日单人最多可接2 781株,提高工效一倍半,创全国最高纪录[8]。这一技术在全国得到广泛推广,对河北省乃至全国苹果产业的恢复发展起到了积极作用。

第四节　植树造林技术

一、平原沙荒造林技术

1949年,华北人民政府在正定县南华村建立了冀西沙荒造林局。1950年,冀西沙荒造林局组织勘察测量队,对"冀西三大沙荒"进行了勘测设计,在行唐县境内的神道滩上开始组织营造防风林网,这是全国最早用于大沙荒固定流沙的防风固沙林网。冀西沙荒造林局创刊的《造林通报》和《造林快报》,分别是新中国最早的林业科技杂志和最早的林业专业小报。在这场大规模的防风治沙运动中,群众有很多发明创造,1951年,在冀西沙荒造林中,行唐县贾兰虎创造的杨柳"弓形压条"造林法,造林成活率达到80%以上;永定河下游沙荒造林,永清、固安沙地群众"窝墩换土"造林技术,造林成活率达到80%~90%,并在1952年河北省永定河造林局完成了全国最早、最大的永定河下游农田防护林网工程,防护面积90多万亩,向全国进行推广。这一时期,河北省的林业建设主要仍靠传统的常规技术和在生产建设中发现总结群众经验,在造林方法上,主要是阔叶树种杨(小叶杨)、柳插干(条)。这些新技术的发明,不但提高了植树成活率,而且苗木生长旺盛,使河北省的治沙活动走在了全国的前列,取得显著成效,从而改变了建国初期河北平原风沙肆虐、自然灾害频发的状况,使生态环境得到进一步改善。

二、山地造林技术

山地造林主要是针叶树种油松、侧柏直播造林。西陵山荒造林局研究总结出山区阴坡、半阴坡土厚、草多地带人工油松直播造林技术;平泉董杖子村研究出油松靠山植苗造林技术;邢台县浆水等地总结出"随采随播"的橡栎播种技术;涞源县在雨季由直播油松造林地挖取生长过密的一年半生幼进行移栽,经过研究试验后,被称为"破穴分栽";灵寿县从直播苗过密地块向缺苗地块移栽成功,被称为"丛起丛栽造林法"。河北省各地山区开展了"山地块状育苗",将油松人工直播造林改为植苗造林。1954年平泉县黄土梁子国营林场场长邵凤山、技术员郝维银创造了山地阳坡"小反坡整地造成林"技术,解决了阳坡油松造林的困难。1958年山海关国营林场李松田研究试验百日油松小苗上山造林技术成功,他曾出席全国农业系统群英会,受到毛泽东接见。

三、坝上造林技术

1956年,张家口坝上高原研究试验杨树嫩枝扦插育苗和造林技术获得成功。1959年,丰宁县在高寒的坝上引种落叶松成功;围场县龙头山和北沟国营林场的落叶松全光育苗试验获得成功;塞罕坝机械林场开始进行机械造林和落叶松全光育苗试验。这些育苗技术的研究成功,为坝上地区大规模的群众造林提供了苗木来源。

1957年3月,为解决坝上人烟稀少、造林劳力不足,河北省林业厅抽派11名干部,赴吉林省洮南机械林场学习机械造林。同年11月,河北省人委批复承德专员公署同意在围场坝上大脑袋山建立国营"河北省承德塞罕坝机械林场"。经过几代人数十年的努力,依靠科技加苦干,塞罕坝林场现发展为中国北方最大的森林公园,总面积141万亩,其中森林景观106万亩,草原景观20万亩,森林覆盖率达75%,这里被誉为水的源头、云的故乡、花的世界、林的海洋、珍禽异兽的天堂,可称世界一绝。同年,省林业厅将康保县屯垦林场改为机械林场。

四、封山育林方面

1950年第一次全国林业会议,把封山育林列为扩大森林资源的重要手段之一,确定了"普遍护林,重点造林","有计划地大力造林,积极保护抚育现有森林,推行封山育林"的林业工作方针。河北省十分重视保护和恢复河北省的森林资源,会后,易县、涞源、邢台、遵化等县对有条件生长树木的山地进行了封禁,有的地方采取死封(定期封禁)、轮封、活封的方法进行封山育林,促进成林。20世纪50年代初期,封育了8243.65平方公里阔叶树天然林、140平方公里油松天然林、64.1平方公里落叶松天然林、37.31平方公里云杉天然林、5平方公里侧柏天然林,这些天然林的面积约占森林总面积的

42％。对全省的植被恢复、物种保存、病虫害防治和水土保持、水源涵养等方面具有非常有利的作用[9]。

五、森林保护与经营

新中国成立后,党和政府十分重视保护森林,制定了"普遍护林,重点造林"的方针。随着大规模植树造林运动的开展,森林病虫害防治活动和科学研究工作逐步开展起来。病虫害发生较多的地区,建立了森林病虫防治站和虫情测报网,为开展防治工作提供了科学依据。20 世纪 50 年代初期,河北各重点林区普遍建立了护林防火组织。随着松林面积不断扩大,松毛虫为害面积不断增加,1952 年,省农林厅发出《扑灭松毛虫办法的通报》。松毛虫发生区群众采取人工捕捉、摘茧、摘卵块等办法进行防治。1959—1965 年,省林科所科技人员先到唐山松毛虫发生地区研究了松毛虫发生规律及防治方法,用 1％ 的 666 粉喷洒地面和树干进行防治越冬松毛虫试验,使松树被害率由 100％ 降低为10％~15％。

河北省的森林经营工作是在新中国建立后起步的,经营对象是建国前被破坏的天然次生林。随着植树造林运动的开展,新的森林资源的增加,1957 年以后,森林经营管理工作增加了人工林。经营管理措施,从简单的清理林区卫生环境,逐渐发展到抚育间伐、改造更新。1957 年省林业厅工程师王绪捷在兴隆雾灵山林场,首次进行次生林抚育采伐更新试验,采伐 4 000 亩山杨林,严格清理林场,进行封禁,促进天然更新,获得成功。这是河北省第一次次生林经营。1958 年召开现场会,进行推广。1958 年,河北省黄村林业学校教师带领学生在永定河下游防护林陈各庄段对萌生强的柳树、小叶杨进行改丛生状态试验,对林带进行坡面型伐、纵行伐、屋脊型伐、对角线伐和隔墩伐等五种对比试验,当年秋季观察,以对角线伐防风沙效果最佳,林相整齐,生长快[10]。另外,通过抚育间伐清理了林区环境,改变了树种组成,解放了主要树种,促进了林木的生长和发育。

第五节　蚕桑技术的发展

一、桑树栽培技术

1950 年,省农业厅在临榆(今秦皇岛市辖区)建立"河北省临榆柞蚕场",负责蚕桑恢复工作。1953 年农林厅确定,由农业技术推广所负责蚕桑生产,并将迁安、大城、元氏、内丘、深县、赞皇、临城、永年等 8 县的县农场改为省属桑苗场(圃),栽种鲁桑、湖桑等,改民国时期的每公顷栽桑 3 600 株为6 000株,作为群众栽种片桑的示范。同年秋季,农林厅在易县建立"河北省农林厅临榆柞蚕场易县家蚕工作站",桑、柞蚕分别管理,并不断引进和更新桑蚕品种。1959 年年末统计,全省新栽桑 27 880.7 hm²,桑树面积达到 44 267 hm²。桑树栽植面积增加和种植密度的提高,大大促进了河北蚕桑业的发展。

二、蓖麻蚕北方越冬研究

为使蓖麻蚕在中国北方得以生存,河北省农林科学院蚕桑研究所刘廷印等,依据生物适应环境的原理,采用"连代驯化"法诱导获得成功。该研究通过人工制造小气候,使蓖麻蚕在 15 个月中一连三代都过"秋冬",幼虫连代低温饲育和蛹期累代冷藏,加速锻炼和积累了蚕对环境的适应能力,使其性状发生变化,从而成功地使纯多化性蓖麻蚕产生了休眠蛹[11]。该研究为中国北方蓖麻蚕留种自繁奠定了基础,同时也为纯多化性昆虫人为导致休眠虫态开辟新途径,于 1978 年获全国科学大会奖。

第六节　科研机构和学术团体建设

一、林业研究机构的建设

新中国成立后,林业科技工作受到党和政府的重视,研究机构得到迅速发展。1953年,河北省农林厅林业局将原华北人民政府林垦部直属的冀西沙荒造林局改建为"石家庄林业实验场",下设陈庄(在灵寿县)、南化(在正定县)两个林业工作站。这是河北省最早期林业科研机构。试验场的主要任务是调查研究各地育苗、造林方法,经过总结、改进,向各地推广。1956年,石家庄林业试验场迁到易县梁各庄与西陵国营林场合并,成立"河北省林业实验场"。实验场的任务除研究总结各地林业生产技术之外,并根据林业建设发展增添了其他试验研究项目。1958年初,河北省林业厅提出"场场搞试验,人人搞研究"的号召,7月河北省林业实验场创办了《河北林业科技简报》,9月,河北省将省林业实验场改为河北省农林科学院林业研究所。

二、学术团体与学术交流

河北省林业学术团体的建立发展始于建国以后,学术团体的工作开展,对于全省的学术交流。科技的发展以及科技水平的提高起到积极的促进作用。

1. 林学会的成立

新中国建立后,1956年成立了中国林学会保定分会,中国林学会保定分会受中国林学会和中华全国自然科学专门学会联合会河北分会(简称河北科联)双重领导。1958年创办了《河北省林业科学技术简报》。1960年正式成立河北省农学会林业专业学会,1978年改为河北省林学会,会员达到了200多人。二十多年来,河北林学会结合河北省的实际开展各项林业学术活动,对于推动河北省林业的发展起到了积极作用。

2. 果树学会的成立

1956年12月,在保定市分别成立了"中国园艺学会保定分会"和"昌黎分会",会员共有40余人,并于同年创刊《河北园艺》(半年刊),主要刊载有关果树方面的技术成果。学会曾在1959年承担唐山"万亩果园"规划任务,负责进行考察、规划设计,以及提出建园方案。在果树学会年会上,对苹果疏花疏果和保花保果问题、木本粮油树的管理技术、大树增产和老树复壮及幼树安全越冬、果树皮层更新等问题进行研讨,还讨论制定了"葡萄品种观察记载的项目、标准和方法"。

第七节　新时期河北林业科技的发展

十一届三中全会以后,林业战线进行了"拨乱反正",清除了"左"的影响,落实了林业政策,实行了林业"三定",林业科研工作广泛开展,河北林业科技进入了飞跃发展的新时期。

一、森林资源的普查研究

1. 森林资源的清查

1978年,由省林业勘察设计队,在55个山区县、市建立了森林资源连续清查体系,采取机械抽样,系统布设样点的方法,以 1 亩为样本面积实测,建立了不同权属、林种、树种和树龄组的全省森林资源数据。平原地区的森林资源,则在 1975 年调查的基础上进行了修订。

1979—1984 年,由省林业勘察设计队做技术指导,由各县分别自行组织,对全省 149 个县、市进行了县级林业资源调查和区划,采用实测和地形图勾绘相结合的方法,并开始采用微型计算机进行统计,这是比较细致而且落实到地块的一次清查。在此基础上绘制了《河北省森林资源分布图》,建立了森林资源连续清查体系。为及时掌握河北省的森林资源现状、森林资源消长变化动态、预测森林资源发展趋势,进行林业科学决策提供了丰富的信息和可靠依据。之后河北省林业勘察设计院,在全国首先建成《河北省森林资源连续清查数据库》,1988 年获林业部调查设计优秀成果奖。

2. 动、植物资源的科学调查

1978—1984 年,河北师范大学生物系以及有关业务部门,调查河北省野生动物,兽类有 70 多种,鸟类 440 多种,爬行类 17 种,两栖类 9 种,森林植物 156 科,高等植物 2 800 多种,其中木本植物 500 多种。基本上摸清了河北省野生动、植物资源的现状,为进一步开展保护和利用研究打下了基础。

3. 森林病虫的普查

1979—1982 年,省林业局组织进行了一次全省性的森林病虫害普查工作。基本查清了全省主要树种的主要病虫和检疫病虫的种类及其分布范围。共查出森林昆虫 123 科,林业害虫 647 种,重点害虫 92 种,天敌昆虫 115 种;查出检疫害虫 8 种,病害 6 种。期间,在承德、张家口、保定等地区,分别查出了在河北省首次发现的一些林木病虫害,如杨干象、蝙蝠蛾、落叶松枯梢病,油松疱锈病等,并编辑成《河北省森林昆虫图册》[12]。该项普查工作成果获 1984 年省科技进步奖。

二、引种、育种工作的新进展

1. 天然杂交新树种的发现

有些树种在漫长的自然繁殖中,由于自身变态和天然杂交形成了新的树种。河北省有 6 个天然杂交的新树种,即东卯杨、胶泥坑杨、王家坪杨、涿县西地杨、永年杨和青龙牛心坨钻天柳。东卯杨原产赤城县东卯山区,已定名为钻天小青杨,该树种在苗期抗锈病力较差,但定植以后抗力强,尤其对腐烂病抗力极强;10 年生平均树高 14.6 米、胸径 25.1 厘米、材积 0.328 立方米,现已在张家口坝上 4 县发展。胶泥坑杨原产于赤城县胶泥坑村,已定名为赤城小青杨,抗性强,适于高寒区生长,现已扩展到张家口坝上 4 县,内蒙古自治区也进行了引种。王家坪杨原产于平山县合河口乡王家坪村,尚未定名,此树适于在海拔 800 ~ 1 200 米山区的沟谷生长,抗病虫害力强,15 年生平均树高 21.6 米、胸径 23 厘米、材积 0.383 立方米;此树种现已发展到平山县西部和北部高寒山区的 18 个乡。天然杂交是广泛存在于自然界的一种现象,对木本杂交群体的研究,尤其是对认识其亲本的生态学特性、变异、演化及种间关系等都具有重要意义,可为其人工杂交试验提供许多宝贵资料。

2. 新树种的引种与训化

1978 年,河北省由日本长野引进红富士苹果,1979 年又从北京植物园引进了火炬树等。这些优良树种的引进不但不断丰富了我省的林木、果树资源种类,拓宽了基因类型,还为生产和科研的发展提供了必要条件。通过引种,可以增加林业生产需要的优良树种,生产更多更好的木材和林副产品,充分发挥森林的效益。

3. 选择育种的技术成就

(1)建立落叶松母树林。1972 年,河北省林科所科技人员开始在承德地区人工林中改建华北落叶松母树林。根据不同立地条件,进行物候观察,并建立了子代测定林,1982年,将该母树林确定为良种,到1987年已建成良种母树林5 000亩。

(2)偏雌油松的利用。在选择优树中,发现油松按类型分有偏雌、偏雄和中性三种。偏雌油松树冠宽大,干形通直,生长健壮,单株材积大于标准地的标准木材积60%,并通过种子园和采穗圃中进行繁殖。这一发现加速了油松在造林中的应用,此成果1980年获省科技成果奖励大会奖。

(3)741杨的选育。自1972年开始,河北林业专科学校采用三交育种战略,精选原株,选育出优良白杨无性系741杨,其杂交组合分别为〔银白杨×(山杨+小叶杨)〕×毛白杨。1982年,经过近10年的试验,结果表明741杨材积生长量超出普通毛白杨240%,超出易县毛白杨9%~169%,其生长快、适应性强,在材质、干形、抗性、无性繁殖能力上均优于毛白杨[13]。经有关专家鉴定,认为"741杨的选育成功,是新中国建立后40年来在白杨杂交育种上的一个新突破,使本就出类拔萃的毛白杨又增添了新的魅力",为河北省林业生产提供了一个优良白杨新品种。

三、育苗技术的新突破

1. 埋条育苗

1978年,河北林业专科学校杨镇研究"毛白杨基灌法埋条育苗技术"获得成功,基灌法省种条、节约投资、操作简便、成活率高,在全省推广。

2. 环控育苗

20世纪70年代以来,环控育苗发展迅速,河北省主要有塑料薄膜拱棚扦插育苗。河北林业专科学校杨镇成功研究窖棚育苗,以及塑料大棚容器育苗。20世纪80年代初,河北林业专科学校傅文华用塑料薄膜拱棚,进行毛白杨嫩枝扦插,成活率在90%左右,此法在全省各地推广。

3. 毛白杨繁殖及生理学研究

毛白杨是我国特有树种,长期的人工选择发现,这个树种具有速生、优质、寿命长和抗性较强等优点,但因种子稀少,实生苗分离严重,插条生根比较困难。为此,20世纪70年代,河北林专裴保华、郑均宝等从机理上揭示了毛白杨扦插育苗成活率低的原因:毛白杨皮部根原始体数量少,分布集中,种条中上部的插穗因为缺乏根原始体,生根困难。毛白杨皮内含有抑制发根的物质,因此发根速度比容易生根的杨树慢得多。后经研究采用萘乙酸处理、深窖埋藏和流水浸条法,可解除抑制物质,促进皮部根原始体生长、促进愈合组织分化,因而加速了生根过程,显著提高了插条成活率[14]。此外,在繁殖措施上研制出了毛白杨嫩枝塑料拱棚插条育苗和窖棚嫩枝扦插育苗技术,利用该技术每年毛白杨可扦插3~4批,发根率在90%以上,大大提高了毛白杨的繁殖速度,加速了毛白杨的绿化造林速度。

四、飞机播种造林技术

1976—1985年,在石家庄地区和承德地区各县进行了扩大树种飞播试验,侧柏、荆条、沙棘等获得成功。省林科所李茂勤等,根据飞播油松经验,编写了《河北省油松飞机播种细则》,总结了飞播造林的技术要点:①掌握适时播种,河北省以雨季为最佳期;②选择适宜播区,以海拔800~1 200米最好,阴坡和半阴坡的播区应占50%以上,才能提高效果;③播种量每亩用优种0.5千克;④严格设计,缩小播幅,提高作业质量;⑤播种后封山,可提高成苗率[15]。在深山、远山人力所不能及的地方,采用飞机播种,可以促进封山育林,加快河北山区的造林绿化速度。

五、果树栽培技术的新成就

1. 苹果栽培技术的新成就

（1）1972—1985 年，省农科院石家庄果树研究所马希满等，针对国内外采用矮化砧进行密植存在抗逆性、固定性差等问题，在探明乔砧密植苹果幼树器官生长动态规律和连年丰产稳产的基础上，提出了以合理密植、相应树体结构、多留长放修剪、适期环剥和喷施生长调节剂等为主要内容的配套管理技术，达到 2～3 年结果，4～5 年丰产，亩产 2 500 千克，4 年收回成本，5 年获得盈余[16]。这项研究成果，在本省及辽宁、河南、北京、天津等省市推广应用。

（2）为提高沙地稀植成龄苹果产量和品质，1976—1986 年，省农科院昌黎果树所梁君武等针对"圆头形树冠"存在的缺点，研究提出"双层延迟开心形树冠"，合理确定果实负载和施肥数量，改环状沟施为一面轮替沟施，同时，因树势和花量合理修剪。1984—1987 年在生产上推广 33 万亩，增产 95%。[17]。

2. 梨栽培技术的新成就

（1）鸭梨优质高产稳产栽培技术。鸭梨是河北省特产，海河流域为集中产区，历来管理粗放，产量低、品质差和大小年结果问题。截至 1982 年，省农科院昌黎果树所安宗祥和石家庄果树所刘承晏等，以晋县河头村为基点，经过 25 年多学科单项试验和综合技术研究，提示了鸭梨高产稳产的生物学规律，明确了生长、结果以及树体营养等适宜指标，提出了以"复壮树势，适量负载"为中心的高产稳产栽培技术：增施有机肥、适期追施化肥，调整树体结构及长势，增加授粉树并实行人工授粉，及时疏花疏果，加强病虫害防治，好果率达 95% 以上。该村鸭梨总产由 1958 年的 10 万千克提高到 1985 年的 400 万千克。他们在运用这套综合栽培技术的过程中，边研究边完善，边示范边推广，使石家庄地区梨产量占全省总产量的 36% 以上，冀中南平原沙地梨区产量占全省总产的 85%。鸭梨及其主要授粉品种——雪花梨的出口量占全国梨总出口量的 75%[18]。

（2）梨树密植速生丰产栽培技术。为了进一步提高单位面积产量，实现早结果早丰产，截至 1979 年，省农科院石家庄果树研究所刘承晏等，根据果树栽培、生长与结果的关系和群体结构理论，应用密植方式，利用乔砧梨树的生长优势，提出了一整套密植速生丰产技术。总结提出：密度，行距 4～5 米，株距 2 米，每亩定植 67～83 株，形态结构，5～9 年生健壮株，单株枝量 800 个，叶片 9 000 片，单株叶面积近 50 平方米，叶面积系数 5～7，形成 40% 花芽，叶果比 12～16，每果叶面积 754±126 平方厘米等一套技术指标，实现 3 年结果、5 年丰产、6 年以上亩产 5 000 千克，创全国最高纪录[19]。这项技术，在全省 1/3 梨园推广，1979 年获省科技成果一等奖。

3. 枣研究的主要科学成就

河北农业大学园艺学家曲泽洲教授通过多年的研究证明，中国是世界枣起源中心。他毕生致力于农业高等教育和果树科学研究，主编了全国高等农业院校使用的《果树栽培学》总论和各论教材及教学参考书，著有《果树生态学》、《果树种类论》、《日、英、汉园艺词汇》等 20 部著作；译有《果树环境论》、《果树营养生理》、《现代果树学》、《矮化栽培译丛》等外文书刊，主编了《河北果树志》、《枣丰产林标准》、《北京果树志》、《中国果树志·枣卷》等著作。

4. 葡萄栽培技术

从 1977 年开始，张家口地区林业局与中国农科院果树所合作，在怀来县沙营大队进行龙眼葡萄早期丰产技术研究，通过对品种进行提纯复壮，改进栽植整形方式，采取壮苗、放条技术和架下精细管理等措施，3 年亩产达到 1 277 千克，5 年亩产达到 3 992 千克，远远超过原来 5～6 年开始结果、成龄园亩产 200 千克的水平。这套技术在全区的推广,使葡萄总产由 1983 年的 815 万千克,1988 年增加到 3 750万千克。

5. 板栗栽培技术

板栗是河北省特产,"京东板栗"驰名中外,主要分布在燕山和太行山区,这两个区域是全国主要的板栗出口基地,出口量占全国的 60%。板栗自古靠实生繁殖,自然生长,结果晚,产量低。从 1971 年开始,省昌黎果树所深入产区,开展板栗嫁接研究。至 1979 年,该所先后在迁西县杨家峪大队和遵化县河东大队建点,研究板栗增产技术,总结出"四化、两改、一加强"措施:优种化、嫁接化、密植化、低干矮冠化;改粗放管理为精细管理,改清膛修剪为实膛修剪;加强病虫防治。期间,全省鉴定出 53 个优良单株,嫁接了 200 多万株,实行实膛修剪,增产 50%。1979 年,这套技术在板栗产区全面推广,获省科技成果二等奖。1978—1985 年,该所以邢台县前南峪为基点,根据太行山板栗产区情况,把单项措施综合运用,示范推广"五改一加强"技术即:改树下粗管为细利管,改树上不修剪为连年修剪,改劣种为优种,改稀植为密植,改青打堆贮为适时采收沙藏及加强病虫害防治的管理技术。

6. 核桃研究的主要成就

河北农业大学园艺学家杨文衡教授,从事果树学教学和研究工作几十载,在核桃管理上创造了"五改一加强技术"。20 世纪 50 年代末编写的《果树栽培学》1960 年修改后定为全国统编教材,受到国内外同行专家的赞誉。他多次参与果树及相关理论著作的编写,其中,与孙云蔚教授合编的《现代果树科学集论》共 26 集,是具有国内外较高水平和较先进科学技术的著作,该书从 1980 年起已由上海科技出版社陆续出版。此外,他还参加了《中国农业百科全书》果树卷的编写,是其中《中国核桃志》的主编,编著的《果树生长与结实》一书,1986 年由上海科技出版社出版,先后发表科研论文数十篇。

六、林业主要病虫害防治技术的新突破

1. 农田林网光肩星天牛综合防治

1958—1982 年,河北林专科技人员阎俊杰等对光肩星天牛进行了系统的生物学、生态学研究;在二十多年探讨研究的基础上,1980—1982 年与衡水地区林科所协作,进行了光肩星天牛综合防治研究。他们根据"简易、经济、有效、安全"的原则,在力求采用生态学方法,在寻找有效的防治措施方面做了大量的研究。在此过程中,明确了光肩星天牛在新建农田林网区的扩散途径,发现了成虫一年"三高三低"的羽化规律即幼虫一早一晚的防治适期和种群结构的核心分布型,找出了林木的被害程度与林木粗度和林网中树高部位存在显著的正相关性,首次制定了农田林网光肩星天牛综合防治历[20]。

2. 混合繁蜂法

河北林专科技人员张世权等研究了肿腿蜂的生物学特性,在 20 世纪 70 年代中后期,创造了"混合繁蜂法",探索出了简便易行的一整套繁蜂、冷藏和放蜂技术,并在万余亩杨树片林、杨干子林、农田防护林进行了放蜂试验,一般寄生率为 60%~70%,有的高达 80% 以上。从而探索出了一项安全、可靠、经济、有效、没有污染的生物防治措施,取得了良好的防治效果[21]。

3. 毛白杨害虫研究

河北林专科技人员张世权等经过多年研究,到 1985 年,总结出在河北危害毛白杨的害虫的种类直翅目、同翅目、半翅目、鞘翅目、鳞翅目 5 个目中的 53 种及螨类 2 种,并调查了这些害虫分布及危害程度以及防治方法,研究了毛白杨食叶害虫对苗木和林木高、径生长的影响,且在国内首次研究了杨

白潜蛾、杨金纹细蛾、毛白杨瘿螨、杨树两种毛蚜、一点金刚钻等害虫的生物学特性和及有效的防治方法[22]。这些成果对不同生长期的毛白杨食叶害虫的防治提供了理论依据和防治措施。

4. 七星瓢虫应用生态学研究

利用七星瓢虫防治蚜虫是生物防治的一项重要内容。河北林专阎俊杰教授长期从事七星瓢虫的研究,为利用七星瓢虫防治蚜虫的生物防治提供了理论依据。自 1976 年首次在秦皇岛海滨发现大量七星瓢虫的群聚以后,历时 15 年,到 1980 年,经 29 省市区的连续定点研究,他掌握了七星瓢虫的群聚规律,弄清了其群聚时期、群聚范围、群聚数量、群聚瓢虫虫源与生理发育指标,提出了群聚日期的数值测报公式,在国际上首次发现了七星瓢虫的群聚规律,首次提出了七星瓢虫迁飞理论,科学地揭示了我国麦区七星瓢虫数量突减和去向不明现象,并在七星瓢虫数学生态研究方面具有突破性进展,填补了该领域的多项国际空白[23]。

5. 枣疯病防治技术

枣疯病是一种传染性很强的毁灭性病害。省农科院昌黎果树所从 1956 年开始研究枣疯病,1976 年与中国科学院微生物所合作,确定其病原是一种类菌体,简称 MLO,否定了过去认为是 MLO 和病毒的复合侵染,或病毒性病害的结论。

6. 桑梢小蠹虫天敌的发现及利用

桑梢小蠹虫是桑树主要枝干的害虫,在病害严重发生年份,承德、唐山、邢台等老蚕区的桑叶减产 40% 以上。1979—1980 年,省农科院蚕桑所王军,发现土耳其扁谷盗能吸食小蠹虫虫卵、幼虫和蛹的体液顶使其致死,1981 年成功发明人工饲养土耳其扁谷盗的适宜方法。1982—1985 年,人工饲养繁殖的土耳其扁谷盗达 250 万头,在承德、唐山、保定、邢台以及北京市等地防治桑、松、桃树上的小蠹虫共 2500 余亩,防治效果在桑树上为 95%,松树 88%,桃树上 81%。北京香山、颐和园也纷纷用土耳其扁谷盗防治古松上的小蠹虫,防止了树体枯萎,恢复了树势,节约了费用。

七、低质林改造更新

1960 年,张家口坝上营造的杨树防护林,基本停止了生长,有的村采取“拔大毛”的方法进行疏伐,但未达到更新目的,致使林带破坏。1974 年,张北县油娄乡二台背村,采用半带式更新防护林带,冬季砍伐,翌春利用伐根萌芽更新,按规定株行距定株;1978 年,以 1.2×3 米株行距栽植 2 年生北京杨;1980—1983 年每年春季选用小美杨、加杨、北京杨接穗,在伐根上进行嫁接改造更新试验。1983 年的调查显示,9 年生萌芽树最高达 5.8 米,胸径 6.9 厘米;8 年生萌芽树最高达 5.3 米,胸径 4.7 厘米;4 年生北京杨嫁接苗最高达 6.8 米,胸径 6.3 厘米。伐根嫁接优种杨接穗生长较快。

八、林业科研教育机构的健全与发展

1. 林业研究机构不断发展壮大

1978 年,省林业局成立科教处,负责管理全省林业科学技术和教育工作,自此河北省林业部门首次有了专门的科技管理机构。到 1980 年省地(市)县三级共有林业专门机构 12 个,专业研究人员 348 人。1979 年,河北省林业研究所改为农林科学院林业研究所,主要有:河北省农林科学院昌黎果树研究所、河北省农林科学院石家庄果树研究所、河北省农林科学院蚕桑研究所、河北省林业科学研究所、衡水地区林业科学研究所、保定地区林业科学研究所、张家口地区林业科学研究所、沧州地区林业科学研究所、石家庄地区大枣研究中心、双峰寺林业科学研究所、宣化葡萄研究所、望都县林业科学研究所。以上研究机构分布于河北省各地,从研究的领域来看,省级的研究机构属于综合性的研究机构,专业涵盖的范围比较广,而地市县的研究机构着重本地的生产需要,研究内容更体现当地特色。全省的研究机构所涉及的研究领域主要是:林木新品种选育、林木育苗、林木栽培、病虫害防治以及造林的区域规划等内容;桑树品种的选育栽培、蚕品种的选育饲养以及病虫害防治;苹果、梨、桃、杏、枣、栗、柿、李、葡萄等新品种选育、栽培技术、育苗繁育技术、病虫害防治技术等。这些研究机构的建立和发展,为河北省林业的发展提供了强有力的技术支撑。

2. 学术团体活动方面

(1)林学会。1978 年 7 月,在涿县选举产生了河北省林学会第三届理事会。林学会会员达到了561 人。1978 年召开了“当前世界林业的形势与展望”、“赶超世界先进水平、实现林业现代化”学术报告会,交流论文 15 篇。1979 年召开了“坝上防护林学术讨论会”“华北落叶松人工培育学术讨论会”、“农田林网化和泡桐进田学术讨论会”、“现有林经营学术讨论会”、“滨海防护林和盐碱地造林学术报告会”、“国营林场管理体制座谈会”,与会人员 240 名,提交论文 95 篇。

(2)果树学会。1978 年在昌黎召开了恢复学会活动的座谈会,制定了《河北省果树学会试行章程(草案)》,进行了老会员登记,并在年底召开了学术年会,选举产生了新一届理事会。1979 年学会与中国园艺学会联合在昌黎召开了“果树矿质营养与施肥学术讨论会”,1980 年,与省林业局共同组织对 26 个县、57 个大队的苹果、梨、核桃栽植密度及管理技术进行了考察,9 月在昌黎召开了“果树皮层更新专题学术讨论会”。

注　释:

[1][8][10][12][15]　　张妥主编:《河北科学技术志》,中国科学技术出版社 1993 年版,第 129,118,147,130,137 页。

[2]　河北省农业科学院果树研究所:《河北省果树志》,河北人民出版社 1959 年版。

[3]　施贻谷、刘廷印、王泽兰:《河北省桑树地方品种调查初报》,《蚕业科学》1963 年第 3 期。

[4]　王福宗:《易县毛白杨(雌株)的研究》,《河北林业科技》,1989 年第 3 期。

[5][17]　　马梦祥主编:《河北农科院院志》,河北科学技术出版社 1998 年版,第 249,251 页。

[6][7]　　王福宗主编:《科研成果汇编——河北林业科学研究所纪念建所三十周年》,第 17,17 页。

[9]　徐化成、郑均宝:《封山育林研究》,中国林业出版社 1994 年版。

[11]　刘廷印:《中国科学·B 辑》,1982 年第 2 期。

[13]　《河北林学院庆祝建校八十五周年——科技成果汇编》,第 15 页。

[14]　裴保华、郑均宝:《用 NAA 处理毛白杨插穗对某些生理过程和生根的影响》,《北京林业大学学报》1984 年第 2 期。

[16]　马希满:《加强密植苹果的管理》,《河北农业科技》1980 年第 6 期。

[18]　高竹林、安宗祥:《鸭梨稳定高产及其生物学结构研究》,《园艺学报》1964 年第 3 期。

[19]　刘承晏:《乔砧鸭梨密植丰产的研究》,《园艺学报》1981 年第 3 期。

[20]　阎俊杰:《光肩星天牛在河北省垂直分布的调查》,《河北农学报》1983 年。

[21]　张世权:《肿腿蜂的繁殖利用》,载《河北林业科技资料汇编》,1980 年。

[22]　张世权:《毛白杨害虫林间识别表》,《河北林业科技》1985 年。

[23]　阎俊杰:《中国七星瓢虫迁飞初探》,《中国农业科学》1980 年。

第四章　现代畜牧水产科技

　　新中国成立后,河北省各级人民政府建立了畜牧、渔业行政和事业机构,同时制定了保护和发展畜牧水产业的多项措施,科技投入不断加大,建立了技术推广机构,培养了畜牧兽医技术人员,通过宣传教育、技术培训、典型示范、召开经验交流会等方式,推广先进科学技术,使畜禽品种繁育、人工授精、饲草饲料生产和疫病防治等技术都得到普及和提高。由此,捕捞技术由人工和风帆作业走向了机械作业,畜牧水产专业教育空前发展,全省的畜牧渔业进入了快速稳步发展的时期。在科学技术的推动下,河北省的畜牧业总体保持了不断上升的势头,各种畜禽出栏率和肉、蛋、奶、毛产量都有大幅度增长,畜牧业产值在农业总产值中的比重不断攀升。与此同时,河北省的水产业也发展迅速,海洋捕捞量不断上升,渔具渔法发生重大变革,水产养殖面积迅猛发展。河北省建成了一个新的畜牧水产科技体系。

第一节　畜禽品种资源系统普查与育种研究

一、畜禽品种资源系统普查

　　畜禽品种资源调查,是畜牧业科学研究的基础性工作,它有利于合理利用品种资源、促进畜禽育种,为家畜品种的改良和选育以及建设现代化的畜牧业提供科学依据。

　　在20世纪50年代、60年代初期和70年代末期,河北省对各地方的优良畜禽资源进行了有史以来第一次有组织的系统调查研究。这次调查,摸清了河北省地方优良畜禽品种的资源概况,确定了全省畜禽品种的数量,解决了同种异名或同名异种的混乱问题,对各品种的特征特性进行了评价,并丰富了调查专题报告,为品种资源的保存和科学利用,以及开展良种繁育和品种杂交改良奠定了良好基础(图7-4-1)。

　　这些河北地方优良畜禽品种,其确切的育成时间虽无法考证,但无一不反映出河北人民在长期的饲养实践中,在品种的选育方面继承和发展了河北先民长期以来所擅长的技术优势,积累了丰富的经验,提高了饲养技术水平,在河北大地上产生了众多优良地方品种,成为带动畜牧业快富发展的科技动力。

二、育种研究工作取得了巨大成就

　　建国后,河北省在畜禽品种的选育方面基本上经历了品种资源的调查、选育提高、杂交优势利用和新品种(系)的培育等过程,先后开展了多项家畜品种的育种研究工作,成绩斐然。

　　1951年,农业部命名了"定县猪"(图7-4-2)。该品种的杂交改良虽始于解放前的30年代,但由于战乱和当时政府的组织不力,其育成过程受到阻滞。解放后,科技工作者对当地猪杂交改良情况进行了调查、登记和系统分析,在此基础上进一步选育,从而育成了这一著名的河北地方猪良种。1958年育成的"张北马"是全省解放后培育的第一个家畜品种(图7-4-3)。其他家畜品种的育种研

燕山山羊　　　　　　　　　　　　　　河北奶山头

昌黎猪　　　　　　　　　　　　　　　深县猪

柴鸡　　　　　　　　　　　　　　　坝上长尾鸡

太行驴　　　　　　　　　　　　　　　渤海驴

冀南黄牛　　　　　　　　　　　　　　太行牛

图7-4-1　河北省地方优良畜禽品种

究工作也取得了重大进展,诸如草原红牛、黑白花奶牛、芦白猪(图7-4-4)、汉沽黑猪、河北细毛羊(图7-4-5)等相继育种成功,其中的"芦花"猪、"芦白"猪于1978年获河北省科技大会奖。新品种或品系的育成,显著提高了各畜种的生产性能,也为开展经济杂交利用提供了丰富的品种资源。

图 7 - 4 - 2　定县猪

图 7 - 4 - 3　张北马（孙禄摄）

图 7 - 4 - 4　芦白猪

图 7 - 4 - 5　河北细毛羊

1972—1976 年,河北省畜牧兽医研究所等单位对河北省存栏优种猪进行了扩群选育试验,其间于1974 年制定了猪的杂交优势利用科研计划并付诸实施,至 1977 年筛选出了 4 个较好的杂交组合,使河北省猪的生产性能得到了极大提高,满足了人们生活需求,深受百姓欢迎。该杂交组合成果于 1978年获得了河北省科技大会奖。

第二节　牧草绿肥研究

一、草业研究进展

我国著名的大豆和牧草专家、河北农业大学孙醒东教授,在解放后不久即开始了牧草绿肥的研究工作,不仅介绍了中国牧草及绿肥资源多达 230 种,还对多种牧草的定名、分类进行了系统研究。而且,通过对我国草原的调查研究,他提出了我国草原建设的若干意见:①重视草原建设;②贯彻农牧并举,以牧为主的方针,粮牧结合,以农促牧,做到粮草双丰收;③施行农具改革,"土洋结合",使人有余粮,畜有存草;④大力提倡人工种草,有计划地进行草地培育与改良工作,改善生态环境,提高生产生态水平,使天然草原和人工草原相结合,建设永久性饲料基地等,这些意见对我国如今的草地建设仍具有一定意义。1954 年,孙醒东的专著《重要牧草栽培》出版;1955 年,与胡先骕合著的《国产牧草植物》出版;1958 年,其专著《重要绿肥作物栽培》出版。这些著作都是我国早期牧草学专著的上品[1][2]。

此外,孙醒东教授还提出了坝上地区干旱滩、盐碱滩、下湿滩退化草地的改良技术措施,贯彻实施后使草地产草量显著提高,对坝上退化草地的改良起到了良好示范作用,并产生了巨大效益。上述研究填补了全省饲草栽培和草地管理科学研究的空白,使河北省的草学研究走在了全国前列,也为我国草学研究提供了宝贵经验。

二、饲草研究成果

20 世纪 50 年代和 60 年代初期、70 年代末期,河北省进行了 3 次草场资源调查。3 次调查,摸清了全省草地资源概况,确定草地资源类型,为科学利用草地资源提供了基础数据,并提出了科学管理、建设的具体措施,有力地促进了全省的草地建设工作。

1957年,河北农业大6学对保定地区野生饲草资源开展了调查研究,调查发现,保定地区共计有野生饲草资源30科101种,这些野生饲草具有分布广、适应性强、产量高、生长期长的特点,是一个重要的基因资源库。

河北省畜牧兽医研究所饲料组技术人员承担的苦麻菜、象草、聚合草研究于1975年11月被省科委评为科技成果,其中《聚合草叶柄繁殖》研究于1978年获得河北省科技成果奖。

第三节　畜牧科技基础研究

一、多种良种生理生化常值的制定

我国拥有多种优良畜禽良种,但长期以来对其生理生化常值的测定属于空白,严重影响了这些良种的种质研究及其选育工作以及临床治疗的进行。对我国牛、羊、猪、鸭等多种良种生理常值和生化常值的测定,填补了我国优良畜禽良种历史上缺少生理生化常值的空白,为上述良种资源的科学利用提供了基础数据。1979—1980年,河北农业大学作为主要完成单位,对我国优良畜禽生理生化常值进行了研究,并取得了重要成果。

二、禽霍乱等疫病病源学和流行病学的调查研究

1978年河北省畜牧兽医研究所开展了禽霍乱病源学和流行病学的调查研究。该所在调查过程中从全省各地采集野毒,获得了毒力强、荚膜抗原滴度高的苗株3株,掌握了河北省禽型巴氏杆菌的血清型及某些生物学特性,奠定了为禽霍乱防治选择有效生物药品和筛选菌株的基础;在这一研究成果的基础上,河北省与中监所合作研制了禽霍乱油乳剂灭活苗,并在全国推广使用,为我国有效防控禽霍乱疫情作出了重要贡献;同时还开展了猪喘气病病源的分离鉴定工作,通过相关研究,证明了猪肺炎支原体是造成猪喘气病的病源,为临床治疗筛选药物和防控技术的进一步研究提供了科学依据。

三、白地霉与怀骡驴妊娠脂血症病理发生研究

1979—1980年间,河北农业大学等单位共同完成了白地霉蛋白饲料对家兔安全性的病理形态学研究,通过观察家兔细胞增生和解剖实质器官,研究者们发现,作为一种营养丰富的蛋白质饲料,白地霉对家兔而言是安全的,此发现为开发和利用这一蛋白质饲料资源提供了理论依据。

馆陶县畜牧兽医站进行的怀骡驴妊娠脂血症病理发生研究,探讨了该病发生的机理和病理变化,为有效防控该病的发生提供了理论依据,1978年荣获河北省科技大会奖。

第四节　中兽医技术研究

解放后河北省对中兽医技术在治疗家畜疾病方面十分重视,对多种常见多发病进行了试验研究,取得了良好效果。

一、家畜内科病的诊治

在马、骡等家畜内科疾病的诊治方面,河北省各级中兽医技术人员进行了积极探索。武邑县兽医

院采用蚯蚓治疗马、骡慢性肺泡气肿,取得良好疗效[3];在中国农科院中兽医研究所收集的各省马起卧症治疗药方和针法中,河北省提供的治疗马一般起卧症的针法、马前结药方、马中结药方、马后结药方名列前茅[4]。这些充分说明了河北省中兽医人员在长期的治疗实践中探索、总结出了丰富的诊治经验。

在治疗家畜的结症方面,河北省广大兽医人员创造的新掏结术名扬全国。如著名兽医魏开运,于20世纪50年代后期研究总结出了切法、握法、燕子衔泥等十多种疗效显著的破结方法,治愈率达95%以上;60年代又创制出木槌捶结法[5],这些宝贵的经验和技术曾在全国进行推广,充分说明全省中兽医人员在推动中兽医技术研究和发展方面做了大量富有成效的工作,并取得了显著成绩。

20世纪50年代,河北省出现了大面积密集霉玉米中毒病例。为了对该病进行有效治疗,河北省各地中兽医技术人员进行了多种试验探索,并采用中西医结合治疗的方法取得了显著效果。如藁城县1958年秋发生霉玉米中毒病例后,各治疗点分别采用了西医、中西医结合治疗的方法,结果表明,采用中西医结合疗法治疗马驴霉玉米中毒症的治愈率达到了79%和89.47%,显著高于西药治疗的58.4%[6]。此外,将中兽医技术和西式兽医技术结合治疗家畜疾病是一种新的探索,它将中兽医和西医的优势结合在一起,显著提高了治疗效果,从而为畜牧业健康发展提供了有力支撑。

二、家畜传染病的诊治

在利用中兽医技术治疗家畜传染病方面,河北省各级中兽医技术人员也进行了有益尝试。如邯郸市兽医院的杜英华就进行了"糖二丑治疗仔猪白痢"试验,在对1674头猪进行的试验中,治愈率达96.6%[7]。保定市兽医站经过长期的治疗实践,研究总结出了治疗马破伤风药方(乌蛇2两、全蝎3两、蜈蚣7条,穿山甲2两,斑蝥3个(去头尾脚),防风、荆芥、麻黄、苏叶、木通、甘草各5钱)[8]。传染病是威胁畜牧业健康发展的重要因素,特别是在集约化饲养条件下,如何预防和治疗传染病对于畜牧业的稳定发展至关重要。利用中兽医技术治疗传染病,虽只是治疗方法中的一个环节,但与西医结合起来往往会起到事半功倍的效果,从而丰富和发展了中兽医学科的技术内容,河北省中兽医技术人员在传染病治疗技术方面的探索,对于中兽医学科的发展和丰富传染病的治疗手段具有重要的学术意义和实用价值。

三、家畜针穴解剖定位研究及针灸疗法

针灸技术是我国传统医学的一个重要组成部分,其在发展过程中,多是随着实践经验不断积累、总结而前进的,因此往往缺乏现代医学的理论支撑。为此,河北省畜牧兽医研究所开展了家畜针穴解剖定位研究,通过解剖和验证,证明了穴位的存在及其确切位置,为这一传统技术的进一步发展提供了理论依据,对中兽医针灸技术的科学发展产生了重要影响。1973年遵化县兽医李寿绵研制成功了"耳针电麻、无针电麻"技术[9],这一成果使传统的针灸术进入了一个新的发展阶段,为外科手术麻醉提供了效果显著、操作简单、成本低廉的新方法。另外,河北省农业科学院中兽医研究所在采用针刺疗法治疗滚蹄病的研究中取得了显著效果[10],治愈率超过了70%,改变了过去单一使用药物治疗不佳的现状,扩展了针灸疗法的使用范围,为这一传统技艺赋予了新的活力。

第五节　畜牧水产技术推广

中华人民共和国成立后,在各级党和人民政府的领导下,河北省建立了技术推广机构,培养了畜牧兽医技术人员,通过宣传教育、技术培训、典型示范、召开经验交流会等方式,推广先进科学技术,使畜禽品种繁育、人工授精、饲草饲料生产和疫病防治等技术得以普及和提高,为全省畜牧业生产健康、

快速发展奠定了良好基础。

一、人工授精技术推广

作为家畜繁育史上的一次重大革命,人工授精技术是加快畜种改良、降低生产成本、提高饲养效益的重要技术手段。1950 年下半年,国营察北牧场首次采用人工授精技术进行人工配种工作,由此拉开了全省采用人工授精技术进行良种繁育的序幕。该项技术的应用,大大提高了家畜的繁育率,缩短了繁殖周期,加快了优良品种的推广,改善了地方品种改良的效果,成为推动河北省畜牧业快速、健康发展的重要技术之一。在推广人工授精技术的基础上,全省于 20 世纪 50 年代又推广使用了人工催情技术,70 年代首次试验成功了同期发情技术[11],1974 年河北省首次试验生产和引进了牛冷冻精液,使人工授精技术有了质的飞跃,是繁殖技术的又一场革命。牛冷冻精液的生产和使用,对河北省肉牛和奶牛改良发挥了重大作用,肉牛和奶牛良种普及率和生产性能迅速提高。至今河北省仍是内地供港活牛的重要生产基地,该项技术的应用功不可没。在人工授精技术的推广过程中,该技术本身也在不断提升——精液由最初的常温保存,演变成低温保存直至超低温(液氮)保存,这似乎只是温度的变化,但却凝结了不断丰富的技术内涵,使人工授精技术的应用范围不断扩大,提高了优良种公畜的利用率。品种结构在这一技术的推动下不断得到改善,畜产品的数量和质量也得到了有效的提高。人工授精、人工催情和同期发情技术共同构成了河北省家畜快速繁育的技术体系,为河北省良种推广、生产水平的提高发挥了重要作用,取得了显著的经济效益和社会效益。

二、玉米秸青贮技术的成功试验及推广

青贮是先进的饲草加工技术,可有效保存饲料原料的营养物质,因而加工成的青贮饲料营养品质好,饲喂效果好。此外,采用青贮技术也是调剂饲草余缺和实现饲草平衡供应的重要手段。1954 年农业部派有关技术人员到河北省博野县试验推广玉米秸青贮技术获得成功,由此开始在全省示范推广。该项技术的推广,改变了家畜日粮构成,扩大了饲草来源,提高了饲草品质,为实现饲草的平衡供应提供了技术保障,对河北省畜牧业发展和生产水平的提高奠定了良好的物质基础。同人工授精技术一样,成为推动河北省畜牧业发展的重大技术之一。

三、饲养管理新技术的推广

饲养管理技术是保障养殖业健康发展、提高养殖效益的重要技术措施,新中国成立后,河北省在大力推广传统饲养管理技术的同时,也不遗余力地进行新技术的推广。如猪的"两增两减"饲养管理法和"三拔"育肥法,羊的补饲技术、当年育肥技术、轮牧技术,家禽的网上育雏、雌雄鉴别、雏鸡断喙公鸡去势、强制换羽、环境控制技术,兔的笼养技术、青粗精饲料合理搭配饲喂技术等等。这些技术的推广,有力地促进了河北省养殖业的健康和快速发展,保证了畜产品的供应,同时也使广大从业人员的科技素养得到了极大提升。

四、新型饲料资源的开发与推广

开发新型饲料资源对稳定和加快发展畜牧业生产具有重要意义,自古至今一直备受重视。对于蛋白质饲料资源匮乏的我国而言,开发蛋白质饲料资源,特别是动物蛋白质饲料资源是解决养殖业对蛋白质饲料需求的重要途径。在这一方面,我国古代人民早就做了有益尝试,如贾思勰所著的《齐民要术》中就有相关记载:"二月先耕一亩作田,秫粥洒之,刈生茅覆上,自生百虫"[12],资料表明我国古人早已掌握了繁殖蛆虫以满足养鸡生产中对蛋白质饲料需求的技术,该技术一直在民间流传。解放后,河北省大力推广无菌蝇蛆养殖技术,同时开展了蚯蚓养鸡试验,开办了蚯蚓养殖培训班,从而为全省解决蛋白质饲料资源不足的问题提供了新的途径。此外,全省还积极引进和推广新的饲草品种,如水葫芦、聚合草、苦荬菜等,有效满足了养殖业对饲草饲料的需要。

五、杂种优势技术及其推广

图 7 - 4 - 6　西杂后代牛

杂种优势是迅速提高家畜生产性能的一种经济有效的方法,为此河北省在解放后大力推广了该项技术,并取得了良好效果:在猪的杂种优势利用方面,筛选出了深受群众欢迎的"荣深"杂交组合,使生产性能和饲料利用率得到显著提高;在牛的杂种优势利用方面,大力推广西门塔尔牛与当地黄牛杂交(图 7 - 4 - 6),使杂种后代的日增重、屠宰率和肉品质得到显著改善;在羊、兔的杂种优势利用方面也取得了良好效果。杂种优势技术的推广应用,促进了全省畜牧业的快速发展,提高了各种畜禽的生产性能和养殖效益,同时也为新品种的培育奠定了遗传基础。

六、人工草地种植技术的推广

发达国家一向重视人工草地的建设工作,这是因为与天然草地相比,人工草地无论是产量还是质量都有较大提高,对发展畜牧业生产具有重要意义。解放初期,河北省为了改变人工草地建设工作十分落后的现状,在张、承两地引进数百种国内外优良品种进行试种,同时采集当地野生牧草进行人工驯化栽培,从中筛选出了适于当地生长的高产优质牧草品种,并加以推广种植,使草地产量大幅提高,有力地促进了当地草地畜牧业的发展。在此基础上,全省开始在太行山、燕山和黑龙港流域大力推广人工草地的建设工作,均取得了良好效果,对稳定畜牧业发展提供了坚实的物质基础。

七、免疫技术及传染病实验室诊断技术的推广

免疫技术是有效控制传染病大面积流行的重要技术措施。20 世纪 50 年代初,河北省开始推广兔化牛瘟弱毒疫苗、猪瘟结晶紫疫苗、兔化猪弱毒疫苗等多种疫苗,经过几年的免疫注射,1953 年基本消灭了牛瘟,20 世纪 50 年代末至 60 年代初基本消灭了气肿疽、牛肺疫、山羊传染性胸膜炎、羊痘等疫病,并有效控制了炭疽、鼻疽、布氏杆菌病、猪瘟、鸡瘟等。能够在如此之短的时间内有效控制了多种传染病的流行,并消灭了烈性传染病牛瘟,这是在我国历史上罕见的,说明当时的兽医技术取得了巨大进步。免疫技术的推广,有效控制了传染病的爆发和流行,避免了养殖过程中畜禽大量死亡现象的出现,因而对降低畜牧业损失、提高经济效益和保证畜牧业健康发展及人类健康方面具有重要意义。

解放初期,河北省推广了传染病实验室诊断技术,改变了以往仅仅依靠临床症状进行诊断的状况,尽管受当时客观条件的限制,推广范围不大,却开创了全省科学开展传染病诊断的新局面,为后期传染病诊断技术的发展提供了宝贵经验。

八、传统中兽医技术的挖掘总结

中兽医在河北省有着悠久的历史,在其畜牧业生产中发挥了重大作用。为了保证这一传统技艺的继承和发展,保障畜牧生产健康发展,解放后全省先后派有关技术人员深入基层,挖掘、整理民间中兽医技术,总结出了代表河北省中兽医特色技术的"针灸术"、"烧烙术"、"掏结术"和"劁骟术",并将相关技术编辑成书出版发行,该传统技术在河北省乃至全国得到了普遍推广和应用。

九、现代畜牧教育的发展

河北省的畜牧兽医教育事业发展很快,河北农业大学及其唐山和邯郸分校、张家口农业专科学校、承德农业学校、河北中兽医学校等多所院校先后设立畜牧兽医系或畜牧兽医专业,建立了中专、专科和本科教育培养体系。此外,上述院校以及各级畜牧兽医局、站、院、所、场每年都根据工作需要举办不同类型的技术培训班,为河北省畜牧兽医事业的发展培养了一大批不同层次的专业技术人才,有力地促进了河北省畜牧兽医技术的进一步发展。

第六节 水产科学研究

新中国成立后,河北省建立了海洋水产试验场、河北省白洋淀淡水试验场,并在此基础上成立了河北省水产研究所,这些机构承担了一系列水产科学的研究工作,取得了多项研究成果,为河北省水产业科技的发展起到了重要作用[13]。

一、全省水产资源调查研究

通过调查,河北省首次报道了沿海滩涂经济贝类的种类、分布和蕴藏量,并提出了今后合理利用的意见,为全省各级行政领导部门制定渔业发展规划提供了依据。其中《毛虾资源调查及预报》、《对虾资源调查及预报》研究成果的预报准确率达 70%~90%,受到了各级行政领导部门和渔民群众的欢迎,并于 1978 年获全国科学大会奖和河北省科学大会奖。经过对 1953—1962 年,特别是 1959—1962 年的生产实践进行系统的调查研究,河北省掌握了对虾的生活习性和资源变动原因,在国内首次提出了"春保秋捕"的捕虾方针以及加强对幼虾繁殖保护的建议。国家水产部采纳并结合该建议,制定了保护幼虾资源的条例,经国务院颁布实施后,使对虾资源趋于稳定。该条例后来逐步补充发展,确定了"春养、夏保、秋捕、冬斗"的捕虾方针,经多年实践证明,该方针符合客观规律的,产生了巨大的经济和社会效益。

二、人工繁殖、育苗及增殖技术的研究成果

通过研究,河北省突破了草鱼人工繁殖关,掌握了亲鱼培育和选择、催情的药物和剂量、产卵和仔鱼孵化的生态条件以及仔鱼的培育方法,为草鱼人工繁殖事业奠定了技术基础,有效解决了全省淡水养殖的鱼苗供应问题,避免了长期以来依靠天然苗而难以控制风险的被动局面。在秦皇岛海区进行了刺参的分布和数量调查以及生态观察,进行了定温诱导排卵授精试验和人工授精试验,于 1955 年培育出我国首批人工培育的刺参幼参,通过技术培训班向全国各沿海省、市推广。后来,秦皇岛海港区又进行了幼参培育、再生试验以及资源增殖和移殖试验,从而掌握了刺参的生态习性、人工育苗技术,探索了增殖方法,为我国刺参增殖事业奠定了基础。通过对 1957—1962 年对虾资源调查资料分析,河北省提出了增殖对虾资源的必要性,分析了大幅度增殖对虾资源的途径,借鉴国外经验,论证了人工繁殖对虾放流增殖资源的可行性,在国内首次提出了在渤海区开展对虾繁殖流放的意见。

三、渔船、渔具的调查研究

通过对渔船、渔具的调查、总结和分析,为河北省渔船、渔具之后的发展、改进、淘汰和定型提供了依据。通过调查研究,河北省在国内首次提出对定置网具实行禁鱼期及改进定置网具以减少对幼鱼

虾损害的繁殖保护意见,为各级行政领导部门制定繁保条例提供了科学依据,至今仍为国务院颁布渤海区繁殖保护法规的基础,对保护渤海区经济鱼虾资源起到良好作用。

上述研究奠定了河北省水产科学研究的基础,其多项成果填补了国内研究空白,并在生产中被推广应用,进而改变了渔业生产以捕捞为主的传统产业结构,使水产养殖成为河北渔业的重要生产领域,开创了优质、高效的水产业新局面。

第七节　渔具渔法的技术革新

新中国成立后,由于科学技术的进步,机船在海洋捕捞生产中得以发展,并逐渐取代风船成为海洋捕捞的主要生产方式,使全省的捕捞技术由人工和风帆作业走向了机械作业,改变了长期以来"靠风吃饭"的渔业历史,极大地提高了渔业生产力水平,对提高捕捞效率发挥了重要作用。此外,合成纤维取代动植物纤维成为制造网具的主要原料,促使渔具渔法发生了重大变革。由合成纤维制造的鱼网,扩大了网型和截流面积,直接适应了机械动力在捕捞生产中的应用,同时改变了用动植物纤维原料制造网具所造成的"三天打鱼,两天晒网"的渔业生产局面,对促进捕捞业的发展发挥了重要作用。

一、捕捞工具的革新与新渔法

据记载,河北省沿海渔民早在明代就开始捕捞螃蟹,但受落后的捕捞方法和工具的限制,生产效率低下,为此解放后对捕蟹网具进行不断更新。特别是20世纪70年代,他们将鲅鱼流刺网改制成螃蟹锚流网,专门用于螃蟹的捕捞生产,不仅明显提高了捕捞效率,成为捕蟹的主要网具之一。20世纪70年代,为了捕获杂鱼,河北省发明了底张网[14]。该网具的发明,大大提高了捕捞效率,受到渔民的欢迎,并逐渐取代了樯张网成为张网类型的主要网具。为适应渤海渔业资源的变化,经过对对虾流刺网进行改进,河北省发明了青皮流网,使捕捞效率提高了近一倍。在为保护渔业资源而进行的渔具革新方面,河北省水产工作者也作出了重要贡献。如唐山水产科技人员就对过去使用的虾板网进行了革新[15],改进型的虾板网,不仅提高了捕捞效率,而且有效降低了老式虾板网对幼鱼的伤害,对保护河北省的水产资源,促进渔业的可持续发展作出了重要贡献。

20世纪70年代,全省对旧有渔船进行改造,发明了灯光围网渔轮[16],填补了全省灯光围网渔业的空白,有力促进了河北省渔业的进一步发展。20世纪70年代,河北省的横山岭水库和陡河水库分别试验成功了养殖鱼类集中捕捞的新渔法,先后创下了"赶、拦、刺、围"作业的网捞高产纪录[17],是水库捕捞技术的重大突破,对淡水养殖业的发展提供了有力支撑。

二、白洋淀渔民对捕鱼工具及捕捞方法的发明创造

生活于华北明珠白洋淀的广大渔民,自古以来一直不断探索和革新渔具渔法,如早在春秋战国时期,白洋淀渔民便发明了"出罧"捕渔法,为我国淡水捕捞业的发展作出了重要贡献。新中国成立后,广大渔民在生产实践中不断钻研和探索,发明创造了60多种捕鱼工具和捕捞方法,如"线钩子"、"二泡钩"、"杆子钩"、"歪歪钩"、"顿钩"、"钓鲴钩"、"草鱼卡"、"螃蟹卡"、"花篮"、"螃蟹篓"[18]等等。这些捕捞工具是在充分掌握淀内各种鱼虾和蟹类资源活动规律的基础上创造发明的,不但适合于多种水域作业,而且操作简便、成本低、捕捞效率高。在淡水捕捞方面具备了高超技艺的白洋淀渔民,携带这些工具走南闯北从事捕捞活动,为促进我国渔具渔法的更新发展发挥了重要作用。

第八节　水产养殖技术的研究与推广

一、淡水养殖技术研究与推广

20 世纪 50 年代,河北省兴建了良王庄淡水养殖场,又扩建了滦县老龙湾鱼种场、邯郸市马头鱼种场和北大湾养殖场[19],并且,伴随水库建设的发展,全省的淡水养殖业出现了蓬勃发展的局面。

为了促进河北省淡水养殖业的发展,全省水产科技工作者先后研究和推广了多项淡水养殖技术,如鱼苗人工孵化技术、河蟹人工育苗研究及河蟹苗水库放流技术、网箱养殖技术,对保证行业发展作出了重要贡献,特别是人工饵料技术的推广和普及,有力推动了全省淡水养殖业的发展。

鉴于人工饵料技术在淡水养鱼中的重要地位,1977—1980 年,农林部将"颗粒饲料养鱼"列入到全国农、林、牧、渔业重要科技成果示范推广项目中,全国各地科技人员积极开展颗粒饲料养鱼示范推广工作,将我国应用配合颗粒饲料养鱼工作推向一个新的高潮。

1979 年,河北省遵化县汤泉渔场利用地下温泉水进行池塘养鱼,投喂以槐树叶粉(占 20% ~ 30%)、青干草、稻草、棉饼、花生饼、麸皮、玉米、骨粉、食盐等原料制成的颗粒饲料(粗蛋白质为 17.31%),年平均亩产鱼 373 千克,饲料系数吃食鱼为 2.83 ~ 2.97,养殖鱼饲料系数 1.98 ~ 2.07[20]。由此可见,该项技术的推广有力地促进了全省淡水养殖业生产水平的提高,对促进行业发展起到了良好示范作用。

二、海水养殖技术研究与推广

1. 对虾养殖技术的发展

河北省海水养殖业已有二百多年的历史,但由于管理粗放,缺乏科学技术的指导,因而生产水平极低,该行业的发展极为缓慢。解放后,海水养殖受到各级政府的重视,投入大量科技人员和资金物资进行相关研究和试验推广,有力地促进了河北省海水养殖行业的发展。

解放后不久,河北省便开展了对虾养殖技术的相关研究,先后进行了半精养试验、亲虾越冬试验,1975 年对虾育苗研究取得成功[21],上述研究有力地促进了全省对虾养殖业的发展,为后来河北省对虾养殖业被列入全国先进行列奠定了良好基础。

2. 大面积港养梭鱼技术的创新

梭鱼是河北省重要的鱼类资源,也是海水养殖的主要对象,在长期的养殖实践中,河北群众积累了丰富的饲养管理经验,但由于管理粗放,使梭鱼养殖的生产量长期处于较低水平,这一经济鱼类养殖业的发展也较为缓慢。针对这一生产现状,河北省有关部门先后组织进行了施肥培饵和改进纳苗技术试验、人工育苗和越冬技术试验,在对低产原因系统分析的基础上,开展了"海港养殖技术研究",1960 年探索出了大面积港养增产的技术措施[22],为提高河北省梭鱼养殖业的发展提供了有力支撑,特别是越冬技术研究,分析了提高梭鱼越冬的关键因素,解决了当年放苗、当年捕捞而导致的梭鱼个体小、产量低的生产局面。

3. 贻贝养殖技术的开发

河北省的贻贝养殖开展较晚,始于 1970 年。但通过相关研究,水产技术人员在较短时间内摸清了贻贝生长、繁殖、附着规律,并研究总结出了不同于山东等地的采苗和养殖技术,1976 年便实现了苗种自给[23],这体现了科学技术对水产养殖业快速发展的支撑作用。

注　释:

[1]　缪应庭、蒋佩荣:《回忆孙醒东教授》,《草业科学》1990 年第 6 期。

[2]　任继周:《想起草业先驱孙醒东先生》,《草业科学》2005 年第 2 期。

[3]　甘肃省兽医研究所:《中兽医科技资料选辑·第一集》,农业出版社 1976 年版,第 211—213 页。

[4][6][8][10]　中国农业科学院编:《中国农业科学技术资料汇志·第四集》,农业出版社 1960 年版,第 133—
　　　　139,164,51,77 页。

[5]　刘树常主编:《河北省畜牧志》,北京农业大学出版社 1993 年版,第 246 页。

[7]　邯郸市畜牧水产志编纂委员会:《邯郸市畜牧水产志》,中国城市出版社 1991 年版,第 222 页。

[9]　王银生、刘印华:《唐山市畜牧志》,农业出版社 1992 年版,第 80 页。

[11]　河北省地方志编纂委员会:《河北省志·科学技术志》,中华书局 1993 年版,第 94 页。

[12]　贾思勰著,缪启愉校释:《齐民要术》,农业出版社 1982 年版,第 333 页。

[13][14][17][18][21][22][23]　河北省地方志编纂委员会:《河北省志·水产志》,天津人民出版社 1996 年版,第
　　　　165—170,28,43,123,107—108,72—74,77 页。

[15]　张震东、张树德、王仁先等:《渤海毛虾和毛虾渔业》,海洋出版社 1987 年版,第 54 页。

[16][19]　丛子明、李挺:《中国渔业史》,中国科学技术出版社 1993 年版,第 179,119 页。

[20]　蒋高中:《20 世纪中国淡水养殖技术发展变迁研究》,南京农业大学博士论文,2008 年,第 98—99 页。

第五章　现代陶瓷科技

　　新中国成立后,河北省陶瓷业获得了新的生机,迅速恢复和发展起来。1950 年 10 月,华北窑业公司研究所在北京成立,成为新中国成立后创办的第一个建材科研机构。随着社会主义建设热潮的蓬勃兴起,全省日用陶瓷逐步建立了比较完整的现代工业科技体系,根本上消除了"备料用石碾,手工拉形坯,燃料用槎柴,烧成靠龙窑"的原始传统生产方法。20 世纪五六十年代,在"百花齐放"正确方针的推动下,艺术陶瓷、日用陶瓷等技术推陈出新,继往开来,现代陶瓷科技体系日臻完善,形成了以原料产地为中心的北方陶瓷科技产业区。

第一节　"北方瓷都"——唐山

一、唐山陶瓷厂及陶瓷研究所的成立

1. 唐山陶瓷厂的成立

　　1948 年 1—2 月唐山解放,启新瓷厂由人民政府接管,改为国营企业,很快恢复了生产。德盛窑业唐山工厂也迅速恢复生产,后改为公私合营德盛陶瓷厂。1952 年启新、德盛两个厂合计生产卫生陶瓷9.75 万件,是 1949 年全国卫生陶瓷产量的 15 倍。此时,随着国民经济形势的进一步好转,启新陶瓷厂对倒焰窑烧成卫生陶瓷工艺做了重大技术改革,改二次烧成为一次烧成,使卫生瓷坯体素烧和釉烧一次完成,既节省燃料、降低成本,又简化工序,加快了窑炉周转。1954 年,启新陶瓷厂的建筑卫生瓷

开始对外出口。从1953年到1960年,国家先后拨款给启新瓷厂,进行扩建和技术改造。1955年,新瓷厂改名为唐山陶瓷厂,成为生产卫生陶瓷的专业化工厂。

2. 唐山陶瓷研究所的成立与北方瓷都

1958年1月1日,唐山陶瓷研究所正式成立。杨荫斋、孙海峰等几位老艺人走进陶瓷研究所,他们不仅在较短的时间内研制出喷彩,还开始研究用金色装饰瓷器,在经腐蚀过的瓷面试笔涂金,烧烤后取得了雕刻艺术的效果,即雕金艺术。这种雕金装饰雍容华贵,很快形成唐山独有的陶瓷装饰品种,名扬海内外。当时,唐山与景德镇、醴陵为中国三大产瓷区。1960年,建工部玻璃陶瓷工业研究所协助该厂共同研制出红、黄、蓝、绿、黑五种色釉,自此,唐山陶瓷厂开始了彩色卫生陶瓷的生产。其装饰技法丰富多样,有釉下彩、粉彩、五彩、釉中彩、色釉和雕塑等等,其中以喷彩(喷花)和雕金(腐蚀金彩)为最闻名。1961年,朱德在北京劳动人民文化宫参观唐山陶瓷展览会时,曾题词赞誉唐山是“第二个景德镇”,于是,唐山也被称为“北方瓷都”。

二、唐山瓷厂的喷彩技术

喷彩是半机械化连续化生产的一种装饰方法,是在传统制版刷花基础上逐步发展而来的,到20世纪70年代末,人们将喷彩同贴花、雕金、手彩等巧妙地结合起来,使唐山瓷厂所产瓷品的装饰达到了色地鲜艳夺目、画面生动活泼、花色浓淡多变和色面光亮平滑的艺术效果。为此,凡釉上色料进厂之后,均须用小型瓷球磨机将色料加水粉碎,否则,不可用于喷彩。一般而言,普通色料大约粉碎60小时,金红色色料则需要粉碎约90小时,装磨时色与水的比例约为1:1,石粉约占磨内容积的1/4,球磨转数为60秒/分,出磨时应通过万孔筛。当然,为了使色料容易熔化,呈色更加均匀光亮,可在色料中加入适量熔剂。

根据色彩的基本知识以及陶瓷色料的特点,唐山瓷主要的喷彩色料调配比例为:深红色(洋赤70%、艳黑30%),橙红色(洋赤60%、代赭30%、薄黄10%),橙黄色(洋赤40%、代赭30%、薄黄10%),小豆茶色(洋赤75%、草青25%),深紫色(玛瑙红80%、海碧20%),青连色(洋红75%、海碧25%),深绿色(橄榄绿80%、艳黑10%、草青10%),嫩绿色(橄榄绿60%、薄黄40%),水绿色(川色25%、草青60%、海碧10%、薄黄5%)。至于喷彩本身,基本上分为三类:喷色边、套板喷彩和刻纸喷彩。其中刻纸喷彩的操作可分为描图、贴纸、刻纸、喷饰整修等工序:描图就是把设计好的纹样拷贝到纸上,其技术要求是应保持纹样线条的清晰;贴纸时最好使用桃胶或鱼鳞胶,待加温熔化后兑入清水,胶的浓度50~70,胶水里面须掺进一些有机色,形成色胶,这种色胶涂到白瓷上显而易见,且在刻纸后易于擦去;刻纸时要运刀流畅,不要重刀、连刀、丢刀,一定要刻深刻透,按照纹样的格式,有次序地刻,力求精益求精。进入喷彩程序后,应根据瓷器的种类,分别喷地和喷饰纹样。喷施色地时,通常用单色,偶尔亦有使用双色或多色。喷地前先检查瓷胎上有无油点、水点和脏胶,然后将瓷胎置于转轮上,遇有带口的器物须用托与盖板将其盖严,以免将色喷入器皿内,喷彩时,转轮应等速转动(图7-5-1),喷枪出色要均匀,枪的走向须有顺序,一般是上下摆动,由左向右喷成,或者由下往上旋转而喷成。

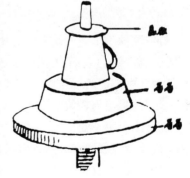

图7-5-1 带口瓷器盖板示意图

三、“骨质瓷”的烤制

18世纪末,有个名叫斯塔福德的英国人,酷爱中国瓷器,连做梦都梦见中国的陶瓷是用动物的骨头烧成的,于是反复用骨灰烧,屡败屡试,终于有一天在烧毁的瓷胎中,偶然发现了一块如晶似玉的骨瓷片。从此英国人研制出的骨质瓷成为英国皇家用瓷,风靡全球,价格昂贵。1963 年,唐山市第一瓷厂建成投产。当时,全厂干部职工认识到,在世界瓷器市场竞争日趋激烈的历史条件下,没有高起点,就不可能赢得商家,更不能赢得市场。因此,时任瓷厂工程师的檀振岭先生把目光聚焦于"骨质瓷"。

尽管"骨质瓷"的生产难度很大,可是经过檀振岭和一瓷厂全体员工的努力攻关,他们还是初步掌握了采用高温素烧和低温釉烧两次烧成的工艺。所谓高温素烧就是将生坯嵌入装潢氧化铝粉末的匣钵里,使之在烧成过程中不会因收缩而变形,然后再把经高温素烧过的坯件,置入转鼓加进短柱状软木研磨介质进行研磨,以除去粘附在胎坯上的氧化铝粉末,并使胎坯光滑易于施釉时釉的均匀附着。经分析,世界各地骨质瓷的坯料组成有所不同,比如,英国骨质瓷的坯料含量分别是:骨灰 46%,高岭土 24%,石英 3%,伟晶花岗岩 27%;德国骨质瓷的坯料含量分别是:骨灰 50.9%,高岭土 22%,粘土 3%,长石 22.1%;日本骨质瓷的坯料含量分别是:骨灰 30%~50%,高岭土 15%~40%,粘土 0~20%,石英 0~20%,长石 15%~30%;俄罗斯骨质瓷的坯料含量分别是:骨灰 50%,高岭土 20%,粘土 10%,长石 20%;中国骨质瓷的坯料含量分别是:骨灰 40%~50%,高岭土 30%~40%,石英 10%~20%,长石 10%~20%。从上述数据可以看出,骨瓷以骨灰为主要成分。经过骨瓷生产的实践,唐山瓷工发现骨灰的用量影响瓷品的透光度、色调和烧结温度,这是因为兽骨中含有一种特殊状态的磷酸盐,在瓷胎配方中适量加入能使瓷体呈现出洁白晶莹、柔和细腻、高度透明的效果,因而人们将它称作"玫瑰瓷"。

20 世纪 80 年代,唐山成功地烧出了第一炉国际公认的骨质瓷产品。唐山骨质瓷不仅在材质上敢与世界上著名的骨质瓷相媲美,而且更可在造型上与之相匹敌。该瓷既有英国皇家用瓷的高雅,又有日本和式瓷器的凝重与清丽,是一种集材质、造型和装饰三美于一体的高档瓷。其中骨质瓷 47 头丁香餐具的装饰,吸收传统粉彩风格,两朵淡红色的花和一朵淡紫色的花,以不同姿态分布安排,用潇洒的细枝穿连,几片淡绿叶子飘动枝间,又以细匀简洁的线描勾出其形象结构,轻柔的色调与疏朗明快的装饰形象更加衬托出骨质瓷的高贵和典雅。

唐山骨瓷之中西餐具以其高质量、高格调、高品位成为各大星级宾馆升级的必选用瓷,诸如北京香格里拉大酒店、北京希尔顿饭店、北京全聚德饭店、苏州喜来登大酒店、青岛哈德门大酒店、中南海国宾馆等等知名餐饮单位都采用了骨质瓷产品,并赢得消费者的喜爱。1979 年唐山首次向美国出口瓷器,也是第一大户,1980 年成交餐具 27 万套,获利 340 万元,震动了国际市场。近年来骨质瓷茶具、咖啡具、家庭成套餐具、骨瓷工艺品已成为各大小公司和中产家庭的理想用具,更是馈赠亲友的最佳礼品。骨质瓷在中国已逐渐成为国内高档瓷消费的主导。

四、煤烧隧道窑

与传统的手工瓷作坊窑炉相比较,半机械化条件下的唐山瓷厂则采用了煤烧隧道窑。它的特点是在预热带基础上采用了搅拌系统;在烧成带,则采用了上下两层烧咀,并且采用分区控制;在冷却带,急冷区由上下两层排管式冷却,缓冷阶段则在窑炉顶部安装有类似预热带搅拌气幕的顶吹结构,使得冷却效果更加均匀。

以唐山市第一瓷厂 76 米隧道窑的结构为例,全窑共长 81.76 米(包括进、出车室),有效长 76 米。其中,预热带长度 26.97 米,占有效长度 35.49%;烧成带长度 17.03 米,占有效长度 22.4%;冷却带长度 30.0 米,占有效长度 42.11%;窑内宽度:预热带上部宽 1.28 米,下部宽 1.36 米;烧成带上层宽 1.36 米,下层宽 1.44 米;冷却带上部宽 1.28 米,下部宽 1.36 米。窑内有效高度三部分各为 1.50 米。窑内截面积:预热带为 1.97 平方米,烧成带为 2.21 平方米,冷却带为 1.97 平方米。窑内容车 38 辆。窑车铁件尺寸长 2.0×宽 1.32×高 0.42 米,窑车砌体厚度 0.40 米,燃烧室 8 对,炉栅总面积 16.0 平方米,炉栅倾斜角 19 度,喷火口 R0.4 米,喷火口高于车面 0.06 米,对称排列。燃烧室中心距:1#~2# 为 2.24 米,2#~3# 为 2.24 米,3#~4# 为 1.99 米,4#~5# 为 1.99 米,5#~6# 为 1.93 米,6#~7# 为 1.74 米,7#~8# 为 1.74 米。预热带共设有均匀分布的 34 组排烟孔,总面积为 2.30 平方米,它们中有 8 组设在距烧成带第一对燃烧室中心线前 3 至 7 米处,这 8 组排烟孔闸板开度很小,其支烟道长度 24.23 米,占预热带长度的 89.8%,截面积 0.264 平方米,烟道总长 9.0 米,截面积 1.47 平方米,烟囱高 45 米。在冷却带前段窑墙两侧均设夹壁墙,并和冷却带及烧成带所设二重拱相通,抽出热风送往成型干燥,抽风抽出口共 3 对,位置:第一热风抽出口距烧成带 5.50 米,第二热风抽出口距烧成带 8.60 米,第三热风抽出口距烧成带 10.92 米。冷却带前端设有两道急冷气幕,其具体位置:第一道距烧成带 3.95 米,第二道距烧成带 7.05 米,三道热风抽出口和一道冷却带中后部窑墙两侧夹壁墙余热抽出孔,气流从窑墙中下部狭缝式垂直吹出。窑尾设有两道封闭气幕,其冷风气幕的位置:第一道距窑尾 1.99 米,第二道距窑尾 0.49 米,其中第一道为窑顶扁嘴窑墙下部狭缝,第二道为窑墙狭缝。事故处理口位置:第一处理口距烧成带 0.70 米,第二处理口距烧成带 8.3 米。在窑体中下部设有长 25.26 米的检查坑道,窑门为单重对开结构,汇总烟道距窑头 9.86 米[1]。

五、唐山陶瓷持续发展的技术成果

唐山陶瓷在经过"文革"的洗劫与大地震之后,在党的领导下,在全国和各族兄弟地区的大力支援下,很快就恢复了生产,到了 1980 年,唐山陶瓷又重新达到了原有的生产规模和广泛影响。据不完全统计,截止到 1986 年底,唐山陶瓷研究所全体技术人员共创造出 60 多项科研成果,研制出了许多新技术和新产品。如滚压成型技术、重油掺水烧成技术、雕金与喷彩装饰方法、烤花辊底窑及蒸汽降铅技术等,其中该所创制获国家发明展览金牌奖的铁红金圈结晶釉,其瓷器表面上分布着许多像雨点、油滴似的小圆圈,周围还有一层薄膜,这薄薄的光晕在光照下放射出彩虹一般的 7 种颜色,那是釉料中的矿物质氧化铁在高温烧制时冲出的气泡和结晶。从各个角度看上去,在整体沉着明亮变幻的暖红色调中,显现出大小不一的金色光环,而一个个金环无不闪烁着梦幻般的魅力,晶亮辉煌,神奇莫测。又如,该所研制的玫瑰牌高级骨质瓷获得国家银牌奖。

唐山市陶瓷研究所现设有工艺、艺术及装饰材料三个专业研究室和一个实验工厂,有专业技术人员百余人,现已成为中国北方重要的陶瓷科学研究机构。1973 年,该所创办了《河北陶瓷》杂志季刊,主要报道陶瓷行业有关科研、生产、管理等方面的成就、技术、设备、经验和动态,传递中外陶瓷高新技术信息,它为行业的振兴与发展发挥着越来越重要的作用。

为了培养陶瓷专门人才,1958 年唐山市成立了河北省轻工业学校,设置有陶瓷美术、陶瓷工艺、陶瓷机械专业。如蔚县艺陶厂于 1998 年 6 月正式投产,现任厂长与技师均为唐山陶瓷学校毕业的专业人才,目前已开发出 30 个造型系列,100 个花色品种,日产成品 60～100 件。产品除浇铸成型外,尤长手工拉坯成型,产品销售情况良好。

第二节　定窑古址的发现与恢复

一、定窑古址的发现

1. 叶麟趾发现定窑遗址

定窑是宋代的官窑,它既为宫廷烧造贡瓷,也为官府、贵族和民间烧制日用瓷器,甚至还生产一部分外销瓷,其中以粉定、黑定、紫定和绿定最为著名,金朝延续宋制,以印花为主要的装饰手法。可惜,至元因兵燹而废,从此,定窑厂坊颓废,工匠南流,瓷中瑰宝则香消玉殒,淹没在八百年的岁月长河之中了。1922 年,我国陶瓷研究专家叶麟趾先生第一次对定窑遗址进行了实地考察,他确信定窑在曲阳涧磁村和燕川村。他把这个重要发现写入了 1934 年 7 月出版的《古今中外陶瓷汇编》一书中。他说:"定州窑在今河北曲阳县……其地域较为广大,即保定、正定、平定等处,亦皆包括在内,故凡由此等地方所出窑器均称为定窑云。""曩者闻说曲阳产瓷,偶于当地之剪子村发现古窑遗迹,并拾得白瓷破片,绝类定器,据土人云:昔之定窑,即在此处。又附近之仰泉村,亦为定器出产地,然已无窑迹矣。此说诚有相信之价值。"在这里,因土语方言中的口音之故,"剪子村"实为"涧磁村"的谐音,而"仰泉村"则实为"燕川村"的谐音。

叶麟趾先生是一位制瓷专家,尤以雕塑人物见长。他少年时代就读于京师大学堂(北京大学前身)。1904 年,16 岁的叶麟趾考取官费留学来到日本窑业工业大学学习陶瓷,那时人们主张工业救国。于是,1907 年回国以后,他与其弟叶麟祥一起集资开了一个北京瓷业公司,然而在军阀连年混战的情况下,实业救国的道路根本行不通。因此,叶麟趾先生便进入北平大学工学院专讲应用陶瓷。不久,叶麟趾从北平大学工学院来到了天津工业试验所开始对陶瓷进行更专业的研究和开发。在这里,叶麟趾结识了时任实验所窑业科的科长刘雨辰,他们共同研制出了在坯料中加入微量氧化钴,使磁器表面泛出青白色的工艺方法,改良了中国传统陶瓷,至今仍被北方瓷区广泛使用。在进行陶瓷创新研究的过程中,叶麟趾开始关注历史文献中记载的已经消失的古代窑址。就在这个时期,叶麟趾发现了已经消失近千年的宋代五大官窑的定窑遗址,定窑的发现吸引了全世界关注的目光,许多中外古陶瓷学者纷沓而至。

2. 路易·艾黎发现定窑的黑定瓷片

说起定窑的发现,我们不能不提到已故的新西兰著名作家、社会活动家和知名古陶瓷研究家,路易·艾黎先生。路易·艾黎于 1927 年来到中国上海,当时他收藏了不少中国古瓷,1938 年,他与美国友好人士埃德加·斯诺和夫人海伦·斯诺等组织了中国工业合作协会,在抗日的大后方——甘肃省山丹县兴办了培黎工艺学校,培训各种工艺人才,其中就有不少制造陶瓷的技术工人。他还创办了陶瓷工厂,组织生产大批日用陶瓷。1939 年,他又在江西赣州成立了中国工业合作协会东南办事处,在赣南 10 多个县创办了 200 多个生产合作社,并在江西于都县兴办了陶瓷生产合作社,制作数百万件价廉物美的精细白瓷,满足了抗日后方需要,活跃了经济,支持了抗日战争。新中国成立后,他更加关注中国陶瓷事业的发展,他利用外出考察、访问之机,深入全国各产瓷地区进行实地考察。1963 年,路易·艾黎怀着对陶瓷艺术的浓厚兴趣第一次来定窑考察,在涧磁村废墟里意外地找到了许多外国专家所无法也无缘见到的黑定瓷片。他在 1984 年出版的《瓷国游历记》一书中,不仅阐明了定瓷在曲阳而不在定州的原因是历史上曲阳属定州辖区,解决了这个长期困惑着英美专家的问题,而且从一般造型种类到娴熟的装饰风格、从模具的制备到碎片的复合对定瓷进行了阐述,甚至对残缺不全的各式窑具及装烧方法都进行了比较系统的比较与分析,对推动定窑的研究起到了重要作用。

二、定窑的恢复

1. 定窑遗址的发现与定窑恢复

从历史上看,自北宋开始,定瓷以胎质坚密、细腻、釉色透明、柔润媲玉及刻花奔逸、印花典雅而名播遐迩、技压群芳。因此,江西景德镇、山西平定、辽宁上京、福建德化诸窑皆蜂起效仿,形成了庞大的定窑系。在宋代,海外贸易非常发达,为适应外销陶瓷的需要,当时出现了一大批专烧外销瓷器的瓷窑,外销瓷数量明显增加,而日本则是中国销售瓷器的重要地区之一。从考古情况看,日本本州、九州、四国沿岸及中心地带,都出土过中国瓷器,出土的瓷器主要有河北邢窑、定窑,浙江越窑等瓷窑所烧制的青白瓷、青瓷、黑釉、褐釉瓷器及低温绿釉、三彩等。日本诗人虎关师陈(1278—1346 年)曾这样称赞定窑白瓷壶:"定州白瓷陶冶珍,纵横小理自然新。扫清仙客闲天地,贮得四时一味春。"[2] 可见,定瓷在日本民众心目中享有超凡的地位。正因为这个缘故,1941 年,日本的中国陶瓷专家小山富士才专程从东瀛来曲阳定窑遗址实地考察,携走了大量瓷片标本。

新中国成立之后,我国古陶瓷专家陈万里于 1951 年对定窑遗址作了一次实地调查,根据这次调查的情况,陈先生写成《邢越二窑及定窑》一文,发表于 1953 年第九期《文物参考资料》中。在该文中,陈先生说:"就定瓷的制作说,所谓划花、刻花是模仿越器的,不过印花的方法,却是定窑的独创。"此论至今在陶瓷界仍有很大影响。又说:"曲阳县定窑——县北约二十五公里是灵山镇,以镇为中心东北五公里去涧磁村,东去四公里是东西燕川村,两处白瓷及窑具很多。这就是宋代名窑古定窑的所在地。除白釉标准的定瓷外,有黑釉片不少;就是所谓黑定,紫红色的地面发现绝少,也就是所谓红定,还有一种绿釉龙纹碎片,除宋代外,唐代器型亦有相当数量。"在 20 世纪 50 年代,陈万里出版了《陶枕》、《宋代北方民间瓷器》、《中国青瓷史略》、《建国以来对于古窑址的调查》等著作,为定窑的恢复工作奠定了坚实的理论基础。

日本前首相田中角荣在侵华战争时期曾驻扎在定州,对定瓷知之甚详,于是在 1972 年访问我国时,特意向周恩来总理询问定瓷的烧制情况,周总理当时回答说正在恢复之中。之后,在周总理的热情关怀下,1974 年由国家拨款成立了保定地区工艺美术定瓷厂和曲阳县定瓷厂,同时组建了定瓷试制组,在生产日用陶瓷的同时,肩负起了恢复定瓷的历史重任。1976 年,定瓷的恢复工作正式展开。

2. 定窑烧制技术与定瓷印花技术

1978 年,被称为国际工艺美术大师的陈文增先生因书法出众而进入保定地区工艺美术定瓷厂试制组,他与和焕等人一起共同承担起探求恢复烧制定瓷之路的历史使命。当时,定瓷配方和工艺没有任何史料记载,为了揭开定瓷之谜,陈文增等人就到定窑遗址捡拾不同时期的碎瓷片,然后把捡来的定瓷片砸成粉末,拿到唐山陶瓷厂利用先进的仪器进行瓷质检测、化验,再根据化验的结果寻找原料,然后经过炼制再进行化验和分析,通过无数次的试验,才使原料配方的最终结果与古定瓷瓷片的标本相符合。

掌握了定瓷配方并不等于就能仿制定瓷,因为瓷器毕竟还是一种高雅的装饰艺术,是人的艺术同火的艺术两相交和的产物。为了弄清定瓷的装饰风格特点与规律,和焕先后到定州博物馆参观了十几次,临摹近百个品种。1979 年夏天,和焕陪同中央工艺美术学院陶瓷系周淑兰教授到定州博物馆绘制定瓷纹样。真正将定瓷的配料与装饰统一起来,并非一件易事,好在功夫不负有心人,从原料配方到烧制成型,他们一道工序一道工序地"攻"。经历了上千次试验后,终于定窑白瓷的制作工艺在陈文增、和焕、蔺占献、赵平欧、牛占圈等人的手中得以恢复,失传八百年之久的绝技终于重现人间。其间,在理论方面,陈文增于 1979 年写成了《定窑刻划花艺术浅说》一文,第一次披露所创造的刻花刀具,并命名为单线刀、双线刀、组线刀,在他看来,"单线刀、双线刀、组线刀相互搭配使用,乃成装饰"。刻刀之外,尚有划刀。所谓划刀通常是指用竹质或骨质制成的一种装饰工具,其"尖状发钝,划之为沟,呈线条状,使用一般为配合刻刀,以使装饰效果形成多元线条层次。"经过长期的制瓷实践,陈氏提出了定瓷的用刀四法:藏锋、露锋、出锋和回锋。在此基础上,他还总结出了"一刀定型"的定瓷刻划花刀法原则,他指出:"定窑刻花用刀为外斜刀法,即刀行形外,以线托形。"而线条则由刀使转所成,随形运之,随心运之。对定窑的烧窑技术,陈文增在《定窑窑炉及烧成艺术》一文中认为:"定窑烧成按照自身特性,建立起一种规范。首先依所具有的最高熔点为限制,焰火有效控制在这个极限之下"。在实践上,陈文增巧妙地应用其刻划花理论于具体的烧制定瓷的实践过程,卓有成效地摸索出了定窑印花工艺,并在此前提下加以认真的改革与完善,终于试制成功了定瓷印花产品。1984 年,陈文增参加香港"河北艺术陶瓷展",由他创制的"手刻荷花梅瓶",以坚实细腻的质地、莹润似玉的釉色、自然棋拙的刀削纹理,引起了人们的关注,香港《大公报》将其称为"北宋时有过之而无不及"的制瓷天才。1986 年,胡耀邦视察曲阳,对"仿宋孩儿枕"给予了高度评价。1994 年,"仿宋孩儿枕"获国家科委金奖。1999 年,陈文增的作品"刻花双凫盘"荣获"中国工艺美术创作世纪大展"金奖,同年其为国庆 50 周年及人民大会堂建馆 40 周年特制的"四海呈祥"云龙雕花瓶(图 7 - 5 - 2)受到全国人大常委会副委员长铁

图 7 - 5 - 2　"四海呈祥"
云龙雕花瓶

木尔·达瓦买提及雷洁琼的赞赏,并被人民大会堂定为国家级珍品永久收藏。因此,陶瓷学界将其
"名窑复兴时期的中国定瓷之父"。

第三节　磁州窑的恢复和发展

一、磁州窑古址的发现

民国时期,国内陶瓷研究存在着严重的重官窑轻民窑现象,因而作为北方最大的民窑系,磁州窑
长期被国内瓷界所忽视。从生产管理的角度讲,官窑瓷因不计成本的生产方式固然有其华美精致之
处,但艺术品位总体上反而不及民窑作品来得洒脱、豪放和变化多端。日本学者佐藤雅彦在他的《中
国陶瓷史》一书中写道:"磁州窑陶瓷也许是日本人最喜爱的,这是由于中国的磁州窑制品充满着一种
珍罕的古拙气息,其制作与装饰因粗放而具有一种令人亲近的质感。"1918 年,在邢台市的巨鹿县发
现了宋代巨鹿古镇,这座古镇在北宋大观二年(1108 年)由于漳河泛滥而埋入地下,从古镇遗址中发
掘出大量磁州窑艺术珍品,在世界古董商和知识界引起了很大轰动,大批精美的磁州窑艺术精品流失
到国外,也揭开了近代磁州窑研究的序幕。20 世纪三四十年代,世界磁州窑文化艺术研究再现高潮。
当时英国的霍普逊、尤莫代波斯和魏利阿姆夫人,瑞典的斯尼劳,日本的小森忍、上田恭辅、中尾万三
和小山富士夫等陶瓷专家,都对磁州窑文化艺术做过专门研究并有很多著述。随着国外收藏家对磁
州瓷的需求量越来越大,磁州窑的古瓷售价逐年看涨,真品渐显供货不足,于是仿品应运而生。但由
于磁州窑的大量传统技术失传,技法绝迹,其仿品多达不到(不得)磁州窑瓷真品的精粹。新中国成立
后,磁州窑也获得了新生。

二、磁州窑细瓷的技术开发

1. 叶氏兄弟对彭城陶瓷的技术改良

从 1953 年到 1956 年,社会主义"三大改造"初步奠定了国家工业化的物质基础,在轰轰烈烈的资
本主义工商业改造过程中,彭城一带自发的个体窑场、手工作坊全部被改造成了国有公私合营等形式
的企业,传统的手工操作逐步被工厂化生产所取代。为了适应工业化的陶瓷生产和技术更新,1952
年,政府在彭城镇组建了庞大的邯郸陶瓷公司。当时,受华北窑业公司研究所刘雨辰所长之邀,我国
陶瓷专家叶麟趾先生来到了邯郸彭城镇,具体指导了磁州窑细瓷的研制开发和窑炉的改进。为了加
快磁州窑细瓷的恢复工作,叶麟趾先生因身体方面的缘故(哮喘病以后转了肺心病)就把他的弟弟叶
麟祥请到了彭城镇来继续完成他未竟的事业,与他同来的还有叶麟趾先生的次子叶广成。叶麟祥早
年毕业于京师高等工业学堂机械科,对中国陶瓷怀有浓厚的兴趣,自号"尚陶"。叶麟祥来到彭城不
久,即投入到细瓷的研究中。叶麟祥发挥其熟悉陶瓷窑炉设备和烧成技术的优势,对彭城陶瓷进行了
改良。为此,他不辞劳苦,亲自率人到周边的山野寻找陶瓷原料,并在彭城苏村发现了碱石(优质瓷
土),尔后,经过数十次试验终于研制出了质地白润的细瓷。然而,不幸的是叶麟祥终因积劳过度诱发
心脏病,突然于 1956 年去世。所以,振兴磁州窑细瓷的历史使命自然就落在了其侄子叶广成的肩上。

2. 磁州窑传统生产工艺的技术创新

叶广成(图 7-5-3),1927 年 8 月 1 日出生于北京东城区,1941 年就读于北平外语专科学校,
1943 年 9 月就读于北平农学院农事养成所。1952 年随父亲和叔叔来到彭城,在陶瓷学校担任教员,
自此与磁州窑细瓷结下了不解之缘。他一方面培养陶瓷人才,一方面随叔叔叶麟祥和时任彭城细瓷
研究所经理的吴兴让一起进行仿宋瓷的研究,很快取得了卓越成绩,接着又和叔叔一起开始研制高温

钛黄釉获得成功。这样数十种濒临灭绝的仿宋瓷产品呈现在人们面前,一时间,轻工部、美术界哗然。

1958 年,随着恢复民族传统工艺问题提上日程,彭城成立了陶瓷研究所,集中磁州窑老艺人开始磁州窑的恢复工作,同时还成立了一家艺术陶瓷厂。20 世纪 60 年代初,我国著名陶瓷艺术家、中央工艺美术学院教授梅建鹰先生,带领学生来到当时彭城陶瓷研究所实习,对磁州窑工艺的恢复起到了关键作用。他们与叶广成先生一起对磁州窑的传统生产工艺、原料、辅料及多种工艺技法进行研究,并研制出了一批具有相当水平的传统产品和创新作品。进入 70 年代,信息资源已成为国外大企业发展的主要命脉,而彭城这样一个偏僻的小镇根本就没有任何外来信息。面对这种状况,叶广成亲自担任起邯郸陶瓷工业公司科技情报站站长,广泛收集国内外陶瓷信息,为引领邯郸陶瓷成为中国北方瓷打下了良好的理论基础。后来,叶广成出任邯郸陶瓷

图 7 - 5 - 3 叶麟趾全家照
(后左为叶广成)

公司总工程师,为使磁州窑艺术瓷器更加特色鲜明,他亲自组织科研课题等,邯郸陶瓷很快就呈现出了"红玉瓷、象牙瓷、青花瓷、白玫瓷、艺术瓷"争奇斗艳的喜人局面,磁州窑传统技法由此得以全面恢复。

20 世纪 70 年代中期,在"河北省第一届陶瓷美术设计评比会"上,邯郸陶瓷参展作品琳琅满目、独树一帜,震动了世人,也包揽了多数奖项。当时中国美协主席、著名画家吴作人先生题词"推陈出新"。赵朴初观后感慨激动,即兴挥笔"艺术弘千载,光彩耀四方"。可见,光亮的釉色、优美的造型和特殊的装饰形成了新磁州窑瓷器的独有特征。1978 年,中国历史博物馆举办了《磁州窑陶瓷展览》,这次展览为磁州窑的瓷器赢得了广泛的国际声誉,受到世界各地陶瓷学界的高度关注。1980 年,在美国印第安那州举办了"磁州窑国际研讨会",日本、英国、美国、加拿大等国家的专家出席了会议。接着,土耳其、斯里兰卡分别举办了"中国磁州窑陶瓷展",日本的北海道、大阪等地还成立了磁州窑研究会,举办了磁州窑展览。日本学者长谷部尔乐、蓑丰等多次专程来彭城考察磁州窑古窑址,国际性的磁州窑文化艺术研究再度形成热潮。

1985 年 1 月,邯郸市陶瓷工业公司主办的《中国磁州窑陶瓷展览》在中央美术学院开展,这是磁州窑历史上规模最大的一次展览,展品中多仿古与创新之作品,如铁锈花梅瓶、剔釉瓶、花釉盘、《胡服学射》盘、棉花瓶、猪油白天王、釉下五彩牡丹瓶、铁红结晶釉盖瓶等,显示了磁州窑瓷工在品种上的尝试与潜力。同年,邯郸市陶瓷工业公司共完成了 20 多项科研课题,新产品象牙瓷和陶板壁画还获得了银牌,这些成就标志着磁州窑的瓷器工业科技正在不断创新。

第四节 其他陶瓷厂的主要成就

一、井陉陶瓷厂试制成功细瓷产品

同唐山窑、定窑和磁州窑一样,河北省各地的瓷业在建国后尤其是在改革开放之后都焕发了青春,充满勃勃生机和活力。1956 年,井陉窑由 59 户个体作坊和两个陶瓷社实行了公私合营,他们在横口联合成立井陉县第一家陶瓷厂,主要产品是由手工制作的黑色大公碗、二公碗、三公碗、粗瓷丰收四号碗及陶管、缸、砖等。1958 年,井陉县陶瓷厂首次试制成细瓷产品,实现了历史性的突破。改革开放后,井陉县陶瓷厂的艺术瓷和装饰瓷等中高档瓷得到迅速发展,其中蓝边三大碗、套五盆、花盆、酒具等品种极具地方特色,产品销往东北、华北、华南等地,甚至出口到日本、美国、香港等国家和地区。

二、邢窑成功烧制出白釉孩儿枕

邢窑在停烧达千年之后,终于在 20 世纪 80 年代初期,由临城县文管所成功烧制出邢窑白釉孩儿枕(仿宋代定窑孩儿枕)。该枕胎体洁白细腻,釉质莹润,洁白似雪,但也微泛青色,底部无釉。经实测,长 28 厘米,高 15 厘米,底长 22 厘米,综观其枕,不论是胎质和釉色还是工艺基本上可与唐代白瓷相媲美。

三、现代瓷器艺术的审美特征

在某种意义上看,河北省瓷业的振兴不仅在于高科技的应用,更重要的是一种新的审美意识之嵌入。众所周知,在"现代化"背景下所出现的人类生存危机,促使人们不得不对西方的工业革命进行多方位的深刻反思。在越来越人性化的反思过程中,人们越来越注重人与自然的和谐,而陶瓷本身就是一种"天人合一"理念的载体,也许正是它的这种特性才催生了现代陶瓷这门艺术,因为它力图从审美的层面摧毁带有浓重工业化的艺术设计模式,渴求回归自然本体,回归艺术家个性的自我张扬。如磁州窑瓷品不论过去还是现在,它的整个艺术构思重在突出一个"情"字,以磁州窑所创造的"鱼与我乐"形象为例,鱼是向往自由的象征,在磁州瓷画工的笔下,被艺术地夸张为大头、胖身和大尾卷缩成一团的形象,情趣天成、妙不可言。日本瓷家认为磁州窑瓷器"制作与装饰因粗放而具有一种令人亲近的质感",恐怕即源于此。河北陶瓷的振兴完全适应了现代陶瓷的这种演化趋势和人们欣赏自我的审美心理。在这种理念下,河北各地瓷窑所创造出来的极富文化魅力的艺术瓷品,备受全国和世界各族人民的欢迎和喜爱。

注　释:

[1]　《唐山市第一瓷厂煤烧隧道窑热工测试简结》,《陶瓷研究与职业教育》1979 年第 3 期。
[2]　《定窑白瓷特展图录》,(中国台湾)台北国立故宫博物院印行。

第六章　现代冶金科技

从第一个五年计划起,河北省同全国各兄弟省份一样,经过广大科技工作者和一线工人的共同努力,先后建成一批技术比较先进的金属冶炼工厂,它们构成新中国冶金事业蓬勃发展的重要组成部分。尤其是在全国科学大学召开和党的十一届三中全会以后,中国进入了社会主义现代化建设新时期,在机遇和挑战面前,河北省冶金事业更上了一个新台阶,创造了一个又一个历史辉煌。

第一节　河北各冶铁厂的恢复和发展

一、龙烟铁矿恢复生产及其主要成就

1. 全国冶金战线的一面旗帜——马万水小组

建国初期,钢铁工业的基础十分薄弱,1949 年的钢产量只有 15.8 万吨,而新中国成立后,百废待

兴,全国的经济恢复建设急需钢铁等原材料。在此前提下,龙烟铁矿就成为新中国第一批恢复生产的大型冶金企业之一。1950 年 6 月,宣化龙烟铁矿充分发挥劳动者当家作主的积极性和创造性,其中尤以龙烟铁矿掘进 5 组的业绩最为突出。该组组长马万水具体负责采掘工程的技术指导,他带领掘进 5 组创造了手工凿岩、手工作业、独头掘进 23.7 米的全国黑色金属矿山掘进新纪录,受到毛主席、周总理等党和国家领导人的接见,他带领的掘进 5 组由此被正式命名为"马万水小组"。从 1950—1962 年,马万水小组 14 次创造全国黑色金属矿山独头巷掘进纪录,其先进经验在全国冶金企业中被冶金部广泛推广,被誉为全国冶金战线的一面旗帜。

2. 龙烟铁矿的主要成就

根据龙烟铁矿的实际情况,当时重工业部将其定位于,只生产铁矿石和生铁等钢铁行业初端的加工产品,主要为上海、天津、唐山等地钢铁厂提供生铁,是华北地区最大的地下黑色冶金矿山和生铁基地。从 1950 年至 1957 年,龙烟铁矿共生产铁矿石 666 万吨,占当时全国总产量的 10%,河北省同期总产值的 60%,成为全国最重要的铁矿石供应基地之一。1951 年 8 月、11 月、12 月,龙烟铁矿西炼铁厂二号、三号、五号高炉先后开炉出铁,年底 3 座高炉共出生铁 5 036 吨。在国民经济恢复时期,国家投资 605.7 万元,对龙烟铁矿进行修复和扩建。第一个五年计划期间,该矿被列为国家重点建设项目之一。1953 年龙烟铁矿西炼铁厂 5 座高炉全部修复和投产,1953 年 7 月、9 月,一号和四号高炉相继投产,生铁产量上升到 61 500 吨。1957 年生铁产量为 128 400 万吨。1958 年,河北省投资在西炼铁厂兴建六号、七号 2 座 71 立方米的高炉。1959 年 10 月 17 日,龙钢第一座 265 立方米高炉建成投产,同年 12 月又一座 255 立方米高炉建成投产,当年仅市区的生铁产量就已上升到 32.94 万吨。1960 年,龙钢焦化厂建成第一座 42 孔焦炉,张家口市区这一年的生铁产量为 60.72 万吨。1961 年,龙烟铁矿第二炼铁厂调整下马,并入宣化铁厂,从 1958 年到 1961 年,该厂共产生铁 13 万吨。1960 年 10 月 5 日,陈云同志视察龙烟庞家堡铁矿和烟筒山铁矿,当时开采铁矿石已达 290 万吨。1964 年 4 月冶金工业部决定将龙烟钢铁公司撤销,化整为零:龙烟铁矿独立经营,第一炼铁厂、焦化厂、运输部、氧气厂四厂合并成立宣化铁厂,独立经营,机械厂独立经营。

1966 年和 1969 年,宣钢第一、二炼铁厂喷吹无烟煤分别投入生产,其高炉的喷吹量始终保持在 100 千克以上,在国内同类高炉中处于领先地位。1970 年 11 月,二次组建成立宣化钢铁公司。当时,该铁厂刚刚投产一台有 50 平方米的烧结段、40 平方米冷却段的机上冷却烧结矿的烧结机,开创了国内机上冷却工艺的先例。此后,宣钢通过采用修改炉型、更换风机等措施不断提高冶炼强度,而且,宣钢科技人员还采用正分装大料批装料方法,努力提高煤气的利用率,降低生铁含硅量。

二、唐山钢厂的工业性生产及其主要技术成就

1. 唐山钢厂工业性生产

唐山钢厂始建于 1943 年,当时设有 55 立方米的小高炉 10 座,效率较低。新中国成立后,唐山钢厂焕发了生机与活力,1951 年,开始试验碱性空气侧吹转炉炼钢法获得成功,改变了过去的转炉—电炉双联炼钢法,并于 1952 年正式投入工业性生产。随后,因生产规模的不断扩大和新技术的采用,唐山钢厂又逐步增加了炼铁、氧气顶吹转炉、轧钢、铸造、铁合金等设备,1956 年 6 月 8 日,周恩来总理亲自视察唐山钢厂的炼钢、铸钢、轧钢和机床车间。1973 年,改称唐山钢铁公司。

2. 震后成就与唐山钢厂的主要技术

1976 年,唐山发生强烈地震,唐山钢铁公司的生产受到严重破坏,但经过公司全体职工的共同努力和各级政府的大力支持,震后 20 天就炼出了第一炉"抗震志气钢"。当时,全公司有 15 个生产厂矿和 2 个直属生产车间,炼钢能力达 120 万吨。1978 年 9 月 19 日邓小平视察唐山钢厂,同年,唐钢炼铁厂首先

试炼低硅生铁,使其生铁含硅量降低到0.36%。1980年,唐钢在烧结料中配加钢渣,以增加氧化镁含量。同时,用2/3高碱度高氧化镁的机烧矿和1/3土烧球团混合入炉,优化了炼铁指标。另外,由于唐钢高炉已经采用了槽下过筛技术,因而时入炉烧结矿含粉率降到了3%。这样,唐钢通过采取提高风温、净化炉料、提高烧结矿三元碱度等措施,使其冶炼强度由1.0提高到1.4以上,高炉利用系数达2.54,进入全国先进行列。在炼钢方面,从1955年至1956年,唐钢在侧吹转炉上试验用22%~27%富氧侧吹,缩短冶炼时间27%,降低吹损1%。1957年至1962年,唐钢试验成功了我国第二台工业生产的立式单流连铸机,年产6万吨以上,年经济效益250万元。1964年,唐钢建成了4吨氧气顶吹转炉,从此河北省转炉炼钢又发生了新的转变。1966年和1967年,唐钢在碱性空气侧吹转炉上试验成功了用包头含铌生铁提取铌渣,同时采用半钢冶炼成含铌低合金钢的冶炼工艺。1970年,唐钢与北京钢铁研究总院合作用铝热法炼出含铌50%~80%的高品位铌铁。1977年,唐钢开始采用滑动水口浇钢,从1978年6月开始,全部甩掉塞棒,年节约耐火材料费等68万元。1980年,唐钢在30吨顶吹转炉上进行了顶底复吹炼钢试验,用氮气作底吹搅拌介质,采用单管直筒形喷咀,这是我国首次采用顶底复吹技术进行炼钢。

第二节　新冶炼企业的创建和冶金科技成就

一、新的金属冶炼企业的创立

1. 热河钒钛联合厂的建成

过渡时期总路线要求,集中力量优先发展重工业,建立国家工业化的初步基础。作为"一五"规划期间,苏联援建的156项重点项目之一的热河钒钛联合工厂(包括采矿、选矿、炼铁、炼钢、轧钢等厂)于1954年10月正式建成,生产能力为年产钢120~150万吨,是我国钒钛磁铁矿综合开发利用技术的发祥地。可是,由于当时用铁矿粉生产土烧结矿,产量较低。从20世纪60年代初起,承钢改用"平地吹"法生产品位45%~47%、碱度0.6~0.7的土烧结矿,高炉开始配用13%~45%的土烧结矿进行冶炼,从而结束了高炉全部用生矿的炉料结构。

2. 邯钢建成投产

1958年,邯钢建成投产,受当时技术和设备条件所限,当时仅能生产铁单一种类达20万吨。为改变这种落后局面,1973年,国内第一套机尾摆架式24平方米烧结机在邯钢投产。1974年,国内第一台烧结降尘管水封拉链机在邯钢改造成功,设备作业率为98.89%,漏风率减少5%~8%,并且改造后,机头除尘的细灰也被排除了。

据统计,1977年邯钢产钢18.1万吨,产生铁47.6万吨。1979年,邯钢开始利用高炉大、中修机会,对热风炉系统进行改造,并恢复高炉喷吹煤粉技术,利用炼钢剩余氧气供给9号高炉,富氧率为1.32%,提高喷吹量6.3%,而高炉煤气通过采用电除尘器净化,含尘量则降至$10mg/m^2$以下。同时,利用炼钢剩余氧气供给9号高炉,富氧率为1.32%,提高喷吹量为6.3%。而在烧结技术改良方面,邯钢通过往结料中配加16%~18%的白云石粉生产高氧化镁三元高碱度烧结矿,使烧结矿质量明显提高,使高炉冶炼效果极佳。

二、河北省所取得的主要冶金技术成就

1. 碱性转炉炼钢法的试验成功

19世纪初期,随着工业革命的迅速发展,对钢铁的数量和质量的需求越来越高。于是,人们开始

寻求新的更加有效的炼钢方法。在欧洲,英国军事工程师贝塞麦于 19 世纪 50 年代发明了酸性转炉,成为冶金史上的一大创举。但是,在酸性转炉环境中,生铁中所含的磷是很难被氧化除掉的,英国冶金学家托马斯因此在 1879 年提出了碱性转炉炼钢法,在盛产含磷铁矿石的德国、法国被广泛应用,极大地促进了炼钢的发展。在我国,为了充分利用大量的高磷铁矿资源,从 1951 年至 1952 年,唐钢试验成功了碱性转炉炼钢法,并应用于生产,这种将酸性转炉改为碱性转炉,并直接用平炉来熔炼含磷高的生铁(含磷 0.15%~0.5%)的方法,属国内首创。因此,国家科委于 1964 年将它列为国家级发明。

2. 攀枝花钒钛磁铁矿高炉在承钢模拟试验成功

1965 年 1 月至 8 月,攀枝花钒钛磁铁矿高炉在承钢模拟试验成功。在 19 世纪,德国、荷兰、法国、英国、美国、俄国等一些欧美先进国家,在对钒钛磁铁矿的冶炼过程中,取得了低钛型钒钛磁铁矿高炉冶炼的成功,但高钛型钒钛磁铁矿的高炉冶炼存在着炉渣黏稠、渣铁不分等问题,经一百多年的努力始终未得到解决。这次试验,解决了这个百年难题,为全世界高钛型钒钛磁铁矿提供了冶炼工艺,在世界冶金史上写下了光辉的一页,并使承德钢铁厂成为中国钒钛产业的发祥地,为发展中国北方最大钒钛钢铁基地奠定了基础。15 年后的 1980 年,这项新工艺获得中国最高科学奖——国家发明一等奖。

3. 烧结与鼓风振动冷却机工艺

我省烧结工艺经历了一个由“平地吹”到机械化、由低品位低碱度到高品位高碱度、由热矿到冷矿的发展过程。从 20 世纪 60 年代始,省内各钢厂的烧结技术基本上结束了高炉全部用生矿的炉料结构。1965 年 10 月,邯钢在省内投产了第一台带式烧结机(16 平方米)。与此同时,省内第一套利用高炉煤气作燃料的点火炉在 18 平方米烧结机上投入使用,点火温度为 950~1 050 度。1970 年 10 月,宣钢投产一台有 50 平方米烧结段、40 平方米冷却段的机上冷却烧结矿的烧结机,开创了国内机上冷却工艺的先例。1973 年 3 月,国内第一套机尾摆架式 24 平方米烧结机在邯钢投产,同时还投产了国内第一套 32 平方米抽风链板冷却机。1973 年 8 月,2672 工厂建成了与 24 平方米烧结机配套的 40 平方米鼓风振动冷却机,对烧结矿进行冷却与筛分,遂成为冷却烧结矿的一种新设备。1981 年 11 月,石钢建成省内第一套与 24 平方米烧结机配套的 40 平方米抽风带式冷却机及烧结铺底料系统,在减少台车、篦条烧损和提高风机寿命等方面,效果比较显著,因而成为全国中小型烧结机应用铺底料最早的厂家。1985 年 10 月,唐钢于国内第一次在 24 平方米烧结机头使用国产 36 平方米两电场静电除尘器,使烧结机头除尘技术提高到一个新水平[1]。

4. “全氧侧吹转炉炼钢法”和采用煤氧喷吹电炉炼钢工艺

唐钢原有转炉为酸性砖炉衬,炼钢时不能去除磷、硫等杂质。1951 年 8 月,唐钢余景生等科研人员把 4 吨酸性空气侧转炉改造为焦油镁砂炉衬,试验侧吹碱性转炉炼钢成功,于 1952 年 8 月正式投入生产。这项发明是炼钢技术上的一次重大革新和突破,唐山钢厂由此被誉为侧吹碱性转炉的发祥地。1964 年 4 月 23 日,国家科委授予侧吹碱性转炉炼钢法发明奖。同年,唐钢一炼车间建成省内第一座 5 吨氧气顶吹转炉。1973 年,唐钢肖来潮等科研人员在第一炼钢厂 6 吨顶吹转炉上进行底吹试验。1974 年,该厂在省内首先试验成功全氧侧吹转炉炼钢法,与空气侧吹转炉相比,炉龄延长 1 倍以上,生产率提高 42.5%,吨钢成本降低 20 元。1977 年 5 月,唐钢在原全氧侧吹转炉炼钢工艺的基础上,又试验成功了全氧侧吹转炉直立复合吹炼工艺。与氧气顶吹转炉和氧气底吹转炉相比,全氧侧吹转炉炼钢法的特点与优势主要表现在以下几个方面:有利于控制渣中 $\sum(F_eO)$ 含量;有利于强化熔池的搅拌;有利于灵活控制冶金过程;有利于提高氧强度;有利于提高炉龄和枪龄;有利于冶炼操作[2]。然而,初期使用的氧枪以柴油作冷却剂,平均吨钢耗油 6 千克。为降低能耗,唐钢自 1981 年开始在柴油里掺入一定比例的水,经乳化后送入氧枪喷咀作为冷却剂获得成功,使吨钢油耗降至 4 千克。1983

年,又试制出油水切换冷却氧枪,平均吨钢耗油仅为 2 千克。20 世纪 80 年代初,唐钢在国内最早开始顶吹转炉底部供氧的复合吹炼试验,1984 年,唐钢在 30 吨顶吹转炉的基础上,试验成功了缝隙式透气砖供氧复吹工艺。1985 年,唐钢又在国内率先采用煤氧喷吹电炉炼钢工艺获得成功,吨钢节电 70～100 千瓦,缩短冶炼时间 8%,为国内电炉炼钢开辟了一条新路[3]。

注　释:

［1］　张妥主编:《河北科学技术志》,中国科学技术出版社 1993 年版,第 397—398 页。
［2］　朱苗勇主编:《现代冶金学·钢铁冶金卷》,冶金工业出版社 2005 年版,第 214—215 页。
［3］　孔繁志主编:《唐山市科学技术志》,天津科学技术出版社 1988 年版,第 161—163 页。

第七章　现代纺织科技

建国后,河北纺织业迅速跃居全国先进行列,20 世纪 50 年代,随着国民经济的恢复和发展,河北省先后建起了全国最早、规模最大的色纺色织企业。20 世纪 60 年代,保定市建立了当时全国规模最大的人工化纤工业,印染行业也成为国内最早生产的确良印染布和树脂衬布的省份之一。20 世纪 70 年代,经过拨乱反正,河北省的纺织业开始进入引进技术的全面发展时期,一批具有国内外较高水平的设备与器材研制成功,纺织产品质量大幅提高,形成了“南纱北布”格局,有不少企业达到了国际先进水平,经济效益保持全国领先地位,最终建成了现代纺织工业科技体系。

第一节　现代纺织工业科技体系的形成

一、河北省纺织工业体系的形成

1. 棉纺织与“南纱北布”格局的形成

在“一五”期间,根据国家纺织工业部的规划,开始兴建石家庄、邯郸两大纺织基地。其中从 1953 年起,石家庄先后兴建了国棉一、二、三、四厂和石家庄印染厂,总规模为纱锭 31.5 万枚,织机 1.14 万台,印染能力 12 亿米。1955 年,又建成了拥有 5 万多枚纱锭、1 700 多台织机的石家庄华新纺织厂。从 1956 年起,邯郸亦先后兴建了国棉二、三、四 3 个厂及印染厂(在涉县)1 个,总规模为纱锭 27.9 万枚,织机 3 618 台,印染能力 8 000 万米。从技术上讲,这些棉纺织厂都配备了当时比较先进的开清棉联合机、二道并条机、单程粗纱机,它们成为河北棉织产品质量不断提高的重要物质保证。1964 年,河北省纺织工业局提出了“以工艺为中心”的工作方针,分别制定了纺纱、织造工艺技术路线,促使全省各厂车速、质量、效率趋向科学化和标准化,从而为河北省的棉布产品赢得了信誉,故有“南纱北布”之称。1974 年,轻工部纺织局确定石家庄五棉、二棉和邯郸一棉为技术革新试点厂,经过改造,上述 3 个厂共增加 4 万纱锭。1978 年至 1980 年,又进行了第二、三批技术改造,至此,全省共增加纱锭 13 万枚。

2. 张家口市麻纺织的技术成就

1949年,中国人民解放军冀察热辽18分区后勤部用伪满时期赤峰资本家张广兴留下的24台手换梭织布机改为麻纺厂生产布袋。1964年,该厂扩大生产能力并进行技术改造,所产麻袋1980年被纺织部评为优良产品。1965年,该厂先后推广了织布自动换纡、精纺加捻、梳麻自动成卷、并条自动换筒等64项先进经验,使麻袋的产量和质量都有了很大提高,麻袋年产达284万条。在胡麻的开发利用方面,1965年,张家口亚麻纺织厂制成麻棉交织帆布;1968年,张家口七一化纤厂利用胡麻制富强纤维出口。当时,张家口市区各县出现了几十个亚麻加工点,至1978年,已经达到年产2 000吨的麻加工能力。

3. 织绸与缫丝的技术成就

在建国前,河北省的织绸业较落后,仅能利用外地白厂丝生产一些手帕、腰带等小商品。从20世纪50年代中后期开始,承德、高阳等地试用铁木丝织机生产柞丝绸、厂丝与人丝交织的花、软素缎及人丝纺等产品,并配有络、并、捻、卷伸等机器设备。20世纪60年代,河北省的织绸厂不仅增加了全铁丝织机,还开始生产人丝产品。到20世纪70年代中后期,全省各丝绸厂基本上都开始采用K251、274型自动丝织机,能够少量生产比较高档的真丝被面、双纬花绸等。1952年11月,热河缫丝厂用人工煮漂茧框制榨蚕药水丝成功。1955年,热河缫丝厂安装了环球式立缫机10台,减少了缫丝断头,提高了缫丝质量。1964年,邢台丝绸厂为提高制丝质量,在缫丝机上的集绪器回转芯与蚕茧之间,用废磁眼做了一个除颣器,以加大缫丝张力,拉开原丝上的绞结,最终提高洁净成绩2.56分,被纺织部命名为邢台式除颣器。1966年,承德丝绸厂自制的白厂丝自动打包机、使打包整齐美观。该厂1971年还自制了给生丝加湿的小篗真空给湿机、将废茧加工成丝棉的丝棉机以及使长吐加工机械化的刮吐机。1970年,邢台缫丝厂用桑蚕立缫机缫制榨蚕水缫丝成功,并达到A级品质质量标准,用于出口。

4. 电子计算机控制罗口直下两步法袜机的研制成功

建国初期,河北省生产的袜子都是初纯棉袜和中统袜。1959年,保定袜厂被纺织部确定为首批试织锦纶袜的试点厂之一。1965年,该厂移植了日本双针筒袜机上的技术,改进了引线器,织造出6色吊线花袜,打破了过去袜机仅能织造单色袜的局面。在织袜工艺方面,1975年,保定针织厂与清华大学合作进行电子计算机控制罗口直下两步法袜机的研究取得成功,这项技术大大减轻了劳动强度,提高了产品质量,节约了变换花型的时间。

5. 石家庄第一印染厂的技术革新与新工艺的推广

1956年,石家庄第一印染厂成立。该厂从成立伊始,即注重技术革新和科学创造,为建立具有河北特色的印染业作出了突出贡献。在炼漂方面,1959年改间隙式煮炼设备精炼釜为双氧水连续式汽蒸煮炼漂白联合机,并用同位素控制容布箱布量。进入20世纪60年代,通过一系列技术革新,煮炼已经实现了碱液温度自控和三效排碱连续化与自动化。70年代,在生产13.88×13.88富棉细纺时采用了轧酶堆放退浆、亚氯酸钠漂白工艺。20世纪80年代初,引进宽幅平幅退煮漂联合机,实现了涤棉前处理退煮漂连续化。在丝光方面,于1980年改造了1台高速高效布铗丝光机,速度从每分50～60米增加到80～100米。在染色方面,于1962年率先在我省装备了国产54型等速卷染机以及54型连续轧染机。1965年,在国内较早试制成功漂白、杂色几十个品种的的确良产品。此外,还试验成功硫化染料轧染新工艺和试验推广了士林染料悬浮体轧染新工艺。在机械印花方面,建厂初期即使用了8色滚筒印花机印花,至20世纪70年代,将印花机更新为74型印花设备,加浆、对花、装卸滚筒等实现了机械化。

6. 化纤生产规模的不断扩大与技术进步

1960 年 7 月,保定化纤厂从德国引进设备,投产了年产 5 000 吨的粘胶长丝,即人造丝。1970 年 2 月,该厂用锭子油代替蓖麻油成功,生产效率提高 20%~25%。1975 年 8 月,保定化纤厂发现并解决了酸站用的硫酸锌中含镉量高、出现黄斑丝问题。1984 年 10 月,该厂在工艺复杂、产生有害气体的磺化工序上实现了电子计算机顺序控制,极大地提高了其工艺准确度和生产安全性。1966 年,石家庄涤纶厂开始少量生产涤纶短纤维,年生产能力仅为 50 吨,以后随着生产规模的扩大和技术的进步,使其短纤维的年生产能力不断提高。特别是 1979 年,该厂将 VD402 纺丝机更新为 VD405 纺丝机,从而使短纤维年生产能力由 1 000 吨增加到 3 000 吨。1979 年 12 月,石家庄维纶厂正式投产,年产 5 000 吨聚乙烯醇、3 600 吨维伦短纤。1980 年,该厂针对在生产维纶原液,投送聚乙烯醇时有粉尘排空的问题,在送风管道终端安装 1 台布袋滤尘器,每年可回收聚乙烯醇粉末 70 多吨,改善了环境。

7. 纺织机械制造的技术革新及其成就

在梭管方面,1952 年,天津纺织器材厂经过技术革新,使全厂 32 台加工设备都采用了电力,产量提高了 5 倍。1962 年,该厂用行程开关代替手搬进刀,完善了机械操作,向自动化迈进了一步,1964 年,继续改造、更新了 200 多台设备,提高生产能力近 5 倍。在综箬方面,该厂在 20 世纪 60 年代初研制成功连过两次偏模的一次冷拔成型工艺,提高了效率与产品质量,形成了综箬系列产品。至 20 世纪 70 年代末,该厂又增加了丝织提花织机专用焊眼综。从 20 世纪 70 年代起,石家庄纺织器材一厂、邯郸纺织机械厂等通过合作来生产梳棉机 609 毫米大龙头、细纱磁性加压和布机防百脚装置以及细纱锭子等机械产品。进入 20 世纪 80 年代,从少数印染、毛纺的简单机械,转向机构比较复杂、数量较大、制造技术水平较高的成台设备。

二、河北纺织工业技术所取得的主要成就

从 20 世纪 50 年代起,河北的纺织工业一方面加紧对 20 世纪 30 或 40 年代的"老、旧、杂"纺织设备的更新改造,另一方面则集中全省的科研单位和专业技术人员进行集体攻关,取得了许多优秀成果。下面仅以《河北科学技术志》为基本素材,试对新中国成立之后至 1980 年期间的主要纺织工业成就作一概述:

(1)1958 年,石家庄六棉研制成功了丁氰皮结,其剥离力、硬度等指标均符合高速要求,成为国内创举。同年,承德麻袋厂研究用苦参麻、驹桑麻、胡麻、铁丝草等 6 种野生纤维试纺成功。

(2)1959 年,河北省纺织工业局整理出全国第一份《台车安装工作法》。1974 年,省轻工业局成功地研究出一套 Z303 型经编机平车工作法,编写成《经编保全》一书,印发全国。

(3)20 世纪 60 年代初,石家庄第一印染厂开发的纯棉树脂整理的领衬布是国内最早开发的衬布整理产品。1974 年,该技术转交由石家庄第三印染厂,生产能力为每年 2 000 万米,成为生产衬布的专业厂。

(4)1964 年,河北省针织研究所"高速经编机工艺于设备"课题组,在国内首先研制出 2 台国产 ZJ501 型经编机。

(5)1974 年,石家庄五棉首先研制成功并推广了圆盘式电动插管落纱联合机,结束了人工落纱的历史。

(6)1974—1975 年,石家庄纺织经编厂与常德纺织机械制造厂合作设计出 Z30 – 3 型三梳栉经编机。

(7)1977 年,邢台建立了省内第一家金属针布厂,结束了完全依靠外省供应的局面。

(8)1980 年,石家庄纺织器材二厂研制成功印染用预缩胶毯。它是印染厂进行防缩整理的必备器材,属国内首创,其弹性、强度等性能均达到设计要求。

第二节　自动布机档车工操作法

一、机器的主人

仇锁贵,1937年生,邢台沙河县人,曾被《人民日报》称为"机器的主人",是全国著名的纺织能手。1954年4月29日,国营石家庄第二棉纺厂正式开工兴建。同年,仇锁贵到国棉二厂参加工作,成为一名布机挡车工。1960年后,在党中央"调整、巩固、充实、提高"八字方针的指导下,石家庄的工业生产进入了调整期。为了适应国际市场的需要,更多的创造外汇,国棉二厂开始研制生产新产品。"人棉绸"是该厂的新产品之一,但由于技术不过关,人棉绸"纤维短、脆",严重地影响了产品的质量。为此,仇锁贵经过刻苦钻研,创造了"五六式接头方法",有效地解决了"人棉绸"所出现的"纤维短、脆,车开不起来"这个技术问题,明显提高了生产效率。

众所周知,人与机器的关系问题是现代工业发展的基本问题,而人如何有效控制机器,不仅是个管理问题,更是个技术问题。作为一名布机档车工,仇锁贵为了解决高速化后所出现的技术问题,在生产实践中思考最多的问题就是如何能够通过改进操作技术而更加积极主动地操纵布机。功夫不负有心人,经过一段时间的刻苦钻研,仇锁贵终于在充分掌握一台布机上800多个部件的性能、故障等问题的基础上,通过"眼看、耳听、手摸"的办法,预先检查出机器存在的问题和隐患。实践证明,仇锁贵的这套工作法极大地丰富和发展了当时推行的"五一织布工作法",它对于提高维修效率、保证生产任务的完成,效果很好。为此,纺织部专门将他的经验编辑成册,并在全国推广。1975年3月,石家庄市纺织工业局将他的经验纳入"自动布机档车工操作法"。

二、《仇锁贵掌握织机性能的经验》与仇锁贵织机操作法

《仇锁贵掌握织机性能的经验》[1]一书作了这样的总结:

(1)织布工人在多机台管理的情况下要掌握机器性能,必须牢记四个基本要求。一是抓住现象,追查故障。一般而言,在机器上,织机发生故障时主要有三种不正常现象:第一种是不正常的状态,第二种是不正常的声音,第三种是不正常的振动或跳动;在布面上,当机器发生故障时往往会产生织疵,如,吊综不良造成开口不清,会产生连续性星形跳花。二是"三定"方法,准确判断。所谓"三定方法"就是定点、定向和定部位,其中"定点"是指在检查运动着的机件时,目光要先等在一个容易看清的点上,当机件运动到这一点时,即能一眼看清;"定向"是指在检查运动着的机件时,应从一个容易看清机件的方向去看;"定部位"是指在检查机器时,要对最容易查出毛病的部位进行检查。三是结合操作,全面预防。其要求是在接班时检查机器,应同清洁工作同时进行;在一轮班中,可根据具体情况把看管的机台全部检查一遍或检查三分之一,并有计划地将须要检查的机台分配到各次巡回中,每一次巡回检查一台或两台;在处理停台时,要同时检查一下停台原因,如发现问题,应当跟踪检查。四是重点掌握,机动灵活,其原则是不同机件不同重点,不同品种不同重点,不同机台不同重点。

(2)具体地讲,根据当时织机的结构和性能,将检查织机的内容分解为六个部分,即机前五个部分和机后一个部分。机前:

第一部分,主要是对投打、缓冲部分和自动梭箱部分进行预防检查。在投打、缓冲方面,由于投梭力过大或过小以及缓冲作用失效所引起的机器故障,有无故停车、换梭停车、梭子回跳、飞梭,这些故障反映在布面上就会出现轧梭、破洞、三跳、纬缩、脱纬、双纬、百脚等织疵现象,而在自动梭箱方面,经常产生的机器故障有换梭轧梭、换梭磨梭、换梭停车,若表现在布面上就会出现双纬、百脚、脱纬、毛边、杂物织入、边跳纱、油纬、纬缩等织疵现象。为了避免织疵现象的出现,仇锁贵的检查方法是,人站

在换梭侧筘座外端,一手扶梭车,一手扶筘座头端,目光巡回三条线(顺筘座方向):第一条线是由外向里,N22×24一套(外)→K13碰梭子→N22×24一套(里);第二条线是由里向外,K58×24(里)→K43→K13→K64→K70→K42→K41、K58×59(外)→K65;第三条线是K17→Q14→Q17→K52×69→K45→N61→K17(里)→上下综环→C9毛刷。

第二部分,主要是对自动换梭和外侧边撑部分进行预防检查。自动换梭部分的安装规格要求严格,机件容易走动,从而引起不换梭、连换梭等故障,至于边撑剪刀部分,如果边撑安装位置靠外或靠后,就会造成断边多,易出边撑疵,布边纱尾长;如果边撑安装位置靠里,则又易砸断布边;如果边撑安装位置靠前,则会碰断纬纱,损坏钢筘。此外,若边撑内小刺毛辊转动不灵活,会造成边撑疵;若剪刀失效,会造成毛边、脱纬、杂物织入等织疵。而在检查这一部分时,人须站在换梭侧布边处,一手扶梭库,一手扶边撑。筘在前死心时,看筘后的机件;筘在后死心时,看筘前的机件。其检查顺序为:N34→Q7与K15→K41→K60→K44→N6→N57×58→F22→R1×R2→边撑。

第三部分,主要是对吊综开口部分进行预防检查。在机器运动时,一旦吊综过松、过紧、过高、过低以及吊综不稳、综卡子脱落等,都会造成开口不清,使梭子在梭道内飞行不稳,产生轧梭、飞梭故障,在布面上织出三跳织疵,增加断边断头。所以,在检查这一部分时,人应站在布面中央,两手扶布面,其检查顺序为:布面张力→夹梭尾→R33×34→吊综部件→吊综状态。

第四部分,主要是对里侧边撑部分、里侧梭箱部分及换梭诱导部分进行预防检查。检查这一部分时,人须站在开关侧边处,一手扶开关柄,一手扶边撑。其检查顺序为:边撑→J32→L68→F22→R1×2→Q13→J27。

第五部分,主要是对投打缓冲部分进行预防检查,预防的故障与织疵根第一部分相同。

第六部分,亦称机后部分,主要检查送经张力与断经自停部分。经轴跳动、经轴搭攀螺丝松动、扇形张力杆跳动不正常等,均会增加经纱断头,在布面上容易产生疵点,进而影响棉布的实物质量;经停摆动杆摆动不正常,则会造成断经不关车,在布面上易织出断经疵点。

可见,仇锁贯织机操作法的基本精神就是熟练掌握先进技术的工艺过程和部件功能,以高度的责任心与工作热忱对待自己的工作岗位,爱护机器就如同爱护自己的生命,唯有如此,才能在平凡的工作岗位上做出不平凡的业绩。

第三节　纺织学校的兴办

一、多层次办学体制的形成

新中国成立后,河北的纺织教育出现了多层次、多形式的办学体制,各级各类的纺织学校如雨后春笋,生机盎然。举其要者有:河北纺织工学院(1958年创办)、河北石家庄纺织工业学校(1962年创办)、河北纺织工业技工学校(1965年创办)、保定化学纤维技工学校(1965年创办)、河北纺织工业学校(1978年创办)、唐山纺织职工大学(1978年创办)、河北纺织职工大学(1980年创办)、邯郸市纺织职工大学(1980年创办)等,其中以河北省普通高等纺织教育的成绩最为突出。1947年,原北平大学工学院纺织系在天津的校友倡议在北洋大学开办纺织系。同年,河北工学院在天津复校并开办纺织系,系主任是崔昆辅。不久,西北联合大学时期设立的西北工学院纺织系主任和所有专业教师先后来津进入北洋大学纺织系,天津由此成为了新中国纺织教育的重要基地之一。1951年,北洋大学与河北工学院合并,成立了天津大学,两校纺织系合并成了天津大学纺织系,系主任张朵山。1958年在天津大学纺织系的基础上,组建河北纺织工学院,1968年改为天津纺织工学院,原北平大学工学院纺织主任张汉文、教师张朵山和龚明安,分别任学院副校长、纺织系主任和染化系副主任。

二、张朵山与河北纺织工学院

张朵山(1898—1973 年)(图 7 - 7 - 1),昌黎县人,是我国高等纺织教育的奠基人之一,1920 年被派赴美国深造。1924 年获美国北卡罗来纳农工大学纺织工程硕士学位。1926 年,张朵山满怀工业救国的夙愿回国,先后任教于东北大学工学院、北平大学工学院、西北工学院等大学,主要讲授机动学、机织学、棉纺学等课程。1949 年,天津解放,张朵山应聘到北洋大学任纺织系主任并讲授纺织专业课程。1958 年,天津大学原纺织工程系调出成立了河北纺织工学院,张朵山任纺织系主任,直至 1973 年病逝。

图 7 - 7 - 1　张朵山

张朵山在"游美"归来的几十年间,特别是新中国建立后,为开拓和发展祖国的高等纺织教育事业,奔波劳碌,辛勤耕耘,几乎倾注了毕生的心血。为了建立和完善天津大学纺织系的实习和实验设备,他在校内外各方奔走,尝试了调拨、国内外购置等各种途径,到 1956 年,实习工厂的棉纺织机器设备基本齐全,而粗梳毛纺设备及各种织机则都能满足教学实习的需要,纤维、纱线、织物等纺织材料的测试仪器设备,可供开出教学大纲规定的 80% 以上实验项目。当时,该实习工厂中仪器设备的种类和数量,在国内算是比较齐全和水平较高的。后来,在张朵山的建议下新建了一排锯齿形厂房和一栋纺织材料实验室,为教学、科研及生产提供了良好的办学条件。在天津大学校园里,纺织厂特有的建筑造型,展现了工科大学的风采,并成为接待国内外学者、贵宾及对外开放参观的重点实验场所。此外,在多年的教学实践中,张朵山十分注重结合本国的实际情况编写教材,在讲授英语、物理、应用力学、机械制图、平面测量、机动学等许多工科基础课和纤维学、棉纺学、毛纺学、机织学、意匠学(织物设计)、棉纺织工厂设计、建筑概论和工厂管理等多门纺织专业课的基础上,先后编写出《纺织概论》、《棉毛整理及纺织物实验学》、《棉纺学》、《机织学》、《意匠学》、《着色法》、《工厂设计》、《建筑概论》等大量纺织专业教材,为开拓和发展我国的高等纺织教育事业作出了卓越的贡献[2]。

截止到 1980 年,河北纺织工学院(1968 年改称天津纺织工学院)已经发展成为中国北方的一所专业设置比较齐全的纺织工业大学,学院设有纺织工程、纺织化学工程、纺织机械工程、纺织工业自动化等 4 个系和基础部;有纺织工程、针织工程、机械制造工艺与设备、纺织机械、染整工程、化学纤维、纺织工业电气自动化等 7 个专业;有纺织化学、新型纺纱、化学纤维工艺、纺织仪器、纺织机械等 5 个科学研究室和 27 个试验室;另设有棉纺、毛纺、针织等 5 个实验工厂。

注 释:

[1]　纺织工业部、中国纺织工会全国委员会、河北省纺织工业局:《仇锁贵掌握织机性能的经验》,中国财政经济出版社 1966 年版,第 7—16 页。

[2]　《天津纺织工学院校史》编写组:《天津纺织工学院校史》,天津科学技术出版社 2001 年版,第 311—318 页。

第八章　现代建筑科技

新中国成立后,河北进入了全面建设社会主义的历史时期,建筑事业也翻开了新的一页,从农村到城市,从工厂到学校,建筑技术迅猛发展,各种高大的现代建筑拔地而起,尤其是大型的综合性建筑工程,在河北各地市不断出现。新唐山的重建和崛起不仅集中展示了社会主义的无比优越性,而且更加突出地体现了河北人民的创造性和进取性。

第一节　现代工厂的建筑技术

1953 年,党根据国情及时地提出了社会主义过渡时期的总路线,这条总路线的首要目标就是"逐步实现国家的社会主义工业化"。围绕这个总目标,中央人民政府制订了以优先发展重工业为中心的第一个五年计划。当时,中国的建筑技术比较薄弱,得益于苏联来援助中国建设的 156 个重点大型工业项目,才建立起了自己的重工业基础。在这批援建项目中,河北省共有 9 项,即华北制药厂、石家庄大型联合棉纺厂、石家庄热电厂、保定胶片厂、保定化纤厂、604 造纸厂、邯郸棉纺厂、峰峰马头(中央)洗煤厂和热河钒钛联合工厂。同时,河北省还新建和扩建了兴隆煤矿、开滦煤矿、保定发电厂等一批国营工矿企业和工程设施。其中,华北制药厂(生产能力 54 – 58 青霉素链霉素等 115 吨、淀粉 1.5 万吨)由抗生素厂、淀粉厂和民主德国引进的药用玻璃厂组成,1953 年 6 月筹建,1958 年 6 月建成投产,总投资 7 588 万元,建筑面积 80 多万平方米,成为当时技术和规模均居世界前列的抗生素企业;1953 年初,国家根据石家庄交通、资源等条件,投资 4.2 亿元,安排兴建了大型纺织联合企业(即石家庄棉纺一厂、二厂、三厂、四厂和第一印染厂);保定胶片厂,位于今保定市建设路,由保定市第一建筑安装工程公司承建,1958 年 7 月开始施工,1965 年建成投产,占地总面积 87.3 万平方米,其中厂区占地 63.3 万平方米。20 世纪 50 年代的第一次大规模工业建设,一方面逐步形成了河北工业建设的新格局,另一方面使河北的建筑工业得到了很大提高和发展,从而揭开了河北建筑史的新篇章。

第二节　城市规划与建设技术

一、石家庄城市规划与建设

1. 1954—1961 年石家庄第一期城市规划

1952 年,为了适应国家重点工程建设和省会准备迁入石家庄的需要,石家庄成立了"城市建设委员会",由 20 余人组成,具体负责石家庄市的城市总体规划与建设。当时,城市建设委员会主要参照了苏联的规划理论、规划经验及做法,在清华大学、北京林学院、天津设计院的帮助下及苏联专家组穆欣的亲自指导下,初步拟定了《石家庄市都市计划草案》(1953 年至 1975 年石家庄市城市总体规划)。1953 年底,根据经济建设调整和城市人口规模增大的社会现实,经石家庄市城市规划组的实地勘察和测量,第一次修改完成了城市总体规划,其具体方案是:以桥西为主要市区,整个城市向北发展,其主导思想是依托旧城向外扩展。后来,经过不断总结经验和修改完善,1954年初,石家庄市城市规划组又做出了新的石家庄市城市总体规划图,这次修改规划的重大变更,是把市中心由桥西移到桥东。对这次规划设计的水平和质量,国家建委和计委给予了充分肯定:"石家庄总体规划对于工业区,住宅区,市中心位置,道路广场,绿化系统以及第一期修建范围的确定,基本上是合理的。并作为下一步编制总体规划的基础。"因此,这一规划方案从理论上奠定了石家庄城市建设发展的基础,对于"一五"期间大规模的经济建设起到了很好的指导作用。比如,在该规划指导下,"一五"期间全市新建大小工厂27个,大学两所,中等专业学校12所,干部学校16所,普通中学8所,影剧院2座。在城市道路的建设方面,桥西开辟了中华大街南段、仓安路(铁路—振头)、南马路(铁路—维明路)、九中路、石津运河北侧路、陵园西街、太行机北路等;桥东则开辟了建设大街(石德铁路—3302厂)、西南放射路、平安路(解放路—东三教)、和平路(北道岔—东明渠)、广安大街、大兴街(铁路—师大)、光华路、健康路、东大街、正东街等主次干道,城市道路总长107公里,道路面积68.51万平方米。至此,城市规划道路中的主次干道骨架基本形成。在城市给排水方面,石家庄修建了南小街、解放路、建设大街、体育大街等排水管道,开挖了东明渠为全市排水总退水渠,从而初步形成了由明渠和暗沟组成排水管网系统,管道长度达38.23公里,污水排放能力为0.68万吨/日,城市污水排放开始有了出路。同时,随着城市建设的不断发展,石家庄从1953年开始有计划地增加水源井,到1957年已有自来水井9眼,日供水能力2.378万吨,水厂3个,给水管道增加了2倍,工业用水主要是靠自备水源井供水,自来水普及率提高到66%。这样,通过几年的建设,石家庄市初步形成了比较完整的给排水体系。可见,1950年到1957年是石家庄现代城市建设的一个很重要的时期,为此后二十余年的经济建设奠定了比较良好和坚实的基础。

2. 1978年石家庄第二期城市规划建设

1978年12月党的十一届三中全会以后,石家庄市的城市建设出现了历史性的转折和转变。根据新的经济发展需要,石家庄市1954—1961年第一期城市规划显然已经不适应社会发展的需要了,所以重新编制石家庄市城市总体规划势在必行。从1978年到1980年,经过两年的时间,新编制的城市总体规划(即《"1981—2000年"石家庄市城市总体规划》)终于被国务院批准。这次总体规划的基本指导思想是:以石家庄市现有的经济基础和到本世纪末国民经济翻两番的目标为依据,按照"控制大城市,合理发展中等城市、积极发展小城市"和"保护环境造福人民"、"有利润生产,方便生活"的方针,提出了"严格控制,保护改造,充实提高,发展远郊"的原则。其主要内容是:严格控制规划建成区人口规模以及规划区内新建的用水量大、用地多、有污染的大型工业企业;保护古建筑、古遗址及文物,并切实保护好城市环境;发展科技文教事业,巩固发展轻工、纺织、医药、电子、机械、仪表等轻型工业;积极发展旅游、服务业;发展远郊乡镇和市属卫星城镇;扩大绿地面积,保护城乡环境和生态平衡。市区范围在现有建成区基础上,主要向东南,西南两翼扩展,控制东、西、北郊。城市性质为河北省省会、铁路交通枢纽,以轻纺工业为主的城市。城市人口规模到2000年控制在80万人以内,建成区规模控制在90平方公里左右。以上各项规划的实施,促使石家庄向着整洁、优美、文明的社会主义现代化城市。

二、唐山市的重建规划与振兴

1976年,唐山发生7.8级地震之后,城市房屋顷刻之间几乎全部倒塌。震后,在党和政府的领导下,唐山人民与全国人民一道随即进入了新唐山的规划与建设之中。

新唐山的城市总体规划目标是:将震前的东矿区和老市区改为新三区,即老市区、东矿区和新区,各区相距25~30公里之间,呈鼎立之势;中间是凤山脚下的陡河水库风景区;京山、通坨、唐遵三条铁路和唐丰、唐古、丰古三条公路连通市区各片。城市近郊比较分散的厂矿所在地,都靠近厂矿建设独立的工业小城镇。其中新区依托丰润县城关向东发展,背靠还乡河,面对通坨铁路。区内有一条北东向的构造断裂带,在它上面规划了一条 80 米宽的绿化隔离带和林荫道;以西为生活居住区;以东为工业区和仓库区;北部利用还乡河的河套地段布置公园。

抗震建筑是新唐山建设的一项重要内容。按照国家有关抗震防灾工作的部署,河北省专门成立了"抗震办公室",以具体领导全省的抗震工作;同时河北省建筑科学研究所成立了专职从事抗震科学研究的抗震科研室,他们在唐山震害调查的基础上,很快就写出了"唐山地震未毁工程抗震性能的分析"等报告,为新唐山的建设提供了理论依据。因此,新唐山的城市建设采取了以下抗震措施:选址时尽量避开砂土液化地段和地质断裂带;合理确定建筑密度,注意加强房屋防震的结构设计;加固城市上游的陡河堤坝;等等。从 1976 年到 1985 年,经过 9 年的恢复重建,规划方案已经基本实现。

唐山市道路东西走向,东西为"道"而南北为"路",新唐山城区共有建设路、龙泽路、唐古路等四条南北贯穿的"路",有北新道、新华道、南新道三条东西横穿的"道"。作为"大北京都市圈"发展构架的重要组成部分,如今的唐山市道路宽敞、楼房不高,绿荫成片、鲜花争艳,初步实现了"天蓝、地绿、水清、居佳、城美"的目标,这座沿海工业名城以举世震惊的速度重新屹立渤海湾畔。唐山抗震纪念碑广场、南湖公园、国际会展中心、唐山北郊农村建设等,已经成为新唐山的重要建筑标志,新唐山的这种建设规模和速度令世界震惊,因此,新唐山当之无愧地成为中国第一个被联合国授予"人居荣誉奖"和"迪拜国际改善居住环境最佳范例奖"的城市,被人们称为"北京的后花园"和"凤凰城"。

第三节　建筑机械的科技进步

1949 年新中国诞生后,河北省的建筑机械进入了一个新的历史发展时期。随着第一个五年计划的实施,特别是国家开始在河北省建设各种重点工程项目,为了保证建设速度和建筑质量,全省根据各地建筑工程的实际需要,先后开发了起重机械、机工机械、混凝土机械、运输机械、装修机械、建筑金属制品及配件等号 13 大类产品。尤其是在桩工机械方面,我国桩工机械从无到有,从仿制到自主生产制造,在这个历史转变的过程中,新河钻机厂研制的 KQ 型潜水钻机,为我国在高水位地质条件下制作混凝土灌注桩提供了机具,并填补了我国桩工机械的一项空白。

一、建筑机械方面的主要成就

建筑工程由传统的肩挑人扛发展到依靠机械施工,是新中国成立以后河北省建筑行业所出现的重大变化。从建筑技术的角度看,这是一次历史性的转折,为实现我省"高楼万丈平地起"的建筑远景创造了必要的技术保证。

1. 起重机械

在起重机械方面,1949 年河北省第四建筑公司应运而生。当时,河北省的城乡建设以及工业化建设情况,正处于百废待兴的时期,该公司的成立承担着全省许多重大工程的建筑施工,如子牙新河献县枢纽工程及邯郸纺织机械厂金工车间等,同时还承担着援外建设任务。为了不断提高建筑进度和建筑质量,1955 年该公司用 0.5 吨及 3 吨电动卷扬机正式取代了木架吊滑轮。此后,卷扬机与龙门架相结合的垂直运输机械遂成为河北省各地建筑施工单位应用最普遍的垂直运输机械。1976 年,张家口市建筑机械厂采用针轮摆线减速器、液压联轴器和电子矩限制器等新技术,生产出 $ZDTQ_{3-5}$ 塔式起重机,性能稳定可靠,适用于 6 层以下多层建筑。然而,伴随着城市建设步伐的加快,高层建筑逐渐成为各地城建的设计目标,为了与全省城市建设的客观需求相适应,河北省第四建筑公司于 1977 年研制出 80 吨米塔吊 5 台,适用于 6 层以上建筑。在此基础上,该公司于 1986 年又相继引进了 120 吨米 SIM - MA 塔式起重机 3 台,适用于 100 米以上高层建筑的施工需要。

2. 压实工具

在压实方面,传统压实工具多为木夯和铁饼,一直到 1958 年我国才发明了蛙式打夯机,很快在全国各省施工队伍中开始应用。以此为前提,张家口市建筑机械厂于 1973 年试制生产了 H202 型蛙式打夯机。接着,保定市建筑机械厂又于 1975 年试制生产了 HW01 型蛙式打夯机。由于它们具有操作方便、结构简单、经久耐用、夯实效果好、易维修、价格低等优点,所以迅速在省内普遍推广应用。1976年,邯郸建筑机械厂与建设部长沙建筑机械研究所协作,采用先进的振动技术,试制了 YZ_2 型振动压路机,擦边性能良好,是一种轻型、灵活方便的压路机械。1984 年,该厂又成功研制 YZS0.5 手扶振动压路机,它适用于中型压实机械不能作业的窄小施工场地。

3. 混凝土机械

在混凝土机械方面,实现了由人工搅拌向机械搅拌混凝土的技术转变。从技术进步的角度看,河北省第四建筑公司在 1958 年自行研制了 JG250(400 千克)型鼓筒自落式搅拌机,标志着河北省混凝土机械制造技术已经跨入新的历史阶段。1968 年,石家庄建筑机械厂试制成功 HP - 25 型混凝土喷射机,该机把一定配合比的水泥、砂与碎石的干混合料,借用高压风力,使喷射的混凝土层质地紧密结实,具有很强的抗渗性,从而填补了河北省混凝土机械类的一项空白。1979 年,河北省第四建筑公司又成功研制出现场混凝土后台上料机,不仅进一步提高了混凝土的质量和工作效率,而且极大提升了河北省搅拌混凝土的整体机械化水平。1986 年,东光县第一机械厂制造了将成型的混料、成孔、振捣、压实和拆模等几个工序整合为一道工序完成的 YBJ12/60 混凝土空心板挤压机,使生产效率提高了4 ~ 5 倍。

4. 桩工机械

在桩工机械方面,新河钻机厂为新中国桩工事业的发展作出了突出贡献。1971 年,我国第一台 KQ 型潜水钻机在新河钻机厂试制成功。改革开放以后,该厂为了适应市场经济的需要,以 KQ 型潜水钻机为基础,不断进行技术革新,先后研制出 KQ800、KQ1250、KQ1500 及 KQ2000 四个规格的系列产品,适用于淤泥、砂砾石、风化岩、粘土等多种地层钻孔,从而广泛应用于建筑、水利、港口、市政、桥梁等大口径超深度地基础钻孔灌注桩工程的施工中。此外,为了促进我国软弱地基加固技术的发展,新河钻机厂于 1977 年成功研制出 ZCQ 型振动水冲器。1978 年,该厂又研制出河北省第一台 BQZ 型液压齿履式全螺旋钻孔机。1983 年,地下连续墙钻孔机在新河钻机厂问世。因此,该厂以雄厚的技术势力,成为机械电子工业部和建设部桩工机械专业生产厂,形成了融科研、生产和试验施工"三位一体"的企业机制。

二、建筑材料方面的主要成就

按照功能和用途,建筑材料可划分为三类:结构材料、装饰材料和某些专用材料。具体而言,木材、竹材、石材、水泥、混凝土、金属、砖瓦、陶瓷、玻璃、工程塑料,属于结构材料;各种涂料、油漆、镀层、贴面、各色瓷砖、具有特殊效果的玻璃等,属于装饰材料;具有防水、防潮、防腐、防火、阻燃、隔音、隔热、保温、密封等特殊作用的材料,如防水防潮漆、JS 聚合物复合防水涂料、HDPE/LDPE 防水防渗土工膜、PE 防水膜、土工布及 GCL 纳基膨润土防水毯等,则属于专用材料。由于建筑材料包括的范围非常广泛,难以面面俱到,故本节重点叙述河北省在水泥、玻璃、建筑陶瓷以及墙体屋面材料等方面的主要技术成就。

1. 水泥工业

河北省由一个水泥厂(即唐山启新水泥厂)发展到 1988 年的 365 个水泥厂,初步形成了唐山、邯郸和石家庄三大水泥生产基地,显示了河北省工业经济发展的巨大活力。在生产工艺方面,从 20 世纪 50 年代的蛋窑,到 60 年代的普立窑和机立窑,再到 80 年代的窑外分解窑,已经达到了当时国际先进水平。水泥品种从解放前仅有的硅酸盐水泥发展到普遍硅酸盐水泥、矿渣硅酸盐水泥、火山灰质硅酸盐水泥、粉煤灰硅酸盐水泥和硅酸盐水泥五大品种。采用干法生产水泥的核心技术是回转窑,为了提高水泥生产能力,我省各地水泥厂通过技术革新,先后在中空回转窑、悬浮预热器回转窑和窑外分解窑等几个方面都取得了显著成就。例如,在中空回转窑方面,除启新洋灰公司外,石家庄市水泥制品厂于 1971 年和 1974 年分别建成了两条 D < 2.4 米干法中空回转窑生产线;1975 年 5 月,保定市水泥厂建成了一台直径为 2.2 ×36 米中空回转窑;1979 年,承德市水泥厂建成直径为 2.7 米 ×40 米中型中空回转窑,年生产能力由普历窑时的 3.2 万吨提高到 9 万吨;1982 年,宣化钢铁公司水泥厂则建成一座直径为 2.8 米 ×4.4 米窑型更大的中空回转窑;接着,获鹿县兴华工业公司水泥厂又建成两条直径为 1.9 米 ×36 米和 1.9 米 ×39 米中空回转窑生产线,采用干法生产白水泥,该厂经过"煅烧系统"、"喷煤咀变径"和"洒水漂白"等革新改造,使中空窑技术性能日臻完备,产品等级亦越来越高。窑外分解是冀东水泥厂于 1983 年引进的项目,也是国内引进的第一座大型窑外分解窑。1984 年,沧州地区建材厂设计安装了我国第一台"沧州型"5 级 NSP 型窑外分解窑,其台时产量 13.5 吨,吨熟料热耗 950 - 1000 大卡/公斤,与同类窑相比,产量提高了近 2 倍,热耗却降低了 1/3。

2. 玻璃工业

新中国诞生前,河北省仅有一家玻璃厂即耀华玻璃厂,因而玻璃资源没有能够开发和利用。

解放后,全省玻璃厂从 50 年代的 3 家增加到 1983 年的 35 家。1950 年后,硅质原料由砂岩全部替代了海砂原料,所以制造玻璃所用的原料如白云石、长石及石灰岩等,在全省各地几乎均有分布,其中抚宁县的白云石总储量为 116.5 万吨,居全国第 11 位。在运输和采矿方面,1955 年抚宁县鸡冠山砂岩矿率先采用无动力高架索道运送砂岩;1958 年开始安装了空压气缩机代替了锤钎打眼,同时使用了皮带运输机;1970 年之后,该矿的矿岩采用用潜孔钻淘汰了手扶齿岩机,爆破起用电爆破,装车用电铲,运送用汽车。在熔制方面,分垂直引上、对辊法、浮法及小平粒等几种技术类型,其中垂直引上历史最长,始于 1924 年。当时,秦皇岛玻璃公司从比利时买回专利建成中国第一座垂直引上玻璃熔窑。1933 年耀华玻璃公司建成二号熔窑。1950 年,耀华玻璃公司获得新生,从而加快了技术改造的步伐。同年,二号窑安装了 6 台螺旋式投料机,由此结束了人工投料的历史;1951 年开始使用电熔刚玉砖耐火材料砌筑池壁和投料口,不仅使熔窑寿命延长至 27 个月,而且单窑年产量突破 70 万标箱;1955 年对一号窑全部更新改造,使其单窑年产量达到 110 万标箱;1976 年,耀华玻璃厂新建了燃油装置,熔化面积继续加宽,两台窑生产能力为 320 万标箱,比改造前产量提高了 33%;1980 年,该厂从日本引进 A 法玻璃工艺新技术即对辊法,在安装过程中,对引上窑结构作了调整,引上机原板由 2500 毫米改为 2800 毫米,提高了玻璃的平整度;1986 年,耀华玻璃厂建成浮法生产线,是我国自行设计并自行组织施工的第 5 条大型浮法玻璃生产线,设计能力为日熔化量 450 吨,实际日熔化量则最高可达到 480 吨,实际日产量高达 8437 重量箱。在玻璃纤维生产方面,耀华玻璃厂于 1958 年建成两条玻璃纤维连续生产线,1960 年投入生产,有纤维坩锅炉位 48 台,无纺布坩埚 48 台,均为铂坩埚。自 1964 年起,该厂研制"代铂",使用纯钢玉代中碱坩埚锅盖。1969 年,试制成功使用纯刚玉做无碱坩埚锅身,遂成为我国最早采用"代铂"的厂家。1970 年,耀华玻璃厂又改用天然白泡石做锅身材料,代铂率达 75%。1965 年,秦皇岛玻璃纤维厂拉丝机绕线筒直径为 116 厘米,拉线速度为 2800 米/分。1966 年,该厂将绕线筒直径扩大到 178 厘米,拉线速度达 4000 多米/分,纤维产量由 1965 年前的 70 公斤提高到 100 公斤。1982 年,秦皇岛玻璃纤维厂分槽分米工艺试验成功,拉丝由 200 根增加到 300 根,工效提高了 32%,为全国首创。在玻璃钢生产方面,耀华玻璃厂于 1961 年成立了玻璃钢车间,1972 年开始生产球阀、管道过滤板、游艇等制品。1984 年,耀华玻璃厂从美国引进喷射成型机,自此喷射成型工艺取代了手工缠绕工艺。1985 年,该厂生产的我国第一套玻璃钢 160 型桥脚舟,能承载 12 吨载重汽车迅速漕渡。

3. 建筑卫生陶瓷

建筑卫生陶瓷工业,从新中国成立到1960年,通过改造老厂和建设新厂,生产方式发生了显著变化。1965年河北省建筑卫生陶瓷年产已逾70万件,是建国前的160倍。到1978年底,河北省建筑卫生瓷的总产量已占全国总产量的39.8%,位居全国第一。在卫生瓷方面,唐山陶瓷厂于1965年至1973年研制成功了洗面器微压注浆生产联动线,成为当时最先进的注浆设备。1974年,唐山建筑陶瓷厂建成真空回浆生产线,使泥浆输送形成循环管路,实现了泥浆输送和注浆机械化。同年,唐山陶瓷厂试制成功1号蹲便器一次成型新工艺,产量提高了50%。1983年,该厂在国内首创卫生瓷坯体"注浆粘接法"新工艺,自此实现了"管道注浆成型连续化及一次注浆成型",并在全国推广。1985年,唐山陶瓷厂又建成国产立式浇注生产线,被河北省卫生瓷厂广泛采用。在施釉方面,1962年,唐山建筑陶瓷厂在国内首先使用喷釉新工艺,施釉均匀且节釉。1974年,该厂改釉上印花为釉下印花,填补了国内空白。1976年,唐山陶瓷厂采用压缩空气喷釉,实现了喷釉机械化,此工艺后来在河北省得以普及。

4. 墙体屋面材料

墙体屋面材料生产,主要包括瓦、砖和新型墙体材料,如灰沙砖、加气混凝土制品等。从20世纪60年代起,为了减少使用粘土占地毁田现象,全省各地积极探索非粘土砖瓦生产的新途径。1963年出现了粉煤灰砖;1966年出现了空心粘土砖;1968年又出现了炭化砂砖,等。其中尤以灰砂砖和加气混凝土制品发展迅速,灰砂砖的突出特点是吃砂造田,因此具有广阔的发展前景。1975年,固安县砂砖厂在全省率先生产灰砂砖。1983年,该厂对全部设备更新改造,年产量为6300万块。1987年,固安县砂砖厂又增建了一条年产6000万块的灰砂砖生产线,从投产到1988年,该厂共生产灰砂砖7.1亿块,造田2500亩。1975年,石家庄市灰渣砖厂建成全省第一条粉煤灰加气混凝土生产线,仅生产密实砌块一个品种。1979年,石家庄市建材二厂建成一条年产10万立方米的框架轻板配套构件生产线,增加了屋面材料新品种。1982年,宣化钢铁公司加气混凝土构件分厂开始生产具有承重与保温双重性能的屋面板,为增强整体性,该厂在全省首先使用沥青硅酸盐防腐剂,防腐性能达到8～10级,填补了河北省空白。1984年,石家庄市建材二厂试制成功无水泥加气混凝土,以生石灰和石膏取代水泥,系全国首创。

第九章　现代交通科技

新中国成立后,河北的交通事业得到了迅速的恢复和发展,公路设计标准越来越高,技术装备和汽车修理水平不断壮大;在水运方面,轮船拖带运输实验成功,船舶运输和制造技术进入了新阶段;在铁路方面,通过恢复旧线、修建新线和复线、改造枢纽、改进各项技术装备等措施,逐步发展高速新型车辆,不但有蒸汽机车,还有中国自己制造的内燃机车和电力机车;在电信方面,电报通讯从人工电报机发展到机械式电传机、电子管半自动机械式电传机、电子式电传机。此外,河北省的电话通讯、电信网络、光纤通讯、微波通讯、卫星通讯等,随着经济的恢复和发展,都相继进入到了一个新的历史发展阶段。

第一节　公路运输科技的新成就

一、公路设计标准的创新

在公路设计方面,1961年,河北省交通厅工程局设计了由天津到唐山公路芦台段、北京至大名公路、永定河桥到固安县城段渣油表面处治路面。1964年,河北省公路工程大队测设队按三级路标准改建北京至磁县公路中的保定到徐水段。1975年,河北省公路工程大队测设队又按照交通部新的路级标准设计出邢台至都党公路的第一条二级公路,1981年,按一级标准设计了由石家庄到正定段公路。

二、公路施工技术的创新

在公路施工方面,建国初期,河北省公路总长8 826公里,其中土路8 553公里。当时,人们一方面利用渣油面层作表面处治路面的修路技术铺筑公路,另一方面采用水泥混凝土路面,新筑了多条公路。前者如1966年,在北京至大名公路文安段,创造了"上拌下贯"的混合法新工艺。从20世纪70年代开始,河北省对黑色混合料广泛采用全拌和的表面处置方法,后改用"下封层"技术,即在灰土层表面先洒一层稀释的粘油,解决了翻浆季节路面冒水、冒泥,导致油层裂纹的问题。后者如1959年,河北省交通厅工程局第三工程队在海滨至北戴河火车站至抚宁县,建成7米宽、20厘米厚、7.4公里长的水泥混凝土路面,施工中经过190多次试验,终于获取了用土法制成高标号矿渣砂浆的经验。

三、客车与挂车制造技术的创新

新中国成立后,随着国民经济的恢复和发展,为了适应广大人民群众交往活动日益频繁的社会需要,1952年,交通部整车委员会向各省下达了改装客车的指示,石家庄汽车修理厂具体承担了全省客车改装的任务。1954年,该厂通过自己设计改装成全省第一辆客车车型为吉斯150型的客车。1960年以后,该厂对原改装车型结构进行了革新,使其车身的骨架结构更加合理。1968年,石家庄新生汽车修理厂设计出了全省SJK68-1新型客车,该车型不论结构还是性能质量都深受用户欢迎。1975年,河北省交通厅将石家庄新生汽修厂列为全省客车改装定点厂,并更名为石家庄新生客车厂。根据社会发展的新需求,该厂又设计出了结构、造型及性能更加优良的HB661型新型客车。1978年后,石家庄新生客车厂更上一层楼,设计出了适合干线公路、载客量大、耗油低的HB660型绞接式长途汽车。在汽车挂车的生产制造方面,1957年,石家庄汽车修理厂试制出铁木结构的双轴3吨汽车挂车。从1972年开始,河北省汽车修理厂试制JT850型4吨挂车,该车型设置了后轴制动,增加了拖挂运输的安全系数。因此,1975年河北省交通厅正式确定该厂为河北省挂车定点生产厂。1975年至1980年,该厂与交通部科学研究院一起研制出了JT940型12吨半挂车,1982年通过了部级鉴定,1983年被授予国家经委颁发的新产品金龙奖。在这里,尤其应当提到的是,从1974年5月起到1976年1月止,唐山地区公路交通部门完成了陡河发电站的大件设备52件,重2545.6吨的运输任务。接着,从1979年12月到1981年9月,又完成了唐山冀东水泥厂大件设备445件,重3 947吨的运输任务,创造了唐山地区交通运输的新纪录。

第二节 铁路运输科技的新成就

一、内燃机车的生产

1960年,石家庄动力机械厂按照国家标准生产出了蒸 ZM16 - 4 型窄轨蒸汽机车,从而取代了各地自制或接管外国的落后机车。1976年,该厂又生产出380马力的内燃机车。1979年10月,河北省地方铁路实现了货车载重20吨,并装有风制动机、自动车钩、全展钢车轮运输车辆的历史跨越。

二、中国第一条双线电气化铁路

在铁道建设方面,国家规定了三级铁路建设标准,依此,河北省对京山线、京汉线、石太线、邯长线、京通线、京秦线等按一级线路进行技术改造,其中京山线铺设了50千克/米的钢轨,全部修成复线;京汉线不仅采用43千克/米的钢轨,而且在施工中首创了铺轨机,进行机械化作业;为了适应晋煤外运的要求,1975年,石太线开始进行电气化改造工程,全段采用吸流变压器——回流线装置,与此同时,新建成的石家庄供电段和石家庄电力机务段,于1980年正式投入使用,这是中国第一条双线电气化铁路。改造后的石太铁路,其牵引定数提高了59%,列车速度提高了31.5%,机车日车公里提高了26.2%,机车日产量增长了22.2%,运量翻了一番。

三、河北境内最忙的铁路干线——京沙线

京沙线(北京丰台至河北沙城)是建国后河北省修建的第一条铁路干线,1952年9月21日开工,1955年6月30日全线铺轨通车。初为单线使用43千克/米钢轨,牵引定数为上行2400吨,下行为7500吨,采用 Z5$_1$型蒸汽机车。沿线多崇山峻岭,悬崖峭壁,故在期间铺设铁路,必然少不了隧道和桥梁。据统计,全线共有隧道67座,27078延长米,其中16号隧道长2432.42米。另外,有桥梁77座,包括特大桥1座,大桥11座,中桥13座,小桥52座。从1962年到1972年,因经济发展的需要,将原43千克/米钢轨全部改用50千克/米钢轨,同时由单线改为复线。复线修建后,列车对数提高了50%,货运量增加了28%,为河北境内最忙的一条线路。

四、勘察遥感仪器的应用

在铁路建设的勘察设计方面,1955年,河北省引进航察技术及其仪器设备,正式建立航察机构。从仅能测比例尺为1:10000的地形图到应用航测比例尺为1:5000和1:2000的地形图。1978年以后,又引进了勘察遥感仪器设备,并很快应用于铁路,以胶片代替地形图取得成功。

五、其他交通科技创新

对客车走行部分的转向架,由1956年的 D 轴无导框201型转向架到采用 D 轴209型转向架,构造速度可达140公里/小时;其制动装置由原来的 L 型三动阀到定型使用104型分配阀;轴承则自1960年起全部采用流动轴承。货车的专用化程度越来越高,不仅有为适应石油工业发展需要的50吨和60吨油罐车,而且还有散装水泥车、底开门车、凹型平车等。其中部分车辆已经安装滚动轴承,制动方面采用了103分配阀,提高了货车的走行速度[1]。

为使机车检修周期更加合理,河北省共成立了 11 个机务段。为进一步提高修车质量,1978 年,古冶机务段创造了增力搬手,保定机务段创造了机车架修托板油镐,石家庄机务段开发了内燃机车缸套修复新工艺。1980 年,洞庙河机务段利用腐植酸纳进行蒸汽锅炉除垢。经过实践证明,这些科研成果对于提高机车的检修质量起到了积极作用。

第三节　邮政科技的新成就

一、从摩托车投递到火车运邮

解放初期,河北省根据本地通邮的客观实际,普遍采用自行车和摩托车投递的形式。为加快摩托车投递步伐,河北省邮电管理局从 1958 年起,先后建立了保定邮政机械厂和沧州摩托车厂,为实现平原地区投递摩托化创造了条件。据统计,截止到 1985 年,全省自行车邮路为 87 519 公里,摩托车邮路为 66 802 公里。此外,自办汽车邮路为 9 639 公里。全省有 111 个县全部或部分农村实现了摩托车投递,有 101 个非铁路通达的县实现了自办汽车运邮,凡是通火车的市县则全部实现了火车运邮。全省邮路及投递路线总长度已达 175 524 公里,比解放初期增加了五倍多。

二、国内第一台蛇形皮带初分机

在包裹邮运方面,1970 年,石家庄市邮局转运科抽人组组成了包裹分拣、封发流水作业线半机械化设备研制小组,研制成功 23 米长的皮带分拣输送机和由 200 个气式活动撑袋架组成的半机械化包裹分拣、封发流水作业线,1971 年 7 月 1 日正式投产。1973 年,石家庄邮政局研制成功国内第一台 L 型水平转弯定点翻斗初分机,并将棉纺厂的幸福车应用到包裹细分上,使包裹车间实现了机械化。1980 年,石家庄邮政枢纽楼研制安装了超轻型挂机双铰接牵引链条和开拆升降机,并开发设计了国内第一台蛇形皮带初分机,后来又将微机运用到包裹细分机上,该系统采用了先进的 CRT 汉字显示功能,同时又与加装接发车次显示屏相结合,从而实现了用微机控制全车间的目的。1985 年,该成果获省科技成果二等奖。

第四节　电信科技的新成就

一、全国第一条农话塑料电缆

1952 年,北京至石家庄开通了 J2－12 路载波通信。1958 年,河北省邮电科学院和通信器材综合工厂共同研制单路和 12 路电子管载波机,到 1960 年 1 月 25 日天津至石家庄开通了第一套 12 路电子管载波机,结束了载波机依靠进口的历史。从 1953 年到 1958 年,全省的农村电话通信有了新的发展,特别是保定地区徐水县埋设了农村电话塑料电缆,是全国第一条农话塑料电缆。

二、顺利开通我国自行设计和自行制造的
第一个数字制造卫星通信地面站

1968 年 2 月,唐德赐、王凤锋等人,研制成功军民两用微波接力通信设备,该项成果曾获得国防科委的奖励。1976 年,河北省第一套纵横制 2000 门自动电话交换机在沧州邮电局安装投产。同年,我

国自行设计、自行研制的第一个数字制卫星通信地面站在石家庄地区黄壁庄建成并顺利开通。

三、"64 路程控自动转报系统"研制成功

1979 年,石家庄电信局工程师利剑雄研制的"64 路程控自动转报系统"获得成功。该项成果于 1982 年通过邮电部鉴定,并获河北省科委科技成果一等奖。

四、电信科技的发展

1949 年全省共有邮电局、所 503 处,设在农村的 134 处;邮路全长度 34 485 公里;长话电路 54 条;市内电话容量 7 055 门;每百万人平均拥有电话只有 2.28 部,农村电话是空白;主要业务函件 2 356 万件,报刊 24 万份,电报 9 万份,长途电话 17 万张。而至 1978 年,全省的邮电局、所增至 1 802 处,其中农村 1 511 处;邮路长度 16.5 万公里;长话电路 1 350 路;函件 15 417 万件;长途电话 1 305 万张;固定电话用户 80 403 户;完成邮电业务总量 5 904 万元。改革开放使河北的通信事业得到迅猛发展,实现了历史性飞跃,通信建设投入成倍增长,发展速度逐年加快,同时继续推动技术进步,逐步形成了一个以光缆为主、数字微波和卫星通信为辅的大容量传输网络,包括程控交换、移动通信、数据通信、计算机互联网和可视会议电话等多种手段联通全国乃至世界的现代通信网。

第五节　海运科技的主要成果

一、世界最大的煤炭输出港之一——秦皇岛港

新中国成立后,河北省以秦皇岛港、天津港为基础,不断扩展与海内外国家和地区的交通航线,海运事业蒸蒸日上,成绩喜人。以秦皇岛港的发展为例,毛泽东在 1954 年亲临秦皇岛港视察,给新生的港口指明了新的方向。据统计,1949 年,该港的吞吐量仅为 22.7 万吨,至 1972 年则增加到 514 万吨。1960 年 8 月,秦皇岛港自己设计建设的八、九号码头竣工投产,这是港口解放后建设的第一座码头。1969 年 10 月,港口又自力更生试制成功了我国第一套大块煤装卸机械,为 8、9 号码头配套专运煤炭。1972 年,在周恩来总理"三年改变港口面貌"的批示精神感召下,秦皇岛港又掀起了大规模港口建设的热潮。1973 年 10 月,我国第一座管道输运式油码头在秦皇岛港建成投产,大庆油田的原油通过千里管道在秦皇岛港装船外运,年通过能力达到 1 500 万吨。党的十一届三中全会以后,秦皇岛港被列为国家重点建设的 5 个港口之一,既是国家级主枢纽港又是由国家唯一直接管理的港口,是世界最大的煤炭输出港之一,是北煤南运系统工程的枢纽和龙头,港口货物吞吐量多年位居全国沿海港口前列。1983 年 7 月,秦皇岛港煤码头一期工程建成投产,形成了晋煤外运、北煤南运的一条水上大通道,随之煤二、三、四期码头相继建成投产。

1970 年,河北省开始开发海上大轮运输,第一艘大轮船体长 130 米,载重量为 9 000 吨,主要用于煤炭运输。从 1980 年始,在秦皇岛港正式成立了远洋运输船队,拥有"新乐"、"隆平"等 5 艘万吨左右的远洋货轮,6.4 万载重吨,主要从事全球海上货物运输。由此,河北省的远洋运输跨入了一个新的历史时代。

二、新中国河北省交通运输的主要成就

我们用一组数字来说明一下新中国成立后河北交通事业蓬勃发展的基本状况。据统计,从解放

初期到 1978 年,全省民用汽车达 69 043 辆,其中货车 50 483 辆,客车 12 944 辆;地方铁路机车 56 台,货车 1 010 辆,客车 48 辆,特种车 5 616 辆;拖轮 46 艘,客轮 4 艘,货轮 10 艘,木帆船 270 艘。

旅客运输:1949 年,客运量仅完成 64 万人,其中公路 52 万人,地方铁路 12 万人,旅客周转量完成 2 984 万人公里。到 1978 年,全省完成客运量已达 5 868 万人,其中铁路 3 695 万人,公路 5 713 万人,水运 7.7 万人。

货物运输:1949 年,货运量完成 391 万吨,其中:公路 206 万吨,水运 163 万吨,地方铁路 22 万吨,秦皇岛港货物吞吐量 475 万吨。而 1978 年,完成货运量为 26 961 万吨,其中公路 14 832 万吨,水运 300 万吨,铁路 11 829 万吨。1978 年以后,运输市场尤其是公路运输全面开放,多渠道、多部门、多层次办运输的局面逐渐形成。

第六节　交通教育的新发展

一、唐山工学院与铁路高等教育

1950 年 8 月 23 日,政务院决定由唐山工学院和北京铁道管理学院共同组成北方交通大学。1952 年 5 月 7 日,唐山工学院和北京铁道管理学院各自独立建制。9 月 23 日,北方交通大学唐山工学院更名为唐山铁道学院。1971 年 12 月,唐山铁道学院正式迁往四川峨嵋,改称西南交通大学。此外,建在河北境内的交通类高等学校还有 1951 年创建的石家庄铁道学院、1956 年建立的河北省邮电学校等。

二、河北省交通中等技工教育

解放前,河北省内没有一所交通技工学校。解放后,随着交通事业的迅猛发展,中等技工教育应运而生。如 1950 年,铁道部在唐山机车车辆厂筹建唐山铁路技工学校,1951 年 4 月招生 150 名,部属厂管,设车工、机车钳工、电工 3 个专业。1952 年增设车辆钳工、铆工、电焊工 3 个专业,招生 250 名。此后,河北省各地亦都开始纷纷建立交通方面中等技工学校,如邯郸地区内燃机厂技工班、石家庄铁路运输技工学校、河北省交通技工学校、唐山市交通局公路学校等。

通过不同层次的办学形式,基本上满足了省内对交通科研和管理人才的需要,有力地促进了河北省交通事业的发展,并为当今河北交通的现代化建设提供了人才。

第十章　现代天文科技

　　中华人民共和国成立后,中国科学院接管了原有的各天文机构,并进行了调整和充实。河北天文科学得以新生,科研机构和高等院校中的天文学工作者大多从事着现代天文学前沿研究,在恒星天文学、天体物理学理论、天体观测等方面的研究成果卓著。河北兴隆大型现代化综合性天文台建立,并拥有目前我国自行研制的国内最大、远东最大、亚洲第二大口径的光学天文望远镜。河北的地方高等院校逐步增加了天文专业,河北现代天文科学重振雄风,为经济社会发展作出了巨大贡献。

第一节　河北兴隆天文台的建立

　　程茂兰于 1957 年回到祖国,1958 年被委任为北京天文台筹备处主任。对于如何建设世界一流的现代化综合性天文台,程茂兰认为北京天文台应当是一个以中关村为大本营的多台站天文台。在北京地区建设天文台的规划始于 1956 年制定的《1956—1967 年十二年科学技术发展规划》。起初,人们想把天文台址选在香山附近。程茂兰回国后,提出改址建议,他认为按照国际天文选址概念,香山距离北京市中心太近,由于光尘污染等原因,不适合建天文台址。他认为天文台最好选在离北京市中心100 千米之外的高山上,山的高度不应小于 1000 米左右,于是带领李竞、李启献等年轻人,按照国际标准进行选址工作。经过四处奔走和反复寻找,最终于 1964 年 10 月选定河北省兴隆县的连营寨为北京天文台光学观测基地。该站地处兴隆县的群山中,海拔 940 米,东经 117°30′,北纬 40°24′,每年有可观测晴夜 200 多个,仪器有口径 2.16 米的反射望远镜、口径 1.26 米的红外望远镜、物镜和改正镜口径分别为 90 和 60 厘米的施密特望远镜、口径 60 厘米的反射望远镜等。该站主要从事恒星物理、星系物理等方面的各种课题的观测和研究。

　　要发展实测天体物理,需要有聚光性能足够强大的光学望远镜。本来,程茂兰计划从英国订购一台口径为 1.8 米左右的光学望远镜,可惜未果。此时,南京紫金山天文台的初毓华等提出自主研制 2 米级光学望远镜,程茂兰积极支持这个建议,并在人民代表大会上提议建设研制大口径玻璃镜坯基地。

　　1989 年 10 月,高 35 米、外径 22.4 米、自重 90 余吨的"216 望远镜"观测室终于在兴隆站建成,它不但是 2008 年时国内最大口径的光学天文望远镜,也是亚洲第二、远东最大的光学天文望远镜[1]。

第二节　现代天体物理的研究成果

　　河北省天文物理学工作者自 20 世纪 70 年代后期开展了一系列对天体物理的研究工作,取得了一批水平较高的科研成果。

　　河北工学院杨国琛与南京大学陆埮、内蒙古大学罗辽复合作对中微子天体的形成及其结构进行了研究,其成果指出:中微子质量不为零;研究论文"中微子天体的形成、结构及其天文学效应"于1980 年美国举行的第十届相对论天体学学术会议上交流,并刊载于《天文学报》。此外他们还就中子星强磁场的形成进行了细致的研究,得出重要的结果。

自 20 世纪 70 年代开始,河北师范大学葛蕴藻与北京师范大学合作开始了有关中子星形成等相关方面的研究,发表系列论文:

1979 年,《致密物质与中子星》,该论文讨论中子星的理论和观测关系。

1981 年,《中子星物质的一个状态方程》刊载于美国《THE ASTROPHYSICAL JOURNAL》(《天体物理杂志》)和《高密物质的一种状态方程和中子星的结构》刊载于《中国天文和天体物理学报》,1983年,《研究高密物质的平均场方法的改进》刊载于《中国天文和天体物理学报》,该组论文利用改进的平均场方法,用不同的方法处理矢量介子引入的相互作用,提出的修改模型道出了纯中子物质的状态方程,使得非相对论和相对论所推算的中子星质量和转动惯量之间的差距明显缩小;用中子星结构方程计算了相应的各种状态方程的中子星最大质量。

1983—1985 年,他们又考察了实际的状态方程和激波能损对大质量星核的绝热引力坍缩过程与结果的影响,提出了 Ⅱ 型超新星爆发坍缩阶段的计算方案,撰写论文《Ⅱ 型超新星爆发物理机制的研究概况》、《Ⅱ 型超新星爆发的一个计算模型——坍缩阶段》和《状态方程与激波能量损失对 Ⅱ 型超新星爆发的影响》[2]。

第三节　突飞猛进的河北天文学

一、天体物理学的教学与科研成就

在改革开放的新形势下,河北天文学突飞猛进。河北省天文学研究生教育工作始于 20 世纪 70年代。1979 年河北师范大学葛蕴藻开始培养理论物理硕士研究生,研究方向是恒星物理。1981 年河北师范大学首批获得理论物理硕士学位授予权,其中天体物理理论研究的硕士生导师有葛蕴藻等人。1984 年,河北师范大学物理系开始开设《天文学》专业选修课,在天文学教育和科学普及方面作出了历史贡献。

河北兴隆天文观测站的建设与装备,吸引来国内外更多的天体物理学家前来进行天文研究,河北省的天文教育、天文普及方面都出现了前所未有的崭新的面貌。

二、河北兴隆国家天文观测基地[3]

图 7 – 10 – 1　北京天文台河北兴隆观测站

1965 年至 1968 年,中科院北京天文台在兴隆县境内建成兴隆观测站(图 7 – 10 – 1)。该站位于兴隆县南双洞乡连营寨山梁,这里天文宁静度与大气透明度均适合于天文观测。每年有 240 ~ 260 光谱观测夜,100 ~ 120 测光观测夜。该台站隶属于国家天文台光学开放实验室,是国家天文台恒星与星系光学天文观测基地。

1989 年 11 月,2.16 望远镜在国家天文台兴隆站安装调试成功。2.16 望远镜是我国自行研制的、当时国内最大,也是远东最大的光学望远镜。望远镜镜筒重 26 吨,镜身重 92吨,驱动部分采用自动化装置,使望远镜精确跟踪天体的东升西落;终端装有现金的 CCD 照相机和广岛纤维摄谱仪,可以同时拍摄 20 个天体的光谱;可以在光学波段和红外波段工作。

作为国家天文观测基地,兴隆观测站主要承担着国家三大任务:

1. 天文观测

兴隆观测基地 2.16 米望远镜及其他小望远镜都向国内外天文界开放,每年发表论文 60 篇左右,其中 SCI 论文 20 篇左右,其主要开展的课题是:太阳系外行星的搜寻和研究。自 1995 年人类第一次在主序星周围探测到太阳系外行星以来,已经发现了三百多颗太阳系外行星。利用国家天文台兴隆观测基地的 2.16 米天文望远镜开展太阳系外行星的搜寻,同时利用高分辨率光谱对主星的化学丰度、年龄、运动学等特性开展研究。

2. 技术创新

2.16 望远镜是由我国自主设计和建造的,参加研制的单位包括中国科学院南京天文仪器厂、北京天文台和自动化研究所。2.16 望远镜的有效口径为 2.16 米,具有卡塞格林焦点和折轴焦点,两个焦点转换极为方便,仅需要 1 分钟,这在世界上是个创举。2.16 望远镜装备了 BFOSC 暗天体相机谱仪、卡塞格林低色散光谱仪、多通道高速光度计和折轴高色散光谱仪,能够开展多种天文课题的观测研究,是一台功能完备的通用型天文望远镜。

它首创使用中继镜做折轴系统转换,避免更换副镜;其光学系统中像场改正器的设计达到了国际领先水平。2.16 米望远镜的研制成功,使我国的天文观测研究走出了银河系,并由光度测量发展到光谱观测。

3. 科普教育

承担各大学及研究生天文专业观测实习教育、中小学生科普教育。

2.16 米望远镜设备为我国自行研制,标志着我国天文仪器研制能力的飞跃,它的建成使我国拥有了远东最大的光学望远镜。中国天文学正处在大飞跃的前夜,而河北天文学也在其引领和影响下进入一个崭新的阶段。

注 释

[1] 蒋世仰:《中国近代实测天体物理创始人——程茂兰》,《中国国家天文》2008 年第 11 期。

[2] 张妥主编:《河北科学技术志》,中国科学技术出版社 1993 年版。

[3] 国家天文台兴隆观测站主页:http://www.xinglong-naoc.org/jdjj/index.jsp。

第十一章　现代数学科技

新中国成立后,我国数学教育采用了苏联教育模式,缩短了与世界数学教育的差距。河北省的数学也进入了一个新的历史阶段。数学教育和科研事业在创新中发展,取得了显著的成就;建成了一批研究门类齐全的科研院所,培养了一批学术带头人的数学研究队伍;在尺算法、函数论、代数学、概率统计等方面,取得了多项具有国内或国际领先水平的研究成果;建成并完善了独立自主的现代数学研究开发与教育体系。

第一节　建国后数学研究的主要成就

一、《新计算法》

1949 年,于振善进入天津北洋大学学习。入校之后,他组织了于振善尺算法研究社。经过反复验证,于振善在"方形计算器"上增添了"倒数尺"并取得成功,不但将乘除连算及连乘连除一次解决,而且部分三角函数、二元二次方程、平面几何与土地截亩等,简捷快速,准确可靠。1955 年,毕业后被分配到南京教学仪器厂,投入计算尺的批量生产。1959 年,为解决多位数乘除的问题,又创造了"数块计算法",制造出"数块计算机"模型。

"数块计算法"是在发明"尺算法"之后,在数学计算方法上的又一个重大发明。在具体操作过程中,简易方便、得数准确固然是其优点,但在计算过程中需要一整套数块工具,携带不易。于是,简化工具就成为于振善进一步改良和完善"数块计算法"的强大动力,而"划线计算法"即是在这样的历史背景下发明的。划线计算法除了具有"数块计算法"的优点外,还有它自己的特色,只要在纸上横划、纵划和斜划,就能进行加减、乘除、乘方、开方及各种多位数的运算。

1961 年,于振善被聘为河北大学数学系教师。1962 年,他大胆地将"划线计算法"与算盘结合起来,创造了"杆珠算计算法"。后来,他又相继完成了"双珠算计算法"、"复式珠算法"及"快准珠算法"的发明。他把这些新的数学计算方法加以总结和提高,写成了《新计算法》一书。

二、函数论方面的主要研究成果

1. 杨从仁对内积空间的特征化研究

1963 年,河北大学杨从仁在《数学进展》第 2 卷第 6 期上发表了《关于内积空间的特征化》的论文,应用一对范数所满足的不等式,推广了有名的约当—纽曼定理,并利用道依和舍恩贝勒的工作,将指数改成大于 2 的情形,得出了 3 个新的有关内积空间特征化的形式。

新中国成立之初,杨从仁还先后翻译了前苏联奥库涅夫的《高等代数》和格列东卡的《数学分析教程》,成为当时全国有关高等学校的教材和教学用书。1958 年,又翻译了斯铁尔尼克和索伯列夫的《泛函分析概要》,为我国泛函分析科研、教学事业作出了重要贡献。

2. 何文杰的函数研究

1965 年,河北工业大学何文杰在《数学进展》第 8 卷第 4 期上发表了《关于拉特马吼级数所表示的函数》论文,在函数论领域作出了创造性的贡献。他在王斯雷定理 1 的基础上,又得到了系列结论。

3. 石最坚等人的函数研究

20 世纪 70 年代初,河北大学石最坚在研究 δ 函数和奇异函数的结构上取得了成果,他与天津师范大学的黄乘规合作,利用非标准分析创建了分层坐标与两相微积分。首先,发现各种类型的 Σ 函数都有内在结构,有些还有震荡结构。为此,他们在国内发表了学术论文 15 篇,其中 1 篇被美国的《数学评论》评价。

三、代数学方面的研究成果

1962 年,河北师范学院王仰贤与中国科学院万哲先合作,在《数学进展》上发表了《对"广义域中方阵一定理及其应用"一文的讨论》的论文,对《广义域中方阵一定理及其应用》一文中关于基本定理的证明在 $k = F_2$ 时出现的漏洞作了改正,并引进了秩为 2 的极大集。1963 年,王仰贤同万哲先合作证明了特征数为 2 的域上辛集 $SP_n(F)$ 在 $n = 4$ 且 F 为完全域时除了标准自同构以外,还存在例外自同构,并且明确地给出了这些例外自同构的具体形式,完善了域上辛群自同构理论。1965 年,王仰贤利用矩阵方法,对于特征数为 2 的体 K 上由哈矩阵定义的酉群 $U_n(K、n)$ 结构给出了一个初等证明。1966 年,他采用初等矩阵方法,提出了旋量范数的一个行列形式表述,进而对于正交群关于它的换位子群的结构定理给出了一种一般的矩阵方法证明,同时,也揭示了研究正交群生成元和最短长度的一种方法。

四、方程领域的研究成果

1960 年至 1962 年,河北大学郝寿对具有间断系数的 4 阶微分方程及其有关的特征值问题进行了系统的数值解法研究,他利用差分方法,给出了相应的数值算法,其研究成果总结为 3 篇论文,发表在前苏联科学院《计算数学与数学物理》刊物上。据《科学技术研究成果公报》1965 年第 9 期介绍,郝寿在 1962 年 12 月至 1963 年 2 月完成了《具间断系数的二阶微分方程组》研究课题。

五、概率论方面的研究成果

从 1963 年 5 月到 1963 年 8 月,河北大学李志阐完成了《随机微分方程解的性质》课题研究。1965 年,李志阐用半群的方法证明了对于一般相空间若存在常数 $M > 0$,对于任何 $X \in X$ 都有 $q(x) \leq M$,则奇次转移函数 $q(txE)$ 对每个 $X \in X$、$E \in B$ 在 $t \geq 0$ 上有任何阶导函数,它可以展成变量 t 的幂级数(即解析法),进而推广了柯尔莫哥洛夫方程。

六、代数拓扑学领域的研究成果

1958 年,河北师范大学吴振德在《科学记录》上发表《关于可三角刻分的紧致流形的模 α 示嵌类》的论文,解决了著名数学家吴文俊所提出的疑难问题。

1963 年,吴振德在《中国科学》上发表文章,解决了斯廷罗德提出来的一个关于上同调运算的问题。

1966 年,吴振德又发表了《从 K 维微分流形映射到 α 维向量空间的典型奇点性质》一文,将自己在代数拓扑和微分拓扑的研究成果作了进一步推广。

七、计算数学方面的研究成果

1970 年,河北师范大学陈藻平撰写《关于矿山地下水的计算问题》论文,详细论述了教科书中的"泰斯公式"的错误,他作为主要成员参加了"邯邢大水铁矿区地下水运动规律及矿坑水量研究"的课题研究。1975 年,河北大学张贵恩与保定水文四队合作,应用多元线性回归分析方法、逐步回归分析方法和方差分析周期迭加外推等方法,对保定地区地下水资源进行了研究,取得了地下天然水资源的评价方法。该方法已被地矿部水文司列为地下水资源评价的主要方法之一[1]。

八、高等数学教育的发展概况

1950 年河北师范学院增设理化系,1951 年,理化系一分为三,分建数学系、物理系和化学系。河北师范专科学校是新中国成立后河北省第一所高等师范专科学校,它成立于 1951 年,初设数学、理化、生物 3 科,学制 1 年;1952 年,我省创建河北省教师进修学院,同时保定、唐山、张家口等各地市设分院,开设语文和数学 2 个专业。1960 年,河北省教师进修学院改为河北教育学院,设有数学等专业。

1956 年河北省高师本科院校增加 2 所,发展到 3 所:设在北京的河北师范专科学校升格为师范学院,称河北北京师范学院,设 1 系 2 科,即数学系、物理科与化学科;河北师范专科学校的生物系和河北师范学院的数学、物理、化学、地理、体育 5 个系迁往石家庄,组建石家庄师范学院。1960 年 5 月 14 日,中共河北省委和河北省人委分别发出关于成立河北大学的通知,将天津师范大学改为综合性的河北大学,暂设中文、数学、物理、化学等 10 个系。1962 年,石家庄学院改为河北师范大学。1965 年,为贯彻党中央"两种劳动制度与两种教育制度相结合"的指示精神,河北省在石家庄裕华路成立半工半读师范学院,学制 4 年,设文史、数理、机电、化工 4 个系,1970 年改建为河北化工学院。1969 年,河北北京师范学院奉命由北京迁往宣化。

第二节　新时期数学研究的主要成就

1978 年,中共十一届三中全会以后,河北的现代数学研究走上了健康发展的轨道。当时,河北省设置数学系的高等院校已有 13 所,各有关院校都设置了数学教学研究。同年,河北省计算中心及河北省应用数学研究所成立,为全省进一步开展数学研究创造了条件。1979 年,河北省数学学会成立,通过广泛的交流与探讨,促进了河北数学学科的建设和发展。1982 年后,随着研究机构的创建和完善,以及专业研究队伍的不断壮大,全省数学学术研究活动日趋活跃,并取得了丰硕的科研成果。

一、在函数论领域的研究成果

1979 年,河北大学杨从仁从事线性 m—增生算子扰动理论的研究,其内容涉及线性 m—增生算子、极大单调算子以及塞米——弗雷德霍姆算子等的扰动理论;另外,在极大单调算子的值域和对偶映射的某些性质的研究中也获得了结果;在算子扰动理论的研究工作上做出了一定成绩,形成自己的特点。同年,河北工学院刘文研究了局部循环函数和奇异单调函数、Bnsh 引进局部循环函数的概念;构造出了一类同时具有两种奇特局部性质的连续函数,这个结果在局部循环性方面与 Bush 相比要普遍得多。刘文给出构造奇异单调函数的新方法,并以这种函数为桥梁,导出实数二进小数展开式的一个度量性质,在证明中提出了将 Lebesgue 关于单调函数几乎处处可微的著名定理应用于实数展开式的质量理论的一种途径。1980 年,刘文又引进一种特殊的局部循环函数——局部同期函数的概念,并构造出一个具体的例子,它比 bush 的例子简单得多,并具有更好的性质。他利用实数的 b 进位展示证明了一类连续函数的全体是 C(0,1)中的第一纲集的余集,这一结果作了推广[2]。

二、在代数学领域的研究成果

1980 年,河北师范学院王仰贤利用矩阵构作多个结合类的结合方案,计算出利用 m 阶埃米特矩阵构作的结合方案的参数。同时给出了利用交错矩阵和 mxn 矩阵构作的结合方案,并算出了它们的参数。1981 年,王仰贤用矩阵方法,把特征数为 2 和非 2 的正交群统一起来,讨论它们的对称生成,对于相应的最短长度问题给出了完整的解答[3]。

三、在概率统计领域的研究成果

1978 年,河北工学院刘文构造了可列齐次马氏链的一个分析模型,提高了研究马氏链强定理的一种纯分析方法——函数论方法,它与概率论中的一般方法截然不同。1981 年,刘文用纯数学分析的方法研究概率论中强大数定律。取 $\Omega = \lceil 0,1 \rceil$,其中的勒贝格可测集得全体和勒贝格测度为其所考虑的概率空间,在$\lceil 0,1 \rceil$上定义适当的单调函数,然后应用关于单调函数几乎处处可微的勒贝格定理来证明某些极限几乎处处存在,因此,得到了波莱尔强大数定律的一种新类型的推广,并证明了"可列非齐次马氏链转移概率的强极限定理"。

1980 年,河北大学李志阐把位势理论平衡问题作了推广,我们知道,钟开来于 1973 年将古典位势的结果推广到一般位势上,李志阐把这一结果进一步由无常集(依赖于马尔科夫过程)推广到有界的布鲁尔集(不依赖于马尔科夫过程)上[4]。

注　释:

[１]　河北省地方志编纂委员会编:《河北省志·科学技术志》,中华书局 1993 年版。
[２]　河北省地方志编纂委员会编:《河北省志·科学技术志》,中华书局 1993 年版,第 548 页。
[３]　河北省地方志编纂委员会编:《河北省志·科学技术志》,中华书局 1993 年版,第 550 页。
[４]　河北省地方志编纂委员会编:《河北省志·科学技术志》,中华书局 1993 年版,第 552 页。

第十二章　现代物理科技

　　新中国成立后,在党和政府的领导下,河北省不仅建立起比较完整的物理学教育和研究体系,而且紧紧围绕着社会主义经济建设这个中心,建立了一批标志性的大型热力、电力、冶金、机械制造企业。现代物理的教育和科研水平不断提高,经过全省物理科研工作者的艰苦创业和努力拼搏,河北省在光学、分子物理学、原子物理学、粒子物理学、凝聚态物理学以及天体物理学等各个领域,都取得了骄人成绩,特别是改革开放以来,河北省现代物理科技又进入了一个更加辉煌的发展时期。

第一节　近代物理科技的发展

一、新中国物理科技发展所取得的主要成就[1]

　　新中国成立之初,宣化龙烟铁矿是我国第一批恢复生产的大型铁矿。1952年,唐山钢铁公司试验成功"侧吹碱性转炉"炼钢,是我国炼钢技术的一大突破,并迅速普及全国;第一对现代化大型采煤竖井在开滦建成,并在全国首次采用无壁座砌筑井壁成功;山海关桥梁厂试制钢拱架成功,1953年9月,我国第一台伸臂式巨大架桥机由山海关桥梁厂制造成功;1958年8月,我国第一个水力采煤矿——开滦唐家庄矿正式投产;电力建设也揭开了新篇章,先后开工兴建了石家庄、保定、邯郸等热电厂工程,其中苏联援建的石家庄热电厂第一台1.2万千瓦供热机组建成投产;1956年,我国第一个列车电业基地在保定市兴建;全省已形成中高温、中高压发电和区域联网,电压等级为35~100千伏;保定至北京间我国第一条24路微波电路建成投入使用。

　　1958年,开滦唐家庄矿建设成我国第一座年产90万吨的水力化矿井;全省各主要城市开始推行带电作业,由3.3千伏发展到110千伏;先后建起邯郸钢铁总厂和邢台、承德、石家庄钢铁厂;石家庄炼焦厂试制成功填补国内空白的古马隆树脂;开始仿制捷克越野汽车;研究成功我国第一台动力铸铁锅炉;机械行业研制开发了机引犁、播种机、无级变速精密车床、农用拖车、鼓风机、窄轨蒸汽机车、推土机及2000千伏安电力变压器等上百种新产品。

　　1958年"大跃进"之后到1966年,通过贯彻中共中央提出的"调整、巩固、充实、提高"方针,河北省的科学技术事业经历了一个稳步发展的时期。期间,唐山钢厂建成省内第一套中型轧钢机;12路载波机在石家庄至天津间安装使用;35千伏、5600千伏安变压器试制成功;国内最早使用的1.2万千瓦双水内冷发电机在石家庄热电厂投产;研制了我国第一颗原子弹遥控设备;研制成功我国第一套12路模拟散射通信设备,并开通了北京至石家庄280公里的第一套散射线路;微水发电厂创安全运行2000天全国最高纪录;大庙铁矿进行第一次地下大爆破成功;河北大学研制成功省内第一台氮氖激光器;峰峰通二矿成为我国第一个主井提升自动化矿井;化工部第一胶片厂在保定建成投产,生产出黑白电影胶片,并建成第一条磁带生产线。

二、新时期物理科技发展所取得的新成就[2]

1. 电力工业成就突出

截止到1983年底,全省有500千瓦以上火力发电厂和水力发电厂43座,装机总容量389.4万千瓦。22万伏输电线路45条,长1 944公里;变电站17座,变压器容量270万千伏安。11万伏输电线路195条,长4 644公里;变电站110座,变压器容量474.1万千伏安。陡河电厂是华北地区最大的火力发电厂,装机总容量达155万千瓦,年发电量达100多亿度,各项经济技术指标一直在国内同类企业中居于领先地位。马头电厂是河北省南部电网最大的火力发电厂,总装机容量85万千瓦,其扩建工程达到了国内电力建设的先进水平。保定变压器厂是我国三大变压器生产企业之一。该厂生产的500千伏以下的各种电力变压器、110千伏以下的各种容量的电炉变压器、整流变压器及用作测量保护的220千伏以下的电压、电流互感器,均已达到国防IEC标准,产品广销国内外。该厂生产的试验变压器,3台串激可得2250千伏;35~110千伏级分裂变压器,可限制短路电流,是国内最先生产的新产品。唐山生产的35~220千伏防污型棒式支柱绝缘子,泄漏比距为2.5厘米/千伏,已接近国际水平。石家庄生产的单相分马力电机在外商中曾有"单相王"之称。河北的电焊条,GZD-18型高速电动机,防磁补偿式直流电流互感器,SHL6.5-13-A型锅炉,LSR-1000立式双层燃烧热水炉,XELB-127(36)/150防爆连击电铃等,都是国内占有优势地位的产品。衡水电池厂的电池,产量和质量均居全省首位。

2. 电子技术成绩喜人

我国第一个自行研制的数字制卫星通信地面站在黄壁庄建成;完成了弹道弹靶场安全遥控、水下潜艇发射安全遥控设备及返回式卫星安全遥控设备。完成了中国第一条双线电气化开行重载(1万吨)列车的铁路——大秦铁路第一期工程的建设,该线路综合技术水平和运输能力达到20世纪80年代国际水平;省会石家庄光缆通信线路铺设完成正式投入运行,性能稳定可靠;电子工业部第十九研究所,解决了微波天线高频率馈源的有关问题,该技术已用于微波接力和卫星通信工程。石家庄无线电二厂生产的宇航牌3DG130高频小功率晶体管荣获国家金质奖,并在中国电力元器件质量认证委员会第一个被通过质量认证。3DG102高频小功率晶体管荣获国家银质奖;石家庄无线电四厂生产的PC7频率比对器荣获国防科技奖;石家庄无线电五厂生产的低频扬声器和正定元件厂生产的收音机中频变压器,分别获同类产品第一名。定兴电子仪器厂生产的胎儿监护仪达到国际同类产品70年代水平。微型电脑开始用于人造皮毛电子提花、电子雕刻印花滚筒、电子群控织袜等。HB-3COG-1型三笔导纳心输出量机和HB-ABM型导纳阻抗图仪为国内首创。邯郸医用电子仪器厂的JH-81型九道脑电图机、邯郸医疗器械厂的RS-1型超声妊娠检查仪获国家优秀新产品奖。1980年,宣化钢铁公司龙岩铁矿叶广进和有关科技人员一道,试制成功一台电子秤,同时试制成电子秤稳定器。

3. 机械仪器制造技术跨入了新的历史阶段

1982年,全省已拥有农业机械(含大中型农用拖拉机、农用排灌机械、副业用动力机械、农用水泵、喷灌机械、联合收割机、机动收割机、大中型机动脱粒机、农用载重汽车等)总动力1 842.9万马力,占全国农机总动力的8.15%。1982年全省农村用电35.4亿度,占全国用电量的8.9%。

1981年2月,我国第一台150吨油压起管机由石家庄煤矿机械厂研制成功。1981年,具有国际先进水平的我国第一台60万伏高能离子注入机由河北省半导体研究所试制成功。1981年,我国第一台YZB-50/70型液压注浆机由石家庄煤矿机械厂同邯邢煤炭建设指挥部合作研制成功。全国第一套消化引进技术国产小方坯连铸机,1982年在邯郸钢厂第二炼钢分厂试车投产。从日本引进的具有80年代先进水平的采用计算机控制的年产5000吨铝箔轧机,1982年在涿县铝加工厂建成投产。我国第一台高压高效率摆线齿轮式液压马达由石家庄煤矿机械厂研制成功,1983年5月开始批量生产,填补了我国一项空白。1983年9月,石家庄红星机械厂首次研制成功超轻型飞机。1983年10月,保定变压器厂试制成功具有国际水平的我国第一台50万伏超高压变压器。承德市自动化计量仪器厂研制生产的GGG－22型100吨动态电子轨道衡,在国内首次采用微型计算机技术。从1979年到1983年,全省已有57种冶金产品被评为冶金部和河北省优质产品。唐钢耐火厂生产的电炉顶用高铝质耐火砖,1981年获国家银质奖;邯钢的铸造生铁在国内享有较高的声誉;承钢的高强度螺纹钢筋在国际市场上很受欢迎;承德市工具厂钻石牌管子钳,以高频淬火工艺提高钳齿硬度,1979年名列我国同类产品的首位,获得了国家优质名牌产品称号和国务院颁发的银质奖章,其中79－1型管子钳超过了美国管子钳,这种管子钳在国内目前是唯一一家。唐钢的150公斤级调质钢筋、秦皇岛耐火材料厂的锆质定径水口砖、邢台冶金机械轧辊厂生产的轧辊可与同类国外先进产品媲美。邢台冶金机械轧辊厂生产的轧辊供应全国各轧钢厂,其中为武钢一米七轧机研制的半钢工作轧辊和冷轧工作轧辊等一批新产品,填补了国家空白,有的产品达到了国际水平。泊头市(原交河县)俗称"铸造之乡",年铸造能力超过两万吨。

宣化风动机械厂是我国唯一的凿岩台车定点生产企业。我国冶金、煤炭、水电、交通、国防等工程施工用的凿岩台车,90%以上由该厂制造。宣化工程机械厂是我国推土机行业的主导厂之一。它生产的T140－1液压履带式推土机和TS140湿地推土机,结构合理,操作轻便,经济性好,接近国外同类产品先进水平。唐山冶金矿山机械厂是我国皮带运输机行业之魁。该厂采用新工艺生产的高强度皮带运输机,有"皮带长廊"之称,能适应长达数公里、每小时输送两万吨物料的要求,其拉伸、剪切和撕裂强度等性能都高于日本提供的皮带机滚筒。石家庄水泵厂是我国唯一的杂质泵研究制造企业,该厂生产的250PN型泥浆泵,具有高扬程、大流量、耐腐蚀等优点,每年单台泵节电110万度,性能参数、效率、寿命均已达到国外先进水平,荣获国家银质奖。石家庄动力机械厂研制成功机车液力换向装置,使机车换向停车时间从原来6－8秒减为零,采用此种装置生产的太行(1)型液力传动内燃机车,为我国铁道调车作业填补了一项空白。承德矿山机械厂生产的多功能XL－914砂石洗选机,远销美国、澳大利亚、新西兰等国家。秦皇岛生产的HYL系列铸石箱式链板运输机和铸石刮槽机,为机械化采煤及其他行业硬质材料运输设备开辟了新的领域。125吨压铸机,ZJO12造型机,FX－240、254悬挂输送机,CX150特轻型悬挂输送机,高级节流装置,ZZBZ300轴向柱塞泵,FTJ－3－420静态曝气器,D120－61离心式风机,XAZ40－810/30型自动箱式压滤机,BEH/YHW－1型被服烘干机等,在我国机械行业均有独到之处。

山海关桥梁厂已发展成为我国规模最大、技术最先进的桥梁厂,为我国武汉、重庆、南京三座长江大桥和数座黄河大桥提供了钢梁。山海关造船厂建有我国自行设计建造的第一座5万吨级船坞,这是国内当时最大的现代化修船坞。沧州生产的400吨大型公路平板车,为河北省汽车工业填补了一项空白。

总之,改革开放以来,通过技术改造、技术攻关、新产品开发、技术引进和消化吸收,河北工业水平显著提高,生产技术面貌发生了深刻的变化,农业的水利化、机械化、电气化水平有了较大提高,特别是随着全省多项技术改造和引进项目及一些大型骨干企业的建成投产,缩小了与国内、国际先进水平的差距,有力地加速了河北经济的发展。

第二节　物理教育与科研工作

一、物理高等教育的发展

建国后,河北省高等院校经过调整,至20世纪50年代中期,除理、工、医、农院校的公共必修物理课外,师范院校均设置了物理系(科),专门进行系统的高等物理学基础教育,培养物理学师资。1960年,天津师范大学划归河北省并改为河北大学后,即设物理系,相继开设光学、固体物理、无线电及原子核物理等专业,培养专门的物理学人才。河北大学、河北师范大学、河北工学院、河北师范学院还相继于 1978、1979、1985 年开始招收光学、理论物理、光学信息处理及物理教学法等专业硕士研究生。

在教学中,1949 年以前所采用的物理学基础课教材基本上是西方的原版教材,至此大部分用的是国内专家和河北省内专家自编的教材,只有少量是翻译的,还有少量是原版教材。其中,河北北京师范学院杨朝潢先生编写的《光学讲义》(高等教育出版社 1957 年出版)是中华人民共和国成立后第一部国人自编的普通物理光学专业大学教材。

二、现代物理研究的主要成就

1949 年之后,河北的物理学事业开始走上独立发展的道路。物理教育事业的发展,推动了基础理论研究工作的进步。至 20 世纪末,河北的物理学已经有了相当的规模,不少物理学研究成果为国际所瞩目。

20 世纪 50 年代以来,河北省相继建立了一批省属理工科高等院校、省属及部属研究所,聚集了一批从事教学和科学研究的物理学工作者,基础理论研究工作遂于 20 世纪 50 年代中期逐渐开展起来。至 1966 年,基础理论研究已深入到物理学的前沿。十年动乱期间,研究工作受到严重干扰。1978 年中共十一届三中全会以后,物理学基础研究又重新兴起,特别是 20 世纪 80 年代中期以来,在粒子物理、原子核物理、凝聚态物理、天体物理等方面,均取得了能与国际同行媲美的可喜成果,为物理学的发展作出了贡献。

1978 年至 1983 年,省属高等院校共取得科研成果 266 项,推广应用成果 122 项,获全国科学大会奖 25 项,获中央有关部委和省级科学成果奖 119 项。其中电子工业部第十三研究所邓先灿作为集体代表获 1978 年全国科学大会奖。她参加过我国第一只晶体管的试制;她的研究室为我国第一台半导体电子计算机提供了数千只器件;20 世纪 70 年代,她的研究室先后研制成功半导体器件和集成电路 40 余项;她研制成功离子注入新工艺,创造了新型砷化镓平面结构,提高了器件的性能和成品率。河北工学院邹仁鋆《烷烃裂解反应的化学热力学和动力学研究》荣获 1982 年全国自然科学奖、河北省科技成果一等奖。河北大学固体发光研究室研制的固体发光材料,获全国科学大会奖,其成果已在沧州炼油厂等单位试用。以河北大学为例,1978 年至 1990 年共完成国家、省、市社会科学和自然科学课题 200 多项,公开出版科学专著 226 种,发表学术论文 1 623 篇。

第三节　新时期现代物理科研成果

一、粒子物理学研究的主要成就[3]

20 世纪 60 年代以来,河北省物理学工作者对物质结构的最深层次进行探索,分别在夸克与轻子、量子色动力学和弱电理论以及大统一理论等方面进行研究。

1962—1985 年间,河北工学院杨国琛与南京大学陆埮、内蒙古大学罗辽复合作,就粒子物理的许多问题进行研究。1962 年,他们在《内蒙古大学学报》上撰文,提出存在两类中微子即电子中微子 v_e 和 μ 子中微子 v_μ 的设想。1963 年,他们对轻子对称性、轻子的反常作用,以及中微子质量等进行研究;1965 年,他们在李政道和杨振宁关于中间玻色子"二象"理论的基础上,阐述了一种中介子理论,论文《中间玻色子理论Ⅰ、Ⅱ》发表于《物理学报》。1979 年,杨国琛与陆埮、罗辽复合作,针对温伯格—萨拉姆理论不能自动导出温伯格角 Q_w 以及该理论左右不对称等问题,通过引入破缺 S_4 置换对称,在初级近似下,同样可以引致温伯格—萨拉姆结果,并自然地得出 $\sin^2 Q_w = 0.25$。这个理论,也对超弱作用流的空时同位旋结构作出了预言。他们还采用了不同于传统的观点,研究弱作用中夸克混合问题,其论文《研究弱作用中夸克混合的一个新方案》发表于《科学通报》上。

杨国琛与南开大学王立德等合作,研究规范场理论中瞬子及真空的物理效应,他还与其合作者研究了夸克集团、部分子集团理论。河北师范大学的何祯民自 1981 年开始与山东大学侯云智合作,用量子色动力学微扰理论对强子结构与强相互作用过程进行理论研究,对质子—质子(或反质子)碰撞大横动量产生光子过程进行计算,结果与实验符合较好。河北大学石敬坚与中国科学院高能物理研究所东方晓等人合作研究夸克轻子结构问题,对霍夫特提出的所谓亚色理论的限制条件做了修改,要求复合费米子波函数全反对称,发现超色群为非常单李群是 $Su(3) \times Su(3)$ 时,可以找到一组整数指数解。

河北大学张开锡曾用介子场理论方法假定核子有结构,得出了合理的作用势。河北师范学院马桂荣也从事强子结构的研究,给出了在瞬时相互作用下自然 J^{pc} 介子三维波函数的最一般的旋量结构及其空间波函数所满足的标量方程组。

二、原子核物理学研究的主要成就[4]

原子核的性质及其内部结构是河北省物理学工作者最早研究的课题之一。

20 世纪 60 年代初,河北工学院杨国琛与南开大学刘汉昭合作,研究原子核的电和磁性质。

20 世纪 70 年代中期,曹清喜(当时在中国科学院原子能研究所工作,1983 年调保定师专)开始从事粒子加速器和粒子动力学理论研究。他与中科院原子能所关遐龄、王荣文等人合作,研究解决了串列加速器倾斜场加速系统的设计理论和粒子束团的高精度传输及系统公差对离子束团输运的影响等问题。1980—1987 年,曹清喜及其合作者关遐龄在国内外刊物上发表了有关束流动力学理论及串列加速度有关物理设计方法研究论文共 20 余篇。在这些研究中,他们克服了过去离子束团高精度传输时纵向理论和横向理论分离,特别是纵向理论脱离实际的缺点,给出了加速器粒子动力学完整统一的方程组,为中国核物理实验理论的发展作出了贡献。同时,他们从六维运动方程组出发,独立地发展了倾斜场加速管的完整设计理论和设计方法。

1980—1981 年,军械工程学院刘尚合与北京师范大学王忠烈等合作,通过对半导体注入杂质原子分布规律的研究,探讨激光退火的特性和机理,其论文被美刊《中国物理》选译。

20 世纪 80 年代后期,廊坊师专王泰峰与南开大学夏林华等合作,进行原子核理论研究,提出了"核轨道线性组合分子态的耦合道理论",计算结果与实验相符,与扭曲波玻恩近似理论结果比较,有很大改进。

三、分子物理学研究的主要成就[5]

河北大学李星文在 20 世纪 70 年代后期把绝热近似方法用于分子内的振动模式,1982 年,他提出了计算分子振动重新分布速率常数的系统方法,证明了分子转动通过耦合对速率常数有重要影响。1984 年,李星文为解释由碰撞红外多光子激发引起的电子激发态的实验观察,采用非康登近似理论导出了微正则体系的无辐射跃迁速率常数的计算公式,完善地解释了荧光曲线。1985 年,李星文还与普里戈金合作,首次对基本统计假设进行了理论考察,指出在二级微扰近似下,基本假设是严格的,但不适用于需要考虑体系相位的场合。

四、凝聚态物理学研究的主要成就[6]

1. 低温介质声子研究

1981 年,河北大学张开锡开始从事非晶态多层膜结构研究,在实验中发现了多层膜结构的声子与红外光反常耦合效应,并获得了光敏半导体卤化铜类亚稳铁电体,从而为低温介质声子研究提供了新途径;在理论上,从电子、声子、光子的散射机理出发,得到了该结构的扩散和量子雪崩电子规律;并用群论方法获得了该结构在外场条件下的能级结构及谱分布。他与其合作者 Heller. H. A 由偏微分量子动力学方程出发,利用 Fokker 条件,略去多光子项,成功地得到了光子场与雪崩关系的数学表达式。

2. 对磁畴畴壁物理理论研究

自 1978 年开始,河北师范大学聂向富、唐贵德等与中国科学院物理所韩宝善、刘英烈等合作,从事磁泡及磁畴畴壁物理研究,得到国家自然科学基金委员会的资助,先后写出了 20 余篇论文。

1987 年,河北师大聂向富、唐贵德、霍素国等与中科院物理所韩宝善等合作,研究硬畴段的形成与温度的关系,推动了磁畴畴壁物理理论研究的深入开展,受到国际同行的关注和好评。

五、天体物理学研究的主要成就[7][8]

1. 河北现代天体物理学研究的新进展

河北天体物理学工作者自 20 世纪 70 年代后期开展了一系列的研究工作,取得了一批水平较高的成果。

河北工学院杨国琛与南京大学陆埮、内蒙古大学罗辽复合作,对中微子天体的形成及其结构进行了研究,其成果指出,中微子质量不为零,可能导致成一种新天体——中微子天体。

杨国琛和罗辽复还就中子星强磁场形成的一种可能机制进行了探索。事实说明,在中子星中,其磁场十分强大。在中子星表面,磁场的强度高达 10^{12}G。

杨国琛与李红对于已检测出的间隔时间为 4.5 小时的两次中微子爆提出了一种新的解释。认为第一次中微子爆可能是由于大质量恒星的坍缩引起的,第二次中微子爆可能是由于中子星内部从中子相到夸克集团相引起的。

杨国琛和河北师范大学孔小均、李有成、魏成文研究认为,从 QCD 角度看来,中子物质是由大量的夸克集团所构成的复杂多体系统。论文《中子的 QCD 结构效应对中子物质状态方程的影响》刊载《科学通报》。

1979 年,河北师范大学葛蕴藻与北京师范大学天文系部分教师合作,对“致密物质与中子星”进行了研究,其论文着重讨论了有关中子星的理论和观测关系。1981 年,她与北京师范大学高尚惠等合作,对中子星物质的状态方程和中子星的结构进行了研究,在 Walecka 相对论平均场模型的基础上,用不同的方法处理矢量介子引入的相互作用,提出了修改模型。其论文《中子星物质的一个状态方程》载于美国的《天体物理学报》,《高密物质的一种状态方程和中子星的结构》载于中国的《天体物理学报》。1983 年,她与人合作对高密物质平均场方法的改进作了探讨,对以前提出的改进平均场模型作了进一步讨论。

1983—1985 年,葛蕴藻与李宗伟及其在北京师范大学指导的研究生陈祖刚、徐聪再次从事 II 型超新星爆发物理机制的研究,提出了一个质量为 15M⊙ 的 II 型超新星爆发坍缩阶段的计算方案,并讨论了计算所得的部分结果,考察了实际的状态方程和激波能损对大质量星核的绝热引力坍缩过程与结果的影响。

2. 对恒星形成与演化的观测与研究[9]

1965—1968 年,中国科学院北京天文台在兴隆县境内建成兴隆观测站。该站是中国第一个按现代天体物理观测的要求建成的,安装有口径 60/90 厘米施密特望远镜,口径 40 厘米双筒折射望远镜,口径 60 厘米反射望远镜,以及由中国自己设计制造、口径为 2.16 米大型天文反射望远镜。按照中国天文学发展规划,该站以恒星形成和演化、密近双星和爆发变星的研究为重点课题;对一些亮新星,如天鹅 V1500、狐狸 Na、天鹅 N 进行了光谱、照相和电观测,并对某些老新星和再发新星进行了照相监视;1977 年与南京紫金山天文台合作,用 60 厘米反射望远镜对天王星掩星和密近双星进行了光电观测,记录了天王星的光环。

六、光学与力学研究的主要成就[10]

1. 光学研究成果

20 世纪 70 年代末至 80 年代初期,华北电力学院陈衡曾在红外辐射的大气传输特性、红外烘烤的温度设计、红外辐射度学科学概念及仪器标定等方面进行理论研究,著有《红外物理学》一书。

80 年代初,河北大学傅广生、吴振球等与中国科学院徐积仁等合作,用红外双共振技术测量 BCL_3 分子的振动激发态吸收光谱,观察和分析分子间的多种弛豫过程和能量转移过程,得到关系式 $PC(BCL_3)=3\mu S \cdot tor$。河北大学朱昌、吴振球还与中科院物理所张泽渤等人合作,研究 C_2H_5OH 的红外对光子离解产物,提出了测定乙烯产物增长速率的简单可靠方法。

20 世纪 80 年代,河北大学张存善、吴振球等与中科院半导体所合作,对半导体激光器的瞬态特性进行了实验研究和理论分析,发现了双纵模簇激射瞬态现象,为分析自脉动机理提供了重要依据。

1982 年,河北大学傅广生、韩理、李晓弟等提出用 $TEACO_2$ 激光辐照 SiH_4 淀积硅薄膜的实验方案和物理模型,并在连续近十年的研究工作中,完成了作用过程不受反应物光学选择性吸收所限制、因而具有适用于各种材料淀积的激光等离子体淀积技术。此后,他们利用时空谱分辨的激光光谱技术进行了系统的动力学过程的研究,提出并建立了相应的动力学模型及理论,较好地解释了实验结果。

河北大学李星文曾在 1987 年国际激光会议上首次报导了用激光诱导固体扩散法制成亚微米浅结双极晶体管。

1983 年,河北师范大学郭静如与中原电子研究所文东旭合作,研究红外激光外差气体分析仪信号提取的数学模型,论证了外差气体分析仪的探测灵敏度比直接探测方式约高九个量级。

唐山工程技术学院盛嘉茂对光纤特性和光纤传感器及干涉仪进行研究,发表了相关论文。

2. 力学研究成果

1970 年 10 月,河北工学院单晶炉科研组试制成功了中国第一台"液压传动单晶炉",获得了 1978 年全国科学大会奖和 1978 年河北省科学大会奖。

1978 年至 1990 年,河北师范大学出版的主要物理专著有:冯麟保等人的《理论物理》、《力学》,周季生的《张量初步》。

1988 年,唐山工程技术学院宋庆功通过计算,推出了球沿道沟纯滚动所需摩擦系数随道沟宽度与球半径之比、道沟倾角变化的数学表达式,对提高实验的可靠性和精确度很有帮助。

注　释:

[1]　张妥主编:《河北科学技术志》,中国科学技术出版社 1993 年版,第 11—13,40—42,335—336,453—454,488 页。

[2][3][4]　张妥主编:《河北科学技术志》,中国科学技术出版社1993年版,第12—13,30,979—981,981—982页。

[5][6][7]　张妥主编:《河北科学技术志》,中国科学技术出版社1993年版,第982—983,983—985,985—986页。

[8][9][10]　张妥主编:《河北科学技术志》,中国科学技术出版社1993年版,第1004—1006,1009,986—988页。

第十三章　现代化工科技

中华人民共和国成立后,河北省的化工科技在国家统一规划的指导和支持下,有了长足的进步,已经能够生产化学矿石、石油化工、化肥、农药、橡胶制品、有机化工、无机化工、合成材料、染料、颜料、涂料、民用火工、化学试剂、化工机械、感光和磁性记录材料以及精细化工等类别的化工产品,逐渐具备了现代化工的结构和功能,以崭新的面貌服务于河北的地方经济发展。

第一节　化肥和制碱工业技术

农业的发展和科学技术的进步,人们逐渐认识到作物生长与三大营养元素——氮、磷、钾之间的关系,因此,人们开始研究用化学合成和机械加工的方法,生产出上述营养成分含量高,易被作物吸收利用,贮运施用方便的化学肥料。

一、化学肥料工业

1. 氮肥

建国以后,河北省十分重视发展氮肥工业,三十多年来用于氮肥工业的投资占化肥总投资的90%以上。到1988年,已形成遍布全省并且大中小型企业相结合的氮肥工业布局,成为河北省化学工业具有一定生产技术水平和较好基础的行业之一。其中有大型企业1个(沧州化肥厂),中型企业4个(石家庄、迁安、邯郸、宣化化肥厂)[1],共有大、中、小型氮肥厂166个,开发出尿素、碳酸氢铵、硝酸铵、硫酸铵、氯化铵、粒状硝铵、液氨、氨水等氮肥品种,年产合成氨能力达168万吨。

小氮肥　1958年,徐水县商庄村建设了1个年产150吨合成氨的试验工厂,以探讨发展我国独创的小氮肥的科学技术途径。该生产线以焦炭为原料、直径1.0米的小型造气炉,手动操作生产半水煤气;采用常压变换、氨水吸收进行原料气净化;利用最大压力为120千克/平方厘米的"L"型压缩机,在直径为300毫米的合成塔内生产合成氨。当时,虽因设备材质差,工艺技术不成熟,原材料消耗大,生产很不正常,但为研究设计我国独特的小氮肥厂提供了数据和经验。

除二十年间河北省小化肥生产不断进行技术升级和技术改造外,河北省还致力于解决好生产与环境的关系。1980年9月16日,省石油化工研究所和滹沱河化肥厂协作,研究开发出用生物化学方法治理小氮肥污水新技术,使污水有机毒物含量达到了排放标准,同年通过了省级技术鉴定,获1985年国家科技进步三等奖。

中型氮肥　1968年12月,张家口宣化化肥厂竣工投产。该厂采用了加压碳化法合成氨流程制碳酸氢铵工艺技术,设计规模为年产 4.5 万吨合成氨配以 18 万吨碳酸氢铵,是河北省首家中型生产碳铵的企业。1974 年,该厂碳化塔、中和塔腐蚀严重,影响正常生产,经工程技术人员潜心研究,发明了阳极保护和深层双重防腐相结合的技术,使设备大修期从 2 ~ 3 年延长到 4 ~ 5 年,化工部向全国推广了该项技术。

1977 年 6 月,邯郸钢铁厂化肥分厂建成投产。该厂是省内唯一以焦炉气加压蒸汽转化法工艺技术路线生产合成氨的中型氮肥企业,年设计能力 6 万吨合成氨、11 万吨尿素。

大型氮肥　1974 年 4 月,沧州市引进了美国合成氨、荷兰尿素大型设备和工艺技术,建成了年产 30 万吨合成氨、48 万吨尿素的大型化肥厂——沧州化肥厂。该项目设计、施工、安装,试车基本上都由国内技术力量完成,获 1984 年国家优质工程银奖。该厂投产以后,使河北省氮肥生产技术达到了 20 世纪 70 年代的国际先进水平。该厂工艺以天然气为原料,经过一段、二段蒸汽转化,三项触媒加压变换;采用透平式机泵,全由回收余热蒸汽驱动,几乎不用外供电力,氨合成压力 150 千克/平方厘米;尿素生产采用二氧化碳汽塔工艺。由于设备大型化、露天化,技术先进,劳动生产率高,产出大,吨氨能耗仅 950 ~ 1000 万大卡左右。1978 年 4 月,该厂工程技术人员研制成功了“碳钢水冷器防腐涂料 GH – 784”,用于生产后,增强了设备防腐能力,半年内节约优质钢材 30 吨,减少了因腐蚀停产检修时间,每年可增产尿素 15 000 吨。该成果获 1985 年国家科学技术进步二等奖。1978 年,该厂工程技术人员又试制成功了“水质稳定剂——沧化一号”配方,比美国的磷系水质稳定剂的腐蚀速率每年低 20.6 密耳,获得了 1978 年全国科学大会奖,并得到了推广应用。

通过大化肥的技术设备引进和消化吸收,不断进行技术改进,吨氨总能耗在 800 万大卡左右,吨尿素耗氨 585 千克左右,处于国内最好水平,跨入了国际氮肥生产技术的先进行列。

2. 磷肥

建国以后,河北省生产化学磷肥起步,20 世纪 50 年代中期开始大力发展。1956 年 3 月,邯郸市磷肥厂建成投产,它是河北省首家磷肥厂。该厂以磷矿石为原料,经机械粉碎,采用立式搅拌,硫酸酸化,回转化成工艺,年产普磷 2 万吨。

3. 复合肥和其他肥料

复混肥　1982 年,枣强县化肥厂根据不同作物的特性和需求,建成专用复混肥生产线。同年,省石油化工研究所与新城县磷肥厂协作,研究出滚筒法生产工艺,建成年产 3 万吨粒状复混肥生产线,获当年河北省科技成果一等奖。

腐植酸肥　1972 年,张家口地区崇礼煤矿化工厂以褐煤、草木灰、风化煤为原料,开发生产出含腐植酸 20% ~ 25% 的腐肥。品种有腐植酸氨、腐植酸钠、腐植酸钾、硝基腐植酸、氯化腐植酸、腐植酸磷钾肥等,化工部在张家口市举办了全国腐植酸肥培训班,向全国推广。

二、制碱工业技术

新中国建立初期,纯碱的生产主要依靠旧中国留下来的天津永利化学工业公司碱厂和大连碱厂。在张家口等地,有不少天然碱湖,因其多与其他钠盐伴生,多用来加工为烧碱或小苏打,只有很少一部分加工成纯碱。1983 年,在我国纯碱生产中氨碱法约占 58%,联碱法约占 42%。此外,还有少量天然碱加工[2]。

1. 纯碱(碳酸钠)

纯碱属“三酸两碱”类的基本化工原料,随着国民经济和化工生产的发展,对纯碱的需求量越来越大。解放后,时属河北省行政区划的天津永利碱厂也获得了新生。三年经济恢复时期,该厂的纯碱产量从 1949 年的 4.1 万吨提高到 1952 年的 9.1 万吨,创建厂以来的最高生产记录,并于 1952 年实现了公私合营。

从1956年开始,国家对该厂继续投资扩建,新建了蒸氨吸氨、碳化、煅烧厂房和石灰石矿。扩建工程全部完成,可在1957年的基础上,再实现产量翻番。在改造和扩建过程中,设计、设备制造和安装都依靠我国自己的力量。在此期间,永利碱厂也做了许多实验研究工作,终于解决了"色碱"问题,保证了产品洁白,符合质量标准,从而使我国纯碱在国际市场上继续享有较高的声誉,许多国家给予其"免检"的特许,畅销东南亚和非洲等广大地区。

河北省其他地区采用近现代生产工艺技术生产纯碱起步较晚,1970年5月,晋县化肥厂首先采用联碱法(又名侯式制碱法)工艺,建成年产5 000吨的生产线投入生产。石家庄联碱厂1974年投产,成为省内建成投产的第一个联碱车间[3]。

2. 氯碱

河北省氯碱工业的真正起步是在20世纪60年代中期。1966年8月邯郸市农药厂(现邯郸滏阳化工厂)建成投产,在采用电解法生产烧碱的同时,还利用氯气生产液氯、合成盐酸、三氯化磷和三氯乙醛等氯产品。

1968年10月,石家庄市电化厂建成投产。该厂的盐水精制采用了体积小、效率高的斜板澄清桶:安装了国内先进的硅整流器,使整流效率达到了90%;电解槽为较大型的"虎克18型"石墨阳极石棉隔膜槽:采用85平方米标准蒸发器进行两效顺流蒸发。进入20世纪70年代以后,全省以这种工艺技术先后建成了保定市电化厂、唐山开平化工厂、沧州市化工厂、张家口市树脂厂、长城化工厂等数家烧碱生产企业。

截至20世纪80年代初,先后建成10个中小型烧碱厂,现存9个,年总生产能力10万吨左右(折100%),产品有30%、42%液碱和96%的固碱等。

第二节　无机盐工业技术

20世纪50年代初,国务院召开全国无机盐专题会议以后,河北省的无机盐工业开始迅速发展。1983年12月23日,省石化厅在束鹿县召开了无机盐工业技术座谈会,促进了全省无机盐和无机化工原料科学技术的提高。

一、无机盐工业技术

硼酸盐　硼化物是重要的无机盐系列产品,母体品种为硼砂和硼酸。1956年至1960年时期,天津化工研究院关于硼镁矿脱水机理的研究,提高了硼矿焙烧质量和浸出效果,与1960年相比,平均回收率提高了50%,工厂成本下降了60%左右。该院研制硼氢化钾的中试成果,获得了国家科学技术委员会的奖励。我国硼化工的发展,及时满足了有关工业及医疗卫生事业发展的需要,并出口苏联等国。

钡盐　河北省的钡盐生产始于20世纪50年代末,相继投产的品种主要有碳酸钡、硫酸钡、氯化钡、硝酸钡、偏硼酸钡、氢氧化钡、结晶氧化钡和钛酸钡8种,到1988年已发展成为无机盐工业的优势产品[4]。1964年1月7日,辛集化工厂碳酸钡生产线建成投产,之后,通过技术改造和扩建,成为我国最大的钡盐生产和出口基地。该厂以重晶石(硫酸钡矿)和白煤为主要原料,生产出碳酸钡、沉淀硫酸钡。同时,该厂还建成以碳酸钡和硝酸为主要原料,年产2 800吨的硝酸钡生产线。

硝酸盐　1972年,石家庄化肥厂以碳酸钠溶液吸收稀硝酸尾气,建成年产8 000吨硝酸钠生产线和6 000吨亚硝酸钠生产装置。1975年,该厂科技人员经过刻苦研究,设计出流化床工艺,生产出多孔粒状硝酸铵,该项科技成果获1979年省科技成果一等奖[5]。

其他无机盐　　1974 年 11 月,保定地区眺山化工厂采用阳离子交换树脂工艺开发生产出碳酸钾,获 1983 年国家银奖,1988 年国家金奖。1980 年,承德市化工二厂用电解法生产出氯酸钾,并于 1984 年采用钛钌基活性金属阳极先进设备,使产品质量和消耗都达到了国内先进水平,除销往全国各地外,还进入了国际市场。张家口市化工原料厂是我国华北地区最大的磷酸氢钙生产基地,该厂及石家庄黄磷厂开发生产磷酸三钠、六偏磷酸钠、三聚磷酸钠等。

二、无机化工原料

盐酸　　1947 年,邯郸义和成酒精制造厂利用复分解化学反应在省内首家生产出盐酸。20 世纪 60 年代以后,随着烧碱工业的发展,利用电解法产出的氢气和氯气直接合成氯化氢,然后以水吸收生产盐酸,使盐酸工业得到迅速发展。

磷酸　　1965 年,石家庄市黄磷厂用黄磷燃烧生成五氧化二磷,然后在水化塔内吸收,经浓缩过滤,氧化脱色工艺过程生产磷酸,质量达到了国际标准,产品进入国际市场,获得了 1985 年国家银质奖。

硝酸　　1972 年石家庄化肥厂以氨和空气为主要原料,建成年产 10 万吨的硝酸生产线。

第三节　石油化工技术

河北省石油加工业起步于 20 世纪 50 年代初期,70 年代有很大的发展。截至 1980 年,境内已有 14 个石油化工企业。其中石家庄炼油厂和沧州炼油厂属中国石油化工总公司;省属 12 个石油化工企业中,保定市石油化工厂等 6 个厂以炼油为主,生产汽油、柴油、燃料油、溶剂油、石油液化气及石油沥青等几十个型号的产品。邯郸市石油化工厂以原油热解生产有机化工原料为主。汉沽石油化学厂、辛集市石油化工厂等 5 家企业以生产润滑脂、润滑油为主。

省内的有机化工原料工业,起步于 20 世纪 30 年代,生产原料主要是粮食、煤和炼焦工业副产品煤焦油,到 80 年代末期,以石油为原料加工的有机化工产品还很少。

一、炼　　油

1965 年 4 月,汉沽农场化工厂支起一口大锅用大港油田落地油提炼汽油和柴油,当年生产汽油 2 吨、柴油 164 吨,并改名为炼油厂。

进入 20 世纪 70 年代,河北省原油加工工业逐步兴起。1972 年 9 月,保定市石油化工厂建成投产,是省内第一个以炼油为主的企业。此后有易县、黄骅县、河间县、南大港农场等小型炼油厂在 1980 年前建成投产,但生产工艺一般为常减压炼油,有的还采用了大锅炼制、手动操作等落后工艺。

1976 年,保定市石油化工厂建成年产 4 万吨氧化沥青生产线,其产品 10 号沥青获省优质产品称号。1983 年,该厂研制成功了我国第一套干式减压蒸馏机械抽空装置,生产的 200 号溶剂油 1986 年获省优质产品称号,在全国评比中获得第二名。

二、润滑脂、润滑油

1950 年 10 月,汉沽石油化学厂首家在国内生产润滑脂,改变了我国润滑脂单纯依靠进口的局面。当时的工艺设备较落后,用大锅炼制,手工操作,间歇生产,品种仅有铁路专用润滑脂和硬干油,年产 600 吨。1951 年,该厂研制出钙基润滑脂新品种。1964 年,该厂采用联苯热载体加温新工艺,其工艺居国内领先水平,并开始了机械化生产,提高了产品质量,成为我国润滑脂主要生产企业之一。1970 年 1 月,又研制出合成复合钙基润滑脂,填补了国内空白。

1978年,汉沽石油化学厂研制的拔丝粉、辛集石油化工厂开发的 M – 10 号乳化油,获全国科学大会奖。同年,定州市石油化工厂建成特种油专业厂,生产 0 号、1 号轧铝油、无油透明切削液等产品,获"省优质产品"称号。

1980年,汉沽石油化学厂完成技术改造,实现生产管道化、连续炼制新工艺;操作控制自动化,品种扩大到四大系列 46 类 106 个规格型号,成为全国产量最大的润滑脂专业厂,产品除供国内需求外,还出口日本、印度、苏丹等 19 个国家和地区。1981 年 3 月,该厂生产的 3 号钙基润滑脂或石油工业部优质产品称号,9 月又获国家经济委员会银质奖。

三、有机化工原料

电石 电石是制取基本有机化工原料乙炔的原料。河北省以乙炔为原料生产的有机化工产品和合成材料主要有乙炔炭黑、聚氯乙烯和维尼纶。新中国建立后,河北省的电石生产重新开始起步。1950年8月石家庄市私人出资兴建信德电化厂,1951年投产,有 400 千伏安电石炉 1 座,当年生产电石 260 吨[6]。

进入 20 世纪 60 年代以后,电石需求大增,促进了电石生产和科学技术的发展。1964 年,张家口市下花园电石厂进行了技术改造和扩建,安装了 1 万千伏安电石炉,电极呈正三角形排列,不用冷却转筒,从而使产量及质量显著提高,成为我国最大的商品电石生产基地之一。1968 年,该厂又进行技术改造和扩建,16 500 千伏安电石炉投产,同时改进操作技术,严格控制原料质量和配比,合理调节电流电压比,科学地选择电位梯度和电极埋入深度,电石炉从明弧、半明弧转变为闭弧操作,使每吨电石耗电下降 200 度左右。

1974 年,石家庄维尼纶厂安装了 1 万千伏安的电石炉生产线,成为省内第二个中型电石生产企业。

脂肪烃及衍生物 1958 年,保定市化工实验厂用锯末、草木灰为原料土法熬制草酸,填补了国家空白。1959 年,华北制药厂以粮食发酵法生产总溶剂,包括丁醇、丙酮、乙醇等,其中丁醇和丙酮获 1981 年国家级优质产品金奖。

1980 年 4 月,石家庄市东华化工厂购买了河北师大化工实验厂的设备技术,建成年产 200 吨氨基乙酸生产线,该产品 1985 年获农牧渔业部优质产品称号。1980 年 11 月,宣化农药厂与河北农大合作,研制出仲丁胺,用作水果蔬菜保鲜剂,1983 年 9 月获省级和国家级优质产品称号。

芳香烃及其衍生物 1960 年,石家庄市桥西化工厂引进北京市兴华颜料厂流化床制苯酐技术建成年产 100 吨苯酐生产线,为人工出料,1964 年改直火加热蒸馏为油浴加热,由液喷原料萘代替气化进炉氧化,提高产量了 30% ,1982 年获"部优产品"称号。1969 年,石家庄试剂厂研制出苯甲酸钠,填补了国内空白。

杂环化合物 1959 年 8 月,保定市化工厂以玉米芯为原料开发生产了糠醛,填补了国内空白,获得了国家优质产品称号,产品销往国际市场。1978 年,该厂又利用人造纤维浆生产过程中产生的废液,提取木糖醇获得了成功,同时提高了人造纤维浆的质量,解决了环境污染问题,当年获全国科学大会奖[7]。

第四节 合成树脂和橡胶工业技术

一、合成树脂技术

合成树脂是用化学方法合成的一种类似天然树脂特性的新型材料。以合成树脂为基料,再添加各种助剂、染料或颜料、填充剂后,统称为塑料。塑料再经过吹塑、挤出、压延、注射等方法加工成型,即可做成各种形状的塑料制品。河北省合成树脂与塑料的生产,始于 20 世纪 50 年代末期。

酚醛树脂与塑料酚醛树脂是我国最早工业化生产的品种,它以苯酚和甲醛为原料,原料易得,工艺过程简短,建厂较易。在河北省较大的厂有天津树脂厂、衡水化工厂等[8]。

1958 年,石家庄市塑料厂开始筹建,当年即生产酚醛树脂塑料粉,但设备简陋,仅有 1 台粉碎机和 2 台辊轧机,设计能力年产 1 500 吨。1970 年,北京大河塑料厂迁至衡水市,建成衡水地区化工厂,年生产能力 2 500 吨酚醛树脂,机械化程度较高,生产的 PF2A2 - 131 和 141 获 1985 年省优和 1988 年部优质产品称号。1979 年武邑县化工厂年产 200 吨酚醛碎布压缩粉生产装置投产,该产品 1985 年获省优质产品称号。

PVC(聚氯乙烯树脂)　20 世纪 60 年代以后,我国氯碱工业的发展,迫切要求解决氯气平衡的问题,这就促进了聚氯乙烯树脂的发展,其发展速度和产量居于各种合成树脂的首位。

1970 年 6 月,邯郸市树脂厂建成年产 1 500 吨电石乙炔法聚氯乙烯生产线,填补了省内空白。1980 年,石家庄市电化厂改变聚合配方,开发出疏松型聚氯乙烯。1984 年,张家口市树脂厂停产紧密型,全部生产疏松型,1987 年获省优秀新产品三等奖[9]。

二、橡胶工业技术

橡胶工业是以橡胶为基本原料,加入配合剂和骨架材料,经物理和化学加工,制成各种橡胶制成品的工业;其中还包括旧轮胎翻修和废橡胶再生等行业。炭黑、促进剂、防老剂等橡胶制品专用辅料、助剂的生产以及橡胶机械的制造,也属于橡胶工业范畴。

解放后,河北省从 1949 年到 1988 年,橡胶加工厂点发展到 60 多个,已能生产轮胎、力车胎、胶管、胶带、胶鞋、橡胶杂品和乳胶制品等七大类近万个规格型号的产品,年创总产值 6.5 亿元,有 3 个产品获得部优称号,30 多个产品获省优,5 个产品填补了国内空白。

轮胎河北省轮胎生产始于 20 世纪 60 年代后期。1967—1969 年,沧州市红旗修配厂和唐山市橡胶厂(原大同橡胶厂)开始生产马车内外胎。

1979 年,国民经济调整,汽车、拖拉机生产紧缩,轮胎出现供过于求,在此期间,计划内厂点通过技术改造,发展加快,产量和质量稳定上升[10]。1980 年,邢台轮胎厂以双模个体硫化机开始取代了硫化罐,1982 年实现了用化学纤维作胎体骨架材料,合成胶掺用比例超过 35%,产品质量明显提高,在全国轮胎里程机床实验中,900 - 20 外胎寿命达 166.4 小时,居全国第一,单胎行驶里程达 8 ~ 10 万公里,居全国上中等水平。

力车胎　1961 年,唐山市橡胶厂开始生产 $28 \times 1\frac{1}{2}$ 加重自行车外胎,1962 年内胎也投产。同时增添了 $28 \times 1\frac{1}{2}$ 成型机和 6 英寸出型机,采用连续出型、半机械化成型。1962 年该厂在全国首先将表壳式自行车胎硫化机改为立式双层胶罐充气式硫化机,1964 年在全国同行业评比中进入前三名。1974 年,唐山市橡胶厂自行车内胎由套管硫化改为模压硫化,开始生产无接头内胎。

1974 年,唐山市橡胶厂开始生产无接头内胎。1982 年,该厂在全国首次生产出 26 × 2 尼龙 6 层手推车外胎,合格率达 99.7%。

胶管和胶带　1952 年,唐山市大同橡胶厂开始用手工生产排吸胶管。1968 年,石家庄市橡胶制品厂自制夹布胶管成型机,使年生产能力由 80 万吋米提高到 150 万吋米。1970 年,该厂购置了双面三杠无芯夹布胶管成型机和挤出机,生产无芯夹布胶管,是胶管生产工艺的一大变革。1979 年,该厂首次用氯化聚乙烯代替橡胶试制生产输油、耐酸碱棉编胶管,获当年省科技进步四等奖。

1954 年,唐山市大同橡胶厂在省内首家生产三角传动带。1969 年,石家庄市桥东自行车修配厂开始试产绵纤维 B120 汽泵风扇带和 A1342 风扇带,月产 2000 多条,填补了省内空白。

1980年,石家庄市橡胶一厂和保定市橡胶二厂进行技术改造,1982年骨架材料开始采用尼龙帆布和维纶帆布,逐步代替了棉帆布。1985年,开始研制适应煤炭生产需要的阻燃运输带,该厂运输带1986年获省优质产品称号。

胶鞋 1952年,由沈阳一家公私合营的小型布面胶鞋厂迁到承德,省内开始有了胶鞋生产企业,但当时只有12英寸和14英寸开炼机各1台和1台小型硫化罐、10台脚踏缝纫机,日产力士鞋500双。1973年,石家庄市长征胶鞋厂试制成功模压底篮球鞋、乒乓球鞋和田径鞋。1975年,又设计生产出模压底胶钉式"金杯牌"足球鞋,打入国际市场,当年出口3.9万双[11]。

1981年,石家庄市长征胶鞋厂生产的舌式松紧口冲呢鞋获化工部优秀新产品称号。

橡胶杂品 1949年,省内橡胶加工企业,是从加工橡胶杂品开始的。20世纪70年代,各地县以至乡、村、个人都生产橡胶杂品,但由于设备简陋,产品质量低劣。进入80年代,河北省逐步开发生产出一些高技术、高质量的产品。

1962年,石家庄市公私合营橡胶厂开始生产抗菌素瓶塞和大胶塞,到1966年产量达到401吨/年。1976年,该厂盐水瓶塞投产。1982年,又研制试产丁基胶瓶塞和耐油抗菌素瓶塞,1983年分别通过了省部级鉴定,填补了国内空白。

进入20世纪80年代,省内开始研制、开发建筑用橡胶杂品。1980年4月,保定市橡胶一厂与北京建工研究所联合开发研制三元乙丙/丁基橡胶防水卷材,当年投入批量试产,经中国历史博物馆等单位试铺2万平米,各项指标接近日本三星胶带株式会社同类产品水平,1981年10月通过了部级鉴定,填补了国内空白,1983年获国家经委、省经委优秀新产品证书和化工部优秀新产品"金龙奖"。同年深县橡胶三厂开发生产了铁路轨枕垫,年产能力300万片。

1960年,张家口市橡胶制品厂率先在省内生产密封制品,1964年用蒸汽硫化代替火烤硫化。1965年,石家庄市橡胶厂开始生产密封圈和油封,1970年研制成功"运五"飞机配件,通过了部级鉴定。1978年张家口市橡胶制品厂为与南口机车车辆厂货车轴承配套,研制成功的机车骨架油封,获1988年省优质产品称号。

1966年5月,中国橡胶工业总公司确定石家庄市橡胶一厂为微孔隔板定点厂,1969年建成了车间,形成年产1 000万片生产能力;1976年进行了工艺技术改造;1981年达到年产1 480万片,获当年"部优质产品"称号。

1966年,石家庄市橡胶一厂砂泵橡胶衬里投产,年产达6 000件。1977年,又研制出使用寿命可达6个月,具有国际先进水平的6个砂泵衬胶新品种。1978年,该厂与石家庄市水泵厂合作,研制成功10号衬胶砂泵和滚轴机橡胶衬里胶泵,当年获全国科技大会表彰。

1978年8月,保定市合成橡胶厂研制生产出塑胶跑道,在首都试铺,10月通过了部级鉴定,各项性能指标均达到或超过世界同类产品水平。1979年获省科技成果一等奖,翌年被评为省优质产品[12]。

第五节 化学农药工业技术

建国以后,河北省合成农药获得迅速发展,从有机氯系列、有机磷系列发展到仿生农药,技术水平不断提高,药效不断增加,单位面积用药量不断减少。

一、农药加工

河北省农药加工制剂的生产始于1950年,20世纪50—60年代只加工粉剂、可湿性粉剂、乳剂和毒饵四种剂型。之后,随着农药向高效、安全、使用方便的方向发展,70年代开发了水剂和颗粒剂,80年代又开发了胶悬剂和混合制剂[13]。

1965—1967 年,石家庄、山海关两农药厂先后将雷蒙机扩大到两套,使生产能力达 8 万吨/年,加工品种增加了 1.5% 乐果、10% 滴滴涕、5% 氯丹,2.5% 敌百虫粉剂,成为省内重点农药加工企业。1969 年,邢台农药厂 40% 甲拌磷拌种粉剂年产 1500 吨生产线投产。该农药以糠醛渣为载体,防治棉花苗期蚜虫效果显著,参加了当年国际博览会。1970 年,该厂增加了一台 5 辊雷蒙机,使单台加工能力达到 3 万吨/年。1980 年,宣化农药厂生产出 40% 阿特拉津胶悬剂,填补了省内空白。

二、农药合成

杀虫剂　1964—1968 年,省轻化工研究所杨太山、梁其英、刘淑敏等与石家庄市农药厂单绍林等研制开发出氯丹、卡蓬、土氯、碳氯特灵等,居国内领先水平。1970 年,怀来县沙城农药厂建成年产 2000 吨滴滴涕车间。1974～1977 年,该厂自行开发三氯杀螨醇,为国内首创,销往 22 个省区。

为了保证农业防治病虫害的效果,除了要求科学地轮换使用农药外,还必须不断研究开发新品种。1950 年北京农业大学教授胡秉方等开始研究有机磷杀虫剂对硫磷的合成工艺;1956 年初,河北省开始建设我国第一个有机磷农药厂(即现在的天津农药厂),1957 年底建成投产。这是我国有机磷农药生产的开端[14]。

1966 年,保定市农药厂建成年产 300 吨马拉硫磷生产装置,成为省内首家有机磷生产厂;同年,邯郸农药厂年产 1500 吨敌百虫、800 吨敌敌畏装置投产。1967 年山海关农药厂亚胺硫磷投产,获 1978 年全国科学大会奖。1970 年和 1972 年,石家庄市建华化工厂和山海关农药厂先后建成乐果车间,1975 年唐山市柏各庄农药厂利用唐山市化工研究所的技术,建成二溴氯丙烷防线虫剂 200 吨/年车间,该成果获 1978 年全国科学大会奖[15]。

植物生长调节剂　植物生长调节剂能使农作物增强抵御自然灾害的能力,增加产量和改善果实品质。1976 年获鹿县石油化工厂成功地开发并生产了石油助长剂,获 1978 年省级重大科技成果奖。1977 年保定市化工四厂与南开大学合作,开发生产矮健素成功,获 1978 年全国科学大会奖。1980 年张家口市宣化农药厂与河北农业大学合作,成功地开发了生产水果保鲜剂仲丁胺,获当年省科技成果一等奖和 1983 年获国家级优秀新产品称号。

第六节　感光材料和磁性记录材料

感光材料和磁性记录材料都是世界上产量很大、应用面很广的信息记录材料。它们广泛地应用于电影、电视、文艺、体育、电化教育、医疗卫生、邮电通讯、印刷制版、文献档案的贮存复制、科学研究、工农业生产以及国防军工等领域。

感光材料包括传统的银盐感光材料和非银盐感光材料两大类。磁性记录材料包括录音、录像、仪器记录用的磁带,计算机用的磁带,软、硬磁盘以及各种磁记录卡片等。

河北省生产感光材料和磁记录材料的企业只有化工部第一胶片厂一家,该厂原名保定电影胶片厂,是国家第一个五年计划确定立项、第二个五年计划开始建设的第一座大型感光材料厂,系苏联援建项目。一期规模为年产感光材料 1 亿米、磁带 2 千万米,由苏联和东德供应主要设备、仪器,并派专家来华援建。1958 年 7 月 1 日在保定破土动工,1959 年中苏关系发生裂痕,苏、德停供了部分关键设备,专家也与年末因合同期满回国。此后即立足于国内自己的力量,在中共中央、国家有关部门的关怀,部、省、市的具体领导和全国 17 个省市、82 个企事业单位的支持下,终于在 1965 年 9 月 23 日建成投产,当年生产胶片 2707 万米,结束了中国不能生产胶片的历史。1966 年,磁带生产线建成,当年生产磁带 173 万米。该厂建成后,经过两次扩建,1983 年生产能力达年产感光材料 1.5 亿米、磁带 4 千万米[16]。

一、感光材料

1959 年末苏联专家回国后,由于当时国外胶片技术均属专利,保定电影胶片厂只能以在国外实习收集的技术资料作基础,进行科技开发,推动生产发展。1959 年,该影片厂研制成功了黑白电影正片,1964、1965 年先后研制成功了电影录音底片和黑白中速电影底片、黑白电影翻正片、黑白电影翻底片,使黑白电影胶片配套投入生产,当年生产黑白电影胶片 2505 万米。是年航空测量片、照相胶片、科技胶片又相继投产,当年产量 202 万米。1966 年水溶性彩色电影正片正式投产,当年生产 369 万米,用于拷贝大型舞蹈史诗《东方红》[17]。

1. 电影胶片

黑白电影正片 1959 年 7 月 1 日用国产原料,进口片基,前苏联配方试生产成功;1964 年用国产片基代替了进口片基生产,通过了部级技术鉴定。1981 年获省优质产品称号,1983 年获部优质品称号,1984 年获国家银质奖。

黑白中速电影底片 1961 年开始研制,1965 年通过部级技术鉴定,该片与国际同类产品比,存有显影时间长,反差偏低,感绿性差等差距。1976 年又开始研制 HD－3 黑白中速电影底片,提高了胶片的清晰度和解相力,1980 年通过了部级鉴定,1981 年投产,其产品性能达到了美国柯达 5231 型和德国阿克发—吉伐 166 型水平。

黑白高速电影底片 1976 年开始研制,1981 年投产,获省优产品称号。1983 年获国家经委新产品"金龙奖"。

黑白电影翻正片 1963 年开始研制,1966 年投产。1972 研制出 I 型,提高了清晰度和解相力,1975 年全部取代了 I 型翻正片。

黑白电影翻底片 1963 年开始研制,1986 年投产。1982 年研制出 II 型,不仅提高了照相性能,也降低了涂布含银量。

电影录音底片 1962 年开始研制,1964 年开始生产。经过 1981 年的改进,采用了卤化银晶体控制技术,录音效果达到了世界名牌比利时产 ST—型声底片水平,1985 年获部、省优质产品称号。

2. 彩色电影胶片

油溶性彩色电影底片 1978 年开始研制,1984 年投产,1985 年通过部级鉴定,1986 年获部级科技进步二等奖。

彩色电视反转片 1972 年开始研制,1976 年投入生产,1979 年通过了部级鉴定。

空白片 1968 年开始研制季胺盐媒染剂空白片,1970 年投入生产,1979 年通过了部级鉴定。1978 年开始研制无银空白片,1983 年投入批量生产,同年获国家经委新产品金龙奖,部科技成果三等奖。

分色浮雕片 1968 年 11 月开始研制,1973 年研制成功。同年又开始研制涤纶碳黑浮雕片,1984 年投产,1986 年获省优质新产品一等奖、部科技进步二等奖。

3. 航空胶卷

黑白航空测量胶片 1961 年开始研制,1965 年 2 月通过部级鉴定,1978 年采用新的增感染料与增感染料组合,提高了照相性能。1984 年通过了部级专业军标鉴定。

黑白红外航空胶片 1963 年开始研制,1965 年 2 月通过部级鉴定。

黑白全色遥感胶片 1970 年开始研制 160 乙片,1974 年开始提供用户使用。1984 年 4 月通过化工部、轻工部、航天部的鉴定。该片获 1978 年省科技进步成果奖,1979 年部优质产品奖,1980 年国防科委重大科技成果二等奖,1983 年获国家银质奖,1988 年获部科技进步二等奖。

彩色红外航摄底片　1975 年开始研制,1976 年将水溶性彩色红外航摄底片改为油溶性片,1980 年投入小量生产,1983 年获国家经委新产品金龙奖,1985 年获国家银质奖。1987 年获国家发明二等奖。

二、磁性记录材料

磁记录材料含各种磁带和磁盘　是信息记录材料的重要组成部分,广泛用于电影、电视、录像、数据存贮、程序控制、国防军工等领域和部门[18]。

磁带　省内仅有保定的化工部第一胶片厂生产,1965 年从日本引进了第一条磁带生产线,1966 年开始生产录音磁带,当年产量 173 万米。1971 年发展到 4 个品种,增加了电影磁带、计算机磁带和地震磁带,总产量达 2148.2 万米。1975 年又试制出彩色录像磁带,因技术不过关,未能批量生产,目前在配方和工艺技术方面已有重要突破,12.7 毫米录像带的研制已取得成果,并提出样品[19]。

第七节　染料与涂料工业技术

一、燃料工业

染料主要用于纺织品、皮革、纸张等的染色,有些品种还可以当作颜料用于涂料、塑料、橡胶、建筑材料。随着科学技术的发展,染料的用途越来越广泛,如感光材料、复印材料、记录材料、液晶、医药、食品、地质勘探等,都需要染料为它们提供绚丽的色彩。同时,染料的中间体和助剂又是医药、农药的原料[20]。

天津市解放前有 3 个私营染料厂,解放后的四年中,发展到 20 多个私营染料厂,但规模都比较小。1954 年开始公私合营,将一些小厂进行合并,实行专业化分工,使天津染料工业初具规模。

1956 年,在全国私营工商业社会主义改造的高潮中,全国私营染料厂都顺利地实现了这一社会变革。在染料厂比较集中的天津市成立了染料工业公司。使私营染料企业的生产,纳入了国家计划轨道。

为了适应国家经济建设发展的需要,1952 年,天津大学等高等学校中设立了染料专业,在教学的同时,也开展了科研工作。天津大学教授张兆麟,长期进行金属络合染料的研究,在我国开发中性染料及甲膳染料中起了很大的作用。

进入 20 世纪 60 年代,河北省的染料工业科技与生产获得了迅速发展。按其发展可分如下阶段:

1966—1970 年属起步阶段,这期间只生产硫化染料一类的 4 个品种,1970 年产量只有 847 吨。

1971—1978 年为发展阶段,类别和品种增加,产量增长较快。新开发生产直接和还原染料 4 个品种,但硫化染料占 90% 以上,所以技术水平还比较低。

1979—1982 年,品种类别继续增加,但低档的硫化染料产量大幅度下降,致使染料年总产量下降。这期间可生产 7 大类 15 个品种,增加了分散、冰染、酸性及酸性媒介、碱性等 4 个类别,技术水平有了提高。

二、涂料工业

涂料是一种供涂装用的成膜材料。过去主要以桐油和大漆为原料,所以俗称"油漆"。涂料经涂敷于物体表面,能结成一层完整而连续的膜,对被涂物起防腐、装饰、绝缘、防磁、阻燃、防污、杀菌、红外线吸收、太阳能利用等二十多种不同的作用。

建国前,河北省没有油漆生产的记载,只是油漆应用。

1955—1956年,张家口市、石家庄市先后成立油漆生产合作社,开始了用大锅熬制熟桐油、厚油,加工日本人投降后留下的干固油漆,生产清油、速干漆、腻子等,均为作坊式手工生产。

到1965年,张家口、石家庄两厂已能生产油脂漆、天然树脂漆,酚醛树脂漆及辅料。1966年,邯郸市木器厂转产油漆,改名为邯郸市油漆社。至此,以张家口、石家庄、邯郸三家为骨干的河北省涂料工业已初步形成。

到1970年,张家口、石家庄、邯郸三厂已可生产九大类近百个花色品种,其中,中高档漆产量占10%。各厂增加了检测仪器,1972—1974年,张家口市油漆厂采用了高速搅拌机、不锈钢反应釜和砂磨机,生产技术水平明显提高。1976年,石家庄市油漆厂对研磨、热炼进行技术改造,生产能力扩大到7 000吨。1977年,张家口、邯郸两厂先后研制出水溶性电泳漆和硝基漆新产品。1978年石家庄市油漆厂研制成功醇溶酚醛清漆、水溶性环氧电泳漆、聚氨酯漆、云母氧化铁红底漆、丙烯酸乳胶漆等新产品。

1979年,衡水县制漆厂和衡水赵围乡曙光油漆厂的硝基漆和硝基清漆投产。1980年石家庄市油漆厂红氨基烘漆等3个品种获“化工部优质产品”称号[21]。

第八节　化学试剂与精细化工技术

一、化学试剂

化学试剂是用来探测和验证物质的化学组成、性质及变化的精细化学品。河北省化学试剂的生产及科学技术起步于20世纪50年代末期。

1958年,在当时“大办工业”的形式下,河北师范大学化学系办起一个小型试剂厂,利用华北制药厂的废溶剂中提取、精制出丙酮、苯、甲苯、苯酚、95%的乙醇、乙酸乙酯、乙酸丁酯、硫酸、盐酸9种化学试剂,开始了化学试剂的生产。到1973年,全省先后有河北医学院、保定市化工实验厂、定兴县化学试剂厂、保定市商业机械修配厂等13个单位生产化学试剂,但因技术力量薄弱、工艺落后、设备简陋,只能生产出普通的化学试剂。

1976年,保定市试剂厂用电炉加热代替了炉火加热蒸馏,生产试剂盐酸,保证了生产的稳定性、安全性,改善了职工的劳动条件,产品质量得到提高。1979年秦皇岛市化学试剂厂生产的碳酸钠、磷酸二氢钠试剂获得部优质产品称号。1981年,石家庄试剂厂采用蒸汽加热,连续密闭式新工艺生产试剂盐酸,属国内首创,提高了收率,降低了能耗,增加了经济效益。

二、精细化工

精细化学品是指经过深度化学加工制得的具有功能性或最终使用性能的化学品。河北省的精细化工是从1984年开始的,在此之前并未从全省化工的整体发展角度提出议事日程、研究对策和全面规划,与之相关的生产领域有以下几个方面。

工业用表面活性剂　1973年保定市化工七厂建成年产十二烷基苯磺酸钠500吨装置,当年产量6吨,1980年生产能力扩至3000吨。1976年,保定市化工七厂建成烷基磺酸钙装置,农药乳化剂,1978年河北师大王昭煜研制的胶囊活性剂ABS,可提高油田出油率20%,达国际先进水平。1978年河北省化工学校开发并生产聚环氧乙烷环氧丙烷甘油醚(GPE)消泡剂,称“泡敌”,年生产能力200吨,主要供应石家庄市医药、纺织、印染等工业部门[22]。

食品添加剂　1976年,石家庄市化工一厂采用薯干粉液体发酵工艺生产酸味剂柠檬酸,建成300

吨/年生产线,与盘式固体发酵工艺比较,产品收率高,质量好,是华北第一家采用这种工艺的厂家。

1977年,束鹿县化工二厂用固体纯碱碳化法工艺生产碳酸氢钠(小苏打),生产能力8000吨/年;该厂于1982年改为液相法生产,能力达1万吨/年,1978年该厂又开发成功食品防腐剂——苯甲酸钠。同年,唐山市前进化工厂将工业品硫酸铝通过改革工艺,使产品达食品级,生产能力1.5万吨/年,是河北省最大的净水剂生产厂。

第九节　民用爆破器材

爆破器材:用于爆破的炸药、火具、爆破器、核爆破装置、起爆器、导电线和检测仪表等的统称。

河北省的民用爆破器材的生产开始于20世纪30年代的抗日战争时期,至20世纪70年代末,出现了生产炸药、雷管、导火索三个主要类别。

炸药　新中国建立后,三年恢复和第一个五年计划时期,河北省炸药生产重新开始起步。1950年,在原张家口宣化龙烟铁矿下设的龙烟三分厂的基础上重建火药厂,购置了双砣卧式碾、轮碾机、TNT球磨机、卧式三料球磨机、ZY－6型自动装药机等设备,逐步实现了全过程机械化生产。并研制出铝粉炸药新品种,支援了抗美援朝。

雷管　1952年,井陉县火药厂以手工单发生产雷管,当年产出4.05万发,是省内首家生产雷管的企业。

导火(爆)索　1950—1954年,宣化大同化学厂在原龙烟三分厂的基础上,用2个石碾和4台立式制索机生产导火索,当年产量10.9万米。

1971年11月,邯邢矿山局矿山村铁矿7031厂建成了年产150万米导爆索生产装置,当年投入生产,填补了省内一项空白。

第十节　化工机械技术

化工机械工业是制造化工专用机械和设备的装备部门,其技术状况和制造能力,直接影响化工行业的装备水平、技术进步、发展速度、经济效益和环境保护。

运转机械　1969年5月1日,邢台地区化工机械厂投产,先后生产出小化肥厂适用的氢氮气压缩机、循环机、冰机和各种泵类配件、组装件。该厂研制的高压无油润滑函填补了省内空白。

1974年,河北化工学院化工机械系研制出JZJT—0.6l/160柱塞式计量泵,通过了部级鉴定,获得了1978年全国科学大会奖。1977年,邯郸石油化工机械厂研制出BJW8A－4、380伏、180瓦、B3d微型防爆电机,通过了部级鉴定,获得1978年化工部科技成果奖。

压力容器　1967年,邯郸石油化工机械厂研究出爆破成型新技术,成功地生产出直径为2400×2毫米和2600×25毫米铝合金封头,属国内首创。1974—1975年,沧州市和石家庄市建成生产各种压力容器的化工机械设备厂[23]。

综上所述,从1949年新中国成立到1978年改革开放之际,河北省的化学工业在国家的整体部署、计划安排和政策导向下,在地方政府的倾力扶植和全力支持下,通过各化工企业自力更生、艰苦奋斗和不断创新,在解放前半殖民地半封建的旧中国废墟上,在西方化工技术和民族手工业融合提升的基础上,经过河北省化学行业的整体努力,开发生产了过去所没有的化学矿石、石油化工、化肥、农药、橡胶制品、有机化工、无机化工、合成材料、化学试剂、化工机械、感光和磁性记录材料以及精细化学品等化工产品新类别,成长出像化肥、无机盐、石油化工和有机化工原料、化学农药、感光和磁性记录材料、橡胶制品等水平较高、在全国有较大影响的行业,化肥、石油化工和有机化工原料、化学农药、感光和磁性记录材料等产品在这一时期的全国化工产品中占有明显的优势,期间虽然受到"文革"等政治运动的干扰,但河北化工业还是以坚忍不拔的精神,通过不断建设逐步形成了符合现代化工生产规范、格局、能力和特色的河北地方体系,促进了这一时期社会主义初级阶段的经济发展。

第十一节　化学基础研究

河北省化学基础理论研究始于20世纪50年代。唐山工程技术学院黄汉国1959年在北京大学与梁树权合作,研究成功了用纸上电泳法分离稀土元素等。20世纪60年代前期,化学基础理论研究得到了进一步发展。1960年河北大学化学系成立了"403"科研组,由沈宏康领导,从事硼酚醛树酯的研究,1966年"文化大革命"开始后被迫中断,1970年河北大学迁至保定市后遂将"403"科研组恢复并改为工程塑料研究室,仍从事硼酚醛树酯的研究。

1978年,河北师范大学化学系成立了"物理化学研究室",从事无机物及有机物电氧化还原反应、光电化学、光谱电化学等方面的研究。同年,河北大学化学系成立了"环境分析研究室",从事致癌物的分析研究。1979年,经省高教厅批准,河北大学建立了"环境分析研究室"及"工程塑料研究室"两个研究室。同年9月1日,河北省化学会成立,开展了化学科研学术活动。

20世纪70年代后期,河北省出现了一批很有价值的化学科研成果。

一、分析化学及环境化学

河北省分析化学及环境化学研究在20世纪50年代就已开始,但大量的研究工作则始于20世纪70年代后期,到20世纪80年代发展迅速,除各种分析方法在应用上继续扩大外,在理论研究上各学科之间的相互渗透、各种分析方法的相互结合以及进一步提高灵敏度、准确度和选择性等方面,均取得了成果。

稀土元素荧光分析　1959年,唐山工程技术学院黄汉国等在国内首先研究成功用纸上电泳法分离稀土元素的分析方法,此法对钪、钍的分离尤为良好。

其他化学分析　1978年,河北大学左本成用红外光谱分析法分析了苯乙烯和顺丁烯酸二酐共聚物。根据酸和酐对苯的相对吸光度值,采用了内标归一化定量,提高了分析精度(<2%),该方法具有快速、简便的特点。

二、有机化学与高分子化学

河北省有机、高分子化学研究始于20世纪50年代,到80年代发展迅速。

石油化学　河北省科学院邹仁鋆20世纪50年代在天津工学院任教期间,研究了亚硝基苯酚与邻甲苯胺缩合反应,生成邻甲靛苯胺的反应深度,提出了用分光光度计控制邻甲靛苯胺产率达到最高值的方法,为精细化工提供了生产重要有机中间体的有效途径。同期,他还研究了在三芳基甲烷类化合物的生产中添加少量有机添加剂,增大了反应速度,提高了收率,此项成果在天津某厂长期使用,使该反应器的生产能力比英国情报资料调查小组委员会(BIOS)法提高了100%。20世纪60年代,邹仁鋆与丛津生等合作,指导研究了用有机合成方法合成新型聚苯撑氨基醌及高聚螯合物。此螯合物具有半导体的性能,对模型反应有良好的催化活性。1964年,邹仁鋆还研究了催化加氢反应机理,利用反应动力学原理和数理统计显著性检验论,分析了豪津(Hougen)、沃特逊(Watson)方法和结论并加以否定,并提出了新的反应机理,受到了各国专家的好评。

有机、高分子化合物的合成制备　1972年,河北省化工研究所刘淑敏对内吸性杀菌剂萎锈灵进行了研制,当时他的研制成果填补了国内一项空白。

1973年,河北省化工研究所田焕平研制成功了甲基托布津和乙基托布津内吸性杀菌剂,获全国科技大会奖。

1973—1974 年期间,河北师范大学王昭煜等,研制出第一批冷云催化剂——介乙醛。(C2H4O)n 经中国科学院化学研究所分析与 ASTM 数据相符合,中央气象局鉴定成冰效果比碘化银高 1000 倍,成本只有碘化银的 1%,1975 年被省科委列为十大科研成果之一。

1976 年,河北大学许庆衍用多聚甲醛、苯酚、硼酸合成了硼酚醛树脂,并在上海投入生产,在砂轮试制中添加聚砜强度优于其他树脂。

1978 年,河北师大康汝洪等用糖油碱下脚料,在国内首次提取了治疗心血管病的药剂——谷固醇。

有机、高分子反应机理　1957 年,河北农业大学陶学郁发表的《论芳香族物质取代作用的定位效应》一文,对芳香物环上取代反应的定位经验性规律作了理论分析,指出了以往教科书在芳环取代定位规律方面的缺点,主张预测产物及定位规律必须在理解反应历程的基础上进行,单经验规律不足为凭。

1960 年,河北化工研究所贾鸿运讨论了氨羧类螯合剂和合成方法及制品纯度的测试方法,论述了该化合物对促进放射性同位素从人体内排除的重要作用。1962 年,他还进行了去除放射性污染的研究,论述了表面材料的选择及鉴定、去除人表皮及工作服放射性污染的方法。

1965 年,河北大学王蓬利对甘油——己二酸的凝胶点进行了研究,通过实验和计算,证实了唐敖庆建议的计算模型比 stoker 的计算模型更接近实验值,说明将甘油 3 个羟基的活性视为相等是不合适的。

1977 年,王蓬利对甘油——己二酸缩聚体系凝胶化后的溶液——凝胶分布问题作了实验及理论分析,实验结果和理论之间相差不大,可以用缩聚过程分子内环化来解释。

1978 年,王蓬利用统计的方法处理凝胶点后溶胶与凝胶的分配问题,获得了凝胶分数与反应程度之间的定量关系。

三、物理化学

河北省物理化学研究从 20 世纪 50 年代起步,20 世纪 70 年代后期取得较多成果,20 世纪 80 年代发展迅速。

溶液中反应机理　1954 年,河北大学王安周与黄子卿合作进行了乙酸乙酯在二氧六圜和水混合液中皂化速度的研究,在 7 个不同温度下使用 7 种不同溶剂浓度,得到 49 个速度常数,显示了速度常数随溶剂介电常数减少而下降的规律等,用实验结果对莫里温—许斯(MoelWyn—Hugheso)、莱德尔—艾英(Laider—Eyruing)和埃米尔—亚菲(Amia—Jaffe)的 3 个离子与分子反应的溶剂效应理论进行了检验,检验结果表明,其研究的体系都与实验结果不符合。

电化学　1961 年,河北师大顾登平在"电负性的一些新应用"一文中用电负性数据阐明了许多有机反应的变化规律,计算了键的电量及物质的耦极矩。他于 1974 年论述了标准氧化电位的某些应用,用标准氧化电位阐明过渡元素的变化规律,说明了歧化反应和元素价态的稳定性,推出了化学反应的产物。

四、无机化学

河北省无机化学的研究,在无机物的合成方法、提纯、除杂、除氟、试剂等方面取得了一些成果。

1925 年,近代无机化学家高宗熙博士试验了 8 种新方法,证明 Se₂Cl：可在含水 70% 的体系中制备出来,得到无机化学界赞许。

1976 年,河北大学沈家驹论述了无机离子交换剂在无机物分离及提纯上的应用,介绍了泡沸石、磷酸锆、多杂酸盐、含水氧化锆及氧化钛等的组成、结构、交换机理、制备方法,以及它们在无机物提纯上的应用等。

注　释：

[1][3][4]　河北省地方志编纂委员会编:《河北省志·化学工业志》,方志出版社1996年版,第29,89,94页。

[2][8][14]　杨光启等主编:《当代中国的化学工业》,中国社会科学出版社1986年版,第119,232,253页。

[5][7]　张妥主编:《河北省科学技术志》,中国科学技术出版社1993年版,第472,478页。

[6][10][11][13]　河北省地方志编纂委员会编:《河北省志·化学工业志》,方志出版社1996年版,第116,169, 183,73页。

[9][12][15][21]　张妥主编:《河北省科学技术志》,中国科学技术出版社1993年版,第479,486,487,493页。

[16][17][18][19]　河北省地方志编纂委员会编:《河北省志·化学工业志》,方志出版社1996年版,第194,195, 194,202页。

[20]　杨光启等主编:《当代中国的化学工业》,中国社会科学出版社1986年版,第267页。

[22]　河北省地方志编纂委员会编:《河北省志·化学工业志》,方志出版社1996年版,第215页。

[23]　张妥主编:《河北省科学技术志》,中国科学技术出版社1993年版,第502页。

第十四章　现代地理学

中华人民共和国建立后,动荡战乱局面结束,国家开始进入和平建设时期,地理科学与其他科学一样,获得了飞速的发展。1950年秋,河北省第一个地理教育专业机构成立,1958年下半年,河北省第一个地理科研机构——中国科学院河北省分院地理研究所成立。之后,在制图学方面、水文学方面,气象学方面、地理地带性和地域分异理论研究方面均取得了突破性进展;地理教育和地理科研系统不断完善,为现代地理科学的发展奠定了基础。

第一节　地理教育与地理研究的发展

一、地理学教育的发展

河北省第一个地理教育专业机构成立于1950年秋,当时,天津河北师范学院文史系成立了史地专业,时任南开大学历史系教师邓绶林来系,成为史地专业的第一位地理教师,同时聘请南开大学鲍觉民、黎国彬等任兼职教师,于1951年秋,招收了地理专业第一届学生。1952年秋,地理系建立,从此河北省地理教育开始进入了独立发展的时期。1953年底,全系教师达到23名,在校本科生达到105名,先后建立了资料室、仪器室、绘图室、地质标本室、地理模型制造室、气象观测站等,成立了自然地理和区域地理两个教研室,初步具备了培养合格的地理专业人才的师资力量和教学设施。1956年秋,地理系从天津迁到石家庄,与原天津河北师范学院分出的其他科系共同组建了河北师范大学的前身——石家庄师范学院。1956年至1966年,地理系向北京、天津、新疆等全国许多省(市)区共输送各类毕业生1 160人,为河北省和国家的地理科学发展培育了人才。

二、河北省地理研究所的成立

河北省第一个地理科研机构——中国科学院河北省分院地理研究所成立于 1958 年下半年,由河北省科学院和石家庄师范学院双重领导。该所占地 7 900 平方米,建筑面积 9 585 平方米,是省科学院系统中成立最早的一个研究所,1962 年改名为中国科学院华北地理研究所,1971 年改为河北省地理研究所。研究所设有 6 个专业研究室,即地貌、水文、气候、地图、经济地理、自然地理。其主要科研任务是河北省农业自然地理的调查和农业区划;河北古河道和南宫地下水库试验及环境保护和地图的编制等。

第二节　测绘学方面的研究

一、制图学方面的主要成就

1. 综合性图集的编制

1959 年,由石家庄师范学院(今河北师范大学)地理系和河北省科学分院地理研究所主持,河北省地质局测绘大队及天津师范学院(今河北大学)地理系参加,开展了《河北省图集》的编制工作。经过 1 年多的努力,完成了该图集的调绘和编制。该图集分序图、总图和分区图 3 个部分,共有 95 幅图(包括序图 6 幅、总图 25 幅及分区图 64 幅),为新中国河北省出版的第一部综合性中型参考图集。

2. 专业性图的编制

1956 年至 1958 年,地质矿产部水文地质工程地质技术方法研究队方鸿慈主持编制了《中国水文地质分区图》(1:100 万)。河北省水文工作者,在水文调查与区域水文研究的基础上,于 1960 年编制出版了《河北省水文图集》,它是河北省第一项全省性的区域水文分析成果,为具体指导河北省的水利建设和发展事业起着非常重要的向标作用。

黑龙港地区是 20 世纪 70 年代河北省农业开发的重点区域。为了彻底搞清该区域内古河道与开发地下水资源的关系,1972 年至 1978 年,河北省地理研究所有关科研人员承担了该地区内古河道的考察研究课题。他们在该区域内找到并复原了埋在地下的 30 多条、段古河道,面积为 1.4 万多平方公里,约占该区域总面积的三分之一。在此前提下,他们绘制了中国第一幅 1:20 万的《河北平原黑龙港地区古河道图》,并制作了说明书。考察不仅证明黑龙港地区百分之八十以上的古河道蕴藏着丰富的淡水,净储量在 300 亿立方米左右,还促进了中国第一座地下水库在南宫县的建成。

1976 年至 1977 年,河北省地理研究所徐康惠等编制了 1:50 万《海河滦河流域图》。该图为海河滦河流域规划而设计编制的专业用图,图中除采用色彩和运动线符号相结合的表现方法,详细表示流域水系、水文与水利工程设施要素以及各水系形态特点外,还对平原等高线作了一定程度的刻划。

二、普通地图综合原理与表示方法的研究

20 世纪 60 年代,河北省测绘工作者在学习和借鉴前苏联制图综合理论的基础上,逐渐在参加全国和省内中小比例尺普通地图的工作实践中,经过研究和探索,形成了具有河北省特色的制图综合原理和方法。他们在实际的编制过程中,尤其重视地图内容的丰富性与表现方法的科学性,寓科学内容于艺术形式之中。1962 年至 1964 年,河北师范大学谷宝庆发现国内基本比例尺地形图上缺乏重要的自然因素,于是,他通过反复实践和不断论证,终于提出了在地形图上表示气候要素的理论、条件及方

法。20 世纪 70 年代以后,谷宝庆通过分析地形、航测及卫星遥感相片,利用地理学及其他相关专业调查的科研成果,先后完成了《地貌的彩色综合表示法》和《粗细明暗等高线法的设计》,这一系列研究成果对于在编制普通地图过程中正确反映普通地图的基本要素的区域特点和地理规律性,并适当兼顾地理要素的真实性及几何精确度、地图负载量和地图易读性都具有一定的参考价值[1]。

三、光学立体地图的研究成就

1979 年至 1982 年,河北师范大学谷宝庆提出了发展中国新兴地图——光学立体地图的构想。他先后撰写了《光学立体组合地图的探索》、《光学立体地图的显像规律》、《光学立体地图是地图发展的新方向》等多篇论文,具体阐释了立体地图的内特点以及方法。他认为,立体地图是根据光学原理,将空间分布的各种客体与现象,按照特定的制图方法,在二维平面上构建起立体图像,然后再利用相应光学手段进行立体观察,从而使二维平面上的表象在缩小了的三维空间里,以光学立体影像的形式模拟再现。这种构建立体地图的设想属国内首创,具有一定的前瞻性和实用性[2]。

第三节　水文与气象方面的研究

一、水文学方面的主要研究成就

1. 区域水文学方面

1954 年,天津河北师范学院郭敬辉首次编制了中国径流模数等值线图,初步推算出中国地表径流资源量,从中找到了中国地表径流的分布规律,创造性地开辟了中国现代水文地理学的研究领域,为新中国国民经济的恢复和发展提供了非常重要的科学依据。

1958 年,河北水文科研工作者在多年调查研究的基础上,编制了《河北省水文实用手册》及《河北省水文图集》(1960 年),这是河北省首次进行全省性的区域水文分析研究成果。到 20 世纪 70 年代,河北水文科研工作者又相继编制了《暴雨图集》、《可能最大暴雨图集》等。1976 年,他们综合了多年对海河与滦河年径流量的研究数据,撰写出了《海、滦河流域径流分析报告》。

2. 水文分析和计算方面

新中国成立后,河北省水文科研工作者积极研究和探索省内各河流的水文变化规律,他们不仅完成了对省内各项水利工程中的水文计算和设计洪水计算任务,而且能够运用关于最大可能暴雨和洪水理论方法对已经建成的水利工程进行校核计算。在除涝水文计算方面,从 1974 年到 1978 年,河北水文总站的宋学诗主编了《河北省平原地区中小面积除涝水文计算手册》,该手册在河北省兴建的农田排水工程中得到了具体应用。

3. 区域水资源方面

1980 年至 1981 年,在水利部的统一领导下,由河北省水利厅具体组织水文总站、河北省地理研究所以及河北省环保局等有关单位,参加编写了《河北省水资源调查与评价初步成果》。该书在对地表水和地下水资源的评价过程中,进行了实地用水调研,从而总结出了根据调查的耗水量资料来对水量进行还原,初步搞清楚了河北省水资源的数量、质量和时空变化规律。这一成果已经广泛适用用海河与滦河流域的供水计划、农业区划及津京唐地区的国土整治[3]。

二、气象学方面的研究成果

1. 天气动力学与天气预报

1958 年,河北省气象局游景炎到渤海渔场开展天气预报工作,通过科学观测和科学实践,在总结成功经验的基础上,撰写了《春季渤海南部气象调查与风力预报》一文。在文中,游景炎就春季渤海南部海面风力分布的分析等谈到了渤海海面风预报中的几点体会,受到苏联海洋气象专家的赞誉。1963 年 8 月上旬,华北平原西南部出现了历史上罕见的特大暴雨,对此,游景炎在河北省气象台准确预报。不仅如此,他还比较深入地探讨分析了这次暴雨形成的原因,写成《暴雨带内的中尺度系统》一文。他认为,这次特大暴雨主要由几次强阵性暴雨集中在这个区域所致,它是由辐合中心、辐合线与切变线交织而成,属于中尺度系统,与大尺度系统有一定联系,但发生在华北平原的暴雨过程中的中尺度系统却与国外所研究的冷锋、雹线等中尺度系统有很大的不同。

1975 年 8 月,河南省西部地区出现了中国大陆解放以来所遭遇到的最大暴雨。游景炎非常关注这次最大暴雨的形成原因,他撰写了《1975 年 8 月河南特大暴雨研究报告——过程的成因分析》一文。在论文里,游景炎认为,这次暴雨的成因除受台风影响外,还有其他天气尺度系统的参与和中小尺度系统的活动;在特大暴雨发生期间,每次暴雨过程均由多种天气系统共同作用和相互影响。当然,它的表现形式多种多样,里面既有南北相接或相互合并的系统,又有高低空的叠加系统,此外,还有反映在一些特征线相交或碰头上。后来,由他主笔的《1975 年 8 月河南特大暴雨的动力学分析》获1978 年全国科学大会奖。

2. 气候学方面

1973 年至 1975 年,为了摸清海河与滦河的水资源,进一步做好流域规划工作,河北省地理所弓冉等与原水电部第 13 工程局联合开展《海、滦河流域降水分析》的课题研究。该项研究成果比较全面地分析了降水系列的代表性、年降水量及其分布、降水成因、降水年内分配、年际变化、典型年、季节内降水分配及降水分区等,是继黄河流域降水分析之后,中国第二个流域降水分析[4]。

3. 农业气象方面

1978 年,河北省气象研究所阎宜玲承担了《中国农作物种植制度的气候分析与区划——河北省部分》的专题研究,此项成果获 1985 年全国农业区划委员会科技成果一等奖。1980 年,河北省气象科研工作者提出将河北省过去棉花播种用 5 厘米地温稳定通过 12℃改为 14℃的建议,效果很好。1980 年至 1983 年,河北省气象所有关科研人员在秦、唐地区考察中发现,这里的棉花多年以来不能做籽种,亩产仅为 20 多公斤。经过他们认真调查分析,认为必须改种早熟品种才能解决籽种和产量低的问题,经改种试验,其亩产增加 1 倍以上[5]。

4. 人工影响局部天气

1959 年,河北省气象局在空军支援下,开展了人工降雨和人工防雹的试验研究。从 1974 年起,河北省气象研究所云雾物理课题组石安英等,对高空、地面中大气的冰核、冰雪晶、降水强度等降雪等物理特征进行了长时间和大范围的连续观测和分析研究,取得了大量第一手资料和数据,通过仔细分析这些原始数据,课题组就冰核与冰晶的形成条件、基本物理性质,还有对黄土高原和华北一带地区的重要冰核源地,尤其是对华北地区降雪的物理特性以及人工催化降水性层状冷云潜力等内容进行比较深入的探讨,撰写了《北京地区 1963 年春季冰核浓度变化特点的观测分析》(1964)、《三七炮弹聚能分散碘化银成核效率的试验研究》(1982)等论文。

第四节　自然地理学的研究

一、地理环境中物质能量的研究成就

1955年,河北师范学院陈树仁发表了《我国棉作物的气候条件及其发展前途》的论文,通过对水分、天气、温度及棉花生长期的分析,得出结论:新辟棉区主要有两个方向,即把辽河流域棉区向北推进到松花江流域和向西北及新疆栗钙土和灰钙土地区发展,但是"根据东北的气温、雨量、日照情况,并根据(前)苏联在高纬度地区植棉的经验,在东北松花江流域植棉不宜大量发展,然在西北的栗钙土和灰钙土地区,情况和(前)苏联的中亚细亚棉区相仿,在气候上有许多有利条件,只要能解决水利灌溉及交通运输问题,发展为新棉区是非常有前途的"[6]。

1964年,河北师范学院刘濂发表了《黄骅县盐土荒区的形成及开发利用意见》。作者在文中指出,盐土荒区形成的原因比较复杂,主要有土壤底质的影响、海潮及高矿化度地下水的影响、气候的影响,还有不合理的耕作和利用;其地貌特征可分为:洪积——淤积平原区、淤积——海积洼地平原区、海积低平原区和三角洲堆积平原区;提出了四种改良利用盐土荒地的措施,即引水洗盐、排沟围埝和蓄雨压盐、放淤压盐。

在流域自然地理研究中,1964年河北师范大学邓绶林发表了《人类活动对滹沱河径流的影响》,就滹沱河流域的自然条件、河流水文情势以及人类活动对径流、洪水、泥沙和对汛期径流的影响,还有径流改变后对自然地理环境的影响进行了研究和探讨。该文的主要意义在于通过考察人类活动与流域内径流之间的内在关系,有助于人们更加科学地认识现代自然地理的历史发展过程,比较客观地和比较准确地分析认识河流、河湾以及三角洲的形成与演变规律,从而为水资源的合理利用与调节及进行全面的流域治理提供科学依据。

20世纪70年代初,河北省地理研究所、河北省肿瘤防治办公室和河北师范大学等单位组织部分科研人员深入到磁县、曲周、唐县等食管癌高发区,主要围绕病情、自然条件和生活习性进行调查,写成《河北省磁县、曲周、唐县食管癌地理病因的讨论》(1975年)。文中指出,食管癌高发区地球化学特征为高氮低钼的科学见解,引起学界的关注。钼是植物硝酸还原酶的组成部分,缺钼能导致硝酸盐在植物体内的聚积,当它进入人体内时,就转化为强致癌物质——亚硝胺。1973至1975年,河北省地理研究所王树恩主持了官厅水系水源保护课题的研究。该课题在摸清了水库上游工业和天然污染源、污染物的排放方式、数量及其去向的前提下,探索出了一些污染物在河流和水库里的迁移、累积与净化规律及对农作物、生物和人类健康所造成的危害。文中提出了"综合污染指数"和"污染负荷化"概念以及对污染源的评价方法[7]。

二、地理地带性和地域分异理论的主要研究成就

1. 自然区划的理论与方法

1963年,河北师范大学主持开展了河北省自然区划科学研究,其最终成果为《河北省自然区划》专辑,是全国重点科研项目,河北省完成时间居全国之先。1953年至1965年,由河北省地理研究所和河北师范大学等单位共同承担并完成了《河北省部分农业自然条件区划》科研课题。这两项系列研究成果,采用不同形式阐明了各自区划的原则、指标与方法,总结了河北省自然现象之间的相互关系和相互影响以及区域特点,具体地揭示了河北省地表物质、能量迁移转化规律及空间地域分异和时间的系列变化。1966年,《河北省部分农业自然条件区划》以《科学技术研究报告专集》的形式由国家科委出版,这在国内属首次。1979年至1981年,河北省地理研究所、河北师范大学等单位参加了由中国科

学院地理研究所主持的《河北省栾城县农业自然资源调查和农业区划》的科研项目,这项课题是为实现农业现代化综合实验基地县而开展的全国最早的县级规模的农业自然调查和农业区划工作[8]。

2. 河北地带性植被和地域分异的理论研究

1962 年,河北师范大学刘濂发表了《河北植被区划》一文。他认为,河北省地带性的原生植被是落叶阔叶林,并混有温性针叶林,后受到人类活动的影响变成为次生性温性山地灌木丛,其演变规律是:草木演替阶段→灌木演替阶段→乔木演替阶段,至此,植被趋于相对稳定阶段。1965 年,他还发表了《河北省坝上草原植被的概况》一文,从气候、水文、土壤等多个因子考察分析入手,科学地解释了河北省坝上草原植被的演变规律:撂荒地→田间杂草阶段→杂草根茎禾草阶段→进入相对稳定阶段[9]。

三、对地理环境的形成过程和历史演变的研究

1. 河北平原古河道与浅层淡水关系

自 1973 年始,河北省地理研究所吴忱等与有关部门合作进行《河北平原黑龙港地区的古河道及其与浅层淡水关系》的研究,该成果论述了河北平原黑龙港地区古河道的形态特征、地理分布、组成物质以及与浅层淡水在地理分布上的关系,提出了河北平原古代河流沉积相的 8 个标志;确定了古河道地区全新世的底界位置;对古河流的各种河型特征和水动力特征进行了复原;认为古河道是调蓄地下水的库容,是开采地下水的源泉,是补给地下水的重要途径[10]。

2. 河北平原第四纪古气候变迁

1975 年至 1977 年,河北师范大学王守一在考察、分析和研究了河北平原 500 余个砂样之基础上,绘制了系统的重砂矿物对比剖面图。进而以此为参照,从河北平原第四纪沉积物中矿物的变化特征、矿物的区域分布以及堆积类型、矿物气候标志等方面,讨论了矿物组合带与古气候之间的内在联系,提出了河北平原第四纪地质时期古气候的变迁规律[11]。

注　释:

[1][2][3][4]　河北省地方志编纂委员会编:《河北省志·科学技术志》,中华书局 1993 年版,第 590—594, 590—594,596,598 页。
[5][7][8][9]　河北省地方志编纂委员会编:《河北省志·科学技术志》,中华书局 1993 年版,第 598—599, 606,608,608 页。
[6]　陈树仁:《我国棉作物的气候条件及其发展前途》,《地理学报》1955 年第 1 期。
[10][11]　河北省地方志编纂委员会编:《河北省志·科学技术志》,中华书局 1993 年版,第 609—610,610 页。

第十五章　现代地质科技

　　1949年新中国的诞生,为中国现代地质学和地质科技发展开辟了前所未有的广阔道路。河北矿产勘查、水文地质、工程地质、环境地质、物化探、遥感技术、地质调查等现代地质科技全面发展,取得了辉煌的成绩。地质工作名副其实地站到经济建设的先行地位上,现代地质科技进入了一个新的纪元。

第一节　河北地质科研的主要成果

一、矿产勘查成果

　　河北省成矿地质条件较好,形成了相对丰富的矿产资源,优势矿产石油、煤、铁矿、金矿、水泥用灰岩在全国占重要地位。全省矿业开发历史悠久,是矿产资源大省和矿业大省,同时又是矿产资源开发、消费大省。

　　(1)矿产资源现状。全省已发现矿种116种,占全国已发现矿种171种的67.8%,如计算到亚矿种总数达151种,占全国234种的64.5%,其中能源矿产7种,金属矿产36种,非金属矿产106种,水气矿产2种。已查明资源储量的矿产(含亚矿)120种,占全国已查明资源储量矿产215种的55.8%,已发现未查明资源储量的31(亚矿)种。河北省上表矿产资源储量居全国前10位矿产有53种,11~15位有8种,16~26位有14种。

　　(2)矿产资源分布。河北省固体矿产主要分布在北部燕山和西部太行山区;石油、天然气、地热等矿产主要分布在平原区。区域特色明显,煤矿主要分布在唐山、邯郸、邢台、张家口;铁矿主要分布在唐山、邯郸、邢台、张家口、承德、秦皇岛;贵金属分布于冀东、冀西北和太行山北段;有色金属分布于冀北、涞易和坝上地区;石灰岩主要分布在燕山和太行山山前;石油分布于河北平原中东部。另外,建立钢铁、水泥、玻璃、陶瓷、碱化工、油化工、电力企业所需主要矿产和辅助矿产呈相对集中分布的特点,矿产配套组合理想,有利用于工业布局和开发利用。

二、水文地质、工程地质和环境地质研究成果

　　近三十年来,全面总结了全省水文地质和工程地质条件,对重要水文地质问题进行了专门研究并进行了有关的水文地质预测。

　　(1)进行了河北省境内的黄淮海平原水文地质综合评价。对全省的勘查和研究资料进行了全面分析研究,研究了咸水改造及盐碱土的改良,求取了各类水文地质参数,计算了综合补给和侧向补给量,为国土整治规划和农业发展提供了基础资料。

　　(2)试验研究了浅层地下水均衡计算参数。通过建立水文地质模型,求取了一系列水文地质参数,进行了地下水评价。通过层状土重力释水机制和降水入渗补给量等研究,提出了层状非均质土重力释水的滞后效应和减量效应。

　　(3)开展了深层含水层越流补给的研究。从理论上阐明了越流在多层结构的松散含水层的存在

形式,为开采量评价提供了科学依据。

(4)开展了地下水资源科学管理的研究。在研究中,首次运用地下水流动系统理论,确定了咸水体的运移速度。在石家庄市地下水资源科学管理研究中,建立了区域综合管理模型。

(5)开展了岩溶发育机理和分布规律的研究。在邯邢石灰岩发育区,通过水化学模型的建立和物理化学计算,确定了各水文地质单元内碳酸盐—硫酸盐岩溶蚀临界深度。总结了岩溶分布规律,为供水、矿山防水治水提供依据。

(6)发现了北方岩溶水具块段特征,并对岩溶水块段系统进行研究,为矿区水文地质勘探及疏干涌水量预测模型提供依据。

(7)初步总结了全省地质灾害的类型及分布,并就防灾治灾提出了措施。

三、物化探和遥感技术成果

通过方法研究和仪器的研制,提高了找矿效果,增大了勘探深度;其应用范围已经进入农业和无损伤探测等领域。

(1)首次编制全省1:50万重力、航磁、化探异常分布图等基础图件。提出了全省深、中深、浅层和主构造体系;划分了全省Ⅰ、Ⅱ、Ⅲ级构造单元;运用有关资料开展了矿产预测工作。

(2)以化探资料为基础,研究了锌、铜、铁、锰、硼、钼、磷等元素的水系沉积物含量代表土壤中元素全量的可行性,以及土壤中元素有效态的相关性规律。据此划分了土壤微量元素的丰缺分区,并做了预测。

(3)对冀北燕山沉降带及隆起区的太古宙—中生代地层进行地层地球化学剖面的研究,建立了该区化学地层柱,研究了地层与成矿的关系。

(4)遥感技术扩大了工作范围,采用了多片种综合解译方法。通过试验,遥感技术已应用于城市、农业和环境地质的综合调查。应用遥感、地、物、化资料的综合分析和多元信息的计算机拟合处理,避免了单一方法的片面性。对线性构造的解释,对环型影像特征进行解译,进而阐述其分布规律、成因、性质及其与成矿的联系。

第二节 河北地质调查取得的主要进展

一、河北地质调查史的历史分期

在我国,河北省是开展地质调查工作最早的地区之一,但大规模较全面系统地进行地质调查工作是在新中国成立以后。经过系统地研究分析,依据理论和工作方法的重大突破和更新,将我省的基础地质工作划分为三个阶段:

第一阶段,20世纪50年代至70年代中期

1957—1959年和1961—1963年河北省地质局区域地质测量大队开展了1:100万张家口幅[K-50]、北京市幅[J-50]的区调工作,首次全面系统地阐述了包括冀京津在内的广大区域的地质构造和矿产特征;完成了河北省全部山区约160 086平方公里的1:20万区域地质调查工作,并正式出版了地质图、矿产图及说明书,提供了一套较为完整的区域地质资料。

第二阶段,20世纪70年代后期至80年代中期

自20世纪70年代后期以来,河北省的区域地质工作开始在成矿带进行1:5万区域地质调查,而科研单位、地质院校主要围绕变质铁矿进行专题研究。在此期间,地质理论和工作方法都有了突破和发展,较1:20万的区域地质调查工作前进了一大步。在侵入岩方面采用以岩相研究为主的方法,进行了较为详细的期次划分,探讨了岩浆的演化,同时亦注重了中生代火山岩系的研究,探讨了火山机构;

在构造方面,以地质力学理论为指导,划分了新华夏系和祁吕系,摸清了紫荆关断裂的分布脉络,探讨了它的发生、发展过程;初步识别出了区内的推覆、推滑构造。

1977—1980 年,河北省地质局第二区调大队在寿王坟——大杖子一带开展了 1:5 万区域地质调查工作,对中生代火山岩首次应用火山岩性(岩相)—地层学填图方法,即双重填图法进行了工作。在划分火山岩相的基础上,圈定了火山机构,确立了大型破火山口、火山穹窿以及多个次级火山喷发中心。

在科研方面,1975—1980 年,钱祥麟等从前寒武纪铁矿贮存条件入手,在探讨冀东地区前寒武纪铁矿分布和形成规律的同时,系统地总结了冀东变质岩系的划分、前寒武纪构造、同位素地质年代学、变质建造和变质相系等,1984 年出版了专著《冀东前寒武纪铁矿地质》。1978—1981 年,孙大中等围绕冀东早前寒武纪基础地质问题开展了专门性研究工作。他们按火山沉积旋回观点,将冀东太古宙变质地体划分为两个群 5 个组,将原迁西群一分为二,从而改变了迁西群的内涵,1984 年出版了专著《冀东早前寒武地质》。1979—1982 年,张贻侠等围绕铁矿形成条件和区域评价在冀东开展了科学研究工作。该项研究采用了构造分区法,发现了一系列韧性剪切带,确定冀东存在大型推覆构造;并提出了基性层状侵入体,迁安片麻岩和安子岭片麻岩具有侵入体性质,三者都应从地层中剔除的新认识,1986 年出版了专著《冀东太古代地质及变质铁矿》。

第三阶段,20 世纪 80 年代后期至 90 年代初

随着地质矿产部"七五"攻关项目——变质岩、沉积岩、侵入岩和火山岩四大岩类填图方法研究的展开,填图方法、理论观念及认识都发生了重大转变。

1986—1990 年,河北省区域地质矿产调查研究所承担了《冀东高级变质岩区填图方法研究》专题项目。通过该项研究,提出了以现代变质变形理论为指导,在正确划分岩石单位的基础上,以查明地质事件为主线的填图指导思想,具体概括为"构造—岩石—事件法",根据岩石的变形环境不同划分出不同的韧性变形带,总结了不同变质深成岩、变质表壳岩及不同层次(深、中、浅)韧性变形带的多期变形与多相变质作用的特征及研究方法,提出了对各种构造形迹、包体、变质岩墙等观测研究思路和工作内容,进而概括总结了高级变质杂岩区地质事件的研究方法和表达方式,以及高级变质区的地质填图工作程序、研究内容和工作要求等,1992 年出版了《高级变质岩区填图方法》专辑。

科研方面主要围绕早前寒武纪变质地体开展。1987 年,中国地质科学院地质研究所伍家善等对太行山区阜平群进行了深入的专题研究,对阜平群的原岩建造、变质作用、构造变形和地壳演化均作了较为详尽的论述,同时获得了有价值的同位素年龄资料,出版了《阜平群变质地质》专辑。冀东地区开展了以扩大铁矿远景为目的的基础地质研究工作。经过大面积填图和科研工作,发现冀东太古宙变质地体是高级带组合,85% 以上的长英质片麻岩是英云闪长岩－奥长花岗岩和钠长紫苏花岗岩为主体的深成侵入岩(TTG 岩系);表壳岩是极少的一部分,它们代表地壳早期的堆积,是由沉积岩系、火山岩系和(或)基性—超基性侵入体组成。认为长英质片麻岩中的片麻理不能代表原始层理,它们是由岩体侵位或深部韧性变形所形成的构造面理。从地质学、岩相学、地球化学等方面,对该区广泛分布的太古宙花岗质岩石作了较为系统的论述。

1980—1986 年,河北省地矿局区调大队编撰的《河北省北京市天津市区域地质志》及 1:50 万《河北省北京市天津市地质图》全面系统的对地层、岩浆岩、变质岩、构造等方面进行了总结,无论从其研究的深度还是广度,都是河北地质调查史上的一个里程碑。

1987—1991 年,河北省地矿局区调大队与英国皇家学会合作再度对 1:5 万三屯营幅和蓝旗营幅南半部开展了区调试点填图,确定了区内太古宙变质地体主要是由两套花岗岩类(TTG 岩系)演变而来的,其中含少量呈包体存在的表壳岩组合,划分出了三期不同类型(麻粒岩相、角闪岩相和绿片岩相)的韧性变形带。

二、建国以来河北地质调查取得的主要进展

建国以来,由于区域地质调查和矿产普查勘探的广泛开展,特别是 20 世纪 70 年代以来新理论、

新方法和新技术的充分推广和应用,在地质领域的许多方面,都有着重大甚至突破性进展。

1. 早前寒武纪变质地体研究

冀东地区是我国著名高级变质区,《冀东高级变质岩填图方法研究》及三屯营试点图幅的完成,以及北京密云怀柔地区太古宙上壳岩等项研究,都促使早前寒武纪变质地体研究的理论观念及认识发生了重大转变。过去一直认为由沉积—火山岩系变质而成的太古宙变质岩系均不同程度地解体,从中厘定出不同期次的变质深成岩(TTG 岩系)及变质中酸性侵入岩。厘定出早前寒武纪地质演化史存在 2—3 个旋回,其年代大致为 2 800Ma、2 500Ma 和 2 200Ma,前两个演化旋回均以表壳岩形成开始,但后期则表现为一次较强烈的中酸性岩浆侵位而告终。上述成果对研究华北地台太古宙地壳演化发展史具有重要意义,是观念性突破[1]。

2. 地层古生物方面的研究

(1)20 世纪 60 年代以后,天津地质矿产研究所和河北区调队对蓟县剖面做了岩石地层学、生物地层学、同位素地质年代学、地球化学、磁性地层学、沉积相序和沉积环境等诸多领域的系统研究,取得重大进展。联合国教科文组织的"地科联",选定该剖面为"前寒武地质研究的重要目标之一"。

(2)20 世纪 80 年代中后期,杜汝霖教授在天津蓟县长城系高于庄组中发现了世界罕见的宏观真核生物螺旋状炭质化石,它是当时公认最古老的宏观化石,命名桑树鞍藻,时代为 14 亿年。这一发现使宏观真核生物出现时间至少提前两亿年到 4 亿年,是宏观生物进化史研究上一个重大突破。论文在美国《美洲科学杂志》发表后反响很大,原国家科委主任宋健写信指出"这是一项令人振奋的成就"。

(3)20 世纪 80 年代初期,杜汝霖教授及其所率领的项目组又在张家口怀来、涿鹿,北京昌平,天津蓟县,承德兴隆、宽城,唐山等地青白口系中发现了罕见宏观藻类化石,命名为龙凤山藻。该化石是目前所知最早具形态和组织器官分化真核的多细胞宏观化石,同时也是最早的宏观底栖藻类化石,时代为 8.5 亿~9 亿年,它对探讨植物界早期系统演化,研究藻类分类学及地层对比等都有重要意义。该项研究被国家科委批准为 1983 年国家级重大科技成果,龙凤山生物群已被国内外公认为早于伊迪卡拉生物群的世界最早具形态和组织器官分化宏观生物群落。

(4)对海相沉积地层在岩石地层单位基础上,开展了河北早古生代海相地层和古生物层序地层、旋回地层的研究,较大幅度地提高了全省沉积地层的研究程度,还建立了各系较完全的化石带,对寒武系建立了 13 个三叶虫化石带和 4 个牙形石化石带,对奥陶系还建立了共 26 个化石带[2]。

(5)中国北方陆相侏罗系与白垩系的分界是我国地层古生物界长期争论的重大问题,问题的焦点是热河生物群或义县组的时代归属。从生物界线来看,大北沟组底部是热河生物群大爆发的生物界线,代表了早白垩世一次重要的生物辐射演化事件。基本解决了侏罗—白垩系的界线重大问题。

(6)近些年来在我国冀北、辽西热河群中相继发现了数十个重要脊椎动物化石地点,综合所获化石构成了狼鳍鱼群、鹦鹉嘴龙动物群及孔子鸟类群、辽西鸟类群和华夏鸟—朝阳鸟类群等,极大地丰富了热河生物群的内容,也为解决该生物群时代归属和该侏罗—白垩系的界线提供了可靠的依据。

(7)20 世纪 80 年代后期,庞其清等在阳原与山西天镇交界处发现一新的恐龙动物群,共有不寻常华北龙、杨氏天镇龙、程氏天镇龙、四川龙、单脊龙、满洲龙等 7 条恐龙骨架和霸王龙的头骨。其中大型蜥脚类恐龙的不寻常华北龙,长 20 米,背高 4.2 米,头高 7.5 米,属新科、新属和新种,为华北地区晚白垩世首次发现,是我国晚白垩世目前发现最大、保存程度最好的大型蜥脚类恐龙,填补了我国晚白垩世晚期完整蜥脚类恐龙骨架的空白,这对恐龙的分类、特征、演化、迁徙和绝灭的研究,及地层对比都具有重要的科学意义。

(8)对于中外有名的第四纪泥河湾层自 1924 年以来,已有不少中外学者进行了研究,新中国成立后更有大量中国地质学家进行多方面深入系统的研究,取得了非常丰富的成果。主要有:地层方面,泥河湾层时代定为早更新世,并成为我国北方,特别是华北地区早更新世标准地层之一,进一步对泥河湾层的研究可三分为三个组,即泥河湾组、小渡口组和许家窑组,三组时代不仅有更新世还有中更新世和晚更新世;古生物群方面,除原有的哺乳动物化石外,还发现有大量的软体动物化石、微体动物化石和微古植物孢粉化石。

(9)在北京周口店太平山及羊耳峪新发现了洞穴堆积剖面中属于早更新世晚期和晚更新世早期动物群,填补了周口店地区洞穴堆积中的两段空白,并在早更新世洞穴堆积中,首次发现古冰楔构造,这对解决我国第四纪早期古气候的争论提供了宝贵的地质证据。

3. 矿物岩石方面的研究

(1)发现了一些属国内首次发现的新矿物。我国首次发现的新矿物为:镁硅钙石,发现于涞源;硼硅钇钙石,发现于曲阳;氯黄晶,发现于青龙。此外,还首次在太古宇阜平群的混合岩化角闪斜长片麻岩中发现了四方硅铁矿。该矿物的发现对于阜平群变质岩系原岩的研究有重要意义[3]。

(2)首次对河北全省中酸性岩浆岩进行了系统研究。全省共有中酸性岩体497个,均根据国际通用分类标准进行了统一命名,并依据同位素资料确定了岩体侵位时代。

(3)承德大庙斜长岩及其与矿产的关系。大庙斜长岩体是我国最大的斜长岩体,其包括三个岩体,总面积163.3平方公里,属于新太古代和中新元古代两期的产物。钒钛磁铁矿(即大庙式铁矿)一般产于苏长岩体的下盘接触带或贯入到斜长岩体中;低品位铁—磷矿床则产于上盘接触带或贯入斜长岩体中,有的苏长岩体全部含矿而形成规模很大的铁—磷矿床。

(4)汉诺坝玄武岩及其深源包体的研究。分布于尚义和崇礼县的汉诺坝玄武岩,形成于中新世至上新世。喷发间歇期的沉积夹层内有硅藻土矿床。位于下部的碧玄岩中含有大量上地幔和下地壳的深源包体及高压巨晶体;而位于上部的拉斑玄武岩则不含深源包体[4]。

4. 构造地质方面的研究

(1)通过大面积区域地质填图认识到,河北太古宙及早元古代变质基底的构造变形以强烈的韧性变形和中深变质为特点,普遍发育花岗片麻岩穹窿(如典型的阜平穹窿)。紧密同斜褶皱、流变褶皱、揉皱,普遍发育推覆构造和逆冲断层,多期构造置换、多期构造叠加往往构成复背斜的核部等特点。

(2)应用地幔热柱理论对河北省深部构造进行了研究,在构造现象的联系和成因上作出了合理的解释。深入研究了河北幔枝构造的形成、演化及其地质特征。牛树银等运用地幔热柱—幔枝构造理论编制了《河北省幔枝构造纲要图》和《河北省幔枝构造成矿规律图》[5]。

(3)通过青龙县幅等区域地质调查,基本查清或建立起了"燕山板内造山带的形成演化模式",从而确定了这一大地构造形成在华北板块发展历史中的地位及其与成矿作用之间的关系。崔盛芹等还阐述了"燕山陆内造山带的造山过程,并从全球背景上探讨了其力学机制"[6]。

(4)对在燕山地区命名的燕山运动,鲍亦冈等作了深入的研究。从沉积构造、侵入活动、火山活动、褶皱变形、构造线方向的偏转等多方面分析,提出燕山旋回三个褶皱幕划分的合理性和可比性,修正了以往所认定的九龙山组与下伏岩系的不整合接触的不正确认识,提出燕山构造旋回不是结束于白垩纪末期,其上限在早白垩世末[7]。

第三节　河北省重大地质科技成果

河北省幅员辽阔,环抱京津,这一区位优势,使其成为中国地质科学最早研究的摇篮地区。广大地质工作者发现、保存和记录了由30多亿年地质发展演化至今的较完整的重大地质历史事件的遗迹,成为河北地质历史的重要见证和研究的科学依据,是近150多年来河北地质科学研究的重大成果的全面系统的总结,也是地质演化留给我们的珍贵遗产[8]。按地质发现和研究时间的顺序,将河北省重大地质科技成果列于表7-15-1。

表 7 - 15 - 1　河北省的重大地质历史事件表

序号	名　　称	创建人或单位	创建年代	创建地点	意　　义
1	桑干片麻岩	李希霍芬	1882	桑干河一带	将桑干河一带的片麻岩命名为"桑干片麻岩",时代定为太古代晚期
2	震旦层系	李希霍芬	1882	太行山、五台山	首次将"震旦"一词引用到地质文献中来,提出"震旦层系"一名,当时其含义指元古界(五台系)之上、石炭含煤系之下的一套未变质的硅质灰岩系
3	震旦系泰山杂岩	维里士、布莱克威尔德	1904	阜平、龙泉关、五台山	将龙泉关一带的深变质地层命名为"泰山杂岩",时代归为太古代,并将"震旦层系"的上限限制在寒武系之下,称"震旦系";同时指出滹沱系、五台系、龙泉关片麻岩之间均为整合关系
4	《直隶地质图》、《直隶矿产图》	邝荣光	1910	河北省	地质图对区内地层进行了划分,矿产图上标明了各类矿产地。其内容大多是作者实地踏勘的结果,是中国学者自己编绘的第一张地质图和矿产图。还绘制了古生物图版,相当精细,是中国学者编制的第一幅古生物图版
5	三趾马—真马动物群(泥河湾动物群)泥河湾层	巴尔博、德日进、桑志华、皮维托等	1924—1929	阳原县泥河湾	发掘了三趾马—真马动物群(即"泥河湾动物群"),建立了"泥河湾层",时代定为晚上新世,成为我国下更新统的典型剖面
6	《直隶宣化、涿鹿、怀来三县地质矿产》、《宣化一带地质构造研究》等	谭锡畴、王恒升、王曰伦、孙健初	1928—1929	张家口宣化、涿鹿、怀来	阐述了以涿鹿为中心的区域地质特征,对广泛发育的火山岩系和构造特征及岩石学、构造地质学进行了深入论述
7	《张家口附近地质志》	巴尔博	1929	张家口	创建了"张家口斑岩"、"南天门砾岩"和"汉诺坝玄武岩",即现在的张家口组、南天门组和汉诺坝组
8	第四纪冰川	李四光	1922	太行山东麓的沙河县白错盆地	首先发现了条痕石,认为是冰川流动的证据;开创了中国第四纪冰川的研究历史
9	"震旦系"进一步厘定	葛利普	1922	保定	以山西省"滹沱系"、保定西山"大洋灰岩"和北京西山"南口灰岩"为依据,把震旦系限定为寒武系之下、五台系或"泰山系"古老变质岩之上的未变质或浅变质的沉积地层,并与北美的贝尔特超群、大峡谷超群对比;当时将"滹沱系"、"震旦系"视为时代相当的地层

续表

序号	名　　称	创建人或单位	创建年代	创建地点	意　　义
10	滹沱系	山根新次	1931	太行山	将获鹿一带的浅变质地层划为滹沱系,其上的未变质地层(今长城系)划为"震旦系"。较以前的认识有明显提高
11	奥陶系的划分和化石带的建立	孙云铸、葛利普、杨钟健、尹赞勋、赵亚曾、侯德封、王水、张文堂等	1921—1922 1929—1949	唐山开平盆地	孙将奥陶系划分为下奥陶统冶里灰岩和珊瑚灰岩、中奥陶统马家沟灰岩。葛指出马家沟灰岩与北美的黑河组和春塘组相当,珊瑚灰岩为下奥陶统。经杨等进一步研究后,开平盆地和河北省的奥陶系的划分和化石带的建立已经相当清楚
12	寒武系的划分和化石带的建立	孙云铸等	1924、1935	唐山开平盆地、开平、临城、北京西山	将寒武系自下而上划分为馒头层、张夏层、崮山层、长山层和凤山层;除馒头层外,统称长山系。将长山层和凤山层详细分为5个化石带
13	燕山运动	翁文灏	1927	燕山地区	以燕山为标准地区首先提出"燕山运动"一名,原义代表侏罗纪末期、白垩纪初期产生的不整合、岩浆活动和成矿作用
14	蓟县运动	孙云铸	1957	冀、京、津	指晚前寒武期间的一次地壳上升运动。是根据下寒武统砾状灰岩(府君山组)和震旦亚界青白口群景儿峪组千枚岩之间的平行不整合(或微角度不整合)确定的。中国地质科学院1:400万编图组(1976年)使用这一名称,指震旦亚界青白口群景儿峪组和下寒武统府君山组之间的构造运动。
15	太行运动	谭应佳	1959	太行山区	指中国北方古太古代发生的造山运动。1965年山西区测队重新将其厘定为龙华河群和阜平群之间的角度不整合,以河北省平山县桑园口村表现最明显
16	阜平运动	马杏垣	1960	太行山区	据谭应佳资料创名,代表阜平群末的地壳运动
17	震旦旋回	马杏垣	1960	冀、京、津	基于当时对我国南北方震旦时代相当的认识,提出震旦系顶底界面所代表的时限范围,构造成一个独立的构造旋回。并指出它是元古宙阶段与寒武纪以来地质阶段之间的中间环节

续表

序号	名　称	创建人或单位	创建年代	创建地点	意　义
18	1:100 万张家口幅（K－50）和北京市幅（J－50）地质图、大地构造图、矿产分布图、内生金属矿产成矿规律图及其说明书	河北区测队	1961—1963	河北省	第一次全面系统地总结了以河北省为主的广大区域的地质构造和矿产特征。作为"中国地质图类和亚洲地质图"的组成部分。不仅填补了河北省的地质空白区，而且对前人资料进行了系统总结，在地层、岩浆岩的划分对比，构造特征的描述，矿产分布规律的认识等方面，较前人都有很大进展，为后来的地质矿工作奠定了基础。1982年获国家自然科学一等奖
19	正规 1:20 万区调工作	河北区测队	1959—1980	河北省	共完成25.5幅，实测面积约 148 783km^2。各幅均已正式出版，被国民经济各部门广泛使用
20	首开 1:5 万区调	河北区测队	1973	河北省 塘湖、易县	标志着河北省基础地质工作进入了一个新的阶段
21	《华北地区区域地层表（河北省、天津市）分册》	河北区测队等	1974—1976	华北	反映了当时华北地区地层工作的研究程度
22	三叠纪研究进展	河北区测队	1975—1978	平泉县、承德下板城	在原"平泉红层"上部层位采得孢粉，经中国地质科学院鉴定，时代为早、中三叠世，遂称其为"丁家沟群"。后又将其自下而上划分为"丁家沟组"、"下板城组"、"胡杖子组"；在下板城附近"下板城组"灰绿色泥岩夹层中发现了早三叠世标准化石斯氏肋木并将上述三组与山西省标准剖面对比，分别称刘家沟组、和尚沟组、二马营组。是河北省三叠纪研究的重要进展
23	奥陶纪研究进展	河北区测队	1976	邯郸峰峰	证明"同义村组"以直角石占优势，较以珠角石为特征的"上马家沟组"动物群有明显的更新现象，符合建组条件，故将唐山剖面缺失的中奥陶统上部层位，即峰峰矿区附近发育的下伏地层厘定为"上马家沟组"，上覆地层为本溪组的原"同义村组"改称峰峰组，这是河北省奥陶系研究的新进展
24	中生界、寒武系、奥陶系、中—上元古界和山区新生界断代总结	河北区测队	1975—1981	河北省	对各时代的地层、古生物等进行了总结，为以后的地层工作确定了基本条件

续表

序号	名　称	创建人或单位	创建年代	创建地点	意　义
25	《中国震旦亚界》	天津所、河北区测队、山西区测队、北京地质所、河北地质学院	1979		是对河北省唐山、宽城、庞家堡、怀来以及太行山、天津市蓟县和北京市十三陵等的中—上元古界专题研究成果。在岩石地层、生物地层、年代地层、古地磁、地球化学等方面都取得了明显进展,反映了当时的研究水平
26	长龙山组发现宏观藻类化石	杜汝霖等	1979	怀来县	在怀来县凤山一带长龙山组发现了4种类型的宏观藻类化石,其中龙凤山藻是新类型。是当时所知层位最低、时代最老、种类较多、个体较大、保存很好的藻类化石群落,反映了我国晚前寒武纪一个独特生物发展阶段的藻类生物的组合面貌,具有重要的地层意义
27	《河北省北京市天津市区域地质志》《河北省北京市天津市区域矿产总结》	河北地矿局	1983—1987	河北省	全面系统地阐述了一省两市的区域地质矿产特征,内容丰富,实际材料可靠,立论依据充分。在地层、构造、岩浆岩、变质岩和矿产分布规律、成矿特征等许多方面有较大的进展,反映了20世纪80年代地质研究程度,是一份阶段性的全面总结
28	迁西群、迁西运动	河北区测队、钱祥麟等	1979—1985	冀东	迁西(岩)群由河北区测队于1974年提出,1979年在华北地区地层表上发表。1985年钱祥麟等在(冀东前寒武纪铁矿地质)中提出"迁西运动"一词。指迁西群形成末期,二微板块连同其间的裂陷带一并发生年龄约30亿年的构造变动。代表了当时对冀东古老基底地壳构造研究的程度
29	《河北省岩石地层》	河北地矿局	1994	河北省	以《国际地层指南》为依据,应用现代地层学多重划分对比概念,系统地整理了河北省130多年来的地质调查和地层学研究方面的资料,对河北省从太古宙到第三纪(山区)的岩石地层单位进行了清理。为河北省地层的命名和研究科学化,以及地质填图和其他应用奠定了基础

续表

序号	名　　　称	创建人或单位	创建年代	创建地点	意　　义
30	《河北省北京市天津市地质图》（数字化）及说明书	河北省国土厅、河北省地勘局	2001	河北省	为河北省第三代 1:50 万数字化地质图，综合运用了现代地学各学科的新理论、新技术和新方法，以现有最新1:5万区调资料为基础。充分反映了河北省基础地质工作最新成果和水平，对建立数字化地质图库和信息化管理系统具有重要的现实意义和战略意义

注:据河北地质学会,2002 年。

注　释:

[1][5]　河北省地质矿产勘查开发局:《河北省地质、矿产、环境》,地质出版社 2006 年版。

[2][3][4]　吕士英:《河北省地质科技成果丰硕的十年》,载《八十年代中国地质科学》,北京科技出版社 1992 年版,第218—223 页。

[6]　陈庆宣、吴淦国:《建国五十年来地质力学的主要进展》,载《中国地质科学五十年》,中国地质大学出版社 1999 年版,第84—85 页。

[7]　鲍亦冈、邓乃恭:《北京地区地质科学十年来研究进展》,载《八十年代中国地质科学》,北京科技出版社 1992 年版,第177—179 页。

[8]　河北省地质学会:《河北地区地质学发展百年史》,载《中国地质学会 80 周年纪念文集》,地质出版社 2002 年版,第357—360 页。

第十六章　　现代采矿科技

　　河北省矿产资源丰富,其中炼焦煤和石油、铁矿石储量在全国占有重要地位。新中国成立后,为了建设大型钢铁、建材、化工等综合工业基地和发展煤化工、盐化工、油化工的实际需要,采矿事业发展迅速,先后建立了一批重要的煤矿、铁矿和金矿,采用的矿山建井技术和石油钻井技术、矿山通风与排水技术,油气集输与储运技术,矿洗选厂建设与洗选加工技术,构成了现代采矿工程技术体系,为振兴河北经济的全面发展奠定了坚实的物质基础。

第一节　　重点能源及金属矿产矿山分布

一、能源矿产矿山

1. 矿产资源状况

　　河北省能源资源有煤、石油、天然气、泥炭、油页岩和地热,其中煤炭资源是主要能源矿产,也是其优势矿产之一。石油、天然气资源也比较丰富,但油页岩资源不足。

煤炭资源丰富,分布广泛,且煤质好,品种全,产量大,占明显的优势地位,开采历史悠久。截至1990年底,全省共有煤炭产地268处,累计探明储量209亿吨,保有储量192亿吨,居全国第12位。煤炭产地规模以小型为主,中型次之,大型的不多。

石油、天然气资源比较丰富。截至1988年,累计探明石油地质储量居全国第五位,天然气储量居全国第八位。

油页岩矿产资源不多,截至1993年底,已勘查矿区6处,累计探明储量6 922万吨,保有储量6 786万吨[1]。

2. 重点煤矿矿山

(1)开滦矿区。

新中国成立后的1950—1957年,开滦煤矿全面恢复生产并进行技术改造。1958—1959年,开工建设范各庄、荆各庄、徐家楼、吕家坨、国各庄和卑家店矿井,建设规模达660万吨;新开工的简易洗煤厂有:唐家庄、赵各庄、唐山、林西、马家沟等,年入选原煤总能力为315万吨。1961年,荆各庄、徐家楼、吕家坨矿井及唐家庄洗煤厂停止建设,国各庄矿合并到马家沟矿,巍山井合并到赵各庄矿,卑家店合并到唐家庄矿。1964年吕家坨矿恢复建设;1969年徐家楼区划归唐家庄矿恢复建设。20世纪70年代以来,矿区建设的重点是老井挖潜及扩建,以延长老井的服务年限。于是,1974年范各庄矿扩建,年生产能力由180万吨增至400万吨;1976年唐山矿扩建,年生产能力由210万吨增至400万吨;吕家坨矿于1978年扩建,年生产能力由150万吨增至300万吨。在此期间,扩建了唐山矿及赵各庄矿的洗煤厂,1977年开工建设年入洗原煤能力400万吨的范各庄洗煤厂。

截至1978年底,开滦矿务局辖有范各庄、唐山矿、吕家坨、荆各庄、赵各庄、林西、马家沟、唐家庄矿和国各庄等矿山,年生产能力达1 365万吨。

(2)峰峰矿区。

"一五"计划期间,峰峰矿区列为全国重点建设矿区,通顺二号井生产能力达120万吨/年,是全国156个重点项目之一。新东大井、北大峪、羊渠河一号、羊渠河二号、羊渠河斜井、姚庄、通顺二号、牛儿庄等8对矿井,从1955年起先后开工建设,建设能力为456万吨/年。邯郸和马头两座大型洗煤厂,于1955、1956年先后开工,入洗原煤能力为350万吨/年。1958年,峰峰矿区建设继续高速度发展,总建设规模达12对矿井,生产能力667万吨/年。

1959年新开5座洗煤厂并续建7个洗煤厂,入洗总能力达518万吨/年。

1958—1960年,投产矿井9对,能力526万吨/年;投产洗煤厂7处,能力518万吨/年。1961年,泉头、孙庄矿先后停工缓建。1969年孙庄矿恢复建设,继而黄沙斜井及万年一号井新开工,共建3对矿井,能力为120万吨/年;开工建设入洗原煤能力为60万吨/年的孙庄洗煤厂。1971年泉头矿井恢复施工,泉头矿与一矿、二矿的三井合并,泉头能力核销。1976年万年二号井开工。1979年九龙口矿井开工。

截至1978年底,峰峰矿务局辖有薛村矿、羊渠河、牛儿庄、小屯矿、孙庄矿、五矿、通二矿、黄沙矿等矿山,年生产能力为610万吨。

(3)邢台矿区。

1961年邢台煤矿开工建设,1968年建成投产,设计年生产能力为90万吨,1971年邢台洗煤厂开工。1974年组建邢台矿务局。1976年东庞矿井、显德汪矿井开工。截至1978年底,邢台矿务局辖有邢台矿、章村三井、章村四井,年生产能力达205万吨。

(4)井陉矿区。

1949—1956年,先后恢复了一矿(新井)、二矿(北井)、四矿荆蒲兰井和三矿(凤山)的生产。1958年以后,在矿井周围开凿了一些小煤窑。截至1978年底,井陉矿务局辖有三矿,年生产能力仅40万吨。

（5）下花园矿区。

1950—1952 年，将下花园分散小窑合并为一、二坑；1957—1958 年，先后新建马鞍山三井、四井、五井，以及鸡鸣山六井、七井。截至 1978 年底，下花园矿仅有玉带山井。

（6）邯郸矿区。

1950—1952 年，对郭二庄、康二城小窑进行改造，新建王凤斜井；1954 年，恢复王凤一坑北坑、郭二庄东大井；1957 年，新建康二城一坑。1958 年，新开工王凤二坑、郭二庄二坑、义井一坑。1966—1970 年，开工建设康二城三坑、阳邑矿井、陶庄一号井。1971 年，恢复施工于 1960 年停建的王凤洗煤厂；1986 年，郭二庄洗煤厂建成。1975 年，陶庄二号井开工。

截至 1978 年底，邯郸局辖有陶二矿、郭二庄矿、康城矿、陶一矿及阳邑矿，生产能力为 260 万吨/年。

（7）八宝山矿区。

新中国成立后，八宝山小窑进行技术改造。1953 年改扩建七一井，1958 年庙梁山斜井开工。截至 1978 年底，八宝山煤矿生产能力为 21 万吨/年。

（8）兴隆矿区。

1957 年，火神庙竖井、露天、东斜井开工建设。1958 年，老爷庙一号、二号斜井、北马圈子斜井相继开工。1959 年，火神庙、老爷庙简易洗煤厂开工，后因煤质不易洗而停建。截至 1978 年底，兴隆局仅辖有汪庄和营子矿，生产能力为 54 万吨/年。

3. 石油、天然气

（1）冀中油气区区域概况与油气层分布。

我省石油、天然气集中分布在华北油田的冀中油气区。该区位于华北平原北部，西起太行山，东与大港油田搭界，北至北京大兴区，南与山东、河南两省接壤，南北长 300 多千米，东西宽 80～130 千米，面积 28 400 平方千米。

区内几乎所有地层均获得工业油流，其含油层系自下而上为中上元古界的青白口系、蓟县系，下古生界寒武系、奥陶系，下古生界二叠系，下第三系孔店组、沙河街组、东营组及上第三系馆陶组和明化镇组。获得油气储量最多的是中上元古界蓟县系雾迷山组，其次为下第三系沙河街组。具有工业性油流的储集岩主要有石英岩、白云岩、石灰岩、砂岩、砾岩及玄武岩等。

（2）冀中油气区发现与勘探开发。

华北油田的勘探可追溯到 20 世纪 50 年代的中后期。1956 年 10 月 26 日，华北钻探大队在南宫县明化镇钻探了华 1 井，该井是渤海湾大油田的第一口探井。20 世纪 60 年代中后期，京参 1 井、河 1 井、京 1 井都获得了工业油气流。1972 年，先后打了大 1 井、大 2 井、大 3 井，在石炭系至二叠系地层中即见到微弱的天然气显示。1974 年 6 月，钻探的家 1 井，率先在沙三段地层获得了日产 63.7 吨的工业油流；1974 年 9 月，钻探的冀门 1 井，在 2 983.03～2 983.95 米井段取出了 0.92 米岩心，岩心裂缝中含油气显示；1975 年 2 月，钻探的任 4 井，先后在 3 162 米到 3 200.64 米井段的细碎岩屑中，发现了闪烁着油脂光泽的白云岩含油岩屑，并伴有井涌现象。经试油和酸化作业，在震旦亚界碳酸盐岩层获得了日产 1 014 吨的高产油流，发现了任丘古潜山大油藏。

从 1975 年 10 月下旬到 1976 年元月下旬，钻探的任 6 井、任 7 井、任 11 井先后建成千吨高产油井，其中任 7 井日产高达 4 620 吨；钻探的任 9 井酸化后防喷，获得日产 5 435 吨高产，成为我国石油工业史上单井初产量最高的一口井[2]。

1974 年至 1999 年华北油田冀中油（气）田发现与地层分布情况见表 7-16-1。

表7-16-1　1974—1999年华北油田冀中油(气)田发现与地层分布情况

序号	油(气)田名称	发现年份	发现井号	各油(气)层位置	序号	油(气)田名称	发现年份	发现井号	各油(气)层位置
1	凤河营	1978	京126	第三系	23	肃宁	1980	文11	第三系
2	柳泉	1978	泉2	第三系	24	武强	1980	强19	第三系
3	中岔口	1978	京16	第三系	25	西柳	1977	西柳1	第三系
4	河西务	1979	安22	第三系	26	赵兰庄	1976	赵1	第三系
5	别古庄	1978	京11	第三系	27	留西	1979	留8	第三系
6	永清	1979	京30	奥陶系	28	大王庄	1980	留70	第三系
7	南孟	1976	坝10	寒武系	29	高家堡	1974	家1	第三系
8	龙虎庄	1977	坝22	奥陶系	30	高阳	1991	高30 高29	第三系
9	顾辛庄	1977	坝21	奥陶系	31	留楚	1994	楚28	第三系
10	苏桥	1982	苏1	奥陶系	32	何庄	1979	泽37	奥陶系
11	岔河集	1978	岔4	第三系	33	深西	1979	泽21	奥陶系
12	鄚东	1978	鄚2	震旦系雾迷山组	34	深南	1978	泽10	第三系
13	雁翎	1977	淀2	震旦系雾迷山组	35	荆丘	1982	晋45	奥陶系 第三系
14	刘李庄	1977	雁24	第三系	36	何庄西	1983	泽79	奥陶系
15	任丘	1975	任4	震旦系雾迷山组	37	榆科	1988	泽78	第三系
16	南马庄	1976	马2	寒武系	38	南小陈	1983	泽54	奥陶系 第三系
17	八里庄	1976	马15	震旦系雾迷山组	39	车城	1995	晋93	第三系
18	八里庄西	1978	马25	震旦系雾迷山组	40	台家庄	1985	晋40	奥陶系 第三系
19	薛庄	1977	马71	震旦系雾迷山组	41	百户	1999	赵36	第三系
20	河间	1977	马38	震旦系	42	赵州桥	1995	赵39	第三系
21	留北	1976	留10	震旦系雾迷山组	43	高邑	1994	赵60	第三系
22	文安	1980	文11	第三系					

注:根据《华北油田大事记》编委会编,《华北油田大事记》附录八(第355—356页)删减整理。

4. 已开采利用的地热[3]

怀来县后郝窑地热田　地下水化学类型为硫酸—钠型,矿化度0.88~0.99克/升,pH值在8左右,属低矿化弱碱性水。已建有怀来县温泉疗养院和华北电力局温泉疗养院,张家口地区农业科学研究所利用地下热水培育优良品种。

昌黎县晒甲坨地热田　地下热水水化学类型属氯化物钠—钙型,矿化度 3.28 克/升。热水中氟、氡达到医疗热矿水含量标准。

抚宁县大泥河热田　地下热水水化学类型属氯化物钙—钠型,矿化度 6.24～10.34 克/升。热水中含有氟、锶等多种对人体有益的元素,具有一定的医疗保健作用。1985 年,抚宁县卢王庄小泥河村建立了热水浴池。

雄县—固安一带牛驼镇地热田　地下热水总储存量 52 163.359×10^{16}立方米;地热井已被地方利用于疗养、居室供暖、温室种植蔬菜等方面;已建成白洋淀温泉城旅游区[4]。

二、黑色金属矿产矿山

1. 矿产资源状况

河北省黑色金属矿产资源有铁、锰、铬、钛、钒。

铁矿资源丰富,截至 1990 年底,全省已勘查铁矿产地 221 处,分布在全省 34 个县。全省铁矿产地的累计探明储量 80 多亿吨,保有储量为 77 亿吨,位居全国第三位。

锰矿资源截至 1993 年底,全省锰矿产地仅 6 处,累计探明储量为 54 万吨,保有储量 7 万吨。矿床类型主要是热液型锰矿,其次是沉积型锰矿,第三种为沉积变质型锰矿。

铬矿资源截至 1993 年底,产地 3 处(列入矿产储量表),累计探明矿石储量 30 万吨,位居全国第七位。

钒钛资源极为丰富,是全国两个主要产地省份之一。截至 1993 年底,钒钛磁铁矿保有储量中含五氧化二钒约 57 万吨,位居全国第七位;含二氧化钛约 1 616 万吨,位居全国第二。钒钛磁铁矿产地 16 处,矿床类型主要为岩浆岩型矿床,其次为沉积变质型矿床[5]。

2. 重点铁矿矿山

(1)邯邢矿山基地。

邯邢矿山基地在武安县、沙河县及涉县境内,全部为邯邢式接触交代型铁矿。邯邢地区是我国铁矿石重要产地之一,已发现大中小型铁矿床 73 处,截至 2002 年底,在该区共探明邯邢式铁矿石资源储量 8.21 亿吨,保有资源储量 5.63 亿吨。

磁山铁矿 1951 年 7 月建成投产。1956 年,矿山村铁矿基建工程动工,1957 年建成投产。

1958 年,开始筹建符山铁矿、綦村铁矿、玉泉岭铁矿、尖山铁矿、固镇铁矿、新城铁矿及大河菱镁矿等矿山企业,矿山规模由 1957 年的 120 万吨/年,增加到 257 万吨/年;职工人数由 1957 年的 3 778 人增至 12 942 人。

“文化大革命”后期,建成了符山铁矿、矿山村及午汲选矿厂,以及玉泉岭四号矿体、尖山矿体、符山一号矿体及固镇铁矿等小露天矿。由于新矿山投产,邯邢矿山基地的铁矿石年产量由 1965 年的 94 万吨增加到 1969 年的 253 万吨。

1969 年,开始了邯邢基地建设大会战。“四五”期间,建成矿点 12 个,年产矿石 800 万吨。其中包括:西石门铁矿、北洺河铁矿、玉石洼铁矿、崔石门(王窑)铁矿、南洺河铁矿、团城铁矿、上泉铁矿、马甲脑铁矿、玉泉岭铁矿、矿山村铁矿、固镇铁矿、西石门露天矿;新建扩建 6 个选矿厂:西石门、北洺河、玉石洼、矿山村、午汲及玉泉岭选厂,共增加年处理原矿石能力 655 万吨,达到 745 万吨。

1970 年,增加建设 10 个矿点,年生产矿石 485 万吨。1973—1978 年经施工会战,共建设铁矿山 12 座,其中建成投产的矿山有 9 座:玉石洼铁矿、团城铁矿、马甲脑铁矿、上泉铁矿、玉泉岭铁矿、西郝庄铁矿、五家子铁矿、尖山铁矿、西石门铁矿。新建成玉石洼、五家子、西石门等选矿厂。

到 2002 年底,邯邢矿山(不含地方)建设,共建成露天、地下矿山 13 个,总规模 995 万吨。建成选矿厂9座,年处理原矿能力735万吨。

(2)冀东铁矿区。

冀东铁矿区位于迁安、迁西、遵化、滦县、兴隆、宽城及青龙县境内,资源丰富,为我国三大铁矿区之一。截至2002年底,累计探明资源储量59.5亿吨,保有储量52.8亿吨。冀东铁矿区主要矿山有7处,全部开采鞍山式沉积变质型磁铁矿。

唐钢张庄铁矿 矿山位于滦县境内,1970年由唐钢筹建,1975年建成露天采场及选厂,于1984年闭坑。

唐钢石人沟铁矿 该矿位于遵化县北部,露天采矿设计年产矿石150万吨,选厂采用湿式自磨磁选,年处理原矿150万吨。矿山由唐钢于1975年建成。

唐钢棒磨山铁矿 该矿位于迁安县夏官营乡境内,包括棒锤山和磨盘山矿体。1986年,棒锤山开始建设,设计规模年采选矿石150万吨,露天开采,1988年建成投产。该矿目前实际采矿能力为115万吨/年。

唐钢庙沟铁矿 该矿位于青龙县牛心山乡,设计规模年采选各22万吨,1989年建成投产。1994年完成年采选100万吨的扩建工程,1995年达产122万吨/年。

唐钢司家营铁矿 矿区位于滦县响嘡镇境内,资源储量达23.2亿吨。先期露天开采,现逐步转入开采地下矿体。

唐山市马兰庄铁矿 该矿位于迁安县白马山乡境内。矿山设计规模采选各20万吨/年,露采于1972年建成投产,是松汀铁厂的配套工程。1986年采选能力改造扩大为40万吨/年。1998年,唐山市与首钢联合扩建改造马兰庄铁矿,已形成120万吨/年的采矿生产能力。

烂石沟铁矿 该矿位于遵化县和兴隆县境内。1987年兴隆县组织地方开采,设计规模20万吨/年,1988年建成投产。

(3)宣钢龙烟铁矿。

龙烟铁矿西起宣化烟筒山,东达赤城县龙关,共有5个矿山(含选厂)。

龙烟铁矿庞家堡矿区 1949年4月,庞家堡铁矿开始恢复生产,到1952年形成年产矿石50万吨的生产能力,矿石供应北京石景山钢铁厂和太原炼铁厂。

1954年扩建,规模为年产150万吨,以采富矿为主,矿石直接入炉。一期扩建工程,于1958年正式投产;1956—1963年,实施二期扩建工程。设计规模经多次调整,定为200万吨/年,要求贫富兼采。1966年,庞家堡开始三期扩建,设计规模为年采选250万吨,1972年建成,实际形成采矿能力为215万吨/年。1982年,开始建设庞家堡一、二盲井延伸工程,1985年建成。

白庙矿区 矿区位于张家口市下花园区,始建于1959年,后停建。1970年建成年产30万吨的生产能力,1972年建成一座年处理原矿30万吨的重介质选矿厂,1975年停产。

黄田铁矿(即黄草梁—田家窑铁矿区) 矿区位于赤城县境内,1958年开始建设,1961年调整停建。1967年恢复建设,建设规模年产矿石50万吨;1973年建成投产,矿山实际生产能力为40万吨/年;1991年停产。

以上三个矿区的铁矿床均为宣龙式海相化学沉积型赤铁矿。

近北庄铁矿 该矿位于赤城县境内,铁矿床为鞍山式沉积变质型磁铁矿。1979年开始一期工程建设,露天开采,设计规模年产矿石20万吨,1980年建成投产。1995年扩建到100万吨/年的采选规模,目前采矿能力为70万吨/年。

小吴营重介质选矿厂 1973年建成投产,设计规模年处理原矿250万吨;小吴营湿式磁选厂,1975年建成投产,年产铁精粉27万吨[6]。

(4)承钢钒钛磁铁矿。

承钢大庙铁矿 该矿位于承德市大庙乡,铁矿床为岩浆岩型大庙式钒钛磁铁矿。矿区共有大小矿体52个,其中中部矿体群矿体较大,且品位较高,为主要开采对象。1955年开始基本建设,设计规模为年产矿石60万吨,1959年建成投产;1994年,由于税制改革,矿山连年亏损;1999年大庙铁矿划归地方开采;目前属于个体采矿,采矿规模 30 万吨/年。

　　承德双塔山选矿厂　　选厂位于承德市双塔镇,1959 年建成投产,年处理原矿 60 万吨。该选厂的选矿流程有重、磁、浮多种选矿工艺,生产钒铁精矿和钛铁精矿,后增加硫钴精矿。经设备更新、改造,原矿处理能力超过 80 万吨/年。

　　承钢黑山铁矿　　该矿位于承德市北部,矿床为大庙式钒钛磁铁矿。1958 年开始矿山筹建,1960年和 1979 年两次停建,1984 年恢复续建,一期建设采选规模为 90 万吨/年,1988 年建成投产,露天采矿。矿石中伴生的钛、钒、钴未能综合回收。1992 年完成二期工程,生产规模扩建到 120 万吨/年。目前,实际生产能力为 110 万吨/年。

　　(5)涞源支家庄铁矿。

　　该矿位于涞源县支家庄村,是涞源钢铁厂国防"小三线"工程之一。1965 年开始建设,第一期工程设计采选规模为 40 万吨/年。1974 年建成投产,所采矿体为矽卡岩型铁矿,目前划分 3 个采区,由地方及个体投资,分块地下开采。设计采矿规模 110 万吨/年,现已达产。

　　(6)首钢迁安矿区。

　　首都钢铁公司迁安矿区位于迁安县境内。矿区分南北两部分,南区为大石河铁矿区,北区为水厂铁矿区;所采矿床均为鞍山式沉积变质型磁铁矿。

　　首钢水厂铁矿　　1971 年建成投产,设计规模 110 万吨/年,目前实际采矿能力 900 ~ 1 000 万吨/年。

　　大石河铁矿　　有大石河、二郎庙—马家山、羊崖山、大杨庄、前裴庄、柳河峪、杏山 7 个采区(其中 4个采区已关闭),设计总规模 940 万吨/年,现实际生产能力为 290 万吨/年。

　　马兰庄铁矿　　1998 年唐山市与首钢联合开发,首钢控股。现已扩建成 120 万吨/年的规模。

　　迁安市孟家沟铁矿　　首钢与迁安市联合开发。2000 年首钢取得采矿权。设计规模 700 万吨/年,计划 2005 年建成投产。

3. 已开采利用的锰矿

　　涿鹿县相广锰银矿　　该矿床为燕山期陆相次火山热液充填类型。至 1991 年,初步探求银金属储量 524 吨。从 20 世纪 50 年代至今,当地继续在此地开采锰矿石。

　　宣化县样田庄铁锰矿　　铁锰矿产于元古宇长城系高于庄组白云岩与燕山期次火山岩—石英斑岩的接触带上,至 1985 年,全区共探明铁锰矿石储量 280 万吨。该矿为宣化钢铁公司提供了锰矿资源。

　　灵寿县龙田沟锰矿　　该矿属沉积变质锰矿床。1964 年批准一号矿体探明储量 2.2 万余吨,其中富矿 2 000 吨。1959 年正定县工业局着手开采,1961 年底停采。

　　天津市蓟县东水厂锰硼矿　　矿体赋存于含锰砂质白云岩中。1970 年提交合计地质储量 49 万吨。该矿床中不但含有锰且含有一定数量硼的锰方硼石矿,为我国首次发现了"锰方硼石"[7]。

三、有色金属矿产矿山

1. 矿产资源状况

　　河北省有色金属矿产资源有铜、铅、锌、铝、钴(伴生)、钨、钼等,但资源不足。

　　铜矿资源截至 1993 年底,矿产地 17 处,累计探明铜金属储量 55.14 万吨。全省保有铜金属储量 26.18 万吨,保有储量居全第 20 位。矿床类型主要为夕卡岩型、斑岩型。

　　铅锌矿资源截至 1993 年底,已探明 29 个矿区。这些矿区大多为铅锌共生或伴生,累计探明铅金属含量(以下同)40 万吨,保有铅金属储量为 39.02 万吨。

　　锌矿资源截至 1993 年底,矿产地 22 个,累计探明锌金属储量 366.95 万吨,保有锌金属储量 365.72 万吨。

铝矿资源截至 1993 年底,全省已勘查的铝土矿矿区 19 个,累计探明矿石储量 2 831 万吨,保有储量 2 634 万吨,保有储量居全国第 8 位。均为地台型沉积矿床。

钼矿资源比较丰富,截至 1993 年底,已探明的产地 11 处,累计探明钼矿石储量 6 044 万吨,钼金属储量 56.99 万吨;保有钼矿石储量 59 690 万吨,钼金属储量 56.09 万吨,保有储量居全国第 5 位。钼矿资源以大、中型矿床为主,但贫矿多、富矿少。

钨矿产地 1 处,即兴隆县大苇塘钨矿,累计探明原生钨矿石储量和保有矿石储量皆为 25 万吨[8]。

2. 重点铜矿矿山

承德市寿王坟铜矿　该矿区位于兴隆县东北 30 公里,矿床属于含铁、钼的夕卡岩型铜矿床。1949 年,当地人开采石棉时发现了三贫口铜矿体。1950 年发现民窿数处,并多处见到含铜磁铁矿露头。

1954 年,寿王坟铜矿批准工业储量 961 万吨,金属储量 10 万吨。为第一个五年计划生产建设中的一个中型铜矿基地,也是我国北方第一个铜矿基地。矿山建设从 1955 年始,至 1957 年 4 月建成投产,当年生产铜精矿 2 336 吨,铁精矿 108 952 吨。1959 年矿山进行扩建,日采矿石量增加到 3 500 吨,其中铜矿石 1 000 吨,于 1963 年建成投产。为了回收辉钼矿,又于 1970 年扩建钼矿选矿系统,生产规模在原有 3 500 吨基础上增加 400～500 吨,1971 年下半年投产。铜铁矿石实行混采混选,先选铜,后选铁,钼矿石单采单选。冶炼铜时还可回收金、银。此矿的开采给国家创造了大量财富。

平泉县小寺沟铜钼矿　该矿区位于平泉县河沟子乡上杖子村一带。矿床为斑岩型钼矿床及夕卡岩型铜矿床,探明铜金属储量 13 万吨,钼金属储量近 11 万吨。1982 年,提交共探明新增铜远景金属储量 27 204 吨,钼远景金属储量 2604 吨。

涞源县浮图峪铜矿　该矿区位于涞源县城东。矿石除含铜外尚有钴、银、金、镜铁矿伴生。全矿田探明铜金属储量 185 116 吨。与铜矿共生或伴生的其他矿产总量为:磁铁矿 1 774 万吨,镜铁矿 264 万吨,钼 817 吨,银 131 吨,钴 329 吨。此外尚含少量金、钨。"涞源铜矿"已投产 20 余年,对河北省经济建设作出了很大贡献[9]。

3. 已开采利用的铅锌矿、铝土矿、钴矿

涞源县大湾锌钼矿　该矿床为斑岩(组)—夕卡岩(锌、钼)型。锌矿石累计探明金属储量 70 余万吨,钼矿石累计探明钼金属储量 25 万余吨。矿区为一古老锌矿区,民采露头矿、浅部矿断断续续至今。

涞源县南赵庄铅锌矿　该矿为以锌为主的中温热液交代型铅锌矿床。累计探明铅锌金属储量 13 万吨。目前仅有地方民采。

邯郸市峰峰矿区和村铝土矿及耐火粘土矿　矿体产于本溪组中,统称"G 层铝土矿"层。已民采多年。

兴隆县茅山钴矿　属低温热液充填型硫钴矿类硫镍钴矿床。1963 年,获得远景矿石储量 15 万吨。古人曾在该区含矿破碎带中采铜矿,遗留老采硐 7 处[10]。

四、贵金属矿产矿山

1. 矿产资源状况

河北省贵金属矿产资源有金、银、铂、钯等。

金矿资源丰富,有岩金、伴生金和砂金,是全国重点产金省之一。截至 1993 年底,岩金矿产地 44 处,累计探明储量 227 119 千克;保有储量 132 187 千克,金保有储量居全国第 6 位。

银矿资源截至 1993 年,全省有探明储量的银矿产地 18 处,累计探明储量 3 548 吨,保有储量 3

484 吨,居全国第 11 位。

铂矿截至 1993 年底,已探明产地 3 处,累计探明储量和保有储量 6 958 千克[11]。

2. 重点金矿矿山

河北省黄金工业在 1957 年以前,基本没有建设项目。1958 年以后,黄金工业开始起步,先后建成了一批小型金矿;1965—1975 年,开始建设并投产金厂峪、张家口金矿;1976—1985 年,先后建设 10 所地方小型岩金矿和一座砂金矿。1986—1990 年,实际建设重点黄金投产项目 39 个。1949 年至 2002 年,全省共产黄金 192 吨。

金厂峪金矿 1968 年 5 月批准扩建为处理矿石 500 吨/日规模,是河北省境内第一座中型金矿。先后经过 6 次挖潜改造,现已形成采、选、冶配套完整的黄金矿山,总规模实际达到 1 000 吨/日,年产黄金 32 000 两(1 000 千克)以上。井下为竖井—平硐开拓,选冶为浮选 - 氰化浸出 - 锌粉置换工艺。主要技术经济指标在黄金行业处于领先地位,在国内属于大型金矿。

张家口金矿小营盘矿区 于 1970 年 7 月筹建,1975 年确定最终规模为 500 吨/日。1977 年 6 月 25 日选矿第一系列竣工投入试运转。1978 年末 500 吨/日采选配套能力全部形成。1984 年,从美国戴维·麦基公司引进碳浆提金工艺 500 吨/日技改工程破土动工,1986 年 4 月 8 日试产,6 月份产出第一批黄金,1987 年,金回收率提高近 20%,年产黄金达到 18 000 多两(562.50 千克)。

峪耳崖金矿 从 1958 年恢复建设以来几经改造,至 1988 年已形成 180 吨/日的规模。1987 年改造浮选工艺为全泥氰化碳浆提金工艺,1989 年,产金突破万两大关。1990 年,对磨矿系统进行改造,形成 250 吨/日的选冶配套生产能力。近几年来,矿山投入较多的探矿工程,取得了可喜的成果。

崇礼县东坪金矿 于 1987 年立项建设,一期工程采选规模为 150 吨/日,次年建成投产,1989 年产金超万两,投资 2 067 万元。二期工程于 1989 年 10 月开工,1992 年建成,投资 4 133 万元。1999—2002 年,年产黄金 1 000 千克左右。

3. 银矿和铂矿

承德县姑子沟银铅锌矿 该矿床属次火山岩浆热液成因类型。1991 年,批准银矿石储量 153.6 万吨,1992 年矿山初步建成。

围场满族蒙古族自治县小扣花营—满汉土银矿 该矿床属浅成中低温热液矿床。1988 年,批准银矿石储量 84.4 万吨,目前仅建县办小型选厂选冶。

丰宁满族自治县红石砬铂矿 属晚期岩浆—气成热液铂矿床,累计探明铂储量 6 929 千克,钯 1 352 千克,伴生五氧化二磷 17.16 万吨,铁 33.52 万吨[12]。

第二节 非金属矿产矿山分布

一、冶金辅助原料非金属矿产矿山

1. 矿产资源状况

河北省冶金辅助原料非金属矿产资源有菱镁矿、萤石、耐火粘土、白云岩、熔剂石灰岩、铁矾土、蓝晶石、夕线石等。

菱镁矿资源截至 1993 年底,已探明菱镁矿产地 2 处,累计探明储量 1 506 万吨,保有储量为 1 438 万吨,居全国第六位。

萤石资源丰富,截至 1993 年底全省探明产地 12 处,累计探明氟化钙储量 253 万吨,居全国第 11 位。

耐火粘土比较丰富,且分布广。截至1993年底累计探明产地45处,累计探明储量21 564万吨,居全国第4位。

冶金用白云岩,截至1993年底已探明产地15处,累计探明储量122 154万吨,位居全国第一。

溶剂石灰岩矿产资源丰富,矿石质量好,且分布广泛。截至1993年底全省探明产地23处,总储量居全国第3位,位居华北5省市之首。

铁矾土矿产资源截至1993年底,已探明的产地6处,累计探明储量950万吨,保有储量683万吨。

夕线石矿产资源截至1993年底探明产地2处。此外蓝晶石、冶金用石英岩、铸造型用砂和耐火用橄榄等矿产资源探明产地各1处[13]。

2. 已开采利用的矿山

截至1993年底,我省已开采利用的冶金辅助原料非金属矿产资源有菱镁矿、萤石、耐火粘土、白云岩、熔剂石灰岩、夕线石等。各矿种的分布位置、矿床类型、矿石储量、开采单位及利用情况见表7-16-2。

表7-16-2　河北省已开采利用的冶金辅助原料非金属矿产资源基本情况表

矿种名称	分布位置	矿床类型	矿石储量(万吨)	开采单位	利用情况
菱镁矿	邢台前补透	镁质溶液交代	1 323		已开发利用
熔剂白云岩矿	遵化魏家井	浅海相、化学沉积	31 063	唐钢与遵化矿山公司	联营开采
熔剂白云岩矿	三河段甲岭		12 160	民采	白灰生产、建筑石材
溶剂石灰岩矿	承德鹰手营子	生物化学沉积	10 000	大庙铁矿	炼钢溶剂
溶剂石灰岩矿	涉县东风		9 311	天津铁厂	
溶剂石灰岩矿	怀来龙凤山		16 237	宣钢、宣化水泥厂	溶剂和水泥原料
石灰岩矿	唐山后屯		20 584 19 565	唐山钢厂	溶剂原料
耐火粘土矿	唐山古冶	陆相泻湖沉积	9 016		冶金及陶瓷
耐火粘土矿	兴隆克里木		1 069	兴隆县	地方开采
夕线石矿	平山水峪	超变质混合岩化	夕线石521 锆6 327	平山西柏坡选厂	
夕线石矿	灵寿团泊口		15	灵寿夕线石选矿厂	耐火材料
萤石矿	平泉双洞子	中-低温热液交代碳酸盐岩	162	平泉县萤石矿	
萤石矿	平泉杨树岭	低温热液脉状及浸染状	40	杨树岭新生萤石矿	
萤石矿	围场广发永	中-低温热液裂隙充填	29.2	群众开采,1乡办矿山	国内销售为主
萤石矿	平泉郝家楼	中-低温热液充填型	279	平泉县	做熔剂用

注:作者根据李洪斌主编的《中国矿床发现史·河北卷》(地质出版社1996年版)第112—122页搜集整理。

二、化工原料非金属矿产矿山

1. 矿产资源状况

河北省化工原料非金属矿产资源有硫铁矿、制碱石灰岩、电石石灰岩、磷、重晶石、含钾砂矾岩、化肥用蛇纹岩、泥炭和地下卤水[14]。

硫铁矿产资源截至 1993 年底,累计探明产地 18 处,矿石储量 5 500 多万吨,保有储量约 5 100 万吨,居全国第 16 位。

化工石灰岩矿产资源丰富,保有储量位居全国第 2 位,为我省的优势矿产资源之一。截至 1993 年底,产地 11 处,累计探明矿石储量 48 473 万吨,保有储量 42 520 万吨。

磷矿资源截至 1990 年底,探明磷矿产地 13 处,累计探明储量 62 802 万吨,保有储量 60 400 万吨,居全国第 6 位。

重晶石矿产资源截至 1993 年底,探明产地 3 处,累计探明储量 55 万吨。

含钾砂页岩截至 1993 年底已探明产地 3 处,累计探明矿石储量和保有储量皆为 80 796 万吨。

化肥用蛇纹岩截至 1993 年底,已探明 3 处产地,累计探明矿石储量 4 289 万吨,保有储量 4 255 万吨。

泥炭资源截至 1993 年底,已探明产地 4 处,累计探明矿石储量和保有储量均为 506 万吨。

2. 已开采利用的矿山

截至到 1993 年底,我省已开采利用的化工原料非金属矿产资源有硫铁矿、制碱石灰岩、电石石灰岩、磷矿等。各矿种的分布位置、矿床类型、矿石储量、开采单位及利用情况见表 7 – 16 – 3。

表 7 – 16 – 3　　河北省已开采利用的化工原料非金属矿产资源基本情况表

矿种名称	分布位置	矿床类型	矿石储量 (万吨)	开采单位	利用情况
磷矿	涿鹿矾山	超基性 – 碱性杂岩的岩浆	9 152.4	省重点矿山	
磷矿	承德马营	岩浆晚期成因	1 035	大庙铁矿	
硫铁矿	兴隆高板河		2 974		
硫铁矿	内丘杏树台	变质及混合岩化作用	676	省重点矿山	省内各县化肥厂
含钴铜黄铁矿	沙河三王	夕卡岩型	813		
石灰岩矿	井陉南张		10 881	当地化工工业	销往北京、天津电石
石灰岩矿	井陉天长		10 117	单家村和省军区干休所	电石
石灰岩矿	滦县禹山	生物化学沉积	1 447	滦县禹山石灰岩矿	开采多年,制碱
石灰岩矿	唐山巍山	浅海沉积	制碱 11 221 熔剂 9 290		化工制碱、冶金辅助原料及水泥原料

注:作者根据李洪斌主编的《中国矿床发现史·河北卷》(地质出版社 1996 年版)第 125—135 页搜集整理。

三、建筑材料及其他非金属矿产矿山

1. 矿产资源状况

河北省建材及其他非金属矿产资源有石墨、石棉、云母、沸石、石膏、水泥石灰岩、硅质原料、高岭土、膨润土、大理石、花岗石、珍珠岩等[15]。

石墨资源保有储量居全国第15位,是河北省重要的出口创汇产品。截至1993年底,列入矿产储量表的产地4处,累计探明储量46万吨,保有储量39万吨。

石棉矿产资源,保有储量居全国第8位。截至1993年底,已探明产地3处,累计探明矿物量61万吨,保有储量17万吨。

云母矿产资源,截至1993年底已探明产地6处,累计探明储量405吨,保有储量374吨,居全国第15位。

沸石资源,保有储量居全国第5位。截至1993年底有3个产地,累计探明储量10 781万吨,保有储量10 672万吨。

石膏矿产资源居全国第11位。截至1993年底,有6处石膏产地,累计探明储量94 216万吨,保有储量94 216万吨。

水泥石灰岩矿产资源丰富,保有储量位居全国第3位。截至1993年底,水泥石灰岩产地38处,累计探明储量264 709万吨,保有储量256 430万吨。

玻璃用砂岩截至1993年底,有产地4处,累计探明储量5 232万吨,保有储量4 691万吨。

水泥配料用砂岩截至1993年底,有产地3处,累计探明储量和保有储量为5 192万吨。

高岭土矿产资源截至1993年底,有产地2处,累计探明储量275多万吨。

陶瓷土矿产资源截至1993年底,有产地2处,保有储量位居全国第13位。

膨润土矿产资源截至1993年底,有产地2处,保有储量位居全国第5位。

饰面用大理岩截至1993年底,仅有产地1处,位于保定曲阳县,累计探明储量与保有储量均为15 057立方米,居全国第一位。

珍珠岩矿产资源截至1993年底,发现产地20余处,地质远景储量20多亿吨,居全国首位。

水泥配料用粘土矿产资源,截至1993年底,产地有11处,累计探明储量6 483万吨,保有储量为5 741万吨。

此外,唐山市1处天然油石产地,累计探明储量125万吨,保有储量109万吨;张家口市2处硅藻土产地,累计探明储量2 801万吨,保有储量为2 800万吨;张家口市玻璃用凝灰岩产地1处,累计探明储量和保有储量均为6 568万吨;张家口市水泥用凝灰岩产地1处,累计探明储量和保有储量均为2 024万吨。

2. 已开采利用的矿山

截至1993年底,河北省已开采利用的建材及其他非金属矿产资源有石墨、石棉、云母、沸石、石膏、水泥石灰岩、硅质原料、高岭土、膨润土、大理石、花岗石、珍珠岩等。各矿种的分布位置、矿床类型、矿石储量、开采单位及利用情况见表7-16-4。

表7-16-4　河北省已开采利用的建材及其他非金属矿产资源基本情况表

矿种名称	分布位置	矿床类型	矿石储量（万吨）	开采单位	利用情况
石棉矿	涞源烟煤洞	温石棉矿床	58	涞源县石棉矿	我国北方最大
石墨矿	赤城龙关	沉积变质型	1 374.5	东水泉选矿厂	赤城县支柱企业
石膏矿	隆尧县双碑	内陆湖相沉积	74 805		省唯一规模开发

续表

矿种名称	分布位置	矿床类型	矿石储量（万吨）	开采单位	利用情况
石灰岩矿	丰润王官营		33 638	冀东水泥厂	省内最大水泥厂
石灰岩矿	邯郸峰峰		18 505	邯郸水泥厂	水泥原料
石灰岩矿	唐山东矿区域山	生物化学沉积	3 657	唐山启新水泥厂	水泥原料
石灰岩矿	平泉双洞子		1 802	平泉县水泥厂	水泥原料
石灰岩矿	石家庄贾庄	化学沉积浅海相沉积	24 943	洪州水泥厂	水泥原料
石灰岩矿	抚宁查庄		8 028	秦皇岛水泥厂	水泥原料
石灰岩矿	兴隆洞庙河		4 126	洞庙河水泥厂、平安堡水泥厂	水泥原料
石灰岩矿	获鹿黄岩		2 450（其中油井石灰岩1 856）	石家庄市水泥厂、油井水泥厂	水泥原料
砂土矿	丰润县杨家营		3 348	冀东水泥厂	水泥用料
粘土矿	涉县老爷庙		1 124	涉县天津钢厂	
石英砂岩矿	滦县雷庄		2 474	秦皇岛耀华玻璃厂	玻璃原料
瓷土矿	沙河章村	沉积—浅变质	777	章村瓷土矿	细瓷、卫生瓷原料，造纸、涂料
高岭土矿	徐水五香坡	风化淋滤残余型	151		陶瓷原料
大理石矿	曲阳羊平	区域变质型	15 056（万米³）	县办大理石厂、乡办厂矿和个体	工艺雕塑、建筑材料
膨润土矿	宣化堰家沟	内陆河流、湖泊相火山沉积	钠质：775，钙质：13 742，沸石：693		机械铸造、水利工程、轻化陶瓷工业
硅藻土矿	张北阳坡	生物泥质沉积	1 519	乡镇企业	保温材料
沸石矿	赤城独石口	火山喷发沉积	7 930	北京、天津、上海、山西、无锡、张家口	水泥混合材料、环境保护、日用化工、饲料添加剂
碎云母矿	灵寿山门口	沉积变质–混合岩化	920	个体采矿，选矿加工厂	化工工业、建材工业等

注：作者根据李洪斌主编的《中国矿床发现史·河北卷》（地质出版社 1996 年版）第 139—157 页搜集整理。

第三节　矿山建井与石油钻井技术

一、矿山建井技术

1949 年中华人民共和国成立后，河北省采用西法开采的近代煤矿，一般使用普通法凿井。在大规模建设矿山的过程中,由于开采深度加大,井筒位置向矿床深部转移,水文地质条件日趋复杂,河北省发展了特殊凿井技术[16]。

1. 立井筒普通法凿井

1953年5月,开滦集团开凿林西中央风井,使用OM-506型风钻打眼,小卧泵排水,小风机通风,掘砌单行作业,缸砖砌壁。同年6月,赵各庄矿白道子风井动工开凿,在省内首次采用苏式БЦ-1型抓岩机抓岩,吊桶提矸,木质井架。

1956年3月—1958年2月,开滦集团林西五号井施工。首次采用钢质井架、稳车偏心悬吊双层吊盘、ΠΠН-50型吊泵排水;井壁采用缸砖先在地面砌成大块,下井再砌井壁。

1958年,开滦集团范各庄副井筒基岩段,试用钢筋混凝土制作的丘宾筒作永久井壁,掘进时采取了截水槽、防水棚,注浆封水等综合防水措施。

1957年,峰峰矿区羊渠河1号井开凿时,国内首次采用无壁座砌筑井壁,此后在全国推广。1959年,在泉头矿立井研制成1.5和2.0立方米吊筒翻笼式自动翻矸装置,该装置是我国首次实现以机械取代人工翻矸,此后在全国煤矿凿井工程中广泛应用。

1975年,峰峰矿区在陶庄二号井主、副井进行立井施工机械化作业线配套试点,采用了大吊桶提矸、长绳悬吊大抓岩机抓岩、链球式自动翻矸、自卸汽车排矸、激光定向、FJD-6型伞形钻架、YGZ-70型独立回转导轨式凿岩机,提高了立井机械化程度。并且,在省内首次采用喷射混凝土作永久井壁。

1977年11月,峰峰矿区万年矿中部立风井施工中,在上述装备基础上,采用大直径深孔爆破,高威力铵黑炸药及长脚线毫秒雷管,反向连续装药结构,三枪喷射混凝土、地面三路远距离供料、V型井架等机械化配套措施。

1979年,峰峰矿区九龙口矿主、副井进行了全国深井施工机械化作业线的配套实验。其装备特点是:主井采用国产FJD-6型伞形钻架和YGZ-70型凿岩机,副井采用日本东洋TYST-6型伞形钻架和Y-90型日本东洋凿岩机。主、副井均采用的HZ-6型中心回转抓岩机,均选用HN-B型可调焦的激光指向仪测定井筒中心。这项深井凿井配套装置实验,大大减轻了凿井工人体力劳动。

2. 特殊凿井法凿井

河北省煤系地层上部的第三纪、第四纪风化沉积的土、沙、砾石层,由于稳定性差,施工比较复杂。根据表土层厚度及其结构含水量不同,以及煤系地层含水层情况,开凿井筒曾采用过以下多种特殊施工方法:

(1)冻结法凿井。

1956年11月,开滦集团林西风井采用冻结法施工,这是我国第一次采用冻结法凿井,采用集中供液,单孔回液,缸砖砌筑井壁。翌年,唐家庄矿七百户风井,施工采用集中供液、集中回液,混凝土井壁。1959年,荆各庄矿主井也采用了冻结法施工。

1969年10月,开滦集团徐家楼矿新井开凿,掘进、砌外壁、套内壁平行作业。为克服冻结施工中采用单层井壁漏水问题,采用双层井壁,以后在省内外陆续采用。

1977年底,开滦集团基建公司首创双排长短腿冻结新工艺,即"差异冻结法"。1978年,钱家营矿主井首先应用这一工艺。1979年12月,钱家营矿副井施工时,采用差异冻结,并首次在表土层掘进使用2HH-6型大抓岩机,实现破土、装土的联合机械化。

1985年7月—1989年3月,开滦集团东欢坨矿副井筒开凿,从联邦德国引进了柔性滑动防水井壁技术。主井注浆孔还采用了定向钻进技术。

(2)沉井法凿井。

1975年,开凿邢台东庞矿井北风井在省内首次采用沉井法凿井,表土段触变泥浆护壁,靠井壁自重下沉,沉井井壁插入松软地层,边下沉边在井内挖掘和排出泥沙土,在地表井口接筑井壁。

1977年,林西矿新庄子风井进行"封闭法沉井"试验。20世纪70年代,地方煤矿遵化县二矿主井采用了压气淹没沉井法凿井。

（3）钻井法凿井。

1971年5月，林南仓矿井风井井筒采用钻井法通过冲积层获得成功，为我国第五个采用钻土法施工的井筒。1974年，东庞矿井南风井施工，历时97天，也用钻井法施工。

（4）帷幕法凿井。

1977年10月至1978年4月，邢台市煤矿主井筒及1978年5月至同年8月副井筒相继采用帷幕法凿井。遵化县二矿副井、国各庄煤矿也都先后采用过帷幕法凿井。

（5）降低水位法凿井。

1955年，开凿开滦马家沟矿风井，首先采用超前小井降低水位。1977年，峰峰矿务局九龙口矿主井筒采用井外降低水位和金属网锚喷临时支护结合的方法施工；副井亦采用了同样方法施工。

（6）注浆法凿井。

地面预注浆　1958年，开凿的峰峰矿务局薛村竖井主、副井是全国第一个采用地面预注浆方法而通过含水层的井筒。黄泥浆封孔，浆液采用水泥与岩粉。井筒掘进时，发现裂隙充填良好。此法相继在全国得到应用和发展。

1968年末，开滦集团徐家楼矿主井地面预注浆时，在全国首次采用了水泥、水玻璃双液注浆。

1970年，开滦荆各庄矿主、副井，首先使用了止浆塞实现先分段下行式而后分段上行复注方法，采用水泥、水玻璃双液孔口混合的注浆方式。

1979年，开滦钱家营矿副井地面预注浆时，试验和应用了水玻璃预处理注浆法。先用水玻璃对受注地层进行预处理，尔后再行单液水泥注浆，对提高注浆质量起了重要作用。

1980年5—12月，峰峰矿务局九龙口矿北风井施工时，采用地面预注浆法施工，使用了水泥、水玻璃双液注浆法、单液水泥注浆、水玻璃预注浆、控制性注浆和同层钻进立方米/时交替注浆等方法。并使用机械化凿井方法。

工作面预注浆　1975年，丰南煤矿副井筒施工，先后采用过自重沉井、板桩、淹没沉井等方法都未能通过全部流沙层。1977年4月确定用注浆法穿过流沙层，首先以壁后注浆封住桩与井壁、刃脚部位的间隙，然后进行工作面注浆，对流沙层进行固结，顺利通过流沙层。

随着井筒加深，以及工作面预注浆的工艺和设备不断完善，羊渠河矿、钱家营矿等很多井筒都采用了工作面预注浆。

3. 斜井筒及斜巷施工

20世纪50年代，斜井筒施工一般为人工装岩，矿车运输，OM-506型手持风钻打眼，卧泵排水，5.5千瓦和11千瓦局部扇风机通风，木支架或料石砌碹。1953年，推广苏式轴心供水凿岩机，实现湿式钻眼，以减少粉尘。1956年改进为侧式供水凿岩机，1957年开滦全部使用侧式供水，降尘效果比轴心供水更好。1958年推行风动凿岩机机架，改变了人工抱钻打眼方式。

1968年，井陉矿务局四矿河滩斜井采用顶管法通过流沙层，用油压千斤顶的压力，迫使混凝土掩护筒下沉通过流沙层。

1976年12月，开工的显德汪矿井主斜井，采用"两光三斗"，即光面爆破、激光定向、扒斗装岩机、箕斗运输、漏斗卸载，锚喷支护作业，改变了长期以来人工装岩、料石砌碹的笨重体力劳动，提高了掘进速度。

4. 平巷施工

1958年，峰峰羊渠河二号井水平运输大巷（全煤）掘进，采用C-153型苏式蟹爪式装煤机装煤，使用电钻打眼，木支架，在配巷中还使用11型或30型运输机运煤。

20世纪70年代，在岩巷掘进中，广泛推广光爆锚喷技术。显德旺矿井大巷、硐室、交岔点等施工中均采用了此技术。

1980年6月,显德旺矿井中石门主巷试用从联邦德国扎尔斯吉特公司引进的岩石巷道掘进机械化装备1套,主要设备包括:①BW32C$_2$全液压履带行走双臂极座标布置凿岩钻车;②BL-683全液压履带行走、斗容1.2立方米侧卸式装岩机;③EKF-2型单链刮板运输机,功率110千瓦;④框架式结构、可贮存双辆矿车的皮带转载机;⑤KK-139EH型混凝土喷射机,并附有搅拌机;⑥搅拌机上料配套用小皮带转载机;⑦TYMD-1型锚杆打眼机,锚喷支护,局部挂金属网。1981年4月,显德旺矿北翼主运道和北翼总回风道试用了PT-60B型带调车盘耙斗装岩机,配备YT-26型风钻,矿车运输,锚喷支护。

1985年,在钱家营矿井施工时2203皮带巷试验推广"以蟹爪式装岩机为主的岩巷掘进机械化作业线"项目。作业线主要装备是:7655风动凿岩机,LB-150型蟹爪式装岩机,WDZ-800型吊挂式可变曲皮带转载机,MZ-1型简易锚杆机,转子Ⅱ型喷浆机,一吨矿车、2.5吨蓄电池机车调车,8吨蓄电池机车运输,激光指向仪、炮孔布置仪定向布孔。

二、石油钻井技术

1956年10月26日,华北油田32104钻井队在华1井开钻,揭开了河北石油钻井的序幕。三十多年来,尤其是在20世纪80年代先后研究开发和推广应用了多项钻井新工艺、新技术,改造更新了成套钻井装备,钻井速度成倍提高,工程质量稳步上升,各项技术经济指标居全国领先地位,接近国外先进水平[17]。

1. 钻井设计

1980年以前,华北油田钻井设计是根据资料和经验进行设计的。1980年开始"四单井"(单井设计、单井预算、单井决算和单井计奖)承包设计。1986年进入包括地质、工程、进度和费用等4项内容的科学钻井设计,其中工程部分则根据地质设计提出的地层孔隙压力、破裂压力来设计合理的泥浆密度曲线,根据所钻地层岩性特点优选泥浆类型和性能指标,应用计算机设计井身结构和钻井水力参数,根据地层压力设计相应的井控系统和井口装置,明确取心、测井、测试等要求。

2. 地层压力预测和随钻监测

1980年以前,地层压力预测还是项空白。1980年,开始进行dc指数法和声波时差法的研究工作,1982年应用dc指数法在钻井过程中及时调整泥浆密度,以保持泥浆柱压力与地层压力的近平衡状态,从而减少了井喷、井漏、卡钻等复杂事故。1983年,该项技术通过了局级鉴定,1984年开始进入全面推广应用阶段,已在冀中10多个勘探开发区内建立了地层孔隙压力和破裂压力剖面,为科学钻井提供了可靠依据。

3. 钻井液与完井液

1973年以前,钻进过程中使用的是细分散泥浆体系,固相含量高,滤失量大,稳定性差。1974—1977年,先后引用了聚丙烯酰胺类泥浆处理剂,泥浆性能得到了改善。1978年,随着高压喷射钻井新技术的发展,推广应用了密度低、流变性能好的优质轻泥浆,使泥浆体系由细分散、粗分散向不分散体系过渡。1979年,在新家4井首先使用了高胶性、低胶性两套油包水乳化泥浆,顺利钻穿了易坍塌的膏盐泥页岩夹层,是我国采用油包水乳化泥浆钻成的第一口深探井。1980年以后,又先后研制和开发了丙烯酸盐类、腐植酸类、树脂类等新型泥浆处理剂,完善、配套了不分散低固相聚合物泥浆、钾盐防塌泥浆和钾基聚合物(或聚磺)防塌泥浆。深井则由使用三磺泥浆发展到聚磺泥浆以及定向井防塌、防卡泥浆体系等。

1986年到1988年,根据冀中地区不同岩性特点和科学打井的要求,对地层岩性、物性作了分析化验,通过酸敏、水敏和速度敏的试验,以聚合物的包被剂、降失水剂、辅助添加剂互配,通过反复试验,优选出适于不同地区不同岩性的 6 种类型钻井液,保证了正常钻进,从而提高了钻速,保护了油气层。

4. 近平衡压力钻井

1982 年,开始按部颁标准对 19 个钻井队配备了液压封井系统、节流压井管汇、除气装置、起下钻自动灌泥浆装置、钻杆上下旋塞等,为实行近平衡钻井创造了条件。1986 年以来,对井队人员进行了井控操作技术培训,为发展井控技术及实施平衡压力钻井奠定了技术基础。

5. 高压喷射钻井

1986 年,通过进一步改造泥浆泵等设备,使喷射钻井的水平又上了一个新台阶。在喷嘴水眼选择上,采取了上部地层"二大一小",中部地层采用双喷嘴,下部地层用三喷嘴的合理组合方式,提高了喷射钻井速度和效率。

6. 测试、测井、取心

(1)地层测试。

华北石油会战初期,老式的地层测试技术已有应用,但工艺技术陈旧、效率低、效果差。1979 年引进了美国江斯顿地层测试器。1984 年 2 月华北油田油气测试公司成立。如今拥有专业测试队 14 个,除可进行一般油水井的测试工作外,还可对定向井、超深井以及海洋和沙漠地区井进行测试作业,先后服务于大庆、新疆、广西等全国 13 个油田或探区。

(2)地球物理测井。

1980 年 11 月华北石油测井技术研究所成立后,先后研制和开发出 HYC－84 型井下电视测井仪、长远距声波测井仪和 DS－A 型大直径井壁取心器等。翌年与西安仪器厂合作,改造现有装备并组建起了 83 系列测井队和 801 数字测井队。1987 年到 1988 年先后引进"3700"、"DDL－Ⅲ"和"CSU"数控测井装备,新增测井信息 27 种。

1982 年先后引进投产了 PE3220 和 PE3230 计算机,扩展了储存量,实现了并机。在提高解释精度上,引进开发了"3700"、"3600"软件包及"CSU"、"DDL－Ⅲ"解释程序等。

(3)取芯。

1976 年以前,取芯工具和工艺都比较落后。1978 年,开始使用人造金刚石取芯钻头,取芯收获率有了明显提高;1981 年以后,推广应用了新型川式取芯工具和 C20、C40、RC7 取芯钻头,取芯收获率逐年上升;1987 年,由美国引进了 250P 型取芯工具和 PDC 取芯钻头;1981 年首次在岔 31—26 井进行密闭取芯试验,密闭率仅 27.3%。

7. 定向井、丛式井

定向钻井开始于 1974 年,当时华北油田使用常规技术在黄骅县打成省内第一口定向井。1978 年,在雁翎油田首次打成古潜山地层定向井。1983 年,开始定向丛式钻井,并引进了迪那(DYNA)和耐威(NAVI)动力钻具以及单、多点测斜和单点照像测斜的井下定向方法。1985 年以后丛式定向井技术进一步发展,并先后打成了省内最深的定向井、省内第一口多目标聪明井和省内最快 1 口定向井。

8. 固井

1975 年以前,华北油田普遍采用常规套管串及人工搬运水泥的固井方法。1976 年,7 英寸套管先期完井和 5 英寸坐入式尾管固井新工艺首次在任 8 井试验成功。随后又先后研制投产了机械式、轨迹式和液压式三种尾管,并形成系列。此外,还先后研制并开发应用了合理压差固井、各种水泥添加剂、低密度水泥固井、多级注水泥等 13 项配套技术。

第四节　矿产采矿与掘进技术

开掘井巷和采矿,从古至今都是矿山生产的一个核心问题。在古代小窑开采时期,采矿和掘进几乎没有多大的区别,"以掘代采"或"以采代掘"。1949 年建国以后,采矿和掘进技术才有了较大的发展。

一、煤矿山采煤技术

建国初期,河北省各个煤矿都是采用残柱式和高落式采煤法,落煤、装煤、运煤都是靠人力,这种采煤法不安全,资源回收率低,不适合机械化。为了改变这种落后的采煤局面,从 1950 年开始,首先在峰峰矿务局一矿试验缓倾斜煤层单一走向长壁采煤法,并取得成功,继而在井陉、开滦等局推广。1953 年,井陉、峰峰、开滦等局在缓倾斜厚煤层相继试验金属网、木板、荆笆、竹笆等人工假顶分层采煤法,均取得了成功。1955 年开始,开滦唐山矿、赵各庄矿在急倾斜厚煤层中又成功地试验了金属网假顶水平分层和斜切分层采煤法,1958 年赵各庄矿在急倾斜煤层试验掩护支架采煤法取得成功。1983 年,峰峰万年矿和井陉一矿试用塑料带编织网,代替金属网。

建国后,通过多次的总结提高,逐步形成了适合河北省煤层赋存情况的几种采煤方法,即缓倾斜煤层单一壁式采煤法、壁式分层人工假顶采煤法、水力采煤法、急倾斜柔性掩护支架采煤法、人工假顶水平分层和斜切分层采煤法等。至 20 世纪 60 年代后期已基本形成了各种新采煤法和巷道布置和顶板管理体系[18]。

1. 巷道布置

矿井巷道布置,从 20 世纪 50 年代初期开始,即进行了相应的改进。矿井水平阶段的垂直间距由原来的 30 米,逐步延长至 90 米、120 米甚至 150 米,大量地减少了水平巷道开拓工程,有效地缓解了矿井水平衔接,并适应了工作面长度的增加,减少了矿井水平煤柱损失,提高了资源回收率。

为适应采煤工作面后退距离的延长,减少工作面搬家次数,加大采区石门间距,由原来的 250 ~ 500 米,延长至 500 ~ 1 000 米,甚至更长。有的矿井为了提高资源回收率和工作面单产,减少巷道掘进,还进行了跨石门、跨大巷开采的试验,并取得了成功,解决了原采区石门间距小,影响采煤机械能力发挥的问题,提高了经济效益。

2. 岩巷掘进

从 1951 年开始,开滦、峰峰、井陉矿务局在煤巷掘进中推行电钻打眼爆破法、矿车跟迎头、人工装煤。1954 年开滦矿务局试验使用 C－153 型蟹爪式装岩机,首次推行掘进装煤机械化刮板运输机跟头运煤。20 世纪 50 年代末至 60 年代初,发展"V"型和 11 型刮板运输机运煤;60 年代至 70 年代初,刮板运输机能力逐步加大。1975 年太原煤研所与开滦煤研所共同研制了 2 台 E_3－30 煤巷掘进机,在唐山矿进行工业性试验获得成功,提高了掘装机械化水平,实现了连续作业。

从 20 世纪 60 年代开始,峰峰、井陉等矿务局在工作面准备中采用沿空掘进和沿空留巷的方法,实行无煤柱开采。其他矿务局也都相继推行。

20 世纪 70 年代初,曾先后从苏联、日本、奥地利、瑞士、联邦德国引进了 πк 系列和 AM－50、MRH－50－13、SRM－330 等机型掘进机用于开滦矿务局,使 80% 以上的综采巷道实现了掘进综合机械化作业。为了提高掘进效率,统配煤矿的重点掘进工作面配备了多种形式的掘进机械化作业线,主要形式有激光指向、掘进机掘进、皮带转载机转载、刮板运输机或皮带运输机运输,以及钻煤法掘进,耙斗装煤机装载、矿车或运输机运输等形式。1981 年,范各庄矿在引进掘进机的同时,采用 EL－90

型半煤岩掘进机进行了井下工业性试验,填补了我国半煤岩掘进的空白。

3. 采煤机械化

为了满足壁式工作面的需要,开滦、峰峰、井陉、邯郸矿务局的工作面运输,开始使用 11 型刮板运输机(溜子),至第一个五年计划期间,随着工作面的延长和运煤量的增加,逐步使用 20 型、22 型和 30 型双链刮板运输机。到 20 世纪 60 年代初,工作面开始使用 SGW - 44 型可弯曲溜子,继而在全省推广应用。

壁式工作面落煤,最初是采用打眼放炮落煤。从 1952 年起,峰峰、井陉、开滦等局开始引进了苏联截煤机,即用截煤机掏槽,放炮落煤,减少了放炮量,并有利于维护顶板。第一个五年计划期间,全省在壁式工作面普遍推广使用国产截煤机,在此期间,开滦、峰峰、井陉等局还在个别工作面使用了采煤康拜因,初步实现了落煤、装煤机械化。

1964 年,开滦林西矿首次使用我国自制的 MLQ - 64 型浅截深滚筒采煤机,翌年改进的 MLQ - 80 型单滚筒采煤机投入使用。1965 年,开滦范各庄从英国安德逊公司引进了可调高单滚筒 80 型采煤机组。从 20 世纪 60 年代后期至 70 年代初期,峰峰、井陉、邯郸等局也都相继推广使用 MLQ - 64 型或 MLQ - 80 型采煤机组,配合使用 SGW - 44 型可弯曲刮板运输机、摩擦式金属支柱和金属顶梁,使工作面支护、落煤、装煤运煤即普通采煤机械化发展到一个新阶段。

1974 年,开滦唐山矿在全国最先进行了综合机械化采煤试验,配套设备有:开滦矿务局和唐山煤研所及唐山矿院共同研制的 MZ - 1928 型液压支架;鸡西煤机厂生产的 MZS_2 双滚筒采煤机;张家口煤机厂生产的 SGW - 150 型刮板运输机;石家庄煤机厂生产的乳化液泵。

1975 年,开滦从联邦德国引进了 9 套综采设备,分别在唐山矿、林西矿、范各庄矿使用。从 20 世纪 70 年代末期至 80 年代初期,峰峰、邢台矿务局也都相继引进了成套综采设备。80 年代初,国产成套综采设备生产并投入使用之后,在一些条件适应的矿井使用综采设备,都取得了明显的效果。至 1985 年,开滦拥有综采设备 33 套,邢台矿务局拥有 4 套,峰峰矿务局拥有 1 套。采用综采的工作面实现了落煤、装煤、运煤和支持全部机械化,不仅工作效率高,而且实现了安全生产。

4. 岩巷与工作面支护

20 世纪 50 年代,全省各矿岩巷支护大多数是梯形木棚子和部分混凝土棚子支护,永久巷道则多采用料石砌碹;70 年代以后,大量的使用了钢铁棚子。从 1971 年开始,开滦赵各庄矿试验光爆喷锚新工艺。1973 年以后,相继在开滦矿区、峰峰、邯郸、邢台等矿务局大面积推广光爆锚喷。邢台矿务局显德汪煤矿在平巷施工中,坚持一次成巷,加快了井巷施工速度,取得了显著成效。1972 年,中国矿业学院与开滦矿务局合作,先后在赵各庄矿、马家沟矿从浅孔、中深孔到 3.0 米深孔光爆锚喷试验成功[19]。1980 年,河北省煤炭研究所研制的动压巷道锚杆支护在峰峰矿务局三矿进行了工业性试验,获得成功。

从 20 世纪 50 年代后期和 60 年代初起,全省各煤矿采煤工作面支架相继推行金属摩擦支柱和铰接顶梁,70 年代大量发展使用。从 1981 年开始,在开滦矿务局使用单体液压支柱,从 1982 年开始在全省全面推广,逐步替换了金属摩擦支柱。1984 年 1 月,范各庄矿开始使用 FZ 型放顶支柱,替代了原来的密集支柱和木垛。

5. "三下"采煤

河北省各矿区在铁路下、建筑物下和水体下压着大量煤炭,特别是村庄及各种工业设施密集之地,影响煤矿的正常生产。为了开采这些难采的煤炭资源,从 20 世纪 50 年代开始,开采村下的煤炭,其办法是先迁村后开采。在铁路专用线下采煤,则按铁路有关法规及时起拔维护铁路的办法进行开采试验,也取得了成功,并通过总结经验逐步扩大试验范围。通过科研院所、高等院校联合攻关,对矿区的地表移动规律和采动影响技术参数、开采维护技术等方面进行了分析总结,并从理论上进行了探讨。

1969—1978年,井陉矿务局四矿胜利斜井和南关斜井在绵河下贴近冲积层,用水沙充填采煤法,开采厚煤层取得成功,为当时国内先进水平,也为近距离开采水体下煤层提供了新的经验。

20世纪80年代初,邢台矿务局邢台煤矿通过井下打钻,了解冲积层含水情况,对原设计留设的防冲积层煤柱作缩小冲积层煤柱的开采试验,通过试采取得成功。

6. 带压开采

峰峰、邯郸、邢台、井陉等矿务局,由于受奥灰岩溶承压水的威胁,邯邢地区"下三层"煤(小青、大青、下架)的开采受到了严重影响。

对受奥灰水严重威胁的矿井或地区的煤层开采,早在20世纪50年代后期,井陉三矿和邯郸王凤矿即开始进行带压开采试验,为了探索带压开采技术和安全措施,从60年代起,从理论上和实践上都进行了大量的科学研究工作,1974—1981年,邯邢治水指挥部,为峰峰矿区提交了全国最大的水文地质报告,1982年在分析大量资料和实践的基础上正式提出了"查清条件,以防为主,带压开采和疏堵结合的治理方针"。1982年,峰峰矿务局与山东矿业学院结合,进行了矿压对底板破坏影响规律的试验。1983—1985年,井陉矿务局与山东矿业学院协作,进行采面底板破坏探测及防突水的研究(为"六五"攻关项目),在采动矿压与突水机理、底板破坏深度与工作面斜长的关系等方面的研究,提出了承压水原始和采后导升高度的理论。另外,井陉、邯郸王凤矿近十年间带压开采的安全生产经验,都对带压开采的安全技术和开采方法,提供了新的理论和实践根据,具有较重大的实际意义。

7. 老区复采

河北是一个老矿区和老矿井较多的省份,这些老矿井在解放前和解放初期所开采的厚煤层,都是用残柱高落式法开采的,丢煤很多。为了延长矿井寿命,从20世纪50年代末开始,井陉矿务局即在过去已经采过的老区进行找煤复采。进入70年代以后,有的老矿井对老区找煤复采开始有计划性地进行,即采用壁式采煤法全面复采,取得了良好的效果。

8. 水力采煤

河北省是研究应用水采最早的省份。1956年8月,首先在开滦林西矿728工作面开始试验水力采煤,1957年6月正式投入生产,成为国内最早的水采工作面。1958年7月,唐家庄矿建成国内第一座水力化矿井;1958年9月,峰峰羊渠河矿斜井建成我国第二座水力采煤矿井。到1959年,水力采煤逐步推广到马家沟、唐山、赵各庄等矿。此后,唐家庄矿分别于1959年、1960年建成第二套、第三套水力提升系统,成为我国当时效率最高的大型矿井,也是世界上最大的水力机械化矿井。1968年6月,在吸取以往经验教训的基础上,建成投产了我国最大型的吕家坨水力机械化矿井。

二、铁矿山采矿技术

1. 矿山开采技术

河北省铁矿资源丰富,累积探明储量和保有储量在全国名列前茅。截至1988年,全省国营矿山42座,群采700多座,已建成铁矿石生产能力2 114万吨,实际年产2 319万吨,占全国铁矿石总产量的1/10强[20]。

(1)露天矿开采技术。

建国后,露天矿开采由传统的穿爆、采装、运输和排岩周期循环性生产工艺系统,朝着半连续或连续性生产工艺方向发展。1980年后,基本上用潜孔钻和牙轮钻代替了冲击钻,研制了新型炸药,发展了多排孔微差爆破、挤压爆破等技术,采用了汽车和平硐溜井联合开拓系统,并向胶带运输排岩机排土方向发展。已建成的石人沟铁矿半连续高排土工艺在国内属新工艺,为我国金属矿山运输排岩开辟了新的途径。在合理利用资源的基础上,石人沟铁矿1985年开始的露天境界内贫矿和超贫矿的回收利用也获得成功。

（2）地下矿开采技术。

河北省地下铁矿开采量占全省铁矿石总量的45%,开采中斜井开拓占70%,平硐溜井开拓占20%,竖井开拓占10%。竖井、斜井掘进是薄弱环节,平巷掘进已全部实现机械化作业,符山铁矿平巷掘进已形成机械化作业线。

河北省马万水工程队是全国冶金战线的一面旗帜,他们长期坚持工艺改革和设备更新,不断推广应用新科技成果。1977年11月,掘进独头巷道1 403.6米/月,1975年在多巷掘进中进尺3 125.3米/月,创造了冶金矿山掘进的最新纪录,进入世界先进行列。

马万水(图7-16-1),1923年1月1日生,河北深县人,1950年全国劳模;曾任河北龙烟铁矿"马万水小组"组长,东采矿部副主任,龙烟钢铁公司井巷工程公司副经理。

1949年9月,龙烟铁矿掘进五组成立,马万水任组长,并负责采掘工程的技术指导。1950年,该组被龙烟铁矿正式命名为"马万水小组"。1951年6月,马万水带领小组立志改革创新,在巷道掘进中采用风钻打眼,改用水式风钻取代了干式风钻,总结出的龟裂爆破法和空心爆破法等先进经验,在全矿推广。在完成开凿庞家堡矿第一平硐任务时,他提出了平巷掘进一次推进法,大大提高了平硐掘进速度。此外,他还研究爆破效果,摸索治理各种岩石的做法,利用岩石的节理、层理和裂隙,创造出"中间楔形掏槽法"

图7-16-1 马万水

等十多种不同的"掏槽法"。20世纪50年代后期,连攀月进尺高峰,连摘取月进尺桂冠,成为全国黑色冶金矿山乃至全国冶金战线学习的榜样。特别是1960年1月,马万水小组再次创造了独头巷道月掘进435.91米的全国新纪录。1960年4月,马万水被授予工人工程师职称,同年被有色金属矿山研究院聘为特约研究员,联合国的有关机构也曾对他创造的先进掘进技术进行专门讨论研究。

马万水由于常年劳累过度,1961年3月,被确诊为骨癌晚期,于当年8月12日逝世,年仅38岁。

1970年后,地下开采大都使用了无底柱分段崩落法,大庙铁矿是试验该法的最早矿山。无底柱分段崩落法的应用,开始了全省地下矿山使用无轨自行设备的新阶段。邯邢矿山局符山铁矿1982年研制的CLQ型切割井凿岩台车和CLM-1型锚杆凿岩台车均获得成功。

2. 矿山爆破技术

河北省露天矿普遍采用了微差爆破技术,改善了爆破条件,预裂爆破和缓冲爆破的应用,提高了露天矿边坡的稳定性。地下矿采用崩落法的矿山,使用了挤压爆破,降低了大块率。装药器的使用,增加了装药密度,扩大了孔网参数,提高了延米爆破量。邯邢冶金矿山管理局1977年研制的多孔粒状铵油炸药运用矿山生产效果明显,龙烟铁矿1982年研制的EL系列乳化油炸药是一项创新和发明。在露天矿边坡监测方面,石人沟铁矿在滑体设立了固定观测点,坚持长期边坡监测,保证了采矿作业的安全。

三、有色金属采矿技术

1. 铜矿开采

河北省有色金属矿山均为地下开采。寿王坟铜矿在建矿初期,零米中段以上矿体开采为平硐溜井开拓,随着矿山开采的延伸,平硐以下变为平硐与竖井联合开拓方式,混合提升井用斗箕提升矿石再转载于矿车中,用电机车从平硐中牵引运到选矿厂。为开采更深部的铜矿资源,采用了盲竖井和原主竖井与平硐联合开拓方式。该矿原设计的采矿方法为单一"浅孔留矿法",1958 年为回采老窿(古代采空区)残矿,试验成功深孔崩矿。继之为提高采矿效率和采场出矿能力,对厚大矿体的采矿方法改进为深孔落矿的"阶段矿房采矿法",采矿效率获得大幅度提高。1975 年,在总结国内外一般低分段"无底柱分段崩落采矿法"的基础上,结合矿块具体条件经过改进设计,开始采用经由铲运机出矿的"无底柱分段空场采矿法",同时还对部分矿体设计试验采用了铲运机出矿的"高端壁无底柱区段崩落采矿法"。这种改进型"无底柱分段崩落采矿"在我国是第一次采用。

1965 年,冶金部确定寿王坟铜矿为小型机械化试点矿山,成立了矿山机械化研究室和机械加工生产车间,专门从事研制机械化配套新设备,把单体设备联合组成机械化作业线,并不断从小型设备向大型无轨设备发展,使矿山机械化程度从 1965 年的 40% 提高到 1980 年的 70%。其中,由 YT – 25 型凿岩机、双机液压凿岩台车(自制)、华 – 1 型装岩机、斗式转载列车(自制)与牵引电机车等组成的平巷机械化作业线,曾创百人平均月掘进的全国纪录;由 YSP – 45 型凿岩机、华 – 1 型吊缶游动绞车(自制)、华 – 1 型天井吊缶(自制)、装岩机、矿车、牵引电机车等组成的天井掘进机械化作业线,曾创出工班效率超过当时苏联保持的世界纪录。1973 年,该矿又研制出六机和九机凿岩台车、蟹爪式扒岩机、转载车等与自卸载重汽车相配套,组成大断面巷道掘进应用无轨设备的机械化作业线,取得了加快巷道掘进速度和加快矿山生产建设的效果。

1975 年,小寺沟铜矿采用平硐及螺旋折返式斜坡道组成的联合开拓系统,采矿方法采用"无底柱区段崩落法"。这一采用新型开拓方式和地下应用大型内燃无轨设备的矿山的建成,在我国地下矿山的建设上属于第一家,使地下开采矿山机械化水平大为提高。该矿 1980 年改为主要用铲运机出矿的"平底结构阶段矿房采矿法"和"无底柱分段崩落采矿法",在实现地下开采应用内燃无轨设备的试验矿山的过程中,研制出了 DZL – 50 型 3 立方米铲运机、BC – 1 型粉状炸药药车、PCH – 6 型混凝土喷射车、CNJ – 3 型进路凿岩机、CQ470 – 25 吨矿用汽车等多台设备[21]。

2. 黄金开采

河北省的黄金资源大部分是地下脉金矿。建国后恢复金矿生产,1950 年开采规模逐渐扩大。

1958 年,河北省先后建成峪耳崖、马兰峪、冷咀头、金厂峪、倒水流 5 座地方国营小金矿,井下采矿使用 01 – 30 型凿岩机、电耙和小型装岩机、0.3 ~ 0.5 立方米运输矿车和卷扬提升设备等。大部分矿山井下采用斜井平硐开拓方式,采矿方法多为"空场法"。

1965 年,金厂峪金矿规模扩建工程动工,1966 年 10 月投产。该矿采取中央竖井开拓方式,浅孔留矿和分段采矿法,技术装备达到了一个新水平,被列入中型机械化配套的黄金矿山。

张家口金矿为薄矿脉缓倾斜矿体,故采用平硐 – 盲斜井和溜井联合开拓方式,采矿方法设计为壁式崩落法。因矿体顶板破碎,1981 年试验成功喷锚支护新技术;1983 年改崩落顶板的地压管理法为维护顶板的方法,变壁式崩落法为加固顶板法,使采场矿石回收率大大提高。

峪耳崖金矿是一座百年老矿,采用平硐盲斜井联合和单一斜井开拓、空场法采矿。1982 年研制成功 52 度陡斜井人车,改善了井下工人的劳动条件,提高了劳动生产效率[22]。

四、油田开发与开采技术

1. 油田开发

(1)灰岩油田。

1976 年华北油田开发初期,对任丘灰岩油田储集层的认识主要以观察、统计为主,并结合其成因、形态将储集空间划分为孔、洞、缝 3 大类 10 小类。1979 年,通过实践研究探索出一套包括野外模拟调查、地质录井、综合测井、开发动态分析、压汞、空隙铸体、扫描电镜、测比面等方面二十多种手段的综合研究方法。

　　布井方式　在充分考虑了潜山形态及其底水分布特点的基础上,采用了油藏顶、腰部密、边部稀的非均匀布井原则。1979 年,应用单井水锥模型分析计算了形成水锥的四个阶段以及各种参数变化对水锥各阶段的影响,同时根据不同井距和打开程度不完善井的线源公式,编制出了三种无因次图版计算油田极限产量,并依此来确定合理的井网密度。1979 年以后,井网密度做了适当调整。

　　开采方式　1977 年,根据试采期总压降与累积产油量的关系判断边、底水的强弱,再由物质平衡法计算油藏水浸量及边、底水体积,另依垂直管多相流理论计算油井停喷压力及油藏最大允许压降。综合上述研究,确定出天然能量不足的油田实行早期边、底部注水的开发原则。

　　采油速度　1978 年,雁翎油田经室内油水驱替试验,岩块自吸采油实验及物理模型实验等,并结合数值模拟计算,提出了裂隙性灰岩块状油藏其采油速度控制数值。任丘油田控制采油速度后,水驱油效率明显提高。油田开发进入中、晚期以后,除适当地控制采油速度外,还采用了加密井网、卡堵水窜等多项综合治理技术措施,减缓了油田产量的递减。

　　数值模型方法,20 世纪 70 年代末已开始在油藏工程应用。起初利用 TQ－16 计算机编制单井水锥模型,1980 年进行全油田模拟并编制了双重介质三维两相底水模型。1981 年增置了 TQ－6 计算机,1986 年更换为 VAX－11/785 计算机。期间曾研究出利用多因素单纯形法进行自动历史拟合,精度提高 40%,此模型已广泛用于油田开发设计、开发方案对比、措施效果分析及生产动态预测。

　　(2)砂岩油田。

　　冀中地区 1976 年即有砂岩油田投产,嗣后,加强了油田的小层对比,实施了对应层注水,调整了开发方案,使油田的层间及平面矛盾得以缓解,改善了油田开发效果。1985 年以后,又相继开展了砂岩油层沉积相研究、低渗透储层微观研究以及水敏性研究,提高了低渗透油层的出油能力。

2. 石油开采

　　(1)自喷采油。

　　华北油田以灰岩油田为主体,它埋藏深,油温高、单井产量大,地层能力较强,油井大都为自喷开采。1976 年以后原油产量逐年上升,1979 年创油田产量历史最高水平。期间,油井以套管双翼生产,单井油流直接进站,油嘴装在站内,经分离计量后进入储罐外输。这种油田既无需清蜡、降粘,井口也无须加温、增压,站内也不需脱盐、脱水的工艺流程,在我国采油史上堪为创举。

　　(2)油井生产测试。

　　1977—1978 年先后研制成功了 77－1 涡轮流量计、LJZ－1 型流量井径仪和比色法、电极法油水界面测定仪,为了解和掌握油田生产动态提供了基本手段。1981—1984 年,低能源含水率计、半集流及全集流流量计、磁偶合流量计以及抽油井测试诊断技术等先后研制成功并投入生产应用。

　　(3)含水采油。

　　油田从无水开采到含水开采,是油田开发过程的必然。为了减缓油井含水率的上升和产油量的下降,先后因井制宜地进行了缩嘴压锥、排水采油、注灰封水、卡水采油、化学堵水等技术措施,均收到了明显效果。油田化学堵水从 1977 年 12 月任 8 井首次实施化学堵水以来,先后经历了试验、突破、推广和提高四个阶段,探索出了聚丙烯酰胺高温溶胶、高温冻胶、聚合物树脂凝胶、316－3201 复合堵剂、高强度堵剂及单液法水玻璃胶凝等适于华北灰、砂岩油井的堵剂系列及施工工艺。

　　(4)机械采油。

　　机械采油是油层能量消耗到一定程度,油井丧失了自喷能力后的一种开采方法。根据各油田的具体情况,先后实验研究和吸收引进了水力活塞泵、电动潜油泵、有杆深井泵、射流泵、气举等机械采油技术。

　　水力活塞泵采油始于 1977 年的观 4 井,经试验探索,到 1984 年形成了一定的生产规模。电动潜油泵是 1978 年由美国雷达引进,先后在任丘、岔河集、别古庄等油田下井试用并收到了明显效果。

　　有杆泵采油系一种传统的开采方法。1983—1984 年先后,河北省研制成功了软柱塞及无衬套管式泵,1985 年又引进了硬密封无衬套管式泵,从而使泵效和使用寿命均有所提高。1983 年自行研制成功了增距式长冲程抽油机,油井抽深及驴头悬点负荷等指标进一步得以提高[23]。

第五节　矿山开采辅助技术

一、矿山井下运输与提升

1. 矿山井下运输

新中国成立初期,各局(矿)开始使用电溜子(刮板运输机)。至2002年,全省大部分国有矿山的采矿工作面已实现了机械化运输矿料;部分大中型矿井的工作面顺槽运输尚采用台式或绳架式皮带运输机。

(1)轨道运输。

自"一五"计划以来,仿照苏联,将煤矿窄轨轨距定为600毫米和900毫米两种,轨道一般采用6、8、12千克/米的轻轨,20世纪70年代后期开始逐步选用24千克/米重型轨,矿车容量定为1、2、3吨。唐山矿到1972年在新区改成900轨距的3吨矿车,峰峰矿务局所有生产矿井中均分别使用1、2、3吨矿车。70年代初,出现了一种600轨距3吨底卸式矿车,它的运输能力大,无须翻车机,整列矿车通过卸载坑后便可将煤全部卸完。邯郸矿务局的陶一矿、康二城矿、王凤矿、郭儿庄矿和邢台东庄煤矿(和峰峰、九龙口煤矿),主要运输水平大巷中均改用底卸式矿车。

20世纪50年代初,峰峰一矿在长距离线路的主水平大巷曾使用过无极绳运输,井陉煤矿煤车也曾使用无极绳循环车。"一五"计划初,峰峰局及井陉局的几个矿,开始采用8吨蓄电池电机车牵引矿车,1957年又换成了7吨架线电机车。20世纪70年代前,电机车用直流发电机组整流;20世纪70年代后,广泛采用硅整流装置。20世纪80年代初,在井下使用了防爆特殊型电机车和隔爆型电机车,革新生产了一种脉冲调速装置,它比串切电阻调速方法具有节省电耗、行驶平稳、降低网路电压波动等优点,适于集控或遥控。

(2)刮板输送机。

1953年,张家口煤机厂试制成功仿苏CKP-11型刮板运送机,相继又制成CT-6型和CTP-30型。这三种机型的共同特点是,运煤链条均为可拆式模锻链,是省内20世纪50年代初至60年代中后期的主要运输机械,是刮板运输机的第一阶段产品。

20世纪60年代后期,张家口煤机厂仿研成功可弯曲刮板输送机,它不仅能适应沿水平和底板凸凹弯曲,还可随工作面的推进实现蛇弯自移,无须拆卸。生产有SGW-44型、SGW40/80型、SGW-150B型,是刮板输运机发展的第二阶段。

20世纪80年代中期,张家口煤机厂为配合实现综合机械化采煤,使输送机朝着短机头、大功率、高强溜槽、高链速等方面发展,研制成功了SGW-250型、SGW350型等重型输送机,这是输送机发展的第三阶段,也是第二代的延续。

20世纪70年代初,省内各大型煤矿研制成功一种铸石槽刮板输送机,即以砖或预制混凝土砌槽箱,箱体内侧,粘贴辉绿岩铸石板。铸石板的耐磨性能好,摩擦阻力小,可以节省钢材和动力。1973年,马头洗煤厂和邯郸洗煤厂均采用了该设备。

(3)辅助运输。

为适应生产中辅助运输任务的需要,河北煤研所于1985年2月,首先研制成功FND-40型防爆柴油机单轨吊车,在开滦荆各庄矿井下使用。随后,该所又设计成功了20马力柴油机单轨吊车,改机械传动为液压传动。另外,该所与石家庄煤机厂还研制成功绳牵引的卡轨车,在开滦唐山矿井下使用并于1986年通过部级鉴定。其突出特点是任何条件下运输巷道或场所均可长距离一次运至工作面[24]。

（4）人员运输。

井下工作人员的运送、立井都是乘罐笼升降，罐笼必须设防坠保险装置。1953 年我国制成仿苏的马可尼式斜井人车，首先在峰峰二矿坡长 600 米的东斜井使用，当时已出现了插爪式的断绳保险机构。20 世纪 70 年代初，研制出一种架空乘人装置，俗称"猴车"，实际是单绳式架空索道，比较方便适用。

2. 提升工具

新中国成立后，峰峰、开滦、井陉等主要煤矿基本上仍沿用过去旧绞车提升。1953 年后，老矿井把更换耗能高、效率低的老旧汽绞车作为技术改造的重点。到 1979 年，国有重点煤矿的蒸气绞车已全部被国产油压制动装置的新型绞车所取代，地方国有煤矿亦全部使用了电绞车。

二、矿山通风与排水系统

1. 通风

（1）通风系统。

建国初期，一些生产矿井通风方式以中央并列式为主，随着开采深度增加，井田范围扩大，开始采用对角式通风。目前，大中型矿井多为对角式通风，小型矿井多为中央并列式通风。

（2）通风机械。

建国初期，河北省各主要矿山通风设备主要为离心式风机。1951 年，峰峰一矿西风井安装了全省第一台轴流式风机。尔后开滦、井陉等局矿，先后安装了轴流式风机。1980 年后，一些大型矿、新建矿或老井改造矿，又开始选用改进后的噪声低、效率高、事故少的离心式风机。到 2002 年，全省各煤矿都已实现了机械通风。

2. 排水

（1）排水设备。

建国初期河北省各矿山均以 SSM、TSW 等型水泵作为主要排水设备，进入 1960 年则以 DA 型泵为主，1974 年后各矿区则开始较多使用 D 型泵。

1980 年后，高效、耐磨水泵的问世和先进水泵的引进，促进了排水设备更迅速的改变，如 D450 型泵代替了 250D－60 型泵，它与 MD 系列耐磨水泵陆续在一些矿山安装使用。现在开滦矿务局超过 600 米深井又具备直接排水条件的，已全部用 DS450－100 和 PJ－150、PJ－200 型高扬程、高效、耐磨矿用泵。

1984 年 6 月，为恢复被淹的范各庄、吕家坨两矿，开滦局又引进了德国 KSB、RITZ 公司的大型潜水泵。

（2）排水系统。

由于全省各矿开采方法、开采年限和投产年代不同，排水管路的敷设也有较大的差异。开滦局各矿是在立井井筒内敷设管路将矿井水排至地面，峰峰、邯郸矿务局立井开采，通过主、副井敷设管路，斜井开采的则大都沿斜井筒敷设管路。由于斜井排水管路长、阻力大、效率低，从 1974 年开始出现垂直钻孔下管排水或打管子井敷设排水管路排水。

三、油气集输与储运技术

1. 油气集输

河北省域内油气集输系统是以输油联合站、接转站、计量站为点，通过金属管道与油井井口相连接的油气生产体系。

(1)井口。

1975—1976年华北油田开发初期,油井井口惯以CYb型采油器进行油管自喷生产。1976年以后,由于油井压力高、产量大,陆续改用了双翼双闸门套管放喷生产。当时,井口的工艺安装与土建工作均采用现场施工的常规方法,1978年以后推行了"三化设计与三化施工"新工艺,达到当天安装、当天竣工的水平。

(2)油站。

1976年华北油田会战初期,针对灰岩油田井稀高产的特点,采用单井原油直接进(联合)站的一级布站方式,井、站之间实行单管不加热密闭混输。1978年以后,随着井口产量下降和井网的加密,改为在单井和联合站之间增设计重站或接转站的二级布站方式。1976年4月建成了第一座年处理原油500万吨的大型联合站——任一联合站。

(3)管网。

1976年下半年,华北油田设计院在井、站管道铺设中采用了弯头自身补偿工艺,解决了生产中的热胀断裂问题。同期,该院推出拱、垂管跨越河渠的工艺设计方案,依靠金属管道本身的刚度和强度来实现跨越。由于这种方法节省钢材、施工方便,在输送油、气、水等管道工程中得到了广泛应用,并于1978年获全国科学大会奖和河北省科学大会奖。同年,华北油田油建一公司试制成功带压开孔器和带压联接新技术,解决了管道联接时油井不停产问题。1980年5月,华北油田油建一公司和北京化工研究院合作研制成功金属管道外防腐聚乙烯护层生产线,可生产管径为48~219毫米的外防腐金属管道,解决了以往沥青防腐中因油温高致使沥青流淌的问题。经国家科委、化工部、石油部等30多个单位鉴定,为我国填补了一项空白。1982年又对集输管道的外防腐和保温进行配套技术攻关,建成泡沫塑料保温、外套聚乙烯护层的保温绝缘生产线,其产品部分取代了沥青玻璃丝布防腐和牛毛毡、矿渣棉保温的旧工艺。1986年,在大王庄油田开展的油气管网区域性阴极防护试验研究,测试结果表明,防腐效果良好。华北油田设计院开发研制出的HKF-1型管道内防腐环氧粉末涂料及其金属管道喷涂作业线产品,适用于埋地管道的外涂层防腐和100℃以下的污水管道内涂层防腐,技术水平居国内领先地位。

2. 油气储运

1973年9月24日,省内第一条输油管道——铁秦线(辽宁铁岭至秦皇岛)建成投产;1975年6月,秦京线(秦皇岛至北京)也开通营运。从此,大庆原油可在秦港装船外运,也可输往北京东方红炼油厂加工。1976年,随着任丘油田的开发,任沧(任丘到沧州)和任京(任丘至北京)线也相继接通投产。1978年4月,沧州至临邑线接通。东北、华北、华东的原油,自此通过地下长输管道联结在了一起。1986年,国内首次采用燃气轮机压缩机组为动力的输气管线——中原油田至沧州天然气管线建成投产。

(1)防蜡降凝。

我国原油大多是高凝固点、高含蜡、高粘度的"三高"原油。在采用管道输送的初期,主要采用加热炉直接加热、旁接油罐的输油工艺。华北石油设计院到1988年末先后研制并应用了原油破乳剂、滑蜡剂、蜡晶改进剂以及原油不加热常温输送工艺。

(2)输油泵。

1973年,省内各输油泵站采用的是DKS450/550和DKS 750/550型输油泵,1982年对DKS450/550型输油泵进行流道磨光,提高了流道的光洁度,降低了板面磨损损失与水力损失。1984年后,对DKS450/550型输油泵进行了改装高效叶轮试验。此外,为了解决泵压与和管压的匹配问题,在秦皇岛首站一号机组安装了液力耦合调速器。

(3)储油罐。

1973年至1984年,省内储油罐容量由1万~3万立方米逐步发展到5万~10万立方米。1976

年,在任一联合站原油储罐建设中,利用"水浮倒装法"高效优质地建成了两具容量为 2 万立方米储罐。1985 年,秦皇岛引进了 10 万立方米浮顶油罐项目,并掌握了大型油罐的设计与施工技术。为解决油、水储罐的内防腐问题,华北油田设计院与海军后勤技术装备研究所于 1987 年合作,研制成功并投入生产 H87 液体防腐涂料。

(4)加热炉。

1973 年,河北省境内输油管线的加热炉一般是采用老式方箱加热炉,1980 年以后采取了高效火嘴预燃器、轻质复合衬里、空气预热器、机械清灰等综合技术措施。管道勘察设计院与管道局廊坊机械制造厂共同研制的 2326 千瓦轻型快装管式加热炉,运行热效率高,节省了燃料。

3. 油气处理

(1)油、气、水分离。

1976—1981 年期间,华北油田的油气混合物由一级发展到多级油气两相分离,1982 年以后则为油、气、水三相分离。当时原油的脱水方法是化学脱水或热化学脱水。1980 年以后,油田进入中高含水期,则采用先热化学脱水、后电化学脱水的两段脱水工艺。

(2)油气计量。

1976 年至 1977 年采用大罐检尺计量原油和放空测气计量天然气,1978 年以后用流量计或涡轮对原油实行在线计量,用孔板差压计或罗茨流量计计量天然气。对于长输原油,则由 1973 年的油罐检尺法静态计量发展到 1980 年以后的采用流量计进行动态计量,并设置了计量标定装置,定期对计量仪表进行校验,使油气计量系统误差分别达到 I、II、III 级。

(3)天然气冷凝液回收。

1976 年华北油田会战初期,原油伴生气和天然气未进行处理。1980 年 5 月,第一套天然气轻质油份回收装置建成投产,装置采用压缩、氨冷两塔工艺流程。1985 年 10 月,永清至北京的输气管线建成投产。1986 年至 1988 年,为解决零散气源的回收问题,华北油田设计院研制成功了撬装式轻油回收装置[25]。

第六节　矿产品洗选与深加工

一、煤炭洗选厂建设与洗选加工

到 1988 年底,河北省统配煤矿洗煤厂已有 19 座,设计能力为 2 700 万吨,其中炼焦煤洗煤厂 17 座,设计能力为 2 445 万吨,无烟煤洗煤厂 2 座,设计能力为 255 万吨。全省入洗原煤为 2 379 万吨,为全省原煤产量的 37.2%。为全省统配煤产量的 58.2%,生产炼焦精煤 1 245 万吨,精煤灰分为 10.92%。精煤产量占全国精煤产量的 20%[26]。

1. 跳汰选煤

建国初期,林西矿洗煤厂在原有跳汰设备情况下,洗选 10% 的低灰分精煤供应鞍钢,还洗灰分为 20% 的精煤出口日本。20 世纪 50 年代,专门挑选井下可洗性好的工作面的煤来入洗,提高了精煤回收率。

1958 年,河北省开滦、峰峰、井陉、兴隆、邯郸、涝洼滩等 15 个矿赶建了 19 个简易洗煤厂,设置 3 种型号的跳汰机 22 台。

在国民经济调整时期,开滦局收集各地闲置的简易洗煤厂的 6 平方米洗煤机和浮选机等,自行设计、建设并改造了唐家庄矿洗煤厂,扩大了洗煤能力,精煤质量也逐步提高。

马头洗煤厂1959年9月24日建成投产,为跳汰和浮选的联合流程,原煤分级入洗,是当时全省唯一分级入洗的厂。

邯郸洗煤厂是我国自行设计的第一座大型洗煤厂,1959年12月25日建成,也是跳汰浮选联合流程。

20世纪70年代,唐山矿洗煤厂扩建的180万吨洗煤车间,新建的邢台、王凤矿60万吨洗煤厂、孙庄矿90万吨洗煤厂都采用了LTX型14平方米的筛下空气室跳汰机、XJM-4型浮选机、直线振动筛、直径为1米的WEL-1000型卧式振动离心脱水机、PG型真空过滤机(58和116平方米)等新设备。马头、邯郸、林西、井陉三矿等洗煤厂也都采用了这些新型设备。

1977年,邢台煤矿洗煤厂成为我国第一家使用数控电磁风阀的洗煤厂,到1988年先后已有6台跳汰机采用数控电磁风阀。

2. 重介质选煤

1968年开滦吕家坨矿洗煤厂投产后,河北省开始有了重介质煤分选机。该厂流程是将大于13毫米块煤用迪萨(DLSAL)型重介立轮分选机洗选,13~0.5毫米末煤用跳汰机洗选,0~0.5毫米煤泥用PA-3型浮选机处理。

1984年,开滦范各庄矿洗煤厂配备太斯卡(TESKA)立轮重介分选机两台洗选大于13毫米块煤,小于13毫米脱泥后进入巴达克(BAT—AC)跳汰机洗选,跳汰机中煤用重介质旋流器处理,煤泥用浮选机处理。

3. 浮游选煤

20世纪50年代末期,简易洗煤厂和马头、邯郸两座大型洗煤厂投入生产后,开始有了浮游选煤。直到1988年,马头厂安装了由煤炭科学院唐山分院选煤研究所设计,宁夏大武口煤机厂制造的XJX-T12型浮选机,才使浮选设备有了较大的改进。邯郸厂使用此种新型浮选机后,降低了电耗,节省了厂房面积,浮选抽出率提高了。

4. 集中控制和自动化

(1)集中控制。

20世纪50年代和60年代建成的马头、邯郸、吕家坨矿大型洗煤厂都相继采用了集中控制装置,用模拟盘灯光显示设备运转情况。当时,集中控制都是用继电器。进入70年代,唐山矿所建180万吨洗煤车间及邯郸、马家沟矿洗煤厂,在技术改造中均采用了半导体元件逻辑控制系统的集中控制装置。

1984年投产的范各庄矿洗煤厂采用10台联邦德国西门子S5—150A型可编程序控制器,对全厂600余台设备实行了程序控制。1987年该厂建成万年矿洗煤厂集中控制系统,采用了美国通用电气公司的可编程序控制器。1988年,邢台煤矿洗煤厂在技术改造中选用了联邦德国西门子S5—115U型的大型可编程序控制器。

(2)自动化控制。

在浮选过程自动控制方面,以往都是人工操纵浮选机,调节煤浆量和药剂数量。1988年峰峰五矿洗煤厂自行设计了浮选系统自动控制装置,用同位素密度计和电磁流量监测入浮煤浆的密度和流量,采用DDZ—Ⅱ型执行机构进行运算和控制,使浮选机的处理量大为提高,取得了很好的生产效果。

二、炼焦厂建设与焦化产品

1958年后,随着钢铁工业的发展,焦化工业也发展起来。到1988年底,河北省有焦化厂8个,年产焦炭294.41万吨,居全国第六位;焦化加工装置6套,总加工能力11.4万吨;粗(轻)苯加工装置5

套,总加工能力 2.4 万吨。河北省主要炼焦化学产品 1988 年的产量是,焦油 12.72 万吨,粗(轻)苯 2.41 万吨,工业生产的炼焦化学产品品种有 47 种[27]。

1. 炼焦厂建设

全省在第二个至第四个五年计划期间共建设大、中、小焦炉 21 座,其中 58 型大焦炉 5 座,设计能力占全省焦炭总生产能力的 50% 以上,为省内骨干焦炉,操作机械化程度较高,烟尘对大气的污染较小。

1982 年,石家庄焦化厂实现了推焦车、拦焦车、熄焦车和加煤车"四大车"的 γ 射线联锁对位,各焦化厂地下室换向机先后实现了液压自动传动,大部分焦炉都移植了上海宝山钢铁总厂的高压氨水无烟装煤、加煤电磁铁启炉盖技术。

通过总结焦炉操作和维护管理经验,操作维护水平有较大提高,炉龄大大延长。石家庄炼焦厂的两座老式焦炉分别使用了 60 年和 41 年,宣钢焦化厂和石家庄焦化厂的 4 座焦炉使用了 26 年仍在服役。此外,在扩大炼焦煤资源方面实现了区域配煤;1953 年,石家庄炼焦厂首先实现用多种煤配合炼焦;1962 年宣钢焦化厂用大同高挥发份的弱粘结原煤配合炼焦取得成功。保定地区焦化厂用邢台肥气煤、山西瘦煤配入适当煤沥青试制成优质铸造焦,对提高铸铁质量、降低能耗有明显的效果。1984 年邯钢焦化分厂将高炉煤气用于复热式焦炉炼焦,顶替出优质焦炉煤气,供生产合成尿素及轧钢加热炉用。

1986 年 3 月 29 日,宣钢焦化厂焦炉移地大修新建的 JN 60—82 大容积焦炉破土动工,1988 年底基本建成,标志着河北炼焦装备和技术达到了国内先进和国际水平。

2. 焦化产品

(1)炼焦化学产品的回收。

建国前及建国初期,河北省主要回收的炼焦化学产品有焦油、氨水、粗苯 3 种。到 1985 年,回收产品又增加了轻苯、硫铵、硫磺、硫代硫酸钠、硫氰化钠和黄血盐 6 种。

煤气的初冷是炼焦化学产品回收操作的基础,河北省多是用立管冷却器、一段或两段冷却水的煤气冷却流程,兼有横管冷却器。两种初冷流程相比,后者具有操作稳定、回收率高、耗能低等优点。

1970 年以前,河北省均采用蒸汽预热富油的粗(轻)苯回收流程,1970 年后改用石油系统管式炉加热富油技术,使吨粗苯蒸汽耗量下降。

1966 年石家庄焦化厂从氨水中提取黄血盐获得成功。20 世纪 70 年代初,宣钢、邯钢、2672 厂、唐山市焦化厂、保定地区焦化厂相继建成了黄血盐生产装置。

宣钢焦化厂、石家庄焦化厂在焦炉大修技术改造的同时,对煤气净化装置同步进行了技术改造。两厂引进联邦德国的两套负压回收、煤气净化装置,其技术水平处于国内领先地位。

(2)回收产品的精制。

到 1988 年,全省曾从煤焦油和粗苯的加工中提取过 38 种工业产品,从煤焦油和粗苯中分离试制出实验室产品 33 种,其中转入工业生产的有 10 种。

1958 年后,石家庄炼焦厂从煤焦油的馏份——脱酚酚油、重苯、重质苯中试制出古马隆树脂,并转入工业生产,填补了国内空白;研制成功了粗蒽减压蒸馏溶剂萃取生产精蒽新工艺。1982 年宣钢焦化厂、石家庄焦化厂等单位合作研制成功改质沥青,1983 年两厂分别建成 15 000 吨改质沥青生产装置,填补了国内改质沥青生产空白。石家庄焦化厂利用在生产改质沥青过程中的副产闪蒸油,在实验室研制成功了煤系针状焦。

三、铁矿石选厂建设与加工

新中国成立后,磁钒铁冶炼过关,1959 年双塔山选厂恢复投产。20 世纪 60 年代初期,已建邯邢符山、綦村等6座矿山，只开采富矿而未建选厂。各地区矿山国营大中型选厂发展到15座，钢铁厂内部和地、市、县也办起一批小型选矿厂，形成了"大小并举、土洋结合"的局面。1984年以后，地方乡镇选厂激增，1988年全省选厂已达237座，其中省属以上选厂18座，地、市、县选厂219座[28]。

在这期间，重介质选矿、干式磁选、自磨和细筛再磨、永磁多梯度磁选，都取得了重大科技成果。唐山司家营赤铁矿磁重浮正选和反浮选，经过长期半工业性试验取得了重大突破。全省精矿产量、质量、金属回收率居国内第一位。

1. 破碎筛分和磨矿

1965年以后，矿山村、马兰庄、午汲等选厂将破碎系统由二段破碎改为三段闭路筛分，产品粒度由25毫米降低到15毫米以下。1966年双塔山选厂从日本引进直径1650毫米液压圆锥破碎机，使产品粒度在12毫米以下。

双塔山选厂1965—1980年先后对磨机系统进行改造。1965年以后，午汲、马兰庄、小吴营选厂增添了二次磨矿分级设备，使最终分级粒度达到200目。

2. 磁选

（1）干式磁选。

1970年，在邯郸涉县符山二号和邢台沙河锁会二号铁矿分别建成固定干式磁选厂，在武安县等地建成6座移动式干磁选，既解决了邯邢钢铁厂富粉原料的不足，又使贫矿资源得到充分利用，填补了省内干式磁选工艺的空白。

（2）贫化后矿石的磁选。

矿山在开采过程中混入废石率高达20%～30%，严重影响选矿产量和经济效益，1965—1975年间先后在符山、綦村、涞钢、龙烟等选厂采用磁滑轮加工技术，按不同矿石的性质，将不同规格型号和磁场强度不同的磁滑轮装配在中碎或细碎胶带运输机上，当矿石废石破碎到一定块度时进行分选，可剔去混入废石80%～95%。

3. 尾矿回收

龙烟铁矿是宣龙式赤铁矿，储量大，矿体厚，品位高，不易选，由于开采混入大量废石，入选前必须将废石除掉。1965年在龙烟小吴营建成重介质选矿厂，采用振动溜槽、弧型格筛、水力分级机、梯型跳汰等设备抛弃废石，效果很好。

赤铁矿为氧化矿，磁性率较低，普通的磁选机难以回收，弱性磁铁矿流失在尾矿中。午汲选厂与北京矿冶研究总院研制成永磁湿式鼓笼和多梯度永磁圆筒式磁选机，成功选别尾矿中的假象半假象赤铁矿，提高了选矿厂的金属回收率。

四、有色金属矿山选矿

1. 铜矿山选矿

河北省三个有色金属矿山选矿均采用"浮选法"，唯有寿王坟铜矿系铜铁共生矿床，除用"浮选法"选铜、钼外，还用"磁选法"选铁。该矿建设投产后近30年间在选矿工艺和设备方面取得了很大进步[29]：

（1）提高精矿品位和选矿回收率。

为降低铜精矿中氧化镁含量，1959年增加了铜三次精选工艺，使铜精矿中氧化镁含量以8%～10%降到4%以下，铜精矿中铜品位由8%～9%提高到15%。

为提高钼选矿实收率和保证精矿品位，1975年在铜钼混合浮选中增加水玻璃3～4千克/吨原矿，并相应采用低浓度低 pH 值措施,使钼实收率提高了 20%~25%;在铜、钼分离时,为抑制黄铜矿,成功地试验采用硫化钠代替氰化钠作为药剂,消除了氰化物对河流及矿区的污染,同样实现了铜钼分离,钼精矿品位达到 45%。

为解决低品位铜矿石的可选问题,1977 年进行了以羧基甲基纤维素作为浮选药剂的工业性试验和应用,使得在原矿入选含铜品位在(0.3%)不变的条件下,从原来的铜精矿品位 10% 提高到 16% 以上、铜精矿中氧化镁含量从原来 14% 降到 5% 以下。

为提高铜精矿品位和实收率,1978 年在浮选药剂上成功地进行了用乙二胺残液代替黄药和黑药的工业试验,使铜精矿品位在原基础上提高 1.9%,实收率提高 2.739/%;同年又成功地进行了用丁基钠黑药代替丁基铵黑药的工业试验,使铜精矿品位提高 0.52%,实收率提高 2.16%;并在浮选设备上改进采用 CHF – X14 充气机械搅拌式浮选机代替 6A 浮选机,获得精矿品位提高 1.09%,实收率增加 0.6% 的效果。

(2)选矿设备流程的改进和自动化

1967 年将原选厂设计中选铁用带式磁选机成功改进为永磁滚式磁选机,减少了磁选机台数,提高了处理能力,1974 年再次进行磁选流程改造,减少砂泵 9 台,全年节电 158 万度。

在精矿过滤脱水工艺设备方面,将原来 20 平方米 7 台圆筒真空内滤机改造为 3 台 12 平方米永磁真空外滤机,提高了精矿脱水能力,降低了设备电耗,减少了设备维修量,从而使管理更为方便。1965 年后又相继试验成功粉矿仓卸矿小车自动化、铁板给矿机可控调速、球磨机恒定给矿自动互换、球磨机和分级机负荷自动测定、球磨机单机自动控制、选矿自动取样级、真空虹吸自动加药剂等多项自动化设施,提高了工艺操作的自动化水平。

2. 脉金矿石选矿与冶炼

1966 年金厂峪金矿选厂投产,使河北省的黄金选矿技术和装备水平向前推进了一大步。1970 年 4 月又自力更生建成金精粉氰化厂(锌丝置换法),同时,相应扩大了冶炼车间,形成了河北省第一座采、选、冶配套的黄金矿山。1978 年至 1979 年 9 月经过多次试验研究,将氰化锌丝置换改为锌粉置换工艺,比锌丝置换法提高一倍,开创了河北省提金的新局面,在全国亦为首例。

"六五"计划期间,河北省提出改变产品结构,重点产金县和企业先后建起了氰化提金车间(厂),生产成品金,对低品位氧化矿石进行了"堆浸法"试验取得成功。1984 年 10 月,张家口金矿从美国引进炭浆提金新技术,选冶金属回收率提高[30]。

截至 1988 年末,河北省黄金选冶工艺主要有六类:①浮选—氰化—锌粉置换工艺,如金厂峪金矿;②全泥氰化锌粉置换工艺,如华尖金矿、东坪金矿、朝阳湾金矿;⑧全泥氰化炭浸提金工艺,如张家口金矿、大白杨金矿、土岭金矿;④混汞—浮选工艺。如马栅子金矿;⑤堆浸提金工艺,如宣化县、永年县、赤城县席麻湾金矿;⑥硫酸烧渣氰化提金工艺,如迁西县化工厂。

五、耐火材料

建国后,河北省相继扩建和新建了马家沟耐火材料厂(简称马耐)、唐钢耐火材料厂(简称唐钢耐)、秦皇岛耐火材料厂(简称秦耐)、彭城耐火材料厂(简称彭耐)。据 1988 年统计,上述四个厂家年产耐火材料 26.4 万吨,主要产品有粘土砖、高铝砖、硅砖、碱性砖及特种耐火材料,其中粘土砖占 61%[31]。

1. 粘土砖

1953 年 4 月,马耐试验改造了矾土熟料吸水率检验方法、砖坯在地炕分段干燥法、烧成窑档火墙加高等 13 项技术,对掌握原料性能、解决大型砖裂纹、提高制品合格率起了很大作用。是年,该厂制定推广了按升温曲线烧窑的"曲线烧窑法",缩短了单窑烧成时间,下降了异型残损率。

1958年后,制坯广泛采用半干机械成型。生产玻璃窑熔池用大型砖采用风动捣固机成型,产品质量达到新的水平。1963年,马耐建成焙烧粘土砖用2×2×124米长的隧道窑;1975年从联邦德国引进了一台400吨全自动液压成型机,并在消化吸收液压脱砖技术的基础上自制了一台260吨半自动摩擦压砖机,提高了生产效率和产品质量。

2. 高铝砖

1953年,唐钢耐试制成功了高铝砖,为我国高级耐火材料增加了新品种,为碱性炼钢提供了可靠的炉材,1954年开始批量生产,结束了我国不产高铝砖的历史。唐钢耐于1966年自行设计建成倒焰窑活动窑顶,实现了机械化吊装;1957年为鞍钢大型高炉生产了具有国际水平的高铝高炉砖;1963年试制成功高铝质玻璃池用大型砖;1966年自行设计改造烧油倒焰窑,烧成温度可提高到1500~1600摄氏度;1977年试制成功与南京进口的氯化球团设备配套使用的高铝砖;1985年研制成HRD类高炉用高铝砖,解决了宝山钢铁总厂二期工程用砖不再进口。

3. 硅砖

1967年,马耐形成系统生产线,为省内外提供了整套的焦炉硅砖和玻璃窑用硅砖。1978年为首钢高炉热风炉的技术改造提供了硅质五孔格子砖,为显像管生产线提供了特级硅砖,1985年研制成功玻璃窑用特级硅砖。

4. 碱性耐火材料

彭耐于1985年开发烧镁砖,1986年开发镁铬砖,1987年开发镁铝砖。秦耐引进英国FoSECO公司镁质绝热板生产线,1988年10月建成投产。

5. 特殊耐火材料

1966年,唐山市保温材料厂利用粉煤灰漂珠,首次研制出了轻质隔热耐火砖。1974年,唐钢耐试制成功了棕刚玉—碳化硅无水冷小型滑轨砖。1979年,马耐试制成功轧了钢加热炉冷水管包扎用复合绝热耐火预制块,并于1980年,试制成功了高铝堇青石棚板砖,又于1982年,试制成功了轧钢加热炉墙及烧咀用大型可塑料预制块。1982年,秦耐试制成功小方坯连铸用锆质定径水口砖。

1985年,唐山市碳化硅厂研制成功CF-85和CF-94两种牌号的碳化硅粉,为代替宝钢进口大型高炉用炮泥、出铁沟泥料提供了一种重要原料,并于1988年还研制成功高炉用 Si_3N_4 结合SiC砖等。马耐试制成功高强轻质硅砖和粘土大型轻质预制块,秦耐研制成功连铸用铝碳—锆碳复合浸入式水口砖。

六、地热开发利用

1. 地热沐浴与疗养

平山县温塘已有两千多年历史,1956年全国总工会在此建疗养院,利用50~65℃热水(最高69℃)治疗皮肤病、关节炎等。赤城县汤泉也有两千多年历史,水化学类型为硫酸型水,水温68℃,每年有数千人来此浴疗。邢台杨庄温泉(52~58℃)、张家口市庞家堡白庙温泉(44℃)、青龙县汤丈子温泉(39.4℃)、抚宁县温泉寺(38℃)等均建有疗养院。

随着华北油田的勘探开发,河北省平原区打出了一批热水井,据1980年底统计,仅在冀中坳陷地区就打出热水井178口,已开采利用的有70口。其中,任邱油田已建成浴池16座,解决了油田职工和家属的洗澡问题,部分热水还被用于取暖和育秧等。1984—1987年雄县建成了一座温泉疗养院,曾经接待国内外宾客,并且利用地热集中供暖。深县、沧县、永清、高阳、昌黎等县也都建了地热浴池[32]。

2. 地热种植与养殖

1975—1977 年,雄县科委、农业局利用热水井搞小型地热温室,同时进行了"雄二"自交系和"冀单 11 号"玉米杂交种加代培育取得成功。1985 年,雄县投资建地热温室、地热棚、地热食用菌室,种植蔬菜、果树、花卉育苗和食用菌等。隆化县境内有天然温泉 5 处,水温 70～80℃,1984 年开始,七家乡温泉村建起温室,试种了多种蔬菜均获成功。此外,高阳、固安、辛集等县市利用地热温室种植各种蔬菜也取得很高的经济价值。

1985 年,雄县建成一座地热鱼塘,1988 年建成一座地热肉鸡孵化厂,同年又建地热蜗牛养殖实验场一座。高阳、昌黎、固安和南大港农场、中捷友谊农场利用地热水养殖罗非鱼和虾获得成功。南大港农场进行的"低温地热水罗非鱼工厂化越冬育种设施系统"研究,经过实验,池均成活率为 98.6%。

3. 地热发电与皮革加工

1971 年 10 月,水电部在怀来县后郝窑热田建成中间介质(氯乙烷)试验性电站,利用 80℃热水发电,装机容量 200 千瓦。

1984 年,雄县建起一座地热皮革加工厂,生产羊皮革,1987 年底经过技术改造,规模逐步扩大,产品均达到部颁标准,国内外市场供不应求。

注　释:

［1］　李洪斌主编:《中国矿床发现史·河北卷》,地质出版社 1996 年版,第 14 页。

［2］　《华北油田大事记》编委会编:《华北油田大事记(1976—2005)》,石油工业出版社 2006 年版,第 1—5 页。

［3］［4］　李洪斌主编:《中国矿床发现史·河北卷》,地质出版社 1996 年版,第 37—38,38—41 页。

［5］［6］　李洪斌主编:《中国矿床发现史·河北卷》,地质出版社 1996 年版,第 42,69—72 页。

［7］　李洪斌主编:《中国矿床发现史·河北卷》,地质出版社 1996 年版,第 73—75 页。

［8］［9］［10］　李洪斌主编:《中国矿床发现史·河北卷》,地质出版社 1996 年版,第 76—77,78—82,83—89 页。

［11］［12］　李洪斌主编:《中国矿床发现史·河北卷》,地质出版社 1996 年版,第 90,105—108 页。

［13］　李洪斌主编:《中国矿床发现史·河北卷》,地质出版社 1996 年版,第 109—111 页。

［14］　李洪斌主编:《中国矿床发现史·河北卷》,地质出版社 1996 年版,第 123—124 页。

［15］　李洪斌主编:《中国矿床发现史·河北卷》,地质出版社 1996 年版,第 136—138 页。

［16］　张妥主编:《河北科学技术志》,中国科学技术出版社 1993 年版,第 297—303 页。

［17］［18］　张妥主编:《河北科学技术志》,中国科学技术出版社 1993 年版,第 322—325,303—307 页。

［19］［20］　张妥主编:《河北科学技术志》,中国科学技术出版社 1993 年版,第 307—308,390 页。

［21］［22］［23］　张妥主编:《河北科学技术志》,中国科学技术出版社 1993 年版,第 409,412,325—327 页。

［24］［25］　张妥主编:《河北科学技术志》,中国科学技术出版社 1993 年版,第 311－313,328—330 页。

［26］［27］　张妥主编:《河北科学技术志》,中国科学技术出版社 1993 年版,第 310－311,314—317 页。

［28］［29］［30］　张妥主编:《河北科学技术志》,中国科学技术出版社 1993 年版,第 393,392,410 页。

［31］［32］　张妥主编:《河北科学技术志》,中国科学技术出版社 1993 年版,第 413,394—396 页。

第十七章　现代医药卫生科技

中华人民共和国成立以后,河北省的医药卫生事业进入了全面迅速的发展时期,医疗科研机构逐渐完善,医学科学技术得以发展繁荣。中医药事业明显发展,中医工作者继承、发扬祖国的中医成果,在整理中医文献、利用中医验方治疗疾病方面做出了突出成就。在中医临床方面分科更加精细,治疗疑难病、传染病方面更是累累硕果。西医方面,预防医学、基础医学、临床医学也有了明显发展,在引进、开发、推广、应用各项先进技术,防止严重危害人民生命健康的疾病方面取得了明显的成就。卫生防疫、计划生育、诊疗设备等方面也逐步建立了各项制度,成绩斐然。中西医结合有长足的进步,中西医结合基础理论和临床方面的研究工作,取得了丰硕的成果,培养出了一大批中西医结合人才。

第一节　中医经典医籍及学科研究进展

一、经典医籍的研究

中华人民共和国建立后,河北省的《内经》校释有了较大的发展,中医工作者对《内经》诸方面进行了较系统的研究,在《内经》普及方面也做了较多工作。

20 世纪 50—60 年代,梅子英撰写《"天人合一"的初学体会》;郭霭春、赵玉庸发表《读〈素问〉随笔》;刘鸿裕参编《内经新述》教材。

20 世纪 70 年代,河北新医大学(今河北医科大学中医学院)继续承担了国家科委十年规划第 36 项(三)科研项目《灵枢经》校释,并与南京中医学院共同召开了《灵枢经校释》审稿定稿会议,1982 年,该书由人民卫生出版社出版。同年,河北医学院与山东中医学院合作,宗全和编写的《黄帝内经素问校释》出版。该书校释语言流畅,阐发思想、对研发者启示新思路,是建国后校释《素问》成就较显著的著作,获得国家中医药管理局科技进步三等奖[1]。

《伤寒论》、《金匮要略》的普及研究有了较大发展,并深入进行了《伤寒论》临床实践的系统总结。20 世纪 50 年代,杨医亚编著《新编伤寒论》,主张《伤寒论》条文应按证分类,研究应联系实际,对条文的解释深入浅出、通俗易懂。杨氏还编写了《伤寒论简明释义》,对《伤寒论》原著逐条进行了简明释义。河北中医学院编写了《金匮简明释义》,对《金匮要略》作了通俗明晰的解释。刘鸿裕参编有《伤寒论新编》教材[2]。

在防治急性传染病和急性感染性疾病的实践中,温病学得到了广泛应用,并取得了可喜成果。

20 世纪 50 年代,石家庄市传染病医院以郭可明为主的"流行性乙型脑炎治疗组",采用白虎汤加减治疗乙型脑炎,疗效显著,有效率在 90% 以上,该疗法在全国推广。因此 1955 年 12 月,在中国中医研究院成立典礼上,卫生部颁发了建国以来第一个部级甲等奖,授予以郭可明为首的石家庄传染病医院中医乙脑治疗小组奖旗、镜匾和奖金 1 万元。在奖旗上写着:"赠给石家庄传染病医院,中西医合作治疗流行性乙型脑炎取得的辉煌成就。"郭可明因此得到了国家领袖毛泽东主席的亲切接见。

同期,省卫生工作者协会钱乐天等撰写了《流行性乙型脑炎中医疗法》一书,该书曾再版印刷多次。全书对流行性乙型脑炎的诊断与治疗常规做了详细论述,论述了中医对乙型脑炎的探讨及中医治疗的基本方针和方法。20世纪60—70年代,钱乐天等还撰写《流行性乙型脑炎(暑证)简易治法》,集中了各地中医治疗乙型脑炎的经验,认为乙型脑炎完全是暑证,但暑证不完全是乙型脑炎。20世纪50年代,高濯风在《中医杂志》发表了《用中药治愈11例脑脊髓膜炎经验》的文章。

在治疗麻疹、百日咳等流行性传染病方面,石家庄市传染病医院郭可明等中医专家作出了卓越贡献。在治疗麻疹方面总结出了一套治疗方案,仅在1958年11月到1959年1月期间就收治了麻疹病人283例,取得了显著疗效[3]。在治疗百日咳疾病中创制了百日咳糖浆治疗,治愈率83.3%,疗效可观[4]。

省中医研究院编写了《十万金方》(传染病第一集·麻疹和传染病,第二集·痢疾)。石家庄中医学校编写的《湿温病中医防治法》,根据临床实践,对湿温病的发病原因、规律、症状、证型分类、治疗等都做了比较详细的叙述,并对几年来临床观察进行了综合分析[5]。

二、中医基础学科的发展及其主要成就

建国后,河北省中医基础理论的普及研究有了较大进展,并深入进行了阴阳、五行、病因、三焦学说等基础理论特别是经络有关问题的探索。

20世纪60年代,河北中医学院夏锦堂发表了论文《试论肝肾乙癸同源》。20世纪70年代,保定地区中医院刘文明等对"经络感传现象研究"获卫生部成果奖。20世纪80年代,刘文明等研究了"脾经味觉现象",首先发现在脾经三阴交穴注射有味药液,某些循经感传显著。河北省医科院桑林编著《阴阳五行学说是辩证唯物主义的时空观》,从时空观阐述阴阳、五行及其关系。河北医学院谢浩然等研究"人体经络组织结构的观察及经络穴位的范围",认为经络组织是上皮、结缔组织、肌肉和神经等的多元复合组织;经络结构是多角、套管、复合立体形的间隙结构;经络路线是包括运行营血的血管和运行卫气的组织间隙;经络系统是由框架、通道、调控构成的绝对整体相对独立的系统。河北中医学院杨牧祥认为,三焦的生理功能是部分神经、血管、淋巴及其所联系的有关脏腑的功能综合。岳伟德就中医病因分类提出新见解,认为中医病因有气候、传染、精神、生活、理化、病理六大因素。

河北省中医学界还重视四诊和辨证的系统研究,尤其是对脉学进行了系统阐发,同时对舌诊比色板辅助中医诊疗进行了探索。20世纪50年代,乔蔚然发表了《简易经络测定器的构造和使用方法》一文,随后又发表了《经络测定的体会》。20世纪60年代,崔玉田等编著了《中医脉学研究》。20世纪70年代,河北新医大学邢锡波编著《脉学阐微》,重点阐明了脉诊的作用、正确的脉诊方法和脉象变化的临床意义;并从脉位、脉力、脉率、脉形4个角度对28部脉的体状、主病、鉴别等作了系统归纳、对比、分析,附以脉图,详加说明;还对急性肝炎、再生障碍性贫血、伤寒等疾病发生发展变化中的脉象演变规律,作了明确阐述[6]。

1951年,河北省在山区进行了中药调查,全省生产中药材105种。1959年,省卫生厅、商业厅、医药局共同编写《河北药材》一书,收载药物327种,插图179幅。同年,张家口商业局药材经理部白玲声、李景昌编写《中药材手册》。1961年,杨医亚编校清袁凤鸣著的《药性三字经》。1971、1972年省卫生局,商业局联合组织进行了全省中草药资源普查工作,共采集标本2 035种,经专家鉴定属中药者1 208种,并在此基础上编写出《河北中草药普查资料》一书,详述了各药的产地,拉丁名、中文名、药用部位、效用等。随后,省医科所王立山主编了《河北中草药》,介绍了中草药、动物药、矿物药800余种,多配有线条图、彩色图321幅,记述了药物的形态、生存环境分布、采集加工、性能疗效等。1977年省卫生厅组织力量,访问调查全省4 751名中医人员,在此基础上整理出80多名老中医验案138例,由王立山等编著成《河北中医验案选》一书,内容包括传染病、内科、外科、妇产科、五官科等。1978年,河北省男性节育组进行了"棉酚抗男性生育研究",河北省医院中医科通过对"中药对抗癌化疗恢复白细胞效果的观察"[7]进行了相关研究。

建国后,河北省开展了验方搜集、方书文献整理及方剂学、中成药普及研究等项工作,并进行了复方药理、古方应用、新方创制等研究探索。

20 世纪 50 年代,河北人民出版社出版《中医验方汇选》外科第一集。保定市卫生工作者协会编写《中医实用效方》,记述了内、外、妇、儿四科验方 252 个,还整理了《民间灵验便方》第一集。河北省卫生厅编辑的《河北省中医中药展览会医药集锦》,汇集了临床各科单方、验方和土方。省卫生厅组织全省采风访贤活动,搜集大量土单验方,于 1960 年前后陆续印刷出版《十万金方》,针灸、麻疹、传染病等专集多册。20 世纪 70 年代,杨医亚修订了《中医验方汇选》(内科和外科),河北医学院编写的《简明中医词典》(方剂部分)问世[8]。

在医学史、各家学说、医古文教学实践和医案、医话、古代医学文献整理及理论研究等方面做了较多工作,并进行了古今医家实践活动、著作详述、经验总结。1958 年,河北省卫生厅编写的《高举党的中医政策红旗前进》出版,介绍河北省中医中药工作经验。1965 年,《天津晚报》刊载赵玉庸撰写的《刘完素和他的防风通圣散》。1976 年,河北新医大学编辑的《中医医案八十例》出版,共收 42 个病种 80 则医案[9]。

三、中医临证各科的发展及其主要成就

建国后,河北省在中医内科文献、急症医案整理、验方搜集、肾肝病等疾病临床辨治方面做了大量工作。

1. 中医内科

20 世纪 50 年代,省卫生厅中医治疗精神病小组,分赴唐山、秦皇岛进行试点治疗。临床治疗患者 323 例,中药治愈率超过 50%,针灸治愈率 70%。黄昌麟等用中药治疗肺结核,试验治疗 29 例,27 例好转。省中医研究所选编了《中医验方汇选》(内科部分)。王满城等编校郑树钰(清)的《七松岩集》,共 58 篇,以问答形式阐述内科杂病,理论上究内、难诸经,辨证集历代各家精华,结合临床实践经验,阐明病因、病理,确立治疗大法;钱乐天等编写了《中医捷径》、《医学传心录》;杨医亚编写了《临床学科综合治疗学·前篇·内科学》。20 世纪 60 年代,李恩复撰写了《关于东垣内伤类似伤寒的商榷》,田永淑等编写了《中医学讲义》。20 世纪 70 年代,保定完县卫生局“猫眼草防治慢性气管炎”研究、张家口防疫站“荆条挥发油治疗慢性气管炎”研究、承德隆化县防疫站“照山白防治慢性气管炎”研究均获奖励。省中医研究所李兆华编著《肾与肾病的证治》,着重介绍了急慢性肾炎、肾病综合征等常见的 8 种肾病。同期,还有河北新医大学编写的《简明中医学》、《中医学》,任琢珊等主编的全国中等卫校试用教材《中医学》,赵玉庸等参编的《内科学》等书籍出版[10]。

2. 中医外科

20 世纪 50 年代,释迦宝山用“四妙勇安汤”治疗动脉闭塞性坏疽症效果显著。省卫生工作者协会编集的《中医验方汇选·外科第一集》,包括痈疽、搭背、瘰疬,痔漏、秃疮、烧伤、冻疮、鸡眼、刺瘊等 34 种病 244 个秘方和验方。1957 年召开的中医正骨技术经验交流座谈会,着重讨论了各种陈旧性脱臼、复杂性骨折的药物和整复手法。省中医研究院编辑的《十万金方》外科第一集(肠痈)出版,内容包括肠痈的发病原因、症状和治疗原则等,所列方剂系古方临床运用经验和家传秘方、民间效方,附有按语、简要说明及方剂运用的关键,并对针灸治疗的取穴、手法等作了详细介绍。隆化县盛子章献出了治疗梅毒的秘方“三仙丹”和清血搜毒丸,承德全区梅毒患者在 50 天内全部治愈。1958 年,全省消灭梅毒治愈患者 2.7 万人,该秘方后来在全国推广,同样收到很大成效。

20 世纪 60 年代,秦皇岛市成立按摩诊所。沧州地区医院冯咸池用夹板固定骨折效果良好,后经骨科专家尚天裕改进在全国推广。由王轩儒口述、王振国笔录、濮卿和省中医研究院整理的《脏腑点穴法按摩疗法》一书出版;黄月庭等编辑的《民间灵验方》(第三集·外治法),汇集常见疾病的外治疗及验方 200 多个。

20 世纪 70 年代,河北新医大学《中医验方汇选》修订小组修订的《中医验方汇选》(外科)问世。

石家庄地区医院李墨林的《按摩》一书刊印，系统总结了骨伤科常见病的诊断、辨证施治、手法运用、小夹板治疗骨折等临床治验。天津科普教育制片厂将李墨林按摩技巧拍成了《简易按摩》科教片；河北医学院李桂桐、贾涛编写的《简易新按摩疗法》出版；邯郸地区医院研制了"股骨骨折固定牵引架"。另外，河北医学院第三医院外科研制了"复方可吸收性止血纱布"[11]。

3. 中医妇科

20世纪50年代，省卫生工作者协会编写的《妇科病中医疗法》，包括妇科调经、带下、崩漏、症瘕、难产、胎前产后杂症、乳病等妇产科常见病例、病案等。清代何松安等著、王满城整理的《妇产正宗》，选择了历代各家的论说，又结合自身临床经验，通论妇科调经、崩漏、带下、种子、胎前、临产、产后和乳病。

4. 中医儿科

20世纪50年代，张家口胡东樵用中药预防麻疹，接受预防用药的80名儿童均未发生麻疹。1956年，53名知名中医专家在省中医防治麻疹经验交流会期间献出了334种防治麻疹的验方、秘方。衡水县大麻森乡（公社）给易感儿童服用"紫草汤"预防麻疹，到1960年底，全公社（乡）3 900多名易感儿童无一例发生麻疹。20世纪60年代，河北中医学院夏锦堂撰写的"麻疹闭证"论文发表。20世纪70年代，省卫生工作者协会编写的《麻疹防治法》，叙述了中医对麻疹防治的一般知识和治疗原则及古人的经验成就，介绍了多种有效的预防和护理方法，对麻疹发热期、见形期、收末期、合并症等的治疗方法均予详尽介绍。

5. 中医五官科

20世纪50年代，河北省第四专区医院王宗桥等编著的《白喉中医疗法》出版，所载王宗桥家传秘方，对白喉、红喉有较好的疗效。20世纪60年代，石守礼撰写的"自制金珠复明丸治疗慢性二硫化碳中毒性眼病33例报告"论文发表。20世纪70年代，河北省医院庞赞襄等编著的《中医眼科临床实践》，在理论上突出中医眼科辨证论治，创造性地提出"目病多郁论"。在实践上注意现代医学眼科检查，辨证论治眼病，继承经典方药和家传方药，总结和研究了许多疗效显著的新方药，丰富和发展了中医眼科的内容。河北省医院进行了"中医治疗视神经萎缩、小儿夜盲"、"中西医结合治疗麻痹性斜视"等临床研究。

6. 中医针灸学

1953年，（日）柳谷素灵著、杨医亚编译的《最新针灸治疗医典》出版。1954年，杨医亚编著《近世针灸医学全书》出版，该书由原来的"针灸经穴学"、"针科学"、"灸科学"、"配穴概论"及"实用针灸治疗学"等改编而成，对针灸治疗原理、配穴方法与临床适应范围等均有详细叙述。1958年，定县张崇一著《针灸易学新法》出版，该书系作者根据多年实践经验编写而成，介绍了针灸取穴6个法则和诊疗新法，对列举的78个常见和疑症都有速效和特效。1959年，省中医研究院编著《耳针疗法》出版，该书包括8部分，探讨了耳针诊断的应用和耳针的理论。河北中医学院黄伟达、杨鸿星编辑《民间灵验便方》（第二集，针灸）出版，该书包括内、外、妇、儿、五官等99种病，200个验方，每方1~3穴。1960年，省中医研究院编选《寸万金方》（针灸第一集）出版，该书介绍内科47个病症，261个处方，妇科21个病症，101个处方，其中有按语，概括论述了本方的使用原则、穴位运用及注意事项。1975年，河北新医大学编著的《针灸》（试本本）和《针灸》（赤脚医生丛书）出版。1977年，扎伊尔《爱利玛报》发表了河北赵云生撰写的《七星针疗法及治愈十年瘫痪一例》。1978年，保定地区中医院进行了"经络感传现象的研究"；河北新医大学进行了"穴位与针感的研究"、"七星针打刺治疗颅脑损伤重度昏迷及后遗症的研究"；承德地区隆化县医院撰写了"农村甲状腺肿切除手术针麻1 063例报告"；省中医院进行了"穴位低频电疗治疗常见病"的研究[12]。

第二节　西医药学研究的进展

解放后,河北省的西医事业得到了长足发展。卫生防疫、检疫、污物处理、医疗各机构相继成立与完善,各领域全面开花。

一、卫生防疫

1949 年 11 月,河北省防疫大队等专业防治机构成立,这是河北省历史上第一支常设卫生防疫队。1951 年后,各专区、市、县也相继成立了防疫队、站,如 1953 年建立河北卫生防疫站,如 1953 年后,各专区、市、县也相继成立了防疫站。20 世纪 70 年代,全省建立健全三级防疫网,1976 年成立了省职业病防治所[13],逐步对食品卫生、环境、放射、传染病、地方病等方面进行防治和管理监督,使得各项防疫事业逐步走向正轨,人民的身体健康情况逐步得到改善,特别是多种传染病得以根除,在地方病的防治方面做出了显著的成绩。

二、传染病防治

1955 年,根据卫生部发布的《传染病管理办法》,河北省逐步建立起了法定传染病报告制度,规定了疫情报告方法,针对危害人民健康严重的疾病开展普查普治、预防接种、宣传卫生知识等工作,很快取得显著成果。1949 年后再未发生古典生物型霍乱,1953 年消灭了天花,1958 年基本消灭了黑热病,1959 年基本消灭了性病。其他常见传染病——麻疹、白喉、百日咳、破伤风、狂犬病、疟疾、伤寒、痢疾、流行性脑脊髓膜炎、流行性乙型脑炎、脊髓灰质炎的发病率和死亡率也大幅度下降[14]。同时,在水灾、地震以及支援外省防病灭病中所做出的大量防治工作,在河北省传染病防治史上占一定地位。

1950 年,河北省大力推广全民普种牛痘,开始接种霍乱、伤寒、副伤寒甲、副伤寒乙 4 联菌苗,同时,还接种了卡介苗和白喉类毒素。1953 年,开始接种乙型脑炎疫苗、白喉类毒素与百白破菌苗三联制剂;1963 年,开始使用口服液体脊髓灰质炎 Ⅰ、Ⅱ、Ⅲ 型疫苗,1964 年改为 Ⅰ、Ⅱ、Ⅲ 型糖丸疫苗;1966 年开始使用麻疹疫苗。

20 世纪 70 年代初期以前,河北省的预防接种工作主要采取季节性突击和应急接种的管理方法。20 世纪 70 年代中期实行计划免疫,结核病列入控制的 6 种传染病之一。1974 年,省卫生防疫站在全国首先提出了全省开展以控制“两麻”(麻疹及小儿麻痹症)为重点的计划免疫工作,并把脊髓灰质炎、麻疹疫苗、百日咳混合制剂和卡介苗作为儿童基础免疫制剂,制定了全省统一的免疫程序。至此,河北省免疫预防传染病的工作由一般的预防接种正式进入有计划的免疫阶段。

三、地方病防治

河北省系全国地方病重病省份之一。1952 年组建了甲状腺肿防治队;1958 年建立了河北省地方病防治所;1978 年成立了河北省防治地方病领导小组办公室,领导协调全省地方病防治工作。其后,地方病大幅下降。

1. 地方性甲状腺肿和克汀病

地方性甲状腺肿(地甲病)和克汀病(地克病)在河北省流行历史较久。1952 年,省地甲病防治队试用碘盐防治成功。1956 年,河北医学院开始进行山区地方性甲状腺肿的流行病学调查及碘盐中碘化物快速测定方法的研究工作。1963 年,省医科院进行重点普查防治研究工作,投用 9 个月碘盐,

28%的地克病人症状好转。

1953—1966 年,省医科院与天津医学院合作,将承德病区 8 名克汀病人接到天津医学院附属医院进行多学科的系统检查研究。同期,他们还开展了碘代谢等研究,发现承德病区的 48 例地克病人,55 例地甲病患者及 57 例正常儿童血清蛋白结合碘、血胆固醇均低于非病区正常人,甲状腺吸碘率明显高于非病区正常人。他们对地甲病、地克病的防治研究工作,当时居国内先进水平。1975 年起,全省开展地甲病和地克病的普查防治工作,到 1976 年,有 70 个县划为病区。同期,隆化县甲状腺肿防治队开展针麻切除甲状腺手术 1 400 余例,还研制成了食盐加碘机,实现了全县集中机械化食盐加碘。

1977—1978 年,省地方病防治所等单位共同协作,开展了地甲病病区划分标准的调查研究。调查点包括山区、半山区、平原和沿海,调查中除检查甲状腺肿外并做水碘、尿碘、甲状腺吸碘率和甲状腺激素等分析结果,甲状腺肿大率和患病率,从山区到沿海基本显示逐渐下降趋势。通过调查提出了划分病区与非病区的界限:甲状腺肿患病率大于或等于 3% 、甲状腺肿大率大于或等于 20% 为病区,否则为非病区。

2. 地方性氟中毒

1958、1963 年唐山市卫生防疫站对遵化县汤泉村氟斑牙进行过调查。

1973、1976 年,阳原县卫生防疫站等单位协作,对阳原县东井集公社的 26 个大队的氟中毒情况开展了流行病学调查,并对 737 眼饮用水井含氟量进行了测定。结果显示,全部饮用水井含氟量超过国家允许浓度(1 毫克/升),最高的达 20 毫克/升以上,氟中毒病情与饮水含氟量相平行。根据调查结果开展了以改水为中心的防治工作:一是寻找含氟量低的水源;二是在没有低氟水源的地方进行水除氟,经多方试验,证明三氯化铝可降氟,且不影响水质;三是选择氢氧化铝,加甘草、维生素丙等治疗现患病人。经改水、药物治疗,病情明显好转,此项研究获 1978 年全国科学大会奖[15]。

四、妇幼卫生

20 世纪 50 年代,全省县以上普遍建立了妇幼保健机构,为乡、村培训了新法接生员。至 1959 年,城市新法接生率达 80.0%,农村达 60% 以上,新生儿破伤风发生率由 1952 年的 18.5% 下降至 2.6%,产褥热由 4% 下降至 0.1%。20 世纪 60 年代初,由于连续三年困难时期,妇女子宫脱垂、浮肿、闭经、营养不良发生率很高,各级政府非常重视,随即认真进行防治,至 1963 年基本控制了这几种病的发生。20 世纪 70 年代,开展了农村以子宫脱垂和尿漏为重点、城市以防止宫颈癌为重点的妇女病普查普治工作,收到显著效果。

河北省计划生育工作始于 1953 年。1953 年,全省县以上医疗单位开始做节制生育宣传、实施手术与指导工作。1954 年,河北省节制生育领导小组建立;1956 年,在县以上医疗单位建立避孕指导门诊;1963 年,成立了河北省计划生育委员会;1964 年,省、地、县各级计生办与卫生部门分设;1964 年,县级节育门诊普遍建立,培训"四术"人员。部分县达到了上环不出村,男扎、人流不出区,女扎不出县,计划生育手术技术指导在全省普遍展开。1968 年,河北省革命委员会成立,有一人分管计划生育、妇幼卫生工作。1972 年,河北省革命委员会计划生育领导小组成立,各地、市、县也相继设置了计划生育相应机构。

五、疗　　养

新中国建立后,一批新型的疗养机构应运而生。1950—1958 年,除在北戴河海滨及其周围建起的国家机关、部队疗养院(所)外,省和各个地区还在许多温泉和秀丽风景地修建了一批疗养机构。

六、医疗急救

1959年,省卫生厅制定了《建立三级医疗急救网的规划》,这一方案的落实,在保障人民生命安全中发挥了很好的作用。1963年,衡水、石家庄及冀南一带暴雨成灾、洪水泛滥,疫病流行;1966年邢台发生强烈地震;1976年唐山发生强烈地震等,在这些事件中,《规划》的落实同样为保障人民的身体健康发挥了巨大作用。

20世纪50年代,省、地(市)级医院一般都设有专门急诊科室,且标有明显的标志。1976年,各医院对急诊科室的领导体制、人员配备、技术水平、急诊范围、装备标准、工作制度及程序作了明确规定。之后,县级医院普遍设立了急诊科室,有些较大医院如省医院,相继建立了独立的急诊科,抢救水平有很大提高。

七、输血工作

1. 输血机构

1960年4月,唐山、承德、保定、张家口、石家庄等市区建成中心血站。1963年秦皇岛市红十字会输血办公室成立,这是全省血源管理机构的开端。1967年,唐山市中心血站建成输血楼,同时配备X光机、电冰箱、干燥箱等设备。1970年河北省血站建成并开始采血,生产冻干血浆。

2. 血源管理

1962年,唐山开始对全市医疗单位的临床用血实行"三统一"。1963年,秦皇岛市红十字会输血办公室制定了统一体检标准和卡片管理制度,并组织献血员定点查体,统一分配到用血医院采血。1964年3月,石家庄市卫生局和红十字会联合建立了献血管理站,对医疗单位实行计划用血,统一组织献血,建立了献血管理制度。1965年1月,以市、县为单位,成立统一的输血管理机构。1976年,秦皇岛市开始对全市医疗临床用血实行"三统一"管理制度,同时还组织了第一次全民义务献血活动[16]。

3. 成分输血

1971年,省中心血站首次试制双糖代血浆成功,并应用于临床。在此基础上,先后制备了"706代浆血"和"新维代浆血"、"浓缩红细胞"。1974年制备血小板、白细胞混悬液并应用于临床医疗,收到较好效果。

4. 血液制品

1960年5月唐山市血站建成后,仅用三个月时间就试产血浆成功并投入临床应用。同年,保定市、承德市、张家口市、石家庄市等血站试生产干血浆成功。

1970年9月,河北省血站建成,并于1971年开始试生产干血浆。1973年1月,省血站试生产纤维蛋白注射液成功;9月,试生产胎盘血丙种球蛋白,经鉴定合格。1976年8月,省血站利用制备干血浆后剩余的白细胞开始试制"转移因子"成功,并于1978年试制组织胺球蛋白和2号血清成功。

八、医疗设备与技术

1. 医疗设备

(1)超声、影像、心脑电图。

1949年以后,省、地(市)级医院和少数县医院正式设立放射科,先后装备了200m以上X光机。

到 1957 年,X 光机已在县医院普遍使用。同时,一些较大医院的放射线诊疗技术有了很大提高,逐步开展了特殊造影,如消化道、胆囊、肾盂造影,以后又发展到膀胱造影、支气管碘油造影、脑血管造影等新项目。唐山第一医院有了一部 X 线治疗机,唐山开滦总医院有了镭射线治疗机。1966 年以后,放射设备技术主要是向城乡地段医院、重点公社医院发展[17]。

1975 年,河北医学院第三医院购置肢体血流图仪;1978 年,随着 400mA 双球管大型 X 光机的引进,放射技术又有明显提高,开展了双对比造影、盆腔充气造影、输卵管碘油造影、膝关节充气造影、脊髓造影。

(2)临床检验。

建国后,省、地(市)级医院都逐步配备了 2000 倍以上的高倍显微镜,并设立了专门的检验科室。1957 年,显微镜已在市、县级医院普及;同时省、地(市)医院相应配备光电比色计、分光光度计、电泳仪、生物化学检验分析设备,进一步改善了细菌培养等项目的设备和技术,开展了血糖、血钙、非蛋白氮、血钾、钠、氯离子等生化项目测定。1958 年,一些医院增加了细菌药敏试验以及肝功能、肾功能、脑脊液的生化检验项目,并建立血库,配备了相应仪器。

1970 年,地(市)级以上医院陆续开展了胎甲球、乙型肝炎表面抗原(即"澳抗",HBsAg)等免疫学方面的检验和血脂测定。

2. 诊疗技术

(1)内科。

建国初期,河北省推广了保护性医疗制,组织疗法、封闭疗法、溶血疗法也广泛地应用于临床。人工气胸、气腹为治疗咳血的重要手段。磺胺药物、青霉素、链霉素的应用,使肺炎、脑膜炎、痢疾、结核等炎症大大缩短了病程,降低了病死率。

1960 年以后,广泛应用心电图和心导管检查技术,提高了心血管系统疾病的诊治水平。肝、脾、心包穿刺、超声波检查、内窥镜检查、肝功能检查、基础代谢率测定等新项目的开展,使疑难病症的确诊率提高。

1976 年以后,内科诊疗技术发展很快,新设备、新技术迅速引进和应用,如胃、肠、食管、气管、膀胱等纤维内窥镜检查技术;同位素扫描和深浅部放射线、钴^{60}、化学药物等在临床的应用,提高了癌症的确诊和治疗能力;脑电图、脑血流图、多导生理记录仪、大型 X 光机、CT、彩色超声多普勒的应用,使内科逐步按系统进行分科。省级医院将呼吸、消化、心血管、内分泌、血液、肾病、神经、传染病等科分化出来。由于各种检诊技术、新型药物、监护仪器及中西医结合的综合运用,心血管系统的疾病,如急性心肌梗塞住院死亡率大大下降;血液透析和腹膜透析技术的开展,使肾衰病人得到有效的治疗[18]。

(2)外科。

20 世纪 50 年代,只有部分城市医院、部队医院及个别县医院能开展下腹部手术。50 年代中期后,外科技术有较大发展,河北医学院第二医院 1955 年增设泌尿外科,1956 年开展了脑肿瘤摘除术,并于 1957 年 4 月成功地进行了主动脉阻断二尖瓣闭式分离术。邯郸市第一医院同年开展了食管癌切除手术。1958 年,河北医学院第二医院正式开设脑外科,第三医院成立骨科,第四医院成立肿瘤外科;各地、市级医院也相继开展了烧伤外科、胸外科和心、脑外科诸方面新项目。1959 年,秦皇岛市第一医院开展肺段、肺叶切除手术,胸腔改建术;唐山工人医院、张家口市医院抢救大面积重度烧伤。1960 年,承德医专附属医院、张家口医专第一附属医院,秦皇岛市医院开展心瓣膜分离术、修补术。1961 年 5 月,河北医学院第二医院首次成功进行体外循环下心内直视手术。1962 年,张家口医专第一附属医院、邯郸市医院等开展脾、肾静脉吻合术;一些县医院先后成功地抢救了上百例大面积烧伤。1972 年,保定地区第一医院成功地切除 7 千克重的肩胛骨瘤。

1976 年 7 月 28 日,唐山发生强烈地震后,石家庄市 8 个医院外科接受大批伤员,并进行了及时处理。省直属 4 个省级医院采取不同方法治疗 184 例脊柱骨折合并截瘫,邯郸市骨科协作组和市第一医院骨科对 77 例截瘫晚期伤员的手术处理获得预期效果,充分显示出了外科技术的实力。

1978年,河北医学院第二医院在省内率先开展了异体肾移植和心瓣膜置换术,河北医学院第三医院、保定地区第一医院等开展了人工股骨头置换术;唐山市医院在断肢再植显微外科的基础上向再造术的方向深化。

(3)妇产科。

全省各医院均把妇产科作为四大基本科室(内、外、妇、儿科)之一独立设置,妇产科诊疗技术优先发展。20世纪50年代初多以处理难产为主。1950年,丰宁县医院为大阁镇一张姓孕妇做古典式剖腹产成功。1952年,平泉县医院开展卵巢囊肿摘除。20世纪50年代中期,地、市级医院和部分县医院均能完成剖腹产、卵巢囊肿摘除和子宫摘除手术。1958年,孟村回族自治县医院成功地为患者切除30千克重的卵巢囊肿。1960年,秦皇岛市医院采取经阴道子宫切除并行阴道前壁修补治疗子宫脱垂。1975年,承德医学院张玉琛在丰宁县医院剖腹取婴,同时摘除40.5千克重卵巢囊肿。1976年,秦皇岛市医院开展了腹膜外剖腹产。同年保定驻军某卫生科在省职工医学院附属医院的协助下,成功地切除了张秋菊42千克重的巨大肿瘤。1978年推广新生儿喉镜吸痰和气管插管术,提高了新生儿窒息存活率。

(4)儿科。

建国后广泛深入地开展预防接种,实行计划免疫,消灭或大幅度降低了危害儿童健康的传染病,儿科疾病的诊疗技术和抢救能力不断提高,儿童死亡率明显减少。

1958年,全省各医院开展小儿头皮静脉输液,使儿科危重症治疗成功率明显提高。1960年以后体液电解质的测定和酸碱中毒矫治技术的应用,使小儿腹泻病死率由20世纪50年代的10%～20%降到了0.5%以下。

(5)五官、皮肤科。

随着医院的不断扩大和技术设备的逐步完善,眼、耳鼻喉科、口腔科、皮肤科等也陆续建立起来,有的发展成专科医院,如邢台地区眼科医院、张家口市眼科医院及各市的口腔科医院;眼科常见的白内障晶体摘除、青光眼虹膜手术等已普及到县医院;内眼手术角膜移植等难度较大手术已在不少省、地(市)级医院开展;某些有条件的县医院做了一些难度较大的眼部手术,如平泉县医院1960年已能做眼球摘除、人造瞳孔手术,武安县医院自1962年,开始施行角膜移植手术。省、地、市以上医院和部分县医院耳鼻喉科均已能做气管切开、气管异物取出术。由于电测听器及技术的引进,明显提高了耳科疾病的确诊率,内耳道成形术也开展起来[19]。

1953年广泛开展了性病普查。1957年,推广了盛子章先生的中药三仙丹、血清搜毒丸治疗各期梅毒[20]。

第三节　中西医结合技术研究进展

一、中西医结合

建国后,河北省响应中共中央关于西医学习中医及中西医结合的号召,组织西医离职学习中医。

1956年,省卫生厅选派5名西医师去武汉中医研究班学习;1959年,在保定、天津分别举办以两年为一期的高级西医离职学习中医班,学员163名。1970年后,全省又开展了学习中医"一根针、一把草"的群众运动。1971—1977年,河北新医大学举办全省西医离职学习中医班5期,学员341名。1978年,河北省制定了中西医结合10年发展规划和中西医结合医院5条标准,要求中西医结合医生达80%以上,有50%的病种实行中西医结合治疗。同年,玉田县中西医结合医院全院97%的西医学过中医,96%的病种进行中西医结合治疗,同时,全省很多医院建立了中西医结合病例。在此期间,基础学科发展缓慢,临床学科得到了一定的发展。

1972 年河北新医大学第三医院采用中西医结合治疗肠梗阻,非手术率占 91.3%,非手术治愈率占 88.6%;同时,中西医结合治疗急性胃溃疡穿孔患者,非手术治愈率达 95%。

廊坊地区人民医院血液病研究室,从 1975 年开始,对再生障碍性贫血进行了深入研究,将该病分为 4 型,分别投用温肾益髓汤、参芪仙补汤、凉血解毒汤,同时适当使用丙酸睾丸酮、康力龙等。

二、医学科研机构的建立

1956 年以前,河北省无独立的医学科学研究机构,医学科研工作主要靠高等医学院校、条件好的医院和省属的黑热病、性病、甲状腺肿防治队,鼠疫、寄生虫病防治所等专业机构,结合教学、医疗和预防任务进行科研活动。1958 年成立了河北省中医研究院。1959 年河北省医学科学院正式建立,下设流行病学、医学情报、放射医学等 3 个研究所及内分泌、实验外科、神经外科、实验肿瘤、心血管病等 5 个研究室。1963 年,省医学科学院下属的 3 个所降为研究室。1965 年,省医学科学院和省中医研究院先后撤销。"文革"使全省医学科研事业受到极大的破坏和损失,科研机构瘫散,科研骨干受迫害,医学科研处于停滞状态。1970 年,省会石家庄组建卫生科学研究所(1972 年改称河北省医学科学研究所)。1971 年、1972 年,先后成立气管炎和肿瘤防治办公室。1977 年,在省医学科学研究所的基础上重建省医学科学院,下属单位包括基础医学研究所、医学情报研究所、放射医学研究所、药品检验药物研究所、肿瘤研究所和地方病、职业病、结核病防治研究所。

1975 年成立的河北省医学科学研究所负责全省医学科研计划管理和督促检查工作。重点抓针麻原理和临床研究工作,并组织全省有关单位成立了针麻原理和甲状腺、剖腹产等 8 个针麻临床研究协作组,开展针麻研究。至 1978 年前,重点抓恶性肿瘤、气管炎、肺心病、针麻等。

注 释:

[1][5][7][8][9] 河北省地方志编纂委员会:《河北省志·卫生志》,中华书局 1995 年版,第 321,323,326,327,329 页。

[2][6][10][11][15] 徐延香、张学勤:《河北医学两千年》,山西科学技术出版社 1992 年版,第 19,29,46,47,311 页。

[3] 郭可明等:《治疗 283 例麻疹的经验介绍》,《辽宁医学杂志》1959 年第 6 期。

[4] 郭可明等:《百日咳糖浆治疗百日咳 78 例的疗效观察》,《中级医刊》1960 年第 1 期。

[12][13][14][16] 河北省地方志编纂委员会:《河北省志·卫生志》,中华书局 1995 年版,第 327,148,197,76 页。

[17][18] 河北省地方志编纂委员会:《河北省志·卫生志》,中华书局 1995 年版,第 58,62 页。

[19][20] 徐延香、张学勤:《河北医学两千年》,山西科学技术出版社 1992 年版,第 283,305 页。

第十八章　现代生物科技

　　新中国成立后,全省的生物科技得到全面的空前发展。作为中国的一个农业大省,河北省在生物科技研发上不仅开展了对各种动植物的驯化、栽培,还在农业新品种培育、生产技术、农业机械、农产品深加工、农田设施改良、病虫害防治等方面都做了全方位的应用和开发,引入了大量国内外先进的生物技术和设备。运用现代生物科学知识,对作物或果树、蔬菜等进行基因工程改良;运用生物技术对病虫害进行生物防治;培育绿色食品,对作物实行设施栽培,提高其产量和质量。在植物保护方面,采用综合生物措施、控制蝗灾等病虫害,不断提高生物技术防治病虫草害和鼠害的水平,构建起了全省生物科技技术体系。河北师范专科学校(河北师范大学前身)、天津师院(河北大学前身)分别设立生物科、生物系,高等生物教育逐渐得到充分的发展,为河北省培养了大批的生物科技人才。在科技传播方面,成立了河北科学技术普及学会,河北省遗传学会、植物生理学会、动物学会、微生物学会、植物学会、生物化学学会也相继成立,对生物科技知识的传播和交流,起到了很好的促进作用。1978 年,河北省科学院建立了生物研究所,把河北省的生物科技研究、科学知识普及工作推上一个新的阶段。

第一节　植物调查和生态研究

　　对河北植物物种进行全面的调查和系统分析研究,对于了解河北山地植物区系的性质、特点和相邻地区植物的区系联系、分布规律以及与自然历史环境发展变化的相关性具有重要的科学意义和实践价值。

　　对河北省植被进行研究是在新中国成立以后才开始的。建国初期,在中国科学院植物研究所的领导和推动下,先后对渤海湾、永定河上游和太行山区开展了植物生态调查和研究。首次由我国著名生态学家侯学煜教授带领,开展了对北戴河沿海地区的植被调查,并发表有《植物分类研究所渤海区盐碱土的利用和指示植物的初步调查报告》和《植物分类研究所渤海区植物生态调查续报》。

　　河北师范大学刘濂等在 1951—1962 年对河北植被进行了系统调查研究,提出了河北植被区划的原则和区划分级系统,将全省植被划分为 2 区 3 带 9 省 19 州。1963—1964 年,在《河北省坝上草原概况》中综述了坝上草原的植物区系组成、植物生活类型和生态特点,同时将其分为 5 个区。1979—1980 年,在《关于河北省境内森林草原区的划分》一文中,刘濂认为河北坝上草原应属森林草原草带[1]。

　　自 1953 到 1963 年,河北农业大学杜怡斌等对保定地区的植被及其演替规律进行了研究,认为保定地区植被的基本类型是温带落叶阔叶林、半旱生森林和灌丛草原,少数高山有针叶林。杜怡斌曾主持出版《河北野生植物》、《河北野生资源植物志》、《小麦个体发育》等专著,为野生植物的开发利用提供了重要的科学依据;对金冠苹果和绿豆进行了胚胎学系统研究,取得了重要成果,发表了《金冠苹果生殖过程及其物候期的初步研究》和《绿豆受精过程和胚胎发育的研究》等多篇论文[2]。

　　1955 年,河北省立农学院(1958 年易名河北农业大学)孙醒东作为我国研究大豆、牧草及绿肥作物的先驱者之一,对我国的大豆、牧草、绿肥的资源和分类进行过开拓性的研究。孙醒东亲自搜集豆类原始材料数百份,从中选育出富含蛋白质的大豆新品种"保定青皮青"。1952 年,在大豆品种的分类研究中,孙醒东不但提出了分类方法,而且对我国大豆的重要品种资源作出了总结,并于同年发表了《大豆的品种分类》一文。1956 年出版的《大豆》一书,已闻名中外,1958 年被苏联凯戈里多夫译成俄文本《Соя》,在莫斯科出版。这本书系统介绍了大豆生产的专业知识,同时弘场了中国大豆栽培上的悠久历史和文化。在牧草和绿肥作物研究方面,孙醒东也作出了重要贡献。他在 1954 年出版的《重要牧草栽培》一书,介绍了中国的资源多达 230 余种;1955 年与胡先骕合著了《国产牧草植物》;1958 年出版《重要绿肥作物栽培》。1958 年 10 月,他在《农业学报》上发表了题为"中国几种重要牧草植物正名的商榷"一文,附有牧草植物名称对照表,并列举有国内常见的草种 43 个。此文对一些同物异名、同名异物、张冠李戴或缺少适当中译名的牧草植物进行了正名或增补。在牧草分类方面,国产苜蓿属(Medicago L.)、车轴草属(Trifolium L.)、草木栖属(Melilotus L.)等的分类检索表都是根据他自己研究鉴定的结果制定的。

1959—1961 年,河北农业大学李鉴古等与中国科学院植物研究所合作对保定地区的植物种类、形态、用途进行了系统调查研究,著成《保定地区植物志要》初稿。此次研究共采集标本 4 万余份,包括 160 科、709 属、1 545 种、23 亚种、109 变种、917 种资源植物以及若干新种,同时发现多种可利用野生植物。

河北农业大学农学系杜怡斌等于 1963 年对保定地区的植被及其演替规律进行了系统调查。1964 年,河北农业大学黄金禄在河北省保定市南关河北农业大学教学试验农场油松苗圃采得油松两性孢子叶球的标本。油松为雌雄同株,小孢子叶球生于当年生新枝的基部,大孢子叶球生于当年生新枝的顶端。黄金禄等的发现,对于研究油松等裸子植物的系统发育可能具有很重要的意义[3]。

第二节　植物学研究的深化

一、植物遗传学研究

自从 1970 年,河北省的生物科学和农业科学工作者陆续开展农作物杂种优势的生理研究,以揭示植物杂种优势产生的机理,探索亲本的选配原则,取得了一系列可喜的进展。河北师范大学孙大业等对玉米的杂种、自交系品种的光合性能进行了比较研究,从生理角度阐述了杂种优势的原因,同时从叶绿素含量、叶绿体 a/b 值、光合强度、希尔反应等方面阐述了叶绿体杂种优势的现象。

1974 年,河北农业大学邹道谦对植物细胞染色体染色技术进行改良研究,对洋葱的大染色体、蔬菜的小染色体均能很好染色,使其染上清亮的紫色。

河北省是中国谷子的重要产区,为选择高产优质品种,1974 年,河北省农科院农作物研究所李荫梅对夏谷的主要性状遗传力、遗传相关指数进行了研究,发现其中码数的遗传力最高,株高和千粒重次之,单株产量和株穗重最低,而小区产量的遗传力却更高,所以她提出,夏谷的选种中选拔高产优系要比选择高产单株的效果更好[4]。

1976 年,河北大学生物系棉花科研组利用不同方法,获得了一大批不同类型的棉花雄性不育系,并从性状遗传力和表现型方面探索了陆地棉间接选种法[5]。

1978—1979 年,河北师范大学冀耀如等对 T 型雄性不育小麦的不育系、保持系花粉发育的细胞形态进行了观察研究,发现花粉母细胞的败育和绒毡层密切相关,但并不是主要败育的根源。

二、植物生理学和生物化学研究

植物的水分运输对植物生长有重要影响,1963 年,河北农业大学杨文衡等对 7 种果树的体内水分运输速度进行了研究,结果表明:水分运输速度与树种密切相关,桃树运输最快,其次为梨树,葡萄、核桃、苹果、枣树和柿树;另外,桃树、苹果和枣树在凌晨两点水分运输最慢,下午两点最快。

为探明磷在植物体内运输和分布对其生长发育和结果的影响,1961—1962年,河北农业大学的曲泽州、杨文衡等用同位素^{32}P标记测定了磷在各种果树中的运输以及不同部位的含量。研究发现,在同一日中,P的分布大专以上桃和枣树在14:00含量最高,而苹果则是在17:20～19:20含量最高,凌晨5:20至7:20最低,这为对果树进行适时施肥提供了理论依据。

河北师范大学李云荫等对温度影响鸭梨黑心病发生的影响做了一系列研究,发现缓降温可以显著降低采摘后鸭梨中的多酚氧化酶活性,而室温储存果实中多酚氧化酶活性最高。多酚氧化酶活性的高低与鸭梨黑心病的发生及其严重程度呈正相关,多酚氧化酶活性高的鸭梨,褐变更加明显[6]。

植物的性别分化在植物发育生理和农业实践中均有重要意义,1965年,河北大学李庆余以黄瓜离体芽为研究材料,对其性别分化进行研究表明,8h以下光照之形成雄花,没有雌花形成,11h以上的光照才可以促使黄瓜的雌雄花同时发育;在一定的氮水平下,增加碳源有利于雌花形成;培养基中添加萘乙酸可以促进雌花分化。

第三节　微生物学研究

河北省的微生物学研究主要围绕抗生素的筛选,对相关细菌进行分离、筛选和分类鉴定研究,全省科技工作者在相关研究领域取得了许多成就。

阎逊初(图7-18-1),1912年出生于河北省高阳县,曾于法国里昂大学生物系学习,后跟随真菌学家居埃(R. kuhner)教授做担子菌性现象的博士论文,并在法国科学研究中心进行担子菌性现象的博士后研究工作。1951年,返回祖国,主要在微生物研究所对我国细菌、放线菌进行系统研究。1980年当选为中国科学院学部委员。阎逊初提出的链霉菌鉴定系统,在国内曾被普遍采用,为抗生素、酶制剂等生物活性物质的筛选起到了指导作用。阎逊初在抗生素研究方面为河北省医药科技的发展作出了重要的贡献,20世纪70年代华北制药厂筛选出的"正定霉素"(Zhendingmycin)新抗癌抗生素就是在他指导下,以定向筛选的方法发现的。

图7-18-1　阎逊初

1974年,河北大学生物系对土壤中抗肿瘤抗菌素产生菌的初步筛选与鉴定,从河北省9个地区采集了200个土样,根据不同的土壤类型,分离了60个土样,从分离出的581个菌株中,筛选出232株桔抗性放线菌,进行了定向的抗肿瘤抗菌素产生菌的筛选与鉴定。通过反复多次的形态与培养特征、生理生化反应、拮抗性和纸层析等实验,筛选获得8个抗肿瘤抗菌素产生菌。从1975年3月起河北大学生物系又开展了对白色链霉菌的分离、筛选和络定的研究工作在河北省的9个地区,采集了200个土样,从60个不同土样中分离出581个链霉菌菌株,再从属于白抱类群的60个菌株中选出7个菌株,通过全面的定种鉴定,筛选获得了白色链霉菌[7]。

第四节　动物区系调查和生态研究

在建国初期,为改善人民生活环境,在全国性的科技政策引导下,河北省科技工作者围绕一些易传播疾病的昆虫等做了大量研究工作。

为了预防疟疾、流行性乙脑及其他传染性疾病,1954—1955年,河北医学院高景铭等在保定及其郊区对蚊进行了系统调查,共发现3属12种,其中以尖音库蚊淡色变种、三带喙库蚊、中华暗蚊最为普遍,同时对各种蚊种的生活习性和生长发育过程进行了研究记录。1958—1965年,高景铭等又对河北省各区县蝇类区系分类、成虫及幼虫的生态习性、形态特点以及家蝇的抗性进行了研究,其中重点对保定、石家庄区域的蝇种进行了采集、分类及季节分布研究。1962年和1964年在秦皇岛滨海区两次采集到的灰斑白蝇为国内新记录种。在系统研究的基础上,他还提出了对蝇类防治的具体措施。

为更好地服务于农业生产,河北省生物科学研究也围绕一些主要的农作物有害昆虫、鸟类及其天敌等动物的分布和习性展开一系列研究工作。

1956 年,河北医学院高景铭等对保定市蛉种及其季节分布进行了初步研究。1964 年河北昌黎农业学校张洪喜等对粘虫天敌——"中华广肩步行虫"的生活习性进行了初步研究,为利用该类昆虫进行生物防治提供了参考。

1976 年,河北大学刘益之等对河北省多地区的农作物害虫天敌资源进行了系统调查,共查得天敌171 种,其中昆虫纲动物有 146 种。1979 年,张家口农业专科学校李文德和河北省农科院植物保护研究所孙伯欣等对河北省玉米螟进行了系统研究,发现河北省玉米螟的优势种是亚洲玉米螟,为利用性诱剂进行测报防治、鉴定和选育抗螟性玉米品种、科学制定检疫条例等都作出了很好的理论贡献。

为查清河北省蝗虫的种类、分布、发生和危害,河北省农科院傅守三等对东亚飞蝗进行了系统研究,发现它主要分布于津渤、冀南、鲁西等地,并对其习性、发育做了详细调查记录。1979 年,河北省农科院植物保护研究所郭尔溥等对河北省 20 余县的蝗虫进行了调查,共采集蝗虫标本 50 种,查明河北省蝗虫种类 58 种,它们分别隶属于 5 个亚科、36 属、57 种和 1 个亚种,其中,2 属 7 种为华北蝗虫新记录,3 属 8 种和 1 个亚科为河北省新记录。

1978 年,河北省植保土肥研究所虫害研究室研究了人工饲养棉铃虫的方法,为害虫防治研究提供了有力的支持。

1953—1956 年,中国科学院动物研究所协同河北省农学院植物保护学系在河北昌黎产果区进行食虫鸟类调查工作时,曾附带观察麻雀的生态和生活史,并采集了五百余号标本。1957 年对这些麻雀经剖验嗉囊和胃部后,对其食物特性作出了分析。

1966 年,河北省防疫站孟广荣等对围场县北部鼢鼠的生态分布和生活习性进行了观察。

河北省地理环境复杂,动物种类繁多,通过动物区系研究掌握动物的分布规律及其各自然条件的相关性,对更好地利用动物资源和防治病虫害具有重要的意义。

1958—1960 年,河北师范大学李恩庆与南开大学合作,对河北省动物地理区划进行了考察研究,提出划分的原则和方法,把河北省动物区系分为 4 级 10 州(区)。

我国在数百年前已经发现海参是一种美味的食品,同时还发现它在医药方面有若干用途。在明朝万历年间,谢肇淛著的"五杂俎"内已经有了关于海参的记载。但我国每年出产的海参很少,供不应求,所以数十年来每年都从国外进口大量的海参。1958 年,中国科学院海洋生物研究所与河北省海洋水产试验场合作对刺参的人工养殖和增殖进行了初步试验。

1959 年,河北师范大学张福群等对河北省 10 个地区 40 个县进行了两栖爬行动物的调查研究,共收集标本 1 目、5 科、5 属、9 种,爬行类 3 目、6 科、7 属、17 种,其中玉斑锦蛇是河北新记录种。1964 年,河北大学王所安等在围场县御道口发现了无斑雨蛙,此项发现填补了河北省无尾两栖类的记录空白。

1961 年开始,河北省农科院蚕桑研究所刘廷印等创立了蓖麻蚕"连代驯化"休眠法,为人为诱导休眠虫态开辟了新途径。同时培育出适合于北方越冬的蓖麻蚕新品种,解决了蓖麻蚕越冬保种的具体技术[8]。

建国后,河北省科技人员对蜘蛛的研究始于 1976 年,当时河北大学刘益之等对天敌昆虫调查时查得害虫天敌 171 种,其中有 25 种为蜘蛛。

对于河北的鱼类资源,1975—1976 年,河北大学王所安等对白洋淀的鱼类做过系统调查,共发现12 科 35 种,其中以鲤科鱼占优势。

在河北省鸟类资源方面,河北农学院傅守三等与中科院动物研究所合作对河北昌黎的食虫鸟类进行了调查研究。

三疣梭子蟹(*Portunus trituberculata*)简称梭子蟹,俗称蓝蟹、枪蟹或蠘,是我国北部产量最高的一种著名的海产食用蟹类。1977 年,中国科学院北京动物研究所与河北省黄骅县水产技术推广站共同对三疣梭子蟹的渔业生物学特性进行了初步调查。

第五节　人体解剖和生理科学研究

河北医学院陈远年等在1963年对于我国人群心肌桥进行了初步观察研究;崔模等对国人骨性泪囊窝及鼻泪管进行了测量与观察;边长泰等观察了短膊畸胎的上肢外形及脊髓颈膨大的内部结构,并与正常胎儿进行了比较;雷琦等则对国人臂神经丛及其有关血管进行了观察研究。1964年,边长泰等继续对短膊畸胎的上肢外形及脊髓颈膨大的内部结构进行了观察研究,并与正常胎儿比较。同年,河北医学院傅志良等通过解剖检查国人尸体110具,取材181例,研究了甲状腺筋膜与神经血管的关系,并做10例在甲状腺峡高度的颈部横断,辅助这筋膜研究。检查结果表明,甲状腺筋膜或称甲状腺鞘,是明确存在的,可以作为手术的标志,同时对甲状腺上动脉及甲状腺奇动脉进行了观察描述。

1964年,河北医学院张朝佑解剖人体时发现右侧胸导管一例。胸导管全长19.5厘米。自起始部上行不远处,发出一支短管,长约3.5厘米,沿胸导管左侧上升,向上未见与主干汇合,可能就是半胸导管,这种情况,据著作中的记载,约占37%。1965年,河北医学院张朝佑、傅志良等通过调查208例盆肢标本,发现异常闭孔动脉的出现率为17.31±2.62%。

1960年,河北医学院袁德霞等研究了电针麻醉对肾上腺皮质及髓质的影响。1960年,河北医学院董承统等研究了灸刺激时大脑皮层中枢干运动区与皮层视分析器的机能变化,以及刺激所引起的皮层感觉区机能状态改变。同时,对针刺时视时值的变化也进行了实验研究,了解了针刺对皮层视分析器机能的影响。1963年,董承统等又研究了针刺对大脑皮层运动区优势兴奋的影响。

1962年,河北医学院何瑞荣等研究了超声波对蟾蜍脑电图的影响。1964年,何瑞荣等利用家兔进行了颈总动脉血流阻断性加压效应的分析。1965年,何瑞荣等发现在麻醉兔静脉内注射氯化铵(25~50毫克/千克),可规律地引起呼吸增强,这种效应在切断窦神经、减压神经和迷走神经后不变。

1964年,河北省医学科学院李电东等研究发现,大黄酸和大黄素对金黄色葡萄球菌在葡萄糖—肉汤培养基中RNA、DNA和蛋白质的合成具有很强的抑制作用,而叶酸对大黄素抑制金黄色葡萄球菌核酸的合成有拮抗作用,而同年8月,河北医学院王子栋等研究了乙酰胆碱作用于家兔心脏不同部位时,心脏活动发生的不同机能变化,从而表明,不同浓度的乙酰胆碱会引起心率减慢,减慢的程度与乙酰胆碱的浓度成正比。

第六节　酿造技术的发展

一、沙城葡萄酒的酿造技术

1974年,中国农科院果树所弗开韦研究员等在对怀涿盆地全面考察后,认为该区是生产优质酒葡萄和鲜食葡萄的最佳产之一。1978年,我国最早进行葡萄区域化研究的北京农大黄辉白教授认为怀涿盆地是适合生产佐餐干酒及香槟酒原料的最佳产地之一。

沙城地区葡萄酒生产始于1976年,由沙城酒厂葡萄酒车间生产。20世纪80年代,张家口地区长城酿酒公司、中国粮油食品进出口总公司、香港远大公司三家合资成立了"中国长城葡萄酒有限公司",是国内首家生产葡萄酒最具规模最现代化的生产厂家。

沙城地区所产葡萄酒主要为长城牌干白、干红系列,其干白葡萄酒外观澄清透明,色泽微黄带绿,具优雅细腻的果香,口感丰满完整,醇厚协调,回味悠长。其酒精度为11.5+0.5(%V/V),总酸7.0+0.5克/L升(以酒石酸计),挥发酸<0.5克/升。

　　沙城干白葡萄酒的酿制主要是以龙眼葡萄为原料,葡萄的成熟度和新鲜度是决定干白葡萄酒质量的关键之一。当地人民根据多年采收经验和酿造数据记录,结合成熟系数的计算公式(成熟系数 = 含糖量/总酸),确定龙眼葡萄的成熟度指数约在 20 ~ 30 之间为采收最佳时间。其发酵采用低温发酵,发酵温度控制在 15 ~ 18 度;发酵结束后,干白原酒需越冬保存,在现发酵罐中进行低温陈酿。春季来临,温度逐渐回升,高温易使酒的香味物质挥发,此时便将原酒进行分离后转入凉爽的地下酒窖,进行窖酿。

　　沙城干红葡萄酒色泽为宝石红色,具有悦人的品种香,浓郁丰富。口感具有收敛性,醇厚圆润。其酒精度为 12.5 + 0.5(% V/V),总酸 6.0 + 0.5 克/升(以酒石酸计),挥发酸 < 0.5 克/升。

　　沙城干红葡萄酒以法国引进的葡萄品种赤霞珠、梅鹿辄为主要原料酿制。通过多年的引种观察,该乡总结出这两个品种在当地的工艺成熟系数在 30 ~ 45 之间时,酿造的干红葡萄酒才浓而不烈、滑润柔细、醇和浓郁,其潜在特征才能得以充分展露。为获得丰富的果香和艳丽的色泽,酿造前破碎要保留 30% ~ 40% 的整粒葡萄,只将葡萄部分破碎,加入果胶酶,使葡萄中的酚类物质和固有的天然色素得到充分提取。干红葡萄酒采用喷淋式发酵,进行低温密闭发酵。干红葡萄酒的初始陈酿温度控制在 12 ~ 15 度,酵母对葡萄酒的总体风味影响很大,干红葡萄酒酿制时选择专用的酵母进行发酵。

二、白酒酿造技术的发展

1. 祁州酒

　　安国古称祁州,祁州烧酒的历史传承久远。明清年间,祁州古镇有民丰、义丰、隆昌等八宗酿酒作坊,祁州酒随四海药商流传华夏,历久弥香。据《安国县志》记载:"关汉卿,元代伍仁村人,号己斋叟。"他对家乡美酒十分钟情,曾用"金瓶玉液,醉卧西楼"的诗句来赞美祁州酒,可见元代祁州地区的酿酒技术已经相当精湛。1947 年,八路军冀中九专区收并数家酿酒作坊,成立"冀中民丰烧锅",即河北祁州酒业的前身——安国县制酒厂。酒厂几经扩建、改造,产量品种不断增加,主要有白酒、黄酒、药酒、枸杞干红等。

2. 山庄老酒

　　在山庄老酒前期酿造工艺技术发展的基础上,1949 年 6 月 1 日,经热河省工业厅决定,开建了承德避暑山庄酒业有限责任公司的前身——平泉酒厂。它集咸丰、同治年间开业的"信合成"、"涌泉长"、"协议长"、"天泰泉"等几十家烧锅为一体,创办国有企业。自此,平泉酒的发展跃入了崭新的阶段。清朝末代皇帝爱新觉罗·溥仪之胞弟溥杰欣然题名"山庄老酒",并赋诗赞曰:"故苑八珍传御宴,平泉河北诩山庄,春回樽底红潮泛,酒国乾坤日月长",山庄老酒自此拥有了"品牌文化"的强大力量。

3. 丛台酒

　　1963—1964 年,邯郸市酒厂科技人员通过分析浓香型大曲酒发酵机理,针对窖泥微生物繁殖开展实验攻关,研制成功了"人工培养窖泥技术",被誉为中国白酒界 20 世纪 60 年代重大发明,开创了"人工培养百年老窖"的先河。1965 年,在河北省第二届评酒会上,邯郸市酒厂以人工老窖生产的"邯郸大曲酒"和以浓香酒香醅串蒸的"邯郸老白干酒"荣获河北省"双第一"名酒。1975 年,因酒厂坐落在赵武灵王丛台古迹旁,邯郸大曲正式更名为丛台酒,并在华北区白酒评比会上荣登榜首。

4. 磁州酒

　　磁州酒是新中国成立后邯郸地区新创的白酒类型,为河北目前唯一的酱香型白酒。20 世纪 60 年代,国酒茅台酒厂王志发现家乡非常适合酿造茅台工艺大曲酒,因此派茅台酒厂工程师何光荣到磁县亲自指导,同时磁县选派40人到茅台酒厂学习。磁州酒自1979年元月投产,创造性地实现在北方地区利用茅台工艺生产酱香大曲酒,填补了河北省酱香白酒的空白。该酒采用优质糯米、高粱和当地优质小麦,配以当地特有水源,经双轮底发酵工艺精心酿制而成,同时经过地下酒窖多年陈酿,酒体中对人身有害物质逐渐挥发消失。磁州酒入口绵甜、幽雅细腻、醇厚丰满,回味悠长且留香持久。我国白酒专家给予评价:"燕南出美浆,黔北传良方。满坛无论比,空杯有留香"、"南方茅台北磁州,异地同工一坛酒"。

注　释:

[1]　王振杰:《河北山地高等植物区系研究》,河北师范大学博士学位论文,2006年,第16—19页。

[2]　杜怡斌、李丽云、申瑞田等:《金冠苹果生殖过程及其物候期的初步研究》,《河北农业大学学报》1984年第4期。

[3]　黄金禄:《油松的两性孢子叶球》,《生物学通报》1965年,第3—7页。

[4]　河北省农作物研究所谷子研究室:《夏谷主要性状遗传力、遗传相关和选择指数的初步研究》,《遗传学报》1975年第3期。

[5]　河北大学生物系棉花科研组:《从性状遗传力和表现型相关探索陆地棉间接选种法》,《河北大学学报(自然科学版)》1977年第1期。

[6]　李云荫、曹敏、党凤良等:《不同贮藏温度对鸭梨黑心病发生的影响》,《植物学通报》1984年第5期。

[7]　河北大学生物系微生物分类毕业实践小组:《河北省土壤中抗肿瘤抗菌素产生菌的初步筛选与鉴定》,《河北大学学报(自然科学版)》1976年第1期。

[8]　刘廷印:《低温驯化蓖麻蚕,培育休眠越冬种》,《华北农学报》1965年第3期。

第十九章　现代人文科技

新中国成立后,我国的人文科学工作者在党的"双百"方针指引下,积极走与工农相结合的道路,深入生活,自主创新,勇于探索,在文学、哲学、史学、教育学、艺术学等人文科学的各个方面都取得了丰硕的成果,河北省以河北大学、河北师范大学、河北师范学院及河北省社会科学院为基础,逐渐形成了其在全国社会科学研究方面的较强优势,涌现出了像胡如雷、滕大春、漆侠、张弓、詹英等一大批享誉国内外的著名学者。尤其是在党的十一届三中全会以后,河北哲学社会科学和文化艺术事业得到全面蓬勃发展,达到了空前的繁荣和昌盛。

第一节　哲学与社会科学研究

在哲学研究方面,首推张恒寿先生的《庄子新探》,关于该书的成书经过,张先生在自撰"序言"中说,这本约23万字的"小书",是他在1934年秋做清华大学中文研究所研究生时就开始起笔,直到1981年1月才"初步完成",花了46年时间,所以,《庄子新探》既是他一生的代表作,又是他一生心血的结晶。这部著作考证详密,分析湛深,出版后受到普遍赞誉,被史学界公认为高水平的佳作。其次是杨向奎的《清儒学案新编》,此书始于孙奇逢,终于康有为的"清初、乾嘉、嘉道、晚清诸儒",以人为经,共收录清初思想家、理学家、经学家和其他学者20余人,编成十卷本的学案。每一学案既有案主的学术思想评传,又有其学术思想史料选辑。评传部分重在对案主学术思想观点、成就、影响的分析;

学术思想史料选辑,旨在选录案之最主要、最基本的思想史料,"盖欲起学术思想史及学术思想史料的双重作用"(《清儒学案新编·缘起》)。

在教育学研究方面,刘文修、韩温冬、郝荫普、许椿生、张述祖、胡毅、滕大春和王培祚等,时称"八大教授"。建国初期,河北教育研究主要以翻译和介绍苏联和美国教育的最新发展为主,但从 20 世纪 50 年代末开始,转至探索和创建具有中国特色的教育科学,代表性成果有 1960 年刘文修、杨铭等编写的《教育学》。萧树滋是我国教育技术科学的开拓者,1951 年即提出将电化教育列入大学教育的课程,1983 年,他出版了我国第一部有关电化教育的专著——《电化教育》。外国教育史研究,是河北教育科学研究的优势学科之一,早在 20 世纪 50 年代,针对教育界重苏联教育而轻欧美教育的倾向,滕大春就积极呼吁开展对欧美和日本等国教育的研究,并在极为艰难的条件下对欧美教育的发展过程进行探索和阐述。后来,中央教育科学研究所曹孚和滕大春共同拟定了《外国教育史提纲》(修订稿),提出了编写该学科教材的指导思想以及各章节的主要内容和编写计划。改革开放以来,在经过长期对欧美教育变化的追寻和探究之后,滕大春终于在 1980 年出版了《今日美国教育》一书,该书通过精练的语言、深邃的思想,在欧美教育史领域把学术研究推上了新的巅峰,并对许多问题的研究均具有开创性意义。

在汉语言文字学领域,曾经就读于北京清华国学研究院的滦县人裴学海先生,其传世之作《古书虚字集释》于 1954 年重刊,该书共收先秦两汉常见的虚字 290 余条(同词异形的合在一条),汇集了刘淇的《助字辨略》、王引之的《经传释词》、俞樾的《古书疑义举例》、杨树达的《词诠》、章炳麟的《新方言》和孙经世的《经传释词补》等书中对虚词的解释而名为集释。该书"以解古书之疑义为要旨",总结了前人与当时许多讲虚词和涉及到虚词的著作,吸收其优点,订正其错误,补充其不完备甚至是有所缺漏的地方;该书对文言虚词用法的解释比较大胆,多有创见,成为汉语言文字学史上文言虚词研究的代表著作之一。张弓先生在 1963 年出版了《现代汉语修辞学》一书,标志着当时我国修辞学研究的实绩和高度,是当代我国修辞学史上一座丰碑。该书建立了新的修辞学体系,该体系由三个环节组成:第一,语言因素与修辞,具体分析修辞手段变通利用语言因素的情况;第二,修辞方式和寻常词语艺术化;第三,修辞和语体。它以语言的三要素(语音、词汇、语法)为基础,以变通为中心,联系现实语境,以达到美好的表达效果。该书出版后产生了巨大影响,成为大学文科进行修辞教学的重要参考书。

在历史学研究方面,1950 年,河北天津师范学院组建了文史系。1951 年,由李光璧先生主编的《历史教学》创刊。1958 年,河北省历史研究所成立,并出版有学术刊物《北国春秋》。1959 年,漆侠先生出版了《王安石变法》一书,该书运用马克思主义哲学原理,深刻分析了北宋封建王朝的统治危机和变法的必然性,详尽地论述了王安石变法的内容、新法的实施过程及变法的实质,是研究王安石变法的力作,在学术界产生了很大影响。胡如雷先生于 1956 年 9 月 13 日在《光明日报》发表了《试论中国封建社会的土地所有制形式》一文,奠定了他对中国封建社会形态研究的理论基石。1979 年 7 月,胡先生所著《中国封建社会形态研究》一书由三联书店出版。该书独辟蹊径,纵横结合,以 5 篇 21 章的内容构架,论述了中国封建土地所有制,地租、剥削形式与农民的经济地位,自然经济与商品经济,农业经济的再生产与周期性经济危机,中国封建社会史的分期等问题,从而揭示出中国封建社会的基本经济规律,并建构了一个较为完整而严密的中国封建社会政治经济学的理论体系,对丰富马克思主义的史学理论作出了积极的贡献。

第二节 河北文化艺术科技的主要成就

新中国成立后,经过社会主义改造,我国基本上建立起了社会主义制度。在社会主义的建设过程中,无论城市还是乡村,人们的物质生活和精神文化生活都发生了翻天覆地的变化,新人、新事、新气象层出不穷。因此,歌颂新人新事、赞美祖国的社会主义建设事业,便成为了河北广大文艺工作者的创作主题,当时涌现出了一大批优秀的艺术家和十分经典的文艺作品。

在小说创作方面,保定作家群的形成是河北文化发展史上的一个奇迹。以徐光耀、梁斌、李克、李英儒等为代表,他们把讲述中国共产党领导下的冀中抗日根据地革命斗争历史作为表现重心,"红色叙事"遂成为20世纪五六十年代众多保定籍作家的共同主体。如徐光耀的《平原烈火》(1950年)和《小兵张嘎》(1958年),李克的《地道战》,李英儒的《战斗在滹沱河上》(1954年)和《野火春风斗古城》(1958年),梁斌的《红旗谱》(1958年)和《播火记》(1963年),刘流的《烈火金刚》(1958年),冯志的《敌后武工队》,邢野的《狼牙山五壮士》(1958年)等。这些作品多以保定地区的抗战生活为背景,生动形象地反映了那一特定历史时期中华民族所经历的磨难及其在磨难中所表现出的英雄气概,在新中国文学史上大放光辉。随着社会主义事业的不断发展壮大,以韩映山、周渺、赵新等为代表的第二代作家和以铁凝、陈冲、谈歌等为代表的第三代作家,继承了保定第一代作家群的现实主义创作风格,创作出了一部又一部既贴近生活又艺术成熟的作品。

在戏剧艺术方面,河北梆子和评剧这两大河北地方剧种获得了新生,一代全国观众喜闻乐见的名角脱颖而出,成为了新时代的佼佼者,如河北梆子的贾桂兰、裴艳玲、张淑敏、刘香玉,评剧的新凤霞、韩少云等。其中,张淑敏(1937—1974年)是中华人民共和国成立后培养起来的河北梆子演员的优秀代表,于1953年正式参加了河北省河北梆子剧团,并于同年冬天随同中国人民第三届赴朝慰问团赴朝慰问演出。她熟练掌握了河北梆子的"颚音"、"嗽音"、"夯音"、"吞音"、"逗音"、"喷音"等多种演唱技巧和各种共鸣音的运用方法,练就了有力领"喷口";她最善于表达人物的思想感情,刻画不同的人物性格,她扮演的杜十娘,被我国戏剧界知名人士誉为"精彩细腻,简直是一件成熟的艺术精品","达到了炉火纯青的地步";她的唱腔艺术,集各家各派之长,取姊妹艺术精华,具有时代精神气质,别开生面,独树新风,在继承传统的基础上,向前大大发展了一步,代表剧目有《杜十娘》、《龙江颂》等。新凤霞(1927—1998年),是评剧艺术的杰出代表,而《刘巧儿》是她主演的一出在全国产生了重大影响的剧目,在这出戏中,新凤霞成功地塑造了刘巧儿的艺术形象,并创造了有其自己特点的评剧疙瘩腔唱法。尤其是在《刘巧儿》的创作过程中,新凤霞得到了许多文艺工作者的热情帮助,新凤霞和这些同志愉快合作,首开了戏曲工作者与新文艺工作者联手创作的先河,为戏曲艺术的革新与发展做出了示范。由于新派艺术在众多的评剧流派中标新立异、独树一帜,因而堪称评剧革新的代表。以推陈出新的传统评剧《花为媒》为标志,新凤霞以纯熟的演唱技巧,细致入微的人物刻画,塑造了青春美丽富有个性的少女——张五可的艺术形象,从而将新派艺术推向了高峰,并使《花为媒》成为新派艺术的经典之作。此外,由武安县人杨兰春(1921—)创作的豫剧《朝阳沟》,是中国戏曲现代戏探索道路中出现的经典性作品,是一部成功描写农村生活的喜剧。它紧紧围绕银环下乡落户劳动一事,展开矛盾冲突,塑造了银环、栓保娘、银环妈等人物形象,尖锐批评了轻视农业劳动的错误思想,并反映了20世纪50年代末期北方农村那"祖国的大建设一日千里"的新风貌。就其剧中的人物和唱词来说,正像人们评说的那样,《朝阳沟》这出戏中,塑造出了一群活生生的人物形象,而且剧中的每一个唱段几乎都成为了经典唱段,这样的成功是无法超越的。

在诗歌方面,河北籍的郭小川(1919—1976年)是共和国第一代杰出诗人。从1955年发表政治抒情诗《致青年公民》开始,诗人进入了旺盛的创作期,他先后创作了《白雪的赞歌》、《深深的山谷》、《一个和八个》、《将军三部曲》、《厦门风姿》、《乡村大道》、《甘蔗林—青纱账》、《祝酒歌》、《西出阳关》等大量优秀作品,这些诗篇在形式上结构繁富、气势雄浑,在内容上激越、昂扬、奋发、向上,不愧为时代的号角和鼓手。因此,贺敬之曾评价郭小川的诗为"一位毕生为祖国和人民事业而斗争的忠诚战士的心灵中发出来的"歌。无论是欢呼新中国的诞生,还是描绘社会主义建设的欣欣向荣的图画,他的诗都洋溢着真挚的革命激情,这是他诗的灵魂所在。另一位原河北籍诗人张志民(1926—1998年)以一个人民诗人的敏锐和热忱,创作了大量充满时代气息的诗歌和诗论,其《西行剪影》(1963年)以浸润着强烈感情色彩的诗句讴歌了西北边疆和少数民族人民的多彩生活,于朴素自然之中呈现出了流利清新的文采;《祖国,我对你说》(1981年)是一本获新时期中国作家协会诗集奖的作品,通过对新中国成立后30年历史的回顾,在总结历史经验教训的过程中,抒发了对祖国美好未来的憧憬和向往;《今情·往情》(1984 年)以"祖国在恢复健康,前途充满希望"为主题,讴歌新时代的精神风尚,用"今情"鼓舞人们去为建设繁荣昌盛的社会主义祖国而奉献青春和热血。

在书画艺术方面,田辛甫(1911—1985 年)早年受教于齐白石、李可染等大师,画风苍劲、淳朴,曾应邀为北京人民大会堂河北厅创作《狼牙秋色》,为中国历史博物馆创作《大禹治水》;阎素(1916—)的版画《满门忠烈》曾在边区产生过重要影响,新中国成立后,他又创作了《跟着毛主席胜利前进》(油画)及邓小平的素描等,融入了对社会主义建设和改革开放事业寄予的厚望;宣道平(1915—1984 年)创造出了新的瓷器绘画工艺,为唐山陶瓷美术事业的发展作出了突出贡献。郭风惠(1897—1973 年)的行书、草书颇得何绍之的深髓,小楷具褚遂良的风神,他曾在 1961 年被《人民日报》评为全国十大书法家之一;冯书楷(1914—1992 年)印宗秦汉,继法吴齐,他根据中医学经络原理,总结出了"法阴阳而用虚实"的印章理论,从结体到运笔,都别具浑厚凝重挺秀之致;张布舟(1921—1989 年)师法颜真卿,他的字沉雄、厚重,苍劲有力,大气磅礴;董川(1932—1993 年)的行草书,线条劲疾,气势奔突,结构拙朴,章法多变。

在民间歌舞方面,建国以来新民歌紧跟社会主义建设的步伐,无论是小调、劳动号子,还是山歌和吹歌,洋溢着河北人民对党和社会主义的深情厚爱,像王金山的唢呐独奏《打枣》、沧州地区的劳动号子《学习雷锋》、河北民歌《歌唱新宪法》等,格调明朗,气概豪迈,充分展现了河北人民热爱党和热爱社会主义事业的崇高精神境界与道德风貌。

第八编

河北著名科学家

河北物华天宝，人杰地灵，自古多德馨智能之士。本编录选了有文字记载以来直至 1980 年间，以中医鼻祖扁鹊、农事专家崔寔、数学大家祖冲之、造桥匠师李春、测星大王郭守敬、中国铁路之父詹天佑为代表的五十位对河北科技发展作出过突出贡献的科技名家，记述了他们的简要生平及科技成就。这些科技名家用才智书写了河北科技的历史画卷，用汗水汇聚了河北科技的涓涓长河，用成果支撑了河北社会经济的持续发展，用行动谱写了一部波澜壮阔的河北科技史诗。他们是河北科技的启蒙者、各学科门类的奠基者、经济技术难题的破解者、科技成果的传播者、经济发展的领跑者。他们对河北、中国乃至世界科技革命作出过不可磨灭的贡献，历史丰碑永存。他们辉煌的科技成就和原创精神是河北科技界的宝贵财富和丰厚遗产，永远值得后人缅怀、铭记、赞颂、敬仰、效仿和传承。

一、扁 鹊

扁鹊(公元前407—前310年),战国时期渤海郡鄚人(今沧州任丘),姓秦,名越人,是我国历史上第一个有正式传记的医学家。

扁鹊年轻时做过经营旅店的"舍长",舍客中有个叫长桑君的老人很擅长医术,扁鹊跟从这位老人习医。学成之后,又长期在民间行医,足迹遍及当时的齐、赵、卫、郑、秦诸国。据《汉书·艺文志》记载,有《扁鹊内经》9卷、《扁鹊外经》12卷。唐代扬玄操在《集注难经·序》中说:"《黄帝八十一难经》者,斯乃渤海秦越人所作也。"

扁鹊精通"望、闻、问、切"四诊法,尤以精望诊和切脉著名。医圣张仲景在《伤寒杂病论·序》中称赞说:"吾每览越人入虢之诊,望齐侯之色,未尝不慨然叹其才秀也",对扁鹊的望诊和切脉非常称赞。

扁鹊是中国最有影响的名医,内、外、妇、儿各科兼长,不仅善用汤药,还用砭法、针灸、按摩、熨贴及手术治疗法。据历史记载,他当年行医到邯郸时,曾是有名的"带下医",即妇科医生;经过洛阳,治愈好多老年患耳聋、眼花、肢体麻痹等,享有"耳目痹医"称号;进入咸阳,又医治过许多儿科疾病。扁鹊善用汤药、砭法、针灸、按摩、熨贴及手术疗法等多种治疗方法。

扁鹊是一位朴素的唯物主义者,一生坚持与巫神作斗争。司马迁在《史记·扁鹊传》中,曾提到"病有六不治",最后一条说:"信巫不信医,六不治也。"这实际上就是对扁鹊反对巫神迷信的唯物主义思想,作了最好的概括和总结。扁鹊治病严肃认真,从不炫耀功名。当他治愈虢太子的病,人们称赞他有起死回生之术时,他却质朴地回答说:"越人非能生死人也,此太子当生者,越人能使之起耳。"这里既表现了他实事求是的科学态度,又反映了他谦虚谨慎的美德。

二、崔 寔

崔寔(公元103—170年)。字子真,又名台,字元始,东汉时期涿郡安平(今安平)人。曾任郎、五原太守等职,著有《四民月令》、《东观汉记》、《政论》5卷等著作。

崔寔具有极其浓重的农本思想,对农业生产技术他可谓十分关注。崔寔在《政论》中谈到,"农桑勤而利薄,工商逸而入厚","一谷不登,则饥馑流死";"国以民为根,民以谷为命,命尽则根拔,根拔则本颠,此最国家之毒忧"。他在《政论》中对辽东使用不便的耕犁进行了评论,还介绍了播种器具"三脚楼":"三犁共一牛,一人将之。下种挽楼,皆取便焉。"崔寔还利用家中旧有的酿造技术知识,经营酿造酒、醋、酱业,传记中说他"以酤酿贩鬻为业,时人多讥,亦取足而已,不致盈余。"

《四民月令》是崔寔编著的与农业生产有关的名著之一。《四民月令》反映的是当时"四民"一年十二个月家庭事务的计划安排。所谓"四民"是指士、农、工、商,关于"月令"这一名称,《礼记·月令》记述每年夏历十二个月的时令及统治者该执行的祭祀礼仪、职务、法令、禁令等,并把它们归纳在五行相生的系统中,《四民月令》的内容体例大体与《月令》相似。

《四民月令》记载的每月农业生产安排,如耕地、催芽、播种、分栽、耘锄、收获、储藏以及果树林木的经营等,是宝贵的农业生产知识遗留,其主要内容大致包括:①祭祀、家礼、教育;②按照时令气候,安排耕、种、收获粮食、油料、蔬菜;③养蚕、纺绩、织染、漂练、裁制、浣洗、改制等女红;④食品加工及酿造;⑤修治住宅及农田水利工程;⑥收采野生植物,主要是药材,并配制法药。"正月茵陈二月蒿,三月蒿子当柴烧"、"九月中旬采麻黄,十月上山摘花椒,知母黄芩全年刨,惟独春秋质量好",即强调按时采收的重要性;⑦保存收藏家中大小各项用具;⑧籴粜;⑨其他杂事,包括"保养卫生"等九个项目。

《四民月令》记述了各种大田作物的耕种收获时节,其中包括粮食类的禾(谷子)、小麦、大麦、穬麦、黍、稻、大豆、小豆等,另有纤维用的大麻、油料用的胡麻等;同时记录了园圃蔬菜的种植有十余种,包括葵、芥、芜菁、瓜、瓠、芋、韭、薤、生姜、大小蒜、大小葱等;记录的染料有蓝和地黄;记录的其他居于广义农业生产范畴的还有果树、林木、畜牧、采集（主要是药材的采集）等生产项目。在手工业生产方面，记载了家庭自己制作布帛缣缚等蚕桑纺织技术，并从事酒、醋、酱、饴糖、脯腊、果脯、腌菜、酱瓜等酿造加工活动。

《四民月令》是一部农家月令，在中国农业史上有其不可替代的重要作用。在《四民月令》中，每月的农业生产，包括耕地、催芽、播种、分栽、耘锄、收获、储藏以及蚕桑、畜牧、果树经营等等，细致而合理，又提醒人们注意农业生产安排的地区性，其中的一些生产技术如"别稻"（水稻移栽）和树木的压条繁殖，是农书中的首次记载。这是我国出现最早的农作物"作业历"。

三、张　华

张华（公元 232—300 年），字茂先，晋代范阳方城（今固安县）人。官至司空，是晋代初年学问渊博的博物学家、文学家。

张华号称"博物洽闻，世无与比"。著有《张华集》和《博物志》等，其中，所著《博物志》为我国第一部博物学著作。

《博物志》共 10 卷，分类记载了山川地理、飞禽走兽、人物传记、神话古史、神仙方术等，实为继《山海经》后，我国又一部包罗万象的奇书，填补了我国自古无博物类书籍的空白。根据《古今医统》记载：张华精于经方本草，疗疾多效，说明当时张华对经方本草进行了比较深入的研究。

《博物志》关于五方人民记述："东方少阳，日月所出，山谷清，其人佼好。西方少阴，日月所入，其土窈冥，其人高鼻、深目、多毛。南方太阳，土下水浅，其人大口多傲。北方太阴，土平广深，其人广面缩颈。中央四析，风雨交，山谷峻，其人端正。南越巢居，北朔穴居，避寒暑也。东南之人食水产，西北之人食陆畜。食水产者，龟蛤螺蚌以为珍味，不觉其腥臊也；食陆畜者，狸兔鼠雀以为珍味，不觉其膻也"。本部分文字系统记载了各地区分布人种的体征、生活习性、取食特点等。相关记述还有："山居之民多瘿肿疾，由于饮泉之不流者。今荆南诸山郡东多此疾疰。由践土之无卤者，今江外诸山县偏多此病也。〔卢氏曰：不然也。在山南人有之，北人及吴楚无此病，盖南出黑水，水土然也。如是不流泉井界，尤无此病也。〕"记载了恶劣的环境会导致人体的各种疾患。

《博物志》关于异俗记载："楚之南有炎人之国，其亲戚死，朽之肉而弃之，然后埋其骨，乃为孝也"。这部分记载表明了古时可能存在的某种丧葬仪式。

《博物志》关于异兽记载："大宛国有汗血马，天马种，汉、魏西域时有献者。"这是最早的大宛国汗血宝马的文字资料。《异鸟》中记载："比翼鸟，一青一赤，在参嵎山。有鸟如乌，文首，白喙，赤足，曰精卫。故精卫常取西山之木石，以填东海。"则是记载了比翼鸟、精卫等鸟类。

《博物志》关于异草木记载："江南诸山郡中，大树断倒者，经春夏生菌，谓之椹。食之有味，而忽毒杀，人云此物往往自有毒者，或云蛇所着之。枫树生者啖之，令人笑不得止，治之，饮土浆即愈。"介绍了毒菌和枫树的毒性，并记载了化解枫树毒性的方法。

《博物志》关于物理记载："煎麻油，水气尽，无烟，不复沸则还冷，可内手搅之。得水则焰起，散卒而灭。"表明当时人们已注意到了油与水的不同沸点，并指出了油的渐次沸腾现象，更可贵的是展现了物理科学的基本研究方法——观察和实验方法。

《博物志》关于药物记载："乌头、天雄、附子，一物，春秋冬夏采各异也。远志，苗曰小草，根曰远志。芎䓖，苗曰江蓠，根曰芎䓖。菊有二种，苗花如一，唯味小异，苦者不中食。野葛食之杀人。家葛种之三年，不收，后旅生亦不可食。"主要介绍了一些中药的种植、鉴别。

《博物志》关于药论记载："《神农经》曰：上药养命，谓五石之练形，六芝之延年也。中药养性，合欢蠲忿，萱草忘忧。下药治病，谓大黄除实，当归止痛。夫命之所以延，性之所以利，痛之所以止，当其药应以痛也。违其药，失其应，即怨天尤人，设鬼神矣。…药物有大毒不可入口鼻耳目者，入即杀人。一曰钩吻。……药种有五物：一曰狼毒，占斯解之；二曰巴豆，藿汁解之；三曰黎卢，汤解之；四曰天雄，乌头大豆解之；五曰班茅，戎盐解之。毒菜害，小儿乳汁解，先食饮二升。"这是对一些中药药理、药性的记载阐述。

《博物志》关于食忌的记载:"人啖豆三年,则身重行止难。啖榆则眠,不欲觉。啖麦稼,令人力健行。饮真茶,令人少眠。人常食小豆,令人肥肌粗燥。食燕麦令人骨节断解。"此部分介绍了食物引起人体的一些反应。

《博物志》关于方士的记载:"……始能行气导引,慈晓房中之术,善辟谷不食,悉号二百岁人。……大略云:'体欲常少,劳无过虚,食去肥浓,节酸咸,减思虑,损喜怒,除驰逐,慎房室。春夏泄泻,秋冬闭藏。'"这些记载体现了古人已深谙各种养生之道。

《博物志》关于服食的记载:"西域有蒲萄酒,积年不败,彼俗云:'可十年饮之,醉弥月乃解。'所食逾少,心开逾益,所食逾多,心逾塞,年逾损焉。"这些说明,当时已知适量饮酒的益处和过度饮酒对身体的损伤。

《博物志》关于物名考记载:"张骞使西域还,乃得胡桃种。"此为胡桃引种驯化的宝贵文字记载。

《博物志》关于杂说记述:"斗战死亡之处,其人马血积年化为磷。磷着地及草木如露,略不可见。行人或有触者,着人体便有光,拂拭便分散无数,愈甚有细咤声如炒豆,唯静住良久乃灭。后其人忽忽如失魂,经日乃差。今人梳头脱着衣时,有随梳解结有光者,亦有咤声。"本部分科学地揭示了生物遗骸上飘忽的"鬼火"实为骨磷的自燃现象而已。"妇人妊娠,不欲令见丑恶物、异类鸟兽。食当避其异常味,不欲令见熊罴虎豹。御及鸟射射雉,食牛心、白犬肉、鲤鱼头。席不正不坐,割不正不食,听诵诗书讽咏之音,不听淫声,不视邪色。以此产子,必贤明端正寿考。所谓父母胎教之法。"此为古代胎教方法的详细记录之一。"诸远方山郡幽僻处出蜜蜡,人往往以桶聚蜂,每年一取。远方诸山蜜蜡处,以木为器,中开小孔,以蜜蜡涂器,内外令遍。春月蜂将生育时,捕取三两头着器中,蜂飞去,寻将伴来,经日渐益,遂持器归。"这反映了古人对野蜂的利用情况。"昔刘玄石于中山酒家酤酒,酒家与千日酒,忘言其节度。归至家当醉,而家人不知,以为死也,权葬之。酒家计千日满,乃忆玄石前来酤酒,醉向醒耳。往视之,云玄石亡来三年,已葬。于是开棺,醉始醒,俗云:'玄石饮酒,一醉千日。'"这是河北早期酿酒技术的一篇生动描述,证明当时处于河北地域的中山国已经能够酿造酒精含量较高的谷物酒。

《博物志》对光的记载:"用珠取火,多有说者,此未试。"这里的"珠"可能是水流冲刷成卵形的石英或水晶体等透明物,起着凸透镜的作用,可以向日聚焦取火。更可贵的是他注明"此未试"的诚实治学态度。张华在《博物志》中还曾描述孔雀毛和一种小虫在阳光下变化多端的衍射色彩,他对光学方面的这种关注以及重视观察实验的科学研究方法极为难得。

《博物志》对静电与静磁的记载:"今人梳头脱着衣时,有随梳解结有光者,亦有咤声。"也就是说,张华曾发现用梳子梳头和解脱丝绸毛料衣服时的起电现象,观察到了静电火花,听到了放电的劈啪声。

四、祖冲之

祖冲之(公元 429—500 年),字文远,祖籍范阳郡遒县(今保定涞源),南北朝时期著名数学家、天文学家。

为避战乱,祖冲之的祖父祖昌由河北迁至江南。祖冲之从小接受家传的科学知识;青年时进入华林学省,从事学术活动;一生先后任过南徐州(今镇江市)从事史、公府参军、娄县(今昆山市东北)令、谒者仆射、长水校尉等官职。其主要贡献在数学、天文历法和机械三方面。

祖冲之编写了《缀术》一书,是唐代数学课本,可惜后来失传了。算出 π 的真值在 3.1415926 和 3.1415927 之间,相当于精确到小数第七位,简化成 3.1415926,成为当时世界上最先进的成就;祖冲之堪称世界第一位将圆周率值计算到小数第七位的科学家。此外祖冲之还和儿子祖暅一起圆满地解决了球体积的计算问题,得到正确的球体积公式。

祖冲之创制了《大明历》,区分了回归年和恒星年,首次把岁差引进历法,测得岁差为 45 年 11 月差一度(今测约为 70.7 年差一度)。岁差的引入是中国历法史上的重大进步;定一个回归年为

365.24281481 日（今测为 365.24219878 日）；采用 391 年置 144 闰的新闰周，比以往历法采用的 19 年置 7 闰的闰周更加精密；定交点月日数为 27.21223 日（今测为 27.21222 日）。交点月日数的精确测得使得准确的日月食预报成为可能；得出木星每 84 年超辰一次的结论，即定木星公转周期为 11.858 年（今测为 11.862 年）；给出了更精确的五星会合周期，其中水星和木星的会合周期也接近现代的数值。《大明历》是我国赵宋《统天历》（公元 1199 年）以前最先进、最精准的一个历法。

祖冲之发明了圭表，提出了用圭表测量正午太阳影长以定冬至时刻的方法。他设计制造过水碓磨、指南车、千里船、定时器等等。此外，他在音律、文学、考据方面也有造诣，他精通音律，擅长下棋，还写有小说《述异记》，是历史上少有的博学多才的人物。

为纪念这位伟大的古代科学家，人们将月球背面的一座环形山命名为"祖冲之环形山"，把小行星 1888 命名为"祖冲之小行星"。

五、张子信

张子信，生卒年不详，清河（今河北清河）人，南北朝时期的天文学家。

大约在公元 565 年前后，张子信发现了关于太阳运动不均匀性、五星运动不均匀性和月亮视差对日食产生影响的现象，同时提出了相应的计算方法，这三大发现及其计算方法在孟宾历和孝孙历（公元 576 年）以及刘焯的皇极历（公元 604 年）和张胄玄的大业历（公元 607 年）中广泛应用，此后各历法无不遵从之，并不断有所改进。张子信的三大发现在中国古代天文学史上是具有划时代意义的事件。

1. 建立了太阳运动不均匀的概念

由于中国古代的浑仪主要以测量天体的赤道坐标为主，当用浑仪观测太阳时，太阳每日行度的较小变化往往被赤道坐标与黄道坐标之间存在的变换关系所掩盖，这是中国古代发现太阳运动不均匀的现象要比古希腊晚得多的主要原因。张子信实际上是发现了修正值与交食所处的恒星背景密切相关。在观测、研究交食发生时刻的过程中，张子信发现，如果仅仅考虑月亮运动不均匀性的影响，所推算的交食时刻往往不够准确，还必须加上另一修正值，才能使预推结果与由观测而得实际交食时刻更好地吻合。经过认真的研究分析，他进一步发现这一修正值的正负、大小与交食发生所值的节气早晚有着密切、稳定的关系，而节气早晚是与太阳所处恒星间的特定位置相联系的。张子信以太阳的周年视运动有迟有疾，对这一重要的结论作了理论上的说明，从而升华出了太阳视运动不均匀性的崭新的天文概念。不但如此，张子信还对太阳在一个回归年内视运动的迟疾状况作了定量的描述，张子信关于太阳运动不均匀性的发现以及日躔表的编制，已经为后世历法关于太阳运动不均匀性改正的计算方法提供经典的形式，贡献巨大。

早在公元前 2 世纪，古希腊天文学家依巴谷（Hipparchus）由二分点不在二至点正中的事实，就已经发现了太阳视运动不均匀的现象。虽然张子信取得类似发现的第一个途径所依据的事实大约与之相同，但二者揭示这一事实的具体手段则不一样，况且，第二个途径应是张子信取得和描述类似发现的更主要的方式。所以，张子信关于太阳运动不均匀性的发现和定量描述无疑是独立于古希腊的再发现。

2. 发现五星运动的不均匀性

张子信发现五星位置的实际观测结果与依传统方法预推的位置之间经常存在偏差。这种偏差的原因被解释为五星会合周期及其动态表不够准确。

经过长期的观测和对观测资料认真的分析研究，张子信终于发现，上述偏差量的大小、正负与五星晨见东方所值的节气也有着密切、稳定的关系。他不仅发现了五星在各自运行的轨道上速度有快有慢的现象，即五星运动不均匀性的现象，而且给出了独特的描述方法和计算五星位置的"入气加减"法。这些都对后世历法关于五星位置的传统算法产生了巨大的影响。

张子信还曾试图对五星运动不均匀性现象作出理论上的说明,反映出张子信关于五星在各自运行的轨道上运动速度具有不同的认识。

3. 发现月亮视差对日食的影响

在张子信以前,人们就早已知道:只有当朔(或望)发生在黄白交点附近时才会发生交食现象。在对交食现象作了长期认真的考察以后,张子信发现,对于日食而言,并不是日月合朔入食限就一定发生日食现象,入食限只是发生日食的必要条件,还不是充分条件。他指出,只有当这时月亮位于太阳之北时,才发生日食;若这时月亮位于太阳之南,就不发生日食,即所谓"合朔月在日道里则日食,若在日道外,虽交不亏"(《隋书·天文志中》)。张子信的上述发现实际上就是关于月亮视差对日食是否发生所产生的影响的发现。其实,张子信在这一发现的基础上,还发明了定量地计算月亮视差对日食食分影响的方法,张子信已经奠定了后世历法关于日食食分计算法的基石。

张子信的这三大发现,以及给出的这三大发现具体的、定量的描述方法,把我国古代对于交食以及太阳与五星运动的认识推进到一个新阶段,为一系列历法问题计算的突破性进展开拓了道路。

六、郦道元

郦道元(公元?—527年)字善长,汉族,范阳涿鹿(今涿州道元村)人。北朝北魏地理学家、散文家,著有《水经注》。

郦道元出身于官宦世家,先后在平城(北魏都城,今山西大同市)和洛阳担任过御史中尉等中央官吏,并且多次出任地方官。他自幼好学,博览群书,并且爱好游览,足迹遍及河南、山东、山西、河北、安徽、江苏、内蒙古等地,每到一地,都留心勘察水流地势,探溯源头,并且阅读了大量地理著作,参阅了437种书籍,通过自己的实际考察,终于完成了《水经注》这一地理巨著。该书名义上是对《水经》的注释,实际上是在《水经》的基础上进行了再创作,全书共40卷,20余万字,注文20倍于原书,记述了1252条河流的发源地点、流经地区、支渠分布、古河道变迁等情况,同时记载了大量农田水利建设工程资料,以及城郭、风俗、土产、人物等。

《水经注》以西汉王朝的版图为基础,若干地区兼及域外。能够对如此广大的地域范围内的众多重要河流流域,进行综合性的描述,内容包括自然地理和人文地理,实属罕见,所以英国著名科学史专家李约瑟认为,《水经注》是"地理学的广泛描述"。另外,《水经注》在自然地理学的许多分支如地貌学、气候学、河流水文地理学、植物地理学、动物地理学,以及人文地理学的许多分支如农业地理学、交通运输地理学、城市地理学、人口地理学、文化地理学、旅游地理学等方面,都有十分丰富的资料。

正是由于《水经注》包罗宏富,牵涉广泛,具有极大的学术价值,后人对其进行了大量的研究,形成了一门内容浩瀚的"郦学",而且从明末以来,得到很大的发展。一本书形成一门学问的事,不仅在地学史上,在其他科学史上也是很少见的,《水经注》在这方面确实是值得我省自豪的。它不仅是我国地学史上最著名的河流水文地理著作,同时也是一部以河流为纲的区域性地理名著,在中国地学史上具有重要的地位,是其他地理学专著所望尘莫及的。郦道元在地理学方面的贡献在当时的世界范围内都是非常罕见的。郦道元在地理学方面的主要贡献有:

1. 开创了地理学新方法

郦道元十分重视野外考察,通过实证来构建新型的地理学研究范式,开创了写实地理先河。他通过野外考察等实证方法,以地理事实为依据,改正《水经》原文错误三十多处。在处理一些自己有疑惑的地方时,把各种资料都摆出来,写清原因而非贸然定论,也不会无根据地否定他人之说而造成讹传。考察中结合地图、文献等,并与当地有经验的人交谈,形成了一套完整科学的野外考察方法。郦道元通过将野外考察与文献考证相结合,对地理学理论和研究方法的成熟与完善作出了巨大贡献,受到后代地理学者的推崇和模仿。

郦道元采用了定性描述中的定量描述,在定性分析广泛运用基础上所突现出来的定量倾向,极大地丰富了地理学的研究方法。

2. 开拓了地理学的众多领域

郦道元的《水经注》开拓了地理学的众多领域,水文地理学是其最为独到之处。

郦道元的《水经注》中解释地名共达2 400余处,自《水经注》以后,地名渊源的研究分析逐渐成为我国所有地理书中的必备内容。

郦道元的《水经注》揭示了众多的自然旅游资源,对诸如瀑布、喀斯特地貌、险峡名谷、森林等都有大量的描述,其中描述的瀑布有64处,范围遍及黄河、淮河、长江和珠江等流域,成为记载瀑布时间最早和记载最完备的著作。另外,《水经注》记述了丰富的人文旅游资源和名胜古迹,对现在的旅游开发产生了巨大的影响。目前,这些遗址的一部分被开发为世界旅游景区,成为引人入胜的旅游佳境。阿房宫已按文献得到了复原,成为关中旅游西线上的一个著名景点,未央宫部分布局与结构就是参照该注文进行修复并成为西安北区的一个大型综合游乐场。

郦道元的《水经注》在生物地理学方面也有巨大的贡献。全书所记载的植物品种大约140余种,动物种类大约100多种,包括在我国常见的温带、亚热带、热带森林景观,西北干旱地区的草原、荒漠植被,描述了植物分布的纬度地带性、经度地带性和垂直地带性特征,对植被垂直分布的原因作出了"由地其迥多风所致"的分析,多次记载淡水鱼类洄游的习性,是世界上记载淡水鱼类洄游的最早文献。明确记载了许多在我国绝迹或在分布上有很大变化的动物,便于我们研究古今动物地理分布的变迁及古今生物演变和生态变化,这在古代地理著作中是鲜见的。

郦道元的《水经注》在能源地理学方面,最早记载了大同煤田的情况,并将其与冶金业相结合;石油被称为石漆;记载了以天然气做燃料进行煮盐,用温泉用于加速作物成熟、治疗疾病等资料。

郦道元的《水经注》有许多灾变地理学的记载。全书记载的水灾共有30多次,上起商周,下达北魏,北逾海河,南到长江流域,记载内容丰富,包括洪水水位、决溢河段、泛滥地区、损失情况及善后处理等灾情,年代准确可靠。此外,郦道元对地震、火山、台风暴、旱灾、蝗虫等灾害也有较多的记载,通常用山崩、地裂、地陷、地鸣等语言描述地震,对于研究地震史、古代水文灾害、气候灾变等等都有十分重要的参考价值和借鉴意义。

七、李　春

李春,隋代造桥匠师,今邢台临城人,隋大业年间(公元605—618年)建造的赵州桥(安济桥),堪称中国建筑史上的奇迹之一。

赵州桥位于洨河上,为一跨南北两岸的敞肩圆弧拱桥,是当今世界上现存最早、保存最完善的古代敞肩石拱桥。主要特点有:

1. 抗震设计,千年不垮

洨河是一条径流性河道,水位落差约有7~8米,而桥址选在河的中下游,这里河床顺直,上游所挟泥沙均在这一带淤积,因而使桥身免遭河流冲刷之危害,况且淤积本身对桥身亦起着稳固作用,这种借用自然的力量来保全桥身的创意,即可谓"鬼神幽助"。1979年有关单位对赵州桥的桥台及基础作了实地钻探勘查,发现桥基并非常说的承载力尚好的粗砂,而是承载能力只为34T/M^2的轻亚粘土,也未发现桥台后面有长后座或用桥桩等方法加固桥台,厚仅为1.549米的料石桥台,直接搁置在天然地基上。桥位处老土(河床3.5米以下)为一般第四纪冲积层,地质稳定,土质均匀,修桥时未动原土层。如此大的石拱桥,仅用很小的桥台,又建在勉强能承载桥梁自重的地基上,竟能够维持千年不坠,这在古今中外的建桥史上非常罕见。

2. 敞肩圆弧拱结构,世界第一

梁思成先生称其为"中国工程界一绝"。在约 38 米宽的河面上,仅用一单孔石券来完成由此岸达于彼岸的跨越,实在是一桩了不起的事情。赵州桥使用了巴比伦式的并列砌券法,这里不仅仅是为了满足"敞肩圆弧拱桥"本身的需要——"两涯嵌四穴",即两边四个洞,"以杀怒水之荡突",而且更为了便于单独修补,既科学又经济,所以这一石券拱由 28 道拱圈纵向并列砌成,每道拱圈都可独立站稳,自成一体,至于券拱选择 28 道,而不是 27 道或 26 道,可能与中国传统的二十八宿天文观念有关。

3. 大拱轴线和恒载压力线重合原理的成功运用

李春在设计赵州桥时,充分考虑了石材耐压不耐拉的特点。因此,人们用现代力学原理(19 世纪才形成的弹性拱理论)对赵州桥进行计算和验核,发现李春不仅通过敞肩(在主拱的两肩上各建两个小拱称伏拱,挖去部分填肩材料,称敞肩)调整荷载分布,而且采用 30 厘米厚的拱顶薄填石,由此产生了大拱的轴线和恒载压力线非常接近的力学效果,从而使主拱材料产生极小的拉应力,这样就能很好地发挥石料的受压特性。此外,大拱中还出现了反弯点,而两个小拱均未出现,这种现象的出现与敞肩拱的形式有关,敞肩拱调整了荷载分布,使大拱出现反弯点,从而减小了弯矩的绝对值,有利于拱受力。从桥梁建筑力学的角度讲,由赵州桥结构本身提出的二线要重合这一重大课题,直到近代运用现代力学原理才得以解决,而我国早在 1400 年前已在实践中加以运用了,确实令人称奇。因此,《赵州志》云:其桥"奇巧固护,甲于天下"。

4. 设计科学,石工艺术精湛,造型美观

具体表现是桥券为圆周上一段 60° 的弧线的弓形券,很扁,因而桥的坡度比较缓和,同时在大拱的两肩各建两个小券,从几何效果来看,这 6 条不同的弧线的相互关系处理得恰到好处,给人一种既稳重又轻巧的感觉。故美国建筑学家莫斯克在《桥梁建筑艺术》一书中说:赵州桥"结构如此合乎逻辑和美丽,使大部分西方古桥,在对照之下,显得笨重和不明确"。

赵州桥采用了巴比伦式的并列砌券法,它的优点是:拱石在每道券内石面相顶之处,要求加工精细密贴,其他则较之横向联系要求为低;另外,由于每券单独操作,所以比较灵活。然而,它的缺点也非常突出,那就是横向联系不够。为了克服这个缺点,李春采取了护拱石、勾石、铁拉杆、腰铁和收分五法,但效果却不理想,经历千百年的考验,桥的整体稳定性没有疑问,

赵州安济桥是世界上保存最好、跨度最大、建造最早、弧度最浅的单孔敞肩拱桥。

八、刘　焯

刘焯(公元 544—610 年)字士元,信都昌亭(今河北冀县)人,隋代天文学家,著述有《稽极》10 卷、《历书》10 卷、《五经述议》等,后散失。精通天文学,其主要天文贡献有:

1. 引进定气创立了《皇极历》

在历法中首次考虑太阳视差运动的不均匀性,并对二十四节气提出改进(称为定气),创立了用三次差内插法来计算日月视差运动速度的方法,推算出了五星位置和日、月食的起运时刻。这是中国历法史上的重大突破。

《皇极历》本是一部含金量极高的天文著作,但因与当时在位的太史令张胄玄的观点相左而被排斥。直到多年以后,他的学术观点逐渐被世人所识。刘焯的创见和一些论断,在当时未被采纳,但却在后世被接受,或在他的研究基础上发展、改进。因而,他对科学的贡献是不容磨灭的。

2. 力主实测地球子午线

中国史书记载说,南北相距一千里的两个点,在夏至的正午分别立一根八尺长的测杆,它的影子相差一寸,此即"千里影差一寸"说。刘焯第一个对此谬论提出异议。后于公元 724 年,张遂等才实现了刘焯的遗愿,证实了刘焯立论的正确性。

3. 较为精确地计算出岁差

假定太阳视运动的出发点是春分点,一年后太阳并不能回到原来的春分点,而是差一小段距离,春分点逐渐西移的现象叫岁差。刘焯定出了春分点每 75 年在黄道上西移 1 度的结论。而此前晋代天文学虞喜算出的是 50 年差 1 度,与实际的 71 年又 8 个月差 1 度相比,刘焯的计算要精确得多。唐、宋时期,大都沿用刘焯的数值。

九、张　　遂

张遂(公元 673—727 年),汉族,唐朝魏州昌乐(今邯郸魏县南)人,一说邢州巨鹿(今邢台巨鹿)人,唐代天文学家,青年时期出家当了和尚,"一行"是他的法名,号称僧一行。

青年时期就以精通天文、历法而相当出名。先后在嵩山、天台山学习佛经和天文历算,后成为中国佛教密宗之祖。曾译《大日经》等印度佛经,并著《宿曜仪轨》、《七曜星辰别行法》、《北斗七星护摩法》和《梦天火罗九曜》等,为把印度佛教中的天文学和星占学纳入中国古代天文学和星占学的体系作出了贡献。经唐王朝多次召请,开元五年(公元 717 年)回到长安,四年后奉命主持修编新历。他主张在实测基础上制定历法。

张遂在科学方面的贡献主要在天文仪器制造、大地测量、编制《大衍历》三个方面。张遂创造了世界天文学史上的三个第一,首次测量地球子午线长度,第一次提出了月亮比太阳离地球近的论点,第一次发现恒星运动。

1. 天文观测仪器的制造

张遂十分重视天文实测工作。他受命改治新历,首先就策划了为配合改历所需的一系列实测工作。

制造了黄道游仪。当时太史局所用测候星度的浑仪上没有黄道环,不能直接测出天体的黄道入宿度。于是,张遂提出要制造一架新的仪器,并与梁令瓒先用木料做了一件黄道游仪的模型,后于开元十一年(公元 723 年)制成了铜仪。这是浑仪发展过程中的一个创举,第一次在仪器上体现出了岁差现象。

张遂用黄道游仪做了许多工作,主要有月亮的运动和恒星的黄、赤道度数(即经度)及去极度(相当于纬度)的测定。其中,月亮运动的观测对《大衍历》的制定有很大意义,特别是为交食计算的准确性提供了基础;在恒星观测中则发现了恒星位置和南北朝以来的星图、浑象所标的位置已经有所不同。根据这些实测结果,《大衍历》革除了沿用了数百年的陈旧数据,取而代之以新的观测数值。张遂在恒星观测方面是成绩卓著的。

发明了自动报时的水运浑仪。张遂与梁令瓒及诸术士合作制造的一台名叫"水运浑天俯视图"的浑天象。它不但能演示天球和日月的运行,而且立了两个木人,按刻击鼓,按辰撞钟,集浑天象与自鸣钟于一体。

创造了覆矩。张遂还创造了一种测量北极出地高度(即所测地的地理纬度)的专用新仪器——"覆矩"(又叫"覆矩图")。关于覆矩的式样,史料没有详细记载。它在张遂领导的开元年间天文大地测量活动中,起到了非常重要的作用。

2. 子午线测量

开元十二年,他主持了全国大规模的天文大地测量,其中南宫说等人在白马、浚仪、扶沟、上蔡(今河南南北方向上的 4 个地方)所测的当地北极出地高度、夏至日影长度以及它们之间的南北距离最有价值。这次测量,用实测数据彻底地否定了历史上的"日影一寸,地差千里"的错误理论,提供了相当精确的地球子午线一度弧的长度。

当时测量的范围很广,北到北纬 51 度左右的铁勒回纥部(今蒙古乌兰巴托西南),南到约北纬 18 度的林邑(今越南的中部)等十三处,超出了现在中国南北的陆地疆界。这样的规模在世界科学史上都是空前的。张遂的测量值与现代值相比,相对误差大约为 11.8% 。

3. 编制《大衍历》

《大衍历》是张遂在全面研究总结古代历法的基础上编制出来的。他把数学和天文学结合起来,创造了世界上最早的不等间距二次内插法公式;最突出的贡献是比较正确地掌握了太阳在黄道上视运行速度变化的规律。张遂在大量天文观测的基础上,开元十三年开始编制《大衍历》,开元十五年(公元 727 年)完成初稿后去世,后经张说、陈玄景等人整理,开元十七年颁行全国。《大衍历》分历术 7 篇、略例 3 篇、历议 9 篇,编排得条理分明、结构严谨。这种编写方法,内容系统,结构合理,逻辑严密,因此在明朝末年以前一直沿用,可见大衍历在我国历法上的重要地位,堪称后来其他历法的楷模。

十、贾　耽

贾耽(公元 730—805 年),字敦诗,沧州南皮(今沧州南皮)人。唐朝时期的地理学家和政治家。

贾耽一生勤于钻研地理知识,加上他身居宰相,能较多地接触所藏各种典籍,从而能够具备丰富的地理学知识,掌握大量的地理经典资料,在地理学上作出卓越的贡献,成为唐代杰出的地理学家和制图家。他在晚年绘制的"海内华夷图",是我国历史上著名的大地图,也是唐宋时期影响最大的一幅全国一统大地图。

海内华夷图及其说明该图的《古今郡国县道四夷述》共一轴 40 卷,完成于公元 801 年。这幅图师承裴秀制图"六体"的画法,图广 10 米,纵 11 米,比例尺为 3.33 厘米折成 50 公里(即 1:150 万)面积约为 110 平方米,是魏晋以来我国古代第一大图。图中以黑色书写古时地名,用红色书写当时地名,这是我国古代制图史上的一项创新,也为后世的历史沿革地图所袭用,可见其影响之大。

此图在内容上,不仅标出了唐代的地域沿革,行政区划,古今郡县和江河山川的名称、方位,交通道路等,还标出了边疆民族地区和"四方蕃国"的名称、方位。由此可知,这既是一幅大型历史地图,又是一巨幅当代和附近国家、地区的形势图。因前代的资料本来很丰富,又经贾耽长期的考察采访核实,该图中的中国内地划分,内容十分详细准确。至于边疆地区,因贾耽调查采访的广泛细致,也远较以前充实详尽。此图的体例较前进步,内容较前充实,这既反映了贾耽的中外地理知识具有相当高的水平,也反映了唐代中国人民具有较高的文化水平。

在绘制技术上更有创造性的发明。"率以一寸折成百里",即根据"比"(比例尺)况则,采用了"计里画方"的先进方法,所绘地域、方位、比较准确。

《古今郡国县道四夷述》是说明《海内华夷图》的文字资料,该资料备有各州详细的道路里数和驻军人数,以及各山各水的发源与归宿,是一部很有价值的历史地理著作。其中对历代地理沿革、边防及城镇都会的变迁、各地人口增减等的考订,大大超过了前人;对当代政治地理、物产经济状况等的叙述,也较前人完备。

贾耽还绘有从中国到朝鲜、东京(今河内)、中亚、印度,甚至到巴格达的交通图等等,详细记录了唐代中外水、陆交通发达的传况,为我们收存了一千多年前中国劳动人和亚非人民开辟亚洲水陆交通的许多宝贵资料。

十一、李吉甫

李吉甫(公元758—814年),字弘宪,赵州赞皇(今石家庄赞皇县)人。唐朝时期的方志地理学家。

李吉甫少时好学,治学严谨,学识渊博,尤善于读书撰著。其影响最大、价值最高,且传世至今的,当属其所撰《元和郡县图志》40卷(尚有目录2卷,凡42卷),这是历史上的地理名著,又是我国现存最早又较完整的地方总志。由于《元和郡县图志》为流传至今的最古且最有价值的志书,故其编纂体例于后世影响很大。

《元和郡县图志》书成于元和八年(公元813年),次年又作了补充。原书40卷,另有目录2卷,总42卷。全书首起京兆府,末尽陇右道,共47镇。每镇篇首有图,故称《元和郡国图》或《元和郡县图志》;南宋时,图已亡佚,故称《元和郡县志》。全书以47个方镇为纲,叙述全国政区的建置沿革、山川险易、人口物产,以备唐宪宗制驭各方藩镇之用。

该志以《贞观十三年大簿》所制的全国行政区划为纲领形式,以十道47镇分篇,每镇一图一志。全志以府、州为叙述单位,先列府、州之名,下记开元、元和时期的户数,次叙沿革、境界、四至八到、贡赋、辖县数目及名称,再分叙辖县建置、州府里程、山川河流、城镇寨堡、名胜古迹、历代大事等等。对于垦田、水利、盐政、交通、军事设施、兵马配备、关津寨障和祠庙,该志都一一注明,十分详备。从内容上看,尽管唐宪宗时黄河南北有五十多个州被藩镇所割据,川西也沦于吐蕃,而《元和郡县图志》中仍以"十道"分篇,另外,该志在某些方面的记载远比《汉书·地理志》以及新、旧《唐书·地理志》要详细得多。《元和郡县图志》分别在各郡记录了开元、元和两个时期的户口数字。这些数字是后人了解唐代前后户口变动与社会状况的极为宝贵的第一手资料。此外,该志还有一个显著特点,就是十分重视经世致用,对当时的兵要厄塞和军事攻守利害均一一载明,并且所载险要要"皆切时政之本务",这与编纂的初衷和目的是一致的。同时,在志中李吉甫对自己秉政时采取的一些重要军事措施也有所记载,《元和郡县图志》内容翔实丰富,真实可靠,具有较高的史料价值。至今,《元和郡县图志》对于人们了解当时全国形势、各地沿革变迁、户口变动、物产分布、交通状况以及相关的史实,仍然具有重要的参考意义。

《元和郡县图志》的"府(州)境"记述了各府(州)东西、南北里距,以表示府(州)辖境大小。虽不精确,但可使人一目了知其大概,这也是李吉甫的一种创造。该图志是最早用四至、八到来标明州境的地方志。

《元和郡县图志》一直被认为是我国现存最早的较完整的地方总志,他还是最早用四至、八到来标明州境的地方志,对于后人了解当时各州面积、当地交通状况具有重要的参考价值。受此影响,后来一些著名的地方志也都将四至、八到用为志目,以标明州县地界距离。其体例一直为后世所重。

它的问世,是唐代疆土广大、国势昌盛的集中反映。作者从爱国角度出发,精研深思,发愤撰成这部供君王参阅的当代总志。从而,我们可以窥见志书与时政的密切关系所在。把志书放到如此高度,在我国方志理论史上还是第一次。

十二、刘　翰

刘翰(公元919—990年),沧州临津(今沧州沧县)人,宋朝时期的翰林医官。

刘翰医学世家出身,曾任护国军节度巡官,后周显德二年(955年),因进献《经用方书》30卷、《论候》10卷、《今古治世集》20卷等医学著作,被周世宗任命为翰林医官,其书交由交馆收藏。宋太祖北征时,刘翰曾奉命随军从行;开宝六年,奉诏与道士马志、医官翟照、张素、吴复圭、王光祐、陈昭遇等同编《开宝新详定本草》20卷;后又与马志修定、李昉、王祐、扈蒙等审校,完成《开宝重定本草》20卷。太平兴国四年(979年),被命为翰林医官使,再加检校户部郎中,雍熙二年(987年),因误断滑州刘遇之病,坐责,降为和州团练副使。端拱初(988年)起为尚药奉审御。淳化元年(990年)复任翰林医官使,同年去世,年 72 岁。

十三、刘 完 素

刘完素(1110—1200 年),字守真,自号通玄处士,河间(今沧州河间)人,又称刘河间,宋金时代杰出医学家。金太宗赐予"高尚先生"称号。刘完素是金元四大家之首,寒凉派的代表人物。

刘完素学术上以倡言"火热论"著称,对后世影响较大。他的著作有河间三书,《素问玄机原病式》2 卷(简称原病式)、《素问宣明论方》15 卷(简称宣明论方)以及《素问病机气宜保命集》3 卷(简称保命集)均存;还有《伤寒直格》3 卷,《伤寒标本心法类萃》2 卷、《伤寒医鉴》(附《伤寒心要》)各一卷,以上三书称为河间六书;尚著有《三消论》。

《素问玄机原病式》与《宣明论方》是刘完素学术代表著作。《宣明论方》也是流传很广医学名著,是根据《内经》解释病源,具有独特之处。他自己独创的方剂——"防风通圣散",用药达十七味,为表里双解的有效方剂,直到目前,临床上仍在应用。

刘完素尤刻意研究《黄帝内经》,深探奥旨,1155 年著成《素问玄机原病式》1 卷,以《素问至真要大论》提出的病机 19 条为基础,将常见疾病进行了比较系统的归类,并对这些疾病的病因、病机有独到见解。1172 年撰《皇帝素问宣明方论》15 卷,是《素问》病机学说临床用方之集成,为后人实践《内经》理论打下了良好的基础。1186 年撰《素问病机气宜保命集》3 卷,与《素问玄机原病式》、《皇帝素问宣明方论》诸作之理法相得益彰,体现以寒凉为学术的观点,形成了我国著名的"金元四大医家"之一的"寒凉学派"。刘完素对《内经》研究著述的还有《图解素问要旨论》、《素问药注》、《运气要旨论》等。

刘完素对《伤寒论》有很深入的研究。1186 年撰《伤寒标本心法类萃》2 卷,"伤寒标本"指伤寒病先后表里等辨证施治纲领;"心法类萃"是指研究张仲景伤寒独有心得之方中最精粹者分类撰出,开创表里双解、辛凉解表方法,开拓了外感病治疗新途径。对此曾有"外感法仲景,热病法完素"之说。同年,刘完素著有《伤寒直格论》3 卷,对伤寒的病因、病机、治法等方面又有新的认识,较前人有了明显的提高,明确提出了"秽气"、"秽毒"致病。既发仲景未言之旨,又启吴有性戾气为病传自口鼻之说,揭穿了"天行"之谜,对中医学的发展作出了开创性的贡献。另外,还著有《伤寒心镜》1 卷,《伤寒医鉴》1 卷。

刘完素在治疗热性病方面的完整理论和对"五运六气"的独到见解,对后世中医学的发展有着深刻影响,甚至对于温病学派的形成也起到了至关重要的铺垫作用。

十四、张 元 素

张元素(约 1151—1234 年),字洁古,金朝易州(河北省易县军士村,今水口村)人,中医易水学派创始人。

张元素著有《医学启源》、《脏腑标本寒热虚实用药式》、《药注难经》、《医方》、《洁古本草》、《洁古家珍》以及《珍珠囊》等。其中的《医学启源》与《脏腑标本寒热虚实用药式》最能反映其学术观点。现仅存《医学启源》、《珍珠囊》、《脏腑标本虚实用药式》3 书。

《医学启源》,提出"气味中又分厚薄,阴阳中又分阴阳,气薄者必尽升,厚者未必尽降"的主张,对于临床用药亦很有指导意义。他还对五味与五脏"苦欲"关系的理论进行了新的论述,根据五脏的"苦欲",安排了针对性的药物。他还指出同一药物因五脏的"苦欲"不同,其补泻作用也发生变化,这些高于前人的理论对祖国医药学的发展起到承前启后的作用。对此李时珍曾给予高度评价:"大杨医理,灵素之下,一人而已"。《脏腑标本虚实用药式》,制定了脏腑标本药式,探讨药物功效及临床应用,后被李时珍收入《本草纲目》之中,成为临床脏腑辨证用药的一种通用程式。另外,还著有《脏腑药式补正》、《药注难经》、《洁古本草》等著作。

张元素在《内经》脏腑理论的启示下,结合自己数十年的临床经验,总结了以脏腑寒热虚实以言病机的学说,将脏腑的生理、病理、辨证和治疗各成系统,较前又有提高,使脏腑辨证说由此而渐被众多医家所重视,脏腑病机理论也被不少医家所研究。至清代,则脏腑辨证理论趋于完善,现已成为中医辨证理论体系中的重要内容。可见,张元素的脏腑辨证说对中医学的发展作出了重要的贡献。除心包络之外,对于每一脏腑,张元素均从生理、病理、演变、预后以及治疗方药等方面进行阐述,各成体系,较为系统。此外,张氏还对药物学研究颇有发挥,尤其在药物学的理论认识和临床脏腑用药方面,更为突出。张氏根据《内经》的理论,强调药物的四气五味之厚薄,是影响药物作用的重要方面。正由于药物有四气五味厚薄的不同,因此药物作用才会出现升降浮沉的区别。因此,对于每一药物功用的解释,他强调首先应明确其气味厚薄,然后再进一步阐发其功效,使中药学的理论与其临床效用紧密结合起来,推动了中药学理论的发展。

此外,药物归经理论也非常为张氏所重视。其所著《药性赋珍珠囊》,辨药性之气味,阴阳厚薄,升降浮沉,补泻之气,十二经络及随证用药之法。每味药几乎都有归某经的说法,立为主治秘诀、心法要旨。自此以后,"药物归经"和"引经报使"之说逐渐成为临床用药的基本原则之一;归经理论的发明,是对中药学理论的重大发展,它说明了为什么不同的药物在临床上取得不同疗效的道理,既是临床经验的很好总结,又为辨证施治、遣药处方提供了中药效用的理论依据,推动了中药学的发展。而且,张氏在归经学说理论的启示下,进而又提出来引经报使之说,张氏提出的引经报使理论,现已被广泛应用于方剂学,对临床有着积极的意义。

张元素对于脾胃病的治疗,有着比较系统、完整的方法。他将脾胃病的治疗总结为土实泻之,土虚补之,本湿除之,标湿渗之,胃实泻之,胃虚补之,本热寒之,标热解之等具体治疗原则。他根据脾喜温运、胃宜润降的生理特点,分别确定了治脾宜守、宜补、宜升,治胃宜和、宜攻、宜降等治则,为后世进一步完善与深化脾胃病辨治纲领起到了不可忽视的作用。张元素还创制了治疗脾胃病的代表方剂——枳术丸,具有治痞、消食、强胃的功效。对于脾胃病的治疗,张氏的主导思想,是以扶养后天之本为先,而辅之以治痞消食,此即张氏所谓"养正积自除"的治疗观点。

张元素以研究脏腑病机为中心,成为一派医家之开山。对于脾胃病的治疗方法成为易水学派师弟相传的家法,其弟子李杲、王好古均为中国医学史上青史留名的人物。

十五、李 杲

李杲(1180—1251年),又名李东垣,字明之,金朝真定(今石家庄正定县)人,晚年自号东垣老人。李杲是中国医学史上"金元四大家"之一,是中医"脾胃学说"的创始人。

李杲学医于张元素,尽得其传而又独有发挥,通过长期的临床实践积累了一定的经验,提出"内伤脾胃,百病由生"的观点,形成了独具一格的脾胃内伤学说,称其为补土派的代表。著有《脾胃论》,《内外伤辨惑论》、《兰室秘藏》、《活法机要》、《医学发明》、《东垣试效方》等。

李杲拜张元素为师学医,尽得其传。李杲发挥《内经》脾胃理论,结合丰富的临床经验,提出脾胃学说和脾胃内伤学说,著有《脾胃论》,成为我国金元"四大医家"之一的"补土派",有"国医"、"神医"之称。李杲对伤寒治疗也非常擅长,著有《伤寒治法举要》1卷、《伤寒会要》(已失传)、《内外伤寒辨》等著作。李杲不仅宗六经辨证法则论伤寒,而且提出"本经传"、"循经传"、"越经传"、"误下传"、"表里传"、"循经得度",打破了《内经》所谓一日太阳、二日阳明、三日少阳、四日太阴、五日少阴、六日厥阴的始终顺序传经论,发展了伤寒学说。

十六、李 冶

李冶(1192—1279年),原名李治,字仁卿,号敬斋。因与唐高宗同名,后更名为冶。金朝、元朝间真定栾城(今石家庄栾城)人,是我国13世纪卓越的数学家,为宋元四大数学家之一。

李冶在数学上的主要成就是总结并完善了天元术,使之成为中国独特的半符号代数。这种半符号代数的产生,要比欧洲早三百年左右。他的《测圆海镜》是天元术的代表作,也是我国数学史上现存最早的一部系统讲述天元术的不朽著作,而《益古演段》则是普及天元术的著作。

李冶总结出了一套简明实用的天元术程序,并给出化分式方程为整式方程的方法。他发明了负号和一套先进的小数记法,采用了从零到九的完整数码。除 0 以外的数码古已有之,是筹式的反映,但筹式中遇 0 空位,没有符号 0。从现存古算书来看,李冶的《测圆海镜》和秦九韶《数书九章》是较早使用 0 的两本书,它们成书的时间相差不过一年。《测圆海镜》重在列方程,对方程的解法涉及不多,但书中用天元术导出许多高次方程(最高为六次),给出的根全部准确无误,可见李冶是掌握高次方程数值解法的。

《测圆海镜》由于内容较深,不能普及,李冶便写了一本深入浅出、便于教学的书——《益古演段》。《测圆海镜》的研究对象是离生活较远而自成系统的圆城图式,《益古演段》则把天元术用于解决实际问题,研究对象是日常所见的方、圆面积。《益古演段》的价值不仅在于普及天元术,理论上也有创新:首先,李冶善于用传统的出入相补原理及各种等量关系来减少题目中的未知数个数,化多元问题为一元问题;其次,李冶在解方程时采用了设辅助未知数的新方法,以简化运算。

《测圆海镜》的理论成果是巨大的。宋代天元术的产生,标志着方程理论有了独立于几何的倾向,李冶对天元术的总结,则使方程理论基本上摆脱了几何思维的束缚,实现了程序化。李冶在《测圆海镜》中改变了传统的把实(常数项)看作正数的观念,常数项可正可负。李冶还处理了分式方程,他是通过方程两边同乘一个整式的方法,化分式方程为整式方程的,当方程各项含有公因子 x^n(n 为正整数)时,李冶便令次数最低的项为实,其他各项均降低这一次数。

以《测圆海镜》为代表的天元术理论,对后世数学影响很大。成书不久,王恂、郭守敬在编《授时历》时,便用天元术求周天弧度,沙克什则用天元术解决水利工程中的问题,都收到良好效果。李冶死后,天元术经二元术、三元术,迅速发展为四元术,成功地解决了四元高次方程组的建立和求解问题,达到了宋元数学的顶峰。

十七、窦　默

窦默(1196—1280 年)原名窦杰,字汉卿,后改名,字子声,广平肥乡(今邯郸肥乡县)人,元初理学家、金针灸医家。

窦默擅长针灸,著《标幽赋》一书。他认为人体十二经循行顺序流注关系,是从太阴肺经开始,然后按大肠、胃、脾、心、小肠、膀胱、肾、心包络、三焦、胆、肝经,然后又回归手太阴肺经,周而复始,循环不息。在取穴上十分注意时间性;根据经络系统辨证论治,常选取膝以下的井、荥、输、经、合穴及有特殊疗效的腧穴;倡 66 穴的子午流注取穴法,在补泻手法上有独到经验,对各科疾患的主穴选取有诸多治验心得;并以《素问·至真要大论》病机十九条为依据,分类阐述,指出疾病关键所在,以为临证施治之法则。

《标幽赋》以歌赋体裁,阐述了针灸与经络、脏腑、气血等的关系取穴宜忌,补泻手法等等,通俗易懂,便于习诵,成为针灸学的纲领。《针经指南》内容有标幽赋、通玄指要赋,以及有关经络循行解说,气血流注八穴,补泻手法及针灸禁忌等诸方面论述;另附《针灸杂说》1 卷。前五册言针法,将《针灸大成》进行批驳,独辟新说,后一册言砭法,按穴以小石擦磨,左旋若干遍嘘气几口为泄,右旋若干遍吸气几口为补,用之均有奇效。

窦默著作可考者有《针经指南》1 卷、《标幽赋》2 卷、《窦太师流注指要赋》1 卷、《子午流注》1 卷、《窦太师针法》、《铜人针经密语》1 卷、《窦文正公六十六穴流注秘诀》1 卷、《疮疡经验全书》12 卷。

十八、王好古

王好古(约1200—1300年),字进之,号海藏,赵州(今石家庄赵县)人,元代名医。

王好古曾经与李杲一起学医于张元素,但其年龄较李杲小二十岁左右,后又从师于李杲,尽传李氏之学。在张、李二家的影响下,王氏继承并发展了易水学派,创立了阴证学说,又着重于《伤寒论》方面,而独重由于人体本气不足导致阳气不足的三阴阳虚病证,另成一家之说。

王好古在张元素脏腑辨证及李杲脾胃学说的影响下,结合个人临证经验,繁引诸家之言,独阐阴证之辨证治疗,从而把散见于历代著作中零乱而无条理的有关阴证的论述,整理发挥成为具有辨证施治体系的一门独特学说,这是中医学理论在金元时期的一大发展,对后世研究阴证有莫大的启发。

王好古重视内因,不囿于伤寒外感之说,提出了内感阴证理论,并阐发了以太阴内伤虚寒为主的阴证学说,使阴证的辨证论治从伤寒外感阴证,发展到内伤杂病阴证,大大扩充了阴证的范围,从而把伤寒学说与脾胃内伤学说有机结合了起来。阴证学说既是对仲景学说的发展,又补充了东垣脾胃内伤详论"热中证"之未备。其主张温补脾肾,对明清温补学派医家深有影响。临证强调温养脾肾,尤重温肾。特别是他在临证实践中打破了伤寒与杂病的界线,把杂病方药用于六经诸证,将伤寒与杂病的治疗统一起来,著有《医垒元戎》、《钱氏补遗》、《三备集》、《辨守真论》、《标本论》等。现存有《阴证略例》、《医垒元戎》、《汤液本草》、《此事难知》以及《癍论萃英》等,皆为历史上重要的医学文献。

十九、罗天益

罗天益(1220—1290年),字谦甫,元代真定路藁城(今石家庄藁城)人,另一种说法是真定(今正定)人,元代医家学。

罗天益生活于金末元初,名医李杲晚年(1244年以后),罗天益向他学医数年,尽得其术。李杲身后,他整理刊出了多部李杲的医学著作,对传播"东垣之学"起到了重要作用。1251年后,他自师门回乡行医,以善治疗疮而显名。

他的学术思想遥承于洁古(张元素),授受于东垣(李杲),又突出脏腑辨证、脾胃理论、药性药理的运用的"易水学派"特色,成为易水学派理论形成和发展过程中承前启后的一位重要医家。罗天益用灸法以温补中焦,不仅能治中焦不足的虚寒证,而且还可以治疗气阴两伤的虚热证,罗氏能补其师之不足,并发展了刘河间热证用灸,李杲甘温除热的理论观点,继承和发展了金元四大家的针灸学术思想。

他将医学知识分经论证而以方类之,历三年三易其稿而成《内经类编》,今佚。至元三年(1266年),以所录东垣效方类编为《东垣试效方》9卷。晚年诊务之余,他以《内经》理论及洁古、东垣之说为宗,旁搜博采众家,结合自己的体会,于1281年撰写了《卫生宝鉴》24卷。他的主要学术思想反映在《卫生宝鉴》一书中。

二十、郭守敬

郭守敬(1231—1316年),字若思,顺德邢台(今邢台)人,元朝天文学家、数学家、水利专家和仪器制造专家,是公元13世纪世界级的杰出科学家。

郭守敬对周天列宿诸星进行了详细测定,新发现恒星1 000余颗,被后人誉为"测星之王";编著星表(亦即星图)两册,此星表有恒星的名字又有恒星的坐标,是当时世界上收录恒星数目最多,最先进,最完备的星表。1316年,郭守敬因病去世,享年86岁;为了纪念这位伟大的科学家,1962年,我国邮电部发行了绘有郭守敬半身像与简仪两枚纪念邮票;1981年国际天文学会在北京召开会议,隆重纪念郭守敬诞辰750周年,国际天文学会还将美国在月球上发现的一座环形山命名为"郭守敬山"。

1977 年,经国际小行星研究会批准,中国科学院紫金山天文台把 1964 年发现的 2012 号小行星,正式命名为"郭守敬星"。

1. 制造天文观测仪器

1276 年,蒙古迁都大都,调动了中国各地的天文学者,另修新历。这件工作名义上以张文谦为首脑,但实际负责历局事务和具体编算工作的是精通天文、数学的王恂。郭守敬于由王恂的推荐,参加了修历,奉命制造仪器,进行实际观测。郭守敬创制出一套更精密的仪器,为改历工作奠定坚实的技术基础。

改进圭表。首先,他把圭表的表竿加高到 5 倍,因而观测时的表影也加长到 5 倍,表影加长了,按比例推算各个节气时刻的误差就可以大大减少;其次,他创造了一个叫做"景符"的仪器,使照在圭表上的日光通过一个小孔,再射到圭面,那阴影的边缘就很清楚,可以量取准确的影长;再次,他还创造了一个叫做"窥几"的仪器,使圭表在星和月的光照下也可以进行观测。他还改进量取长度的技术,使原来只能直接量到"分"位的提高到能够直接量到"厘"位,原来只能估计到"厘"位的提高到能够估计到"毫"位。

发明简仪。根据天文观测的需要,郭守敬改进了浑仪,设计制造了简化浑仪——简仪。只保留了浑仪中最主要最必需的两个圆环系统;并且把其中的一组圆环系统分出来,改成另一个独立的仪器;把其他系统的圆环完全取消。这样就根本改变了浑仪的结构。再把原来罩在外面作为固定支架用的那些圆环全都撤除,用一对弯拱形的柱子和另外四条柱子承托着留在这个仪器上的一套主要圆环系统。这样,圆环就四面凌空,一无遮拦了。这种结构,比起原来的浑仪来实用、简单,所以取名"简仪"。简仪的这种结构,同现代称为"天图式望远镜"的构造基本上是一致的。在欧洲,像这种结构的测天仪器,要到 18 世纪以后才开始从英国流传开来。郭守敬用这架简仪作了许多精密的观测,其中的两项观测对新历的编算有重大的意义:一项是黄道和赤道的交角的测定,另一项观测就是二十八宿距度的测定。在编订新历时,郭守敬提供了不少精确的数据,这是新历得以成功的一个重要原因。

郭守敬于至元十六年(1279 年)制成的简仪,在天文学史上,是一项伟大的发明创造。欧洲第一台赤道仪是丹麦的第谷·布拉赫至 1576 年制造的,比郭守敬的要晚三百年。

创造仰仪。利用仰仪,人们可以避免用眼睛逼视那光度极强的太阳本身,就能看到太阳的位置,并且在发生日食时,仰仪面上的日象也相应地发生亏缺现象。这样,从仰仪上可以直接观测出日食的方向,亏缺部分的多少,以及发生各种食象的时刻等等。虽然伊斯兰天文家在古时候就已经利用日光通过小孔成象的现象观测日食,但他们只是利用一块有洞的板子来观测日面的亏缺,帮助测定各种食象的时刻罢了,还没有像仰仪这样可以直接读出数据的仪器。

另外,正方案是郭守敬创制的利用同心圆测定方向的仪器,比指南针还要准确,是当时世界上最精确的测定方向的仪器。

2. 研制《授时历》

在《授时历》里,有许多革新创造的成绩。第一,废除了过去许多不合理、不必要的计算方法,例如避免用很复杂的分数来表示一个天文数据的尾数部分,改用十进小数等;第二,创立了几种新的算法,例如三差内插内式及合于球面三角法的计算公式等;第三,总结了前人的成果,使用了一些较进步的数据,例如采用南宋杨忠辅所定的回归年,以一年为 365.2425 日,与现行公历的平均一年时间长度完全一致。

至元十八年,《授时历》颁行不久,王恂就病逝了。那时候,有关这部新历的推步法则和各种表格等都还是一堆草稿,不曾整理。郭守敬最终把它们整理编辑起来,写成《推步》7 卷,《立成》2 卷,《历议拟稿》3 卷等,该部分就是《元史·历志》中的《授时历经》。

3. 建立大都天文台

大都天文台是在至元十六年(1279 年),王恂、郭守敬等同一位尼泊尔的建筑师合作,在大都(北京)兴建了一座新的天文台,当时被称为"司天台",也叫"灵台",用于观测天象。该天文台在当时不论从规模、人员、设备等都是世界上最大、最多、最完善的天文台。台上就安置着郭守敬所创制的那些天文仪器,是当时世界上设备最完善的天文台之一。

4. 主持四海测验

至元十六年(1279 年),元世祖接受了郭守敬的建议,派 14 位监候官,到当时国内 26 个地点(大都不算在内),进行几项重要的天文观测,告成观星台就是当时 27 处观测站之一,在其中的 6 个地点,特别测定了夏至日的表影长度和昼、夜的时间长度。这就是历史上有名的"四海测验"。郭守敬从上都(多伦)、大都(北京)开始历经河南转抵南海跋涉数千里,亲自参加了这一路的重要测验。这一次天文观测的规模之大,在世界天文学史上也是少见的。郭守敬根据"四海测验"的结果,并参考了一千多年的天文资料,七十多种历法,互相印正对比,排除了子午线日月五星和人间吉凶相连的迷信色彩,按照日月五星在太空运行的自然规律,使得《授时历》有了充分的实测依据。

5. 发展运河

1291 年,有人建议利用滦河、浑河作为向上游地区运粮的河道。蒙古统治者一时不能决断,就委派正在太史令任上的郭守敬去实地勘查,再定可否。郭守敬探测到中途就发觉这些建议都是不切实际的。他趁着报告调查结果的机会,同时提出了许多新建议。蒙古统治者下令重设都水监,命郭守敬兼职领导,并调动几万军民,在 1292 年春天动工。这条从神山到通州高丽庄,全长 160 多华里的运河,连同全部闸坝工程在内,在 1293 年秋天全部完工。当时,这条运河起名叫通惠河。从此以后,船舶可以一直驶进大都城中。从科学成就上来讲,这次运河工程的最突出之点是在于从神山到瓮山泊这一段引水河道的路线选择,不但保持了河道坡度逐渐下降的趋势,而且可以顺利地截拦、汇合从西山东流的众多泉水。

二十一、王　恂

王恂(1235—1281 年),字敬甫,中山唐县(今保定唐县)人,元代著名数学家、天文学家。

幼小师从刘秉忠("邢州五杰"之一)学习数学、天文,精通历算之学。王恂任太史令期间,分掌天文观测和推算方面的工作,遍考历书四十余家。他在《授时历》的编制工作中,贡献与郭守敬齐名。

至元十六年(1279 年),王恂升为嘉议大夫、太史令,主管太史院,负责推算历法,观测天象。当初,刘秉忠在世,根据天文学的发展,认为《大明历》承用了二百多年,渐渐暴露出了它的不周密性,企图加以修正。刘秉忠死后,元世祖根据他的设想,得知王恂精通历算之学,就命他创制新历。于是王恂举荐了已经告老的许衡,同杨恭懿、郭守敬等人通考前代四十部历法,从汉代的《三统历》,到宋代的《大明历》,他们昼夜测验,参考古制,创立新法,推算极为精密准确,研究总结了近 1 182 年、70 次改历经验,考察了 13 家历律推算方法,前后三年派专人分赴全国四方,定点做日晷实地测量,精心计算,大胆创新,计算出一年为 365.2425 天,一月为 29.530593 天,一年的二十四分之一作为一个节气,以没有中气的月份为闰月。至元十七年(公元 1280)改历成功,以古语"敬授人时"之意赐名《授时历》,是年颁行天下。

时至明朝实行的《大统历》基本上也就是《授时历》。如果把这两部历法看成一部,《授时历》是中国历史上实行年代最久的历法,历时长达 364 年。王恂在《授时历》中,提出了招差法(即三次内插公式),并运用招差法推算太阳、月球和行星的运行度数;把高次方程用于历法研究,创造了"弧矢割圆术"即球面直角三角形解法,来处理黄经和赤经、赤纬之间的换算,准确率大大提高,这些成就当时在世界上都处于领先地位。

二十二、朱世杰

朱世杰(1249—1314 年)，字汉卿，号松庭，汉族，燕山(今北京)人氏，元代数学家、教育家，毕生从事数学教育。是我国乃至世界数学史上负有盛名的数学家，有"中世纪世界最伟大的数学家"之誉。

朱世杰在当时天元术的基础上发展出"四元术"，也就是列出四元高次多项式方程，以及消元求解的方法。此外他还创造出"垛积法"，即高阶等差数列的求和方法，与"招差术"，即高次内插法。主要著作是《算学启蒙》与《四元玉鉴》，开创了中国古代数学的最高峰。

《算学启蒙》出版于公元 1299 年，全书共分为 3 卷 20 门，总计 259 个问题和相应的解答。自乘除运算开始，一直讲到当时世界数学发展的最高成就"天元术"，全面介绍了当时数学所包含的各方面内容。它体系完整，内容通俗易懂，深入浅出，是当时最通行、最著名的数学启蒙读物。这本著作后来还流传到了朝鲜、日本等国，产生了重要的影响。

《四元玉鉴》更是一部成就辉煌的数学名著。它受到近代数学史研究者的高度评价，认为是中国古代数学科学著作中最重要的、最有贡献的一部数学名著。同时也是中世纪全世界范围内最杰出的一部数学著作。《四元玉鉴》成书于大德七年(1303 年)，共 3 卷，24 门，288 问，介绍了朱世杰在多元高次方程组的解法——四元术，以及高阶等差级数的计算——垛积术、招差术等方面的研究和成果。

朱世杰的另一重大贡献是对于"垛积术"的研究。他对于一系列新的垛形的级数求和问题作了研究，从中归纳出了"三角垛"的公式，实际上得到了这一类任意高阶等差级数求和问题的系统、普遍的解法。朱世杰还把三角垛公式引用到"招差术"中，指出招差公式中的系数恰好依次是各三角垛的积，这样就得到了包含有四次差的招差公式。他还把这个招差公式推广为包含任意高次差的招差公式，这在世界数学史上是第一次，比欧洲牛顿的同样成就要早近四个世纪。正因为如此，朱世杰和他的著作《四元玉鉴》才享有巨大的国际声誉。

朱世杰的其他贡献有：(1)在中国数学史上，朱世杰第一次正式提出了正负数乘法的正确法则。(2)在球体表面积计算方面，朱世杰是我国古代数学典籍最早进行的研究记载。结论虽不正确，但创新精神是可贵的。(3)在《算学启蒙》中，他记载了完整的"九归除法"口诀，和现在流传的珠算归除口诀几乎完全一致。

二十三、邢云璐

邢云璐(生死年代不详)，字士登，安肃(今保定徐水)人，明代天文学家。

邢云璐精通天文、地理、历法，任职期间，上书修改沿袭近三百年的旧历法，其志未竟辞官告归。回乡后继续研究历法，深推古今，旁征博采，著有《古今律历考》72 卷，创有精辟独特的见解，校正元代天文学家郭守敬之误谬，成为一代全书。

《古今律历考》，对上自古四分历，下至授时历的历法作了全面的评述。邢云璐还在兰州立六丈高表，进行了万历三十六年(1608 年)冬至时刻的实测工作，进而算得回归年长度值为 365.24219 日的新值，与理论值之差仅约 2 秒，是为中国古代、亦为当时世界上的最佳值，这是在传统历法经过长期停滞之后，再度辉煌的开端。

(1)历法改革。《古今律历考》72 卷，其主要内容是对古代经籍中的历法知识以及各部正史律历志或者历志中的问题进行总结和评议。邢云璐在奏请改历遭受挫折以后，不断从回顾历法发展过程的角度来阐发自己主张进行历法改革的重要性。他所认为的"天运难齐，人力未至"，则由于古历采用的计算方法是利用有限观测数据拟合计算公式以预报天象，在一定的时期有一定的精度，但一般不能长期很好地与天象吻合，所以古历应经常修正，"不容不改作也"。

(2)实测数据。中国古代历家在描述天体运行规律时，逐渐形成了"先以密测，继以数推"的治历指导思想。邢云璐则结合《授时历》和《大统历》中存在的问题,对此思想进行了阐述。邢云璐所说《授时历》月亮、五星计算常数"俱仍旧贯",是指《授时历》沿用了金《重修大明历》中的数据。邢云璐是最早指出《授时历》五星运行周期"止录旧章"者,对历法的修正具有重要意义。

(3)历法原理。邢云璐在对正史中的各部历法进行考证以后,进而阐述了明代的历法状况以及对《授时历》的立法原理进行恢复的重要性,他对明初元统对《授时历》的改编不满,认为其"溷乱其术",所以造成了明代"畴人布算,多所舛错"的局面。邢云璐所说的"历理"与嘉靖年间的周述学在《神道大编历宗通议》中的"历理"是相通的,主要是指对日、月、五星和四余中有关历法计算中若干要素的含义和计算方法进行讨论和解释。他赞同郭守敬的治历思想,将其概括为"随时观象,依法推测;合则从,变则改。邢云璐还对五代北周王朴钦天历牵附律吕黄钟之数的做法进行了否定。邢云璐不但将太阳置于宇宙的中心地位,而且更进一步提出了行星的往来周期运动是因为受到太阳之"气"的牵引。他在《古今律历考》中指出:"星、月之往来皆太阳一气之牵系也。"这是一种朴素的行星运动受太阳吸引力支配的思想。

在邢云璐活动的年代,中国古代天文学正面临一个新的发展高潮。他曾参加两次改历运动(1595年和1610年),是明末复兴天文学的重要人物。还著有《戊申立春考证》、《庚物冬至正讹》、《太一书》、《历元元》、《七政真数》有关天文著作,为后人留下了宝贵资料。

二十四、方观承

方观承(1698—1768年)字遐谷,号问亭,又号宜田,清朝安徽桐城人。乾隆年间任直隶总督二十余年,勤于民事,尤为关注留心棉事活动,治绩彰显。

著有《棉花图》,是我国仅有的棉花图谱专著,附有乾隆皇帝和方观承的七言诗各一首,似连环画。书前收录了康熙(玄烨)《木棉赋并序》,《棉花图》又称《御题棉花图》。

方观承以乾隆皇帝观视保定腰山王氏庄园的棉行作为背景绘成棉花图,赋七言诗注解。《棉花图》共有图十六幅,分别为布种、灌溉、耕畦、摘尖、采棉、炼晒、收贩、轧核、弹花、拘节、纺线、挽经、布浆、上机、织布、练染,每图皆由左右两半幅组成,人物的身形比例虽不够准确,但白描技法运用娴熟,人物神态各异。方观承在每一幅图画上附注七言诗解说,系统地说明从种植到制成棉布的过程,总结了每个生产程序的生产经验。1765年,方观承将《棉花图》进呈乾隆皇帝,得到乾隆皇帝欣赏,在《棉花图》上御题七言诗,加速了《棉花图》的流传和棉花技术的推广。

同年7月,方氏特将《棉花图》包括乾隆的题诗刻在12块端石上。其中11块长118.5厘米,宽73.5厘米,厚14.2厘米;另一块长89厘米,宽41.5厘米,厚13.5厘米。全文为阴文线刻,线条精细,房舍规矩,人物鲜活,画面各具形象,突出了主题,反映当时农民艰苦劳作情景,有浓厚的生活气息。

《棉花图》是河北一带棉花种植技术和加工纺织技术的一部真实记录,也是冀中一带棉农的经验总结。从历史上看,它更是研究我国植棉史、棉纺织业史及清前期社会经济形态的重要文献资料。

二十五、王清任

王清任(1768—1831年),又名全任,字勋臣,清代直隶玉田县(今唐山玉田)人。富有革新精神的解剖学家与医学家。

王清任著《医林改错》,该书主要内容有:

(1)订正了古代解剖学中的许多讹谬。王氏通过实地观察和数十年对脏腑解剖的研究成果,比较准确地描述了胸腹腔内脏器官、血管等解剖位置,纠正了前人关于人体脏腑记载的某些错误。

(2)进一步丰富和发展了气血理论。在临床上他主张补气活血与活血逐瘀相结合,强调补气活血与活血化瘀原则,创立补气活血化瘀方剂,至今仍有实用价值。自创补气逐瘀诸方,重用黄芪;配以活血之药。如补阳还五汤沿用至今,并根据瘀血部位创制了血府逐瘀汤,通窍活血汤,膈下逐瘀汤等,亦为后世沿用。依据气有虚实、血有亏瘀的理论,结合临床经验,总结出60多种气虚证、50种瘀证;他创制的通窍活血汤,对眼疾特别是视网膜中央血管阻塞有显著效果。

(3)否定胎养、胎毒等陈说及综成"灵机记性在脑不在心"新说,发明了脑髓说。对人的大脑有新的认识,不但总结了古代医经对脑的记载,还吸收了传入的西说,强调灵机记忆在脑,肯定了脑主宰思维记忆的功能,其贡献巨大,值得肯定。

二十六、张之洞

张之洞(1837—1909年)字孝达,号香涛、香岩,又号壹公、无竞居士,晚年自号抱冰,直隶南皮(今沧州南皮)人,清代洋务派代表人物之一。张之洞与曾国藩、李鸿章、左宗棠并称晚清"四大名臣"。

1. 主张"中体西用"思想

张之洞在《劝学篇·外篇·设学第三》中写道:"新旧兼学。四书五经、中国史事、政书、地图为旧学,西政、西艺、西史为新学。旧学为体,西学为用,不使偏废。"张之洞认为,"人伦道德为各学科之根本,须臾不可离",而西学只不过是吸收其中有用的东西来弥补中学的不足。所以,"中体西用"的关键在于这个"用"字,在张之洞视阈里,所谓"用"就是对事物表面、可操作的装置、知识和技能以及方法的运用。"中体西用"的实质就是引进西法,但是学习和采用西法要有前提,即"中学为体",中法的根本原则不能动;"西学为用",西法的基本原则不能学。

2. 办实业

督办京汉(卢汉)铁路。京汉铁路是我国腹地最重要的南北交通干道。张之洞为它的修建多方谋划,终于完成,可当"铁路主办元勋"之誉。1889年4月1日,时任两广总督的张之洞奏请缓修津通铁路,即卢汉铁路。1905年,芦汉铁路全线贯通,包括接通卢沟桥至北京一段,总长1200公里。之后卢汉铁路又改称京汉铁路。芦汉铁路建成之后,张之洞还督办了粤汉、川汉铁路的修建。

打造中国最大的重工业基地。以芦汉铁路的修筑为契机,张之洞为了"图自强,御外侮;挽利权,存中学",在主政的18年间,兴实业、办教育、练新军、应商战、劝农桑、新城市、大力推行"湖北新政"。以武汉为中心,他先后创办了汉阳铁厂、湖北枪炮厂、大冶铁矿、汉阳铁厂机器厂、钢轨厂、湖北织布局、缫丝局、纺纱局、制麻局、制革厂等一批近代工业化企业,居全国之冠,汉阳钢铁厂成为当时亚洲最大的钢铁联合企业,也是我国近代第一个、远东第一座的钢铁联合企业,它的建成,标志着中国近代钢铁工业的兴起,为我国重工业开了先河。并促进了以重工业尤其是军事工业为龙头的湖北工业内部结构的形成,武汉一跃而成为全国的重工业基地,一些国内有影响的民营企业相继产生,湖北的近代工业体系已初步奠定。汉口由商业重镇一跃而为国内屈指可数的国际贸易商埠。

在其督鄂期间,湖北武汉在商业、工业、教育、金融、交通等方面取得了长足发展,成为武汉城市早期现代化的一个重要界标。在武汉地区兴办的大小近代工业,共投入资金达白银1700余万两,职工总数最多时达16000余人。这一兴办近代工业的庞大规模,在晚清整个洋务运动过程中,显然呈现着后来居上之势。因此在某种意义上可以说,张之洞为旧中国近代工业的第一代企业家。毛泽东对其在推动中国民族工业发展方面所作的贡献评价甚高,曾说过"提起中国民族工业,重工业不能忘记张之洞"。并且因"湖北新政"所孵化的社会生产力、民族资产阶级、新式知识分子、倾向革命的士兵,最终成了封建王朝的掘墓人。

3. 发展新式科技教育

张之洞还在湖北铁政局内创建工艺学堂,开设的课程有汽机、车床、绘图、竹器、洋脂、玻璃各项制造工艺。张之洞改书院、兴学堂、倡游学,使包括汉口在内的武汉三镇形成了较为完备的近代教育体制。传统的书院教学以研习儒家经籍为主,张之洞致力于书院改制,相继对江汉书院、经心书院、两湖书院的课程作出较大调整,各有侧重,以"造真材,济时用"为宗旨。在兴办新式学堂方面,其创办的算学学堂、矿务学堂、自强学堂、湖北武备学堂、湖北农务学堂、湖北工艺学堂、湖北师范学堂、两湖总师范学堂、女子师范学堂等等,则涵盖了普通教育、军事教育、实业教育、师范教育等层面。

1898 年,张之洞在湖北省城东门外卓刀泉创建农务学堂。1900 年正式开学,聘请美国农学教习 2人指导研究农桑畜牧之学。1906 年,农务学堂校址迁移到武胜门外多宝庵地方(今湖北大学校园),开设高等正科,改名为湖北高等农业学堂,并附设实验场,这是湖北最早的近代农业学堂和现今华中农业大学的前身。

4. 创办新军

张之洞回任湖广前夕,曾奏准将已经练成的江南自强军护军前营五百人调往湖北,"教习洋操,以开风气"。

纵观张之洞的一生,促进教育、实业的发展贯穿他的整个政治生涯;他兴建了贯穿中国的大铁路;使武汉成为中国近代重工业基地;兴办的各种学校和新式军队培养了大量人才,并直接孕育了武昌起义的革命火种。

二十七、张锡纯

张锡纯(1860—1933 年),字寿甫,沧州盐山县人,中西医汇通学派的代表人物之一,近现代中国中医学界的医学泰斗。是卓越的临床家和中西医汇通派的著名代表。

张锡纯主张中西药物并用,认为"西医用药在局部,其重在病之标也;中医用药求原因,是重在病之本也。究之,标本原宜兼顾,若遇难治之症,以西药治其标,以中药治其本,则奏效必捷。"因此,他在临床上经常用西药加中医复方治疗疾病,观察疗效,对后人有较大的影响。

《医学衷中参西录》是其一生治学临证经验和心得的汇集。张锡纯《医话拾零》、《张锡纯医案》均可见于其《医学衷中参西录》中,医案 18 门 137 案,医话涉及内经、伤寒、温病、中药、方剂、内科、外伤科、妇科、儿科、五官等各科。

其书专列药物解 78 种,每种除详列《黄帝内经素问》、《伤寒论》、《金匮要略》、《神农本草经》及金元各代药物学说外,对药性多有独到见解,增补创新,并于药物后附有验案。对药物性味、功效的认识或取于先哲,或体验于实践,或"问耕于奴、访织于婢",因此对药性多有独到见解,增补创新,并有大量病案及按语附于后,内容极其丰富,使用方便,对今天的临床仍有极大的指导作用。

张锡纯著《伤寒论讲义》4 卷,系统总结了运用《伤寒论》指导临床实践的经验,此对证处方无不遵《伤寒论》之规矩,以各家学说为镜鉴,以临床实践为准绳,化裁古方独出新意,此书实为张氏平生治伤寒经验的所积,补伤寒之未备。

张氏一生不仅致力于中西医汇通,而且重视医德修养。他说:"人生有大愿力,而后有大建树。"还说:"医虽小道,实济世活人之端,故学医者,为自家温饱计则愿力小,为济世活人则愿力大。"临证用药尝用自身及亲人进行试验,而后用于病人,虽医享盛名,对同道友从不自矜己德,夸己之长,形人之短;主张有我见而不应有成见。

张锡纯是近代中国医学史上一位值得称道的医家,他曾在沈阳创建"立达中医院",疗效卓著;在天津开办国医函授学校,培养了不少后继人才;在当时各地医学刊物上,发表了很多具有创见的论文,在医界产生了很大影响。他声名远播,与当时江苏陆晋笙、杨如候、广东刘蔚楚齐名,被誉为"医林四大家",又与慈溪张生甫、嘉定张山雷并称为海内"名医三张"。张氏在创制新方的实践和成就更为后人称道。从其临床实践来看,张氏用药有不少独到之处,注重实效、以实践验证药用是张氏用药的一大原则。

二十八、詹天佑

　　詹天佑（1861—1919 年），字眷诚，号达朝，汉族，原籍安徽婺源（今属江西），生于广东南海，是中国首位杰出的爱国铁路工程师。

　　他曾先后参加了天津至山海关、天津至北京、山海关至沈阳铁路的建设。设计建造了著名的京张铁路，有"中国铁路之父"、"中国近代工程之父"之称。

1. 利用"压气沉箱法"修建滦河大桥

　　1888 年，詹天佑担任中国铁路公司工程师，设计建造天津到山海关的津榆铁路，路经滦河，要造一座横跨滦河的铁路桥。滦河河床泥沙很深，又遇到水涨急流，英、日、德三个外国工程师都相继失败了。詹天佑分析总结了三个外国工程师失败的原因后，仔细研究滦河河床的地质构造，反复分析比较，大胆决定采用新方法——"压气沉箱法"来进行桥墩的施工，最终获得成功。滦河大桥是在中国工程师主持下修建起来的中国第一座现代化大铁桥，1892 年建成通车。这件事震惊了世界：一个中国工程师居然解决了三个外国工程师无法完成的大难题。

2. 主持建造了中国第一条自己的铁路——新易铁路

　　1902 年，袁世凯奏请修建一条专供皇室祭祖之用的新易铁路（高碑店至易县），并任命詹天佑为总工程师。尽管此路价值不大，却是中国人自修铁路之始。詹天佑彻底抛弃了当时外国人必须在路基修成之后风干一年才可铺轨的常规，仅用四个月的时间以极省的费用建成新易铁路，大大鼓舞了中国人自建铁路的信心，为后来京张铁路的修筑打下良好基础。

3. 发明"之（人）"字形爬坡铁路

　　1905 年，詹天佑受命担任京张铁路的总工程师，全权负责京张铁路的修筑。这是第一条完全由中国人自己筹资、自行勘测、设计和施工建造的铁路。从北京至怀来路段群山连绵，地势险峻。

　　在设计最艰难的关沟路段时，他在青龙桥东沟大胆采纳并巧妙运用"人"字形爬坡路线，进而用两台大马力机车调头互相推挽的方法，解决了坡度大、机车牵引力不足的问题。1909 年 9 月，由詹天佑主持并创造性地设计施工，我国自建的第一条铁路——全长 200 多公里的京张铁路全线通车。京张铁路比预计工期提前两年，经费节余合白银 28 万两，全部费用仅有外国承包商索价的五分之一。

4. 发明火车自动挂钩

　　在丰台车站铺轨的第一天，京张铁路工程队的工程列车中有一节车钩链子折断了，造成了车辆脱轨事故。列车钩链折断这件事使细心的詹天佑受到很大启示，他决心对车钩改革创新。经过三年的反复设计、修改，终于研制成功一种新式的自动挂钩，并在修筑八达岭"人"字形铁路时，得到了采用，在行车安全上发挥了重要作用。这种挂钩装有弹簧，富有弹力，又不用人工联结，只要两节车厢轻轻一碰，两个钩舌就紧紧咬住，犹如一体。要分开又很方便，人站在线路外面，只要抬起提钩杆，两节车厢就分开了。

5. 成立中华工程学会

　　辛亥革命后，詹天佑为了振兴铁路事业，和同行一起成立中华工程学会，并被推为会长。这期间，他对青年工程技术人员的培养倾注了大量心血，他除了以自己的行为做出榜样外，还勉励青年"精研学术，以资发明"，要求他们"勿屈己徇人，勿沽名而钓誉。以诚接物，毋挟褊私，圭璧束身，以为范例。"

二十九、范旭东

范旭东（1883—1945 年），湖南湘阴县人，出生时取名源让，字明俊；后改名为范锐，字旭东。在直隶天津创业发展成为中国化工实业家，是中国重化学工业的奠基人，被称作"中国民族化学工业之父"。

范旭东受维新运动影响很深。1914 年于天津塘沽集资创办久大精盐股份有限公司，生产简装精盐，以抵制洋货，改善食品卫生；1917 年与陈调甫等筹办永利制碱公司；1920 年在塘沽兴建碱厂（后简称永利碱厂或永利沽厂），用索尔维法制纯碱；1921 年聘侯德榜为技师；于 1926 年 6 月 19 日生产出碳酸钠含量达 99% 的高质量洁白纯碱。1926 年 8 月，红三角牌纯碱获得美国费城万国博览会金质奖和"中国工业进步的象征"的评语。自此，红三角牌纯碱畅销国内外，能与国际制碱垄断集团卜内门化学工业公司的产品相抗衡。

1922 年，范旭东在塘沽私人创办我国第一个化工研究机构黄海化学工业研究社，该社除为久大、永利两企业提供技术外，还从事理论研究和资源调查，对盐卤、轻金属、肥料、细菌学等方面的研究皆有成就。1934 年改组永利制碱公司为永利化学工业公司，在江苏省六合县卸甲甸（现南京市大厂镇）创办永利化学工业公司宁厂，简称永利宁厂或永利铔厂。1937 年该厂建成，生产合成氨、硫酸、硫酸铵及硝酸，为当时具有世界水平的大型化工厂。永利碱厂和永利铔厂的建设，为中国自己生产酸、碱两大基本化工原料工业打下基础。

1937 年 7 月，日本进一步入侵中国，范旭东继续开辟了新的化工基地，1944 年，纪念久大创办 30 周年，成立海洋化工研究室，致力于发展海洋化工。

范旭东曾于 1924 年当选为中华化学工业会副会长，1945 年当选为中国化学会理事长。抗战后期为筹建永利化学工业公司 10 个大化工厂，他奋力于发展实业，竭力倡导学术，培养企业中有作为的技术人员，支持黄海化学工业研究社以及中国化学会等社会学术团体。

三十、刘仙洲

刘仙洲（1890—1975 年），原名鹤，又名振华，字仙舟，保定完县唐兴店村人。中国近代著名机械学家和机械工程教育家。

长期从事农业机械的研究教育，为中国的农业机械事业发展作出了贡献，1955 年当选中国科学院学部委员。

1. 编著了我国第一套工科大学教科书

早在 20 世纪初，刘仙洲就认为，中国工科高等教育带有浓厚的半殖民地色彩，在大学教学中都采用外国教材，长此下去，我国学术永无独立之日。于是，他发奋编写中文教材，教一门课，便写成一本教材，由普通物理、画法几何到机械学、机械原理、热机学、热工学等，编写了 15 本中文教材，成为我国中文版机械工程教材的奠基者。这些教材大部分由商务印书馆先后出版，有些教科书后来又多次增订再版，并编入《大学丛书》、《万有文库》。例如《机械原理》一书，曾长期广泛使用于各大学工科院校，哺育了我国几代工程技术人才。

刘仙洲于 1932 年接受中国机械工程师学会的委托，编订《英汉对照机械工程名词》。他查阅了我国明代以来涉及工程的书籍数十套，汇编成记有各种名称的万张卡片，按照"从宜"、"从俗"、"从简"、"从熟"四大原则，从中选取一个恰当的名词。这项编辑工作历时一年多，汇集成 11 000 多个名词，于 1934 年由商务印书馆正式出版，又于 1936 年、1945 年两次增订，词汇由 1 万多增到 2 万多。《英汉对照机械工程名词》的出版，受到工程界的热烈欢迎，我国机械工程名词从此逐步统一起来。中华人民共和国成立后，中国科学院编定的《英汉机械工程词汇》前言中指出："本编是在刘仙洲同志的《英汉对照机械工程名词》基础上进行编订的。"

2. 对中国农业机械发展作出了贡献

1920 年,华北五省大旱,他自行设计并在留法勤工俭学预备班的实习工厂试制了两种提井水的新式水车,一种用人力,一种用畜力,制造简单,效率也高。这种水车被推广 200 多架,受到农民好评,获得农商部颁发的奖状。抗日战争期间,他在昆明搞过改良犁、水车和排水机的研究工作,并发表论文《中国农器改进问题》。1946 年,他又专程到美国考察和研究农业机械。主张中国的农业机械必须适合中国国情,与其模仿外国的大型机械,不如先对我国原有的畜力机械加以改善,即机械部分改进设计,动力部分仍用畜力,然后求其发展。

1918 年刘仙洲回国后,在中国工程师学会作了题为《农业机械与中国》的学术报告,并写成 20 万字的教材《农业机械》,在清华大学机械系讲授。新中国成立以后,作为华北农业建设委员会委员和华北农业机械总厂顾问,他热情参加在华北推广 10 万台水车的工作,每周星期六到厂研究农业机械改进试验中的技术关键问题。1956 年,他主持制定我国农业机械化、电气化的长远规划,为我国农业科技事业发展奠定了基础。他还建议华北农业机械总厂创办农业机械专科学校,并亲自担任教务长和授课教师;建议清华大学成立农业机械系和农田水利专修科,并将自己多年收藏的农业机械书刊 700余册赠与学校。这些专业毕业生,后来成为全国各地农业机械事业的骨干力量。

3. 中国机械发明史研究的开拓者

刘仙洲在学术上最突出的成就是对中国机械发明史开拓性的研究工作。早在 20 世纪 20 年代,刘仙洲就开始发掘这些宝贵的文化遗产,1933 年写出了《中国旧工程书籍述略》,1935 年发表了包括交通工具、农业机械、灌溉机械、纺织机械、雕版印刷、计时器、兵工等 13 个方面的《中国工程史料》。1961 年,他向中国机械工程学会成立十周年年会提交专著《中国机械工程发明史》第一编。在这部专著中,他系统地总结了我国古代在简单机械的各种原动及传动机械方面的发明创造,为人类科学技术史增添了新篇章;其中 10 多项重大发明创造,如东汉张衡、唐代张遂与梁令瓒的水力天文仪,北宋吴德仁的指南车和卢道隆的记里鼓车,元末明初詹希元的五轮沙漏等,已复制成实物,陈列在北京中国历史博物馆;其中的这部专著中的《中国在原动力方面的发明》一章,曾译成英文在美国出版的 *Engineering Thermophysics in China* 杂志上发表。

鉴于我国在古代机械工程发明创造中农业机械最多,刘仙洲又于 1962 年发表了专著《中国古代农业机械方面的发明》。这部专著系统地说明了我国古代在整地机械、播种机械、除草机械、灌溉机械、收获脱粒加工机械、农村交通运输机械等方面的发明创造。

1953 年刘仙洲编导了一部科教片《钟》。1956 年 9 月,他应邀到意大利出席第八届世界科学史会议。会上,刘仙洲在自己宣读的论文《中国在计时器方面的发明》中指出,公元 2 世纪,中国在齿轮的实用上已有相当高的水平,可以推断东汉张衡水力天文仪所附的计时器已经采用齿轮系作为传动机构,否则很难得到上述天文钟规律性的运动。英国剑桥大学教授 J. 李约瑟(Needham)当场表示相信刘仙洲的这一推断,并在后来发表的论文中引用了刘仙洲设计的这种水力机械的复原图。刘仙洲又根据有关文献和考古新发现进行深入研究,研究证实:张衡是中国创造机械计时器的第一个人,比西方约早一千年。

三十一、诺尔曼·白求恩

诺尔曼·白求恩(1890—1939 年),加拿大人,国际共产主义战士、胸外科医师。

1935 年 11 月加入加拿大共产党。中国抗日战争爆发后,为了援助中国人民的解放事业,1938 年3 月,他受加拿大共产党和美国共产党派遣,率领一个由加拿大人和美国人组成的医疗队来到延安。8月,任八路军晋察冀军区卫生顾问,悉心致力于改进部队的医疗工作和战地救治,降低了伤员的死亡率和残废率。

他把军区后方医院建设为模范医院,组织制作了各种医疗器材,给医务人员传授知识,编写了医疗图解手册;倡议成立了特种外科医院,举办医务干部实习周,加速训练卫生干部;组织战地流动医疗队出入火线救死扶伤。

为了适应战争环境,方便战地救治,组成流动医院,组织制作了药驮子,可装做 100 次手术、换 500 次药和配制 500 个处方所用的全部医疗器械和药品,被称为"卢沟桥药驮子";制作了换药篮,被称为"白求恩换药篮"。

后来,他回到冀西山地参加军区卫生机关的组织领导工作,提议开办卫生材料厂,解决了药品不足的问题;创办卫生学校,培养了大批医务干部;

他还编写了《游击战争中师野战医院的组织和技术》、《战地救护须知》、《战场治疗技术》、《模范医院组织法》等多种战地医疗教材,并将自己的 x 光机、显微镜、一套手术器械和一批药品捐赠给军区卫生学校。

三十二、王竹泉

王竹泉(1891—1975 年),保定泊头市交河镇人,中国现代区域地质学家、煤田地质学家,中国煤田地质学的奠基人。

王竹泉主编了我国第一批 1:100 万地质图——《太原—榆林幅》。他的《山西煤矿志》、《华南晚二叠世煤田形成条件及分布规律》等具有经典意义。他对华北、华东、东北、西南若干地区的地层、构造、地貌、矿产等研究有重要成果。

王竹泉不仅在煤田地质方面有很深的造诣,而且对其他矿产如铁、锰、铜、金、铝、磷矿和石油等也进行过广泛的研究和探索。他先后发表文章有 30 余篇。1923 年,王竹泉曾对陕北油田进行调查,并取得了可喜的成果。1950 年,王竹泉还发表一篇题为《勘探陕北石油应注意的几个问题》的论文,当时还受燃料工业部领导的委托,参加了第一次石油地质工作座谈会。

王竹泉在矿物岩石学方面也做了不少研究工作,提出了一些独到见解。他建立了以重矿物为标志,鉴定火成岩区的理论。这个理论发表后,引起当时各国地质学者的重视,为祖国赢得了荣誉。

1936 年王竹泉在河北昌平西湖村调查时,发现了一种新矿物,并定名为"西湖石",这种新矿物的名称,已为各国矿物学家所采用。

王竹泉是最早研究井陉雪花山玄武岩的学者。从 1927 年开始,王竹泉对雪花山玄武岩及其下伏的"砂土层"进行了详细研究,并于 1930 年发表了《河北省井陉县雪花山玄武岩及砂土层之研究》,详细地记述了这里的地层、岩石、构造和地貌特点,并在"砂土层"中采到一些腹足类化石。他根据岩性对比和地文期的观点,认为雪花山"砂土层"与山西省的"三趾马红土"相当,因而把雪花山玄武岩及其下伏的"砂土层"归为晚上新世末期。

三十三、晏阳初

晏阳初(1893—1990 年),四川巴中人,中国平民教育家和乡村建设家。在河北定县发展平民教育,是世界上有重要影响的农民教育家。

1920 年学成回国,竭力倡导平民教育。晏阳初认为中国的基本问题是农民,"愚、穷、弱、私"四个字,主张通过办平民学校对民众首先是农民,先教识字,再实施生计、文艺、卫生和公民"四大教育",培养知识力、生产力、强健力和团结力,以造就"新民",并主张在农村实现政治、教育、经济、自卫、卫生和礼俗"六大整体建设",从而达到强国救国的目的。主张"用文化教育治愚,用计生教育治穷,用卫生教育治弱,用公民教育治私"。1923 年以"除文盲,做新民"为宗旨,与陶行知等社会名流一起倡办成立了"中华平民教育促进会",晏阳初任干事长。

1926 年在河北定县（今定州市）设立基点开展乡村平民教育实验，平教会的一切工作几乎都转移到了定县，而且工作范围逐渐扩大，文艺教育、公民教育、生计教育、卫生教育四大教育相贯而行，成为乡村建设的一支重要力量。各项平民教育活动都从农民的切身需求出发，着眼于小处：为减少通过饮用水传染的疾病，平教会指导农民修建井盖与围圈，适时消毒灭菌；训练公立师范学生与平民学校学生进行免疫接种；训练助产士代替旧式产婆，向旧式产婆普及医学常识；建立各区保健所，培训合格医生；从平民学校毕业生中培训各村诊所的护士与公共卫生护士；为村民引入优良棉花和蛋鸡品种；组织成立平民学校同学会，建立村民自治组织；改组县乡议会，改造县乡政府。

1936 年，日本对华北的侵略步伐步步逼近，晏阳初和平教总会在战争威胁下离开定县，向南撤退。1949 年中国共产党取得胜利，晏阳初辗转到了台湾，从此晏阳初和他的乡村教育运动在中国大陆销声匿迹。

20 世纪 20 年代至 30 年代，他在河北定县的平民教育实践为定县乃至河北留下了大量有形和无形的财产，据 1980 年的统计，定州（即定县）是河北省内唯一一个无文盲县；20 世纪 20 年代晏阳初引入的良种棉花、苹果、白杨等作物引入和培育的良种鸡等仍然广受当地农民的欢迎。另外，20 世纪 70 年代遍及中华农村的"赤脚医生"以及相关的培养计划，皆承袭自晏阳初在定县的实验内容，20 世纪 90 年代后期在中国大陆部分农村推行的村官直选等政治体制改革的试点，也无不是在重复当年的定县经验。

晏阳初致力于平民教育七十余年，被誉为"世界平民教育运动之父"。1943 年，晏阳初被美国"哥白尼逝世四百年全美纪念委员会"评为"对世界文明贡献较大的十人"之一，与爱因斯坦等同获殊荣；1945 年 11 月 13 日，被美国旧金山市授予"荣誉公民"称号；1967 年 5 月 2 日被菲律宾总统马科斯授予最高平民奖章"金心奖章"；1987 年 10 月 15 日美国总统里根在总统办公室授予晏阳初"终止饥饿终生成就奖"。

三十四、王　助

王助（1893—1965 年），字禹朋，邢台南宫县人。王助是波音公司的第一任工程师、C 型水上飞机的缔造者，是中国近代航空工业主要的奠基人之一。

1909 年 8 月，王助被清朝政府选派去英国留学。1915 年，他在德兰姆大学机械科毕业后，转赴美国麻省理工学院学习航空工程，1916 年毕业，并获航空工程硕士学位。

1916 年 7 月，美国波音飞机公司创办人威廉·波音正式成立了太平洋航空器材公司，波音于 1917 年 4 月把这家公司改名为波音飞机公司。王助被聘为波音飞机公司第一任总工程师。经过多次改进，王助设计出一架双浮筒双翼的"W–C"型水上飞机，成功地通过了试飞。该机作为波音公司制造成功的第一架飞机和开辟美国第一条航空邮政试验航线的飞机而载入史册。

1917 年冬，王助因不满美国的种族偏见，愤而辞职，毅然回国，遂成为我国最早的一批留学归国的高级航空工程技术人员。王助等回国后，即向海军部提出创办一个小规模飞机制造厂的建议。1918 年 2 月，海军部批准在福建马尾海军船政局内，创办了中国首家正规的飞机制造厂——海军飞机工程处，后改称为海军制造飞机处。王助为副处长，从 1918—1930 年的 12 年间，海军飞机工程处陆续设计制造出教练机、海岸巡逻机、鱼雷轰炸机等飞机 15 架，并培养出中国第一代航空工程技术人才，使马尾成为中国初期航空工业的摇篮。

1922 年 8 月，王助与巴玉藻合作，设计了世界上第一个水上飞机浮动机库——浮坞，由上海江南造船所制造成功，解决了水上飞行停置和维修的难题。浮坞建成后，曾在长江上使用，性能良好，效果不错。

1929 年 9 月，王助任海军制造飞机处处长。1934 年 6 月底中国杭州飞机制造厂建成投产，王助任第一任监理，是中方的最高负责人。1939 年 7 月，中国航空研究所在成都建立，王助任副所长，研究所在王助的领导下，先后研制成国产层板、蒙布、酪胶、油漆、涂料等，创造出以竹为原料的层竹蒙皮和层竹副油箱,研制出以木结构代替钢结构的飞机,解决了空军之急需。1941 年 8 月,研究所扩充为航空研究院,王助任副院长,除主管院务和研究工作外,还亲自参加飞机设计工作,航空研究院在王助的领导和直接参与下,利用国产材料研制出大批急需的航空器材和备件,研制出多架独特的飞机。

三十五、侯宝政

侯宝政(1895—1971 年),唐山迁安县人,煤炭工程技术专家。

毕生致力于中国煤炭工业的发展,解决了大量煤炭生产建设中的工程技术难题。为开滦煤矿和河北省煤炭工业的恢复、发展做出了卓有成效的业绩。

1. 改观开滦煤矿技术面貌

组织编制了矿区生产技术改造和发展的规划,围绕提高生产能力,确定了全矿区生产技术改造的目标。亲自指挥了四个老矿的技术改造,和辅助生产设施,恢复了马家沟矿,筹建四座新井等,使开滦煤矿的生产技术面貌在短期内得到很大改观。

2. 大幅度提高采掘水平

全面改革落后的采掘方法,推行长壁开采工艺,率先采用康拜因、割煤机、金属支柱等设备,实现了采煤作业的半机械化和机械化;在开拓掘进中推行深孔掏槽、湿式凿岩、金属有腿支架、大断面岩巷掘进一次成巷、循环作业等先进技术与经验,大幅度提高了矿区的采掘半机械化与机械化水平,同时还试验并建成水力化采煤工作面和水采矿井,党和国家领导人刘少奇、周恩来还亲临视察。

3. 大胆改造革新

在恢复马家沟矿时,侯宝政从编制恢复方案、审查设计到指导施工,始终坚持少花钱多办事的原则,因地制宜,反复论证,充分利用井上下原有工程和矿区呆滞而适用的器材设备,结合矿井发展的要求,大胆改造革新,三年内完成 120 多项工程,仅投资 2650 万元,就恢复成一座年产 90 万吨技术经济效益比较好的大型矿井,为老矿区改造提供了宝贵的经验。

4. 培养冻结施工队伍

侯宝政立足煤田的长远开发,力主引进国外先进冻结法凿井技术,成功开凿了我国第一个冻结法施工的井筒,并培养了一支冻结施工队伍,以后在开滦唐家庄矿风井、荆各庄矿立井、钱家营矿主副井、东风井等冻结施工中,这支队伍先后创造出冻结凿井和冻结深度的全国纪录。

5. 开滦矿区新发展

全面生产改革后,侯宝政为开滦矿区新发展做了大量奠基性的工作。他主持了矿区扩大地质勘探和各井田范围的划分,审查编制了范各庄矿、吕家坨矿、荆各庄矿、林南仓矿的规划、设计。主持或指导了上述几个矿井的开发与建设,特别是范各庄矿,它是建国以来自行勘探、自行设计、自行施工的第一座大型机械化矿井,而吕家坨矿也是一个技术先进的大型水力化矿井,它们在 1960 年先后投产后成为开滦矿区生产接续的重要骨干矿井。

6. 发明"步数计数器"

用"步数计数器"等简易工具计算出各煤窑的位置,把筛得的数据详尽地标在坐标图上。据此设计出了探煤方案,根据钻探所取得的各种数据,提出矿区煤炭储量。

7. 解决运煤巷采动影响

20世纪30年代他在开滦林西矿主管井下六道巷时,亲自在12煤层下的砂岩中搞了一段实验巷道,详细比较了岩巷与煤巷的技术经济指标,开创了开滦煤矿在12层煤下开凿运输岩巷的先例。

8. 探索治水新路子

侯宝政在河北省井陉风山矿、峰峰一矿、下花园煤矿、开滦赵各庄等矿区多次冒着生命危险,与技术人员和工人密切合作,成功地治理了不同形式发生的矿井透水,从理论和实践上探索出一套治水新路子,成为我国煤矿治水方面卓有成效的知名专家。

三十六、李献瑞

李献瑞(1896—? 年),石家庄赵县南解疃村人。幼年就读于本村小学,常到木匠铺、铁匠炉观看工匠们的技艺操作,自己也学做简单器具。

1920年大旱,庄稼几乎绝收,萌发创造新水车念头,于是变卖部分家产,到天津购求书籍、资料和所需机构部件。经过反复摸索,试验13年设计出三轮水车,他取压水机、木头水车之长,设计出一种新车——三轮水车(俗称"洋水车")。该水车利用真空吸水原理,把吸水管变粗,吸水铁球改为胶皮钱儿,木斗水车水轮改为铁牙轮和链轮;水车由铁牙轮、链轮,横竖铁轴,三寸吸水管,铁链条水流水盘、木架构成;它体积小、重量轻、成本低、移动方便、轻便省力,提水效率提高一倍。

李献瑞在新式水车使用过程中,广泛听取意见,寻找不足,又于1941年将三轮改为五轮,将木架改为凹形铁架,把木流水盘改为铁流水盘,革新成五轮水车,很快在河北省中南部推广。当时加工制造五轮水车的有赵县铁业社,石家庄市铁工厂、隆尧县铁工厂等。五轮水车的问世直到1974年,在农田灌溉、生活用水中大量使用,这是提水工具史上的一次重大突破,对于提高灌溉效率,扩大水浇面积具有重要推动作用。李献瑞他还进行过无井水车,风力水车水泵等研究。

三十七、孙醒东

孙醒东(1897—1969年),江苏省南京市人,全国著名农学家和农业教育家,中国大豆、牧草及绿肥作物研究的先驱者。

1927年6月获波士顿依曼纽尔大学理学士学位。1933年在美的学业尚未结束,便接受河北省立农学院薛培元院长之聘。建国后,他接受河北省立农学院(1958年易名河北农业大学)之聘,还兼任中国科学院植物研究所研究员。

孙醒东是我国研究大豆、牧草及绿肥作物的先驱者之一,对中国的大豆、牧草、绿肥的资源和分类进行过开拓性的研究。

作为一名教授,他主张中国的教育事业应当由中国人来办,必须从国情的实际出发,开展中国农业的研究,探索农业发展的道路。于是他在教学之余,对中国食用作物进行较系统的文献查考与实地考察,于1936年完成了二十余万字书稿《中国食用作物》,该书出版后,各大学、农学院都用它作为主要参考书。

他亲自搜集豆类原始材料数百份,从中选育出了富含蛋白质的大豆新品种"保定青皮青"。1952年,他在大豆品种的分类研究中,不但提出了分类方法,而且对中国大豆的重要品种资源作出了总结,并于同年发表了《大豆的品种分类》一文。1956年出版《大豆》一书,这本书系统介绍了大豆生产的专业知识,同时弘场了中国大豆栽培上的悠久历史和文化。

他在牧草和绿肥作物研究方面,也做了重要贡献。1954年出版的《重要牧草栽培》一书,介绍了中国的资源多达230余种;1955年与胡先骕合著了《国产牧草植物》;1958年出版的《重要绿肥作物栽培》一书,至 1963 年已进行第三次印刷。1958 年 10 月,他在《农业学报》上发表了题为《中国几种重要牧草植物正名的商榷》一文,附有牧草植物名称对照表,并列举有国内常见的草种 43 个,此文对一些同物异名、同名异物、张冠李戴或缺少适当中译名的牧草植物进行了正名或增补。在牧草分类方面,国产苜蓿属、车轴草属、草木栖属等的分类检索表都是根据他自己研究鉴定的结果制定的。

他分别在保定、北京主持近 10 项科研课题,撰写论文 20 余篇,《中国食用作物》编、译著作 10 余部,其中《大豆》、《重要牧草栽培》、《国产牧草植物》、《重要绿肥作物栽培》等均为中国最早版本。1963 年 4 月,国务院在北京召开全国农业科学技术工作会议,他作为知名教授出席了会议,并受到毛泽东、周恩来等党和国家领导人的接见。

三十八、张朵山

张朵山(1898—1973 年),直隶省(今河北省)昌黎县人,原名张绥祖,我国高等纺织教育的奠基人之一。

1920 年,被派赴美国深造,并于 1924 年,获美国北卡罗来纳农工大学纺织工程硕士学位。1926 年,张朵山满怀工业救国的夙愿回国,先后任教于东北大学工学院、北平大学工学院、西北工学院等大学,主要讲授机动学、机织学、棉纺学等课程。1949 年,天津解放,张朵山应聘到北洋大学(1951 年北洋大学与河北工学院并校,更名天津大学)任纺织系主任并讲授纺织专业课程。1958 年,天津大学原纺织工程系调出成立河北纺织工学院,张朵山任纺织系主任,直至 1973 病逝。

张朵山在"游美"归来的几十年间,特别是新中国建立后,为开拓和发展祖国的高等纺织教育事业,奔波劳碌,辛勤耕耘,几乎倾注了毕生的心血。为了建立和完善天津大学纺织系的实习和实验设备,他在校内外各方奔走,通过调拨、国内外购置等途径,经过几年的努力,到 1956 年,实习工厂的棉纺织机器设备基本齐全,而粗梳毛纺设备及各种织机则都能满足教学实习的需要,纤维、纱线、织物等纺织材料的测试仪器设备,可供开出教学大纲规定的 80% 以上实验项目,仪器设备的种类和数量,是当时国内比较齐全和水平较高的。之后,他还建议新建了一排锯齿形厂房和一栋纺织材料实验室,为教学、科研及生产提供了良好的办学条件。在天津大学校园里,纺织厂不仅凭借建筑造型展现了工科大学的风采,并成为接待国内外学者、贵宾及对外开放参观的重点实验场所。此外,在多年的教学实践中,张朵山十分注重结合本国的实际情况编写教材,在讲授英语、物理、应用力学、机械制图、平面测量、机动学等许多工科基础课和纤维学、棉纺学、毛纺学、机织学、意匠学(织物设计)、棉纺织工厂设计、建筑概论和工厂管理等多门纺织专业课的基础上,先后编写出《纺织概论》、《棉毛整理及纺织物实验学》、《棉纺学》、《机织学》、《意匠学》、《着色法》、《工厂设计》、《建筑概论》等大量纺织专业教材,为开拓和发展我国的高等纺织教育事业作出了卓越的贡献。

三十九、何作霖

何作霖(1900—1967 年),字雨民,保定蠡县人。著名地质学家和矿物岩石学家,中科院院士。

何作霖最早将西方的光性矿物研究方法与技术介绍和应用到我国,最先应用 X 光进行岩组工作,在 X 射线结晶学、稀有元素矿物学、晶体光学和岩石学等各方面造诣极深。

1. 发现并研究了白云鄂博铁矿中的稀土矿物

建国后,要建设包钢,白云鄂博矿山的地质勘探工作大规模开展起来。1958 年中国科学院与苏联科学院组成联合考察队,何作霖被任命为中方队长,在他的领导下,终于查明,这个矿山不仅仅是大型铁矿,而且是世界上最大的稀土矿,稀土储量占世界总储量的 80%,其矿物组成超过 150 种,可称世界之最。1959 年又发现其中含有大量的铌和钽,证明这个矿为一大型的铌钽矿床,使中国成为世界上绝对的"稀土大国"。1984 年,包钢建设三十周年成就展览,何作霖被记入包钢史册,对于一个矿物学家来说,这是人民最高的奖赏。

2. 长期致力于光性矿物学的研究和教学

早在 1933 年,何作霖就将费德洛夫旋转台的研究方法引入了中国。1935 年撰写了中国第一本《光性矿物学》,并被审定为大学教科书。他对大冶闪长岩、北京周口店花岗岩的研究与叶良辅对江苏宁镇山脉火成岩的研究标志着中国现代岩石学的开始。他在费德洛夫法、斜长石的测定、双变法测定折射率技术、焦点屏蔽技术和岩石磨片术方面的贡献,一直为后人称颂。

3. 中国岩组学的开拓者,世界上最早开展 X 射线岩组学研究

岩石组构即岩石中矿物的排列形式,反映了岩石形成时、形成后变形受力的情况,能给地质学研究提供重要的信息,石英的组构类型中有两种是他发现的。他最先研究硅化木的生长组构;他的著作已成为岩组学的经典著作;研究岩组学的重要工具是"赤平极射投影"。他在这方面的造诣很深,他的名著《赤平极射投影及其在地质学中的应用》一书,是中国构造地质学和岩石矿物学工作者必读的工具书,也是世界上第一部这方面的专著。

他设计并制成世界上第一台 X 射线岩组相机,发明了 X 射线岩组学照相机。他还改进过德江—鲍门式单晶相机,并设计了解释相片的规尺。在 20 世纪 40 年代,中国机械制造业非常落后的情况下,能有这样创造发明,实属难能可贵。

四十、张克忠

张克忠(1903—1954 年),字子丹,生于天津,祖籍河北省静海县(现居天津市)。化学工程学家,教育家。

1923 年,张克忠考取麻省理工学院,就读化学工程专业。1928 年,麻省理工学院在授予张克忠科学博士学位的同时,出版了他的博士学位论文《扩散原理》一书,立刻轰动了美国科学界。"扩散原理"被定名为"张氏定理",是他研究精馏过程机理,将原基本扩散方程积分,结合实验数据,对影响塔板效率的因素作定量分析得到的成果。这一扩散原理被称为"张氏扩散原理",至今仍被沿用。

张克忠回国后长期从事教育和科研事业,在南开大学创办了化学工程系和我国第一个高校应用化学研究所,提倡学用结合,培养了大批化工科技人才,并为化工企业解决了大量技术问题。尤其是天津利中公司硫酸厂的建立给天津制酸工业奠定了基础,也让中国化工科技人员大长了志气。

张克忠还是中国化学工程学会创始人之一。为活跃学术交流,张克忠和中国化学工程学会的同仁创办的《化学工程》杂志于 1934 年起在天津出版,他担任经理、编辑,文章用英文发表,每年 4 期,为1 卷。这是我国第一本向国内外公开发行的化工类高水平学术刊物,颇受化工界同行重视。

他先后在重庆、昆明、青岛兴办化工企业,生产市场急需的化工产品,并锻炼了一批工程技术人才。张克忠对开创我国化学工程教育和振兴我国早期化学工业作出了杰出贡献。

四十一、裴文中

裴文中(1904—1982 年),丰南县大新庄乡(论属唐山市)人,是首次发现中国猿人——北京人头盖骨化石的知名史前考古学、古生物学家。1955 年被选聘为中国科学院学部委员。

1927 年,裴文中到北京地质调查所工作,第二年被派往周口店参加古生物化石的发掘工作,从1929 年起主持周口店猿人遗址发掘和研究工作,同年 12 月 2 日在周口店第 1 地点首次发现了著名的北京人头盖骨化石,震惊中外,为人类发展史提供了重要的证据,正是这个重大发现,彻底改变了周口店龙骨山挖掘工作的性质,从此开始了属于真正考古学范畴的发掘工作。1931 年又确认旧石器和用火痕迹的存在,这说明"北京人"已经能够制造工具,因而使周口店成为世界上著名的古人类遗迹。主

持山顶洞人遗址发掘,获得大量极有价值的山顶洞人化石及其文化遗物。裴文中以敏锐的观察力和认真的对比实验,从岩石痕迹上弄清了人工打击和自然破碎的区别,从而明确了中国猿人石器的存在。

裴文中对中国旧石器时代的文化体系和年代分期也作了开创和深入的综合研究。1937 年,美国费城举行了早期人类国际学术研讨会,裴文中的"中国旧石器时代文化",是中国学者的首次发表。这篇论文把中国猿人文化、河套文化和山顶洞文化列为早、中、晚三个阶段,奠定了中国旧石器文化的分期基础,在中国旧石器时代的研究上具有划时代的意义。

裴文中科学生涯数十年间,领导并参与了许多大型的古人类调查与发掘。他也是杰出的科普作家,他的科普著作《周口店洞穴层采掘记》(1934)、《中国石器时代》等等,影响极为深远。

四十二、程茂兰

程茂兰(1905—1978 年),保定博野人,天体物理学家,中国近代实测天体物理学奠基人。

(1)长期从事实测天体物理研究。程茂兰最有代表性的论文,是他在 1941 年向里昂大学自然科学学院提交的博士论文。该文表明不存在"契诃夫·诺尔德曼效应",从而结束了这一与爱因斯坦相对论的光速不变原理有关系的论战,证明爱因斯坦是正确的。

程茂兰和他的合作者对一些著名共生星进行了长达 11 年的光谱观测研究,发现和认证了不少新谱线及它们的变化规律;在恒星的照相红外分光光度研究猎父座气体星云的光谱研究和夜天光谱研究中取得重要成果;发展了用照相分光光度法确定大气中臭氧层厚度的方法。

(2)主持北京天文台光学观测基地的选址和兴隆观测站的建设,促成了 2.16m 望远镜的研制工作。程茂兰是第一个把近代国际天文选址概念和方法引进中国的天文学家,并在北京周围按照国际标准进行选址工作,最后选定河北省兴隆县的连营寨,建设了北京天文台的光学观测基地。目前它仍然是中国最主要的光学实测天体物理观测基地。

程茂兰回国后就建议订购光学望远镜,后积极支持自力更生,并在人民代表大会上提议建设研制大口径玻璃镜坯基地。1968 年 60cm 施密特望远镜建成后,直到 1972 年底 2.16m 大口径天文反射望远镜的研制重新提上日程,程茂兰都尽力给予支持。

(3)提出并促成北京大学天体物理专业的设置、支持北京师范大学天文系的设置,为北京天文台和全国天文学界培养了一批优秀的骨干人才。

四十三、贾兰坡

贾兰坡(1908—2001 年),唐山玉田县人,中国著名的旧石器考古学家、古人类学家、第四纪地质学家;中国科学院资深院士、美国国家科学院外籍院士、第三世界科学院院士。

裴文中先生于 1929 年 12 月 4 日下午 4 时发现了第一个"北京人"头盖骨,在世界上引起了很大的轰动,1936 年 11 月,他在 11 天之内连续发现了三个"北京人"头盖骨。这次的发现,再一次轰动了国内外。

从 20 世纪 50 年代开始,贾兰坡院士参加、主持、指导了丁村河、西侯度、蓝田、峙峪、许家窑、萨拉乌苏、水洞沟和泥河湾等一系列重要的旧石器时代遗址的发掘和研究工作,为中国旧石器时代考古学及古人类学的奠基和发展作出了不可磨灭的贡献。他先后发表了 400 多篇学术著作和文章,广泛涉猎人类的起源、旧石器时代文化的发展、不同文化传统的源流、更新世环境与气候的变化以及第四纪地质学等诸多领域。50 年代,他对北京猿人的文化性质提出新的看法,倡导了一场影响深远的学术讨论,将周口店遗址的研究推到了一个更高的层面,进而带动了全国旧石器工作的开展。70 年代,贾兰坡院士提出中国华北两大旧石器文化传统的理论,奠定了华北旧石器时代文化发展序列的基础,从理论的高度探讨了世界范围内细石器文化的起源和分布问题,引起了学术界广泛反应。近十几年来,他毫耄犹勤,提议更改地质年表,建立"人生代",提出人类的历史应追溯到400万年前的新学说,并为寻找失落的"北京人"化石奔走呼吁。这些都对中国乃至世界古人类学和旧石器时代考古学的发展起到了重要的指导和推动作用。

四十四、牛满江

牛满江(1912—2007年),保定博野县程委镇东呈召村人,美籍华人,世界著名生物科学家、美国费城坦普尔大学生物系教授、中国科学院研究生院博士生导师、河北大学名誉教授。

青年时期求学保定同仁中学(保定一中前身),后留学美国,到1991年十多次来华,其中五次是应邀来华进行短期工作。在华工作期间,牛满江和我国著名生物学家童第周教授共同研究的动物胚胎移植获得成功,填补了世界空白。

牛满江以发现核糖核酸(RNA)诱导功能、进而创立"外基因理论"而成为国际生物遗传学科的顶尖科学家。其根据"外基因理论"而发明的大豆蛋白玉米和人白蛋白玉米两项专利技术,经中国科学院有关部门初步评估,价值达30亿元人民币。这两项重大技术成果落户河南省许昌市,这预示着在几年后,临床使用的人体蛋白或者胰岛素等药物,可以从许昌农民种植的玉米中提取出来。

牛满江除进行科研、讲学外,还向我国引进先进试验技术,赠送了一些仪器、试剂等。牛满江在美国团结美籍华人学者,宣传我国在中国共产党的领导下,建设社会主义的伟大成就,号召美籍华人为中国的经济出力。他还关心我国留美学生,帮助留美学生解决生活、学习上的困难;给留学生提供学习、科研的教材和仪器,为我国留美学生创造了良好的学习、科研和工作条件。牛满江在华访问和工作期间,曾多次受到毛泽东、周恩来、邓小平等党和国家领导人的亲切接见。

四十五、曲泽洲

曲泽洲(1914—1988年),辽宁省沈阳市人,果树专家,园艺教育家、枣树专家。毕生致力于农业高等教育和果树科学研究。

1935年毕业于北京大学农学院园艺系。同年,赴日本东京帝国大学农学部研究生院学习,1938年6月回国,1949年后任河北农学院(1958年改为河北农业大学)园艺系主任、副教务长、教学实验农场副场长、副校长、中国枣研究中心主任及北京农学院副院长等职。

(1)提出了枣树起源于中国,酸枣为枣的原生种的论点。曲泽洲通过枣叶化石和文献记载,证明我国枣的栽培历史至少在三千年以上,汉代枣的栽培已遍及我国南北各地,七千年前就已采集利用枣果了。而西方有枣的记载比我国古文献枣的记载至少晚了10个世纪。据此,曲泽洲提出枣起源于中国。在研究了大量古代文献的基础上,并经过多年的调查研究,发现并证明了酸枣为枣的原生种的论点。

(2)主编《中国枣树志》。曲泽洲认为,果树资源是国家的宝贵财富,从1950年开始,他就率领师生调查河北省的果树资源,并主编了《河北省果树志》梨树卷及苹果卷。1959年,他为主编《中国枣树志》,曾组织了由全国18个省市40多个单位参加的全国枣树资源调查,根据对全国18个省市的调查,我国枣的品种为749个,并有近百个酸枣类型和品种。在此基础上,由全国百余名枣树科技工作者参加编写的《中国枣树志》于1992年出版发行。

(3)揭示出枣树生长发育规律。从20世纪50年代开始,曲泽洲对枣树的生物学特性进行了多方面研究,他研究了枣树根系在土壤中的分布及年周期的生长动态、枣的枝芽类型及枣树的花芽分化;调查了枣的座果率,提出枣的果实发育分为迅速增长期、缓慢增长期及熟前增长期;研究了枣树生长发育规律与环境条件的关系,通过对枣树年龄时期的调查,他把枣树的一生划分为生长期、生长结果期、结果期、结果更新期和衰老期。通过研究,他为枣树的丰产栽培技术提供了科学的理论依据。

(4)对枣树栽培技术的研究。曲泽洲20世纪80年代研究了枣树的需肥需水规律,提出枣树施肥的关键时期为秋季基肥及早春追肥,枣树的需水临界期为花期。通过对枣树修剪反应的研究,提出了枣树对修剪钝感,修剪量要轻,冬夏结合修剪有利枣树的丰产稳产。研究了提高枣树座果率的技术措施,在研究枣树丰产栽培技术的基础上,在"六五"和"七五"期间,他主持了"枣树丰产林标准"的制定和"枣早实丰产技术的研究"等国家攻关项目,并取得了较好的经济效益和社会效益。

著有《中国果树志·枣树志》、《果树栽培学》、《现代果树科学》、《果树环境论》等专著。

四十六、王　键

王键(1915—2008 年),男,汉族,保定定州市人。

1942 年毕业于国立中央大学农艺系,历任河北农大副教授、教授,农学系副主任,副校长、校长。从事作物遗传育种教学和小麦栽培育种科学研究工作,培养出了大批农业科技人才。

在河北省的农业生产上曾提倡变小麦宽垄宽幅种植为小垄密植,因地制宜推行了不同技术措施和品种布局的方式,增产效果显著。在其负责的育种组,培育出河北农大"1"、"2 号"、"3 号"等小麦新品种,省内推广约 200 万亩,之后又培育出"河北农大 162"(即冀麦 23 – g)、"河北农大 1122"(即冀麦 249)、"河北农大 215"等高产品种,河北省种植面积曾达 1000 万亩以上,为小麦增产作出了贡献。

他主持并承担了山区综合治理的任务,深入山区考察,提出了山区综合治理的方略,总结出了"教学、科研、生产三结合"的办学经验,受到了国务院的嘉奖,被誉为"太行山道路"。该成果成为全国山区开发治理的一面旗帜。1993 年获全国"五一"劳动奖章,是全国首批享受国务院政府特殊津贴的优秀专家。

四十七、张宗祜

张宗祜(1926—),生于保定满城县。工程地质学家、水文地质学家、第四纪地质学家、学部委员、两院院士。

20 世纪 70 年代,张宗祜主编了《中华人民共和国水文地质图集》,该图集是中国第一部水文地质专业图集,第一次全面系统地总结了建国以来水文地质调查研究成果。

1991 年,张宗祜组织指导了《亚洲水文地质图》的编制,不仅对亚洲和中国的地下水环境和资源及可持续发展提供了基础资料和系统总结,还填补了洲际水文地质图在亚洲的空白,从而获得了国际水文地质界的高度评价。

第四纪地质研究方面:是最早提出黄土高原第四纪下限年代为距今 248 万年左右的学者之一,为解决中国大陆第四纪下限问题提出重要依据。

1983 年以来,他倡议并负责主编、组织中国 12 个主要研究单位和专家完成了《中华人民共和国及其毗邻海区第四纪地质图(1:250 万)及说明书》的编制工作。这是中国第一份全国性,包括海域在内的第四纪地质图件,达到了较高的国际水平,在国际第四纪会议上获得好评。与此同时,他负责主编的《中国第四纪地质》(英文版),则全面总结了中国第四纪地质的发展史、各类堆积物的分布规律、新构造运动、气候演变、地层和古地理等。

环境地质问题研究方面:对黄河的治理提出了重要建议;积极组织院士专家并负责对中国地质环境一些重大问题进行考察并提出建议;对西北水资源情况等方面进行了咨询考察,并提出了对策研究报告供领导部门科学决策参考。此外,还参加了中国科学院云南澜沧江及攀西地区地质考察,中国工程院西北水资源考察,地矿部及陕、甘、宁、青、新、内蒙古六省区的西北地区地下水资源勘查开发。

1990 年代以来,张宗祜从全球变化的视角,进一步把研究重点转移到地质环境的变化与人类活动的相互作用上来,先后组织了晚更新世以来北方地区地质环境的演化与未来生存环境变化趋势;主持了人类活动影响下华北平原地下水环境的演化与发展等项目的研究,并作为首席科学家指导多部门、多学科,环境地质领域创新的综合研究,侧重探讨地下水圈的环境演化问题,获得了重要进展。

科研组织方面:张宗祜不仅从事上述主要地质领域的科学研究,是水文地质、工程地质、第四纪地质学科的带头人,还花费了许多精力和时间进行科研的组织管理工作,是一个出色的科技管理专家。

主要论著有:《河北平原水工建筑中淤泥的工程地质研究》《中国西北陇东地区黄土的成因及形成过程》《中国黄土及黄土状岩石》《中国黄土类岩石基本特征及成因问题》《黄土分布地区渠道设计建设中工程地质调查》《中国黄土的新资料》《中国黄土分类的理论基础》《中国黄土类土显微结构的研究》《中国黄土的主要工程地质问题》《中国黄土》。

四十八、刘济舟

刘济舟(1926—2011 年),唐山滦县人,我国著名的土木和水运工程专家,中国工程院院士。1947年毕业于天津工商学院,为新中国的水运工程事业作出了杰出贡献。概括地讲,其主要成就有:

主持建设了厦门海堤工程,实际上,厦门海堤由高集海堤和集杏海堤两部分构成。高集海堤于1954 年 1 月全面施工,1955 年 9 月竣工,同年 10 月正式验收,海堤全长 2 215 米,顶宽 19 米,该堤于1956 年正式通车,郭沫若先生在《咏厦门高集海堤》一诗中有"岛今成半岛,宏伟见人工"的赞誉。高集海堤筑成后,杏林海湾便成为交通障碍。为赶上鹰厦铁路全线通车的进度,从 1955 年 10 月开始,由厦门海堤工程指挥部组织力量,采取边设计、边施工办法,兴建集杏海堤。五千工人奋战一年又三个月,一条 2 820 米长的花岗岩石砌海堤,于 1956 年 12 月初建成,工程量达 95 万土石方,建设费用470 万元。由此,高(崎)集(美)海堤就把厦门岛与大陆连在了一起。

发明了真空预压软基加固法,该法是在待加固的软土地基内设置竖向排水通道(砂井或塑料排水板),然后铺设砂垫层,并在砂垫层内埋设透水管作为水平排水层,再在砂垫层上覆盖不透气的密封膜使之与外界大气隔离,通过设置于软土地基内的竖向排水通道和埋设于砂垫层内的水平排水层,用抽真空装置进行抽真空,将密封膜内需加固处理的软土地基体内的空气和水抽出,从而使密封膜内外形成大气压差,这部分大气压差即相当于作用在需加固处理的软土地基上的荷载。通过不断的抽真空作业,密封膜内需加固处理软土地基体内的空气和水不断地被抽出,软土地基体与外界大气的压力差逐渐增大,软土地基体随空气和水的不断排出而固结,达到加固处理软土地基的目的。这项成果为国内先进水平,并被广泛应用,取得了重大的经济效益和社效益。

主持了日照港一期工程(10 万吨绷煤码头)的建设,1982 年 2 月 18 日,日照港 10 万吨级煤码头一期工程破土动工,1986 年 5 月 20 日,建成后正式投产并对外开放。由于该工程采用了开敞式(无防波堤)方案和 3300 吨沉箱座浮坞下水新式工艺,因而荣获国家优质工程银质奖和建筑工程鲁班金像奖。

四十九、刘尚合

刘尚合(1937—),生于山西省闻喜县,1964 年毕业于北京师范大学,1999 年当选为中国工程院院士。现任中国人民解放军军械工程学院教授,静电与电磁防护工程专家。

1980—1981 年,军械工程学院刘尚合与北京师范大学王忠烈等合作,通过对半导体注入杂质原子分布规律的研究,探讨了激光退火的特性和机理,其论文被美刊《中国物理》选译。在静电安全工程方面,建立了电火工品静电发火数理模型,说明了高压静电场中物质导电的机理;提出了真实静电感度测试方法,测定了火箭弹、导弹电火工品的真实静电感度,解决了弹药"反常发火"的难题;提出了"信号自屏蔽电荷耦合"静电测试原理、织物摩擦电位衰减测试方法和人体静电高压动态实验方法;利用射束技术开展了聚合物抗静电改性研究,研制成"分段衰耗式"电子束抗静电改性工艺和抗静电改性剂;主持制定了三项武器装备防静电的军用标准并已实施。研制了 4 种静电测试仪器,建立了国内第一个静电计量测量站和防电磁危害国防科技重点实验室;对有关领域静电防护技术工程进行了现场测试和质量监督;进行了静电、雷电和超宽带强电磁脉冲干扰对单片机、电引信等辐照效应实验研究。

获全国科技大会奖,军队专业技术重大贡献奖,国家科技进步一等奖,省部级科技进步一、二等奖项;获国家发明专利 4 项,另受理 2 项。发表学术论文 160 篇,出版专著 3 本。

五十、张广厚

张广厚(1937—1987 年),著名数学家。河北唐山古治区林西人。

长期以来,数学家们在值分布论的研究中总认为亏值与奇异方向是两个完全不同的概念,彼此不存在什么联系。1974 年杨乐与张广厚的合作研究则第一次揭示了在这两个基本概念之间存在着明确的、紧密的联系,并对这种联系给出了定量的表述。杨乐、张广厚的结果是突破性的,为值分布研究提供了新的方向。彻底解决了这个古老的数学分支中长期未决的奇异方向分布问题;他们对函数亏值的估计也被认为是普遍面准确的结果。国际数学界把他们的这些成果称之为"杨—张定理"和"杨—张不等式"。

在 1929 年,芬兰著名数学家奈望利纳也曾作过相同的猜测,但 10 年后,他的猜测被否定了。1978 年 2 月 21 日,数学家张广厚在函数理论研究中获得了具有世界水平的重要成果。他成功地找到了整函数或亚纯函数的亏值、渐近值和茹利雅方向(一种奇异方向)三者之间的有机联系,给这种联系作出了具体的数学论证,指示了整函数或亚纯函数所反映的客观规律,为这个被著名数学家研究却被否定过的难题找到了合理的解决方法。

河北百项重大科技成就

1. 泥河湾文化遗址。 遗址位于张家口阳原县境内,距今200~100多万年。经国内外专家考察有人类活动留下的遗迹,表明原始人类已经生活、劳动在阳原盆地一带,他们是中华大地上第一批先民的群体之一。

2. 天然火和保存火种。 周口店北京猿人遗址,位于北京市房山县境内,距今71~23万年。北京猿人已经懂得了使用天然火和保存火种,是迄今发现最早使用火的古人类。

3. 周口店山顶洞人遗址。 位于北京房山境内,距今2.7到1.1万年。山顶洞人将北方旧石器时代的小石器文化推向最高峰,开始出现骨角器制作技术;山顶洞人发明了钻木取火技术;其家园由居住址、地窖和墓地构成,是中国境内人类最早的居住模式。

4. 南庄头遗址。 遗址位于保定徐水县境内,距今10 500~9 700年。是我国北方地区第一次发现地层清楚、年代最早的新石器时代文化遗址,遗址还出土了植物的种子和加工粮食作物的石磨盘、石磨棒以及猪、狗两种主要以粮食为生的家畜,证明畜牧业由野生到家养技术已诞生。

5. 磁山遗址。 遗址位于邯郸武安磁山镇,距今8 000~7 000年。遗址中有88个储藏粮食的窖穴,窖穴中发现大量储藏的炭化粟,这是目前已知我国最早的古粟,是那个时代的世界之最。在灰坑中发现两座坑底部有堆积层,可辨认的有榛子、小叶朴和胡桃,证明7 000多年前这一带就有核桃种植。磁山出土的家鸡被认为是世界上最早的家鸡。

6. 正定南杨庄遗址。 遗址位于石家庄正定县境内,距今约5 500年左右。是滹沱河流域发现较早、面积较大、内涵最为丰富的古代遗址,出土遗物有石、陶、骨、蚌器,计1700件。对深化认识新石器时代面向内陆和海洋的两大文化谱系的碰撞、影响和交替具有重要的意义。

7. 唐山大城山遗址。 遗址位于唐山市路北区大城山,距今约5 000年。遗址发现了少量玉器,这是河北地域最早对玉的认识;白陶的发现说明我国是世界上最早使用瓷土和高岭土的国家,对后来由陶过渡到瓷起了十分重要的作用。遗址出土的穿孔红铜牌,是人类由石器时代向青铜时代过渡的产物,也是我国境内出土的最早青铜制品之一。

8. 藁城台西商代遗址。 遗址位于石家庄藁城县境内,距今约3 200多年。出土的铁器、铁渣、丝织品、脱胶麻织品、砭镰、羊毛、酒曲等7项文物属世界之最。首次发现商代水井,并发现了用树干根部掏成的木桶,是国内现存年代最早、外形完整的木器。

9. 燕下都遗址。 遗址位于保定易县境内,时代为公元前4世纪—前226年。出土文物达10万余件,其中6件为纯铁或钢制品,3件为经过柔化处理或未经处理的生铁制品。说明,在战国晚期我国就有制造高碳钢的技术,并掌握了淬火技术。燕下都淬火钢剑的发现,比《汉书》记载的王褒上汉宣帝书中的"清火淬其锋"的时间提早了两个世纪。

10. 漳河十二渠。 公元前403年—前221年修建,位于邯郸磁县和临漳一带。该渠第一渠首在邺西 18 里,相延 12 里内有拦河低溢流堰 12 道,各堰都在上游右岸开引水口,设引水闸,共成 12 条渠道。灌区面积约 10 万亩。

11. 碣石港。 公元前 306—前 220 年建成,位于秦皇岛北戴河海滨联峰山至金山嘴一带,从碣石出发,向外可通过三条海路与外界交往,其中一条是由碣石港到转附海港(今烟台市)的直达航线,是河北渤海海域海上交通建设的重大突破。

12.《扁鹊脉图》。 扁鹊专著,奠定了中医学的切脉诊断方法,开启了中医学的先河。扁鹊(公元前407—前310年)是我国历史上第一个有正式记载传记的医学家。

13. 秦汉长城。《史记·蒙恬列传》载:“秦已并天下,乃使蒙恬将三十万众北逐戎狄,收河南,筑长城,因地形,用制险塞,起临洮,至辽东,延袤万余里。”从这段话里可以看出,“筑长城”与“逐戎狄”是互为因果的。《史记·匈奴列传》云:“长城以北,引弓之国,受命单于;长城以内,冠带之室,朕(汉孝文帝)亦制之。”大将蒙恬所筑的长城是在战国时期秦、燕、赵三国所筑长城的基础上而修,大体可分为三段:西段、中段和东段。其中建在河北地域内的有中段之一小部分和东段之少部分。白寿彝主编的《中国通史》认为,中段中线秦汉长城最后由内蒙古兴和县北部进入承德市围场县境,与东段原燕国长城相衔接。而东段长城则大约起自内蒙古化德县与商都县之间起,沿北纬 42° 往东,经康保县南,内蒙古太仆寺旗、多伦县南、丰宁县北、围场县北,向东沿金英河北岸横贯赤峰市,抵达奈曼旗土城子,藉牤牛河为天然屏堑,向北推移 20 公里,在牤牛河东岸的牤石头沟又继续向东伸展,至库伦旗南部,进入辽宁阜新县东北。成为河北的标志性建筑。

14. 植桑饲蚕与编织技术。 秦汉时期,河北地域是桑蚕重要产区,种植面积最大,先民率先发明了加温饲蚕的技术。陈宝光妻发明了提花机,提升了编织技术,通过镊的增加织出各式各样花纹的绫锦,“六十日成一匹”,价比黄金。

15. 水疗技术。 秦汉时期,石家庄平山县一带,开始用温泉治疗皮肤病,是我国用水疗技术治疗皮肤病的最早记录。

16. 灰口铁和麻口铁制造技术。 距今 2 100 多年,西汉时期满城汉墓出土铁器中,有不少是用灰口铁和麻口铁制造,在冶金史上具有首创意义。

17. 长信宫灯。 西汉时期满城汉墓出土,距今 2 100 多年。此灯无论在材料选择、工艺技术处理、形象刻画上均达到了完美的境界,科技含量当时是空前的,它被人们誉为是我国古代工艺美术作品中的顶峰之作。

18. 金缕玉衣。 西汉时期满城汉墓出土,距今 2 100 多年。是我国首次发现的保存完整的汉代玉衣。

19. 铁镞铁。 距今 2 100 多年,满城汉墓出土的 300 多件西汉时期铁镞铁,这批含碳量不同的固体脱碳钢,是我国目前最早的固体脱碳钢器物,采用热处理工艺生产,这是世界上最早利用生铁为原料的制钢方法,也是钢铁技术发展史的一个重要阶段。

20. 大型石转磨。 西汉时期满城汉墓出土,距今 2 100 多年。是我国年代最早的石磨,说明当时已经出现面粉精加工技术。

21. 西汉时期医疗器具。 距今 2 100 多年,保定满城汉墓出土了西汉时期 4 枚金针、5 枚银针、“医工盆”以及小型银漏斗、铜药匙、药量、铜质外科手术刀等,组成了迄今发掘出土的质地最好、时代最早、保存最完整的一整套西汉时期医疗器具。

22. 都亭窑遗址。 位于保定唐县都亭村。西汉时期都亭窑是一种高温窑,其窑温在 1 100℃ 以上。都亭窑是陶瓷制作史上陶窑向瓷窑转变过程中的定型窑。

23. 牛耕技术。 东汉时期,河北地域普遍采用牛耕技术。到北朝时期,形成了一整套成体系的农田耕作技术,是传统农业的雏形。

24.《四民月令》。 是我国出现最早的一部农作物“作业历”。水稻移栽和树木无性繁殖的压条技术至今仍在沿用,证明了当时农业技术水平之先进。

25. 太阳运动不均匀的概念。 南北朝时期,清河(今河北清河)人张子信,最先建立了太阳运动不均匀的概念,给出了大体正确的描述。

26.《水经注》。北魏时期,郦道元(公元472年—527年)所撰写的《水经注》,是一部具有高度学术价值的地理学专著,在中国地学史上具有重要的地位。

27. 响堂山石窟。开凿于南北朝时期,石窟现存石窟16座,摩崖造像450余龛,大小造像5 000余尊,还有大量刻经、题记等。是河北地域内发现的最大石窟。

28. 圆周率。南北朝时期,祖冲之(公元429年—500年)在前人的基础上,将π精确计算到3.1415926<π<3.1415927,这是一项创新,计算思想非常先进,早于欧洲1 100年。另外,他在数学、天文历法和机械三方面也有杰出贡献。

29. 券顶式建筑。南北朝时期,邯郸古邺城开创了中国古代都城建筑的新模式。其北城南墙的凤阳门东侧400米处建大型券顶式城下通道设施,把券顶式实用建筑在我国出现的时间提前了将近1 000年。

30.《博物志》。西晋时期,张华(公元232—300年)著《博物志》,是国内第一部提出消除共鸣并予以实现的专著。

31.《食经著》。南北朝时期,清河县人崔浩(字伯源)著《食经著》9卷,是我国最早的食疗学著作。

32.《器准图》。南北朝时期,河间人信都芳著有《器准图》3卷。书中载有浑天、欹器、地动、铜鸟、漏刻、候风、候气轮扇等许多器物的图谱,是中国第一部科学仪器图谱。

33. 祖暅公理。南北朝时期,祖暅圆满解决了球面积的计算问题,得到正确的体积公式。提出了祖暅公理(或刘祖原理),比欧洲早1100多年。

34. 灌钢法。南北朝时期,襄国宿铁刀的发明者綦毋怀文,对古代一种新的炼钢方法——灌钢法作出了突破性发展和完善,在制刀和热处理方面有独特创造。

35. 二十四节气。隋代人刘焯(公元544—610年),首次发现太阳视运动有快慢不均现象,并对二十四节气提出改进(称为定气),创立三次差内插法以计算日月视运动速度。

36. 赵州安济桥。坐落在石家庄赵县洨河上,建于大业年间(公元605—618年),由著名匠师李春设计和建造,距今已有约1 400年的历史,是世界上保存最好、跨度最大、建造最早、弧度最浅的单孔敞肩拱桥,比欧洲类似的桥早建约700年。

37. 开元大衍历。唐代僧一行(公元683—727年),本名张遂,把数学和天文学结合起来,创造了世界上最早的不等间距二次内插法公式;首次测量地球子午线长度;首次提出了月亮比太阳离地球近的论点;首次发现恒星运动,推算出"开元大衍历",世人称赞它"历千古而无误差"。

38. 海内华夷图。唐代贾耽绘制的"海内华夷图",是我国历史上著名的大地图,也是唐宋时期影响最大的一幅全国一统大地图,把古代历史地图学向前推进了一大步。

39.《元和郡县图志》。唐代李吉甫所撰(公元758—814年),《元和郡县图志》是历史上影响最大、价值最高的地理名著,是我国现存最早最完整的地方图志,是流传至今的最古的志书,其编纂对后世影响很大。

40. 沧州铁狮子。五代时期铸造的沧州铁狮子,是我国现存最大的古代铸铁物件,采用特殊的"泥范明浇法"分节浇铸而成,是我国现存年代最早、规模最大的铸铁艺术品,显示了当时我国造范和合铸技术的高度成就。

41.《开宝本草》。宋人刘翰(公元919—990年)所写,《开宝本草》是国内第一部版刻药典专著。

42.《扁鹊心书》。宋人窦材著,《扁鹊心书》内有用切开术的方法治疗喉痹、咽肿的叙述,是全国最早的喉科治疗实践和生理、病理阐述及临证方药的总结,颇具学派特色。

43. 磁州窑。建于北宋中期,磁州窑是我国古代北方最大的一个民窑体系,以生产白釉黑彩瓷器著称,开创了我国瓷器绘画装饰的新途径,为宋以后景德镇青花及彩绘瓷器的大发展奠定了基础。

44. 正定隆兴寺。始建于隋代,后毁。现北宋建的正定隆兴寺内大悲阁中供奉的一尊千手千眼观音菩萨铜像,是世界古代铜铸立式佛像中最高大、最古老的千手千眼观世音菩萨像。

45. 宋代定州塔。位于定州,经历了10次地震,至今依然挺拔屹立,被人们称为"中华第一塔",

是我国现存最高大的一座砖木结构古塔。

46. 赵州陀罗尼经幢。建于北宋。赵州陀罗尼经幢造型雄伟俊秀,古建筑造型和雕刻艺术完美结合,展现了宋代造型艺术的辉煌成就,是我国现存最高大的石刻经幢。

47. 正定广惠寺华塔。建于辽金时代。该塔是国内现存年代最久且保存较完整的华塔,不仅是我国华塔中最优美的代表,也是我国砖塔中造型最为奇异、装饰最为华丽的塔。

48. 芦沟桥。建于金代,该桥为联拱式石桥,造型美观,桥柱和栏板上雕有485个神情可掬、造型各异的石狮;坚实稳固,是我国北方现存古桥中最长的石拱桥。

49.《测圆海镜》。元朝初期,李冶(1192—1279年)是宋元数学四大家之一,所著《测圆海镜》是我国现存最早的一部系统讲述天元术的著作。

50. 弧矢割圆术。元朝时期,王恂(1235—1281年)提出了招差法(即三次内插公式),并运用招差法推算太阳、月球和行星的运行度数;把高次方程用于历法研究,创造了"弧矢割圆术"即球面直角三角形解法,来处理黄经和赤经、赤纬之间的换算,准确率大大提高,当时在世界上处于领先地位。王恂在改历工作中的数学贡献是:多次使用三次内插法,并造了三次差分表;第一次研究了球面上弧与弧的关系;把高次方程用于历法研究。

51.《授时历》。元朝时期,郭守敬(1231—1316年)完善并制订出《授时历》,通行360多年,是当时世界上最先进的一种历法;创制和改进了十几件天文仪器仪表;在全国各地设立27个观测站,进行了大规模的"四海测量";正方案是郭守敬创制的利用同心圆测定方向的仪器,比指南针还要准确,是当时世界上最精确的测定方向的仪器;兴建了一座新的天文台,对周天列宿诸星进行了详细测定,新发现恒星1 000余颗,被后人誉为"测星之王";编著星表(亦即星图)两册,此星表有恒星的名字又有恒星的坐标,是当时世界上收录恒星数目最多,最先进,最完备的星表;研制了用于计时的机械钟——大明殿灯漏,显示了人们在控制等速运动方面的成果。相比荷兰科学家惠更斯用摆来控制的时钟早380年。

52. 遵化铁冶厂。建于明朝永乐元年(1403年),有10座冶铁炉,年产生铁49万斤;20座炒钢炉产熟铁21万斤,产钢6万斤,在全国铁冶厂中居首位。

53. 涿州拒马河桥。建于明万历年间,位于涿州市古城北部拒马河上,采用中国起拱法砌筑,桥体则由主桥和南北引桥三部分组成,全长约627.65米,被著名古建专家罗哲文先生誉为"中国第一长石拱桥"。

54. 千佛墩。建于明万历年间,正定崇因寺"千佛墩"犹如一座玲珑典雅的三层宝塔,是我国古代最精美的铜铸毗卢佛。

55. 棉纺技术。明朝时,河北地域的棉布生产以肃宁为主,故时人有"北方之布,肃宁最盛"之说。至清朝,棉纺技术日渐普及,棉纺技术和产品质量都有了很大提高,达到国内先进水平。

56.《棉花图》。清乾隆三十年,方观承在任直隶总督期间,根据自己长期积累的植棉经验,绘成《棉花图》,系统地说明了从植棉到成布的全过程,同时列出每道生产程序中的工艺经验。是当时倡导和推广植棉和棉纺织技术的优秀科普作品,

57. 承德离宫。位于承德市区北半部,亦称避暑山庄,占地面积564万平方米,总建筑面积约10万平米,是我国现存最大的清代皇家园林,是清朝皇帝避暑和处理政务的场所。避暑山庄和周围寺庙(俗称"外八庙")是中国现存最大的古代帝王苑囿和皇家寺庙群,标志中国古代人造园林和建筑艺术的巨大成就。

58. 清东陵。位于唐山遵化县马兰峪西的昌瑞山南麓,清顺治十八年(1661年)开始修建,完工于光绪三十四年(1901年),前后持续了240年,是建筑时间最长,中国现存规模最大、体系最完整的古帝陵建筑。

59. 清西陵。位于易县城西15公里处的永宁山下,始建于清雍正九年(1731年),集中体现了以木结构为主体的中国古建筑最高水准。

60. 腰山王氏庄园。位于保定顺平县腰山镇南腰山村。始建于清顺治四年(1647年),至乾隆十

一年(1747年)陆续建成,历经一百多年,是华北现存规模最大、最完整的清代豪门巨宅。

61. 驿铺。建于清嘉庆十六年(1811年),位于石家庄井陉东天门,现存的明清时期的驿铺,是我国最早驿铺建筑,也是我国邮政史上的活化石。

62. 木兰围场。建于清康熙二十年(1681年),位于承德围场,是世界上第一个、也是迄今为止世界上规模最大的皇家猎苑,是中国最早、最具有实际内涵的自然保护区。

63. 开平矿务局。清光绪四年(1878年),清政府批准成立"开平矿务局",1879年开凿唐山井(今开滦唐山矿一号井),1881年建成出煤,是当时中国最大的近代煤矿。

64. 直隶农务学堂(河北农业大学前身)。1902年成立,是我国最早的农业高等教育学府。该校致力于农业技术和农业机械的引进和推广,19世纪即从日本引进玉米品种和马拉玉米播种机、玉米脱粒机等,是我国玉米国外引种和相关农业机械的最早的记录。

65. 启新洋灰公司。创建最早的一家水泥厂,在旧中国的水泥业占有重要的地位,在中国近代民族工业发展上也具有代表性,它是直隶创办的成效最大的新式企业之一。

66. 山海关造桥厂。建于清光绪十九年(1893年),是我国最早最大的铁路桥梁制造工厂,于1894年投入生产,称我国"桥梁之母"。

67. 滦河大铁桥。位于滦县滦州镇老站村东,建于清光绪十八年(1892年),连接华北与东北铁路通道,由著名铁路工程师詹天佑采用"压气沉箱法"修筑,是中国第一座铁路桥。

68. 北洋西学堂。1895年盛宣怀在天津创办,北洋西学堂是中国第一所由政府筹办的大学。1902年改名为北洋大学,是我国最早的按照西方模式创办的工科大学。

69. 山海关铁路官学堂。建立于清光绪二十二年(1896年),位于秦皇岛,是中国最早培养土木工程学科专门人才的学堂。

70. 引进美利奴羊。清光绪十八年(1892年),我省引进美利奴羊运往察哈尔供杂交改良本地羊,是我国引进优良绵羊品种美利奴羊改良我国羊种的最早尝试。

71. 长途电话。清光绪二十六年(1900年),丹麦人濮尔在天津租界架设电话以通北塘及塘沽,并延至北京,是中国最早的长途电话。1912年后,河北逐步发展成为当时全国电话普及率最高的地区之一。

72. 北洋马医学堂。1904年在保定成立,是我国最早进行西方兽医技术教育的学校,它的设立拉开了西方兽医在中国发展的序幕,同时也开创了传统兽医和西方兽医并存的局面,对我国畜牧兽医教育事业的发展及技术进步作出了重要贡献。

73. 京张铁路。由中国工程师詹天佑自行设计和主持修建的国内第一条工程艰巨的铁路干线,1905年9月开工修建,于1909年建成,全程200多公里,是中国首条由中国人自主建设完成并投入营运的铁路。

74.《北直农话报》。1905年直隶高等农业学堂创办的《北直农话报》,是我国最早的农业刊物,也是清末高等学府创办的最有影响的农业科技期刊。

75. 引进欧洲马。清光绪三十一年(1905年),陆军首先引进欧洲马,同时派员整顿察哈尔两翼牧场,设立模范马群,拉开了我国近代马匹改良的帷幕。

76. 通国陆军速成学堂。原为1903年创办的北洋武备速成学堂,1906年更名,1909年并入保定军官学堂。是当时全国规模最大的一所军事学堂。

77. 机织。清光绪三十二年(1906年),高阳商会集资向天津日商田村洋行购置织机并试办工厂,使河北地域纺织业出现了由机织代替了手织。

78. 马家沟钢砖窑。1910年中德合资创办,唐山马家沟钢砖窑是河北省最早的耐火材料企业。

79. 直隶水产讲习所。1911年在天津成立。直隶水产讲习所同年改称甲种水产学校,后发展为河北水产专科学校,是我国第一所高等水产学校,为我国造就了一大批水产专业人才。

80. 直隶农事试验场。1920年建立,直隶农事试验场最先从日本引进玉米良种白马牙,是河北省推广面积最大,种植时间最长的一个品种。

81. 制缸技术。1920年,私人集资在唐山古冶铁路南建集成瓷业公司,后改为集成瓷厂(即今唐山市第八瓷厂),引入邯郸、彭城、唐山缸窑等地,生产缸和粗瓷制品,是我国最早的粗瓷业工厂。

82. 秦皇岛耀华玻璃厂。1922年中比合资建立,是我国历史最悠久、规模最大的现代化玻璃生产厂家。

83. 私立中华平民教育促进会。1923年成立于北京,简称平教会。创始人晏阳初竭力倡导平民教育,认为中国的基本问题是农民"愚、穷、弱、私"四个字。主张"用文化教育治愚,用计生教育治穷,用卫生教育治弱,用公民教育治私"。1929年,平教会选定河北定县为实验区,参加工作人员约120人,从教育入手,组织合作社,试办信用合作社,多方面开展活动,到1935年在全县共建合作社100多个。实验历时10年,在定县推广先进农业技术,发展农业生产取得一定成绩。

84. 狂犬疫苗。1924年,北平中央防疫处制造的马鼻疽诊断液及犬用狂犬疫苗,是我国最早制造的兽用生物药品。

85. 滑翔机。1931年,天津河北汽车学校隋世新和朱晨使用国产材料,造了一架滑翔机,这是中国最早制造的滑翔机。

86. 飞机发动机。1934年,北洋工学院研制成功了中国第一台飞机发动机。

87. 荣臻渠。位于保定曲阳县境内。在聂荣臻司令员的领导下,晋察冀边区政府1941年1月25日正式成立开渠委员会,1947年4月1日"荣臻渠"开闸放水。此渠的主干渠全长40里,有7条支渠长约70里,103处涵洞、渡槽、块水、桥梁。前后历时6年,总用工2 398 458个,挖土1 040 950方,凿石352 750方。在我国水利史上留下了光辉的篇章。

88. 防风固沙林网和《造林通报》。1950年,冀西沙荒造林局组织勘察测量队,对"冀西三大沙荒"进行了勘测设计,在行唐县境内的神道滩上开始组织营造防风林网,这是全国最早用于大沙荒固定流沙的防风固沙林网。冀西沙荒造林局创刊的《造林通报》,是新中国最早的林业科技杂志。

89. 农话塑料电缆。从1953年到1958年,全省的农村电话通信有了新的发展,特别是保定地区徐水县埋设了农村电话塑料电缆,是全国第一条农话塑料电缆。

90. 伸臂式架桥。1953年9月,我国第一台机伸臂式巨大架桥由山海关桥梁厂制造成功。

91. 列车电业基地。1956年,我国第一个列车电业基地在保定市兴建;全省形成了中高温、中高压发电和区域联网,电压等级为35—100千伏;保定至北京间我国第一条24路微波电路建成投入使用。

92. 水力化矿井。1958年,在开滦唐家庄矿建成我国第一座年产90万吨的水力化矿井。

93. 电子管载波机。1958年,河北省邮电科学院和通信器材综合工厂共同研制单路和12路电子管载波机;1960年1月25日天津至石家庄开通了第一套12路电子管载波机,结束了载波机依靠进口的历史。

94. 秦皇岛港码头。1960年8月秦皇岛港自己设计建设的八、九号码头竣工投产,是秦港解放后建设的第一座码头。

95. 科研院所建设。建国后至20世纪80年代,河北相继建立了机电部石家庄通讯测控研究所、地质部水文地质工程地质研究所、河北省科学院、河北省农林科学院、河北省医科院、河北省建筑研究所等70多个科研院所,构成了我省门类齐全的科技研究开发体系。

96. 工业科技研发体系。1960—1970年间,河北建设投产了一批具有现代化技术水平的工业企业。依靠科技在唐山钢厂建成省内第一套中型轧钢机;在石家庄至天津间安装使用12路载波机;保定变压器厂35千伏、5600千伏安变压器试制成功;石家庄热电厂投产国内最早使用的1.2万千瓦双水内冷发电机;研制成功我国第一套12路模拟散射通信设备,并开通了北京至石家庄280公里的第一套散射线路;河北大学研制成功省内第一台氮氖激光器;峰峰通二矿成为我国第一个主井提升自动化矿井;化工部第一胶片厂在保定建成投产,生产出黑白电影胶片,并建成第一条磁带生产线,为以后高新技术发展奠定了基础。试制成功全国第一台高扬程泥浆泵和全国最大的立式污水泵;试制成功薄煤层刨煤机和填补国内外空白的胶粒泵;建成国内第一台抽水蓄能发电机组和北方第一座露天电厂。试制成功 47 厘米彩色电视接收机;建成了京—沪—杭微波工程石家庄中继站和枢纽站;研制成功"近地回收式卫星"遥控设备;研制成国内第一台高压单晶炉等。这些项目的完成,把河北的工业技术水平提高到了一个新阶段,构成了门类齐全的河北工业科技研发体系。

97. 龙凤山藻。 20 世纪 80 年代初期,杜汝霖教授及其所率领的项目组在张家口怀来、涿鹿,北京昌平,天津蓟县,承德兴隆、宽城及唐山等地青白口系中发现了罕见宏观藻类化石,命名为龙凤山藻。该化石是目前所知最早具形态和组织器官分化真核的多细胞宏观化石,同时也是最早的宏观底栖藻类化石,时代为 8.5 ~ 9 亿年,它对探讨植物界早期系统演化,研究藻类分类学及地层对比等都有重要意义。该项研究被国家科委批准为 1983 年国家级重大科技成果,龙凤山生物群已被国内外公认为早于伊迪卡拉生物群的世界最早具形态和组织器官分化宏观生物群落。

98. 新恐龙动物群。 20 世纪 80 年代后期,庞其清教授等在张家口阳原与山西天镇交界处发现一新的恐龙动物群,共有不寻常华北龙、杨氏天镇龙、程氏天镇龙、四川龙、单脊龙、满洲龙等 7 条恐龙骨架和霸王龙的头骨。其中大型蜥脚类恐龙的不寻常华北龙,长 20 米,背高 4.2 米,头高 7.5 米,属新科、新属和新种,为华北地区晚白垩世首次发现,系我国晚白垩世目前发现最大,保存程度最高的大型蜥脚类恐龙,填补了我国晚白垩世晚期完整蜥脚类恐龙骨架的空白,还对恐龙的分类、特征、演化、迁徙和绝灭的研究及地层对比都具有重要的科学意义。

99. 曲周旱涝盐碱综合治理试验区。 黑龙港地区包括 6 地市、50 个县,1 600 多万人,3 600 多万亩耕地。历史性的旱、涝、碱、咸、薄等多种灾害替并发生。至 1949 年,全区盐碱地面积达 2 300 万亩。低洼易涝地面积约 2 600 万亩。自 1958 年起,中国科学院、国家科委组织有关科研单位开展了以水利工程措施为主的盐碱地治理试验。1963 年,省农业厅土肥处在该地区的沧州、衡水、邢台、邯郸建立了13 个盐碱地农业改良试验站。1973 年,北京农大在曲周县张庄建立了盐碱地改造的综合试验区。1978 年"黄淮海平原旱涝盐碱综合治理"正式列为国家重点科技攻关项目。河北省农科院、河北农大、北京农大、河北省水科所、科学院地理所等省内科研单位、大专院校联合参加黑龙港攻关。围绕抗旱治碱,选择了"四维治水、化肥起步、粮草定奏、加工促农"的技术途径。确立了中低产田"前重型"耕作栽培技术体系,推行"一调四改三同步"抗逆稳产配套技术。到 1985 年,累计推广 3 000 万亩,增产粮食 9.85 亿千克,皮棉 9 242 万千克,总增纯技术经济效益 5.2 亿元。省政府授予河北省农林科学院等"黑龙港地区农业科技攻关特别荣誉奖":"黄淮海黑龙港地区综合开发与治理",1987 年获国家科技进步二等奖,受到国家三委一部(科委、计委、经委、财政部)表彰。该试区的成功经验引发了黄淮海平原乃至全国农业综合开发,为我国彻底扭转南粮北调局面,解决粮食短缺问题作出了不可磨灭的贡献。

100. 河北太行山区开发研究。 河北省太行山区总面积 3.4 万平方公里,包括保定、石家庄、邢台、邯郸等 4 个市的 24 个县(区)。建国初期山区治理以交通设施和水利工程建设为主,采取先治坡后治沟、先支(沟)后干(沟)、自上而下的方法,收到了较好的成效。1976 年,河北省科学技术委员会在昌黎召开了科技计划工作会议,确定在太行山区易县阳谷庄公社奇峰庄大队设立山区综合治理研究试点,拉开了科技进山、振兴山区经济的序幕。1979 年,经河北省科技厅批准扩大试验面积,设立阳谷庄农业试验区。河北农业大学王健、杨文衡教授、张润身高级农艺师等一大批教学科研人员扎根山区建功立业。经过广大干部群众和科技人员努力,阳谷庄试区人均收入由试验前(1979—1981 年)3 年平均 54 元增至 394 元。总结出"治山先治穷、治穷先治愚"的治理山区新理念和"三结合、三入手"的治理山区新方法,引发了全国同行关注。1981 年,原国家科委把《河北省太行山开发研究》列为国家计划项目。河北省委、省政府成立了李锋副省长为组长的山区技术开发领导小组,下设太行山技术开发中心(后改为办公室),挂靠在省科委。同时,在太行山区 24 个县(区),以果树和畜牧为突破技术,布设了 57 个不同类型的实验基点,组织河北农业大学、河北省农林科学院等大专院校和科研单位,采用教学、科研、生产"三结合"的方法,大规模实施科技进山,开展科学研究和科技扶贫活动,迅速改变了各实验基点村面貌。1983 年,国家科学技术委员会在河北召开了全国山区技术开发经验交流会,重点肯定并在全国推广太行山区技术开发经验。1981 年至 1985 年,原国家科学技术委员会和河北省科学技术委员会对山区科研投资总计 1 356.2 万元,科技贷款 8 458 万元,获经济效益 5 亿元;1985 年,《河北省太行山开发研究》通过国家级鉴定。1986 年,省政府召开太行山开发研究表彰大会,授予"河北省太行山区开发研究"特等奖,授予河北农业大学"特别荣誉奖"。国务院和国家科委发来了贺电和贺信,对河北省太行山区开发研究工作成就给予高度评价,国务院赞誉河北在山区开发方面走在了全国最前列,开创了"太行山道路",号召全国学习太行山科技开发经验。全国先后有 20 多个省、自治区、直辖市派人组团来河北太行山区考察、学习。太行山科技开发是全国科技扶贫工作的领跑者,是全国农村扶贫攻坚的启蒙者,是农业科技战线引以为骄傲的一面旗帜。1988 年《河北省太行山开发研究》获国家星火管理奖。

河北主要学科科技发展脉络表

农业科技

时期 科目		原始社会时期	夏商周春秋战国时期	秦汉魏晋南北朝时期	隋唐末辽金元时期	明及前清时期	晚清及民国时期	中华人民共和国 建立至 1980 年
学科发展 经济社会 背景		河北地区遍布茂密的森林，为原始人类活动创造了条件。逐渐定居的生活，使原始农业科技活动成为可能。	以牛耕的出现为标志，金属工具为农业深耕细作奠定了基础。	秦汉时代，冶金技术有了巨大发展，使得铁器开始在传统农具中占主导地位。	隋唐末元时期进入农业的全面发展阶段，普遍实行了均田制等重农政策，对农业发展起到了积极作用。	资本主义生产方式的萌芽已经出现，却因受诸多影响萌而未发。	近代，战事纷乱，对于农业发展不利。尽管如此，一些优良品种和优良技术还是被逐渐引入国内。	解放后，经济恢复。河北省农林科学院所属专业研究所以及各地区农业科研所相继建立，形成了门类比较齐全、技术力量雄厚的农业科研队伍。
技术发展 状况		原始社会时期是农业发展萌芽时期，北福地人已经开始推行耕技术，石镰、白杵、石磨盘等也已出现。	原始农业前期的农具基本都使用铜器制作，并且已经开始有目的地使用灌溉技术。	原始农业发展到传统农业，出现了最早的农作物"作业历"，农业生产经验有了理论性总结。	传统农业发展，农事管理机构(劝农机构)建立，农机具技术进一步改进。	河北的牛耕已经普遍化，配套农机具有了进一步改进；赋税制度有所变革，种植结构也有所变化。	新品种选育以及栽培管理技术提高，河北近代农业教育兴起，农具机械化水平提高。	近代农业到现代农业，农作物育种技术显著提高，高产栽培技术和病虫害防治方面有很大发展。柴油机、拖拉机、电动机应用，新农具普及。

续表

时期＼科目	原始社会时期	夏商周春秋战国时期	秦汉魏晋南北朝时期	隋唐末辽金元时期	明及前清时期	晚清及民国时期	中华人民共和国建立至1980年
有代表性的成果、著作、人物或创新点	新石器早期的南庄头遗址、磁山遗址是河北原始农业的起源地。石耜、石镰、石磨等时期的工具的出现,表明此时种植、收割、脱粒工具已经完备。	西门豹"引漳水灌邺","漳水十二渠"是河北古代先民引水工程的一次伟大创造,成功地把冶水、灌溉和改良盐碱地结合在一起。	东汉中晚期,涿郡安平人崔寔创作了我国最早的"农作物""作业历"《四民月令》。时任高阳大守的贾思勰著有《齐民要术》——我国最早的大型综合性农书。	曲辕犁、灌溉水车的出现,以及其他农具的创新与发展,对农业生产发挥了极大作用。著名水利工程学家郭守敬对河北水利工程发展作出了重大贡献。	赵县李献瑞发明三轮、五轮水车,是提水工具的一次重大突破。	从日本引进玉米品种和马拉玉米收割机,是19世纪在国外引种和相关机械引进的最早明确记录。棉花、小麦、玉米等作物的优良品种引进与改良成绩显著。直隶农学堂是全国最早成立的农业院校。	传统的畜耕技术逐步被农业机械所取代。河北各地创造了多种新模式,套、混、复等复种指数大幅度提高,复种指数经历了四次品种更新,玉米三次品种更新,棉花五次品种更新,每次品种更新都使产量上一个新台阶。
在国内外所处位置或水平	磁山文化距今约有7000~8000年的历史,是我国最早的农业遗址之一。窖穴中粟粉末的储量称世界之最!	种稻与盐碱地的改良相结合,开创了国内以水压碱的先例。	耕作制度由休闲制过渡到连作制,"耕—耙—耱"抗旱保墒耕作技术体系逐步形成。经历了"废井田,开阡陌"和"制辕田"土地制度改革。《齐民要术》的问世是中国传统农学于成熟的一个里程碑;它所反映的农业农学,在当时的世界上是处于领先地位的。	唐末时期河北开始大规模兴修水利。历史上有名的位于河北海河流域的淀泊工程,沿水屯兵,引淀种稻等技术工程。	方观承绘制《御题棉花图》。直隶农学堂1905年创办了《北直农话报》,旨在"振兴农业,开通民智",是我国最早的涉农农刊物。	解放前夕,河北农学院在国内率先开展了玉米自交系和双交种的选育工作。	小麦锈病、粘虫等重大病虫害研究取得重大突破性成果。太行山区开发、黑龙港综合治理等重要科技标志性成果在全国形成重大影响。
对产业发展的引领支撑作用	产生了火耕法和锄耕农业。	大规模灌溉工程的兴建,使这一时期的传统农业具有了抵御一定规模自然灾害的能力。	农作物保墒耕作技术的形成,代表了农事活动规范化,为提高产量提供了条件。	跨距离大面积引种水稻成功,提高了作物总产量,开创了世界先例。		"漳南渠""抗战渠"为农业发展、粮食增产发挥了重要作用。	育种技术的提高,从根本上解决了优质高产和病虫防治的问题。科技发展促进了农业丰收。
其他							

林业科技

时期 / 科目		原始社会时期	夏商周春秋战国时期	秦汉魏晋南北朝时期	隋唐宋辽金元时期	明及前清时期	晚清及民国时期	中华人民共和国建立至1980年
学科发展的经济社会背景		河北省在原始社会时期到遍布着原始森林，由于生产力水平低，当时原始先民只能依靠采集和狩猎。采集、狩猎和穴居野处构成了原始先人经济活动和原始社会生活特点。	人们在生活中不断地发现不同树种的价值，开始认识区分不同的树木并广泛用于生活。	秦始皇统一中国后，由于战争、建寺庙，冶铜铁，使森林遭到大规模破坏，平原地区森林已全部破坏，天然生林和果桑等经济林所代替，自然生长的松、柏、杨、柳、槐、椿、桑、栾树等逐渐变为人工栽植的树种，林业已经成为独立的产业部门。	隋朝建国后，连年战争，冶铜铁，使森林遭到大规模破坏。从北魏以后，林业建设正式进入政府经济发展的规划之中。唐代沿用了北魏的这项制度，在一定意义上，对人为破坏林木资源的起到一种补救措施。到北宋中期，河北地区的桑林分布更为广泛。	明清时期，冶铁和烧炭使森林继续遭到破坏的同时，河北造林树活动一度兴盛，林业已成为社会生产的基本生产部门。明朝中叶以后，棉业逐渐排挤了蚕桑业。	晚清时，西学东渐，中西林业思想交融碰撞，逐渐形成了中国近代林业管理思想。由于连年战争，民国时期森林资源破坏严重，导致生态失衡，灾害频发。同时，国内对森林资源的需求却日益增多，森林资源缺乏的问题突出。1914年《森林法》颁布后，成立林务研究所。由此，林业教育研究得到社会各界的重视，林业科技意识逐步增强。	新中国建立以后，我省的林业事业，在中国共产党和人民政府的领导下，采取一系列政策措施，推进林业的恢复和发展，逐步建立了机构，开展了森林植被建设和林业科技工作。河北的林业科技迎来了全面发展的新时期。
技术发展状况			开始人工造林，出现了专门种植果树的园圃。植桑养蚕技术出现。	栽培和繁殖技术提高，总结出了压条繁殖、繁殖嫁接技术、移栽技术。养蚕技术进一步提高。	嫁接技术有了飞速的发展，压条繁殖林木开始大规模用于生产之中。	果树栽培的传统技术，在宋元的基础上又有一定的提高；明清时期，在果树修剪技术和理论等方面有所发展。	制定了一些林业计划，较有系统的进行了部分品种改良，直隶农事试验总场的开办，标志着我省林业技术走向建制化。	系统地进行了林木资源普查，引种、育种工作得到较快发展，植树造林工作取得了显著成绩，开始了人工育种，各项林业科学研究取得了丰硕的成果。

续表

时期／科目	原始社会时期	夏商周春秋战国时期	秦汉魏晋南北朝时期	隋唐宋辽金元时期	明及前清时期	晚清及民国时期	中华人民共和国建立至1980年
在国内外所处位置或水平	磁山遗址中的碳化核桃属于核桃普通核桃,从而成为了核桃发源于我国本土的依据。	南杨庄遗址出土的陶蚕蛹是目前发现的人类饲养家蚕的最早的文物证据。	林业发展处于全国领先水平。《齐民要术》是世界农学史上最古老的专著之一。	我国古代北方养蚕技术达到顶峰。冀西北山地森林面积开始锐减。	河北省已变为全国森林面积最少的省份之一。农业百科全书《农政全书》为旷世之作。	河北省原始森林已荡然无存,森林覆盖率仅剩2.8%。近代中国,河北地区开办第一个林业科研机构(直隶农事试验总场)。	荒山、平原沙荒治理走在我国前列,坝上造林取得了显著成绩,果树技术处于全国领先水平。
有代表性的成果、著作、人物或新创新点	磁山遗址中,发现了已碳化的桃以及在一个窖穴的底部还发现了一层厚约20厘米的小叶朴。	《诗经·魏风》、《荀子·蚕赋篇》;河北正定南杨庄遗址出土的陶蚕蛹。随着人们对桑蚕的认识不断深化,开始了人工造林,出现了专门种植果树的园圃,并已有人专门从事果树生产了。这一时期河北境内的桑蚕业有了很大的发展。	贾思勰,北魏时期的杰出农学家,其所著的《齐民要术》是一部综合性农书;西晋时期陆机所作的《蚕赋》,是对当时蚕业生产技术所作的经验总括,是这一时期养蚕技术进步的反映。这一时期,果树品种不断丰富,形成了一些优良品种的产区,果树繁殖与栽培技术不断提高,总结出了压条繁殖、繁殖嫁接技术、移植技术、防寒防冻措施,其中一些技术至今仍在沿用。	元代农书《农桑辑要》是我国古代北方农业技术的高度概括;《王祯农书》兼论北方和南方农业技术,第一次对农业生产知识作了比较全面系统的论述。果树种植面积具有一定规模,嫁接技术有了飞速的发展,压条繁殖林木开始大规模用于生产之中。对于用材树种的造林,提出适当密植的要求。	明末杰出的科学家徐光启所著《农政全书》是一部明清时期农业技术的高度概括;清代陈淏子的《花镜》主要记载观赏植物及果树栽培,蕴涵着丰富的遗传育种知识,是我国较早的一部园艺专著。河北省发展较快,果树生产较为发达,林木杂果的栽培经营管理技术更加精湛。	周汉藩著明先骕校的《河北习见树木图说》。林木种子的采集、收购,调拨等纳入了政府的工作计划,从而为林业的发展奠定了基础。桑树新品种的种植面积不断扩大,蚕种开始大量从国内外引进优良树种。	组织编写了《河北省果树志》,创办了《河北林业科学技术简报》、《河北农科技》、《河北学报》、《河北园艺》,主编了全国高等农业院校使用的《果树栽培学》总论和各种教材及教学参考书,出版了大量的科技著作。学术团体推动了学术的交流进步,森林经营、林业教育等各项工作得到迅速发展。

续表

科目 \ 时期	原始社会时期	夏商周春秋战国时期	秦汉魏晋南北朝时期	隋唐宋辽金元时期	明及前清时期	晚清及民国时期	中华人民共和国建立至1980年
对产业发展的引领支撑作用	河北地区在这一时期密布针阔叶混交林，这一自然条件给先民认识并利用植物创造了条件。	无论是生活的需要还是王权的威严，都客观上带动了丝麻织物生产的发展。	培育地桑对促进蚕业生产的发展，起了重要推动作用。	苗圃开始规模经营，为规模化造林提供了经验。	果树修剪技术和理论为果树规模化生产创造了条件。	农事试验场成为新品种、新技术的孵化器，对林业产业的发展奠定了基础。	大批新品种的选育、新技术的研发，为我省林业的飞速发展提供了技术保障。
其他							

陶瓷科技

时期＼科目	原始社会时期	夏商周春秋战国时期	秦汉魏晋南北朝时期	隋唐宋辽金元时期	明及前清时期	晚清及民国时期	中华人民共和国建立至1980年
学科发展经济社会背景	泥河湾人文化遗址的发现把世界文化的起源进到200万年前,而北京猿人的用火实践则开启了人类创造自己的时代。在掌握了火这一最有利的工具以后,古人开始用它来改造许多天然物的特性。在慢长的摸索中,发现了过火的黏土会变硬,定型这一特点。	河北境内出现了一些封国或方国,如商朝的蕃(今平山县境内)、有易、邢、代、竹等,西周时的燕、蓟、鲜虞等。河北境内的陶文化又可具体划分为两种类型:漳河类型与保北类型。就陶类型而言,无论是漳河类型还是保北类型,两者都以灰陶为主,而灰陶正是夏代文化的基本特色之一。	秦汉间的统一,使得河北地区连成一片,政令的统一使得对陶瓷制造业的集中管理成为可能。随冶炼技艺的提高,河北先民也认识到了含铁矿物在磁器成色中发挥的作用。	在北宋,河北的总体经济发展水平位居全国前列;在元代,河北成为畿辅之地,孤相适应,河北的都市经济发展基速,如大都变成为全国的政治中心,真定变成为河北境内最繁华的城市,海津镇则逐渐发展成为环渤海地区最重要的港口。经济海运水平的快速发展使制瓷水平有了更大的提高,也使陶瓷产品有了更大的消费市场。	资本主义的萌芽业已出现,但因多种因素而未发。经济一度停滞,明清实学有所发展,后期出现了"西学东渐"。陶瓷科技有所发展。	从1840年以后,腐朽的清王朝逐步失去了其政治和经济的独立性,中国社会的性质亦由一个封建国家变成为一个半殖民地半封建国家。制瓷技术没有了根本意义上新的进步。此时,北京、天津已经成为全国金融中心,而河北省自然被纳入了中国整个近代金融网络之中。西方在化学和矿物学方面的进步,使中国渐渐落后。	新中国成立,确立了社会主义制度。国民经济经过恢复、调整、整顿,提高,实现了快速增长。在"百花齐放"正确方针的推动下,形成了以原材料产地为中心的北方陶瓷产业区。
技术发展状况	最早的陶器质地粗糙,火候软低,器表多素面,可以青灰为无釉烧成。由于建盖陶窑烧成,仰韶文化时期出现彩陶,龙山文化时期出现黑陶。	白陶器皿烧制成功。西周陶窑由操作坑、窑门、窑室及烟道等构成,"馒头窑"结构开始出现。	以北朝邢窑的出现为标志。从整体上看,我省完成了由"原始瓷器(包括青瓷)"向白瓷与青瓷白瓷的转变。	这一时期实现了由粗白瓷向细白瓷的技术突破,成功地创制了薄胎透影白瓷,开创了薄胎瓷器的新纪元。	特大型馒头窑开始出现,并同时采用叠烧、扣烧、裸烧等方法,增加其容量。	通过引进西方制瓷工业技术,唐山磁业兴起,仿古瓷技术悄然出现。	河北地区日用陶瓷工业成为明清时期北方瓷业的生产中心。建立了比较完整的现代科技研发体系,根本上消除了"备料用石碾,手工拉形坯"等原始的生产方法。

续表

时期　　科目	原始社会时期	夏商周春秋战国时期	秦汉魏晋南北朝时期	隋唐宋辽金元时期	明及前清时期	晚清及民国时期	中华人民共和国建立至1980年
在国内外所处位置或水平	徐水南庄头遗址出土了陶片,它将中国发明陶器的历史向前提早了3000年。正定南杨庄遗址出土的釉陶片,是世界上发现最早的釉陶器,也是釉陶的发源地。	唐山东欢坨战国遗址窑上烟囱的出现,在窑炉结构改革上是个重大创举。	为了提高胎体的度,邢窑的瓷工发明了一种"护胎法"。即在胎体的表面施加适当的白色化妆土,从而使釉色多呈乳白色,故有人将此类白瓷称为"白衣瓷"。国内领先。	磁州窑在中国陶瓷发展史上的独特贡献有两点:其一是白地黑褐彩绘;其二是把百姓喜闻乐见的诗词、谚语、警句和文学作品作为纹饰。	磁州彭城窑器技压群芳,后来居上,成为明清时期北方瓷业的生产中心。	唐山新建的近代化瓷厂最为集中,先后有启新瓷厂,德盛瓷业公司等多家瓷厂成立。唐山成为近现代著名的"北方瓷都"。	艺术陶瓷,日用陶瓷等依靠科技,不断推陈出新,形成了以原材料产地为中心的北方陶瓷产业区。国内领先。
有代表性的成果、著作、人物或创新点	陶盂和支架组合具特色,是磁山文化的典型器物。为了增强陶器的耐热急变性能以防止陶器在烧制过程中出现碎裂现象,磁山先民在烧制前在粘土中或砂陶的坯体内掺入细砂粒或其他材料如石英、砂岩、细砂和云母等,不仅耐用,而且还能经得住温度的急剧变化。龙山文化(大城山遗址)是一种以黑陶为特征的新石器时代晚期陶的烧成。	唐山东欢坨战国遗址所发掘的陶窑由火口、火膛、窑床及烟道口(包括烟囱口)等结构组成,为最初的馒头窑。台西遗址出土的白陶,胎质细腻而坚硬,表面光洁,吸水率低,火候较高(在≥1000℃的高温下烧成)。北京昌平县和房山县的西周墓中就出土了豆、高足盘、钵等"原始瓷器",其器物外表都施有一层很薄的淡青色玻璃釉质,已十分接近现	汉代釉陶在河北的发展出现了两个特点:一是分布范围广,量大。从化学工业角度看,黄色釉的呈色剂为铁的氧化物,而绿色釉的呈色剂为铜的氧化物,所以铝为助熔剂,以学界通常又把汉代的釉称作"铅釉陶",又因为该釉主要流行于黄河流域和北方地区,所以也称"北方釉陶",它是汉代釉制陶工艺的杰出成就。在历史上,由青瓷变为白瓷,最关键	定窑瓷工发明了一种"火照术"。火照的创用能使定窑炉温和烧成气氛更易控制,它能有效地减低残次品率,使瓷器的釉色能获得所期望的成色效果。从明初开始,以彭城镇为中心的磁州窑转而以烧制大型的酒缸、坛等为主,双烟囱是邢窑烧细白瓷的基本结构特点。通过对邢窑的烧成温度的测试了解,此类窑的烧成温度可高达1300℃左右。除满足	清朝初期,彭城窑随着河北社会经济的恢复和发展而不断壮大。井陉窑是白瓷的技术精华,其墨印白划花是井陉窑在装饰方面的独特创造。邢窑应属半倒焰式的(相对小型化的窑室),细白瓷器烧细白瓷是邢窑的主,更加注重瓷器的生活化和实用化,与之相适应,馒头窑炉的窑井本来位于窑墙的左侧,而缸窑则左右都开有窑井,以加	1914年,唐山启新洋灰公司创办人李希明以细绵土旧址,开始改办瓷厂,具以少量低压电瓷和日用瓷,成功地生产出了中国第一件盥洗脸的卫生瓷。该公司技师德国人汉斯·昆德专心研究改进原料配方的方法,他除调整由唐山本地产的粘土,与长石,石英等配比外,又掺入了部分德国产的高岭土,这样经过反复试验,其成瓷终于达到了胎质坚致	1963年,唐山市第一磁场建成投产,开始研制"骨质瓷"。骨质瓷是在陶瓷原料中掺入动物的骨灰(一般为牛、羊等食草动物的骨灰,以牛骨灰为佳),骨质瓷的形成,主要依靠氧化硅,氧化铝和氧化钙,其中氧化钙的含量越高,色泽越好。在自然界中,氧化钙的来源不多,中,氧化钙的来源不多,骨粉作为氧化钙来源,所以选择动物的骨粉作为氧化钙的来源,河北唐山历经的研究人员历经了胎色的研近

续表

科目＼时期	原始社会时期	夏商周春秋战国时期	秦汉魏晋南北朝时期	隋唐末辽金元时期	明及前清时期	晚清及民国时期	中华人民共和国建立至1980年
有代表性的成果、著作、人物或创新点	温度已经达到1000℃左右。	代瓷器了。	的环节则是利用釉本身较强的玻璃质感来增施化妆土，至晚在北魏宣武统冶时期，邢窑就已经能够烧制白瓷了。	温度条件之外，烧制出邢窑细白瓷还需要与之相适应的特殊的装烧方法，主要有"漏斗钵装烧法"和"盘状、钵状、漏斗状匣钵组合装烧法"，而这两种方法都是邢窑独创，当然也是由细白瓷碗、盘、杯等器形的结构特点所决定的。白地黑绘装饰艺术与白地黑剔花是磁州窑最突出的两个装饰特征。	大通风能力。	白度提高，无吸水性，釉面光润的质量要求。	17年的时间，使得骨质瓷于1982年由当时的唐山第一瓷厂研制成功。
对产业发展的引领支撑作用	大城山遗址出土的黑陶以细泥黑陶最有特色，尤其是被誉为"黑如漆，薄如纸"的"蛋壳陶"片和利用瓷土制的白陶片的出土，确实能够充分显示出大城山先民的高超原始制陶技术和烧窑经验。	白陶的烧制是原始制陶技术获得很大发展的产物。	从北朝后期开始，邢窑便出现了施加白色化妆土与不施加白色化妆土两种类型的粗白瓷。两类粗白瓷的出现标志着邢窑白瓷的最终形成，同时它还为细白瓷在隋唐时期的创制奠定了坚实的物质基础。	在北宋末，为了防止碗、盘等器物变形，定窑开始采用一种新兴的支圈覆烧工艺，即把过去一个匣钵里正着装一件碗坯，变成多件器物扣叠在一起，形成一个简形的组合式匣钵，由于覆烧时碗、盘类器物，其口沿一圈釉层均须剔去，	彭城、磁州窑伴随着河北社会经济的恢复和发展而不断壮大，成为明清时期河北方瓷业的生产中心。	河北省省出现了像开滦矿务总局，耀华玻璃公司，永利制碱公司等闻名世界的大型企业。由周学熙具体操办的启新洋灰公司和滦州煤矿是清末新政期间，直隶创办的两个成效最大的新式企业，并逐步形成了以天津、唐山为中心的	定窑的发现和恢复以及磁州窑的恢复和发展使得河北陶瓷制品有了更多的历史传承，体现了浓厚的文化意味。

时期\科目	原始社会时期	夏商周春秋战国时期	秦汉魏晋南北朝时期	隋唐宋辽金元时期	明及前清时期	晚清及民国时期	中华人民共和国建立至1980年
对产业发展的引领支撑作用				故有"芒口"之称。磁州窑主要位于今河北省邯郸市彭城和磁县等地，宋元时期成就突出，是极富有民间特色的北方民窑。		新式工业网区。	
其他							

冶金科技

时期 科目	原始社会时期	夏商周春秋战国时期	秦汉魏晋南北朝时期	隋唐末辽金元时期	明及前清时期	晚清及民国时期	中华人民共和国建立至1980年
学科发展经济社会背景	旧石器时代，人类还只能制造简单的石器，通过狩猎和采集维持生活。到了旧石器时代晚期，随着生产力的发展，人类转入了相对的定居生活。新石器时代末期，生产力有了较大发展，出现了二次社会大分工，手工业开始独立出现。	自夏商开始，伴随着青铜生产力的发展和青铜器的出现，奴隶制正式建立。自春秋时代起，铁器开始出现，这是生产力产力发展的结果，也是生产力进一步发展的必然需要。	秦汉封建专制时期，疆域的统一使河北地区连成一片，政令的统一使得对冶炼业的统一集中管理成为可能。此时的社会生产力和国民经济得到了进一步提高，冶炼技术得到突飞猛进的发展。	隋唐末时期，社会经济发展迅速，科学技术灿烂夺目，是中国封建社会的一个极盛时期。冶炼科技也步入顶峰。	此时，经济一度停滞，科技发展也处于低谷。由此，河北冶炼科技的发展也受到很大影响。	民国时期局势动荡，国统区民营冶铁业由于缺乏足够的资金和实力，往往将有限的资金投入到周期短、见效快的小型企业上，缺乏长远规划。与此同时期的红色政权在冶炼业方面有一定特色。	在中国共产党的领导下，河北人民同全国人民一样，全力恢复国民经济。河北工业、农业，科学技术和国防现代化水平强劲提升。
技术发展状况	石锤的出现成为早期冶炼的重要工具，火的使用技巧十分关键。	河北是当时诸侯国中最重要的冶铁中心之一，开始使用柔化退火处理技术制造的铁制工具，并且已经使用局部淬火技术。	早在汉代河北铸铁匠师就已经掌握了球墨铸铁的先进技术，并且掌握了利用生铁为原料制造钢材。	完全掌握了铜铁器的制模、冶炼、浇铸等工艺，大型器物合范拼铸工艺尤为精湛。	发明了以萤石为熔剂，帮助铁砂熔销的工艺。在鼓风过程中，也取得了一些成就。首创活塞式鼓风的木风箱（即鞲鞴）。	河北冶炼技术在引进、消化，吸收的过程中，张之洞创办了中国第一家钢铁联合企业。	对于现有物质技术条件的统筹规划，是之前所所从未有过的。冶金工业各项技术整体提升。
在国内外所处位置或水平	泥河湾文化、磁山文化以及"北京人"展示的人类演化过程，表明河北是我国冶炼科技的发祥地之一。	河北是商代早期青铜器比较集中的地区之一。由块炼铁到生铁，是炼铁技术史上一次飞跃。而在欧洲直到公元14世纪才炼出了生铁，比我国晚了国晚1700年。	河北境内所出现的陕县铁器具以满城汉墓出土铁镓均为含碳量不同的固体脱碳钢，它是世界上最早利用生铁为原料的制钢方法。	正定隆兴寺大悲阁中千手千眼观音铜铸像是世界古代铜铸像中最高大、最古老的千手千眼观世音菩萨像。后周广顺三年（公元953年），沧州出现了我国现存最大的古代铸铁物件——沧州铁狮子。	鞴的出现比欧洲18世纪后期才发明的活塞式鼓风器至少早一个多世纪。遵化冶铁厂在冶炼的过程中使用萤石为熔剂，帮助铁砂熔销。	与全国其他地区相类似，河北近代的冶金技术在艰难中发展，缺少独创性成就。	钒钛磁铁矿高炉模拟实验成功，使承德钢铁厂成为中国钒钛铁产业的发祥地。"全氧侧吹转炉炼钢法"获全国科学大会奖。

续表

时期\科目	原始社会时期	夏商周春秋战国时期	秦汉魏晋南北朝时期	隋唐末辽金元时期	明及前清时期	晚清及民国时期	中华人民共和国建立至1980年
有代表性的成果、著作、人物或创新点	北京猿人懂得使用天然火和保存火种;山顶洞人已经学会了"钻木取火"。在冀东北三河县孟各庄二期文化遗址出土了5件经过磨打的石锤。	中山国国王墓出土了249件青铜器,仪器器物本身的工艺性质而言,这批青铜实物"结构之巧,制作之精,堪称战国时期北方金属器之翘楚。"我省所发现的最早铁器是藁城台西商代遗址出土的一件铜柄铁刀钺,这件铁器不仅在我国目亦是人类最早使用和制造的铁器之一。燕下都44号墓出土的器物是我国铁器中最早的淬火产品,尤其是燕国工匠首创了局部淬火技术。在西方,可锻铸铁的应用在1720年以后,而燕下都的白心可锻铸铁器物的发生在公元前300年左右,两者相差约2000年。	满城汉墓出土了两件用灰口铁制作的内范,这是使用金属范铸造农具的一个重大发展,因为铁范比较承受高温铁水的冲刷和受冷热的考验,若用白口铁范来做,则易引起铁范体积膨胀,用灰口铁范来做就具有良好的热稳定性。北京大葆台汉墓出土了一件铁镢,金相组织为铁素体的白口铁,是在铸铁工艺方面,它是将白口铸件加热到高温,经过长时间的退火处理,使白口铁中的脆而硬的渗碳体分解为铁与石墨,析出的石墨成絮状,从而消除了白口铁的脆性。	大悲阁观音像以大木为胎,先塑泥像,并依此制出内模外范,最后采用屯土的办法,将佛像全身分七段接续铸造而成。沧州铁狮腹内光滑,外面拼以长宽三四十厘米不等的范块,逐层垒起,分层浇注,共用范544块拼铸而成。凭1000多年前的手工冶铸技术,能铸造出如此庞大物,足见其制模、冶炼、浇铸工艺是相当高的,它的铸成标志着我国制造大型铸铁件技术的提高,反映了我国在1000多年前的冶金铸铁技术已经达到了很高的水平,显示了河北古代铸造工艺的高度成就。	遵化铁冶厂将鼓风设备改为活塞式的木风箱(即鞴),这种木制风箱利用活塞的推动和空气压力自动开闭活门,从而产生比较连续的压缩空气,以提高风压与风量,使之强化冶炼。	清光绪三十二年(1906年),天津北洋大学矿冶科派出了第一批留学生赴美留学,该科先后培养出了孙越崎、魏寿昆、马黄初、王士杰等一大批杰出的冶金人才。留美归来的青年炼铁专家安朝俊担任了石景山钢铁厂厂长和总工程师,他带领技术人员和工人,采用从美国学来的高炉挖补法,对破损的一号高炉炉身大修;又按照美国开炉料计算和装料方法,参照日本装料法,终确定了开炉程序,使一号高炉于1948年4月顺利出铁,成为抗战胜利后中国唯一开炉生产的大型炼铁炉。	从1951年至1952年,唐钢的余景生、肖来潮等科技人员试验成功了碱性转炉炼钢法,并应用于生产,这样,将酸性转炉改为碱性转炉,并直接用平炉来熔炼含磷高的生铁(含磷0.15%~0.5%),属国内首创。因此,国家科委于1964年将它列为国家级发明。1980年,唐钢30吨顶吹转炉上进行了顶底复吹炼钢试验,用氮气作底吹搅拌介质,采用单管直筒形喷咀,这是我国首次采用顶底复吹技术进行炼钢。

续表

时期\科目	原始社会时期	夏商周春秋战国时期	秦汉魏晋南北朝时期	隋唐宋辽金元时期	明及前清时期	晚清及民国时期	中华人民共和国建立至1980年
对产业发展的引领支撑作用	而人工取火标志着河北的祖先早在母系氏族公社时期就掌握了一种强大的自然能源，并掌握了取得热能的能量转化方式。	燕下都淬火钢剑的出土则彻底改写了淬火钢器的产生历史。把我国制造淬火钢器的历史提早了200年。淬火技术的发明是燕赵古人在冶铁科技发展历史上取得的一项杰出成就。	经金相分析，汉代的黑心韧性铸铁件多数以铁素体和珠光体为基体，一部分以铁素体或珠光体为基体，石墨形状与现代同类材质相近。这些工艺在南北朝时期仍被使用，对封建社会前期生产力的发展起了重要作用。同时，生铁冶铸作为中国古代冶铁业的技术基础，对钢铁冶炼的发展有深远的影响。	河北磁州锻坊的百炼钢技术不断延续，久负盛名。	河北冶炼技术官营与民营并举，冶铁工场规模大，技术水平高，在全国冶炼行业中有突出地位。	从19世纪60年代到90年代，中国掀起了一场名为"师夷长技以自强"的洋务运动。他们首先依靠进口钢铁来发展近代军事工业。	通过技术改造、攻关，河北冶铁业科技水平显著提高，特别是随着全省多项技术改造和项目引进以及一些大型骨干企业的建成投产，缩小了与国内、国际先进水平的差距，有力地推动了河北经济的快速发展。
其他							

纺织科技

时期＼科目	原始社会时期	夏商周春秋战国时期	秦汉魏晋南北朝时期	隋唐末辽金元时期	明及前清时期	晚清及民国时期	中华人民共和国建立至1980年
学科发展经济社会背景	当隆冬季节严寒袭来的时候，北京人自然懂得用兽皮来护身御寒，而这一行动，便是人类创造衣服迈出的第一步。	从商周开始，宫廷对纺织品的需求日益增加，并且已经不再满足于单纯"保暖"的需要了。	秦汉的统一，使得河北地区连成一片，改令的统一使得对纺织业的集中管理成为可能。河北地区成为了北方地区的丝麻生产中心。	经济水平与政治制度的鼎盛，在封建社会上空前绝后。与此同时，河北传统纺织科技发展到了封建社会的鼎盛期。	此时，资本主义的萌芽业已出现，但因多种因素而未发。经济一度停滞，科技发展也处于低谷。纺织技术没有突破性的变革。	中国进入半殖民地半封建社会以后，民族矛盾与社会矛盾日益突出。西方列强在政治侵略的过程中伴随着科技文化渗透。河北纺织技术在引进、消化、吸收的过程中取得了一些成就。	新中国成立，确立了社会主义制度。国民经济经过恢复、调整、整顿、提高，实现了快速增长。河北省纺织业通过设备更新和技术改造，形成了"南纺北布"的新格局。
技术发展状况	南杨庄人早在6000多年前就将养蚕丝织。古针作为缝纫工具开始出现。	公元前14世纪，河北先民掌握了将蚕丝纺纱加捻，织成后丝纹的纺织技术。	陈宝光妻对提花机的革新——通过蹑的增加，使之能织出各式各样花纹的绫锦。《四民月令》中出现了传统纺织技术理论。	花楼提花机和刻丝技术的使用，促进河北丝绫业迅速发展；以定绫的生产及其织造技术为最。"三交五结"是邺地织工根据经验总结的织锦口诀。	此时河北地区总结出了一套适于北方土壤与气候条件的植棉技术。肃宁棉纺创造了"地窖"纺纱的方法。棉制品取代丝织品。	铁木制"业精式"纺纱机的研制成功。天津第一家近代化丝织厂开办。	化纤生产规模不断扩大，技术逐步提高。电子计算机控制"罗口直下两步法袜机"研制成功。
在国内外所处位置或水平	骨针是中国最早发现的旧石器时代的缝纫工具之一。正定县南杨庄出土的陶质蚕蛹是目前发现的人类饲养家蚕的最古老的文物证据。	台西商代遗址出土的丝织物残片，用扫描电子显微镜能够拍摄到蚕丝纵截面，被认为是我国目前所见到的最早"縠"实物，同时亦是世界上最早的平纹丝织物。这种平纹丝织物经过数千年的演变，丝织绢至今仍是高级的丝织物品种之一。	《四民月令》中有关蚕丝的那部分内容集中反映了当时河北地区纺织手工业发展的杰出成就。	邺城织绫绫方法的发明者看作是燕赵人民对世界织物学的一项巨大贡献。宋代定州的新丝刻丝被称为天下名品，定州成为唐朝城市丝织业的中心。	经过长期的人工选种和植棉实践，河北（或曰畿辅）地区不仅培育出了优良的新棉种，而且还总结出了一套适于北方土壤与气候条件的植棉技术。肃宁棉纺的质量标准"与南土无异"。	天津逐渐成为我国北方近代棉纺织业的生产中心。1912年，天津永盛公记织染厂正式成立，这是天津近代化的丝织厂，第一家近代化的丝织厂。1916年，北洋政府原财政总长周学熙及其同僚组建了官商合办的新华纺织有限公司。	1964年，河北针织研究所"高速经编机工艺与设备"课题组，在国内产首先研制出2台全国产ZJ501型经编机。同年，天津市纺织局组织对"细纱机摇臂加压"的科技改革，具有当时的国际水平。

续表

时期　科目	原始社会时期	夏商周春秋战国时期	秦汉魏晋南北朝时期	隋唐宋辽金元时期	明及前清时期	晚清及民国时期	中华人民共和国建立至1980年
有代表性的成果、著作、人物或创新点	山顶洞人所制作的骨针刮磨得很光滑，是中国最早发现的旧石器时代的缝纫工具之一。南杨庄遗址所发现的陶蚕蛹和石木瓜（据考：正定南杨庄仰韶文化遗址出土的石木瓜，是可一次拧两股扰绳的工具），即两股麻绳的工具。可证明南杨庄人早在6000多年前就已经养蚕和丝织了。	战国时期中山国所出土的丝绸、纺织品，其中蕴涵的制作技术，被誉为人类文明史上纺织技术的里程碑之一。赵国能大量利用蚕丝织制精美的锦、绣、绮等丝织物，而且其丝织技术亦发展到了一个新水平。台西村所出土的商代丝、麻织物和纺织用骨刀，表明那时台西织女已经掌握了非常先进的纺织技术。	陈宝光妻对于提花机的革新使绫"六十日成一匹，价比黄金"，《四民月令》是崔寔重要农学著作，其中有关蚕丝业的那部分内容集中反映了当时河北地区纺织手工业发展的杰出成就。满城汉墓所在的随葬品中，有一些丝织物残片，经专家分析，它们属于织锦、刺绣、纱罗和细绢等高级丝织物中的精品，是汉代丝织物中的精品。	代表成果包括定州中的小花楼提花机。此时定州出现了拥有500张绫机即小花楼提花机（《朝野佥载》卷3）的私人丝织业作坊，一定程度上变革了生产的过程。刻丝又名缂丝，被人赞誉是"雕刻了的丝绸"。是先架好经线，按照底稿，在上面描绘出图案和文字的轮廓；接着，对照底稿的色彩，用小梭子引着各种颜色的纬线才断断续续地织出图案或文字。作为古代最为复杂的织造产品，邢城的"八梭缎"与缎的出现意义重大。	方观承任直隶总督20年，重视治水、兴修水利以及棉花生产。乾隆三十年（1765年），绘制《棉花图》（亦名《木棉图说》）进呈乾隆，系统地说明从种植到制成棉布的过程，总结了每个生产程序的生产经验。清光绪三十二年（1906年），高阳商会的创办人张兴权、杨木森等集资向天津日商田村洋行购置织机，试办工厂，是为高阳布改良的先声。	张汉文对中国近代毛纺织工业发展作出了杰出贡献。刘持钧、王瑞基共同研制了铁木制"业精式"纺纱机。周学熙于1918年建成天津华新纱厂（以后又在青岛、唐山、卫辉三地建立三个纱厂）。1918年至1922年，又有裕元、裕大、北洋、宝成等纱厂相继建成。1947年，该厂除大量供给纱厂各种机件及梭管外，还完成染槽64台、自动摇纱机50台、试造自动布机4台。	仇锁贵总结并开创"自动布机档车工操作法"。1950年，天津纺织机厂试制过SF-3型粗纱机，自此，该厂紧紧围绕着粗纱机的零部件生产，进行了很多有针对性的科学研究。1956年，石家庄印染厂成立，即注重技术革新和科学创造，为建立具有河北特色的印染业作出了突出的贡献。1975年，保定针织厂与清华大学合作进行电子计算机控制"罗口直下两步法"袜机"的研究，取得成功，这项技术成就大大地减轻了劳动强度，提高了产品质量，节约了变换花型的时间。

续表

时期 科目		原始社会时期	夏商周春秋战国时期	秦汉魏晋南北朝时期	隋唐末辽金元时期	明及前清时期	晚清及民国时期	中华人民共和国 建立至1980年
	对产业发展的引领支撑作用	骨针的出现使得人们可以制兽皮为衣，令古人向寒冷地区的大规模迁徙成为可能。	考古发现证明，石家庄一带应是中国纺织业的发祥地，比江、浙一带丝绸历史更为悠久，成就更为辉煌。	邺锦始于秦汉，发展于魏晋，而到后赵时期，邺锦取得了与蜀锦齐名的地位，成为当时北方高级丝织品，反映了河北丝织技术的成熟与臻美。	我国的织绣口诀早在唐末或北末时的邺地就已经出现，而制缀方法的发明是燕赵人民对世界织物学的一项巨大贡献。	清光绪二十九年（1903年），天津候补道周学熙在天津创办直隶工艺总局，任首任总办，"大兴工艺"，提倡开办工厂，是北洋实业奠基人。	1949年1月，天津解放。中国纺织建设公司天津分公司所属的第一机械厂，改称"天津中国纺织建设公司机械厂"，为河北纺织机械制造业的发展创造了条件。	为了生产粗纱机的锭翼，天津纺纱机厂先后开发出30多种加工工具，从而变手工制造锭翼为机器加工，不仅质量大为提高，而且充分满足了国产粗纱机对零部件生产的需要，结束了锭翼依赖进口的历史。
	其他							

建筑科技

时期 科目	原始社会时期	夏商周春秋战国时期	秦汉魏晋南北朝时期	隋唐末辽金元时期	明及前清时期	晚清及民国时期	中华人民共和国建立至1980年
学科发展经济社会背景	到了旧石器时代晚期，随着生产力的发展，人类转入定居生活。	从商周开始，社会各个阶层对房屋的需求在数量和质量两方面都有所增加，并且已经不满足于单纯"遮风御寒"的需要了。	从秦汉始至北朝亡，河北的总体社会发展状况可以用一句话来概括，那就是治乱相同，以治为主。	隋唐时期，社会经济发展迅速，科学技术璀璨夺目，是中国封建社会发展的一个极盛时期。由于这一时期民族大融合，不同文化相互交流激荡，也产生了许多新的建筑特色。	社会生产力有所提升，但与此同时，封建专制主义统治空前严重。传统建筑科技水平没有根本变革。	中国进入半殖民地半封建社会以后，民族矛盾与社会矛盾日益突出。西方列强在政治侵略的过程中伴随着科技文化渗透，许多传统建筑科技被迫打上了西方烙印。	新中国成立，确立了社会主义制度。国民经济经过恢复、调整、整顿、提高，实现了快速增长。通过20世纪50年代的第一次大规模工业建设，使河北的建筑工业得到了很大提高和发展，因而揭开了河北建筑史的新篇章。
技术发展状况	山顶洞人所居住的洞穴已经开始规划生活区和居住区。磁山先民，已开始修建圆形或椭圆形半地穴式建筑。	以曹演庄、下七垣等为代表的普通商代民居和以台西"宫室"为代表的商代贵族豪居，代表了河北商代居住建筑的两种风格。	随着框架结构和施工技术的发展，东汉时期的高门望楼，普遍建修多层木构楼阁。	在建设赵州桥中首次使用敞肩圆弧拱。肩拱调整了荷载分布，使大拱出现反弯点，从而减小了弯矩点的绝对值，有利干拱建筑的受力。宋代中原与江南融合，以结构精巧、风格绮丽、装饰繁复、手法细腻而著称。	这一时期的建筑大胆突破空间的局限，将建筑内外的环境作为一个整一体来布局，形成"因水成景，借景群山"的典型特征。	近代城市建筑呈现出以中国传统建筑风格为主，辅以各种西洋建筑式样的结构布局，反映了近代建筑的风格特点。	大规模的现代化工厂建筑建成。河北省建筑设计院成立，开始标准设计工作。

续表

科目＼时期	原始社会时期	夏商周春秋战国时期	秦汉魏晋南北朝时期	隋唐宋辽金元时期	明及前清时期	晚清及民国时期	中华人民共和国建立至1980年
在国内外所处位置或水平	山顶洞人的家园由居住地、地窖和墓地构成,这是中国迄今所发现最早的居住模式,给新石器时代聚落模式以深远的影响。	河北建筑在我国北方建筑中占有重要位置。1977年,中山王墓出土了一块铜版错银线条制成的附有尺寸和文字说明的古代建筑平面图,是世界上发现最早用数字注记表示的建筑工程图样。	河北省定兴县的义慈惠石柱至今是惠得的北朝时代的艺术杰作,填补了北齐时期建筑结构形式之空白,是研究中国隋唐以前建筑史中的重要证物。	河北赵县安济桥(亦名赵州桥)是世界上第一座敞肩的圆弧拱桥,梁思成先生称此为"中国工程界之一绝"。蓟县独乐寺是我国独存古建筑中年代较早的鸱尾实物,为五代末初特有的风格。观音阁为我国现存最早的木结构楼阁。	保定顺平县的腰山王氏庄园是华北现存规模最大、最完整的清代大地主兼巨商的豪门巨宅,也是我国华北地区保存最完整的民居建筑群。涿州拒马河桥,被著名古建专家罗哲文先生誉为"中国第一长石拱桥"。	滦河大铁桥是连接华北与东北铁路通道,为著名工程师詹天佑以"压气沉箱法"修筑,是中国第一座铁路桥。	大型综合性建筑的出现,新唐山的重建,集中展示了社会主义的无比优越性。
有代表性的成果、著作、人物或创新点	易县北福地村附近发现的太行山史前村落遗址,属新石器时期,距今有7000至8000年之久,总发掘面积1200余平方米,其中分布着10座房址,保存完整,分布集中,平面布局也有一定规律。	燕、赵、中山三国为了防止东胡、匈奴的南掠,它们各自在其北界修筑了规模较小、互不连贯的长城,为以后秦汉长城的修筑奠定了基础。台西"宫室"的建筑形式有"金柱"、"门楼"等,其特点是阶基平面上以多数分座建筑组合为院落,且夯土技术已	人们在古邺北城南墙的凤阳门东侧400米的地方发现了一处大型券顶式城下通道设施,由青砖构筑而成,高有3.7米,宽3米;砖构的部分长约26米,顶部有3层券顶,出口处有用于安置门枢的凹坑石。整个通道北高南低,坡度约15度,主体从古邺城墙墙下穿过,南端的地面还出口比当时的地面已	正定隆兴寺始建于隋开皇六年(586年)。定州开元寺塔被人们称为"中华第一塔",同时也是我国现存最高大的一座砖构木结构古塔。赵县陀罗尼经幢是全国最大、最高的一座石经幢,其造型高峻挺拔又秀丽多姿,极具艺术韵味,被誉为"华夏第一幢"。从力学的角度讲,由赵州	涿州拒马河桥,俗称大石桥,位于涿州市古城北部拒马河上,桥体则由主桥和南北引桥三部分组成,全长627.65米。在河北境内,明长城的军事防御设施最完善,建筑等级最高。该段长城从山海关老龙头起至青龙县小马坪各树岭止,总长375.5公里,其整体建筑依山就势,	北洋大学堂,设有土木工程、采矿、冶金等课程,是中国最早的工科大学,也是我国第一所近代意义上的大学。1946年复校时,北洋大学工学院设有土木、水利、建筑、机械、纺织等10个系,成为我国最有影响的工科大学之一。中英合股的山海关桥梁厂是我国近代诞生较早的工业企业,	1971年,新河钻机厂研制出KQ型潜水钻机,填补了我国桩工机械的一项空白。1978年,获全国科技大会奖。同年,新河钻机厂又研制出河北省第一台BQZ型液压齿履式全螺旋钻机,填补了我省内螺旋式钻孔机的空白。1979年,河北省建筑科研所开发研制的干法振孔器和砂石桩复

续表

时期＼科目	原始社会时期	夏商周春秋战国时期	秦汉魏晋南北朝时期	隋唐宋辽金元时期	明及前清时期	晚清及民国时期	中华人民共和国建立至1980年
有代表性的成果、著作、人物或创新点		经比较成熟,布局井然,呈威严之势。	要低。北齐在550年至559年间亦曾多次大规模修筑长城,自今山西大同西北到河北山海关,长达1500多公里。	拆结构本身提出的二线要重合这一重大课题,直到近代科学原理才得以解决,而我国早在1400年前就已在实践中得到应用。蓟县独乐寺屋顶为五脊四坡形,古称"四阿大顶",檐出深远而曲缓,檐角如飞翼,是我国现存最早的庑殿顶山门。	跨河入海,跌宕起伏,似巨龙盘旋,气势宏大,是长城建筑艺术中的精华。	之一,也是我国历史上的第一家铁路桥梁工厂,被誉为我国"桥梁之母",开河北近代建筑科技之先河。	合地基,为浅层地基处理提供了一种新工艺,克服了振冲法在成孔中排出泥浆的缺点,属国内首创。
对产业发展的引领支撑作用	从旧石器时代起,历经中石器时代、新石器时代,早期人类的遗址遍布河北各地,原始建筑技术初步形成。	燕下都的建筑集原始建筑科技之大成,布局规模宏大,自成体系统,具有燕国政治、经济中心的恢宏气象,不失为燕王政治权力强大和燕国经济发展的标志。	古邺北城南墙的凤阳门东侧400米的地方发现了大型券顶式城下通道设施,这一发现把券顶式建筑在我国最早出现的时间提前了将近1000年。	唐代的经济繁荣为宋代建筑科学的发展打下了坚实的基础。宋、元时期是河北物理学迅速发展的时期。	清代开始洋务运动,维新变法,兴建新式学堂;近代西方建筑技术也开始传入中国。	天津当时作为租界,享有"万国建筑博览会"之盛誉。	唐山市的重建规划与振兴,新唐山当之无愧地成为中国第一个被联合国授予"人居荣誉奖"和"迪拜国际改善居住环境最佳范例奖",被人们称为"北京的后花园"和"凤凰城"。
其他							

交通科技

时期＼科目	原始社会时期	夏商周春秋战国时期	秦汉魏晋南北朝时期	隋唐末辽金元时期	明及前清时期	晚清及民国时期	中华人民共和国建立至1980年
学科发展经济社会背景	此阶段，先民们首先要解决的是生存问题，即向自然界谋取基本的物质生活资料。而物质资料的交换和分配，加速了不同地域间的交流。	战国时期，诸侯割据，战事频繁，由于战争的需要，地图因其所具有的特殊地位而受到重视，对制图的科学性要求也越来越高。	秦汉的统一，使得河北地区连成一片。出于统治更广阔的疆域的需要，必须要有更为便捷的交通条件。此长城的连缀和延修就是重要体现。	唐代是我国封建社会的盛世，当时的政治、经济、文化、教育、艺术和科技在世界上均处于领先地位。此时，贸易的发展是交通发展的重要因素。	明清时期由于国都北京在河北地区，政治、经济、文化发展比较稳定，为河北地区发展创造了通的稳步发展的条件。	以农业、手工业和商业的空前发达为基础，发育了一批像泊头镇、淮镇这样的经济型城镇，形成几个消费城市，张家口、河间那样的地方性商业中心，而河北京则是全国最大的消费市场，是最高一级的消费带动市。生产和消费带动了交换，进而带动了交通发展。	新中国成立，确立了社会主义制度。国民经济经过恢复、调整、整顿、提高，实现了快速增长。河北省以秦皇岛港、天津港为海内外国家和地区的交通基础，不断扩展与海运事业蒸蒸日上。
技术发展状况	原始交通科技处于萌芽时期。黄帝与北方游牧民族之间（即燕山南北与太行山东西）的交通主要通过太行山与山的天然峡谷来联系。	交通科技处于积累探索期。这时的陆路和水路交通均已较为成熟，当时人们能设计制造出比较完美的船型和华美型的车辆。	到西汉后期，由二马驾或多马驾的独辀车逐步为单马驾的双辕车所取代。三国以后，社会上逐渐以牛车取代马车。	由于大运河的开凿和改造，河北水路运输技术发展迅速，国内领先。	出于保护边防安全的需要，明朝时期大修边驿，明朝时期大修关隘驰道。清代后期，自西方流传来较为原始的电讯技术。	为了适应经济发展，边区开办了长途运输公司。其他地区的交通事业也有所发展。1945年8月24日，张家口新华广播电台成立。	各项技术装备和修理水平不断壮大；修建新线路，改造枢纽。在电信方面有了极大的提高。

续表

时期＼科目	原始社会时期	夏商周春秋战国时期	秦汉魏晋南北朝时期	隋唐宋辽金元时期	明及前清时期	晚清及民国时期	中华人民共和国建立至1980年
在国内外所处位置或水平	虽然没有文字记载可以说明当时对地理知识的了解情况,但种种证据表明,这一时期的人们已经具有了一定的地理知识。	中山国国王墓发现的葬船,其整个船体具有相当理想的流线型,横剖线匀称,显示了河北先民具有高超的造船技术水平和审美意识。	在十六国时期,中国古代的骑乘技术出现了一项重要的发明,这就是马镫的产生和使用,马镫的发明,标志着我国骑乘用马具有里程碑的意义。	南北大运河北段南起洛阳,北通涿郡,永济渠主要流经河北地区。元朝采取去北京,直取北京,全长1794公里,南至杭州,史称"京杭大运河"。其中河北段由通惠河、通州运粮河、御河三部分组成。	交通技术中开始使用信息手段。光绪五年(1879年),直隶总督李鸿章为整顿边防,自设电线,此线虽为军用,但却标志着我国自办电报的开始。	詹天佑主持编制的京张铁路工程标准图,包括整个工程的桥梁、涵洞、轨道、线路、山洞、机车库、水塔、房屋、客车、车辆限界等,共49项标准,是我国第一套铁路工程标准图。	从1980年始,我省在秦皇岛港正式成立了远洋运输船队,主要从事全球海上货物运输。由此,我省跨入了一个新的远洋运输的历史时代。
有代表性的成果、著作、人物或创新点	早在黄帝时期,河北就形成了以"涿鹿"为中心,西到甘肃平凉,南至湖南岳阳,东达山东临朐,北界燕山和太行山的陆路交通网络。	孤竹是商朝于渤海海北岸连接东北和山东这两条道路干线的唯一商道,其中水路是最通道,其中水路是最便捷和最经济的一种交通方式。中山王墓所出土的乘车马非常华美,其中2号车是中山王墓所出土的车辆中最华丽的一辆。	祖冲之造指南车和千里船。天津内河港的形成,是当时河北境内最大的一项航运成就。在河北平原,北魏时开辟了由中平城通向中山城的3条主要路线。	隋朝建立后,开通了从山西榆林河北境东、直达蓟县的驰道。明代迁都北京后,正北京境内(今河南省濮阳市),北京大名府,河间府(今河北省河间市)直到雄州(今河北省雄县)的驿路。这既是一条国信路,又是一条军事驿道。天津市静海县东滩头出土了一只宋代木船,其平衡舵是迄今为止世界上最古老的舵。	清代对滦河水运的开拓,使承德很快就成为河北北部的一个商业中心。明代迁都北京后,在河北境内形成了7条以北京为中心的驿路。京张铁路火车之始。"立鄣守陵"石屋,建于清嘉庆十六年(1811年),被认为是我国现存最早驿铺建筑,也是我国邮政史上的活化石。	光绪八年(1882年),开平矿务公司工程师金达氏利用废铁旧钢制造小机车,驶于唐胥铁路上,是为我国国内造火车之始。京张铁路是由中国工程师詹天佑设计和主持修建的国内第一条铁路,全程200多公里,从柳村车站起,经西直门到青龙桥,沿关沟越岭,在八达岭过长城,出岔道城,再经康庄、怀来、沙城,宣化而达。	1954年,石家庄汽车修理厂通过自己设计改装成我省第一辆车车型为吉斯150型的客车。1960年,石家庄动力机械厂按照国家标准生产出了蒸汽机车ZM16-4型窄轨蒸汽机车,从而取代了各地自制或接管外国的落后机车。1976年,该厂又生产出380马力的内燃机车。1979年10月,我省地方铁路实现了货车载重20吨,并装有风制动。

续表

时期　　科目	原始社会时期	夏商周春秋战国时期	秦汉魏晋南北朝时期	隋唐宋辽金元时期	明及前清时期	晚清及民国时期	中华人民共和国建立至1980年
有代表性的成果、著作，人物创或新物点						张家口。为了尽快恢复和发展根据地经济的实际需要，晋察冀边区政府于1945年4月在涉县索堡正式成立了"太行运输公司"。	机，自动车钩，全展钢车轮运输车辆的历史跨越。
对产业发展的引领支撑作用	到了旧石器时代晚期，随着生产力的发展，人类转入了相对的定居生活。新石器时代末期，生产力有了较大发展，出现了三次社会大分工。	碣石港的建立使燕国的都会与辽西、辽东之间的经济联系更加密切，经考证，从碣石出发，向外可通过三条海路与外界交往：第一条是传统的沿海航线；第二条是由碣石港到转附海港（今烟台市）的直达航线，这是渤海海域海上交通的重大突破；第三条是绕过辽东半岛到朝鲜和日本去的航线。	当时，河北海运以碣石港为枢纽，将环渤海的华北平原、山东半岛和辽东半岛联系起来，形成了渤海海域的航运网络，而这个航运网络的形成标志着碣石港的历史发展进入了一个新的发展阶段。	为了将磁州窑的精美产品远销国家和地区美及东南亚等国家和地区，日本及朝鲜、山东，人们在沿子牙河河上区，顺滏阳河等各支游，流顺流东下，在沧州转至黄骅市海丰镇一带出海，史称此地为海上"陶瓷之路"。	光绪三十一年（1905年），袁世凯为使用于军事目的，他在海圻、海容、海筹、海琛等4舰装设无线电机，并在南海苑、保定、天津行营设机通报。同年，北京、保定、天津安装的火花电报机开始自办，这是河北省自办无线通信的开始。	1913年，北洋政府筹建了中国第一个飞行学校——南苑航空学校，并建成了一个飞机修理厂，为以后飞行人才的培养创造了条件。	新中国交通运输能力的提高促使工农商等各个行业经济飞速发展。
其他							

天文科技

时期＼科目	原始社会时期	夏商周春秋战国时期	秦汉魏晋南北朝时期	隋唐末辽金元时期	明及前清时期	晚清及民国时期	中华人民共和国建立至1980年
学科发展经济社会背景	从原始社会开始,我们的祖先为了采集、狩猎和农牧业活动的需要,通过观天象、定方向,定季节、告农时,逐渐积累天文知识,产生和发展了我国原始天文学。	夏、商、周三代以及春秋战国时期是河北省历史上的一个重要的社会转型期,学术发展方向、思想活跃,萌发了认知天体运行规律的思潮。	秦汉时期天文学得到了长足发展,初步形成了我国传统的天文学体系。其中尤为突出的是独具特色的历法体系形成。秦统一中国,"车同轨,书同文",又在全国统一施行颛顼历。	朝代更迭,地方割据,从统一到分裂又到统一,但是在该时期总体来讲封建体制基本成型,社会经济文化得到了空前的繁荣和发展。由于历代皇家天文机构,所以其发展还只是局限于官方天文机构。	明王朝建立以后将禁令扩展到整个天文学领域,尤其是禁止私习历法。全面禁学天文的做法,断绝了天文人才的来源,破坏了天文学发展的群众基础,从而导致中国天文学的发展出现低谷。	辛亥革命推翻了清王朝,结束了中国长达2000年的封建君主专制制度。五四运动使得中国历史由旧民主主义到新民主主义的转变。"反对帝国主义侵略"成为这一时期的鲜明主题。	中华人民共和国成立后,文化科技事业开始复苏。中国科学院接管了原有的各天文机构,进行了调整和充实。河北省的天文文化教育和天文研究开始起步。
科学技术发展状况	原始天文学萌芽阶段。能够利用太阳辨认方向,同时依靠对天象变化的观测逐渐创制原始历法。	由物候历逐步过渡到天文物候历,并逐渐发展为数量化的天文历法;由氏族图腾崇拜发展到观象授时观象祭占,逐渐认识了日月及星空变化的周期。	不仅产生了一系列极为重要的新发现,而且在恒星观测、天文仪器制造计算和历法制定等方面也取得了不少新的成就,从而为中国天文学的进一步发展打下了良好的基础。	天文历法走向成熟乃至元代推向辉煌。主要标志是历法的进一步规范。为了制历需要而创建和改造了大量的精密天文仪器,并修建天文台。	天文仪器有所修缮,但是没有突破性成果。随着西方耶稣教会传人中国,西方天文知识也逐渐传人,但是范围比较有限。	帝国主义入侵后,在修建教堂开展文化传播的同时也带来部分的天文科学知识,但是国内外天文学的差距越来越大。	恒星天文学,天体物理学理论,天体观测等方面的研究成果卓著。
在国内外所处位置或水平	农牧业生产的发展要求准确掌握时令季节,观象授时是生产之必需,也是最早的天文活动。	当时人们在对物候判断和把握方面居于领先水平。	该时期是天文学人才辈出的时代,涌现出众多成就卓著的天文学家和精通天文历法的学者。	中国的古代历法和天文观测走在世界前列,该时期中国的天文贡献主要是由河北籍科学家做出色他工作而取得的。	明清时期由于都城,所以河北地区天文学的发展代表当时整个中国的天文学发展状况。	天文学作为自然科学的基础理论研究进入一个沉寂阶段。	河北省境内兴隆观测天文台建立,以及河北的地方大学和科学院逐步增加天文类专业,为河北天文学的发展作出了贡献。

时期＼科目	原始社会时期	夏商周春秋战国时期	秦汉魏晋南北朝时期	隋唐宋辽金元时期	明及前清时期	晚清及民国时期	中华人民共和国建立至1980年
有代表性的成果、人物或创新点	圭盘,是一个用土或用石制成的圆盘,中心插上木杆,以主卜心捕之数,从中掌握日影之数,一年四季阴阳的变化。天象的周期变化与物候之间有必然的相关性,通过观察天象就能确定季和年的变迁。	尹皋(赵人)所创占星术在当时有一定学术地位,与甘德、石申齐名,但是其著作失传。荀子的天道观具有唯物主义色彩。《荀子·天论》提出"列星随旋,日月递照"是天体运行的自然规律,不以人的意志为转移,此观点是其伦理思想和政治思想的理论基础。	祖冲之首次将岁差引入历法,编制了《大明历》,张子信发现了天于太阳运动不均匀性,五星运动不均匀性和月亮视差对日食的影响等现象。	历术的进步使得天文工作者发现历法与实际天象出现较大误差,从而及时编制新历,并出现了许多很有特色的历法。刘焯引进定气编制了《皇极历》;创立"等间距二次内插法"公式来计算日、月、五星的运行速度。一行在天文仪器制造、大地测量、编制《大衍历》三个方面作出重要贡献。王询、郭守敬等人编制《授时历》;郭守敬主持建造大都司天台,修建天文仪器,主持"四海测验",编制星表。	邢云路在《古今律历考》中详尽陈述了历代历法得失,并明确提出行星之所以运动是受太阳牵引的结果,这与普勒的思想有异曲同工之妙。薛凤祚,在其编译著作《历学会通》中,首次引进对数、三角函数对数,系统地介绍了欧洲天体运动的计算方法。	赵进义著有《天体力学》;程茂兰对光度测定和光谱分析的研究。此时人们主要是了解和学习了西方天文学的理论知识,自身没有开展特色的天文学研究,在技术方面停滞不前。	程茂兰论证并实测过多种光学能谱曲线,在推动实测物理的发展,推动建造北京天文台兴隆观测站过程中起到重要作用。

续表

时期 科目	原始社会时期	夏商周春秋战国时期	秦汉魏晋南北朝时期	隋唐宋辽金元时期	明及前清时期	晚清及民国时期	中华人民共和国 建立至 1980 年
对产业发展的引领支撑作用	农业的发展需要天文知识的支持，反过来，逐渐形成的天文学又加速了农业的发展。	天文学知识的社会化促进了社会文明的发展。	该时期对行星视运动不均匀性的发现对后世的天文研究、历法制定有着重要意义；另外，祖冲之等人对一些天文常数的推算已非常精确，使得这一时期的天文学家在日月食的推算和预报方面取得了很大进展。	提高了历法和天体测量精度，突出了实际实验测量的地位，为实测天文打下了基础。	明代"限历"政策阻碍了古代天文学的发展，但是客观上为西方天文学知识的传入，为中西方天文知识观念的交流创造了条件。	并无显著作用。	作为光学的观测基地，天文学技术发展的基地和天文教育的科普基地，河北兴隆观测站担负着国家重要的天文观测研究及教育任务。
其他							

数学科技

时期 / 科目	原始社会时期	夏商周春秋战国时期	秦汉魏晋南北朝时期	隋唐宋辽金元时期	明及前清时期	晚清及民国时期	中华人民共和国建立至 1980 年
学科发展经济社会背景	此阶段，先民们首先要解决的是生存问题，即向自然界谋取基本的物质生活资料。	河北居燕赵富庶之地，应属周朝各诸侯国中的佼佼者，其农业、商业、水利工程、建筑等处于领先地位。先秦时期是中国文化发展的第一个高峰期，在这个时期，百家争鸣，学术思想空前活跃，数学的发展也达到了第一个高潮。	这一阶段的中国战乱不断，王朝更迭比较频繁的时期，但与农业生产和天文历法密切相关的数学却取得了巨大进步。	此阶段的数学发展继续服务于农业生产的需要，在天文历法的理论研究方面也有重大进展。	明清之后中国古代数学开始衰落，有政治、有历史的原因，也有中国数学本身的原因。	西方数学经过了"传入"、"消化"和"再传入"三个阶段，前后大约250年的时间。到20世纪初中国数学家们已经开始在现代数学的若干领域做出了成绩，中国数学的发展进入了一个新的时期。	随着河北省高等教育的发展，河北数学开始在基础数学领域迅速发展，逐渐形成了以河北大学、河北师范大学、河北大学、河北工业大学（前身为河北工学院）等为核心的数学研究基地。
科学技术发展状况	具有了初步的形与数的观念。	数学的发展达到了第一个高潮，无限思想在此期间开始萌生，并在此期间很多方面已经有了应用。	在代数和计算数学方面发展迅速；为天文历法的改进提供了有力的数学工具。	完成了方程的布列以及求解。	中国传统数学开始衰落，西方数学开始传入中国，并被逐渐消化吸收。	由于区位临海以及背靠京、津，河北成为西学东渐的前哨阵地。	解放后河北地区具有比较优势的研究方向：函数论、代数拓扑学、代数学、方程和动力系统、组合数学等。
在国内外所处位置或水平	这一时期的先民为了便于生产已经可以制造出一定形状的工具。	没有史料具体记载此阶段河北的具体数学工作，总体上中国数学还处于资料积累阶段。	此一阶段的数学处于世界领先地位，特别是圆周率一组率，早于欧洲1100年。	天元术的总结并完善成为中国独特的半符号代数，这种半符号、号代数的产生，要比欧洲早三百年左右。	从元末到明末的300年间，除了珠算有了飞跃的进步外，没有产生一项世界一流的数学成果。	学习西方数学是这一时期的主要特点。	在这函数论、代数拓扑学、代数学、方程和动力系统、组合数学等领域受到了国内外数学界的高度关注。

续表

时期\科目	原始社会时期	夏商周春秋战国时期	秦汉魏晋南北朝时期	隋唐末辽金元时期	明及前清时期	晚清及民国时期	中华人民共和国建立至1980年
有代表性的成果、著作、人物或创新点	以北京人和山顶洞人为代表，有了关于形和数的观念。由于狩猎、制造石器等生产活动中逐步形成了对数和形的初步认识。	思辨中的无穷思想在这一时期有了具体阐述。代表作为湖北荆州出土的《算数书》。	著名数学家有祖冲之、张丘建、刘焯、甄鸾等。以祖冲之、祖暅父子为代表，在圆周率、天文历算以及利用祖暅原理求体积等方面的成就最突出。同时《张丘建算经》研究了等差级数、线性方程组、二次方程、重差等应用等方面的问题。	宋元时期是中国古代数学发展的又一高潮。著名的"宋元四大家"，河北享有"两大家"，即李冶、朱世杰。重要成果是天元术和列方程次求解同海问题。李冶杰著《测圆海镜》、朱世杰著《四元玉鉴》。	珠算有了飞跃性的进步。到了明中叶之后，末元时期的算学书籍大多散失，甚至连一些数学书籍的内容也有看不懂的地方。	北洋女师范大学（今河北师范大学的前身）等学校设立了算学科或数学科；河北清苑于振善发明尺算；梁生礼在《中国科学记录》第16期和第26期上分别发表数学论文。	河北省数学研究传统深受中国科学院、北京大学等数学研究中心的影响，不仅取得了一批高水平的研究成果，受到了国内外数学界的高度关注，并且逐渐形成了结构合理、实力较强的研究团队，使得河北省的数学研究进入了快速发展时期。
对产业发展的引领支撑作用		虽然从现有史料中还没能发现当时燕赵籍的数学家的具体记载，但从后世数学名家辈出的史实来推断，那时的河北地区也应是数学水准较高，数学应用较为发达的地区。	数学的发展使中央集权对各地方生产划分有着支撑作用。	在元末明初，中国数学理论发展达到了顶峰，其中元以"宋元四大家"为代表。而在其后，数学的发展方向偏重于应用，特别是与天文历算、河工水利以及测量学与机械制造等相结合，有一些重要成果。其中，郭守敬堪称应用数学方面的杰出代表。	两次"西学东渐"使得西方数学开始传入中国。	西方数学逐渐传入、消化、吸收。同时，中国传统算学也有所发展。	解放以后，河北工业、农业、科学技术和国防现代化水平强劲提升。这一切离不开数学的发展。
其他							

物理学科技

时期 / 科目	原始社会时期	夏商周春秋战国时期	秦汉魏晋南北朝时期	隋唐宋辽金元时期	明及前清时期	晚清及民国时期	中华人民共和国建立至1980年
学科发展的经济社会背景	旧石器时代,人类只能制造简单的石器,通过狩猎和采集维持生活。到了旧石器时代晚期,随着生产力的发展,人类转入了相对的定居生活。新石器时代末期,生产力有了较大发展,出现了三次社会大分工。	夏、商、西周大部分时同处于青铜器时代,出现了掌握技术的社会"百工"。春秋战国时期是生产力大发展的时期,社会阶级关系发生了重大变化,不同观点、不同流派的学说应运而生,形成了"诸子风起,百家争鸣"的活跃局面。	秦汉封建专制时期,冶铁技术得到了迅猛发展。此时的社会生产力和国民经济得到了进一步发展。三国魏晋、南北朝时期,虽然社会基本处于动乱之中,但农业技术和耕作制度有较大发展。	隋唐时期,社会经济发展迅速,科学技术璀璨夺目,是中国封建社会发展的一个极盛时期。唐代的经济繁荣发展为宋代科学的发展打下了坚实的基础。宋、元时期是河北传统物理学迅速发展时期。	社会生产力有所提升,与此同时,封建专制主义统治空前严重。明清实学为科学技术的发展注入了全新的活力。从明万历年间(16世纪末叶)起,西方科学技术开始大规模传入中国,史称"西学东渐"。	自1840年的鸦片战争后,西方文明猛烈冲击着古老的中华文明。统治阶层中的有识之士目睹了西方文明先进、中国落后的现实,提出"师夷长技以制夷"的主张。此后,历经洋务运动、维新变法,清末新政三次改革,近代科学技术全面传人中国。	在中国共产党的领导下,河北人民同全国人民一样,全力恢复国民经济。河北省工业、农业、科学技术和国防现代化水平强劲提升。
科学技术发展状况	投掷、矛尖、杠杆等力的发明;弓箭、火的发明使用,表明河北先人对力学知识以及热学知识取得了初步的经验认识。原始社会时期是河北原始物理学的孕育和萌动阶段。	青铜技术进步,冶铁技术成熟,促进了机械制造技术的进步,同时期积累了大量物理学知识。古代力学理论初步形成,并提出了有关热学、几何光学的初步理论,是河北古代物理学奠基阶段。	秦汉时期完成了生产工具和兵器的铁器化进程,凸轮传动、链传动、曲柄连杆传动得到广泛应用。三国、魏晋、南北朝动乱时期,物理科学技术有明显进步;是河北传统物理学发展阶段。	河北传统物理学繁荣——当时的鼎盛阶段。河北在铸造、矿冶、陶瓷和织造技术上独领风骚。对力学、热学、声学、空气动力等知识的理解不断提高。	伴随"西学东渐"的进程,河北传统物理学逐步衰落。煤炭开发、冶金、陶瓷、铸造、建筑以及水利建设和大地测量技术有明显进步。	河北近代工业和科学技术,肇始于19世纪60年代起的洋务运动。辛亥革命尤其是五四运动以后,河北物理科学技术迎来了一个新的历史时期。民国时期是近代物理学西学东渐阶段。	新中国成立以来,尤其是改革开放以来,河北物理学获得了长足的发展,取得了一大批关乎国计民生的科技成果,创造了物理科技发展史上的奇迹。

续表

时期＼科目	原始社会时期	夏商周春秋战国时期	秦汉魏晋南北朝时期	隋唐宋辽金元时期	明及前清时期	晚清及民国时期	中华人民共和国建立至1980年
在国内外所处位置或水平	泥河湾文化、磁山文化以及"北京人"展示的人类演化过程,表明河北是我国物理科学文化发祥地。	作为生产力发展的重要标志,冶铜、冶铁,制范和机械制造技术在国内乃至世界均处于领先水平。《墨子》为独树一帜的唯物主义代表作。	秦汉时期,物理河北科学技术取得了许多重大成就,居世界领先地位。	宋、元,明初的河北物理在龙骨水车、活塞风箱、独轮车、风筝、竹蜻蜓、走马灯、弧形拱桥、铁索吊桥、闸门,造船技术等方面,有不少领先于世界的重要科学成果。	西方科学技术以迅猛的速度和强大的后劲将我还在封建泥路上蹒跚而行的中国科学技术甩在了后面。河北传统物理学成就和西学东渐成果在全国名列前茅。	近代科学技术在在社会生产生活各个方面越来越被广泛深入的应用,特别是与工业的紧密结合,促进了河北向现代社会迈进步伐。此而始,河北物理教育近代物理科学技术走在全国前列。	通过技术改造、改革,河北工业水平显著提高,特别是随着全省多项技术改造和项目引进以及一些大型骨干企业的建成投产,缩小了与国内、国际先进水平的差距,有力地推动了河北经济的快速发展。
有代表性的成果、人物、著作或新物或创新点	姜家梁墓地出土的随葬品"玉猪龙";隆化西官地出土的"手斧";侯家窑遗址发现的石球;正定南杨庄和磁山文化遗址出土的石磨盘、石磨棒;蔚县三关遗址出土的敛口彩陶"钵"和小口尖底提水陶罐;其中陶器的制作和使用体现了古人对火的认识和利用。	藁城台西晚商遗址出土的石磬、铁刃铜钺;平山中山王墓出土的铜版建筑设计平面图——《兆域图》;邯郸郑北张出土的带有刻度尺的战国铜尺;石家庄市市庄村赵国遗址出土的熨斗;易县燕下都出土各种铜铁兵器、轮镈、衡器;自然观方面有以《荀子》。	围场县出土秦代铁权;顺平出土汉代管藏六角形的釭;满城汉墓发掘所见圆筒状铁铜;满城西汉中山靖王刘胜及其妻窦绾墓出土长信宫灯,汉洗、壶漏等众多精美铜质艺术品及钢剑,铁甲等;邺城三台遗址;娲皇宫;董仲舒《春秋繁露》;为任圣继绝学的墨学鲁胜《墨辩注》;《北齐书》方技綦毋怀文传;张华《博物志》;其同张	铸造于后周的沧州铁狮子;束水攻沙——宋代僧怀丙;烧绿陶瓷窑内温度的火照;正定开元寺钟楼;正定隆兴寺转轮藏阁;隋代赵州桥;中世纪伟大的工程力学家——宋僧怀丙,唐代名僧一行(张遂);天文仪器制造家邢邵守敬;固安县郭守敬;古音古乐被誉为"古乐之魂"。	举世瞩目的清代两次大地测量;束水攻沙与放淤固堤理论在河北水利建设上的应用;明清长城和各类宫廷建筑、园林建筑、佛教建筑;力学、声学、热学、光学、避雷技术等物理知识的应用随处可见。火药武器和喷射技术有了长足进步。	天津机械局成立;中国第一条电话线;第一条铁路;第一辆汽车;第一座桥梁厂;第一家现代化玻璃厂;第一台飞机发动机;近代纺织厂;直隶人大代水泥厂;近代炼铁厂;詹天佑主持修建滦河大桥和京张铁路;刘仙洲编写《中国机械工程发明史》。	我国第一对现代化大型采煤竖井;第一台伸臂式超大型架设机;第一个大水力采煤机;第一台1.2万千瓦供热机;第一个水电业基地;第一条24路微波电路;第一台动力铸铁钢炉;第一颗原子弹所用的遥控设备;第一批模拟散射通信设备;第12路唯一的置岩谱定点生产企业;第一台高程置泥浆泵;第一台抽水蓄能发电机组;第

河北主要学科科技发展脉络表

续表

时期 科目	原始社会时期	夏商周春秋战国时期	秦汉魏晋南北朝时期	隋唐宋辽金元时期	明及前清时期	晚清及民国时期	中华人民共和国建立至1980年
有代表性的成果、著作，人物或创新点		为代表的朴素自然观和自然哲学。	子信、祖冲之、信都芳、郦道元等众多科学家各有发现。				一架"运五"飞机；第一部军用数字微波接力机；第一台高压单晶炉；第一个自行研制的数字卫星通信地面站；第一台"近地回收式卫星"用遥控设备；第一条双线电气化开行重载列车铁路；第一台60万伏高能离子注入机；第一台 YZB-50/70 型液压注浆机；第一台高压高效率摆线齿轮式液压马达；第一台超轻型飞机；第一台50万伏超高压变压器；第一座5万吨级船坞。

续表

时期＼科目	原始社会时期	夏商周春秋战国时期	秦汉魏晋南北朝时期	隋唐宋辽金元时期	明及前清时期	晚清及民国时期	中华人民共和国建立至1980年
对产业发展的引领支撑作用	制造工具和学会使用火,被认为是人类演化过程中两个最重要的里程碑。	物理学知识的发展与社会分化和生产力的发展相辅相成。	犁、耧、耧车、扬车与纺车标志着物理知识在农业生产上的广泛应用;指南车、计里鼓车的发明是物理知识在军事上的应用;马排、牛排、水排等鼓风和汲水设施对冶金、铸造等工业部门的发展意义又重大。	古代物理学应用几乎涉及所有产业部门,而且在理论和技术方面均达到相当高度。	传统物理学对产业发展仍有持续支撑作用;西方近代物理学处于渐入状态。	以蒸汽、电力为动力,机器生产技术的引进与应用为主要标志,这一时期各产业部门得以升级换代,科学技术推动生产力的杠杆作用和革命意义十分明显。	物理科学技术取得了丰硕的研究和应用成果,已经成为河北国民经济发展的强大引擎。
其他							

化学科技

时期 / 科目	原始社会时期	夏商周春秋战国时期	秦汉魏晋南北朝时期	隋唐宋辽金元时期	明及前清时期	晚清及民国时期	中华人民共和国建立至1980年
学科发展经济社会背景	对泥土性质和用火经验的积累，在原始农业经济发展到一定阶段后，对新材料和生活器具的需求，导致河北出现细石器、磁山、仰韶、龙山等四个有陶新石器的典型文化发展阶段。	处于奴隶社会从产生到结束的整个发展时期，河北从过去受影响区成为中心区之一。在奴隶社会经济向封建社会转型期，对材料的发展推动了生产工具和生产力的发展。	处于封建社会创始之初的上升期。封建式生产关系的形成，促进了生产的良性需求和发展；民族同的军事冲突也促进了金属制兵器材料的优胜劣汰。	处于封建社会顶峰时期的开始阶段。邢窑成为河北新兴经济增长点；定窑代表着这一阶段河北陶瓷经济的高端，磁州窑成为当时颇具特色和规模的陶瓷经济的代表。	处于封建社会逐渐走向衰落的阶段，河北作为国内化工中心之一的地位也逐渐失去。	国外列强侵略，封建王朝灭亡，新旧民主革命的此起彼伏，河北也同国家经济一样在抗争与新生中求得发展，从客观上也促进了化学技术的西学东渐。	以国家主导的计划经济，对当时积贫积弱、百废待兴的半封建半殖民地的国家经济基础提供了强大的支撑，也注入人了不可或缺的理性、智慧和活力。
科学技术发展状况	首创复合硅酸盐材料新材料，并通过控制氧化还原完成成色结果的控制。	以经验技术实现无机硅酸盐材料的深度烧结，铜盐向铜单质的转化，铁的氧化物向铁单质或碳铁合金的转化。	陶器向瓷器转化的升级换代；由块炼铁向渗碳钢、百炼钢实现由生铁向炒钢转化的化学阶段。	代表着国内瓷器生产的创新技术大量出现。	在原有陶瓷、冶炼优势基础上，制盐、酿酒和造纸业又成为实用化学工艺的新亮点。	属于传统化学手工艺，近代西方化工、自主创新技术的结合时期。	学习、引进和推广了许多解放前没有的现代化工技术，彻底改造了中国传统的化学工业技术，使之服务于现代社会经济。
在国内外所处位置或水平	河北地区处于几个典型的原始制陶文化的影响区而非中心区，有陶新石器时期、制陶技术相对落后。	陶瓷技术相对落后，青铜技术高超，冶铁技术具有代表性。	冶铁和铜器制作有代表性，陶瓷接近于国际水平。	河北制瓷技术处于国内同类技术的领先水平，有着鲜明的代表性。	有地方特色，但整体上无明显优势。但个别领域有创新发展。	天津、唐山、秦皇岛等产业技术水平较高，其他地区技术优势不明显。	由计划经济统筹，一部分新上的化工产业技术在全国内占据优势地位。

时期 / 科目	原始社会时期	夏商周春秋战国时期	秦汉魏晋南北朝时期	隋唐末辽金元时期	明及前清时期	晚清及民国时期	中华人民共和国建立至1980年
有代表性的成果、著作、人物或创新点	代表作为夫砂质的陶支架(细石器)、陶盂、三足钵等(磁山)。以经验技术实现了氧化铁系列化合物的互变以及金属盐类向金属氧化物的转变。在用火实践有化学手段创造了一种自然界中没有的新材料,即新功能的复合硅酸盐材料,并通过温度和氧化气氛的控制实现了氧化铁对成色结果的控制,使得红陶、灰陶和黑陶等产品相继出现。	代表作为铁刃铜钺、铜锄范、中山国青铜器、燕下都铁器。青铜器衰减,出现了氧化铁和含硅物质实现钢中兴,铁器初具规模的材料物质交替发展的阶段。青铜的出现,体现了将碳式碳酸铜、氧化锡和硫酸铅等矿物原料转化成金属单质,进而调剂金属熔铸成合金的能力;进一步发展了将氧化铁还原成铁或碳合金的技术能力。	这一阶段出现了用氧化铝降低复合碳酸盐、硅酸盐熔点的成釉技术;出现了用氧化铁和含硅物质实现高碳铁减碳替代发展的新技术。代表作青瓷、白练、铸铁、百炼钢、错金银青铜器及长信宫灯等鉴金皿。这一时期,素陶向釉陶、瓷器转化以及高含量的氧化铝、硅酸盐材料的深度烧结和氧化铝促进复合无机盐低温熔融技术,实现三者统一;鉴金青铜技术保持领先地位;介于生铁和熟铁间的均相碳铁合金出现。	代表作为邢窑的白瓷,定窑的牙白瓷,磁州民窑绘彩氧化铁锈彩绘饰瓷器等。高含量的氧化铝和低含量的氧化铁、碱金属氧化物、碱土金属氧化物以及钙镁釉成分,成为这个时期河北瓷器的代表性创新点。总结各选择调整原料中的低熔点氧化物(钾、钠、钙、镁)、高熔点色氧化物(铁、锰等)的比例及反应温度,得到了国内高质量瓷器特别是白瓷。	代表产业为冶铁、制盐、酿酒业、陶瓷业和造纸业等。冶铁业实现了四氧化三铁从原矿中的选矿分离,实现了较大规模的高炉生产;制盐实现了氯化钠从复杂混合的无机盐溶液中高质量的分离;造纸业从植物中的有效分离。经验技术上的盐类分离技术、糖类向乙醇的转化技术、纤维素的分离技术术在新产业中逐步发展。	"三酸两碱"等基础化工,水泥、玻璃等有机盐化工,印染等硅酸化工在近代化工产业中从无到有,从小到大,并从模仿到自主创新。代表产业为军火、制碱、水泥、玻璃、印染等。代表人物为范旭东、侯德榜、陈调甫、张克忠等。实现了从实验化学工艺向实验化学科学技术和化学科学技术的转型,从中国早期作坊式生产向近代规模化的化工生产转型;初步实现了中国化工生产的自主创新。	从基础化工到精细化工,从化工技术到化学科学,都实现了全面的发展,开始凸显化学科学与化工技术互相促进、协调发展的局面。具有代表性的包括化肥、石油化工和有机化工原料、化学农药、感光和磁性记录材料等,显示了化工行业中的技术创新和大规模对现代河北经济发展的推动作用。其中,以邹仁爱为首的一批研究人员成为现代化学化工的代表性人物,其理论创新在国内和国际同行中独树一帜。

续表

时期＼科目	原始社会时期	夏商周春秋战国时期	秦汉魏晋南北朝时期	隋唐末辽金元时期	明及前清时期	晚清及民国时期	中华人民共和国建立至1980年
对产业发展的引领支撑作用	从细石器到龙山文化的陶器改变了原始人的生活方式,生活质类和产业结构,陶器制造使产业出现了第二次分化。	陶瓷、青铜、铁器的新旧材料更替,对扩大产业规模促进产业分化和对自由农业经济化的形成起到推动作用。	铁器产品极大提升了工具材料的性能,对农具和兵器的换代发展起到重要的推动作用。	引领了当时白瓷生产的潮流,体现了河北官窑和民窑的重要特色,推动了当时瓷器的规模发展。	对产业总体发展有支撑,但缺乏往日的引领作用。	制碱等优势技术起到对国内外产业的引领,其他技术则起到了对相应产业的重要支撑作用。	化肥和感光材料等产业能起到对国内产业的引领,其他技术更主要体现对国家相应产业的支撑。
其他							

地理学科技

科目　　时期	原始社会时期	夏商周春秋战国时期	秦汉魏晋南北朝时期	隋唐末辽金元时期	明及前清时期	晚清及民国时期	中华人民共和国建立至1980年
学科发展经济社会背景	东方文明的发源地之一——泥河湾遗址距今已有200多万年的历史,是中国人类起源的摇篮。此后,距今约70万年前的北京猿人也曾栖息、生活在河北省境内。	战国时期,诸侯割据,战事频繁,由于战争的需要,地图有其所具有的特殊地位而受到重视,对制图的科学性要求也越来越高。	秦代建立了第一个统一的多民族国家,结束了战乱,对经济和科学技术的发展产生了积极影响。汉承秦制,经济获得较快发展。三国、魏晋南北朝时期,河北地区饱受战乱影响。	唐代是我国封建社会的盛世,当时的政治、经济、文化、教育、艺术和科技在世界上均处于领先地位。	明代中叶,我国的船舶制造、航海技术、冶金、纺织、制瓷等处于世界领先地位。明朝末年,西方传教士来到中国,他们用西方的科学技术作为敲门砖来打开在中国传教的大门,同时也给中国科技和思想文化界注入了新的活力。	辛亥革命在政治上推翻了清朝的统治,结束了中国的封建专制制度,但是由于军阀割据,外敌入侵、内部战乱和国民党的独裁统治,经济发展较缓慢。	动荡的战乱局面结束,国家进入和平建设时期,社会经济快速发展,尤其是改革开放以来,迎来了科技发展的第二个春天。
科学技术发展状况	生产力水平低下,人类祖先生产和生活的地理范围有限。地理知识处于萌芽时期。虽然没有文字记载可以说明当时对地理的认识,但种种证据表明,这一时期的人们已经具有了一定的地理知识。	此一时期古代地理学奠基期。地图绘制技术获得了迅速发展和提高。	古代地理学在这一时期持续发展,开创了我国古代写实地理学的历史,对地理事物定量描述;开拓了水文地理学、旅游地理学、生物地理学、能源地理学等众多领域。	在对地图标注方面有所创新,对冲积平原的成因首次进行了正确解释,并在天文测量等方面成就突出,是我国传统地理学的巅峰时期。	此时期为地理学科转型期——在一定程度上吸收西方成果,在大范围内实地测绘,在制图时使用比例尺,在后期创办小地学会刊。	在局势动荡,缺少经费和政策支持的条件下,现代地理学初现端倪。但是此时期学术研究基本是出于地理学家自身的学术热情,技术发展较缓慢。	旨在为建设新中国服务,为劳动人民服务的地理科学走上建制化道路;在测绘、水文、气象等方面成果突出。地理学在新时期快速发展。

续表

时期 科目	原始社会时期	夏商周春秋战国时期	秦汉魏晋南北朝时期	隋唐宋辽金元时期	明及前清时期	晚清及民国时期	中华人民共和国建立至1980年
在国内外所处位置或水平	从旧石器时代起,历经中石器、新石器时代,早期人类的遗址遍布河北各地。	战国中山王墓发现的《兆域图》(铜版)比目前发现的世界上最早的制图的实物在科学性方面更为精确,这表明我国古代在制图学方面处于世界领先地位。	郦道元在我国地学史上成就卓著,他的贡献在当时的世界范围内也是非常罕见的。被李约瑟认为是"中国古代最伟大的地理学家"。	地理制图有所创新,地图中以黑色书写古时地名,用红色书写当时地名,"今古殊文,执习简易",这是我国古代制图史上的一项创新,也为后世地图绘制者所沿袭。	清初的全国地图测绘工作在世界测绘史上都是前所未有的创举。张相文在《地文学》中将生物学纳入地理学范畴,"在世界地学史上,可以说是一种可贵的创举"。	中国地学会、中国地理学会的先后建立,对推动全国地理科学发展起着举足轻重的作用。	1955—1966年期间,河北省地理科学的发展居于全国前列。
有代表性的成果、著作、人物或创新点	易县北福地村附近发现的太行山史前村落遗址属新石器时期,距今有7000至8000年之久,总发掘面积1200余平方米,其中分布着10座史前人类生活的房址,保存完整,分布集中,平面布局也有一定规律。北京猿人穴居,东明林人的风水意象,磁山人的天文气象。	战国中山王墓发现的《兆域图》(铜版),是一幅制作极为精细,极为完整的墓域平面图。地图的基本要素包括图形符号、比例尺、方位和经纬度等内容,在《兆域图》上除了经纬线外,其他地图要素都有不同程度的表示。刻划在铜版上的《兆域图》不仅便于保存,而且成图后图面的变形和伸缩较小,有利于正确进行图面计算。	郦道元的代表作《水经注》是一部具有高度学术价值的地理学专著,在自然地理的许多分支如地貌学、气候学、河流水文学、动物地理学、植物地理学,以及人文地理学的许多分支,交通运输地理学、人口地理学、文化地理学、城市地理、旅游地理学等方面,都保存有十分丰富的资料。国际地理学会长希霍芬认为他赢得了"世界地理学先驱"的国际声誉。	唐代贾耽著有《关中陇右及山南九州图》、《古今郡国县道四夷述》。唐代李吉甫所撰《元和郡县图志》是历史上现存最早又是我国现存最完整的地方总志。唐代一行首次测量地球子午线长度。宋代沈括对华北冲积平原的成因作出了科学的解释,是世界上这方面最早的研究成果。元代郭守敬在天文、数学、水利及科学仪器等方面著,由于《水经注》包罗宏富,后人	清康熙年间,我国第一次采用地图投影方法在实测的基础上绘制了《皇舆全览图》。《皇舆全览图》用经纬图法、梯形投影,比例1:1400000,是亚洲当时所有地图中最好的一份,而且比当时的所有欧洲地图都更好,更精确"(李约瑟)。这主要表现在:(1)在世界上是最早采用以子午线上每度的弧长来决定长度标准;(2)首次发现经纬一度的长度不等,为地球椭圆体提供了重	《地学杂志》先后出版181期,发表研究地学的理论文章1600多篇。1923年中国地学会迁到北京。1934年由翁文灏等发起成立了中国地理学会,创办了《地理学报》,标志着我国近代地理学已经形成。	河北省第一个地理教育专业机构成立于1950年秋,河北省第一个地理科研机构——中国科学院河北省分院地理研究所成立于1958年下半年。河北省内的地理科学考察和研究工作取得成就显著,1958年编写了河北省第一部区域经济地理专著《河北省经济地理》。同年,首次进行了河北省综合自然区划,1960年,完成了《河北省地图集》的编辑工作。

续表

续表

时期／科目	原始社会时期	夏商周春秋战国时期	秦汉魏晋南北朝时期	隋唐宋辽金元时期	明及前清时期	晚清及民国时期	中华人民共和国建立至1980年
有代表性的成果、著作、人物或创新点			对其进行了大量的研究,形成了门类浩瀚的"郡学"。刘劭的"人物志"和张华的"植物志"。	制造等方面的许多发明创造在当时处于世界领先地位,其中有十项属于世界之最。	要实证;(3)这次测绘工作是中国第一次采取科学的经纬度测量法绘制地图。1909年9月28日,中国地学会在天津正式成立;1910年2月,中国地学会刊《地学杂志》创刊。		
对产业发展的引领支撑作用	最初的渔猎时代,指导人们选择适宜居住、捕鱼,狩猎,采集的地方;新石器时代,指导人们确定适宜地种植的农作物品种,掌握时令,更好地开展农牧业生产。	当时各国都绘制有本国的地图,在军事、经济建设等方面发挥了重要作用。	地理学的发展对于水利建设等经济活动发挥了指导作用,促进了经济社会的发展。	经济的发展促进了地理科学的快速发展,地理科学的进步又对经济社会的发展起了支撑作用。	现代地理思想开始传入,改变了人们对世界的认识,也改变了人们的思想观念,使人们更加渴求新科学,新技术,促进了社会发展。	现代地理学的建立对现代工业、交通等业的合理布局起了重要的引领作用。	地理学研究成就对正确处理人地关系,因地制宜、合理利用自然资源、工农商等业的科学布局等诸多领域提供了科学依据。
其他							

地质科技

时期 / 科目	原始社会时期	夏商周春秋战国时期	秦汉魏晋南北朝时期	隋唐宋辽金元时期	明及前清时期	晚清及民国时期	中华人民共和国建立至1980年
学科发展经济社会背景	人类从诞生之日起就始终关注着赖以生存的地球资源和环境状况，始终关注地球的发展和变化。他们掌握了锤击及砍砸技术、火的使用技术和制陶技术，使他们不断认识地球，不断适应和改造生态环境。	据史料记载，这一时期出现过多次大规模的自然灾害。古人对于地质作用的知识，最初就是在与洪水和地震等自然灾害的斗争中获得的。	大多数时期疆域的统一使河北地区连成一片，地域的辽阔使得对大跨度的地质现象有所认识。此时的社会生产力和国民经济得到了进一步提高，对于天然能源的发现和利用取得显著成就。	隋唐时期，社会经济发展迅速，科学技术灿烂夺目，是中国封建社会发展的一个极盛时期。经济实力的强大从而可以支持大规模的地质活动。	资本主义的萌芽业已出现，但因多种因素而未发。明清政策推迟了地质学的引入和自我发展。	由于学科内部以及外在的双重因素，中国近代地质学并没有从中国古代地质知识中发展起来，而是从引进、传播西方新兴地质科学的过程中发展起来。	新中国的诞生，为中国现代地质学和中国地质事业发展开辟了广阔道路，从此，地质工作名副其实的列为国家经济建设的先行地位。
技术发展状况	古人掌握了比较熟练的锤击、打片、剥片及砍砸等原始锤打技术；开始逐渐掌握制陶技术并把摸索作为技术基础的地质知识。	矿物岩石知识得到积累，地质作用知识有了原始认识，产生了原始的包含地质学内容的文献。	对于石油和煤等天然资源开始发现和利用；金刚石与琢玉的工法并用，使琢玉的工艺提高到一个新水平。对地震作用的深化，有了扩展并出现了专门研究水道的《水经注》。	唐代开始有了地质地貌图件的编制，出现了地学方面的专门著作，地质思维和地质理论方法论也有长足发展。	有关河北地震和岩溶洞穴的历史记录相当丰富，对于风的记录作用有了一定认识。	介绍地质名词，翻译地质类书籍；培育地质研究先驱，筹建地质研究所，调查、系统的进行地质的、系统的进行地质调查和矿产勘查。	深入河北地区全境，进行大规模系统的地质调查；注重新理论、新方法和新技术对于区域地质调查和矿产普查勘探的指导作用；培养了大批优秀的地质人才。

续表

时期　科目	原始社会时期	夏商周春秋战国时期	秦汉魏晋南北朝时期	隋唐宋辽金元时期	明及前清时期	晚清及民国时期	中华人民共和国建立至1980年
在国内外所处位置或水平	这一时期人类所认识的地质知识非常局限，但它却是人类熟悉生态环境、认识地质知识的萌芽阶段。	中国是世界上最早识铜、采铜、炼铜的国家之一；大城山遗址发现我国最早经过打制的自然铜质铜牌，距今有4000年之久。	郦道元的代表作《水经注》是一部具有高度学术价值的地理学专著，在自然地理学以及人文地理学的许多分支方面，都保存有十分丰富的资料。由于《水经注》包罗宏富，后人对其进行了大量的研究，形成了一门内容浩瀚的"郦学"。是我国地理学发展史上的一座里程碑。	元代郭守敬在天文、数学、水利及仪器仪表制造方面的许多发明创造在当时处于世界领先地位，其中有十项属于世界之最，他最早应用了海拔概念，比1828年德国数学家高斯提出的国家水面早了500年。	由于封闭而落后，使此时的大多数地质知识还处在单纯描述阶段，缺乏理性思考。	在民国后期，地质成果不断涌现，其中部分成果如地层古生物、构造地质等达到比较高水平。	河北地质获得到了空前发展，在国内属领先地位。
有代表性的成果、著作，人物或创新点	在周口店遗址发现有赤铁矿粉粒，是史前人类最早认识赤铁矿颜色和条痕的直接证据。山顶洞人已有小赤石珠和有孔的小砾石，证明人类制作石器已初步掌握磨研和钻孔技术。在新石器时代，扩大了对于矿物物理特性的认识，对于某些地化学性质……	藁城台西商代遗址出土的铁刃铜钺，是开中国古代铁制工具的先河；唐山大城山遗址发现的铜牌，是我国对天然铜——自然铜的最早直接利用。《史记·夏本纪》中记载，禹曾领导先民疏浚九河，而正史中关于地震的记录，最早见于《国语》："幽……	地质知识在这一时期不断扩展和深化，出现了一些地质思想的启蒙，如唯物的自然观和海陆变迁的思想。	唐代李吉甫所撰《元和郡县图志》是历史上的地理名著，又是我国现存最早又较完整的地方总志。唐代一行首次测量地球子午线长度。宋代沈括对华北冲积平原成因作出这方面最早的研究成果，并初步提出了海陆变迁思想。	这一时期关于地震方面材料的记录诸方面富详尽，其中明清两代共472年中就有强烈地震25次之多。同时期风灾严重，再加上干旱及森林资源的不断减少，明清时期出现了比较严重的沙化现象，初步为时人所认识。	邝荣光，于1910年出版了着色《直隶地质图》和《直隶矿产图》，是对河北进行地质调查和取得成果的第一人。裴文中，于1929年12月在周口店首次发现北京人头盖骨化石；又于1931年确认旧石器和用火痕迹的存在。袁复礼，对三……	早前寒武纪变质地体研究具有突破性进展，对华北地台地壳演化史有重大意义；地层古生物方面取得重大进展与突破；矿物岩石研究取得重大成就。发现的新矿物，如镁钙石、硼硅物，钇钙石、氯黄晶等；构造地质方面取得丰硕……

续表

时期／科目	原始社会时期	夏商周春秋战国时期	秦汉魏晋南北朝时期	隋唐宋辽金元时期	明及前清时期	晚清及民国时期	中华人民共和国建立至1980年
有代表性的成果、著作或创新物、点	也有所认识——如利用石灰岩经水分解生成氧化钙(石灰)。	王二年,西周三川皆震。"				叠纪脊椎动物化石的发现使得他在1932年获得了瑞典皇家科学院颁发的"北极星"奖章。	成果和重大突破性成就。
对产业发展的引领支撑作用	出于人类自身的生存需要而不断积累的地质知识,在建筑、采矿、冶炼、制陶等技术的不断发展中逐步体现其重要性。	在认识地质作用的过程中,开始有了一些建立在观察描述基础之上的理性思考,从而对于一些现象有了初步的解释。	《水经注》开辟了以水道为纲的综合地理学的研究道路。	沈括的海陆变迁的思想是建立在实地观察和理性思考之中,在基本以直观经验手段认识世界的中国古代,沈括这样的科学方法是十分难得的。	对地震和暴风等自然灾害的进一步理解,有力地减少了农业生产地的损失,保存了社会财富。	这一时期的地质调查虽然普遍带有一定殖民性性质,但是客观上还是为新中国成立后现代地质学的发展奠定了基础。	地质科学研究推动着唯物主义自然观的发展,为采矿、冶炼等现代工业提供了基础材料,推动了社会发展。
其他							

采矿科技

科目 ＼ 时期	原始社会时期	夏商周春秋战国时期	秦汉魏晋南北朝时期	隋唐宋辽金元时期	明及前清时期	晚清及民国时期	中华人民共和国建立至1980年
学科发展经济社会背景	到了旧石器时代晚期，随着生产力的发展，人类进入了相对的定居生活。新石器时代末期，生产力有了较大发展，出现了三次社会大分工，手工业开始独立出现，有目的的采矿活动逐渐形成。	自夏商开始，伴随着青铜器的发展和青铜器的出现，奴隶制正式建立。自春秋时代起，铁器开始出现，生产力的发展刺激了采矿活动的发展。	秦汉封建专制的统一时期，使河北连成一片，政令的统一区连成一片，政令正统一使采矿正统一。此时的社会经济得到了进一步提高，采矿技术得到突飞猛进的发展。	这一时期，社会经济发展迅速，科学技术璀璨夺目，是中国封建社会发展的一个极盛时期。唐代较为开放的矿冶政策，对于放的矿产开采和整个社会经济的发展都具有积极意义。	此时，资本主义的萌芽业已出现，但因多种因素而未发。在采矿管理制度方面有了一定的特色。	中国由封建统治转入半封建、半殖民地社会。社会生产基本上还处于小农经济模式。相对应的矿业生产徘徊，采矿技术停留在手工操作阶段。民国后期多运用两法开采方法，开采技术有所改进。	新中国成立后，为了建设大型钢铁、建材、化工等综合工业基地和发展煤化工、盐化工和油化工的实际需要，采矿事业发展飞速。
技术发展状况	古人掌握了比较熟练的锤击、打片及砍砸等原始锤打技术。特别是进入人新石器时代，河北采矿技术开始萌芽。	采矿技术已初步形成。开采方法分为露天开采、地下开采或露天地下联合开采；矿井支护分为竖井支护与平巷支护；采掘、提升工具则以青铜工具、木制工具为主；铁制工具开始出现在矿山。	大型联合开拓系统已经形成，采矿方法已分为水平分层采矿法、方框支护充填采矿法、房柱法采矿法等。	矿山开采以地下开采为主，且规模不断扩大；地下开采方法进一步完善，上下采场分为多层，采掘深度加大。河北传统采矿科学技术体系形成。	河北传统采矿科学技术的理论深化期。采、选、冶的布局更为合理，地下开拓系统的布局较为规范；火药开始用于矿山爆破；矿井开始通风、排水、照明设施全面发展。	土法开采逐渐减少，运用两法开采；蒸汽动力和电动力技术；采用矿产品洗选与加工技术，大幅度地提高了矿产品质量。这一时期是河北采矿技术的引进高峰期。	采矿工业各项技术整体提升；对于现有物质技术条件的统筹规划，是之前所从未有过的。河北省采矿科学技术全面繁荣。

续表

时期＼科目	原始社会时期	夏商周春秋战国时期	秦汉魏晋南北朝时期	隋唐末辽金元时期	明及前清时期	晚清及民国时期	中华人民共和国建立至1980年
在国内外所处位置或水平	简单玉器的打制，矿石颜料的应用。原始采矿技术达到国内的领先水平。	这一时期，河北先民的采矿、制陶、矿物料的应用及冶炼等科技活动非常活跃。达国内的领先水平。	这一时期，河北铜、铁、金、银、锡、煤、汞等非金属、高岭土等金属矿产的开采在河北地域内开展起来。汉代在今河北境内设置铁官8处，盐官4处，采铁矿和冶铸手工业相当兴盛。	北末时期，磁州、邢州是全国的冶铁中心。传统采矿技术不断创新，巷道布局规整、合理，采准、回采工艺已达较高水平；各项技术使用得更加纯熟，通风技术有了一定发展，提运、照明，排水技术进一步完备。	全国铁冶中心南移，河北的铁冶中心由邯郸、邢台北移至唐山遵化一带。河北仍是全国重要的炼铁产产地之一。	河北近代的采矿技术在艰难中发展，缺少当时所谓的"机器采矿"，仅是指在提升、通风、排水三个环节上，而其他生产环节依然靠人力或畜力。	利用现代化技术探测并采掘的实践表明，河北地区地质结构复杂，矿产资源丰富；其中炼焦煤和石油、铁矿石储量和产量在全国占领先地位。
有代表性的成果、著作、人物或创新点	在冀东北、人们在相当于仰韶文化早期的三河县孟各庄二期文化遗址出土了5件经过磨打的石锤。在阳原姜家梁遗址，出土了精美的随葬玉猪龙。在对陶器彩料的探索中，逐渐认识到了用赤铁矿作红彩颜料，锰土矿作黑彩颜料，孔雀石作绿彩颜料。	藁城台西商代遗址出土的铁刃铜钺，首开中国古代铁制工具之先河；唐山大城山遗址发现的铜牌，是我国对天然铜的最早直接利用。广泛出土的青铜器、金属、冶铁遗址中发现的铁工具——赵国铁冶业的兴盛，均反映了河北矿业开发的兴旺发达。	据文献所载，汉代时在今河北境内设置铁官8处，盐官4处，河北承德西汉铜矿遗址的发现后发现，这一时期采矿已使用铁质采掘工具，改进了工具器型并创制大型挖土器，进而增加采掘种类，增加凿岩岩能力。	据文献记载，隋唐时代全国铁矿有104处，在河北地域内则有10处之多；《水经注》中记载了煤自燃现象和用煤冶铁技术；东晋陆翙翘的《邺中记》中记载，曹操把煤炭藏于水井台中，使其不易风化以长时间储存。	国家在实行商办矿业的同时，还加强了对矿业的控制和管理，煤炭开采中实行了采煤"从生产规模和工种划分等方面来看，已初步发展到手工业和工厂生产的阶段，是明代封建经济出现了资本主义萌芽的显著例证。	开平矿务局的创办，是我国第一座利用近代技术采煤的大型矿山企业，开平矿务局唐山井开始采用铁采工具，用洋法凿井，生产效率显著提高，被称为"中国第一佳矿"。唐山矿首次安装第一台蒸汽绞车，赵各庄矿首次安电绞车，提升能力大为增加。	在此期间，全省第一对现代化大型采煤竖井建成；在全省首次采用无壁座砌筑井壁成功；开始采用水力采煤技术，开滦唐家庄矿建成我国第一座水力化矿井；大田铁矿成功进行第一次地下大爆破；峰峰通二矿实现了我国第一个自动化矿井；井提升自古潜山高井提升了任丘古潜山高产油田，日产原油超万吨。

续表

时期 科目	原始社会时期	夏商周春秋战国时期	秦汉魏晋南北朝时期	隋唐宋辽金元时期	明及前清时期	晚清及民国时期	中华人民共和国建立至1980年
对产业发展的引领支撑作用	采矿活动是冶金铸造、建筑、制陶、制瓷制造的先导，冶铸工具均需要使用金属矿产和能源矿产作为原料和燃料。	在采矿的过程中，需要大量制作精良的金属工具和建材，这对于采矿本身是一种促进。	由于铁质工具的使用，大型联合开拓系统而变得更加复合，提高了对矿藏的利用率。	这一时期（尤其是唐代），矿业管理政策的发展和变化以及其他辅助政策的发展，都在不同程度上促进了采矿技术的发展。	采矿执照的出现，是矿业法规和资源管理上的一大进步，对于矿产资源属于国家所有等矿业管理思想的形成有着重要启迪意义。	尽管西法采矿仅仅包括在生产环节上，但是其中体现的技术含量对于采矿工业整体是一个大提升。	通过技术改造，攻关，河北工业水平显著提高，特别是随着全省多项技术改造以及一些大型骨干企业的建成投产，缩小了与国内、国际先进水平的差距，有力地推动了河北经济的快速发展。
其他							

医学科技

科目＼时期	原始社会时期	夏商周春秋战国时期	秦汉魏晋南北朝时期	隋唐宋辽金元时期	明及前清时期	晚清及民国时期	中华人民共和国建立至1980年
学科发展经济社会背景	河北富饶的自然资源,使我们的先民很早就发展起了原始农业、渔猎业,对医药科学的科技文化发展产生影响。	从夏开始到商周乃至春秋战国时期,是河北医药科技初步发展的时期,人民的生活水平也有了显著提高,为古代医学学科的形成奠定了基础。	秦汉魏晋南北朝时期是我国封建社会发展起伏动荡时期。秦汉时期,河北经济飞速发展,到南北朝时期,由于战乱,经济生活动荡。	从隋唐到金元,是我国封建社会的高度发达时期,河北也是如此。其间既有战争连绵、分裂动荡的五代,也有全国统一、政权集中,社会相对稳定的隋唐、宋元,更是我国封建社会高度繁荣的历史时期。	由于国都北京在河北地区,政治、经济、文化发展比较稳定,为河北医学的稳步发展创造了条件。	河北省作为中国的沿海省份之一,近代受西方影响较早,为西医传人创造了条件。	解放后,河北社会经济全面发展,人民生活水平全面提高,政府对医疗卫生事业的重视,使得河北医学有了重大的发展。
技术发展状况	出现了原始针灸;和比较原始的药物使用方法。	出现了专门的外科治疗用具;开始运用酒火等对药物进行炮制。	医学理论进一步完善,传统中医学科技体系初步形成。	针灸技术有了创新与提高,出现了证候专著,重视四诊合参,还发展了脏腑辨证理论。	在对固有医学发展的同时,河北医家开始接受西方医学思想。	近代西医发展得缓慢且不完全,中医在我省的诊治病疗方面仍发挥着主要作用。	在整理中医文献、利用中医经验治疗疾病方面做出了卓出成就。临床分科更加精细,在治疗疑难病、传染病方面取得累累硕果。
在国内外所处位置或水平	河北是祖国医学的重要发源地之一,河北先民对祖国医学的理论形成和临床医疗的开创发展作出了重要贡献。	河北早期医学的运用在中国已经处于领先水平。扁鹊也是我国有史记载的最早的医学家。	在中国处于领先水平。中医学理论体系在战国时期医学理论的基础上继续完善。	河北的传统中医学迅猛发展,元朝河北医家的医术开始影响南方各省。当时河北医疗水平代表了全国最高医疗水平。	基础理论和临床各科进一步发展,已经进入全面、系统、规范化的总结阶段。	河北是西医传入较早,也是近代西医相对发达的省份。中医在传统医学科技的基础上继续发展。	河北省的医学事业进入了全面迅速的发展时期。医疗机构逐渐完善,随着科教事业的发展,河北的医学科学技术也得以发展、繁荣。

续表

时期 科目	原始社会时期	夏商周春秋战国时期	秦汉魏晋南北朝时期	隋唐末辽金元时期	明及前清时期	晚清及民国时期	中华人民共和国建立至1980年
有代表性的成果、著作、人物或创新点	传说中的黄帝、岐伯。适合于剖病的石器"砭石"被发明制作出来。生活在河北的先民们在许多方面已经开始了早期的卫生保健活动。	出现了中国最早的临床医生——扁鹊。医疗用具方面，藁城台西出土了我国最早的砭镰，以及许多骨针。在药物方面，已经发现有桃仁、郁李仁、杏仁等药用物品，开始储藏并运用酒。这一时期早期医学理论方面做了初步的总结，运用酒、火等对药物进行炮制的技术也产生了。	出现经典性医学著作《神农本草经》。清河崔浩，著《食经》9卷，是我国最早的食疗学著作。临床医生清河崔彧、馆陶李完、李修都是著名的医生。在诊疗技术方面，秦汉魏晋南北朝时期，河北的医学有了显著进步，诸多诊疗技术已经投入临床应用。针灸、方剂等不断产生，开始转向复方。李修撰写《药方》等百余卷，是河北最早的方书。	这一时期名医辈出，如张元素、刘完素、李杲、王好古等。名著相继问世，如《脾胃论》、《兰室秘藏》、《素问玄机原病式》、《宣明论方》等，出现了内、儿科专著，对明嗽病能进行手术治疗，并开展了全身麻醉。金元时期，河北医家出现了河间派、易水学派、补土派等，首创"火热论"、"脾胃论"、"阴证学说"，发展了脏腑辨证理论，并涉及到温病学说研究；在外科方面进行了探讨，亦对疮疡、痈疽、瘰疬、瘿瘤、癍疹、疥癣等诊治作了临床总结。	河北医学继续发展，名医辈出，医学著作不断涌现。由于河北医学家们的临床实践，传统医学出现了创新的趋势，以王清任对人体内脏观察和研究最具代表性。玉田县王清任著《医林改错》主要对人体解剖、脏腑、气血理论和脑髓说进行了深入探讨和系统总结，对人体有了比较清晰和准确的认识。	张锡纯作为近代中西医汇通的代表人物之一，努力吸取西医中的医疗技术和方法，为我国医学的发展开辟了一条新的道路。其代表作为《医学衷中参西录》。1944年，杨俊阶创制了改良的马丁氏肉汤琼脂。这种培养基达到了当时的国际先进水平，不仅能长期保持白喉杆菌的生产能力，而且制备方法比国际上原有的方法更为简单。	杨医亚编著《新编伤寒论》《近世针灸医学全书》等。石家庄市传染病医院以郭可明领导的"流行性乙型脑炎治疗组"，采用白虎汤加减治疗乙型脑炎，疗效显著，有效率在90%以上，该疗法在全国推广。西医方面，预防医学、基础医学、临床医学也有了明显发展，在引进、开发、推广、改进等各项先进技术方面，严重危害人民生命健康的疾病方面，取得了明显成就。卫生防疫、计划生育，诊疗设备等方面也逐步发展起来。

河北主要学科科技发展脉络表　　　　　　　　　　　　　·941·

续表

时期　科目	原始社会时期	夏商周春秋战国时期	秦汉魏晋南北朝时期	隋唐末宋辽金元时期	明及前清时期	晚清及民国时期	中华人民共和国建立至1980年
对产业发展的引领支撑作用	药物逐渐从食物中分离出来。	临床医生逐渐出现。	秦汉魏晋南北朝时期,河北医学继续发展,医学产业在当时基本形成。	对我国医学的发展起了巨大推进作用,中医药事业出现了空前的兴盛。金元时期是河北医学大放异彩的时期。	河北医学的发展受乾嘉考据学的影响,有着对经典医学著作进行注解、考证的倾向,掀起了研究古典医学著作的热潮。	随着西方的入侵,特别是传教士把西方医学传入河北。出现了西医诊所、医院,一些西医学校也开始兴办,西医人才的培养,使得西医在我省开始缓慢发展起来。一些医疗制度和法规也开始从无到有,从简到繁的建立起来,医政、药政的管理制度也逐步在建立。	中西医院的蓬勃发展,使药物及医疗器械的需求不断增加,带动了医药和医疗器械生产行业的发展,形成了强大的医药产业。同时也带动了其他众多产业的发展。

生物科技

科目＼时期	原始社会时期	夏商周春秋战国时期	秦汉魏晋南北朝时期	隋唐宋辽金元时期	明及前清时期	晚清及民国时期	中华人民共和国建立至1980年
学科发展经济社会背景	通过对河北省发掘出的50多个原始社会时期遗址的分析，可以使我们较为全面地了解当时社会中生物科学技术的起源。河北地区从166万—180万年前就有古人类在张家口阳原县区域生活。	在夏、商、西周及春秋战国时期，我国的生物科学技术在农业、畜牧业、医学等方面均已经有初步应用。到战国时期，我国农业生产知识开始出现系统化和理论化，形成农家学派。	秦汉时期，农作物种主要有禾、黍、麦、稻、菽、麻等，稻在五谷中的地位有所提高。南北朝时期水稻已经成为主要粮食作物之一。农业生产之中，农业生产的进一步推广，牛耕的进一步普及，是秦汉时期传统农业生产发展的重要标志。	在宋元时期，我国农业生产技术和农田水利得到空前发展。耕作技术已经相当成熟，土地施用多种农家肥料。由于此期农业生产知识日益流通，一些重要的农作物得到引进和种植。	在农业生产方面，明清时期注意了土壤改良，开始使用磷肥，利用药物防治病虫害，并有作物系统栽培技术的记载。	近代，一些优良品种和优良技术被逐渐引入国内。其中棉花、小麦、玉米等作物的优良品种引进与改良成绩尤其显著。另外，引入大量农机具，育种技术和病虫害防治技术。	我国生物科学迅速发展。运用现代生物知识，对果树、作物或蔬菜等进行基因工程改良；培育绿色食品；对作物实行设施栽培，提高其产量和质量。运用生物农药等措施对病虫害进行防治，控制蝗灾等大规模病虫害。
科学技术发展状况	掌握了用火加工食物的技巧；逐渐掌握了对自然界动物资源的开发利用，有了各种独具人类智慧特色的加工和打造。	河北饮食文化的形成时期，曲的发明和利用是酿制工艺一大创举。开始有意识地用系统种植、使用植物类药材。	养殖酿造等工艺技术日臻完善，传统生物科学技术体系逐步形成。	河北地区大力发展水利建设，重视优良品种的引入和培育。园艺技术也有所发展。	进一步加大外来作物的引种力度，各领域的发酵技术也有所发展。	有选择地改良品种，防治病虫害，对各种物种进行统计和描述。	河北省生物学各个研究领域的科学家在大豆分类学、微生物学、动物区系分类调查等方面建树颇丰。
在国内外所处位置或水平	北京山顶洞人是迄今世界上发现的最早的能够利用火的古人类。	河北地区在皮革毛加工、医疗、医药技术、丝麻织业、漆树的开发利用、曲酒酿造等方面处于全国乃至全世界领先的地位。烹调手段出现了前所未有的成就。	秦汉时期，河北平原是主要谷物生产区域之一。当时，农作物品种主要有禾、黍、麦、稻、菽、麻等，其中涿州稻米的种植已经具有相当规模。	河北饮食文化在前期形成的基础上经历了一个发展壮大的重要时期。许多西域的烹饪原料传入中原，一些具有养生功效的中草药被敬用于膳食之中。	保定酱业发展到鼎盛时期，曲霉酿造酱面酱技术国内领先。板城烧锅酒体现了当时承德地区酿酒的较高技术。	定县实验区的平民教育经验在国际上产生了巨大的影响。	河北省在生物学领域各个研究领域的科学家克服重重困难，取得了一系列成果，在全国内外均产生重大影响。

续表

时期＼科目	原始社会时期	夏商周春秋战国时期	秦汉魏晋南北朝时期	隋唐宋辽金元时期	明及前清时期	晚清及民国时期	中华人民共和国建立至1980年
有代表性的成果、著作，人物、问题、创新创新点	河北阳原地区早在公元200万年前就有人类活动的痕迹；7000多年前磁山先民开始饲养家鸡，比原来认为世界最早饲养家鸡的印度要早3300多年。同时，此地区农作物粟、核桃的发现，改写了我国乃至世界粟作农业和核桃产地的历史。	台西商代遗址出土的砭镰是我国发现最古老的一种外科医疗器具。还出土了桃仁、郁李仁等一批药材标本。遗址出土的酵母残骸等表明商代河北先民对曲的发明和利用是世界酿酒史上的重大创举。从夏朝到春秋战国时期的近2000年，是河北饮食文化的形成时期，烹饪原料得到更广泛的利用；青铜制成的食器上层社会中已成主流。	东汉后期崔寔（今河北安平人）编著的《四民月令》是我国农业与农产有关的名著之一，也是重要的药物学资料。晋代张华（今河北固安县人）著有《博物志》，记载了大量生物科学现象。这一时期，河北地区的农业水利得到充分发展。唐朝时期，从西方引进了相当多的物种，如葡萄、胡桃、苜蓿、棉花等。宋元时期，经济的发展和城市的繁荣，促进了河北地区园艺业的发展。	河北省安国市古称祁州，是我国历史上著名的中药材集散地之一，也是重要的药材生产、加工之地，有"药不到安国没药味"的说法。隋唐时期，河北地区的农业水利得到充分发展。唐朝时期，从西方引进了相当多的物种，如葡萄、胡桃、苜蓿、棉花等。宋元时期，经济的发展和城市的繁荣，促进了河北地区园艺业的发展。	康熙培育御稻所进行的单株选择实验，是世界选种史上极其珍贵的科学实验资料。玉米、高粱、甘薯、马铃薯、花生在此时期不到河南，引入河北。棉花在明清时代得到广泛种植，从而使棉纺织业成为主要的家庭手工业。在明清时代，河北地区枣、梨、桃等果树种植得到广泛发展。河北人民对曲面酱酿造面酱的技术已经达到相当高的水平。	定县实验区引导农民进行改良品种、防治病虫害；举办实验农场，改良猪种和鸡种，取得了显著的效果，促进了定县经济的发展。民国时期，一些地方志开始对当地动物的种类进行统计；对动物习性和利用价值进行描述。同时，河北学者也开始对河北省的树木进行系统研究。	孙醒东提出了大豆品种的分类方法，对我国大豆的重要品种资源作出了总结。出版的《大豆》闻名中外，被译成俄文本《Соя》，在莫斯科出版。这一时期在植物遗传学、植物生理学和生物化学、微生物学、动物分类和生态、人体解剖和生理科学等研究领域均有大量的科研成果涌现。

续表

时期＼科目	原始社会时期	夏商周春秋战国时期	秦汉魏晋南北朝时期	隋唐宋辽金元时期	明及前清时期	晚清及民国时期	中华人民共和国建立至1980年
对产业发展的引领支撑作用	现在我们一直认为北京直立人为黄种人的共同祖先，因此在河北地区发现的古人类在动植物利用方面的技术辐射影响着周边乃至亚洲其他地区古代生物技术的发展。	早在商代时期，河北人民已经掌握了人工酿造谷物酒的先进技术。藁城台西遗址、平山县中山王墓出土的酿酒酵母和古酒是中国酒文化的源头。	衡水老白干酒的酿造历史据文字记载可追溯到东汉时期，知名天下于唐代，正式定名于明代。	北宋初期，大面积开垦稻田，种植南方旱稻品种，为北方水稻的种植提供了经验。	宁晋鸭梨、赵州雪梨、承德板栗、深州蜜桃在明清两代得到大量种植，举国闻名。康熙通过政策引导在天津、京东、长城内外全力推广"御稻"，不但在北方无霜期实现水稻种植，而且也解决了南方数省第一熟均为低产糯米的问题。	这一时期，河北区域内不断地对各种动物的特点、习性和用途进行细致观察和研究，为中国动物资源开发利用和畜牧产业的发展作出了巨大贡献。	刘廷印等创立了蓖麻蚕"连代驯化"休眠法，培育出适合于北方越冬的蓖麻蚕新品种，解决了蓖麻蚕越冬保种的具体技术。商迹初提出的链霉菌鉴定系统，为抗生素、酶制剂等生物活性物质的筛选起到了指导作用，在国内曾被普遍采用。在此理论指导下，华北制药厂筛选出"正定霉素"等新型抗癌抗生素。
其他							

人文科技

时期 / 科目	原始社会时期	夏商周春秋战国时期	秦汉魏晋南北朝时期	隋唐宋辽金元时期	明及前清时期	晚清及民国时期	中华人民共和国建立至1980年
学科发展经济社会背景	新石器时代末期,生产力有了较大发展。生产资料分配逐渐地不均衡使得消费品有了盈余,从而让一部分人能够有时间进行更多的思考。	春秋战国时期是生产力大发展的时期,社会阶级关系发生了重大变化。	秦汉的统一,使得河北地连成一片。辽阔的疆域扩大了人们的眼界。河北地区人文科技取得了许多重大成就,居世界领先地位。	唐代的经济繁荣发展为宋代人文科学的发展打下了坚实的基础。宋、元时期是河北地区人文科技迅速发展的时期。	此时,资本主义的萌芽已出现,但因多种因素而未发。经济一度停滞,但明清实学有所发展,后期出现了"西学东渐"。	中国进入半殖民地半封建社会以后,民族矛盾与社会矛盾日益突出。西方列强在政治侵略战略的过程中伴随着科技文化渗透。河北人文科技在引进、消化、吸收的过程中,也取得了一些成就。	动荡的战乱局面结束,国家进入和平建设时期,社会经济快速发展。人文科技的发展进入了春天。
技术发展状况	这一时期的人文科学,多数还与神话迷信杂糅在一起。	文字逐渐形成规范并被广泛应用。不同观点,不同流派的学说应运而生,形成"诸子"风起,百家争鸣"的活跃局面。	这一时期,儒学玄学佛学相互借鉴,各有补充,共同发展。	由于政治稳定,经济繁荣,这一时期有许多优秀的文学作品传世。	这一时期,戏曲和小说盛行。民间艺术蓬勃发展。清代张之洞提出"中体西用"思想。	人文科学不可避免地和这个国家的兴衰荣辱联系到了一起。	我国人文科学工作者在党的"双百"方针指引下,积极走与工农相结合的道路。党的十一届三中全会以后,河北省学社会学和文化艺术事业得到全面蓬勃发展,达到了空前的繁荣和昌盛。
在国内外所处位置或水平	河北地区古人类的起源和发展均处于全国前列。磁山文化是我国最早的农业遗址之一。	河北邢台南小汪发现的西周甲骨文字卜骨以西周以段完整著著于世。	董仲舒著《春秋繁露》和"罢黜百家,独尊儒术"观点,使儒学成为中国数千年传统文化的核心思想。	河北人文科学在这一时期处于世界领先地位。	河北人文科学继续发展。河北武强县是旧时我国木版年画的重要产地,有中国"年画之乡"的称誉。	李大钊是国内首提"科学的马克思主义观"。	《庄子新探》是张恒寿先生一生的代表作。

续表

时期\科目	原始社会时期	夏商周春秋战国时期	秦汉魏晋南北朝时期	隋唐末辽金元时期	明及前清时期	晚清及民国时期	中华人民共和国建立至1980年
有代表性的成果、著作、人物或创新观点	河北阳原地区在公元前200万年前就有人类活动的痕迹;泥河湾人的艺术、神灵观念的萌芽,山顶洞人的神灵观念,东胡林人的神灵观念、磁山人的神灵观念各有特色。	在河北省的商代文化遗址中,人们发现了具有文字特征的陶文。公孙龙(约前325—前256年),赵国人,是战国时期最著名的逻辑学家之一,他提出了"离坚白"和"白马非马"两个命题。	邺城形成了以"三曹"为代表的邺下文学作家群;同时,邺城译经集团出现;魏收著《魏书》。东汉灵帝光和年间,道教开始在河北地区发展,其标志性成就就是产了张角的"太平道"。	真定龙藏寺碑被称为"隋碑第一"。唐宣宗大中八年(854年),义玄,创立了临济宗,后成为河北的一个重要流派。临济宗后又分出黄龙和杨岐两派,南宋初期,遍及全国。范阳郡(今涿州市)人卢思道作《从军行》、渤海人(属河北地区)高适作《燕歌行》等都是唐代边塞诗的名篇。	曹雪芹著《红楼梦》;纪昀撰《四库全书总目提要》;清代中叶昆曲在北京逐渐衰落,部分艺人流落到冀中地区和当地弋腔(高腔)相结合,逐渐形成了北方昆曲的艺术特点。唐山皮影(亦称乐亭皮影)起源于金代的深州,盛行于乐亭。到20世纪30年代,唐山皮影艺术已经成熟。	在1912年到1937年间,河北纂修的各类志书计有90余部,而以《畿辅通志》的纂修影响最大;1939年2月,晋察冀边区成立了边区文化界抗日救国会,同时成立冀中区文化建会,主要任务是推动农村的各项文化工作。	郭小川(1919—1976年),河北丰宁人,是共和国第一代杰出诗人;新凤霞(1927—1998年),是评剧艺术的杰出代表,而《刘巧儿》是她主演的一出在全国产生了重大影响的剧目。
对产业发展的引领与支撑作用	北京山顶洞人是迄今世界上发现的最早用火的古人类。	赞皇县南坛山上有一块先秦《吉日癸巳之石》,是金石学界公认的,我国最早的刻石之一,它对自两宋到明清的学术界产生过很深刻的影响。	玄学兴盛;至佛教东来,玄学日衰,佛学日盛。各方势力不同程度地为统治阶级所利用。	以孔颖达所著《五经正义》被唐王朝颁为经学的标准解释为标志,我国经学发展完成了由纷争到统一的历史演变过程。	"西学东渐,中体西用"是这一时期的主旋律。	边区的火热生活使"山药蛋派"和"荷花淀派"小说成为我国现代文学百花园中盛开的两朵奇葩。	在《刘巧儿》的创作过程中,新文艺工作者得到了许多文艺工作者的热情帮助,新风霞和这些同志愉快合作,首开了戏曲工作者与新文艺工作者联手创作的先河,为戏曲新与改革与发展做出了示范。
其他							

后　记

　　《河北科学技术史》出版了,这是我省科技界的一件大喜事。

　　科学技术是经济社会发展的源泉,是先进生产力发展的引擎和支撑,是人类社会进步的第一推动力。科学技术发展的脉络是经济社会发展的晴雨表,科学技术发展的规律是经济社会发展的领航标。因此,只有摸清科学技术的发展脉搏,揭示出科学技术的演变规律,才能把握住经济社会的发展前景和演变方向。温故才能知新,忆古才能昭今。为了探索河北科学技术发展规律,揭示河北科学技术演替进程,根据省政府领导指示,自 2007 年,河北省科技厅将《河北省科技发展史研究》列入河北省科学技术研究与发展计划,并组织了大批专家学者着手编撰《河北科学技术史》,河北省社科联将其列为河北省社会科学重要学术著作出版资助项目,在整个编撰过程中,编写组自始至终以求真历史,给后代留下一面镜子,为今后科技工作发展服务为目的,以求实、求高、有用作为编撰工作的指导原则。为了适应编写人员较多且来自多个单位,编写内容涉及河北科技历史全程,并含近二十个不同学科的实际情况,成立了编委会,由河北省副省长龙庄伟任编委会主任,省政府副秘书长李靖、省科技厅厅长贾红星任副主任,委员由省科技厅领导和河北大学、河北师范大学、石家庄经济学院的副校长组成,下设编纂办公室,负责日常编纂工作。省科技厅党组对编纂工作十分重视,多次听取汇报,并决定采用统一思想、统一目标、统一标准、统一形式、统一编写、统一出版的编缀方法。《河北科学技术史》沿用中国传统的王朝体系顺序,结合科学技术自身的发展特点,采用了宏观纵论与微观辨析相结合,科技"内史"与科技"外史"相结合,评论与叙事相结合,自然科技与社会科技相结合,以时间先后为序,以技术系事,以技术系人,以技术系发展,记录了自原始社会始至 1980 年前后的河北科学技术发展状况、发展水平、重大事件、著名历史科技人物。

　　全书共设八编,每编按不同学科分为十九章,约 150 万字。由来自河北省科技档案馆、河北大学、河北师范大学、石家庄经济学院的有关教授、专家组成编纂组。由贾红星任主编,执行主编王征国负责本书编写工作的统筹策划,指导思想、收录原则的制定和理论观点的凝练。河北大学吕变庭教授为技术负责人。

　　编纂组坚持突出科技、突出河北的原则,以河北科技发展主线为经,以每个历史节点的科技成就为纬,时经事纬相罗织,形成了本书浓厚的地方特色。其中:

　　社会、交通、建筑、冶金、纺织、陶瓷和人文七部分由河北大学吕变庭教授、孙昭磊、潘思远等同志编写;

　　农业部分由河北省农科院原院长李广敏教授和郝企信、赵维明、刘勇同志编写;

　　林业部分由河北农业大学李保会、任士福教授编写;

　　畜牧业部分由河北农业大学李建国、李运起教授编写;

　　地理由河北师范大学温志广教授编写;

化工部分由河北师范大学吴育飞教授编写；

生物部分由河北师范大学葛荣朝教授编写；

数学部分由河北师范大学杨春宏教授编写；

天文部分由河北师范大学崔树旺教授编写；

物理部分由河北师范大学鲁增贤教授编写；

医学部分由河北师范大学孙文阁和张芬梅教授编写；

地质部分由石家庄经济学院牛树银教授编写；

采矿部分由石家庄经济学院刘亚民教授编写；

《河北著名科学家》编由河北科技档案馆赵洪芳和周晓健同志编写；

《河北百项重大科技成就》、河北历史科技发展规律分析，由王征国、赵洪芳和周晓健归纳整理；

《主要学科科技发展脉络表》由河北师范大学韩来平教授修订。还起草了课题鉴定验收时所需全部文件，并组织专家进行了同行鉴定，使项目顺利结题。

刁树峰同志进行了照片编辑工作；

饶颖慧同志参与了有关医药资料和照片的提供；

赵旭阳同志参与了有关地理资料和照片的提供；

河北省科技档案馆作为牵头单位，做了大量的组织协调、服务工作，赵洪芳馆长带病坚持领导，周晓健同志参与了书稿编纂的全过程，并始终担任全书文字输入、合成、修改和编写任务。几易书稿后，由王征国、吕变庭、韩来平、刘亚民、赵洪芳、周晓健和郝企信两次集中统稿，然后交吕变庭进行全书技术修订，刘亚民进行全书文字编修和编排规范，经王征国对全书进行统改后，全书集体审定。

几年来，编纂组全体同志团结一致，克服困难，经过多次外出考察，深入调研，搜集资料，查证史迹，圆满完成了任务。探索出了多单位编写、多学科人员参加、地方区域性较强、资料搜集量大面广的科技史记类著作的组织管理方法；提出了河北科技发展具有两个周期、八个阶段（萌芽期、成长期、发展期、古盛期、徘徊期、西学东渐期、中西交融期、现代盛期）的演替规律；揭示了河北科学技术发展的主要脉络；记录了河北科技发展的主要历史进程；归纳出了河北历史上的 100 件科技成就；汇集了河北历史上 50 名著名科学家的生平伟绩。

全书聚河北科学之精，集河北技术之华，昭河北科技之新，示河北技术之路。出版后对河北科技工作发展有一定借鉴意义。第十一届全国政协常委、国家科技部原部长徐冠华，河北省人民政府原副省长刘健生，国务院参事、国家科技部原副部长刘燕华，为本书作序及题词；中科院副院长、院士李振声先生，中科院院士刘昌明先生为本书题词，对本书予以肯定和鼓励，在此顺致衷心谢意。在编纂过程中，我们查阅了大量的文献资料，引用了许多专家的文章经典，项目承担单位的许多同行帮助搜集图片、整理资料，特别是河北师范大学冯伶莉、贾玖钰、王俏、王宇等同学帮助完成了全书的文字校对、内容修订工作，使本书得以顺利出版。编委会至此一并表示感谢！

由于我们水平有限，加之跨越多学科、时间仓促，本书在内容、形式、定义、文字、评议等方面一定存在问题和不足。恳请同行予以批评、指正。

谨以此书，献给为河北科技事业发展作出过贡献的开拓者们！

《河北科学技术史》编委会

2012 年 12 月 18 日

责任编辑:马长虹
特约编辑:兰玉婷
封面设计:汪 莹
版式设计:千叶书装

图书在版编目(CIP)数据

河北科学技术史/贾红星 主编. -北京:人民出版社,2013.1
ISBN 978 - 7 - 01 - 011346 - 3

Ⅰ.①河… Ⅱ.①贾… Ⅲ.①技术史-河北省 Ⅳ.①N092

中国版本图书馆 CIP 数据核字(2012)第 246657 号

河北科学技术史

HEBEI KEXUE JISHU SHI

贾红星 主编

人民出版社 出版发行
(100706 北京市东城区隆福寺街 99 号)

北京新华印刷有限公司印刷 新华书店经销

2013 年 1 月第 1 版 2013 年 1 月北京第 1 次印刷
开本:890 毫米×1240 毫米 1/16 印张:61 插页:8
字数:1933 千字 印数:0,001-3,000 册

ISBN 978 - 7 - 01 - 011346 - 3 定价:280.00 元

邮购地址 100706 北京市东城区隆福寺街 99 号
人民东方图书销售中心 电话 (010)65250042 65289539